Bibliographie der Veröffentlichungen über den Leichtbau und seine Randgebiete im deutschen und ausländischen Schrifttum

aus den Jahren 1940 bis 1954

von

DR.-ING. H. WINTER

ord. Professor an der Technischen Hochschule Braunschweig

Im Buchhandel durch den

SPRINGER-VERLAG BERLIN—GÖTTINGEN—HEIDELBERG

1955

ISBN 978-3-642-48996-9   ISBN 978-3-642-92662-4 (eBook)
DOI 10.1007/978-3-642-92662-4

Bibliography of Publications on Light Weight Constructions and Related Fields in German and Foreign Literature

from 1940 to 1954

by

DR.-ING. H. WINTER

Professor an der Technischen Hochschule Braunschweig

Supplied to booksellers by

SPRINGER-VERLAG BERLIN—GÖTTINGEN—HEIDELBERG

1955

Vorwort

Die eigentliche Entstehung der vorliegenden „Bibliographie der Veröffentlichungen über den Leichtbau und seine Randgebiete" geht auf das Jahr 1950 zurück, die Anfänge fallen schon in die ersten Nachkriegsjahre. Durch den Fortfall des Flugzeugbaues in Deutschland nach 1945 war eine wesentliche Pflegestätte des Leichtbaues verlorengegangen. Da auch andere Zweige der Technik vom Leichtbau Nutzen ziehen, war es notwendig, dem Leichtbau weiter Beachtung zu schenken. Durch die Kriegsereignisse ist viel im Druck festgehaltenes Gedankengut in Deutschland abhanden gekommen, oder droht — nur noch vereinzelt vorhanden — vergessen zu werden. Dabei sind diese Erfahrungen mit erheblichem Aufwand erarbeitet worden und verdienen es, erhalten zu bleiben. An der Lösung der Aufgabe, den Stand der deutschen Arbeiten festzuhalten, ist man bei uns interessiert. Aber auch vom Ausland her dürfte Interesse erwartet werden, da wohl nicht alle deutschen Arbeiten hinreichend bekannt sind. Im Ausland hat man den Leichtbau nach dem Kriege erheblich weiterentwickelt. Es ist ein verständlicher Wunsch unserer deutschen Ingenieure, diesen Fortschritt kennenzulernen.

So stellt die vorliegende Bibliographie den ersten Versuch einer Bestandaufnahme auf dem zugänglichen Gebiete des Leichtbaues und seiner Randgebiete dar. Besondere Umstände machten einen Druck zum gegenwärtigen Zeitpunkt erforderlich, ohne jedoch von einer ausreichenden Vollendung der Arbeit sprechen zu können. Einige unvollständige Stellen der Bibliographie werden durch Nachträge beseitigt werden müssen. Im Laufe der Bearbeitung wurden zahlreiche Persönlichkeiten des In- und Auslandes, die auf Spezialgebieten besondere Erfahrungen hatten, angesprochen. Das gleiche geschah auch mit Institutionen des Auslandes. Es ist nicht möglich, allen hier den Dank einzeln abzustatten. Durch Überlassung von Quellenmaterial, Aufsätzen und Ratschlägen wurde wertvolle Hilfestellung gegeben. Bei den Arbeiten an der Bibliographie waren fast alle meine Mitarbeiter im Institut beteiligt; ich bin ihnen für die treue Hilfe dankbar. Ganz besonderen Dank bin ich meinem Mitarbeiter, Herrn Ingenieur Schlünz, schuldig.

Für wohlwollende Förderung der Arbeit durch Bereitstellung von Mitteln ist der Verfasser der Deutschen Forschungsgemeinschaft in Bad Godesberg, dem Herrn Niedersächsischen Minister für Wirtschaft und Verkehr in Hannover sowie dem Rationalisierungskuratorium der Deutschen Wirtschaft, Bezirksgruppe Niedersachsen-Bremen zu besonderem Dank verpflichtet.

Dem Springer-Verlag Berlin, Göttingen, Heidelberg, bei dem nun die Bibliographie erscheint, danke ich für das überaus rege Interesse an dieser Arbeit. Für manch freundlichen Rat habe ich mich hier zu bedanken.

Der Druck der Bibliographie wurde in vorbildlicher Weise von der Firma E. Appelhans & Co., Braunschweig ausgeführt. In wahrhaft selbstloser Weise hat der Inhaber dieser Firma, Herr Stolle, mir bei wichtigen Fragen zur Seite gestanden. Er scheute keine Mühe, um der Arbeit auch rein äußerlich ein ansprechendes Gewand zu geben. Dafür möchte ich ihm an dieser Stelle besonders danken.

So wie bei jedem neuen Beginnen sich immer erst später zeigt, was man besser machen kann, wird auch diese Arbeit ihre Mängel und Lücken aufweisen, und es werden noch nicht alle Wünsche befriedigt sein. Für alle Anregungen, was in Zukunft verbessert werden kann, bin ich zu Dank verbunden. Möge nun diese Arbeit nicht nur in unserem Lande ihren Nutzen bringen, sondern auch zum Ausland Brücken schlagen helfen zum Nutzen und zur Wohlfahrt der Menschen.

Braunschweig, den 14. 1. 1955.

Hermann Winter

Preface

Actually, the origin of this "Bibliography of Publications on Light Weight Constructions (Weight-Saving Methods) and Related Fields" dates from 1950 whilst the beginnings go back to the first years after the war. In consequence of the cessation of German aircraft construction since 1945, an important field for the promotion of weight-saving methods in engineering had been lost. Since other branches of engineering, too, derive benefit from the saving of weight, the necessity became obvious to retain an active interest in light weight construction methods. Unfortunately, on account of the war, much published work was lost in Germany, or is about to be forgotten because few copies have been left, notwithstanding the effort incorporated in the work and the merits of the contents. There is thus an interest to record the state of the German Work in the field; this interest is not restricted to Germany since not all German research has become sufficiently known abroad. On the other hand, light weight construction has much progressed outside Germany since the war, and the interest of German technicians to make themselves acquainted with this progress, will be understood.

This Bibliography is a first attempt at compiling all accessible publications in the sphere of light weight construction and related fields. Circumstances demanded publication at the present time, without regard to the fact that the work is not quite complete. Thus some supplements and addenda will be issued later on.

During the recording work, numerous experts and specialists in various fields were approached; the same was done with research institutes abroad. It is not possible to name here all those who have been so kind as to respond to our request, but I would like to emphasize that we experienced most valuable assistance in the form of references, papers and advice for which we are duly grateful. Nearly all my collaborators in the Institute have participated in working for this Bibliography, and I am deeply grateful for this. Special thanks is due to my collaborator Schluenz.

An expression of deep gratitude is due to the Deutsche Forschungsgemeinschaft, Bad Godesberg, to the Niedersächsische Minister für Wirtschaft und Verkehr, Hannover, and to the Rationalisierungskuratorium der Deutschen Wirtschaft, Bezirksgruppe Niedersachsen-Bremen, for promoting our work by granting the financial means for it.

The printing has been done, in exemplary manner, by Messrs E. Appelhans und Co. Herr Stolle, Braunschweig, proprietor of this firm, has given me invaluable help on important points, and has shirked no effort to produce the book in an attractive form. I am greatly obliged for this.

The Springer-Verlag, Berlin W, which is now publishing the work, has shown special interest in it, and I owe them thanks for much kind advice which I received from this side.

Perfection cannot be expected from a first attempt like this; no doubt, deficiencies and insufficiencies will become obvious after publication. I should welcome any suggestions as to future improvement.

May this work contribute to form bridges between engineering in Germany and abroad, for the benefit of mankind.

Brunswick, 14-1-1955.   Hermann Winter

Inhaltsverzeichnis

X

Contents

I. Vorbemerkungen zur Bibliographie

1. Anlaß zur Bibliographie

„Die Forschung von heute ist die Technik von morgen" ist ein oftmals zitierter Satz, dessen Gültigkeit immer wieder von neuem unter Beweis gestellt wird. Für die Entwicklung von Neukonstruktionen braucht man die Ergebnisse der Forschung. Dem in der Industrie tätigen Ingenieur steht im allgemeinen nur soviel Zeit zur Verfügung, sich durch Zeitschriften auf seinem engeren Fachgebiet zu unterrichten. Schon dies ist manchmal schwierig, wenn auch Fortschritte des Auslandes erfaßt werden sollen. Sobald nun eine technische Aufgabe die Heranziehung des Wissens aus mehreren Zweigen der Technik erfordert, wachsen die Schwierigkeiten, sich auf dem Laufenden zu halten, erheblich. Das gilt ganz besonders auf dem komplexen Gebiet des Leichtbaues. Hier sind für die Ausarbeitung einer befriedigenden Endlösung so viele Belange verschiedener Wissensgebiete zu beachten, daß eine besondere Unterstützung des Ingenieurs erforderlich wird. Dabei steht wohl der Nutzen einer technischen Bibliographie außer Zweifel, erspart sie doch den daran interessierten Stellen die vielerorts zu leistende Sucharbeit. Bei allen Entwicklungs- und Forschungsarbeiten auf dem Gebiete des Leichtbaues machte sich eine fehlende Übersicht über die Veröffentlichungen sehr störend bemerkbar. In allen Kulturstaaten, in denen die Luftfahrt weitergepflegt wird, sind neue Erkenntnisse im Leichtbau gesammelt worden, die dem deutschen Ingenieur zu einem beträchtlichen Teil noch nicht bekannt sind. Auch diese Arbeiten soll die Bibliographie erfassen.

Alle diese Umstände bildeten den Anlaß, die vorliegende Bibliographie zu verfassen. Sie soll demnach folgenden Zwecken dienen:

1. den Stand des Leichtbaues und seiner Randgebiete durch Zusammenstellung der Literatur erfassen,
2. der Forschung und Entwicklung auf dem Gebiete des Leichtbaues das Suchen nach Literatur rationalisieren oder gar ersparen,
3. zur Förderung des Leichtbaues anregen, um auch für andere Zweige die Vorteile des Leichtbaues zu nutzen.

2. Bemerkungen über den Leichtbau

a) Die Aufgabenstellung im Leichtbau allgemein.

Über den Leichtbau ist im technischen Schrifttum so häufig diskutiert worden, daß es eigentlich überflüssig erscheint, eine nähere Definition darüber zu geben. Schlechthin verstehen wir unter Leichtbau das Bemühen, den Gewichtsaufwand für eine Konstruktion herabzudrücken. Die Gründe, den Leichtbau zu pflegen, entspringen rein wirtschaftlichen Überlegungen, diese sind im wesentlichen:

1. Der Leichtbau bringt mit seinen Gewichtsersparnissen eine Einsparung an Energieaufwand. Dies trifft zu bei allen Verkehrsmaschinen und Transportgeräten.
2. Der Leichtbau spart bei ortsveränderlichen Maschinen Transportkosten ein.
3. Der Leichtbau spart Rohstoffe ein.
4. Der Leichtbau bringt bei Verkehrsmaschinen die Möglichkeit mit sich, die Frequenz zu erhöhen, d. h. die Verkehrsleistung zu erhöhen.

Je nach dem wirtschaftlichen Nutzen, den der Leichtbau mit sich bringt, kann er mehr oder minder nachhaltig betrieben werden. Im Hinblick hierauf lassen sich folgende Stufen des Leichtbaues unterscheiden:

1. Der sogenannte „Grenzleichtbau". Hierbei wird an eine ideale Konstruktion gedacht, die den minimalen Gewichtsaufwand darstellt unter Ausschöpfung aller technischen Möglichkeiten. Der praktischen Verwirklichung dieses „Grenzleichtbaues" sind aus wirtschaftlichen Überlegungen Grenzen gesetzt.

2. **Der klassische Leichtbau.** Er schöpft gleichfalls alle technischen Möglichkeiten aus, läßt aber die gesamtwirtschaftlichen Gegebenheiten nicht außer acht. Er sucht die technisch reale Leichtbaulösung. Diese ist stark abhängig vom derzeitigen Stande der Technik. Die Domäne des klassischen Leichtbaues ist der Flugzeugbau.

3. **Der allgemeine Leichtbau.** Er sucht gleichfalls die Vorteile des Leichtbaues auszuschöpfen, stellt aber die wirtschaftlichen Belange stärker in den Vordergrund. Der allgemeine Leichtbau verzichtet zum Teil bewußt auf Leichtbaumöglichkeiten, wenn sich der Aufwand wirtschaftlich nicht rechtfertigen läßt. Den allgemeinen Leichtbau wendet man beispielsweise im Fahrzeugbau an.

4. **Der Sparbau** oder **die werkstoffsparende Konstruktion.**
Hierbei wird der Leichtbau nur mehr am Rande betrieben. Was man durch umsichtige Gestaltung der Konstruktion einsparen kann, wird beachtet.

Zu den hier genannten 4 Stufen des Leichtbaues mögen noch die folgenden Hinweise nützlich sein. Dem Grenzleichtbau kommt mehr eine wegweisende Bedeutung zu, er könnte als Maßstab für die Beurteilung des Standes des Leichtbaues gewertet werden. Auch er ist keine Konstante, sondern abhängig vom jeweiligen Stande der Technik. Die Frage nach dem minimalen Gewichtsaufwand für einen Druckstab können wir beispielsweise wohl nach dem heutigen Stande der Technik eindeutig beantworten, doch kann die Antwort hierauf mit einem neuen, leistungsfähigeren Werkstoff in Zukunft anders ausfallen. In vielen technisch wichtigen Fällen ist das Studium des Grenzleichtbaues durchaus nicht nur eine akademische Angelegenheit, sondern er kann auch der Praxis wertvolle Hinweise geben. Allerdings ist auf diesem Gebiete erst wenig gearbeitet worden. Den weiteren drei Stufen des Leichtbaues kommt große praktische Bedeutung zu. Der klassische Leichtbau führt dabei im wesentlichen die Entwicklung und regt fortdauernd den allgemeinen Leichtbau und den Sparbau an.

b) Die Anwendungsgebiete des Leichtbaues.

Bei der Aufzeichnung der Anwendungsgebiete des Leichtbaues benutzen wir zweckmäßig die Stufeneinteilung, welche die Nachhaltigkeit des Leichtbaues kennzeichneten. Der Grenzleichtbau scheidet für eine Anwendung in der Praxis aus, so daß also lediglich die noch verbleibenden drei Stufen des Leichtbaues in Betracht zu ziehen sind.

Das Anwendungsgebiet des klassischen Leichtbaues ist ausschließlich der Luftfahrzeugbau. Luftfahrzeuge gehören zur Gattung der Verkehrsmaschinen. Bei jeder Verkehrsmaschine kann man das Verhältnis von Nutzlast zu Gesamtlast, oder auch das Verhältnis von Nutzlast zu Leergewicht unter gewissen Bedingungen als eine Art Wertmesser für den Leichtbau ansprechen. Spart man am Leergewicht der Konstruktion einen Gewichtsanteil ein, so kann dieser Betrag bei gleicher Gesamtlast der Nutzlast zugute kommen. Beim Luftfahrzeug setzen unnötige Mehrgewichte nicht nur alle Flugleistungen herab, sondern verringern auch die Wirtschaftlichkeit. Daß unsere heutigen Flugzeuge den transkontinentalen Luftverkehr meistern, ist neben

der Vergrößerung der Flugzeuge, der
Vergrößerung der Antriebsleistungen
und neben der Verbesserung der
aerodynamischen Form besonders auch
dem klassischen Leichtbau zu danken,
dem es gelang, den Gewichtsanteil für
die Flugzeugzelle und für das Triebwerk mit wachsender Flugzeuggröße
zu senken.

Die Anwendungsgebiete des a l l g e -
m e i n e n L e i c h t b a u e s sind zunächst alle übrigen V e r k e h r s m a -
s c h i n e n — das Flugzeug ausgenommen. Im einzelnen gehören hierzu:
die Schienenfahrzeuge, soweit sie dem
Personenverkehr dienen, die neuerdings entwickelten Schienenstraßen-
fahrzeuge aller Art, die Straßenfahrzeuge, Seilbahnen. Im Zusammenhang
mit den Verkehrsmaschinen sollen
auch die Transportbehälter für den
Güterverkehr erwähnt werden. Die
Schonung der Transportgüter, das Einsparen der Verpackung, die direkte Zu-
stellung vom Erzeuger zum Verbrau-
cher sind einige nennenswerte Vorteile.
Leichte Behälter senken die Transportkosten.

Aber auch in den Wasserfahrzeugbau
dringt der Leichtbau bereits vor. Hier
sind es besonders die hochliegenden
Deckaufbauten, welche aus schiffbau-
lichen Gründen leicht gehalten werden.
Ein weiteres Anwendungsgebiet des
allgemeinen Leichtbaues stellt der
M a s c h i n e n b a u mit dem Fahrzeugmotorenbau, dem Hebezeugbau,
dem Aufzugbau, den Förderanlagen,
dem Landmaschinenbau und den beweglichen Werkzeugmaschinen und
Arbeitsmaschinen. Im Brückenbau sind
besonders die Hebe- und Drehbrücken
zu nennen. Im B e r g b a u fallen Erdölbohrtürme und Einrichtungen für den
Streckenausbau mit in das Arbeitsfeld
des allgemeinen Leichtbaues. Erdölbohrtürme wechseln häufig den Ar-
beitsplatz, sie müssen sich einfach und
schnell rüsten und befördern lassen.
Im Bauwesen sind es die sogenannten
fliegenden Bauten. Zu nennen wären
weiter noch der Hallenbau, der Hochbau, der Mastenbau, der Behälterbau

und der Brückenbau, die vom allgemeinen Leichtbau Gebrauch machen.
Diese Aufstellung über die Anwendungsgebiete des allgemeinen Leichtbaues ist sicherlich noch keineswegs
erschöpfend, kennzeichnet jedoch wohl
deutlich genug den Umfang des Be-
tätigungsfeldes.

Die letzte Stufe des Leichtbaues, d e r
S p a r b a u o d e r d i e w e r k s t o f f -
s p a r e n d e K o n s t r u k t i o n,
braucht in den Anwendungsgebieten
nicht besonders herausgestellt zu werden; denn sie ist überall anwendbar,
es sei denn, es liegen besonders ge-
artete Verhältnisse vor. Den Sparbau
einzuführen und anzuwenden, ist eine
Erziehungsaufgabe der Konstruktions-
chefs für die Konstrukteure.

c) D e r k l a s s i s c h e L e i c h t b a u i m
F l u g z e u g b a u.

Der Motor des Leichtbaues ist und
bleibt der Flugzeugbau. So werden im
Luftfahrzeugbau alle Möglichkeiten
ausgeschöpft, und man kann wohl
ohne Übertreibung sagen, daß der
Flugzeugbau in der Hauptsache den
klassischen Leichtbau begründet.
Fragen wir zunächst: welche Methoden
wendet der Flugzeugbau an, um das
Leichtbauziel zu erreichen?

α) *Leitsätze des Leichtbaues im Flugzeugbau.*

1. Planmäßige Verfolgung der Ge-
wichte (Gewichtsanalyse, Ge-
wichtsvorgabe, Gewichtskontrolle).

Bei allen Neukonstruktionen im
Flugzeugbau spielt die Gewichtsanalyse eine bedeutsame Rolle.
Auf Grund von Erfahrungswerten
ist man in der Lage, den Gewichtsaufwand für das Flugzeug mit-
samt dem Triebwerk recht genau
vorauszubestimmen. Es ist daher
möglich, die Gewichtsanteile für die
einzelnen Baugruppen, wie Triebwerk, Flügel, Rumpf usw. als Kon-
struktionsziel festzulegen. Die laufenden rechnerischen Gewichtser-
mittlungen während der Konstruktion sorgen dafür, daß dieses Ziel

auch verwirklicht wird. Darüber hinaus werden die Einzelteile und Baugruppen nach der Herstellung gewogen.

2. Zweckmäßige Belastungsannahmen für die am Flugzeug bei verschiedenen Zuständen angreifenden Kräfte.

Da ein Versagen des Flugzeuges stets Menschenleben in Gefahr bringt, ist es notwendig, die Beanspruchungen am Flugzeug genauestens zu klären. Die Lastannahmen tragen diesen Umständen Rechnung und sind behördliche Mindestvorschriften, welche die Konstruktion erfüllen muß. Es gibt wohl in keinem Zweig der Technik so ausgereifte Lastannahmen wie im Flugzeugbau, die im übrigen durch Zusammenarbeit von Behörde, Wissenschaft und Industrie auf dem neuesten Stand der Erkenntnis gehalten werden.

3. Herabsetzung der äußeren Kräfte. Eine Herabsetzung der Kräfte wird erreicht:
   1. durch sorgfältige Ermittlung der äußeren Kräfte,
   2. durch Einbau von Federungsaggregaten zur Aufnahme von Stoßkräften, Abbrechen der Lastspitzen,
   3. Einbau von Sicherungsgliedern gegen Überlastung, z. B. nachgiebige Kupplungen, Abfangsicherungen, Sturzflugbremsen,
   4. durch Verminderung des Eigengewichtes,
   5. durch Geschwindigkeitsbeschränkungen.

4. Einführung und passende Wahl von Sicherheitszahlen.

Mit dem sicheren Zustand bezeichnet man am Flugzeug einen Betriebszustand, bei dem keinerlei Beeinträchtigung der Funktionsfähigkeit erfolgen darf, wenn kurzzeitig auftretende Höchstwerte von Kräften wirksam sind. Beim sicheren Zustand dürfen u. a. an keiner Stelle der Konstruktion bleibende Formänderungen auftreten, oder

sie dürfen nur in solchem Ausmaß vorkommen, daß die Tragfähigkeit dadurch nicht gemindert wird. Daher fordern die früheren deutschen Lastannahmen u. a. für statische Beanspruchungen:

1. Bei 1,35facher sicherer Last werden Beanspruchungen bis zu 75 % der Bruchspannung ebenso wie Beanspruchungen bis zur Streckgrenze zugelassen.

2. Bei sicherer Last darf die Beanspruchung nur 55 % der Bruchspannung erreichen oder, was auf das gleiche hinausläuft, bei einer Sicherheitszahl von 1,8 gegenüber sicherer Last darf die Tragfähigkeit sowohl durch Spannungsbruch (z. B. Zug- und Schubbruch) wie auch durch Überschreiten der Stabilitätsgrenze (Knicken, Beulen, Kippen) gerade erreicht werden.

Durch die Einführung der Sicherheitszahlen wird eine gute Ausnutzung der Konstruktion und der Werkstoffe sichergestellt.

5. Anwendung von Werkstoffleistungsblättern.

Für den konstruktiven Einsatz haben sich eine Reihe von Werkstoffen für den Flugzeugbau besonders qualifiziert. In vielen Fällen sind auch eigens hochgezüchtete Werkstoffe für den Flugzeugbau entwickelt worden. Die volle Ausnutzung der Werkstoffe bedingt, daß man mit ihren Leistungsdaten vertraut ist. Deshalb wurden für die Flugzeugbaustoffe Leistungsblätter aufgestellt, die alle für den Konstrukteur wichtigen Leistungsdaten enthalten. So möge das Bild 1, das Leistungsblatt für Flugzeugkiefer, Zeugnis ablegen, wie sorgfältig man die Eigenschaften der Werkstoffe erforscht und auswertet.

6. Spezielle Leichtbaumaßnahmen.

Hierher gehören a) der Stoff-Leichtbau und b) der Form-Leichtbau und die Kopplung beider Maßnahmen. Unter Stoffleichtbau ver-

Lfd. Nr.	Benennung	Bezeichnung	Dimension	Belastungsbild	Grenzwerte	Rechenwerte 4001	Rechenwerte 4002
1	Wichte	γ	g/cm^3		$0{,}33 \cdots 0{,}89$	0,60 (0,51) (0,57)	0,60 (0,56) (0,62)
2	Zugfestigkeit längs	σ_{zBl}	kg/cm^2		$350 \cdots 1960$	700	800
3	Zugfestigkeit quer	σ_{zBq}	kg/cm^2		$10 \cdots 44$	30	30
4	Druckfestigkeit längs	σ_{dBl}	kg/cm^2		$300 \cdots 800$	400	480
5	Quetschgrenze quer (radial)	σ_{qr}	kg/cm^2		$40 \cdots 86$	40	40
6	Quetschgrenze quer (tangential)	σ_{qt}	kg/cm^2		$50 \cdots 135$	60	60
7	Biegefestigkeit	σ_{bB}	kg/cm^2		$350 \cdots 2059$	650	750
8	Verdrehfestigkeit	τ_{tB}	kg/cm^2		$105 \cdots 207$	100	120
9	Abscherfestigkeit Belastg. längs Faser Scherfl. parallel Faser	τ_{aB}	kg/cm^2		$88 \cdots 132$	80	90
10	Abscherfestigkeit Belastg. quer Faser Scherfl. parallel Faser	τ_{aB}	kg/cm^2		$18 \cdots 40$	20	25
11	Abscherfestigkeit Belastg. quer Faser Scherfl. Hirnschnitt	τ_{aB}	kg/cm^2		$258 \cdots 391$	250	250
12	Lochleibungsfestigkeit längs	σ_{lBl}	kg/cm^2		$220 \cdots 330$	220	220
13	Lochleibungsfestigkeit quer	σ_{lBq}	kg/cm^2		$118 \cdots 123$	100	100
14	E-Modul f. Zug längs	E_{zl}	kg/cm^2		$73000 \cdots 180000$	100000	100000
15	E-Modul f. Zug quer	E_{zq}	kg/cm^2		$2700 \cdots 11200$		
16	E-Modul f. Druck längs	E_{dl}	kg/cm^2			100000	100000
17	E-Modul f. Druck quer	E_{dq}	kg/cm^2				
18	E-Modul f. Biegg. längs	E_{bl}	kg/cm^2		$69000 \cdots 201000$	100000	100000
19	Drillungsmodul	G_t	kg/cm^2		$6460 \cdots 9200$	8000	8000
20	Schlagbiegearbeit	a	mkg/cm^2		$0{,}20 \cdots 1{,}60$		
21	Biegewechselfestigkt.	σ_{bw}	kg/cm^2		$150 \cdots 420$		

Bild 1 Festigkeitswerte von Kiefer bei Feuchtigkeitsgehalt u=12%

steht man die Anwendung leistungsfähiger, hochfester Werkstoffe; unter Formleichtbau versteht man die Anwendung zweckmäßig gestalteter Bauelemente und Bauweisen. Im allgemeinen läuft der Formleichtbau auf die Aufgabe hinaus, den vollen Querschnitt aufzulösen, also den Werkstoff möglichst weit vom Profilschwerpunkt anzuordnen. Man gelangt so zu den bekannten Dünnblechkonstruktionen, deren Tragfähigkeit durch Beul-, Kipp- oder Knickerscheinungen erschöpft wird.

7. Genaue Ermittlung der inneren statischen und dynamischen Belastungsgrößen.

Bei Beachtung notwendiger Steifigkeitsforderungen wird überall gleiche Sicherheit der ganzen Konstruktion angestrebt. Hierzu gehört auch

1. das Inrechnungstellen mittragender Bauglieder, wie z. B. Berücksichtigung statisch unbestimmter Einflüsse, Berücksichtigung von Einspannentlastungen z. B. von Knickstäben, Knickung von Stabgruppen,

2. Berücksichtigung von entlastenden Spannungsgefällen in Baugliedern, wie z. B. in Gurten und Biegeträgern, bei Rahmenträgern, bei auf Verdrehung beanspruchten Teilen.

8. Heranziehung von Festigkeitsversuchen und Spannungsmessungen.

Bei verwickelten Bauteilen, die nur schwierig einer Berechnung zugänglich sind, kann der Versuch häufig schnellen Aufschluß geben. Man schätzt die Abmessungen beim Versuchsstück und nimmt, um Gewicht zu sparen, eine Unterdimensionierung vor. Durch eine örtliche Verstärkung ist es dann leicht möglich, das Bauteil oder das Aggregat mit der gewünschten Sicherheit auszustatten. Der Versuch soll also möglichst Zeit und Gewicht sparen helfen. Spannungsmessungen geben wertvolle Aufschlüsse über Verbesserungsmöglichkeiten der vorhandenen Konstruktion. Das Abtasten des Spannungsfeldes eines Bauteils mit neuzeitlichen Meßverfahren, die Anwendung der Spannungsoptik gehören mit zum Handwerkszeug des Versuchsingenieurs.

9. Einsatz planmäßiger Forschung für Bemessungshilfen und zur Entwicklung von Leichtbauelementen.

Für immer wiederkehrende Bemessungsaufgaben kann die Ausarbeitung von Bemessungsblättern dazu beitragen, sich besten Baulösungen zu nähern. Hierher gehören z. B. die Verbindungen, Anschlüsse, Druckglieder, Biegeträger usw. Leichtbauelemente können als genormte Bauteile durch eine systematische Entwicklung auf einen hohen Stand gebracht werden, so daß sie für sich als Bestlösungen längere Zeit in Anwendung bleiben können. Hierfür gibt es eine Reihe von Bauteilen, die unter Umständen zur allgemeinen Norm erhoben werden können oder aber als Werknormen Einsatz finden. Beispiele sind Bedienstangen, Steuerungselemente, Flugzeugräder, Ausrüstungsteile und anderes mehr.

10. Durchführung von Belastungsversuchen an der fertigen Konstruktion. Solche Versuche bestätigen einerseits, daß die geforderten Bruchlasten erreicht werden, andererseits kontrollieren sie auch, daß bei möglichen Belastungszuständen die Steifigkeit der Gesamtkonstruktion gewahrt wird. Ferner prüft man mit geeigneten Versuchen auch die Schwingungssicherheit der Konstruktion nach.

Die konsequente Anwendung dieser Leitsätze mit Hilfe eines geschickten Mitarbeiterstabes sichert bei entsprechender Arbeitsteilung dem Leichtbau im Flugzeugbau den Erfolg. Dabei darf auch die Überwachung des Fortschrittes in Technik und Forschung durch Literaturstudium nicht unterbleiben.

6

β) Die Leichtbauweise im Flugzeugbau.

Wenn auch dem Flugzeugbauer in der äußeren Form der Zelle durch aerodynamische Gegebenheiten Rücksichten auferlegt werden, so kann bei der Festlegung der Bauweise mehreren Möglichkeiten nachgegangen werden. Bei der Flugzeugzelle herrscht heute die Leichtmetallbauweise vor. Holzbauweisen werden nur bei kleineren Sportflugzeugen und bei Segelflugzeugen angewendet, weil hier weniger die Festigkeit als vielmehr die Steifigkeit eine Rolle spielt. Hierfür sind aber gerade die Hölzer, besonders die hochwertigen Lagenhölzer, immer noch ganz hervorragende Werkstoffe. Versuche, Flugzeuge ganz aus Kunststoffen zu bauen, liegen schon längere Zeit zurück. Diesen Versuchen waren aber nur Teilerfolge beschieden. So wurde u. a. in Deutschland ein Leitwerk aus aushärtbaren Kunststoffen gepreßt und erfolgreich erprobt. Die Sprödigkeit der Kunststoffe und die hohen Gesenkkosten bringen Schwierigkeiten mit sich. Es ist anzunehmen, daß die im Karosseriebau bereits erfolgreich angewandte Kombination von Glasgespinsten und Polyestern dem Flugzeugbau neue Wege weist. Ferner spielen die Kunststoffe in Schaumform als Leichtstoff bei der Entwicklung der sogenannten „Sandwichbauweisen" eine wichtige Rolle. Die Mischkonstruktionen aus Stahl, Leichtmetallen und Hölzern sind im allgemeinen nur bei kleineren Flugzeugen von Belang.

In ihrem statischen Aufbau haben die Flugzeugbauweisen im Laufe der Zeit eine grundlegende Wandlung durchgemacht. In den Anfängen war die Fachwerkbauweise allgemein vorherrschend, wobei man sich für die Verkleidung der luftumströmten Oberflächen einer Stoffbespannung bediente. Die stetige Steigerung der Geschwindigkeit und die erforderliche Rücksichtnahme auf die aerodynamischen Belange der Flugzeugzelle brachten immer mehr eine Abkehr von der Fachwerkbauweise und führten zu den heute im Flugzeugbau vorherrschenden Schalenbauweisen.

Unter Schalenbauweisen versteht man eine dünnwandige Blechkonstruktion, die einen Hohlraum umschließt und deren Wände mit Aussteifungen versehen werden. Für Kraftübertragungen — Druck, Biegung, Torsion und auch zusammengesetzte Beanspruchungen — ist die Schale deshalb ein günstiges Gebilde, weil der Werkstoff in der größten Entfernung vom Trägerschwerpunkt angeordnet wird und daher beste Werkstoffausnutzung gewährleistet. Hinzu kommt, daß bei entsprechenden Ausführungen die Schalen eine formtreue Oberfläche gewährleisten, die aus strömungstechnischen Rücksichten am Flugzeug gefordert werden muß.

Beanspruchungsmäßig sind die Rumpfschalen (von Druckkabinen abgesehen) dadurch gekennzeichnet, daß sie nur durch Einzellasten beansprucht werden, da die Belastungen aus den Strömungskräften an der Oberfläche häufig, aber nicht immer vernachlässigbar klein sind. Im Gegensatz dazu erleiden die Flügel- und Leitwerkschalen in der Hauptsache Beanspruchungen aus den Luftkräften. Während also beim Rumpf alle Beanspruchungen in der Schalenfläche selbst verbleiben, wird die Schalenwand bei Flügel- und Leitwerkschalen noch zusätzlich auf Biegung beansprucht. Das letztere trifft auch auf die Druckkabine zu. Es ist nun die Aufgabe der Schalenstatik, den Spannungsverlauf in Schalenkonstruktionen zu ermitteln und die Grundlagen für günstige Ausbildung zu finden.

Die Versteifungen nehmen eine Aufteilung der Blechhaut in der Weise vor, daß im allgemeinen Rechteckfelder von den Versteifungsprofilen eingerahmt werden. Diese ebenen oder auch gewölbten Blechfelder werden durch in der Blechwand wirkende Normalspannungen und Schubspannungen beansprucht und beulen bei bestimmten Spannungen aus, die man kurz als Beulspannungen bezeichnet. Beim Ausbeulen legt sich das Blech in Falten.

Die Tragfähigkeit der Schalen ist bei Beginn der Beulung keineswegs am Ende, sondern wird erst erschöpft durch einen Stabilitätsbruch der Randprofile, die entweder knicken oder beulen. Der Übergang vom nicht ausgebeulten Zustand zum ausgebeulten Zustand ist durch eine Spannungsumlagerung gekennzeichnet, da im ausgebeulten Blech die Spannungen — von Ausnahmen abgesehen — nur noch wenig zunehmen, während in den Profilen und deren Umgebung noch weitere beträchtliche Spannungsanstiege bei Weiterbelastung auftreten.

Bei der Berechnung der Flugzeugschalen interessieren zwei Fragen:

1. Wann beulen die Blechfelder aus?
2. Wie hoch stellt sich die Tragfähigkeit der Schale beim Bruch?

Die Beantwortung der ersten Frage ist deshalb wichtig, weil man im Zustand der sicheren Belastung ein Ausbeulen der Haut aus strömungstechnischen Gesichtspunkten im allgemeinen nicht zulassen darf. Über das Ausbeulen von Platten und gekrümmten Schalenelementen gibt es eine umfangreiche Literatur.

Durch die vorliegenden theoretischen Untersuchungen und durch ergänzende Versuchsergebnisse ist man über die Beulspannungen bei den verschiedenartigsten Belastungszuständen recht gut unterrichtet, auch über das Verhalten im plastischen Bereich. Allerdings sind Theorie und Versuch nicht immer zufriedenstellend im Einklang, was aber meistens auf die Schwierigkeiten bei der Versuchsdurchführung zurückzuführen ist.

Durch Versteifungen kann man das Ausbeulen der Bleche zu höheren Spannungen heraufsetzen. Die zweckmäßige Wahl der Aussteifungen nach Richtung, Teilung, Profilform und Gewichtsaufwand im Verhältnis zum Plattengewicht wird durch den Beanspruchungszustand mitbestimmt und bedarf jeweils besonderer Überlegung. Über die günstigste Ausbildung solcher versteiften Platten liegen sowohl theoretische als auch versuchsmäßige Arbeiten vor. Bei einer auf Biegung beanspruchten Schale ist die Druckseite gefährdet durch Knicken oder Beulen der Profile. Zur Berechnung solcher auf Druck parallel zu den Versteifungen beanspruchter Schalenteile bedient man sich im Flugzeugbau des Begriffs der „mittragenden Breite". Als Versteifungsprofile werden U-, Z- oder Hut-Profile verwendet, über deren Tragfähigkeit im Verband mit der Haut umfangreiche Erfahrungen vorliegen.

Im Zusammenhang mit den Schalen- und Plattenkonstruktionen soll noch kurz auf die Bedeutung des Wellbleches hingewiesen werden, das als sogen. orthogonal - anisotrope Platte die Möglichkeit bietet, die Beulspannung gegenüber der isotropen Platte heraufzusetzen. Erwähnt sei ferner der Zugfeldträger oder Wagnerträger als Biegungsträger angewendet im Gegensatz zum Biegungsträger mit schubsteifem Stegblech, bei dem als Steg ein dünnes Blech verwendet wird. Das dünne Stegblech beult bei Schubbelastungen aus und legt sich etwa unter 45° zum Gurt in Falten. Beim Zugfeldträger müssen Ober- und Untergurt durch Pfosten gegeneinander abgestützt werden. Die Berechnung des ebenen Zugfeldträgers ist völlig geklärt.

Die Beulvorgänge spielen nicht nur bei den Schalen eine Rolle, sondern sind von grundsätzlicher Bedeutung bei allen Knick- und Beulvorgängen an offenen und geschlossenen dünnwandigen Profilen.

Schwieriger ist schon die Beantwortung der Frage nach der Tragfähigkeit der unversteiften und versteiften Schalen. Auch hier steht eine umfangreiche Literatur zur Verfügung. Die hier und dort vorhandenen Abweichungen zwischen Theorie und Versuch können ihre Ursachen darin haben, daß bei den Versuchen sich noch zusätzliche Einflüsse bemerkbar machen, die durch die Randbedingungen in der Rechnung nicht erfaßt sind.

Die Platten- und Schalenprobleme werden durch verschiedene Umstände in der rechnerischen Behandlung erschwert. Bei den Flugzeugschalen wird die Anbringung von Ausschnitten für Fenster, Türen, Ladeluken u. a. nötig. Hierdurch wird der Spannungsfluß gestört. Daneben kommt es auch bei der Einleitung von Einzelkräften in die Schale zu Störungen, die örtlich höhere Beanspruchungen hervorrufen. Über die Probleme der Störbelastung an Schalen ist in letzter Zeit sehr viel von den Amerikanern gearbeitet worden. Bei Flugzeugen, die in großen Höhen fliegen, sind Druckkabinen in Anwendung. Diese Druckkabinen haben nennenswerte Belastungen senkrecht zur Schale aufzuweisen. Dasselbe gilt auch für Flugzeuge mit hohen Geschwindigkeiten und hohen Flächenbelastungen. Hier beschreitet man einen neuen Weg, die Platte aufzulösen, indem man nur außen in der aufgelösten Platte als Plattenbelag den Festigkeitsträger anordnet und den Innenraum mit Leichtstoffen ausfüllt. Der Füllstoff dient dabei zur Bettung und Stützung der tragenden Außenhäute. Als Leichtstoffe werden meist Kunststoffe verwendet. Konstruktionen dieser Art bezeichnen die Amerikaner als „Sandwichplatten", aber auch im deutschen Flugzeugbau erkannte man rechtzeitig die Vorteile dieser Bauweisen und beschäftigte sich damit theoretisch und versuchsmäßig. Bei den hochbelasteten Schnellflugzeugen, die die Schallgrenze erreichen oder überschreiten, ergeben sich neue konstruktive Erfordernisse, vor allem wegen der höheren Flächenbelastungen, der dünneren Flügelprofile und der Temperaturbeanspruchung. Hieraus resultieren wieder andersgeartete Bauweisen, auch erfordert die Flügelerwärmung entsprechend widerstandsfähige, warmfeste Werkstoffe.

γ) Einige weitere Gestaltungsgrundsätze des Flugzeugbaues.

Als Mittel zur Schaffung werkstoffsparender Konstruktionen wurden die Leitsätze des Leichtbaues im Flugzeugbau herausgestellt und ferner auf die Leichtbauweisen des Flugzeugbaues hingewiesen. Aber ebensosehr wie die Einhaltung dieser Linie im großen erfordert die Sicherstellung eines rationellen Leichtbaues die sorgfältige Durcharbeitung der Teilkonstruktion. Um dem Konstrukteur die ohnehin schwierige Aufgabe zu erleichtern, kann man ihm einige weitere Hilfen und Richtlinien mit auf den Weg geben, nämlich:

1. Anwendung von Leichtbauhalbzeugen. Offene Normalprofile aus Walzeisen oder Walzstahl werden fast nie den Leichtbauanforderungen gerecht. Der Leichtbau bevorzugt daher Hohlwandträger als Rohre, auch mit Rechteckquerschnitt. Wo offene Profile verwendet werden müssen, sollen durch passende Querschnittsgestaltung hohe Beul- und Knickfestigkeit angestrebt werden.

2. Anwendung von Leichtbauelementen. Hierunter kann man im allgemeinen solche Bauteile rechnen, die sich als Luftfahrtnormen bewährt haben, wie z. B. Halbzeuge, Zugelemente, Verbindungselemente, Stoßstangen u. a. m.

3. Anwendung von Hohlwandbauteilen. Hohlwandbauteile bieten ähnlich den Schalen den Vorzug größter Steifigkeit bei geringstem Gewichtsaufwand, sie werden in Form von Guß- und Schweißteilen angewendet.

4. Richtige Werkstoffwahl.

5. Richtige Ausbildung von Verbindungen. Die Festigkeit der Verbindungen soll den durchzuleitenden Beanspruchungen gerecht werden. Durch zentrische Kraftführungen sind Zusatzbeanspruchungen zu vermeiden.

6. Die Frage: Gußteil, Preßteil, Schweißteil wird u. a. vorwiegend durch die Fertigungsstückzahl bestimmt. Kombination von Gußteil

und Halbzeugteil durch Schweißen ist häufig arbeitsparend.

7. Hochbeanspruchte Schweißteile können durch Vergütung nach dem Schweißen auf hohe Festigkeit gebracht werden. Im Flugzeugbau wurde dieses Verfahren zur Gewichtseinsparung bei Konstruktionen aus Chrom-Molybdän-Stahl häufig angewandt.

8. Kürzeste Kraftwege zwischen den Kraftausgleichsstellen sind anzustreben. Jeder Umweg erfordert einen Mehraufwand infolge Zusatzbeanspruchungen.

9. Ebene, festigkeitsmäßig nicht voll ausgenutzte Blechwände können durch Durchzüge erleichtert und versteift werden.

10. Richtige Ausbildung von Blechabwicklungen bei Schweiß- und Nietkonstruktionen im Hinblick auf die Einsparung von Nähten und sparsamen Blechaufwand.

d) Der Leichtbau in anderen Zweigen der Technik.

Wenn im vorigen Abschnitt der klassische Leichtbau im Flugzeugbau etwas ausführlich behandelt wurde, so deshalb, um das Wesentliche klar herauszustellen. Wenn man also in anderen Zweigen der Technik etwa klassischen Leichtbau treiben wollte, so ist der Weg dazu klargestellt. Will man sich aber mit dem allgemeinen Leichtbau zufrieden geben, so muß es dem Konstrukteur überlassen bleiben, sich seine Planung dafür zusammenzustellen. Über die Anwendungsgebiete des allgemeinen Leichtbaues sind die Hinweise bereits in Abschnitt 2 gegeben. Je nach dem Zweig der Technik werden dabei die vorliegenden Leichtbauprobleme verschieden sein.

Aus der Fülle der Anwendungsmöglichkeiten des Leichtbaues in anderen Zweigen der Technik können hier daher nur einige Hinweise gegeben werden.

Der Fahrzeugbau.
Unsere herkömmlichen Fahrzeugkonstruktionen zeigen vielfach noch ein fahrbares Untergestell, auf das die Karosserie getrennt aufgesetzt wird. Der Rahmen im Untergestell muß alsdann alle Beanspruchungen allein aufnehmen bei einer sehr beschränkten Bauhöhe. Vom Standpunkt der Gewichtseinsparung ist es einleuchtend, sich die Bauhöhe in der Seitenwand wenigstens teilweise, etwa bis zur Höhe der Fensterbrüstung, nutzbar zu machen. Solche Bauweisen, als halbtragende Bauweise bezeichnet, sind auch mit Erfolg verwirklicht. Es ist aber naheliegend, beim Fahrzeug die volle verfügbare Bauhöhe in der Karosserie mit zum Tragen heranzuziehen. Das führt dann zwangsläufig zu einer schalenartigen Konstruktion, wie sie im Flugzeugbau vorliegt. Durch die vielen Ausschnitte für Fenster und Türen sind die zu lösenden Konstruktionsfragen schwieriger. Diese Störstellen in der Konstruktion durch die Schalenausschnitte bringen auch für die Festigkeitsberechnungen nicht unerhebliche Schwierigkeiten. In der neuesten Zeit geht man dennoch immer mehr zu diesen Bauweisen über und nutzt auch die Vorteile des Leichtmetalls bei diesen Konstruktionen aus. Mit der Anwendung rostfreier Stähle in hochfesten Profilen, welche aus Blech geformt werden, bewahrt auch im Fahrzeugbau der Stahl dem Leichtmetall gegenüber seinen Platz. In USA sind solche Konstruktionen erfolgreich in Anwendung.

Es dürfte von Interesse sein, einige Anwendungsbeispiele des Leichtbaues bei Verkehrsmaschinen zu zeigen. Bei den Schienenfahrzeugen sind als neueste Arbeiten in Deutschland die Reisegliedertriebzüge zu nennen. Der Einbau von Dieseltriebwerken, Schalenkonstruktionen aus Leichtmetall wie im Flugzeugbau und Einachslaufwerke sind einige wesentliche Aufbaumerkmale. Hohe Fahrgeschwindigkeiten passen sich dem Verkehrsbedürfnis an. Der ganze Zug besteht aus den beiden

10

Kopfgliedern an den Zugenden mit den Triebwerken und fünf Mittelgliedern. Bild 2 zeigt den schalenartigen Aufbau eines Wagenmittelgliedes der Ausführung von Linke-Hofmann-Busch. Bild 3 zeigt einen ähnlichen schalenartigen Aufbau in Leichtmetall an einem Straßenbahnwagen der Niedersächsischen Waggonfabrik.

Der Maschinenbau.

Im Fahrzeugmotorenbau hat die Einführung der Leichtmetalle manche Fortschritte gebracht, nicht nur für die hin und her gehenden Triebwerksteile, wie Kolben und Pleuel, sondern auch durch Übergang zum Magnesiumguß bei Gehäusen. Durch federnde Lagerungen werden die Schwingungsbeanspruchungen aus dem Lauf von der übrigen Konstruktion ferngehalten und dadurch Schwingungsbrüche vermieden.

Auch für den Hebezeugbau bieten sich dem Leichtbau noch mancherlei Möglichkeiten. Für den Aufzugbau und für Förderanlagen dürften schalen- oder kastenartige Blechkonstruktionen sich im Gewichtsaufwand günstig auswirken. Über die Bedeutung des Leichtbaues im Landmaschinenbau hat sich in Deutschland Herr Professor Kloth bereits in einer Schriftenreihe geäußert und besonders auch auf den Leichtbau im Schlepperbau hingewiesen. Bei allen ortsveränderlichen Maschinen ist die gewichtsparende Bauweise am Platze. Dort, wo sich der Maschinenbau mit Einzelfertigungen oder Fertigungen von kleiner Stückzahl abzufinden hat, ist die Schweißkonstruktion in der geschlossenen Hohlwandbauweise ein willkommener Helfer. Aber auch viele Teilaggregate von Maschinen, wie Getriebekästen, Gehäuse usw., bilden dankbare Anwendungsmöglichkeiten. Im allgemeinen Maschinenbau werden unsere Konstrukteure noch viel zu wenig dazu angehalten, zu bedenken, daß Platz und Raum sparen zugleich auch Einsparung an Gewicht und Rohstoff darstellt, ganz abgesehen davon, daß auch die Fertigungskosten heruntergedrückt werden.

Im Brückenbau sind es besonders die beweglichen Brücken, die Hebe- und Drehbrücken, bei denen man sich im Ausland in Leichtmetall versucht. Die Mehrkosten für den Werkstoff werden im Laufe der Zeit durch die Energieeinsparung bei der Brückenbetätigung wieder eingespart. Ferner lassen sich die Öffnungs- und Schließzeiten verkürzen. Das Bild 4 zeigt eine solche Leichtmetallbrücke.

Im Bergbau sind neuerdings Bestrebungen im Gange, die aufgelösten Stahlgerüste für Erdölbohrtürme durch Schalenkonstruktionen zu ersetzen. Die Einsparung an Aufbau- und Abbaukosten bei Verpflanzung der Anlagen liegt auf der Hand. Das Bild 5 zeigt einen neuartigen Bohrturm in Schalenbauweise der Salzgitter Maschinenbau AG. im Gegensatz zu der sonst üblichen aufgelösten Bauweise. Für den Streckenausbau im Bergbau ist eine sorgfältige Bemessung der Bauelemente wie Druckstempel und Querträger notwendig, um einer Rohstoffverschwendung entgegenzuwirken.

Auch der Schiffbau macht sich neuerdings den Leichtbau zu Nutze. Das trifft besonders für alle hochliegenden Deckaufbauten zu. Auch Rettungsboote stellt man neuerdings in Leichtmetall her. Es ist immerhin interessant, daß in dem schnellsten Ozeandampfer „United States", mit 53 000 t Wasserverdrängung, 2000 t Aluminium für Aufbauten auf dem Oberschiff eingebaut wurden.

Im Bauwesen ist der Leichtbau für die sogenannten fliegenden Bauten von Bedeutung. In Verbindung mit den neuen Werkstoffen, wie sie uns die Holzindustrie liefert, wie Faserplatten, Dämmplatten und Spanplatten, lassen sich hier in Kombination mit Metallfolien und der Sandwichbauweise noch wichtige Möglichkeiten aufzeigen.

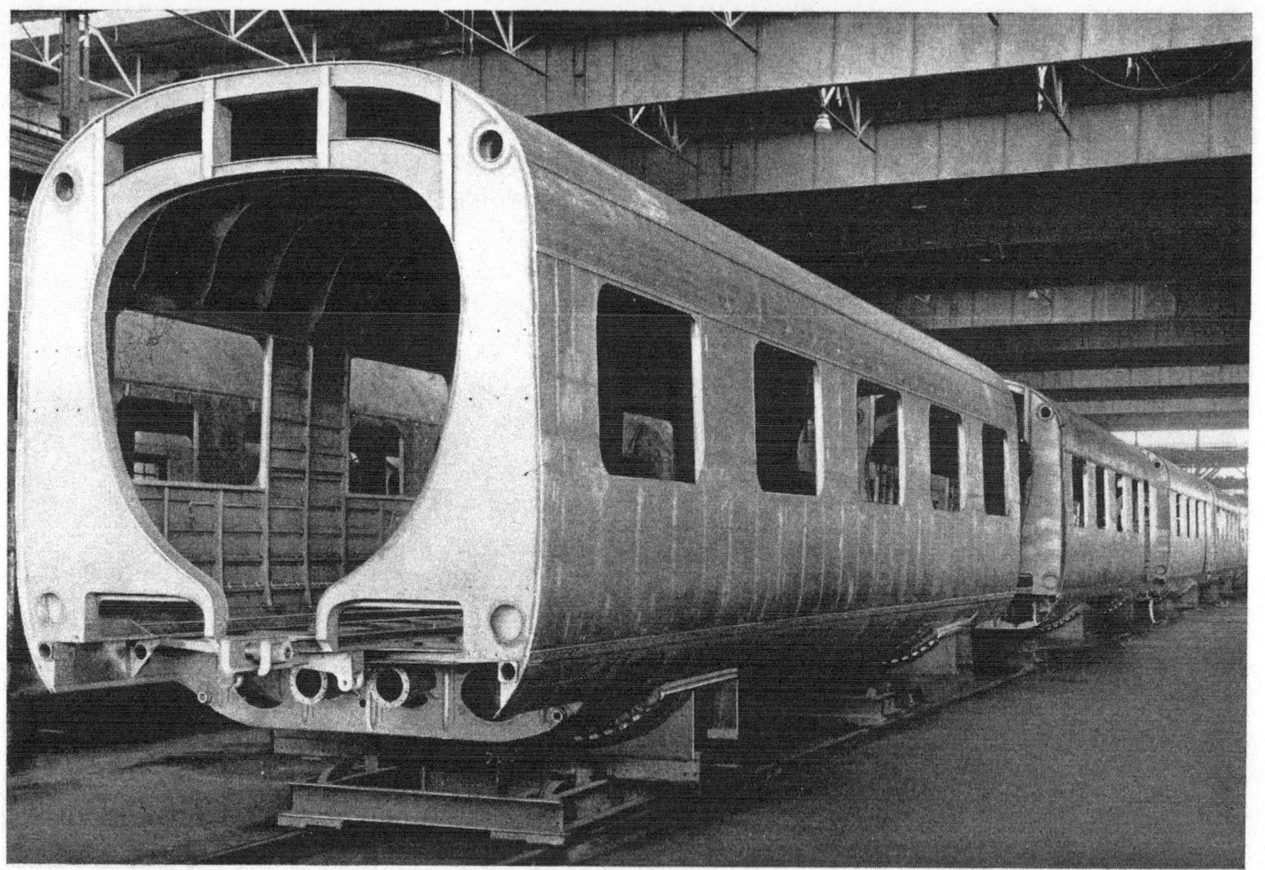

Bild 2. Wagenmittelglied des Reise-Gliedertriebwagens, Ausführung Linke-Hofmann-Busch

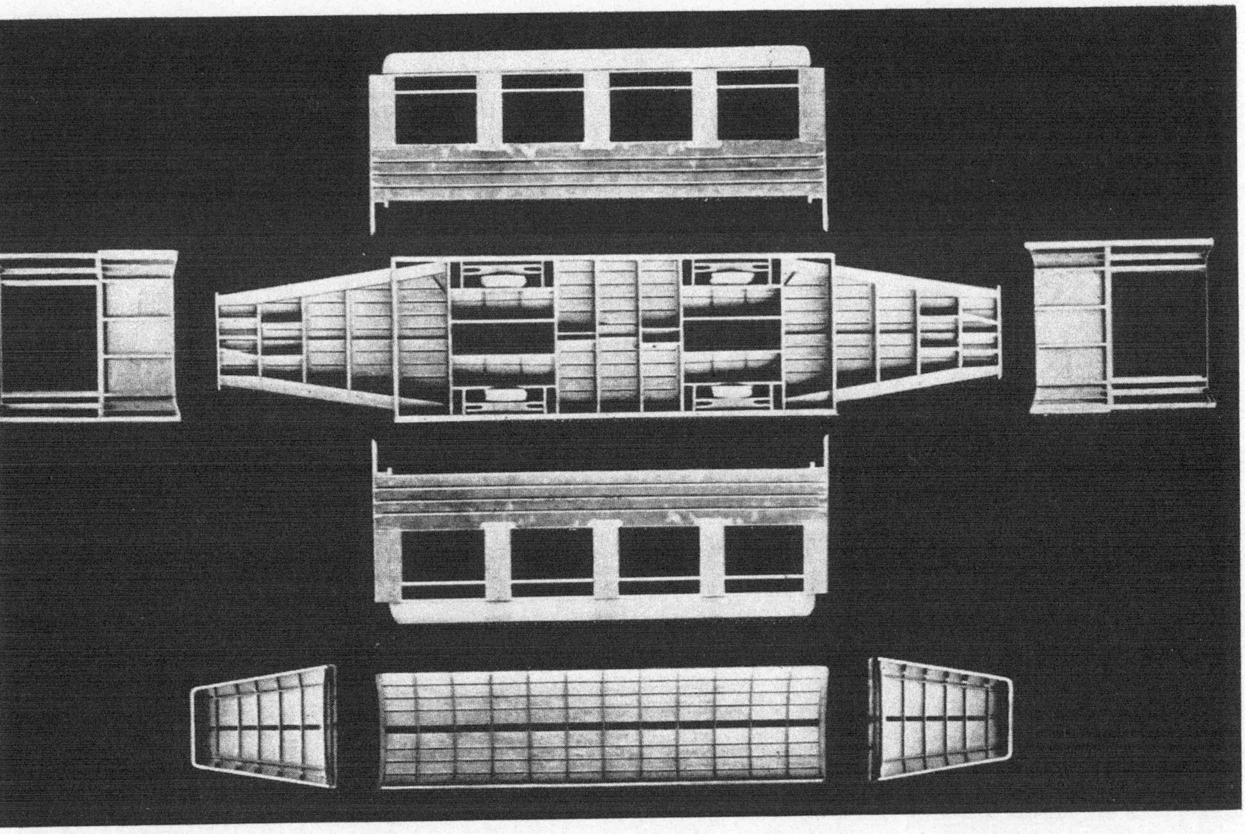

Bild 3. Straßenbahnwagen in Leichtmetallschalenbauweise der Niedersächsischen Waggonfabrik, Elze/Hann.

Bild 4. Leichtmetall-Klappbrücke in Aberdeen

Bild 5. Klappbarer Erdölbohrmast der Salzgitter-Maschinen-A. G., Salzgitter-Bad

e) Zur Bewertung von Leichtbaukonstruktionen.

Bei einer Bewertung der werkstoffsparenden Konstruktionen ist es naheliegend, vom Gewichtsaufwand auszugehen. Wenn auch in manchen Fällen die Gewichtsangabe selbst schon gewisse Anhaltspunkte gibt, so wird man damit allein in der Regel nicht auskommen, da weitere Einflüsse mit erfaßt werden müssen. Die Beziehung auf einen Idealzustand ist meist nicht möglich, da man den Idealzustand nicht kennt. Zu brauchbaren Wertungszahlen für die Beurteilung gelangt man jedoch, wenn man das Gewicht auf eine passendgewählte Größe bezieht. In allen Zweigen der Technik, in denen der Leichtbau gepflegt werden muß, sind Wertungszahlen für den Gewichtsaufwand eingeführt. Wenn auch die Wertungszahlen dieser Art an ganzen Maschinen vorliegen, so wird es häufig notwendig, den Gewichten umfassender nachzugehen, was zu weitergehender Auflösung der Wertungszahlen führt. Bei allen Untersuchungen dieser Art sind klare Abgrenzungen über das erfaßte Gewicht außerordentlich wichtig. Ganz besonders vorsichtig muß man sein mit der Auswertung von Literaturangaben. Sie sind häufig nicht exakt genug und können zu Trugschlüssen führen. Die beste Unterrichtung ist die Untersuchung und Statistik im eigenen Betrieb.

Allerdings wäre es sehr erwünscht, wenn sich im Interesse der Weiterentwicklung des Leichtbaues auch die Forschung mit den Wertungszahlen des Leichtbaues einmal gründlich befassen könnte, damit man bei Neuentwicklungen stets den derzeitigen Stand der Technik zur Hand hat.

f Leichtbau und Fertigung.
Bei einer Betrachtung über Leichtbau und Fertigung empfiehlt sich ein Rückblick auf die Fertigungsverfahren des Flugzeugbaues, werden doch hier fast alle Fertigungsverfahren angewendet.

Die Schwerpunkte bilden jedoch die Blechverformung und die Verbindungstechnik. Den Tiefziehanforderungen der Leichtmetallbleche hat man durch die Entwicklung besonderer Tiefziehblechsorten gerecht zu werden versucht. Blechverformungseinrichtungen mittels Gummikissen auf hydraulischen Pressen oder auf Fallhammer-Pressen oder nach dem Streckziehverfahren gehörten bereits zu den Standardeinrichtungen der Blechumformung in deutschen Flugzeugwerken. Neuerdings sind in Deutschland von der Firma Henschel die Möglichkeiten der Blechverformung weiter entwickelt worden durch eine Art (maschinelles) Hämmerverfahren mittels Schablonen. Die bei dünnen Stahlblechen schon lange angewandte Punktschweißung hat man auf das Leichtmetall übertragen. Zum Punkten bevorzugt man Legierungen wie Pantal oder Hydronalium. Wurden an versteiften Schalenwänden bislang die Versteifungsprofile aufgenietet, so geht man in den USA dazu über, die Versteifungsprofile mit dem Blech als Strangpreßprofile auszubilden und führt erst nachträglich die Verformungsarbeiten aus. Eine neue Verbindungstechnik des Flugzeugbaues ist das Metallkleben. Entwicklungen in dieser Richtung begannen schon gegen Kriegsende. Das Ausland hat in dem Araldit- und in dem Redux-Verfahren zwei praxisreife Metallklebeverfahren entwickelt, die je nach der Art der benutzten Klebemittel kalt und warm angewendet werden können. Einige andere Fertigungsverfahren, die der Flugzeugbau teils bereits anwendet oder teils weiterstudiert, sind: die Sinterung von Bauteilen, der Genauguß, die Hartverchromung von Leichtmetall, das Einschäumen von Leichtstoffen bei Sandwichbauweisen, das Kaltschweißen, das Kaltspritzen von Stahl u. a. m. Allen Oberflächenschutzverfahren kommt im Leichtbau im Hinblick auf die geringeren Wandstärken besondere Bedeutung zu.

13

g) Leichtbau und Wirtschaftlichkeit.

Noch unter einem anderen Gesichtspunkt kann man die Leichtbau-Konstruktion betrachten. Vom Aufwand aus gesehen wird es unterschiedlich sein, ob man lediglich eine werkstoffsparende Konstruktion ins Auge faßt oder sich betont auf das Gebiet des Leichtbaues begibt. Während das erste nebenbei durch geschicktes Arbeiten am Brett mit anfällt, kann im zweiten Fall alles aufgeboten werden, wie Konstruktion und Rechenaufwand, Versuche und Mittel der Fertigung. Allerdings gibt es abseits dieser beiden Fälle auch besonders im Brückenbau andere Fälle, in denen eine werkstoffsparende Konstruktion erst durch erheblichen Rechenaufwand erlangt werden muß. In den beiden Fällen ist also der Geldaufwand sehr unterschiedlich. Eine wirtschaftliche Denkweise erfordert, den Ausgleich zwischen Aufwand und Nutzen aufeinander abzustimmen. Da das eingesparte kg beim Flugzeug einen anderen Nutzungswert besitzt als bei einem Fahrzeug oder einer Maschine, so müssen wir uns den Verhältnissen mit unseren Sparmaßnahmen anpassen. Vielfach ist in der Literatur das eingesparte kg einem Geldwert gleichgesetzt, wobei für die Festlegung bestimmte wirtschaftliche Gegebenheiten berücksichtigt wurden. Es wäre eine dankbare Aufgabe, diesen Fragen nachzugehen. Was darf man vernünftigerweise für das eingesparte kg in den verschiedenen Zweigen der Technik aufwenden? Die Zuordnung der Fragen von Leichtbau und Wirtschaftlichkeit bedarf demnach noch einer gründlichen wissenschaftlichen Klärung.

Sowohl von der Seite der reinen Theorie her wie auch von der Seite des Versuchs und unter Umständen durch Paralleluntersuchungen in beiden Richtungen dürfte es möglich sein, hier weitere Klarheit zu schaffen. Allerdings ist der Fragenkreis stellenweise sehr komplex. Wenn wir beispielsweise die Frage aufwerfen, wie

bei einem Omnibus das kg eingespartes Gewicht zu bewerten ist, so spielt hierbei der Anschaffungspreis, die Ausnutzung des Fahrzeuges, der Brennstoffverbrauch, der Reifenverbrauch, die Wartungsanfälligkeit, Lebensdauer u. a. mehr mit. Trotz der Vielzahl der Einflüsse sollte es dennoch möglich sein, zu brauchbaren Zahlenwerten zu kommen. Noch schwieriger erscheint die Frage: Was kostet denn das durch Leichtbau-Maßnahmen eingesparte Kilogramm? Nur im Einzelfall wird sich übersehen lassen, welcher Aufwand für Konstruktion, Berechnung oder Versuch anfallen wird. Besser lassen sich die fertigungstechnischen Maßnahmen zum Gewichteinsparen übersehen, wie etwa das Eindrücken von Versteifungssicken ins Blech, das Ausstanzen von Erleichterungen, das Ausbohren von Erleichterungen, der Übergang zu einem anderen Werkstoff o. ä. Durch entsprechende Arbeitsblätter könnte man aber dem Konstrukteur Richtlinien an die Hand geben, damit auch er schon die Möglichkeit hat, an der wirtschaftlichen Leichtbaukonstruktion mitzuarbeiten.

h) Leichtbau, Forschung und Erfahrungsaustausch.

Wir wollen nun noch die Frage behandeln, wie kann der Leichtbau durch Forschung und Erfahrungsaustausch gefördert werden. Dabei taucht zunächst die Frage auf, womit sich die Leichtbauforschung befassen soll. Bei der Vielfalt der Elemente, aus denen sich der Leichtbau zusammenfügt zu einem organischen Ganzen, kann man die Aufgabengebiete nur komplexweise ansprechen. Da sind zunächst die Fragen der Lastannahmen und Sicherheiten. So ist es beispielsweise verwunderlich, daß der Fahrzeugbau noch keine einheitlichen Belastungsannahmen aufweist. Aber auch auf vielen anderen Gebieten dürfte es nicht viel anders sein. Eine wesentliche Rolle in der Leichtbauforschung wird stets die Werkstofforschung spielen, sei es, daß es darum geht, Werkstoffe mit besseren Festigkeiten zu finden oder, daß nach besseren Verarbeitungseigenschaften gefragt wird, oder aber die Beständigkeit gegenüber äußeren Einflüssen im Vordergrund steht. Einen anderen breiten Raum nimmt in der Leichtbauforschung die Ausarbeitung von Berechnungsverfahren ein. Bei den Dünnblechbauweisen treten vielfach Stabilitätsprobleme auf, die nur mit großem mathematischem Aufwand zu bewältigen sind. Ihre Ergebnisse müssen aber für die Praxis in eine solche Form gebracht werden, daß ihre Auswertung mit erträglichem Zeitaufwand möglich ist. Erst wenn die Ergebnisse der Forschung in handlichen Arbeitsblättern der Praxis zur Verfügung stehen, tragen sie ihre Früchte. Ein weiteres Betätigungsfeld liegt auf dem Gebiete der Fertigung, der Technik der Blechumformung und der gesamten Verbindungstechnik leichtbautechnischer Fertigungen. In das Gebiet der Forschung gehören auch die Fragen der Wirtschaftlichkeit im Leichtbau, welche im vorigen Abschnitt kurz erörtert wurden.

Zum großen Teil dürfte die Grundlagenforschung im Leichtbau bereits von der Seite des Flugzeugbaues über die zahlreich vorhandenen Forschungsinstitute geleistet werden. Allerdings gibt es auch im allgemeinen Leichtbau eine Reihe von Problemen, die dem Flugzeugbau weniger interessant und brennend sind und daher von anderer Seite behandelt werden müssen. So ist es sehr zu begüßen, daß in Deutschland die Arbeitsgemeinschaft für den Leichtbau der Verkehrsfahrzeuge es sich zur Aufgabe macht, einen Erfahrungsaustausch vorwiegend für erdgebundene Verkehrsmittel zu vermitteln. Von dem Ausschuß „Leichtbau" in der Arbeitsgemeinschaft Deutscher Konstruktionsingenieure mit seinen Arbeitsgruppen erhofft man in Deutschland eine weitere Förderung des Leichtbaues in verschiedenen Zweigen der Technik. Aus der Luftfahrtdokumentation, die nun auch in Deutschland wieder in Gang kommt, wird der Leichtbau wertvolle Anregungen schöpfen. Möge er darüber hinaus auch international gepflegt werden und die vorliegende Arbeit solchen Bestrebungen förderlich sein.

II. Einführung in die Bibliographie

1. Aufgabenstellung und Aufgabenabgrenzung

Die Bestrebungen, den Leichtbau zu fördern, müssen zunächst davon ausgehen, den Stand der Technik zu vermitteln. Der Umstand, daß bei uns in Deutschland die technischen Entwicklungsmöglichkeiten und auch die Forschung zufolge der Nachkriegseinflüsse stark gehemmt wurden, macht es erforderlich, daß nicht nur der Stand in Deutschland, sondern vor allem auch der des Auslandes möglichst ausgiebig erfaßt wird. Bei den Schwierigkeiten, die auch heute noch herrschen, Auslandserfahrungen zu erhalten, wird später die Frage der Lückenlosigkeit der Unterlagen nochmals nachzuprüfen sein. Die vielen Gebiete, aus denen der Leichtbau seine Erkenntnisse erarbeiten muß, haben zur Folge, daß eine Literatursammlung über den Leichtbau eine sehr breite Basis erhalten muß, insbesondere dann, wenn er allen in Frage kommenden Zweigen der Technik seinen Nutzen bringen soll. Eine erste Aufgabe ergibt sich also darin, alle Quellen des Leichtbaues in der Literatur in einer Bibliographie zusammenzustellen. Entsprechend dem Umfang der Literatur muß die darin zu verwendende Ordnung so sein, daß ein schnelles Zurechtfinden in irgend einer Frage gegeben ist. Um das Ausmaß der Arbeit zu beschränken, kann sich die Bibliographie im äußersten Falle nur über eine Zeitspanne von etwa 20 Jahren, also etwa vom Jahre 1930 ab erstrecken. In manchen Fällen wird man nicht umhin können, auch einige wenige frühere grundlegende Arbeiten mit aufzunehmen, besonders, wenn in späteren Arbeiten der Inhalt als bekannt vorausgesetzt ist. Demgegenüber gibt es auch Leichtbaurandgebiete, auf denen nur noch die Entwicklung der letzten Jahre von Interesse ist. Auf einigen Gebieten der Technik, die den Leichtbau angehen, gibt es bereits ausgezeichnete Bibliographien. Alsdann wird man hierauf zu verweisen haben und nur noch die Frage zu prüfen sein, wie weit wertvolle Arbeiten gesondert in der Leichtbaubibliographie aufzuführen sind. Damit ist die Aufgabenstellung dieser Arbeit umrissen. Die Erfahrungen, die bei der Bearbeitung der Bibliographie anfallen, werden gleichfalls vermittelt werden, da sie bei Ausarbeiten ähnlicher Bibliographien von anderen Zweigen der Technik von Nutzen sein können. Von besonderem Wert ist es, auch festzuhalten, welche Literatur künftighin vorwiegend Leichtbaufragen behandeln wird, damit für künftige Berichterstattungen Ratschläge gegeben werden können.

Die vorliegende Bibliographie ist nicht nur für den in der Praxis tätigen Ingenieur bestimmt, sondern soll auch dazu dienen, den Forscher zu unterrichten. Durch diese Bibliographie kann zunächst nur ermittelt werden, welche Arbeiten auf den verschiedenen Gebieten geleistet wurden. Die Sucharbeit im Schrifttum ist also durch die Bibliographie erheblich vermindert oder gar eingespart. Weiterer großer Nutzen für die Allgemeinheit der Interessenten würde sich dann ergeben, wenn das vorhandene Schrifttum gebietsweise durchgearbeitet und der darin erzielte Fortschritt übersichtlich etwa in Form von Monographien dargestellt wird. Eine solche Arbeit könnte aber nur von Fachleuten eines jeweilig abzugrenzenden Gebietes geleistet werden. Nur auf diese Weise wird es möglich sein, unseren Ingenieuren und Forschern den Blick für das Ganze und für den Leichtbau in seiner Gesamtheit zu erhalten.

Der Leichtbau schöpft aus einer Reihe von Grundwissenschaften seine Erkenntnisse, um sich auf den verschiedensten Zweigen der Technik nützlich zu machen. Im Laufe der Bearbeitung der Bibliographie drängte sich immer mehr der Plan auf, die dem Leichtbau dienlichen Lehrbücher gesondert zusammenzustellen. Ein Rückgriff auf diese Bücher ist manchmal für eine Gesamtorientierung von Nutzen, aber auch zuweilen für das tiefere Studium irgendeiner Veröffentlichung notwendig. Weitere Hinweise auf diese Lehrbuchzusammenstellung finden sich im Abschnitt II. 3. d.

Um den Umfang des Arbeitsanfalles für die Bibliographie auf das zulässige Maß zu begrenzen, waren Beschränkungen hinsichtlich der Erfassung der Auslandsliteratur notwendig. So wurde vornehmlich das Schrifttum von USA, England und Frankreich ausgewertet. Wenn das Schrifttum verschiedener anderer Länder kaum oder nicht bearbeitet wurde, so scheiterte dies teils am Arbeitsumfang, teils an der Sprache oder auch an der Schwierigkeit der Literaturbeschaffung.

2. Allgemeine Hinweise auf die Quellenermittlung für die Bibliographie

Jeder, der sich in heutiger Zeit mit Literatursuche befassen muß, weiß die Schwierigkeiten zu ermessen, die in der Fülle des Materials, in der Verstreutheit desselben und besonders auch in der Erreichung der noch vorhandenen Fundstellen liegen. Was den Umfang der Arbeit anbelangt, sei hier kurz erwähnt, daß die Hauptquellen dieser Bibliographie die Fachzeitschriften bilden, von denen allein etwa 300 teilweise oder ganz ausgewertet wurden.

Die Dokumentation befaßt sich seit altersher [1] *) mit der Sammlung,

---

Ordnung und Erschließung von Schriftgut. Unter Schriftgut ist selbstredend jedes Erzeugnis gedruckten, geschriebenen — niedergelegten Gedankengutes zu verstehen. Janitzki [2] teilt das Schriftgut folgendermaßen ein:

1. enzyklopädische Werke,
2. spezialisierte Bücher — Monographien (Einzeldarstellungen, Sonderschriften),
3. Sammlungen von Originalabhandlungen (zerstreut in Fachblättern, Zeitungen usw.),
4. Patentschriften,
5. Firmenschriften,
6. amtliche Druckschriften (Laboratorien, Materialprüfanstalten usw.).

Die Wege zur Schrifttumsauswertung sind die allgemeinen bibliographischen Hilfsmittel und die besonderen, darunter auch die verkappten Bibliographien [3]. Allgemein kann man die direkte oder indirekte Methode der Literatursuche [2] anwenden. Die erste geht über eine vorläufige Orientierung in einem größeren Buch zu einem spezialisierterem und, falls vorhanden, zu weiteren Werken. Nun werden verschiedene Referateblätter, dann Originalartikel durchgesehen und verglichen. Die zweite Methode sucht erst eine Bibliographie oder neuere grössere Zeitschriftenaufsätze mit Literaturangaben in Referateblättern zu finden und baut daraus auf. Daß der Erfolg verschieden sein wird, dürfte verständlich sein, z. B. wird man spezialisierte Bücher und amtliche Druckschriften eher entdecken als versteckte Angaben. Nun fragt es sich aber: Wie soll man auswählen [1]? Kann man die Grenze zwischen Veraltetem und Neuem, zwischen Wesentlichem und Unwesentlichen ziehen, oder auch soll man die Arbeiten besonders geschätzter Fachleute auf einem Spezialgebiet mit zum Ausgangspunkt nehmen? Alle diese Fragen sind als Ganzes kaum zu beantworten und müssen demnach von Fall zu Fall entschieden werden.

Nach Janitzki geht man den Weg, erst die rein bibliographischen Hilfsmittel restlos auszunutzen, dann geeignete

Originale auszuwerten und schließlich eine Zusammenstellung und Zusammenfassung durch Studium derselben anzufertigen. So wird man letzten Endes eine möglichst vollständige Dokumentation erzielen können. Körner sagt dazu [4]: „Vom nützlichen Verzeichnis bis zum kritisch wertenden Forschungsbericht ist ein weites Feld. Wie vielgestaltig auch die Früchte sein mögen, die dieses Feld trägt, so darf es doch nicht unbebaut bleiben. Heute vollends, da es nottut, die durch den Krieg zerrissenen Fäden zu knüpfen, gehören nicht zuletzt Bibliographien und Forschungsberichte zu jenen Unternehmungen, welche dazu beitragen können, die unheilvolle Abschnürung der hinter uns liegenden Kriegsjahre aufzuheben — zugunsten einer Verbundenheit im Geiste der Forschung, der wir dienen."

Der Hergang bei der vorliegenden Bibliographie ist auf Grund der Anfangsschwierigkeiten weder die genaue Befolgung der direkten noch der indirekten Methode. Zunächst gründete sich die Literaturstellensammlung auf eine kleine Arbeit des Verfassers, die 1949 im Institut für Maschinenkonstruktion und Leichtbau u. a. mit Hilfe der „Luftfahrt-Literaturschau für Luftfahrtforschung und Luftfahrttechnik" etwas erweitert wurde. Später wurden zur weiteren Information Bibliotheken der deutschen Technischen Hochschulen, Universitäten, namhafte Bibliotheken von öffentlichen Dienststellen, Organisationen, größeren Industriewerken, Verlagen u. a. aufgesucht. Mit einer Reihe von Bibliotheken oder Privatpersonen wurde unmittelbar schriftlich verkehrt. Auch diese stellten Hinweise zur Verfügung, so daß die Grundlagen für die Ausschöpfung der in Deutschland zur Kenntnis gelangten Literatur eine gewisse Erschöpfungsgrenze, vor allem infolge der Mittel, erreicht haben dürfte. Der Briefwechsel kann hier, vor allem mit dem Ausland, nur kümmerlicher Ersatz sein, da der Leichtbau noch nicht überall zu einem festen Begriff geworden ist. Dies stellte eine erhebliche Klippe zur bibliographischen Aussonderung dar, da die Referateorgane z. B. nicht unter dem Gesichtspunkt der gewichtsmäßigen Einsparung, sei es nun direkt oder indirekt, ihre Rezensionen bringen, sondern unter einem anderen Blickwinkel. Dennoch wurden die Referateblätter, soweit verfügbar, ausgenutzt; sie sind im Abschnitt III gesondert aufgeführt. Dabei werden einige mehr oder weniger allgemeine Bibliographien vorangestellt, die leider keine Teilbibliographie unmittelbar über den Leichtbau bringen. Bibliographien von Teilgebieten oder angrenzenden Bereichen sind nur z. T. verwertbar. Sie sind hier als ganzes aufgeführt, da die Durchsicht meistens augenscheinlich erfolgen muß, ja sogar u. U. Einsicht in die Originalarbeiten erfordert, was mit einem nicht tragbaren Mehraufwand verbunden ist. Firmenschriften fanden bisher nur vereinzelt Aufnahme; Patentschriften wurden nicht mit aufgenommen.

Aus all dem Vorstehenden ergibt sich, daß die unermeßliche Fülle des sich anstauenden Materials in geordnete Bahnen gelenkt werden muß, nicht allein aus dem Gedanken der Wirtschaftlichkeit einer Bibliographie, sondern auch aus dem anzustrebenden Nutzeffekt, der ebenfalls gleichmäßig verteilt werden sollte [5].

Pietsch [6] deutet ersteres an und sagt: „daß nicht nur ergebnislos geistige Energien und unwiederbringliche Zeit vergeudet werden, sondern daß gleichzeitig auch sehr erhebliche volkswirtschaftliche Werte in unökonomischer, ja geradezu sachwidriger Weise eingesetzt werden, so können wir uns letzten Endes nicht der Tatsache einer mangelnden Ökonomie im Einsatz unserer begrenzten geistigen und wirtschaftlichen Mittel verschließen. Die Schärfe dieser Sachlage mag dem einzelnen geistigen Arbeiter nicht so drastisch gegenwärtig sein wie etwa denjenigen Instanzen, die, wie beispielsweise die Arbeitskreise der großen Handbücher, fast täglich Ge-

...egenheit haben, bei ihren weit erstreckten Studien und Einblicken in große Bereiche des geistigen Arbeitens eine Bestätigung dafür zu finden." Für jedes Fachgebiet müßte daher ein Literaturingenieur verantwortlich sein, mehrere müßten in den Interpretationsstellen zusammengefaßt werden, die den Betrieben periodische, kritische Zusammenstellungen auf einzelnen Gebieten zur Verfügung stellen müßten, wobei reihum alle Sachgebiete systematisch zu bearbeiten wären. Die Interpretationsstellen könnten vom Staat oder von dem betr. Industriezweig finanziert werden, sie könnten sich aber auch selbst finanzieren. Alle drei Wege haben etwas für sich.

1] *Schneider, Georg:* Handbuch der Bibliographie. Leipzig: Hiersemann 1924.

2] *Janitzki, W.:* Über die Kunst des Recherchierens. STZ **47** (1950) 24 383—391. Nachr. Dok. **1** (1950) 3/4 85—92.

3] *Kern, Leo M.:* Grundfragen der Dokumentation. Nachr. Dok. **1** (1950) 2 43.

4] *Körner, J.:* Bibliographisches Handbuch des Deutschen Schrifttums. Bern: 1949 S. 21

5] *Matthes, Max:* Wozu benötigt die Industrie Dokumentationsstellen? Nachr. Dok. **2** (1951) 3 Dok. Ordn. Techn. S. I—V.

6] *Pietsch, E.:* Neue Methoden zur Erfassung des exakten Wissens in Naturwissenschaft und Technik. Nachr. Dok. **2** (1951) 2 38—44.

7] *Kaysser, Fr.:* Forderungen an die Zeitschriftenauswertung. Nachr. Dok. **2** (1951) 2 44—48.

8] *Fleischhack, K.:* Leitfaden der Bibliographie. Heidelberg: Quelle und Meyer 1951.

9] *Vorstius, Joris:* Ergebnisse und Fortschritte der Bibliographie in Deutschland seit dem 1. Weltkrieg. Leipzig: Harrassowitz 1948 V, 172 S.

2. Ordnung des Schrifttums

a) Grundsätzliche Betrachtungen.

Wenn man die Erfahrungen des Leichtbaues und seiner Randgebiete in einer Bibliographie verankern will, so muß man den vorhergehenden Ausführungen zufolge eine breite Grundlage wählen. Auf die Notwendigkeit, das Lehrbuch in dieser bibliographischen Aufstellung über den Leichtbau aufzunehmen, ist an anderer Stelle dieser Arbeit schon kurz verwiesen worden. Will man sich auf einem Zweig der

Technik über irgendeine Frage schnell unterrichten, so bieten dabei die Lehrbücher eine gute Hilfestellung. Dabei sind nicht nur deutsche, sondern auch ausländische Lehrbücher mit aufgeführt. Dieses scheint auch deswegen gerechtfertigt, weil die Lehrbücher eine Gesamtschau bringen und so den Stand von Wissenschaft und Technik in den einzelnen Ländern vergleichbar machen. Die Lehrbücher sind im Abschnitt VI gesondert zusammengestellt, wobei für die Einordnung der Bücher die gleichen Gesichtspunkte gelten, nach denen bei der Ordnung der Zeitschriftentitel verfahren ist. Diese sind wie folgt:

So wie wir beim Studium stets Grundwissen und Fachwissen trennen, drängt sich auch hier eine derartige Grundgliederung der Bibliographie auf, s. Abschnitt VII. Oberster Grundsatz der Gliederung war, sie so aufzustellen, daß die gesuchte Literatur schnell gefunden werden kann. Das Grundwissen ist dadurch gekennzeichnet, daß es allgemein gültige Erkenntnisse vermittelt und so auf den verschiedenen Zweigen des Leichtbaues allgemein anwendbar ist.

Das Grundwissen umfaßt die Lehren von den Lastannahmen und Sicherheiten, die Statik der ebenen und räumlichen Fachwerke, der Rahmenwerke, der Platten und Schalen, der Holzkonstruktionen, der Schwingungen, die Werkstoffestigkeiten, die Gestaltfestigkeiten bei statischer Beanspruchung, die Gestaltfestigkeit bei dynamischer Beanspruchung. Einen besonderen Platz erfordern noch die Bauelemente des Leichtbaues, und schließlich folgt die Lehre von den Verbindungselementen. Hieran schließt sich ein Abschnitt über Wirtschaftlichkeitsfragen. Dann folgt ein Abschnitt über Fertigung. Daran schließen sich Abschnitte über Normung, über Prüfen und Messen und über Konstruktionslehre. Alle bisher aufgeführten Abschnitte kann man als zum Grundwissen gehörig ansprechen, weil es allgemein anwendbar ist. Nunmehr werden in einem weiteren Teil die Anwendungen behandelt. Hierbei ist diesem Teil ein Abschnitt vorangestellt, der allgemein gültige Fragen erfaßt, die bei der Anwendung des Leichtbaues auf allen Gebieten Beachtung verdienen. So werden hier der Stahlleichtbau, der Leichtmetallbau und der Leichtbau in sonstigen Werkstoffen behandelt. Im Anschluß folgen dann die verschiedenen technischen Anwendungsgebiete wie allgemeiner Maschinenbau, Beförderungsmittel, Förderanlagen, Bauwesen und sonstige Anwendungsgebiete. Den Abschluß bildet ein Abschnitt über Gewichtsunterlagen.

Diese Grundgedanken liegen der Gliederung der Bibliographie der Schrifttumsquellen zugrunde. Sie ist aus der Praxis der Arbeit heraus entstanden und hat auch erst nach und nach die jetzige Form angenommen. Es muß der weiteren Erfahrung überlassen werden, welche Umstellungen und Ergänzungen noch notwendig werden.

b) B e m e r k u n g e n   z u m   A b -
s c h n i t t   III: A u f s t e l l u n g   d e r
i n   d e r   B i b l i o g r a p h i e   a u s -
g e w e r t e t e n   u n d   v e r w e n -
d e t e n   b i b l i o g r a p h i s c h e n
A r b e i t e n (S c h r i f t t u m s s c h a u -
e n   u n d   B i b l i o g r a p h i e n,   I n -
d i c e s   u n d   R e f e r a t e b l ä t t e r).

Unter bibliographischen Arbeiten sollen hier allgemein solche Arbeiten verstanden werden, die das Schriftgut großer Arbeitsgebiete erfassen. Dabei kann die Art der Erfassung unterschiedlich sein. Teilweise werden nur Titel, Verfasser usw. erfaßt, man spricht dann von einer Titelbibliographie oder von einer Schrifttumsschau ohne Referat. Teilweise werden neben Titel, Verfasser usw. aber auch kurze Inhaltsangaben über die Arbeit selbst gegeben. Man hat hierfür mehrere und auch noch nicht einheitliche Bezeichnungen, wie Schrifttumsschau mit Referaten, Bibliographien, Indices mit Referaten und Referatblätter. Alle diese Arbeiten verfolgen das Ziel, ein Gebiet der Technik — von dieser ist hier nur die Rede — in einer Gesamtschau literaturmäßig zu erfassen und damit der Unterrichtung im Großen zu dienen. Für die Berichterstattung selbst wird teils das Buch, das Heft, das Blatt oder die Karte benutzt.

Hier ist folgende Einteilung getroffen:

1. Schrifttum und Bibliographien.
2. Indices teils ohne, teils mit Referaten.
3. Referateblätter.

Wo erforderlich, ist bei 1 und 2 noch ein Hinweis auf die Referate erfolgt. Eine Aufstellung der Arbeiten schien allein schon deswegen notwendig, um den Umfang der geleisteten Arbeiten aufzuzeichnen. Andererseits mußte auch festgestellt werden, in welchen Fällen eine genaue Bearbeitung der Quellen zur Ausschöpfung der den Leichtbau angehenden Literatur erfolgte, und in welchen Fällen lediglich die Erwähnung der Literatur erfolgen sollte, um einen Hinweis auf die vorhandenen Arbeiten zu geben und zugleich zu kennzeichnen, daß sie hier und da nützliche Hinweise ergaben. Mit Rücksicht hierauf sind die angezogenen Arbeiten streng unterteilt. Für die Auswahl der Bücher wurden ferner Bücherkataloge der Verlage benutzt, soweit solche erreichbar waren.

c) B e m e r k u n g e n   z u m   A b -
s c h n i t t   V: A u f s t e l l u n g   d e r
i n   d e r   B i b l i o g r a p h i e   b e -
n u t z t e n   Z e i t s c h r i f t e n,   A b -
h a n d l u n g e n,   B e r i c h t e,
J a h r b ü c h e r,   M i t t e i l u n g e n
u n d   S c h r i f t e n.

Der Abschnitt V enthält eine Zusammenstellung der Zeitschriften und aller sonstigen Fundstellen, aus denen Quellenmaterial für die Titelbibliographie geschöpft wurde. Um den Überblick zu verbessern, wurde eine Unterteilung in deutsche und ausländische Quellen vorgenommen. Bei dem deutschen Verzeichnis wurde noch unterteilt in Zeitschriften und sonstige Quellen und innerhalb derselben eine alphabetische Ordnung vorgenommen.

Die Aufstellung enthält — soweit dies in Erfahrung gebracht werden konnte — auch die vollständige Anschrift, um gegebenenfalls ein Anschreiben dieser noch bestehenden Stellen zu ermöglichen.

d) Bemerkungen zum Abschnitt VI: Bücher.

Die Gründe, welche dazu führten, in dieser Bibliographie auch Bücher mit aufzunehmen, wurden bereits in Abschnitt II 3a behandelt. Die Bücher wurden von den Zeitschriften-Aufsätzen getrennt aufgeführt. Sie wurden entsprechend ihrem Charakter, gewisse Gebiete zusammenfassend zur Darstellung zu bringen, teilweise zu größeren Gruppen zusammengefaßt, als sie bei der Aufstellung der Zeitschriften-Aufsätze zur Anwendung kamen. Innerhalb dieser Gruppen erfolgte die Ordnung alphabetisch nach Verfassern, um dadurch schnell feststellen zu können, ob ein Werk aufgenommen wurde oder fehlt. Stammen mehrere Bücher von ein und demselben Verfasser, erfolgte an dieser Stelle die Einordnung chronologisch, weil hierdurch ein schnelles Auffinden gewährleistet wird. Die Wiedergabe der Titel wurde sonst entsprechend der Gliederung vorgenommen, die dem Abschnitt VI vorangestellt ist. Die Nennung geschieht in folgender Reihenfolge: Verfasser, Vorname, Buchtitel, Auflage, Erscheinungsort, Verlag, Erscheinungsjahr, Seitenzahl. Bei mehreren Verfassern werden die Vornamen des zweiten und dritten Verfassers dem Familiennamen vorangesetzt, als Beispiel wird aufgeführt:

Schapitz, Eberhard: Festigkeitslehre für den Leichtbau. Düsseldorf: Dtsch. Ing.-Verlag 1951. 260 S.

Die im Bücherverzeichnis wie auch im Zeitschriftenaufsätze-Verzeichnis hinter den Titel gesetzten Ziffern in eckigen Klammern beziehen sich auf die gleichzeitige Nennung in dieser Gruppe. In manchen Fällen war eine Einsichtnahme in die Bücher bisher nicht möglich, so daß die Eingruppierung nur nach dem Titel des Werkes vorgenommen wurde. Dann wurden Bücherkataloge mit zu Rate gezogen, in denen eine Stoffübersicht des Buches gegeben war. In den meisten Fällen wurde auch eine Rücksprache mit Fachkollegen gehalten, um zu vermeiden, daß nicht geeignete Bücher in die Sammlung einmündeten. Im Hinblick auf eine Beschränkung wurde manch gutes Buch nicht aufgenommen. Andererseits wurden aber auch gleichwertige Bücher eines Fachgebietes nebeneinander aufgenommen, um beim Fehlen eines Buches einen Ersatz zur Hand zu haben. In vielen Fällen wurden auch Bücher mit einbezogen, deren Inhalt nicht ausgesprochen auf den Leichtbau abgestimmt ist, die aber allgemeine Grundlagen des Fachabschnittes vermitteln und eine Übersicht über die bisherige Entwicklung geben sollen. Demzufolge sind auch Bücher anzutreffen, die über den Rahmen der Leichtbauentwicklung, die sich im wesentlichen in den letzten 20 bis 25 Jahren abspielte, hinausgehen, also älteren Ursprungs sind. Von der Angabe des Formats sowie Abbildungen, Zeichnungen und Tabellen und der Druckartangabe wurde Abstand genommen.

Bei Büchern mit unbekanntem Verfasser oder zahlreichen Verfassern ist an Stelle der Verfasser der Herausgeber in Klammern genannt. Bei Neuauflagen von Büchern ist lediglich die Auflagenziffer ohne besondere Erklärungen über Erweiterung und Verbesserung angeführt. In manchen Fällen wurden auch Bücher bei den Zeitschriften-Aufsätzen (VII) mit eingeordnet. Dies geschah, wenn der Inhalt des Buches einerseits geringen Umfang hatte und andererseits darin ein eng umrissenes Gebiet behandelt wurde. Bei der weitaufgeteilten Gliederung der Zeitschriften-Aufsätze (VII) bot sich in solchen Fällen eine eindeutigere Unterbringungsmöglichkeit. Allgemein bekannte Nachschlagewerke des Ingenieurs wie „Hütte" und dergleichen wurden nicht aufgenommen.

e) Bemerkungen zum Abschnitt VII. Zeitschriften-Aufsätze.

Die Einordnung der Zeitschriftenaufsätze usw. erfolgte nach der dem Abschnitt VII vorangestellten Gliederung der Literaturangaben. Diese Gliederung zeigt eine fachwissenschaftliche Aufgliederung des Stoffes nach Sachgebieten. Die Begründung für diese Gliederung ist in Abschnitt II 3a niedergelegt, ihre endgültige Gestaltung erhielt sie durch die praktische Bearbeitung während der Fertigstellung der Bibliographie. Dabei möge erwähnt sein, daß die Gliederung mehrere Wandlungen durchmachte vor der endgültigen Gestalt. Die einzelnen Abschnitte und Unterabschnitte der Gliederung tragen ein eigenes Ziffernsystem. Diese systematische bibliographische Ordnung ist noch nicht auf die Dezimalklassifikation abgestellt, jedoch wird eine Abstimmung angestrebt. Vorläufig ist der gesamten Bibliographie-Gliederung lediglich die Dezimalklassifikation Ziffer UDC 106 (100) : 62.002.2 - 183.4 vorangestellt. Die Anhänge-Zahl - 183.4 kennzeichnet hierbei den Leichtbau in der im Maschinenbau üblichen Form. Von einer weiteren Anwendung der Dezimalklassifikation wurde zunächst Abstand genommen. Es erschien nicht zweckmäßig, hierüber ohne gründliche Überlegungen Entscheidungen zu treffen. Andererseits hätte auch die Fertigstellung der Bibliographie bei einer vollständigen Anwendung der Dezimalklassifikation noch eine erhebliche Verzögerung erlitten. Im Hinblick auf die großen Vorzüge der Dezimalklassifikation soll an der späteren Anwendung keinesfalls vorbeigegangen werden. Zu der Einordnung der Schrifttumstellen innerhalb der Gruppen selbst ist folgendes zu vermerken: Bei den Zeitschriften-Aufsätzen erfolgte die Einordnung chronologisch nach Herausgabejahr und innerhalb dieses alphabetisch nach Verfassern. Grundsätzlich erfolgt die Angabe wie z. B.

Marguerre, Karl: Die mittragende Breite der gedrückten Platte. Luftf.-Forsch. 14 (1937) 3 121—128 19 Lit.St.; Aircr. Engng. 9 (1937) 100 168.

Dabei bedeuten: die fette Ziffer hinter der Zeitschrift den Band oder Jahrgang, die eingeklammerte das Erscheinungsjahr, die rechts von der Klammer befindliche das Heft oder die Nummer, die folgenden Ziffern die Seitenzahlen und gegebenenfalls die Zahl zitierter Literaturstellen. Teilweise erscheint eine zusätzliche Angabe des Monats angebracht zu sein. Der Sachtitel wird so weit wie möglich in Originalsprache (oder der des Referatenorgans) angegeben. Formatangabe sowie Abb., Zeichn. und Tabellen entfielen. Manchmal fehlt der Verfasser, weil er nicht mehr zu ermitteln war, ähnlich wie die Zeitschriftenangabe z. T. dem Referatenorgan folgen muß. Aus der Angabe dieses kann jedoch nicht unbedingt auf ein Schöpfen aus dieser Quelle geschlossen werden.

Bei Aufsätzen ohne Verfasser ist an der Stelle des Verfassers ein horizontaler Strich gesetzt. Stets sind die Aufsätze ohne Verfasser am Schluß des Erscheinungsjahres eingefügt, sofern dieses feststellbar ist. Andernfalls erfolgt die Wiedergabe am Schluß des Abschnittes. Die Ordnung innerhalb des Jahres oder am Schluß erfolgt alphabetisch nach dem ersten kennzeichnenden Schlagwort des Textes, welches den Sinn des Aufsatzes charakterisiert. Obwohl versucht wurde, alle Quellen zu erschöpfen, die den Leichtbau und seine Randgebiete angehen, muß schon jetzt freimütig eingestanden werden, daß sich noch zahlreiche Nachträge ergeben werden. Alle Anregungen hierzu vom Leserkreis aus werden daher dankbar begrüßt.

Da längst nicht in allen Fällen die Aufsätze einzeln nachgesehen wurden, ist auch damit zu rechnen, daß die Einreihung der Quellen in die Gliederung der Bibliographie noch manche Lücke aufweist. Häufig ist der Fall gegeben, daß in einem Aufsatz mehrere Probleme bearbeitet wurden, alsdann ist eine Aufführung der Literaturstellen entsprechend den Arbeitsgebieten unter Umständen mehrfach vorgenommen. Aufsätze allgemeinen Inhalts sind den entsprechenden Fachabschnitten vorangestellt. Aus dieser Sachlage heraus wird der Quellensuchende manchmal in anderen Abschnitten nachsehen müssen. Die zusammengefaßte Schrifttumsgliederung der Titelbibliographie ist dem Abschnitt VII vorangestellt und dort einzusehen.

Das Aufsuchen von Schrifttum kann also zunächst von der Titelstelle aus geschehen. Dann wird die Zeitschrift und ihr Vorhandensein in dem Hannoverschen Gesamtkatalog für naturwissenschaftlich-technische Zeitschriften, dem Zentralkatalog der ausländischen Literatur (ZKA), dem Verzeichnis amerikanischer Zeitschriften (VAZ), dem Verzeichnis schweizerischer Zeitschriften (VSZ), dem Gesamtverzeichnis der ausländischen Zeitschriften (GAZ) usf. nachgesehen. Es kann direkt bei einer größeren Bibliothek oder in der Bibliothek Köln nachgefragt werden über Vorhandensein im deutschen Raum oder Vermittlungsmöglichlichkeiten. Ansonsten stehen die Mikrofilmdienste oder die Dokumentationszentrale in Frankfurt (Main) zur Verfügung. Sollten zu wenig Angaben vorhanden sein, so ergibt sich der Weg des Nachganges in Referatenblättern oder die Beratung durch ein größeres Werk oder in angrenzenden analogen Kapiteln. Sollten dagegen ältere gesucht werden, so kann aus verschiedenen retrospektiven Werken eine Ermittlung erfolgen. Sollte trotz allem kein gangbarer Weg gefunden werden, so ist entweder dasselbe nicht greifbar oder die Angabe unklar, zu deren Richtigstellung eine Nachricht nach hier erbeten wird.

I - General Notes on the Bibliography

1 - Origin of the Bibliography

It is often said and found true that the research of to-day becomes the engineering technique of to-morrow. Research results are applied to the development of new designs. The industrial designer has rarely more than time to remain informed in his special field by reading periodicals. Even this is not easy if progress made abroad shall be absorbed. As soon as a technical problem requires information from several branches of engineering, it becomes rather difficult to remain really competent.

This holds, in particular, in the complex field of light weight construction. To arrive at a satisfactory design solution, the technician needs assistance so as to be able to apply knowledge accrued from various spheres of science. Thus the usefulness of a technical bibliography is without doubt because it saves time to find out the literature required. When doing development work or research on light weight construction, the lack of a record on publications in this field was much felt. In all the countries which promote aeronautics, much progress has been made, since the war, on weight-saving methods. To a large extent, published work on this has remained unknown to German technicians. This work, too, shall be recorded in the Bibliography.

These considerations have given cause to compile the present Bibliography. It is, hence, intended to serve the following purposes: —

1 - To record the state of light-weight construction technique and related fields by compiling all publications on the subject.

2 - To facilitate and to save time in literary search for research and development work.

3 - To promote light weight construction and to assist an application of weight-saving methods in other fields.

2 - Notes concerning Light Weight Construction

(a) General problems in light weight construction

"Light weight construction" is so frequently discussed in the technical literature that it would seem superfluous to define this subject.

Generally, we understand under „light weight construction" the endeavour to reduce the weight of a design. The grounds on which light weight construction is indicated, are purely economically considerations. Generally, they will be as follows: —

1 - Light weight construction implies with its weight-saving a reduction of energy required.
This is particularly felt with all means of transport and with all items which are subject to transport.

2 - For all machines which have to be moved about, light weight construction saves transport costs.

3 - Light weight construction means economy in materials.

4 - With means of transport, an application of light weight construction methods allows to raise the frequency of transport, i. e. the economy and capacity of transport.

The extent to which light weight construction methods can be practically adopted, depends upon the economic advantages derived from such application. Consequently, the following stages of light weight construction may be distinguished: —

1 - **"Limit" Light Weight Construction.** This refers to an ideal design representing minimum weight by making full use of all technical possibilities to reduce weight. Actually the realisation of „Limit" Light Weight Construction is rarely possible, on account of economy.

2 - **Classic Light Weight Construction.** This, too, exhausts all technical possibilities, but takes also into consideration facts of general economy. This stage is, hence, that of technically practical solutions in the application of weight-saving methods. The domain of the classic light weight construction is the aircraft design.

3 - **General Light Weight Construction.** At this stage, greater emphasis is laid upon economy in general, without neglecting the advantages of weight-reducing methods. Such methods will not be applied if the effort is economically not justified. As an example the application of General light weight construction may serve the design of vehicles for transport.

4 - **Economical Construction** or **the material-saving design.** With this weight-reduction becomes of secondary importance only. If by careful design, weight can be saved, this is done, but no special effort is being made to reduce the weight.

In this connection, the following observations may be found useful. Limit Light Weight Construction could form a measure for assessing the state of light weight construction engineering. Being at no permanent level, it depends upon the state of the technique. According to the present state of engineering, we are able to answer directly the problem of minimum weight for a strut in compression; but this answer may be differ if we had to deal with a new, future material of higher quality. In many technically important cases, the study of the limit light weight construction is thus not an academical problem but of immediate value for design practice. Little work has as yet been done in this sphere.

The three other stages of light weight construction possess, of course, direct practical usefulness. The progress is dominated by classic light weight construction; this continually stimulates the application of weight-saving methods in the sphere of general light weight construction and of material-saving design.

(b) The Fields of Application for light weight constructions.

To discuss the fields of applications for light weight construction, the previous distinction of application stages is useful. For practical purposes, the limit light weight construction must be discarded; this leaves the remaining three stages.

For classic light weight construction, the sphere of application is exclusively the construction of aircraft including their accessories and ancillaries. Aircraft are transport vehicles. For these, a measure of light weight construction is the ratio of pay load to total weight, or the ratio of pay load to empty weight. Thus, if the weight empty is reduced by a certain amount, the difference directly benefits the pay load, without affecting the total load. With aircraft, unnecessary weight not only reduces all performances but also affects the economy. That modern aircraft are capable to make commercial flights across oceans and continents is particularly due to classic light weight construction, apart from the use of larger aircraft, power and aerodynamic improvement.

It has been a feat of classic light weight construction to reduce the proportional weights for airframe and for the propulsive plant, despite of the increase in size of aircraft.

Domains of General Light Weight Construction are, first all, all vehicles of transport, excepting aircraft. These are, in particular, all rail-bound vehicles, such as railway cars and combined railway-road trucks, a recent development; vehicles used on roads (such as motor cars, lorries, autobuses, coaches and trailers); and funicular railway cars. Also mentioned be transport containers and tanks for the freight traffic. Light, platform-waggon mounted box-container structures reduce the freight charges, and lead to careful handling of the goods and the facility of direct transport from producer to user, without need for packaging.

Weight-saving methods, too, begin to conquer naval architecture. For stability, superstructures should be as light as possible. Increasing application finds the General Light Weight Construction in the sphere of machine engineering, for vehicle engines, cranes, lifts, conveyors, agricultural implements, transportable machine tools and prime movers. In the domain of construction engineering, bridge-bulding is making use of weight-saving methods. In mining, oil-drilling towers and appliances for gallery construction are objects of General Light Weight Construction. Drilling towers e. g. change their place frequently, and must be easy to rig and simple to transport. In architecture and structural engineering, temporary buildings need saving in weight. Also profiting are the construction of sheds, skyscrapers, wireless masts, power pylons, gasometers, storage tanks and similar structures. This summary of course, will not exhaust the province of weight-saving methods, but is deemed to be indicative enough.

Economical or material-saving methods, the lowest level of light weight construction, need not to be detailed in their applications, since they may be used everywhere, special circumstances excepted. It should be a matter of engineering training to implant in designers the urge to save material wherever this is possible.

(c) The Classic Light Weight Construction in Aeronautics

The mainspring of weight-saving methods is and will be the construction of aircraft. All possibilities to reduce weight are exploited in aeronautical design. In fact, aeronautical engineering has been the origin of classic light weight construction.

We will try to convey generally which methods are employed in aircraft design in order to save weight.

(α) Leading Principles for weight-saving in aircraft construction.

1 - Systematic Weight Control, by way of weight analysis, weight estimate, and checking of actual weights.

With new aircraft designs, weight analysis is very important. Detailed estimates of fair accuracy are possible, based on empirical data. The designer is, therefore, aware from the outset of a new project, how much weight can be alotted to components such as power plant, wings, fuselage etc. During the design stage, detailed weight calculations safeguard that the target figures are not exceeded. During the construction, all parts and components are carefully checked as to their actual weight and continually compared with the assessed weight figures.

2 - Appropriate Loading Assumptions concerning the stresses acting upon the aircraft during manoeuvres.

Structural failure of aircraft always endangers life. It is, hence, vital to know accurately the loads which are imposed upon aircraft. This is the purpose of official minimum loading requirements which have to be satisfied by the designer. In no other branch of engineering, loading assumptions are so carefully worked out as in aircraft design. This has come about by the collaboration of Government Authorities with scientific research and with the industry. In view of this, the loading assumptions are not rigid; they are being amended and supplemented, in accordance with progress in research and in engineering.

3 - Stress Reduction. A reduction of the loads acting is possible by: —

(1) Careful evaluation of the outer loads acting upon the aircraft;

(2) Installation of shock-absorbing devices, to reduce peak loads;

(3) Provision of safety members to protect against excess strain, e. g., elastic couplings; safeguards against harsh pulling-out of dives; dive brakes;

(4) Reduction of the structural weight;

(5) Speed restrictions.

4 - Safety Factors.

At an aircraft, the safe or "limit" load characterises a condition of complete serviceability even when the maximum loading conditions are temporarily imposed. When strained in accordance with the safe or "limit" load, no permanent deformation is admissible anywhere in the structure, or such deformations alone are permitted which do not affect the structural safety. Consequently, the former German loading assumptions required, e. g., static conditions: —

(1) When subjected to 1.35 safe load, stresses must nowhere exceed 75 per cent of the ultimate stress (stress at failure), and they must not exceed the yield point (limit of elasticity).

(2) When loaded corresponding to the safe load, the actual stresses shall not exceed 55 per cent of the ultimate stress; i. e. employing a safety factor of 1.8, the limit of structural stability may just be attained, say by failure in tension, or shear, or by buckling, etc.

The adoption of safety factors allows an economic exploitation of the structure and its materials,

5 - Use of Material Specifications.
Many modern engineering materials are typically aeronautical and, hence, preferred in aircraft construction. High-grade materials were, in many instances, specially developed for aeronautical purposes. A correct application of structural materials demands full acquaintance with their qualities. This has led to the issue of material-specification data sheets imparting all the information which the aircraft designer needs. Fig. 1 *) (Material Specification Data for Aircraft Pine) indicates how careful the properties of materials are explored in order to provide reliable data for rational design.

6 - Special Light Weight Construction Methods.

These are

(a) Weight-Saving by way of adequate choice of materials.
(b) Weight-Saving by way of appropriate structural arrangement.
(c) The combination of (a) with (b). —
(a) Indicates the application, e. g., of materials of hight strength.
(b) Comprises the incorporation of structural elements and the explotation of construction methods which are conducive to minimum structural weight. The general problem is to distribute the material as far away from the section centre-of-gravity as possible. This leads to thin-gauge sheet-metal structures the strength of which is limited by crippling or buckling.

7 - Accurate Stress Analysis statically and dynamically.
In order to attain equal strength and a uniform factor of safety throughout the structure, taking into account the stiffness required, a careful stress analysis also considers: —

(1) Taking into account co-supporting members, e. g., as in stati-

____
*) s. page 5.

30

cally indeterminate arrangements; reliefs due to end-fixation of members, e. g. for struts in compression, or at rigidly jointed clusters of struts.

(2) Consideration of load reliefs arising from stress gradients in structural members, e. g. in spar flanges and members subjected to bending; in frame-works; in components carrying torsion loads.

8 - Structural Tests and Strain Measurement.

Complicated components for which a stress analysis is difficult, are usually best investigated by way of loading tests. The dimensions of the experimental specimen are estimated. In order to save weight, the material dimensions are chosen under-strength. It is then easily possible to attain the desired strength by local reinforcement, in accordance with the result of proof-loading. Such experimentation is, hence, conducive for saving time and weight. Strain measurements are most valuable for the improvement of existing designs. The strain-gauging of components with the modern resources of experimental structural investigations, e. g., by electrical-resistance gauges, or with photo-elastic models, is normal practice in aircraft construction.

9 - Systematic Research in Stressing Methods and Development of Components suitable for weight-saving designs.

For recurrent design problems, data sheet will aid dimensioning for minimum weight. Such data sheet (or, design forms) refer, e. g., to joints, connections, compression members, spars or struts in bending etc. Constructional elements may, too, be standardized and be systematically developed for maximum weight economy. Many parts and components such push-rods, control gear elements, landing wheels equipment, etc. are objects either of general standardization or standards with individual firms.

10 - Proof-Loading Tests of Complete Structures.

Tests of this kind not only serve to confirm that the required ultimate loads are sustained, but give also evidence that under all conditions of loading, the stiffness of the complete structure is retained. Appropriate experiments, too, explore the aero-elastic properties.

An application of all these methods is needed to achieve success in weight-saving for aeronautical purposes. The designer must, of course, work with an adequate staff of skilled technicians. Success, too, demands to keep abreast with the progress in research and technology, by study of the literature.

(β) Light weight construction in aircraft engineering.

The shape of an airframe is dictated mainly by aerodynamic considerations. Materially and structurally, however, the designer has freedom of choice between various ways to achieve the lightest possible aircraft. Generally, light materials predominate. Wood construction is only in use for small aircraft and for sailplanes since, with aircraft of this kind, strength is less important than stiffness of the structure. For stiffness, wooden materials, in particular laminated densified wood, are superior. Experiments with aircraft entirely made of plastics such as made some time ago, have been partly successful only. Among other components, a tailplane was press-moulded in Germany from thermo-hardening plastics and tried with success. However, the brittleness of this plastic and the cost of the press-moulds form obstacles in the way of more general application. Most probably, the use of glass fiber in combination with polyester plastics, as successfully employed for car bodies, leads to a better approach in aeronautics. Plastics have also become important as stabilized-foam materials for the development of sandwich-construction methods. Mixed constructions combining steel, light alloys and wood are restricted to smaller aircraft. Basic changes have occurred in the structural lay-out of aircraft. In the early years, girder structures predominated, with fabric-covering of surfaces which are exposed to the air stream. Higher speeds compelled to pay closer attention to aerodynamics. This, in turn, led to the presently preferred stressed-skin constructions.

With such construction methods, a relatively thin-gauged metal sheet is stiffened by stringers, flanges etc., so as to be able to resist compression, bending, torsion and combined stresses like a reinforced shell. This is, statically, a favourable arrangement because the material is disposed at maximum distance from the centre of gravity of the component; this yields optimum exploitation of the material, from the stress-carrying point of view. Additionally, this construction principle conforms well to the aerodynamic requirements because the airflow-exposed surfaces retain their shape and are smooth. Excepting pressure cabins, stressed-skin fuselages are solely subjected to individual concentrated loads because the air-pressure loads on the wetted surfaces are small (but not always negligible). Stressed-skin wing and tailgroup constructions, otherwise, derive their main loads directly from aerodynamic forces. At a fuselage, hence, main stresses are in the plane of the skin, whilst at wings and tails, the skin is additionally subjected to bending by distributed normal loads. This, too, applies to pressure cabins. The purpose of stress analysis in shell constructions is to determine the stress flow through given structures and to discover the best arrangement. The stiffening usually divides the sheet skin into rectangular fields. These plane or formed panels are subjected to normal and to shear loads. At some stress the unsupported sheet panel retains no longer stability of form, and waves are developing in it. This does not mean that the structure is no

longer able to support the load, as this limit is reached only when the stiffeners cripple or buckle. Wave formation within a free skin-panel indicates a re-distribution of strain. Within the wrinkled sheet, the strain, with exceptions, grows but little, whilst considerable stress increases will take place in the stringers and close to them, when the loading is increased beyond the wrinkling stage.

Two problems are of interest when calculating stressed-skin constructions: —

(1) At what loading will wrinkling occur in the sheet panels?

(2) The ultimate load at complete failure (collapse) of the shell structure. The first problem is important because a formation of folds in skins is aerodynamically undesirable. A comprehensive literature exists on the wrinkling of sheets and of curved panels.

Through theoretical research and complementary experimentation, satisfactory information is available on wrinkling stress under various loading, including behaviour within the plastic range. Admittedly, theory and experiment do not always completely agree, but this is, in many instances, due to difficulties in the experimental arrangement.

Stiffeners raise the skin stresses prior to the onset of wrinkling. The choice of the stiffening structure as to direction, panel division, and shape of the stiffening members, and their weight in relation to the weight of the skin, largely depends upon the kind of loading for which is being designed. In the literature, theoretical papers and experimental reports can be found on the optimum design of stiffened plates. When subjecting a shell to bending loads, the side in compression is endangered by either crippling or buckling of stiffeners. For shell structures which are loaded in compression parallel to stiffeners, the theory of the "supporting width of the skin" adjoining the stiffeners, is employed in aircraft stressing. Stiffeners and stringers may have U-, I-, Z- or hat-shaped sections. Much experience is available on their stress-carrying properties in combination with stressed skins.

In connection with stressed-skin and stiffened-plate constructions, corrugated sheet may be mentioned. Being an orthogonal-anisotropic plate, it supports higher stresses than isotropic plates before wrinkling sets in. The tension-field or Wagner beam, for bending loads, has a thin web which wrinkles under shear stress and forms folds in the web, under about 45 degr. to the flange. The folds will absorb additional shear load, as tensile stresses in the direction of the folds. This diagonal tension-field beam requires vertical stiffening struts between upper and lower flange. The complete analysis of plane beams of this kind is in existance. When the shear is high in comparison with the depth of the bending beam, the pure shear beam with a shear-stiff web is at place.

Wrinkling phenomena are not import-- ant for shell- and stressed-skin construction alone but also basically essential for the crippling and buckling of thin-walled, closed or open sections. Less easy is calculation of the strength of shells with or without additional stiffening. In this sphere, too, much has been published. Discrepancies between theory and experiment which are in evidence, might be due to secondary influences which the theory has as yet failed to take into account.

The stress analysis of stiffened shell structures is complicated by local stress concentrations on reason of cut-outs for windows, doors, hatches, undercarriages etc. The introduction, too, of individual concentrated loads leads to undesirable local stress concentrations. The problem of "stress-raisers" is widely discussed in the U. S. A.

For high-altitude flying, pressure cabins have become common. Their structure is subjected to substantial loads normal to the shell skin. Similar loading occurs at the exposed surfaces of aircraft which fly at high speeds and which have high wing loadings. To cope with the normal stress, a uniform stiffening of the skin is practical, with skin stabilization by way of sandwich construction. This is done by having a light material (such as plastics) placed between two sheets; this composite material forms the shell wall. The outer sheet, or skin proper, carries the direct stress and is stiffened against bending by the layer underneath it. Statically identical is the honey-comb sandwich, using cells of kraft-paper or of thin light-alloy between inner and outer sheet.

For sonic and supersonic aircraft more stringent design requirements are unavoidable because of higher wing loadings, thinner wings, swept wing and tail configurations, the much greater importance of aeroelasticity and because of aerodynamic heating. This leads to new construction methods, and materials of good strength properties at elevated temperatures have become essential.

(γ) Some Further Aeronautical Design Aspects.

For rational light construction, careful detail design is essential. As guidance for the designer, the observation of the following rules will be found useful: —

1 - Use of fabricated material which agrees with light construction. Open standard sections rolled from iron or steel will rarely contribute to weight-saving. Preference should be given to struts or beams of hollow and closed sections such as tubes with round or rectangular cross-section. Where open sections cannot be avoided, appropriate choice of the section shape should lead to maximum buckling or crippling strength.

2 - Use of Standard Parts which have been developed for weight saving. Generally, these are fabricated parts or pre-fabricated materials for joints, connections, push rods etc.

3 - Use of hollow sections. Like shells, they give maximum stiffness for minimum weight. Castings and welded components allow designs of this kind.

4 - Appropriate choice of materials.

5 - Correct design of joints. The joint strength shall be proportional to the transmitted loads, and axial, direct stress transfer avoids secondary stresses.

6 - The choice between casting, pressing or welded fabrication depends upon the quantity to be manufactured. It is often labour-saving to combine a casting with a pre-fabricated part by welding.

7 - Welded parts which are highly stressed, can obtain high-strength by heat treatment following the welding. In aircraft construction, this is often used to save weight at Cr-Mo-steel parts.

8 - Stresses should be transmitted as directly as possible. Any indirect stress flow costs weight on account of additional stresses.

9 - Plane sheet panels which are not fully utilized for carrying stress, can be lightened by flanged lightening holes.

10 - Correct design of sheet developments for welded or riveted parts can save weight in sheet material and in seams.

(d) Light Weight Construction in other branches of engineering.

The broader discussion of classic light weight construction in aeronautics has shown the important principles of the weight-sawing technique. These methods, too, may be applied to other branches of engineering. As far as general light weight construction is concerned, the design can make his own choice. Reference to applications was already made in Section 2. The problem of weight-saving will, of course, differ in every branch of engineering.

Here, only a few observations may be made on the prospects of weight-saving in general. There is a very wide field in which such methods can be applied with success.

Vehicle Construction.

By tradition, motor cars and other motorized road vehicles still possess a chassis upon which the body is separately mounted. Thus, the chassis frame alone is subjected to all stresses, and its height is restricted. It would be weight saving if, laterally, the structural height were utilized, at least say, up to the level of the window sills. This idea has indeed been successfully realised, as semi-supporting body-chassis unit construction. Better even would be to exploit the full height of the car body. This leads to a stressed-skin construction similar to aeronautical designs. Admittedly, the various cut-outs for windows and doors render such design less simple and make the stress analysis complex. Nevertheless, the modern tendency is towards such solutions. Light alloys are applied too. Adopting stainless steel in structurally efficient sections formed from thin-gauge sheet, steel can directly compete with light alloy. Such designs have met with success in the U. S. A.

As examplary for the application of weight-saving methods to transport engineering, the new German Diesel trains of the railways may be mentioned. Light-alloy stressed-skin design and individual axle trucks are characteristic and essential to reach high speed. These trains consist of the two propulsive aggregates, at head and tail, with their Diesel engines; between these locomotive cars are five cars. Fig. 2*) shows the shell construction of such a car as made by Linke-Hofmann-Busch. Fig. 3**) shows a similar shell-type light-alloy construction at a tram car manufactured by the Niedersächsische Waggonfabrik.

Machine Engineering.

In the design of vehicle engines, light alloys have permitted much pro-

*) s. page 12.
**) s. page 13.

gress. Reciprocating parts, such as pistons and connecting rods, can be reduced in weight, and magnesium castings made crankcases lighter. Elastic mountings reduce the transfer of vibration loads into the rest of the structure; this avoids fatigue failures.

For crane, lift and conveyor construction, shell- or box-type lay-out could reduce the weight. Professor Kloth has published a series of papers on the importance of weight-saving in agricultural engineering, with special reference to tractor design. Weight-reduction should be recommended for mobile or transportable machinery. Where in machine engineering, one-off production or production in small series is common, fabrication by welding in closed, hollow structures is a good way to reduce the weight. Besides, many sub-assemblies such as gear casings, housings for reciprocating or rotary parts etc. form objects for the useful application of light-construction methods. Generally in machine engineering, it seems rarely appreciated that reduction in size and in installation space leads to saving in weight and in material, quite apart from lowering production costs.

In the bridge-building industry, the construction of draw and turning bridges, in particular, gave cause abroad to experiment with light alloy. The increased cost of the materials is balanced, in service, by saving energy in operation. In addition, the opening and closing of the bridge is quicker. Fig. 4*) shows such bridge of light-alloy structure.

In the mining industry, efforts are made to substitute, for the open steel girder structure of oil drills, a stressed-skin construction. The advantages in erection and dismantling for transport are obvious. Fig. 5**) show as new-type drill tower in shell construction, by the Salzgitter Maschinen A.G., as distinct from the usual open girder type. For gallery construction in underground mining, the careful

---

*) s. page 14.
**) s. page 15.

dimensioning of elements such as posts and transversals, allows to save raw material. In ship building, weight-reduction of superstructures is beneficial. Modern light-alloy life-boats greatly facilitate the handling of these useful appliances. The fastest trans-atlantic liner "United States" (53,000 Register Tons) incorporates in her superstructure not less than 2,000 tons aluminium alloy.

In the building industry, weight saving is essential for all kinds of temporary buildings. In addition to wood-fibre board, combinations of wood-fibre plastics with metal foil and/or other sandwich constructions indicate important developments.

(e) On the Evaluation of Light Weight Construction.

It is logical to base an appraisal of light weight construction upon the weight. In some cases, knowledge of weight will form a satisfactory indication. Generally, however, other factors need consideration as well. To relate the design to an ideal optimum is usually not possible because the ideal design is not known. A practical measure for evaluation is found when the weight is related to a suitable dimension. In all engineering branches which appreciate weight saving, index figures are in use for comparing construction weights. Usually, such specific weight figures refer to complete machines. Frequently, however, the knowledge of detail weights is important. Unfortunately, the definitions of weight records are rarely accurate and comprehensive. Care must thus be exercised in the comparison of weight data abstracted from publications. They may be grossly misleading. The best information is gained by personal verification and from weight statistics made in one and the same establishment.

It would, of course, be most desirable when research in light construction would investigate and define relative-weight indices and figures of merit so as to establish a firm basis for evaluation of the state of the technique.

(f) Light Construction and Production.

For a discussion of the relations between weight-saving and production, reference to the manufacturing processes employed for aircraft construction is helpful, since aeronautical engineering makes use of practically all production methods. Main processes are the forming of sheet metal panels and jointing. The development of adequate light-alloy sheets facilitates deep drawing. Sheet forming on rubber-pad presses, hammer presses or by stretch-drawing have been standard methods in the German aircraft industry and abroad. Nowadays, the Henschel works have developed sheet forming by machine panel-beating using templates.

Spot and shot welding, since long in use for thin-gauge steel sheets, is presently applied to light-alloy sheets. For this, aluminium-magnesium alloys like Pantal or Hydronalium are preferred. Whilst normally, stringers are riveted to stiffened shell skins, stringer sections are now extruded together with the skin sheet, in order to be formed afterwards. This integral construction is a U. S. A. development. A new jointing technique in metal aircraft construction is the bonding of metals with adhesives. German developments in this direction began towards end of the war. Two practical and well-tried metal bonding processes are Araldite and Redux. Hot or cold applications are possible. Other production methods, either in use for aircraft manufacture or under investigation for aeronautical engineering are sintered powder materials; precision casting (Lost-Wax method); the casting of stabilized-foam plastics for sandwich materials; cold presswelding; metal spraying, chemical milling; electro-deposition of hard metals etc. In light construction, surface-protecting processes are appreciated because

reduced wall thicknesses are more prone to loss of strength by corrosion or abrasion.

(g) Light Weight Construction and Economy.

Economically, a material-saving design differs from one which incorporates light weight construction in general. Careful designing will lead to saving in material, but for light weight construction in general, the arrangement as well as calculation, experimentation and methods of production are exploited. (In bridge building, however, material is saved by way of extensive mathematical analysis.) In both cases, the financial effort differs greatly. Economy demands a balance between effort and profit. Saving a pound weight in an aircraft yields much more profit than the same weight economy at a vehicle or a machine. This must be appreciated when deciding upon an application of weight-saving methods. In publications, the pound of weight saved is frequently expressed as a value in money. It would be useful to investigate these relations more closely. The problem is what effort is justified for saving a pound of weight, in the different branches of engineering. Obviously, the correlation of light construction and economy still needs systematic scientific clarification. Theoretical investigations and experimentation should produce more insight into this subject. Admittedly, the problem is rather complex. For an autobus, e. g., the financial benefit derived from a pound of saved weight patently depends upon sales price, exploitation of the vehicle, its fuel consumption, tyre depreciation, maintenance expenses, useful life, etc. Inspite of all these factors, it should be possible to arrive at useful evaluation figures. More complex is the problem of the cost, per pound weight saved, of light weight construction. Here individual analysis alone can supply an answer. Production operations for weight reduction are more easily assessed, as

e. g., the pressing of stiffening ribs into sheet, or the blanking of lightening holes, holes drilled to remove superfluous material, the adoption of a different material, etc. Appropriate operation-sequence and production-cost sheets will guide the designer in the economy of weight-saving measures.

(h) Light Weight Construction, Research, and the Exchange of Information.

For a discussion of the problem how to promote light construction through research and the exchange of technical information, it is necessary to define the actual sphere of research in weight-saving. Light weight construction embodies a variety of engineering subjects. First, there is the problem of load assumptions and safety factors. Astonishingly enough, vehicle design is still without any standard for loading assumptions. In many other spheres of engineering it is most probably similar. Essential for light weight construction is research on materials. Generally, the cardinal problems are to discover materials of higher strength or having better working properties, or materials of improved corrosion resistance. Another important complex of problems is the development of methods for stress or structural-stability analysis. With structures using thin-gauge metal sheet, stability investigations often require much mathematical effort. For the practical designer, the results of this labour must be digested into a practical form which he can immediately apply to his specific design problem. Condensed into handy form sheets or graphs, this research becomes directly valuable for design. Other spheres of light-weight construction research concern production methods, e. g., sheet forming and weight-saving joints. An object of research, too, is the economy of light weight construction, as discussed in the previous paragraph. The fundaments of systematic light weight construction research have already been laid by various research institutes, generally, for purposes of aircraft construction. However, in general light weight construction, specific problems turn up which although of minor interest for aeronautics, require treatment. Logically, hence, in Germany an "Arbeitsgemeinschaft für den Leichtbau der Verkehrsfahrzeuge" is constituted to promote exchange of information. A light weight construction committee of the "Arbeitsgemeinschaft Deutscher Konstruktionsingenieure" will also promote weight-saving methods in various branches of engineering. Valuable suggestions, too, are expected from the aeronautical documentation which is again being initiated in Germany. Beyond this, it is hoped that research work on weight-saving methods will progress on an international level; such hope is one of the reasons for this Bibliography.

II - Introduction to the Bibliography

1 - Formulation and Limitation of the Problem

Efforts to promote light weight construction methods must be based upon the state of the engineering technique. In Germany, during the post-war years, actual engineering development and research, too, have been subject to restrictions. This renders it imperative that not alone the state of technique in Germany is represented but that also included is the progress which it has reached abroad. To-day, it is still not easy to obtain publications which deal with engineering progress made outside Germany. Thus it must be left to a later stage to examine to what extent the documentation given below is really comprehensive. Our knowledge of weight-saving methods is derived from many domains of science and engineering. Consequently, a documentation on light weight construction requires approach on a broad basis. Primary task is to compile all literary sources on light weight construction. An appropriate classification is needed for quick orientation on any special problem. In order to limit the extent of work, the Bibliography is restricted to the last 20 years, i. e. begins with 1930 generally. In certain cases, fundamental publications published prior to 1930 are recorded as well, especially if later work makes frequent reference to such publications. On the other hand, in some boundary regions of light weight construction, solely the development during later years if of interest. In some spheres of engineering which are of interest for light weight construction, excellent bibliographies are already in existence. This compels to decide to what extent valuable treatises quoted in such bibliographies, should be recorded in a Bibliography on light construction.

This outlines the scope of our documentary work.

Reference shall be made to experience collected during the work of compiling the Bibliography; such experience might be found useful for similar efforts in other engineering branches. It is helpful, too, to record which journals and periodicals treat of light weight construction in particular, so as to advise on future information. This Bibliography is intended not alone for the practical engineer but shall also serve the needs of research workers. It informes, in the first place, what work has already been published on the subject concerned. This saves tedious literary research, and may even render it unnecessary. It would be still more useful if classes of publications were broadly abstracted and digested, in order to present the engineering progress contained therein in monographs dealing with the special subject. Such work, however, needs to be done by experts in the special subject. But in this way, engineers and research workers would receive a comprehensive survey of light weight construction progress in its entirety. All basic sciences contribute to the achievements of light weight construction in the various fields of engineering. It has thus been considered useful to list, separately, all textbooks which may be needed for reference on the subject of weight-saving in general. Reference to these works will not only be appreciated for a general orientation; they may be required, too, for intense study of some treatises. Further information on this list of textbooks will be found in Chapter II. 3. d.

To limit the amount of work, an imposition of certain restrictions was necessary in respect to foreign publications. Preference was accorded to publications in the U. S. A., Britain and France; the literature of various other countries was scarcely or not at all treated. This omission has been caused partly because of linguistic difficulties, and partly because of difficulties to get hold of the publications concerned.

2 - General Notes Concerning the Finding of Sources for the Bibliography

Anybody who has ever done literary research in engineering, has become aware of the difficulties which are caused by the ampleness of the technical and scientific literature, by the wide dispersal of the material and by the trouble to gain access to the sources. For this Bibliography, engineering journals have formed the mainstay of information. About 300 of these have been evaluated, partly or wholly.

Documentation has always effected [1] *) the collection, classification and abstraction of literature.

"Literature" comprises, of course, any printed or handwritten publication. Janitzki [2] classifies technical literature as follows

1 - Encyclopaedic works;
2 - Specialised books — monographs;
3 - Collections of original papers, theses treatises and articles dispersed in periodicals, journals and newspapers;
4 - Patent Specifications;
5 - Industrial publications and trade literature;
6 - Official publications and reports (by research institutes, laboratories, universities etc.).

The method of literature-recording generally utilizes the usual bibliographical devices and also exploits the special ones, including camouflaged bibliographies [3]. A direct or

---

*) Figures in brackets [ ] relate to "References to Literature" at end of this chapter.

an indirect method of literary research [2] can be applied. The former begins with general orientation from comprehensive books and proceeds to specialised works and further references. This leads to abstracts and reviews, and, finally, to the scrutiny of original papers. — The second method starts with a bibliography or with a more recent, larger article in periodicals which contains references to literature or abstracts; from this, the record is gradually built up. Each method yields different results. Specialized books and official publications, for instance, will be sooner found than concealed reference on the subject. The choice is between the alternatives [1] of distinguishing between obsolete and new information, and or between important or unimportant contributions to the subject; or of beginning with the scrutiny of papers written by eminent experts in the particular field. It is rather difficult to decide upon this problem generally. Thus the choice is a specific one, in every case.

According to Janitzki, it is practical to evaluate first completely the purely bibliographic records, then to exploit suitable original papers, and to end with a collation and condensation, by scrutiny of the material. This should lead to a fairly comprehensive documentation. Koerner notes in this connection [4] how vast the field is between a useful list of references and a critically evaluating research report. However manifold in this wide field the fruits of this field may be, it should not be left bare. This holds, in particular, during a period when threads torn by the war are to be replaced, because bibliographies and research reports are helpful to effect this, bearing in mind the international relations of science which we are upholding. —

The work on the present Bibliography has neither rigidly followed the direct nor the indirect method. Originally, the compilation of literature arose out of a minor paper by the author, written in 1949 as report of the Institute of Machine Engineering and Light Weight Construction; this was helped by the "Luftfahrt-Literaturschau für Luftfahrtforschung und Luftfahrttechnik" (Abstracts on Aeronautical Research and Aeronautical Engineering). Subsequently, search for additional information was instituted in the libraries of German politechnics, universities, public services, associations, major industrial enterprises, publishers, etc. With numerous libraries and with private persons written communications were exchanged which had the gratifying result of yielding more literary references. It is, hence, believed, that the literature known in Germany is fairly comprehensively recorded, within the scope of means at disposal. Admittedly, correspondence, in particular with contacts abroad, is open to misunderstanding, since light-weight construction is not yet generally recognized everywhere as a well defined special engineering subject, apart from other engineering fields. Indeed, this discrepancy has formed an obstacle for bibliographical segregation since, e. g., abstracts and summaries were not at all uniform in their emphasis on the weight-saving aspect. Inspite of this, all abstracting sources communicated or already available were exhaustively evaluated. They are specially listed in Chapter III. Mentioned be, too, a few more or less general bibliographies which, unfortunately, lack any sub-division relating to light-weight construction in particular. The documentation covering closely related subjects could only be partly utilized. Thus, these works had to be listed as complete items, and must be scrutinized in detail, demanding, too, in many instances, study of the original publications. For us, it would have proved an intolerable burden of additional work to have done so. Of industrial publications a few only have been recorded, and no list is included of patent specifications. All this indicates how essential it has been to adopt a systematic procedure for the organisation of a practical compilation of the vast amount of literature at disposal. Not economy alone has urged the limitations to which reference has been made, but also considerations for efficiency in use which is one of the great benefits which a bibliography is capable to bestow.

Pietsch [6] referring to the economical aspect of a bibliography states briefly that a bibliography indeed saves time for intellectual workers although the individual may no be as vividly aware of this as those professionals whose daily work is concerned with literary research. It would, hence, seem a good idea to introduce engineering experts on publications responsible for a given subject, and to organise, with such experts, special interpretation offices with the task to issue, from time to time, critical comprehensive surveys on special subjects, covering in turn the entire field systematically. Such interpretation offices might be financed by the state, or by the industry, or they could be self-supporting, all three possibilities having advantages.

[1] *Schneider, Georg:* Handbuch der Bibliographie. Leipzig: Hiersemann 1924.

[2] *Janitzki, W.:* Über die Kunst des Recherchierens. STZ 47 (1950) 24 383—391. Nachr. Dok. 1 (1950) 3/4, 85—92.

[3] *Kern, Leo M.:* Grundfragen der Dokumentation. Nachr. Dok. 1 (1950) 2 43.

[4] *Körner, J.:* Bibliographisches Handbuch des Deutschen Schrifttums. Bern: 1949 S. 21.

[5] *Matthes, Max:* Wozu benötigt die Industrie Dokumentationsstellen? Nachr. Dok. 2 (1951) 3 Dok. Ordn. Techn. S. I—V.

[6] *Pietsch, E.:* Neue Methoden zur Erfassung des exakten Wissens in Naturwissenschaft und Technik. Nachr. Dok. 2 (1951) 2 38—44.

[7] *Kaysser, Fr.:* Forderungen an die Zeitschriftenauswertung. Nachr. Dok. 2 (1951) 2 44—48.

[8] *Fleischhack, K.:* Leitfaden der Bibliographie. Heidelberg: Quelle und Meyer 1951.

[9] *Vorstius, Joris:* Ergebnisse und Fortschritte der Bibliographie in Deutschland seit dem 1. Weltkrieg. Leipzig: Harrassowitz 1948 V, 172 S.

3 - Classification of the Literature

A broad basis is needed shall experience in light weight construction and
in associated domains be comprehensively represented within a bibliography. The necessity to list textbooks, too, has already been discussed.
This applies to foreign textbooks, too,
because these allow to form an opini-
on on the level of science and technology within the countries concerned.
The textbook list (in Chapter VI) is
ordered in the same manner as the
classification of the titles of periodicals. The points borne in mind are
discussed below.

Engineering training is divided into
basic knowledge and into specialist
training. Likewise is the general division of the Bibliography (vd. Chapter
VII). Main purpose of the classification is to find wanted literature
quickly. Basic knowledge comprises
insight of general validity and is thus
applicable to any domain of lightweight construction.

Basic knowledge deals with the
elements of loading assumptions and
safety factors, with the statics of plane
and space girder structures, portal
frames, plates and shells, wooden constructions, with vibrations, with
strength of materials, with deformation under static or dynamic loading.
Special consideration require the
elements of weight-saving methods
and, finally, joints and connections.
The classification follows with sections treating of economy, production,
standardization, inspection, and
design. All this is generally applicable and must thus reckoned as basic
knowledge. The subsequent part refers
to applications. This is headed by a
chapter dealing with general problems
arising wherever weight-saving methods are applied. Light-weight construction in steel, light alloys and
other materials is dealt with. Subsequently, different sections on engineering applications follow, such as

general machine engineering, transport engineering, crane, lift and conveyor engineering, the building
industry and other demains of applications. A concluding chapter deals
with weight recording.

This has been the trend of thoughts
behind the classification of this Bibliography. The arrangement grew whilst
publications were collated, until reach-
ing its present and, we hope, final
form. Experience must now show if
and in which way changes are indicated. Criticism on this point is invited.

Under bibliographic work, generally,
collections are understood which
record publications of wider dispersal.
The manner of recording may differ.
One way is simply to list title, author,
etc.; this is termed a title bibliography. Another way is the quotation
of short summaries or abstracts; for
this, no standard German term exists,
but in English-speaking countries, the
expression "abstracting bibliography"
would generally cover this kind of
reporting on science and engineering.
The outer form of bibliographic work
may be the book, the periodical or the
review.

The following classification will serve
our purpose: —

(1) Bibliographies and References to
    Literature.
(2) Literary Indices, with or without
    summaries or abstracts.
(3) Literary Reviews with abstracts.

Wherever applicable, reference is
included to summaries in (1) and (2).
This will prove useful and may save,
in many instances, consultation of
the original papers. To serve this
purpose satisfactorily it proves necessary to ascertain if a summary contains comprehensive information in
respect to light construction, or forms
an abstract for general reference only.

A stricter classification was, therefore, adopted. For book selection, the catalogues of publishing firms, too, were scrutinized, as far as they were available.

(c) N o t e s   t o   C h a p t e r   V.   L i s t   o f   P e r i o d i c a l s ,   R e p o r t s ,   Y e a r b o o k s ,   M e m o r a n d a   a n d   T h e s e s   A b s t r a c t e d   i n   t h e   B i b l i o g r a p h y .

Chapter V constains a record of periodicals and of all other temporary sources for original publications of which evaluation was done for the title bibliography. This chapter is divided into German and foreign sources. The German list, in addition, segregates into periodicals such as journals, and into other sources, with alphabetical sequence in each subdivision.

The list contains, the complete address, as far as this is known.

The reader will appreciate the facility to communicate directly.

(d) N o t e s   t o   C h a p t e r   V I :   B o o k s .

The reasons why books, too, are recorded in this Bibliography, were already discussed (vd. Chapter II, part 3a). Books are listed separately from papers and articles in periodicals. Since they usually cover wider fields than publications in periodicals, they were segregated into more comprehensive groups than the periodical publications. Within these sections, the sequence is alphabetically, by author's name. This makes it easier to ascertain if a particular book is included or not. If the same author has published several books, the order is chronological; this again aids speeding the search. The title are listed in accordance to the classification which precedes Chapter VI. The sequence of listing is thus as follows: —

Author; (surname, followed by Christian names); Title of book; Number of Edition; Place of Publication; Publisher; Year of Publication; Number of Pages.

42

Schapitz, Eberhard: Festigkeitslehre für den Leichtbau. Düsseldorf: Dtsch. Ing.-Verlag 1951. 260 S.

With a book by several authors, the Christian names of the second and following author precede the surname. Bracketed numbers behind the title, in the list of books as well as in the list of publications in periodicals, refer to simultaneous listing in each of these groups. In some instances, the books concerned could not be examined as to their contents; the classification, therefore, is based upon the title of the book. In such cases, book catalogues were consulted, with lists of contents, and in the majority of such cases, advice was sought from collegues in order to avoid listing unsuitable books. This restriction may have caused omission of some good books. On the other hand, equivalent books on a subject were recorded as well so as to offer substitutes in the event of a particular book not being available. In many instances, too, books were included which though not specifically referring to light weight construction, treat a special subject basically, and/or give a survey of past developments in that sphere. This explains why older books have been recorded which illustrate the technique before the advent of light weight construction engineering.

Not recorded are size of the book, number of figures, tables etc., and type of print.

For books of which the author is unknown or which are contributions by a number of authors, the editor is quoted instead but his name is put in parantheses. New editions are recorded quoting the number of the edition but without statement on enlargement or improvement. In some instances, books are also listed among the papers published in periodicals Chapter VII. This is done with booklets, pamphlets and monographs. The wider classification of Chapter VII offers, in such cases, better possibilities of categorising such treatises appropriately. Generally known reference works of engineering, such as "Hütte" and the like, are not listed.

(e) N o t e s t o C h a p t e r V I I. A r t i c l e s a n d P a p e r s i n P e r i o d i c a l s.

The classification of such published material follows the scheme for literary references outlined in the heading of this chapter. The arrangement divides the domain into special fields of subjects, as discussed in Chapter II Part 3a. The final form was evolved during actual work for the Bibliography, and the classification underwent severall changes during this time. Sections and subsections possess their own system of numerals. The presently adopted systematic bibliographical arrangement does not conform to the decimal classification system; this is intended for the future. For the time being, soley, the category of the Bibliography as a whole corresponds to the decimal-classification index symbol.

UDC 106(100): 62.002.2—183.4. Affix "183.4" signifies light-weight construction in the usual sense, as understood in machine engineering. Wider application of the decimal classification was deferred on the reason that this would require further investigation. Complete conformity with this classification system would, hence, have led to considerable delay in publication. This shall, however, not mean that the advantages of the decimal classification system have been overlooked. — Within the sections, the individual publications are arranged chronologically according to year of publication; within a given year, the sequence is alphabetically by authors. Generally, a reference will read as follows: —

Marguerre, Karl: Die mittragende Breite der gedrückten Platte. Luftf.-Forsch **14**(1937)3 121—128 19 Lit. St.; Aircr. Engng. **9** (1937) 100 168.

The bold figure following the periodical indicates the volume of the periodical. The year of publication is quoted in parantheses; the figure following the parantheses gives the number of the issue; the figures behind that the pages and, eventually, the number of quoted references to literature. In some cases, an indication of the month of publication is practical. The subject title is given in the language of origin (if possible), or in that of the abstracting periodical, respectively. Size, number of figures, drawings, tables etc. are omitted. Where no author is quoted, the original paper is anonymous. Reference to abstracting periodicals does not necessarily mean that the original paper was unavailable.

Anonymous papers are relegated to the end of the section which covers the year of publication. If the year of publication cannot be ascertained, the paper is listed at the end of the whole section. Within any publication year (or at the end of the section covering a year) the order of sequence is alphabetically, using the first characteristic term of the text. Inspite of every effort to exploit exhaustively all sources which might be of interest for light weight construction and related subjects, it must be freely admitted that numerous supplements may be necessary. Any suggestions forthcoming from readers, will be accepted with gratitude.

In many instances, the original papers themselves were not scrutinized. There may, hence, be gaps due to insufficient quoting the classification of the Bibliography. It is frequently the case that, in one and the same paper, several subjects are dealt with. In known instances, the same paper is listed several times, whereever the particular subject requires it. Papers of general interest precede the corresponding specialized subject sections. A summary of the classification precedes Chapter VII. It will be found useful to consult this, since search may have to be undertaken in several sections simultaneously.

A search for publications should begin with the title. For a periodical in question may then be established if it is available in the "Hannoversche Gesamtkatalog für naturwissenschaftlich-technische Zeitschriften", or in the "Zentralkatalog der ausländischen Literatur (ZKA)", or in the "Verzeichnis amerikanischer Zeitschriften (VAZ)", or in the "Verzeichnis schweizerischer Zeitschriften (VSZ)", or in the "Gesamtverzeichnis der ausländischen Zeitschriften (GAZ)", or in any other collection of periodicals in Germany. Direct enquiries may be made at larger libraries; also, the Cologne Library is able to impart information concerning availability or to advise on possibilities to negotiate a loan of the periodical or paper. Of use can be, too, the microfilm service and the Central Documentation Office at Frankfort (Main).

In the case of insufficient information on a particular subject, it is advisable to search in abstracts, or to consult a more comprehensive larger publication, and or to scrutinize sections which have closer bearing on the subject in question. Should details on early publications be wanted, the various retrospective contributions will help. If inspite of all that, the Bibliography should prove incomplete or misleading, the author would greatly appreciate notification. He will also be most grateful for all needs for correction which are brought to his notice.

III. Aufstellung der in der Bibliographie ausgewerteten und verwendeten bibliographischen Arbeiten (Schrifttumsschauen und Bibliographien, Indices und Referateblätter)

1. Schrifttumsschauen und Bibliographien.

a) A u s g e w e r t e t e   A r b e i t e n.

— Literaturschau der Zentrale für technisch-wissenschaftliches Berichtswesen für Luftfahrtforschung (ZWB). Berlin-Adlershof.
— Nachrichtenblatt der Arbeitsgemeinschaft Leichtbau der Verkehrsfahrzeuge. Köln 1952 ff.
— Bibliographie des ausländischen forst- und holzwirtschaftlichen Schrifttums (Mitteilungen der Bundesanstalt für Forst- und Holzwirtschaft) Reinbek 1949 ff.
— Titelbibliographie des Instituts für Holzforschung des Vereins für technische Holzfragen. Braunschweig-Kralenriede. 1949—1952.
— Schrifttumskarteidienst der Österr. Gesellschaft für Holzforschung. Wien 1950 ff.

b) S o n s t i g e   v e r w e n d e t e   A r b e i t e n.

Bohatta, Hanns u. *Franz Hodes:* Internationale Bibliographie der Bibliographien (mit *Walter Funke*). Frankfurt (Main): Klostermann 1950. 652 S.

Bestermann, Theodore: A world bibliography of bibliographies and of bibliographical catalogues, calendars, abstracts, digests, indexes and the like. London 1947—1949.

Widmann, Hans: Bibliographien zum deutschen Schrifttum der Jahre 1939—1950. Tübingen 1950.

Vorstius, Joris u. *R. Hoecker:* Internationale Bibliographie des Buch- und Bibliothekswesens mit besonderer Berücksichtigung der Bibliographie. Leipzig 1926 ff.

— Deutsche Nationalbibliographie, A. u. B. Leipzig: Börsenverein der deutschen Buchhändler, jetzt VEB-Verlag für Buch- u. Bibl. Wesen.
— Bibliographie der Deutschen Bibliothek. Frankfurt (Main): Deutsche Bibliothek 1946 ff.
— Österreichische Bibliographie. Jahresverzeichnis. Wien: Österreichische Nationalbibliothek 1948 ff.

Dietrich, Felix u. *Reinhard Dietrich:* Internationale Bibliographie der Zeitschriftenliteratur. Abt. A. Bibliographie der deutschen Zeitschr. Literatur. Abt. B. Bibliographie der fremdsprachl. Zeitschr. Literatur. Leipzig 1897 ff. Osnabrück 1947 ff.

— British National Bibliography. London 1950.
— The English Catalogue of Books. London 1864 ff.
— Bibliographie de la France. Paris 1811 ff. Journal général de l'imprimerie et de la librairie.
— La librairie francaise. Catalogue général des ouvrages parus. Paris: Cercle de la Librairie 1931 ff.
— Bibliography of Scientific and Industrial Reports. Office of technical Services: Department of Commerce. Washington 25, D. C., USA.
— Non-ferrous metals. Paris 1950. O.E.E.C.

2. Indices.

a) A u s g e w e r t e t e   A r b e i t e n.

— Index of NACA Technical Publications. 1915—1949. Washington, 1949.
— Author Index to Index of NACA Technical Publications. 1915—1949.
— Government Publications Aeronautical Research Council (London).
— Author Index to the Reports and Memoranda of the Aeronautical Research Council 1909—1949, London 1950.
— Index Aeronauticus. A review of technical information. London 1945 ff.
— Technical Book Review Index. Pittsburgh: Carnegie Library.
— New Technical Books. New York Public Library. Fifth Avenue & 42nd Street, New York 18, USA.
— Applied Mechanics Reviews. A critical Review of the world Literature in applied Mechanics. American Society of Mechanical Engineers. 29 W. 39 th Street, New York 18, USA.
— Lists of Publications of the US Dept. of Agriculture. Forest Service.
— Aslib Book Lists. Monthly Recommendations of recently published scientific and technical books. London W 8: Aslib.

b) S o n s t i g e   v e r w e n d e t e   A r b e i t e n.

— The Industrial Arts Index. A cumulative subject index to engineering, trade and business periodicals. H. W. Wilson, University Av. New York 52, NY. USA.
— A list of American Doctoral Dissertations. Washington 1935.
— Catalogue des dissertations et écrits académiques provenant des Echanges avec les universités étrangères et reçues par la Bibliotheque Nationale Paris 1889 ff.
— Jahresverzeichnis der deutschen Hochschulschriften, Leipzig: Deutsche Bücherei 1929 ff.
— Jahresverzeichnis der schweizerischen Hochschulschriften. Basel 1913 ff.
— The Publishers' Weekly. The Amerikan Book Trade Journal. New York 1872 ff.
— The Cumulative Book Index. Minneapolis, N. Y. 1898 ff.
— Brief subject and Author Index of Papers in the Proceedings. 1847—1950. The Institution of Mechanical Engineers. London.
— The Publishers' Trade List Annual. New York: Bowker.
— Books in print. An author-title-series index to the Publishers' Trade List Annual. New York: Bowker.
Frels, W.: Jahresberichte des Literarischen Zentralblattes über die wichtigsten wiss. Neuerscheinungen des gesamten deutschen Sprachgebietes. Leipzig 1925 ff.
Bestermann, Theodore: Index Bibliographicus. Directory of current periodical abstracts and bibliographies. Paris: UNESCO 1 (1952).
Smith, William Allan, Francis Lawrence Kent and *George Burder Stratton:* World List of Scientific Periodicals, published in the years 1900—1950. London: Butterworth's Scientific Publications 1952.

3. Referateblätter.

a) A u s g e w e r t e t e   A r b e i t e n.

— Technische Zeitschriftenschau mit Bücherschau, Berlin: VDI-Verlag 1914 bis 1944.
— Arbeitsgemeinschaft Luftfahrttechnik im VDI. Düsseldorf: Arbeitsgemeinschaft 1952.
— Abstract Bulletin of the Aluminium Laboratories Limited. Kingston, Canada.

— Metals Review. The News Digest Magazine. Publ. by the American Society
for Metals. 7301 Euclid Ave., Cleveland 3, Ohio.

b) Sonstige verwendete Arbeiten.

— Chem. Zentralblatt. Berlin. Akad. Verlag. Mohrenstraße 29.
— Nickel-Berichte. Frankfurt (Main): Nickel. Informationsbüro.
— Physikalische Berichte. Physikalische Gesellschaft Württemb.-Baden. Berlin: Akademie-Verlag, ab 1952 Braunschweig: Vieweg.
— Referateblatt der Auswertungsstelle der techn. und wirtschaftlichen Weltfachpresse. Hamburg: Auswertungsstelle 1944.
— Techn. Zentralblatt. Abt. Masch. Wesen. Berlin: Akad. Verlag. Mohrenstr. 29.
— Verfahrenstechnische Berichte. Früher: Referate aus dem technischen Gebiet der chemischen Industrie. Leverkusen: Farbenfabriken Bayer. Weinheim: Verl. Chemie.
— Zentralblatt für Mathematik und ihre Grenzgebiete. Berlin: Springer.
— Zentralblatt für Mechanik. Berlin: Springer.
James, Mertice M., Dorothy Brown and *Gladys M.Dunn:* The Book Review Digest. New York: Wilson.
— Building Science Abstracts. Building Research Station: Department of Scientific and Industrial Research. Her Majesty's Stationery Office, York house, Kingsway, London W. C. 2.
—— Chemical Abstracts. Key to the world's Chemical Literature. Easton, Pa: American Chemical Society.
— British Chemical Abstracts. Chemical Engineering. Bureau of Abstracts. 9—10 Saville row, London W. 1.
— Bulletin Analytique. Centre National de la Recherche Scientifique. Centre de Documentation du C.N.R.S., 18, rue Pierre-Curie, Paris-5e, France.
— List of Periodicals and Bulletins containing Abstracts Published in Great Britain.
— List of Current spezialized Abstracting and Indexing Services. 1949.
— Survey on Papers on Elasticity. (Published in Holland 1940—1946.)

4. Verlags-Kataloge und -Informationen.

— Information Technik. Berlin W 35: Lange & Springer.
— Neue technische Bücher (NTB). Monatsberichte über das technische Schrifttum. Hamburg: Boysen & Maasch.
— Current Literature. London W. C. 2: W. H. Smith & Son.
— Overseas Book News. New York: McGraw Hill.
Deutsche Verlags-Kataloge: Springer, Berlin-Göttingen-Heidelberg. Ernst, Berlin-Wilmersdorf. Deutscher Ing.-Verlag, Düsseldorf. Oldenbourg, München. Hanser, München. Girardet, Essen.
Englische Verlags-Kataloge: Butterworth, London W. C. 2. Chapmann & Hall, London W. C. 1. Iliffe, London S. E. 1. Longmans, London W. 1. Pergamon Press, London N. W. 1. Technical Press, London. Temple Press, London E. C. 1.
Amerikanische Verlags-Kataloge: Academic Press, New York 10. American Society for Metals Cleveland, Ohio. Elsevier (Amsterdam-), New York. Macmillan, New York 11. McGraw Hill, New York. Prentice-Hall, New York 11. Reinhold, New York 36. Ronald Press, New York 3. Wiley, New York 16.
Französische Verlags-Kataloge: Béranger, Paris. Dunod, Paris VIe. Eyrolles, Paris Ve. Gauthier-Villars, Paris VIe. Masson, Paris.

IV. Schlüssel für verwendete Abkürzungen

1. Allgemeine Abkürzungen (General Abbreviations)

Auszug aus: Zeitschriftenkurztitel

DIN 1502 Beiblatt März 1940   DK 05 : 001.811

Abhandlungen	Abh.	General	Gen.
Abstracts	Abstr.	Gesellschaft	Ges.
American	Amer.		
Angewandte	Angew.	Heft(e)	H.
Annalen	Ann.		
Annual	Ann.	Imperial	Imp.
Anzeiger	Anz.	Indian	Ind.
Applied	Appl.	Industrial	Industr.
Archiv	Arch.	Information	Inform.
Association	Ass.	Ingenieur	Ing.
Auszug	Ausz.	Institut(e)	Inst.
Avhandlingar	Avh.	Institution	Instn.
		International	Int.
Bericht(e)	Ber.		
Blatt (Blätter)	Bl.	Jahrbuch	Jb.
British	Brit.	Journal	J.
Bulletin(s)	Bull.		
		Kongreß	Kongr.
Circular	Circ.	-kunde	-kde.
College	Coll.		
Commission	Comm	Laboratory	Lab.
Committee	Comm.	Literatur	Lit.
Compte(s) Rendu(s)	C. R.		
Conference	Conf.	Magazin	Mag.
Congress	Congr.	Material(ien)	Mater.
Courier	Cour.	Meddelanden	Medd.
		Mededeelingen	Meded.
Department	Dep.	Mémoires	Mém.
Deutsch(er)	Dtsch.	Memoranda	Mem.
Digest	Dig.	Memorandum	Mem.
Dissertation	Diss.	Methode	Meth.
		Miscellaneous	Misc.
Engineer	Engr.	Mitteilung(en)	Mitt.
Engineering	Engng.	Monatshefte	Mh.
Etudes	Et.		
Experiment(al)	Exp.	Nachrichten	Nachr.
		Nachrichtenblatt	Nachr.-Bl.
Forschung(en)	Forsch.	National	Nat.
Forschungs-Arbeiten	Forsch.-Arb.		
Forschungs-Berichte	Forsch.-Ber.	Österreichisch	Öst.
Forskning	Forskn.	Office	Off.
		Organ	Org.
Gazette	Gaz.	Papers	Pap.

Preliminary	Prelim.	Summary	Summ.
Proceedings	Proc.	Supplement	Suppl.
Progress	Progr.		
Publications	Publ.	Tagung	Tag.
		Technical	Techn.
		Technik	Techn.
Quarterly	Quart.	Technisch	Techn.
		Tidskrift	T.
Rapport	Rapp.	Transactions	Trans.
Recherches	Rech.	Translation	Translat.
Record	Rec.		
Report	Rep.	Universität	Univ.
Reprints	Repr.		
Research(es)	Res.	Verein	Ver.
Review(s)	Rev.	Vereinigung	Vereinig.
Revue	Rev.	Verlag	Verl.
Rivista	Riv.	Veröffentlichungen	Veröff.
Rundschau	Rdsch.	Versuche	Vers.
		Verzeichnis	Verz.
		Vorschriften	Vorschr.
Schrift(en)	Schr.	Vorträge	Vortr.
Science	Sci.		
Scientific	Sci.	Wesen	Wes.
Section	Sect.	Wirtschaft	Wirtsch.
Selected	Sel.	Wissen	Wiss.
Serie	Ser.	Wissenschaft(lich)	Wiss.
Service(s)	Serv.		
Société	Soc.	Year Book	Yearb.
Society	Soc.		
Special	Spec.	Zeitschrift	Z.
Specification	Specif.	Zeitschriftenschau	Z.-Schau
Sprawozdanie	Spraw.	Zeitung	Ztg.
Station	Stat.	Zentralblatt	Zbl.

2. Weitere verwendete Abkürzungen:

Australian	Austral.	Part	Pt.
Band	Bd.	Preprint	Prepr.
Development	Devel.	Sonderheft	S. H.
Establishment	Establ.	Technische Hochschule	TH
Government	Govmt.	Technology	Technol.
Her Majesty's		Transport(ation)	Transp.
Stationery Office	HMSO	United States, Department of Agriculture	USDA
Lieferung	Lfg.		
Materialprüfungsanstalt	MPA		

3. Einige besondere Abkürzungen für bibliographische Zeitschriften
aus Abschnitt III

Zeitschrift	Abkürzung
Abstract Bulletin, The	AB
Applied Mechanics Review	AMR
British Chemical Abstracts	Brit. Chem. Abstr.
Building Science Abstracts	BSA
Bulletin Analytique CNRS	Bull. Analyt.
Chemical Abstracts	Chem. Abstr.
Index Aeronauticus	Index Aeron.
Nachrichtenblatt der Arbeitsgemeinschaft	Nachr. Bl. AGM
Leichtbau der Verkehrsfahrzeuge	Leichtbau
Technische Zeitschriftenschau mit Bücherschau	Techn. Z.-Schau
Zentralblatt für Mathematik und ihre Grenzgebiete	Zbl. Math.
Zentralblatt für Mechanik	Zbl. Mech.

Weitere verwendete Zeitschriften-Abkürzungen sind im folgenden Abschnitt zusammen mit der Aufstellung der deutschen und ausländischen Zeitschriften zu finden.

V. Aufstellung der in der Bibliographie benutzten Zeitschriften, Abhandlungen, Berichte, Jahrbücher, Mitteilungen und Schriften

1. Deutsche Zeitschriften (einschl. in deutscher Sprache erscheinender Auslandszeitschriften)

a) Erscheinende Zeitschriften

Zeitschrift, Erscheinungsort und Verlag	Abkürzung
Aluminium. Fachzeitschrift der deutschen Aluminium-Industrie. Düsseldorf: Aluminium-Verlag, Jägerhofstraße 26/29	Aluminium
Archiv für Eisenhüttenwesen. Düsseldorf: Verlag Stahleisen, Schließfach 669	Arch. Eisenhüttenwes.
Archiv für Technisches Messen. München II: Oldenbourg, Lotzbeckstraße 2a u. 2b, Schließfach 31	ATM
Automobiltechnische Zeitschrift. Stuttgart: Franckh, Pfitzerstraße 5—7	ATZ
Bauingenieur, Der. Zeitschrift für das gesamte Bauwesen. Berlin-Göttingen-Heidelberg: Springer, Berlin W 35, Reichspietschufer 20	Bauing.
Bauplanung und Bautechnik. Berlin NW 7: Verlag Technik, Unter den Linden 12	Bauplanung u. Bautechn.
Bautechnik, Die. Fachschrift für das gesamte Bauingenieurwesen. Berlin: Ernst & Sohn, Hohenzollerndamm 169	Bautechnik
Bautechnik-Archiv. Berlin-Wilmersdorf: Ernst & Sohn, Hohenzollerndamm 169	Bautechnik-Arch.
Bau und die Bauindustrie, Der. Düsseldorf-Lohausen: Werner	Bau (Düsseldorf)
Bergbau-Archiv. Essen-Kettwig: Verlag Glückauf, Bismarckstraße 41	Bergbau-Arch.
Berg- und Hüttenmännische Monatshefte der montanistischen Hochschule in Leoben. Wien: Springer, Mölkerbastei 5	Berg- u. Hüttenmänn. Mh.
Deutsche Elektrotechnik. Berlin NW 7: Verlag Technik, Unter den Linden 12	Dtsch. Elektrotechn.
Draht. Fachzeitschrift für Drahtherstellung, Drahtbearbeitung, Drahtverarbeitung. Coburg: Prost & Meiner, Bahnhofstraße 31	Draht
Elektrische Bahnen. München II: Oldenbourg, Lotzbeckstraße 2a u. 2b, Schließfach 31	Elektr. Bahnen

Zeitschrift, Erscheinungsort und Verlag	Abkürzung
Feinwerktechnik. Füssen (Allgäu): C. F. Winter (früher: Feinmechanik u. Präzision)	Feinwerktechnik
Fördern und Heben. Wiesbaden: Krausskopf, Bahnhofstraße 61	Fördern u. Heben
Forschung auf dem Gebiete des Ingenieurwesens. Düsseldorf: Deutscher Ingenieur-Verlag, Prinz-Georg-Straße 77/79 (früher: Berlin: VDI-Verlag)	Forsch. Ing.-Wes.
Forschungshefte auf dem Gebiete des Stahlbaues. Berlin-Göttingen-Heidelberg: Springer, Berlin W 35, Reichspietschufer 20	Forsch. H. Stahlbau
Gießerei, Düsseldorf: Gießerei-Verlag, Breite Str. 27	Gießerei
Glasers Annalen. Zeitschrift für Verkehrstechnik u. Maschinenbau. Berlin W 30: Georg Siemens Verl.-Buchhandlung, Nollendorfstraße 28	Glas. Ann.
Glückauf. Bergmännische Zeitschrift. Essen-Kettwig: Verlag Glückauf, Bismarckstraße 41	Glückauf
Grundlagen der Landtechnik. Düsseldorf: Deutscher Ingenieur-Verlag, Prinz-Georg-Straße 77/79	Grundl. Landtechn.
Hansa, Zentralorgan für Schiffahrt, Schiffsbau, Hafen. Hamburg: Schiffahrt-Verlag Hansa Schroedter	Hansa
Holz (München). München Mühlberger, München 8, Rosenheimer Straße 18. (Bis März 1950: Holz (Augsburg), Augsburg: Manu-Verlag, Schäzlerstraße 17.)	Holz (München)
Holzforschung. Mitteilungen zur Chemie, Physik, Biologie und Technologie des Holzes und der pflanzlichen Faserrohstoffe. Berlin: Cram	Holzforsch.
Holz als Roh- und Werkstoff. Berlin-Göttingen-Heidelberg: Springer, Berlin W 35, Reichspietschufer 25	Holz als Roh- u. Werkstoff
Holztechnik. Mainz: Holztechnik-Verlag, Große Bleiche 46/48	Holztechnik (Mainz)
Holz-Zentralblatt. Stuttgart S: Kolbstraße 4 C	Holz-Zbl.
Industrie-Anzeiger. Zeitschrift für die gesamte technische Industrie. Essen: W. Girardet, Gerswidastraße 2	Industrie-Anz.
Ingenieur-Archiv. Berlin-Göttingen-Heidelberg: Springer, Berlin W 35, Reichspietschufer 20	Ing.-Arch.
Internationaler Holzmarkt. Wien 1: Herrengasse 21	Int. Holzmarkt (Wien)
Kautschuk und Gummi, Berlin-Borsigwalde: Verlag für Radio-Photo-Kino-Technik, Eichborndamm 141—167	Kautschuk u. Gummi
Konstruktion. Werkstoffe/Versuchswesen im Maschinen- u. Apparatebau. Berlin-Göttingen-Heidelberg: Springer, Berlin W 35, Reichspietschufer 20	Konstruktion
Kunststoffe. München 27: Carl Hanser, Leonhard-Eck-Straße 7	Kunststoffe

52

<table>
<tr><th>Zeitschrift, Erscheinungsort und Verlag</th><th>Abkürzung</th></tr>
<tr><td>Landtechnische Forschung. München-Wolfrats-hausen: Neureuter</td><td>Landtechn. Forsch.</td></tr>
<tr><td>Landtechnik. München-Wolfratshausen: Neureuter</td><td>Landtechnik</td></tr>
<tr><td>Maschinenbau und Wärmewirtschaft mit Lokomotiv- und Fahrzeugbau. Wien: Springer, Mölkerbastei 5</td><td>Maschinenb. u. Wärmewirtsch.</td></tr>
<tr><td>Maschinenbautechnik. Berlin NW 7: Verlag Technik, Unter den Linden 12</td><td>Maschinenbautechnik</td></tr>
<tr><td>Maschinenmarkt, Der. Coburg: Vogel Verlag GmbH.</td><td>Maschinenmarkt</td></tr>
<tr><td>Maschinenschaden, Der. München-Berlin: Allianz-Versicherungs-AG. (früher Berlin: Verlag Allianz und Stuttgarter Verein) München 22: Königstraße 28, Postfach 4</td><td>Maschinenschaden</td></tr>
<tr><td>Metallforschung, Zeitschrift der Deutschen Gesellschaft für Metallkunde. Stuttgart: Dr. Riederer, Paulinenstraße 37</td><td>Metallforsch.</td></tr>
<tr><td>Metall, Zeitschrift für Technik, Industrie und Handel. Berlin-Grunewald: Metall-Verlag, Hubertusallee 18</td><td>Metall</td></tr>
<tr><td>Metalloberfläche. München 27: Carl Hanser, Leonhard-Eck-Straße 7</td><td>Metalloberfläche</td></tr>
<tr><td>Mitteilungen der Österreichischen Gesellschaft für Holzforschung. (Sonderbeilage der Zeitschrift Int. Holzmarkt, s. o.)</td><td>Mitt ÖGH (Wien)</td></tr>
<tr><td>Motortechnische Zeitschrift. Stuttgart: Franckh, Pfitzerstraße 5—7</td><td>MTZ</td></tr>
<tr><td>Österreichisches Ingenieur-Archiv. Wien: Springer, Mölkerbastei 5</td><td>Oest. Ing. Arch.</td></tr>
<tr><td>Österreichische Bauzeitschrift. Wien: Springer, Mölkerbastei 5</td><td>Oest. Bau-Z.</td></tr>
<tr><td>Schiffbautechnik. Berlin NW 7: Verlag Technik, Unter den Linden 12</td><td>Schiffbautechnik</td></tr>
<tr><td>Schiff und Hafen. Uetersen (Holstein): Heydorn, Großer Sand 3</td><td>Schiff u. Hafen</td></tr>
<tr><td>Schlägel und Eisen. Düsseldorf: Karl-Märklein-Verlag, Engerstraße 21a</td><td>Schlägel u. Eisen</td></tr>
<tr><td>Schweißen und Schneiden. Zeitschrift für die autogenen und elektrischen Schweiß-, Schneid- und Oberflächenbehandlungsverfahren. Braunschweig: Vieweg, Burgplatz 1</td><td>Schweißen u. Schneiden</td></tr>
<tr><td>Schweißtechnik. Berlin NW 7: Verlag Technik, Unter den Linden 12</td><td>Schweißtechnik (Berlin)</td></tr>
<tr><td>Schweißtechnik, Organ der schweißtechnischen Zentralanstalt und der Österreichischen Gesellschaft für Schweißtechnik. Wien XVIII: Schweißtechnische Zentralanstalt, Schumanngasse 31</td><td>Schweißtechnik (Wien)</td></tr>
<tr><td>Schweizer Archiv für angewandte Wissenschaft und Technik. Solothurn: Vogt-Schild A.G., Dornacher Straße 35—39</td><td>Schweiz. Arch.</td></tr>
</table>

Zeitschrift, Erscheinungsort und Verlag	Abkürzung
Schweizerische Bauzeitung. Zürich: Jegher	Schweiz. Bauztg.
Stahlbau, Der. Beilage zu „Die Bautechnik" Berlin: Ernst & Sohn, Hohenzollerndamm 169	Stahlbau
Stahl und Eisen, Zeitschrift für das deutsche Eisenhüttenwesen. Düsseldorf: Verlag Stahleisen, Breite Straße 27	Stahl u. Eisen
Technik, Die. Berlin NW 7: Verlag Technik, Unter den Linden 12	Technik (Berlin)
Technische Mitteilungen, Haus der Technik, Essen: Vulkan Verlag	Techn. Mitt. HdT (Essen)
Textil- und Faserstoff-Technik. Berlin NW 7: Verlag Technik, Unter den Linden 12	Textil- u. Faserstofftechn.
VDI-Forschungshefte. Düsseldorf: Deutscher Ingenieur-Verlag, Prinz-Georg-Straße 77/79 (früher Forsch. Arbeiten auf dem Gebiet des Ingenieurwesens, Berlin: VDI-Verlag)	VDI-Forsch. H. (bis 1930: Forsch. Arb. Ing. Wes.)
Verkehr und Technik, Zeitschrift für Transportwesen, Verkehrstechnik und Straßenbau. Berlin-Bielefeld-Detmold: Erich Schmidt, Berlin W 35, Gentheimer Straße 30g	Verkehr und Technik
Werkstatt und Betrieb, Zeitschrift für Maschinenbau und Fertigung. München 27: Carl Hanser, Leonhard-Eck-Straße 7	Werkstatt u. Betrieb
Werkstatttechnik und Maschinenbau, Zeitschrift für Fertigung im Maschinenbau, Apparatebau u. Feinmechanik. Berlin-Göttingen-Heidelberg: Springer, Berlin W 35, Reichspietschufer 20	Werkstattstechn. u. Maschinenb.
Werkstoffe und Korrosion. Weinheim: Verlag Chemie, Hauptstraße 127 (früher: Archiv für Metallkunde, davor: Korrosion und Metallschutz)	Werkstoffe u. Korrosion
Wirtschaft und Technik im Transport. (Economie et Technique des Transports.) Früher: Gewichtersparnis im Transportwesen. (L'Allegement dans les Transports). Zürich: A. Grob	Wirtschaft u. Techn. im Transp.
Zeitschrift für angewandte Mathematik und Mechanik. Ingenieurwissenschaftliche Forschungsarbeiten. Berlin: Akademie-Verlag	ZAMM
Zeitschrift für angewandte Mathematik und Physik. Basel-Stuttgart: Birkhäuser, Stuttgart, Humboldtstraße 10	ZAMP
Zeitschrift für Flugwissenschaften. Braunschweig: Vieweg, Burgplatz 1	ZFW
Zeitschrift für Metallkunde. Stuttgart: Dr. Riederer, Paulinenstraße 37	Z. Metallkde.
Zeitschrift für Schweißtechnik. (Journal de la Soudure). Fachblatt für die gesamte Schweiß-, Schneid- und Löttechnik und der verwandten Gebiete. Zürich: Stauffacherquai 36	Z. Schweißtechn.

Zeitschrift, Erscheinungsort und VerlagAbkürzung

Zeitschrift des Vereins Deutscher Ingenieure. Düsseldorf: Deutscher Ingenieur-Verlag, Prinz-Georg-Straße 77/79	Z. VDI

b) Nicht mehr erscheinende Zeitschriften

Anzeiger Maschinenwesen, Anzeiger für Berg-Hütten- und Maschinenwesen. Essen: W. Girardet	Anz. Masch. Wes.
Autogene Metallbearbeitung, Zentralblatt für Azetylen und für autogene Schweiß- und Schneidtechnik. Halle (Saale)	Autog. Metallbearb.
Deutsche Kraftfahrtforschung. Berlin: VDI-Verlag	Dtsch. Kraftf.-Forsch.
Deutsche Motorzeitschrift	DMZ
Eisen- und Metallverarbeitung. Essen (Forschung: Industrie-Anzeiger)	Eisen- u. Metallverarb.
Elektroschweißung, Zeitschrift für das Gebiet des elektrischen Schweißverfahrens und deren Anwendung. Braunschweig	Elektroschweißung
Fahrzeug- und Karosseriebau	Fahrz. u. Karosserieb.
Feinmechanik und Präzision	Feinmechanik u. Präzision
Flugsport. Frankfurt (Main): Flugsport	Flugsport
Fördertechnik. Wittenberg: Ziemsen	Fördertechnik
Luftfahrtforschung. München: Oldenbourg	Luftf.-Forsch.
Luftfahrt-Schrifttum des Auslandes in Übersetzungen. Zentrale für wissenschaftliches Berichtswesen, Berlin-Adlershof	Luftf. Schrifttum Ausland
Luftwissen. Berlin: Mittler	Luftwissen
Maschinenbau — Der Betrieb. Berlin: VDI-Verlag	Maschinenb. Betrieb
Metall-Wirtschaft, Wissenschaft, Technik. Berlin: Metall-Verlag (ab 1953 siehe Metall V 1a)	Metallwirtsch.
Neue Gießerei. Düsseldorf:	Neue Gießerei
Organ für die Fortschritte im Eisenbahnwesen. Berlin: Springer	Org. Fortschr. Eisenbahnwes.
Planen und Bauen. Berlin: Verlag Technik	Planen u. Bauen
Schiffbau, Schiffahrt und Hafenbau. Berlin: Vetter	Schiffbau
Technik in der Landwirtschaft, Die. Mit Archiv des Landmaschinenwesens. Berlin: VDI-Verlag	TidL
Technisches Zentralblatt für praktische Metallbearbeitung. Berlin: Roth	Techn. Zbl. prakt. Metallbearb.
Verkehrstechnik. Berlin: Verkehrstechnischer Verlag	Verkehrstechnik
Werft, Reederei, Hafen. Berlin: Springer	Werft, Reederei, Hafen
Zeitschrift für Flugtechnik und Motorluftschiffahrt. München-Berlin: Oldenbourg	ZFM

2. Deutsche Abhandlungen, Berichte, Jahrbücher, Mitteilungen und Schriften von Anstalten, Ausschüssen, Instituten und Firmen

a) Erscheinende Literatur

Abhandlungen aus dem Stahlbau. Bremen: Dorn	Abh. Stahlbau
Abhandlungen. Internationale Vereinigung für Brückenbau und Hochbau. Zürich: Leemann *)	Abh. Int. Vereinig. Brücken- u. Hochbau
Bau. Jahrbuch des Bauwesens. Darmstadt-Berlin: Elsner	Bau Jb. Bauwes.
Berichte des Deutschen Ausschusses für Stahlbau (früher: Berichte des Ausschusses für Versuche im Stahlbau). Berlin-Göttingen-Heidelberg: Springer	Ber. Dtsch. Ausschuß Stahlbau
Berichte über Landtechnik. München-Wolfratshausen: Neureuter	Ber. Landtechn.
DEMAG-Nachrichten, Hausmitteilungen der DEMAG AG. Duisburg	DEMAG-Nachr.
Diskussionsberichte der Eidgenössischen Materialprüfungs- und Versuchsanstalt für Industrie, Bauwesen und Gewerbe. Zürich	EMPA Disk. Ber.
Fortschritte und Forschungen im Bauwesen. Stuttgart: Franckh, Pfitzer Straße 5—7	Fortschr. u. Forsch. Bauwes.
Jahrbuch der Rheinisch-Westfälischen Technischen Hochschule Aachen	Jb. TH Aachen
Jahrbuch der Schiffbautechnischen Gesellschaft	Jb. Schiffbautechn. Ges.
Jahrbuch der Wissenschaftlichen Gesellschaft für Luftfahrt (WGL) Braunschweig: Vieweg, Burgplatz 1 (früher: München: R. Oldenbourg)	WGL.-Jb.
MAN-Forschungshefte Hrsg.: Maschinenfabrik Augsburg-Nürnberg AG.	MAN-Forsch. H.
Mitteilungen des Wöhler-Instituts Braunschweig. Braunschweig: Vieweg, Burgplatz 1	Mitt. Wöhler Inst. Braunschweig

b) Nicht mehr erscheinende Literatur

Berichte der Lilienthal-Gesellschaft	Ber. Lil. Ges.
Berichte der Deutschen Versuchsanstalt für Luftfahrt. (DVL-Berichte)	DVL-Ber.
Forschungsberichte Holz. Berlin: VDI-Verlag	Forsch. Ber. Holz
Jahrbuch der Deutschen Luftfahrt-Forschung. München-Berlin: Oldenbourg	Jb. Dtsch. Luftf. Forsch.
Jahrbuch der Deutschen Versuchsanstalt für Luftfahrt (DVL)	DVL-Jb.
Jahrbuch der Lilienthal-Gesellschaft für Luftfahrtforschung. München-Berlin: Oldenbourg	Jb. Lil. Ges.

---

*) Siehe auch V 3 Publ. Int. Ass. Bridge & Struct. Engng. — Publ. Ass. Int. Ponts & Charpentes.

Zeitschrift, Erscheinungsort und Verlag	Abkürzung
Jahrbuch der Vereinigung für Luftfahrtforschung. München-Berlin: Oldenbourg	Jb. Vereinig. Luftf.-Forsch.
Kraftfahrtechnische Forschungsarbeiten	Kraftf. Techn. Forsch. Arb.
Leichtmetall. Informationsdienst der Aluminium-Walzwerke Singen	Leichtmetall
Mitteilungen der Deutschen Materialprüfungsanstalten. Berlin: Springer	Mitt. Dtsch. MPA
Mitteilungen des Fachausschusses für Holzfragen beim VDI. Berlin: VDI-Verlag	Mitt. Fachausschuß Holzfragen
Mitteilungen aus den Forschungsanstalten des Gutehoffnungshütte-Konzerns. Berlin: VDI-Verlag.	Mitt. Forsch.-Anst. GHH-Konzern
Mitteilungen aus dem Kaiser-Wilhelm-Institut für Eisenforschung zu Düsseldorf. Düsseldorf: Verlag Stahleisen	Mitt. K.-Wilh.-Inst. Eisenforsch.
Mitteilungen der Materialprüfungsanstalt der Technischen Hochschule Darmstadt. Berlin: VDI-Verlag	Mitt. MPA TH Darmstadt
Mitteilungen der Materialprüfstelle Allianz	Mitt. Mat. Prüfstelle Allianz
Schriften der Deutschen Akademie für Luftfahrtforschung	Schr. Dtsch. Akad. Luftf.-Forsch.
Schriften der Hessischen Hochschulen	Schr. Hess. Hochsch.
Schriften des Reichskuratoriums für Technik in der Landwirtschaft, Berlin	RKTL-Schr.
Veröffentlichungen des Forschungsinstitutes der Vereinigten Leichtmetallwerke (VLW) Hannover	Veröff. Forsch. VLW
Zentrale für Wissenschaftliches Berichtswesen (ZWB) Berlin-Adlershof:	ZWB
Forschungsberichte	FB
Untersuchungen und Mitteilungen	UM
Technische Berichte	TB
Prüfberichte	PB
Kurzberichte	KB

3. Ausländische Zeitschriften

Zeitschrift, Erscheinungsort und Verlag	Abkürzung (Abbreviations)
Aero Digest. New York: Aeronautical Digest Publishing Corp.	Aero Dig.
Aero Research Technical Notes Bulletin. Duxford (Cambridge): The Technical Service Department, Aero Research Ltd.	Aero Res. TN Bull.
Aeronautical Engineering. New York	Aeron. Engng.
Aeronautical Engineering Review. Easton (Pa), New York: Institute of the Aeronautical Sciences	Aeron. Engng. Rev.
Aeronautical Quarterly. London	Aeron. Quart.
Aeronautical Research Council. Reports & Memoranda. London W. C. 2: HMSO	ARC R & M
Aeronautics. London W. C. 2	Aeronautics
Aéronautique, L'. Paris	Aéronautique
Aeroplane, The. London E. C. 1: Temple Press	Aeroplane
Aerotecnica, L'. Roma	Aerotecnica
Aircraft Engineering. London W. C. 1: Bunhill	Aircr. Engng.
Aircraft Production. London S. E. 1: Iliffe	Aircr. Production
Alluminio. Milano: Istituto Sperimentale dei Metalli Leggeri	Alluminio
Aluminium Development Association. London W. 1: ADA Research Reports Information Bulletin Reprint	ADA Res. Rep. Inform. Bull. Repr.
Aluminium (Suisse). Zürich: Fachschriften-Verl.	Aluminium (Suisse)
American Machinist. Magazine of Metalworking Production. New York: McGraw Hill	Amer. Machinist
Annales de l'Institut Technique du Bâtiment et des Travaux Publics. Paris	Ann. Inst. Techn. Bâtiment
Annales des Ponts et Chaussées. Paris: Dunod	Ann. Ponts Chaussées
Applied Scientific Research. Den Haag: Nijhoff	Appl. Sci. Res.
ASTM Bulletin. American Society for Testing Materials. Philadelphia	ASTM Bull.
Australian Council for Aeronautics. Reports. Melbourne	Austral. Counc. Aeron. Rep.
Australian Journal of Applied Sciences. Melbourne	Austral. J. Appl. Sci.
Automobile Engineer. London S. E. 1: Iliffe	Automob. Engr.
Automotive Industries. Philadelphia: Chilton	Automot. Industries
Aviation. New York	Aviation
British Plasties. London S. E. 1: Iliffe	Brit. Plasties
British Welding Journal	Brit. Welding J.
Builder. London W. C. 2	Builder

<table>
<tr><td>Zeitschrift, Erscheinungsort und Verlag</td><td>Abkürzung
(Abbreviations)</td></tr>
<tr><td>Bulletin de l'Association Technique Maritime et Aéronautique. Paris: Ass.</td><td>Bull. Ass. Techn. Marit. Aéron.</td></tr>
<tr><td>Bulletin of the Calcutta Mathematical Society. Calcutta</td><td>Bull. Calcutta Math. Soc.</td></tr>
<tr><td>Bulletin Technique de la Suisse Romande</td><td>Bull. Techn. Suisse Rom.</td></tr>
<tr><td>Civil Engineering. New York 18: American Society of Civil Engineers (ASCE)</td><td>Civil Engng.</td></tr>
<tr><td>Comptes Rendus Hebdomadaires des Séances de l'Academie des Sciences</td><td>C. R. Hebd. Séances Acad. Sci.</td></tr>
<tr><td>Construction. Baltimore 3: Maryland</td><td>Construction</td></tr>
<tr><td>Corrosion. Houston: Texas</td><td>Corrosion (Houston)</td></tr>
<tr><td>Council for Scientific and Industrial Research. Melbourne</td><td>CSIR</td></tr>
<tr><td>Development Bulletin, The, of Aluminium Laboratories Ltd. Banbury</td><td>Devel. Bull.</td></tr>
<tr><td>Engineer, The. London W. C. 2: Morgan Brothers</td><td>Engineer</td></tr>
<tr><td>Engineering. London W. C. 2: Harrison</td><td>Engng.</td></tr>
<tr><td>Engineering Journal, The. Montreal</td><td>Engng. J.</td></tr>
<tr><td>Engineers Digest, The. London W. 1</td><td>Engrs' Dig.</td></tr>
<tr><td>Flight (and Aircraft Engineer). London S. E. 1</td><td>Flight</td></tr>
<tr><td>Flygtekniska Försöksanstalten. Stockholm: Meddelanden. Reports</td><td>FFA Medd. Rep.</td></tr>
<tr><td>Forest Products Laboratory Reports. U. S. Department of Agriculture. Madison (Wisc.)</td><td>FPL Rep.</td></tr>
<tr><td>Génie Civil, Le. Paris: Genie Civil</td><td>Genie Civil</td></tr>
<tr><td>Illinois Engineering Experiment Station Bulletin, see Univ. ...</td><td></td></tr>
<tr><td>Industrial and Engineering Chemistry. Washington, D. C.</td><td>Industr. & Engng. Chem.</td></tr>
<tr><td>Ingenieur, De. 's-Gravenhage</td><td>Ingenieur</td></tr>
<tr><td>Interavia. Genf: Interavia</td><td>Interavia</td></tr>
<tr><td>Iron Age, The. New York: Chilton</td><td>Iron Age</td></tr>
<tr><td>Iron and Steel. London: Cassier</td><td>Iron and Steel</td></tr>
<tr><td>IVA Tidskrift för Teknisk-Vetenskaplig Forskning. Stockholm: Ingeniorsvetenskapsakademien</td><td>IVA-T.</td></tr>
<tr><td>IVA-Handligar</td><td>IVA-Handl.</td></tr>
<tr><td>Jernkontorets Annaler. Stockholm: Almqvist & Wiksell</td><td>Jernkont. Ann.</td></tr>
<tr><td>Journal of the Aeronautical Sciences. Easton (Pa): Inst. of the Aeronautical Sciences</td><td>J. Aeron. Sci.</td></tr>
<tr><td>Journal of Applied Mechanics. New York 18: ASME</td><td>J. Appl. Mech.</td></tr>
<tr><td>Journal of Applied Physics. New York</td><td>J. Appl. Phys.</td></tr>
<tr><td>Journal of the Forest Products Research Society. Madison (Wisc.)</td><td>J. Forest Prod. Res Soc.</td></tr>
<tr><td>Journal of the Institute of Civil Engineers. London.</td><td>J. ICE</td></tr>
</table>

Zeitschrift, Erscheinungsort und Verlag	Abkürzung (Abbreviations)
Journal of the Institute of Metals and Metallurgical Abstracts. London: Inst.	J. Inst. Metals
Journal of the Iron and Steel Institute. London: Inst.	J. Iron & Steel Inst.
Journal of Mathematics and Physics. Cambridge (Mass.): Mass. Inst. of Technology	J. Math. Phys.
Journal of the Mechanics and Physics of Solids. London: Pergamon Press	J. Mech. & Phys. Solids
Journal of Metals. New York: American Institute of Mining and Metallurgical Engineering	J. Metals
Journal of Research. National Bureau of Standards. Washington 25 DC: U. S. Government Printing Office	J. Res. Nat. Bur. Stand.
Journal of the Royal Aeronautical Society. London W 1	J. Roy. Aeron. Soc.
Journal de la Societé des Ingénieurs de l'Automobile. Paris: Friedland	J. SIA
Journal de la Soudure, s. Zeitschrift für Schweißtechnik	
Light Metal Age. Chicago 4 (Ill.)	Light Metal Age
Light Metals. London E. C. 1: Temple Press	Light Metals
Light Metals Bulletin. British Aluminium Co. Ltd. London	Light Metals Bull.
Locomotive, Railway Carriage and Wagon Review, The. London S. W. 1: Publ. Co.	Locomotive
Machine Design. Cleveland, (Ohio): Penton Publ. Co.	Machine Design
Machinist, The. London: McGraw Hill	Machinist
Machinery. London: Machinery Publ.	Machinery (London)
Machinery. New York 13: Industrial Press	Machinery (New York)
Machinery Lloyd (Overseas). London W. 1	Machinery Lloyd
Materials and Methods. (Formerly: Metals and Alloys) New York: Reinhold	Mater. & Meth.
Mechanical Engineering. New York: American Society of Mechanical Engineers	Mech. Engng.
Mechanics for Engineers and Craftsmen. London E. C. 4	Mech. Engrs. Craftsmen
Mechanical World and Engineering Record. Manchester 3: Emmott & Co.	Mech. World and Engng. Rec.
Metal Industry. London S. E. 1: Cassier	Metal Industry
Metalen. 's Gravenhage: de Hofstad	Metalen
Metallurgia. Manchester: Kennedy Press	Metallurgia
Metallurgia Italiana, La. Milano: Assoz. Ital. di Metallurg.	Metallurgia Ital.

Zeitschrift, Erscheinungsort und Verlag	Abkürzung (Abbreviations)
Metal Progress. Cleveland (Ohio): American Society for Metals	Metal. Progr.
Metal Treatment and Drop Forging. London	Metal Treatm. & Drop Forging
Métaux, Corrosion-Industries. St. Germain-en Laye: Ed. Métaux	Métaux, Corrosion
Mining Journal. London E. C. 4: Mining Journal Ltd.	Mining J.
Modern Metals. Chicago 4 (Ill.): Griffin	Modern Metals
Modern Plastics. New York: Modern Plastics Inc.	Modern Plastics
Nationaal Luchtvaart Laboratorium. Amsterdam: Rapports (Reports)	NLL Rapp. (Rep.)
National Advisory Committee of Aeronautics. New York:	NACA
Report	Rep
Technical Notes	TN
Technical Memorandums	TM
Advanced Restricted Reports	ARR
Advance Confidential Reports	ACR
Confidential Bulletins	CB
Memorandum Reports	MR
Office of the Coordinator of Research Reports	OCR
Restricted Bulletins	RB
Research Memorandums	RM
Office National d'Etudes et de Recherches Aéronautiques: Paris: ONERA	ONERA
Publications	Publ.
Notes Techniques	NT
Ossature Métallique, L'. Paris	Ossature Métall.
Philosophical Magazine. Suppl.: Advances in Physics. London: Taylor	Phil. Mag.
Plastics. London E. C. 1: Temple Press	Plastics (London)
Proceedings of the American Society of Civil Engineers. New York 18: ASCE	Proc. ASCE
Proceedings of the American Society for Testing Materials. Philadelphia: ASTM	Proc. ASTM
Proceedings of the Cambridge Philosophical Society. London: Cambridge University Press	Proc. Cambr. Phil. Soc.
Proceedings, Annual, of the Forest Products Research Society, Madison (Wisc.)	Proc. Forest Prod. Res. Soc.
Proceedings of the Institution of Mechanical Engineers. London S. W. 1: Inst.	Proc. IME
Proceedings of the 5th International Congress for Applied Mechanics, Cambridge*)	Proc. 5th Int. Congr. Appl. Mech.
Proceedings of the 7th International Congress for Applied Mechanics, Cambridge*)	Proc. 7th Int. Congr. Appl. Mech.

*) New York: Wiley, London: Chapman & Hall

Zeitschrift, Erscheinungsort und Verlag	Abkürzung (Abbreviations)
Proceedings of the Society for Experimental Stress Analysis. Cambridge (Mass.): Soc.	Proc. SESA
Proceedings of the Royal Society. Series A. London: Cambridge University Press	Proc. Roy. Soc. (London)
Proceedings of the ... Symposium in Applied Mathematics of the American Mathematical Society. New York: McGraw Hill	Proc. Symp. Appl. Math.
Product Engineering. New York	Product Engng.
Publications of the International Association for Bridge and Structural Engineering. Zürich: Leemann	Publ. Int. Ass. Bridge & Struct. Engng.
Publications de l'Association Internationale des Ponts et Charpentes. Zürich: Leemann	Publ. Ass. Int. Ponts & Charpentes
Quarterly of Applied Mathematics. Brown University Providence Rhode Island	Quart. Appl. Math.
Quarterly Journal of Mechanics and Applied Mathematics. Oxford: Clarendon Press	Quart. J. Mech. & Appl. Math.
Railway Age. New York: Simmons-Boardman	Railway Age
Railway Gazette, The. London: Transport Ltd.	Railway Gaz.
Recherche Aéronautique, La. Paris XVI	Rech. Aéron.
Revue de l'Aluminium. Paris: Faroux	Rev. Aluminium
Revue Générale des Chemins de Fer. Paris: Dunod	Rev. Gén. Chemins de Fer
Revue de Metallurgie (Memoires). Paris	Rev. Metallurgie
Revue de la Soudure. Lastijdschrift. Bruxelles	Rev. Soudure
SAE-Journal. New York: Society of Automotive Engineers	SAE J.
SAE-Quarterly Transactions. New York: Society of Automotive Engineers	SEA-Quart. Trans.
Selected Government Research Reports. London: HSMO	Sel. Govmt. Res. Rep.
Sheet Metal Industries. London: Industrial Newspapers	Sheet Metal Industries
Ship and Boat Builder. London	Ship & Boat Builder
Shipbuilder and Marine Engine Builder. Newcastle upon Tyne	Shipbuilder & Marine Engine Builder
Shipbuilding and Shipping Record. London	Shipbuilding & Shipping Rec.
Shipping World, The, and Shipbuilding and Marine Engineering News. London	Shipping World
Soudure et Techniques Connexes. Paris	Soudure et Techn. Connexes
Southern Lumberman. Nashville (Tenn.)	South. Lumberman
Steel Technical Notes. Cleveland	Steel
Structural Engineer, The. London S. W. 1: Princes Press	Struct. Engr.

Zeitschrift, Erscheinungsort und Verlag	Abkürzung (Abbreviations)
Svenska Aeroplan Aktiebolaget (SAAB) Aircraft Company. Linköping. Technical Notes	SAAB TN
Technical Bulletin. US Department of Agriculture Madison, (Wisc.)	Techn. Bull. USDA
Technical Data Digest. Central Air Documents Office (CADO), Dayton 2 (Ohio)	Techn. Data Dig.
Technique Moderne, La. — Construction. Paris: Dunod	Techn. moderne
Technique et Science Aéronautiques. Organ de l'Association Française des Ingénieurs et Techniciens de l'Aéronautique. Paris	Techn. et Sci. Aéron.
Teknisk Tidskrift. Stockholm: Svenska Teknolog. Forening	Tekn. T.
Timber Development Association Quarterly Review	TDA Quart Rev.
Transactions of the American Institute of Mining and Metallurgical Engineers. New York	Trans. Amer. Inst. Min. & Metall. Engrs.
Transactions of the American Society of Civil Engineers. New York: Soc.	Trans. ASCE
Transactions of the American Society of Mechanical Engineers. New York: Soc.	Trans. ASME
Transactions of the American Society for Testing Materials. Philadelphia: ASTM	Trans. ASTM
Transactions of the Institution of Engineers and Shipbuilders in Scotland. Glasgow: Instn.	Trans. Instn. Engrs. & Shipbuilders
Transactions of the Institution of Naval Architects. London S. W. 1: Instn.	Trans. Instn. Naval Architects
Transactions of the Institute of Welding. London S. W. 1: Inst.	Trans. Inst. Welding
Transactions of the North-East-Coast Institution of Engineers and Shipbuilders. New Castle upon Tyne. Inst.	Trans. N. E. Coast Instn. Engrs. & Shipbuilders
Transactions of the Royal Institute of Technology. Stockholm	Trans. Roy. Inst. Technol.
Transactions of the Society of Mechanical Engineers. Tokyo	Trans. SME
Transactions of the Society of Naval Architects and Marine Engineers. New York: Soc.	Trans. Soc. Naval Archit. & Marine Engrs.
Transport World. London S. W. 16	Transp. World
University of Illinois Engineering Experiment Station Bulletin	Univ. Ill. Engng. Exp. Stat. Bull.
Welding. Great Britain	Welding
Welding Engineer. New York	Welding Engr.
Welding Journal, The. Easton (Pa.): American Welding Society	Welding J.

Zeitschrift, Erscheinungsort und Verlag	Abkürzung (Abbreviations)
Welding Research. Journal of the British Welding Research Association (bound with Trans. Inst. Welding)	Welding Res.
Welding Research Council of the Engineering Foundation, Supplement to Welding J.	Welding Res. Counc.
Wood (Westminister). London S. W. 1	Wood (London)
Wood. Chicago	Wood (Chicago)
Woodworker. Indianapolis	Woodworker
Wood Working Digest. Wheaton (Ill.)	Wood Working Dig.

Über den Rahmen der hier aufgeführten Zeitschriften hinaus ist für die Bibliographie noch eine Anzahl weiterer Zeitschriften verwendet worden. Diese enthalten nur vereinzelt Aufsätze über Leichtbau. Eine systematische Verfolgung ist daher nicht lohnend.

VI. Bücher

Leichtbau   Lightweight construction UDC   016 (100) : 62.002.2—183.4

Förderanlagen	6.26	Conveying Systems
Bauwesen	6.27	Buildings
Häuser	6.271	Houses
Brücken	6.272	Bridges
Hochbau, Hallenbau, Industrie- bau	6.273	High Structures, Hangars
Mastenbau	6.275	Masts

Aussum, Paul: Vorschriften und Regeln der Technik für Druckgefäße. Halle: Knapp 1948. VII, 456 S.

Hänchen, Richard: Sicherheit und zulässige Spannungen im Maschinenbau (Fortschritte der Technik). Berlin: Siemens 1950. 60 S.

Wendel, Kurt: Handbuch der Werften, 1954. Hamburg: Schiffahrtsverl. Hansa 1954. 395 S. [6.253].

— Navy regulations. United States Navy regulations, 1948. Washington: Superintendent of Documents 1948. 307 p., Index 95 p. Change No. 1. Jan. 1951.

— Rules and regulations for the construction and classification of steel ships. Lloyd's register of shipping. London: 1950. 516 p.

— Specifications. General specifications (for building vessels of Navy). Appendix 4. Specifications for riveting — pt. 1 Steel construction … 1940. 54 p. pt. 2 Aluminium construction … 1940. 23 p. Appendix 5. Specifications for welding — pt. 1 General … 1940. 64 p. pt. 2 Special treatment … 1942 16 p. (Washington: Superintendent of Documents).

— Vorschriften für Klassifikationen und Bau von stählernen Seeschiffen. Hamburg: Selbst-Verl. Lloyd 1941. 418 S. Ergänzung dazu: Vorschriften für elektrische Schweißung von Schiffen. Ausg. 1949. Mit Neufassung d. Abschn. 10: Decks. Ausg. 1954.

Siegel, Gerhard: Angewandte Lastannahmen über Größe und Angriff von Luftkräften an Flugzeugen. Berlin-Charlottenburg: Volckmann 1938. 175 S.

— Bauvorschriften für Flugzeuge. H. 1. Vorschriften für die Festigkeit von Flugzeugen. Deutscher Luftfahrzeug-Ausschuß (DVL, Berlin-Adlershof). Fassung Dez. 1936.

— Bauvorschriften für Flugzeuge (BVF). H. 4. Triebwerk. Berlin: ZWB 1938.

— Bauvorschriften für Segelflugzeuge (BVS). H. 1. Vorschriften für die Festigkeit von Segelflugzeugen. Ausg. Aug. 1939. H. 2. Baustoffe. Ausg. Febr. 1940. H. 3. Flugwerk. Ausg. Aug. 1939. H. 4. Schleppgerät. Ausg. Okt. 1939. H. 5. Normen. Ausg. Febr. 1940. Berlin: ZWB 1939—1940.

— Handbook of Aeronautics. No. 1. Structural principles and data. 4 th ed. 1953. XIII, 322 p., No. 2. Component design. 1954. VIII, 207 p. London: Pitman 1953—1954. [6.254].

-— International standards and recommended practices. Annex 6: Operation of aircraft 4th ed. May 1953. 26 p. Annex 8: Airworthiness of aircraft 3rd ed. April 1952. 150 p. with addendum of May 1953. 12 p. Montreal (Canada): International Civil Aviation Organization.

v. Busch, H.: Bestimmungen über Einrichtungen und Betrieb der Aufzüge. 2. Aufl. Köln—Berlin: Heymann 1953. 225 S. [6.26].

— Stahlbau-Handbuch 1952. (Hrsg. Deutscher Stahlbau-Verband.) Bremen-Horn: Industrie- und Handelsverl. 1952. 657 S. [1.16], [6.1].

— Bergpolizeiverordnung für die Seilfahrt in Blindschächten (i. Verw.-Bez. d. Oberbergamts Dortmund v. 1. 10. 49). Amtl. Textausg. m. Erläut. Dortmund: Bellmann 1949. VI, 131 S.

— Bergpolizeiverordnung für die Seilfahrt (i. Verw.-Bez. d. Oberbergamtes
Dortmund v. 21. 7. 1927, Fassung v. 23. 12. 1936). Amtl. Textausg. m. Erläut.
8. Aufl. Berlin: Bernhard & Graefe 1951. 192 S.
— Bergpolizeiverordnung für die Steinkohlenbergwerke (i. Verw.-Bez. d. Oberbergamtes Dortmund v. 1. 5. 35). Amtl. Ausg. v. 1. 1. 51. Dortmund: Bellmann
1951. V, 98 S.

Bauwesen, Brücken- und Hochbau   1.16

Beyer, Kurt: Die Statik im Stahlbetonbau. 2. Aufl. Berlin—Göttingen—Heidelberg: Springer 1948. XII, 804 S. [1.21], [1.22—1.24].
Boerner, Franz: Statische Tabellen. Amtliche Vorschriften. Belastungsangaben
und Formeln zur Aufstellung von Berechnungen für Baukonstruktionen.
13. Aufl. Berlin: Ernst 1948. XII, 482 S. [6.27].
Finter, A.: Statische Tabellensammlung. 7. u. 8. Aufl. Düsseldorf-Lohausen: Werner 1954. 320 S. [6.27], [1.21].
Frommhold, Hanns u. S. Hasenjäger: DIN-Wohnungsbau-Normen. 2. Aufl. Düs-
seldorf-Lohausen: Werner 1953. 304 S.
Gottsch, H. u. S. Hasenjäger: Technische Baubestimmungen. 3 Bde. (Loseblattaus-
gabe). 3. Aufl. Köln-Braunsfeld: R. Müller 1948.
Heyn, K.: Tabellen für die Bauwirtschaft (Belastungsvorschriften, Statik, Holzbau,
Stahlbau usw.). Hamburg: Hermes 1948. 316 S. [6.27].
Johnson, A. I.: Strength, safety and economical dimensions of structures. (Insti-
tutionen för Byggnadsstatik, Kungl. Tekniska Högskolan. Meddelanden
Nr. 12.) Stockholm: 1953. 159 S.
Kommerell, Otto: Erläuterungen zu den Vorschriften für geschweißte Stahlbauten
mit Beispielen für die Berechnung und bauliche Durchbildung. Teil I: Hoch-
bauten. 5. Aufl. 1940. 142 S. Teil II: Vollwandige Eisenbahnbrücken. 1936.
128 S. Berlin: Ernst 1936—1940.
Leiser, Kurt: Vorschriften für Straßenbrücken. Teil 2. Vorschriften für stählerne
Straßenbrücken. DIN 1073, 1076, 1079, 4101 mit Einführungserlassen und Erläuterungen. Stand Dez. 1948. Berlin: Ernst 1949. VIII, 154 S.
Mittag, Martin: Baukonstruktionslehre. Ein Lehr- und Handbuch für den Bauschaffenden über Grundformen, Baustoffe, Verbindungen, Konstruktionssysteme, Bauteile und Bauarbeiten. Mit den deutschen Normen und technische Baubestimmungen. Gütersloh: Bertelsmann 1952. 332 S. [6.27].
Scott, W. B.: Steelwork in building. A commentary on the British Standard Specification on the use of structural steel in building. Printed with the specification. London: Spon 1952. XVI, 203 p.
Wedler, Bernhard: Berechnungsgrundlagen für Bauten, Lastannahmen, Baustoffe,
Beanspruchungen (Wärmeschutz, Schallschutz u. Gerüste). Mit Einführungserlassen. Stand Juni 1953. 22. Aufl. Berlin: Ernst 1953. VIII, 463 S. [6.27].
— Berechnungsgrundlagen für stählerne Eisenbahnbrücken (BE). 3. Aufl. (Gültig ab Okt. 1951). Mit Berichtigungsbl. I v. 1. 5. 1954. Berlin: Deutsche Bundes-
bahn 1951. 135 S. [6.272].
— Stahlbau-Handbuch 1948. Elemente des Stahlbaues, Stahlhochbau, Stahl-
brückenbau. Vorschriften des Stahlbaues, Profile des Stahlbaues. (Hrsg.
Deutscher Stahlbau-Verband.) Bremen-Horn: Industrie- u. Handelsverl. 1948.
525 S. [1.322], [6.272], [6.273].
— Stahlbau-Handbuch 1949/50. Grundlagen, Baustatik, Stahlmaste, Vorschriften
(Stabilität, Stahlleichtbau usw.), Profile des Stahlbaues. (Hrsg. Deutscher
Stahlbau-Verband.) Bremen-Horn: Industrie- u. Handelsverl. 1949. 352 S.
[1.21], [1.322], [6.1], [6.273], [6.275].
— Stahlbau-Handbuch 1952. (Hrsg. Deutscher Stahlbau-Verband.) Bremen-Horn:
Industrie- u. Handelsverl. 1952. 657 S. [1.14], [6.11].

Anger, Georg: Zehnteilige Einflußlinien für durchlaufende Träger. Bd. 1. Formeln zur raschen und genauen Berechnung von durchlaufenden Trägern bei beliebiger Felderzahl, beliebigen Stützweiten, beliebiger Belastung und jeder Art von Auflagerbedingung über den Endstützen. 6. Aufl. 1949. XII, 221 S. Bd. 2. Tabellen der Momente, Querkräfte und Auflagerkräfte für durchlaufende Träger von 2 bis 5 Feldern. 6. Aufl. 1948. VIII, 150 S. Bd. 3. Ordinaten der Einflußlinien und Momentenkurven durchlaufender Träger von 2 bis 4 Feldern. 7. Aufl. 1949. XII, 175 S. Berlin: Ernst 1948—1949.

Barth, Rudolf: Grundwerte für das Cross-Verfahren. Unter besonderer Berücksichtigung veränderlicher Trägheitsmomente über die einzelne Stablänge. Berlin: Ernst 1953. V, 94 S.

Bayle, M.: Cours de statique graphique. 9e éd. Paris: Eyrolles 1953. 192 p.

Beteille, P.: Résistance des matériaux. Tome I. Poutres droites. 2e éd. Paris: Eyrolles 1952. 347 p.

Beyer, Kurt: Die Statik im Stahlbetonbau. 2. Aufl. Berlin-Göttingen-Heidelberg: Springer 1948. XII, 804 S. [1.16], [1.22—1.24].

Bleich, Friedrich u. *Ernst Melan:* Die gewöhnlichen und partiellen Differentialgleichungen der Baustatik. Berlin: Springer 1927. VII, 350 S.

Bleich, Friedrich: Die Berechnung statisch unbestimmter Tragwerke nach der Methode des Viermomentensatzes. 2. Aufl. Berlin: Springer 1925. VI, 220 S.

Bollinger, O. E.: Der durchlaufende Träger. Berechnung mit Hilfe der Dreimomentengleichung von Clapeyron. 1947. 247 S. Tabellen für durchlaufende Träger. 1949. 23 S. 80 Tab. Zürich: Schweizer Druck- u. Verlagshaus 1947 bis 1949.

Bordier, H.: Constructions hyperstatiques. Continuité. Paris: Béranger 1946. 120 p.

Born, Joachim: Faltwerke. Stuttgart: Wittwer 1954. VIII, 204 S.

Van den Broek, J. A.: Elastic energy theory. 2nd ed. New York: Wiley 1942. 298 p.

Buchholz, H.: Theorie und Berechnung der statisch unbestimmten Tragwerke. Berlin: Springer 1921. VI, 212 S.

Butterworth, J.: Structural analysis by moment distribution. London: Longmans 1949. 119 p.

Cassie, W. F.: Structural analysis. London: Longmans 1947. 260 p.

Charon, P.: La méthode de Cross et le calcul pratique des constructions hyperstatiques. Théorie et applications. Paris: Eyrolles 1953. 432 p.

Clark, D. A. R.: Materials and structures. London: Blackie 1941. 384 p.

Dernedde, Wolfgang u. *A. Müllenhoff:* Das Cross'sche Verfahren zur schrittweisen Berechnung durchlaufender Träger und Rahmen. 2. Aufl. Berlin: Ernst 1948. VII, 107 S.

Draffin, Jasper O. and *W. Leighton Collins:* Statics and strength of materials. New York: Ronald 1950. 398 p. [1.321].

Dreyer, Georg: Statik und Festigkeit. Bd. 1. Elemente der Graphostatik. 12. Aufl. Leipzig: Jänecke 1940. 162 S.

Evans, L. T.: Handbook of rigid frame analysis. Ann Arbor, Michigan: Edwards 1934.

Faerber, Julius: Statische Gebrauchswerte. 2. Aufl. Stuttgart: Wittwer 1949. 110 S.

Finter, A.: Statische Tabellensammlung. 7. u. 8. Aufl. Düsseldorf-Lohausen: Werner 1954. 320 S. [1.16], [6.27].

Fischer, Max: Statik und Festigkeitslehre. 4 Bde. Bd. 1. Grundlagen der Statik und Berechnung vollwandiger Systeme. 5. Aufl. 1923. 667 S. Bd. 2. Berechnung von statisch bestimmten Fachwerkkonstruktionen. 4. Aufl. 1922. 671 S. Bd. 3. Formänderungen. 2 .Aufl. 1926. 600 S. Bd. 4. Berechnung der statisch unbestimmten Konstruktionen. Teil 1. 1925. 208 S. Berlin: Meußner 1922 bis 1926.

Föppl, August: Vorlesungen über technische Mechanik. Bd. II. Graphische Statik. 10. Aufl. München: Leibniz-Verl. 1949. 295 S.

Fries, Walter: Fachwerk und Rahmenwerk. Ein systematischer Grundriß der Statik des ebenen Tragwerks. Berlin-Göttingen-Heidelberg: Springer 1953. X, 368. S.

Gedö, J.: Das Kräfteplan-Verfahren. Verbesserung des allgemeinen Verfahrens zur Berechnung hochgradig statisch unbestimmter Systeme. Leipzig: Kröner 1932. VIII, 184 S.

Grassie, J. C.: Elementary theory of structures. London: Longmans 1950. VIII, 392 p.

van Gries, Aloys: Flugzeugstatik. Berlin: Springer 1921. XII, 379 S. [6.254].

Grinter, Linton E.: Automatic design of continuous frames in steel and reinforced concrete. New York: Macmillan 1939. 141 p.

Grinter, Linton E.: Theory of modern steel structures. Vol. I. Statically determinate structures. 1949. 341 p. Vol. II. Statically indeterminate structures and space frames. 1949. 312 p. One-volume ed. (abridged) 1950. 424 p. New York: Macmillan 1949—1950.

Grüning, Martin: Die Statik des ebenen Tragwerkes. Berlin: Springer 1925. VII, 706 S.

Guldan, Richard: Rahmentragwerke und Durchlaufträger. 5. Aufl. Wien: Springer 1952. XV, 359 S.

Hahn, J.: Durchlaufträger, Rahmen und kreuzweise bewehrte Platten. Eine einfache Berechnungsart mit Lastart-Beiwerten für die in der Praxis auftretenden Belastungsarten. Düsseldorf-Lohausen: Werner 1951. 92 S.

v. Halasz, R.: Anschauliche Verfahren zur Berechnung von Durchlaufbalken und Rahmen (Ausgleichsverfahren). Berlin: Ernst 1951. VIII, 158 S.

Den Hartog, J. P.: Advanced strength of materials. New York: McGraw-Hill 1952. 386 p. [1.22—1.24].

Hayashi, Keiichi: Die Theorie des Balkens auf elastischer Unterlage. Berlin: Springer 1921. X, 301 S.

L'Hermite, R.: Théorie de l'élasticité et des structures élastiques. Paris: Dunod 1954. XVI, 860 p. [1.22—1.24].

Herzka, Leopold: Statik der Formänderungen von Vollwandtragwerken. Wien: Springer 1948. V, 232 S.

Heyn, K.: Baustatik. (Sammlung Bautechnik Bd. 6.) Teil 1. Elementarstatik, Festigkeitslehre. 1948. 196 S. Teil 2. Allgemeine Statik 1949. 229 S. Teil 3. Höhere Statik (Cross'sches Verfahren), i. V. Oldenburg: Rud. Müller 1948 bis 1949.

Hickerson, T. F.: Statically indeterminate frameworks. 3rd ed. London: Oxford University Press 1949. XIV, 202 p.

Homberg, Hellmut: Einflußflächen für Trägerroste. 1. Teil. Träger über eine Öffnung. Hagen i. W.: Selbstverl. d. Verf. 1949. 59 S.

Homberg, Hellmut: Kreuzwerke, Statik der Trägerroste und Platten. (H. 8 der Forschungshefte aus dem Gebiete des Stahlbaues.) Berlin-Göttingen-Heidelberg: Springer 1951. VIII, 101 S.

(Hool, George A. and *W. S. Kinne):* Stresses in framed structures. 2nd ed. New York: McGraw-Hill 1942. 642 p.

Housner, Georg W. and *Donald E. Hudson:* Applied mechanics. Vol. I. Statics. New York: Van Nostrand 1949. 220 p.

Johnson, J. B., C. W. Bryon and *F. E. Turneaure:* The theory and practice of modern framed structures. Part. I. Stresses in simple structures. 10th ed. 1926. 356 p. Part. II. Statically indeterminate structures and secondary stresses. 10th ed. 1952. 590 p. Part. III. Design. 9th ed. 1919. 486 p. New York: Wiley 1919—1932.

Kammer, Emil: Der durchlaufende Träger über ungleichen Öffnungen. Theorie, gebrauchsfertige Formeln, Zahlenbeispiele. Berlin: Springer 1926. VIII, 269 S.

Kaufmann, Walther: Statik der Tragwerke. 3. Aufl. (Handbibl. f. Bauingenieure, Teil IV, Bd. 1.) Berlin-Göttingen-Heidelberg: Springer 1949. VIII, 314 S.

Kirchhoff, Rudolf: Die Statik der Bauwerke. Bd. III. 2. Aufl. Berlin: Ernst 1938. VII, 236 S.

Kirchhoff, Rudolf: Die Statik der Bauwerke, Bd. I. Einführung in die graphische Statik. 4. Aufl. Berlin: Ernst 1950. VIII, 388 S.

Kirchhoff, Rudolf: Die Statik der Bauwerke. Bd. II. Formänderung statisch bestimmter ebener Fachwerk- und Vollwandträger. Allgemeine Theorie der statisch unbestimmten Fachwerk- und Vollwandträger. Berlin: Ernst 1951. VIII, 368 S.

Kleinlogel, Adolf: Mehrstielige Rahmen. 2 Bde. 6. Aufl. Berlin: Ernst 1944. 578 S.

Kleinlogel, Adolf: Belastungsglieder. Formeln und Zahlentafeln für Querkräfte, Momente und Belastungsglieder usw. (Hilfsbuch zur Berechnung von Rahmen und durchlaufenden Trägern.) 7. Aufl. Berlin: Ernst 1948. XII, 115 S.

Kleinlogel, Adolf: Rahmenformeln. Gebrauchsfertige Formeln für alle statische Größen, zu allen praktisch vorkommenden Einfeld-Rahmenformeln aus Eisenbeton, Stahl oder Holz. 11. Aufl. Berlin: Ernst 1949. XXIV, 460 S.

Kleinlogel, Adolf u. *Arthur Haselbach:* Durchlaufträger Bd. I. Herleitungen und fertige Formeln für Durchlaufträger beliebiger Feldsteifigkeit. 7. Aufl. Berlin: Ernst 1949. XII, 271 S.

Kleinlogel, Adolf: Formulaire pour le calcul des cadres rigides. Paris: Béranger 1951. 500 p.

Kleinlogel, Adolf: Rigid frame formulas. (Based on a translation of the German 11th ed. by F. S. Morgenroth.) New York: Ungar 1952. XX, 460 p.

Kleinlogel, Adolf u. *Arthur Haselbach:* Durchlaufträger. Bd. II. Herleitungen und Zahlentafeln für Durchlaufträger mit besonderer Feldsteifigkeit sowie ausführliche Ergänzungen. 7. Aufl. Berlin: Ernst 1952. XII, 528 S.

Kloužek, C.: Das Prinzip der fortgeleiteten Verformung als Weg zur Ausschaltung der Unbekannten aus dem Formänderungsverfahren. Berlin: Ernst 1941. 391 S.

Kriso, K.: Statik der Vierendeelträger. Berlin: Springer 1922. X, 288 S.

Kriso, K.: Stabilité des poutres Vierendeel. Paris: Béranger 1926. 320 p.

Kruck, Gustav: Die Methode der Grundkoordinaten. Allgemeine Deformationsmethode zur Berechnung ebener biegungsfester Tragwerke mit geraden und gekrümmten Stäben. Mit Anwendungsbeispielen und Tabellen für Voutenbalken und symmetrische Bogen. Zürich: Leemann 1937. 84 S.

Kupferschmid, Viktor: Ebene und räumliche Rahmentragwerke. Wien: Springer 1952. VII, 196 S.

Lagère, N.: Résistance des matériaux. Stabilité des constructions; systèmes isostatiques. 13e éd. Paris: Eyrolles 1949. 464 p.

Laurson, Philip G. and *William J. Cox:* Mechanics of materials. 3rd ed. New York: Wiley 1954. 414 p. [1.34—1.35].

Leonhardt, Fritz: Anleitung für die vereinfachte Trägerrostberechnung mit Hilfstafeln, Formeln und Beispielen. Berlin: Ernst 1940. III, 104 S.

Leonhardt, Fritz u. *Wolfhart Andrä:* Die vereinfachte Trägerrostberechnung. 2. Aufl. Stuttgart: Hoffmann 1950. 256 S.

Love, A. E. H.: A treatise on the mathematical theory of elasticity. 4th ed. New York: Dover Publications 1950. 643 p. [1.22—1.24].

Luetkens, Otto: Die Methode der Rahmenstatik (Aufbau, Zusammenfassung und Kritik). Berlin-Göttingen-Heidelberg: Springer 1949. VII, 281 S.

Maier-Leibnitz, Hermann: Vorlesungen über Statik der Baukonstruktionen. Bd. 1. Einführung in die Baustatik. Der Art nach bestimmte Träger. Durchlaufende Balken u. damit verwandte Rahmenträger. 1949. 184 S. Bd. 2. Untersuchungen über durchlaufende Träger und Rahmen. 1951. 394 S. Bd. 3. Statisch bestimmte Fachwerkträger. Formänderungsgesetze der Fachwerk- und Vollwandträger. Statisch unbestimmte Fachwerk- und Vollwandträger. 1953. XI, 292 S. Stuttgart: Franckh 1949—1953.

Manger, Alfred: Der durchlaufende Balken auf elastisch drehbaren und elastisch senkbaren Stützen einschließlich des Balkens auf stetiger elastischer Unterlage. Zürich: Leemann 1939. 170 S.

(Marguerre, Karl): Neuere Festigkeitsprobleme des Ingenieurs. Ausgewählte Kapitel aus der Elastomechanik. Berlin-Göttingen-Heidelberg: Springer 1950. VII, 253 S. [1.22—1.24], [1.34—1.35], [4].

Maugh, Lawrence C.: Statically indeterminate structures. New York: Wiley 1946. 388 p.

Mayer, Max: Neue Statik der Tragwerke aus biegesteifen Stäben. (Durchlaufträger, Stockwerkrahmen usw.) 2. Aufl. Berlin: Bauwelt-Verl. 1942.

Mayer, Max: Lebendige Baustatik. Bd. 1. Die statische Berechnung. Berlin: Bauwelt-Verl. 1953. 248 S. [6.27].

Melan, Ernst: u. *R. Schindler:* Die genaue Berechnung von Trägerrosten. Wien: Springer 1942. V, 134 S.

Melan, Ernst: Einführung in die Baustatik. Wien: Springer 1950. X, 328 S.

Mörsch, Emil: Statik der Gewölbe und Rahmen. Teil A: XII, 703 S. Teil B: VIII, 147 S. Stuttgart: Wittwer 1947.

Mörsch, Emil: Der durchlaufende Träger. 4. Aufl. Stuttgart: Wittwer 1951. XII, 530 S.

Müller-Breslau, Heinrich F. B.: Die graphische Statik der Baukonstruktionen. Bd. I. 6. Aufl. 1927. 628 S. Bd. II, 1. 5. Aufl. 1922. 498 S. Bd. II, 2. 2. Aufl. 1925: 720 S. Leipzig: Kröner 1922—1927.

Müller-Breslau, Heinrich F. B.: Die neueren Methoden der Festigkeitslehre und der Statik der Baukonstruktionen. Leipzig: Kröner 1943. 484 S.

Ostenfeld, C.: Lastverteilende Querverbände. Kopenhagen: Jul. Gjellerup 1930.

Parcel, John I. and *George A. Maney:* An elementary treatise on statically indeterminate stresses. 2nd ed. New York: Wiley 1936. 432 p.

Perrin, F.: Cours de statique graphique et résistance des matériaux, appliquées aux constructions métalliques. 8e éd. Paris: Eyrolles 1952. 344 p.

Pirlet, J.: Kompendium der Statik der Baukonstruktionen. Bd. II. Die statisch unbestimmten Systeme. Teil 1. 1921. XII, 206 S. Teil 2. 1923. VIII, 314 S. Berlin: Springer 1921—1923.

Pirlet, J.: Statik der rahmenartigen Tragwerke. Berlin-Göttingen-Heidelberg: Springer 1951. VII, 168 S.

Pouillot, A.: Précis de résistance des matériaux appliquée aux machines. 5e éd. Paris: Eyrolles 1950. 276 p.

Prenzlow ,Curt: Tragwerksberechnung nach Cross. 3. Aufl. Düsseldorf-Lohausen: Werner 1954. VII, 132 S.

Pugsley, Alfred G. and *D. R. Rexworthy:* Engineering structures. London: Butterworth 1949. 250 p. [1.22—1.24].

Regimbal, M.: Poutres droites hyperstatiques. 13e éd. Paris: Eyrolles 1950. 382 p.

Regimbal, M.: Cours élémentaire de résistance des matériaux et de stabilité des constructions. 18e éd. Paris: Eyrolles 1952. 398 p.

Rieger, Jos.: Berechnung statisch unbestimmter Systeme. Anwendung einer neuen allgemeinen und sehr einfachen Methode. Teil 1. Der einfache Rahmenträger 1928. 185 S. Teil 2. Mehrteilige Rahmen (Stockwerkrahmen, Vierendeelträger) 1930. 364 S. Leipzig: Deuticke 1928—1930.

Roark, Raymund J.: Formulas for stress and strain. New York: McGraw-Hill 1954. 381 p. [1.22—1.24], [1.34—1.35].

Robert, E. et *W. Musette:* Théorie générale et méthode effective pour le calcul des systèmes hyperstatiques avec de nombreuses applications numériques. 1re éd. Paris: Eyrolles 1945. 452 p.

Roy, Louis: Problèmes de statique graphique et de résistance des matériaux. Paris: Gauthier-Villars 1951. 140 p.

Saliger, Rudolf: Praktische Statik. 7. Aufl. Wien: Deuticke 1951. XVI, 695 S.

Schlink, Wilhelm u. *Heinrich Dietz:* Technische Statik. 4. u. 5. Aufl. Berlin-Göttingen-Heidelberg: Springer 1948. X, 431 S.

Sechler, Ernest E.: Elasticity in engineering. New York: Wiley 1952. 419 p. [1.22—1.24].

Seely, Fred B.: Resistance of materials. 3 rd ed. New York: Wiley 1947. 486 p. [1.22—1.24], [1.34—1.35].

Seely, Fred B. and *James O. Smith:* Advanced mechanics of materials. 2nd ed. New York: 1952. XVII, 680 p. [1.22—1.24].

Shedd, Thomas C. and *Jamison Vawter:* Theory of simple structures. 2nd ed. New York: Wiley 1941. 505 p.

Southwell, R. V.: Relaxation methods in engineering science. A treatise on approximate computation. (Oxford engineering science series.) London: Oxford University Press 1940. 260 p.

Staak, Jürgen: Rahmen und Balken. Berlin: Springer 1931. VIII, 281 S.

Steed, R. W.: An introduction to distribution methods of structural analysis. (Introduction aux méthodes de distribution des moments dans le calcul des constructions.) London: Pitman 1950. VII, 116 p.

Straßner, Albert: Neuere Methoden zur Statik der Rahmentragwerke und der elastischen Bogenträger. 1. Teil. Durchlaufender Rahmen und Bogen. Berlin: Ernst 1951. VIII, 154 S.

Stüssi, Fritz: Statique appliquée et résistance des matériaux. Tome I. Systèmes isostatiques. Calcul des efforts. Déformations élastiques. Problèmes de stabilité. Câbles. Paris: Dunod 1949. VI, 338 p.

Stüssi, Fritz: Vorlesungen über Baustatik. Bd. 1. Statisch bestimmte Systeme, Spannungsberechnung, elastische Formänderungen, Stabilitätsprobleme, Seile. 2. Aufl. Basel: Birkhäuser 1953. 380 S.

Stüssi, Fritz: Vorlesungen über Baustatik. Bd. 2. Statisch unbestimmte Systeme, Berechnungsverfahren. Basel: Birkhäuser 1954. 313 S.

Suter, Ernst u. *Ernst Traub:* Die Methode der Festpunkte. 3. Aufl. Berlin-Göttingen-Heidelberg: Springer 1951. XII, 216 S.

Sutherland, Hale and *Harry Lake Bowman:* Structural theory. 4th ed. New York: Wiley 1950. 349 p. [6.27].

Thalau, Karl u. *Alfred Teichmann:* Aufgaben aus der Flugzeugstatik. Berlin: Springer 1933. XI, 345 S. [6.254].

Timoshenko, Stephen: Theory of elastic stability. New York: McGraw-Hill 1936. 518 p. [1.22—1.24].

Timoshenko, Stephen and *D. H. Young:* Theory of structures. New York: McGraw-Hill 1945. 488 p.

Timoshenko, Stephen et *D. H. Young:* Théorie des constructions. (Traduit de l'anglais par Francis Schell.) Paris Béranger 1949. 562 p.

Titze, Th.: Momentenausgleichsverfahren. Berechnung von Durchlaufträgern und Rahmenfachwerken mittels direkten Momentenausgleichs und vergleichsweise nach dem stufenweisen Momentenausgleich der Methode Cross. Wien: Manz 1948. 110 S.

Torda, G.: Théories et pratiques du calcul des constructions. Paris: Dunod 1948. X, 358 p.

Trathen, Roland H.: Statics and strength of materials. New York: Wiley 1954. 506 p. [1.34—1.35].

Trefftz, E.: Graphostatik. Leipzig-Berlin: Teubner 1936. 90 S.

Unold, Georg: Statik für den Eisen- und Maschinenbau. Berlin: Springer 1925. VIII, 342 S.

Vallat, P.: Résistance des matériaux appliquée à l'aviation. Paris: Béranger 1950. 848 p. [1.22—1.24].

Wang, Chu-Kia: Statically indeterminate structures. 12th ed. New York: McGraw-Hill 1953. X, 424 p.

Wegener, A.: Die statisch Unbestimmte. Anleitung zur praktischen Berechnung von statisch unbestimmten Systemen im Flugzeugbau. Berlin: Matthiesen 1940. 84 S.

Westergaard, H. M.: Theory of elasticity and plasticity. New York: Wiley, London: Chapman & Hall 1952. 176 p. [1.22—1.24].

Wilbur, J. B. and *C. H. Norris:* Elementary structural analysis. New York: McGraw-Hill 1948. 532 p.

Wilenko, L. K.: Méthode de répartition algébrique des moments (méthode de Cross). Paris et Liège: Béranger 1952. VIII, 122 p.

Young, J. McHardy: Structural theory and design. 2 Vol. Vol. 1. 1950. IX, 285 p. Vol. 2. 1951. VIII, 286—599 p. London: Lockwood 1950—1951. [6.27].

Zaytzeff, Serge: La méthode du Hardy Cross et ses simplifications. Paris: Dunod 1953. IV, 224 p.

— Stahlbau-Handbuch 1949/50. Grundlagen, Baustatik, Stahlmaste, Vorschriften (Stabilität, Stahlleichtbau usw.) Profile des Stahlbaues. (Hrsg. Deutscher Stahlbau-Verband.) Bremen-Horn: Industrie- und Handelsverl. 1949. 352 S. [1.16], [1.322], [6.1], [6.273], [6.275].

Statik der Platten und Schalen   1.22—1.24

Beyer, Kurt: Die Statik im Stahlbetonbau. 2. Aufl. Berlin-Göttingen-Heidelberg: Springer 1948. XII, 804 S. [1.21], [1.16].

Biezeno, C. B. u. *Richard Grammel:* Technische Dynamik. I. Bd. Grundlagen und einzelne Maschinenteile. 2. Aufl. Berlin-Göttingen-Heidelberg: Springer 1953. XII, 699 S. [1.27], [1.31].

Dietz, Albert G. H.: Engineering laminates. New York: Wiley, London: Chapman & Hall 1949. VIII, 797 p. [1.324.2], [1.324.3], [1.324.4].

Ekström, J.-E.: Studien über dünne Schalen von rotationssymmetrischer Form und Belastung mit konstanter oder veränderlicher Wandstärke. Stockholm: Svenska Bokhandelscentralen 1933.

Engel, H., C. B. Hemming and *H. R. Merriman:* Structural plastics. (Technical treatment of engineering and manufacturing aspects with tables and bibliographies). 1st ed. New York: McGraw-Hill 1950. 300 p. [1.324.3].

Flügge, Wilhelm: Statik und Dynamik der Schalen. Berlin: Springer 1934. VII, 240 S.

Gilg, B.: Experimentelle und theoretische Untersuchungen an dünnen Platten. Zürich: Leemann 1952. 100 S.

Girkmann, Karl: Flächentragwerke. Einführung in die Elastostatik der Scheiben, Platten, Schalen und Faltwerke. 3. Aufl. Wien: Springer 1954. XVII, 558 S.

Den Hartog, J. P.: Strength of materials. New York: McGraw-Hill 1949. 323 p. [1.34—1.35].

Den Hartog, J. P.: Advanced strength of materials. New York: McGraw-Hill 1952. IX, 379 p. [1.21].

L'Hermite, R.: Théorie de l'élasticité et des structures élastiques. Paris: Dunod 1954. XVI, 860 p. [1.21].

Love, A. E. H.: A treatise on the mathematical theory of elasticity. 4th ed. New York: Dover Publications 1950. 643 p. [1.21].

Lundgren, H.: Cylindrical Shells I. Copenhagen: Danish Technical Press 1951.

Marcus, H.: Die vereinfachte Berechnung biegsamer Platten. 2. Aufl. Berlin: Springer 1929. V, 126 S.

Marcus, H.: Die Theorie elastischer Gewebe und ihre Anwendung auf die Berechnung biegsamer Platten. I. Bd. 2. Aufl. Berlin: Springer 1932. VIII, 368 S.

(Marguerre, Karl): Neuere Festigkeitsprobleme des Ingenieurs. Ausgewählte Kapitel aus der Elastomechanik. Berlin-Göttingen-Heidelberg: Springer 1950. VIII, 253 S. [1.21], [1.34—1.35], [4].

Nádai, Arpad: Die elastischen Platten. Berlin: Springer 1925. VIII, 326 S.

Olsen, Hugo u. *Fritz Reinitzhuber:* Die zweiseitig gelagerte Platte. Die statische Berechnung von zweiseitig gelagerten Platten mit beliebigem Seitenverhältnis und beliebigen Belastungen mittels Einfluß- und Zustandsflächen. Bd. 1. Biegemomente und Durchbiegungen. 2. Aufl. 1950. VI, 113 S. Bd. 2. Anwendungen und Folgerungen. 1951. IV, 178 S. Berlin: Ernst 1950—1951.

Pflüger, Alf: Einführung in die Schalenstatik. Hannover: Schroedel 1948. 92 S.

Pflüger, Alf: Stabilitätsprobleme der Elastostatik. Berlin-Göttingen-Heidelberg: Springer 1950. VIII, 339 S.

Pucher, Adolf: Einflußfelder elastischer Platten. Wien: Springer 1951. VIII, 13 S. 52 Tafeln.

Pugsley, Alfred G. and *D. R. Rexworthy:* Engineering structures. London: Butterworth 1949. 250 p. [1.21].

Roark, Raymond J.: Formulas for stress and strain. New York: McGraw-Hill 1954. 381 p. [1.21], [1.34—1.35].

Schapitz, Eberhard: Festigkeitslehre für den Leichtbau. Düsseldorf: Dtsch. Ing. Verlag 1951. 260 S. [1.34—1.35].

Schleicher, Ferdinand: Kreisplatten auf elastischer Unterlage. Berlin: Springer 1926. X, 148 S.

Sechler, Ernest E.: Elasticity in engineering. New York: Wiley 1952. 419 p. [1.21].

Seely, Fred B.: Resistance of materials. 3rd ed. New York: Wiley 1947. 486 p. [1.21], [1.34].

Seely, Fred B. and *James O. Smith:* Advanced mechanics of materials. 2nd ed. New York: Wiley 1952. XVII, 680 p. [1.21].

Timoshenko, Stephen: Theory of elastic stability. New York: McGraw-Hill 1936. 518 p. [1.21].

Timoshenko, Stephen: Theory of plates and shells. New York: McGraw-Hill 1940. 492 p.

Timoshenko, Stephen: Strength of materials. Part II. Advanced theory and problems. 2nd ed. New York: Van Nostrand 1941. 510 p. [1.34—1.35].

Timoshenko, Stephen: Théorie des plaques et des coques. (Traduit de l'anglais par L. Vial.) Paris: Béranger 1951. 488 p.

Vallat, P.: Résistance des matériaux appliquée à l'aviation. Paris: Béranger 1950 848 p. [1.21]

Westergaard, H. M.: Theory of elasticity and plasticity. New York: Wiley, London: Chapman & Hall 1952. 176 p. [1.21].

Fonrobert, Felix: Grundzüge des Holzbaues im Hochbau. 6. Aufl. Berlin: Ernst 1953. XXIV, 276 S. [6.273]

Frick, A. u. *H. Knöll:* Baukonstruktionslehre. Teil 2. Holzbau. 18. Aufl. Bielefeld: Verl. für Wissenschaft und Fachbuch 1951. 257 S.

Gesteschi, Theodor: Der Holzbau. Teil IV. Bd. 2. (Handbibl. für Bauingenieure.) Berlin: Springer 1926. X, 421 S.

Gesteschi, Theodor: Grundlagen des Holzbaues. 3. Aufl. Berlin: Ernst 1930. VIII, 140 S.

Giordano, Guglielmo: La moderna tecnica delle costruzioni in legno. (Die moderne Technik des Holzbaues.) 2. ed. Milano: Hoepli 1952. XVI, 520 p. [6.27].

(v. Halasz, Robert): Holzbau-Taschenbuch. 4. Aufl. Berlin: Ernst 1952. VIII, 427 S. [1.441], [6.27].

(Hansen, Howard J.): Timber engineers' handbook. New York: Wiley 1948. 882 p.

Hansen, Howard J.: Modern timber design. 2nd ed. New York: Wiley 1948. 312 p. [6.27].

Hempel, Gerhard: 100 Statikbeispiele aus dem Holzbau. Karlsruhe: Bruder 1948. 119 S.

Hempel, Gerhard: 100 Knotenpunkte für Holzbinder. Karlsruhe: Bruder 1949. 133 S.

Hempel, Gerhard: Freigespannte Holzbinder. 3. Aufl. (Baufachschriften Nr. 1.) Karlsruhe: Bruder 1951. 343 S.

Müller, Siegm.: Beiträge zur Theorie hölzerner Tragwerke des Hochbaues. Berlin: Ernst 1907. 56 S.

Parker, Harry: Simplified design of structural timber. New York: Wiley 1948. 218 p. [6.27].

Seyller, Otto: Die Hänge- und Sprengewerke und ihre Einflußlinien. Leoben: L. Nüssler 1913. 107 S.

Stoiloff, Wassil: Gestaltung der Knotenpunktsverbindungen hölzerner Fachwerkträger. Stuttgart: Bonz' Erben 1935. 136 S.

Stoy, Wilhelm: Der Holzbau. 5. Aufl. Berlin-Göttingen-Heidelberg: Springer 1950. VIII, 203 S. [1.442.3], [1.442.5].

Troche, Alfred: Grundlagen für den Ingenieur-Holzbau. Bemessung und Konstruktion. Hannover: Schroedel 1951. 176 S. [1.442.3], [1.442.5].

Troche, Alfred: Holzbau-Bemessungstafeln. (Bücher der Technik, Hrsg. A. Kuhlenkamp.) Hannover: Schroedel 1953. 81 S.

Wille, F.: Holzbau im Hoch- und Brückenbau. (Sammlung bautechn. Fachbücher Bd. 9.) Oldenburg: Rud. Müller 1950. XII, 283 S. [6.272], [6.273].

Young, C. R. and *C. F. Morrison:* Elementary structural problems in steel and timber. 3rd ed. New York: Wiley 1949. 329 p. [1.34—1.35].

— Bygg, Handbok för Hus-, Väg- och Vattenbyggnad. Bd. I. Allmänna Grunder. Bd. II. Allmän Byggnadsteknik. Bd. III. Husbyggnad. Bd. IV. Väg- och Vattenbyggnad. Stockholm: Tidskriften Byggmästarens Förlag 1948—1951. [6.271].

Dynamik (Schwingungen)   1.27

Biezeno, C. B. u. *Richard Grammel:* Technische Dynamik. I. Bd. Grundlagen und einzelne Maschinenteile. 2. Aufl. Berlin-Göttingen-Heidelberg: Springer 1953. XII, 699 S. [1.22—1.24], [1.31].

Crede, Charles E.: Vibration and shock isolation. New York: Wiley 1951. 328 p.

Föppl, Otto: Grundzüge der technischen Schwingungslehre. 2. Aufl. Berlin: Springer 1931. VI, 212 S.

Föppl, Otto: Aufschaukelung und Dämpfung von Schwingungen. (Bd. 2 zu: Grundzüge der technischen Schwingungslehre.) Berlin: Springer 1936. VI, 121 S.

Freberg, C. R. and *E. N. Kemler:* Elements of mechanical vibration. 2nd ed. New York: Wiley 1949. 227 p.

Geiger, J.: Mechanische Schwingungen und ihre Messung. Berlin: Springer 1927. XII, 305 S.

Hansen, Holger M. and *Paul F. Chenea:* Mechanics of vibration. New York: Wiley 1952. 417 p.

Den Hartog, J. P.: Mechanische Schwingungen. (Übers. Gustav Mesmer.) 2. Aufl. Berlin-Göttingen-Heidelberg: Springer 1952. XVI, 427 S.

Hohenemser, K. u. *W. Prager:* Dynamik der Stabwerke. Eine Schwingunglehre für Bauingenieure. Berlin: Springer 1933. VI, 367 S.

Holba, J. J.: Berechnungsverfahren zur Bestimmung der kritischen Drehzahlen von geraden Wellen. Wien: Springer 1936. VIII, 190 S.

Hort, Wilhelm: Technische Schwingungslehre. 2. Aufl. Berlin: Springer 1922. VIII, 828 S.

Jordan, R. H. u. *M. Greiner:* Mechanische Schwingungen. Essen: Girardet 1952. 208 S.

Klotter, Karl: Technische Schwingungslehre. 2. Aufl. 1. Bd. Einfache Schwinger und Schwingungsmeßgeräte. Berlin-Göttingen-Heidelberg: Springer 1951. XVI, 399 S.

Lehr, Ernst: Schwingungstechnik. Bd. 1. Grundlagen. Die Eigenschwingungen eingliedriger Systeme. 1930, XXIII, 295 S. Bd. 2. Schwingungen eingliedriger Systeme mit stetiger Energiezufuhr. 1934. XII, 373 S. Berlin: Springer 1930 bis 1934.

Manley, R. G.: Fundamentals of vibration study. New York: Wiley 1944. 128 p.

Möller, Hans-Georg: Behandlung von Schwingungsaufgaben mit komplexen Amplituden und Vektoren. 3. Aufl. Leipzig: Hirzel 1950. 188 S.

Oehler, Ernst: Technische Schwingungslehre. 2. Aufl. Essen: Girardet 1952. 197 S.

Rocard: Dynamique générale des vibrations. Paris: Masson 1949. 440 p.

Rödel, H.: Mechanik. Bd. 4. Dynamik einschließlich Schwingungslehre. Braunschweig: Westermann 1949. 200 S.

Schuler, M.: Mechanische Schwingungslehre. Einfache Schwinger. Wolfenbüttel: Wolfenb. Verl.-Anst. 1949. 168 S.

Söchting, Fritz: Berechnung mechanischer Schwingungen. Wien: Springer 1951. X, 325 S.

Timoshenko, Stephen: Schwingungsprobleme der Technik. (Übers. I. Malkin u. E. Helly.) Berlin: Springer 1932. VIII, 376 S.

Timoshenko, Stephen: Théorie des vibrations. (Traduit de l'anglais par A. de Riva Berni.) Paris: Béranger 1947. 482 p.

Weber, Constantin: Schwingungen im Maschinenbau. Düsseldorf: Dtsch. Ing.-Verl. 1954. 151 S.

Festigkeit und andere Eigenschaften von Werkstoffen, Gestaltfestigkeit 1.3

Allgemeine Grundlagen der Werkstoffestigkeit 1.31

Bayle, G.: Cours de résistance des matériaux appliquée aux machines. 8e éd. Paris: Eyrolles 1951. 476 p.

Biezeno, C. B. u. *Richard Grammel:* Technische Dynamik. I. Bd. Grundlagen und einzelne Maschinenteile. 2. Aufl. Berlin-Göttingen-Heidelberg: Springer 1953. XII, 699 S. [1.22—1.24], [1.27].

Boyd, J. E. and *B. Folk:* Strength of materials. 5th ed. New York: McGraw-Hill 1950. 417 p.

Brady, G. S.: Materials Handbook. London: McGraw-Hill 1951. 879 p.

Freudenthal, Alfred M.: The inelastic behaviour of engineering materials and structures. New York: Wiley 1950. 587 p.

(Horger, Oscar J.): American Society of Mechanical Engineers — ASME-Handbook — Metals engineering — Design. New York: McGraw-Hill 1953. 405 p.

van Iterson, F. K. Th.: Traité de plasticité pour l'ingénieur. 2e ed. Paris: Dunod 1947. 192 p.

Kachanow, L. N. and others: Plastic deformation principles and theories. (A compilation of translations and other research work.) Brooklyn: Mapleton House 1948. 192 p.

Murphy, Glenn: Advanced mechanics of materials. New York: McGraw-Hill 1946. 307 p.

Nádai, Arpad: Der bildsame Zustand der Werkstoffe. Berlin: Springer 1927. VIII, 171 S.

Nádai, Arpad: Theory of flow and fracture of solids. 2nd ed. New York: McGraw-Hill 1950. 572 p.

Sokolnikoff, Ivan S.: Mathematical theory of elasticity. New York: McGraw-Hill 1946. 373 p.

— Strength and testing of materials (Selected Government research papers, vol. 6) Part 1. Theoretical papers on strength and deformation. London: H. M. S. O. 1952—1953. IV, 260 p.

Werkstoffestigkeiten und andere Eigenschaften   1.32

Werkstoffestigkeiten von Metallen einschließlich Eisen   1.321

Brandenberger, Ernst: Grundriß der allgemeinen Metallkunde. München-Basel: Reinhardt 1952. 333 S.

Clark, Frances Hurd: Metals at high temperatures. New York: Reinhold 1950. 394 p.

Draffin, Jasper, O. and *W. Leighton Collins:* Statics and strength of materials. New York: Ronald 1950. 398 p. [1.21].

DuMond, T. C.: Engineering materials manual. New York: Reinhold 1951. 386 p.

Duriez: Traité de matériaux de construction. 2 tomes. Tome I. XXIII, 799 p. Tome II. 616 p. Paris: Dunod 1950.

Goerens u. *Schafmeister:* Einführung in die Metallographie. 8. Aufl. Halle/Saale: Knapp 1948. 470 S.

Gregory, E. and others: Engineering materials. London: Blackie 1949. 244 p.

Guertler, W.: Einführung in die Metallkunde. 1. Folge. Die Welt der Metalle und technischen Legierungen. 2. Folge: Die Zustandsschaubilder binärer Legierungen. Berlin: Barth 1943.

(Hansen, M.): Allgemeine Metallkunde. (Bd. 31 der Fiat-Berichte of German Science.) Wiesbaden: Dietrich 1948. 295 S.

Hessenbruch, W.: Metalle und Legierungen für hohe Temperaturen. Teil 1. Zunderfeste Legierungen. Berlin: Springer 1940. IV, 254 S.

Hofmann, Wilhelm u. *Otto Schmitz:* Metallkunde. Hannover: Schroedel 1948. 112 S.

(Hoyt, Samuel): American Society of Mechanical Engineers — ASME Handbook — Metals properties. New York-London: McGraw-Hill 1954. III, 445 p.

Jänecke, Ernst: Handbuch aller Legierungen. 1937. 493 S. Nachtrag 1940. 123 S. Berlin-Charlottenburg: Kiepert 1937—1940.

Klein, Engelbert u. *Walter Mäcking:* Handbuch der Werkstoffe für die gesamten Metalle verarbeitenden Industrien mit Bezugsquellen. Berlin: N. E. M. u. Lüttke 1940. 1302 S.

Kochendörfer, Albert: Plastische Eigenschaften von Kristallen und metallischen Werkstoffen. (Reine u. angewandte Metallkunde in Einzeldarstellungen, Bd. VII.) Berlin: Springer 1941. XII, 312 S.

Lessells, John M.: Strength and resistance of metals. New York: Wiley 1954. 450 p.

Lüpfert, H.: Metallische Werkstoffe. (Lehrbücher der Feinwerktechnik, Bd. 7.) 4. Aufl. Füssen (Allgäu): Winter 1953. VIII, 284 S.

Masing, Georg: Lehrbuch der allgemeinen Metallkunde. Berlin-Göttingen-Heidelberg: Springer 1950. XV, 620 S.

Masing, Georg: Grundlagen der Metallkunde in anschaulicher Darstellung. 3. Aufl. Berlin-Göttingen-Heidelberg: Springer 1951. VIII, 148 S.

Moore, Herbert F. and *Mark B. Moore:* Textbook of the materials of engineers. 8th ed. New York: McGraw-Hill 1953. 372 p.

Nachtergal, C.: Aide mémoire pratique de résistance des matériaux. 3e éd. Bruxelles: Maison d'édition A. de Boeck 1950. 832 p.

Olsen, Gerner A.: Strength of materials. (Material presented practically and informally at the college level.) London: Allen & Unwin 1951. VI, 442 p.

Pigeaud: Résistance des matériaux. 2 tomes Paris: Gauthier-Villars 1952.

Piwowarsky, Eugen: Allgemeine Metallkunde. Berlin: Borntraeger 1934. 248 S.

v. Renesse, H. u. *H. U. Rauhut:* Werkstoff-Ratgeber. 4. Aufl. Essen: Girardet 1949. 456 S.

Rotherham, L.: Creep of aircraft materials. London: Chapman & Hall 1953.

Samans, Carl Hubert: Engineering metals and their alloys. New York: Macmillan 1948. 913 p.

Skaupy, Franz: Metallkeramik. Die Herstellung von Metallkörpern aus Metallpulvern. Sintermetallkunde und Metallpulverkunde. Weinheim (Bergstr.): Verl. Chemie 1950. 268 S.

Smith, George V.: Properties of metals at elevated temperatures. (Metallurgy and metallurgical engineering series.) New York:: McGraw-Hill 1950. 401 p.

(Smithells, Colin J.): Metals reference book. New York: Interscience 1949. 751 p.

Stäger, Hans: Allgemeine Werkstoffkunde. Basel: Birkhäuser 1947. 424 S.

Sully, A. H.: Metallic creep and creep resistant alloys. London: Butterworth, New York: Interscience 1949. 290 p.

(Taylor, Lyman): ASM Metals Handbook. Cleveland, Ohio: American Society for Metals 1948. 1444 p.

Teed, P. Litherland: The properties of metallic materials at low temperatures. New York: Wiley, London: Chapman & Hall 1950. VIII, 222 p.

Thirlwell, J. B.: Strength of materials. London: Macdonald 1952. 206 p.

Titterton, George F.: Aircraft materials and processes. 4th ed. New York: Pitman 1951. 259 p. [6.254].

Warnock, F. V.: Strength of materials. 6th ed. London: Pitman 1945. 397 p.

White, Alfred H.: Engineering materials. 2nd ed. New York: McGraw-Hill 1948. VII, 686 p.

Wiegand, H.: Matériaux de construction mécanique. (Traduit de l'Allemand par A. Bassetti.) Paris: Dunod 1951. VIII, 304 p.

Woldman, Norman E.: Materials engineering of metal products. New York: Reinhold 1949. 583 p.

Woldman, Norman E.: Engineering alloys: Names, properties, uses. 3rd ed. Cleveland: American Society for Metals 1954. 1034 p.

Young, James F.: Materials and processes. 2nd ed. New York: Wiley 1954. 1074 p. [2.1].

— Flieg-Werkstoffe. (Reichsluftfahrtministerium.) Berlin: Beuth-Verl. 1935.

— Metals and alloys. 5th ed. London: Iliffe 1949. 214 p.

Aitchison, L. and *W. I. Pumphrey:* Engineering steels. London: Macdonald & Evans 1953. 924 p.

Archer, R. S., J. Z. Briggs u. *C. M. Loeb jr.:* Molybdän: Stähle, Gußeisen, Legierungen. Zürich: Climax Molybdenum Co. 1951. 508 S.

(Benbow, W. E.): Steels in modern industry. London: Iliffe 1951. VIII, 562 p. [6.1].

Briggs, Charles Willers: Steel castings handbook. Steel Founders Society of America 1950.

Bullens, D. K.: Steel and its heat treatment. 5th ed. (Metallurgical Staff of Battelle Memorial Institute.) Vol. I. Principles. 1948. 489 p. Vol. II. Tools, processes, control. 1948. 289 p. Vol. III. Engineering and special-purpose steels. 1949. 607 p. New York: Wiley 1948—1949.

Crafts, Walter u. *John L. Lamont:* Härtbarkeit und Auswahl von Stählen. Berlin-Göttingen-Heidelberg: Springer 1954. XI, 261 S.

Daeves, Karl: Werkstoffhandbuch „Stahl und Eisen" 3. Aufl. Losebl. Ausg. Düsseldorf: Stahleisen 1953. 748 S.

Goetzel, Claus G.: Treatise on powder metallurgy. Vol. I. Technology of metal powders and their products. 1949. 806 p. Vol. II. Applied and physical powder metallurgy. 1950. 928 p. Vol. III. Classified and annotated bibliography. 1952. 923 p. New York: Interscience 1949—1952. [2.1].

Hanemann, Heinrich u. *Angelika Schrader:* Atlas metallographicus. Bd. I. Kohlenstoffstähle, langsam gekühlt und geglüht. 1933. 92 S. Bd. II. Gußeisen 1. Teil. Grauguß. 2. Teil. Hartguß. 1936. Berlin: Borntraeger 1933—1936.

Hiller, Walter: Stahl-Handbuch. Wien: R. Bohmann 1948. 326 S.

Holle, H.: Stahlschlüssel. 3. Ausg. (Ringbuch). Selbstverl. 1954.

Houdremont, Eduard: Einführung in die Sonderstahlkunde. Berlin: Springer 1943.

Houdremont, Eduard: Handbuch der Sonderstahlkunde. Berlin: Springer 1943. XIII, 1036 S.

Kieffer, Richard u. *Werner Hotop:* Sintereisen und Sinterstahl. Wien: Springer 1948. 556 S.

Kieffer, Richard u. *Werner Hotop:* Pulvermetallurgie und Sinterwerkstoffe. 2. Aufl. Berlin-Göttingen-Heidelberg: Springer 1948. IX, 412 S.

Küntscher, W., H. Kilger u. *H. Biegler:* Technische Baustähle. Halle (Saale): Knapp 1952. VII, 472 S.

Miller, Percy H.: Stainless steels. London: Milford 1937.

Pelon: Les aciers de fabrication française. Paris: Science et Industrie 1952.

Piwowarsky, Eugen: Der Eisen- und Stahlguß. Düsseldorf: Gießerei-Verl. 1937. XII, 92 S.

Piwowarsky, Eugen u. *Adalbert Wittmoser:* Gewalztes Gußeisen. Essen: Girardet 1950. 132 S.

Piwowarsky, Eugen: Hochwertiges Gußeisen. 2. Aufl. Berlin-Göttingen-Heidelberg: Springer 1951. XII, 1070 S.

Rapatz, Franz: Die Edelstähle. 4. Aufl. Berlin-Göttingen-Heidelberg: Springer 1951. V, 730 S.

Williams, Gordon T.: What steel shall I use? Cleveland, Ohio: American Society for Metals 1949. 213 p.

Winning, J.: Alloy steels. Manchester: Emmot 1948. 72 p.

Zapffe, Carl A.: Stainless steels. Cleveland, Ohio: American Society for Metals 1949. 358 p.

— Les aciers fins et spéciaux français. 3ième éd. Chambre syndicale des producteurs d'aciers fins et spéciaux. Paris: 1949. 332 p.

— Book of ASTM Standards 1952. Part. 1. Ferrous metals (285 standards). Philadelphia: American Society for Testing Materials 1952. 1560 p.

— Effects of alloying elements and the tensile and hardness properties of carbon and alloy steel. Pittsburgh: Heppenstall 1948. 143 p.
— The yearly proceedings of the Association of Iron and Steel Engineers. Pittsburgh: Association of Iron and Steel Engineers 1949. 932 p.
— Stahlbau-Handbuch 1948. Elemente des Stahlbaues, Stahlhochbau, Stahlbrückenbau, Vorschriften des Stahlbaues, Profile des Stahlbaues. (Hrsg. Deutscher Stahlbau-Verband.) Bremen-Horn: Industrie- u. Handelsverl. 1948. 525 S. [1.16], [6.272], [6.273].
— Stahlbau-Handbuch 1949/50. Grundlagen, Baustatik, Stahlmaste, Vorschriften (Stabilität, Stahlleichtbau, usw.), Profile des Stahlbaues. (Hrsg. Deutscher Stahlbau-Verband.) Bremen-Horn: Industrie- u. Handelsverl. 1949. 352 S. [1.16], [1.21], [6.1], [6.273], [6.275].
— Yearbook of the Amerikan Iron and Steel Institute. New York: American Iron and Steel Institute 1948. 689 p.

Nichteisenmetalle   1.323

Anderson, Robert J.: The metallurgy of aluminium and aluminium alloys. New York: Baird 1925. 931 p.
Arend, Heinrich u. *Heinz W. Dettner:* Hartchrom, ein Werkstoff der Zukunft. Essen: Girardet 1952. 183 S.
Barksdale, Jelks: Titanium. New York: Ronald Press 1949. 591 p.
Bastien, P.: Le magnésium et les alliages ultralégers. Paris: Dunod 1948. X, 98 p.
(Beck, Adolf): Magnesium und seine Legierungen. Berlin: Springer 1939. XIV, 520 S.
(Beck, Adolf): The technology of magnesium and its alloys. 3rd ed. London: Hughes 1943. 512 p.
Brunhuber, Ernst: Legierungs-Handbuch der Nichteisen-Metalle. Berlin: Schiele & Schön 1954. 196 S. [2.2].
Budgen, N. F.: The heat treatment and annealing of aluminium and its alloys. London: Chapman & Hall 1932. 341 p.
Budgen, N. F.: Aluminium and its alloys. 2nd ed. London: Pitman 1948. 338 p.
Bulian, Walter u. *Eberhard Fahrenhorst:* Metallographie des Magnesiums und seiner technischen Legierungen. 2. Aufl. Berlin-Göttingen-Heidelberg: Springer 1949. VIII, 139 S.
Caillon, M.: La fonderie des alliages légers et ultralégers. (Publications Scientifiques et Techniques du Ministère de l'Air Nr. 233.) Paris: 1949. 224 p.
Fulda, W. u. *H. Ginsberg:* Tonerde und Aluminium. 2. Teil. Aluminium. Berlin: de Gruyter 1953 XII, 358 S.
Fuss, V.: Metallographie des Aluminiums und seiner Legierungen. Berlin: Springer 1934. VIII, 219 S.
Gregory, Edwin and *Eric N. Simons:* Non-ferrous metals and alloys. London: Paul Elek 1948. 196 p.
Guillet, L.: Les métaux légers et leurs alliages. 2 Tomes. Tome 1. 1936. 429 p. Tome 2. 1940. 891 p. Paris: Dunod 1936—1940.
Hanemann H. u. *Angelika Schrader:* Atlas Metallographicus. Bd. III. Aluminium. Teil 1. Binäre Legierungen des Aluminiums. 1941. Teil 2. Ternäre Legierungen des Aluminiums. 1952. 170 S. Berlin: Bornträger 1941, Düsseldorf: Verl. Stahleisen 1952.
(Hansen, M.): Metallkunde der Nichteisenmetalle. (Nonferrous metallurgy.) Teil I. (Bd. 32 der Fiat Review of German Science) 207 S. Teil. II. (Bd. 33 der Fiat Review of German Science) 171 S. Wiesbaden: Dietrich 1948.
Haughton, J. L. and *W. E. Prytherch:* Magnesium and its alloys. London: Department of Scientific and Industrial Research 1937. VII, 100 p.
(Liddel, Donald M.): Handbook of non-ferrous metallurgy. 2nd ed. Vol. I. 656 p., Vol. II. 721 p. New York: McGraw-Hill 1945.

Mondolfo, Lucio F.: Metallography of aluminium alloys. New York: Wiley 1943.
V, 351 p.

Panseri, C.: L'alluminio e le sue leghe. Trattato generale di metallurgia, metallografia e tecnologia. Vol. 1. Metallurgia e metallografia. 1. Metallurgia e
teoria delle leghe. 2. ed. 1945. 623 p. 2. Caratteristiche fisico-meccaniche e
tecnologiche. 2. ed. 1949. Vol. 2. Tecnologia, applicazioni. 1. Tecnologia
metallurgia. 1942. 568 p. Milano: Hoepli 1942—1949.

(Pietsch, E.): Gmelins Handbuch der anorganischen Chemie. System Nr. 27. Magnesium. Teil A. Lfg. 1. 1937. IV, II, 156 S., Lfg. 2. 1937. IV, IV, 216 S., Lfg. 3. 1942.
IV, IV, 110 S., Lfg. 4. 1952. IV, XIV, 336 S. Teil B. Lfg. 1. 1937. IV, III, 200 S.,
Lfg. 2. 1938. IV, XI, 130 S., Lfg. 3. 1938. IV, XIV, 92 S., Lfg. 4. 1939. XX, XVIII,
127 S. Weinheim (Bergstr.): Verl. Chemie 1937—1952.

(Pietsch, E.): Gmelins Handbuch der anorganischen Chemie. System Nr. 35. Alu-
minium. Teil A. Lfg. 1. 1934. I, IV, 284 S., Lfg. 2. 1934. I, VI, 166 S., Lfg. 3. 1936.
I, VII, 84 S., Lfg. 4. 1936. I, X, 146 S., Lfg. 5. 1937. I, XVI, 204 S., Lfg. 6. 1939.
I, XII, 225 S., Lfg. 7. 1941. I, XIX, 124 S., Lfg. 8. 1950. II, 136 S. Teil B. Lfg. 1.
1933. VI, IX, 308 S., Lfg. 2. 1934. VI, XVI, 305 S. Weinheim (Bergstr.): Verl.
Chemie 1933—1950.

(Pietsch, E.): Gmelins Handbuch der anorganischen Chemie. System Nr. 41. Titan.
Weinheim (Bergstr.): Verl. Chemie 1951. XXII, 481 S.

Regelsberger, Friedrich: Chemische Technologie der Leichtmetalle und ihrer Legierungen. Leipzig: Spamer 1926. 385 S.

Reiprich, Joh. u. *W. v. Zwehl:* Aluminium-Taschenbuch. 10. Aufl. Düsseldorf:
Aluminium-Zentrale 1951. XVIII, 628 S.

Schenk, M.: Werkstoff Aluminium und seine anodische Oxidation. Bern: Francke
1948. 1042 S.

Vogel, F.: Titan, seine metallurgische und chemische Darstellung. Halle (Saale):
Knapp 1950. 151 S.

von Zeerleder, Alfred: Technologie der Leichtmetalle. Zürich: Rascher 1947.
350 S.

von Zeerleder, Alfred: Technologie des Aluminiums und seiner Legierungen.
5. Aufl. Leipzig: Akad. Verlagsges. 1947. 594 S.

von Zeerleder, Alfred: Technology of light metals. New York-Amsterdam-
London: Elsevier 1949. XIV, 366 p.

— Book of ASTM Standards 1952. Part 2. Non-ferrous metals. Philadelphia:
American Society for Testing Materials 1952. 1316 p.

— Handbook on titanium metal: 6th ed. Titanium Metal Corp. Publ. 1952. 116 p.

— Structural aluminium handbook. Aluminium Company of America. New
York-London-Toronto: McGraw-Hill 1949. [6.1].

— Titanium; report of symposium on titanium. Washington: Office of Naval
Research March 1949. 157 p.

— Werkstoff Magnesium. 2. Aufl. Berlin: VDI-Verl. 1939. 172 S.

Nichtmetallische Werkstoffe 1.324

Burmeister, H.: Nichtmetallische Werkstoffe. Füssen (Allgäu): C. F. Winter 1948.
VIII, 356 S.

Holz und Holzwerkstoffe 1.324.2

Brown, H. P., A. J. Panshin and *C. C. Forsaith:* Textbook of wood technology.
Volume II. The physical, mechanical and chemical properties of the commer-
cial wood of the United States. (American Forestry Series.) New York:
McGraw-Hill 1952. 783 p.

(Bruce, W. E.): Timber progress and desk book for 1953. London: Cleaver-Hume
Press 1952. 175 p.

Campredon, J.: Le bois, matériaux de construction moderne. Paris: Dunod 1953. VIII, 161 p.

Dietz, Albert G. H.: Materials of construction: Wood, plastics, fabrics. New York: Van Nostrand 1949. 347 p. [1.324.3].

Dietz, Albert G. H.: Engineering laminates. New York: Wiley, London: Chapman & Hall 1949. VIII, 797 p. [1.22—1.24], [1.324.3], [1.324.4].

Froment, G.: Les bois de construction. Paris: Eyrolles 1952. 248 p.

Giordano, Guglielmo: Technologia del legno. Il legno e le sue caratteristiche. Trasformazioni meccaniche e miglioramenti. (Technologie des Holzes. Das Holz und seine Eigenschaften, mechanische Umwandlung und Vergütung.) Milano: Hoepli 1951. XVIII, 759 p.

Göhre, Kurt: Die Rubine und ihr Holz. Berlin: Dtsch. Bauernverl. 1952. 344 S.

Howard, Alexander L.: A manual of the timbers of the world, their characteristics and uses. London: Macmillan 1948. XXIII, 752 p.

Kollmann, Franz: Technologie des Holzes. 1. Aufl. Berlin: Springer 1936. XVIII, 764 S.

Kollmann, Franz: Die Esche und ihr Holz. (Schriftenreihe Eigenschaften u. Verwertung der deutschen Nutzhölzer, Bd. 1.) Berlin: Springer 1941. 147 S.

Kollmann, Franz: Technologie des Holzes und der Holzwerkstoffe. 2. Aufl. 1. Bd. Anatomie, Pathologie, Chemie, Physik, Elastizität und Festigkeit. 1951. XIX, 1050 S. 2. Bd. Holzschutz, Oberflächenbehandlung, Trocknung und Dämpfen, Veredelung, Holzwerkstoffe, spanabhebende und spanlose Holzbearbeitung, Holzverbindungen. 1955. XVIII, 1199 S. Berlin-Göttingen-Heidelberg: Springer 1951—1955.

(Meredith, R.): Mechanical properties of wood and paper. Amsterdam: North Holland Publishing Comp. 1954. 298 p.

Meyer, Louis H.: Plywood, what it is — what it does. New York-London-Toronto: McGraw-Hill 1947. 250 p.

Neußer, H.: Holzfaserplatten. Ihre Herstellung und ihre Eigenschaften. (Schriftenreihe d. ÖGH., H. 3.) Wien: Selbstverl. d. Österreichischen Gesellschaft f. Holzforschung (ÖGH) 1951. 211 S.

Perry, Thomas D.: Modern plywood. Complete coverage of plywood manufacture, design, feature, commercial applications and technical data. 2nd ed. New York: Pitman 1948. 458 p.

Vorreiter, Leopold: Holztechnologisches Handbuch. Bd. 1. Allgemeines, Holzkunde, Holzschutz und Holzvergütung. Wien: Fromme 1949. XVI, 626 S.

Wangaard, Frederick F.: The mechanical properties of wood. New York: Wiley, London: Chapman & Hall 1950. XV, 377 p.

Wood A. D. and *T. G. Linn:* Plywoods: Their development, manufacture and application. Edinburgh: Johnston 1942. 472 p.

— Canadian woods, their properties and uses. Ottawa, Forestry Branch: Forest Products Laboratory Division 1951. XV, 367 p.

— Das Pappeljahrbuch. (Hrsg. Gesellschaft für forstliche Arbeitswissenschaft in Verbindung mit der Gesellschaft für Holzerzeugung außerhalb des Waldes.) Hannover: Schaper 1947. 150 S.

— Wood Handbook (1940). United States Department of Agriculture, Madison, Wis. 1940.

— Taschenbuch für den Holzfachmann. (Bearbeiter: H. H. Fickler, F. Bender u. H. Bellmann.) Hamburg-Blankenese: Krögers Verlagsdruckerei 1953. 384 S.

Kunststoffe   1.324.3

d'Alelio, G. F.: Experimental plastics and synthetic resins. (Kunststoff-Praktikum, aus dem Engl. übers. von K. H. Hauck.) München: Hanser 1952. 201 S.

Alfrey, Turner: Mechanical behavior of high polymers. New York: Interscience 1948. 595 p.

Barron, H.: Modern plastics. 2nd ed. London: Chapman & Hall 1949. XX, 779 p.

Brandenburger, Kurt: Kunststoffratgeber. Tabellen und Gestaltungsregeln für die Verarbeitung von Kunststoffen, insbesondere Kunstharzpreßmassen. 2. Aufl. Essen: Girardet 1950. 227 S. [6.1].

Carswell, T. S.: Phenoplasts. Their structure, properties and chemical technology. New York: Interscience 1947. 279 p.

Colin, R., P. Cor et *P. Dubois:* Manuel des plastiques à l'usage du fabricant, du mouleur, de l'utilisateur. Paris: Société de Productions Documentaires 1947. 300 p.

Colin, R.: Le moulage des matières plastiques à base de résines thermodurcissables. 2ième éd. Paris: Dunod 1951. 230 p.

Davies, Benjamin Lionel: Technology of plastics; manufacture, structure and design. London: Pitman 1949. 421 p. [6.1].

Délorme, Jean: Les possibilités des plastiques dans les industries mécaniques. Toulouse: Editions Amphora 1947. 384 p.

Dietz, Albert G. H.: Materials of construction, wood plastics, fabrics. New York: Van Nostrand 1949. 347 p. [1.324.2].

Dietz, Albert G. H.: Engineering laminates. New York: Wiley, London: Chapman & Hall 1949. VIII, 797 p. [1.22—1.24], [1.324.2], [1.324.4].

Dubois, John H.: Plastics. 3rd ed. Chicago: American Technical Society 447 p.

Engel, Harry, C. B. Hemming and *H. R. Merriman:* Structural plastics. (Technical treatment of engineering and manufacturing aspects with tables and bibliographies.) 1st ed. New York: McGraw-Hill 1950. 300 p. [1.22—1.24].

(Fabel, Karl): Deutsches Jahrbuch für die Industrie der plastischen Massen. 6. Folge. 1951. 470 S. 7. Folge. 1953. 700 S. Berlin: Heenemann 1951—1953.

Fleck, H. R.: Plastics, scientific and technological. London: Temple Press 1951. 414 p.

Haward, Robert N.: Strength of plastics and glass. London: Cleaver-Hume Press 1951. 245 p.

(Houwink, Roelof): Chemie und Technologie der Kunststoffe. Bd. I. Chemische und physikalische Grundlagen sowie Prüfungsmethoden. 2. Aufl. 1942. XIV, 494 S. Bd. II. Herstellungsmethoden und Eigenschaften. 1942. X, 448 S. Leipzig: Akad. Verlagsges. 1942.

Houwink, Roelof: Elastomers and plastomers. Their chemistry, physics, and technology. Vol. 1. General theory. 1950. XVI, 496 p. Vol. 2. Manufacture, properties and applications. 1949. XVI, 516 p. Vol. 3. Testing and analysis, tabulation of properties. 1948. 174 p. New York-Amsterdam-London: Elsevier 1948—1950.

Houwink, Roelof: Fundamentals of synthetic polymer technology. New York-Amsterdam-London: Elsevier 1949. XII, 258 p.

Kaye, S. Leon: The production and properties of plastic. New York: Int. Textbook Co. 1950. 612 p.

Kittel, H.: Lexikon der Farben, Lacke, Kunststoffe. Stuttgart: Wissenschaftliche Verlagsges. 1952. 858 S.

Learmonth, G.: Laminated plastics. London: L. Hill 1951. 268 p.

Mehdorn, Walter: Kunstharzpreßstoffe und andere Kunststoffe. Eigenschaften, Verarbeitung und Anwendung. 3. Aufl. Berlin-Göttingen-Heidelberg: Springer 1949. VII, 354 S.

Morrell, R. S.: Synthetic resins and allied plastics. London: Oxford University Press 1951. XVIII, 748 p.

Münzinger, Walter Max: Kunstleder-Handbuch. 2. Aufl. Berlin: Pansegrau 1950. 372 S.

Nauth, Raymond: The chemistry and technology of plastics. New York: Reinhold 1947. 522 p.

Orth, Hans: Der Aufbau der Kunststoffe und deren wichtigste Anwendungsformen. 2. Aufl. München: Hanser 1952.

(Pabst, F.), H. J. Saechtling u. *W. Zebrowski:* Kunststoff-Taschenbuch. 10. Aufl. München: Hanser 1954. 378 S.

Richardson, Henry M. and *J. Watson Wilson:* Fundamentals of plastics. New York: McGraw-Hill 1946. 483 p.

Robitschek, P. and *A. Lewin:* Phenolic resins. Their chemistry and technology. London: Iliffe 1950. 261 p.

Schaefer, W.: Einführung in das Kunststoffgebiet. 2. Aufl. Leipzig: Akad. Verlagsges. 1953. 594 S.

Schildknecht, C. E.: Vinyl and related polymers: their preparations, properties and applications in rubber, plastics, fibers and in medical and industrial arts. New York: Wiley, London: Chapman & Hall 1952. XI, 723 p.

Schmidt, Alois X. and *Charles A. Marlies:* Principles of high-polymer theory and practice. (Chemical engineering series.) New York: McGraw-Hill 1948. 743 p.

Simonds, Herbert R., M. H. Bigelow et *J. V. Sherman:* Les nouveaux matériaux de synthèse américains. (Traduit de l'américain par G. Génin.) Paris: Dunod 1948. XVI, 412 p.

Simonds, Herbert R., Archie W. Weith and *M. H. Bigelow:* Handbook of plastics. 2nd ed. New York: Van Nostrand 1949. 1511 p.

Sorrell, S. E.: Paper Base Laminates. London: Clever-Hume Press 1950. 223 p.

(Stoeckhert, K.): Kunststoff-Lexikon. München: Hanser 1953. 307 S.

Thinius, K.: Hochpolymere, Herstellung, Eigenschaften und Anwendung als Kunststoffe. Leipzig: Fachbuchverl. 1952. 354 S.

Vale, C. P.: Aminoplastics. London: Cleaver Hume Press, New York: Interscience 1950. 238 p.

von Wehrenalp, Erwin Barth u. *Hansjürgen Seachtling:* Jahrhundert der Kunststoffe. (Bildwerk.) Düsseldorf: Econ-Verl. 1952. 564 S.

Weigel, Wolfgang: Kunstharzpreßstoffe im Maschinenbau. (Chemie und Technologie der Kunststoffe in Einzeldarstellungen, Hrsg. O. Pfestorf, Bd. 2.) 2. Aufl. Berlin: Springer 1945. [6.1].

Weiss, Franz: Die Verwendung der Kunststoffe in der Textilveredelung. Wien: Springer 1949. VIII, 187 S.

Winding, Charles C. and *R. Leonhard Hasche:* Plastics, theory and practice. The technology of high-polymers. New York: McGraw-Hill 1947. 280 p.

— British plastics year book 1953, a classified guide to the plastics industry. London: Iliffe 1953. 599 p.

— British plastics year book 1954. Oxford: Blackwell 1954. 600 p.

— Modern plastics encyclopedia and engineers' handbook 1952. New York: Plastics Catalogue Corporation 1952. 848 p.

— Plastics engineering handbook. 2nd ed. London: Chapman & Hall 1954. XXXV, 813 p.

— Plastics progress 1953. Papers and discussions at British Plastics Convention 1953. London: Iliffe 1953. 448 p.

Gummi   1.324.32

Barron, H.: Modern synthetic rubbers. London: Chapman & Hall 1949. XIX, 636 p.

Boström, S. u. a.: Kautschuk und verwandte Stoffe. Eigenschaften und Verarbeitung. Berlin: Union 1940. 534 S.

Burton, Walter E.: Engineering with rubber. New York: McGraw-Hill 1949. 461 p.

(Hauser, E. A.): Handbuch der gesamten Kautschuktechnologie. 2 Bde. Berlin: Union 1935. 1640 S.

Memmler, K.: Handbuch der Kautschukwissenschaft. Leipzig: Hirzel 1930. 766 S.
(Moakes, R. C. W. and *W. C. Wake):* Rubber technology. London: Butterworth 1951. XIV, 199 p.
Powers, Paul O.: Synthetic resins and rubbers. New York: Wiley 1943. 296 p. [1.324.4].
Springer, Arthur: Kunstkautschuk 2. Aufl. München: Hanser 1947. 153 S.
Treloar, L. R. G.: The physics of rubber elasticity. Oxford: Clarendon Press 1949. 254 p.
Wildschut, A. J.: Technological and physical investigations on natural and synthetic rubber. New York-Amsterdam-London: Elsevier 1946. XII, 176 p.
— Le caoutchouc, matériau de construction. (Études de synthèse et de documentation par l'Institut Français du Caoutchouc.) Paris: Dunod 1948. VI, 234 p.
— The services rubber investigations. London: H. M. S. O.1954. 324 p. (M. O. S. Book.)

Leime und Klebstoffe   1.324.4

de Bruyne, N. A. and *R. Houwink:* Adhesion and adhesives. New York-Amsterdam-London: Elsevier 1951. XV, 517 p.
Delmonte, John: The technology of adhesives. New York: Reinhold 1947. 516 p.
Dietz, Albert G. H.: Engineering laminates. New York: Wiley, London: Chapman & Hall 1949. VIII, 797 p. [1.22—1.24], [1.324.2], [1.324.3].
Epstein, George: Adhesive bonding of metals. New York: Reinhold, London: Chapman & Hall 1954. IX, 218 p. [1.442.3], [2.53].
Greber, Jos. M., E. Lehmann u. *A. van der Werth:* Die tierischen Leime. Geschichte, Herstellung, Untersuchung, Verwendung u. Patentübersicht. Heidelberg: Straßenbau, Chemie u. Technik 1950. 165 S.
Hadert, H.: Kaseinleim und Kaseinfarbenmittel. 2. Aufl. Berlin: Elsner 1937. 128 S.
Kirchdorfer, F. u. *A. Tede:* Kitte und Klebstoffe. Fleckentfernungsmittel. Augsburg: Ziolowsky 1948. 200 S.
Klemm, Hans: Neue Leimuntersuchungen mit besonderer Berücksichtigung der Kalt-Kunstharzleime. München-Berlin: Oldenbourg 1938. 147 S.
Knight, R. A. G.: Adhesives for wood. (Vol. 3. of monographs on metallic and other materials.) London: Chapman & Hall 1952. 256 p.
Lehner, S.: Die Kitte und Klebemittel. 10. Aufl. Wien-Leipzig: Hartleben 1932. 188 S.
Lüttgen, C.: Die Technologie der Klebstoffe. Berlin: Heenemann 1953. 430 S.
Micksch, Karl u. *Erich Plath:* Taschenbuch der Kitte und Klebstoffe. 3. Aufl. Stuttgart: Wissenschaftliche Verlagsges. 1952. 366 S.
Paul and *Smith:* Synthetic adhesive. Brooklyn: Chemical Publishing Co. 1947.
Perry, Thomas D.: Modern wood adhesives. New York: Pitman 1944. 208 p.
Pinto, E. H.: Wood adhesives. London: Spon 1949. 180 p.
Plath, Erich: Die Holzverleimung. Stuttgart: Wissenschaftliche Verlagsges. 1951. 200 S. [1.442.3].
Powers, Paul O.: Synthetic resins and rubbers. New York: Wiley 1943. 296 p. [1.324.32].
Smith, Paul I.: Synthetic adhesives. London: Chapman & Hall 1944. 125 p.
Villière, A. et *J. de Leeuw:* Les colles à bois. Paris: Revue du Bois 1948. 70 p.
— Structural adhesives. The theory and practice of gluing with synthetic resins. Lectures held by Aero Research Ltd. Cambridge. London: Lange, Maxwell and Springer 1951. VI, 203 p.

Faserstoffe und Fasererzeugnisse   1.324.5

Bodenbender, H. G.: Zellwolle. Kunstspinnfasern. 5. Aufl. Berlin-Steglitz: Chem. techn. Verl. Bodenbender 1941. 810 S.

Brüggemann, H.: Zwirne, ihre Herstellung und Veredelung. München-Berlin:
    Oldenbourg 1933. XXXI, 461 S.
Götze, Kurt: Chemiefaser nach dem Viskoseverfahren. (Reyon und Zellwolle.)
    2. Aufl. Berlin-Göttingen-Heidelberg: Springer 1951. XII, 739 S.
Inderfurth, K. H.: Nylon technology. (Textile technology series, ed. by C. W.
    Bendigo.) New York: McGraw-Hill 1953. IX, 335 p.
Jaumann, Ant.: Textilkunde. Nordhausen (Harz): Killinger 1938. XVII, 983 S.
Mauersberger, H. R.: American handbook of synthetic textile. Scranton, Pa.:
    Int. Textbook Co. 1952. 1213 p.
Moncrieff, R. W.: Artificial fibres. New York: Wiley 1950. 313 p.
Pummerer, Rudolf: Chemische Textilfasern, Filme und Folien. Stuttgart: Enke
    1951—1953. XII, 1464 S.
Schreuss, T.: Garn und Gewebe. Bd. I. Das Garn. 1949. 202 S. Bd. II. Das Gewebe.
    1953. 324 S. Kevelaer: Butzon & Bercker 1949—1953.
Vatter, A.: Spinnstoffkunde. 6. Aufl. Stuttgart: Poeschel 1951. 380 S.
Zart, A.: Kunstseide und Stapelfaser. (Technische Fortschrittsberichte 51.) Darm-
    stadt: Steinkopff 1950. 177 S.

Oberflächenschutzmittel 1.325

Blom, A. V.: Organic coatings in theory and practice. New York-Amsterdam-
    London: Elsevier 1949. XII, 298 p.
Davey, H. T.: Wood finishing. Staining and polishing, and cellulose wood
    finishes. London: Pitman 1947. VIII, 224 p.
Gailer, J. W. and E. J. Vaughan: Protective coatings for metals. London: Griffin
    1950. XIV, 261 p. [2.7].
Glayman, J.: Pour protéger les métaux. 2e éd. Paris: Dunod 1951. IV, 174 p.
Hunt, George M. and George A. Garrett: Wood preservation. 2nd ed. New York-
    Toronto-London: McGraw-Hill 1953. XI, 417 p. [2.7].
Jacquiot, Cl. et Keller-Vaillant: La préservation des bois. Paris: Hermann 1951.
    186 p.
Krannich, Walter: Kunststoffe im technischen Korrosionsschutz. 2. Aufl.
    München: Hanser 1949. 407 S.
Kraus, Alfred: Handbuch der Nitrozelluloselacke. 2. Teil. Nitrozelluloselacke.
    Berlin: Pansegrau 1952. 450 S.
Machu, Willi: Metallische Überzüge. 3. Aufl. Leipzig: Akad. Verlagsges. 1948.
    696 S.
Machu, Willi: Nichtmetallische anorganische Überzüge. Wien: Springer 1952.
    XII, 404 S.
Mahlke, F. u. Troschel: Handbuch der Holzkonservierung. Berlin-Göttingen-
    Heidelberg: Springer 1950. XII, 571 S. [2.7].
Reininger, Hans: Gespritzte Metallüberzüge. Erzeugung, Gefüge, Eigenschaften
    und praktische Nutzanwendung. München: Hanser 1952. 232 S.
Silman, H.: Chemical and electroplated finishes. 2nd ed. Lonon: Chapman & Hall
    1952. 494 p. [1.36], [2.7].
Uhlig, Herbert H.: Corrosion handbook. New York: Wiley 1948. 1188 p. [1.36],
    [2.7], [4].
Wagner, Hans u. Hans Friedrich Sarx: Lackkunstharze. 3. Aufl. München: Hanser
    1950. 255 S.
Werner, Eugen: Metallische Überzüge auf elektrolytischem und chemischem
    Wege und das Färben der Metalle. 4. Aufl. München: Hanser 1950. 182 S. [2.7].

Ermüdungsfestigkeit 1.33

Cazaud, R.: La fatigue des métaux. 3e éd. Paris: Dunod 1948. XXII, 318 p.
Cazaud, R.: Fatigue of metals. (Transl. from French by A. J. Fenner.) London:
    Chapman & Hall 1953. XIV, 334 p.

George, C. W.: Fatigue, stress corrosion and corrosion fatigue of aeronautical metals and alloys at normal temperature. London: Chapman & Hall 1953. [1.36].

Graf, Otto: Die Dauerfestigkeit der Werkstoffe und Konstruktionselemente. Berlin: Springer 1929. VIII, 131 S. [1.34—1.35].

Herold, Wilfried: Die Wechselfestigkeit metallischer Werkstoffe. Ihre Bestimmung und Anwendung. Wien: Springer 1934. VII, 276 S.

Kaufmann, Egon: Über die Dauerbiegefestigkeit einiger Eisenwerkstoffe und ihre Beeinflussung durch Temperatur und Kerbwirkung. Berlin: Springer 1931. IV, 89 S. [1.34—1.35].

Moore, H. F. and *J. B. Kommers:* The fatigue of metals. New York: McGraw-Hill 1927.

Murray, William M.: Fatigue and fracture of metals. New York: Wiley, London: Chapman & Hall 1952. VIII, 313 p.

— The failure of metals by fatigue. Melbourne: University Press 1947. 505 p.

— Prevention of the failure of metals under repeated stress. (Ed.: Batelle Memorial Institute.) New York: Wiley 1941. 273 p.

Gestaltfestigkeit 1.34—1.35

Berg, S.: Gestaltfestigkeit, Versuche mit Schwingern. Teil 1. Technik. Teil 2. Anwendungen und Ergebnisse. Teil 3. Schwingungstheorie. Düsseldorf: Dtsch. Ing.-Verl. 1952. XIII, 484 S. [4].

Bleich, Friedrich and *L. B. Ramsey:* Buckling strength of metal structures. (Engineering Society Monographs.) New York: McGraw-Hill 1952. XIII, 508 p.

van den Broek, John A.: Theory of limit design. New York: Wiley, London: Chapman & Hall 1948. 144 p. [6.1].

Conway, H. D.: Aircraft strength of materials. London: Chapman & Hall 1947. 256 p. [6.254].

Deyarmond, A. and *A. Arslan:* Fundamentals of stress analysis. 2nd ed. Glendale (Calif.): Aero Publishers 1941.

Dreyer, G.: Statik und Festigkeit. Bd. 2. Festigkeitslehre und Elastizitätslehre. 7. Aufl. Leipzig: Jänecke 1950. 434 S.

Fairman, Seibert and *Chester S. Cutshall:* Mechanics of materials. New York: Wiley, London: Chapman & Hall 1953. X, 420 p.

Filonenko-Boroditsch, M. M.: Festigkeitslehre. Bd. 1. Berlin: Verl. Technik 1952. 428 S.

Föppl, August u. *Ludwig Föppl:* Drang und Zwang. Eine höhere Festigkeitslehre für Ingenieure. Bd. 1. 1941. Bd. 2. 1944. Bd. 3. Der ebene Spannungszustand. 1947. 192 S. München: Oldenbourg 1941—1947.

Föppl, August: Vorlesungen über technische Mechanik. Bd. III. Festigkeitslehre. 15. Aufl. München: Oldenbourg 1951. XII, 303 S.

Föppl, Ludwig u. *Gerhard Sonntag:* Tafeln und Tabellen zur Festigkeitslehre. München: Oldenbourg 1951. 226 S.

Frocht, Max M.: Strength of materials. New York: Ronald Press 1951. 439 p.

Graf, Otto: Die Dauerfestigkeit der Werkstoffe und Konstruktionselemente. Berlin: Springer 1929. VIII, 131 S. [1.33].

Hänchen, Richard: Berechnung und Gestaltung der Maschinenteile auf Dauerhaltbarkeit. Berlin-Hannover-Frankfurt (Main): Pädagog. Verl. Berth. Schulz 1950. 232 S. [1.432], [6.21].

Hartmann, Fr.: Knickung, Kippung, Beulung. Leipzig: Deuticke 1937. 201 S.

Den Hartog, J. P.: Strength of materials. New York: McGraw-Hill Book. 1949. 323 p. [1.22—1.24].

Hencky, Heinrich: Neuere Verfahren in der Festigkeitslehre. Teil I. München: Oldenbourg 1951. 72 S.

Heywood, R. B.: Designing by photoelasticity. London: Chapman & Hall 1952. XIII, 414 p.

Hill, R.: The mathematical theory of plasticity. (Oxford engineering science series. General editors: E. B. Moullin and others.) Oxford: Clarendon Press 1950. 356 p.

Jäger, K.: Praktische Festigkeitslehre. Wien: Manz 1949. 228 S.

Ježek, K.: Die Festigkeit von Druckstäben aus Stahl. Wien: Springer 1937. VIII, 252 S.

Kaufmann, Egon: Über Dauerbiegefestigkeit einiger Eisenwerkstoffe und ihre Beeinflussung durch Temperatur und Kerbwirkung. Berlin: Springer 1931 IV, 89 S. [1.33].

Laurson, Philip. G. and *William J. Cox:* Mechanics of materials. 3rd ed. New York: Wiley 1954. 414 p. [1.21].

Lipson, C., G. C. Noll and *L. S. Clock:* Stress and strength of manufactured parts. New York: McGraw-Hill 1950. 259 p. 300 ref.

Manuel, G.: Résistance des matériaux. Paris: Dunod 1953. VI, 258 p.

(Marguerre, Karl): Neuere Festigkeitsprobleme des Ingenieurs. Ausgewählte Kapitel aus der Elastomechanik. Berlin-Göttingen-Heidelberg: Springer 1950. VIII, 253 S. [1.21], [1.22—1.24], [4].

Marin, Joseph: Strength of materials. New York: Macmillan 1948. 464 p.

Mauer, E. R. and *Morton O. Withey:* Strength of materials. 2nd ed. New York: Wiley 1940. 408 p.

Mayer, Rudolf: Die Knickfestigkeit. Berlin: Springer 1921. VIII, 502 S.

McCormick, Frank J.: Strength of materials. New York: Macmillan 1952. VII, 177 p. [1.441].

Müller, Horst: Festigkeits- und Elastizitätslehre. Braunschweig: Westermann 1951. 256 S.

Neuber, Heinz: Kerbspannungslehre. Grundlagen für genaue Spannungsrechnung. Berlin: Springer 1937. VII, 160 S.

Peterson, R. E.: Stress concentration design factors. Charts and relations useful in making strength calculations for machine parts and structural elements. New York: Wiley 1953. 155 p.

Pöschl, Theodor: Lehrbuch der Technischen Mechanik. Bd. 2. Elementare Festigkeitslehre. 2. Aufl. Berlin-Göttingen-Heidelberg: Springer, 1952. VII, 244 S.

Ratzersdorfer, J.: Die Knickfestigkeit von Stäben und Stabwerken. Wien: Springer 1936. 321 S.

Roark, Raymond J.: Formulas for stress and strain. New York: McGraw-Hill 1954. 381 p. [1.21], [1.22—1.24].

Rühl, Karl Helmut: Die Tragfähigkeit metallischer Baukörper in Bautechnik und Maschinenbau. Berlin: Ernst 1952. VIII, 184 S. [4].

Schapitz, Eberhard: Festigkeitslehre für den Leichtbau. Düsseldorf: Dtsch. Ing.-Verl. 1951. 260 S. [1.22—1.24].

Schleusner, Arno: Strenge Theorie der Knickung und Biegung. Teil 1. Leipzig-Berlin: Teubner 1937. 144 S.

Seely, Fred B.: Resistance of materials. 3rd ed. New York: Wiley 1947. 486 p. [1.21], [1.22—1.24].

Sloane, Alvin: Mechanics of materials. New York: Macmillan 1952. 468 p.

Timoshenko, S. u. *John M. Lessells:* Festigkeitslehre. (Übers. von I. Malkin.) Berlin: Springer 1928. XVIII, 484 S.

Timoshenko, Stephen: Strength of materials. Part I. Elementary theory and problems. 2nd ed. New York: Van Nostrand 1940. 359 p.

Timoshenko, Stephen: Strength of materials. Part II. Advanced theory and problems. 2nd ed. New York: Van Nostrand 1941. 510 p. [1.22—1.24].

Timoshenko, Stephen: Résistance des matériaux. (Traduit de l'anglais par Ch. Laffitte.) Tome I. Théorie élémentaire et problèmes. 1947. 368 p. Tome II. Théorie développée. 1949. 480 p. Paris: Béranger 1947—1949.

Timoshenko, Stephen: Théorie de la stabilité élastique. Paris: Béranger 1948. 496 p.

Timoshenko, Stephen: Théorie de l'élasticité. (Traduit de l'anglais par A. de Riva Berni.) Paris: Béranger 1948. 481 p.

Timoshenko, Stephen and *Gleason H. MacCullough:* Elements of strength of materials. 3rd ed. New York: Van Nostrand 1949. 426 p.

Timoshenko, Stephen and *J. N. Goodier:* Theory of elasticity. New York: McGraw-Hill 1951. XVII, 506 p.

Trathen, Roland H.: Statics and strength of materials. New York: Wiley 1954. 506 p. [1.21].

Urri, S. A.: Solution of problems in strength of materials. London: Pitman 1953. VII, 381 p.

Vawter, Jamison and *James G. Clark:* Elementary theory and design of flexural members. New York: Wiley 1950. 215 p.

Wagner, Herbert u. *Gotthold Kimm:* Bauelemente der Flugzeuge. 2. Aufl. München-Berlin: Oldenbourg 1942. 295 S. [6.254].

Weber, Constantin: Festigkeitslehre. 2. Aufl. (Bücher der Technik, Hrsg. A. Kuhlenkamp.) Hannover: Schroedel 1951. 106 S.

Winkel, H.: Festigkeitslehre für Ingenieure. Berlin: Springer 1927. VII, 494 S.

Young, C. R. and *C. F. Morrison:* Elementary structural problems in steel and timber. 3rd ed. New York: Wiley 1949. 329 p. [1.25].

Zimmermann, E.: Festigkeitslehre unter Berücksichtigung der neueren Konstruktionslehre. 7. Aufl. Leipzig: Fachbuchverl. 1952. 120 S.

— Properties of metals in materials engineering. Cleveland, Ohio: American Society for Metals 1949. 177 p.

Werkstoffverhalten bei Korrosion   1.36

Bauer, Oswald, Otto Kröhnke u. *Georg Masing:* Die Korrosion metallischer Werkstoffe. Bd. I. Die Korrosion des Eisens und seiner Legierungen. 1936. XXIII, 560 S. Bd. II. Die Korrosion von Nichteisenmetallen und deren Legierungen. 1938. XXX, 901 S. Bd. III. Der Korrosionsschutz metallischer Werkstoffe und ihrer Legierungen. 1940. XXIV, 615 S. Leipzig: Hirzel 1936—1940.

Evans, U. R.: Korrosion, Passivität und Oberflächenschutz von Metallen. (Übers. E. Pietsch.) Berlin: Springer 1939. XXXIII, 742 S.

Evans, U. R.: Metallic corrosion, passivity and protection. 2nd ed. London: E. Arnold 1946. 863 p.

Evans, U. R.: An introduction to metallic corrosion. London: E. Arnold 1948. 211 p.

Evans, U. R.: Précis de corrosion. Paris: Dunod 1952. 284 p.

George, C. W.: Fatigue, stress corrosion and corrosion fatigue of aeronautical metals and alloys at normal temperature. London: Chapman & Hall 1953.

Jacquet, P. A.: Le pollisage électrolytique des surfaces métalliques et ses applications. Tome 1. Aluminium-magnésium alliages légers. Saint-Germain-en-Laye: Editions Métaux 1948. 359 p. [2.7].

Orlowski, P.: Conseils pratiques pour la protection des métaux. Paris: Dunod 1951. VIII, 1936 p. [2.7].

Rabald, Erich: Corrosin guide. New York-Amsterdam-London: Elsevier 1951. VIII, 620 p.

Ritter, Franz: Korrosionstabellen metallischer Werkstoffe. 3. Aufl. Wien: Springer 1952. IV, 283 S.

Schikorr, G.: Die Zersetzungserscheinungen der Metalle. Eine Einführung in die Korrosion der Metalle. Leipzig: Barth 1943. XII, 232 S.

Silman, H.: Chemical and electroplated finishes. 2nd ed. London: Chapman & Hall 1952. 494 p. [1.325], [2.7].

Speller, F. N.: Corrosion. New York: McGraw-Hill 1951. 664 p.

Suida, Hermann u. *Heinrich Salvaterra:* Rostschutz und Rostschutzanstrich. (Techn. gewerbl. Bücher, Bd. 6.) Wien: Springer 1931. VI, 344 S.

Trigg, C. F.: An engineers' approach to corrosion. London: Pitman 1952. 133 p.

Uhlig, Herbert H.: Corrosion Handbook. New York: Wiley 1948. 1188 p. [1.325], [2.7], [4].

Gestaltung und Festigkeit von Elementen (Halbzeuge)   1.4—1.42

Altpeter, Hermann: Die Drahtseile, ihre Konstruktion, Herstellung und Bewertung. 4 Aufl. Halle (Saale): Boerner 1953. 168 S.

Lewis, Kenneth B.: Steel wire in America. Stamford, Connecticut (USA): The Wire Association 1952. 351 p.

Meebold, Richard: Die Drahtseile in der Praxis. 2. Aufl. Berlin-Göttingen-Heidelberg: Springer 1953. V, 108 S.

Oehler, Gerhard: Das Blech und seine Prüfung. Berlin-Göttingen-Heidelberg: Springer 1953. VIII, 297 S. [4].

Pomp, A.: Stahldraht. Seine Herstellung und Eigenschaften. (Stahleisenbücher Bd. 1.) 2. Aufl. Düsseldorf: Verl. Stahleisen 1952. XIV, 392 S.

Bauelemente   1.43

Genormte und teilweise genormte Bauelemente   1.431

Damerow, Ernst: Grundlagen der praktischen Federprüfung. 2. Aufl. Essen: Girardet 1953. 190 S. [4].

(Dayton, R. W.): Sleeve bearing materials. Cleveland, Ohio: American Society for metals 1949. 256 p.

Dietrich, G.: Berechnung von Stirnrädern mit geraden und schrägen Zähnen. Düsseldorf: Dtsch. Ing.-Verl. 1952. XII, 127 S.

Eschmann, Hasbergen und Weigand: Die Wälzlagerpraxis. Handbuch für die Berechnung und Gestaltung von Lagerungen. München: Oldenbourg 1953. XII, 372 S.

Göbel, E. F.: Gummifedern. (Konstruktionsbücher Bd. 7.) Berlin: Springer 1945. IV, 58 S.

Groß, Siegfried u. *Ernst Lehr:* Die Federn. Ihre Gestaltung und Berechnung. Berlin: VDI-Verl. 1938. 136 S.

Groß, Siegfried: Berechnung und Gestaltung von Metallfedern. 2. Aufl. (Konstruktionsbücher Bd. 3.) Berlin-Göttingen-Heidelberg: Springer 1951. IV, 95 S.

Henriot, G.: Traité théorique et pratique des engrenages. Tome 1. Théorie et technologie. 1949. VIII, 350 p. Tome 2. Etude complète du matériel. 1950. VIII, 336 p. Paris: Dunod 1949—1950.

Houghton, P. S.: Gears, spur, helical, bevel and worm. Kingston Hill, Surrey: Technical Press 1952. 408 p.

Hoyer, H.: Die Zahnräder. Grundlagen der Berechnung und Gestaltung 2. Aufl. Leipzig: Jänecke 1948. 99 S.

Huber, R.: Zahnradgetriebe. Berechnung und Konstruktion von Zahnradgetrieben, Riementrieben und Kettentrieben. Wien: Industrie- u. Fachverlag 1951. 150 S.

Jürgensmeyer, Wilhelm: Die Wälzlager. Berlin: Springer 1937. 498 S.

Jürgensmeyer, Wilhelm Gestaltung von Wälzlagerungen. 2. Aufl. (Konstruktionsbücher Bd. 4.) Berlin-Göttingen-Heidelberg: Springer 1953. VIII, 106 S.

Kämpf, P.: Die Berechnung und Herstellung von Zahnrädern. Wittenberg: Ziemsen 1949. 245 S.

Kühnel, R.: Werkstoffe für Gleitlager. 2. Aufl. Berlin-Göttingen-Heidelberg:
Springer 1952. VII, 454 S.

Palmgren, Arvid: Grundlagen der Wälzlagertechnik. 2. Aufl. Stuttgart: Franckh
1954. 240 S.

Poppinga, Reemt: Stirnradplanetengetriebe. Stuttgart: Franckh 1949. 130 S.

Reynal, Camille: Federn und ihre schnelle Berechnung. (Übers. C. Koch.) 2. Aufl.
Leipzig: Spamer 1929. VII, 151 S.

Ritter, R.: Zahnradgetriebe, Konstruktion und Berechnung geradverzahnter Getriebe für Werkzeugmaschinen. Zürich: Leemann 1950. 182 S. [6.23].

Roberts, J. A.: Spring design and calculation. Redditch, Worcestershire: Terry
1952. 127 p.

Schiebel, A. u. *W. Lindner:* Zahnräder. Bd. 1. Stirn- und Kegelräder mit geraden
Zähnen. Berlin-Göttingen-Heidelberg: Springer 1954. VI, 133 S.

Schmid, E. u. *R. Weber:* Gleitlager. Berlin-Göttingen-Heidelberg: Springer 1953.
VIII, 394 S.

Thomas, A. K.: Die Tragfähigkeit der Zahnräder. 2. Aufl. München: Hanser 1954.
182 S.

Wolf, F.: Die Federn im feinmechanischen Geräte- und Instrumentenbau (mit
Berechnungsbeispielen). Stuttgart: Dtsch. Fachzeitschriften- u. Fachbuch-Verl. 1953. 46 S.

Wolf, Werner A: Die Schraubenfedern, ihre Ausführungsformen, Berechnung
und Herstellung. 1950. 125 S. Rechentafeln für zylindrische Schraubenfedern
mit Kreis- u. Rechteckquerschnitt. 1949. 11 S. Essen: Girardet 1949—1950.

Nichtgenormte Bauelemente   1.432

Black, Paul H.: Machine design. New York: McGraw-Hill 1948. 357 p. [6.21].

Faires, Virgil M.: Design of machine elements. 2nd ed. New York: Macmillan
1941. 490 p. [6.21].

Fratschner, O.: Maschinenelemente. (Maschinenkunde Bd. 1.) Essen: Girardet
1952. 424 S. [6.21].

Hänchen, Richard: Berechnung und Gestaltung der Maschinenteile auf Dauerhaltbarkeit. Berlin-Hannover-Frankfurt (Main): Pädagog. Verl. Berth. Schulz
1950. 232 S. [1.34—1.35], [6.21].

Vallance, A. and *V. L. Doughtie:* Design of machine members. 3rd ed. New York:
McGraw-Hill 1951. 500 p.

Festigkeit von Verbindungselementen   1.44

Allgemeines   1.441

(v. Halasz, Robert): Holzbau-Taschenbuch. 4. Aufl. Berlin: Ernst 1952. VIII, 427 S.
[1.25], [6.27].

(Hool, G. A. and *W. S. Kinne):* Structural members and connections. 2nd ed. New
York: McGraw-Hill 1943. 639 p.

McCormick, Frank J.: Strength of materials. New York: Macmillan 1952. VII,
177 p. [1.34—1.35].

Pöschl, H.: Verbindungselemente der Feinwerktechnik. (Konstruktionsbücher
Bd. 14.) Berlin-Göttingen-Heidelberg: Springer 1954. V, 108 S.

Feste Verbindungen (Knoten usw.)   1.442

Schweißverbindungen   1.442.1

Bobek, Karl: Über die Berechnung von dauernd wechselnd beanspruchten
Schweißverbindungen. Berlin: Springer 1936.

Brunst, Walter: Das elektrische Widerstandsschweißen. Berlin-Göttingen-Heidelberg: Springer 1952. VIII, 290 S. [2.511].

Churchill, Harry D. and *John B. Austin:* Weld design. New York: Prentice-Hall 1949. 216 p. [5].

Erdmann-Jesnitzer, F.: Werkstoff und Schweißung. Handbuch für die Werkstoff- und werkstoffbedingte Verfahrenstechnik der Schweißung. Bd. 1. Berlin: Akademie-Verl. 1951. XXIV, 1002 S. [2.511].

Green, R. S.: Design for welding. Cleveland, Ohio: James F. Lincoln Arc Welding Foundation 1948. Over 1000 p. [5].

Höhn, E.: Über die Festigkeit elektrisch geschweißter Hohlkörper. Berlin: Springer 1924. 130 S.

Höhn, E.: Schweißverbindungen im Kessel- und Behälterbau. Berlin: Springer 1935. VII, 145 S. [6.215].

Kienert, G.: Constructions métalliques rivées et soudées. Tome I. Produits sidérurgiques de construction. Organes de liaison assemblages-types. 2e éd. 1951. 164 p. Tome II. Les éléments de la charpente. Joints. Assemblages. Appuis. 2e éd. 1951. 232 p. Paris: Eyrolles 1951. [1.442.4].

Klöppel, Kurt u. *Const. Stieler:* Schweißen im Stahlbau. Bd. 2. Dauerfestigkeit und Berechnungen. Konstruktion, Gesichtspunkte, ausgeführte Bauwerke. Berlin: Springer 1939. IX, 191 S. [5].

Koenigsberger, F.: Design for welding in mechanical engineering. New York: Longmans 1948. 210 p. [5].

Moon, A. Ramsey: Design of welded steel structures. 2nd ed. London: Pitman 1948. 134 p. [5].

Sahling, Bernhard u. *Kurt Latzin:* Die Schweißtechnik des Bauingenieurs. Eine Einführung in Entwurf, Berechnung, Herstellung und Untersuchung von Schweißverbindungen im Stahlbau unter Berücksichtigung der amtlichen Vorschriften. 2. Aufl. Braunschweig: Vieweg 1952. VIII, 278 S.

Schimpke, Paul, Hans A. Horn u. *Richard Hänchen:* Praktisches Handbuch der gesamten Schweißtechnik. Bd. 3. Berechnen und Entwerfen von Schweißkonstruktionen. Berlin-Göttingen-Heidelberg: Springer 1952. VI, 230 S. [5].

Séférian, Daniel: Les soudures. Technique, métallurgie. Contrôle des soudures. Paris: Sfelt 1948. 256 p. [2.511].

Sudasch, Erich: Schweißtechnik. München: Hanser 1950. 543 S. [2.511], [2.512].

Tewes, K.: Stahl und Eisen beim Schweißen. 3. Aufl. Essen: Vulkan-Verl. 1948. 226 S. [2.511].

Thum, August u. *Arnim Erker:* Gestaltfestigkeit von Schweißverbindungen. Berlin: VDI-Verl. 1942. VIII, 141 S.

— Proceedings at a symposium on welding and riveting larger aluminium structures. London: 1952. 223 p. [1.442.4].

— The welding design handbook. New York: Welding Engineer 1948. [5].

— Welding handbook. 3rd ed. New York: American Welding Society 1950. XII, 1651 p. [2.511].

Lötverbindungen   1.442.2

McKeown, J.: The properties of soft solders and soft soldered joints. London: British Non-ferrous Metal Research Association 1948. 118 p. [2.512].

Leim- und Klebverbindungen   1.442.3

Blankenstein, K.: Leimen von Holz. (Holzbearbeitung Teil 3.) Berlin: Beuth, Berlin-Leipzig: Teubner 1937. 235 S.

Buchan, S.: Rubber to metal bonding. London: Crosby Lockwood 1948. 239 p.

Epstein, George: Adhesive bonding of metals. New York: Reinhold, London: Chapman & Hall 1954. IX, 218 p. [1.324.4], [2.53].

Plath, Erich: Die Holzverleimung. Stuttgart: Wissensch. Verlagsges. 1951. 200 S. [1.324.4].

Stoy, Wilhelm: Der Holzbau. 5. Aufl. Berlin-Göttingen-Heidelberg: Springer 1950. VIII, 203 S. [1.25], [1.442.5].

Troche, Alfred: Grundlagen für den Ingenieur-Holzbau. Bemessung und Konstruktion. Hannover: Schroedel 1951. 176 S. [1.25], [1.442.5]

Nietverbindungen   1.442.4

Kennel, Ernst: Das Nieten im Stahl- und Leichtmetallbau. München: Hanser 1951. 190 S. [2.52].

Kienert, G.: Constructions métalliques rivées et soudées. Tome I. Produits sidérurgiques de construction. Organes de liaison assemblages-types. 2e éd. 1951. 164 p. Tome II. Les éléments de la charpente. Joints. Assemblages. Appuis. 2e éd. 1951. 232 p. Paris: Eyrolles 1951. [1.442.1].

— Proceedings at a symposium on welding and riveting larger aluminium structures. London: 1952. 223 p. [1.442.1].

Nagelverbindungen   1.442.5

Fonrobert, Felix u. *Wilhelm Stoy:* Holz-Nagelbau. 6. Aufl. Berlin: Ernst 1949. IV, 64 S.

Stoy, Wilhelm: Der Holzbau. 5. Aufl. Berlin-Göttingen-Heidelberg: Springer 1950. VIII, 203 S. [1.25], [1.442.3].

Stoy, Wilhelm et *Felix Fonrobert:* Le clou dans la construction. 2e éd. Paris: Béranger 1951. 95 p.

Troche, Alfred: Grundlagen für den Ingenieur-Holzbau. Bemessung und Konstruktion. Hannover: Schroedel 1951. 176 S. [1.25], [1.442.3].

Lösbare Verbindungen (Schrauben- und Bolzenverbindungen)   1.443

Mütze, Kurt: Die Festigkeit der Schraubenverbindung in Abhängigkeit von der Gewindetoleranz. Berlin: Springer 1929. VII, 108 S.

Radzimovsky, E.: Schraubenverbindungen bei veränderlicher Belastung. Ihre Berechnung und zweckmäßige Konstruktion. Berlin: Manu 1949. 68 S.

Wiegand, H. u. *B. Haas:* Berechnung und Gestaltung von Schraubenverbindungen. (Konstruktionsbücher Bd. 5.) 2. Aufl. Berlin-Göttingen-Heidelberg: Springer 1951. V, 68 S.

Fertigung   2

Allgemeines   2.1

Goetzel, Claus G.: Treatise on powder metallurgy. Vol. I. Technology of metal powders and their products. 1949. 806 p. Vol. II. Applied and physical powder metallurgy. 1950. 928 p. Vol. III. Classified and annotated bibliography. 1952. 923 p. New York: Interscience 1949—1952. [1.322].

Hermann, Erhard u. *E. Zurbrügg:* Die Bearbeitung des Aluminiums. 3. Aufl. Leipzig: Akad. Verlagsges. 1943. 210 S.

Schulze, R. Burt: Aluminium and magnesium, design and fabrication. New York: McGraw-Hill 1949. 589 p. [6.1].

Young, James F.: Materials and processes. 2nd ed. New York: Wiley 1954. 1074 p. [1.321].

Gießen, Druckgießen, Genaugießen   2.2

Brunhuber, Ernst: Legierungs-Handbuch der Nichteisen-Metalle. Berlin: Schiele & Schön 1954. 196 S. [1.323].

Campbell, James S.: Casting and forming processes in manufacturing. New York: McGraw-Hill 1950. 536 p. [2.3].

Carrington, E.: Aluminium alloy castings, their founding and finishing. London: Griffin 1946. 326 p.

Doehler, H. H.: Die casting. New York: McGraw-Hill 1951. 502 p.

Frommer, Leopold: Handbuch der Spritzgußtechnik. Berlin: Springer 1933. XVII, 686 S.

Goederitz, August Hermann Fritz: Metallguß. (Entwicklung der deutschen Metallgußtechnik.) Teil 1. Die Werkstoffe. Halle (Saale): Knapp 1950. VIII, 250 S.

Hudson, R. F.: Non-ferrous castings. London: Chapman & Hall 1948. 202 p.

Irmann, Roland: Aluminiumguß in Sand und Kokille. 5. Aufl. Düsseldorf: Aluminium-Verl. 1952. XII, 302 S. [5].

Knipp, Erwin: Fehlerscheinungen an Gußstücken. Düsseldorf: Gießerei-Verl. 1953. 275 S.

Lieby, Gustav: Gestaltung von Druckgußteilen (Spritz- und Preßguß). Stuttgart: Franckh 1950. 157 S. [5].

Marek, Clarence T.: Fundamentals in the production and design of castings. New York: Wiley 1950. 383 p. [5].

Patridge, G. B.: The production of magnesium castings. Manchester-London: Kennedy Press 1948. 89 p.

Perret, R.: La fonderie des alliages légers. Paris: Dunod 1948. X, 168 p. [5].

Sachs, Georg: Praktische Metallkunde. Teil 1. Schmelzen und Gießen. 1933. VIII, 272 S. Teil 2. Spanlose Formung. 1934. VIII, 238 S. Berlin: Springer 1933—1934. [2.3].

Väth, A.: Der Schleuderguß. Berlin: VDI-Verl. 1934. VIII, 107 S.

— Manuale di fonderia d'aluminio. Milano: Hoepli 1949. 476 p.

— Practical considerations in die casting design. New York: New Jersey Zinc Co. 1948. 246 p. [5]

Spanlose Formung 2.3

Bainbridge, C. G.: Gas welding and cutting; a practical guide to the best techniques. London: Cassier 1948. 303 p. [2.511].

Billigmann, J.: Stauchen und Pressen. Handbuch für die bildsame Kalt- und Warmverformung von Stählen und Nichteisenmetallen in der Serien- und Massenfertigung. München: Hanser 1953. 574 S.

Campbell, James S.: Casting and forming processes in manufacturing. New York: McGraw-Hill 1950. 536 p. [2.2].

Crane, Edward V.: Plastic working of metals and non metallic materials in presses. 3rd ed. New York: Wiley 1944. 540 p.

Eisenkolb, F.: Das Tiefziehblech. Leipzig: Akad. Verlagsges. 1951. 374 S.

Gabler, Paul: Stanzereitechnik in der feinmechanischen Fertigung. München: Hanser 1951. 202 S.

Hinman, C. W.: Pressworking of metals. (A reference book illustrating and describing the uses of metalworking presses and many types of press tool designs.) New York: McGraw-Hill 1950. 551 p.

Horn, Hans A.: Brennschneiden. (Autogenes u. elektrisches Schneiden.) Berlin-Göttingen-Heidelberg: Springer 1951. VI, 161 S.

Kaczmarek, Eugen: Praktische Stanzerei. Bd. 1. Schneiden und Stanzen mit den dazugehörigen Werkzeugen und Maschinen. 4. Aufl. VIII, 178 S. Bd. 2. Ziehen, Hohlstanzen, Pressen, automatische Zuführvorrichtungen. 4. Aufl. VI, 164 S. Berlin-Göttingen-Heidelberg: Springer 1954.

Kirsten, G. u. Rinno: Schmieden, Biegen, Stanzen, Richten, Treiben, Drücken, Scheren, Schneiden. 8. Aufl. Hannover: Jänecke 1949. 88 S.

Naujoks, Waldemar and Donald C. Fabel: Forging handbook. Cleveland 3, Ohio: American Society for Metals. 630 p.

Plumley, Stuart: Oxyacetylene welding and cutting. A course of instruction. 4th ed. New York: McGraw-Hill 1949. 345 p. [2.511].

Sachs, Georg: Praktische Metallkunde. Teil 1. Schmelzen und Gießen. 1933. VIII, 272 S. Teil 2. Spanlose Formung. 1934. VIII, 238 S. Berlin: Springer 1933 bis 1934. [2.2].

Sasso, John: Plastics handbook for product engineers. New York: McGraw-Hill 1946. 465 p.

Schimpke, Paul u. *Hans A. Horn:* Praktisches Handbuch der gesamten Schweißtechnik. 1. Bd. Gasschweiß- und Schneidtechnik. 4. Aufl. Berlin-Göttingen-Heidelberg: Springer 1948. VIII, 400 S. [2.511].

Sellin, Walter: Handbuch der Ziehtechnik. Berlin: Springer 1931. XII, 360 S.

Semper, E. Seymour: Oxygen cutting. A comprehensive study of modern practice in manual and machine cutting. London: Cassier 1949. 150 p.

Simonds, H. R., A. J. Weith and *W. Schack:* Extrusion of plastics, rubber and metals. New York: Reinhold 1952. IX, 454 p.

Slottman, G. V. and *E. H. Roper:* Oxygencutting. New York: McGraw-Hill 1951. 395 p.

— Cold working of metals. Cleveland, Ohio: American Society for Metals. 1949. 364 p.

Spangebende Formung 2.4

Boston, O. W.: Metal processing. 2nd ed. New York: Wiley 1951. 763 p.

Finkelnburg, Hans: Spanabhebende Bearbeitung der Metalle. Essen: Girardet 1949. 154 S.

Krekeler, Karl: Die Zerspanbarkeit der metallischen und nichtmetallischen Werkstoffe. Berlin-Göttingen-Heidelberg: Springer 1951. XII, 358 S.

Michalek, A. u. *L. Ebermann:* Spanabhebende Metallbearbeitung. 2. Aufl. Zürich: Schweiz. Druck- u. Verl.-Haus 1950. 222 S.

Smith, E. Robert: Machining of metal. Bloomington (Ill.): McKnight. & McKnight. 224 p.

Wallichs, A. u. *R. Wallichs:* Zerspanung der Leichtmetalle. München: Hanser 1939. 102 S.

— Metal-cutting tool handbook. New York: Metal Cutting Tool Institute 1949. 647 p. [6.23].

Fügen (Verbinden) 2.5
Fügen durch Stoffschluß 2.51
Schweißen 2.511

Austin, J. B.: Electric arc welding. Chicago: Amer. Techn. Soc., Kingston (Surrey): Technical Press 1952. VIII, 280 p.

Bainbridge, C. G.: Gas welding and cutting; a practical guide to the best techniques. London: Cassier 1948. 303 p. [2.3].

Barsch, W.: Die Arcatomschweißung. Halle (Saale): Marhold 1953. 131 S.

Brunst, Walter: Das elektrische Widerstandsschweißen. Berlin-Göttingen-Heidelberg: Springer 1952. VIII, 290 S. [1.442.1].

Butler, H. E. J.: Electric resistance welding: a practical guide to spot, seam, projection and butt welding methods. London: Newnes 1950.

Craighead C. M. and others: Survey on welding of aluminium and magnesium. Washington: Office of Techn. Services, Dept. of Commerce 1947. 882 ref.

Drake, Rollen H.: Aircraft welding. New York: Macmillan 1947. 254 p.

Erdmann-Jesnitzer, F.: Werkstoff und Schweißung. Handbuch für die Werkstoff- und werkstoffbedingte Verfahrenstechnik der Schweißung. Bd. 1. 1951. XXIV, 1002 S. Bd. 2. 1954. 616 S. Berlin: Akademie-Verl. 1951—1954. [1.442.1].

Fuchs, E. and *H. Bradley:* Welding practice. Vol. I. Welding methods and tests. XI, 130 p. Vol. II. Welding of ferrous metals. XII, 198 p. Vol. III. Welding of non-ferrous metals. XII, 183 p. London: Butterworth 1952.

Gill, E. T. and *E. N. Simons:* Modern welding technique. London: Pitmann 1950.
X, 276 p.

Gönner, Oskar: Die elektrische Widerstandsschweißung und ihre praktische Anwendung. 3. Aufl. München: Hanser 1949. 189 S.

Haim, G. and *H. P. Zade:* Welding of plastics. London: Lockwood 1947. 206 p.

Haim, G. et *H. P. Zade:* Soudure des plastiques. Paris: Dunod 1951. XVI, 200 p.

Haim, G. and *J. H. Neumann:* Manual for plastic welding. Vol. II. Polyethylene.
Oxford: Blackwell 1954. 128 p.

Henry, O. H. and *G. E. Claussen:* Welding metallurgy iron and steel. 2nd ed.
New York: Amer. Welding Soc. 1949. 506 p.

Hilton, B. R.: Welding design and processes. London: Chapman & Hall 1950.
342 p. [5].

Hipperson, A. J. and *T. Watson:* Resistance welding in mass production. London:
Iliffe 1950. 278 p.

Holler, Hermann: Leitfaden für Autogenschweißer. 20. Aufl. Halle (Saale): Marhold 1950. 387 S.

Keel, C. F.: La pratique de la soudure autogène. 4e éd. Bâle: Société Suisse de
l'Acétylène 1948.

Kerwin, Harry: Arc and acetylene welding. New York: McGraw-Hill 1944. 250 p.

Koenigsberger, F.: Welding technology. 2nd ed. London: Clever Hume Press
1953. VIII, 341 p.

Linnert, G. E.: Welding metallurgy: iron and steel. 2nd ed. New York: American
Welding Society. 1949. 505 p.

Mendel, L.: Pour le soudeur à l'arc. Paris: Dunod 1948. VI, 158 p.

Meslier, R.: La soudure autogène au chalumeau et à l'arc. 3e éd. Paris: Eyrolles
1953. 220 p.

Nègre, J.: Le soudage électrique par résistance. Soudage par points-soudage à
la molette-soudage en bout. Paris: 1948. 432 p.

Plumley, Stuart: Oxyacetylene welding and cutting. A course of instruction. 4th
ed. New York: McGraw-Hill 1949. 345 p. [2.3].

Potter, Morgan H.: Electric welding. Chicago: Amer. Techn. Soc. 1950. 126 p.

Potter, Morgan H.: Oxyacetylene welding. 3rd ed. Chicago: Amer. Techn. Soc.
1950. 130 p.

Du Rietz, Dag u. *Helmut Koch:* Praktisches Handbuch der Lichtbogenschweißung.
3. Aufl. Braunschweig: Vieweg 1948. VIII, 300 S.

Rigsby, Herbert Prentice: Welding fundamentals. New York: Pitman 1948. 178 p.

Rossi, Boniface E.: Welding engineering. New York-London: McGraw-Hill 1954.
760 p.

Sacks, Raymond J.: Theory and practice of arc welding. New York: Van
Nostrand 1943. 383 p.

Schimpke, Paul u. *Hans A. Horn:* Praktisches Handbuch der gesamten Schweißtechnik. 1. Bd. Gasschweiß- und Schneidtechnik. 4. Aufl. Berlin-Göttingen-
Heidelberg: Springer 1948. VIII, 400 S. [2.3].

Schimpke, Paul u. *Hans A. Horn:* Praktisches Handbuch der gesamten Schweißtechnik. 2. Bd. Elektrische Schweißtechnik. 5. Aufl. Berlin-Göttingen-Heidelberg: Springer 1950. IX, 444 S.

Séférian, Daniel: Les soudures. Technique. Métallurgie. Contrôle des soudures.
Paris: Sfelt 1948. 256 p. [1.442.1].

Stanley, Wallace A.: Resistance welding. New York-London: McGraw-Hill 1950.
329 p.

Sudasch, Erich: Schweißtechnik. München: Hanser 1950. XIV, 543 S. [1.442.1],
[2.512].

Tewes, K.: Stahl und Eisen beim Schweißen. 3. Aufl. Essen: Vulkan-Verl. 1948.
226 S. [1.442.1].

West, E. G.: The welding of non-ferrous metals. London: Chapman & Hall 1951.
560 p.

Zeyen, Karl Ludwig u. *Wilhelm Lohmann:* Schweißen der Eisenwerkstoffe.
2. Aufl. Düsseldorf: Stahleisen 1948. XIV, 456 S.

Zeyen, Karl Ludwig: Neue Erkenntnisse und Entwicklungen beim Schweißen von
Eisenwerkstoffen. München: Hanser 1949. 214 S.

— Electric arc and resistance welding. New York: American Institute of Electrical Engineers. 1949. 299 p.

— The welding of austenitic corrosion- and heat-resisting steels. Brit. Welding
Research Ass. 1953. IV, 207 p.

— Welding handbook. 3rd ed. New York: Amer. Welding Soc. 1950. XII, 1651 p.
[1.442.1].

Löten   2.512

Bolas, T.: Soldering, brazing and the joining of metals. London: Percival
Marshall & Co. 1951.

McKeown, J.: The properties of soft solders and soft soldered joints. London:
Brit. Non-ferrous Met. Res. Ass. 1948. 118 p. [1.442.2].

Sudasch, Erich: Schweißtechnik. München: Hanser 1950. 543 S. [1.442.1], [2.511].

Yerkow, Charles: Fundamentals of soft soldering. Peoria (Ill.): The Manual Arts
Press 1949. 96 p.

— Brazing: Principles, materials and methods. (Mechanical World Monographs.)
Manchester: Emmott 1949.

Nieten   2.52

Kennel, Ernst: Das Nieten im Stahl- und Leichtmetallbau. München: Hanser 1951.
190 S. [1.442.4].

Leimen und Kleben   2.53

Epstein, George: Adhesive bonding of metals. New York: Reinhold, London:
Chapman & Hall 1954. IX, 218 p. [1.324.4], [1.442.3].

Oberflächenbehandlung   2.7

Elssner, G.: Chemie und Technik des Oberflächenschutzes. Bd. 1. Aluminium-
Oberflächenschutz durch elektrolytische Oxydation unter besonderer Berücksichtigung des Eloxal-Verfahrens. Leipzig: Akad. Verlagsges. 1943. 545 S.

Field, S. and *A. D. Weill:* Electroplating: A survey of modern practice. 6th ed.
London: Pitman 1951. 546 p.

Gailer, J. W. and *E. J. Vaughan:* Protective coatings for metals. London: Griffin
1950. XIV, 261 p. [1.325].

(Gray, Allen G.): Modern electroplating. New York: Wiley 1953. 563 p.

Hunt, George M. and *George A. Garrett:* Wood preservation. 2nd ed. New York-
Toronto-London: McGraw-Hill 1953. XI, 417 p. [1.325].

Jacquet, P. A.: Le pollisage électrolytique des surfaces métalliques et ses applications. Tome 1. Aluminium-magnésium alliages légers. Saint-Germain-en-
Laye: Editions Métaux 1948. 359 p. [1.36].

Jenny, A.: Die elektrolytische Oxydation des Aluminiums und seiner Legierungen. Dresden-Leipzig: Steinkopff 1938. 244 S.

Krause, H.: Metallfärbung. Die wichtigsten Verfahren zur Oberflächenfärbung
und zum Schutz von Metallgegenständen. 3. Aufl. München: Hanser 1951.
166 S.

Macchia, O.: La protection phosphatique des métaux ferreux. (Traduit de
l'italien par J. Bryon.) Paris: Dunod 1944. XVI, 251 p.

Machu, Willi: Die Phosphatierung. Weinheim (Bergstr.): Verl. Chemie 1950. 306 S.

Machu, Willi: Moderne Galvanotechnik. Weinheim (Bergstr.): Verl. Chemie 1954. 569 S.

Machu, Willi: Oberflächenbehandlung von Eisen- und Nichteisenmetallen. Leipzig: Akad. Verlagsges. Geest & Portig 1954. XX, 801 S.

MacLean, J. D.: Preservative treatment of wood by pressure methods. Washington: US. Govmt. Print. Off. 1952. 160 p.

Mahlke, F. u. *Troschel:* Handbuch der Holzkonservierung. Berlin-Göttingen-Heidelberg: Springer 1950. XII, 571 S. [1.325].

(Molloy, E.): Electro-plating and anodising. 4th ed. London: Newnes 230 p.

Morisset, Paul: Répertoire technique des applications industrielles du chrome dur. Paris: Gauthier-Villars 1948. 220 p.

Orlowski, P.: Conseils pratiques pour la protection des métaux. Paris: Dunod 1951. VIII, 136 p. [1.36].

Page, Sidney F.: Fine surface finish. London: Chapman & Hall 1948. 188 p.

Riddihough, M.: Hardfacing by welding. London: Iliffe 1949. 127 p.

Schwahn, Chr.: Oberflächenbehandlung der Metalle. 2. Aufl. Halle (Saale): Marhold 1950. 139 S.

Silman, H.: Chemical and electroplated finishes. 2nd ed. London: Chapman & Hall 1952. 494 p. [1.36], [1.325].

Simonds, Herbert R. and *Adolph Bregman:* Finishing metal products. 2nd ed. New York: McGraw-Hill 1946. 352 p.

Uhlig, Herbert, H.: Corrosion handbook. New York: Wiley 1948. 1188 p. [1.36], [1.325], [4].

Vogel, Otto: Handbuch der Metallbeizerei. Bd. I. Nichteisenmetalle. XV, 410 S. Bd. II. Eisenwerkstoffe. XVI, 538 S. Weinheim (Bergstr.): Verl. Chemie 1951.

Werner, Eugen: Metallische Überzüge auf elektrolytischem und chemischem Wege und das Färben der Metalle. 4. Aufl. München: Hanser 1950. 182 S. [1.325].

Wernick, S.: Electrolytic polishing and bright plating of metals. London: Alvin Redman 1948. 243 p.

Wiederholt, Wilhelm: Schutz und Oberflächenbehandlung von Leichtmetallen. (Metallschutz Bd. 2.) Leipzig: Teubner 1941. 164 S.

— Finishes for aluminium. Louisville: Reynold 1949. 124 p.

— Metal finishing guidebook-directory. 18th ed. New York: Finishing Publ. 1949. 468 p.

— Surface treatment of metals. Cleveland, Ohio: Amer. Soc. for Metals. 400 p.

Prüfen und Messen 4

Berg, S.: Gestaltfestigkeit, Versuche mit Schwingern. Teil 1. Technik, Teil 2. Anwendung und Ergebnisse, Teil 3. Schwingungstheorie. Düsseldorf: Dtsch. Ing.-Verl. 1952. XIII, 484 S. [1.34—1.35].

Bergmann, Ludwig: Der Ultraschall und seine Anwendung in Wissenschaft und Technik. 6. Aufl. Stuttgart und Zürich: Hirzel 1954. XVI, 1114 S.

Champion, F. A.: Corrosion testing procedures. London: Chapman & Hall 1952. XI, 369 p.

Damerow, Ernst: Grundlagen der praktischen Federprüfung. Essen: Girardet 1953. 190 S. [1.431].

Eisenkolb, Fritz: Das Prüfen von Feinblechen. (Stanzereischriften.) München: Hanser 1949. 125 S.

Fink, Kurt: Grundlagen und Anwendungen des Dehnungsmeßstreifens. Düsseldorf: Verl: Stahleisen 1952. 219 S.

Föppl, Ludwig u. *Ernst Mönch:* Praktische Spannungsoptik. 2. Aufl. Berlin-Göttingen-Heidelberg: Springer 1950. VII, 162 S.

Föppl, Otto, Eugen Becker u. *G. v. Heydekamp:* Die Dauerprüfung der Werkstoffe. Berlin: Springer 1929. V, 124 S.

Frocht, Max Mark: Photoelasticity. Vol. I. 1941. 411 p., Vol. II. 1948. 505 p. New York: Wiley 1941—1948.

Glocker, Richard: Materialprüfung mit Röntgenstrahlen, unter besonderer Berücksichtigung der Röntgenmetallkunde. 3. Aufl. Berlin-Göttingen-Heidelberg: Springer, 1949. VIII, 440 S.

(Graf, Otto): Die Prüfung nichtmetallischer Baustoffe. (Handbuch d. Werkstoffprüfung, Hrsg. E. Siebel, Bd. 3.) Berlin: Springer 1941. XXVI, 800 S.

Hanstock, R. F.: The non-destructive testing of metals. London: Inst. of Metals 1951. VIII, 163 p.

(Hetényi, Walter P. Murphy): Handbook of experimental stress analysis. New York: Wiley, London: Chapman & Hall 1950. VII, 1077 p.

Jessop, H. T. and *F. C. Harris:* Photoelasticity: Principles and methods. London: Clever Hume Press. 200 p.

Jessop, H. T. et *F. C. Harris:* Photoélasticité. Principes et méthodes. (Traduit de l'anglais par G. Henriot.) Paris: Dunod 1952. XII, 236 p.

Johnson, Palmer O.: Statistical methods in research. (For Readers without specialized mathematical training.) New York: Prentice-Hall 1949.

Kordatzki, W.: Taschenbuch der praktischen pH-Messung für wissenschaftliche Laboratorien und technische Betriebe. 4. Aufl. 1949. 251 S.

Kuske, Albert: Verfahren der Spannungsoptik. Düsseldorf: Dtsch. Ing.-Verl. 1951. 138 S.

Lee, George Hamor: An introduction to experimental stress analysis. New York: Wiley 1950. 319 p.

Lehmann, H.: Werkstoffprüfung. Bd. 1. Metalle. Leipzig: Fachbuchverlag 1951. VIII, 360 S.

Lewis, D. M.: Magnetic and electrical methods of non-destructive testing. London: George Allan 1951. 242 p.

Lysaght, Vincent E.: Indentation hardness testing. New York: Reinhold 1949. 290 p.

(Marguerre, Karl): Neuere Festigkeitsprobleme des Ingenieurs. Ausgewählte Kapitel aus der Elastomechanik. Berlin-Göttingen-Heidelberg: Springer 1950. VIII, 253 S. [1.21], [1.22—1.24], [1.34—1.35].

Matthaes, Kurt: Die Prüfung metallischer Werkstoffe. Berlin-Grunewald: Metall 1952. 210 S.

Mesmer, Gustav: Spannungsoptik. Berlin: Springer 1939. XI, 222 S.

Morley, Arthur: Strength of materials. 10th ed. London: Longmans 1952. X, 583 p.

Müller, E. A. W.: Materialprüfung nach dem Magnetpulververfahren. Leipzig: Akad. Verlagsges. Geest & Portig 1951. 144 S.

Nitsche, R. u. *G. Piestorf:* Prüfung und Bewertung elektrotechnischer Isolierstoffe. (Chemie und Technologie der Kunststoffe in Einzeldarstellungen. Bd. 1.) Berlin: Springer 1940. 330 S.

Oehler, Gerhard: Das Blech und seine Prüfung. Berlin-Göttingen-Heidelberg: Springer 1953. VIII, 297 S. [1.42].

Perthen, Johannes: Prüfen und Messen der Oberflächengestalt. München: Hanser 1949. 257 S.

Pippard, A. J. S.: Studies in elastic structures. London: Edward Arnold 1952. VII, 361 p.

Pirard, A.: La photoélasticité. Paris: Dunod 1947. XX, 422 p.

Pötter, Heinrich: Werkstoffprüfung im Maschinenbau und in der Elektrotechnik. 1952. 288 S.

Rötscher, Felix u. *R. Jaschke:* Dehnungsmessungen und ihre Auswertung. Berlin: Springer 1939. 121 S.

Rühl, Karl Helmut: Die Tragfähigkeit metallischer Baukörper in Bautechnik und Maschinenbau. Berlin: Ernst 1952. 184 S. [1.34—1.35].

Schönert, K. u. *E. Eschelbach:* Praktische Metallprüfung. Bd. 1. Mechanisch-technologische Prüfverfahren und ihre Anwendung. Braunschweig: Westermann 1950. 274 S.

Siebel, Erich: Handbuch der Werkstoffprüfung. Bd. 1. Prüf- u. Meßeinrichtungen. XIV, 658 S. Bd. 2. Prüfung der metallischen Werkstoffe. XX, 483 S. Berlin: Springer 1940.

Späth, Wilhelm: Physik der mechanischen Werkstoffprüfung. Berlin: Springer 1938. VI, 179 S.

Uhlig, Herbert H.: Corrosion handbook. New York: Wiley 1948. 1188 p. [1.36], [1.325], [2.7].

Wagner, E.: Mechanisch-technologische Textilprüfungen. Handbuch für Textilingenieure und Textilpraktiker. 5. Aufl. Wuppertal-Barmen: Spohr 1952. 208 S.

Wiederholt, Wilhelm: Korrosionsprüfverfahren. Berlin: Verlag Chemie 1945. VII, 210 S.

Williams, Samuel R.: Hardness and hardness measurements. Cleveland, Ohio: American Society for Metals. 558 p.

— Prüfverfahren und mechanisch-technologische Eigenschaften der Kohlenstoffstähle sowie der legierten Stähle. Gmelins Handbuch der anorg. Chemie System Nr. 59. Eisen. Teil C. Lfg. 1. Härteprüfverfahren, Lfg. 2. Prüfung der Kerbschlagzähigkeit. 450 S. Berlin: Verl. Chemie 1937—1939.

Gestaltungslehre 5

Brandenburger, Kurt: 1 $\times$ 1 der Kunstharzpresserei. Essen: Girardet 1954. 164 S.

Churchill, Harry D. and *John B. Austin:* Weld design. New York: Prentice-Hall 1949. 216 p. [1.442.1].

Davis, Robert L.: Applied Plastic product design. A simplified presentation of plastic product design principles for use by engineers and students in plastics. New York: Prentice-Hall 1946. 285 p. [6.1].

Green, R. S.: Design for welding. Cleveland, Ohio: James F. Lincoln, Arc Welding Foundation 1948. Over 1000 p. [1.442.1].

Hilton, B. R.: Welding design and processes. London: Chapman & Hall 1950. 342 p. [2.511].

Irmann, Roland: Aluminiumguß in Sand und Kokille. 5. Aufl. Düsseldorf: Aluminiumverl. 1952. XII, 302 S. [2.2].

Klöppel, Kurt u. *Const. Stieler:* Schweißen im Stahlbau. Bd. 2. Dauerfestigkeit und Berechnungen. Konstruktion, Gesichtspunkte, ausgeführte Bauwerke. Berlin: Springer 1939. IX, 191 S. [1.442.1].

Kloth, Willi: Leichtbau-Fibel. Eine Anleitung zur Stahleinsparung im allgemeinen Maschinenbau. München-Wolfratshausen: Neureuter 1947. 126 S. [6.1].

Koenigsberger, F.: Design for welding in mechanical engineering. New York: Longmans 1948. 210 p. [1.442.1].

Lieby, Gustav: Gestaltung von Druckgußteilen (Spritz- und Preßguß). Stuttgart: Franckh 1950. 157 S. [2.2].

Marek, Clarence T.: Fundamentals in the production and design of castings. New York: Wiley 1950. 383 p. [2.2].

Moon, A. Ramsey: Design of welded steel structures. 2nd ed. London: Pitman 1948. 134 p. [1.442.1].

Oehler, G. W.: Gestaltung gezogener Blechteile. (Konstruktionsbücher Bd. 11.) Berlin-Göttingen-Heidelberg: Springer 1951. IV, 118 S.

Panseri, C.: Manuale di fonderia d'alluminio. Milano: Hoepli 1949. 476 p.

Perret, R.: La fonderie des alliages légers. Paris: Dunod 1948. X, 168 p. [2.2].

Quantz, Ludwig: Gestaltungslehre. Eine Sammlung von Regeln, unter Berücksichtigung der verschiedenartigsten Werkstoffe und besonders der werkstoffsparenden Gestaltung und zeitsparenden Herstellung. 8. Aufl. Leipzig: Jänecke 1944.

Rögnitz, H.: Konstruieren im Maschinen- und Gerätebau. Teil 1. Das Gestalten der Form. Leipzig: Teubner 1950. 210 S.

Schimpke, Paul, Hans A. Horn u. *Richard Hänchen:* Praktisches Handbuch der gesamten Schweißtechnik. Bd. 3. Berechnen und Entwerfen von Schweißkonstruktionen. Berlin-Göttingen-Heidelberg: Springer 1952. VI, 230 S. [1.442.1].

Schroeder, A. J.: Richtlinien feinmechanischer Konstruktion und Fertigung. Grundlagen spanloser Gestaltung. Berlin: Union 1938. 194 S. [6.24].

Wansleben, F.: Leichtbautechnik. Köln: Stauf 1937. 128 S.

Williams, Clifford D. and *Ernest C. Harris:* Structural design in metals. New York: Ronald Press 1949. 596 p.

— Practical considerations in die casting design. New York: New Jersey Zinc Co. 1948. 246 p. [2.2].

— The welding design handbook. New York: Welding Engineer 1948. [1.442.1].

Anwendungsgebiete für den Leichtbau   6

Allgemeines   6.1

(Benbow, W. E.): Steels in modern industry. London: Iliffe 1951. VIII, 562 p. [1.322].

Brandenburger, Kurt: Kunststoffratgeber. Tabellen und Gestaltungsregeln für die Verarbeitung von Kunststoffen, insbesondere Kunstharzpreßmassen. 2. Aufl. Essen: Girardet 1950. 227 S. [1.324.3].

van den Broek, John A.: Theory of limit design. New York: Wiley, London: Chapman & Hall 1948. 144 p. [1.34—1.35].

Brown, H.: Aluminium and its applications. New York-London: Pitman 1948. 338 p.

Davies, Benjamin Lionel: Technology of plastics, manufacture, structure and design. London: Pitman 1949. 421 p. [1.324.3].

Davis, Robert L.: Applied plastic product design. A simplified presentation of plastic product design principles for use by engineers and students in plastics. New York: Prentice-Hall 1946. 285 p. [5].

Dudley, L.: Light metals in structural engineering. London: Temple Press 1950. VIII, 212 p.

Kloth, Willi: Leichtbaufibel. Eine Anleitung zur Stahleinsparung im allgemeinen Maschinenbau. München-Wolfratshausen: Neureuter 1947. 126 S. [5].

Lewis, W.: The light metals industry. A study of its technological and economic development. London: Temple Press 1949. 397 p.

Schulze, R. Burt: Aluminium and magnesium, design and fabrication. New York: McGraw-Hill 1949. 589 p. [2.1].

Stradtmann, F. H.: Stahlrohr-Handbuch. 5. Aufl. Essen: Vulkan-Verl. 1954. XV, 653 S.

Weigel, Wolfgang: Kunstharzpreßstoffe im Maschinenbau. (Chemie und Technologie der Kunststoffe in Einzeldarstellungen. Hrsg. O. Pfestorf. Bd. 2.) 2. Aufl. Brlin: Springer 1945. [1.324.3].

— Stahlbau-Handbuch 1949/50. Grundlagen, Baustatik, Stahlmaste, Vorschriften (Stabilität, Stahlleichtbau usw.). Profile des Stahlbaues. (Hrsg. Deutscher Stahlbau-Verband.) Bremen-Horn: Industrie- u. Handelsverl. 1949. 352 S. [1.16], [1.21], [1.322], [6.273], [6.275].

— Stahlbau-Handbuch 1952. (Hrsg. Deutscher Stahlbau-Verband.) Bremen-Horn: Industrie- u. Handelsverl. 1952. 657 S. [1.14], [1.16].

— Structural aluminium handbook. Aluminium Company of America. New York-London-Toronto: McGraw-Hill 1949. [1.323].

Anwendungsgebiete für den Leichtbau in den einzelnen Zweigen der Technik 6.2

Allgemeiner Maschinenbau 6.21

Black, Paul H.: Machine design. New York: McGraw-Hill 1948. 357 p. [1.432].
Bobek, Karl, W. Metzger u. *F. Schmidt:* Stahlleichtbau von Maschinen. (Konstruktionsbücher Bd. 1.) 1. Aufl. Berlin: Springer 1939. VI, 103 S. (2. Aufl. i. V.)
ten Bosch, M.: Berechnung der Maschinenelemente. 3. Aufl. Berlin-Göttingen-Heidelberg: Springer 1951. X, 534 S.
Faires, V. M.: Design of machine elements. 2nd. ed. New York: Macmillan 1941. 490 p. [1.432].
Faires, V. M. and *R. M. Wingren:* Problems on the design of machine elements. New York: Macmillan 1941. 147 p.
Findeisen, Franz: Neuzeitliche Maschinenelemente. Bd. 1. 1950. 188 S. Bd. 2. 1951. 346 S. Bd. 3. 1953. 389 S. Zürich: Schweizer Druck- u. Verlagshaus 1950—1953.
Fratschner, Ottomar: Maschinenelemente. (Maschinenkunde Bd. 1.) Essen: Girardet 1952. 424 S. [1.432].
Garbotz, Georg: Baumaschinen und Baubetrieb. München: Hanser 1948. XXII, 266 S.
Hänchen, Richard: Berechnung und Gestaltung der Maschinenteile auf Dauerhaltbarkeit. Berlin-Hannover-Frankfurt (Main): Pädagog. Verl. Berth. Schulz 1950. 232 S. [1.34—1.35], [1.432].
Heitzer, H. u. *Friedrich Wilhelm Giese:* Der Stahlleichtbau im Maschinen- und Gerätebau. (Aus Theorie und Praxis der Elektroschweißung, H. 4.) Braunschweig: Vieweg 1941. 40 S.
Hyland, P. H. and *J. B. Kommers:* Machine design. 3rd ed. New York: McGraw-Hill 1943. 562 p.
Jefferson, T. B. and *Walter J. Brooking:* Introduction to mechanical design. New York: Ronald Press 1951. 612 p.
Kraus, Robert: Maschinenelemente. (Bücher der Technik.) Hannover: Schroedel 1951. 341 S.
Niemann, Gustav: Maschinenelemente. Entwerfen, Berechnen und Gestalten im Maschinenbau. Bd. 1. Grundlagen, Verbindungen, Lager, Wellen und Zubehör. Berlin-Göttingen-Heidelberg: Springer 1950. VIII, 308 S.
Quantz, Ludwig: Die Maschinenteile. Gestaltung, Wirkungsweise und Berechnung. 8. Aufl. Hannover: Weidemann 1948. VII, 344 S.
Rötscher, Felix: Die Maschinenelemente. Bd. 1. 1927. XX, 600 S. Bd. 2. 1929. S. 601—1354. Berlin: Springer 1927—29.
Spotts, M. F.: Design of machine elements. 2nd ed. New York: Prentice-Hall 1953. 504 p.
Tochtermann, W.: Maschinenelemente. 6. Aufl. Berlin-Göttingen-Heidelberg: Springer 1951. XII, 515 S.

Kraftmaschinen 6.211

Ahlsdorf, Max u. *Otto Ammon:* Kraftmaschinen. 10. Aufl. Hannover: Jänecke 1950. 152 S.
Allen, O.: The modern Diesel. New York: Prentice-Hall 1947. 268 p.
Anderson, J. W.: Diesel engines. 2nd ed. New York: McGraw-Hill 1949. 556 p.
Bidard, René: Thermopropulsion des avions. Turbines à gaz et compresseurs axiaux. Paris: Gauthier-Villars 1949. IX, 194 p.

Biezeno, C. B. u. *Richard Grammel:* Dampfturbinen und Brennkraftmaschinen. (Technische Dynamik Bd. 2.) 2. Aufl. Berlin-Göttingen-Heidelberg: Springer 1953. VIII, 452 S.

Bradbury, C. H.: Torsional vibration in Diesel engines. London: Griffin 1938.

Casamassa, Jack V.: Jet aircraft power systems, principles and maintenance. New York: McGraw-Hill 1950. 338 p.

Chatfield, C. H., C. F. Taylor and *Shatswell Ober:* The airplane and its engine. New York: McGraw-Hill 1949. 380 p. [6.254].

Cohen, H. and *G. F. C. Rogers:* Gas turbine theory. London: Longmans 1951.

Constant, Hyne: Gas turbines and their problems. London: Todd 1949. 158 p.

Cox, H. Roxbee: Gas turbine reference book. Oxford: Blackwell 1954. 604 p.

Crouse, William H.: Automotive engines. New York: McGraw-Hill 1951. 180 p.

Degler, Howard E.: Diesel and other internal-combustion engines. 2nd ed. Chicago: Amer. Techn. Soc. 1950. 242 p.

Degler, Howard E.: Internal-combustion engines. Theory, design analysis, application, performance and economics. New York: Wiley 1950. 411 p.

Dicksee, C. B.: The high-speed compression-ignition engine. London: Blackie 1940. XII, 332 p.

Dusinberre, G. M.: Gas turbine power. Scranton, Pa.: Int. Textbook 1952. 265 p.

Fiebelkorn, H.: Fahrzeug-Dieselmotoren u. Fahrzeug-Gasgeneratoren in Wirkungsweise, Bau, Betrieb und Anwendung. 2. Aufl. Berlin: Union 1938. 285 S.

Finch, Volney C.: Jet propulsion-turbojets. New York: Nat. Press 1950.

Finch, Volney C.: Jet propulsion turboprops. New York: Nat. Press 1950.

Flücht, A. H. u. *F. K. Lutz:* Ventile im Motorenbau. Handbuch für Ventile in Verbrennungsmotoren aller Art. Berlin: A. H. Flücht 1941. 132 S.

Fraas, Arthur P.: Combustion engines. New York: McGraw-Hill 1948 433 p.

Friedrich, Rudolf: Gasturbinen mit Gleichdruckverbrennung. Karlsruhe: G. Braun 1949. 144 S.

Godsey, F. W. and *Lloyd A. Young:* Gas turbines for aircraft. New York: McGraw-Hill 1949. 357 p.

Haeder, Walter: Berechnung eines Automobilmotors. 2. Aufl. Berlin: R. C. Schmidt 1937. 202 S.

Haeder, Walter: Die Berechnung eines Fahrzeug-Dieselmotors. 2. Aufl. Berlin: R. C. Schmidt 1937. XII, 355 S.

Haug, Kurt: Die Drehschwingungen in Kolbenmaschinen. (Konstruktionsbücher 8/9.) Berlin-Göttingen-Heidelberg: Springer 1952. V, 201 S.

Heldt, Peter Martin: Schnellaufende Dieselmotoren für Kraftwagen, Flugzeuge, Schiffe, Eisenbahnen und industrielle Zwecke. (Übers. O. Gueth.) 2. Aufl. Berlin: R. C. Schmidt 1938. 257 S.

Heldt, Peter Martin: Les moteurs Diesel à grande vitesse. 4e éd. (Traduit par F. Leonetti.) Paris: Dunod 1950. IV, 492 p.

Heldt, Peter Martin: High-speed combustion engines (USA). London: Iliffe 1951. 160 p.

Heldt, Peter Martin: High-speed Diesel engines: For automotive, marine, railroad and industrial use (USA). London: Iliffe 1953. 472 p.

Holzer, Karl A.: Untersuchungen zum Verschleiß im Zylinder von Verbrennungsmotoren. München: Oldenbourg 1952. 294 S.

Jacovleff: Moteurs à combustion interne à régime rapide. Paris: Eyrolles 1948. 438 p.

Jennings, B. H. and *Willard L. Rogers:* Gas-turbines. New York-London: McGraw-Hill 1953. 487 p.

Judge, Arthur W.: High-speed Diesel engines (with special reference to automobile and aircraft types). 4th ed. London: Chapman & Hall 1941. 536 p.

Judge, Arthur W.: Elementary handbook of aircraft engines. 3rd ed. London: Chapman & Hall 1943. 226 p.

Judge, Arthur W.: Aircraft engines. Vol. 2. 2nd ed. London: Chapman & Hall 1947. 528 p.

Judge, Arthur W.: Modern gas turbines. 2nd ed. London: Chapman & Hall 1950. 388 p.

Judge, Arthur W.: The motor manuals. Vol. 1. Automobile engines. 5th ed. 1950. 484 p. Vol. 3. Mechanism of the car. 5th ed. 1952. 446 p. London: Chapman & Hall 1950—52.

Judge, Arthur W.: Modern petrol engines (New ed. in preparation). London: Chapman & Hall.

Kalnin, A. et *M. Laborie:* Le moteur à réaction. Paris: Dunod 1952. XVI, 252 p.

Katz, Hans: Der Flugmotor. Teil 1. Bauteile und Baumuster. 2. Aufl. Berlin: Matthiesen 1942. 303 S.

Katz, Israel: Principles of aircraft propulsion machinery. New York: Pitman 1949.

Kraemer, Otto: Bau und Berechnung der Verbrennungskraftmaschinen. 3. Aufl. Berlin-Göttingen-Heidelberg: Springer 1948. IV, 198 S.

Kremser, Hans: Der Aufbau schnellaufender Verbrennungskraftmaschinen für Kraftfahrzeuge und Triebwagen. (Die Verbrennungskraftmaschine, Bd. XI) Wien: Springer 1942. 224 S.

Kremser, Hans: Das Triebwerk schnellaufender Verbrennungskraftmaschinen. (Die Verbrennungskraftmaschine, Bd. X) 2. Aufl. Wien: Springer 1949. IX, 166 S.

Kruschik, Julius: Die Gasturbine. Ihre Theorie, Konstruktion und Anwendung für stationäre Anlagen, Schiffs-, Lokomotiv-, Kraftfahrzeug- und Flugzeugantrieb. Wien: Springer 1952. XII, 460 S.

Kuns, Ray F. and *Tom C. Plumridge:* Automobile engines. Chicago: Amer. Techn. Soc. 732 p.

Lee, John F.: The theory and design of steam and gas turbines. New York-London: McGraw-Hill 1954. 502 p.

Lemasson, G. et *A. L. Tourancheau:* Moteurs à combustion interne. (Éléments de construction à l'usage de l'ingénieur, tome X) Paris: Dunod 1951. VI, 154 p.

Liston, Joseph: Power plants for aircraft. New York: McGraw-Hill 1953. 577 p.

Löhner, Kurt E.: Die Brennkraftmaschine. Innenvorgänge und Gestaltung. Düsseldorf: Dtsch. Ing.-Verl. 1953. 328 S.

Maleev, V. L.: Internal combustion engines. 2nd ed. New York: McGraw-Hill 1945. 636 p.

Morrison, L. H.: High-speed Diesel engines. 2nd ed. Chicago: Amer. Techn. Soc. 271 p.

Neugebauer, Gerhart H.: Kräfte in den Triebwerken schnellaufender Kolbenkraftmaschinen, ihr Gleichgang und Massenausgleich. 2. Aufl. (Konstruktionsbücher Bd. 2) Berlin-Göttingen-Heidelberg: Springer 1952. V, 127 S.

Norman, C. A. and *R. H. Zimmermann:* Introduction to gas turbine and jet propulsion design. New York: Harper 1948.

Oppitz, A.: Kolbenmaschinen. Heidelberg: Universitätsverlag 1950. X, 253 S.

Pounder, C. C.: Marine Diesel engines. London: Newnes 1952. IX, 434 p.

Pourbain: Moteurs Diesel. Paris: Dunod 1953.

Purday, H. F. P.: Diesel engine design. 5th ed. London: Constable 1949.

Ricardo, Harry R.: The high-speed internal combustion engine. 4th ed. London-Glasgow: Blackie 1953. IX, 420 p.

Ricardo, Harry R.: Der schnellaufende Verbrennungsmotor. 3. Aufl. Berlin-Göttingen-Heidelberg: Springer 1954. VIII, 389 S.

Riedl, Karl: Konstruktion und Berechnung moderner Automobil- und Kraftradmotoren. 3. Aufl. Berlin: R. C. Schmidt 1937. 776 S.

Rittershaus, jr. P. G.: Constructie en berekning van verbrandingsmotoren. 4. Druk. Deventer: Klüver 1942.

Rogowski, A. R.: Elements of internal combustion engines. New York: McGraw-Hill 1953. 234 p.

Rosbloom, Julius: Diesel handbook. New York: Pioneer 1950.

Sass, Friedrich: Bau und Betrieb von Dieselmaschinen. Bd. I. Grundlagen und Maschinenelemente. Berlin-Göttingen-Heidelberg: Springer 1948. VII, 382 S.

Sawyer, Robert Tom: The modern turbine; its uses as an exhaust turbosupercharger or prime mover in all fields of including jet propulsion. 2nd ed. New York: Prentice-Hall 1947.

Schmidt, Fritz Anton Franz: Verbrennungskraftmaschinen. Thermodynamik und versuchsmäßige Grundlagen der Verbrennungsmotoren und Gasturbinen. 3. Aufl. München: Oldenbourg 1951. 427 S.

Schrön, Hans: Die Dynamik der Verbrennungskraftmaschine. (Die Verbrennungskraftmaschine, Bd. VIII, Teil 2) 2. Aufl. Wien: Springer 1947. VIII, 201 S.

Schweitzer, P. H.: Scavenging of two stroke cycle Diesel engines. New York: Macmillan 1949. 268 p.

Seiliger: Moteurs et turbines à combustion interne. Paris: Dunod 1953.

Shepherd, D. G.: An introduction to the gas turbine. London: Constable 1949. 387 p.

Skrotzki, Bernhardt G. A. and *William A. Vopat:* Steam and gas turbines. New York: McGraw-Hill 1950. 395 p.

Smith, G. Geoffrey: Propulsion par réaction. (Traduit de l'anglais par V. Obolonsky.) Paris: Dunod 1952. XVI, 440 p.

Smith, G. Geoffrey: Gas turbines and jet propulsion. 5th ed. (6th ed. in prep.) London: Iliffe.

Strunz, Ludwig: Die Drehschwingungen in Kolbenmaschinen. 2. Aufl. Braunschweig: R. C. Schmidt 1952. VII, 203 S.

Terwiel, J. J.: Dieselmotoren voor Automobilen. 4. Druk. Deventer: Klüwer 1942.

Thoelz, Willi u. *Walter Haeder:* Flugmotoren in Leicht- und Schwerölbauart. Otto- und Dieselmotoren. (Haeders Hilfsbücher f. Maschinenbau, Bd. 6) 3. Aufl. Berlin: R. C. Schmidt 1940. XVI, 423 S.

Thomson, W. R.: The fundamentals of gas turbine technology. Power jets (Research and Development) Ltd. 1949. 148 p.

Vincent, E T.: The theory and design of gas turbines. New York: McGraw-Hill 1950. 606 p.

Wackermann, E.: Neuzeitliche Verbrennungsmotoren. Hannover: Jänecke 1950. 252 S.

Weber, Franz: Diesel- und Treibgasmotoren. Taschenbuch für Praktiker. 2. Aufl. München-Berlin: Oldenbourg 1943. 274 S.

Welsh, R. J. and *Goeffrey Waller:* The gas turbine manual. London: Temple Press 1951.

Wilkinson, Paul H.: Aircraft engines of the world. Paris: Dunod 1946. 320 p.

Wilkinson, Paul H.: Aircraft Diesels. New York: Pitman 1950.

Zemann, J.: Zweitakt-Dieselmaschinen kleinerer und mittlerer Leistung. Wien: Springer 1935. XI, 245 S.

Zucrow, M. J.: Principles of jet propulsion and gas turbines. New York: Wiley 1949. 563 p.

Zumbühl, H.: Motoren. Wirkungsweise und Probleme der Dampfmaschinen und Dampfturbinen, der Explosionsmotoren, der Turbinen- und Raketenmotoren. Zürich: Schweiz. Druck- und Verlagsh. 1950. 293 S.

Pumpen und Verdichter   6.212

Bouché, Ch.: Kolbenverdichter. 2. Aufl. Berlin-Göttingen-Heidelberg: Springer 1950. VI, 160 S.

Eckert, B.: Axialkompressoren und Radialkompressoren. Berlin-Göttingen-Heidelberg: Springer 1953. X, 441 S.

Kluge, Friedrich: Kreiselgebläse und Kreiselverdichter radialer Bauart. Berlin-Göttingen-Heidelberg: Springer 1953. XV, 301 S.

De Kovat, A. et *G. Desmur:* Pompes, ventilateurs, compresseurs, centrifuges et axiaux. Paris: Dunod 1953. 336 p.

Löhner, Kurt E.: Kolbenpumpen und Kolbenverdichter. (Bücher der Technik, Hrsg. Kuhlenkamp) Hannover: Schroedel 1949. 132 S.

von der Nüll, W.: Die Kreiselrad-Arbeitsmaschinen. Leipzig-Berlin: Teubner 1937.

Pfleiderer, Carl: Die Kreiselpumpen für Flüssigkeiten und Gase. 3. Aufl. Berlin-Göttingen-Heidelberg: Springer 1949. XI, 518 S.

Pfleiderer, Carl: Strömungsmaschinen. Berlin-Göttingen-Heidelberg: Springer 1952. XII, 383 S.

Elektrische Anlagen, Maschinen, Geräte und Teile   6.213

Behrens, P., J. Netzger u. *L. Lux:* Aluminium-Freileitungen. 6. Aufl. Berlin: Aluminium Zentrale 1943. 341 S.

Kaufmann, R. H. and *H. J. Finison:* DC-Tower systems for aircraft. New York: Wiley 1952. 206 p.

Klinker, B.: Die Wartung der elektrischen Flugzeugausrüstung. Berlin: Matthiesen 1940.

Landmaschinen   6.214

Boxler, Bruno: Taschenbuch für Landmaschinen. Eßlingen: Selbstverlag 1950. 256 S.

Boxler, Bruno: Die Maschinen der Landwirtschaft. Teil A 1. Landmaschinenkonstruktion und -herstellung, Werkstoffe, Maschinenteile. Stuttgart: Hirzel 1952. 68 S.

Davidson, J. Brownlee: Agricultural machinery. New York: Wiley 1931. 396 p.

Fischer, G.: Landmaschinenkunde für Studierende und Landwirte. 2. Aufl. Ludwigsburg: Ulmer-Verl. 1951. 269 S.

Gulvin, Harold E.: Farm engines and tractors. (McGraw-Hill Publications in Agricultural Engineering.) New York: McGraw-Hill 1953. 397 p. [6.252.4].

Kayser, E.: Die Grundlagen der Landmaschinengestaltung. Berlin: Parey 1949. 160 S.

Schilling, E.: Landmaschinenbau. Lehr- und Handbuch. Köln: Selbstverl. 1951. 251 S.

Stone, Archie A.: Farm machining. 3rd ed. New York: Wiley 1942. 524 p.

Thebis, Reinhold: Angewandte Landmaschinenkunde. Bd. 1. Ackerkulturgeräte. 198 S. Bd. 2. Erntemaschinen. 200 S. Bamberg: Werner Cronbach 1949.

Behälter, Apparate usw.   6.215

Broschat, E.: Der Behälterbau. Teil I. Konstruktionselemente. Berlin: Springer 1926. 96 S.

Esslinger, Maria: Statische Berechnung von Kesselböden. Berlin-Göttingen-Heidelberg: Springer 1952. VIII, 100 S.

Forchheimer, P.: Die Berechnung ebener und gekrümmter Behälterböden. 3. Aufl. Berlin: Ernst 1931.

Goodall, A.: Introduction to design of shell boilers. London: The Draughtsman Publishing Co. 1948.

Höhn, E.: Über die Festigkeit der gewölbten Böden und der Zylinderschale. Berlin: Springer 1927. 223 S.

Höhn, E.: Schweißverbindungen im Kessel- und Behälterbau. Berlin: Springer 1935. VII, 145 S. [1.442.1].

Kottenmaier, E.: Der Stahlbehälterbau. 2. Aufl. Berlin: Ernst 1952. 140 S.

Melhardt, H.: Die Wandstärkenberechnung druckbeanspruchter Gefäße aus Schweißstahl-, Flußeisen-, Kupfer- und Aluminiumblech im Apparatebau. Berlin: Springer 1929. 61 S.

Schwedler, Franz u. *Helmut Jürgensonn:* Handbuch für Rohrleitungen. Berlin-Göttingen-Heidelberg: Springer 1953. VIII, 293 S.

Spring, Harry M.: Pressure vessels for industry: construction, design, inspection and safety practices with the important pressure vessels of many industries. New York: McGraw-Hill 1947. 259 p.

v. Terzaghi, K. u. *Theodor Pöschl:* Berechnung von Behältern nach neueren analytischen und graphischen Methoden. 2. Aufl. Berlin: Springer 1926. VI, 212 S.

Textilmaschinen   6.22

Beckers, Paul: Textilmaschinen. Ihre Konstruktion und Berechnung. 2. Aufl. Berlin: Cram 1949. VIII, 439 S.

Werkzeugmaschinen   6.23

Bruins, D. H.: Werkzeugmaschinen für spanabhebendes Formen. 4. Aufl. Stuttgart: Teubner 1949. VIII, 291 S.

Coenen, M.: Elemente des Werkzeugmaschinenbaues, ihre Berechnung und Konstruktion. 2. Aufl. Leipzig: Hirzel 1952. VIII, 169 S.

Großstück, W.: Die Werkzeugmaschinen der eisen- und metallverarbeitenden Industrie. Halle (Saale): Knapp 1951. 210 S.

Huth, F. A.: Grundlagen des Werkzeugmaschinenbaues. Augsburg: Manu-Verl. 1949. 106 S.

Ritter, R.: Zahnradgetriebe, Konstruktion und Berechnung geradverzahnter Getriebe für Werkzeugmaschinen. Zürich: Leemann 1950. 182 S. [1.431].

Schlesinger, Georg: Die Werkzeugmaschinen, Grundlagen, Berechnung und Konstruktion. 2 Bde. Bd. I. VII, 280 S. Bd. II. VI, 52 Zeichn. 52 Tafeln. Berlin: Springer 1936.

Schlesinger, Georg: Prüfbuch für Werkzeugmaschinen. 5. Aufl. Middelburg: den Boer-Verl. 1951. V, 95 S.

Schwerd, Friedrich: Lehrbuch der Werkzeugmaschinen. Berlin-Göttingen-Heidelberg: Springer (i. V.).

— Metal-cutting tool handbook. New York: Metal Cutting Tool Institute. 1949. 647 p. [2.4].

Fein-Maschinen und Geräte   6.24

Lind, W. u. *R. Berger:* Büromaschinen. (Lehrbücher der Feinwerktechnik, Bd. 5) Leipzig: C. F. Winter 1940. 248 S.

Richter, O. u. *R. v. Voss:* Bauelemente der Feinmechanik. 5. Aufl. Berlin: Verl. Technik 1952. XII, 542 S.

Schroeder, A. J.: Richtlinien feinmechanischer Konstruktion und Fertigung. Grundlagen spanloser Gestaltung. Berlin: Union 1938. 194 S. [5].

Sieker, Karl-Heinz: Fertigungs- und stoffgerechtes Gestalten in der Feinwerktechnik. (Konstruktionsbücher, Bd. 13) Berlin-Göttingen-Heidelberg: Springer 1954. V, 166 S.

Beförderungsmittel   6.25

Landfahrzeuge   6.252

Becker, Gabriel: Motorschlepper für Industrie und Landwirtschaft. Berlin: Krayn 1926. 221 S.

Bosch, Robert: Kraftfahrtechnisches Handbuch. 12. Aufl. Düsseldorf: Dtsch. Ing.-Verl. 1954. 425 S.

Boisseaux M.: L'automobile. Châssis. Transmission. Direction. Suspension. Freinage. Méthodes de calcul. 3e éd. Paris: Dunod 1952. VI, 228 p.

Bürger, Hermann: Das Kraftwagenfahrgestell. Stuttgart: Franckh. 1950. 147 S.

(Buschmann, Heinrich): Taschenbuch für den Auto-Ingenieur. 5. u. 6. Aufl. Stuttgart: Franckh 1948. 680 S.

(Bussien, R.): Automobiltechnisches Handbuch. 17. Aufl. 2 Bde. Bd. 1. XVI, 927 S. Bd. 2. XVI, 1187 S. Berlin: Cram 1953.

Chagette, J.: Technique automobile. 2e éd. Paris: Dunod 1951. VIII, 1008 p.

Cleyet-Michaud, M.: Le véhicule automobile moderne. Technique et exploitation. Paris: Eyrolles 1951. 280 p.

Dean-Averns, R.: Automobile-chassis design. 2nd ed. London: Iliffe 1952. 363 p.

(Fisher, W. L.): Automobile engineer. Design, materials, production methods and works equipment. (Vol. 37.) London: Iliffe 1947.

Flücht, A. H. u. *H. Blum:* Handbuch des Deutschen Schlepperbaues. Berlin: A. H. Flücht 1941. 211 S.

Güttner, R.: Das Feinblech und seine Verwendung im Karosseriebau. Berlin: Langbein 1939. 154 S. [1.421].

Gulvin, Harold E.: Farm engines and tractors. (McGraw-Hill Publications in Agricultural Engineering.) New York: McGraw-Hill 1953. 397 p. [6.214].

Hanfland, Curt: Das Motorrad und seine Konstruktion. 2. Aufl. Berlin: Krayn 1934. 658 S.

Jones, Fred R.: Farm gas engines and tractors. New York: McGraw-Hill 1952. 482 p.

Kamm, Wunibald: Das Kraftfahrzeug. Betriebsgrundlagen, Berechnung, Gestaltung und Versuch. Berlin: Springer 1936. XII, 237 S.

Kloth, Willi: Ackerwagen mit Gummibereifung. Vorträge Ackerwagentagung 1947, Pyrmont. München- Wolfratshausen: Neureuter 1948. 140 S.

Kreissig, Ernst: Berechnung der Eisenbahnwagen. Köln: Stauf-Verl. 1937

Krüger, H. E. u. *H. Jachmann:* Die Kraftfahrzeugkunde. Teil 2. Kraftübertragung, Fahrwerk, Aufbau und Zubehör. Leipzig: Fachbuchverlag 1950. 170 S.

Kuns, Ray F. and *Tom C. Plumridge:* Fundamentals of automobile chassis and power transmission. Chicago: Amer. Techn. Soc. 754 p.

Lomonossoff, George: Diesellokomotiven. (Übers. E. Mongrovius.) Berlin: VDI-Verl. 1929. XII, 304 S.

Marquard, Erich: Die Schwingungsdynamik des schnellen Straßenfahrzeugs. Essen: Girardet 1952. 223 S.

Maruhn, H.: Grundlagen der Federung von Automobilen. (Versuchsanstalt für Kraftfahrzeuge der TH Berlin.) Berlin: Cram 1932. 111 S.

Meineke, F.: Die Dampflokomotive, Lehre und Gestaltung. Berlin-Göttingen-Heidelberg: Springer 1949. VIII, 519 S.

Newton, K. and *W. Steeds:* The motor vehicle. London: Iliffe 1953. 590 p.

Page, S. F.: Body engineering. The design and construction of motor vehicle bodywork. London: Chapman & Hall 1950. 192 p.

Pleines, A.: Kraftfahrzeugbremsen. Berlin: Union 1951. 225 S.

Southwell, P. H.: The agricultural tractor. London: Temple Press 1953. XIII, 170 p.

Suppus, Heinz: Der Fahrzeugbau aus Leichtmetall. Düsseldorf: Aluminium-Verl. 1954. 83 S., 53 Tafeln.

— Car builders cyclopedia. New York: Simmons Boardman 1949—51.

— Henschel-Lokomotiv-Taschenbuch. Düsseldorf: Dtsch. Ing.-Verl. 1952. 408 S.

— Locomotive engineers' pocket book. 42nd ed. London: Locomotive Publishing 1952. 354 p.

— The railway carrial and wagon handbook. London: Locomotive Publishing 1937.

— 1949 SAE Handbook. New York: Society of Automotive Engineers 1949. 933 p.
— SAE automotive drafting standards. New York: Society of Automotive Engineers 1953. 1032 p.

Wasserfahrzeuge   6.253

Baker, Elijah: Introduction to steel shipbuilding. 2nd ed. London: McGraw-Hill 1953. 390 p.
La Dage, J. H.: Modern ships — elements of their design, construction and operation. Cambridge (Mass.): Cornell Maritime Press 1953. 377 p.
Drümecker, W.: Bootsbau. Handbuch für den Bau von Knick- und Rundspantbooten. Bielefeld: Klasing 1951. 106 S.
Foerster, E.: Praktischer Stahlschiffbau. Berlin: Springer 1930. IX, 601 S.
(Henschke, W.): Schiffbautechnisches Handbuch. 2 Bde. Bd. I. XXIV, 924 S. Bd. II. XVI, 544 S. Berlin: Verl. Technik 1953.
Herner, Heinrich: Schiffbau. 6. Aufl. Leipzig: Jänecke 1942. VII, 218 S.
Herner, Heinrich u. *R. Verhovsek:* Entwurf und Einrichtung von Handelsschiffen. 5. Aufl. Leipzig: Jänecke 1954. X, 408 S.
Manning, G. C.: Manual of ship construction. New York: Van Nostrand, London: Chapman & Hall 1942. 319 p.
Muckle, W.: Modern naval architecture. London: Temple Press 1951. VI, 154 p.
Philips-Burt, D.: Modern yacht and boat design. Southampton: Adlard Coles, London: Harrap 1953. 180 p.
Schilling, Walter: Statik der Bodenkonstruktion der Schiffe. Berlin: Springer 1925. VI, 185 S.
Wendel, Kurt: Handbuch der Werften, 1954. Hamburg: Schiffahrtsverl. Hansa 1954. 395 S. [1.133].
— Jahrbuch der Schiffsbautechnischen Gesellschaft. 45. Bd. Berlin-Göttingen-Heidelberg: Springer 1951. III, 301 S.

Luftfahrzeuge   6.254

Anderson, Newton H.: Aircraft layout and detail design. New York: McGraw-Hill 1946. 437 p.
Chatfield, C. H., C. F. Taylor and *Shatswell Ober:* The airplane and its engine. New York: McGraw-Hill 1949. 380 p. [6.211].
Conway, H. D.: Aircraft strength of materials. London: Chapman & Hall 1947. 256 p. [1.34—1.35].
Drake, Rollen H.: Aircraft woodwork. (Aircraft mechanic series.) New York: Macmillan 1946. 197 p.
(Erlenbach, Adolf): Flugzeug-Leichtmetallbau. 2. Aufl. Berlin: Matthiesen 1940. 251 S.
Freberg, C. R. and *E. N. Kemler:* Aircraft vibration and flutter. New York: Wiley 1944. 214 p.
van Gries, Aloys: Flugzeugstatik. Berlin: Springer 1921. XII, 379 S. [1.21].
Jaeschke, R.: Flugzeugberechnung. Bd. II. Bearbeitung von Entwürfen und Unterlagen für den Festigkeitsnachweis. 2. Aufl. München-Berlin: Oldenbourg 1941. 202 S.
Mangurian, George and *N. Johnston:* Aircraft structural analysis. New York: Prentice-Hall 1947. 418 p.
du Merle, G.: Construction des avions. Paris: Dunod 1947. XVI, 856 p.
Miller, Harold Blaine: Navy wings. New York: Dodd 1950.
Needham, C. H. Latimer: Sailplanes. Their design, construction and pilotage. London: Chapman & Hall 1937.
Neville, Leslie E.: Aircraft designers' data book. New York: McGraw-Hill 1950. 534 p.

Niles, Alfred S. and *Joseph S. Newell:* Airplane structures. Vol. 1. 4th ed. 1954. 607 p. Vol. 2. 3rd ed. 1948. 439 p. New York: Wiley, London: Chapman & Hall 1948—1954.

Otto, Gerhard: Konstruktionselemente für den Flugzeugbau. Berlin-Charlottenburg: Volckmann 1936. 196 S.

Otto, Gerhard: Entwurf und Berechnung von Flugzeugen. Bd. I. Tragflügel (freitragender Tiefdecker) 1937. 88 S. Bd. II. Rumpf 1938. 96 S. Bd. III. Leitwerk 1938. 87 S. Bd. IVa. Fahrwerk 1939. 128 S. Bd. IVb. Schwimmwerk 1942. 103 S. Berlin-Charlottenburg: Volckmann 1937—42.

Peery, David J.: Aircraft structures. New York: McGraw-Hill 1950. 566 p.

Scanlan, R. H. and *R. Rosenbaum:* Introduction to the study of aircraft vibration and flutter. New York: Macmillan 1951. X, 428 p.

Sechler, Ernst E. and *Louis G. Dunn:* Airplane structural analysis and design. New York: Wiley 1942. 412 p.

Shanley, F. R.: Weight-strength analysis of aircraft structures. New York-London: McGraw-Hill 1952. XI, 394 p.

Shanley, F. R: Basic structures. New York: Wiley 1944. 392 p.

Steinbacher, F. R. and *G. Gerard:* Aircraft structural mechanics. London: Pitman 1952. XVII, 346 p.

Stewart, S. F.: Airframe materials. New York: McGraw-Hill 1945. 237 p.

Tatham, R.: Aeronautical Engineering. Volume II: Fundamentals of aircraft structural analysis. (The Technical College Series.) London: Engl. Universities Press 1952. 215 p.

Teichmann, Frederick K.: Airplane design manual. 3rd ed. New York: Pitman 1950. 382 p.

Thalau, Karl u. *Alfred Teichmann:* Aufgaben aus der Flugzeugstatik. Berlin: Springer 1933. XI, 345 S. [1.21].

Thurston, Albert Peter: Molesworth's aeronautical engineers pocket-book. London: Spon 1947. 532 p.

Titterton, George F.: Aircraft materials and processes. 4th ed. New York: Pitman, London: W. H. Smith 1951. 259 p. [1.321].

Vale, John W.: The aviation mechanic's aircraft manual. New York: McGraw-Hill 1949. 748 p.

Wagner, Herbert u. *Gotthold Kimm:* Bauelemente der Flugzeuge. 2. Aufl. München-Berlin: Oldenbourg 1942. 295 S. [1.34—1.35].

Wood, Karl D.: Airplane design. 10th ed. Boulder (Colo.): University Bookstore 1954. 397 p.

— Design of wood aircraft structures. (ANC-18 Bull.) Washington: U. S. Govmt. Print. Off. 1951. 234 p.

— Handbook of Aeronautics No. 1. Structural principles and data. 4th ed. 1953 XIII, 322 p. No. 2. Component design. 1954. VIII, 207 p. London: Pitman 1953 —1954. [1.134].

— Richtlinien für den Holzflugzeugbau (Zusammengestellt von Hermann Winter). Berlin-Adlershof: Zentrale für wiss. Ber. Wes. (ZWB) 1942—1944.

— Ringbuch der Luftfahrt-Technik. Bd. I—V. Berlin-Adlershof: Zentrale für wiss. Ber. Wes. 1937—1941.

— Sandwich construction for aircraft. (ANC-23 Bull.) Part I. 120 p. Part II. 101 p. Washington: U. S. Govmt. Print. Off. 1951.

— Strength of metal aircraft elements. (ANC-5 Bull.) Washington: U. S. Govmt. Print. Off. 1951. 125 p.

— Wood aircraft inspection and fabrication. (ANC-19 Bull.) Washington: U. S Govmt. Print. Off. 1951. 335 p.

Seilbahnen   6.255

Czitary, Eugen: Seilschwebebahnen.Wien: Springer 1951. VII, 390 S.
Hauska, L.: Riesanlagen und Seilbahnen. Teil 2. Seilbahnen. Wiesbaden:
Gabler 1933. 308 S.
Stephan, Paul: Die Drahtseilbahnen (Schwebebahnen) einschließlich der Kabel-
krane und Elektrohängebahnen. Berlin: Springer 1926. XII, 572 S.

Förderanlagen   6.26

Atherton, W.H.: Conveyors and cranes. London: Pitman 1947. 357 p.
Aumund, H. u. *H. Knaust:* Hebe- und Förderanlagen. 3. Aufl. Berlin-Göttingen-
Heidelberg: Springer 1950.VI, 214 S.
Bethmann, Hugo: Die Hebezeuge. Berechnung und Konstruktion der Einzelteile,
Flaschenzüge, Winden und Krane. 9. Aufl. Braunschweig: Vieweg 1944. XVI,
702 S.
von Busch, H.: Bestimmungen über Einrichtungen und Betrieb der Aufzüge.
2. Aufl. Köln-Berlin: Heymann 1953. 225 S. [1.14].
Ernst, Hellmut: Die Hebezeuge. Bd. I. Grundlagen und Bauteile. 2. Aufl. 1952.
312 S. Bd. II. Winden und Krane. 1951. VII, 302 S. Bd. III. Sonderausführungen.
1953. VIII, 287 S. Braunschweig: Vieweg 1951—1953.
(Heidebroek, E.): Fördertechnik für Massengüter. Bd. 1. Fördereinrichtungen für
Tagebauten und Bau-Großanlagen. VIII, 371 S. Bd. 2. Fördereinrichtungen für
Massengüterumschlag. VIII, 594 S. Halle (Saale): Knapp 1952.
Hetzel, Frederic V. and *Russel K. Albright:* Belt conveyors and belt elevators.
New York: Wiley 1941. 439 p.
Hudson, Wilbur G.: Conveyors and related equipment. 3rd ed. New York: Wiley,
London: Chapman & Hall 1954. VII, 524 p.
Hymans, F. u. *A. V. Hellborn:* Der neuzeitliche Aufzug mit Treibscheibenantrieb.
Berlin: Springer 1927. VI, 156 S.
Kowalski, Helmut: Konstruktion der Winden und Kräne. (Bücher der Technik.
Hrsg. A. Kuhlenkamp.) Hannover: Schroedel 1948. 182 S.
Mey, Horst: Fließarbeit und Förderung von Massengütern. Halle (Saale): Knapp
1951. XVI, 294 S.
Michenfelder, C.: Handbuch der Fördertechnik. Teil 1. Dauerförderer. 2. Aufl.
Wittenberg: Ziemsen 1952. 266 S.
Nachtergal, A.: Calcul et construction des grues. Paris: Béranger 1930. 358 p.
Paetzoldt, M.: Grundlagen des Aufzugbaues. Mit Berücksichtigung der Aufzugs-
verordnung vom Jahre 1926. Berlin: Springer 1927. V, 172 S.
Philipps, R. S.: Electric lifts. A manual on the current practice in the design,
installation, working, and maintenance of lifts. 3rd ed. London: 1951. 377 p.
Polaczek, Karl: Einführung in den Hebezeugbau. München: Franzis-Verl. 1952.
VII, 208 S.
Spruth, Fritz: Strebausbau in Stahl. Handbuch für die Praxis. Essen: Verl.
Glückauf 1948. 240 S.
Spruth, Fritz: Strebausbau in Stahl und Leichtmetall. 2. Aufl. Essen: Verl.
Glückauf 1951. 346 S.
Stradthausen, E.: Hebemaschinen. Bd. 1. Berechnen und Entwerfen der Einzel-
teile. 1949. 155 S. Bd. 2. Entwerfen und Berechnen von Krananlagen. 1952.
218 S. Braunschweig: Westermann 1949—1952.
Wundram, Oskar: Mechanische Hafenausrüstungen insbesondere für den Um-
schlag. Berlin: Springer 1939. V, 172 S.

Bauwesen   6.27

Boerner, Franz: Statische Tabellen. Amtliche Vorschriften. Belastungsangaben
und Formeln zur Aufstellung von Berechnungen für Baukonstruktionen.
13. Aufl. Berlin: Ernst 1948. XII, 482 S. [1.16].

Buchenau, H.: Stahlbau. Teil 1. 14. Aufl. 128 S. Teil 2. 12. Aufl. 142 S. Stuttgart: Teubner 1953.

Cissel, James H.: Stress analysis and design of elementary structures. 2nd ed. New York: Wiley 1948. 419 p.

Finter, A.: Statische Tabellensammlung. 7. u. 8. Aufl. Düsseldorf: Werner 1954. 320 S. [1.16], [1.21].

Giordano, Guglielmo: La moderna tecnica delle costruzioni in legno. 2. ed. Milano: Hoepli 1952. XVI, 520 p. [1.25].

De Groot, Archibald: Civil engineers' handbook. 5th ed. Scrantan, Pa.: Int. Textbook Co. 1950.

(v. Halasz, Robert): Holzbau-Taschenbuch. 4. Aufl. Berlin: Ernst 1952. VIII, 427 S. [1.25], [1.441].

Hansen, Howard J.: Modern timber design. 2nd ed. New York: Wiley 1948. 312 p. [1.25].

Heyn, K.: Tabellen für die Bauwirtschaft. (Belastungsvorschriften, Statik, Holzbau, Stahlbau usw.) Hamburg: Hermes 1948. 316 S. [1.16].

(Hool, G. A. and W. S. Kinne): Steel and timber structures. New York: McGraw-Hill 1942. 724 p.

Hummel, Alfred: Das Beton-ABC. Schwerbeton, Leichtbeton. 11. Aufl. Berlin: Ernst 1951. VII, 243 S.

Kani, Gaspar: Spannbeton in Entwurf und Ausführung. Stuttgart: Wittwer 1954. 500 S.

Mayer, Max: Lebendige Baustatik. Bd. 1. Die statische Berechnung. Berlin: Bauwelt-Verl. 1953. 248 S. [1.21].

McKay, W. B.: Building construction. Vol. 1. 3rd ed. 1953. VIII, 168 p. Vol 2. 2nd ed. 1947. 136 p. Vol. 3. 2nd ed. 1947. 148 p. London: Longmans 1947—1953.

Mittag, Martin: Baukonstruktionslehre. Ein Lehr- und Handbuch für den Bauschaffenden über Grundformen, Baustoffe, Verbindungen, Konstruktionssysteme, Bauteile und Bauarten. Mit den deutschen Normen und technischen Baubestimmungen. Gütersloh: Bertelsmann 1952. 332 S. [1.16].

Morris, Clyde T. and *Samuel T. Carpenter:* Structural frameworks. New York: Wiley 1943. 272 p.

Parker, Harry: Simplified design of structural timber. New York: Wiley 1948. 218 p. [1.25].

Pippard, A. J. S. and *J. F. Baker:* The analysis of engineering structures. 2nd ed. London: Arnold 1943. 640 p.

(Schleicher, Ferdinand): Taschenbuch für Bauingenieure. Berlin-Göttingen-Heidelberg: Springer 1949. XXIII, 1942 S.

Schreyer, Carl u. *Hermann Ramm:* Praktische Baustatik. Teil 1. 8. Aufl. 1953. VIII, 163 S. Teil 2. 6. Aufl. 1953. VIII, 234 S. Teil 3. 2. Aufl. 1953. VI, 203 S. Stuttgart: Teubner 1953.

Seelye, Elwin E.: Data book for civil engineers. Vol. 1. Design. 2nd ed. New York: Wiley 1951. 521 p.

Stüssi, Fritz u. *Otto Wichser:* Stahlbau. Zürich: Polygraphischer Verl. 1951. 152 S.

Sutherland, Harry and *Harry Lake Bowman:* Structural design. New York: Wiley 1938. 402 p.

Sutherland, Hale and *Harry Lake Bowman:* Structural theory. 4th ed. New York: Wiley 1950. 349 p. [1.21].

Tate, Newman: Practical building mechanics. London: Chapman & Hall 1945. 227 p.

Tölke, Friedrich: Baustatik. (Seil-, Stab-, Balken- und Bogentragwerke.) Heidelberg: Universitätsverl. 1949. 304 S.

(Urquhart, Leonhard C.): Civil engineering handbook. 3rd ed. New York: McGraw-Hill 1950. 1002 p.

Wedler, Bernhard: Berechnungsgrundlagen für Bauten, Lastannahmen, Baustoffe, Beanspruchungen. Mit Einführungserlassen. Wärmeschutz, Schallschutz u. Gerüste. Stand Juni 1953. 22. Aufl. Berlin: Ernst 1953. VIII, 463 S. [1.16].

Wendehorst, Reinhard: Bautechnische Zahlentafeln. 9. Aufl. Stuttgart: Teubner 1954. II, 239 S.

Werner, Eberhard: Bauen in Holz und Stein. Berlin: Verl. Technik 1951. XX, 308 S.

Young, J. McHardy: Structural theory and design. 2 Vol. Vol. 1. 1950. IX, 285 p. Vol. 2. 1951. VIII, p. 286—599. London: Lockwood 1950—1951. [1.21].

Zerna, W.: Spannbeton, eine Einführung in seine Theorie. 2. Aufl. Düsseldorf-Lohausen: Werner 1954. 100 S.

— Handbook for welded structural steelwork. 5th ed. London: Inst. of Welding 1949.

— Steel construction: A manual for architects, engineers and fabricators of buildings and other steel structures. New York: Amer Inst. of Steel Construction 1948.

— Symposium on aluminium in building. (Proceedings at a symposium on aluminium in building held on June 30, 1953.) London: Aluminium Development Association 1954.

Häuser   6.271

Gattnar, Anton u. *Franz Trysna:* Hölzerne Dach- und Hallenbauten. 6. Aufl. Berlin: Ernst 1954. XII, 348 S. [6.273].

Hauf, Harold and *Henry A. Pfisterer:* Design of steel buildings. 3nd ed. New York: Wiley 1949. 280 p.

Hempel, Gerhard u. *E. Eisfeld:* Grundlagen zur statischen Berechnung für freigespannte Dachbinder in Holz. 2. Aufl. Karlsruhe: Fachblatt-Verl. 1939. 136 S.

Kelly, Burnham: The prefabrication of houses. New York: Wiley 1951. 466 p.

Kistenmacher, G.: Fertighäuser. Tübingen: Wasmuth 1950. 184 S.

Michaels, Leonhard: Contemporary structure in architecture. New York: Reinhold 1950. 229 p.

Neufert, Ernst: Les élements des projects de construction. (Traduit de l'allemand par O. Rodé.) Paris: Dunod 1952. 312 p.

Neufert, Ernst: Bauentwurfslehre. Grundlagen, Normen, Vorschriften über Anlage, Bau, Gestaltung, Raumbedarf, Raumbeziehungen, Maße für Gebäude, Räume und Einrichtungen mit dem Menschen als Maß und Ziel. 15. Aufl. Berlin: Ullstein 1954. 316 S.

Parker, Harry: Simplified design of roof trusses for architects and builders. 2nd ed. New York: Wiley, London: Chapman & Hall 1953. XIV, 278 p.

Wedler, Bernhard: Hölzerne Hausdächer. Baustoffbedarf und Arbeitsaufwand, Standsicherheitsnachweis. 5. Aufl. 1954. Düsseldorf: Werner 1954. 168 S.

— Bygg, Handbok för Hus-, Väg- och Vattenbyggnad. Bd. I. Allmänna Grunder. Bd. II. Allmän Byggnadsteknik. Bd. III. Husbyggnad. Bd. IV. Väg- och Vattenbyggnad. Stockholm: Tidskriften Byggmästarens Förlag 1948—1951. [1.25].

Brücken   6.272

Bleich, Friedrich: Theorie und Berechnung der eisernen Brücken. Berlin: Springer 1924. XII, 581 S.

Boll, M.: Ponts métalliques. 17e éd. Paris: Eyrolles 1951. 278 p.

Courbon, J.: Application de la résistance des matériaux au calcul des ponts. Paris: Dunod 1950. VI, 442 p.

DuFour, Frank O. and *C. Paul Schantz:* Bridge engineering. Chicago: Amer. Techn. Soc. 1950. 379 p.

Grüning, Martin: Der Eisenbau. Teil 1. Grundlagen der Konstruktion, feste Brücken. (Handbibl. für Bauingenieure, Teil IV, Bd. 4.) Berlin: Springer 1929. VIII, 441 S.

Hartmann, F.: Der Brückenbau. Bd. 3. Stahlbrücken. (Hrsg. E. Melan.) Wien: Deuticke 1951. 765 S.

Hawranek, Alfred: Bewegliche Brücken. Berechnung und Konstruktion. Berlin: Springer 1936. XII, 298 S.

Hawranek, Alfred: Theorie und Berechnung der Stahlbrücken. Teil 1. (Hrsg. Dtsch. Stahlbau-Verband.) Berlin: 1942.

(Hool, G. A. and *W. S. Kinne):* Movable and longspan steel bridges. New York: McGraw-Hill 1943. 479 p.

Laskus, August: Hölzerne Brücken. Statische Berechnung und Bau der gebräuchlichsten Anordnungen. 7. Aufl. Berlin: Ernst 1947.

Schaper, Gottwald, Kurt Brückner u. *Eugen Ernst:* Stählerne Brücken. 7. Aufl. Bd. I., Teil 1. Berlin: Ernst 1949. XII, 207 S.

Valette, R.: Construction des ponts. 2e éd. Paris: Dunod 1948. X, 138 p.

Wille, F.: Holzbau im Hoch- und Brückenbau. (Sammlung bautechn. Fachbücher, Bd. 9) Köln-Braunsfeld: Rud. Müller 1950. XII, 283 S. [1.25], [6.273].

— Berechnungsgrundlagen für stählerne Eisenbahnbrücken (BE). 3. Aufl. (Gültig ab Okt. 1951.) Mit Berichtigungsbl. I v. 1. 5. 1954. Berlin: Deutsche Bundesbahn 1951. 135 S. [1.16].

— Grundsätze für die bauliche Durchbildung stählerner Eisenbahnbrücken (GE). 3. Aufl. (Gültig ab 1. Nov. 1938.) Wien: Deutsche Reichsbahn 1943.

— Stahlbau-Handbuch 1948. Elemente des Stahlbaues, Stahlhochbau, Stahlbrückenbau, Vorschriften des Stahlbaues, Profile des Stahlbaues. (Hrsg. Deutscher Stahlbauverband.) Bremen-Horn: Industrie- u. Handelsverl. 1948 525 S. [1.16], [1.322], [6.273].

Hochbau, Hallenbau, Industriebau   6.273

Baes, L.: Calcul des ossatures des constructions. Tome I. 552 p. Tome II. 350 p. Bruxelles: Centre Belgo-Luxembourgeois d' Information de l'Acier 1954.

Bleich, Friedrich: Stahlhochbauten. Ihre Theorie, Berechnung und bauliche Gestaltung. Bd. I. 1932. VIII, 558 S. Bd. II. 1933. V, 376 S. Berlin: Springer 1932/33.

(Ebinghaus, Hugo): Der Hochbau. Ein Lehrbuch und Nachschlagewerk für das Baufach. 4. Aufl. 932 S. und ein Hilfsbuch für mathematische und statische Berechnungen. 4. Aufl. Nordhausen (Harz): Killinger 1951. 320 S.

Erdmenger, Franz u. *Leonhard Haberäcker:* Hochbau-Taschenbuch. Stuttgart: Franckh 1954. XVI, 536 S.

Fonrobert, Felix: Grundzüge des Holzbaues im Hochbau. 6. Aufl. Berlin: Ernst 1953. XXIV, 276 S. [1.25].

Gattnar, Anton u. *Franz Trysna:* Hölzerne Dach- und Hallenbauten. 6. Aufl. Berlin: Ernst 1954. XII, 348 S. [6.271].

Gregor, A.: Der praktische Stahlhochbau. Bd. 1. Entwurf der Stahlbauten, Berechnung und Ausführung der Dach- und Hallenbauten. 5. Aufl. 1930. Bd. 2, 1. Tragwerke mit beweglicher Belastung. (Kranlaufbahnen usw.) 4. Aufl. 1940. Bd. 2, 2. Stahlskeletthochhaus- u. Trägerbau. 1931. Bd. 3. Fachwerkwände, Stützen und Grundbau. 2. Aufl. 1930. Bd. 4. Geschweißte Stahlbauten 1932. Berlin: Meußer 1930—1932.

Hawranek, Alfred: Der Stahlskelettbau mit Berücksichtigung der Hoch- und Turmhäuser (vom konstruktiven Standpunkt behandelt). Berlin: Springer 1931. VIII, 286 S.

John, Richard: Hochbaukonstruktionen. Rechnungsbeispiele aus der Praxis. Wien: Springer 1952. VII, 208 S.

Kersten, Carl u. *Werner Tramitz:* Der Stahlhochbau. Bd. II. 5. Aufl. Berlin: Ernst 1952. VIII, 260 S.

Kersten, Carl: Der Stahlhochbau. Bd. I. 6. Aufl. Berlin: Ernst 1953. VIII, 234 S.

Mohr, Silvio: Der Hochbau. Enzyklopädie der Baustoffe und Baukonstruktionen. 2. Aufl. Wien: Springer 1950. X, 327 S.

Schindler, Robert: Handbuch des Hochbaues. Wien: Springer 1932. XII, 709 S.

Sturzenegger, P.: Maste und Türme in Stahl. Berlin: Ernst 1929. VIII, 219 S. [6.275].

Wille, F.: Neue Bemessungsverfahren für Holz im Hochbau. 2. Aufl. Berlin: Ernst 1942.

Wille, F.: Holzbau im Hoch- und Brückenbau. (Sammlung bautechn. Fachbücher. Bd. 9.) Oldenburg: Rud. Müller 1950. XII, 283 S. [1.25], [6.272].

— Stahlbau-Handbuch 1948. Elemente des Stahlbaues, Stahlhochbau, Stahlbrückenbau, Vorschriften des Stahlbaues, Profile des Stahlbaues. (Hrsg. Deutscher Stahlbau-Verband.) Bremen-Horn: Industrie- u. Handelsverl. 1948. 525 S. [1.16], [1.322], [6.272].

-— Stahlbau-Handbuch 1949/50. Grundlagen, Baustatik, Stahlmaste, Vorschriften (Stabilität, Stahlleichtbau usw.). Profile des Stahlbaues. (Hrsg. Deutscher Stahlbau-Verband.) Bremen-Horn: Industrie- u. Handelsverl. 1949. 352 S. [1.16], [1.21], [1.322], [6.1], [6.275].

— Stahl im Hochbau. 12. Aufl. Düsseldorf: Verl. Stahleisen 1953. XII, 938 S.

Mastenbau   6.275

Sturzenegger, P.: Maste und Türme in Stahl. Berlin: Ernst 1929. VIII, 219 S. [6.273].

Taenzer, Wilhelm: Stahlmaste für Starkstromfreileitungen. 2. Aufl. Berlin-Göttingen-Heidelberg: Springer 1952. IV, 98 S.

-— Stahlbau-Handbuch 1949/50. Grundlagen, Baustatik, Stahlmaste, Vorschriften (Stabilität, Stahlleichtbau usw.). Profile des Stahlbaues. (Hrsg. Deutscher Stahlbau-Verband.) Bremen-Horn: Industrie- u. Handelsverl. 1949. 352 S. [1.16], [1.21], [1.322], [6.1], [6.273].

VII. Zeitschriften-Aufsätze

Leichtbau   Lightweight construction UDC 016 (100) : 62.002.2—183.4

Gliederung der Literaturangaben		Arrangement of Titles
Theorie und Grundlagen	1	Theory and Principles
Beanspruchungen, Lastannah-men, Sicherheiten und Vor-schriften	1.1	Stresses, Loadings, Safety Factors and Rules
Maschinenbau	1.11	Mechanical Engineering
Landmaschinenbau	1.12	Agricultural Engineering
Fahrzeugbau	1.13	Transportation Engineering
Schienenfahrzeugbau	1.131	Railway Engineering
Straßenfahrzeugbau	1.132	Automotive Engineering
Wasserfahrzeugbau	1.133	Marine Engineering
Luftfahrzeugbau	1.134	Aeronautical Engineering
Förderanlagen	1.14	Conveyor Systems
Bergbau	1.15	Mining Engineering
Bauwesen, Brücken- u. Hochbau	1.16	Civil Engineering
Statik und Dynamik	1.2	Statics and Dynamics
Statik der Fachwerke, Voll-wandträger und Rahmen	1.21	Statics of Framenworks, Frames and Solid Girders
Allgemeines	1.211	General
Ebene Tragwerke	1.212	Plane Structures
Fachwerkträger	1.212.1	Framework Girders
Vollwandträger	1.212.2	Solid Girders
Durchlaufträger	1.212.3	Continuous Beams
Rahmen und rahmenartige Träger	1.212.4	Frames and Similar Girders
Räumliche Tragwerke	1.213	Three Dimensional Structures
Räumliche Fachwerke (Flechtwerke)	1.213.1	Three Dimensional Frameworks (Trellisworks)
Räumliche Rahmen u. rahmen-artige Tragwerke	1.213.2	Three Dimensional Frames and Framelike Structures
Trägerroste (Kreuzwerke)	1.213.3	Girder Grillages
Statik der Platten	1.22	Statics of Plates
Allgemeines	1.221	General
Stabilität und Festigkeit der unversteiften Platten im elastischen und unelastischen Bereich (Belastung in Platten-ebene)	1.222	Stability and Strength of Unstiffened Plates in the Elastic and Unelastic Range (Loaded in their Planes)
Platten aus homogenen, ins-besondere metallischen Werkstoffen	1.222.1	Homogenous, Especially Metal Plates

120

German	Code	English
Allgemeines	1.324.1	General
Holz und Holzwerkstoffe	1.324.2	Timber and Wood
Allgemeines und Grundlagen der Holzvergütung	1.324.21	General and Principles of Wood Improvement
Rohhölzer	1.324.22	Raw-Wood
Schichthölzer	1.324.23	Laminated Wood
Preßschichthölzer	1.324.24	Compressed Laminated Wood
Sperrhölzer	1.324.25	Plywood
Preßsperrhölzer und Kunstharzpreßhölzer	1.324.26	Compressed Plywood
Metallschichthölzer	1.324.27	Laminated Metallic Wood
Platten aus faserigem oder stückigem Rohholz	1.324.28	Fabricated Wood-Panels
Holzfaserwerkstoffe	1.324.281	Wood-fibre Materials
Holzspanwerkstoffe	1.324.282	Wood-chip Materials
Sonderhölzer	1.324.29	Special Wood
Kunststoffe	1.324.3	Plastics
Allgemeines	1.324.31	General
Thermoplaste	1.324.311	Thermoplastic Materials
Aushärtbare Kunststoffe	1.324.312	Thermosetting Plastics
Kunststoffe mit Füllstoffen (nichtgeschichtete Preßstoffe)	1.324.312.1	Plastics with Fillers (Non-Laminated)
Geschichtete Kunststoffe	1.324.312.2	Laminated Plastics
Kunststoffe mit Glasfaser oder Glasgewebeeinlage	1.324.312.3	Plastics with Glas-fibres or Glascloth
Leichte Kunststoffe, insbesondere Schaumstoffe	1.324.313	Light Plastics, Especially Foam Materials
Gummi	1.324.32	Rubber
Leime und Klebstoffe	1.324.4	Glues and Adhesives
Allgemeines	1.324.40	General
Tierische Leime	1.324.41	Animal Glues
Pflanzenleime	1.324.42	Vegetable Glues
Synthetische Leime und Kitte	1.324.43	Synthetic Resin Glues and Cements
Faserstoffe und Fasererzeugnisse	1.324.5	Textile Fibres and Fibre Products
Oberflächenschutzmittel	1.325	Coatings
Allgemeines	1.325.0	General
Oberflächenschutzmittel für Stahl und Eisen	1.325.1	Coatings on Steel and Iron
Oberflächenschutzmittel für Leichtmetall	1.325.2	Coatings on Light Metals
Oberflächenschutzmittel für Holz	1.325.3	Coatings on Wood
Keramische Überzüge	1.325.4	Ceramic Coatings
Hitzebeständige keramische Werkstoffe	1.326	Heat Resistant Ceramic Materials
Ermüdungsfestigkeit	1.33	Fatigue Strength
Allgemeines	1.331	General
Stähle und Gußeisen (Allgemeines)	1.332	Steels and Cast Iron (General)
Stähle	1.332.1	Steels
Gußeisen	1.332.2	Cast Iron

128

Allgemeiner Maschinenbau	6.21	General Mechanical Engineering
Kraftmaschinen	6.211	Engines
Kolbenmaschinen	6.211.1	Reciprocating Engines
Gasturbinen	6.211.2	Gas Turbines
Pumpen und Verdichter	6.212	Pumps and Compressors
Elektrische Anlagen, Maschinen, Geräte u. Teile	6.213	Electric Machines and Equipment
Landmaschinen	6.214	Agricultural Implements and Machines
Behälter, Apparate usw.	6.215	Containers, Apparatuses etc.
Sonstige Maschinen	6.216	Other Machines
Textilmaschinen	6.22	Textile Machines
Werkzeugmaschinen	6.23	Machine Tools
Fein-Maschinen und -Geräte	6.24	Precision Machines and Instruments
Beförderungsmittel	6.25	Transportation Means
Allgemeines	6.251	General
Landfahrzeuge	6.252	Land Vehicles
Allgemeines	6.252.1	General
Schienenfahrzeuge	6.252.2	Railway Vehicles
Allgemeines	6.252.21	General
Personenwagen	6.252.22	Passenger Vehicles
Güterwagen	6.252.23	Freight Cars
Kesselwagen, Transportwagen u. ä.	6.252.24	Tank Vehicles
Lokomotiven	6.252.25	Locomotives
Straßenbahnwagen	6.252.26	Tram-ways
Triebwagen, Schienen-Omnibusse, Schiestrabusse	6.252.27	Railway-Motor-cars, Railway-Buses, Railway-Road-Buses
Transportbehälter	6.252.3	Transport Containers
Straßenfahrzeuge	6.252.4	Automotive Vehicles
Allgemeines	6.252.41	General
Personenkraftwagen	6.252.42	Passenger Automobiles
Omnibusse, Obusse usw. u. Anhänger	6.252.43	Buses and Trailers
Lastwagen u. dgl. u. Anhänger	6.252.44	Trucks and Trailers
Schlepper	6.252.45	Tractors
Krafträder	6.252.46	Motor-cycles
Fahrräder	6.252.47	Bicycles
Sonstige Fahrzeuge (Ackerwagen u. ä.)	6.252.48	Other Vehicles
Wasserfahrzeuge	6.253	Marine Vessels
Allgemeines	6.253.1	General
Schiffe	6.253.2	Ships
Boote usw.	6.253.3	Boats etc.
Flugzeuge (Hubschrauber ausgenommen)	6.254	Airplanes (Without Helicopters)
Allgemeines	6.254.0	General
Tragwerke und Leitwerke	6.254.1	Wing Unit and Controlling Surfaces
Schwingungen (Flattern)	6.254.2	Flutter
Allgemeines	6.254.20	General
Flügelschwingungen	6.254.21	Wing Flutter

Beanspruchungen, Lastannahmen, Sicherheiten und Vorschriften 1.1

Maschinenbau 1.11

Bock, E.: Zulässige Spannungen der im Maschinenbau verwendeten Werkstoffe. Maschinenb. Betrieb **9** (1930) 637.

Rötscher, Felix: Über die Wahl der Sicherheit und der zulässigen Beanspruchungen bei der Berechnung von Maschinenteilen. Maschinenb. Betrieb **9** (1930) 225.

Lehr, Ernst: Wege zu einer wirklichkeitsgetreuen Festigkeitsrechnung. Z. VDI **75** (1931) 49 1473—1478. [1.341].

Thum, August: Zur Frage der Sicherheit in der Konstruktionslehre. Z. VDI **75** (1931) 23 705—708.

Fischer, Fr. P.: Vorschlag zur Festlegung der zulässigen Beanspruchung im Maschinenbau. Z. VDI **76** (1932) 19 449—455.

— Vorschriften für Dampfkessel und Dampfgefäße sowie Druckbehälter. Schweiz. Verein von Dampfkessel-Besitzern. 1. Januar 1932 u. 1. Januar 1938. [6.215].

Thum, August: Die Sicherheit der Konstruktionen. Maschinenschaden **12** (1935) 10 155—164.

— Eidgenössische Verordnung über die Prüfung der Gefäße für die Beförderung von verdichteten, verflüssigten und unter Druck gelösten Gasen vom 19. Mai 1936. [6.215].

Cornelius, H.: Zulässige Spannung bei geschweißten Druckleitungen. Z. VDI **84** (1940) 32 587—588.

Schwerber, P.: Sicherheit beim Leichtbau durch Festigkeit und Gestaltung. Aluminium **23** (1941) 12 571—582. [6.11].

Roš, Mirko Gottfried: Materialqualität und Sicherheit im Bauwesen und in der Maschinenindustrie. EMPA Disk.-Ber. Nr. 143. [1.16].

Götze, F.: Festigkeitsfragen im Elektromaschinenbau. Elektrotechnik und Maschinenbau **61** (1943) 233 f.

Freudenthal, Alfred M.: The safety of structures. Proc. ASCE **71** (1945) 8 1157—1191, **72** (1946) 1 111—114, 2 251—255, 4 559—560, 6 885—888; Engng. News-Rec. (1949) 1. 9. 206—209.

Robinson, Ernest L.: Sicherheitsbeiwerte und Betriebsspannungen in Bauteilen bei hohen Temperaturen. Trans. ASME **73** (1951) 89—99; Stahl u. Eisen **72** (1952) 18 1113.

Schwaigerer, S.: Werkstoff-Kennwert und Sicherheit bei der Festigkeitsrechnung. Konstruktion **3** (1951) 8 233—239, 11 350.

Dörrscheidt, W.: Neue Vorschriften und Richtlinien für die Schweißung von Dampfkesseln und Druckbehältern. Schweißen u. Schneiden **5** (1953) 173—183; Werkstoffe u. Korrosion **5** (1954) 7 264.

Kerkhof, W. P.: Zulässige Spannungen bei Druckgefäßen und Kesseltrommeln bis 350^0. Welding Res. Counc. (1954) 5 239—251; Stahl u. Eisen **74** (1954) 17 1096.

Klöppel, Kurt: Sicherheit und Güteanforderungen bei den verschiedenen Arten geschweißter Konstruktionen. Schweißen u. Schneiden **6** (1954) S. H.

Landmaschinenbau 1.12

Kloth, Willi: Beanspruchung im Bindemäher. TidL. **10** (1929) 8 181—186.

Kloth, Willi: Die Haltbarkeit der Pferderechen. TidL. **12** (1931) 4 124—129.

Kloth, Willi: Grasmäher-Untersuchungen. TidL. **12** (1931) 8 232—235.

Kloth, Willi, u. *Theodor Stroppel:* Der Energiefluß im Zapfwellenbinder. TidL. **13** (1932) 2 49—50, 3 66—69, 4 88—91.

Kloth, Willi u. *Theodor Stroppel:* Kraftmessungen in Bindemähern. Forsch. Ber. d. Gesellsch. v. Freunden der TH Berlin 1934 19—26.

Kloth, Willi: Die Beanspruchungen in Landmaschinen. RKTL-Schr. H. 56 1934 12—21; Z. VDI **78** (1934) 21 629—632; RKTL-Schr. H. 88 1938 13—15.

Kloth, Willi: Neue Wege und Verfahren für Landmaschinen-Konstrukteure. RKTL-Schr. H. 61 1935 7—13.

Flehr, Friedrich u. *Heyner:* Sicherheitsglieder. RKTL-Schr. H. 71 1936 12—18.

Kloth, Willi: Beanspruchungen, Werkstoffe und Gestaltung im Landmaschinenbau. Berichtsheft der 74. VDI-Hauptversammlung in Darmstadt. 1936 33—36. [6.214].

Kloth, Willi u. *Theodor Stroppel:* Kräfte, Beanspruchungen und Sicherheiten in den Landmaschinen. RKTL-Schr. (1936) 71 7—11; Z. VDI **80** (1936) 4 85—92. [6.214].

Kloth Willi: Beanspruchungen. RKTL-Schr. H. 88 1938 13—15.

Schallert, Heinrich: Kräfte und Beanspruchungen in Drillmaschinen. RKTL-Schr. H. 88 1938 15—16.

Skalweit, H.: Kräfte und Beanspruchungen in Strohpressen. RKTL-Schr. H. 88 1938 33—35.

Stroppel, Theodor: Kräfte und Beanspruchungen in Bindemähern. RKTL-Schr. H. 88 1938 19—29.

Stroppel, Theodor: Untersuchung an Gabelheuwendern. RKTL-Schr. 91 1939 103—114.

Trost, Willi: Die Festigkeit von Dreschtrommelwellen. RKTL-Schr. H. 91 1939 62—68.

Stroppel, Theodor: Kräfte und Beanspruchungen in luftbereiften Ackerwagen. TidL. **21** (1940) 38—41. [6.252.48].

Stroppel, Theodor: Beanspruchung des Fahrgestelles luftbereifter Ackerwagen. Z. VDI **84** (1940) 35 651—652. [6.252.48].

Stroppel, Theodor: Beanspruchungen ländlicher Fahrzeuge beim Fahren über schlechte Wege. TidL. **22** (1941) 7 133—138 4 Lit.-St.; Techn.Z.-Schau **26** (1941) 20 345. [6.252.48].

Stroppel Theodor: Stoßfaktoren für luftbereifte Ackerwagen. Landtechnik **2** (1947) 23/24.

Stroppel, Theodor: Ursache und Wirkung der Kräfte im und am Ackerwagen. Ber. Landtechn. H. V 1948 12—32.

Getzlaff, G.: Messung der Kraftkomponenten an einem Pflugkörper. Grundl. Landtechn. (1951) 1 (9. Konstrukteurheft) 16—24.

Kloth, Willi: Über das Messen von Kräften und Spannungen in der Landtechnik. Grundl. Landtechn. (1952) 3 129—132.

Fahrzeugbau   1.13

Schienenfahrzeugbau   1.131

Gibson, Prible & Co.: United States safety appliances for all classes of cars and locomotives. 16th ed. Garret 1950.

Walk, Albert: Theoretische Betrachtungen über den Zusammenstoß zweier Eisenbahnwagen. Glas. Ann. **78** (1954) 2 35—44.

— Achsdruckverzeichnis (VAM). (Verzeichnis der für Wagen zulässigen Achsdrücke, Metergewichte, Achsstände und der zulässigen Lademaße, gültig für Vollspurstrecken und für Schmalspurstrecken mit Übergang von Vollspurwagen.) Münster (Dtsch. Bundesbahn Nr. 307 der Drucksachenkartei).

— Eisenbahn-Bau- und Betriebsordnung (BO). Bundesbahn-Zentralamt Minden. (Dtsch. Bundesbahn Nr. 300 der Drucksachenkartei.)

— Eisenbahn-Bau- und Betriebsordnung für Schmalspurbahnen (BOS). HVR Köln. (Dtsch. Bundesbahn Nr. 303 der Drucksachenkartei.)
— Grundzüge für den Bau und den Betrieb der Lokalbahnen (GrZ). (Dtsch. Bundesbahn Nr. 801 der Drucksachenkartei.)
— Technische Vorschriften für den Bau von Privatgüterwagen (TVP). Bundesbahn-Zentralamt Minden. (Dtsch. Bundesbahn Nr. 950 der Drucksachenkartei.)
— Vorschriften für geschweißte Fahrzeuge. (Dtsch. Bundesbahn Nr. 952 der Drucksachenkartei.)

Straßenfahrzeugbau 1.132

Thum, August u. *Armin Erker:* Zur Beanspruchung von Lastfahrzeugrahmen. ATZ **44** (1941) 167—171; Z. VDI **86** (1942) 3/4 58/59. [6.252.44].
Lehr, Ernst u. *R. Schulz:* Dynamische Dehnungsmessungen an einer Lastwagenhinterachse. ATZ **45** (1942) 17 461—470.
Glaubitz, Heinz: Beanspruchungsmessungen an Kraftfahrzeugen, insbesondere mit elektrischen Meßmitteln. ATZ **47** (1944) 139—152. [6.252.41].
Schilling, Robert: Operational stresses in automotive parts. SAE Quart. Trans. **5** (1951) April 292—308.
Garret, T. K.: Automobile dynamic loads. Automob. Engr. (1953) March/April 103—111, 152—157.
— Verordnung über die Zulassung von Personen und Fahrzeugen zum Straßenverkehr (St. VZO). München-Berlin: Becksche Verlagsbuchhandlung 1953

Wasserfahrzeugbau 1.133

Schnadel, G.: Dehnungs- und Durchbiegungsmessungen beim Stapellauf des Motorschiff „Caribia". Jb. Schiffbautechn. Ges. **35** (1934) 265 ff.
Schnadel, G.: Die Beanspruchung des Schiffes im Seegang. Jb. Schiffbautechn. Ges. **37** (1936) 129 ff.; Z. VDI **80** (1936) 8 208—210
Schnadel, G.: Erfassung der Kräfte und Beanspruchungen am Schiffskörper. Z. VDI **81** (1937) 43 1237—1240.
Bull, Baker, Johnson and *Ridler:* The measuring and recording of the forces acting on a ship at sea. Trans. Inst. Naval Architects 1938.
Schnadel, G.: Ship stresses in rough water in the light of investigations made upon the motorship „San Francisco". Trans. N. E. Coast Inst. Engrs. & Shipbuilders **54** (1938) 119—136.
Schnadel, G.: Freibord und Festigkeit von Seeschiffen unter Berücksichtigung von Wellenmessungen. Z. VDI **83** (1939) 26 765—774.
Hoefer, K.: Die Klassifikations- u. Bauvorschriften für maschinelle Einrichtungen 1940 des Germanischen Lloyd. Schiffbau **42** (1941) 9 148—152; Techn. Z.-Schau **26** (1941) 12 213.
Krone, W.: Die neuen „Vorschriften des Germanischen Lloyd für Klassifikation und Bau der Maschinenanlagen von Seeschiffen". Schiff u. Hafen **5** (1953) 433.
Freiberg, G.: Die neuen Vorschriften der DSRK für die elektrische Schweißung im Schiffbau. Schiffbautechn. **4** (1954) 11 357—360; Nachr. Bl. AGM Leichtbau **4** (1955) 2 11.

Luftfahrzeugbau (s. auch 6.254) 1.134

Hoff, Wilhelm: Die Festigkeit deutscher Flugzeuge. 36. DVL-Ber. 1922; ZFM **13** (1922) Beiheft 8 139—169.
Hoff, Wilhelm: Analysis of stresses in German airplanes. NACA Rep. 143 1922.
Baumann, A.: Über Festigkeitsrechnungen an Flugzeugen. ZFM **16** (1925) Beiheft 12 48—52.

Baumann, A.: Strength Calculations on Airplanes. NACA TM 341 Dec. 1925.

Doolittle, J. H.: Accelerations in flight. NACA Rep. 203 1925.

Fuchs, Richard u. *Hermann Blenk:* Die Beanspruchung von Flugzeugen beim Abfangen. 48. DVL-Ber. 1925, ZFM **16** (1925) 78—86.

Weyl, Alfred Richard: Über neuere amerikanische Beschleunigungsmessungen. ZFM **16** (1925) 21 451—458, 22 470—474.

v. Köppen, Joachim u. *W. Hübner:* Beschleunigungs-Messungen an Flugzeugen. 67. DVL-Ber. 1926, ZFM **17** (1926) 24 534—537.

Raethjen, P.: Beschleunigte Flugzeugbewegungen. ZFM **17** (1926) 24 537—549.

Gates, S. B. and *H. B. Howard:* On the maximum load in pulling out from vertical dives ARC R. & M. No. 1232 1928.

— Airplane strength calculations and static tests in Russia. (An attempt at standardization.) NACA TM 480 Sept. 1928.

Vogt, R.: Unsymmetrische Kräfte in der Flugzegzelle. ZFM **20** (1929) 11 274—276.

Hübner, Walter: Anweisung für die Prüfung der Eigenschaften von Flugzeugen. ZFM **21** (1930) 20 529—533.

Pabst, Wilhelm: Theorie des Landestoßes von Seeflugzeugen. ZFM **21** (1930) 9 217—226.

Küssner, Hans Georg: Beanspruchung von Flugzeugflügeln durch Böen. 225. DVL-Ber., ZFM **22** (1931) 19 579—589, 20 605—615, DVL Jb. 1931 83—100.

Pabst, Wilhelm: Landing impact of seaplanes. NACA TM 624 June 1931.

Peck, William C. and *Albert P. Beard:* Static, drop and flight tests on NY-2 landing gears including measurements of vertical velocities at landing. NACA Rep. 406 1931.

Taub, Josef: Beitrag zur Frage der Belastungsannahmen für den Landungsstoß von Seeflugzeugen. DVL-Ber. Nr. 229 1931, DVL-Jb. 1931 101—110; ZFM **22** (1931) 14 433—442.

Taub, Josef: Load assumptions for the landing impact of seaplanes. NACA TM 643 Oct. 1931.

Thalau, Karl: Zur Frage der Belastungsannahmen für Flugzeuge. DVL-Jb. 1931 80—82.

Küssner, Hans Georg: Stresses produced in airplane wings by gusts. NACA TM 654 Jan. 1932.

Küssner, Hans Georg u. *Karl Thalau:* Die Entwicklung der Festigkeitsvorschriften für Flugzeuge von den Anfängen der Flugtechnik bis zur Gegenwart. 278. DVL-Ber. 1932; Luftf. Forsch. **10** (1932) 1 1—54; ZFM **23** (1932) 11 313—318; DVL-Jb. 1932 III 37 ff.

Verduzio, Rudolfo: Stresses developed in seaplanes while taking off and landing. NACA TM 677 July 1932.

Küssner, Hans Georg and *Karl Thalau:* Development of the rules governing the strength of airplanes. I. German loading conditions up to 1926. II. Loading conditions in Germany (continued), England, and the United States. III. Loading conditions in France, Italy, Holland, and Russia. Aims at standardization. NACA TM 716, 717, 718 July, Aug. 1933.

— Airworthiness requirements for aircraft 1933. US Dep. Comm. Aeron. Branch. Aeron Bull. 7—16.

Kaul, Hans W.: Zum Lastfall „Hochreißen vor einem Hindernis". ZWB FB 91 1934 30 S.

Kaul, Hans W. u. *B. Filzek:* Zweckmäßige Wahl der Klassenteilung bei der Bestimmung der Verteilungskurve von Flügelbeanspruchungen für Flüge in böigem Wetter. ZWB FB 141 1934 12 S.

Kaul, Hans W. u. *H. Sehlhorst:* Beanspruchungen des Tragwerks bei verschiedenen Kunstflugfiguren. ZWB FB 161 1934 15 S.

Kaul, Hans W. u. *H. Schmidt:* Verlauf der Beschleunigungen und Spitzenwerte der Drehbeschleunigungen um Quer- und Längsachse während verschiedener Kunstflugfiguren. ZWB FB 173 1934 26 S.

Kaul, Hans u. *H. Huth:* Beanspruchsmessungen beim Hochreißen. ZWB PB 154 1934 28 S.

Kaul, Hans W. u. *Walter Pretschner:* Beanspruchungsmessungen beim Hochreißen eines dreimotorigen Flugzeugmusters. 1. Zwisch. Ber. ZWB PB 215/1 1935 14 S.

Michael, Franz u. *Alfred Teichmann:* Sicherheit und Gestaltung im Flugzeugbau. ATZ **37** (1934) 2 28—36. [6.254.0].

Michael, Franz: Bericht über die Nachprüfung der Festigkeit des Schwimmergestells des Flugzeugs D 2325, unter besonderer Berücksichtigung der neueren Belastungsannahmenvorschläge. ZWB PB 30 1934 14 S.

Pabst, Wilhelm: Bericht über einen neuen Entwurf von Lastannahmen von Schwimmwerken. ZWB FB 63 1934 9 S.

Teichmann, Alfred: Safety and design in airplane construction. NACA TM 755 Oct. 1934. [6.254.0].

Volmerange, A.: Construction aéronautique et securité. Aéronautique **16** (1934) 177 9—15; Luftwissen **1** (1934) 5 148.

Janik, Fr.: Les efforts d'un avion en air agité. Spraw. **8** (1935) 3 52—62; Luftwissen **3** (1936) 3 80.

Kaul, Hans W. u. *Walter Pretschner:* Beanspruchungsmessungen am Flugzeugmuster Boeing Mod. 247. ZWB FB 249 1935 50 S.

Kaul, Hans W. u. *H. Schmidt:* Bisherige Ergebnisse statistischer Erhebungen über die Beanspruchungen von Flugzeugtragwerken durch Böen. ZWB FB 257 1935 17 S.

Kaul, Hans W.: Weitere Versuchsergebnisse zum Lastfall: Hochreißen vor einem Hindernis. ZWB FB 285 1935 34 S.

Kaul, Hans W. u. *H. Höke:* Beanspruchungsmessungen beim Hochreißen. ZWB FB 375 1935 7 S.

Kaul, Hans W. u. *H. Höke:* Abfangsicherungen für Schnellflugzeuge. ZWB FB 483 1935—1938.

Kaul, Hans W. u. *B. Filzek:* Beanspruchungsmessungen im Fluge bei reiner Höhenruder- bzw. Querruderbetätigung. ZWB FB 499 1935 33 S.

Kaul, Hans W. u. *St. Groak:* Beanspruchung beim Hochreißen eines mit selbsttätigen Spaltflügeln ausgerüsteten Flugzeuges. ZWB FB 508 1935 27 S.

Kaul, Hans W.: Festlegung der Höhenleitwerkslastannahmen für bestimmte Flugzeugmuster an Hand von Flugversuchsergebnissen. ZWB FB 510/1, 510/2 1935 11 bzw. 12 S.

Kaul, Hans W. u. *H. Lindemann:* Vorausberechnung der Lastvielfachen beim Abfangen. 3. Teilbericht: Zur Festlegung der Höhenleitwerkslastannahmen an Hand von Flugversuchsergebnissen. ZWB FB 510/3 1935 34 S.

Kaul, Hans W. u. *H. Lindemann:* Zur Berechnung der Höhenleitwerkslast bei Höhenruderbetätigung. 4. Teilbericht: Zur Festlegung der Höhenleitwerkslastannahmen an Hand von Flugversuchsergebnissen. ZWB FB 510/4 1935 24 S.

Kaul, Hans W.: Beanspruchung des Tragwerks und Leitwerks beim Hochreißen. Jb. 1935 Vereinig. Luftf. Forsch. 163—177.

Küssner, Hans Georg: Häufigkeitsbetrachtungen zur Ermittlung der erforderlichen Festigkeit von Flugzeugen. Luftf. Forsch. **12** (1935) 2 57—61.

Mewes, Ernst: Seefähigkeitsprüfung eines Zweischwimmerflugzeugs vom Muster Junkers W 33 (Stoßkraftbestimmung im Schwimmwerk). ZWB FB 339 1935. 69 S.

Mewes, Ernst: Die Stoßkräfte an Seeflugzeugen bei Starts und Landungen. Jb. 1935 Vereinig. Luftf. Forsch. 139—154.

Neesen, Arthur u. *Alfred Teichmann:* Bemerkungen zu den Vorschriften für die Festigkeit von Flugzeugen. Luftwissen **2** (1935) 8 201—214, 9 251—254.

Douglas: Sicherheit mehrmotoriger Flugzeuge. ZWB Luftf. Schrifttum Ausland **2** (1936) 1.

Gough, M. N. and *A. P. Beard:* Limitations of the pilot in applying forces to airplane controls. NACA TN 550 Jan. 1936.

Kaul, Hans W. u. *K. Otto:* Vergleich der deutschen Festigkeitsvorschriften für Flugzeuge mit denen der CINA (DVL-Ber.). Luftwissen **3** (1936) 4 89—97, 6 153—163.

Rühl, Karl Helmut: Forschungsaufgaben über den Sicherheitsgrad von Flugzeugen. Jb. 1936 Lil. Ges. 258—264.

Sydow, J.: Spannungsmessungen an einem 10-t-Flugboot bei Starts im Seegang. ZWB PB 393 1936 25 S.

Sydow, J.: Beanspruchungsmessungen an einem BA-Flugboot bei Starts und Landungen im Seegang. ZWB PB 398 1936 22 S.

Bartsch, E. u. *W. Kochanowsky:* Formblätter zu den Belastungsannahmen. Ringb. Luftf. Techn. I B 5.

Borkmann, Karl: Arbeitsblätter zur Ermittlung der kritischen Geschwindigkeit. ZWB FB 740 1937 8 S.

Borkmann, Karl: Arbeitsblätter zur Ermittlung der kritischen Geschwindigkeit mit innerer Dämpfung. ZWB FB 820 1937 7 S.

Crowe, J. H.: An examination of the down gust structural strength requirements at lightly loaded weight. Aircr. Engng. **9** (1937) 99 119—122; Luftwissen **5** (1938) 1 25.

Jones, E. T., *G. Douglas,* *C. E. Stafford* and *R. K. Cushing:* Measurements of acceleration and water pressure on a sea-plane when dropped into water. ARC R & M 1807 1937; Luftwissen **5** (1938) 7 265.

Kaul, Hans W.: Beeinflussung der Abfangbeanspruchungen durch Gestaltungsmaßnahmen und Sicherheitsvorrichtungen. Luftf. Forsch. **14** (1937) 4/5 191—195; Jb. 1937 Dtsch. Forsch. I 164 ff.; Aircr. Engng. **9** (1937) 104 305.

Kaul, Hans W. u. *H. Lindemann:* Flugversuche und Rechnungen zur Bestimmung der Luftkräfte am Flugzeug bei Höhenruderbetätigung. Jb. 1938 Dtsch. Luftf. Forsch. I 194—205.

Kaul, Hans W. u. *Walter Pretschner:* Messungen der Normalkraft auf das Höhenleitwerk im Fluge. ZWB FB 512 40 S.; Jb. 1937 Dtsch. Luftf. Forsch. I 154—163.

Kochanowsky, W.: Zur Frage der Fahrwerksbeanspruchungen. ZWB FB 739 1937 34 S.

McAvoy, William H.: Maximum forces applied by pilots to wheel-type controls NACA TN 623 Nov. 1937.

Mewes, Ernst: Beanspruchung durch Wasserkräfte. Ringb. Luftf. Techn. I D 4 1937.

Neesen, Arthur u. *Alfred Teichmann:* Zum Neudruck der Vorschriften für die Festigkeit von Flugzeugen (Fassung Dez. 1936). Luftwissen **4** (1937) 2 43—52.

Rhode, Rich. V.: The gust-load problem. The results of accelleration data obtained on large and small commercial aeroplanes in America. Aircr. Engng. **9** (1937) 102 212—217; Luftwissen **4** (1937) 10 312.

Shiskin, S.: On the actual loads on airplane landing gears. NACA TM 821 March 1937.

Ehring, H.: Beanspruchungsmessungen im Schwimmergestell des Zweischwimmer- und des Zentralschwimmerflugzeugs Arado 196. ZWB FB 959 1938.

Engelmann, Helmut: Die Lufttüchtigkeit des Luftfahrtgerätes. Luftwissen **5** (1938) 9 331—336.

Freise, H.: Spitzenwerte und Häufigkeit von Böenbelastungen an Verkehrsflugzeugen. ZWB FB 937 1938 41 S.; DVL-Jb. 1938 210—224; Jb. 1938 Dtsch. Luftf. Forsch. I 289—302.

Höke, H. u. *H. Lindemann:* Ermittlung der Beanspruchung beim Abfangen für das Flugzeugmuster Junkers Ju 87 durch Flugversuch und Rechnung. ZWB UM 533 1938.

Kaul, Hans W.: Die erforderliche Zeit- und Dauerfestigkeit von Flugzeugtragwerken. Jb. 1938 Dtsch. Luftf. Forsch. I 274—288; DVL-Jb. 1938 195—209.

Kaul, Hans W.: Statistische Erhebungen über Betriebsbeanspruchungen von Flugzeugflügeln. Jb. 1938 Dtsch. Luftf. Forsch. Ergänz. Bd. 307—313.

Reussner, A. u. *A. Scholz:* Bemerkungen zu den Bauvorschriften für Flugzeuge, Heft 4: Triebwerk. Luftwissen **5** (1938) 6 224—225.

Gaßner, Ernst: Festigkeitsversuche mit wiederholter Beanspruchung im Flugzeugbau. DVL-Ber. Cf 407/4 1939; Luftwissen **6** (1939) 2 61—64. [1.343.31].

Pugsley, A. G. and *R. A. Fairthorne:* Note on airworthiness statistics. ARC R. & M. No. 2224 May 1939 4 p. 9 ref.; Index Aeron 4 (1948) 5 76.

Kaul, Hans W. Beanspruchung des Tragwerks und Höhenleitwerks beim Abfangen und Kurvenflug. Ringb. Luftf. Techn. I B 14 1940.

Lindemann, H.: Aufstellung von Seitenleitwerkslastannahmen an Hand von Flugversuchsergebnissen. Teil 1. Ermittlung der Luftkräfte am Seitenleitwerk bei harter Seitenruderbetätigung. ZWB FB 1161/1 1940 47 S.

— Regolamento per il collaudo statico dei velivoli. Registro Aeronautico Italiano, AIR Direzione Centrale. 1940.

Filzek, B.: Messungen der Tragwerkbeanspruchungen an verschiedenen Flugzeugmustern. ZWB FB 1509 1941 10 S.

Danielzig, H.: Unsymmetrische Höhenleitwerkslasten, ZWB FB 1366 1941 67 S.

Filzek, B.: Messungen der Tragwerksbeanspruchungen an verschiedenen Flugzeugmustern. ZWB FB 1509/2 1941 11 S.

Gassner, Ernst: Auswirkung betriebähnlicher Belastungsfolgen auf die Festigkeit von Flugzeugbauteilen. ZWB FB 1461 1941 111 S.; Diss. TH Darmstadt 1941; Jb. 1941 Dtsch. Luftf. Forsch. I 472—483. [1.343.31].

Kaul, Hans W. u. *B. Filzek:* Meßergebnisse über Betriebsbeanspruchungen von Flugzeugflügeln. Luftwissen **8** (1941) 1 20—24; Techn. Z.-Schau **26** (1941) 8 139.

Krumbholz, H.: Bemerkungen zur Häufigkeit der Böenbelastung am Tragwerk. Luftf. Forsch. **18** (1941) 2/3 82—85.

Pierce, Harold B.: Dynamic stress calculations for two airplanes in various gusts. NACA ARR (WR L-484) Sept. 1941.

Sydow, J.: Beanspruchungsmessungen am Flugboot Do 26 bei Starts und Landungen im Seegang. ZWB FB 1402 1941 41 S.

Sydow, J.: Beanspruchungsmessungen im Schwimmergestell des Zweischwimmerflugzeugs Heinkel He 115 D-AKPS. ZWB FB 1403 1941.

Burow, H., B. Filzek u. *H. Lindemann:* Ermittlung der Beanspruchungen beim Abfangen und beim Abschwung für das Flugzeugmuster BF 110 durch Flugversuch und Rechnung. ZWB FB 1557 1942 23 S.

Ehring, H.: Anwendung der Häufigkeitsauswertung zur Beurteilung der Festigkeit von Seeflugzeugen. ZWB TB **10** (1943) 5, Vorabdr. Jb. 1942 Dtsch. Luftf. Forsch. 12. Lfg. 47—54.

Hootman, J. A. and *A. R. Jones:* Results of landing tests of various airplanes. NACA TN 863 Sept. 1942.

Lindemann, H.: Flugbewegung und Flugbeanspruchung beim Fliegen durch eine Vertikal-Böe. ZWB FB 1573 1942 19 S., FB 1596 1942 27 S.

Schmitz, G.: Messungen der Tragwerksbeanspruchungen an verschiedenen Flugzeugmustern. ZWB FB 1509/3 1942 17 S.

Sydow, J.: Der Bodendruck beim Starten und Landen von Seeflugzeugen nach Versuch und Rechnung. ZWB FB 1592 1942 15 S.

— Norme per il collaudo di robustezza dei velivoli. Ministero dell' Aeronautica 1942.

Gaßner, Ernst u. *Alfred Teichmann:* Zur Aufstellung von Bemessungsregeln für Flugzeugbauteile. DVL-Ber. 1943.

Kreps, R. L.: Experimental investigation of impact in landing on water. NACA TM 1046 Aug. 1943.

Maier, E.: Zur Frage der Seitenbeanspruchungen von Flugzeugfahrwerken. Ber. Lil. Ges. 169 1943 9 S.

Ribnitz, W.: Messungen der Tragwerksbeanspruchungen an verschiedenen Flugzeugmustern. ZWB FB 1509/4 1943 17 S.

Schlaefke, K.: Zur Ermittlung der Beanspruchung von Flugzeugfahrwerken beim Start. ZWB TB **10** (1943) 1 29—30.

Biot, M. A. and *R. L. Bisplinghoff:* Dynamic loads on airplane structures during landing. NACA ARR 4 H 10 (WR W-92) Oct. 1944.

Cassens, J.: Zur Frage der Flugzeugfestigkeit bei starker Überladung. Sitzung der Arbeitsgruppe Tragwerk in der Entwicklungsgruppe „Bauweisen der Flugzeugzelle" am 24. 6. 1944 in Bad Eilsen. Ber. Lil. Ges. 179a 1944.

Darevsky, V. M.: Determination of the stresses produced by the landing impact in the bulkheads of a seaplane bottom. NACA TM 1055 Jan. 1944.

Fromm, H.: Untersuchungen über Seitenkräfte und Wendemomente am Fahrwerk und ihre Bedeutung für die Verbesserung der Lastannahmen. Ber. Lil. Ges. 169 1944 10 S.

Kaspereit, Hans: Vorbereitende Arbeiten zur Neugestaltung der Bauvorschriften für das Fahrwerk. Ber. Lil. Ges. 169 1944 3 S.

Westfall, John R.: Accelerations measured at center of gravity and along span of the wing of a B-24 D airplane landing impacts. NACA MR (WR L-583) Aug. 1944.

Batterson, Sidney A.: Variation of hydrodynamic impact loads with flight-path angle for a prismatic float at 3^0 trim and with a $22^1/_2^0$ angle of dead rise. NACA RB L 5 A 24 (WR L-211) Febr. 1945.

Batterson, Sidney A.: Variation of hydrodynamic impact loads with flight-path angle for a prismatic float at 12^0 trim and with a $22^1/_2^0$ angle of dead rise. NACA RB L 5 K 21a (WR L-68) Febr. 1946.

Batterson, Sidney A. and *Thelma Steward:* Variation of hydrodynamic impact loads with flight-path angle for a prismatic float at 6^0 and 9^0 trim and a $22^1/_2^0$ angle of dead rise. NACA RB L 5 K 21 (WR L-69) Febr. 1946.

Gassner, Ernst: Strength investigations in aircraft construction under repeated application of the load. NACA TM 1087 Aug. 1946 [1.343.31].

Pierson, J. D.: JRM-1 landing impact characteristics from model tests. NACA ARR 5 L 03 (WR W-106) Febr. 1946.

Westfall, John R.: Measurements of landing-gear forces and horizontal-tail loads in landing tests of a large bombertype airplane. NACA TN 1140 Sept. 1946.

Wittmeyer, H.: Richtlinien für den Entwurf flattersicherer Flugzeuge. I. II. Aerodyn. Vers. Anstalt Göttingen, (AVA) Ber. 46/J/3, 46/J/4 1946. [6.254.20].

Benscoter, Stanley U.: Impact theory for seaplane landing. NACA TN 1437 Oct. 1947.

Garvin, John B.: Flight measurements of aerodynamic loads on the horinzontal tail surface of a fighter-type airplane. NACA TN 1483 Nov. 1947.

— Conditions générales de résistance statique des avions et hydravions. Ministère de l'Air, Direction Techn. & Industr. AIR 2004 Fevr. 1947.

Benscoter, Stanley U.: Effect of partial wing lift in seaplane landing impact. NACA TN 1563 April 1948.

Milwitzky, Benjamin: A generalized theoretical and experimental investigation of the motions and hydrodynamic loads experienced by V-bottom seaplanes during steplanding impacts. NACA TN 1516 Febr. 1948.

Ramberg, W. and *A. E. McPherson:* Experimental verification of theory of landing impact. J. Res. Nat. Bur. Stand. **41** (1948) 5 509—520 6 ref.; Index Aeron. **5** (1949) 3 59.

Savitsky, Daniel: Theoretical and experimental wing-tip accelerations of a small flying boat durig landing impacts. NACA TN 1690 Sept. 1948.

Stowell, Elbridge Z., John C. Houbolt and *S. B. Batdorf:* An evaluation of some approximate methods of computing landing stresses in aircraft. NACA TN 1584 May 1948.

Stowell, E. Z.: An evaluation of some approximate methods of computing landing stresses in aircraft. Proc. SESA. **5** (1948) 2 25—33 4 ref.; Index Aeron. **4** (1948) 10 54.

— British civil airworthiness requirements. Sect. A: General information and procedure. April 1952, Sect. C: Engines and Propellers. Jan. 1951, Sect. D: Aeroplanes. Jan. 1951, Sect. E: Gliders. March 1948. Publ. Dep. Air Registration Board, Cheltenham, Glos.

Jenkins, E. S. and *C. D. P. Pancu:* Dynamic loads on airplane structures SAE Quart. Trans. **3** (1949) July 391—409; AMR **3** (1950) 11 349.

Williams, D.: Strength of aeroplanes in relation to repeated loads. Aeron. Quart. **1** (1950) Pt. 4 291—304 5 ref.; Index Aeron. **6** (1950) 4 63.

Gatewood, B. E. and *E. L. Williams:* Allowable compressive stresses in aircraft structures I. S. A. Previews Prepr. No. 308; J. Aeron. Sci. **18** (1951) 10 657—664; Aeron. Engng. Rev. **10** (1951) 8 37; AB **22** (1951) 11 675, 12 745.

Schuler, W. T.: Fatigue problems in transport aircraft. Inst. Aero. Sci. Prepr. 315 Jan./Feb. 1951 20 p.; Index Aeron. **7** (1951) 8 76.

— Conditions générales de résistance statique des planeurs. Ministère de la Defense Nat. Secretariat d'état aux Forces arméés (Air) Direction Techn & Industr. AIR 2104 Oct. 1951.

Monaghan, R. J.: A review of the essentials impact force theories for seaplanes and suggestions for approximate design formulae. ARC R. & M. 2720/ARC 11245 1952 27 p. 17 ref.; Index Aeron. **8** (1952) 10 76.

Morley, L. S. D. and *F. J. Plantema:* A discussion of the effect of the flexibility of aircraft during landing impact. NLL Rep. S. 369 Jan. 1952 33 p. 44 ref.; Index Aeron. **8** (1952) 8 83.

Plantema, F. J.: Stressing of flexible aircraft during landing NLL Rep. S. 373 March 1952 19 p. 3 ref.; Index Aeron. **8** (1952) 9 74—75.

Raithby, K. D.: Effects of rate and duration of loading on the strength of aircraft structures. ARC R. & M. 2736/ARC 12600 1952 13 p. 9 ref.; Index Aeron. **8** (1952) 10 72.

Tye, Walter: Modern trends in civil airworthiness requirements. J. Roy. Aeron. Soc. (1952) Febr.

Wills, H. A.: Steructural fatigue and airline safety. Aircraft (Australia) (1952) June.

Yntema, Robert T.: An impulse-momentum method for calculating landing-gear impact conditions in unsymmetrical landings. J. Aeron. Sci. **19** (1952) 11 743—750.

Zahorski, A.: Remarks on dynamic loads in landing. J. Aeron. Sci. **19** (1952) 4 258—264 6 ref.; Index Aeron. **8** (1952) 8 83—84.

Fung, Y. C.: Statistical aspects of dynamic loads. J. Aeron Sci. **20** (1953) 5 317—330 21 ref.

Taylor, J.: Measurement of gust loads in aircraft. J. Roy. Aeron. Soc. (1953) Febr.

Walker, P. B.: Estimation of the fatigue life of a transport aircraft. J. Roy. Aeron. Soc. **57** (1953) 514 613—617 4 ref.; Index Aeron. **9** (1953) 12 81.

— Civil Aeronautics. (CAR) Pt. 3. Airplane airworthiness-normal utility, acrobatic and restricted purpose categories. May 1953. Pt. 4a. Airplane airworthiness. Nov. 1953. Pt. 4b Airplane airworthiness, transport categories. Apr. 1954 Pt. 5. Glider airworthinness. May 1953. Civil Aeron. Board (CAB) U.S.A.

— Prüfordnung für Luftfahrtgeräte vom 31. Okt. 1953. Bern: Eidgenössisches Luftfahrtamt 1953.

— Technische voorschriften voor zweefvliegtuigen. Rijksluchtvaartdienst Ministerie van Verkeer en Waterstaat Nederl. Juni 1953.

Kennedy, A. P.: A method for determining the "safe" life of an aircraft wing from fatigue test results. J. Roy. Aeron. Soc. **58** (1954) 521 361—366 4 ref., Index Aeron. **10** (1954) 6 107.

Joy, C. F.: Safety in aircraft design. Handley-Page Bull. Summer 1954 9.

Mangurian, George N.: Is the present aircraft structural factor of safety realistic? Appendix A. Required factors of safety for design of civil aircraft. Appendix B. Required factor of safety for design of aircraft (USAF). Aeron. Engng. Rev. **13** (1954) 9 63—75.

Marth, Verlyn G.: Flight-test techniques to air-load distribution and structural research. Aeron. Engng. Rev. **13** (1954) 9 76—82.

Rummel, R. W.: Airplane design and safety. Skyways (1954) Aug. 9.

Turner, F.: The service life of aircraft structures. An examination from a statistical viewpoint of the fundamentals upon which aircraft stressing is based. Aircr. Engng. **26** (1954) 306 260—263.

Förderanlagen 1.14

— Bestimmungen für die Berechnung von Aufzugdrahtseilen. Minister für Handel und Gewerbe: HM-Blatt 246 v. 4. 5. 1924.

Garlepp: Zulässige Spannungen und Dauerfestigkeit im Kran- und Verladebrückenbau. Maschinenb. Betrieb **5** (1931) 86—90.

— Vorschriften für den Bau von Luftseilbahnen, die für Personenverkehr konzessioniert sind. Bern: 1933.

American Safety Standards: A 17.1 (1937) Elevators, dumbwaiters and excavators, A 20.1 (1947) Conveyors, cableways and related equipment, A 20.2 (1943) Cranes, derricks and hoists.

Hänchen, Richard: Sicherheit und zulässige Spannung im Maschinen- und Hebezeugbau. Fördertechnik **36** (1943) 910 75—81; 11/12 94—100, 13/14 124—127, 15/16 144—153; 17/18 167—174, 19/20 184—189.

Klöppel, Kurt: Zur Frage der Vorschriften für geschweißte Fachwerkkrane. Z. VDI **87** (1943) 31/32 501—503.

Reichert, P.: Standsicherheitsbestimmungen des Auslandes für Krane, Stand 1951. Fördern u. Heben **4** (1954) 4 200.

— Musterbauvorschrift für Hafenkrane. Hansa **91** (1954) 17/18 780—786.

Bergbau 1.15

Domke, O.: Statische Untersuchungen über die zweckmäßigste Ausbildung des Ausbaus tiefer Schächte nach dem Gefrierverfahren. Gutachten 1930 (für einige Schachtbaufirmen).

— Fördergerüste für den Bergbau. Einführungserlaß vom 30. 3. 1937. Zbl. Bauverwaltung 1937 483 ff.

Mohr, Fritz: Grundlagen der Berechnung des Ausbaus von Schächten unter besonderer Berücksichtigung von Gefrierschäden. Bergbau-Arch. **2** (1946) 7—57.

Mohr, Fritz: Lastannahmen beim Schachtausbau. Glückauf **85** (1949) 17/18 287—294.

Mohr, Fritz: Die Beanspruchungen und Berechnungen des Schachtausbaus. Glückauf **86** (1950) 437—452.

Herbst, H.: Drahtseilanwendung im Bergbau des Auslandes. (Int. Tagung England 1950.) Z. VDI **93** (1951) 16 443—444. [6.263.1].

Bauwesen, Brücken- und Hochbau   1.16

Gehler, W.: Sicherheitsgrad und Beanspruchung. Bericht über die 2. Int. Tagung f. Brücken- und Hochbau Wien. 1928. Berlin: Springer 1929 216 ff.

Kucharski, W.: Der Begriff des Sicherheitsgrades bei Knickungsfällen. Werft, Reederei, Hafen (1930) 89—91.

— Vorläufige Bestimmungen für Holztragwerke (Dt. Reichsbahn Gesellsch.) Amtl. Ausg. Eingef. durch Verfügung der Hauptverwaltung vom 12. 12. 26. 3. Aufl. 1931. 20 S.

Gottfeldt, Harry: Stahlbau. Z. VDI **76** (1932) 38 901—907.

Koppenberg, H.: Die Entwicklung des Baustahles St 52. Vergleichende Betrachtung über die Höhe der zulässigen Beanspruchung in Deutschland und Amerika. Z. VDI **76** (1932) 44 1080—1081.

Melan, Ernst: Die Bestimmung des Sicherheitsgrades einfach statisch unbestimmter Fachwerke. ZAMM **12** (1932) 3 129—136. [1.212.1].

Schächterle, Karl: Zulässige Spannungen bei genieteten und geschweißten Stahlbrücken. Bautechnik **10** (1932) 44 590—593, 45 603—605.

Kommerell, Otto: Neue Vorschriften für geschweißte, vollwandige Eisenbahnbrücken. Stahlbau **8** (1935) 20 153—159.

— Vorschriften für geschweißte Stahlhochbauten. Z. VDI **78** (1934) 48 1411—1412.

Unold, G.: Belastungsannahmen für bewegliche Brücken. Hütte, Bd. 3. 26. Aufl. Berlin: Ernst 1936 741.

de Fleury R. et H. Portier: Les relations entre l'allégement et la sécurité dans les transpositions de matériaux. Génie Civil 110 (1937) 23 501—503, 24 522—523.

— Berechnungsgrundlagen für Stahl und Gußeisen im Hochbau. Samml. Techn. Baupolizeibestimmungen Heft 3. Eberswalde-Berlin-Leipzig: Verlagsges. R. Müller 1937 35 S.

— Neuregelung der zulässigen Spannungen für Stahl im Hochbau. Z. VDI **81** (1937) 12 359—360.

— Vorschriften für geschweißte vollwandige, stählerne Straßenbrücken. Z. VDI **81** (1937) 44 1280.

— Bestimmungen für die Ausführung von Bauwerken aus Holz im Hochbau. Z. VDI **82** (1938) 29 862—863.

Flachsbart, O.: Die Windbelastung von Hallendächern. Mitt. Forsch. Anst. GHH Konzern **7** (1939) 3.

Thran, U.: Einfluß ungleicher Erwärmung der Brückenhauptträger auf die Windverbände. Diss. TH Breslau 1939; Z. VDI **84** (1940) 702—703.

— Lastenannahmen im Hochbau (Verkehrs- und Windlasten). Z. VDI **83** (1939) 1 42—43.

— Holzbauwerke, Berechnung und Ausführung (DIN 1052). Zbl. Bauverw. **61** (1940) Beilage zu Heft 2/3; Techn. Z.-Schau **26** (1941) 6 105.

Dannien, W.: Neue Baupolizeibestimmungen für Holzbauwerke. DIN 1052, DIN 4074. Z. VDI **85** (1941) 39/40 811—812.

Kersten, G.: Lastannahmen für Bauten, Bau- und Lagerstoffe, Bodenarten und Schüttgüter. DIN Normblatt 1055 Bl. 1. Z. VDI **85** (1941) 162.

Taubert, Friedrich: Bemerkungen und Vorschläge zu den neuen Holzbauvorschriften (DIN 1052). Bautechnik **19** (1941) 50/51 543—546.

Roš, Mirko Gottfried: Materialqualität und Sicherheit im Bauwesen und in der Maschinenindustrie. EMPA Disk.-Ber. Nr. 143. [1.11].

Graf, Otto u. *Gustav Weil:* Über Versuche zur Messung von Windkräften und Auflagerkräften an einem 190 m hohen hölzernen Turm, durchgeführt in den Jahren 1935—1943. Fortschr. u. Forsch. im Bauwesen, Reihe A H. 14 1944 11—20.

Hasenjäger, Siegfried u. *Curt Prenzlow:* Die derzeitigen Erkenntnisse über Windlast und Schneelast und die baupolizeilichen Bestimmungen. (DIN 1055 Bl. 4 u. 5.) Fortschr. u. Forsch. im Bauwesen, Reihe A H. 14 1944 1—10.

— American Safety Standards: A 10,2 (1944) Safety code for bulding construction.

Frankland, F. H., A. M. Freudenthal a. o.: The safety of structures. Proc. ASCE **71** (1945) 8 1157—1191, **72** (1946) 1 111—114, 2 251—254, 4 559—560, 6 885—888; BSA **20** (1947) 73.

Gaber, E.: Versuche und Betrachtungen über die Sicherheit von Stahlbrücken. Technik (Berlin) **1** (1946) 2 57—65. [6.272], [1.442.42], [1.442.44].

Wedler, Bernhard: Verzeichnis der maßgebenden technischen Baubestimmungen und wichtiger anderer Richtlinien und Normen (Stand April 1946). Berlin: Verlagsges. Lipfert 1946 25 S.

— The structural use of timber in buildings. Draft code 112. British standard code of practice London: 1947.

Freudenthal, A. M.: Inelastic behaviour and safety of structures. Publ. Int. Ass. Bridge Struct. Engng. 1948, Third Congress. Prelim. Publ. 643—650; AMR **2** (1949) 2 30.

Lévi, Robert: La sécurité des constructions. Publ. Int. Ass. Bridge Struct. Engng. 1948 Third Congress. Prelim. Publ. 587—601; AMR **2** (1949) 1 10.

Moe, A. J.: Begriff der Sicherheit. Publ. Int. Bridge Struct. Engng. 1948 Prelim. Publ. 625—642; AMR **2** (1949) 1 10.

Wastlund, George: A method for calculating the safety factor in buckling of fixed-end arches for any variation in moment of inertia. Inst. Byggnad, Medd. **3** (1948) 3—7.

Wedler, Bernhard: Vorschriften für Stahlhochbau mit Einführungserlassen DIN 1050, 4100 und 1051 (Stand Juli 1948). 5. Aufl. Berlin: Ernst 1948 47 S.

Bijlaard, P. P.: Economy and safety by a correct design and calculation of load bearing structures. Voordrachten Koninklij Inst. van Ingenieurs 's Gravenhage. **1** (1949) 2 28 S.

Kohl, Ernst: Über Nebenspannungen und zulässige Beanspruchungen im Stahlbau. (Stahlbau-Tag. Braunschweig 1949.) Abh. Stahlbau, Heft 8. 1949 36—46.

Lévi, Robert: Theorie der Wahrscheinlichkeit auf die Sicherheit von Ingenierbauten angewandt. Ann. Ponts Chaussées **119** (1949) 4 493—539. Road Abstr. **17** (1950) 12 1004.

Wedler, Bernhard: Holzbauwerke und Holzbrücken. Berechnung und Ausführung. DIN 1052 und 1074 und Gütevorschriften für Bauholz, DIN 4074, mit Einführungserlassen für die Baupolizei und Erläuterungen. Stand November 1948 Berlin: Ernst 1949 68 S. [6.271], [6.272].

— Minimum design loads in buildings and other structures. Amer. Standards Ass. A 58. 1. [6.271].

Pugsley, Grenville: Concepts of safety in structural engineering. J. ICE **36** (1950) 5 5—51, **37** (1951) 5 5—31; AMR **4** (1951) 8 459.

— Specifications for heavy duty structures of high-strength aluminium alloy. Progress Report of the Committee of the Structural Division on design in lightweight structural alloys. Proc. ASCE Separate No. 22 June 1950 30 p.; AB **21** (1950) 7 387. [6.131].

Buske, Franz: Die Bestimmung der Stegblechdicke aus der Beulsicherheit nach den Vorschriften der DIN 4114. Stahlbau **21** (1952) 1 12—15.

Klöppel, Kurt: Zur Einführung der neuen Stabilitätsvorschriften. Abh. Stahlbau, H. 12 1952 84—143.

— Amtliche Bestimmungen für die statische Prüfung genehmigungspflichtiger Bauvorhaben mit Verzeichnis der Prüfingeniere für Baustatik. Düsseldorf-Lohausen: Werner 1952 48 S.

— Specifications for structures of a moderate strength aluminium alloy of high resistance to corrosion. Proc. ASCE **78** (1952) 132 May 33 p.; AB **23** (1952) 6 308. [6.131].

Chwalla, Ernst: Über die Behandlung der Stabilitätsfragen in den deutschen und österreichischen Stahlbaunormen. Stahlbau **22** (1953) 4 73—80.

Morisse, Dodo: Beitrag zur Winddruckforschung und Vorschlag zur Ergänzung der Windlastvorschrift in DIN 1055 Bl. 4. Bau & Bauindustrie **6** (1953) 13 276—278, 16 380—383.

Wansleben, F.: Betrachtungen zu den Stabilitätsvorschriften DIN 4114. Bau & Bauindustrie **6** (1953) 13 278—280.

Deutschmann, H.: Wie groß ist die wirkliche Sicherheit unserer Bauwerke? Bau & Bauindustrie **7** (1954) 19 567—570.

Horne, M. R.: The effect of variable repeated loads in building structures designed by the plastic theory. Publ. Int. Ass. Bridge & Struct. Engng. **14** (1954) 53—74.

Kollmar, A. u. K. Jacoby: Berechnungsgrundlagen für stählerne Eisenbahnbrücken (BE). Neuerungen der Ausgabe 1951. Stahlbau **23** (1954) 1 1—4, 2 33—42.

Pfaff, W.: Durchbiegungsvorschriften und Schwingungsverhalten von Brücken. Bauing. **29** (1954) 7 249—254.

Rüsch, H.: Der Einfluß des Sicherheitsbegriffes auf die technischen Regeln für vorgespannten Beton. Schweiz. Arch. **20** (1954) 3 85—93.

Topaloff, B.: Stationärer Winddruck auf Hängebrücken. Stahlbau **23** (1954) 5 109—113.

— Entwurf zur Neufassung der DIN 1050 — Berechnungsgrundlagen für Stahl im Hochbau. Stahlbau **23** (1954) 11 273—278.

— Berechnungsgrundlagen für stählerne Eisenbahnbrücken (BE). Bundesbahn-Zentralamt München. (Dtsch. Bundesbahn Nr. 804 der Drucksachenkartei.)

— Grundsätze für die bauliche Durchbildung stählerner Eisenbahnbrücken (GE). Bundesbahn-Zentralamt München. (Dtsch. Bundesbahn Nr. 805 der Drucksachenkartei.)

— Technische Vorschriften für den Rostschutz von Stahlbauwerken (RoSt). Bundesbahn-Zentralamt München. (Dtsch. Bundesbahn Nr. 807 der Drucksachenkartei.)

— Technische Vorschriften für Stahlbauwerke (TVSt). (Dtsch. Bundesbahn Nr. 827 der Drucksachenkartei.)

— Vorläufige Vorschriften für geschweißte vollwandige Eisenbahnbrücken. Bundesbahn-Zentralamt München. (Dtsch. Bundesbahn Nr. 848 der Drucksachenkartei.)

Grüning, Martin: Die Tragfähigkeit statisch unbestimmter Tragwerke aus Stahl bei beliebig häufig wiederholter Belastung. Berlin: Springer 1926. IV, 30 S.

He¹mann, H.: Beitrag zur Berechnung statisch unbestimmter Tragwerke. Berlin: Springer 1928. IV, 24 S.

Worch, G.: Studien über die Wahl der Unbekannten bei der Berechnung statisch unbestimmter Systeme. Beton und Eisen **27** (1928) 19 363—371.

Wahed, Sayed Abd El: Die Gelenkmethode. Ein Verfahren zur Ermittlung statisch unbestimmter Größen und deren Einflußlinien. Berlin: Springer 1931. V, 46 S.

Bleich, Hans: Über die Bemessung statisch unbestimmter Stahltragwerke unter Berücksichtigung des elastisch-plastischen Verhaltens des Baustoffes. Bau-Ing. **13** (1932) 261—267.

Hertwig, A.: Das Kraftgrößenverfahren und das Formänderungsverfahren für die Berechnung statisch unbestimmter Hauptsysteme. Stahlbau **6** (1933) 19 145—149.

Schaechterle, K.: Modellverfahren zur Ermittlung der inneren Kräfte von beliebig belasteten statisch unbestimmten Tragwerken mit Hilfe der Drehwinkelverformungslehre. Organ Fortschr. Eisenbahnwes. (1933) 23.

Kohl, Ernst: Die Bedeutung der Orthogonalität für die Berechnung hochgradig statisch unbestimmter Systeme. Stahlbau **7** (1934) 1 1—4.

Sänger, E.: Bruchstatik im Flugzeugbau. Luftwissen **2** (1935) 2 31—35.

Braun, Otto: Nachträgliche Querschnitts- und Systemänderungen statisch unbestimmter Tragwerke, insbesondere Systeme mit veränderlicher Gliederung und abgespannte Konstruktionen. Ein Beitrag zur Deformationsmethode. Diss. TH Berlin 1936.

Mortada, S. A.: Beitrag zur Untersuchung der Fachwerke aus geschweißtem Stahl und Eisenbeton unter statischen und Dauerbeanspruchungen. EMPA Disk. Ber. Nr. 103 1936; Z. VDI **82** (1938) 49 1409—1411 (Ref. v. M. Roš). [1.442.12], [1.442.14].

Krabbe: Zurückführung hochgradig unbestimmter Systeme auf einfachere Systeme durch Biegungsmessungen am bestehenden Bauwerk. Stahlbau **11** (1938) 17 129—132.

Minelli, C.: Das energetische Verfahren in der Flugzeugstatik. Jb. 1938 Dtsch. Luftf. Forsch. 139—146.

Dašek, V.: Das abgekürzte und verallgemeinerte Momentenverteilungsverfahren. Beton und Eisen **39** (1940) 206.

Kriwoschein, G.: Anwendung der Simpsonschen Regel zur Ermittlung der Biege- und Einflußlinien. Stahlbau **13** (1940) 5/7 21—25.

Cozzone, F. P. and *F. R. Shanley:* Unit method of beam analysis. J. Aeron. Sci. **8** (1941) 6 246—255.

Lamberg, Rudolf: Ansatzkontrollen von Elastizitätsgleichungen. Bauing. **23** (1942) 31/32 233—234.

Amstutz, E.: Neue Methoden der analytischen Statik linearer Probleme. Schweiz. Arch. **9** (1943) 4 101—109.

Amstutz, E.: Graphische Statik der Formänderungsprobleme. Schweiz. Bauztg. **122** (1943) 4 37—39.

Dischinger, F.: Beitrag zur Berechnung der Tragwerke mittels der Formänderungsmethode. Forsch. Hefte Stahlbau, H. 6. Berlin: Springer 1943 22 ff.; Bautechnik-Arch. (1947) 1 17

Hemp, W. S.: On the analysis of statically inditermenate structures. ARC R. & M. 2396 Nov. 1946 7 p.; Index Aeron. **6** (1950) 10 6.

Klöppel, Kurt u. *K. H. Lie:* Formänderungsgrößenverfahren in der Statik — Überblick, Ableitung und Anwendung. Technik (Berlin) **2** (1947) 10 445—452.

Johannsen, Johannes: Das Cross-Verfahren. Die Berechnung biegefester Tragwerke nach der Methode des Momentenausgleichs. Berlin-Göttingen-Heidelberg: Springer 1948. VI, 123 S.

Kirste, Leo: Eine Erweiterung der Steifigkeitsmethode. Oest. Ing. Arch. **2** (1948) 3 226—229.

Bennet, E. W.: The analysis of indeterminate structures by the four-moment theorem. Concr. Constr. Engng. **44** (1949) 10 303—308; Bull. Anal. C. N. R. S. **11** (1950) 11 3633.

Grüning, H.: Kraftgrößenverfahren oder Formänderungsgrößenverfahren. Bauing. **24** (1949) 12 361—364.

Neal, B. G. and *P. S. Symonds:* The calculation of collapse and shakedown loads for elastic-plastic structures. Graduate Div. Appl. Math., Brown University, Providence, R. I. Techn. Rep. A 11—41 1949; AMR **3** (1950) 11 348.

Symonds, P. S. and *William Prager:* Elastic-plastic analysis of structures subjected to loads varying arbitrarily between prescribed limits. ASME Prepr. 49-A-13 Nov.-Dec. 1949 9 p. 20 ref.; Index Aeron. **6** (1950) 10 5. [1.342.31].

Falkenheiner, Helmut: Le calcul systématique des caractéristiques elastiques des systèmes hyperstatiques. Rech. Aéron. (1950) 17 17—31.

Weleff, Wassil: Anwendung der geometrischen Reihe für die Berechnung statisch unbestimmter Tragwerke. Diss. TH Stuttgart 1951 73 S.

Falkenheiner, Helmut: La systématisation du calcul hyperstatique d'après l'hypothèse du "schéma du champ homogène". Rech. Aéron. (1951) 23 61—65.

Pöschl, Th.: Über eine Anwendung der Matrizenrechnung auf die Theorie der Fachwerke. Ing.-Arch. **19** (1951) 1 69—74.

Schröder, H.: Das erweiterte Cross'sche Verfahren (Theorie II. Ordnung), und: Ein Beitrag zum ebenen Stabilitätsproblem der Stabwerke. Diss. TH Karlsruhe 1951.

Symonds, P. S. and *B. G. Neal:* Recent progress in the plastic methods of structural analysis J. Franklin Inst. **251** (1951) 11, 12, **252** (1951) 5 383—407, 19 ref.; Index Aeron. **8** (1952) 3 69.

van Beek, E. J.: Practical analysis of statically indeterminate aircraft structures. Ingenieur **64** (1952) 52 L 47—L 54; Index Aeron. **9** (1953) 3 63.

Biermann, W. u. *H. W. Stolle:* Ein vereinfachtes Festwertverfahren zur Berechnung mehrfach statisch unbestimmter Systeme. Bauplanung u. Bautechnik **6** (1952) 15 547—554, **7** (1953) 2 66—68.

Strigl, G.: General approximation methods for calculation of highly statically indeterminate systems (in German). Stahlbau **21** (1952) 9 167—170, 10 192—196; AMR **6** (1953) 12 552—553.

Wehle, L. B. jr. and *W. Lansing:* A method for reducing the analysis of complex redundant structures to a routine procedure. Inst. Aeron. Sci. Prepr. 367 Jan./Feb. 1952 30 p. 7 ref.; J. Aeron. Sci. **19** (1952) 10 677—684; Index Aeron. **8** (1952) 7 80.

Craemer, H.: Zur Systematik des plastischen Momenten- und Spannungsausgleichs in Stabwerken unter Biegung. Ing.-Arch. **21** (1953) 3 187—190.

Falkenheiner, Helmut: Systnmatic analysis of redundant elastic structures by means of matrix calculus. J. Aeron. Sci. **20** (1953) Apr. 293—294.

Francis, A. J.: Some recent developments in structural analysis and design. Instn. Engrs. (Australia) Proc. Engng. Conf. 1953 11 p.; AMR **7** (1954) 1 12. [1.230].

Michielsen, H. F. and *A. Dijk:* Structural modifications in redundant structures. J. Aeron. Sci. **20** (1953) 4 286—288; AMR **6** (1953) 12 552.

Sattler, Konrad: Das „Durchbiegungsverfahren" zur Lösung von Stabilitätsproblemen. Bautechnik **30** (1953) 10 288—294, 11 326—331. [1.342.31].

Argyris, John H.: Energy theorems and structural analysis. A generalized discourse with applications on energy principles of structural analysis including the effects of temperature and non-linear stress-strain relations. Part I. General theory. Aircr. Engng. **26** (1954) 308 347—356, 309 383—387, 394, **27** (1955) 312 42—58, 313 80—94.

Kosko, E.: Effect of local modifications in redundant structures. J. Aeron. Sci. **21** (1954) 3 206—207 4 ref.; Index Aeron. **10** (1954) 5 97.

Lacroix, Pierre: Beitrag zur Untersuchung der algebraischen Ausdrücke von Einflußlinien. Acier-Stahl-Steel **19** (1954) 9 440—446.

Levi, Franco: Poutres hyperstatiques précontraintes en phase d'adaptation. Schweiz. Bauztg. **72** (1954) 34 485—489.

Masur, E. F.: Lower and upper bounds to the ultimate loads of buckled redundant trusses. Quart. Appl. Math. **11** (1954) 4 385—392 8 ref.; Index Aeron. **10** (1954) 5 97.

Schwalbe, W. L.: The conjugate load method in structural analysis. J. Roy. Aeron. Soc. **59** (1955) 531 199—208 5 ref.

Ebene Tragwerke   1.212

Fachwerkträger   1.212.1

v. Mises, Richard u. *Julius Ratzersdorfer:* Die Knicksicherheit von Fachwerken. ZAMM **5** (1925) 3 218—235.

Zimmermann, H.: Knickfestigkeit der Stabverbindungen. Berlin: Ernst 1925. VII, 99 S.

Pollaczek-Geiringer, H.: Über die Gliederung ebener Fachwerke. ZAMM **7** (1927) 1 58—72.

Worch, G.: Die Berechnung von Fachwerkträgern mit biegungsfestem Obergurt. München-Berlin: Oldenbourg 1928. 99 S.

Bijlaard, P. P.: Considerations on the most economical truss, Openbare Werken No. 13 1931.

Hohenemser, K.: Elastisch-bildsame Verformungen statisch unbestimmter Stabwerke. Ing.-Arch. **2** (1931) 4 472—482.

Steuding, H.: Zur strengen Berechnung der Stabkräfte und Momente im Rhombenfachwerk in Abhängigkeit von den Schlankheitsverhältnissen der Gurt- und Diagonalstäbe. ZAMM **11** (1931) 4 285—313.

Ježek, K.: Die Berechnung von Fachwerken nach einer Theorie zweiter Ordnung. Ing.-Arch. **3** (1932) 4 371—393.

Melan, Ernst: Die Bestimmung des Sicherheitsgrades einfach statisch unbestimmter Fachwerke. ZAMM **12** (1932) 3 129—136. [1.16].

Flachsbart, O.: Modellversuche über die Belastung von Gitterfachwerken durch Windkräfte. 1. Teil: Einzelne ebene Gitterträger. Stahlbau **7** (1934) 9 65—69, 10 73—79.

Borkmann, Karl: Kurventafeln für den Stabilitätsnachweis ebener Stabgruppen. DVL-Ber. 36/1 1936, Luftf. Forsch. **13** (1936) 1 1—9, **14** (1937) 2 86—92; Aircr. Engng. **8** (1936) 86. [1.342.31].

Borkmann, Karl: Charts for checking the stability of compression members in trusses. NACA TM 800 July 1936. [1.342.31].

Mann, Ludwig: Eine neue Form von Gleichgewichtsbedingungen als Grundlage für die Berechnung von Stabkräften in Fachwerkträgern. Stahlbau **9** (1936) 19 145—146.

Borkmann, Karl: Charts for checking the stability of plane systems of rods. NACA TM 837 Sept. 1937.

Tolle, O.: Zeichnerische Bestimmung von Stabkräften in ebenen Fachwerken mit Hilfe des Seilecks. Z. VDI **82** (1938) 41 1192.

Kraus, Robert: Einfache Kraftbestimmung an schwierigen Fachwerken. Bautechnik **17** (1939) 50 619—620.

Kraus, Robert: Spannkräftebestimmung an schwierigen Fachwerken durch Knotenpunktsteilung. Bautechnik **18** (1940) 2/3 31—32.

Kraus, Robert: Zur Kräftebestimmung an Gelenkfachwerken. Bautechnik **18** (1940) 19 215—217.

Bühler, A. J.: Versuche mit engmaschigen Gitterträgern. Bauing **22** (1941) 31/32 299—314.

Kraus, Robert: Grundlagen zur zeichnerischen Kräfteermittlung an statisch bestimmten ebenen Fachwerken. Bautechnik **19** (1941) 9 100—106.

Kraus, Robert: Zahlenaufbau der statisch bestimmten ebenen Fachwerke. Bautechnik **19** (1941) 28 304—307, 32 347—349.

Halbritter, Franz: Die Berechnung der Biegemomente in den Gurten ebener Trapezfachwerke. Bautechnik **20** (1942) 50/51 441—445.

Hertwig, August: Mehrfache Fachwerke. Z. VDI **87** (1943) 11/12 165—166.

Hertwig, August: Beitrag zur Berechnung mehrfacher Fachwerke. Stahlbau **16** (1943) 8/9 25—29, 10/11 35—38.

Ballhaus, W. F. and *A. S. Niles:* Simplified truss stability criteria. NACA TN 937 July 1944. [1.342.31].

Kammüller, K.: Die nachträgliche Berücksichtigung von Querschnittsänderungen bei statisch unbestimmten Systemen. ZAMM **25/27** (1947) 5/6 166—167.

Moheit, Wilhelm: Zur Statik dreiteiliger Rautensysteme. Bautechnik **25** (1948) 4 77—82.

Winter, George; P. T. Hsu; B. Koo and *M. H. Loh:* Buckling of trusses and rigid frames. Cornell Univ. Engng. Exp. Stat. Bull. 36 April 1948 1—63; AMR **1** (1948) 11 287; BSA **12** (1949) 7 1007. [1.212.4].

Egger, H.: Ermittlung der Auflagerdrücke in ebenen, äußerlich einfach statisch unbestimmten Fachwerken. ZAMM **29** (1949) 9 284—285.

Herber, K. H.: Vereinfachte Cremonapläne. Das Kraftstrahl-Verfahren. Z. VDI **91** (1949) 20 521—524, **92** (1950) 8 195—196 (Ergänzung).

Kirste, Leo: Das Ausknicken von Fachwerken aus ihrer Ebene. Oest. Ing. Arch. **4** (1950) 2 136—138.

Kraus, Robert: Über neue Entwicklungsmöglichkeiten der graphischen Statik und ihre Leistungsfähigkeit. Z. VDI **92** (1950) 9 207—215. [1.213.1].

Kani, Gaspar: Ein neues Berechnungsverfahren für hochgradig statisch unbestimmte Stabwerke. Diss. TH Stuttgart 1951.

Mackey, S. and *N. W. Williamson:* Experimental investigation of a 33-ft span lattice girder. Publ. Int. Ass. Bridge & Struct. Engng. **11** (1951) 303—324; AMR **5** (1952) 10 426.

Ritter, Carl: Grundlagen zur Berechnung statisch bestimmter ebener Fachwerke bei ruhender und bei beweglicher Belastung. 4. Aufl. Leipzig: Fachbuchverl. 1951 53 S.

Sonnenschein, H.: Vereinfachte Methode zur Berechnung durchlaufender Fachwerkträger. Diss. TH Karlsruhe 1951 81 S. [1.212.3].

Esslinger, Maria: Berechnung von einfachen und mehrfachen Rautenträgern. (Forsch. Hefte Stahlbau, H. 9, Hrsg. Dtsch. Stahlbau-Verb., Köln.) Berlin-Göttingen-Heidelberg: Springer 1952. VII, 117 S.

Sattler, Konrad: Allgemeine Theorie der Rautenfachwerke. Bautechnik **29** (1952) 6 152—159; AMR **6** (1953) 6 282.

Schulze, H.: Einführung in die Berechnung statistisch-unbestimmter ebener Stabwerke. Berlin: Verl. Technik 1952 164 S.; Maschinenbautechnik 3 (1954) 4 224.

Sattler, Konrad: Das Verfahren Slavin zur Untersuchung der Stabilität ganzer Fachwerksysteme. Bautechnik 30 (1953) 8 222—232.

Reinig, A.: Vorgespannte Stahlkonstruktionen. Stahlbau 23 (1954) 4 91—94.

Vollwandträger   1.212.2

Fritsche, J.: Die Tragfähigkeit von Balken aus Stahl mit Berücksichtigung des plastischen Verformungsvermögens. Bauing. 11 (1930) 49 851 ff., 50 873 ff., 51 888 ff., 12 (1931) 827.

Wanke, J.: Zur Berechnung der Formänderungen vollwandiger Tragwerke mit veränderlichem Querschnitt. Stahlbau 12 (1939) 23/24 163—166.

Kaal, W.: Beitrag zur Berechnung gekrümmter Leichtmetallträger. Metallwirtsch. 19 (1940) 20 401—403, Techn. Z.-Schau 26 (1941) 1 6. [1.342.4].

Maschold, Günther: Die größten Randspannungen der geraden, rechteckigen Balken mit Einzellasten. Bauing. 22 (1941) 5/6 40—49.

Radojković, Marko: Ermittlung der Stegblechdicke mit Rücksicht auf die Beulsicherheit. Stahlbau 15 (1942) 12/13 47—48.

Dörflinger, Karl: Über den Einfluß der Querkraft auf den Stützdruck, das Moment und die Durchbiegung bei einem kontinuierlichen Balken. Stahlbau 16 (1943) 21/22 87—92.

Gaber, Ernst: Über die Aussteifung von Vollwandträgern aus Stahl. Stahlbau 17 (1944) 1/2 1—5.

Hu, Pai C. and Charles Libove: A relaxation procedure for the stress analysis of a continuous beam-column elastically restrained against deflection and rotation at the supports. NACA TN 1150 Oct. 1946. [1.212.3].

Stüssi, F.: Composite beams. Publ. Int. Ass. Bridge & Struct. Engng 8 (1947) 249—269; AMR 1 (1948) 8 214.

Massonaet, Ch.: Experimental investigation of the resistance to buckling of the web of solid web girders (in French). Bull. du Centre d'Étude de Rech. et d'Essais Sci. des Constructions du Génie Civil et d'Hydraulique Fluviale 5 (1951) 67—240; AMR 5 (1952) 3 102. [1.222.111].

Schade, Th.: Berechnung der Druckverteilung eines belasteten Balkens auf elastischem Untergrund. ZAMM 31 (1951) 8/9 272—274.

Schürch, H.: Beitrag zur Statik des Balkens von endlicher Breite. ZAMP 2 (1951) 1/2 26—34, 2 92—108.

Vogel, Rudolf: Optimale Querschnitte vollwandiger Brückenhauptträger. Stahlbau 22 (1953) 2 45—47. [6.272].

Koppenhöfer, Hermann: Ermittlung der Durchbiegung oder des erforderlichen Trägheitsmomentes für Stahlträger. Stahlbau 23 (1954) 12 296—297.

Durchlaufträger   1.212.3

Craemer, H.: Der elastisch drehbar gestützte Durchlaufbalken. (Durchlaufende Rahmen.) Berlin: Springer 1927. IV, 28 S.

Maier-Leibnitz, Hermann: Beitrag zur Frage der tatsächlichen Tragfähigkeit einfacher durchlaufender Balkenträger aus Baustahl St 37 und Holz. Bautechnik 6 (1928) 1 11—14, 2 27—31.

Schaim, J. H.: Der durchlaufende Träger unter Berücksichtigung der Plastizität. Stahlbau 3 (1930) 2 13—15.

Bay, H.: Der wandartige Träger auf unendlich vielen Stützen. Ing.-Arch. 3 (1932) 5 435—446.

Cross, Hardy: Iterationsverfahren für die Berechnung durchlaufender Träger und Rahmen. Trans. ASCE 96 (1932). [1.212.4].

Kann, Felix: Der Momentenausgleich durchlaufender Traggebilde im Stahlbau. (Berücksichtigung der Plastizität des Stahls bei durchlaufenden Trägern und Rahmen.) Berlin-Leipzig: de Gruyter 1932. 81 S.

Griot, Gustav: Kontinuierliche Balken mit konstantem Trägheitsmoment. 5. Aufl., Zürich: Schulthess 1934. 79 S.

Schmelter, Kurt: Beitrag zum durchlaufenden Träger mit Gelenkvierecken an den Stützen. Stahlbau **7** (1934) 13 100—103.

Williams, D.: A successive approximation method of solving the continuous beam problem. ARC R & M No. 1670 May 1935; Aircr. Engng. **8** (1936) 89 207; Luftwissen **3** (1936) 7 199.

Bleich: Bemessung statisch unbestimmter Systeme nach der Plastizitätstheorie (Traglastverfahren). Vorbericht 2. Kongr. Int. Vereinig. Brücken u. Hochbau Berlin: Ernst 1936 137 ff. [1.212.4].

Craemer, Hermann: Näherungsformeln für die Randspannungen in durchlaufenden Scheibenträgern. Bautechnik **14** (1936) 42 615—616.

Kirste, Leo: Graphical calculation for continuous beams. J. Aeron. Sci. **3** (1936) 7 229—231; Luftwissen **3** (1936) 8 226.

Maier-Leibnitz, Hermann: Versuche zur weiteren Klärung der Frage der tatsächlichen Tragfähigkeit durchlaufender Träger aus Baustahl. Stahlbau **9** (1936) 20 153—160.

Craemer, Hermann: Näherungsformeln für die Formänderung durchlaufender hoher Träger. Bautechnik **15** (1937) 39 495—496.

Kirste, Leo: Graphical solution for continuous beams, a supplement. J. Aeron. Sci. **4** (1937) 5 194—197; Luftwissen **4** (1937) 7 231.

Klöppel, Kurt: Beitrag zur Plastizitätstheorie des Durchlaufträgers. Stahlbau **10** (1937) 14/15 112—114.

Marguerre, Karl: Über den Träger auf elastischer Unterlage. ZAMM **17** (1937) 4 224—231; Luftwissen **4** (1937) 9 287.

Dernedde, Wolfgang: Näherungsweise Berechnung von durchlaufenden Trägern und Rahmen. Bauing. **19** (1938) 3/4 45—52. [1.212.4].

Klöppel, Kurt: Ausnutzbarkeit der Plastizität bei dauerbeanspruchten Durchlaufträgern. Schlußbericht 2. Kongr. Int. Vereinig. Brücken- u. Hochbau Berlin: Ernst 1938. 77 ff.

Kušević, Rajko: Das Nullfeldverfahren zur allgemeinen Ermittlung der Einflußlinien von Balken und Rahmentragwerken. Stahlbau **12** (1939) 16 121—124, 17 134—136. [1.212.4].

Zimmermann, Ph.: Einfache Formeln zur Berechnung der Stützenmomente durchlaufender Träger über 2 bis 8 beliebig weite Felder. Bautechnik **17** (1939) 52 637—642.

Geiger, Friedrich: Die Einflußlinien des elastisch gestützten Durchlaufträgers. Bautechnik **18** (1940) 36/37 423—427.

Lundquist, Eugene E. and *Joseph N. Kotanchik:* The effect of initial displacement of the center support on the buckling of a column continuous over three supports. NACA ACR (WR L-256) Nov. 1940. [1.342.31].

Saliger, Felix: Durchlaufträger mit verkürzten oder verlängerten Endfeldern. Bauing. **22** (1941) 3/4 21—31.

Schmidt, Georg: Die Berechnung durchlaufender Träger unter Berücksichtigung der Plastizität. Stahlbau **14** (1941) 6/7 30—32.

Steinack, Fritz: Beitrag zur praktischen Durchbiegungsermittlung für einfache und durchlaufende Träger. Stahlbau **14** (1941) 4/5 18—20.

Dischinger, Franz: Der durchlaufende Träger und Rahmen auf elastisch senkbaren Stützen. Bauing **23** (1942) 3/4 15—27, 9/10 74—78. [1.212.4].

Wallmannsberger, G.: Momententafeln spiegelungleicher Dreifelderbalken. Wien: Deuticke 1942 96 S.

150

Wilke, Josef: Der Durchlaufträger auf federnden Stützen. Stahlbau **15** (1942) 25/26 89—92, **16** (1943) 1/3 1—4, 17/18 73—74.

Glaser, F.: Zur Berechnung der Durchlaufträger im Stahlhochbau. Z. VDI **87** (1943) 13/14 189—191.

Paul, Theodor: Formeln zur Berechnung durchlaufender Träger mit veränderlichem Trägheitsmoment. Stahlbau **16** (1943) 4/5 14—16, 6/7 23—24.

Lardy, Pierre: Zur Festpunktberechnung durchlaufender Balken mit veränderlichem Trägheitsmoment. Schweiz. Bauztg. **126** (1945) 17 185—190.

Benscoter, Stanley U.: Matrix analysis of continuous beams. Proc. ASCE **72** (1946) 8 1091—1122.

Graßhoff, Heinz: Die Berechnung durchlaufender Balken nach dem Momenten-Ausgleichsverfahren von Cross. Bautechnische Hefte H. 1. Bremen: Industrie- u. Handelsverlag 1946.

Hu, Pai C. and *Charles Libove:* A relaxation procedure for the stress analysis of a continuous beam-column elastically restrained against deflection and rotation at the supports. NACA TN 1150 Oct. 1946; AMR **1** (1948) 4 102. [1.212.2].

Kirste, Leo: Momentenverteilungs- und Stabilitätsrechnung nach der Steifigkeitsmethode. Oest. Ing. Arch. **1** (1947) 1/2 117—129. [1.212.4].

Rathbun, J. Charles and *C. W. Cunningham:* Continuous frame analysis by elastic support action. Proc. Soc. Civ. Engrs. **73** (1947) Apr. 413—449; AMR **1** (1948) 1 14.

Spiller, Hans: Neuere Methoden zur Berechnung kontinuierlicher Träger und Rahmengebilde. Bauplanung u. Bautechnik **1** (1947) Dez. 183—192; AMR **1** (1948) 2 44. [1.212.4].

Eney, W. J.: Studies of continuous bridge trusses with models. Proc. SESA **6** (1948) 2 94—105; Met. Rev. **22** (1949) 4 54.

Müllenhoff, Adolf: Die Verwendung durchlaufender Träger. Bautechnik **25** (1948) 7 159—161.

Bähring, Werner: Die praktische Lösung der Clapeyronschen oder ähnlich gearteten Gleichung für verschiedene Lastfälle in einem Rechnungsgang. Bautechnik **26** (1949) 12 368—371.

Brielmaier, A. A.: Approximate influence lines aid in design of continuous beams. Civ. Engng. **19** (1949) 11 55—56; Bull. Anal. C. N. R. S. **11** (1950) 11 3633.

Fadle, Johann: Der homogene, durchlaufende Träger auf unverschieblichen Stützen. Ing.-Arch. **17** (1949/50) 4 317—335.

Melan, Ernst: Ein Näherungsverfahren zur Berechnung der Stützmomente des Durchlaufträgers. Schweiz. Bauztg. **67** (1949) 29 409—411.

Ziegler, A.: Einfache Formeln für Träger über 2—10 Felder mit beliebig großen Stützweiten. Bonn: Dümmler 1949. 99 S.

Fritz, Bernhard: Vorschläge für die Berechnung durchlaufender Träger in Verbund-Bauweise. Bauing. **25** (1950) 8 271—277.

Fuchssteiner, W.: Die Auflösung der dreigliedrigen Elastizitätsgleichungen der Durchlaufträger. Bauing. **25** (1950) 10 372—374.

Jenkins, R. A. S.: The solution by moment distribution method of structures with tapering members. Civ. Engng. Publ. Works. Rev. **45** (1950) Sept. 531, 582—583; AMR **4** (1951) 6 347. [1.212.4].

Kapferer, Wather: Tabellen der Maximal-Querkräfte und Maximal-Momente durchlaufender Träger mit 2, 3 und 4 Öffnungen verschiedener Weite bei gleichmäßig verteilter Belastung. 4. Aufl. Berlin: Ernst 1950. IV, 131 S.

Klitchieff, H. M.: Beams on elastic supports and on cross-girders. Aeron. Quart. **2** (1950/51) Pt. 3 157—166.

Mijling, F. H.: De rekenmethode Cross, geambineerd met de virtuele knoopver-plasting. Polytech. Tijdschr., A. **5** (1950) 7/8 104—108, 9/10 142—147; Ingenieur **62** (1950) 1 Bl-B 5; Bull. Anal. C. N. R. S. **11** (1950) 11 3630. [1.212.4].

Schneider, G.: Tabellen zur Berechnung von kontinuierlichen Balken und Rahmen Zürich: Wurzel 1950. 5 S. [1.212.4].

Swida, Waldemar: Die Berechnung von stählernen Bögen unter Berücksichtigung der Tragfähigkeitsreserve im elastisch-plastischen Zustand. Stahlbau **19** (1950) 3 17—20, 4 29—31, **20** (1951) 2 25—28. [1.342.4].

Valentin, Wilhelm: Einflußlinien und Momente für Durchlaufträger und Rahmen. Diagramme. Wien: Springer 1950 67 S.

Bollinger, Otto E.: Tables pour poutres continués. Paris: Dunod 1951 24 p.

Braun, Paul: Beitrag zum Momentenausgleichverfahren. Bauing. **26** (1951) 7 207—210; AMR **5** (1952) 2 64. [1.212.4].

Faissler, Max: Die Widerstandslinie. Ein vereinfachtes Verfahren zur Ermittlung der Fixpunkte und Übergangslinien sowie der analytischen Testwerte beim durchlaufenden Träger. Diss. TH Stuttgart 1951 100 S.

Graudenz, H.: Momenten-Einflußzahlen für Durchlaufträger mit beliebigen Stützweiten. Berlin-Göttingen-Heidelberg: Springer 1951. IV, 90 S.

Heyman, Jacques: Plastic design of beams and plane frames for minimum material consumption. Quart. Appl. Math. **8** (1951) 373—381. [1.212.4].

Roik, Karl-Heinz: Zur Berechnung von Durchlaufträgern. Stahlbau **20** (1951) 1 10—13.

Roisin, V., A. Sariban and *S. Zaczek:* Analysis of statically indeterminate beams. (in French.) Ossature métall. **16** (1951) 9 428—442, 11 541—554; AMR **5** (1952) 6 253.

Roisin, V., A. Sariban and *S. Zaczek:* Method of fixed points applied to the calculation of hyperstatic systems. (in French). Centre Belgo-Luxemb. Inform. Acier, Bruxelles 1951 39 p.; AMR **5** (1952) 8 355. [1.212.4].

Sonnenschein, Heinz: Vereinfachte Methode zur Berechnung durchlaufender Fachwerkträger. Diss. TH Karlsruhe 1951 81 S. [1.212.1].

Müllenhoff, Adolf u. *R. Heilig:* Neue Verfahren zur Berechnung durchlaufender Träger und steifer Rahmen. Stahlbau **21** (1952) 7 105—111; AMR **6** (1953) 3 126. [1.212.4].

Saibel, E.: Buckling of continuous beams on elastic supports. J. Franklin Inst. **253** (1952) 6 563—566 4 ref.; Index Aeron. **8** (1952) 9 67; AMR **5** (1952) 11 463.

Stewart, R. W. u. *Adolf Kleinlogel:* Die Traversenmethode. Berlin: Ernst 1952. 108 p. [1.212.4].

Symonds. P. S. and *B. G. Neal:* The interpretation of failure loads in the plastic theory of continuous beams and frames. J. Aeron. Sci. **19** (1952) 1 15—22; Techn. Data Dig. **17** (1952) 2 26. [1.212.4].

Wiesner, Ernst: Rasche Ermittlung der Belastungsglieder und Durchbiegungen mittels der Maclaurinschen Reihe. Bautechnik **29** (1952) 1 12—14.

Wille, Fritz: Die Durchbiegung der Träger. Bautechnik **29** (1952) 9 249—253.

Anger, Georg u. *K. Tramm:* Durchbiegungsordinaten für Einfeld- und durchlaufende Träger. Formeln und Einflußlinien. Düsseldorf-Lohausen: Werner 1953. 192 S.

Craemer, Hermann: Die Tragfähigkeit ideal-plastischer Durchlaufbalken und vierseitig gestützter Platten auf ideal-plastischer Unterstützung. Stahlbau **22** (1953) 9 200—203.

Günzel, Walter: Die Berechnung durchlaufender Träger nach dem Verfahren Cross. Bauplanung u. Bautechnik **7** (1953) 1 36—39.

Kohl, Ernst: Rekursionsformeln zur Ermittlung der Momenten- und Drehwinkelfestpunkte und ihre Anwendung zur Berechnung von Durchlaufbalken und Rahmentragwerken. Bauing. **28** (1953) 7 237—243. [1.212.4].

Negoro, Shôsaburo: On a method of solving torsion and bending problems of continuous panel structures. II. Rep. Res. Inst. Appl. Mech. Kyushu Univ. (1953) Dec. 165.

Neugebauer, Rudolf: Praktische Berechnung des Trägers auf elastischen Stützen. Stahlbau **22** (1953) 8 183—186.

Wei-zang, Chien: Continuous beams with non-uniform stiffness. Acta Scientica Sinica (China) **2** (1953) 2 116—126; Index Aeron. **10** (1954) 10 116.

Hahn, J.: Berechnung von Durchlaufträgern. Bau & Bauindustrie **7** (1954) 1 10—14.

Heilig, Richard: Verbundbrücken unter Torsionsbelastung. Statik des torsionsbeanspruchten Durchlaufträgers. Stahlbau **23** (1954) 2 25—33. [6.272].

Lusser, Eberhard: Berücksichtigung von starren Balkenstücken über den Mittelauflagern eines durchlaufenden Balkens. Bautechnik **31** (1954) 10 337.

Srinath, L. S.: A method of moment distribution by graphical analysis. J. Roy. Aeron. Soc. **58** (1954) 520 302—305; Index Aeron. **10** (1954) 6 5. [1.212.4].

Symonds, P. u. *B. Niel:* Die Zerstörungsbelastungen in der Plastizitätstheorie für durchgehende Träger und Rahmen. Maschinenbautechnik **3** (1954) 11 539—545.

Rahmen und rahmenartige Träger   1.212.4

v. Mises, Richard u. *Julius Ratzersdorfer:* Die Knicksicherheit von Rahmentragwerken. ZAMM **6** (1926) 3 181—199.

Takabeya, Fukuhai: Rahmentafeln. Berlin: Springer 1930. VI, 117 S.

Cross, Hardy: Iterationsverfahren für die Berechnung durchlaufender Träger und Rahmen. Trans. ASCE **96** (1932). [1.212.3].

Guldan, Richard: Beitrag zur Berechnung von Rahmentragwerken mit veränderlichen Stabquerschnitten. Prag: J. Calve 1933.

Unold, Georg: Die praktische Berechnung der Stahlskelettrahmen. Berlin: Ernst 1933. 75 S.

Krabbe, Friedrich Wilhelm: Allgemeines Verfahren zur Berechnung biegungsfest verbundener Stabsysteme. Stahlbau **7** (1934) 5 33—36, 6 41—46.

Lundquist, Eugene E. and *Walter F. Burke:* General equations for the stress analysis of rings. NACA Rep. 509 1934.

Andruszewicz, Stanislaw: Berechnung hochgradig statisch unbestimmter Rahmentragwerke vom Standpunkte der zweckmäßigen Wahl der Überzähligen. Forsch. Arb. Eisenbeton, H. 44. Berlin: Ernst 1935. IV, 75 S.

Chwalla, Ernst: Die Tragfähigkeit stählerner Dreigelenkbogen. Stahlbau **8** (1935) 16 121—125.

Elwitz, E.: Vereinfachte Berechnung von Stockwerkrahmen. Stahlbau **8** (1935) 19 145—148.

Fuchssteiner, W.: Beitrag zur Knicksteifigkeit des Dreigelenkbogens. Stahlbau **8** (1935) 15 118—120.

Morris, J.: The calculation of the loads and bending moments in the members of a plane braced frame with rigid joints ARC R & M No. 1672 March 1935; Aircr. Engng. **8** (1936) 89 207; Luftwissen **3** (1936) 7 199.

Wanke, J.: Zur Berechnung von strebenlosen gegliederten Tragwerken. Stahlbau **8** (1935) 22 169—174, 23 177—181.

Bay, H.: Die Berechnung der Schubspannungen in der Bogenscheibe. Ing.-Arch. **7** (1936) 2 118—125.

Bleich: Bemessung statisch unbestimmter Systeme nach der Plastizitätstheorie (Traglastverfahren). Vorbericht 2. Kongr. Int. Vereinig. Brücken- u. Hochbau Berlin: Ernst 1936 137 ff. [1.212.3].

Kammer, Emil: Beitrag zur Berechnung statisch unbestimmter Bogentragwerke. Bautechnik **14** (1936) 23 302—309.

Puwein, M. G.: Die Knickfestigkeit des Stockwerkrahmens. Stahlbau **9** (1936) 26 201—203, **10** (1937) 1 7—8.

Chwalla, Ernst u. *C. F. Collbrunner:* Über das Ausknicken symmetrischer Bogenträger unter symmetrisch verteilten Belastungen. Stahlbau **10** (1937) 16 121—123, 17/18 138—142, 26 208.

Morris, J. and *W. Tye:* The effect of initial curvature. The stressing of frames, such as monocoque rings, embodying curved members. Aircr. Engng. **9** (1937) 99 123—125. [1.243.14].

Owen, J. B. B. and *J. Taylor:* An approximate method of stressing the struts of stiff-jointed framework. ARC R & M No. 1818 1937; Aircr. Engng. **10** (1938) 115 293; Luftwissen **5** (1938) 10 381.

Thoms, A.: Die Berechnung harmonischer Stockwerksrahmen und Vierendeelträger mit Hilfe von Kreisfunktionen. Stahlbau **10** (1937) 25 195—200, **11** (1938) 2 12—15.

Woinowsky-Krieger, S.: Über die Stabilität des Kreisbogenträgers mit Zwischengelenken. Stahlbau **10** (1937) 24 185—188, 25 200.

Chwalla, Ernst u. *C. F. Kollbrunner:* Beiträge zum Knickproblem des Bogenträgers und des Rahmens. Stahlbau **11** (1938) 10 73—78, 11 81—84, 12 94—96.

Chwalla, Ernst: Über das Auskippen zweistäbiger Rahmen. Stahlbau **11** (1938) 21/22 161—167.

Chwalla, Ernst: Die Stabilität lotrecht belasteter Rechteckrahmen. Bauing. **19** (1938) 5/6 69—75.

Dernedde, Wolfgang: Näherungsweise Berechnung von durchlaufenden Trägern und Rahmen. Bauing. **19** (1938) 3/4 45—52. [1.212.3].

Kammüller, K.: Statik der Rahmentragwerke. Berlin: Ernst 1938. 135 S. (Maschinenschr. lithogr.)

Puwein, M. G.: Die Knickfestigkeit des Stockwerkrahmens, II. — Stahlbau **11** (1938) 14/15 118—120.

Steinhardt, Otto: Beitrag zur Berechnung gekrümmter Stäbe mit gegliedertem Querschnitt. Diss. TH Darmstadt 1938.

— An experimental investigation of the strength of seven portal frames. Trans. Inst. Welding **1** (1938) 4 206.

Braun, Otto: Ein Annäherungsverfahren zur Berechnung des Vierendeelträgers, gültig für beliebige Querschnittverhältnisse und Belastung der Gurte auch außerhalb der Knotenpunkte. Stahlbau **12** (1939) 9 69—74, 11 86—92, 25/26 175—176.

Enneper, P.: Die Deformationen des Kreisringes. Siebel-Flugzeugwerke Dez. 1939. 26 S. [1.243.14].

Kayser u. *A. Herzog:* Versuche zur Klärung des Spannungsverlaufes in Rahmenecken. Stahlbau **12** (1939) 2 9—15.

Kuhn, Paul: Loads imposed on intermediate frames of stiffened shells. NACA TN 687, Feb. 1939. 30 p. [1.243.14].

Kušević, Rajko: Das Nullfeldverfahren zur allgemeinen Ermittlung der Einflußlinien von Balken und Rahmentragwerken. Stahlbau **12** (1939) 16 121—124, 17 134—136. [1.212.3].

Siegel, Curt: Wirtschaftliche Bemessung und Formgebung von zweistieligen Rahmen des Hochbaus mit Zugband und ohne Zugband. Dresden: Dittert 1939. 103 S.

Wiedemann, Erich: Ein neues Verfahren praktischer Rahmenberechnung. Stahlbau **12** (1939) 16 125—128.

Engesser, F.: Die Berechnung der Rahmenträger. Mit besonderer Rücksicht auf die Anwendung. 3. Aufl. Berlin: Ernst 1940. 48 S.

Höhne, H.: Durchlaufende Rahmen mit Eckstreben. Mitt. Forsch. Anst. GHH Konzern **8** (1940) 6.

154

Puwein, M. G.: Die Knickfestigkeit des Rechteckrahmens. Bautechnik **18** (1940) 2/3 32—35.

Sievers, Hans: Die Knickfestigkeit elastisch eingespannter Stäbe. Stahlbau **13** (1940) 10/11 48—52, 12/13 61—63. [1.342.31].

Steinhardt, Otto: Die Berechnung zweistäbiger Rahmenecken mit zusammengesetztem Querschnitt. Stahlbau **13** (1940) 3/4 17—20.

Bültmann, Wilhelm: Die Stabilität des Dreigelenkrechteckrahmens. Stahlbau **14** (1941) 1/3 3—10.

Bültmann, Wilhelm: Die Stabilität der Drei- und Zweigelenkrechteckrahmen mit Eckstreben und mit Fachwerkriegeln. Stahlbau **14** (1941) 6/7 24—27.

Chwalla, Ernst u. Friedrich Jokisch: Über das ebene Knickproblem des Stockwerkrahmens. Stahlbau **14** (1941) 8/9 33—37, 10/11 47—51.

Chwalla, Ernst u. Friedrich Jokisch: Über das Ausknicken statisch unbestimmt gelagerter Kreisbogenträger von veränderlichem Querschnitt. Stahlbau **14** (1941) 16/18 73—78.

Federhofer, Karl: Die Knicklast des gleichmäßig gedrückten Zweigelenkbogens mit exponentiell veränderlichem Trägheitsmoment. Bauing. **22** (1941) 35/36 340—343.

Göttlicher, Johann: Die Anwendung des Näherungsverfahrens nach Cross-Takabeya bei Berechnung hochgradig statisch unbestimmter Stockwerkrahmen. Bauing. **22** (1941) 13/16 130—135.

Hartmann, Friedrich: Knickberechnung und Knicksicherheit. Bautechnik **19** (1941) 52 554—560.

Hoff, N. J.: Stress analysis of aircraft frameworks. J. Roy. Aeron. Soc. **45** (1941) 367 July 241—262 21 ref. [1.213.2].

Inan, Mustafa: Photoelastische und mechanische Untersuchung an Rahmenträgern mit besonderer Berücksichtigung der Knotenpunkte. EMPA Disk. Ber. 140 1941. 76 S.

Obert, Franz: Zur Windberechnung vielstockiger, zweistieliger symmetrischer Rahmen. Stahlbau **14** (1941) 4/5 16—18.

Thoms, A.: Der n-stielige Stockwerksrahmen ist n-fach unbestimmt. Forsch.-Hefte Stahlbau, H. 4. Berlin: Springer 1941 24—61.

Dischinger, Franz: Der durchlaufende Träger und Rahmen auf elastisch senkbaren Stützen. Bauing. **23** (1942) 3/4 15—27, 9/10 74—78. [1.212.3].

von Haller, H. u. R. Kranl: Vereinfachte Berechnung der Rahmenstütze. Bauing. **23** (1942) 9/10 65—74 19 Lit. St.

Kollbrunner, C. F.: Versuche über die Knicksicherheit und die Grundschwingungszahl vollwandiger Dreigelenkbogen. Schweiz. Bauztg. **120** (1942) 10 113—115.

Melan, Ernst: Eine einfache Näherungsformel zur Berechnung gedrückter Rahmenstäbe. Stahlbau **15** (1942) 23/24 81—82.

Pohl: Zur Berechnung mehrstieliger Stockwerkrahmen auf Winddruck. Bauing. **23** (1942) 17/18 119—122.

Schmidt, Georg: Knickuntersuchung von Rahmenstielen. Stahlbau **15** (1942) 12/13 45—47.

Spilker, A.: Spannungsoptische Untersuchung eines Stockwerkrahmens. Bauing. **23** (1942) 40/42 296—300 6 Lit. St. [4.54].

Wilke, Josef: Die Lösung des homogenen Systems als Grundlage der praktischen Rahmenrechnung. Bauing. **23** (1942) 49/50 357—364.

Wix, Heinrich u. Hans Dornau: Beitrag zum Momentenausgleichsverfahren. Bauing. **23** (1942) 35/36 267—271.

Federhofer, Karl: Berechnung der Auslenkung und Spannungen beim Kippen des geschlossenen Kreisringes ZAMM **23** (1943) 1 35—47.

Kolušek, Vladimir: Berechnung der schwingenden Stockwerkrahmen nach der Deformationsmethode. Stahlbau **16** (1943) 1/3 5—6, 4/5 11—13.

Lie, Kuo-hao: Ermittlung der Einflußlinien von Stabwerken auf geometrischem Wege. Stahlbau **16** (1943) 12/13 45—52, 14/16 58—64.

Sievers, Hans: Über einige Stabilitätsprobleme des Stahlbaues. Stahlbau **16** (1943) 6/7 22, 8/9 30—34, 10/11 42—44, 12/13 52—54.

Smull, Leland K.: An investigation of the validity of Wang's formula for the critical load for circular cylindrical grids. NACA RB 3 J 28 Oct. 1943. [1.213.1].

Fritz, Bernhard: Sonderfall des Doppelstabverfahrens bei Rahmenberechnungen. Stahlbau **17** (1944) 1/2 7—10, 3/4 16—20.

Popp, C.: Zur Berechnung hochgradig statisch unbestimmter Rahmentragwerke aus geraden Stäben. Z. VDI **88** (1944) 49/50 668 f.

Ramboll, B. J.: Stabilitets- og Spaendingsberegning af Rammesystemer. Kobenhaven: Jul. Gjellerups Forlag 1944 156 S.

Schmidt, Georg: Die Stabilität des Zweigelenkrahmens mit ungleich langen Stielen. Stahlbau **17** (1944) 14/15 69—70.

Wilson, David M.: Analysis of rigid frames by superposition. Proc. ASCE **70** (1944) 2, 5, 6, 9, 11, **71** (1945) 3 394—406.

Glaser, Franz: Zur genauen Berechnung vollwandiger Zweigelenkbogen. Stahlbau **18** (1945) 1/4 1—2.

Horne, M. R.: A moment distribution method for rigid frame steel structures loaded beyond the yield point. Brit. Welding Res. Ass. Rep. R 25 1945.

Hultin, S.: Beräkning av ramkonstruktioner medels utjemningräkning. (Crossmetoden.) Kompendium. Chalmeristerna 1945 164 S.

Ulrich, Bernhard: Die Berechnung der Stockwerkrahmen. Diss. E. T. H. Zürich 1945 123 S.

Horne, M. R.: A moment distribution method for rigid frame steel structures loaded beyond the yield point Brit. Welding Res. Ass. Rep. 25. Welding Res. **1** (1947) 3.

Kirste, Leo: Momentenverteilungs- und Stabilitätsrechnung nach der Steifigkeitsmethode. Oest. Ing. Arch. **1** (1947) 1/2 117—129. [1.212.3].

Spiller, Hans: Neuere Methoden zur Berechnung kontinuierlicher Träger und Rahmengebilde. Bauplanung u. Bautechnik **1** (1947) Dez. 183—192; AMR **1** (1948) 2 44. [1.212.3].

Stewart, R. W.: Analysis of frames with elastic joints. Proc. ASCE **73** (1947) 1499—1506; AMR **1** (1948) 2 45.

Rakosnik, Ottokar: Das Drehwinkelausgleichsverfahren. Oest. Bau-Z. **3** (1948) 4 59—61.

Schibler, Willy: Ebenes Knicken von Zweigelenkbogen unter Berücksichtigung des Aufbaues. Schweiz. Bauztg. **66** (1948) 35 482—485.

Tarazza, Giacinto: Der gekrümmte Balken als Teil von Rahmentragwerken. Bautechnik **25** (1948) 9 193—197.

Winter, George, P. T. Hsu, B. Koo and *M. H. Loh:* Buckling of trusses and rigid frames. Cornell Univ. Engng. Exp. Stat. Bull. 36 April 1948 1—63; AMR **1** (1948) 11 287; BSA **12** (1949) 7 1007. [1.212.1].

Wolkow, Nikolai: Berechnung hochgradig statisch unbestimmter Rahmentragwerke, deren Knotenpunkte infolge Knotenpunktsbelastung verschieblich sind unter Verwendung von Wendepunkten und Aufspaltungszahlen sowie durch Bildung von symmetrischen Ersatzsystemen. Diss. TH Braunschweig 1948 32 S.

Baker, J. F.: The design of steel frames. Struct. Engr. **27** (1949) 397.

Baker, J. F.: A review of recent investigations into the behaviour of steel frames in the plastic range. J. ICE **31** (1949) 188.

Dall-Aglio, Bruno: On a generalization of Cross's method. Giornale del Genio Civile **87** (1949) 209—215, 372—375; AMR **3** (1950) 9 266.

Koepcke, Werner: Die Anwendung des Verfahrens des Momentenausgleichs auf symmetrische Tragwerke. Bauplanung u. Bautechnik **3** (1949) 7 214—216 23 Lit. St.

Mehmel, A. u. W. Fuchssteiner: Beitrag zur praktischen Berechnung von Stockwerkrahmen für lotrechte Belastung. Bauing. **24** (1949) 6 161—171.

Mudrak, W.: Die Berechnung des sternsymmetrischen einstöckigen Rahmens auf Winddruck nach dem Formänderungsverfahren. Oest. Ing. Arch. **3** (1949) 3 203—215.

Niles, Alfred S.: Overbalancing in residual-liquidation computations. NACA TN 1457 Feb. 1949; AMR **2** (1949) 5 106.

Baker, J. F. and J. Heyman: Tests on miniature portal frames. Struct. Engr. **28** (1950) 139.

Beaufoy, L. A. and A. F. S. Diwan: Analysis of pin-jointed redundant plane frameworks using equivalent elastic systems. Quart. J. Mech. Appl. Math. **3** (1950) Pt. 1 March 32—50; Index Aeron. **6** (1950) 7 7.

Boyer, W. C.: Effect of skew angle on rigid-frame reactions. Proc. ASCE Separate No. 32 Sept. 1950; Trans. ASCE **116** (1951) 1265—1276; AMR **5** (1952) 5 208.

Ehlers Georg: Die Clapeyron'sche Gleichung als Grundlage der Rahmenberechnung. 3. Aufl. Berlin: Ernst 1950. IV, 36 S.

Federhofer, Karl: Kippsicherheit des kreisförmig gekrümmten Trägers mit einfach symmetrischem, dünnwandigem und offenem Querschnitte bei gleichmäßiger Radialbelastung. Öst. Ing.-Arch. **4** (1950) 1 27—44; AMR **4** (1951) 2 92. [1.342.4].

Fischer, A.: Calcul des cadres par la méthode des déformations. Paris: Dunod 1950. VIII, 112 p.

Gercke, M. J.: Spannungsberechnung für den aus Viertelkreisbogen und Gerader zusammengesetzten Träger. Konstruktion **2** (1950) 10 298—305.

Hoff, N. J., B. A. Boley, S. V. Nardo and Sara Kaufman: Buckling of rigid-jointed plane trusses. Proc. ASCE **76** (1950) June Separate No. 24; Trans. ASCE **116** (1951) 958—986; AMR **5** (1952) 11 463.

Horne, M. R. and J. F. Baker: Maximum beam moments in welded building frames. Struct. Engr. **28** (1950) 5 109—115; Bull. Anal. C. N. R. S. **11** (1950) 11 3633.

Jenkins, R. A. S.: The solution by moment distribution method of structures with tapering members. Civ. Engng. Publ. Works. Rev. **45** (1950) Sept. 531, 582—583; AMR **4** (1951) 6 347. [1.212.3].

Konishi, Ichiro: Elastic behaviour of rigid framed structures in the neighbourhood of the critical state. Trans. Jap. Soc. Civ. Engng. (1950) 9; AMR **4** (1951) 5 285.

Mijling, F. H.: De rekenmethode Cross, geambineerd met de virtuele knoopverplasting. Polytechn. Tijdschr., A. **5** (1950) 7/8 104—108, 9/10 142—147; Ingenieur **62** (1950) 1 B 1-B 5; Bull. Anal. C. N. R. S. **11** (1950) 11 3630. [1.212.3].

Neal, B. G. and P. S. Symonds: The calculation of collapse loads for frame structures. J. ICE. **35** (1950—51) 1 21—40 14 ref.; Index Aeron. **7** (1951) 2 32.

Schneider, G.: Tabellen zur Berechnung von kontinuierlichen Balken und Rahmen. Zürich: Wurzel 1950 5 S. [1.212.3].

Symonds, P. S.: A review of methods for the plastic analysis of rigid frames of ductile metal. Grad. Div. Appl. Math. Brown Univ. A 11-S 6/86 May 1950 86 p.; AMR **4** (1951) 8 454.

Symonds, P. S. and B. G. Neal: The calculation of failure loads on plane frames under abitrary loading programmes. J. ICE **35** (1950) 1 41—61 12 ref.; Index Aeron. **7** (1951) 2 32.

Valentin, Wilhelm: Einflußlinien und Momente für Durchlaufträger und Rahmen. Diagramme. Wien: Springer 1950 67 S. [1.212.3].

Bateman, E. H.: Elastic stress analysis of multibay single-storey frameworks. Engineering **172** (1951) 4482 772—774, 4483 804—806; Index Aeron. **8** (1952) 4 64; AMR **5** (1952) 8 355.

Bažant, Zd.: Spatial supporting frames (in French). Publ. Int. Ass. Bridge & Struct. Engng. **11** (1951) 1—16; AMR **5** (1952) 10 425.

Braun, Paul: Beitrag zum Momentenausgleichverfahren. Bauing. **26** (1951) 7 207—210; AMR **5** (1952) 2 64. [1.212.3].

Enneper, Paul: Die Stabilität der Rahmenträger. Bauing. **26** (1951) 10 300—306.

Hermann, Walter: Berechnung durchgehender Rahmen mit dreigliedrigen Elastizitätsgleichungen. Bautechnik **28** (1951) 2 31—33, 5 106—108.

Heyman, Jacques: Plastic design of beams and plane frames for minimum material consumption. Quart. Appl. Math. **8** (1951) 373—381. [1.212.3].

Kirste, Leo: Zur Knickberechnung von Stockwerksrahmen. Z. Öst. Ing.- u. Arch.-Verein (1951) 11/12.

Krausche, K.: Zur Berechnung des zweistieligen symmetrischen Stockwerkrahmens und des horizontalsymmetrischen Vierendeelträgers. Beton- und Stahlbetonbau **46** (1951) 12 275—277. [1.213.3].

Lamberg, Rudolf: Die Berechnung geschlossener Stabzüge nach dem Drehwinkel-Abklingungsverfahren. Stahlbau **20** (1951) 4 41—43.

Lamberg, Rudolf: Rahmentragwerke mit abhängigen Stabdrehwinkeln. Bauing. **26** (1951) 8 240—244.

Obraczay, R.: Anwendung des Cross-Verfahrens auf Stäbe mit veränderlichem Trägheitsmoment. Oest. Bau-Z. **6** (1951) 1 1—3.

Rastedter, Eckehard: Einige Bemerkungen zur praktischen Anwendung des Cross'schen Verfahrens insbesondere bei Berücksichtigung von Knotenverschiebungen. Stahlbau **20** (1951) 3 35—37.

Roderick, J. W.: Die Tragfähigkeit geschweißter Stahlrahmen. Schweißen u. Schneiden **3** (1951) Nov. S. H. 101—108.

Roisin, V., A. Sariban and *S. Zaczek:* Method of fixed points applied to the calculation of hyperstatic systems (in French). Centre Belgo-Luxemb. Inform. Acier, Bruxelles 1951 39 p.; AMR **5** (1952) 8 355. [1.212.3].

Wood, R. H.: An economical design of rigid steel frames for multi-storey buildings. (National Building Studies, Research Paper No. 10.) London: H. S. M. O. 1951 120 p.

Baker, J. F. and *J. W. Roderick:* Tests on full-scale portal frames. Proc. ICE 1 (1952) 1 Pt. I 71—94; AMR **5** (1952) 9 393.

Bettess, F.: A graphical determination of moments in rigid frameworks. Civil Engng. **47** (1952) 558 1009—1010, **48** (1953) 559 72—74; AMR **6** (1953) 12 553.

Csonka, P.: Contribution to the simplification of the Hardy Cross method (in French). Techn. Moderne **7** (1952) 3 85—90; AMR **6** (1953) 1 16.

Klöppel, Kurt: Unmittelbare Ermittlung von Einflußlinien mit dem Formänderungsgrößen-Verfahren. Stahlbau **21** (1952) 8 132—136, 9 176.

Müllenhoff, Adolf u. *R. Heilig:* Neue Verfahren zur Berechnung durchlaufender Träger und steifer Rahmen. Stahlbau **21** (1952) 7 105—111; AMR **6** (1953) 3 126. [1.212.3].

Neal, B. G. and *P. S. Symonds:* The rapid calculation of the plastic collapse load for a framed structure. Proc. ICE **1** (1952) 1 Pt. III 58—71; AMR **5** (1952) 9 393.

Raczat, Günter: Die Umgehung der Iteration beim Cross'schen Verfahren. Bauing. **27** (1952) 2 49—52; AMR **5** (1952) 7 303.

Schadoursky, Vladimir: Berechnung der mehrstöckigen Rahmen in schrittweiser Annäherung. Bauing. **27** (1952) 4 113—114.

Stewart, R. W. u. *Adolf Kleinlogel:* Die Traversenmethode. Berlin: Ernst 1952. 108 p. [1.212.3].

Strigl, Georg: Allgemeingültige Annäherungsverfahren zur Berechnung hochgradig statisch unbestimmter Systeme. Stahlbau **21** (1952) 9 167—170, 10 192—196.

Symonds, P. S.: Welded continuous frames: Plastic design and the deformation of structures. Welding Res. Suppl. **17** (1952) 1 33s—36s; AMR **5** (1952) 10 425.

Symonds, P. S. and *B. G. Neal:* The interpretation of failure loads in the plastic theory of continuous beams and frames. J. Aeron. Sci. **19** (1952) 1 15—22; Techn. Data Dig. **17** (1952) 2 26. [1.212.3].

Takabeya, F. and *R. Takabeya:* Theoretical analysis of Corbusier type frames (in French). Mem. Fac. Engng, Kyushu Univ. **13** (1952) 1 131—158; AMR **6** (1953) 2 69.

Worch, G.: Rahmenberechnung so oder so. Abh. Stahlbau, H. 12 1952 10—57.

Bolton, A.: The analysis of multi-bay gabled rigid frames. Struct. Engr. **31** (1953) 4 110—117; AMR **6** (1953) 12 552.

Dimitrov, Nik.: Die Einflußlinie der Theorie II. Ordnung und einige praktische Formeln. Bauing. **28** (1953) 1 19—22. [1.342.8].

Eisenmann, Josef: Iterationsweise Berechnung von längsverschieblichen Stockwerkrahmen. Bauing. **28** (1953) 6 198—199.

Francis, A. J.: Direct design of elastic statically indeterminate triangulated frameworks for single systems of loads. Austral. J. Appl. Sci. **4** (1953) 2 175—185; AMR **7** (1954) 1 12.

Geißlreiter, A.: Momentenüberlagerung bei Stockwerksrahmen. Beton u. Stahlbetonbau **48** (1943) 6 136—140; AMR **7** (1954) 1 12.

von Halasz, Robert: Verfahren zur Berechnung von Stockwerkrahmen nach Cross, Zaytzeff und Csonka. Bauplanung u. Bautechnik **7** (1953) 3 111—117.

Heyman, J.: Plastic design of plane frames for minimum weight. Struct. Engr. **31** (1953) 5 125—129; AMR **7** (1954) 3 109.

Hoyden, A. u. *F. W. Wilkersmann:* Die numerische Behandlung der Rahmenknickung nach einem statisch gedeuteten Verfahren der schrittweisen Näherungen. Bauing. **28** (1953) 3 75—80.

Kobler, Karl: Mit Querkraft beanspruchte, ebene und vielgeschossige Einfeldrahmen symmetrischen Aufbaus. Stahlbau **22** (1953) 12 274—276.

Kohl, Ernst: Rekursionsformeln zur Ermittlung der Momenten- und Drehwinkelfestpunkte und ihre Anwendung zur Berechnung von Durchlaufbalken und Rahmentragwerken. Bauing. **28** (1953) 7 237—243. [1.212.3].

Michalos, J.: Numerical analysis of frames with curved girders. Proc. ASCE Separate No. 250 Aug. 1953 21 p.; AMR **7** (1954) 3 108.

Morrison, I. F.: Group loadings applied to the analysis of frames. Proc. ASCE **79** (1953) Separate No. 183 15 p.; AMR **6** (1953) 12 552.

Oswald, Erwin: Berechnung verschieblicher Rahmentragwerke nach dem Momentenausgleichsverfahren. Bautechnik **30** (1953) 3 60—65.

Rothe, A.: Stabstatik. Berlin: VEB Verl. Technik 1953 150 S.; Maschinenbautechnik **3** (1954) 9 488.

Samson, D. R.: Strain energy proof of the elastic centre method for the analysis of frames. J. Roy. Aeron. Soc. **57** (1953) 509 344—345; Index Aeron. **9** (1953) 8 65.

Sattler, Konrad: Die Stabilität von Stockwerkrahmen mit seitlich unverschieblichen Knotenpunkten. Nachr. Oest. Betonver. XIII (1953) 10 62—64, 11 65—68, (Beil. Oest. Bau-Z. **8** (1953) 11 u. 12.)

Sauvage: Berechnung mehrstöckiger Rahmen auf Seitenkräfte im Ausgleichsverfahren. Bauing. **28** (1953) 3 91—92.

von Spiess, Silvio: Berechnung eines Stockwerkrahmens für horizontale Belastung mit Hilfe von Gruppenlasten. Bauing. **28** (1953) 2 53—54.

Takabeya, R.: On economical number of stories for multiplestoried rigid frames. Rep. Res. Inst. Appl. Mech. Kyushu Univ. **2** (1953) 5 1—14; AMR **7** (1954) 2 66.

Takabeya, F., Y. *Murakami* and *R. Takabeya:* Stress investigations of rigid frames, considering the effects of bending moments, normal and tangential stresses. Rep. Res. Inst. Appl. Mech, Kyushu Univ. **2** (1953) 5 15—37; AMR **7** (1954) 4 151.

Diedrichs, Ludwig: Nomogramme zur Bestimmung der Knicklänge von Rahmen. Stahlbau **23** (1954) 10 239—240.

Esslinger, Maria: Kippen von Rahmenecken mit Rechteckquerschnitt. Stahlbau **23** (1954) 3 53—60.

Foulkes, J.: The minimum-weight design of structural frames. Proc. Royal Soc. Ser. A (1954) 20./5. 482—494.

Godfrey, G. Bernard: Une simplification de la méthode de Cross pour les cadres symétriques soumis aux déplacements latéraux. Ossature Métall. **19** (1954) 3 151—160.

Horne, M. R.: Collapse load factor for a rigid frame structure. Engineering **177** (1954) 4594 210—212 7 ref.; Index Aeron. **10** (1954) 6 96.

Kani, Gaspar: Die Berechnung mehrstöckiger Rahmen. 3. Aufl. Stuttgart: Wittwer 1954. 80 S.

Lindner, Helmut: Berechnung gekrümmter Rahmenstäbe nach dem Momentenausgleichsverfahren. Bautechnik **31** (1954) 5 152—155.

Lucan, Eberhard: Der durchlaufende Rahmen mit Kopfbändern. Bautechnik **31** (1954) 3 88—90.

Lusser, Eberhard: Berechnung des Vierendeel-Trägers. Beton- und Stahlbetonbau **49** (1954) 4 92—93.

Lusser, Eberhard: Leichte einfache Berechnung des dreigeschossigen Stockwerkrahmens im Falle seitlich angreifender Kräfte. Bautechnik **31** (1954) 8 263.

Readey, W. B:. Optimum design of indeterminate frames. J. Aeron. Sci. **21** (1954) 9 615—620; Index Aeron. **10** (1954) 10 117.

Sahmel, Paul: Beschleunigung der Konvergenz bei Berechnung von Rahmentragwerken nach Kani. Stahlbau **23** (1954) 11 262—264.

Sauvage: Berechnung dreistieliger symmetrischer Stockwerksrahmen auf Windlast nach dem Drehwinkelausgleichsverfahren. Bauing. **29** (1954) 9 342—345.

Srinath, L. S.: A method of moment distribution by graphical analysis. J. Roy. Aeron. Soc. **58** (1954) 520 302—305; Index Aeron. **10** (1954) 6 5. [1.212.3].

Valentin, Wilhelm: Symmetrischer Stockwerksrahmen mit waagrechten Kräften. Oest. Bau-Z. **9** (1954) 1 6—8.

Räumliche Tragwerke 1.213

Räumliche Fachwerke (Flechtwerke) 1.213.1

Kaufmann, W.: Beitrag zur Berechnung räumlicher Fachwerke von zyklischer Symmetrie mit biegungssteifen Ringen und Meridianen. — ZAMM **1** (1921) 5 345—364.

Prager, Willy: Beitrag zur Kinematik des Raumfachwerkes. ZAMM **6** (1926) 5 341—354.

Prager, Willy: Die Formänderungen von Raumfachwerken. ZAMM **7** (1927) 6 421—424.

Bleich, F. u. *H. Bleich:* Die Stabilität räumlicher Stabverbindungen. Z. Öst. Ing. u. Arch.-Verein (1928) 37/38 345 ff.

Girkmann, Karl: Die Knickfestigkeit der Eckstäbe an Raumtragwerken mit ebenen Knoten. Z. VDI **72** (1928) 18 588—590. [1.213.2].

Sotoff, A. W.: Zur graphischen Bestimmung der Knotenpunktverschiebungen räumlicher Fachwerke. ZAMM **8** (1928) 5 393—396.

Wagner, Herbert: Über räumliche Flugzeugfachwerke. Die Längsstabkraftmethode. ZFM **19** (1928) 15 337—347. [6.254.3].

Ebner, Hans: Zur Berechnung räumlicher Fachwerke im Flugzeugbau. 138. DVL-Ber.; Luftf. Forsch. **5** (1929) 2 29—72; DVL-Jb. 1929 371—414; Jb. WGL 1929 213—221. [6.254.3].

Mehmke, R.: Neue Konstruktionen der räumlichen graphischen Statik. Ing.-Arch. **1** (1929) 1 110—115.

Rühl, Karl Helmut: Untersuchungen über die Berechnung der Stabkräfte infolge Torsionsbelastung in vielfach statisch unbestimmten vierseitigen Raumfachwerken verwendet für Flugzeugrümpfe, Flugzeugflügel, Maste und ähnliche Bauwerke. Diss. TH Braunschweig 1929 21 S.

Seydel, Edgar: Ermittlung der Stabkräfte im Flugzeugfachwerkrumpf. 139. DVL-Ber.; Luftf.-Forsch. **5** (1929) 2 73—106; DVL-Jb. 1929 415—448. [6.254.3].

Wagner, Herbert: The analysis of aircraft structures as space frameworks method based on the forces in the longitudinal members. NACA TM 522 July 1929.

Ebner, Hans: Die Berechnung regelmäßiger, vielfach statisch unbestimmter Raumfachwerke mit Hilfe von Differenzen-Gleichungen. DVL-Jb. 1931 246—288; 235. DVL-Ber. [6.254.3].

Seydel, Edgar: Beitrag zur Berechnung viergurtiger Flechtwerke. DVL-Jb. 1931 289—304; 226. DVL-Ber. [6.254.3].

Seydel, Edgar: Beitrag zum Gewichtsvergleich zwischen dreigurtigem und viergurtigem Flechtwerk. DVL-Jb. 1931 305—308; ZFM **22** (1931) 12 362—366. [7.1].

Ebner, Hans: Zur Berechnung statisch unbestimmter Raumfachwerke (Zellwerke). Stahlbau **5** (1932) 1—6, 11—14.

Ebner, Hans: Über Fachwerke mit gekreuzten Diagonalen. 301. DVL-Ber.; Ing.-Arch. **3** (1932) 4 412—431; DVL-Jb. 1932 III 63 ff.; Luftwissen **2** (1935) 9 254. [6.254.3].

Pollaczek-Geiringer, Hilda: Zur Gliederungstheorie räumlicher Fachwerke. ZAMM **12** (1932) 6 369—376.

Ebner, Hans u. *Albert Tonski:* Zur statischen Berechnung von Flugzeugfachwerkrümpfen. ZWB FB 157 1934, FB 287 1935. [6.254.3].

Ebner, Hans: Akustische Bestimmung der Stabkräfte räumlicher Fachwerke an Modellen. Jb. 1935 Vereinig. Luftf. Forsch. 178—195.

Flachsbart, O. u. *H. Winter:* Modellversuche über die Belastung von Gitterfachwerken durch Windkräfte. 2. Teil: Räumliche Gitterfachwerke. Stahlbau **8** (1935) 8 57—63, 9 65—69, 10 73—77.

Tonski, Albert: Beispiele zur statischen Berechnung von Flugzeugfachwerkrümpfen. ZWB UM 455 1937. [6.254.3].

Köller, Hermann: Einfluß von Steifigkeitsänderungen auf den Kraftverlauf in statisch unbestimmten Tragwerken. DVL-Jb. 1938 225—232; Jb. 1938 Dtsch. Luftf. Forsch. I 444—451.

Tonski, Albert: Viergurtige Raumfachwerke. Ringb. Luftf. Techn. II A 11 Mai 1940. 33 S. [6.254.3].

Kraus, Robert: Allgemeine Kräftebestimmung an Körpern mit vier windschiefen Kräften. Stahlbau **14** (1941) 21/22 103—106.

Kraus, Robert: Graphische Kräfteermittlung am statisch bestimmt gestützten Körper. Stahlbau **15** (1942) 6/7 17—20, 8/9 30—31.

Blumrich, S.: Stahlrohrfachwerk: Dimensionen und Stabgewichte. Flugsport **35** (1943) 3 Merkbl. 1 5—6.

El-Sayed El-Schasly: Biegungsspannungen und Stabkräfte in Schwedlerkuppeln nach Theorie und Modellversuch mit einer Anwendung aus dem Flugzeugbau. Mitt. Inst. Baustatik ETH Zürich Nr. 12. Zürich-Leipzig: Leemann 1943.

v. Guérard, H. u. *W. Versollmann:* Verfahren zur Bestimmung der Natalis-Knicklast räumlicher Stabgruppen. ZWB TB **10** (1943) 12; Vorabdr. Jb. 1943 Dtsch. Luftf. Forsch. 5 Lfg. I D 5 S. [1.342.31].

Smull, Leland K.: An investigation of the validity of Wang's formula for the critical load for circular cylindrical grids. NACA RB 3 J 28 Oct. 1943. [1.212.4].

Pflüger, Alfrich: Statik der Triebwerkgerüste von Reihenmotoren. ZWB TB **11** (1944) 1 1—10. [6.254.71].

Dietz, H.: Ein Verschiebungsplan für das räumliche Fachwerk. ZAMM **30** (1950) 4 121—125.

Kirste, Leo u. *F. Müller-Magyari:* Steifigkeit und Steifigkeitsmethode bei räumlichen Stabwerken. Oest. Ing. Arch. **4** (1950) 5 387—398.

Kraus, Robert: Über neue Entwicklungsmöglichkeiten der graphischen Statik und ihre Leistungsfähigkeit. Z. VDI **92** (1950) 9 207—215. [1.212.1].

Räumliche Rahmen und rahmenartige Tragwerke 1.213.2

Millies, Alfred: Räumliche Vieleckrahmen mit eingespannten Füßen unter besonderer Berücksichtigung der Windbelastung. Berlin: Springer 1927. VI, 96 S.

Girkmann, Karl: Die Knickfestigkeit der Eckstäbe an Raumtragwerken mit ebenen Knoten. Z. VDI **72** (1928) 18 588—590. [1.213.1].

Rudakow, Alexis: Berechnung der räumlichen symmetrischen Vieleckrahmen für beliebige Belastung. Ing.-Arch. **2** (1931) 5 528.

Southwell, R. V. and *J. B. B. Owen:* On the calculation of stresses in braced frameworks. V. The general solution of regular polygonal cross section. ARC R & M No. 1573 1933; Aircr. Engng. **7** (1935) 78 209.

Cox, H. Roxbee: On the synthesis and analysis of simply-stiff frameworks. ARC R & M No. 1680 Apr. 1934; Luftwissen **3** (1936) 7 199; Proc. London Math. Soc. Ser. 2 Vol. 40 Pt 3; Aircr. Engng. **8** (1936) 89 207.

Rudakow, Alexis: Berechnung räumlicher Rahmen nach der Deformationsmethode. Stahlbau **7** (1934) 4 25—29.

Southwell, R. V.: Stress calculation in frameworks by the method of „Systematic relaxation of constraints". ARC R & M No. 1668 1935; Roy. Soc. Proc. A **151** (1935); Aircr. Engng. **8** (1936) 89 207.

Mann, Ludwig: Grundlagen zu einer Theorie räumlicher Rahmentragwerke. Stahlbau **12** (1939) 19/20 145—149, 21/22 153—158.

Wansleben, Fritz: Die Berechnung der regelmäßig vieleckigen Rahmenkuppeln. Stahlbau **13** (1940) 16/18 81—90.

Hoff, N. J.: Stress analysis of aircraft frameworks. J. Roy. Aeron. Soc. **45** (1941) 367 July 241—262 21 ref. [1.212.4].

Rudakow, Alexis: Grundzüge der Kuppelberechnung nach dem Formänderungsverfahren. Stahlbau **15** (1942) 8/9 28—29.

Wiedemann, Erich: Anwendung des Prinzips der fortgeleiteten Verformung auf die Berechnung räumlicher Rahmen mit rechtwinklig zueinander stehenden Stäben. Stahlbau **17** (1944) 5/7 28—30.

Wiedemann, Erich: Berechnung räumlicher Rahmen durch Fortpflanzung der Verformung. Stahlbau **17** (1944) 14/15 61—64, 16/17 77—79.

Beer, H.: Untersuchung des seitlichen Ausweichens von Stabwerken mit elastisch gestütztem Mittelknoten. Oest. Ing. Arch. **2** (1948) 4 265—275.

Heyman, Jacques: The limit design of space frames. Dissertation. Graduate Div. of Applied Mathem. Brown University, Providence, R. I. Techn. Rep. A 18—2 1949, ASME Prepr. 50-A-4 Nov./Dec. 1950 6 p.; AMR **3** (1950) 11 348; Index Acron. **7** (1951) 6 84.

Ewell, W. W.: Three-dimensional displacement diagrams for space frame structures. Proc. ASCE Separate No. 20 May 1950; Trans. ASCE **116** (1951) 809—827; AMR **5** (1952) 3 103.

Heyman, Jacques: The limit design of space frames. J. Appl. Mech. **18** (1951) 2 157—162; AMR **5** (1952) 1 16.

Luetkens, Otto: Der räumliche Rahmen (für Unterbauten von Kaminkühlern und ähnlichen kreissymmetrischen Bauwerken). Düsseldorf-Lohausen: Werner 1951. 104 S.

Morse, W.: The analysis of fuselage frames. Aircr. Engng. **24** (1952) 276 39—44, 49, 277 76—80, 88; AMR **5** (1952) 11 464. [6.254.3].

Palotás, L.: Calculation of space frame structures by the method of moment equalization (in German). Acta Techn. Hung., Budapest **2** (1952) 2/4 199—283; AMR **5** (1952) 10 425.

Trägerroste (Kreuzwerke)   1.213.3

• *Witt, P.:* Berechnung eines Systems gekreuzter Träger. Diss. TH Hannover 1923.

Blick, Wilhelm: Trägerrostplatten für Fahrbahnen von Straßenbrücken. Stahlbau **9** (1936) 8 60—62. [6.272].

Thoms, A.: Die Berechnung mehrfach symmetrischer Trägerroste mit Hilfe von Sinus-Gewichten. Stahlbau **9** (1936) 18 138—143, 19 147—150.

Christopherson, D. G.: Relaxation methods applied to grid frameworks. ARC R & M No. 1824 Dec. 1937; Aircr. Engng. **10** (1938) 116 328.

Holzwarth, Hans. Die symmetrisch ausgebildete Rostbrücke mit drei Hauptträgern und elastischen Querträgern in den Hauptträgerdritteln. Stahlbau **10** (1937) 5/6 45—48, 7 54—56, 8 61—62. [6.272].

Geiger, Friedrich: Kontinuierliche Rostträgerbrücken. Stahlbau **11** (1938) 10 78—80, 11 86—88. [6.272].

Geiger, Friedrich: Rostträgerbrücken mit fünf Hauptträgern. Stahlbau **11** (1938) 26 207—208. [6.272].

Leonhardt, Fritz: Die vereinfachte Berechnung zweiseitig gelagerter Trägerroste. Bautechnik **16** (1938) 40/41 535—552.

Leonhardt, Fritz: Die vereinfachte Trägerrostberechnung. Anwendungsbeispiele. Bautechnik **16** (1938) 40/41 553—557.

Weinhold, Josef: Über Kipplasten eines Holmrippenrostes. Ing. Arch. **9** (1938) 6 411—419.

Geiger, Friedrich: Rostträgerbrücken mit höherem Randträgerprofil. Stahlbau **12** (1939) 18 142—144. [6.272].

Leonhardt, Fritz: Vereinfachte Trägerrostberechnung. Z. VDI **83** (1939) 47 1241—1243.

Bültmann, Wilhelm: Beitrag zur Berechnung kontinuierlicher Trägerroste. Stahlbau **13** (1940) 3/4 9—11.

Geiger, Friedrich: Die Kopplung oder gegenseitige Beeinflussung lastverteilender Querscheiben. Stahlbau **13** (1940) 3/4 11—17, 5/7 27—28.

Weinhold, Josef: Buckling tests with a spar-rib grill. NACA TM 950 Sept. 1940. [6.254.1].

Knipp, Günther: Über die Stabilität der gleichmäßig gedrückten Rechteckplatte mit Steifenrost. Bauing. **22** (1941) 27/28 257—273. [1.223.121].

Kruck, G.: Die Berechnung von ebenen Trägerrosten. Schweiz. Bauztg. **118** (1941) 1 2—6, 2 13—15.

Klöppel, Kurt: Zur Berechnung des Trägerrostes. Stahlbau 15 (1942) 21/22 78—80.
Thran, Ullrich: Anleitung für die strenge Trägerrostberechnung. Stahlbau 15 (1942) 23/24 82—88, 25/26 92—96.
Weinhold, Josef: Bemerkung zur Frage der Kipplast eines Trägerrostes. Stahlbau 15 (1942) 19/20 68—70.
Schöttgen, J.: Einfluß der Verdrehungssteifigkeit der Hauptträger auf die Lastverteilung beim Trägerrost nach Rechnung und Versuch. Bautechnik-Arch. 1 1947 35—46.
Woinowsky-Krieger, Sergius: Zur Statik und Kinetik der Trägerroste. Ing.-Arch. 17 (1949/50) 5 391—402.
Wansleben, Fritz: Zur Berechnung von Brückenfahrbahnen als Trägerroste. Bauing. 25 (1950) 2 43—44. [6.272].
Ewell, W. W., S. Okubo and *J. I. Abrams:* Deflections in gridworks and slabs. Proc. ASCE Separate Nr. 89 Sept. 1951 22 p.; AMR 5 (1952) 8 357. [1.225.12].
Krausche, K.: Zur Berechnung des zweistieligen symmetrischen Stockwerkrahmens und des horizontalsymmetrischen Vierendeelträgers. Beton- und Stahlbetonbau 46 (1951) 12 275—277. [1.212.4].
Heyman, Jacques: The limit design of a transversely loaded square grid. J. Appl. Mech. 19 (1952) 2 153—158; AMR 6 (1953) 1 17.
Homberg, Hellmut: Über die Lastverteilung durch Schubkräfte, Theorie des Plattenkreuzwerks. Stahlbau 21 (1952) 3 42—43, 4 64—67, 5 77—79, 10 190—192; AMR 5 (1952) 12 514.
Steinhardt, O.: Die waagerechte Koppelung von Trägern mittels querliegender Torsionsglieder. Z. VDI 94 (1952) 6 161—164.
Biermann, W. u. *Hans-Dieter Möller:* Ein Verfahren zur Berechnung unregelmäßiger Trägerroste. Bauplanung & Bautechnik 7 (1953) 9 415—423.
Heyman, J.: The plastic design of grillages. Engng. 176 (1953) 4587 804—807; AMR 7 (1954) 5 202.
Beer, H. u. *F. Resinger:* Zur genauen Berechnung torsionssteifer Trägerroste mit Einflußlinien. Nachr. Oest. Betonver. 14 (1954) 3 13—16, 4 21—22 [Beil. Oest. Bau-Z. 9 (1954) 3 u. 4].
Homberg, Hellmut: Beitrag zur Kreuzwerkberechnung. Stahlbau 23 (1954) 4—12.

Statik der Platten 1.22

Allgemeines 1.221

Wagner, Herbert: Structures of thin sheet metal their design and construction. NACA TM 490 Dec. 1928.
Cox, H. L.: Summary of the present state of knowledge regarding sheet metal construction. ARC R & M 1553 1933.
Bijlaard P. P.: A new method of plate-analysis. Proc. 7th Neth. Indian Phys. Sci. Congr. (1935) 124—128. Ingenieur in Ned. Indie (1935) 11.
Bijlaard, P. P.: New method of analysis of circular plates, Ingenieur in Ned. Indie (1935) 12 I 176—178. [1.225.13].
Heck, O. S. u. *Hans Ebner:* Formeln und Berechnungsverfahren für die Festigkeit von Platten- und Schalenkonstruktionen im Flugzeugbau. Luftf.-Forsch. 11 (1935) 8 211—222. [1.230], [1.240].
Bijlaard, P. P.: A new method of plate-analysis. Proc. 3rd Engng. Congr. Tokyo 1936 175—178.
Heck, O. S. and *Hans Ebner:* Methods and formulas for calculating the strength of plate and shell constructions as used in airplane design. NACA TM 785 Febr. 1936. [1.230], [1.240].
Holl, D. L.: Analysis of plate examples by difference methods and the superposition principle. J. Appl. Mech. 3 (1936) 81—90 12 ref.

Kappus, Robert: Zur Elastizitätstheorie endlicher Verschiebungen. ZAMM **19** (1939) 5 271—285, 6 344—361. [1.342.31].

Cox. H. L.: Stress analysis of thin metal construction J. Roy. Aeron. Soc. **44** (1940) March 231—282 82 ref. [1.240].

Young, Dana: The analysis of rectangular plates with clamped edges. Diss. Univ. Michigan 1940.

Klöppel, Kurt u. *Kuo-hao Lie:* Das hinreichende Kriterium für den Verzweigungspunkt des elastischen Gleichgewichts. Stahlbau **16** (1943) 6/7 17—21. [1.342.31].

Koiter, W. T.: On the stability of elastic equilibrium. (Dutch, Engl. summary.) Thesis Delft 1945.

Smith, R. C. T.: Elastic stability of thin plates and shells. CSJR Div. Aeron. Australia, Monograph 1945. [1.240].

Farrar, D. J.: Investigation of skin buckling. ARC R & M 2652 Oct. 1947; Aircr. Engng. **26** (1954) 300 58.

Batdorf, S. B.: Theories of plastic buckling. J. Aeron. Sci. **16** (1949) 7 405—408; AMR **3** (1950) 10 303. [1.222.111].

van der Eb, W.: Some special cases of buckling. Ingenieur **61** (1949) 25./3. 011—018; AMR **2** (1949) 8 176. [1.342.31].

Hemp, W. S.: The elementary theory of stressed skin construction. Aircr. Engng. **21** (1949) 244 191—192, 245 227—230. [1.240].

Lardy P.: Die Elastizitätstheorie der parallelogrammförmigen Scheibe. Schweiz. Bauztg. **67** (1949) 31 419—422.

Schnadel, G.: Exceeding the buckling limit in thin plates. David Taylor Model Basin Transl. 64 Dec. 1949 11 p.; AMR **3** (1950) 11 346.

MacNeal, R. H.: The solution of elastic plate problems. Amer. Soc. Mech. Engrs. Prepr. 50-SA-23 1950 9 p. 8 ref.; Index Aeron. **6** (1950) 9 5.

MacNeal, R. H.: The solution of elastic plate problems by electrical analogies. J. Appl. Mech. **18** (1951) 1 59—67; AMR **4** (1951) 10 552.

Pestel, E.: Tragwerkauslenkung unter bewegter Last. Ing.-Arch. **19** (1951) 6 378—383.

Donnell, L. H.: Recent developments in the study of buckling problems. AMR **5** (1952) 7 289—290. [1.230], [1.240], [1.342.31].

Ebner, Hans: Festigkeitsprobleme dünnwandiger Blechkonstruktionen. Schweißen u. Schneiden **4** (1952) SH Dez. 145—155. [1.232.11], [1.241.111.1], [1.241.211], [1.242.2].

Gerard, G.: Note on beams and plates. J. Aeron. Sci **19** (1952) 3 207—208; AMR **5** (1952) 8 352. [1.341].

Hamel, Georg: Über die Theorie der dünnen, schwach gebogenen Platten. ZAMM **33** (1953) 4 138—143; Index Aeron. **9** (1953) 10 80.

Lardy, Pierre: Über eine neue Lösungsmethode des Problems der eingespannten Rechteckplatte. Abh. Int. Vereinig. Brücken- u. Hochbau **13** (1953); Oest. Bau-Z. **9** (1954) 8/9 159.

Negoro, Shôsaburô: On a method of solving elastic problems of plates. Rep. Res. Inst. Appl. Mech. Kyushu Univ. (Japan) Aug. 1954 115.

Schwalbe, W. L.: The conjugate load method in structural analysis. J. Roy. Aeron. Soc. **59** (1955) 531 199—208 5 ref. [1.211].

Stabilität und Festigkeit der unversteiften Platten im elastischen und unelastischen Bereich (Belastung in Plattenebene)   1.222

Platten aus homogenen, insbesondere metallischen Werkstoffen   1.222.1

Isotrope Platten   1.222.11

Allgemeines   1.222.111

Reissner, H.: Energiekriterium der Knicksicherheit. ZAMM **5** (1925) 6 475—478.

v. Kármàn, Th.: Analysis of some typical thin-walled structures. Amer. Soc. Mech. Engrs. Pap. AER-55-190; Aeron. Engng. **5** (1933) 4 155—158.

Sechler, E. E.: Strength of thin metal structures beyond the stability limit. Aeron. Engng. **5** (1933) 4 151—153 6 ref. [1.231.111], [1.242.111].

Schleicher, Ferdinand: Stabilitätsprobleme vollwandiger Stahltragwerke, Übersicht und Ausblick. Bauing. **15** (1934) 51/52 505—512 27 Lit.-St.

Miles, Aeron J.: Strength and stability of rectangular plates on elastic beams. Diss. Univ. Michigan 1935.

Schleicher, Ferdinand: Einfluß der Querdehnung auf die Stabilität von Stahlplatten. Stahlbau **8** (1935) 7 49—50.

Fox, Eustache N.: The behavior of thin circular and rectangular plates after buckling. Diss. Univ. Michigan 1936.

Miles, A. J.: Stability of rectangular plates elastically supported at the edges. J. Appl. Mech. **5** (1936) 2 A 47—A 52 8 ref.

Kaufmann, W.: Über die Stabilität dünnwandiger Hohlzylinder und rechteckiger Bleche oberhalb der Proportionalitätsgrenze. Stahlbau **10** (1937) 1 1—4. [1.241.111.1].

Nölke, Kurt: Biegungsbeulung der Rechteckplatte. Diss. TH Hannover 1937; Ing. Arch. **8** (1937) 6 403—425.

Bijlaard, P. P.: A theory of plastic stability and its application to thin plates of structural steel. Proc. Roy. Netherl. Acad. Sci. (Amsterdam) (1938) 7 731—743.

Picket, Gerald: Stress analysis of plates and cylinders. Diss. Univ. Michigan 1938. [1.241.111.1].

Friedrichs, K. O. and *J. J. Stoker:* The non-linear boundary value problem of the buckled plate. Proc. Nat. Acad. Sci. (Washington) **25** (1939) 10 535—540.

Willers, Fr. A.: Das Ausbeulen von Plattenstreifen, deren Dicke sich sprungweise ändert. Forsch. Ing. Wes. **10** (1939) 5 227—234.

Bijlaard, P. P.: Theory of the plastic stability of thin plates. Publ. Int. Ass. Bridge & Struct. Engng. **6** (1940/41) 45—69.

Federhofer, Karl: Berechnung der Auslenkung beim Ausbeulen dünner Kreisplatten. Ing.-Arch. **11** (1940) 2 118—124.

Kromm, Alexander: Stabilität von homogenen Platten und Schalen im elastischen Bereich. Ringb. Luftf.-Techn. II A 10 1940 26 S. [1.241.111.1], [1.231.111].

Willers, Fr. A.: Die erste Variation der Formänderungsarbeit ausgebeulter ebener Platten. ZAMM **20** (1940) 2 118—121.

Dunn, Louis G.: On the distribution of stress in a thin plate elastically supported along two edges at loads beyond the stability limit. NACA TN 859 Oct. 1942.

Hencky, H.: Determining critical states of equilibrium of plates and shells under initial stress. J. Appl. Mech. **9** (1942) 1 A27—A30 6 ref. [1.231.111], [1.241.111.1]. [1.241.111.1].

Lundquist, Eugene E. and *Elbridge Z. Stowell:* Restraint provided a flat rectangular plate by a sturdy stiffener along an edge of the plate. NACA Rep. 735 1942.

Lundquist, Eugene E. and *Evan H. Schuette:* Critical stresses for plates. NACA ARR 3 J 27 (WR L-466) Oct. 1943.

Cox, H. L.: The distortion of a flat rectangular plate in its own plane. ARC R & M. 2200 July 1945 37 p.; Index Aeron. **5** (1949) 6 41.

Lundquist, Eugene E., Elbridge Z. Stowell and *Evan H. Schuette:* Principles of moment distribution applied to stability of structures composed of bars or plates. NACA Rep. 809 1945. [1.342.31].

Bijlaard, P. P.: On the elastic stability of thin plates, supported by a continuous medium. Proc. Roy. Acad. Sci. (Amsterdam) (1946) 10 1189—1199.

Budiansky, Bernard and *Pai C. Hu:* The Lagrangian multiplier method of finding upper and lower limits to critical stresses of clamped plates. NACA Rep. 848 1946 11 p. 6 ref.; AMR **2** (1949) 8 175; Index Aeron. **6** (1950) 4 5.

Bijlaard, P. P.: On the plastic stability of thin plates and shells. Proc. Koninkl. Nederl. Akad. Wetensch. (Amsterdam) **50** (1947) 765—775. [1.231.111], [1.242.111].

Brown, W. F. and *G. Sachs:* Strength and failure characteristics of thin circular membranes. Amer. Soc. Mech. Engrs. Prepr. 47-A-20 Dec. 1947 9 p. 19 ref.; Index Aeron. **4** (1948) 3 73.

Fox, L.: Mixed boundary conditions in the relaxational treatment of biharmonic problems (plane strain or stress). Proc. Roy. Soc. (London) A **189** (1947) 1019 535—543; AMR **1** (1948) 1 7. [1.224.13].

Ilyushin, A. A.: The elasto-plastic stability of plates. NACA TM 1188 Dec. 1947 30 p.; AMR **1** (1948) 2 43. [1.231.111].

Ilyushin, A. A.: Stability of plate and shells beyond the proportional limit. NACA TM 1116 Oct. 1947 44 p.; AMR **1** (1948) 5 137. [1.231.111].

Kollbrunner, C. F. u. *G. Herrmann:* Stabilität der Platten im plastischen Bereich. (Techn. Kommission d. Verb. Schweiz. Brücken- u. Stahlhochbau-Unternehmungen, Zürich Mitt. Nr. 2.) Mitt. Inst. Baustatik ETH Zürich Nr. 20. Zürich: Leemann 1947 81 S.; Bauing. **24** (1949) 6 192.

Bijlaard, P. P.: Grundlegende Beobachtungen zum Beulen von Platten und Schalen im plastischen Bereich. Mitt. Inst. Baustat. ETH Zürich Nr. 21 1948 32 S.; AMR **2** (1949) 11 246. [1.231.111], [1.242.111].

Buell, E. L.: On the distribution of plane stress in a semi-infinite plate with partially stiffened edge. J. Math. Phys. **26** (1948) Jan. 223—233; AMR **1** (1948) 4 100.

Dubas, Ch.: Contribution to the study of buckling of stiffened metal sheets (in French). Mitt. Inst. Baustat. ETH Zürich Nr. 23 1948 152 p.; AMR **3** (1950) 5 137. [1.223.11], [1.225.11].

Kollbrunner, C. F. u. *G. Herrmann:* Elastische Beulung von auf einseitigen, ungleichmäßigen Druck beanspruchten Platten. (Techn. Kommission d. Verb. Schweiz. Brücken- u. Stahlhochbau-Unternehmungen, Zürich, Mitt. Nr. 4.) Mitt. Inst. Baustatik ETH Zürich Nr. 22. Zürich: Leemann 1948 80 S.; Bauing. **24** (1949) 6 192.

Rand, T.: Statik för flygplanskal. (Statics of aircraft shells.) Thesis Kungl. Tekn. Hogsk. Stockholm Nr. 54 1948 201 p. 37 ref.; Index Aeron. **6** (1950) 10 56. [1.224.13], [1.231.111].

Stowell, Elbridge Z.: A unified theory of plastic buckling of columns and plates. NACA TN 1556 Apr. 1948 31 p.; AMR **1** (1948) 5 138. [1.342.31].

Aleck, B. J.: Thermal stresses in a rectangular plate clamped along an edge. J. Appl. Mech. **16** (1949) June 118—122; AMR **3** (1950) 9 264.

Batdorf, S. B.: Theories of plastic buckling. J. Aeron. Sci. **16** (1949) 7 405—408; AMR **3** (1950) 10 303. [1.221].

Bijlaard, P. P.: Theory and tests on the plastic stability of plates and shells. J. Aeron. Sci. **16** (1949) Sept. 529—541; AMR **3** (1950) 10 303. [1.231.111], [1.242.111].

Buchert, Kenneth P.: Stability of alclad plates. NACA TN 1986 Dec. 1949 33 p.; AMR **3** (1950) 5 138.

Friedrichs, K. O.: The edge effect in bending and buckling with large deflections. Proc. Symposium Appl. Math. **1** (1949) 188—193; AMR **3** (1950) 6 170. [1.225.11], [1.242.111], [1.245].

Hopkins, H. G.: Elastic stability of infinite strips. Proc. Cambr. Phil. Soc. **45** (1949) Oct. 587—594, **46** (1950) Jan. 164—181; AMR **4** (1951) 1 23.

Kollbrunner, Curt F. u. *G. Herrmann:* Stabilität rechteckiger, durch linear verteilte Randkräfte beanspruchter Platten. Schweiz. Bauztg. **67** (1949) 21 307—308.

Wierzbicki, W.: Numerical methods in buckling problems (in French). Archivum Mechaniki Stosowanej **1** (1949) 23—66; AMR **2** (1949) 8 175. [1.342.8].

Bijlaard, P. P.: Stability of alclad plates. J. Aeron. Sci. **17** (1950) 4 252.

Bijlaard, P. P.: On the plastic buckling of plates according to flow theory. J. Aeron. Sci. **17** (1950) 12 810—811; AMR **4** (1951) 3 156.

Pearson, C. E.: Bifurcation criterion and plastic buckling of plates and columns. J. Aeron. Sci. **17** (1950) 7 417—455 9 ref.; Index Aeron. **6** (1950) 10 32; AMR **4** (1951) 3 155. [1.342.31].

Ulsenheimer, Gottfried: Über Knickung von dünnen Platten. Diss. TH München 1950. V, 125 S.

Cicala, P.: On a buckling problem in the elastoplastic range (in Spanish). Monogr. Lab. Aeron., Politecn. Torino No. 269 16 p. Revista Facultad Ciencias Exactas, Fisicas y Naturales Univ. Nac. Buenos Aires **14** (1951) 1; AMR **6** (1953) 2 67—68.

Dörr, Johannes: Bemerkung zur Elastizitätstheorie der parallelogrammförmigen Scheibe mit starren, gelenkig verbundenen Randstäben. Oest. Ing.-Arch. **5** (1951) 1 34—36.

Massonnet, Ch.: Experimental investigation of the resistance to buckling of the web of solid web girders (in French). Bull. Centre Étude Rech. et Essais Sci. des Constructions du Génie Civil et Hydraulique Fluviale **5** (1951) 67—240; AMR **5** (1952) 3 102. [1.212.1].

Salles, F. et *C. Thorn:* Méthode des différences finies appliquée aux problèmes bidimensionnels de calcul des contraintes d'une plaque. Publ. Sci. et Techn. Min. Air. BST 115 1951 84 p. 15 ref.; Index Aeron. **7** (1951) 11 123. [1.225.11].

Salvadori, M. G.: Numerical computation of buckling loads by finite differences. Trans. ASCE **116** (1951) 590—624.

Austin, W. J. and *N. M. Newmark:* A numerical method for the solution of plate buckling problems. (Proc. 1st U. S. Nat. Congr. Appl. Mech. June 1951: Sect. 2. — Elasticity, photoelasticity, plate theory, elastic instability.) Amer. Soc. Mech. Engrs. Publ. 1952; Index Aeron. **9** (1953) 5 23—24.

Besseling, J. F.: The problem of buckling in the plastic range of rods and plates. NLL Rep. S. 407 Oct. 1952 94 p.; Index Aeron. **9** (1953) 4 77. [1.342.31].

Dantu: A new method for determination of stresses in plane elasticity (in French). Ann. Ponts Chaussées **122** (1952) 4 375—405; AMR **6** (1953) 2 61.

Welch, W. A.: Buckling design charts. Aero Dig. **65** *(1952)* 5 74—76; Index Aeron. **9** (1953) 5 80.

Heimerl, George J. and *Philip J. Hughes:* Structural efficiencies of various aluminium, titanium, and steel alloys at elevated temperatures. NACA TN 2975 July 1953 16 p. 2 ref.; Index Aeron. **9** (1953) 11 96; Metal Abstr. **21** (1953) Pt. 4 Dec. 320; AB **25** (1954) 2 88; 3 163—164; AMR **7** (1954) 3 114. [1.321].

Hopkins, H. G.: The plastic instability of plates. Quart Appl. Math. **11** (1953) 2 185—200 7 ref.; AMR **7** (1954) 3 108; Index Aeron. **9** (1953) 11 63.

Horvay, G.: The end problem of rectangular strips. J. Appl. Mech. **20** (1953) 1 87—94; AMR **6** (1953) 10 450.

Leggett, D. M. A.: Summary of the theoretical work done on the stability of thin plates 1939 to 1946. ARC R. & M. 2784 1953 8 p. 48 ref.; Index Aeron. **10** (1954) 3 84; Aircr. Engng. **26** (1954) 302 132.

Neuber, Heinz: Vereinfachung der Grundgleichungen der elastischen Stabilität mit Anwendung auf Stäbe, Platten und Schalen. ZAMM **33** (1953) 8/9 286—290. [1.231.111], [1.240], [1.342.31].

168

Ramberg, W. and *J. A. Miller:* Twisted square plate method and other methods for determining the shear stress-strain relation of flat sheet. J. Res., Nat. Bur. Stand. **50** (1953) 2 111—123 17 ref.; Index Aeron. **9** (1953) 8 62.

Zizicas, G. A.: Stability of thin elastic plates covering an arbitrary simply connected region and subject to any admissible boundary conditions. J. Appl. Mech. **20** (1953) 1 23—29 39 ref.; Index Aeron. **9** (1953) 6 69. [1.222.121].

Benthem, J. P.: On the buckling of rods and plates in the plastic region: Pt. 2. NLL Rep. S 423 Jan. 1954 36 p. 48 ref.; Index Aeron. **10** (1954) 9 92. [1.342.31].

Benthem, J. P.: Over het knikvraagstuk in het plastische gebied bij staven en platen. (On the buckling of rods and plates in the plastic region.) II. NLL Rep. S. 423 Jan. 1954 56 p. 48 ref. [1.342.31].

Mitchell, L. H.: A fourier integral solution for the stresses in a semi-infinite strip. Quart. J. Mech. & Appl. Math. **7** (1954) Pt. 1 March 51—56 3 ref.; Index Aeron. **10** (1954) 6 95.

Gerard, George: Buckling efficiencies of plate materials at elevated temperatures. J. Aeron. Sci. **22** (1953) 3 194—196 6 ref.

Druckbeanspruchung   1.222.112

Schnadel, Georg: Über die Knickung von Platten. Jb. Schiffbautechn. Ges. **30** (1929) 170 ff.; Werft, Reederei, Hafen **11** (1930) 22 461—465, 23 493—497.

Schnadel, Georg: Die Überschreitung der Knickgrenze bei dünnen Platten. Verhandl. III. Int. Kongr. Mech. Stockholm 1930.

v. Karman, Th., A. E. Sechsler and *L. H. Donnell:* The strength of thin plates in compression. J. Appl. Mech. **54** (1932) 2 53—57.

Sezava, K.: Das Ausknicken von allseitig befestigten und gedrückten rechteckigen Platten. ZAMM **12** (1932) 4 227—229.

Cox, H. L.: Buckling of thin plates in compression. ARC R & M 1554 1933.

Haesch, O.: Die Berechnung der Beulspannungen ebener Platten mit Hilfe von Differenzengleichungen unter besonderer Berücksichtigung von Dreiecksplatten. Diss. TH Hannover 1936.

Iguchi, S.: Allgemeine Lösung der Knickungsaufgabe für rechteckige Platten. Ing.-Arch. **7** (1936) 4 207—215.

Kaufmann, W.: Über unelastisches Knicken rechteckiger Platten. Ing.-Arch. **7** (1936) 3 156—165.

Marguerre, Karl: Längsbelastete Platten großer Durchbiegung. ZAMM **16** (1936) 6 353—355; Luftwissen **4** (1937) 1 24.

Gredzielski, A. et *W. Billewicz:* Sur la rigidité de la tôle flambée. Spraw. **10** (1937) 1 5—22; Luftwissen **4** (1937) 8 261.

Marguerre, Karl u. *Erich Trefftz:* Über die Tragfähigkeit eines längsbelasteten Plattenstreifens nach Überschreiten der Beullast. ZAMM **17** (1937) 2 85—100; Jb. 1937 Dtsch. Luftf. Forsch. I 421—429, 494.

Maulbetsch, J. L.: Buckling of compressed rectangular plates with built-in edges. J. Appl. Mech. **4** (1937) 2 A 59—A 62 13 ref.

Willers, Fr. A.: Die Tragfähigkeit eines längsbelasteten Plattenstreifens nach Überschreiten der Beullast. Z. VDI **81** (1937) 32 949—950.

Woinowsky-Krieger, S.: The stability of a clamped elliptic plate under uniform compression. J. Appl. Mech. **4** (1937) 4 A 177—A 178.

Wang, Lung Fu: Buckling of rectangular plates and its application to the plate girder. Diss. Univ. Cornell 1938. [1.223.121].

Gran Olsson, R.: Beitrag zur Knickung der Rechteckplatte von quadratisch veränderliche Steifigkeit. Ing.-Arch. **10** (1939) 3 175—181.

Shanley, F. R.: Engineering aspects of buckling. The buckling of simple columns and flat plates symply explained for the engineer. Aircr. Engng. **11** (1939) 119 13—20. [1.342.31].

Willers, Fr. A.: Die Beullast abgestufter Kreisplatten. ZAMM **19** (1939) 4 206—210.

Federhofer, Karl: Tragfähigkeit der über die Beulgrenze belasteten Kreisplatte. Forsch. Ing. Wes. **11** (1940) 3 97—107.

Federhofer, Karl: Knickung der Kreisplatte und Kreisringplatte mit veränderlicher Dicke. Ing.-Arch. **11** (1940) 224—238. [1.224.13].

Hill, H. N.: Chart for critical compressive stress of flat rectangular plates. NACA TN 773 Aug. 1940.

Fischel, J. R.: The compressive strength of thin aluminium alloy sheet in the plastic region. J. Aeron. Sci. **8** (1941) 10 273—283.

Howland, W. L. and *P. E. Sandorff:* Permanent buckling stress of thin-sheet panels under compression. J. Aeron. Sci. **8** (1941) 7 261—269 12 ref.

Friedrichs, K. O. and *J. J. Stoker:* Buckling of the circular plate beyond the critical thrust. J. Appl. Mech. **9** (1942) A 7—A 14.

Klöppel, Kurt u. *K. H. Lie:* Beulung der rechteckigen, allseitig belasteten und einspannungsfrei gelagerten Bleche. Z. VDI **86** (1942) 5/6 71—75.

Lundquist, Eugene E. and *Elbridge Z. Stowell:* Critical compressive stress for flat rectangular plates supported along all edges and elastically restrained against rotation along the unloaded edges. NACA Rep. 733 1942.

March, H. W.: Buckling of flat isotropic plates in compression, shear or combined compression and shear. FPL Rep. 1316 A Sept. 1942. [1.222.113], [1.222.114].

Nagel, H.: Stabilität gleichmäßig gedrückter Rechteckplatten mit in Längsrichtung streifenweise konstanter Dicke. Diss. TH Hannover 1942.

Kroll, W. D.: Tables of stiffness and carry-over factor for flat rectangular plates under compression. NACA ARR 3 K 27 (WR L-398) Nov. 1943.

Langhaar, H. L.: Buckling of aluminium alloy columns and plates. J. Aeron. Sci. **10** (1943) 7 218—222. [1.342..31].

Levy, Samuel and *Philip Krupen:* Large-deflection theory for end compression of long rectangular plates rigidly clamped along two edges. NACA TN 884 Jan. 1943.

Cox, H. L.: The buckling of a flat rectangular plate under axial compression and its behavior after buckling. ARC R & M 2041 May 1945 28 p.; AMR **2** (1949) 8 175.

Cox, H. L.: The buckling of a flat rectangular plate under axial compression and its behaviour after buckling. II. Conditions for permanent buckles. ARC R & M 2175 Oct. 1945.

Hemp, W. S.: The theory of flat panels buckled in compression. ARC R & M 2178 1945 9 p.; Index Aeron. **4** (1948) 2 18; AMR **3** (1950) 9 264.

Moore, A. A. and *J. C. McDonald:* Compression testing of magnesium alloy sheet. ASTM Bull. (1945) 135 27—30.

Moore, R. L. and *C. Wescoat:* Bearing strength of 24 S-T aluminium alloy plate. NACA TN 981 June 1945. [1.323.211.1].

Hu, Pai. C.; Eugene E. Lundquist and *S. B. Batdorf:* Effect of small deviations from flatness on effective width and buckling of plates in compression. NACA TN 1124 Sept. 1946. [1.223.122].

Heimerl, George J.: Determination of plate compressive strengths. NACA TN 1480 Dec. 1947.

Kollbrunner, Curt F.: Die Ausbeulung von durch einseitigen, gleichmäßig verteilten Druck beanspruchten Blechen im elastischen und plastischen Bereich. Schweiz. Bauztg. **65** (1947) 8 95—96; AMR **1** (1948) 1 11.

Pines, S. and *G. Gerard:* Instability analysis and design of an efficiently tapered plate under compressive loading. J. Aeron. Sci. **14** (1947) 10 594—600; AMR **1** (1948) 1 12.

Stüssi, Fritz: Berechnung der Beulspannungen gedrückter Rechteckplatten. Abh. Int. Vereinig. Brücken- u. Hochbau **8** (1947) 237—248.

Bijlaard, P. P., Curt F. Kollbrunner u. *Fritz Stüssi:* Theorie und Versuche über das plastische Ausbeulen von Rechteckplatten unter gleichmäßig verteiltem Längsdruck (engl. u. franzöś. Zfssg.). Abh. Int. Verenig. Brücken- u. Hochbau, 3. Kongr. Vorbericht (1948) 119—128; AMR **2** (1949) 4 78.

Budiansky, Bernard: Compressive buckling of flat rectangular plates supported by rigid posts. NACA RM L 8 I 30 b Nov. 1948.

Favre, Henry: The influence of its own weight on the stability of rectangular plate. Proc. 7th Int. Congr. Appl. Mech. 1 (1948) 151—159; AMR **3** (1950) 9 265.

Gallaher, George L.: Plate compressive strength of FS-1h magnesium-alloy sheet and a maximum-strength formula for magnesium-alloy and aluminum alloy formed sections. NACA TN 1714 Oct. 1948 23 p.; Aero Dig. **59** (1949) 2 74; AMR **2** (1949) 4 79. [1.342.33].

Heimerl, George J.: Methods of constructing charts for adjusting test result for the compressive strength of plates for differences in material properties. NACA TN 1564 Apr. 1948 14 p.; AMR **1** (1948) 5 139.

Klinger, L. J. and *G. Sachs:* Fracturing characteristics of aluminium alloy plate. J. Aeron. Sci. **15** (1948) 12 731—734.

Kollbrunner, Curt F.: Tests on buckling of plates loaded by triangular distributed longitudinal stresses (in German). Publ. Int. Ass. Bridge & Struct. Engng. Fin. Rep. (1948) Sept. 301—307; AMR **3** (1950) 10 298.

Kollbrunner, Curt F. u. *G. Herrmann:* Theoretische Beuluntersuchungen der T. K. V. S. B. (Techn. Komm. d. Verb. Schweiz. Brücken- u. Stahlhochbau-Unternehmungen, Zürich) im Jahre 1947. Schweiz. Bauztg. **66** (1948) 11 146—149; AMR **1** (1948) 10 259.

Massonnet, Ch.: Buckling of plates (in French). Publ. Int. Ass. Bridge & Struct. Engng. Final Rep. Sept. 1948 291—300; AMR **3** (1950) 10 298.

Muckle, William: Resistance to buckling of light alloy plates. Trans. N. E. Coast Instn. Engrs. & Shipbuilders **64** (1948) 6 223—272 11 ref.; N. E. Coast Instn. Engrs. & Shipbuilders Repr. 19; Index Aeron. **4** (1948) 7 12; AMR **4** (1951) 4 218.

Müller-Magyari, F.: Kritische Spannungen dünnwandiger Plattenwerke unter zentrischem Druck. Oest. Ing.-Arch. **2** (1948) 5 331—346; AMR **3** (1950) 2 41.

van der Neut, A.: Experimental investigation of the post-buckling behaviour of flat plates loaded in shear compression. NLL Rep. S. 341 Aug. 1948 32 p. 8 ref.; Proc. 7th Int. Congr. Appl. Mech. 1 (1948) 9 174—186; AMR **2** (1949) 8 176; Index Aeron. **6** (1950) 4 6. [1.222.113].

Schuette, E. H. and *J. C. McDonald:* Prediction and reduction to minimum properties of plate compressive curves. J. Aeron. Sci. **15** (1948) Jan. 23—27; AMR **1** (1948) 5 138.

Favre, Henry: Étude de l'influence du poids propre sur la stabilité d'une plaque rectangulaire. Schweiz. Bauztg. **67** (1949) 3 34—35, 4 57—58.

Heimerl, George J. and *William M. Roberts:* Determination of plate compressive strengths at elevated temperatures. NACA TN 1806 Febr. 1949 20 p.; NACA Rep. 960 1950 6 p.; Index Aeron. **7** (1951) 5 67 7 ref.; AMR **2** (1949) 5 104, **4** (1951) 4 218.

Kollbrunner, Curt F. and *G. Herrmann:* Buckling of elastic plates in elastic range. Techn. Moderne **4** (1949) Dec. 375—377; AMR **3** (1950) 11 346.

Libove, Charles, Saul Ferdman and *John J. Reusch:* Elastic buckling of a simply supported plate under a compressive stress that varies linearly in the direction of loading. NACA TN 1891 June 1949 33 p.; AMR **3** (1950) 9 264; Met. Rev. **22** (1949) 7 56.

Müller-Magyari, F.: Kritische Spannungen dünnwandiger Plattenwerke unter zentrischem Druck. II. Verschiebliche Längskanten, insbesondere freie Endkanten. Oest. Ing.-Arch. **3** (1949) 2 180—196.

Pride, Richard A. and *George J. Heimerl:* Plastic buckling of simply supported compressed plates. NACA TN 1817 Apr. 1949 22 p.; AMR **2** (1949) 9 199.

Schuette, E. H.: Observation on the maximum average stress of flat plates buckled in edge compression. NACA TN 1625 Febr. 1949 23 p.; AMR **2** (1949) 4 79.

Stoker, J. J.: Prestressing a plane circular plate to stiffen it against buckling Reissner Anniv. Vol., J. W. Edwards, Ann Arbor (1949) 268—276; AMR **2** (1949) 9 199.

Bijlaard, P. P.: On the plastic buckling of plates. J. Aeron. Sci. **17** (1950) 11 742—743; AMR **4** (1951) 5 283.

Boley, Bruno A.: The shearing rigidity of buckled sheet panels. J. Aeron. Sci. **17** (1950) 6 356—362, 374, 382; AMR **4** (1951) 4 218. [1.222.113], [1.222.114].

Cicala, P.: On the critical load of a plate compressed beyond the elastic limit. Atti Accad. Naz. Lincei, Rendiconti, Classe Sci. Fisiche, Matematiche e Naturali **9** (1950) 1/2 67—71; AMR **4** (1951) 6 345.

Cicala, P.: On plastic buckling of a compressed strip. J. Aeron. Sci. **17** (1950) 6 378—379; AMR **4** (1951) 3 156.

Coan, J. M.: Large deflection theory for plates with small initial curvature loaded in edge compression. Amer. Soc. Mech. Engrs. Prepr. 50-A-2 Nov./Dec. 1950 9 p. 7 ref.; J. Appl. Mech. **18** (1951) 2 143—151; AMR **4** (1951) 10 553; Index Aeron. **7** (1951) 6 78.

Rondeel, J. H. and *G. C. Duyn:* A "solid-guide ficture" for determining the properties of thin sheet material in compression. NLL Rapp. S. 368 May 1950 5 p.; AMR **4** (1951) 6 353—354.

Winter, George: Performance of compression plates as parts of structural members. Cornell Univ. Engng. Exper. Stat. Repr. 33 Nov. 1950 51—57.

Anderson, Roger A.: Charts giving critical compressive stress of continuous flat sheet divided into parallelogram-shaped panels. NACA TN 2392 July 1951.

Austin, W. J. and *N. M. Newmark:* A numerical method for the solution of plate buckling problems. "Proc. 1st U. S. Nat. Congr. Appl. Mech., June 1951", Ann Arbor, Mich.: J. W. Edwards 1952 363—371; AMR **6** (1953) 8 369.

Miller, J. A. and *P. V. Jacobs:* Effective modulus in plastic buckling of high-strength aluminium-alloy sheet. NACA RM 51 G 11 Sept. 1951 15 p.; AB **23** (1952) 2 72.

Norris, C. H., D. H. Polychrone and *L. J. Capozzoli:* Buckling of intermittently supported rectangular plates. Welding J. **30** (1951) 11 546s—556s; AMR **5** (1952) 5 207.

Nylander, H.: Initially deflected thin plate with initial deflection affine to additional deflection. Publ. Int. Ass. Bridge & Struct. Engng. **11** (1951) 347—374; AMR **6** (1953) 3 123. [1.225.11].

Stowell, E. Z., G. J. Heimerl, C. Libove and *E. E. Lundquist:* Buckling stresses for flat plates and sections. Proc. ASCE Separate No. 77 July 1951 31 p.; AB **22** (1951) 9 538; AMR **5** (1952) 6 255—256. [1.222.113], [1.222.114].

Woinowsky-Krieger, S.: Über die Beulsicherheit von Rechteckplatten mit querverschieblichen Rändern. Ing.-Arch. **19** (1951) 3 200—207; AMR **5** (1952) 3 102.

Bijlaard, P. P.: Taking account of the compressibility of the material in the plastic buckling of plates. J. Aeron. Sci. **19** (1952) 7 493—494; AMR **5** (1952) 12 511.

Chang C. C. and *H. D. Conway:* The Marcus method applied to solution of uniformly loaded and clamped rectangular plate subjected to forces in its plane. Amer. Soc. Mech. Engrs. Prepr. 52-APM-1 June 1952 6 p. 5 ref.; J. Appl. Mech. **19** (1952) 2 179—184; AMR **6** (1953) 2 67; Index Aeron. **8** (1952) 6 74.

Gossard, M. L., P. Seide and *W. M. Roberts:* Thermal buckling of plates. NACA TN 2771 Aug. 1952 39 p.; AMR **6** (1953) 5 233.

Munakata, K.: On the vibration and elastic stability of a rectangular plate clamped at its four edges. J. Math. Phys. **31** (1952) 1 69—74 8 ref.; Index Aeron. **8** (1952) 9 70. [1.222.113], [1.272].

Pride, R. A.: Plastic buckling of a simply supported plate in compression. J. Aeron. Sci. **19** (1952) 1 69—70; AMR **5** (1952) 10 424.

Reismann, H.: Bending and buckling of an elastically restrained circular plate. Amer. Soc. Mech. Engrs. Prepr. 52-APM-7 June 1952 6 p. 7 ref.; J. Appl. Mech. **19** (1952) 2 167—172; Index Aeron. **8** (1952) 6 76; AMR 6 (1953) 1 15. [1.224.12], [1.225.13].

Wang, C.-T., A. L. Ross and *E. L. Reiss:* Prestressing rectangular thin plates to increase their buckling loads. J. Aeron. Sci. **19** (1952) 8 568—569; AMR **6** (1953) 3 123.

Wittrick, W. H.: Correlation between some stability problems for orthotropic and isotropic plates under bi-axial and uni-axial direct stress. Aeron. Quart. **4** (1952) Pt. 1 83—92; AMR **6** (1953) 4 180; Index Aeron. **8** (1952) 12 77. [1.222.122].

Zizicas, G. A.: Dynamic buckling of thin elastic plates. Amer. Soc. Mech. Engrs. Prepr. 52-S-3 March 1952 10 p. 25 ref.; Index Aeron. **8** (1952) 6 74. [1.222.113], [1.272].

Farrar, D. J.: Investigation of skin buckling. ARC R & M 2652 Oct. 1947 62 p., publ. 1953; AMR **7** (1954) 5 200; Index Aeron. **10** (1954) 1 92; AB **25** (1954) 6 384; J. Roy. Aeron. Soc. **58** (1954) 517 82.

Stüssi, Fritz, Curt F. Kollbrunner and *H. Wanzenried:* Ausbeulen rechteckiger Platten unter Druck, Biegung und Druck mit Biegung. Mitt. Inst. Baustatik ETH Zürich No. 26 1953 35 S.; AMR **7** (1954) 2 63. [1.225.12], [1.226].

Wittrick, W. H.: Buckling of oblique plates with clamped edges under uniform compression. Aeron. Quart. **4** (1953) Pt. 2 151—163; AMR **7** (1954) 2 63; Index Aeron. **9** (1953) 7 61.

Yamaki, N.: Buckling of a rectangular plate under locally distributed forces applied on the two opposite edges (1st and 2nd rep.), Rep. Inst. High Speed Mech., Tohoku Univ. **3** (1953) March 71—98; AMR **7** (1954) 3 107—108.

Ashwell, D. G.: A characteristic type of instability in the large deflections of elastic plates. Pt. 3. Curved rectangular plates in axial compression. Proc. Roy. Soc. (London) A **222** (1954) 1148 44—59 6 ref.; Index Aeron. **10** (1954) 6 94. [1.225.11], [1.342.32].

Yamaki, Noboru: Buckling of a rectangular plate under locally distributed forces applied on the two opposite edges. III. Rep. Inst. High Speed Mech. Tôhoku Univ. (Japan) (1954) 34 55; Aeron. Engng. Rev. **14** (1955) 1 117.

Cox, Hugh. L. and *Bertram Klein:* Buckling and vibration of isosceles triangular plates having the two equal edges clamped and the other edge simply-supported. J. Roy. Aeron. Soc. **59** (1955) 530 151—152 3 ref. [1.272].

Schubbeanspruchung 1.222.113

Southwell, R. V. and *Sylvia W. Skan:* On the stability under shearing forces of a flat elastic strip. Proc. Roy. Soc. (London) A **105** (1924) 582 ff., 733.

Bollenrath, Franz: Ausbeulerscheinungen an ebenen, auf Schub beanspruchten Platten. Diss. TH Aachen 1928; Luftf. Forsch. **6** (1929) 1 1—17 22 Lit.-St.

Bollenrath, Franz: Wrinkling phenomena of thin flat plates subjected to shear stresses. NACA TM 601 Jan. 1931.

Bergmann, Stefan u. *H. Reißner:* Über die Knickung von rechteckigen Platten bei Schubbeanspruchung. ZFM **23** (1932) 1 6—12.

Cox, H. L. and *H. J. Gough:* Some tests on the stability of thin strip material under shearing forces in the plane of the strip. Proc. Roy. Soc. (London) A **137** (1932) 145.

Seydel, Edgar: Ausbeulschublast rechteckiger Platten (Zahlenbeispiele und Versuchsergebnisse). 311. DVL-Ber.; ZFM **24** (1933) 3 78—83; DVL-Jb. 1933 III 47—52.

Seydel, Edgar: Über das Ausbeulen von rechteckigen, isotropen und orthogonal-anisotropen Platten bei Schubbeanspruchung. 313. DVL-Ber.; Ing.-Arch. **4** (1933) 2 169—191. [1.222.123].

Seydel, Edgar: The critical shear load of rectangular plates. NACA TN 705 Apr. 1933.

Trefftz, Erich u. *Fr. A. Willers:* Die Bestimmung der Schubbeanspruchung beim Ausbeulen rechteckiger Platten. ZAMM **16** (1936) 6 336—344.

Willers, Fr. A.: Zur Bestimmung der Schubbeanspruchung beim Ausbeulen rechteckiger Platten. Z. VDI **81** (1937) 15 442.

Iguchi, S.: Die Knickung der rechteckigen Platte durch Schubkräfte. Ing.-Arch. **9** (1938) 1 1—12, **10** (1939) 1 77—80.

Willers, Fr. A.: Über die Anzahl der Eigenwerte, die man bei Anwendung des Ritzschen Verfahrens auf die Scherknickung quadratischer Platten erhält. ZAMM **18** (1938) 1 93—94.

Leggett, D. M. A.: The stresses in a flat panel under shear when the buckling load been exceeded. ARC R & M 2430 Sept. 1940 17 p. 5 ref; Index Aeron. **6** (1950) 5 6.

Moheit, Wilhelm: Schubbeulung rechteckiger Platten mit eingespannten Rändern. Stahlbau **13** (1940) 8/9 39—44.

Fine, M.: A comparison between plain and stringerreinforced sheet from the shear lag standpoint. ARC R & M 2648 Oct. 1941 5 p. 3 ref.; Index Aeron. **7** (1951) 9 92. [1.223.13].

March, H. W.: Buckling of flat isotropic plates in compression, shear, or combined compression and shear. FPL Rep. 1316 A Sept. 1942 [1.222.112], [1.222.114].

Federhofer, Karl u. *H. Egger:* Knickung der auf Scherung beanspruchten Kreisringplatten mit veränderlicher Dicke. Ing.-Arch. **14** (1943) 3 155—166.

Girkmann, Karl: Ausbeulen von Bindeblechen. Stahlbau **8** (1935) 24 189—191.

Stowell, Elbridge Z.: Critical shear stress of an infinitely long flat plate with equal elastic restraints against rotation along the parallel edges. NACA ARR 3 K 12 (WR L-476) Nov. 1943.

Levy, Samuel, Kenneth L. Fienup and *Ruth M. Wooley:* Analysis of square shear web above buckling load. NACA TN 962 Febr. 1945.

Levy, Samuel, Ruth M. Woolley and *Josephine N. Corrick:* Analysis of deep rectangular shear web above buckling load. NACA TN 1009 March 1946.

Gerard, G.: Critical stress of plates above the proportional limit. Amer. Soc. Mech. Engrs. Prepr. 47-A-11 Dec. 1947 6 p.; Index Aeron. **4** (1948) 3 37.

Stein, Manuel and *John Neff:* Buckling stresses of simply supported rectangular flat plates in shear. NACA TN 1222 March 1947 13 p.; AMR **1** (1948) 3 72.

Budiansky, Bernard, Pai C. Hu and *R. W. Connor:* Notes on the Lagrangian multiplier method in elastic-stability analysis. NACA TN 1558 May 1948 46 p. [1.223.13].

Budiansky, Bernard and *R. W. Connor:* Buckling stresses of clamped rectangular flat plates in shear. NACA TN 1559 May 1948 11 p.; AMR **1** (1948) 5 139.

Budiansky, B., R. W. Connor and *M. Stein:* Buckling in shear of continuous flat plates. NACA TN 1565 Apr. 1948 24 p.; AMR **1** (1948) 6 165.

Gerard, George: Critical shear stress of plates above the proportional limit. J. Appl. Mech. **15** (1948) March 7—12; AMR **1** (1948) 4 103.

van der Neut, A.: Experimental investigation of the postbuckling behaviour of flat plates loaded in shear compression. NLL Rep. S. 341 Aug. 1948 32 p. 8 ref.; Proc. 7th Int. Congr. Appl. Mech. **1** (1948) 9 174—186; AMR **2** (1949) 8 176; Index Aeron. **6** (1950) 4 6. [1.222.112].

Stowell, E. Z.: Critical shear stress of an infinitely long plate in the plastic region. NACA TN 1681 Aug. 1948 19 p.; AMR **1** (1948) 9 237.

Bergman, Sten G. A.: Behaviour of buckled rectangular plates under the action of shearing forces (with special reference to rational design of web plates in deep plate I girders). Kungl. Tekn. Hogsk. (Stockholm) Avh. **56** (1949) 167 p. 104 ref.; AMR **3** (1950) 4 106; Index Aeron. **6** (1950) 6 8. [1.231.113].

Handelman, G. H. and *William Prager:* Plastic buckling of a rectangular plate under edge thrusts. NACA TN 1530 Aug. 1948 97 p.; AMR **1** (1948) 9 237; NACA Rep. 946 1949 28 p.; AMR **5** (1952) 4 159; Index Aeron. **7** (1951) 5 66.

Mann, E. H.: Shearing displacement of a rectangular plate. Proc. Cambr. Phil. Soc. **45** (1949) Pt. 2 258—262 4 ref.; Index Aeron. **5** (1949) 10 7; AMR **3** (1950) 3 74.

Schunk, Theo-Ernst: Die quadratische Platte bei Schubbelastung oberhalb der Beulgrenze. Ing.-Arch. **17** (1949/50) 1/2 119—128; AMR **3** (1950) 11 345.

Boley, Bruno A.: The shearing rigidity of buckled sheet panels. J. Aeron. Sci. **17** (1950) 6 356—362, 374, 382; AMR **4** (1951) 4 218. [1.222.112], [1.222.114].

Kucharski, W.: Beiträge zur Theorie der durch gleichförmigen Schub beanspruchten Platte. (I., II. u. III. Mitt.) Ing.-Arch. **18** (1950/51) 6 385—393, 6 394—408, **19** (1951) 1 22—30; Index Aeron. **7** (1951) 6 81.

Leggett, D. M. A.: The stresses in a flat panel under shear when buckling load has been exceeded. ARC R & M 2430 1950 17 p.

Mindlin, R. D.: Influence of rotatory inertia and shear on fluxural motions of isotropic elastic plates. Amer. Soc. Mech. Engrs. Prepr. 50-APM-22 1950 8 p. 14 ref.; Index Aeron. **6** (1950) 9 6.

Garvey, S. J.: The quadrilateral "shear" panel. Aircr. Engng. **23** (1951) 267 134—135, 144; Index Aeron. **7** (1951) 8 63.

Klitschieff, J. M.: Buckling of a triangular plate by shearing forces. Quart. J. Mech. Appl. Math. **4** (1951) Pt. 3 257—259; AMR **5** (1952) 4 158—159; AB **23** (1952) 6 336; Index Aeron. **7** (1951) 11 125. [1.222.115].

Ramberg, W. and *J. A. Miller.* Determination of stress-strain curve in shear by twisting square plate. Proc. First U. S. Nat. Congr. Appl. Mech. June 1951; J. W. Edwards, Ann Arbor, Mich. 1952 513—519; AMR **6** (1953) 9 407.

Stowell, E. Z., G. J. Heimerl, C. Libove and *E. E. Lundquist:* Buckling stresses for flat plates and sections. Proc. ASCE Separate No. 77 July 1951 31 p.; AB **22** (1951) 9 538; AMR **5** (1952) 6 255—256. [1.222.112], [1.222.114].

Lepke, Gerhard: Eigenwerte der mit konstantem Schub vorbelasteten rechteckigen Platte. Diss. TU Berlin 1952 40 S.

Munakata, K.: On the vibration and elastic stability of a rectangular plate clamped at its four edges. J. Math. Phys. **31** (1952) 1 69—74 8 ref.; Index Aeron. **8** (1952) 9 70. [1.222.112], [1.272].

Zizicas, G. A.: Dynamic buckling of thin elastic plates. Amer. Soc. Mech. Engrs. Prepr. 52-S-3 March 1952 10 p. 25 ref.; Index Aeron. **8** (1952) 6 74. [1.222.112], [1.272].

Wittrick, W. H.: Buckling of oblique plates with clamped edges under uniform shear. Aeron. Res. Lab. (Australia) Rep. SM. 210 June 1953; J. Roy. Aeron. Soc. **58** (1954) 517 82.

Hasegawa, M.: On buckling of a clamped rhombic thin plate in shear. J. Aeron. Sci. **21** (1954) 10 720.

Wittrick, W. H.: Buckling of oblique plates with clamped edges under uniform shear. Aeron. Quart. **5** (1954) Pt. 1 May 39—51 6 ref.; Index Aeron. **10** (1954) 9 96.

Zusammengesetzte Beanspruchung   1.222.114

Stein, Otto: Die Stabilität der Blechträgerstehbleche im zweiachsigen Spannungszustand. Stahlbau **7** (1934) 8 57—60.

Schmieden, C.: Das Ausknicken eines Plattenstreifens unter Schub- und Druck-kräften. ZAMM **15** (1935) 5 278—285.

Stein, Otto: Ebene Rechteckbleche unter Biegung und Schub. Bauingenieur **17** (1936) 29/30 308—311.

Way, St.: Stability of rectangular plates under shear and bending forces. J. Appl. Mech. **3** (1936) 4 A 131—A 135 5 ref.

Krabbe, R. O. R.: Grundsätzliche Bemerkungen zur Frage der Beulsicherheit der Stegbleche vollwandiger Blechträger. Stahlbau **10** (1937) 13 97—100.

Kromm, Alexander u. *Karl Marguerre:* Verhalten eines von Schub- und Druck-kräften beanspruchten Plattenstreifens oberhalb der Beulgrenze. Luftf. Forsch. **14** (1937) 12 627—639; DVL-Jb. 1938 263—275; Aircr. Engng. **10** (1938) 114 260.

Kromm, Alexander and *Karl Marguerre:* Behavior of a plate strip under shear and compressive stresses beyond the buckling limit. NACA TM 870 July 1938.

March, H. W.: Buckling of flat isotropic plates in compression, shear, or combined compression and shear. FPL Rep. 1316 A Sept. 1942. [1.222.112], [1.222.113].

Donnell, L. H.: The stability of isotropic or orthotropic cylinders or flat or curved panels, between and across stiffeners, with any edge conditions between hinged and fixed, under any combination of compression and shear. NACA TN 918 Dec. 1943. [1.222.124], [1.231.12], [1.231.114], [1.241.111.5], [1.241.112], [1.241.211].

Stowell, Elbridge Z. and *Edward B. Schwartz:* Critical stress for an infinitely long flat plate with elastically restrained edges under combined shear and direct stress. NACA ARR 3 K 13 (WR L-340) Nov. 1943.

Batdorf, S. B., Manuel Stein and *Charles Libove:* Critical combinations of longitudinal and transverse direct stress for an infinitely long flat plate with edges elastically restrained against rotation. NACA ARR L 6 A 05a (WR L-49) March 1946.

Batdorf, S. B. and *John C. Houbolt:* Critical combinations of shear and trans-verse direct stress for an infinitely long flat plate with edges elastically restrained against rotation. NACA Rep. 847 1946 8 p. 4 ref.; Index Aeron. **5** (1949) 7 5; AMR **2** (1949) 5 103.

Libove, Charles and *Manuel Stein:* Charts for critical combinations of longitudi-nal and transverse direct stress for flat rectangular plates. NACA ARR L 6 A 05 (WR L-224) March 1946.

Batdorf, S. B. and *Manuel Stein:* Critical combinations of shear and direct stress for simply supported rectangular flat plates. NACA TN 1223 March 1947 29 p.; AMR **1** (1948) 3 72.

Peters, Roger W.: Buckling tests of flat rectangular plates under combined shear and longitudinal compression. NACA TN 1750 Nov. 1948 14 p.; AMR **2** (1949) 1 6.

Grassman, N.: Elastic stability of simply supported flat rectangular plates under critical combinations of transverse compression and longitudinal bending. J. Aeron. Sci. **16** (1949) 5 272—276; AMR **2** (1949) 10 223.

Stowell, Elbridge Z.: Plastic buckling of a long flat plate under combined shear and longitudinal compression. NACA TN 1990 Dec. 1949; Aero Dig. **60** (1950) 3 117; AMR **3** (1950) 8 232.

Boley, Bruno A.: The shearing rigidity of buckled sheet panels. J. Aeron. Sci. **17** (1950) 6 356—362, 374, 382; AMR **4** (1951) 4 218. [1.222.112]. [1.222.113].

Johnson, A. E. jr. and *K. P. Buchert:* Critical combinations of bending, shear, and transverse compressive stresses for buckling of infinitely long flat plates. NACA TN 2536 Dec. 1951 40 p.; AMR **5** (1952) 5 207.

Stowell, E. Z., G. J. Heimerl, C. Libove and *E. E. Lundquist:* Buckling stresses for flat plates and sections. Proc. ASCE Separate No. 77 July 1951 31 p.; AB **22** (1951) 9 538; AMR **5** (1952) 6 255—256. [1.222.112], [1.222.113].

Gaydon, F. A.: An analysis of the plastic bending of a thin strip in its plane. J. Mech. Phys. Solids 1 (1953) 2 103—112 3 ref.; Index Aeron. 9 (1953) 3 61.

Johnson, James H. and *Robert G. Noel:* Critical bending stress for flat rectangular plates supported along all edges and elastically restrained against rotation along the unloaded compression edge. J. Aeron. Sci. 20 (1953) 8 535—540 9 ref.

Wittrick, W. H.: Buckling of right-angled isosceles triangular plate in combined compression and shear. (Perpendicular edges clamped, hypotenuse simply supported.) Aeron. Res. Lab. (Australia) Rep. SM. 211 June 1953; J. Roy. Aeron Soc. 58 (1954) 518 151.

Wittrick, W. H.: Buckling of a right angled isosceles triangular plate in combined compression and shear. (Perpendicular edges simply supported hypotenuse clamped.) Aeron. Res. Lab. (Australia) SM. 220 Nov. 1953 14 p.; J. Roy. Aeron. Soc. 58 (1954) 522 446; Index Aeron. 10 (1954) 9 97.

Johnson, James H.: Critical buckling stresses of simply supported flat rectangular plates under combined longitudinal compression, transverse compression, and shear. J. Aeron. Sci. 21 (1954) 6 411—416 4 ref.

Anisotrope Platten   1.222.12

Allgemeines   1.222.121

Freyer, R.: Zur Stabilität einer anisotropen Platte. ZWB TB 11 (1944) 7 231—234.

Müller-Magyari, F.: Beiträge zur Zugfeldtheorie dünnwandiger Plattenstreifen. I u. II. Öst. Ing.-Arch. 4 (1950) 1 12—27 16 ref.; Index Aeron. 7 (1951) 3 64.

Nowacki, W.: Sur les problèmes de la stabilité d'une plaque orthotrope. Archivum Mechaniki Stošowanej 2 (1950) 3 169—182; AMR 4 (1951) 7 408.

Conway, H. D.: Some problems of orthotropic plane stress. Amer. Soc. Mech. Engrs. Prepr. 52-A-4 Nov./Dec. 1952 5 p. 13 ref.; Index Aeron. 8 (1952) 11 27.

Smith, C. Bassel: Some new types of orthotropic plates laminated of orthotropic material. Amer. Soc. Mech. Engrs. Prepr. 53-APM-6 June 1953 3 p. 2 ref.; J. Appl. Mech. 20 (1953) 2 286—288; Index Aeron. 9 (1953) 6 71; AMR 7 (1954) 1. 11. [1.225.15].

Hayashi, Tsuyoshi: On the elastic properties of an orthogonal-anisotropic plate having the principal axes of elasticity slanted to its edges. J. Japan Soc. Aeron. Engng. 2 (1954) 4 12—17; Index Aeron. 10 (1954) 7 103.

Druckbeanspruchung   1.222.122

Pflüger, Alfrich: Zum Beulproblem der anisotropen Rechteckplatte. Ing.-Arch. 16 (1947/48) 2 111—120; AMR 2 (1949) 2 29—30. [1.223.121].

Nowacki, W.: Flexion et flambage d'un certain type de plaques continués orthotropes. Publ. Ass. Int. Ponts Charpentes 1948 3e Congr., Prélim. Publ. 1948 519—530; AMR 2 (1949) 6 126. [1.225.15].

Morris, Rosa M.: The boundary-value problems of plane stress. Quart. J. Mech. & Appl. Math. 4 (1951) Pt. 2 248—256 3 ref.; Index Aeron. 7 (1951) 10 72.

van der Neut, A.: The local instability of compression members, built up from flat plates. Vliegtuigbouwkde. Techn. Hogesch. Delft Rep. 47 Aug. 1952 23 p.

Okubo, H.: The stress distribution in an aeolotropic circular disk compressed diametrically. J. Math. Phys. 31 (1952) 1 75—83 7 ref.; Index Aeron. 8 (1952) 9 71; AMR 6 (1953) 2 66—67.

Wittrick, W. H.: Correlation between some stability problems for orthotropic and isotropic plates under bi-axial and uni-axial direct stress. Aeron. Quart. 4 (1952) Pt. 1 83—92; AMR 6 (1953) 4 180; Index Aeron. 8 (1952) 12 77. [1.222.112].

Zizicas, G. A., D. E. Johnston, J. D. Revell and *J. V. Addison:* Graphs for critical loadings of thin rectangular plates under compression in two perpendicular directions. Univ. Calif. Dep. Engng. Rep. 52. 8 May 1952 13 p.; AMR **6** (1953) 5 233.

Okubo, H.: The stress distribution in an aeolotropic circular disk compressed diametrically. Rep. Inst. High Speed Mech., Tôhoku Univ. (Japan) **3** (1953) March 11—22; AMR **7** (1954) 2 59—60.

Weber, Constantin: Über die mittragende Wirkung einer zweiaxial gewellten Stahlplatte („Wellstahlplatte") als Gurt von Trägern. Bauing. **28** (1953) 3 81—87, 5 172—176; AMR **7** (1954) 1 10. [1.223.122].

Werren, F. and *C. B. Norris:* Mechanical properties of a laminate designed to be isotropic. FPL Rep. 1841 May 1953 26 p.; AMR **7** (1954) 5 199. [1.225.15].

Schubbeanspruchung 1.222.123

Bergmann, Stefan u. *H. Reißner:* Neuere Probleme der Flugzeugstatik. Über die Knickung von Wellblechstreifen bei Schubbeanspruchung. ZFM **20** (1929) 18 475—481, 21 (1930) 12 306—310.

Seydel, Edgar: Schubknickversuche mit Wellblechtafeln. 230. DVL-Ber.; DVL-Jb. 1931 233—245; ZFM **22** (1931) 13 410—411.

Jenissen, J.: Über Wellblech bei Schubbeanspruchung. Diss. TH Aachen 1932 36 S.

Seydel, Edgar: Über das Ausbeulen von rechteckigen, isotropen und orthogonalanisotropen Platten bei Schubbeanspruchung. 313. DVL-Ber.; Ing.-Arch. **4** (1933) 2 169—191. [1.222.113].

Zusammengesetzte Beanspruchung 1.222.124

Grady, C. P.: Flatbottom corrugations under combined loading of compression and torsional shear. J. Aeron. Sci. **6** (1939) 6 255—257; Luftwissen **6** (1939) 6 218.

Sanderson, P. A. and *J. R. Fischel:* Corrugated panels under combined compression and shear load. J. Aeron. Sci. **7** (1940) 4 148—153 12 ref.; Techn. Z.-Schau **26** (1941) 24 398.

Okubo, Hajimu: Stress system in an aeolotropic rectangular plate. ZAMM **21** (1941) 3 162—176; Techn. Z.-Schau **26** (1941) 22 366; Luftwissen **9** (1942) 2 59.

Donnell, L. H.: The stability of isotropic or orthotropic cylinders or flat or curved panels, between and across stiffeners, with any edge conditions between hinged and fixed, under any combination of compression and shear. NACA TN 918 Dec. 1943. [1.222.114], [1.231.12], [1.231.114], [1.241.211], [1.241.111.5], [1.241.112].

Platten aus Sperrholz 1.222.2

Allgemeines 1.222.21

March, H. W.: Rectangular plywood plates with the grain of the face plies inclined to the edges. FPL Rep. 1507 Febr. 1944.

Andersson and *Bergqvist:* Theory of the elastic properties of orthotropic sheets stressed by force systems in their own plane. Application to birch plywood. FFA Rep. 12 1945 91 p.

Green, A. E. and *R. F. S. Hearmon:* The buckling of flat rectangular plywood plates. Phil. Mag. **36** (1945) 261 659—687.

Druckbeanspruchung 1.222.22

Blumrich, S.: Die Beul- und Bruchspannungen von Buchen-Sperrholz. Jb. 1940 Dtsch. Luftf. Forsch. I 1119—1125.

March, H. W.: Buckling of flat plywood plates in compression, shear, or combined compression and shear. FPL Rep. 1316 Apr. 1942. [1.222.23], [1.222.24].

March, H. W.: Buckling of flat plywood plates in compression, shear, or combined compression, and shear. Buckling of plates of any symmetrical construction. Edges simply supported. Buckling of plates with two edges clamped. FPL Rep. 1316-B Nov. 1942 (Suppl. to 1316). [1.221.23], [1.222.24].

March, H. W.: Buckling of flat plates in compression, shear, or combined compression and shear. Plates having grain of face plies inclined to edges. FPL Rep. 1316-C Jan. 1943 (Suppl. to 1316). [1.222.23], [1.222.24].

Norris, C. B. and *A. W. Voss:* Buckling of flat plywood plates in compression, shear, or combined compression and shear. Buckling tests of flat plywood plates in compression with face grain at 15^0, 30^0, 45^0, 60^0 and 75^0 to load. FPL Rep. 1316-G Nov. 1943 (Suppl. to 1316).

Norris, C. B. and *A. W. Voss:* Buckling of flat plywood plates in compression, shear, or combined compression and shear. Buckling of flat plywood plates in compression with the face grain at 0^0 and 90^0 to load. FPL Rep. 1316-D June 1943 (Suppl. to 1316).

Shaw, F. S. and *J. P. O. Silberstein:* Tests on 3-ply flat panel in end compression. CSIR Div. Aeron. Rep. (Austral.) SM 35 Apr. 1944; Austral. Counc. Aeron. Rep. No. 30 1947.

Silberstein, J. P. O. and *R. C. T. Smith:* 3-ply flat panels in end compression at 45 to the direction of the grain. CSIR Div. Aeron. Rep. (Austral.) SM 42 1944; Austral. Counc. Aeron. Rep. No. 30 1947.

Smith, R. C. T.: The buckling of flat plywood plates in compression. Austral. Counc. Aeron. Rep. No. 12 1944.

Freiberger, W. and *J. P. O. Silberstein:* Three-ply flat panels under end compression: Grain of veneers at $22^1/2^0$ to the load. CSIR Div. Aeron. Rep. (Austral.) SM 66 1946; Austral. Counc. Aeron. Rep. No. 30 1947.

— Methods of conducting buckling tests of plywood panels in compression. FPL Rep. 1554 Dec. 1946.

Freiberger W.; F. S. Shaw; J. P. O Silberstein and *R. C. T. Smith:* Plywood panels in end compression: flat panels with grain at various angles to direction of loading. Austral. Counc. Aeron. (1947) 30 3—35; AMR **1** (1948) 2 43.

Ringelstetter, L. A.: Buckling of flat plywood plates in compression, shear, or combined compression and shear. Buckling tests of flat plywood plates in compression with face grain 45^0 to load. Loaded edges clamped, others simply supported. FPL Rep. 1316-J Febr. 1949 (Suppl. to 1316); AMR **3** (1950) 11 346.

Thielemann, Wilhelm: Contribution to the problem of buckling orthotropic plates, with special reference to plywood. NACA TM 1263 Aug. 1950 122 p.; Index Aeron. **7** (1951) 1 56; AMR **4** (1951) 3 156. [1.222.23].

Schubbeanspruchung 1.222.23

March, H. W.: Buckling of flat plywood plates in compression, shear or combined compression and shear. FPL Rep. 1316 Apr. 1942. [1.222.24], [1.222.22].

March, H. W.: Buckling of flat plywood plates in compression, shear or combined compression and shear. Buckling of plates of any symmetrical construction. Edges symply supported. Buckling of plates with two edges clamped. FPL Rep. 1316-B Nov. 1942 (Suppl. to 1316). [1.222.22], [1.222.24].

Lewis, W. C., T. B. Heebink, W. S. Cottingham and *E. R. Dawley:* Design of plywood webs in box beams. Buckling in shear webs of box and I-beams and the effect upon design criteria. FPL Rep. 1318-B Oct. 1943 (Suppl. to 1318). [1.253.2].

March, H. W.: Buckling of flat plates in compression, shear, or combined compression and shear. Plates having grain of face plies inclined to edges. FPL Rep. 1316-C Jan. 1943 (Suppl. to 1316). [1.222.22], [1.222.24].

March, H. W.: Buckling of flat plywood plates in compression, shear, or combined compression and shear. Buckling of long flat plywood plates under uniform shear. Grain of face plies inclined to edges. Edges clamped. FPL Rep. 1316-F Oct. 1943 (Suppl. to 1316).

Norris, C. B. and *W. J. Kommers:* Platic flow (creep) properties of two yellow birch plywood plates under constant shear stress. FPL Rep. 1324 Oct. 1943.

Lewis, W. C., T. B. Heebink and *W. S. Cottingham:* Design of plywood webs in box beams. Buckling and ultimate strength of shear webs of box beams having plywood face grain direction parallel or perpendicular to the axis of the beams. FPL Rep. 1318-D Oct. 1944 (Suppl. to 1318).

Lewis, W. C., T. B. Heebink and *W. S. Cottingham:* Design of plywood in box beams. The effect of repeated buckling on the ultimate strengths of box beams with shear webs in the inelastic buckle range. FPL Rep. 1318-E Dec. 1944 (Suppl. to 1318).

Smith, R. C. T.: The buckling of plywood plates in shear. Austral. Counc. Aeron. Rep. No. 29 1946.

Kaliske, Gisbert u. *Alfred Priesmeier:* Untersuchungen an ebenen, rechteckigen Schubwänden mit dünnwandigem Sperrholzsteg. Ber. Mitt. Inst. Leichtbau TH Braunschweig 47—07 a u. b 1947 IV, 290 S. [1.223.23].

Norris, C. B. and *A. W. Voss:* Buckling of flat plywood plates in compression, shear, or combined compression and shear: Buckling of flat plywood plates in uniform shear, with face grain at angles of 0^0, $\pm$ 45^0, and 90^0. FPL Rep. 1316-H. June 1950 (Suppl. to 1316).

Thielemann, Wilhelm: Contribution to the problem of buckling orthotropic plates, with special references to plywood. NACA TM 1263 Aug. 1950 122 p.; Index Aeron. **7** (1951) 1 56; AMR **4** (1951) 3 156. [1.222.22].

Zusammengesetzte Beanspruchung   1.222.24

March, H. W.: Buckling of flat plywood plates in compression, shear or combined compression and shear. FPL Rep. 1316 Apr. 1942. [1.222.22], [1.222.23].

March, H. W.: Buckling of flat plywood plates in compression, shear, or combined compression and shear. Buckling of plates of any symmetrical construction. Edges simply supported. Buckling of plates with two edges clamped. FPL Rep. 1316-B Nov. 1942 (Suppl. to 1316). [1.222.22], [1.222.23].

March, H. W.: Buckling of flat plates in compression, shear, or combined compression and shear. Plates having grain of face plies inclined to edges. FPL Rep. 1316-C Jan. 1943 (Suppl. to 1316). [1.222.22], [1.222.23].

Verbundplatten mit Füllstoffen (Stabilitäts- und Festigkeitsprobleme) 1.222.3

Allgemeines   1.222.31

Gough, G. S., C. F. Elam and *N. A. de Bruyne:* The stabilisation of a thin sheet by a continuous supporting medium. J. Roy. Aeron. Soc. **44** (1940) 349 12—43.

Kommers, W. J.: Flexural rigidity of a rectangular strip of sandwich construction: Comparison between mathematical analysis and results of tests. FPL Rep. 1505-A July 1944.

March, H. W.: Buckling loads of panels having light cores and dense faces. FPL Rep. 1504 1944.

Hoff, N. J. and *S. E. Mautner:* The buckling of sandwich type panels. J. Aeron. Sci. **12** (1945) 3 285.

McLarren, R. and *I. Stone:* Sandwich structures for aircraft: What research promises: What practice shows. Aviation Week **1** (1947) 18 28—32. 16 ref.; Index Aeron. **4** (1948) 2 30. [6.15].

Szelagowski, F.: Stress distribution in a disk with rigid core when submitted to tension or compression in its plane. Publ. Int. Ass. Bridge & Struct. Engng. **8** (1947) 271—279.

Wan, O. C.: Face buckling and core strength requirements in sandwich construction. J. Aeron. Sci. **14** (1947) Sept. 531—539; AMR **1** (1948) 1 11.

Hemp, W. S.: On a theory of sandwich construction. Coll. Aeron Rep. (Cranfield) Nr. 15 March 1948 10 p.; ARC R & M 2672 March 1948 9 p. (publ. 1952); AMR **1** (1948) 11 286, **6** (1953) 2 67; Index Aeron. **8** (1952) 7 75. [1.231.3].

Plantema, F. J.: Literaturstudie over sandwich constructies. (Study of the literature on sandwich constructions.) I, II, III, IV. NLL Rapp. 334, 342, 343 Apr., Sept., Aug., 1948 9 S., 7 S., 6 S.; Rapp. 364 Dec. 1949 13 S.; AMR **4** (1951) 5 284; Index Aeron. **6** (1950) 7 3.

Flügge, Wilhelm: Determination des dimensions optima des plaques-sandwichs. Rech. Aeron. (1949) 7 43—49 2 ref.; AMR **2** (1949) 7 151; Index Aeron. **5** (1949) 5 44.

Ghaswala, S. K.: Elements of sandwich construction. J. Instn. Engrs. (India) **31** (1950) 1 16 p.; AMR **4** (1951) 6 347.

Goodier, J. N. and *I. M. Neou:* A critical coordination of sandwich plate buckling theories. Stanford Univ., Div. Engng. Mech., Res. Techn. Rep. 5 Apr. 1950 28 p.; AMR **4** (1951) 2 93.

March, H. W.: Elastic stability of the facings of sandwich columns. Proc. Symp. Appl. Math. **3** (1950) 85—106; AMR **4** (1951) 5 283.

Bijlaard, P. P.: Investigation of the optimum distribution of material in sandwich plates loaded in their plane, including plates with varying modulus of elasticity. Cornell Aeron. Lab. Rep. SA-247-S-8 March 1951 53 p.; AMR **4** (1951) 11 598.

Hoff, N. J.: Buckling strength of rectangular sandwich panels. Product Engng. **22** (1951) 6 183—185.

Libove, Charles and *Ralph E. Hubka:* Elastic constants for corrugated core sandwich plates. NACA TN 2289 Febr. 1951.

Savalle, W. S.: Recent sandwich construction developments. (SAE Nat. Aeron. Meeting, Los Angeles.) Automot. Industries **105** (1951) 9 44; AB **22** (1951) 12 733.

Nardo, S. V.: An exact solution for the buckling load of flat sandwich panels with loaded edges clamped. Inst. Aeron. Sci. Prepr. 409 Jan. 1953 15 p. 12 ref.; J. Aeron. Sci. **20** (1953) 9 605—612; AMR **7** (1954) 6 244; Index Aeron. **9** (1953) 11 69.

Druckbeanspruchung   1.222.32

Flügge, Wilhelm u. *Karl Marguerre:* Die optimale Knicklast eines Stabes, der aus zwei durch einen leichten Füllstoff verbundenen Blechen besteht. ZWB UM 1360 Sept. 1944. 18 S. [1.342.31].

Marguerre, Karl: Die optimale Beullast einer längsgedrückten, gelenkig gelagerten Platte, die aus zwei durch einen leichten Füllstoff verbundenen Blechen besteht. ZWB UM 1360/2 1944 17 S.

Chapman, R. G.: Compression tests on dural-balsa sandwich panels. ARC R & M 2153 June 1945 21 p.; Index Aeron. **4** (1948) 5 84; AMR **2** (1949) Nr. 3 53.

Dale, F. A. and *R. C. T. Smith:* Grid sandwich panels in compression. Austral Counc. Aeron. Rep. No. 16 1945.

Kennedy, W. B. jr. and *W. W. Troxell:* Study of compression panel, supported on four edges, formed of corrugated sheet with flat skin on both sides. NACA ARR 5 B 03 June 1945.

March, H. W. and *C. B. Smith:* Buckling loads of flat sandwich panels in compression. Various types of edge conditions. FPL Rep. 1525 March 1945.

Barwell, F. T. and *J. R. Riddell:* The wrinkling of sandwich struts. ARC R & M 2143 June 1946 11 p.; AMR **2** (1949) 2 29.

Bijlaard, P. P.: On the elastic stability of sandwich plates. I, II. Proc. Koningl. Nederl. Akad. Wetensch. (Amsterdam) **50** (1947) 1 79—87, 2 186—193; AMR **1** (1948) 4 103. [1.222.33].

Boller, K. H.: Buckling loads of flat sandwich panels in compression: The buckling of flat sandwich panels with edges simply supported. (Endgrain balsa cores and facings of aluminum and glass-cloth laminate.) FPL Rep. 1525-A Febr. 1947 53 p.; AMR **2** (1949) 1 6.

Boller, K. H.: Preliminary report on the strength of flat sandwich plates in edgewise compression. FPL Rep. 1561 May 1947; AMR **3** (1950) 3 74.

Boller, K. H.: Buckling of flat sandwich panels with loaded edges simply supported and remaining edges clamped. (Cores of endgrain balsa or cellular cellulose acetate and faces of aluminum or glass-cloth laminate.) FPL Rep. 1525-B Sept. 1947 25 p.; AMR **2** (1949) 1 6.

Boller, K. H.: Buckling of flat sandwich panels with loaded edges clamped and remaning edges simply supported. (Cores of end-grain balsa or cellular cellulose acetate and faces of aluminum or glas-cloth laminate.) FPL Rep. No. 1525-C Sept. 1947 1—16; AMR **2** (1949) 1 6.

Boller, K. H.: Buckling of flat sandwich panels with all edges clamped. (Cores of endgrain balsa or cellular cellulose acetate and faces of aluminium or glass-cloth laminate.) FPL Rep. 1525-D Sept. 1947 15 p.; AMR **2** (1949) 1 6.

Troxell, W. W. and *H. C. Engel:* Column characteristics of sandwich panels having honeycomb cores. J. Aeron. Sci. **14** (1947) July 413—421; AMR **1** (1948) 1 13; Index Aeron. **4** (1948) 1 22.

Boller, K. H.: Buckling loads of flat sandwich panels in compression: The buckling of flat sandwich panels with either all edges simply supported or all edges clamped. (Cores of paper honeycomb and faces of glass-cloth laminate.) FPL Rep. 1525-E March 1948; AMR **2** (1949) 1 6.

Chapman, R. G. and *S. Pearson:* Compression tests on sandwich panels with „Balsolite" cores. Sandwich construction and core materials. Pt. VI. Sect. II. ARC R & M 2687 Febr. 1948 18 p. publ. 1952; AMR **6** (1953) 9 412.

Hoff, N. J.: The buckling of sandwich structural elements. Sherman Fairchild Publ. Fund Pap. Inst. Aeron. Sci. Prepr. 165 „Theory and Pract. of Sandw. Constr. in Aircr." Symposium 1948 13—20; AMR **6** (1953) 3 124. [1.342.31].

March, H. W.: Effects of shear deformation in the core of a flat rectangular sandwich panel. 1. Buckling under compressive load. 2. Deflection under uniform transverse load. FPL Rep. 1583 May 1948 31 p.; AMR **2** (1949) 1 4. [1.225.3].

Plantema, F. J.: Berekening van de kniklast van sandwichplaten volgens de energiemethode. (Calculation of the buckling load of sandwich plates by the energy method.) I, II. (Engl. summary.) NLL Rapp. S 332, S 333 1948; AMR **1** (1948) 7 191.

Plantema, F. J.: Some investigations on the Euler instability of flat sandwich plates with simply-supported edges. NLL Rep. S. 337 June 1948 13 p. 7 ref.; AMR **2** (1949) 6 127; Index Aeron. **6** (1950) 4 7. [1.222.33].

Reutter, F.: Über die Stabilität dreischichtiger Stäbe und Platten, deren mittlere aus einem Leichtstoff bestehende Schicht einen in Dickenrichtung veränderlichen Elastizitätsmodul hat. I, II. ZAMM **28** (1948) 1 1—12, 5 132—142; AMR **3** (1950) 4 107.

Wittrick, W. H.: A theoretical analysis of the efficiency of sandwich construction under compressive end load. ARC R & M 2016 Apr. 1945; AMR **3** (1950) 8 233.

Hunter-Tod, J. H.: The elastic stability of sandwich plates. Coll. Aeron. Rep. (Cranfield) Nr. 25 March 1949 25 p.; ARC R & M 2778 March 1949 39 p., publ. 1953; AMR **3** (1950) 7 199; Aircr. Engng. **26** (1954) 302 132; Index Aeron. **10** (1954) 3 84; J. Roy. Aeron. Soc. **58** (1954) 518 151. [1.222.33], [1.231.3].

Norris, C. B., W. S. Ericksen, H. W. March, C. B. Smith and *K. H. Boller:* Wrinkling of the facings of sandwich construction subjected to edgewise compression. FPL Rep. 1810 Nov. 1949.

Seide, P. and *Elbridge Z. Stowell:* Elastic and plastic buckling of simply supported Metalite type sandwich plates in compression. NACA TN 1822 Febr. 1949 24 p.; NACA Rep. 967 Dec. 1950 10 p.; AMR **3** (1950) 3 75; Index Aeron. **7** (1951) 8 63.

Seide, Paul: Compressive buckling of flat rectangular Metalite type sandwich plates with simply supported loaded edges and clamped unloaded edges. NACA TN 1886 May 1949 19 p.; AMR **3** (1950) 7 199.

Bijlaard, P. P.: Analysis of the elastic and plastic stability of sandwich plates by the method of split rigidities. I, II, III. Inst. Aeron. Sci. Prepr. 259 Jan. 1950 45 p.; J. Aeron. Sci. **18** (1951) 5 339—349 20 ref., 12 790—796, 829 16 ref., **19** (1952) 7 502—503 4 ref.; AMR **4** (1951) 9 504, **5** (1952) 5 207, 12 511; Index Aeron. **7** (1951) 9 93, **8** (1952) 4 62, 10 67—68.

Ericksen, W. S. and *H. W. March:* Effects of shear deformation in the core of a flat rectangular sandwich panel: Compressive buckling of sandwich panels having facings of unequal thickness. FPL Rep. 1583-B Nov. 1950.

Bijlaard, P. P.: On the optimum distribution of material in sandwich plates loaded in their plane. Proc. 1st. U. S. Nat. Congr. Appl. Mech., June 1951; Ann Arbor, Mich.: J. W. Edwards 1952 373—380; AMR **6** (1953) 8 368.

Bijlaard, P. P.: Analysis of the elastic and plastic stability of sandwich plates by the method of split rigidities. Pt. 1 and 2. J. Aeron. Sci. **18** (1951) 5 339—349 20 ref., 12 790—796, 829 16 ref.; Index Aeron. **7** (1951) 9 93, **8** (1952) 4 62.

Goodier, J. N. and *I. M. Neou:* The evaluation of theoretical critical compression in sandwich plates. J. Aeron. Sci. **18** (1951) 10 649—656, 664 11 ref.; AMR **5** (1952) 4 159; Index Aeron. **8** (1952) 1 66.

Hubka, R. E., N. F. Dow and *P. Seide:* Relative structural efficiencies of flat balsa-core sandwich and stiffened-panel construction. NACA TN 2514 Oct. 1951 29 p.; AMR **5** (1952) 5 205. [1.223.121].

Kirste, Leo u. *F. Müller-Magyari:* Theorie und Praxis der Sandwichplatten. Betrieb u. Fertigung **5** (1951) 10 165—169. [6.15].

Kuenzi, E. W.: Edgewise compressive strength of panels and flatwise flexural strength of strips of sandwich constructions. FPL Rep. 1827 Nov. 1951 11 p.; AMR **5** (1952) 6 255 [1.225.3].

Britten, K. H. V.: Compression tests on dural-celluboard sandwich panels. ARC R & M 2658 1952 18 p.; Index Aeron. **9** (1953) 3 61.

Flügge, W.: The optimum problem of the sandwich plate. J. Appl. Mech. **19** (1952) 1 104—108 2 ref.; AMR **5** (1952) 11 463; Index Aeron. **8** (1952) 6 76; AB **23** (1952) 4 214.

March, H. W.: Sandwich construction in the elastic range. „Symp. Struct. Sandwich Constr.", ASTM Spec. Techn. Publ. 118 1952 32—45; AMR **5** (1952) 7 303. [1.222.33], [1.225.3].

Neuber, Heinz: Theorie der Druckstabilität der Sandwichplatte. ZAMM **32** (1952) 11/12 325—337, **33** (1953) 1/2 10—26; AMR **6** (1953) 12 551; Index Aeron. **9** (1953) 5 59. [6.15].

Plantema, F. J.: Theory and experiments on the elastic over-all instability of flat sandwich plates. Thesis, Techn. Hogesch. Delft May 1952 67 p.; NLL Rep. S. 402 1952 67 p.; AMR **5** (1952) 11 463; Index Aeron. **8** (1952) 8 76.

Plantema, F. J. and *W. J. van Alphen:* Compressive buckling of sandwich plates having various edge conditions. NLL Rep. S 404 1952 15 p.

Seide, P.: Compressive buckling of flat rectangular metalite type sandwich plates with simply supported loaded edges and clamped unloaded edges. NACA TN 2637 Febr. 1952 27 p.; AMR **5** (1952) 7 301.

Seide, P.: The stability under longitudinal compression of flat symmetric corrugated-core sandwich plates with simply supported loaded edges and simply supported or clamped unloaded edges. NACA TN 2679 Apr. 1952 27 p.; AMR **5** (1952) 12 511.

Yen, K. T., V. L. Salerno and *N. J. Hoff:* Buckling of rectangular sandwich plates subjected to edgewise compression with loaded edges simply supported and unloaded edges clamped. NACA TN 2556 Jan. 1952 66 p.; AMR **5** (1952) 8 354.

Norris, Charles B., Kenneth H. Boller and *Arnold W. Voss:* Wrinkling of the facings of sandwich construction subjected to edgewise compression. Sandwich constructions having honeycomb cores. FPL Rep. 1810-A June 1953 15 p.

Goodier, J. N. and *C. S. Hsu:* Non-sinusoidal buckling modes of sandwich plates. J. Aeron. Sci. **21** (1954) 8 525—532 6 ref.; Index Aeron. **10** (1954) 9 100.

Ramamritham, S. and *A. Kameswara Rao:* Optimum design of sandwich panels under compressive loads along two parallel edges. J. Aeron. Soc. India **6** (1954) 11 9—17 12 ref.; Index Aeron. **10** (1954) 9 99.

Yusuff, Syed: Theory of wrinkling in sandwich construction. J. Roy. Aeron. Soc. **59** (1955) 529 30—36.

Flügge, Wilhelm et *Karl Marguerre:* Les dimensions optima de la plaque comprimée. ONERA Rapp. 421-R 2-01/20-0 R.

Flügge, Wilhelm et *Karl Marguerre:* Théorie de la stabilité en compression de la plaque sandwich. ONERA Rapp. 421-R 1-01/10-0 R.

Schubbeanspruchung   1.222.33

Bijlaard, P. P.: On the elastic stability of sandwich plates. I, II. Proc. Koningl. Nederl. Akad. Wetensch. (Amsterdam) **50** (1947) 1 79—87, 2 186—193; AMR **1** (1948) 4 103. [1.222.32].

Plantema, F. J.: Some investigations on the Euler instability of flat sandwich plates with simply-supported edges. NLL Rep. S. 337 June 1948 13 p. 7 ref.; AMR 2 (1949) 6 127; Index Aeron. **6** (1950) 4 7. [1.222.32].

Hunter-Tod, J. H.: The elastic stability of sandwich plates. Coll. Aeron. Rep. (Cranfield) No. 25 March 1949 25 p.; ARC R & M 2778 March 1949 39 p., publ. 1953; AMR **3** (1950) 7 199; Aircr. Engng. **26** (1954) 302 132; Index Aeron. **10** (1954) 3 84; J. Roy. Aeron. Soc. **58** (1954) 518 151. [1.222.32], [1.231.3].

Plantema, F. J. and *A. C. de Kock:* The elastic overall instability of sandwich plates with simply-supported edges. NLL Rep. S 346 1949 18 p. 10 ref.; AMR **3** (1950) 11 350; Index Aeron. **6** (1950) 6 6. [1.222.34].

Seide, Paul: Shear buckling of infinitely long symply supported Metalite type sandwich plates. NACA TN 1910 July 1949 20 p.; AMR **3** (1950) 11 347.

Voss, A. W. and *C. B. Norris:* Creep tests of sandwich constructions subjected to shear at normal temperatures. FPL Rep. 1806 May 1949 37 p.; AMR **3** (1950) 7 205—206.

Kuenzi, E. W. and *W. S. Ericksen:* Shear stability of flat panels of sandwich construction. FPL Rep. 1560 March 1951 42 p.; AMR **4** (1951) 11 599.

March, H. W.: Sandwich construction in the elastic range. „Symp. Struct. Sandwich Constr." ASTM Spec. Techn. Publ. 118 1952 32—45; AMR **5** (1952) 7 303. [1.222.32], [1.225.3].

van Wijngaarden, A.: The elastic stability of flat sandwich plates. NLL Rep. S. 319 Febr. 1947 40 p.; AMR **1** (1948) 7 192.

Boller, K. H. and *C. B. Norris:* Elastic stability of the facings of flat sandwich panels when subjected to combined edgewise stresses. FPL Rep. 1802 Febr. 1949 16 p.; AB **21** (1950) 7 395; AMR **3** (1950) 6 171.

Plantema, F. J. and *A. C. de Kock:* The elastic overall instability of sandwich plates with simply-supported edges. NLL Rep. S. 346 1949 18 p. 10 ref.; AMR **3** (1950) 11 350; Index Aeron. **6** (1950) 6 6. [1.222.33].

Bijlaard, P. P.: Stability of sandwich plates in combined shear and compression. J. Aeron. Sci. **17** (1950) 1 63; AMR **4** (1951) 1 23.

Hoff, N. J.: Bending and buckling of rectangular sandwich plates. NACA TN 2225 Nov. 1950 28 p.; AMR **4** (1951) 6 345.

Eringen, A. C.: Bending and buckling of rectangular sandwich plates. Proc. First U. S. Nat. Congr. Appl. Mech. June 1951, Ann Arbor, Mich.: J. W. Edwards 1952 381—390; AMR **6** (1953) 10 454. [1.225.3].

Kernmaterial   1.222.35

Erickson, E. C. O.: Results of some tests on low-density materials. FPL Rep. 1509 July 1944.

Boller, K. H.: Impact resistance of three core materials and six sandwich constructions as measured by falling-ball tests. FPL Rep. 1543 Febr. 1946.

Norris, Charles B.: An analysis of the compressive strength of honeycomb cores for sandwich constructions. NACA TN 1251 Apr. 1947.

Pullen, W. J.: Sandwich construction and core materials: Pt. 5, Sect. 1 and 2. ARC R & M 2686 Apr. 1947 14 p. 2 ref.; Index Aeron. **8** (1952) 6 101 [6.15].

Kommers, W. J.: Strength properties of plastic honeycomb core materials. FPL Rep. 1805 Dec. 1949 8 p.; AMR **4** (1951) 2 100.

— Shear and tensile tests on sandwich core materials. NLL Rep. S. 350 1949.

Kommers, W. J.: Strength properties of rayon-mat honeycomb core materials. NACA TN 2084 Apr. 1950.

Reid, David G.: Le balsa utilisé comme matériaux de remplissage à fibres en bout dans la construction sandwich. Traduction Soc. Nat. Constr. Aéron. Sud-Ouest. (France) Broch. N-61 1950 23 p. [6.15].

Ringelstetter, L. A., A. W. Voss and *C. B. Norris:* Effect of cell shape on compressive strength of hexagonal honeycomb structures. NACA TN 2243 Dec. 1950 9 p.; AMR **4** (1951) 7 411.

Werren, Fred and *C. B. Norris:* Analysis of shear strength of honeycomb cores for sandwich constructions. NACA TN 2208 Oct. 1950; AMR **4** (1951) 6 347.

Ericksen, W. S.: Effects of shear deformation in the core of a flat rectangular sandwich panel. FPL Rep. 1583-D Dec. 1951 19 p.

Voss, A. W.: Mechanical properties of some low-density materials and sandwich cores. FPL Rep. 1826 March 1952 8 p.

Stabilität und Festigkeit der versteiften Platten
(Beanspruchung in Plattenebene)   1.223

Platten aus homogenen, insbesondere metallischen Werkstoffen   1.223.1

Allgemeines   1.223.11

White, R. J. and *H. M. Antz:* Tests on the stress distribution in reinforced panels. J. Aeron. Sci. **3** (1936) 6 209—212.

Chwalla, Ernst u. *Alexander Novak:* Theorie der einseitig angeordneten Stegblechsteife. Stahlbau **10** (1937) 10 73—76, 12 92—96. [1.223.122].

Heck, O. S.: Über die Berechnung versteifter Scheiben und Schalen. Jb. 1937 Dtsch. Luftf. Forsch. I 442—451. [1.231.111].

Schleicher, Ferdinand u. *Rudolf Barbré:* Stabilität versteifter Rechteckplatten mit anfänglicher Ausbiegung. Bauing. **18** (1937) 43/44 665—672.

Duncan, W. J. and *H. L. Cox:* Diffusion of load in certain sheet-stringer combinations. ARC R & M 1825 Jan. 1938.

Ebner, Hans u. *Hermann Köller:* Über den Kraftverlauf in längs- und querversteiften Scheiben. Luftf.-Forsch. **15** (1938) 10/11 527—542; Aircr. Engng. **10** (1938) 118 382. [1.232.11].

Rodger, R.: Reinforced skin. An adaptation and elaboration of an original American method of approximating stressed-skin strength. Flight **34** (1938) 1548 174 c—174 d.

Schapitz, Eberhard: Die Berechnung der Festigkeit von dünnwandigen versteiften Platten, Trägern und Schalen. Ringb. Luftf. Techn. II A 2 1938 34 S. [1.231.111], [1.240].

Smith, H. E.: Diffusion of load in sheet-stringer structures having a tapered centre stringer. ARC R & M 1862 Sept. 1938 14 p.

Williams, D. a. o.: Distribution of stress between spar flanges and stringers for a wing under distributed loading. ARC R & M 2098 1939 47 p. 13 ref.; Index Aeron. **4** (1948) 2 31.

Stüssel, Rudolf: Biegungsbeulung versteifter Rechteckplatten. Bauing. **22** (1941) 40/42 367 ff. 27 Lit. St.

Crockett, H. B.: Predicting stiffener and stiffened panel crippling stresses. J. Aeron. Sci. **9** (1942) Nov. 501—509.

Holt Marshall: Tests of aluminum-alloy stiffened-sheet specimens cut from an airplane wing. NACA TN 883 Jan. 1943. [1.232.11].

Niles, Alfred S.: Tests of flat panels with four types of stiffeners. NACA TN 882 Jan. 1943.

Argyris, John H.: Diffusion of symmetrical loads into stiffened parallel panels with constant area edge members. ARC R & M 2038 Nov. 1944.

Cox, H. L. and *J. Hadji-Argyris:* Diffusion of load into flat stiffened panels of varying cross section. ARC R & M 1969 May 1944.

Hoff, N. J., Robert S. Levy, and *Joseph K. Kempner:* Numerical procedures for the calculation of the stresses in monocoques. I — Diffusion of tensile stringer loads in reinforced panels. NACA TN 934 June 1944. [1.243.12].

Kromm, Alexander: Zur Frage der Mindeststeifigkeit von Plattenaussteifungen. Stahlbau **17** (1944) 18/20 81—84.

Hopkins, H. G.: The solution of small displacement, stability or vibration problems concerning a flat rectangular panel when the edges are either clamped or simply supported. ARC R & M 2234 June 1945 18 p. 11 ref.; Index Aeron. **4** (1948) 7 7; AMR **2** (1949) 4 77. [1.272].

Kempner, Joseph: Application of a numerical procedure to stress analysis of stringer-reinforced panels. NACA ARR L 5 C 09 a (WR L-11) March 1945.

Boley, Bruno A.: Numerical methods for the calculation of elastic instability. J. Aeron. Sci. **14** (1947) June 337—350; AMR **1** (1948) 1 11.

Holt, Marshall and *G. W. Feil:* Comparative tests on extruded 14 S-T and extruded 24 S-T hat-shape stiffener sections. NACA TN 1172 March 1947.

Kuhn, Paul and *James P. Peterson:* Strength analysis of stiffened beam webs. NACA TN 1364 July 1947 60 p.

Dow, Norris F. and *William A. Hickman:* Structural evaluation of an extruded magnesium-alloy T-stiffened panel. NACA TN 1518 Febr. 1948.

Dubas, Ch.: Contribution à l'étude du voilement des tôles raidies. Publ. Ass. Int. Ponts Charpentes, 3e Congr. 1948, Prélim. Publ. (1948) 129—136; AMR **2** (1949) 1 5.

Dubas, Ch.: Contribution to the study of buckling of stiffened metal sheets (in French). Mitt. Inst. Baustatik, ETH Zürich, Nr. 23 1948 152 p.; AMR **3** (1950) 5 137. [1.222.111], [1.225.11].

Hoff, N. J. and *Paul A. Libby:* Recommendations for numerical solution of reinforced-panel and fuselage-ring problems. NACA TN 1786 Dec. 1948 79 p.; NACA Rep. 934 1949 29 p.; AMR **3** (1950) 4 109, 11 350; Index Aeron. **7** (1951) 1 57. [1.243.14].

Levy, Samuel and *Wilhelmina D. Kroll:* Primary instability of open-section stringers attached to sheet. J. Aeron. Sci. **15** (1948) 10 581—591; AMR **3** (1950) 5 138.

Benscoter, S. U.: Analysis of a single stiffener on an infinite sheet. J. Appl. Mech. **16** (1949) Sept. 242—246; AMR **3** (1950) 12 400.

Cox, H. L. and *J. R. Riddel:* Buckling of a longitudinally stiffened flat panel. Aeron. Quart. **1** (1949) Nov. 225—244 6 ref.; Index Aeron. **6** (1950) 4 65; AMR **4** (1951) 1 23.

Klitchieff, J. M.: On the stability of plates reinforced by ribs. J. Appl. Mech. **16** (1949) March 74—76; Met. Rev. **22** (1949) 4 55.

Levin, L. Ross and *Charles W. Sandlin jr.:* Strength analysis of stiffened thick beam webs. NACA TN 1820 March 1949 22 p.

Schnadel, Georg: The strength of transversely stiffened decks of ships. Reissner Anniv. Vol., Ann Arbor: J. W. Edwards 1949 256—267; AMR **2** (1949) 11 246. [253.2].

Cox, H. L.: The design of transversely stiffened flat plating. Trans. N. E. Coast Inst. Engcs. & Shipbuilders **66** (1950) 183.

O'Chou, Chang: Two-dimensional theory of stiffened plates. Aeron. Quart. **2** (1950) Pt. 1 May 1—8; Index Aeron. **6** (1950) 8 7; AMR **4** (1951) 3 155.

Labram, E. E.: The influence of the method of stringer attachment on the buckling and failure of skin panels with square top-hat stringers. (Abstract from author's thesis.) ARC curr. Pap. 93 1952 6 p.; AMR **6** (1953) 5 233.

Metzmeier, Erwin: Die eingespannte, rechtwinklig versteifte Platte. Jb. Schiffbautechn. Ges. **46** (1952) 220—241.

Druckbeanspruchung 1.223.12

Allgemeines 1.223.121

Schuman, Louis and *Goldie Back:* Strength of rectangular flat plates under edge compression. NACA Rep. 356 1930.

Chwalla, Ernst: Das allgemeine Stabilitätsproblem der gedrückten, durch Randwinkel verstärkten Platte. Ing.-Arch. **5** (1934) 1 54—65.

Gerard, I. J. and *B. J. Dickins:* Stressed skin structures. Compression tests of panels with tubular stiffeners. ARC R & M 1830 Dec. 1936.

Lundquist, Eugene E.: Comparison of three methods for calculating the compressive strength of flat and slightly curved sheet and stiffener combinations. NACA TN 455 March 1933. [1.232.121].

Barbré, Rudolf: Beulspannungen von Rechteckplatten mit Längssteifen bei gleichmäßiger Druckbeanspruchung. Bauing. **17** (1936) 25/26 268—273.

Howland, W. Lavern: Effect of rivet spacing on stiffened thin sheet under compression. J. Aeron. Sci. **3** (1936) 12 434—439; Luftwissen **4** (1937) 1 24.

Barbré, Rudolf: Stabilität gleichmäßig gedrückter Rechteckplatten mit Längs- oder Quersteifen. Ing.-Arch. **8** (1937) 2 117—150.

Buchard, W.: Beulspannungen der quadratischen Platte mit Schrägsteifen unter Druck bzw. Schub. Ing.-Arch. **8** (1937) 5 332—348. [1.223.13]

Froehlich, Herbert: Stabilität der gleichmäßig gedrückten Rechteckplatte mit Steifenkreuz. Diss. TH Hannover. Berlin: Springer 1937 15 S.; Bauing **18** (1937) 43/44 673—682 11 Lit.-St.

Sechler, E. E.: Stress distribution in stiffened panels under compression. J. Aeron. Sci. **4** (1937) 8 320—323; Luftwissen **4** (1937) 9 287.

Wang, Lung Fu: Buckling of rectangular plates and its application to the plate girder. Diss. Univ. Cornell 1938. [1.222.112].

Barbré, Rudolf: Stability of rectangular plates with longitudinal or transverse stiffeners under uniform compression. NACA TM 904 Aug. 1939.

Kromm, Alexander: Vergleichende Druck- und Schubversuche an punkt-geschweißten und genieteten Schalen aus Duralumin. Jb. 1939 Dtsch. Luftf.-Forsch. I 457—462. [1.223.13], [1.232.13], [1.232.121].

Reff, E. R.: Empirical formulae for allowable compression loads in stiffened sheet panels. J. Aeron. Sci. **6** (1939) 12 505—510.

Dunn, Louis G.: An investigation of sheet-stiffener panels subjected to compression loads with particular reference to torsionally weak stiffeners. NACA TN 752 Febr. 1940.

Fischel, J. Robert: Die Druckfestigkeit von dünnen Platten aus Aluminium-legierungen im plastischen Gebiet. J. Aeron. Sci. **8** (1941) 373 ff. [1.223.122], [1.231.112].

Holt, Marshall: The effect of methods of testing on the ultimate loads supported by stiffened flat sheet panels under edge compression. NACA TN 811 June 1941.

Knipp, Günther: Über die Stabilität der gleichmäßig gedrückten Rechteckplatte mit Steifenrost. Bauing. **22** (1941) 27/28 257—273. [1.213.3].

Yushan, Huang: Buckling of plates with lateral stiffeners. J. Roy. Aeron. Soc. **45** (1941) 370 326—330.

Kromm, Alexander: Knickung des gedrückten Plattenstreifens mit zur Mittel-ebene unsymmetrischer Randrippe. ZWB FB 1484 1942 98 S.

Rossman, Carl A. and *Evan H. Schuette:* Data on compressive strength of flat panels with Z-section stiffeners. NACA RB Sept. 1942.

Cox, H. L. and *H. E. Smith:* The buckling of a thin sheet transversely stiffened. Proc. Lond. Math. Soc. **48** (1943) 2 27—34.

Freyer, R.: Zur Knickung von längs- und querversteiften ebenen Blechen. ZWB TB **10** (1943) 2 45—48.

Boughan, Rolla B. and *George W. Baab:* Charts for calculation of the critical compressive stress for local instability of idealized web- and T-stiffened panels. NACA ARR L 4 H 29 (WR L-204) Aug. 1944.

Brueggeman, W. C. and *M. Mayer jr.:* Guides for preventing buckling in axial fatigue tests of thin sheet-metal speciments. NACA TN 931 Apr. 1944.

Dow, Norris F. and *William A. Hickman:* Preliminary investigation of the relation of the compressive strength of sheet-stiffener panels to the diameter of rivet used for attaching stiffeners to sheet. NACA RB L 4 I 13 (WR L-61) Nov. 1944. [1.442.41].

Kotanchik, Joseph N., Robert A. Weinberger, George W. Zender and *John Neff jr.:* Compressive strength of flat panels with Z- and hat-section stiffeners. NACA ARR L 4 F 01 (WR L-62) June 1944.

Meyerding, A.: Zur Knickung von längs- und querversteiften ebenen Blechen. ZWB TB **11** (1944) 5 119—122.

Ramberg, Walter, Samuel Levy and *Kenneth L. Fienup:* Effect of curvature on strength of axially loaded sheet-stringer panels. NACA TN 944 Aug. 1944.

Rossman, Carl A., Leonard M. Bartone and *Charles V. Dobrowski:* Compressive strength of flat panels with Z-sections stiffeners. NACA ARR 4 B 03 (WR L-499) Febr. 1944.

Torre, Kuzma: Vorschlag über die praktische Beulberechnung versteifter Recht-eckplatten. Stahlbau **17** (1944) 10/11 45—49.

Weinberger, Robert A., Carl A. Rossman and *Gordon P. Fischer:* Comparison of the compressive strength of panels with alclad 24 S-T 81 sheet or with alclad 24 S-T 86 sheet riveted to alclad 24 S-T 84 hat-section stiffeners. NACA MR (WR L-587), April 1944.

Weinberger, Robert A., William C. Sperry and *Charles V. Dobrowski:* Compressive strength of corrugated-sheet-stiffened panels for Consolidated XB-36 airplane. NACA MR (WR L-588) Jan. 1944.

Schuette, Evan H.: Charts for the minimum-weight design of 24 S-T aluminium-alloy flat compression panels with longitudinal Z-section stiffeners. NACA Rep. 827 1945 28 p. 6 ref.; Index Aeron. **5** (1949) 7 37.

Bornscheuer, W.: Beitrag zur Berechnung ebener gleichmäßig gedrückter Rechteckplatten, versteift durch eine Längssteife. Diss. TH Darmstadt 1946.

Schuette, Evan H., Saul Barab and *Howard L. McCracken:* Compressive strength of 24 S-T aluminum-alloy flat panels with longitidinal formed hat-section stiffeners. NACA TN 1157 Dec. 1946

Dow, Norris F. and *William A. Hickman:* Design charts for flat compression panels having longitudinal extruded Y-section stiffeners and comparison with panels having formed Z-section stiffeners. NACA TN 1389 Aug. 1947 76 p.; AMR **1** (1948) 3 72.

Dow, Norris F., William A. Hickman and *Howard L. McCracken:* Compressive-strength comparisons of panels having aluminum-alloy sheet and stiffeners with panels having magnesium-alloy-sheet and aluminium-alloy stiffeners. NACA TN 1274 Apr. 1947.

Dow, Norris F. and *William A. Hickman:* Effect of variation in diameter and pitch of rivets on compressive strength of panels with Z-section stiffeners. Panels of various lengths with close stiffener spacing. NACA TN 1421 Sept. 1947 18 p.; AMR **1** (1948) 3 72. [1.442.41].

Gallaher, George L. and *Rolla B. Boughan:* A method of calculating the compressive strength of Z-stiffened panels that develop local instability. NACA TN 1482 Nov. 1947 15 p.; AMR **1** (1948) 3 71.

Hickman, William A. and *Norris F. Dow:* Compressive strength of 24 S-T aluminum-alloy flat panels with longitudinal formed hat-section stiffeners having a ratio of stiffener thickness to skin thickness equal to 1.00. NACA TN 1439 Sept. 1947 20 p.; AMR **1** (1948) 3 72.

Pflüger, Alfrich: Zum Beulproblem der anisotropen Rechteckplatte. Ing.-Arch. **16** (1947/48) 2 111—120; AMR **2** (1949) 2 29—30. [1.222.122].

Torre, C.: Zur Beulung versteifter Rechteckplatten bei veränderlicher Randbelastung. Oest. Ing.-Arch. **1** (1947) 3 137—148.

Budiansky, Bernard and *Paul Seide:* Compressive buckling of simply supported plates with transverse stiffeners. NACA TN 1557 Apr. 1948 20 p.; AMR **1** (1948) 5 139.

Dow, Norris F.: and *William A. Hickman:* Direct-reading design charts for 75 S-T aluminum-alloy flat compression panels having longitudinal straight-web Y-section stiffeners. NACA TN 1640 Aug. 1948.

Gomza, Alexander and *Paul Seide:* Minimum-weight design of simply supported transversely stiffened plates under compression. NACA TN 1710 Sept. 1948.

Hickman, W. A. and *N. F. Dow:* Compressive strength of 24 S-T aluminum-alloy flat panels with longitudinal formed hat-section stiffeners having four ratios of stiffener thickness to skin thickness. NACA TN 1553 March 1948 39 p.; AMR **1** (1948) 4 104.

Müller-Magyari, F.: Beitrag zum überkritischen Verhalten eines dünnwandigen versteiften Plattenstreifens unter Druck. Diss. TH Wien 1948; „Federhofer-Girkmann-Festschrift" Wien: Deuticke 1950 275—293.

Dow, N. F.: Design charts for longitudinally stiffened wing compression panels. SAE Quart. Trans. **3** (1949) 1 123—144; AMR **2** (1949) 7 152.

Dow, Norris F., Ralph E. Hubka and *William M. Roberts:* Direct-reading design charts for 24 S-T aluminum-alloy flat compression panels having longitudinal straight-web Y-section stiffeners. NACA TN 1777 Jan. 1949.

Dow, Norris F. and *William A. Hickman:* Direkt-reading design charts for 24 S-T aluminum-alloy flat compression panels having longitudinal formed Z-section stiffeners. NACA TN 1778 Jan. 1949.

Dow, Norris F. and *William A. Hickman:* Comparison of the structural efficiency of panels having straight-web and curved-web Y-section stiffeners. NACA TN 1787 Jan. 1949.

Hickman, William A. and *Norris F. Dow:* Data on the compressive strength of 75 S-T 6 aluminum-alloy flat panels with longitudinal extruded Z-section stiffeners. NACA TN 1829 March 1949 21 p.; AMR **2** (1949) 5 104.

Seide, Paul and *Manuel Stein:* Compressive buckling of simply supported plates with longitudinal stiffeners. NACA TN 1825 March 1949; AMR **3** (1950) 3 74.

Klitchieff, J. M.: On the stability of plates reinforced by longitudinal ribs. Amer. Soc. Mech. Engrs. Prepr. 50-A-10 Nov./Dec. 1950 3 p. 4 ref.; J. Appl. Mech. **18** ((1951) 4 364—366; Index Aeron. **7** (1951) 6 82; AMR **5** (1952) 7 301.

Müller-Magyari, F.: Ein einfaches Näherungsverfahren zur Bestimmung der Stabilitätsgrenze eines versteiften Plattenstreifens unter Längsdruck. Öst. Ing.-Arch. **4** (1950) 2 156—159 2 Lit.-St.; Index Aeron. **7** (1951) 3 64.

— Resultaten van drukproeven op panelen met Z-verstijvers. NLL Rep. S. 380 1950.

Floor, W. K. G and *T. J. Burgerhout:* Evaluation of the theory on the post-buckling behaviour of stiffened, flat, rectangular plates subjected to shear and normal loads. (In English.) NLL Rep. S. 370 1951 S 9-S 36; Index Aeron. **9** (1953) 4 77. [1.223.13], [1.223.15].

Goodman, S.: Lateral elastic instability of hat-section stringers under compressive load. NACA TN 2272 Jan. 1951 35 p.; AMR **4** (1951) 7 408—409.

Hickman, W. A. and *Norris F. Dow:* Direct-reading design charts for 75 S-T 6 aluminum-alloy flat compression panels having longitudinal extruded Z-section stiffeners. NACA TN 2435 Febr. 1952 60 p.; AMR **5** (1952) 6 255.

Hubka, R. E., Norris F. Dow and *Paul Seide:* Relative structural efficiencies of flat balsa-core sandwich and stiffened-panel construction. NACA TN 2514 Oct. 1951 29 p.; AMR **5** (1952) 5 205. [1.222.32].

Johnson, E. E. and *B. F. Goldhammer:* A determination of the critical load of a column or stiffened panel in compression by the vibration method. David W. Taylor Mod. Basin Rep. 800 Febr. 1952 15 p.; AMR **5** (1952) 10 423. [1.342.31].

Klitchieff, J. M.: Quelques applications de séries à des problèmes de stabilité élastique. Bull. Techn. Suisse Rom. **78** (1952) 21 273—276; AMR **6** (1953) 4 180; Ann. Ponts Chaussées **123** (1953) 5 225. [1.342.31].

Pochop, F.: Zur Stabilität der langen, in gleichen Abständen querversteiften Rechteckplatte. Oest. Ing.-Arch. **6** (1952) 5 387—404; AMR **6** (1953) 10 454. [1.223.13].

Wang, C.-T. and *H. Zuckerberg:* Investigation of stress distribution in rectangular plates with longitudinal stiffeners under axial compression after buckling. NACA TN 2671 Apr. 1952 61 p.; AMR **6** (1953) 1 14.

Anderson, Roger A. and *Joseph W. Semonian:* Charts relating the compressive buckling stress of longitudinally supported plates to the effective deflectional and rotational stiffness of the supports. NACA TN 2987 Aug. 1953 53 p. 11 ref.; J. Roy. Aeron. Soc. **58** (1954) 518 152; Index Aeron. **9** (1953) 12 71; AMR **7** (1954) 2 63.

Dow, Norris F., William A. Hickman and *B. W. Rosen:* Effect of variation in rivet strength on the average stress at maximum load for aluminum-alloy, flat, Z-stiffened compression panels that fail by local buckling. NACA TN 2963 June 1953 17 p. 7 ref.; Index Aeron. **9** (1953) 10 74; AMR **7** (1954) 1 12; AB **25** (1954) 3 164. [1.442.43].

Hemp, W. S. and *K. H. Griffin:* The buckling in compression of panels with square top-hat section stringers. ARC R & M 2635 1953 14 p. 2 ref.; Index Aeron. **10** (1954) 4 89. J. Roy. Aeron. Soc. **58** (1954) 517 82.

Hickman, William A. and *Norris F. Dow:* Direct reading design charts for 24 S-T 3 aluminum-alloy flat compression panels having longitudinal formed hat-section stiffeners and comparisons with panels having-Z-section stiffeners. NACA TN 2792 March 1953 71 p. 13 ref.; AMR **6** (1953) 12 552; Index Aeron. **9** (1953) 7 82; AB **25** (1954) 1 31. [1.223.15].

Micks, W. R.: A method of estimation the compressive strength of optimum sheet-stiffener panels for arbitrary material properties. Skin thickness and stiffener shapes. J. Aeron. Sci. **20** (1953) 10 705—715 9 ref.; Index Aeron. **10** (1954) 1 60.

Scheer, Joachim: Neue Beulwerte ausgesteifter Rechteckplatten. Stahlbau **22** (1953) 12 280—282.

Seide, Paul: The effect of longitudinal stiffeners located on one side of a plate on the compressive buckling stress of the plate-stiffener combination. NACA TN 2873 Jan. 1953 66 p.; AMR **6** (1953) 10 453.

Sievers, Hans u. *Eberhard Bornscheuer:* Über die Beulstabilität durchlaufender Platten mit drehsteifen Längssteifen. Stahlbau **22** (1953) 7 149—153.

Steele, T. K., and *C. T. Wang:* The effect of the torsional rigidity of a single stiffener on the buckling characteristics of a panel subjected to axial compression with large deflections. J. Aeron. Sci. **20** (1953) 1 12—18 6 ref.; Index Aeron. **9** (1953) 4 43; AMR **6** (1953) 9 409.

Strasser, A.: Zur Beulung versteifter Platten. Oest. Ing.-Arch. **7** (1953) 3 262—270 4 ref.; Index Aeron. **10** (1954) 2 62.

Younger, D. G.: The development of optimum design envelope curves of sheet-stiffener compression panels having hat, Z- or Y-section stiffeners for various materials and temperature environments. Proc. 1st Midwestern Conference Solid Mech. Engng. Exp. Stat. Univ. Illinois Apr. 1953 5—10; AMR **7** (1954) 7 301; AB **25** (1954) 8 544.

Argyris, John H.: Flexure-torsion failure of panels. A study of instability and failure of stiffened panels under compression when buckling in long wavelengths. Aircr. Engng. **26** (1954) 304 174—184, 305 213—219; Index Aeron. **10** (1954) 7 112.

Catchpole, E. J.: The optimum design of compression surfaces having unflanged integraf stiffeners. J. Roy. Aeron. Soc. **58** (1954) 527 765—768 8 ref.; Aeron. Engng. Rev. **14** (1955) 2 127.

Cox, H. L.: Computation of initial buckling stress for sheet-stiffener combinations. J. Roy. Aeron. Soc. **58** (1954) 525 634—638 3 ref.; Index Aeron. **10** (1954) 10 117.

Dow, Norris F., William A. Hickman and *B. Walter Rosen:* Data on the compressive strength of skin-stringer panels of various materials. NACA TN 3064 Jan. 1954 49 p.; J. Roy. Aeron. Soc. **58** (1954) 520 310; Index Aeron. **10** (1954) 5 104; AMR **7** (1954) 6 243.

Dow, Norris F. and *Roger A. Anderson:* Prediction of the ultimate strength of skin-stringer panels from load-shortening curves. Inst. Aeron. Sci. Prepr. 431 Jan. 1954 32 p. 8 ref.; Index Aeron. **10** (1954) 6 104.

Hicks, R.: Reinforced annular plates Engng. **177** (1954) 4598 335—336; Index Aeron. **10** (1954) 6 97.

Holt, Marshall: Results of edge-compression tests on stiffened flat-sheet panels of alclad and nonclad 14 S-T 6, 24 S-T 6, 24S -T3, and 75 S-T 6 aluminum alloys. NACA TN 3023 Apr. 1954 18 p.; AMR **7** (1954) 10 444; AB **25** (1954) 11 789; Index Aeron. **10** (1954) 7 105; J. Roy. Aeron. Soc. **58** (1954) 523 520.

Irving, J. and *N. Mullineux:* Rectangular plates with stringers and ribs. J Aeron. Sci. **21** (1954) 12 847—848.

Radok, J. R. M.: General instability of simply supported rectangular plates. J. Aeron. Sci. **21** (1954) 2 109—116 10 ref.; Index Aeron. **10** (1954) 4 86.

Yusuff, Syed: Primary instability of a panel of integral construction with unflanged stiffeners. J. Roy Aeron. Soc. **58** (1954) 528 808—812 10 ref.

Mittragende Breite   1.223.122

Metzer, W.: Die mittragende Breite. Diss. TH Aachen 1925; Luftf. Forsch. **4** (1929) 1 1—21.

Schnadel, Georg: Die mittragende Breite in Kastenträgern und im Doppelboden. Werft, Reederei, Hafen **9** (1928) 5 92—101. [1.246].

Tellers, H.: Über die mittragende Breite. WGL-Jb. 1928 100—104.

Miller, A. B.: Über die mittragende Breite. Luftf. Forsch. **4** (1929) 1 22—29.

Lahde, R.: Versuche zur Ermittlung der mittragenden Breite von verbeulten Blechen. ZWB KB 16 1934 27 S.; ZWB FB 115 1934 27 S.

Chwalla, Ernst: Die Formeln zur Berechnung der voll mittragenden Breite dünner Gurt- und Rippenplatten. Stahlbau **9** (1936) 10 73—78.

Lahde, R. u. *Herbert Wagner:* Versuche zur Ermittlung der mittragenden Breite von verbeulten Blechen. Luftf. Forsch. **13** (1936) 7 214—223; Aircr. Engng. **8** (1936) 92 292.

Lahde, R. and *Herbert Wagner:* Experimental studies of the effective width of buckled sheets. NACA 814 Dec. 1936.

Marguerre, Karl: Die mittragende Breite der gedrückten Platte. Luftf. Forsch. **14** (1937) 3 121—128; Aircr. Engng. **9** (1937) 100 168.

Marguerre, Karl: The apparent width of the plate in compression. NACA TM 833 July 1937.

Dickinson, H. B. and *J. Robert Fischel:* Measurement of stiffener stresses and effective widths in stiffened panels. J. Aeron. Sci. **6** (1939) 6 249—254; Luftwissen **6** (1939) 6 218.

Ramberg, Walter, Albert E. McPherson, and *Sam Levy:* Experimental study of deformation and of effective width in axially loaded sheet-stringer panels. NACA TN 684 Febr. 1939.

Fischel, J. Robert: Effective widths in stiffened panels under compression. J. Aeron. Sci. **7** (1940) 5 213—216 9 ref.; Techn. Z.-Schau **26** (1940) 23 282.

Köller, Hermann: Spannungsverlauf und mittragende Breite bei Lasteinleitung in orthotrope Blechscheiben. Jb. 1940 Dtsch. Luftf.-Forsch. I 852—860. [1.224.12].

Fischel, J. Robert: Die Druckfestigkeit von dünnen Platten aus Aluminiumlegierungen im plastischen Gebiet. J. Aeron. Sci. **8** (1941) 373 ff. [1.223.121], [1.231.112].

Plantema, F. J. en *W. K. G. Floor:* De meedragende breedte van vlakke en weinig gekromde platen. (The effective width of flat and slightly curved plates.) NLL Rapp. S. 248 1941 58 Blz. [1.232.122].

Odqvist, Folke: Verksamma bredden hos försterkta plana pläter. (On the effective width of reinforced plane plates.) Tekn. T. (1942) 16; Index Aeron. **7** (1951) 11 125 8 ref.

Koiter, W. T.: De meedragende breedte bij groote overschrijding der knik-spanning voor verschillende inklemming der plaatranden. (The effective width of infinitely long, flat, rectangular plates under various conditions of edge restraint.) (Engl. summary.) NLL Rapp. S. 287 1943 63 Blz.

Van Der Neut, A. and *W. K. G. Floor:* The effective width of flat plates with longitudinal stiffeners of open cross section. NLL Rap. 266 1943.

Hu, Pai C., Eugene E. Lundquist and *S. B. Batdorf:* Effect of small deviations from flatness on effective width and buckling of plates in compression. NACA TN 1124 Sept. 1946. [1.222.112].

Odqvist, Folke: On the effective width of reinforced plane plates. Roy. Swed. Air Board Translat. 5 1948 24 p.; AMR **3** (1950) 6 171.

Bogunović, V.: Buckling of coverplates of rib structures (in German). Publ. Math. Inst. Math. Acad. Serbe Sci. **3** (1950) 271—286; AMR **5** (1952) 7 302.

Bijlaard, P. P.: Determination of the effective width of plates with small deviations from flatness by the method of split rigidities. „Proc. 1st U. S. Nat. Congr. Appl. Mech. June 1951." Ann Arbor, Mich.: J. W. Edwards 1952 357—362; Index Aeron. **9** (1953) 5 23—24; AMR **6** (1953) 8 365.

Chwalla, Ernst: On the problem of the effective width of cover plates and reinforced plates (in German). „Alfons Leon Gedenkschrift", Wien: Verl. Bau-Z. 1952 31—35; AMR **5** (1952) 9 392.

Metzmeier, E.: Bemerkungen zur mittragenden Breite. Hansa **89** (1952) 556—557 2 Lit.-St.

Vollbrecht, E.: Die praktische Bestimmung der mittragenden Breite. Schiff u. Hafen **4** (1952) 5.

Besseling, J. F.: The experimental determination of the effective width of flat plates in the elastic and plastic range. (Engl. summary.) NLL Rep. S. 414 Febr. 1953 44 p. 26 ref.; Index Aeron. **9** (1953) 11 67.

Weber, Constantin: Über die mittragende Wirkung einer zweiaxial gewellten Stahlplatte („Wellstahlplatte") als Gurt von Trägern. Bauing. **28** (1953) 3 81 bis 87, 5 172—176; AMR **7** (1954) 1 10. [1.222.122].

Botman, M.: De experimentele bepaling van de meedragende breedte van vlakke platen in het elastische en het plastische gebied. II. NLL Rep. S. 438 Jan. 1954 55 p.

Schubbeanspruchung 1.223.13

Wagner, Herbert: Über Konstruktions- und Berechnungsfragen des Blechbaues. WGL-Jb. 1928 113—125. [1.232.13].

Schmieden, C.: Das Ausknicken versteifter Bleche unter Schubbeanspruchung. ZFM **21** (1930) 3 61—65.

Seydel, Edgar: Beitrag zur Frage des Ausbeulens von versteiften Platten bei Schubbeanspruchung. Diss TH Berlin 1930; 195. DVL Ber.; DVL Jb. 1930 235 bis 254; Luftf.-Forsch. **8** (1930) 71—90.

Seydel, Edgar: Wrinkling of reinforced plates subjected to shear stresses. NACA TM 602 Jan. 1931.

Chwalla, E.: Die Bemessung des Stegbleches im Endfeld vollwandiger Träger. Bauing. **17** (1936) 9/10 81—90 19 Lit.-St.

Burchard, W.: Beulspannungen der quadratischen Platte mit Schrägsteife unter Druck bzw. Schub. Ing.-Arch. **8** (1937) 5 332—348. [1.223.121].

Kromm, Alex.: Vergleichende Druck- und Schubversuche an punktgeschweißten und genieteten Schalen aus Duralumin. J. 1939 Dtsch. Luftf.-Forsch. I 457 bis 462. [1.223.121], [1.232.13], [1.232.121].

Kuhn, Paul: A recurrence formula for shear-lag problems. NACA TN 739 Dec. 1939.

Fine, M.: A comparison between plain and stringer-reinforced sheet from the shear lag standpoint. ARC R & M 2648 Oct. 1941 5 p. 3 ref.; Index Aeron. **7** (1951) 9 92. [1.222.113].

Moore, R. L.: An investigation of the effectiveness of stiffeners on shear-resistant plate-girder webs. NACA TN 862 Sept. 1942.

Milosvatjevitch, Miodrag: Stability of rectangular plates with stiffeners under bending shear (in French). Publ. Math. Inst. Math. Acad. Serbe Sci. **1** (1947) 121—135; AMR **3** (1950) 4 107.

Wang, Tsun Kuei: Buckling of transverse stiffened plates under shear. Amer. Soc. Mech. Engrs. Prepr. 47-A-17 Dec. 1947 6 p. 14 ref; J. Appl. Mech. **14** (1947) 4 269—274; AMR **1** (1948) 4 104; Index Aeron. **4** (1948) 3 36.

Budiansky, Bernard, Pai C. Hu and R. W. Connor: Notes on the Lagrangian multiplier method in elastic-stability analysis. NACA TN 1558 May 1948 46 p. [1.222.113].

Crate, Harold and *Hsu Lo:* Effect of longitudinal stiffeners on the buckling load of long flat plates under shear. NACA TN 1589 June 1948 46 p.; AMR **1** (1948) 7 191.

Leggett, D. M. A. and H. G. Hopkins: The effect of flange stiffnes on the stresses in a plate web spar under shear. ARC R & M 2434 Nov. 1949 12 p.; Index Aeron. **7** (1951) 5 73. [1.223.14].

Stein, Manuel and Robert W. Fralich: Critical shear stress of infinitely long, simply supported plate with transverse stiffeners. NACA TN 1851 Apr. 1949 39 p.; AMR **2** (1949) 9 199.

Denke, P. H.: Analysis and design of stiffened shear webs. J. Aeron. Sci. **17** (1950) 4 217—231; Bull. Anal. C. N. R. S. **11** (1950) 11 3632.

Floor, W. K. G.: De breuksterkte van verstijfde platen waarin schuifplooiing optreedt. NLL Rapp. S. 378 1951.

Floor, W. K. G. and T. J. Burgerhout: Evaluation of the theory on the post-buckling behaviour of stiffened, flat, rectangular plates subjected to shear and normal loads. (In English.) NLL Rep. S. 370 1951 S. 9 bis S. 36; Index Aeron. **9** (1953) 4 77. [1.223.15], [1.223.121].

Kromm, Alexander: Kritische Schubspannung rechteckiger Platten mit Diagonalaussteifungen. Stahlbau **21** (1952) 10 177—184; AMR **6** (1953) 6 279.

Pochop, F.: Zur Stabilität der langen, in gleichen Abständen querversteiften Rechteckplatte. Oest. Ing. Arch. **6** (1952) 5 387—404; AMR **6** (1953) 10 454. [1.223.121.]

Kappus, Robert: Le chéma du champ homogène rectangulaire ou oblique. Rech. Aéron. (1953) 23 51—60; AMR **5** (1952) 9 393.

Krapfenbauer, Robert Johann: Zur Stabilität rostversteifter Rechteckplatten bei gleichmäßiger Schubbeanspruchung unter besonderer Berücksichtigung des mittigen Steifenkreuzes. Diss. TH. Wien 1953 48 S.

Zugdiagonalenfeld

1.223.14

Wagner, Herbert: Über die Zugdiagonalenfelder in dünnen Blechen. ZAMM **8** (1928) 6 443—446.

Wagner, Herbert: Ebene Blechwandträger mit sehr dünnem Stegblech. ZFM **20** (1929) 8 200—207, 9 227—233, 10 256—262, 11 279—284, 12 306—314.

Wagner, Herbert: Flat sheet metal girders with very thin metal web. I. General theories and assumptions. II. Sheet metal girders with spars resistant to bending — oblique uprights — stiffness. III. Sheet metal girders with spars resistant to bending the stress in uprights — diagonal tension fields. NACA TM 604, 605, 606 Febr. 1931.

Kuhn, Paul: A summary of design formulas for beams having thin webs in diagonal tension. NACA TN 469 Aug. 1933.

Lahde, R.: Versuche zur Ermittlung des Spannungszustandes in Zugfeldern. ZWB FB 387 1935 38 S.

Atkin, E. H.: Stiffness in stressed skin. Aircr. Engng. **8** (1936) 90 213—217, 220.

Lahde, R. u. Herbert Wagner: Versuche zur Ermittlung des Spannungszustandes in Zugfeldern. Luftf.-Forsch. **13** (1936) 8 262—268. 9 Lit.-St.

Lahde, R. and Herbert Wagner: Tests for the determination of the stress condition in tension fields. NACA TM 809 Nov. 1936.

Schmieden, C.: Ebene Blechwandträger mit nicht-parallelen Holmen. Luftf.-Forsch. **13** (1936) 11 391—393; Aircr. Engng. **9** (1937) 96 53.

Atkin, E. H.: Tension diagonal fields. The effect of boom end load on tension diagonal field distribution. Aircr. Engng. **9** (1937) 95 9—12; Luftwissen **4** (1937) 4 133.

Siber, H. W.: The variation of stress in a tension-field beam. J. Aeron. Sci. **4** (1937) 11 467—468; Luftwissen **5** (1938) 2 62.

Limpert, G.: Über die Knickung ebener Zugfelder. Jb. 1938 Dtsch. Luftf. Forsch. I 427—432.

Lipp, J. E.: Shear field aircraft spars. J .Aeron. Sci. **7** (1939) 1 1—5; Luftwissen **7** (1940) 4 128. [6.254.1].

Reissner, E.: On tension field theory. Proc. 5th Int. Congr. Appl. Mech. 1939 88—92.

Kuhn, Paul: Investigations on the incompletely developed plane diagonal-tension-field. NACA Rep. 697 1940.

Kuhn, Paul: Ultimate stresses developed by 24 S-T sheet in incomplete diagonal tension. NACA TN 833 Dec. 1941.

Van der Neut, A., I. Binkhorst and W. K. G. Floor: The diagonal-tension field of flat plates with longitudinal and transverse stiffeners under normal and shear loads. NLL Rep. S. 247 1941 66 p.

Kuhn, Paul and Patrick T. Chiarito: The strength of plan web systems in incomplete diagonal tension. ARR (WR L-367) Aug. 1942.

Sibert, H. W.: Rational analysis of tension-field beams. J. Aeron. Sci. **9** (1942) Nov. 510—514.

Koiter, W. T.: Theoretical investigation of the diagonal tension field of flat plates. (Engl. summary.) NLL Rep. S. 295 1944.

Ochiltree, David W.: Comparison of structural efficiencies of diagonal-tension webs and truss webs of 24 S-T aluminium alloy. NACA RB L 5 F 25 (WR L-34) July 1945.

Peterson, James P.: Strain measurements and strength tests of 25-inch diagonal-tension beams with single uprights. NACA ARR L 5 J 02a (WR L-104) Nov. 1945.

Peterson, James P.: Strain measurements and strength tests of 25-inch diagonal-tension beams of 75 S-T aluminum alloy. NACA TN 1058 May 1946.

Leggett, D. M. A. and H. G. Hopkins: The effect of flange stiffness on the stresses in a plate web spar under shear. ARC R & M 2434 Nov. 1949 12 p.; Index Aeron. **7** (1951) 5 73. [1.223.13].

Pugsley, A. G.: On a strut in a nonlinear medium and the waves in a tension field shear web. „Engineering Structures", London: Butterworth 1949 111—119; AMR **3** (1950) 10 297. [1.342.31].

Kondo, K.: The geometry of the perfect tension field III. J. Japan Soc. Appl. Mech. **3** (1950) 36—39, 85—88, 96, **4** (1951) Oct. 24, 101—104; AMR **5** (1952) 12 506.

Heilig, R.: Allgemeine Beulgleichungen des versteiften rechteckigen Stegblechfeldes. Bauing. **27** (1952) 11 398—405.

Klein, B.: Parameters predicting failure of partial diagonal tension beams. J. Aeron. Sci. **19** (1952) 2 141—142; AMR **5** (1952) 7 303.

Kuhn, P., J. P. Peterson and L. R. Levin: A summary of diagonal tension. Part.
I. Methods of analysis. Part. II. Experimental evidence. NACA TN 2661
May 1952 131 p.; TN 2662 May 1952 81 p.; AMR **6** (1953) 1 16, 2 70.
Upson, R. H., G. M. Phelps and T-S Liu: Equal-strength design of tension-field
webs and uprights. NACA TN 2548 Jan. 1952 46 p.; AMR **5** (1952) 8 355.

Zusammengesetzte Beanspruchung1.223.15

Hampel, Miloslav: Ein Beitrag zur Stabilität des horizontal ausgesteiften Stegbleches. Stahlbau **10** (1937) 2 16, 3 21—22.
Krabbe: Beitrag zur Berechnung der Stegblechaussteifungen vollwandiger Blechträger. Stahlbau **10** (1937) 9 65—68.
Scott, Merit and Robert L. Weber: Requirements for auxiliary stiffeners attached
to panels under combined compression and shear. NACA TN 921 Dec. 1943.
Chwalla, Ernst: Über die Biegebeulung der längsversteiften Platte und das
Problem der „Mindeststeifigkeit". Stahlbau **17** (1944) 18/20 84—88.
Floor, W. K. G.: Experimental investigation of the post-buckling behaviour of
stiffened flat, rectangular plates under combined shear and compression. II.
(In English.) NLL Rep. S. 328 Dec. 1947 45 p.; AMR **2** (1949) 5 104.
Milosvatjevitch, Miodrag: Sur la stabilité des plaques rectangulaires renforcées
par des raidisseurs et sollicitées à la flexion et au cisaillement. Publ. Ass.
Int. Ponts Charpentes **8** (1947) 141—160; AMR **2** (1949) 1 5.
Van der Neut, A., W. K. G. Floor and I. Binkhorst: Experimental investigation
of the post-buckling behaviour of stiffened, flat, rectangular plates under
combined shear and compression I. (in English). NLL Rep. S. 300 1947 57 p.
Floor, W. K. G.: Experimental investigation of the post-buckling behaviour of
stiffened, flat, rectangular plates under combined shear and compression. III.
(in English). NLL Rep. S. 367 (1950) 30 p. 5 ref.; Index Aeron. **6** (1950) 12 53.
Floor, W. K. G. and T. J. Burgerhout: Evaluation of the theory on the post-
buckling behaviour of stiffened, flat, rectangular plates subjected to shear-
and normal loads. (In English.) NLL Rep. S. 370 1951 S. 9—S. 36; Index
Aeron. **9** (1953) 4 77. [1.223.121], [1.223.13].
Hickmann, William A. and Norris F. Dow: Direct reading design charts for
24 S-T 3 aluminum alloy flat compression panels having longitudinal formed
hat-section stiffeners and comparisons with panels having Z-section
stiffeners. NACA TN 2792 March (1953) 71 p. 13 ref.; AMR **6** (1953) 12 552;
Index Aeron. **9** (1953) 7 82; AB **25** (1954) 1 31. [1.223.121].
Dow, Norris F., L. Ross Levin and John L. Troutman: Elastic buckling under
combined stresses of flat plates with integral waffle-like stiffening. NACA
TN 3059 Jan. 1954; J. Roy Aeron. Soc. **58** (1954) 520 310; Index Aeron. **10**
(1954) 6 98.

Platten aus Sperrholz1.223.2
Allgemeines1.223.21

Stepniewski, W.: Stressed-skin wooden construction. Aircr. Engng. **15** (1943)
170 110—112 7 ref., **15** (1943) 171 126—131.

Druckbeanspruchung1.223.22
Allgemeines1.223.221

Faerberg, J. J.: Experimentelle Untersuchung an versteifter Sperrholzbeplankung
bei Druckbeanspruchung. Übers. aus: ZAHI-Ber. 404 1939; Luftf.-Schrifttum
Ausland April 1944 15 S.

196

Lundquist, Eugene E., Joseph N. Kotanchik and *George W. Zender:* A study of the compressive strength of stiffened plywood panels. NACA RB Aug. 1942.

Heebink, T. B., H. W. March and *C. B. Norris:* Buckling of stiffened, flat, plywood plates in compression: A single stiffener perpendicular to stress. FPL Rep. 1553 June 1946 33 p.; AMR **2** (1949) 1 6.

Heebink, T. B. and C. B. Norris: Buckling of stiffened flat plywood plates in compression. A single stiffener perpendicular to stress. Face grain of plywood at 45⁰ to its edges. FPL Rep. 1553-A Nov. 1946 22 p.; AMR **2** (1949) 1 6.

Smith, C. B., T. B. Heebink and *C. B. Norris:* The effective stiffness of a stiffener attached to a flat plywood plate. FPL Rep. 1557 Sept. 1946.

Smith, C. B., L. A. Ringelstetter and *C. B. Norris:* Buckling of stiffened flat plywood plates in compression. A single stiffener parallel to stress. FPL Rep. 1553-B May 1947 52 p.; AMR **2** (1949) 1 6.

Norris, C. B., W. J. Kommers and *P. F. McKinnon:* Critical buckling strength of stiffened flat plywood plates in compression and shear — closely spaced stiffeners. FPL Rep. 1800 Febr. 1948 38 p.; AMR **1** (1948) 9 237. [1.223.23].

Ringelstetter, L. A. and C. B. Norris: Buckling of stiffened flat plywood plates in compression. A single stiffener parallel to stress. Face grain of plywood at 45⁰ to its edges. FPL Rep. 1553-C Oct. 1948 13 p.; AMR **2** (1949) 1 6.

Ringelstetter, L. A. and C. B. Norris: The effect of a stiffener on the maximum load of flat plywood plates in edgewise compression, with the face grain at 0⁰ and 90⁰ to the load. A single stiffener parallel to the direction of loading. Load edges clamped, others simply supported. FPL Rep. 1553-D July 1949 7 p.; AMR **3** (1950) 12 401.

Mittragende Breite   1.223.222

Norris, C. B. and A. W. Voss: Buckling of flat plywood plates in compression, shear, or combined compression and shear. Effective width of thin plywood plates in compression with the face grain at 0⁰ and 90⁰ to load. FPL Rep. 1316-E Oct. 1943 (Suppl. to 1316).

Norris, C. B., A. W. Voss and *P. F. McKinnon:* Buckling of flat plywood plates in compression, shear, or combined compression and shear. Effective width of thin plywood plates at maximum load in compression with the face grain at 0⁰, 15⁰, 30⁰, 45⁰, 60⁰, 75⁰ and 90⁰ to load. FPL Rep. 1316-I March 1945 (Suppl. to 1316).

Schubbeanspruchung und Zugdiagonalenfeld   1.223.23

— Design of plywood webs in box beams. FPL Rep. 1318 March 1943. [1.246].

Lewis, W. C. and E. R. Dawley: Stiffeners in box beams and details of design. FPL Rep. 1318-A Oct. 1943. [1.246].

Lewis, W. C., T. B. Heebink, W. S. Cottingham and *E. R. Dawley:* Additional tests of box beams and I-beams to substantiate further the design curves for plywood webs in box beams — Tests of plywood webs in the tension field. FPL Rep. 1318-C Aug. 1944. [1.246].

Kaliske, Gisbert u. *Alfred Priesmeier:* Untersuchungen an ebenen, reckteckigen Schubwänden mit dünnwandigem Sperrholzsteg. Ber. Mitt. Inst. Leichtbau TH Braunschweig 47-07a u. b 1947 IV, 290 S. [1.222.23].

Borsari, Palamede and *Ai-ting Yu:* Shear lag in a plywood sheet-stringer combination used for the chord member of a box beam. NACA TN 1443 March 1948 57 p.; AMR **1** (1948) 4 106. [1.246].

Norris, C. B., W. J. Kommers and *P. F. McKinnon:* Critical buckling strength of stiffened flat plywood plates in compression and shear — closely spaced stiffeners. FPL Rep. 1800 Febr. 1948 38 p.; AMR **1** (1948) 9 237. [1.223.221].

Kräfteeinleitung und Spannungsstörung an unversteiften und
versteiften Platten (Beanspruchung in Plattenebene) 1.224
Platten aus homogenen, insbesondere metallischen Werkstoffen 1.224.1
Kräfteeinleitung 1.224.12

Melan, Ernst: Die Verteilung der Kraft in einem Streifen von endlicher Breite. ZAMM **5** (1925) 4 314—318.

Melan, Ernst: Der Spannungszustand der durch eine Einzelkraft im Innern beanspruchten Halbscheibe. ZAMM **12** (1932) 6 343—346.

Köller, Hermann: Spannungsverlauf und mittragende Breite bei Lasteinleitung in orthotrope Blechscheiben. Jb. 1940 Dtsch. Luftf.-Forsch. I 852—860. [1.223.122].

Girkmann, Karl: Angriff von Einzellasten in der streifenförmigen Scheibe. Ing.-Arch. **13** (1942) 5 273—284.

Holmberg, Ake: Tests with circular plates. Stockholm: Generalstabens Litografiska Anstalts Förlag 1946 110 S.; Acta Polytecn. No. 3 1947 110 p.; AMR **2** (1949) 5 103. [1.225.13], [1.226].

Green, A. E. and T. J. Willmore: Three-dimensional stress systems in isotropic plates. II. Proc. Roy. Soc. (London) A **193** (1948) 27./5. 229—248; AMR **1** (1948) 9 235.

Duberg, J. E.: A numerical procedure for the stress analysis of stiffened shells. Inst. Aeron. Sci. Prepr. 199 Jan. 1949 26 p.; J. Aeron. Sci. **16** (1949) Aug. 451—462; Index Aeron. **5** (1949) 7 30; AMR **3** (1950) 11 350. [1.224.13].

Hopkins, H. G.: Elastic deformations of infinite strips. Proc. Cambr. Phil. Soc. **46** (1950) Pt. 1 Jan. 164—181 7 ref.; Index Aeron. **6** (1950) 8 5.

Favre, H. and E. Chabloz: Study of bent circular plates of linearly variable thickness (in French). Bull. Techn. Suisse Rom. **78** (1952) 1 1—8; AMR **5** (1952) 10 422; Index Aeron. **8** (1952) 4 63. [1.225.13].

Reismann, H.: Bending and buckling of an elastically restrained circular plate. Amer. Soc. Mech. Engrs. Prepr. 52-APM-7 June 1952 6 p. 7 ref.; J. Appl. Mech. **19** (1952) 2 167—172; Index Aeron. **8** (1952) 6 76; AMR **6** (1953) 1 15. [1.225.13], [1.222.112].

Woinowsky-Krieger, S.: Über die Stabilität punktweise ausgesteifter Rechteckplatten. Ing.-Arch. **20** (1952) 2 106—108; AMR **6** (1953) 5 233.

Conway, H. D.: The stress distributions induced by concentrated loads acting in isotropic and orthotropic half planes. J. Appl. Mech. **20** (1953) 82—86; AMR **6** (1953) 10 451. [1.225.5].

Goodier, J. N. and C. S. Hsu: Transmission of tension from a bar to a plate. Amer. Soc. Mech. Engrs. Prepr. 53-A-41 Nov./Dec. 1953 4 p. 6 ref.; Index Aeron. **10** (1954) 5 101.

Hoskin, B. C. and J. R. M. Radok: The root section of a swept wing. A problem of plane elasticity. Aeron. Res. Lab. (Australia) Rep. SM 219 Nov. 1953; J. Roy Aeron. Soc. **58** (1954) 521 380.

Mansfield, E. H.: The diffusion of load into a semi-infinite sheet. I, II. ARC R & M 2670 1953 57 p. 18 ref.; Index Aeron. **9** (1953) 10 84.

Mansfield, E. H.: The diffusion of load into a panel bounded by constant stress booms and a transverse beam. ARC R & M 2729 (1953) 12 p., 3 ref.; Index Aeron. **9** (1953) 8 63.

Platten mit Störungen 1.224.13

Nadai, Arpad, V. Baud and M. Wahl: Stress distribution and plastic flow in an elastic plate with a circular hole. Mech. Engng. (1930) March 187—192.

Mathar, J.: Beitrag zur Schubsteifigkeit und Knickfestigkeit von gelochten dünnen Platten. Abh. Aerodyn. Inst. TH Aachen H. 10 (1931) 62—68.

Schüßler, Karl: Über das Verhalten von Leichtmetallblechstreifen mit kreisrunden, randgebördelten Löchern bei Schubbeanspruchung. Diss. TH Aachen 1933; Luftf.-Forsch. **11** (1934) 3 74—85 14 Lit.-St.; Aircr. Engng. **7** (1935) 79 236.

Schüßler, Karl: The behavior under shearing stress of duralumin strip with round, flanged holes. NACA TM 756 Oct. 1934.

Teichmann, Alfred u. *Karl Leiss:* Versuche mit gelochten Stegblechen. ZWB FB 117 1934 7 S.

Gran Olsson, R.: Über axialsymmetrische Knickung dünner Kreisringplatten. Ing.-Arch. **8** (1937) 6 449—452.

Gran Olsson, R.: Knickung der Kreisringplatte von quadratisch veränderlicher Steifigkeit. Ing.-Arch. **9** (1938) 3 205—214.

Schreyer, A.: Spannungsoptische Versuche an einer quadratischen Scheibe mit zentrischer quadratischer Öffnung. II. Diss. TH München; Forsch.-Ing.-Wes. **10** (1939) 4 157—164.

Federhofer, Karl: Knickung der Kreisplatte und Kreisringplatte mit veränderlicher Dicke. Ing.-Arch. **11** (1940) 3 224—238. [1.222.112].

Wagenbach: Spannungen und Formänderungen eines ebenen Kreisrings unter dem Einfluß eines ebenen Kräftesystems. Wasserkraft u. Wasserwirtsch. **35** (1940) 12 274—276; Techn. Z.-Schau **26** (1941) 6 101.

Donnell, L. H.: Stress concentrations due to elliptical discontinuities in plates under edge forces. Theodor von Kármán Anniv. Vol. 1941 293 ff.; AMR **3** (1950) 1 8.

Egger, Hans: Knickung der Kreisplatte und Kreisringplatte mit veränderlicher Dicke. Ing.-Arch. **12** (1941) 3 190—200.

Gran Olsson, R.: Über die Knickung der Kreisringplatte von veränderlicher Dicke. Ing.-Arch. **12** (1941) 2 123—132.

Kuhn, Paul: Skin stresses around inspection cut-outs. NACA ARR Dec. 1941.

Fine, M. and *A. Pellew:* A method of estimating the direct stress concentration round holes in reinforced sheet. ARC R & M 2604 May 1942 6 p. 6 ref.; Index Aeron. **7** (1951) 8 64.

Hengst, H.: Beitrag zur Berechnung von Stegblechen mit Sparlöchern. Stahlbau **15** (1942) 17/18 61—64.

Hütter, A.: Die Spannungsspitzen in gelochten Blechscheiben und Streifen. ZAMM **22** (1942) 6 322—335.

Kuhn, Paul: The strength and stiffness of shear webs with round lightening holes having 45⁰ flanges. NACA ARR (WR L-323) Dec. 1942.

Kuhn, Paul: The strength and stiffness of shear webs with and without lightening holes. NACA ARR (WR L-402) June 1942.

Kuhn, Paul and *Edwin M. Moggio:* Stresses around rectangular cutouts in skin-stringer panels under axial loads. NACA ARR (WR L-399) June 1942.

Thum, August u. *Otto Svenson:* Die Verformungs- und Beanspruchungsverhältnisse von glatten und gekerbten Stäben, Scheiben und Platten in Abhängigkeit von deren Dicke und Belastungsart. Forsch.-Ing.-Wes. **13** (1942) 1 1—11. [1.352.1].

Wegener, U.: Neues Verfahren zur Berechnung der Spannungen in Scheiben. Forsch.-Ing.-Wes. **13** (1942) 4 144—149; Z. VDI **87** (1943) 27/28 443—444.

Kuhn, Paul, John E. Duberg and *Simon H. Diskin:* Stresses around rectangular cut-outs in skin-stringer panels under axial loads. II. NACA ARR 3 J 02 (WR L-368) Oct. 1943.

Kuhn, Paul and *L. Ross Levin:* Tests of 10-inch 24 S-T aluminum-alloy shear panels with 1¹/₂-inch holes. NACA RB 3 F 29 (WR L-500) June 1943.

Willers, Fr. A.: Die Stabilität von Kreisringplatten. ZAMM **23** (1943) 5 252—258.

Hoff, N. J. and *Joseph Kempner:* Numerical procedures for the calculation of the stresses in monocoques. II. Diffusion of tensile stringer loads in reinforced flat panels with cut-outs. NACA TN 950 Nov. 1944.

Kuhn, Paul and *L. Ross Levin:* Tests of 10-inch 24 S-T aluminum alloy shear panels with 1¹/₂-inch holes. II. Panels having holes with notched edges. NACA RB L 4 D 01 (WR L-512) Apr. 1944.

Levin, L. Ross: Tests of beams having webs with large circular lightening holes. NACA RB 4 B 23 (WR L-524) Febr. 1944.

Moggio, Edwin M. and *Harold G. Brilmyer:* A method for estimation of maximum stresses around a small rectangular cut-out in a sheet-stringer panel in shear. NACA ARR L 4 D 27 (WR L-64) Apr. 1944.

Niles, Alfred S.: Elastic properties of channels with unflanged ligthening holes. NACA TN 924 March 1944. [1.342.33], [1.352.1].

Smith, H. E. and *H. L. Cox:* A note on the tensile strength and elongation of wide plates of aluminium alloy with and without holes. ARC R & M 2429 Aug. 1944; Index Aeron. **7** (1951) 6 81.

Kuhn, Paul and *Simon H. Diskin:* On the shear strength of skin-stiffener panels with inspection cut-outs. NACA ARR L 5 C 01a (WR L-192) March 1945.

Ruffner, Benjamin F. and *Calvin L. Schmidt:* Stresses at cut-outs in shear resistant webs as determined by the photoelastic method. NACA TN 984 Oct. 1945.

Podorozhny, A. A.: Investigation of the behavior of thin-walled panels with cutouts. NACA TM 1094 Sept. 1946.

Farb, Daniel: Experimental investigation of the stress distribution around reinforced circular cutouts in skin-stringer panels under axial loads. NACA TN 1241 March 1947 21 p.; AMR **1** (1948) 3 75.

Fox, L.: Mixed boundary conditions in the relaxational treatment of biharmonic problems (plane strain or stress). Proc. Roy. Soc. (London) A **189** (1947) 1019 535—543; AMR **1** (1948) 1 7. [1.222.111].

Kuhn, Paul, Norman Rafel and *George E. Griffith:* Stresses around rectangular cut-outs with reinforced coaming stringers. NACA TN 1176 Jan. 1947.

de Leiris, H. and *A. Barat:* On stress distribution around a round hole. (In French.) Bull. Ass. Techn. Marit. Aéron. **46** (1947) 363—373; AMR **3** (1950) 7 197.

Levin, L. Ross and *David H. Nelson:* Effect of rivet or bolt holes on the ultimate strength developed by 24 S-T and alclad 25 S-T sheet in incomplete diagonal tension. NACA TN 1177 Jan. 1947.

Levy, S., Ruth M. Woolley and *W. D. Kroll:* Instability of simple supported square plate with reinforced circular hole in edge compression. J. Res. Nat. Bur. Stand. **39** (1947) Dec. 571—577; AMR **1** (1948) 10 260.

Ling, Chih-Bing: Stresses in a notched strip under tension. J. Appl. Mech. **14** (1947) Dec. 275—280; AMR **1** (1948) 2 38.

Livens, G. H. and *Rosa M. Morris:* The boundary-value problems of plane stress. I. Phil. Mag. **38** (1947) ser. 7 March 153—179; AMR **1** (1948) 4 101.

Melan, Ernst: Ein rotationssymmetrischer Spannungs- und Verzerrungszustand einer gelochten Scheibe bei nichtlinearem Spannungs-Dehnungsgesetz. Oest. Ing.-Arch. **1** (1947) 1/2 14—21.

Schubert, A.: Die Beullast dünner Kreisringplatten, die am Außen- und Innenrand gleichmäßigen Druck erfahren. ZAMM **25/27** (1947) 4 123—124; AMR **3** (1950) 3 75.

Sen, Bibhutibhusan: Direct determination of stresses in thin elastic plates having cavities of different shapes. Bull. Calcutta Math. Soc. **39** (1947) Sept. 113—118.

Good, James N.: Residual stress analysis of overspeeded disk with central hole by X-ray diffraction. NACA RM E 8 E 11 July 1948.

Green, A. E.: Three-dimensional stress systems in isotropic plates. I. Phil. Trans. Roy. Soc. London A **240** (1948) 825 561—597; AMR **2** (1949) 6 124.

Griffith, George E.: Experimental investigation of the effects of plastic flow in a tension panel with a circular hole. NACA TM 1705 Sept. 1948 17 p.; AMR **2** (1949) 9 202.

Levy, S., A. E. McPherson and F. C. Smith: Reinforcement of a small circular hole in a plane sheet under tension. J. Appl. Mech. **15** (1948) June 160—168; AMR **1** (1948) 7 191.

Ling, Chih-Bing: On the stresses in a plate containing two circular holes. J. Appl. Phys. **19** (1948) 1 77—82; Index Aeron. **4** (1948) 5 35; AMR **1** (1948) 3 69.

Ling, Chih-Bing: On the stresses in a notched plate under tension. J. Math. Phys. **26** (1948) 4 284—289; Index Aeron. **4** (1948) 10 31; AMR **1** (1948) 1 101. [1.352.1].

Ling, Chih-Bing: The stresses in a plate containing an overlapped circular hole. J. Appl. Phys. **19** (1948) 4 405—411 4 ref.; Index Aeron. **4** (1948) 9 35; AMR **1** (1948) 5 134.

Mindlin, R. D.: Stress distribution around a hole near the edge of a plate under tension. Proc. SESA **5** (1948) 2 56—68; AMR **1** (1948) 8 212; Index Aeron. **4** (1948) 10 3.

Morley, L. S. D.: Load distribution and relative stiffness parameters for a reinforced flat plate containing a rectangular cut-out under plane loading. NLL Rep. S. 347 1948 12 p.; AMR **3** (1950) 11 345; Index Aeron. **6** (1950) 5 42.

Rand, T.: Statik för flygplanskal. (Statics of aircraft shells.) Thesis Kungl. Tekn. Hogsk. Stockholm Nr. 54 1948 201 p. 37 ref.; Index Aeron. **6** (1950) 10 56. [1.222.111], [1.231.111].

Stang, A. H. and M. Greenspan: Perforated cover plates for steel columns: Summary of compressive properties. J. Res. Nat. Bur. Stand. **40** (1948) 5 347—359 8 ref.; Index Aeron. **4** (1948) 9 35. [1.352.1].

Stang, A. H. and R. S. Jaff: Perforated cover plates for steel columns compressive properties of plates having ovaloid, elliptical and „square" perforations. J. Res. Nat. Bur. Stand. **40** (1948) 2 121—128; Index Aeron. **4** (1948) 6 28. [1.352.1].

Sternberg, E. and M. A. Sadowsky: Three-dimensional solution for the stress concentration around a circular hole in a plate of arbitrary thickness. Amer. Soc. Mech. Engrs. Prepr. 48-APM-21 1948 12 p. 8 ref.; Index Aeron. **4** (1948) 10 4; J. Appl. Mech. **16** (1949) March 27—38; AMR **2** (1949) 9 197.

Taylor, G. I.: The formation and enlargement of a circular hole in a thin plastic sheet. Quart. J. Mech. & Appl. Math. **1** (1948) March 103—124; AMR **2** (1949) 1 7.

Duberg, J. E.: A numerical procedure for the stress analysis of stiffened shells. Inst. Aeron. Sci. Prepr. 199 Jan. 1949 26 p.; J. Aeron. Sci. **16** (1949) Aug. 451— 462; Index Aeron. **5** (1949) 7 30; AMR **3** (1950) 11 350. [1.224.12].

Green, A. E.: The elastic equilibrium of isotropic plates and cylinders. Proc. Roy. Soc. (London) A **195** (1949) 3./2. 535—552; AMR **2** (1949) 3 52.

Kroll, Wilhelmina D.: Instability in shear of simply supported square plates with reinforced hole. J. Res. Nat. Bur. Stand. **43** (1949) 5 465—472 6 ref.; Index Aeron. **6** (1950) 3 9; AMR **4** (1951) 1 22.

Okubo, H.: On the problem of a notched plate of an aeolotropic material. Phil. Mag. **40** (1949) 308 913—916; AMR **3** (1950) 12 400.

Reissner, H. and M. Morduchow: Reinforced circular cutouts in plane sheets. NACA TN 1852 Apr. 1949 60 p.; AMR **3** (1950) 3 72.

Sjöström, Sverker: On the stresses at the edge of an eccentrically located circular hole in a strip under tension. (In English.) FFA Rep. 36 (1950) 27 p. 5 ref.; Index Aeron. **8** (1952) 7 77; AMR **4** (1951) 2 86—87.

Wells, A. A.: On the plane stress-distribution in an infinite plate with a rim-stiffened elliptical opening. Quart. J. Mech. & Appl. Math. **3** (1950) Pt. 1 March 23—31 5 ref.; Index Aeron. **6** (1950) 7 6; AMR **4** (1951) 2 86.

Hahn, L.: Buckling of circular rings in elastic surroundings (in French). Publ. Int. Ass. Bridge & Struct. Engng. **11** (1951) 227—246; AMR **5** (1952) 9 392.

Hardrath, Herbert F. and Lachlan Ohman: Study of elastic and plastic stress concentration factors due to notches and fillets in flat plates. NACA TN 2566 Dec. 1951 23 p.

Hodge, P. G. jr. and W. Prager: Limit design of reinforcements of cut-outs in slabs. Graduate Div. of Appl. Math. Brown Univ., Techn.-Rep. 2 1951 17 p.; AMR **5** (1952) 2 62.

Horvay, G.: Thermal stresses in perforated plates. „Proc. 1st U. S. Nat. Congr. Appl. Mech., June 1951", Ann. Arbon, Mich.: J. W. Edwards, 1952 247—257; AMR **6** (1953) 10 450.

Hosek, J.: Solution of the effect of an opening in a thin shear wall by the method of increments of shear flows from the opening. Engng. Rev. (Prague) (1951) 7 1—14; AMR **7** (1954) 3 108—109.

Karunes, B.: On the concentration of stress in the neighbourhood of a circular hole in a semi-infinite plate. Indian J. Phys. **25** (1951) 12 599—606; AMR **5** (1952) 9 390.

Owens, A. J. and C. B. Smith: Effect of a rigid eliptic disk on the stress distribution in an orthotropic plate. Quart. Appl. Math. **9** (1951) 3 329—333 5 ref.; AMR **5** (1952) 5 206.

Rivlin, R. S. and A. G. Thomas: Large elastic deformations of isotropic materials. VIII. Strain distribution around a hole in a sheet. Phil. Trans. Roy. Soc. London A **243** (1951) 865 289—298; AMR **4** (1951) 12 642.

Sengupta, H. M.: Some problems of elastic plates containing circular holes. I. Bull. Calcutta Math. Soc. **43** (1951) 1 27—36 5 ref.; Index Aeron. **8** (1952) 1 67; AMR **5** (1952) 8 350.

Weber, Constantin: Allseitig gezogene Ebene mit Zweibogenloch. ZAMM **31** (1951) 7 193—201; AMR **5** (1952) 2 57.

Wu, M. H. Lee: Analysis of plane-plastic-stress problems with axial symmetry in strainhardening range. NACA Rep. 1021 1951 23 p. 25 ref.; Index Aeron. **8** (1952) 6 33.

Conte, S. D.: The circular plate with eccentric hole. Quart. Appl. Math. **9** (1952) 4 435—440; AMR **5** (1952) 10 423.

Durelli, A. J., R. L. Lake and E. Phillips: Stress distribution in plates under a uniaxial state of stress, with multiple semi-circular and flat-bottom notches. — (Proc. 1st U. S. Nat. Congr. Appl. Mech. June 1951). Amer. Soc. Mech. Engrs. Publ. 1952 12 ref.; Index Aeron. **9** (1953) 5 23—24.

Durelli, A. J., R. L. Lake and E. Phillips: Stress concentrations produced by multiple semi-circular notches in infinite plates under uniaxial state of stress. Proc. SESA **10** (1952) 1 53—64 7 ref.; Index Aeron. **9** (1953) 5 59.

Freiberger, W.: A problem in dynamic plasticity: The enlargement of a circular hole in a flat sheet. Proc. Cambr. Phil. Soc. **48** (1952) Pt. 1 135—148 5 ref.; Index Aeron. **8** (1952) 4 63.

Higuchi, M.: Calculation of the stresses of the orthotropic strip with a hole. Rep. Res. Inst. Appl. Mech., Kyushu Univ. **1** (1952) 1 33—45; AMR **5** (1952) 11 460.

Hodge, P. G. jr.: On the plastic strains in slabs with cutouts. Amer. Soc. Mech. Engrs. Prepr. 52-A-22 Nov./Dec. 1952 6 p. 9 ref.; Index Aeron. **9** (1953) 2 56.

Horvay, G.: The plane-stress problem of perforated plates. Amer. Soc. Mech. Engrs. Prepr. 52-APM-19 June 1952 6 p. 3 ref.; Index Aeron. **8** (1952) 7 77.

Karunes, B.: On the distribution of initial stress due to dislocation in an infinite plate containing two unequal circular holes. Indian J. Phys. **26** (1952) 7 317—328; AMR **6** (1953) 6 277.

Karunes, B.: A note on the problem of dislocation in a semi-infinite plate containing a circular hole. Indian J. Phys. **26** (1952) 9 442—444; AMR **6** (1953) 6 278.

Kumai, T.: Elastic stability of the square plate with a central circular hole under edge thrust. Rep. Res. Inst. Appl. Mech., Kyushu Univ. **1** (1952) 2 1—10; AMR **6** (1953) 1 15.

Stephens, Kathleen M.: A boundary problem in orthotropic generalized plane stress. Quart. J. Mech. Appl. Math. **5** (1952) Pt. 2 206—220; AMR **6** (1953) 3 117.

Vasarhelyi, D. and R. A. Hechtman: Welded reinforcement of openings in structural steel members. Welding J. **31** (1952) 4 169s—180s; AMR **6** (1953) 2 67.

Weiss, H. J., W. Prager and P. G. Hodge jr.: Limit design of a full reinforcement for a circular cutout in a uniform slab. Amer. Soc. Mech. Engrs. Prepr. June 1952 5 p. 5 ref.; J. Appl. Mech. **19** (1952) 3 397—401; Index Aeron. **8** (1952) 10 70; AMR **6** (1953) 3 122.

Williams, M. L.: Stress singularities resulting from various boundary conditions in angular corners of plates in extension. Amer. Soc. Mech. Engrs. Prepr. June 1952 3 p.; J. Appl. Mech. **19** (1952) 4 526—528; Index Aeron. **8** (1952) 11 53; AMR **6** (1953) 7 325.

Das, Sisir Chandra: Note on the elastic distortion of a cylindrical hole by tangential tractions on the inner boundary. Quart. Appl. Math. **11** (1953) 1 124—217 2 ref.; Index Aeron. **9** (1953) 10 81.

Floor, W. K. G.: Shear tests on 24 S-T unstiffened and stiffened webs with flanged holes. I. (in English.) NLL Rep. S. 413 July 1953 113 p.; Index Aeron. **10** (1954) 3 82; AB **25** (1954) 7 474.

Föppl, Ludwig: Ein Beispiel zum Mittelwertsatz der ebenen Elastizitätstheorie. ZAMM **33** (1953) 4 127—130; Index Aeron. **9** (1953) 10 44; AMR **7** (1954) 1 8.

Hardrath, H. F. and L. Ohman: A study of elastic and plastic stress concentration factors due to notches and fillets in flat plates. NACA Rep. 1117 1953 10 p. 12 ref.; Index Aeron. **10** (1954) 5 98; J. Roy Aeron. Soc. **58** (1954) 519 220.

Higuchi, M.: On the stresses due to pressure on the periphery of the hole in an orthotropic plate. Rep. Res. Inst. Appl. Mech., Kyushu Univ. **2** (1953) 6 53—64; AMR **7** (1954) 5 199.

Higuchi, M.: Orthotropic semi-infinite plate with a hole. Rep. Res. Inst. Appl. Mech., Kyushu Univ. **2** (1953) 7 161—163; AMR **7** (1954) 6 241.

Karunes, B.: On the concentration of stress round the edge of a hole bounded by two intersecting circles in a large plate. Indian J. Phys. **27** (1953) 4 208—212; AMR **7** (1954) 2 59.

Karunes, B.: Stress distribution in an infinite plate with an elliptic hole acted upon by a force and a couple at an internal point. Indian J. Phys. **27** (1953) 9 439—446; AMR **7** (1954) 6 241.

Levin, E.: On reinforced circular cutouts. Amer. Soc. Mech. Engrs. Prep. 53-SA-11 1953 7 p. 6 ref.; J. Appl. Mech. **20** (1953) 4 546—552; Index Aeron. **9** (1953) 9 85; AMR **7** (1954) 5 198.

Mansfield, E. H.: Neutral holes in plane sheet: reinforced holes which are elastically equivalent to the uncut sheet. Quart. J. Mech. & Appl. Math. **6** (1953) Pt. 3 Sept. 370—378; AMR **7** (1954) 6 243—244; Index Aeron. **9** (1953) 12 74.

McComb, Harvey G. jr.: Stress analysis of sheet-stringer panels with cutouts. Inst. Aeron. Sci., Prepr. 394 Jan. 1953 47 p. 6 ref.; J. Aeron. Sci. **20** (1953) 6 387—401; Index Aeron. **9** (1953) 9 86, 10 85; AMR **7** (1954) 1 11.

Conway, H. D.: Stress concentration due to elliptical holes in orthotropic plates. Amer. Soc. Mech. Engrs. Prepr. 53-A-30 Nov./Dec. 1953 3 p. 6 ref.; Index Aeron. **10** (1954) 3 82.

Gaydon, F. A. and A. W. McCrum: A theoretical investigation of the yield point loading of a square plate with a central circular hole. J. Mech. Phys. Solids **2** (1954) 3 156—169; Index Aeron. **10** (1954) 7 106.

Gaydon, F. A.: On the yield point loading of a square plate with concentric circular hole. J. Mech. Phys. Solids **2** (1954) 3 170—176; Index Aeron. **10** (1954) 7 106.

Harvey, R. B.: The elastic deformations of a plate near a hole with a stiffening rim. Proc. Roy. Soc. (London) A **223** (1954) 1154 338—348; Index Aeron. **10** (1954) 7 106—107.

Hicks, R.: Reinforced holes in plates. Engng. **177** (1954) 4613 811—812; Index Aeron. **10** (1954) 10 117.

Platten aus Sperrholz	1.224.2
Kräfteeinleitung	1.224.22

March, H. W.: Summary of formulas for flat plates of plywood under uniform or concentrated loads. FPL Rep. 1300 Oct. 1941. [1.225.2].

March, H. W.: Flat plates of plywood under uniform or concentrated loads, FPL Rep. 1312 March 1942. [1.225.2].

Platten mit Störungen	1.224.23

Smith, C. B.: Effect of elliptic or circular holes on the stress distribution in plates of wood or plywood considered as orthotropic materials. FPL Rep. 1510 May 1944.

Higuchi, Masakazu: On the two-dimensional stress in aeolotropic bodies. Kyushu Univ. Res. Inst. Elast. Engng. Rep. Nr. 4, **4** (1947) 47—71; AMR **3** (1950) 11 339.

Smith, C. Bassel: Effect of hyperbolic notches on the stress distribution in a wood plate. Quart. Appl. Math. **6** (1949) Jan. 452—456.

Verbundplatten mit Füllstoffen	1.224.3

Levy, S. and F. C. Smith: Stress distribution near reinforced circular hole loaded by a pin. J. Res. Nat. Bur. Stand. **42** (1949) 4 397—404 8 ref.; Index Aeron. **5** (1949) 8 27—28.

Mohaupt, H. H. and B. G. Heebink: Effect of defects on strength of aircraft type sandwich panels. Amer. Soc. Mech. Engrs. Prepr. 52-A-99 Nov./Dec. 1952 25 p.; Index Aeron. **9** (1953) 3 65—66.

Biegung senkrecht zur Plattenebene	1.225
Platten aus homogenen, insbesondere metallischen Werkstoffen	1.225.1
Allgemeines	1.225.11

Nádai, Arpad: Theorie der Plattenbiegung und ihre experimentelle Bestätigung. ZAMM **2** (1922) 5 381—398.

Weinel, Ernst: Die Integralgleichungen des ebenen Spannungszustandes und der Plattentheorie. ZAMM **11** (1931) 5 349—360.

Marguerre, Karl: Spannungsverteilung und Wellenausbreitung in der kontinuierlich gestützten Platte. Ing.-Arch. **4** (1933) 4 332—353. [1.272].

Woinowsky-Krieger, Sergius: Der Spannungszustand in dicken elastischen Platten. Ing.-Arch. **4** (1933) 3 203—226.

Gran Olsson, R.: Beiträge zur Statik elastischer Platten veränderlicher Dicke. ZAMM **16** (1936) 6 347—348.

Reissner, E.: Allgemeine Integration der Plattengleichung bei linear veränderlicher Steifigkeit. Ing.-Arch. **7** (1936) 2 80—82.

Weber, Erhard: Die Berechnung rechteckiger Platten, die durch elastische Träger unterstützt sind. Ing.-Arch. **8** (1937) 5 311—325.

Moness, E.: Flat plates under pressure. J. Aeron. Sci. 5 (1938) 11 421—425.

Dantu: Description d'une méthode nouvelle pour la détermination experimentale des flexions dans une plaque plane. Ann. Ponts Chaussées **110** (1940) 1 5—20; Zbl. Mech. **11** (1941) 3 115.

Upson, Ralph H.: Structural tests of a stainless steel wing panel by hydrostatic loading. NACA TN 786 Nov. 1940.

Borowicka, H.: Über ausmittig belastete, starre Platten auf elastisch-isotropem Untergrund. Ing.-Arch. **14** (1943/44) 1 1—8.

Head, Richard M. and Ernest E. Sechler: Normal pressure tests on unstiffened flat plates. NACA TN 943 Sept. 1944.

Weinstein, A. and J. A. Jenkins: On a boundary value problem for a clamped plate. Trans. Roy. Soc. Canada **40** (1947) Ser. 3 59—67; AMR **2** (1949) 6 126.

Federhofer, Karl: Die Grundgleichungen für elastische Platten veränderlicher Dicke und großer Ausbiegung. ZAMM **25/27** (1947) 1 17—21; AMR **1** (1948) 5 137.

Hencky, Heinrich: Über die Berücksichtigung der Schubverzerrung in ebenen Platten. Ing.-Arch. **16** (1947/48) 1 72—76; AMR **1** (1948) 9 236.

Lamble, J. H. and Li Shing: A survey of published work on the deflection of and stress in flat plates subjected to hydrostatic loading. Trans. Instn. Naval Architects **89** (1947) Apr. 128—147; AMR **1** (1948) 5 136.

Reissner, Eric: On bending of elastic plates. Quart. Appl. Math. **5** (1947) 55—68; AMR **1** (1948) 1 10.

Seth, B. R.: Bending of clamped rectilinear plates. Phil. Mag. **38** (1947) Apr. 292—297; AMR **1** (1948) 371.

Dubas, Ch.: Contribution to the study of buckling of stiffened metal sheets. Mitt. Inst. Baustatik, ETH Zürich, Nr. 23 1948 152 p.; AMR **3** (1950) 5 137. [1.222.111], [1.223.11].

Dzhanelidze, G. Yu.: Survey of the work published in the USSR on the theory of the bending of thick and thin plates. Prikladnaya Matematika i Mekhanika **12** (1948) 109—128; Amer. Math. Soc. Translat. 6 1950 28 p.

Greenberg, H. J. and William Prager: Direct determination of bending and twisting moments in thin elastic plates. Amer. J. Math. **70** (1948) Oct. 749 bis 763; AMR **2** (1949) 9 198.

Krzywoblocki, M. Zbigniew: A general approximation method in the theory of plates of small deflection. Quart. Appl. Math. **6** (1948) Apr. 31—52; AMR **1** (1948) 7 190.

Friedrichs, K. O.: The edge effect in the bending of plates. „Reissner Anniv. Vol.", Ann Arbor, Mich.: J. W. Edwards 1949 197—210; AMR **2** (1949) 8 175.

Friedrichs, K. O.: The edge effect in bending and buckling with large deflections. Proc. Symposium Appl. Math. **1** (1949) 188—193; AMR **3** (1950) 6 170. [1.222.111], [1.242.111], [1.245].

Green, A. E.: On Reissner's theory of bending of elastic plates. Quart. Appl. Math. **7** (1949) July 223—228; AMR **3** (1950) 9 263.

Lardy, P.: Die strenge Lösung des Problems der schiefen Platte. Schweiz. Bauztg. **67** (1949) 14 207—209; AMR **3** (1950) 3 71.

Sengupta, H. M.: On the bending of an elastic plate. I. Bull. Calcutta Math. Soc. **41** (1949) 163—172; AMR **4** (1951) 3 153.

Woinowsky-Krieger, Sergius: Berechnung einer auf elastischem Halbraum aufliegenden, unendlich erstreckten Platte. Ing.-Arch. **17** (1949/50) 1/2 142—148; AMR **4** (1951) 3 154.

Carrier, G. F. and F. S. Shaw: Some problems in the bending of thin plates. Proc. Symposium Appl. Math. **3** (1950) 125—128; AMR **4** (1951) 4 215.

Friedrichs, K. O.: Kirchhoff's boundary conditions and the edge effect for elastic plates. Proc. Symposium App. Math. **3** (1950) 117—124; AMR **4** (1951) 4 216.

Muenz, Hildegard: Ein Integrationsverfahren für die Berechnung der Biegespannungen achsensymmetrischer Schalen unter achsensymmetrischer Belastung. Diss. TH Braunschweig 1950 55 S.; Ing.-Arch. **19** (1951) 2 103—117, 4/5 255—270; AMR **4** (1951) 11 597. [1.245].

Pucher, Adolf: Die Einflußfelder des Plattenstreifens mit zwei eingespannten Rändern. „Federhofer-Girkmann-Festschrift" Wien: Deuticke 1950 303—319.

Southwell, R. V.: On the analogues relating flexure extension of flat plates. Quart. J. Mech. & Appl. Math. **3** (1950) Pt. 3 Sept. 257—271 5 ref.; Index Aeron. **7** (1951) 1 55.

Swida, W.: Über die elastisch-plastischen Formänderungen der Platte. ZAMM **30** (1950) 8/9 246—247.

Swida, W.: Die Plattengleichungen für den elastisch-plastischen Zustand. ZAMM **30** (1950) 11/12 375—381.

Wyman, Max: Deflections of an infinite plate. Canad. J. Res. **28** (1950) sect. F. 3 May 293—302; AMR **4** (1951) 3 154.

Haeussler, E.: Beitrag zur Berechnung von Einflußflächen umfangsgelagerter Platten. Diss. TH Hannover 1951.

Krause, Herbert: Die Biegung freiaufliegender, steifer Platten aus Baustahl bei beginnender und fortschreitender Plastizierung. Diss. TH Karlsruhe 1951 80 S.

Sekiya, Tsuyoshi and Atsushi Saito: On the numerical calculation of the particular solution for the partial differential equation of bending of a plate. J. Japan Soc. Aeron. Engng. **1** (1953) 1 5—9 12 ref.; Index Aeron. **9** (1953) 11 68.

Nylander, H.: Initially deflected thin plate with initial deflection affine to additional deflection. Publ. Int. Ass. Bridge & Struct. Engng. **11** (1951) 347 bis 374; AMR **6** (1953) 3 123. [1.222.112].

Salles, F. et C. Thorn: Méthode des différences finies appliquée aux problèmes bidimensionnels de calcul des contraintes d'une plaque. Publ. Sci. Min. Air. BST 115 1951 84 p. 15 ref.; Index Aeron. **7** (1951) 11 123. [1.222.111].

Chenea, P. F. and P. M. Naghdi: Graphical analysis of axially symmetrical plates with variable thickness. J. Appl. Mech. **19** (1952) 4 561—563; AMR **6** (1953) 10 452.

Marguerre, Karl: Über die Beanspruchung von Plattenträgern. Stahlbau **21** (1952) 8 129—132.

Maud, F. E. and C. J. Thorne: Thin plates under combined loads. I. Studies Appl. Math. Univ. Utah No. 7 Apr. 1952 46 p.; AMR **7** (1954) 4 148—149.

Schäfer, Manfred: Über eine Verfeinerung der klassischen Theorie dünner schwach gebogener Platten. ZAMM **32** (1952) 6 161—171; Index Aeron. **8** (1952) 10 68; AMR **6** (1953) 3 123.

Woinowsky-Krieger, Sergius: Über die Anwendung der Mellin-Transformation zur Lösung einer Aufgabe der Plattenbiegung. Ing.-Arch. **20** (1952) 6 391 bis 397; AMR **6** (1953) 8 368; Index Aeron. **10** (1954) 2 8.

Berger, E. R.: Ein Minimalprinzip zur Auflösung der Plattengleichung. Oest. Ing.-Arch. **7** (1953) 1 39—49; Index Aeron. **10** (1954) 2 62.

Dörr, J.: Examination of some integrals which are applicable to the theory of elasticity. ZAMP **4** (1953) 2 122—127 3 ref.; Index Aeron. **9** (1953) 7 29.

Gaafar, I.: Hipped plate analysis, considering joint displacements. Proc. ASCE Pap. 182 Apr. 1953 28 p.; AMR **6** (1953) 12 550.

Kromm, Alexander: Verallgemeinerte Theorie der Plattenstatik. Ing.-Arch. **21** (1953) 4 266—286; AMR **7** (1954) 4 147—148.

Müller, W.: Die Momentenfläche der elastischen Platte oder Pilzdecke und die Bestimmung der Durchbiegung aus den Momenten. Ing.-Arch. **21** (1953) 1 63—72.

Oaks, J. K.: Stresses and deflections in a flat plate with clamped edges under normal pressure. J. Roy. Aeron. Soc. **57** (1953) 508 244—246; Index Aeron. **9** (1953) 7 61.

Woinowsky-Krieger, Sergius: On bending of a flat slab supported by square-shaped columns and clamped. Amer. Soc. Mech. Engrs. Ann. Meeting, New York, Dec. 1953 Pap. 53-A-60 8 p.; J. Appl. Mech. (1954) Sept. 263 ff 15 ref.; AMR **7** (1954) 5 198; Index Aeron. **10** (1954) 4 85.

Ashwell, D. G.: A characteristic type of instability in the large deflections of elastic plates. Pt. 3. Curved rectangular plates in axial compression. Proc. Roy. Soc. (London) A **222** (1954) 1148 44—59 6 ref.; Index Aeron. **10** (1954) 6 94. [1.222.112], [1.342.32].

Müller, W.: Zur Theorie der Vierpilzplatte. Ing. Arch. **22** (1954) 1 60—72.

Cadambe, V. and R. K. Kaul: Deflection of clamped plates by two-step membrane analogue. J. Roy. Aeron. Soc. **59** (1955) 533 358—360.

Mansfield, E. H. and P. W. Kleeman: A large-deflection theory for thin plates. A theory based on the assumption of an inextensional middle surface of the plate. Aircr. Engng. **27** (1955) 314 102—108.

Quadratische und rechteckige Platten   1.225.12

Hencky, H.: Die Berechnung dünner rechteckiger Platten mit verschwindender Biegungssteifigkeit. ZAMM **1** (1921) 2 81—89, 423—424.

Nádai, Arpad: Über die Biegung durchlaufender Platten und der rechteckigen Platte mit freien Rändern. ZAMM **2** (1922) 1 1—26, 164.

Müller, Emil: Über rechteckige Platten, die längs zweier gegenüberliegenden Seiten auf biegsamen Trägern ruhen. ZAMM **6** (1926) 5 355—366.

Inada, Takashi: Die Berechnung auf vier Seiten gestützter rechteckiger Platten. Berlin: Springer 1930, II, 17 S.

Müller, Emil: Die Berechnung rechteckiger, gleichförmig belasteter Platten, die an zwei gegenüberliegenden Rändern durch elastische Träger unterstützt sind. Ing.-Arch. **2** (1932) 6 606—621.

Schmidt, Harry: Zur Statik eingespannter Rechteckplatten. ZAMM **12** (1932) 3 142—151.

Woinowsky-Krieger, Sergius: Über die Biegung dünner rechteckiger Platten durch Kreislasten. Ing.-Arch. **3** (1932) 3 236—250.

Iguchi, S.: Eine Lösung für die Berechnung der biegsamen rechteckigen Platten. Berlin: Springer 1933, IV, 56 S.

Gran Olsson, R.: Biegung der Rechteckplatte bei linear veränderlicher Biegungssteifigkeit. Ing.-Arch. **5** (1934) 5 363—373.

Woinowsky-Krieger, Sergius: Beitrag zur Theorie der Pilzdecken. ZAMM **14** (1934) 1 13—18.

Baud, R. V.: Rechnerische und experimentelle Ermittlung der Durchbiegungen und Spannungen von quadratischen Platten bei freier Auflagerung an den Rändern, gleichmäßig verteilter Last und großen Ausbiegungen. ZAMM **16** (1936) 6 383—384.

Kaiser, Rudolf: Rechnerische und experimentelle Ermittlung der Durchbiegungen und Spannungen von quadratischen Platten bei freier Auflagerung an den Rändern, gleichmäßig verteilter Last und großen Ausbiegungen. ZAMM **16** (1936) 2 73—98; Luftwissen **3** (1936) 6 174; Forsch.-Ing.-Wes. **7** (1936) 4 205 bis 206.

Bay, H.: Die geradlinig gestützte rechteckige Platte mit einer gleichmäßigen Konsolbelastung. Ing.-Arch. **8** (1937) 1 4—10.

Wojtaszak, I. A.: The calculation of maximum deflection, moment, and shear for uniformly loaded rectangular plate with clamped edges. J. Appl. Mech. **4** (1937) 4 A 173 — A 176.

Bergmann, Elmer C.: The theory of small deflections of rectangular plates with practical applications. Diss. Univ. Stanford 1938.

Pucher, Adolf: Die Momenteneinflußfelder rechteckiger Platten. (Dtsch. Ausschuß f. Eisenbeton, H. 90), Berlin: Ernst 1938. VI, 58 S.

Timoshenko, Stephen P.: Bending of rectangular plates with clamped edges. Proc. 5th Int. Congr. Appl. Mech. (1939) 40—43.

Müller, Reinhard: Zur Beanspruchung dünner rechteckiger Platten durch Druck senkrecht zu ihrer Ebene. ZAMM **20** (1940) 6 363—365 3 Lit.-St.; Techn. Z.-Schau **26** (1941) 8 134.

Neubert, M. u. A. Sommer: Rechteckige Blechhaut unter gleichmäßig verteiltem Flüssigkeitsdruck. Luftf.-Forsch. **17** (1940) 7 207—210; Luftwissen **7** (1940) 9 359.

Neubert, M. and A. Sommer: Rectangular shell plating under uniformly distributed hydrostatic pressure. NACA TM 965 Dec. 1940.

Baron, F. M.: Influence surfaces for stresses in slabs. J. Appl. Mech. **8** (1941) 1 A3—A13 15 ref.; Techn. Z.-Schau **26** (1941) 22 366.

Gran Olsson, R.: Biegung der Rechteckplatte bei linear veränderlicher Steifigkeit und beliebiger Belastung. Bauing. **22** (1941) 1/2 10—13.

— Computation of the stresses in a plate with three sides fixed and one side free for uniform load by calculus of finite differences. Ingenieur in Ned. Indie (1941) 5 I 65—69.

Levy, Samuel: Square plate with clamped edges under normal pressure producing large deflections. NACA TN 847 May 1942; NACA Rep. 740 1942.

Levy, Samuel: Bending of rectangular plates with large deflections NACA TN 846 May 1942; NACA Rep. 737 1942.

Levy, Samuel and Samuel Greenman: Bending with large deflection of a clamped rectangular plate with length-width ratio of 1.5 under normal pressure. NACA TN 853 July 1942.

Ramberg, Walter, Albert E. McPherson and Samuel Levy: Normal-pressure tests of rectangular plates. NACA TN 849 June 1942; NACA Rep. 748 1942.

Pucher, Adolf: Rechteckplatten mit 2 eingespannten Rändern. Ing.-Arch. **14** (1943/44) 4 246—266.

Dellus, P.: Experimental investigation of encastred flat rectangular duralumin panels under uniform load. Techn. et Sci. Aéron. (1944) 1 1—12; Index Aeron. **4** (1948) 4 85.

Straub, Hans: Näherungsberechnung dreiseitig eingespannter Platten. Schweiz. Bauztg. **126** (1945) 12 125—127.

Dworzak, W.: Der freie Rand an rechteckigen Platten. Oest. Ing.-Arch. **1** (1947) 1/2 66—77.

Goriupp, Kurt: Die dreiseitig gelagerte Rechteckplatte. Ing.-Arch. **16** (1947/48) 2 77—98, 3/4 153—163, 5/6 446.

Odley, E. G.: Deflections and moments of a rectangular plate clamped on all edges and under hydrostatic pressure. Amer. Soc. Mech. Engrs. Prepr. 47-A-8 Dec. 1947 11 p.; J. Appl. Mech. **14** 1947 Dec. 289—299; Index Aeron. **4** (1948) 3 37; AMR **1** (1948) 2 41.

Stiles, W. B.: Bending of clamped plates. J. Appl. Mech. **14** (1947) March 55—62; AMR **1** (1948) 1 10—11. [1.225.5].

Lang, H. A.: Large cylindrical bending of rectangular plates. J. Appl. Mech. **15** (1948) Dec. 335—343; AMR **2** (1949) 4 78.

Seth, B. R.: Bending of rectilinear plates. Bull. Calcutta Math. Soc. **40** (1948) 36—40; AMR **3** (1950) 4 106.

Thorne, C. J.: Square plates fixed at points. J. Appl. Mech. **15** (1948) March 73—79; AMR **1** (1948) 4 103.

Wang, Chi-Teh: Bending of rectangular plates with large deflections. NACA TN 1462 Apr. 1948; AMR **1** (1948) 5 137.

Wang, Chi-Teh: Nonlinear large-deflection boundary-value problems of rectangular plates. NACA TN 1425 March 1948 113 p.; AMR **1** (1948) 4 102.

Bauer, F.: Die dreiseitig gelagerte und am freien Rand belastete rechteckige Platte. Oest. Ing.-Arch. **3** (1949) 1 1—8; AMR **3** (1950) 3 74.

Hopkins, H. G.: Plastic deformation of rectangular plates under direct loads. „Engineering Structures", London: Butterworth 1949 93—109.

Levy, Samuel: Large deflection theory for rectangular plates. Proc. Symposium Appl. Math. **1** (1949) 197—210; AMR **3** (1950) 6 170.

L'Heureux, Paul: Calcul des plaques rectangulaires minces au moyen des abaques de M. L'inspecteur Général Pigeaud. Paris: Gauthier-Villars 1949 28 p.

Ludwig, Konrad: Die Biegung der Rechteckplatte ohne die Bernoullischen oder andere Annahmen. ZAMM **29** (1949) 1/2 18—19; AMR **3** (1950) 8 231.

Ohlig, Rudolf: Die eingespannte Rechteckplatte. Ing.-Arch. **17** (1949) 3 243—263; AMR **3** (1950) 9 263.

Pozzati, Piero: Rectangular slab, elastically supported on its boundaries, under any loading condition. Giornale Genio Civile **87** (1949) 1/2 55—67, 5 232—243, 7/8 361—371; AMR **3** (1950) 11 344.

Thorne, C. J.: Symmetrically loaded rectangular plates fixed at points. Bull. Univ. Utah **39** (1949) 10 9 p.; AMR **4** (1951) 3 153.

Ashwell, D. G. and E. D. Greenwood: The pure bending of rectangular plates. Engng. **170** (1950) 4408 51—53, 4409 76—78; Index Aeron. **6** (1950) 10 33; AMR **4** (1951) 2 90.

Chang, Fo-Van: Trigonometric series applied to the bending of long rectangular plates to a cylindrical surface. J. Franklin Inst. **249** (1950) 4 279—286; AMR **4** (1951) 3 152.

Deverall, L. I. and C. J. Thorne: Some thin-plate problems by the sine transform. Amer. Soc. Mech. Engrs. Prepr. 50-A-13 Nov./Dec. 1950 5 p.; Index Aeron. **7** (1951) 6 80.

Funk, P. u. E. Berger: Eingrenzung für die größte Durchbiegung einer gleichmäßig belasteten eingespannten quadratischen Platte. „Federhofer-Girkmann-Festschrift", Wien: Deuticke 1950 199—204; AMR **4** (1951) 4 215.

Koepcke, Werner: Zur Ermittlung der Einflußflächen und inneren Kräfte umfangsgelagerter Rechteckplatten. Ing.-Arch. **18** (1950) 2 106—138; **19** (1951) 1 74; Index Aeron. **7** (1951) 3 65.

Marshall, W. T.: The application of relaxation methods to freely-supported flat slabs. Engng. **170** (1950) 4417 239—242; AMR **4** (1951) 4 216. [1.225.5].

Mehmel, Alfred u. Hubert Beck: Über den Verlauf der Biegemomentenhauptlinien für dünne Platten. Bauing. **25** (1950) 5 160—163, 7 235—238.

Munakata, K.: On the bending of a rectangular plate with four clamped edges. Mem. Coll. Sci., Univ. Kyoto A **26** (1950) 1—8; AMR **5** (1952) 11 462.

Schade, Th.: Neuartige Behandlung der Poissonschen und der inhomogenen Bipotentialgleichung bei rechteckigen Bereichen mit Anwendung auf Probleme der Torsion und der Plattenbiegung. ZAMM **30** (1950) 8/9 243—244.

Schröder, K.: Das Problem der eingespannten rechteckigen elastischen Platte. Math. Ann. **121** (1949) 3 247—326; AMR **4** (1951) 5 282.

Craemer, Hermann: Berechnung kreuzweise bewehrter Platten nach der Plastizitätstheorie. Oest. Bau-Z. **6** (1951) 3 46—49.

Day, J. W.: Hydrostatic pressure tests on thin rectangular diaphragms 21 inches by 13 1/2 inches. David W. Taylor Modern Basin Rep. 635 March 1951 42 p.; AMR **5** (1952) 1 13.

Ewell, W. W., S. Okubo and J. I. Abrams: Deflections in gridworks and slabs. Proc. ASCE Separate Nr. 89 Sept. 1951 22 p.; AMR **5** (1952) 8 357. [1.213.3].

Goriupp, Kurt: Die dreiseitig gelagerte Rechteckplatte mit Einspannung an zwei Rändern und Belastung durch ein Moment am dritten Rand. Oest. Bau-Z. **6** (1951) 1 9—10.

Kampmann, W.: Berechnung der quadratischen Platte mit nicht gegen Abheben verankerten Ecken. Diss. TH Hannover 1951.

Klitchieff, J. M.: On the bending of rectangular plates (in German). Bull. Acad. Serbe Sci. 2 (N. S.), Cl. Sci. Techn. (1951) 69—76; AMR **4** (1951) 7 406.

Nash, W. A.: Several approximate analyses of the bending of a rectangular cantilever plate by uniform normal pressure. Ann. Meeting Amer. Soc. Mech. Engrs., Atlantic City, 1951 Pap. 51-A-28 4 p.; AMR **5** (1952) 2 61; Index Aeron. **8** (1952) 2 77.

Pickett, G. and F. J. McCormick: Circular and rectangular plates under lateral load and supported by an elastic solid foundation. „Proc. 1st U. S. Nat. Congr. Appl. Mech., June 1951"; Ann Arbor, Mich.: J. W. Edwards 1952 331—338; AMR **6** (1953) 10 452. [1.225.13].

Pinczon, J.: Tensions et déformations élastiques dans une plaque métallique-rectangulaire appuyée sur quatre cotes et uniformément chargée. Ass. Techn. Marit. Aéron. 1951 21 p.; Index Aeron. **7** (1951) 10 73.

Stippes, M.: Large deflections of rectangular plates. „Proc. 1st U. S. Nat. Congr. Appl. Mech., June 1951"; Ann Arbor, Mich.: J. W. Edwards 1952 339—345; AMR **6** (1953) 9 407.

Winslow, A. M.: Differentiation of Fourier series in stress solutions for rectangular plates. Quart. J. Mech. Appl. Math. **4** (1951) 4 449—460; AMR **5** (1952) 7 301.

Ashwell, D. G.: A characteristic type of instability in the large deflexions of elastic plates. I. Curved rectangular plates bent about one axis. II. Flat square plates bent about all edges. Proc. Roy. Soc. (London) A **214** (1952) 1116 98—118 16 ref.; AMR **6** (1953) 4 180; Index Aeron. **9** (1953) 6 70. [1.231.114].

Berger, E. R.: Zur Berechnung des Einflußfeldes der quadratischen Platte. Ing.-Arch. **20** (1952) 3 207—210; Index Aeron. **9** (1953) 1 62; AMR **6** (1953) 12 551.

Dantu: Experimental study of plates by an optical method (in French). Ann. Ponts Chaussées **122** (1952) 3 271—344; AMR **6** (1953) 2 65. [1.225.13].

Doucet, E.: Remarks on the solution of the problem of thin rectangular plates given by Navier (in French). Génie Civil **129** (1952) 21 409—411; AMR **6** (1953) 6 277.

Favre, Henry et Bernhard Gilg: La plaque rectangulaire fléchie d'épaisseur linéairement variable. ZAMP **3** (1952) 5 354—371; AMR **6** (1953) 5 230; Index Aeron. **9** (1953) 1 63.

Fetcher, H. J. and C. J. Thorne: Thin rectangular plates on elastic foundation. Amer. Soc. Mech. Engrs. Prepr. June 1952 8 p. 5 ref.; J. Appl Mech. **19** (1952) 3 361—368; Index Aeron. **8** (1952) 10 69; AMR **6** (1953) 3 123.

Huang, M. K. and H. D. Conway: Bending of a uniformly loaded rectangular plate with two adjacent edges clamped and the others either simply supported or free. Amer. Soc. Mech. Engrs. Prepr. 52-APM-14 June 1952 10 p. 7 ref.; J. Appl. Mech. **19** (1952) 4 451—460; Index Aeron. **8** (1952) 6 75; AMR **6** (1953) 2 66.

Kuhn, R.: Ermittlung der Spannungen in elastischen Platten mit Hilfe der Spannungsoptik. Forsch.-Ing.-Wes. (B) **18** (1952) 3 72—80; AMR **6** (1953) 3 119 [4.54].

Stippes, M.: Large deflections of rectangular plates. (Proc. 1st U. S. Nat. Congr. Appl. Mech. June 1951). Amer. Soc. Mech. Engrs. Publ. 1952 2 ref.; Index Aeron. **9** (1953) 5 23—24.

Dickinson, C. J. and H. R. Hadley: Pressure tests on flat aluminium alloy panels J. Roy. Aeron. Soc. **57** (1953) 505 46—49; Index Aeron. **9** (1953) 3 65.

Eggwertz, Sigge and Artur Norr: Analysis of thin square plates under normal pressure and provided with edge frames of finite stiffness in the plane of the plates. FFA Rep. 50 1953 34 p.; J. Roy Aeron. Soc. **58** (1954) 519 220; Index Aeron. **10** (1954) 4 87; Aircr. Engng. **26** (1954) 304 204.

Eggwertz, S. and A. Norr: The influence of edge conditions and initial deflections of a plate under normal pressure. J. Roy. Aeron. Soc. **57** (1953) 509 343—344; Index Aeron. **9** (1953) 8 65.

Fung, F. C.: Bending of thin elastic plates of variable thickness. J. Aeron. Sci. **20** (1953) 7 455—468; AMR **7** (1954) 2 62; Index Aeron. **9** (1953) 9 83. [1.225.14].

Fuchs, S. J.: Plates with boundary conditions of elastic support. Proc. ASCE Separate No. 199 June 1953 24 p.; AMR **7** (1954) 5 199.

Girkmann, Karl u. E. Tungl: Näherungsweise Berechnung eingespannter Rechteckplatten. Oest. Bau-Z. **8** (1953) 47—53; AMR **6** (1953) 12 550.

Ihlenburg, Wilhelm: Über elastischen Trägern durchlaufende Platten. Stahlbau **22** (1953) 8 169—171, 9 209—214.

Lamble, J. H. and J. P. Croudhary: Support reactions, stresses and deflections for plates subjected to uniform transverse loading. Quart. Trans. Instn. Naval Architects **95** (1953) 4 329—349.

Peattie, K. R. and G. F. Day: The bending of simply-supported rectangular plates. Engng. **176** (1953) 4571 308—310, 4573 358—360; AMR **7** (1954) 4 148; Index Aeron. **9** (1953) 11 68. [1.225.5].

Schultz-Grunow, F.: Funktionen für elastische Platten. ZAMM **33** (1953) 7 227—237; Index Aeron. **9** (1953) 10 81.

Stüssi, Fritz, Curt F. Kollbrunner and H. Wanzenried: Ausbeulen rechteckiger Platten unter Druck, Biegung und Druck mit Biegung. Mitt. Inst. Baustatik ETH Zürich No. 26 1953 35 S.; AMR **7** (1954) 2 63. [1.222.112], [1.226].

Aggarwala, B. D.: Singularly loaded rectilinear plates. I. ZAMM **34** (1954) 6 226—237.

Argyris, J. H. and S. Kelsey: Energy theorems and structural analysis. A generalized discourse with applications on energy principles of structural analysis including the effects of temperature and non-linear stress-strain relations. Part II. Applications to thermal stress problems and St. Venant torsion. Aircr. Engng. **26** (1954) 310 410—422. [1.243.14], [1.342.51].

Craemer, Hermann: Berechnung kreuzweise bewehrter Rechteckplatten nach der Plastizitätstheorie. Oest. Bau-Z. **9** (1954) 4; Beil. „Nachr. d. Oesterr. Betonver." **14** (1954) 4 17—21.

Müller, W.: Zur Biegungstheorie einer Vierpilzplatte mit rechteckigen Stützflächen. Ing.-Arch. **22** (1954) 3 163—170.

Rao, C. V. Joga and J. V. Rattayya: A note on partially fixed long rectangular plates under uniformly distributed loads. J. Indian Inst. Sci., Sect. B. (1954) Apr. 43.

McKenzie, K. I. and M. Rothman: Note on the bending of a finite rectangular plate under continuous non-normal loading. J. Roy. Aeron. Soc. **59** (1955) 531 225—227.

Kreisförmige und elliptische Platten 1.225.13

Pöschl, Theodor: Über die Formänderung sehr dünner kreisförmiger Platten und zylindrischer Schalen unter konstantem Innendruck. ZAMM **5** (1925) 3 185—193. [1.241.111.5].

Pasternak, P.: Die praktische Berechnung biegefester Kugelschalen, kreisrunder Fundamentplatten auf elastischer Bettung und kreiszylindrischer Wandungen in gegenseitiger monolither Verbindung. ZAMM **6** (1926) 1 1—29. [1.241.111.2], [1.242.111].

Pichler, Otto: Die Biegung kreissymmetrischer Platten von veränderlicher Dicke. Berlin: Springer 1928 IV, 60 S.

Reißner, H.: Über die unsymmetrische Biegung dünner Kreisringplatten. Ing.-Arch. **1** (1929) 1 72—83. [1.225.5].

Schmidt, Harry: Ein Beitrag zur Theorie der Biegung homogener Kreisplatten. Ing.-Arch. **1** (1930) 2 147—157.

Bijlaard, P. P.: New method of analysis of circular plates. Ingenieur in Ned. Indie (1935) 12 I 176—I 178. [1.221].

Barta, J.: Über die Randwertaufgabe der gleichmäßig belasteten Kreisplatte. ZAMM **16** (1936) 5 311—314.

Federhofer, Karl: Zur Berechnung der dünnen Kreisplatte mit großer Ausbiegung. Forsch.-Ing.-Wes. **7** (1936) 3 148—151.

Gran Olsson, R.: Biegung kreisförmiger Platten von radial veränderlicher Dicke. Ing.-Arch. **8** (1937) 2 81—98.

Reissner, Erich: Bemerkung zur Theorie der Biegung kreisförmiger Platten. ZAMM **17** (1937) 1 57—58.

Gran Olsson, R.: Biegung elliptischer und kreisförmiger Platten von veränderlicher Dicke bei hydrostatischer Belastung. Ing.-Arch. **9** (1938) 2 108—115.

Gran Olsson, R.: Unsymmetrische Biegung der Kreisringplatte von quadratisch veränderlicher Steifigkeit. Ing.-Arch. **10** (1939) 1 14—27, **11** (1940) 4 259—264. [1.225.5].

Swoboda, H.: Zum dreidimensionalen Spannungszustand der kreisrunden Platte. ZAMM **20** (1940) 6 336—350.

Weigand: Die Biegung der Kreisplatten von linear veränderlicher Dicke bei symmetrischer Belastung. ZWB FB 1309 1940 26 S.

Kuhn, R.: Beitrag zur Berechnung der Halbkreisplatte. Ing.-Arch. **12** (1941) 5 307—319.

Gran Olsson, R.: Unsymmetrische Biegung der Kreisplatte von quadratisch veränderliche Steifigkeit. Ing.-Arch. **13** (1942/43) 3 147—154.

McPherson, Albert E., Walter Ramberg and Samuel Levy: Normal-pressure tests of circular plates with clamped edges. NACA Rep. 744 1942.

Müller, Wilhelm: Die Durchbiegung einer Kreisplatte unter exzentrisch angeordneten Lasten. Ing.-Arch. **13** (1942) 6 355—376. [1.225.5].

Ohlig, Rudolf: Die achsensymmetrisch belastete dicke Kreisplatte. Ing.-Arch. **13** (1942) 3 155—162.

Weber, Hans R.: Berechnung zweier in der Plattentheorie auftretenden bestimmten Integrale. Ing.-Arch. **13** (1942) 6 377—380. [1.225.5].

Federhofer, Karl: Berechnung der dünnen Kreisplatte mit großer Ausbiegung. Luftf.-Forsch. **21** (1944) 1 1—10.

Sjöstrom, S.: Calculation of the stresses in a circular plate supported by two concentric rings and stressed by a uniform transverse load. FFA Rep. 6 1944 14 p.

Holmberg, Ake: Cirkulära plattor med jämnt fördelad last pa elastiskt underlag. (Kreisplatte unter gleichmäßig verteilter Belastung auf elastischer Grundlage.) Betong (Stockholm) (1946) 1 12 S.

Holmberg, Ake: Tests with circular plates. Stockholm: Generalstabens Litografiska Anstalts Förlag 1946 110 p.; Acta Polytecn. No. 3 1947 110 p.; AMR **2** (1949) 5 103. [1.224.12], [1.226].

Chien, W. Z.: Large deflection of a circular clamped plate under uniform pressure. Chinese J. Phys. **7** (1947) Dec. 102—113; AMR **1** (1948) 6 165.

Conway, H. D.: The bending of symmetrically loaded circular plates of variable thickness. Amer. Soc. Mech Engrs. Prepr. 47-A-35 Dec. 1947 6 p.; J. Appl. Mech. **15** (1948) March 1—6; AMR **1** (1948) 5 137; Index Aeron. **4** (1948) 4 31.

Gleyzal, A.: Plastic deformation of a circular diaphragm under pressure. Amer. Soc. Mech. Engrs. Prepr. 48-APM-11 1948 9 p. 10 ref.; Index Aeron. **4** (1948) 10 29.

Holmberg, Ake: Theory of elasticity for circular plates with special reference to cylindrical aelotropy. (In Swedish.) Bygningsstatiske Meddelelser (Copenhagen) **19** (1948) 3 75—92; AMR **3** (1950) 10 296.

Jäcker, Otto R.: Kreisplattenberechnung. Bautechnik **25** (1948) 11 256—260; AMR **2** (1949) 5 102.

Nash, W. A.: Effect of a concentric reinforcing ring on stiffness and strength of a circular plate. J. Appl. Mech. **15** (1948) 1 25—29; AMR **1** (1948) 4 102.

Sengupta, H. M.: On the bending of an elliptic plate under certain distribution of load. III. Bull. Calcutta Math. Soc. **40** (1948) June 53—63; AMR **2** (1949) 2 29.

Nilsson, Erik: Stress distribution in plates with rotational symmetry and evenly distributed load (in Swedish). Tekn. T. **79** (1949) June 485—487; AMR **3** (1950) 9 264.

Okubo, H.: Bending of a thin circular plate of an aeolotropic material under uniform lateral load (supported edge). J. Appl. Phys. **20** (1949) Dec. 1151 bis 1154; AMR **3** (1950) 10 297. [1.225.15].

Reissner, Eric: On finite deflections of circular plates. Proc. Symposium Appl. Math. **1** (1949) 213—219; AMR **3** (1950) 7 198.

Trifan, D.: On the plastic bending of circular plates under uniform transverse loads. Quart. Appl. Math. **6** (1949) Jan. 417—427 13 ref.; Met. Rev. **22** (1949) 2 51.

Conway, H. D.: Axially symmetrical plates with linearly varying thickness. Amer. Soc. Mech. Engrs. Prepr. 50-A-6 Nov./Dec. 1950 6 p. 5 ref.; Index Aeron. **7** (1951) 6 79.

Gittleman, W.: Circular plates of non-uniform thickness. Aircr. Engng. **22** (1950) 258 224—227 2 ref.; Index Aeron. **6** (1950) 10 7; AMR **4** (1951) 7 408.

Gradwell, C. F.: Asymmetrical bending of tapered disks. Aircr. Engng. **22** (1950) 257 209—212; AMR **4** (1951) 4 216.

Hasse, H. R.: The bending of a uniformly loaded clamped plate in the form of a circular sector. Quart. J. Mech. Appl. Math. **3** (1950) Pt. 3 Sept. 271—278 2 ref.; Index Aeron. **7** (1951) 1 55; AMR **4** (1951) 3 153.

Nash, W. A.: Bending of annular elliptical plates loaded by edge moments. (In English.) Bull. Calcutta Math. Soc. **42** (1950) Dec. 189—198 15 ref.; Index Aeron. **7** (1951) 11 122—123.

Nash, W. A.: Bending of an elliptical plate by edge loading. J. Appl. Mech. **17** (1950) 3 269—274; AMR **4** (1951) 6 343.

Perry, C. L.: The bending of thin elliptic plates. Proc. Symposium Appl. Math. **3** (1950) 131—139; AMR **4** (1951) 5 280.

Conway, H. D. and M. K. Huang: The bending of uniformly loaded sectorial plates with clamped edges. Ann. Meeting Amer. Soc. Mech. Engrs. Atlantic City, Nov. 1951 Pap. 51-A-24 4 p.; J. Appl. Mech. **19** (1952) 1 5—8; AMR **5** (1952) 5 205; Index Aeron. **8** (1952) 2 76.

Jung, H.: Druckverteilung unter elastisch gelagerten Kreisplatten. ZAMM **31** (1951) 8/9 279—280; Ing.-Arch. **20** (1952) 1 8—12 4 Lit.-St.; Index Aeron. **8** (1952)10 68—69; AMR **6** (1953) 1 14.

Meffert, Albert: Aufstellung und Behandlung der Spannungs- und Deformationsgleichungen eines in Achsenrichtung rotationssymmetrisch belasteten kreiszylindrischen Körpers (dicke Kreisplatte) auf nachgiebiger Unterlage. Diss. TU Berlin 1951 65 S.

Paschoud, J.: Le calcul numérique de la flexion circulaire des plaques de révolution d'épaisseur variable. Schweiz.-Arch. **17** (1951) 10 305—312; AMR **5** (1952) 4 157.

Pickett, G. and F. J. McCormick: Circular and rectangular plates under lateral load and supported by an elastic solid foundation. „Proc. 1st U. S. Nat. Congr. Appl. Mech., June 1951"; Ann. Arbor, Mich.: J. W. Edwards, 1952 331—338; AMR **6** (1953) 10 452. [1.225.12].

Sengupta, H. M.: On the bending of an elastic plate. II. Bull. Calcutta Math. Soc. **43** (1951) 3 123—131 4 ref.; Index Aeron. **8** (1952) 6 74; AMR **6** (1953) 2 66. [1.225.5].

Szabó, István: Die achsensymmetrisch belastete dicke Kreisplatte auf elastischer Unterlage. Ing.-Arch. **19** (1951) 2 128—142; AMR **5** (1952) 4 157.

Szabó, István: Beiträge zur Theorie der achsensymmetrisch belasteten dicken Kreisplatte insbesondere bei elastischer Lagerung. Ing.-Arch. **19** (1951) 6 342—354; Index Aeron. **8** (1952) 8 75.

Tâche, J.: Some cases of stresses in circular rings. (In French.) Bull. Techn. (Vevey) **11** (1951) 1 32—40, **12** (1952) 1 35—47; AMR **6** (1953) 4 179.

Dantu: Experimental study of plates by an optical method (in French). Ann. Ponts Chaussées **122** (1952) 3 271—344; AMR **6** (1953) 2 65. [1.225.12].

Favre, H. and E. Chabloz: Study of bent circular plates of linearly variable thickness (in French). Bull. Techn. Suisse Rom. **78** (1952) 1 1—8; AMR **5** (1952) 10 422; Index Aeron. **8** (1952) 4 63. [1.224.12].

Illing, Edith: The bending of thin anisotropic plates. Quart. J. Mech. & Appl. Math. **5** (1952) Pt. 1 March 12—28; AMR **5** (1952) 8 352; Index Aeron. **8** (1952) 6 73.

Jung, H.: Ein Beitrag zur Statik der Kreisplatten. ZAMM **32** (1952) 2/3 46—61; AMR **5** (1952) 12 509.

Naghdi, P. M.: Bending of elastoplastic circular plates with large deflection. Amer. Soc. Mech. Engrs. Prepr. 52-APM-16 June 1952 8 p. 22 ref.; J. Appl. Mech. **19** (1952) 3 293—300; Index Aeron. **8** (1952) 9 70—71; AMR **6** (1953) 3 121. [1.225.5].

Reismann, H.: Bending and buckling of an elastically restrained circular plate. Amer. Soc. Mech. Engrs. Prepr. 52-APM-7 June 1952 6 p. 7 ref.; J. Appl. Mech. **19** (1952) 2 167—172; Index Aeron. **8** (1952) 6 76; AMR **6** (1953) 1 15. [1.222.112], [1.224.12].

Sengupta, H. M.: On the bending of an elastic plate. III. (In English.) Bull. Calcutta Math. Soc. **44** (1952) 3 111—123 8 ref.; Index Aeron. **9** (1953) 10 80.

Stippes, M. and A. H. Hausrath: Large deflections of circular plates. Amer. Soc. Mech. Engrs. Prepr. 52-APM-12 June 1952 6 p. 3 ref.; J. Appl. Mech. **19** (1952) 3 287—292; Index Aeron. **8** (1952) 7 76; AMR **5** (1952) 11 462.

Szabó, István: Die in Achsenrichtung rotationssymmetrisch belastete dicke Kreisplatte auf nachgiebiger und auf starrer Unterlage. ZAMM **32** (1952) 4/5 145—153; Index Aeron. **8** (1952) 8 76; AMR **5** (1952) 12 509.

Szabó, István: Beiträge zur Theorie der achsensymmetrischen belasteten schweren dicken Kreisplatte. ZAMM **32** (1952) 11/12 359—371; AMR **6** (1953) 8 368.

Boston, D. C.: Deformations and stresses in symmetrically loaded circular plates of varying thickness. J. Roy. Aeron. Soc. **57** (1953) 511 449—454; AMR **7** (1954) 2 62.

Gedizli, H. S.: Die Kreisplatte auf elastischer Unterlage unter einem an starrem Mittelstück angreifenden Moment. Ing.-Arch. **21** (1953) 2 87—89; AMR **7** (1954) 1 11.

Hopkins, H. G. and William Prager: The load carrying capacaties of circular plates. J. Mech. Phys. Solids **2** (1953) 1 1—13; AMR **7** (1954) 6 243.

Reismann, H.: Bending of circular and ring-shaped plates on an elastic foundation. Amer. Soc. Mech. Engrs. Ann. Meet., New York, Dec. 1953 Pap. 53-A-7 7 p.; AMR **7** (1954) 6 243; Index Aeron. **9** (1953) 12 71. [1.225.5].

Sengupta, H. M.: On the bending of an elastic plate. IV. Bull. Calcutta Math. Soc. **45** (1953) 1 9—19 5 ref.; Index Aeron. **10** (1954) 4 86.

Yu, Y.-Y.: Bending of isotropic thin plates by concentrated edge couples and forces. Amer. Soc. Mech. Engrs. Ann. Meeting, New York, Dec. 1953, Pap. 53-A-32 11 p.; J. Appl. Mech. (1954) June 129 ff. 15 ref.; AMR **7** (1954) 4 148; Index Aeron. **10** (1954) 4 85. [1.225.5].

Ponomarew, S. D.: Grapho-analytische Methode für die Berechnung von runden, gleichmäßig belasteten Platten. Maschinenbautechnik **3** (1954) 2 61—68 4 Lit.-St.

Stippes, M. and R. E. Beckett: Symmetrically loaded circular plates. J. Franklin Inst. **257** (1954) 6 465—479; Index Aeron. **10** (1954) 9 95.

Sonderfälle   1.225.14

Schilhansl, M.: Kreisplatte mit Rippenstern. ZAMM **6** (1926) 484—487; Z. VDI **71** (1927) 1154—1156. [1.225.5].

Sonntag, Rudolf: Über ein Problem der aufgeschnittenen Kreisringplatte. Ing.-Arch. **1** (1930) 3 333—349. [1.225.5.].

Craemer, Hermann: Die Beanspruchung dreieckförmiger Platten. Bautechnik **18** (1940) 9 97—98.

Girtler, Rudolf: Zur Durchbiegung von Dreieckplatten. Bautechnik **18** (1940) 47/48 535—536.

Sen, Bibhutibhusan: Note on the bending of thin uniformly loaded plates bonded by cardioids, lemniscates and certain other quartic curves. ZAMM **20** (1940) 2 99—103.

Schilhansl, Max: Die mittragende Breite bei der Kreisplatte mit radialen Rippen. VDI-Forsch. H. 411 1942 25 S.; Z. VDI **86** (1942) 29/30 468—469.

Wildhack, W. A. and V. H. Goerke: The limiting useful deflections of corrugated metal diaphragms. NACA TN 876 Dec. 1942.

Tumarkin, S.: Methods of stress calculation in rotating disks. NACA TM 1064 Sept. 1944.

Deverall, L. I. and C. J. Thorne: Bending of thin ring-sector plates. Amer. Soc. Mech. Engrs. Prepr. 51-APM-1 June 1951 5 p. 10 ref.; J. Appl. Mech. **18** (1951) 4 359—363; Index Aeron. **7** (1951) 9 10; AMR **5** (1952) 7 300.

Morgan, A. J. A.: Uniformly loaded semi-infinite wedgeshaped plates. J. Aeron. Sci. **18** (1951) 12 845—847; AMR **5** (1952) 7 301.

Schürch, H.: Beitrag zur Statik des Balkens von endlicher Breite. ZAMP **2** (1951) 1/2 26—34, 3 92—108; Index Aeron. **7** (1951) 9 90. [1.212.2].

Swida, W.: Zum Problem der schiefen Platte. ZAMM **31** (1951) 8/9 274—275.

Williams, M. L.: Surface stress singularities resulting from various boundary conditions in angular corners of plates under bending. Proc. 1st U. S. Nat. Congr. Appl. Mech. June 1951, Ann. Arbor, Mich.: J. W. Edwards 1952 325 —329; AMR **6** (1953) 8 368.

Fuchssteiner, W.: Entwicklungsfunktionen für polygonal begrenzte dünne Platten. Diss. TH Darmstadt 1952; Bauing. **28** (1953) 7 243—250.

Paria, G.: Stresses in a thin elastic plate with a parabolic boundary due to normal pressures distributed near the vertex. Bull. Calcutta Math. Soc. **44** (1952) 4 181—183 3 ref.; Index Aeron. **9** (1953) 12 72.

Woinowsky-Krieger, Sergius: The bending of a wedge-shaped plate. Amer. Soc. Mech. Engrs. Prepr. 52-A-6 Nov./Dec. 1952 5 p. 11 ref.; Index Aeron. **8** (1952) 11 53—54.

Fung, F. C.: Bending of thin elastic plates of variable thickness. J. Aeron Sci. **20** (1953) 7 455—468; AMR **7** (1954) 2 62; Index Aeron. **9** (1953) 9 83. [1.225.12].

Goldberg, J. E.: Stiffness charts for gusseted members under axial load. Proc. ASCE Separate No. 179 1953 51 p.; AMR **6** (1953) 12 552.

Reissner, E.: Pure bending and twisting of thin skewed plates. Quart. Appl. Math. **10** (1953) 4 395—397; AMR **6** (1953) 10 452; Index Aeron. **9** (1953) 6 69.

Krettner, J.: Beitrag zur Berechnung schiefwinkliger Platten. Ing.-Arch. **22** (1954) 1 47—54.

Rothman, M.: The problem of an infinite plate under an inclined loading, with tables of the integrals of Ai ($\pm$x) and Bi ($\pm$x). Quart. J. Mech. Appl. Math. **7** (1954) Pt. 1 March 1—7 2 ref.; Index Aeron. **10** (1954) 6 96.

Woinowsky-Krieger, Sergius: The bending of a wedge-shaped plate. J. Appl. Mech. **20** (1953) 1 77—81; AMR **6** (1953) 6 277.

Yoshimura, Y.: The elasticity theory of parallelogram thin plates. J. Japan Soc. Aeron. Engng. **1** (1953) 3 127—132 2 ref.; Index Aeron. **10** (1954) 5 98.

Anisotrope, insbesondere orthotrope Platten   1.225.15

Huber, M. T.: Einige Anwendungen der Biegungstheorie orthotroper Platten. ZAMM **6** (1926) 3 228—231.

Carrier, George Francis: Investigations in the field of aelotropic elasticity and the bending of the sectional plate. Univ. Cornell, Univ. Abstr. 1944.

Nowacki, W.: Flexion et flambage d'un certain type de plaques continués orthotropes. Publ. Ass. Int. Ponts Charpentes 1948 3e Congr., Prélim. Publ. (1948) 519—530; AMR **2** (1949) 6 126. [1.222.122].

Okubo, H.: Bending of a thin circular plate of an aeolotropic material under uniform lateral load (supported edge). J. Appl. Phys. **20** (1949) Dec. 1151 —1154; AMR **3** (1950) 10 297. [1.225.13].

Okubo, H.: On the bending of thin aeolotropic plates. Rep. 1, 2. Rep. Inst. High Speed Mech., Tohoku Univ. **2** (1950) 10 1—25; AMR **4** (1951) 8 452.

Gedizli, H. S.: Bending by lateral loads, of orthotropic rectangular plates, simply supported along two edges (in French). Publ. Int. Ass. Bridge & Struct. Engng. **11** (1951) 111—128; AMR **5** (1952) 10 422.

Okubo, H.: The influence of the form of corrugation upon the strength of a corrugated plate. I, II. Rep. Inst. High Speed Mech., Tohoku Univ. **1** (1951) 69—86; AMR **6** (1953) 5 232. [1.241.111.1].

Sengupta, H. M.: Bending of a cylindrically aeolotropic circular plate with eccentric load Amer. Soc. Mech. Engrs. Prepr. 51-A-17 Nov. 1951 4 p. 4 ref.; Index Aeron. **8** (1952) 1 65; J. Appl. Mech. **19** (1952) 1 9—12; AMR **5** (1952) 6 252. [1.225.5].

Ashwell, D. G.: The stability in bending of slightly corrugated plates. J. Roy. Aeron. Soc. **56** (1952) 502 782—788 4 ref.; Index Aeron. **8** (1952) 12 78; AMR **6** (1953) 5 231.

Caldwell, J. B.: Bending strength of corrugated plate. Engng. **174** (1952) 4528 609—612 5 ref.; Index Aeron. **9** (1953) 2 55; AMR **6** (1953) 6 277.

Cornelius, Wilhelm: Die Berechnung der ebenen Flächentragwerke mit Hilfe der Theorie der orthogonal-anisotropen Platte. Stahlbau **21** (1952) 2 21—24, 3 43—48, 4 60—64; AMR **6** (1953) 2 69.

Fischer, Gerhard: Die Berechnung der Stahlfahrbahntafel der Bürgermeister-Smidt-Brücke in Bremen. Stahlbau **21** (1952) 11 213—219, 12 237—244.

Hearmon, R. F. S. and E. H. Adams: The bending and twisting of anisotropic plates. Brit. J. Appl. Phys. **3** (1952) 5 150—156; AMR **6** (1953) 2 66. [1.225.2].

Ohasi, Y.: Bending of a thin elliptic plate of an orthotropic material under uniform lateral load. ZAMP **3** (1952) 3 212—224 4 ref.; AMR **6** (1953) 2 66; Index Aeron. **8** (1952) 8 75.

Dorman, F. H.: The thin clamped parallelogram plate under uniform normal pressure. Aeron. Res. Lab. (Australia) Rep. SM. 214 Aug. 1953; J. Roy. Aeron. Soc. **58** (1954) 518 152.

Smith, C. Bassel: Some new types of orthotropic plates laminated of orthotropic material. Amer. Soc. Mech. Engrs. Prepr. 53-APM-6 June 1953 3 p. 2 ref.; J. Appl. Mech. **20** (1953) 2 286—288; Index Aeron. **9** (1953) 6 71; AMR **7** (1954) 1 11. [1.222.121].

Werren, F. and C. B. Norris: Mechanical properties of a laminate designed to be isotropic. FPL Rep. 1841 May 1953 26 p.; AMR **7** (1954) 5 199. [1.222.122].

Herzog, Max: Verteilungszahlen für die Berechnung orthotroper Platten unter gleichförmig verteilter Last nach der Streifenmethode. Schweiz. Bauztg. **72** (1954) 32 457—458.

Platten aus Sperrholz   1.225.2

March, H. W.: Summary of formulas for flat plates of plywood under uniform or concentrated loads. FPL Rep. 1300 Oct. 1941. [1.224.22].

March, H. W.: Flat plates of plywood under uniform or concentrated loads. FPL Rep. 1312 March 1942. [1.224.22].

Hearmon, R. F. S. and E. H. Adams: The bending and twisting of anisotropic plates. Brit. J. Appl. Phys. **3** (1952) 5 150—156; AMR **6** (1953) 2 66. [1.225.15].

Verbundplatten mit Füllstoffen   1.225.3

Yolton, L. A.: Development of a sandwich-type cargo floor for transport aircraft. FPL Rep. 1550-C Oct. 1947; AMR **2** (1949) 4 80. [1.254.3].

Kommers, W. J. and C. B. Norris: Effects of shear deformation in the core of a flat rectangular sandwich panel: Stiffeness of flat sandwich panels of sandwich construction subjected to uniformly distributed loads normal to their surfaces — simply supported edges. FPL Rep. 1583-A Oct. 1948.

Langhaar, H. L. and R. A. Miller: Flexural strength and stiffness of wood-aluminum sandwich panels. Product Engng. **19** (1948) 8 104—108; Metal Abstr. **16** (1949) 330; BA, B I (1950) Jan. 146.

Libove, Charles and S. B. Batdorf: A general small-deflection theory for flat sandwich plates. NACA TN 1526 Apr. 1948 53 p.; NACA Rep. 899 1948 18 p.; AMR **1** (1948) 5 136, **3** (1950) 7 198; Index Aeron. **6** (1950) 8 8.

March, H. W.: Effects of shear deformation in the core of a flat rectangular sandwich panel. 1. Buckling under compressive end load. 2. Deflection under uniform transverse load. FPL Rep. 1583 May 1948 31 p.; AMR **2** (1949) 1 4. [1.222.32].

Reissner, E.: Finite deflections of sandwich plates. J. Aeron. Sci. **15** (1948) 7 435 —440; AMR **1** (1948) 7 190; Index Aeron. **4** (1948) 11 33.

March, H. W. and C. B. Smith: The flexural rigidity of a rectangular strip of sandwich construction. FPL Rep. 1505 March 1949 19 p.; AMR **6** (1953) 5 232.

Ericksen, W. S.: Effects of shear deformation in the core of flat rectangular sandwich panel: Deflection under uniform loads of sandwich panels having facings of unequal thickness. FPL Rep. 1583-C Dec. 1950.

Reissner, E.: Small bending and stretching of sandwich-type shells. NACA Rep. 975 1950 26 p. 10 ref.; Index Aeron. **7** (1951) 5 68. [1.231.3], [1.241.13].

Eringen, A. C.: Bending and buckling of rectangular sandwich plates. Proc. First U. S. Nat. Congr. Appl. Mech. June 1951, Ann. Arbor, Mich.: J. W. Edwards 1952 381—390; AMR **6** (1953) 10 454. [1.222.34].

Gerard, G.: Linear bending theory of isotropic sandwich plates by an order of magnitude analysis. Ann. Meeting Amer. Soc. Mech. Engrs., Atlantic City, Nov. 1951 Pap. 51-A-31 3 p.; J. Appl. Mech. **19** (1952) 1 13—15; AMR **5** (1952) 6 255; Index Aeron. **8** (1952) 3 70.

Gerard, G.: Note on bending of thick sandwich plates. J. Aeron. Sci. **18** (1951) 6 424—426 5 ref.; Index Aeron. **7** (1951) 10 74.

Kuenzi, E. W.: Edgewise compressive strength of panels and flatwise flexural strength of strips of sandwich constructions. FPL Rep. 1827 Nov. 1951 11 p.; AMR **5** (1952) 6 255. [1.222.32].

Yen, K. T., S. Gunturkum and F. V. Pohle: Deflections of a simply supported rectangular sandwich plate subjected to transverse loads. NACA TN 2581 Dec. 1951 39 p.; AMR **5** (1952) 7 301.

Kuenzi, E. W.: Flexure of structural sandwich construction. FPL Rep. 1829 Dec. 1952 11 p.; AMR **5** (1952) 5 205—206.

March, H. W.: Sandwich construction in the elastic range. „Symp. Struct. Sandwich Constr.", ASTM Spec. Techn. Publ. 118 1952 32—45; AMR **5** (1952) 7 303. [1.222.32], [1.222.33].

March, H. W.: Behavior of a rectangular sandwich panel under a uniform lateral load and compressive edge loads. FPL Rep. 1834 Sept. 1952 29 p.; AMR **6** (1953) 4 179. [1.226].

Norris, C. B., W. S. Ericksen and W. J. Kommers: Flexural rigidity of a rectangular strip of sandwich construction: Supplementary mathematical analysis and comparison with the results of tests. FPL Rep. 1505-A May 1952 31 p.; AMR **6** (1953) 5 232.

Wang, Chi-Teh: Principle and application of complementar energy method for thin homogeneous and sandwich plates and shells with finite deflections. NACA TN 2620 Febr. 1952 33 p.; AMR **5** (1952) 9 392. [1.241.13].

Ericksen, W. S.: The bending of a circular sandwich plate under normal load. FPL Rep. 1828 June 1953.

Vodicka, V.: Durchbiegung von geschichteten Plattenkörpern mit leichter Füllung. ZAMM **33** (1953) 5/6 188—199; Index Aeron. **9** (1953) 9 84.

Krafteinleitung und Spannungsstörungen   1.225.5

Schilhansl, M.: Kreisplatte mit Rippenstern. ZAMM **6** (1926) 6 484—487; Z. VDI **71** (1927) 33 1154—1156. [1.225.14].

Flügge, Wilhelm: Die strenge Berechnung von Kreisplatten unter Einzellasten. Berlin: Springer 1928 V, 55 S.

Reißner, H.: Über die unsymmetrische Biegung dünner Kreisringplatten. Ing.-Arch. **1** (1929) 1 72—83. [1.225.13].

Sonntag, R.: Über einige technisch wichtige Spannungszustände in ebenen Blechen. Habil. Schr. München 1929.

Neményi, P.: Die Kreisplatte mit zentrischem Loch. ZAMM **10** (1930) 2 197—199.

Sonntag, Rudolf: Über ein Problem der aufgeschnittenen Kreisringplatte. Ing.-Arch. **1** (1930) 3 333—349. [1.225.14].

Weber, Constantin: Streifen mit Einzellast. ZAMM **16** (1936) 6 372—375.

Wiedemann, Erich: Der Formänderungszustand einer quadratischen Platte mit quadratischer Öffnung (Näherungslösung mit Hilfe der Differenzenrechnung). Ing.-Arch. **7** (1936) 1 56—70, 3 196—202.

Moore, R. L. and R. G. Sturm: The behavior of rectangular plates under concentrated load. J. Appl. Mech. **4** (1937) 2 A 75—85 12 ref.

Dumont, C.: Stress concentration around an open circular hole in a plate subjected to bending normal to the plane of the plate. NACA TN 740 Dec. 1939 24 p. 8 ref.

Gran Olsson, R.: Unsymmetrische Biegung der Kreisringplatte von quadratisch veränderlicher Steifigkeit. Ing.-Arch. **10** (1939) 1 14—27, **11** (1940) 4 259—264. [1.225.13].

Schreyer, A.: Versuche mit quadratischen Stahlplatten mit zentrischer quadratischer Öffnung. I. Diss. TH München; Forsch.-Ing.-Wes. **10** (1939) 2 93—100.

Bijlaard, P. P.: Computation of the real stresses in a circular slab, loaded by a concentrated force. Ingenieur in Ned. Indie (1940) 4 I 69—85.

Eschler, H.: Über die Biegung der durch eine Einzellast beanspruchten Rechteckplatte. Ing.-Arch. **11** (1940) 5 323—327.

Lee, G. H.: The influence of hyperbolic notches on the transverse flexure of elastic plates. J. Appl. Mech. **7** (1940) 2 A 53.—56; Techn. Z.-Schau **26** (1941) 6 102; Diss. Univ. Cornell 1940.

Neuber, Heinz: Über das Kerb-Problem in der Plattentheorie. ZAMM **20** (1940) 4 199—209.

Young, Dana: Clamped rectangular plates with a central concentrated load. J. Roy. Aeron. Soc. **44** (1940) 352 350—354.

Labrow, S.: Stresses in, and the deflection of circular flat plates with a central hole, under normal forces. Proc. IME **145** (1941) 115, **146** (1941) 136.

Pucher, Adolf: Über die Singularitätenmethode an elastischen Platten. Ing.-Arch. **12** (1941) 2 76—100.

Müller, Wilhelm: Die Durchbiegung einer Kreisplatte unter exzentrisch angeordneten Lasten. Ing.-Arch. **13** (1942) 6 355—376. [1.225.13].

Weber, Hans R.: Berechnung zweier in der Plattentheorie auftretenden bestimmten Integrale. Ing.-Arch. **13** (1942) 6 377—380. [1.225.13].

Federhofer, Karl: Die dünne Kreisringplatte mit großer Ausbiegung. ZAMM **24** (1944) 5/6 189—194.

Holgate, S.: The transverse flexure of perforated aeolotropic plates. Proc. Roy. Soc. (London) A **185** (1946) 50.

Federhofer, Karl: Die dünne Kreisringplatte mit großer Ausbiegung. Oest. Ing.-Arch. **1** (1947) 1/2 21—35.

Ohlig, Rudolf: Zwei- und vierseitig aufgelagerte Rechteckplatten unter Einzelkraftbelastung. Ing.-Arch. **16** (1947/48) 1 51—71; AMR **1** (1948) 11 285.

Stiles, W. B.: Bending of clamped plates. J. Appl. Mech. **14** (1947) March 55—62; AMR **1** (1948) 1 10—11. [1.225.12].

Conway, H. D.: Note on the bending of circular plates of variable thickness. J. Appl. Mech. **16** (1949) 2 209—210; Index Aeron. **5** (1949) 9 5; AMR **3** (1950) 9 263.

Dokos, S. J.: A force applied in the median plane at the center of a circular insert in a plate. J. Appl. Mech. **16** (1949) 4 411—413; AMR **3** (1950) 10 296; Index Aeron. **6** (1950) 3 8.

Seth, B. R.: Bending of an elliptic plate with a confocal hole. Quart. J. Mech. & Appl. Math. **2** (1949) 2 177—181 7 ref.; Index Aeron. **5** (1949) 8 4; AMR **3** (1950) 9 263.

Das, Sisir Chandra: Note on the bending of certain thin elastic plates by concentrated loads. Bull. Calcutta Math. Soc. **42** (1950) 2 89—93; AMR **4** (1951) 4 215.

Dědič, O.: Spannungszustand einer quadratischen Platte mit kreisrunder Öffnung. „Ferhofer-Girkmann-Festschrift", Wien: Deuticke 1950 143—160.

Jaramillo, T. J.: Deflections and moments due to a concentrated load on a cantilever plate of infinite length. J. Appl. Mech. **17** (1950) 1 67—72 7 ref.; Index Aeron. **6** (1950) 6 5; AMR **4** (1951) 4 215.

Marshall, W. T.: The application of relaxation methods to freely-supported flat slabs. Engng. **170** (1950) 4417 239—242; AMR **4** (1951) 4 216. [1.225.12].

Swida, Waldemar: Berechnung eines statisch unbestimmt gestützten und senkrecht zu seiner Ebene beliebig belasteten geschlossenen Kreisringes. Ing.-Arch. **18** (1950) 4 242—249 6 Lit.-St.; Index Aeron. **7** (1951) 3 7.

Hirsch, R. A.: The effect of a rigid circular inclusion on the bending of a thick elastic plate. Amer. Soc. Mech. Engrs. Ann. Meeting, Atlantic City Nov. 1951 Pap. 51-A-12 5 p.; AMR **5** (1952) 2 61; Index Aeron. **8** (1952) 1 65.

L'Hermite, M. R.: Notes à propos de la théorie des plaques fléchies et des planchers-champignons. (Théories et méthodes de calcul no. 12.) Ann. Inst. Techn. Bâtiment C. R. des Recherches, 1. Semestre 1951 **15** (1951) 168 1—15.

Sengupta, H. M.: Bending of a cylindrically aeolotropic circular plate with eccentric load. Amer. Soc. Mech. Engrs. Prepr. 51-A-17 Nov. 1951 4 p. 4 ref.; Index Aeron. **8** (1952) 1 65; J. Appl. Mech. **19** (1952) 1 9—12; AMR **5** (1952) 6 252. [1.225.15].

Sengupta, H. M.: On the bending of an elastic plate. II. Bull. Calcutta Math. Soc. **43** (1951) 3 123—131 4 ref.; Index Aeron. **8** (1952) 6 74; AMR **6** (1953) 2 66. [1.225.13].

Wilkesmann, Friedrich-Walter: Die Belastung der Randträger von kreuzweise gespannten Platten bei Punktlasten (Einzelkräften) auf der Platte. Stahlbau **20** (1951) 6 76—80, 7 88—90.

Conway, H. D.: The stress distribution induced by concentrated loads acting in isotropic and orthotropic half planes. Amer. Soc. Mech. Engrs. Prepr. 52-A-14 Nov./Dec. 1952 5 p. 4 ref.; Index Aeron. **9** (1953) 1 67. [1.224.12].

Gray, C. A. M.: The analysis of fully restrained slabs under concentrated loads. Amer. Soc. Mech. Engrs. Prepr. 52-F-13 Sept. 1952 3 p. 3 ref.; J. Appl. Mech. **19** (1952) 4 422—424; Index Aeron. **8** (1952) 11 54; AMR **6** (1953) 7 328.

Horvay, G.: Bending of honeycombs and of perforated plates. J. Appl. Mech. **19** (1952) 1 122—123; AMR **5** (1952) 12 508.

Ling, C.-B.: On the stresses in a notched strip. J. Appl. Mech. **19** (1952) 2 141 —146; AMR **6** (1953) 2 67. [1.352.1].

Naghdi, P. M.: Bending of elastoplastic circular plates with large deflection. Amer. Soc. Mech. Engrs. Prepr. 52-APM-16 June 1952 8 p. 22 ref.; J. Appl. Mech. **19** (1952) 3 293—300; Index Aeron. **8** (1952) 9 70—71; AMR **6** (1953) 3 121. [1.225.13].

Reissner, E.: A problem of finite bending of circular ring plates. Quart. Appl. Math. **10** (1952) 2 167—173; AMR **6** (1953) 1 13; Index Aeron. **8** (1952) 12 79.

Dean, W. R.: The Green's function of an elastic plate. Proc. Cambr. Phil. Soc. **49** (1953) Pt. 2 319—326; AMR **6** (1953) 10 452.

Peatti, K. R. and G. F. Day: The bending of simply-supported rectangular plates. Engng. **176** (1953) 4571 308—310, 4573 358—360; AMR **7** (1954) 4 148; Index Aeron. **9** (1953) 11 68. [1.225.12].

Reismann, H.: Bending of circular and ring-shaped plates on an elastic foundation. Amer. Soc. Mech. Engrs. Ann. Meet., New York, Dec. 1953 Pap. 53-A-7 7 p.; AMR **7** (1954) 6 243; Index Aeron. **9** (1953) 12 71. [1.225.13].

Stüssi, Fritz, Curt F. Kollbrunner and H. Wanzenried: Buckling of rectangular plates under compression bending, and compression combined with bending (in German). Mitt. Inst. Baustat. ETH Zürich No. 26 1953 35 S.; AMR **7** (1954) 2 63. [1.222.112], [1.225.12].

220

Woinowsky-Krieger, Sergius: Über die Biegung von Platten durch Einzellasten mit rechteckiger Aufstandsfläche. Ing.-Arch. 21 (1953) 5/6 331—338 5 Lit.-St.: Index Aeron. 10 (1954) 6 98.

Yu, Y.-Y.: Bending of isotropic thin plates by concentrated edge couples and forces. Amer. Soc. Mech. Engrs. Ann. Meeting, New York, Dec. 1953 Pap. 53-A-32 11 p.; J. Appl. Mech. (1954) June 129 ff. 15 ref.; AMR 7 (1954) 4 148; Index Aeron. 10 (1954) 4 85. [1.225.13].

Naghdi, P. M.: The effect of elliptic holes on the bending of thick plates. Amer. Soc. Mech. Engrs. Prepr. 54-A-26 Nov./Dec. 1954 6 p.; Index Aeron. 10 (1954) 9 97.

Mehrachsige Beanspruchung in Plattenebene, Beanspruchung in und Biegung senkrecht zur Plattenebene   1.226

Kohl, Ernst: Berechnung von kreisrunden Scheiben unter der Wirkung von Einzelkräften in ihrer Ebene. Ing.-Arch. 1 (1930) 2 211—222.

Schlechtweg, H.: Der Spannungszustand in der rotierenden spröden Scheibe. Ing.-Arch. 5 (1934) 1 7—24.

Schlechtweg, H.: Über den Bruch umlaufender spröder Scheiben. Ing.-Arch. 6 (1935) 5 365—372.

Grammel, Richard: Neue Lösungen des Problems der rotierenden Scheibe. Ing.-Arch. 7 (1936) 3 137—139.

Gran Olsson, R.: Über einige Lösungen des Problems der rotierenden Scheibe. Ing.-Arch. 9 (1938) 4 270—275, 5 373—380.

Barta, J.: Über die gleichmäßig gespannte und beliebig belastete Platte. Ing.-Arch. 10 (1939) 3 222—226.

Gruber, W.: Berechnung umlaufender Scheiben. Forsch.-Ing.-Wes. 10 (1939) 3 142 bis 149; Luftwissen 6 (1939) 6 218.

Girkmann, Karl: Traglasten gedrückter und zugleich querbelasteter Stäbe und Platten. Stahlbau 15 (1942) 17/18 57—61. [1.342.8].

Levy, Samuel, Daniel Goldenberg and George Zibritosky: Simply supported long rectangular plate under combined axial load and normal pressure. NACA TN 949 Oct. 1944.

Holmberg, Ake: Tests with circular plates. Stockholm: Generalstabens Litografiska Anstalts Förlag 1946 110 S.; Acta Polytecn. No. 3 1947 110 p.; AMR 2 (1949) 5 103. [1.224.12], [1.225.13].

McPherson, A. E..Samuel Levy and George Zibritosky: Effect of normal pressure on strength of axially loaded sheet-stringer panels. NACA TN 1041 July 1946.

Woolley, Ruth M., Josephine N. Corrick and Samuel Levy: Clamped long rectangular plate under combined axial load and normal pressure. NACA TN 1047 June 1946.

Conway, H. D.: Bending of rectangular plates subjected to a uniformly distributed lateral load and to tensile or compressive forces in the plane of the plate. J. Appl. Mech. 16 (1949) Sept. 301—309; AMR 3 (1950) 11 344.

Grossman, Norman: Elastic stability of simply supported flat rectangular plates under critical combinations of transverse compression and longitudinal bending. J. Aeron. Sci. 16 (1949) 5 272—276 7 ref.; Index Aeron. 5 (1949) 8 34; AMR 2 (1949) 10 223.

Wegner, Udo: Bemerkungen zur Lösung von Elastizitätsproblemen von vorgebogenen Randverschiebungen bei Scheiben. ZAMM 29 (1949) 1/2 23—25.

Taylor, J. Lockwood: Rectangular flat plates under combined bending and compression. Shipbuilder & Marine Engine Builder 57 (1950) 494 15—16; AMR 4 (1951) 2 90.

Metzmeier, E.: Die in ihrer Ebene und senkrecht dazu belastete eingespannte orthotrope Rechteckplatte. Schiff u. Hafen 3 (1951) 12 433—435.

Mindlin, R. D.: Influence of rotatory inertia and shear on flexural motions of isotropic, elastic plates. J. Appl. Mech. **18** (1951) 1 31—38; AMR **4** (1951) 7 402.

Morse, R. F. and H. D. Conway: The rectangular plate subjected to hydrostatic tension and to uniformly distributed lateral load. J. Appl. Mech. **18** (1951) 2 209—210; AMR **5** (1952) 5 206.

March, H. W.: Behavior of a rectangular sandwich panel under a uniform lateral load and compressive edge loads. FPL Rep. 1834 Sept. 1952 29 p.; AMR **6** (1953) 4 179. [1.225.3].

Noel, R. G.: Elastic stability of simply supported flat rectangular plates under critical combinations of longitudinal bending, longitudinal compression and lateral compression. J. Aeron. Sci. **19** (1952) 12 829—834; AMR **6** (1953) 9 408; Index Aeron. **9** (1953) 3 60.

Norris, Charles B. and William J. Kommers: Critical loads of a rectangular, flat sandwich panel subjected to two direct loads combined with a shear load. FPL Rep. 1833 1952 19 p.; AMR **6** (1953) 3 124.

Kroll, Wilhelmina D., L. Mordfin and W. A. Garland: Investigation of sandwich construction under lateral and axial loads. NACA TN 3090 Dec. 1953 58 p. 3 ref.; J. Roy Aeron. Soc. **58** (1954) 519 220; Index Aeron. **10** (1954) 4 90; AMR **7** (1954) 6 244.

Norris, Charles B. and William J. Kommers: Stresses within a rectangular, flat sandwich panel subjected to a uniformly distributed normal load and edgewise, direct, and shear loads. FPL Rep. 1838 Jan. 1953 11 p.

Shaw, F. S. and N. Perrone: A numerical solution for the nonlinear deflection of membranes. Amer. Soc. Mech. Engrs. Prepr. 53-A-36 Nov./Dec. 1953 12 p. 8 ref.; J. Appl. Mech. (1954) June 117; Index Aeron. **10** (1954) 5 99.

Stüssi, Fritz, Curt F. Kollbrunner and H. Wanzenried: Ausbeulen rechteckiger Platten unter Druck, Biegung und Druck mit Biegung. Mitt. Inst. Baustatik ETH Zürich No. 26 .1953 35 S.; AMR **7** (1954) 2 63. [1.222.112], [1.225.12].

Argyris, John H.: Diffusion of antisymmetrical loads into, and bending under, transverse loads of parallel stiffened panels. ARC R & M 2822 May 1946 publ. 1954; J. Roy. Aeron. Soc. **59** (1955) 533 377.

Pettersson, O.: Plates subjected to compression or tension and to simultaneous transverse load. IVA (Stockholm) **25** (1954) 2 78—82; Index Aeron. **10** (1954) 7 103.

Sonderprobleme   1.227

Kirste, Leo: Elastic deformation of thin plates into developable surfaces. Publ. Int. Ass. Bridge & Struct. Engng. 4th Congr. Aug./Sept. 1952, Final Rep. 1953 171—175.

Kirste, Leo: Elastische Verformung einer dünnen Platte nach einer abwickelbaren Fläche. Oest. Ing.-Arch. **7** (1953) 2 134—139; AMR **7** (1954) 2 62.

Müller-Magyari, F.: Endliche Deformationen dünner Plattenstreifen mit freien Längsrändern. Oest. Ing.-Arch. **7** (1953) 4 319—328; Index Aeron. **10** (1954) 4 83.

Statik der Schalenelemente (Flächen einfach oder doppelt gekrümmt)   1.23

Allgemeines   1.230

Heck, O. S. u. Hans Ebner: Formeln und Berechnungsverfahren für die Festigkeit von Platten und Schalenkonstruktionen im Flugzeugbau. Luftf.-Forsch. **11** (1935) 8 211—222. [1.221], [1.240].

Wagner, Herbert: Überblick über die Probleme der Schalenfestigkeit. Luftwissen **2** (1935) 10 274—276, S.-H. Dez. 1935 13—18. [1.240].

Heck, O. S. and Hans Ebner: Methods and formulas for calculating the strength of plate and shell constructions as used in airplane design. NACA TM 785 Febr. 1936. [1.221], [1.240].

Schultz-Grunow, F.: Zur Schalentheorie. Schweiz. Bauztg. **107** (1936) 24 265—268. [1.240].

Wagner, Herbert: Einiges über schalenförmige Flugzeug-Bauteile. Luftf.-Forsch. **13** (1936) 9 281—292. [1.240].

Gerard, I. J.: Monocoque construction. J. Roy. Aeron. Soc. **41** (1937) 318 467—492. [1.240].

Byrne, R.: Theory of small deformations of a thin elastic shell. (Seminar Rep. Math.) Univ. California (Los Angeles) Publ. Math. (new ser.) **2** (1944) 1 103 —152; Index Aeron. **7** (1951) 1 33—34. [1.240].

Belluzi, Odone: A simple method to study shells (in Italian). Giornale Genio Civile **86** (1948) 217—227, 281—294, 457—461, **87** (1949) 3—17, 115—169; AMR **3** (1950) 2 39. [1.240].

Broglio, L.: Introduction of a general theory of shells of translation (in French). Publ. Int. Ass. Bridge & Struct. Engng. Final Rep. 3rd Congr. 1948 553—564; AMR **4** (1951) 3 154. [1.244].

Billig: A simplified design of shells. J. ICE **22** (1949/50) 1 57—60. [1.240].

Langhaar, H. L.: A strain-energy expression for thin elastic shells. J. Appl. Mech. **16** (1949) 2 183—189; Index Aeron. **5** (1949) 9 20; AMR **3** (1950) 260. [1.240], 1.[242.0], [1.245].

Neuber, Heinz: Allgemeine Schalentheorie. I, II. ZAMM **29** (1949) 4 97—108, 5 142—146; AMR **3** (1950) 6 170, 7 198. [1.240], [1.242.0], [1.245].

Green, A. E. and W. Zerna: The equilibrium of thin elastic shells. Quart. J. Mech. & Appl. Math. **3** (1950) Pt. 1 March 9—22 18 ref., Index Aeron. **6** (1950) 7 31; AMR **4** (1951) 3 149. [1.240].

Zerna, Wolfgang: Allgemeine Theorie elastischer Flächenträger ohne Bernoullische Annahme. ZAMM **30** (1950) 8/9 244—246. [1.240].

Donnell, L. H.: Recent developments in the study of buckling problems. AMR **5** (1952) 7 289—290. [1.221], [1.240], [1.342.31].

Langefors, Börje: Analysis of elastic structures by matrix transformation with special regard to semimonocoque structures. J. Aeron. Sci. **19** (1952) 7 451 —458; Index Aeron. **8** (1952) 10 71. [1.240].

Reissner, E.: Stress strain relations in the theory of thin elastic shells. J. Math. Phys. **31** (1952) 2 109—119 7 ref.; AMR **5** (1952) 12 508; Index Aeron. **9** (1953) 1 37. [1.240].

Francis, A. J.: Some recent developments in structural analysis and design. Instn. Engrs. (Australia) Proc. Engng. Conf. 1953 11 p.; AMR **7** (1954) 1 12. [1.211].

Krettner, J.: Anwendung der Tensorrechnung auf die Theorie der Rotationsschalen. Oest. Ing.-Arch. **7** (1953) 3 246—254. [1.240].

Krettner, J.: Beitrag zur Anwendung der Tensorrechnung auf die Theorie der Schalen. Ing.-Arch. **21** (1953) 5/6 339—345. [1.240].

Zerna, Wolfgang: Berechnung von Translationsschalen. Oest. Ing.-Arch. **7** (1953) 3 181—187. [1.240].

Stabilität und Festigkeit gekrümmter unversteifter Streifen	1.231
Streifen aus homogenen, insbesondere metallischen Werkstoffen	1.231.1
Isotrope Streifen	1.231.11
Allgemeines	1.231.111

Brazier, L. G.: The flexure of thin cylindrical shells and other „thin" sections. ARC R & M 1081 May 1926.

Sechler, E. E.: Strength of thin metal structures beyond the stability limit. Aeron. Engng. **5** (1933) 4 151—153 6 ref. [1.222.111], [1.242.111].

Lafaille, B. et *F. Vasilesco:* Sur le flambage des plaques minces cylindriques. C. R. hebd. Séances Acad. Sci. **201** (1935) 14 537—539.

Heck, O. S.: Über die Berechnung versteifter Scheiben und Schalen. Jb. 1937 Dtsch. Luftf.-Forsch. I 442—451. [1.223.11].

Weinel, E.: Über Biegung und Stabilität eines doppelt gekrümmten Plattenstreifens. ZAMM **17** (1937) 6 366—369.

Wiedemann, E.: Ein Beitrag zur Frage der Formgebung räumlich tragender Tonnenschalen. Ing.-Arch. **8** (1937) 4 301—310.

Schapitz, Eberhard: Die Berechnung der Festigkeit von dünnwandigen versteiften Platten, Trägern und Schalen. Ringb. Luftf. Techn. II A 2 1938 34 S. [1.223.11], [1.240].

Marguerre, Karl: Zur Theorie der gekrümmten Platte großer Formänderung. Jb. 1939 Dtsch. Luftf.-Forsch. I 413—418; Proc. 5th Int. Congr. Appl. Mech. 1939 93—101.

Reissner, H.: Elastic instability of tubular and panel shaped cylindrical shell. Proc. 5th Int. Congr. Appl. Mech. (1939) 80—87. [1.241.111].

v. Kármán, Th., L. G. Dunn and Hsue-Shen Tsien: The influence of curvature on the buckling characteristics of structures. J. Aeron. Sci. **7** (1940) 7 276—289 17 ref.; Techn. Z.-Schau **26** (1941) 23 382. [1.241.111.1], [1.342.32].

Kromm, Alexander: Stabilität von homogenen Platten und Schalen im elastischen Bereich. Ringb. Luftf.-Techn. II A 10 1940 26 S. [1.222.111], [1.241.111.1].

Hartenberg, R. S.: The strength and stiffness of thin cylindrical shells on saddle supports. Diss. Univ. Wisconsin 1941.

Hencky, H.: Determining critical states of equilibrium of plates and shells under initial stress. J. Appl. Mech. **9** (1942) 1 A 27-A-30 6 ref. [1.222.111], [1.241.111.1].

Bergeron: Sur la détermination des dimensions d'une coque. Techn. Sci. Aeron. (1943) 1 5—22.

Nüßlein: Vorversuche zur Erprobung von Schalenbauteilen unter Verwendung von Leichtstoffen. ZWB UM 1039 1943 22 S.

Batdorf, S. B.: A simplified method of elastic-stability analysis for thin cylindrical shells. I. Donnell's equation; II. Modified equilibrium equation. NACA TN 1341 50 p., TN 1342 33 p. June 1947; AMR **1** (1948) 5 139. [1.241.1111].

Batdorf, S. B.: A simplified method of elastic-stability analysis for thin cylindrical shells. NACA Rep. 874 1947 25 p.; AMR **3** (1950) 6 171. [1.241.111.2], [1.241.111.4], [1.241.111.5].

Bijlaard, P. P.: On the plastic stability of thin plates and shells. Proc. Koninkl. Nederl. Akad. Wetensch. (Amsterdam) **50** (1947) 765—775. [1.222.111], [1.242.111].

Ilyushin, A. A.: Stability of plates and shells beyond the proportional limit. NACA TM 1116 Oct. 1947 44 p.; AMR **1** (1948) 5 137. [1.222.111].

Schunk, Theo-Ernst: Der zylindrische Schalenstreifen oberhalb der Beulgrenze. Ing.-Arch. **16** (1947/48) 5/6 403—421.

Bijlaard, P. P.: Grundlegende Beobachtungen zum Beulen von Platten und Schalen im plastischen Bereich. Mitt. Inst. Baustat. ETH Zürich Nr. 21 Nov. 1948 32 S.; AMR **2** (1949) 11 246. [1.222.111], [1.242.111].

Rand, T.: Statik för flygplanskal (Statics of aircraft shells). Thesis Kungl. Tekn. Hogsk. Stockholm Nr. 54 1948 201 p. 37 ref.; Index Aeron. **6** (1950) 10 56. [1.222.111], [1.224.13].

Johanson, K. W.: Critical notes on the calculation and design of cylindrical shells. Publ. Int. Ass. Bridge & Struct. Engng. Final Rep. 1948 601—606; AMR **3** (1950) 10 300.

Bijlaard, P. P.: Theory and tests on the plastic stability of plates and shells. J. Aeron. Sci. **16** (1949) Sept. 529—541; AMR **3** (1950) 10 303. [1.222.111], [1.242.111].

Knittel, Georg: Über die Berechnung freitragender kontinuierlicher Zylinderschalen. Diss. TH München 1949 84 S. [1.241.111.1].

Marshall, William Thomas: A method of determining the secondary stresses in cylindrical shell roofs. J. ICE **33** (1949) 2 126—140; AMR **3** (1950) 11 345.

Zabel, Hans: Über die Berechnung der Beulsicherheit von Schalenbauteilen. Glas. Ann. **73** (1949) 3 39—45.

Zerna, Wolfgang: Zur Berechnung der Randstörungen kreiszylindrischer Tonnenschalen. Ing.-Arch. **20** (1952) 5 357—362; AMR **6** (1953) 8 367.

Baker, A. L. L.: A graphical method of designing cylindrical shells. Concrete & Constructional Engng. (London) **48** (1953) 9 303—306.

Bienert, Gerhard: Statische Formprobleme der Gewölbe und Schalenkuppeln. Bauplanung u. Bautechn. **7** (1953) 6 251—255. [1.242.111].

Neuber, Heinz: Vereinfachung der Grundgleichungen der elastischen Stabilität mit Anwendung auf Stäbe, Platten und Schalen. ZAMM **33** (1953) 8/9 286 bis 290. [1.222.111], [1.240], [1.342.31].

Reissner, E.: On finite twisting and bending of circular ring sector plates and shallow helicoidal shells. Quart. Appl. Math. **11** (1954) 4 473—483 5 ref.; Index Aeron. **10** (1954) 5 7.

Druckbeanspruchung   1.231.112

Redshaw, S. C.: The elastic instability of a thin curved panel. ARC R & M 1565 May 1933; Luftwissen **1** (1934) 7 209.

Sechler, Eugene E.: A prelimnary report on the ultimate compressive strength of curved sheet panels. Guggenheim Aeron. Lab., California Inst. Technol. Publ. 36 1937.

Redshaw, S. C.: The elastic stability of a curved plate under axial thrusts. J. Roy. Aeron. Soc. **42** (1938) 330 536—553 14 ref.

Marguerre, Karl: Der Einfluß der Lagerungsbedingungen und der Formgenauigkeit auf die kritische Druckkraft des gekrümmten Plattenstreifens. Jb. 1940 Dtsch. Luftf.-Forsch. I 867—872.

Cox, H. L. and W. J. Blenshaw: Compression tests on curved plates of thin sheet duralumin. ARC R & M 1894 Nov. 1941.

Fischel, J. Robert: Die Druckfestigkeit von dünnen Platten aus Aluminiumlegierung im plastischen Gebiet. J. Aeron. Sci. **8** (1941) 373 ff. [1.223.121], [1.223.122].

Leggett, D. M. A.: The buckling of a long curved panel under axial compression. ARC R & M 1899 July 1942.

Crate, Harold and *L. Ross Levin:* Data on buckling strength of curved sheet in compression. NACA ARR 3 J 04 (WR L-577) Oct. 1943.

Welter, G.: Curved aluminium alloy sheets in compression for monocoque constructions. J. Aeron. Sci. 12 (1945) 3 357—369.

Stowell, Elbridge Z.: Critical compressive stress for curved sheet supported along all edges and elastically restrained against rotation along the unloaded edges. NACA RB 3I07 (WR L—253) Oct. 1946.

Welter, G.: Influence of different factors on buckling loads of curved thin aluminium alloy sheets für monocoque constructions. J. Aeron. Sci. **13** (1946) 4 204—208.

Welter, G.: The effect of radius of curvature and preliminary artificial eccentricities on buckling loads of curved thin aluminium alloy sheets for monocoque constructions. J. Aeron. Sci. **13** (1946) 11 593—596, 604.

Batdorf, S. B., Murry Schildcrout and Manuel Stein: Critical combinations of shear and longitudinal direct stress for long plates with transverse curvature. NACA TN 1347 June 1947 36 p.; AMR **1** (1948) 3 73. [1.231.113], [1.231.114].

Jackson, K. B. and A. H. Hall: Curved plates in compression. Nat. Res. Counc. Canada Aeron. Rep. 1 1947 97 p.; AMR **1** (1948) 7 191. [1.232.121].

Cox, H. L. and E. Pribram: The elements of the buckling of curved plates. J. Roy. Aeron. Soc. **52** (1948) 453 551—565; Index Aeron. **4** (1948) 12 55; AMR **2** (1949) 6 127.

Schuette, E. H.: Buckling of curved sheet in compression and its relation to the secant modulus. J. Aeron. Sci. **15** (1948) 1 18—22; Index Aeron. **4** (1948) 5 35; AMR **1** (1948) 5 138.

Marguerre, Karl: Über die Stabilität der Zylinderschale veränderlicher Krümmung. „Federhofer-Girkmann-Festschrift", Wien: Deuticke 1950 57—82; AMR **4** (1951) 1 21.

Cicala, P.: The effect of initial deformations on the behaviour of a cylindrical shell under axial compression. Quart. Appl. Math. **9** (1951) 3 273—293; AMR **5** (1952) 5 205; Index Aeron. **8** (1952) 1 67. [1.241.111.2].

Jackson, K. B. and A. H. Hall: Experimental diagrams of deformation and strain distribution in curved plates under compression. Nat. Res. Counc. Canada Aeron. Rep. AR-9 1951 149 p.; AMR **5** (1952) 2 62.

Schubbeanspruchung   1.231.113

Smith, George Michael: Strength in shear of thin curved sheets of alclad. NACA TN 343 June 1930.

Leggett, D. M. A.: The elastic stability of a long and slightly bent rectangular plate under uniform shear. Proc. Roy. Soc. A **162** (1937) 908 62—82.

Kromm, Alexander: Die Stabilitätsgrenze eines gekrümmten Plattenstreifens bei Beanspruchung durch Schub- und Längskräfte. Luftf.-Forsch. **15** (1938) 10/11 517—526; Aircr. Engng. **10** (1938) 118 382. [1.231.114].

Batdorf, S. B., Murry Schildcrout and Manuel Stein: Critical shear stress of long plates with transverse curvature. NACA TN 1346 June 1947 23 p.; AMR **1** (1948) 3 73.

Batdorf, S. B., Murry Schildcrout and Manuel Stein: Critical combinations of shear and longitudinal direct stress for long plates with transverse curvature. NACA TN 1347 June 1947 36 p.; AMR **1** (1948) 3 73. [1.231.112], [1.231.114].

Batdorf, S. B., Murry Schildcrout and Manuel Stein: Critical shear stress of curved rectangular plates. NACA TN 1348 May 1947 29 p.; AMR **1** (1948) 3 73.

Bergman, Sten G. A.: Behaviour of buckled rectangular plates under the action of shearing forces. (with special reference to rational design of web plates in deep plate I-girders.) Kungl. Tekn. Hogsk. (Stockholm) Avh. 56 1949 167 p. 104 ref.; AMR **3** (1950) 4 106; Index Aeron. **6** (1950) 6 8. [1.222.113].

Kawashima, S. and H. Ohira: On the buckling of curved rectangular plates with clamped edges under uniform shear. Rep. Res. Inst. Elastic. Engng. Kyushu Univ. **7** (1951) 4 39—51; AMR **5** (1952) 5 206.

Zusammengesetzte Beanspruchung einschl. Innen- und Außendruck 1.231.114

Kromm, Alexander: Die Stabilitätsgrenze eines gekrümmten Plattenstreifens bei Beanspruchung durch Schub- und Längskräfte. Luftf.-Forsch. **15** (1938) 10/11 517—526; Aircr. Engng. **10** (1938) 118 382. [1.231.113].

Kromm, Alexander: The limit of stability of a curved plate strip under shear and axial stresses. NACA TM 898 June 1939.

Kromm, Alexander: Knickfestigkeit gekrümmter Plattenstreifen unter Schub- und Druckkräften. Jb. 1940 Dtsch. Luftf.-Forsch. I 832—840.

Donnell, L. H.: The stability of isotropic or orthotropic cylinders or flat or curved panels, between and across stiffeners, with any edge conditions between hinged and fixed, under any combination of compression and shear. NACA TN 918 Dec. 1943. [1.222.114], [1.222.124], [1.231.12], [1.241.111.5], [1.241.112], [1.241.211].

Wansleben, F.: Die Beulfestigkeit rechteckig begrenzter Schalen. Ing.-Arch. **14** (1943) 2 96—105.

Sechler, E. E. and J. L. Frederick: The strength of semielliptical cylinders subjected to combined loadings. NACA TN 957 Febr. 1945.

Batdorf, S. B., Murry Schildcrout and Manuel Stein: Critical combinations of shear and longitudinal direct stress for long plates with transverse curvature. NACA TN 1347 June 1947 36 p.; AMR **1** (1948) 3 73. [1.231.112], [1.231.113]

Brown, E. H. and H. G. Hopkins: The initial buckling of a long and slightly bowed panel under combined shear and normal pressure. ARC R & M 2766 June 1949 19 p., publ. 1953; AMR **7** (1954) 5 200; Index Aeron. **10** (1954) 4 90; J. Roy. Aeron. Soc. **58** (1954) 517 82.

Ashwell, D. G.: A characteristic type of instability in the large deflexions of elastic plates. I. Curved rectangular plates bent about one axis. II. Flat square plates bent about all edges. Proc. Roy. Soc. (London) A **214** (1952) 1116 98—118 16 ref.; AMR **6** (1953) 4 180; Index Aeron. **9** (1953) 6 70. [1.225.12].

Anisotrope, insbesondere orthotrope Streifen   1.231.12

Donnell, L. H.: The stability of isotropic or orthotropic cylinders or flat or curved panels, between and across stiffeners, with any edge conditions between hinged and fixed, under any combination of compression and shear. NACA TN 918 Dec. 1943. [1.222.114], [1.222.124], [1.231.114], [1.241.111], [1.241.112], [1.241.211].

Norris, C. B.: Strength of orthotropic materials subjected to combined stresses. FPL Rep. 1816 July 1950. [1.324.25], [1.324.312.2].

Yusuff, S.: Large deflection theory for orthotropic rectangular plates subjected to edge compression. J. Appl. Mech. **19** (1952) 4 446—450; AMR **6** (1953) 7 328.

Streifen aus Sperrholz   1.231.2

Carrier, G. F.: Stress distribution in cylindrically aeolotropic plates. J. Appl. Mech. **10** (1943) A 117.

Carrier, G. F.: The bending of the cylindrically aeolotropic plate. J. Appl. Mech. **11** (1944) A 129.

Kuenzi, E. W.: Buckling of thin, curved, plywood plates in axial compression. FPL Rep. 1508 June 1944.

Silberstein, J. P. O.: Plywood panels in end compression: curved panels with grain at various angles to the generators. Austral. Counc. Aeron. Rep. No. 31 Jan. 1947 3—25; AMR **1** (1948) 2 42—43.

Verbundstreifen mit Füllstoffen   1.231.3

Kuenzi, E. W.: Design criteria for long curved panels of sandwich construction in axial compression. FPL Rep. 1558 Dec. 1946.

Kuenzi, E. W.: Stability of a few curved panels subjected to shear. FPL Rep. 1571 May 1947 15 p.; AMR **1** (1948) 11 287.

Hemp, W. S.: On a theory of sandwich construction. Coll. Aeron. Rep. (Cranfield) Nr. 15 March 1948 10 p.; ARC R & M 2672 March 1948 9 p. (publ. 1952); AMR **1** (1948) 11 286, **6** (1953) 2 67; Index Aeron. **8** (1952) 7 75. [1.222.31].

Hunter-Tod, J. H.: The elastic stability of sandwich plates. Coll. Aeron. Rep. (Cranfield) Nr. 25 March 1949 25 p.; ARC R & M 2778 March 1949 39 p., publ. 1953; AMR **3** (1950) 7 199; Aircr. Engng. **26** (1954) 302 132; Index Aeron. **10** (1954) 3 84; J. Roy. Aeron. Soc. **58** (1954) 518 151. [1.222.32], [1.222.33].

Reissner, E.: Small bending and stretching of sandwich-type shells. NACA Rep. 975 1950 26 p.; Index Aeron. **7** (1951) 5 68 10 ref. [1.225.3], [1.241.13].

Stein, M. and J. Mayers: A small deflection theory for curved sandwich plates. NACA TN 2017 Febr. 1950 20 p.; NACA Rep. 1008 1951 6 p. 7 ref.; AMR **4** (1951) 2 90; Index Aeron. **8** (1952) 7 76.

Teichmann, F. K. and Chi-Teh Wang: Finite deflections of curved sandwich plates and sandwich cylinders. Fairchild Publ. Fund. Pap. FF-4 Jan. 1951 14 p. (Inst. Aeron. Sci.); AMR **5** (1952) 8 353. [1.241.13].

Stein, M. and J. Mayers: Compressive buckling of simply supported curved plates and cylinders of sandwich construction. NACA TN 2601 Jan. 1952 34 p.; AMR **5** (1952) 8 354. [1.241.13].

Streifen aus sonstigen Werkstoffen   1.231.4

Schuette, Evan H., Norman Rafel and Charles V. Dobrowski: Compression tests of six curved paper-base plastic panels with outward-acting normal pressure. NACA MR (WR L-280) Sept. 1944.

Stabilität und Festigkeit versteifter gekrümmter Schalenelemente   1.232
Streifen aus homogenen, insbesondere metallischen Werkstoffen   1.232.1
Allgemeines   1.232.11

Ebner, Hans u. O.-S. Heck: Versuche mit versteiften kreiszylindrischen Voll- und Teilschalen. 1. Zwischenbericht. ZWB FB 216/1 1935 9 S. [1.241.211].

Ebner, Hans u. Hermann Köller: Über den Kraftverlauf in längs- und querversteiften Scheiben. Luftf.-Forsch. **15** (1938) 10/11 527—542; Aircr. Engng. **10** (1938) 118 382. [1.223.11].

Holt, Marshall: Tests of aluminium stiffened-sheet specimens cut from an airplane wing. NACA TN 883 Jan. 1943. [1.223.11].

Langhaar, Henry L. and Clarence R. Smith: Stresses in cylindrical semi-monocoque open beams. J. Aeron. Sci. **14** (1947) Apr. 211—220; AMR **1** (1948) 1 9. [1.232.5], [1.232.11].

Seide, Paul and John F. Eppler: The buckling of parallel simply supported tension and compression members connected by elastic deflectional springs. NACA TN 1823 Febr. 1949 18 p.; Met. Rev. **22** (1949) 4 55.

Shanley, F. R.: Simplified analysis of general instability of stiffened shells in pure bending. J. Aeron. Sci. **16** (1949) 10 590—592 6 ref.; Index Aeron. **6** (1950) 1 3; AMR **4** (1951) 1 22. [1.241.213].

Goran, L. A.: A minimum energy solution and an electrical analogy for the stress distribution in stiffened shells. J. Aeron. Sci. **18** (1951) 6 407—416 5 ref.; Index Aeron. **7** (1951) 10 75. [1.241.211].

Ebner, Hans: Festigkeitsprobleme dünnwandiger Blechkonstruktionen. Schweißen u. Schneiden **4** (1952) SH Dez. 145—155. [1.221], [1.241.211], [1.241.111.1], [1.242.211].

Mansfield, E. H.: Elasticity of a sheet reinforced by stringers and skew ribs, with applications to swept wings. ARC R & M 2758 1953 27 p. 4 ref.; Index Aeron. **9** (1953) 12 76.

Lundquist, Eugene E.: Comparison of three methods for calculating the compressive strength of flat and slightly curved sheet and stiffener combinations. NACA TN 455 March 1933. [1.223.121].

Ebner, Hans u. Eberhard Schapitz: Druckversuche mit versteiften Teilschalen (2. Versuchsreihe). Ermittlung der günstigsten Querschnittsausbildung von versteiften Schalenrümpfen. ZWB FB 302 1935 55 S.

Ebner, Hans u. O. S. Heck: Druckversuche mit versteiften Teilschalen (1. Versuchsreihe). Ermittlung der Spannungsverteilung und der Tragfähigkeit. ZWB FB 312 1935 51 S.

Kromm, Alexander: Einfluß der Nietteilung auf die Druckfestigkeit versteifter Schalen aus Duralumin. Luftf.-Forsch. **14** (1937) 3 116—120.

Limpert, G.: Über die Knickung gekrümmter Zugfeldträger. Luftf.-Forsch. **14** (1937) 7 356—360; Aircr. Engng. **9** (1937) 103 250. [1.232.14].

Kromm, Alexander: Vergleichende Druck- und Schubversuche an punktgeschweißten und genieteten Schalen aus Duralumin. Jb. 1939 Dtsch. Luftf.-Forsch. I 457—462. [1.223.13], [1.223.121], [1.232.13].

Lundquist, Eugene E.: Preliminary data on buckling strength of curved sheet panels in compression. NACA ARR (WR L-690) Nov. 1941.

Davidson, Milton, John C. Houbolt, Norman Rafel and Carl A. Rossman: Preliminary aerodynamic and structural tests showing the effect of compressive load on the fairness of a low-drag wing specimen with chordwise hat-section stiffeners. NACA ACR 3 L 02 (WR L-389) Dec. 1943.

Jacobs, Eastman N., Eugene E. Lundquist, Milton Davidson and John C. Houbolt: A preliminary study of the effect of compressive load an the fairness of a low-drag wing specimen with Z-section stiffeners. NACA CB (WR L-527) Jan. 1943.

Cox, H. L., F. R. Thurston and E. P. Coleman: Compression tests on seven panels of monocoque construction. ARC R & M No. 2042 May 1945.

Hoff, N. J. and Bruno A. Boley: The shearing rigidity of curved panels under compression. NACA TN 1090 Aug. 1946.

Jackson, K. B. and A. H. Hall: Curved plates in compression. Nat. Res. Counc. Canada Aeron. Rep. 1 1947 97 p.; AMR **1** (1948) 7 191.

Batdorf, S. B. and Murry Schildcrout: Critical axial-compressive stress of a curved rectangular panel with a central chord-wise stiffener. NACA TN 1661 July 1948 23 p.; AMR **1** (1948) 10 260.

Schildcrout, Murry and Manuel Stein: Critical axial-compressive stress of a curved rectangular panel with a central longitudinal stiffener. NACA TN 1879 May 1949 18 p.; AMR **3** (1950) 9 199.

Mittragende Breite   1.232.122

Wenzek, W. A.: Die mittragende Breite nach dem Ausknicken bei krummen Blechen. Luftf.-Forsch. **15** (1938) 7 340—344.

Wenzek, W. A.: The effective width of curved sheet after buckling. NACA TM 880 Nov. 1938.

Plantema, F. J. en W. K. G. Floor: De meedragende breedte van vlakke en weinig gekromde platen. (The effective width of flat and slightly curved plates.) NLL Rapp. S 248 1941 58 Blz. [1.223.122].

McPherson, Albert E., Kenneth L. Fienup and George Zibritosky: Effect of developed width on strength of axially loaded curved sheet stringer panels. NACA ARR 4 H 08 (WR W-51) Nov. 1944.

Bijlaard, P. P.: Determination of the effective width of plates with small deviations from flatness by the method of split rigidities. „Proc. 1st U. S. Nat. Congr. Appl. Mech. June 1951" Ann. Arbor (Mich.): J. W. Edwards 1952 357 —362; AMR **6** (1953) 8 365.

Thürlimann, B., R. O. Bereuter and B. G. Johnston: The effective width of a circular cylindrical shell adjacent to a circumferential reinforcing rib. — „Proc. 1st U. S. Nat. Congr. Appl. Mech. June 1951", Ann. Arbor (Mich.): J. W. Edwards 1952 347—356; Index Aeron. **9** (1953) 5 23—24; AMR **7** (1954) 5 199—200. [1.241.212].

Schubbeanspruchung   1.232.13

Wagner, Herbert: Über Konstruktions- und Berechnungsfragen des Blechbaues. WGL Jb. 1928 113—125. [1.223.13].

Thielemann, W.: Schubversuche zur Bestimmung der Festigkeit des Bleches bei längsversteiften Zylinderschalen. ZWB FB 466 1935 23 S.

Wagner, Herbert u. W. Ballerstedt: Über Zugfelder in ursprünglich gekrümmten dünnen Blechen bei Beanspruchung durch Schubkräfte. Luftf.-Forsch. **12** (1935) 2 70—74.

Wagner, Herbert and W. Ballerstedt: Tension fields in originally curved thin sheets during shearing stresses. NACA TM 774 Aug. 1935.

Kromm, Alexander: Vergleichende Druck- und Schubversuche an punktgeschweißten und genieteten Schalen aus Duralumin. Jb. 1939 Dtsch. Luftf.-Forsch. I 457—462. [1.223.13], [1.223.121], [1.232.121].

Chiarito, Patrick T.: Some strength tests of stiffened curved sheets loaded in shear. NACA RB L 4 D 29 (WR L-259) Apr. 1944.

Meyerding, A.: Die Stabilitätsgrenze einer versteiften Zylinderschale bei Beanspruchung durch Schubkräfte. ZWB TB **11** (1944) 11 409—423.

Kuhn, Paul and L. Ross Levin: An empirical formula for the critical shear stress of curved sheets. NACA ARR L 5 A 05 (WR L-58) Jan. 1945.

Kuhn, Paul and George E. Griffith: Diagonal tension in curved webs. NACA TN 1481 Nov. 1947.

Sandlin, Charles W. jr.: Strength tests of shear webs with uprights not connected to the flanges. NACA TN 1635 June 1948.

Stein, Manuel and David J. Yaeger: Critical shear stress of a curved rectangular panel with a central stiffener. NACA TN 1972 1949 19 p.; AMR **3** (1950) 5 137—138.

Unvollständiges Zugfeld   1.232.14

Quick, A. W.: Untersuchung eines gekrümmten Zugblechträgers. ZWB FB 344 1935 29 S.

Limpert, G.: Über die Knickung gekrümmter Zugfeldträger. Luftf.-Forsch. **14** (1937) 7 356—360; Aircr. Engng. **9** (1937) 103 250. [1.232.121].

Schapitz, Eberhard: Beiträge zur Theorie des unvollständigen Zugfeldes. Luftf.-Forsch. **14** (1937) 3 129—136 25 Lit.-St.

Limpert, G.: The buckling of curved tension-field girders. NACA TM 846 Jan. 1938.

Zusammengesetzte Beanspruchung einschl. Innen- und Außendruck   1.232.15

Rafel, Norman: Effect of normal pressure on the critical compressive stress of curved sheet. NACA RB (WR L-258) Nov. 1942, RB (WR L-416) Jan. 1943.

Rafel, Norman and Charles W. Sandlin jr.: Effect of normal pressure in the critical compressive and shear stress of curved sheet. NACA ARR L 5 B 10 (WR L-57) March 1945.

Schildcrout, Murry and Manuel Stein: Critical combinations of shear and direct axial stress for curved rectangular panels. NACA TN 1928 Aug. 1949; AMR 3 (1950) 11 346.

Melcon, M. A. and A. F. Ensrud: Analysis of stiffened curved panels under shear and compression. Inst. Aeron. Sci. Prepr. 373 Jan. 1952 44 p. 13 ref.; J. Aeron. Sci. 20 (1953) 2 111—119, 126; AMR 6 (1953) 9 410; Index Aeron. 8 (1952) 6 72.

Sperrholz-Schalenelemente   1.232.2

Blumrich, S.: Ein Beitrag zur Ausbildung von Sperrholzschalen. Luftf.-Forsch. 18 (1941) 9 331—337; Techn. Z.-Schau 26 (1941) 23 388. [1.241.12], [1.241.22].
Blumrich, S.: Contribution to the design of plywood shells. NACA TM 1031 Oct. 1942. [1.241.12], [1.241.22].
Bächtold, J.: Belastungsversuch an einer freitragenden Zylinderschale aus Holz. Schweiz. Bauztg. 126 (1945) 10 96—98. [1.241.12].
Werren, F. and C. B. Norris: Effect of axial stiffeners on the buckling of thin curved plywood plates in axial compression. FPL Rep. 1567 March 1948 14 p.; AMR 1 (1948) 10 259.
Heebink, T. B. and C. B. Norris: Effect of circumferential stiffeners on the buckling properties of thin, curved plywood panels in axial compression. FPL Rep. 1812 Febr. 1950 8 p.; Forestry Abstr. Sect. 3 12 (1950) 2 73.

Spannungsstörungen bei gekrümmten Schalenelementen   1.232.5

Langhaar, Henry and Clarence R. Smith: Stresses in cylindrical semi-monocoque open beams. J. Aeron. Sci. 14 (1947) Apr. 211—220; AMR 1 (1948) 1 9. [1.232.11].
Cicala, P.: Effects of cutouts in semimonocoque structures. J. Aeron. Sci. 15 (1948) 3 171—179; Index Aeron. 4 (1948) 6 54; AMR 1 (1948) 4 106.
Kroll, Wilhelmina D. and A. E. McPherson: Compression tests of curved panels with circular holes reinforced with circular doubler plates. J. Aeron Sci. 16 (1949) 6 354—364 8 ref.; Index Aeron. 5 (1949) 10 64; AMR 3 (1950) 9 264.
Pippard, A. J. S. and Letitia Chitty: Experiments on the plastic failure of cylindrical shells. Sheet Metal Industries 26 (1949) May 981—983; Met. Rev. 22 (1949) 7 34.

Stabilität und Festigkeit von Vollschalen   1.24
Allgemeines   1.240

Heck, O. S. u. Hans Ebner: Formeln und Berechnungsverfahren für die Festigkeit von Platten- und Schalenkonstruktionen im Flugzeugbau. Luftf.-Forsch. 11 (1935) 8 211—222. [1.221], [1.230].
Wagner, Herbert: Einiges über schalenförmige Flugzeugbauteile. ZWB FB 203 1935 47 S. [6.254.0].
Wagner, Herbert: Überblick über die Probleme der Schalenfestigkeit. Luftwissen 2 (1935) 10 274—276, S. H. Dez. 1935 13—18. [1.230].
Heck, O. S. and Hans Ebner: Methods and formulas for calculating the strength of plate and shell constructions as used in airplane design. NACA TM 785 Febr. 1936. [1.221], [1.231].
Wagner, Herbert: Einiges über schalenförmige Flugzeugbauteile. Luftf.-Forsch. 13 (1936) 9 281—292. [1.230].
Schultz-Grunow, F.: Zur Schalentheorie. Schweiz. Bauztg. 107 (1936) 24 265—268. [1.230].
Ebner, Hans: Theorie und Versuche zur Festigkeit von Schalenrümpfen. Luftf.-Forsch. 14 (1937) 3 93—115; Aircr. Engng. 9 (1937) 100 168. [6.254.3].

Ebner, Hans: The strength of shell bodies — Theorie and practice. NACA TM 838 Sept. 1937.

Gerard, I. J.: Monocoque construction. J. Roy. Aeron. Soc. **41** (1937) 318 467 —492. [1.230].

Schapitz, Eberhard: Die Berechnung der Festigkeit von dünnwandigen versteiften Platten, Trägern und Schalen. Ringb. Luftf.-Techn. II A 2 1938 34 S. [1.223.11], [1.231.111].

Cox, H. L.: Stress analysis of thin metal construction. J. Roy. Aeron. Soc. **44** (1940) March 231—282 82 ref [1.221].

Schapitz, Eberhard: Ungeklärte Forschungsprobleme im Schalenbau. Jb. 1940 Dtsch. Luftf.-Forsch. I 773—776.

Reutter, E.: Eine Anwendung des absoluten Parallelismus auf die Schalentheorie. ZAMM **22** (1942) 2 87—98 12 Lit.-St.; Luftwissen **10** (1943) 1 28.

Tsien, Hsue-Shen: A theory for the buckling of thin shells. J. Aeron. Sci. **9** (1942) 10 373.

Deuker, E. A.: Zur Stabilität der elastischen Schalen. ZAMM **23** (1943) 2 81—100.

Byrne, R.: Theory of small deformations of a thin elastic shell. (Seminar Rep. Math.) Univ. California (Los Angeles) Publ. Math. (new ser.) **2** (1944) 1 103 —152; Index Aeron. **7** (1951) 1 33—34. [1.230].

Sjöstrom, S.: Problems concerning cylindrical shells solved by means of the residuum principle. FFA Rep. 10 1945 23 p.

Smith, R. C. T.: Elastic stability of thin plates and shells. CSIR Div. Aeron. Australia Monograph 1945. [1.221].

Belluzi, Odone: A simple method to study shells (in Italian). Giornale Genio Civile **86** (1948) 217—227, 281—294, 457—461, **87** (1949) 3—17, 115—169; AMR **3** (1950) 2 39. [1.230].

Billig: A simplified design of shells. J. ICE **22** (1949/50) 1 57—60. [1.230].

Hemp, W. S.: The elementary theory of stressed skin construction. Aircr. Engng. **21** (1949) 244 191—192, 245, 227—230. [1.221].

Langhaar, H. L.: A strain-energy expression for thin elastic shells. J. Appl. Mech. **16** (1949) 2 183—189; Index Aeron. **5** (1949) 9 20; AMR **3** (1950) 9 260. [1.230], [1.242.0], [1.245].

Neuber, Heinz: Allgemeine Schalentheorie. I, II. ZAMM **29** (1949) 4 97—108, 5 142—146; AMR **3** (1950) 6 170, 7 198. [1.230], [1.242.0], [1.245].

Pflüger, Alfrich: Über den Grundzustand beim Ausbeulen von Flächenträgern. ZAMM **29** (1949) 1/2 21—22.

Flügge, Wilhelm: Das Relaxationsverfahren in der Schalenstatik. „Federhofer-Girkmann-Festschrift", Wien: Deuticke 1950 17—35.

Green, A. E. and *Wolfgang Zerna:* The equilibrium of thin elastic shells. Quart. J. Mech. & Appl. Math. **3** (1950) Pt. 1 March 9—22 18 ref.; Index Aeron. **6** (1950) 7 31; AMR **4** (1951) 3 149. [1.230].

Reissner, Eric: On axisymmetrical deformations of thin shells of revolution. Proc. Symposium Appl. Math. **3** (1950) 27—52; AMR **4** (1951) 5 282. [1.242.0].

Zerna, Wolfgang: Allgemeine Theorie elastischer Flächenträger ohne Bernoullische Annahme. ZAMM **30** (1950) 8/9 244—246. [1.230].

Griffith, G. E.: Stresses in a two-bay noncircular cylinder under transverse loads. NACA TN 2512 Oct. 1951 34 p.; AMR **5** (1952) 3 101.

Vlasow, V. S.: Basic differential equations in general theory of elastic shells. NACA TM 1241 Febr. 1951 58 p.; AMR **6** (1953) 2 66. [1.242.111].

Donnell, L. H.: Recent developments in the study of buckling problems. AMR **5** (1952) 7 289—290. [1.221], [1.230], [1.342.31].

Griffith, G. E.: Stresses in a two-bay non circular cylinder under transverse loads. NACA Rep. 1097 1952 12 p. 11 ref.; Aircr. Engng. **26** (1954) 302 132; Index Aeron. **10** (1954) 5 102; J. Roy. Aeron. Soc. **58** (1954) 518 152.

Langefors, Börje: Analysis of elastic structures by matrix transformation with special regard to semimonocoque structures. J. Aeron. Sci. **19** (1952) 7 451—458; Index Aeron. **8** (1952) 10 71. [1.230].

Reissner, E.: Stress strain relations in the theory of thin elastic shells. J. Math. Phys. **31** (1952) 2 109—119 7 ref.; AMR **5** (1952) 12 508; Index Aeron. **9** (1953) 1 37 [1.230].

Krettner, J.: Anwendung der Tensorrechnung auf die Theorie der Rotationsschalen. Oest. Ing.-Arch. **7** (1953) 3 246—254. [1.230].

Krettner, J.: Beitrag zur Anwendung der Tensorrechnung auf die Theorie der Schalen. Ing.-Arch. **21** (1953) 5/6 339—345. [1.230].

Langhaar, H. L. and *D. R. Carver:* On the strain energy of shells. Amer. Soc. Mech. Engrs. Prepr. 53-A-10 Nov./Dec. 1953 2 p.; Index Aeron. **9** (1953) 11 69.

Moe, Johannes: Über die Theorie zylindrischer Schalen. Abh. Int. Vereinig. Brücken- u. Hochbau **13** (1953); Oest. Bau-Z. **9** (1954) 8/9 159.

Neuber, Heinz: Vereinfachung der Grundgleichungen der elastischen Stabilität mit Anwendung auf Stäbe, Platten und Schalen. ZAMM **33** (1953) 8/9 286—290. [1.222.111], [1.231.111], [1.342.31].

Oravas, Gunhard: Über die Berechnung von durchlaufenden Schalen. Abh. Int. Vereinig. Brücken- u. Hochbau **13** (1953); Oest. Bau-Z. **9** (1954) 8/9 159.

Zerna, Wolfgang: Berechnung von Translationsschalen. Oest. Ing.-Arch. **7** (1953) 3 181—187. [1.230].

Hodge, P. G. jr.: Rigid-plastic analysis of symmetrically loaded cylindrical shells. J. Appl. Mech. (1954) Dec. 336.

Morgan, Antony J. A.: Stress distributions in semi-infinite solids of revolution. ZAMP (1954) 15./7. 330 11 ref.

Zylindrische Vollschalen	1.241
Unversteifte Vollschalen	1.241.1
Vollschalen aus homogenen, insbesondere metallischen Werkstoffen	1.241.11
Isotrope Vollschalen	1.241.111
Allgemeines	1.241.111.1

Geckeler, J. W.: Plastisches Knicken der Wandung von Hohlzylindern und einige andere Faltungserscheinungen an Schalen und Blechen. ZAMM **8** (1928) 5 341—352.

Miesel, Kurt: Über die Festigkeit von Kreiszylinderschalen mit nicht-achsensymmetrischer Belastung. Ing.-Arch. **1** (1930) 1 22—71.

Flügge, Wilhelm: Die Stabilität der Kreiszylinderschale. Ing.-Arch. **3** (1932) 5 463—506.

Schunck, Theo-Ernst: Zur Knickfestigkeit schwach gekrümmter zylindrischer Schalen. Ing.-Arch. **4** (1933) 4 394—414.

Kaufmann, W.: Bemerkungen zur Stabilität dünnwandiger, kreiszylindrischer Schalen oberhalb der Proportionalitätsgrenze. Ing.-Arch. **6** (1935) 6 419—430.

Lundquist, Eugene E. and *Walter F. Burke:* Strength tests of thin-walled duralumin cylinders of elliptic section. NACA TN 527 May 1935.

Kaufmann, W.: Über die Stabilität dünnwandiger Hohlzylinder und rechteckiger Bleche oberhalb der Proportionalitätsgrenze. Stahlbau **10** (1937) 1 1—4. [1.222.111].

Osgood, William R.: Column strength of tubes elastically restrained against rotation at the ends. NACA Rep. 615 1938. [1.342.32].

Osgood, William R.: The crinkling strength and the bending strength of round aircraft tubing. NACA Rep. 632 1938. 15 p. [1.241.111.3].

Picket, Gerald: Stress analysis of plates and cylinders. Diss. Univ. Michigan 1938. [1.222.111].

Howland, Walter H.: Strength of thin-walled elliptical cylinders supported at the minor axis. Diss. Univ. California Technol. 1939

Nelson, Carl W.: Stresses and displacements in a hollow circular cylinder. Diss. Univ. Michigan 1939.

Reissner, H.: Elastic instability of tubular and panel shaped cylindrical shells. Proc. 5th Int. Congr. Appl. Mech. (1939) 80—87. [1.231.111].

Byrne, Ralph Edward jr.: The analysis of stresses in a thin cylindrical shell of circular cross-section. Diss. Univ. California Technol. 1940.

v. Kármán, Th., L. G. Dunn and *Hsue-Shen Tsien:* The influence of curvature on the buckling characteristics of structures. J. Aeron. Sci. **7** (1940) 7 276—289 17 ref.; Techn. Z.-Schau **26** (1941) 23 382. [1.231.111], [1.342.32].

Kromm, Alexander: Stabilität von homogenen Platten und Schalen im elastischen Bereich. Ringb. Luftf.-Techn. II A 10 1940 26 S. [1.222.111], [1.231.111].

Plantema, F. J. and *I. Binkhorst:* Allowable stresses in thin-walled cylinders of circular and elliptical cross section. NLL Rep. S. 176 1941.

Hencky, H.: Determining critical states of equilibrium of plates and shells under initial stress. J. Appl. Mech. **9** (1942) 1 A 27-A 30 6 ref. [1.222.111], [1.231.111].

Marguerre, Karl: Stabilität der Zylinderschale veränderlicher Krümmung. ZWB FB 1671 Sept. 1942 47 S.

Plantema, F. J.: Allowable stresses in thin-walled cylinders of circular and elliptical cross section. II. (Amendment to Rep. S. 176). NLL Rep. S. 261 1942.

— Some investigations of the general instability of stiffened metal cylinders. IV. Continuation of tests of sheet-covered specimens and studies of the buckling phenomena of unstiffened circular cylinders. (Guggenheim Aeron. Lab. California Inst. Technol.) NACA TN 908 Aug. 1943.

Hoff, N. J. and *Bertram Klein:* The inward bulge type buckling of monocoque cylinders. III — Revised theory which considers the shear strain energy. NACA TN 968 Apr. 1945.

Sechler, E. E. and *J. L. Frederick:* The strength of semielliptical cylinders subjected to combined loadings. NACA TN 957 Febr. 1945.

Batdorf, S. B.: A simplified method of elastic-stability analysis for thin cylindrical shells I. Donnell's equation; II. Modified equilibrium equation. NACA TN 1341 50 p., 1342 33 p. June 1947; AMR **1** (1948) 5 139. [1.231.111].

Eggwertz, S.: Theory of elasticity for thin circular cylindrical shells. Kungl. Tekn. Hogsk. Stockholm Handl. 9 1947 25 p. 31 ref.; Index Aeron. **6** (1950) 6 27.

MacGregor, C. W. and *L. F. Coffin, jr.:* Approximate solutions for symmetrically loaded thick-walled cylinders. J. Appl. Mech. **14** (1947) Dec. 301—311; AMR **1** (1948) 2 38.

Plantema, F. J.: Collapsing stresses of circular cylinders and round tubes. NLL Rep. S 280, NLL Rep. & Trans. **13** (1947) 17—36 34 ref.; Index Aeron. **5** (1949) 5 32; AMR **2** (1949) 6 127. [1.342.1].

Hoff, N. J., Bertram Klein and *Bruno A. Boley:* The inward bulge type buckling of monocoque cylinders. V. Revised strain energy theory which assumes a more general deflected shape at buckling. NACA TN 1505 Sept. 1948 43 p.; AMR **1** (1948) 11 286. [1.242.111].

De Leiris, H. et *J. Barthelemy:* Determination des deformations et des tensions dans un tuyau à section ovale. Ass. Techn. Marit. Aéron. Prepr. 1948 8 p.; Index Aeron. **5** (1949) 1 35.

Pippard, Alfred J. S. and *Letitia Chitty:* Experiments on the plastic failure of cylindrical shells. „Civil Engineer in War" Vol. 3. London: Inst. Civil Engrs. 1948 2—29; AMR **2** (1949) 7 151; Index Aeron. **4** (1948) 10 30. [1.241.211].

Swainger, K. H.: Large displacements with small strains in loaded structures. J. Appl. Mech. **15** (1948) March 45—48 14 ref.; AMR **1** (1948) 4 101.

Knittel, Georg: Über die Berechnung freitragender kontinuierlicher Zylinderschalen. Diss. TH München 1949 84 S. [1.231.111].

Vlasov, V. Z.: Some new problems on shells and thin structures. NACA TM 1204 March 1949 46 p.; Met. Rev. **22** (1949) 4 55.

Clark, R. A. and *E. Reissner: Deformations and* stresses in Bourdon tubes. J. Appl. Phys. **21** (1950) 12 1340—1341; AMR **4** (1951) 7 407.

Kornhauser, M.: Circular cylinder stresses. Mathematical determination of stresses in thin-walled circular cylinders with axial temperature gradient, elastic end restraint. J. Amer. Soc. Naval. Engrs. **62** (1950) 1 55—62; AMR **4** (1951) 2 90.

Mehmel, Alfred: Beitrag zur Theorie der Kreis-Zylinderschalen. Bauing. **25** (1950) 12 437—439.

Salet, G.: Buckling, elastic deformations not proportional to the load, application to slightly oval cylinders, analogies between buckling and vibrations. Bull. Ass. Techn. Marit. Aéron. **46** (1947) 393—410; AMR **3** (1950) 6 172.

Tölke, Friedrich: Über die Spannungsverteilung in dicken Rohren im Zustande des plastischen Fließens. Bauing. **25** (1950) 1 8—14.

Marguerre, Karl: Stability of the cylindrical shell of variable curvature. NACA TM 1302 July 1951 64 p.; Index Aeron. **7** (1951) 12 95.

Okubo, H.: The influence of the form of corrugation, upon the strength of a corrugated plate. I, II. Rep. Inst. High Speed Mech., Tôhoku Univ. **1** (1951) 69—86; AMR **6** (1953) 5 232. [1.225.15].

Parkus, H.: Thermal stresses in axially symmetrical shells in case of axially symmetrical temperature distributions (in German). Öst. Akad. Wiss. Math.-Nat. Kl. Sitzungsber. IIa **160** (1951) 1—5, 1—13; AMR **6** (1953) 10 450. [1.242.111].

Steele, M. C.: Partially plastic thick-walled cylinder theory. Ann. Meeting Amer. Soc. Mech. Engrs., Atlantic City, Nov. 1951. Pap. 51-A-25 8 p.; AMR **5** (1952) 6 255.

Bühler, H.: Lückenlose Bestimmung eines Eigenspannungszustandes in metallischen Hohlzylindern. Z. Metallkde. **43** (1952) 11 388—395; Z. VDI **94** (1952) 35 1147—1151 19 Lit. St.; AMR **6** (1953) 6 275, 7 326.

Craemer, Hermann: Einige Iterations- und Relaxationsverfahren für drehsymmetrisch beanspruchte Zylinderschalen. Oest. Ing.-Arch. **6** (1952) 35—42; AMR **5** (1952) 7 300—301.

Ebner, Hans: Festigkeitsprobleme dünnwandiger Blechkonstruktionen. Schweißen u. Schneiden **4** (1952) S. H. Dez. 145—155. [1.221], [1.232.11], [1.241.211], [1.242.2].

Feigen, M.: Minimum weight of tapered round thin-walled columns. J. Appl. Mech. **19** (1952) 3 375—380; AMR **6** (1953) 2 67. [1.242.111].

Kennard, E. H.: The new approch to shell theory: circular cylinders. Amer. Soc. Mech. Engrs. Prepr. 52-F-9 Sept. 1952 8 p.; Index Aeron. **8** (1952) 11 54.

Parkus, H.: Die Grundgleichungen der allgemeinen Zylinderschale. Oest. Ing.-Arch. **6** (1952) 1 30—35; AMR **5** (1952) 6 254.

Zerna, Wolfgang: Angenäherte Gleichgewichtsbedingungen der Schalentheorie mit Anwendung auf die Zylinderschalen. ZAMM **32** (1952) 8/9 266—268.

Bleich, H. H. and *F. Dimaggio:* A strain-energy expression for thin cylindrical shells. J. Appl. Mech. **20** (1953) 3 448—449 7 ref.; Index Aeron. **9** (1953) 12 41.

Mehmel, A. u. *W. Fuchssteiner:* Über ein Näherungsverfahren zur Berechnung der Kreiszylinderschale. Bauing. **28** (1953) 4 116—123; AMR **7** (1954) 1 11.

Strub, R. A.: Distribution of mechanical and thermal stresses in multilayer cylinders. Trans. ASME **75** (1953) 1 73—79; AMR **6** (1953) 9 405.

Horne, M. R.: Shells with zero bending stresses. J. Mech. & Phys. Solids **2** (1954) 2 117—126 1 ref.; Index Aeron. **10** (1954) 4 46. [1.242.111].

Hoff, N. J., J. Kempner and *F. V. Pohle:* Line load applied along generators of thin-walled circular cylindrical shells of finite length. Quart. Appl. Math. **11** (1954) 4 411—425; AMR **7** (1954) 6 242; Index Aeron. **10** (1954) 5 97.

Sonntag, G.: Betrachtungen zur Zylinderschale periodisch veränderlicher Wanddicke unter gleichmäßiger Belastung. Forsch. Ing.-Wes. **20** (1954) 2 48—50; Index Aeron. **10** (1954) 7 4.

Druckbeanspruchung   1.241.111.2

Pasternak, P.: Die praktische Berechnung biegefester Kugelschalen, kreisrunder Fundamentplatten auf elastischer Bettung und kreiszylindrischer Wandungen in gegenseitiger monolither Verbindung. ZAMM **6** (1926) 1 1—29. [1.225.13], [1.242.111].

Ross, Orrin E.: Curves showing column strength of steel and duralumin tubing. NACA TN 306 May 1929.

von Sanden, K. u. *Friedrich Tölke:* Über Stabilitätsprobleme dünner, kreiszylindrischer Schalen. Ing.-Arch. **3** (1932) 1 24—66; AMR **3** (1950) 11 347. [1.241.111.4], [1.241.215], [1.241.111.5].

Lundquist, Eugene E.: Strength tests of thin-walled duralumin cylinders in compression. NACA Rep. 473 1933.

Kaufmann, W.: Plastisches Knicken dünnwandiger Hohlzylinder infolge axialer Belastung. Ing.-Arch. **6** (1935) 5 334—337.

Taylor, J. L.: The stability of a monocoque in compression. ARC R & M No. 1679 June 1935; Aircr. Engng. **8** (1936) 90 235.

Sturm, Rolland G.: A Study of the collapsing pressure of thin-walled cylinders. Diss. Univ. Illinois 1936.

Sezawa, K. and *M. Murakami:* Buckling of a cage-form cylinder under axial compression. Rep. Aeron. Res. Inst. (Tokyo) **168** (1938) 14 427—451.

v. Kármán, Th.: The buckling of thin cylindrical shells under axial compression. J. Aeron. Sci. **8** (1941) 8 303—312.

Leggett, D. M. A. and *R. P. N. Jones:* The behaviour of a cylindrical shell under axial compression when the buckling load has been exceeded. ARC R & M 2190 Aug. 1942 11 p.; Index Aeron. **4** (1948) 6 25; AMR **2** (1949) 10 224.

Batdorf, S. B.: A simplified method of elastic-stability analysis for thin cylindrical shells. NACA Rep. 874 1947 25 p.; AMR **3** (1950) 6 171. [1.231.111], [1.241.111.4], [1.241.111.5].

Batdorf, S. B., Murry Schildcrout and *Manuel Stein:* Critical stress of thin-walled cylinders in axial compression. NACA TN 1343 June 1947 21 p.; NACA Rep. 887 1947 8 p.; AMR **1** (1948) 3 72; Index Aeron. **6** (1950) 2 26.

Michielsen, Herman F.: The behavior of thin cylindrical shells after buckling under axial compression. J. Aeron. Sci. **15** (1948) 12 738—744 2 ref.; Index Aeron. **5** (1949) 4 20; AMR **2** (1949) 11 246.

Donnell, L. H. and *C. C. Wan:* Effect of imperfections on buckling of thin cylinders and columns under axial compression. J. Appl. Mech. **17** (1950) 1 73—83 24 ref.; Index Aeron. **6** (1950) 6 28; AMR **4** (1951) 2 91. [1.342.31].

Kuranishi, Masatsugu: The buckling stress of thin cylindrical shell under axial compressive load, forming axial-symmetrical deformation. J. Soc. Appl. Mech. Japan. (1950) 19—24; AMR **4** (1951) 5 283.

Sterne, Theodor E.: A note on collapsing cylindrical shells. J. Appl. Phys. **21** (1950) 2 73—74; AMR **4** (1951) 2 91.

Cicala, P.: The effect of initial deformations on the behaviour of a cylindrical shell under axial compression. Quart. Appl. Math. **9** (1951) 3 273—293; AMR **5** (1952) 5 205; Index Aeron. **8** (1952) 1 67. [1.231.112].

Winter, Hermann u. *Robert Bachor:* Beiträge zur Beulfestigkeit von Rohren bei zentrischer Belastung. Versuche zur Ermittlung der Beulfestigkeit von Rohren aus Bondur 17/65 v bei zentrischer Belastung. Ber. Mitt. Inst. Leichtbau TH Braunschweig 51—01 1951.

Federhofer, Karl: Stabilität der Kreiszylinderschale mit veränderlicher Wandstärke. Oest. Ing.-Arch. **6** (1952) 4 277—288; AMR **6** (1953) 9 410.

Federhofer, Karl: Knicklast der axial gedrückten Kreiszylinderschale bei Vorhandensein eines entlang des Zylindermantels veränderlichen elastischen Widerstandes. Oest. Ing.-Arch. **8** (1954) 2/3 90—97.

Kempner, Joseph: Postbuckling behaviour of axially compressed circular cylindrical shells. J. Aeron. Sci. **21** (1954) 5 329—335, 342 10 ref.; Index Aeron. **10** (1954) 6 100.

Kirste, Leo: Abwickelbare Verformung dünnwandiger Kreiszylinder. Oest. Ing.-Arch. **8** (1954) 2/3 149—151.

Biegebeanspruchung   1.241.111.3

Chwalla, Ernst: Reine Biegung schlanker, dünnwandiger Rohre mit gerader Achse. ZAMM **13** (1933) 48—53.

Lundquist, Eugene E.: Strength tests of thin-walled duralumin cylinders in pure bending. NACA TN 479 Dec. 1933.

Ebner, Hans: Biegungsfestigkeit dünnwandiger Rohre. Z. VDI **81** (1937) 52 1500—1501.

Hansen, K. E.: Bending strength of thin-walled cylindrical tubes. Struct. Res. Lab. Roy. Techn. Coll. Rep. 9 1937 (Kopenhagen). Lab. for Bygningsstatik.

Hoff, N. J.: Instability of monocoque structures in pure bending. J. Roy. Aeron. Soc. **42** (1938) Apr. 292.

Osgood, William R.: The crinkling strength and the bending strength of round aircraft tubing. NACA Rep. 632 1938. 15 p. [1.241.111.1].

Lundquist, Eugene E. and *Elbridge Z. Stowell:* Strength tests of thin-walled elliptic duralumin cylinders in pure bending and in combined pure bending and torsion. NACA TN 851 June 1942. [1.241.111.5].

Becker, Herbert: The optimum proportions of a long unstiffened circular cylinder in pure bending. J. Aeron. Sci. **15** (1948) 10 616—624 6 ref.; Index Aeron. **5** (1949) 2 19; AMR **3** (1950) 1 9.

Reissner, Eric: On bending of curved thin-walled tubes. Proc. Nat. Acad. Sci. (Washington) **35** (1949) 204—208; AMR **4** (1951) 2 90. [1.241.112], [1.242.0].

Taylor, J. S. and *R. D. M. Harper:* The bending of fuselage shells. Aircr. Engng. **21** (1949) 243 153—158; Index Aeron. **5** (1949) 7 53. [6.254.3].

Hermes, R. M.: On the inextensional theory of deformation of a right circular cylindrical shell. Amer. Soc. Mech. Engrs. Prepr. 51-APM-2 June 1951 4 p. 7 ref.; J. Appl. Mech. **18** (1951) 4 341—344; Index Aeron. **7** (1951) 9 94; AMR **5** (1952) 6 254. [1.243.12].

Zick, L. P.: Stresses in large horizontal cylindrical pressure vessels on two saddle supports. Welding J. **30** (1951) Sept., Welding Res. Counc. **16** (1951) 9 435s—445s; AMR **5** (1952) 4 163.

Andrews, L. C.: Piping flexibility analysis by model test. Trans. ASME **74** (1952) 1 123—131; AMR **5** (1952) 10 422.

Mitra, D. N.: Flexure of an isotropic elastic cylinder whose cross-section is bounded by two closed curves. Bull. Calcutta Math. Soc. **44** (1952) 4 143—151 5 ref.; Index Aeron. **9** (1953) 12 41.

Csonka, P.: Contribution to the elasticity theory of circular-cylindrical shells (in German). Acta Technica (Budapest) **6** (1953) 1/2 167—174; AMR **6** (1953) 9 408.

Fralich, R. W., J. Mayers and *E. Reissner:* Behavior in pure bending of a long monocoque beam of circular-arc cross section. NACA TN 2875 Jan. 1953 33 p.; AMR **6** (1953) 10 452—453.

Eden, J. J.: Graphical method of designing thin-wall cylinders. I. Cylinder in torsion. II. Cylinders in bending. III. Limitations and accuracy. Product Engng. (1954) Oct. 180. [1.241.111.4].

Howard, H. B.: Tubes of optimum bending stiffness: an analogy. J. Roy. Aeron. Soc. **58** (1954) 520 296—299.

Drillbeanspruchung   1.241.111.4

Atkin, E. H.: Torsion in thin cylinders. Flight **23** (1931) 39 970 f—h.

Kubo, K. and *K. Sezawa:* The buckling of a cylindrical shell under torsion. Rep. Aeron. Res. Inst. Tôkyô Nr. 76 Dec. 1931.

Lundquist, Eugene E.: Strength tests on thin-walled duralumin cylinders in torsion. NACA TN 427 Aug. 1932.

von Sanden, K. u. *Friedrich Tölke:* Über Stabilitätsprobleme dünner, kreiszylindrischer Schalen. Ing.-Arch. **3** (1932) 1 24—66; AMR **3** (1950) 11 347. [1.241.111.2], [1.241.111.5], [1.241.215].

Donnell, L. H.: Stability of thin-walled tubes under torsion. NACA Rep. 479 1933. [1.342.51].

Mazzoni, C.: La torsioni nei cilindri cavi a spessori sottili. Aerotecnica **15** (1935) 2 146—169; Luftwissen **2** (1935) 5 136.

Stang, Ambrose H., Walter Ramberg and *Goldie Back:* Torsion tests of tubes. NACA Rep. 601 1937.

Zahorski, Adam T.: Torsional stability of cylindrical shells. Diss. Univ. Michigan; J. Aeron. Sci. **5** (1937) 2 62—67; Luftwissen **5** (1938) 4 148.

Neuber, Heinz: Über wölbfreie Drillung. ZWB FB 926 1938 39 S. Jb. 1939 Dtsch. Luftf.-Forsch. I 419—425. [1.342.51].

Taylor, J.: Torsional stresses in cylinders. A convenient approximate method with numerical examples. Aircr. Engng. **10** (1938) 118 375—377.

Williams, D. and *J. Taylor:* Variations of shear stress in thin-walled tubes under torque. ARC R & M 1812 March 1938.

Moore, R. L. and *D. A. Paul:* Torsional stability of aluminium alloy seamless tubing. NACA TN 696 March 1939. [1.342.51].

Marguerre, Karl: Torsion von Voll- und Hohlquerschnitten. Bauing. **21** (1940) 41/42 317—322. [1.342.51].

Baron, F. M.: Torsion of multi-connected thin-walled cylinders. Amer. Soc. Mech. Engrs. Paper A-72; J. Appl. Mech. **9** (1942) 2.

Broglio, Luigi: Un criterio per il calcolo dei cilindri cavi. Atti di Guidonia (1942) 70/71 93—116.

Moore, R. L.: Torsional strength of aluminum-alloy round tubing. NACA TN 879 Jan. 1943. [1.342.51].

Batdorf, S. B.: A simplified method of elastic-stability analysis for thin cylindrical shells. NACA Rep. 874 1947 25 p.; AMR **3** (1950) 6 171. [1.231.111], [1.241.111.2], [1.241.111.5].

Batdorf, S. B., Manuel Stein and *Murry Schildcrout:* Critical stress of thin-walled cylinders in torsion. NACA TN 1344 June 1947 26 p.; AMR **1** (1948) 5 138.

Sturm, R. G.: Stability of thin cylindrical shells in torsion. Proc. ASCE **73** (1947) April 471—495; AMR **1** (1948) 1 11.

Moore, R. L.: Stability of thin cylindrical shells in torsion. Proc. ASCE **74** (1948) 2 231—235.

Handelman, G. H.: Torsion of thin-walled closed cylinders beyond the elastic limit. J. Aeron. Sci. **17** (1950) 8 Aug. 499—507, 518; AMR **4** (1951) 4 217.

Benscoter, S. U.: Secondary stresses in thin-walled beams with closed cross sections. NACA TN 2529 Oct. 1951 104 p.; AMR **5** (1952) 4 158. [1.241.214].

Morse, W.: The warping of thin shells. Aircr. Engng. **25** (1953) 291 144—146; Index Aeron. **9** (1953) 7 62. [1.242.114].

238

Eden, J. J.: Graphical method of designing thin-wall cylinders. I. Cylinder in torsion. II. Cylinders in bending. III. Limitations and accuracy. Product Engng. (1954) Oct. 180. [1.241.111.3].

Zusammengesetzte Beanspruchung einschl. Innen- und Außendruck 1.241.111.5

Pöschl, Theodor: Über die Formänderung sehr dünner kreisförmiger Platten und zylindrischer Schalen unter konstantem Innendruck. ZAMM **5** (1925) 3 185—193. [1.225.13].

Tuckerman, L. B., S. N. Petrenko and *C. D. Johnson:* Strength of tubing under combined axial and transverse loading. NACA TN 307 June 1929. [1.342.8].

Rhode, Richard V. and *Eugene E. Lundquist:* Strength tests on paper cylinders in compression, bending, and shear. NACA TN 370 Apr. 1931.

von Sanden, K. u. *Friedrich Tölke:* Über Stabilitätsprobleme dünner, kreiszylindrischer Schalen. Ing.-Arch. **3** (1932) 1 24—66; AMR **3** (1950) 11 347. [1.241.111.2], [1.241.111.4], [1.241.215].

Donnell, L. H.: A new theory for the buckling of thin cylinders under axial compression and bending. Trans. ASME **56** (1934) Nov. 795 f.

Ballerstedt, W.: Versuche über die Festigkeit dünner, unversteifter Zylinder unter Schub- und Längskräften. ZWB FB 143 1935 18 S.

Lipp, James E.: Strength of thin-walled cylinders subjected to combined compression and torsion. Diss. Univ. California Technol. 1935.

Lundquist, Eugene E.: Strength tests of thin-walled duralumin cylinders in combined transverse shear and bending. NACA TN 523 Apr. 1935.

Ballerstedt, W. u. *Herbert Wagner:* Versuche über die Festigkeit dünner unversteifter Zylinder unter Schub- und Längskräften. Luftf. Forsch. **13** (1936) 9 309—312.

Kromm, Alexander: Die Stabilitätsgrenze der Kreiszylinderschale bei Beanspruchung durch Schub- und Längskräfte ZWB TB **9** (1942) 5. Vorabdr. Jb. 1942 Dtsch. Luftf. Forsch. 1. Lfg. 34—38; Jb. 1942 Dtsch. Luftf. Forsch. I 602—615.

Lundquist, Eugene E. and *Elbridge Z. Stowell:* Strength tests of thin-walled elliptic duralumin cylinders in pure bending and in combined pure bending and torsion. NACA TN 851 June 1942. [1.241.111.3].

Donnell, L. H.: The stability of isotropic or orthotropic cylinders or flat or curved panels, between and across stiffeners, with any edge conditions between hinged and fixed, under any combination of compression and shear. NACA TN 918 Dec. 1943. [1.222.114], [1.222.124], [1.231.12], [1.231.114], [1.241.112], [1.241.211].

Sherwood, A. W.: The strength of thin-wall cylinders of D cross section in combined pure bending and torsion. NACA TN 904 Sept. 1943.

Crate, Harold, S. B. Batdorf and *George W. Baab:* The effect of internal pressure on the buckling stress of thin-walled circular cylinders under torsion. NACA ARR L 4 E 27 (WR L-67) May 1944.

Hoff N. J. and *Bertram Klein:* The inward bulge type buckling of monocoque cylinders. I. Calculation of the effect upon the buckling stress of a compressive force, a nonlinear direct stress distribution, and a shear force. NACA TN 938 Oct. 1944.

Hoff, N. J., S. J. Fuchs and *Adam J. Cirillo:* The inward bulge type buckling of monocoque cylinders. II — Experimental investigation of the buckling in combined bending and compression. NACA TN 939 Oct. 1944.

Bruhn, Elmer F.: Tests on thin-walled celluloid cylinders to determine the interaction curves under combined bending, torsion and compression or tension loads. NACA TN 951 Jan. 1945.

Batdorf, S. B., Manuel Stein and *Murry Schildcrout:* Critical combinations of torsion and direct axial stress for thin-walled cylinders. NACA TN 1345 June 1947 36 p.; AMR **1** (1948) 3 72—73.

Batdorf, S. B.: A simplified method of elastic-stability analysis for thin cylindrical shells. NACA Rep. 874 1947 25 p.; AMR **3** (1950) 6 171. [1.231.111], [1.241.111.2], [1.241.111.4].

Hadji-Argyris, J. and *P. C. Dunne:* The general theory of cylindrical and conical tubes under torsion and bending loads. J. Roy. Aeron. Soc. **51** (1947) Febr. 199—269, Sept. 757—784, Nov. 884—930, **53** (1949) May 461—483, June 558—620; AMR **1** (1948) 4 105—106, **3** (1950) 7 198—199. [1.242.115], [1.243.13], [6.254.1].

Cornell, Sidney: The collapse of long cylindrical shells under external pressure. Proc. SESA **6** (1948) 1 111—114; AMR **2** (1949) 1 5.

Prager, William: On the interpretation of combined torsion and tension tests of thin-wall tubes. NACA TN 1501 Jan. 1948 11 p.; AMR **1** (1948) 3 75. [1.342.9].

Watts, G. W. and *W. R. Burrows:* The basic elastic theory of vessel heads under internal pressure. J. Appl. Mech. **16** (1949) 1 55—73 47 ref.; Index Aeron. **5** (1949) 7 4.

Federhofer, Karl: On the calculation of cylindrical tanks with variable wall thickness (in German). Anz. Akad. Wiss. Wien **87** (1950) 275—287. AMR **5** (1952) 1 15.

Peters, R. W., N. F. Dow and *S. B. Batdorf:* Preliminary experiments for testing basic assumptions in plasticity theories. Proc. SESA **7** (1950) 2 127—140; Metallurgical Abstr. **19** (1952) 9 634; AB **23** (1953) 6 341; AMR **3** (1950) 11 351. [1.31].

Haringx, J. A.: The instability of thin-walled cylinders subjected to internal pressure. Ingenieur **63** (1951) 69 039—041 6 ref.; Index Aeron. **8** (1952) 1 68.

Klinkenberg, A.: Instability of thin-walled cylinders under internal pressure (in Dutch). Ingenieur **63** (1951) 52 070; AMR **5** (1952) 5 207.

Lo, Hsu, H. Crate and *E. B. Schwartz:* Buckling of thin-walled cylinder under axial compression and internal pressure. NACA Rep. 1027 1951 9 p. 8 ref.; Index Aeron. **8** (1952) 10 42.

Ringrose, R. C. C.: Failure of cylindrical under external pressure. Aircr. Engng. **23** (1951) 267 138; AMR **5** (1952) 5 204.

Watts, G. W. and *H. A. Lang:* The stresses in a pressure vessel with a flat head closure. Amer. Soc. Mech. Engrs. Ann. Meeting, Atlantic City, Nov. 1951 Pap. 51-A-146 22 p.; AMR **5** (1952) 4 163.

Burrows, W. R., R. Michel and *A. W. Rankin:* A wall thickness formula for high-pressure high-temperature piping. Amer. Soc. Mech. Engrs. Ann. Meeting New York, Dec. 1952 Pap. 52-A-151 9 p.; AMR **6** (1953) 7 327.

Ebner Hans: Theoretische und experimentelle Untersuchung über das Einbeulen zylindrischer Tanks durch Unterdruck. Stahlbau **21** (1952) 9 153—159. [6.215].

Gentric, A.: Contribution to the experimental analysis of the elastic behavior of tanks under internal pressure (in French). Bull. Ass. Techn. Marit. Aéron. (1952) 51 99—110; AMR **6** (1953) 7 326.

Kerkhof, W. P.: The calculation of thick-walled cylindrical shells of carbon steel subject to internal pressure. Ingenieur **64** (1952) 18 W 21-W 24; AMR **5** (1952) 11 462.

Lee, E. H., R. Hill and *S. J. Tupper:* The theory of combined plastic and elastic deformation with particular reference to the deformation of a thick tube under internal pressure. "Strength and testing of materials. Pt. 1." Sel. Govmt. Res. Rep. vol. 6 1952; Index Aeron. **9** (1953) 7 35.

Stassi-D'Alia, F.: Hollow cylinder in the completely plastic state under radial uniform stress. Rivista di Ingegneria (Milano) **2** (1952) 5 553—562 9 ref.; Index Aeron. **8** (1952) 9 38.

Weydert, J. C.: Stress charts for pressurized elliptical and oblong tubes. Product Engng. **23** (1952) 6 195—199; AMR **6** (1953) 2 65.

Wuest, Walter: Der Krümmungseffekt bei dickwandigen Hochdruckrohren beliebiger asymmetrischer Querschnittformen. ZAMM **32** (1952) 2/3 90—92; AMR **5** (1952) 12 509.

Deffet, L. and J. Gelbras: The behavior of thick-walled tubes subjected to high pressures (in French). Rev. Universelle Mines **9** (1953) 96 725—740; AMR **7** (1954) 4 148.

Green, A. E. and E. W. Wilkes: A note on the finite extension and torsion of a circular cylinder of compressible elastic isotropic material. Quart. J. Mech. & Appl. Math. **6** (1953) Pt. 2 240—249; AMR **7** (1954) 1 9.

Watts, G. W. and H. A. Lang: The stresses in a pressure vessel with a hemispherical head. Trans. ASME **75** (1953) 1 83—89; AMR **6** (1953) 10 453 [1.242..115].

Bijlaard, P. P.: Buckling stress of thin cylindrical clamped shells subject to hydrostatic pressure. J. Aeron. Sci. **21** (1954) 12 852—853.

Nash, W. A.: Buckling of thin cylindrical shells subject to hydrostatic pressure. J. Aeron. Sci. **21** (1954) 5 354—355 8 ref.; Index Aeron. **10** (1954) 6 101.

Nash, William A.: Effect of large deflections and initial imperfections on the buckling of cylindrical shells subject to hydrostatic pressure. J. Aeron. Sci. **22** (1955) 4 264— 269 27 ref.

Orthotrope Vollschalen 1.241.112

Heck, O. S.: Über die Stabilität orthotroper elliptischer Zylinderschalen bei reiner Biegung ZWB FB 180/1 1934 6 S., FB 241 1935 49 S.; Luftf.-Forsch. **14** (1937) 3 137—147.

Heck, O. S.: The stability of orthotropic elliptic cylinders in pure bending. NACA TM 834 July 1937.

Niles, Alfred S., John C. Buckwalter and Warren D. Reed: Bending tests of circular cylinders of corrugated aluminium alloy sheet. NACA TN 595 March 1937; Luftwissen **4** (1937) 10 312.

Donnell, L. H.: The stability of isotropic or orthotropic cylinders or flat or curved panels, between and across stiffeners, with any edge conditions between hinged and fixed, under any combination of compression and shear. NACA TN 918 Dec. 1943. [1.222.114], [1.222.124], [1.231.12], [1.231.114], [1.241.111.5], [1.241.211].

Reissner, Eric: On bending of curved thin-walled tubes. Proc. Nat. Acad. Sci. (Washington) **35** (1949) 204—208; AMR **4** (1951) 2 90 [1.241.111.3], [1.242.0].

Luxenberg, H.: Torsion of anisotropic elastic cylinders by forces applied on the lateral surface. J. Res. Nat. Bur. Stand. **50** (1953) 5 263—276 12 ref.; Index Aeron. **9** (1953) 11 66.

Vollschalen aus Sperrholz 1.241.12

Blumrich, S.: Ein Beitrag zur Ausbildung von Sperrholzschalen. Luftf. Forsch. **18** (1941) 9 331—337; Techn. Z.-Schau **26** (1941) 23 388 [1.232.2], [1.241.22].

Blumrich, S.: Contribution to the design of plywood shells. NACA TM 1031 Oct. 1942. [1.232.2], [1.241.22].

Kuenzi, E. W.: A comparison of the buckling strength of thin-walled cylindrical and barrel-shaped plywood shells. FPL Rep. 1323 June 1943 [1.242.12]

March, H. W., C. B. Norris and E. W. Kuenzi: Buckling of long thin plywood cylinders in axial compression. FPL Rep. 1322 May 1943.

March, H. W.: Buckling of long thin plywood cylinders in axial compression. Mathematical treatment. FPL Rep. 1322-A Sept. 1943 (Suppl. to 1322).

Norris, C. B. and E. W. Kuenzi: Buckling of long thin plywood cylinders in axial compression. Experimental treatment. FPL Rep. 1322-B Nov. 1943 (Suppl. to 1322).

Glatz, F.: Beitrag zur Berechnung torsionsbelasteter kreiszylindrischer Sperrholz-rohre. Ber. Mitt. Inst. Leichtbau TH Braunschweig 44—02 1944.

Kuenzi, E. W.: Thin-walled plywood cylinders in bending and torsion. FPL Rep. 1501 Febr. 1944.

Kuenzi, E. W.: Thin-walled plywood cylinders in bending. FPL Rep. 1502 Febr. 1944.

Bächtold, J.: Belastungsversuch an einer freitragenden Zylinderschale aus Holz. Schweiz. Bauztg. **126** (1945) 10 96—98. [1.232.2].

Kuenzi, E. W.: Effect of length on the buckling stresses of thin-walled plywood cylinders in axial compression. FPL Rep. 1514 March 1948 23 p.; AMR **1** (1948) 9 237.

Kuenzi, E. W.: Buckling of thin-walled plywood cylinders in torsion. FPL Rep. 1529 June 1945.

Hohlschalen mit Füllstoffen 1.241.13

Zerna, Wolfgang: Berechnung an den Rändern belasteter, allgemeiner Schalen. ZAMM **30** (1950) 11/12 370—374.

Eringen, A. Cemal: Buckling of a sandwich cylinder under uniform axial compressive load. J. Appl. Mech. **18** (1951) 2 195—202; AMR **4** (1951) 10 554.

Gerard, G.: Torsional instability of a long sandwich cylinder. "Proc. 1st U. S. Nat. Congr. Appl. Mech.", June 1951. Ann Arbor, (Mich.): J. W. Edwards 1952 391—394; AMR **6** (1953) 9 409; Index Aeron. **9** (1953) 5 23—24.

Reissner, E.: Small bending and stretching of sandwich-type shells. NACA Rep. 975 1950 26 p. 10 ref.; Index Aeron. **7** (1951) 5 68. [1.225.3], [1.231.3].

Teichmann, F. K., Chi-Teh Wang and *George Gerard:* Buckling of sandwich cylinders under axial compression. J. Aeron. Sci. **18** (1951) 6 398—406 3 ref.; Index Aeron. **7** (1951) 10 77 .

Teichmann, F. K. and *Chi-Teh Wang:* Finite deflections of curved sandwich plates and sandwich cylinders. Fairchild Publ. Fund. Pap. FF-4 Jan. 1951 14 p. (Inst. Aeron. Sci.); AMR **5** (1952) 8 353. [1.231.3].

Gerard, G.: Compressive and torsional instability of sandwich cylinders. "Symp. Struct. Sandwich Constr.", ASTM Spec. Techn. Publ. 118 1952 56—69; AMR **5** (1952) 10 424.

March, H. W. and *E. W. Kuenzi:* Buckling of cylinders of sandwich construction in axial compression. FPL Rep. 1830 June 1952 42 p.; AMR **6** (1953) 3 123.

Stein, Manuel and *J. Mayers:* Compressive buckling of simply supported curved plates and cylinders of sandwich construction. NACA TN 2601 Jan. 1952 34 p.; AMR **5** (1952) 8 354. [1.231.3].

Wang, Chi-Teh: Principle and application of complementary energy method for thin homogeneous and sandwich plates and shells with finite deflections. NACA TN 2620 Febr. 1952 33 p.; AMR **5** (1952) 9 392. [1.225.3].

Wang, Chi-Teh and *G. V. R. Rao:* A study of an analogous model giving the nonlinear characteristics in the buckling theory of sandwich cylinders. J. Aeron. Sci. **19** (1952) 2 93—100; AMR **5** (1952) 10 423; Index Aeron. **8** (1952) 6 79.

Wang, Chi-Teh and *D. P. Sullivan:* Buckling of sandwich cylinders under bending and combined bending and axial compression. J. Aeron. Sci. **19** (1952) 7 468—470, 485 7 ref.; AMR **6** (1953) 2 68; Index Aeron. **8** (1952) 10 70—71.

Gerard, George: Bending tests of thin-walled sandwich cylinders. J. Aeron. Sci. **20** (1953) 9 639—641 3 ref.; AMR **7** (1954) 4 149; Index Aeron. **9** (1953) 12 74.

March, H. W. and *Edward W. Kuenzi:* Buckling of sandwich cylinders in torsion. FPL Rep. 1840 June 1953 24 p.

Versteifte Vollschalen   1.241.2

Vollschalen aus homogenen, insbesondere metallischen Werkstoffen 1.241.21

Allgemeines   1.241.211

Ebner, Hans u. *O. S. Heck:* Versuche mit versteiften kreiszylindrischen Voll- und Teilschalen. 1. Zwischenbericht. ZWB FB 216/1 1935 9 S. [1.232.11].

Cox, H. L.: The design of built-up cylinders. Engineer **162** (1936) 179.

Newell, J. S.: Zulässige Spannungen in versteiften Zylinderschalen. Luftf. Schrifttum Ausland **2** (1936) 3.

Ebner, Hans: Zur Festigkeit von Schalen- und Rohrholmflügeln. Luftf. Forsch. **14** (1937) 4/5 179—190; Aircr. Engng. **9** (1937) 104 305. [1.243.14], [6.254.1].

Ebner, Hans u. *Hermann Köller:* Zur Berechnung des Kraftverlaufs in versteiften Zylinderschalen. Luftf. Forsch. **14** (1937) 12 607—626 25 Lit.-St.; Aircr. Engng. **10** (1938) 114 260.

Thorn, K.: Spannungsmessungen an gekrümmten Schalenwänden eines Schalenrumpfes. Jb. 1937 Dtsch. Luftf. Forsch. I 459—463.

Ebner, Hans and *Hermann Köller:* Calculation of load distribution in stiffened cylindrical shells. NACA TM 866 June 1938.

Ryder, E. I.: General instability of semi monocoque cylinders. Air Comm. Bull. **9** (1938) 10 241—246; Luftwissen **5** (1938) 7 265.

Schapitz, Eberhard and *G. Krümling:* Load tests on a stiffened circular cylindrical shell. NACA TM 864 May 1938.

— General instability criteria for stiffened metal cylinders. Guggenheim Aeron. Lab. California Inst. Technol. Quart. Rep. 1 Nov. 1938.

Ebner, Hans: The strength of shell and tubular spar wings. NACA TM 933 Febr. 1940. [1.243.14], [6.254.1].

Dose, A.: Untersuchungen zur Erfassung des Biegungs- bzw. Beulungseinflusses bei Spannungsmessungen an nur einseitig zugänglichen Schalenkonstruktionen. Luftf.-Forsch. **18** (1941) 2/3 102—106.

Dose, A.: Determination of the bending and buckling effect in the stress analysis of shell structures accessible from one side only. NACA TM 997 Dec. 1941.

Holt, Marshall: Tests on stiffened circular cylinders. NACA TN 800 March 1941.

Donnell, L. H.: The stability of isotropic or orthotropic cylinders or flat or curved panels, between and across stiffeners, with any edge conditions between hinged and fixed, under any combination of compression and shear. NACA TN 918 Dec. 1943. [1.222.114], [1.222.124], [1.231.12], [1.231.114], [1.241.111.5], [1.241.112].

— Some investigations of the general instability of stiffened metal cylinders. I. Review of theory and bibliography. II. Preliminary tests of wire-braced specimens and theoretical studies. III. Continuation of tests of wire-braced specimens and preliminary tests of sheet-covered specimens. (Guggenheim Aeron. Lab. California Inst. Technol.) NACA TN 905 July 1943, TN 906 July 1943, TN 907 Aug. 1943.

Dunn, Louis G.: Some investigations of the general instability of stiffened metal cylinders. IX. Criterions for the design of stiffened metal cylinders subject to general instability failures. NACA TN 1198 Nov. 1947.

Beskin, Leon: Warping and shear lag in closed cylindrical shells. J. Aeron. Sci. **15** (1948) 4 221—231 5 ref.; AMR **1** (1948) 5 140; Index Aeron. **4** (1948) 12 43.

Pippard, Alfred J. S. and *Letitia Chitty:* Experiments on the plastic failure of cylindrical shells. "Civil Engineer in War" Vol. 3, London: Inst. Civil Engrs. 1948 2—29; AMR **2** (1949) 7 151; Index Aeron. **4** (1948) 10 30. [1.241.111.1].

Heldenfels, Richard R.: The effect of nonuniform temperature distributions on the stresses and distortions of stiffened-shell structures. NACA TN 2240 Nov. 1950 50 p.; AMR **4** (1951) 5 286. [1.246], [6.254.1].

Vreedenburgh, C. G. J.: Calculation of membrane stresses in continuous stiffened circular cylindrical shells (in Dutch). Ingenieur **62** (1950) 22 23—29; AMR **4** (1951) 6 344. [1.244].

Goran, L. A.: A minimum energy solution and an electrical analogy for the stress distribution in stiffened shells. J. Aeron. Sci. **18** (1951) 6 407—416 5 ref.; Index Aeron. **7** (1951) 10 75. [1.232.11].

Ebner, Hans: Festigkeitsprobleme dünnwandiger Blechkonstruktionen. Schweißen u. Schneiden **4** (1952) S. H. Dez. 145—155. [1.221], [1.232.11], [1.241.111.1], [1.242.211].

Radok, J. R. M.: The theory of general instability of cylindrical shells. Coll. Aeron. Rep. (Cranfield) No. 61 June 1952 16 p.; Index Aeron. **10** (1954) 7 110.

Hall, A. H.: An analysis of the stiffness and optimum weight-stiffness of tubes with inclined ribs. Nat. Aeron. Establ. (Canada) Lab. Rep. 89 Jan. 1954 40 p.

Druckbeanspruchung 1.241.212

Dschou, Dji-Djüän: Die Druckfestigkeit versteifter zylindrischer Schalen. Luftf. Forsch. **11** (1935) 8 223—234.

Nissen, Oskar: Knickversuche mit versteiften Wellblechschalen bei reiner Druckbeanspruchung. Jb. 1937 Dtsch. Luftf. Forsch. I 452—458.

Spiegel, Adolf: Die Knickspannung versteifter kreiszylindrischer Vollschalen bei axialer Belastung. Borna: Noske 1939 IX, 48 S.

Schilhansl, M. u. *Möck:* Die mittragende Breite bei ringscheibenförmigen Rippen an Hohlzylindern. ZWB FB 1649 1942 48 S.

Biezeno C. B. and *J. J. Koch:* The effective width of cylinders, periodically stiffened by circular rings. Proc. Nederl. Akad. Wetenschappen **48** (1945) 147 ff.

van der Neut, A.: The general instability of stiffened cylindrical shells under axial compression. NLL Rep. S 310 1946; Index Aeron. **6** (1950) 1 33.

Wang, Tsun Kuei: Torsion and shear effects of members upon general instability of semimonocoque structures under compression. J. Appl. Mech. **14** (1947) 3 177—182; AMR **1** (1948) 1 11.

Heald, W. R.: Tests on the general instability of a stiffened metal cylinder under axial compression. Coll. Aeron. Rep. (Cranfield) No. 45 Apr. 1951 28 p. 8 ref.; Index Aeron. **7** (1951) 10 74.

Metzmeier, Erwin: Die mittragende Breite bei Versteifungen von Kreiszylinderschalen. Schiff u. Hafen **3** (1951) 1 17—18.

D'Appolonia, D. and *N. M. Newmark:* A method for the solution of the restrained cylinder under compression. "Proc. 1st U. S. Nat. Congr. Appl. Mech." June 1951, Ann Arbor (Mich.): J. W. Edwards 1952 217—226; AMR **6** (1953) 12 547; Index Aeron. **9** (1953) 5 23.

Thürlimann, B., R. O. Bereuter and *B. G. Johnston:* The effective width of a circular cylindrical shell adjacent to a circumferential reinforcing rib. "Proc. 1st U. S. Nat. Congr. Appl. Mech. June 1951", Ann Arbor, (Mich.): J. W. Edwards 1952 347—356; Index Aeron. **9** (1953) 5 23—24; AMR **7** (1954) 5 199—200. [1.232.122].

Biegebeanspruchung 1.241.213

Ebner, Hans u. *O. S. Heck:* Biegeversuche mit einer versteiften Kreiszylinderschale. ZWB FB 448 1935 34 S.

Ebner, Hans u. *Eberhard Schapitz:* Biegeversuche mit versteiften Kreiszylinderschalen (2. Versuchsreihe). ZWB FB 354/1 17 S., FB 354/2 55 S. 1935.

Schapitz, Eberhard, H. Feller u. *Hermann Köller:* Experimentelle und rechnerische Untersuchung eines auf Biegung belasteten Schalenflügelmodells. Luftf.-Forsch. **15** (1938) 12 563—576; Aircr. Engng. **11** (1939) 121 120 [6.254.1].

Fine, M. and *D. Williams:* Stress distribution in reinforced flat sheet, cylindrical shells and cambered box-beams under bending. ARC R & M 2099 Sept. 1940 35 p.; AMR **3** (1950) 9 264. [1.246].
— Some investigations of the general instability of stiffened metal cylinders. V. Stiffened metal cylinders subjected to pure bending. (Guggenheim Aeron. California Inst. Technol. Lab.) NACA TN 909 Aug. 1943.
Levy, Robert S.: Shear stress in reinforced monocoque cylinders under concentrated transverse loads considering stringer bending. Diss. Univ. Brooklyn Polytechnic 1946. [1.243.12].
Stoherbatcheff, G.: The calculation of the stresses in a stiffened cylinder. Techn. et Sci. Aéron. (1946) Apr. 2 123—128; Index Aeron. **4** (1948 4 23.
Duberg, John E. and *Joseph Kempner:* Stress analysis by recurrence formula of reinforced circular cylinders under lateral loads. NACA TN 1219 March 1947 44 p.; AMR **1** (1948) 3 74.
Hoff, N. J., Bruno A. Boley and *S. V. Nardo:* The inward bulge-type buckling of monocoque cylinders. IV. Experimental investigation of cylinders subjected to pure bending. NACA TN 1499 Sept. 1948 73 p.; AMR **1** (1948) 11 237.
Liebowitz, Harold: Investigations of the concentrated load problem in reinforced monocoque cylinders with consideration of bending of distributed stringers. Diss. Univ. Brooklyn Polytechnic 1948 [1.243.12].
Shanley, F. R.: Simplified analysis of general instability of stiffened shells in pure bending. J. Aeron. Sci. **16** (1949) 10 590—592 6 ref.; Index Aeron. **6** (1950) 1 3; AMR **4** (1951) 1 22. [1.232.11].
Micks, W. R.: Minimum weight of stiffened cylindrical shells in pure bending. J. Aeron. Sci. **17** (1950) 4 211—216; AMR **4** (1951) 3 154.

Drillbeanspruchung   1.241.214

Lorenz, Hans: Die Torsion dünnwandiger Hohlzylinder mit Zwischenstegen. Dinglers Polytechn. J. (1911) 32.
Schapitz, Eberhard: Über die Drillung dünnwandiger versteifter Kreiszylinderschalen. ZWB FB 489 1935 76 S.; Jb. 1936 Lil. Ges. 94—132.
Schapitz, Eberhard: The twisting of thin-walled, stiffened circular cylinders. NACA TM 878 Oct. 1938.
Moore, R. L. and *C. Wescoat:* Torsion tests of stiffened circular cylinders. NACA ARR 4 E 31 (WR W-89) May 1944.
Fine, M. and *D. Wiliams:* The effect of end constraint on thin-walled cylinders subject to torque. ARC R & M 2223 May 1945 15 p.; Index Aeron. **4** (1948) 6 55. [1.246].
Dunn, Louis G.: Some investigations of the general instability of stiffened metal cylinders. VIII. Stiffened metal cylinders subjected to pure torsion. NACA TN 1197 May 1947.
Stein, Manuel, J. Lyell Sanders jr. and *Harold Crate:* Critical stress of ring-stiffened cylinders in torsion. NACA TN 1981 1949 17 p.; NACA Rep. 989 1950 7 p. 7 ref.; AMR **3** (1950) 6 171; Index Aeron. **7** (1951) 9 94.
Benscoter, S. U.: Secondary stresses in thin-walled beams with closed cross sections. NACA TN 2529 Oct. 1951 104 p.; AMR **5** (1952) 4 158 [1.241.111.4].
Clark, J. W. and *R. L. Moore:* Torsion tests of aluminum-alloy stiffened circular cylinders. NACA TN 2821 Nov. 1952 38 p.; AMR **6** (1953) 4 179; AB **24** (1953) 2 98.
Ruffner, B. F. and *E. Hout:* Stresses and deformations in wings subject to torsion. NACA TN 2600 Febr. 1952 79 p.; AMR **5** (1952) 7 303.

Zusammengesetzte Beanspruchung einschl. Innen- und Außendruck   1.241.215

von Sanden, K. u. *Friedrich Tölke:* Über Stabilitätsprobleme dünner, kreiszylindrischer Schalen. Ing.-Arch. **3** (1932) 1 24—66; AMR **3** (1950) 11 347. [1.241.111.2], [1.241.111.4], [1.241.111.5].

Ebner, Hans u. *Eberhard Schapitz:* Ferstigkeitsversuche mit versteiften Kreiszylinderschalen bei zusammengesetzter Biegung und Drillung. ZWB FB 487 1935 23 S.

Biezeno, C. B. and *J. J. Koch:* Strengthening cylindrical tanks of variable thickness under external pressure by circular stiffening rings. J. Appl. Mech. 7 (1940) 3 A 106—A 108; Techn. Z.-Schau 26 (1941) 5 82.

Fahlbusch, H.: Über den Schubkraftfluß in der dünnwandigen Kreiszylinderschale und die Beanspruchung der Ringversteifungen. Jb. 1941 Dtsch. Luftf. Forsch. I 484—490. [1.243.14].

Kromm, Alexander: Beulfestigkeit von versteiften Zylinderschalen mit Schub und Innendruck. ZWB TB 9 (1942) 5; Vorabdr. Jb. 1942 Dtsch. Luftf.-Forsch. 2. Lfg. 32—37; Jb. 1942 Dtsch. Luftf.-Forsch. I 596—601.

— Some investigations of the general instability of siffened metal cylinders. VI. Stiffened metal cylinders subjected to combined bending and transverse shear. VII. Stiffened metal cylinders subjected to combined bending and torsion. (Guggenheim Aeron. Lab. California Inst. Technol.) NACA TN 910 Sept. 1943, TN 911 Nov. 1943.

Kempner, Joseph and *John E. Duberg:* Charts for stress analysis of reinforced circular cylinders under lateral loads. NACA TN 1310 May 1947 60 p.; AMR 1 (1948) 3 74.

Wittrick, W. H.: Preliminary analysis of a highly swept cylindrical tube under torsion and bending. CSIR Aeron. Res. Rep. ACA-39 May 1948 23 p.; Index Aeron. 5 (1949) 3 35; AMR 3 (1950) 1 10.

Petersen, James P.: Experimental investigation of stiffened circular cylinders subjected to combined torsion and compression. NACA TN 2188 Sept. 1950 16 p.; AMR 4 (1951) 4 216.

Dewulf, N.: Assay of calculation of gain, from the viewpoint of buckling, resulting from flexible hooping of pressure pipes (in French). Génie Civil 78 (1951) 15 287—290; AMR 5 (1952) 4 156.

Salerno, V. L. and *B. Levine:* General stability of reinforced shells under hydrostatic pressure. Polytechn. Inst. Brooklyn, Aeron. Lab. Rep. 189 Sept. 1951 29 p.; AMR 5 (1952) 11 462.

Jurecka, Walter: Zur Bestimmung des kritischen Außendruckes bei der Ausbeulung versteifter, kreiszylindrischer Rohre. Maschinenb. u. Wärmewirtsch. 8 (1953) 1 5—7.

Nash, W. A.: Buckling of multiple-bay ring-reinforced cylindrical shells subject to hydrostatic pressure. J. Appl. Mech. 20 (1953) 4 469—474; David W. Taylor Model Basin (Washington) Rep. 785 Apr. 1954 7 p. 20 ref.; AMR 7 (1954) 6 244; Index Aeron. 10 (1954) 9 98—99.

Kaminsky, Edmund L.: General instability of ring-stiffened cylinders with clamped ends under external pressure by Kendrick's method. David W. Taylor Model Basin Rep. 855 July 1954 9 p.

Vollbrecht, E.: Über den derzeitigen Stand der Berechnung von Druckkörpern. Schiff u. Hafen 6 (1954) 6 345—349.

Vollschalen aus Sperrholz 1.241.22

Blumrich, S.: Ein Beitrag zur Ausbildung von Sperrholzschalen. Luftf. Forsch. 18 (1941) 9 331—337; Techn. Z.-Schau 26 (1941) 23 388. [1.232.2], [1.241.12].

Blumrich, S.: Contribution to the design of plywood shells. NACA TM 1031 Oct. 1942 [1.232.2], [1.241.12].

Kuenzi, Edward W. and *C. B. Norris:* Longitudinally stiffened thin-walled plywood cylinders in axial compression. FPL Rep. 1562 Apr. 1948.

Kuenzi, Edward W. and *C. B. Norris:* Torsional buckling of longitudinally stiffened, thin-walled, plywood cylinders. FPL Rep. 1563 Jan. 1948 12 p.; AMR 1 (1948) 9 237.

Tölke, F.: Zur Integration der Differentialgleichungen der drehsymmetrisch belasteten Rotationsschale bei beliebiger Wandstärke. Ing.-Arch. **9** (1938) 4 282—288. [1.242.0].

Plantema, F. J. en *A. van der Neut:* Qualitatieve beelden van de spanningsverdeeling in schaalconstructies. I. Vleugels. NLL Rapp. S. 282 1943 41 Blz. [1.246], [6.254.1].

Chien, Wei-Zang and *Shui-Tsing Ho:* Asymptotic method on the problems of thin elastic ring shells with rotational symmetrical load. Engng. Rep. Nat. Tsing Hua Univ. **3** (1948) 2 71—86 6 ref.; AMR **4** (1951) 6 345; Index Aeron. **7** (1951) 11 68.

Odqvist, Folke K. G.: Plasticity applied to the theory of thin shells and pressure vessels. „Reissner Anniv. Vol.", Ann. Arbor (Mich.): J. W. Edwards 1948 449—460; AMR **2** (1949) 7 151.

Reissner, Eric: Note on the membrane theory of shells of revolution. J. Math. Phys. **26** (1948) Jan. 290—293; AMR **2** (1949) 4 78. [1.244].

Barthelemy, B.: Sur la possibilité de calculer au moyen du principe de Lagrange la pression critique de flambement des enveloppes de révolution. Bull. Ass. Techn. Marit. Aéron. **48** (1949) 849—883.

Langhaar, H. L.: A strain-energy expression for thin elastic shells. J. Appl. Mech. **16** (1949) 2 183—189; Index Aeron. **5** (1949) 9 20; AMR 3 (1950) 9 260. [1.230], [1.240], [1.245].

Neuber, Heinz: Allgemeine Schalentheorie. I, II. ZAMM **29** (1949) 4 97—108, 5 142—146; AMR 3 (1950) 6 170,7 198. [1.230], [1.240], [1.245].

Zerna, Wolfgang: Zur Membrantheorie der allgemeinen Rotationsschalen. Ing.-Arch. **17** (1949) 3 223—232; AMR 3 (1950) 11 340. [1.244].

Reissner, Eric: On bending of curved thin-walled tubes. Proc. Nat. Acad. Sci. (Washington) **35** (1949) 204—208; AMR **4** (1951) 2 90 [1.241.111.3], [1.241.112].

Clark, R. A.: On the theory of thin elastic toroidal shells. J. Math. Phys. **29** (1950) 3 146—178; AMR **4** (1951) 6 344—345.

Flügge, Wilhelm: Die Näherungsmethode in der Schalenstatik. „Federhofer-Girkman-Festschrift", Wien: Deuticke 1950 17—35; AMR **4** (1951) 8 453 [1.243.13].

Reissner, Eric: On axisymmetrical deformations of thin shells of revolution. Proc. Symposium Appl. Math. **3** (1950) 27—52; AMR **4** (1951) 5 282. [1.240].

Pasternak, P.: Die praktische Berechnung biegefester Kugelschalen, kreisrunder Fundamentplatten auf elastischer Bettung und kreiszylindrischer Wandungen in gegenseitiger monolither Verbindung. ZAMM **6** (1926) 1 1—29. [1.225.13], [1.241.111.2].

Geckeler, J. W.: Zur Theorie der Elastizität flacher rotationssymmetrischer Schalen. Ing.-Arch. **1** (1930) 3 255—270.

Stange, K.: Der Spannungszustand einer Kreisringschale. Ing.-Arch. **2** (1931) 1 47—91.

Cox, H. Roxbee: Notes on the optimum stiffnes of thin shells. ARC R & M No. 1737 1936; Aircr. Engng. **9** (1937) 100 171.

Hollister, S. C.: Stresses in symmetrically loaded hemispherical shells having tapered edges. J. Appl. Mech. **4** (1937) 1 A 11-A 15.

Spotts, Merhyle F.: Analysis of spherical shells of variable wall thickness. Diss. Univ. Michigan 1938.

Donnell, L. H.: A discussion of thin shell theory. Proc. 5th Int. Congr. Appl. Mech. Cambridge (1939) 66—70.

Federhofer, Karl: Zur Stabilität der Katenoidschale. Sitzungsber. Akad. Wiss., Wien, Math.-Naturw. Kl. IIa **148** (1939) 67—80.

Pflüger, Alfrich: Spannungsverteilung in stabförmigen Membran-Kegelschalen. ZAMM **22** (1942) 2 99—116 [1.244].

Pflüger, Alfrich: Spannungen, Formänderungen und Schwingungen einer kegelförmigen Flügelschale. Luftf. Forsch. **20** (1943) 1 29—32. [1.273].

Tölke, F.: Die geschlossene Integration der Differentialgleichungen der drehsymmetrisch belasteten Kugelschale durch Zylinderfunktionen. Forsch. H. Stahlbau H. 6 1943 166—182.

Nollau, H.: Der Spannungszustand der biegungssteifen Kegelschale mit linear veränderlicher Wandstärke unter beliebiger Belastung. ZAMM **24** (1944) 1 10—34. [1.245].

Reissner, Eric: Stresses and small displacements of shallow spherical shells. J. Math. Phys. **25** (1946) 1 80—85, **25** (1947) Jan. 279—300.

Barthélemy, J.: On the deformation and internal stresses of tubes. Bull. Ass. Techn. Marit. Aéron. **46** (1947) 411—463; AMR **3** (1950) 6 168.

Bijlaard, P. P.: On the plastic stability of thin plates and shells. Proc. Koninkl. Nederl. Akad. Watenschappen (Amsterdam) **50** (1947) 765—775. [1.222.111], [1.231.111].

Binnis, A. M.: Stresses in streamline shells due to unsymmetrical loading. Aircr. Engng. **19** (1947) Apr. 125—126; AMR **1** (1948) 2 11.

Dantu, M.: Note sur le calcul des voiles minces de révolution à épaisseur variable. Ann. Ponts Chaussées **117** (1947) Mars/Avr. 241—252; AMR **1** (1948) 2 41.

Bijlaard, P. P.: Grundlegende Beobachtungen zum Beulen von Platten und Schalen im plastischen Bereich. Mitt. Inst. Baustat. ETH Zürich Nr. 21 1948 32 S.; AMR **2** (1949) 11 246 [1.222.111], [1.231.111].

Hoff, N. J., Bertram Klein and *Bruno A. Boley:* The inward bulge type buckling of monocoque cylinders. V. Revised strain energy theory which assumes a more general deflected shape at buckling. NACA TN 1505 Sept. 1948 43 p.; AMR **1** (1948) 11 286. [1.241.111.1], [1.241.212].

de Leiris, H. and *J. Barthelemy:* Determination of deformations and stresses in a pipe of oval section. Bull. Ass. Techn. Marit. Aéron. **47** (1948) 147—165; AMR **3** (1950) 6 169.

Bijlaard, P. P.: Theory and tests on the plastic stability of plates and shells. J. Aeron. Sci. **16** (1949) Sept. 529—541; AMR **3** (1950) 10 303. [1.222.111], [1.231.111].

Friedrichs, K. O.: The edge effect in bending and buckling with large deflection. Proc. Symposium Appl. Math. **1** (1949) 188—193; AMR **3** (1950) 6 170. [1.222.111], [1.225.11], [1.245].

Mehner, Martin: Stabilität der Rotationsschale parabolischer Meridianform. Diss. TH Hannover 1949 44 S.

Sonntag, G.: Beanspruchung der allgemeinen, geschlossenen sowie auch offenen Kegelschale durch Belastung ihrer Spitze. ZAMM **29** (1949) 6 178—185; AMR **3** (1950) 9 264. [1.243.12].

Zick, L. P. and *C. E. Carlson:* Stress analysis of a Hortonsphere. Welding Res. Counc. Suppl. **14** (1949) May 205—214; AMR **3** (1950) 7 199.

— Royal Aeronautical Society data sheets. Vol. 1, 2: Stressed skin structures. London: Roy Aeron. Soc. 1948; AMR **2** (1949) 5 105.

Zerna, Wolfgang: Berechnung an den Rändern belasteter, allgemeiner Schalen. ZAMM **30** (1950) 11/12 370—274.

Clark, R. A. a. o.: Stresses and deformations of toroidal shells of elliptical cross-section: with applications to the problems of bending of curved tubes and of the Bourdon gauge. Amer. Soc. Mech. Engrs. Prepr. 51-A-11 Nov. 1951 12 p. 12 ref.; Index Aeron. **8** (1952) 2 7.

Das Gupta, Sushil Chandra: Some simple problems of thick conical shells. Bull. Calcutta Math. Soc. **43** (1951) 3 119—122 3 ref.; AMR **5** (1952) 12 509; Index Aeron. **8** (1952) 6 79. [1.245].

Meissner, E.: The elasticity problem for thin shells of toroidal, spherical, or conical shape. David W. Taylor Model Basin Translat. 238 1951 15 p.

Parkus, H.: Thermal stresses in axially symmetrical shells in case of axially symmetrical temperature distributions (in German). Öst. Akad. Wiss. Math. Nat. Kl. Sitzungsber. IIa **160** (1951) 1—5, 1—13; AMR **6** (1953) 10 450. [1.241.111.1].

Vlasov, V. S.: Basic differential equations in general theory of elastic shells. NACA TM 1241 Febr. 1951 58 p.; AMR **6** (1953) 2 66. [1.240].

Zerna, Wolfgang: Membrantheorie verallgemeinerter Rotationsschalen. Ing.-Arch. **19** (1951) 3 228—230; AMR **5** (1952) 1 13. [1.244].

Feigen, M.: Minimum weight of tapered round thin-walled columns. J. Appl. Mech. **19** (1952) 3 375—380; AMR **6** (1953) 2 67. [1.241.111.1].

Bienert, Gerhard: Statische Formprobleme der Gewölbe und Schalenkuppeln. Bauplanung u. Bautechn. **7** (1953) 6 251—255. [1.231.111].

Fergusson, H. B., J. Kudar and *R. B. Harvey:* The stress distribution in the head of a thin-walled pressure vessel. Quart. J. Mech. & Appl. Math. **6** (1953) Pt. 1 March 1—14; AMR **6** (1953) 12 550. [1.244].

Klöppel, Kurt u. *Otto Jungbluth:* Beitrag zum Durchschlagproblem dünnwandiger Kugelschalen. (Versuche und Bemessungsformeln.) Stahlbau **22** (1953) 6 121—130; AMR **7** (1954) 3 106—107.

Rabich, R.: Die Membrantheorie der einschalig hyperbolischen Rotationsschalen. Bauplanung u. Bautechn. **7** (1953) 7 310—318, 320. [1.244].

Wenk, E. jr. and *C. E. Taylor:* Analysis of stresses at the reinforced intersection of conical and cylindrical shells. David W. Taylor Model Basin Rep. 826 March 1953 19 p.; AMR **6** (1953) 12 547. [1.243.13].

Horne, M. R.: Shells with zero bending stresses. J. Mech. Phys. Solids 2 (1954) 2 117—126 1 ref.; Index Aeron. **10** (1954) 4 46. [1.241.111.1].

Oravas, Gunhard: Analysis of continuous conical shells of rotational symmetry by the method of successive approximations. Publ. Int. Ass. Bridge & Struct. Engng. **14** (1954) 195—207. [1.245].

Reissner, E.: Small rotationally symmetric deformations of shallow helicoidal shells. Amer. Soc. Mech. Engrs. Prepr. 54-A-13 Nov./Dec. 1954 4 p.; Index Aeron. **10** 1954 9 4.

Druckbeanspruchung   1.242.112

Pflüger, Alfrich: Stabilität dünner Kegelschalen. Diss. TH Hannover 1937; Ing.-Arch. **8** (1937) 3 151—172.

Pflüger Alfrich: Zur Stabilität der dünnen Kegelschale. Ing.-Arch. **13** (1942/43) 2 59—72.

Sternberg, E. and *F. Rosenthal:* The elastic sphere under concentrated loads. Amer. Soc. Mech. Engrs. Prepr. 52-APM-37 June 1952 9 p. 11 ref.; Index Aeron. **8** (1952) 11 2. [1.243.12].

Esslinger, Maria: Über das Ausbeulen von Kegelschalen. Stahlbau **22** (1953) 11 254—257.

Torsionsbeanspruchung   1.242.114

Southwell, Richard Vynne: On the torsion of conical shells. Proc. Roy. Soc. (London) A **163** (1937) 337—355.

Lundquist, Eugene E. and *Evan H. Schütte:* Strength tests of thin-wall truncated cones of circular section. NACA ARR (WR L-442) Dec. 1942.

Mansfield, E. H. and *M. Fine:* The effect of uniformly spaced flexible ribs on the stresses due to self-equilibrating systems applied to long thin-walled cylinders. ARC R & M 2832 Aug. 1947 publ. 1954; J. Roy. Aeron. Soc. **59** (1955) 533 377.

Zusammengesetzte Beanspruchung einschl. Innen- und Außendruck   1.242.115

Schwerin, E.: Zur Stabilität der dünnwandigen Hohlkugel unter gleichmäßigem Außendruck. ZAMM **2** (1922) 2 81—91.

Goodey, W. J.: Schub in Hohlträgern. (Ein Abriß der Schubspannungstheorie bei Biegung und Torsion in Schalenkonstruktionen.) Luftf. Schrifttum Ausland (1936) 6.

v. Kármán, Th. and *Hsue-Shen Tsien:* The buckling of spherical shells by external pressure. J. Aeron. Sci. **7** (1939) 2 43—50; Luftwissen **7** (1940) 4 128.

Tölke, Friedrich: Über Rotationsschalen gleicher Festigkeit für konstanten Innen- und Außendruck. ZAMM **19** (1939) 6 338—343.

Hampel, Miloslaw: Das Spannungsproblem der achsensymmetrisch belasteten dicken Kugelschale. Stahlbau **13** (1940) 19/20 96—100.

Kurzweil, Arthur Columbus: The bending and buckling of shells with special reference to truncated cones. Diss. Univ. Stanford 1940.

Deuker, Ernst-August: Zur Stabilität der elastischen Schalen II; VIII. Die Stabilität einer geschlossenen Kugelschale unter gleichförmigem Außendruck. ZAMM **23** (1943) 3 169—179; Lufwissen **11** (1944) 1 25.

Hadji-Argyris, J. and *P. C. Dunne:* The general theory of cylindrical and conical tubes under torsion and bending loads. J. Roy. Aeron. Soc. **51** (1947) Febr. 199—269, Sept. 757—784, Nov. 884—930, **53** (1949) May 461—483, June 558—620; AMR **1** (1948) 4 105—106, **3** (1950) 7 198—199. [1.241.111.5], [1.243.13], [6.254.1].

Niordson, F. I. N.: Buckling of conical shells subjected to uniform external lateral pressure. Kungl. Tekn. Hogsk. Handl. 10 1947 21 p. 4 ref.; AMR **1** (1948) 5 138; Index Aeron. **6** (1950) 6 27.

Sturm, R. G. and *H. L. O'Brien:* Computed strength of vessels subjected to external pressure. Trans. ASME **69** (1947) 353—358.

Marin, Joseph, V. L. Dutton and *J. H. Faupel:* Tests of spherical shells in the plastic range. Welding J. Res. Suppl. **13** (1948) 12 593s—607s; AMR **3** (1950) 8 236.

Dzhanelidze, G. Y.: On the theory of thin shells and thin-walled rods. Prikl. Mat. Mekh. **13** (1949) Nov./Dec. 597—608 8 ref.; NACA TM 1309 Oct. 1951 18 p.; Index Aeron. **10** (1954) 5 96. [1.273].

Sturm, R. G., L. W. Smith and *H. L. O'Brien:* Allowable eccentricity of spherical heads convex to pressure. Amer. Soc. Mech. Engrs. Prepr. 49-A-70 Nov./Dec. 1949 5 p. 8 ref.; Trans. ASME **72** (1950) 5 533—538; Index Aeron. **6** (1950) 4 41; AMR **4** (1951) 3 156.

Flügge, Wilhelm: Stress problems in pressurized cabins. NACA TN 2612 Feb. 1952 91 p.; AMR **5** (1952) 10 425. [6.254.3].

Watts, G. W. and *H. A. Lang:* Stresses in a pressure vessel with a conical head. Trans. ASME **74** (1952) 3 315—324; AMR **5** (1952) 11 466.

Huth, J. H.: Thermal stresses in conical shells. J. Aeron. Sci. **20** (1953) 9 613—616; AMR **7** (1954) 4 148.

Watts, G. W. and *H. A. Lang:* The stresses in a pressure vessel with a hemispherical head. Trans. ASME **75** (1953) 1 83—89; AMR **6** (1953) 10 453. [1.241.111.5].

Versteifte Vollschalen aus homogenen insbesondere metallischen
Werkstoffen   1.242.2

Cox, H. Roxbee: Stiffness of thin shells. Brief notes on the optimum stiffness
obtainable for a given weight of material. Aircr. Engng. **8** (1936) 91 245—246.
Taylor, J. Lockwood: Monocoque stability in compression. Aircr. Engng. **11**
(1939) 127 349.
Schapitz, Eberhard: Berechnung versteifter Schalen im Metallflugzeugbau. Z. VDI
86 (1942) 33/34 497—507, 47/48 728 35 Lit.-St.
Wang, Tsun Kuei: General instability of semi-monocoque structures under
bending. J. Aeron. Sci. **13** (1946) Jan. 29.
Hildebrand, F. B., E. Reissner and *G. B. Thomas:* Notes on the foundations of
the theory of small displacements of orthotropic shells. NACA TN 1833
March 1949 59 p.; AMR **3** (1950) 3 74.
Ebner, Hans: Festigkeitsprobleme dünnwandiger Blechkonstruktionen. Schweißen
u. Schneiden **4** (1952) S. H. Dez. 145—155. [1.221], [1.232.11], [1.241.111.1],
[1.241.211].

Krafteinleitung und Spannungsstörung an Schalen   1.243
Schalen aus homogenen, insbesondere metallischen Werkstoffen   1.243.1
Krafteinleitung   1.243.12

Roark, Raymond J.: The strength and stiffness of cylindrical shells under
concentrated loading. J. Appl. Mech. **2** (1935) Dec. 147—152.
Yuan, Shao Wen: The cylindrical shells subjected to various types of concentrated loads. Diss. Univ. California Technol. 1935.
Wagner, Herbert u. *H. Simon:* Über die Krafteinleitung in dünnwandige Zylinderschalen. Luftf. Forsch. **13** (1936) 9 293—308.
Conway, C. G., H. L. Cox and *H. E. Smith:* Diffusion of concentrated loads into
monocoque structures. ARC R & M 1780 Apr. 1937.
Ebner, Hans u. *Hermann Köller:* Über die Einleitung von Längskräften in ver-
steifte Zylinderschalen. Jb. 1937 Dtsch. Luftf. Forsch. I 464—473.
Cox, H. L.: Diffusion of concentrated loads into monocoque structures.
III. General considerations with particular reference to bending load
distributions. ARC R & M 1860 Sept. 1938.
Kahlisch, W.: Berechnung von Aussteifungsringen in Schalenzylindern bei
großem örtlichen Lastangriff. Jb. 1938 Dtsch. Luftf. Forsch. I 457—460.
Schapitz, Eberhard u. *Günther Krümling:* Belastungsversuche mit einer versteiften Kreiszylinderschale bei Krafteinleitung an einzelnen Punkten. DVL-
Jb. 1938 238—251; Luftf.-Forsch. **14** (1937) 12 593—606; Aircr. Engng. **10** (1938)
114 260.
Aas-Jacobsen, A.: Einzellasten auf Kreiszylinderschalen. Bauing. **22** (1941) 35/36
343—346.
Barton, M. V.: The circular cylinder with a band of uniform pressure on a finite
length of the surface. J. Appl. Mech. (1941) Sept. A 97-A 104; Aeron. Helv. Soc.
89 (1941) 1 23 f.
Roark, Raymond J.: Stresses and deflections in thin shells and curved plates
due to concentrated and variously distributed loading. NACA TN 806
May 1941.
Hoff, N. J.: Stresses in a reinforced monocoque cylinder under concentrated
symmetric transverse loads. J. Appl. Mech. **66** (1944) A 235; Mech. Engng. **68**
(1946) May 473.
Hoff, N. J., Robert S. Levy and *Joseph K. Kempner:* Numerical procedures for the
calculation of the stresses in monocoques. I. Diffusion of tensile stringer loads
in reinforced panels. NACA TN 934 June 1944. [1.223.11].

Allen, D. C.: Stresses in a stiffened circular cylinder under concentrated axial loads. ARC R & M 2405 Jan. 1946 10 p.; AMR **4** (1951) 5 282; Index Aeron. **7** (1951) 4 50.

Levy, Robert S.: Shear in reinforced monocoque cylinders under concentrated transverse loads considering stringer bending. Diss. Univ. Brooklyn Polytechn. 1946. [1.241.213].

Levy, Robert S.: Effect of bending rigidity of stringers upon stress distribution in reinforced monocoque cylinder under concentrated transverse loads. Amer. Soc. Mech. Engrs. Prepr. 47-A-12 Dec. 1947 7 p. 3 ref.; J. Appl. Mech. **15** (1948) March 30—36; Index Aeron. **4** (1948) 3 57; AMR **1** (1948) 4 107.

Salerno, Vito L.: Theoretical and photoelastic investigation of the concentrated load problems in reinforced monocoque cylinders. Diss. Univ. Brooklyn Polytechn. 1947.

Liebowitz, Harold: Investigations of the concentrated load problem in reinforced moncoque cylinders with consideration of bending of distributed stringers. Diss. Univ. Brooklyn Polytechn. 1948. [1.241.213].

Hoff, N. J., V. L. Salerno, Harold Liebowitz, Bruno A. Boley and *Sebastian V. Nardo:* Concentrated load effects in reinforced monocoque structures. „Reissner Anniv. Vol.", Ann. Arbor (Mich.): J. W. Edwards 1949 277—332; AMR **2** (1949) 5 106.

Hoff, N. J., Vito L. Salerno and *Bruno A. Boley:* Shear stress concentration and moment reduction factors for reinforced monocoque cylinders subjected to concentrated radial loads. Inst. Aeron. Sci. Prepr. 151 July 1948 13 ref.; J. Aeron. Sci. **16** (1949) 5 277—288; Index Aeron. **5** (1949) 7 30, 8 29; AMR **3** (1950) 1 10—11. [1.243.14].

Martin, Friedrich: Die Membran-Kugelschale unter Einzellasten. Ing.-Arch. **17** (1949/50) 3 167—186; AMR **3** (1950) 11 345. [1.244].

Sonntag, G.: Beanspruchungen in der allgemeinen geschlossenen sowie auch offenen Kegelschale durch Belastung ihrer Spitze. ZAMM **29** (1949) 6 178—185; AMR **3** (1950) 9 264. [1.242.111].

Yuan, S. W., V. L. Salerno and *H. Brick:* Moment and stress distribution in thin cylindrical shells subjected to concentrated loads. Polytechn. Inst. Brooklyn, Aeron. Lab. Rep. 153 May 1949 30 p.; AMR **4** (1951) 2 91.

Abdank, R.: Einzellasten auf dünnschaligen Kalotten. Planen u. Bauen **4** (1950) 6 194—196.

Hermes, R. M.: On the inextensional theory of deformation of a right circular cylindrical shell. Amer. Soc. Mech. Engrs. Prepr. 51-APM-2 June 1951 4 p.; J. Appl. Mech. **18** (1951) 4 341—344; Index Aeron. **7** (1951) 9 94; AMR **5** (1952) 6 254. [1.241.111.3].

Sternberg, E. and *F. Rosenthal:* The elastic sphere under concentrated loads. Amer. Soc. Mech. Engrs. Prepr. 52-APM-37 June 1952 9 p. 11 ref.; Index Aeron. **8** (1952) 11 2. [1.242.112].

Horvay, G., and *F. M. Clausen jr.:* Stresses and deformations of flanged shells. Amer. Soc. Mech. Engrs. Prepr. 53-A-43 Nov./Dec. 1953 8 p. 8 ref.; Index Aeron. **10** (1954) 2 63.

Schalen mit Störungen (Ausschnitte usw.) 1.243.13

Williams, D.: Openings in stressed-skin wings. The effect of cover discontinuities on the strength and stiffness of stressed-skin wings. Aircr. Engng. **10** (1938) 107 3—6. [6.254.1].

Simon H.: Ein Interationsverfahren zur Analyse von Störbelastungen bei Zylinderschalen. Luftf. Forsch. **16** (1939) 2 97—103, 292; Aircr. Engng. **11** (1939) 125 283.

Marguerre, Karl: Spannungen in Ausschnittversteifungen. Luftf. Forsch. **18** (1941) 7 253—261; Techn. Z.-Schau **26** (1941) 22 366.

Marguerre, Karl: The stresses in stiffener openings. NACA TM 1005 Febr. 1942.

Thoma, D. u. *M. Schilhansl:* Spannungen und Formänderungen bei tordierten dünnwandigen Hohlzylindern mit kreisförmigem Ausschnitt. Luftf. Forsch. **19** (1942) 6 210—214 7 Lit.-St.; Luftwissen **19** (1942) 6 303.

Krzywoblocki, M. Z. E.: Application of double Fourier series to the calculation of stresses caused by pure bending in a circular monocoque cylinder with a cut-out. Diss. Univ. Brooklyn Polytechn. 1945.

Hoff N. J. and *Bruno A. Boley:* Stresses in and general instability of monocoque cylinders with cutouts. I. Experimental investigation of cylinders with a symmetric cutout subjected to pure bending. NACA TN 1013 June 1946.

Hoff N. J., Bruno A. Boley and *Bertram Klein:* Stresses in and general instability of monocoque cylinders with cutouts. II. Calculation of the stresses in a cylinder with a symmetric cutout. NACA TN 1014 June 1946.

Hadji-Argyris, J. and *P. C. Dunne:* The general theory of cylindrical and conical tubes under torsion and bending loads. J. Roy Aeron. Soc. **51** (1947) Febr. 199—269, Sept. 757—784, Nov. 884—930, **53** (1949) May 461—483, June 558—620; AMR **1** (1948) 4 105—106, **3** (1950) 7 198—199. [1.241.111.5], [1.242.115], [6.254.1].

Hoff, N. J., Bruno A. Boley and *Bertram Klein:* Stresses in and general instability of monocoque cylinders with cutouts. III. Calculation of the buckling load of cylinders with symmetric cutout subjected to pure bending. NACA TN 1263 May 1947 31 p.; AMR **1** (1948) 5 138.

Ling, C. B.: Torsion of a circular tube with longitudinal circular holes. Quart. Appl. Math. **5** (1947) 2 168—181; AMR **1** (1948) 1 7.

Hoff, N. J., Bruno A. Boley and *Louis R. Viggiano:* Stresses in and general instability of monocoque cylinders with cutouts. IV. Pure bending tests of cylinders with side cutout. NACA TN 1264 Febr. 1948 91 p.; AMR **1** (1948) 6 163.

Hoff, N. J. and *Bertram Klein:* Stresses in and general instability of monocoque cylinders with cutouts. V. Calculation of the stresses in cylinders with side cutout. NACA TN 1435 Jan. 1948.

Hoff, N. J., Bertram Klein and *Bruno A. Boley:* Stresses in and general instability of monocoque cylinders with cutouts. VI. Calculation of the buckling load of cylinders with side cutout subjected to pure bending. NACA TN 1436 March 1948 30 p.; AMR **1** (1948) 4 105.

Hoff, N. J., Bruno A. Boley and *Joseph J. Mele:* Stresses in and general instability of monocoque cylinders with cutouts. VII. Experimental investigation of cylinders having either long bottom cutouts or series of side cutouts. NACA TN 1962 1949 57 p.; AMR **3** (1950) 5 138.

Hoff, N. J., Bruno A. Boley and *Merven W. Mandel:* Stresses in and general instability of monocoque cylinders with cutouts. VIII. Calculation of the buckling load of cylinders with long symmetric cutout subjected to pure bending. NACA TN 1963 1949 36 p.; AMR **3** (1950) 5 138.

Flügge, Wilhelm: Die Näherungsmethode in der Schalenstatik „Federhofer-Girkman-Festschrift", Wien: Deuticke 1950 17—35; AMR **4** (1951) 8 453. [1.242.0].

Morley, L. S. D. and *W. K. G. Floor:* Load distribution and relative stiffness paramenters for a reinforced circular cylinder containing a rectangular cutout. NLL Rep. S 362 1950 20 p.; Index Aeron. **7** (1951) 4 50; AMR **4** (1951) 5 285—286.

Rosecrans, Richard: Method for calculating stresses in torsion — box covers with cutouts. NACA TN 2290 Febr. 1951 38 p.; AMR **4** (1951) 6 349. [1.246].

Wu, T. S., L. E. Goodman and *N. M. Newmark:* Effect of small initial irregularities on the stresses in cylindrical shells. Civil Engng. Studies, Struct. Res. Series No. 50 Univ. Illinois 1951.

Henson, G.: Stress distribution near a rectangular cut-out in a reinforced circular cylinder due to direct shear loading and torque: I. Test results. Coll. Aeron. Rep. (Cranfield) No. 51 Jan. 1952 23 p. 15 ref.; Index Aeron. **8** (1952) 7 76; AMR **5** (1952) 12 513.

Levy, Samuel: Structural analysis and influence coefficients for delta wings. J. Aeron. Sci. **20** (1953) 7 449—454; AMR **7** (1954) 3 109. [6.254.1].

Schlechte, Floyd R. and *Richard Rosecrans:* Experimental stress analysis of stiffened cylinders with cutouts. Pure torsion. NACA TN 3039 Nov. 1953 41 p. 5 ref.; Index Aeron. **10** (1954) 3 86; J. Roy. Aeron. Soc. **58** (1954) 519 220.

Wenk, E. jr. and *C. E. Taylor:* Analysis of stresses at the reinforced intersection of conical and cylindrical shells. David W. Taylor Model Basin Rep. 826 March 1953 19 p.; AMR **6** (1953) 12 547. [1.242.111].

McComb, Harvey G. jr.: Stress analysis of circular semimonocoque cylinders with cutouts by a perturbation load technique. NACA TN 3200 Sept. 1954 37 p.

Schlechte, Floyd R. and *Richard Rosecrans:* Experimental stress analysis of stiffened cylinders with cutouts: pure bending. NACA TN 3073 March 1954 41 p.; Index Aeron. **10** (1954) 7 110.

Schlechte, Floyd R. and *Richard Rosecrans:* Experimental stress analysis of stiffened cylinders with cutouts: shear load. NACA TN 3192 July 1954 87 p.; Index Aeron. **10** (1954) 10 124; J. Roy. Aeron. Soc. **58** (1954) 527 798.

Spantprobleme von Schalen   1.243.14

Pohl, K.: Berechnung der Ringversteifungen dünnwandiger Hohlzylinder. Stahlbau **4** (1931) 14 157—163.

Burke, Walter F.: Working charts for the stress analysis of elliptic rings. NACA TN 444 Jan. 1933.

Miller, Roy A. and *Karl D. Wood:* Formulas for the stress analysis of circular rings in a monocoque fuselage. NACA TN 462 June 1933.

Drescher, K. u. H. Gropler: Über die bei Einleitung von Längskräften in Zylinder- und Kegelschalen auftretende Beanspruchung von Ringspanten. ZWB FB 598 1936 23 S.; Luftf. Forsch. **14** (1937) 2 63—70; Aircr. Engng. **9** (1937) 99 141. [6.254.3].

Greenwood, E. J. A. jr.: A method of stress analysis of monocoque fuselage circular rings. J. Aeron. Sci. **3** (1936) 12 440—443; Luftwissen **4** (1937) 1 23.

Ebner, Hans: Zur Festigkeit von Schalen- und Rohrholmflügeln. Luftf. Forsch. **14** (1937) 4/5 179—190; Aircr. Engng. **9** (1937) 104 305. [1.241.211], [6.254.1].

Gurney, C.: The strength of frames in monocoque construction. Flight **31** (1937) 1483 32d—34f; Luftwissen **4** (1937) 8 261.

Morris, J. and *W. Tye:* The effect of initial curvature. The stressing of frames, such as monocoque rings, embodying curved members. Aircr. Engng. **9** (1937) 99 123—125. [1.212.4].

Tye, W.: Stressed-skin construction distribution of loads on stringers and transverse rings in a monocoque fuselage. Flight **32** (1937) 1496 212a. [6.254.3].

Drescher, K. and *H. Gropler:* Stresses in reinforcing rings due to axial forces in cylindrical and conical stressed skins. NACA TM 847 Jan. 1938. [6.254.3].

Enneper, P.: Die Deformationen des Kreisringes. Siebel-Flugzeugwerke Dez. 1939 26 S. [1.212.4].

Fairthorne, R. A.: The stressing of thin rings. A simplified and complete method for the solution of continuous rings. Aircr. Engng. **11** (1939) 124 228—230, 237; Luftwissen **6** (1939) 11 296.

Kuhn, Paul: Loads imposed on intermediate frames of stiffened shells. NACA TN 687 Febr. 1939 30 p. [1.212.4].

Ruffner, B. F. jr.: Monocoque fuselage circular ring analysis. J. Aeron. Sci. **6** (1939) 3 114—116; Luftwissen **6** (1939) 5 180.

Wise, Joseph A.: Analysis of circular rings for monocoque fuselages. J. Aeron. Sci. **6** (1939) 11 460—463; Luftwissen **7** (1940) 4 128.

Ebner, Hans: The strength of shell and tubular spar wings. NACA TM 933 Febr. 1940. [1.241.211], [6.254.1].

Fahlbusch, H. u. W. Wegner: Berechnung der Beanspruchung kreisförmiger Ringspante. Luftf. Forsch. **18** (1941) 4 122—127; Techn. Z.-Schau **26** (1941) **17** 290.

Fahlbusch, H.: Über den Schubkraftfluß in der dünnwandigen Kreiszylinderschale und die Beanspruchung der Ringversteifungen. Jb. 1941 Dtsch Luftf.-Forsch. I 484—490. [1.241.215].

Fahlbusch H. and W. Wegner: Stress analysis of circular frames. NACA TM 999 Dec. 1941.

Stieda, W.: Zur Statik von Kreisringspanten in Flugzeugdruckkabinen. Luftf. Forsch. **18** (1941) 6 214—222 5 Lit.-St.; Techn. Z.-Schau **26** (1941) 20 338. [6.254.3].

Gassner, A. A.: Berechnung kunstharzverleimter Lagenhölzer für Flugzeugspante. J. Aeron. Sci. **9** (1942) 5 161—171; Kunststoffe **33** (1943) 6 167.

Stieda, W.: Statics of circular-ring stiffeners for monocoque fuselages. NACA TM 1004 Febr. 1942. [6.254.3].

Wignot J. E., Henry Combs and *A. F. Ensrud:* Analysis of circular shell-supported frames. NACA TN 929 May 1944.

Kuhn Paul, John E. Duberg and *George E. Griffith:* The effect of concentrated loads on flexible rings in circular shells. NACA ARR L 5 H 23 (WR L-66) Dec. 1945.

Pian, Theodore Hsueh-Huang: Aanalytical study of transmission of load from skin to stiffeners and rings of pressurized cabin structure. NACA TN 993 Oct. 1945. [1.442.41].

Nelson, David H.: Effect of change in cross section upon stress distribution in circular shell-supported frames. NACA TN 1098 July 1946.

Van Wijngaarden. A.: Large distortions of circular rings and straight rods. NLL Rep. S 307 1946. [1.342.51].

Wang, Chi-Teh and *S. Ramamritham:* Stress analysis of noncircular rings for monocoque fuselages. J. Aeron. Sci. **14** (1947) Dec. 707—712; AMR. **1** (1948) 3 74.

Ching, Kuang-Sheng: Deep ring analysis. J. Aeron. Sci. **15** (1948) 9 531—534 in cylindrical and conical stressed skins. NACA TN 847 Jan. 1938. [6.254.3]. 2 ref.; Index Aeron. **5** (1949) 1 6.

Hoff, N. J., Vito L. Salerno and *Bruno A. Boley:* Shear stress concentration and moment reduction factors for reinforced monocoque cylinders subjected to concentrated radial loads. Inst. Aeron. Sci. Prepr. 151 July 1948 13 ref.; J. Aeron. Sci. **16** (1949) 5 277—288; Index Aeron. **5** (1949) 7 30, 8 29; AMR **3** (1950) 1 10—11. [1.243.12].

Hoff, N. J. and *Paul A. Libby:* Recommendations for numerical solution of reinforced-panel and fuselage-ring problems. NACA TN 1786 Dec. 1948 79 p.; NACA Rep. 934 1949 29 p.; AMR **3** (1950) 4 109, 11 350; Index Aeron. **7** (1951) 1 57. [1.223.11].

Steinbacher, F. R. and *Hsu Lo:* Determination of bending moments in pressure-loaded rings of arbitrary shape when deflections are considered. NACA TN 1692 Sept. 1948 127 p.; AMR **2** (1949) 8 176.

Nelson, C. W.: A fourier integral solution for the plane-stress problem of a circular ring with concentrated radial loads. Amer. Soc. Mech. Engrs. Prepr. 50-A-16 Nov./Dec. 1950 10 p. 15 ref.; Index Aeron. **7** (1951) 9 10.

van Wijngaarden, A.: Large deflections of semi-oval rings. NLL Rapp. S. 313 1951 7 p.; AMR **6** (1953) 6 278; Index Aeron. **8** (1952) 11 3—4.

Lewis, S. R.: The diffusion of transverse loads in reinforced circular cylinder wiht nonrigid frames. ARC Curr. Pap. CP 74 1952 23 p.; Index Aeron. 8 (1952) 8 78; AMR 6 (1953) 1 14.

Acharya, Y. V. G., L. S. Srinath and C. N. Lakshminarayana: Evaluation of stresses in a circular ring by the relaxation method. Appl. Sci. Res. (A) 3 (1953) 6 415—428; AMR 7 (1954) 1 9.

Benham, P. P.: Bending moments in fuselage frames obtained by the photoelastic method. J. Roy. Aeron. Soc. 57 (1953) 515 667—682 9 ref.; Index Aeron. 10 (1954) 1 61.

Dallison, K. J.: Stress analysis of circular frames in a nontapering fuselage. J. Roy. Aeron. Soc. 57 (1953) 507 151—176; AMR 6 (1953) 12 551.

Hwang, Chintsun: Plastic collapse of thin rings. J. Aeron. Sci. 20 (1953) 12 819—826, 845 14 ref.; Index Aeron. 10 (1954) 1 5.

Argyris, J. H. and S. Kelsey: Energy theorems and structural analysis. A generalized discourse with applications on energy principles of structural analysis including the effects of temperature and non-linear stress-strain relations. Pt. II. Applications to thermal stress problems and St. Venant torsion. Aircr. Engng. 26 (1954) 310 410—422. [1.225.12], [1.342.51].

Srinath, L. S. and Y. V. G. Archarya: Stresses in a circular ring: comparison of theory with experiment. Appl. Sci. Res. A 4 (1954) 3 189—194; Index Aeron. 10 (1954) 7 4.

Membrantheorie   1.244

Lagally, M.: Über Spannung und elastische Deformation von Membranen. ZAMM 4 (1924) 5 377—383.

Löbell, Frank: Ein Beitrag zur Bestimmung der Deformationen einer elastischen Membran unter dem Einfluß gegebener äußerer Kräfte. ZAMM 7 (1927) 6 463—469.

Ebner, Hans u. Karl Marguerre: Über den Spannungszustand in Membranschalen bei Innendruck. ZWB FB 811/1 1937 29 S.

Pflüger, Alfrich: Spannungsverteilung in stabförmigen Membran-Kegelschalen. ZAMM 22 (1942) 2 99—116. [1.242.111].

Truesdell, C.: The membrane theory of shells of revolution. Trans. Amer. Math. Soc. 58 (1945) 1 96—166 21 ref.; Index Aeron. 4 (1948) 7 10.

Flügge, Wilhelm: Zur Membrantheorie der Drehschalen negativer Krümmung. ZAMM 25/27 (1947) 3 65—70; AMR 2 (1949) 7 150.

Serafimow, Peter: Spannungszustand hyperbolischer Schalen nach der Membran-Theorie. Diss. TH Dresden 1947 63 S.

Tester, Kurt: Beitrag zur Berechnung der hyperbolischen Paraboloidschale. Ing.-Arch. 16 (1947/48) 1 39—44; AMR 1 (1948) 8 213.

Truesdell, C.: On Sokolovski's momentless shells. Trans. Amer. Math. Soc. 61 (1947) Jan. 128—133; AMR 1 (1948) 6 164.

Zerna, Wolfgang: Zur Membrantheorie der allgemeinen Rotationsschalen. Diss. TH Hannover 1947 47 S.

Broglio, L.: Introduction of a general theory of shells of translation (in French). Publ. Int. Ass. Bridge & Struct. Engng. Final Rep. 3rd Congr. 1948 553—564; AMR 4 (1951) 3 154. [1.230].

Johansen, K. W.: On integration of the differential equation for thin shells without bending. Publ. Int. Ass. Bridge & Struct. Engng. Final. Rep. 3rd Congr. 1948 597—600; AMR 4 (1951) 3 155.

Reissner, Eric: Note on the membrane theory of shells of revolution. J. Math. Phys. 26 (1948) Jan. 290—293; AMR 2 (1949) 4 78. [1.242.0].

Sauer, Robert: Geometrische Bemerkungen zur Membrantheorie der negativ gekrümmten Schalen. ZAMM 28 (1948) 7/8 198—204; AMR 3 (1950) 5 136.

Truesdell, C.: On the reliability of the membrane theory of shells of revolution. Bull. Amer. Math. Soc. **54** (1948) Oct. 994—1008; AMR **1** (1948) 11 285.

Eisenberg, Phillip: Elastic deformation of thin ellipsoidal shells under hydrodynamic pressures. David W. Taylor Model Basin Rep. 606 July 1949 22 p.; AMR **3** (1950) 12 400.

Martin, F.: Die Membran-Kugelschale unter Einzellasten. Ing.-Arch. **17** (1949/50) 3 167—186; AMR **3** (1950) 11 345. [1.243.12].

Pailloux, Henri: Stress determination in a membrane without stiffness (in French). C. R. Hebd. Séances Acad. Sci. **228** (1949) Jan. 54—56; AMR **3** (1950) 8 232.

Zanaboni, Osvaldo: Membrane stresses in cupolas with forces distributed on the surface (in Italian). Giornale Genio Civile **87** (1949) Sept. 442—457; AMR **3** (1950) 12 400.

Zerna, Wolfgang: Zur Membrantheorie der allgemeinen Rotationsschalen. Ing.-Arch. **17** (1949) 3 223—232; AMR **3** (1950) 11 340. [1.242.0].

Hildebrand, F. B.: On asymptotic integration in shell theory. Proc. Symposium Appl. Math. **3** (1950) 53—66; AMR **4** (1951) 4 216.

Mitrinovitch, Dragoslav S.: Relation between an unsolved problem of the theory of elasticity and a problem solved by Darboux and Drach (in French). C. R. Hebd. Séances Acad. Sci. **231** (1950) 5 327—328; AMR **4** (1951) 3 149.

Osgood, W. R. and J. A. Joseph: On the general theory of thin shells. Amer. Soc. Mech. Engrs. Prepr. 50-APM-14 1950 3 p.; J. Appl. Mech. **17** (1950) 4 396—398; Index Aeron. **6** (1950) 9 41; AMR **4** (1951) 4 215. [1.245].

Parkus, H.: Die Grundgleichungen der Schalentheorie in allgemeinen Koordinaten. Oest. Ing.-Arch. **4** (1950) 2 160—174 11 Lit.-St.; Index Aeron.. **7** (1951) 3 42; AMR **4** (1951) 2 91.

Vreedenburgh, C. G. J.: Calculation of membrane stresses in continuous stiffened circular cylindrical shells (in Dutch). Ingenieur **62** (1950) 22 23—29; AMR **4** (1951) 6 344. [1.241.211].

Mitrinovitch, Dragoslav S.: On an indeterminate differential equation occuring in an important problem of elasticity (in French). C. R. Hebd. Séances Acad. Sci. **232** (1951) 8 681—683; AMR **4** (1951) 8 452.

Zerna, Wolfgang: Membrantheorie verallgemeinerter Rotationsschalen. Ing.-Arch. **19** (1951) 3 228—230; AMR **5** (1952) 1 13. [1.242.111].

Adkins, J. E. and R. S. Rivlin: Large elastic deformations of isotropic materials: IX. The deformation of thin shells. Phil. Trans. Roy. Soc. (London) A **244** (1952) 888 505—531 9 ref.; Index Aeron. **8** (1952) 9 36; AMR **6** (1953) 1 11.

Bölcskei, E.: Deformation of thin membranes (in French). Acta Techn. (Budapest) **5** (1952) 4 489—505; AMR **6** (1953) 9 405.

Kuhelj, A.: Contribution to the theory of elasticity of shells (in German). Publ. Int. Ass. Bridge & Struct. Engng. 4th Congr., Cambridge and London Aug./Sept. 1952 199—212; AMR **6** (1953) 6 277.

Fergusson, H. B., J. Kudar and R. B. Harvey: The stress distribution in the head of a thin-walled pressure vessel. Quart. J. Mech. & Appl. Math. **6** (1953) Pt. 1 March 1—14; AMR **6** (1953) 12 550. [1.242.111].

Langhaar, H. L.: An invariant membrane stress function for shells. Amer. Soc. Mech. Engrs. Prepr. 52-A-18 Nov./Dec. 1952 5 p.; J. Appl. Mech. **20** (1953) 2 178—182; AMR **7** (1954) 1 10; Index Aeron. **9** (1953) 1 37.

Rabich, R.: Die Membrantheorie der einschalig hyperbolischen Rotationsschalen. Bauplanung u. Bautechn. **7** (1953) 7 310—318, 320. [1.242.111].

Biegetheorie der Schalen 1.245

Lichtenstern, E.: Die biegungsfeste Kegelschale mit linear veränderlicher Wandstärke. ZAMM **12** (1932) 6 347—350.

Havers, A.: Asymptotische Biegetheorie der unbelasteten Kugelschale. Ing.-Arch. **6** (1935) 4 282—312.

Trefftz, Erich: Ableitung der Schalenbiegungsgleichungen mit dem Castigliano-
schen Prinzip. ZAMM **15** (1935) 101 ff.

Spotts, M. F.: Analysis of spherical shells of variable wall thickness. J. Appl.
Mech. **6** (1939) 3 97—102.

Levy, Samuel: Large-deflection theory of curved sheet. NACA TN 895 May 1943.

Nollau, H.: Der Spannungszustand der biegungssteifen Kegelschale mit linear
veränderlicher Wandstärke unter beliebiger Belastung. ZAMM **24** (1944) 1
10—34. [1.242.111].

Chien, Wei Zang: Derivation of the equations of equilibrium of an elastic shell
from the general theory of elasticity. Sci. Rep. Nat. Tsing Hua Univ. Ser.
A 5 (1948) 240—251; AMR **3** (1950) 11 345.

Friedrichs, K. O.: The edge effect in bending and buckling with large deflections.
Proc. Symposium Appl. Math. **1** (1949) 188—193; AMR **3** (1950) 6 170. [1.222.111],
[1.225.11], [1.242.111].

Langhaar, H. L.: A strain-energy expression for thin elastic shells. J. Appl. Mech.
16 (1959) 2 183—189; Index Aeron. **5** (1949) 9 20; AMR **3** (1950) 9 260. [1.230],
[1.240], [1.242.0].

Neuber, Heinz: Allgemeine Schalentheorie. I, II. ZAMM **29** (1949) 4 97—108,
5 142—146; AMR **3** (1950) 6 170, 7 198. [1.230], [1.240], [1.242.0].

Zerna, Wolfgang: Beitrag zur allgemeinen Schalenbiegetheorie. Ing.-Arch. **17**
(1949/50) 1/2 149—164; AMR **3** (1950) 11 345.

Muenz, Hildegard: Ein Integrationsverfahren für die Berechnung der Biegespannungen achsensymmetrischer Schalen unter achsensymmetrischer Belastung.
Diss. TH Braunschweig 1950 55 S.; Ing.-Arch. **19** (1951) 2 103—117, 4/5
255—270; AMR **4** (1951) 11 597. [1.225.11].

Osgood, W. R. and *J. A. Joseph:* On the general theory of thin shells. Amer.
Soc. Mech. Engrs. Prepr. 50-APM-14 1950 3 p; J. Appl. Mech. **17** (1950) 4
396—398; Index Aeron. **6** (1950) 9 41; AMR **4** (1951) 4 215. [1.244].

Das Gupta, Sushil Chandra: Some simple problems of thick conical shells. Bull.
Calcutta Math. Soc. **43** (1951) 3 119—122 3 ref.; AMR **5** (1952) 12 509; Index.
Aeron. **8** (1952) 6 79. [1.242.111].

Lew, H. G.: Bending of thin plates with compound curvature. NACA TN 2782
Oct. 1952 49 p.; AMR **6** (1953) 7 328.

Kaplan, A. and *Y. C. Fung:* A nonlinear theory of bending and buckling of thin
elastic shallow spherical shells. NACA TN 3212 Aug. 1954 58 p. 10 ref.;
J. Roy. Aeron. Soc. **58** (1954) 527 798.

Oravas, Gunhard: Analysis of continuous conical shells of rotational symmetry
by the method of successive approximations. Publ. Int. Ass. Bridge & Struct.
Engng. **14** (1954) 195—207. [1.242.111].

Kastenträger

Schnadel, Georg: Die mittragende Breite in Kastenträgern und im Doppelboden.
Werft, Reederei, Hafen **9** (1928) 5 92—101. [1.223.122].

Wheatley, John B.: Torsion in box wings. NACA TN 366 Febr. 1931. [6.254.1].

v. Boutteville, S.: Theoretische und experimentelle Untersuchungen zur Torsion
von Kastenquerschnitten. Diss. TH München 1932; Forsch. Ing. Wes. **3** (1932)
1 25—42. [1.342.51].

v. Boutteville, S.: Torsion dickwandiger Kastenquerschnitte. Z. VDI **76** (1932)
12 286.

Ebner, Hans: Die Beanspruchung dünnwandiger Kastenträger auf Drillung bei
behinderter Querschnittswölbung. 349. DVL-Ber.; ZFM **24** (1933) 23 645—655,
24 684—692; DVL-Jb. 1933 III 72—90. [1.342.52].

Ebner, Hans: Torsional stresses in box beams with cross sections partially
restrained against warping. NACA TM 744 May 1934. [1.342.52].

Ebner, Hans: Spannungszustand durch Drillung in dünnwandigen Kastenträgern bei verhinderter Endwölbung. ZAMM **14** (1934) 6 352—353. [1.342.52].

Kuhn, Paul: The torsional stiffness of thin duralumin shells subjected to large torques. NACA TN 500 July 1934.

Kuhn, Paul: Bending stresses due to torsion in cantilever box beams. NACA TN 530 June 1935.

Kuhn, Paul: The initial torsional stiffness of shells with interior webs. NACA TN 542 Sept. 1935.

Williams, D. and *D. W. G. Fairbank:* A study of the flexural axis positions for certain box sections. ARC R & M 1751 March 1936; Aircr. Engng. **9** (1937) 101 199; Luftwissen **4** (1937) 8 261.

Hatcher, Rob. S.: Rational shear analysis of box girders. J. Aeron. Sci. **4** (1937) 6 233—238; Luftwissen **4** (1937) 6 194.

Kirste, Leo: Beitrag zur Berechnung von Kastenträgern. „Beiträge zur Flugtechnik", Wien: Springer 1937 40—43. [6.254.1].

Kirste, Leon: Sur le calcul des poutres en caisson, Aéronautique **16** (1937) 173 57—58; Luftwissen **4** (1937) 9 287.

Kuhn, Paul: Strain measurements on small duralumin box beams in bending. NACA TN 588 Jan. 1937.

Kuhn, Paul: Stress analysis of beams with shear deformation of the flanges. NACA Rep. 608 1937.

Springer, Burdell L.: Elastic behavior of box beams. J. Aeron. Sci. **4** (1937) 5 202—205; Luftwissen **4** (1937) 5 162.

Davies, H.: Torsion in rectangular spar-boxes. With special reference to the case of a box interrupted near the root. Aircr. Engng. **10** (1938) 113 221—223; Luftwissen **5** (1938) 10 381.

Kuhn, P.: Bending stresses in box beams as influenced by shear deformation. SAE J. **43** (1938) 2 319—324.

Reissner, E.: On the problem of stress distribution in wide-flanged box-beams. J. Aeron. Sci. **5** (1938) 8 295—299.

Sibert, H. W.: Shear distribution in a sheet-metal box spar. J. Aeron. Sci. **3** (1938) 4 133—137; Luftwissen **5** (1938) 6 228.

Cambilargiu, E.: Berechnung der Verdrehung kastenförmiger Träger, denen eine Wand fehlt. Luftf. Forsch. **16** (1939) 8 403—411. [1.342.52].

Cambilargiu, E.: Esperienze e calcoli sulla torsione di strutture a cassone. Aerotecnica **19** (1939) 10 975—987; Luftwissen **7** (1940) 4 129.

Ramberg, Walter, Albert E. McPherson and *Samuel Levy:* Compressive tests of a monocoque box. NACA TN 721 Aug. 1939 22 p.; Luftwissen **7** (1940) 4 128.

Cambilargiu, E.: The torsion of box beams with one side lacking. NACA TM 939 Apr. 1940. [1.342.52].

Fine, M. and *D. Williams:* Stress distribution in reinforced flat sheet, cylindrical shells and cambered box-beams under bending. ARC R & M 2099 Sept. 1940 35 p.; AMR **3** (1950) 9 264. [1.241.213].

Radomski, B.: Bemerkungen zur Ermittlung der Schubflußverteilung in Hohlquerschnitten. Luftf. Forsch. **17** (1940) 3 70—75.

Reissner, E.: The influence of taper on the effiency of wide-flanged box-beams. J. Aeron. Sci. **7** (1940) 8 353—357; Luftwissen **7** (1940) 12 432.

Freyer, R.: Zur Verdrehung eines einseitig offenen Kastens. ZWB FB 1429 1941 28 S. [1.342.51].

Nowell, Joseph S. and *Eric Reissner:* Shear lag in corrugated sheets used for the chord member of a box beam. NACA TN 791 Jan. 1941.

Thum, August u. *Otto Petri:* Steifigkeit und Verformung von Kastenquerschnitten mit Verrippungen, Wanddurchbrechungen und bei Behinderung der Querschnittsverwölbung. Diss. Petri TH Darmstadt 1941; VDI-Forsch.-H. 409 1941 28 S.

Chiarito, Patrick T.: Shear-lag tests of two box beams with flat covers loaded to destruction. NACA ARR (WR L-307) Oct. 1942.

Erlandsen, Oscar jr. and *Lawrence M. Mead jr.:* A method of shear-lag analysis of box beams for axial stresses, shear stresses, and shear center. NACA ARR (WR W-33) Apr. 1942. [1.342.7].

Kuhn, Paul and *Patrick T. Chiarito:* Shear lag in box beams methods of analysis and experimental investigations. NACA Rep. 739 1942.

Kuhn, Paul: The influence of bulkhead spacing on bending stresses due to torsion. NACA ARR (WR L-501) May 1942.

Kuhn, Paul: A method of calculating bending stresses due to torsion. NACA ARR (WR L-352) Dec. 1942.

Levy, Samuel, Albert E. McPherson and *Walter Ramberg:* Torsion tests of a monocoque box. NACA TN 872 Nov. 1942.

Lundquist, Eugene E. and *Edward B. Schwartz:* A study of general instability of box beams with truss-type ribs. NACA TN 866 Nov. 1942.

McPherson, Albert E., Walter Ramberg and *Samuel Levy:* Bending tests of a monocoque box. NACA TN 873 Nov. 1942.

Payne, J. H.: Torsion in box beams. Aircr. Engng. **14** (1942) 155 2—8.

Hildebrand, Francis B. and *Eric Reissner:* Least-work analysis of the problem of shear lag in box beams. NACA TN 893 May 1943.

Hildebrand, Francis B.: The exact solution of shear-lag problems in flat panels and box beams assumed rigid in the transverse direction. NACA TN 894 June 1943.

Kuhn, Paul: A procedure for the shear-lag analysis of box beams. NACA ARR (WR L-401) Jan. 1943.

Lewis, W. C. and E. R. Dawley: Stiffeners in box beams and details of design. FPL Rep. 1318-A Oct. 1943. (Suppl. to. 13/8) [1.223.23].

Plantema, F. J. en *A. van der Neut:* Qualitatieve beelden van de spannings-verdeeling in schaalconstructies. I. Vleugels. NLL Rapp. S. 282 1943 41 Blz. [1.242.0], [6.254.1].

— Design of plywood webs in box beams. FPL Rep. 1318 March 1943. [1.223.23].

Chiarito, Patrick T.: Shear-lag tests of two box beams with corrugated covers loaded to failure. NACA ARR 4 A 05 (WR L-482) Jan. 1944.

Duberg, John E.: Comparison of an approximate and an exact method of shear-lag analysis. NACA ARR 4 A 18 (WR L-310) Jan. 1944.

Duberg, John E. and *Harold G. Brilmyer:* Tests and approximate analysis of bending stresses due to torsion in a D-section box. NACA ARR L 4 E 15 (WR L-37) May 1944.

Kuhn, Paul, S. B. Batdorf and *Harold G. Brilmyer:* Secondary stresses in open box beams subjected to torsion. NACA ARR L 4 I 23 (WR L-14) Nov. 1944. [1.342.51].

Lewis, W. C., T. B. Heebink, W. S. Cottingham and E. R. Dawley: Additional tests of box beams and I-beams to substantiate further the design curves for plywood webs in box beams — tests of plywood webs in the tension field. FPL Rep. 1318-C Aug. 1944 (Suppl. to 1318). [1.223.23].

McPherson, A. E., D. Goldenberg and *G. Zibritosky:* Torsion test to failure of a monocoque box. NACA TN 953 Oct. 1944.

Chiarito, Patrick T. and *Simon H. Diskin:* Strain measurements and strength tests on the tension side of a box beam with flat cover. NACA ARR L 5 A 13 b (WR L-59) Febr. 1945.

Fine, M. and *D. Williams:* The effect of end constraint on thinwalled cylinders subject to torque. ARC R & M 2223 May 1945 15 p.; Index Aeron. **4** (1948) 6 55. [1.241.214].

Kuhn, Paul and *Harold G. Brilmyer:* Stresses near the juncture of a closed and an open torsion box as influenced by bulkhead flexibility. NACA ARR L 5 G 18 (WR L-2) Aug. 1945. [1.342.52].

Peterson, James P.: Shear-lag tests of a box beam with a higly cambered cover in tension. NACA ARR L 5 F 27 b (WR L-106) July 1945.

Williams, D.: Rib loads at changes of section in a torsion box. ARC R & M 2503 June 1945 8 p.; Index Aeron. **7** (1951) 8 66.

Kuhn, Paul and *Edwin M. Moggio:* Stresses around large cut-outs in torsion boxes. NACA TN 1066 May 1946.

Kempner, Joseph: Recurrence formulas and differential equations for stress analysis of cambered box beams. NACA TN 1466 Oct. 1947 50 p.; AMR **1** (1948) 2 44.

Kreißig, Ernst: Der Rechteck-Hohlträger. Glas. Ann. **71** (1947) 12 222—226.

Kruszewski, Edwin T.: Bending stresses due to torsion in a tapered box beam. NACA TN 1297 May 1947 48 p.; AMR **1** (1948) 3 75.

Borsari, Palamede and *Ai-ting Yu:* Shear lag in a plywood sheet-stringer combination used for the chord member of a box beam. NACA TN 1443 March 1948 57 p.; AMR **1** (1948) 4 106. [1.223.23].

Gerard, G.: Optimum number of webs required for a multicell box under bending. J. Aeron. Sci. **15** (1948) 1 53—56; Index Aeron. **4** (1948) 5 35.

Rice, G. E. H.: Torsion of thin walled multicell boxes. Aircr. Engng. **20** (1948) 235 267—268, 281; Index Aeron. **4** (1948) 12 83.

Williamson, R. A.: Torsion bending stresses in box beams. J. Aeron. Sci. **15** (1948) 7 427—434; AMR **1** (1948) 7 189; Index Aeron. **4** (1948) 11 5.

Zender, George and *Charles Libove:* Stress and distortion measurements in a 45⁰ swept box beam subjected to bending and to torsion. NACA TN 1525 March 1948 36 p.; AMR **1** (1948) 4 107.

Becker, H.: The optimum proportions of a multicell box beam in pure bending. J. Aeron. Sci. **16** (1949) 11 653—658 4 ref.; Index Aeron. **6** (1950) 3 7.

Sparkes, S. R., J. C. Chapman and *A. J. S. Pippard:* Experiments on the flexure of rectangular box girders of thin steel plating. „Engineering Structures", London: Butterworth 1949 61—92; AMR **3** (1950) 11 347.

Thompson, J. J. and *W. H. Wittrick:* The stresses in certain cylindrical swept tubes under torsion and bending. CSIR Aeron. Res. Rep. ACA-43 1949 20 p.; AMR **3** (1950) 5 140; Index Aeron. **6** (1950) 3 6. [6.254.1].

Vlasov, V. S.: Computation of thin-walled prismatic shells. NACA TM 1234 June 1949.

Anderson, C. G.: Flexural stresses in curved beams of I- and box-section. Proc. IME Appl. Mech. **163** (1950) 295—306, (War Emergency Proc. 62); Index Aeron. **7** (1951) 9 89; AMR **5** (1952) 3 100; Konstruktion **5** (1953) 5 163—164. [1.342.4].

Dunker, Hans-Werner: Die Beanspruchungen mehrholmiger Kastenträger infolge von Querkräften und Drehmomenten bei Verhinderung der Querschnittswölbung. Diss. TH Aachen 1950 87 S.

Eggwertz, Sigge F.: Buckling stresses of boxbeams under pure bending. FFA Medd. 33 1950 57 p.; Index Aeron. **6** (1950) 9 37; AMR **4** (1951) 5 283.

Fine, M.: The warping and constraint of certain rectangular box sections. Aircr. Engng. **22** (1950) 256 172—173 3 ref.; Index Aeron. **6** (1950) 7.

Heldenfels, Richard R.: The effect of nonuniform temperature distributions on the stresses and distortions of stiffened-shell structures. NACA TN 2240 Nov. 1950 50 p; AMR **4** (1951) 5 286. [1.241.211.], [6.254.1.]

Tate, Manford B.: Shear lag in tension panels and box beams. Iowa Engng. Exp. Stat., Engng. Rep. No. 3 1950/51 V, 189 p.; AMR **4** (1951) 1 27

Barett, P. F. and *Paul Seide:* An experimental determination of the critical bending moment of a box beam stiffened by posts. NACA TN 2414 July 1951 9 p.; AMR **5** (1952) 1 18.

Heldenfels, Richard R.: A numerical method for the stress analysis of stiffened-shell structures under nonuniform temperature distributions. NACA TN 2241 Nov. 1950 45 p.; NACA Rep. 1043 1951 20 p. 3 ref.; AMR **4** (1951) 8 457; Index Aeron. **9** (1953) 4 78.

Rosecrans, Richard: Method for calculating stresses in torsion — box covers with cutouts. NACA TN 2290 Febr. 1951 38 p.; AMR **4** (1951) 6 349. [1.243.13].

Seide, Paul and *P. F. Barett:* The stability of the compression cover of box beams stiffened by posts. NACA Rep. 1047 1951 16 p. 7 ref.; Index Aeron. **8** (1952) 11 52.

Stüssi, Fritz: The thin-walled slender steel bar of box-shaped cross section (in German). Publ. Int. Ass. Bridge & Struct. Engng. **11** (1951) 375—389; AMR **5** (1952) 10 422.

Cutts, C. E.: Horizontally curved box beams. Proc. ASCE **78** (1952) 128 18 p.; AMR **6** (1953) 2 65.

Seide, Paul: Derivation of stability criterions for box beams with longitudinally stiffened covers connected by posts. NACA TN 2760 Aug. 1952 21 p.; AMR **6** (1953) 3 124.

Howe, D.: Analysis of experiments on swept wing structures. Coll. Aeron. Rep. (Cranfield) No. 65 May 1953 19 p.; AMR **7** (1954) 4 151—152. [6.254.1].

Kuhn, Paul and *J. P. Perterson:* Stresses around rectangular cutouts in torsion boxes. NACA TN 3061 Dec. 1953 71 p.; AMR **7** (1954) 5 202; J. Roy. Aeron. Soc. **58** (1954) 519 220.

Müller, Peter: Torsion von Kastenträgern mit elastisch verformbarem symmetrischem Querschnitt. Schweiz. Bauztg. **71** (1953) 46 673—676.

Wittrick, W. H.: Torsion of a multi-webbed rectangular tube. Aircr. Engng. **25** (1953) 298 372; Index Aeron. **10** (1954) 2 64. [1.342.51].

Zender, G. W. and *W. A. Brooks jr.:* An approximate method of calculating the deformations of wings having swept, M or W, $\bigwedge$, and swept-tip plan forms. NACA TN 2978 Oct. 1953 28p.; AMR **7** (1954) 4 151. [6.254.1].

Chapman, J. C.: Behaviour in pure bending of box girders. Engineer **198** (1954) 5143 253—257. [1.342.4].

Eggwertz, Sigge and *B. R. Noton:* Stress and deflection measurements on a multicell cantilever box beam with 30 deg. sweep. FFA Rep. 53 Febr. 1954 30 p.; Aircr. Engng. **26** (1954) 308 366; Index Aeron. **10** (1954) 8 103; J. Roy. Aeron. Soc. **58** (1954) 523 520. [6.254.1].

Eggwertz, Sigge: Calculation of stresses in a swept multicell cantilever box beam with ribs perpendicular to the spars and comparison with test results. FFA Rep.. 54 March 1954 43 p.; Aircr. Engng. **26** (1954) 308 366; Index Aeron. **10** (1954) 8 103; J. Roy. Aeron. Soc. **58** (1954) 523 520. [6.254.1].

Green, W. L. and *S. S. Gill:* Torsion of a contrained rectangular box section. An experimental investigation of the stresses due to torsion in a rectangular box section with one end constrained. Aircr. Engng. (1954) 300 34—40, 45; AB **25** (1954) 3 164; Index Aeron. **10** (1954) 4 94.

Hovell, P. B.: The stress distribution in a swept-back box-beam with perpendicular ribs. ARC R & M 2837 Dec. 1950 10 p., publ. 1954; Aircr. Engng. **27** (1955) 313 95.

Mathauser, Eldon E.: Investigation of static strength and creep behavior of an aluminum-alloy multiweb box beam at elevated temperatures. NACA TN 3310 Nov. 1954 21 p. 14 ref.

Faltwerke   1.247

Craemer, H.: Allgemeine Theorie der Faltwerke. Beton u. Eisen **29** (1930) 15.

Grüning, G.: Die Nebenspannungen der prismatischen Faltwerke. Ing.-Arch. **3** (1932) 4 319—337.

Ohlig, Rudolf: Faltwerksformen. Bautechnik **25** (1948) 7 145—149.

Craemer, H.: Die Berechnung von Faltwerken durch Iteration. Öst. Ing.-Arch. **4** (1950) 5 350—354 3 Lit.-St.; Index Aeron. **7** (1951) 4 51.

Reinitzhuber, F.: Zur Elastostatik des räumlichen Faltwerkes. „Federhofer-Girkmann-Festschrift" Wien: Deuticke 1950 321—347.

Gruber, E.: The exact membrane theory of prismatical structures composed of thin plates (in German). Publ. Int. Ass. Bridge & Struct. Engng. **11** (1951) 129—164; AMR **6** (1953) 3 129.

Giangreco, Elio: Über das Unstabilwerden von Faltwerken. Abh. Int. Vereinig. f. Brücken- u. Hochbau Bd. 13, Zürich: Int. Vereinig. f. Brücken u. Hochbau 1953; Oest. Bau.-Z. **9** (1954) 8/9 159.

Werfel, A.: Die genaue Theorie der prismatischen Faltwerke und ihre praktische Anwendung. Abh. Int. Vereinig. f. Brücken- u. Hochbau **14**(1954) 277—318.

Statik und Festigkeit von Holzkonstruktionen   1.25

Allgemeines   1.251

Troche, Alfred: Wirtschaftliche Formgestaltung von hölzernen Dachpfetten. Bauing. **16** (1935) 31/32 345—347.

Imholz: Wie verändert sich die Tragfähigkeit von Hölzern beim Verkanten? Baugewerbe (1939) 37 856—857.

Gaber, Ernst: Eniges über den hochwertigen Holzbau. Mitt. Vers. Anst. Holz, Steine, Eisen, Karlsruhe, H. 6 1940.

Gaber, Ernst: Sparsame Holzträger. Ein Beitrag zum hochwertigen Holzbau. Mitt. Fachausschuß Holzfragen H. 27 1940; Z. VDI **85** (1941) 8 194.

Hartmann: Das Tragheitsmoment von Verbundbalken. Bautechnik **19** (1941) 345.

Gaede, Kurt: Bemessungstafeln im Holzbau. Bautechnik **20** (1942) 3 26—30 11 Lit.-St.

Keese: Nomogramme zur Berechnung von Holz- und Stahlbau-Konstruktionen. Dtsch. Bauztg. **76** (1942) 18 416—421. [6.270].

Geiger, F.: Die Festigkeitseigenschaften des Bauholzes für den hochwertigen Holzbau. Int. Holzmarkt (1943) 12 15. [1.324.22].

Stüssi, Fritz: Über Grundlagen des Ingenieurholzbaues. Schweiz. Bauztg. **65** (1947) 24 313—318.

Trysna, Franz: Vorschläge zur Bauholzeinsparung. Bauen (1947) 50.

Langlands, I. and *A. J. Thomas:* Handbook of structural timber design. (3rd. ed.). Forest Prod. Australia Techn. Pap. 32 1948 299 p.; Forestry Abstr. Sect. 3 **12** (1950) 1 47.

Müllenhoff, Adolf: Beitrag zur Verwendung von Rundholz. Bautechnik **25** (1948) 21.

Gattnar, Anton: Bemessungstafeln für Holzbauten. 5. Aufl. Berlin: Ernst 1949 VIII, 44 S.

Staudacher, E.: Formgebung, Beanspruchung und konstruktive Durchbildung geleimter Holztragkonstruktionen. Schr.-Reihe ÖGH (Wien) H. 2 1949 114—134.

Hartl, Fritz: Ingenieurholzbau in Österreich. Schr.-Reihe ÖGH H. 2 Selbstverl. ÖGH (Wien) 1950 75—93.

Wittwar, Paul: Der tragfähigste, aus dem vollen Rundholz geschnittene Vierkantbalken mit seiner zugleich bestmöglichen Holzsparung. Int. Holzmarkt (Wien) **41** (1950) 1 24—26.

Vrain, M. G.: Stabilité des constructions appliquée aux bois. I. Statique graphique. Ann. Inst. Techn. Bâtiment **5** (1952) 52/53 516—541, Manuel Charpente Bois No. 13.

Wille, Fritz: Holzkonstruktionen im Industriebau. Holz als Roh- u. Werkstoff **10** (1952) 1 18—26.

Armbruster, Ernst: Holzsparende Bauweisen. Öst. Forst- u. Holzwirtsch. **8** (1953) 3 66—70.

— Research on timber structures at the Royal Technical College, Glasgow. TDA Quart. Rev. **4** (1954) 3 12—15.

Knickstäbe   1.252

Allgemeines   1.252.0

Troche, Alfred: Allgemeines Berechnungsverfahren für mittig gedrückte Holzquerschnitte. Zbl. d. Bauverwaltung **54** (1934) 42 636—639, **55** (1935) 3 52—53.

v. Guérard, H. W.: Rechentafeln zur Verallgemeinerung von Natalis-Diagrammen auf räumliches Knicken und beliebige Werkstoffbeiwerte. ZWB FB 1024 1938 22 S.

Keldenich u. Wiesner: Querschnittsberechnung von Knickstäben nach Tabellen. Dtsch. Zimmermeister **42** (1940) 15/16 87—88, 31/32.

Jacki, R.: Zahlentafeln für das Bemessen von hölzernen Druckstäben. Bauing. **21** (1940) 37/38 295—296.

Schipmann: Gebrauchsformeln für die Bemessung von Druckstäben aus Holz. Dtsch. Zimmermeister **43** (1941) 23.

Ylinen, Arvo: Über die Bemessung hölzerner Knickstäbe mit Hilfe von Nomogrammen. Schweiz. Bauztg. **119** (1942) 8 85—86.

Möhler, Karl: Tragkraft und Querkraft von ein- und mehrteiligen Holzdruckstäben nach Rechnung und Versuch. Bauplanung u. Bautechnik **2** (1948) 2 41—48.

Voller Querschnitt   1.252.1

Roš, Mirko Gottfried u. J. Brunner: Die Knickfestigkeit der Bauhölzer. Kongr.-Ber. Zürich IVM 1932 157 ff.

Wille, Fritz: Ein neues Rechnungsverfahren für gedrückte Holzstäbe. Zbl. d. Bauverwaltung **55** (1935) 13 240—241.

Domke: Das Entwerfen von Säulen auf Grund des ω-Verfahrens. Bauing. **19** (1938) 47/48 661—662.

Peise, W.: Einfluß des einfachen Versatzes auf die Querschnittsbemessung gedrückter Stäbe. Bauing. **19** (1938) 27/28 405—406.

Jacki, R.: Das Bemessen von hölzernen Druckstäben. Bauing. **20** (1939) 1/2 5—10.

Jacki, R.: Gezeichnete Rechentafeln für das Bemessen von hölzernen Druckstäben (Säulen, Pfosten, Fachwerkglieder). Dtsch. Bauztg. **74** (1940) 48 580—584.

Jacki, R.: Neuere Zahlenwerte für das Bemessen von hölzernen Druckstäben. Bauing. **22** (1941) 33/34 326—328.

Troche, Alfred: Drei Bemessungstafeln für einteilige Druckstäbe. Holz als Roh- u. Werkstoff **4** (1941) 6 208—212.

Imholz: Vereinfachte Druckstabberechnung. Dtsch. Zimmermeister **44** (1942) 18 u. 22.

Gaber, Ernst: Versuche über ein- und zweiteilige hölzerne Druckstäbe. Bautechnik **21** (1943) 38/42 255—260. [1.252.2].

Granholm, Hjalmar: On composite beams and columns with particular regard to nailed timber structures. Trans. Chalmers Univ. Technol. (Göteborg) No. 88 1949 214 p.; AMR **3** (1950) 4 108. [1.253.1].

Graf, Otto: Untersuchungen über den Knickwiderstand von einteiligen Stützen aus Holz. Bauing. **26** (1951) 2 47—50, 3 78—83, 6 169—171.

Zawodsky, Franz: Querschnittbemessung gerader, mittig gedrückter einteiliger Tragwerkstäbe. Öst. Zimmermeister (1952) 10 3—5.

Dimitrov, Nik.: Ermittlung konstanter Ersatz-Trägheitsmomente für Druckstäbe mit veränderlichen Querschnitten. Bauing. **28** (1953) 6 208—211; Holz als Roh- u. Werkstoff **12** (1954) 2 70.

Wilson, T. R. C.: Fiber stresses for wood poles. USDA Madison, Wisc. FPL Rep. D 1619 1953 10 p.

— Bemessungstafeln für einteilige Holzquerschnitte auf Druck nach Önorm B 4100. Öst. Bau-Ztg. (1953) 43 7.

Gegliederter Querschnitt   1.252.2

Stoy, Wilhelm: Druckversuche mit gegliederten Holzstäben unter Verwendung von Drahtstiften als Holzverbindungsmittel. Bautechnik **11** (1953) 41 586—587.

Bussenius, Fr.: Beitrag zur Berechnung mehrteiliger Druckstäbe aus Holz. Bautechnik **17** (1939) 20 282.

Binder, E.: Zur Berechnung zweiteiliger Holzstäbe auf Knicksicherheit. Zbl. d. Bauverwaltung **61** (1941) 31 526—527.

Ljundberg, Karl: Einiges über gegliederte Balken und Druckstäbe. Bauing. **23** (1942) 27/28 195—202.

Gaber, Ernst: Versuche über ein- und zweiteilige hölzerne Druckstäbe. Bautechnik **21** (1943) 38/42 255—260. [1.252.1].

Geiger, F.: Ein Beitrag zur Berechnung des zweiteiligen Druckstabes aus Holz. Bautechnik **22** (1944) 15/18 72—76 11 Lit.-St.; Techn. Z.-Schau **29** (1944) 10 108.

Wycital, H.: Über die Berechnung zweiteiliger Gliederstäbe aus Holz. Öst. Bauztg. **1** (1946) 1/2. 14—29.

Möhler, Karl: Versuche mit mehrteiligen Holzdruckstäben und Vorschläge für ihre Bemessung. Bauplanung u. Bautechn. **2** (1948) 11 327—332.

Selberg, A.: Buckling of composite columns of wood. Tekn. T. **78** (1948) 25./9. 619—621; Translat. Forest Prod. Australia 1949 9 p.; AMR **1** (1948) 11 286.

Kinzey, B. Y. jr.: Tests on the design of wood box columns. Civil Engng. **46** (1951) 535 41—44, 536 108—110, 537 185—186; AMR **4** (1951) 9 508; Holz-Zbl. (Stuttgart) **77** (1951) 98 1230.

Lombardi, Giovanni: Der zusammengesetzte Druckstab aus Holz. Schweiz. Bauztg. **69** (1951) 22 301—303; Holz als Roh- u. Werkstoff **9** (1951) 9 359.

Seitz, Hugo: Berechnung mehrteiliger hölzerner Druckstäbe. Dtsch. Holzbau **7** (1951) 8 113—114; Holz als Roh- u. Werkstoff **10** (1952) 1 32.

Möhler, Karl: Ergebnisse neuerer Versuche mit mehrteiligen Holzdruckstäben in Karlsruhe und Stuttgart. Mitt. ÖGH **4** (1952) 3 58—59; Int. Holzmarkt **43** (1952) 12 26—27; Holztechnik (Mainz) **32** (1952) 7 370.

Selberg, A.: Knekning av sammensatte søyler av tre. (Knickung von zusammengesetzten Holzstäben.) Teknisk Ukeblad **99** (1952) 45 919—924; Holz als Roh- u. Werkstoff **11** (1953) 5 203.

Möhler, Karl: Biege- und Knickversuche mit zusammengesetzten Holzdruckstäben. Fortschr. u. Forsch. Bauwesen, Versuche f. d. Holzbau, Reihe D, H. 9 1953. [1.253.2].

Biegeträger   1.253
Gerader Träger mit vollem Querschnitt   1.253.1

Nelson, John H.: The strength of one-piece solid, built-up, and laminated wood airplane wing beams. NACA Rep. 35 1919.

Troche, Alfred: Allgemeines Berechnungsverfahren für Holzquerschnitte, die auf Biegung mit und ohne Längskraft (Zug oder Druck mit Knicken) beansprucht sind. Zbl. d. Bauverwaltung **55** (1935) 24 458—462. [1.253.4].

Wille, Fritz: Neues Bemessungsverfahren für Holzstäbe bei einfacher Biegung. Zbl. d. Bauverwaltung **55** (1935) 45 895—899.

Gaber, Ernst: Der Verlust an Tragkraft hölzerner Balken bei gleichzeitigem Vorhandensein mehrerer Holzfehler. Bautechnik **15** (1937) 35 455—460.

Trysna, Franz: Versuche mit verdübelten Holzbalken. Bautechnik **17** (1939) 31 440—444, 33 463—467. [1.444].

Seitz, Hugo: Gekoppelte, durchlaufende Pfetten im Holzbau. Bautechnik **18** (1940) 35 404—408.

Egner, Karl: Festigkeit von aus kunstharzverleimten Brettern zusammengesetzten, geraden und gebogenen Balken. Holz als Roh- u. Werkstoff **4** (1941) 2 49—64 7 Lit.-St.; Techn. Z.-Schau **26** (1941) 13 231. [1.253.3].

v. Berg: Schnelle Berechnung der Durchbiegung. Dtsch. Bauztg. **76** (1942) 18 421—422.

McKean, Herbert B.: Glued laminated beams composed of two wood species. Diss. Univ. Michigan 1942.

Troche, Alfred: Durchbiegungstafel für Holzträger. Bauwelt **33** (1942) 147.

Jacki, R.: Grenzwerte für die Berechnung von Vollholzbalken auf Biegespannung, Durchbiegung und Schubspannung. Bautechnik **21** (1943) 48/51 307.

Troche, Alfred: Tafel für unmittelbare Bemessung von Holzbalken auf Biegung und Durchbiegung. Holz als Roh- u. Werkstoff **6** (1943) 5/6 168—172; 10/12 269.

Troche, Alfred: Durchbiegungsformeln für Durchlaufträger. Bautechnik **21** (1943) 34/37 232—233.

Ylinen, Arvo: Über die Bestimmung der Spannungen und Formänderungen von Holzbalken mit rechteckigem Querschnitt. Helsinki 1943 59 S.

Troche, Alfred: Bemessung beliebig gestalteter Holzträgerquerschnitte auf Biegung und Durchbiegung zugleich. Bautechnik **22** (1944) 51/56 195—198.

Doorentz, R.: Vereinfachte Berechnung der Durchbiegung von Holzbauteilen. Bauplanung u. Bautechn. **1** (1947) 2 47—52.

Fonrobert, Felix: Biegefeste genagelte Stöße. Bautechnik **24** (1947) 1 7—12. [1.442.5].

Troche, Alfred: Praktische Holzbalkenbemessung. Frankfurt/Main: Lutzeyer 1948 20 S.

Wittwar, Paul: Die aus Stammrundholz geschnittenen Vierkantbalken größter Tragfähigkeit und deren Ermittlung. Int. Holzmarkt (Wien) **39** (1948) 16 39—41.

Wittwar, Paul: Die aus Stammrundholz geschnittenen Vierkantbalken größter Tragfähigkeit und deren zulässige Belastung. Int. Holzmarkt (Wien) **39** (1948) 22 15—16.

Olson, L. G. and W. E. Wilson: Deflexion of plywood beams due to moisture content change. Proc. ASCE **75** (1949) 429—440.

Ahrens, Wilhelm: Biegungsfeste Stöße bei Holzbalken. Bautechnik **27** (1950) 1 16—18.

Granholm, Hjalmar: On composite beams and columns with particular regard to nailed timber structures. Trans. Chalmers Univ. Technol. (Göteborg) No. 88 1949 214 p.; AMR **3** (1950) 4 108. [1.252.1].

Armbruster, Ernst: Untersuchungen an kunstharzverleimten Lamellen- und Rostträgern, sowie Vergleich mit Vollholzbalken. Mitt. ÖGH (Wien) **3** (1951) 3 55—61; Int. Holzmarkt (Wien) 42 (1951) 12 7—13. [1.442.32].

Scholtz, R.: Der derzeitige Stand der Erkenntnisse der genagelten Brettvollwandträger. Planen u. Bauen **5** (1951) 523—529. [1.442.5].

Armbruster, Ernst: Einige Probleme bei der Verleimung gerader und gekrümmter Träger. Mitt. ÖGH (Wien) **4** (1952) 1 10—13; Int. Holzmarkt (Wien) **43** (1952) 4 18—21; Holz als Roh- u. Werkstoff **10** (1952) 11 446. [1.253.3].

Bechtel, S. C. and C. B. Norris: Strength of wood beams of rectangular cross section as affected by span-depth ratio. FPL Rep. 1910 March 1952 19 p.

Hausensteiner, Karl: Vollwandträger unter Berücksichtigung der Durchbiegung. Öst. Zimmermeister (1952) 9 4—6, 10 5—6, 11 3—4.

Heyman, J.: Elasto-plastic stresses in transversely-loaded beams. Engng. **173** (1952) 4495 359—361, 4496 389—390; Holz als Roh- u. Werkstoff **10** (1952) 10 405.

Hoischen, A.: Beitrag zur Berechnung zusammengesetzter Vollwandträger mit elastischen Verbindungsmitteln. Diss. TH Karlsruhe 1952.

Wittwar, Paul: Der Vierkantbalkenträger als biegungsbeanspruchter Träger. Int. Holzmarkt (Wien) **43** (1952) 6 12—15; Holz als Roh- u. Werkstoff **10** (1952) 7 292.

Armstrong, L. D.: Short term creep tests on air-dry wooden beams. CSIR Div. Forest Prod., Progr. Rep. 2 1953; Holz-Zbl. **80** (1954) 56 689.

Ericksen, Wilhelm S.: The distribution of stress in a wood pole bent by a radial end load. FPL Rep. R 1933, 1953 22 p.

Sedminek, Herbert: Praktische Schnellbemessung von Einfeld-Holzbalken auf Biegung. Öst. Bau-Ztg. **8** (1953) 19 3.

Gerader Träger mit aufgelöstem Querschnitt   1.253.2

Sonntag, R.: Wirtschaftlichste ☐ und I förmige Holm-Querschnitte ZFM **13** (1922) 9 126—127.

Sonntag, R.: Best rectangular and I-shaped cross-sections for airplane wing spars. NACA TM 148 Oct. 1922. [6.254.1].

Newlin, J. A. and *G. W. Trayer:* The influence of the form of a wooden beam on its stiffness and strength. I — Deflection of beams with special reference to shear deformations. NACA Rep. 180 1924; FPL Rep. 1309 1941 (Repr.)

Newlin J. A. and *G. W. Trayer:* The influence of the form of a wooden beam on its stiffnes and strength. II — Form factors of beams subjected to transverse loading only. NACA Rep. 181 1924; FPL Rep. 1310 1941 (Repr.)

v. Baranoff, A.: Die Ermittlung des günstigsten Querschnitts eines auf Biegung beanspruchten Kastenholmes. 70. DVL-Ber.; ZFM **18** (1927) 4 81—83.

v. Baranoff, A.: Determination of the best cross section for a box beam subjected to bending stresses. NACA TM 577 Aug. 1930.

Becker, Fritz: Zulässige Werte für die Biegefestigkeit von Holzholmen mit Kastenquerschnitten. 3 Arbeitsblätter der Prüfstelle für Luftfahrzeuge bei der DVL Berlin-Adlershof 1931.

Prager, Willy: Über die Querschnittbemessung zweigurtiger Holzholme. ZFM **24** (1933) 19 521—523; Schweiz. Bauztg. **104** (1934) 18.

Hertel, Heinrich u. *Willy Schlünz:* Vorläufiger Bericht über Schubfestigkeitsuntersuchungen von Holzkastenholmen. ZWB KB 15 1934 13 S.

Naleszkiewicz, Jaroslav: Die Festigkeit von Kiefernholzholmen bei Biegung. Spraw. **7** (1934) 2.

Prager, Willy: Ein Verfahren zur Bemessung auf Biegung beanspruchter Holzstäbe. Schweiz. Bau.-Ztg. **104** (1934) 18 201—202.

Teichmann Alfred u. *Karl Borkmann:* Bruchversuch mit einem Holzholm. ZWB PB 45 1934 3 S. [6.254.1].

Tonski, Albert: Festigkeit von Holzholmen. Z. VDI **80** (1936) 22 699—700.

Tonski, Albert: Zusammenstellung verschiedener Verfahren zur Berechnung der Festigkeit von kasten- und I-förmigen Holzholmen für Biegung. ZWB UM 475 1937 22 S.

Wille, Fritz: Neue Bemessungsverfahren für I-förmige Holzstäbe bei einfacher Biegung. Zbl. d. Bauverwaltung **57** (1937) 40 1009—1014.

Gaber, Ernst: Zusammengesetzte Holzbiegeträger als Ersatz für Stahlträger im Hoch- und Brückenbau. Mitt. Fachausschuß Holzfragen, H. 21 1938.

von Guérard, H. W.: Über den Zusammenhang von Festigkeitsnachweis und Dimensionierung bei kasten- und I-förmigen Holzholmen und Angabe eines nomographischen Verfahrens. ZWB FB 906 1938 35 S.; Jb. 1938 Dtsch. Luftf. Forsch. I 461—473.

von Guérard, H. W.: Berechnung zweigurtiger Holzholme geringster Auslenkung bei vorgegebenem Gewicht. ZWB FB 969 1938 33 S.

Stoy, Wilhelm, Karl Egner u. W. Erdmann: Versuche mit I-förmigen Holzbalken. Z. VDI 82 (1938) 31 911—914.

Gaber, Ernst: Grundsätzliches über zusammengesetzte Holzbiegeträger. Dtsch. Zimmermeister 42 (1940) 37/38 220—222, 39/40 232—234.

Schischka, Ernst: Versuche mit genagelten Biegeträgern aus Holz. Bautechnik 18 (1940) 47/48 537—539.

von Guérard, H. W.: Theorie und Anwendung von Rechentafeln für zweigurtige Holme. ZWB FB 1866/1 1943 47 S. [6.254.1].

von Guérard, H. W.: Theorie und Anwendung von Rechentafeln für zweigurtige Holme. ZWB FB 1866/2 1943. [6.254.1].

Lewis, W. C., T. B. Heebink, W. S. Cottingham and E. R. Dawley: Design of plywood webs in box beams. Buckling in shear webs of box and I-beams and the effect upon design criteria. FPL Rep. 1318-B Oct. 1943 (Suppl. to 1318). [1.222.23].

Lewis, W. C., T. B. Heebink and W. S. Cottingham: Effects of certain defects and stress-concentrating factors on the strength of tension flanges of box beams. FPL Rep. 1513 Nov. 1944.

Sanborn, W. A.: Effect of thickness of plywood reinforcing plates on the behavior of solid wood aircraft spars under changes in moisture content. FPL Rep. 1527 April 1945.

Hansen, Howard J.: Design of plywood I-beams. Proc. ASCE 72 (1946) 6 749—758 9 1300—1302.

— Form factors of wooden box beams. NLL Rep. S 323 Sept. 1947 9 p. 5 ref.; Index Aeron. 4 (1948) 2 16.

Radok, J. R. M. a. o.: A new theory for the strength of wooden box beams. CSIR Rep. ACA-40 May 1948 37 p. 16 ref.; Index Aeron. 5 (1949) 5 6.

Silberstein, J. P. O., J. R. M. Radok and H. A. Wills: The strength of wooden box beams. Proc. 7th Int. Congr. Appl. Mech. I 1948 238—353; AMR 3 (1950) 10 297.

Dietz, Albert G. H.: Two-species laminated beams. Trans. ASME 71 (1949) May 401—405; AMR 3 (1950) 6 168.

Freihart, Georg: Dünnstegige Schubwandträger mit nicht parallelen Gurtungen. Bauplanung u. Bautechn. 3 (1949) 10 318—321; AMR 4 (1951) 1 20.

Jockel, Otto: Die Wirkungsweise genagelter, hölzerner Vollwandträger und ihre wirtschaftliche Bemessung. Bautechnik 26 (1949) 11 321—323. [1.442.5].

Junge, Alfred: Berechnung durchlaufender Holzträger mit genageltem Stoß unter Berücksichtigung des Nagelschlupfes. Bautechnik 26 (1949) 2 50—54. [1.442.5].

Leipholz, Horst: Bemessung von I-Holzbalken. Bautechnik 26 (1949) 6 170—174.

Jacoby, E.: Verbiegung von Sperrholzbalken infolge Wechsels des Feuchtigkeitsgehalts. Bauing. 25 (1950) 5 179—181.

Scheunert, Alfred: Genagelte Vollwandträger mit einsinnigen Stegbrettern. Planen u. Bauen 4 (1950) 10 332—338. [1.442.5].

Feibicke, H.: Wie kann Holz eingespart werden? Bauplanung u. Bautechn. 6 (1952) 12 424—426.

Hutter, Alfred: Versuche mit holzsparenden Trägerkonstruktionen. Bauplanung u. Bautechn. 6 (1952) 7 166—171.

Möhler, Karl: Biege- und Knickversuche mit zusammengesetzten Holzdruck-stäben. Fortschr. u. Forsch. Bauwesen, Reihe D, Versuche f. d. Holzbau H. 9, 1953. [1.252.2].

Gekrümmte Biegeträger   1.253.3

Wilson, T. R. C.: The glued laminated wooden arch. USDA Techn. Bull. 691 1939.

Egner, Karl: Festigkeit von aus kunstharzverleimten Brettern zusammenge-setzten, geraden und gebogenen Balken. Holz als Roh- u. Werkstoff **4** (1941) 2 49—64 7 Lit.-St.; Techn. Z.-Schau **26** (1941) 13 231. [1.253.1].

Suenson, E.: Die Lage der Nullinie in gebogenen Holzbalken. Holz als Roh- u. Werkstoff **4** (1941) 9 305—314.

Kennedy, D. E.: Some problems in the design and performance of laminated wood trusses. Forest Prod. Res. Soc. Repr. 47 1949; Ann. Proc. Forest Prod. Res. Soc. **3** (1949) 307—317; Forestry Abstr. Sect. 3 **12** (1950) 2 104—105.

Kennedy, D. E.: The construction and testing of a glued laminated wooden arch of 47-foot span. Forest Prod. Lab. (Ottawa, Ontario) Mimeograph 0—152 1950.

Armbruster, E.: Einige Probleme bei der Verleimung gerader und gekrümmter Träger. Mitt. ÖGH (Wien) **4** (1952) 1 10—13; Int. Holzmarkt (Wien) **43** (1952) 4 18—21; Holz als Roh- u. Werkstoff **10** (1952) 11 446. [1.253.1].

Knickbiegung   1.253.4

Ratzersdorfer, Julius: Zur Knickfestigkeit der Tragflächenholme. ZFM **9** (1918) 131 ff.

Müller-Breslau, Heinrich: Zur Berechnung der Tragflächenholme. ZFM **9** (1918) 17 105 ff., **10** (1919) 19 197 ff., **11** (1920) 7/8 102—105, 19 283—286. [6.254.1].

Ratzersdorfer, Julius: Zur Berechnung der Tragflächenholme. ZFM **11** (1920 19 281—283. [6.254.1].

Ratzersdorfer, Julius: Flugzeugfestigkeit. Flug (1920) Jan./Febr. 3—7, März/April 26—28; ZFM **11** (1920) 11 164—165. [6.254.1].

Newlin, J. A. and *G. W. Trayer:* The influence of the form of a wooden beam on its stiffnes and stength, III — Stresses in wood members subjected to combined column and beam action. NACA Rep. 188 1924; FPL Rep. 1311 1941 (Repr.)

Trayer, George W. and *H. W. March:* Elastic instability of members having sections common in aircraft construction. NACA Rep. 382 1931.

Troche, Alfred: Allgemeines Berechnungsverfahren für Holzquerschnitte, die auf Biegung mit und ohne Längskraft (Zug oder Druck mit Knicken) bean-sprucht sind. Zbl. d. Bauverwaltung **55** (1935) 24 458—462. [1.253.1].

Carlson, Russel M.: An alignment chart for the allowable stresses for spruce beams in bending and compression. J. Aeron. Sci. **4** (1937) 12 502—503; Luftwissen **5** (1938) 2 62.

Ylinen, Arvo: Über die Knickbiegefestigkeit eines exzentrisch belasteten geraden Stabes und eines zentrisch belasteten ursprünglich gekrümmten Stabes. Ann. Acad. Sci. Fennicae (Helsinki) Ser. A. 57 (1941) 14; Holz als Roh- u. Werkstoff **5** (1942) 12 440.

Taubert, Friedrich: Bemessung rechteckiger, auf Druck und Biegung bean-spruchter Holzstäbe. Bautechnik **20** (1942) 31/32 289.

Wood, L. W.: Formulas for columns with side loads and eccentricity. FPL Rep. No. R 1782 Nov. 1950 17 p.

Óry, H.: Calculation of wooden bars subjected to bending and compression (in German). Acta Techn. (Budapest) **5** (1952) 1 21—45; AMR **6** (1953) 12 550.

Rahmen- und andere Tragwerke   1.254

Schmidtmann: Das Sparrendach. Zbl. d. Bauverwaltung **58** (1938) 284 ff.

Trysna, Franz: Hölzerne binder- und stützenlose Steildächer. Bauing. **20** (1939) 43/44 535—544, **21** (1940) 47/48 365—374.

Hennigs: Die Berechnung des Kehlbalkengespärres. Bauwerk **15** (1941) 9/11/12, **16** (1942) 1.

Zimmermann, Paul: Zur Theorie und praktischen Berechnung der einfach ausgesteiften (binderlosen) Sparrendächer. Bauing. **22** (1941) 47/48 420—424, 51/52 445—449.

Trysna, Franz: Grundsätzliches über die Bauarten der Wohnhausdächer. Zbl. d. Bauverwaltung **62** (1942) 37—40.

Troche, Alfred: Tafelverfahren zur unmittelbaren Berechnung beliebiger Kehlbalkendächer. Bauwerk (1943) 146.

Troche, Alfred u. *Imholz:* Holzeinsparung durch Kehlbalken oder Pfettendach? Dtsch. Holz-Anz. (1943) 8 u. 24.

Pedersen, Axel V.: Glued laminated wej-weld frames. Forest Prod. Res. Soc. Repr. 40 1949. [1.442.32].

Hasslinger, Leopold: Untersuchungen mit Rahmenecken verschiedener Holzbauweisen. Oest.. Bau-Z. **6** (1951) 8 125—132.

Reece, Philip O.: The T. D. A. rigid frame. Wood (London) **18** (1953) 11 416—420.

Schischka, Ernst: Geleimte Tragwerke. Oest. Bau-Ztg. (1954) 38 6—7.

Holzfachwerke (Fachwerkbinder)   1.255

Petermann, Hans: Zur Spannungsverteilung in den Anschlüssen verleimter Fachwerke. Bautechnik **23** (1945) 1/8 8—10.

Sattler, Konrad: Hölzerne Tragwerke mit genagelten stählernen Stoßblechen. Bautechnik **25** (1948) 3 53—59. [1.442.5].

Troche, Alfred: Zur Berechnung hölzerner Hängewerke. Bauing. **26** (1951) 1 18—23; Holz als Roh- u. Werkstoff **9** (1951) 9 369.

Schwarzenberg, Eug.: Der Fachwerknagelbinder. Bau u. Holz **3** (1952) 8 163—166. [1.442.5].

Habel, Alfred u. *Walter Zacher:* Nebenspannungen hölzerner Fachwerkbinder. Bautechnik **31** (1954) 1 13—19.

Lahde, H.: Tabellen zur Berechnung von Fachwerkbindern. Teil I Symmetrische Dreieckbinder. Düsseldorf: Werner 1954 52 S.

Sonstige Konstruktionsprobleme   1.256

Faerber, Leopold: Berechnung von auf Biegung beanspruchten Stößen im Holzbau. Bauing. **23** (1942) 31/32 238—240.

Troche, Alfred: Zur Berechnung hölzerner Bugpfetten. Bauplanung u. Bautechn. **1** (1947) 5 157—162.

Keylwerth, Rudolf: Querschnittübergänge an Zuggliedern und Zugprüfstäben aus Holz. Bauing. **26** (1951) 2 42—44.

Dietz, Albert G. H.: Laminated beams from mixed species. Wood working Dig. **54** (1952) 3 153—158; Holz als Roh- u. Werkstoff **11** (1953) 1 35.

Armbruster, Ernst: Verformung von hölzernen Tragwerken. Öst. Zimmermeister (1953) 8 3—4; Int. Holzmarkt (1953) 16 12.

Egner, Karl: Über die erforderliche Mindestdicke hölzerner Dachschalungen mit Querverbindungen. Fortschr. u. Forsch. Bauwesen Reihe D, H. 9 1953.

Statik und Festigkeit von Gemischtbauweisen   1.26

Straube, E.: Der Einfluß der ungleichen Wärmedehnung bei Verbindung von Leichtmetall und Stahl. Forsch. Ing. Wes. **1** (1930) 1 42—45.

Dudley, Leslie P.: Composite I — section beams. Their properties when subjected to bending stresses, with particular reference to steel — Duralumin beams. Aircr. Engng. **9** (1937) 100 165—166.

de Bruyne, N. A.: Neues Verfahren zur Steigerung der Biegefestigkeit von Kunstharz-Verbundkörpern. Brit. Plastics **14** (1942) 306—316; Kunststoffe **34** (1944) 3 64.

Freyer, R.: Zusatz-Beanspruchungen in Stahl-Dural-Konstruktionen infolge Wärmeausdehnungen. ZWB TB **9** (1942) 7 6 S.

Roš, Mirko Gottfried u. *A. Albrecht:* Träger in Verbund-Bauweise. EMPA Disk.-Ber. 149 1944.

Risch, G.: Neuzeitlicher Gemischtbau. Holz (Zürich) **63** (1950) 36 2—9.

Wille, Fritz: Die Bemessung von Trägern, die aus Holz und Stahl zusammengesetzt sind unter besonderer Berücksichtigung des Stahlholzbalkens. Bau **3** (1950) 23 555—557, 24 576—578.

Corlett, E. C. B.: Some investigations into the behaviour of compound beams in pure bending. ADA Res. Rep. No. 14 July 1952 44 p. 13 ref.; AB **23** (1952) 12 680; Index Aeron. **9** (1953) 1 61.

Kalman, Richard: Die unmittelbare Bemessung des Verbundbalkens unter Gleichlast. Bau u. Holz **4** (1953) 8 174—176, 9 203—208.

Fabry, Charles W.: Spannungsverteilung an Verbundkonstruktionen aus verschiedenen Metallen im Lokomotivbau. Glas. Ann. **78** (1954) 6 147—156. [6.252.25].

Dynamik (mechanische Schwingungen)   1.27

Allgemeines   1.271

Föppl, Otto: Angenäherte Berechnung von Schwingungszahlen mit Hilfe des Seilpolygons. ZAMM **7** (1927) 6 437—441.

Holzer, Heinrich: Biegungsschwingungen mit Berücksichtigung der Stabmasse und der äußeren und inneren Dämpfung. ZAMM **8** (1928) 4 272—283.

Behrens, Heinz: Die Berechnung erzwungener Drehschwingungen von Mehrmassensystemen, mit besonderer Berücksichtigung der Verhältnisse bei Motorenanlagen. ZFM **21** (1930) 12 297—305; Werft, Reederei, Hafen (1930) Dez. 489—490. [6.211.1].

Deutler, H.: Graphische Bestimmung von Eigenfrequenzen bei mehrgliedrigen ungedämpften Schwingungsanordnungen. Techn. Mech. u. Thermodynamik (1930) Dez. 434—438.

Föppl, Otto: Abhängigkeit der Schwingungsdauer einer gedämpften Schwingung von der Größe der Dämpfung. ZAMM **10** (1930) 1 92—93.

Hohenemser, K.: Praktische Wege zur angenäherten Schwingungsberechnung elastischer Systeme. Ing.-Arch. **1** (1930) 3 271—292.

Muto, K.: Biegungsschwingungen mit Berücksichtigung der Stabmasse und der äußeren und inneren Dämpfung. ZAMM **10** (1930) 4 346—353.

Traenkle, A.: Berechnung kritischer Drehzahlen beliebiger Ordnung nach dem Verfahren von Ritz. Ing.-Arch. **1** (1930) Dez. 499—526.

Donnell, L. H.: Longitudinal wave transmission and impact. Appl. Mech. (Trans. ASME) **52** (1931) 22 153—167.

Föppl, Otto: Die Wirtschaftlichkeit der Energieübertragung bei Resonanz. Z. VDI **76** (1932) 20 483—484.

Hoffmann, H.: Über das Auftreten und die Entstehung von mechanischen Schwingungen mit mehreren Freiheitsgraden. Bauing. **13** (1932) 11/12 156—158.

Lewis, F. M.: Vibrating during acceleration through a critical speed. Trans. ASME **54** (1932) 23 253—261.

Rössiger, M.: Die elastischen Schwingungen einer Masse, die durch eine Blattfeder gehalten wird. Ann. Phys. 5. Folge **15** (1932) 6 735—740.

Späth, Wilhelm: Die Resonanzkurve als Unterlage für dynamische Untersuchungen. Ing.-Arch. **2** (1932) 6 651—667.

Baker, J. G.: Self-induced vibrations. Appl. Mech. **1** (1933) 1 5—13.

Behrmann, W.: Schaffung der schwingungstechnischen Berechnungs- und Meß-
grundlagen für Fernantriebe. 1. Zwischenbericht. ZWB FB 321/1 1935 4 S.

Koch, H. W.: Das Aufschaukeln im Resonanzfalle infolge des Einschwingvor-
ganges. Ing.-Arch. 6 (1935) 4 253—256 3 Lit.-St.

Koch, Hans Wolf und Elisabeth Boedeker: Schwingungen im Bauwesen, bei
Fahrzeugen und Maschinen, Schwingungsmessung. (Literaturzusammenstel-
lungen aus d. Gebiet d. techn. Mechanik und Akustik. Hrsg.: Zeller, Werner.
H. 5.) Berlin: VDI-Verlag 1936 V, 19 S. [6.211.1], [6.252.1], [6.270].

Lieberherr, H.: Graphische Bestimmung der Eigenfrequenz von Drehschwingungen. Schweiz. Bauztg. (1936) 107 289—291.

Morris, J.: Approximate methods for finding frequencies of vibration. J. Roy.
Aeron. Soc. 40 (1936) 311 815—832 2 ref.

Brillouin, J.: Méthode de schématisation des systèmes mécaniques oscillants.
Rev. Acoust. 6 (1937) 129—146.

den Hartog, I. P.: Recent work in vibration. J. Appl. Mech. 4 (1937) 3 A 136.

Dudley, W. M.: An improved method for calculating free vibrations in systems
of several degrees of freedom. J. Appl. Mech. 5 (1938) 2 A 61—A 66.

Pipes, L. A.: Matrix-operational methods in mechanical vibrations. J. Franklin
Inst. 225 (1938) 3 343—349.

Frank, B.: Abgekürzte Drehschwingungsrechnung mit Hilfe der Ersatzmasse und
Ersatzkraft. Ing.-Arch. 10 (1939) 6 371—394 9 Lit.-St.

Ormondroyd, J.: Vibrations problems. J. Appl. Mech. 6 (1939) 2 A 86—A 88,
3 A 127—A 130, 7 (1940) 1 A 34—A 38.

Watanabe, Y.: On non-harmonic oscillations. Proc. 5 Int. Congr. Appl. Mech.
1939 685—689.

Föppl, Otto: Graphische Berechnung von Eigenschwingungszahlen. Ing.-Arch.
11 (1940) 3 178—191.

Pellew, A. and Richard Vynne Southwell: Relaxation methods applied to
engineering problems. 6. The natural frequencies of systems having
restricted freedom. Proc. Roy. Soc. (London) 175 (1940) 262—290; Zbl.
Mathem. 24 (1941) 7 335—336.

Pipes, L. A.: The analysis of symmetrical vibrating systems. J. Appl. Phys. 11
(1940) 4 279—282 4 ref.

Southwell, Richard Vynne: On the natural frequencies of vibrating systems.
Proc. Roy. Soc. (London) 174 (1940) 959 433—457.

Kimmel, A. u. M. Läpple: Erweiterung des Verfahrens von Holzer-Tolle auf die
Berechnung von Dreheigenschwingungszahlen nach Torsion zweiter Art.
Ing.-Arch. 12 (1941) 5 320—325 4 Lit.-St.

Schwartz, Fr. L.: Dynamic absorbers. Product Engng. 12 (1941) 2 61—62.

Weigand, A.: Die Berechnung freier nichtlinearer Schwingungen mit Hilfe der
elliptischen Funktionen. Forsch.-Arb. Ing.-Wes. 12 (1941) 6 274—284 4 Lit.-St.

Mettler, E.: Über die Stabilität erzwungener Schwingungen elastischer Körper.
Ing.-Arch. 13 (1942) 2 97—103.

Morris, B. A. and J. W. Head: Lagrangian frequency equations. Aircr. Engng.
165 (1942) 165 312—314, 316.

Salgi, St.: Ein graphisches Verfahren zur Bestimmung der Eigenfrequenzen von
Systemen mit mehreren Massen. Ing.-Arch. 13 (1942) 2 104—109.

Weigand, A.: Einführung in die Berechnung rheolinearer (quasiharmonischer)
Schwingungsvorgänge. ZWB FB 1495 1942 78 S.

Zech, Th.: Zum Abklingen nichtlinearer Schwingungen. Ing.-Arch. 13 (1942) 1
21—33 2 Lit.-St.

Manley, R. G.: The electro-mechanical analogy theory. J. Roy. Aeron. Soc. 47
(1943) 385 22—26 3 ref.

Bohn: Berechnung von zwei vermaschten Drehschwingungssystemen. ZWB UM 1212 1944 7 S.

Meixner, J.: Die Laméschen Wellenfunktionen des Drehellipsoids. ZWB FB 1952 1944 15 Lit.-St.

Föppl, Otto: Angenäherte graphische Berechnungen von Drehschwingungs- und Biegeschwingungsfrequenzen. Technik (Berlin) 2 (1947) 1 25—28.

Kennedy, C. C. and O. D. P. Pancu: Use of vectors in vibration measurement and analysis. J. Aeron. Sci. 14 (1947) 11 603—625; Index Aeron. 4 (1948) 4 13.

Meuser, R. B. and E. E. Weibel: Vibration of a nonlinear system during acceleration through resonance. Amer. Soc. Mech. Engrs. Prepr. No. 47-A-53 Dec. 1947 4 p. 4 ref.; Index Aeron. 4 (1948) 4 14.

Söchting, Fritz: Freie erzwungene gedämpfte Schwingungen mit nicht linearer Kennlinie eines Systems mit einem Freiheitsgrad. Oest. Ing.-Arch. 1 (1947) 4/5 382—289.

Weibel, E. E. a. o.: A mechanical analyzer for the solution of vibration problems of a single degree of freedom. Amer. Soc. Mech. Engrs. Prepr. No. 47-A-52 Dec. 1947 5 p.; Index Aeron. 4 (1948) 4 13.

Ludeke, C. A.: A mechanical model for demonstrating subharmonic resonance. Amer. J. Phys. 16 (1948) 8 430—434; Index Aeron. 5 (1949) 3 29.

Plato, G.: Über das Verhalten eines angefachten schwingungsfähigen Systems mit einem Freiheitsgrad, dessen Dämpfung dem Quadrat der Geschwindigkeit proportional ist. ZAMM 28 (1948) 3 91—92.

Stefaniak, H. St.: Eine einfache Methode zur Ermittlung der charakteristischen Daten eines gedämpft schwingenden Systems zweiter Ordnung mit Hilfe einer neuen Auftragung der Resonanzkurven. ZAMM 28 (1948) 11/12 368—371.

Creech, M. D. and J. O. Melton: Natural frequencies — a method of solution in undamped torsional vibration problems. J. Amer. Soc. Nav. Engrs. 61 (1949) 3 589—596 7 ref.; Index Aeron. 6 (1950) 1 26.

Duncan, W. J.: Some related oscillation problems. Cranfield Coll. Aeron. Rep. 27 1949 17 p. 3 ref.; Index Aeron. 5 (1949) 8 22.

Fettis, H. E.: The calculation of coupled modes of vibration by the Stodola method. J. Aeron. Sci. 16 (1949) 5 259—271 2 ref.; Index Aeron. 5 (1949) 8 22.

Meixner, J.: Lamé's wave functions of the ellipsoid of revolution. NACA TM 1224 1949 102 p.; Index Aeron. 5 (1949) 10 24.

Williams, D.: Displacements of a linear elastic system under a given transient load. Aeron. Quart. 1 1(1949) Pt. 123—136; Index Aeron. 6 (1950) 4 6.

Mettler, Eberhard: Allgemeine Theorie der Stabilität erzwungener Schwingungen elastischer Körper. Ing.-Arch. 17 (1949/50) 6 418—449.

Brock, J. E.: An interative numerical method for nonlinear vibrations. Amer. Soc. Mech. Engrs. Prepr. 50-APM-1, June 1950, 11 p. 11 ref.; Index Aeron. 6 (1950) 11 26.

Schwesinger, G.: On one-term approximations on forced nonharmonic vibrations. J. Appl. Mech. 17 (1950) 2 202—208 11 ref.; Index Aeron. 6 (1950) 8 33.

Slibar, A.: Freie und erzwungene nichtlineare Schwingungen von Mehrmassensystemen. Öst. Ing.-Arch. 4 (1950) 5 398—408; Index Aeron. 7 (1951) 4 19.

Soroka, W. W.: Free periodic motions of an undamped two-degree-of-freedom oscillatory system with non-linear unsymmetrical elastic. J. Appl. Mech. 17 (1950) 2 185—190 4 ref.; Index Aeron. 6 (1950) 8 33.

Sponder, E.: Zur Darstellung des Stabilitätsgebietes bei Schwingungsaufgaben mit Hilfe der Hurwitz-Determinanten. Schweiz. Arch. 16 (1950) 3 93—96.

Stefaniack, H. St.: Ein graphisches Verfahren zur Bestimmung der Zeitkonstanten und der Schwingungsdauer eines linearen Systems dritter Ordnung. Ing.-Arch. 18 (1950) 4 221—232 4 Lit.-St.; Index Aeron. 7 (1951) 5 37.

Haag, Rudolf: Über eine Methode der Störungsrechnung und ihre Anwendung auf Schwingungsprobleme. ZAMM **31** (1951) 1/2 12—19.

Magnus, K.: Erzwungene Schwingungen des linearen Schwingers bei nichtharmonischer Erregung. ZAMM **31** (1951) 10 324—329.

Mettler, Eberhard: Zum Problem der Stabilität erzwungener Schwingungen elastischer Körper. ZAMM **31** (1951) 8/9 263—264.

Trabuco, L.: The „Tuning Curves" for the study of torsional vibration frequencies. Boll. Tec. Fiat (1951) 1 1—15 7 ref.; Engrs. Dig.12 (1951) 9 285—289; Index Aeron. **7** (1951) 12 33.

Tumara, Masumitu: The exact criterion for the stability of non-linear vibrations. (In English.) Techn. Rep. Osaka Univ. **1** (1951) 3 35—50 23 ref.; Index Aeron. **7** (1951) 11 48.

Ayre, R. S.: Transient vibration of linear multi-degree-of-freedom systems by the phase-plane method. J. Franklin Inst. **253** (1952) 2 153—166 14 ref.; Index Aeron. **8** (1952) 6 28.

Collatz, L.: The numerical evaluation of periodic solutions with non-linear oscillations. ZAMP **3** (1952) 3 193—205; Index Aeron. **8** (1952) 8 37.

Ehrmann, Hans: Über den Zusammenhang zwischen Ausschlag und Schwingungsdauer bei der freien ungedämpften Schwingung. ZAMM **32** (1952) 10 307—309.

Föppl, Otto: Einfachster synthetischer Aufbau der Schwingungsbewegung eines Massenpunktes m. ZAMM **32** (1932) 8/9 251—255.

Haacke, Wolfhart: Eine Bemerkung zur Theorie der Stabilität erzwungener Schwingungen elastischer Körper von Herrn Mettler. ZAMM **32** (1952) 8/9 256—258.

Helmer, C. H.: A vector method of solving vibration problems. Engng. **174** (1952) 4529 620—621, 4531 685—686; Index Aeron. **9** (1953) 3 21—22.

Hukuo, Nobukei: Graphical method for studying forced vibrations of non-linear systems. (In English.) J. Japan Soc. Appl. Mech. **5** (1952) 27 4—8; Index Aeron. **9** (1953) 3 22.

Klotter, Karl: Nonlinear vibration problems treated by the everaging method of W. Ritz. — Proceedings of the First U. S. National Congress of Applied Mechanics, June 1951: Sect. 1. — General methods, dynamics, vibrations, impact. Amer. Soc. Mech. Engrs. Publ. 1952 9 ref.; Index Aeron. **9** (1953) 5 5—6.

Lavina, G. S.: The use of „eskalator" functions for the solution of vibration problems. Riv. Ing. **2** (1952) 6 680—684, 7 802—808; Index Aeron. **8** (1952) 9 23.

Pian, T. H. H. and *J. N. Siddall:* Prediction of stresses in a structure under an arbitrary dynamic loading. Proc. SESA **9** (1952) 2 1—12 6 ref.; Index Aeron. **8** (1952) 9 73.

Pöschl, T.: Über Hauptschwingungen mit endlichen Schwingweiten. Ing.-Arch. **20** (1952) 3 189—194.

Roberson, R. E.: On an iterative method for nonlinear vibrations. Amer. Soc. Mech. Engrs. Prepr. 52-A-20 1952 4 p. 3 ref.; Index Aeron. **9** (1953) 2 24.

Rost, J.: Détermination de la masse généralisée à l'aide du procédé „par l'impédance". Rech. Aéron. (1952) 28 49—52.

Thompson, S. P.: Statistical mechanics of complex vibration systems; Proceedings of the First U. S. National Congress of Applied Mechanics, June 1951: Sect. 1. — General methods, dynamics, vibrations, impact. Amer. Soc. Mech. Engrs. 1952; Index Aeron. **9** (1953) 5 5—6.

de Vries, G.: Sondage des systèmes vibrants par masses additionnelles. Rech. Aéron. (1952) 30 47—49.

Dimitroff, René: Réglage dynamique des maquettes par déplacement de masses. Rech. Aéron. (1953) 33 41—45 3 ref.

Bauer, F.: Das einfach gekoppelte Schwingungssystem bei dynamischer Beanspruchung. Bauing. **29** (1954) 2 54—57.

Basch, A.: Über Schwingungen von Systemen mit zwei Freiheitsgraden. Oest. Ing.-Arch. **8** (1954) 2/3 83—86.

Bishop, R. E. D.: The analysis and synthesis of vibrating systems. J. Roy. Aeron. Soc. **58** (1954) 526 703—719.

Bishop, R. E. D.: On the graphical solution of transient vibration problems. Inst. Mech. Engrs. Prepr. Jan. 1954 16 p. 25 ref.; Index Aeron. **10** (1954) 4 32.

Bogdanoff, J. L., J. E. Goldberg and *Hsu Lo:* Application of Volterra linear integral equations to the numerical solution of vibration problems — II. J. Aeron. Sci. **21** (1954) 6 383—388, 403 5 ref.

Kurzemann, W.: Graphical and numerical investigation of forced vibrations of a nine-mass system. Engrs. Dig. **15** (1954) 2 51—54, 68; Index Aeron. **10** (1954) 5 48.

Neuber, Heinz: Gesetzmäßigkeiten von Torsionsschwingungszahlen und Aufstellung einfacher Grenzwertformeln. Ing.-Arch. **22** (1954) 4 258—267.

Radok, J. R. M. and *A. Heller:* The exact solution of the integral equations of certain vibration problems. ZAMP **5** (1954) 1 50—66; Index Aeron. **10** (1954) 6 35.

Schwingungen von Bauteilen 1.272

Föppl, Otto: Drehschwingungen von Wellen und geradlinige Schwingungen von Massen zwischen Federn. ZAMM **1** (1921) 5 367—373.

Mononobe, N.: Die Eigenschwingungen eingespannter Stäbe von veränderlichem Querschnitt. ZAMM **1** (1921) 6 444—451.

Kaufmann, W.: Über die Biegungsschwingungen stabförmiger Träger. ZAMM **2** (1922) 1 34—45.

Birnbaum, Walter: Über die erzwungenen Schwingungen biegsamer Stäbe. Z. Techn. Phys. (1925); ZFM **16** (1925) 6 140.

Föppl, Otto: Berechnung der Biegungsschwingungszahl einer Welle, die mit mehreren Lasten behaftet ist. ZAMM **7** (1927) 1 72—77.

Grammel, Richard: Drillung und Drillungsschwingungen von Scheiben. ZAMM **5** (1925) 3 193—200.

van den Dungen, F. H.: Über die Biegungsschwingungen einer Welle. ZAMM **8** (1928) 3 225—231.

Küssner, Hans Georg: Schwingungen mehrfach gestützter Stäbe mit Axialkräften. Luftf. Forsch. **4** (1929) 2 63—67.

Esau, A. u. *M. Hempel:* Über die Eigenfrequenzen einseitig eingespannter prismatischer Stäbe mit Zusatzmassen am freien Ende. Z. Techn. Phys. (1930) 5 150—153.

Klotter, Karl: Über die Eigenschwingungszahlen der elastischen Querschwingungen einer ebenen, kreisrunden, belasteten Platte. Ing.-Arch. **1** (1930) 2 123—146.

Klotter, Karl: Über die Eigenschwingungszahlen der elastischen Querschwingungen belasteter Saiten, Stäbe, Membranen und Platten. Ing.-Arch. **1** (1930) 5 491—498.

Kluge, J.: Über Dehnungsschwingungen eines Stabes mit einer Masse am freien Ende. Techn. Mech. u. Thermodynamik (1930) Juni 235.

Gassmann, F.: Über Querschwingungen eines Stabes mit Einzelmasse. Ing.-Arch. **2** (1931) 2 222—227.

Schmidt, Harry: Theorie der Biegungsschwingungen frei aufliegender Rechteckplatten unter dem Einfluß beweglicher, zeitlich periodischer veränderlicher Belastungen. Ing.-Arch. **2** (1931) 4 449—471.

Schmidt, Harry: Beiträge zur Statik und Dynamik der Rechteckplatte. ZAMM **11** (1931) 6 426—429.

Klotter, Karl: Die Querschwingungen elastisch gebetteter Saiten, Stäbe, Membranen und Platten. Ing.-Arch. **3** (1932) 2 152—182.

Reißner, H.: Theorie der Biegungsschwingungen frei aufliegender Rechteckplatten unter dem Einfluß beweglicher, zeitlich periodisch veränderlicher Belastungen. Ing.-Arch. **2** (1932) 6 668—673.

Sezawa, K.: Die Wirkung des Enddruckes auf die Biegungsschwingung eines Stabes mit innerer Dämpfung. ZAMM **12** (1932) 5 275—279.

Giebe, E. u. E. Blechschmidt: Experimentale und theoretische Untersuchungen über Dehnungseigenschwingungen von Stäben und Rohren. Ann. Phys. **18** (1933) 5 457—485 12 Lit.-St.

Marguerre, Karl: Spannungsverteilung und Wellenausbreitung in der kontinuierlich gestützten Platte. Ing.-Arch. **4** (1933) 4 332—353. [1.225.11].

Pischinger, A:. Druckschwingungen rasch beanspruchter zylindrischer Stäbe. Ing.-Arch. **6** (1935) 6 383—396.

Meyer, J.: Beanspruchung durch erzwungene Drehschwingungen. ZWB FB 635 1936 34 S.

Schaefer, H. u. A. Havers: Die Eigenschwingungen der in ihrer Ebene allseitig gleichmäßig belasteten gleichseitigen Dreieckplatte. Ing.-Arch. **7** (1936) 2 83—87.

Stephens, Boyd C.: Natural vibration frequencies of structural members as an indication of end fixity and magnitude of stress. J. Aeron. Sci. **4** (1936) 2 54—60; Luftwissen **4** (1937) 2 56.

Weigand, A.: Vergleichende Zusammenstellung der Verfahren zur Berechnung der Dreheigenschwingungszahlen von Wellenanlagen. ZWB FB 676 1936 114 S.

Barka, J.: Über die elastische Grundschwingung eingespannter Stäbe. Ing.-Arch. **8** (1937) 1 35—37.

Iguchi, S.: Die Biegungsschwingungen der vierseitig eingespannten rechteckigen Platte. Ing.-Arch. **8** (1937) 1 11—25.

Pavlik, B.: Beitrag zur Untersuchung der Biegeschwingungen bei parallelogrammartigen Platten mit freien Rändern. Ann. Phys. **28** (1937) 4 353—360 8 Lit.-St.

Blaess, V.: Zur Berechnung der Schwingungen stabförmiger Körper mit veränderlichem Querschnitt. Ing.-Arch. **9** (1938) 6 428—435.

Borkmann, Karl: Arbeitsblätter zur Ermittlung der Eigenfrequenzen und Eigenschwingungsformen. (Biegung und Drillung von geraden Stäben mit zentrischer, sonst aber beliebiger Massen- und Steifigkeitsbelegung.) ZWB FB 863 1938 16 S. [6.254.20].

Dick, J.: A graphical method of analysis for torsional vibrations. Engineer **165** (1938) 4287 267—268.

Geiger, J.: Die Vorausbestimmung der Beanspruchung bei Drehschwingungen von Wellen. Mitt. Forsch. Anst. GHH Konzern **6** (1938) 9 225. [6.211.1].

Häberli, F.: Die kritische Drehzahl der zweifach gelagerten Welle. Schweiz. Arch. **4** (1938) 7 181—190.

Schilhansl, Max: Beitrag zur näherungsweisen Ermittlung der Biegeeigenfrequenzen mehrfach abgesetzter Wellen. ZAMM **18** (1938) 6 371—372; Luftwissen **6** (1939) 9 264.

Pleijel, A.: Sur les propriétés asymptotiques des fonctions propres des plaques vibrantes. C. R. Hebd. Séances Avad. Sci. **208** (1939) 20 1549—1551 5 réf.

Puwein, Max Georg: Die Verminderung der Knicklast eines Stabes durch Querschwingungen. Bau.-Ing. **20** (1939) 14—18. [1.342.31].

Schilhansl, Max: Beitrag zur genäherten Ermittlung der Biegeeigenfrequenzen mehrfach abgesetzter und mehrfach gelagerter Wellen. Ing.-Arch. **10** (1939) 3 182—195 2 Lit.-St.

Iguchi, S.: Die erzwungenen Schwingungen der rechteckigen Platte. Ing.-Arch. **11** (1940) 1 53—72.

Mettler, Eberhard: Biegeschwingungen eines Stabes unter pulsierender Achsiallast. Mitt. Forsch. Anst. GHH Konzern **8** (1940) 1.

Sezawa, K. and *W. Watanabe:* Some experiments on the forced vibration of varying period. Rep. Aeron. Res. Inst. Tokyo Univ. **15,9** (1940) 195 215—227.

Utida, I. and *K. Sezawa:* Dynamical stability of a column under periodic longitudinal forces. Rep. Aeron. Res. Inst. Tokyo Univ. **15,7** (1940) 193 139—183 9 ref.

Willers, Fr. A.: Eigenschwingungen gedrückter Kreisplatten. ZAMM **20** (1940) 1 37—44.

Puwein, Max Georg: Die Biegespannungen querschwingender, achsrecht belasteter Stäbe. Stahlbau **14** (1941) 4/5 13—16.

Flügge, Wilhelm: Die Ausbreitung von Biegungswellen in Stäben. ZAMM **22** (1942) 6 312—318 3 Lit.-St.

Schallenkamp, A.: Transversalschwingungen eines einseitig eingespannten Trägers bei beweglicher Last. Ing.-Arch. **13** (1942) 5 267—272.

Woinowski-Krieger, Sergius: Über die Biegeschwingungen eines Kreisringes unter gleichmäßig verteiltem pulsierendem radialem Druck. Ing.-Arch. **13** (1942) 2 90—96.

Woinowsky-Krieger, Sergius: Kippschwingungen und dynamische Kipp-Stabilität der I-Träger bei Belastung durch Endmomente. Ing.-Arch. **13** (1942) 4 197—210.

Ylinen, Arvo: Die Differentialgleichung der Biegungsschwingungen eines axial belasteten geraden Stabes, dessen Material dem Hookeschen Gesetz nicht folgt. ZAMM **22** (1942) 3 163—164 2 Lit.-St.

Kucera, J.: Ermittlung kritischer Drehzahlen und Drehschwingungen von Wellen mittels der Matrizenrechnung. Elektrotechn. Maschinenb. **61** (1943) 49/50 602—611 2 Lit.-St.

Schallenkamp, A.: Das Schwingungsverhalten eines Trägers unter dem Einfluß mehrerer beweglicher Kräfte. Ing.-Arch. **14** (1943/44) 6 409—413.

Berg, T. G. Owe: Biegungsschwingungen eines in beiden Enden unterstützten, punktförmig belasteten Balkens. ZAMM **24** (1944) 1 5—9.

Föppl, Otto: Biegeschwingungen einer Welle, die masselose Trägheitsmomente trägt. ZAMM **24** (1944) 5/6 204—209.

Hopkins, H. G.: The solution of small displacement, stability or vibration problems concerning a flat rectangular panel when the edges are either clamped or simply supported. ARC R & M 2234 June 1945 18 p. 11 ref.; Index Aeron. **4** (1948) 7 7; AMR **2** (1949) 4 77. [1.223.11].

Hearmon, R. F. S.: The fundamental frequency of vibration of wood and plywood plates. Proc. Phys. Soc. London **58** (1946) 78.

Dörr, Johannes: Das Schwingungsverhalten eines federnd gebetteten, unendlich langen Balkens. Ing.-Arch. **16** (1947/48) 5/6 287—298.

Durante, R.: The law of mechanical similarity applied to models for the investigation of critical bending vibrations of shafts. L'Ingegnere **21** (1947) 9 637—460; Index Aeron. **4** (1948) 4 11.

Federhofer, Karl: Eigenschwingungen von geraden Stäben mit dünnwandigen und offenen Querschnitten. Sitzungs-Ber. Akad. Wiss. (Wien) **156** (1947) 393.

Fischer, E. G.: Shock-excited lateral vibration of a uniform bar with hinged ends. Univ. Pittsburgh Bull. **43** (1947) 2 51—57; Index Aeron. **6** (1950) 3 39.

Young, D.: Vibration of a beam with concentrated mass, spring, and dashpot. Amer. Soc. Mech. Engrs. Prepr. No. 47-A-9 Dec. 1947 8 p. 11 ref.; Index Aeron. **4** (1948) 4 12.

Federhofer, Karl: Berechnung der Grundschwingzahl der gleichmäßig belasteten dünnen Kreisplatte mit großer Ausbiegung. Oest. Ing.-Arch. **2** (1948) 5 325—331.

Föppl, Otto u. *A. Romanowski:* Biegeschwingung einer Welle unter Berücksichtigung der Schrägstellung der Schwungmassen. (Mitt. Wöhler-Inst.. Braunschweig, H. 40.) Braunschweig: Vieweg 1948. 96 S.

Nothmann, G. A.: Vibration of a cantilever beam with prescribed end motion. Amer. Soc. Mech. Engrs. Prepr. No. 48-APM-3 1948 8 p.; Index Aeron. **4** (1948) 10 19.

Scanlan, R. H.: A note on transverse bending of beams having both translating and rotating mass elements. J. Aeron. Sci. **15** (1948) 7 425—426; Index Aeron. **4** (1948) 11 4.

White, W. T.: An integral-equation approach to problems of vibrating beams. J. Franklin Inst. **245** (1948) 1 25—36; Index Aeron. **4** (1948) 5 36.

Zanaboni, Osvaldo: Lastra rettangolare appoggiat su due lati apposti e soggetta a condizioni statiche varie subli altri due. (The rectangular plate supported on two opposite sides, and under various edge conditions on the other two.) Giornale delle Genie Civile **87** (1948) March/Apr. 138—148; AMR **2** (1949) 6 126. [1.225.12].

Ballet, M.: Détermination des fréquences propres de vibrations torsion des lignes d'arbres au moyen d'une analogue électrique. (Determination of the natural torsional frequencies of lines of shafts by means of an electrical analogy.) Ass. Techn. Marit. Aéron. Prepr. 1949 14 p. 2 ref.; Index Aeron. **7** (1951) 6 69.

Benscoter, Stanley U. and *Myron L. Gossard:* Matrix methods for calculating cantilever-beam deflections. NACA TN 1827 March 1949 58 p.; AMR **2** (1949) 5 101.

Carrier, G. F.: On dynamic structural stability. Proc. Symp. Appl. Math. No. 1 (1949) 175—180; AMR **4** (1951) 3 155.

Haener, H.: Schwingungen zweier zusammengesetzter Balken. Oest. Ing.-Arch. **3** (1949) 1 30—39.

Mindlin, R. D. and *L. E. Goodman:* Beam vibration with time-dependent boundary conditions. Amer. Soc. Mech. Engrs. Prepr. 49-A-19 Nov. 1949 4 p. 6 ref.; Index Aeron. **6** (1950) 10 7.

Nothman, G. A.: Vibration of a cantilever beam with prescribed end motion. J. Appl. Mech. **16** (1949) 2 213; Index Aeron. **5** (1949) 9 17.

Richard, Ubaldo: On the problem of the clamped plate (in Italian). Atti Acad. Torino **1** (1949) 21—27; AMR **3** (1950) 8 230. [1.225.11].

Ulrich, A. et *A. Girandeau:* Procédé graphique de détermination des fréquences propres de torsion des lignes d'arbres. (Graphical method for determination of natural frequencies [torsional] of lines of shafts.) Ass. Techn. Marit. Aéron. Prepr. 1949 17 p.; Index Aeron. **7** (1951) 6 69.

Woinowsky-Krieger, S.: On vibrations of a two-bar elastic system with a small rise. J. Appl. Mech. **16** (1949) 4 395—398; Index Aeron. **6** (1950) 3 40.

Wuest, Walter: Die Biegeschwingungen einseitig eingespannter gekrümmter Stäbe und Rohre. Ing.-Arch. **17** (1949/50) 4 265—272.

Ayre, R. S. and *L. S. Jacobsen:* Natural frequencies of continuous beams of uniform span length. Amer. Soc. Mech. Engrs. Prepr. 50-APM-21 1950 5 p.; Index Aeron. **6** (1950) 9 40.

Ayre, R. S. and *L. S. Jacobsen:* Transverse vibration of a two-span beam under the action of a moving alternating force. J. Appl. Mech. **17** (1950) 3 283—290 6 ref.; Index Aeron. **6** (1950) 12 52.

Barton, M. V.: Vibration of rectangular and skew cantilever plates. Amer. Soc. Mech. Engrs. Prepr. 50-A-12 Nov./Dec. 1950 6 p. 13 ref.; Index Aeron. **7** (1951) 6 79.

Burgreen, D.: Free vibrations of a pin-ended column with constant distance between pin-ends. Amer. Soc. Mech. Engrs. Prepr. 50-A-9 Nov./Dec. 1950 5 p.; Index Aeron. **7** (1951) 9 8.

Chwalla, Ernst: Über die gekoppelten Biegungs- und Torsionsschwingungen belasteter Stäbe mit offenem, einfach symmetrischem Querschnitt. Oest. Bauz. **5** (1950) 4 60—64, 5 79—83.

Eschler, M.: Zur Ermittlung der Eigenschwingungszahlen der in ihrer Mittelebene belasteten Rechteckplatte. Ing.-Arch. **18** (1950/51) 5 330—337 6 Lit.-St.; Index Aeron. **7** (1951) 5 67.

Holl, D. L.: Dynamic loads on thin plates on elastic foundation. Proc. Symp. Appl. Math. **3** (1950) 107—116.

Klotter, Karl: Die Biegeschwingungen eines Stabes unter pulsierender Achsialkraft bei beliebigen Randbedingungen. Ing.-Arch. **18** (1950) 6 363—369 6 Lit.-St.; Index Aeron. **7** (1951) 6 84.

Krzywoblocki, M. Z.: Vibration in composite beams. Aircr. Engng. **22** (1950) 258 223 6 ref.; Index Aeron. **6** (1950) 10 57.

McCann, G. D. and *R. H. MacNeal:* Beam-vibration analysis with the electric-analog computer. J. Appl. Mech. **17** (1950) 1 13—26 8 ref.; Index Aeron. **6** (1950) 6 4.

Szegö, G.: On membranes and plates. Proc. Nat. Acad. Sci. (Washington) **36** (1950) 3 210—216; AMR **4** (1951) 6 344.

Young, D.: Vibration of rectangular plates by the Ritz method. Amer. Soc. Mech. Engrs. Prepr. 50-APM-18 1950 6 p. 13 ref.; Index Aeron. **6** (1950) 9 32.

— Plywood plates: frequency of vibration and static deflection. Forest Prod. Res. Board. (London) Rep. 1939—47 1950 22—23; Forestry Abstr. Sect. 3 **12** (1951) 3 127.

Barton, M. V.: Vibration of rectangular and skew cantilever plates. J. Appl. Mach. **18** (1951) 2 129.

Brodeau, A.: Vibrations of solid deformable bodies. Publ. Sci. Min. Air. 254 1951 146 p.; Index Aeron. **8** (1952) 4 30.

Das Gupta, Sushil Ghandra: Transverse vibration of a wooden plate. Bull. Calcutta Math. Soc. **43** (1951) 4 143—146 2 ref.; Index Aeron. **8** (1952) 12 109.

Dörr, J.: Bestimmung der Dreheigenfrequenzen einer gewissen Gruppe von Wellen mit singulären Rändern. Öst. Ing.-Arch. **5** (1951) 3 217—225 1 Lit.-St.; Index Aeron. **7** (1951) 12 91.

Metzmeier, E.: Berechnung der Eigenfrequenz einer eingespannten Kreisplatte mit einer Einzelmasse in der Plattenmitte. Konstruktion **3** (1951) 7 216—218.

Heilig, R.: Torsions- und Biegeschwingungen von dünnwandigen Trägern mit beliebiger offener Profilform mit Vorlasten. Ing.-Arch. **19** (1951) 4/5 231—254.

Roberson, R. E.: Vibrations of clamped circular plate carrying concentrated mass. Amer. Soc. Mech. Engrs. Prepr. 51-APM-5 June 1951 4 p. 3 ref.; Index Aeron. **7** (1951) 11 49.

Udoguchi, Teruyoshi: On the characteristics of lateral vibration of an elastic bar supported at two points. J. Japan Soc. Appl. Mech. **4** (1951) 25 5—11 6 ref.; Index Aeron. **9** (1953) 3 59.

Weidenhammer, Fritz: Der eingespannte, achsial pulsierend belastete Stab als Stabilitätsproblem. Ing.-Arch. **19** (1951) 3 162—191.

Dalley, J. W. and *E. A. Ripperger:* Experimental values of natural frequencies for skew and rectangular cantilever plates. Proc. SESA **9** (1952) 2 51—66 3 ref.; Index Aeron. **8** (1952) 9 69.

Eschler, H.: Über freie Biegungsschwingungen des axial belasteten Stabes mit innerer und äußerer Dämpfung. Ing.-Arch. **20** (1952) 1 1—5; Index Aeron. **8** (1952) 10 35. [1.274].

Federhofer, Karl: On the eigenfrequencies of cylindrical shells of circular cross section and variable thickness (in German). Oest. Akad. Wiss. Math.-Nat. Kl. S. B. IIa **161** (1952) 4/6 89—105; AMR **6** (1953) 12 551.

Fettis, H. E.: Torsional vibration modes of tapered bars. J. Appl. Mech. **19** (1952) 2 220—222 2 ref.; Index Aeron. **8** (1952) 8 36; Techn. Zbl. Maschinenwes. **4** (1953) 11 962.

Golomb, M. and *R. M. Rosenberg:* Critical speeds of uniform shafts under axial torque. — Proceedings of the First U. S. National Congress of Applied Mechanics, June 1951: Sect. 1 General methods, dynamics, vibrations, impact Amer. Soc. Mech. Engrs. Publ. 1952 5 ref.; Index Aeron. **9** (1953) 5 5—6.

Jasper, N. H.: Critical whirling speeds of shafts — disc systems. Amer. Soc. Mech. Engrs. Prepr. 52-F-33 Sept. 1952 14 p. 5 ref.; Index Aeron. **9** (1953) 1 7.

Lembcke, H.-R.: Biege- und Torsionsschwingungen von Stäben mit beliebigen Querschnitten. Ing.-Arch. **20** (1952) 2 91—105 5 Lit.-St.; Index Aeron. **8** (1952) 12 76.

Lubkin, J. L. and *Y. L. Luke:* Frequencies of longitudinal vibration for a slender rod of variable section. Amer. Soc. Mech. Engrs. Prepr. 52-A-27 Nov./Dec. 1952 5 p. 10 ref.; Index Aeron. **9** (1953) 2 25.

Lurie, H.: Lateral vibrations as related to structural stability. J. Appl. Mech. **19** (1952) 2 195—204 14 ref.; Index Aeron. **8** (1952) 8 79; Techn. Zbl. Maschinenwes. **4** (1953) 11 962—963.

Munakata, K.: On the vibration and elastic stability of a rectangular plate clamped at its four edges. J. Math. Phys. **31** (1952) 1 69—74 8 ref.; Index Aeron **8** (1952) 9 70; Techn. Zbl. Maschinenwes. **4** (1953) 11 963. [1.222.112], [1.222.113].

Pestel, Eduard: Selbstangefachte Schwingungen von Maschinenwellen. ZAMM **32** (1952) 8/9 262—263.

Trösch, A.: Stabilitätsprobleme bei tordierten Stäben und Wellen. Ing.-Arch. **20** (1952) 4 258—277; AMR **6** (1953) 4 180; Index Aeron. **9** (1953) 4 70. [1.342.9].

Weidenhammer, Fritz: Biegeschwingungen des Stabes mit nichtlinearem Elastizitätsgesetz. ZAMM **32** (1952) 8/9 265—266.

Weidenhammer, Fritz: Nichtlineare Biegeschwingungen des axial-pulsierend belasteten Stabes. Ing.-Arch. **20** (1952) 5 315—330.

Ziegler, H.: Critical rotation under torsion and pressure. Ing.-Arch. **20** (1952) 6 377—390 18 ref.; Index Aeron. **10** (1954) 2 57.

Zizicas, G. A.: Dynamic buckling of thin elastic plates. Amer. Soc. Mech. Engrs. Prepr. 52-S-3 March 1952 10 p. 25 ref.; Index Aeron. **8** (1952) 6 74. [1.222.112], [1.222.113].

Bauer, F.: Eigenschwingungszahlen für einige, den Bauingenieur interessierende Schwingungssysteme. Bauing. **28** (1953) 8 273—275.

Bishop, R. E. D.: On dynamical problems of plane stress and plane strain. Quart. J. Mech. Appl. Math. **6** (1953) Pt. 2 250—254 2 ref.; Index Aeron. **9** (1953) 8 37.

Bishop, R. E. D.: The normal function of beam vibration in series solutions of static problems. J. Roy. Aeron. Soc. **57** (1953) 512 527—529 6 ref.; Index Aeron. **9** (1953) 11 65.

Bleich, H. H. and *M. C. Salvadori:* Impulsive motion of elasto-plastic beams. Proc. ASCE (1953) 287.

Gröbner, W. u. *P. Lesky:* Eigenschwingungen eines Kreisringes mit rechteckigem Querschnitt. Oest. Ing.-Arch. **7** (1953) 3 254—262.

Gustafson, P. N., W. F. Stokey and *C. F. Zorowski:* An experimental study of natural vibrations of cantilevered triangular plates. J. Aeron. Sci. **20** (1953) 5 331—337 7 ref.

Herrmann, G.: Forced motions of elastic rods. Amer. Soc. Mech. Engrs. Prepr. 53-A-59 Nov./Dec. 1953 4 p. 3 ref.; Index Aeron. **10** (1954) 3 38.

Iguchi, S.: The characteristic vibrations and resonance constants of the four-sided free rectangular plate. Ing.-Arch. **21** (1953) 5/6 303—322 8 ref.; Index Aeron. **10** (1954) 6 35.

Reckling, K. A.: Die dünne Kreisplatte mit pulsierender Randbelastung in ihrer Mittelebene als Stabilitätsproblem. Ing.-Arch. **21** (1953) 2 141—147; Index Aeron. **9** (1953) 10 81; AMR **7** (1954) 4 148.

Richter, Hans: Elasto-plastische Reflexion eines Stabes. ZAMM **3** (1953) 7 237—244.

Sonnemann, G.: Analyzing beam vibration. Machine Design **25** (1953) 6 123—128; Konstruktion **6** (1954) 11 440.

Traill-Nash, R. W. and *A. R. Collar:* The effects of shear flexibility and rotary inertia on the bending vibrations of beams. Quart. J. Mech. Appl. Math. **6** (1953) Pt. 2 June 186—222 16 ref.; Index Aeron. **9** (1953) 8 61.

Budiansky, B. and *R. W. Fralich:* Effects of panel flexibility on natural vibration frequencies of box beams. NACA TN 3070 March 1954; J. Roy. Aeron. Soc. **58** (1954) 522 446.

Cox, Hugh L.: Flexural vibration of plates on uniform elastic foundations. J. Roy. Aeron. Soc. **58** (1954) 525 651; Index Aeron. **10** (1954) 10 58.

Dolph, C. L.: On the Timoshenko theory of transverse beam vibrations. Quart. Appl. Math. (1954) July 175 11 ref.

Gere, J. M.: Torsional vibrations of beams of thin-walled open section. J. Appl. Mech. (1954) Dec. 381.

Hearmon, R. F. S. and *A. C. Sekhar:* The frequency of vibration and the deflection under concentrated load of rectangular plywood plates. Composite Wood **1** (1954) 4 77—88.

Hourlier, Madeleine: Étude théorique de la réponse d'une poutre amortie à une excitation sinusoidale appliquée à son extrémité libre. Rech. Aéron. (1954) Juillet/Août 37; Aeron. Engng. Rev. **14** (1955) 1 106.

Kenney J. T. jr.: Steady-state vibrations of beam on elastic foundation for moving load. Amer. Soc. Mech. Engrs. Prepr. 54-APM-8 June 1954 6 p. 6 ref.; Index Aeron. **10** (1954) 9 93.

Kruszewski, E. T. and *E. E. Kordes:* Torsional vibrations of hollow thin-walled cylindrical beams. NACA TN 3206 Aug. 1954; J. Roy. Aeron. Soc. **58** (1954) 527 798.

Schneider, R.: Trägerschwingungen im plastischen Bereich. Stahlbau **23** (1954) 9 223—224.

Warburton, G. B.: The vibration of rectangular plates. Inst. Mech. Engrs. Prepr. 1954 12 p. 32 ref.; Index Aeron. **10** (1954) 4 32; Proc. IME (1954) 12 371—381, communications 381—384 25 ref.; Aeron. Engng. Rev. **14** (1955) 4 113.

Cox, Hugh L. and *Bertram Klein:* Buckling and vibration of isosceles triangular plates having the two equal edges clamped and the other edge simply-supported. J. Roy. Aeron. Soc. **59** (1955) 530 151—152 3 ref. [1.222.112].

Schwingungen von Tragwerken 1.273

Pohlhausen, E.: Berechnung der Eigenschwingungen statisch bestimmter Fachwerke. ZAMM **1** (1921) 28—42.

Pöschl, Th.: Über die angenäherte Berechnung der Schwingzahlen von Rahmenträgern. Ing.-Arch. **1** (1930) 4 469—480.

Prager, Willy: Die Beanspruchung von Tragwerken durch schwingende Lasten. Ing.-Arch. **1** (1930) Dez. 527—532.

Waltking, F. W.: Zur Ermittlung der Eigenschwingungszahlen ebener Stabwerke. Ing.-Arch. **2** (1931) 3 247—274.

Gradstein, S. u. *Willy Prager:* Beanspruchung und Formänderung von Stabwerken bei erzwungenen Schwingungen. Ing.-Arch. **2** (1932) 6 622—650.

Prager, Willy: Nomographische Bestimmung der Eigenschwingungszahlen einfacher Tragwerksformen. Ing.-Arch. **3** (1932) 3 298—299.

Flügge, Wilhelm: Schwingungen zylindrischer Schalen. ZAMM **13** (1933) 425—427.

Scharrer, G.: Gebäudeschwingungen. Ermittlung der Eigenschwingzahlen rechteckiger Gebäudedecken und -Wände. VDI-Forsch. H. 359 1933 16 S.

Spilker, A.: Bauwerksschwingungen. Bauing. **14** (1933) 47/48 575—577.

Federhofer, Karl: Zur Berechnung der niedrigsten Eigenschwingzahl eines Fachwerkes. Stahlbau **7** (1934) 1 6—8.

Waltking, F. W.: Schwingungszahlen und Schwingungsformen von Kreisbogenträgern. Ing.-Arch. **5** (1934) 6 429—449.

Grammel, Richard: Drillungs- und Dehnungsschwingungen der unbelasteten Kugelschale. Ing.-Arch. **6** (1935) 4 256—265.

Pöschl, Th.: Über die Eigenschwingungen von Fachwerken mit Massen in den Knotenpunkten. Stahlbau **8** (1935) 6 41—43.

Bleich, Friedrich: Beitrag zur Dynamik der Brückentragwerke. Stahlbau **9** (1936) 11 81—84. [6.272].

Mudrak, W.: Zur Ermittlung der Grundschwingungszahlen von durchlaufenden Trägern. Ing.-Arch. **7** (1936) 1 51—55 9 Lit.-St.

Mudrak, W.: Ermittlung der Eigenschwingungszahlen von durchlaufenden Trägern mit feldweise veränderlicher Längskraft. Ing.-Arch. **7** (1936) 5 293—297.

Pekelsma, R. E.: The behavior of thin-wall monocoque cylinders under torsional vibration. NACA TN 607 Aug. 1937.

Reinitzhuber, F.: Beitrag zur Berechnung der Eigenschwingzahlen räumlicher Stabwerke. Ing.-Arch. **8** (1937) 5 349—363 8 Lit.-St.

Schallenkamp, A.: Schwingungen von Trägern mit bewegten Lasten. Ing.-Arch. **8** (1937) 3 182—198.

Yamamoto, M. and *Z. Suzuki:* On the natural vibration of semi-cantilever beam with one end fixed or pinjointed. (Jap./Engl. summary.) Rep. Aeron. Res. Inst. Tokyo Univ. **12,5** (1937) 149 319—335 7 ref.

Federhofer, Karl: Eigenschwingungen der Kegelschale. Ing.-Arch. **9** (1938) 4 288—308.

Reinitzhuber, F.: Beitrag zur Berechnung der Eigenschwingzahlen räumlicher Stabwerke. Ing.-Arch. **9** (1938) 5 349—363.

Arendt, R.: Die angenäherte Berechnung von Fachwerkschwingungen bei gelenkigen und biegungssteifen Stabverbindungen. Diss. TH Dresden 1939 23 S.

Coleman, R. P.: The frequency of torsional vibration of a tapered beam. NACA TN 697 1939 21 p. 7 ref.

Field, G. S.: The resonant radial frequencies of a cylinder of any wall thickness. Canad. J. Res. **17** (1939) 141—147.

Lennertz, J.: Zur Berechnung der Eigenwerte für achsensymmetrische Schwingungen von Hohlzylindern. ZAMM **19** (1939) 5 286—289 5 Lit.-St.

Federhofer, Karl: Der senkrecht zu seiner Ebene schwingende Kreisbogenträger mit I-Querschnitt. ZAMM **20** (1940) 1 13—23.

Garland, Cl. F.: The normal modes of vibrations of beams having noncollinear elastic and mass axes. Trans. ASME **7** (1940) 3 A 97—A 105 19 ref.

Woinowsky-Krieger, Sergius: Über die Eigenschwingungen eines Kreisbogenträgers mit 3 Gelenken. Ing.-Arch. **12** (1941) 1 1—5.

Pflüger, Alfrich: Spannungen, Formänderungen und Schwingungen einer kegelförmigen Flügelschale. Luftf.-Forsch. **20** (1943) 1 29—32. [1.242.111].

Anderson, Roger A. and *John C. Houbolt:* Effect of shear lag on bending vibration of box beams. NACA TN 1583 May 1948.

Conway, H. D.: Calculation of frequencies of truncated pyramids. Aircr. Engng. **20** (1948) 231 148; Index Aeron. **4** (1948) 7 8.

Houbolt, John C. and *Roger A. Anderson:* Calculation of uncoupled modes and frequencies in bending or torsion of nonuniform beams. NACA TN 1522 Febr. 1948.

Mudrak, W.: Bestimmung der Eigenschwingungszahlen von durchlaufenden Trägern und Rahmen. ZAMM **28** (1948) 9 258—263; Konstruktion **1** (1949) 7 217.

Barthélemy, J.: Calcul de la fréquence propre des vibrations par flexion des poutres creuses. Ass. Techn. Marit. Aéron. Prepr. 1949 19 p.; Index Aeron. **7** (1951) 6 77.

Dzhanelidze, G. Y.: On the theory of thin shells and thin-walled rods. Prikl. Mat. Mekh. **13** (1949) Nov./Dec. 597—608 8 ref.; NACA TM 1309 Oct. 1951 18 p.; Index Aeron. **10** (1954) 5 96. [1.242.115].

Hemp, W. S.: On the natural frequencies of a reinforced circular cylinder. Cranfield Coll. Aeron. Rep. 26 1949 8 p.; Index Aeron. **5** (1949) 8 23.

Kruszewski, Edwin T: Effect of transverse shear and rotary inertia on the natural frequency of a uniform beam. NACA TN 1909 July 1949.

Mindlin, R. D. and *L. E. Goodman:* Beam vibrations with time- dependent boundary conditions. J. Appl. Mech. **17** (1950) 4 377—380 6 ref.; Index Aeron. **7** (1951) 3 34.

Mendelson, A. and *S. Gendler:* Analytical determination of coupled bending-torsion vibrations of cantilever beams by means of station functions. NACA Rep. 1005 1951 20 p. 13 ref.; Index Aeron. **8** (1952) 2 75.

Radok, J. M.: Vibrations of swept box. Cranfield Coll. Aeron. Rep. 47 April 1951 13 p. 3 ref.; Index Aeron. **7** (1951) 10 80.

Reckling, K. A.: Die Stabilität erzwungener harmonischer Schwingungen gerader I-Träger im Verband eines Tragwerkes. Diss. T. U. Berlin 1951 44 S.

Ayre, R. S., L. S. Jacobsen and *Chieh Su Hsu:* Transverse vibration of one- and two-span beams under the action of a moving mass load. Proceedings of the First U. S. National Congress of Applied Mechanics, June 1951: Sect. 1. — General methods, dynamics, vibrations, impact. Amer. Soc. Mech. Engrs. Publ. 1952 16 ref.; Index Aeron. **9** (1953) 5 5—6.

Bishop, R. E. D.: Longitudinal waves in beams. Aeron.-Quart. **3** Pt. 4 (1952) 280—293 11 ref.; Index Aeron. **8** (1952) 6 10.

Budiansky, Bernard and *Edwin T. Kruszewski:* Transverse vibrations of hollow thin-walled cylindrical beams. NACA TN 2682 Apr. 1952; NACA Rep. 1129 1953; AMR **6** (1953) 4 175; Aircr. Engng. **26** (1954) 309 397; J. Roy. Aeron. Soc. **58** (1954) 524 584.

Lee, W. F. Z. and *E. Saibel:* Free vibrations of constrained beams. Amer. Soc. Mech. Engrs. Prepr. 52-APM-31 June 1952 7 p. 4 ref.; Index Aeron. **8** (1952) 9 67.

Lo, Hsu: A nonlinear problem in the bending vibration of a rotating beam. Amer. Soc. Mech. Engrs. Prepr. 52-APM-35 4 p. 2 ref.; Index Aeron. **8** (1952) 10 66.

Lo, Hsu and *J. L. Renbarger:* Bending vibrations of a rotating beam. Proceedings of the First U. S. National Congress of Applied Mechanics, June 1951: Sect. 1. — General methods, dynamics, vibrations, impact. Amer. Soc. Mech. Engrs. Publ. 1952 14 ref.; Index Aeron. **9** (1953) 5 5—6.

Miller, D. F.: Forced lateral vibration of beams on damped flexible end supports. Amer. Soc. Mech. Engrs. Prepr. 52-A-23 Nov./Dec. 1952 6 p. 5 ref.; Index Aeron. **9** (1953) 2 54.

Myklestad, N. O.: Numerical analysis of forced vibrations of beams. Amer. Soc. Mech. Engrs. Prepr. 52-F-12 Sept. 1952 4 p.; Index Aeron. **8** (1952) 11 52—53.

Rosard, D. D.: Natural frequencies of twisted cantilever beams. Amer. Soc. Mech. Engrs. Prepr. 52-A-15 Nov./Dec. 1952 4 p. 3 ref.; Index Aeron. **9** (1953) 1 62.

Saibel, E. and *W. F. Z. Lee:* Vibration of a continuous beam under a constant moving force. J. Franklin Inst. **254** (1952) 6 499—516 5 ref.; Index Aeron. **9** (1953) 3 58—59.

Anderson, R. A.: Flexural vibration in uniform beams according to the Timoshenko Theory. Amer. Soc. Mech. Engrs. Prepr. 53-SA-9 1953 7 p. 7 ref.; Index Aeron. **9** (1953) 9 81.

Baron, M. L. and *H. H. Bleich:* Tables of frequencies and modes of free vibration of infinitely long thin cylindrical shells. Amer. Soc. Mech. Engrs. Prepr. 53-A-33 Nov./Dec. 1953 7 p. 3 ref.; Index Aeron. **10** (1954) 3 37.

Bleich, H. H. and *M. L. Baron:* Free and forced vibrations of an infinitely long cylindrical shell in an infinite acoustic medium. Amer. Soc. Mech. Engrs. Prepr. 53-A-37 Nov./Dec. 1953 11 p. 6 ref.; Index Aeron. **10** (1954) 3 38.

Egger, Hans: Querschwingungen von Trägern mit Feder und Zusatzmasse. Oest. Ing.-Arch. **7** (1953) 3 188—214.

Federhofer, Karl: Die Frequenzgleichung der Biegungsschwingungen des dreifach gestützten Trägers mit einer Punktmasse und gleichförmiger Auflast. Oest. Ing.-Arch. **7** (1953) 1 26—32 3 Lit.-St.; Index Aeron. **10** (1954) 2 62.

Junger, M. C.: Dynamic behaviour of reinforced cylindrical shells in a vacuum and in a fluid. ASME Prepr. 53-A-1 1953 7 p. 14 ref.; Index Aeron. **9** (1953) 9 85.

Smith, F. C. and *D. M. Howard:* Calculation and measurement of normal modes of vibration of an aluminium alloy box beam with and without large discontinuities. NACA TN 2884 Jan. 1953 40 p.; AMR **6** (1953) 9 401; AB **24** (1953) 10 636.

Bleich, H. H. and *M. L. Baron:* Free and forced vibrations of an infinitely long cylindrical shell in an infinite acoustic medium. J. Appl. Mech. (1954) June 167.

Baron, M. L. and *H. H. Bleich:* Tables for frequencies and modes of free vibration of infinitely long thin cylindrical shells. J. Appl. Mech. (1954) June 178.

Davenport, W. W. and *E. T. Kruszewski:* A substitute-stringer approach for including shear-lag effects in box-beam vibrations. NACA TN 3158 Jan. 1954 23 p.; Index Aeron. **10** (1954) 5 96.

Fuhrke, H.: Massen-Reduktion zur näherungsweisen Bestimmung der Eigenfrequenzen von Mehrmassen-Systemen. Stahlbau **23** (1954) 8 181—184.

Kruszewski, Edwin T. and *Eldon E. Kordes:* Torsional vibrations of hollow thin-walled cylindrical beams. NACA TN 3206 Aug. 1954 33 p.

Schwingungsverhütung und Dämpfung   1.274

Slomm, S. E.: Experimental research on vibration dampers and insulators. Proc. ASCE Pt. 1 (1929) Oct. 2109—2129.

Vollmar, M.: Beitrag zur Berechnung von Drehschwingungen und Dämpfern. Techn. Mech. u. Thermodynamik (1930) 11 382—391. [6.211.1].

Bock, Guenther: Schwingungsdämpfung unter Ausnutzung der Werkstoff-dämpfung. Diss. TH Braunschweig. 1931. 11 S. ZAMM **12** (1932) 5 261—274.

Föppl, Otto: Resonanzschwingungsdämpfer. Ing.-Arch. **2** (1931) 3 347—352.

den Hartog, J. P. and *J. Ormondroyd:* Torsional-vibration dampers. Appl. Mech. (Trans. ASME) **52** (1931) 22 133—152.

Hull, E. H.: Influence of damping in the elastic mounting of vibrating machines. Appl. Mech. **53** (1931) 15 155—165.

Jacobsen, L. S.: Steady forced vibrations as influenced by damping. Appl. Mech. (Trans. ASME) **52** (1931) 22 169—181.

Morrisson, I.: Die Dämpfung von Stößen und Schwingungen durch Gummi. Trans. Inst. Rubber Industry (1931) Aug. 112—128.

Föppl, Otto: Theorie des Resonanzschwingungsdämpfers. ZAMM **12** (1932) 5 257—260.

Bankwitz, Ernst: Die Abhängigkeit der Werkstoffdämpfung von der Größe und Geschwindigkeit der Formänderung unter besonderer Berücksichtigung der Verhältnisse bei Leichtmetallen und anderen guten Wärmeleitern. (Mitt. Wöhler Inst. Braunschweig, H. 11.) Braunschweig: Gutenberg. 1933. 55 S.

Jendrassik, G.: Theorie des Reibungs-Schwingungsdämpfers. Z. VDI **77** (1933) 37 1009—1012.

Küchler, E.: Untersuchung an scheibenförmigen Resonanz-Drehschwingungs-dämpfern. (Mitt. Wöhler-Inst. TH Braunschweig, H. 23.) Braunschweig: Vieweg 1934. [6.211.1].

Geiger, J.: Dämpfung bei Drehschwingungen von Motoren. ATZ **38** (1935) 14 366—367. [6.211.1].

Hampl, M.: Zur Berechnung von Schwingungen mit quadratischer Dämpfung. Ing.-Arch. **6** (1935) 3 213—216.

Küchler, E.: Scheibenförmige Resonanz-Drehschwingungsdämpfer bei höheren Schwingungszahlen. Z. VDI **79** (1935) 16 502 4 Lit.-St.

v. Schlippe, B.: Die innere Dämpfung. Berechnungsansätze für die inner Dämpfung bei mechanischen Schwingungsystemen. Ing.-Arch. **6** (1935) 2 127—133.

Braun, E.: Über die graphische Lösung der Differentialgleichung der erzwungenen Schwingungen bei beliebigem Gesetz für Dämpfung, Rückstellkraft und Antriebskraft. Ing.-Arch. **8** (1937) 3 198—202.

Föppl, Otto: Kritische Betrachtungen zur Berechnung von Resonanzschwingungsdämpfern. ATZ **41** (1938) 10 265—267 2 Lit.-St.

Klotter, Karl: Theorie der Reibungsschwingungsdämpfer. Ing.-Arch. **9** (1938) 2 137—162 6 Lit.-St.

Lehr, Ernst u. *Arthur Weigand:* Dämpfung erzwungener Schwingungen durch ein angekoppeltes System. Forsch. Ing.-Wes. **9** (1938) 5 219—228 9 Lit.-St.

Ziegler, H.: Erzwungene Schwingungen mit konstanter Dämpfung Ing.-Arch. **9** (1938) 3 163—178 5 Lit.-St.

Delsuc, J.: Amortisseurs dynamiques de vibrations. Air (Paris) (1939) 463 125—126.

Kosten, C. W.: Schwingungsdämpfung mit Gummi. Ingenieur **54** (1939) W 128—W 132.

Neubert, H.: Zusammenstellung der häufigsten Dämpfungsdefinitionen mechanischer, elektrischer und akustischer Schwingungen und ihre Beziehungen zueinander. ZWB UM 612 1940 33 S.

Geislinger, L.: Die Berechnung von Drehschwingungsdämpfern. MTZ **3** (1941) 10 326—336 10 Lit.-St.

Wilson, W. K.: Pendulum dampers. Aeroplane **60** (1941) 1562 502—503.

Schneider, P.: Beitrag zur vollständigen Lösung der Differentialgleichung freier gekoppelter Schwingungen für beliebige Dämpfung sowie Art und Größe der Kopplung. Ann. Phys. (Leipzig) **41** (1942) 3 211—224 4 Lit.-St.

Shieh, A. H.: Optimum performance of pendulum type vibration absorber. J. Aeron. Sci. **9** (1942) 9 337—340; J. Roy. Aeron. Soc. **46** (1942) 383 409.

— Shock dampers. Flight **41** (1942) 1724 b—d 3 ref.

Eichler, Martin: Über die Dämpfung von Schwingungen bei zeitlich veränderlichen Kräften. ZAMM **24** (1944) 1 41—42.

Thompson, F. C.: Dämpfungsfähigkeit von Stahl. Rev. Metallurgie **42** (1945) 4 105—124; Stahl u. Eisen **71** (1951) 2 99.

Cooper, D. H. D.: A suggested method of increasing the damping of aircraft structures. ARC R & M 2398 Aug. 1946 13 p.; Index Aeron. **7** (1951) 5 71.

Hess, G. K.: Solution of the frequency equation for the generalized lumped-constant linear mechanical system with damping. Amer. Soc. Mech. Engrs. Prepr. 47-A-1 1947 3 p.; Index Aeron. **4** (1948) 3 4.

Cottell, G. A. a. o.: The measurement of the damping capacity of metals in torsional vibration: (with an appendix on: „The estimation of specific damping capacity from measurements of experimental delay curves.") J. Inst. Metals **74** (1948) Pt. 7 March 373—424; Index Aeron. **4** (1948) 6 70.

Denkhaus, Günther: Über Werkstoffdämpfung bei Biegeschwingungen. Ing.-Arch. **17** (1949/50) 4 300—307.

Soroka, W. W.: Note on the relations between viscous and structural damping coefficients. J. Aeron. Sci. **16** (1949) 7 409—410, 448 3 ref.; Index Aeron. **5** (1949) 10 25.

Linacre, Edward: Dämpfungsfähigkeit I/III. Iron Steel **23** (1950) 5 153—156, 7 285—288, 9 344—346; Stahl u. Eisen **72** (1952) 12 721.

Spaetgens, T. W.: Holzer method for forced damped torsional vibrations. J. Appl. Mech. **17** (1950) 1 59—63 8 ref.; Index Aeron. **6** (1950) 6 23.

Grumman, H. R. and *R. E. Newton:* Structural damping with complex stiffness. Aero Dig. **63** (1951) 1 22, 70, 74, 80; Index Aeron. **7** (1951) 11 50.

Dickie, R. J.: How to apply vibration isolators. Electronics **25** (1952) 12 126—130; Index Aeron. **9** (1953) 3 35—36.

Eschler, H.: Über freie Biegungsschwingungen des axial belasteten Stabes mit innerer und äußerer Dämpfung. Ing.-Arch. **20** (1952) 1 1—5. [1.272].

Grammel, G.: Zur Stabilität erzwungener Schwingungen elastischer Körper mit geschwindigkeitsproportionaler Dämpfung. Ing.-Arch. **20** (1952) 3 170—183.

Kurzemann, W.: Ein graphisch numerisches Verfahren zur Untersuchung gekoppelter Schwingungssysteme, insbesondere von Schwingungsdämpfern. Maschinenbau u. Wärmewirtschaft **7** (1952) 197.

Lazan, B. J.: Effect of damping constants and stress distribution on the resonance response of members. Amer. Soc. Mech. Engrs. Prepr. 52-A-8 Nov./Dec. 1952 9 p. 10 ref.; Index Aeron. **9** (1953) 2 67.

Morduchow, M. and *L. Galowin:* On double-pulse stability criteria with damping. Quart. Appl. Math. **10** (1952) 1 17—23; Index Aeron. **8** (1952) 8 37.

Myklestad, N. O.: The concept of complex damping. Amer. Soc. Mech. Engrs. Prepr. 52-APM-15 June 1952 5 p.; Index Aeron. **8** (1952) 7 41.

Pian, T. H. H. and *F. C. Hallowell:* Structural damping in simple built-up beam. Proceedings of the First. U. S. National Congress of Applied Mechanics June 1951: Sect. 1. — General methods, dynamics, vibration, impact. Amer. Soc. Mech. Engrs. Publ. 1952 4 ref.; Index Aeron. **9** (1953) 5 5—6.

Volterra, E.: On the response to external loads of continuous elastic systems with hereditary damping characteristics. Proceedings of the First U. S. National Congress of Applied Mechanics, June 1951: Sect. 1. — General method, dynamics, vibrations, impact. Amer. Soc. Mech. Engrs. Publ. 1952 9 ref.; Index Aeron. **9** (1953) 5 5—6.

Young, D.: Theory of dynamic vibration absorbers for beams. — Proceedings for the First U. S. National Congress of Applied Mechanics, June 1951: Sect. 1. — General methods, dynamics, vibration, impact. Amer. Soc. Mech. Engrs. Publ. 1952 7 ref.; Index Aeron. 9 (1953) 5 5—6.

Desoyer, D. and *A. Slibar:* On the calculation of pendulum oscillation-dampers. Ing.-Arch. 21 (1953) 3 208—212 6 ref.; Index Aeron. 10 (1954) 3 40.

Chen, Yian-Nian: Torsionsschwingungen unter Berücksichtigung der Masse und der Dämpfung der elastischen Glieder. ZAMP (1954) 15./7. 293.

Crede, Charles E.: Design methods for selecting and applying vibration and shock isolators. I. Vibration isolation. II. Noise isolation. III. Shock isolation. IV. Nonlinear isolators. V. Isolator material. Machine Design (1954) Aug. 139.

Kauderer, H.: Zur Analyse der Dämpfung freier Schwingungen. Ing.-Arch. 22 (1954) 4 251—257.

Festigkeit und andere Eigenschaften von Werkstoffen, Gestaltfestigkeit 1.3
Allgemeine Grundlagen der Werkstoff-Festigkeit 1.31

Roš, Mirko u. *A. Eichinger:* Versuche zur Klärung der Frage der Bruchgefahr. III. Metalle. EMPA Disk. Ber. 34 1929.

Thum, August: Forschungsarbeiten über Werkstoff und Festigkeit. Forsch. Ing. Wes. 2 (1931) 65—80.

Thum, August u. *F. Wunderlich:* Die Fließgrenze bei behinderter Formänderung. Forsch. Ing.-Wes. 3 (1932) 6 261—270.

— Symposium on effect of temperature on the properties of metals. Philadelphia, Pa. and New York: ASTM and ASME 1932 829 p.

Buchmann, Walter: Die Bedeutung räumlicher, plastischer und inhomogener Spannungszustände für die Frage der zulässigen Beanspruchung. Schr. Hess. Hochsch. (1933) 2 58—66.

Krisch, Alfred: Die Fließgrenze bei behinderter Formänderung. Forsch. Ing. Wes. 4 (1933) 4 207—208.

Prager, Willy: Fließgrenze bei behinderter Formänderung. Forsch. Ing. Wes. 4 (1933) 2 95—97.

Siebel, E. u. *A. Maier:* Der Einfluß mehrachsiger Spannungszustände auf das Formänderungsvermögen metallischer Werkstoffe. Z. VDI 77 (1933) 51 1345—1349.

Siebel, E. u. *H. F. Vieregge:* Über die Abhängigkeit des Fließbeginns von Spannungsverteilung und Werkstoff. Mitt. K.-Wilh.-Inst. Eisenforsch. 16 (1934) 21 225.

Maier, A. F.: Einfluß des Spannungszustandes auf das Formänderungsvermögen der metallischen Werkstoffe. (Mitt. MPA TH Stuttgart.) Berlin: VDI-Verl. 1935 IV, 47 S.; Forsch. Ing. Wes. 6 (1935) 6 312.

Bijlaard, P. P.: Theory of local plastic deformations. Publ. Int. Ass. Bridge & Struct. Engng. 6 (1940/41) 27—44.

Kuntze, Wilhelm: Werkstoff-Mechanik als Grundlage einer neuen Auffassung in der Werkstoffbeurteilung. Metallwirtsch. 19 (1940) 48 1073—1080 42 Lit.-St. Techn. Z.-Schau 26 (1941) 5 94.

Föppl, Ludwig u. *Karl Huber:* Der Gültigkeitsbereich der Elastizitätstheorie. Forsch. Ing. Wes. 12 (1941) 6 261—265, Z. VDI 86 (1942) 15/16 252 (Auszug), Luftwissen 9 (1942) 2 59.

Thum, August u. *Cord Petersen:* Die Vorgänge im zügig und wechselnd beanspruchten Metallgefüge. I. Zur Mechanik der Festigkeits- und Brucherscheinungen. II. Betrachtungen zur Dämpfungsfähigkeit. Z. Metallkde. 33 (1941) 7 249—259 97 Lit.-St., 34 (1942) 2 39—46 61 Lit.-St. [1.331].

Dehlinger, U.: Die Spannungen beim Fließen vielkristalliner Werkstoffe. Z. Techn. Phys. **23** (1942) 5 140—143; Luftwissen **9** (1942) 10 303.

Eichinger, Anton: Theorie der Anstrengung und Bruchgefahr fester Körper, mit besonderer Berücksichtigung der Verformungsvorgänge im Eisen. Arch. Eisenhüttenwes. **18** (1944/45) 3/4 73—90.

Peterson, F. G. Eric: Effect of stress distribution on yield points. Proc. ASCE **72** (1946) 4 445—459, 7 1032—1040, 9 1271—1284, 10 1421—1424, **73** (1947) 3 381—382, **74** (1948) 2 215—217, BSA **12** (1949) 6 858.

Stang, Ambrose H., Martin Greenspan und *Sanford B. Newman:* Die Poissonsche Zahl für einige Werkstoffe bei großen Formänderungen. J. Res. Nat. Bur. Stand. **37** (1946) 4 211—221; Stahl u. Eisen **71** (1951) 2 98.

Brandenberger, Heinrich: Neue Ergebnisse auf dem Gebiete der Materialforschung. Schweiz. Bauztg. **65** (1947) 37 509—515.

Brandenberger, Heinrich: Neue Grundlagen der Materialprüfung und der Festigkeitslehre. Schweiz. Bauztg. **65** (1947 49 667—670, 50 681—685.

Fisher, J. C. and *J. H. Hollomon:* A statistical theory of fracture. Trans. Amer. Inst. Min. Metall. Engrs. **171** (1947) 546—561; AMR **2** (1949) 9 202.

Nadai, A. L.: The flow of metals under various stress conditions. Proc. Instn. Mech. Engrs. (Appl. Mech.) **157** (1947) 28 121—160; Index Aeron. **4** (1948) 4 81.

Siebel, Erich u. *Max Pfender:* Neue Erkenntnisse der Festigkeitsforschung. Technik (Berlin) **2** (1947) 3 117—121.

Torre, C.: Einfluß der mittleren Hauptnormalspannung auf die Fließ- und Bruchgrenze. Oest. Ing.-Arch. **1** (1947) 4/5 316—342.

Andrade, E. N. Da C.: The creep of metals (Report of a conference on the strength of solids, July 1947). Phys. Soc. Rep. (1948) 20—26 15 ref.; Met. Rev. **22** (1949) 4 22; Index Aeron. **5** (1949) 7 70.

Batdorf, S. B. and *Bernard Budiansky:* Mathematical theory of plasticity based on the concept of slip. NACA TN 1871 April 1949.

Biezeno, C. B.: Survey of papers elasticity, published in Holland 1940—1946. Adv. Appl. Mech. **1** (1948) 105—170, New York: Acad. Press 1948; AMR **1** (1948) 11 283—284.

Brandenburger, Heinrich: A new theorie of elasticity and strength. Proc. 7th Int. Congr. Appl. Mech. **1** (1948) 14—27; AMR **3** (1950) 9 267.

Gross, B.: On creep and relaxation. J. Appl. Phys. **18** (1947) 212, **19** (1948) 3 257—264 25 ref.; Index Aeron. **4** (1948) 9 37.

Hill, R.: A theory of the yielding and plastic flow of anisotropic metals. Proc. Roy. Soc. Ser. A **193** (1948) 27./5. 281—297; AMR **1** (1948) 7 193.

Jones, P. G. and *W. J. Worley:* An experimental study of the influence of various factors on the mode of fracture of metals. ASTM Prepr. No. 17 1948 15 p.; Index Aeron. **4** (1948) 11 67.

Kastner, Hermann: Betrachtungen zur Mohrschen Theorie der Bruchgefahr. Öst. Ing.-Arch. **2** (1948) 4 298—309; AMR **2** (1949) 4 83.

Kochendörfer, Albert: Plastische Verformung und Rekristallisation. Allgemeine Metallurgie (Office of Military Government for Germany) (1948) 125—145; Met. Rev. **22** (1949) 9 33.

Laurent, Pierre et *Raymonde Laurent-Lamothe:* Sur la déformation plastique et la rupture des métaux. Rev. Métallurgie **45** (1948) Dec. 515—520; Met. Rev. **22** (1949) 5 26.

Masing, Georg: Zur Theorie der Verfestigung durch plastische Deformation. Z. Phys. **124** (1948) 7—12 586—601 11 Lit.-St.; Phys. Abstr. **52** A (1949) 614 89; Index Aeron. **6** (1950) 4 31.

McAdam, D. J., G. W. Geil, K. H. Woodard and W. D. Jenkins: Influence of size and the stress system on the flow stress and fracture stress of metals. Metals Technol. **15** (1948) June T. P. No. 2373 19 p.; AMR **2** (1949) 6 131.

Mott, N. F. and F. R. N. Nabarro: Dislocation theory and transient creep (Report of a conference on the strength of solids, July, 1947). Phys. Soc. Rep. (1948) 1—19 20 ref.; Index Aeron. **5** (1949) 7 28.

Prager, William: Theory of plastic flow versus theory of plastic deformation. J. Appl. Phys. **19** (1948) June 540—543; AMR **1** (1948) 7 193.

Prager, William: The stress-strain laws of the mathematical theory of plasticity — a survey of recent progress. J. Appl. Mech. **15** (1948) Sept. 226—233; AMR **1** (1948) 10 261.

Teed, Major, P. L.: Properties of metals at stratospheric heights. Aircr. Engng. **20** (1948) 233 207—214; Index Aeron. **4** (1948) 10 62.

Voce, E.: True stress-strain curves. Metal Treatm. & Drop Forging, Summer Quarter **15** (1948) 53—66, 72; AMR **2** (1949) 1 10.

Baldwin, jr., W. M.: Investigation of the effects of stress concentration and triaxiality on the plastic flow of metals. Techn. Rep. No. 13: Macro-residual stress in metals resulting from plastic deformation. Case Inst. Technol. Dep. Metall. Engng. Metals Res. Lab. Jan. 1949.

Benedicks, Carl: Quelles sont les propiétés fondamentales essentielles permettant de caractériser les propriétés mécaniques des matériaux? Rev. Métallurgie **46** (1949) Jan. 1—6, disc. 6—7 24 ref.; Met. Rev. **22** (1949) 6 23.

Blair, G. W. Scott and J. E. Caffyn: An application of the theory of quasi-properties to the treatment of anomalous strain-stress relations. Phil. Mag. **40** (1949) Jan. 80—94; AMR **2** (1949) 7 154.

Kauderer, H.: Über ein nichtlineares Elastizitätsgesetz. Ing.-Arch. **17** (1949) 450—480.

Köster, Werner: Elastizität fester Körper. (Elasticity of solids.) „Physics of solids" (Off. of Milit. Govmt. of Germany) Part I, 119—125; Met. Rev. **22** (1949) 6 24.

Mott, N. F.: Theories of the mechanical properties of metals. Research **2** (1949) 162—169 28 ref.; Met. Rev. **22** (1949) 5 26.

Nadai, A. L.: Das Fließen von Metallen unter verschiedenen Beanspruchungen. Oest. Ing.-Arch. **3** (1949) 3 261—290, 5 421—445.

Palm, J. H.: The relation between indentation hardness and strain for metals. J. Metals **1** (1949) 11 904.

Palm, J. H.: Stress-strain relations for uniform monotonic deformation under triaxial loading. Appl. Sci. Res., Sect. AA **2** No. 1 (1949) 54—92; AMR **3** (1950) 9 267.

Palm, J. H.: Stress-strain relations and necking criteria for triaxial loading, two principal stresses being equal. Appl. Sci. Res. Sect. A **1** (1949) 5/6 353—377; AMR **3** (1950) 8 233—234.

Prager, William: Recent developments in the mathematical theorie of plasticity. J. Appl. Phys. **20** (1949) March 235—241 30 ref.; Met. Rev. **22** (1949) 5 25; AMR **2** (1949) 8 177.

Roberts, I.: Correlation of tension creep tests with relaxation tests. J. Appl. Mech. **16** (1949) 2 208 4 ref.; Index Aeron. **5** (1949) 9 23.

Roš, Mirko Gottfried u. Anton Eichinger: Die Bruchgefahr fester Körper bei ruhender statischer Beanspruchung. EMPA Ber. 172 Sept. 1949.

Vitovec, F.: Verfestigung und Eigenspannung. Oest. Ing.-Arch. **3** (1949) 2 119—128.

Wilms, G. R. and W. A. Wood: Mechanism of creep in metals. J. Inst. Metals **75** (1949) Apr. 693—706; Met. Rev. **22** (1949) 7 25.

Foley, Francis B.: Einflüsse auf Verformung und Bruch von Metallen bei höheren Temperaturen. J. Metals, Trans. **188** (1950) 6 845—850; Stahl u. Eisen **71** (1951) 18 963.

Johnson, A. E.: Creep under complex stress systems at elevated temperatures. Inst. Mech. Engrs. Prepr. Apr. 1950 16 p. 13 ref.; Proc. IME **164** (1951) 4 432—447; Index Aeron. **7** (1951) 12 51; Konstruktion **5** (1953) 9 304.

Kauderer, H.: Nichtlineares Elastizitätsgesetz für kleine Verzerrungen. Z. VDI **92** (1950) 6 148.

Majer, J.: Beitrag zu den dreiachsigen Spannungs-Dehnungs-Beziehungen fester Stoffe. Oest. Ing.-Arch. **4** (1950) 2 140—153.

Peters, Roger W., Norris F. Dow, and *S. B. Batdorf:* Preliminary experiments for testing basic asumption of plasticity theories. Proc. SESA **7** (1950) 127—140; AMR **3** (1950) 11 351. Metallurgical Abstr. **19** (1952) 9 634; AB **23** (1952) 6 341. [1.241.111.5].

Stüssi, Fritz: Grundlagen der mathematischen Theorie der Plastizität und seine Untersuchungen. ZAMP **1** (1950) 4 254—267.

Torre, C.: Die Mechanik der Grenzbeanspruchung. Öst. Ing.-Arch. **4** (1950) 1 93—108.

Torre, C.: Grenzbedingung für spröden Bruch und plastisches Verhalten bildsamer Metalle. Oest. Ing.-Arch. **4** (1950) 2 174—189.

Wu, M. H. Lee: Analysis of plane-stress problems with axial symmetry in strain-hardening range. NACA TN 2217 Dec. 1950 79 p.; AMR **4** (1951) 5 288.

— Symposium on plasticity and creep of metals. ASTM Spec. Tech. Publ. 107 1950 68 p.; Index Aeron. **7** (1951) 9 108.

Bijlaard, P. P.: Die Grundlagen der mathematischen Plastizitätstheorie und der Versuch. ZAMP **2** (1951) April 114—117.

Föppl, Otto: Eine neue Elastizitätstheorie, die sich auf die natürlichen Elastizitätskonstanten E_σ und G stützt. (Mitt. Wöhlerinst. Braunschweig H. 44.) Braunschweig: Vieweg 1951.

Föppl, Otto: Die Grenzen der Gültigkeit des Hookeschen Proportionalitätsgesetzes. (Mitt. Wöhler Inst. Braunschweig, H 45.) Braunschweig: Vieweg 1951. 52 S.

Föppl, Otto: Die klassische Elastizitätstheorie gilt nicht für den gekoppelten Spannungszustand $\sigma_0\,\sigma_r = f(x, y, z)$. (Mitt. Wöhlerinst. Braunschwg. H. 47.) Braunschweig: Vieweg 1951. 54 S.

Kuntze, Wilhelm: Fließbedingung bei ungleichmäßiger Spannungsverteilung. Bauing. **26** (1951) 12 357—362.

Nadai, A. L.: Das Fließen von Metallen unter verschiedenen Beanspruchungen. Dritter Teil. Oest. Ing.-Arch. **5** (1951) 2 182—208.

Roderick, J. W. and *J. Hevman:* Extension of the simple plastic theory to take account of the strain-hardening range. Proc. IME Appl. Mech. **165** (1951) 67 189—197; Konstruktion **5** (1953) 9 304.

Siegfried, W.: Über die Bruchgefahr durch Kriechen von verfestigtem Werkstoff unter einem mehrachsigen Spannungszustand. Rev. Métallurgie **48** (1951) 6 413—433; Stahl u. Eisen **71** (1951) 24 1339.

Slattenschek, A.: Zähes und sprödes Verhalten metallischer Werkstoffe bei mechanischen Beanspruchungen. Schweißen und Schneiden 3 (1951) Nov. SH 90—100 39 Lit.-St.

Battacharya, S., W. K. A. Congreve and *F. C. Thompson:* The creep/time relationship under constant tensile stress. J. Inst. Metals 81 Pt. **2** (1952) Oct. 83—92 21 ref.; Index Aeron. **8** (1952) 12 92—93.

Cottrell, A. H.: The time laws of creep. J. Mech. Phys. Solids 1 (1952) 1 53—63 25 ref.; Index Aeron. **9** (1953) I 38; Stahl u. Eisen **73** (1953) 7 439.

Geiringer, Hilda: Das allgemeine ebene Problem des ideal-plastischen isotropen Körpers. Oest. Ing.-Arch. **6** (1952) 4 299—314.

Gibson, J.: Verhalten von Metallen unter Zugspannungen sehr kurzer Dauer. Proc. IME **1** B (1952/53) 11 536—555; Stahl u. Eisen **74** (1954) 17 1095.

Kochendörfer, Albert: Die Dauerstandfestigkeit und ihr Zusammenhang mit andern Festigkeitseigenschaften in physikalischer Betrachtungsweise. Arch. Eisenhüttenwes. **23** (1952) 5/6 183—192.

Kuntze, Wilhelm: Sprödbruchbedingungen bei Metallen und Stahl. (Auf der Grundlage der Relaxationsdauer.) Stahlbau **21** (1952) 9 159—164.

Lorig, C. H.: Über den Bruchvorgang bei Metallen. Trans. Amer. Soc. for Metals **44** (1952) 30—56; Stahl u. Eisen **72** (1952) 20 1248.

Nadai, Arpad: Zusammenhang zwischen Verfestigung, Erholung und Kriechverhalten von Metallen. Trans. ASME **74** (1952) 403—413; Stahl u. Eisen **74** (1954) 6 368.

Orowan, E.: Creep in metallic and nonmetallic materials. — Proceedings of the First U. S. National Congress of Applied Mechanics, June 1951: Sect. 3. — Plasticity, behaviour of metals, failure Amer. Soc. Mech. Engrs. Publ. 1952 44 ref.; Index Aeron. **9** (1953) 5 25.

Pao, Yoh-Han u. *Joseph Marin:* Ermittlung der Kriechkurven aus Spannungs-Dehnungs-Kurven. Proc. ASTM **52** (1952) 951—961; Stahl u. Eisen **74** (1954) 6 368.

Schreckenbach, M.: Der spröde Bruch kristallisierter Stoffe als Oberflächenbildung. Technik (Berlin) **7** (1952) 2 65—73 60 Lit.-St.

Weill, A. R.: On the mechanism of the plastic deformation of metals as a function of temperature and velocity. Mémorial de l'Artillerie Française **26** (1952) 99 41—57 28 ref.; Index Aeron. **10** (1954) 6 50.

Akutagawa, T.: Progress in heat-resistant materials in recent years. J. Japan. Soc. Aeron. Engng. **1** (1953) 3 147—156 12 ref.; Index Aeron. **10** (1954) 5 131.

Besseling, J. F.: A theory of plastic flow for anisotropic hardening in plastic deformation of an initially isotropic material. NLL Rep. S. 410 1953 52 p.; Index Aeron. **10** (1954) 7 50.

Brandenberger, Heinrich: Three laws as new basis for studying elasticity and strength of materials. Tech. Rdsch. Bern **45** (1953) 8/10 1—2, 17—20; Index Aeron. **9** (1953) 7 31.

Green, A. P.: Plastizitätstheorie. Metal Treatm. & Drop Forging. **20** (1953) 98 534—540; Stahl u. Eisen **74** (1954) 4 245.

Hall, E. O.: Die Sprödbrüchigkeit von Metallen. J. Mech. Phys. Solids **1** (1953) 4 227—233; Stahl u. Eisen **74** (1954) 4.

Hoyt, S. L.: Brittle fracture studies in the United States. Engineering **176** (1953) 4567/4568 187—188, 220—221; Index Aeron. **9** (1953) 11 34.

Manson, S. S. and *A. M. Haferd:* A linear time-temperature relation for extrapolation of creep and stress-rupture data. NACA TN 2890 1953 49 p. 7 ref.; Index Aeron. **9** (1953) 8 40.

Opinsky, A. J.: Bedeutung des Gitterbaus für den Übergang von Verformungsbruch zum Sprödbruch. J. Metals Trans. **5** (1953) 12 1650—1651; Stahl u. Eisen **74** (1954) 6 368.

Pao, Yoh-han and *J. Marin:* An analytical theory of the creep deformation of materials. Amer. Soc. Mech. Engrs. Prepr. 53-APM-3 1953 8 p. 10 ref.; Index Aeron. **9** (1953) 8 40.

Petch, N. J.: Abhängigkeit der Reißfestigkeit von der Korngröße bei vielkristallinen metallischen Stoffen. Iron Steel **26** (1953) 14 601—602; Stahl u. Eisen **74** (1953) 14 601—602.

Pfender, Max: Werkstoffbeurteilung bei mechanischer Beanspruchung. Konstruktion **5** (1953) 12 391—400; Stahl u. Eisen **74** (1954) 6 368.

Sautter, Werner, Albert Kochendörfer u. *Ulrich Dehlinger:* Über die Gesetz-mäßigkeiten der plastischen Verformung von Metallen unter einem mehr-achsigen Spannungszustand. I, Theoretische Grundlagen. Z. Metallkde. **44** (1953) 10 442—449; Stahl u. Eisen **74** (1954) 2 121.

Sautter, Werner, Albert Kochendörfer u. *Ulrich Dehlinger:* Über die Gesetz-mäßigkeit der plastischen Verformung von Metallen unter einem mehr-achsigen Spannungszustand. II. Zug- und Torsionsversuche an Hohlzylindern aus Aluminium. Z. Metallkde. **44** (1953) 12 553—565; Stahl u. Eisen **74** (1954) 6 368; AB **25** (1954) 2 97—98.

Smekal, Adolf G.: Zum Bruchvorgang bei sprödem Stoffverhalten unter ein- und mehrachsigen Beanspruchungen. Oest. Ing.-Arch. **7** (1953) 1 49—70.

Späth, Wilhelm: Beitrag zur Sprödbruchneigung von Metallen. Stahlbau **22** (1953) 7 158—163 17 Lit.-St.

Vitovec, F.: Die ausgeprägte Streckgrenze als Stabilitätsproblem. Oest. Ing.-Arch. **7** (1953) 1 4—11.

Wells, A. A.: The mechanics of notch brittle fracture. Welding Res. **7** (1953) 2 34—56; Stahl u. Eisen **74** (1954) 10 675.

Benthem, J. P.: Note on the general stress-strain relations of some ideal bodies showing the phenomena of creep and of relaxation. NLL Rep. S. 426; Aircr. Engng. **26** (1954) 300 59.

Crossland, B.: Der Einfluß von allseitigem Druck auf die Fließgrenze von Metallen. Chartered Mech. Engr. **1** (1954) 7 343—345; Stahl u. Eisen **74** (1954) 23 1556.

Decker, Karl-Heinz: Die Festigkeitshypothesen und ihre Anwendung. Technik (Berlin) **9** (1954) 9 501—508; Stahl u. Eisen **74** (1954) 23 1556.

Ford, H.: The theory of plasticity in relation to its engineering applications (in English). ZAMP **5** (1954) 1 1—35 43 ref.; Index Aeron. **10** (1954) 6 49.

Grohé, Friedrich G. K.: Die Mechanik des kerbspröden Bruches. Stahlbau **23** (1954) 4 87—91.

Houdremont, Eduard u. *Hans-Joachim Wiester:* Metallkundliche Betrachtungen zur Frage des Trennbruches. Arch. Eisenhüttenwes. **25** (1954) 9/10 435—446; Stahl u. Eisen **74** (1954) 24 1618.

Kochendörfer, Albert: Bedingungen für die Auslösung und das Auftreten des Spröd- und Verformungsbruches auf Grund der Eigenschaften der Versetzun-gen. I. Beständigkeitsgrenzen zwischen Versetzungsanordnungen und Löchern. II. Bildung und Ausbreitung von Rissen bis zum Bruch unter dem Einfluß von Temperatur, Beanspruchungsgeschwingigkeit und Spannungs-zustand. Arch. Eisenhüttenwes. **25** (1954) 7/8 351—372; (Mitt. Max-Planck-Inst. Eisenforsch. 604 u. Werkstoffaussch. 906); Stahl u. Eisen **74** (1954) 18 1173.

Leibfried, G. u. *P. Haasen:* Zum Mechanismus der plastischen Verformung. Z. Phys. **137** (1954) 1 67—88; Stahl u. Eisen **74** (1954) 8 496.

Lucas, Gerhard u. *Kurt Lücke:* Zur Theorie der Verfestigung beim Kriechen von Metallen. Z. Angew. Phys. **6** (1954) 2 64—70; Stahl u. Eisen **74** (1954) 15 975.

Schreckenbach, Max: Gleitwiderstand und Verfestigung von Metallen. Technik (Berlin) **9** (1954) 4 213—221, 6 333—340 109 Lit.-St.

Sherby, Oleg D., Raymond L. Orr u. *John E. Dorn:* Formeln über das Kriech-verhalten von Metallen bei höheren Temperaturen. J. Metals Trans. **6** (1954) 1 71—80; Stahl u. Eisen **74** (1954) 8 496.

Späth, Wilhelm: Der Bauschinger-Effekt und seine praktischen Auswirkungen. Metall **8** (1954) 1/2 25—29; Stahl u. Eisen **74** (1954) 8 496.

Feltham, P.: On the representation of rheological results with special reference to creep and relaxation. Brit. J. Appl. Phys. (1955) Jan. 26—31; Aeron. Engng. Rev. **14** (1955) 4 125.

Werkstoff-Festigkeiten und andere Eigenschaften 1.32

Allgemeines über Werkstoff-Festigkeiten von Metallen einschließlich
 Eisen 1.321

Schwartz, O.: Zugfestigkeit und Härte bei Metallen. Z. Metallkde. **22** (1930) 198 ff.

Schwartz, O.: The Relation between the tensile strength and the hardness of metals. NACA TM 552 Feb. 1930.

Brenner, Paul: Die Auswirkung neuerer Erkenntnisse der Werkstoff-Forschung auf den Luftfahrzeugbau. DVL-Ber. Kf 210/2 1933.

Rudorff, D. W.: Die Dauerstandfestigkeit metallischer Werkstoffe und ihre Anwendung durch den Konstrukteur. Z. VDI **79** (1935) 15 453—458.

Schwinning, W.: Die Festigkeitseigenschaften der Werkstoffe bei tiefen Temperaturen. Z. VDI **79** (1935) 2 35—40. [1.331], [1.352.1].

Siebel, Erich: Neuere Probleme der Festigkeitsforschung. Jb. 1935 Vereinig. Luftf. Forsch. 203—211.

Görner, B.: Die Werkstoffe des Flugzeugbaues. „Flugtechnisches Handbuch, Hrsg. R. v. Eisenlohr, Bd. 1. Aerondynamik und Flugzeugbau, Teil II. Flugzeugbau." Berlin: de Gruyter 1936.

Cornelius, Heinrich: Warmfeste und zunderbeständige Werkstoffe. Ringb. Luftf. Techn. II C 3 März 1937 13 S.

Krisch, Alfred: Änderung der mechanischen Eigenschaften metallischer Werkstoffe bei tiefen Temperaturen. Z. VDI **83** (1939) 31 893—898. [1.331].

Bailey R. W.: Plastic yielding and fatigue of ductile metals. Proc. IME **143** (1940) 101, **145** (1941) 46.

Paul, D. A. and *R. L. Moore:* Cyclic stress-strain studies of metals in torsion. NACA TN 790 Dec. 1940.

Rosenberg, S. J.: Einfluß tiefer Temperaturen auf einige in der Luftfahrt angewandte Metalle. J. Res. Nat. Bur. Stand. **25** (1940) 6 673—701 16 ref.; Techn. Z.-Schau **26** (1941) 15 254.

Scheinost, R.: Die Dauerstandfestigkeit. Luftwissen **7** 1(940) 12 427—429.

Cornelius, Heinrich u. *Walter Bungardt:* Untersuchungen über die Eignung warmfester Werkstoffe für die Verbrennungskraftmaschinen. Luftf. Forsch. **18** (1941) 9 305—310, Techn. Z.-Schau **26** (1941) 24 405.

Krisch, Alfred u. *S. Eckardt:* Dauerstandversuche mit stufenweise gesteigerter Belastung bei 700 und 800°. Arch. Eisenhüttenwes. **14** (1941) 9 451—453 6 Lit.-St.; Techn. Z.-Schau **26** (1941) 12 215.

Schulz, Ernst Hermann: Leichtmetalle und Stahl als Werkstoffe. Stahl u. Eisen **61** (1941) 1121—1125.

Clark, Donald S.: The influence of impact velocity on the tensile characteristics of some aircraft metals and alloys. NACA TN 868 Oct. 1942.

Thum, August u. *K. Richard:* Verformung und Festigkeit metallischer Werkstoffe bei Dauerstandbeanspruchung. Z. VDI **87** (1943) 33/34 513—520; Luftwissen **10** (1943) 12 354.

Hofmann, Arthur: Mechanische Eigenschaften metallischer Werkstoffe bei tiefen Temperaturen und Untersuchungen über das Festigkeitsverhalten von Leichtmetallen in der Kälte, mit besonderer Berücksichtigung der Zug- und Druckwechselbeanspruchung. Diss. TH Stuttgart 1944. [1.333.1].

Meldahl, A.: Über eine graphische Darstellung der Festigkeitseigenschaften. Schweiz. Arch. **10** (1944) 9 269—274.

van den Broek, J. A.: Evaluation of aeroplane metals. Engng. J. (Engng. Inst. Canada) (1945) July; J. Roy. Aeron. Soc. **50** (1946) Oct. 811—828. [1.342.31].

Nowick, A. S. and *E. S. Machlin:* Quantitative treatment of the creep of metals by dislocation and rate-process theories. NACA Rep. 845 1946 10 p.; Met. Rev. **22** (1949) 2 21.

Mebs, R. W. and *D. J. McAdam, jr.:* Elastic properties in tension and shear of high strength nonferrous metals and stainless steel. — Effect of previous deformation and heat treatment. NACA TN 1100. March 1947.

Bragg, Lawrence: The yield point of a metal. „Report. of a conference on strength of solids." Phys. Soc. 1948 26—29; Met. Rev. **22** (1949) 4 22.

(Hyslop, M. R.): American Society for Metals. ASM review of metal literature. An annotated suvey of articles and technical papers appearing in the engineering, scientific and industrial journals and books, here and abroad, received in the library of Battelle Memorial Institute Columbus, Ohio, Volume 5 1948, Cleveland: ASTM 1949. 822 p.

Köster, Werner: Betrachtungen über den Elastizitätsmodul der Metalle und Legierungen. Metallkde. **39** (1948) Mai 145—158; Met. Rev. **22** (1949) 7 20.

Zambrow, J. L. and *M. G. Fontana:* Mechanical properties, including fatigue of aircraft alloys at very low temperatures. Amer. Soc. for Metals Prepr. No. 19 1948 32 p. 12 ref.; Index Aeron. **5** (1949) 3 76. [1.331].

Chambers, Harold B.: Static and dynamic properties of metals. „Tool Engineers Handbook." New York-Toronto-London: Mac Graw-Hill 1949. Sect. 14. 250—261. 17 ref. [1.331].

Dorn, John E.: Fracture of ductile metals. Iron Age **164** (1949) 7./7. 90—95, 100; Met. Rev. **22** (1949) 8 25.

Johnson, A. E.: The plastic, creep and relaxation properties of metal. Aircr. Engng. **21** (1949) Jan. 2—8 13 13 ref.; Met. Rev. **22** (1949) 3 23.

Kehl, George L.: General structure and properties of metals. „Tool Engineers Handbook." New York-Toronto-London: Mac Graw Hill 1949. Sect. 13. 188—249. 28 ref.

Simmons, Ward F. and *A. B. Westerman:* Metals for high temperature service. Met. Rev. **22** (1949) 5 5—9.

— Heat treatment of metals. A symposium. Amer. Soc. for Metals, Cleveland (Ohio) 178 p.; Met. Rev. **22** (1949) 1 55.

Hull, J. L. and *I. Cornet:* Plastic deformation of metals. (Survey of literature 1950—1951, inclusive.) New York: Amer. Iron Steel Inst. 1952 V, 257 p. (Contributions to the Metallurgy of Steel No. 42); Stahl u. Eisen **73** (1953) 25 1681. [2.31].

Kochendörfer, Albert: Über die Festigkeitseigenschaften der Metalle bei tiefen Temperaturen. Z. Metallkde. **41** (1950) 10 322—325.

Krauskopf, Walter: Metall- und Legierungsregister. München: Hanser 1950. 144 S.

Wellinger, Karl u. *Paul Gimmel:* Die metallischen Werkstoffe. Aufbau, Prüfung, Eigenschaften. (Die Ingenieurwissenschaften Bd. 9.) Stuttgart: Wittwer 1950. VIII, 130 S.

Wellinger, Karl u. *Willi Seuffert:* Untersuchungen über das Festigkeitsverhalten metallischer Werkstoffe bei tiefen Temperaturen. Z. Metallkde. **41** (1950) 10 317—321.

Te Gude, H.: Über das plastische Verhalten der Metalle bei tiefer Temperatur. Berlin: Verlag Technik 1951 11 S.; Stahl und Eisen **72** (1952) 24 1557.

Harten, Karl P.: Maßnahmen zur Legierungseinsparung in Deutschland. Metall Progr. **60** (1951) 5 58—63; Stahl u. Eisen **72** (1952) 6 325.

Martin, D. L. and *A. H. Geisler:* Constitution and properties of cobalt-iron-vanadium alloys. Amer. Soc. for Metals Prepr. 1 Oct. 1951 21 p. 8 ref.; Index Aeron. **8** (1952) 1 95.

Schwope, A. D. and *L. R. Jackson:* Survey of creep in metals. NACA TN 2516. Nov. 1951 66 p.

Watt, John R.: Auswahl von Metallen zur Verwendung bei niedrigen Temperaturen. Refrig. Engng. **59** (1951) 751—754; Stahl u. Eisen **72** (1952) 6 325.

Allen, N. P.: Recent European work on the mechanical properties of metals at low temperatures. „Mechanical properties of metals at low temperatures." Nat. Bur. Stand. Circ. 520. 1952 29 ref.; Index Aeron. **9** (1953) 8 38.

Andrade, E. N. da C.: Das Kriechen der Metalle I/II. Engineer **193** (1952) 5025 658—659, 5026 692—693; Stahl u. Eisen **72** (1952) 16 973.

Gibson, J.: The behaviour of metals under tensile loads of short duration. Proc. IME (B) (1952/1953) 11 536 ff.

Johnson, A. E.: Creep under complex stress systems at high temperatures. Aircr. Engng. **24** (1952) 275 6—16; AB **23** (1952) 3 148; Index Aeron. **8** (1952) 3 84.

Johnson, A. E. and *N. E. Frost:* Rheology of metals at elevated temperatures. J. Mech. Phys. Solids **1** (1952) 1 37—52 16 ref.; Index Aeron. **9** (1953) 1 77.

Johnson, J. B. and *D. A. Shinn:* Application of metals in aircraft at low temperatures. „Mechanical properties of metals at low temperatures." Nat. Bur. Stand. Circ. 520 1952 14 ref.; Index Aeron. **9** (1953) 8 38.

Lubahn, J. D.: Kriechverhalten von Metallen bei Raumtemperatur. Proc. ASTM **52** (1952) 905—933; Stahl u. Eisen **74** (1954) 6 367.

McGregor, C. W. and *N. Grossman:* Dimensional effects in fracture. „Mechanical properties of metals at low temperatures." Nat. Bur. Stand. Circ. 520 1952 19 ref.; Index Aeron. **9** (1953) 8 38.

Meincke, H.: Beziehungen der Zugfestigkeit und Streckgrenze zur Brinellhärte. (Metallkundliche Berichte H. 31) 1952. 15 S.

Yon-Chalmette, M.: Mechanical characteristics of metals and alloys used in aircraft at low temperature. Docaéro (1952) 18 37—46 11 ref.; Index Aeron. **91** (1953) 3 77.

— Behavior of metals at low temperatures. Cleveland (Ohio) American Society for Metals 1952. 90 p.

— Mechanical properties of metals at low temperatures. Nat. Bur. Stand. Circ. 520 1952 206 p.; AB **23** (1952) 9 512.

Bridgman, P. W.: The effect of pressure on the tensile properties of several metals and other materials. J. Appl. Phys. **24** (1953) 5 560—584 7 ref.; Index Aeron. **9** (1953) 8 35.

Fackert, Walter: Die Biegefließgrenze, eine zusätzliche Kennzeichnung für dünne Bleche. Arch. Eisenhüttenwes. **24** (1953) 9/10 407—410; Stahl u. Eisen **74** (1954) 2 121.

Hauffe, Karl: Theorie der Zundervorgänge an Metallegierungen. Arch. Eisenhüttenwes. **24** (1953) 3/4 161—171.

Heimerl, George J. and *Philip J. Hughes:* Structural efficiencies of various aluminum, titanium, and steel alloys at elevated temperatures. NACA TN 2975 July 1953 16 p. 2 ref.; Index Aeron. **9** (1953) 11 96; Metal Abstr. **21** (1953) Pt. 4 Dec. 320; AB **25** (1954) 2 88, 3 163—164; AMR **7** (1954) 3 114. [1.222.111].

Jones, W. E.: How to reduce failures in high temperature alloys. Iron Age **172** (1953) 2 137—141; Index Aeron. **9** (1953) 9 61.

Kennedy, A. J.: Creep and recovery in metals. Brit. J. Appl. Phys. **4** (1953) 8 225—233 126 ref.; Index Aeron. **9** (1953) 11 37.

Krisch, Alfred: Eine mathematische Gleichung der Spannungs-Dehnungs-Kurve des Zugversuches. Arch. Eisenhüttenwes. **24** (1953) 9/10 401—405; Stahl u. Eisen **74** (1954) 2 121.

Manson, S. S.: Behaviour of materials under conditions of thermal stress. NACA TN 2933 July 1953 105 p. 22 ref.; Index Aeron. **9** (1953) 11 35.

Marin, Josef u. *John A. Sauer:* Spannungs-Dehnungskurven unter mehrachsigen Spannungszuständen. J. Franklin Inst. **256** (1953) 2 119—128 4 ref.; Index Aeron. **9** (1953) 11 34; Stahl u. Eisen **73** (1953) 25 1680.

Mutt, G. M.: Aircraft materials. Metal Industry **82** (1953) 16 308; Index Aeron. **9** (1953) 7 63.

Pfeil, L. B.: How to evaluate high temperature performance of materials. Mater. & Meth. **37** (1953) 3 79—84 25 ref.; Index Aeron. **9** (1953) 6 86.

Wellinger, Karl u. *Paul Gimmel:* Werkstofftabellen der Metalle. 2. Aufl. Stuttgart: Alfred Kröner 1953 110 S.

Allen, N. P. and *W. E. Carrington:* Exploratory creep tests on metals of high melting pont. J. Inst. Metals **28** (1954) Pt. 2 July 525—533; Index Aeron. **10** (1954) 9 120; Stahl u. Eisen **74** (1954) 19 1245.

Clauser, H. R.: Werkstoffe für hohe Temperaturen. Mater. & Meth. **39** (1954) 4 117—132; Stahl u. Eisen **74** (1954) 15 975.

Hibbard W. R. jr.: Some problems of high-temperature alloys. General Electr. Rev. (1954) Sept. 57.

Hofmann, Wilhelm u. *Bernhard Zünkler:* Beiträge zur Prüfung der Umformungseigenschaften von Blechen. Zugversuche an Blechen aus verschiedenen Werkstoffen bei erhöhten Temperaturen. Industrie-Anz. (1954) 83 1247—1251 (Sonderteil f. Blechumformung u. Oberflächenbehandlung).

Thomson, A. G.: Research on creep and fracture at high temperatures. Aircr. Engng. **26** (1954) 307 Sept. 308—309 20 ref.

Work, C. E. and *T. J. Dolan:* The influence of temperature and rate of strain on the properties of metals in torsion. Univ. Ill. Engng. Exper. Stat. Bull. 420 (1954) 108 p.; 289 Index Aeron. **10** (1954) 10 70.

— Alloy sheet, corrosion- and heat-resistant. SAE: A. M. S. Specification 5536, 5574 1st May 1954; Nickel-Ber. **12** (1954) 7/8 135.

— New heat resistant alloy. Mater. & Meth. **39** (1954) 1 82—85 3 ref.; Index Aeron. **10** (1954) 4 106.

Eisenwerkstoffe	1.322
Stähle	1.322.1
Allgemeines und Wärmebehandlung	1.322.10

Eckardt, H.: Dauerzugbeanspruchung von Stahl bei erhöhter Temperatur. Diss. TH Aachen 1929.

v. Köckritz, Hans: Über den zeitlichen Verlauf der Alterung weichen Stahles und über die Alterung von Stählen verschiedener Herkunft. Mitt. Forsch. Inst. Ver. Stahlwerke AG Dortmund Bd. 2, Lfg. 9.) Dortmund, Stahldruck Dortmund 1932.

Gruschka, G.: Zugfestigkeit von Stählen bei tiefen Temepraturen. VDI Forsch. H. 364 1934 20 S.; Forsch. Ing. Wes. **5** (1934) 1 52.

Enders, W. u. *W. Lueg:* Über den Verlauf der Spannungs-Dehnungs-Schaulinien von Stahl im Temperaturgebiet der Blauwärme. Mitt. K.-Wilh.-Inst. Eisenforsch. Düsseldorf **17** (1935) 6.

Whetzel, J. C.: Neuzeitliche Stähle und Gewichtsverminderungen. Yearb. Amer. Iron Steel Inst. 1935 104—140.

Cornelius, Heinrich: Einfluß langzeitigen Glühens auf einige Eigenschaften unverformter und kaltgereckter, nichtrostender Chrom-Nickelstähle. ZWB FB 708 1936 34 S.

Oberhoffer, Paul, Walter Eilender u. *H. Esser:* Das technische Eisen. 3. Aufl. Berlin: Springer 1936. 642 S.

Hoff, Paul: Die Entwicklung der hochfesten Stähle für den Großstahlbau. Mitt. Kohle- u. Eisenforsch. **2** (1938) 1. 82 S. [6.121].

Pomp, Anton: Festigkeit nickelhaltiger und nickelfreier Stähle, insbesondere bei Schwingungsbeanspruchung. Z. VDI **82** (1938) 14 417—419. [1.332.1].

Cornelius, Heinrich u. *K. Fahsel:* Festigkeitseigenschaften eines sparstoff-freien Vergütungsstahles. ZWB UM 619 1939 15 S.

Eilender, Walter, Heinrich Cornelius u. *Heinrich Arend:* Nickelfreie Baustähle. (Dtsch. Kraftfahrtforsch. H. 30.) Berlin, VDI-Verlag 1939.

Krekeler, Karl: Die Baustähle für den Maschinen- und Fahrzeugbau. (Werkstattbücher H. 75) Berlin: Springer 1939. 56 S.

Bijlaard, P. P.: Theory of local plastic deformations in structural steel. De Ingenieur in Ned. Indie (1940) 8 I.130—I.142.

Cornelius, Heinrich: Festigkeitseigenschaften gestuft gehärteter Vergütungsstähle ZWB FB 1153 1940 30 S.

Kiessler, Heinz: Nickel- und molybdänfreie Baustähle. Z. VDI **84** (1940) 23 385—392.

Siebel, Erich u. *Karl Wellinger:* Trennfestigkeit von Stählen bei höheren Temperaturen. Z. VDI **84** (1940) 33 602—603.

Kühnel, Reinhold: Entwicklung der Stähle für Reichsbahnbauwerke und -fahrzeuge sowie Oberbau in Wechselwirkung von Beanspruchung und Formgebung. Glas. Ann. **65** (1941) 1 1—8 4 Lit.-St.; Techn. Z. Schau **26** (1941) 7 122. [6.252.21].

Roš, Mirko Gottfried u. *Anton Eichinger:* Festigkeitseigenschaften der Stähle bei hohen Temperaturen. EMPA Disk.-Ber. Nr. 87 1941.

Roš, Mirko Gottfried u. *Anton Eichinger:* Festigkeitseigenschaften der Stähle bei hohen Temperaturen „Erste Ergänzung zum Bericht 87". EMPA Disk.-Ber. Nr. 138 1941.

Eilender, Walter u. *Heinrich Ahrend* u. a.: Sparstoffarme Einsatz- und Vergütungsstähle. (Dtsch. Kraftfahrtforschg. H. 72.) Berlin: VDI-Verl. 1942.

Pomp, Anton u. *Alfred Krisch:* Weitere Untersuchungen über die Durchhärtung von molybdänfreien Vergütungsstählen. (Mitt. K.-Wilh.-Inst. Eisenforsch. Düsseldorf, Bd. 24.) Düsseldorf: Verlag Stahleisen 1942.

Drastik, P.: Mechanische Eigenschaften der Austauschstähle. Ber. Lil. Ges. 154 1943 3 S.

Eilender, Walter, Rolf Mayenborn u. *Hermann Voss:* Untersuchungen über das unterschiedliche Durchhärtungs- und Durchvergütungsvermögen von Baustählen. Arch. Eisenhüttenwes. **16** (1943) 437—442.

Krisch, Alfred: Festigkeit, Durchhärtung und Zähigkeit der Austauschstähle. Ber. Lil. Ges. 154 1943 9 S.

Cornelius, Heinrich: Festigkeitseigenschaften verschieden wärmebehandelter Einsatzstähle. Arch. Eisenhüttenwes. **18** (1944/45) 1/2 23—27.

Cornelius, Heinrich u. *W. Samtleben:* Einige Eigenschaften mattverzinkter Stahlbänder mit hoher Zugfestigkeit. ZWB UM 1187 1944 4 S.

Cornelius, Heinrich u. *E. Schmidt:* Härtemessungen, Schlagzug- und Kerbschlagbiegeversuche bei Temperaturen von $+ 100$ bis $- 70^0$ ($- 170^0$) an unlegierten und niedriglegierten Vergütungsstählen. ZWB UM 1379 1944 14 S.

Döhner, O. H.: Über das Glühen von aus Tiefziehbandeisen geformten Körpern, vor allem gezogenen Hohlkörpern. Dtsch. Draht. Ztg. (Kalt-Walz-Welt) (1944) 5/6 17—22; Techn. Z.-Schau **29** (1944) 11/12 127.

Schäfer, R. u. *W. Drechsler:* Vergüten von Stahl aus der Walzhitze. Z. VDI **88** (1944) 47—50; Luftwissen **11** (1944) 3 88.

Felix, W. u. *H. Dinner:* Über den Einfluß der Warmbehandlung auf Härte und Gefügeausbildung eines Cr-Si-Ventilstahles. Schweiz. Arch. **11** (1945) 12 386—392.

Pope, J. A.: Deformation of metals during single and repeated tensile impact. J. Iron & Steel Inst. **157** (1947) I 31—54; Index Aeron. **4** (1948) 1 64.

Schropp, Hermann: Einfluß der ständigen Eisenbegleiter und der Legierungselemente auf die Stahleigenschaften. Technik (Berlin) **2** (1947) 1 14—18.

Shevandin, E. M.: An investigation of the stress-strain diagram at low temperatures. Engrs. Dig. **10** (1949) Jan. 7—10 (translat. & cond. from: Zavodskaya Lab. (Factory Lab.) **13** (1947) 858—870]; Met. Rev. **22** (1949) 6 53.

Brophy, G. R. and *A. J. Miller:* The metallography and heat treatment of 8 to 10 per cent nickel steel. Amer Soc. for Metals Prepr. No. **7** (1948) 18 p. 6 ref.; Index Aeron. **5** (1949) 3 73.

Connert, Winfried u. *Heinz Kiessler:* Untersuchungen über die Anwendbarkeit der Zwischenstufenvergütung. Stahl u. Eisen **68** (1948) 22./4. 137—151 20 Lit.-St.; Met. Rev. **22** (1949) 5 45.

Krisch, Alfred: Wirkung des Kaltreckens und der nachfolgenden`künstlichen Alterung auf die Festigkeitseigenschaften von Stahl besonders bei mehrachsiger Verformung. Stahl u. Eisen **68** (1948) 22./4. 165; Met. Rev. **22** (1949) 5 26.

Warnock, F. V. and *J. B. Brennan:* The tensile yield strength of certain steels under suddenly applied loads. Proc. Instn. Mech. Engrs. (Appl. Mech.) **159** (1948) 37 1—10, 14—23 9 ref.; Index Aeron. **6** (1950) 3 92. [1.343.1].

Bischof, Wilhelm: Untersuchungen über die Zwischenstufenvergütung verschieden legierter Stähle. Arch. Eisenhüttenwes. **20** (1949) 1/2 13—18; Met. Rev. **22** (1949) 6 44.

Bollenrath, Franz u. *Heinz Kiessler:* Auswirkung der Härtung aus der Walzhitze bei Vergütungsstählen. Stahl u. Eisen **69** (1949) 28. Apr. 287—301; Met. Rev. **22** (1949) 7 49.

Delbart, Georges et *Michel Ravery:* Contribution à l'étude des relations entre la structure micrographique de l'acier et sa vitesse de fluage. C. R. Hebd. Séances Acad. Sci. **228** (1949) 28. Mars 1025—1027; Met. Rev. **22** (1949) 7 25.

Enlund, B. D.: The ageing of steel. (Stals aldring.) Jernkontor. Ann. **133** (1949) 1 1—28; Index Aeron. **5** (1949) 5 82.

Libsch, J. F. a. o.: The effect of alloying elements on the transformation characteristics of induction-heated steel. Amer. Soc. for Metals Prepr. 21 Oct. 1949 27 p. 15 ref.; Index Aeron. **6** (1950) 10 69.

Lipson, Charles, G. C. Noll and *L. S. Clock:* Significiant strength of steels in the design of machine parts. I. Product. Engng. **20** (1949) Apr. 142—146; Met. Rev. **22** (1949) 5 56.

McClelland, E. H.: Review of iron and steel literature for 1948. Carnegie Library of Pittsburg 1949 28 p.

Morral, F. R.: Isothermal heat treating: a compilation. Wire & Wire Products **24** (1949) Jan. 39—47; Met. Rev. **22** (1949) 2 42.

Nijhavan, B. R.: Grain-size properties of some railway steels. J. Sci. & Industr. Res. **8** (1949) Febr. 39—48; Met. Rev. **22** (1949) 6 25.

Pomp, Anton: Verhalten des Stahles bei erhöhten Temperaturen. Stahl u. Eisen **69** (1949) 8 270—273, 9 310—313, 10 339—342 49 Lit.-St.; Ref. Chem. Industrie (1949) 1023 30; Met. Rev. **22** (1949) 8 26.

Price, E. G.: Killed Bessemer- an new steel of high quality. Metal Progr. **55** (1949) Jan. 39—42; Met. Rev. **22** (1949) 3 23.

Rosenberg, S. J. and *T. G. Digges:* Heat treatment and properties of iron and steel. Nat. Bur. Stand. Circ. 495 Sept. 1949 33 p. 57 ref.; Index Aeron. **7** (1951) 11 156.

Schauff, Erich: Einfluß des Glühens im Durchziehofen auf die Festigkeitseigenschaften von verschieden vorbehandelten Tiefziehbandstahl. Stahl u. Eisen **69** (1949) 20./1. 49—53 10 Lit.-St.; Met. Rev. **22** (1949) 4 45.

Skevington, H. C.: A survey of the weldability of plain-carbon and low-alloy high-tensile steels. Sheet Metal Industries **26** (1949) May 1039—1048; Met. Rev. **22** (1949) 7 54.

Tanaka, M.: Investigations on the deformation of steels due to heat-treatments (English summary). Bull. Tokyo Inst. Techn. Ser. A (1949) 2 1—75; Index Aeron. **6** (1950) 12 71.

Tenenbaum, M.: Effect of sulphur on quality and end uses of steel products. Amer. Iron & Steel Inst. Prepr. 1949 39 p. 24 ref.; Met. Rev. **22** (1949) 6 26.

Waterfall, F. D.: Casehardening steels in cyanide-containing salt baths. Metallurgia **40** (1949) May 29—36, 43; Met. Rev. **22** (1949) 7 49.

— British standards for steel and steel products. London: British Standards Institution. 1949 674 p.; Met. Rev. **22** (1949) 10 38. [3].

— Metal data sheets. Amer. Soc. for Metals, Cleveland 3 (Ohio) 150 p. [1.323.20].

Balluffi, R. W. a. o.: The tempering of chromium steels. Amer. Soc. for Metals Prepr. 20 Oct. 1950 21 p. 22 ref.; Index Aeron. **7** (1951) 10 107.

Bruhl, F.: Stähle für Einsatz- und Nitrierhärtung. Stahl u. Eisen **70** (1950) 23 1060—1063 91 ref.; Index Aeron. **7** (1951) 5 91.

Bühler, Hans: Stähle für Oberflächenhärtung. (Übersicht über den derzeitigen Stand ihrer Entwicklung.) Werkstatt u. Betrieb **83** (1950) 9 406—408.

Buttmann, W., G. Bandel u. *R. Schinn:* Die Prüfung von Stählen auf Neigung zur Dauerstandversprödung durch Biegeproben und Langsamzugversuche. Düsseldorf: Verl. Stahleisen 1950 8 S. [4.21].

Eisenkolb, Fritz: Einfluß geringer Kaltwalzbeanspruchungen auf die mechanischen Eigenschaften von Feinblechen. Arch. Eisenhüttenwes. **21** (1950) 5/6 197—201. [1.421].

Graf, Otto: Eignung der Stähle für geschweißte Tragwerke. Z. VDI **92** (1950) 8 192—195. [6.121], [1.352.1].

Nepper, M. u. *L. Dor:* Statische Untersuchung über den Einfluß der Begleitelemente auf die mechanischen Eigenschaften von Feinblechen. Rev. Univ. Mines **93** Ser. 9 (1950) 423—430; Stahl u. Eisen **72** (1952) 18 1111.

Pusch, R.: Beitrag zur Prüfung der Abschreckhärtbarkeit von Baustählen. Stahl u. Eisen **70** (1950) 23 1064—1069 11 Lit.-St.; Index Aeron. **7** (1951) 5 90.

Sakui, S.: On the behaviour of metals during rapid heating and rapid cooling: second report. (In English.) J. Sci. Res. Inst., Tokio **44** (1950) 1230/1232 140—161; Index Aeron. **6** (1950) 11 72.

Schottky, H.: Die Abschreckhärtbarkeit von Stählen und ihre Prüfung. Düsseldorf: Verl. Stahleisen 1950. 16 S.

Schulz, Ernst Hermann: Eine neue Stahlart. Bauing. **25** (1950) 2 39—41.

Smith, G. V., W. B. Seens u. *E. J. Dulius:* Mechanische Eigenschaften von gehärtetem Stahl bei mittleren Temperaturen. Proc. ASTM **50** (1950) 882—894; Stahl u. Eisen **72** (1952) 20 1247.

Walz, Karlheinz: Die Isothermhärtung. Technik (Berlin) **5** (1950) 12 581—585 15 Lit.-St.; Index Aeron. **7** (1951) 6 63.

— Low temperature properties of ferrous materials. SAE Publ. SP-65 1950 96 p.; Index Aeron. **7** (1951) 11 156.

Bühler, Hans: Vergütungsbehandlungen bei Stahl mit Hilfe von Brenngas-Sauerstoff-Flammen ohne Ofen. Z. VDI **93** (1951) 23/24 756—758.

Buzzard, R. W. u. *H. E. Cleaves:* Die Versprödung von Stahl durch Wasserstoff. Eine Schrifttumsübersicht. Circ. Nat. Bur. Nr. 511 1951 29 S.; Stahl u. Eisen **72** (1952) 4 213.

Eckel, E. J. a. o.: An evaluation of the hardening power of quenching media for steel. Univ. Ill. Bull. **48** (1951) 73 131 p. 45 ref.; Index Aeron. **8** (1952) 1 90.

Kuntze, Wilhelm: Kennzeichnung der Sprödigkeitsneigung von Stahl in Kerbzug- und Kerbschlagzugversuchen. Arch. Eisenhüttenwes. **22** (1951) 11/12. 387—393.

Lomas, F.: Heating and cooling in steel treatment. Brit. Steelmaker **17** (1951) Sept 475—478; Met. Rev. **24** (1951) 11 32.

Michelsen, R.: Das Festigkeitsverhalten der Stähle und seine Beeinflussung durch die technische Herstellung. Diss. TH Darmstadt 1951.

Nishikiori, Seiji: Japanische Austauschstähle. Proc. First World Metall. Congr., Amer. Soc. for Metals, 1951 Cleveland (Ohio) (1952) 483—489; Stahl u. Eisen **73** (1953) 9 599.

Robinson, E. L.: Effect of temperature variation on the long time rupture strength of steels. Amer. Soc. Mech. Engrs. Prepr. 51-A-33 Nov. 1951 4 p. 3 ref.; Index Aeron. **8** (1952) 2 91.

Rose, K.: Heat treating the carburizing grades of boron steel. Mater. & Meth. **34** (1951) 5 66—68; Index Aeron. **8** (1952) 3 85.

Tauscher, H.: Isothermisches Härten. Technik (Berlin) **6** (1951) 9 406—410 22 Lit.-St.; Index Aeron. **7** (1951) 12 126.

Tör, Sadun S., Robert D. Stout u. *B. G. Johnston:* Einfluß von bildsamer Verformung und Wärmebehandlung auf die Zähigkeit von Stahl. Welding Res. Counc. (1951) 11 576—583; Stahl u. Eisen **72** (1952) 4 212—213.

Wilson, Wilburg M., Robert A. Hechtmann u. *Walter H. Bruckner:* Sprödbrüche in Schiffsblechen. Univ. Ill. Engng. Exp. Stat. Bull. **48** (1951) 50 9—95; Stahl u. Eisen **72** (1952) 4 212.

— Alterung. 358 Schrifttumsangaben aus den Jahren 1913—1950. Bibliographie Nr. 150 Bücherei VDEh 1951 22 S.; Stahl u. Eisen **71** (1951) 12 639.

— Entwicklung von Austauschwerkstoffen. Product. Engng. 1951 123—133; Stahl u. Eisen **72** (1952) 20 1248.

— Verhalten und Eigenschaften von Eisen und Stahl bei tiefen Temperaturen. (318 Schrifttumsangaben aus den Jahren 1921 bis 1950.) Bibliographie Nr. 126 Bücherei VDEh. 1951 28 S.

Allen, N. P.: Überblick über die Entwicklung hochwarmfester Legierungen. „Symposium on high-temperature steels and alloys for gas turbines." Spec. Rep. Iron Steel Inst. (London) Nr. 43 1952 1—10, 305; Stahl u. Eisen **72** (1952) 26 1685. [1.323.3].

Eilender, Walter u. *Heinrich Arend:* Verbesserung der mechanischen Eigenschaften niedriglegierter Vergütungsstähle durch Abstimmung der Wärmebehandlungs-Temperaturen und -Zeiten. Arch. Eisenhüttenwes. **23** (1952) 1/2 67—72.

Elsesser, T. M., O. M. Sidebottom u. *H. T. Corten:* Einfluß einer Alterungsbehandlung auf den Bauschinger-Effekt bei bleibend verformtem Stahl. Trans. ASME **74** (1952) 1291—1296; Stahl u. Eisen **74** (1954) 6 367.

Jatczak, C. F. and *E. S. Rowland:* The influence of boron on case hardenability in alloy carburizing steels. Amer. Soc. for Metals Prepr. 14 Oct. 1952 13 p. 5 ref.; Index Aeron **8** (1952) 12 97.

Kiessler, Heinz: Derzeitige Stähle für den Segelflugzeugbau. S.-A. Flieger (1952) 6 2 S.; Stahl u. Eisen **72** (1952) 24 1556.

Klostermann, P.: Die Praxis der Warmbehandlung des Stahles. (Werkstattbücher, H. 8.) Berlin-Göttingen-Heidelberg: Springer 1952 68 S.; Konstruktion **5** (1953) 1 31.

Krainer, H. u. *W. Daum:* Zinn und Arsen in legierten Vergütebaustählen. Berg- u. Hüttenmänn. Mh. **97** (1952) 4 67—72.

Krisch, Alfred: Verhalten des Stahles bei erhöhten Temperaturen. Übersicht über das Schrifttum des Jahres 1950. Stahl u. Eisen **72** (1952) 15 904—907, 16 957—963, 17 1038—1041 58 Lit.-St.

Worner, H. W.: Heat-treatment of titanium-rich titanium iron alloys. Industr. Heating 19 (1952) 7 1200, 1202, 1204, 1206, 1208, 1210; J. Inst. Metals **80** (1952) 5 213—216.

Williams, Morgan L.: Sprödbrüche in Schiffsblechen. Nat. Bur. Stand. Circ. 520 1952 180—206; Stahl u. Eisen **73** (1953) 2 120. [6.253.2].

— Neue sparstoffarme Einsatzstähle. Iron Steel **25** (1952) 1 8; Stahl u. Eisen **72** (1952) 6 324.

Bennek, Hubert, Eduard Houdremont u. *Richard Mailänder:* Das Verhalten von Stählen mit verschiedener Kerbschlagzähigkeit bei Verformung unter mehrachsiger Beanspruchung. Arch. Eisenhüttenwes. **24** (1953) 7/8 315—321.

Enzian, G. H.: Verhalten von unlegierten und niedriglegierten Stählen bei Temperaturen zwischen — 25 und + 350⁰. Welding Res. Counc. (1953) 12 605—618; Stahl u. Eisen **74** (1954) 6 367.

Herbers, H.: Härten und Vergüten des Stahles. 6. Aufl. (Werkstattbücher H. 7) Berlin-Göttingen-Heidelberg: Springer 1953. 68 S.

Herbiet, H.: Stähle für geschweißte Konstruktionen. Rev. Univ. Mines, **96** Sér. 9 (1953) 5 368—374; Stahl u. Eisen **73** (1953) 17 1125.

Holden, A. N. u. *F. W. Kunz:* Der Einfluß der Größe und der Orientierung auf das Fließen von Kristallen in karbonisierten Eisenblechen. Acta Metall. **1** (1953) 5 495—502; Stahl u. Eisen **74** (1954) 8 496.

Houdremont, E.: Zur Entwicklung und zum Stand des Sprödbruchproblems. Radex-Rdsch. (1953) 4/5 138—150, 160—162; Stahl u. Eisen **73** (1953) 21 1373.

Moeller, C. E.: Processing of high-strength steel parts. „Symposium on ultra-high-strength steels in aircraft applications." SAE Spezial Publ. 120 1953 47—54; Nickel-Ber. **12** (1954) 10 187.

Peebles, A. A.: Tempering and physical properties of steel. Engng. **175** (1953) 4555 613—615; Index Aeron. **9** (1953) 9 103.

Schulz, Ernst Hermann u. *Reinhold Kühnel:* Die Stähle für den Ingenieurbau. Bauing. **28** (1953) 6 189—193 9 Lit.-St.

Schumann, Hermann: Der Einfluß plastischer Verformungen auf das Verhalten von Wasserstoff in Stahl. Metall- u. Gießereitechn. **3** (1953) 10 420—424; Stahl u. Eisen **74** (1954) 4 245.

Siebel, Erich: Zum Problem des Sprödbruchs. Radex-Rdsch. (1953) 4/5 200—203; Stahl u. Eisen **73** (1953) 21 1372.

Wald, G. G.: Processing of highly heat-treated steel. „Symposium on ultra-high-strength steels in aircraft applications." SAE Spec. Publ. 120 1953 55—64; Nickel-Ber. **12** (1954) 10 187—188.

Walker, D. G.: Zeilenstruktur in Stahl. Australas. Engr. **45** (1953) Mai 63—69; Stahl u. Eisen **73** (1953) 21 1374.

Wilson, D. V.: Metallurgische Anforderungen an Stähle zum Kaltfließpressen. Sheet Metal Industries **30** (1953) 314 513—520, 522, 524; Stahl u. Eisen **73** (1953) 17 1125.

Winlock, Joseph: Einfluß der Verformungsgeschwindigkeit auf den Verlauf der Spannungs-Dehnungs-Kurve von Stahlblech. Iron Coal Trades Rev. **167** (1953) 4450 200—202; Stahl u. Eisen **74** (1954) 19 1244.

— Physical constants of some commercial steels at elevated temperatures. (Based on measurements made at the National Physical Laboratory, Teddington.) Ed.: British Iron and Steel Research Association. London: Butterworth 1953. X, 38 p.

Apraiz, José: In Spanien verwendete Vergütungsstähle. Bol. Min. e Ind. **33** (1954) 5 269—277; Stahl u. Eisen **74** (1954) 27 1794.

Baumann, Franz: Zur Frage des Sprödbruches bei Stahl. Stahl u. Eisen **74** (1954)
11 729—731.

Brown, N.: A quantitative measure of temper embrittlement. J. Metals **6** (1954)
March; Trans. Amer. Inst. Min. & Metall. Engrs. 361—365; Nickel-Ber. **12**
(1954) 6 109.

Brühl, F. W.: Entwicklung deutscher Baustähle zur Legierungseinsparung. Metal
Progr. **65** (1954) 1 97—100; Stahl u. Eisen **74** (1954) 10 673.

Cabelka: Die metallurgische Schweißbarkeit der Baustähle. Schweißtechnik
(Berlin) **4** (1954) 2 35—43; Stahl u. Eisen **74** (1954) 8 496.

Krüger, G.: Gedanken über Sprödbruchentstehung und Sprödbrüchigkeits-
prüfung bei Stahl. Schweißtechnik (Berlin) **4** (1954) 10 282—288, 298 15 Lit.-St

Kubisch, Hildegard u. *Herbert Tauscher:* Einsparung von Stahllegierungsele-
menten durch Anwendung zweckmäßiger Wärmebehandlungsverfahren
Maschinenbautechnik **3** (1954) 1 5—12, 2 69—74 42 Lit.-St.

Meikle, G.: The effect of heating some aluminium alloys and alloy steels at
elevated temperatures. Aircr. Engng. **26** (1954) 200 53—54; AB **25** (1954) 3
164—165. [1.323.210].

Puzicha, Wilhelm: Ergebnisse belgischer Untersuchungen über das Kriechen
von Stahl bei Raumtemperatur. Stahl u. Eisen **74** (1954) 19 1228—1232.

Stedfeld, R. L.: Influence of heat treatment and cold working on tensile strength
ranges. Machine Design **26** (1954) 2 163—173; AB **25** (1954) 6 364.

Troiano, A. R. u. *L. J. Klingler:* Richtungsabhängigkeit der mechanischen Eigenschaften warm gewalzter Stähle. Welding Res. Counc. (1954) 5 209—217
Stahl u. Eisen **74** (1954) 19 1245.

Wellinger, Karl u. *Ernst Keil:* Untersuchungen über den Einfluß einer Erwärmung
auf Kaltverformung und Eigenspannung. Schweiz. Arch. **20** (1954) 8 264—268

Wells, C., J. V. Russel and *S. W. Poole:* Effect of composition on transverse
mechanical properties of steel. Trans. Amer. Soc. for Metals **46** (1954)
129—156; Nickel-Ber. **12** (1954) 7/8 132.

Wever, Franz u. *Adolf Rose:* Zur Frage der Wärmebehandlung der Stähle auf
Grund ihrer Zeit-Temperatur-Umwandlungs-Schaubilder. Stahl u. Eisen **74**
(1954) 12 749—760.

Wever, Franz, Adolf Rose, Walter Peter u. *Werner Strassburg:* Atlas zur Wärmebehandlung der Stähle (Hrsg. Max-Planck-Institut für Eisenforschung). Teil I
u. II. Düsseldorf: Verl. Stahleisen 1954. 147 S.

(Wever, F., A. Rose u. *W. Strassburg):* Zeit-Temperatur-Umwandlungs-Schaubilder als Grundlage der Wärmebehandlung der Stähle. (Forsch.-Ber. Wirt
schafts- u. Verkehrsministerium Nordrhein-Westfalen Nr. 75.) Köln
Opladen: Westdtsch.-Verl. 1954. 34 S.; Stahl u. Eisen **74** (1954) 21 1387.

Wurth, Jean: Herstellung und Anwendung von windgefrischten Sonderstählen
Ossature Métall. **19** (1954) 4 205—224; Stahl u. Eisen **74** (1954) 15 974.

— Grundlagen für die Auswahl von Baustählen. Metal Progr. **66** (1954) 1-A
1—20, 20-A/20-F; Stahl u. Eisen **74** (1954) 23 1556.

— Symposium on ultra-high-strength steels in aircraft applications. SAE Publ.
S. P. 120 1954 73 p.; Nickel-Ber. **12** (1954) 11 204.

Unlegierte Stähle   1.322.11

Roš, Mirko Gottfried: Der hochwertige Baustahl St 58. EMPA Disk.-Ber. Nr. 2.

Müller, E. W.: Zur Frage der Wechselwirkung zwischen Korrosion und statischer
Zugbeanspruchung bei Baustählen. (Mitt. Forsch. Inst. Ver. Stahlwerke AG
Dortmund Bd. 4, Lfg. 8.) Dortmund: Stahldruck Dortmund 1934. [1.364].

Schaper, Gottwald: Der hochwertige Baustahl St 52 im Bauwesen. Bautechnik **16**
(1938) 48 649—655.

Wyss, Th.: Baustahl St 52. EMPA Disk.-Ber. Nr. 117.

Fritsche, J.: Das Formänderungsgesetz des Baustahles im bildsamen Bereich. Stahlbau **12** (1939) 14/15 109—114.

Bischof, W.: Einfluß der Legierungsbestandteile und des Gefüges auf die Schweißbarkeit von Stahl St 52. Arch. Eisenhüttenwes. **13** (1940) 12 519—530 24 Lit.-St. Techn. Z.-Schau **26** (1941) 1 14.

Schulz, Ernst Hermann u. *W. Bischof:* Neuere Entwicklung des Stahles St 52 für den Großstahlbau. Z. VDI **84** (1940) 14 229—235.

Fry, A. u. *L. Kirschfeld:* Weiterentwicklung von Baustählen hoher Festigkeit von der Art des Stahles St 52. Z. VDI **85** (1941) 23 511—516 12 Lit.-St.; Techn Z.-Schau **26** (1941) 15 262.

Hauttmann, H.: Mit Silizium und Aluminium beruhigter härterer Thomas-Baustahl. Mitt. Forsch. Anst. GHH-Konzern **9** (1941) 1 u. 5.

Aitchison, C. S. and *James A. Miller:* Tensile and pack compressive tests of some sheets of aluminum alloy, 1025 carbon steel, and chromium nickel steel. NACA TN 840 Febr. 1942. [1.322.121], [1.323.211.1].

Graf, Otto: Über Versuche mit Baustählen. Bauing. **23** (1942) 5/6 31—44. [1.332.1]

Wyss, Th.: Einfluß des Siliziumgehaltes auf die Streckgrenze von SM-Baustahl Schweiz. Bauztg. **119** (1942) 12 136—137.

Fry, A. u. *L. Kirschfeld:* Über die Alterungsempfindlichkeit von Baustählen hohei Festigkeit. Z. VDI **87** (1943) 9/10 123—127.

Hauttmann, H.: Die Eigenschaften der gewöhnlichen Thomasstähle und ihre Verbesserung durch die Beruhigung mit Silizium und Aluminium. Mitt Forsch. Anst. GHH-Konzern **10** (1943) 1.

— Grundsätzliches für die Beurteilung der Eigenschaften der Baustähle, insbesondere der Baustähle St 52, zu geschweißten Tragwerken und der Stähle zu Stahlbetontragwerken. Fortschr. u. Forsch. Bauwes. Reihe A, H. 10 1943

Cornelius, Heinrich u. *W. Samtleben:* Unlegierter kaltgewalzter Bandstahl hohei Festigkeit. ZWB UM 1164 1944 5 S.

Cornelius, Heinrich u. *W. Samtleben:* Untersuchung von unlegiertem, vergütetem Bandstahl. ZWB UM 1349 1944 12 S.

Warnock, V. F. and *J. A. Pope:* The change in mechanical properties of mild steel under repeated impact. Proc. IME **157** (1947) 26 33—44; AMR **1** (1948) 2 50. [1.343.1].

Eilender, Walter u. *Albert Mintrop:* Einfluß der Erhitzungsgeschwindigkeit des Stahles auf die Perlit-Austenit-Umwandlung unter besonderer Berücksichtigung der Oberflächenhärtung. Stahl u. Eisen **68** (1948) 26./2. 83—85; Met Rev. **22** (1949) 5 45.

Fraenkel, S. J.: Experimental studies of biaxially stressed mild steel in the plastics range. Amer. Soc. Mech. Engrs. Prepr. No. 48-APM-1 June 1948 8 p.; Index Aeron. **4** (1948) 10 63.

Miklowitz, J.: The influence of the dimensional factors on the mode of yielding and fracture in medium carbon steel. I. Amer. Soc. Mech. Engrs. Prepr No. 48-APM-19 June 1948 14 p. 18 ref.; Index Aeron. **4** (1948) 10 63.

Nabarro, F. R. N.: Mechanical effects of carbon in iron. „Rep. of a conference on strength of solids." London: Phys. Soc. 1948 38—45; Met. Rev. **22** (1952) 4 24.

Tipper, C. F. Elam: The fracture of mild steel plate. Admiralty Ship Welding Committee, Rep. No. R. 3 HMSO (London) 1948. 82 p. [1.352.1].

Bastien, Paul et *Pierre Azou:* Action du froid sur la contrainte réelle de rupture et la capacité de déformation de l'acier chargé en hydrogene. C. R. Hebd. Séances Acad. Sci. **228** (1949) 20./4. 1337—1339; Met. Rev. **22** (1949) 8 26.

Biegler, Hans u. *W. Reintscher:* Betrachtungen über die Ergebnisse von Werkstoffprüfungen bei tiefen Temperaturen und ihre Auslegungen unter Berücksichtigung betrieblicher Erfahrungen. Technik (Berlin) **4** (1949) 11 492—498. [1.352.1].

Dorn, John E.: Stress-strain rate relations for anisotropic plastic flow. J. Appl. Phys. **20** (1949) Jan. 15—20 17 ref.; Met. Ref. **22** (1949) 3 22.

Gillet, H.` W.: Present knowledge of low-carbon 18—8. ASTM Prepr. 22 1949 14 p.; Met. Rev. **22** (1949) 7 22.

Heuschkel, J.: Steel properties related to welded performance. Welding J. **28** (1949) March 135s—152s; Met. Rev. **22** (1949) 4 53. [1.322.121].

Nehl, Franz: Aus der Walzhitze abgeschreckter unlegierter Baustahl St 52. Stahl u. Eisen **69** (1949) 17./3. 186—194; Met. Rev. **22** (1949) 7 49. [1.442.14].

Palm, J. H.: Reflections on yielding and aging of mild steel. II. The strain aging of steel. (In English.) Metalen **3** (1949) Febr. 120—126 64 ref.; Met. Rev. **22** (1949) 5 46.

Pomp, Anton: Dauerstandversuche an einigen unlegierten Thomasstählen und hochlegierten hitzebeständigen Stählen bei 500 bis 900⁰. Arch. Eisenhüttenwes. **20** (1949) 3/4 125—134; Met. Rev. **22** (1949) 8 26. [1.322.122].

Smith, G. V. and *E. J. Dulis:* Effect of manufacturing practice on creep and creep-rupture strength of low-carbon steel ASTM Prepr. 18 1949 16 p.; Met. Rev. **22** (1949) 7 22.

Masing, Georg: Streckgrenze und Alterung bei weichem Stahl. Arch. Eisenhüttenwes. **21** (1950) 9/10 315—325.

Odquist, F. K. G. and *C. Schaub:* The yield point of mild steel at non-homogeneous and compound stress distributions. Kungl. Tekn. Högsk. (Stockholm) Handl. 34 1950 16 p. 13 ref.; Index Aeron. **6** (1950) 12 72.

Schleicher, Ferdinand: Über die Spannungs-Dehnungs-Linie von Baustahl. Bauing. **25** (1950) 7 229—234 20 Lit.-St.

Schulz, Ernst Hermann: Die Eigenschaften des Werkstoffs Stahl in ihrer Bedeutung für den Ingenieurbau. Bauing. **25** (1950) 11 397—403.

Schulz, Ernst Hermann: Eine neue Stahlart für den Groß-Stahlbau. Bauing. **25** (1950) 2 39—41.

Collari, Nello u. *Nella Fongi:* Untersuchungen über die Eigenheiten und Eigenschaften von Puddelstahl. V. Zunderverhalten bei höheren Temperaturen. Calore (1951) 7 8 S.; Stahl u. Eisen **74** (1954) 2 119.

Eldin, A. S. u. *S. C. Collins:* Festigkeitseigenschaften eines unlegierten Stahles bei tiefen Temperaturen. J. Appl. Phys. (1951) Okt. 4 S.; Stahl u. Eisen **74** (1954) 2 121.

Evans, R. W.: Herstellung von Tiefziehstahl. I/II. Engineer **191** (1951) 4963 306—309, 4964 338—340; Stahl u. Eisen **72** (1952) 6 324. [2.31].

Lazan, B. J. u. *T. Wu:* Dämpfung, Elastizität und Dauerschwingfestigkeit von unlegiertem Stahl mit niedrigem Kohlenstoffgehalt. Proc. ASTM **51** (1951) 649—681; Stahl u. Eisen **72** (1952) 18 1111. [1.332.1].

Müller, H.: Die Zusammenhänge zwischen der Baustoffdämpfung und einigen mechanischen Werkstoffeigenschaften von unlegierten Stählen. Technik (Berlin) **6** (1951) 9 411—414 7 Lit.-St.; Index Aeron. **7** (1951) 12 121.

Teed, P. L.: Aircraft metallic materials under low temperature conditions. J. Roy. Aeron. Soc. **55** (1951) 482 61—80 20 ref.; Index Aeron. **7** (1951) 10 79. [1.323.221].

Becker, G.: Unlegierte Stähle und geeignete Zusatzwerkstoffe für die Lichtbogenschweißung. Schweißtechnik (Berlin) **2** (1952) Apr. 107—113 8 Lit.-St.; Techn. Zbl. Masch. Wes. (1953) 11 970.

304

Carr, F. L., M. Goldman, L. D. Jaffe and *D. C. Buffum:* Effect of hardness on the level of the impact energy curve for temper brittle and unembrittled steel. Amer. Soc. for Metals Prepr. 26 Oct. 1952 5 p. 6 ref.; Index Aeron. **8** (1952) 12 98.

Garofalo, F., P. R. Malenock and *G. V. Smith:* Hardness of various steels at elevated temperatures. Amer. Soc. for Metals Prepr. 18 Oct. 1952 18 p. 16 ref.; Index Aeron. **8** (1952) 11 71. [1.322.121].

Geil, G. W., N. L. Carwile and *T. G. Digges:* Influence of nitrogen on the notch toughness of heat treated 0.3 percent, carbon steels at low temperatures. J. Res. Nat. Bur. Stand. **48** (1952) 3 193—200 38 ref.; Index Aeron. **8** (1952) 8 97.

Grobe, A. H., C. Wells and *R. F. Mehl:* Transverse mechanical properties in an SAE 1045 forging steel. Amer. Soc. for Metals Prepr. 27 Oct. 1952 34 p. 9 ref.; Index Aeron. **8** (1952) 12 96.

Polakowski, N. H.: Metals can be softened by cold work. Iron Age **170** (1952) 9 106—111 5 ref.; Index Aeron. **8** (1952) 11 68.

Shoenberger, L. R. and *E. J. Paliwoda:* Accelerated strain ageing of commercial sheet steels. Amer. Soc. for Metals Prepr. 20 Oct. 1952 15 p. 11 ref.; Index Aeron. **8** (1952) 12 99.

Smith, R. L., G. A. Moore and *R. M. Brick:* Mechanical properties of high-purity iron-carbon alloys at low temperatures. „Mechanical properties of metals at low temperatures" Nat. Bur. Stand. Circ. 520 1952; Index Aeron. **9** (1953) 8 38.

Boyd, G. Murray: The propagation of fractures in mild-steel plates. Engng. **175** (1953) 65.

Campbell, J. D.: Abhängigkeit der Streckgrenze bei weichem Stahl von der Verformungsgeschwindigkeit. Acta Metall. **1** (1953) 6 706—710; Stahl u. Eisen 74 (1954) 8 496.

Grobe, Arthur H., Cyril Wells u. *Robert F. Mehl:* Festigkeitswerte von Querproben aus geschmiedetem Stahl mit 0,45 %/o C (SAE 1045). Trans. Amer. Soc. for Metals **45** (1953) 1080—1122; Stahl u. Eisen **73** (1953) 17 1125.

Kollmar, Alfred: Mindeststreckgrenze der Baustähle St 37 und St 52. Stahlbau **22** (1953) 2 30—31.

Küntscher, W.: Baustähle von heute und morgen. Metallurgie u. Gießereitechnik **3** (1953) Dez. 499—506; Chem. Zbl. **125** (1954) 30 6812.

Szabó, Ö.: Einfluß der Mikrostruktur der unlegierten Stähle auf ihre Verformbarkeit. Acta Techn. **6** (1953) 3/4 351—386; Stahl u. Eisen **74** (1953) 3/4 351—386.

Vajda, J. and *P. E. Busby:* Transverse mechanical properties of slack-quenched and tempered wrought steel. Amer. Soc. for Metals Prepr. 9 1953 25 p. 12 ref.; Index Aeron. **9** (1953) 12 88.

Witteman, G. P.: Hinweise für die Auswahl von unlegiertem Stabstahl. I/III. Steel **133** (1953) 11 104—107, 113, 12 131—132, 135, 13 106, 108—109, 113; Stahl u. Eisen **74** (1954) 4 244.

Grohé, Friedrich G. K.: Bruchfortpflanzung in Flußstahlplatten. Stahlbau **23** (1954) 1 21—23.

Herbiet, H., L. Dor u. *F. Hebrant:* Statistische Untersuchungen über die Festigkeitseigenschaften der belgischen Stähle A 37 und A 42. Ossature Métall. **19** (1954) 2 93—103, 3 135—141; Stahl u. Eisen **74** (1954) 8 495.

Kornfeld, Heinz: Die Kerbschlagzähigkeit weicher Feinkornstähle im ungealterten und gealterten Zustand. Arch. Eisenhüttenwes. **25** (1954) 1/2 61—70; Stahl u. Eisen **74** (1954) 5 301, 8 495.

Kornfeld, Heinz: Zusammenhang zwischen Bruchaussehen und Steilabfall dei Kerbschlagzähigkeits-Temperatur-Kurve bei weichen Stählen. Stahl u. Eisen 74 (1954) 23 1526—1536.

Krüger, Alfred: Einfluß von Kaltverformung und Alterung auf Festigkeit und Zähigkeit kohlenstoffarmer windgefrischter Sonderstähle. Stahl u. Eisen 74 (1954) 27 1757—1766.

Leslie, C. u. R. L. Rickett: Einfluß der Aluminium- und Siliziumdesoxydation auf die mechanische Alterung von weichen unlegierten Siemens-Martin-Stählen. J. Metals Trans. 5 (1953) 8 1021—1031; Stahl u. Eisen 74 (1954) 4 247.

Malmberg, Gunnar: Vorschlag für die Einteilung von weichen Stählen im Hinblick auf ihre Sprödbruchempfindlichkeit. Jernkont. Ann. 138 (1954) 6 333—349; Stahl u. Eisen 74 (1954) 19 1244.

Nehrenberg, A. E.: New super-high strength strucural steels. Mater. & Meth. 37 (1954) 4 100—103; Nachr. Bl. AGM Leichtbau 4 (1955) 2 7.

Shank, M. E.: Kritischer Überblick über Sprödbrüche an Bauwerken aus unlegiertem Stahl, außer an Schiffen. Welding Res. Counc. (1954) 17 4—48. Stahl u. Eisen 74 (1954) 15 977.

Festigkeits- und Formänderungseigenschaften 1.322.121

Roš, Mirko Gottfried: Der neue F-Stahl. Ergebnisse der Festigkeitsuntersuchungen. EMPA Disk.-Ber. Nr. 9 1926.

Buchholtz, H.: Beiträge zur Kenntnis des Siliziumbaustahles. (Mitt. Forsch. Inst Verein. Stahlwerke A. G. Bd. I Lfg. 5.) Dortmund: Stahldruck Dortmund Berlin: Springer 1929. 43 S.

Russel, H. W. and W. A. Welcker jr.: Endurance and other properties at low temperatures of some alloys for aircraft use. NACA TN 381 June 1931.

Matthaes, Kurt: Hochfeste Stähle für den Flugzeugbau. ZWB FB 17 1933 92 S.

Gatzek, W.: Eigenschaften und Schweißbarkeit von den im Flugzeugbau verwendeten Chrom-Molybdän-Stählen. ZWB FB 634 1936 101 S.

Bollenrath, Franz u. Heinrich Cornelius: Zur Frage der Schweißempfindlichkeit von Flugzeug-Baustählen. Jb. 1937 Dtsch. Luftf. Forsch. I 482—495.

Hessenbruch, W.: Die mechanischen Eigenschaften hitzebeständiger Chrom-Aluminium-Eisen-Legierungen. Z. VDI 81 (1937) 44 1285—1286.

Pomp, Anton u. Max Hempel: Vergleichende Untersuchung von nickelhaltigen und nickelfreien Stählen auf ihre mechanischen Eigenschaften, insbesondere auf ihr Verhalten bei der Schwingungsprüfung. ZWB FB 756 1937 64 S. Luftf. Forsch. 14 (1937) 10 511—519. [1.332.1].

Wiegand, H.: Der Chrom-Molybdän-Stahl als hochwertiger Flugzeugbaustoff. Flug u. Werft, Beil. Flugzeugbau (1937) 23—24.

Bollenrath, Franz, Heinrich Cornelius und Walter Bungardt: Untersuchung über die Eignung warmfester Werkstoffe für Verbrennungs-Kraftmaschinen. I. Mechanische und physikalische Eigenschaften. II. Zunderbeständigkeit Luftf.-Forsch. 15 (1938) 9 468—480, 10/11 505—510; Jb. 1938 Dtsch. Luftf. Forsch iI 326—344; Aircr. Engng. 10 (1938) 117 357, 118 382.

Cornelius, Heinrich u. Walter Bungardt: Untersuchung über die Eignung warmfester Werkstoffe für Verbrennungskraftmaschinen. III. Jb. 1939 Dtsch. Luftf. Forsch. II 317—321; Luftf.-Forsch. 18 (1941) 8 275—279.

Cornelius, Heinrich u. Walter Bungardt: Einfluß von Legierungszusätzen auf einige Eigenschaften hitzebeständiger Eisen-Aluminium-Legierungen. Arch Eisenhüttenwes. 13 (1939/40) 539—542.

Cornelius, Heinrich: Schweißbare vanadinhaltige Baustähle höherer Festigkeit Stahl u. Eisen 60 (1940) 684—687.

Cornelius, Heinrich: Eignung vanadinlegierter Stähle für schweißbare Dünnbleche höherer Festigkeit. ZWB FB 1128 1940 39 S.

Cornelius, Heinrich: Beitrag zur Kenntnis mehrfach legierter Mangan-Vergütungsstähle. ZWB FB 1201 1940 46 S.

Cornelius, Heinrich: Eigenschaften von Mangan-Vergütungsstählen mit weiteren Legierungszusätzen. Stahl u. Eisen 60 (1940) 1075—1083.

Hatfield, W. H.: Heat resisting steels. Iron Age 145 (1940) 11 35—37; Techn. Z.-Schau 26 (1941) 1 11.

Krisch, Alfred u. G. Haupt: Festigkeitseigenschaften legierter Stähle bei tiefen Temperaturen. Jb. 1940 Dtsch. Luftf. Forsch. I 907—916.

Matthaes, Kurt: Hochfeste Flugzeugstähle. Ringb. Luftf. Techn. II C 15 Mai 1940 27 S.

Rapatz, F.: Die neuzeitlichen hochwertigen Stähle. Berg- u. Hüttenmänn. Mh. 88 (1940) 9 109—115; Techn. Z.-Schau 26 (1941) 1 11.

Riedrich, G.: Unmagnetische Baustähle mit 17 bis 18 % Mangan. Stahl u. Eisen 60 (1940) 37 815—818; Techn. Z.-Schau 26 (1941) 1 11.

Schmidt, M. u. W. Lamarche: Hitzebeständige Cr-Mn-Stähle als Austauchwerkstoff für Cr-Ni-Stähle. Korrosion & Metallschutz 16 (1940) 12 425—427 14 Lit.-St.; Techn. Z.-Schau 26 (1941) 15 262.

Cornelius, Heinrich: Festigkeitseigenschaften und Korrosionsverhalten von Stahlbändern. ZWB FB 1389 1941 45 S.

Cornelius, Heinrich: Schweißbare vanadinhaltige Baustähle höherer Festigkeit. Jb. 1941 Dtsch. Luftf. Forsch. I 652—655.

Eilender, W., H. Arend u. E. Schmidtmann: Hochfeste schweißbare Chrom-Mangan-Baustähle. Stahl u. Eisen 61 (1941) 16 392—396 5 Lit.-St.; Techn. Z.-Schau 26 (1941) 13 232.

Kiessler, Heinz: Festigkeitseigenschaften von nickel- und molybdänfreien legierten Vergütungsstählen. Stahl u. Eisen 61 (1941) 21 509—516; Techn. Z.-Schau 26 (1941) 16 279.

Krisch, Alfred: Untersuchung von hochwertigen Bandstählen. ZWB FB 1390 1941 41 S.

Riedrich, G.: Der heutige Stand der hitzebeständigen Walz- und Schmiedestähle. Stahl u. Eisen 61 (1941) 37 852—860 10 Lit.-St. Techn. Z.-Schau 26 (1941) 24 405—406.

Aitchison, C. S. and James A. Miller: Tensile and pack compressive tests of some sheets of aluminum alloy, 1025 carbon steel, and chromium nickel steel NACA TN 840 Febr. 1942. [1.322.11], [1.323.211.1].

Cornelius, Heinrich: Eigenschaften von Stählen mit Chromgehalten bis zu 5 v. H. Arch. Eisenhüttenwes. 16 (1942) 5 173—186; Schiff u. Werft 44/24 (1943) 7/8 152.

Kreitz, Karl: Der Stand der warmfesten Baustähle. Arch. Eisenhüttenwes. 15 (1942) 11 491—496.

Michelsen, R.: Festigkeitsversuche an Proben mit verschiedener Entnahmerichtung. ZWB FB 1560 1942 10 S.

Pomp, Anton u. Alfred Krisch: Die Eignung von molybdänfreien Einsatzstählen als Vergütungsstähle. Mitt. K.-Wilh.-Inst. Eisenforsch. (1942) 15 219—234 Schiff u. Werft 44/24 (1943) 7/8 153.

Pomp, Anton u. Alfred Krisch: Über die mechanischen Eigenschaften von Chrom-Molybdän- und Chrom-Nickel-Molybdänvergütungsstählen in Querrichtung und bei tiefen Temperaturen. Mitt. K.-Wilh.-Inst. Eisenforsch. 24 (1942).

Cornelius, Heinrich u. Walter Trossen: Die Eignung verschieden legierter Vergütungsstähle für die Nitrierhärtung. Arch. Eisenhüttenwes. 17 (1943/44) 3/4 77—88.

Kiessler, Heinz: Die mechanischen Eigenschaften der Austauschstähle. Lil. Ges. Ber. 154 1943 3 S.

Michelsen, R.: Vergleichende Festigkeitsuntersuchungen an Vergütungsstählen. ZWB FB 1560/2 1943 46 S.

Stieda, W. u. *W. Tödter:* Die Kerbzähigkeit von Flugzeug-Baustählen. Luftf. Forsch. **20** (1943) 3 57—62.

Cornelius, Heinrich u. *W. Samtleben:* Einige Eigenschaften von kaltgewalzten Blechen aus austenitischem Mangan-Chrom-Stahl. ZWB UM 1250 1944 6 S.

Schmidt u. *Coursew:* Titan- und Vanadium-Stähle. Studiengesellschaft Hartmetall, 1944 14 S.

Bollenrath, Franz: The further development of heat-resistant materials for aircraft engines. NACA TM 1093 Sept. 1946.

Donoho, C. K.: Steels with higher than normal silicon content. Proc. Electric Furnace Steel Conf. Amer. Inst. Mining & Metallurg. Engrs. **5** (1947) 151—179; Met. Rev. **22** (1949) 4 24.

Northcott, L.: Some properties of titanium steels. J. Iron & Steel Inst. **157** (1947) 4 492—512 14 ref.; Index Aeron. **4** (1948) 3 71.

Stauffer, W. and *H. Kleiber:* The scaling behaviour of high-strength heat-resisting steels in air and combustion gases. J. Iron & Steel Inst. **156** (1947) Pt. 2 181—188; Index Aeron. **4** (1948) 1 66.

Sykes, C.: Steels for use at elevated temperatures. (Second Hatfield Memorial lecture.) J. Iron & Steel Inst. **156** (1947) 3 321—369; Index Aeron. **4** (1948) 1 67.

— Low-alloy, high-strength steels, Mater. & Meth. **26** (1947) July 101—115; BA B I (1948) Febr. 79.

Barr, W.: Some modern developments in steels for welded structures. Metallurgia **38** (1948) June 79—84. [1.442.12].

Bittner, E. T.: Legierte Federstähle. Trans. Amer. Soc. for Metals **40** (1948) 263—280; Stahl u. Eisen **71** (1951) 10 533. [1.431.21].

Braun, M. P.: Aciers russes au chrome-silicium-cuivre et au chrome-silicium-aluminium réfractaires et résistants à chaud. Stal (Steel) (1948) Jan. 60—64; Circ. Inform. Techn. **6** (1949) Mars 115—119; Met. Rev. **22** (1949) 9 32.

Brown, A. F. C. and *R. Edmonds:* The dynamic yield strength of steel at an intermediate rate of loading. Proc. IME **159** (1948) 37 14—23 3 ref.; Met. Rev. **22** (1949) 4 24; AMR **2** (1949) 5 109; Index Aeron. **6** (1950) 3 91.

Bucknall, E. H., W. Nicholls and *L. H. Toft:* Delayed cracking in hardened alloy steel plates. „Symposium on Internal Stresses in Metals and Alloys", London: Inst. of Metals 1948 351—365, disc. 463—484; Met. Rev. **22** (1949) 4 35.

Delbart, G., R. Potaszkin et *A. Kohn:* Contribution à l'étude des aciers faiblement alliés compartant des additions de titane pour pièces forgées résistant à chaud. Rév. Métallurgie **45** (1948) Oct. 374—385, disc. 385—386; Met. Rev. **22** (1949) 3 24.

Edwards, A. R. and *F. G. Lewis:* Izod, tensile and hardenability tests on some aircraft steels of Australian manufacture. CSIR Aeron. Res. Rep. ACA-38 Jan. 1948 23 p. (Australia); Met. Rev. **22** (1949) 7 22; Index Aeron. **5** (1949) 7 75.

Frith, P. H.: Crankshaft steels: Part I. Effect of nitriding and composition on fatigue properties. Part II. Nickel-chromium-molybdenum and chromium-molybdenum-vanadium steels. Iron and Steel **21** (1948) 18./11. 542—552; Met. Rev. **22** (1949) 1 26. [1.332.1].

Leslie, W. C. and *M. G. Fontana:* Mechanism of the rapid oxidation of high temperature, high strength alloys containing molybdenum. Amer. Soc. for Metals Prepr. No. 26 1948 32 p. 22 ref.; Index Aeron. **5** (1949) 3 72.

Mathieu, Karl: Über das Dehnverhalten einiger austenitischer Stähle bei tiefen Temperaturen. Arch. Eisenhüttenwes. **19** (1948) 169—173.

Merrill, T. W.: Notes on the weldability and mechanical properties of manganese-vanadium plate steel. Part I. Vancoram Rev. **6** (1948) 1 7—9, 14—15; Met. Rev. **22** (1949) 8 50. [2.511.2].

Oliver, D. A.: Recent advances in alloy and special steels. Metallurgia **39** (1948) 230 71—74 15 ref.; Met. Rev. **22** (1949) 2 50; Index Aeron. **5** (1949) 3 70.

Payson, Peter and *A. E. Nehrenberg:* The metallography and properties of high alloy hot work steels. Yearb. Amer. Iron and Steel Inst. 1948 540—574; Met. Rev. **22** (1949) 9 31.

Reynolds, E. E., J. W. Freeman and *A. E. White:* A metallurgical investigation of a contour-forged disc of EME alloy. NACA TN 1534 Nov. 1948 30 p.; Met. Rev. **22** (1949) 2 22.

Schottky, Hermann: Hochlegierte Stähle mit Stickstoffzusätzen. Z. Metallkde. **39** (1948) Apr. 120—122 18 Lit.-St.; Met. Rev. **22** (1949) 3 24.

Scott, D. A. a. o.: Influence of nickel and molybdenum on isothermal transformation of austenite in pure iron-nickel and iron-nickel-molybdenum alloys contaning 0,55 per cent carbon. Amer. Soc. for Metals Prepr. No. 5 1948 22 p. 16 ref.; Index Aeron. **5** (1949) 3 71.

Shechan, J. P. a. o.: The transformation characteristics of ten selected nickel steels. Amer. Soc. for Metals Prepr. No. 6 1948 19 p. 7 ref.; Index Aeron. **5** (1949) 3 72.

Völker, Wilhelm: Versuche mit chromfreien hitzebeständigen Stählen. Arch. Eisenhüttenwes. **19** (1948) 49—54.

Wasmuht, Roland: Hochwertige Baustähle unter besonderer Berücksichtigung der Schweißbarkeit stärkerer Querschnitte. Bautechnik **25** (1948) 3 66—68.

Wilder, A. B. and *J. O. Light:* Stability of steels at elevated temperatures. Welding J. **27** (1948) Dec. 607s—609s; Met. Rev. **22** (1949) 1 27.

Wyss, U.: Einfluß des bainitischen Gefüges auf die mechanischen Eigenschaften eines warmfesten Cr-Mo-Vergütungsstahles. Von Roll Mitt. **7** (1948) Dec. 51—70; Metal Progr. **55** (1949) June 868, 870, 872; Met. Rev. **22** (1949) 7 25, 8 29.

Altenburger, C. L.: Low-alloy high-tensile steels for automotive structures. SAE Quart. Trans. **3** (1949) Jan. 145—155; Met. Rev. **22** (1949) 3 46; AMR **2** (1949) 6 134.

Avery, Howard S.: Austenitic manganese steel. American Brake Shoe Co. 1949 50 p.; Met. Rev. **22** (1949) 8 54.

Barber, E.: Developments in alloy steels. Canad. Mining J. **70** (1949) June 71—73; Met. Rev. **22** (1949) 8 26.

Bardenheuer, Peter u. *Wilhelm Anton Fischer:* Die mechanischen Eigenschaften von titanlegierten Blechen nach Luftabkühlung aus der Walzhitze. Arch. Eisenhüttenwes. **20** (1949) 9/10 313—322.

Bardgett, W. E.: Effect on variation in silicon content. on the properties of silicon-manganese spring steel. Metallurgia **39** (1949) 232 171—177; Met. Rev. **22** (1949) 5 26; Index Aeron. **5** (1949) 6 80.

Comstock, George F.: Boron-titanium steels for moderate temperatures. Iron Age **163** (1949) 16./6. 90—92; Met. Rev. **22** (1949) 8 26.

Comstock, George F.: A new low-alloy steel for high-temperature use. Metal Progr. **56** (1949) July 67—71; Met. Rev. **22** (1949) 9 32.

Crawford, C. A.: High strength nickel alloy retains performance properties at high temperatures. Mater. & Meth. **30** (1949) 4 57—61; Index Aeron. **6** (1950) 2 65.

Grant, H. J. and *A. G. Bucklin:* On the extrapolation of short-time stress-rupture data. Amer. Soc. for Metals Prepr. 18 Oct. 1949 33 p. 7 ref.; Index Aeron. **6** (1950) 10 69.

Hancock, P. F.: Manganese iron. Foundry Trade J. **86** (1949) 3./2. 91—96; Met. Rev. **22** (1949) 4 56.

Henry, J. B.: Selection of heat resistant steels. I. Product. Engng. **20** (1949) 20./7. 113—118; Met. Rev. **22** (1949) 8 26.

Henry, J. B.: Selection of heat resistant steels. II. Product Engng. **20** (1949) 20./8. 113—115; Met. Rev. **22** (1949) 9 32.

Herres, S. A. and *A. R. Elsea:* Investigation of temper brittleness in low-alloy steels. J. Metals 1 (1949) Sect. 3 June (Metal Trans. **185**) 366—370; Met. Rev. **22** (1949) 7 22.

Heuschkel, J.: Steel properties related to welded performance. Welding J. **28** (1949) March 135s—152s; Met. Rev. **22** (1949) 4 53. [1.322.11].

Kerensky, O. A.: Structural high-tensile (low-alloy) steel. Engineer **187** (1949) 4./3. 238—241 32 ref.; Met. Rev. **22** (1949) 5 26.

Kohn, A.: Schrifttumsübersicht über Untersuchungen von Stählen mit geringen Borgehalten. Rev. Métallurgie **46** (1949) 12 859—868; Stahl u. Eisen **73** (1953) 2 121—122.

Mackenzie, J. M. u. *J. M. Pow:* Entwicklung niedrig legierter hochfester Baustähle. J. West Scotl. Iron Steel Inst. **57** (1949/50) 85—124; Stahl u. Eisen **72** (1952) 8 441.

Merrill, T. W.: The effect of alloys on the properties of steel. Product Engng. **20** (1949) 3 124—129 4 ref.; Index Aeron. **5** (1949) 7 73; Met. Rev. **22** (1949) 4 24.

Merrill, T. W.: Vanadium alloy steels. Product Engng. **20** (1949) May 138—142; Met. Rev. **22** (1949) 6 25.

Pomp, Anton u. *Alfred Krisch:* Zug- und Kerbschlagversuche an Chrom-Nickel-Molybdän-, Chrom-Molybdän- und Chrom-Vanadin-Stählen in der Wärme und Kälte. Arch. Eisenhüttenwes. **20** (1949) 9/10 323—328.

Potaszkin, R.: Sur les propriétés mécaniques des pièces de forge en aciers a faibles teneurs en nickel, chrome et molybdene. Rev. Métallurgie **46** (1949) Mars 125—140; Met. Rev. **22** (1949) 7 23.

Puzicha, Wilhelm u. *Alfred Krisch:* Der Einfluß der Dehngeschwindigkeit auf die Zugfestigkeit und Dehnung austenitischer Stähle. Z. Metallkde. **40** (1949) 3 93—98; Met. Rev. **22** (1949) 7 23. [4.21].

Richard, K.: Das Festigkeitsverhalten niedriglegierter warmfester Stähle und ihre Neigung zu verformungslosen Brüchen. Arch. Metallkde. **3** (1949) 157—164.

Ripling, E. J.: Tensile properties of a heat treated low alloy steel at subzero temperatures. Amer. Soc. for Metals Prepr. 1 1949 14 p.; Index Aeron. **6** (1950) 8 75.

Sims, C. E. and *H. M. Banta:* Development of weldable high-strength steels. Welding J. **28** (1949) Apr. 178s—192s; Met. Rev. **22** (1949) 6 51.

Taber, A. P. a. o.: Influence of composition on temper brittleness in alloy steels. Amer. Soc. for Metals Prepr. 22 Oct. 1949 25 p. 19 ref.; Index Aeron. **6** (1950) 7 62.

Theisinger, W. G.: Nickel-clad, monel-clad and inconel-clad steel. „Dietz: Engineering laminates", New York: Wiley 1949 426—452; Met. Rev. **22** (1949) 6 32. [1.363], [2.721].

Waldschmidt, E. K.: High-strength steel today. Coal Age **54** (1949) Aug. 95—97; Met. Rev. **22** (1949) 9 56.

Wilder, A. B. and *J. O. Light:* Stability of AISI alloy steels at elevated temperatures. Amer. Soc. for Metals Prepr. 17 Oct. 1949 19 p.; Index Aeron. **6** (1950) 10 68.

— Inconell "X", a high strength, high temperature alloy: data and information. New York: Int. Nickel Co. 1949.

Bühler, Hans: Nitrierstähle. (Bericht über die deutsche Entwicklung 1939—1946.) Werkstatt u. Betrieb **83** (1950) 8 268.

Buffum, D. C. and *L. D. Jaffe:* Effect of strain rate on toughness of temper-brittle steel. Amer. Soc. for Metals Prepr. 22 Oct. 1950 5 p. 7 ref.; Index Aeron. 7 (1951) 10 100.

Colegate, G. T.: Heat resisting steels — influence of alloy additions. Metal Treatm. & Drop Forging 17 (1950) 62 93—101, 109 8 ref.; Index Aeron. 6 (1950) 12 73.

Dellsart, G. and *M. Ravery:* The influence of microstructure on the hot strength of steel. Metal Treatm. & Drop Forging 17 (1950) 63 171—188 16 ref.; Index Aeron. 7 (1951) 4 62.

Frey, D. N.: The general tensional relaxation properties of a bolting steel. Amer. Soc. Mech. Engrs. Prepr. 50-A-68 Nov./Dec. 1950 6 p.; Index Aeron. 7 (1951) 6 106.

Fukroi, T. a. o.: Impact, tensile and hardness tests on some ferrous alloys and weld deposits at low temperatures. Sci. Rep. Inst. Tohoku Univ. Vol. 1 No. 2 101—105; Engrs. Dig. 11 (1950) 9 315—316; Index Aeron. 6 (1950) 12 73.

Krainer, H. u. *B. Tarmann:* Eigenschaften stranggegossener legierter Edelstähle. Stahl u. Eisen 70 (1950) 24 1098—1108 5 Lit.-St.; Index Aeron. 7 (1951) 5 93.

Losco, E. F.: Iron-base heat treatable alloy has good high temperature strength. Mater. & Meth. 32 (1950) 4 65—69; Index Aeron. 7 (1951) 2 40.

Palazzi, A.: Formula per la resistenza calcolata in funzione del contenuto di carbonio e manganese e nomogramma per il computo grafico della resistenza. (Formula for the calculation of the tensile strength as a function of the carbon and manganese content and a nomogram for the graphic calculation of the strength.) Metall. Ital. 42 (1950) 10 361—365 20 ref.; Index Aeron. 7 (1951) 3 77.

Rinebolt, J. A. and *W. T. Harris jr.:* Effect of alloying elements on notch toughness of pearlitic steels. Amer. Soc. for Metals Prepr. 33 Oct. 1950 27 p. 6 ref.; Index Aeron. 7 (1951) 10 102.

Ripling, E. J.: Subzero properties of metals surveyed I/II. Iron Age 166 (1950) 16 76—80, 17 53—57 26 ref.; Index Aeron. 7 (1951) 2 41; Stahl u. Eisen 71 (1951) 6 312.

Ripling, E. J. and *W. M. Baldwin jr.:* Rheotropic embrittlement of steel. Amer. Soc. for Metals Prepr. 24 Oct. 1950 28 p. 12 ref.; Index Aeron. 7 (1951) 10 101.

Rogers, W. T.: Statistical analysis of the effect of alloying elements on mechanical properties of seamless steel tubes. Amer. Soc. for Metals Prepr. 41 Oct. 1950 12 p. 6 ref.; Index Aeron. 7 (1951) 10 103.

Schwitter, C. M.: Nickelhaltiger Stahl und Gußeisen für Getriebeteile. Machinery (New York) 57 (1950) 178—182, 58 (1951) 181—183; Nickel-Bull. 24 (1951) 4 83—84; Stahl u. Eisen 71 (1951) 20 1070. [1.322.24].

Scott, Howard: 10 Jahre Entwicklung an Werkstoffen für Gasturbinen. Metal Progr. 58 (1950) 4 503—511; Stahl u. Eisen 71 (1951) 12 637. [6.211.2].

Shinn, D. A.: Strong ductile alloy steel permits weight saving in structural parts. Mater. & Meth. 31 (1950) 5 70—72; Index Aeron. 6 (1950) 10 68.

Zoia, R.: Influenza della composizione chimica sulla resistenza degli acciai da costruzione. (Influence of the chemical composition on the tensile strength of engineering steels.) Metall. Ital. 42 (1950) 10 357—361; Index Aeron. 7 (1951) 3 77.

Bibber, L. C. a. o.: A new high-yield-strength alloy steel for welded structures. Amer. Soc. Mech. Engrs. Prepr. 51-PET-5 Sept. 1951 42 p. 3 ref.; Index Aeron. 7 (1951) 12 124.

Binder, W. O.: The development of low-carbon N-155 alloy for gas-turbine construction. J. Iron & Steel Inst. 167 (1951) Pt. 2 Febr. 121—134 29 ref.; Index Aeron. 7 (1951) 9 109; Konstruktion 3 (1951) 8 259.

Brown, D. I.: Bor als neues Legierungselement für Stähle. Iron Age **168** (1951) 1 79—85, 2 85—90, 3 102—106, 4 68—72, 6 75—80; Stahl u. Eisen **72** (1952) 4 213.

Bungardt, Karl: Entwicklung und Stand der hitzebeständigen Walz- und Schmiedestähle. Stahl u. Eisen **71** (1951) 6 273—283 30 Lit.-St.; Index Aeron. **7** (1951) 7 60.

Castleman, L. S.: Effect of retained austenite upon mechanical properties. Amer. Soc. for Metals Prepr. 21 Oct. 1951 17 p. 11 ref.; Index Aeron. **8** (1952) 1 88.

Coheur, P.: Belgische Untersuchungen über warmfeste Chrom-Molybdän-Stähle. Rev. Universelle Mines, **94** Ser. 9 (1951) 10 336—348; Stahl u. Eisen **72** (1952) 8 441.

Entwisle, A. R.: Low temperature fractures in tempered alloy steel. J. Iron & Steel Inst. **169** (1951) Pt. 1 Sept. 36—38 7 ref.; Index Aeron. **7** (1951) 12 124; Met. Rev. **24** (1951) 11 42.

Finniston, H. M. and T. D. Fearnehough: Physical and mechanical properties of segregates in two alloy steels. J. Iron & Steel Inst. **169** (1951) Pt. 1. Sept. 5—12 10 ref.; Index Aeron. **7** (1951) 12 127.

Franke, E.: Hochhitzebeständige Stähle und Legierungen für Gasturbinen. Werkstoffe u. Korrosion **2** (1951) 378—386.

Geiger, H. L.: Eigenschaften nickelhaltiger Stähle für amerikanische Zugmaschinen. Rev. Nickel **17** (1951) 2 34—47; Stahl u. Eisen **71** (1951) 22 1177.

Gueussier, A.: Warmfeste Stähle. Métaux Corrosion **26** (1951) 311/312 310—317; Stahl u. Eisen **71** (1951) 24 1339.

Hobson, J. D. and C. Sykes: Effect of hydrogen on the properties of low-alloy steels. J. Iron & Steel Inst. **169** (1951) Pt. 3 209—220 12 ref.; Index Aeron. **8** (1952) 1 91.

Kiessler, H.: Stand und Entwicklung der Vergütungsstähle. Stahl u. Eisen **71** (1951) 9 433—440; Index Aeron. **7** (1951) 9 110.

Knowlton, H. B.: ISTC division VIII reports on boron steels. SAE J. **59** (1951) 8 17—31; Index Aeron. **7** (1951) 11 159.

Krisch, Alfred: Kerbzugversuche an vergüteten Baustählen. Arch. Eisenhüttenwes. **22** (1951) 11/12 395—400.

Lazan, B. J. u. L. J. Demer: Dämpfung, Elastizität und Dauerschwingfestigkeit von warmfesten Werkstoffen. Proc. ASTM **51** (1951) 611—648; Stahl u. Eisen **72** (1952) 18 1111. [1.332.1].

Reynolds, E. E., J. W. Freeman and A. E. White: Influence of chemical composition on rupture properties at 1,200 deg. F of forged chromium-cobalt-nickel-iron base alloys in solution-treated and aged condition. NACA Rep. 1058 1951 60 p. 5 ref.; Index Aeron. **9** (1953) 4 87.

Ricard, J.: Warmfeste Stähle. Métallurgie et Constr. Mécanique **83** (1951) 11 905, 907—909, 911—913; Stahl u. Eisen **72** (1952) 18 1112.

Schapiro, Leo: Neue Flugzeugbaustähle. Steel **128** (1951) 16 77—80; Stahl u. Eisen **71** (1951) 20 1070.

Stauffer, W.: Einige Probleme der warmfesten, hitzebeständigen Stähle vom Standpunkte des Verbrauchers. Schweiz. Arch. **17** (1951) 12 353—364; Stahl u. Eisen **72** (1952) 12 720.

Wheeler, J. A. a. o.: Effect of the initial heating temperature on the mechanical properties of Ni-Cr.-Mo steels. J. Iron & Steel Inst. **167** (1951) Pt. 3 March 301—308 9 ref.; Index Aeron. **7** (1951) 6 105.

Wray, P. R.: Role of boron steels in present emergency. SAE J. **59** (1951) 7 46—52 9 ref.; Index Aeron **7** (1951) 11 158.

Wray, P. R.: The role of boron steels in the present emergency. Mater. & Meth. **34** (1951) 2 57—60 7 ref.; Index Aeron. **7** (1951) 12 128.

— Eigenschaften vanadinhaltiger Federstähle. Mater. & Meth. **34** (1951) 1 113, 115; Stahl u. Eisen **71** (1951) 24 1339.

— High-tensile structural steel. Metal Progr. **60** (1951) Sept. 122, 124; Met. Rev. **24** (1951) 11 42.

— Symposium on the mechanical properties of metals at low temperatures. Nat. Bur. Stand. Techn. News Bull. **35** (1951) 7 106—107; Index Aeron. **8** (1952) 6 91.

— Tensile strength of warm-worked austenitic steel. Metal Progr. **60** (1951) Oct. 166, 168, 170.

Ammareller, Sepp: Die Federstähle, ihre Entwicklung, Eigenschaften und Anwendungsgebiete. Stahl u. Eisen **72** (1952) 9 475—489. [1.431.21].

Bibber, L. C., J. M. Hodge, R. C. Altman u. *W. D. Doty:* Ein neuer legierter Stahl mit hoher Streckgrenze für Schweißzwecke. Trans. ASME **74** (1952) 269—285; Welding Res. Counc. Bull. Ser. 13 1952 17 S.; Stahl u. Eisen **74** (1954) 8 495; Werkstoffe u. Korrosion **5** (1954) 7 265.

Breuer, Waldemar: Untersuchungen an Chrom-Mangan-Einsatzstählen. Härterei-Techn. Mitt. **8** (1952) 1 24—32; Stahl u. Eisen **74** (1954) 19 1244.

Bristow, J. S.: Stähle für tiefe Temperaturen. Iron Steel **25** (1952) 11 447—451; Stahl u. Eisen **72** (1952) 24 1557.

Brown, W. F., jr. u. *Georg Sachs:* Bedeutung der Kerbempfindlichkeit von Stählen bei hohen Temperaturen. Iron Age **169** (1952) 12 91—95; Stahl u. Eisen **72** (1952) 14 852.

Crafts, W. and *C. M. Offenhauer:* Development and application of chromium-copper-nickel steel for low-temperature service. „Mechanical properties of metals at low temperatures", Nat. Bur. Stand. Circ. 520 1952 8 ref.; Index Aeron. **9** (1953) 8 38.

Doepken, H. C.: Mechanische Eigenschaften von austenitischem Manganstahl zwischen + 100 und — 196⁰. J. Metals, Trans. **4** (1952) 2 166—170; Stahl u. Eisen **72** (1952) 10 587.

Everhart, John L.: Stähle für tiefe Temperaturen. Mater. & Meth. **35** (1952) 75—79; Stahl u. Eisen **72** (1952) 8 441.

Everhart, J. L.: New titanium-boron alloy steel shows promise for jets and rockets. Mater. & Meth. **36** (1952) 3 96—98 5 ref.; Index Aeron. **9** (1953) 1 81.

Fangemann, M. Gerhard: How to choose spring materials. II. Mater. & Meth. **35** (1952) 1 85—89, 5 112—116; Index Aeron. **8** (1952) 9 84—85; Stahl u. Eisen **72** (1952) 18 1112. [1.431.21].

Folkhard, E.: Die Riß- und Sprödbruchanfälligkeit hochfester Baustähle. Schweißen u. Schneiden **4** (1952) 5 139—154.

Fry: Aluminiumhaltige alterungsbeständige Stähle. Stahlbau **21** (1952) 9 170—174.

Garofalo, F., P. R. Malenock and *G. V. Smith:* Hardness of various steels at elevated temperatures. Amer. Soc. for Metals Prepr. 18 Oct. 1952 18 p. 16 ref.; Index Aeron. **8** (1952) 11 71. [1.322.11].

Gertsman, S. L. and *H. P. Tardif:* Tin and copper in steel. Iron Age **169** (1952) 7 136—140 3 ref.; Index Aeron. **8** (1952) 6 92.

Gin-Young Chow, Joe u. *D. W. Kaufmann:* Verbesserter ferritischer hochwarmfester Chromstahl. Iron Age **170** (1952) 19 166—169; Stahl u. Eisen **74** (1954) 2 120.

Harris, G. T. u. *M. T. Watkins:* Temperaturabhängigkeit des Elastizitätsmoduls von Gasturbinenwerkstoffen. „Symposium on high-temperature steels and alloys for gas turbines", London: Iron & Steel Inst. Spec. Rep. No. 43 1952 185—188; Stahl u. Eisen **73** (1953) 2 121.

Hoar, T. P. and *K. W. J. Bowen:* The electrolytic separation and some properties of austenite and sigma in 18-8-3-1 Chromium-nickel molybdenum-titanium steel. Amer. Soc. for Metals Prepr. 4 Oct. 1952 19 p. 12 ref.; Index Aeron. **8** (1952) 11 70.

Imhoff, R. N. u. *James W. Poynter:* Festigkeitseigenschaften des borhaltigen Vergütungsstahles 80 B 30. Iron Age **169** (1952) 26 102—107; Stahl u. Eisen **72** (1952) 22 1379.

Jaffe, L. D., D. C. Buffum and *F. L. Carr:* The effect of various heat treating cycles upon temper brittleness. Amer. Soc. for Metals Prepr. 25 Oct. 1952 7 p. 9 ref.; Index Aeron. **8** (1952) 12 67—68.

Jenkinson, E. A. u. *D. C. Herbert:* Einfluß des Kaltziehens auf die Eigenschaften von warmfestem Stahl. Iron Coal Trades Rev. **165** (1952) 4401 363—368; Stahl u. Eisen **72** (1952) 22 1379.

Jenny, H.: Die Einführung neuer legierter Baustähle. Schweiz. Arch. **18** (1952) 12 405—412.

Krivobok, V. N.: Properties of austenitic stainless steels at low temperatures. "Mechanical properties of metals at low temperatures", Nat. Bur. Stand. Circ. 520 1952 112—136 18 ref.; Stahl u. Eisen **73** (1953) 2 121; Index Aeron. **9** (1953) 8 38.

Legat, A.: Die Anlaßsprödigkeit, ihr Auftreten, ihre Ursachen und ihre Vermeidung. Schweiz. Arch. **18** (1952) 5 160—168.

Siebel, Erich u. *N. Ludwig:* Stand und Entwicklungsmöglichkeiten der Werkstoffe bei Temperaturen über 500°. Elektrizitätswirtsch. **51** (1952) 17 489—496; Stahl u. Eisen **72** (1952) 24 1556.

Smith, D. W., J. G. Whitman u. *C. L. M. Cottrell:* Festigkeitseigenschaften eines hochfesten schweißbaren Baustahls. Metallurgia **45** (1952) 270 169—172; Stahl u. Eisen **72** (1952) 14 851.

Steinberger, A. W. u. *J. Stoop:* Rißempfindlichkeit von Flugzeugbaustählen. Welding Res. Counc. (1952) 11 527—542; Stahl u. Eisen **73** (1953) 7 441.

Talbot, A. M. and *D. E. Furman:* Sigma formation and its effect on the impact properties of iron-nickel-chromium alloys. Amer. Soc. for Metals Prepr. 2 Oct. 1952 12 p. 4 ref.; Index Aeron. **8** (1952) 11 71.

— Chrom-Vanadin-Stähle. Mater. & Meth. **35** (1952) 4 169; Stahl u. Eisen **72** (1952) 14 851.

— New high temperature alloy. Mater. & Meth. **36** (1952) 2 98—99; Index Aeron. **8** (1952) 12 94; Metall **7** (1953) 15/16 621.

Allen, N. P., W. P. Rees, B. E. Hopkins u. *H. R. Tipler:* Zugfestigkeit und Kerbschlagzähigkeit sehr reiner Eisen-Kohlenstoff und Eisen-Kohlenstoff-Mangan-Legierungen. J. Iron & Steel Inst. **174** (1953) 2 108—120; Stahl u. Eisen **73** (1953) 19 1251.

Bardgett, W. E. and *C. L. Clark:* Comparative high-temperature properties of British and American steels. Instn. Mech. Engrs. Prepr. Dec. 1953 6 p.; Index Aeron. **10** (1954) 3 104.

Bibee, A. A.: Ultra high-strength steel. Metal Progr. **63** (1953) 5 95—96, 167; Index Aeron. **9** (1953) 9 103; Stahl u. Eisen **73** (1953) 17 1125.

Bungardt, Karl: Werkstoff-Fragen zur Anwendung hitzebeständiger hochwarmfester Stähle. Stahl u. Eisen **73** (1953) 23 1496—1503.

Bungardt, Karl u. *Ernst Kunze:* Bor in Einsatz- und Vergütungsstählen. Härterei-Techn. Mitt. **8** (1953) 2 21—33; Stahl u. Eisen **74** (1954) 23 1556.

Collari, Nello: Mechanische Eigenschaften von phosphor- und kupferlegiertem Baustahl. Metall. Ital. **45** (1953) 1 13—21; Stahl u. Eisen **73** (1953) 9 599.

Delbart, G. u. *F. Maratray:* Eigenschaften von niedriglegierten Stählen in Abhängigkeit von der Art der Vergütung. Rev. Métallurgie **50** (1953) 11 781—806; Stahl u. Eisen **74** (1954) 4 244.

Erker, Armin: Festigkeitsversuche mit brenngeschnittenen Proben aus Cr-V-Stahl. Schweißen u. Schneiden **5** (1953) 5 183—189.

Hodge, J. M., R. D. Manning and *J. A. Bauscher:* The development of steels for use at high-strength levels. "Symposium on ultra-high-strength steels in aircraft applications", SAE Spec. Publ. 120 1953 25—29; Nickel-Ber. **12** (1954) 10 186—187.

Klingler, L. J., W. J. Barnett, R. P. Frohmberg and *A. R. Troiano:* The embrittlement of alloy steel at high strength levels. Amer. Soc. for Metals Prepr. 27 Oct. 1953 33 p. 41 ref.; Index Aeron. **10** (1954) 1 78.

Knowlton, Harry B.: Erfahrungen mit Borstählen. Metal Progr. **63** (1953) 4 67—74; Stahl u. Eisen **74** (1954) 4 245.

McNicol, June A.: Einfluß von Kupfer in Gußeisen und Stahl. Australas. Engr. **45** (1953) Okt. 54—60; Stahl u. Eisen **74** (1954) 6 367.

Sands, J. W.: Development of a steel for the 280,000—300,000 p. s. i. tensile strength bracket. "Symposium on ultra-high-srength steels in aircraft applications", SAE Spec. Publ. 120 1953 35—46; Nickel-Ber. **12** (1954) 10 187.

Sewell, J. F.: Bedeutung der Borstähle für die Legierungsmitteleinsparung in den Vereinigten Staaten von Amerika. Iron Coal Trades Rev. **166** (1953) 4436 871—881, 884; Stahl u. Eisen **74** (1954) 4 244.

Siegfried, W. u. *F. Eisermann:* Untersuchungen über hitzebeständige austenitische Legierungen mit geringen Gehalten an knappen Legierungselementen. Rev. Métallurgie **50** (1953) 7 485—494; Stahl u. Eisen **73** (1953) 21 1371.

Ward, J. O. u. *J. R. Rait:* Entwicklung warmfester ferritischer Stähle. Iron and Steel **26** (1953) 2 59—62; Stahl u. Eisen **73** (1953) 7 438.

Wells, C.: Composition and heat-treatment of high-strength steels. "Symposium on ultra-high-strength steels in aircraft applications", SAE Spec. Publ. 120 1953 1—24; Nickel-Ber. **12** (1954) 10 185—186. [6.254.0].

Wilcock, R.: Wirkung von Bor auf die mechanischen Eigenschaften niedriglegierter Stähle. J. Iron & Steel Inst. **173** (1953) Pt. 4 406—419; Werkstoffe u. Korrosion **5** (1954) 7 266.

Wilcock, R.: Bor (Wirkung auf die mechanischen Eigenschaften von niedrig legierten Stählen). Iron and Steel **26** (1953) 215—218, 277—283; Werkstoffe u. Korrosion **5** (1954) 3 106.

Woodfine, B. C.: Über die Anlaßsprödigkeit. J. Iron & Steel Inst. **173** (1953) 3 229—240; Stahl u. Eisen **73** (1953) 13 871—872.

— Borstähle. Iron Coal Trades Rev. **166** (1953) 4440 1095—1100, 1106—1107; Stahl u. Eisen **74** (1954) 17 1095.

— The mechanical properties of nickel alloy steels. Mond Nickel Co. Publ. 87 p.; Index Aeron. **9** (1953) 7 77.

— Vanadium-bearing high-tensile weldable steels. Welding Res. **7** (1953) Oct. 103—107; Metal Progr. **66** (1954) 5 174.

Boring, R. W.: Low-cost alloys offer good heat resistance. Iron Age **173** (1954) 7 137—141, 10 146—148; Index Aeron. **10** (1954) 6 125; Stahl u. Eisen **74** (1954) 15 975; Nickel-Ber. **12** (1954) 4 61, 5 91.

Bungardt, Karl, Heinz Kiessler u. *Ernst Kunze:* Härtbarkeit und Festigkeitseigenschaften legierter Baustähle. Stahl u. Eisen **74** (1954) 2 71—76.

Busby, C. C., M. F. Hawkes and *H. W. Paxton:* Tensile and impact properties of low-carbon martensites. Trans. Amer. Soc. for Metals **47** (1954) Prepr. 9 22 p.; Nickel-Ber. **12** (1954) 11 206.

Clark, C. L.: Amerikanische Entwicklungen in Legierungen für hohe Temperaturen. Metal Progr. **65** (1954) 1 72—76; Stahl u. Eisen **74** (1954) 6 367.

Class, Immanuel: Stähle für Hochdruckanlagen der chemischen Industrie. Werkstoffe u. Korrosion **5** (1954) 8/9 281—285; Stahl u. Eisen **74** (1954) 27 1794.

Cottrell, C. L. M. u. *B. J. Bradstreet:* Vanadin als Austausch für Molybdän in niedriglegierten Stählen. Brit. Welding J. **1** (1954) 2 82—86; Stahl u. Eisen **74** (1954) 8 495.

Cottrell, C. L. M.: Bedeutung der mechanischen Eigenschaften in der Übergangszone von Schweißen an Mangan-Molybdän-Stahl für seine Schweißbarkeit. Brit. Welding J. **1** (1954) 4 177—186; Stahl u. Eisen **74** (1954) 15 975.

Delbart, G. u. *A. Kohn:* Betriebsuntersuchung über Borstähle. Rev. Metallurgie **51** (1954) 5 337—363; Stahl u. Eisen **74** (1954) 17 1095. [1.332.1].

Falberg, W. E.: Bleilegierte Vergütungsstähle. Mater. & Meth. **39** (1954) 6 90—92; Stahl u. Eisen **74** (1954) 17 1095.

Gyorgak, Charles A.: Preliminary investigation of stress-rupture and tensile strength of thermenol, an iron-aluminum alloy. NACA RM E 54 FI 0 Aug. 1954 11 p.

Hughes, Philip J., John E. Inge and *Stanley B. Prosser:* Tensile and compressive stress-strain properties of some high-strength sheet alloys at elevated temperatures. NACA TN 3315 Nov. 1954 32 p.; Aeron. Engng. Rev. **14** (1955) 2 118; J. Roy. Aeron. Soc. **59** (1955) 531 232.

Kiessler, Heinz u. *Ernst Kunze:* Einfluß der Abmessung und Härtetemperatur auf Härte und Zähigkeit von Einsatzstählen. Stahl u. Eisen **74** (1954) 12 768—772; Nickel Ber. **12** (1954) 7/8 133.

Knowlton, H. B.: Anwendung von Borstählen und anderen niedriglegierten Stählen in den Vereinigten Staaten von Amerika. J. Iron & Steel Inst. **176** (1954) 2 187—216; Stahl u. Eisen **74** (1954) 21 1386.

Kühnel, R.: Sprödbruchverhalten der Stähle an geschweißten Konstruktionen. Schweißtechnik (Berlin) **4** (1954) 9 264—269, 276; Stahl u. Eisen **74** (1954) 23 1556.

Meikle, G.: Eigenschaften einiger Vergütungsstähle bei Temperaturen bis 400⁰. Brit. Steelmaker **20** (1954) 10 390—397; Stahl u. Eisen **74** (1954) 27 1794.

Rabinovicz, A.: Rôle de la trempabilité dans le choix des aciers pour construction mécanique. Schweiz. Arch. **20** (1954) 4 110—116.

Rädeker, Wilhelm: Rißbildung in niedriglegierten Stählen durch schroffen Temperaturwechsel. Stahl u. Eisen **74** (1954) 15 929—943.

Schaub, Cyrill: Vorschlag für die Berechnungswerte warmfester Stähle für Temperaturen über 350⁰. Jernkont. Ann. **138** (1954) 2 53—80; Stahl u. Eisen **74** (1954) 12 796.

Scherer, Robert u. *Karl Bungardt:* Deutsche Forschungen über Borstähle. Metal Progr. **65** (1954) 3 101—106, 174, 176, 178; Stahl u. Eisen **74** (1954) 15 975.

Theis, Erich: Bor in Einsatz- und Vergütungsstählen. Stahl u. Eisen **74** (1954) 7 412—418.

Werthebach, Paul: Das Verhalten von Zirkon und Titan in Stählen. Stahl u. Eisen **74** (1954) 26 1737—1738.

Wetternik, L.: Hitzebeständige Stähle und Legierungen. Radex-Rdsch. (1954) 3 87—94; Stahl u. Eisen **74** (1954) 15 975.

— Einfluß von Bor auf die Streckgrenze von normalgeglühtem Stahl. Steel **134** (1954) 8 107—108, 110; Stahl u. Eisen **74** (1954) 10 673.

— Literature survey of high-strength steels. Welding J. **33** (1954) May 251s—256s; Nickel-Ber. **12** (1954) 7/8 132.

— Niedriglegierte hochfeste Baustähle. Mater. & Meth. **39** (1954) 2 117—132; Stahl u. Eisen **74** (1954) 12 796.

— Verzeichnis nickellegierter Flugzeugstähle hoher Festigkeit. Brit. Standards Instn. ed Febr. 1954 118—120; Nickel-Ber. **12** (1954) 5 90.

Thum, August u. *H. Holdt:* Das Kriechen des Stahles bei erhöhten Temperaturen. Maschinenschaden **8** (1931) 17—26.

Holdt, H.: Die Kriechgefahr des Stahles bei erhöhten Temperaturen. Schr. Hess. Hochsch. (1932) 4 50—54.

Körber, Fr. u. *Anton Pomp:* Warmstreckgrenze und Dauerstandfestigkeit des Stahles. Stahl u. Eisen **52** (1932) 23 523.

Gruen, Paul: Über die im abgekürzten Verfahren ermittelte Dauerstandfestigkeit von Stählen in Abhängigkeit von verschiedenen Legierungszusätzen und von der Wärmebehandlung sowie ein Beitrag zur Frage des Dehnverhaltens niedriglegierter Stähle. Diss. TH Braunschweig 1934; (Mitt. Forsch. Inst. Verein. Stahlwerke AG Dortmund. Bd. 4 Lfg. 4.) Dortmund: Stahldruck Dortmund 1934. 50 S.

Holdt, H.: Einfluß der Formänderungsbehinderung auf die Dauerstandfestigkeit von Stahl bei erhöhten Temperaturen. Schr. Hess. Hochsch. (1934) 3 102—106.

Bollenrath, Franz, Heinrich Cornelius u. *Walter Bungardt:* Die Dauerstandfestigkeit von Stahl und Eisenlegierungen. ZWB FB 533 1936 66 S.

Cornelius, Heinrich: Einfluß langzeitigen Glühens auf kaltverformte nichtrostende Cr-Ni-Stähle sowie der Kaltverformung auf ihr Kriechverhalten. Jb. 1937 Dtsch. Luftf. Forsch. I 496—501.

Pomp, Anton u. *Alfred Krisch:* Dauerstandfestigkeit warmfester Stähle bei 600, 700, 800°. Z. VDI **84** (1940) 50 971—972.

Richard, K.: Die Ermittlung der Dauerstandfestigkeit von Stahl bei Temperaturen über 600°. (Stellungnahme zur Arbeit von A. Krisch.) Arch. Eisenhüttenwes. **14** (1940/41) 325—333.

Siebel, Erich u. *Karl Wellinger:* Kriechen von Stählen bei hohen Temperaturen. Z. VDI **84** (1940) 49 962.

Esser, Hans u. *Hans Schmitz:* Die Temperaturabhängigkeit der Dauerstandfestigkeit. Arch. Eisenhüttenwes. **15** (1941) 1 19—31.

Krisch, Alfred: Der Fließvorgang im Stahl bei Raumtemperatur unter ruhender Belastung. Naturwiss. **29** (1941) 36/37 547—550 6 Lit.-St.; Techn. Z.-Schau **26** (1941) 24 405.

Pomp, Anton u. *Alfred Krisch:* Zur Frage der Dauerstandfestigkeit warmfester Stähle bei 600, 700 und 800°. Jb. 1941 Dtsch. Luftf. Forsch. II 345—356.

Thum, August u. *Kurt Richard:* Versprödung und Schädigung warmfester Stähle bei Dauerstandbeanspruchung. Arch. Eisenhüttenwes. **15** (1941/42) 1 33—45; Techn. Z.-Schau **26** (1941) 21 359.

Bardenheuer, Peter u. *Wilhelm Fischer:* Einfluß von Titan auf die Dauerstandfestigkeit von Stahl. Arch. Eisenhüttenwes. **16** (1942) 1 31—38.

Esser, Hans, Siegfried Eckardt u. *Gerhard Lautenbusch:* Die Prüfung der Dauerstandfestigkeit dünnwandiger Rohre in Abhängigkeit von der Wärmebehandlung und Verarbeitung. Arch. Eisenhüttenwes. **16** (1942/43) 3 131—135.

Houdremont, Edouard u. *Gerhard Bandel:* Der Einfluß von Titan auf die Dauerstandfestigkeit von Stählen. Arch Eisenhüttenwes. **16** (1942/43) 3 85—100.

Krisch, Alfred: Der Einfluß der Zusammensetzung vergüteter Stähle auf die Festigkeit und Dauerstandfestigkeit. Z. VDI **86** (1942) 19/20 316—317.

Siebel, Erich u. *G. Hahn:* Das Dauerstandverhalten hitzebeständiger Stähle bei Temperaturen von 800—1200°. Arch. Eisenhüttenwes. **17** (1944) 9/10 211—220 39 Lit.-St.; Techn. Z.-Schau **29** (1944) 11/12 125.

Oliver, D. A. and *G. T. Harris:* The development of a high creep strength austenitic steel for gas turbines. West of Scotland Iron & Steel Inst., J. **54** (1946/47) 97—119, disc. 120—136; Met. Rev. **82** (1949) 1 26.

Freeman, J. W., E. E. Reynolds, D. N. Frey and *A. E. White:* Properties of 19-9 DL alloy bar stock at 1200° F. NACA TN 1758 Nov. 1948; Aero Dig. **59** (1949) 2 74.

Glen, J.: The creep properties of molybdenum, chromium-molybdenum and molybdenum-vanadium steels. J. Iron & Steel Inst. **158** (1948) Pt. 1 Jan. 37—80; Index Aeron. **4** (1948) 4 83.

Glen, J.: Carbon steels abnormal creep resulting from aluminium additions. Iron and Steel **21** (1948) 6 218; Konstruktion **1** (1949) 3 85.

Glen, J.: Creep properties of some molybdenum bearing steels. Iron and Steel **21** (1948) 6 221; Konstruktion **1** (1949) 3 86.

Johnson, A. E. and *H. J. Tapsell:* A comparison of some carbon molybdenum steels on the basis of various creep limits. Instn. Mech. Engrs. Prepr. 1948 8 p. 3 ref.; Index Aeron. **4** (1948) 10 64.

Kiessler, Heinz: Zeitstandversuche an einigen warmfesten und druckwasserstoffbeständigen Stählen. Arch. Eisenhüttenwes. **19** (1948) 45—48.

Johanssen, A. and *G. Lindh:* Some experiences with the creep behaviour of materials. Tekn. T. **78** (1949) 8 127—132; Engrs. Dig. **10** (1949) 10 340—344; Index Aeron. **6** (1950) 1 69.

Pomp, Anton: Dauerstandversuche an einigen unlegierten Thomasstählen und hochlegierten hitzebeständigen Stählen bei 500 bis 900⁰. Arch. Eisenhüttenwes. **20** (1949) 3/4 125—134; Met. Rev. **22** (1949) 8 26. [1.322.11].

Reniger, V.: Erhöhung der Dauerstandfestigkeit von Stählen für Gasturbinen. Rev. Gén. Mécanique **33** (1949) 9 363—374, 10 411—418; Stahl u. Eisen **72** (1952) 14 852. [6.211.2].

Siebel, Erich u. *N. Ludwig:* Sonderstähle und Legierungen für hohe Temperatur. (Mitt. MPA Berlin-Dahlem.) Konstruktion **1** (1949) 1 13—26; Werkstatt u. Betrieb **83** (1950) 5 255—256; Met. Rev. **22** (1949) 8 52.

Smith, G. V. a. o.: Creep and rupture of several chromium-nickel austenitic stainless steels. Amer. Soc. for Metals Prepr. 25 1949 46 p. 16 ref.; Index Aeron. **6** (1950) 8 76.

Thum, August u. *Kurt Richard:* Die Schadenslinie bei Dauerstandbeanspruchung. Arch. Eisenhüttenwes. **20** (1949) 7/8 229—242; Schweiz. Arch. **15** (1949) 12 387—389.

— Selecting steels with high creep strength. Steel Processing. **35** (1949) March 143—144; Met. Rev. **22** (1949) 5 27.

Cross, H. C. and *L. R. Jackson:* The use of creep data in design. (Pap. contributed to Amer. Soc. Testing Materials) "Symposium on Plasticity and Creep of Metals" 1950 37—47.

Freeman, J. W. a. o.: Super creep-resistant-alloys (Pap. contributed to Amer. Soc. Testing Materials) "Symposium on Plasticity and Creep of Metals" 1950 50—68.

Frey, D. N. a. o.: Fundamental effects of aging on creep properties of solution-treated low-carbon N-155 alloy. NACA Rep. 1001 1950 30 p. 13 ref.; Index Aeron. **8** (1952) 2 92.

Jäniche, Walter u. *Günther Thiel:* Kriechen von Stahl unter statischer Beanspruchung bei Raumtemperatur. Arch. Eisenhüttenwes. **21** (1950) 3/4 105—118.

Manjoine, M. J.: Einfluß der Dehngeschwindigkeit auf die mechanischen Eigenschaften von warmfesten Legierungen bei 650 und 820⁰. Proc. ASTM **50** (1950) 931—950; Stahl u. Eisen **72** (1952) 20 1247.

— Ergebnisse von Dauerstandversuchen über 100 000 h an Stählen. ASTM Bull. 170 1950 9 p.; Eisen u. Stahl **71** (1951) 8 413.

— Stainless steels — their selection and application. Mater. & Meth. **31** (1950) 5 83—98; Index Aeron **6** (1950) 10 70. [1.362].

Clark, C. L. a. o.: Influence of extended time on creep and rupture strength of 16-25-6 alloy. Amer. Soc. for Metals Prepr. 16 Oct. 1951 20 p. 1 ref.; Index Aeron. **8** (1952) 1 94.

Cross, H. C. u. *J. A. Van Echo:* Einflußgrößen für das Kriechverhalten von Stahl. Proc. ASTM **51** (1951) 223—229; Stahl u. Eisen **72** (1952) 18 1111.

Delbart, G.: Kriechverhalten von Stählen für den Kraftwerksbau. Soc. Franc. Minéralog. Cristallogr. Bull. 10 1951 15 S.; Stahl u. Eisen **74** (1954) 27 1794. 27 1794.

Freeman, J. W. a. o.: Rupture and creep characteristics of titanium-stabilized stainless steel at 1,100 to 1,300 F. Amer. Soc. Mech. Engrs. Prepr. 51-A-46 Nov. 1951 9 p. 8 ref.; Index Aeron. **8** (1952) 3 86.

Frey, D. N. u. *J. W. Freeman:* Fundamental effects of cold working on the creep resistance of an austenitic alloy. J. Metals **3** (1951) 9 755—760; Stahl u. Eisen **71** (1951) 24 1340; AMR **5** (1952) 7 309.

Johnson, A. E.: Kriechen bei höheren Temperaturen unter mehrachsigen Spannungszuständen. Proc. IME **164** (1951) 4 432—446; Stahl u. Eisen **72** (1952) 10 588.

Larson, F. R. and *J. Miller:* A time-temperature relationship for rupture and creep stresses. Amer. Soc. Mech. Engrs. Prepr. 51-A-36 Nov. 1951 7 p. 15 ref.; Trans. ASME **74** (1952) 765—775; Index Aeron. **8** (1952) 2 92; Stahl u. Eisen **74** (1954) 6 367.

Marin, Joseph u. *L. W. Hu:* Auswertung von Zeit-Dehnungskurven aus Dauerstandversuchen. ASTM Bull. 171 1951 57—59; Stahl u. Eisen **71** (1951) 10 533.

Morlet, E.: Hochdauerstandfeste Stähle für Gasturbinen und Flugzeugtriebwerke. Métallurgie & Constr. Mécan. **83** (1951) 11 915, 917—919, 921, 923; Stahl u. Eisen **72** (1952) 18 1111. [6.211.2].

Servi, Italo S. and *N. J. Grant:* Creep and stress rupture as rate processes. J. Inst. Metals **19** (1951) Sept. 33—37; Met. Rev. **24** (1951) 11 41.

Bihet, O.: Belgische Untersuchungen über das Kriechverhalten warmfester Stähle. Ossature Métall. **17** (1952) 2 89—100; Stahl u. Eisen **73** (1953) 9 600.

Colbeck, E. W. u. *J. R. Rait:* Stähle mit gutem Kriechverhalten. "Symposium on high-temperature steels and alloys for gas turbines." London: Iron Steel Inst. Spec. Rep. 43 1952 107—124; Stahl u. Eisen **73** (1953) 2 121.

Delbart, Georges u. *Michel Ravery:* Neue Untersuchungen über den Einfluß des Gefüges auf das Kriechverhalten von Stahl. Rev. Métallurgie **49** (1952) 1 67—88; Stahl u. Eisen **72** (1952) 8 441.

Dulis, E. J., G. V. Smith and *E. G. Houston:* Creep and rupture of chromium-nickel austenitic stainless steels. Amer. Soc. for Metals Prepr. 7 Oct. 1952 35 p. 9 ref.; Index Aeron. **8** (1952) 11 72.

Epprecht, W.: Röntgenfeinstruktur-Untersuchungen über das Kriechen von Stahl. Schweiz. Arch. **18** (1952) 1 10—21 26 Lit.-St.

Guarnieri, G. J. u. *L. A. Yerkovich:* Einfluß einer periodischen Überbeanspruchung auf das Kriechverhalten verschiedener hitzebeständiger Legierungen. Proc. ASTM **52** (1952) 934—950; Stahl u. Eisen **74** (1954) 6 367.

Lazan, B. J. u. *E. Westberg:* Einfluß einer Dauerschwingbeanspruchung auf das Kriechverhalten von warmfesten Legierungen. Proc. ASTM **52** (1952) 837—857; Stahl u. Eisen **74** (1954) 6 367.

Pfeil, L. B.: High-temperature materials: Test used as criteria of service behaviour. Schweiz. Arch. **18** (1952) 3 88—97 25 ref. [1.332.1].

Preston, D.: Warmfestigkeitseigenschaften dünner Bleche aus warmfesten Legierungen. Proc. ASTM **52** (1952) 962—986; Stahl u. Eisen **74** (1954) 6 367.

Ridley, R. W.: Ergebnisse von Langzeit-Kriechversuchen an unlegierten und molybdänhaltigen warmfesten Stählen. Proc. IME **1 B** (1952/53) 11 511—516; Stahl u. Eisen **74** (1954) 17 1095.

Robinson, Ernest L.: Einfluß von Temperaturschwankungen auf die Zeitstandfestigkeit von Stahl. Trans. ASME **74** (1952) 777—781; Stahl u. Eisen **74** (1954) 6 367.

Romer, J. B. u. *H. D. Newell:* Prüfung des Kriechverhaltens von Kesselbaustählen. Trans. ASME **74** (1952) 157—174; Stahl u. Eisen **74** (1954) 6 367.

Umstätter, Hans: Rheologische Betrachtung über das Kriechen von Stahl. Arch. Eisenhüttenwes. **23** (1952) 3/4 119—126.

Vidal, Georges u. *André Loupott:* Mathematische Formulierung von Gesetzmäßigkeiten beim Kriechen von warmfestem Stahl. Métaux Corrosion **27** (1952) 325 358—370; Stahl u. Eisen **72** (1952) 26 1685.

Waché, Xavier: Einflüsse auf die Dauerstandfestigkeit austenitischer Legierungen. Métaux Corrosion **27** (1952) 318 56—68; Stahl u. Eisen **72** (1952) 14 852.

Colbeck, E. W., J. R. Rait u. *J. O. Ward:* Die Entwicklung warmfester Stähle. Engng. **176** (1953) 4577 505—506, 4578 537—540; Stahl u. Eisen **74** (1954) 2 120.

Fischer, Wilhelm Anton: Einige Beobachtungen über das Kriechverhalten zirkonlegierter Stähle bei 500⁰. Arch. Eisenhüttenwes. **24** (1953) 9/10 397—400; Stahl u. Eisen **74** (1954) 2 120.

Holdt, H.: Zeitstandfestigkeit von warmfesten Stählen. Schweiz. Arch. **19** (1953) 4 99—105; Stahl u. Eisen **73** (1953) 15 999.

Howat, David D.: New creep resistant ferritic steels. Mater. & Meth. **38** (1953) 3 87—90 9 ref.; Index Aeron. **9** (1953) 12 90; Stahl u. Eisen **74** (1954) 2 120.

Simmons, W. F. and *H. C. Cross:* Report on the elevated-temperature properties of chromium-molybdenum steels. ASTM Spec. Techn. Publ. 151 Oct. 1953 208 p.; Nickel-Ber. **12** (1954) 6 110.

Theis, E.: Zeitstandfestigkeit und Versprödungsverhalten ferritischer Stähle bei 550⁰ C. Schweiz. Arch. **19** (1953) 10 300—315; Stahl u. Eisen **74** (1954) 4 244.

Thum, August u. *Kurt Richard:* Ergebnisse von Langzeit-Dauerstandversuchen bei 500⁰ C bis zu 100 000 Stunden Dauer mit niedriglegierten Stählen. Schweiz. Arch. **19** (1953) 8 235—245 10 Lit.-St.

Wahl, A. M., G. O. Sankey, M. J. Manjoine and *E. Shoemaker:* Creep tests of rotating discs at elevated temperature and comparison with theory. Amer. Soc. Mech. Engrs. Prepr. 53-A-61 Nov./Dec. 1953 11 p. 10 ref.; Index Aeron. **10** (1954) 4 88.

Zschokke, H.: Die Streuung bei Zeitstandversuchen an warmfesten Stählen. Brown-Boveri-Mitt. **40** (1953) 5/6 199—209; Stahl u. Eisen **73** (1953) 21 1372. [4.21].

Brimelow, E. I.: Creep and fracture of metals at high temperatures. Metallurgia **50** (1954) Aug. 81—86; Engng. **178** (1954) 4621 237—240; Nickel-Ber. **12** (1954) 10 188; Stahl u. Eisen **74** (1954) 21 1386.

Miller, J.: Effect of temperature cycling on the rupture strength of some high-temperature alloys. ASTM Prepr. 100b June 1954 13 p.; Nickel-Ber. **12** (1954) 7/8 137.

Rush, A. O. and *J. W. Freeman:* Statistical evaluation of the creep-rupture properties of four heat-resistant alloys in sheet form. ASTM Prepr. 82 June 1954 26 p.; Nickel-Ber. **12** (1954) 7/8 136.

Smith, G. V. and *W. B. Seens:* Short-time tension and creep-rupture properties of hardened 1040, 4340 and Ni-Cr-Mo-V-steels up to 1000⁰ F. ASTM Prepr. 78 June 1954 10 p.; Nickel-Ber. **12** (1954) 7/8 132.

Smith, G. V. and *E. G. Houston:* Experiments on the effects of temperature and load changes on creep-rupture of steels. ASTM Prepr. June 1954 20 p.; Nickel-Ber. **12** (1954) 10 190—191.

Umstätter, Hans: Kriech- und Relaxationsvorgänge an Stahlsaiten in Betonträgern. Z. Metallkde. **45** (1954) 8 469—475.

Bungardt, Karl u. *H. Sychrovsky:* Zusammenhang zwischen Gefüge und Zeitstandverhalten austenitischer Chrom-Molybdän-Nickel-Stähle. Stahl u. Eisen **75** (1955) 1 25—39.

Eigenschaften rostfreier Stähle   1.322.123

Daeves, Karl: Die Weiterentwicklung witterungsbeständiger Stähle. Mitt. Kohleu. Eisenforsch. **1** (1935) 1.

Bull, H.: Stainless steels. The development and aeronautical application of the two types of non-corrodible steels. Aircr. Engng. **8** (1936) 84 51—54.

Sullivan, J. E.: A comparison of corrosion-resistant steel (18 percent chromium — 8 percent nickel) and aluminum alloy (24 S—T). NACA TN 560 March 1936. [1.323.211.1].

Hougardy, H. u. *G. Riedrich:* Über neuere rost-, säure- und zunderbeständige Stähle und ihre Anwendung. Techn. Mitt. HdT (Essen) **30** (1937) 24 547—560.

v. Thaden, H.: Stainless steel in aircraft. J. Aeron. Sci. **5** (1938) 11 447—454; Luftwissen **6** (1939) 4 148.

McAdam, D. J. jr. and *R. W. Mebs:* Tensile elastic properties of 18 : 8 chromium nickel steel as affected by plastic deformation. NACA Rep. 670 1939.

Drever, H.: Nitrided stainless steels. Metals & Alloys (East Stroudsburg) **12** (1940) 3 271—273; Techn. Z. Schau **26** (1941) 5 96.

McAdam, D. J. jr. and *R. W. Mebs:* Tensile elastic properties of typical stainless steels and nonferrous metals as effected by plastic deformation and by heat treatment. NACA Rep. 696 1940. [1.323.1].

Scherer, R.: Nickelfreie und nickelarme rost- und säurebeständige Stähle. Metallwirtsch. **19** (1940) 36 783—790; Techn. Z.-Schau **26** (1941) 1 11.

Bandel, Gerhard u. *Walter Tofaute:* Die Versprödung von hochlegierten Chromstählen im Temperaturgebiet um 500⁰. Arch. Eisenhüttenwes. **15** (1941) 7 307—320.

Bungardt, K.: Über die Warmverformung nichtrostender und säurebeständiger sowie hitzebeständiger Stähle. Metallwirtsch. **20** (1941) 4 77—81 8 Lit.-St.; Techn. Z.-Schau **26** (1941) 7 124.

Mebs, R. W. and *D. J. McAdam jr.:* The tensile elastic properties at low temperatures of 18 : 8 Cr-Ni steel as affected by heat treatment and slight plastic deformation. NACA TN 818 July 1941.

Riedrich, Gerhard u. *Franz Loib:* Versprödung chromreicher Stähle im Temperaturgebiet von 300 bis 600⁰. Arch. Eisenhüttenwes. **15** (1941) 4 175—182.

Mebs, R. W. and *D. J. McAdam jr.:* Torsional elastic properties of 18 : 8 chromium-nickel steel as affected by plastic deformation and by heat treatment. NACA TN 886 Jan. 1943.

Mebs, R. W. and *D. J. McAdam jr.:* The influence of plastic deformation and of heat treatment on Poisson's ratio for 18 : 8 chromium-nickel steel. NACA TN 928 Febr. 1944.

Hubbell, W. G.: Effect of stabilizing and stress relief: Heat treatment of 18—8 stainless. Steel **121** (1947) 8 87—88, 114, 119; Index Aeron. **4** (1948) 1 67.

Mutchler, Willard: Marine exposure tests on stainless steel sheet. NACA TN 1095 Febr. 1947.

Bergh, S.: Influence of lead on behaviour of stainless steel. Iron Age **164** (1949) 14./7. 96—99; Jernkont. Ann. **132** (1948) 6 213—220; Met. Rev. **22** (1949) 9 32.

Kiefer, G. C. and *C. M. Sheridan:* Effect of composition on low carbon austenitic chromium-nickel stainless steels. Yearb. Amer. Iron and Steel Inst. 1948 476—499, disc. 500—508; Met. Rev. **22** (1949) 9 33.

Lincoln, R. A. and *W. H. Mather:* Effect of temperature of cold rolling, temperature of testing and rate of pulling on tensile properties of austenitic stainless steels with low nickel content. Amer. Iron & Steel Inst. 1948 22 p.; Met. Rev. **22** (1949) 2 22.

McAdam, D. J. jr. a. o.: Influence of low temperatures on the mechanical properties of 18—8 chromium-nickel steel. Amer. Soc. for Metals Prepr. 20 1948 39 p. 20 ref.; J. Res. Nat. Bur. Stand. **40** (1948) 5 375—392 19 ref.; Index Aeron. **4** (1948) 9 85, **5** (1949) 3 73.

McAdam, D. J., G. W. Geil and *F. J. Cromwell:* Low-temperature properties of 18—8 stainless steel. Steel Processing **34** (1948) Nov. 592—594; Met. Rev. **22** (1949) 1 26.

— Low temperature properties of 18—8 chromium-nickel steel; a Bureau of Standards report. Refrigerating Engng. **56** (1948) Dec. 512—513; Steel **123** (1948) 20./12. 82—83, 119; Met. Rev. **22** (1949) 1 26 2 22.

— Stainless steel — a review of properties. Welding J. **27** (1948) Dec. 1056—1057.

Ewing, Ann E.: Shineless stainless steel. Sci. News Letter **55** (1949) 18./6. 394—395; Met. Rev. **22** (1949) 8 52.

Guarnieri, G. J. a. o.: The effect of Sigma phase on the short-time high temperature properties of 25 chromium—20 nickel stainless steel. Amer. Soc. for Metals Prepr. 26 Oct. 1949 26 p. 5 ref.; Index Aeron. **6** (1950) 10 70.

Henke, R. H.: Low temperature properties of the austenitic stainless steels. Product Engng. **20** (1949) 4 104—107 7 ref.; Met. Rev. **22** (1949) 5 27; Index Aeron. **5** (1949) 9 51.

Heyer, R. H.: Effect of speed of testing on the tensile properties of austenitic stainless steel sheets. ASTM Bull. May 1949 75—62; Met. Rev. **22** (1949) 7 35.

Hoke, John H., Philip G. Mabus and *George N. Goller:* Mechanical properties of stainless steel at subzero temperatures. Metal Progr. **55** (1949) May 643—648; Met. Rev .**22** (1949) 6 26.

Mühlenbruch, Carl. W.: Elastic and fracture toughness studies of a stainless steel. ASTM Prepr. 24 1949 16 p.; Met. Rev. **22** (1949) 8 26.

Rosenberg, S. J.: Metallurgical and property relationships in stainless steels. Product Engng. **20** (1949) 12 81—86; Index Aeron. **6** (1950) 4 83.

— Notes on stainless steel. Sheet Metal Worker **40** (1949) March 43, 73; Met. Rev. **22** (1949) 5 54.

Binder, W. O. and *H. R. Spendelow:* The influence of chromium on the mechanical properties of plain chromium steels. Amer. Soc. for Metals Prepr. 23 Oct. 1950 14 p. 8 ref.; Index Aeron. **7** (1951) 10 106.

Bungardt, Karl: Entwicklung und Stand der nichtrostenden Walz- und Schmiedestähle. Stahl u. Eisen **70** (1950) 14 582—596; Bull. Anal. C. N. R. S. **11** (1950) 11 3990.

Gilman, J. J.: Hardening of high-chromium steel by Sigma phase formation. Amer. Soc. for Metals Prepr. 11 Oct. 1950 27 p. 13 ref.; Index Aeron. **7** (1951) 10 107.

Goller, G. N. and *W. C. Clarke jr.:* New precipitation-hardening stainless steels. Iron Age **165** (1950) 9 86—89, 10 79—83 9 ref.; Index Aeron. **6** (1950) 6 49.

Smith, G. V.: Sigma phase in stainless. I/II. Iron Age **166** (1950) 30./11. 63—68, 7./12. 127—132 30 ref.; Index Aeron. **7** (1951) 5 95.

Thielsch, Helmut: Eigenschaften austenitischer nichtrostender Stähle. Welding Res. Counc. (1950) 12 577—621; Stahl u. Eisen **72** (1952) 8 441.

Zapffe, C. A. and *R. L. Phebus:* Embrittlement of stainless steel by steam in heat treating atmospheres. Amer. Soc. for Metals Prepr. 25 Oct. 1950 11 p. 4 ref.; Index Aeron **7** (1951) 10 101.

Binder, W. O. u. *Howard R. Spendelow, jr.:* Einfluß von Chrom auf die mechanischen Eigenschaften von Eisen-Chrom-Legierungen. Trans. Amer. Soc. for Metals **43** (1951) 759—777; Stahl u. Eisen **71** (1951) 26 1458.

Luce, Walter A.: Nichtrostende Stähle und andere Eisenlegierungen. Industr. & Engng. Chem. **43** (1951) 10 2258—2271; Stahl u. Eisen **72** (1952) 4 212.

Mühlenbruch, C. W., V. N. Krivobok u. *C. R. Mayne:* Mechanische Eigenschaften bei Verdrehbeanspruchung und Poissonsche Verhältniszahl von einigen nichtrostenden Stählen. Proc. ASTM **51** (1951) 832—856; Stahl u. Eisen **72** (1952) 22 1380.

Rickett, R. L. a. o.: Isothermal transformation hardening and tempering of 12 % chromium steel. Amer. Soc. for Metals Prepr. 17 Oct. 1951 31 p. 12 ref.; Index Aeron **8** (1952) 1 93.

Scheil, M. A.: Embrittlement of 12 % chromium steels after exposure to 750 deg. and 900 deg. F. Amer. Soc. Mech. Engrs. Prepr. 51-A-97 Nov. 1951 27 p. 9 ref.; Index Aeron. **8** (1952) 3 86.

Tupholme, C. B.: Nickel-free stainless steels. Sheet Metal Industries **28** (1951) 290 541—545; Index Aeron. **7** (1951) 11 158.

Zapffe, C. A.: Vergleich deutscher und amerikanischer nichtrostender Stähle. Iron Age **167** (1951) 4 56—60; Stahl u. Eisen **71** (1951) 12 637.

Zapffe, C. A. and *F. E. Landgraf:* Embrittling effect of steam on stainless steel at elevated temperatures. Steel **128** (1951) 18 54-57, 81—82; Index Aeron. **7** (1951) 10 105.

— High temperature properties of stainless steel tubing. Mater. & Meth. **34** (1951) Sept. 113; Met. Rev. **24** (1951) 11 41.

Fairbairn, G. A.: New alloys a boon to aircraft designers. SAE J. **60** (1952) 11 122—125; Index Aeron. **9** (1953) 2 70.

Freeman, J. W., G. F. Comstock and *A. E. White:* High temperature properties of titanium-stabilized stainless steel. Trans. ASME **74** (1952) July 793—801; Stahl u. Eisen **74** (1954) 6 367.

Linnert, G. E.: 17 Cr stainless replaces 18—8 in many weldments. Iron Age **169** (1952) 26 97—100, **170** (1952) 1 128—132; Index Aeron. **8** (1952) 10 81—82; Stahl u. Eisen **72** (1952) 20 1248.

Luce, W. A.: Stainless steels and other ferrous alloys. Industr. & Engng. Chem. **44** (1952) 10 2346—2359 287 ref.; Index Aeron. **9** (1953) 1 80. [1.361].

Paret, Richard E.: Nichtrostende Chromstähle. Steel **130** (1952) 17 79—80; Stahl u. Eisen **72** (1952) 16 973.

Bloom, F. Kenneth: Einfluß der Wärmebehandlung auf die Eigenschaften nichtrostender Chromstähle. Corrosion (Houston) **9** (1953) 2 56—65, 3 103—105; Stahl u. Eisen **73** (1953) 11 742.

Bradstreet, B. J.: Schweißbarkeit von niedriglegierten vanadinhaltigen Stählen. Welding Res. **7** (1953) 5 107—110; Stahl u. Eisen **74** (1954) 8 495.

Bungardt, Karl, Rudolf Oppenheim u. *Robert Scherer:* Einfluß der Verformung bei tiefer Temperatur auf die Eigenschaften nichtrostender austenitischer Stähle. Arch. Eisenhüttenwes. **24** (1953) 9/10 423—430; Stahl u. Eisen **74** (1954) 2 120.

Gray, Allen G.: Nichtrostender Chrom-Mangan-Stahl für Eisenbahnwagen. Steel **132** (1953) 10 94—97; Stahl u. Eisen **73** (1953) 13 870.

Holmstrom, C. E.: Stainless steels — their past, present and future. "Production, manipulation and use of stainless steel sheet and strip" Sheet Metal Industries **30** (1953) 317; Index Aeron. **9** (1953) 11 98.

Joseph, J.: Precipitation hardening stainless steels. Aero Dig. **66** (1953) 4 52—58; Index Aeron. **9** (1953) 9 101.

Lincoln, R. A. u. *T. A. Pruger:* Anwendbarkeit von nichtrostendem Stahl mit rd. 17 % Cr. I/II. Iron Age **171** (1953) 9 127—131, 10 178—181; Stahl u. Eisen **73** (1953) 13 870.

Mott, N. F.: Neuer aushärtbarer nichtrostender Stahl. Iron Age **171** (1953) 25 149—153; Stahl u. Eisen **73** (1953) 25 1680; Werkstoffe u. Korrosion **5** (1954) 8/9 313.

Post, C. P. u. *Howard O. Beaver:* Seltene Erden in nichtrostenden Stählen. Iron Age **171** (1953) 23 148—149; Stahl u. Eisen **74** (1954) 8 496.

Smith, E.: Considerations involved in the selection and use of stainless steels. "Production, manipulation and use of stainless steel sheet and strip." Sheet Metal Industries **30** (1953) 317; Index Aeron. **9** (1953) 11 89.

Zapffe, Carl A.: Russians show progress on stainless and heat-resisting steels. Iron Age **171** (1953) 12 138—142 11 ref.; Index Aeron. **9** (1953) 6 88; Stahl u. Eisen **73** (1953) 13 870.

Aborn, R. H.: Modern stainless steels. Metal Progr. **65** (1954) June 115—125; Nickel-Ber. **12** (1954) 7/8 144.

Beaver, Howard O.: Seltene Erden in nichtrostenden Stählen. Metal Progr. **66** (1954) 4 115—119; Stahl u. Eisen **74** (1954) 27 1794.

Boring, R. W.: Hitzebeständiger Stahl mit rd. 15 % Cr und 35 % Ni. Iron Age **173** (1954) 7 137—141; Stahl u. Eisen **74** (1954) 10 674.

Everhart, John L.: Nichtrostende Chrom-Mangan-Stähle. Mater. & Meth. **39** (1954) 3 92—94; Stahl u. Eisen **74** (1954) 15 975.

Luce, Walter A.: Nichtrostende Stähle und andere Eisenlegierungen. Industr. & Engng. Chem. **46** (1954) 10 2114—2124; Stahl u. Eisen **74** (1954) 27 1794.

Paret, R. E.: Low carbon stainless resists intergranular corrosion. Iron Age **173** (1954) 18 132—134; Nickel-Ber. **12** (1954) 7/8 144; Stahl u. Eisen **74** (1954) 27 1794.

Vierhaus, E.: Nichtrostende Stähle und nichtrostende Überzüge auf Stahl. Nachr.-Bl. AGM Leichtbau **3** (1954) 5 1—4; Acier-Stahl-Steel **19** (1954) 9 405—409. [1.325.1].

— Hitzebeständiger Stahl mit 20 % Cr und 9 % Ni. Steel **134** (1954) 7 122; Stahl u. Eisen **74** (1954) 12 796.

Eisengußarten   1.322.2

Allgemeines und Wärmebehandlung   1.322.21

Freeman, J. W., E. E. Reynolds and *A. E. White:* The rupture test characteristics of six precision-cast and three wrought alloys at 1700° and 1800° F. NACA ARR 5 J 16 (W. R. W.-75) Nov. 1945.

Sefing, F. G.: Unappreciated advantages of modern gray iron. Mech. Engng. **70** (1948) 8 667—670, 674; Konstruktion **2** (1950) 3 91.

Jarret, Tracy C.: High-strength cast irons. Foundry **77** (1949) Apr. 66—73, 228, 230; Met. Rev. **22** (1949) 5 42. [2.2].

Rosenblatt, Don: Isothermal heat treatment of large steel castings. Iron Age **163** (1949) 30./6. 42—47; Met. Rev. **22** (1949) 8 44.

Schneidewind, Richard and *D. J. Reese:* Influence of rate of heating on first stage graphitization of white cast iron. Amer. Foundrymen's Soc. Prepr. 37 1949 9 p.; Met. Rev. **22** (1949) 6 44.

Silvester, A. W.: Graphitization of gray cast iron by heat treatment. Amer. Foundrymen's Soc. Prepr. 40 1949 15 p.; Met. Rev. **22** (1949) 5 46.

Bühler, Hans: Gußwerkstoffe für Oberflächenhärtung. (Ber. über die deutsche Entwicklung.) Werkstatt u. Betrieb **83** (1950) 9 405—406.

Roll, Franz: Die Härtung und Vergütung von Gußeisen und Temperguß. Härterei-techn.-Mitt. **5** (1950) 242—258; Stahl u. Eisen **73** (1953) 9 599.

Bairot, J. V. u. *J. Berthelier:* Nickelhaltiges Gußeisen und Gußeisen mit Kugelgraphit als Werkstoff. Mém. Congr. Fonderie (Bruxelles) 1951 249—262; Stahl u. Eisen **72** (1952) 4 211.

von Hummel, U.: Über die Zwischenstufenvergütung von Gußeisen — insbesondere die Aufstellung der TTT-Kurven — und erzielbare mechanische Eigenschaften. Diss. TH Aachen 1951.

— Diffusionsglühen und dessen Einfluß auf die mechanischen Eigenschaften von Stahlgußteilen. Metal Treatm. Drop Forging **18** (1951) 67 145—154, 68 195—200; Stahl u. Eisen **72** (1952) 8 440.

Kothny, Erdmann: Stahl- und Temperguß. 3. Aufl. (Werkstattbücher H. 24.) Berlin-Göttingen-Heidelberg: Springer 1953. 70 S.

Piwowarsky, Eugen: Was ist Meehanite? Gießerei **40** (1953) 14 354—359; Stahl u. Eisen **73** (1953) 19 1250.

Schlegel, Werner u. *Eugen Piwowarsky:* Die plastische Warmverformung der Gußeisenlegierungen in geschlossenen Gesenken. Gießerei, Techn.-wiss. Beiheft (1953) 10 455—461; Stahl u. Eisen **73** (1953) 13 867. [2.32].

Dawson, J. W., L. W. L. Smith u. *B. B. Bach:* Einfluß von Stickstoff auf die Eigenschaften von Gußeisen. I/II. Amer. Foundrym. **26** (1954) 1 60—64, 2 43—49; Stahl u. Eisen **74** (1954) 21 1385—1386.

van Eeghem, J., J. Vidts u. *A. de Sy:* Umwandlungs-Schaubilder und Wärmebehandlung von legierten Gußeisensorten. Fonderie (1954) 101 3973—3989; Stahl u. Eisen **74** (1954) 21 1387.

Heller, Paul E.: Fortschritte im Gießereiwesen im 1. Halbjahr 1953. Stahl u. Eisen **74** (1954) 1 35—39, 2 106—111.

Lane, Joseph R.: Strength of cast alloys at 1,200 F. Product. Engng. (1954) June 207.

Stahlguß   1.322.22

Oehler, A.: Der Stahlguß als Baustoff. EMPA Disk.-Ber. 36 1929.

Thum, August u. *H. Holdt:* Die Dauerstandfestigkeit von Stahlguß bei erhöhten Temperaturen. Gießerei **17** (1930) 333—339.

von Eckartsberg, H.: Über die Verwendung von hochwertigem Stahlguß im Flugzeugbau. Diss. TH Darmstadt 1937; ZWB FB 787 1937. [6.121].

Püngel, W. u. *K. F. Mewes:* Kaltverformbarkeit von Stahlguß. Maschinenb. Betrieb **19** (1940) 211—212.

Juretzek, H. u. *K. Ruchnik:* Dünnwandiger Stahlguß im Maschinenbau. Maschinenb. Betrieb **20** (1941) 217 f.

Malcolm, V. T. u. *S. Low:* Gefügebeständigkeit verschiedener niedrig legierter Stahlgußsorten bei höheren Temperaturen. Trans. ASME **70** (1948) 879—894; Stahl u. Eisen **72** (1952) 2 97.

Roesch, Karl: Sonderstahlguß für hohe Festigkeitsbeanspruchungen. Neue Gießerei **33—35** bzw. **1** (1948) Aug. 39—41; Met. Rev. **22** (1949) 3 55.

Ziegler, N. A. a. o.: Effect of vanadium on the properties of cast carbon and carbon-molybdenum steels. Amer. Soc. for Metals Prepr. No. 18 1948 38 p. 36 ref.; Index Aeron. **5** (1948) 3 71.

Felix, W. u. *E. Eisermann:* Untersuchungen an korrosionsbeständigem Stahlguß auf Chrom-Nickel-Basis unter besonderer Berücksichtigung der Sigma-Phase. Schweiz. Arch. **15** (1949) März 84—92; Met. Rev. **22** (1949) 7 26.

Johnson, A. E.: Verhalten eines Stahlgusses mit 0,17 % C unter Verbundspannungen bei hohen Temperaturen. I/IV. Engineer **188** (1949) 4879 126—128, 4880 138—141, 4881 165—168, 4882 189—191, 193; Stahl u. Eisen **72** (1952) 16 973.

Johnson, A. E.: The behaviour of a nominally isotropic 0.17 percent carbon cast steel under complex stress systems at elevated temperatures. Proc. IME **161** (1949) 51 182—186; Index Aeron. **6** (1950) 4 80.

Juppenlatz, John W.: Cast ferrous materials for subzero service. Iron Age **163** (1949) 9./6. 46—49; Met. Rev. **22** (1949) 7 22.

Lawson, B. A.: Effect of final deoxydation on low-temperature impact strength of cast steels. Foundry **77** (1949) Apr. 74—77, 179—180; Met. Rev. **22** (1949) 5 24.

Mott, Norman S.: Molybdenum-bearing stainless casting alloy has wide range of uses. Mater. & Meth. **30** (1949) 1 50—53; Met. Rev. **22** (1949) 9 32; Stahl u. Eisen **71** (1951) 6 312.

Resow, H.: Über 12 %-Mangan-Stahlguß. Neue Gießerei **36** bzw. **2** (1949) März 67—74; Met. Rev. **22** (1949) 7 23.

Roll, F.: Eigenschaften von Rohguß mit 5 % Mn (Hadfield-Stahlguß). Arch. Metallkde. **3** (1949) Jan. 18—23; Met. Rev. **22** (1949) 6 25.

Schwartz, Harry A.: Static properties of cast steels. Foundry **77** (1949) July 70—73, 184, 186; Met. Rev. **22** (1949) 8 26.

Wallace, J. F.: Effect of aluminium and vanadium on toughness of high hardenability cast steels. Amer. Foundrymen's Soc. Prepr. 2 1949 12 p. 18 ref.; Met. Rev. **22** (1949) 6 25.

Mott, Norman S.: Dauerstandfestigkeit und zulässige Beanspruchung von legiertem Stahlguß. Metal Progr. **58** (1950) 4 496-B; Stahl u. Eisen **71** (1951) 12 637.

— Hitzebeständiger Stahlguß mit guter Zähigkeit und Dauerstandfestigkeit. Steel **127** (1950) 8 104; Stahl u. Eisen **71** (1951) 4 208.

— Stähle für Genauguß. Mater. & Meth. **32** (1950) 2 77, 79; Stahl u. Eisen **71** (1951) 2 97.

Armstrong, T. N. u. R. J. Greene: Eigenschaften von Chrom-Molybdän-Nickel-Stahlguß nach 50 000-h-Betrieb bei 480⁰. Trans. ASME **73** (1951) 751—754; Stahl u. Eisen **72** (1952) 18 1111.

Avery, Howard S., Charles R. Wilks and *John A. Fellows:* Cast heat resistant alloys of the 21 % chromium—2 % nickel type. Trans. Amer. Soc. for Metals **44** (1952) 57—88; Index Aeron. **8** (1952) 1 86.

Heuvers, H.: Hochwertiger Stahlguß. Gießerei, S. H. Konstrukteur u. Gießer 1951 20—23; Stahl u. Eisen **72** (1952) 2 97.

Juppenlatz, J. W.: Austenitic cast stainless good for low temperature applications. Iron Age **170** (1952) 10 147—151; Index Aeron. **8** (1952) 12 100.

Lüling, H.: Über warmfesten Stahlguß. Schweiz. Arch. **18** (1952) 1 22—32 22 Lit.-St.; Stahl u. Eisen **72** (1952) 8 441.

O'Keefe, Philip: Unlegierter und niedriglegierter Stahlguß. Mater. & Meth. **36** (1952) 3 119—134; Stahl u. Eisen **72** (1952) 26 1684.

Thornton, A. E. u. J. J. Morley: Schleudergußteile aus hochlegiertem hitzebeständigem Stahl. "Symposium on high-temperature steels and alloys for gas turbines." London: Iron Steel Inst. Spec. Rep. 43 1952 189—194, 331—336; Stahl u. Eisen **72** (1952) 26 1685.

Wood, Rawson L. u. Davidlee von Ludwig: Eigenschaften von Genaugußteilen. Iron Age **169** (1952) 8 93—96; Stahl u. Eisen **72** (1952) 12 719.

Wyatt, H. W., J. W. Bolton and *M. L. Steinbuch:* Comparisons at elevated temperatures of some commercial grades of ferritic cast steels. Amer. Soc. Mech. Engrs. Prepr. 52-SA-53 June 1952 26 p. 37 ref.; Index Aeron **8** (1952) 9 86.

Geiger, George F.: Eigenschaften und Verwendung hitzebeständiger Gußlegierungen in den Vereinigten Staaten von Amerika. Rev. Nickel **19** (1953) 4 79—89; Stahl u. Eisen **74** (1954) 12 796.

Juretzek, Hubert, Alfred Krisch u. *Werner Trommer:* Einfluß der Legierungsbestandteile auf die mechanischen Eigenschaften von vergütetem Stahlguß.
Arch. Eisenhüttenwes. **24** (1953) 1/2 69—82.

Fischer, O.: Brennhärten von Stahlguß. ATZ **56** (1954) 1 16—20.

Spencer, Charles C.: Einfluß von Vanadin und Molybdän auf die Eigenschaften
von Mangan-Stahlguß. Amer. Foundryman **26** (1954) 1 45—47; Stahl u. Eisen
74 (1954) 21 1386.

— Casting stainless steel and other alloys in shell moulds. Methods employed
by Langley Alloy Ltd. Machinery (London) **84** (1954) 23./4. 853—861; Nickel-
Ber. **12** (1954) 6 114.

— Eigenschaften nichtrostender Stahlgußsorten. Mater. & Meth. **39** (1954) 1 129,
131, 133; Stahl u. Eisen **74** (1954) 8 495.

Gußeisen mit Kugelgraphit und Temperguß   1.322.23

Weichelt W.: Grundsätzliche Fragen bei der Wahl zwischen schwarzem und
weißem Temperguß. Schr. Hess. Hochsch. (1934) 3 70—75.

Pearce, J. G.: Fourth report of the research committee on high-duty cast irons
for general engineering purposes: Acicular cast Irons. Instn. Mech. Engrs.
Prepr. 1947 8 p.; Proc. IME **153** (1948) Dec. 327—335; Index Aeron. **4** (1948)
1 65; Met. Rev. **22** (1949) 2 22.

Joly, Gabriel: Elaboration d'une fonte méchanique facilement usinable. Fonderie
(1948) Nov. 1389—1391; Met. Rev. **22** (1949) 3 42.

Bertschinger, R.: Somatoider Graphit im Grauguß. Schweiz. Arch. **15** (1949) März
75—84; Met. Rev. **22** (1949) 7 25.

Gagnebin, Albert P., Keith D. Millis and *Norman B. Pilling:* Ductile cast iron
— a new engineering material. Iron Age **163** (1949) 17./2. 76—84; Met. Rev.
22 (1949) 3 24.

Lownie, H. W. jr.: Nodular graphite in cast iron. Met. Rev. **22** (1949) March
5—8.

Piwowarsky, Eugen u. *A. Wittmoser:* Warmverformtes Gußeisen — Ein uni-
versal verwendbarer Werkstoff. Z. VDI **91** (1949) 15./4. 183—185; Met. Rev.
22 (1949) 8 26.

— Ductile cast iron. Industr. Engng. Chem. **41** (1949) May 7 A, 10 A, 12 A; Met.
Rev. **22** (1949) 6 25.

— High-duty irons. Automob. Engr. **39** (1949) Apr. 157—161; Met. Rev. **22** (1949)
6 25.

— Nodular graphite cast iron as an engineering material — a correlated review.
Mater. & Meth. **29** (1949) May 45—48; Met. Rev. **22** (1949) 6 26.

Carlsson, O.: Neuere Erfahrungen bei Gußeisen und Kugelgraphit. Gjuteriet
40 (1950) 3 31—37; Stahl u. Eisen **71** (1951) 6 311.

Everest, A. D.: Eigenschaften von Gußeisen mit Kugelgraphit. Foundry Trade
J. **89** (1950) 57—64, 95—102.

Everest, A. B.: Eigenschaften und Anwendungsmöglichkeit von Gußeisen mit
Kugelgraphit. Proc. Inst. Brit. Foundrym. **43** (1950) A 35—51; Stahl u. Eisen
72 (1952) 22 1379.

von Hummel, U. u. *Eugen Piwowarsky:* Einfluß des Graphits, insbesondere der
Graphitform, auf den E-Modul und die Verschiebung der neutralen Faser
beim Biegeversuch. Neue Gießerei (1950) 2 77—82 (Techn.-Wiss. Beih.);
Z. VDI **93** (1951) 3 65 (Auszug).

Patterson, W.: Sphärolithisches Gußeisen, ein neuer Werkstoff. Werkstatt u.
Betrieb **83** (1950) 1 18—20.

Piwowarsky, Eugen: Stand, Entwicklung und Aussichten von Grauguß mit kugel-
förmiger Graphitausbildung. Neue Gießerei **37** (1950) 4 175—180 (Techn.-
Wiss. Beih.); Stahl u. Eisen **71** (1951) 12 637.

Scapple, Robert Y.: Gußeisen mit kugeligem Graphit. Iron Steel **23** (1950) 10/12 379—382; Stahl u. Eisen **71** (1951) 8 413.

Tanimura, Hromu u. *Fumio Seki:* Untersuchungen über hochwertigen Temperguß für Kurbelwellen. Mem. Inst. Sci. & Industr. Res., Osaka Univ. **7** (1950) 73—82; Stahl u. Eisen **72** (1952) 4 212.

Ballay, M., R. Chavy u. *J. Grilliat:* Eigenschaften von lufthärtendem Gußeisen mit Kugelgraphit. Mém. Congr. Int. Fonderie Bruxelles 1951 325—338; Fonderie (1951) 68 2589—2604, 69 2636—2652; Stahl u. Eisen **72** (1952) 4 211.

Cox, G. L.: Eigenschaften und Anwendung von Gußeisen mit Kugelgraphit. Iron Steel Engr. **28** (1951) 12 75—84; Stahl u. Eisen **72** (1952) 8 440.

Gagnebin, A. P.: Gegenwärtiger Stand des Gußeisens mit Kugelgraphit. Mech. Engng. **73** (1951) 2 101—108; Stahl u. Eisen **72** (1952) 2 97.

Lansing, James H.: Wichtige Eigenschaften von Temperguß. Mém. Congr. Int. Fonderie Bruxelles 1951 291—299; Stahl u. Eisen **72** (1952) 4 211—212. [1.332.2].

Nava, Luigi: Gußeisen mit Kugelgraphit. Metallurgia Ital. **43** (1951) 6 221—240; Stahl u. Eisen **72** (1952) 6 323—324.

Stauffer, W.: Duktiles Gußeisen. STZ **48** (1951) 4 49—54; Index Aeron. **7** (1951) 7 59.

Wittmoser, Adalbert: Gußeisen mit Kugelgraphit als Konstruktionswerkstoff. Z. VDI **93** (1951) 3 49—57.

Ballay, M., R. Chavy u. *J. Grilliat:* Über Gußeisen mit Kugelgraphit. Rev. Nickel **18** (1952) 2 36—44; Stahl u. Eisen **72** (1952) 16 973.

Braidwood, W. W.: Entwicklung und gegenwärtiger Stand des Gußeisens mit Kugelgraphit. Foundry Trade J. **92** (1952) 1856 323—329, 1857 361—366, 1858 393—394; Stahl u. Eisen **72** (1952) 16 973.

Gagnebin, Albert P.: Bedeutung von Gußeisen mit Kugelgraphit für die Gießereiindustrie. Foundry (Cleveland) **80** (1952) 6 128—131, 226—230, 232—240; Stahl u. Eisen **72** (1952) 18 1111.

Kraft, R. Wayne u. *Richard A. Flinn:* Zusammenhang zwischen Wanddicke, Gefüge und mechanischen Eigenschaften von Gußeisen mit Kugelgraphit. Trans. Amer Soc. for Metals **44** (1952) 282—309; Stahl u. Eisen **72** (1952) 20 1247.

Piwowarsky, Eugen: Praktische Beiträge zum Thema: Sphärolithisches Gußeisen. Gießerei (1952) 6/8 311—322 (Techn.-Wiss. Beih.); Stahl u. Eisen **72** (1952) 16 975.

— Elastisches Gußeisen. Diesel Power & Diesel Transp. (1952) 12 60; Nachr.-Bl. AGM Leichtbau **2** (1953) 7 9.

— Herstellung und Eigenschaften von Gußeisen mit Kugelgraphit. 172 Schrifttumsangaben aus den Jahren 1948—1952. Bibliographie-Nr. 403 der Bücherei des VDEh 1952 7 S.; Stahl u. Eisen **73** (1953) 2 120.

Gianola, Cornelio: Beitrag zur Kenntnis der Gußeisensorten mit Kugelgraphit und zu ihrer Verwendbarkeit. Rev. Métallurgie **50** (1953) Mars 199—207; Chem. Zbl. **125** (1954) 30 6812.

Gilbert, G. N.: Versprödung von schwarzem Temperguß beim Feuerverzinken. J. Res. Devel. Brit. Cast Iron Res. Ass. **5** (1953) 3 124—131; Stahl u. Eisen **74** (1954) 6 366.

Gries, H.: Aus der Praxis des Sphärolithgusses. Gießerei **40** (1953) 93—103; Werkstoffe u. Korrosion **5** (1954) 4 149.

Mitsche, R. u. *R. Weinberger:* Die österreichischen Entwicklungsarbeiten auf dem Gebiete des hochfesten Gußeisens. Radex-Rdsch. (1953) 26—35; Werkstoffe u. Korrosion **5** (1954) 4 148.

Neemes, J. C. jr.: Eignung von Gußeisen mit kugeligem Graphit für Ziehmatritzen und Kurbelwellen. Amer. Machinist **97** (1953) 26 134—136; Stahl u. Eisen **74** (1954) 4 244. [6.211.1].

Stauffer, Werner: Das duktile Gußeisen. Wesen und Anwendungen. Industr. Organis. **22** (1953) 8 277—288; Stahl u. Eisen **73** (1953) 25 1679.

Wolter, Theodor: Der Temperguß. Industr. Organis. **22** (1953) 8 295—300; Stahl u. Eisen **73** (1953) 25 1679.

Bailey, S. B.: Gußeisen mit Kugelgraphit. Foundry Trade J. **96** (1954) 1968 577—584, 1969 607—616, 1970 645—648; Stahl u. Eisen **74** (1954) 17 1095.

Ballay, Marcel, Raymond Chavy u. *Jacques Grilliat:* Wärmebehandlung von Gußeisen mit Kugelgraphit. Foundry Trade J. **96** (1954) 1952 91—97, 1953 125—128; Fonderie (1954) 98 3849—3863; Stahl u. Eisen **74** (1954) 8 495, 15 974.

Carr, A. L.: Mechanische Eigenschaften von geglühtem Gußeisen mit Kugelgraphit. Iron Coal Trades Rev. **169** (1954) 4507 507—510; Stahl u. Eisen **74** (1954) 23 1555.

Carr, A. L. u. *W. Steven:* Schlagfestigkeit von Gußeisen mit Kugelgraphit. Fonderie (1954) 99 3883—3896; Stahl u. Eisen **74** (1954) 15 974.

Figge, Kurt: Drei Jahre Gußeisen mit Kugelgraphit in Westdeutschland. Gießerei **41** (1954) 8 193—198; Stahl u. Eisen **74** (1954) 15 974.

Gilbert, G. N. J.: Anlaßsprödigkeit von Gußeisen mit Kugelgraphit und schwarzem Temperguß. J. Res. Devel. Brit. Cast Iron Res. Ass. **5** (1954) 5 249—263; Stahl u. Eisen **74** (1954) 15 974.

Gilbert, G. N. J.: The impact properties of flake-graphite cast irons. J. Res. Devel. Brit Cast Iron Res. Ass. **5** (1954) June 298—317, Res. Rep. 384; Nickel-Ber. **12** (1954) 7/8 131.

Joseph, Carl F.: Temperguß mit perlitischer Grundmasse. Mater. & Meth. **39** (1954) 3 100—103; Stahl u. Eisen **74** (1954) 15 974.

Kol, J.: Chemische Zusammensetzung und mechanische Eigenschaften von Gußeisen mit Kugelgraphit. Metalen **9** (1954) 17—21, 34—38; Chem. Abstr. **48** (1954) 10 5764—5765; Stahl u. Eisen **74** (1954) 21 1386.

Köpke, G.: Kugelgraphitguß als Konstruktionswerkstoff. Eigenschaften, Anwendungsgebiete und Konstruktionsbeispiele. Konstruktion **6** (1954) 12 446—452.

Pellini, W. S., G. Sandoz and *H. F. Bishop:* Notch ductility of nodular iron. Trans. Amer. Soc. for Metals **46** (1954) 418—445; Nickel-Ber. **12** (1954) 7/8 130.

Sandoz, G. A., H. F. Bishop u. *W. S. Pellini:* Kerbzähigkeit von Gußeisen mit Kugelgraphit. Foundry (Cleveland) **82** (1954) 9 114—119, 263—266; Stahl u. Eisen **74** (1954) 23 1556.

— Ductile iron castings (nodular). SAE A. M. S. Specification 5315, 5316; Nickel-Ber. **12** (1954) 7/8 131.

— Gußeisen mit Kugelgraphit. Metal Progr. **66** (1954) 1-A 49—52; Stahl u. Eisen **74** (1954) 23 1555.

Grauguß und sonstiger Eisenguß 1.322.24

Meyersberg: Entwicklung des Perlitgusses. Z. VDI **71** (1927) 41 1427—1432.

Thum, August: Neuere Anschauungen über die mechanischen Eigenschaften des Gußeisens. Gießerei **16** (1929) 1164—1174.

Dübi, E.: Das Gußeisen. Eingehende Untersuchungen von 35 schweizerischen Gußeisensorten. EMPA Disk.-Ber. Nr. 37.

Honegger, E.: Das Gußeisen. Über das Verhalten des Gußeisens in der Wärme. EMPA Disk.-Ber. Nr. 37.

Roš, Mirko Gottfried u. *Anton Eichinger:* Das Gußeisen. Das Verhalten von Gußeisen bei ein-, zwei- und dreiachsigen Spannungszuständen. EMPA Disk.-Ber. Nr. 37.

Thum, August u. *H. Ude:* Kritische Betrachtungen zur Frage der Bruchdurchbiegungsmessung beim Gußeisenbiegeversuch (2. Teil Diss. Ude). Gießerei **17** (1930) 105—116.

Thum, August u. *H. Ude:* Die mechanischen Eigenschaften des Gußeisens. Z. VDI **74** (1930) 9 257—264.

Ude, H.: Zur Kenntnis der mechanischen Eigenschaften des Gußeisens. Diss. TH Darmstadt 1930, Düsseldorf: Gießerei-Verl. 1930.

Pearce, J. G.: The elasticity, deflection, and resilience of cast iron. J. Iron Steel Inst. **129** (1934) Pt. 1 331.

Thum, August u. *F. Meyercordt:* Zur Frage der Bruchbeurteilung bei Gußeisen. Maschinenschaden **11** (1934) 90—94.

Piwowarsky, Eugen: Herstellung und Verwendung von legiertem Gußeisen. Z. VDI **79** (1935) 46 1393—1396.

Thum, August: Das heutige Gußeisen und seine Verwendungsmöglichkeiten in der Konstruktion. Gießerei **22** (1935) 214—218.

Thum, August: Neue Erkenntnisse in der Verwendung von Gußeisen als Konstruktionswerkstoff. (Hauptversammlung d. Ver. Dtsch. Eisengießereien, Bad Harzburg Sept. 1935.) Gießerei **22** (1935) 529—533.

Thum, August: Werkstoff Gußeisen. Rdsch. Techn. Arb. **16** (1936) 39.

Thum, August: Die Verwendungsmöglichkeiten des neuzeitlichen Gußeisens. Techn. Zbl. Prakt. Metallbearb. **46** (1936) 300—308.

Meyercordt, F.: Über die Gestaltfestigkeit des Gußeisens und die innere Mechanik seiner Festigkeit. Diss. TH Darmstadt 1937.

Thum, August: Versuche zur besseren Ausnutzung der erreichten hohen Güteeigenschaften des Gußeisens in unseren Konstruktionen. Gießerei **24** (1937) 533—537.

Bautz, W.: Die neuere Entwicklung des Gußeisens als Konstruktionsmittel. Maschinenb. Betrieb **17** (1938) 389—392.

Krynitsky, Alexander I. and *Charles M. Saeger, jr.:* Elastic properties of cast iron. J. Res. Nat. Bur. Stand. **22** (1939) 2 191—207 18 ref., Rep. 1176.

Thum, August u. *Otto Petri:* Einfluß von Phosphor auf die Eigenschaften von perlitischem Gußeisen. Arch. Eisenhüttenwes. **13** (1939/40) 3 149—153.

Thum, August, Karl Sipp u. *Otto Petri:* Gußeisen im Leichtbau. Arch. Eisenhüttenwes. **14** (1940/41) 7 319—323. [6.121].

Diepschlag, E.: Die Gußhaut, ihre Entstehung, Eigenschaften und Beziehung zu den weiteren Eigenschaften des Gußeisens. Technik (Berlin) **3** (1948) 1 15—21.

Tottle, C. R.: Plastic flow in cast iron, at room and elevated temperatures, with special reference to relief of stress. Foundry Trade J. **85** (1948) 11./11. 455—460, 463; Met. Rev. **22** (1949) 1 26.

— Handbook of Meehanite metals. London: Int. Meehanite Metal Co. Bull. No. 14 1948 67 p.

Campion, A.: Meeting high performance demands in engineering construction with Meehanite metal. (A lecture given at the Engineering Centre, Glasgow March 1949.) London: Int. Meehanite Metal Co. 1949 16 p.; Iron & Steel **22** (1949) Apr. 131—135, May 154—156.

Campion, A.: The engineering properties of Meehanite. Foundry Trade J. **86** (1949) 14./4. 335—338, 21./4. 369—372, 375; Met. Rev. **22** (1949) 6 25.

Clas, Gerhard u. *Karl Houben:* Über thermisch-beständiges Gußeisen. Neue Gießerei **36** bzw. **2** (1949) Mai 131—138; Metals Rev. **22** (1949) 8 26.

Hurst, J. E.: The mechanical properties available in cast iron. Pig Iron Rough Notes, Winter-Spring 1949 19—25; Met. Rev. **22** (1949) 7 22.

Schwitter, C. M.: Nickelhaltiger Stahl und Gußeisen für Getriebeteile. Machinery (New York) **57** (1950) 178—182, **58** (1951) 181—183; Nickel-Bull. **24** (1951) 4 83—84; Stahl u. Eisen **71** (1951) 20 1070. [1.332.121].

Tottle, C. R.: Warmfestigkeitseigenschaften von Grauguß. Proc. Inst. Brit. Foundrym. **43** (1950) A 162—173; Stahl u. Eisen **72** (1952) 22 1379.

Collins, W. Leighton: Physical and mechanical properties of cast iron. Amer. Soc. Mech. Engrs. Prepr. 51-A-51 Nov. 1951 4 p. 2 ref.; Index Aeron. **8** (1952) 2 90.

Everest, A. B.: Kurbelwellen aus Grauguß. Foundry Trade J. **91** (1951) 1840 643—650; Stahl u. Eisen **72** (1952) 4 211. [6.211.1].

Meyersberg, Gustav: Statistische Betrachtung der Festigkeit von Gußeisen. Arch. Eisenhüttenwes. **22** (1951) 11/12 377—386.

— Meehanite pump castings resist wear, impact, erosion, pressure, corrosion. New Rochelle (USA): Meehanite Metal Corporation Bull 36 1951 20 p.

Angus, H. T.: Zusammenhang zwischen Festigkeitseigenschaften, Gefüge und chemischer Zusammensetzung bei unlegiertem Grauguß. Foundry Trade J. **93** (1952) 1878 239—245, 1879 269—273; Stahl u. Eisen **72** (1952) 22 1379.

Bamptylde, J. W.: Mechanische und physikalische Eigenschaften von aluminium-haltigem Gußeisen. J. Res. Devel. Brit. Cast Iron Res. Ass. **4** (1952) 6 340—359; Stahl u. Eisen **72** (1952) 18 1110.

Pellini, William S.: Ursachen der Warmrissigkeit in Gußstücken. Foundry (Cleveland) **80** (1952) 11 124—133, 192, 194, 196, 199; Stahl u. Eisen **73** (1953) 5 313.

Phillips, Garnet P.: Gehärteter Grauguß für Zylinderlaufbüchsen. Foundry (Cleveland) **80** (1952) 1 88—95, 222—224, 226—228, 2 106—111; Stahl u. Eisen **72** (1952) 18 1111.

Wellinger, Karl u. *Ernst Keil:* Dauerstandverhalten von Gußeisen. Mitt. Ver. Großkesselbes. (1952) 19 97—101; Stahl u. Eisen **72** (1952) 22 1379.

Palmer, K. B.: Mechanische Eigenschaften von Gußeisen mit nadelförmigem Grundgefüge. J. Res. Devel. Brit. Cast Iron Res. Ass. **5** (1953) 3 109—117; Stahl u. Eisen **74** (1954) 6 366.

Collaud, Albert: Zusammenhang zwischen Brinellhärte und Zugfestigkeit bei Grauguß. Fonderie (1954) 104 4119—4127; Stahl u. Eisen **74** (1954) 27 1793.

Foulon, Jacques u. *Albert de Sy:* Einfluß von Kupfer auf die Eigenschaften von Grauguß. Fonderie (1954) 96 3755—3774; Stahl u. Eisen **74** (1954) 8 495.

Gilbert, G. N. J.: Die Schlagzähigkeitseigenschaften von Gußeisen mit lamellen-förmigem Graphit. J. Res. Developmt. Brit. Cast Iron Res. Ass. **5** (1954) 6 298—317; Stahl u. Eisen **74** (1954) 23 1555.

Lissel, Erik O. u. *Morris Itzel:* Zusammenhang zwischen den mechanischen Eigen-schaften von Gußstücken und Probestäben aus Grauguß. Foundry Trade J. 97 (1954) 1976 61—65; Stahl u. Eisen **74** (1954) 23 1555—1556.

Nachreiner, Hans: Sonderguß in der Hydraulik. Werkstatt u. Betrieb **87** (1954) 5 239—242; Stahl u. Eisen **74** (1954) 15 974.

Poetter, H.: Der Grauguß als Werkstoff des Konstrukteurs. Technik (Berlin) **9** (1954) 5 277—282, 6 325—329.

Ringpfeil, Horst: Verschleißfester Grauguß, Bedingungen seiner gießtechnischen Beherrschung und gütemäßigen Beurteilung. Metall u. Gießereitechn. **4** (1954) 4 157—163; Stahl u. Eisen **74** (1954) 17 1095.

— Engineering properties and applications of Ni-hard. 3rd ed. Int. Nickel Co. 1954 54 p.; Nickel-Ber. **12** (1954) 6 109.

Sintereisen   1.322.3

— Sonderheft über Pulvermetallurgie. — Metallwirtschaft **23** (1944) 40/43.

Burr, J. P. and *W. Clarke:* The properties of certain iron powder compacts. Symposium on powder metallurgy. Iron & Steel Inst. Special Rep. 38 1947; Index Aeron. **8** (1952) 10 55.

Chadwick, R., E. R. Broadfield and *S. F. Pugh:* Observations on the pressing, sintering, and properties of iron-copper powder mixtures. Symposium on powder metallurgy. Iron & Steel Inst. Special Rep. 38 1947 6 ref.; Index Aeron. **8** (1952) 10 55.

Chadwick, R. and *E. R. Broadfield:* Pressing sintering, heat-treatment, and properties of iron-graphite powder mixtures. Symposium on powder metallurgy. Iron & Steel Inst. Special Rep. 38 1947 4 ref.; Index Aeron. **8** (1952) 10 55.

Judd, J. A.: Iron-carbon alloys by powder metallurgy. Symposium on powder metallurgy. Iron & Steel Inst. Special Rep. 38 1947; Index Aeron. **8** (1952) 10 55.

Leadbeater, C. J.: Notes on German developments in non-carbide powder metallurgy (1939—1945) Symposium on powder metallurgy. Iron & Steel Inst. Special Rep. 38 1947 20 ref.; Index Aeron. **8** (1952) 10 55.

Leadbeater, C. J., L. Northcott and *F. Hargreaves:* Some properties of engineering iron powders. Symposium on powder metallurgy. Iron & Steel Inst. Special Rep. 38 1947 22 ref.; Index Aeron. **8** (1952) 10 54.

Pfeil, L. B.: The nature, properties and applications of carbonyl-iron powder. Symposium on powder metallurgy. Iron & Steel Inst. Special Rep. 38 1947 12 ref.; Index Aeron. **8** (1952) 10 54.

Tait, W. H.: Powder-metallurgy bearing materials. — A note on powder-metallurgy methods used in Great Britain for the manufacture of plain bearings and thrust washers. Symposium on powder metallurgy. Iron & Steel Inst. Special Rep. 38 1947; Index Aeron. **8** (1952) 10 55. [1.431.3].

— Symposium on powder metallurgy. J. Iron & Steel Inst. **157** (1947) 4 537—579; Index Aeron. **4** (1948) 3 49.

Hövel, Theodor: Sintereisen. Seine Herstellung nebst gesammelter Erfahrung. Braunschweig: Vieweg 1948. 69 S.

Zumbusch, Wilhelm: Bericht über die Eigenschaften der technisch wichtigen sinterbaren Dauermagnetlegierungen des Metallsystems Eisen-Nickel-Aluminium mit Zusätzen von Titan und Kobalt. ZAMP **1** (1948) Jan. 45—47, März 98—104; Met. Rev. **22** (1949) 7 22.

Greenwood, H.: Alloy steels; production by powder metallurgy. Iron & Steel **22** (1949) Jan. 9—10; Met. Rev. **22** (1949) 3 28.

Benedendijk, W. C.: Hardmetaaldag. (The manufacture and properties of cement carbides.) Voordr. K. I. v. I. **2** (1950) 6 1052—1067; Index Aeron. **7** (1951) 2 42.

Heuberger, J.: Die Preßbarkeit von Eisenpulvern. (The compressibility of iron powders.) Chalmers Tekniska Högskolas Handlingar (1950) 98 11—20 6 ref.; Index Aeron. **8** (1952) 2 63.

Stern, G.: New type of stainless steel powder develops high green strength. Mater. & Meth. **32** (1950) 1 52—54 1 ref.; Index Aeron. **6** (1950) 12 74.

Benesovsky, F.: Pulvermetallurgie 1950. Metall **5** (1951) 17/18 384—388 174 ref.

Bensch, E.: Die Eigenschaften von Sintereisenteilen in Abhängigkeit von den Pulverarten und ihren Verarbeitungsbedingungen. Stahl u. Eisen **71** (1951) 21 1103—1113 22 Lit.-St.; Index Aeron. **8** (1952) 2 63.

Bierett, G. u. *T. Hövel:* Untersuchungen über die Gestaltfestigkeit von Sintereisen. Stahl u. Eisen **71** (1951) 2 77—82 8 Lit.-St.; Index Aeron. **7** (1951) 5 92. [1.352.1].

— Powder metallurgy. Select. Govmt. Res. Rep. **9** (1951) 159 p.; Index Aeron. **8** (1952) 1 50.

Benesovsky, F.: Pulvermetallurgie 1951. Metall **6** (1952) 21/22 679—685 205 ref.

Eisenkolb, Fritz: Über phosphorlegierten Sinterstahl. Arch. Eisenhüttenwes. **24** (1952) Mai/Juni 257—266; Chem. Zbl. **125** (1954) 30 6814.

Mosskwin, N. I.: Nichtrostende Sinterteile. Westnik Maschinostrojenija **32** (1952) 3 73—76; Translat. by Henry Brutcher (Altadena, Calif.) Nr. 2967 1952 7 p.; Stahl u. Eisen **74** (1954) 19 1242.

Pachera, Karl: Die Sinterwerkstoffe der Technik, besonders die hochschmelzenden Metalle und Legierungen. Technik (Berlin) **7** (1952) 6 299—303 15 Lit.-St.; Index Aeron. **8** (1952) 9 56. [1.323.3].

Schroeder, Werner: Massenteile aus Sintereisen und Sinterstahl. Technik (Berlin) **7** (1952) 6 304—310 16 Lit.-St.; Index Aeron. **8** (1952) 9 56.

Batten, W. L.: Sinterteile aus nichtrostendem Stahl. Steel **133** (1953) 25 78—81; Stahl u. Eisen **74** (1954) 6 364.

(Benesovsky, F.): Pulvermetallurgie. (Vorträge Juni 1952 Reutte, Tirol.) Wien: Springer 1953. VII, 316 S.

Doelker, William J. u. *Harold T. Harrison:* Sintereisenteile hoher Festigkeit und Maßhaltigkeit. Mater. & Meth. **38** (1953) 1 67—71; Stahl u. Eisen **73** (1953) 21 1369.

Greenwood, H. W.: Entwicklungslinien in der Pulvermetallurgie. Metal Treatm. Drop. Forging **20** (1953) 96 427—429, 431; Stahl u. Eisen **73** (1953) 25 1677. [1.323.3].

Shaw, J. D., W. V. Knopp u. *B. A. Gruber:* Mechanische Eigenschaften von Sinterkörpern aus Chrom-Nickel-Stahl. Precision Metal Molding **11** (1953) 3 42—45, 73—76; Stahl u. Eisen **73** (1953) 13 870.

Takasaki, Akinori: Über das Sintern von Gußeisenpulver. Sci. Rep. Res. Inst. Tohoku Univ., Ser. A, **5** (1953) 5 469—478; Stahl u. Eisen **74** (1954) 15 972.

Adler, A.: Herstellung und Verwendung von Pulver aus nichtrostendem Stahl. Precision Metal Molding **12** (1954) 5 54—56, 80—81; Stahl u. Eisen **74** (1954) 17 1094.

Benesovsky, Fritz: Neuentwicklung auf dem Gebiete der Pulvermetallurgie. Metall **8** (1954) 9/10 378—385 145 Lit.-St.; Stahl u. Eisen **74** (1954) 21 1384; Nickel-Ber. **12** (1954) 6 98. [1.323.3].

Eisenkolb, F.: Die Verbesserung der mechanischen Eigenschaften von Sinterstahl durch Phosphorzusatz. Planseeber. Pulvermetall. **2** (1954) 1 2—14; Stahl u. Eisen **74** (1954) 27 1794.

Eisenkolb, Friedrich: Fortschritte in der Pulvermetallurgie der Eisenwerkstoffe. Forsch. u. Fortschr. **28** (1954) 6 164—171; Stahl u. Eisen **74** (1954) 27 1791.

Mazza, Edmund N.: Sinterteile hoher Zugfestigkeit. Precision Metal Molding **12** (1954) 7 42—45; Stahl u. Eisen **74** (1954) 21 1386.

Zapf, Gerhard: Technische Sinterwerkstoffe aus dem System Eisen-Kupfer. Stahl u. Eisen **74** (1954) 6 338—347.

— Kennzeichnende Eigenschaften von amerikanischen Sinterteilen. Precision Metal Molding **12** (1954) 4 60—62, 64, 67, 71, 73; Stahl u. Eisen **74** (1954) 15 972.

Nicht-Eisen-Metalle   1.323

Allgemeines   1.323.1

McAdam, D. J. jr. and *R. W. Mebs:* Tensile elastic properties of typical stainless steels and nonferrous metals as effected by plastic deformation and by heat treatment. NACA Rep. 696 1940. [1.322.123].

Mebs, R. W. and *D. J. McAdam jr.:* Shear elastic properties of some high strength nonferrous metals as affected by plastic deformation and by heat treatment. NACA TN 967 Jan. 1945.

— Twenty-ninth annual report. British Non-Ferrous Metals Research Association June 1949 52 p.; Met. Rev. **22** (1949) 8 54.

Swinyard, G.: Grain refinement of non-ferrous castings. Foundry Trade J. (Engl) **92** (1952) 1868 June 647—652; AB **23** (1952) 7 379.

Cook, Maurice, T. Ll. Richards and *G. F. Bidmead:* Influence of cold deformation on the Young's modulus of some non-ferrous metals. J. Inst. Metals **83** (1954) Part 2 41—47; AB **25** (1954) 12 861.

Leichtmetalle   1.323.2

Allgemeines   1.323.20

Bollenrath, Franz: Das Verhalten verschiedener Leichtmetall-Legierungen in der Wärme Jb. WGL 1929 186—197.

Matthaes, Kurt: Statische und dynamische Festigkeitseigenschaften einiger Leichtmetalle. 250. DVL-Ber. 1931, DVL-Jb. 1931 439—484. [1.333.1].

Gengenbach, O.: Das Aushärten von Leichtmetallegierungen durch Wärmebehandlung in Elektroöfen. Aluminium **19** (1937) 689—695.

Chailloux: Le module d'élasticité des alliages légers et sa variation avec la température. Publ. Sci. et Techn. Ministère de l'Air No. 122; Aircr. Engng. **10** (1938) 115 291.

Brenner, Paul: Neuere Entwicklung auf dem Gebiet der Leichtmetall-Verbundwerkstoffe. Metallwirtsch. **19** (1940) 108—112.

Decker, Hanns u. *Ernst Justus Kohlmeyer:* Über die Kalt- und Warmfestigkeit von Leichtmetallen und Leichtmetall-Legierungen beim Biege-Zug-Versuch. Z. Metallkde. **32** (1940) 3 62—68, 5 133—141.

Wiegand H.: Einfluß der Oberflächenbeschaffenheit auf die Festigkeitseigenschaften von Leichtmetallen. Metallwirtsch. **20** (1941) 7 165—168; Techn. Z.-Schau **26** (1941) 10 182.

Dian, J. P. and *J. C. McDonald:* Notch-sensitivity in static and impact loading of some magnesium-base and aluminium-base alloys. Proc. ASCE **46** (1946) 1097—1118; BA, B I (1948) Sept. 495.

Cox, H. L.: Preliminary note on the use of light alloys having high values of the modulus but low proof stresses. ARC R & M 2488 Jan. 1947 6 p. [6.131].

Guinier, A.: Age hardening of light alloys. Research **2** (1949) Jan. 6—11; Met. Rev. **22** (1949) 3 25.

Schimmel, A.: Die Wärmebeständigkeit der Leichtmetalle. Archiv Metallkde. **3** (1949) Juni 212—213; Chem. Zbl. **121** (1950) 18 1526.

Williams, Clyde: Materials in the aircraft industry. (Second International Aeronautical Conference, New York 1949.) Inst. Aeron. Sci. & Roy. Aeron. Soc. Proc. (1949) May 312—321; Mater & Meth. **30** (1949) Aug. 51—54; Met. Rev. **22** (1949) 9 55; Index Aeron. **6** (1950) 8 61.

— Metal data sheets. Amer. Soc. for Metals, Cleveland 3 (Ohio) 150 p. [1.322.10].

— Übersicht der Leichtmetall-Legierungen nach Handelsbezeichnungen geordnet. 3. Aufl. Werkstattblätter Nr. 53/54. München: Hanser 1949 4 S.

Panseri, C.: Leichtmetallegierung von hoher Festigkeit. Rev. Aluminium **28** (1951) 173 30; Werkstoffe u. Korrosion **5** (1954) 6 230.

Schaar, K.: Kennfelder der Zeitstandfestigkeit. Konstruktion **4** (1952) 7 204—208. [1.322.122].

— Specifications relating to aluminium and magnesium. Light Metals **15** (1952) 171 202—203.

Black, A.: High-strength light alloys. Light Metals Bull. **15** (1953) 18 657; AB **24** (1953) 11 720.

— Leicht- und Ultraleichtlegierungen. Rev. Aluminium **30** (1953) 470—473; Nachr. Bl. AGM Leichtbau **4** (1955) 2 7; Werkstoffe u. Korrosion **5** (1954) 11 466.

Pagonis, George A.: The light metals handbook. Vol. 1 199 p., Vol. 2 185 p. New York: Van Nostrand 1954.

Aluminium und Aluminiumlegierungen   1.323.21

Allgemeines und Wärmebehandlung   1.323.210

Kempf, L. W., H. L. Hopkins and *E. V. Ivanso:* Internal stresses in quenched aluminum and some aluminum alloys. Trans. Amer. Inst. Min. & Metall. Engrs. **111** (1934) 158—180.

Dornauf, J.: Warmbehandlung von Silumin-Beta zu Silumin-Gamma. Techn. Zbl. prakt. Metallbearb. **46** (1936) 27—34.

Portevin, Albert u. *Paul G. Bastien:* Untersuchung über die Schmiedbarkeit verschiedener Leichtmetall-Legierungen. Aluminium **18** (1936) 11 558—563.

Brenner, Paul u. *Hans Kostron:* Über die Warmaushärtung von AlCuMg-Legierungen. Z. Metallkde. **29** (1937) 374—379.

Holt, M. and *E. C. Hartmann:* Increasing the strength of aluminum-alloy columns by prestressing. NACA TN 618 Oct. 1937.

Schiek, Hans: Technologische Eigenschaften von Aluminium-Bändern. Aluminium **20** (1938) 2 75—79.

v. Zeerleder, Alfred: Die Ausscheidungshärtung (Vergütung) von Legierungen, unter besonderer Berücksichtigung der Aluminium-Legierungen. Aluminium **20** (1938) 8 509—519.

Brenner, Paul u. *Hans Kostron:* Vergütung der Aluminium-Magnesium-Silizium-Legierungen. Z. Metallkde. **31** (1939) 89—97.

Brenner, Paul: Einfluß der Wärmeaushärtung auf die Eigenschaften von Al-Cu-Mg-Legierungen. Jb. 1939 Dtsch. Luftf. Forsch. I 564—568.

Brenner, Paul u. *Hans Kostron:* Über die Vergütung der Al-Mg-Si-Legierung (Pantal). Jb. 1939 Dtsch. Luftf. Forsch. I 573—580.

Handforth, J. R.: Modern aluminium alloys. A survey of the materials to various specifications available for use. Aircr. Engng. **11** (1939) 121 101—106.

Cornelius, Heinrich u. *Baur:* Einfluß der Vorbehandlung auf die Festigkeitseigenschaften von Blechen aus Fliegwerkstoff 3116. ZWB FB 1157 1940 9 S.

Dreyer, Karl Ludwig: Über die Änderung der mechanischen Eigenschaften von Aluminium-Kupfer-Magnesium-Legierungen durch Rückbildung der Kalt-Aushärtung. Jb. 1940 Dtsch. Luftf. Forsch. I 1067—1072.

Dreyer, Karl Ludwig u. *H. J. Seemann:* Über den Einfluß des Eisens auf die Aushärtung von Aluminium-Kupfer-Magnesium-Legierungen. Metallwirtsch. **20** (1941) 25 625—629 14 Lit.-St.; Techn. Z.-Schau **26** (1941) 16 277.

Feldmann, W.: Einige Beobachtungen über die Vergütung von Zn-haltigen Al-Legierungen. Metallwirtsch. **20** (1941) 20 501—504 3 Lit.-St.; Techn. Z.-Schau **26** (1941) 16 277.

v. Zeerleder, Alfred: Quenching stresses in aluminium alloys. J. Inst. Metals **67** (1941) 87—99, **68** (1942) 17.

Leplat, M.: Quelques propriétés intéressantes de l'aluminium. Métaux non Ferreux **2** (1942) 4 41—49; Luftwissen **9** (1942) 12 364.

Bollenrath, Franz u. *Hans Gröber:* Änderung der Festigkeitseigenschaften einiger Aluminiumlegierungen durch langzeitiges Erwärmen. Luftf. Forsch. **20** (1943) 10 288—291; Forsch. Arb. über Kolben vom Prüffeld Mahle-Elektron, Stuttgart-Cannstadt (1946) 9 4 S.

Bollenrath, Franz u. *Walter Bungardt:* Untersuchungen über die Tropenbeständigkeit verschiedener Aluminium-Zink-Magnesium-Legierungen. ZWB UM 1072 1943 40 S.

Kotanchik, Joseph N., Walter Woods and *George W. Zender:* The effect of artificial aging on the tensile properties of alclad 24 S-T and 24 S-T aluminum alloy. NACA RB 3 H 23 (WR L-257) Aug. 1943.

Meyer-Räßler, Erich: Leichtere Kolbenwerkstoffe. ZWB TB **11** (1944) 4; Vorabdruck Jb. 1943 Dtsch. Luftf. Forsch. 9. Lfg. II E. 21 S. 28 Lit.-St.

Bungardt, Walter u. *Eugen Oßwald:* Beobachtungen über den Einfluß der mechanisch-thermischen Vorbehandlung auf Gefügeaufbau, Festigkeit und Spannungskorrosionsverhalten von Blechen aus Aluminium-Zink-Magnesium-Legierungen. Aluminium **26** (1944) 12 230—240. [1.364].

Theiner: Untersuchung von Leichtmetall KS-Seewasser der VLW-Hannover. ZWB UM 1373 1944 4 S.

— Wärmebehandlung. AWR Merkblätter, Aluminium-Werke Rorschach Okt. 1944 Merkblatt Nr. 15 3 Bl.

Benson, L. E.: Control of internal stresses in heat-treated aluminium alloy parts. J. Inst. Metals **72** (1946) 501—510.

Singer, A. R. E. and *P. H. Jennings:* Hot shortness of the aluminium-silicon alloys of commercial purity. J. Inst. Metals **73** (1946) 197.

Brenner, Paul and *W. Roth:* Recent developments in corrosion-resistant aluminium magnesium alloys. J. Inst. Metals **74** (1947) 159—190; BA, B I (1948) May 208. [1.362].

Bungardt, Walter u. *Viktor Hauk:* Über die Warmaushärtung von Aluminium-Zink-Magnesium-Knetlegierungen. Z. Metallkde. **38** (1947) 6 161—168.

Dreyer, Karl-Ludwig: Über den Einfluß einer Kaltverformung auf die Rückbildung der Kaltaushärtung von Duralumin. Metallforsch. **2** (1947) Dez. 362—364; Met. Rev. **22** (1949) 2 44.

Siebel, Gustav: Über den Preßeffekt der Aluminium-Zink-Magnesium-Legierung Hy 43 mit 4,5 % Zn und 3,5 % Mg. Z. Metallkde. **38** (1947) 11 331—340.

Betteridge, W.: The relief of internal stresses in aluminum alloys by cold working. Inst. Metals Monogr. Rep. Ser. (1948) 5 171—177; AMR **2** (1949) 9 204.

Dreyer, Karl Ludwig: Bemerkung zu einer Arbeit von G. Bassi: „Einfluß einer thermischen Vorbehandlung auf die Korngröße von ausgehärteten Blechen einer Legierung der Gattung Al-Cu-Mg nach kritischer Verformung. Z. Metallkde. **39** (1948) Jan. 27—28; Met. Rev. **22** (1949) 2 25.

Hanstock, R. F.: The effect of vibration on a precipitation-hardening aluminium alloys. J. Inst. Metals **74** (1948) Pt. 9 May 469—492; Index Aeron. **4** (1948) 8 37.

Siebel, Gustav: Über den Einfluß der Abschreckgeschwindigkeit auf das Spannungs-Korrosionsverhalten von Aluminium-Kupfer-Magnesium- und Aluminium-Zink-Magnesium-Legierungen. Z. Metallkde. **39** (1948) Febr. 57—64 13 Lit.-St.; Met. Rev. **22** (1949) 2 42.

Siebel, Gustav u. *G. H. Vosskühler:* Über die Weiterentwicklung des Heterogenisierungsverfahrens von Al-Mg-Legierungen zur Verbesserung der Spannungskorrosionsbeständigkeit. Metall (1948) Mai 141—146; Met. Rev. **22** (1949) 2 42.

— Handbook of aluminum alloys. Aluminium Company of Canada (Alcan) Montreal 1948 XIII, 130 p.

— Noral Handbook. Section 1. General. Northern Aluminium Company (NORAL) London 63 p. [1.361].

Betteridge, W., C. Wilson, M. A. Haughton and *W. Morgan:* The influence of over-ageing and annealing on the hardness and microstructure of an aluminium to British standard specification L 42. J. Inst. Metals **75** (1949) Apr. 641—664; Met. Rev. **22** (1949) 7 49.

Boone, Paul W.: Re-solution treatment of aluminium alloys. Aircr. Engng. **21** (1949) Febr. 56—57; Met. Rev. **22** (1949) 4 46.

Chadwick, R., T. Ll. Richards and *K. G. Sumner:* The effect of rolling and annealing procedures on the structure and grain-size of aluminium-copper-magnesium alloy strip. J. Inst. Metals **75** (1949) Apr. 627—640; Met. Rev. **22** (1949) 7 26.

Crowther, J.: Overheating phenomena in aluminium-copper-magnesium-silicon alloys of the duraluminium type. J. Inst. Metals **76** (1949) Pt. 3 Nov. 201—236 23 ref.; Index Aeron. **6** (1950) 7 67.

Dix, E. H. jr.: Thermal treatment of aluminum alloys. Amer. Soc. for Metals "Phys. Metall. of Alum. Alloys" 1949 200—240 36 ref.; Met. Rev. **22** (1949) 5 46.

Hobbs, J. T. jr.: Grain control in wrought aluminum and magnesium products. Amer. Soc. for Metals, "Grain Control in Industrial Metallurgy" 1949 209—271; Met. Rev. **22** (1949) 7 26. [1.323.221].

Lemon, R. C. and *H. Y. Hunsicker:* Effects of quenching rate and quench-aging on the tensile properties of aluminium alloy 61 S. Amer. Soc. for Metals Prepr. 34 Oct. 1949 17 p. 5 ref.; Index Aeron. **6** (1950) 10 73.

Mohr, E.: Über die Herstellung spannungskorrosionsbeständiger Werkstücke aus Al-Mg-Legierungen. Arch. Metallkde. **3** (1949) März 117—118; Met. Rev. **22** (1949) 8 46.

Scheil, Erich u. *Ruth Zimmermann:* Über die Veredlung des Silumins. Z. Metallkde. **40** (1949) Jan. 24—29; Met. Rev. **22** (1949) 5 29.

— Aluminium in service. London: ADA 1949.

— New general-purpose aluminum sheet alloy. Modern Metals **5** (1949) May 17—19; Met. Rev. **22** (1949) 7 24.

— Noral data sheet with general notes on aluminium and its alloys. Northern Aluminium Co. (Noral). Banbury: Cheney & Sons July 1949 6 p.

Mishima, Yoshitsugu, Ryukichi Hashiguchi and *Ichiji Obinata:* Influence of quenching rate on age-hardening of aluminium-copper alloys. J. Inst. Metals **14** B (1950) 4 21—24; Chem. Abstr. **46** (1952) 16 7497; AB **23** (1952) 10 561.

Robinson, G. A.: Combination quench: Reduces aluminium warpage. Iron Age **166** (1950) 4 55—57; Index Aeron. **6** (1950) 11 77.

— Heat treating aluminum. Aluminium-Company of Canada (Alcan) Montreal 1950 IX, 66 p.

— Non-heat-treatable wrought aluminium alloys. Mater. & Meth. **31** (1950) 3 83; Bull. Anal. C. N. R. S. **11** (1950) 11 3999.

Brown, A. F.: Slip bands and hardening processes in aluminium. J. Inst. Metals **80** (1951) 3 115—124 8 ref.; Index Aeron. **8** (1952) 1 97.

Crowther, J.: The heat treatment of aluminium alloys. Metallurgia **43** (1951) 259 243—247; Index Aeron. **7** (1951) 12 134.

Granjon, H.: Recent French studies on the weldability of aluminium magnesium alloys. Trans. Inst. Welding **14** (1951) 4 140—144.

Lamourdedieu, Marcel: Continuous heat treatment of aluminum alloy strip. Metal Progr. **60** (1951) Oct. 88—92; Met. Rev. **24** (1951) 11 32.

Rohner, F.: Neuere Arbeiten und Anschauungen über die Aushärtung von Aluminium-Legierungen. Schweiz.-Arch. **17** (1951) 11 332—336; Index Aeron. **8** (1952) 3 91.

Servi, Italo S. and *Nicholas J. Grant:* Creep and stress rupture behavior of aluminum as a function of purity. J. Metals **3** (1951) Oct.; Trans. Amer. Inst. Min. & Metall. Engrs. **191** (1951) 909—916; Met. Rev. **24** (1951) 11 42.

— The heat-treatment and annealing of aluminium and its alloys. I. Practice. 3rd ed. ADA Inform. Bull. Nr. 3 Dec. 1951 53 p.

Bleicher, Waldemar: Einige Merkmale und Besonderheiten des Entwicklungsstandes von Aluminium und Aluminiumlegierungen. Aluminium **28** (1952) 1/2 20—27; AB **23** (1952) 3 127.

Chang, H. C. and *N. J. Grant:* Observations of creep of the grain boundary in high purity aluminium. J. Metals **4** (1952) 6 619—625; AB **23** (1952) 7 403.

Close, G. C.: Heat treating aluminium alloys: tempering oils for ageing 75 S. Light Metal Age **10** (1952) 11/12 8—9; Index Aeron. **9** (1953) 5 78.

Kostron, Hans: Aluminium und Gas. Z. Metallkde. **43** (1952) 8 269—284, 11 373—387 101 Lit.-St.

Lamourdedieu, M.: Continuous heat-treatment of aluminium alloys of the duralumin type. J. Inst. Metals **1** (1952) 6 335—339; AB **23** (1952) 4 198; Nachr. Bl. AGM Leichtbau **1** (1952) 6 9.

Lewis, Floyd A.: How to treat aluminium. Mater. & Meth. **36** (1952) 3 99—103; AB **23** (1952) 10 561.

Lindqvist, Hans: The influence of silicon in aluminium (alloys) on the life of cutting tools. Fourth International Mechanical Engineering Congress Stockholm, Prepr. 1952 17 p.; Metal Abstr. **20** (1952) Pt. 4 238; AB **24** (1953) 2 86.

Meikle, G. and *J. Thompson:* The effect of stove-enamelling temperatures on aluminium alloys. Roy. Aircr. Establ. TN No. Met. 166 Aug. 1952 5 p.; Light Met. Bull. **15** (1953) 18 654—655; AB **24** (1953) 11 720.

Paton, C. P.: Batch thermal treatment of light alloys. J. Inst. Metals **1** (1952) 6 311—322; AB **23** (1952) 4 196.

Shaw, R. B., L. A. Shepard, C. D. Starr and *J. E. Dorn:* The effect of dispersions on the tensile properties of aluminium-copper alloys. Amer. Soc. for Metals Prepr. 37 March 1952 23 p. 9 ref.; Index Aeron. **8** (1952) 12 107.

Staples, R. T.: Flash annealing of light alloys. J. Inst. Metals **1** (1952) 6 Febr. 323—334; AB **23** (1952) 4 197.

Stickley, G. W. and *K. O. Bogardus:* Effects of machining specimens on the results of tension tests of annealed aluminium alloys. Automot. Industries **107** (1952) 2 92; AB **23** (1952) 8 440.

v. Zeerleder, Alfred: Die Warmbehandlung von Aluminium und seinen Legierungen. Schweiz. Arch. **18** (1952) 7 209—219, 8 255—264; Index Aeron. **8** (1952) 11 77.

Brenner, Paul: Eigenschaften der Aluminium-Werkstoffe im Hinblick auf ihren Einsatz. Konstruktion **5** (1953) 3 65—71; Nachr. Bl. AGM Leichtbau **2** (1953) 7 8.

Carnier, Henry: Les brulures de trempe dans les pièces moulées en alliages légers à traitement thermique. Fonderie (1953) Févr. 3307—3312; Techn. Zbl. Maschinenwes. (1953) 11 999.

Gatto, F.: Die Prüfung der Kerbzähigkeit von Leichtmetallen. Alluminio **22** (1953) Mai 271—286; Chem. Zbl. **125** (1954) 30 6814.

Morinaga, Takuichi and *Takashi Ikeno:* Study on the forgeability of 75 S. Light Metals (Japan) **2** (1953) 6 42—45; AB **24** (1953) 8 498.

Pumphrey, W. I.: Some aluminium-zinc-magnesium alloys — an examination of their tensile properties and oxy-acetylene welding characteristics. Welding Res. **7** (1953) 2 26r—33r 19 ref.; Index Aeron. **9** (1953) 10 105.

Rosenkranz, W.: Die Rückbildung der Kälteaushärtung bei AlZnMg-Legierungen. Metall **7** (1953) 15/16 598—602; AB **25** (1954) 1 19.

Rübenbeck, A.: Beitrag zu den Vorgängen bei der Ausscheidungshärtung. Aluminium 29 (1953) 6 254—255.

Syre, R.: Influence des conditions d'élaboration et de traitement thermique sur les caractéristiques des alliages légers résistants à chaud. Rev. Métallurgie **50** (1953) 5 311—316; AB **24** (1953) 10 637.

— Aluminium Data. Handbook British Aluminium Company Jan. 1953; AB **24** (1953) 9 596.

— Einfache Mittel zur Unterscheidung der Aluminium-Legierungen. Aluminium Merkblatt W 5. Düsseldorf: Aluminium Verl. 1953 2 S.

— Grundsätzliches über Aluminiumwerkstoffe. Aluminium im Verkehr, Düsseldorf: Aluminium-Verl. 1953 9—12.

— Heat treatment of aluminium alloys. London: Northern Aluminium Company (NORAL) 2nd ed. May 1953 56 p.; AB **24** (1953) 10 626.

— Reinstaluminium. Aluminium Merkblatt W 9. Düsseldorf: Aluminium Verl. 1953 4 S.

Bunn, Edward S.: Heat treating of aluminium. Industr. Heating **21** (1954) 2 236—238, 240, 242, 244, 246, 248, 406, 408, 410; AB **25** (1954) 4 220.

Entwistle, K. M.: Changes of damping capacity in quench-ageing aluminium-rich alloys. J. Inst. Metals **82** (1954) 54 Pt. 6 249—263; AB **25** (1954) 4 219—220; Index Aeron. **10** (1954) 4 111.

Aluminium und Aluminium- legierungen

Halbzeug Bleche · Bänder · Ronden · Streifen · Butzen · Hochglanz- und Mattbleche · Gebürstete Bleche · Dessinierte Bleche und Bänder · Warzenbleche · Plattierte Bleche · Profile · Rund-, Vierkant-, Sechskant- und Flachstangen, gepreßt oder gezogen · Drähte · Schweißstäbe · Niete · Hohlprofile · Rund- und Formrohre · Polierte Profile, Stangen u. Rohre · Gesenkpreßteile

Spezialwerkstoffe Für Eloxalbehandlung, Oberflächenveredelung durch Polieren, Beizen, Ätzen, sowie chemisches oder elektrolytisches Glänzen · Für spanlose Formgebung durch Drücken und Tiefziehen

Folien In allen Ausführungen und Stärken, weiß, gefärbt, unkaschiert und kaschiert, für Verpackung und für die graphische Industrie · Ätzfolien · Kapselbänder

ALUMINIUM - WALZWERKE SINGEN GMBH · SINGEN / HOHENTWIEL

Forrest, G.: Internal or residual stresses in wrought aluminium alloys and their structural significance. J. Roy. Aeron. Soc. **58** (1954) 520 261—276; AB **25** (1954) 9 629—630.

Gatto, F.: Influenza dell'incrudimento e della recristallizzazione sulle costanti elastiche dell'alluminio. (The influence of hardening and recrystallization on the elastic properties of aluminium.) Alluminio **23** (1954) 5 503—513; AB **25** (1954) 12 863.

Graf, René et *André Guinier:* Influence de l'écrouissage après trempe sur les phénomènes de précipitation directement, même à la température ordinaire, pour les fortes déformations. C. R. Hebd. Séances Acad. Sci. **238** (1954) 7 819—821; AB **25** (1954) 4 223—224.

Hardy, H. K.: Ageing curves at 110 deg. C on binary and ternary aluminium-copper alloys. J. Inst. Metals **82** (1954) Feb. Pt. 6 236—238 3 ref.; Index Aeron. **10** (1954) 4 111; AB **25** (1954) 4 221.

Hosoi, Yoshikazu and *Mamoru Yukawa:* Studies on high temperature impact hardness of aluminium and its alloys. Light Metals (Japan) (1954) 10 57—66; AB **25** (1954) 9 635.

Kato, Masao and *Yasaji Nakamura:* Study on aluminium-magnesium alloy effects of magnesium. I. Light Metalls (Japan) (1954) 11 58—66; AB **25** (1954) 8 523—524.

Köster, W. u. *W. Knorr:* Eigenschaftsänderungen während der Aushärtung einer Aluminium-Silizium-Legierung. Z. Metallkde. **45** (1954) 10 616—617; Aluminium **31** (1955) 5 A 104.

Masing, Georg and *Otto Dahl:* Aluminium alloys containing beryllium (with an appendix with regard to silicon-beryllium alloys). Ministry of Supply Techn. Inform. Bureau Translat. 4359 July 1954 7 p.

Meikle, G.: The effect of heating some aluminium alloys and alloy steels at elevated temperatures. Aircr. Engng. **26** (1954) 200 53—54; AB **25** (1954) 3 164—165. [1.322.10].

Poggio, J. A. Garcia: The thermal treatment of light alloys of the duraluminium type. Ing. Aeron. (Spain) **6** (1954) 21 23—27; Index Aeron. **10** (1954) 7 138.

Silcock, J. M., T. J. Heal and *H. K. Hardy:* Structural ageing characteristics of binary aluminium-copper alloys. J. Inst. Metals **82** Pt. 6 (1954) Feb. 239—248 21 ref.; Index Aeron. **10** (1954) 4 112; AB **25** (1954) 4 221—222.

Unckel, H. A.: The effect of quenching strains on the properties of an Al-Cu-Mg alloy. Metallurgia **49** (1954) 295 220—222 107 ref.; AB **25** (1954) 7 462—463; Index Aeron. **10** (1954) 9 128.

— Heat treating aluminum alloys. Reynolds Metals Co. 1954 119 p.; AB **25** (1954) 7 449.

— Reinaluminium. Aluminium Merkblatt W 10. Düsseldorf: Aluminium Verl. 1954 8 S.

— Rod, bar and wire product information. Handbook Publ. by Kaiser Aluminum & Chemical Sales 1954 160 p.; AB **25** (1954) 12 876—877.

Brunhuber, E.: Aluminiumlegierungen mit Eisen-, Kobalt-, Nickel- und Zinngehalten. Gießereipraxis **73** (1955) 7 123—125.

Dahl, O. u. *K. Detert:* Über die Aushärtung von Aluminium-Magnesium-Legierungen. Z. Metallkde. **46** (1955) 2 94—99; Aluminium **31** (1955) 6 A 131.

Elliott, E.: Aluminium and its alloys in 1954. Metallurgia **51** (1955) 304 65—74; Aluminium **31** (1955) 6 A 130.

Knetlegierungen   1.323.211

Festigkeits- und Formänderungseigenschaften   1.323.211.1

v. Zeerleder, Alfred: Das Aluminium und seine Legierungen. EMPA Disk.-Ber. Nr. 26.

Brenner, Paul: Lautal als Baustoff für Flugzeuge. 89. DVL-Ber.; Luftf. Forsch. **1** (1928) 2 35—94; DVL-Jb. 1928 123—182.

Wolff, E. B.: and *L. J. G. van Ewijk:* Mechanical properties of some materials used in airplane construction. NACA TM 448 Jan. 1928. [1.324.22].

Gürtler, G.: Festigkeitsversuche mit Hydronalium-Legierung Hy 62. ZWB PB 137 1934 4 S.

Gürtler, G.: Aushärtungsversuche mit Hydronalium Hy 9. ZWB PB 138 1934 13 S.

Brenner, Paul: Über einige neuere Fortschritte auf dem Gebiet der Aluminium-Walzlegierungen. Jb. 1936 Lil.-Ges. Luftf. Forsch. 431—458.

Helling, Werner: Beitrag zur Kenntnis des Formänderungsvermögens des Aluminiums in Abhängigkeit vom Reinheitsgrad. Aluminium **18** (1936) 7 306—309.

Sullivan, J. E.: A comparison of corrosion-resistant steel (18 percent chromium — 8 percent nickel) and aluminium alloy (24 S-T); NACA TN 560 March 1936. [1.322.123].

Brenner, Paul u. *Hans Kostron:* Die mechanischen Eigenschaften von warmausgehärteten Al-Cu-Mg-Legierungen. Luftf. Forsch. **14** (1937) 12 647—652.

Bungardt, Karl u. *U. v. Scheidt:* Versuche über die Abhängigkeit der Festigkeitseigenschaften und Korrosionsbeständigkeit der Al-Cu-Mg-Legierung DM 31 von verschiedenen Kaltwalz- und Kaltreckgraden. ZWB UM 433 1937 10 S. [1.362].

Voßkühler, Hugo: Die Weiterentwicklung der Hydronalium-Legierungen. Jb. 1937 Dtsch. Luftf. Forsch. I 524—527.

Bauer, Heinrich u. *Helmut Winterhagen:* Über den Einfluß geringer Schwermetallzusätze auf die Festigkeitseigenschaften aushärtbarer Aluminium-Silizium-Legierungen. Aluminium **20** (1938) 8 520—527.

Brenner, Paul: Über einige neuere Fortschritte auf dem Gebiet der Aluminium-Walzlegierungen. Aluminium **20** (1938) 9 606—620.

Hansen, M. u. E. v. Rajakovics: Duralumin 681 H als Nietlegierung. Metallwirtsch. **17** (1938) 7 187—189.

Suhr, O.: Aluminium und seine Legierungen als Konstruktionswerkstoff. Techn. Mitt., HdT (Essen) **31** (1938) 22/23 513—518.

Brenner, Paul: Aluminium-Knet-Legierungen. Ringb. Luftf. Techn. II C 14 Aug. 1939 15 S.

Gürtler, G., W. Jung-König u. E. Schmid: Über die Dauerbewährung der Leichtmetalle bei verschiedenen Temperaturen. Aluminium **21** (1939) 3 202—208.

Sauer, G.: Vorschläge für amtliche Zulassungszahlen von Aluminium-Legierungen. Aluminium **21** (1939) 8 581—584.

Brenner, Paul: Entwicklung von Werkstoffen auf der Basis Al-Zn-Mg. Luftwissen **7** (1940) 9 316—323 5 Lit.-St.; Techn. Z.-Schau **26** (1941) 5 93.

Hansen, M., A. Mühlenbruch u. H. J. Seemann: Untersuchungen an Al-Zn-Mg-Knetlegierungen. II. Festigkeitseigenschaften im kalt ausgehärteten Zustand. Aluminium **22** (1940) 9 442—458.

Herrmann, L.: Aluminium-Legierungen. Ringb. Luftf. Techn. II C 20 Febr. 1940 20 S.

Siebel, Gustav u. H. Vosskühler: Festigkeitseigenschaften kaltausgehärteter Al-Mg-Zn-Legierungen. Metallwirtsch. **19** (1940) 51/52 1167—1170 4 Lit.-St.; Techn. Z.-Schau **26** (1941) 8 141.

Voßkühler, Hugo u. Gustav Siebel: Al-Mg-Zn-Legierungen bis 9 % Mg + Zn. Jb. 1940 Dtsch. Luftf. Forsch. I 1062—1066.

Bungardt, Walter u. Günther Schaitberger: Über aushärtbare Aluminium-Zink-Magnesium-Knetlegierungen. Luftf. Forschg. **18** (1941) 1 26—31 8 Lit.-St.; Metallwirtsch. **20** (1941) 719—724; Techn. Z.-Schau **26** (1941) 12 214.

Bungardt, Walter u. Günther Schaitberger: Über einige Aluminium-Zink-Magnesium-Knetlegierungen mit Zusätzen an Chrom, Vanadium und Kupfer. Aluminium **23** (1941) 11 541—546.

Irmann, Roland: Scherfestigkeit von stabilisiertem Reinaluminium und Aluminiumknetlegierungen bei Raumtemperatur und in der Wärme. Aluminium **23** (1941) 1 36—39.

Irmann, Roland: Einfluß einer Erwärmung auf die Festigkeitseigenschaften von Reinaluminium und Aluminium-Knetlegierungen. Aluminium **23** (1941) 11 530—540.

Moore, R. L.: Some comparative tests of plain and alclad 24 S-T sheet. NACA TN 821 Aug. 1941.

Aitchison, C. S. and James A. Miller: Tensile and pack compressive tests of some sheets of aluminum alloy, 1025 carbon steel, and chromium nickel steel. NACA TN 840 Febr. 1942. [1.322.11], [1.322.121].

Drever, Karl Ludwig: Die Änderung der Festigkeitseigenschaften von „Duralumin" durch Rückbildung der Kaltaushärtung. ZWB TB **9** (1942) 3 S.

Hartmann E. C. and W. H. Sharp: A summary of results of various investigations of the mechanical properties of aluminum alloys at low temperatures. NACA TN 843 May 1942.

Paul, D. A.: An exploration of the longitudinal tensile and compressive properties throughout an extruded shape of 24 S-T aluminum alloy. NACA TN 877 Dec. 1942.

Petri, H.-G., Gustav Siebel u. Hugo Voßkühler: Festigkeitseigenschaften einer Al-Mg-Zn-Legierung mit 3,5 % Mg und 4,5 % Zn bei Kaltaushärtung. Aluminium **24** (1942) 11 385—389.

342

v. Rajakovics, Emil u. *Hans Otto Maier:* Untersuchungen über die Warmfestigkeitseigenschaften von Aluminiumknetlegierungen. Z. Metallkde. **34** (1942) 8 173—187.

Brenner, Paul: Kupferfreie Aluminiumlegierungen hoher Festigkeit. Z. VDI **87** (1943) 7/8 105—109; Schiff u. Werft **44/24** (1943) 11/12 202.

Dolan, Thomas J.: Certain mechanical strength properties of aluminum alloys 25 S-T and X 76 S-T. NACA TN 914 Oct. 1943.

Dreyer, Karl Ludwig u. *Max Hansen:* Über die Festigkeitseigenschaften von Aluminium-Kupfer-Magnesium-Knetlegierungen mit etwa 2 % Cu und verschiedenen Magnesium- und Siliziumgehalten nach Kalt- und Warmaushärtung. Z. Metallkde. **35** (1943) 7 137—146.

Moore, R. L. and *C. Wescoat:* Bearing strength of some wrought-aluminum alloys. NACA TN 901 Aug. 1943.

Moore, R. L. and *C. Wescoat:* Bearing strengths of bare and alclad XA 75 S-T and 24 S-T 81 aluminum alloy sheet. NACA TN 920 Dec. 1943.

Ramberg, Walter and *William R. Osgood:* Description of stress-strain curves by three parameters. NACA TN 902, July 1943.

Berny, M.: L'hydronalium. Métaux non Ferreux **4** (1944) 3 4—6; Luftwissen **11** (1944) 5 140.

Bungardt, Walter u. *Hanns Gröber:* Über Preß- und Schmiedelegierungen auf der Basis Aluminium-Zink-Magnesium-Kupfer. ZWB UM 1242 1944 10 S.

v. Burg, E.: Aluminium und Aluminiumlegierungen. Schweiz. Arch. **10** (1944) 6 161—177.

Christiansen, Vilh.: Aluminium och aluminiumlegeringar för plastisk formgivning. Tekn. T. **74** (1944) 23 703—709; Luftwissen **11** (1944) 8 233.

Dreyer, Karl Ludwig u. *H. J. Seemann:* Über die Festigkeitseigenschaften und das Korrosionsverhalten von kalt- und warmausgehärteten Aluminium-Zink-Magnesium-Kupfer-Knetlegierungen. Aluminium **26** (1944) 5/6 76—82. [1.362].

Wellinger, Karl u. *A. Hofmann:* Festigkeitsverhalten von Leichtmetallen in der Kälte. ZWB FB 2024 1944.

— Aluminium und Aluminium-Legierungen. AWR Merkblätter, Aluminium-Werke Rorschach Okt. 1944 Merkblatt Nr. 1—9.

Moore, R. L. and *C. Wescoat:* Bearing strengths of 24 S-T aluminum alloy plates. NACA TN 981 June 1945. [1.222.112].

Tatman, M. E. and *R. A. Miller:* High strength aluminium alloys for light weight structures. Product Engng. **16** (1945) 6.

Templin, R. L. and *E. C. Hartmann:* The elastic constants for wrought aluminum alloys. NACA TN 966 Jan. 1945.

Wescoat, C. and *R. L. Moore:* Bearing strengths of 75 S-T aluminum-alloy sheet and extruded angle. NACA TN 974 Febr. 1945. [1.421], [1.423].

Heimerl, George J. and *Walter Woods:* Effect of brake forming on the strength of 24 S-T aluminum-alloy sheet NACA TN 1072 May 1946.

Heimerl, George J. and *Walter Woods:* Increasing the compressive strength of 24 S-T aluminum-alloy sheet by flexure rolling. NACA TN 1119 Aug. 1946.

Miller, James A.: Stress-strain and elongation graphs for aluminum alloy R 301 sheet. NACA TN 1010 Febr. 1946.

Singer, A. R. E. and *S. A. Cottrell:* Properties of aluminium-silicon alloys at temperatures in the region of the solidus. J. Inst. Metals **73** (1946) 33.

Lankford, W. T., J. R. Low and *M. Gensamer:* The plastic flow of aluminum-alloy sheet under combined loads. Trans. Amer. Inst. Min. & Metall. Engrs. **171** (1947) 574—604; AMR **1** (1948) 8 215.

Miller, James A.: Stress-strain and elongation graphs for alclad aluminum-alloy 75 S-T sheet. NACA TN 1385 Nov. 1947.

Singer, A. R. E. and *P. H. Jennings:* Hot shortness of some aluminium-iron-silicon alloys of high purity. J. Inst. Metals **73** (1947) 273.

Vachet, P.: Al-Mg-Zn-Legierung von hoher mechanischer Festigkeit. Rev. Aluminium **24** (1947) 189—198, 225—233.

Woods, Walter and *George J. Heimerl:* Effect of brake forming in various tempers on the strength of alclad 75 S-T aluminum-alloy sheet. NACA TN 1162 Jan. 1947.

Bungardt, Walter u. *Hanns Gröber:* Über den Einfluß von Zink auf einige Eigenschaften technischer Aluminium-Kupfer-Magnesium-Knetlegierungen. Metall **2** (1948) 13/14 217—220; Met. Rev. **22** (1949) 7 24. [1.333.2].

Cohen, H. M.: „Aluman", Eigenschaften und Verwendung der Al-Mn-Knetlegierungen. Leichtmetall **1** (1948) 2 21—23.

Cohen, H. M.: Reinaluminium, Eigenschaften und Verwendung. Leichtmetall **1** (1948) 3/4 21—25.

Cohen, H. M.: „Anticorodal", Eigenschaften und Verwendung der Al-Mg-Si-Knetlegierungen. Leichtmetall **1** (1948) 1 11—17.

Dreyer, Karl Ludwig u. *H. J. Seemann:* Über aushärtbare Aluminiumlegierungen mit Zink, Magnesium und Kupfer. Metall **2** (1948) 1/2 6—11.

Dudzinski, N. a. o.: The Young's modulus of some aluminium alloys: with an appendix (the moduli of aluminium alloys in tension and compression. J. Inst. Metals **74** (1948) 5 291—314; Index Aeron. **4** (1948) 7 39.

Jackson, L. R., H. C. Cross and *J. M. Berry:* Tensile, fatigue, and creep properties of forged aluminium alloys at temperatures up to 800⁰ F. NACA TN 1469 March 1948. [1.323.211.2], [1.333.2].

Lynch, J. J., E. J. Ripling and *G. Sachs:* Effect of various stress histories on the flow and fracture characteristics of the aluminum alloy 24 S-T. Trans. Amer. Inst. Min. & Metall. Engrs. **175** (1948) 435—468; AMR **3** (1950) 10 302.

Marin, Joseph, J. H. Faupel, V. L. Dutton and *M. W. Brossman:* Biaxial plastic stress-strain relations for 24 S-T aluminum alloy. NACA TN 1536 Mai 1948 96 p.; AMR **3** (1950) 9 268.

Miller, James A.: Stress-strain and elongation graphs for alclad aluminum-alloy 24 S-T sheet. NACA TN 1512 May 1948.

Miller, James A.: Stress-strain and elongation graphs for alclad aluminum-alloy 24 S-T 81 sheet. NACA TN 1513 May 1948.

Moore, R. L.: Bearing tests of 14 S sheet and plate. NACA TN 1502 Aug. 1948.

Owen, E. A., Y. H. Liu and *D. P. Morris:* Behaviour of stressed aluminium at room temperature. Phil. Mag. ser. **7, 39** (1948) Nov. 831—845; Met. Rev. **22** (1949) 1 27.

Sage, S. A. J.: Aluminium and its alloys. (Mechanical World Monographs No. 50.) Manchester: Emmott 1948. 44 p.

Thomsen, E. G., I. Lotze and *J. E. Dorn:* Fracture strength of 75 S-T aluminum alloy under combined stress. NACA TN 1551 July 1948 30 p.; AMR **1** (1948) 9 241.

Thomsen, E. G., I. Cornet, I. Lotze and *J. E. Dorn:* Investigation on the validity of an ideal theory of elasto-plasticity for wrought aluminium alloys. NACA TN 1552 July 1948 47 p.; AMR **1** (1948) 8 217.

Vosskühler, G. H.: Versuche zur Entwicklung einer hochfesten Aluminium-Magnesium-Zink-Knetlegierung. Metall **2** (1948) 15/16 251—258, 17/18 288—291.

v. *Zeerleder, Alfred:* Die neuere Entwicklung der Aluminium-Knetlegierungen. Berg- u. Hüttenmänn. Mh. **93** (1948) 8/11 165—167.

— Aluminium alloys. Birmingham 7: James Booth & Co. 1948.

— Noral Handbook. Section 2. Wrought alloys. Northern Aluminium Company (NORAL) London Jan. 1948 102 p.

Buckeley, A.: Brinellhärte und Schlagfestigkeit einiger Aluminium-Standard-Legierungen. Metall 3 (1949) 330—331.

Cox, H. L. and M. J. Windle: The economic value of increase of modulus of elasticity in aluminium alloys. Aircr. Engng. **21** (1949) 250 382—383 4 ref.; Index Aeron. **6** (1950) 2 67.

Dorn, John E., P. Pietrokowsky and T. E. Tietz: Effect of the alloying elements on the plastic properties of aluminium alloys. California Univ. Dep. Engng. Div. Engng. Res. Aug. 1949. 137 p.

Fitzgerald-Lee, G.: Mechanical tests and the working properties of metals. Aircr. Engng. **21** (1949) July 220—221, 226. Met. Rev, **22** (1949) 9 33.

Guinier, A.: Les alliages légers à haute résistance. Rech. Aéron. (1949) 9 3—8 5 ref.

Günther, Oskar: Der Einfluß niedriger Temperaturen auf die Eigenschaften von Leichtmetall im Hinblick auf die Schiffahrt. Leichtmetall **2** (1949) 3/4 22—23.

Laurent, Pierre et Michèl Eudier: Sur l'influence de la déformation plastique sur le module d'élasticité. C. R. Hebd. Séances Acad. Sci. **228** (1949) Jan. 225—226; Met. Rev. **22** (1949) 5 29.

Nock, J. A. jr.: Commercial wrought aluminium alloys. Amer. Soc. for Metals "Phys. Metallurgy of Aluminum Alloys" 1949 167—199 18 ref.; Met. Rev. **22** (1949) 5 59.

Saulnier, A. et G. Cabane: Recherches récentes sur les alliages Al-Zn-Mg-Cu. Rev. Métallurgie **46** (1949) Jan. 13—23 12 réf.; Met. Rev. **22** (1949) 6 27.

Schnell, R.: Reinst-Aluminium (Raffinal-Reflectal). Eigenschaften und Verwendung. Leichtmetall **2** (1949) 1/2 11—16.

Seeman, H. J.: Entwicklung und Eigenschaften einer hochfesten Aluminium-Knetlegierung. Metall 3 (1949) 374—375.

Siebel, Gustav: Peraluman, Eigenschaften und Verwendung der Al-Mg und Al-Mg-Mn-Knetlegierungen. Leichtmetall **2** (1949) 3/4 14—21.

v. Zeerleder, Alfred: Entwicklung der Aluminium-Knetlegierungen: Schweiz. Arch. **15** (1949) Febr. 33—35.

— The properties of aluminium and its alloys. 3rd ed. ADA Inform. Bull. No. 2 Dec. 1949 55 p.

— Some physical properties of aluminium alloys at elevated temperatures. Metallurgia **41** (1949) 241 15—21 7 ref.; Index Aeron. **6** (1950) 6 53.

Faupel, J. H. and J. Marin: Tension-compression biaxial plastic stress-strain relations for aluminium alloys 24 S-T and 2 S-O. Amer. Soc. for Metals Prepr. 35 Oct. 1950 20 p. 28 ref.; Index Aeron. **7** (1951) 10 111.

Hérenguel, J.: Un nouvel alliage léger à moyenne résistance: le superalumag T. 35. Rev. Aluminium (1950) 165 133—140; Index Aeron. **6** (1950) 11 75.

Kostron, Hans: Die örtliche Festigkeit von Strangpreßprofilen I. Metall **4** (1950) 21/22 451—458; Chem. Zbl. **122** (1951) 14 193. [1.423].

Kostron, Hans: Leichtmetall-Knetwerkstoffe für den Fahrzeugbau. „Aluminium im Verkehrswesen." Düsseldorf: Aluminium Verl. 1950 44—49. [6.252.1].

Marin, J. and B. J. Kotalik: Plastic biaxial stress-strain relations for alcoa 24 S-T subjected to variable-stress ratios. Amer. Soc. Mech. Engrs. Prepr. 50-APM-16 1950 5 p.; Index Aeron. **6** (1950) 9 81.

Mincher, A. L.: Effect of beryllium on D. T. D. 300: Result of additions on grain size and tensile properties. Metal Industry **76** (1950) 22 435—436 4 ref.; Index Aeron. **6** (1950) 8 81.

— Effect of steady stress on fatigue behaviour of aluminum. Trans. ASTM **42** (1950) 559—576.

Bungardt, Walter: Englische Untersuchungen über Aluminium-Legierungen hoher Festigkeit. Metall **5** (1951) 11/12 239—243.

Cook, M., R. Chadvick u. *N. B. Buir:* Beobachtungen an einigen geschmiedeten Aluminium-Zink-Magnesium-Legierungen. J. Inst. Metals **79** (1951) 293—320; Aluminium **27** (1951) 4 XI.

Grube, K. and *L. W. Eastwood:* Aluminium — 6 % magnesium wrought alloys for elevated-temperature service. Amer. Soc. for Metals Prepr. 35 Oct. 1951 12 p. 4 ref.; Index Aeron. **8** (1952) 1 100.

Hansen, M.: Die amerikanische Al-Zn-Mg-Knetlegierung Alcoa 75 S. Metall **5** (1951) 11/12 243—246.

Hug, H.: Legierungen auf Aluminium-Zink-Magnesium-Basis. Schweiz.-Arch. **17** (1951) 10 289—298; Index Aeron. **8** (1952) 4 85.

Kostron, Hans: Die örtliche Festigkeit von Strangpreßprofilen II. Profile mit Holzfaserbruch. Metall **5** (1951) 3/4 58—63. [1.423].

Leigh, R. S.: A calculation of the elastic constants of aluminium. Phil. Mag. Ser. 7 **42** (1951) 325 139—155 7 ref.; Index Aeron. **7** (1951) 4 66.

McElhinney, D. M.: The effect of grain direction on the mechanical properties of light alloy extrusions. Aircr. Engng. **23** (1951) 265 62—66; Index Aeron. **7** (1951) 5 96; AMR **4** (1951) 10 563.

Meikle, G., J. Thompson and *M. E. Whillans:* Development of aluminium alloys having a high Young's modulus. Roy. Aircr. Establ. (Farnborough) TN No. Met.-149 Aug. 1951; Metal Progress **62** (1952) 3 142, 144; AB **23** (1952) 11 629.

O' Keefe, P.: Nickel-aluminium alloy combines strength and corrosion resistance. Mater. & Meth. **33** (1951) 4 73—77; Index Aeron. **7** (1951) 10 114.

Omelka, L. V. and *D. A. Paul:* What is the strength of aluminum after forming? Iron Age **168** (1951) 7 112—114.

Petri, H. G., Gustav Siebel u. *Hugo Vosskühler:* Über die Weiterentwicklung von Al-Zn-Mg-Legierungen für Blech- und Nietmaterial. Metall **5** (1951) 3/4 47—52.

Piper, T. E.: Warmbearbeitung von Aluminium- und Magnesiumlegierungen. Trans. Amer. Soc. for Metals **43** (1951) 1013—1032; Aluminium **28** (1952) 7/8 XIII. [1.323.221].

Shevigny, R. u. *R. Syre:* Hochwiderstandsfähige Aluminiumlegierungen. Métaux **24** (1951) 224—232; Aluminium **27** (1951) 2 X.

Thury, W. and *H. Landerl:* An aluminium alloy of the type Al-Cu-Si. Berg- u. Hüttenmänn. Mh. **96** (1951) 201—205; Chem. Abstr. (USA) **46** (1952) 5 1945; AB **23** (1952) 4 214.

Tournaire, M.: Die mechanischen Eigenschaften von hochfesten Aluminium-legierungen. Rev. Aluminium **28** (1951) 181 353—361; Aluminium **28** (1952) 9 XI.

— Eigenschaften und Anwendung von Reinstaluminium. Alluminio **20** (1951) 4 329—339; Werkstoffe u. Korrosion **5** (1954) 8/9 328.

Benkö, Andor: The influence of alloying constituents on the mechanical properties of aluminium-magnesium-silicon alloys. Aluminium (Hungary) **4** (1952) 5 97—105; Metal Abstr. **20** (1952) Pt. 4 Dec. 238; AB **24** (1953) 2 94.

Brenner, Paul: Aluminium-Zink-Magnesium-Legierungen. Aluminium **28** (1952) 7/8 216—222.

Dudzinski, N.: The Young's moduls, Poisson's ratio, and rigidity modulus of some aluminium alloys. J. Inst. Metals **81** (1952) Pt. 1 Sept. 49—55 10 ref.; Index Aeron. **8** (1952) 12 103.

de Fleury, R.: On the elasticity modulus and the limit of proportionality of the complex compound alumina-aluminium. Métaux Corrosion **28** (1952) April 168—170 4 ref.; Index Aeron. **10** (1954) 5 142.

Fritts, H. W.: Aluminium alloys. Industr. Engng. Chem. **44** (1952) 10 2289—2292 76 ref.; Index Aeron. **9** (1953) 1 84; Aluminium **29** (1953) 4 XVIII.

346

Giles, P. G. and *P. F. Kiddle:* High strength light alloys. Aircr. Engng. **24** (1952) 283 265, 273; Index Aeron. **8** (1952) 11 76.

Hérenguel, J.: Die industriellen Aluminiumlegierungen. Rev. Métallurgie **49** (1952) 11 765—776; Aluminium **29** (1953) 4 XVIII; Nachr. Bl. AGM Leichtbau **2** (1953) 7 9.

Hug, H.: Perunal, eine hochfeste Aluminiumlegierung auf AlZnMgCu-Basis. Aluminium Suisse **2** (1952) 6 203—209; Nachr. Bl. AGM Leichtbau **2** (1953) 4 11.

Jauol, B., F. Aubertin et *C. Crussard:* Sur les propriétés du point de transition des courbes de traction et son influence sur le vieillissement des alliages à base d'aluminium. Rev. Métallurgie **49** (1952) 9 633—646; AB **23** (1952) 11 629.

Loring, B. M., W. H. Baer and *C. G. Ackerlind:* A mischmetal aluminium alloy for elevated temperature service. Naval Res. Lab. Rep. 3871 (USA) Nov. 1951; Metal Progr. **61** (1952) 6 162—166; AB **23** (1952) 7 398.

Lyons, J. V. and *W. I. Pumphrey:* The properties of some binary aluminium alloys at elevated temperatures. Metallurgia **46** (1952) 277 219—226 6 ref.; Index Aeron. **9** (1953) 3 84—85.

Mannchen, W.: Der Einfluß des Mangan-Silizium- und Eisengehalts auf die Festigkeitseigenschaften von Aluminium-Zink-Magnesiumlegierungen. Metall **6** (1952) 1/2 24—26.

Marin, J., L. W. Hu and *J. F. Hamburg:* Plastic stress-strain relations of alcoa 14 S-T 6 for variable biaxial stress ratios. Amer. Soc. for Metals Prepr. 24 Oct. 1952 22 p. 7 ref.; Index Aeron. **8** (1952) 12 95; AB **23** (1952) 11 626; Trans. Amer. Soc. for Metals **45** (1953) 686—709; Aluminium **29** (1953) 7/8 XVI.

Nock, J. A.: Today's aluminium aircraft alloys. SAE Prepr. 830 Oct. 1952 29 p. 12 ref.; Index Aeron. **9** (1953) 4 92. [6.132].

Valeur, J.: The resistance to heat of light alloys. Rev. Aluminium **29** (1952) 192 339—346; Index Aeron. **9** (1953) 1 84.

Wilson, C.: High strength aluminium alloys. Metal Industry **80** (1952) 21 419—421, 22 445—449; Aluminium **28** (1952) 11 XI; Index Aeron. **8** (1952) 8 105; AB **23** (1952) 7 399.

— Alliages légers à très haute résistance: Superalumags T. 45 et T. 60. Trefileries et Laminoirs Du Havre, Editions Métaux Saint-Germain-en-Laye (Seine et Oise).

— Aluminium facts and figures-extrusion. Brit. Alum. Co. 1950 22 p.; AB **23** (1952) 4 235.

— Aluminium Knetlegierung Al Mn. Aluminium Merkblatt W 11. Düsseldorf: Aluminium Verl. 1952 8 S.

— Aluminium-Knetlegierungen Al Cu Mg. Aluminium Merkblatt W 13. Düsseldorf: Aluminium Verl. 1952 8 S.

— Specifications for structures of a moderate strength aluminium alloy of high resistance to corrosion. Proc. ASCE **78** (1952) 132 1—33 28 ref.; Techn. Zbl. Maschinenwes. (1953) 11 971.

Barlow, D. A. and *A. W. Brace:* Compression properties of aluminium alloys. Metal Treatm. & Drop Forging **20** (1953) 96 399—404 4 ref.; AB **24** (1953) 11 708; Index Aeron. **9** (1953) 11 93. [1.442.43].

Bridgewater, M.: Aluminium as a structural material. Engng. **175** (1953) 4559/4560 762—765, 795 6 ref.; Index Aeron. **9** (1953) 9 107.

Durham, R. J.: Stress-strain curves for some NORAL wrought alloys. Aluminium Lab. Res. Bull. No. 2 June 1953.

Elliott, E.: Fortschritte auf dem Gebiet des Aluminiums und seiner Legierungen im Jahre 1952. Metallurgia **47** (1953) 280 73—80; Aluminium **29** (1953) 7/8 XVI.

Finley, E. M.: Bearing strengths of some 75 S-T 6 and 14 S-T 6 aluminium-alloy hand forgings. NACA TN 2883 Jan. 1953 24 p.; AMR **6** (1953) 10 462; AB **24** (1953) 11 721.

Johnson, J. E., D. S. Wood and *D. S. Clark:* Dynamic stress-strain relations for annealed 2 S aluminium under compression impact. Amer. Soc. Mech. Engrs. Prepr. 53-SA-7 June/July 1953 7 p. 20 ref.; Light Metals Bull. **15** (1953) 17 624; Index Aeron. **9** (1953) 8 74; AB **24** (1953) 11 720.

Krupnik, N. and *Hugh Ford:* The stepped stress/strain curve of some aluminium alloys. J. Inst. Metals **81** (1953) Pt. 12 Aug. 601—615; AB **24** (1953) 9 577.

Liu, S. I. and *E. J. Ripling:* Flow and fracture characteristics of the aluminium alloy 24 S-T 4 as affected by strain thermal history. J. Metals **5** (1953) 1 66—68; AB **24** (1953) 3 173.

Marin, Joseph and *H. A. B. Wiseman:* Plastic stress-strain relations for aluminium alloy 14 S-T 6 subjected to combined tension and torsion. J. Metals **5** (1953) 9 Sect. 2 1181—1190; AB **24** (1953) 10 638.

Marin, Joseph and *L. W. Hu:* On the validity of assumptions made in theories of plastic flow for metals (Aluminium alloy 14 S-T 6). Trans. ASME **75** (1953) 6 1181—1190; AB **25** (1954) 10 707.

Navarro, J. u. R. Tertian: Die mechanischen Eigenschaften und die Textur von flachen Strangpreßteilen aus Aluminiumlegierungen. Rev. Aluminium **30** (1953) 202 299—306; Index Aeron. **9** (1953) 12 99; Aluminium **30** (1954) 1 XII.

Panseri, C.: Neuere Fortschritte in der Verwendung von Leichtmetallen. Metallurgia ital. **45** (1953) 7 253—260; Werkstoffe u. Korrosion **5** (1954) 8/9 326.

Phillips, V. A.: Effect of composition and heat treatment on yield-point phenomena in aluminium alloys. J. Inst. Metals **81** (1953) Pt. 12 649—661 11 ref.; Index Aeron. **9** (1953) 10 104.

Ushioda, Toyoji, Osamu Yoshimura and *Taro Toriyama:* Effect of composition on the properties of 61 S alloy. Light Metals (Japan) (1953) 8 47—53; AB **25** (1954) 1 31.

Varela, M. T.: The behaviour of metals at low temperatures Técnica Metalúrgica (Spain) **9** (1953) February 37—45; Light Metals Bull. **15** (1953) 12 447; AB **24** (1953) 9 576.

Williams, W. M. and *R. Eborall:* Critical strain effects in cold-worked wrought aluminium and its alloys. J. Inst. Metals **81** (1953) Pt. 11 July 501—512 7 ref.; Index Aeron. **9** (1953) 9 106.

— Aluminium-Knetwerkstoffe (Übersicht). Aluminium Merkblatt W 2. Düsseldorf: Aluminium Verl. 1953 14 S.

— Aluminium-Knetlegierungen Al Mg und Al Mg Mn. Aluminium Merkblatt W 12. Düsseldorf: Aluminium Verl. 1953 10 S.

— High-temperature strength of aluminium-magnesium alloys. Metal Progress **64** (1953) 2 140, 142, 143; AB **24** (1953) 10 637.

Cuthbertson, J. W. and *E. C. Ellwood:* Improved aluminium-tin bearing alloys. Metal Industry **85** (1954) 5 83—86; AB **25** (1954) 9 632—633.

Elliott, E.: Aluminium and its alloys in 1953 — Some aspects of research and technical progress reported. Metallurgia **49** (1954) 292 82—90; AB **25** (1954) 4 245; Aluminium **30** (1954) 8/9 CLXVI.

Harris, I. R. and *P. C. Varley:* Factors influencing brittleness in aluminium-magnesium-silicon alloys. J. Inst. Metals **82** (1954) Pt. 8 Apr. 379—393 24 ref.; Index Aeron. **10** (1954) 6 136—137; AB **25** (1954) 5 297; Aluminium **30** (1954) 11 CCXII.

Pelzel, E.: Aluminium-Zink-Legierungen. Die mechanischen Eigenschaften von Aluminium-Zink-Legierungen mit 22 bis 70 % Aluminium und der Einfluß verschiedener Zusätze. Metall **8** (1954) 3/4 83—88; AB **25** (1954) 4 232.

Renon-Changarnier, Ch. et *J. Calvet:* Évolution au cours du revenu de la structure et des propriétés de l'alliage RR 57 laminé. Rech. Aéron. (1954) 38 23—42 10 ref.

Sims, R. B.: Yield-stress-strain curves and values of mean yield stress of some commonly rolled materials. J. Iron and Steel Inst. **177** (1954) Pt. 4 393—399; AB **25** (1954) 9 631—632.

v. Zeerleder, Alfred: Production and properties of SAP. Metallurgia Ital. **46** (1954) 1 7—8; Index Aeron. **10** (1954) 5 142.

— Applications of aluminium and aluminium alloys. Metal Progr. **66** (1954) July 52—63, Spec. Nr. 1a.

— Discussion on the properties of aluminium-magnesium-silicon alloys. J. Inst. Metals **82** (1954) Pt. 12 621—630; AB **25** (1954) 10 720—722.

Barrett, Anthony J. and *Maureen E. Michael:* Generalised stress-strain data for aluminium alloys and certain other materials. J. Roy. Aeron. Soc. **59** (1955) 530 152—158 7 ref.; Aeron. Engng. Rev. **14** (1955) 5 183.

Liddiard, E. A. G.: Aluminum-base copper-cadmium alloys. Product Engng. (1955) Jan. 192—196; Aeron. Engng. Rev. **14** (1955) 4 124.

Kriechverhalten   1.323.211.2

Irmann, Roland u. *W. Müller:* Bestimmung der Dauerstandfestigkeit von Aldrey und Rein-Aluminium. Aluminium **17** (1935) 1 7—10.

Müller, W.: Creep strength of stabilized wrought-aluminum alloys. NACA TM 960 Nov. 1940.

Adenstedt, Heinrich: Das Dauerstandverhalten einiger Al-Cu-Mg- und Al-Zn-Mg-Legierungen zwischen 25⁰ und 300⁰ C. Aluminium **25** (1943) 1 13—19.

Bollenrath, Franz u. *Hanns Gröber:* Über das Kriechverhalten einiger Aluminiumlegierungen bei erhöhter Temperatur. Mitt. Dtsch. Akad. d. Luftf. Forsch. (1943) 4; Forsch. Arb. über Kolben vom Prüffeld Mahle-Elektron, Stuttgart-Cannstatt (1946) 9 8 S.

Wellinger, Karl u. *Ernst Keil:* Prüfung von Leichtmetallen bei höherer Temperatur unter ruhender Belastung. Z. Metallkde. (1943) 9; Forsch. Arb. über Kolben vom Prüffeld Mahle-Elektron, Stuttgart-Cannstatt (1946) 9 6 S.

Bollenrath, Franz u. *Hanns Gröber:* Über das Kriechverhalten einiger Aluminium- und Magnesiumlegierungen bei Temperaturen zwischen 90 und 180⁰. Z. Metallkde. **38** (1947) 4 104—111. [1.323.221].

Jackson, L. R., H. C. Cross and *J. M. Berry:* Tensile, fatigue, and creep properties of forged aluminum alloys at temperatures up to 800⁰ F. NACA TN 1469 March 1948. [1.323.211.1], [1.333.2].

Vosskühler, Hugo: Beitrag zur Frage der Definition der Dauerstandfestigkeit von Leichtmetallegierungen. Z. Metallkde. **39** (1948) März 79—87 14 Lit.-St.; Met. Rev. **22** (1949) 2 31.

Dorn, J. E. and *T. E. Tietz:* Creep and stress-rupture investigations on some aluminium alloy sheet metals. ASTM Prepr. 26 1949 17 p. 5 ref.; Met. Rev. **22** (1949) 7 24; Index Aeron. **6** (1950) 8 80.

Johnson, A. E.: The creep of a nominally isotropic aluminium alloy under combined stress systems at elevated temperatures. Metallurgia **40** (1949) 237 125—139; Index Aeron. **6** (1950) 1 73.

Chevigny, R. et *R. Syre:* La résistance au fluage des alliages d'aluminium. Rev. Aluminium **27** (1950) 163 43—47; Index Aeron. **6** (1950) 5 54.

.*Wellinger, Karl* u. *Ernst Keil:* Dauerstandfestigkeit von Reinaluminium und der Al-Mg-Si-Legierung „Pantal" bei 25 und 50⁰ C. Z. VDI **92** (1950) 29 817—820 9 Lit.-St.; Index Aeron. **7** (1951) 6 109; Met. Abstr. **20** (1953) Pt. 12 Aug. 817—818; AB **24** (1953) 10 643.

Jenkins, W. D.: Creep of high-purity aluminium. J. Res. Nat. Bur. Stand **46** (1951) 4 310—317 14 ref.; Index Aeron. **7** (1951) 7 61.

McKeown, J. u. *R. D. D. Lushey:* Dauerstandfestigkeit einiger Aluminium-Legierungen bei Temperaturen bis zu 300⁰. Metallurgia **43** (1951) 15—19; Aluminium **27** (1951) 1 II.

Sherby, O. D. u. *J. E. Dorn:* Der Einfluß des Kaltwalzens auf das Kriechverhalten verschiedener Aluminium-Legierungen. Trans. Amer. Soc. Metals **43** (1951) 611—634; Nachr. Bl. AGM Leichtbau **1** (1952) 6 9.

Vosskühler, Hugo: Einfluß einiger Herstellungsbedingungen auf die Dauerstandfestigkeit von Leichtmetallegierungen. Z. Metallkde. **42** (1951) 5 141—147. [1.323.20].

Vosskühler, Hugo: Die Dauerstandfestigkeit der Aluminium-Knetlegierungen. Metall **5** (1951) 7/8 135—141.

Wyon, G. and *C. Crussard:* Alterations of the structure of aluminium during creep. Rev. Metallurgie **48** (1951) Feb. 121—130 14 ref.; Index Aeron. **8** (1952) 2 94.

v. Burg, E.: Dauerstandversuche an geknetetem Anticorodal B, Avional-23 ausgehärtet und Peraluman-50 weich: bei 26, 100 u. 130⁰ C. Schweiz. Arch. **18** (1952) 3 73—86; AB **23** (1952) 7 396.

Carter, J. J., D. N. Mends and *J. McKeown:* The creep and fatigue properties of two commercial aluminium bronzes at 500 deg. C. Metallurgia **45** (1952) 272 273—281; Index Aeron. **8** (1952) 9 90. [1.333.2].

Jaoul, B. and *C. Crussard:* Relation between the tensile and creep strains, and recrystallization. Metallurgia Ital. **44** (1952) 5 175—192; Index Aeron. **8** (1952) 8 105.

Johnson, A. E. and *N. E. Frost:* The temperature dependence of transient and secondary creep of an aluminium alloy to British Standard 2 L 42 at temperatures between 20 deg. and 250 deg. C. and at constant stress. J. Inst. Metals **81** (1952) Pt. 2 Oct. 93—107 13 ref.; Index Aeron. **8** (1952) 12 103—104; Aluminium **29** (1953) 4 XIX.

Lubahn, J. D.: Creep-tension relations at low temperatures of metals (copper and 61 S-T aluminium alloy). ASTM Prepr. 71 1952 28 p.; Met. Abstr. **20** (1953) Pt. 12 Aug. 819; AB **24** (1953) 10 644.

McLean, D.: Crystal slip in aluminium during creep. J. Inst. Metals **81** (1952) 3 133—144 18 ref.; Index Aeron. **9** (1953) 2 72.

McLean, D.: Creep processes in coarse-grained aluminium. J. Inst. Met. **80** (1952) Pt. 9 May 507—519 23 ref.; Index Aeron. **8** (1952) 7 98; AB **23** (1952) 6 341.

Richards, T. L. and *D. E. Yoemans:* Low-stress torsional creep properties of pure aluminium. J. Inst. Metals Bull. **1** (1952) Pt. 12 Aug. 106; AB **23** (1952) 10 573.

Robinson, A. T., T. E. Tietz and *J. E. Dorn:* The function of alloying elements in the creep resistance of alpha solid solutions of aluminium. Amer. Soc. for Metals Prepr. 12 W Jan./Feb. 1952 33 p. 11 ref.; Index Aeron. **8** (1952) 9 92.

Schwope, A. D., F. R. Shober and *L. R. Jackson:* Creep in metals. NACA TN 2618 1952; Mater. & Meth. **35** (1952) 6 193—194; AB **23** (1952) 7 397.

Betteridge, W.: The low-stress torsional creep properties of pure aluminium. J. Inst. Metals **82** (1953) Pt. 4 Dec. 149—161 21 ref.; AB **25** (1954) 2 92; Index Aeron. **10** (1954) 3 106.

Carlson, R. L. and *A. D. Schwope:* An experimental investigation of the creep properties of aluminum at elevated temperatures. Proc. First Midwestern Conference Solid Mechanics, Engng. Exp. Stat. Univ. Illinois Apr. 1953 180—183; AMR **7** (1954) 7 306; AB **25** (1954) 8 544.

Giedt, W. H., O. G. Sherby and *J. E. Dorn:* The effect of dispersions on the creep properties of aluminium copper alloys. Amer. Soc. Mech. Engrs. Prepr. 53-A-78 Nov./Dec. 1953 7 p. 9 ref.; Index Aeron. **10** (1954) 3 111.

Chang, Hsing C. and *N. J. Grant:* Mechanism of creep deformation in high-purity aluminium at high temperatures. J. Inst. Metals **82** (1954) Pt. 6 Febr. 229—235 12 ref.; Index Aeron. **10** (1954) 4 110; AB **25** (1954) 4 237.

Frenkel, R. E., O. D. Sherby and *J. E. Dorn:* Effect of cold work on the high-temperature creep properties of dilute aluminum alloys. U. S. Atomic Energy Commission Publ. NP 4829 1954 10 p.; Metal Abstr. **22** (1954) Pt. 1 25—26; AB **25** (1954) 11 791.

Giedt, W. H., O. C. Sherby and *J. E. Dorn:* The effect of dispersions on creep properties of aluminium-copper alloys. Mech. Engng. **76** (1954) 4 367; AB **25** (1954) 5 298; Trans. ASME (1955) Jan. 57—63.

Guarnieri, G. J.: The creep-rupture properties of aircraft sheet alloys subjected to intermittent load and temperature. ASTM Bull. 198 1954 p. 27; AB **25** (1954) 6 382.

Heimerl, G. J.: Time-temperature parameters and an application to rupture and creep of aluminium alloys. NACA TN 3195 June 1954 35 p.; Index Aeron. **10** (1954) 10 151; J. Roy. Aeron. Soc. **58** (1954) 525 660.

Mathauser, Eldon and *William A. Brooks jr.:* An investigation of the creep lifetime of 75 S-T 6 aluminium-alloy columns. NACA TN 3204, July 1954 28 p.; AMR **7** (1954) 12 534; AB **25** (1954) 12 864; J. Roy. Aeron. Soc. **58** (1954) 527 798. [1.342.31].

McKeown, J., R. Eborall and *R. D. S. Lushey:* The creep properties of 99.8 % purity aluminium at 20—80⁰ C. and at 250 and 450⁰ C. Metallurgia **50** (1954) 297 13—15; AB **25** (1954) 9 636; Index Aeron. **10** (1954) 9 126.

Sherby, O. D., R. Frenkel, J. Nadeau and *John E. Dorn:* Effect of stress on the creep rates of polycrystalline aluminum alloys under constant structure. J. Metals **6** (1954) 2 275—279; AB **25** (1954) 3 165; Aluminium **30** (1954) 6 CXXI.

Sherby, O. D., A. Goldberg and *J. E. Dorn:* Effect of prestrain histories on the creep and tensile properties of Aluminum. Trans. Amer. Soc. for Metals **46** (1954) 681—700; Aluminium **30** (1954) 8/9 CLXVII.

— Discussion on creep. J. Inst. Metals **82** (1954) Pt. 12 603—609; AB **25** (1954) 10 708.

— Discussion on creep correlations of metals at elevated temperatures. J. Metals Sect. 2 **6** (1954) 11 1318—1322; AB **25** (1954) 12 872—873.

— Das Kriechverhalten von Al 99,8 bei 20 bis 80, 250 und 450⁰ C. Aluminium **30** (1954) 12 535.

Gußlegierungen   1.323.212

v. Schwarz, M.: Neue selbstveredelnde Aluminium-Gußlegierungen mit hoher Elastizitätsgrenze. ZFM **19** (1928) 16 361—364.

Sachs, G.: Fortschritte im Leichtmetallguß für hohe Beanspruchungen. Z. VDI **77** (1933) 5 115—120. [1.333.2].

Haas, B. u. *E. Schiedt:* Zusammenhang zwischen Röntgenbefund und Festigkeit bei Leichtmetallformguß. 1. Teilbericht: Versuche an Motortragringen aus Silumin-Gamma. ZWB FB 799/1 1937 21 S.

Piwowarsky, Eugen: Leichtmetallguß. Z. VDI **81** (1937) 30 892—893.

v. Zeerleder, Alfred: Die Ausscheidungshärtung von Aluminiumgußstücken. Aluminium **19** (1937) 53—57.

Herrmann, L.: Schrumpfung und Schwindung einiger Aluminium-Gußlegierungen. Aluminium **20** (1938) 3 182—187.

Höhne, F.: Erfahrungen mit der Aluminium-Gußlegierung „T SS 3". Aluminium **21** (1939) 6 429—437.

Irmann, Roland: Aushärtung von Aluminium-Gußlegierungen. Aluminium **21** (1939) 6 421—429.

Eastwood, L. W. and *L. W. Kempf:* Aluminum-zinc-magnesium-copper casting alloys. NACA ARR (WR W-31) July 1941.

Gürtler, G. u. *W. Jung-König:* Warmfestigkeit von Aluminium Gußlegierungen. Aluminium **24** (1942) 5 166—169.

Ohmann, Einar: Aluminiumlegeringar för gjutgods. Tekn. T. **74** (1944) 23 710—714; Luftwissen **11** (1944) 8 233.

Bollenrath, Franz u. *Hanns Gröber:* Untersuchungen an Aluminium-Gußlegierungen mit Kupfer und Silizium. Z. Metallkde. **37** (1946) 4/5 111—122.

Lees, D. C. G.: The hot tearing tendencies of aluminium casting alloys. J. Inst. Metals **72** (1946) 343.

— Noral Handbook. Section E-Castings. Northern Aluminium Company (NORAL) London May 1946 16 p.

— Aluminium alloy castings. Their production and application. Aluminium Industries, Cincinnati, Ohio 1947 79 p.

Hodge, Webster, L. W. Eastwood, C. H. Lorig and *H. C. Cross:* Development of cast aluminum alloys for elevated-temperature service. NACA TN 1444 Jan. 1948.

Moore, R. L.: Bearing strengths of some aluminum-alloy sand castings. NACA TN 1523 Aug. 1948.

Pumphrey, W. I. and *P. H. Jennings:* High-temperature tensile properties of cast aluminium-silicon alloys and their constitutional significance. J. Inst. Metals **75** (1948) Dec. 203—233 12 ref.; Met. Rev. **22** (1949) 3 25.

v. Zeerleder, Alfred: Der moderne Leichtmetall-Formguß. Berg- u. Hüttenmänn. Mh. **93** (1948) 8/11 198—203.

DePierre, Vincent and *Harold Bernstein:* Grain refinement in cast aluminium. Iron Age **163** (1949) 20./1. 66—70; Met. Rev. **22** (1949) 3 27.

Gürtler, Gustav u. *Herta Weigelt:* Kalt- und Warmaushärtung einer Aluminium-Silizium-Magnesium-Gußlegierung. Z. Metallkde. **40** (1949) 4 147—155.

Meyer-Räßler, Erich: Festigkeitseigenschaften verschiedener Druckguß-Werkstoffe. Z. Metallkde. **40** (1949) 10 355—358.

Sage, S. A. J.: Aluminium castings. Metallurgia **39** (1949) Febr. 202—205; Met. Rev. **22** (1949) 5 43.

Sicha, W. E.: Commercial aluminium casting alloys. Amer. Soc. for Metals "Phys. Metallurgy of aluminium alloys" 1949 129—166; Met. Rev. **22** (1949) 5 29.

Siebel, Gustav: Über die technologischen Eigenschaften von Aluminium-Kupfer-Silizium-Magnesium-Gußlegierungen. Z. Metallkde. **40** (1949) 9 349—354.

Spear, R. E. and *L. J. Ebert:* Heat treatment of aluminium casting alloys. Iron Age **163** (1949) 10./3. 110—117 22 ref.; Met. Rev. **22** (1949) 4 45.

— Die casting aluminium and magnesium alloys Part 2. Selecting the aluminium or magnesium die-casting alloy. Modern Metals **4** (1949) Jan. 18—21; Met. Rev. **22** (1949) 3 42. [1.323.222], [2.2].

Thorpe, P. L. a. o.: The mechanical properties of some wrought and cast aluminium alloys at elevated temperatures. J. Inst. Metals **77** (1950) Pt. 2 Apr. 111—140 3 ref.; Index Aeron. **7** (1951) 9 113.

Ziegler: Aluminium-Druckgußlegierungen. Metall **4** (1950) 11/12 223—225.

— Aluminium alloy castings. A. D. A. Inform. Bull. No. 17 May 1950 45 p.

Fenn, A. P.: D. T. D. 424 — The versatile light alloy. (Confer. Inst. Brit. Foundrymen June 1951) ADA Repr. 35 14—20; AB **23** (1952) 6 319.

Lees, D. C. G.: The casting characteristics of some aluminium alloys. A. D. A. Repr. No. 35 1951.

Martin, Wayne: 12,000 Psi yield strength required of permanent mold casting. Precision Metal Molding **9** (1951) Sept. 59, 90; Met. Rev. **24** (1951) 11 27. [1.323.222].

McGee J. C.: Neue Aluminiumgußlegierung „ML" der amerikanischen Luftwaffe. Light Metal Age **9** (1951) 7/8 17—18, 20; Aluminium **28** (1952) 5 XII.

McGee, J. C.: ML aluminium casting alloy — a material for elevated temperatures. Techn. Data Dig. **16** (1951) 8 6—7; Index Aeron. **7** (1951) 12 133.

Seeger, G.: Residual stresses in continuously cast aluminium alloy bars. Gießerei **38** (1951) 14 325—329; Metal Abstr. **19** (1952) Pt. 12 Aug. 827; AB **23** (1952) 10 557.

Smith, F. H.: Production and properties of aluminium casting alloys. A. D. A. Repr. No. 35 1951.

Dodd, R. A.: Residual stresses in aluminium alloy sand castings. J. Inst. Metals **81** (1952) Pt. 2 Oct. 77—81.

Finlay, K. F.: Light metal castings for aircraft structures. Metal Progress **61** (1952) 1 Jan. 81—83.

Saulnier, A.: Application of microhardness tests to some constituents of binary cast aluminium alloys. Rev. Aluminium (1952) 191 301—307 3 ref.; Index Aeron. **8** (1952) 12 104.

Vosskühler, Hugo: Untersuchungen an gegossenen Aluminium-Zylinderkopf-Legierungen. Aluminium **28** (1952) 4 99—106; AB **23** (1952) 5 281.

Grand, M. Louis: Etude d'une pièce moulée en alliages légers soumise à des efforts statiques et dynamiques. Fonderie (Paris) **86** (1953) Mars 3344—3350; AB **24** (1953) 5 303. [1.333.2].

Grand, L.: Some notes on the study of the casting alloy A-Z 5 G. Rev. Aluminium **30** (1953) 204 385—390; Index Aeron. **10** (1954) 2 89.

Kato, Masao, Yashuji Nakamura, Shoo Yanagisawa and *Jiro Komatsu:* Study of aluminium- 10 % magnesium casting alloy (report I—II). Light Metals (Japan) **9** (1953) 9 9, 92—100; AB **25** (1954) 3 146.

Tétart: L'évolution des alliages légers et des procédés de fonderie. Techn. et Sci. Aéron. (1953) 6 343—348.

Bernstein, H.: Investigation of the grain coarsening behavior of some aluminium alloys. J. Metals **6** (1954) 5 603—606 (Sect. 2 Trans. AIME); Aluminium **30** (1954) 11 CCXIII.

Colwell, D. L. and *E. Trela:* New aluminum die casting alloys. Foundry **82** (1954) 6 142; AB **25** (1954) 6 356.

Irmann, Roland: Gesichtspunkte bei Bestellung und Lieferung von Aluminiumguß. Technica, Basel **3** (1954) 5 197—220, 6 253—256; Aluminium **30** (1954) 6 CXXI.

Saia, A., S. Lipson and *H. Rosenthal:* Induction melted aluminum alloys. Foundry **82** (1954) 8 84—87, 208, 210; AB **25** (1954) 9 602—603.

Smith, C. O.: Mechanical properties of aluminum die casting alloys. Foundry **82** (1954) 6 142; AB **25** (1954) 6 382.

— Aluminium-Gußlegierungen (Übersicht). (Aluminium Merkblatt W 3.) Düsseldorf: Aluminium Zentr. Nov. 1954 12 S.

Mascré, C.: Influence du fer et du manganèse sur les alliages du type de l'A-S 13. Fonderie (1955) 108 4330—4336; Aluminium **31** (1955) 6 A 131.

Vosskühler, Hugo: Aluminium-Gußlegierung hoher Dauerstandfestigkeit mit Magnesium und Silizium. Aluminium **31** (1955) 5 219—222.

Aluminium-Sinterwerkstoffe   1.323.213

Bickerdike, R. L.: Aluminium compoments. Symposium on powder metallurgy. Iron & Steel Inst. Special. Rep. 38 1947 208 p. 12 ref.; Index Aeron. **8** (1952) 55.

Singer, P. and *H. Thurnauer:* Sinteralumina. Metallurgia **36** (1947) 215—216, 237—242, 313—315; Index Aeron. **4** (1948) 3 50.

Nachtigall, Eduard: Stand der Pulvermetallurgie der Leichtmetalle. Berg- u. Hüttenmänn. Mh. **93** (1948) 8/11 214—219.

Irmann, Roland: Über einen neuen Sinterwerkstoff aus Aluminium mit hoher Warmfestigkeit. Leichtmetall **3** (1950) 1/2 21—25.

Irmann, Roland, Alfred v. Zeerleder u. *F. Rohner:* SAP, Eigenschaften von warmgepreßten Sinterkörpern aus Aluminiumpulver. Festschrift Mirko Roš 1950 77—83.

van de Loo, K. J.: SAP, an aluminium powder-metallurgy product. Metalen **4** (1950) 7 149—153; Metallurgical Abstr. **19** (1952) 12 841.

v. Zeerleder, Alfred: Über Sintern von Aluminium-Legierungen. Z. Metallkde. **41** (1950) 8 228—231.

— Some thoughts on powder metallurgy. Light Metals **13** (1950) No. 146, 148.

Boenisch, Edith u. *Wilhelm Wiederholt:* Untersuchungen an gesintertem Aluminium. Z. Metallkde. **42** (1951) 11 344—348; AB **23** (1952) 5 291.

Irmann, Roland: L'aluminium fritté à haute résistance à la chaleur. Rev. Aluminium **28** (1951) 179 269—275, 180 311—316; Index Aeron. **8** (1952) 4 85.

Irmann, Roland: Gesintertes Aluminium mit hoher Warmfestigkeit. Aluminium **27** (1951) 2 29—36 2 Lit.-St.; Techn. Rdsch. (Bern) **43** (1951) 19 1—4; Index Aeron. **8** (1952) 3 90; Werkstatt u. Betrieb **85** (1952) 8 367; Nachr. Bl. AGM Leichtbau **1** (1952) 5 11.

Victor, M.: Les extraordinaires caractéristiques de l'aluminium pur fritté. Rev. Aluminium **28** (1951) 179 267—268.

Gregory, E. and *N. J. Grant:* How good is SAP? — Aluminium powder products compared. Iron Age **170** (1952) 26 69—73 6 ref.; Index Aeron. **9** (1953) 3 84. Stahl u. Eisen **73** (1953) 9 597.

Irmann, Roland: Sintered aluminium with high strength at elevated temperatures. Metallurgia **46** (1952) 275 125—133.

Lyle, J. P. jr.: Excellent products of aluminium powder metallurgy. Metal Progr. **62** (1952) 6 109—112; Index Aeron. **9** (1953) 3 85; Aluminium **29** (1953) 4 XVIII.

Roberts, J. P.: A microscopical investigation of mechanical breakdown in sintered aluminium oxide, including observations on reflected light examination. Ceramics and glass, Select Govmt. Res. Rep. **10** (1952) 15—29 15 ref; Index Aeron. **9** (1953) 6 84; Chem. Abstr. **48** (1954) 1 338; AB **25** (1954) 2 72.

Roberts, J. P. and *W. Watt:* Mechanical properties of sintered alumina tensile test pieces. Ceramics and glass, Select. Govmt. Res. Rep. **10** (1952) 51—56 3 ref.; Index Aeron. **9** (1953) 6 84; Chem. Abstr. **48** (1954) 1 338; AB **25** (1954) 2 72.

Seith, W. u. *G. Löpmann:* Über die Diffusion von Metallen in gesinterten Al-Proben. Z. Elektrochemie **56** (1952) 4 373—379.

v. Zeerleder, Alfred: SAP, nouveau matériau fabriqué à partir de poudre d'aluminium frittée à chaud. Métaux Corrosion **27** (1952) 322 274—277.

— Powder metallurgists at Austrian Seminar discuss new sintered aluminium powder, tungsten and molybdenum silicides. J. Metals **4** (1952) 9 924—925.

— Sintered aluminium displays unusual heat strength. Chem. Engrs. News **30** (1952) 33 3442.

— Sintered aluminium powder. The development of SAP. Metal Industry **81** (1952) 8 143—146.

Eisenkolb, Friedrich u. *Walter Richter:* Einige Untersuchungen an gesinterten Verbundwerkstoffen aus metallischen und nichtmetallischen Bestandteilen. S. A. aus Wiss. Z. Techn. Hochschule Dresden **3** (1953/54) 1 71—80; Stahl u. Eisen **74** (1954) 15 972.

Haertlein, J. B. u. *J. F. Sachse:* Aluminium-Pulver-Metallurgie. Modern Metals **9** (1953) 8 54, 55, 58, 60, 61; Aluminium **30** (1954) 1 XI.

Ryshkewitsch, Eugene: Druckfestigkeit von gesintertem Aluminium- und Zirkonoxyd mit bestimmter Porigkeit. J. Amer. Ceram. Soc. **36** (1953) 2 65—68; Stahl u. Eisen **73** (1953) 9 595.

Tacvorian, S.: Modern refractory materials: Alumina-chrome or "Chromal". Rech. Aéron. (1953) 33 51—56 11 ref.; Index Aeron. **9** (1953) 11 84.

v. Zeerleder, Alfred: Neuere Entwicklung der Pulvermetallurgie von Aluminium. Pulvermetallurgie. 1. Plansee Seminar „DE RE METALLICA" 1953 211—220.

v. Zeerleder, Alfred: Aluminium in powder metallurgy. Modern Metals **8** (1953) 12 40, 42, 44.

Gregory, Eric and *Nicholas J. Grant:* High temperature strength of wrought aluminium powder products. J. Metals **6** (1954) 2 247—252; AB **25** (1954) 3 134—135; Aluminium **30** (1954) 5 CI.

Irmann, Roland: Eigenschaften und Anwendungen von gesintertem Aluminium. Aluminium Suisse **4** (1954) 1 24—32; AB **25** (1954) 3 134; Werkstoffe u. Korrosion **5** (1954) 12 516.

Irmann, Roland: Gesintertes Aluminiumpulver. Schweiz. Arch. **20** (1954) 10 327—334; Aluminium **31** (1955) 2 A 33.

— Sintered aluminum oxide. Mater. & Meth. **39** (1954) 5 231; AB **25** (1954) 6 354.

Magnesiumlegierungen   1.323.22

Knetlegierungen   1.323.221

de Ridder, E. J.: The use of electron metal in airplane construction. NACA TM 608 Febr. 1931.

Aitchison, Leslie: Light alloys for aeronautical purposes with special reference to magnesium. J. Roy. Aeron. Soc. **38** (1934) 281 382—422; Luftwissen **1** (1934) 7 212.

Bungardt, Karl: Magnesium und seine Legierungen. Z. VDI **81** (1937) 45 1289—1293.

Bungardt, Karl: Eigenschaften und Verwendungsmöglichkeiten von Magnesiumlegierungen. Z. VDI **81** (1937) 52 1487—1490.

Bungardt, Karl: Neuere Fortschritte und Erfahrungen im Ausland über die Eigenschaften von Magnesiumlegierungen. ZWB FB 793 1937 31 S.; Luftf. Forsch. **14** (1937) 10 527—535; Aircr. Engng. **10** (1938) 107 25.

Goto, Masahura, Mosu Nito and *Hirosi Asada:* Some properties of magnesium alloys. Aeron. Res. Inst. Imp. Univ. Tokyo Rep. 148 1937; Aircr. Engng. **9** (1937) 102 225.

Houghton, J. L. and *W. E. Prytherel:* Magnesium and its alloys. London: HMSO 1937; Aircr. Engng. **9** (1937) 104 275.

de Ridder, E. J.: Magnesium und seine Legierungen. Techn. Mitt. HdT (Essen) **31** (1938) 22/23 518—526.

Buchmann, Walter: Festigkeitseigenschaften von Magnesiumlegierungen. „(Beck): Magnesium", Berlin: Springer 1939 131—271.

Kufferath, A.: Magnesium alloys for the industry. The production and treatment of the lightest known metallic constructional materials. Aircr. Engng. **11** (1939) 122 149—150.

— 30 Jahre Elektron. Firmenschrift IG-Bitterfeld. 1939.

Renner, Kurt: Eigenschaften der Magnesium Legierungen für Konstruktion und Werkstattverarbeitung. Luftwissen **8** (1941) 7 218—223, 8 251—255.

Aitchison, C. S. and *James A. Miller:* Tensile and compressive tests of magnesium alloy. J-1 sheet. NACA TN 913 Dec. 1943.

Sharp, W. H. and *R. L. Moore:* Bearing tests of magnesium-alloy sheet. NACA TN 897 June 1943.

Öhmann, Einar: Magnesiumlegeringarna och deras tekniska användning. Tekn. T. **74** (1944) 17b 513—520; Luftwissen **11** (1944) 7 203.

Goddard, G.: The manipulation of magnesium alloy sheet and extrusions. A review of published information to august 1945. London: F. A. Hughes & Co. and Magnesium Elektron Aug. 1945 18 p. 32 ref. [1.421], [1.423].

Winston, A. W.: Effect of aging aircraft structures on magnesium parts. NACA TN 979 Apr. 1945.

— A review of published data on compression strength of magnesium alloys. London: F. A. Hughes & Co. and Magnesium Elektron 1945 4 p.; Index Aeron. **4** (1948) 6 73.

McDonald, J. C. and *A. F. Moore:* Tensile and creep strength of some magnesium-base alloys at elevated temperatures. Proc. ASTM **46** (1946) 970—988; BA, B I (1948) Sept. 495.

Bollenrath, Franz u. *Hanns Gröber:* Über das Kriechverhalten einiger Aluminium- und Magnesiumlegierungen bei Temperaturen zwischen 90 und 180⁰. Z. Metallkde. **38** (1947) 4 104—111. [1.323.211.2].

Cornet, I.: Factors affecting the tensile notch sensitivity of magnesium-base alloy extrusions. Metals Technol. **15** (1948) 2419 23 p.; AMR **2** (1949) 8 180.

McDonald, John C.: Tensile, creep and fatigue properties at elevated temperatures of some magnesium-base alloys. Proc. ASTM **48** (1948) 737—753, disc. 774; Met. Rev. **22** (1949) 6 27. [1.333.3].

Pannell, Ernest V.: Magnesium, its production and use. 2. ed. London: Pitman 1948 189 p.; Met. Rev. **22** (1949) 6 55.

Siebel, Gustav: Über die Weiterentwicklung von Magnesiumlegierungen. Z. Metallkde. **39** (1948) 4 97—105; Met. Rev. **22** (1949) 3 27.

Voßkühler, Hugo: Die Dauerstandfestigkeit der Magnesiumlegierungen. Z. Metallkde. **39** (1948) 7 193—204.

— Elektron magnesium alloys. London: F. A. Hughes & Co. and Magnesium Elektron 1948.

Ball, C. J. P.: Magnesium-zirconium alloys: Mechanical properties at elevated temperatures. Metal Industry **75** (1949) 8 152—153; Index Aeron. **6** (1950) 1 78.

Emley, E. F.: Non-metallic inclusions in magnesium-base alloys and the Flux-refining process. J. Inst. Metals **75** (1949) Pt. 6 Febr. 431—480 28 ref.; Index Aeron. **6** (1950) 7 68.

Emley, E. F.: Non-metallic inclusions in magnesium-base alloys containing zirconium. J. Inst. Metals **75** (1949) Pt. 6 Febr. 481—512 8 ref.; Index Aeron. **6** (1950) 7 69.

Ernst, Theodor u. *Fritz Laves:* Über die Verformung des Magnesiums und seiner Legierungen. Z. Metallkde. **40** (1949) 1 1—12; Met. Rev. **22** (1949) 5 48.

Hobbs, J. T. jr.: Grain control in wrought aluminum and magnesium products. Amer. Soc. for Metals, "Grain Control in Industrial Metallurgy" 1949 209—271; Met. Rev. **22** (1949) 7 26. [1.323.210].

Jackson, J. H., P. D. Frost, A. C. Loonam, L. W. Eastwood and *C. H. Lorig:* Magnesium-lithium base alloys — preparation, fabrication and general characteristics. J. Metals **1** (1949) 3 Febr. 149—168; Met. Rev. **22** (1949) 3 25.

Mellor, G. A. and *R. W. Ridley:* The creep strength at 200 C. of some magnesium alloys containing cerium. J. Inst. Metals **75** (1949) April 679—692; Met. Rev. **22** (1949) 7 24.

Schuette, E. H.: ZK 60: An improved magnesium extrusion alloy. SAE Prepr. 383 1949 13 p. 4 ref.; Index Aeron. **6** (1950) 2 68.

Sully, J.: Magnesium alloys — British developments and applications. Metal Industry **74** (1949) 17 327—329, 367—368; Index Aeron. **5** (1949) 7 79; Met. Rev. **22** (1949) 7 56.

— Advances in magnesium technology. Light Metals **12** (1949) 132 24—28; Index Aeron. **5** (1949) 4 62; Met. Rev. **22** (1949) 3 25.

— Advances in magnesium technology. Canad. Metals & Metallurg. Industries
12 (1949) Apr. 30; Met. Rev. 22 (1949) 6 27.

— The advantages of magnesium extrusions in design and assembly. Magaz.
Magnesium (1949) Febr. 2—5; Met. Rev. 22 (1949) 4 54.

Johnson, A. E.: The creep of a nominally isotropic magnesium alloy at normal
and elevated temperatures under complex stress systems. Metallurgia 42
(1950) 252 249—262 16 ref.; Index Aeron. 7 (1951) 1 69.

Lott, W.: Einfluß von Gefüge-Inhomogenitäten auf die Warmverformungsfähig-
keit von Magnesium-Aluminium-Legierungen. Metall 4 (1950) 21/22
458—463.

Nishiyama, Zenji, and *Shin-ichi Nagashima:* The age-hardening of magnesium-
rich magnesium-lead alloy. J. Inst. Metals (Japan) 14 B (1950) 4 15—18; Chem.
Abstr. 46 (1952) 16 7498; AB 23 (1952) 10 586.

Schneider, A.: Über den Aufbau und die technische Herstellung korrosionsfester
Magnesium-Mangan-Legierungen. Metall 4 (1950) 9/10 178—183.

Wilkinson, R. G. and *F. A. Fox:* The hot working of magnesium and its alloys.
J. Inst. Metals 76 (1950) Part 5 473—500 24 ref.

Piper, T. E.: Warmbearbeitung von Aluminium- und Magnesiumlegierungen.
Trans. Amer. Soc. for Metals 43 (1951) 1013—1032; Aluminium 28 (1952) 7/8
XIII. [1.323.211.1].

Sauerwald, F.: Die Magnesiumpreß- und Schmiedelegierungen mit Zirkonium.
Metall 5 (1951) 5/6 101—103.

Teed, P. L.: Aircraft metallic materials under low temperature conditions. J. Roy.
Aeron. Soc. 55 (1951) 482 61—80 20 ref.; Index Aeron. 7 (1951) 10 79. [1.322.11].

Warrington, H. G.: Canadian progress in magnesium extrusion alloys. Modern
Metals 7 (1951) 10 23—27.

— Elektron magnesium alloys. (Excluding zirconium-containing alloys.)
Magnesium Elektron Manchester 55 p.

— Elektron magnesium-zirconium alloys. Manchester: Magnesium Elektron
Nov. 1951 35 p.; AB 23 (1952) 10 589.

Leontis, T. E.: Properties of magnesium-thorium and magnesium-thorium-
cerium alloys. J. Metals 4 (1952) 3 287—294; AB 23 (1952) 4 233.

Leontis, T. E.: Effect of zirconium on magnesium-thorium and magnesium-
thorium-cerium alloys. J. Metals 4 (1952) 6 633—642; AB 23 (1952) 7 414.

Siebel, Gustav: Die technischen Magnesiumlegierungen und die magnesium-
haltigen Aluminiumlegierungen. Z. Metallkde. 43 (1952) 7 238—244 132 Lit.-St.

Smallman-Tew, R.: Magnesium in aircraft. Canad. Metals 15 (1952) 7 22, 24; 9
24, 26; AB 23 (1952) 8 461, 10 584.

— The magnesium symposium, a handbook of basic information on the
industrial application of magnesium alloys. U. S. Dept. of Commerce. Office
of Techn. Services. Amer. Metal Market 59 (1952) 97 11; AB 23 (1952) 7 417.
[6.132].

— New magnesium alloy. Metal Industry 81 (1952) 9 169—170; Index Aeron. 8
(1952) 11 78; AB 23 (1952) 10 588.

Cornillon, J. and *M. Yon-Chalmette:* Progress in the application of magnesium
alloys. Docaéro (1953) 22 39—51 7 ref.; Index Aeron. 9 (1953) 11 97.

Ghaswala, S. K.: Magnesium alloy structures. Publ. Int. Ass. Bridge & Struct.
Engng. 13 (1953) 95—124; Metal Abstr. 21 (1954) 12 1119; AB 25 (1954) 10 725.
[6.272].

Mann, K. E.: Die Weiterentwicklung der Magnesiumlegierung in den USA und
England. Metall 7 (1953) 15/16 613—614.

Millward, H. J.: Founding magnesium-zirconium alloys. Metal Industry 83 (1953)
5 83—85 3 ref.; Index Aeron. 9 (1953) 10 106.

Wilkinson, R. G.: The present status of magnesium and its alloys. Metallurgia **48** (1953) 290 282—288 13 ref.; Index Aeron. **10** (1954) 3 113; AB **25** (1954) 2 106.
— Magnesium relaxation data. The Mag. Magnesium (1953) May 17; AB **24** (1953) 7 465.
— Magnuminium technical data. High Duty Alloys Ltd. 1953 25 p.; AB **25** (1954) 2 105.
— Reducing weight with magnesium plate. Mag. Magnesium (1953) May 12—16; AB **24** (1953) 7 464.
Baker, Hugh: Tensile and creep properties at elevated temperatures of some magnesium-base wrought alloys. ASTM Bull. 198 1954 27; AB **25** (1954) 6 401—402.
Lasch, L.: Elektron magnesium and elektron magnesium-zirconium alloys for aircraft and aero-engines. J. Soc. Licensed Aircr. Engrs. **3** (1954) 3 3—13; Index Aeron. **10** (1954) 7 140. [1.323.222].
Roberts, C. S.: Creep behaviour of magnesium-cerium alloys. J. Metals Trans. Sect. **6** (1954) 5 634—640; AB **25** (1954) 6 404.
Sauerwald, Franz: Der Stand der Entwicklung der Zwei- und Vielstofflegierungen auf der Basis Magnesium-Zirkon und Magnesium-Thorium-Zirkon. Z. Metallkde. **45** (1954) 5 257—269 149 Lit.-St.; AB **25** (1954) 7 482—483. [1.323.222].
Sauerwald, Franz: Magnesium pressed and forged alloys with zirconium. Ministry of Supply, Techn. Inform. Bureau Translat. 4355 Aug. 1954 7 p. 11 ref.; Aeron. Engng. Rev. **14** (1955) 2 116.
Sauerwald, Franz: Magnesium rolled alloys with zirconium. Ministry of Supply, Techn. Inform. Bureau Translat. 4356 Sept. 1954 13 p.; Aeron. Engng. Rev. **14** (1955) 2 116.
Warrington, H. G.: Some characteristics of magnesium alloys containing thorium. Light Metals **17** (1954) 194; AB **25** (1954) 6 401.
— Magnesium alloys for elevated temperature applications. Mag. Magnesium (1954) Aug. 13.

Gußlegierungen 1.323.222

Spitaler, P.: Guß- und Knetlegierungen auf Magnesiumgrundlage. Ringb. Luftf. Techn. II C 6 Jan. 1938 14 S.
Weidig, W.: Neuere Reihenuntersuchungen an Flugzeugteilen aus Magnesium Sandguß. Jb. 1940 Dtsch. Luftf. Forsch. I 1090—1094.
Moore, R. L.: Bearing strength of some sand-cast magnesium alloys. NACA TN 1136 Febr. 1947.
Siebel, Gustav: Über die Kornverfeinerung von Magnesium-Gußlegierungen. Metall (1948) 21/22 357—363; Glückauf **85** (1949) 5/6 104.
McKenning, F.: Magnuminium castings. Machinery Lloyd (Overseas) **21** (1949) 23./4. 80—84; Met. Rev. **22** (1949) 7 45.
Sauerwald, Franz: Über die Beeinflussung der Erstarrungskristallisation von Magnesium-Legierungen durch Zirkonium und einige Eigenschaften von gegossenen Magnesium-Legierungen mit Zirkonium. Z. Metallkde. **40** (1949) 2 41—46.
— Die casting aluminium and magnesium alloys. Part 2. Selecting the aluminium or magnesium die-casting alloy. Modern Metals **4** (1949) Jan. 18—21; Met. Rev. **22** (1949) 3 42. [1.323.212], [2.2].
Lieby, Gustav: Magnesiumlegierungen als Werkstoff für Präzisions-Druckgußteile. Metall **4** (1950) 11/12 225—228.
Meier, J. W. and M. W. Martinson: Development of high-strength magnesium casting alloy ZK 61. Amer. Foundryman's Soc. Prepr. 50—43 May 1950 8 p. 29 ref.; Index Aeron. **6** (1950) 12 79.
Siebel, Gustav u. Hugo Vosskühler: Über die technologischen Eigenschaften von Mg-Ce-Zn-Gußlegierungen. Metall **4** (1950) 17/18 370—374.

— Aircraft material specification: High-purity magnesium — 8 percent. Aluminum alloys ingots and castings (solution treated). (For applications requiring maximum corrosion resistance.) Gt. Brit. Ministry of Supply. Nov. 1950 2 p.

Martin, Wayne: 12,000 Psi yield strength required of permanent mold casting. Precision Metal Molding **9** (1951) Sept. 59, 90; Met. Rev. **24** (1951) 11 27. [1.323.212].

Millward, H. J.: Mg-Zr casting alloys attain high strength-weight ratios. Amer. Foundryman **20** (1951) Sept. 44—47; Met. Rev. **24** (1951) 11 26.

— ZT 1, a new "elektron" magnesium casting alloy. Creep resistant up to 350⁰ C. Magnesium Elektron, Manchester 5 p.

Chase, H.: Aircraft magnesium castings must meet exacting requirements. Automotive Industries **106** (1952) 3 40—43, 108; AB **23** (1952) 3 162.

Strieter, F. P.: Magnesium casting alloys containing zirconium. Metal Progr. **63** (1953) 3 75—82 11 ref.; Index Aeron. **9** (1953) 6 93.

Lasch, L.: Elektron magnesium and elektron magnesium-zirconium alloys for aircraft and aero-engines. J. Soc. licensed Aircr. Engrs. **3** (1954) 3 3—13; Index Aeron. **10** (1954) 7 140. [1.323.221].

Nelson, K. E.: The properties of sand cast Mg-Th-Zn-Zr alloys. J. Metals Trans. Sect. **6** (1954) 5 697; AB **25** (1954) 6 402.

Nelson, K. E.: Tensile and creep properties at elevated temperatures of some magnesium-base sand casting alloys. ASTM Bull. 198 1954 27; AB **25** (1954) 6 401.

Pradeau, Raoul: Caractéristiques mécaniques de deux alliages magnésium-zirconium de fonderie (Z 5 Z et RZ 5). Fonderie **101** (1954) Juin 3999—4006; AB **25** (1954) 8 563.

Rose, K.: Magnesium casting alloys for elevated temperatures. Mater. & Meth. **40** (1954) 1 87—89; Index Aeron. **10** (1954) 10 155.

Sauerwald, Franz: Der Stand der Entwicklung der Zwei- und Vielstofflegierungen auf der Basis Magnesium-Zirkon und Magnesium-Thorium-Zirkon. Z. Metallkde. **45** (1954) 5 257—269 149 Lit.-St. AB **25** (1954) 7 482—483. [1.323.221].

— Magnesium und Magnesiumlegierungen. (Sand-, Kokillen- und Druckguß.) Hrsg. Metallges. Frankfurt (Main) 1954. Aluminium **30** (1954) 8/9 394; Nachr. Bl. AGM Leichtbau **3** (1954) 9/10 24.

— Tests on magnesium-zirconium alloy castings. Aircr. Engng. **26** (1954) 303 162—163; AB **25** (1954) 6 402—403.

Titan   1.323.23

In dieser Gruppe sind alle über Titan erschienenen Aufsätze vereinigt, d. h. auch solche enthalten, die Fertigungsfragen und andere Probleme betreffen.

Meerson, G. A. and *Y. M. Lipkes:* Investigation of conditions of titanium carbonization. NACA TM 1235 July 1949 13 p.; Met. Rev. **22** (1949) 9 47.

— Spot welding of titanium. Metal Progr. **55** (1949) Febr. 200, 252, 254; Met. Rev. **22** (1949) 4 53.

Harwood, J. J.: Titanium — a modern metal. J. Amer. Soc. Naval Engrs. **60** (1948) Nov. 443—460; Met. Rev. **22** (1949) 1 54.

Adenstedt, H.: Mechanical properties, weldability, and corrosion of commercially pure titanium. U. S. Atomic Energy Comm. Publ. (AF-TR-5935) 1949 46 p. (On micro-cards.)

Bickerdike, R. L. and *D. A. Sutcliffe:* The tensile strength of titanium at various temperatures. Metallurgia **39** (1949) 234 303—304 16 ref.; Index Aeron. **6** (1950) 1 71.

Brace, P. H.: Induction melting and casting of titanium alloys. Metal Progr. 55 (1949) Febr. 196—197; Met. Rev. 22 (1949) 4 22.

Brace, P. H. and W. J. Hurford: High-temperature properties of titanium alloy castings. Metal Progr. 55 (1949) March 362—363; Met. Rev. 22 (1949) 5 27.

Bradford, C. I., J. P. Catlin and E. L. Wemple: Properties of wrought commercially pure titanium prepared by arc melting and casting. Metal Progr. 55 (1949) March 348—350; Met. Rev. 22 (1949) 5 27.

Cross, Howard C.: Mechanical properties of wrought titanium alloys made by arc melting or by sintering. Metal Progr. 55 (1949) March 356—358; Met. Rev. 22 (1949) 5 27.

Deutsch, G. C., A. J. Repko and W. G. Lidman: Elevated-temperature properties of several titanium carbide base ceramals. NACA TN 1915 July 1949 47 p.

Du Mond, T. C.: Progress in titanium told at Naval Research Symposium. Mater. & Meth. 29 (1949) Febr. 45—47; Met. Rev. 22 (1949) 4 57.

DuMont, Charles S.: Bibliography on production and properties of titanium. Metal Progr. 55 (1949) March 368, 398, 400, 402, 404 114 ref.; Met. Rev. 22 (1949) 5 59.

Fuller, F. B.: Some new data on the properties of wrought titanium. Metal Progr. 56 (1949) 3 348—350.

Gee, E. A.: Titan, ein neuer Werkstoff. J. Electrochem. Soc. 96 (1949) July 190—210; Chem. Zbl. 121 (1950) I 20 1779.

Gee, E. A., L. B. Golden and W. E. Lusby, jr.: Titanium and zirconium corrosion studies; common mineral acids. Industr. Engng. Chem. 41 (1949) Aug. 1668—1673; Met. Rev. 22 (1949) 9 37.

Jaffee, R. I. and I. E. Campbell: Titanium — its prospects — its properties. Iron Age 164 (1949) 4 48—51 6 ref.; Index Aeron. 5 (1949) 10 78.

Larsen, E. I., E. F. Swazy, L. S. Busch and R. H. Freyer: Properties of binary sintered and rolled titanium alloys. Metal Progr. 55 (1949) March 359—361; Met. Rev. 22 (1949) 5 27.

McPherson, D. J. and M. G. Fontana: Properties of melted and forged titanium-chromium alloys. Metal Progr. 55 (1949) March 366—367; Met. Rev. 22 (1949) 5 28.

Oservenyak, F. J. and O. C. Ralston: Potential uses of titanium metal. Industr. Engng. Chem. 42 (1950) 214—218; Chem. Abstr. (1949) Oct. 822.

Promisel, N. E.: Engineering properties of sintered and rolled titanium. Metal Progr. 55 (1949) March 354—355; Met. Rev. 22 (1949) 5 27.

Silsbee, Nathaniel F.: Titanium alloys for aircraft. Aero Dig. 59 (1949) 2 38—39, 106, 108, 110.

Stewart, R. S.: Various aspects of titanium metals. Canad. Mining J. 70 (1949) June 59—66; Met. Rev. 22 (1949) 8 53.

Williams, W. Lee and William C. Stuart: Fatigue and corrosion of sintered and rolled titanium. Metal Progr. 55 (1949) March 351—353; Met. Rev. 22 (1949) 5 27.

Worner, H. W.: The preparation and some properties of ductile titanium. Metallurgia 40 (1949) 236 69—76 7 ref.; Index Aeron. 6 (1950) 1 72.

— Our next major metal — titanium. Product Engng. 20 (1949) 11 129—152 28 ref.; Index Aeron. 6 (1950) 4 84.

— Recent developments in titanium and titanium alloys. Steel 124 (1949) 20./6. 100—104, 132, 135, 27./6. 58—61, 92, 94; Met. Rev. 22 (1949) 8 53.

Barrett, Paul F.: Compressive properties of titanium sheet at elevated temperatures. NACA TN 2038 Febr. 1950 10 p. Met. Rev. 23 (1950) 4 Ref. 166-Q.

Bickerdike, R. L. u. D. A. Sutcliffe: Die Festigkeitseigenschaften von Titan bei verschiedenen Temperaturen. Metall 4 (1950) 9/10 191—193.

Brace, P. H., T. H. Gray and W. J. Herford: Preparation and properties of titanium-base alloys. Industr. Engng. Chem. 42 (1950) 227—236; Chem. Abstr. 44 (1950) 8 3425d.

Brown, D. I.: Two new titanium alloys now in production. Iron Age 166 (1950) 11 85—88; Index Aeron. 6 (1950) 12 76.

Frazier, L. B.: Forging and welding titanium. Iron Age 165 (1950) 4 63—67; Index Aeron. 6 (1950) 4 85.

Kieffer, R. and F. Kolbl: The scaling behaviour and the mechanism of oxidation of heat- and oxidation-resistant hard metals, especially those based on titanium carbide. Z. Anorg. Chem. 262 (1950) 1/5 229—247.

Mahla, E. M. and R. B. Hitchcock: Effect of welding on the properties of titanium-carbon alloys. Welding J. 29 (1950) Nov. 544s—551s.

Maillet, Raimond: Titanium, a metal of the future. Ann. Mines 139 (1950) 11—28 43 ref.; Chem. Abstr. 44 (1950) 18 8296b.

McPherson, D. J. and M. G. Fontana: Preparation and properties of titanium-chromium binary alloys. Amer. Soc. for Metals Prepr. 4 Oct. 1950 28 p. 16 ref.; Index Aeron. 7 (1951) 10 110.

Methe, P. S.: Argon arc welding of commercially pure titanium and a titanium alloy. Thesis, Rensselaer Polytechnic Inst. Jan. 1950 78 p.

Nicolaus H. O.: Titan in der Technik. Z. VDI 92 (1950) 7 153—160.

Pitler, R. K. and L. D. Jaffe: Toughness of titanium. Metal Progr. 57 (1950) 6 776—778; Index Aeron. 6 (1950) 12 75; Chem. Abstr. 44 (1950) 15 6792a.

Shevlin, T. S. and C. C. McBride: Titanium carbide base cermets. U. S. Air Force Techn. Rep. No. 6089 Jan. 1950 24 p.

Shevlin, T. S., C. C. McBride and W. S. Zartman: Physical properties of five commercial titanium carbide base cermets. U. S. Air Force Techn. Rep. No. 6452 Sept. 1950 27 p.

Trent, E. M. a. o.: High temperature alloys based on titanium carbide. Metallurgia 42 (1950) 250 111—115 7 ref.; Index Aeron. 6 (1950) 11 70.

Worner, H. W.: Surface hardening of titanium. Trans. Austral. Inst. Metals 3 (1950) 49—51; Australas. Engr. (1950) Nov. 52—55.

Yon, M.: Le titane sera peut-être demain un des principaux métaux industriels. Docaéro (1950) 1 43—50 21 réf.; Index Aeron. 6 (1950) 8 78.

— Corrosion resistance of titanium — good but not miraculous. Chem. Engng. 57 (1950) 263—264.

— Symposium on titanium. Dep. Defence Res. & Devel. Board Washington Dig. Series No. 43, RDB 333/1/8/9 Nov. 1950 107 p.

— Titanium data. Aviation Week 53 (1950) 20./11. 38—39.

— Titanium symposium. Industr. Engng. Chem. 42 (1950) 2 241—268; Index Aeron. 6 (1950) 5 52.

Ashburn, A.: How to work titanium and its alloys. Amer. Machinist 95 (1951) 12 145—153, 26 961—969; Index Aeron. 8 (1952) 7 97.

Begeman, M. L., F. W. McBee jr. and J. C. Fontana: The physical and metallurgical characteristics of spot-welding titanium. Welding J. 30 (1951) Sept. 429s—435s; Met. Rev. 24 (1951) 11 33.

Bickerdike, R. L. and D. A. Sutcliffe: The tensile strength of titanium at various temperatures. Powder Metallurgy Selected Government Res. Rep. No. 9 1951. 153—159.

Bounds, A. M.: Titanrohre. Corrosion (Houston) 7 (1951) 122a; Werkstoffe u. Korrosion 5 (1954) 1 20.

Bounds, A. M. and H. W. Cooper: Annealing of Ti and Zr. Metal Progr. 59 (1951) 1 69, 100, 102; Index Aeron. 7 (1951) 6 108.

Colner, W. H. and *H. T. Francis:* Development of protective coating for titanium and titanium alloys; June/Sept. 1951. Armour Res. Foundation, Interim Techn. Rep. 1 17 p.

Daniels, N. H. G.: Interim Report on the creep properties of titanium at elevated temperatures. R. A. E. Rep. Met. 60 Jan. 1951 16 p.

Dickinson, T. A.: Titanium is weldable. Welding Engr. **36** (1951) Nov. 39—41.

Engel, W. J.: Bonding investigation of titanium carbide with various elements. NACA TN 2187 1951.

Engel, W. J.: Bonding of titanium carbide with metals. Metal Progr. **59** (1951) May 664—667.

Everhart, J. L.: Titanium as an engineering material. Mater. & Meth. **34** (1951) 6 91—94; AB **23** (1952) 2 86.

Hanink, H. H.: A realistic approach to the use of titanium. Product Engng. **22** (1951) 11 164—171; Corrosion (Houston) **9** (1953) 228a; Werkstoffe u. Korrosion **5** (1954) 11 466.

Hansen, M. a. o.: The titanium-silicon system. Amer. Soc. for Metals Prepr. 4 Oct. 1951 19 p. 6 ref.; Index Aeron. **8** (1952) 1 96.

Heimerl, G. J. and *P. F. Barrett:* A structural efficiency evaluation of titanium at normal and elevated temperatures. NACA TN 2269 Jan. 1951 16 p.

Jacquet, P. A.: Electrolytic polishing and oxydation of titanium. Metal Treatm. & Drop Forging **18** (1951) 67 176—182 3 ref.; Index Aeron. **7** (1951) 10 66.

Johnson, J. B. and *E. J. Hassell:* Titanium in aircraft. Metal Progr. **60** (1951) Sept. 51—55; Met. Rev. **24** (1951) 11 47.

Kroll, W. J.: Neueste Fortschritte in der Herstellung und Legierung von Titan. Métaux Corrosion **26** (1951) 313 329—346; Stahl u. Eisen **72** (1952) 4 208.

Kuhn, H. E. a. o.: A study of some alloys of titanium. Canad. Min. Metall. Bull. Repr. 1950 14 p.; Index Aeron. **7** (1951) 5 96.

Ma, Chuk-Ching and *E. M. Peres:* Corrosion resistance of anodized and unanodized titanium. Industr. Engng. Chem. **43** (1951) 3 663—679 12 ref.; Index Aeron. **7** (1951) 6 108.

McBride, C. C.: Ni Al-titanium carbide cermets. U. S. Air Force Techn. Rep. No. 6458 Jan. 1951 16 p.

McElgin, James: Experience growing in forming, machining titanium alloys. Steel **129** (1951) 1st Oct. 68—69, 94; Met. Rev. **24** (1951) 11 29.

McRitchie, F. H.: Duriron-titanium carbide cermets. U. S. Air Force Techn. Rep. No. 6453 Jan. 1951 8 p.

Moore, D. G., S. V. Benner and *W. N. Harrison:* High temperature protection of titanium-carbide ceramal with ceramic metal coating having high chromium contents. NACA TN 2329 March 1951 31 p.

Moss, W. W.: Titanium welding. Light Metal Age **9** (1951) Feb. 17—18.

Nicolaus, H. O.: Titan und Titanlegierungen. Werkstoffe u. Korrosion **2** (1951) 9 321—339, 11 416—424 64 ref.; Index Aeron. **8** (1952) 4 84.

Ogden, H. R. and *R. I. Jaffee:* Titanium-boron alloys. Trans. Amer. Inst. Min & Metall. Engrs. **191** (1951) 335—336.

Ogden, H. R., D. J. Maykuth, W. L. Finlay and *R. I. Jaffee:* Constitution of titanium-aluminium alloys. J. Metals **3** (1951) 12 1150—1155.

Petersen, A. H. and *N. J. Wells:* Titanium in Western Aircraft production; advantages and limitations. Western Metals **9** (1951) 11 35—38.

Radtke, S. F., R. M. Scriver and *J. A. Snyder:* Arc melting of titanium metal (and the mechanical properties of the resulting ingots). Trans. Amer. Inst. Min. & Metall. Engrs. **191** (1951) 620—624.

Straumanis, M. E. and *P. C. Chen:* The corrosion of titanium in acids; the rate of dissolution in sulphuric, hydrochloric, hydrobromic and hydroiodic acids. Corrosion **7** (1951) July 229—237.

Tinklepaugh, J. R. and *E. W. Holman:* Hot pressing of titanium carbide. Libr. Congr. (U. S. A.) Publ. (P. B. 109029) March 1951.

Tiffin, W. T. and *P. C. Hoffman:* Titanium rapidly growing as useful engineering material. Mater. & Meth. **33** (1951) 2 57—59; Index Aeron. **7** (1951) 7 61 7 ref.

Uhlig, H. H. and *J. R. Cobb jr.:* Titanium resists stress corrosion. Metal Progr. **59** (1951) June 816.

Wheelon, O. A.: Formability of titanium investigated. Iron Age **168** (1951) 24 140—143; Index Aeron. **8** (1952) 4 83.

Williams, W. Lee: Elevated temperature properties of titanium. U. S. Naval Exp. Station (Annapolis, Mi) N. S. 103—118-E. E. S. Report 4 A (2) 066876 Oct. 1951 8 p.; Iron Age **167** (1951) 24 81—84; Stahl u. Eisen **72** (1952) 6 321.

Worner, H. W.: Thermo-electric properties of titanium with special reference to allotropic transformations. Austral. J. Sci. Res. **4** A (1951) 1 62—83 8 ref.; Index Aeron. **7** (1951) 9 112.

Worner, H. W.: Symposium on modern trends in non-ferrous metals and alloys. IV. Titanium and its alloys. Austr. Inst. Metals (Sydney Branch) Prepr. 1951 1—6.

— Bibliography of published references to barium titanate. A. C. S. I. L. Lib. Publ. 4 Febr. 1951 21 p. 176 ref.; Index Aeron. **7** (1951) 10 3.

— Design manufacturing techniques with titanium. SAE Prepr. Oct. 1951 (B. N. F. Serial 35, 700); Aircr. Production **14** (1952) 159 21—28; Iron Age **168** (1951) 24 140—143.

— Handbook on titanium metals. 4th ed. Titanium Metal Corp. Publ. 1951 102 p.; Index Aeron. **7** (1951) 12 130.

— Titanium for aeroplanes. Mech. Engng. **73** (1951) Jan. 20—21.

Begeman, M. L., E. H. Block and *F. W. McBee:* Spot welding of titanium alloy sheet Welding J. **31** (1952) 10 469 s—474 s.

Bishop, S. M., J. W. Spretnak and *M. G. Fontana:* Mechanical properties, including fatigue of titanium base alloys RC-130-B and Ti-150-A at very low temperatures. Amer. Soc. for Metals Prepr. 31 March 1952.

Brown, D. I.: Titanium: Our no. 1 problem. Metal: Pt. 1. Iron Age **170** (1952) 15 260—261, 269—279 27 ref.; Index Aeron. **9** (1953) 1 83.

Bullock, R. J.: Titanium forging experience mounts. Steel **131** (1952) 15th Dec. 104—107.

Cockrell, W. S.: Titanium. Aeron. Engng. Rev. **11** (1952) March 44—46, 54.

Colner, W. H., M. Fainleith and *J. N. Reding:* Electroplating on titanium. (102nd Meeting Electrochem. Soc. Montreal Oct. 1952.) Metal Finishing **50** (1952) Nov. 74.

Cueilleron, J. and *Pascaud:* Chemical properties of Ti-Al alloys. C. R. Hebd. Séances Acad. Sci. **235** (1952) Nov. 1220—1221 5 ref.; Index Aeron. **10** (1954) 5 139.

Cuff, F. B. jr. and *N. J. Grant:* Stress-rupture characteristics of unalloyed titanium plotted. Iron Age **170** (1952) 21 134—139 4 ref.; Index Aeron. **9** (1953) 3 82.

Eshman, A. N.: Titanium sheetmetal parts successfully made. Iron Age **170** (1952) 3 132—135; Index Aeron. **8** (1952) 10 82.

Everhart, J. L.: Titanium and its alloys. Mater. & Meth. **35** (1952) 5 117—132; Index Aeron. **8** (1952) 9 88.

Finlay, W. L. and *M. B. Vordahl:* The titanium alloys today. Metal Progr. **61** (1952) 2 73—78.

Finlay, W. L., C. I. Bradford and *G. T. Fraser:* The ABC of titanium alloys. Metal Progr. **62** (1952) 5 73—78.

Glaser, F. W. and *W. Ivanick:* Sintered titanium carbide. Trans. AIME **194** (1952) Apr. 387—390.

Goldberg, D. C. and *W. S. Hazelton:* How to machine titanium. Iron Age **169** (1952) 16 107—110; Index Aeron. **8** (1952) 7 70.

Golden, L. B., I. R. Lane jr. and *W. L. Acherman:* Corrosion resistance of titanium. Industr. Engng. Chem. **44** (1952) 8 1930—1939 22 ref.; Index Aeron. **8** (1952) 12 101.

Hanink, H. H.: Titanium in aero-engine construction. Aeroplane **82** (1952) 2127 494—497; Index Aeron. **8** (1952) 7 97.

Hanink, H. H.: Uses of titanium in turbojets. Automot. Industries **106** (1952) May 90, 92, 96.

Hanink, H. H.: Titanium: Expensive weight saver. SAE J. **60** (1952) 8 25—30.

Holt, E. F. and *W. R. Moore:* Resistance and fusion welding of titanium and its alloys. Welding J. **31** (1952) March 213—216; Metal Progr. **62** (1952) 184.

de Huff, P. G. and *W. S. Hazelton:* Titanium goes to work in jet engines. Westinghouse Engr. **12** (1952) 4 118—119.

Jaffee, R. I. and *J. M. Blocher:* The technology of titanium. "Resources of Freedom" Vol. IV — The promise of technology. U. S. Govmt. Print. Off. (Washington D. C.) 1952 65—81.

Jahnle, H. A. and *W. S. Hazleton:* Materials in design. Titanium alloys. Machine Design **24** (1952) 10 130—133.

James, J. H.: Report on investigation of the corrosion resistance of titanium and titanium alloys. U. S. Navy Rep. No. AML-NAM-AE-411033 Pt. I Feb. 1950 21 p. Corrosion **8** (1952) Oct. 314, 316.

Joseph, J.: Titanium. Machine and Tool Blue Book **48** (1952) 7 184—186, 188—190, 192—198, 200.

Kiefer, G. C.: Corrosion resistance of titanium. Iron Age **170** (1952) 23 170—173.

Kuhn, W. E.: Titanium and zirconium castings now practicable. Mater. & Meth. **36** (1952) 6 94—95.

Kura, J. G.: Titanium casting research tests shell moulded refractories. Iron Age **170** (1952) 18 88—92; Index Aeron. **9** (1953) 3 82—83.

De Lazaro, D. J. a. o.: Time-temperature-transformation characteristics of titanium-molybdenum alloys. J. Metals **4** (1952) 3 265—269.

Leighly, H. P. and *H. L. Walker:* Grain refinement of titanium. Metal Progr. **62** (1952) 6 116, 118.

Loughlin, J.: Titanium, metal of the jet age. Metal Age (1952) Dec. 10—11, 14.

Merriman, A. D.: Titanium. Occurence, extraction, workability and properties of the metal and its alloys. Metal Treatm. & Drop Forging **19** (1952) 99—106.

Morton, P. H. and *W. M. Baldwin:* How does titanium scale at high temperatures? Iron Age **169** (1952) 18 133—138.

Nicolaus, H. O.: Fortschritte der Titanmetallurgie in den Vereinigten Staaten von Amerika. Metall **6** (1952) 1/2 1—5 10 Lit.-St.; 9/10 250—256 40 Lit.-St.

Oehler, I. A.: Titanium. Flash welding titanium alloys. Canad. Metals **15** (1952) 8 48.

Oehler, I. A.: Flash welding titanium alloys. Light Metal Age **10** (1952) 7/8 13—14; Automot. Industries **107** (1952) 4 39, 154, 156; Mater. & Meth. **36** (1952) 3 206; Welding J. **31** (1952) Oct. 950—951; Index Aeron. **9** (1953) 1 83—84.

Oswald, M.: Titanium carbide, a substance which is refractory and light in weight. Métaux Corrosion **27** (1952) 75—87.

Paige, H. and *S. J. Ketcham:* Effect of titanium in galvanic corrosion. Corrosion (Houston) **8** (1952) 12 413—416; Werkstoffe u. Korrosion **5** (1954) 2 70—71.

Parcel, R. W.: A realistic look at titanium. SAE J. **60** (1952) 12 29—32; Index Aeron. **9** (1953) 3 82.

Raadgever, J.: Titanium (and titanium alloys). Polytechn. Tijdschr. **7** (1952) 39/40 677a—679a.

Rosenberg, A. J. and *E. F. Hutchinson:* How to weld titanium. Machinist (Europ. Ed.) **96** (1952) 9th Aug. 1227—1231.

Rosi, F. D. and *F. C. Perkins:* Mechanical properties and strain ageing effects in titanium. Amer. Soc. for Metals Prepr. 29 March 1952 20 p. 16 ref.; Index Aeron. **8** (1952) 11 74.

Rostoker, W. and *H. D. Kessler:* Titanium alloy development mapped. Iron Age **169** (1952) 25 136—142.

Schlüter, Wilhelm: Titan und Zirkon als neue Werkstoffe. Stahl u. Eisen **72** (1952) 7 368—373 38 Lit.-St. [1.323.1].

Silk, E. J.: Titanium can be case-hardened by nitriding. Iron Age **170** (1952) 20 166—170; Index Aeron. **9** (1953) 3 83.

Stephenson, F. H.: Forming and welding of titanium. Forming and welding techniques of titanium used in rocket components. Welding **31** (1952) 11 1035—1041.

Voldrich, C. B.: On the welding of titanium alloys. (1952 Adams Lecture, 33rd Nat. Fall Meeting Amer. Welding Soc. Philadelphia Oct. 1952.) Welding J. **32** (1953) June 497—515; Light Metals Bull. **15** (1953) 15.

Wheelon, O. A.: Titanium, its processing and subsequent mechanical properties. SAE J. **60** (1952) March 21—25.

Worner, H. W.: Titanium and its alloys. Australas. Engr. **44** (1952) Jan. 46—51.

Wyatt, J. L.: Strain sensitivity of commercial purity titanium. J. Metals **4** (1952) 10 1050.

— Aeronautical material specifications for titanium and titanium alloy products. AMS 4900, 4901, 4908, 4921, 4925; Soc. Automot. Engrs. Nov. 1952 10 p.

— Report of ASTM Committee B 2 on non-ferrous metals and alloys. (Specifications for titanium and alloys.) ASTM Prepr. No. 9 1952.

— Symposia on materials and design for light-weight construction: The titanium Semina. Engr. Res. & Devel. Lab. (U. S. A.) (1952) 6th Aug. 95 p.

— Tentative specifications for titanium ingot (B 264-52 T); for titanium strips, sheet, plate, bar, tube, rod, and wire (B 265-52 T) and for iodide titanium (B 266-52 T) — 1952 Book of ASTM Standards, Pt. 2: Non-ferrous metals. ASTM Philadelphia, Pa. 1952 745—753.

— Titanium metal and its future. Harvard Graduate School of Business Administration. B. N. F. Note No. 2694 March 1952 103 p.

— Titanium symposium (at Watertown Arsenal 8th October 1952). Modern Metals **8** (1952) Dec. 48—50, 52.

— Titanium tests at high temperature. Automot. Industries **107** (1952) 1 74, 82, 84, 94; AB **23** (1952) 8 466.

— Untersuchung der Zerspanbarkeit von Titanlegierungen. Machinery (London) **80** (1952) 2057 673—678; Stahl u. Eisen **72** (1952) 14 853.

Allen, N. P.: The manufacture and properties of titanium and its alloys. Metal Treatm. & Drop Forging **20** (1953) 93/94 245—252, 327—334 24 ref.; Index Aeron. **9** (1953) 10 102.

Ashburn, A.: Die Verarbeitung von Titan und Ti-Legierungen. Corrosion **9** (1953) 36a; Werkstoffe u. Korrosion **5** (1954) 6 231.

Baldwin, W. M. jr.: How to improve bending properties of titanium strip. Iron Age **172** (1953) 23 165—167 4 ref.; Index Aeron. **10** (1954) 3 104—105.

Ballett, J. T.: Review of the properties of titanium and titanium alloys. R. A. E. Farnborough Techn. Note No. Met. 155.

Ballett, J. T.: Tensile and fatigue properties of titanium at room and elevated temperatures. R. A. E. Farnborough. Rep. No. Met. 59.

Barth, W. J. and *A. L. Field jr.:* Effect of iron on hardness, bend properties and welding of titanium sheet. Metal Progr. **64** (1953) 5 74—80; Index Aeron. **10** (1954) 2 88.

Begeman, M. L., E. R. Block jr. and *F. W. McBee jr.:* Tension, shear and impact strengths of spot-welded titanium joints. Welding J. **32** (1953) Dec. 599-s—604-s.

Berry, R. P. L. and *G. V. Raynor:* A note on the lattice spacings of titanium at elevated temperatures. Res. Corresp. (Suppl. to Res.) **6** (1953) 4 218—238.

Brenner, H. S.: Titanium fastener development report. Fasteners Prepr. Sept. 1953; Index Aeron. **10** (1954) 2 87.

Carew, W. F. and *H. D. Kessler:* Titanium alloys. Frontier (USA) **16** (1953) 3 12—13, 23—26 2 ref.; Index Aeron. **10** (1954) 4 108.

De Cecco, N. A. and *H. M. Meyer:* Filler material for the brazing of titanium. J. Metals (Trans. Sect.) **5** (1953) Sept. 1197—1198.

Chevigny, M. R.: Le titane. Sa métallurgie et ses applications dans l'aéronautique. Techn. et Sci Aéron. (1953) 6 365—371 13 réf.

Chyle, J. J. and *I. Kutuchief:* Practical aspects of welding titanium alloys. Welding of commercial titanium alloys with processes and equipment available for industrial applications. Welding J. **32** (1953) Febr. 65 s—73 s.

Colwell, L. V. and *W. C. Truckenmiller:* Cutting characteristics of titanium and its alloys. Mech. Engng. **75** (1953) 6 461—466, 480; Nachr. Bl. AGM Leichtbau **3** (1954) 7 12; Index Aeron. **10** (1954) 4 109.

Cook, M.: The new metal titanium. J. Inst. Metals **82** (1953) Pt. 3 93—106; Index Aeron. **10** (1954) 2 85.

Corelli, R. M.: Titanium, titanium alloys and their application to aircraft construction. Aerotecnica **33** (1953) 1 27—39 19 ref.; Index Aeron. **9** (1953) 6 89.

Cornillon, J.: Up-to-date appreciation of interest in titanium for aeronautical construction. Docaéro (1953) 23 81—83; Index Aeron. **10** (1954) 1 90.

Coughlin, V. L.: How General Electric Co., U. S. A. works titanium. Machinist **97** (1953) 18./4. 628—633.

Coughlin, V. L.: How to tap, mill and broach titanium. Iron Age **171** (1953) 10 186—188; Index Aeron. **9** (1953) 6 89.

Dick, J. N., B. S. Mesick u. *E. L. Beardman:* Erfahrungsaustausch über Titan. J. Inst. Metals **5** (1953) 130—151; Werkstoffe u. Korrosion **5** (1954) 4 151.

Driscoll, D. E.: Low temperature impact properties on titanium. (56th Annual Meeting ASTM Atlantic City June/July 1953.) ASTM Bull. No. 190 May 1953.

Frazer, G. T.: Developments in titanium forging methods. Light Metal Age **11** (1953) June 14, 37.

Graham, J. W.: Sintered titanium carbides open new industrial horizons. Iron Age **172** (1953) 7 148—152; Index Aeron. **9** (1953) 11 84.

Gulliksen, J. W.: Cold forming titanium. Modern Metals **9** (1953) 1 48—52.

Gulliksen, J. W.: Titanium can be deep drawn. Iron Age **171** (1953) 7 136—139; Index Aeron. **9** (1953) 5 74.

Hammond, R.: Titanium: the new light metal. Machinery Lloyd (1953) 25th July 53—65.

Hanink, H. H.: Titanium. Applications and fabrications. Met. Rev. **26** (1953) 4 17.

Higgins, C. C.: Deep drawing titanium cups. Light Metal Age **11** (1953) Dec. 10—11.

Hoffman, C. A. and *A. L. Cooper:* Investigation of titanium-carbide-base ceramals containing either nickel or cobalt for use as gas-turbine blades. NACA RM (E 52 H 05) 1952 33 p. (Unclassified Dec. 1953.)

Holden, F. C., H. R. Ogden and *R. I. Jaffee:* Microstructure and mechanical properties of iodide titanium. J. Metals Trans. Suppl. **5** (1953) Febr. 238—242.

Hutchinson, E. F.: Here's help in fabricating brittle titanium. Iron Age **172** (1953) 4 111—115; Index Aeron. **9** (1953) 11 90.

Jaffee, R. J.: Möglichkeiten zur Wärmebehandlung von Titanlegierungen. Iron Age **171** (1953) 14 162—166; Stahl u. Eisen **73** (1953) 17 1123.

van Kann, H.: Titan als neuer Werkstoff. Techn. Mitt. HdT (Essen) **46** (1953) 7 224—232; Nachr. Bl. AGM Leichtbau **2** (1953) 11 9.

Kessler, H. D. and *M. Hansen:* Transformation kinetics and mechanical properties of titanium-aluminium-chromium alloys. Amer. Soc. for Metals Prepr. 6 Oct. 1953, 28 p. 5 ref.; Index Aeron. **9** (1953) 12 95.

Kiefer, G. C. and *W. W. Harple:* Stress corrosion cracking of commercially pure titanium. Metal Progr. **63** (1953) 2 74—76; Index Aeron. **9** (1953) 5 74; Werkstoffe u. Korrosion **5** (1954) 2 71.

Kiessel, W. R. and *M. J. Sinnot:* Creep properties of commercially pure titanium. J. Metals Trans. Suppl. **5** (1953) Febr. 331—338.

Kostoch, F. R.: Die Verarbeitung von Titan im Flugzeugbau. Modern Metals **9** (1953) 5 72, 74—76; Nachr. Bl. AGM Leichtbau **3** (1954) 1 10.

Kostoch, F. R. and *L. R. Frazier:* Titanium. Aircr. Production **9** (1953) 176 209—212.

Kostoch, F. R.: Titanium in airframes. (SAE' Annual Meeting, Detroit, Jan. 1953.) Automot. Industries **108** (1953) 15./2. 88, 90.

DeLazaro, D. J. and *W. Rostoker:* Correlation between heat treatment, microstructure and mechanical properties of titanium-molybdenum alloys. Amer. Soc. for Metals Prepr. 8 Oct. 1953 18 p. 2 ref.; Index Aeron. **9** (1953) 12 96.

Lennon, F. J. jr.: Improved techniques developed for grinding titanium carbides. Iron Age **172** (1953) 25 144—146; Index Aeron. **10** (1954) 5 127; Werkstattstechn. u. Maschinenb. **44** (1954) 7 347—348.

Luster, D. R., W. W. Wentz and *D. W. Kaufman:* Creep properties of titanium. Mater. & Meth. **37** (1953) 6 100—103; Index Aeron. **9** (1953) 9 105.

McHargue, C. J. and *J. P. Hammond:* Deformation mechanisms in titanium at elevated temperatures. (In English.) Acta Metallurg. **1** (1953) 6 700—705 9 ref.; Index Aeron. **10** (1954) 5 138.

McKee, R. E. and *W. W. Gilbert:* Development of a test for broaching titanium and its alloys. Amer. Soc. Mech. Engrs. Prepr. 53-F-30 Oct. 1953 11 p.; Index Aeron. **10** (1954) 3 105.

Merchant, M. E.: Fundamental factors in machining titanium. Modern Metals **9** (1953) Apr. 60—62.

Meredith, H. L.: Research findings on brazing and soldering titanium. Automot. Industries **109** (1953) 4 34—37.

Meredith, H. L.: Pure silver forms strongest brazed joints in titanium. Iron Age **171** (1953) 13 143—146; Index Aeron. **9** (1953) 7 51.

Meredith, Harlan: It's easy to braze titanium. Machinist **97** (1953) 18 706—707.

Metcalfe, A. G.: Titanium and its alloys. Metal Treatm. & Drop Forging **20** (1953) 88 30—34 3 ref.; Index Aeron. **9** (1953) 4 89—90.

Ogden, H. R., D. J. Maykuth, W. L. Finlay and *R. I. Jaffee:* Mechanical properties of high-purity Ti-Al alloys. J. Metals Trans. Suppl. **5** (1953) 2 267—272; Index Aeron. **9** (1953) 10 102.

Parcel, R. W.: The new metal, titanium: its application and processing. SAE Prepr. 772 11 p.

Parris, W. M., L. L. Hirsch and *P. D. Frost:* Low temperature ageing in titanium alloys. J. Metals **5** (1953) Feb. 178—179.

Parris, W. M., P. D. Frost and *J. H. Jackson:* Heat treatment of high strength titanium-base alloys. Amer. Soc. for Metals Prepr. 4 Oct. 1953 19 p. 9 ref.; Index Aeron. **9** (1953) 12 95.

Reinhart, F. M.: Korrosionsverhalten von Titan und einigen Ti-Legierungen. Corrosion **9** (1953) 36a; Werkstoffe u. Korrosion **5** (1954) 6 231.

Reynolds, T.: Forgings and drop-forgings in titanium alloy. 150 A. Light Metals **16** (1953) March 91—93.

Rideout, G. T.: Fundamental factors in grinding titanium. Modern Metals **9** (1953) Apr. 42—44.

Rose, A. S.: Hot spinning improves workability of titanium. Iron Age **171** (1953) 8 119—120; Index Aeron. **9** (1953) 5 73.

Rosenberg, A. J.: Welding titanium. Modern Metals **9** (1953) 1 52—34, 56.

Schlain, D.: Certain aspects of the galvanic corrosion behaviour of titanium. Light Metals Bull. **15** (1953) 11.

Simmons, O. W. and *R. E. Edelman:* Mechanical properties of cast titanium-carbon alloys. (57th Annual Meeting Amer. Foundrymen's Soc. Chicago, May 1953.) Amer. Foundrym. Soc. Prepr. No. 53—48, 5 p.; Trans. Amer. Foundrym. Soc. **61** (1953) 411—415.

Simmons, O. W., R. E. Edelman and *H. Markus:* A method of centrifugally casting titanium. Metal. Progr. **63** (1953) March 72—82.

Simmons, O. W. and *Hugh R. McCurdy:* A technique for casting titanium. Trans. Amer. Foundrym. Soc. **61** (1953) 587—592.

Sittig, M.: Titanium descaled successfully with sodium hydride. Iron Age **172** (1953) 25 137—139; Index Aeron. **10** (1954) 5 135.

Spretnak, J. W. a. o.: Investigation of mechanical properties and physical metallurgy of aircraft (titanium-base) alloys at very low temperatures — IV. U. S. Atomic Energy Comm. Publ. (AF-TR-5662 [IV]) 1952 38 p. (On microcards).

Stevenson, F. H.: Fusion welding of commercially pure titanium. (34th Nat. Fall Meeting Amer. Welding Soc., Cleveland, Oct. 1953.) Welding J. **33** (1954) March 147 s—153 s.

Straumanis, M. E. u. *P. C. Chen:* Das korrosionschemische Verhalten des Titans. Metall **7** (1953) 3/4 85—93.

Sweet, J. W.: Application of titanium sheet and strip limited by presently available alloys. J. Metals **5** (1953) Feb. 143—145; Aluminium **29** (1953) 6 XV.

Tarasov, Leo P.: How to grind titanium. Iron Age **171** (1953) 7 335—346.

Teed, P. L.: Titanium: a metal of engineering importance? (properties and application). Shell Aviat. News (1953) 183 14—21 7 ref.; Index Aeron. **9** (1953) 11 91.

Teed, P. L.: Titanium, a survey. Engineer **195** (1953) Feb. 6th 203—205, Feb. 13th 235—237.

Teed, P. Litherland: Titanium. A survey of its potentialities in the field of aircraft construction. Aircr. Production **15** (1953) 173 96—100.

Tracy, G. S.: Forging of titanium requires special techniques. Machinery New York **59** (1953) 10 202—205.

Tyler, W. W., L. B. Nesbitt and *A. C. Wilson:* Some low temperature properties of titanium alloy RC-130-B stainless steel. J. Metals **5** (1953) 9 1104—1105.

Voress, H. E.: Titanium metallurgy: A bibliography of unclassified report literature. Atomic Energy Comm. TIF-3039 April 1953 57 p.; Index Aeron. **10** (1954) 2 86.

Walden, E. and *L. A. Dixon:* Properties and structure of titanium after 30 min. heating at 1,200 to 2,000 deg. F. Metal Progr. **64** (1953) 2 88—89; Index Aeron. **9** (1953) 11 91.

Wheelon, O. A.: Design and manufacturing techniques with titanium. SAE Prepr. 656 19 p.

Williams, D. N. and *D. S. Eppelsheimer:* A theoretical investigation of the deformation textures of titanium. J. Inst. Metals **81** (1953) Pt. 11 July 553—562 15 ref.; Index Aeron. **9** (1953) 9 105.

Williams, W. L.: Titanium and other alloys in corrosive environments. (SAE' Annual Meeting Detroit, Jan. 1953.) Automot. Industries **108** (1953) 15th Feb. 88, 90.

Wyatt, J. L. and *N. J. Grant:* Nitriding of titanium with ammonia. Amer. Soc. for Metals Prepr. 3 1953 26 p. 7 ref.; Index Aeron. **9** (1953) 12 93.

Zlatin, N.: Turning and milling titanium. Modern Metals **9** (1953) March 88.

— Corrosion resistance. Rem-Cru Titanium **1** (1953) 6 8 p.; Index Aeron. **10** (1954) 2 87.

— Experts learn to live with titanium. Aviat. Week **59** (1953) 5 30—37; Index Aeron. **9** (1953) 11 90.

— Du Pont titanium metal: 3rd edition. Du Pont Bull. Wilmington, Delaware, U. S. A.: Du Pont de Nemours & Co. 12 p. 33 ref.; Index Aeron. **9** (1953) 8 74.

— Rem-Cru produces largest titanium ingot. Rem-Cru Titanium Rev. **1** (1953) 3 8 p.; Index Aeron. **9** (1953) 8 73.

— Rem-Cru titanium and titanium alloys. Rem-Cru Publ. Feb. 1953 24 p.; Index Aeron. **9** (1953) 7 78.

— Spot welds in unalloyed titanium. Light Metals **16** (1953) Apr. 120—121.

— The status of titanium and titanium alloys. Product Engng. Ann. Handb. 1953 B 10—B 13; Index Aeron. **10** (1954) 1 87.

— Symposium on titanium. SAE Publ. SP 117 Jan. 1953; Index Aeron. **9** (1953) 7 77.

— Titanium tubing. Iron Age **171** (1953) 25./6. 107.

— Titanium — today and tomorrow. Part II. Tomorrow SAE J. **61** (1953) 6 56—65.

Barrett, L. and *H. D. Justis:* Titanium fusion welded on production basis. Iron Age **173** (1954) 25 106—109.

Baughman, R. A.: Can titanium be used in bolting applications? Mater. & Meth. **39** (1954) 3 98—99; Stahl u. Eisen **74** (1954) 15 971.

Bomberger, H. B., W. L. Finlay and *M. B. Vordahl:* Pickling titanium without embrittlement. Mater. & Meth. **40** (1954) 6 105.

Bomberger, H. B., P. J. Cambourelis and *G. B. Hutchinson:* Corrosion properties of titanium in marine environments. J. Electrochem. Soc. **101** (1954) Sept. 442—447.

Boston, O. W.: How does titanium machine? Iron Age **173** (1954) 3 100—103, 4 120—122, 5 146—149; Index Aeron. **10** (1954) 4/5 109, 136; Werkstattstechn. u. Maschinenb. **44** (1954) 12 640.

Brooks, D.: Brazing titanium to titanium and to steels; recent investigations in the United States. Metal Treatm. & Drop Forging (1954) Dec. 583.

Brophy, C. A., B. J. Archer and *R. W. Gibson:* Titanium bibliography 1900—1951 (with 1952 supplement). Battelle Memorial Inst. Publ. 111196/S 197 and 46 p.; Index Aeron. **10** (1954) 2 87.

Brotzen, F. R., E. L. Harmon and *A. R. Treiano:* How notch sensitive are titanium alloys? Iron Age **174** (1954) 52 52—55.

Clark, H. T., J. P. Catlin and *W. E. Gregg:* Titanium technology in mid-1954. Amer. Soc. Mech. Engrs. Prepr. 54-SA-66 June 1954 10 p.; Mech. Engng. (1954) Sept. 716—720; Index Aeron. **10** (1954) 9 124.

Coughlin, V. L.: Machining and forging titanium. Aero Dig. **68** (1954) 1 64; Index Aeron. **10** (1954) 4 108.

Dodds, H. W. and *G. F. Davies:* Hot pressing, press forming loom as answer to titanium fabrication. J. Metals **6** (1954) Oct. 1116—1118.

Edelman, R. E. and *A. Tabak:* Mechanical properties of cast titanium-aluminium alloys. (58th Ann. Meeting Amer. Foundryman's Soc. Cleveland May 1954.) Amer. Foundryman **25** (1954) Apr. 112.

Everhart, John L.: Titanium and titanium alloys. New York: Reinhold Publ. Corp. 1954. 184 p.; Aeron. Engng. Rev. **14** (1955) 5 200—201.

Funk, E. R.: Annealing of titanium. Metal Progr. **66** (1954) 1 103—105; Index Aeron. **10** (1954) 10 147.

Funk, E. R.: How to clean titanium sheet for spot welding. Modern Metals **10** (1954) May 70—73.

Funk, E. R.: The spot welding of titanium. Welding J. Res. Suppl. **33** (1954) Aug. 397s—400s.

Gillespie, R. G. and *J. W. Gillikson:* Method for deep drawing titanium; I. Hot drawing. II. Cold drawing. Mater. & Meth. **40** (1954) Sept. 98—101.

Glasenberg, Marvin u. *Morris J. Berger:* Herstellung von Titangußstücken. Amer. Foundrym. **25** (1954) 5 107—112; Stahl u. Eisen **74** (1954) 17 1094.

Goldberg, D. C.: Titanium in jet engines. Modern Metals **10** (1954) 11 42—43.

Gonser, Bruce W., Walter L. Finlay a. o.: Titanium and titanium alloys, ASM Committee titanium. Metal Progr. **66** (1954) 1-A 80—89; AB **25** (1954) 8 566.

Greenwood, A. and *W. Evans:* Hardness and microstructure of an alphabeta titanium alloy quenched from temperatures in the range 600⁰—1,000⁰ C. Metallurgia **49** (1954) 293 124—126 2 ref.; Index Aeron. **10** (1954) 6 131.

Gulliksen, J. W.: Which method for deep drawing titanium cold? Mater. & Meth. **40** (1954) 3 98.

Ham, J. and *R. Veneklasen:* Casting titanium. Foundry **82** (1954) 2 94—95.

Hansen, M. u. *H. D. Kessler:* Entwicklung von Titanlegierungen. Metal **8** (1954) 9/10 352—358; Stahl u. Eisen **74** (1954) 21 1383.

Hanzel, R. W.: Surface hardening processes for titanium and its alloys. Metal Progr. **65** (1954) 3 89—96; Index Aeron. **10** (1954) 6 132.

Harple, W. W.: Corrosion resistance of titanium in hydrochloric and sulphuric acid. Mater. & Meth. **40** (1954) 5 106—108; Draht **6** (1955) 6 240.

Hartbower, C. E. and *Daniel M. Daley jr.:* Alloy welds deposited in "unalloyed" titanium base metal. I. II. Appendix. Literature on the effect of carbon, oxygen, hydrogen and nitrogen on the structure and properties of iodide and commercially pure titanium. Welding J. Res. Suppl. (1954) July 331 s, Aug. 401 s. 16 ref.

Haver, B. L. and *D. S. Adams:* New techniques for titanium: development of cutting, forming and assembly methods. Welding & Metal Fabrication **22** (1954) Oct. 368—373.

Hayward, D. C.: Tensile and compressive tests on titanium strip at elevated temperatures. Roy. Aircr. Establ. TN Met. 194 March 1954 33 p.; Aeron. Engng. Rev. **14** (1955) 4 124—125.

Higgins, C. C.: Experimental drawing of titanium and titanium alloys. Machinery (London) **85** (1954) Oct. 816—817.

Hirschmann, F.: Titanium and zirconium: Argon-arc welding applied to these metals and their alloys. Welding & Metal Fabrication **22** (1954) Oct. 377—380.

Holden, F. C., H. R. Ogden and *R. I. Jaffee:* Heat treatment, structure. and mechanical properties of Ti-Mn alloys. J. Metals **6** (1954) 2 169 Sect. 2.

Holt, J. T. D. and *J. Purcell:* Investigation into the machining of titanium 150 A in the forged state. Coll. Aeron. Rep. (Cranfield) 84 Aug. 1954; J. Roy. Aeron. Soc. **58** (1954) 527 796; Aircr. Engng. **26** (1954) 309 396.

Hughes, J. E.: Cold pressure welding of titanium. Sheet Metal Industries **31** (1954) 321 52, 54, 60 3 ref.; Index Aeron. **10** (1954) 3 104.

Hughes, J. E.: Titanium and zirconium cladding. Metal Treatm. & Drop Forging **21** (1954) 108 431, 432; AB **25** (1954) 11 771—772.

Hutchinson, G. E., D. W. Kaufmann and *R. C. Durstein:* New weldable titanium alloy. Mater. & Meth. **39** (1954) Apr. 91—93.

Jaffee, R. I., F. C. Holden and *H. R. Ogden:* Mechanical properties of alpha titanium as affected by structure and composition. J. Metals, Trans. Sect. 6 (1954) 11 1282—1290.

Jansen, H. A.: The welding of titanium. Polytechn. Tijdschr. 9 (1954) July 629a—630a.

Jenkins, A. E.: The oxidation of titanium at high temperature in an atmosphere of pure oxygen. J. Inst. Metals 82 Pt. 5 (1954) Jan. 213—221 13 ref.; Index Aeron. 10 (1954) 4 110.

Johnson, Aldie E. jr.: Mechanical properties at room temperature of four cermets of titanium carbide with nickel binder. NACA TN 3197 Aug. 1954 22 p.

Johnston, James H.: Effects of oxygen and nitrogen in welding titanium alloys. Welding J. Res. Suppl. (1954) Aug. 414-s.

Johnston, J. H. a. o.: Recent progress in joining titanium. Pt. I. Welding titanium. Pt. II. Brazing of titanium. Mater. & Meth. 39 (1954) June 107—111.

Kirchner, E.: Titanium outlook. Aviat. Age 21 (1954) 2 32—37; Index Aeron. 10 (1954) 6 130.

Kotfila, R. J. and *E. F. Erbin:* Hydrogen embrittlement of titanium alloy. Metal Progr. 66 (1954) Oct. 128—131.

Kotfila, R. J. and *C. M. Wayman:* The 3 Mn cmplex: A new titanium alloy. Product Engng. 25 (1954) 7 172—174; Index Aeron. 10 (1954) 10 148.

Kroll, W. J.: The metallurgy of titanium and zirconium. Metal Industry 84 (1954) 17 325—327 19 ref.; Index Aeron. 10 (1954) 6 130.

Lenning, G. A., C. M. Craighead and *R. L. Jaffee:* Constitution and mechanical properties of titanium-hydrogen alloys. J. Metals 6 (1954) 3 367—376.

Long, R. A. and *R. R. Ruppender:* High-temperature alloy fusion brazing for titanium and titanium alloys. Welding J. 33 (1954) Nov. 1087—1090.

Luini, L. and *E. Lee:* Investigation of the heat treatment of commercial titanium-base alloys. J. Metals 6 (1954) 5 581—592 Sect. 2.

Luster, D. R.: Welding of binary titanium alloys. Metal Progr. 65 (1954) 6 170, 172—173.

Maynard, P. and *A. Eshman:* How to press form titanium parts. Iron Age 173 (1954) 10 149—152; Index Aeron. 10 (1954) 6 133; Nachr. Bl. AGM Leichtbau 4 (1955) 2 11.

McPherson, D. J. u. Max Hansen: Der Aufbau binärer Legierungssysteme des Titans. Z. Metallkde. 45 (1954) 2 76—81 97 Lit.-St.

Meredith, Harlan L.: Inert-gas-shielded titanium brazing. Welding J. 33 (1954) June 537—542.

Meyer, H. M. and *W. Rostoker:* Effect of alloying elements on the weldability of titanium sheet. (34th National Fall Meeting Amer. Welding Soc. Cleveland Ohio Oct. 1953.) Welding J., Res. Suppl. 33 (1954) Apr. 173s—186s.

Meyer, H. M.: Weldments in the titanium-manganese sheet alloy RC-130 A. Welding J. Res. Suppl. (1954) Aug. 417-s.

Rabinowicz, E.: Frictional properties of titanium and its alloys. Metal Progr. 65 (1954) 2 107—110; Index Aeron. 10 (1954) 5 138.

Roos, A.: Erzeugung von Titan und Titanlegierungen. Techn. Moderne 46 (1954) 5 177—182; Usine Nouv. 10 (1954) Sondernr. Frühjahr 81—83, 85, 87, 89, 91, 93 u. 95/96; Stahl u. Eisen 74 (1954) 21 1383.

Rosenberg, A. J.: Resistance spot welding of titanium and its alloys: Properties of spotwelded joints in titanium and its alloys and comparisons with spotwelded joints in other materials. (34th National Fall Meeting Amer. Welding Soc. Cleveland Ohio Oct. 1953.) Welding J. 33 (1954) Apr. 324—328; Index Aeron. 10 (1954) 7 91.

Rylski, O. Z. and *H. V. Kinsey:* The influence of oxygen, nitrogen and carbon on the mechanical properties and microstructure of titanium. Canad. J. Technol. **32** (1954) 4 146—150; Index Aeron. **10** (1954) 10 146.

Spinedi, P.: The behaviour of titanium in the presence of gases at high temperatures. Alluminio **23** (1954) Jan. 35—39.

Stevenson, F. H.: Fusion welding titanium. Aero Dig. **68** (1954) 4 60—64; Index Aeron. **10** (1954) 7 133.

Stevensen, F. A.: The fusion welding of titanium: Details of methods used in the USA. Sheet Metal Industries **31** (1954) Sept. 765—770.

Stone, I.: Rupublic team digs up titanium data. Aviation Week **60** (1954) 15 30—43; Index Aeron. **10** (1954) 7 135.

Sutcliffe, D. A.: Titanium-silicon alloys. Metal Treatm. & Drop Forging (1954) Apr. 191 10 ref.

Thompson, J. M. jr.: Inert gas arc welding of tubular titanium assemblies. Iron Age **173** (1954) 21 118—119.

Tracy, G. S.: Forging operations on titanium. Machinery (London) **85** (1954) 2177 287—288; Index Aeron. **10** (1954) 10 147.

Viglione, Joseph: Strength of titanium spotwelded joints. Product Engng. **25** (1954) July 193—196.

Van Voast, James: Titanium (USAF Machinability Report). Wood-Ridge, N. J.: Curtiss-Wright Corporation 1954. 153 p.

Wasilewski, R. J. and *G. L. Kehl:* Diffusion of hydrogen in titanium. Metallurgia **50** (1954) Nov. 225—230.

Wasilewski, R. J. and *G. L. Kehl:* Diffusion of nitrogen and oxygen in titanium. J. Inst. Metals **83** (1954) Nov. 94—104.

Wilhelm, K. A.: Steel and titanium alloy extruded shapes in modern aircraft. Automot. Industries **110** (1954) 6 266—270, 418—421, 424, 428, 431, 433.

Wilhelm, K. A.: Structural trends: The use of steel and titanium alloy extruded shapes in modern aircraft. Aircr. Production **16** (1954) Aug. 301—303. [6.254.0].

Wyatt, J. L. and *N. J. Grant:* Nitriding produces better hard case on titanium. Iron Age **173** (1954) 2 112—115; Index Aeron. **10** (1954) 4 108.

Wyatt, J. L. and *N. J. Grant:* Nitriding improves titanium properties Pt. 2. Iron Age **173** (1954) 4 124—127; Index Aeron. **10** (1954) 5 137.

Yang, C. T. and *M. C. Shaw:* The grinding of titanium alloys. Amer. Soc. Mech. Engrs. Prepr. 54-SA-57 June 1954 21 p.; Index Aeron. **10** (1954) 9 124.

v. Zeerleder, Alfred: Titanium. Metall **8** (1954) Mai 347—351.

v. Zeerleder, Alfred, A. Koller u. *E. Koelliker:* Titan. Schweiz. Arch. **20** (1954) 9 273—290.

— Air Force Machinability Report. Titanium. Light Metal Age **12** (1954) 5/6 20—25.

— Application and fabrication of titanium alloys. Rem-Cru Titanium Rev. **2** (1954) 1 8 p.; Index Aeron. **10** (1954) 6 132.

— Develop titanium bolts. Product Engng. **25** (1954) 3 260—261.

— Effect of microstructure on the mechanical properties of titanium alloys. U. S. Atomic Energy Comm. Publ. NP 5075 1954 36 p.; Met. Abstr. **22** (1954) Nov. 184.

— Forging and machining titanium. Machinery (London) **84** (1954) 2161 811—815; Index Aeron. **10** (1954) 6 131.

— New high-strength titanium alloy. Iron Age **173** (1954) July 72; Modern Metals **10** (1954) June 94.

— Ten facts on titanium. Mach. Shop Mag. **15** (1954) 2 65—75 22 ref.; Index Aeron. **10** (1954) 5 137.

— Titanium: Air Force machinability report. Pt. I. II. III. Iron Age **173** (1954) 18 128—131, 20 144—147, 23 122—124; Verfahrenstechn. Ber. (1954) 1249/35 1926.

— Titanium and its alloys. Machinery (London) **84** (1954) 25—31; Nachr. Bl. AGM Leichtbau **3** (1954) 7 12.

— Titanium and titanium alloys. Rep. Amer. Soc. for Metals Comm. on Titanium. Metal Progr. **66** (1954) July 80—89.

— Titanium for cutlass jet shrouds. Aviat. Week **60** (1954) 8 38, 43; Index Aeron. **10** (1954) 6 131.

Abkowitz, Stanley, John J. Burke and *Ralph H. Hitz jr.:* Titanium in industry. Technology of structural titanium. New York: van Nostrand Co. 1955. 224 p.; Aeron. Engng. Rev. **14** (1955) 5 200.

Eshman, Andrew N.: Titanium fastener progress. Aeron. Engng. Rev. **14** (1955) 4 48—50.

Holt, J. T. D. and *J. Purcell:* Machining titanium. I. Drilling and turning tests: Tool life. Aircr. Production (1955) Febr. 60—64; Aeron. Engng. Rev. **14** (1955) 5 187.

Kornilow, J. J.: Titan, Eigenschaften, Anwendung und Gewinnung. Technik (Berlin) **10** (1955) 2 73—80; Nachr.-Bl. AGM Leichtbau **4** (1955) 7 17.

Levy, Alan V. and *Robert Wickham:* Fusion welding unalloyed titanium sheet. An account of improved methods of welding without filler rod. Aircr. Engng. **27** (1955) 317 216—219.

— Ein neuer Werkstoff setzt sich durch: Titan. Luftfahrttechnik **1** (1955) 1 19—20.

— Strength of titanium bolts (Test details). Product Engng. (1955) 4 129—133.

Sonstige Metall-Legierungen und warmfeste Sintermetalle   1.323.3

Losana, L.: Studio sul berillio. I proprieta del berillio ad alto grado di purezza. (A study of beryllium. I — Properties of beryllium with a high degree of purity.) Alluminio (1939) 2 67—75 23 ref.; Index Aeron. **6** (1950) 9 82.

Kieffer, R. u. *W. Hotop:* Der derzeitige Stand der Metallkeramik. Stahl u. Eisen **60** (1940) 24 517—527 28 Lit.-St.; Techn. Z.-Schau **26** (1941) 2 32.

Rollfinke, Fr.: Metallkeramik. Zusammenhänge zwischen Metallkeramik und Oxydkeramik. Metallkeramische Werkstoffe, ihre Herstellung und Anwendung. Z. VDI **84** (1940) 37 681—689, 49 953—958 27 Lit.-St. Techn. Z.-Schau **26** (1941) 2 32.

Preston, H. H. and *A. G. Rawcliffe:* Note on sintered metal with a view to its use as a porous surface in distributed suction experiments. ARC Curr. Pap. CP 9 1946 11 p. 4 ref.; Index Aeron. **6** (1950) 11 75.

Northcott, L. and *C. J. Leadbeater:* Sintered iron-copper compacts. Symposium on powder metallurgy. Iron & Steel Inst. Special Rep. 38 1947 3 ref.; Index Aeron. **8** (1952) 10 55.

Etienne, Marcel: Le bronce au glycinium. (Beryllium bronzes.) Pro-Metal **1** (1948) July 149—153; Met. Rev. **22** (1949) 1 27.

Myers, R. H.: The constitution and properties of alloys containing tantalum and columbium. Metallurgia **39** (1948) 230 57—63 67 ref.; Index Aeron. **5** (1949) 3 74.

Paterson, D. G. B.: The birth of an alloy. The development of nimonic 80 by the Mond Nickel Comp. Ltd. Sheet Metal Industries **25** (1948) Oct. 2029—2037; Met. Rev. **22** (1949) 4 56.

Weber, Richard: Eigenschaften und Anwendung metallischer Gleitlagerwerkstoffe. Z. Metallkde. **39** (1948) Aug. 240—247; Met. Rev. **22** (1949) 7 23.

Boericke, F. S.: Heat-resistant alloys for aviation. Aero Dig. **59** (1949) Aug. 43—45; Met. Rev. **22** (1949) 9 55.

Cabarat, R., L. Guillet and *R. Le Roux:* The elastic properties of metallic alloys. J. Inst. Metals **75** (1949) Febr. 391—402 23 ref.; Met. Rev. **22** (1949) 5 27.

Denny, G. H.: High density alloy with strength and machinability developed from tungsten-nickel-copper combination. Steel **124** (1949) 18./4. 101—102; Met. Rev. **22** (1949) 6 26.

Hayes, E. T.: Fabrication and mechanical properties of ductile zirconium. Amer. Soc. for Metals Prepr. 32 1949 24 p. 19 ref.; Index Aeron. **6** (1950) 8 78.

Hoffman, Charles A., G. Mervin Ault and *James J. Gangler:* Initial investigation of carbide-type ceramal of 80-percent cobalt for use as gas-turbine-blade material. NACA TN 1836 March 1949 49 p. 10 ref.; Met. Rev. **22** (1949) 5 28; Aero Dig. **59** (1949) 2 74.

Jaffee, R. I.: Zirconium metal, as of 1949. Iodide-, magnesium-reduced and calcium-reduced Zr. J. Metals **1** (1949) Sect. 1 July 6—9; Met. Rev. **22** (1949) 8 28.

Jones, R. A.: High-temperature materials for aircraft power plants. Techn. Data Dig. **14** (1949) 1./7. 15—21; Met. Rev. **22** (1949) 8 52.

Kinsey, H. V. and *M. T. Stewart:* A nickel-aluminium-molybdenum creep resistant alloy. Canad. J. Res. **27** F (1949) 2 80—98; Met. Rev. **22** (1949) 5 28; Index Aeron. **5** (1949) 7 76.

— Ceramic-metal alloy has thermal shock resistance needed for turbine blades. Product Engng. **20** (1949) July 150—151; Met. Rev. **22** (1949) 8 28.

Benesovsky, F.: Gesinterte Fertigformteile. Werkstatt u. Betrieb **83** (1950) 6 257—260 28 Lit.-St.

Binder, W. O. and *H. R. Spendelow, jr.:* New cobalt-base alloy for high-temperature sheet. Metal Progr. **57** (1950) 3 321—326; Index Aeron. **6** (1950) 7 63.

Hauber, E. S. and *Thornton jr.:* Zirconium as a material for fractional weights. J. Franklin Inst. **250** (1950) July 39—44.

Hayes, E. T. a. o.: Constitution and mechanical properties of zirconium-iron alloys. Amer. Soc. for Metals Prepr. 29 Oct. 1950 17 p. 14 ref.; Index Aeron. **7** (1951) 10 115.

Heuberger, J.: Sintereigenschaften von Preßlingen aus Kupfer- und Graphitpulver. Chalmers Tekniska Högskolas Handl. 98 1950 3—10; Index Aeron. **8** (1952) 2 64.

Kinsey, H. V. and *M. T. Stewart:* Nickel-aluminium-molybdenum alloys for service at elevated temperatures. Amer. Soc. for Metals Prepr. 12 Oct. 1950 27 p. 3 ref.; Index Aeron. **7** (1951) 10 109; Industr. Heating **18** (1951) Sept. 1586, 1588, 1590; Met. Rev. **24** (1951) 11 40.

McKee, J. H. and *A. M. Adams:* The physical properties of extruded and slip-cast zircon with particular reference to the thermal shock resistance. Trans. Brit. Ceram. Soc. Repr. **49** (1950) Sept. 386—407 25 ref.; Index Aeron. **8** (1952) 6 88.

Buswell, R. W. A. a. o.: Sintered alloys for high-temperature service in gas turbines. G. E. C. J. **18** (1951) 3 139—156 11 ref.; Index Aeron. **7** (1951) 11 99.

Carruthers, T. G. and *A. L. Roberts:* Ceramics: A survey of their possibilities as gas turbine blade materials. Aircr. Production **13** (1951) 149 88—91; Index Aeron. **7** (1951) 8 49.

Everhart, J. L.: Materials and methods manual — 77: Titanium, zirconium, molybdenum, tungsten, tantalum, columbium, vanadium, hafnium as engineering materials. Mater. & Meth. **34** (1951) 6 89—104; Index Aeron. **8** (1952) 4 83.

Hoffman, S.: Lithium — lightest light metal progress and review. Light Metal Age **9** (1951) 3/4 19—20; Index Aeron. **7** (1951) 12 137.

Kieffer, Richard u. *Friedrich Benesovsky:* Warm- und zunderfeste Sinterwerkstoffe. Z. Metallkde. **42** (1951) 4 97—106 85 Lit.-St.

Koshuba, W. J. and *J. A. Stavrolakis:* Cermets may answer jet designer's prayers. Iron Age **168** (1951) 22 77—80, **168** (1951) 23 154—158; Techn. Data Digest **17** (1952) 2 37; Werkstoffe u. Korrosion **5** (1954) 10 407.

Litton, F. B.: Ten zirconium alloys evaluated. Pt. 1 and 2. Iron Age **167** (1951) 14/15 95—99, 112—114; Index Aeron. **7** (1951) 11 162.

Long, Roger A., K. C. Dike and *H. R. Bear:* Strength of pure molybdenum at 1800 to 2400⁰ F. Metal Progr. **60** (1951) Sept. 81—88; Met. Rev. **24** (1951) 11 42.

Allen, N. P.: Überblick über die Entwicklung hochwarmfester Legierungen. „Symposium on high-temperature steels and alloys for gas turbines." Spec. Rep. Iron Steel Inst. (London) Nr. 43 1952 1—10, 305; Stahl u. Eisen **72** (1952) 26 1685. [1.322.10].

Ayres, Charles F.: Zirconium — newest light metal. Light Metal Age **10** (1952) 9/10 10—11; AB **23** (1952) 12 696.

Buswell, R. W. A., W. R. Pitkin u. *J. Jenkins:* Gesinterte Legierungen für den Gasturbinenbau. „Symposium on high-temperature steels and alloys for gas turbines." Spec. Rep. Iron Steel Inst. (London) Nr. 43 1952 258—268; Stahl u. Eisen **73** (1953) 2 119. [6.211.2].

Clark, C. L., M. Fleischmann and *J. W. Freeman:* Influence of extended time on creep and rupture strength of 16—25—6 alloy. Trans. Amer. Soc. for Metals **44** (1952) 89—108; Stahl u. Eisen **72** (1952) 20 1244; AMR **5** (1952) 9 398.

Deisinger, W.: Beryllium alloys in engineering. Metal Industry **81** (1952) 11 203—205; Index Aeron. **8** (1952) 11 78.

Fitzer, Erich: Höchsttemperaturbeständige Werkstoffe durch Silizieren von Wolfram und Molybdän. Berg- und Hüttenmännische Mh. **97** (1952) 5 81—91; Draht **4** (1953) 7.

Harwood, Julius J.: Powder metallurgy parts in high temperature applications. Monthly Res. Rep. Office Naval Res. July 1952; Mater. & Meth. **36** (1952) 2 87—91; Stahl u. Eisen **72** (1952) 24 1554; Metallurgia **47** (1953) 279 43—44.

Lang, S. M., C. L. Fillmore and *L. H. Maxwell:* The system beryllia-aluminia-titania: Phase relations and general physical properties of three-component porcelains. J. Res. Nat. Bur. Stand. **48** (1952) 4 298—312 14 ref.; Index Aeron. **8** (1952) 9 82.

Lardner, E. and *N. B. McGregor:* Determination of elastic constants and stress-strain relationship to fracture of sintered tungsten carbide-cobalt alloys. J. Inst. Metals **80** (1952) 7 369—374 5 ref.; Index Aeron. **8** (1952) 6 89.

Merz, A.: Aufbau, Eigenschaften und Anwendung der Sinterhartmetalle. Technik (Berlin) **7** (1952) 6 295—299 19 Lit.-St.

Pachera, K.: Die Sinterwerkstoffe der Technik, besonders die hochschmelzenden Metalle und Legierungen. Technik (Berlin) **7** (1952) 6 299—303 15 Lit.-St.; Index Aeron. **8** (1952) 9 56. [1.322.3].

Schlüter, Wilhelm: Titan und Zirkon als neue Werkstoffe. Stahl u. Eisen **72** (1952) 7 368—373 38 Lit.-St. [1.323.23].

Stark, R. E. and *B. H. Dilks:* New lithium ceramics have high thermal shock resistance, controlled thermal expansion, chemical resistance at high temperatures. Mater. & Meth. **35** (1952) 1 98—99; Index Aeron. **8** (1952) 11 65.

— New high temperature material. Engineer **94** (1952) 5034 104; Konstruktion **5** (1953) 1 27.

— Nimonic 95. Engineer **94** (1952) 5037 184; Konstruktion **5** (1953) 1 27.

Beardslee, K. R.: Eigenschaften von Hartmetallen. Prec. Metal Molding **11** (1953) 11 34—36, 76; Stahl u. Eisen **74** (1954) 6 364.

Cound, T. E.: The heat treatment of high temperature material. Engng. Insp. **17** (1953) 3 101—110 11 ref.; Index Aeron. **10** (1954) 3 102.

Dike, K. C., and *R. A. Long:* Effect of processing variables on the transition temperature, strength and ductility of high purity, sintered, wrought molybdenum metal. NACA TN 2915 1953 26 p. 5 ref.; Index Aeron. **9** (1953) 8 72.

Dike, K. C. and *R. A. Long:* Effect of prestraining on recrystallization temperature and mechanical properties of commercial, sintered, wrought molybdenum. NACA TN 2973 July 1953 25 p. 6 ref.; Index Aeron. **9** (1953) 12 92.

Engle, E. W.: Das Chromkarbid-Hartmetall 608. Steel **133** (1953) 18 104; Stahl u. Eisen **74** (1954) 4 242.

Greenwood, H. W.: Entwicklungslinien in der Pulvermetallurgie. Metal Treatm. & Drop Forging **20** (1953) 96 427—429, 431; Stahl u. Eisen **73** (1953) 25 1677. [1.322.3].

Havekotte, Walther L.: Hochwarmfeste Sinterwerkstoffe für Gasturbinen. Metal Progr. **64** (1953) 6 67—70; Stahl u. Eisen **74** (1954) 8 493.

Montgomery, E. T. and *P. E. Rempes:* Exploratory study of nickel-magnesia cermets. Wright Air Devel. Center Techn. Rep. 53—164 Apr. 1953 6 p.; Nickel-Ber. **12** (1954) 6 111.

Naeser, Gerhard u. *Hans Burmeister:* Die Beeinflussung der Sintereigenschaften von Metallpulvern durch eine Oberflächenbehandlung. Diss. Burmeister Bergakademie Clausthal; Arch. Eisenhüttenwes. **24** (1953) 5 251—255, 6 265—266; Stahl u. Eisen **73** (1953) 17 1123.

Schwarzkopf, Paul: Hartmetalle zur Verwendung bei hohen Temperaturen. Amer. Machinist **97** (1953) 8 147—150; Stahl u. Eisen **73** (1953) 15 997.

Schwope, Arthur D.: Überblick über die Eigenschaften von Zirkon. Metal Progr. **63** (1953) 5 75—81; Stahl u. Eisen **73** (1953) 17 1123.

Waeser, B.: Heat resisting materials and cermets. Werkstoffe u. Korrosion **4** (1953) 11 397—399 28 ref.; Index Aeron. **10** (1954) 2 84.

Accountius, Oliver E., Harry H. Sisler, Thomas B. Shevlin u. *George A. Bole:* Zunderbeständigkeit von Sinterteilen aus Karbiden von Titan, Silizium und Bor. J. Amer. Ceram. Soc. **37** (1954) 4 173—177; Stahl u. Eisen **74** (1954) 4 173—177.

Beaver, Wallace W.: Herstellung von Beryllium nach pulvermetallurgischem Verfahren. Metal Progr. **65** (1954) 4 92—97; Stahl u. Eisen **74** (1954) 15 971—972.

Benesovsky, Fritz: Neuentwicklungen auf dem Gebiete der hochschmelzenden und ·seltenen Metalle. Stahl u. Eisen **74** (1954) 4 210—215.

Benesovsky, F.: Neuentwicklung auf dem Gebiete der Pulvermetallurgie. Metall **8** (1954) 9/10 378—385 145 Lit.-St.; Stahl u. Eisen **74** (1954) 21 1384; Nickel-Ber. **12** (1954) 6 98. [1.322.3].

Benesovsky, Fritz: Hochwarmfeste Sinterwerkstoffe. Werkstoffe u. Korrosion **5** (1954) 8/9 288—290.

Bradley, D. C.: Mechanische Eigenschaften von gesinterten Messingteilen. Prec. Metal Molding **12** (1954) 8 44—47, 81—82; Stahl u. Eisen **74** (1954) 21 1384.

Carter, A.: Sintered refractory alloys. Metallurgia **49** (1954) 291 8—14 27 ref.; Index Aeron. **10** (1954) 5 73; Stahl u. Eisen **74** (1954) 12 794.

Caughey, R. H. and *W. B. Hoyt:* Effects of cyclic overloads on the creep rates and rupture life of inconel at 1700^0 F and 1800^0 F. ASTM Prepr. June 1954 30 p.; Nickel-Ber. **12** (1954) 10 189—190.

Everhart, John L.: Neue hitzebeständige Hartmetalle. Mater. & Meth. **40** (1954) 2 90—92; Stahl u. Eisen **74** (1954) 23 1553.

Greenhouse, Harold M., Robert F. Stoops u. *Thomas S. Shevlin:* Ein neuer metallkeramischer Werkstoff auf Karbidgrundlage mit TiC, TiB_2 und CoSi. J. Amer. Ceram. Soc. **37** (1954) 5 203—206; Stahl u. Eisen **74** (1954) 21 1384.

Johnson, Aldie E.: Mechanical properties at room temperature of four cermets of tungsten carbide with cobalt binder. NACA TN 3309 Dec. 1954 16 p.; J. Roy. Aeron. Soc. **59** (1955) 531 232.

Keeler, J. H.: Zirconium. Product Engng. **25** (1954) 8 183—187; Index Aeron. **10** (1954) 10 149.

Lufcy, Carroll W.: Neue Legierung für hohe Temperaturen. Steel **135** (1954) 5 88—89; Stahl u. Eisen **74** (1954) 21 1383.

Maxwell, W. A. and *E. M. Grala:* Investigation of nickel-aluminum alloys containing from 14 to 34 percent aluminum. NACA TN 3259 Aug. 1954 42 p. 13 ref.

Nisbet, J. D. u. W. R. Hibbard jr.: Deutung der hochwarmfesten Eigenschaften von Eisen-Chrom-Kobalt-Nickel-Legierungen. J. Metals Trans. **5** (1954) 9 1149—1165; Stahl u. Eisen **74** (1954) 8 496.

Ornitz, M. N. u. R. H. English: Neue hitzebeständige Nickel-Chrom-Eisen-Legierung. Mater. & Meth. **39** (1954) 1 82—85; Stahl u. Eisen **74** (1954) 8 496.

Schwarzkopf, Paul u. F. W. Glaser: Sinterkörper für hohe Temperaturen aus Boriden. Iron Age **173** (1954) 13 138—139; Stahl u. Eisen **74** (1954) 15 972.

Shevlin, Thomas S.: Herstellung und Eigenschaften von Sinterkörpern mit 72 % Cr und 28 % $Al_2 O_3$. J. Amer. Ceram. Soc. **37** (1954) 3 140—145; Stahl u. Eisen **74** (1954) 19 1242.

— Hitzebeständige Legierungen. Metal Progr. **66** (1954) 1-A 42—48; Stahl u. Eisen **74** (1954) 23 1553.

— Warmfeste und hitzebeständige Legierungen. Mater. & Meth. **40** (1954) 1 137; Stahl u. Eisen **74** (1954) 21 1383.

— Weiterentwicklung der Nimonic-Legierungen; Nimonic 95. Engng. **178** (1954) 4623 302—303; Stahl u. Eisen **74** (1954) 21 1383.

Lockwood, C. K.: Heat resistant cast high alloys. Product Engng. (1955) Febr. 163—167; Aeron. Engng. Rev. **14** (1955) 5 182.

Nichtmetallische Werkstoffe	1.324
Allgemeines	1.324.1
Holz und Holzwerkstoffe	1.324.2
Zusammenfassende Darstellungen und Grundlagen der Holzvergütung	1.324.21

Brenner, Paul u. Otto Kraemer: Holzvergütung durch Tränken und Aufteilen in dünne Einzellagen. Luftf. Forsch. **9** (1932) 4 145—152; DVL-Jb. 1932 V 43 ff.

Brenner, Paul u. Otto Kraemer: Holzvergütung durch Kunstharzverleimung. Mitt. Fachausschuß Holzfragen, H. 12 1935 40 S.; Luftwissen **2** (1935) 8 236.

Egner, Karl: Neuere Erkenntnisse über die Vergütung der Holzeigenschaften. Mitt. Fachausschuß Holzfragen, H. 18 1937 87 S.

Küch, Wilhelm: Erhöhung der Festigkeit von Holz durch Behandlung mit Tränkstoffen auf C-H-Basis. ZWB FB 772 1937 12 S.

Küch, Wilhelm: Untersuchungen an Holz, Sperrholz und Schichthölzern im Hinblick auf ihre Verwendung im Flugzeugbau. Holz als Roh- u. Werkstoff 2 (1939) 7/8 257—272.

Kollmann, Franz: Eigenschaften und Eigenschaftsprüfung von Flugzeugbauhölzern. Ber. Lil.-Ges. 157 1942 8 S. [4.22].

Rein, W.: Kerbempfindlichkeit von Holz. Lil.-Ges. Ber. 157 1942 28—31.

Winter, Hermann: Beiträge zur Weiterentwicklung der Werkstoffe des Holzflugzeugbaues. Ber. Lil.-Ges. Nr. 157 Dez. 1942 13—27.

Küch, Wilhelm: Der Einfluß des Feuchtigkeitsgehaltes auf die Festigkeit von Voll- und Schichtholz. Holz als Roh- u. Werkstoff **6** (1943) 5/6 157—161.

Ylinen, Arvo: Neuere Ergebnisse der mechanisch-technologischen Holzforschung in Finnland. Holz als Roh- u. Werkstoff **6** (1943) 8/9 221—230.

Kollmann, Franz u. *F. Schulz:* Versuche über den Einfluß der Temperatur auf die Festigkeitswerte von Flugzeugholzbaustoffen. 1. Teilber. Reichsanstalt für Holzforschung Eberswalde, Ber. 130 v. 31. 5. 1944 (als Manuskript veröffentlicht).

Morse, W. L.: Wood in aircraft. Aeronautics 10 (1944) 4 52—53.

(Winter, Hermann): Scherfestigkeit von Vollquerschnitten. Richtlinien für den Holzflugzeugbau. Teil F III e. Ber. u. Mitt. Inst. Flugzeugbau TH Braunschweig 45—04 1945 9 S.

Higgins, H. G. and *F. V. Griffin:* The nature of plastic deformation in wood at elevated temperatures. Counc. Sci. & Industr. Res. (Australia) 20 (1947) 3 361—371; Index Aeron. 4 (1948) 6 73.

(Winter, Hermann): Torsion von Vollquerschnitten. Richtlinien für den Holzflugzeugbau. Teil F III d. Ber. u. Mitt. Inst. Leichtbau TH Braunschweig 48—02 1948 35 S.

Narayanamurti, D.: Composite wood and adhesives in aircraft. A brief survey of the work done at the Forest Res. Inst. Dehra Dun. J. Aeron. Soc. India 2 (1950) 1 Febr. 17—43 22 ref.; Index Aeron. 6 (1950) 12 79. [1.324.43].

Campredon, J.: Le bois matériau et matière première — Technique d'utilisation du bois. Minist. Agric. — Serv. Bois 1951 39 p.

Keylwerth, Rudolf: Die anisotrope Elastizität des Holzes und der Lagenhölzer. (VDI-Forschungsh. 430) 1951 40 S.

Kollmann, Franz: Holz. Ein Überblick über Arbeiten aus den Jahren 1944 bis 1948. Holz als Roh- u. Werkstoff 9 (1951) 1 27—35 169 Lit.-St.

Koloc: Werkstoff Kartei Koloc. Holz. Grundmappe. Leipzig: Fachbuchverl. 1951 37 Bl.

Küch, Wilhelm: Über die Vergütung des Holzes durch Verdichtung des Gefüges. Holz als Roh- u. Werkstoff 9 (1951) 8 305—317.

— T. D. A. Library Catalogue. 3rd ed. London: Timber Dev. Ass. 1951. 53 p.

— Modified woods and paper-base laminates. "Madison Lab." (USA) 1951 15 p. [1.324.312.2].

Campbell, W. G. and *D. F. Packman:* Chemical factors involved in the utilization of wood in association with metals. Wood, Select. Gov. Res. Rep. 8 (1952) 5 ref.; Index Aeron. 9 (1953) 6 94.

Dadswell, H. E., J. S. Fitzgerald and *N. Tamblyn:* Investigations of phenolic resins for making improved wood, 1942—44. II. The influence of resin composition on the properties and structure of the improved wood. Austral. J. Appl. Sci. 3 (1952) 1 71—87 2 ref.; Index Aeron. 8 (1952) 6 99.

Howe, H. A.: Summary of movements with moisture change of improved woods. Wood, Select. Gov. Res. Rep. 8 (1952); Index Aeron. 9 (1953) 6 94.

Jay, B. A.: Timber. An outline of the structure, properties and utilization of timber. London: Timber Dev. Ass. 1952 38 p. (Red Booklets Series.)

Kollmann, F. F. P.: Selection, testing and properties of wood and laminated wood for highly stressed structural parts. J. Aeron. Soc. India 4 (1952) 1 1—26; Index Aeron. 8 (1952) 7 101.

Kollmann, Franz: Über die Abhängigkeit einiger mechanischer Eigenschaften der Hölzer von der Zeit, von Kerben und von Temperatur. 1. Mitt. Der Einfluß der Zeit auf die mechanischen Eigenschaften der Hölzer. 2. Mitt. Die Bedeutung von Kerben für die Holzfestigkeit. 3. Mitt. Die Bedeutung der Temperatur für die Elastizität und Festigkeit des Holzes. Holz als Roh- u. Werkstoff 10 (1952) 5 187—197, 6 239—244, 7 269—279.

Pearson, R. G.: Variability of timber and the derivation of design stresses. Austral. J. Appl. Sci. 3 (1952) 2 144—155; Commonw. Sci. and Industr. Res. Organ. South Melbourne Div. For. Prod. Repr. No. 168.

Williams, E J. and *N. H. Kloot:* Stress-strain relationship. Commonwealth Sci. & Industr. Res. Organ. Melbourne, Div. Forest Prod. Repr. No. 156; Austral. J. Appl. Sci. **3** (1952) 1 1—13.

Wood, Lyman W.: Basic principles of structural grading. South Lumberman **185** (1952) 2321 222—226.

Higgins, H. G.: Factors influencing the plastic deformation of timber and plywood in compression. Austral. J. Appl. Sci. **4** (1953) 1 84—97.

Jane, F. W.: A select bibliography of wood. Timber Progress and desk book for 1953 153—161.

Kesselkaul, Carl Robert: Holzvergütung. Allg. Holzrdsch. **9** (1953) 153/154 136—139, 155/156 157—158, 159/160 206—207, 161/162 235—236, 163/164 253.

Horioka, Kunisuke: Research for the improvement of wood (1st Rep.) Study on properties of wood with special reference to its improvement. Meguro, Tokyo: Bull. Govt. Forest. Exper. Stat. No. 68 1954 15—66.

Kraemer, Otto: Vergütete Holzwerkstoffe. Holzwirtschaftl. Jahrbuch 1954 34—46.

(Winter, Hermann): Allgemeine Werkstoffkunde der Hölzer. (Unterlagen und Richtlinien für den Holzflugzeugbau, Teil B I.) Ber. u. Mitt. Inst. Flugzeugbau u. Leichtbau TH Braunschweig Juni 1955 35 S.

Rohhölzer   1.324.22

Wilson, T. R. C.: Effect of spiral grain on strength of wood. J. Forestry (1921) Nov.

Weingarten, Adolf: Über Festigkeitsuntersuchungen an Holz. ZFM **13** (1922) 24 338—343.

Carrington, H.: The elastic constants of spruce. Philos. Mag. **45** (1923) 1055.

Newlin, J. A. and *R. P. A. Johnson:* Structural timbers: Defects and their influence on strength. ASTM Proc. 1924; FPL Rep. R 1041.

Huber, Karl: Verdrehungselastizität und -festigkeit von Hölzern. Z. VDI **72** (1928) 15 500—506.

Wolff, E. B. and *L. J. G. Van Ewijk:* Mechanical properties of some materials used in airplane construction. NACA TM 448 Jan. 1928. [1.323.211.1].

Gaber, E.: Versuche über die Schubfestigkeit von Holz. Z. VDI **73** (1929) 26 932—935.

Graf, Otto: Weitere Untersuchungen über den Einfluß der Größe der Belastungsfläche auf die Widerstandsfähigkeit von Bauholz gegen Druckbelastung quer zur Faser (Belastung durch Stempel und Schwellen). Bauing. **10** (1929) 25 437—439.

Huber, Karl: Schubmodul und Drehfestigkeit von Hölzern. ZFM **20** (1929) 10 250—256.

Markwardt, L. J.: Comparative strength properties of woods grown in the United States. U. S. Dep. Agric. Techn. Bull. 158 1930.

Markwardt, L. J.: Aircraft woods: Their properties, selection, and characteristics. NACA Rep. 354 1930; FPL Rep. R 1079 1930.

Trayer, G. W.: Strength and characteristics of wood used in aircraft construction. Proc. ASTM 1930.

Wilson, T. R. C., T. A. Carlson and *R. F. Luxford:* Effect of partial seasoning on the strength of wood. Amer. Wood-Preservative Ass. Proc. 1930; FPL Rep. R 1024.

Hörig, H.: Die Elastizität von Spruce. Z. Techn. Phys. **12** (1931) 369 ff.

Markwardt, L. J.: Distribution and the mechanical properties of Alaska woods. U. S. Dep. Agric. Techn. Bull. 226 1931.

Graf, Otto: Versuche über die Eigenschaften der Hölzer nach der Trocknung. 2. Aufl. Mitt. Fachausschuß Holzfragen Heft 1/2 1932. 50 S.

Graf, Otto, H. Mayer-Wegelin, G. Brunn u. *H. Hempel:* Versuche über die Eigenschaften in- und ausländischer Hölzer. Mitt. Fachausschuß Holzfragen, Heft 4 1932. 59 S.

Mörath, E.: Studien über die hygroskopischen Eigenschaften und die Härte der Hölzer. Mitt. Holzforschungsst. TH Darmstadt, H. 1 1932.

— Story of Lata balsa: its growth, characteristics, properties, applications. Brooklyn: Balsa Wood Co., Inc. 1933 8 p.

Graf, Otto u. *Karl Egner:* Versuche über die Eigenschaften der Hölzer nach der Trocknung. 2. Teil. Mitt. Fachausschuß Holzfragen, H. 10 1934. 44 S.

Küch, Wilhelm: Einfluß von Kraftstoff und Öl auf die Festigkeitseigenschaften von Holz und Sperrholz. ZWB FB 75 1934 22 S. [1.324.25].

v. Bonin-Ponitz, H. O.: Hölzer für den Flugzeugbau. Luftwissen **2** (1935) 8 220—223.

Stamer, J.: Elastizitätsuntersuchungen an Hölzern. Ing.-Arch. **6** (1935) 1 1—8.

Gaber, E.: Der Einfluß von Fehlern auf die Holzfestigkeit nach Versuch und Rechnung. Bautechnik **14** (1936) 5 64—68.

Greenhill, W. L.: Strength tests perpendicular to the grain of timber at various temperatures and moisture contents. J. Counc. Sci. & Industr. Res. (Austral.) **9** (1936) 265.

Ehrmann, W. u. *R. Seeger:* Neuere Untersuchungen über die Scherfestigkeit, Druckfestigkeit und Schlagfestigkeit von Kiefern- und Fichtenholz. (Forsch.-Ber. Holz, H. 4.) Berlin: VDI-Verl. 1937 89 S.

Graf, Otto u. *Karl Egner:* Versuche über die Eigenschaften der Hölzer nach der Trocknung. 3. Teil. Mitt. Fachausschuß Holzfragen, H. 19 1937. 76 S.

Küch, Wilhelm: Holz, Sperrholz, Schichtholz und Bindemittel im Flugzeugbau. Ringbuch Luftfahrttechn. II C 7 Juli 1937 19 S. [1.324.23], [1.324.25], [1.324.40].

Küch, Wilhelm: Versuche an Kiefernholz. Statische Biegefestigkeit von gekerbtem und ungekerbtem Kiefernholz. Luftwissen **4** (1937) 8 254—255. [1.352.1].

Riechers, Kurt: Festigkeitseigenschaften von Kiefernholz. ZWB UM 448 April 1937 16 S.

Ghelmeziu, N.: Untersuchungen über die Schlagfestigkeit von Bauhölzern. Holz als Roh- u. Werkstoff **1** (1938) 15 585—601.

Graf, Otto: Tragfähigkeit der Bauhölzer und der Holzverbindungen. Grundlagen für die Beurteilung der Hölzer nach Güteklassen. Zulässige Beanspruchungen. Mitt. Fachausschuß Holzfragen, H. 20 1938. 47 S. [1.442.32], [1.444].

Stoy, Wilhelm: Über die Tragfähigkeit der Bauhölzer und Holzverbindungen und über die Dauerfestigkeit der letzteren. Bautechnik **16** (1938) 51 689—692. [1.442.32], [1.442.36], [1.444].

Suenson, E.: Zulässiger Druck auf Querholz. Holz als Roh- u. Werkstoff **1** (1938) 6 213—216.

Newlin, J. A.: Bearing strength of wood at angle to the grain. FPL Rep. R 1203 May 1939.

— Merkblätter über koloniale Nutzhölzer für die Praxis, Reihe 1, Merkblatt Nr. 12 Balsa. Hrsg. Reichsinstitut für ausländ. u. kolon. Forstwirtsch. Tharandt. Neudamm: J. Neumann 14 S.

Gaber, E.: Druckversuche quer zur Faser an Nadel- und Laubhölzern. Holz als Roh- und Werkstoff **3** (1940) 7/8 222—226; Techn. Z.-Schau **26** (1941) 1 9.

Graf, Otto u. *Karl Egner:* Versuche über die Festigkeitseigenschaften verschiedener Hölzer in gefrorenem Zustand und besonders nach wiederholtem Gefrieren und Auftauen. Mitt. Fachausschuß Holzfragen, H. 25 1940.

Kollmann, Franz: Die mechanischen Eigenschaften verschieden feuchter Hölzer im Temperaturbereich von — 200° bis + 200°. (VDI Forsch. H. 403) 1940 18 S.; Z. VDI **85** (1941) 31 674—675.

Raunecker, Helmut: Untersuchungen über die Holzbeschaffenheit von Schwarz-erlen des oberbayrischen Moränengebietes. Holz als Roh- u. Werkstoff **3** (1940) 6 177—188.

Ugrenović, A.: Planmäßige Untersuchungen über Spaltfestigkeit und Spaltbar-keit. Holz als Roh- und Werkstoff **3** (1940) 5 143—150 7 Lit.-St.; Techn. Z.-Schau **26** (1941) 1 9.

Egner, Karl: Festigkeit wiederholt gefrorener und aufgetauter Hölzer. Z. VDI **85** (1941) 13 318—319.

Gaber, E.: Der Einfluß der Holzfeuchtigkeit auf den Elastizitätsmodul von Nadel-holz. Holz als Roh- u. Werkstoff **4** (1941) 8 277—279.

Graf, Otto: Aus Versuchen mit Bauholz und mit hölzernen Bauteilen. Holz als Roh- u. Werkstoff **4** (1941) 10 347—360.

Hearmon, R. F. S. and *W. W. Barkas:* The effect of grain direction on the Young's moduli and rigidity moduli of beech and sitka spruce. Proc. Phys. Soc. London **53** (1951) 674.

Kollmann, Franz: The mechanical properties of wood of different moisture content within — 200⁰ to + 200⁰ C temperature range. NACA TM 984 Sept. 1941.

Petermann, H.: Schubversuche mit Kiefernholz. Holz als Roh- und Werkstoff **4** (1941) 4 141—150 13 Lit.-St.; Techn. Z.-Schau **26** (1941) 18 308.

— Merkblätter über koloniale Nutzhölzer für die Praxis, Reihe 1, Merkblatt Nr. 18 Schirmbaum. Hrsg. Prof. Dr.-Ing. Franz Heske, Reichsinstitut für ausländ. u. kolon. Forstwirtsch. Reinbeck-Hamburg. Neudamm: J. Neumann 23 S.

— Moisture content-strength adjustments for wood. FPL Rep. 1313 Dec. 1941.

— Specific gravity-strength relations for wood. FPL Rep. 1303 Oct. 1941.

Geiger, Friedrich: Ein Beitrag zur Abhängigkeit der Druckfestigkeit des Fichten-holzes von der Holzfeuchtigkeit. Bautechnik **20** (1942) 40/42 373—375.

Küch, Wilhelm u. *G. Telchow:* Der Einfluß des Feuchtigkeitsgehaltes auf die Festigkeit von Voll- und Schichtholz. DVL-Ber. Kf. 300/14 1942. [1.324.23].

Ugrenović, A.: Untersuchungen über die Abhängigkeit der Spaltfestigkeit von der Spaltebene und vom Feuchtigkeitsgehalt. Holz als Roh- u. Werkstoff **5** (1942) 7 225—230.

Geiger, Friedrich: Die Festigkeitseigenschaften des Bauholzes für den hoch-wertigen Holzbau. Int. Holzmarkt (1943) 12/15. [1.251].

Hearmon, R. F. S.: The significance of coupling between shear and extension in the elastic behaviour of wood and plywood. Proc. Phys. Soc. London **55** (1943) 307 67—79. [1.324.25].

Markwardt, L. J.: Wood as an engineering material. Proc. ASTM (1943) 43 1—58.

Norris, C. B.: The application of Mohr's stress and strain circles to wood and plywood. FPL Rep. 1317 Febr. 1943. [1.324.25].

Sulzberger, P. H.: The effect of temperature on the strength properties of wood, plywood and glued joints. J. Counc. Sci. & Industr. Res., Australia **16** (1943) 263. [1.324.25], [1.442.32].

Hörig, H.: Kritische Bemerkungen zu den auf dem DIN 51 190 angegebenen Formeln für die Berechnung des Drillungsmoduls und der sog. Verdrehungs-festigkeit von Holzstäben. Silvae orbis, Berlin-Wannsee (1944) 15 90 ff.

Luxford, R. F. and *L. W. Markwardt:* Survey of strength and related properties of yellow-poplar. FPL Rep. 1516 Dec. 1944.

March, H. W.: Stress-strain relations in wood and plywood considered as ortho-tropic materials. FPL Rep. 1503 Febr. 1944. [1.324.25].

Weinhold, Josef, Franz Frieb u. *Friedrich Homola:* Systematische Holzuntersuchungen. (Zusammenhänge zwischen Zug-Druckfestigkeit, Wichte, Jahresringbreite und Feinbau bei Kiefernholz.) Ber. Inst. Festigkeitslehre u. Festigkeitsprüfung d. Dtsch. TH Brünn 1944.

Wiepking, C. A. and *D. V. Doyle:* Strength and related properties of balsa and quipo woods. FPL Rep. 1511 June 1944.

— The use of wood for aircraft in the United Kingdom. FPL Rep. 1540 June 1944.

Doyle, D. V., J. T. Drow and *R. S. McBurney:* Elastic properties of wood: The Young's moduli, moduli of rigidity and Poisson's ratios of balsa and quipo. FPL Rep. 1528 June 1945.

Drow, J. T.: Effect of hydraulic-equipment oils on the bending and compressive strength of sitka spruce. FPL Rep. 1520 Jan. 1945.

Drow, J. T. and *M. E. Clark:* Moisture content of wood in airplane structures. FPL Rep. 1552 Dec. 1945.

Stüssi, Fritz: Zum Einfluß der Faserrichtung auf die Festigkeit und den Elastizitätsmodul von Holz. Schweiz. Bauztg. **126** (1945) 22 247—248.

Sulzberger, P. H.: The effect of temperature on the strength of wood, plywood and glued joints. Div. For. Prod. Austral. Proj. TP 10—3 Progr. Rep. 4 1945. [1.324.25], [1.442.32].

Doyle, D. V., R. S. McBurney and *J. T. Drow:* Elastic properties of wood: The moduli of rigidity of Sitka spruce and their relations to moisture content. FPL Rep. 1528 B Sept. 1946.

Doyle, D. V. and *J. T. Drow:* Elastic properties of wood: Young's moduli, moduli of rigidity, and Poisson's ratios of mahogany and khaya. FPL Rep. 1528 C Nov. 1946.

Doyle, D. V., R. S. McBurney and *J. T. Drow:* Elastic properties of wood: The moduli of rigidity of Douglas-fir at about 11 percent moisture content. FPL Rep. 1528 E Nov. 1946.

Drow, J. T., M. E. Clark and *T. R. C. Wilson:* Distribution of strength values in woods for aircraft construction. FPL Rep. 1515 Febr. 1946.

Drow, J. T. and *R. S. McBurney:* Elastic properties of wood: Young's moduli and Poisson's ratios of Sitka spruce and their relations to moisture content. FPL Rep. 1528 A Oct. 1946.

Drow, J. T. and *R. S. McBurney:* The elastic properties of wood: Young's moduli, moduli of rigidity, and Poisson's ratios of yellow-poplar. FPL Rep. 1528 G Dec. 1946.

Drow, J. T. and *R. S. McBurney:* The elastic properties of wood: Young's moduli, moduli of rigidity, and Poisson's ratios of yellow birch. FPL Rep. 1528 H Nov. 1946.

McBurney, R. S. and *J. T. Drow:* The elastic properties of wood: Young's moduli and Poisson's ratios of Douglas-fir and their relations to moisture content. FPL Rep. 1528 D Nov. 1946.

McBurney, R. S., D. V. Doyle and *J. T. Drow:* The elastic properties of wood: Young's moduli, Poisson's ratios, and moduli of rigidity of sweetgum at approximately 11 percent moisture content. FPL Rep. 1528 F Nov. 1946.

Rein, W.: Kerbempfindlichkeit von Holz. Diss. TH Darmstadt 1946. [1.352.1].

Campredon, J.: Essais et recherches sur les bois et leur utilisation. Ann. Inst. Techn. Bâtiment (1948) 45 1—16; AMR **2** (1949) 6 134.

Frey-Wyssling u. *Fritz Stüssi:* Festigkeit und Verformung von Nadelholz bei Druck quer zur Faser. Schweiz. Techn. Ber. Forstwes. 99 März 1948 106—114.

Hearmon, R. F. S.: The effect of sustained bending loads on the Young's modulus of wood. Proc. Int. Rheological Congr. (Delft) (1948) 2 247—251 3 ref.; Forestry Abstr. Sect. 3 **12** (1950) 2 59.

Hearmon, R. F. S.: Elasticity of wood and plywood. Forest Prod. Res. Spec. Rep. No. 7 London: HMSO 1948 87 p. 140 ref.; Index Aeron. **5** (1949) 5 86. [1.324.25].

Iablokoff, A.-Kh.: Le bois français dans les constructions aéronautiques. Rech. Aéron. (1948) 2 25—26.

Paul, B. H.: A rapid method of estimating the approximate specific gravity of wood. FPL Rep. 1398 July 1948.

Alexander, J. B.: Basic stresses for wood. Forest. Prod. Res. Soc. **3** (1949) 344—351; Forestry Abstr. Sect. 3 **12** (1950) 2 58—59.

Barkas, W. W.: The swelling of wood under stress. A discussion of its hygroskopic, elastic, and plastic properties. (Dep. Sci. & Industr. Res., Forest Prod. Res.) London: H. M. S. O. Rep. 1949 103 p.

Dickinson, F. E.: Properties and uses of tropical woods. I. Tropical Woods (1949) 95 1—149.

Dietz, A. G. H.: Short-time creep tests on Douglas Fir. Forest Prod. Res. Soc. **3** (1949) 352—360; Forestry Abstr. Sect. 3 **12** (1950) 2 59.

Hoppe, Carl Justus: Erhöhung der Druckfestigkeit von Weichholz quer zur Faser durch Nagelung. Bauing. **24** (1949) 3 90—93.

Narayanamurti, D. and B. N. Prasad: The damping capacity of some Indian timbers. Repr. J. Aeron. Soc. of India **1** (1949) 3 30—37.

Rothmund, A.: Über die Widerstandsfähigkeit des Holzes gegen Druck quer zur Faser. Bauplanung u. Bautechn. **3** (1949) 12 393—398 36 Lit.-St.

Smith, D. N.: The natural durability of timber. (Dep. Sci. & Industr. Res., Forest Prod. Res. Record-No. 30, Wood Preserv. Series No. 4.) London: H. M. S. O. 1949 18 p.

Liska, J. A.: Effect of rapid loading on the compressive and flexural strength of wood. FPL Rep. R 1767 June 1950 10 p.

Nowak, A.: Die Quellungsvorgänge im Holz. Mitt. ÖGH (Wien) **2** (1950) 2, 9—12.

Reece, P. O.: Determination of working stresses. TDA Construct. Res. Bull. 6 1950 20 p. 15 ref.; Forestry Abstr. Sect. 3 **12** (1950) 2 59.

Wood, L. W.: Variation of strength properties in woods used for structural purposes. FPL Rep. R 1780 1950 11 p.

Antzenberger, Paulette: Étude de la pénétration des résines dans les bois imprégnés par le tracé des isothermes d'adsorption et de désorption. Rech. Aéron. (1951) 21 41—47 13 réf.

Entrican, A. B., W. C. Ward and J. S. Reid: The physical and mechanical properties of New Zealand woods. Willington: R. E. Owen Govmt. Printer 1951 83 p.

Graf, Otto: Über die Eigenschaften von Stangen und Rundholz zu Tragwerken. Gütebedingungen für Rundholz. Holz als Roh- u. Werkstoff **9** (1951) 5 182—186.

Keylwerth, Rudolf: Spalten, Spaltbeanspruchung und Querfestigkeit des Holzes. Holz als Roh- u. Werkstoff **9** (1951) 1 1—7.

Keylwerth, Rudolf: Formänderungen in Holzquerschnitten. Holz als Roh- u. Werkstoff **9** (1951) 7 253—260.

Klauditz, Wilhelm: Über die mechanischen Eigenschaften und chemische Zusammensetzung des Stammholzes zweier Pappelhybriden. Holz als Roh- u. Werkstoff **9** (1951) 3 81—84.

Kollmann, Franz: Fortschritte der Holzforschung und Holzbearbeitung. Z. VDI **93** (1951) 14 392—394.

Kraemer, J. H.: The effects of three factors upon the cross-breaking strength and stiffness of red pine. Purdue Univ. Agric. Exp. Station, Lafayette, Industr. Station Bull. 560 1951 19 p.

MacDonald, M. D.: The compression of Douglas fir veneer during pressing. J. Forest Prod. Res. Soc. **1** (1951) 1 103—114.

Runkel, Roland O. H. u. *K. D. Wilke:* Zur Kenntnis des thermoplastischen Verhaltens von Holz. Holz als Roh- und Werkstoff **9** (1951) 2 41—53, 7 260—270; Diss. K. D. Wilke Univ. Hamburg 1951.

Schmidt, E.: Überseehölzer. 30 Holzarten. (Losebl.-Ausgabe) Berlin-Grunewald: Haller 1951.

Smeathers, R.: A comparative study of some of the more important mechanical and physical properties of Trinidad and Burma grown Teak (Tectona grandis L.). Oxford: Imp. Forestry Inst. 1951 11 p. (Inst. Paper No. 27.)

Wangaard, Frederick F.: Tests and properties of tropical woods. Forest Prod. Res. Soc. Repr. 142 1951.

Winter, Hermann u. *Iwan Daskaloff:* Festigkeitseigenschaften und elastisches Verhalten von Buche. Mitt. Inst. Maschinenkonstruktion und Leichtbau, TH Braunschweig Nr. 51—06 1951; Holz als Roh- und Werkstoff **10** (1952) 1 6—12 15 Lit.-St.

Wood, L. W.: Relation of strength of wood to duration of load. FPL Rep. 1916 Dec. 1951 9 p.

Brokaw, M P. and *G. W. Foster:* Effect of rapid loading and duration of stress on the strength properties of wood tested in compression and flexure. FPL Rep. 1518 Nov. 1952.

Campredon, J.: L'influence de l'humidité sur les résistances du bois. Bois (Paris) **69** (1952) 5 1, 3.

Curry, W. T.: The effect of moisture content on the tensile strength of Sitka spruce. A report on research carried out on aircraft quality Sitka spruce. Aircr. Engng. **24** (1952) 279 142—143.

Grossman, P. U. A.: The recovery of wood after compression at high temperatures. Sub. Proj. T. P. 16-0 Expt. T. P. 16-0/L. Commonwealth Sci. and Industr. Res. Organization. Div. Forest Prod. F P L, South Melbourne Febr. 1952 12 p.

Kloot, N. H.: Mechanical and physical properties of coconut palm. Melbourne Counc. Sci. & Industr. Res. Organ. 1952 (Div. Forest Prod. Rep. No. 176) Austral. J. Appl. Sci. **3** (1952) 4 293—323.

Kühne, H.: Untersuchungen über Kriechvorgänge und statische Dauerfestigkeit des Holzes. Vortrag Holztag. Salzburg Juni 1952. Mitt. ÖGH (Wien) **4** (1952) 3 28—29; Öst. Forst- u. Holzwirtsch. (Wien) **7** (1952) 13 252—253; Holztechnik (Mainz) **32** (1952) 7 371.

Latham, J., E. H. Nevard and *C. B. Pettifor:* Timber of aeroplane construction. — Strength properties of American white-wood. Wood, Select. Gov. Res. Rep. **8** (1952) 10—14; Index Aeron. **9** (1953) 6 93.

Latham, J., E. H. Nevard and *C. B. Pettifor:* Timber for aeroplane construction — Strength properties of Kara redwood. Wood, Select. Gov. Res. Rep. **8** (1952) 15—20; Index Aeron. **9** (1953) 6 93.

Latham, J.: Timber for aeroplane construction. — Strength properties of Sitka spruce. Wood, Select. Gov. Res. Rep. **8** (1952) 21—31; Index Aeron. **9** (1953) 6 94.

Latham, J., E. H. Nevard and *C. B. Pettifor:* Timber for aeroplane construction. — Strength properties of Douglas fir. Wood, Select. Gov. Res. Rep. **8** (1952) 37—46; Index Aeron. **9** (1953) 6 94.

Latham, J., E. H. Nevard and *C. B. Pettifor:* Substitute timbers for Sitka spruce for aeroplane construction — Strength properties of western hemlock. Wood, Select. Gov. Res. Rep. **8** (1952); Index Aeron. **9** (1953) 6 94.

Markwardt, L. J.: Wood as an engineering material. Civil Engng. (1952) Sept.

Mathieu, Henry: Le vieillissement natural des bois. Dourdan (Seine-et-Oise): H. Vial 1952 52 p.; Bois Nat. (Saint-Etienne) **23** (1952) 19 28.

McKean, H. B.: Laminating and steam-bending of treated and untreated oak for ship timbers. South. Lumberman **185** (1952) 2321 217—222.

Thunell, Bertil: Einwirkung der Bläue auf die Festigkeitseigenschaften der Kiefer. Holz als Roh- und Werkstoff **10** (1952) 9 362—365.
— Kriechvorgänge und Dauerfestigkeit des Holzes. Schrifttum. Zürich: EMPA 1952 4 S.
Armstrong, F. H.: The strength properties of timber. (Dep. Sci. Industr. Res., Forest Prod. Res. Bull. No. 28.) London: H. M. S. O. 1953. 41 p.
Brown, J. M. B.: Studies on British beechwoods. (Forestry Bull. No. 20.) London: H. M. S. O. 1953 IV, 100 p.
Dohr, A. W.: Mechanical properties of Brazilian parana pine. South. Lumberman **186** (1953) 2324 39—40, 42.
Drow, J. T.: Mechanical properties of Engelmann spruce. FPL Rep. 1944—4 Oct. 1953.
Koljo, Boris: Die Abhängigkeit der Tränkmittelaufnahme des Holzes von verschiedenen Faktoren unter besonderer Berücksichtigung von Kiefer und Fichte. Holz als Roh- und Werkstoff **11** (1953) 8 303—311.
Mayer-Wegelin, H.: Die Festigkeit verstockten Rotbuchenholzes. Holz als Roh- u. Werkstoff **11** (1953) 5 175—179.
Sulzberger, P. H.: The effect of temperature on the strength of wood, plywood and glued joints. Aeron. Res. Consultative Comm. (Australia) Rep. ACA 46 Dec. 1953 44 p. 20 ref.; J. Roy. Aeron. Soc. **58** (1954) 526 736. [1.324.25], [1.442.32].
Boller, K. H.: Wood at low temperatures. Modern Packaging **28** (1954) 1 153—157.
Carneiro, A. Eduardo: Specific weight of corkboard and its resistance to flexion (Portug., Engl. summary). Bol. Junta Nac. Cortica **16** (1954) 188 213—219.
Chelvarajan, B. K.: Balsa (Ochroma lagopus). Composite Wood **1** (1954) 5 125—129.
Gobie, C. H.: The chemical resistance of timber. Wood (London) **19** (1954) 8 322—325.
Kloot, N. H.: The effect of moisture content on the impact strength of wood. Melbourne: Commonw. Sci. & Industr. Res. Organ. 1954, Div. Forest Prod. Repr. No. 211; Austral. J. Appl. Sci. **5** (1954) 2 183—186.
Vorreiter, Leopold: Stammform und Holzeigenschaften der Bayernwald-Fichte. Holz als Roh- und Werkstoff **12** (1954) 2 47—54.
Ylinen, Arvo: Über die Beziehungen zwischen Spätholzanteil, Rohwichte, Jahrringbreite, Feuchtigkeitsgehalt und den Elastizitätsmoduln beim finnischen Kiefernholz. Holz als Roh- u. Werkstoff **12** (1954) 7 253—258.
(Winter, Hermann): Festigkeitseigenschaften und elastisches Verhalten von Kiefer. (Unterlagen und Richtlinien für den Holzflugzeugbau, Teil B IIa) Ber. u. Mitt. Inst. Flugzeugbau u. Leichtbau TH Braunschweig Juni 1955 8 S.
(Winter, Hermann): Festigkeitseigenschaften und elastisches Verhalten von Fichte. (Unterlagen und Richtlinien für den Holzflugzeugbau, Teil B IIb) Ber. u. Mitt. Inst. Flugzeugbau u. Leichtbau TH Braunschweig Juni 1955 6 S.
(Winter, Hermann): Festigkeitseigenschaften und elastisches Verhalten von Esche. (Unterlagen und Richtlinien für den Holzflugzeugbau. Teil B IIc) Ber. u. Mitt. Inst. Flugzeugbau u. Leichtbau TH Braunschweig Juni 1955 5 S.
(Winter, Hermann): Festigkeitseigenschaften und elastisches Verhalten von Linde. (Unterlagen und Richtlinien für den Holzflugzeugbau. Teil B IId) Ber. u. Mitt. Inst. Flugzeugbau u. Leichtbau TH Braunschweig Juni 1955 4 S.
(Winter, Hermann): Festigkeitseigenschaften und elastisches Verhalten von Pappel. (Unterlagen und Richtlinien für den Holzflugzeugbau. Teil B IIe) Ber. u. Mitt. Inst. Flugzeugbau u. Leichtbau TH Braunschweig Juni 1955 4 S.
(Winter, Hermann): Festigkeitseigenschaften und elastisches Verhalten von Buche. (Unterlagen und Richtlinien für den Holzflugzeugbau. Teil B IIf) Ber. u. Mitt. Inst. Flugzeugbau u. Leichtbau TH Braunschweig Juni 1955 6 S.

Heim, A. L., A. C. Knauss and *Louis Seutter:* Internal stresses in laminated construction. NACA Rep. 145 1922.

Küch, Wilhelm: Untersuchung von vergütetem Buchenholz. 1. Teilbericht. ZWB PB 351/1. 1935 27 S., PB 353/1 1935 27 S.

Küch, Wilhelm: Untersuchungen an vergütetem Holz von verschiedenem Aufbau. ZWB FB 191 1935 31 S.

Küch, Wilhelm: Versuche mit Kaurit, kauritverleimtem Sperrholz und Schichthölzern. ZWB FB 710 1936 64 S. [1.324.25].

Küch, Wilhelm: Holz, Sperrholz, Schichtholz und Bindemittel im Flugzeugbau. Ringbuch Luftfahrttechn. II C 7 Juli 1937 17 S. [1.324.22], [1.324.25], [1.324.40].

Kraemer, Otto: Schichtholz als Werkstoff. Mitt. Fachausschuß f. Holzfragen, H. 21 1938.

Reißner, E.: Improved laminated wood in torsion. Flight 33 (1938) 1518 96c—96e; Luftwissen 5 (1938) 4 148.

Graf, Otto u. *Karl Egner:* Untersuchungen über Knotenplatten aus Sperrholz. Verhalten von Schichthölzern bei Feuchtigkeitsänderungen. Mitt. Fachaussch. f. Holzfragen, H. 24 1939 44 S.; Holz als Roh- u. Werkstoff 3 (1940) 5 174. [1.444].

Isensee, Gerhard u. *Carl Robert Kesselkaul:* Die Festigkeitseigenschaften des Schichtholzes TVBu 20 und des Vielschichtsperrholzes TVBu 20/2. ZWB FB 1223 1940 116 S. [1.324.25].

Tamplin, H. L.: Report on laminated timber beams. Toronto (Ontario): General Engineering Comp. 1941.

Küch, Wilhelm u. *G. Telchow:* Der Einfluß des Feuchtigkeitsgehaltes auf die Festigkeit von Voll- und Schichtholz. DVL-Ber. Kf. 300/14 1942. [1.324.22].

Drow, J. T. and *J. A. Liska:* Effect of moisture on the compressive strength of plywood and laminated wood. FPL Rep. 1306 1943. [1.324.25].

Küch, Wilhelm u. *K. Berger:* Prüfung von SCH-BU-20 mit Flüssigharz verleimt. ZWB UM 1092 Okt. 1943 2 S.

Küch, Wilhelm: Über die Herstellungsmöglichkeit und die Eigenschaften von Kiefernschichtholz. ZWB UM 1056 Aug. 1943 16 S.

Narayanamurti, D. S. and *Kartar Singh:* Preliminary studies on improved wood. Part. II, Laminated wood. Indian Forest Leaflet No. 45 1943, Forest Res. Inst. Dehra Dun.

von Guérard, H. W. u. *Ross:* Messungen an Verdrehstäben aus SCHTBu 20. ZWB UM 3562.

Keylwerth, Rudolf: Lochleibungs-Untersuchungen an Schichtholz, Sperrholz und Vielschichtsperrholz des Flugzeugbaues. ZWB TB 11 (1944) 2 41—47. [1.324.25].

Küch, Wilhelm: Schichtholz aus Nadelhölzern. ZWB UM 1157 März 1944 4 S.

Küch, Wilhelm u. *K. Schneider:* Festigkeitseigenschaften von Birken- und Erlen-Schichtholz. ZWB UM 1332 Aug. 1944.

Küch, Wilhelm u. *K. Berger:* Untersuchung der günstigsten Verleimbedingungen für die Herstellung von flüssigharzverleimtem Nadelschichtholz. ZWB UM 1370 Nov. 1944.

Luxford, R. F.: Strength of glued laminated sitka spruce made up of rotary-cut veneer. FPL Rep. 1512 Sept. 1944.

Nichols, W.: Low-pressure laminating. Aircr. Production 6 (1944) 70 385—388; VDI Verschl. Ber. (1945) 5020/3 9.

Rein, W.: Untersuchung italienischer Birken-, Buchen- u. Pappelschichthölzer. ZWB UM 1232 Mai 1944 3 S.

Küch, Wilhelm u. *G. Telchow:* Die Festigkeitseigenschaften von Fichtenschichtholz. ZWB UM 1487 1945.

Morrison, C. F. and *W. E. Wakefield:* Strength properties of laminated beam and arch construction. Progr. Rep. No. 3, Project 240, Forest Prod. Lab. Ottawa, Ontario. 1946.

Taylor, R. B.: Herstellung von Schichtholz. Mech. Engng. **68** (1946) 6 539—542; Ref. Chem. Industrie (1949) 1015 28.

Knauss, A. C. and *M. L. Selbo:* Manual on the laminating of structural wood products by gluing. FPL Rep. D 1635 Oct. 1948. [1.442.32].

Narayanamurti, D. and *J. N. Pande:* Preliminary studies on improved wood. Part V. Improved wood (laminated) made with formvar resin. Indian Forest Leaflet No. 113 1948 publ. 1949 2 p., Forest Res. Inst. Dehra Dun; Forestry Abstr. Sect. 3 **12** (1950) 2 73.

Selbo, M. L.: Effect of width and thickness of laminations in laminated white oak beams upon the strength and durability of the glue bond. FPL Rep. R 1713 June 1948 10 p.

Freas, A. D.: Studies of the strength of glued lamination wood construction. FPL Rep. R 1749 1949 7 p.; Forestry Abstr. Sect. 3 **12** (1950) 1 21—22.

Bittner, Joachim u. *Ludwig Klotz:* Furniere, Sperrholz, Schichtholz. Teil 1. Technologische Eigenschaften. 2. Aufl. (Werkstattbücher Heft 76) Berlin-Göttingen-Heidelberg: Springer 1951. 58 S. [1.324.25].

Bittner, Joachim u. *Ludwig Klotz:* Furniere, Sperrholz, Schichtholz. Teil 2. Aus der Praxis der Furnier- und Sperrholzherstellung. 2. Aufl. (Werkstattbücher Heft 77) Berlin-Göttingen-Heidelberg: Springer 1951. 56 S. [1.324.25].

Kennedy, D. E.: Glued, laminated construction. Canadian woods, their properties and uses Ottawa, Forestry Branch: Forest Prod. Lab. Div. 1951 281—292. [6.14].

Morrison, Carson F.: Research on the structural use of glued laminated timber. (Building Res. Congr. London Sept. 1951) Wood (London) **16** (1951) 10 376—379.

Perry, Thomas D.: Laminated timbers. Wood Working Dig., Wheaton (Ill.) **53** (1951) 6 49—60; Holz als Roh- u. Werkstoff **9** (1951) 11 444.

Erickson, E. C. O.: Mechanical properties of laminated modified wood. FPL Rep. R 1639 Nov. 1952.

Power, G. E.: New developments in plastic wood laminates. J. Forest Prod. Res. Soc. **2** (1952) 5 92—95.

Schäfer, Wilhelm: Die Zugfestigkeit lamellierter Stäbe. Holz als Roh- u. Werkstoff **10** (1952) 1 15—18.

Stevens, W. C., N. Turner and *J. Latham:* The influence of production methods on the final shape and strength of laminated bends. Wood, Select. Govmt. Res. Rep. **8** (1952) 111—117; Index Aeron. **9** (1953) 6 94.

Stevens, W. C. and *N. Turner:* Investigations into the causes leading to the twisting of laminated bends. Wood, Select. Govmt. Res. Rep. **8** (1952); Index Aeron. **9** (1953) 6 94.

Turner, N.: Influence on bending properties of wood laminae and plywood of soaking in a solution containing tanning agents. Wood, Select. Govmt. Res. Rep. **8** (1952); Index Aeron. **9** (1953) 6 94. [1.324.25].

Turner, N.: The limiting radii of curvature of sitka spruce, western hemlock and douglas fir sliced laminae. Wood, Select. Govmt. Res. Rep. **8** (1952); Index Aeron. **9** (1953) 6 94.

Turner, N. and *Elizabeth Bearn:* The effect on the appearance and adhesion strength of laminated bends. Wood, Select. Govmt. Res. Rep. **8** (1952); Index Aeron. **9** (1953) 6 94.

Wiesehuegel, E. G.: Laminated lumber from low-grade hardwoods by the continuous glue press process. J. Forest Prod. Res. Soc. **2** (1952) 5 269—273.

Wilson, T. R. C. and *W. Cottingham:* Tests of glued laminated wood beams and
columns and development of principles of design. FPL Rep. R 1687 1952.
[1.442.32].

Truax, T. R., J. Oscar Blew and *M. L. Selbo:* Production of preservative-treated
laminated timbers. Washington: Amer. Wood Preserv. Ass. 1953 9 p.

Dietz, Albert G. H. and *Albert J. O'Neill:* Composite wood. Composite Wood 1
(1954) 2 27—31. [1.324.282].

Preston, Stephan B.: The effect of synthetic resin adhesives on the strength and
physical properties of wood veneer laminates. School of Forestry Yale Univ.
(New Haven) Bull. No. 60 1954 80 p. [1.324.25].

(Winter, Hermann): Schichthölzer. (Unterlagen und Richtlinien für den Holzflugzeugbau, Teil B IIIa) Ber. u. Mitt. Inst. Flugzeugbau u. Leichtbau TH Braunschweig Juni 1955 9 S.

Preßschichthölzer   1.324.24

Kesselkaul, Carl Robert: Untersuchungen über die Eigenschaften der Preßschichthölzer Prsch. Bu/V 100 und Preßsperrhölzer Sp Bu/V 100 aus Buche. ZWB FB
1489 1941 99 S.; ZWB TB **9** (1942) 1 36. [1.324.26].

Stamm, A. J. u. *R. M. Seborg:* Resin-treated, laminated, compressed wood. FPL
Rep. R 1268 May 1941.

— Anwendung von Preßholz im amerikanischen Flugzeugbau. Brit. Plast. **14**
(1942) 162 325—326, Kunststoffe **34** (1944) 2 40.

Kesselkaul, Carl Robert: Untersuchungen an Preßschichthölzern aus Buche unter
besonderer Berücksichtigung von Furnierstärke und Preßdruck. ZWB TB **10**
(1943) 6, Vorabdr. Jb. 1943 Dtsch. Luftf.-Forsch. 1. Lfg. IE 22 S.

Kesselkaul, Carl Robert: Preßschichtholz und Preßsperrholz aus Buche und seine
Anwendung im Flugzeugbau. Diss. TH Braunschweig 1943 Mitt. Inst. Flugzeugbau TH Braunschweig 43—27 1943. [1.324.26].

Theiner: Torsionsversuche an vergütetem Preßschichtholz mit verschiedenen
Schränkungswinkeln. ZWB UM 1211 1944 4 S. [1.324.26].

Narayanamurti, D. and *Kartar Singh:* Preliminary studies on improved wood.
Part III. Compregnated wood. Ind. Forest Leaflet No. 77 Forest Res. Inst.
Dehra Dun, 1945 11 p.

Eickner, H. W. and *H. D. Bruce:* Gluing of thin compreg. FPL Rep. 1346 Dec. 1946;
Holz-Zbl. **75** (1949) 44 539.

Stamm, A. J. and *R. M. Seborg:* Forest Products Laboratory resin-treated, laminated, compressed wood (compreg). FPL Rep. No. 1381 Sept. 1949.

Goto, Teruo and *Sigeru Kadita:* Studies on the mechanical and physical properties of the high-density laminated wood bonded with low temperature cres-
solformaldehyde resin adhesive. (Japan., Engl. summary) Wood Res. (Japan)
(1951) 7 54—69.

Mottet, A. L.: Some observations on tests of moisture resistance of hard-pressed
boards and their significance. J. Forest Prod. Res. Soc. **2** (1952) 1 36—41.

Nothelfer: Pagholz, ein neuer Werkstoff der Preßwerk A. G., Essen. Bauen und
Wohnen **7** (1952) 7 303—304.

(Winter, Hermann): Preßschichthölzer. (Unterlagen und Richtlinien für den Holzflugzeugbau, Teil IIIc) Ber. u. Mitt. Inst. Flugzeugbau u. Leichtbau TH Braunschweig Juni 1955 8 S.

Sperrhölzer   1.324.25

Christians, G. u. *E. Gaber:* Sperrholz. Berlin: VDI-Verlag 1929. IV, 23 S.

Dobberke, M. u. *Karl Schraivogel:* Flugzeugsperrholz und seine Prüfung. DVL-
Jb. 1929 203—210; DVL-Ber. Nr. 121.

Kraemer, Otto: Untersuchung über den Einfluß von Aufbau und Faserverlauf auf Zugfestigkeit, Biegung und Dehnung an Birkenfurnieren und Birkensperrholz. DVL-Jb. 1929 211—223; DVL-Ber. Nr. 122; Luftf. Forsch. **3** (1929) 3 73—80.

Kraemer, Otto: Versuche mit Sperrholz verschiedener Verleimung. Sperrholz **2** (1930) 11 193—198. [1.442.32].

Kraemer, Otto: Der Einfluß der Leimung auf die Güte von Flugzeugsperrholz. 193. DVL-Ber.; Luftf. Forsch. **8** (1930) 2 62—70.

Schepelmann, H. W.: Einfluß der Schichtung und Verleimung auf die Zugfestigkeit von Sperrholz. (Ber. d. Inst. f. mech. Technologie u. Materialienkunde TH Berlin, H. 6.) Berlin: Springer 1931.

Hertel, Heinrich: Die Schubmoduln von Furnier und Sperrholz. Luftf. Forsch. **9** (1932) 4 135—144.

Kraemer, Otto: Aufbau und Verleimung von Flugzeugsperrholz. DVL-Ber. 33/04 1933; Luftf. Forsch. **11** (1934) 2 33—52; Aircr. Engng. **7** (1935) 78 206.

Küch, Wilhelm: Einfluß von Kraftstoff und Öl auf die Festigkeitseigenschaften von Holz und Sperrholz. ZWB FB 75 1934 22 S. [1.324.22].

Küch, Wilhelm: Untersuchungen an Buchensperrholz. ZWB FB 304 1935 43 S.

Riechers, Kurt: Untersuchung von Sperrholz. ZWB FB 338 1935 18 S.

Küch, Wilhelm: Versuche mit Kaurit, kauritverleimtem Sperrholz und Schichthölzern. ZWB FB 710 1936 64 S. [1.324.23].

Kurowski, R.: Les coefficients d'élasticité des contreplaqués d'aviation de bouleau à bakélite et les méthodes de la détermination de ces coefficients. Spraw. **9** (1936) 2 5—13; Luftwissen **3** (1936) 12 375. [4.22].

Bittner, Joachim: Häufigkeitsuntersuchungen an Flugzeugsperrholz. Z. VDI **81** (1937) 49 1421—1422.

Küch, Wilhelm: Holz, Sperrholz, Schichtholz und Bindemittel im Flugzeugbau. Ringbuch Luftfahrttechn. II c 7 Juli 1937 17 S. [1.324.22], [1.324.23], [1.324.40].

Riechers, Kurt u. *J. Olms:* Neuartige elastische Bindemittel für die Sperrholzherstellung. ZWB UM 457 1937 15 S. [1.324.40].

Stout, L. E. and *W. R. Brew:* Phenol-formaldehyde resin as a plywood adhesive. Modern Plastics **15** (1938) 7 39—42, 68—70; Holz als Roh- und Werkstoff **1** (1938) 9 371. [1.324.43].

Hearmon, R. F. S.: The influence of grain direction on the elastic constants of plywood. Forest Prod. Res. Lab. Princes Risborough, Proj. 58, Invest. 6, June 1939.

Roth, L.: Über den Schubmodul von Sperrholz. Jb. 1939 Dtsch. Luftf. Forsch. I 653—661.

Isensee, Gerhard u. *Carl Robert Kesselkaul:* Die Festigkeitseigenschaften des Schichtholzes TVBu 20 und des Vielschichtsperrholzes TVBu 20/2. ZWB FB 1223 1940 116 S. [1.324.23].

Kline, Gordon M., Benjamin M. Axilrod and *P. S. Turner:* Properties of reinforced plastics and plastic plywoods. NACA ARR July 1941. [1.324.312.2].

Perry, Thomas D.: Aircraft plywood and adhesives. J. Aeron. Sci. **8** (1941) 5 204—216. [1.324.43].

— Data on the design of plywood for aircraft. FPL Rep. 1302 Dec. 1941.

Bittner, Joachim: Häufigkeitsuntersuchungen von Flugzeugsperrhölzern. Holz als Roh- u. Werkstoff **5** (1942) 4 108—113.

Bock, E.: Kauritverleimung bei der Sperrholzindustrie. Holz als Roh- und Werkstoff 5 (1942) 4 127. [2.531].

Hearmon, R. F. S.: The effect of grain direction on the elastic constants of plywood. Aircr. Engng. **14** (1942) 336.

Irschick, E.: Das Stehvermögen von Sperrholzplatten. Holz als Roh- u. Werkstoff **5** (1942) 9 309—312.

Norris, C. B.: The technique of plywood. Seattle, Washington: I. F. Laucks Inc. 1942.

Parsons, G. B.: Strength characteristics of plastic bonded plywood. Aero Dig. **41** (1942) July; VDI Verschl. Ber. (1945) 5020/3 9—10.

Stäger, A.: Sperrholz und Panzerholz. STZ (1942) 26 371—373; Schweiz. Baubl. **63** (1942) 59 1—3. [1.324.27].

Bittner, Joachim: Häufigkeitsuntersuchungen an Flugzeugsperrhölzern. Holz als Roh- u. Werkstoff **6** (1943) 1 18—19.

Drow, J. T. and *J. A. Liska:* Effect of moisture on the compressive strength of plywood and laminated wood. FPL Rep. 1306 Febr. 1943. [1.324.23].

Hearmon, R. F. S.: The significance of coupling between shear and extension in the elastic behaviour of wood and plywood. Proc. Phys. Soc. London **55** (1943) 307 67—79. [1.324.22].

Küch, Wilhelm u. *K. Schneider:* Festigkeitseigenschaften kunstharzverleimten Erlensperrholzes. ZWB UM 1097 1943 7 S.

Nichols, W.: Plywood and plastics I. Flight **44** (1943) 1804 99—102, **45** (1944) 1841 371—374; VDI Verschl. Ber. (1945) 5020/3 8.

Norris, C. B.: The application of Mohr's stress and strain circles to wood and plywood. FPL Rep. 1317 Feb. 1943. [1.324.22].

Norris, C. B. and *P. F. McKinnon:* Compressive, tension, and shear tests on yellow-poplar plywood panels of sizes that do not buckle with tests made at various angles to face grain. Compression tests. FPL Rep. 1328 A Nov. 1943, Supplement to Rep. 1328.

Sulzberger, P. H.: The effect of temperature on the strength properties of wood, plywood and glued joints. J. Counc. Sci. & Industr. Res., Australia **16** (1943) 263. [1.324.22], [1.442.32].

— Untersuchungen von Schäftungen im Normal-Sperrholz. Junkers-Werke, Dessau, Versuchsber. Nr. 1/971/130 1943.

Keylwerth, Rudolf: Lochleibungs-Untersuchungen an Schichtholz, Sperrholz und Vielschichtsperrholz des Flugzeubaues. ZWB TB **11** (1944) 2 41—47. [1.324.23].

March, H. W.: Stress-strain relations in wood and plywood considered as orthotropic materials. FPL Rep. 1503 Febr. 1944. [1.324.22].

Paul, B. H. and *J. P. Limbach:* Estimating the specific gravity of plywood. FPL Rep. 1589 June 1944.

Paul, B. H. and *J. P. Limbach:* A specific gravity chart for large-sized thin plywood panels. FPL Rep. 1590 June 1944.

Roberts, H.: The elasticity of plywood. Aircr. Engng. **16** (1944) 68.

Brunner, H.: Elastizitäts- und Schubmodul von Sperrholz. Schweiz. Arch. **11** (1945) 11 344—352.

Drow, J. T.: Effect of moisture on the compressive, bending, and shear strengths, and on the toughness of plywood. FPL Rep. 1519 Jan. 1945.

Norris, C. B. and *P. F. McKinnon:* Compressive, tension, and shear tests on yellow-poplar plywood panels of sizes that do not buckle with tests made at various angles to face grain. Tension tests. FPL Rep. 1328 B June 1945, Supplement to Rep. 1328.

Norris, C. B. and *P. F. McKinnon:* Compressive, tension, and shear tests on yellow-poplar plywood panels of sizes that do not buckle with tests made at various angles to face grain. Shear tests. FPL Rep. 1328 C June 1945, Supplement to Rep. 1328.

Sulzberger, P. H.: The effect of temperature on the strength of wood, plywood and glued joints. Div. For. Prod. Austral. Proj. TP 10-3 Progr. Rep. 4 1945. [1.324.22], [1.442.32].

Freas, A. D.: Method of computing the strength and stiffness of plywood strips in bending. FPL Rep. 1304 Dec. 1946.

Norris, C. B. and *P. F. McKinnon:* Compression, tension, and shear tests on yellow-poplar plywood panels of sizes that do not buckle with tests made at various angles to the face grain. FPL Rep. 1328 Jan. 1946.

— Plastic deformation of plywood. Ann. Rep. Counc. Sci. & Industr. Res. Australia (1946/47) 55—56; BA, B I (1949) March 210.

Kingston, R. S. T.: Variation of maximum-crushing strength, maximum tensile strength, and modulus of elasticity of hoop pin plywood with moisture content. Ann. Rep. Counc. Sci. & Industr. Res. Australia 20 (1947) 538—552; BA, B I (1948) Nov. 624.

Kline, G. M., F. W. Reinhart, R. C. Rinker and *N. J. de Lollis:* Effect of catalysts and pH on strength of resin-bonded plywood. NACA TN 1161 April 1947; Modern Plastics 24 (1947) 123; Kunststoffe 38 (1948) 1 15. [1.324.43].

Beaulieu, L. A.: The weathering of moulded plywood components. Aircr. Engng. 20 (1948) 232 171—175; Index Aeron. 4 (1948) 9 87.

Hearmon, R. F. S.: Elasticity of wood and plywood. (Forest Prod. Res. Spec. Rep. No. 7) London: HMSO 1948 87 p. 140 ref.; Index Aeron. 5 (1949) 5 86. [1.324.22].

Narayanamurti, D. and *J. N. Pande:* Durability trials on glue and plywood. Ind. Forest Bull. No. 139 1948 13 p.; Index Aeron. 5 (1949) 3 79. [1.324.40], [1.325.3].

Neusser, H.: Die Bedeutung der Holzfeuchte bei der Phenolharz-Verleimung von Sperrholz und Hartplatten. Sägewerk u. Holzwirtsch. 2 (1948) 10 13—15.

Norris, C. B., Fred Werren and *P. F. McKinnon:* The effect of veneer thickness and grain direction on the shear strength of plywood. FPL Rep. 1801 July 1948 1—40; AMR 2 (1949) 5 112.

Sawyer, F. G., T. S. Hodgins u. *J. H. Zeller:* Phenolharzleime für Sperrholz. Industr. Engng. Chem. 40 (1948) 1011—1018; Kunststoffe 38 (1948) 11 241. [1.324.43].

Brunner, H.: Elastizitäts- und Schubmodul von Flugzeugsperrholz. Schweiz. Archiv 14 (1948) Mai 138—144; AMR 1 (1948) 11 290.

Blomquist, R. F.: Effect of alkalinity of phenol and resorcionol-resin glues on durability of joints in plywood. FPL Rep. 1748 1949; Holz-Zbl. 76 (1950) 98 1072. [1.324.43].

Iablokoff, A. Kh.: Les contreplaqués dans la construction aéronautique. Rech. Aéron. (1949) 8 13—17.

Bailey, Ned: Veneer and plywood. Wood Working Dig. Wheaton (Ill.) 52 (1950) 8 119—122, 9 141—159, 10 119—122, 11 121—123, 12 121, 122, 124, 126.

Bethel, James and *Roy Carter:* Techniques in hardwood-plywood quality control. Wood Working Dig., Wheaton (Ill.) 52 (1950) 11 125—128, 130, 134, 136, 138, 140, 142, 144.

Englerth, George H.: Decay resistance of plywood bonded with various glues. Forest Prod. Res. Soc. Repr. No. 115 1950. [1.442.32].

Kraemer, Otto: Güte- und Kennzeichnungsrichtlinien für Sperrholz. Holztechnik 30 (1950) 11 313—314; Forestry Abstr. Sect. 3 12 (1951) 4 176.

Liska, J. A.: Methods of calculating the strength and modulus of elasticity of plywood in compression. FPL Rep. 1315 Dec. 1950.

Markwardt, L. J. and *A. D. Freas:* Approximate methods of calculating the strength of plywood. FPL Rep. 1630 1950 1 p.

Norris, C. B.: Strength of orthotropic materials subjected to combined stresses. FPL Rep. 1816 July 1950 19 p. [1.231.12], [1.324.312.2].

Pentz, P. G.: Trends in plywood gluing. Timber News 58 (1950) 2131, 2132.

Pryor, M. G. M.: Adhesion of glues to plywood. Pt. I. "Adhesives", Sel. Govmt. Res. Rep. 7 1950. [1.442.32].

Pryor, M. G. M. and *C. M. Gordon:* Adhesion of glues to plywood. Pt. II. "Adhesives", Sel. Govmt. Res. Rep. 7 1950. [1.442.32].

Die erste Sperrholzplatte aus Buche wurde 1893 in Blomberg in Lippe von
Bernhard Hausmann hergestellt. Durch eine stetige Entwicklungsarbeit gelang es in kurzer Zeit, Buchensperrholz von einer so hohen Qualität her-
zustellen, daß dieses sich überall durchsetzte und zu einem festen Begriff
wurde.

Die Entwicklung des Buchensperrholzes mit seinen hervorragenden Festigkeitseigenschaften schuf in vielen Fällen die Voraussetzung für die Einführung des Sperrholzes in den Leichtbau. Als in den 30er Jahren durch die
Kunstharzleime eine absolut wasserfeste Verleimung ermöglicht wurde, ergaben sich im konstruktiven Ingenieurbau plötzlich vielseitige Verwendungsmöglichkeiten für Buchensperrholz. Jetzt war die Blomberger Holzindustrie
wieder führend in der Entwicklung und Herstellung vergüteter Lagenhölzer,
insbesondere in der Herstellung von Schichtholz und Flugzeugsperrholz.

Nach dem Zusammenbruch 1945 wurden in unserem Werk mit der Konstruktion von elektrischen Sperrholz-Heizplatten abermals völlig neue Wege
in der Sperrholzherstellung beschritten. Daneben wurde die Entwicklung
von oberflächenvergütetem Sperrholz besonders gefördert.

Die Qualität unseres heutigen Sperrholzes wurde durch eine mehr als 60-
jährige Entwicklungsarbeit und eine laufende Produktionskontrolle verbürgt.

Das Fabrikationsprogramm umfaßt folgende Produkte:

Furnier-Platten für Möbel, Vertäfelungen, Türen, Stuhlsitze und Faßmate-
rial in feuchtfester, wasserfester und kochfester Verleimung sowie Sperrholz für den konstruktiven Ingenieurbau, z.B. für Stege von Bindern und
Trägern.

Delignit-Flugzeugsperrholz, tegofilmverleimt und geprüft vom Germanischen
Lloyd.

Delignit-Bootsbausperrholz in kochfester Verleimung nach den Vorschriften
des Germanischen Lloyd.

Delignit-Waggonbauplatten mit Kunstharzfilm-Oberfläche nach Bundesbahn-
vorschriften.

Delignit-Karosserieplatten mit Spanholzeinlage und Kunstharzoberfläche,
besonders geeignet als Bodenbelag in Omnibussen, Last- und Lieferwagen.

Delignit-Metallsperrholz einseitig oder beiderseitig mit Aluminiumblechen
oder anderen Materialien belegt.

Delignit-Sperrholz mit Oberflächenvergütung durch Beschichten mit Kunst-
harzfilmen bzw. -folien oder Vulkanfiber.

Delignit-Schalungsplatten mit Kunstharzoberfläche für Normal- und Gleit-
Schalungen ergeben völlig glatte Oberflächen und ersparen somit den Verputz.

Delignit-Schichtholz für Konstruktionen mit höchsten Zug- und Biegebeanspruchungen, wie Sperrholzbinder, Holme für den Flugzeug- und Bootsbau und Turngeräte.

Delignit-Kunstharzpreßholz in Sperrholz-, Schichtholz- oder Sternholzauf-
bau für Luftschrauben, Webschützen, Ziehwerkzeuge usw.

Lignotherm-Heizplatten ergeben als Wand- und Deckenvertäfelung eine
ideale Raumheizung.

BLOMBERGER HOLZINDUSTRIE

B. Hausmann G.m.b.H. Blomberg/Lippe

WESTDEUTSCHE SPERRHOLZWERKE A-G

Wiedenbrück i. Westfalen

liefern seit Jahrzehnten in anerkannt besten Qualitäten ...

Furnierplatten · Tischlerplatten · Sperrholztüren

SPEZIALFERTIGUNG VON

Schicht- und Preßholz
Waggon- und Flugzeugplatten
Schalungsplatten · Bootsbauplatten

Ritchie, J. D.: Future of plastic surfaced Douglas fir plywood. Forest Prod. Res. Soc. Repr. 105 1950; Holz-Zbl. **77** (1951) 41 488.

Bittner, Joachim u. *Ludwig Klotz:* Furniere, Sperrholz, Schichtholz. Teil 1. Technologische Eigenschaften. 2. Aufl. (Werkstattbücher Heft 76) Berlin-Göttingen-Heidelberg: Springer 1951. 58 S. [1.324.23].

Bittner, Joachim u. *Ludwig Klotz:* Furniere, Sperrholz, Schichtholz. Teil 2. Aus der Praxis der Furnier- und Sperrholzherstellung. 2. Aufl. (Werkstattbücher Heft 77) Berlin-Göttingen-Heidelberg: Springer 1951. 56 S. [1.324.23].

Hyler, J. E.: Spezielle Furnier- und Sperrholzausführungen. South. Lumberman **183** (1951) 2286 53—56; Holz als Roh- und Werkstoff (1951) 12 469.

Larson, E. C.: Molded plywood. Proc. 1951 fall meeting, Midwest Sect. Forest Prod. Res. Soc. 1951 3 p.

Miller, D. G.: Veneers, plywoods, and wood adhesives. "Canadian woods, their properties and uses", Ottawa, Forestry Branch: Forest Prod. Lab. Div. 1951 245—280. [1.324.40].

— Trials of timbers for plywood manufacture. Preliminary tests on five species. Dep. Sci. Industr. Res., Princes Risborough, Aylesbury. Forest Prod. Res. Lab. Composite Wood Section, Progr. Rep. 12 June 1951 27 p.

Hess, Rob. W.: Use of tropical woods in veneer and plywood. J. Forest Prod. Res. Soc. **2** (1952) 5 194—199.

Knight, R. A. G., L. S. Doman and *G. E. Soane:* The durability of assembly glues — Series A. Fifth year report on the ply-clad frame tests. Dep. Sci. Industr. Res. Forest Prod. Res. Lab. Princes Risborough, Aylesbury. Progr. Rep. 64 1952. 14 p.

Perry, Thomas D.: Types of plywood. Pt. II. Thin plywood for aircraft. Wood Working Dig. **54** (1952) 9 136—144; Holz als Roh- u. Werkstoff **13** (1955) 5 207.

Perry, Thomas D.: Types of plywood. Part 4 Douglas fir as a structural plywood. Wood Working Dig. **54** (1952) 139—153.

Perry, Thomas D.: Types of plywood. Part 12. Resin impregnated plywood. Wood Working Dig. **54** (1952) 11 67—77.

Perry, Thomas D.: Types of plywood. Part 13: Plywood in simple curvature. Wood Working Dig., Wheaton (Ill.) **54** (1952) 12 149—152, 154, 156—158, 162.

Turner, N.: Influence on bending properties of wood laminae and plywood of soaking in a solution containing tanning agents. Wood, Select. Govmt. Res. Rep. **8** (1952); Index Aeron. **9** (1953) 6 94. [1.324.23].

Turner, N.: The limiting radii of curvature of various species of 3-plywood at approximately 11 % moisture content; Wood, Select. Govmt. Res. Rep. **8** (1952); Index Aeron. **9** (1953) 6 94.

Turner, N. and *Constance Webster:* Tests designed to investigate the influence of certain factors likely to affect the limiting radius of curvature in the bending of canadian birch (Betula lutea) three-ply. Wood, Select. Govmt. Res. Rep. **8** (1952), Index Aeron. **9** (1953) 6 94.

Collinson, H. A.: Phenol resin glue for plywood. Wood (London) **18** (1953) 5 172—175, 6 210—211. [1.324.43].

Curry, W. T.: The strength properties of plywood. Pt. 1. Comparison of 3-ply woods of a standard thickness. (Dep. Sci. Industr. Res., Forest Prod. Res. Bull. No. 29) London: H. M. S. O. 1953 8 p.

Graham, Paul H.: What differences in plywood adhesives? Veneers and Plywood **47** (1953) 9 10—11, 26, 30, 32—33. [1.324.40].

Grossman, P. U. A.: The recovery of plywood after compression at elevated temperatures. Austral. J. Appl. Sci. **4** (1953) 1 98—106; Commonw. Sci. Industr. Res. Organization, South Melbourne. Div. Forest Prod. Repr. 184.

Miller, D. G.: Curved plywood, its production and application in the furniture industry. J. Forest Prod. Res. Soc. **3** (1953) 2 June 22—26.

Perry, Thomas D.: Does waterproof glue always mean waterproof plywood? Wood & Wood Products (Chicago) **58** (1953) 4 32, 34, 71, 72, 74, 75.

Perry, Thomas D.: Types of plywood. Part 14: Plywood in compound curvature. Wood Working Dig., Wheaton (Ill.) **55** (1953) 1 121—122, 124, 126, 128, 130, 132—134.

Perry, Thomas D.: Corrugated plywood. South. Lumberman **187** (1953) 2345 191—195.

Plath, Erich: Wirtschaftliche Fragen bei der Verleimung von Sperrholz. Norddtsch. Holzwirtsch. **7** (1953) 117 3—4.

Sulzberger, P. H.: The effect of temperature on the strength of wood, plywood and glued joints. Aeron. Res. Consultative Comm. (Australia) Rep. ACA 46 Dec. 1953 44 p. 20 ref.; J. Roy. Aeron. Soc. **58** (1954) 526 736. [1.324.22], [1.442.32].

— Corrugated plywood developed by Brazilian gains strength through shape. Timberman **54** (1953) 8 114, 116.

Horioka, Kunisuke, Minosaku Sugano u. *Kiyoshi Horiike:* Studies on plywood. No. 3. On the waterproof plywood glued with urea-formaldehyde-resin. (Japan. Engl. summary.) Meguro, Tokyo: Bull. Govmt. Forest Exp. Stat. No. 67 1954 115—136.

Horioka, Kunisuke, Mutsumi Iwashita and *Shoshiro Kato:* Studies on plywood. Rep. No. 5. Experiment in veneer edge gluing. Meguro, Tokyo: Bull. Govmt. Forest Exper. Stat. No. 68 1954 1—14.

Knight, R. A. G. and *R. J. Newall:* Seven and a half years of durability tests on adhesives in plywood. Wood (London) **19** (1954) 7 287—290.

Perry, Thomas D.: Plywood is better . . . dimensional stability. Wood Working Dig. **56** (1954) 11 109—111, 114, 116, 118, 120.

Plath, Erich: Neuere Untersuchungen über die Verleimung von Sperrholz. (Vortrag 2. 6. 54 Mitglieder-Vollversammlung ÖGH Wien.) Mitt. Österr. Ges. Holzforsch. **6** (1954) 3 39—46; Int. Holzmarkt (1954) 13 7—14.

Preston, Stephan B.: The effect of synthetic resin adhesives on the strength and physical properties of wood veneer laminates. School of Forestry Yale Univ. New Haven. Bull. No. 60 1954 80 p. [1.324.23].

Sekhar, A. C.: Elastic constants of plywood. Composite Wood **1** (1954) 2 32—37.

Shigesawa, Shizuo: Studies on plywood. Rep. No. 4. The effects of treatment with sodium-pentachlorophenate on the glue joints and the durability of plywood. (Japan. Engl. summary.) Meguro, Tokyo: Bull. Govmt. Forest Exper. Stat. No. 67 1954 137—152.

(Winter, Hermann): Sperrhölzer. (Unterlagen und Richtlinien für den Holzflugzeugbau, Teil B III b) Ber. u. Mitt. Inst. Flugzeugbau u. Leichtbau TH Braunschweig Juni 1955 30 S.

Preßsperrhölzer und Kunstharzpreßhölzer   1.324.26

Armbruster, Fritz: Technische Mindestwerte für Kunstharzpreßhölzer. Kunststoffe **30** (1940) 3 58—62; Holz als Roh- und Werkstoff **3** (1940) 3 78—82 4 Lit.-St.; Techn. Z.-Schau **26** (1941) 1 10.

Bernhard, R. K., Thomas D. Perry and *E. G. Stern:* Superpressed plywood bonded with thermosetting synthetic-resin adhesives. Mech. Engng. **62** (1940) 3 189—195 22 ref.; Techn. Z.-Schau **26** (1941) 4 71.

Kesselkaul, Carl Robert: Untersuchungen über die Eigenschaften der Preßschichthölzer Prsch. Bu/V 100 und Preßsperrhölzer Prsp Bu/V 100 aus Buche. ZWB FB 1489 1941 99 S.; ZWB TB **9** (1942) 1 36. [1.324.24].

Kesselkaul, Carl Robert: Preßschichtholz und Preßsperrholz aus Buche und seine Anwendung im Flugzeugbau. Diss. TH Braunschweig 1943; Mitt. Inst. Flugzeugbau TH Braunschweig 43—27 1943. [1.324.24].

— Compression wood: Importance and detection in aircraft veneer and plywood. FPL Rep. 1586 Sept. 1943.

Höhm: Untersuchung von Preßsperrholz „Durofol". ZWB UM 1323 Sept. 1944.

Theiner: Torsionsversuche an vergütetem Preßschichtholz mit verschiedenen Schränkungswinkeln. ZWB UM 1211 1944 4 S. [1.324.24].

Hauck, K.-H.: Mechanische Eigenschaften von Kunstharz-Preßholz bei hohen Temperaturen. Kunststoffe **38** (1948) 9 181—185.

(Winter, Hermann): Preßsperrhölzer. (Unterlagen und Richtlinien für den Holzflugzeugbau, Teil B III d) Ber. u. Mitt. Inst. Flugzeugbau u. Leichtbau TH Braunschweig Juni 1955 6 S.

Metallschichthölzer   1.324.27

Thum, August u. *Hans Rudolf Jacobi:* Die Biegefestigkeit von stahlbewehrtem Panzerholz. Holz als Roh- u. Werkstoff **1** (1938) 9 335—339. [1.334.2].

Stäger, A.: Sperrholz und Panzerholz. STZ (1942) 26 371—373; Schweiz. Baubl. **63** (1942) 59 1—3. [1.324.25].

Winter, Hermann u. *Heinz Fahlbusch:* Metallschichtholz. Ber. u. Mitt. Inst. Leichtbau TH Braunschweig 48—01 1948.

Fujino, Kiyohisa and *Tsuneo Horino:* Studies on metal-wood plyplate. I. Strength of iron-wood plyplate. (Japan., Engl. summary.) Wood Res. (Japan) (1950) 5 49—54.

Fujino, Kiyohisa and *Teruji Hirota:* Studies on metal-wood plyplate. III. Strength of aluminium-wood plyplate. (Japan., Engl. summary.) Wood Res. (Japan) (1950) 5 55—62, (1952) 9 63—67.

Perry, Thomas D.: Types of plywood. IX, Plymetals. Wood Working Dig., Wheaton (Ill.) **54** (1952) 6 119—120, 122, 124, 126, 128, 130, 134, 136—138; Holz als Roh- u. Werkstoff **11** (1953) 6 238.

(Winter, Hermann): Metallschichtholz. (Unterlagen und Richtlinien für den Holzflugzeugbau, Teil IV d) Ber. u. Mitt. Inst. Flugzeubau u. Leichtbau TH Braunschweig Juli 1955.

Platten aus faserigem oder stückigem Rohholz   1.324.28
Holzfaserwerkstoffe   1.324.281

Vorreiter, Leopold: Untersuchungen über Masonite- und Kapag-Hartplatten. Holz als Roh- u. Werkstoff **4** (1941) 5 178—187.

Kollmann, Franz u. *Anton Dosoudil:* Vergleichende Prüfung von Homogenholz und Holzfaserplatten mit steigendem Bindemittelgehalt. Reichsanstalt für Holzforschung (Eberswalde) Ber. 123 Dez. 1943.

Kollmann, Franz, Anton Dosoudil u. *M. Antonoff:* Holzfaserplatten. Richtlinien für den Holzflugzeugbau Teil B IVc (Hrsg. Hermann Winter). Ber. u. Mitt. Inst. Flugzeugbau TH Braunschweig 44—28 1944 43 S.

Clermont, L. P. and *H. Schwartz:* Studies on the chemical composition of bark and its utilization for structural boards. Forest Prod. Res. Soc. Repr. 16 1948. [1.324.282].

Lewis, W. C.: Effect of size and shape of specimen on the tensile strength of fiberboards. FPL Rep. 1716 June 1948.

Ögland, N. J.: Harda träfiberskivors svällning och krympning. (Engl. and German Norsk Skogsindustri **2** (1948) 11 301—305.

Ögland, N. J.: Harda träfiberskivors svällning och krympning. (Engl. and German summary.) Svensk Papperstidning **51** (1948) 16 357—360.

Saechtling, Hansjürgen: Einige neue Verfahren zur Erzeugung von Bauplatten aus geringwertigen Holzrohstoffen. Holzforsch. **2** (1948) 1 21—24. [1.324.282].

Cady, G. L.: Compressed wood-fiber sheets useful as engineering materials. Mater. & Meth. **29** (1949) 2 54—57.

Kollmann, Franz: Eigenschaften, Prüfung und Klassifizierung von Holzfaser- und Holzspanplatten. Svensk Pappers Tidning **52** (1949) 10 251—267. [1.324.282].

Kollmann, Franz: Properties, testing and classification of wood-fibre and wood-waste boards. Transl. Forest Prod. Austral. 1949 26 p. [1.324.282].

Kollmann, Franz u. *Anton Dosoudil:* Holzfaserplatten, Eigenschaften und Prüfung mit besonderer Berücksichtigung der Dauerfestigkeit. VDI-Forsch.-H. 426 1949 32 S. [1.334.2].

Vorreiter, Leopold: Prüfung und Eigenschaften von Faserhartplatten. Int. Holzmarkt (Wien) **40** (1949) 20 13—25.

Winter, Hermann: Eigenschaften, Prüfung und Verwendung von plattenförmigen Holzhalbzeugen unter besonderer Berücksichtigung der Faser- und Spanplatten. Mitt. Dtsch. Ges. Holzforsch. Nr. 37 1949 133—164. [1.324.282].

Wyss, Oswald: Der heutige Stand der Faserplatten-, Spanplatten- und Kunstholztechnik. II. Schweiz. Kongreß zur Förderung der rationellen Holzverwertung. Zürich: 1949 27—36 (Zsfssg. franz.) [1.324.282].

— Methods of test for evaluating the properties of fiber building boards. FPL Rep. R 1712 1949 15 p. [422].

Klauditz, Wilhelm: Holzfaser- und Holzspanplatten. Dtsch. Ges. Holzforsch. Nachr. **1** (1950) 2 36—40, 3 57—62 (Tag. 18./19. Okt. 1949 Braunschweig). [1.324.282].

Klauditz, Wilhelm: Zum Stand der Forschung und technischen Entwicklung auf dem Gebiete der Herstellung von Holzfaser- und Holzspanplatten. Mitt. ÖGH (Wien) **2** (1950) 5 7—15; Int. Holzmarkt **41** (1950) 21 7. [1.324.282].

Kollmann, Franz: Qualitätsbestimmende Faktoren bei der Herstellung von Holzfaser- und Holzspanplatten. Svensk Pappers Tidning (Stockholm) **53** (1950) 19 591—604. [1.324.282].

Kollmann, Franz: Holzfaser- und Holzspanplatten. Svensk Pappers Tidning **53** (1950) 4 103—109. [1.324.282].

Kollmann, Franz and *Anton Dosoudil:* Types of fibreboard, their properties and their testing with special consideration of the fatigue strength. Commonw. Sci. & Industr. Res. Organ. (Australia) Translat. 1142 1950 59 p. [1.334.2].

Schwartz, Fritz: Holzfaserplatten im Ausland. Papier **4** (1950) 1/2 16—20.

Schwartz, Sidney L. and *P. K. Baird:* The effect of molding temperature on the strength and dimensional stability of hardboards from fiberized water-soaked Douglas-fir chips. Forest Prod. Res. Soc. Repr. 127 1950; Paper Trade J. **132** (1951) 17 20—25; Holz als Roh- u. Werkstoff (1951) 12 469.

Elmendorf, Armin: New fiber boards made with non-critical binders. Forest Prod. Res. Soc. Proc. **5** (1951) 155—161 7 ref.

Farber, Eduard: Hardboard from wood. Paper Trade J. **132** (1951) 18 22, 24, 26, 28.

Kellicut, K. G. and *E. F. Landt:* Basic design data for use of fibreboard in shipping containers. Fibre Containers & Paperboard Mills Dec. 1951 8 p. [6.252.3].

Klauditz, Wilhelm: Ergebnisse und Stand der Forschung und Technik auf dem Gebiet der vermehrten Nutzung von geringwertigem Wald- und Industrieholz zur Herstellung von Holzfaser- u. Holzspanplatten. Verein Techn. Holzfragen Ber. „Tagung Braunschweig 1951" 67—102 22 Lit.-St.; Ber. 19/51 Inst. Holzforsch. Braunschweig 1951; Holzforschung **5** (1951) 3 92. [1.324.282].

Klauditz, Wilhelm u. *Günther Stegmann:* Über die grundlegenden chemischen und physikalischen Vorgänge bei der Wärmevergütung von Holzfaserplatten. Holzforschung **5** (1951) 3 68—74.

Kloot, N. H. and *Valda Y. Walker:* Puncture resistance as a measure of the resistance of hardboards to corner-breaking and edge-tearing. Commonwealth Sci. and Industr. Res. Organization. Div. Forest Prod., Forest Prod. Lab. South Melbourne. Sub-project T. M. 26—0, Progr. Rep. 3 1951 7 p.

Ögland, N. J. och *E. B. Emilsson:* Värmebehandlingens inverkan pa harda trä-fiborskivors böjhallfasthet och elasticitet. (The influence of heat treatment on the elastic breaking strength of hardboard.) (Engl. Summary.) Svensk Pappers Tidning **54** (1951) 17 597—600.

Swamy, S. K.: Fiberboard properties. Wood (Chicago) **6** (1951) 3 20—21, 47, 4 26—27, 47.

Altherr, A.: Richtige und falsche Verwendung von Holzfaser- und Spanplatten. Vortrag Holztagung Salzburg, Juni 1952. Mitt. ÖGH (Wien) **4** (1952) 3 39; Öst. Forst- u. Holzwirtsch. (Wien) **7** (1952) 15 298; Holztechnik (Mainz) **32** (1952) 7 373. [1.324.282].

Anderson, A. B. and *W. J. Runckel:* Utilisation of resinous wood in hardboard. J. Forest Prod. Res. Soc. **2** (1952) 5 76—82.

Boehm, Robert M.: Application of hardboard in veneered panels. J. Forest Prod. Res. Soc. **2** (1952) 1 100—105.

Bonutto, A.-L.: Hardboard properties as affected by volatile content of resin treated fiber. J. Forest Prod. Res. Soc. **2** (1952) 3 65—71.

Fickler, Hans-Heinrich: Der Stand der Entwicklung von Prüfungsrichtlinien für die Eigenschaften von Holzfaserplatten. Holz als Roh- u. Werkstoff **10** (1952) 5 207—219. [4.22].

Vogel, R. E.: Faserplatten und Faserspanplatten. Kunststoffe **42** (1952) 6 165—168. [1.324.282].

Voss, Klaus: Die Wärmebehandlung von Holzfaser-Hartplatten. Holz als Roh- und Werkstoff **10** (1952) 8 299—305.

Fischer, Albert: Neuzeitliche Holzfaser- und Holzspanplatten. Ihre Erzeugungs- und Verwendungsmöglichkeiten. Holzwirtschaftl. Jb. 1953 130—136. [1.324.282]

Gillem, P. H.: Manufacture of hardboard increasing. Wood Working Dig. **55** (1953) 6 63—68, 70, 72.

Grove, Gene: New wood fibre — Tectum. Wood-Worker **72** (1953) 8 14—15, 32—34.

Löfgren, Bror E.: Värmebehandling och fuktning av wallboard, apparatermas utveckling. Heat treatment and humidifying of wall boards. Technical development. (Engl. summary.) Norsk Skogsindustri **7** (1953) 12 444—451.

Luxford, R. F.: Rigidity and strength of frame walls sheathed with fiberboard. FPL Rep. 1151 Sept. 1953 6 p. [6.271].

Nowak, Alfred: Methoden zur weiteren Qualitätsverbesserung bei der Holzfaserplattenherstellung. Allg. Holz-Rdsch. **9** (1953) 163/164 251—252.

Pettersson, G.: Experiences from continuous hardening and damping of hanging wallboard plates. Svensk Papperstidn. **56** (1953) 18 30./9. 697—703.

Schwarz, S. L.: Preparation of hardboard from white oak. Tappi **36** (1953) 10 445 ff.

— Qualitätsbestimmungen für Holzfaserplatten. — Übersicht über Richtlinien in Deutschland, Skandinavien, Großbritannien und USA. Norddeutsch. Holzwirtsch. **7** (1953) 145/146 17—18.

Dosoudil, Anton: Prüfverfahren für Holzfaser- und Holzspanplatten. Kurze Übersicht mit Diskussionsvorschlägen. Holz als Roh- u. Werkstoff **12** (1954) 2 55—64. [1.324.282].

Kloot, N. H.: A survey of the mechanical properties of some fibre building boards. Melbourne: Commonw. Sci. & Industr. Res. Organ. Div. Forest Prod. Repr. 206; Austral. J. Appl. Sci. **5** (1954) 1 18—35.

— Wood based and fibrous sheet materials, properties and applications. Wood (London) **19** (1954) 1 19—59.

bewährt beim Bau
von Türen, Decken und Wänden

Die vollabgesperrte Holzspanplatte NOVOPAN ist großflächig (410 x 183 cm), hat eine reizvolle Oberflächenstruktur, isoliert gut gegen Schall und Wärme und ist ab 25 mm feuerhemmend.

Druckschriften und Auskünfte vom NOVOPAN-Beratungsdienst, Göttingen, Postfach 240

Fahrni, Fred: Die Holzspanplatte. Holz als Roh- und Werkstoff **6** (1943) 10/12 ~~279~~—283.

Winter, Hermann: Festigkeitsuntersuchungen an Spanplatten mit verschiedenem Bindemittelgehalt und Preßdruck. Ber. u. Mitt. Inst. Leichtbau TH Braunschweig Nr. 47—06 1947.

Clermont, L. P. and *H. Schwartz:* Studies on the chemical composition of bark and its utilization for structural boards. Forest Prod. Res. Soc. Repr. 16 1948. [1.324.281].

Klauditz, Wilhelm u. *Hermann Winter:* Forschungsarbeiten zur Herstellung von Holzspanplatten aus dem Abfallholz von Sperrholzwerken. Ber. u. Mitt. Inst. Leichtbau TH Braunschweig u. Versuchs- u. Beratungsstelle f. techn. Holznutzung, Braunschweig-Querum 48—07 1948 16 S.; Ber. 9/48 Inst. Holzforsch. Braunschweig.

Saechtling, Hansjürgen: Einige neue Verfahren zur Erzeugung von Bauplatten aus geringwertigen Holzrohstoffen. Holzforsch. **2** (1948 1 21—24. [1.324.281].

Klauditz, Wilhelm: Untersuchungen an dreischichtigen Holzspanplatten. Festigkeitseigenschaften der Novopan-Holzspanplatten. Ber. Inst. Holzforsch. Braunschweig 13/49 1949.

Kollmann, Franz: Eigenschaften, Prüfung und Klassifizierung von Holzfaser- und Holzspanplatten. Svensk Pappers Tidning **52** (1949) 10 251—267. [1.324.281].

Kollmann, Franz: Properties, testing and classification of wood-fibre and woodwaste boards. Translat. Forest Prod. Austral. 1949 26 p. [1.324.281].

Winter, Hermann: Eigenschaften, Prüfung und Verwendung von plattenförmigen Holzhalbzeugen unter besonderer Berücksichtigung der Faser- und Spanplatten. Mitt. Dtsch. Ges. Holzforsch. Nr. 37 1949 133—164. [1.324.281].

Wyss, Oswald: Der heutige Stand der Faserplatten-, Spanplatten- und Kunstholztechnik. II. Schweiz. Kongreß zur Förderung der rationellen Holzverwertung. Zürich: 1949 27—36 (Zsfssg. franz.) [1.324.281].

Klauditz, Wilhelm: Zum Stand der Forschung und technischen Entwicklung auf dem Gebiete der Herstellung von Holzfaser- und Holzspanplatten. Mitt. ÖGH (Wien) **2** (1950) 5 109—117; Int. Holzmarkt **41** (1950) 21 7—15. [1.324.281].

Klauditz, Wilhelm: Holzfaser- und Holzspanplatten. Dtsch. Ges. Holzforsch. Nachr. **1** (1950) 2 36—40, 3 57—62 (Tag. 18./19. Okt. 1949 Braunschweig). [1.324.281].

Kollmann, Franz: Holzfaser- und Holzspanplatten. Svensk Pappers Tidning **53** (1950) 4 103—109. [1.324.281].

Kollmann, Franz: Qualitätsbestimmende Faktoren bei der Herstellung von Holzfaser- und Holzspanplatten. Svensk Pappers Tidning (Stockholm) **53** (1950) 19 591—604. [1.324.281].

Turner, H. D. and *J. D. Kern:* Relation of several formation variables to properties of phenolic-resin-bonded woodwaste hardboards. FPL Rep. R 1786 1950 6 p.; Forestry Abstr. Sect. 3 **12** (1951) 4 182.

Voelskow, Peter: Die Bearbeitung und Verbindung von Holzspanplatten. Holz (München) **4** (1950) 9 173—177; Forestry Abstr. Sect. 3 **12** (1951) 3 132.

Wyss, Oswald: Resin bonded boards from wood waste. Bull. Northeast Wood Utiliz. Counc. Nr. 31 1950 49—58; Forestry Abstr. Sect. 3 **12** (1950) 1 31.

Klauditz, Wilhelm: Ergebnisse und Stand der Forschung und Technik auf dem Gebiet der vermehrten Nutzung von geringwertigem Wald- und Industrieholz zur Herstellung von Holzfaser- und Holzspanplatten. Verein f. Techn. Holzfragen Ber. „Tagung Braunschweig 1951" 67—102 22 Lit.-St.; Ber. 19/51 Inst. Holzforsch. Braunschweig 1951; Holzforschung **5** (1951) 3 92. [1.324.281].

Klauditz, Wilhelm: Gesichtspunkte der Forschung zur Verfahrenstechnik der Holzspanplattenherstellung. (Tagung Braunschweig 1951, Verein techn. Holzfragen Braunschweig.) Ber. Inst. Holzforsch. Braunschweig Nr. 21/51 1951.

Klauditz, Wilhelm u. *Werner Gittel:* Eignung, Bewertung und Verarbeitung von Kunstharz-Bindemitteln bei der Herstellung von Holzspanplatten. (Tagung Braunschweig 1951, Verein techn. Holzfragen Braunschweig.) Ber. Inst. Holzforsch. Braunschweig Nr. 22/51 1951. [1.324.43].

Klauditz, Wilhelm u. *G. Ohse:* Gesichtspunkte zur Typisierung, Prüfung und Verwendung von Holzspanplatten. (Tagung Braunschweig 1951, Verein techn. Holzfragen Braunschweig.) Ber. Inst. Holzforsch. Braunschweig Nr. 23/51 1951.

Miller, H. O. L.: Wood waste and resin products, their application and physical properties. J. Forest Prod. Res. Soc. 1 (1951) 1 145—149.

Wright, G. W.: Waste wood boards and corestock. Forest Prod. News Letter Nr. 184 Jan. Febr. 1951 (South Melbourne); Holz-Zbl. 77 (1951) 62 770.

Altherr, A.: Richtige und falsche Verwendung von Holzfaser- und Spanplatten. (Vortrag Holztagung Salzburg, Juni 1952.) Mitt. ÖGH (Wien) 4 (1952) 3 39; Öst. Forst- u. Holzwirtsch. (Wien) 7 (1952) 15 298; Holztechnik (Mainz) 32 (1952) 7 373. [1.324.281].

Dietz, Albert G. H. and *A. J. O'Neill:* Investigations of physical and mechanical properties of wood waste board. J. Forest Prod. Res. Soc. 2 (1952) 5 72—75.

Klauditz, Wilhelm: Untersuchungen über die Eignung von verschiedenen Holzarten, insbesondere von Rotbuchenholz zur Herstellung von Holzspanplatten. Braunschweig-Kralenriede: Inst. Holzforsch., Verein Techn. Holzfragen Bericht 25/52 1952 50 S.

Klauditz, Wilhelm: Grundlagen der Festigkeits- und Güteausbildung von Holzspanplatten. (Vortrag Holztagung Salzburg, Juni 1952.) Mitt. ÖGH (Wien) 4 (1952) 3 70—71; Öst. Forst- u. Holzwirtsch. (Wien) 7 (1952) 15 297; Holztechnik (Mainz) 32 (1952) 7 373.

Kollmann, Franz: Herstellung halbschwerer Holzspanplatten im Trockenverfahren. Holz als Roh- und Werkstoff 10 (1952) 4 121—134.

Kollmann, Franz: Erzeugung und Eigenschaften von Holzspanplatten. (Gastvortrag Tag. finn. Holzindustrie-Ingenieure Apr. 1952 Helsinki.) Paperi ja Puu 34 (1952) 5 202—204; Int. Holzmarkt (Wien) 43 (1952) 15 8—10.

Kollmann, Franz: Herstellung und Eigenschaften von Holzspanplatten der Norddeutschen Homogenholzgesellschaft m.b.H., Triangel. Holz als Roh- u. Werkstoff 10 (1952) 12 463—468.

Petz, A.: Spanplatten — ein neuer Werkstoff. Kunststoffe 42 (1952) 11 391—393.

Rackwitz, Gerhard: Die Bindemittel, ihre Wirkung und Anwendung bei der Herstellung von Holzspanplatten. Holz (München) 6 (1952) 10 239—243.

Vogel, R. E.: Faserplatten und Faserspanplatten. Kunststoffe 42 (1952) 6 165—168. [1.324.281].

— Über die Herstellung hochwertiger Holzspanplatten mit besonderer Berücksichtigung der Erzeugnisse der Homogenholz AG., Fideris. (Nach Mitt. d. Homogenholz AG., Fideris.) Schweiz. Bau-Ztg. (Zürich) 70 (1952) 16 227—231.

Biró, Antal: Zeitgemäße Fragen der Holzspanplatten-Erzeugung. (Text ungar., Zsfssg. dtsch.) Erdö 2 (1953) 3 244—248.

Cloninger, Avery M.: Wood chips from sawmill and veneer plant residues. J. Forest Prod. Res. Soc. 3 (1953) 3 51, 93—94.

Engels, Kaspar: Beleimung der Späne, das Kernproblem der Spanplattenfabrikation. Holz (München) 7 (1953) 3 55—60.

Fischer, Albert: Neuzeitliche Holzfaser- und Holzspanplatten. Ihre Erzeugung und Verwendungsmöglichkeiten. Holzwirtschaftl. Jb. 1953 130—136. [1.324.281].

Goodfellow, George D.: Plaswood, new high-density-chipboard. J. Forest Prod. Res. Soc. 3 (1953) 2 June 76, 90—91.

Imaizumi, S.: The effect of chip shape dimensions on the properties of hardened chip-board. Wood Industry (Japan) **8** (1953) 9 389; Holz-Zbl. **80** (1954) 15 163.

Kitahara, Kakuichi: On the effect of pressure at first stage of pressing cycle on the properties of hardened chip-board. (Japan., Engl. summary.) Wood Industry (Japan) **8** (1953) 12 13—15.

Klauditz, Wilhelm: Entwicklung, Stand und Bedeutung der Holzspanplatten-industrie in Deutschland. „Holzwerkstoffe, Nachschlagewerk für die Sperr-holz- und Spanplattenindustrie (Hrsg. Dr. Koop)." Berlin-Holzminden: Verl. Buhrbank 1953 19—26.

Miller, H. O. L.: Chipcore — its characteristics and production. J. Forest Prod. Res. Soc. **3** (1953) 5 149—152.

Narayanamurti, D. and *Jastinder Singh:* Studies on building boards: Part V. Utilization of Tapioca stems and hoop pine bark. Composite Wood **1** (1953) 1 10—17.

Brynhildsen, Hans Olav: The creasing of board. Norsk Skogsindustri **8** (1954) 4 125—136.

Dietz, Albert G. H. and *Albert J. O'Neill:* Composite wood. Composite Wood **1** (1954) 2 27—31. [1.324.23].

Dosoudil, Anton: Prüfverfahren für Holzfaser- und Holzspanplatten. Kurze Über-sicht mit Diskussionsvorschlägen. Holz als Roh- u. Werkstoff **12** (1954) 2 55—64. [1.324.281].

Klauditz, Wilhelm u. *Irmgard Stolley:* Entwicklung und Herstellung pilz- und termitenfester Holzspanplatten. Holz als Roh- u. Werkstoff **12** (1954) 5 185—189.

Kollmann, Franz: Stand der Technik bei der Herstellung von Holzspanplatten. Holz als Roh- u. Werkstoff **12** (1954) 4 117—134.

Kollmann, Franz: Die automatische Herstellung mehrschichtiger Spanplatten nach dem Novopanverfahren in den USA. Holz als Roh- u. Werkstoff **12** (1954) 10 378—381.

Narayanamurti, D. and *Jastinder Singh:* Moulding powders and boards from coconut shells. Composite Wood **1** (1954) 2 38—40.

Prieser, W. u. *C. A. von Thielmann:* Spanholz. Köln-Braunsfeld: Verl.-Ges. Rud. Müller 1954 142 S.

Pungs, Leo u. *Kurt Lamberts:* Untersuchungen über die Anwendung von Hoch-frequenzerwärmung bei der Herstellung von Holzspanplatten. Holz als Roh- u. Werkstoff **12** (1954) 1 20—25.

Ritter, E. J.: Spanholz-Preßmassen. Kunststoffe **44** (1954) 8 329—332.

Ritter, E. J.: Das Spanholz-Formteil. Kunststoffe **44** (1954) 9 378—382.

Scholz, Kurt: Spanplatten. Holzindustrie **7** (1954) 2 7—10.

Scholz, Kurt: Entwicklung und Herstellung von Holzspanplatten. Holzindustrie **7** (1954) 11 13—15.

Steiner, Klaus: Über Verfahrenstechnik und Maschinen zur Herstellung hoch-wertiger Holzspanplatten. Holz als Roh- u. Werkstoff **12** (1954) 9 343—348.

Turner, Dale H.: Effect of particle size and shape on strength and dimensional stability of resin-bonded wood-particle panels. Forest Prod. Res. Soc. Repr. 575 1954 13 p.

Vaget, Hans: Die Spanplatte — ein neuer Werkstoff. (Schriftenreihe d. Holz-Zbl. Nr. 2.) Stuttgart: Holz-Zbl. Verl. 1954 20 S.

Winter, Hermann u. *Walter Frenz:* Systematische Untersuchungen zur Entwick-lung von Prüfverfahren für die Kennzeichnung der Eigenschaften von Holz-spanplatten. Ber. u. Mitt. Inst. Leichtbau TH Braunschweig 54—01 1954 68 S.

Winter, Hermann u. *Walter Frenz:* Ein Beitrag zu den Prüfverfahren für die Kennzeichnung der Eigenschaften von Holzspanplatten. Holz als Roh- u. Werkstoff **12** (1954) 9 348—357.

— Holzspanplatten deutscher Herstellerwerke. Holz als Roh- u. Werkstoff **12** (1954) 7 282—286.

Klauditz, Wilhelm: Die Holzspanplatte, ihre Entwicklung und Herstellung. „Holzwirtschaftliches Jb. Nr. 4", Stuttgart: Holz-Zbl. Verl. 1955 107—130 30 Lit.-St.

Kollmann, Franz: Die Herstellung und Eigenschaften dreischichtiger Holzspanplatten nach Rottmann. Holz als Roh- u. Werkstoff **13** (1955) 2 57—63.

Rackwitz, Gerhard: Ein Beitrag zur Kenntnis der Vorgänge bei der Verleimung von Holzspänen zu Spanholzplatten in beheizten hydraulischen Pressen. Diss. TH Braunschweig 1955.

Steiner, K.: Über diskontinuierliche Arbeitsverfahren und Anlagen zur Herstellung von Holzspanplatten. Holz als Roh- u. Werkstoff **13** (1955) 4 140—146.

Winter, Hermann: Ein Beitrag zur Ausarbeitung einheitlicher Prüfverfahren von Spanplatten. Ber. u. Mitt. Inst. Flugzeugbau u. Leichtbau TH Braunschweig 55—02 1955 29 S.

(Winter, Hermann): Holzspanplatten. (Unterlagen und Richtlinien für den Holzflugzeugbau, Teil IV b) Ber. u. Mitt. Inst. Flugzeugbau u. Leichtbau TH Braunschweig Juni 1955 12 S.

Sonderhölzer   1.324.29

Vorreiter, Leopold: Gehärtete und mit Metall oder Öl getränkte Hölzer. Holz als Roh- u. Werkstoff **5** (1942) 2/3 59—69.

Höhm: Prüfung von Preßholz „Lignidur". ZWB UM 1073 Sept. 1943.

Millett, M. A., R. M. Seborg and *A. J. Stamm:* Influence of manufacturing variables on the impact resistance of resin-treated wood. FPL Rep. 1386 May 1943.

Stamm, A. J. and *R. M. Seborg:* Forest Products Laboratory resin-treated wood (impreg). FPL Rep. 1380 Dec. 1943.

Burr, H. K. and *A. J. Stamm:* Comparison of commercial water-soluble phenolformaldehyde resinoids for wood impregnation. FPL Rep. 1384 Dec. 1945.

Seborg, R. M. and *A. J. Stamm:* Effect of resin treatment and compression upon the properties of wood. FPL Rep. 1383 Oct. 1945.

Tarkow, E., A. J. Stamm and *E. C. O. Erickson:* Acetylated wood. FPL Rep. 1593 May 1946.

Seborg, R. M., M. A. Millett and *A. J. Stamm:* Heat-stabilized compressed wood (staypak). FPL Rep. 1580 Dec. 1948 1—11; AMR **3** (1950) 2 46.

Tiemann, H. D.: Compressed wood vs. collapse. South. Lumberman **176** (1948) 2209 68—70.

Armbruster, Ernst: Beeinflussung, Feuchtigkeitsaufnahme und Festigkeit von Holz durch Imprägnierung. Ber. über Versuche mit Fichtentränkvollholz. Mitt. ÖGH (Wien) **1** (1949) 1 5—10; Int. Holzmarkt (Wien) **40** (1949) 12 11—16.

Armbruster, Ernst: Beeinflussung, Feuchtigkeitsaufnahme und Festigkeit von Holz durch Imprägnierung. Ber. über Versuche mit Rotbuchentränkvollholz. Mitt. ÖGH (Wien) **1** (1949) 2 34—38; Int. Holzmarkt (Wien) **40** (1949) 15 16—20.

Reissner, Edgar: Wood resin combinations. Plastics Inst. Trans. **17** (1949) 30 39—55; Chem. Abstr. **44** (1950) 5 2791.

— Densified wood applied to metal working operations. Machinery (New York) **55** (1949) March 185—187; Met. Rev. **22** (1949) 4 41.

Brodeau, A.: Étude de matériaux à grand amortissement, liège et caoutchouc. Publ. Sci. Ministère Air 239 1950 25 p.; Index Aeron. 6(1950) 10 74. [1.324.32].

Dixmier, G. et *A. Iablokoff:* Les bois imprégnés. Ass. Techn. Marit. Aeron. Prepr. Juin 1950 14 p. 10 réf.; Index Aeron. **6** (1950) 8 83.

McLean, George: Compreg — resin-treated densified wood. Forest Prod. Res. Soc. Repr. 61 1949; Holz-Zbl. **76** (1950) 47 492.

Vorreiter, Leopold: Eine neue Holzwolle-Leichtplatte. Int. Holzmarkt (Wien) **41** (1950) 5 25—29.

— Phenolic improved wood. Modern Plastics **28** (1951) 9 55—61; Holz als Roh-u. Werkstoff **9** (1951) 10 404.

Perry, Thomas D.: Types of plywood. Pt. VIII. Plastic faced plywood. Wood Working Dig., Wheaton (Ill.) **54** (1952) 5 117—118, 120, 122, 124, 126.

Sconce, R. E.: Paper, fir veneer "wedded" to form container board. Veneers & Plywood **47** (1953) 5 10, 32—34.

Kunststoffe   1.324.3

Allgemeines   1.324.31

Kline, Gordon M.: Plastics as structural materials for aircraft. NACA TN 628 Dec. 1937.

Riechers, Kurt: Synthetic resins in aircraft construction — their composition, properties, present state of development and application to light structures. NACA TM 841 Nov. 1937.

Buchmann, Walter: Die Angriffsbeständigkeit von Kunststoffen. Kunststoffe **30** (1940) 12 357—365; Werft-Reederei-Hafen **24** (1943) 5 83.

Röhrs, W. u. K. H. Hauck: Das mechanische Verhalten von Kunststoffen bei tiefen Temperaturen. Kunststoff-Techn. **11** (1940) 213—228; Kunststoffe **32** (1942) 5 141—142.

Nitsche, R. u. E. Salewski: Einfluß der Temperatur auf die Festigkeit von Kunststoffen. 2. Bericht. Schlagbiegefestigkeit bei hohen und tiefen Temperaturen. Kunststoffe **31** (1941) 11 381—388; Luftwissen **9** (1942) 1 27.

Stäger, H., W. Siegfried u. R. Sänger: Untersuchungen an Phenoplasten. 1. Kapitel: Chemischer Aufbau und Gefüge von Phenoplasten. — 2. Kapitel: Mechanische Eigenschaften in Abhängigkeit vom Gefügeaufbau. — 3. Kapitel: Die dielektrischen Eigenschaften. Schweiz. Arch. **7** (1941) 5 129—139, 6 153—174, 7 201—208.

Hauck, K. H.: Mechanische Eigenschaften von Kunststoffen bei tiefen Temperaturen. Kunststoff-Techn. **12** (1942) 215—219; Kunststoffe **33** (1943) 3 76.

Siegfried, W.: Zusammenhang zwischen Gefügeaufbau und Festigkeitseigenschaften von gepreßten Phenoplasten. Schweiz. Arch. **8** (1942) 8 255—262.

Smith, S. L.: A survey of plastics. Engineer **176** (1943) 4588 491—492, 4589 511—512, 4590 529—530.

Apley, M.: Plastics. Machinery Lloyd **16** (1944) 6 37—39.

Frey, K.: Der Temperatureinfluß bei Kunststoffen. Schweiz. Arch. **10** (1944) 39—56; Kunststoffe **36** (1946) 5/6 118—119.

Telfair, D., T. S. Carswell and H. K. Nason: Creep properties of molded plastics. Modern Plastics **137** (1944) Febr.

Werner, W. u. A. Nielsen: Großzahlforschung in der Kunststoff-Technik. 2. Teil: Beispiele aus der Praxis der Kunststoff-Herstellung und -Anwendung. Kunststoffe **34** (1944) 6/7 122—126.

Schoenborn, E. M. and D. S. Weaver jr.: Flammability characteristics of plastic materials. I — Surface temperatures of rigid plastics at ignition. North Carolina State Coll. Rec. **46** (1946) 4 65 p.; Index Aeron. **4** (1948) 5 86.

Turner, P. S. and R. H. Thomason: Correlation between strength properties in standard test specimens and molded phenolic parts. NACA TN 1005 May 1946.

Boor, L. a. o.: Hardness and abrasion resistance of plastics. ASTM Bull. 145 March 1947 68—73; Index Aeron. **4** (1948) 3 75.

Crouse, W. A., D. C. Caudill and F. W. Reinhart: Effect of simulated service conditions on plastics. NACA TN 1240 July 1947.

Hepburn, J. R. I.: The metallization of plastics. London: Cleaver-Hume Press 1947. 71 p.

Staff, C. E. a. o.: Comparing plastics. Machine Design **19** (1947) 7 112—116 18 ref.; Index Aeron. **4** (1948) 7 45.

Telfair, D., C. H. Adams and *A. W. Mohrman:* Creep, long time tensile and flexural fatigue properties of melamine, phenolic plastics. Modern Plastics **24** (1947) 9 151—152, 236—248; Kunststoffe **37** (1947) 10/12 232. [1.335].

— Fachkartei Kunststoffe. (Referate über In- und Auslands-Fachschrifttum 1939—1943.) München: Hanser 1947 76 S.; Kunststoffe **37** (1947) 10/12 243—244.

Bernharat, E. C.: Scratch resistance of plastics. Modern Plastics **26** (1948) 2 123—126, 174, 176, 178, 180, 182, 184, 186; Index Aeron. **5** (1949) 1 74.

Crouse, W .A., D. C. Caudill and *F. W. Reinhart:* Effect of simulated service conditions on plastics during accelerated and 2-year weathering tests. NACA TN 1438 May 1948.

Kline, G. M.: Plastics. Industr. Engng. Chem. **40** (1948) 10 1804—1809 86 ref.; Index Aeron. **5** (1949) 1 75.

Moll, H. W. and *W. J. LeFevre:* Some "temperature — Young's modulus" relationships for plastics. Industr. Engng. Chem. **40** (1948) 11 2172—2179 15 ref.; Index Aeron. **5** (1949) 2 55.

Wehrse, Fr.: Kunststoffe im Leichtbau. Kunststoffe **38** (1948) 8 149—157. [6.14].

Long, J. K.: Effect of exposure (plastics). Brit. Plastics **21** (1949) 246 619—625 4 ref.; Index Aeron. **6** (1950) 2 69.

Loring, S. J.: Theory of the mechanical properties of hot plastics. Amer Soc. Mech. Engrs. Prepr. 49-A-60 Nov./Dec. 1949 51 p.; Index Aeron. **7** (1951) 9 117.

Richardson, H. M.: Plastics literature references. Selected for the mechanical engineer — July 1949, through June 1950. Mech. Engng. **73** (1951) 3 211—215; AMR **4** (1951) 6 357.

Sauer, J. A. and *W. J. Oliphant:* Damping and resonant load-carrying capacities of polystyrene and other high polymers. ASTM Prepr. 90 1949 13 p. 14 ref.; Index Aeron. **6** (1950) 10 75.

Dubois, P.: Les matières plastiques. "Techniques de l'Ingénieur, Généralités. II." Paris: Techniques de l'Ingénieur 1948, mise à jour 1950 A 2320 1—12, A 2330 1—8, A 2340 1—12; Bull. Anal. C. N. R. S. **11** (1950) 11 3948.

Ehlers, G. u. R. Nitsche: Gummi, Kunststoffe und Klebstoffe in In- und Auslands-normen. (Normenheft Nr. 15.) 3. Aufl. Berlin-Köln: Beuth 1950 59 S. [1.324.32], [1.324.40].

Fournier, H.: Les matières plastiques. Techn. Moderne **42** (1950) 13/14 213—220; Bull. Anal. C. N. R. S. **11** (1950) 11 3948.

L'Hermite, M. R.: Les propriétés mécaniques des matières plastiques. Techn. Moderne **42** (1950) 1/2 1—8; Konstruktion **2** (1950) 9 281.

Höchtlen, August: Kunststoffe aus Polyurethanen. Kunststoffe **40** (1950) 7 221—232 23 Lit.-St.; Index Aeron. **7** (1951) 3 83.

Kline, Gordon M.: Plastics research and technology at the National Bureau of Standards. A review and bibliography. Nat. Bur. Stand. Circular 494 (Washington) June 1950 14 p.

Megson, N. J. L.: Behaviour of plastics at low temperatures. Rep. Nr. 2. Gt. Brit. Ministry of Supply. Directorate of Materials and Explosives Res. and Devel.-Advisory Service on Plastics and Rubber Apr. 1950 19 p.

Müller, Alfred: Die wichtigsten Anwendungsformen und Verarbeitungsmethoden der Polyamide als Kunststoff-Rohstoffe. II. — Polyamidbänder. Kunststoffe **40** (1950) 8 241—248 14 Lit.-St.; Index Aeron. **7** (1951) 3 83.

Simke, R., I. G. Callomon, M. B. Gaughan a. o.: Bibliography of recent research in the field of high polymers. Nat. Bur. of Standards Circ. No. 498 (Washington) 1950. 56 p.

Staff, E. C., H. M. Quackenbos and *J. M. Hill:* Long-time tension and creep tests of plastics. Modern Plastics **27** (1950) 5 93—100, 144—145; Index Aeron. **6** (1950) 6 55; Kunststoffe **40** (1950) 11 365—366; Holz als Roh- u. Werkstoff **9** (1951) 3 108. [4.22].

— A. S. T. M. Standards on Plastics. Specifications, methods of testing, nomenclature, definitions. ASTM-Committee D-20 (Philadelphia) 1950 1076 p.; Kunststoffe **42** (1952) 10 382. [3].

— Kunststoffe 1951. Ludwigshafen a. Rh.: Badische Anilin & Soda-Fabrik 1951. 206 S.

v. Hartmann, G. B.: Probleme der Preßstoffanwendung für den Konstrukteur. Kunststoffe **41** (1951) 12 438—441. [5.4].

Müller, Erwin: Kunststoffe auf Polyesterbasis. Kunststoffe **41** (1951) 1 13—19 19 Lit.-St.; Index Aeron. **7** (1951) 7 64.

Nason, H. K., T. S. Carswell and *C. H. Adams:* Low-temperature behavior of plastics. Modern Plastics **29** (1951) 127—140, 198—203.

Szigeti, P. R.: Der Elastizitätsmodul bei Kunststoffen. Kunststoffe **41** (1951) 4 121—122.

— Plastics progress. (Papers and Discussions at the British Plastics Convention 1951.) London: Iliffe 1951 310 p.

— Plastics in aïrcraft: A progress report. Modern Plastics **28** (1951) 8 73—78, 176; Index Aeron. **7** (1951) 11 169.

Findley W. N.: Derivation of a stress-strain equation from creep data for plastics. "Proc. 1st U. S. Nat. Congr. Appl. Mech., June 1951", Ann Arbor (Mich.): J. W. Edwards 1952 595—602; AMR **6** (1953) 9 413.

Giaque, W. G.: Some properties of plastics and the use of plastic apparatus at low temperatures. Rev. Sci. Instruments **23** (1952) Apr. 169—173.

Greth, Arthur: Härtbare Phenol- und Amidharze. Kunststoffe **42** (1952) 10 291—295.

Hammond, A.: Notes on the sorption of water by high polymeric materials. "Plastics", Select. Govmt. Res. Rep. **1** (1952) 169—198 74 ref. (Rep. 4); Index Aeron. **9** (1953) 5 81.

Nitsche, R.: Einteilung, Aufbau und Eigenart der Kunststoffe. Konstruktion **4** (1952) 10 293—298.

Rideal, E. K.: The mechanical properties of high polymers. "Plastics", Select. Gov. Res. Rep. **1** (1952) 57 ref.; Index Aeron. **9** (1953) 5 81—82.

Schmieder, A. K. and *H. G. Dikeman:* Recent developments in plastics of interest to mechanical engineers based on a survey of periodic literature from July 1951 — June 1952. Amer. Soc. Mech. Engrs. Prepr. 52-A-169 Nov./Dec. 1952 15 p. 132 ref.; Index Aeron. **9** (1953) 4 96.

— The use reinforced plastic material in aircraft construction. Plastics, Select. Govmt. Res. Rep. **1** (1952) 277—290 (Rep. No. 13).

Faveau, M. P.: Recherche et utilisation de matériaux plastiques nouveaux. Techn. et Sci. Aéron. (1953) 5 314, 6 359—364.

Findley, W. N.: Plastics: Their mechanical behaviour and testing. AMR **6** (1953) 2 49—53 119 ref.; Index Aeron. **9** (1953) 8 77.

Haward, R. N.: The rate of strain factor in relation to the impact strength properties of plastics. Plastics **18** (1953) 196 382—386 26 ref.; Index Aeron. **10** (1954) 1 93; Chem. Zbl. **125** (1954) 30 6841—6842.

Schmieder, A. K. and *H. G. Dikeman:* Selected plastics references for the mechanical engineer 1951—1952. Mech. Engng. (1953) June 477—480 132 ref.

Wandeberg, E.: Neue Kunststoffe in der Technik. Konstruktion **5** (1953) 9
277—286.

Dietz, A. G. H.: High strength plastics. Proc. Nat. Acad. Sci. **40** (1954) 3 157—161;
Index Aeron. **10** (1954) 10 155.

Evans, E. M.: Glass reinforced polyesters. 1. Types of resins. Brit. Plastics **27**
(1954) 3 100—103.

Meyerhans, Konrad: Chemikalienbeständigkeit von Äthoxylinharzen. Das Verhalten von Araldit-Gießharz B gegenüber Chemikalien. Kunststoffe **44** (1954)
4 135—142.

von Meysenbug, C. M.: Verhalten der Kunststoffe bei tiefen Temperaturen.
Kunststoffe **44** (1954) 1 13—15.

Powers, P. O., F. W. Elliott, J. K. Stevenson, K. E. Jackson and *J. R. Kelly:*
Selected plastic references for the mechanical engineer 1952—1953. Mech.
Engng. (1954) Aug. 569 228 ref.

Slone, M. C. and *F. W. Reinhart:* Properties of plastics films. Modern Plastics **31**
(1954) 10 203—226, 380; Index Aeron. **10** (1954) 10 156.

Taylor, J. R. and *C. H. Adams:* Weather ageing of styrene and phenolic plastics.
Amer. Soc. Mech. Engrs. Prepr. 54-SA-68 June 1954 9 p.; Index Aeron. **10**
(1954) 9 131.

Jacobi, Hans Rudolf: Die mechanischen Eigenschaften von Polyäthylen. Kunststoffe **45** (1955) 4 146—150.

McGarry, F. J.: Review of plastics developments in 1953—1954. Mech. Engng.
(1955) Apr. 318—320, 332 127 ref.; Aeron. Engng. Rev. **14** (1955) 6 142.

Swann, W. F. G.: Shear modulus and viscosity relations in plastic materials.
J. Franklin Inst. (1955) Jan. 11—16.

Tisch, Henry A.: Mechanical properties of rigid plastics at low temperatures.
Modern Plastics **32** (1955) 11 119—120, 122, 124, 126, 128, 130, 132—134, 207.

Zandman, F.: Etude de la déformation et de la rupture des matières plastiques.
Publ. Sci. et Techn. Ministère de l'Air Rap. 219; Aircr. Engng. **27** (1955)
311 28.

Thermoplaste   1.324.311

Riechers, Kurt: Durchsichtige Kunststoffe für Flügelnasenbeplankung. ZWB PB
207/1 1. Zwischenbericht 1935 9 S. PB 207/2 Abschlußbericht 1935 15 S.

Axilrod, Benjamin M. and *Gordon M. Kline:* A study of transparent plastics for
use on aircraft. NACA ACR May 1937.

Riechers, Kurt and *J. Olms:* Application and testing of transparent plastics used
in airplane construction. NACA TM 881 Nov. 1938.

Axilrod, Benjamin M. and *Gordon M. Kline:* Resistance of transparent plastics
to impact. NACA TN 718 July 1939.

Buchmann, Walter: Festigkeit und zulässige Beanspruchung von Polyvinyl-
chlorid-Kunststoff. Z. VDI **84** (1940) 25 425—431.

Küch, Wilhelm u. *H. Perkuhn:* Untersuchungen über die elastischen Eigenschaften
der durchsichtigen Kunststoffe. ZWB FB 1263 1940 9 S.

Buchmann, Walter: Eigenschaften warmbildsamer Kunststoffe. Forsch. Ing.-Wes.
12 (1941) 4 174—181; Luftwissen **8** (1941) 12 387.

Glocker, R. u. *H. Hendus:* Untersuchungen an Plexiglas. ZWB FB 1412 1941 23 S.

Matthaes, Kurt: Festigkeit, Zähigkeit und Beschußverhalten von organischen
Gläsern. Jb. 1941 Dtsch. Luftf. Forsch. I 656—666; Index Aeron. **6** (1950) 1 80.

Küch, Wilhelm: Die mechanischen Eigenschaften durchsichtiger Kunststoffe bei
+ 20⁰ C. Luftf. Forsch. **19** (1942) 3 111—120; Luftwissen **9** (1942) 10 304.

— Mechanical properties of plexiglas. Aviation **42** (1943) 11 183, 185.

Buchmann, Walter: Eigenschaften von Polyvinylchlorid-Kunststoffen. München:
Hanser 1944. 95 S.

Frey, K.: Der Einfluß der Temperatur auf das Verhalten mechanisch beanspruchter organischer Werkstoffe. Schweiz. Arch. **10** (1944) 2 39—56. [1.324.312.1].

Sigwart, H.: Die Wirkung von Druckeigenspannungen auf Rißchenbildung und die Festigkeitseigenschaften von Plexiglas M 33. ZWB FB 1978 1944 26 S.

Theiner: Untersuchung von geschweißten und geklebten Plexiglas-Platten. ZWB UM 1236 1944 4 S.

Sigwart, H.: Die mechanischen Eigenschaften von Plexiglas M 33. Diss. TH Darmstadt 1945.

Weigel, Wolfgang: Festigkeit und Gefüge von Preß- und Spritzgußteilen. Kunststoffe **37** (1947) 1 11—13.

Bartoe, W. F. and *E. N. Robertson:* Laminated "plexiglas" in aircraft. Aero Dig. **56** (1948) 5 42—45, 102, 104—106; Index Aeron. **4** (1948) 9 88.

Doyle, G. and *R. M. Badger:* The visco-elastic behavior of a highly plasticized nitrocellulose in compression under constant load. J. Appl. Phys. **19** (1948) 4 373—377 3 ref.; Index Aeron. **4** (1948) 9 63.

Müller, M.: Plastische Massen aus Nylon. Plastica **1** (1948) 262—265; Kunststoffe **39** (1949) 1 20.

— New high temperature thermoplastic. Modern Plastics **26** (1948) 2 168, 170, 172; Index Aeron. **5** (1949) 1 74.

Beaudoux, Jacqueline: Propriétés mécaniques du nylon aux faibles humidités. Rech. Aéron. (1949) 9 29—32 4 ref.

Hall, H. Warburton and *E. W. Russell:* Polymethyl methacrylate (Perspex type) plastics; crazing, thermal and mechanical properties. ARC R & M 2764 Oct. 1949, publ. 1953; J. Roy. Aeron. Soc. **58** (1954) 517 81.

Marin, J. and *G. Cuff:* Creep-time relations for polystyrene under tension, bending, and torsion. ASTM Prepr. Nr. 89 1949 17 p. 7 ref.; Index Aeron. **6** (1950) 9 83.

Esser, Fr.: Eigenschaften, Verarbeitung und Anwendung von Plexiglas. Kunststoffe **40** (1950) 10 305—310 5 Lit.-St.; Index Aeron. **7** (1951) 4 67.

Saechtling, Hansjürgen: Eigenschaften und Anwendungsgebiete polyäthylenhaltiger Kunststoffe. Kunststoffe **40** (1950) 12 373—375.

Wallder, V. T., W. J. Clarke, J. B. Decoste u. *J. B. Howard:* Bewetterung von Polyäthylen. Industr. Engng. Chem. **42** (1950) 2320—2325; Kunststoffe **41** (1951) 8 258.

Atkinson, E. B. and *H. A. Nancarrow:* Rheology and thermoplastics. Plastics Inst. Trans. (London) **19** (1951) Oct. 23—46.

Buck, John A.: Nylon as an engineering material. Mechanical World **129** (1951) 3349 276—277.

Ellis, W. C. and *J. D. Cummings:* Creep-test methods for determining cracking sensitivity of polyethylene polymers. ASTM Bull. (1951) 178 47—50.

Marin, J., Y. Pao and *G. Cuff:* Creep properties of lucite and plexiglas for tension, compression, bending, and torsion. ASME Prepr. 50-A-19 Nov./Dec. 1950 14 p. 7 ref.; Trans. ASME **73** (1951) 705—719; Index Aeron. **7** (1951) 6 111.

Maxwell, B. and *J. P. Harrington:* Effect of velocity on tensile impact properties of polymethyl methacrylate. Amer. Soc. Mech. Engrs. Prepr. 51-A-65 Nov. 1951 8 p. 14 ref.; Index Aeron. **8** (1952) 3 93; Trans. ASME **74** (1952) 4 579—586; AMR **6** (1953) 1 22.

Peukert, Heinz: Optische und mechanische Eigenschaften von Plexiglas und anderen durchsichtigen Kunststoffen. Diss. TH München 1951.

Peukert, Heinz: Mechanisches und optisches Verhalten von warmgerecktem Plexiglas M 33 bei Zugbeanspruchung. Z. VDI **93** (1951) 26 831—835.

Schmidbauer, H.: Plexiglas als durchsichtiger Baustoff für den Konstrukteur. Konstruktion **3** (1951) 4 122—126.

— Plexiglas, Handbook for aircraft engineers. Rohm & Haas Philadelphia 1951 66 p.

Axilrod, B. M., M. A. Sherman, V. Cohen and *I. Wolock:* Effects of moderate biaxial stretch-forming on tensile and crazing properties of acrylic plastic glazing. J. Res. Nat. Bur. Stand. **49** (1952) 5 331—342 12 ref.; Index Aeron. **9** (1953) 3 89.

Baker, D. A.: The effect of atmospheric humidity on the strength and dimensions of thermoplastics. Plastics, Select. Gov. Res. Rep. **1** (1952) 251—262 (Rep. No. 10) 5 ref.; Index Aeron. **9** (1953) 5 81.

Gurney, C. and *M. G. M. Pryor:* A note on the ductility of plastic materials. Plastics, Select. Gov. Res. Rep. Vol. **1** (1952); Index Aeron. **9** (1953) 5 81.

Hoff, E. A. W.: Some mechanical properties of a commercial polymethyl methacrylate. J. Appl. Chem. **2** Pt. 8 (1952) Aug. 441—448; Index Aeron. **8** (1952) 11 79.

Jungnickel, H. u. *H. Wippenhohn:* Die Kunststoffe Vinidur und Igelit. Leipzig: Fachbuchverl. GmbH. 1952 182 S.; Technik (Berlin) **9** (1953) 3 190.

Lurie, Robert: Nylon — its properties and applications. (Nylon — seine Eigenschaften und Verwendungsbereiche.) Mater. & Meth. **36** (1952) 79—83; Werkstatt u. Betrieb **86** (1953) 4 190.

Marin, Joseph u. *Yoh-Han Pao:* Die Genauigkeit der Extrapolation von Kriechkurven bei Plexiglas. Trans. ASME **74** (1952) 1231—1240; Stahl u. Eisen **74** (1954) 6 368.

Sugarman, B., C. O. Moxley and *I. A. Marshall:* A castable polyster resin for photoelastic work. Brit. J. Appl. Phys. **3** (1952) 7 233—237 3 ref.; Index Aeron. **8** (1952) 11 79.

Vidosic, J. P.: Plastics for photoelastic analysis. Proc. SESA **9** (1952) 2 113—134 2 ref.; Index Aeron. **8** (1952) 9 41.

Determann, H.: Nicht härtbare Kunststoffe (Thermoplaste). (Werkstattbücher, H. 110) Berlin-Göttingen-Heidelberg: Springer 1953. 64 S.

Grimm, G. O.: Beständigkeit von Kunststoffen bei langzeitiger Beanspruchung. Schweiz. Arch. **19** (1953) 7 217—224. [1.324.312.1].

Knowles, J. K. and *A. G. H. Dietz:* Viscoelasticity of polymethyl methacrylate: an experimental and analytical study. Amer. Soc. Mech. Engrs. Prepr. 53-A-100 Nov./Dec. 1953 14 p. 17 ref.; Index Aeron. **10** (1954) 4 121.

Mair, Hans: Schlagfestes Polystyrol. Kunststoffe **43** (1953) 10 397—399.

Maxwell, B., J. P. Harrington and *R. E. Monica:* Tensile impact properties of some plastics. Plastics **18** (1953) 188 88—91 6 ref.; Index Aeron. **9** (1953) 5 83.

Peukert, H.: Kunststoffe als Konstruktionswerkstoffe. Konstruktion **5** (1953) 2 46—49.

Peukert, H.: Festigkeitseigenschaften und Bruchverhalten von warmgerecktem Plexiglas M 33. Z. VDI **95** (1953) 5 119—122 5 Lit.-St.; Index Aeron. **9** (1953) 5 82.

Riley, C. R.: The new transparent plastics. Modern Plastics **3** (1953) 2 107—110; Konstruktion **6** (1954) 8 316—317.

Le Boiteaux, H.: Étude sur de comportement optique du plexiglas dans le domaine plastique. Rech. Aéron. (1954) Nov./Dec. 7—12; Aeron. Engng. Rev. **14** (1955) 4 125.

Jacobi, Hans Rudolf: Polyamide. Eigenschaften, Verarbeitung und Anwendungen. Z. VDI **96** (1954) 36 1197—1206 14 Lit.-St.

Wintergerst, S. u. *E. Rückerl:* Über das Kriechverhalten thermoplastischer Kunststoffe. Kunststoffe **44** (1954) 11 494—497.

DeCoste, J. B. and *V. T. Wallder:* Weathering of polyvinyl chloride. Industr. Engng. Chem. **47** (1955) 2 314—322.

Martin, W. E.: Fabrication and uses of rigid vinyl sheet. Brit. Plastics **28** (1955) 8 328—334, 345.

Zickel, H.: Polyamide im Kraftfahrzeugbau. Werkstatt u. Betrieb **88** (1955) 3 105—107; Nachr.-Bl. AGM Leichtbau **4** (1955) 7 17.

Aushärtbare Kunststoffe 1.324.312
Kunststoffe mit Füllstoffen (Nicht geschichtete Preßstoffe) 1.324.312.1

Küch, Wilhelm: Festigkeitsuntersuchungen an verschiedenen Kunstharzgehäusen für Meßgeräte. ZWB PB 205 1934 13 S.

Kraemer, Otto: Versuche mit Kunstharzbauteilen. ZWB PB 173 1934 15 S.

Nitsche, R.: Prüfung von Fertigstücken aus Preßstoff auf mechanische Stoffeigenschaften. Z. VDI **80** (1936) 24 755—757.

Nitsche, R.: Eigenschaften warmgepreßter Kunstharz-Preßstoffe nach DIN 7701. Z. VDI **83** (1939) 6 161—164. [1.324.312.2].

Thum, August u. *Hans Rudolf Jacobi:* Mechanische Festigkeit von Phenol-Formaldehyd-Kunststoffen. Diss. Jacobi TH Darmstadt 1939; VDI Forsch. H 396 1939. 39 S.; Luftwissen **7** (1940) 4 137. [1.324.312.2], [1.335].

Stäger, H. u. *W. Siegfried:* Beziehungen zwischen chemischem Aufbau, Struktur und mechanischer Festigkeit von härtbaren Kunststoffen. Kunststoff-Techn. **10** (1940) 8/9 193—212 31 Lit.-St.; Techn. Z.-Schau **26** (1941) 8 142.

Köhler, R.: Kondensations-Kunststoffe aus Melamin und Formaldehyd. Kunststoff-Techn. **11** (1941) 1 1—4 16 Lit.-St.; Techn. Z.-Schau **26** (1941) 12 215.

Findley, William N.: Mechanical tests of macerated phenolic molding material. NACA ARR 3 F 19 (WR W-99) June 1943.

Kynoch, William and *L. A. Patronsky:* Effect of fillers and of mixing procedure on the strength of plastic materials. NACA TN 878 Jan. 1943.

Frey, K.: Der Einfluß der Temperatur auf das Verhalten mechanisch beanspruchter organischer Werkstoffe. Schweiz. Arch. **10** (1944) 2 39—56. [1.324.311].

Mäkelt, Heinrich: Untersuchung und Entwicklung von Kunstharz-Lagerwerkstoffen. Halle/Saale: Knapp 1944 41 S. [1.431.3].

Gurney, C. and *P. W. Rowe:* The effect of radial pressure on the flow and fracture of reinforced plastic rods. ARC R & M No. 2283 May 1945 10 p. 9 ref.; Index Aeron. **4** (1948) 11 74.

Grimm, G. O.: Über das Verhalten von härtbaren Kunststoffen im Wetter. EMPA Disk.-Ber. Nr. 158 1946.

Halls, E. E.: Eigenschaften der Vulkanfiber. Plastics (London) **11** (1947) Mai 270—280; Kunststoffe **37** (1947) 10/12 227—228.

Quackenbos, jr. H. M.: Die Wirkung absorbierten Wassers auf die physikalischen Eigenschaften von Phenolharz-Preßstoffen. Modern Plastics **28** (1951) Juli 107—110, 170—173; Kunststoffe **42** (1952) 4 125—126.

Bedwell, M. E.: The effect of fillers and other additions on the elastic modulus in compression and on the swelling of a phenolformaldehyde resin. Plastics, Select. Govmt. Res. Rep. **1** (1952) 3 ref.; Index Aeron. **9** (1953) 5 81.

Gordon, J. E.: On the present and potential efficiency of structural plastics. J. Roy. Aeron. Soc. **56** (1952) 501 704—728 16 ref.; Index Aeron. **8** (1952) 11 79.

Nielsen, Andreas: Hitzehärtbare Kunststoffe (Duroplaste). (Werkstattbücher H. 109) Berlin-Göttingen-Heidelberg: Springer 1952. 60 S.

Pearson, S.: Strength tests of a number of similar small mouldings in phenol-formaldehyde synthetic resin moulding materials. Plastics, Select. Govmt. Res. Rep. **1** (1952); Index Aeron. **9** (1953) 5 81—82.

Grimm, G. O.: Beständigkeit von Kunststoffen bei langzeitiger Beanspruchung. Schweiz. Arch. **19** (1953) 7 217—224. [1.324.311].

Sofer, G. A., A. G. H. Dietz and *E. A. Hauser:* Cure of phenol-formaldehyde resin. Progress determined by ultrasonic wave propagation. Industr. Engng. Chem. **45** (1953) 12 2743—2748.

Geschichtete Kunststoffe 1.324.312.2

Sprenger, R.: Novotext, ein Konstruktions- u. Isolationsmaterial. AEG-Mitt. (1925) 2 50—53; ZFM **16** (1925) 7 161.

Borchard, K. H.: Prüfung von Hartpapierrohren auf Zugfestigkeit. Z. VDI **81** (1937) 48 1391.

Riechers, Kurt: Untersuchung von Hartgeweben. ZWB UM 450 1937 17 S.

Küch, Wilhelm: Verwendung von Kunststoffen im Flugzeugbau. I. Bericht: Festigkeitseigenschaften von Kunststoffen. Kunststoffe **28** (1938) 8 202—207; Luftwissen **6** (1939) 4 148.

Riechers, Kurt: Versuche an Kunststoffen für den Flugzeugbau. Z. VDI **82** (1938) 22 665—671. [1.335].

Fishbein, Meyer: Physical properties of synthetic resin materials. NACA TN 694 March 1939.

Jacobi, Hans Rudolf: Festigkeitsuntersuchungen an hochfesten Kunstharzpreß-stoffen. Z. VDI **83** (1939) 19 600—601. [1.335].

Küch, Wilhelm: Der Einfluß der Preßbedingungen und des Aufbaus auf die Eigen-schaften geschichteter Kunstharzpreßstoffe. ZWB UM 597 1939 8 S.; Jb. 1939 Dtsch. Luftf. Forsch. I 669—676; Z. VDI **83** (1939) 52 1309—1316.

Nitsche, R.: Eigenschaften warmgepreßter Kunstharz-Preßstoffe nach DIN 7701. Z. VDI **83** (1939) 6 161—164. [1.324.312.1].

Thum, August u. *Hans Rudolf Jacobi:* Mechanische Festigkeit von Phenol-Formal-dehyd-Kunststoffen. Diss. Jacobi TH Darmstadt 1939; VDI Forsch. H. 396 1939 39 S.; Luftwissen **7** (1940) 4 137. [1.324.312.1], [1.335].

Thum, August u. *Hans Rudolf Jacobi:* Festigkeitseigenschaften von hochfesten Kunstharz-Preßstoffen. Z. VDI **83** (1939) 37 1044—1048. [1.335].

Küch, Wilhelm: Über den Einfluß des Harzgehaltes auf die statischen und dynami-schen Festigkeitseigenschaften von geschichteten Kunstharz-Preßstoffen. ZWB FB 1270/2 1940 7 S.; Jb. 1940 Dtsch. Luftf.-Forsch. I 1126—1132. [1.335].

Paul, Werner: Einwirkung von Treibstoffen und Ölen auf Hartpapiere. Kunst-stoffe **30** (1940) 5 142—144.

Place, S. W.: Einfluß der Temperatur auf geschichtete Phenolharz-Kunststoffe. Modern Plastics **17** (1940) 59—62; Kunststoffe **31** (1941) 8 292—293.

Decat, R.: Molding plastics. Aviation **40** (1941) 5 41, 126, 128.

Kline, Gordon M., Benjamin M. Axilrod and *P. S. Turner:* Properties of rein-forced plastics and plastic plywoods. NACA ARR July 1941. [1.324.25].

Perkuhn, H.: Kriechverhalten geschichteter Kunstharzpreßstoffe. Luftf. Forsch. **18** (1941) 1 32—37 6 Lit.-St.; Techn. Z.-Schau **26** (1941) 14 249.

Perkuhn, H.: The creep of laminated synthetic resin plastics. NACA TM 995 Nov. 1941.

Place, S. W.: Laminated plastics for aircraft parts. Aero Dig. Aviation Engng. (1941) Jan. 122, 125, 128, 131.

Axilrod, Benjamin M.: Strength and fatigue tests on a laminated paper-base plastic proposed for use in molding propellers. NACA ARR Aug. 1942. [1.335].

Axilrod, B. M., P. S. Turner, F. W. Reinhart and *G. M. Kline:* Progress report on strength properties of plastic panels bonded with cycleweld adhesive. NACA ACR Sept. 1942.

Brinkmann, C.: Einfluß von Wärmebehandlungen auf Schlagbiegefestigkeit und Kerbzähigkeit von Hartpapier und Hartgewebe. Kunststoffe **32** (1942) 7 213—216.

Jakobi, Hans Rudolf: Festigkeitsversuche an Verbundpreßstoffen. Kunststoffe **32** (1942) 1 1—9; Luftwissen **9** (1942) 8 249.

Turner, P. S.: The problem of thermal-expansion stresses in reinforced plastics. NACA ARR (WR W-36) June 1942.

Keller, E. L. and *J. N. McGovern:* Sulfite pulp for papreg: Laminates from pulps made from short and standard length black spruce chips. FPL Rep. 1596 Aug. 1943.

Mackin, G. E., R. J. Seidl and *P. K. Baird:* Certain properties of papreg affected by calendering pressure on Mitscherlich base paper. FPL Rep. 1389 July 1943.

Mackin, G. E., R. J. Seidl and *P. K. Baird:* Certain properties of papreg affected by wet-press pressure on Mitscherlich base paper. FPL Rep. 1575 July 1943.

Mackin, G. E., R. J. Seidl and *P. K. Baird:* Effect on papreg of six water-alcohol ratios used as diluents of impregnating resins. FPL Rep. 1387 June 1943.

McGovern, J. N. and *E. L. Keller:* Sulfite pulps for high-strength laminated paper plastics: Pulping variables and properties of black spruce pulps, papers and plastics. FPL Rep. 1393 March 1943.

McGovern, J. N. and *E. L. Keller:* Sulfite pulps for papreg: Base papers and laminates from black spruce, balsam fir, western hemlock, and grand fir. FPL Rep. 1399 May 1943.

Seidl, R. J., G. E. Mackin and *P. K. Baird:* Certain properties of papreg as affected by laminating pressure, resin content, and volatile content. FPL Rep. 1394 Oct. 1943.

— The effect of temperature on certain mechanical properties of Forest Products Laboratory high-strength, cross-laminated paper plastic (papreg). FPL Rep. 1321 May 1943.

Brown, D. W.: The characteristics of the phenolic laminates. Plastics **8** (1944) 83 177—186.

Cox, H. L. and *K. W. Pepper:* Paper base plastics Part I. The preparation of phenolic laminated boards. J. Soc. Chem. Industry **63** (1944) 150.

Eickner, H. W.: The gluing of laminated paper plastic (papreg). FPL Rep. Nr. 1348 Jan. 1944.

Seidl, R. J., H. K. Burr, C. N. Ferguson and *G. E. Mackin:* Properties of laminated plastics made from lignin and lignin-phenolic resin-impregnated papers. FPL Rep. 1595 Aug. 1944.

Theiner: Untersuchung von Hartpapier. ZWB UM 1145 1944 8 S.

Turner, H. D. u. *E. C. Jungmann:* Strength losses of papreg due to bag-molding defects. FPL Rep. 1581 April 1944.

Erickson, E. C. O. and *G. E. Mackin:* Paper-base laminates offer high strength. Plastics (1945) Febr.; Trans. ASME May 1945.

Meyer, H. R. and *E. C. O. Erickson:* Factors affecting the strength of papreg: Some strength properties at elevated and subnormal temperatures. FPL Rep. 1521 Jan. 1945.

Meyer, H. R. and *E. C. O. Erickson:* Factors affecting the strength of papreg: Effect of accelerated weathering on certain strength-properties of papreg. FPL Rep. 1521-A Jan. 1945.

Meyer, H. R. and *E. C. O. Erickson:* Factors affecting the strength of papreg: Effect of moisture on certain strength properties of papreg. FPL Rep. 1521-B Jan. 1945.

Meyer, H. R. and *E. C. O. Erickson:* Factors affecting the strength of papreg: Effect of repeated cycles of freezing and thawing on certain strength properties of papreg. FPL Rep. 1521-C Jan. 1945.

Brinkmann, C.: Einfluß der Temperatur auf Schlagzähigkeit und Kerbschlagzähigkeit von Hartpapier und Hartgewebe. Kunststoffe **36** (1946) 5/6 105—106.

412

Brinkmann, C.: Über Alterungserscheinungen an Hartpapier und Hartgewebe. Technik (Berlin) **1** (1946) 3 141—144.

Findley, William N.: Mechanical tests of macerated fabric · phenolic molding material. Modern Plastics **25** (1947) 4 145—150, 213—238; Index Aeron. **4** (1948) 7 45.

Marin, Joseph: Static and dynamic creep properties of laminated plastics for various types of stress. NACA TN 1105 Febr. 1947. [1.335].

Findley, William N. and *Will J. Worley:* Mechanical properties of five laminated plastics. NACA TN 1560 Aug. 1948.

Lamb, J. J., Isabelle Boswell and *Benjamin M. Axilrod:* Tensile and compressive properties of laminated platics at high and low temperatures. NACA TN 1550 July 1948.

Novelli, P.: Thermal effects on flexural strength of laminates. Modern Plastics **26** (1948) 3 121—128; Holz als Roh- u. Werkstoff **9** (1951) 3 108; Index Aeron. **5** (1949) 3 80.

Baird, P. K., R. J. Seidl, and *D. J. Fahey:* Effect of phenolic resins on physical properties of craft paper. FPL Rep. R 1750 1949.

Frey, K.: Herstellung geschichteter Kunststoffe mit Melaminharzen. Mitt. CIBA AG Basel, Okt. 1949; Plastica **3** (1950) 342—348; Kunststoffe **41** (1951) 2 64.

Gast, Th.: Thermische Einflüsse auf die Biegefestigkeit von Schichtstoffen. Kunststoffe **39** (1949) 7 163—164.

Marin, J. and *D. E. Hardenbergh:* Creep of laminates in tension, bending and torsion. Modern Plastics **26** (1949) 6 101—106, 162, 164; Index Aeron. **5** (1949) 6 90; Kunststoffe **39** (1949) 11 295.

Tuttle, O. S.: The practicality of honeycomb engineered laminates. Bakelite Review **21** (1949) 3 Oct. 6—8; AB **21** (1950) 1 17.

Axilrod, B. M. and *M. A. Sherman:* Strength of heat-resistant laminated plastics up to 300° C. J. Res. Nat. Bur. Stand. **45** (1950) July 65—84; Index Aeron. **6** (1950) 11 78.

Gallgaher, M., H. H. Goslen and *R. B. Seymour:* Reinforcement of polyester laminates with fabrics. Modern Plastics **27** (1950) 7 111—120, 172; Kunststoffe **40** (1950) 11 361; Holz als Roh- u. Werkstoff **9** (1951) 7 285.

Norris, C. B.: Strength of orthotropic materials subjected to combined stresses. FPL Rep. 1816 July 1950 19 p. [1.231.12], [1.324.25].

Seiffert, L. E., and *E. M. Schoenborn:* Heat resistance of laminated plastics: Evaluation in terms of critical thermal instability temperature. Industr. Engng. Chem. **42** (1950) 3 496—502; Index Aeron. **6** (1950) 6 56; Kunststoffe **41** (1951) 3 103.

Kline, G. M.: Mechanical and permanence properties of laminates. Modern Plastics **28** (1951) Aug. 112—124, 182—189.

Werren, F.: Mechanical properties of plastic laminates. FPL Rep. 1820 Febr. 1951; FPL Rep. 1820-A May 1953.

— Low-pressure laminates for aircraft. Brit. Plastics **24** (1951) Dec. 415—420.

— Modified woods and paper-base laminates. „Madison Lab." (USA) 1951 15 p. [1.324.21].

Gordon, J. E.: The directional strength stiffness of fibrous materials. Plastics, Select. Govmt. Res. Rep. **1** (1952) 3 ref.; Index Aeron. **9** (1953) 5 81—82.

Hummel, B. L.: How to design with laminated plastics for machining, stamping and postforming. Machine Design **24** (1952) 3 112—122; Konstruktion **4** (1952) 10 319—320.

Lutz, Pierre: Stratifié à base de papier; stratifié papier-mélamine. Rech. Aéron. (1952) 28 53—61 5 réf.

Sargent, E. H. G.: Some factors influencing the properties of paper-reinforced synthetic resin sheet. Plastics, Select. Govmt. Res. Rep. **1** (1952); Index Aeron. **9** (1953). 5 81—82.

Beach, W. I.: The application of postformed thermosetting laminates. Machinery (London) **83** (1953) 2122 125—129; Index Aeron. **9** (1953) 10 106.

Heebink, B. G., Fred Werren and A. A. Mohaupt: Effect of certain fabricating variables on plastic laminates and plastic honeycomb sandwich construction. FPL Rep. 1843 Nov. 1953 10 p. [2.6].

Kussmann, James E.: Paper base laminates. Paper Trade J. **137** (1953) 20 254—256, 258—261.

Werren, Fred: Supplement to mechanical properties of plastic laminates. FPL Rep. 1820-A 1953 5 p.

Witt, R. K., W. H. Hoppmann and R. S. Buxbaum: Determination of elastic constants of orthotropic materials with special reference to laminates. ASTM Bull. (1953) 194 53—57 6 ref.; Index Aeron. **10** (1954) 5 147.

Erickson, E. C. O. and K. H. Boller: Strength and related properties of Forest Products Laboratory laminated paper plastics (papreg) at normal temperature. FPL Rep. 1319 1954.

Carson, W. G. and E. N. Robertson: Synthetic fabric-acrylic resin impregnates for aircraft canopy edge attachments. Aeron. Engng. Rev. **14** (1955) 3 44—49, 4 125.

Power, George E.: High-temperature durability of laminates. Modern Plastics **32** (1955) 8 139—140, 142, 144, 146, 148—149, 152, 154, 240 18 ref.

Kunststoffe mit Glasfaser- oder Glasgewebeeinlage   1.324.312.3

Perkuhn, H.: Über Kunstharzschichtstoffe mit Glasgewebeeinlagen. ZWB UM 1013 1943 19 S.

Rafel, Norman and Evan H. Schuette: Material properties of two types of plastic bonded glass cloth. NACA RB L 4 H 16 (WR L-225) Dec. 1944.

Zender, George W., Evan H. Schuette and Robert A. Weinberger: Data on material properties and panel compressive strength of a plastic-bonded material of glass cloth and canvas. NACA TN 975 Dec. 1944.

Bollenrath, Franz: Kunstharzschichtstoffe mit Glasfasern. Kunststoffe **36** (1946) 4 73—80.

Werren, Fred and C. B. Norris: Directional properties of glass-fabric-base plastic laminate panels of sizes that do not buckle. FPL Rep. 1803 April 1949 49 p.; AMR **3** (1950) 9 271.

— Effect of span-depth ratio and thickness on the mechanical properties of a typical glass-fabric-base plastic laminate as determined by bending tests. FPL Rep. 1807.

Boller, K. H.: Effect of moisture absorption on flexural properties of a glassfabric polyester laminate. FPL Rep. 1819 Oct. 1950.

Silver, J. and H. B. Atkinson, jr.: Glasgewebe-Schichtpreßstoffe mit Epoxyd-Harzen. Modern Plastics **28** (1950) Nov. 113—122; Kunststoffe **41** (1951) 1 35.

Trevor, John S.: Reinforced plastics for aircraft. Aeronautics **22** (1950) 5 83.

Werren, Fred: Directional properties of glass-fabric-base plastic laminate panels of sizes that do not buckle. FPL Rep. 1803-A Apr. 1950.

Werren, Fred: Effect of prestressing in tension or compression on the mechanical properties of two glass-fabric-base plastic laminates. FPL Rep. 1811 1950 12 p.

Werren, Fred and B. G. Heebink: Effect of defects on the tensile and compressive properties of a glass-fabric-base plastic laminate. FPL Rep. 1814 June 1950 8 p.

Werren, F. and A. D. Freas: Strength of scarf and lap joints in glass-fabric-base plastic laminates. FPL Rep. 1818 Oct. 1950.

Freas, A. D. and *Fred Werren:* Mechanical properties of crosslaminated and composite glass-fabric-base plastic laminates. FPL Rep. 1821 Febr. 1951.

Parsons, G. B.: Properties of glass fiber laminates. Modern Plastics **29** (1951) Oct. 129—140, 210.

Werren, F.: Supplement to effect of prestressing in tension or compression on the mechanical properties of two glass-fabric-base plastic laminates. FPL Rep. 1811-A June 1951.

Werren, Fred: Bolt-bearing properties of glass-fabric-base plastic laminates. FPL Rep. 1824 June 1951. [1.443.15].

Yaeger, Luther L.: Glass fiber polyester laminates having high resistance to moisture. (Meeting Reinforced Plastic Div., Soc. Plastics Industry.) Bjorksten Res. Lab. (1951) 1/3.

— Designing with glass reinforced plastics. Product Engng. **22** (1951) Nov. 160. [6.14].

— Polyester-Glasfaser-Schichtstoffe für militärische Zwecke, Teil III. Modern Plastics **28** (1951) May 64—67; Kunststoffe **41** (1951) 8 257.

Coughlin, William J.: Glass-plastic plane for future. Aviation Week **57** (1952) 13 38, 42; Techn. Zbl. Maschinenwes. (1953) 11 1036.

Hulbert, G. C.: Glass-reinforced plastics. Aircr. Production **14** (1952) 166 282—287; Index Aeron. **8** (1952) 11 80.

Mohaupt, A. A. and *A. D. Freas:* Effect of different catalysts and amounts of styrene monomer on strength and durability of glass-cloth plastic laminates. FPL Rep. 1825 1952 10 p.

Seymour, R. B. u. *R. H. Steiner:* Polyester-Glas-Plastika. Chem. Engng. Progr. **48** (1952) 8 430; Werkstoffe u. Korrosion **5** (1954) 1 27.

Seymour, R. B. u. *R. H. Steiner:* Verstärkte Polyester-Plastika. Chem. Engng. **59** (1952) 12 278—286; Werkstoffe u. Korrosion **5** (1954) 1 27.

Werren, Fred: Mechanical properties of glass-cloth plastic laminates as related to direction of stress and construction of laminate. Amer. Soc. Mech. Engrs. Prepr. 52-F-36 Sept. 1952 18 p. 7 ref.; Index Aeron. **8** (1952) 11 81.

— Repairing reinforced plastics. Aero Dig. **65** (1952) 2 20—23; Index Aeron. **8** (1952) 11 80—81.

Bobeth, W.: Neuere Untersuchungen an Glasfasergeweben. Faserforsch. u. Textiltechn. **4** (1953) 5 187—199.

Boller, K. H.: Stress-rupture tests of glass-fabric-base plastic laminate. FPL Rep. 1839 1953 5 p.

Campbell, J. B.: New phenolic-glass laminates for elevated temperatures. Mater. & Meth. **38** (1953) 5 87—91; Index Aeron. **10** (1954) 2 93.

Freas, Alan D. and *Fred Werren:* Supplement to mechanical properties of crosslaminated and composite glass-fabric-base plastic laminates. FPL Rep. 1821-A 1953 8 p.

Hyde, J. K.: Current development in silicone-glass fibre laminates. Brit. Plastics **26** (1953) 288 174—176; Index Aeron. **9** (1953) 8 71.

— Glasscloth laminating. Aircr. Production **15** (1953) 176 203—208; Index Aeron. **9** (1953) 7 65.

— Die Herstellung von Laminaten mit Hilfe der Aethoxylinharze unter besonderer Berücksichtigung von Glasfaser-Laminaten. (Anwendungsbeispiele für Araldit, Nr. 11.) Basel: Ciba AG Juni 1953.

— Reinforced plastics. Aircr. Production **15** (1953) 177 262—266; Index Aeron. **9** (1953) 9 110.

Axilrod, B. M., J. E. Wier and *J. Mandel:* Effects of resin coating methods and other variables on physical properties of glass-fabric reinforced polyesters. NACA RM 54 G 26 Aug. 1954 22 p.

Beyer, Waldemar: Glasfaserverstärkte Kunststoffe. Kunststoffe **44** (1954) 10 413, 415—425.

Bjorksten, Johan, L. L. Yaeger and *J. E. Henning:* Polyester resin-glass fiber laminates. (Unsaturated polyester resins; Symposium at the 124th Amer. Chemical Soc. Meeting, Chicago 1954.) Industr. Engng. Chem. (1954) Aug. 1612 ff.

Boie, C.: Boote aus Kunststoff. Hansa **91** (1954) 31/32 1371—1375. [6.253.3].

Bock, Eugen: Glasfaserhaltige Schichtstoffe mit ungesättigten Polyesterharzen. Kunststoffe **44** (1954) 12 581—588.

Boller, K. H.: Effect of thickness on strength of glass-fabric-base plastic laminates. FPL Rep. 1831 June 1954 13 p.

Brockmöller, Fritz: Spinnbare Glasfasern als Verstärkungsmaterial für Kunststoffe. Kunststoffe **44** (1954) 10 425—428.

Dobson, A. M.: Glass reinforced polyesters. 2. Glass fibre forms. Brit. Plastics **27** (1954) 3 103—105.

Goerden, L.: Praktische Erfahrungen über die Preßtechnik der Polyesterharze insbesondere nach dem Vorformverfahren. Kunststoffe **44** (1954) 10 437—438.

Henning, A. R.: Glasfaserverstärkungen und ihre Verwendung bei Kunststoffen. Kunststoffe **44** (1954) 4 131—133; Chem. Zbl. **125** (1954) 30 6841.

Masek, P. R.: P. V. A. emulsion sizes for glass fibres. Brit. Plastics **27** (1954) 4 142—143; Index Aeron. **10** (1954) 6 140.

Masek, P. R.: Polyester-Glasfaser-Kunststoffe. Kunststoffe **44** (1954) 10 444—446.

McLaud, Eugene and *Frank Gustafson:* Design limits for polyester glass laminates. Product Engng. **25** (1954) 8 161—168; Index Aeron. **10** (1954) 10 156.

Ottenheym, Konrad: Glasfaser-Probleme. Plastverarbeiter **5** (1954) 5 146—148.

Parkyn, Brian S.: Die Anwendung ungesättigter Polyesterharze unter besonderer Berücksichtigung der Verarbeitung mit einteiligen Formen. Kunststoffe **44** (1954) 10 439—443.

Riley, C. R.: Les matériaux transparents destinés à l'aviation. Industrie Plastiques Modernes **6** (1954) 9 30—33; Nachr.-Bl. AGM Leichtbau **4** (1955) 7 11.

Rosato, D.: Structural plastics for advanced types of aircraft. Automot. Industries **110** (1954) 2 48—51, 162—169; Index Aeron. **10** (1954) 4 119.

Rosenthal, Klaus: Glasfasern — ihre Bedeutung heute und in der Zukunft. Bau & Bauindustrie **7** (1954) 18 541—542.

Sheppard, H. R.: Polyester-Glasfaser-Preßmassen. Modern Plastics **31** (1954) Apr. 121—135, 227; Kunststoffe **44** (1954) 9 397.

Sonneborn, R. H., A. G. H. Dietz and *A. S. Heyser:* Fiberglas reinforced plastics. 1st ed. New York: Reinhold Publ. Corp. 1954 XII, 244 p.

Trietsch, F. K.: Glasgewebeschichtstoffe und ihre Verwendungsmöglichkeiten. Konstruktion **6** (1954) 11 432—435.

Weisbart, Hans u. *Edith Behnke:* Die Verarbeitung ungesättigter Polyesterharze. Kunststoffe **44** (1954) 10 447—450.

Welch, L.: Glass reinforced polyesters. 3. Properties and design of structures. (Scope and general trends in glass-reinforced structures.) Brit. Plastics **27** (1954) 3 105—106; Index Aeron. **10** (1954) 6 141.

— Glasfaserverstärkte Kunststoffe in den Vereinigten Staaten von Amerika. (Ber. über die 8. Ann. Techn. & Management Conference, Reinforced Plastics Division der Society of Plastics Industry Febr. 1953 Washington.) Kunststoffe **44** (1954) 10 450—454.

Case, James W. and *J. D. Robinson:* Parallel glass fiber-reinforced plastics. Modern Plastics **32** (1955) 7 151—152, 154, 156.

Jaray, F. F.: The strength of heat cleaned glass cloth: Brit. Plastics **28** (1955) 4 155—156.

Pusey, B. B. and *R. H. Carey:* Effects of time, temperature, and environment on
the mechanical properties of polyester-glass laminates. ASTM Bull. (1955)
Febr. 54—58 14 ref.; Modern Plastics **32** (1955) 7 139—140, 142, 144, 229 4 ref.
— Current applications of glass-reinforced plastics in the U. S. A. Brit Plastics
28 (1955) 1 4—7. [6.14].

Leichte Kunststoffe, insbesondere Schaumstoffe   1.324.313

Clark, V. E.: A low density material for aircraft structure. Soc. Automot. Engrs.
Prepr. 26. 5. 39; Aero Dig. (1939) July 101—102, 105.
Seiffert, K.: Druckfestigkeit von Kunstharzschaumplatten. Wärme- und Kälte-
techn. **43** (1941) 4/5 66—67; Kunststoffe **31** (1941) 10 364.
Küch, Wilhelm u. *W. Rein:* Festigkeit und hygroskopische Eigenschaften von
Leichtstoffen. ZWB UM 1224 1944 7 S.
Axilrod, Benjamin M. and *Evelyn Koenig:* Properties of some expanded plastics
and other low-density materials. NACA TN 991 Sept. 1945.
Bayer, Otto: Das Diisocyanat-Polyadditionsverfahren (Polyurethane). Angew.
Chemie **59** (1947) 9 257—272.
Hoffer, R. A.: Schaumzelluloseazetat von CCA. Mater. & Meth. **25** (1947) 1 58—61.
Vieweg, Richard: Einige Untersuchungen an Schaumstoffen. Kunststoffe **38** (1948)
3 45—48.
Weinbrenner, E. u. *Peter Hoppe:* Schaumstoffe auf Kunststoff-Basis. Chem.
Industrie **3** (1951) 10 700—702.
— Neuer Schaumkunststoff. Modern Plastics **28** (1951) Juni 186; Kunststoffe **41**
(1951) 8 259.
Hoppe, Peter: Schaumstoffe — Leichtstoffe. Kunststoffe **42** (1952) 10 340—341.
Hoppe, Peter: Leichtstoffe und Leichtstoffanwendung. Kunststoffe **42** (1952) 12
450—459. [6.14].
Lindemann, H.: Erfahrungen bei der Herstellung von Zellmaterial. Kunststoffe
42 (1952) 1 9—12; Index Aeron. **8** (1952) 6 100. [1.324.32].
— Foam plastics as engineering materials. Product Engng. **23** (1952) Apr.
192—198.
Frey, Theodor: Neue gummifreie Schaumstoffe. Schiff u. Hafen **5** (1953) 61.
Grosmangin, J. et *C. Muller:* Les matériaux cellulaires à base de polyesters et
diisocyanates. ONERA Note Techn. No. 22 1954 29 p.
Stastny, Fritz: Styropor — ein neuartiger, poröser Kunststoff. Kunststoffe **44**
(1954) 4 173—180.
— Nieuwe schuim-persmassa op basis van polystyreen. Polytechnisch Tijdskrift
A **9** (1954) 45/46 972a—973a; Nachr.-Bl. AGM Leichtbau **4** (1955) 7 13.

Gummi   1.324.32

Birkitt, C. H. u. *T. J. Drakeley:* Neuere Untersuchungsergebnisse an druck-
belastetem Gummi. Trans. Inst. Rubber Industry (1928) April 462—467.
Sheppard, J. R. u. *W. J. Clapson:* Verformung von Gummi unter Druckbean-
spruchung. Industr. Engng. Chem. **24** (1932) Juli 782.
Steinborn, B.: Gummi als Konstruktionsstoff. Essen. Haus der Technik 1933.
Riechers, Kurt: Prüfung eines betriebsstoffesten Gummis. ZWB PB 214 1935 15 S.
Riechers, Kurt: Untersuchung eines gummiähnlichen Werkstoffes. ZWB PB 219
1935 29 S.
Riechers, Kurt u. *G. Telchow:* Untersuchung gummiähnlicher Werkstoffe ZWB
PB 293/1 1935 2 S., PB 293/2 1935 33 S.
Garner, T. L.: Synthetic rubber materials. Commercial materials with oil-resisting
qualities with the necessary physical properties. Aircr. Engng. **9** (1937) 102
209—211; Luftwissen **5** (1938) 1 29.

Föppl, Otto: Theoretische Betrachtungen über die elastischen Eigenschaften der Werkstoffe, insbesondere des Gummis. (Mitt. Wöhler-Inst. TH Braunschweig H. 31) Braunschweig: Vieweg 1937.

Steinborn, B.: Die Dämpfung als Qualitätsmaß für Gummi. Mitt. Wöhler.-Inst. TH Braunschweig H. 31) Braunschweig: Vieweg 1937.

Roelig, H.: Technische Eigenschaften von synthetischem Gummi. Z. VDI **82** (1938) 6 139—142.

Haushalter, F. L.: Gummi als lasttragender Werkstoff. SAE J. (1939) Jan. 15—22.

Haushalter, F. L.: Gummi und seine mechanischen Eigenschaften. Trans. ASME (1939) Febr. 149—158.

Kosten, C. W.: Das Verhalten von Gummi bei statischer und dynamischer Druckbeanspruchung. Kautschuk **15** (1939) 3 48—54.

Krotz, A. S.: Rubber suspension. SAE J. **45** (1939) 5 471—477. [1.431.22].

Steinborn, B.: Gummi als Konstruktionselement. Kautschuk **15** (1939) 146.

Steinborn, B.: Werkstoff Gummi. ATZ **42** (1939) 12 323—329.

Mark, H:: Composite elasticity of rubber. India Rubber World **102** (1940) No. 3, 5.

Braudorn, K. H.: Gummi als Werkstoff im Maschinenbau. Eigenschaften und Verwendbarkeit. Maschinenbau-Betrieb **20** (1941) 2 77—80 3 Lit.-St.; Techn. Z.-Schau **26** (1941) 12 214.

Küch, Wilhelm u. G. Telchow: Das Verhalten von Gummi bei tiefen Temperaturen. ZWB FB 1369 1941 35 S.

Street, J. N. u. H. L. Ebert: Zugfestigkeit und Quellung von synthetischem Kautschuk. Rubber Chemistry & Technology **14** (1941) 211—220; Kunststoffe **33** (1943) 10 258.

Braudorn, K. H.: Gummi und gummiähnliche Kunststoffe als Konstruktionswerkstoff. Z. VDI **86** (1942) 19/20 303—305.

Roelig, H.: Die technischen Eigenschaften von Weichgummi bei Druckbeanspruchung. Z. VDI **86** (1942) 15/16 251—252.

Roelig, H.: Die Eigenschaften technischer Bunagummisorten und deren Einfluß auf die Formgebung von Gummiteilen. Ber. Lil.-Ges. 147 1942 9 S.

Zöllmann, A.: Weichgummi im Luftfahrtgerätebau. Ber. Lil.-Ges. 147 1942 6 S.

Charriou, André: Caoutchouc naturel ou caoutchouc synthétique. L'Aérophile **51** (1943) 11 206—208; Luftwissen **11** (1944) 7 203.

Derenbach, W.: Einfluß der Kalanderlaufrichtung auf Bruchbild, Kurz- und Lang-Zeit-Zugfestigkeit und Dehnverhalten von glatten und gekerbten Probestäben aus einer Naturgummiqualität. ZWB UM 707 1943 16 S.; ZWB TB **10** (1943) 5 159.

Roelig, H.: Die Eigenschaften technischer Bunagummisorten und deren Einfluß auf die Formgebung von Gummiteilen. ZWB TB **10** (1943) 6; Vorabdr. Jb. 1943 Dtsch. Luftf. Forsch. 1. Lfg. IE 8 S.

Roelig, H.: Die elastischen Eigenschaften von Weichgummi als Grundlage seiner konstruktiven Anwendung. Z. VDI **87** (1943) 23/24 347—351.

Steinborn, R.: Synthetischer Gummi als Werkstoff. ATZ **46** (1943) 5 125—128; Luftwissen **10** (1943) 9 270.

Keller, H.: Bericht über Kurzzeit- und Langzeitzugfestigkeit sowie Bruchbild von in Quellungsmitteln vorbehandelten und wieder getrockneten glatten und gekerbten Probestäben aus Perbunan 902 g bei + 20 und + 85⁰. ZWB UM 742 1944 27 S.

— Rubber in engineering. London: H. M. S. O. 1946.

Fisher, H. L.: Elastomers. Industr. Engng. Chem. **39** (1947) 10 1210—1212 66 ref.; Index Aeron. **4** (1948) 1 70.

Fisher, H. L.: Elastomers. Industr. Engng. Chem. **40** (1948) 10 1788—1792 93 ref.; Index Aeron. **5** (1949) 1 73.

Fromandi, G. u. *H. Roelig:* Das elastische Verhalten von Buna S in Abhängigkeit vom Füllstoff. Kunststoffe **38** (1948) 12 245—252.

Marsh, S. W.: Rubber as a stress-carrying material and some design considerations. Proc. IME (1948/49) II 25—41; AMR **3** (1950) 9 271.

Rivlin, R. S.: Applications of elastic theory to rubber engineering. Inst. Rubber Industry, Rubber Techn. Conf., Prepr. 1948; BA, B I (1948) Nov. 576.

Smith, J. F. D.: Die Gummiforschung vom Standpunkt des Maschineningenieurs aus. Mech. Engng. **70** (1948) 2 118—122 51 ref.; Ref. Chem. Industrie (1949) 1021/27.

Yoran, C. S.: Engineering with sponge rubber. Rubber Age **63** (1948) 2 199—203; Index Aeron. **4** (1948) 9 88. [6.14].

— Bibliography of rubber literature for 1942/43. Amer. Chem. Soc. (Ohio) Div. Rubber Chemistry 1948. 332 p.

— Report of Committee D-11 on rubber and rubber-like materials. ASTM Prepr. No. 67 1948 19 p. 10 ref.; Index Aeron. **4** (1948) 11 73.

Riesing, E. F.: Design data on natural and synthetic rubbers for mechanical engineers. Amer. Soc. Mech. Engrs. Prepr. 49-A-141 1949 21 p. 22 ref.; Index Aeron. **6** (1950) 10 75.

— Le caoutchouc, dans la littérature anglo-américaine de 1940 à 1946. Paris: Soc. d'Editions Techniques Coloniales 1949. 334 p.

— Silicone rubber. Rev. Sci. Instrum. **20** (1949) 3 223; Index Aeron. **5** (1949) 6 35.

Boonstra: Die ungehinderte Rückfederung von gedehntem Kautschuk. Rubber Chemistry & Technol. (Lancaster) **23** (1950) 587—600.

Brodeau, A.: Étude de matériaux à grand amortissement, liège et caoutchouc. Publ. Sci. Ministère Air 239 1950 25 p.; Index Aeron. **6** (1950) 10 74. [1.324.29].

Crocker, E. C.: Manufacture of latex foam sponge rubber. A review of methods of manufacture, the trends towards new equipment, and the growth pattern of the industry. Rubber Age **67** (1950) 3 305—311; Bull. Anal. C. N. R. S. **11** (1950) 11 3950.

Ehlers, G. u. *R. Nitsche:* Gummi, Kunststoffe und Klebstoffe in In- und Auslandsnormen (Normenheft Nr. 15). 3. Aufl. Berlin-Köln: Beuth 1950 60 S. [1.324.31], [1.324.40].

Garner, T. L. and *J. F. Powell:* Rubber in aircraft. London: British Rubber Development Board 1950 72 p.; Index Aeron. **6** (1950) 8 64. [6.254.3].

Keller, H.: Einfluß von Kerben, erhöhter Temperatur und Quellungsmitteln auf das Zugverhalten von Weichgummivulkanisaten. Diss. TH Darmstadt 1950.

Palmgren, Hans: Cold rubber, ein verbesserter synthetischer Gummi. Tekn. T. **80** (1950) 213—221; Chem. Abstr. 44 (1950) 13 6187b.

Smith, J. F. D.: The design of rubber mountings. Iowa Engng. Exp. Stat. Rep. Nr. 2 1950 37—49.

Thum, August u. *W. Derenbach:* Einflußgrößen auf die Zugfestigkeit von Natur- und Kunstgummiqualitäten. Kunststoffe **40** (1950) 4 130—134.

Walter, L.: Caoutchoucs naturels et artificiels. Pseudocaoutchoucs. Techniques de l'ingénieur. Généralités. II. Paris: Techniques de l'Ingénieur, 1948 mise à jour 1950 A 2310 1—11; Bull. Anal. C. N. R. S. **11** (1950) 11 3949.

— Gestaltung und Anwendung von Gummiteilen. 3. Aufl. (Fachausschuß für Kunststoffe im VDI) VDI-Richtlinien 2005 1950 23 S. [1.431.22].

— Gummi im Flugzeugbau. Rubber Age (London) **31** (1950) 6 225—226.

Goss, Wyman: Rubber-phenolic materials for greater impact strength. Product Engng. **22** (1951) 1 137—141.

Gregory, J. B.: Silicone Rubber. A literature review. Rubber Age **70** (1951) 211—215.

Miller: Verwendung von Gummi im Flugzeugbau. Rubber Age (New York) **68** (1951) 6 728.

Morris, James u. *Snyder:* Übertragung mechanischer Schwingungen durch Gummi. Industr. & Engng. Chem. **43** (1951) 11 2540—2547.

Reiner, Stefan: Kautschuk-Fibel. Einführung in die Chemie und Technologie der natürlichen und synthetischen Kautschukarten. 3. Aufl. Berlin: Union 1951 108 S.

Servais, P. C.: The engineering properties of silicone rubbers. Amer. Soc. Mech. Engrs. Prepr. 51-SA-30 June 1951 11 p.; Mech. Engng. **73** (1951) 639—643; Index Aeron. **7** (1951) 11 74.

Shaw, R. F. and *S. R. Adams:* Non-destructive ageing tests for rubber. Analyt. Chem. **23** (1951) 11 1649—1652 4 ref.; Index Aeron. **8** (1952) 3 93.

Smith, O. H. a. o.: Retraction test for serviceability for elastomers at low temperatures. Analyt. Chem. **23** (1951) 2 322—327 8 ref.; Index Aeron. **7** (1951) 5 100.

Thum, August u. *W. Derenbach:* Dehnverhalten eines Perbunan-Kunstgummis bei langdauernder Zugbeanspruchung. Z. VDI **93** (1951) 10 267—268 2 Lit.-St.; Index Aeron. **7** (1951) 9 116.

Werkenthin: Ausgedehnte Verwendung von Kautschuk und plastischen Elastomeren in der US-Marine. Rubber Age (New York) **68** (1951) 435—442.

— Über einige Anwendungsmöglichkeiten von Gummi im Schiffbau und im Marine-Ingenieurwesen. Rubber Devel. **4** (1951) 1 20—30.

— Gummi als Konstruktionsmaterial. Rubber Age (London) **31** (1951) 12 452.

— Das Problem der Kautschukverwendung in der Luftfahrtindustrie. Rubber Age (New York) **69** (1951) 6 717.

— Die Verwendung von Zellgummi und Zellhartgummi im Schiffsbau. Kautschuk Anwendungen (1951) 86—87.

Bartholomev, E. R.: Present and future requirements of rubber-like materials for a global air force. Rubber Age **72** (1952) 1 64—68 5 ref.; Index Aeron. **9** (1953) 1 88.

Bokma: Etwas über den Gebrauch von Kautschuk im Transportwesen. Kautschuk Anwendungen **2** (1952) 4 90—92.

Lindemann, H.: Erfahrungen bei der Herstellung von Zellmaterial. Kunststoffe **42** (1952) 1 9—12; Index Aeron. **8** (1952) 6 100. [1.324.313].

Mooney, M. and *W. E. Wolstenholme:* Modulus and relaxation of elastomers in torsion at low temperatures. Industr. Engng. Chem. **44** (1952) 2 335—342 11 ref.; Index Aeron. **8** (1952) 6 100.

Polmanteer, K. E., P. C. Servais and *G. M. Konkle:* Low temperature behaviour of silicone and organic rubbers. Industr. Engng. Chem. **44** (1952) 7 1576—1581 10 ref.; Index Aeron. **8** (1952) 10 85.

Schneider, P.: Ein Überblick über einige bekannte synthetische Kautschukarten. Z. VDI **94** (1952) 29 957—959.

Schreuer: Weichheit, Stoßdauer und innere Dämpfung technischer Gummimischungen. Kolloid-Z. (Frankfurt) **129** (1952) 2/3 123—127.

Springer, A.: Fachkunde für die Gummi-Industrie. Bd. 1 Werkstoffkunde und allgemeine Einführung in die Gummi-Technologie. Leipzig: Fachbuchverl. 1952.

— Neuer Sitzschaumgummi. Railway Age **132** (1952) 25 70; Nachr. Bl. AGM Leichtbau **1** (1952) 4 2—3.

Göbel, E. F.: Gummi und seine konstruktive Verwendung. Konstruktion **5** (1953) 7 207—215 14 Lit.-St.

Harper, R. M.: The effect of Di-Ester lubricants on aircraft rubber parts. Rubber Age **73** (1953) 3 355—358 2 ref.; Index Aeron. **9** (1953) 9 73.

Jorczak, J. S.: Mechanical properties of polysulphide polymers. Amer. Soc. Mech. Engrs. Prepr. 53-A-170 Nov./Dec. 1953 7 p.; Index Aeron. **10** (1954) 6 141—142.

Miller, C. M.: Elastomers are popular for aircraft. SAE J. **61** (1953) 6 32—35; Index Aeron. **9** (1953) 9 110.

Painter, G. W.: Dynamic characteristics of silicone rubber. Amer. Soc. Mech. Engrs. Prepr. 53-A-88 Nov./Dec. 1953 10 p. 8 ref.; Index Aeron. **10** (1954) 4 121.

Popper, F.: Vulcollan — the new polyester rubber. Rubber Age **73** (1953) 1 81—83 6 ref.; Index Aeron. **9** (1953) 7 83.

Postelnek, W.: U. S. Air Force rubber development programme. Chem. Engng. News **31** (1953) 19 1958—1960; Index Aeron. **9** (1953) 8 76.

Schreuer: Innere Dämpfung beim Rückprallversuch. Kolloid-Z. (Frankfurt) **132** (1953) 2/3 75—78.

Sprague, G. R., J. J. Corrigan and *A. F. Sereque:* The versatility of cellular rubber in engineering. Amer. Soc. Mech. Engrs. Prepr. 53-A-127 Nov./Dec. 1953 7 p.; Index Aeron. **10** (1954) 4 120.

Willis, A. H.: Stressed rubber. Trans. Inst. Mar. Engrs. **65** (1953) 10 253—258; Index Aeron. **10** (1954) 1 94.

— Gummi und synthetische Gummimischungen für Anwendungen im Automobil oder Flugzeug. ASTM Bull. **188** (1953) Febr. 20—21; Werkstoffe u. Korrosion **5** (1954) 1 26.

— Specifying elastomers for low temperature service. Mater. & Meth. **38** (1953) 5 114—118; Index Aeron. **10** (1954) 2 93.

— Synthetischer Kautschuk Elastron. Ion **13** (1953) 81—89; Kunststoffe **44** (1954) 4 134.

Breuers, W. u. *H. Luttropp:* Buna: Herstellung, Prüfung, Eigenschaften. Berlin: Verl. Technik 1954 428 S.

Ecker, R.: Statische und dynamische Verformungseigenschaften von Kautschuk-vulkanisaten und anderen Hochpolymeren. Schweiz. Arch. **20** (1954) 9 291—304.

Hohl, W.: Natur- und Synthese-Kautschuke, ihre wichtigsten Eigenschaften für den technischen Einsatz. Schweiz. Arch. **20** (1954) 7 209—218.

Jenckel: Zur Schwingungsdämpfung an Hochpolymeren. Kolloid Z. (Frankfurt) **136** (1954) 2 142—152.

Stern, H. J.: Rubber: Natural and synthetic. London: Maclaren 1954 503 p.

Talalay, J. A.: Load-carrying capacity of latex foam rubber. Industr. Engng. Chem. **46** (1954) 7 1530—1538; Nachr.-Bl. AGM Leichtbau 4 (1955) 7 14.

Wellinger, Karl u. *H. Uetz:* Verschleißuntersuchungen an Gummi. Z. VDI **96** (1954) 2 43—47; Index Aeron. **10** (1954) 4 119.

Whitby, G. S.: Synthetic rubber. New York: Wiley 1954.

White, B. B. and *D. P. Spalding:* Silicone rubber progress. Aero Dig. (1954) Aug. 54.

Wick, Manfred u. *Wolf Dietz:* Eigenschaften von Silicon Kautschuk. Kunststoffe **44** (1954) 4 127—131 32 Lit.-St.; Index Aeron. **10** (1954) 6 142.

Wick, Manfred u. *Wolf Dietz:* Verarbeitung und Anwendung von Silicon-kautschuk. Kunststoffe **44** (1954) 5 200—204.

— 1946—48 Bibliography of rubber literature (including patents). Amer. Chem. Soc., Div. Rubber Chemistry 1954.

— Elastische Neoprene-Platten-Polster vermindern Erschütterungen. Du Pont Neoprene-Blätter (1954) 13 6—7.

— Silastomer-Kautschuk in der Industrie. Rubber & Plastics Age (1954) Jan. 37.

— Siliconkautschuk, ein neuer Werkstoff. Plastverarbeiter **5** (1954) 12 391.

Bekkedahl, Norman and *Max Tryon:* Natural and synthetic rubbers. Anal. Chem. Pt. II (1955) Apr. 589—598 253 ref.; Aeron. Engng. Rev. **14** (1955) 7 118.

Lang, G.: Die Verwendung von Gummi im Schiffbau. Hansa **92** (1955) 17/18 728—734; Nachr.-Bl. AGM Leichtbau 4 (1955) 7 16.

Mischke, A.: Gummi als Werkstoff im Automobilbau. Techn. Rdsch. (Bern) **47** (1955) 13 1—3, 5; Nachr.-Bl. AGM Leichtbau 4 (1955) 7 16.

Stolte, E.: Gummi im Schiffbau. Hansa **92** (1955) 9/10 425—429. [6.253.1].

Gerngroß, Otto: Über Sperrholzleime. 192. DVL-Ber. 1930; Luftf. Forsch. **8** (1930) 2 56—61; DVL-Jb. 1930 428—433.

Schepelmann, H. W.: Der Leim in der Sperrplatte. Sperrholz **5** (1933) 7/8 55.

Riechers, Kurt: Untersuchung der gegenseitigen Beeinflussung von Kasein- und Kauritkaltleim. ZWB FB 438 1935 30 S.

Küch, Wilhelm: Holz, Sperrholz, Schichtholz und Bindemittel im Flugzeugbau. Ringb. Luftfahrttechn. II C 7 1937 19 S. [1.324.22], [1.324.23], [1.324.25].

Riechers, Kurt u. *J. Olms:* Neuartige elastische Bindemittel für die Sperrholzherstellung. ZWB UM 457 1937 15 S. [1.324.25].

Ohl, F.: Organische Leime und Klebemittel aus deutschen Rohstoffen. Gelatine, Leim und Klebstoffe **6** (1938) 7 111—117.

Halls, E. E.: Adhesives and cements. Plastics **4** (1940) 43 263—268, **5** (1941) 44 5—8; Holz als Roh- und Werkstoff **5** (1942) 7 261.

(Winter, Hermann): Leime und Leimverbindungen. Richtlinien für den Holzflugzeugbau. Teil B V. Ber. u. Mitt. Inst. Flugzeugbau TH Braunschweig 43—26 1943 22 S. [1.442.32], [2.531].

Granholm, H. and *V. Saretok:* Lim och Limning. (Glues and gluing.) Chalmers Tekniska Högskolas Handlingar 62 1947 75 p.; Index Aeron. **8** (1952) 1 84. [2.531].

Hubbard, D. A.: Modern adhesives: A survey of the main types in use today for bonding wood and metal. Wood (London) **13** (1948) 1 19—23, 2 50—53, 3 86—88, 4 105—107; Index Aeron. **4** (1948) 3 68, 6 69.

Narayanamurti, D. and *J. N. Pande:* Durability trials on glue and plywood. Ind. Forest Bull. No. 139 1948 13 p.; Index Aeron. **5** (1949) 3 79. [1.324.25], [1.325.3].
— Essais sur les colles. Rapp. Lab. Inst. Nat. Bois 1948—1949 55—60; Forestry Abstr. Sect. 3 **12** (1950) 2 74.

Hopkins, Robert P.: Evaluation of resin adhesives. Forest Prod. Res. Soc., Ann. Proc. **3** (1949) 292—300 11 ref.; Forest Prod. Res. Soc. Repr. 71 1949; Forestry Abstr. Sect. 3 **12** (1950) 2 74.

Horne, R. C.: Adhesive requirement for radiofrequency use. Wood (Chicago) **4** (1949) 9 25—50. [2.532].

Kluckow, Paul: Fortschritte auf dem Gebiete der Klebemittel. Kautschuk und Gummi **2** (1949) Aug. 259—260; Chem. Zbl. **121** (1950) I 9/10 651.

Knight, R. A. G.: Glues and their uses. (Leim und seine Verwendung.) T. D. A. Constructional Res. Bull. Nr. 2 1949; Holz-Zbl. **75** (1949) 104 1402.

Lehmann, E.: Laboratoriumsbuch für die gesamte Klebstoff-Industrie. 2. Aufl. Halle (Saale): Knapp 1949. 51 S.

Berthold, Hermann: Systematik der Klebstoffe, anwendungstechnisch gesehen. Farbe und Lacke **56** (1950) 4 153—157. [2.531].

Brandts, Th. G.: Holzleime. (Text holl., Engl. summary.) Rapport van het Bosbouwproefstation (Bogor, Indonesia) 31 1950 50 S.

Ehlers, G. u. *R. Nitsche:* Gummi, Kunststoffe und Klebstoffe in In- und Auslandsnormen (Normenheft Nr. 15). 3. Aufl. Berlin-Köln: Beuth 1950 59 S. [1.324.31], [1.324.32].

Knight, R. A. G.: Requirements and properties of adhesives for wood. Forest Prod. Res. Bull. Nr. 20 1950 26 p.; Index Aeron. **7** (1951) 11 152. [1.442.32].

Payne, C. R.: Cements. Industr. Engng. Chem. **42** (1950) 10 1957—1960; Ref. Chem. Industrie (1951) 1088/47.

Perry, Thomas D.: Waterproof glues and waterproof joints. Wood Working Dig. (Pontiac, Illinois) **52** (1950) 2 73—76, 78, 80, 82, 84, 86. [1.442.32].

Yavorsky, John M.: R. F. properties of resin adhesives. Wood (Chicago) 5 (1950) 11 22—23; Holz-Zbl. 76 (1950) 152 1730. [2.532].
— Symposium on adhesives. Plast. Inst. Trans. 18 (1950) 60—70; Chem. Abstr. 44 (1950) 17 8164e.

Carruthers, J. F. S. and *A. M. Thomas:* Investigations into glues and gluing. The comparative durability of plywood glues in England and Nigeria. (Series IV.) Dep. Sci. Industr. Res. Forest Prod. Res. Lab., Princes Risborough, Aylesbury. Progr. Rep. 62 May 1951 11 p.

Egner, Karl: Marktgängige Leime in Deutschland. Holz als Roh- u. Werkstoff 9 (1951) 4 164—167.

Knight, R. A. G., R. J. Newall and *J. E. Grosert:* Investigations into glues and gluing. Ageing tests on glues after the method of B. D. 1204. Dep. Sci. Industr. Res. Forest Prod. Res. Lab., Princes Risborough, Aylesbury. Progr. Rep. 58 Jan. 1951 11 p. [1.442.37].

Küch, Wilhelm: Leime. Ein Überblick über Arbeiten aus den Jahren 1944 bis 1948. Holz als Roh- u. Werkstoff 9 (1951) 1 35—39.

Meyer, M.: Etude générale des adhésifs. Collage des métaux. Peint. Pigm. Vernis 27 (1951) 1 19—25, 2 81—87; Bull. Anal. C. N. R. S. 12 (1951) Nr. 33100; Chem. Zbl. 123 (1952) 12 1937. [1.442.33].

Miller, D. G.: Veneers, plywoods, and wood adhesives. „Canadian woods, their properties and uses", Ottawa, Forestry Branch: Forest Prod. Lab. Div. 1951 245—280. [1.324.25].

Poletika, N. V.: Adhesive developments and supplies for defense. Forest Prod. Res. Soc. Repr. 178 1951.

Scales, G. M.: Animal or synthetic glues. Part 3. Furniture Record 138 (1951) 2712 124, 126.

Schambach, H.: Leime. Rohstoffe, Zusammensetzung und Verwendung. Holz (München) 5 (1951) 10 233—235, 11 256—259.

Tachi, Isamu, Yoshitsugu Kimura u. *Akio Yamamoto:* Studies on the adhesion of wood. I. Some experiments on the viscose-adhesive. (Japan., Engl. summary.) Wood Res. (Japan) (1951) 6 20—33.
— Adhesives for bonding wood to metal. FPL Rep. 1768 1951.

Blomquist, R. F.: Current investigations of the durability of woodworking adhesives. "Symposium on testing adhesives for durability and permanence." ASTM Spec. Techn. Publ. 138 1952.

Carruthers, J. F. S., P. Burgess and *A. M. Thomas:* The comparative durability of plywood glues in England and in Nigeria. (Ser. IV.) Dep. Sci. & Industr. Res. Forest Prod. Res. Lab. Princes Risborough Aylesbury. Progr. Rep. 69 1952 7 p.

Perry, Thomas D.: Practical answers about glue. Wood & Wood Prod. 57 (1952) 11 29, 49—54.

Clayton, W. J.: Adhesives: Agents for bonding fibrous glass pads to metal. Iron Age 172 (1953) 12 160—163; AB 24 (1953) 10 628.

Elias, R. T.: Adhesives for paper. Paper Trade J. 137 (1953) 20 116—120.

Graham, Paul H.: What differences in plywood adhesives? Veneers & Plywood 47 (1953) 9 Sept. 10—11, 26, 30, 32—33. [1.324.25].

Hinken, Edward W.: A new method for observing gap-filling of wood adhesives. J. Forest Prod. Res. Soc. 3 (1953) 3 15—20.

Marian, J. E. u. *H. H. Fickler:* Die Leime in der Holzindustrie. Eigenschaften, Vorbereitung und Anwendung der gebräuchlichsten Leimtypen. Holz als Roh- u. Werkstoff 11 (1953) 1 18—27. [1.442.32].

Marian, J. E. u. *H. H. Fickler:* Lim för trä. De vanligaste limtypernas egenskaper, beredning och användning. Stockholm: Svenska Träforskningsinst. Träteknik Medd. 43 B 1953 16 S.

— Eigenschaften von Leimtypen. Betriebsblatt 2. Svenska Träforskningsinst. Trätekniska avdelingen, Stockholm. Holz als Roh- und Werkstoff **11** (1953) 1 37—40.

— For a wooden wedding. Chem. Week (Philadelphia/New York) **72** (1953) 3 69—75.

— Woodworking glues of natural origin. FPL TN No. 257 1953 4 p.

Blomquist, R. F.: Evaluation of glues and glued products. Forest Prod. Res. Soc. Prepr. 552 May 1954; J. Forest Prod. Res. Soc. (1954) Oct. 290. [1.442.31].

Fehn, Halvor: Lim og liming. Norsk Treteknisk Inst. Blindern Utredning Nr. 8 85 S. [2.531].

Knight, R. A. G.: The durability of adhesives for wood. Timber Technol. **62** (1954) 2177 124—126.

Wilhelm, O.: Anglo-amerikanische Klebstoffe für Blechkonstruktionen. Industrie-Anz. **75** (1954) 5 61—68; Stahl u. Eisen **74** (1954) 6 365.

Tierische Leime   1.324.41

Hadert, H.: Kaseinleime. Gelatine, Leim und Klebstoff **5** (1937) 9/10 154—163, 11/12 179—184.

Mörath, E.: Lebensdauer von Leimverbindungen. (Lagerungsversuche mit Tier-, Stärke-, Kasein- und Blutalbuminleimen.) Z. VDI **82** (1938) 52 1480. [1.324.42].

Horst, F. W.: Kaseinkaltleim. Gelatine, Leim und Klebstoffe **9** (1941) 7/8 75—78.

Narayanamurti, D. a. o.: Composite wood and wood preservation: studies on adhesives — Part XIII — Whole blood meal adhesives. Ind. Forest Leafl. No. 108 1948 15 p.; Index Aeron. (1950) 9 77. [1.442.32].

— Animal glues: their manufacture, testing, and preparation. FPL Rep. 492 Dec. 1948.

Higgins, H. G. and *K. F. Plomley:* Rheological changes during gel formation in adhesive systems. Austral. J. Appl. Sci. **1** (1950) 1 1—20 29 ref.; Commonw. Sci. & Industr. Res. Organ. Australia Repr. 114; Index Aeron. **6** (1950) 11 32. [1.324.43].

Plath, Erich: Glutinleime, Eigenschaften, Prüfung und Anwendungen. Holztechnik **30** (1950) Juli 191—196; Chem. Zbl. **121** (1950) I 12 2997.

— Blood albumin glues: their manufacture, preparation, and application. FPL Rep. 281—2 1950.

— Casein glues: their manufacture, preparation, and application. FPL Rep. 280 May 1950.

Fysh, D. and *E. C. Jones:* Animal glues for wood. 1. The properties of animal glue. Wood (London) **17** (1952) 11 424—427.

Lacey, P. M. C.: The mixing of casein glues. J. Appl. Chem. **2** (1952) 7 408—413; Index Aeron. **8** (1952) 10 79.

— Glues in the woodworking industry. Part 1. Animal glues. Wood Working Dig. **54** (1952) 6 63—68.

Fysh, D. and *E. C. Jones:* Animal glues for wood. 3. Preparation and methods of application. Wood (London) **18** (1953) 1 15—18.

Winter, Hermann u. *Gisbert Kaliske:* Untersuchungen an einem Kaseinkaltleim. Holz als Roh- u. Werkstoff **11** (1953) 8 311—315. [1.442.32].

Pflanzenleime   1.324.42

Mörath, E.: Lebensdauer von Leimverbindungen. (Lagerungsversuche mit Tier-, Stärke-, Kasein- und Blutalbuminleimen.) Z. VDI **82** (1938) 52 1480. [1.324.41].

— Control of conditions in gluing. FPL Rep. 1340 Aug. 1945.

Narayanamurti, D. and *N. C. Jain:* Studies on adhesives. Part XI — A preliminary note on adhesives from Cashewnut (Anacardium occidentale) shell oil. Ind. Forest Leaflet No. 111 1947 Publ. 1949 8 p. Forest Res. Inst. Dehra Dun; Forestry Abstr. Sect. 3 **12** (1950) 2 73.

Jamyn, St.: Colles de protéine végétale et cultures subtropicales. (Leime aus pflanzlichem Protein und subtropischen Kulturen.) Rev. Int. du Bois (Paris) **17** (1950) 155 99—101.

Johannson, St.: Tall oil resin acids and their use for paperizing. Svensk Pappers Tidning **53** (1950) 10 258—265.

Narayanamurti, D. and *J. Singh:* Studies on adhesives. Part XV. — A preliminary note on adhesives from the proteins of the seeds of Terminalia belerica. Ind. Forester **76** (1950) 1 11—14.

— Vegetable (starch) glue. FPL Rep. 30 May 1950.

Brandts, Th. G.: Cold-press wood adhesives from kapokseed and kapokseed press cake. Tectona **42** (1952) 1/2 8—16.

Narayanamurti, D. and *C. P. Dhamaney:* Studies on adhesives. Part XVI. Plywood adhesives from cashew nut shell liquid. Ind. Forest Leaflet No. 128 (Composite wood) 1952 4 p.; Forest Res. Inst. Dehra Dun.

Roach, D. J.: Natural and synthetic resin adhesives and impregnants. A scientific approach to wood — 6. Timber News **60** (1952) 2159 434—436, 2160 488—489, 2161 537—539. [1.324.43].

Chaudhuri, P. K. B.: Improvement on the performance of peanut (groundnut) meal glue by protein enrichment. I. Enrichment of protein content in peanut meals by fermentation. Composite Wood **1** (1954) 3 56—69.

Synthetische Leime und Kitte   1.324.43

Stout, L. E. and *W. R. Brew:* Phenol-formaldehyde resin as a plywood adhesive. Modern Plastics **15** (1938) 7 39—42, 68—70; Holz als Roh- und Werkstoff **1** (1938) 9 371. [1.324.25].

Klemm, Hans: Leim-Untersuchungen, insbesondere über den Einfluß von Zusätzen zur Verbesserung von Kunstharzleim. Diss. TH Stuttgart 1937. München: Oldenbourg 1938.

Lüty, W.: Drahtleimfilm Tegowiro. Holz als Roh- und Werkstoff **1** (1937/38) 5 178—180. [2.531].

Mörath, E.: Eigenschaften und Verwendung von Kunstharzleimen. Holz als Roh- und Werkstoff **1** (1937/38) 1/2 21—26.

Bock, E.: Karbamidharz-Leim. Z. VDI **82** (1938) 33 961—963.

Egner, Karl: Leimuntersuchungen, insbesondere über den Einfluß von Zusätzen zur Verbesserung von Kunstharzleimen (Klemm-Leim). Holz als Roh- und Werkstoff **1** (1937/38) 8 297—298. [1.442.32].

Küch, Wilhelm: Fortschritte auf dem Gebiet der Kunstharzleimverfahren. Luftwissen **5** (1938) 12 427—431, **6** (1939) 3 112. [1.442.32], [2.531].

Voss, W.: Der Tego-Leimfilm. Gelatine, Leim und Klebstoff **6** (1938) 7/8 130—135.

Koller, H.: Adhesives and cements for metals. Light Metals **3** (1940) 30 175—181, 31 202—209; Aluminium **23** (1941) 6.

Trevor, J. S.: Synthetic glues in the aircraft industry. Aeronautics **2** (1940) 8 43—44.

Dreher: Phenolkunstharze als Bindemittel und Leimstoffe für die Stoffleimung. Ihre Bedeutung in der Fabrikation von Papier, Pappe, Isolier- und Hartfaserplatten sowie Faserkunstleder. Zellstoff und Papier **21** (1941) 171—178. [1.442.35].

Haut, H. N.: Synthetic resins in modern airplane construction. Chem. Industries **48** (1941) 1 26—29.

Klein, L.: Phenolic resins for plywood. Industr. & Engng. Chem. **33** (1941) 8 975—980; VDI Verschl. Ber. (1945) 5020/3 7.

Perry, Thomas D.: Aircraft plywood and adhesives J. Aeron. Sci. **8** (1941) 5 204—216. [1.324.25].

— Anwendung und Behandlung von Kunstharz-Leimen in holzverarbeitenden Betrieben. Hrsg. Reichsaussch. Wirtsch. Fertigung (AWF) AWF-Betriebsblatt AWF 30d. 3. Aufl. Berlin: Beuth-Vertrieb 1941; Techn. Z.-Schau **26** (1941) 23 391. [2.531].

Micksch, K.: Zelluloseleime. Nitrozellulose **13** (1942) 4 64—69, 5 87—88.

Berger, K. u. *Wilhelm Küch:* Die Ermittlung der Verwendungsdauer von Kunstharzleimen durch Viskositätsmessungen. ZWB UM 1120 1943 14 S. [4.62].

Köhler, R.: Härtung von Melamin-Formaldehyd-Kondensationsprodukten. Kolloid-Z. **103** (1943) 138—144.

Küch, Wilhelm: Kunstharzbindemittel im Flugzeugbau. DVL-Ber. Kf 302/8 1943.

Küch, Wilhelm: Neue Kunstharzbindemittel für den Holzflugzeugbau. ZWB UM 1057/1 1943 10 S.

Rinker, R. C., F. W. Reinhart and *Gordon M. Kline:* Effect of pH on strength of resin bonds. NACA ARR 3 J 11 (WR W-46), Oct. 1943.

— Neuere Erfahrungen auf Grund vergleichender Betriebs- und Prüfversuche mit verschiedenen Leimsorten für den Flugzeugbau. Ber. Focke-Wulf-Flugzeugbau Nr. 133557 1943 33 S.

Berger, K.: Bewitterungsversuche mit neuen Kunstharzbindemitteln. ZWB UM 1225 1944 3 S.

Petz, A.: Synthetische Klebstoffe. Chemiker-Ztg. **68** (1944) 20—22.

Zinke, A. u. *E. Ziegler:* Zur Kenntnis des Härtungsprozesses von Phenol-Formaldehyd-Harzen. Ber. Dtsch. Chem. Ges. B. **77** (1944) 264—272.

— Analysis for filler content of urea-formaldehyde glues. FPL Rep. 1333 Sept. 1944.

— Leimvorschrift für die Verbindung von Holzteilen im Flugzeugbau mit Kauritleimen W u. WHK. Hrsg. Ob. Kdo. Luftwaffe 1944.

de Bruyne, N. A.: Adhesives for metals. Metal Industry **67** (1945) 11 162—164.

de Bruyne, N. A.: Some recent advances in synthetic adhesives. Plastics **9** (1945) 96 228—234.

Roš, Mirko Gottfried: Die Melocol-Leime der CIBA-AG. Basel. EMPA Disk.-Ber. 152 1945 188 S. [1.442.32].

Loughborough, D. L. and *F. D. Snyder:* Flexible organic adhesives as structural elements. Mech. Engng. **68** (1946) 12 1053—1055; Konstruktion **1** (1949) 1 26. [1.442.33].

Perry, Thomas D.: Metal to metal adhesives. Aero Res. TN Bull. 56 Aug. 1946. Mech. Engng. **68** (1946) 12 1035—1040; Plastics **11** (1947) Febr.

Preiswerk, E. u. *Alfred v. Zeerleder:* Araldit — ein neues Kunstharz zum Verbinden von Leichtmetallen. Schweiz. Arch. **12** (1946) 4 113—119. [1.442.33].

— Araldit, Kunstharzbindemittel für Metalle, insbesondere Leichtmetalle. Basel: Ciba AG Apr. 1946 8 S.

Frey, Karl: Eigenschaften und Anwendung des Harnstoff-Formaldehyd-Leimharzes Melocol. Schweiz. Arch. **13** (1947) 3 83—93; Kunststoffe **37** (1947) 10/12 224—226.

Glauert, R. A.: Resorcional formaldehyde adhesives. Brit. Plastics **19** (1947) Aug. 333—339; Kunststoffe **38** (1948) 4 80.

Henrikson, L. and *B. Steenberg:* Urea resins for wet strength papers. Medd. Svenska Träforskningsinst. Nr. 32 1947.

Hultzsch, K.: Eigenschaften und Anwendung des Harnstoff-Formaldehyd-Leimharzes Melocol. Kunststoffe **37** (1947) 10/12 224—226.

Kline, G. M., F. W. Reinhart, R. C. Rinker and *N. J. de Lollis:* Effect of catalysts and p_H on strength of resin-bonded plywood. NACA TN 1161 Apr. 1947; Modern Plastics **24** (1947) 123; Kunststoffe **38** (1948) 1 15. [1.324.25].

Müller, H. Fr. u. *I. Müller:* Säurehärtendes Phenol-Formaldehyd-Harz als Kaltleim. Kunststoffe **37** (1947) 4 75—78.

Olson, W. Z. and *H. D. Bruce:* Polyvinyl-resin emulsion woodworking glues: a study of some of their properties. FPL Rep. 1691 Oct. 1947; South. Lumberman (1947) Oct.; Holz-Zbl. **75** (1949) 82 1045.

Craemer, K.: Igecoll F als Bindemittel für Holzfaser- und Holzspanplatten. Vortrag Holztag. Ver. f. Techn. Holzfragen, Braunschweig 1948, Mitteilungsh. 37 1949 123—130; Holz-Zbl. **74** (1948) 58 Nov. 493.

Moss, C. J.: A new adhesive for metals. Aeroplane **75** (1948) 1947 423—425.

Moss, C. J.: Araldite: a new adhesive, coating and casting resin. Brit. Plastics **20** (1948) 234 521—527; Index Aeron. **5** (1949) 2 41.

Narayanamurti, D. and *J. N. Pande:* Studies on the storage life of adhesives. Part I Tego-Glue film. Ind. Forest Leaflet Nr. 99 1948 2 p.; Index Aeron. **5** (1949) 3 66.

Narayanamurti, D. and *V. Ranganathan:* A simple method of curing resin adhesives. Ind. Forest Leaflet Nr. 104 1948; Holz-Zbl. **76** (1950) 17 162.

Narayanamurti, D. and *J. N. Pande:* Studies on the storage life of adhesives. Part II. Aerolite 306. Ind. Forest Leaflet No. 105 1948, Forest Res. Inst. Dehra Dun 1949 5 p.; Index Aeron. **6** (1950) 9 76.

Saechtling, Hansjürgen u. *Karl-Heinz Mielke:* Kunstharzleime und ihre Anwendung. Kunststoffe **38** (1948) 5/6 85—94.

Sawyer, F. G., T. S. Hodgins u. *J. H. Zeller:* Phenolharzleime für Sperrholz. Industr. Engng. Chem. **40** (1948) 1011—1018; Kunststoffe **38** (1948) 11 241. [1.324.25].

Westbrook, Francis A.: Adhesives for gluing thin metal sheets. Steel Processing **34** (1948) 1 26—28.

Blomquist, R. F.: Effect of alkalinity of phenol and resorcionol-resin glues on durability of joints in plywood. FPL Rep. 1748 1949; Holz-Zbl. **76** (1950) 98 1072. [1.324.25].

Fournier, H.: Les résines araldite pour l'assemblage des métaux. J. S. I. A. (1949) Oct. 344. [2.531].

Gibson, W. R. and *G. E. H. Pearson:* Aminoplastic adhesives in the woodworking industries. Trans. Plastics Inst. (London) **17** (1949) 29 49—61; Forestry Abstr. Sect. 3 **12** (1951) 4 177.

Gilman, L. and *S. J. Lowell:* Adhesives for phenol-formaldehyde laminates. Modern Plastics **26** (1949) 7 95—98, 132, 134; Index Aeron. **5** (1949) 6 72.

Gilman, L. and *S. J. Lowell:* Adhesives for phenolic laminates. Brit. Plastics **21** (1949) 239 208—215; Index Aeron. **5** (1949) 6 72.

Hadert, Hans: Polyisobutylen und Polyvinyläther als Klebstoffe. Farbe und Lacke **55** (1949) 8 275—278.

Lindner, Gordon F., A. F. Schmelzle and *Fred Wehmer:* Properties of some oil resistant adhesives. Rubber Age **65** (1949) July 424—426; Met. Rev. **22** (1949) 9 53.

Perry, Thomas D.: Die Bindemittel der Ciba-Aktiengesellschaft Basel. Basel: Ciba AG. Febr. 1949.

Preiswerk, E., K. Meyerhans and *E. Denz:* New resins provide practical bonding agents for metals. Mater. & Meth. **30** (1949) 4 64—66. [1.442.33].

Preiswerk, E. and *K. Meyerhans:* Ethoxylines, a new group of triplefunction resins. Electr. Manufacturing **44** (1949) 78.

Scales, G. M.: Modern gluing technique with special reference to urea-formaldehyde adhesives. Wood (London) **14** (1949) 4 110—114, 5 137—141. [2.531].

Werner, K.: Über die Herstellung und Anwendung synthetischer Klebstoffe. Kunststoffe **39** (1949) 283—287.

Westbrook, F. A.: New adhesives are revolutionising the woodworking industry. Machinery Lloyd **21** (1949) 13 A 53—57.

Williamson, R. V. u. *E. C. Lathrop:* Agriculturel residue flours as extenders in phenolic resin glues for plywood. Modern Plastics **27** (1949) 2 111—112, 169—170, 172, 174; Kunststoffe **40** (1950) 3 106.

— Igecoll F, Bindemittel für faserige und pulverförmige Materialien. Badische Anilin- & Sodafabrik, Ludwigshafen 1949.

— Synthetic resin adhesives for the woodwork industries. Aero Res. TN Bull. 84 1949 12 p. 11 ref.; Index Aeron. **6** (1950) 3 87.

Campredon, J.: Colles aux résines synthétiques. (Leime aus synthetischen Harzen.) Bois **67** (1950) 1 1, 3; Int. Holzmarkt (Wien) **41** (1950) 12 40.

Dalton, L. K.: Tannin-formaldehyd resin adhesives for wood. Austral. J. Appl. Sci. **1** (1950) 1 54—70.

Higgins, H. G. and *K. F. Plomley:* Rheological changes during gel formation in adhesive systems. Austral. J. Appl. Sci. **1** (1950) 1 1—20 29 ref.; Commonw. Sci. & Industr. Res. Organiz. Australia Repr. 114; Index Aeron. **6** (1950) 11 32. [1.324.41].

Hofton, J.: Melamine Resins. Plastics Inst. **18** (1950) 33 1—6; Holz als Roh- und Werkstoff **9** (1951) 3 113.

Meakin, M.: Les adhésifs à base de résines synthétiques. J. S. I. A. Paris, Numéro Spécial du Salon (1950) Oct. 109—114.

Moss, C. J.: Synthetic resins — Applications in the engineering industries. Metal Industry **76** (1950) 8 143—146, 9 171—173; Index Aeron. **6** (1950) 8 83. [1.442.33].

Moss, C. J.: Adhesives for metals. Plastics Inst. Trans. **18** (1950) Jan. 64—67, 71—73; Met. Rev. **23** (1950) 4 Ref. 162-K.

Narayanamurti, D.: Composite wood and adhesives in aircraft. A brief survey of the work done at the Forest Res. Inst. Dehra Dun. J. Aeron. Soc. India **2** (1950) 1 Febr. 17—43 22 ref.; Index Aeron. **6** (1950) 12 79. [1.324.21].

Petz, A.: Streckmittel bei Kaurit-Verleimung. Holztechnik **30** (1950) 6 171—172.

Preiswerk, E. u. *J. Charlton:* Aethoxylin-Harze. Modern Plastics **28** (1950) Nov. 84—87; Kunststoffe 41 (1951) 4 133.

Zigeuner, G. u. *W. Schaden:* Zur Kenntnis des Härtungsprozesses von Phenol-Formaldehyd-Harzen. (XXII. Mitt. üb. d. Härtung mit Hexamethylentetramin VI.) Mh. Chemie **81** (1950) 7 1017—1023.

— The gluing characteristics of 15 species of wood with cold-setting urea-resin glues. FPL Rep. 1342 1950.

— Kunstharzbindemittel. (Bericht über die Besprechung: Stand der Herstellung, Verwendung und Entwicklung von Kunstharzbindemitteln für die Holzfaser- und Holzspanplattenindustrie am 22. 6. 1950 in Braunschweig.) Norddtsch. Holzwirtsch. (1950) 32; Holz-Zbl. **76** (1950) 87 957. [1.324.43].

— Rate of setting of cold-setting urea-resin glue joints. FPL Rep. 1422 1950.

Blomquist, R. F. and *H. W. Eickner:* Adhesives for bonding wood to metal. FPL Rep. R 1768 Feb. 1951.

de Bruyne, N. A.: Some investigations into the fundamentals and applications of synthetic adhesives. "Plastics-Progress" London: Iliffe 1951 137—151.

Christensen, I. G.: Aircraft adhesives, sealers, and coatings. Aeron. Engng. Rev. **10** (1951) Aug. 10—16; AB **22** (1951) 11 651; Index Aeron. **7** (1951) 12 115. [1.325.0].

Dalton, L. K., J. S. Fitzgerald, G. W. Tack and *N. Tamblyn:* The development of synthetic resin adhesives for improved wood. I. Aniline-formaldehyde resins in phenolic adhesives. II. Cast phenolic adhesives. Austral. J. Appl. Sci. **2** (1951) 1 145—157, 158—174, Div. Forest Products, Commonw. Sci. & Industr. Res. Organ. (Melbourne) Repr. No. 140; Index Aeron. **7** (1951) 11 151.

Dalton, L. K. a. o.: Investigations of phenolic resins for making improved wood, 1942—1944. Austral. J. Appl. Sci. **2** (1951) 2 288—305 17 ref.; Index Aeron. **7** (1951) 12 140.

Dirkes, William E.: Structural adhesives. Mater. & Meth. **34** (1951) July 80—83; Index Aeron. **7** (1951) 12 116; Stahl u. Eisen **71** (1951) 24 1337.

Enzensberger, Walter: „Pressal" — ein Kunstharzleim für die Holzindustrie. Holztechnik **31** (1951) 1 6—8; Forestry Abstr. Sect. 3 **12** (1951) 4 177.

Höchtlen, August: Neue Möglichkeiten durch synthetische Klebstoffe. Kunststoffe **41** (1951) 2 53—56; Index Aeron. **7** (1951) 7 58; Z. VDI **93** (1951) 12 312.

Klauditz, Wilhelm u. *Werner Gittel:* Eignung, Bewertung und Verarbeitung von Kunstharz-Bindemitteln bei der Herstellung von Holzspanplatten. (Tagung Braunschweig 1951, Verein techn. Holzfragen Braunschweig.) Ber. Inst. Holzforsch. Braunschweig 22/51 1951. [1.324.282].

McCormack, P. H.: Polyvinyl glues for woodworking. Southern Lumberman **182** (1951) 2278 56; Holz als Roh- und Werkstoff (1951) 8 328.

Meyerhans, Konrad: Bindemittel und Gießharze auf Araldit-Basis. Kunststoffe **41** (1951) 11 365—373; Index Aeron. **8** (1952) 3 83. [1.442.33].

Meynis de Paulin, J. J.: Propriétés et modes d'application des colles pour métaux. Rev. Alumin. **28** (1951) 182 403—406; Index Aeron. **8** (1952) 4 77; AB **23** (1952) 2 64. [1.442.33], [2.531].

Miller, William J.: Klebebänder aus Polyäthylen. Modern Plastics **28** (1951) 1 74—76; Kunststoffe **41** (1951) 3 102.

Pleines, Ernst Wilhelm: Das Verbinden hochfester Leichtmetalle durch Kleben. Aluminium **27** (1951) 2 40—44, 3 74—79; Nachr.-Bl. AGM Leichtbau **1** (1952) 3 8; AB **23** (1952) 2 65. [1.442.33], [2.531].

Reinhart, F. W.: Selecting engineering adhesives. Product Engng. **22** (1951) Sept. 123—129.

Swanborough, F. G.: Some notes on synthetic resin adhesives. Aeroplane **81** (1951) 2103 616—619.

— Araldit kalthärtend, Typ 101 und Typ 102. Basel: Ciba AG Nov. 1951 5 S.

— Ardux 120. Basel: Ciba AG Nov. 1951 6 S.

— Neoprene-Klebstoffe ergeben hohe Bindefestigkeiten. Du Pont Neoprene Blätter (E. I. Du Pont de Nemours & Co. Wilmington, Delaware, USA) (1951) 4 2—4.

André, P.: Some physical constants of araldite. Vide **7** (1952) 39 1200—1202; Index Aeron. **8** (1952) 10 80.

Arnold, W.: Kunstharzleime und ihre Bedeutung für die Holzindustrie. Chemie f. Labor u. Betrieb **3** (1952) 2 73—81; Mitt. ÖGH (Wien) **4** (1952) 3 81.

Arnoldt, Wilhelm: Das Strecken des Kauritleims — technisch betrachtet. Holztechnik **32** (1952) 5 255—258.

Arnoldt, Wilhelm: Wissenswertes aus dem Kauritleimgebiet. Holztechnik **32** (1952) 12 642—644.

Bedwell, M. E.: Investigation into the setting process of phenol formaldehyde resins. Plastics, (Rep. No. 8) Select. Gov. Res. Rep. **1** (1952) 221—238.

Black, John M. and *R. F. Blomquist:* Development of metal-bonding adhesive FPL-710 with improved heat-resistant properties. NACA RM 52 F 19 July 1952 10 p.

Campbell, W. G., S. A. Bryant and *Caroline B. Pettifor:* Chemical factors involved in the glueing of wood with cold-setting urea-formaldehyde (UF) resins — failing load of gap joints. (Appendix.) Plastics, Select. Govmt. Res. Rep. **1** (1952) 22 ref.; Index Aeron. **9** (1953) 5 81—82.

Corelli, R. M.: Modern adhesives based on synthetic resins their characteristics and uses in aircraft construction. Aerotecnica **32** (1952) 1 8—19 16 ref.; Index Aeron. **8** (1952) 9 83. [1.442.31].

Enzensberger, Walter: Melaminharzleime für die Holzindustrie. Holz (München) **6** (1952) 10 249—253.

Fitzgerald, J. S.: Metal to metal bonding. British Intelligence Objectives Subcommittee. Trip. No. 3000. [2.531].

Köhler, R. u. W. Enzensberger: Melaminharze in der Holztechnik. Holz als Roh- und Werkstoff 10 (1952) 2 51—56.

Little, G. E.: Synthetic resin glues: the influence of pH on the rate of hardening of cold-setting glues. Plastics, Select. Govmt. Res. Rep. 1 (1952) 383—400 (Rep. No. 19); Index Aeron. 9 (1953) 5 81—82.

Little, G. E. and H. M. Paisley: Synthetic resin glues: the setting-time/pH characteristics of cold setting resins prepared from monohydric phenols. Plastics, Select. Govmt. Res. Rep. 1 (1952) 7 ref.; Index Aeron. 9 (1953) 5 81—82.

Macy, P. A.: Glues used in the woodworking industry. Part 2. Synthetic resins. Woodworking Dig. 54 (1952) 7 47—60.

Meakin, K. S.: Adhesives for metals. Research (London) 5 (1952) 126—132.

Preiswerk, E.: Ethoxyline resins. Plastics (London) 17 (1952) Jan. 6—10, Febr. 43—45; Aluminium 28 (1952) 9 XIII; Nachr. Bl. AGM Leichtbau 1 (1952) 6 8. [1.442.31].

Rackwitz, Gerhard: Kauritleim und Holzfeuchtigkeit. Holz (München) 6 (1952) 10 253—256.

Rackwitz, Gerhard: Erfahrungen und Versuche mit Kauritleim bei der Furnierplattenherstellung. Holz-Zbl. 78 (1952) 70 1009—1010, 71 1020—1021.

Ritter, E. J.: Die aushärtenden Kunstharzleime in der neuzeitlichen Holztechnik. Kunststoffe 42 (1952) 4 P 29—P 32; Index Aeron. 8 (1952) 8 94.

Roush, C. W. and A. J. Kearfott: Properties of some heatresistant adhesives. Mech. Engng. 74 (1952) 5 369—374; Index Aeron. 9 (1953) 5 70; Holz als Roh- u. Werkstoff 12 (1954) 3 111.

Roach, D. J.: Natural and synthetic resin adhesives and impregnants. A scientific approach to wood — 6. Timber News 60 (1952) 2159 434—436, 2160 488—489, 2161 537—539. [1.324.42].

Schulz, F.: Betriebsdaten für Kunstharzleime. Holz als Roh- u. Werkstoff 10 (1952)4 182—184.

— Aerodux 185. Basel: Ciba AG Apr. 1952 4 S.

— Araldit Gießharz B. Basel: Ciba AG März 1952 6 S.

— Curing of resorcinol-resin glues at temperatures from 40⁰ to 80⁰ F. FPL Rep. 1629 1952.

— Redux. Basel: Ciba AG März 1952 8 S. [1.442.33], [2.531].

Bryson, H. Courtney: Synthetic resins derived from pine products. Naval Stores Rev. 63 (1953) 20 14—17, 21 21—23.

de Bruyne, N. A.: Structural adhesives for metal aircraft. (4th Anglo-Amer. Aeron. Conf. 1953) Roy. Aeron. Soc. Repr. 1953; Aero Res. TN Bull. No. 130 Oct. 1953 8 p.

Collinson, H. A.: Phenol resin glue for plywood. Wood (London) 18 (1953) 5 172—175, 6 210—211. [1.324.25].

Dalton, L. K.: Sulfidierte Tannine als Sperrholzkleber. Austral. J. Appl. Sci. 4 (1953) 136—145; Kunststoffe 44 (1954) 2 66—67.

Detwiler, E. B.: Properties and applications of amino resin adhesives and binders. Forest Prod. Res. Soc., Ann. Proc. 7 (1953) Paper 239.

Grobic, C. H.: The synthetic resin adhesives. T. D. A. Quart. Rev. 3 (1953) 10 16—19.

Meakin, K. S.: Synthetic resin adhesives. Timber Progress and Desk Book for 1953. 71—81.

Motone, Narayasu, Teruo Goto and Sigeru Kadita: Studies on the wood adhesives. II. Extending phenolic resin glues with proteinaceous materials. Wood Res. (Japan) (1953) 10 42—54.

Müller, Anton: Kaltleime auf Phenolharzbasis und die Gefahr der Holzschädigung. Holz als Roh- und Werkstoff **11** (1953) 11 429—435.

Plath, Erich: Studien über Phenolharzleime. 1. Mitt. Hitze- und Säurehärtung. Holz als Roh- und Werkstoff **11** (1953) 10 392—400.

Poletika, N. V.: Elevated temperature and high frequency glue. South. Lumberman **186** (1953) 2329 86—90; Holz als Roh- u. Werkstoff **12** (1954) 3 110—111.

Schart, Karl: Harnstoffharzleime — ihre Eigenschaften und Anwendung. Holz (München) **7** (1953) 10./10. 231—232.

Schart, Karl: Kaurit-Kaltleim eine Kauritverleimung ohne Härterzugabe. Bau- und Möbelschreiner **8** (1953) 11 446—448.

— Araldit-Gießharz F. Basel: Ciba AG Sept. 1953 6 S.

— Synthetic resin glues for wood. FPL TN No. 258 1953 4 p.

Black, John M. and *R. F. Blomquist:* Development of metal-bonding adhesives with improved heat-resistant properties. NACA RM 54 D 01 May 1954 12 p.

Black, J. M. and *R. F. Blomquist:* Development of improved structural epoxy-resin adhesives and bonding processes for metal. FPL Rep. 2008 Oct. 1954. [2.531].

Black, J. M. and *R. F. Blomquist:* Metal-bonding adhesives with improved heat resistance. Modern Plastics Dec. 1954.

Humke, R. K.: Kunststoffe als Klebemittel. Modern Plastics (1954) 591—594; Nachr.-Bl. AGM Leichtbau **4** (1955) 7 13.

Iwatsuka, Sinpei: Studies on urea-formaldehyde resin adhesive. 1. The effect of adding antiaccelatores. Wood Industry **9** (1954) 11 517—519.

Johnson, R. A.: Epoxy resins. Electronic Engng. (1954) Apr. 136; Aero Res. TN Bull. No. 138 June 1954 8 p.

Plath, Erich: Melaminharze in der Holzindustrie. Holztechnik **34** (1954) 1 9—12.

Tooley, D. A.: Klebemittel im Flugzeugbau. Mater. & Meth. **39** (1954) 2 105—107; Nachr. Bl. AGM Leichtbau **4** (1955) 5/6 13.

Trietsch, F. K.: Neuzeitliche Bindemittel und das Kleben von Metallen. Konstruktion **6** (1954) 135—145; Z. VDI **96** (1954) 23 777; Nachr. Bl. AGM Leichtbau **4** (1955) 1 10. [1.442.33].

Walter, R.: Moderne Kunstharzleime für die Holzverleimung. Oest. Forst- u. Holzwirtsch. **9** (1954) 10 246—250.

Watanabe, Haruo and *Fumie Takakuwa:* Fortification of urea resin glue. Wood Industry **9** (1954) 4 15—20.

— Araldit-Bindemittel 103. Basel: Ciba AG März 1954 13 S.

— Araldit-Gießharz D. Basel: Ciba AG Apr. 1954 13 S.

— Resorcinol-formaldehyde adhesives. Aero Res. TN Bull. 134 Febr. 1954 6 p. Index Aeron. **10** (1954) 5 129.

— Synthetic-resin glues. FPL Rep. 1336 Nov. 1954.

— Tropical exposure tests on "Aerolite" 300. Aero Res. TN Bull. 133 Jan. 1954 4 p.; Index Aeron. **10** (1954) 5 129. [4.22].

Epstein, G.: New heat resistant adhesives for metal bonding. Mater. & Meth. **41** (1955) 1 107—110.

Faserstoffe und Fasererzeugnisse   1.324.5

Everling, Emil: Vereinfachte Kennlinien für Flügelbespannstoffe. ZFM **11** (1920) 2 23—25.

Pröll, A.: Versuche mit getränkten Stoffbespannungen. ZFM **11** (1920) 1 1—6, (1920) 2 17—23. [6.254.1].

Pröll, A.: Flexibility of bearing surfaces and stress on fabrics. NACA TM 27 June 1921.

Wendt, Fr.: Das Altern des Flugzeugbespannungsstoffes. ZFM **12** (1921) 22 325; 32. DVL-Ber.

Wendt, Fr.: Deterioration of airplane fabrics. NACA TM 63 Feb. 1922.

Pröll, A.: Experiments with fabrics for covering airplane wings. NACA TN 137 April 1923.

Pröll, A.: Experiments with fabrics for covering airplane wings to determine effect of method of installation. NACA TN 168 Dec. 1923.

Pröll, A.: Testing airplane fabrics. NACA TN 186 April 1924.

McNicholas, H. J. and A. F. Hedrick: The structure and properties of parachute cloths. NACA TN 335 March 1930.

Appel, Wm. D. and R. K. Worner: An investigation of cotton for parachute cloth. NACA TN 393 Sept. 1931.

Schraivogel, Karl: Prüfung von Flugzeugbespannstoffen. 289. DVL-Ber.; ZFM 23 (1932) 16 489—494, 17 519—522.

Schraivogel, Karl: The testing of airplane fabrics. NACA TM 693 Nov. 1932.

Kraemer, Otto: Prüfung von Bespannstoffen für Segelflugzeuge. ZWB FB 28 1933 3 S.

Wilkie, J. B.: Mercerization of cotton for strength with special reference to aircraft cloth. NACA TN 450 Feb. 1933.

Kraemer, Otto: Flugzeugbespannstoff aus deutschen Rohstoffen. ZWB PB 53 1934 5 S.

Wiesinger, A.: Untersuchung von Fallschirmstoffen auf Berstfestigkeit bei Anwendung durchblasender Druckluft. 1. Zwischenbericht. ZWB PB 152/1 1934 5 S.

Wiesinger, A.: Einfluß der Vorbehandlung auf die Festigkeitseigenschaften von Flugzeugbespannstoffen aus deutschem Flachs. ZWB PB 149 1934 10 S.

Wiesinger, A.: Festigkeitsuntersuchung von Bespannstoffnähten und Bespannstoffbefestigungen nach verschiedenen Flugzeugbauweisen. 1. Teilbericht: Festigkeitsuntersuchung von (ungetränkten) Bespannstoffnähten. ZWB PB 203 1934 23 S.

Riechers, Kurt u. H. Lohmann: Festigkeitsuntersuchung von Bespannstoffnähten und Bespannstoffbefestigungen nach verschiedenen Flugzeugbauweisen. ZWB PB 203/2 1935 5 S.

Frenzel, W.: Untersuchung von Garnen und Geweben aus heimischen Zellwollen. Z. VDI 80 (1936) 39 1186—1188.

Lohmann, H.: Festigkeitsuntersuchungen an imprägnierten Fallschirmstoffen. ZWB UM 453 1937 13 S.

Riechers, Kurt u. L. Olms: Entwicklung von durchsichtigen Bespannstoffen und Bespannung eines Flugzeuges. ZWB FB 840 1937 18 S.

Giehmann: Kunstseide als Flugzeugbespannstoff. ZWB UM 525 1938 27 S.

Riechers, Kurt: Faserstoffe. Ringb. Luftf. Techn. II C 18 Okt. 1938 22 S.

Anderson, S. L. a. o.: Textiles and their testing. Select. Govmt. Res. Rep. 4 (1949) 86 p.; Index Aeron. 6 (1950) 3 94. [4.22].

Kaswell, E. R.: Low temperature properties of textile materials. Proc. Amer. Ass. Textile Chem. Color. 38 (1949) 3 127—134 3 ref.; Index Aeron. 6 (1950) 1 79.

Klare, H.: Die synthetischen Fasern. Technik (Berlin) 7 (1952) 4 175—179 21 Lit.-St.

Wagner, E.: Eine Faustformel zur Berechnung der Reißfestigkeit von technischen Geweben. Dtsch. Textil-Gewerbe 54 (1952) 5 196—199.

Kägi, H.: Die Belastungs-Dehnungs-Kurve bei Werkstoffen mit Faserstruktur: Textilien, Leder, Papier. Schweiz. Arch. 19 (1953) 12 366—379.

Wegener, Walther: Spannung eines Perlon-Garnes in Abhängigkeit von Zeit und Dehnung. Reyon, Zellwolle und andere Chemiefasern 31 (1953) 625.

Wegener, Walther u. Edgar Brodtmann: Naßversuche an einer Kupfer- und einer Perlonkunstseide auf dynamischen Dauerstand. Z. Textil Industrie 55 (1953) 11 633—640.

Böhnisch, Hans: Gütevorschriften und Standards auf dem Gebiet der textilen Stoffe. Textil- u. Faserstofftechn. **4** (1954) 8 457—459.

Böhringer, Hans: Gütezahlen für Faserstoffe. Textil- und Faserstofftechn. **4** (1954) 12 700—703.

Jehle, K.: Über Entwicklung und Einsatz von Perlon für Reifen und andere Gummiwaren. Kautschuk u. Gummi **7** (1954) 1 8; Nachr. Bl. AGM Leichtbau **3** (1954) 5 11—12.

Kothe, Georg: Über technische Gewebe bzw. Gewebegruppen. Teil I. Textil- u. Faserstofftechn. **4** (1954) 6 347—351.

Rudolph, Lothar: Eigenschaften, Verspinnung und Einsatzmöglichkeiten von Wolcrylon. Textil- u. Faserstofftechn. **4** (1954) 8 479—486 18 Lit.-St.

Wegener, Walther: Dehnung und Elastizität eines Perlon-Garns in Abhängigkeit von Zeit und Belastung. Reyon, Zellwolle und andere Chemiefasern **32** (1954) Febr. 69—71; Chem. Zbl. **125** (1954) 30 6862.

Wegener, Walther: Prinzip der zyklisch wiederkehrenden konstanten Dehnungsbegrenzung bei einem Perlongarn. Reyon, Zellwolle und andere Chemiefasern **32** (1954) 259.

Wegener, Walther: Prinzip der periodisch wiederkehrenden konstanten Maximalbelastung bei einem Perlon-Garn. Reyon, Zellwolle und andere Chemiefasern **32** (1954) 10 601—606.

Wegener, Walther: Daueruntersuchungen auf Zug beanspruchter Fasern, Garne und Gewebe. Teil 1. Textil-Praxis **9** (1954) 11 1011—1017.

— Berechnung der Kett- und Schußeinstellung eines Gewebes unter Berücksichtigung der geforderten Reißfestigkeit. Textil- u. Faserstofftechn. **4** (1954) 10 616—617.

Böhringer, Hans: Gütezahlen für Faserstoffe. Z. gesamte Textilindustrie **57** (1955) 1 11—15.

Brodtmann, E.: Die Dehnung von Reyongeweben in Abhängigkeit von der Zeit und der Belastung. Diss. TH Aachen 1955.

Oberflächenschutzmittel   1.325

Allgemeines   1.325.0

Schulthess, E.: Die Erfahrungen mit Anstrichfarben während 30jähriger Praxis. „Bericht über den heutigen Stand der schweizerischen Lack- und Anstrichfarben-Industrie; wissenschaftlicher und praktischer Teil." EMPA Disk.-Ber. 38.

Mutchler, Willard and *W. G. Galvin:* Tidewater and weather-exposure tests on metals used in aircraft. NACA TN 736 Nov. 1939. [1.363].

Hartmann, E. C. and *J. F. Reedy:* The effect of various surface conditions on press fits of steel bushings and 17 S-T aluminum-alloy fittings. NACA ARR (WR W-35) Dec. 1942.

Wagner, H.: Einfluß der physikalisch-chemischen Eigenschaften der Pigmente auf den Korrosionsschutzfilm. Arch. Metallkde. **1** (1947) 10 439—444; Index Aeron. **6** (1950) 4 40.

Zeidler, G.: Klassifizierung von Lacken und Anstrichfarben. Arch. Metallkde. **1** (1947) 10 433—438; Index Aeron. **6** (1950) 4 78.

Britten, S. C.: An investigation into the adhesion of paint to metal surfaces. Sheet Metal Industries **25** (1948) 254 1185—1190, 1194; Index Aeron. **4** (1948) 8 32.

Ketchum, B. H. and *J. C. Ayers:* Action of anti-fouling paints: Effect of nontoxic pigments on the performance of antifouling paints. Industr. & Engng. Chem. **40** (1948) 11 2124—2127; Index Aeron. **5** (1949) 2 40.

Nee, John W.: Formulation of corrosion resistant paint. Corrosion (Houston) **4** (1948) Dec. 599—610; Met. Rev. **22** (1949) 1 31.

Compton, K. G.: Building organic protective coatings to special requirements. Corrosion (Houston) **5** (1949) May 148—150 15 ref.; Met. Rev. **22** (1949) 6 31.

Delmonte, John: Nonmetallic coatings. Machine Design **21** (1949) Febr. 97—102, 162; Met. Rev. **22** (1949) 3 30.

Evans, V.: Tank linings: Principal materials used for corrosive conditions. Metal Industry **75** (1949) 29./7. 86—88; Met. Rev. **22** (1949) 9 37.

Munger, C. G.: Plastic coatings and corrosion. World Oil **128** (1949) Jan. 176—177, 180; Met. Rev. **22** (1949) 2 26.

Ott, G. H.: Some properties and applications of a new coating lacquer. Sheet Metal Industries **26** (1949) Febr. 367—370, 381; Met. Rev. **22** (1949) 3 30.

Singleton, W. F. and *W. C. Johnson:* Moisture-resistant coatings for metals. Industr. & Engng. Chem. **41** (1949) 4 749—753 6 ref.; Index Aeron. **6** (1950) 2 32.

Weissberg, S. G. and *G. M. Kline:* Fire-retardant coatings for fabric covered aircraft. Industr. & Engng. Chem. **41** (1949) 8 1742—1749; Index Aeron. **5** (1949) 10 63.

Saechtling, Hansjürgen: Weiche Kunststoffe für den Korrosionsschutz. Werkstoffe u. Korrosion **2** (1950) 6/7 251—253, 9 367.

Ayres, Robert F.: The basic types of phosphate coatings and where to use them. Mater. & Meth. **34** (1951) 4 100—103; Met. Rev. **24** (1951) 11 36; Index Aeron. **8** (1952) 2 48. [2.721].

Christensen, I. G.: Aircraft adhesives, sealers and coatings. Aeron. Engng. Rev. **10** (1951) 8 10—16; AB **22** (1951) 11 651; Index Aeron. **7** (1951) 12 115. [1.324.43].

Douty, Alfred: Phosphate coatings. Plating **38** (1951) Oct. 1030—1033; Met. Rev. **24** (1951) 11 36.

Malloy, Alfred M.: Military aircraft coatings. Paint Industry Mag. (Philadelphia) **66** (1951) 12 17—18, 27.

Cook, E. V.: Custom and production finishing of aircraft. Canadian Paint & Varnish Mag. **26** (1952) 4 10—12, 34; AB **23** (1952) 5 276—277. [2.731].

Evans, V.: Anwendung von Kunststoffen in der Industrie als Auskleidungs- und Schutzüberzug. Industrial Finishing **5** (1952) 176—184, 276—282; J. Iron & Steel Inst. **174** (1953) Pt. 3 289; Werkstoffe u. Korrosion **5** (1954) 8/9 333.

Mayne, J. O.: Corrosion. V. The protective action of paints. Research (London) **5** (1952) 6 278—283 24 ref.; Index Aeron. **8** (1952) 10 45.

Mustin, G. S.: Surface treatment and plating in naval aircraft. Metal Finishing **50** (1952) Febr. 53—61, 73; Index Aeron. **8** (1952) 11 58. [2.71].

— Performance of pretreatment primers as revealed by accelerated weathering tests. Products Finishing **17** (1952) 2 46, 48, 50, 52, 54, 56; AB **23** (1952) 12 670—671.

Bayes, R. A.: Moderne Schutzlacke aus Epoxyharzen. Paint Oil Chem. Rev. **115** (1953) 24 24—26; Werkstoffe u. Korrosion **5** (1954) 1 34.

Campbell, J. B.: Selecting protective coatings for metals. Mater. & Meth. **38** (1953) 2 109—124 5 ref.; Index Aeron. **9** (1953) 11 85.

de Paauw, D.: Porosity of sprayed coatings. I. Measurement of porosity and effect of spraying conditions. II. Mechanical treatments and lubrication. Electroplating **6** (1953) 11 435—438, 12 475—476; AB **24** (1953) 12 806, **25** (1954) 1 26.

Parina, John jr.: Trends in better finishes for automobiles. Metal Progr. **64** (1953) 1 83—86; AB **24** (1953) 9 570.

Stedfeld, Robert L.: A designer's guide to vitreous coatings. I. Service properties. II. Metal selection, processing and design. Machine Design **25** (1953) 1 141—149, 2 166—176; AB **25** (1954) 5 289—290.

Bobalek, E. G.: The use of organic protective coatings in controlling corrosion. Corrosion (Houston) **9** (1954) 2 73—81; Index Aeron. **10** (1954) 7 62.

434

Pechman, Alexander: Two new high-temperature coatings. Mater. & Meth. **39** (1954)
4 94—96; Nickel-Ber. **12** (1954) 6 112; Verfahrenstechn. Ber. (1954) 1249/49
1929.

Pfister, F.: Polyurethan-Anstrichstoffe. Chem. Rdsch. **7** (1954) 13 244—246.

— Paints incorporating natural rubber. Corrosion Prevention & Control **1** (1954)
2 105—112; AB **25** (1954) 7 431—432.

Oberflächenschutzmittel für Stahl und Eisen   1.325.1

Alexander, A. L.: Antifouling paints preparation of thin, light weight paints for
application to high speed surfaces. Industr. & Engng. Chem. **40** (1948) 3
461—464 10 ref.; Index Aeron. **4** (1948) 5 82.

Dickinson, Thomas A.: Preventing salt-water corrosion. Organic Finishing **9**
(1948) Nov. 9—11; Met. Rev. **22** (1949) 1 32. [2.721].

McMaster, Robert C.: An investigation of the possibilities of organic coatings
for the prevention of premature corrosion-fatigue failures in steel. Proc.
ASTM **48** (1948) 628—647; Met. Rev. **22** (1949) 6 32.

Moore, D. G., J. C. Richmond and *W. N. Harrison:* High-temperature attack of
various compounds on four heat-resisting alloys. NACA TN 1731 Oct. 1948.

Holden, H. A. and *S. J. Scouse:* The application of phosphate coatings to wire,
tube and deep drawing. Sheet Metal Industries **26** (1949) Jan. 123—134, 136
14 ref.; Met. Rev. **22** (1949) 3 46; Stahl u. Eisen **74** (1954) 15 972.

Ingham, H. S.: Sprayed metal. "Engineering Laminates" New York: Wiley 1949
551—572; Met. Rev. **22** (1949) 6 31. [2.75].

Colegate, G. T.: Protection of structural steelwork against corrosion. Iron &
Coal Trade Rev. **161** (1950) 4316 1035—1041.

Hudson, J. C.: La protezione delle superfici d'acciaio e di ferro contro la corrosione. (La protection des métaux ferreux contre la corrosion.) Metallurgia
Italiana **42** (1950) 3 85—94; Bull. Anal. C. N. R. S. **11** (1950) 11 3987.

Liebman, A. J.: Help your steel to hold its protective coating. Chem. Engng. **58**
(1951) Sept. 326, 328, 330—331; Met. Rev. **24** (1951) 11 35.

Schrero, Morris: Review of iron and steel literature for 1950. Part III. Blast
Furnace & Steel Plant **39** (1951) Sept. 1101—1105; Met. Rev. **24** (1951) 11 23.
[1.362].

Evans, U. R.: Prevention of corrosion by metallic coatings. Research (London) **5**
(1952) 5 220—225, 8 388; AB **23** (1952) 9 503; Index Aeron. **8** (1952) 10 45.

Hoar, T. P.: Sprayed aluminium coatings for the protection of steel. Electroplating **5** (1952) 5 171—174 7 ref.; Index Aeron. **8** (1952) 7 66. [2.75].

Hudson, J. C.: Sprayed metal coatings for the protection of steel against corrosion.
Electroplating & Metal Spraying **5** (1952) 7 241—247; AB **23** (1952) 9 503.

Hudson, J. C.: Protection of structural steelwork. Contract J. (1952) 23./7.;
Light Met. Bull. **15** (1953) 17 639; AB **24** (1953) 11 714. [1.363].

Preston, R. St. J. a. o.: Tentative analytical tests for phosphate coatings on
steel. J. Iron & Steel Inst. **170** (1952) Pt. 1 19—20; Index Aeron. **8** (1952) 4 79.

Whitfield, M. G. and *V. Sheshunoff:* Aluminized coatings (on steel). Machine
Design **24** (1952) 5 139—140; Metal Abstr. **20** (1953) Pt. 2 July 779—780; AB
24 (1953) 8 506.

— Coating for steel pipe used in aluminium fluxing. Steel **131** (1952) 1 98, 100;
AB **23** (1952) 8 436.

Hanink, D. K. and *A. L. Boegehold:* Coating steel by the Aldip process. SAE
Trans. **61** (1953) 349—360; Index Aeron. **9** (1953) 12 62.

Patton, W. G.: "Plastic alloys" provide low cost corrosion-resistant finish. Iron
Age **172** (1953) 11 159—162; Index Aeron. **9** (1953) 12 62.

Horstmann, Dietrich: Der Schutz von Eisen und Stahl durch metallische und
nichtmetallische Überzüge. Stahl u. Eisen **74** (1954) 7 422—424.

Rabald, Erich: Zeitweiliger Rostschutz. Werkstoffe u. Korrosion **5** (1954) 10 368—392 236 Lit.-St.; Stahl u. Eisen **74** (1954) 27 1793.

Vierhaus, E.: Nichtrostende Stähle und nichtrostende Überzüge auf Stahl. Nachr. Bl. AGM Leichtbau **3** (1954) 5 1—4; Acier-Stahl-Steel **19** (1954) 9 405—409. [1.322.123].

— Korrosionsschutz im Stahlbau. Köln: Stahlbau-Verl. 1954 76 S.

Oberflächenschutzmittel für Leichtmetall   1.325.2

Nelson, Wm.: The protection of duralumin from corrosion. NACA TM 404 March 1927.

Nelson, William: Duralumin and its corrosion. NACA TM 408 Apr. 1927. [1.363].

Rawdon, Henry S.: Corrosion embrittlement of duralumin. IV. The use of protective coatings. NACA TN 285 Apr. 1928.

Schmidt, Erich K. O.: Untersuchung von Anstrichen für den Oberflächenschutz von Duraluminblechen. DVL-Ber. Kf 42/9 1932.

Lecoeuvre, R.: The protection against corrosion of metals and alloys used in aircraft construction. NACA MP 36 July 1933.

Mutchler, Willard: The weathering of aluminum alloy sheet materials used in aircraft. NACA Rep. 490 1934. [1.363].

Schmidt, Erich K. O. u. E. Böschel: Oberflächenschutz an Elektronblechen. ZWB FB 70 1934 13 S.

Giehmann, H.: Oberflächenschutz von Elektron. ZWB FB 790 1937 33 S.

Mutchler, Willard: The effect of continuous weathering on light metal alloys used in aircraft. NACA Rep. 663 1939. [1.363].

Kalpers, H.: Lacküberzüge für Aluminium, Magnesium, Zink und deren Legierungen. Schiff u. Werft **44/24** (1943) 19/20 286—287.

Brenner, A. a. o.: Chromated protein films for the protection of metals. J. Electrochem. Soc. **93** (1948) March 55—62; Index Aeron. **4** (1948) 9 47.

Champion, F. A.: Protective films: Natural formation on aluminium and its alloys. Metal Industry **72** (1948) 22/23 440—442, 444, 463, 464 19 ref.; Index Aeron **4** (1948) 8 38; Corrosion (Houston) **5** (1949) March 92—97; Met. Rev. **22** (1949) 4 30.

Nachtigall, E.: Stand der Oberflächenschutzbehandlung der Leichtmetall-Legierungen. Arch. Metallkde. **2** (1948) 6 194—197; Ref. Chem. Industrie (1949) 1006 11—12.

Rigg, J. G. and E. W. Skerrey: Priming paints for light alloys. J. Inst. Metals **75** (1948) Oct. 69—80; Paint Manufacture (London) **19** (1949) March 77—83; Met. Rev. **22** (1949) 1 33, 5 34.

Cole, H. G.: Tests on phenyl mercury acetate as a fungicide in paints for the protection of magnesium alloys. "Paints", Select. Govmt. Res. Rep. Vol. 2 1949 63—70; Chem. Abstr. **46** (1952) 12 5863; AB **23** (1952) 9 529.

Cole, H. G.: Tests on some special base paints for the protection of magnesium alloys. "Paints", Select. Govmt. Res. Rep. Vol. 2 1949 35—48; Chem. Abstr. **46** (1952) 12 5863; AB **23** (1952) 9 529.

Colegate, G. T.: The use of inhibitors for controlling metal corrosion. V. Inhibitors for light metals. Metallurgia **39** (1949) Apr. 316—318 13 ref.; Met. Rev. **22** (1949) 6 31.

Dix, E. H. jr.: Aluminum-clad products. "Engineering Laminates", New York: Wiley 1949 382—402 26 ref.; Met. Rev. **22** (1949) 6 32.

Douty, A. and F. P. Spruance jr.: Amorphous phosphate coatings for protection of aluminium alloys and for paint adhesion. Amer. Electroplaters' Soc. Proc. (1949) 36 193—216; Bull. Anal. C. N. R. S. **11** (1950) 11 3999.

436

Eilender, Walter, Heinz Arend u. *Eugen Schmidtmann:* Hartchromschichten höchster Verschleißfestigkeit. Metalloberfläche 3 (1949) März 57—59; Met. Rev. **22** (1949) 7 24.

— Alpaste — The aluminum paint pigment. Aluminium Co. of Canada (Alcan) Montreal 1949 XI, 79 p. [2.731].

Niles, K. B.: Northrop develops new aluminium primer. Iron Age **165** (1950) 5 90—92; Index Aeron. **6** (1950) 5 47.

Champion, F. A.: Sprayed aluminium-base coatings for aluminium alloys. Metal Industry **79** (1951) 17/18 355—358, 384—385 6 ref.; Index Aeron. **8** (1952) 1 99.

Hodge, Webster and *E. M. Smith:* Rare earths in aluminum baths give attractive hot-dip coatings. Mater. & Meth. **34** (1951) Sept. 95—96; Met. Rev. **24** (1951) 11 35.

Wray, R. L.: New developments in aluminium paint vehicle formulation. Official Dig. publ. by Federation of Paint & Varnish Production Clubs (USA) (1951) 319 492—501; AB **22** (1951) 10 567—568.

Alexander, Allen L., Harold J. E. Segrave, Rodger Freriks and *J. E. Cowling:* Anti-corrosive primers, pigments and vehicles applicable to magnesium. Industr. & Engng. Chem. **44** (1952) 10 2409—2414; AB **23** (1952) 11 637.

Vanden Berg, R. V.: Hard aluminium finishes resist wear and abrasion. Iron Age **170** (1952) 18 81—83; AB **23** (1952) 12 675.

Dunn, P. A.: Araldite surface coating for light metals. Light Metals **15** (1952) 166 38—40; Index Aeron. **8** (1952) 3 83; Nachr. Bl. AGM Leichtbau **1** (1952) 4 7—8.

Dunn, P. A.: The properties of araldite lacquers. Light Metals **15** (1952) 169 131—133; AB **23** (1952) 5 276.

Floersch, Bernard G.: Rubber-base coating resists abrasion at high aircraft speeds. Mater. & Meth. **36** (1952) 5 184, 186, 188; AB **24** (1953) 1 29.

Gray, A. G.: Electrochemical and chemical coatings for aluminium. Products Finishing **16** (1952) 4 46—60; AB **23** (1952) 2 67. [2.722].

Gray, Allen G.: Recent developments in protective coatings. Metal Progr. **62** (1952) 5 90—93; AB **23** (1952) 12 676.

Hancock, A.: Butyl titanate in heat resisting aluminium paints. J. Oil & Colour Chemists' Ass. (Engl.) **35** (1952) 379 28—39; AB **23** (1952) 4 183.

Kubaschewski, Oswald and *Arvid v. Krusensjern:* The porosity of anodic coatings (on aluminium). Metalloberfläche **6** (1952) 7 97—102; Met. Abstr. **21** (1953) Pt. 4 Dec. 352; AB **25** (1954) 2 90—91.

Reiprich, J.: Richtlinien für Anstriche von Aluminium im Schiffbau. Aluminium **28** (1952) 7/8 248—250; Nachr.-Bl. AGM-Leichtbau **1** (1952) 5 7.

Scheller, E.: Fundamentals of aluminium paint. Amer. Paint J. **36** (1952) 22 82, 84, 85, 88, 89, 92, 93; AB **23** (1952) 3 111.

— Aluminium paint. Tool Engr. **28** (1952) 4 106; AB **23** (1952) 5 257.

— Schweißfeste Korrosionsschutzanstriche. Aluminium **28** (1952) 11 402—403; Nachr.-Bl. AGM Leichtbau **2** (1953) 1 6.

Dallmeyer, G.: Konservierung von Leichtmetall. Aluminium **29** (1953) 5 189—194; AB **24** (1953) 9 574.

Dettner, H. W.: Anwendung und Wirtschaftlichkeit metallischer Überzüge. Metall **7** (1953) 552—554; Werkstoffe u. Korrosion **4** (1954) 4 156; Nachr. Bl. AGM Leichtbau **3** (1954) 7 7.

Gillespie, R. G.: Properties of HAE finish for magnesium. Mater. & Meth. **38** (1953) 5 104—105; Index Aeron. **10** (1954) 2 93.

Gillig, F. J.: Study of hard coatings for aluminum alloys. Wright Air Devel. Center Techn. Rep. 53—151 May 1953 113 p., Suppl. 1 Oct. 1953; Metal Progr. **66** (1954) 5 162, 164; AB **25** (1954) 10 697.

Kingcome, J. C.: Anti-fouling paints for aluminium alloys used in shipbuilding. Paint Manufacture (London) **33** (1953) 1 5—10; AB **24** (1953) 3 166.

de Long, H. K.: Neuer modischer Überzug für Magnesium. Modern Metals **9** (1953) 2 90—92; Chem. Zbl. **125** (1954) 5389.

Paige, H., J. H. James and *F. S. Williams:* How tough are nickel and chromium electroplates for aluminium. Product Engng. **24** (1953) 12 162—167; Index Aeron. **10** (1954) 3 112.

Petzold, Armin: Entwicklung und Stand der Theorie der Haftung von Blechgrundemails. Bergakademie **5** (1953) 11 465—475; Stahl u. Eisen **74** (1954) 6 366.

Rigg, J. G. and *E. W. Skerrey:* Priming paints for light alloys. J. Inst. Metals **81** (1953) Pt. 10 June 481—489; Metal Industry **83** (1953) 259—261; AB **24** (1953) 7 451; Werkstoffe u. Korrosion **5** (1954) 8/9 346.

Toeldte, W.: Aufgaben und Prüfung der Leichtmetallanstriche. Aluminium **29** (1953) 10 413—416.

— Richtlinien für den Anstrich von Aluminium im Schiffbau. Aluminium Merkblatt S. 2, Düsseldorf: Aluminium Verl. 1953 4 S. [6.253.2].

Babcock, G. M. and *F. B. Rethwisch:* Classification of aluminum pigments. Paint, Oil & Chem. Rev. **117** (1954) 7 37—39; AB **25** (1954) 5 270—271.

Evangelides, H. A.: HAE coatings for magnesium. Product Finishing **7** (1954) 10 54—60; AB **25** (1954) 12 881. [2.722].

Grupp, George W.: The navy's search for anti-corrosive coatings for magnesium. Organic Finishing **50** (1954) 4 15; AB **25** (1954) 5 318—319.

Johnson, Henry A.: Mechanical properties of aluminum hard coatings. Product Engng. **25** (1954) 9 136—141; AB **25** (1954) 10 710—711.

Pryor, M. J.: Anti-corrosion practice for wrought aluminum alloys. Light Metal Age **11** (1954) 11/12 18—21, 33, 41, 46.

Rigg, J. G. and *E. W. Skerrey:* Priming paints for light alloys. Paint Manufacture (London) **24** (1954) 3 75—84; AB **25** (1954) 4 228.

Altenpohl, D.: Anwendung von Böhmitschichten für den Korrosionsschutz von Reinaluminium, Raffinal und Reflektal. Aluminium **31** (1955) 1 10—14, 2 62—69.

Baumann, F. u. *R. Lattey:* Einige Verfahren zur Bestimmung der Güte von Eloxalschichten. Aluminium **31** (1955) 5 199—204.

Oberflächenschutzmittel für Holz 1.325.3

Schmidt, Erich K. O.: Oberflächenschutz von Sperrholz. 191. DVL Ber.; Luftf.-Forsch. **8** (1930) 2 49—55.

Schmidt, E. K. O.: Untersuchung von 58 Anstrichsystemen für den Schutz von Holz. ZWB KB 12 1934 15 S.

Giehmann, H.: Holzanstrichmittel aus deutschen Rohstoffen. ZWB PB 410 1936 7 S.; ZWB UM 513 1938 11 S.

Metz, H. u. *Seekamp:* Holzschutz gegen Feuer. 2. Aufl. (Merk-H. 4 Fachausschuß Holzfragen beim VDI u. DFV) Berlin: VDI-Verl. 1942.

Becker, Günther u. *Gerda Theden:* Ergebnisse und Aufgaben auf dem Holzschutzgebiet. Technik (Berlin) **2** (1947) 11 494 ff. 190 Lit.-St. [2.732].

Narayanamurti, D. and *J. N. Pande:* Durability trials on glue and plywood. Ind. Forest Bull. 139 1948 13 p.; Index Aeron. **5** (1949) 3 79. [1.324.25], [1.324.40].

Falinski, Marie: Imprégnation des bois par les résines synthétiques. Rech. Aéron. (1949) 8 19—28 12 ref.

Duncan, Catherine G. u. *C. Andrey Richards:* Pentachlorphenol als Holzschutzmittel. Amer. Wood Preservat. Ass. Prepr. 1950; Holz-Zbl. (1951) 65 805.

Nowak, A.: Holzschutz. Schr.-Reihe ÖGH (Wien) H. 1 1950.

Smith, J. H. and *D. R. Carr:* Principles of wood preservation. Their application under New Zealand conditions. (New Zealand Forest Serv., Inform. Ser. 10.) Wellington: R. E. Owen, Govmt. Printer 1950 52 p.

Vogel, Frederick H.: Impregnation of wood with solid metal alloys. Forest Prod. Res. Soc. Repr. 93 1950.

Becker, G. u. W. Wiederholt: Fluorsilikathaltige Gemische für den Holzschutz mit herabgesetzter eisenschädigender Wirkung. Holz als Roh- u. Werkstoff **9** (1951) 11 409—416.

Blew, J. Oscar a. o.: Evaluating wood preservatives. Forest Prod. Res. Soc. Repr. 143 1951 9 p.

Brown, F. L.: Natural wood finishes for exteriors of houses. FPL Rep. R 1908 1951 9 p.

Bryan, J.: Methods of applying wood preservatives. I. Non pressure methods. (Dep. Sci. & Industr. Res., Forest Prod. Res. Rec. 9.) London: HMSO 1951 10 p.

Eeckhout, L.: Die Untersuchungen über die holzschützenden Eigenschaften von Steinkohlenteeröl und seinen Bestandteilen (holl.; dtsch., engl., franz. Zsfssg). Rijkslandbouwhogeschool, Medelingen Lab. Houttechnologie No. 8, Gent 1951 53 S.

Engelbrecht, Ludwig: Oberflächenschutzbehandlung von Holz. Berlin: Verl. d. Druckhauses Tempelhof 1951 52 S.

Hadert, H.: Chromate als Korrosionsverzögerer in Holzschutzmitteln. Werkstoffe u. Korrosion **2** 1951) 49; Holz als Roh- u. Werkstoff (1951) 6 248.

Hunt, George M.: Wood preservatives in the national emergency. Forest Prod. Res. Soc. Repr. 138 1951.

Liese, Johannes: Wie kann die Gebrauchsdauer imprägnierter Hölzer wesentlich verlängert werden? Technik (Berlin) **6** (1951) 5 223—225 4 Lit.-St.; Index Aeron. **7** (1951) 12 137.

Liese, W.: Über die Eindringung von öligen Schutzmitteln in Fichtenholz. Holz als Roh- u. Werkstoff **9** (1951) 9 374—378.

Roche, James N.: The broader aspects of wood preservation with particular reference to creosote. Forest Prod. Res. Soc. Repr. 158 1951.

Schulze, B.: Neue Erkenntnisse und Verfahren in der Holzschutztechnik. Holz-Forsch. **5** (1951) 2 25—31; Holz als Roh- u. Werkstoff **9** (1951) 9 363.

Storch, K.: Die Holzschutzmittel. Holz als Roh- u. Werkstoff **9** (1951) 4 168—171.

Bavendamm, W. u. H. Bellmann: U-Salze. Holzschutzmitteltafeln der Bundesanstalt für Forst und Holzwirtschaft, Reinbek. Holz als Roh- u. Werkstoff **10** (1952) 9 375—378.

Bavendamm, W. u. H. Bellmann: Holzschutzmitteltafel der Bundesanstalt für Forst- und Holzwirtschaft Reinbek. Holz als Roh- u. Werkstoff **10** (1952) 12 479—480.

Broese van Groenon, H., H. W. L. Rischen and *J. van den Berge:* Wood preservation during the last 50 years. 2nd ed. Leiden (Holland): Sijthoff's Nitgeversmaatschappij NV 1952 XII, 318 p.

Kraemer, J. Hugo: Wood conservation bibliography. Washington: Superintendent of Documents 1952 77 p.; J. Forestry (Washington) **50** (1952) 8 630.

Marx, K. L.: Der Nitrozelluloselack in der Holzoberflächenbehandlung. Holztechnik **32** (1952) 6 305—306; Werkstoffe u. Korrosion **5** (1954) 1 26.

Roche, James N.: Coal tar creosote — its composition and how it functions as wood preservative. J. Forest Prod. Res. Soc. **2** (1952) 2 75—79.

Sandermann, W. u. Gerd-Zeno Jonas: Über die Imprägnierung von Hölzern mit öligen Schutzmitteln, unter besonderer Berücksichtigung der Fichte. Holz als Roh- u. Werkstoff **10** (1952) 8 305—311.

Sedziak, H. P.: The evaluation of two modern wood preservatives. J. Forest Prod. Res. Soc. **2** (1952) 5 260—268.

— Timber preservation. 1st ed. (Red Booklets Series.) London: TDA 1952 46 p.

Bavendamm, W.: Aktuelle Holzschutzprobleme. Holzwirtschaftl. Jb. 1953 203—210.

Bavendamm, W. u. H. Bellmann: UA-Salze. Holzschutzmittel, Tafel der Bundes-anstalt für Forst- und Holzwirtschaft, Reinbek. Holz als Roh- u. Werkstoff **11** (1953) 10 413—416.

Blew, J. Oscar: Wood preservatives. FPL Rep. 149 Aug. 1953 12 p.

Blew, J. Oscar and W. Kulp: Comparison of wood preservatives in Mississippi post study. FPL Rep. R 1757 1953 12 p.

Blew, J. Oscar: Comparison of wood preservatives in stake tests. FPL Rep. D 1761 1953 8 p.

Cox, H. A.: The preservative treatment of timber. Timber progress and desk book for 1953 A. 61—70.

Graham, Paul H.: Wood preservatives — their proper functions. Woodworker **72** (1953) 8 16—17, 52—55.

Graham, P. H.: Wood preservatives being used on ever widening scale. Wood-worker **72** (1953) 5 28, 54—56.

Knight, F. J.: The painting of oil-preserved wood. Wood (London) **18** (1953) 2 56—58.

Küch, Wilhelm u. Hanns Gröber: Über die Verträglichkeit von Anstrichmitteln mit Holzschutzmitteln. Holz als Roh- u. Werkstoff **11** (1953) 10 382—385.

Kunze, Roland: Holzschutz — ein dringendes Gebot der Zeit. (Ber. 3. Holzschutz-tagung Dtsch. Ges. Holzforsch., Hann.-Münden Sept. 1952.) Öst. Forst- u. Holzwirtsch. **8** (1953) 1 12—13, 2 33—34, 36—37.

— Chemical treatment of surfaces improves joints with certain woods and glues. FPL TN No. 232 1953 4 p. [1.442.32].

— Fire retardant paints. Chem. Engng. News **31** (1953) 37 3730—3735; Index Aeron. **9** (1953) 12 87.

— Holzschutz. Fortschr. u. Forsch. Bauwes. Reihe D. H. 11 1953 59 S.

— Nitrocelluloselacke als Holzanstriche. Chem. Rdsch. (Solothurn) **6** (1953) 13 223—225; Werkstoffe u. Korrosion **5** (1954) 1 33.

— Peinture et vernissage du bois. (Serv. Rech. Etude Techn. No. 14.) Paris: Centre Techn. Bois 1953 42 p.

— The preservation of wood. Wood (London) **18** (1953) 7 265—269.

— The timber industry in the USA. 4. Treatment and preservation of timber. Paris: OEEC 1953 98 p.

(Becker, Günther u. Gerda Theden): Jahresberichte über Holzschutz 1951/52 — Annual report on wood protection 1951/52. Berlin-Göttingen-Heidelberg: Springer 1954 VII, 144 S.

Connelly, H. H.: Finishing materials. Wood Worker **73** (1954) 2 17, 60; 3 18, 73—74.

Dickinson, Thomas A.: Ceramic finishes for wood. Wood Working Dig. **56** (1954) 5 121—122, 124, 126.

Laughnan, Don F.: Natural wood finishes for exteriors of houses. Forest Prod. Res. Soc. Repr. 547 1954 3 p.

Risch, G.: Prüfung, Bewertung und Veröffentlichung von Holzschutzmitteln und Spezialschutzanstrichen für Holz. Schweiz. Arch. **20** (1954) 3 75—80.

Urech, P. u. P. Douady: Aluminium-Anstriche auf Holz. Aluminium (Suisse) **4** (1954) 6 203—208; Aluminium **31** (1955) 3 A 57.

Keramische Überzüge   1.325.4

Harrison, W. N., D. G. Moore and J. C. Richmond: Review of an investigation of ceramic coatings for metallic turbine parts and other high-temperature applications. NACA TN 1186 March 1947. [6.211.2].

Moore, D. G., L. H. Bolz and W. N. Harrison: A study of ceramic coatings for high-temperature protection of molybdenum. NACA TN 1626 July 1948.

Woodward, William H. and *A. R. Bobrowsky:* Preliminary investigation of a ceramic lining for a combustion chamber for gas-turbine use. NACA RM E 7 H 20 Apr. 1948. [6.211.2].

Nagely, Forrest R. and *Joseph H. Chilcote:* Development of porcelain enameled coatings on metals for navy shipboard service. Finish **5** (1948) Dec. 33—35, 48, 51; Met. Rev. **22** (1949) 1 32.

Bennett, D. G.: Heat resistant ceramic coatings permit substitutes for critical materials. Mater. & Meth. **33** (1951) 3 65—67; Index Aeron. **7** (1951) 11 149.

Close, Gilbert C.: New ceramic coatings for jet engine parts. Finish **8** (1951) Oct. 27—29, 90—91; Met. Rev. **24** (1951) 11 36. [6.211.2].

Hubbell, W. G.: Ceramic coatings can save critical alloys. Iron Age **168** (1951) 21 81—85; Techn. Data Dig. **17** (1952) 2 36.

Hubbell, W. G.: Keramische Überzüge auf hitzebeständigen Legierungen. Metal Progr. **60** (1951) 6 87—91, 166; Iron Age **168** (1951) 7 522—524; Stahl u. Eisen **72** (1952) 6 523.

Harrison, William N. u. *Dwinght G. Moore:* Neue keramische Überzüge für Legierungen für hohe Temperaturen. Techn. News Bull. Nat. Bur. Stand. **35** (1951) 10 145—147; Stahl u. Eisen **72** (1952) 6 323.

— Ceramic coatings prevent exhaust gas corrosion. Nat. Bur. Stand. Techn. News Bull. **35** (1951) 6 89—91; Index Aeron. **8** (1952) 6 87.

— Hitzebeständige keramische Überzüge auf unlegiertem Stahl. Steel **129** (1951) 7 74—77, 96, 100; Stahl u. Eisen **71** (1951) 24 1338.

Long, J. V.: Ceramic coatings offer direct savings in critical alloys and extended service life of high-temperature parts. Machine Design **24** (1952) 5 122—126; Konstruktion **5** (1953) 3 94.

— Ceramic coatings. Aircr. Production **14** (1952) 161 107—108; Index Aeron. **8** (1952) 6 88.

Long, J. V.: Ceramic coated low alloys for jet engine hot parts. Amer. Soc. Mech. Engrs. Prepr. 53-S-35 Apr. 1953 15 p.; Index Aeron. **10** (1954) 3 101. [6.211.2].

Moeller, T. F.: Hitzebeständige keramische Schutzüberzüge für Stahlteile von Emaillierungsöfen. Steel **133** (1953) 23 139; Stahl u. Eisen **74** (1954) 6 366.

Papsdorf, W.: Glasemaillen auf Aluminium. Aluminium **29** (1953) 5 200—202.

Richmond, J. C., D. G. Moore, H. B. Kirkpatrick and *W. N. Harrison:* Relation between roughness of interface and adherence of porcelain enamel to steel. NACA TN 2934 1953 29 p. 18 ref.; Index Aeron. **9** (1953) 9 99.

Rous, W. C. jr.: Selecting ceramic coatings for jet engine parts. Mater. & Meth. **38** (1953) 6 117—119; Index Aeron. **10** (1954) 3 101; Stahl u. Eisen **74** (1954) 6 366. [6.211.2].

King, B. W.: Ceramic-coated metals for industry. Battelle Techn. Rev. **3** (1954) 4 39—42; Index Aeron. **10** (1954) 6 124.

— Symposium on porcelain enamels and ceramic coatings as engineering materials. ASTM Spec. Techn. Publ. 153 1954 122 p.; Nickel-Ber. **12** (1954) 5 76.

Hitzebeständige keramische Werkstoffe   1.326

— Hochwarmfeste keramische Werkstoffe. ZWB UM 785 1944 77 S.

Bressmann, Josef R.: Ceramic materials show promise for high temperature mechanical parts. Mater. & Meth. (1948) Jan. 65—70; Werkstatt u. Betrieb **82** (1949) 4 139.

Geller, R. F.: Neue keramische Werkstoffe für die Konstruktion. SAE J. (1948) June; Konstruktion **1** (1949) 7 218—219.

Burdick, M. D., R. E. Moreland and *R. F. Geller:* Strength and creep characteristics of ceramic bodies at elevated temperatures. NACA TN 1561 April 1949; Aero Dig. **59** (1949) 2 74.

Lang, S. M. a. o.: Some physical properties of porcelains in the systems magnesia-beryllia-zirconia and magnesia-beryllia-thoria and their phase relations. J. Res. Nat. Bur. Stand. **43** (1949) 5 429—447 22 ref.; Index Aeron. **6** (1950) 3 87.

Whitman, M. J. and *A. J. Repko:* Oxidation of titanium carbide base ceramals containing molybdenum, tungsten, and cobalt. NACA TN 1914 July 1949.

Campbell, J. B.: Metals and refractories combined in high-temperature structural parts. Mater. & Meth. **31** (1950) 5 59—63; Index Aeron. **6** (1950) 10 67.

Duckworth, W. H. and *I. E. Campbell:* The outlook for ceramics in gas turbines. Mech. Engng. **72** (1950) 2 120—130, 144; Konstruktion **2** (1950) 5 154—155. [6.211.2].

Blane, James: Ceramics for the hot spots. Western Machinery & Steel World **42** (1951) Sept. 88—89, 100; Met. Rev. **24** (1951) 11 36.

Bradshaw, F. J.: The improvement of ceramics for use in heat engines. Ceramics and glass, Select. Govmt. Res. Rep. 10 1952 5 ref.; Index Aeron **9** (1953) 6 84.

Singer, F.: Ceramics. Industr. & Engng. Chem. **44** (1952) 10 2296—2308 422 ref.; Index Aeron. **9** (1953) 1 4.

Pechman, Alexander: Ceramics for high-temperature applications. A survey of materials used as coatings for, or in combination with, metals. Aircr. Engng. **26** (1954) 303 157—160; Index Aeron. **10** (1954) 6 122; Nickel-Ber. **12** (1954) 7/8 142.

Ermüdungsfestigkeit   1.33

Allgemeines   1.331

Mailänder, Richard: Ermüdungserscheinungen und Dauerversuche. Zusammenfassender Bericht mit Bibliographie bis Ende 1923. Stahl u. Eisen **44** (1924)585 ff.

Kuntze, W.: Statische Grundlagen zum Schwingungsbruch. Z. VDI **72** (1928) 42 1488—1492.

Bartels, W.: Die Dauerfestigkeit geschweißter und ungeschweißter Guß- und Walzwerkstoffe. (Ber. Inst. mech. Technol. u. Materialienkde., TH Berlin, H. 3.) Berlin: Springer 1930. [1.442.14].

Föppl, Otto u. *G. Schaaf:* Die Werkstoffdämpfung bei Dreh- und Biegeschwingungsbeanspruchung. Forsch.-Arb. Ing.-Wes. H. 335 1930 27 S.

Föppl, Otto: Die Dämpfung der Werkstoffe bei wechselnden Normalspannungen und bei wechselnden Schubspannungen. Z. VDI **74** (1930) 40 1391—1394.

Hempel, Max: Werkstoffe bei dynamischer Biegebeanspruchung. Forsch. Ing. Wes. **1** (1930) 327 ff.

Jünger, A.: Erfahrungen über die Prüfung der Dauerfestigkeit verschiedener Werkstoffe auf der MAN-Biegeschwingungsmaschine. Mitt. Forsch. Anst. GHH-Konzern **1** (1930) 1.

Kuntze, W.: Berechnung der Schwingungsfestigkeit aus Zugfestigkeit und Trennfestigkeit. Z. VDI **74** (1930) 8 231—234.

Ludwik, P.: Schwingungsfestigkeit und Gleitwiderstand. Z. Metallkde. **22** (1930) 11 374 ff.

Jünger, A.: Weitere Erfahrungen in der Prüfung der Dauerfestigkeit verschiedener Werkstoffe auf der MAN-Biegeschwingungsmaschine. Mitt. Forsch. Anst. GHH-Konzern **1** (1931) 3.

Schneider, W.: Beitrag zur Frage der Schwingungsfestigkeit. Stahl u. Eisen **51** (1931) 285.

Buchmann, Walter: Werkstoffeigenschaften bei Wechselbeanspruchung. Schr. Hess. Hochsch. (1932) 4 37—44.

Fahrenhorst, W., Kurt Matthaes u. *E. Schmid:* Über die Abhängigkeit der Dauerfestigkeit von der Kristallorientierung. Z. VDI **76** (1932) 33 797—799.

Gough, H. J.: The present state of knowledge of fatigue of metals. Int. Verband Material Prüfung, (Kongr. Zürich 1931) **1** (1932) 207—227.

Mailänder, R.: Dauerbrüche und Dauerfestigkeit. Krupp Mh. **13** (1932) 55 ff.

Thum, August u. Walter Buchmann: Dauerfestigkeit und Konstruktion. Mitt. MPA TH Darmstadt H. 1 1932 VIII, 82 S. [1.343.31].

Bühler, H. u. H. Buchholtz: Über die Wirkung von Eigenspannungen auf die Schwingungsfestigkeit. (Mitt. Forsch. Inst. Verein. Stahlwerke AG Dortmund Bd. 3 Lfg. 8.) Berlin: Springer 1933.

Bühler, H. u. H. Schulz: Wirkung von Eigenspannungen auf die Biegeschwingungsfestigkeit. Stahl u. Eisen **53** (1933) 1330.

Hohenemser, K. u. Willy Prager: Zur Frage der Ermüdungsfestigkeit bei mehrachsigen Spannungszuständen. Metallwirtsch. **12** (1933) 24 342—343.

Ludwik, P. u. J. Krystof: Einfluß der Vorspannung auf die Dauerfestigkeit. Z. VDI **77** (1933) 24 629—635.

Oschatz, H.: Über gesetzmäßige Dauerbruchformen. Schr. Hess. Hochsch. (1933) 2 38—44.

Seeger, G.: Wirkung von Druckvorspannungen auf die Dauerfestigkeit metallischer Werkstoffe. Diss. TH Stuttgart 1933; Mitt. MPA TH Stuttgart, Berlin: VDI-Verl. 1935 VI, 56 S.; Forsch. Ing. Wes. **7** (1936) 1 56; Z. VDI **80** (1936) 22 698—699.

— Dauerfestigkeitsschaubilder. Arbeitsbl. 1 Beil. Z. VDI **77** (1933) 42; Arbeitsbl. 2 Beil. Z. VDI **77** (1933) 50; Arbeitsbl. 3 Beil. Z. VDI **78** (1934) 7; Arbeitsbl. 4 Beil. Z. VDI **78** (1934) 12.

Mailänder, Richard u. W. Ruttmann: Einfluß von Oberflächenbeschaffenheit, Randschichten und Korrosion auf die Dauerfestigkeit. Maschinenb.-Betrieb **13** (1934) 577—581, **14** (1935) 73—77.

Bautz, W. u. H. Ochs: Kristallstruktur und Dauerbruch. Z. VDI **79** (1935) 48 1450—1451.

Schwinning, W.: Die Festigkeitseigenschaften der Werkstoffe bei tiefen Temperaturen. Z. VDI **79** (1935) 35—40. [1.321], [1.352.1].

Siebel, Erich u. W. Leyensetter: Einfluß der Schnittgeschwindigkeit auf die Dauerfestigkeit von Prüfstäben. Z. VDI **80** (1936) 697—698.

Hempel, Max: Wechselfestigkeitsschaubilder. Arch. Eisenhüttenwes. **11** (1937/38) 231—240.

Kommers, J. B.: Overstressing and understressing in fatigue. Engng. **143** (1937) 3724 620—622; Z. VDI **81** (1937) 49 1412.

Kuntze, W.: Biegewechselfestigkeit und räumliche Beanspruchung. Arch. Eisenhüttenwes. **10** (1937) 8 369 f.

Bollenrath, Franz: Zeit- und Dauerfestigkeit der Werkstoffe. Jb. 1938 Dtsch. Luftf. Forsch., Erg. Bd. 147—157.

Möller, Hermann u. Max Hempel: Wechselbeanspruchung und Kristallzustand. Mitt. K.-Wilh.-Inst. Eisenforsch. Abh. 341 1938.

Müller-Stock, H.: Der Einfluß dauernd und unterbrochen wirkender schwingender Überbeanspruchung auf die Entwicklung des Dauerbruchs. Mitt. Kohle- u. Eisenforsch. **2** (1938) Lfg. 2.

Volk, Carl: Das erweiterte Wöhlerbild. Metallwirtsch. **17** (1938) 1167—1169.

— Das Gesicht des Dauerbruches. Berlin: Allianz Versicherungs-A.G. Prüf.-Ber. 4 1938.

Gürtler, G. u. E. Schmid: Temperaturabhängigkeit der Dauerbewährung metallischer Werkstoffe bei ruhender und wechselnder Beanspruchung. Z. VDI **83** (1939) 25 749—752; Jb. 1940 Dtsch. Luftf. Forsch. I 1095—1098.

Hempel, Max: Einfluß der Probenform, Prüfmaschine und Versuchsdurchführung auf die Wechselfestigkeit. Mitt. Kais.-Wilh.-Inst. Eisenforsch. **21** (1939) 21—26.

Körber, Friedrich: Über den Dauerbruch metallischer Werkstoffe. Schr. Dtsch. Akad. Luftf. Forsch. H. 15 1939 53 S. 19 Lit.-St. (Aussprache 27 S.)

Krisch, Alfred: Änderung der mechanischen Eigenschaften metallischer Werkstoffe bei tiefen Temperaturen. Z. VDI **83** (1939) 31 893—898. [1.321].

Regler, Fritz: Verformung und Ermüdung metallischer Werkstoffe im Röntgenbild. (Forsch. Arb. Metallkde. u. Röntgenmetallographie Folge 26.) München: Hanser 1939 98 S. [4.42].

Wiegand, H.: Einsatzhärtung und Dauerfestigkeit. Z. VDI **83** (1939) 39 1089.

Bollenrath, Franz: Einflüsse auf die Zeit- und Dauerfestigkeit der Werkstoffe. Luftf.-Forsch. **17** (1940) 10 320—328 25 Lit.-St.; Techn. Z.-Schau **26** (1941) 8 143.

Bollenrath, Franz u. *Heinrich Cornelius:* Der Einfluß von Betriebspausen auf die Zeit- u. Dauerfestigkeit metallischer Werkstoffe. Z. VDI **84** (1940) 18 295—299; Index Aeron. **7** (1951) 2 39.

Dehlinger, Ulrich: Zur Theorie der Wechselfestigkeit. Z. Physik **115** (1940) 625—638.

Dehlinger, Ulrich: Dauerfestigkeit, Wechselfestigkeit und ihr Zusammenhang mit der wahren Kriechgrenze. Z. Metallkde. **32** (1940) 6 199—200.

Föppl, Otto: Die grundsätzliche Verschiedenheit zwischen Zerreißfestigkeit und Wechselfestigkeit eines Werkstoffes mit Beziehung auf das Oberflächendrücken zur Steigerung der Dauerhaltbarkeit. Werkstattstechn. u. Werksleiter **34** (1940) 1 4—7.

Sachs, G.: Fatigue failure. Iron Age **146** (1940) 11 36—40.

Theiß, E.: Über die durch Nitrieren entstehenden Eigenspannungen und deren Auswirkung auf die Wechselfestigkeit. Diss. TH Berlin 1940. [2.76].

Wever, Franz: Abbau von Eigenspannungen durch Wechselbeanspruchung. Jb. 1940 Dtsch. Luftf. Forsch. I 1107—1113.

Bollenrath, Franz: Factors influencing the fatigue strength of materials. NACA TM 987 Sept. 1941.

Müller, H.: Berechnung der Biegewechselfestigkeit aus der Zugfestigkeit. Stahl u. Eisen **61** (1941) 6 143—144 8 Lit.-St.; Techn. Z.-Schau **26** (1941) 13 222.

Pöschl, Th.: Elementare Theorie der Schwingungsfestigkeit. Ing.-Arch. **12** (1941) 2 71—76.

Siebel, Erich: Das Verhalten der Werkstoffe bei schwingender Beanspruchung. Metallwirtsch. **20** (1941) 17 409—414 41 Lit.-St.; Techn. Z.-Schau **26** (1941) 16 269.

Siebel, Erich u. *Gustav Stähli:* Versuche zum Nachweis von Schädigung und Verfestigung im Gebiet der Zeitfestigkeit. Arch. Eisenhüttenwes. **15** (1941/42) 519—527.

Thum, August u. *Cord Petersen:* Die Vorgänge im zügig und wechselnd beanspruchten Metallgefüge. I. Zur Mechanik der Festigkeits- und Brucherscheinungen. II. Betrachtungen zur Dämpfungsfähigkeit. Z. Metallkde. **33** (1941) 7 249—259 97 Lit.-St.; **34** (1942) 2 39—46 61 Lit.-St. [1.31].

Smith, J. O.: Ermüdungsfestigkeit der Metalle. Versuchsangaben zur Bestimmung der Dauerhaltbarkeitsgrenze. Iron & Coal Trades Rev. **145** (1942) 3892 885—886; Luftf. Schrifttum Ausland Juni 1944 5 S.

Russell, H. W., H. W. Gillett, L. R. Jackson and *G. M. Foley:* The effect of surface finish on the fatigue performance of certain propeller materials. NACA TN 917 Dec. 1943.

Karius, Alfred, Erich Gerold u. *Ernst Hermann Schulz:* Der Einfluß von Erholungspausen bei der Dauerbeanspruchung. Arch. Eisenhüttenwes. **18** (1944/45) 7/8 155—159.

Moore, H. F.: Effect of shot peening on fatigue strength. Machine Design **16** (1944) 11.

444

Bennett, John A.: Effect of fatigue-stressing short of failure on some typical aircraft metals. NACA TN 992 Oct. 1945.

Miner, M. A.: Cumulative damage in fatigue. Proc. ASME **67** (1945); J. Appl. Mech. **12** (1945) 3 159—164.

Roš, Mirko Gottfried: Influence de la surface sur la fatigue des métaux. Journées des Etats de Surface (1946) 207—218; Rev. Métallurgie (1948) ref. 3b—29.

Siebel, Erich u. *Max Pfender:* Weiterentwicklung der Festigkeitsrechnung bei Wechselbeanspruchung. Stahl u. Eisen **66/67** (1947) 11./9. 318—321; AMR **2** (1949) 6 131; Met. Rev. **22** (1949) 7 20. [1.352.2].

Brandenberger, H.: Die Beziehungen der statischen und dynamischen Festigkeitswerte. Schweiz. Bauztg. **66** (1948) 9 121—123.

Kammerer, Albert: Le module d'élasticité et la limite de fatigue. C. R. Hebd. Séances Acad. Sci. **227** (1948) 29./11. 1144—1145; AMR **2** (1949) 4 80—81; Met. Rev. **22** (1949) 4 23.

Machlin, E. S.: Dislocation theory of the fatigue of metals. NACA TN 1489 Jan. 1948; NACA Rep. 929 1949 10 p. 26 ref.; Index Aeron. **6** (1950) 7 61.

Prot, Marcel: Une nouvelle technique d'essai des materiaux. L'essai de fatigue sous charge progressive. Ann. Ponts Chaussées **118** (1948) Juillet/Août 441—464; AMR **2** (1949) 3 54.

Zambrow, J. L. and *M. G. Fontana:* Mechanical properties, including fatigue, of aircraft alloys at very low temperatures. Amer. Soc. for Metals Prepr. No. 19 1948 32 p. 12 ref.; Index Aeron. **5** (1949) 3 76. [1.321].

Cazaud, M. R.: La fatigue des métaux, son importance dans la construction aéronautique. Techn. et Sci. Aéron. (1949) 3 147—159.

Chambers, Harold B.: Static and dynamic properties of metals. "Tool Engineers Handbook", New York-Toronto-London: Mc Graw-Hill 1949 Sect. 14, 250—261 17 ref. [1.321].

Corson, Michael G.: The N : S relationship in endurance testing. Iron Age **163** (1949) 10./3. 103—105; Met. Rev. **22** (1949) 4 34.

Jacquesson, R. et *P. Laurent:* Les renseignements fournis par des essais de fatigue sur l'état cristallin des toles. Rev. Métallurgie **46** (1949) Févr. 89—99 disc. 100—101; Met. Rev. **22** (1949) 7 24.

Melcher, J. L., W. B. Good, W. A. Page and *P. E. Shearin:* Failure of metals subjected to large repeated strains, properties of curved tubes and force reaction units. North Carolina Univ. Dep. of Physics June 1949 87 p. (Final Rep. under contract N 7-ONR-284, T. O. 4.)

Peterson, R. E.: Approximate statistical method for fatigue data. ASTM Bull. 156 Jan. 1949 50—52, Bull. 158 May 1949 62.

Roš, Mirko Gottfried: La fatigue des métaux. EMPA Disk.-Ber. 160 1949.

Rosenthal, D., G. Sines and *G. Zizicas:* Effect of residual compression on fatigue. Welding J. **28** (1949) March 98s—103s; Met. Rev. **22** (1949) 4 23.

Tatnall, Francis G.: Fatigue and mechanical properties. Is there a relation between them? Western Machinery & Steel World **40** (1949) July 88—89, 100; Met. Rev. **22** (1949) 9 31.

Weibull, Waloddi: A statistical representation of fatigue failures of solids. (in Engl.) Acta Polytechn. (Stockholm) 49, Mech. Engr. Ser. 1 (1949) 9 49 p. 11 ref.; Kungl. Tekn. Högsk., Handlingar (Trans. Roy. Inst. Technol. Stockholm) 27 1949 51 p.; Index Aeron. **6** (1950) 12 31—32; AMR **3** (1950) 6 174—175.

Almen, J. O.: Fatigue weakness. Product Engng. **21** (1950) 11 117—140.

Minamiozi, K. u. *H. Okubo:* Eine Untersuchung über die Kerbwirkung bei der Wechselbeanspruchung von Metallen. J. Franklin Inst. **249** (1950) 1 49—55; Stahl u. Eisen **71** (1951) 6 312.

Nishihara, Toshio and *Toshiro Yamada:* The fatigue strength of metallic material under alternating stresses of varying amplitude. Japan Sci. Rev. **1** (1950) 3 1—6 4 ref.; Index Aeron. **9** (1953) 10 48.

Tapsell H. J., P. G. Forest u. *G. R. Tremain:* Kriechen unter Schwingungsbeanspruchung bei höheren Temperaturen. Engng. **170** (1950) 4413 189—191; Stahl u. Eisen **71** (1951) 10 534.

— La fatigue des métaux. Metallurgia Ital. **1** (1950) 7—21.

— Survey of fatigue properties. (ASTM, 53rd Ann. Meeting.) ASTM Prepr. 107 June 1950; AB **21** (1950) 8 440.

Almen, J. O.: Fatigue loss and gain by electroplating. Product Engng. **22** (1951) 6 109—116.

Frith, P. H.: Fatigue tests at elevated temperatures. "Iron and Steel Inst. Symposium on High-Temperature Steels and Alloys for Gas Turbines." London 1951 175—181.

Mosberg, R. J., N. M. Newmark, W. H. Munse and *R. E. Elling:* Fatigue tests in axial compression. (ASTM Ann. Meeting 1951.) ASTM Bull. 175 1951 p. 11; AB **22** (1951) 9 530.

Roš, Mirko Gottfried: Ermüdung von Metallen. Metallurgia Italiana **43** (1951) 12 512—520; Stahl u. Eisen **72** (1952) 6 325.

Schaal, A.: Röntgenographische Versuchsergebnisse zur Begründung der Abhängigkeitsfunktion der Schwingungsfestigkeit von der Streckgrenze. Z. Metallkde. **42** (1951) 147—154.

Schaal, Alfred: Zur Frage des Größeneinflusses auf Biegefließgrenze und Biegeschwingungsfestigkeit. Z. Metallkde. **42** (1951) 9 279—284; AB **22** (1951) 11 675.

Spretnak, J. W., M. G. Fontana u. *H. E. Brooks:* Zug- und Dauerschwingversuche an verschiedenen Werkstoffen bei + 25 und — 196⁰. Trans. Amer. Soc. for Metals **43** (1951) 547—570; Stahl u. Eisen **71** (1951) 26 1458.

Cazaud, R.: Einfluß der Probenabmessungen bei Dauerschwingversuchen. Metallurgia Italiana **44** (1952) 10 512—517; Stahl u. Eisen **73** (1953) 5 312.

Dolan, T. J.: How can we appraise metals for high-temperature service?: Problems of metallic fatigue at high temperature. Metal Progr. **61** (1952) 3 55—60, 4 97—104; Index Aeron. **8** (1952) 12 94. [1.352.2].

Dolan, T. J.: European research on the behaviour of metals yields promising results. Mater. & Meth. **35** (1952) 6 93—96; AB **23** (1952) 7 397. [4.23].

Head, A. K.: Vorgang der Ermüdung bei Metallen. J. Mech. Phys. Solids **1** (1952) 2 134—141; Stahl u. Eisen **73** (1953) 7 439.

Hempel, Max: Dauerfestigkeitsprüfungen und Werkstoffverhalten bei der Schwingungsbeanspruchung. I. Dauerversuche zur Schaffung von Berechnungsunterlagen. II. Mehrstufen-Wiederholungsversuche und Eigenschaftsänderungen der Werkstoffe. Z. VDI **94** (1952) 25 809—815, 26 882—887 50 Lit.-St.; Index Aeron. **9** (1953) 3 27. [4.3].

Matthaes, Kurt: Betrachtungen zur Theorie der Werkstoff-Festigkeit. Z. Metallkde. **43** (1952) 1 11—19, 3 90—95.

Pope, J. A.: Fatigue of metals. J. Instn. Production Engrs. **31** (1952) 9 378—400 11 ref.; Index Aeron. **8** (1952) 11 66.

Russenberger, M.: Beitrag zur Wechselfestigkeit gekerbter Körper. Schweiz. Arch. **18** (1952) 7 220—227; Stahl u. Eisen **72** (1952) 22 1381. [1.352.2].

Sinclair, G. M. and *T. J. Dolan:* Use of a recrystallization method to study the nature of damage in fatigue of metals. — (Proc. 1st Congr. Appl. Mech., June 1951.) Amer. Soc. Mech. Engrs. Publ. 1952 3 ref.; Index Aeron. **9** (1953) 5 25—26.

Teed, P. Litherland: More thoughts on fatigue. Aeroplane **82** (1952) 2136 787—790; AB **23** (1952) 8 450.

Teed, P. L. Litherland: Fatigue — its nature and some ways of reducing its incidence. Aircr. Production **14** (1952) 169 362—365; AB **23** (1952) 12 681.

Toolin, P. R. u. *F. C. Hull:* Dauerschwingfestigkeit der Legierung Refractaloy 26 in. Abhängigkeit von Temperatur, Härte und Korngröße. Proc. ASTM **52** (1952) 791—803; Stahl u. Eisen **74** (1954) 6 364.

Troost, A.: Hypothesen über Größen- und Formeinfluß bei Dauerschwingbeanspruchung. Metall **6** (1952) 21/22 665—674 45 Lit.-St.; 23/24 756—762.

Weibull, W.: The statistical aspect of fatigue failures and its consequences. "Fatigue and fracture of metals", (W. M. Murray), New York: Wiley, London: Chapman & Hall 1952 182—196.

Weibull, W.: Statistical design of fatigue experiments. J. Appl. Mech. **19** (1952) 1 109—113 2 ref.; Index Aeron. **8** (1952) 6 36; AB **23** (1952) 4 222.

Yen, C. S. and *T. J. Dolan:* A critical review of the criteria for notch-sensitivity in fatigue of metals. Univ. Illinois Engng. Exp. Stat. Bull. 398 March 1952 55 p.; AMR **6** (1953) 1 21; Stahl u. Eisen **73** (1953) 19 1251.

Dieter, G. E. and *R. F. Mehl:* Investigation of the statistical nature of the fatigue of metals. NACA TN 3019 Sept. 1953 25 p. 11 ref.; AB **25** (1954) 7 474—475; Index Aeron. **10** (1954) 1 75; J. Roy. Aeron. Soc. **58** (1954) 517 81.

Freudenthal, A. M. and *E. J. Gumbel:* On the statistical interpretation of fatigue tests. Proc. Roy. Soc. (London) **216** A (1953) 1126 309—332 20 ref.; Index Aeron. **9** (1953) 6 40.

Girschig, R.: Statistische Auswertung von Dauerschwingversuchen. Rev. Metallurgie **50** (1953) 4 248—252; Stahl u. Eisen **73** (1953) 15 1000.

Hardrath, H. F., C. B. Landers and *E. C. Utley jr.:* Axial-load fatigue tests on notched and unnotched sheet specimens of 61 S-T 6 aluminum alloy, annealed 347 stainless steel and heat treated 403 stainless steel. NACA TN 3017 Oct. 1953 28 p.; J. Roy. Aeron. Soc. **58** (1954) 517 81; AMR **7** (1954) 3 112; AB **25** (1954) 3 163. [1.352.2].

Head, A. K.: The growth of fatigue cracks. Phil. Mag. Ser. 7 **44** (1953) 356 925—938; Index Aeron. **9** (1953) 11 36.

Head, A. K.: The mechanism of fatigue of metals. J. Mech. Phys. Solids **1** (1953) 2 134—141 47 ref.; Index Aeron. **9** (1953) 3 79.

Hempel, Max: Neuere amerikanische Untersuchungen über die Dauerschwingfestigkeit. Stahl u. Eisen **73** (1953) 19 1241—1243.

Hempel, Max u. *Edouard Houdremont:* Beitrag zur Kenntnis der Vorgänge bei der Dauerbeanspruchung von Werkstoffen. Stahl u. Eisen **73** (1953) 23 1503—1511 11 Lit.-St.; Index Aeron. **10** (1954) 2 40.

Jenkins, G. L.: Discussion of paper on fatigue strength of steel and light alloys. ASTM Bull. 194 1953 p. 66; AB **25** (1954) 2 89.

Marco, S. M. and *W. L. Starkey:* A concept of fatigue damage. ASME Prepr. 53-A-143 Nov./Dec. 1953 12 p. 5 ref.; Trans. ASME **76** (1954) May 627—632; Index Aeron. **10** (1954) 4 114.

Mohamed, A. K. u. *A. G. H. Coombs:* Bleibende Verformung durch Kugelstrahlen. J. Iron Steel Inst. **175** (1953) 1 5—9; Stahl u. Eisen **73** (1953) 25 1681.

Norris, G. M.: Effect of mean stress on the fatigue strength of D. T. D. 364 round bars with and without transverse holes. ARC Curr. Pap. CP 120 1953 15 p. 3 ref.; Index Aeron. **9** (1953) 9 51.

Sardinero, Enrique J. Garcier: Fatigue in metals. Ingen. Aeron. **5** (1953) 20 31—36; Index Aeron. **10** (1954) 5 129.

Vidal, G.: Sur les méthodes rapides de détermination de la limite de fatigue des métaux et alliages. Rech. Aéron. (1953) 34 49—54 17 réf. [4.3].

Wyss, Theophil: Influence of testing frequency on the fatigue strength of steels and light alloys. ASTM Bull. 188 1953 31—34; Index Aeron. **9** (1953) 10 55; Stahl u. Eisen **73** (1953) 13 870. [4.3].

— A discussion on fatigue. J. Roy. Aeron. Soc. **57** (1953) 513 559—593; Index Aeron. **9** (1953) 11 36.

— Der Einfluß von Werkstoffehlern auf die Dauerfestigkeit. Maschinenschaden **26** (1953) 1/2 13—16; Techn. Zbl. Masch.-Wes. (1953) 11 973; Draht **5** (1954) 7 249. [1.352.2].

— Symposium on fatigue with emphasis on statistical approach. II. ASTM Spec. Techn. Publ. 137 1953 91 p.; Stahl u. Eisen **73** (1953) 21 1372.

Ferguson, R. L.: A further investigation on the effect of surface finish on fatigue properties at elevated temperatures. NACA TN 3142 March 1954 27 p.; J. Roy. Aeron. Soc. **58** (1954) 522 446; Index Aeron. **10** (1954) 7 130—131; Nickel-Ber. **12** (1954) 7/8 135—136. ˏ

Hempel, Max: Dauerschwingversuche und deren Auswertung mit Hilfe statistischer Verfahren. Draht **5** (1954) 10 375—378.

Kawamoto, M. and K. Nishioka: Safe stress range for deformation due to fatigue. Amer. Soc. Mech. Engrs. Semi-Ann. Meeting, Pittsburgh June 1954, Pap. 54-SA-10 9 p.

Mattson, R. L.: Effects of residual stress on fatigue life of metals. SAE Prepr. 220 Jan. 1954 10 p. 10 ref.; Steel Processing (1954) June 365; Index Aeron. **10** (1954) 5 130.

Möller, Hermann u. *Max Hempel:* Wechselbeanspruchung und Kristallzustand. III. Zur Frage nach den Beziehungen zwischen Kristallitverformung und Verfestigung oder Schädigung. Arch. Eisenhüttenwes. **25** (1954) 1/2 39—60; Stahl u. Eisen **74** (1954) 5 301, 8 496.

Polakowski, N. H. and A. Palchoudhuri: Softening of certain cold worked metals under the action of fatigue loads. ASTM Prepr. 74 1954 12 p.; Metal Progr. **66** (1954) 5 196, 198; Nickel Ber. **12** (1954) 7/8 118.

Simmons, W. F. and H. C. Cross: Constant and cyclic-load creep tests of several materials. ASTM Prepr. 100d June 1954 13 p.; Nickel-Ber. **12** (1954) 7/8 137.

Stüssi, Fritz: Zur Theorie der Dauerfestigkeit. Abh. Int. Vereinig. Brücken- u. Hochbau **14** (1954) 253—268.

Teed, P. L.: Fatigue of metals — our knowledge and the deficiencies in our knowledge. Shell Aviation News (1954) 197 14—21, (1954) 198 16—21, (1955) 199 16—25; Luftfahrttechnik **1** (1955) 2 VI.

Weibull, Waloddi: A new method for the statistical treatment of fatigue data. SAAB TN 30 May 1954; Aircr. Engng. **27** (1955) 317 222; Aeron. Engng. Rev. **14** (1955) 6 142.

— References on fatigue. ASTM Spec. Techn. Publ. 9-E. 1954 34 p.; Aeron. Engng. Rev. **14** (1955) 3 142. [1.343.31].

Teed, P. L.: Fatigue of metals. Our knowledge and the deficiencies in our knowledge. Metalen **10** (1955) 7 100, 9 123—130.

Stähle und Gußeisen (Allgemeines)   1.332

Stähle   1.332.1

Aders, Karl: Einfluß des Alterns auf das Verhalten weichen Stahles bei Schwingungsbeanspruchungen. (Mitt. Forsch. Inst. Verein. Stahlwerke AG, Dortmund, Bd. 1 Lfg. 8.) Dortmund: Stahldruck Dortmund 1929.

Houdremont, Edouard u. *Richard Mailänder:* Dauerbiegeversuche mit Stählen. Kruppsche Mh. **9** (1929) 39; Stahl u. Eisen **49** (1929) 833.

Wiß, W.: Über dynamische Verfestigung und Überlastungsfähigkeit von Stählen. Diss. TH Darmstadt 1929; Z. VDI **73** (1929) 50 1787—1788; Mitt. dtsch. MPA (1930) 6/8 111—112.

Hengstenberg, O. u. *Richard Mailänder:* Biegeschwingungsfestigkeit von nitrierten Stählen. Kruppsche Mh. **10**(1930) 252; Z. VDI **74**(1930)32 1126—1128.

Thum, August and *W. Wiß:* An investigation of the phenomena of the strengthening of steel and its behavior under repeated overstresses. Amer. Soc. Steel Treating (1930) 49—54.

Batson, R. G. C. and *J. Bradley:* Fatigue strength of carbon- and alloy-steel plates as used for laminated springs. Proc. IME **120** (1931) 301.

Buchholtz, H. u. *E. H. Schulz:* Zur Frage der Dauerfestigkeit des hochwertigen Baustahles St 52. (Mitt. Forsch. Inst. Verein. Stahlwerke AG Dortmund, Bd. 2 Lfg. 6.) Dortmund: Stahldruck Dortmund 1931.

Graf, Otto: Dauerfestigkeit von Stählen mit Walzhaut, ohne und mit Bohrung, von Niet- und Schweißverbindungen. Berlin: VDI-Verl. 1931 IV, 42 S. [1.352.2], [1.442.14], [1.442.44].

Hempel, Max: Das Verhalten einiger Werkstoffe bei dynamischer Biegebeanspruchung. Forsch. Ing. Wes. **2** (1931) 9 327—334. [1.333.2].

Herold, Wilfried: Die Drehwechselfestigkeit verschiedener Stähle bei gleichzeitiger elastischer Beanspruchung. Maschinenb. Betrieb **10** (1931) 637.

Dusold, Theodor: Der Einfluß der Korrosion auf die Drehschwingungsfestigkeit von Stählen und Nichteisenmetallen. (Mitt. Wöhler Inst. TH Braunschweig, H. 14.) Braunschweig: Gutenberg 1933 90 S.

Faulhaber, Richard: Über den Einfluß des Probestabdurchmessers auf die Biegeschwingungsfestigkeit von Stahl. (Mitt. Forsch. Inst. Verein. Stahlwerke AG. Dortmund, Bd. 3 Lfg. 6.) Dortmund: Stahldruck Dortmund 1933.

French, H. J.: Fatigue and the hardening of steels. Trans. Amer. Soc. Steel Treatment **21** (1933) 899—964; Z. VDI **81** (1937) 49 1412; Luftwissen **6** (1939) 2 64.

Hanel, K.: Schwingungsfestigkeit von Nickelstählen. Nickel-Ber. (1933) 3 33—38 14 Lit.-St.

Herold, Wilfried: Wechselfestigkeit der im Automobilbau verwendeten Stähle. ATZ **36** (1933) 1 4—5, 2 40—42; Luftwissen **8** (1941) 3 85.

Lequis, W.: Biegeschwingungsfestigkeit und Kerbempfindlichkeit in ihrer Beziehung zu den übrigen Festigkeitseigenschaften von Stahl. (Mitt. Forsch. Inst. Verein. Stahlwerke AG. Dortmund, Bd. 3 Lfg. 6.) Dortmund: Stahldruck Dortmund 1933.

Mailänder, Richard: Über die Dauerfestigkeit von nitrierten Proben. Z. VDI **77** (1933) 10 271—274. [1.352.2].

Pomp, Anton u. *Max Hempel:* Untersuchungen an Stahlstäben bei wechselnder Zugbeanspruchung. Mitt. K.-Wilh.-Inst. Eisenforsch. **15** (1933) 247—254.

Thum, August u. *Walter Buchmann:* Kerbempfindlichkeit von Stählen. Arch. Eisenhüttenwes. **7** (1933/34) 627—635; Luftwissen **8** (1941) 3 85.

Behrens, O. u. *Theodor Dusold:* Einfluß der Korrosion auf die Biege- und Drehwechselfestigkeit von Stählen und Nichteisenmetallen. Z. VDI **78** (1934) 3 94—95.

Bußmann, K. H.: Prüfstabdurchmesser und die Dauerfestigkeit von Stählen. Forsch. Ing. Wes. **5** (1934) 4 198—199.

Matthaes, Kurt: Fatigue strength of airplanes and engine materials. NACA TN 743 Apr. 1934. [1.333.1].

Schwinning, W., M. Knoch u. *K. Uhlemann:* Wechselfestigkeit und Kerbempfindlichkeit der Stähle bei hohen Temperaturen. Z. VDI **78** (1934) 51 1469—1476. [1.352.2].

Wentrup, H.: Dauerfestigkeit und Kerbzähigkeit von Stahl bei niedrigen Temperaturen. Z. VDI **78** (1934) 18 565.

Hempel, Max u. *G. H. Plock:* Schwingungsfestigkeit von Stahl in Abhängigkeit von Wärmebehandlung und C-Gehalt. Mitt. K.-Wilh.-Inst. Eisenforsch. **17** (1935) 19—31.

Mailänder, Richard: Über die Kerbempfindlichkeit von Stahl bei wechselnder Beanspruchung. Techn. Mitt. Krupp **3** (1935) 108—111.

Hempel, Max u. *H. E. Tillmanns:* Verhalten des Stahles bei höheren Temperaturen unter wechselnder Zugbeanspruchung. Mitt. K.-Wilh.-Inst. Eisenforsch. **18** (1936) 12 163—182; Z. VDI **81** (1937) 27 821—822.

Klöppel, Kurt: Gemeinschaftsversuche zur Bestimmung der Schwellzugfestigkeit voller, gelochter und genieteter Stäbe aus St 37 und St 52. Stahlbau **9** (1936) 13/14 97—112. [1.352.2].

Pomp, Anton u. *Max Hempel:* Dauerfestigkeitsschaubilder von Stählen bei verschiedenen Zugmittelspannungen unter Berücksichtigung der Prüfstabform. Mitt. K.-Wilh.-Inst. Eisenforsch. **18** (1936) 1 19 S.; Z. VDI **80** (1936) 47 1424—1425.

Russel, H. W. and *W. A. Welcker:* Damage and overstress in the fatigue of ferrous materials. Proc. ASTM **36** (1936) Pt. 2 118.

Seeger, G.: Dauerfestigkeit unter Druckvorspannung. Z. VDI **80** (1936) 22 698—699. [1.352.2].

Sonnemann, H.: Die Schwingungsfestigkeit und Dämpfungsfähigkeit von handelsüblichen Stählen und Kupfer und ihre Beeinflussung durch Kaltnietung. (Mitt. Wöhler-Inst. TH Braunschweig, H. 28.) Braunschweig: Vieweg 1936. [1.442.44].

Wishart, H. B. and *S. W. Lyon:* Effect of overload on the fatigue properties of several steels at low temperatures. Amer. Soc. for Metals Prepr. 32 Oct. 1936 13—23.

Buchner, H.: Die Elastizitätsgrenze von Stählen bei Dauerbeanspruchung und ihr Zusammenhang mit der Dauerfestigkeit, Werkstoffdämpfung und Kerbempfindlichkeit. Diss. TH München 1937; Forsch. Ing. Wes. **9** (1938) 1 14—27.

Kahnt, H.: Über Kerbempfindlichkeit, Verfestigung und Dämpfung von Stählen bei Drehschwingungen. Z. Techn. Phys. **18** (1937) 230—237.

Pomp, Anton u. *Max Hempel:* Vergleichende Untersuchung von nickelhaltigen und nickelfreien Stählen auf ihre mechanischen Eigenschaften, insbesondere auf ihr Verhalten bei der Schwingungsprüfung. ZWB FB 756 1937 64 S.; Luftf. Forsch. **14** (1937) 10 511—519. [1.322.121].

Schmidt, M.: Einfluß der Vergütung und des Verschmiedungsgrades auf die Biegewechselfestigkeit legierter Baustähle. Arch. Eisenhüttenwes. **11** (1937/38) 393—400.

Bollenrath, Franz u. *Walter Bungardt:* Einfluß der Randentkohlung und Wärmebehandlung auf die Dauer- und Zeitfestigkeit von Stahlspanndrähten. Arch. Eisenhüttenwes. **12** (1938/39) 213—218.

Bollenrath, Franz, Heinrich Cornelius u. *Walter Siedenburg:* Einfluß der Querschnittsform auf die Dauerfestigkeit von weichem Flußstahl. Luftf. Forsch. **15** (1938) 4 215—217, 5 242; DVL-Jb. 1938 309—312; Aircr. Engng. **10** (1938) 113 230.

Frye, H. J. and *G. L. Kehl:* The fatigue resistance of steel as affected by some cleaning methods. Trans Amer. Soc. for Metals **26** (1938) 192—218.

Müller-Stock, Helmut, Erich Gerold u. *Ernst Hermann Schulz:* Der Einfluß einer Wechselvorbeanspruchung auf die Biegezeit- und Biegewechselfestigkeit von Stahl St 37. Arch. Eisenhüttenwes. **12**(1938/39) 141—148.

Narmore, Phil B.: A fatigue study of strong steel under combined alternating stresses. Diss. Univ. Michigan 1938.

Pomp, Anton: Festigkeit nickelhaltiger und nickelfreier Stähle, insbesondere bei Schwingungsbeanspruchung. Z. VDI **82** (1938) 14 417—419. [1.322.10].

Thum, August u. *H. Weiß:* Dauerverdrehversuche an Kurbelwellenstählen. ZWB FB 966 1938 45 S.

Wiegand, H. u. *R. Scheinost:* Einfluß der Einsatzhärtung auf die Biege- und Verdrehwechselfestigkeit von glatten und quergebohrten Probestäben. Arch. Eisenhüttenwes. **12** (1938/39) 445—448. [1.352.2].

450

Wever, Franz, Max Hempel u. Hermann Möller: Die Veränderungen des Kristallzustandes von Stahl bei Wechselbeanspruchung bis zum Dauerbruch. Stahl u. Eisen 59 (1939) 2 29—33.

Bollenrath, Franz u. Heinrich Cornelius: Verdrehwechselfestigkeit von Wellen aus unlegiertem und legiertem Stahl. Arch. Eisenhüttenwes. 14 (1940) 6 283—287.

Cornelius, Heinrich u. Franz Bollenrath: Kerbwirkungszahl kaltgereckter Stähle bei Biegewechselbeanspruchung. Arch. Eisenhüttenwes. 14 (1940) 6 289—292. [1.352.2].

Cornelius, Heinrich u. Franz Bollenrath: Einfluß von Einspannungen auf die Wechselfestigkeit von unlegiertem Stahl. Arch. Eisenhüttenwes. 14 (1940/41) 7 335—340.

Fry, Adolf, Artur Kessner u. Rudolf Oettel: Die Bedeutung der Streckgrenze für die Wechselfestigkeit bei Stählen höherer Festigkeit. Arch. Eisenhüttenwes. 14 (1940) 11 571—576; Techn. Z.-Schau 26 (1941) 14 249.

Gerold, A.: Über den Fortgang der Werkstoffzerstörung bei hohen Wechselbeanspruchungen und der Einfluß von Entlastungspausen auf die Lebensdauer von Stahl. Jb. 1940 Dtsch. Luftf. Forsch. I 938—943.

Mönch, E.: Dauerbeanspruchung und magnetoelastische Eigenschaften von Stählen. Diss. TH München 1940; Forsch. Ing. Wes. 11 (1940) 6 324—334; Z. VDI 85 (1941) 31 674—675.

Pomp, Anton u. Max Hempel: Biegewechselversuche an Chrom-Molybdän-Vergütungs- und Einsatzstählen im Vergleich zu nickelhaltigen Stählen. Mitt. K.-Wilh.-Inst. Eisenforsch. 22 (1940) 10 149—168 16 Lit.-St.; Techn. Z.-Schau 26 (1941) 5 94.

Pomp, Anton u. Max Hempel: Biegewechselfestigkeit von Mo- und Ni-haltigen Baustählen. Arch. Eisenhüttenwes. 14 (1940/41) 8 403—413 9 Lit.-St.; Techn. Z.-Schau 26 (1941) 17 292.

Schaal, Alfred: Das Spannungsverhalten von Stahl und Leichtmetall bis zum Bruchanriß bei Wechselverdrehbeanspruchung. Z. Techn. Phys. 21 (1940) 1 1—7; Luftwissen 7 (1940) 3 87. [1.333.1].

Hempel, Max u. Julius Luce: Verhalten von Stahl bei tiefen Temperaturen unter Zug-Druck-Wechselbeanspruchung. Mitt. K.-Wilh.-Inst. Eisenforsch. 23 (1941) 53—79; Arch. Eisenhüttenwes. 15 (1942) 9 423—430.

Hempel, Max: Wechselbeanspruchung von Stählen bei tiefen Temperaturen. Z. VDI 85 (1941) 51/52 992—993.

Weiß, H.: Dauerverdrehversuche an Kurbelwellenstählen. Diss. TH Darmstadt 1941.

Bollenrath, Franz u. Heinrich Cornelius: Die Ermittlung der Schadenslinie von Stahl. Arch. Eisenhüttenwes. 16 (1942/43) 2 49—56.

Cornelius, Heinrich: Einfluß von Einspannungen auf die Wechselfestigkeit unlegierten Stahles. (Auszug aus Arch. Eisenhüttenwes. 14 (1940/41) 335—340); Z. VDI 86 (1942) 5/6 91—92.

Föppl, Otto u. R. Holzer: Das Oberflächendrücken von Drähten zur Steigerung ihrer Dauerhaltbarkeit. Werkstattstechn. u. Werksleiter 36 (1942) 3/4 62—65. [1.422].

Graf, Otto: Über Versuche mit Baustählen. Bauing. 23 (1942) 5/6 31—44. [1.322.11].

Hempel, Max u. Hermann Krug: Dauerfestigkeit und Dehnverhalten von Stählen in der Wärme. Z. VDI 86 (1942) 39/40 599—605.

Hempel, Max u. Hermann Krug: Streckgrenzenverhältnis und Biegewechselfestigkeit von Stahl. Arch. Eisenhüttenwes. 16 (1942/43) 1 27—30.

Hempel, Max u. Hermann Krug: Wechselfestigkeits-Schaubilder von Stählen bei höheren Temperaturen. Arch. Eisenhüttenwes. 16 (1942/43) 7 261—268.

Hempel, Max u. *Hermann Krug:* Zug-Druck-Dauerversuche an Stahl bei höheren Temperaturen und ihre Auswertung nach versch. Verfahren. Einfluß der Streckgrenze auf die Biegewechselfestigkeit von Stahl. Mitt. K.-Wilh.-Inst. Eisenforsch. **24** (1942) 71—95.

Krainer, Helmut: Einfluß des Verschmiedungsgrades auf die Biegewechselfestigkeit von legiertem Baustahl längs und quer zur Schmiedefaser. Arch. Eisenhüttenwes. **15** (1942) 12 543—546.

Sawert, Walter: Verhalten der Baustähle bei wechselnder mehrachsiger Beanspruchung. ZWB TB **10** (1943) 4; Vorabdr. Jb. 1942 Dtsch. Luftf. Forsch. 11. Lfg. 38—48; Z. VDI **87** (1943) 39/40 609—615 21 Lit.-St.

Schaal, Alfred: Schwingungsfestigkeit und statische Streckgrenze. Arch. Eisenhüttenwes. **16** (1942/43) 1 21—26.

Hempel, Max: Dauerversuche an Stählen bei tiefen Temperaturen. ZWB FB 1704/1 1943 64 S.; ZWB TB **10** (1943) 4 128.

Pomp, Anton u. *Max Hempel:* Dauerversuche an Stählen bei tiefen Temperaturen. ZWB TB **10** (1943) 11; Vorabdr. Jb. 1943 dtsch. Luftf. Forsch. 4. Lfg. IE 20 19 S. 17 Lit.-St.

Drozd, Alfred: Über den Einfluß verschiedenartiger Überbeanspruchungen auf die Zeit- und Dauerfestigkeit von Stahl. Diss. TH Braunschweig 1944.

Herzog: Umlaufbiegefestigkeit von hartverchromten und inkromierten Stäben. ZWB UM 2121 1944 8 S.

Luthander, S. and *G. Wallgren:* The fatigue qualities of a chromium alloy steel for pulsating tensile stresses. FFA Rep. 13 1945 18 p.

Fotiadi, Alexandre: Die Wechselfestigkeit und Eignung der Stähle für Motorteile. Rev. Metallurgie **44** (1947) 1/2 12—38; Stahl u. Eisen **71** (1951) 22 1178.

Dolan, T. J. and *C. S. Yen:* Some aspects of the effect of metallurgical structure on fatigue strength and notch-sensitivity of steel. Proc. ASTM **48** (1948) 664—689, disc. 690—695; AMR **2** (1949) 10 227; Met. Rev. **22** (1949) 4 24, 6 25. [1.352.2].

Duke, James B.: Some characteristics of residual stress fields during dynamic stressing above the endurance limit. ASTM Prepr. 30 1948 8 p. 9 ref.; Proc. ASTM **48** (1948) 755—766; Index Aeron. **4** (1948) 11 68; AMR **2** (1949) 9 203.

Forsyth, A. C. and *R. P. Carreker:* Fatigue limit of S. A. E. 1095 after various heat treatments. Metal Progr. **54** (1948) 5 683—685; Index Aeron. **5** (1949) 3 70; Met. Rev. **22** (1949) 1 26.

Frith, P. H.: Fatigue tests on crankshaft steels. J. Iron & Steel Inst. **159** (1948) 385—409; AMR **2** (1949) 6 131—132.

Frith, P. H.: Crankshaft steels. I. Effect of nitriding and composition on fatigue properties. II. Nickel-chromium-molybdenum and chromium-molybdenum-vanadium steels. Iron & Steel **21** (1948) 18./11. 542—552; Met. Rev. **22** (1949) 1 26. [1.322.121].

Hempel, Max: Wechselfestigkeit und Kerbwirkungszahlen von unlegierten und legierten Stählen bei + 20 und — 78°. Stahl u. Eisen **68** (1948) 1./1. 25—26; Met. Rev. **22** (1949) 4 25. [1.352.2].

Lihl, Franz: Kristallographische Vorgänge an der Fließgrenze von Stahl und ihre Bedeutung für die Dauerfestigkeit. Metall **2** (1948) 23/24 391—396, **3** (1949) 3/4 49—51.

Roš, Mirko Gottfried: Static failure and fatigue of steels. Proc. Sheet Strip Metal Users Techn. Ass. **3** (1948/1949) 73—118; Index Aeron. **6** (1950) 4 83.

Dolan, T. J., F. E. Richart jr. and *C. E. Work:* The influence of fluctuations in stress amplitude on the fatigue of metals. ASTM Prepr. 32 1949 34 p. 21 ref.; ASTM Bull. **49** (1949) 646—682; Index Aeron. **6** (1950) 8 74; AMR **4** (1951) 5 292. [1.333.2].

Eilender, Walter, Heinz Arend u. *Eugen Schmidtmann:* Schwingungsuntersuchungen an hartverchromten Stählen. Metalloberfläche **3** (1949) A 161—A 163.

Gough, H. J.: Engineering steels under combined cyclic and static stresses. Proc. IME **160** (1949) 4 417—440; J. Appl. Mech. **17** (1950) 2 113—125; AMR **4** (1951) 9 510—511; Konstruktion **4** (1952) 7 219—220. [1.343.31], [1.352.2].

Hempel, Max and *Julius Luce:* Behaviour of steels at low temperatures under alternating tensile stresses. Roy. Aircr. Establ. Translat. 303 March 1949 52 p.; Index Aeron. **5** (1949) 10 77.

Jensen, R. S.: Fatigue tests of manganese steel. Amer. Railway Engng. Ass. Bull. **50** (1949) Febr. 579—588; AMR **2** (1949) 8 179—180; Met. Rev. **22** (1949) 4 24.

Logan, H. L.: Effect of chromium plating on the endurance limit of steels used in aircraft. J. Res. Nat. Bur. Stand. **43** (1949) 2 101—112 14 ref.; Proc. ASTM **50** (1950) 699—713; Index Aeron. **6** (1950) 1 69; AMR **5** (1952) 2 67; Stahl u. Eisen **72** (1952) 20 1248.

Neerfeld, Helmut u. *Hermann Möller:* Zur Frage des Spannungsabbaues durch Schwingungsbeanspruchung. Arch. Eisenhüttenwes. **20** (1949) 5/6 205—210; Met. Rev. **22** (1949) 9 32; Chem. Zbl. **121** (1950) 7/8 454. [1.352.2].

Roš, Mirko Gottfried: Static failure and fatigue of steels with particular reference to welded structures. Sheet Metal Industries **26** (1949) 271 2417—2426, 2440; 272 2625—2656, 2658 10 ref.; Index Aeron. **6** (1950) 4 83. [1.442.14].

Warnock, F. V. and *D. B. C. Taylor:* The yield phenomena of a medium carbon steel under dynamic loading. Proc. IME (Appl. Mech.) **161** (1949) 51 165—175 14 ref.; Index Aeron. **6** (1950) 4 79—80.

Williams, W. Lee: The effects of metallizing procedures on the fatigue properties of steel. ASTM Prepr. 20 1949 18 p. 22 ref.; Proc. ASTM **49** (1949) 683—701; Index Aeron. **6** (1950) 8 76; AMR **4** (1951) 2 100; Stahl u. Eisen **71** (1951) 8 414.

Drozd, Alfred, Erich Gerold u. *Ernst Hermann Schulz:* Der Einfluß von wechselnden und schlagartigen Überbelastungen auf die Lebensdauer von Stahl bei Biegewechselbeanspruchung. Arch. Eisenhüttenwes. **21** (1950) 5/6 181—189.

Gerold, Erich u. *A. Karius:* Abkürzungsverfahren zur Ermittlung der Wechselfestigkeit. Arch. Eisenhüttenwes. **21** (1950) 5/6 191—195; Draht **4** (1953) 5 190—191.

Gerold, Erich u. *Karl Trachte:* Das Verhalten von Stahl St 37 im Gebiet der Zeitfestigkeit. Arch. Eisenhüttenwes. **21** (1950) 5/6 175—179.

Jones jr., W. E. u. *G. B. Wilkes jr.:* Dauerschwingfestigkeit warmfester Legierungen bei höheren Temperaturen. Proc. ASTM **50** (1950) 744—762; Stahl u. Eisen **72** (1952) 20 1247.

Lister, F. M. and *D. G. Richards:* Investigation of the effect of brazing on the fatigue strength of steel. Unit. Aircr. Corp. Hamilton Stand. Propeller Div., East Hartford (Conn.) Jan. 1950 62 p.

Malcolm, Vincent T.: Einfluß eines Nitrierens auf die Wechselfestigkeit von nichtrostendem Stahl. J. Metals **188** (1950) 8 1094—1095; Stahl u. Eisen **71** (1951) 12 637.

Pomp, Anton u. *Max Hempel:* Wechselfestigkeit und Kerbwirkung von unlegierten und legierten Baustählen bei + 20⁰ und — 78⁰ C. Arch. Eisenhüttenwes. **21** (1950) 1/2 53—66. [1.352.2].

Pomp, Anton u. *Max Hempel:* Kerbschlagzähigkeit und Zeit- und Dauerfestigkeit zugschwellbeanspruchter Voll- und Kerbstäbe verschiedener Stähle. Arch. Eisenhüttenwes. **21** (1950) 1/2 67—76.

Tarasov, L. P. and *H. J. Grover:* Effects of grinding and other finishing processes on the fatigue strength of hardened steel. Proc. ASTM **50** (1950) 668—687; AMR **5** (1952) 1 22; Stahl u. Eisen **72** (1952) 20 1249.

Weibull, W.: Statistical aspects of fatigue strength. Tekn. T. **80** (1950) 42 1059—1064; Engrs. Dig. **12** (1951) 2 57—60; Index Aeron. **7** (1951) 5 89.

Weisman, M. H. u. *M. H. Kaplan:* Zeitfestigkeit von Stahl im Bereich kleinerer und mittlerer Lastspielzahlen. Proc. ASTM **50** (1950) 649—667; Stahl u. Eisen **72** (1952) 20 1247.

— Fatigue strength of steel at low temperature. Engineer **190** (1950) 4938 266 4 ref.; Index Aeron. **6** (1950) 11 71.

Bardgett, W. E. u. *F. Gartside:* Einfluß des Kugelstrahlens auf die Dauerschwingfestigkeit von nichtrostendem Stahl mit 18 % Cr und 8 % Ni. Iron & Steel **24** (1951) 6 195—197; Stahl u. Eisen **72** (1952) 6 324.

Bühler, Hans: Einfluß einer künstlichen Alterung kaltverformten Stahles auf die Schwingungsfestigkeit. Werkstatt u. Betrieb **84** (1951) 1 8.

Ferguson, R. R.: Einfluß der Beschaffenheit der Probenoberfläche auf die Dauerschwingfestigkeit hochwarmfester Legierungen. NACA Rep. RM E 51 D 17 Juni 1951 18 S.; Stahl u. Eisen **72** (1952) 14 853.

Fluck, P. G.: Einfluß der Probenoberfläche auf die Dauerschwingfestigkeit und Streuung der Versuchsergebnisse. Proc. ASTM **51** (1951) 584—592; Stahl u. Eisen (1952) 18 1113.

Göbel, E. F. u. *W. Marfels:* Bestimmung der zulässigen Spannung dauerbeanspruchter Baustähle. Konstruktion **3** (1951) 12 381—385.

Gough, H. J., H. V. Pollard and *W. J. Clenshaw:* Some experiments on the resistance of metals to fatigue under combined stresses. ARC R & M 2522 1951 141 p.; Stahl u. Eisen **73** (1953) 9 599; Index Aeron. **8** (1952) 6 89. [1.332.2].

Lazan, B. J. u. *L. J. Demer:* Dämpfung, Elastizität und Dauerschwingfestigkeit von warmfesten Werkstoffen. Proc. ASTM **51** (1951) 611—648; Stahl u. Eisen **72** (1952) 18 1111. [1.322.121].

Lazan, B. J. u. *T. Wu:* Dämpfung, Elastizität und Dauerschwingfestigkeit von unlegiertem Stahl mit niedrigem Kohlenstoffgehalt. Proc. ASTM **51** (1951) 649—681; Stahl u. Eisen **72** (1952) 18 1111. [1.322.11].

Phillips, C. E. and *A. J. Fenner:* Some fatigue tests on aluminium-alloy and mild-steel sheet, with and without drilled holes. Proc. IME **165** (1951) 65 125—129, disc. 130; Mech. World **129** (1951) 3348 251—252; Index Aeron. **7** (1951) 9 114; AB **24** (1953) 2 97; Konstruktion **5** (1953) 12 423—424. [1.333.2], [1.352.2].

Phillips, C. E. and *R. B. Heywood:* The size effect in fatigue of plain and notched steel specimens loaded under reversed direct stress. IME Prepr. Febr. 1951 3—14 8 ref.; Proc. IME (Appl. Mech.) **165** (1951) 65 113—124; Index Aeron. **7** (1951) 9 52; Konstruktion **5** (1953) 12 423—424. [1.352.2].

Prot, Marcel: Dauerschwingversuche mit stetig zunehmender Beanspruchung. Rev. Métallurgie **48** (1951) 11 822—824; Stahl u. Eisen **72** (1952) 4 213.

Andreini, S. B. u. *A. Erra:* Zusammenhang zwischen Kriechverhalten und Dauerschwingfestigkeit von Stahl bei höheren Temperaturen. Metallurgia Italiana **44** (1952) 8/9 299—307; Stahl u. Eisen **72** (1952) 24 1556; Index Aeron. **9** (1953) 1 80.

Blaser, R. U., J. T. Tucker jr. u. *L. F. Kooistra:* Dauerschwingversuche an Blechproben unter zweiaxialen Spannungen. Welding Res. Counc. (1952) 3 161—168; Stahl u. Eisen **72** (1952) 18 1113.

Case, S. L., J. M. Berry u. *H. J. Grover:* Einfluß der Oberflächenhärtung auf die Dauerschwingfestigkeit von Stahl. Trans. Amer. Soc. for Metals **44** (1952) 667—680; Stahl u. Eisen **72** (1952) 20 1247.

Cazaud, R.: The influence of the dimension on the fatigue of metals: statistical results. Metallurgia Italiana **44** (1952) 10 512—517 12 ref.; Index Aeron. **9** (1953) 2 31—32.

Chapman, R. D. and *W. E. Jominy:* The endurance limit of temper-brittle steel. Amer. Soc. for Metals Prepr. 23 Oct. 1952 12 p. 15 ref.; Index Aeron. **8** (1952) 12 100.

Coombs, A. G. H.: The effect of shot peening on the fatigue life of steel. Engng. **174** (1952) 4526 545—546, 4527 580—581; Konstruktion **5** (1953) 5 163.

Dolan, Thomas J.: Problems of metallic fatigue at high temperature. (Summary of Rep. 17 to project NR-031-005 Office of Naval Res., US Navy, Contract NR-ori-005, Task Order IV.) Metal Progr. **61** (1952) 4 97—104; AB **23** (1952) 5 282; Stahl u. Eisen **72** (1952) 18 1111. [1.333.2].

Finch, Walter G.: Verlauf der Wöhlerlinie im Gebiet der Zeitfestigkeit für drei Vergütungsstähle. Proc. ASTM **52** (1952) 759—778; Stahl u. Eisen **74** (1954) 6 366.

Forsman, O. u. *E. Lundin:* Einfluß verschiedener Überzüge auf die Dauerfestigkeit von Stahl. Proc. 1st World Metal Congr. Amer. Soc. for Metals 1952 606—612; Werkstoffe u. Korrosion **5** (1954) 3 105.

Fotiadi, A.: Zusammenhang zwischen Dauerschwingfestigkeit und dynamischer Elastizitätsgrenze von Stahl. Métaux Corrosion **27** (1952) 327 425—445; Stahl u. Eisen **73** (1953) 7 440.

Grover, H. J., W. S. Hyler and *L. R. Jackson:* Fatigue strengths of aircraft materials (aluminium alloys and steels). NACA TN 2639 1952 22 p.; Met. Abstr. **20** (1953) Pt. 5 Jan. 334; AB **24** (1953) 2 97. [1.333.2].

Harris, W. J.: Einfluß des Kugelstrahlens auf die Dauerschwingfestigkeit von Stahl. Metallurgia **45** (1952) 272 299—300; Stahl u. Eisen **72** (1952) 18 1112.

Locati, Luigi: Programmed fatigue tests: Variable amplitude rotating bending tests. Metallurgia Italiana **44** (1952) 4 135—144 22 ref.; Index Aeron. **8** (1952) 7 53; Stahl u. Eisen **72** (1952) 14 853. [1.333.2].

Niemann, Gustav u. *Heinz Glaubitz:* Einfluß der Oberflächenrauhigkeit auf die Biegewechselfestigkeit von ungehärtetem und vergütetem Stahl. Z. VDI **94** (1952) 855—857.

Pfeil, L. B.: High-temperature materials: Test used as criteria of service behaviour. Schweiz. Arch. **18** (1952) 3 88—97 25 ref. [1.322.122].

Ransom, J. T. u. *R. F. Mehl:* Die Richtungsabhängigkeit der Dauerschwingfestigkeit in Schmiedestücken. Proc. ASTM **52** (1952) 779—790; Stahl u. Eisen **74** (1954) 6 366.

Sander, Hans-Rolf u. *Max Hempel:* Zug-Druck-Wechselfestigkeit und Eigenschaftsänderungen von Stählen nach Kaltverformung mit unterschiedlicher Geschwindigkeit. Arch. Eisenhüttenwes. **23** (1952) 7/8 299—320.

Sinclair, G. M.: Über die Wirkung des Trainierens auf die Dauerschwingfestigkeit von Stahl. Proc. ASTM **52** (1952) 743—758; Stahl u. Eisen **74** (1954) 6 368.

Vitovec, F.: Über die Ursache des „Trainierens" bei Dauerwechselbeanspruchung. Berg- u. Hüttenmänn. Mh. **97** (1952) 1 3—5; Draht **4** (1953) 4 153.

Wellinger, Karl u. *Paul Gimmel:* Einfluß der Oberflächenbeschaffenheit auf die Biegewechselfestigkeit. Metalloberfläche **6** (1952) 1 A 4—9; Stahl u. Eisen **72** (1952) 20 1249.

Wellinger, Karl u. *Paul Gimmel:* Die Biegewechselfestigkeit nitrierter Proben mit verschiedenen Durchmessern. Arch. Eisenhüttenwes. **23** (1952) 5/6 203—205.

Wlodek, T. W.: Die Dauerfestigkeit von Chrom-Nickel-Molybdän-Stahl für Bohrgestänge. Canad. Min. Metall. Bull. **45** (1952) 484 470—478; Stahl u. Eisen **73** (1953) 11 742.

Cox, H. L.: Dauerschwingfestigkeit von Stahl. Iron & Steel **26** (1953) 2 45—50; Stahl u. Eisen **73** (1953) 7 439.

Gross, J. H., S. Tsang u. *R. D. Stout:* Einflußgrößen für die Zeitfestigkeit von Stählen für den Druckbehälterbau. Welding Res. Counc. (1953) 1 23—30; Stahl u. Eisen **73** (1953) 9 599.

Mailänder, Richard: Über die Dauerfestigkeit nitrierter Proben. Z. VDI **77** (1953) 9 271—274.

Matteoli, L. u. *B. Andreini:* Dauerschwingfestigkeit von vergütetem und anschließend kalt verformtem Stahl. Metallurgia Italiana **45** (1953) 9 328—337; Stahl u. Eisen **74** (1954) 2 120; Index Aeron. **10** (1954) 2 85.

Ransom, J. T.: The effect of inclusions on the fatigue strength of SAE 4340 steels. Amer. Soc. Metals Prepr. 12 Oct. 1953 10 p.; Index Aeron. **10** (1954) 1 77.

Tauscher, Herbert: Dauerfestigkeit und Verschleißverhalten eines legierten Einsatzstahles nach normaler und isothermischer Härtung. Metall u. Gießereitechn. **3** (1953) 2 54—58; Stahl u. Eisen **73** (1953) 13 870.

Vidal, Georges: Dauerschwingfestigkeit bei höheren Temperaturen mit und ohne Korrosionsbeanspruchung. Rev. Metallurgie **50** (1953) 1 21—34; Stahl u. Eisen **73** (1953) 15 1000.

Cledwyn-Davies, Denys N.: Einfluß der Probenvorbereitung auf die Ergebnisse von Dauerschwingversuchen an Stahl. Chartered Mech. Engr. **1** (1954) 6 293—294; Stahl u. Eisen **74** (1954) 17 1096.

Coffin, L. F.: The problem of thermal stress fatigue in austenitic steels at elevated temperatures. ASTM Prepr. 100a June 1954 20 p.; Nickel-Ber. **12** (1954) 7/8 136—137.

Delbart, G. u. *A. Kohn:* Betriebsuntersuchung über Borstähle. Rev. Metallurgie **51** (1954) 5 337—363; Stahl u. Eisen **74** (1954) 17 1095. [1.322.121].

Dieter, G. E., G. T. Thorne and *R. F. Mehl:* Statistical study of overstressing in steel. NACA TN 3211 Apr. 1954 34 p.; J. Roy. Aeron. Soc. **58** (1954) 523 519; Nickel-Ber. **12** (1954) 9 157.

Forrest, P. G. u. *H. J. Tapsell:* Dauerschwingfestigkeit von unlegiertem Stahl bei höheren Temperaturen. Chartered Mech. Engr. **1** (1954) 6 296—297; Stahl u. Eisen **74** (1954) 17 1095.

Forrest, P. G. and *H. J. Tapsell:* Some experiments on the alternating stress fatigue of a mild steel and an aluminium alloy at elevated temperatures with special reference to the effect of cyclic speed. Proc. IME (1954) 29 763—772, Communications 772—774. [1.333.1].

Freudenthal, A. M. u. *R. A. Heller:* Einfluß einer beim Dauerschwingversuch an geschweißten Stahlproben zwischengeschalteten Entspannung und Erwärmung auf die Zeitschwingfestigkeit. Welding Res. Counc. (1954) 7 327—338; Stahl u. Eisen **74** (1954) 21 1385.

Gross, J. H., D. E. Gucer u. *R. D. Stout:* Die Zeitfestigkeit von Druckbehälterstählen. Welding Res. Counc. (1954) 1 31—39; Stahl u. Eisen **74** (1954) 10 673.

Mattson, R. L. u. *W. S. Coleman jr.:* Einfluß der Arbeitsbedingungen beim Kugelstrahlen auf die Dauerschwingfestigkeit von Stahl. Metal Progr. **65** (1954) 5 108—112; Stahl u. Eisen **74** (1954) 17 1095.

Miller, R. C. jr. and *A. W. Brunot:* Fatigue tests of steel specimens prepared for metallizing. Welding Res. Counc. (1954) 6 275—279; Stahl u. Eisen **74** (1954) 19 1245.

Plankenhorn, W. J.: Wirkung von keramischen Überzügen auf die Dauerschwingfestigkeit von Metallen. J. Amer. Ceramic Soc. **37** (1954) 6 281—288; Stahl u. Eisen **74** (1954) 21 1386.

Koenigsberger, F. and *Z. Garcia-Martin:* Fatigue-strength of flame-cut specimens in bright mild steel. Brit. Welding J. (1955) Jan. 37—41; Aeron. Engng. Rev. **14** (1955) 4 123.

Gußeisen
1.332.2

Thum, August u. *H. Ude:* Die Elastizität und die Schwingungsfestigkeit des Gußeisens (1. Teil Diss.) Gießerei **16** (1929) 501—513, 547—556; Mitt. Dtsch. MPA (1930) 6/8 107—110.

Pomp, Anton u. *Max Hempel:* Beanspruchungsart und Wechselfestigkeit von Gußeisen und Temperguß. Arch. Eisenhüttenwes. **14** (1940) 9 439—449.

Hempel, Max: Die Dämpfung von Gußeisen bei Zug-Druck-Beanspruchung. Arch. Eisenhüttenwes. **14** (1941) 10 505—511 19 Lit.-St.; Techn. Z.-Schau **26** (1941) 15 260.

Hempel, Max: Gußeisen und Temperguß unter Wechselbeanspruchung. Z. VDI **85** (1941) 12 290—292.

Thum, August u. *Cord Petersen:* Zur Wechselfestigkeit von Gußeisen. Arch. Eisenhüttenwes. **16** (1943) 8 309—312.

Woodward, G. R.: Bibliography on the fatigue properties of cast iron, (1926—1947). Bull. Brit. Cast Iron Res. Ass. **9** (1947) 59—63 54 ref.

Collins, W. Leighton: Fatigue and static load tests of an austenitic cast iron at elevated temperatures. Proc. ASTM **48** (1948) 696—705, disc. 706—708; Met. Rev. **22** (1949) 6 34.

Eagan, T. E.: Kerbempfindlichkeit verschiedener Gußwerkstoffe. Amer. Foundryman **18** (1950) 5 22—24; Stahl u. Eisen 71 (1951) 4 208. [1.352.2].

Eagan, T. E.: Dauerschwingfestigkeit von Gußeisen mit Kugelgraphit. Iron Age **168** (1951) 24 136—139; Stahl u. Eisen **72** (1952) 8 440.

Gough, H. J., H. V. Pollard and *W. J. Clenshaw:* Some experiments on the resistance of metals to fatigue under combined stresses. ARC R & M 2522 1951 141 p.; Index Aeron. **8** (1952) 6 89; Stahl u. Eisen **73** (1953) 9 599. [1.332.1].

Lansing, James H.: Wichtige Eigenschaften von Temperguß. Mém. Congr. Int. Fonderie Bruxelles (1951) 291—299; Stahl u. Eisen **72** (1952) 4 211—212. [1.322.23].

Majors, H. jr.: Dynamic properties of nodular cast iron. Amer. Soc. Mech. Engrs. Prepr. 51-F-5 Sept. 1951 11 p. 30 ref.; Trans. ASME **74** (1952) 3 365—380; Index Aeron. **7**(1951)12 120; AMR **5** (1952) 11 470.

Gilbert, G. N. J. u. *K. B. Palmer:* Einfluß einer Oberflächenbearbeitung auf die Dauerschwingfestigkeit von Gußeisen. J. Res. Devel. Brit. Cast Iron Res. Ass. **5** (1953) 2 71—77; Stahl u. Eisen **74** (1954) 2 119.

Gilbert, G. N. J.: Dauerschwingfestigkeit von Gußeisen. J. Res. Devel. Brit. Cast Iron Res. Ass. **5** (1953) 3 94—108; Stahl u. Eisen **74** (1954) 4 243—244.

Palmer, K. B. u. *G. N. J. Gilbert:* Dauerschwingfestigkeit von Gußeisen mit Kugelgraphit. J. Res. Devel. Brit. Cast Iron Res. Ass. **5** (1953) 1 2—14; Stahl u. Eisen **73** (1953) 25 1679.

Leichtmetalle   1.333

Allgemeines   1.333.1

Wagner, Richard: Die Bestimmung der Dauerfestigkeit der knetbaren, veredelbaren Leichtmetallegierungen. (Ber. Inst. Mech. Technol. u. Materialienkde. TH Berlin, H. 1.) Berlin: Springer 1928 IV, 64 S.

Matthaes, Kurt: Statische und dynamische Festigkeitseigenschaften einiger Leichtmetalle. 250. DVL-Ber. 1931; DVL-Jb. 1931 439—484. [1.323.20].

Saran, Walter: Die Dauerfestigkeit der Leichtmetall-Sandguß-Legierungen. Darmstadt: Pfeffer & Balzer 1931 87 S.

Linicus, W. u. *Scheuer:* Die Wechselfestigkeit von Leichtmetallguß. Metallwirtsch. (1934) 829—849.

Matthaes, Kurt: Fatigue strength of airplane and engine materials. NACA TM 743 Apr. 1934. [1.332.1].

Bungardt, Karl: Über den Dauerbruch an Leichtmetallen. ZWB FB 874 1937.

Bungardt, Karl: Dauerbiegefestigkeit einiger Leichtmetall-Legierungen bei tiefen Temperaturen. ZWB FB 886 1938.

Bungardt, Karl: Dynamische Festigkeitseigenschaften von Leichtmetall-Legierungen bei tiefen Temperaturen. DVL-Jb. 1938 325—327.

Bollenrath, Franz u. *Karl Bungardt:* Dauerfestigkeit einiger Leichtmetall-Legierungen bei verschiedenen Arten der Beanspruchung, Einfluß der Kaltverformung. Jb. 1939 Dtsch. Luftf. Forsch. I 595—599.

Göler, V. u. *W. Jung-König:* Die Erhöhung der Wechselfestigkeit von Leichtmetallen durch Oberflächendrücken. Jb. 1939 Dtsch. Luftf. Forsch. I 631—635.

Loepelmann, F.: Einfluß einer Oberflächenvorbehandlung und Kaltverformung auf die Dauerbiegefestigkeit einer Legierung der Gattung Al Din 1713. ZWB UM 568 1939 7 S.

Bautz, W.: Untersuchungen über die Schadenslinie bei Leichtmetallen. Z. VDI **84** (1940) 47 918—919.

Gürtler, G.: Untersuchungen über die Schadenslinie bei Leichtmetallen. Z. Metallkde. **32** (1940) 2 21—30.

Schaal, Alfred: Das Spannungsverhalten von Stahl und Leichtmetall bis zum Bruchanriß bei Wechselverdrehbeanspruchung. Z. Techn. Phys. **21** (1940) 1 1—7; Luftwissen **7** (1940) 3 87. [1.332.1].

Buchmann, Walter: Einfluß der Querschnittsgröße auf die Dauerfestigkeit. Metallwirtsch. **20** (1941) 931—937.

Siebel, Erich, Wolfgang Steurer u. *Gustav Stähli:* Prüfung von Leichtmetall-Legierungen bei höheren Temperaturen unter gleichzeitig ruhender und schwingender Beanspruchung. Z. Metallkde. **34** (1942) 7 145—150.

Buchmann, Walter: Einfluß der Querschnittsgröße auf die Dauerfestigkeit. Z. VDI **87** (1943) 21/22 325—327.

Wellinger, Karl u. *Gustav Stähli:* Verfestigungserscheinungen bei der Schwingungsbeanspruchung von Leichtmetall-Legierungen in der Wärme. Techn. Zbl. prakt. Metallbearb. (1943) 1/2; Forsch. Arb. über Kolben vom Prüffeld Mahle-Elektron, Stuttgart-Cannstatt, Folge 9 1946 4 S.

Wellinger, Karl u. *Gustav Stähli:* Verhalten von Leichtmetall-Kolbenwerkstoffen bei betriebsähnlicher Beanspruchung. Z. VDI **87** (1943) 41/42 663—666; Forsch. Arb. über Kolben vom Prüffeld Mahle-Elektron, Stuttgart-Cannstatt, Folge 9 1946 4 S.; Luftwissen **11** (1944) 1 27.

Hofmann, Arthur: Mechanische Eigenschaften metallischer Werkstoffe bei tiefen Temperaturen und Untersuchungen über das Festigkeitsverhalten von Leichtmetallen in der Kälte, mit besonderer Berücksichtigung der Zug- und Druckwechselbeanspruchung. Diss. TH Stuttgart 1944. [1.321].

Chevigny, R.: Fatigue strength of light metals. Rev. Métallurgie **43** (1946) 330—335; BA BI (1948) July 337.

Forrest, G.: Some experiments on the effects of residual stresses on the fatigue of aluminium alloys. J. Inst. Metals **72** (1946) 1—17.

Wellinger, Karl, Ernst Keil u. *Gustav Stähli:* Über die Temperaturabhängigkeit von Wechselfestigkeit und Dauerstandfestigkeit verschiedener Preß- und Gußlegierungen aus Leichtmetall. Z. Metallkde. **41** (1950) 9 309—319.

Forrest, P. G. and *H. J. Tapsell:* Some experiments on the alternating stress fatigue of a mild steel and an aluminium alloy at elevated temperatures with special reference to the effect of cyclic speed. Proc. IME (1954) 29 763—772, Communications 772—774. [1.332.1].

Mann, J. Y.: The effect of rate of cycling on the fatigue properties of 24 S-T aluminium alloy. Aeron. Res. Lab. (Australia) Rep. SM. 188 Aug. 1954 20 p.

Aluminium und Legierungen   1.333.2

Hempel, Max: Das Verhalten einiger Werkstoffe bei dynamischer Biegebeanspruchung. Forsch. Ing. Wes. **2** (1931) 9 327—334. [1.332.1].

Sachs, G.: Fortschritte im Leichtmetallguß für hohe Beanspruchungen. Z. VDI **77** (1933) 5 115—120. [1.323.212].

Cox, H. L. and S. J. Clenshaw: Behaviour of three single crystals of aluminium in fatigue under complex stresses. Proc. Royal Soc. (London) A **149** (1935) 312.

Irmann, Roland: Die Ermüdungsfestigkeit der Aluminium-Legierungen. Aluminium **17** (1935) 12 638—643.

Sutton, H. and W. J. Taylor: The influence of pickling on the fatigue strength of duralumin. ARC R & M 1647 Febr. 1935; Luftwissen **2** (1935) 10 301; Aircr. Engng. **8** (1936) 83 26.

Böhm, Ernst: Gußgefüge und Dauerbiegefestigkeiten einiger Aluminiumlegierungen. Aluminium **20** (1938) 3 168—174.

Brenner, Paul u. Hans Kostron: Der Einfluß der Faserrichtung auf die Dauerfestigkeit einer Al-Cu-Mg-Legierung. Luftwissen **5** (1938) 1 15—16.

Gürtler, G. u. E. Schmid: Untersuchungen über die Dauerfestigkeit von Legierungen der Silumingruppe. Aluminium **20** (1938) 3 175—181.

v. Rajakovics, E.: Die Schwingungsfestigkeit von Aluminium-Legierungen bei einer Grenzlastspielzahl von 50 Millionen. Metallwirtsch. **19** (1940) 42 929—932 2 Lit.-St.; Techn. Z.-Schau **26** (1941) 8 141.

Sopwith, D. G.: Resistance of aluminium and beryllium to fatigue and corrosion fatigue. ARC R & M 2486 Apr. 1940. [1.365].

Beerwald, A.: Über die Dauerfestigkeit von hartverchromten Dural. Luftf. Forsch. **18** (1941) 10 368.

Mauksch, W.: Die Biegewechselfestigkeit eloxierter Aluminiumlegierungen. Aluminium **23** (1941) 6 285—288 6 Lit.-St.; Techn. Z.-Schau **26** (1941) 21 359.

Stickley, G. W.: Effect of alternately high and low repeated stresses upon the fatigue strength of 25 ST aluminium alloy. NACA TN 792 Jan. 1941.

Bollenrath, Franz u. Heinrich Cornelius: Die Ermittlung der Schadenslinie einer ausgehärteten Aluminium-Kupfer-Magnesium-Knetlegierung. Z. Metallkde. **34** (1942) 7 150—156.

Hartmann, E. C. and G. W. Stickley: The direct-stress fatigue strength of 17 S-T aluminium alloy throughout the range from 1/2 to 500,000,000 cycles of stress. NACA TN 865 Nov. 1942.

Irmann, Roland: Dauerwechselfestigkeit von Aluminium und Aluminiumlegierungen. Schweiz. Arch. **8** (1942) 2 52—64 27 Lit.-St.

Sterner-Rainer, R. u. W. Jung-König: Über die Dauerbiegefestigkeit einiger Al-Legierungen unter Korrosionseinfluß im Vergleich zu Gußbronze und Rotguß. Korrosion u. Metallschutz **18** (1942) 10 337—343. [1.365].

Stickley, G. W.: The fatigue strengths of some wrought aluminum alloys. NACA RB (WR W-83) June 1942.

Bungardt, Walter u. Eugen Osswald: Preßeffekt und Biegedauerfestigkeit einiger Aluminium-Kupfer-Magnesium-Knetlegierungen mit verschiedenen Mangangehalten. ZWB UM 1139 1943 8 S.

Stähli, Gustav: Das Verhalten von Leichtmetall-Kolbenlegierungen bei gleichzeitiger ruhender und schwingender Zug-Druck-Beanspruchung in der Wärme. ZWB FB 1727 1943 38 S.; ZWB TB **10** (1943) 5 159. [6.211.1].

Cornelius, Heinrich: Einfluß von Einspannungen auf das Dauerfestigkeitsverhalten einer kaltausgehärteten Aluminium-Kupfer-Magnesium-Knetlegierung. Z. Metallkde. **36** (1944) 5 101—105.

Cornelius, Heinrich u. W. Schmidt: Über eine Besonderheit des Dauerfestigkeitsverhaltens von aushärtbaren Al-Knetlegierungen. ZWB UM 1410 1944.

Jackson, L. R. and H. J. Grover: The application of data on strength under repeated stresses to the design of aircraft. NACA ARR 5 H 27 (WR W-91) Oct. 1945. [1.343.31].

Raub, Ernst: Der Einfluß der Hartverchromung auf die Dauerfestigkeit von Aluminiumlegierungen. Z. Metallkde. **38** (1947) 4 121—126; AMR **2** (1949) 2 32.

Brueggeman, W. C. and *M. Mayer, jr.:* Axial fatigue tests at zero mean stress of 24 S-T and 75 S-T aluminum-alloy strips with a central circular hole. NACA TN 1611 Aug. 1948.

Bungardt, Walter u. *Hanns Gröber:* Über den Einfluß von Zink auf einige Eigenschaften technischer Aluminium-Kupfer-Magnesium-Knetlegierungen. Metall (1948) Juli 217—220; Met. Rev. **22** (1949) 7 24. [1.323.211.1].

Bungardt, Walter u. *Eugen Osswald:* Preßeffekt und Biegedauerfestigkeit einiger Aluminium-Kupfer-Magnesium-Knetlegierungen mit verschiedenen Mangangehalten. Z. Metallkde. **39** (1948) 6 185—189; Met. Rev. **22** (1949) 7 24.

Howell, F. M., G. W. Stickley and *J. O. Lyst:* Effects of surface finish, of certain defects, and of repair of defects by welding on fatigue strength of 355-T 6 sand-castings and effects of prior fatigue stressing on tensile properties. NACA TN 1464 Apr. 1948.

Jackson, L. R., H. C. Cross and *J. M. Berry:* Tensile, fatigue, and creep properties of forged aluminium alloys at temperatures up to 800⁰ F. NACA TN 1469 March 1948. [1.323.211.1], [1.323.211.2].

Liu, S. I., J. J. Lynch, E. J. Ripling and *G. Sachs:* Low cycle fatigue of the aluminum alloy 24 S-T in direct stress. Trans. Amer. Inst. Min. & Metall. Engrs. **175** (1948) 469—496; AMR **3** (1950) 1 15.

Luthander, S. and *G. Wallgren:* The experimental determination of the fatigue diagram for tension and compression in alclad sheet. FFA Rep. 5 1948 11 p; Roy. Swed. Air Board Rep. & Translat. 8 1948 11 p.; Index Aeron. **8** (1952) 6 98; AMR **3** (1950) 5 144.

Dolan, T. J., F. E. Richart jr. and *C. E. Work:* The influence of fluctuations in stress amplitude on the fatigue of metals. ASTM Prepr. 32 1949 34 p. 21 ref.; ASTM Bull. **49** (1949) 646—682; Index Aeron. **6** (1950) 8 74; AMR **4** (1951) 5 292. [1.332.1].

Manjoine, M. J.: Effect of pulsating loads on the creep characteristics of aluminum alloy 14 S-T. ASTM Prepr. 27 1949 11 p.; Metals Rev. **22** (1949) 8 35.

Marin, Joseph and *William Shelson:* Biaxial fatigue strength of 24 S-T aluminium alloy. NACA TN 1889 May 1949 41 p.; Met. Rev. **22** (1949) 6 27.

Sauer, J. A. and *D. C. Lemmon:* Effect of steady stress on fatigue behaviour of aluminium. Amer. Soc. for Metals Prepr. 29 1949 18 p. 10 ref.; Index Aeron. **6** (1950) 8 80.

Bennett, John A. and *James L. Baker:* Effects of prior static and dynamic stresses on the fatigue strength of aluminum alloys. J. Res. Nat. Bur. Stand. **45** (1950) 6 449—457; Index Aeron. **7** (1951) 4 66.

Brenner, Paul: Einfluß einer Überhitzung auf die Wechselfestigkeit von Aluminium-Kupfer-Magnesium-Legierungen. Metall **4** (1950) 23/24 502—504.

Head, A. K.: Statistical properties of fatigue data on 24 S-T aluminum alloy. ASTM Bull. 169 Oct. 1950 51—53; AMR **4** (1951) 8 461.

McKeown, J.: Fatigue properties of four cast aluminium alloys at elevated temperatures. Metallurgia **41** (1950) 247 393—396; Index Aeron. **6** (1950) 12 77.

Reininger, Hans: Die Dauerwechselfestigkeit poröser Silumin-Gamma-Sandgußteile. Z. Metallkde. **41** (1950) 10 348—357.

Smith, Frank C., William C. Brueggeman and *Richard H. Harwell:* Comparison of fatigue strengths of bare and alclad 24 S-T 3 aluminum-alloy sheet specimens tested at 12 and 1000 cycles per minute. NACA TN 2231 Dec. 1950 18 p.; AMR **4** (1951) 7 416—417.

Templin, R. L., F. M. Howell and *E. C. Hartmann:* Effect of grain direction on fatigue properties of aluminium alloys. Product Engng. **21** (1950) 7 126—130; AB **21** (1950) 8 434—435.

Bennett, John A. and *James L. Baker:* Effects of prior stress on the fatigue of aluminium alloys. Light Metal Age **9** (1951) 3/4 16—17; Index Aeron. **7** (1951) 11 164.

Liu, S. I.: Effects of precompression on the behavior of the aluminum alloy 24 S-T 4 during cyclic direct stressing. J. Metals **3** (1951) 6 452—456; AMR **5** (1952) 1 25; AB **22** (1951) 8 471; Aluminium **28** (1952) 1/2 XV.

Mann, J. Y.: The effects of re-heat treatment and overheating on the fatigue properties of 24 S aluminium alloy. Aeron. Res. Lab. Dep. of Supply (Australia) Rep. SM 185 Dec. 1951 7 p.; AB **23** (1952) 10 562.

Phillips, C. E. and *A. J. Fenner:* Some fatigue tests on aluminium-alloy and mild-steel sheet, with and without drilled holes. Proc. IME **165** (1951) 65 125—129, disc. 130—140; Mech. World **129** (1951) 3348 251—252; Index Aeron. **7** (1951) 9 114; AB **24** (1953) 2 97; Konstruktion **5** (1953) 12 423—424. [1.332.1], [1.352.2].

Carter, J. J., D. N. Mends and *J. McKeown:* The creep and fatigue properties of two commercial aluminium bronzes at 500 deg. C. Metallurgia **45** (1952) 272 273—281; Index Aeron. **8** (1952) 9 90. [1.323.211.2].

Cliett, Charles B.: Flexural fatigue strength of anodized 24 S-T aluminium alloy sheet. Aeron. Engng. Rev. **11** (1952) 12 29—30, 42 3 ref.; Index Aeron. **9** (1953) 5 79—80; AB **24** (1953) 2 106.

Dolan, Thomas J.: Problems of metallic fatigue at high temperature. Summary of Rep. 17 to project NR-031-005 Office of Naval Res., US Navy, Contract NR-ori-005, Task Order IV. Metal Progr. **61** (1952) 4 97—104; AB **23** (1952) 5 282; Stahl u. Eisen **72** (1952) 18 1111. [1.332.1].

Grover, H. J., W. S. Hyler and *L. R. Jackson:* Fatigue strengths of aircraft materials (aluminium alloys and steels). NACA TN 2639 1952 22 p.; Met. Abstr. **20** (1953) Pt. 5 Jan. 334; AB **24** (1953) 2 97. [1.332.1].

Irmann, Roland: Knetwerkstoffe auf Aluminiumbasis und ihre Dauerfestigkeit bei erhöhten Temperaturen. Metall **6** (1952) 19/20 608—612.

Locati, Luigi: Programmed fatigue tests: Variable amplitude rotating bending tests. Metallurgia Italiana **44** (1952) 4 135—144 22 ref.; Index Aeron. **8** (1952) 7 53; Stahl u. Eisen **72** (1952) 14 853. [1.332.1].

Riches, J. W., O. D. Sherby and *J. E. Dorn:* The fatigue properties of some binary alpha solid solutions of aluminium. Amer. Soc. for Metals Prepr. 10 W Jan./Febr. 1952 14 p. 6 ref.; Index Aeron. **8** (1952) 9 92.

Sinclair, G. M. and *T. J. Dolan:* Effect of stress amplitude on statistical variability in fatigue life of 75 S-T 6 aluminium alloy. Amer. Soc. Mech. Engrs. Prepr. 52-A-82 Nov./Dec. 1952 15 p. 9 ref.; Index Aeron. **9** (1953) 4 93.

Templin, R. L., F. M. Howell and *J. O. Lyst:* Fatigue properties of cast aluminium alloys. Product Engng. **23** (1952) 5 119—123; AB **23** (1952) 6 338.

Findley, W. N.: Combined-stress fatigue strength of 76 S-T 61 aluminium alloy with superimposed mean stresses and corrections for yielding. NACA TN 2924 May 1953 90 p. 66 ref; Index Aeron. **9** (1953) 10 104.

Findley, W. N.: Effect of range of stress on fatigue of 76 S-T 61 aluminium alloy under combined stresses which produce yielding. Amer. Soc. Mech. Engrs. Prepr. 53-APM-12 1953 10 p. 27 ref.; J. Appl. Mech. **20** (1953) 3 365—374; Index Aeron. **9** (1953) 8 75; AB **24** (1953) 10 639.

Forrest, G., K. W. Gunn and *A. R. Woodward:* The fatigue properties of Z-section test pieces completely machined from an aluminium alloy extrusion conforming to D. T. D. 364 B. J. Roy. Aeron. Soc. **57** (1953) 506 103—107 4 ref.; Index Aeron. **9** (1953) 5 77—78.

Grand, M. Louis: Etude d'une pièce moulée en alliages légers soumise à des efforts statiques et dynamiques. Fonderie (Paris) **86** (1953) Mars 3344—3350; AB **24** (1953) 5 303. [1.323.212].

Grover, H. J., W. S. Hyler, P. Kuhn, C. B. Landers and *F. M. Howell:* Axial-load fatigue properties of 24 S-T and 75 S-T aluminium alloy as determined in several laboratories. NACA TN 2928 May 1953 63 p. 12 ref.; Index Aeron. **9** (1953) 9 108.

Lazan, B. J. and *A. A. Blatherwick:* Strength properties of rolled aluminium alloys under various combinations of alternating mean axial fatigue stresses. ASTM Prepr. 74 1953 15 p.; AB **24** (1953) 8 510.

Sines, George and *D. Rosenthal:* On some factors influencing the effect of residual stress in fatigue. (Ann. Meeting Amer. Inst. Mech. Engrs. Los Angeles Febr. 1953.) J. Metals **5** (1953) 2 155; AB **24** (1953) 3 174.

Wallgren, G.: Direct fatigue tests with tensile and compressive mean stresses on 24 S-T aluminium plain specimens and specimens notched by a drilled hole. FFA Medd. 48 1953 29 p. 9 ref.; Index Aeron. **9** (1953) 12 97; AMR **7** (1954) 3 114; AB **25** (1954) 3 163. [1.352.2].

Bundy, Robert and *Joseph Marin:* Fatigue strength of 14 S-T 4 aluminum alloys subjected to biaxial stresses. ASTM Prepr. No. 73 1954 12 p.; AB **25** (1954) 6 394—395, 8 547; ASTM Bull. 198 1954 p. 23.

Corten, H. T., G. M. Sinclair and *T. J. Dolan:* An experimental study of the influence of fluctuating stress amplitude on fatigue life of 75 S-T 6 aluminum. Pap. 57th Ann. Meeting ASTM, June 1954; ASTM Bull. 198 1954 p. 22; AB **25** (1954) 6 395.

DeMoney, F. W. and *B. J. Lazan:* Dynamic creep and rupture properties of an aluminum alloy under axial static and fatigue stress. Pap. 57th Ann. Meeting ASTM, June 1954; ASTM Bull. 198 1954 p. 23; AB **25** (1954) 6 394.

Findley, W. N., W. I. Mitchell and *D. E. Martin:* Combined bending and torsion fatigue tests of 25 S-T aluminum alloy. (2nd U. S. Nat. Congr. Appl. Mech. June 1954.) J. Appl. Mech. **21** (1954) 3 285; AB **25** (1954) 10 706—707.

Forsyth, P. J. E.: Some further observations on the fatigue process in pure aluminium. J. Inst. Metals **82** (1954) 9 449—455; AB **25** (1954) 6 386.

Hanstock, R. F.: Fatigue phenomena in high-strength aluminium alloys. J. Inst. Metals **83** (1954) Pt. 1 11—15; AB **25** (1954) 11 788.

Holt, Marshall: Some factors affecting fatigue strength of aluminium sand castings. Foundry **82** (1954) 6 142—145; AB **25** (1954) 6 380—381.

Weibull, Waloddi: The propagation of fatigue cracks in light-alloy plates. SAAB TN 25 Jan. 1954 20 p.; Aeron. Engng. Rev. **14** (1955) 6 142.

Lipsitt, H. A., G. E. Dieter, G. T. Horne and *R. F. Mehl:* Study of effects of microstructure and anisotropy on fatigue of 24 S-T 4 aluminum alloy. NACA TN 3380 March 1955 42 p. 16 ref.; J. Roy. Aeron. Soc. **59** (1955) 534 447.

Low, A. C.: The bending fatigue strength of aluminium alloy MG 5 between 10 and 10 million cycles. J. Roy. Aeron. Soc. **59** (1955) 535 502—506.

— Cooperative investigation of relationship between static and fatigue properties of wrought N-155 alloy at elevated temperatures (NACA Subcomm. on heat-resisting materials). NACA TN 3216 Apr. 1955 92 p.

Magnesium und Legierungen
1.333.3

Buchmann, Walter: Dauerfestigkeitseigenschaften von Elektronlegierungen insbesondere Kerbempfindlichkeit der Knetlegierungen. Jb. 1938 Dtsch. Luftf.-Forsch. I 524—528.

Buchmann, Walter: Dauerfestigkeitseigenschaften der Magnesiumlegierungen. Z. VDI **85** (1941) 1 15—20 17 Lit.-St.; Techn. Z.-Schau **26** (1941) 7 126.

Grover, H. J. and *L. R. Jackson:* Fatigue strength of some magnesium sheet alloys. Proc. ASTM **46** (1946) 783—795; BA, B I (1948) Sept. 495.

McDonald, John C.: Tensile, creep and fatigue properties at elevated temperatures of some magnesium-base alloys. Proc. ASTM **48** (1948) 737—753, disc. 774; Met. Rev. **22** (1949) 6 27. [1.323.221].

Schuette, E. H.: Effects of plastic flow and work-hardening in the experimental stress analysis of magnesium-alloy parts. Proc. SESA **11** (1953) 1 81—96; AMR **7** (1954) 8 348; AB **25** (1954) 9 651—652.

Nelson, K. E.: Further progress in the development of Mg-Zr alloys to give good creep and fatigue properties between 500⁰ and 650⁰ F. (Discussion.) J. Metals, Trans. Sect. **6** (1954) 5 694—697; AB **25** (1954) 6 403.

Holz und Holzwerkstoffe   1.334
Rohhölzer   1.334.1

Kraemer, Otto: Dauerbiegeversuche mit Hölzern. 190. DVL Ber.; Luftf. Forsch. **8** (1930) 2 39—48; DVL-Jb. 1930 411—420.

Roth, Ph.: Dauerbeanspruchung von Eichenholz- und von Tannenholzprismen in Faserrichtung durch konstante und durch wechselnde Druckkräfte und Dauerbiegebeanspruchung von Tannenholzbalken. Diss. TH Karlsruhe 1935.

Kozanecki, Stefan: Essais de fatigue du bois. Spraw. **9** (1936) 1 35—43; Luftwissen **3** (1936) 11 349.

Bürnheim, Hermann: Wechselbiegefestigkeit und Kerbempfindlichkeit verschiedener Flugzeughölzer. Focke-Wulf-Vers.-Ber. 3434 1943. [1.334.2], [1.352.2].

Kommers, W.-J.: Effect of the repetitions of stress on the bending and compressive strength of Sitka spruce and Douglas-fir. FPL Rep. 1320 Apr. 1943.

Kommers, W. J.: Effect of a single reversal of stress on the static and impact bending strength of Sitka spruce and Douglas-fir. FPL Rep. 1325 Oct. 1943.

Kommers, W. J.: The fatigue behavior of wood and plywood subjected to repeated and reversed bending stresses. FPL Rep. 1327 Oct. 1943. [1.334.2].

Egner, Karl u. *A. Rothmund:* Zusammenfassender Bericht über Dauerzugversuche mit Hölzern. MPA TH Stuttgart 1944.

Kommers, W. J.: The fatigue behavior of Douglas-fir and Sitka spruce subjected to reversed stresses superimposed on steady stresses. FPL Rep. 1327-A May 1944 (Suppl. to 1327).

Lewis, W. C.: Fatigue of wood and glued joints used in laminated construction. Forest Prod. Res. Soc. Repr. 171 1951; Proc. Forest Prod. Res. Soc. **5** (1951) 221—229. [1.442.36].

Lagenhölzer und Platten mit Fasern und Spänen   1.334.2

Thum, August u. *Hans Rudolf Jacobi:* Die Biegefestigkeit von stahlbewehrtem Panzerholz. Holz als Roh- u. Werkstoff **1** (1938) 9 335—339. [1.324.27].

Küch, Wilhelm u. *G. Telchow:* Zeit- und Dauerfestigkeit von Lagenhölzern. ZWB FB 1270 1940 22 S.

Küch, Wilhelm: Zeit- und Dauerfestigkeit von Lagenhölzern. Jb. 1940 Dtsch. Luftf. Forsch. I 1114—1118.

Küch, Wilhelm: Zeit- und Dauerfestigkeit von Lagenhölzern. Holz als Roh- u. Werkstoff **5** (1942) 2/3 69—73.

Bürnheim, Hermann: Wechselbiegefestigkeit und Kerbempfindlichkeit verschiedener Flugzeughölzer. Focke-Wulf-Vers.-Ber. 3434 1943. [1.334.1], [1.352.2].

Kommers, W. J.: Effect of 5,000 cycles of repeated bending stresses on 5-ply Sitka spruce plywood. FPL Rep. 1305 Febr. 1943.

Kommers, W. J.: The fatigue behavior of wood and plywood subjected to repeated and reversed bending stresses. FPL Rep. 1327 Oct. 1943. [1.334.1].

Kollmann, Franz u. *A. Dosoudil:* Dauerversuche an Holzfaserplatten. Reichsanst. f. Holzforsch. Eberswalde Ber. 132 Juli 1944.

Dosoudil, A.: Dauerfestigkeit der verdichteten Hölzer. Z. VDI **91** (1949) 4 85—88.

Kollmann, Franz u. *A. Dosoudil:* Holzfaserplatten, Eigenschaften und Prüfung mit besonderer Berücksichtigung der Dauerfestigkeit. VDI-Forsch. H. 426 1949 32 S. [1.324.281].

Kollmann, Franz and *A. Dosoudil:* Types of fibreboard, their properties and their testing with special consideration of the fatigue strength. Commonw. Sci. & Industr. Res. Organ. (Australia) Transl. 1142 1950 59 p. [1.324.281].

Plaste   1.335

Teichmann, Alfred u. *Karl Borkmann:* Dauerversuche mit Aufhängungsteilen aus Cottonid. ZWB PB 67 1934 5 S.

Thum, August, A. Greth u. *Hans Rudolf Jacobi:* Dauerbiegeversuche mit Kunstharz-Preßstoffen. Z. VDI Beih. Kunst- u. Preßstoffe Folge 1937 H. 2 16—24.

Thum, August u. *Hans Rudolf Jacobi:* Dauerbiegeversuche an Kunstharzpreß-stoffen. Z. VDI **81** (1937) 29 868—870.

Riechers, Kurt: Versuche an Kunststoffen für den Flugzeugbau. Z. VDI **82** (1938) 22 665—671. [1.324.312.2].

Thum, August u. *Hans Rudolf Jacobi:* Die Dauerfestigkeit von Kunstharzpreß-stoffen. Maschinenschaden **15** (1938) 6 85—91, 101—105.

Jacobi, Hans Rudolf: Festigkeitsuntersuchungen an hochfesten Kunstharzpreß-stoffen. Z. VDI **83** (1939) 19 600—601. [1.324.312.2].

Thum, August u. *Hans Rudolf Jacobi:* Festigkeitseigenschaften von hochfesten Kunstharzpreßstoffen. Z. VDI **83** (1939) 37 1044—1048. [1.324.312.2].

Thum, August u. *Hans Rudolf Jacobi:* Mechanische Festigkeit von Phenol-Formaldehyd-Kunststoffen. Diss. Jacobi TH Darmstadt 1939; VDI Forsch. H. 396 1939 39 S.; Luftwissen **7** (1940) 4 137. [1.324.312.1], [1.324.312.2].

Küch, Wilhelm: Über den Einfluß des Harzgehaltes auf die statischen und dynami-schen Festigkeitseigenschaften von geschichteten Kunstharz-Preßstoffen. ZWB FB 1270/2 1940 7 S.; Jb. 1940 Dtsch. Luftf.-Forsch. I 1126—1132. [1.324.312.2].

Axilrod, Benjamin M.: Strength and fatigue tests on a laminated paper-base plastic proposed for use in molding propellers. NACA ARR Aug. 1942. [1.324.312.2].

Duggan, F. W. u. *K. K. Fligor:* Ermüdungswiderstand biegsamer Kunststoff-platten. Industr. & Engng. Chem. **35** (1943) 172—176; Kunststoffe **34** (1944) 8 171.

Marin, Joseph: Static and dynamic creep properties of laminated plastics for various types of stress. NACA TN 1105 Febr. 1947. [1.324.312.2].

Telfair, D., C. H. Adams and *A. W. Mohrman:* Creep, long time tensile and flexural fatigue properties of melamine, phenolic plastics. Modern Plastics **24** (1947) 9 151—152, 236—248; Kunststoffe **37** (1947) 10/12 232. [1.324.31].

Gore, W. L.: Analysis of data on plastics life tests. Anal. Chemistry **22** (1950) 5 684—686; Bull. Anal. C. N. R. S. **11** (1950) 11 3949.

Boller, K. H.: Fatigue tests of glass-fabric-base laminates subjected to axial loading. FPL Rep. 1823 May 1952 12 p.; FPL Rep. 1823-A Apr. 1954 3 p.

Freas, A. D.: Effect of preloading and fatigue on mechanical properties of glass-cloth plastic laminates. Amer. Soc. Mech. Engrs. Prepr. 52-F-35 Sept. 1952 32 p. 4 ref.; Index Aeron. **8** (1952) 11 81.

Stark, H. J.: Wirkung von Schwingungen auf phenolhaltige Kunststoffschäume. ASTM Bull. 189 Apr. 1953 44—48; Werkstoffe u. Korrosion **5** (1954) 1 26.

Gummi   1.336

Roelig, H.: Dynamische Bewertung der Dämpfung und Dauerfestigkeit von Vul-kanisaten. Kautschuk **15** (1939) 1 7—10, 2 32—34.

Kirmser, W.: Das Verhalten von Proben aus Naturgummi und Buna bei Druck-schwellbeanspruchung. Dtsch. Kraftf.-Forsch. Zwischenber. 82 1940.

Davies, D. M.: The effect of frequency on the behaviour of rubber under cyclical deformation. Brit. J. Appl. Phys. 3 (1952) 9 285—288; AMR 6 (1953) 3 136.

Roelig, H. u. G. Fromandi: Über die Bestimmung der Wechselfestigkeit schubbeanspruchter Weichgummielemente und ihre Beziehung zur Energieaufnahme und Formgebung. Kautschuk u. Gummi 5 (1952) 10 WT 157—161; Nachr. Bl. AGM Leichtbau 2 (1953) 2 6.

Kainradl u. Händler: Erwärmung und Zerstörung von Vulkanisaten bei dynamischer Beanspruchung. Kautschuk u. Gummi 7 (1954) 1 WT 2—7, 2 WT 34—42.

Painter: Dynamische Eigenschaften von Silikonekautschuk. Rubber Age (New York) (1954) Febr. 701.

Keramische Werkstoffe 1.337

Heumann, F.: Verhalten keramischer Werkstoffe bei Zug-Druck-Dauer-Beanspruchung. Diss. TH Darmstadt 1932, Berlin: VDI-Verl. 1932.

Thum, August: Verhalten keramischer Werkstoffe bei Zug-Druck-Dauerbeanspruchung. Z. VDI 77 (1933) 14 365.

Gestaltfestigkeit 1.34

Allgemeines 1.341

Lehr, Ernst: Wege zu einer wirklichkeitsgetreuen Festigkeitsrechnung. Z. VDI 75 (1931) 49 1473—1478 19 Lit.-St. [1.11].

Lehr, Ernst: Spannungsverteilung in Konstruktionselementen. Berlin: VDI-Verl. 1934 IV, 64 S.; Forsch Ing.-Wes. 5 (1934) 4 203. [1.351], [4.1].

Lehr, Ernst: Die Auswirkung der neueren Festigkeits-Forschung in der Praxis. Z. VDI 78 (1934) 13 395—401.

Thum, August: Technische Festigkeitslehre. VDI-Jb. 1935 15—18.

Thum, August: Zusammenwirken der technischen Physik mit Werkstoff- und Festigkeitsforschung zu neuen Konstruktionslehren im Maschinenbau. Z. Techn. Phys. 16 (1935) 554—561.

Thum, August u. W. Bautz: Die Gestaltfestigkeit. Stahl u. Eisen 55 (1935) 1025—1029, 1238—1239.

Thum, August u. W. Bautz: Die Gestaltfestigkeit, der Einfluß der Form auf die Festigkeitseigenschaften. Schweiz. Bauztg. 106 (1935) 25—30.

Meyercordt, F.: Beurteilung der Beanspruchungsverhältnisse aus dem Bruchaussehen. Ber. Werk 74. Hauptversamml. VDI Darmstadt 1936 273—280.

Thum, August: Beanspruchung und konstruktive Gestaltung. Anz. Maschinenwes. 58 (1936) 24 T 2—T 4.

Thum, August: Werkstoff und Festigkeit in der Betrachtungsweise der neuen Konstruktionslehre. Verein. Luftf.-Forsch. Tagungsber. 052/005 1936 15—36.

Thum, August: Die Gestaltfestigkeit als Grundlage der Konstruktionslehre. (Vortr. Konstruktionstag. Stuttgart 1936.) Sonderdr. d. Landesgewerbemuseums Stuttgart, Abt. Techn. 1936.

Thum, August: Neuere Anschauungen in der Gestaltung. Ber. Werk 74. Hauptversamml. VDI Darmstadt 1936 87—98.

Thum, August: Festigkeitslehre (Gestaltfestigkeit). VDI-Jb. 1936 14—18.

Thum, August: Gestaltfestigkeit und Konstruktion. Jb. Lil.-Ges. 1936 75—93.

Rühl, Karl Helmut: Die Gestaltfestigkeit von Bauteilen. Ringb. Luftf. Techn. II A 4 Apr. 1938 12 S. 29 Lit.-St.

Thum, August: Der Einfluß der Form auf die Festigkeit. (Beitr. zu Schiebold: Ergebnisse der techn. Röntgenkunde Bd. VI.) Leipzig: Akad. Verl.-Ges. 1938.

Thum, August: Research on materials and modern design. (Int. Engng. Congr. Glasgow 1938.) Engng. 146 (1938) 143—146.

Wunderlich, F.: Festigkeit und Formgebung. (Auszug aus einem Lehrgang für Konstrukteure.) Württ. Bez.-Ver. d. VDI Stuttgart 1938.

van den Broek, J. A.: Theory of limit design. J. Western Soc. Engrs. Chicago **44** (1939) 5 245—253.

Thum, August u. Klaus Federn: Spannungszustand und Bruchausbildung. Berlin: Springer 1939 V, 78 S.

Thum, August: Gesetzmäßigkeiten der Bruchausbildung. Z. VDI **83** (1939) 2 63—64.

Bautz, W.: Festigkeitslehre. VDI-Jb. 1940 15—22.

van den Broek, J. A.: Theory of limit design. Trans. ASCE **105** (1940) 638 ff., Pap. 2070.

Lehr, Ernst: Richtlinien für die Formgebung, Prüfung der Gestaltfestigkeit. Dtsch. Techn. **10** (1942) 267—280.

Thum, August: Die Gestaltfestigkeit als Grundlage des Leichtbaues. Industrieblatt **47** (1942) 12 539—542; Aluminium **25** (1943) 12 II 14. [6.11].

Thum, August u. Otto Svenson: Die Verformungs- und Beanspruchungsverhältnisse an Bauelementen des Fahrzeugbaues. Dtsch. Kraftf.-Forsch. H. 71 1942. [6.252.41].

Wiegand, H.: Richtlinien für Gestaltung von Bauteilen, Bedeutung der Betriebsbeanspruchung. Maschinenb. Betrieb **21** (1942) 3 105—109.

Thum, August: Die Entwicklung der Lehre von der Gestaltfestigkeit. Z. VDI **88** (1944) 609—615.

Salzmann, F.: The influence of manufacturing accuracy on additional stresses. Escher Wyss News **19/20** (1946/47) 86—89; Met. Rev. **22** (1949) 7 56.

Kloth, Willi u. Walter Bergmann: Festigkeit und Steifigkeit. Landtechnik **3** (1948) 2 22—24.

Siebel, Erich: Neue Wege der Festigkeitsrechnung. Z. VDI **90** (1948) 135.

Greenberg, H. J. and William Prager: On limit design of beams and frames. Graduate Div. Appl. Math., Brown Univ. Providence, R. I., Techn. Rep. A 18-1 1949 18 p.; AMR **3** (1950) 11 348.

Manzella, Giuseppe: Results of stress distribution investigations carried out at the Institute for Machine Design of the University of Palermo (in Italian). Metallurgia Ital. **42** (1950) 7 249—254; AMR **4** (1951) 5 279.

Prager, William and P. S. Symonds: Stress analysis in elastic-plastic structures. Proc. Symposium Appl. Math. **3** (1950) 187—197; AMR **4** (1951) 4 221.

Föppl, Otto: Der Fehler der bisherigen elastizitätstheoretischen Betrachtungen. Schweiz. Arch. **17** (1951) 6 171—177.

Rodes, Rafael Calvo: Entstehung von Spröd- und Verformungsbrüchen. Inst. Hierro y Acevo **4** (1951) 4 304—314; Stahl u. Eisen **72** (1952) 10 588.

Gerard, G.: Note on beams and plates. J. Aeron. Sci. **19** (1952) 3 207—208; AMR **5** (1952) 8 352. [1.221].

Meyersberg, G.: Größeneinfluß und Randeinfluß auf die Festigkeit der Werkstoffe. (Kungl. Tekn. Högsk. Handl. 58) Göteborg: Elander 1952 123 S. 71 Lit.-St.; Index Aeron. **8** (1952) 7 47.

Rühl, Karl Helmut: Sicherheit und Tragfähigkeit metallischer Baukörper. Bau & Bauindustrie **5** (1952) 19 440, 448—450.

Weibull, Waloddi: A survey of "Statistical Effects" in the field of material failure. AMR **5** (1952) 11 449—451 63 ref.; Index Aeron. **9** (1953) 3 26. [1.351].

Kappus, Robert: Polkonstruktion zum Mohrschen Spannungs- und Verzerrungskreis. Stahlbau **22** (1953) 6 138—140.

de Leiris, H.: Zusammenhang zwischen Werkstoffehlern und Bruchursache von Bauteilen. Rev. Métallurgie **50** (1953) 1 14—20; Stahl u. Eisen **73** (1953) 15 1000.

Odquist, F. K. G.: Influence of primary creep on stresses in structural parts. Kungl. Tekn. Högsk. (Stockholm) Handl. 66 1953 16 p.; Index Aeron. **9** (1953) 10 48.

Pao, Yoh-Han and J. Marin: The creep deflections of beams and columns. Inst. Aeron. Sci. Prepr. 406 Jan. 1953 11 p. 7 ref.; Index Aeron. **9** (1953) 11 66.

Rühl, Karl Helmut: Die verschiedenen Arten der Stützwirkung bei Beanspruchung metallischer Baukörper. Konstruktion **5** (1953) 8 253—256 23 Lit.-St.

Ketter, Robert L. and Bruno Thurlimann: Can design be based on ultimate strength? Civil Engng. **25** (1955) 1 59—61.

Gestaltfestigkeit bei zügiger Belastung   1.342

Allgemeines   1.342.1

Thum, August u. S. Berg: Über die Festigkeit von Rippen bei ruhender, wechselnder und stoßartiger Belastung. Z. VDI **77** (1933) 11 281—287. [1.343.21], [1.343.31].

Richard, K.: Die Dauerstandsfestigkeit in der konstruktiven Berechnung. Diss. TH Darmstadt 1941.

Plantema, F. J.: Collapsing stresses of circular cylinders and round tubes. NLL Rep. S 280, NLL Rep. & Trans. **13** (1947) 17—36 34 ref.; AMR **2** (1949) 6 127; Index Aeron. **5** (1949) 5 32. [1.241.111.1].

Siebel, Erich u. Karl Helmut Rühl: Ermittlung der Formdehngrenzen für die Festigkeitsrechnung bei zügiger Beanspruchung. Technik (Berlin) **3** (1948) 5 218—223.

Siebel, Erich u. S. Schwaigerer: Das Rechnen mit Formdehngrenzen. Z. VDI **90** (1948) 335 ff.

Tonski, Albert: Résistance des tubes. Rech. Aéron. (1949) 10 53—56 5 ref.

Sigwart, Hans: Schadenfälle an Konstruktionsteilen bei mehrachsigem Spannungszustand. Maschinenschaden **25** (1952) 9/10 118—124; Stahl u. Eisen **72** (1952) 26 1688.

Zugbeanspruchung   1.342.2

Fromm, H.: Zerreißversuche an Flachstäben mit ebener Formänderung. ZAMM **14** (1934) 6 353—357; Luftwissen **2** (1935) 1 24.

Kaul, Hans W.: Die Spannziffer eines Zugstabes mit abgestufter Biegesteifigkeit. Luftf. Forsch. **13** (1936) 6 181—189; Aircr. Engng. **8** (1936) 91 263.

Kaul, Hans W.: Die Spannziffer eines Zugstabes mit abgestufter Biegesteifigkeit. Jb. 1937 Dtsch. Luftf. Forsch. I 400—408.

Kaul, Hans W.: The stress criterion of a tension member with graded flexural stiffness. NACA TM 804 Sept. 1936.

Rossman, Carl A.: Tensile and compressive stress-strain curves and flat-end column strength for extruded magnesium alloy J-1. NACA ARR (WR L-604) Apr. 1942. [1.342.31].

Lankford, W. T. and E. Saibel: Some problems in unstable plastic flow under biaxial tension. Trans. Amer. Inst. Min. & Metall. Engrs. **171** (1947) 562—573; AMR **1** (1948) 9 240.

Grassi, R. C. and I. Cornet: Fracture of gray-cast-iron tubes under biaxial stresses. J. Appl. Mech. **16** (Trans. ASME **71**) (1949) June 172—182; Met. Rev. **22** (1949) 8 26. [1.342.8], [1.342.32].

Vitovec, F. u. A. Slibar: Bestimmung der Form der beim Zugversuch sich ausbildenden Einschnürung. Oest. Ing. Arch. **4** (1950) 1 75—88.

Marin, J., B. H. Ulrich and W. P. Hughes: Plastic stress-strain relations for 75 S-T 6 aluminum alloy subjected to biaxial tensile stresses. NACA TN 2425 Aug. 1951 48 p.; AMR **5** (1952) 4 168; AB **23** (1952) 6 336.

Girkmann, Karl u. E. Tungl: Zum Anschluß von Stäben mit Winkelquerschnitt. Oest. Ing.-Arch. **6** (1952) 3 255—265; AMR **5** (1952) 12 508. [1.342.31].

Hoff, N. J.: The necking and the rupture of rods subjected to constant tensile loads. ASME Prepr. 52-A-12 Nov./Dec. 1952 4 p. 4 ref.; J. Appl. Mech. **20** (1953) 1 105—108; Index Aeron. **9** (1953) 2 73; AB **24** (1953) 5 305.

Vitovec, F.: Über die Verformungsgeschwindigkeit in der einschnürenden Zugprobe. Oest. Ing.-Arch. **8** (1954) 2/3 221—223.

Beulen und Knicken infolge Druckbeanspruchung   1.342.3

Allgemeines   1.342.31

Natalis, Fr.: Crippling strength of axially loaded rods. NACA TN 31 Oct. 1921.

Bleich, Friedrich: Einige Aufgaben über die Knickfestigkeit elastischer Stoßverbindungen. Eisenbau (1922) 34, 124.

Hencky, Heinrich: Stabilitätsprobleme der Elastizitätstheorie. ZAMM **2** (1922) 4 292—299.

Westergaard, H. M.: Buckling of elastic structures. Trans. ASCE **85** (1922) 576—654.

Funk, Paul: Über die Stabilität eines Kreisbogens unter gleichmäßigem radialen Druck. ZAMM **4** (1924) 2 143—146.

Müller-Breslau, Heinrich: Zur Berechnung der Knicklast des Rahmenstabes. ZAMM **4** (1924) 6 487—490.

Domke, O.: Die Ausbiegungen eines Druckstabes bei Überschreitung der Knicklast. Bautechnik **4** (1926) 51 747 ff.

Fillunger, P.: Über die Eulerschen Knickbedingungen für Stäbe mit Schneidenlagerung. ZAMM **6** (1926) 4 294—308.

Malkin, J.: Formänderung eines axial gedrückten dünnen Stabes. ZAMM **6** (1926) 1 73—76.

Roš, Mirko: Die Knicksicherheit von an beiden Enden gelenkig gelagerten Stäben aus Konstruktionsstahl. EMPA Disk.-Ber. 13 1926.

Chwalla, Ernst: Die Stabilität eines elastisch gebetteten Druckstabes. ZAMM **7** (1927) 4 276—284.

Czerevkov, A. P.: Über die Knickfestigkeit eines Stabes mit gegebenem Längsschnitt. ZFM **19** (1928) 13 293—298.

Wagner, Herbert: Einige Bemerkungen über Knickstäbe und Biegungsträger. Der Kennwert. ZFM **19** (1928) 11 241—248. [1.342.4].

Czerevkov, A. P.: Knickfestigkeit beschnittener und glatter Stäbe mit Bohrung. ZFM **20** (1929) 22 590—594.

Wagner, Herbert: Remarks on airplane struts and girders under compressive and bending stresses. Index Values. NACA TM 500 Febr. 1929. [1.342.4].

Rein, W.: Versuche zur Ermittlung der Knickspannungen für verschiedene Baustähle. Ber. Ausschuß f. Vers. im Stahlbau, H. 4. 1930 VI, 55 S.

Steuermann, E.: Die Knickfestigkeit der Kreisbögen von veränderlichem Querschnitt. Ing.-Arch. **1** (1930) 3 301—305.

Teichmann, Alfred: Einspannwirkung bei Knickstäben in Flugzeugfachwerken. 183. DVL-Ber.; DVL-Jb. 1930 221—226; ZFM **21** (1930) 10 249—254.

Teichmann, Alfred: Ausknicken von K-Verbänden aus ihrer Ebene. ZFM **21** (1930) 20 534—535.

Tölke, Fr.: Über die Bemessung von Druckstäben mit veränderlichem Querschnitt. Bauing. **11** (1930) 29 500 ff.

Kommerell, Otto: Das β-Verfahren Moerikes zur Berechnung von Knickstäben aus St 37 im Hochbau. Z. VDI **75** (1931) 27 877—880.

Southwell, Richard Vynne: On the analysis of experimental observations in problems of elastic stability. ARC R & M 1610 Dec. 1931; Luftwissen **2** (1935) 4 108.

Teichmann, Alfred: Das räumliche Knicken einiger Stabverbindungen des Flugzeugbaus. 224. DVL-Ber.; ZFM **22** (1931) 17 525—526; DVL-Jb. 1931 230—232.

Teichmann, Alfred: Spacial buckling of various types of airplane strut systems. NACA TM 647 Nov. 1931.

Kreutzer, Karl: Die Stabilität des gedrückten Stabes. ZAMM **12** (1932) 6 351—368.

Palmblad, E.: Knicksicherheit geschweißter Druckstäbe. Mitt. Forsch. Anst. GHH-Konzern **2** (1932) 2.

Rühl, D.: Berechnung gegliederter Knickstäbe. Berlin: VDI-Verl. 1932 X, 90 S.

Bijlaard, P. P.: Buckling security of built-up sections, connected by batten plates. Ingenieur (1933) 7.

Borkmann, Karl: Zur Berechnung der Stabilität von Stabgruppen bei Beanspruchung jenseits der Proportionalitätsgrenze. ZFM **24** (1933) 5 139—140.

Timoshenko, Stephen: Working stresses for columns and thin-walled structures. Trans. ASME. Appl. Mech. **1** (1933) 4 173—183.

William, D.: Critical loads of long struts. Aircr. Engng. **5** (1933) 58 297—298; Luftwissen **2** (1935) 5 136.

Boros, P.: Verallgemeinerte Grundformeln der Eulerschen Knickfälle. Stahlbau **7** (1934) 2 10—13.

Chwalla, Ernst: Über die experimentelle Untersuchung des Tragverhaltens gedrückter Stäbe aus Baustahl. Stahlbau **7** (1934) 3 17—19.

Chwalla, Ernst: Zur Berechnung gedrungener Knickstäbe mit beliebig veränderlichem Querschnitt. Stahlbau **7** (1934) 16 121—123.

Hoost, K.: Knickspannungsgleichungen für den elastischen und unelastischen Bereich mit Hilfe der allgemeinen Knickgleichung. Stahlbau **7** (1934) 4 30—32.

Kaul, Hans W.: Zur Knicklast einer Zweistabgruppe. Ein Beitrag zur Frage der Einspannwirkung. Luftf. Forsch. **11** (1934) 2 53—56; Aircr. Engng. **7** (1935) 78 206.

Vellay, E.: La limite de flambage des poutres à inertie variable. Rev. Gén. Aéron. **16** (1934) 16 5—26; Luftwissen **1** (1934) 6 177.

Gwinn, J. M. jr. and *Roy A. Miller:* A method of determining the ultimate strength of a column swaged at the ends. J. Aeron. Sci. **2** (1935) 3 94—96; Luftwissen **2** (1935) 8 232.

James, Benjamin Wylie: Principal effects of axial load on moment-distribution analysis of rigid structures. NACA TN 534 July 1935.

Ježek, Karl: Die Tragfähigkeit des gleichmäßig querbelasteten Druckstabes aus einem idealplastischen Stahl. Stahlbau **8** (1935) 5 33—38.

Schwartz, A. Murray: Analysis of a strut with a single elastic support in the span, with applications to the design of airplane Jury-Strut systems. I. Derivation of Formulas. II. Experimental investigation of formulas. NACA TN 529 May 1935.

Bierett, G. u. *G. Grüning:* Untersuchungen über die Knickfestigkeit von gestoßenen Stützen usw. Untersuchung über den Einfluß von Schrumpfdruckspannungen in geschweißten Druckgliedern auf die Knickfestigkeit bei mittiger und außermittiger Belastung. Ber. Dtsch. Ausschuß f. Stahlbau Ausg. B, H. 6 1936 IV, 22 S. [1.442.12].

Bleich, Hans u. *Friedrich Bleich:* Biegung, Drillung und Knickung von Stäben aus dünnen Wänden. „Vorber. z. 2. Kongr. Int. Vereinig. Brücken- u. Hochbau", Berlin: 1936. [1.342.4], [1.342.51].

Borkmann, Karl: Kurventafeln für den Stabilitätsnachweis ebener Stabgruppen. DVL-Ber. 36/1; Luftf. Forsch. **13** (1936) 1 1—9; **14** (1937) 2 86—92; Aircr. Engng. **8** (1936) 86 114. [1.212.1].

Borkmann, Karl: Charts for checking the stability of compression members in trusses. NACA TM 800 July 1936. [1.212.1].

Federhofer, Karl: Über die Berechnung der kleinsten Knickbelastung des flachen parabolischen Zweigelenkbogens. Bautechnik **14** (1936) 41 600—601.

Fritsche, J.: Der Einfluß der Querschnittsform auf die Tragfähigkeit außermittig gedrückter Stahlstützen. Stahlbau **9** (1936) 12 90—96. [1.342.8].

Grüning, Günther: Knickversuche mit außermittig gedrückten Stahlstützen. Eine Einordnung von Versuchsergebnissen in die in letzter Zeit aufgestellten Berechnungen. Stahlbau **9** (1936) 3 17—21. [1.342.8].

Hoff, N. J.: Elastically encastred struts. J. Roy. Aeron. Soc. **40** (1936) 309 663—680; Luftwissen **3** (1936) 11 342.

Neukirch, H.: Beitrag zur Berechnung des außermittig gedrückten Stabes. Stahlbau **9** (1936) 8 57—58. [1.342.8].

Rivière, Henri: I. Calcul des poutres comprimées encastrées élastiquement à leurs extremités. II. Flambage des barres de treillis assemblées rigidement. Aéronautique **18** (1936) 200 7 ff.; Luftwissen **3** (1936) 3 79.

Walker, E. W.: Compression tests of stainless steel sections. Aero Dig. **28** (1936) 3 32.

Bleich, Friedrich u. *Hans Bleich:* Beitrag zur Stabilitätsuntersuchung des punktweise elastisch gestützten Stabes. Stahlbau **10** (1937) 3 17—19; 4 28—31.

Blumenthal, Otto: Über die Knickung eines Balkens durch Längskräfte. ZAMM **17** (1937) 4 232—244; Luftwissen **4** (1937) 10 312.

Borkmann, Karl: Kurventafeln für den Stabilitätsnachweis ebener Stabgruppen. Jb. 1937 Dtsch. Luftf. Forsch. I 414—420.

Cassens, J.: Der elastisch eingespannte Knickstab. Luftf.-Forsch. **14** (1937) 10 501—510 13 Lit.-St.; Aircr. Engng. **10** (1938) 107 25.

Grüning, G.: Einfluß von Schrumpfdruckspannungen in geschweißten Druckgliedern auf die Knickfestigkeit. Z. VDI **81** (1937) 13 393—394. [1.442.11].

Lundquist, Eugene E. and *Claude M. Fligg:* A theory for primary failure of straight centrally loaded columns. NACA Rep. 582 1937.

Lundquist, Eugene E.: Stability of structural members under axial load. NACA TN 617 Oct. 1937.

Radomski, B.: Knickstäbe mit sprungweise veränderlichem Trägheitsmoment. Luftf. Forsch. **14** (1937) 438—443; Aircr. Engng. **9** (1937) 104 306.

Akerman, John D. and *Boyd C. Stephens:* Polar diagrams for the solution of deflections of axially loaded beams. J. Aeron. Sci. **5** (1938) 9 360—363; Luftwissen **5** (1938) 10 381.

Cook, F. G. R. and *W. Tye:* Elastically encastrés struts. A suggestion for the stressing of members subjected to end restraint. Aircr. Engng. **10** (1938) 110 103—104; Luftwissen **5** (1938) 6 228.

Kollbrunner, Curt F.: Zentrischer und exzentrischer Druck von an beiden Enden gelenkig gelagerten Rechteckstäben aus Avional M und Baustahl. Stahlbau **11** (1938) 4 25—30, 5 39—40, 6 46—48. [1.342.8].

Ludwig, Konrad: Knickfestigkeit eines ebenen Systems beliebig vieler Stäbe, die in einem Knotenpunkte zusammenstoßen. ZAMM **18** (1938) 6 373—374; Luftwissen **6** (1939) 5 180.

Lundquist, Eugene E. and *W. D. Kroll:* Tables of stiffness and carry-over factor for structural members under axial load. NACA TN 652 June 1938.

Lundquist, Eugene E.: Generalized analysis of experimental observations in problems of elastic stability. NACA TN 658 July 1938.

Marguerre, Karl: Über die Behandlung von Stabilitätsproblemen mit Hilfe der energetischen Methode. ZAMM **18** (1938) 1 57—73.

Marguerre, Karl: Über die Anwendung der energetischen Methode auf Stabilitätsprobleme. Jb. 1938 Dtsch. Luftf. Forsch. I 433—443; DVL-Jb. 1938 252—262.

Pöschl, Th.: Über eine Methode zur angenäherten Lösung nichtlinearer Differentialgleichungen mit Anwendung auf die Berechnung der Durchbiegung bei der Knickung gerader Stäbe. Ing.-Arch. **9** (1938) 1 34—41.

Radomski, B.: Compression struts with non progressively variable moment of inertia. NACA TM 861 May 1938.

Schleusner, A.: Die Stabilität des mehrfeldrigen elastisch gestützten Stabes. Forsch.-H. Stahlbau H. 1 1938 IV, 65 S.; Z. VDI **83** (1939) 37 1042—1043.

Ylinen, Arvo: Die Knickfestigkeit eines zentrisch gedrückten geraden Stabes im elastischen und unelastischen Bereich. Diss. TH Helsinki 1938, Helsinki: Verl. Akademische Buchhandlung 1938. 131 S.; Luftwissen **5** (1938) 10 388.

Bijlaard, P. P.: Computation of the buckling stress in the plastic domain of the web of plate girders. Ingenieur in Ned. Indie (1939) 4 I 72—I 82.

Bijlaard, P. P.: Computation of the buckling stress of built-up sections connected with batten plates by a new method. Ingenieur in Ned. Indie (1939) 3 I 45—I 46.

Bijlaard, P. P.: Exact computation for the buckling of the webs of truss members used in bridge building. Ingenieur in Ned. Indie (1939) 2 I 17—I 23.

von Guérard, H. W.: Rechentafeln zur Verallgemeinerung von Natalis-Diagrammen auf räumliches Knicken und beliebige Werkstoffbeiwerte. Jb. 1939 Dtsch. Luftf. Forsch. I 439—448.

Kappus, Robert: Zur Elastizitätstheorie endlicher Verschiebungen. ZAMM **19** (1939) 5 271—285, 6 344—361. [1.221].

Lundquist, Eugene E.: A method of estimating the critical buckling load for structural members. NACA TN 717 July 1939; Luftwissen **7** (1940) 4 128.

Puwein, Max Georg: Die Verminderung der Knicklast eines Stabes durch Querschwingungen. Bauing. **20** (1939) 14—18. [1.272].

Shanley, F. R.: Engineering aspects of buckling. The buckling of simple columns and flat plates simply explained for the engineer. Aircr. Engng. **11** (1939) 119 13—20. [1.222.112].

Tuckermann, L. B.: Heterostatic loading and critical astatic loads. A generalization of Southwell's method for the analysis of experimental observations in problems of elastic instability. J. Res. Nat. Bur. Stand. **22** (1939) 1 Rep. 1163 18 p.

Borkmann, Karl: Knicken von ebenen und räumlichen Stabsystemen. Ringb. Luftf. Techn. II A 7 Mai 1940 10 S. 13 Lit.-St.

Heintzelmann, F.: Knickung und Knickbiegung von Stabzügen. Jb. 1940 Dtsch. Luftf. Forsch. I 825—831.

Hölder, E.: Stabknickung als funktionales Verzweigungs- und Stabilitätsproblem. Jb. 1940 Dtsch. Luftf. Forsch. I 799—819.

Lundquist, Eugene E. and *Joseph N. Kotanchik:* The effect of initial displacement of the center support on the buckling of a column continuous over three supports. NACA ACR (WR L-256) Nov. 1940. [1.212.3].

Merriam, K. G.: Dimensionless coefficients applied to the solution of column problems. J. Aeron. Sci. **7** (1940) 11 478—480; Luftwissen **8** (1941) 5 164.

Moheit, Wilhelm: Die Festigkeit und Gewichtsersparnis in bezug auf St 52 bei auf Druck beanspruchten Elektronstäben. Stahlbau **13** (1940) 12/13 64—67; Org. Fortschr. Eisenbahnwes. (1941) 127.

Reinitzhuber, Fritz: Über die Stabilität gerader Stäbe mit linear veränderlicher Längskraft. Jb. 1940 Dtsch. Luftf. Forsch. I 820—824.

Sibert, H. W.: A note on short column formulas. J. Aeron. Sci. **7** (1940) 3 119; Luftwissen **7** (1940) 5 184.

Sievers, Hans: Die Knickfestigkeit elastisch eingespannter Stäbe. Stahlbau **13** (1940) 10/11 48—52, 12/13 61—63. [1.212.4].

Cox, H. L.: The stabilization of struts by lateral support. ARC R & M 1922 Jan. 1941.

Everts, G.: Näherungsweise Bestimmung von Knicklasten. Schweiz. Bauztg. **118** (1941) 22 261—262.

Kriso, Karl: Ein Rechenschema zur Knickberechnung mehrfeldriger beliebig gestützter Druckstäbe und seine Anwendung auf Zahlenbeispiele. Stahlbau **14** (1941) 25/26 117—122, **15** (1942) 1/3 5—8.

Mudrak, Walter: Die Knickbedingung für den geraden Stab von festem Querschnitte, der an beiden Enden elastisch eingespannt und elastisch gehalten ist. Bauing. **22** (1941) 17/18 153—159 16 Lit.-St.; Techn. Z.-Schau **26** (1941) 21 350.

Müller, R. u. W. Müller: Knickung und Knickbiegung von konischen Stäben. Jb. 1941 Dtsch. Luftf. Forsch. I 502—517. [1.342.8].

Neuber, Heinz: Über die Stabilität längsverbundener Stäbe. Jb. 1941 Dtsch. Luftf. Forsch. I 491—501.

Templin, R. L., F. M. Howell and E. C. Hartmann: The compressive yield strength of extruded shapes of 24 S-T aluminum alloy. NACA TN 793 Jan. 1941.

Barrois, W.: Théorie du flambage dans la domaine plastique et utilisation du module reduit de flambage de Kármán. Techn. et Sci. Aéron. (1943) 4 145—163.

Bültmann, Wilhelm: Druckstäbe mit federnder Querstützung. Stahlbau **15** (1942) 10/11 38—40.

Gaede, K.: Die Knicksicherheit des Stützenrostes. Bauing. **23** (1942) 23/24 166—172.

Gran Olsson, R.: Elastische Knickung gerader Stäbe von exponentiell veränderlichem Querschnitt unter dem Einfluß ihres Eigengewichts. Ing.-Arch. **13** (1942) 3 162—174.

Niles, Alfred S. and Steven J. Viscovich: Stability of elastically supported columns. NACA TN 871 Nov. 1942.

Plantema, F. J. and I. Binkhorst: Experimental determination of the theoretical buckling load of constructions. NLL Rep. S 260 1942.

Puwein, Max Georg: Der wirtschaftliche Knickbeiwert. Bautechnik **20** (1942) 16/17 151—154.

Reinitzhuber, Fritz: Beitrag zur Berechnung gedrückter, dünnwandiger Profile oberhalb der Beulgrenze. Luftf. Forsch. **19** (1942) 7 240—247; Technik (Berlin) **4** (1949) 12 544.

Rossman, Carl A.: Tensile and compressive stress-strain curves and flat-end column strength for extruded magnesium alloy J-1. NACA ARR (WR L-604) Apr. 1942. [1.342.2].

Wegner, Udo: Zur Stabilität des mehrfeldrigen elastisch gestützten Stabes. Luftf. Forsch. **19** (1942) 10/12 374—380.

Cox, H. L. and H. E. Smith: The buckling of grids of stringers and ribs. Proc. Lond. Math. Soc. **48** (1943) 2 1—26.

v. Guérard, H. W. u. W. Versollmann: Verfahren zur Bestimmung der Natalis-Knicklast räumlicher Stabgruppen. ZWB TB **10** (1943) 12 Vorabdr. Jb. 1943 Dtsch. Luftf. Forsch. 5. Lfg. I D 5 S. [1.213.1].

Holt, M.: Column strength of magnesium alloy AM-57 S. NACA TN 899 July 1943.

Kappus, Robert: Druckstäbe mit federnder Querstützung. Stahlbau **16** (1943) 1/3 6—8.

Kappus, Robert: Gebrauchsformel zur Abminderung von Spannungen im unelastischen Bereich. ZWB TB **11** (1944) 3 Vorabdr. Jb. 1943 Dtsch. Luftf. Forsch. 8. Lfg. I D 023 7 S.

Klöppel, Kurt u. Kuo-hao Lie: Das hinreichende Kriterium für den Verzweigungspunkt des elastischen Gleichgewichts. Stahlbau **16** (1943) 6/7 17—21. [1.221].

Langhaar, H. L.: Buckling of aluminium alloy columns and plates. J. Aeron. Sci. **10** (1943) 7 218—222. [1.222.112].

472

Lundquist, Eugene E., Carl A. Rossman and *John C. Houbolt:* A method for determining the column curve from tests of columns with equal restraints against rotation on the ends. NACA TN 903 Aug. 1943.

Neuber, Heinz: Spannungszustand und Stabilität des ebenen, querelastischen Verbundstabes. ZWB TB **11** (1944) 2, Vorabdr. Jb. 1943 Dtsch. Luftf. Forsch. 7. Lfg. I D 022 13 S.

Van der Neut, A.: Enkele beschouwingen over knik. NLL Rapp. S 288 1943 16 Blz. [1.342.8].

Weinhold, Josef u. *Leopold v. Wüllerstorff:* Knickmoduli für verschiedene Querschnittsformen und Rechenschaubilder zur Herleitung der Knickspannungslinie. ZWB FB 1911 1943 24 S.

Ballhaus, W. F. and *A. S. Niles:* Simplified truss stability criteria. NACA TN 937 July 1944. [1.212.1].

Brunner, J.: Knickstabilität. Schweiz. Bauztg. **122** (1944) 21 247—249 3 Lit.-St.

Bültmann, Wilhelm: Die Knickfestigkeit des geraden Stabes mit veränderlicher Druckkraft. Stahlbau **17** (1944) 10/11 49—50.

Cornelius, Wilhelm: Der elastisch gebettete Druckstab als Spannungsproblem. Stahlbau **17** (1944) 21/24 91—93, 25/26 97—100; **18** (1945) 1/4 3—6.

Flügge, Wilhelm u. *Karl Marguerre:* Die optimale Knicklast eines Stabes, der aus zwei durch einen leichten Füllstoff verbundenen Blechen besteht. ZWB UM 1360 Sept. 1944 18 S. [1.222.32].

Heimerl, George J. and *J. Albert Roy:* Column and plate compressive strength of extruded XB 75 S-T aluminum alloy. NACA RB L 4 E 26 May 1944.

Lundquist, Eugene E. and *W. D. Kroll:* Extended tables of stiffness and carryover factor for structural members under axial load. NACA ARR 4 B 24 (WR L-255) Febr. 1944.

Schuette, Evan H. and *J. Albert Roy:* The determination of effective column length from strain measurements. NACA ARR L 4 F 24 (WR L-198) June 1944.

Winter, George: Strength of slender beams. Trans. ASCE **109** (1944) Pap. 2232. [1.342.4].

van den Broek, J. A.: Evaluation of aeroplane metals. Engng. J. (Engng. Inst. Canada) (1945) July; J. Roy. Aeron. Soc. **50** (1946) Oct. 811—828. [1.321].

Heimerl, George J. and *J. Albert Roy:* Column and plate compressive strengths of aircraft structural materials 17 S-T aluminum-alloy sheet. NACA ARR L 5 F 08 (WR L-20) June 1945.

Heimerl, George J. and *J. Albert Roy:* Column and plate compressive strengths of aircraft structural materials extruded 24 S-T aluminum alloy. NACA ARR L 5F 08b (WR L-32) July 1945.

Heimerl, George J. and *Douglas P. Fay:* Column and plate compressive strengths of aircraft structural materials extruded R 303-T aluminum alloy. NACA ARR L 5 H 04 (WR L-33) Oct. 1945.

Heimerl, George J. and *J. Albert Roy:* Column and plate compressive strengths of aircraft structural materials extruded 75 S-T aluminum alloy. NACA ARR L 5 F 08a (WR L-173) July 1945.

Leary, J. R. and *Marshall Holt:* Column strength of extruded magnesium alloys AM-C 58 S and AM-C 58 S-T 5. NACA TN 994 Dec. 1945.

Lundquist, Eugene E., Elbridge Z. Stowell and *Evan H. Schuette:* Principles of moment distribution applied to stability of structures composed of bars or plates. NACA Rep. 809 1945. [1.222.111].

Lundquist, Eugene E., Evan H. Schuette, George J. Heimerl and *J. Albert Roy:* Column and plate compressive strengths of aircraft structural materials 24 S-T aluminum-alloy sheet. NACA ARR L 5 F 01 (WR L-190) June 1945.

Reinitzhuber, Fritz: Calculation of centrally loaded thin-walled columns above the buckling limit. NACA TM 1077 Apr. 1945.

Heimerl, George J. and *Donald E. Niles:* Column and plate compressive strengths of aircraft structural materials extruded 14 S-T aluminum alloy. NACA ARR L 6 C 19 (WR L-284) May 1946.

Ruffner, B. F.: Stress analysis of columns and beam columns by the photoelastic method. NACA TN 1002 March 1946. [4.54].

de Vries, Karl: Strength of beams as determined by lateral buckling. Proc. ASCE **72** (1946) 7 985—1011, 10 1425—1432.

D'Auriac, P. A.: Flexion et flambage des arcs minces; application au flambage des conduites et des anneaux circulaires. Houille Blanche **2** (1947) Mai/Juin 233—248; AMR **1** (1948) 11 286—287.

Bijlaard, P. P.: Some contributions to the theory of elastic and plastic stability. Publ. Int. Ass. Bridge & Struct. Engng. **8** (1947) 17—80; AMR **1** (1948) 8 215.

Brunner, J.: Knickstabilität. Einfluß der Einspannungsverhältnisse bei zentrischer Belastung. Schweiz. Bauztg. **65** (1947) 28 379—381.

Heimerl, George J. and *Donald E. Niles:* Column and plate compressive strengths of aircraft structural materials extruded 0-1 HTA magnesium alloy. NACA TN 1156 Jan. 1947.

Heister, F.: Die Traglast elastisch eingespannter Stahlstützen. Diss. TH Darmstadt 1947.

Marguerre, Karl: On the application of the energy method to stability problems. NACA TM 1138 Oct. 1947 41 p.; AMR **1** (1948) 2 42.

Pugsley, A. G.: The relative strength and stiffness properties required for strut materials. ARC R & M 2490 Jan. 1947 11 p. (publ. 1951); AMR **5** (1952) 5 207.

Schönhöfer, Robert: Unmittelbare Berechnung von Knickquerschnitten und deren wirtschaftliche Gestaltung. Bauplanung & Bautechn. **1** (1947) 4 117—120.

Shanley, F. R.: Inelastic column theory. J. Aeron. Sci. **14** (1947) May 261—268; AMR **1** (1948) 1 12.

Vasilesco, F.: Sur le flambement des poutres droites à section constante et à moment d'inertia variable. C. R. Hebd. Séances Acad. Sci. **225** (1947) 716—718; AMR **1** (1948) 3 71.

Barrois, W. and *J. Simon-Suisse:* Calculation of buckling loads by means of matrices of influence coefficients (in French). Proc. 7th Int. Congr. Appl. Mech. **4** (1948) 52—62; AMR **3** (1950) 10 298.

Budiansky, Bernard, Paul Seide and *Robert A. Weinberger:* The buckling of a column on equally spaced deflectional and rotational springs. NACA TN 1519 March 1948.

Kloth, Willi u. *Walter Bergmann:* Instabilitätserscheinungen. Landtechnik **3** (1948) 16 273—276.

Lin, T. H. and *K. S. Ching:* Buckling of a column with elastic supports. J. Aeron. Sci. **15** (1948) 6 347—350; Index Aeron. **4** (1948) 11 24.

Lühr, Gerhard: Die Knicksicherheit des elastisch gestützten Druckstabes. Diss. TH Karlsruhe 1948 94 S.

Moir, C. M. and *R. M. Kenedi:* Factors influencing the design of thin walled columns. Struct. Engr. **26** (1948) 2 119—137 8 ref.; Index Aeron. **4** (1948) 7 11.

Stowell, Elbridge Z.: A unified theory of plastic buckling of columns and plates. NACA TN 1556 Apr. 1948 31 p.; AMR **1** (1948) 5 138. [1.222.111].

Templeton, H.: Approximate solutions for struts supported by an elastic foundation. Aircr. Engng. **20** (1948) 233 190—193; AMR **1** (1948) 9 238; Index Aeron. **4** (1948) 10 4.

Wang, Chi-Teh: Inelastic column theories and an analysis of experimental observations. J. Aeron. Sci. **15** (1948) 5 283—292 10 ref.; Index Aeron. **4** (1948) 9 8.

Ziegler, Hans: Die Knickung des schief gelagerten Stabes. Schweiz. Bauztg. **66** (1948) 7 87—89.

Best, G. C.: Notes on column end-fixity coefficients. J. Aeron. Sci. **16** (1949) 2 117—119 7 ref.; AMR **2** (1949) 4 79; Index Aeron. **5** (1949) 5 6.

Biezeno, C. B. and *J. J. Koch:* On the buckling of a girder, elastically supported and elastically clamped in a number of equidistant points. Appl. Sci. Res. Sect. A **1** (1949) 4 249—257; AMR **2** (1949) 8 175.

Bijlaard, P. P.: Investigation on buckling of rigid joint structures. Cornell Univ. 1st Progr. Rep. Nov. 1949 51 p. 2nd Progr. Rep. Aug. 1950 and June 1951 109 p.

van den Broek, J. A.: Ductile equilibrium column theory. (Voordracht, gehouden voor de Afdeling voor Bouw- en Waterbouwkunde te s-Gravenhage April 1949.) Overdruk Voordrachten No. 5 1949 29 S. K. I. v. I.

Donnell, L. H.: The critical axial compression or tension on a bar, for all possible positive and negative end fixities. "Reissner Anniv. Vol.", Ann Arbor (Mich.): J. W. Edwards 1949 183—196; AMR **2** (1949) 5 104.

van der Eb, W.: Some special cases of buckling. Ingenieur **61** (1949) 25./3. 011—018; AMR **2** (1949) 8 176. [1.221].

Farrar, D. J.: The design of compression structures for minimum weight. J. Roy. Aeron. Soc. **53** (1949) 467 1041—1052 7 ref.; Index Aeron. **6** (1950) 2 53. [7.1].

Goodman, Stanley: Elastic buckling of outstanding flanges clamped at one edge and reinforced by bulbs at other edge. NACA TN 1985 Oct. 1949 25 p.; AMR **4** (1951) 1 25.

Lazard, M. A.: Report of tests on buckling of bars elastically supported (in French). Ann. Inst. Techn. Bâtiment (1949) 88 27 p.; AMR **3** (1950) 5 137.

Meier, J. H.: Buckling of uniform and stepped columns. I, II. Product Engng. **20** (1949) 10 119—123, 11 116—119; AMR **4** (1951) 1 23.

Miesse, C. C.: Determination of the buckling load for columns of variable stiffness. J. Appl. Mech. **16** (1949) Dec. 406—410; AMR **3** (1950) 10 298.

Newmark, N. M.: A simple approximate formula for effective end-fixity of columns. J. Aeron. Sci. **16** (1949) Febr. 116; AMR **2** (1949) 4 79.

Pugsley, A. G.: On a strut in a nonlinear medium and the waves in a tension field shear web. "Engineering Structures", London: Butterworth 1949 111—119; AMR **3** (1950) 10 297. [1.223.14].

Roozendahl, K.: Plooisterkte van dunwandige profielen. (Résistance au flambage de profiles à parois minces.) Ingenieur **61** (1949) 26 047—049; Bull. Anal. C. N. R. S. **11** (1950) 11 3634.

Salvadori, Mario G.: Numerical computation of buckling loads by finite differences. Proc. ASCE **75** (1949) Dec. 1441—1475; AMR **3** (1950) 10 298—299.

Schuette, Evan H.: Column curves for magnesium-alloy sheet. J. Aeron. Sci. **16** (1949) May 301—305, 310; Met. Rev. **22** (1949) 7 57.

Shanley, F. R.: Applied column theory. Proc. ASCE **75** (1949) June 759—788; AMR **4** (1951) 4 218.

Stowell, Elbridge Z. and *Richard A. Pride:* Plastic buckling of extruded composite sections in compression. NACA TN 1971 Oct. 1949 15 p.; AMR **3** (1950) 12 401; AB **21** (1950) 2 128.

Symonds, P. S. and *William Prager:* Elastic-plastic analysis of structures subjected to loads varying arbitrarily between prescribed limits. ASME Prepr. 49-A-13 Nov./Dec. 1949 9 p. 20 ref.; Index Aeron. **6** (1950) 10 5. [1.211].

Wästlund, Georg and *Sven G. Bergström:* Buckling of compressed steel members. Trans. Roy. Inst. Technol. (Stockholm) No. 30 1949 172 p.; AMR **3** (1950) 11 347.

Winter, G.: Performance of compression plates as parts of structural members. "Research, Suppl. to Engineering Structures", New York: Academic Press 1949; AMR **3** (1950) 11 346.

Belluzzi, Odone: Contribution to the study of buckling of columns. Giornale del Genio Civile **88** (1950) 2 79—83; AMR **4** (1951) 4 218.

Bijlaard, P. P.: Interaction of column and local buckling in compression members. Cornell Univ. 1st Progr. Rep. Aug. 1950 102 p.

Donnell, L. H. and *C. C. Wan:* Effect of imperfections on buckling of thin cylinders and columns under axial compression. J. Appl. Mech. **17** (1950) 1 73—83 24 ref.; Index Aeron. **6** (1950) 6 28; AMR **4** (1951) 2 91. [1.241.111.2].

Duberg, John E. and *Thomas W. Wilder:* Column behaviour in the plastic stress range. J. Aeron. Sci. **17** (1950) 6 323—327 3 ref.; Index Aeron. **6** (1950) 9 41; AMR **4** (1951) 4 217.

Flint, A. R.: The stability and strength of slender beams. Engng. **170** (1950) 4430 545—549; Index Aeron. **7** (1951) 3 62.

Houbolt, John C. and *Elbridge Z. Stowell:* Critical stress of plate columns. NACA TN 2163 Aug. 1950 16 p.; AMR **4** (1951) 4 218.

Lin, Tung-Hua: Inelastic column buckling. J. Aeron. Sci. **17** (1950) 3 159—172 7 ref.; Index Aeron. **6** (1950) 6 7; AMR **4** (1951) 3 155.

Marx, Walter Rudolf: Beitrag zur Bestimmung der Knicklänge elastisch einge-spannter Stäbe. Stahlbau **19** (1950) 2 9—11.

Massonnet, Ch.: Réflections concernent l'établissement des prescriptions rationelles sur le flambage de barres en acier. Ossature Métall. **15** (1950) 7/8 358—378; AMR **4** (1951) 3 155.

Nielsen, J.: Columns under eccentric load. Frandsen Anniv. Vol. Lab. Bygn. Tekn. Medd. No. 1 1950 71—82; AMR **4** (1951) 2 92.

Pearson, C. E.: Bifurcation criterion and plastic buckling of plates and columns. J. Aeron. Sci. **17** (1950) 7 417—455 9 ref.; Index Aeron. **6** (1950) 10 32; AMR **4** (1951) 3 155. [1.222.111].

Rasmussen, B. H.: Stability of columns with variable moment of inertia. Frandsen Anniv. Vol. Lab. Bygn. Tekn. Medd. No. 1 1950 100—110; AMR **4** (1951) 4 218.

Schönhöfer, Robert: Ein neues Verfahren der unmittelbaren Berechnung von Knickquerschnitten. Bau & Bauindustrie **3** (1950) 127.

Stowell, Elbridge Z.: Compressive strength of flanges. NACA TN 2020 Jan. 1950 42 p.; AMR **3** (1950) 10 298.

Thomson, W. T.: Critical load of columns of varying cross-section. J. Appl. Mech. **17** (1950) 2 132—134; Index Aeron. **6** (1950) 9 40; AMR **4** (1951) 4 217.

Bültmann, Wilhelm: Die Knickfestigkeit des geraden Stabes mit veränderlicher Druckkraft bei elastischer Einspannung. Stahlbau **20** (1951) 4 50—52.

Duberg, John E. and *Thomas W. Wilder:* Inelastic column behavior. NACA TN 2267 Jan. 1951 44 p.

Dutheil, J.: Fundamental problems of instability of metallic structures: Buckling and lateral instability (in French). Ann. Inst. Techn. Bâtiment No. 218 Nov. 1951 18 p.; AMR **5** (1952) 4 159; AB **23** (1952) 6 337.

Getz, J. R.: Effective flange width (in Norwegian). Tekn. Ukeblad, Oslo, Tekn. Skrifter No. 3 N 1951 30 p.; AMR **6** (1953) 4 180.

Hoblit, F. M.: Buckling load of a stepped column. J. Aeron. Sci. **18** (1951) 2 124—126, 138 2 ref.; Index Aeron. **7** (1951) 7 48; AMR **4** (1951) 7 408.

Hoff, N. J., S. V. Nardo and *B. Erickson:* An experimental investigation of the process of buckling of columns. Proc. SESA **9** (1951) 1 201—208; AMR **5** (1952) 1 14; Index Aeron. **8** (1952) 4 64; AB **23** (1952) 7 400.

Jung, H.: Ein Beitrag zur Berechnung der Knicklasten. ZAMM **31** (1951) 4/5 142—148.

Lücking, G.: Untersuchung von Knickstäben unter Flüssigkeitsdruck. Diss. TH Aachen 1951.

Lurie, H.: A note on the buckling of struts. J. Roy. Aeron. Soc. **55** ((1951) 483 181—184; Index Aeron. **7** (1951) 10 70; AMR **4** (1951) 6 346.

Pflüger, Alfrich: Ausknicken des Parabelbogens mit Versteifungsträger. Stahlbau **20** (1951) 10 117—120.

Rao, G. V. R.: Buckling of a pretwisted pin-ended column. J. Aeron. Sci. **18** (1951) 3 211—212.

Rottmayer, E.: Interaction curves for the critical loads on continuous beam columns. Aeron. Engng. Rev. **10** (1951) 3 40—42; Index Aeron. **7** (1951) 8 66.

Salerno, V. L., Frances Bauer and *J. Sheng:* The behavior of a simply supported column under constant or varying end load with transverse displacement of one point of support. Proc. 1st U. S. Nat. Congr. Appl. Mech. June 1951 Ann Arbor (Mich.): J. W. Edwards 1952 425—434; AMR **6** (1953) 10 453.

Schleicher, Ferdinand: Zur Theorie der plastischen Knickung. Bauing. **26** (1951) 5 139—141, 7 197—201, 8 255—256; AMR **5** (1952) 4 160.

Sievers, Hans: Die Stabilität drehfedernd gestützter Druckstäbe. Bauing. **26** (1951) 2 38—41.

Silver, G.: Critical loads on variable-section columns in the elastic range. J. Appl. Mech. **18** (1951) 4 414—420; AMR **5** (1952) 7 302; Index Aeron. **8** (1952) 3 72.

Szécsi, A.: Eccentric buckling. Application of theory of plasticity (in French). Bull. Techn. Suisse Rom. **77** (1951) 10 133—141. AMR **5** (1952) 1 14.

Weidenhammer, F.: Knickung elliptischer Ringe. ZAMM **31** (1951) 10 329—331.

Weyel, Erhard: Näherungsverfahren für die Berechnung von Knickstäben mit stufenweise veränderlichem Trägheitsmoment. Stahlbau **20** (1951) 5 64—68.

Besseling, J. F.: The problem of buckling in the plastic range of rods and plates. NLL Rep. S 407 Oct. 1952 94 p.; Index Aeron. **9** (1953) 4 77. [1.222.111].

Bijlaard, P. P. and *G. P. Fisher:* Interaction of column and local buckling in compression members. NACA TN 2640 March 1952 110 p.; AMR **5** (1952) 12 510.

Bültmann, Wilhelm: Lösung des ebenen Knickproblems durch Iteration. Stahlbau **21** (1952) 7 112—117; AMR **6** (1953) 3 123.

Chawla, J. P.: Numerical analysis of the process of buckling of elastic and inelastic columns. "Proc. 1st U. S. Nat. Congr. Appl. Mech., June 1951", Ann Arbor (Mich.): J. W. Edwards 1952 435—441; AMR **6** (1953) 9 409; Index Aeron. **9** (1953) 5 25.

Cox, H. L. and *D. L. R. Bailey:* Buckling of struts: two cases giving abnormally low loads. Engng. **173** (1952) 4494 340; AMR **5** (1952) 10 424.

Donnell, L. H.: Recent developments in the study of buckling problems. AMR **5** (1952) 7 289—290. [1.221], [1.230], [1.240].

Duberg, J. E. and *T. W. Wilder:* Inelastic column behaviour. NACA Rep. 1072 1952 16 p. 7 ref.; Index Aeron. **9** (1953) 8 64.

Duncan, W. J.: Multiply-loaded and continuously loaded struts. Engng. **174** (1952) 4515 180—182 2 ref., 4516 202—203; Index Aeron. **8** (1952) 10 64, 11 51.

Flint, A. R.: The lateral stability of unrestrained beams. Engng. **173** (1952) 4486 65—67, 4487 99—102; AMR **5** (1952) 7 302; Index Aeron. **8** (1952) 4 61.

Gerard, George and *Herbert Becker:* Column behavior under conditions of impact. J. Aeron. Sci. **19** (1952) 1 58—60, 65; AMR **5** (1952) 8 348; AB **23** (1952) 2 74; Techn. Data Dig. **17** (1952) 2 26. [1.343.21].

Gerard, G.: Note on creep buckling of columns. J. Aeron. Sci. **19** (1952) 10 714; AMR **6** (1953) 6 278.

Gercke, Max Jobst: Die Verallgemeinerung der Eulerschen Knickformel. Bauing. **27** (1952) 12 433—436; AMR **6** (1953) 7 328.

Gercke, Max Jobst: Über die allgemeine Form der Knickbedingung des geraden Stabes. Konstruktion **4** (1952) 2 46—54.

Girkmann, Karl u. *E. Tungl:* Zum Anschluß von Stäben mit Winkelquerschnitt. Oest. Ing.-Arch. **6** (1952) 3 255—265; AMR **5** (1952) 12 508. [1.342.2].

Goodier, J. N.: Some observations on elastic stability. — Proc. 1st U. S. Nat. Congr. Appl. Mech., June 1951. ASME Publ. 1952.

Goodier, J. N. and H. J. Plass: Energy theorems and critical load approximations in the general theory of elastic stability. Quart. Appl. Math. **9** (1952) 4 371—380; AMR **5** (1952) 10 423.

Higgins, T. J. jr.: Effect of creep on column deflection. Inst. Aeron. Sci. Prepr. 385 July 1952 19 p. 17 ref.; Index Aeron. **9** (1953) 1 38—39.

Hilton, Harry H.: Creep collapse of viscoelastic columns with initial curvatures. J. Aeron. Sci. **19** (1952) 12 844—846 6 ref.; Index Aeron. **9** (1953) 3 62.

Johnson, E. E. and B. F. Goldhammer: A determination of the critical load of a column or stiffened panel in compression by the vibration method. David W. Taylor Model Basin Rep. 800 Febr. 1952 15 p.; AMR **5** (1952) 10 423. [1.223.121].

Juillard, H.: Knickprobleme an geraden Stäben, Kreisbogensegmenten und Zylindern. Schweiz. Bauztg. **70** (1952) 32 451—454, 33 468—472, 34 487—489, 51 722.

Klitchieff, J. M.: Quelques applications de séries à des problèmes de stabilité élastique. Bull. Techn. Suisse Rom. **78** (1952) 21 273—276; AMR **6** (1953) 4 180; Ann. Ponts Chaussées **123** (1953) 5 225. [1.223.121].

Kuranishi, M.: Some recent investigations on the elastic stability of bars. Res. Inst. Technol., Nihon Univ. Tokyo Rep. No. 1 1952 19 p.; AMR **6** (1953) 3 124.

Matildi, P.: On the elastic equilibrium of centrally compressed bars under conventional critical loads (in Italian). Atti Ist. Sci. Costruz. Univ. Pisa Pubbl. 26 1952 9 p.; AMR **6** (1953) 12 549.

Menyhárd, I.: Design of struts on the basis of prescribed initial eccentricities (in German). Acta Techn. Hung. Budapest **2** (1952) 2/4 431—448; AMR **5** (1952) 10 424.

Müllersdorf, Uku: Zur Theorie der plastischen Knickung. Bauing. **27** (1952) 2 57—61.

Newton, R. E.: Experimental study of inelastic buckling of columns of varying section. — Proc. 1st U. S. Nat. Congr. Appl. Mech. June 1951. ASME Publ. 1952; Index Aeron. **9** (1953) 5 25—26.

Osgood, W. R.: The effect of residual stresses on column strength. "Proc. 1st U. S. Nat. Congr. Appl. Mech., June 1951", Ann Arbor (Mich.): J. W. Edwards 1952 415—418; AMR **6** (1953) 9 409; Index Aeron. **9** (1953) 5 25.

Pflüger, Alfrich: Zur plastischen Knickung gerader Stäbe. Ing.-Arch. **20** (1952) 5 291—301 7 Lit.-St.; Index Aeron. **9** (1953) 6 68.

Reinitzhuber, F.: Stability of straight rods with linearly varying longitudinal force in the inelastic region (in German). „Alfons Leon Gedenkschrift", Wien: Verl. Allg. Bauz. 1952 18—22; AMR **5** (1952) 9 392.

Rosenthal, D. and H. W. Baer: An elementary theory of creep buckling of columns. "Proc. 1st U. S. Nat. Congr. Appl. Mech., June 1951", Ann Arbor Mich.): J. W. Edwards 1952 603—611; AMR **6** (1953) 9 413.

Rubinstein, Martin A.: Allowable design loads for aluminium columns. Product Engng. **23** (1952) 8 197, 199, 201; AB **23** (1952) 9 512.

Schönhöfer, Robert: Die Vollwandträger-Gütezahl und die Knickstabgütezahl, zwei Hilfsmittel für die wirtschaftliche Berechnung und Gestaltung. Bau & Bauindustrie **5** (1952) 269—270. [1.342.4].

Schönhöfer, Robert: Die Berechnung des günstigsten Querschnittes eines auf zwei Achsen beanspruchten Knickstabes. Bau & Bauindustrie **5** (1952) 16 369—371.

Deutsch, Ernst: Einfache Berechnung der Knicklast gerader Stäbe mit beliebig veränderlichem Trägheitsmoment. Stahlbau **22** (1953) 10 224—226.

Franz, Gotth.: Der Knickvorgang. Bauing. **28** (1953) 2 54—57.

Gercke, M. J.: Collapsing load of a strut with elastically-fixed ends. Engng. **176** (1953) 4564 67—70; AMR **7** (1954) 5 198.

Hoff, N. J.: Buckling and stability. Roy. Aeron. Soc. Prepr. Sept. 1953 55 p. 101 ref.; Index Aeron. **9** (1953) 11 70.

Langhaar, H. L.: On torsional-flexural buckling of columns. J. Franklin Inst. **255** (1953) 2 101—112 7 ref.; Index Aeron. **9** (1953) 5 60.

Libove, C.: Creep-buckling analysis of rectangular-section columns. NACA TN 2956 June 1953 24 p. 6 ref.; AMR **7** (1954) 3 107; Index Aeron. **9** (1953) 10 83.

Lüscher, E.: Knickung des verwundenen Stabes. Schweiz. Bauztg. **71** (1953) 12 172.

Neuber, Heinz: Vereinfachung der Grundgleichungen der elastischen Stabilität mit Anwendung auf Stäbe, Platten und Schalen. ZAMM **33** (1953) 8/9 286—290. [1.222.111], [1.231.111], [1.240].

Onat, E. T. and *D. C. Drucker:* Inelastic instability and incremental theories of plasticity. J. Aeron. Sci. **20** (1953) 3 181—186 11 ref.; Index Aeron. **9** (1953) 7 30.

Reinitzhuber, F.: Näherungsformeln für das Knicken von Stäben mit veränderlicher Längskraft. Abh. Int. Vereinig. Brücken- u. Hochbau Bd. 13 1953; Oest. Bau-Z. **9** (1954) 8/9 159.

Reissner, E.: On a variational theorem for finite elastic deformations. J. Math. Phys. **32** (1953) 2/3 129—135 10 ref.; Index Aeron. **10** (1954) 4 44.

Sattler, Konrad: Das Durchbiegungsverfahren zur Lösung von Stabilitätsproblemen. Bautechnik **30** (1953) 10 288—294, 11 326—331. [1.211].

Ziegler, Hans: Linear elastic stability. ZAMP **4** (1953) 2 89—121, 3 167—184.

Zweiling, K.: Gleichgewicht und Stabilität. Berlin: Verl. Technik 1953 188 S.; Technik (Berlin) **9** (1954) 10 584.

Benthem, J. P.: Over het knikvraagstuk in het plastische gebied bij staven en platen. (On the buckling of rods and plates in the plastic region.) II. NLL Rep. S 423 Jan. 1954 56 p. 48 ref.; Index Aeron. **10** (1954) 9 92. [1.222.111].

Dahl, Heinz: Berechnung von Knickstäben nach dem $\lambda \cdot \sqrt{\omega}$-Verfahren. Bauplanung & Bautechn. **8** (1954) 5 231—232.

Drucker, D. C. and *E. T. Onat:* On the concept of stability of inelastic systems. Inst. Aeron. Sci. Prepr. 427 Jan. 1954 18 p. 9 ref.; J. Aeron. Sci. **21** (1954) 8 543—548, 565 9 ref.; Index Aeron. **10** (1954) 6 48.

Engelhardt, Heinrich: Die einheitliche Behandlung der Stabknickung mit Berücksichtigung des Stabeigengewichts in den Eulerfällen 1 bis 4 als Eigenwertproblem. Stahlbau **23** (1954) 4 80—84.

Gatewood, B. E.: Buckling loads for columns of variable cross-section. J. Aeron. Sci. **21** (1954) 4 287—288 7 ref.; Index Aeron. **10** (1954) 6 99.

Heckeroth, Heinz: Knickung von zwei sich gegenseitig abstützenden Stäben. Stahlbau **23** (1954) 10 242—245.

Hoff, N. J. and *V. G. Bruce:* Dynamic analysis of the buckling of laterally loaded flat arches. J. Math. Phys. **32** (1954) 4 276—288; Index Aeron. **10** (1954) 7 102.

Hoff, N. J.: Buckling and stability. J. Roy. Aeron. Soc. **58** (1954) 517 3—53 106 ref.; Index Aeron. **10** (1954) 4 88; AMR **7** (1954) 8 341—342.

Hoff, N. J.: Creep buckling. Polytechn. Inst. Brooklyn, Aeron. Lab. Rep. 252 May 1954 25 p.; Aeron. Engng. Rev. **14** (1955) 4 130.

van Langendonck, Telemaco: Eine numerische Lösung des Knickproblems. Abh. Int. Vereinig. Brücken- u. Hochbau **14** (1954) 111—123.

Link, H.: Über den geraden Knickstab mit begrenzter Durchbiegung. Ing.-Arch. **22** (1954) 4 237—250.

Mathauser, Eldon E. and *William A. Brooks jr.:* An investigation of the creep lifetime of 75 S-T 6 aluminum alloy columns. NACA TN 3204 July 1954 28 p.; AMR **7** (1954) 12 534; AB **25** (1954) 12 864. [1.323.211.2].

Norris, C. H. and *J. B. Scalzi:* Local buckling of intermittently welded structural members. Welding J. Res. Suppl. (1954) Nov. 564s; Aeron. Engng. Rev. **14** (1955) 2 126.

Paris, Paul C.: Limit design of columns. J. Aeron. Sci. **21** (1954) 1 43—49 4 ref.; Index Aeron. **10** (1954) 3 85.

Paris, Paul C.: Testing of columns with uniformly distributed transverse loads. Engng. J. (1954) Aug. 945.

Lenk, G.: Die Bedeutung des Tangenten-Elastizitätsmoduls bei der Berechnung der Knickfestigkeit von Druckstäben, insbesondere aus Leichtmetall. Aluminium **31** (1955) 4 174—176.

Stalhuth, W. E.: Charts speed use of parabolic formula for column design. Machine Design (1955) Febr. 211—214.

— Knickung und Beulung im plastischen Materialbereich. Schiff u. Hafen **7** (1955) 3 142—143.

Geschlossene Hohlquerschnitte   1.342.32

Robertson, A.: The strength of tubular struts. ARC R & M 1185 1927.

Schroeder, August: Druck- und Knickversuche mit Leichtmetall-Rohren. Luftf. Forsch. **1** (1928) 2 102—108.

Schroeder, August: Buckling tests of light metal tubes. NACA TM 525 Aug. 1929.

Chwalla, Ernst: Das rotationssymmetrische Ausbeulen axial gedrückter, freier Flanschenrohre. ZAMM **10** (1930) 1 72—77.

Hertel, Heinrich: Knickversuche mit schlanken verkleideten Stäben. 178. DVL-Ber.; DVL-Jb. 1930 183—199; Luftf.-Forsch. **8** (1930) 1 1—17.

Lockschin, A.: Über die Knickung eines doppelwandigen Druckstabes mit parabolisch veränderlicher Querschnittshöhe. ZAMM **10** (1930) 2 160—166.

Kiessling, Fritz: Eine Methode zur approximativen Berechnung einseitig eingespannter Druckstäbe mit veränderlichem Querschnitt. ZAMM **10** (1930) 6 594—599.

Steinitz, Otto: Knick- und Biegefestigkeit von Hohlprofilen. ZFM **21** (1930) 3 57—60. [1.342.4].

Teichmann, Alfred: Effects of the end fixation of airplane struts. NACA TM 582 Sept. 1930.

Morris, J.: The strength of tubular struts. Aircr. Engng. **6** (1934) 69 303—304; Luftwissen **2** (1935) 2 52—53.

von Scheidt, U.: Knickfestigkeit von Rohren einiger Leichtmetall-Legierungen. ZWB PB 208 1935 18 S.

Bungardt, K. u. *U. v. Scheidt:* Einfluß des Vorreck- bzw. Stauchgrades auf die Knickfestigkeit von Rohrprofilen aus Leichtmetall. ZWB FB 807 1937 8 S.

Kappus, Robert: Druck-, Biege- und Drillversuche mit Holmrohren aus Stahl Aero 70. ZWB FB 978 1938 87 S. [1.342.4], [1.342.51].

Osgood, William R.: Column strength of tubes elastically restrained against rotation at the ends. NACA Rep. 615 1938. [1.241.111.1].

Kappus, Robert: Knick-, Druck- und Biegefestigkeit von dickwandigen Rohren. Forsch. Ing. Wes. **10** (1939) 3 153—155. [1.342.4].

Kappus, Robert: Druck-, Biege- und Torsionsversuche mit Holmrohren aus Stahl Aero 70. Jb. 1939 Dtsch. Luftf.-Forsch. I 426—438. [1.342.4], [1.342.51].

Lundquist, Eugene E.: Local instability of symmetrical rectangular tubes under axial compression. NACA TN 686 Febr. 1939.

v. Kármán, Th., L. G. Dunn and *Hsue-Shen Tsien:* The influence of curvature on the buckling characteristics of structures. J. Aeron. Sci. **7** (1940) 7 276—289 17 ref.; Techn. Z.-Schau **26** (1941) 23 382. [1.231.111], [1.241.111.1].

Plantema, F. J.: Allowable stresses in tubes of circular cross section. NLL Rep. S 94 1942.

Weinhold, Josef u. *Rudolf Lenard:* Knickkurven für Rohre aus Flw. 1605.9, 1604.5, 1265.9 und 1265.5 unter Berücksichtigung einer unvermeidlichen Außermittigkeit der Last und einer Vorkrümmung, sowie der Querschnitts-Minus-Toleranzen. Ber. Inst. Festigkeitslehre u. Festigkeitsprüfung Dtsch. TH Brünn 1942.

Kroll, Wilhelmina D., Gordon P. Fisher and *George J. Heimerl:* Charts for calculation of the critical stress for local instability of columns with I-, Z-, channel, and rectangular-tube section. NACA ARR 3 K 04 (WR L-429) Nov. 1943. [1.342.33].

Weinhold, Josef u. *Hermann Pilny:* Stauchversuche mit Rohren d/s = 50 aus Flw. 1604.9 und Herleitung der Knickkurven. Ber. Inst. Festigkeitslehre u. Festigkeitsprüfung Dtsch. TH Brünn 1943.

Weinhold, Josef u. *Eduard Sitzenfrey:* Stauchversuche mit Rohren aus Flw. 1265.9 und zugehörige Knickkurven. Ber. Inst. Festigkeitslehre u. Festigkeitsprüfung Dtsch. TH Brünn 1943.

— Druckbiegeversuche mit Rohren aus Flw. 1605.9 und 1265.9. Ber. Inst. Festigkeitslehre u. Festigkeitsprüfung Dtsch. TH Brünn 1943.

Arredi, Filippo: Sul calcolo statico dei tubi cerchiati. Energia Elettrica (Milano) **25** (1948) Aug. 437—442.

Biezeno, C. B. and *J. J. Koch:* Note on the buckling of a vertically submerged tube. Appl. Sci. Res., Sect. A 1 (1948) 2 131—138; AMR **1** (1948) 6 165.

Budiansky, Bernard, Manuel Stein and *Arthur C. Gilbert:* Buckling of a long square tube in torsion and compression. NACA TN 1751 Nov. 1948. [1.342.51].

Plantema, F. J. and *J. H. Rondeel:* Compression tests on tubes with and without annealed ends. NLL Rep. S 330 1948.

Anderson, Roger A.: Some preliminary information on buckling and ultimate strength of unstiffened compression skin obtained through bending and compression tests on rectangular cross section aluminum tubes. FFA Rep. 27 1949 25 p.; AMR **3** (1950) 6 171—172. [1.342.4].

Grassi, R. C. and *I. Cornet:* Fracture of gray-cast-iron tubes under biaxial stresses. J. Appl. Mech. **16** (Trans. ASME **71**) (1949) June 172—182; Met. Rev. **22** (1949) 8 26. [1.342.2], [1.342.8].

Kerekes, F. and *W. H. Nedderman:* Secondary buckling in hollow rectangular column sections of steel plates. Iowa Engng. Stat. Bull. 171 Nov. 1951 56 p.; AMR **5** (1952) 9 392.

Bijlaard, P. P. and *G. P. Fisher:* Column strength of H-sections and square tubes in postbuckling range of component plates. NACA TN 2994 Aug. 1953 106 p. 19 ref.; J. Roy. Aeron. Soc. **58** (1954) 518 152; Index Aeron. **9** (1953) 12 75; AMR **7** (1954) 4 149. [1.342.33].

Ashwell, D. G.: A characteristic type of instability in the large deflections of elastic plates: Pt. 3. — Curved rectangular plates in axial compression. Proc. Roy. Soc. (London) A **222** (1954) 1148 44—59 6 ref.; Index Aeron. **10** (1954) 6 94. [1.222.112], [1.225.11].

Berger, E. R.: Determination of the critical outer pressure in the buckling of reinforced cylindrical tubes. Maschinenb. u. Wärmewirtsch. **9** (1954) 4 104—105; Index Aeron. **10** (1954) 7 107.

Prizeman, R.: The strength of tubular struts. Charts for the graphical solution of a common design problem. Aircr. Engng. **26** (1954) 307 300—302; Index Aeron. **10** (1954) 10 119.

Wilkes, E. W.: On the stability of a circular tube under end thrust. Quart. J. Mech. & Appl. Math. (1955) March 88—100.

Lundquist, Eugene E.: The compressive strength of duralumin columns of equal angle section. NACA TN 413 March 1932.

Hartmann, Friedrich: Die Berechnung von T-Gurten auf Ausbeulung. Stahlbau **7** (1934) 14 105—108.

Ebner, Hans u. *Robert Kappus:* Knickfestigkeit offener Profile, theoretische Grundlagen zum Ausbeulen offener Profile. 1. Teilbericht. ZWB FB 242 1935 13 S.

Ebner, Hans u. *Robert Kappus:* Druckversuche mit kurzen Hutprofilstäben aus Duralumin. ZWB FB 403 1935 29 S.

Ihlenburg, W.: Die Knicksicherheit der Randaussteifungen von TT- und I-Stäben. Stahlbau **8** (1935) 11 85—88, 26 201—204; **9** (1936) 2 14—16.

Kollbrunner, Kurt F.: Das Ausbeulen des auf Druck beanspruchten freistehenden Winkels. Diss. ETH Zürich; Zürich: Leemann 1935 217 S.

Schilling, H.: Systematische Knickversuche. I. Exzentrisch gedrückte U-Profile. II. Exzentrisch gedrückte gebördelte U-Profile. ZWB FB 495/1 1935 27 S., 495/2 1935 23 S. [1.342.8].

Walter, I.: Recherches sur le plissement des parois des profils laminés. Spraw. **9** (1936) 2 15—66; Luftwissen **3** (1936) 11 343.

Bijlaard, P. P.: Accurate computation of the buckling stress of the legs of steel angles in the elastic as well as in the plastic domain. Ingenieur in Ned. Indie (1939) 3 I 35—I 45.

Bijlaard, P. P.: Deduction of simple formulas and diagrams for the determination of the buckling possibility of the webs of steel truss members. Ingenieur in Ned. Indie (1939) 10 I 239—I 256.

Osgood, William R. and *Marshall Holt:* The column strength of two extruded aluminum-alloy H-sections. NACA Rep. 656 1939.

Windenburg, Dwight F.: The elastic stability of tee-stiffeners. Proc. 5th Int. Congr. Appl. Mech. 1939 54—61 14 ref.

Silliman, J. C.: Elastic stability design chart for duraluminium channels in compression. J. Aeron. Sci. **8** (1940) 1 32—34.

Hill, H. N.: Compression tests of some 17 S-T aluminum-alloy specimens of I-cross section. NACA TN 798 March 1941.

Kimm, Gotthold: Beitrag zur Stabilität dünnwandiger U-Profile mit konstanter Wandstärke im elastischen Bereich. Diss. TH Berlin 1941; Luftf.-Forsch. **18** (1941) 5 155—168 7 Lit.-St.; Techn. Z.-Schau **26** (1941) 17 286.

Möchel, H. u. *J. Koch:* Magnesium-Legierungen als Baustoff für Fachwerkbauten. Knickfestigkeiten der Magnesiumlegierungen. Metallwirtsch. **21** (1942) 3/4 39—40; Schiff u. Werft **44/24** (1943) 7/8 153.

Lundquist, Eugene E. and *Elbridge Z. Stowell:* Critical compressive stress for outstanding flanges. NACA Rep. 734 1942.

Chwalla, Ernst: Einige Ergebnisse der Theorie des außermittig gedrückten Stabes mit dünnwandigem, offenem Querschnitt. Forsch.-H. Stahlbau H. 6 1943 12 ff.

Heimerl, George J. and *J. Albert Roy:* Preliminary report on tests of 24 S-T aluminum-alloy columns of Z-, channel, and H-section that develop local instability. NACA RB 3 J 27 (WR L-333) Oct. 1943.

Kroll, Wilhelmina D., Gordon P. Fisher and *George J. Heimerl:* Charts for calculation of the critical stress for local instability of columns with I-, Z-, channel, and rectangular-tube section. NACA ARR 3 K 04 (WR L-429) Nov. 1943. [1.342.32].

Kuhn, Paul and *Edwin M. Moggio:* The longitudinal shear strength required in double-angle columns of 24 S-T aluminum alloy. NACA RB 3 E 08 (WR L-472) May 1943. [1.342.6].

Vogt, H. u. *H. Striedieck:* Die Druckfestigkeit gleichwandiger Profile bei zentrischer Belastung. ZWB TB **10** (1943) 7 201—205.

Wallace, Paul Wayne: On the stability of cantilevers and beams of arbitrary thin-walled open section. Diss. Cornell Univ. 1943. [1.342.4].

Heimerl, George and *J. Albert Roy:* Determination of desirable lengths of Z- and channel-section columns for local-instability tests. NACA RB L 4 H 10 (WR L-180) Oct. 1944.

Niles, Alfred S.: Elastic properties of channels with unflanged lightening holes. NACA TN 924 March 1944. [1.352.1], [1.224.13].

Roy, J. Albert and *Evan H. Schuette:* The effect of angle of bend between plate elements on the local instability of formed Z-sections. NACA RB L 4 I 26 (WR L-268) Sept. 1944.

Müller-Magyari, F.: Kritische Last und Tragfähigkeit dünnwandiger Abkantprofile unter zentrischem Druck. Diss. TH Wien 1945.

Ramberg, W. and *S. Levy:* Instability of extrusions under compressive loads (aluminium and magnesium alloys). J. Aeron. Sci. **12** (1945) 4 485—498.

Holt, Marshall and *J. R. Leary:* The column strength of aluminum alloy 75 S-T extruded shapes. NACA TN 1004 Jan. 1946.

Leary, J. R. and *Marshall Holt:* Column strength of aluminum alloy 14 S-T extruded shapes and rod. NACA TN 1027 May 1946.

Winter, George: Strength of thin steel compression flanges. Proc. ASCE (1946) Febr., June; Cornell Univ. Bull. Repr. 32 Oct. 1947 55 p.

Goodman, Stanley and *Evelyn Boyd:* Instability of outstanding flanges simply supported at one edge and reinforced by bulbs at other edge. NACA TN 1433 Dec. 1947.

Green, Giles G., George Winter and *T. R. Cuykendall:* Light gage steel columns in wall-braced panels. Cornell Univ. Engng. Exp. Stat. Bull. 35 Pt. 2 Oct. 1947 3—50; AMR **2** (1949) 5 103.

Hu, P. C. and *J. C. McCulloch:* The local buckling strength of lipped Z-columns with small lip width. NACA TN 1335 June 1947 15 p.; AMR **1** (1948) 3 72.

Massonnet, Ch.: Le flambage des barres à section ouverte et à parois minces. Anniv. Vol. Univ. Liège (1947) 1—16; AMR **1** (1948) 8 214.

Rojansky, V. and *R. A. Beth:* Camptograms for beams in compression. J. Appl. Mech. **14** (1947) Sept. 202—208; AMR **1** (1948) 2 43.

Baker, J. F. and *J. W. Roderick:* The strength of light alloy struts. ADA Res. Rep. 3 1948 148 p.; Met. Rev. **22** (1949) 2 32. [1.342.35].

Gallaher, George L.: Plate compressive strength of FS-1h magnesium-alloy sheet and a maximum-strength formula for magnesium-alloy and aluminum-alloy formed sections. NACA TN 1714 Oct. 1948 23 p.; Aero Dig. **59** (1949) 2 74; AMR **2** (1949) 4 79. [1.222.112].

Schuette, Evan H.: Hyperbolic column formulas for magnesium-alloy extrusions. J. Aeron. Sci. **15** (1948) Sept. 523—529; AMR **2** (1949) 2 29.

Winter, George: Performance of thin steel compression flanges. Publ. Int. Ass. Bridge & Struct. Engng., 3rd Congr. 1948 prelim. publ. 137—148.

Cox, H. L.: Effective stiffness of stringers to locally applied loads. "Engineering Structures", London: Butterworth 1949 165—178; AMR **3** (1950) 10 298. [1.342.4].

— Light gage steel design manual. New York: Amer. Iron & Steel Inst. Jan. 1949 77 p. [1.423], [6.121].

Cicala, P.: Column buckling in the elastoplastic range. J. Aeron. Sci. **17** (1950) 8 508—512 3 ref.; Index Aeron. **6** (1950) 11 56; AMR **4** (1951) 4 217.

Müller-Magyari, F.: Die Bemessung dünnwandiger gezogener, gepreßter oder abgekanteter Profile aus Stahl oder Dural unter zentrischem Druck. Öst. Maschinenmarkt u. Elektrowirtsch. (Wien) **5** (1950) 35.

Kenedi, R. M. and *J. M. Harvey:* The use of equal strength sections in structural design. Trans. Instn. Engrs. Shipbuilders (1951) 89—131 4 ref.; Index Aeron. **7** (1951) 10 71; AMR **4** (1951) 5 286.

Pugsley, A. G.: Some research contributions to the design of light alloy structures. Building Res. Congr. 1951 Div. I Pt. 2 130—138. [1.342.51].

Stowell, E. Z.: Compressive strength of flanges. NACA Rep. 1029 1951 14 p. 5 ref.; Index Aeron. **8** (1952) 11 52.

Libove, C.: Creep buckling of columns. Inst. Aeron. Sci. Prepr. 353 Jan./Febr. 1952 30 p. 6 ref.; J. Aeron. Sci. **19** (1952) 7 459—467 6 ref.; Index Aeron. **8** (1952) 7 79; AB **23** (1952) 9 511; AMR **5** (1952) 8 353.

Sri Ram, G. and *G. V. R. Rao:* Buckling of an N-section column. J. Aeron. Sci. **19** (1952) 1 66—67; AMR **5** (1952) 10 423.

Weiskopf, W. H.: Behavior of an idealized steel H-column above the elastic range. Welding J. **31** (1952) 7 353s—360s; AMR **5** (1952) 12 510.

Bijlaard, P. P. and *G. P. Fisher:* Column strength of H-sections and square tubes in postbuckling range of component plates. NACA TN 2994 Aug. 1953 106 p. 19 ref.; J. Roy. Aeron. Soc. **58** (1954) 518 152; Index Aeron. **9** (1953) 12 75; AMR **7** (1954) 4 149. [1.342.32].

Bijlaard, P. P. and *H. A. B. Wiseman:* On theories of plasticity and the plastic stability of cruciform sections. J. Aeron. Sci. **20** (1953) 11 787—789 8 ref.; Index Aeron. **10** (1954) 1 37; AMR **7** (1954) 6 244.

Chilver, A. H.: The maximum strength of the thinwalled channel strut. Civil Engng. (London) **48** (1953) 570 1143—1146; AMR **7** (1954) 5 200.

Chilver, A. H.: The stability and strength of thin-walled steel struts. Engineer **196** (1953) 5089 180—183 7 ref.; Index Aeron. **9** (1953) 10 83; AMR **7** (1954) 6 245. [1.342.35].

Chilver, A. H.: A generalised approach to the local instability of certain thin-walled struts. Aeron. Quart. **4** (1953) Pt. 3 Aug. 245—260; AMR **7** (1954) 6 244.

— Bulbed and lipped structural aluminium alloy sections (angles and channels). ADA Add. to Applications Brochure No. 6 Dec. 1953 12 p. [1.423].

Kempner, Joseph and *Sharad A. Patel:* Creep buckling of columns. NACA TN 3138 Jan. 1954 24 p. 5 ref.; AMR **7** (1954) 5 200; Index Aeron. **10** (1954) 5 100; J. Roy. Aeron. Soc. **58** (1954) 520 310.

van der Maas, Christian: Charts for the calculation of the critical compressive stress for local instability of columns with hat sections. J. Aeron. Sci. **21** (1954) 6 399—403 4 ref.

Marsh, Cedric: Structural design with formed aluminium sheet. II. Light Metals **18** (1955) 204 86—88, 205 124—127. [1.342.8], [1.342.35].

Müller, K. A.: Aluminium als Baustoff. Stahlbau **23** (1954) 3 69—71. [1.342.4], [1.342.35].

Needham, Robert A.: The ultimate strength of aluminum-alloy formed structural shapes in compression. J. Aeron. Sci. **21** (1954) 4 217—229 18 ref.; Index Aeron. **10** (1954) 6 137; AB **25** (1954) 5 296—297. [1.342.34].

Seidenfaden, T.: Über die Tragfähigkeit dünnwandiger gedrückter U-Profile. ZFW **2** (1954) 7 169—179 9 Lit.-St.; Aeron. Engng. Rev. **13** (1954) 12 121. [1.342.35].

Sutter, Karl: Die Anpassung der allgemeinen Knickformeln an die Berechnung von Aluminium-Bauteilen. Aluminium **31** (1955) 4 167—173, 5 215—218.

Sutter, Karl: The adaptation of the generalised buckling formula to the conditions prevailing in aluminium structural elements. "Rapp. Congr. Int. Aluminium, Tome II", Paris: Soc. Édition et Documentation Alliages Légers 1954 217—229.

McCarthy, Charles J.: Notes on the design of latticed columns subject to lateral loads. NACA TN 98 May 1922.

Bernhard, Rudolf: Versuche an Druckstäben aus drei verschiedenen Stahlsorten in den Vereinigten Staaten von Amerika. Z. VDI **74** (1930) 12 379—380.

Rendulic, L.: Über die Stabilität von Stäben, welche aus einem mit Randwinkeln verstärkten Blech bestehen. Ing.-Arch. **3** (1932) 5 447—453.

Amstutz, Ernst: Die Knicklast gegliederter Stäbe. Schweiz. Bauztg. **118** (1941) 9 97—101.

Tyler, C. M. jr. and *F. Z. Lee:* Analysis of two- and three-section short columns. J. Appl. Mech. **19** (1952) 2 223—226 9 ref.; Index Aeron. **8** (1952) 8 77; AMR **6** (1953) 1 14—15.

Müller, Eugen: Nomogramm für zweiteilige Knickstäbe. Stahlbau **23** (1954) 8 188—189.

Needham, Robert A.: The ultimate strength of aluminum-alloy formed structural shapes in compression. J. Aeron. Sci. **21** (1954) 4 217—229 18 ref.; Index Aeron. **10** (1954) 6 137; AB **25** (1954) 5 296—297. [1.342.33].

Nicolai, E. L.: Über die Stabilität des zu einer Schraubenlinie gebogenen und gedrillten Stabes. ZAMM **6** (1926) 1 30—43.

Wagner, Herbert: Verdrehung und Knickung von offenen Profilen. Festschr. "25 Jahre TH Danzig", Danzig: Kafermann 1929 1—14.

Wagner, Herbert u. *Walter Pretschner:* Verdrehung und Knickung von offenen Profilen. Luftf. Forsch. **11** (1934) 6 174—180; Aircr. Engng. **7** (1935) 79 237.

von Schlippe, B.: Verdrehknickung von offenen Profilen. Jb. 1935 Vereinig. Luftf. Forsch. 158—162.

Wagner, Herbert: Torsion and buckling of open sections. NACA TM 807 Oct. 1936.

Wagner, Herbert and *Walter Pretschner:* Torsion and buckling of open sections. NACA TM 784 Jan. 1936.

Kappus, Robert: Drillknicken zentrisch gedrückter Stäbe mit offenem Profil im elastischen Bereich. Luftf.-Forsch. **14** (1937) 9 444—457; Jb. 1937 Dtsch. Luftf.-Forsch. I 409; Aircr. Engng. **9** (1937) 104 306.

Lundquist, Eugene E.: On the strength of columns that fail by twisting. J. Aeron. Sci. **14** (1937) 6 249—253; Luftwissen **4** (1937) 6 194.

Kappus, Robert: Twisting failure of centrally loaded open-section columns in the elastic range. NACA TM 851 March 1938.

Lazzarino, Lucio: Twisting of thin walled columns perfectly restrained at one end. NACA TM 854 March 1938.

Niles, Alfred S.: Experimental study of torsional column failure. NACA TN 733 Oct. 1939 59 p.

Hampl, M.: Der Drillknickungswiderstand für den Kreisringausschnitt. Skoda Mitt. **5** (1943) 4 97—102.

Funk, P.: Stabilitätstheorie bei Stäben unter Druck und Drillung. Oest. Ing.-Arch. **1** (1947) 1/2 2—14.

Baker, J. F. and *J. W. Roderick:* The strength of light alloy struts. ADA Res. Rep. 3 1948 148 p.; Met. Rev. **22** (1949) 2 32. [1.342.33].

Ziegler, Hans: Die Knickung des verwundenen Stabes. Schweiz. Bauztg. **66** (1948) 34 463—465; AMR **1** (1948) 11 287.

Glaser, Franz: Die Stabilität des einstegigen Gurtes. Oest. Bau-Z. **4** (1949) 7 109—113.

Nylander, Henrik: Torsional and lateral buckling of eccentrically compressed I and T columns. Trans. Roy. Inst. Technol. No. 28 1949 32 p. (Stockholm); AMR **4** (1951) 1 22—23.

Girkmann, Karl: Drillknicken in elementarer Darstellung. Oest. Bau-Z. **6** (1951) 4 57—61.

— Torsional column strength of thin-walled open sections. Aircr. Engng. **23** (1951) 269 211; Index Aeron. **7** (1951) 10 69.

Kirste, Leo: Eine Grenzbedingung für das Drillknicken. Oest. Bau-Z. **7** (1952) 2 29—30.

Michielsen, H. F.: The computation of flexural-torsional buckling loads. J. Appl. Mech. **19** (1952) 2 214—219 6 ref.; Index Aeron. **8** (1952) 8 5; AMR **5** (1952) 11 462.

Raher, W.: Allgemeine Stabilitätsbedingung für krumme Stäbe. Oest. Ing.-Arch. **6** (1952) 3 236—246; AMR **5** (1952) 12 511. [1.342.8].

Chilver, A. H.: The stability and strength of thin-walled steel struts. Engineer **196** (1953) 5089 180—183 7 ref.; Index Aeron. **9** (1953) 10 83; AMR **7** (1954) 6 245. [1.342.33].

Kappus, Robert: Zentrisches und exzentrisches Drehknicken von Stäben mit offenem Profil. Stahlbau **22** (1953) 1 6—12.

Argyris, John H.: The open tube — A study of thin-walled structures such as interspar wing cutouts and open-section stringers. Aircr. Engng. **26** (1954) 302 102—112; Index Aeron. **10** (1954) 6 101—102. [1.342.51].

Müller, Karl Adolf: Aluminium als Baustoff. Stahlbau **23** (1954) 3 69—71. [1.342.33], [1.342.4].

Seidenfaden, T.: Über die Tragfähigkeit dünnwandiger gedrückter U-Profile. ZFW **2** (1954) 7 169—179 9 Lit.-St.; Aeron. Engng. Rev. **13** (1954) 12 121. [1.342.33].

Marsh, Cedric: Structural design with formed aluminium sheet. II. Light Metals **18** (1955) 204 86—88. [1.342.8], [1.342.33].

Biegebeanspruchung einschl. Kippen   1.342.4

Weber, Constantin: Biegung, Schub und Drehung von Balken. Diss. TH Braunschweig 1922. [1.342.6], [1.342.51].

Wieghardt, K.: Über den Balken auf nachgiebiger Unterlage. ZAMM **2** (1922) 3 165—184.

Biezeno, C. B.: Zeichnerische Ermittlung der elastischen Linie eines federnd gestützten, statisch unbestimmten Balkens. ZAMM **4** (1924) 2 93—102.

Weber, Constantin: Biegung und Schub in geraden Balken. ZAMM **4** (1924) 4 334—348. [1.342.6], [1.342.7].

Kober, J.: Stegbeanspruchung hoher Biegungsträger. ZFM **16** (1925) 276.

Schnadel, Georg: Die Spannungsverteilung in den Flanschen dünnwandiger Kastenträger. Diss. 1925; Jb. Schiffbautechn. Ges. **27** (1926) 207 ff.

Federhofer, Karl: Berechnung der Auslenkung beim Kippen gerader Stäbe. ZAMM **6** (1926) 1 43—48.

Wagner, Herbert: Einige Bemerkungen über Knickstäbe und Biegungsträger. Der Kennwert. ZFM **19** (1928) 11 241—248. [1.342.31].

Wagner, Herbert: Remarks on airplane struts and girders under compressive and bending stresses. Index Values. NACA TM 500 Febr. 1929. [1.342.31].

Steinitz, Otto: Knick- und Biegefestigkeit von Hohl-Profilen. ZFM **21** (1930) 3 57—60. [1.342.32].

Böttcher, Kurt: Versuche über die Spannungsverteilung im Zughaken. Forsch.-Arb. Ing.-Wes. H. 337 1931; Z. VDI **75** (1931) 52 1565—1566.

Federhofer, Karl: Neue Beiträge zur Berechnung der Kipplasten gerader Stäbe. Sitz.-Ber. Akad. Wiss. (Wien) Math.-Naturwiss. Klasse, Abt. IIa 1931 140 S.

Ketchum, M. S. and *J. O. Draffin:* Strength of light I-beams. Univ. Ill., Engng. Exp. Stat. Bull. 241 1932. [1.423].

Gerard, I. J. and *H. Boden:* Flexural and shear deflections of metal spars. ARC R & M 1567 Sept. 1933, R & M 1671 June 1936; Aircr. Engng. **8** (1936) 89 207. [1.342.6].

Sonntag, R.: Über Biegung bei verhinderter Querschnittskrümmung. Ing.-Arch. **4** (1933) 5 415—420.

Bühler, H. u. *H. Buchholtz:* Belastungs-Dehnungsmessungen an I-Trägern mit und ohne Aussteifung. (Mitt. Forsch. Inst. Verein. Stahlwerke AG Dortmund Bd. 4, Lfg. 6) Dortmund: Stahldruck Dortmund 1934.

Deutler, H.: Biegung rechteckiger Balken aus sprödem Stoff. Ing.-Arch. **5** (1934) 5 394—415.

Fairthorne, R. A.: The buckling of a linked beam having strength in flexure and shear. ARC R & M 1616 Jan. 1934; Luftwissen **2** (1935) 4 108.

Gran Olsson, R.: Die tatsächliche Durchbiegung des gebogenen Balkens. Stahlbau **7** (1934) 2 13—14.

Gran Olsson, R.: Über Biegung bei verhinderter Querschnittskrümmung. Ing.-Arch. **5** (1934) 3 163—169.

Lindner, Georg: Biegung krummer Stäbe. ZAMM **14** (1934) 1 43—50.

Smith, D. B. and *R. V. Southwell:* Stresses induced by flexure in a deep rectangular beam. ARC R & M 1606 June 1934; Luftwissen **2** (1935) 4 108.

Cicala, Placido: The bending of beams with thin tension flanges. NACA TM 769 March 1935.

Contini, R.: Watter Cartesian beam-column diagrams. Aero Dig. **27** (1935) 4 70—74 5 ref.

Thum, August u. *F. Wunderlich:* Der Einspannwert. Z. VDI **79** (1935) 38 1137—1139.

Williams, D.: Some features of the behaviour in bending of thin-walled tubes and channels. ARC R & M 1669 Febr. 1935; Aircr. Engng. **8** (1936) 89 207.

Bleich, Hans u. *Friedrich Bleich:* Biegung, Drillung und Knickung von Stäben aus dünnen Wänden. „Vorber. z. 2. Kongr. Int. Verein. Brücken- u. Hochbau", Berlin: 1936. [1.342.31], [1.342.51].

Huber, Maximilian T.: Bending of beams of thin sections. NACA TM 793 Apr. 1936.

Dumont, C. and *H. N. Hill:* The lateral instability of deep rectangular beams. NACA TN 601 May 1937.

Herzka, Leopold: Berechnung der Durchbiegung beliebig belasteter und gelagerter Balkenträger mit veränderlicher Höhe. (Das Biegelinien-Polygon-Verfahren.) Stahlbau **10** (1937) 23 182—184.

Schwalbe, W. L.: The torsionless bending of a hollow beam by a transverse load. J. Appl. Mech. **4** (1937) 1 A 25—A 30.

Atkin, E. H.: Tapered beams. Suggested solutions for some typical aircraft cases. Aircr. Engng. **10** (1938) 117 347—351, 118 371—374.

Kappus, Robert: Druck-, Biege- und Drillversuche mit Holmrohren aus Stahl Aero 70. ZWB FB 978 1938 87 S. [1.342.32], [1.342.51].

Kuhn, Paul: Approximate stress analysis of multi-stringer beams with shear deformation of the flanges. NACA Rep. 636 1938. [1.342.6].

Chwalla, Ernst: Die Kipp-Stabilität gerader Träger mit doppelt symmetrischem I-Querschnitt. Forsch. H. Stahlbau H. 2 1939 IV, 63 S.; Z. VDI **84** (1940) 21 364.

Hole, D. L. and *D. H. Rock:* The flexure and torsion of a beam whose cross-section is a limacon. ZAMM **19** (1939) 3 141—145. [1.342.51].

Kappus, Robert: Knick-, Druck- und Biegefestigkeit von dickwandigen Rohren. Forsch. Ing.-Wes. **10** (1939) 3 153—155. [1.342.32].

Kappus, Robert: Druck-, Biege- u. Torsionsversuche mit Holmrohren aus Stahl Aero 70. Jb. 1939 Dtsch. Luftf. Forsch. I 426—438. [1.342.32], [1.342.51].

Morandell, C.: Belastung eines geschweißten Blechträgers durch hohe Einzellast. DEMAG-Nachr. **13** (1939) 1 10—15.

Thompson, E. W. H.: Elastic stiffness of skin-covered framework. Flight **35** (1939) 1588 576a—576e 3 ref. [1.342.51].

Baumert, H.: Biegebeanspruchung über der Proportionalitätsgrenze. Jb. 1940 Dtsch. Luftf. Forsch. I 841—851.

Dumont, C. and *H. N. Hill:* The lateral stability of equal-flanged aluminum alloy. I-Beams subjected to pure bending. NACA TN 770 Aug. 1940.

Kaal, W.: Beitrag zur Berechnung gekrümmter Leichtmetallträger. Metallwirtsch. **19** (1940) 20 401—403; Techn. Z.-Schau **26** (1941) 1 6. [1.212.2].

Winter, George: Stress distribution in and equivalent width of flanges of wide, thin-wall steel beams. NACA TN 784 Nov. 1940.

Marguerre, Karl: Bestimmung der Verzerrungsgrößen eines räumlich gekrümmten Stabes mit Hilfe des Prinzips von Castigliano. ZAMM **21** (1941) 4 218—227.

Naschold, G.: Die größten Randspannungen der geraden, rechteckigen Balken mit Einzellasten. Bauing. **22** (1941) 5/6 40—49; Techn. Z.-Schau **26** (1941) 13 222.

Schubert, G.: Über Effekte zweiter Ordnung bei Biegung und Torsion dünnwandiger Rohre elliptischen Querschnitts. Ing.-Arch. **12** (1941) 1 53—63. [1.342.51].

Sonntag, Rudolf: Der beiderseits gestützte, symmetrisch belastete gerade Stab mit endlicher Durchbiegung und seine Stabilität. Ing.-Arch. **12** (1941) 5 283—306.

Woinowsky-Krieger, Sergius: Über die Berechnung von Einzelwinkeln auf Biegung. Stahlbau **14** (1941) 6/7 28—30.

Cassens, J.: Der Biegefaktor. Luftwissen **9** (1942) 8 242—244; Technik (Berlin) **1** (1946) 6 269.

Hill, H. N.: The lateral instability of unsymmetrical I-beams. J. Aeron. Sci. **9** (1942) 5 175—180.

Reinitzhuber, Fritz: Der Einfluß der Verformung bei der Ermittlung der inneren Kräfte von Biegeträgern mit gerader Stabachse. Luftf.-Forsch. **19** (1942) 9 320—325.

— Querkraftbiegeversuche mit Rohren aus Flw. 3113.5. Ber. Inst. Festigkeitslehre u. Festigkeitsprüfung Dtsch. TH Brünn 1942.

Thum, August u. *Ralph Zoege von Manteuffel:* Biegeversuche über die statische Beanspruchungsfähigkeit von großen Leichtmetall-Doppel-T-Trägern. Luftf.-Forsch. **20** (1943) 8/9 242—254; Luftwissen **11** (1944) 2 54.

Wallace, Paul Wayne: On the stability of cantilevers and beams of arbitrary thin-walled open section. Diss. Univ. Cornell 1943. [1.342.33].

Chwalla, Ernst: Kippung von Trägern mit einfachsymmetrischen, dünnwandigen und offenen Querschnitten. Sitzungsber. Akad. Wiss. (Wien) Math.-Naturwiss. Klasse, Abt. IIa **153** (1944) 1/10.

Meyer-Haller, E.: Analytisches Verfahren zur Bestimmung der elastischen Linie von zwei- oder dreifach gelagerten Wellen. Schweiz. Arch. **10** (1944) 10 295—305.

Stowell, Elbridge Z., Edward B. Schwartz, John C. Houbolt and *Albert K. Schmieder:* Bending and shear stresses developed by the instantaneous arrest of the root of a cantilever beam with a mass at its tip. NACA MR L 4 K 30 (WR L-586) Nov. 1944. [1.342.6].

Winter, George: Strength of slender beams. Trans. ASCE **109** (1944) Pap. 2232. [1.342.31].

Osgood, William R.: Plastic bending — further considerations. J. Aeron. Sci. **12** (1945) July 253—262.

Levin, L. Ross and *David H. Nelson:* Comparison of measured and calculated stresses in built-up beams. NACA TN 1063 May 1946.

Siebel, Erich: Festigkeitsrechnung bei ungleichförmiger Beanspruchung. Technik (Berlin) **1** (1946) 6 265—269. [1.352.1].

Winter, George: The stress distribution in the flanges of wide thin-wall steel beams. Diss. Cornell Univ. 1946.

Winter, George and *R. H. J. Pian:* Crushing strength of thin steel webs. Cornell Univ., Engng. Exp. Stat. Bull. 35 Pt. 1 Apr. 1946 24 p.

Green, A. E.: The flexure and torsion of aeolotropic beams. Proc. Cambr. Phil. Soc. **43** (1947) Pt. 1 68—74 4 ref.; Index Aeron. **4** (1948) 4 22; AMR **1** (1948) 1 8. [1.342.51].

Hrennikoff, Alexander: Theory of inelastic bending with reference to limit design. Proc. ASCE **73** (1947) March 255—289; AMR **1** (1948) 1 9—10.

Sandorff, P. E.: Bending rigidity and column strength of thin sections. Trans. ASME **69** (1947) Nov. 833—841 11 ref.; AMR **1** (1948) 4 104; Index Aeron. **4** (1948) 4 23.

Schönhöfer, Robert: Die wirtschaftliche Gestaltung stählerner Vollwandträger mit Hilfe der Gütezahl W/Fh. Bauplanung & Bautechn. **1** (1947) 1 9.

Swainger, K. H.: Large displacements with small strains in loaded structures. ASME Prepr. 47-A-29 Dec. 1947 4 p. 11 ref.; Index Aeron. **4** (1948) 4 25.

Swida, W.: Verfahren zur Bestimmung der Tragwerkformänderungen im elastisch-plastischen Zustand. ZAMM **25/27** (1947) 5/6 168—169.

Wästlund, G. and *S. G. A. Bergman:* Buckling of webs in deep steel I girders: a report of an investigation. Stockholm: Petterson 1947. 205 p.; Publ. Int. Ass. Bridge Struct. Engng. **8** (1947) 291—310; AMR **3** (1950) 8 232.

Wästlund, G. and *S. G. A. Bergman:* Buckling of webs in high steel girders (in Swedish). Tekn. T. **77** (1947) 7 869—874; AMR **3** (1950) 5 138.

Wang, T. K.: Elastic and plastic bending of beams. J. Aeron. Sci. **14** (1947) July 422—432; AMR **1** (1948) 1 9.

Williams, Harry A.: Pure bending in the plastic range. J. Aeron. Sci. **14** (1947) Aug. 457—470; AMR **1** (1948) 1 10.

Ziegler, Hans: Eine Erweiterung der technischen Biegungslehre. Schweiz. Bauztg. **65** (1947) 2 17—20, 3 30—32.

Bijlaard, P. P.: On the torsional and flexural stability of thin-walled open sections. Proc. Nederl. Akad. Wetensch. **51** (1948) 3 314—321; AMR **3** (1950) 12 401. [1.342.51].

Buchwalter, R. L. and *Y. S. Shiu:* The behaviour of prestretched structural steel beams. Welding J. **27** (1948) Nov. 522s—528s; Met. Rev. **22** (1949) 1 52.

Forrest, G.: Residual stresses in beams after bending. Inst. Metals Monogr. Rep. Ser. (1948) 5 153—162, disc. 398—431; Met. Rev. **22** (1949) 4 25; AMR **2** (1949) 9 198.

Ghosh, S.: On the flexure of a beam whose cross section is bounded partly by a straight line. Bull. Calcutta Math. Soc. **40** (1948) June 77—82; AMR **2** (1949) 1 3.

Hofmann, R. W.: Die Wirtschaftlichkeit vollwandiger Biegeträger und ihre günstigste Bauhöhe. Bauplanung u. Bautechn. **2** (1948) Okt. 275—282; AMR **2** (1949) 11 245.

Levin, L. Ross: Strength of thin-web beams with transverse load applied at an intermediate upright. NACA TN Nr. 1544 Febr. 1948 20 p.; AMR **1** (1948) 6 166.

Moore, R. L.: Bearing strengths of some aluminum-alloy rolled and extruded sections. NACA TN 1503 Sept. 1948.

Mortenson, C. H.: The bending modulus of rupture of round magnesium tubing. J. Aeron. Sci. **15** (1948) Nov. 661—664; Met. Rev. **22** (1949) 1 27; AMR **1** (1948) 11 290.

Rieve, J.: Die Spannungsverteilung zwischen Gurt- und Stegblech unter der örtlichen Lasteinleitung beim I-Querschnitt. ZAMM **28** (1948) 7/8 210—217.

Sangdahl, G. S. jr., E. L. Aul and *G. Sachs:* An investigation of the stress and strain states occurring in bending rectangular aluminium alloy beams. Proc. SESA **6** (1948) 1 1—18; Index Aeron. **5** (1949) 4 19; AB **21** (1950) 11 591.

Smith, C. B. and *A. W. Voss:* Stress distribution in a beam of orthotropic material subjected to a concentrated load. NACA TN 1486 March 1948.

Stang, Ambrose H. and *Bernard S. Jaffe:* Bending tests of large welded-steel box girders at different temperatures. J. Res. Nat. Bur. Standards **41** (1948) 5 483—495; Met. Rev. **22** (1949) 1 52; BSA **12** (1949) 1 80.

Taylor, J. Lockwood: Numerical-graphical method of stressing hollow girders. Aircr. Engng. **20** (1948) Febr. 34; AMR **1** (1948) 5 141; Index Aeron. **4** (1948) 4 61. [1.342.51].

Anderson, Roger A.: Some preliminary information on buckling and ultimate strength of unstiffened compression skin obtained through bending and compression tests on rectangular cross section aluminum tubes. FFA Rep. 27 1949 25 p.; AMR **3** (1950) 6 171—172. [1.342.32].

Andrews, W. A.: Plastic bending of wide flange beams. Welding J. **28** (1949) July 309s—310s; Met. Rev. **22** (1949) 9 56.

Cox, H. L.: Effective stiffness of stringers to locally applied loads. "Engineering Structures", London: Butterworth 1949 165—178; AMR **3** (1950) 10 298. [1.342.33].

Fettis, H. E.: A modification of the Holzer method for computing uncoupled torsion and bending modes. J. Aeron. Sci. **16** (1949) 10 625—634; Index Aeron. **6** (1950) 1 3. [1.342.51].

Popov, E. P.: Bending of beams with creep. J. Appl. Phys. **20** (1949) March 251—256 12 ref.; Met. Rev. **22** (1949) 5 55.

Swida, Waldemar: Die elastisch-plastische Biegung des krummen Stabes unter Berücksichtigung der Materialverfestigung. Ing.-Arch. **17** (1949/50) 4 336—342.

Tache, J.: Ring subjected to couples or concentrated forces which are symmetrically distributed over the circumference (in French). Bull. Techn. Vevey **9** (1949) 29—47; AMR **3** (1950) 7 199. [1.353].

Winter, G., W. Lansing and *R. B. McCalley:* Performance of laterally loaded channel beams. "Engineering Structures", London: Butterworth 1949 49—60; AMR **3** (1950) 10 295.

Worch, Günther: Über Zusammenhänge zwischen der technischen Balken-biegungslehre und der Scheibentheorie. Bautechn.-Arch. H. 5 1949.

Anderson, C. G.: Flexural stresses in curved beams of I- and box-section. Proc. IME Appl. Mech. **163** (1950) 295—306, (War Emergency Proc. 62); Index Aeron. **7** (1951) 9 89; AMR **5** (1952) 3 100; Konstruktion **5** (1953) 5 163—164. [1.246].

Broughton, D. C. a. o.: Tests and theory of elastic stresses in curved beams having I- and T-sections. Proc. SESA **8** (1950) 1 143—156 8 ref.; Index Aeron. **7** (1951) 12 91.

Conway, H. D. a. o.: Analysis of deep beams. ASME Prepr. 50-A-7 Nov./Dec. 1950 10 p. 15 ref.; Index Aeron. **7** (1951) 6 76.

Deschodt, J.: Calcul des déformations d'un arc encastré à une extrémité. Rech. Aéron. (1950) 16 19—25.

Esslinger, Maria u. *Otto Krautwurst:* Zur Stabilität von auf Biegung beanspruchten I-Trägern. Stahlbau **19** (1950) 1 4—7.

Federhofer, Karl: Kippsicherheit des kreisförmig gekrümmten Trägers mit einfach symmetrischem, dünnwandigem und offenem Querschnitte bei gleichmäßiger Radialbelastung. Öst. Ing.-Arch. **4** (1950) 1 27—44; AMR **4** (1951) 2 92. [1.212.4].

Gossi, Alberto: Beams with variable cross section under pressure and flexure. Giornale del Genio Civile **88** (1950) 10 576—595; AMR **4** (1951) 6 346.

Hendry, Arnold W.: The stress distribution in a simply supported beam of I-section carrying a central concentrated load. Proc. SESA **7** (1950) 91—102 4 ref.; AMR **4** (1951) 2 90; Index Aeron. **7** (1951) 4 49.

Joseph, J. A. and *J. S. Brock:* The stresses around a small opening in a beam subjected to pure bending. ASME Prepr. 50-APM-3 1950 6 p.; Index Aeron. **6** (1950) 9 39. [1.352.1].

Kirste, Leo: Der schubweiche Biegungsträger. Maschinenbau u. Wärmewirtsch. **5** (1950) 8 133—136.

Pittner, E.: Zur Ermittlung des Bantlinschen Querschnittsfaktors für stark gekrümmte Stäbe. Z. VDI **92** (1950) 34 674—676; **93** (1951) 21 681—682.

Popov, E. P.: Successive approximations for beams on an elastic foundation. Proc. ASCE Separate No. 18 May 1950; Trans. ASCE **116** (1951) 1083—1095; AMR **5** (1952) 3 99.

Reissner, E.: On the theory of beams on an elastic foundation. „Federhofer-Girkmann-Festschrift" Wien: Deuticke 1950 87—102 9 ref.

Shackell, K. K. and *J. H. Welsh:* Plastic flexure of mild steel beams of rectangular cross-section. Instn. Mech. Engrs. Prepr. 1950 10 p.; Index Aeron. **8** (1952) 2 76.

Swida, Waldemar: Die Berechnung von stählernen Bögen unter Berücksichtigung der Tragfähigkeitsreserve im elastisch-plastischen Zustand. Stahlbau **19** (1950) 3 17—20, 4 29—31, **20** (1951) 2 25—28. [1.212.3].

Swida, Waldemar: Über die Restspannungen bei der elastisch-plastischen Biegung des krummen Stabes. Ing.-Arch. **18** (1950) 2 77—83 2 Lit.-St.; Index Aeron. **7** (1951) 3 63.

Wittstock, Kurt: Allachsig unsymmetrische Querschnitte. Bautechnik **27** (1950) 9 295—296, **28** (1951) 3 70—71.

Abramyan, B. L.: Torsion and bending of prismatic rods of hollow rectangular section. NACA TM 1319 Nov. 1951 24 p.; Index Aeron. **8** (1952) 4 62. [1.342.51].

Aghbabian, M. S. and *E. P. Popov:* Unsymmetrical bending of rectangular beams beyond the elastic limit. "Proc. 1st U. S. Nat. Congr. Appl. Mech." June 1951, Ann Arbor (Mich.): J. W. Edwards 1952 579—584; AMR **6** (1953) 12 550.

Flint, A. R.: The influence of restraints on the stability of beams. Struct. Engr. **29** (1951) 9 235—246; AMR **5** (1952) 4 159—160; Index Aeron. **7** (1951) 12 88.

Goldenveizer, A. L.: Theory of thin-walled rods. NACA TM 1322 Oct. 1951 53 p.; Index Aeron. **8** (1952) 3 71. [1.342.52].

Horne, M. R.: The plastic theory of bending of mild steel beams with particular reference to the effect of shear forces. Proc. Roy. Soc. (London) A **207** (1951) 1089 216—228 9 ref.; Index Aeron. **7** (1951) 10 72. [1.342.6].

Horowicz, M. Ish: Moment of resistance of beams stressed beyond the elastic limit. Aircr. Engng. **23** (1951) 263 9—14 43 ref.; Index Aeron. **7** (1951) 3 63.

Jourdain, M.: Straight beam with constant moment of inertia resting on an elastic foundation (in French). Bull. Ass. Techn. Marit. Aeron. (1951) 50 567—586; AMR **6** (1953) 2 64; Index Aeron. **7** (1951) 10 73.

Klitchieff, J. M.: Beams on cross-girders with clamped ends. Aeron. Quart. **3** (1951) Pt. 3 Nov. 230—237; Index Aeron. **8** (1952) 3 70.

Kohler, Karl: Berechnung des Kippvorganges an Stäben mit Querkraft mit Hilfe des Energiesatzes. Stahlbau **20** (1951) 12 151—152; AMR **5** (1952) 7 301—302.

Paschoud, J.: Calcul des tubes cylindriques de révolution d'épaisseur variable, sollicités à la flexion circulaire. Bull. Techn. Suisse Rom. **77** (1951) 2 13—20 4 ref.; Index Aeron. **7** (1951) 9 92.

Plass, H. J., jr.: Sinusoidal torsional buckling of bars of angle section under bending loads, as a problem in plate theory. ASME Prepr. 50-A-15 Nov./Dec. 1950 8 p.; J. Appl. Mech. **18** (1951) 3 285—292; AMR **5** (1952) 2 62; Index Aeron. **7** (1951) 9 9.

Sonntag, G.: Der Übergang vom ebenen Spannungszustand zum ebenen Formänderungszustand im breiten gebogenen Balken. ZAMM **31** (1951) 11/12 344—348; AMR **5** (1952) 10 421.

Tordion, C. V.: Elastische Linien kreisförmig gebogener Stäbe. Schweiz. Techn. Z. **48** (1951) 3 43—45 3 Lit.-St.; Index Aeron. **7** (1951) 7 48.

Volterra, E.: Bending of a circular beam resting on a elastic foundation. Ann. Meeting ASME Atlantic City Nov. 1951, Pap. 51-A-18 5 p. 7 ref.; J. Appl. Mech. **19** (1952) 1 1—4; AMR **5** (1952) 5 203; Index Aeron. 8 (1952) 1 63.

Wells, A. A.: On the solution of beam-on-elastic-foundation problems by means of a mechanical analogue. Proc. IME Appl. Mech. **163** (1951) 307—310 (War Emergency Proc. 62); AMR **4** (1951) 12 636; Index Aeron. **7** (1951) 9 90.

Williams, Harry: Investigation of pure bending in the plastic range when loads are not parallel to a principal plane. NACA TN 2287 Febr. 1951 61 p.; AMR **4** (1951) 7 405.

Conway, H. D.: Bending of orthotropic beams. J. Appl. Mech. **19** (1952) 2 227; AMR **6** (1953) 1 11.

Corten, H. T., M. E. Clark and *O. M. Sidebottom:* Peculiar behavior of steel beams under dead loads that produce inelastic strains. Trans. ASME **74** (1952) 3 349—354; AMR **6** (1953) 2 64.

Craemer, H.: Die Formänderungen idealplastischer statisch bestimmter Balken. Ing.-Arch. **20** (1952) 2 126—128; AMR **5** (1952) 12 507.

Craemer, H.: A theory of plastic bending from a statistical aspect. ASME Prepr. 52-APM-26 June 1952 3 p.; Index Aeron. 8 (1952) 9 36.

Csonka, P.: Sloping flexure of prismatic bars (in French). Acta Techn. Hung. Budapest 3 (1952) 1/2 247—256; AMR **6** (1953) 5 228.

Davidson, J. F.: The elastic stability of bent I-section beams. Proc. Roy. Soc. (London) A **212** (1952) 1108 80—95; AMR **6** (1953) 2 68.

Dietzmann, Alfred: Über die Tragfähigkeit des dünnwandigen Blechträgers. Technik (Berlin) **7** (1952) 2 55—58; Nachr. Bl. AGM Leichtbau 1 (1952) 2 8; Index Aeron. 8 (1952) 6 72.

Donnell, L. H.: Bending of rectangular beams. J. Appl. Mech. **19** (1952) 1 123; AMR **5** (1952) 11 461.

Gill, S. S.: The behaviour of beams in bending. Aircr. Engng. **24** (1952) 285 336—343; AB **23** (1952) 12 693; AMR **6** (1953) 6 275; Index Aeron. 9 (1953) 1 61.

Hetenyi, M.: Application of Maclaurin series to the analysis of beams in bending. J. Franklin Inst. **254** (1952) 5 369—380; Index Aeron. 9 (1953) 2 54.

Klöppel, Kurt u. *Kuo-Hao Lie:* Beanspruchung querbelasteter Trägerflansche. Stahlbau **21** (1952) 11 201—206.

Marin, J. and *L. W. Hu:* Deflection of members subjected to bending accompanied by creep. "Proc. 1st U.-S. Nat. Congr. Appl. Mech., June 1951", Ann Arbor (Mich.): J. W. Edwards 1952 613—618; AMR **6** (1953) 10 457.

Müller, K. A.: Die Beanspruchungen beim Kippen schlanker Träger. Stahlbau **21** (1952) 12 245—246.

Nelson, C. W., C. J. Ancker jr. and *Ning-Gau Wu:* The stresses in a flat curved bar due to concentrated radial loads. ASME Prepr. June 1952 8 p. 14 ref.; J. Appl. Mech. **19** (1952) 4 529—536; AMR **6** (1953) 10 450; Index Aeron. **8** (1952) 10 67.

Pao, Yoh-Han and *J. Marin:* Deflection and stresses in beams subjected to bending and creep. ASME Prepr. 52-APM-34 June 1952 7 p. 6 ref.; J. Appl. Mech. **19** (1952) 4 478—484; AMR **6** (1953) 3 119; Index Aeron. **8** (1952) 10 65.

Parkes, E. W.: The stress distribution near a loading point in a uniform flanged beam. Phil. Trans. Roy. Soc. London A **244** (1952) 886 417—467; AMR **5** (1952) 12 508; Index Aeron. **8** (1952) 6 71.

Ratzersdorfer, J.: Solutions of problems on the slightly curved beam. Aircr. Engng. **24** (1952) 284 288—293, 319 7 ref.; AMR **6** (1953) 6 275; Index Aeron. **8** (1952) 12 76.

Sadowsky, M. A. and *E. Sternberg:* Pure bending of an incomplete torus. ASME Prepr. 52-A-17 Nov./Dec. 1952 12 p. 22 ref.; J. Appl. Mech. **20** (1953) 2 215—226; Index Aeron. **9** (1953) 2 13; AMR **7** (1954) 1 9.

Salvadori, M. G.: Lateral buckling of beams of rectangular cross-section under bending and shear. "Proc. 1st U. S. Nat. Congr. Appl. Mech.", June 1951, Ann Arbor (Mich.): J. W. Edwards 1952 403—405; AMR **6** (1953) 9 409. [1.342.6].

Schade, H. A.: Effective breadth of stiffened plating under bending loads. Marine Engng. & Shipping Rev. **57** (1952) 1 57—60; AB **23** (1952) 2 72.

Schönhöfer, Robert: Die Vollwandträger-Gütezahl und die Knickstabgütezahl, zwei Hilfsmittel für die wirtschaftliche Berechnung und Gestaltung. Bau & Bauindustrie **5** (1952) 269—270. [1.342.31].

Sidebottom, O. M. and *C.-T. Chang:* Influence of the Bauschinger effect on inelastic bending of beams. "Proc. 1st U. S. Nat. Congr. Appl. Mech.", June 1951, Ann Arbor (Mich.): J. W. Edwards 1952 631—639; AMR **6** (1953) 10 457.

Tyler, C. M. and *J. G. Christiano:* An Airy integral analysis of beam columns with distributed axial loading having a fixed line of action. ASME Prepr. 52-APM-8 June 1952 9 p. 7 ref.; Index Aeron. **8** (1952) 6 79—80.

Waters, H.: The effect of end restraint on beams and tie bars. Civil Engng. **47** (1952) 555 735—737; AMR **6** (1953) 4 179.

Wittrick, W. H.: Lateral instability of rectangular beams of strain-hardening material under uniform bending. J. Aeron. Sci. **19** (1952) 12 835—843 8 ref.; Index Aeron. **9** (1953) 3 57; AMR **6** (1953) 9 410.

Wright, W.: Beams on elastic foundations — Solution by relaxation methods. Struct. Engr. **30** (1952) 8 169—171; Index Aeron. **8** (1952) 10 64.

Barrett, A. J.: The bending of some common beam sections into the plastic range. J. Roy. Aeron. Soc. **57** (1953) 506 110—115 4 ref.; Index Aeron. **9** (1953) 5 57.

Barrett, A. J.: Unsymmetrical bending and bending combined with axial loading of a beam of rectangular cross-section into the plastic range. J. Roy. Aeron. Soc. **57**(1953)512 503—509 3 ref.; Index Aeron. **9** (1953) 10 79.

Benkert, K. H.: Lage der Nullinie in auf Doppelbiegung beanspruchten Rechteckquerschnitten. Bauplanung u. Bautechn. **7** (1953) 3 133—134.

Böklen, Rudolf: Nomogramm zur Bestimmung des Spannungsverlaufes bei reiner Biegung für Werkstoffe mit linearer Verfestigung. Z. Metallkde. **44** (1953) 8 382—386; Index Aeron. **9** (1953) 11 63.

Boley, B. A.: Graphical-numerical solution of problems of Saint-Venant torsion and bending. J. Appl. Mech. **20** (1953) 3 321—326; AMR **7** (1954) 2 59. [1.342.51].

Craemer, Hermann: Biegefestigkeit und Gestaltfestigkeit in wahrscheinlichkeitstheoretischer Betrachtung. Nachr. Oest. Betonver. [Beil. zu Oest. Bau-Z. **8** (1953) 5] **13** (1953) 4 17—20.

Davidson, J. F.: Flange buckling in a bent I-section beam. J. Mech. Phys. Solids **1** (1953) 3 149—163 22 ref.; AB **24** (1953) 7 453; Index Aeron. **9** (1953) 9 82; AMR **7** (1954) 2 63.

Dwight, J. B.: Investigation into the plastic bending of aluminium alloy beams. ADA Res. Rep. 16 1953 68 p.

Flint, A. R.: The stability and strength of stocky beams. J. Mech. Phys. Solids **1** (1953) 2 90—102 11 ref.; Index Aeron. **9** (1953) 3 58; AMR **6** (1953) 10 453; AB **24** (1953) 3 172.

Gray, C. A. M.: An iterative solution to the effects of concentrated loads applied to long rectangular beams. Quart. Appl. Mech. **11** (1953) 3 263—271 4 ref.; Index Aeron. **10** (1954) 4 84.

Harvey, J. M.: Structural strength of thin-walled channel sections. Engng. **175** (1953) 4545 291—293; Index Aeron. **9** (1953) 5 60.

Levin, L. R.: Strength analysis of stiffened thick beam webs with ratios of web depth to web thickness of approximately 60. NACA TN 2930 May 1953 11 p. 2 ref.; Index Aeron. **9** (1953) 10 78.

Levy, S.: Influence coefficients of tapered cantilever beams computed on SEAC. ASME Prepr. 52-A-25 Nov./Dec. 1952 3 p. 4 ref.; J. Appl. Mech. **20** (1953) 1 131—133; AMR **6** (1953) 7 327; Index Aeron. **9** (1953) 2 55.

Müller, K. A.: Zur Kippstabilität von Trägern. Stahlbau **22** (1953) 8 183—186.

Richards, A. D.: Stresses in a curved beam. Engng. **176** (1953) 4565 103—105; Index Aeron. **9** (1953) 10 80.

Rieve, Johann-Jakob: Stabilität I-förmiger Querschnitte unter der örtlichen Lasteinleitung. Bautechnik-Arch. (1953) 7 3—31; AMR **7** (1954) 5 197.

Rohde, F. V.: Large deflections of a cantilever beam with uniformly distributed load. Quart. Appl. Math. **11** (1953) 3 337—338; AMR **7** (1954) 3 104.

Russel, W. T. and R. H. MacNeal: An improved electrical analogy for the analysis of beams in bending. ASME Prepr. 53-APM-11 June 1953 6 p. 13 ref.; J. Appl. Mech. **20** (1953) 3 349—354; Index Aeron. **9** (1953) 6 68; AMR **7** (1954) 4 146.

Schaden, K.: Die Biegefestigkeit von Balken auf zwei Stützen aus bildsamen, spröden und Verbundwerkstoffen. Oest. Ing.-Arch. **7** (1953) 4 284—299.

Schleusner, Arno: Kippsicherheit eines gleichmäßig belasteten Trägers mit linear veränderlicher Höhe. Stahlbau **22** (1953) 3 55—56.

Schneider, K. H.: Die Plastizierung von Trägern aus Stahl bei der Biegung. Stahlbau **22** (1953) 7 165—168.

Volterra, E.: Deflections of circular beams resting on elastic foundations obtained by methods of harmonic analysis. J. Appl. Mech. **20** (1953) 2 227—232; AMR **7** (1954) 1 9.

Volterra, E. and R. Chung: Bending of a constrained circular beam resting on an elastic foundation. Proc. ASCE Separate No. 205 1953 12 p.; AMR **7** (1954) 1 9.

Wright, W.: Stresses in curved beams. A tabular method of solution based on Winkler's theory. J. Appl. Mech. **20** (1953) 1 138—139; Index Aeron. **9** (1953) 6 69.

Barlow, D. A.: Yield criteria and the bending of wide beams. J. Mech. Phys. Solids **2** (1954) 4 259—264; AB **25** (1954) 8 546.

Berg, S.: Querspannungen im gekrümmten Balken. Konstruktion **6** (1954) 7 245—254.

Bieck, Hans: Gekrümmte Träger. Glas. Ann. **78** (1954) 7 197—200.

Chapman, J. C.: Behaviour in pure bending of box girders. Engineer **198** (1954) 5143 253—257. [1.246].

Dembicky, Erich: Schnellbestimmung von erforderlichen Trägheitsmomenten bei beliebig gewünschter Durchbiegung. Stahlbau **23** (1954) 3 63—64.

Dubas, Ch.: Le voilement de l'âme des poutres fléchies et raidies au cinquième supérieur. Publ. Ass. Int. Ponts & Charpentes **14** (1954) 1—12.

Gatewood, B. E. and *D. W. Breuer:* Allowable stresses for channels and zees in bending. J. Aeron. Sci. **21** (1954) 5 349—350 3 ref.; Index Aeron. **10** (1954) 6 101.

Godfrey, D. E. R.: Tapered beams under distributed flank loads. Solutions of two-dimensional loading. Problems on an infinite wedge. Aircr. Engng. **26** (1954) 306 240—243.

Johnson, A. E.: Bending tests on box beams having solid- and open-construction webs. NACA TN 3231 Aug. 1954; J. Roy. Aeron. Soc. **58** (1954) 528 852.

Kirste, Leo: Einfache Spannungsermittlung bei schiefer Biegung. Z. Öst. Ing.- u. Archit.-Ver. **99** (1954) 17/18 1 S.

Lusser, Eberhard: Die Berechnung der Durchbiegung beim kontinuierlichen Träger. Bautechnik **31** (1954) 11 368—369.

Massonnet, Ch.: Essais de voilement sur poutres à âme raidie. Publ. Ass. Int. Ponts & Charpentes **14** (1954) 125—186.

Müller, Karl Adolf: Aluminium als Baustoff. Stahlbau **23** (1954) 3 69—71. [1.342.33], [1.342.35].

Nowinski: Einfluß der starren Einspannung eines Freiträgers (Konsole) auf die bei der Biegung im Träger entstehenden Spannungen. Maschinenbautechnik **3** (1954) 7 369—374 5 Lit.-St.

Pister, K. S:. The Airy stress function in curvilinear coordinates with application to the uniform flexure of naturally curved spiral beam. J. Franklin Inst. **257** (1954) 1 25—36 7 ref.; Index Aeron. **10** (1954) 4 84—85.

Pride, R. A. and *M. S. Anderson:* Experimental investigation of the pure-bending strength of 75 S-T 6 aluminum-alloy multiweb beams with formed-channel webs. NACA TN 3082 March 1954 30 p.; AMR **7** (1954) 8 348; AB **25** (1954) 9 634—635.

Semonian, Joseph W. and *Roger A. Anderson:* An analysis of the stability and ultimate bending strength of multiweb beams with formed-channel webs. NACA TN 3232 Aug. 1954 28 p.; J. Roy. Aeron. Soc. **58** (1954) 528 852.

Meissner, F.: Einige Auswertungsergebnisse der Kipptheorie einfach-symmetrischer Balkenträger. Stahlbau **24** (1955) 5 110—113.

Drillbeanspruchung   1.342.5

Reine Drillbeanspruchung   1.342.51

Föppl, August: Versuche über die Verdrehungssteifigkeit der Walzeisenträger. Sitzungsber. Bayr. Akad. Wiss. München, 1921 295 ff.

Neményi, P.: Lösung des Torsionsproblems für Stäbe mit mehrfach zusammenhängendem Querschnitt. ZAMM **1** (1921) 5 364—367.

Pöschl, Theodor: Bisherige Lösungen des Torsionsproblems. ZAMM **1** (1921) 4 312—328; 496.

Weber, Constantin: Die Lehre von der Drehungsfestigkeit. VDI-Forsch. H. 249. 1921.

Pöschl, Theodor: Bisherige Lösungen des Torsionsproblems für Drehkörper. ZAMM **2** (1922) 2 137—147.

Trefftz, E.: Über die Wirkung einer Abrundung auf die Torsionsspannungen in der inneren Ecke eines Winkeleisens. ZAMM **2** (1922) 4 263—267.

Weber, Constantin: Bisherige Lösungen des Torsionsproblems. ZAMM **2** (1922) 4 299—302.

Weber, Constantin: Biegung, Schub und Drehung von Balken. Diss. TH Braunschweig 1922. [1.342.4], [1.342.6].

Dassen, C.: Verdrehung eines Winkeleisens mit ausgerundeter innerer Ecke. Diss. TH Aachen 1923; ZAMM **3** (1923) 258.

Otey, N. S.: Torsional strength of nickel steel and duralumin tubing as affected by the ratio of diameter to gage thickness. NACA TN 189 Apr. 1924.

Schwerin, E.: Die Torsionsstabilität des dünnwandigen Rohres. Proc. 1st Int. Congr. Appl. Mech., Delft 1924 255 ff.

Weber, Constantin: Der Verdrehungswinkel von Walzeisenträgern. „Föppl-Festschrift", München 1924.

Reiner, M.: Über die Torsion prismatischer Stäbe durch Kräfte, die auf den Mantel einwirken. ZAMM 5 (1925) 5 409—417.

Schwerin, E.: Die Torsionsstabilität des dünnwandigen Rohres. ZAMM 5 (1925) 3 235—243.

Trefftz, E.: Über die Spannungsverteilung in tordierten Stäben bei teilweiser Überschreitung der Fließgrenze. ZAMM 5 (1925) 1 64—73.

Sellentin, H.: Die Ermittlung der Drehspannungen in geraden zylindrischen Stäben. ZAMM 6 (1926) 2 159—173.

Weber, Constantin: Übertragung des Drehmomentes in Balken mit doppelflanschigem Querschnitt. ZAMM 6 (1926) 2 85—97.

Engelmann, H.: Experimentelle und theoretische Untersuchungen zur Drehfestigkeit der Stäbe. ZAMM 9 (1929) 5 386—401.

Sonntag, Rudolf: Zur Torsion von runden Wellen mit veränderlichem Durchmesser. ZAMM 9 (1929) 1 1—22. [1.352.2].

Sonntag, Rudolf: Über eine durch Torsion hervorgerufene Kipperscheinung. ZAMM 9 (1929) 5 369—386.

Hertel, Heinrich: Die Verdrehsteifigkeit und Verdrehfestigkeit von Flugzeugbauteilen. Diss. TH Berlin 1930, DVL-Ber. 218; Luftf.-Forsch. 9 (1931) 1 1—56; DVL-Jb. 1931 165—220. [6.254.1].

Schmieder, Curt: Über die Torsion von Walzeisen-Profilen. ZAMM 10 (1930) 3 251—266.

Trayer, George W. and H. W. March: The torsion of members having sections common in aircraft construction. NACA Rep. 334 1930.

Göhner, O.: Schubspannungsverteilung im Querschnitt eines gedrillten Ringstabes mit Anwendung auf Schraubenfedern. Ing.-Arch. 2 (1931) 1 1—19. [1.431.21].

Göhner, O.: Spannungsverteilung in einem an den Endquerschnitten belasteten Ringstabsektor. Ing.-Arch. 2 (1931) 4 381—414.

Timpe, A.: Achsensymmetrische Torsionszustände und ihre Inversion. ZAMM 11 (1931) 1 8—15.

v. Boutteville, S.: Theoretische und experimentelle Untersuchungen zur Torsion von Kastenquerschnitten. Diss. TH München 1932; Forsch. Ing.-Wes. 3 (1932) 1 25—42. [1.246].

Weinel, E.: Das Torsionsproblem für den excentrischen Kreisring. Ing.-Arch. 3 (1932) 67—75.

Donnell, L. H.: Stability of thin-walled tubes under torsion. NACA Rep. 479 1933. [1.241.111.4].

Quest, H.: Eine experimentelle Lösung des Torsionsproblems. Ing.-Arch. 4 (1933) 5 510—520.

Schnadel, Georg: Über Torsionsversuche. Jb. Schiffbautechn. Ges. Bd. 34 1933 275 ff.

Schwalbe, W. L.: Die Torsion von Walzeisenträgern. Ing.-Arch. 5 (1934) 3 179—187.

Thiel, A.: Photogrammetrisches Verfahren zur versuchsmäßigen Lösung von Torsionsaufgaben. Ing.-Arch. 5 (1934) 6 417—429.

Csonka, P.: Die Verdrehung dickwandiger prismatischer Hohlstäbe. Ing.-Arch. 6 (1935) 5 373—382.

Engelmann, Fritz: Verdrehung von Stäben mit einseitig-ringförmigem Querschnitt. Forsch. Ing.-Wes. 6 (1935) 3 146—154.

Bautz, W.: Der Stand der Modellversuche zur Ermittlung der Spannungsverteilung in drehbeanspruchten Querschnitten. „Ber. Tagung Fachausschuß f. Maschinenelemente Aachen 1935", Berlin: VDI-Verl. 1936 23—28.

Bleich, Hans u. *Friedrich Bleich:* Biegung, Drillung und Knickung von Stäben aus dünnen Wänden. „Vorber. z. 2. Kongr. Int. Verein. Brücken- u. Hochbau", Berlin: 1936. [1.342.4], [1.342.31].

Fuller, For. B.: The torsional strength of solid and hollow cylindrical sections of heat-treated alloy steel. J. Aeron. Sci. **3** (1936) 7 248—251; Luftwissen **3** (1936) 8 226.

Lobley, J.: Torsion on a multi-cell section with thin walls. Flight **29** (1936) 1434 652f—652g; Luftwissen **3** (1936) 9 261.

Williams, D.: The stresses in certain tubes of rectangular cross section under torque. ARC R & M No. 1761 May 1936 34 p.; Aircr. Engng. **9** (1937) 104 281.

Deutler, H. u. *A. Havers:* Die günstigste Gestalt der Hohlkehlen bei verdrehbeanspruchten Wellen. ZWB FB 830 1937; Jb. 1937 Dtsch. Luftf. Forsch. II 132—136.

Hovgaard, W.: Torsion of rectangular tubes. J. Appl. Mech. **4** (1937) 3 131—135.

Lombardi, Loreto: Torsion of 17 St extruded angles and channels. J. Aeron. Sci. **4** (1937) 6 206—261; Luftwissen **4** (1937) 6 194.

Deutler, H. u. *E. George:* Experimentelle Lösung von Verdrehungsaufgaben mit Hilfe des Seifenhautgleichnisses. ZWB FB 922 1938 24 S.

Deutler, H.: Zur versuchsmäßigen Lösung von Torsionsaufgaben mit Hilfe des Seifenhautgleichnisses. Ing.-Arch. **9** (1938) 4 280—282; Jb. 1938 Dtsch. Luftf. Forsch. II 366 ff.

Kappus, Robert: Druck-, Biege- und Drillversuche mit Holmrohren aus Stahl Aero 70. ZWB FB 978 1938 87 S. [1.342.4], [1.342.32].

Neuber, Heinz: Über wölbfreie Drillung. ZWB FB 926 1938 39 S.; Jb. 1939 Dtsch. Luftf.-Forsch. I 419—425. [1.241.111.4].

Van der Neut, A. and *F. J. Plantema:* The torsion of members having solid oblong sections. NLL Rep. S 82 1938.

Vinsonneau, M.: Formules pratiques pour l'étude de la torsion des corps creux; E. N. S. A. Rev. Techn. Aéron. **2** (1938) 7 7—27; Luftwissen **5** (1938) 7 265.

Hole, D. L. and *D. H. Rock:* The flexure and torsion of a beam whose cross-section is a limacon. ZAMM **19** (1939) 3 141—145. [1.342.4].

Kappus, Robert: Druck-, Biege- u. Torsionsversuche mit Holmrohren aus Stahl Aero 70. Jb. 1939 Dtsch. Luftf.-Forsch. I 426—438. [1.342.4], [1.342.32].

Moore, R. L. and *D. A. Paul:* Torsional stability of aluminum alloy seamless tubing. NACA TN 696 March 1939. [1.241.111.4]

Thompson, E. W. H.: Elastic stiffness of skin-covered framework. Flight **35** (1939) 1588 576a—576e 3 ref. [1.342.4].

Uebel, F.: Zur Berechnung von drillbeanspruchten Stäben mit rechteckigen und aus Rechtecken zusammengesetzten Profilen (Walzträger). Diss. TH Aachen 1939; Forsch. Ing.-Wes. **10** (1939) 3 123—141; Luftwissen **6** (1939) 6 218.

Marguerre, Karl: Torsion von Voll- und Hohlquerschnitten. Bauing. **21** (1940) 41/42 317—322. [1.241.111.4].

Marguerre, Karl: Torsion von Flugzeugbauteilen. Ringbuch Luftfahrttechn. II A 9 1940 21 S. 57 Lit.-St.

Weller, R., G. H. Shortley and *B. Fried:* The solution of torsion problems by numerical integration of Poisson's equation. J. Appl. Phys. **11** (1940) 4 283—290 2 ref.

Freyer, R.: Zur Verdrehung eines einseitig offenen Kastens. ZWB FB 1429 1941 28 S. [1.246].

Schubert, G.: Über Effekte zweiter Ordnung bei Biegung und Torsion dünnwandiger Rohre elliptischen Querschnitts. Ing.-Arch. **12** (1941) 1 53—63. [1.342.4].

Cox, H. L.: On the stressing of polygonal tubes, with particular reference to the torsion of tapered tubes of trapezoidal section. ARC R & M 1908 Dec. 1942.

Moore, R. L. and *Marshall Holt:* Beam and torsion tests of aluminum-alloy 61 S-T tubing. NACA TN 867 Oct. 1942.

Wilson, T. S.: The excentric circular tube. Aircr. Engng. **14** (1942) 157 76—79; Luftwissen **9** (1942) 8 248.

Moore, R. L.: Torsional strength of aluminum-alloy round tubing. NACA TN 879 Jan. 1943. [1.241.111.4].

Moore, R. L. and *D. A. Paul:* Torsion tests of 24 S-T aluminum-alloy noncircular bar and tubing. NACA TN 885 Jan. 1943.

Ratzersdorfer, J.: Rectangular tubes under torque. Aircr. Engng. **15** (1943) 178 341—344.

Weigand, A.: Spannungserhöhung in verdrehten Hohlquerschnitten. Luftwissen **10** (1943) 2 49—50.

Weigand, A.: Ermittlung der Formziffer der auf Verdrehung beanspruchten Welle mit Hilfe von Feindehnungsmessungen. Luftf. Forsch. **20** (1943) 7 217—219.

Hofferberth, Wilhelm: Zur Berechnung des Drillungswiderstandes von Walzstahlprofilen mittels direkter Verfahren der Variationsrechnung. Stahlbau **17** (1944) 3/4 12—16, 16/17 80.

Hofferberth, Wilhelm: Zur Torsion von Walzstahlprofilen. Stahlbau **17** (1944) 12/13 58—60.

Shaw, F. S.: The torsion of solid and hollow prisms in the elastic and plastic range by relaxation methods. Austral. Counc. Aeron. Rep. No. 11 1944.

Weigand, A.: Das Torsionsproblem für Stäbe von kreisabschnittförmigem Querschnitt. Luftf. Forsch. **20** (1944) 12 333—340; Index Aeron. **5** (1949) 3 8—9.

Von Karman, T. and *Wei-Zang Chien:* Torsion with variable twist. J. Aeron. Sci. **13** (1946) 10 503—510 7 ref.; Index Aeron. **4** (1948) 5 5.

Nural, J.: Torsionssteifigkeit im Flugzeugbau verwendeter Systeme. Diss. ETH Zürich 1946 94 S.

van Wijngaarden, A.: Large distortions of circular rings and straight rods. NLL Rep. S. 307 1946. [1.243.14]

Colin, E. C. jr. and *N. M. Newmark:* A numerical solution for the torsion of hollow sections. ASME Prepr. 47-A-7 Dec. 1947 3 p. 7 ref.; J. Appl. Mech. **14** (1947) Dec. 313—315; Index Aeron. **4** (1948) 3 38; AMR **1** (1948) 2 41.

Green, A. E.: The flexure and torsion of aeolotropic beams. Proc. Cambr. Phil. Soc. **43** (1947) Pt. 1 68—74 4 ref.; Index Aeron. **4** (1948) 4 22; AMR **1** (1948) 1 8. [1.342.4].

Inglis, C.: Analytical determination of shear stresses and torsion stresses in beams and shafts of any given uniform section. (Pap. 5633) J. ICE **29** (1947) 1 19—62; Index Aeron. **4** (1948) 2 17. [1.342.6], [1.352.1].

Klitchieff, J. M.: Torsion of a rectangular tube. ASME Prepr. 47-A-4 Dec. 1947 2 p.; J. Appl. Mech. **14** (1947) 4 287—288; Index Aeron. **4** (1948) 3 38; AMR **1** (1948) 2 38.

Moore, R. L.: Observations on the behavior of some noncircular aluminum-alloy sections loaded to failure in torsion. NACA TN 1097 Febr. 1947 47 p.; AMR **1** (1948) 3 69—70.

Weigand, A.: Determination of the stress concentration factor of a stepped shaft stressed in torsion by means of precision strain gauges. NACA TM 1179 June 1947 6 p. 5 ref.; Index Aeron. **4** (1948) 3 24.

Benscoter, S. U.: The partitioning of matrices in structural analysis. ASME Prepr. 48-APM-7 June 1948 5 p. 4 ref.; Index Aeron. 4 (1948) 10 4.

Bijlaard, P. P.: On the torsional and flexural stability of thinwalled open sections. Proc. Nederl. Akad. Wetensch. 51 (1948) 3 314—321; AMR 3 (1950) 12 401. [1.342.4].

Budiansky, Bernard, Manuel Stein and *Arthur C. Gilbert:* Buckling of a long square tube in torsion and compression. NACA TN 1751 Nov. 1948. [1.342.32].

Cassie, W. F., and *W. B. Dobie:* The torsional stiffness of structural sections. Struct. Engr. 26 (1948) 3 154—182 10 ref.; Index Aeron. 4 (1948) 7 13.

Diaz, J. B. and *A. Weinstein:* The torsional rigidity and variational methods. Amer. J. Math. 70 (1948) Jan. 107—116; AMR 2 (1949) 4 75.

Kloth, Willi u. *Walter Bergmann:* Die Verdrehsteifigkeit. Landtechnik 3 (1948) 9/10 137—141, 11/12 168—174. [6.252.48].

Nylander, H.: Method to increase rigidity in torsion of double-flanged beams. (In German.) Publ. Int. Ass. Bridge & Struct. Engng., Final Rep. 1948 327—332. AMR 3 (1950) 11 344.

Pirard, A.: Les problèmes de torsion et les mésures de tensions par membranes minces. Rev. Universelle des Mines 4 (1948) Oct. 527—539; AMR 2 (1949) 4 76.

Taylor, J. Lockwood: Numerical-graphical method of stressing hollow girders. Aircr. Engng. 20 (1948) Febr. 34; AMR 1 (1948) 5 141; Index Aeron. 4 (1948) 4 61. [1.342.4].

Wansleben, F.: Die Theorie der Drehfestigkeit von Stahlbauteilen (mit Anwendungsbeisp.). Abh. Stahlbau H. 3 1948 48 S.

Weigand, A.: The problem of torsion in prismatic members of circular segmental cross section. NACA TM 1182 Sept. 1948.

Cullimore, M. S. G.: The shortening effect, a non-linear feature of pure torsion. „Engineering Structures", London: Butterworth 1949 153—164; AMR 3 (1950) 12 399.

Eddy, R. P. and *F. S. Shaw:* Numerical solution of elastoplastic torsion of a shaft of rotational symmetry. J. Appl. Mech. 16 (1949) 2 139—148 5 ref.; Index Aeron. 5 (1949) 9 5.

Fettis, H. E.: A modification of the Holzer method for computing uncoupled torsion and bending modes. J. Aeron. Sci. 16 (1949) 10 625—634; Index Aeron. 6 (1950) 1 3. [1.342.4].

Le Fèvre, William jr.: Torsional strength of steel tubing as affected by length. Product Engng. 20 (1949) March 133—136; Met. Rev. 22 (1949) 4 55.

Gubanov, A. I.: The mechanics of elasto-visco-plastic bodies. 3. Torsion of a circular cylinder. D. S. I. R. Translat. 4649 Aug. 1950 14 p. 3 ref.; Index Aeron. 7 (1951) 11 11.

Hodge, P. G. jr.: On torsion of plastic bars. J. Appl. Mech. 16 (1949) 4 399—405 7 ref.; Index Aeron. 6 (1950) 3 50.

Reissner, Eric: Note on the problem of twisting of a circular ring sector. Quart. Appl. Math. 7 (1949) Oct. 342—347; AMR 4 (1951) 1 20.

Reissner, H. J. and *G. J. Wennagel:* Torsion of noncylindrical shafts of circular cross-section. ASME Prepr. 49-A-12 Nov.-Dec. 1949 8 p.; Index Aeron. 6 (1950) 10 49.

Rivlin, R. S.: A note on the torsion of an imcompressible highly elastic cylinder. Proc. Cambridge Phil. Soc. 45 (1949) July 485—487; AMR 3 (1950) 4 104.

Southwell, R. V.: On the computation of strain and displacement in a prism plastically strained by torsion. Quart. J. Mech. & Appl. Math. 2 (1949) Pt. 4 385—397 14 ref.; Index Aeron. 6 (1950) 4 8.

Goodier, J. N.: Elastic torsion in the presence of initial axial stress. ASME Prepr. 50-APM-4 1950 5 p. 13 ref.; Index Aeron. 6 (1950) 9 8.

Huth, J. H.: Torsional stress concentration in angle and square tube fillets. ASME Prepr. 50-APM-9 1950 3 p. 3 ref.; Index Aeron. **6** (1950) 9 41.

Pólya, George and *Alexander Weinstein:* On the torsional rigidity of multiply connected cross sections. Ann. Math. **52** (1950) 2 154—163; AMR **4** (1951) 10 549.

Abramyan, B. L.: Torsion and bending of prismatic rods of hollow rectangular section. NACA TM 1319 Nov. 1951 24 p.; Index Aeron. **8** (1952) 4 62. [1.342.4].

Ashwell, D. A.: The axis of distortion of a twisted elastic prism. Phil. Mag. **42** Ser. 7 (1951) 331 820—832 2 ref.; Index Aeron. **7** (1951) 11 66.

Cornelius, Wilhelm: Über den Einfluß der Torsionssteifigkeit auf die Verdrehung von Tragwerken. MAN Forsch. H. 1951 39—65.

Cullimore, M. S. G. and *A. G. Pugsley:* The torsion of aluminium alloy structural members. ADA Res. Rep. 9 1951 60 p.

Green, A. E. and *R. T. Shield:* Finite extension and torsion of cylinders. Phil. Trans. Roy. Soc. (London) A **244** (1951) 876 47—86 60 ref.; AMR **5** (1952) 4 155; Index Aeron. **8** (1952) 2 6.

Langhaar, H. L.: Torsion of curved beams of rectangular cross section. Ann. Meeting ASME, Atlantic City, 1951 Pap. 51-A-14 5 p.; AMR **5** (1952) 2 61; Index Aeron. **8** (1952) 1 64.

Ling, Chih-Bing: On torsion of prisms with longitudinal holes. Quart. Appl. Math. **9** (1951) 3 247—262 12 ref.; AMR **5** (1952) 5 202; Index Aeron. **8** (1952) 2 5.

Meyer zur Capellen, W.: Über die Torsion rechteckiger Stäbe. Konstruktion **3** (1951) 4 127—130.

Morse, W.: Thin multi-walled sections. Aircr. Engng. **24** (1952) 280 170—172; Index Aeron. **8** (1952) 8 74.

Müller, Karl-Adolf: Der T-Träger unter Belastung durch Drehmomente. Ein Beitrag zur Lösung verschiedener Probleme mit den Methoden der gewöhnlichen Baustatik. Bautechn.-Arch. H. 6 1951.

Okubo, H.: An approach for the torsion problem of a prismatic cylinder. Rep. Inst. High Speed Mech., Tôhoku Univ. **1** (1951) 93—98; AMR **6** (1953) 5 228.

Okubo, H.: Approximate approach for torsion problem of a shaft with a circumferential notch. Ann. Meeting ASME, Atlantic City Prepr. 51-A-16 Nov. 1951 3 p. 5 ref.; J. Appl. Mech. **19** (1952) 1 16—17; Index Aeron. **8** (1952) 1 11; AMR **5** (1952) 9 390. [1.352.1].

Okubo, H.: The torsion and stretching of spiral rods. I. Quart. Appl. Math. **9** (1951) 3 263—272; AMR **5** (1952) 6 253; Index Aeron. **8** (1952) 1 62.

Pugsley, A. G.: Some research contributions to the design of light alloy structures. Building Res. Congr. 1951 Div. I, Pt. 2 130—138. [1.342.33].

Sheng, P. L.: Note on the torsional rigidity of semicircular bars. Quart. Appl. Math. **9** (1951) 3 300—310; AMR **5** (1952) 3 99.

Zachrisson, L. E.: On the membrane analogy of torsion and its use in a simple apparatus. (In English.) Kungl. Tekn. Hogsk. Handl. 44 1951 39 p.; Index Aeron. **7** (1951) 7 30; AMR **5** (1952) 2 52.

Blaise, P.: Torsion of multicellular prisms with thin walls (in French). Ann. Ponts Chaussées **122** (1952) 5 601—611; AMR **6** (1953) 6 278.

Brousse, P.: Study of equations with partial derivatives encountered in the theory of torsional phenomena. Publ. Sci. Min. Air No. 257 1952 76 p. 26 ref.; Index Aeron. **8** (1952) 7 7 ; AMR **6** (1952) 2 61.

Carter, W. J. and *J. B. Oliphint:* Torsion of a circular shaft with diametrically opposite flat sides. ASME Prepr. 52-S-2 March 1952 3 p. 6 ref.; J. Appl. Mech. **19** (1952) 3 249—251; Index Aeron. **8** (1952) 6 71; AMR **6** (1953) 5 230.

Chu, Chen: The effect of the initial twist on the torsional rigidity of thin prismatical bars and tubular members. „Proc. 1st U. S. Nat. Congr. Appl. Mech., June 1951", ASME Publ. 1952.

Diaz, J. B.: On the estimation of torsional rigidity and other physical quantities. „Proc. 1st U. S. Nat. Congr. Appl. Mech., June 1951", Ann Arbor (Mich.): J. W. Edwards 1952 259—263; AMR **6** (1953) 8 363.

Dobie, W. B.: The torsional strength of structural members. Struct. Engr. **30** (1952) 2 34—46; AMR **5** (1952) 8 352.

Dobie, W. B. and *A. R. Gent:* Accuracy of determination of the elastic torsional properties of non-circular sections using relaxation methods and the membrane analogy. Struct. Engr. **30** (1952) 9 203—212 17 ref.; Index Aeron. **8** (1952) 11 28.

Goldberg, J. E.: On the application of trigonometric series to the twisting of I-type beams. „Proc. 1st U. S. Nat. Congr. Appl. Mech., June 1951", Ann Arbor (Mich.): J. W. Edwards 1952 281—289; AMR **6** (1953) 9 406.

Goldberg, J. H.: Torsion of I-type and H-type beams. Proc. ASCE Separate No. 145 1952 20 p.; AMR **6** (1953) 4 178. [1.342.52].

Kaar, P. H.: A method of obtaining shear stress-strain graphs by interpretation of moment-twist data. ASME Prepr. 52-F-31 Sept. 1952 7 p. 2 ref.; Index Aeron. **9** (1953) 1 36—37.

Nuttall, H.: Torsion of uniform rods with particular reference to rods of triangular cross-sections. ASME Prepr. 52-APM-27 June 1952 4 p. 3 ref.; J. Appl. Mech. **19** (1952) 4 554—557; Index Aeron. **8** (1952) 11 2; AMR **6** (1953) 3 120.

Reissner, E.: On non-uniform torsion of cylindrical rods. J. Math. Phys. **31** (1952) 3 214—221 9 ref.; AMR **6** (1953) 6 276; Index Aeron. **9** (1953) 3 57.

Schwartz, C. L.: A contribution to the study of stresses in cylindrical testpieces subject to torsion. Techn. et Sci. Aéron. (1952) 3 181—188; Index Aeron. **8** (1952) 11 28.

Seth, B. R.: Finite elastic-plastic torsion. J. Math. Phys. **31** (1952) 1 84—90 7 ref.; AMR **6** (1953) 2 61; Index Aeron. **8** (1952) 9 38.

Timpe, A.: Brückenlösungen beim Problem der achsensymmetrischen Torsion. ZAMM **32** (1952) 7 226—227.

Weinstein, A.: On cracks and dislocations in shafts under torsion. Quart. Appl. Math. **10** (1952) 1 77—80 10 ref.; Index Aeron. **8** (1952) 8 66.

Ziegler, H.: Buckling of straight rods subjected to torsion (in German). ZAMP **3** (1952) 2 96—119; AMR **5** (1952) 12 510.

Amstutz, Ernst: Torsionssteife Hohlträger aus Stahl. Schweiz. Bauztg. **71** (1953) 23 338—340 6 Lit.-St.

Ashwell, D. G.: The two axes of twist in elastic prisms. Engng. **176** (1953) 4586 769—771 10 ref.; Index Aeron. **10** (1954) 3 82.

Barbré, R.: Torsion zusammengesetzter Träger. Bauing. **28** (1953) 3 98—102; **29** (1954) 2 61—62.

Besseling, J. F. and *W. K. G. Floor:* Torsional strength and stiffness tests of wing leading edges. NLL Rep. S. 421 June 1953 44 p. 10 ref.; Index Aeron. **10** (1954) 5 106; Aircr. Engng. **26** (1954) 303 170. [6.254.1].

Boley, B. A.: Graphical-numerical solution of problems of Saint-Venant torsion and bending. J. Appl. Mech. **20** (1953) 3 321—326; AMR **7** (1954) 2 59. [1.342.4].

Fichera, G.: Torsion of elastic hollow prism (in Italian). Rendiconti Matematica e delle sue Applicazione Univ. Roma **12** (1953) 1/2 163—176; AMR **7** (1954) 4 147.

Gerstle, K. H. and *R. W. Clough:* Torsional rigidity of rectangular slabs. J. Amer. Concrete Inst. **25** (1953) 3 241— 248; AMR **7** (1954) 5 197—198.

Howard, H. B.: Tube of least weight for given torsional stiffness. J. Roy. Aeron. Soc. **57** (1953) 505 45—46; AMR **6** (1953) 9 404; Index Aeron. **9** (1953) 3 62.

Lein, Günter: Torsionssteifigkeit von kreuzförmigen Querschnitten. Diss. TH Stuttgart; Ing.-Arch. **21** (1953) 5/6 352—364.

Lindenberger, Helmut: Vergleich und Analogiebetrachtung der Lösungen für biegebeanspruchte und verdrehungsbeanspruchte Stabwerke. Stahlbau **22** (1953) 1 14—19, 3 64—67.

Mansfield, E. H.: Torsional stresses in multi-webbed rectangular cylinders. Aircr. Engng. **25** (1953) 287 20—21; AMR **6** (1953) 9 407; Index Aeron. **9** (1953) 3 62.

Nakazawa, H.: Torsion of a shaft with a number of longitudinal semi-circular notches. Mem. Fac. Technol., Tokyo Metrop. Univ. **28** (1953) 3 116—126; AMR **7** (1954) 4 147. [1.352.1].

Okubo, H.: Approximate approach for the torsion problem of a shaft with a circumferential notch. Rep. Inst. High Speed Mech., Tohoku Univ. **3** (1953) March 1—9; AMR **7** (1954) 4 146. [1.352.1].

Okubo, H.: The torsion of spiral rods. J. Appl. Mech. **20** (1953) 2 273—278; AMR **7** (1954) 2 61.

de Schwarz, M. J.: Über das Verhalten der Torsionsfunktion in der Nähe von einspringenden Ecken massiver und hohler Stäbe. Oest. Ing.-Arch. **7** (1953) 2 88—100. [1.352.1].

Starnberg, W.: Verdrehung bildsamer Metallstäbe über die Fließgrenze. Oest. Ing.-Arch. **7** (1953) 4 299—309; Index Aeron. **10** (1954) 4 82—83.

Weinberger, H. F.: Upper and lower bounds for torsional rigidity. J. Math. Phys. **32** (1953) 1 54—62 9 ref.; Index Aeron. **9** (1953) 9 43.

Wittrick, W. H.: Torsion of a multi-webbed rectangular tube. Aircr. Engng. **25** (1953) 298 372; Index Aeron. **10** (1954) 2 64; AMR **7** (1954) 4 148. [1.246].

Argyris, J. H. and *S. Kelsey:* Energy theorems and structural analysis. A generalized discourse with applications on energy principles of structural analysis including the effects of temperature and non-linear stress-strain relations. Part II. Applications to thermal stress problems and St. Venant torsion. Aircr. Engng. **26** (1954) 310 410—422. [1.225.12], [1.243.14].

Argyris, John H.: The open tube — A study of thin-walled structures such as interspar wing cutouts and open-section stringers. Aircr. Engng. **26** (1954) 302 102—112; Index Aeron. **10** (1954) 6 101—102. [1.342.35].

Hill, R.: The plastic torsion of anisotropic bars. J. Mech. Phys. Solids **2** (1954) 2 87—91 2 ref.; Index Aeron. **10** (1954) 4 45.

Nowinski, J.: Theorie der dünnwandigen konvergenten Träger. Maschinenbautechnik **3** (1954) 8 436—439, 9 481—486, 11 545—554, 12 623—634 14 Lit.-St. [1.342.9].

Palmer, P. J.: The determination of torsion constants for bulbs and fillets by means of an electrical potential analyser. ADA Res. Rep. 22 Dec. 1954 23 p.; AB **25** (1954) 6 384.

Cadambe, V. and *S. Krishnan:* Minimum weight design of thin-walled cells in torsion. J. Roy. Aeron. Soc. **59** (1955) 530 120—126 5 ref.

Pestel, E.: Eine neue hydrodynamische Analogie zur Torsion prismatischer Stäbe. Ing.-Arch. **23** (1955) 3 172—178.

Biegungsverdrehung   1.342.52

Ebner, Hans: Die Beanspruchung dünnwandiger Kastenträger auf Drillung bei behinderter Querschnittswölbung. 349. DVL-Ber.; ZFM **24** (1933) 23 645—655, 24 684—692; DVL-Jb. 1933 III 72—90. [1.246].

Ebner, Hans: Spannungszustand durch Drillung in dünnwandigen Kastenträgern bei verhinderter Endwölbung. ZAMM **14** (1934) 6 352—353. [1.246].

Ebner, Hans: Torsional stresses in box beams with cross sections partially restrained against warping. NACA TM 744 May 1934. [1.246].

Williams, D.: Torsion of a rectangular tube with axial constraint. ARC R & M 1619 May 1934.

Williams, D. and *C. B. Smith:* The experimental determination of the bending actions induced by axial end constraints in a rectangular tube in torsion. ARC R & M 1775 Nov. 1936; Aircr. Engng. **9** (1937) 104 281.

Shipp, J. C. K.: The influence of end constraint on the torsional stiffness of a rectangular section tube. ARC R & M 1790 1937 7 p.; Aircr. Engng. **10** (1938) 108 56.

Taylor, J. Lockwood: The theory of torsion-bending. A suggested solution of a problem on which few data are available. Aircr. Engng. **10** (1938) 116 313—314.

Cambilargiu, E.: Berechnung der Verdrehung kastenförmiger Träger, denen eine Wand fehlt. Luftf.-Forsch. **16** (1939) 8 403—411. [1.246].

Hanson, J.: Torsion of tapered tubes. Effect of various parameters on the stiffness of axially constrained and free ended tapered rectangular tubes. Aircr. Engng. **11** (1939) 122 145—147.

Cambilargiu, E.: The torsion of box beams with one side lacking. NACA TM 939 Apr. 1940. [1.246].

Hill, H. N.: Torsion of flanged members with cross sections restrained against warping. NACA TN 888 March 1943.

Kuhn, Paul, S. B. Batdorf and *Harold G. Brilmyer:* Secondary stresses in open box beams subjected to torsion. NACA ARR L 4 I 23 (WR L-14) Nov. 1944. [1.246].

Kuhn, Paul and *Harold G. Brilmyer:* Stresses near the juncture of a closed and an open torsion box as influenced by bulkhead flexibility. NACA ARR L 5 G 18 (WR L-2) Aug. 1945. [1.246].

Cheng, Che-Min: Restricted torsion of thin-walled columns of air-foil sections. (In English.) Engng. Rep. Nat. Tsing Hua Univ. **3** (1947) 1 80—102 6 ref.; Index Aeron. **7** (1951) 11 127.

Schwartzmann-Simonot, N. A.: Concerning the torsion-flexion formulae. Techn. et Sci. Aeron. (1947) 5 278—281; Index Aeron. **4** (1948) 1 22.

Flügge, Wilhelm u. *Karl Marguerre:* Wölbkräfte in dünnwandigen Profilstäben. Ing.-Arch. **18** (1950) 23—28; AMR **4** (1951) 1 20—21.

Mitra, D. N.: Torsion and flexure of a beam whose cross-section is a sector of a circle. (In English.) Bull. Calcutta Math. Soc. **42** (1950) 3 131—144 6 ref.; Index Aeron. **7** (1951) 12 89.

Mordellet, R. L.: A solution to the problem of torsion-flexure. Aircr. Engng. **22** (1950) 261 335—337; Index Aeron. **7** (1951) 1 4.

Goldenveizer, A. L.: Theory of thin-walled rods. NACA TM 1322 Oct. 1951 53 p.; Index Aeron. **8** (1952) 3 71. [1.342.4].

Mitra, D. N.: Torsion and flexure of a beam whose cross-section is a sector of a curve. Bull. Calcutta Math. Soc. **43** (1951) 1 41—45 2 ref.; Index Aeron. **8** (1952) 1 63.

Säger, Werner: Der verdrehte Rechteckstab bei verhinderter Wölbung der Endquerschnitte. Bauing. **26** (1951) 10 309—312, 11 330—333.

Bergmann, Walter: Neue Erkenntnisse über beanspruchungsgerechte Gestaltung insbesondere bei Behinderung der Querschnittsverwölbung offener Profile. (10. Konstrukteurheft.) Grundl. Landtechn. (1952) 3 12—23.

Bornscheuer, F. W.: Systematische Darstellung des Biege- und Verdrehvorganges unter besonderer Berücksichtigung der Wölbkrafttorsion. Stahlbau **21** (1952) 1 1—9; AMR **5** (1952) 10 421.

Bornscheuer, F. W.: Beispiel und Formelsammlung zur Spannungsberechnung dünnwandiger Stäbe mit wölbbehindertem Querschnitt. Stahlbau **21** (1952) 12 225—232, **22** (1953) 2 32—44.

Esslinger, Maria: Torsion of curved I-beams (in French). Ann. Ponts Chaussées **122** (1952) 2 131—149; AMR **5** (1952) 11 461.

Goldberg, J. H.: Torsion of I-type and H-type beams. Proc. ASCE Separate No. 145 1952 20 p.; AMR **6** (1953) 4 178. [1.342.51].

Weber, Constantin: Verhinderte Torsionsverwölbung. ZAMM **32** (1952) 10 305—307; AMR **6** (1953) 5 233.

Benscoter, S. U.: A theory of torsion bending for multicell beams. ASME Prepr. 52-A-27 Dec. 1953 10 p. 14 ref.; Index Aeron. **10** (1954) 2 68; AMR **7** (1954) 4 146.

Federhofer, Karl: Der senkrecht zu seiner Ebene belastete, elastisch gebettete Kreisringträger. ZAMM **33** (1953) 8/9 292—293; AMR **7** (1954) 5 198.

Solvey, J.: The lateral instability in the elastic range of beams having negligible torsion-bending constants. Aeron. Res. Lab. (Australia) Rep. SM. 216 Nov. 1953; J. Roy. Aeron. Soc. **58** (1954) 519 220.

Nowacki, W.: Über einige Fälle der Verdrehung (Torsion) von Stäben. Maschinenbautechnik **3** (1954) 7 375—382.

Solvey, J.: Some notes on the torsion-bending constant. J. Roy. Aeron. Soc. **58** (1954) 521 367—370; Index Aeron. **10** (1954) 6 95.

Schubbeanspruchung 1.342.6

Neményi, P.: Über die Berechnung der Schubspannungen im gebogenen Balken. ZAMM **1** (1921) 2 89—96.

Weber, Constantin: Biegung, Schub und Drehung von Balken. Diss. TH Braunschweig 1922. [1.342.4], [1.342.51].

Weber, Constantin: Biegung und Schub in geraden Balken. ZAMM **4** (1924) 4 334—348. [1.342.4], [1.342.7].

Gerard, I. J. and *H. Boden:* Flexural and shear deflections of metal spars. ARC R & M 1567 Sept. 1933, R & M 1671 June 1936; Aircr. Engng. **8** (1936) 89 207. [1.342.4].

Goodey, W. J.: Shear stresses in hollow sections. An account of the theory of stresses in bending and torsion for designers of stressed-skin structures. Aircr. Engng. **8** (1936) 86 93—95.

Pflüger, Alfrich: Beitrag zur Ermittlung der Schubspannungen in mehrzelligen Hohlquerschnitten. Ing.-Arch. **8** (1937) 1 25—29.

Nagel, F.: Shear in tapered box girders. Aero Dig. **31** (1937) 3 80 3 ref.

Robin, M.: Les cisaillements dans les poutres à âmes pleines minces. Rev. Techn. Aéron. (1937) 2 30—40.

Kuhn, Paul: Approximate stress analysis of multi-stringer beams with shear deformation of the flanges. NACA Rep. 636 1938. [1.342.4].

Neuber, Heinz: Schubmittelpunkt, Schubspannungsverteilung und Querschnittsverwölbung dünnwandiger Träger unterhalb der Beulgrenze. ZWB FB 985 1938 43 S.; Jb. 1940 Dtsch. Luftf. Forsch. I 777—798. [1.342.7].

Kuhn, Paul: Some notes on the numerical solution of shear-lag and mathematically related problems. NACA TN 704 May 1939.

Reissner, E.: A method for solving shear lag problems. Aviation **40** (1941) 5 48—49, 140.

Gottlieb, Robert: Tests of a stress-carrying door in shear. NACA RB (WR L-254) Aug. 1942.

Kuhn, Paul and *Harold G. Brilmyer:* An approximate method of shear-lag analysis for beams loaded at right angles to the plane of symmetry of the cross section. NACA RB 3 I 22 (WR L-324) Sept. 1943.

Kuhn, Paul and *Edwin M. Moggio:* The longitudinal shear strength required in double-angle columns of 24 S-T aluminum alloy. NACA RB 3 E 08 (WR L-472) May 1943. [1.342.33].

Stowell, Elbridge Z., Edward B. Schwartz, John C. Houbolt and *Albert K. Schmieder:* Bending and shear stresses developed by the instantaneous arrest of the root of a cantilever beam with a mass at its tip. NACA MR L 4 K 30 (WR L-586) Nov. 1944. [1.342.4].

Inglis, C.: Analytical determination of shear stresses and torsion stresses in beams and shafts of any given uniform section. (Pap. 5633) J. ICE **29** (1947) 1 19—62; Index Aeron. **4** (1948) 2 17. [1.342.51], [1.352.1].

Wästlund, G. and *S. G. A. Bergman:* Buckling of webs in deep steel I-girders: A report of an investigation. Stockholm: Petterson 1947 205 p.; Publ. Int. Ass. Bridge & Struct. Engng. **8** (1947) 291—310; AMR **3** (1950) 8 232. [1.342.4].

Winzer, Alice and *W. Prager:* On the use of power laws in stress analysis beyond the elastic range. ASME Prepr. 47-A-6 1947 4 p.; Index Aeron. **4** (1948) 3 22.

Kuhn, Paul and *James P. Peterson:* Shear lag in axially loaded panels. NACA TN 1728 Oct. 1948 24 p.; AMR **2** (1949) 8 177.

Levin, L. Ross: Ultimate stresses developed by 24 S-T and alclad 75 S-T aluminum alloy sheet in incomplete diagonal tension. NACA TN 1756 Nov. 1948.

Morse, William: Shear in beams. Practical Engng. **1** (1948) 428 337—338.

Bonatz, Peter: Schubspannungen und lotrechte Pressungen im Balken mit veränderlicher Höhe. Bauing. **24** (1949) 4 125—128.

Gatewood, B. E.: Shear distribution in beams with variable webs. J. Aeron. Sci. **16** (1949) 12 749—753; Index Aeron. **6** (1950) 3 7.

Grammel, Richard: Scherprobleme. Ing.-Arch. **17** (1949) 1/2 107—118; Index Aeron. **5** (1949) 5 7.

Taylor, J.: Stresses in built-up beams due to an abrupt change in shear stress at a loading station. ARC R & M 2775 Aug. 1949 18 p. (publ. 1953); AMR **7** (1954) 4 146.

Read, W. T.: Effect of stress-free edges in plane shear of a flat body. ASME Prepr. 50-APM-6 1950 4 p.; Index Aeron. **6** (1950) 9 8.

Horne, M. R.: The plastic theory of bending of mild steel beams with particular reference to the effect of shear forces. Proc. Roy. Soc. (London) **207** A (1951) 1089 216—228 9 ref.; Index Aeron. **7** (1951) 10 72. [1.342.4].

Kappus, Robert: Les contraintes de cisaillement dans les barres courbes. Rech. Aéron. (1951) 21 49—51; AMR **5** (1952) 2 60—61.

Kappus, Robert: Le „schéma du champ homogène“ rectangulaire ou oblique. Rech. Aéron. (1951) 23 51—60 4 ref.; Index Aeron. **8** (1952) 1 64.

Sibert, H. W.: Shear flow in a thin-skin tapered beam. J. Aeron. Sci. **18** (1951) 10 703—704; AMR **5** (1952) 3 105.

Kappus, Robert: Die Schubspannungen in krummen Balken. Stahlbau **21** (1952) 7 126—127.

Salvadori, M. G.: Lateral buckling of beams of rectangular cross-section under bending and shear. „Proc. 1st U. S. Nat. Congr. Appl. Mech.“, June 1951, Ann Arbor (Mich.): J. W. Edwards 1952 403—405; AMR **6** (1953) 9 409. [1.342.4].

Tatham, R.: Note on ultimate strength of webs in shear. J. Roy. Aeron. Soc. **56** (1952) 501 701—703 5 ref.; Index Aeron. **8** (1952) 11 51.

Anevi, G.: Experimental investigation of shear strength and shear deformation of unstiffened beams of 24 S-T alclad with and without flanged lightening holes. SAAB TN 29 Oct. 1954; Aircr. Engng. **27** (1955) 318 267.

Argyris, J. H.: Energy theorems and structural analysis. A generalized discourse with applications on energy principles of structural analysis including the effects of temperature and non-linear stress-strain relations. I. General theory. Aircr. Engng. **27** (1955) 314 125—134.

Weber, Constantin: Biegung und Schub in geraden Balken. ZAMM **4** (1924) 4 334—348. [1.342.4], [1.342.6].

Schwalbe, W. L.: Schubmittelpunkt. ZAMM (1935) 138 ff.

Trefftz, E.: Über den Schubmittelpunkt in einem durch eine Einzellast gebogenen Balken. ZAMM **15** (1935) 4 220—225; Luftwissen **2** (1935) 8 232.

Neuber, Heinz: Schubmittelpunkt, Schubspannungsverteilung und Querschnittsverwölbung dünnwandiger Träger unterhalb der Beulgrenze. ZWB FB 985 1938 43 S.; Jb. 1940 Dtsch. Luftf. Forsch. I 777—798. [1.342.6].

Kappus, Robert: Schubmittelpunkt offener Profile. DVL-Arbeitsbl., Inst. Festigkeit 1939.

Koiter, W. T.: The torsional center of beams, loaded by shearing forces. NLL Rep. S 156 1939.

Kuhn, Paul: Some elementary principles of shell stress analysis with notes on the use of the shear center. NACA TN 691 March 1939.

Sibert, H. W.: Shear center of a leading-edge wing beam. J. Aeron. Sci. **7** (1940) 12 520—523.

Watter, M.: Torsional center determination in stressed skin structures. Aero Dig. **40** (1940) 2 145—146.

Neuber, Heinz: Schubmittelpunkt und Querschnittsverwölbung dünnwandiger Träger unterhalb der Beulgrenze. ZAMM **21** (1941) 2 91—95 2 Lit.-St.; Techn. Z.-Schau **26** (1941) 16 270; Index Aeron. **4** (1948) 10 5.

Erlandsen, Oscar jr. and *Lawrence M. Mead jr.:* A method of shear-lag analysis of box beams for axial stresses, shear stresses, and shear center. NACA ARR (WR W-33) Apr. 1942. [1.246].

Haas, T.: Some notes on the shear centre of thin-walled open sections. J. Roy. Aeron. Soc. **47** (1943) 395 383—389.

Kloth, Willi u. *Walter Bergmann:* Der Schubmittelpunkt. Landtechnik **2** (1947) 23/24.

Weinstein, A.: The center of shear and the center of twist. Quart. Appl. Math. **5** (1947) 97—99.

Mandel, Jean: Sur la détermination du centre de torsion d'un cylindre à l'aide du théorème de reciprocité. C. R. Hebd. Séances Acad. Sci. **226** (1948) 779—781; Ann. Ponts Chaussées **118** (1948) Mai-Juin 271—290; AMR **3** (1950) 4 106.

Handelman, G. H.: Shear center for thin-walled open sections beyond the elastic limit. J. Aeron. Sci. **18** (1951) 11 749—754, 766; AMR **5** (1952) 5 204; Index Aeron. **8** (1952) 3 39.

Inan, M.: Shear center of semi-elliptical cross section. Bull. Techn. Univ. Istanbul **4** (1951) 1 25—28; AMR **7** (1954) 1 9.

Tatham, R.: Shear centre, flexural centre and flexural axis. Aircr. Engng. **23** (1951) 269 209—210; Index Aeron **7** (1951) 10 79. [6.254.1].

Morice, P. B.: On centers of twist in nonhomogeneous beams. Mag. Concrete Res. (1952) 11 63-66; AMR **6** (1953) 6 276.

Stüssi, F.: Shear center and torsion. (In German). Publ. Int. Ass. Bridge & Struct. Engng. **12** (1952) 259—266; AMR **6** (1953) 5 230.

Berger, E. R.: Drillwiderstand und Schubmittelpunkt einer mehrzelligen Hohlplatte. Oest. Bau-Z. **8** (1953) 1 7—11; AMR **6** (1953) 10 450.

Capildeo, R.: Flexure with shear centres: A general treatment with complex variable. Proc. Cambridge Phil. Soc. **49** (1953) Pt. 2 308—318 4 ref.; AMR **7** (1954) 5 198; Index Aeron. **9** (1953) 8 4.

Duncan, W. J.: The flexural centre or centre of shear. J. Roy. Aeron. Soc. **57** (1953) 513 594—597 14 ref.; Index Aeron. **9** (1953) 11 65.

Jacobs, J. A.: The centre of shear of aerofoil sections. J. Roy. Aeron. Soc. **57** (1953) 508 235—237 6 ref.; Index Aeron. **9** (1953) 7 23. [6.254.3].

King, William B. and *Walter R. Garrison:* Differential shear-flow analysis for nonprismatic semimonocoque beams. J. Aeron. Sci. **20** (1953) 2 127—135; Index Aeron. **9** (1953) 5 59. [6.254.1].

Dietzmann, Alfred: Der Schubmittelpunkt beim einfach symmetrischen Träger mit dünnwandigem Stegblech. Technik (Berlin) **9** (1954) 4 233—238.

Koiter, W. T.: The flexural centre or centre of shear. J. Roy. Aeron. Soc. **58** (1954) 517 64—65 12 ref.; Index Aeron. **10** (1954) 4 44.

Tabakman, H. D.: Locating the shear center in thin closed section. Product Engng. (1954) June 137.

Whitehead, L. G. and *L. A. McQuillin:* The centre of shear for sections bounded by two circular arcs. J. Roy. Aeron. Soc. **58** (1954) 518 138—139 4 ref.; Index Aeron. **10** (1954) 4 92.

Johnson, W.: The effect of curvature on the centre of shear. J. Roy. Aeron. Soc. **59** (1955) 536 562—565.

Knickbiegung   1.342.8

Reißner, H.: Die Biegelinie des vollkommen elastischen Stabes infolge Längskraft- und Querbelastung in der Nähe der Knicklast. ZFM **9** (1918) 19 125 ff.

Arnstein, K.: Beanspruchung axial gedrückter, durch Einzellasten gebogener Stäbe. ZFM **10** (1919) 11 131.

Ratzersdorfer, J.: Durchgehende Balken mit beliebig vielen Öffnungen bei Beanspruchung durch längs- und querwirkende Kräfte. Eisenbau **10** (1919) 5 93 ff.

Hoff, Wilhelm: Computative examination of bending strength of girders originally curved and subjected to longitudinal compression. NACA TM 151 Oct. 1922.

Truscott, Starr: The stresses in columns under combined axial and side loads. NACA TM 110 July 1922.

Müller-Breslau, Heinrich: Versuche mit auf Biegung u. Knickung beanspruchten Flugzeugholmen. Sitz. Ber. Preuß. Akad. d. Wiss., Phys.-Math. Kl., Mitt. (1924) März 166—176; ZFM **15** (1924) 23 264.

Tuckerman, L. B., S. N. Petrenko and *C. D. Johnson:* Strength of tubing under combined axial and transverse loading. NACA TN 307 June 1929. [1.241.111.5].

Chwalla, Ernst: Eine Grenze elastischer Stabilität unter exzentrischem Druck. ZAMM **10** (1930) 4 415—417.

Teichmann, Alfred: Zur Berechnung auf Knickbiegung beanspruchter Flugzeugholme. Diss. TH Berlin 1931; 263. DVL Ber.; Luftf.-Forsch. **9** (1931) 3 85—134; ZFM **23** (1932) 17 511—519. [6.254.1].

Hohenemser, K.: Eine neue Methode zur Berechnung der Knickbiegebeanspruchungen in Stäben veränderlicher Steifigkeit. ZFM **24** (1933) 22 609—614, 23 640—644.

Chwalla, Ernst: Das Tragverhalten einer über drei Felder durchlaufenden Stütze bei exzentrischer Belastung. Abh. Int. Vereinig. Brücken- u. Hochbau 1934.

Chwalla, Ernst: Theorie des außermittig gedrückten Stabes aus Baustahl. Stahlbau **7** (1934) 21 161—165, 22 173—176, 23 180—184.

Ježek, Karl: Die Tragfähigkeit des exzentrisch beanspruchten und des querbelasteten Druckstabes aus einem ideal plastischen Stahl. Sitzungsber. Akad. Wiss. Wien **143** (1934) 339—366.

Burke, Walter F.: A deflection formula for single-span beams of constant section subjected to combined axial and transverse loads. NACA TN 540 Sept. 1935.

Chwalla, Ernst: Das Tragvermögen gedrückter Baustahlstäbe mit krummer Achse und zusätzlicher Querbelastung. Stahlbau **8** (1935) 6 43—46, 7 53—56.

Chwalla, Ernst: Der Einfluß der Querschnittsform auf das Tragvermögen außermittig gedrückter Baustahlstäbe. Stahlbau **8** (1935) 25 193—197, 26 204—208.

Fritsche, Josef: Näherungsverfahren zur Berechnung der Tragfähigkeit außermittig gedrückter Stäbe aus Baustahl. Stahlbau **8** (1935) 18 137—141.

Ježek, Karl: Näherungsberechnung der Tragkraft exzentrisch gedrückter Stahlstäbe. Stahlbau **8** (1935) 12 89—96.

Jones, W. R.: The design of beam-columns. Aero Dig. **26** (1935) 6 24—26.

Schilling, H.: Systematische Knickversuche. I. Exzentrisch gedrückte U-Profile. II. Exzentrisch gedrückte gebördelte U-Profile. ZWB FB 495/1 1935 27 S., 495/2 1935 23 S. [1.342.33].

Ebner, Hans u. *Robert Kappus:* Versuche mit exzentrisch gedrückten Winkelprofilstäben aus Duralumin. ZWB FB 668 1936 29 S.

Fritsche, J.: Der Einfluß der Querschnittsform auf die Tragfähigkeit außermittig gedrückter Stahlstützen. Stahlbau **9** (1936) 12 90—96. [1.342.31].

Grüning, Günther: Knickversuche mit außermittig gedrückten Stahlstützen. Eine Einordnung von Versuchsergebnissen in die in letzter Zeit aufgestellten Berechnungen. Stahlbau **9** (1936) 3 17—21. [1.342.31].

Ježek, Karl: Die Tragfähigkeit axial gedrückter und auf Biegung beanspruchter Stahlstäbe. Stahlbau **9** (1936) 2 12—14, 3 22—24, 5 39—40.

Lockschin, A.: Über die Knickung eines gekrümmten Stabes. ZAMM **16** (1936) 1 49—55; Luftwissen **3** (1936) 4 112.

Neukirch, H.: Beitrag zur Berechnung des außermittig gedrückten Stabes. Stahlbau **9** (1936) 8 57—58. [1.342.31].

Schmieden, C.: Knickbiegung von Flugzeugholmen bei linear veränderlicher Längskraft. Luftf. Forsch. **13** (1936) 6 178—180.

Sibert, H. W.: A note on beams under combined side and axial loads. J. Aeron. Sci. **3** (1936) 9 332—333; Luftwissen **3** (1936) 11 342.

Stewart, H.: Tapered beam column analysis for uniformly distributed loads. J. Aeron. Sci. **3** (1936) 1 364—368; Luftwissen **4** (1937) 4 133.

Atkinson, R. J., K. N. E. Bradfield and *R. V. Southwell:* Relaxation methods applied to a spar of variable section deflected by transverse loading combined with end thrusts or tension. ARC R & M 1822 1937; Aircr. Engng. **10** (1938) 116 326.

Chwalla, Ernst: Außermittig gedrückte Baustahlstäbe mit elastisch eingespannten Enden und verschieden großen Angriffshebeln. Stahlbau **10** (1937) 7 49—52, 8 57—60.

Schleusner, A.: Knickung und Biegung eines Stabes auf drei Stützen. Stahlbau **10** (1937) 20 153—155.

Thielemann, W.: Ein Beitrag zur Bestimmung der Bruchlast exzentrisch gedrückter Stäbe. Jb. 1937 Dtsch. Luftf. Forsch. I 396.

Kollbrunner, Curt F.: Zentrischer und exzentrischer Druck von an beiden Enden gelenkig gelagerten Rechteckstäben aus Avional M und Baustahl. Stahlbau **11** (1938) 4 25—30, 5 39—40, 6 46—48. [1.342.31].

Moyes, S. J. E.: The continuous beam. The case of irregular lateral loading combined with end loads. Aircr. Engng. **10** (1938) 114 243—244, 247; Luftwissen **5** (1938) 12 450.

Gottlieb, R., T. M. Thompson and *E. C. Witt:* Combined beam-column stresses of aluminum-alloy channel sections. NACA TN 726 Sept. 1939.

Cassens, J.: Knickbiegeversuche. Luftf.-Forsch. **17** (1940) 10 306—313; Techn. Z.-Schau **26** (1941) 8 134.

Gehler, Willy: Vorschlag und Kritik einer Bemessungsformel bei außermittig beanspruchten Knickstäben. Stahlbau **13** (1940) 12/13 57—61, 14/15 76—79, 16/18 90—92.

Cassens, J.: Tafel einiger Knickbiegefälle. Luftf.-Forsch. **18** (1941) 2/3 86—94; Techn. Z.-Schau **26** (1941) 16 269.

508

Cassens, J.: Tables for computing various cases of beam columns. NACA TM 985 Aug. 1941.

Cassens, J.: Buckling tests on eccentrically loaded beam culumns. NACA TM 989 Oct. 1941.

Hutton, J. O.: Combined beam column stresses of aluminum-alloy channel sections. NACA TN 824 Sept. 1941.

Müller, R. u. W. Müller: Knickung und Knickbiegung von konischen Stäben. Jb. 1941 Dtsch. Luftf.-Forsch. I 502—517. [1.342.31].

Sharp, K. W.: Standard pipes as struts, excentric loading. Machinery (New York) 57 (1941) 1474 401—403.

Baker, J. F. and J. W. Roderick: The behaviour of stanchions bent in single curvature. Trans. Inst. Welding 5 (1942) 3 97.

Girkmann, Karl: Traglasten gedrückter und zugleich querbelasteter Stäbe und Platten. Stahlbau 15 (1942) 17/18 57—61. [1.226].

Goodier, J. N.: Torsional and flexural buckling of bars of thin-walled open section under compressive and bending loads. J. Appl. Mech. 9 (1942) 3 A 103.

Tsien, H. S.: Buckling of a column with non-linear lateral supports. J. Aeron. Sci. 9 (1942) 4 119—132.

Karl, H.: Biegung gekrümmter, dünnwandiger Rohre. ZAMM 23 (1943) 331—345.

Van der Neut, A.: Enkele beschouwingen over knik. NLL Rapp. S 288 1943 16 Blz. [1.342.31].

v. Wüllerstorff, Leopold: Beiträge zur Frage der Traglasten außermittig gedrückter Stäbe bei ideal-plastischer Arbeitslinie unter besonderer Berücksichtigung des Kreisringquerschnittes. ZWB FB 1912 Dez. 1943 115 S.

— Abriß über die bisherigen Untersuchungen über die Knickbiegung homogener Stäbe im überelastischen Bereich. Ber. Inst. Festigkeitslehre u. Festigkeitsprüfung d. Dtsch. TH Brünn 1943.

— Kritische Druckspannungen außermittig gedrückter Stäbe mit Rechteck- und Kreisquerschnitt sowie von Kreisrohren aus Duralen. Ber. Inst. Festigkeitslehre u. Festigkeitsprüfung d. Dtsch. TH Brünn 1943.

Demer, L. J. and E. S. Kavanaugh: Ovalization of tubes under bending and compression. NACA TN 922 March 1944.

Kasarnowsky, S.: Berätning av balkar utsatta för böjning och samtidig axialbelastning. Tekn. T. 74 (1944) 30 905—906; Luftwissen 11 (1944) 8 263.

Weinhold, Josef u. Leopold v. Wüllerstorff: Kritische Druckspannungen außermittig gedrückter Rohre unter ungleichen Hebelverhältnissen bei ideal-plastischer Arbeitslinie und die zugehörigen Streckgrenzenspannungen (Spannungsproblem). Ber. Inst. Festigkeitslehre u. Festigkeitsprüfung d. Dtsch. TH Brünn 1944.

Ramberg, Walter, A. E. McPherson and Samuel Levy: Strength of wing beams under axial and transverse loads. NACA TN 988 Sept. 1945.

Lévi, R.: Note sur le flambement et en particulier celui des arcs. Ann. Ponts Chaussées 117 (1947) Mai/Juin 345—366; AMR 1 (1948) 4 104.

Marin, Joseph: Creep deflections in aluminum columns. J. Appl. Phys. 18 (1947) 1 103—109; AMR 1 (1948) 2 42.

Baker, J. F. and J. W. Roderick: Further tests on stanchions. Trans. Inst. Welding 11 (1948) 6 110r—121r.

Baker, J. F. and J. W. Roderick: The behaviour of stanchions bent in double curvature. Trans. Inst. Welding 11 (1948) 1 2r—24r.

Bergström, Sven G.: An approximate method for calculating additional moments in members under action of combined compressive and bending forces. (In Swedish). Inst. Brobyggnad Medd. 3 1948 40—52; AMR 3 (1950) 11 342.

Green, Giles G.: Lateral buckling of elastically braced columns. Diss. Cornell Univ. 1948.

Jäger, Karl: Ausmittige Biegebeanspruchung bei I-Trägern. Oest. Bau-Z. **3** (1948) 6 83—85.

Roderick, J. W.: Theory of plasticity: Elements of simple theory. Phil. Mag. **39** (1948) 294 529—539 5 ref.; Index Aeron. **4** (1948) 11 69.

Roderick, J. W .and J. Heymann: Approximate methods of calculating collapse loads of stanchions bent in double curvature. Trans. Inst. Welding **11** (1948) 4 63r—68r.

Grassi, R. C. and I. Cornet: Fracture of gray-cast-iron tubes under biaxial stresses. J. Appl. Mech. **16** (Trans. ASME **71**) (1949) June 172—182; Met. Rev. **22** (1949) 8 26. [1.342.2], [1.342.32].

Wierzbicki, W.: Numerical methods in buckling problems. (In French). Archivum Mechaniki Stosowaney **1** (1949) 23—66; AMR **2** (1949) 8 175. [1.222.111].

Beedle, L. S. a. o.: Tests of columns under combined thrust and moment. Proc. SESA **8** (1950) 1 109—132 6 ref.; Index Aeron. **7** (1951) 12 97.

Chwalla, E.: Über die Kippstabilität querbelasteter Druckstäbe mit einfach-symmetrischem Querschnitt. „Federhofer-Girkmann-Festschrift" Wien: Deuticke 1950 125—142.

Hannemann, I. G.: Design of columns under bending load. Frandsen Anniv. Vol. Lab. Bygn. Tekn. Medd. (1950) 1 48—63; AMR **4** (1951) 2 92.

Hill, H. N. and J. W. Clark: Lateral buckling of eccentrically loaded I- and H-section columns. Proc. ASCE Separate No. 34 Sept. 1950; Trans. ASCE **116** (1951) 1179—1191; AMR **5** (1952) 5 206.

Tyler, C. M.: Analysis of straight and curved beam-columns. ASME Prepr. 50-A-11 Nov./Dec. 1950 2 p. 4 ref.; Index Aeron. **7** (1951) 6 83.

Weinhold, Josef: Eine näherungsweise Integration der Differentialgleichung $y'' = f(y)$ bei Druckbiegeproblemen. ZAMM **30** (1950) 8/9 247—248.

Biggs, J. M.: The design of eccentrically loaded steel columns. J. Boston Soc. Civ. Engrs. **38** (1951) 4 333—356; AMR **5** (1952) 4 158.

Dutheil, J.: Discussion on the buckling of members compressed axially. (In French). Ossature Métall. **16** (1951) 6 315—325; AMR **5** (1952) 3 102.

Brush, D. O., and O. M. Sidebottom: Axial tension and bending interaction curves for members loaded inelastically. ASME Prepr. 52-SA-6 June 1952 9 p.; Index Aeron. **8** (1952) 11 1. [1.342.9].

Hill, H. N. and J. W. Clark: Lateral buckling of eccentrically loaded I- and H-section columns. "Proc. 1st U. S. Nat. Congr. Appl. Mech.", June 1951, Ann Arbor (Mich.): J. W. Edwards 1952 407—413; AMR **6** (1953) 9 410.

Ketter, R. L., L. S. Beedle and B. G. Johnston: Column strength under combined bending and thrust. Welding J. **31** (1952) 12 607s—622s; AMR **6** (1953) 10 453.

Kirste, Leo u. F. Müller-Magyari: Über das Ausknicken freier, dünnwandiger Profilkanten unter Biegebeanspruchung. „Alfons-Leon-Gedenkschrift", Wien: Verl. Allg. Bau-Z. 1952 49—52; AMR **5** (1952) 10 424.

Phillips, A.: Bending with axial force of curved bars in plasticity. ASME Prepr. 52-APM-9 June 1952 4 p.; J. Appl. Mech. **19** (1952) 3 327—330; AMR **5** (1952) 12 507; Index Aeron. **8** (1952) 6 73.

Raher, W.: Allgemeine Stabilitätsbedingung für krumme Stäbe. Oest. Ing.-Arch. **6** (1952) 3 236—246; AMR **5** (1952) 12 511. [1.342.35].

Barrett, A. J.: Unsymmetrical bending and bending combined with axial loading of a beam of rectangular cross-section into the plastic range. J. Roy. Aeron. Soc. **57** (1953) 512 503—509 3 ref.; Index Aeron. **9** (1953) 10 79. [1.342.4].

Bijlaard, P. P., G. P. Fisher and G. Winter: Strength of columns elastically restrained and eccentrically loaded. Proc. ASCE **79** (1953) 292 52 p.; AMR **7** (1954) 4 149.

Buschmann, Rolf: Berechnung eines Verbundträgers auf Knicken und Biegen mit Hilfe von Kriechfasern. Stahlbau **22** (1953) 2 25—29. [1.261].

510

Clark, J. W.: Plastic buckling of eccentrically loaded aluminium alloy columns. Proc. ASCE Separate No. 299 Oct. 1953 19 p.; AB **24** (1953) 12 809—810; AMR **7** (1954) 6 245.

Dimitrov, Nik.: Die Einflußlinie der Theorie II. Ordnung und einige praktische Formeln. Bauing. **28** (1953) 1 19—22. [1.212.4].

Kollbrunner, Curt F. u. *Haneter:* Dreimomentengleichung des kontinuierlichen Druckstabes mit Querbelastung. Zürich: Leemann 1953.

Weinhold, Josef: Die Biegeknickspannungen analog DIN 4114 im Normenvorschlag „Leichtmetall im Hochbau". Aluminium **29** (1953) 6 248—254 7 Lit.-St. [6.273].

Gatewood, B. E.: Buckling loads for beams of variable cross section under combined loads. J. Aeron. Sci. **22** (1955) 4 281—282 6 ref.

Giangreco, Elio: Association d'équilibres instables en présence de charges excentrées. Publ. Ass. Int. Ponts & Charpentes **14** (1954) 37—52.

Kempner, J.: Creep bending and buckling of linearly viscoelastic columns. NACA TN 3136 Jan. 1954 22 p. 10 ref.; Index Aeron. **10** (1954) 5 99; J. Roy. Aeron. Soc. **58** (1954) 520 310.

Kempner, J.: Creep bending and buckling of nonlinearly viscoelastic columns. NACA TN 3137 Jan. 1954 27 p. 11 ref.; Index Aeron. **10** (1954) 5 100; J. Roy. Aeron. Soc. **58** (1954) 520 310.

Ness, N.: Time-dependent buckling of a uniformly heated column. NACA TN 3139 Jan. 1954 18 p. 9 ref.; Index Aeron. **10** (1954) 5 101.

Dobson, A. M.: The stability of an axially-loaded continuous beam. J. Roy. Aeron. Soc. **59** (1955) 535 506—509.

Marsh, Cedric: Structural design with formed aluminium sheet. II. Light Metals **18** (1955) 204 86—88. [1.342.33], [1.342.35].

Sonstige zusammengesetzte Beanspruchungen — 1.342.9

Hohenemser, K.: Fließversuche an Rohren aus Stahl bei kombinierter Zug- und Torsionsbeanspruchung. ZAMM **11** (1931) 1 15—19.

von Schlippe, B.: Zusätzliche Biegespannungen bei Doppel-C-Profilanschlüssen. ZFM **23** (1932) 21 625—627.

Imperial, F. Fabiano: The elastic stability of thin-walled tubes under combined axial load, radial pressure, flexure and torsion. Diss. Univ. California 1935.

Osgood, William R.: Round heat-treated chromium-molybdenum-steel tubing under combined loads. NACA TN 896 July 1943.

Prager, William: On the interpretation of combined torsion and tension tests of thin-wall tubes. NACA TN 1501 Jan. 1948 11 p.; AMR **1** (1948) 3 75. [1.241.111.5].

Marin, J.: Stress-strain relation in the plastic range for biaxial stresses (with appendix). J. Franklin Inst. **248** (1949) 3 231—249 10 ref.; Index Aeron. **6** (1950) 1 77.

Klebowski, Z.: Application of the theory of a beam on an elastic foundation to certain structures. (In French). Bull. Acad. Polon. Sci. Lettres **1** (1950) 2 Suppl. 173—199; AMR **5** (1952) 11 462.

Sourochnikoff, B.: Strength of I-beams in combined bending and torsion. Proc. ASCE Separate No. 33 Sept. 1950; Trans. ASCE **116** (1951) 1319—1336. AMR **5** (1952) 3 100.

Hill, R. and *M. P. L. Siebel:* On combined bending and twisting of thin tubes in the plastic range. Phil. Mag. **42** (1951) 330 722—733 2 ref.; AMR **5** (1952) 5 206; Index Aeron. **7** (1951) 10 76.

Ziegler, Hans: Stabilitätsprobleme bei geraden Stäben und Wellen. ZAMP **2** (1951) 4 265—289 18 ref.; Index Aeron. **7** (1951) 12 87.

Brush, D. O. and *O. M. Sidebottom:* Axial tension and bending interaction curves for members loaded inelastically. ASME Prepr. 52-SA-6 June 1952 9 p.; Index Aeron. **8** (1952) 11 1. [1.342.8].

Gaydon, F. A.: On the combined torsion and tension of a partly plastic circular cylinder. Quart. J. Mech. Appl. Math. **5** (1952) Pt. 1 29—41; AMR **5** (1952) 9 392; Index Aeron. **8** (1952) 6 77.

Lansing, W.: Thin-walled members in combined torsion and flexure. Proc. ASCE Separate No. 119 1952 19 p.; AMR **5** (1952) 8 352.

Martin, H. C.: Elastic instability of deep cantilever struts under combined axial and shear loads at the free end. „Proc. 1st U. S. Nat. Congr. Appl. Mech.," June 1951, Ann Arbor (Mich.): J. W. Edwards 1952 395—402; AMR **6** (1953) 8 369.

Mii, H.: Plastic deformation of light-metal bar strained with combined tension and torsion (2nd report). Theory of inverse loading. J. Japan Soc. Appl. Mech. **5** (1952) 27 13—15; AMR **6** (1953) 2 65.

Petersson, O.: Combined bending and torsion of I-beams of monosymmetrical cross section. A nonlinear theory taking into account the risk of lateral buckling. Roy. Inst. Technol. (Stockholm) Bull. No. 10 1952 260 p.; AMR **6** (1953) 5 230.

Phillips, A.: Combined tension-torsion tests for aluminum alloy 2 S-O. ASME Prepr. June 1952 5 p.; J. Appl. Mech. **19** (1952) 4 496—500; Index Aeron. **8** (1952) 10 83; AMR **6** (1953) 7 333.

Trösch, A.: Stabilitätsprobleme bei tordierten Stäben und Welien. Ing.-Arch. **20** (1952) 4 258—277; AMR **6** (1953) 4 180; Index Aeron. **9** (1953) 4 70. [1.272].

Hill, R. and *M. P. L. Siebel:* On the plastic distortion of solid bars by combined bending and twisting. J. Mech. Phys. Solids **1** (1953) 3 207—214 13 ref.; Index Aeron. **9** (1953) 9 81.

Onat, E. T. and *R. T. Shield:* Remarks on combined bending and twisting of thin tubes in the plastic range. ASME Prepr. 53-APM-18 1953 4 p. 4 ref.; Index Aeron. **9** (1953) 7 62.

Siebel, M. P. L.: The combined bending and twisting of thin cylinders in the plastic range. J. Mech. Phys. Solids **1** (1953) 3 189—206 14 ref.; Index Aeron. **9** (1953) 9 42.

Acharya, Y. V. G. and *G. Janaki Ram:* Plastic deformation in beams. J. Aeron. Soc. (India) (1954) May 32; Aeron. Engng. Rev. **13** (1954) 11 123.

Feigen, Morris: Inelastic behaviour under combined tension and torsion. (2nd. U. S. Nat. Congr. Appl. Mech. June 1954). J. Appl. Mech. **21** (1954) 3 286; AB **25** (1954) 10 707.

Frankland, J. M. and *R. E. Roach:* Strength under combined tension and bending in the plastic range. Inst. Aeron. Sci., 22nd Annual Meeting, New York Jan. 1954 Prepr. 428 15 p.; J. Aeron. Sci. **21** (1954) 7 449—453, 474 7 ref.

Joyce, N. B.: Measured deflections and twist of a 45⁰ swept rectangular tube. Aeron. Res. Lab. (Australia) Rep. SM 223 Jan. 1954; J. Roy Aeron. Soc. **58** (1954) 527 797.

Nowinski, J.: Theorie der dünnwandigen konvergenten Träger. Maschinenbautechnik **3** (1954) 8 436—439, 9 481—486, 11 545—554, 12 623—634 14 Lit.-St. [1.342.51].

Peters, Roger W.: Buckling of long square tubes in combined compression and torsion and comparison with flat-plate buckling theories. NACA TN 3184 May 1954 15 p. 14 ref.; Index Aeron. **10** (1954) 9 54.

Barrett, Anthony J.: Beam strength and curvature under combined tension and bending in the plastic range. J. Aeron. Sci. **22** (1955) 1 71—72 2 ref.

— Impact tests for woods. NACA TN 78 Febr. 1922.

Berger , Franz: Das Gesetz des Kraftverlaufes beim Stoß. Braunschweig: Vieweg 1924. VII, 192 S.

Boulanger, A.: Le choc des corps solides. Théorie, expérimentation, utilisation. Paris: Gauthier-Villars 1927 64 p.

Eschler, H.: Beitrag zur elementaren Theorie des Querstoßes auf Stäbe und Platten. Ing.-Arch. **12** (1941) 1 31—37.

Clark, Donald S.: The influence of impact velocity on the tensile characteristics of some aircraft metals and alloys. NACA TN 868 Oct. 1942. [1.321].

Kies, J. A. and *W. L. Holshouser:* Effects of prior fatigue-stressing on the impact resistance of chromium-molybdenum aircraft steel. NACA TN 889 March 1943.

Lamb, J. J., Isabelle Albrecht and *B. M. Axilrod:* Impact strength and flexural properties of laminated plastics at high and low temperatures. NACA TN 1054 Aug. 1946.

Levenson, M. and *B. Sussholz:* The response of a system with a single degree of freedom to the blast load. David W. Taylor, Model Basin Rep. 572 Dec. 1947 24 p.; AMR **1** (1948) 5 132—133.

Warnock, F. V. and *J. A. Pope:* The change in mechanical properties of mild steel under repeated impact. Proc. IME **157** (1947) 26 33—44; AMR **1**(1948)2 50. [1.322.11].

Denis, Manley St.: Dynamic Strength. J. Amer. Soc. Naval Engrs. **60** (1948) Nov. 505—540; AMR **2** (1949) 4 75.

Hoppmann, W. H.: Effect of fatigue on tension-impact resistance. ASTM Prepr. 29 1948 2 p.; ASTM Bull. Dec. 1948 36—38; Index Aeron. **4** (1948) 11 24; Met. Rev. **22** (1949) 2 31.

Mindlin, R. D., F. W. Stubner and *H. L. Cooper:* Response of damped elastic systems to transient disturbances. Proc. SESA **5** (1948) 2 69—87; AMR **1** (1948) 7 186—187.

Pack, D. C., W. M. Evans and *H. J. James:* The propagation of shock waves in steel and lead. Proc. Phys. Soc. (London) **60** (1948) Jan. 1—8; AMR **1** (1948) 3 94—95.

Thornton, D. Laugharne: Impact loading of structures. Engineering **165** (1948) 30./4. 409—412; AMR **1** (1948) 7 187.

Warnock, F. V. and *J. B. Brennan:* The tensile yield strength of certain steels under suddenly applied loads. Proc. IME **159** (1948) 37 1—10, 14—23 9 ref.; Index Aeron. **6** (1950) 3 92. [1.322.10].

Welter, G.: Micro- and macro-deformations of metals and alloys under longitudinal impact loads. Metallurgia **38** (1948) 227 287—292, 228 328—330; Index Aeron. **5** (1949) 1 70.

White, M. P. and *L. Griffis:* The propagation of plasticity in uniaxial compression. ASME Prepr. 48-APM-17 June 1948 5 p. 8 ref.; Index Aeron. **4** (1948) 10 25.

Fink, K.: On impact tests with samples of mild steel and some general conclusions for solid materials under impact load. Schweiz. Arch. **15** (1949) July 193—214; AMR **3** (1950) 11 359.

Hoff, N. J.: Dynamic criteria of buckling. „Engineering Structures" New York: Acad. Press 1949 121—139; AMR **3** (1950) 10 299.

Poboril, F.: Resistance of a gun steel to explosive impact. Metal Progr. **56** (1949) July 58—61; Met. Rev. **22** (1949) 9 32.

Pomp, Anton u. *Alfred Krisch:* Das Verhalten dünner Querschnitte bei Schlagbeanspruchung und tiefer Temperatur (Kerbschlagversuche). Arch. Eisenhüttenwes. **20** (1949) Jan./Febr. 19—25 29 Lit.-St.; Met. Rev. **22** (1949) 6 34.

Southwell, R. V.: Current trends in structural research. „Engineering Structures", London: Butterworth 1949 1—8; AMR **3** (1950) 10 301.

Welter, Georges: Dynamic torsion of metals and alloys used in aircraft construction. Metallurgia **39** (1949) Febr. 188—190, March 253—256, Apr. 313—315; Index Aeron. **5** (1949) 6 75, **6** (1950) 1 64; AMR **3** (1950) 3 81.

White, Merit P.: On the impact behavior of a material with a yield point. J. Appl. Mech. **16** (1949) March 39—54; Met. Rev. **22** (1949) 4 23; AMR **2** (1949) 7 149; Index Aeron. **5** (1949) 7 31.

Crede, C. E.: How to evaluate shock tests. Machine Design (1951) Dez. 149—153; Techn. Data Dig. **17** (1952) 2 26.

Pogodin-Alexeyeff and *A. V. Pamfiloff:* The influence of surface roughness upon the impact strength of steels at low temperatures. Engrs' Dig. **12** (1951) Sept. 298—299; Met. Rev. **24** (1951) 11 41.

Beer, F. P.: A method for the graphical determination of the motion of a structure with one degree of freedom under blast loading. „Proc. 1st U. S. Nat. Congr. Appl. Mech. June 1951", Ann Arbor (Mich.): J. W. Edwards 1952 175—178; AMR **6** (1953) 9 403.

Charlton, T. M.: A note on the effect of transient forces. Engineer **193** (1952) 5014 300—302; AMR **5** (1952) 8 345.

Clark, D. S.: The behaviour of metals under dynamic loading. Metal Progr. **64** (1953) 5 67—73; Index Aeron. **10** (1954) 2 82; Stahl u. Eisen **74** (1954) 4 245.

Pinkel, B., G. C. Deutsch and *N. H. Katz:* A drop test for the evaluation of the impact strength of cermets. NACA RM E 54 D 13 March 1955 8 p.

Stoßbeanspruchung bei   1.343.2

Konstruktionselementen   1.343.21

Flierl, K.: Theorie des Biegestoßes gegen den frei aufliegenden Balken. Diss. TH München 1924.

Koning, Carel u. *Josef Taub:* Stoßartige Knickbeanspruchung schlanker Stäbe im elastischen Bereich bei beiderseits gelenkiger Lagerung. Luftf. Forsch. **10** (1933) 2 55—64.

Koning, Carel and *Josef Taub:* Elastic buckling of pin-ended struts under impact loads. NLL Rep. S 83 1933.

Taub, Josef: Stoßartige Knickbeanspruchung schlanker Stäbe im elastischen Bereich. Luftf. Forsch. **10** (1933) 2 65—85.

Thum, August u. *Siegfried Berg:* Über die Festigkeit von Rippen bei ruhender, wechselnder und stoßartiger Belastung. Z. VDI **77** (1933) 11 281—287. [1.342.1], [1.343.31].

Koning, Carel and *Josef Taub:* Impact buckling of thin bars in the elastic range hinged at both ends. NACA TM 748 June 1934.

Taub, Josef: Impact buckling of thin bars in the elastic range for any end condition. NACA TM 749 July 1934.

Lennertz, J.: Beitrag zur Frage nach der Wirkung eines Querstoßes auf einen Stab. Ing.-Arch. **8** (1937) 1 37—46.

Biezeno, C. B.: Das Durchschlagen eines schwach gekrümmten Stabes. ZAMM **18** (1938) 1 21—30.

Maney, G. A. and *L. T. Wyly:* Impact properties at different temperatures of flush-riveted joints for aircraft manufactured by various riveting methods. NACA ARR 5 F 07 (WR W-53) Sept. 1945. [1.442.41], [2.52].

Robinson, A.: Shock transmission in beams. ARC R & M 2265 Oct. 1945 68 p. 9 ref.; Index Aeron. **6** (1950) 10 57.

Stowell, Elbridge Z., Edward B. Schwartz and *John C. Houbolt:* Bending and shear stresses developed by the instantaneous arrest of the root of a cantilever beam rotating with constant angular velocity about a transverse axis through the root. NACA ARR L 5 E 25 (WR L-27) June 1945.

Stowell, Elbridge Z., Edward B. Schwartz and *John C. Houbolt:* Bending and shear stresses developed by the instantaneous arrest of the root of a moving cantilever beam. NACA Rep. 828 1945.

Fox, E. N.: The approximate analysis of structural systems under impulsive loading. DSIR Pap. Sept. 1946 12 p. 3 ref.; Index Aeron. **4** (1948) 7 11—12. [1.343.22[.

Fischer, E. G.: Lateral vibration and stress in a beam under shock machine loading. Proc. SESA **5** (1947) 1 78—89 3 ref.; AMR **1** (1948) 2 36; Index Aeron. **4** (1948) 5 38.

Mayo, Wilbur L.: Solutions for hydrodynamic impact force and response of a two-mass system with an application to an elastic airframe. NACA TN 1398 Aug. 1947.

White, M. P. and *Levan Griffis:* The permanent strain in a uniform bar due to longitudinal impact. Amer. Soc. Mech. Engrs. Prepr. 47-A-2 1947 7 p. 7 ref.; J. Appl. Mech. **14** (1947) Dec. 337—341; AMR **1** (1948) 2 36—37; Index Aeron. **4** (1948) 3 22.

Frankland, J. M.: Effects of impact on simple elastic structures. Proc. SESA **6** (1948) 2 7—27; Met. Rev. **22** (1949) 4 54; AMR **3** (1950) 10 292—293.

Hoppmann, W.: Impact of a mass on a damped elastically supported beam. J. Appl. Mech. **15** (1948) 125—136.

Regnauld, P.: Choc centrique de corps élastiques. Mem. Artillerie Franc. Sect. 1 **22** (1948) 83 7—98; Index Aeron. **4** (1948) 11 5.

De Juhasz, Kalman J.: Graphical analysis of impact of bars stressed above the elastic range. J. Franklin Inst. **248** (1949) July 15—48, Aug. 113—142; AMR **4** (1951) 1 14.

Foeppl, Ludwig: Slow-motion pictures of impact tests by means of photoelasticity. J. Appl. Mech. **16** (1949) 2 173—177; Index Aeron. **5** (1949) 9 22; Met. Rev. **22** (1949) 8 35. [4.54].

Hoppmann, W. H.: Impact of a mass on a column. J. Appl. Mech. **16** (1949) 4 370—374 5 ref.; Index Aeron. **6** (1950) 4 8.

Pailloux, H.: Longitudinal impact of a prismatic bar. (In French). C. R. Hebd. Séances Acad. Sci. (1949) 228 2006—2008; AMR **3** (1950) 9 260.

Vigness, I.: Propagation of transverse waves in beams. Nav. Res. Lab. Rep. F-3476 June 1949 15 p.; AMR **4** (1951) 6 338.

Taylor, J. Lockwood: Impact on beams and plates. Bull. Techn. Univ. Istanbul **2** (1949) 2 17—26; AMR **4** (1951) 8 449. [1.343.22].

Weliczker, Leon: Der Querstoß auf einen freiaufliegenden Balken. Diss. TH München 1949 51 S.

Burr, A. H.: Longitudinal and torsional impact in a uniform bar with a rigid body at one end. J. Appl. Mech. **17** (1950) 2 209—217 19 ref.; Index Aeron. **6** (1950) 9 39; AMR **4** (1951) 5 277.

Hoppmann, W. H.: Impact on a multispan beam. Amer. Soc. Mech. Engrs. Prepr. 50-APM-15 1950 7 p. 6 ref.; J. Appl. Mech. **17** (1950) 4 409—414; Index Aeron. **6** (1950) 9 38; AMR **4** (1951) 7 401.

Morse, R. W.: The velocity of compressional waves in rods of rectangular cross section. J. Acoust. Soc. Amer. **22** (1950) 2 219—223; AMR **4** (1951) 4 211.

Christopherson, D. G.: Effect of shear on transverse impact on beams. Proc. IME (Appl. Mech.) **165** (1951) 176—184 (W. E. P. No. 67); AMR **6** (1953) 1 10.

Gerard, G. and *H. Becker:* Column behavior under conditions of compressive stress wave propagation. J. Appl. Phys. **22** (1951) 10 1298; AMR **5** (1952) 4 158.

Ghosh, M. and *S. K. Ghosh:* Dynamics of the vibration of a bar excited by the longitudinal impact of an elastic load. Indian J. Phys. **25** (1951) 4 153—162; AMR **5** (1952) 2 56.

Vigness, I.: Transverse waves in beams. Proc. SESA **8** (1951) 2 69—82 12 ref.; Index Aeron. **7** (1951) 12 89.

Campbell, W. R.: Determination of dynamic stress-strain curves from strain waves in long bars. Proc. SESA **10** (1952) 1 113—124; AMR **6** (1953) 6 273.

Conroy, M. F.: Plastic-rigid analysis of long beams under transverse impact loading. Amer. Soc. Mech. Engrs. Prepr. 52-APM-36 June 1952 6 p.; Index Aeron **8** (1952) 10 66—67.

Dengler, M. A. and *M. Goland:* Transverse impact of long beams, including rotatory inertia and shear effects. „Proc. 1st U. S. Nat. Congr. Appl. Mech. June 1951", Ann Arbor (Mich.): J. W. Edwards 1952 569—577; AMR **6** (1953) 9 403.

Gerard, George and *Herbert Becker:* Column behavior under conditions of impact. J. Aeron. Sci. **19** (1952) 1 58—60, 65; AMR **5** (1952) 8 348; AB **23** (1952) 2 74; Techn. Data Dig. **17** (1952) 2 26. [1.342.31].

Ghosh, M. and *S. K. Ghosh:* Dynamics of the elastic vibration in a bar excited by longitudinal impact. II. Study of the time of collision. Indian J. Phys. **26** (1952) 9 463—471; AMR **6** (1953) 7 324.

Hoff, N. J., S. V. Nardo and *B. Erickson:* The maximum load supported by an elastic column in a rapid compression test. „Proc. 1st U. S. Nat. Congr. Appl. Mech. June 1951", Ann Arbor (Mich.): J. W. Edwards 1952 419—423; AMR **7** (1954) 1 12.

Hoppmann, W.: Impulsive loads on beams. Proc. SESA **10** (1952) Pt. 1 157—164.

Hoppmann, W. H.: Experimental study of the transverse impact of a mass on a column. Proc. SESA **9** (1952) Pt. 2 21—30 10 ref.; Index Aeron. **8** (1952) 9 72—73; AMR **5** (1952) 12 516.

Lee, E. H. and *P. S. Symonds:* Large plastic deformation of beams under transverse impact. Amer. Soc. Mech. Engrs. Prepr. 52-APM-21 June 1952 7 p. 6 ref.; Index Aeron. **8** (1952) 7 44.

Ripperger, E. A.: Longitudinal impact of cylindrical bars. Proc. SESA **10** (1952) 1 209—226 13 ref.; Index Aeron. **9** (1953) 5 57; AMR **6** (1953) 5 240.

Schirmer, H.: Über Biegewellen in Stäben. Ing.-Arch. **20** (1952) 4 247—257.

Wenk, E. jr.: Radial impact on an elastically supported ring. Proc. ASCE Separate Nr. 157 1952 25 p.; AMR **6** (1953) 6 272.

Bishop, R. E. D.: The phase-plane construction in problems of elastic impact. Engineer **196** (1953) 5089 168—170; AMR **8** (1955) 2 60.

Davidson, J. F.: Buckling of struts under dynamic loading. J. Mech. Phys. Solids **2** (1953) 1 54—66 18 ref.; Index Aeron. **9** (1953) 12 75; AMR **7** (1954) 4 149.

Davies, R. M.: Stress waves in solids. AMR **6** (1953) 1 1—3 99 ref.

Dengler, M. A., M. Goland and *P. D. Wickersham:* Propagation of elastic impact in beams in bending. Amer. Soc. Mech. Engrs. Prepr. 53-A-46 Nov./Dec. 1953 8 p. 9 ref.; Index Aeron. **10** (1954) 5 95.

Eringen, A. C.: Transverse impact on beams and plates. J. Appl. Mech. **20** (1953) 4 461—468; Index Aeron. **10** (1954) 9 93. [1.343.22].

Ghosh, S. K.: Dynamics of the vibration of a bar exhibiting strain-rate effect under conditions of longitudinal impact. Ind. J. Theor. Phys. **1** (1953) 1 25—40; AMR **7** (1954) 5 195.

Ghosh, S. K.: Energy absorbed by a bar under a compressive impact by an elastic load. IV. Ind. J. Theor. Phys. **1** (1953) 2 73—78; AMR **7** (1954) 10 432.

Lee, E. H. and *I. Kanter:* Wave propagation in finite rods of viscoelastic material. J. Appl. Phys. **24** (1953) 9 1115—1122; AMR **7** (1954) 3 102.

516

Leonard, R. W. and *Bernard Budiansky:* On traveling waves in beams. NACA TN 2874 Jan. 1953 76 p.; AMR **6** (1953) 9 403.

Petersson, S.: Investigation of stress waves in cylindrical steel bars by means of wire strain gauges. Trans. Roy. Inst. Technol. (Stockholm) Nr. 62 1953 22 p.; AMR **6** (1953) 9 406.

Ripperger, E. A.: The propagation of pulses in cylindrical bars. An experimental study. Proc. 1st Midwestern Conf. Solid Mech., Engng. Exp. Stat. Univ. Ill. April 1953 29—39; AMR **7** (1954) 10 432.

Rühl, Karl-Helmut: Die Größtdehnung bei Querstoß auf einen Biegeträger. Forsch. Ing.-Wes. **19** (1953) 2 58—59.

Schulze, R.: Experimentelle Untersuchungen über den Querstoß auf einen Stahlbalken. Diss. TU Berlin 1953.

Boley, B. A.: An approximate theory of lateral impact on beams. ASME Prepr. 54-A-24 Nov./Dec. 1954 8 p. 28 ref.; Index Aeron. **10** (1954) 9 94.

Emschermann, H.-H. u. *Karl Rühl:* Beanspruchung eines Biegeträgers bei schlagartiger Querbelastung. VDI-Forsch.-H. 443 1954 32 S.; Z. VDI **97** (1955) 1 28—29; AMR **8** (1955) 2 61.

Fischer, H. C.: Stress pulse in bar with neck or swell. Appl. Sci. Res. (A) **4** (1954) 4 317—327; AMR **8** (1955) 1 14.

Symonds, P. S. and *C. F. A. Leth:* Impact of finite beams of ductile metal. J. Mech. Phys. Solids **2** (1954) 2 92—102 9 ref.; Index Aeron. **10** (1954) 4 43.

Boley, B. A.: An approximate theory of lateral impact on beams. J. Appl. Mech. (1955) March 69—76 28 ref.; Aeron. Engng. Rev. **14** (1955) 6 151.

Davidson, J. F.: Impact buckling of deep beams in pure bending. Quart. J. Mech. & Appl. Math. (1955) March 81—87; Aeron. Engng. Rev. **14** (1955) 7 124.

Platten und Schalen   1.343.22

Karas, K.: Platten unter seitlichem Stoß. Ing.-Arch. **10** (1939) 4 237—250.

Fox, E. N.: The approximate analysis of structural systems under impulsive loading. DSIR Pap. Sept. 1946 12 p. 3 ref.; Index Aeron. **4** (1948) 7 11. [1.343.21].

Sonntag, G.: Kritische Betrachtung des dynamischen Widerstandes einer in mehrere Schichten aufgeteilten Platte bei Stoßbeanspruchung. ZAMM **29** (1949) 5 157—159; AMR **3** (1950) 9 260.

Taylor, J. Lockwood: Impact on beams and plates. Bull. Techn. Univ. Istanbul **2** (1949) 2 17—26; AMR **4** (1951) 8 449. [1.343.21].

Takeuchi, M.: On the lateral impact of beams. Mem. Fac. Sci. Engng. Waseda Univ. Tokyo Nr. 14 1950 114—116; AMR **4** (1951) 10 546.

Karas, K.: Plates under lateral impact. David W. Taylor Model Basin Translat. 135 Apr. 1951 20 p.

Mapleton, R. A.: Elastic wave propagation in solid media. J. Appl. Phys. **23** (1952) 12 1346—1354; AMR **6** (1953) 324.

Mindlin, R. D. and *H. H. Bleich:* Response of an elastic cylindrical shell to a transverse, step shock wave. Amer. Soc. Mech. Engrs. Prepr. 52-A-19 Nov./Dec. 1952 7 p.; Index Aeron. **9** (1953) 2 56.

Niordson, F. I. N.: Transmission of shock waves in thin-walled cylindrical tubes. Trans. Roy. Inst. Technol. (Stockholm) **57** (1952) 22 p.; AMR **5** (1952) 10 423.

Wood, D. S.: On longitudinal plane waves of elastic-plastic strain in solids. J. Appl. Mech. **19** (1952) 4 521—525; AMR **6** (1953) 8 364.

Campbell, J. D.: An investigation of the plastic behavior of metal rods subjected to longitudinal impact. J. Mech. Phys. Solids **1** (1953) 2 113—123; AMR **6** (1953) 9 403.

Eringen, A. C.: Transverse impact on beams and plates. J. Appl. Mech. **20** (1953) 4 461—468 17 ref.; Index Aeron. **10** (1954) 9 93; AMR **7** (1954) 6 239. [1.343.21].

Harrison, W.: The propagation of elastic waves in a plate. David W. Taylor, Model Basin Rep; 872 Jan. 1954 11 p.; AMR **8** (1955) 1 14.

Kolsky, H.: The propagation of longitudinal elastic waves along cylindrical bars. Phil. Mag. **45** (1954) 366 712—726; AMR **7** (1954) 12 526—527.

Tillett, J. P. A.: A study of the impact on spheres of plates. Proc. Phys. Soc. (London) **67** (1954) Pt. 9 417 B 677—688; AMR **8** (1955) 4 142.

Gestaltfestigkeit bei wechselnder Beanspruchung   1.343.3

Allgemeines   1.343.31

Brenner, Paul: Dynamische Festigkeit von Flugzeug-Konstruktionsteilen. Luftf. Forsch. **3** (1929) 3 59—65.

Armbruster, E.: Einfluß der Oberflächenbeschaffenheit auf den Spannungsverlauf und die Schwingungsfestigkeit. Berlin: VDI-Verl. 1931 IV, 64 S.

Lipp, Theo: Dauerfestigkeit geschweißter und gegossener Konstruktionen. Schr. Hess. Hochsch. (1932) 4 73—79. [1.442.14].

Thum, August u. *H. Oschatz:* Gesetzmäßigkeiten des Dauerbruchweges. Z. VDI **76** (1932) 6 132—134.

Thum, August u. *Walter Buchmann:* Dauerfestigkeit und Konstruktion. Mitt. MPA TH Darmstadt H. 1 1932 VIII, 82 S. [1.331].

Oschatz, H.: Zur Steigerung der Dauerhaltbarkeit von Konstruktionsteilen. Schr. Hess. Hochsch. (1932) 4 44—50.

Thum, August u. *H. Oschatz:* Dauerbruchformen und ihre Entstehung. Maschinenschaden **9** (1932) 121—130.

Thum, August u. *Walter Buchmann:* Über die Eignung von Werkstoffen für dauerbruchgefährdete Konstruktionsteile. Maschinenschaden **9** (1932) 181—185.

Mailänder, Richard: Gesetzmäßigkeiten des Dauerbruches und Wege zur Steigerung der Dauerhaltbarkeit. Forsch. Ing.-Wes. **4** (1933) 5 258.

Thum, August u. *Otto Föppl:* Steigerung der Dauerhaltbarkeit durch Oberflächendrücken (Zuschriftenwechsel). Z. VDI **77** (1933) 50 1335—1337.

Thum, August: Der Einfluß der Formgebung auf die Dauerhaltbarkeit von Konstruktionsteilen. Schr. Hess. Hochsch. (1933) 2 31—37.

Thum, August u. *H. Oschatz:* Möglichkeiten zur Steigerung der Dauerhaltbarkeit von Konstruktionsteilen. Maschinenschaden **10** (1933) 17—23.

Thum, August u. *Siegfried Berg:* Über die Festigkeit von Rippen bei ruhender, wechselnder und stoßartiger Belastung. Z. VDI **77** (1933) 11 281—287. [1.342.1], [1.343.21].

Wiegand, H.: Die Dauerfestigkeit der Schraube in Abhängigkeit von der Mutterform. Schr. Hess. Hochsch. (1933) 2 67—72. [1.443.16].

Bautz, Wilhelm: Eigenspannungen als Ursache gesteigerter Dauerhaltbarkeit. Schr. Hess. Hochsch. (1934) 3 11—21.

Bautz, Wilhelm: Steigerung der Dauerhaltbarkeit der Konstruktionen. (Ber. ü. Kolloquium MPA TH Darmstadt Nov. 1934) Metallwirtsch. **13** (1934) 913—914.

Meyercordt, F.: Dauerhaltbarkeit gußeiserner Konstruktionselemente und ihre Beeinflussung durch die Gußhaut. Schr. Hess. Hochsch. (1934) 3 76—82.

Thum, August u. *H. Oschatz:* Die Beurteilung von Dauerbrüchen. Metallwirtsch. **13** (1934) 1 1—8.

Bautz, Wilhelm: Erscheinungsformen des Dauer- und Gewaltbruches (Vortr. Allianz-Betriebsleitertag. 1935). Verl. Allianz u. Stuttgarter Ver.

Thum, August u. *Wilhelm Bautz:* Ursachen der Steigerung der Dauerhaltbarkeit gedrückter Stäbe. Forsch. Ing.-Wes. **6** (1935) 3 121—128.

Thum, August u. *F. Meyercordt:* Einfluß von Form, Oberflächenbeschaffenheit und Werkstoff auf die Dauerfestigkeit gegossener und geschweißter Konstruktionen. Gießerei **22** (1935) 90—94. [1.442.14].

Ude, H.: Steigerung der Dauerhaltbarkeit der Konstruktionen. Z. VDI **79** (1935) 2 47—53.

Wunderlich, Friedrich: Dauerhaltbarkeit von Einspannungen und Sitzstellen bei Maschinenteilen. Anz. Masch.-Wes. **57** (1935) 78 5—6.

de Forest, A. V.: The rate of growth of fatigue cracks. J. Appl. Mech. (1936) A 23—A 25.

Gürtler, Gustav: Zur Frage der Erhöhung der Dauerfestigkeit von Blechen, Rohren und Profilen aus Elektron. ZWB FB 590 1936 24 S.

Hankins, G. A., L. M. Becker and *H. R. Mills:* Further experiments on the effect of surface conditions on the fatigue resistance of steel. J. Iron & Steel Inst. **133** (1936) 399—425.

Thum, August u. *Wilhelm Bautz:* Steigerung der Dauerhaltbarkeit von Formelementen durch Kaltverformung. Diss. Bautz TH Darmstadt 1936; Mitt. MPA TH Darmstadt H. 8 1936.

Bautz, Wilhelm: Konstruktion dauerbruchsicherer Maschinenteile (Vortr. Fachtagg. VDI „Prüfen und Messen" 1936). „Prüfen und Messen", Berlin: VDI-Verl. 1937 162—173.

Cornelius, Heinrich: Die Ermüdungsfestigkeit dünnwandiger Rohre für den Flugzeugbau im ungeschweißten und geschweißten Zustand. ZWB FB 801 1937 24 S. [1.442.14].

Cornelius, Heinrich u. *Franz Bollenrath:* Die Ermüdungsfestigkeit dünnwandiger Rohre für den Flugzeugbau im ungeschweißten und geschweißten Zustand. Luftf.-Forsch. **14** (1937) 10 520—526; Aircr. Engng. **10** (1938) 107 25. [1.442.14].

Gaßner, Ernst: Zur Gestaltung eines dauerbruchsicheren Tragschrauberholmanschlusses. ZWB UM 466 1937.

Langer, B. F.: Fatigue failure from stress cycles of varying amplitude. Trans. ASME **4** (1937) A 160.

Thum, August: Die Dauerbruchgefahr und ihre Bekämpfung. Forsch. u. Fortschr. **13** (1937) 153—155.

Thum, August u. *Wilhelm Bautz:* Zeitfestigkeit. Z. VDI **81** (1937) 49 1407—1412.

Thum, August u. *Wilhelm Bautz:* Zur Frage der Formziffer (Zuschriftenwechsel). Z. VDI **81** (1937) 20 561—564.

Wiegand, H.: Beurteilung von Brüchen an Maschinenteilen. Flug u. Werft (Beil. Flugzeugbau) (1937) 5 35—39.

Bautz, Wilhelm: Zweckmäßige Ausbildung von Querschnittsübergängen. Techn. Zbl. Prakt. Metallbearb. **48** (1938) 881—884. [1.352.2].

Thum, August: Gewaltbruch, Zeitbruch und Dauerbruch. Bruchaussehen und Bruchverlauf bei Zug-, Biege- und Verdrehbeanspruchung. (Ausz. aus Diss. Federn, TH Darmstadt) Forsch. Ing.-Wes. **9** (1938) 2 57—67.

— Preliminary fatigue studies on aluminum alloy aircraft girders. (Goodyear-Zeppelin Corporation.) NACA TN 637 Febr. 1938.

Bruder, Eduard: Dauerhaltbarkeit von Stabköpfen. Z. VDI **83** (1939) 40 1111.

Gaßner, Ernst: Über bisherige Ergebnisse aus Festigkeits-Versuchen im Sinne der Betriebsstatistik. Ber. Lil. Ges. 106 1939 I 9—14.

Gaßner, Ernst: Festigkeitsversuche mit wiederholter Beanspruchung im Flugzeugbau. DVL-Ber. Cf 407/4 1939; Luftwissen **6** (1939) 61—64. [1.134].

Müller-von der Heyden, W.: Dauerbrüche an Motor- und Zellenteilen. Ber. Lil. Ges. 116 1939 3—4.

Thum, August u. *Eduard Bruder:* Gestaltung und Dauerhaltbarkeit von geschlossenen Stabköpfen und ähnlichen Bauteilen. (2. Teil Diss. Bruder.) Dtsch. Kraftf. Forsch. H. 20 1939 10 S. 12 Lit.-St.

Wiegand, H.: Hartverchromung von Stahl und Leichtmetall unter Berücksichtigung ihres Einflusses auf die Dauerfestigkeit. Jb. 1939 Dtsch. Luftf. Forsch. II 322—326.

Bollenrath, Franz u. *Heinrich Cornelius:* Zeit- und Dauerfestigkeit einfach gestalteter metallischer Bauteile. Z. VDI **84** 1940) 24 407—412.

Bruder, Eduard: Gestaltfestigkeit einiger zusammengesetzter Konstruktionsteile des Maschinenbaues und Wege zu ihrer Steigerung. Diss. TH Darmstadt 1940. [1.352.2].

Daeves, K., E. Gerold u. *E. H. Schulz:* Beeinflussung der Lebensdauer wechselbeanspruchter Teile durch Ruhepausen. Stahl u. Eisen **60** (1940) 100—103; Jb. 1940 Dtsch. Luftf. Forsch. II 343—346.

Hänchen, Richard: Berechnung der Bolzen, Achsen und Wellen auf Dauerhaftigkeit. Fördertechnik **33** (1940) 19/20 145—153, 21/22 166—173, 23/24 185—190; Techn. Z.-Schau **26** (1941) 3 42.

Theiner: Dauerfestigkeitsversuche an Leichtmetallrohren. DVL-Ber. T 11/62, T 11/107.

Thum, August u. *Eduard Bruder:* Flanschwellen-Dauerbrüche und ihre Ursachen. (3. Teil Diss. Bruder). Dtsch. /Kraftf.-Forsch. H. 41 1940 10 S. 12 Lit.-St.

Wiegand, H.: Oberfläche und Dauerfestigkeit. Habil.-Schr. TH Darmstadt 1940, Berlin: E. Müller 1941 83 S.; Luftwissen **8** (1941) 11 343.

Wiegand, H.: Oberflächengestaltung und -behandlung dauerbeanspruchter Maschinenteile. Z. VDI **84** (1940) 29 505—510.

Bautz, Wilhelm: Kritik der Dauerfestigkeit als Bemessungsgrundlage. Forsch. Ing.-Wes. **12** (1941) 4 162—166; Techn. Z.-Schau **26** (1941) 19 318.

Bürnheim, H.: Die Dauerhaltbarkeit von Stabköpfen aus einer hochfesten Al-Cu-Mg-Legierung. Aluminium **23** (1941) 4 208—213 3 Lit.-St.; Techn. Z.-Schau **26** (1941) 19 318.

Bussmann, K. H.: Versuchsergebnisse bei der Dauerprüfung von ganzen Bauteilen. Metallwirtsch. **20** (1941) 1025—1042.

Gaßner, Ernst: Auswirkung betriebsähnlicher Belastungsfolgen auf die Festigkeit von Flugzeugbauteilen. Diss. TH Darmstadt 1941; ZWB FB 1461 1941 111 S.; Jb. 1941 Dtsch. Luftf. Forsch. I 472—483. [1.134].

Haas, B.: Das Verhalten von Werkstoff und Bauteilen bei statischer und dynamischer Beanspruchung. Luftwissen **8** (1941) 11 339—343.

Mäding, H.: Berechnung von Bauteilen auf Dauerhaltbarkeit. Werkstatt u. Betrieb **74** (1941) 8 201—204.

Mewes, K. F.: Betriebsbeanspruchung und Dauerprüfung. Abnahme **4** (1941) 21—22, 31—32.

Teichmann, Alfred: Grundsätzliches zum Betriebsfestigkeitsversuch. Jb. 1941 Dtsch. Luftf. Forsch. I 467—471.

Boelk, G.: Über Streuungen bei Zeitfestigkeitsversuchen an Flugzeugbauteilen und ihre Auswirkung. Ber. Lil. Ges. 152 1942 8 S.

Degenhardt: Ergebnisse von Betriebsfestigkeitsversuchen mit Flugzeugbauteilen. Ber. Lil. Ges. 152 1942 6 S.

Heyer, K.: Mehrstufenversuche an Konstruktions-Elementen. Ber. Lil.-Ges. 152 1942 25 S.

Seelhorst, H.: Erfahrungen über das Auftreten von Ermüdungsschäden. Ber. Lil. Ges. 152 1942 6 S.

Thum, August u. *Armin Erker:* Zeit- und Dauerfestigkeit und deren Beeinflussung durch eine einmalige hohe Überlastung. Z. VDI **86** (1942) 11/12 171—174.

Föppl, Otto: Die günstige Wirkung des Oberflächendrückens auf die Dauerhaltbarkeit. Fertigungstechnik **1** (1943) 5 3 S. [2.77].

Gaßner, Ernst u. *Alfred Teichmann:* Ansatz und Durchführung von Betriebsfestigkeits-Versuchen. DVL-Ber. 1943.

Neerfeld, H. u. *H. Möller:* Zur Frage des Spannungsabbaus durch Schwingungsbeanspruchung. ZWB TB **10** (1943) 11, Vorabdr. Jb. 1943 Dtsch. Luftf. Forsch. 4. Lfg. I E 010 9 S.

Binkhorst, I.: The strength of structural elements under alternating loads. NLL Rep. S 301 1945.

Jackson, L. R. and *H. J. Grover:* The application of data on strength under repeated stresses to the design of aircraft. NACA ARR 5 H 27 (WR W-91) Oct. 1945. [1.333.2].

Gassner, Ernst: Strength investigations in aircraft construction under repeated application of the load. NACA TM 1087 Aug. 1946. [1.134].

Luthander, S. and *G. Wallgren:* Determination of the fatigue life with stress cycles of varying amplitude. FFA Rep. Nr. 18 1946 20 p.

Luthander, S.: Statistical considerations on the endurance limit and the life of engineering structures. Tekn. T. **77** (1947) 42 769—780; Index Aeron. **4** (1948) 2 31.

Marin, Joseph and *F. B. Stulen:* A new fatigue strength-damping criterion for the design of resonant members. J. Appl. Mech. **14** (1947) 3 209—212; AMR **1** (1948) 1 17.

Wallgren, G.: The endurance limit with time-variable limit stressing. Tekn. T. **77** (1947) 42 781—783 4 ref.; Index Aeron. **4** (1948) 2 31.

Hänchen, Richard: Berechnung der Maschinenteile unter oftmals wiederholter Belastung. Glasers Ann. (1948) 113—118, 135—139.

Richart, F. E. jr. and *N. M. Newmark:* An hypothesis for the determination of cumulative damage in fatigue. Proc. ASTM **48** (1948) 767—800; AMR **3** (1950) 1 13.

Wellinger, Karl: Verbesserung der Haftfähigkeit von Nickel- und Hartchromschichten und der Wechselfestigkeit vernickelter und verchromter Teile durch Wärmebehandlung. Metalloberfläche **2** (1948) 233—236.

Fiek, G.: Werkstoffprüfung und Festigkeitsberechnung (Gestaltfestigkeit). Arch. Metallkde. **3** (1949) 8 271—273; Glückauf **85** (1949) 47/48 887. [1.351].

Gough, H. J.: Engineering steels under combined cyclic and static stresses. Proc. IME **160** (1949) 4 417—440; J. Appl. Mech. **17** (1950) 2 113—125; AMR **4** (1951) 9 510—511; Konstruktion **4** (1952) 7 219—220. [1.332.1], [1.352.2].

Hänchen, Richard: Berechnung von Laufkran-Fachwerkträgern auf Dauerhaltbarkeit. Schweißen u. Schneiden **1** (1949) 9 139—153, 10 170—174. [6.261.2].

Lipson, Charles, G. C. Noll and *L. S. Clock:* Significant strength of steels in the design of machine parts. II. Product Engng. **20** (1949) May 124—128; Met. Rev. **22** (1949) 6 54.

Lundberg, K. O. and *G. E. Wallgren:* A study of some factors affecting the fatigue life of aircraft parts with application to structural elements of 24 S-T and 75 S-T aluminum alloys. (In English). FFA Rep. 30 1949 33 p. 10 ref.; AMR **4** (1951) 4 226; Index Aeron. **6** (1950) 8 64.

Luthander, S. and *G. Wallgren:* Determination of fatigue life with stress cycles of varying amplitude. Roy. Swed. Air Board Translat. 10 1949 20 p.; AMR **4** (1951) 4 225.

Van Meer, H. P. and *F. J. Plantema:* Vermoeiing van constructies en constructiedelen. NLL Rep. S 357 1949 66 p. 103 ref.; Index Aeron. **6** (1950) 4 63.

Teichmann, Alfred: Belastungskollektiv und Festigkeitsnachweis. Konstruktion **1** (1949) 4 103—112.

Walker, P. B.: Fatigue of aircraft structures. Roy. Aeron. Soc. Prepr. March 1949 18 p.; Index Aeron. **5** (1949) 7 52.

Wallgren, G.: Fatigue tests with stress cycles of varying amplitude. FFA Rep. 28 1949 34 p.; AMR **3** (1950) 5 144.

Boccon-Gibod, R.: La fatigue des assemblages en alliages légers. Soc. Franç. Métallurgie, Journées Metallurgiques d'Automne, Oct. 1950 p. 7—8; AB **21** (1950) 12 648.

Cox, H. L. and E. P. Coleman: A note on repeated loading tests on components and complete structures. J. Roy. Aeron. Soc. 54 (1950) 469 1—10 2 ref.; Index Aeron. 6 (1950) 4 64.

Eichinger, Anton: Zur Frage der Wirkung des Oberflächendrückens auf die Dauerfestigkeit. Z. VDI 92 (1950) 2 35—39 24 Lit.-St.

Gaßner, Ernst: Beanspruchungsmessungen und Betriebsfestigkeits-Versuche an Fahrzeug-Bauteilen. Tätigk. Ber. 1950 Lab. Betriebsfestigkeit TH Darmstadt; ATZ 53 (1951) 11 286—287. [6.252.41].

Guyot, H. et Gerrit Schimkat: Les essais de fatigue à plusieurs étages. Rech. Aéron. (1950) 18 3—9. [4.51].

Hänchen, Richard: Grundlagen der Berechnung von Maschinenteilen auf Dauerhaltbarkeit. Konstruktion 2 (1950) 1 7—13, 2 53—58, 3 76—84.

Roš, Mirko Gottfried u. Anton Eichinger: Die Bruchgefahr fester Körper bei wiederholter Beanspruchung. EMPA Disk.-Ber. 173 1950.

Herrmann, C.: Die Festlegung der Sicherheit bei wechselbeanspruchten Maschinenteilen. Schweiz.-Arch. 17 (1951) 8 251—255. [1.352.2].

Horger, O. J.: Residual stresses can increase fatigue strength. SAE J. 59 (1951) May 38—40; Met. Rev. 24 (1951) Ref. 307-Q.

Mitchell, K. W.: Cumulative damage in fatigue. Metallurgia 43 (1951) 255 25—28; AMR 4 (1951) 9 510.

Wiegand, H.: Querschnittsgröße und Dauerfestigkeit unter Berücksichtigung des Werkstoffes. Z. VDI 93 (1951) 4 89—91, 11 304.

Meuth, H. O.: Über den Einfluß des Spannungsgefälles auf die Stützwirkung bei schwingender Beanspruchung. Diss. TH Stuttgart 1952.

Owen, J. B. B.: Service failures in aircraft structures associated with fatigue, repeated or dynamic loads. ARC R & M 2688 1952 13 p. 12 ref.; Index Aeron. 8 (1952) 11 55.

Petersen, Cord: Die Gestaltfestigkeit von Bauteilen. Z. VDI 94 (1952) 30 977—982; Maschinenbautechnik 3 (1954) 6 335. [1.352.2].

Kimmelmann, D. N.: Berechnung von Maschinenteilen auf Dauer und Zeitschwingfestigkeit. Berlin: Verl. Technik 1953 154 S.; Maschinenbautechnik 3 (1954) 1 56.

Van Meer, H. P. and F. J. Plantema: Fatigue of structures and structural components. Techn. Inform. Bur. Translat. T 4080 Febr. 1953 63 p.; Index Aeron. 9 (1953) 8 44.

Symonds, P. S.: Dynamic load characteristics in plastic bending of beams. Amer. Soc. Mech. Engrs. Prepr. 53-APM-26 June 1953 7 p. 3 ref.; Index Aeron. 9 (1953) 8 62.

Tauscher, H.: Berechnung der Dauerfestigkeit von Bau- und Maschinenteilen. Leipzig: Fachbuchverl. GmbH 1953 64 S.; Draht 4 (1953) 8 317.

Boley, B. A.: Application of Saint Venant's principle in dynamical problems. ASME Prepr. 54-A-30 Nov./Dec. 1954 3 p. 8 ref.; Index Aeron. 10 (1954) 9 92.

Budinský, Ferdinand u. František Světnička: Berechnung der Sicherheitsgrenze von Maschinenteilen, die einer Ermüdungsbeanspruchung ausgesetzt sind. Maschinenbautechnik 3 (1954) 7 353—360.

Gaßner, Ernst: Betriebsfestigkeit. Eine Bemessungsgrundlage für Konstruktionsteile mit statistisch wechselnden Betriebsbeanspruchungen. Konstruktion 6 (1954) 3 97—104.

Hänchen, Richard: Berechnung der Bolzen, Achsen und Wellen auf Dauerhaltbarkeit. Energie u. Technik (1954) 3 54—55.

Hempel, Max: Dauerfestigkeit und Oberfläche. Draht 5 (1954) 7 255—259 38 Lit.-St.

Moszynski, W.: Ermüdungsberechnung von Maschinenteilen auf Grund der Wahrscheinlichkeitsrechnung. Maschinenbautechnik 3 (1954) 7 344—353.

Shaw, R. R.: The level of safety achieved by periodic inspection for fatigue cracks. J. Roy. Aeron. Soc. **58** (1954) 526 720—723.
— References on fatigue. ASTM Spec. Techn. Publ. 9-E 1954 34 p.; Aeron. Engng. Rev. **14** (1955) 3 142. [1.331].
Dubuc, J., T. A. Monti and *G. Welter:* Fatigue life of steel I-beams at normal and sub-zero temperatures. Engng. J. **38** (1955) 5 607—614.
Siebel, Erich u. *M. Stieler:* Ungleichförmige Spannungsverteilung bei schwingender Beanspruchung. Z. VDI **97** (1955) 5 121—126 14 Lit.-St.
Starkey, W. L.: New design concepts for machine members subjected to fatigue. Ohio State Univ. Engng. Exp. Stat. News (1955) Apr. 13—16; Aeron. Engng. Rev. **14** (1955) 7 118.

Zug-Druck-Beanspruchung 1.343.32

Cornelius, Heinrich u. *Fahsel:* Zeit- und Dauerfestigkeit stumpfgeschweißter Chrom-Molybdän-Stahlrohre bei Zugschwell- und Zug-Druck-Beanspruchung. ZWB FB 817/2 1937 11 S. [1.442.14].
Graf, O.: Über Dauerversuche mit Gurtverstärkungen an Zugstäben und an Trägern. Z. VDI **82** (1938) 7 158—160. [1.343.33].
Leitmer u. *Reimann:* Zugschwell-Dauerversuche an T-Profilträgern aus Flw. 3125. DVL-Ber. T 11/111.
Wiegand, H. u. *R. Scheinost:* Dauerfestigkeit hartverchromter Teile. Z. VDI **83** (1939) 21 655—659.
Jäger, Karl: Die Festigkeit leichtgekrümmter Druckstäbe aus Stahl bei schwingender Belastung. Stahlbau **13** (1940) 23/24 128—131.
Kirmser, W.: Versuche zur Dauerbeanspruchung von Gummi-Metallverbindungen bei Zug-Druck-Wechselbeanspruchung. Dtsch. Kraftf.-Forsch. Zwischenber. 81 1940.
Kirmser, W.: Dämpfungseigenschaften zylindrischer Buna-Metall-Elemente bei kurzzeitigen Zug-Druck-Wechsel-Beanspruchungen. RLM-Zwischenber. 1941.
Gaßner, Ernst: Ergebnisse aus Betriebsfestigkeits-Versuchen mit Stahl- und Leichtmetall-Bauteilen. Ber. Lil. Ges. 152 1942 13—23.
Brueggeman, W. C., P. Krupen and *F. C. Roop:* Axial fatigue tests of 10 airplane wing-beam specimens by the resonance method. NACA TN 959 Dec. 1944.
Wallgren, G.: An experimental determination of the fatigue diagram for alclad sheet specimens with rivet holes, subjected to tension and compression. FFA Rep. 14 1948 12 p. 4 ref.; Roy. Swed. Air Board Rep. & Translat. 9 1948 12 p.; Index Aeron. **8** (1952) 6 76; AMR **3** (1950) 5 144. [1.352.2].
Hoff, N. J.: The dynamics of the buckling of elastic columns. J. Appl. Mech. **18** (1951) 1 68—74; AMR **4** (1951) 6 345.
Lamberg, Arthur Buchwald: Beams of metal or wood subjected to millions of reversals of compression and tension ($\sigma_c = -\sigma_t$) or to longtime steady compression longitudinally. J. Franklin Inst. (1955) Apr. 335—344; Aeron. Engng. Rev. **14** (1955) 7 124.
Weibull, Waloddi: Scatter in fatigue life of notched plate specimens of 24 S-T alclad. SAAB TN 32 May 1955; Aircr. Engng. **27** (1955) 318 267; J. Roy. Aeron. Soc. **59** (1955) 526 580. [1.352.2].

Biege-Wechselbeanspruchung 1.343.33

Günther, K.: Der Einfluß von Oberflächenbeschädigungen auf die Biegungsschwingungsfestigkeit. Mitt. Wöhler Inst. TH Braunschweig H. 2 Berlin: NEM-Verl. 1929 68 S.
Hertel, Heinrich: Dynamische Bruchversuche mit Flugzeugbauteilen. 248. DVL-Ber.; DVL-Jb. 1931 142—164; ZFM **22** (1931) 15 465—474, 16 489—502.

Hertel, Heinrich: Dynamic breaking tests of airplane parts. NACA TM 698 Jan. 1933. [6.254.1].

Borkmann, Karl: Elastizitäts- und Dauerversuche mit Hydronaliumholmstücken. ZWB PB 60 1934 9 S.

Borkmann, Karl: Elastizitäts- und Dauerversuche mit Hydronaliumholmstücken. ZWB PB 64 1934 15 S.

Leiss, Karl u. *Alfred Teichmann:* Dauerfestigkeit von Stahlrohren in verschiedenen Verarbeitungszuständen. ZWB FB 121 1934.

Lipp, Theo: Untersuchungen über den Einfluß von Oberflächenverletzungen auf die Dauerhaltbarkeit von Hydronalium- und Chrom-Molybdän-Halbzeugen. ZWB FB 181/1 1934. [1.352.2].

Teichmann, Alfred u. *Karl Borkmann:* Bericht über Dauerversuche mit einem Blechwandträger mit dünnem Stegblech. ZWB PB 32 1934 5 S.

Teichmann, Alfred u. *Karl Leiss:* Dauerfestigkeit von Elektron (AZM)-Profilen. ZWB FB 85 1934 10 S.

Thum, August u. *Friedrich Wunderlich:* Dauerbiegefestigkeit von Konstruktionsteilen an Einspannungen, Nabensitzen und ähnlichen Kraftangriffsstellen. Diss. Wunderlich TH Darmstadt 1934; Mitt. MPA TH Darmstadt H. 5 1934 VIII, 82 S. [1.352.2].

Wiemer, A.: Biegeschwingungs- und Verdrehschwingungsprüfung von Naben für Metalluftschrauben und von Kurbelwellenflanschen (Europarundflug 1934). ZWB PB 76 1934 9 S. [1.343.34].

Lehr, Ernst u. *Richard Mailänder:* Einfluß von Hohlkehlen an abgesetzten Wellen auf die Biegewechselfestigkeit. Arch. Eisenhüttenwes. **9** (1935/36) 1 31—35. [1.352.2].

Lehr, Ernst: Einfluß von Hohlkehlen an abgesetzten Wellen auf die Biegewechselfestigkeit. Z. VDI **79** (1935) 33 1005—1011. [1.352.2].

Lipp, Theo u. *Karl Leiss:* Zusammenfassung der bisher von der Statischen Abteilung der DVL durchgeführten Dauerversuche an Flugzeugbauteilen. ZWB FB 217 1935.

Teichmann, Alfred u. *Theo Lipp:* Dauerversuche mit Chrom-Molybdän-Stahlrohren zur Klärung des Einflusses der Versuchsmethode auf die ermittelten Dauerhaltbarkeitswerte. ZWB FB 291/1 2 S., FB 291/2 20 S. 1935.

Wiemer, A.: Wechselbiege- und Verdrehprüfung von einer Zweibolzennabe und Flansch. 1. Zwischenbericht. ZWB PB 175/1 1935 5 S. [1.343.34].

Lehr, Ernst u. *Richard Mailänder:* Einfluß von Hohlkehlen an abgesetzten Wellen und von Querbohrungen auf die Biegewechselfestigkeit. Arch. Eisenhüttenwes. **11** (1937/38) 11 563—568. [1.352.2].

Graf, Otto: Über Dauerversuche mit Gurtverstärkungen an Zugstäben und an Trägern. Z. VDI 82 (1938) 7 158—160. [1.343.32].

Thum, August u. *Armin Erker:* Bemessungen von Kehlnahtverbindungen bei Wechselbiegebeanspruchung. Z. VDI **83** (1939) 51 1293—1297. [1.442.14].

Gaßner, Ernst u. *Heinrich Pries:* Zeit- und Dauerfestigkeitsschaubilder für stabartige Bauteile aus Cr-Mo-Stahl, Duralumin, Hydronalium und Elektron. ZWB FB 1294 1940 24 S.; Luftwissen **8** (1941) 3 82—85.

Thum, August u. *S. Lange:* Dauerversuche an Leichtmetallstäben mit einer aufgespritzten Stahlschicht. Z. VDI **84** (1940) 38 718—720 6 Lit.-St.; Techn. Z.-Schau **26** (1941) 1 12.

Bürnheim, Hermann u. *Richard Mechel:* Rißbeobachtungen an der Oberfläche wechselbiegebeanspruchter, plattierter Bleche aus Aluminium-Kupfer-Magnesium-Legierungen. Z. Metallkde. **33** (1941) 1 25—27; Techn. Z.-Schau **26** (1941) 6 110.

Lehr, Ernst: Dauerbiegefestigkeit von Wellen mit Nabensitzen. Techn. Zbl. Prakt. Metallbearb. **51** (1941) 1/2 48—52, 3/4 134—137.

Mettler, E.: Biegeschwingungen eines Stabes mit kleiner Vorkrümmung, exzentrisch angreifender pulsierender Axiallast und statischer Querbelastung. Forsch.-H. Stahlbau H. 4 1941 1—23.

Bierett, G. u. *K. Albers:* Vergleichende Dauerbiegeversuche an geschweißten Vollwandträgern mit verschiedenen Gurtprofilen und an genieteten Vollwandträgern. Ber. Dtsch. Ausschuß Stahlbau H. 13 1942. [1.442.14], [1.442.44].

von Rössing, Günther: Die Biegewechselfestigkeit von Schmiedestücken aus legiertem Stahl in Quer- und Längsfaser. Arch. Eisenhüttenwes. 15 (1942) 9 407—412.

Wilson, Wilbur M.: Flexural fatigue strength of steel beams. Welding Res. Counc. 13 (1948) Aug. 409s—417s; Univ. Ill. Engng. Exp. Stat. Bull. 377 Jan. 1949 34 p.; AMR 1 (1948) 11 287—288; Met. Rev. 22 (1949) 6 34. [1.442.14], [1.442.44].

Dolan, T. J. a. o.: The influence of shape of cross-section on the flexural fatigue strength of steel. Amer. Soc. Mech. Engrs. Prepr. 49-A-55 Nov./Dec. 1949 8 p. 12 ref.; Index Aeron. 6 (1950) 4 81.

Guenther, Karl: Der Einfluß von Oberflächenbeschädigungen auf die Biegeschwingungsfestigkeit. Diss. TH Braunschweig 1929; Borna-Leipzig: Noske 1929 68 S.

Hudson, G. E.: A method of estimating equivalent static loads in simple elastic structures. Proc. SESA 6 (1949) 2 28—40 3 ref.; Index Aeron. 5 (1949) 7 4.

Eaton, I. D. and *Marshall Holt:* Flexural fatigue strengths of riveted box beams — alclad 14 S-T 6, alclad 75 S-T 6, and various tempers of alclad 24 S. NACA TN 2452 Nov. 1951 25 p.; AMR 5 (1952) 5 210. [1.442.44].

— Fatigue tests of beams in flexure. Welding Res. Counc. 16 (1951) 3 105s—115s; AMR 4 (1951) 8 461.

Verdrehungs-Wechselbeanspruchung   1.343.34

Behrens, P.: Das Oberflächendrücken zur Erhöhung der Drehschwingungsfestigkeit. Mitt. Wöhler-Inst. TH Braunschweig H. 6 1930. [2.77].

Knackstedt, Wilhelm: Die Werkstoffdämpfung bei Drehschwingungen nach dem Dauerprüfverfahren und dem Ausschwingverfahren. Berlin: NEM-Verl. 1930 59 S.

Wiemer, A.: Biegeschwingungs- und Verdrehschwingungsprüfung von Naben für Metalluftschrauben und von Kurbelwellenflanschen (Europarundflug 1934). ZWB PB 76 1934 9 S. [1.343.33].

Wiemer, A.: Wechselbiege- und Verdrehprüfung von einer Zweibolzennabe und Flansch. 1. Zwischenbericht. ZWB PB 175/1 1935 5 S. [1.343.33].

Deutler, H.: Versuche über die Wechselverdrehfestigkeit querdurchbohrter Wellen. ZWB FB 864/2 1937 7 S. [1.352.2].

Herold, W.: Versuche über Drehschwingungsfestigkeit abgesetzter, genuteter und durchbohrter Wellen. Z. VDI 81 (1937) 18 505—509 19 Lit.-St. [1.352.2].

Bollenrath, Franz u. *Heinrich Cornelius:* Verdrehdauerhaltbarkeit von Wellen aus unlegiertem und legiertem Stahl. ZWB FB 1105 1939 25 S. [6.211.1].

Thum, August u. *Armin Erker:* Wechselverdrehfestigkeit von Kehlnahtverbindungen. Elektroschweißung 10 (1939) 11 205—209. [1.442.14].

Bollenrath, Franz u. *Heinrich Cornelius:* Einfluß des Oberflächendrückens auf die Verdrehzeitfestigkeit quergebohrter Leichtmetall-Wellen. Z. Metallkde. 32 (1940) 7 249—252.

Bollenrath, Franz u. *Heinrich Cornelius:* Verdrehwechselfestigkeit von Wellen aus unlegiertem und legiertem Stahl. Jb. 1941 Dtsch. Luftf. Forsch. II 333—337.

Cornelius, Heinrich u. *Franz Bollenrath:* Verdrehwechselfestigkeit von Stahlwellen mit hoher Zugfestigkeit. Z. VDI 86 (1942) 7/8 103—108; Luftwissen 9 (1942) 4 124.

Föppl, Otto: Die Dämpfung bei Wechselbeanspruchungen von vorbelasteten Drehstäben. Ing.-Arch. **16** (1947/48) 2 107—110.

Hammer, A.: Torque reversal and vibrations in cyclically loaded systems. I. Product Engng. **20** (1949) 4 108—114; Index Aeron. **5** (1949) 9 21.

Sonstige Wechselbeanspruchungen   1.343.35

Berg, Siegfried: Zur Frage der Beanspruchung beim Dauerschlagversuch. Diss. TH Darmstadt 1930; Forsch.-Arb. Ing.-Wes. H. 331 1930 28 S.

Thum, August u. *Siegfried Berg:* Zur Frage der Beanspruchung beim Dauerschlagversuch. Z. VDI **74** (1930) 7 200—204, 35 1214.

Hancke, A.: Über die Beanspruchung beim Dauerschlagversuch. Schr. Hess. Hochsch. (1934) 3 22—26.

Puchner, O.: Zur Dauerhaltbarkeit von Formelementen der Welle bei überlagerter wechselnder Biege- und Verdrehbeanspruchung. Schweiz. Arch. **14** (1948) 8 217—229; Konstruktion 1 (1949) 7 217—218; Index Aeron. 5 (1949) 5 42.

Sauer, J. A.: A study of fatigue phenomena under combined stress. Proc. 7th Int. Congr. Appl. Mech. **4** (1948) 150—164; AMR **3** (1950) 11 359.

Majors, H. jr., B. D. Mills jr. and *C. W. MacGregor:* Fatigue under combined pulsating stresses. J. Appl. Mech. **16** (1949) Sept. 269—276; AMR **3** (1950) 12 407.

Sag, N.: Design of machine parts subjected to fluctuating combined bending and torsion. Engineer **192** (1951) 4985 172—176; Konstruktion **4** (1952) 7 220—221.

Gestaltfestigkeit bei Spannungsunstetigkeiten   1.35
Allgemeines   1.351

Lehr, Ernst: Spannungsverteilung in Konstruktions-Elementen. Berlin: VDI-Verl. 1934 IV, 64 S.; Forsch. Ing.-Wes. **5** (1934) 4 203. [4.1], [1.341].

Thum, August u. *Wilhelm Bautz:* Die Ermittlung von Spannungsspitzen in verdrehbeanspruchten Wellen durch ein elektrisches Modell. Z. VDI **78** (1934) 1 17—19.

Kuntze, W.: Kerbgestalt und elastische Dehnungsverteilung (beim ebenen Spannungszustand). Stahlbau **9** (1936) 16 121—124.

Bijlaard, P. P.: Explanation of the apparent raising of the yield point in stress concentrations in steel structures. Ingenieur in Ned. Indie (1939) 8 I. 166—I. 172.

Siebel, E., W. Steurer u. *H. O. Meuth:* Milderungen von Kerbwirkungen durch Entlastungsschnitte und Verschwächungen. Forsch. Ing.-Wes. **11** (1940) 4 203—208; Luftwissen **8** (1941) 2 61.

Williams, D., R. D. Starkey, F. Grinsted a. o.: The use of rubber models in stress investigations. ARC R & M 2433 Aug. 1942 22 p.; Index Aeron. **7** (1951) 8 65.

Peterson, R. E.: Application of stress concentration factors in design. Proc. SESA **1** (1943) 1.

Sniderman, A.: Criterion of static and fatigue failures. Proc. SESA **5** (1947) 1 26—29; Index Aeron. **4** (1948) 5 38.

Fiek, G.: Werkstoffprüfung und Festigkeitsberechnung (Gestaltfestigkeit). Arch. Metallkde. **3** (1949) 8 271—273; Glückauf **85** (1949) 47/48 887. [1.343.31].

Malmberg, Gunnar: Undersökning av halborrade dragprovstavar. (Tensile tests using test pieces with holes bored in them). Jernkont. Ann. **133** (1949) 4 153—162; Met. Rev. **22** (1949) 8 36.

Bollenrath, Franz u. *Alex Troost:* Wechselbeziehungen zwischen Spannungs- und Verformungsgradient. I. Behinderung der plastischen Verzerrung. Arch. Eisenhüttenwes. **21** (1950) 11/12 431—436.

Cox, H. L.: Four studies in the theory of stress concentration. Pt. I. The effect of holes on the strength of materials under complex stress systems. Pt. II. Stress concentration due to holes and grooves other than elliptical in form. Pt. III. The effect of surface irregularities on fatigue strength. Pt. IV. Stress concentration in twisted shafts. ARC R & M 2704 Jan. 1950 publ. 1953 58 p. 17 ref.; Index Aeron. 10 (1954) 3 47; Aircr. Engng. 26 (1954) 300 58.

Migny, Pierre: Die Eigenspannungen in den Werkstücken aus Leichtmetallegierungen. Rev. Aluminium (1950) 171 398—403; Metall 5 (1951) 15/16 345.

Bollenrath, Franz u. Alex Troost: Wechselbeziehungen zwischen Spannungs- und Verformungsgradient. II. Gestalt- und Maßstabeinfluß. Arch. Eisenhüttenwes. 22 (1951) 9/10 327—335.

Bollenrath, Franz u. Alex Troost: Wechselbeziehungen zwischen Spannungs- und Verformungsgradient. III. Kerbempfindlichkeit. Arch. Eisenhüttenwes. 23 (1952) 5/6 193—201.

Rühl, Karl: Die Leitgedanken der gegenwärtigen Festigkeitsforschung. Konstruktion 4 (1952) 4 115—118.

Weibull, Waloddi: A survey of „Statistical Effects" in the field of material failures. AMR 5 (1952) 11 449—451 63 ref.; Index Aeron. 9 (1953) 3 26. [1.341].

Aubaud, J.: Étude photoélasticimétrique d'une entaille calculable. Rech. Aéron. (1953) 32 35—38. [4.54].

Cox, H. L.: Some problems associated with stress concentration. J. Roy. Aeron. Soc. 59 (1955) 536 551—561.

Spannungserhöhung an Kerben und Löchern bei   1.352

Statischer Belastung   1.352.1

Preuß, Ernst: Versuche über die Spannungsverteilung in gelochten Zugstäben. Z. VDI 56 (1912) 44 1780—1783.

Preuß, Ernst: Versuche über die Spannungsabminderung durch die Ausrundung scharfer Ecken. Versuche über die Spannungsverteilung in Kranhaken. Versuche über die Spannungsverteilung in gelochten Zugstäben. Mitt. Forsch.-Arb. Ing.-Wes. H. 126 1912 57 S.

Preuß, Ernst: Versuche über die Spannungsverteilung in gekerbten Zugstäben. VDI-Forsch. H. 134 (1913).

Pöschl, Th.: Über die Spannungserhöhung durch kreisförmige Löcher in einem gezogenen Bleche. ZAMM 1 (1921) 3 174—180.

Weber, Constantin: Über die Spannungserhöhung durch kreisrunde Löcher in einem gezogenen Bleche. ZAMM 2 (1922) 3 185—187.

Weber, Constantin: Spannungsverteilung in Blechen mit mehreren kreisrunden Löchern. ZAMM 2 (1922) 4 267—273.

Bickley, W. G.: The distribution of stress round a circular hole in a plate. Philos. Trans. Roy. Soc. (London) 227 (1928) 383.

Reißner, H.: Das Augenstabproblem und verwandte Aufgaben. WGL-Jb. 1928 126—137.

Kuntze, Wilhelm: Über die Kerbgefahr. Z. VDI 74 (1930) 3 78—82.

Fischer, G.: Kerbwirkung an Biegestäben. Berlin: VDI-Verl. 1932 IV, 64 S.

Rötscher, F. u. J. Crumbiegel: Über die Spannungsverteilung in einfachen Kröpfungen. Z. VDI 76 (1932) 21 508—509.

Fuchs, S.: Über den Einfluß von Längsbohrungen auf die Eigenspannungen wärmebehandelter Stahlzylinder. (Mitt. Forsch.-Inst. Verein. Stahlwerke AG Dortmund, Bd. III Lfg. 8) Berlin: Springer 1933.

Hennig, A.: Polarisationsoptische Spannungsuntersuchungen am gelochten Zugstab und am Nietloch. Forsch. Ing.-Wes. 4 (1933) 2 53—63 22 Lit.-St. [4.54].

Baud, R. V.: Beiträge zur Kenntnis der Spannungsverteilung in prismatischen und keilförmigen Konstruktionselementen mit Querschnittsübergängen. EMPA Disk.-Ber. 83 1934.

Neuber, Heinz: Zur Theorie der Kerbwirkung bei Biegung und Schub. Ing.-Arch. 5 (1934) 3 238—244.

Neuber, Heinz: Theorie der räumlichen Kerbwirkung. ZAMM 14 (1934) 6 363—364.

Siebel, Erich u. *E. Kopf:* Beanspruchungen in gelochten Platten. VDI-Forsch.-H. 369 1934 22 S.; Z. VDI 79 (1935) 26 813—814.

Thum, August u. *Wilhelm Bautz:* Die Ermittlung der Verdrehspannungen in gekerbten Konstruktionsteilen durch Modellversuche. ATM 4 (1934) V 132—11.

Douglas, William D.: The strength of lugs. ARC R & M 1749 Oct. 1935; Luftwissen 4 (1937) 6 194.

Neuber, Heinz: Der räumliche Spannungszustand in Umdrehungskerben. Ing.-Arch. 6 (1935) 2 133—156.

Schwinning, W.: Die Festigkeitseigenschaften der Werkstoffe bei tiefen Temperaturen. Z. VDI 79 (1935) 2 35—40. [1.321], [1.331].

Thum, August und *Wilhelm Bautz:* Zur Frage der Formziffer. Z. VDI 79 (1935) 43 1303—1306, 81 (1937) 20 561—564.

Neuber, Heinz: Theorie der technischen Formzahl. Forsch. Ing.-Wes. 7 (1936) 6 271—274.

Rötscher, F. u. *G. Fischer:* Kerbwirkung an auf Biegung beanspruchten Holzbalken. Z. VDI 80 (1936) 16 470—474.

Siebel, Erich: Statische und dynamische Kerbzähigkeit. Jb. 1936 Lil.-Ges. 383—396. [1.352.2].

Wunderlich, Friedrich: Spannungsverteilung in prismatischen und keilförmigen Konstruktionsteilen mit Querschnittsübergängen. Z. VDI 80 (1936) 25 789—790.

Küch, Wilhelm: Versuche an Kiefernholz. Statische Biegefestigkeit von gekerbtem und ungekerbtem Kiefernholz. Luftwissen 4 (1937) 8 254—255. [1.324.22].

Hengst, H.: Beitrag zur Beurteilung des Spannungszustandes einer gelochten Scheibe. ZAMM 18 (1938) 1 44—48.

Matthaes, Kurt: Die Kerbwirkung bei statischer Beanspruchung. Grundlagen für ihre Berücksichtigung bei Berechnung und Bemessung im Leichtbau. Luftf.-Forsch. 15 (1938) 1/2 28—40, 142; Aircr. Engng. 10 (1938) 113 229.

Matthaes, Kurt: The influence of notches under static stress. NACA TM 862 May 1938.

Wintergerst, S.: Ein Beitrag zur Anwendung der Entlastungskerben. Forsch. Ing.-Wes. 9 (1938) 5 258—259.

Roßbach, H. F.: Zum Torsionsproblem des gekerbten Kreisquerschnittes. Ing.-Arch. 10 (1939) 2 142—152.

Thum, August u. *H. Weiß:* Einige Versuche über die Wirkung verschiedenartiger Kaltverformung an quergebohrten, verdrehbeanspruchten 30-mm-Wellen. ZWB FB 966/2 1939 26 S.

Kiessler, Heinz u. *Winfried Connert:* Kerbzugversuche mit überlagerter Biegebeanspruchung. Arch. Eisenhüttenwes. 14 (1940/41) 11 555—560; Techn. Z.-Schau 26 (1941) 14 250, 17 293.

Scheele, Hans: Zugversuche unter Gleitbehinderung. Arch. Eisenhüttenwes. 14 (1940) 10 513—520.

Weber, Constantin: Halbebene mit Kreisbogenkerbe. ZAMM 20 (1940) 5 262—270; 21 (1941) 4 230—232; Techn. Z.-Schau 26 (1941) 1 2.

Möller, H. u. *H.* Neerfeld: Spannungsmessungen an gekerbten Probestäben. Jb. 1941 Dtsch. Luftf. Forsch. II 312—324.

Weber, Constantin: Zur Spannungserhöhung bei gelochten, gezogenen Streifen. ZAMM 21 (1941) 4 252.

Weinel, E.: Die Spannungserhöhung durch Kreisbogenkerben. ZAMM **21** (1941) 4 228—230.

Thum, August u. *Otto Svenson:* Die Verformung und Beanspruchungsverhältnisse von glatten und gekerbten Stäben, Scheiben und Platten in Abhängigkeit von deren Dicke und Belastungsart. Forsch. Ing.-Wes. **13** (1942) 1 1—11. [1.224.13].

Weber, Constantin: Halbebene mit periodisch gewelltem Rand. ZAMM **22** (1942) 1 29—33; Lüftwissen **9** (1942) 10 303.

Möller, H. u. *H. Neerfeld:* Spannungsmessungen an gekerbten Probestäben. II. Röntgenographische Spannungsmessungen an Zugstäben mit rechteckigen und trapezförmigen Kerben. ZWB TB **10** (1943) 7 Vorabdr. Jb. 1943 Dtsch. Luftf. Forsch. 2. Lfg. II E 011 6 S.

Niles, Alfred S.: Elastic properties of channels with unflanged lightening holes. NACA TN 924 March 1944. [1.224.13], [1.342.33].

(Winter, Hermann): Zug in ungeschwächten und gekerbten Querschnitten. Richtlinien für den Holzflugzeugbau, Teil F IIIa. Ber. u. Mitt. Inst. Flugzeugbau TH Braunschweig 44—21 1944 4 S.

Bowen, I. G.: Perforated tension joints (in aluminium alloys). Aircr. Engng. **17** (1945) 194 115—117, 121.

Rein, W.: Kerbempfindlichkeit von Holz. Diss. TH Darmstadt 1946. [1.324.22].

Siebel, Erich: Festigkeitsrechnung bei ungleichförmiger Beanspruchung. Technik (Berlin) **1** (1946) 6 265—269. [1.342.4].

Brown, W. F., J. D. Lubahn and *L. J. Ebert:* Effects of section size on the static notch bar tensile properties of mild steel plate. Welding J. **26** (1947) Oct. 554—559.

Inglis, C.: Analytical determination of shear stresses and torsion stresses in beams and shafts of any given uniform section. Pap. No. 5633 J. ICE **29** (1947) 1 19—62; Index Aeron. **4** (1948) 2 17. [1.342.6], [1.342.51].

Isibasi, Tadasi: On the form-factors of a round bar with a diametrical circular hole. Mem. Fac. Engng. Kyushu Univ. **10** (1947) 3 165—193.

Perry, E. J.: Design for strength — cut-outs in aircraft structures. Aero Dig. **55** (1947) 4 39—41, 119—120; Index Aeron. **4** (1948) 3 58.

Sadowsky, M. A. and *E. Sternberg:* Stress concentration around an ellipsoidal cavity in an infinite body under arbitrary plane stress perpendicular to the axis of revolution of cavity. J. Appl. Mech. **14** (1947) Sept. 191—201. AMR **1** (1948) 5 135.

Kahn, Noah A. and *Emil A. Imbembo:* A method of evaluating transition from shear to cleavage failure in ship plate and its correlation with large-scale plate tests. Welding Res. Counc. **13** (1948) Apr. 169—182; AMR **1** (1948) 5 143.

Kahn, Noah A. and *Emil A. Imbembo:* Notch-sensitivity of ship plate. — Correlation of laboratory-scale tests with large-scale plate tests. ASTM Spec. Techn. Publ. 87 1948 15—52; Met. Rev. **22** (1949) 9 40.

Ling, Chih-Bing: On the stresses in a notched plate under tension. J. Math. Phys. **26** (1948) 4 284—289; Index Aeron. **4** (1948) 10 31; AMR **1** (1948) 4 101. [1.224.13].

Parkus, H.: Die Torsion geschlitzter Hohlwellen. Oesterr. Ing. Arch. **2** (1948) 5 372—376; AMR **1** (1948) 11 283.

Seeger, Gerhard: Kerbwirkung an quergebohrten Torsionswellen. Technik (Berlin) **3** (1948) 7 309—311. [1.352.2].

Stang, A. H. and *R. S. Jaff:* Perforated cover plates for steel columns: Compressive properties of plates having ovaloid, elliptical and „square" perforations. J. Res. Nat. Bur. Stand. **40** (1948) 2 121—128; Index Aeron. **4** (1948) 6 28. [1.224.13].

Stang, A. H. and *M. Greenspan:* Perforated cover plates for steel columns: Summary of compressive properties. J. Res. Nat. Bur. Stand. **40** (1948) 5 347—359 8 ref.; Index Aeron **4** (1948) 9 35. [1.224.13].

Tipper, C. F. Elam: The fracture of mild steel plate. Admiralty Ship Welding Committee Rep. No. R 3 HMSO 1948 82 p. [1.322.11].

Aul, E. L., A. W. Dana and *G. Sachs:* Tension properties of aluminum alloys in the presence of stress raisers. I. Effects of triaxial stress states on the fracturing characteristics of 24 S-T aluminum alloy. II. Comparison of notch strength properties of 24 S-T, 75 S-T and 24 S-T 86 aluminum alloys. NACA TN 1830 55 p. and TN 1831 62 p. March 1949; AMR **3** (1950) 7 204.

Biegler, Hans u. *W. Reintscher:* Betrachtungen über die Ergebnisse von Werkstoffprüfungen bei tiefen Temperaturen und ihre Auslegungen unter Berücksichtigung betrieblicher Erfahrungen. Technik (Berlin) **4** (1949) 11 492—498. [1.322.11].

Hill, R.: The plastic yielding of notched bars under tension. Quart. J. Mech. & Appl. Math. **2** (1949) Pt. I March 40—52 14 ref.; Index Aeron. **5** (1949) 5 38; AB **21** (1950) 4 219; Met. Rev. **22** (1949) 5 55.

Hill, H. N. and *R. S. Barker:* Effect of open circular holes on tensile strength and elongation of sheet specimens. NACA TN 1974 Oct. 1949; AMR **4** (1951) 1 35.

Kahn, Noah A. and *Emil A. Imbembo:* Notch sensitivity of steel evaluated by tear test. Welding Res. Counc. **14** (1949) Apr. 153—166; AMR **3** (1950) 3 79.

Lipson, Charles, G. C. Noll and *L. S. Clock:* Significant stress and failure in static and fatigue loading. Product Engng. **20** (1949) July 130—135; Met. Rev. **22** (1949) 8 53. [1.352.2].

Parkus, H.: Die Torsion der Kreiswelle mit rechteckiger Längsnut. Oest. Ing.-Arch. **3** (1949) 336—344.

Sadowsky, M. A. and *E. Sternberg:* Stress concentration around a triaxial ellipsoidal cavity. J. Appl. Mech. **16** (1949) 2 149—157 10 ref.; Index Aeron. **5** (1949) 9 4.

Stout, R. D. and *L. J. McGeady:* Notch sensitivity of welded steel plate. Welding Res. Counc. **14** (1949) Jan. 1—9; AMR **2** (1949) 9 203. [1.442.12].

Symonds, P. S.: The determination of stresses in plastic regions in problems of plane flow. J. Appl. Phys. **20** (1949) 1 107—112 9 ref.; Index Aeron. **5** (1949) 5 31; Met. Rev. **22** (1949) 3 33.

Tuer, G. L., E. J. Ripling and *G. Sachs:* Investigation of the effects of stress concentration and triaxiality on the plastic flow of metals. Techn. Rep. 16: Low temperature static notch-tensile characteristics of a 2 3/4 per cent silicon low carbon steel. Case Inst. Technol., Dep. of Metallurgical Engng., Metals Res. Lab. Cleveland (Ohio) March 1949 56 p.

Willmore, T. J.: The distribution of stress in the neighbourhood of a crack. Quart. J. Mech. & Appl. Math. **2** (1948) Pt. 1 March 53—63; Index Aeron. **5** (1949) 5 29; Met. Rev. **22** (1949) 5 55.

Winzer, Alice and *G. F. Carrier:* Discontinuities of stress in plane plastic flow. J. Appl. Mech. **16** (1949) 4 346—348 4 ref.; Index Aeron **6** (1950) 3 49.

Aronofsky, J.: Evaluation of stress distribution in the symmetrical neck of flat tensile bars. Amer. Soc. Mech. Engrs. Prepr. 50-A-14 Nov./Dec. 1950 10 p. 16 ref.; Index Aeron. **7** (1951) 9 51.

Durelli, A. J. and *R. H. Jacobson:* On stress concentration factors produced by deep notches of small radius of curvature. (In Spanish). Cienc. y Tecn. **115** (1950) 582 373—381; AMR **4** (1951) 8 450.

Edwards, R. H.: Stress concentration around spheroidal inclusions and cavities. Amer. Soc. Mech. Engrs. Prepr. 50-APM-20 June 1950 12 p. 7 ref.; J. Appl. Mech. **18** (1951) 1 19—30; Index Aeron. **6** (1950) 9 6; Stahl u. Eisen **72** (1952) 18 1113.

Graf, Otto: Eignung der Stähle für geschweißte Tragwerke. Z. VDI **92** (1950) 8 192—195. [1.322.10], [6.121].

Green, A. E. and *I. N. Sneddon:* The distribution of stress in the neighbourhood of a flat elliptical crack in an elastic solid. Proc. Cambr. Phil. Soc. **46** (1950) Pt. 1 Jan. 159—163 4 ref.; Index Aeron. **6** (1950) 8 36.

Jacobs, J. A.: Relaxation methods applied to problems of plastic flow. I. Notched bar under tension. Phil. Mag. Ser. 7 **41** (1950) 315 349—361 12 ref.; Index Aeron. **6** (1950) 6 6.

Joseph, J. A. and *J. S. Brock:* The stresses around a small opening in a beam subjected to pure bending. Amer. Soc. Mech. Engrs. Prepr. 50-APM-3 1950 6 p.; Index Aeron. **6** (1950) 9 39. [1.342.4].

Kahn, Noah A. u. *Emil A. Imbembo:* Weitere Ergebnisse von Kerbzugbiegeversuchen. Welding Res. Counc. (1950) 2 84—96; Stahl u. Eisen **72** (1952) 8 442.

Miyamoto, Hiroshi: Stress concentration around a heterogeneous insertion of ellipsoid in an infinite elastic body. I. (In English). J. Jap. Soc. Appl. Mech. **3** (1950) 13 15—19; Index Aeron. **6** (1950) 8 8.

Okubo, H.: Torsion of a circular shaft with a number of longitudinal notches. Amer. Soc. Mech. Engrs. Prepr. 50-APM-7 1950 4 p.; J. Appl. Mech. **17** (1950) 12 359—362; Index Aeron. **6** (1950) 9 8; AMR **4** (1951) 5 280.

Okubo, H.: On the torsion of a shaft with keyways. Quart. J. Mech. & Appl. Math. **3** (1950) Pt. 2 162—172; Index Aeron. **6** (1950) 9 59.

Thum, August u. *Otto Svenson:* Mehrfache Kerbwirkung. Entlastungskerben — Überlastungskerben. Z. VDI **92** (1950) 10 225—230 21 Lit.-St.

Berthier, M.: Remarques sur le pliage d'éprouvettes entaillées transversalement. Ass. Techn. Marit. Aéron. Prepr. 1951 11 p.; Index Aeron. **7** (1951) 10 41.

Bierett, Georg u. *Theodor Hövel:* Untersuchungen über die Gestaltfestigkeit von Sintereisen. Stahl u. Eisen **71** (1951) 2 77—82 8 Lit.-St.; Index Aeron. **7** (1951) 5 92. [1.322.3].

Box, W. A.: The effect of plastic strains on stress concentrations. Proc. SESA **8** (1951) 2 99—110 10 ref.; Index Aeron. **7** (1951) 12 93.

Frocht, M. M.: Isopachic patterns and principle stresses in bars with deep notches in tension. Proc. SESA **8** (1951) 2 171—186 6 ref.; Index Aeron. **7** (1951) 12 87.

Frocht, M. M. and *M. M. Leven:* Factors of stress concentration for slotted bars in tension and bending. J. Appl. Mech. **18** (1951) 1 107—108; Stahl u. Eisen **71** (1951) 12 638.

Hartman, J. B. and *M. M. Leven:* Factors of stress concentration for the bending case of fillets in flat bars and shafts with central enlarged section. Proc. SESA **9** (1951) 1 53—62 5 ref.; Index Aeron. **8** (1952) 4 61.

Neuber, Heinz: Entwicklungsmöglichkeiten der modernen Festigkeitslehre. Technik (Berlin) **6** (1951) 11 487—491 28 Lit.-St.

Okubo, H.: Approximate approach for torsion problem of a shaft with a circumferential notch. Ann. Meeting ASME, Atlantic City, Prepr. 51-A-16 Nov. 1951 3 p. 5 ref.; J. Appl. Mech. **19** (1952) 1 16—17; Index Aeron. **8** (1952) 1 11; AMR **5** (1952) 9 390. [1.342.51].

Petersen, Cord: Die praktische Bestimmung von Formzahlen gekerbter Stäbe. Forsch. Ing.-Wes. **17** (1951) 1 16—20 6 Lit.-St.; AMR **4** (1951) 8 450.

Sternberg, E. and *M. A. Sadowsky:* On the axisymmetric problem of the theory of elasticity for an infinite region containing two spherical cavities. Amer. Soc. Mech. Engrs. Prepr. 51-A-10 Nov. 1951 9 p. 10 ref.; Index Aeron. **8** (1952) 2 39.

Brown, W. F. and *G. Sachs:* Notch sensitivity at high temperatures evaluated. Iron Age **169** (1952) 12 91—95; Konstruktion **5** (1953) 1 25.

Heller, S. R. jr.: The stresses around a small opening in a beam subjected to bending with shear. — „Proc. 1st U. S. Nat. Congr. Appl. Mech. June 1951", Ann Arbor (Mich.): J. W. Edwards 1952 239—245; AMR **6** (1953) 8 365.

Hottenrott, E.: Contribution au calcul pratique des facteurs de concentration des contraintes. Rech. Aéron. (1952) 27 51—55; Index Aeron. **8** (1952) 9 38.

Kollmann, Franz: Über die Abhängigkeit einiger mechanischer Eigenschaften der Hölzer von der Zeit, von Kerben und von der Temperatur. 2. Mitt. Die Bedeutung von Kerben für die Holzfestigkeit. Holz als Roh- u. Werkstoff **10** (1952) 6 239—244. [1.256].

Lee, F. H.: Plastic flow in a V-notched bar pulled in tension. Amer. Soc. Mech. Engrs. Prepr. 52-APM-4 June 1952 6 p. 7 ref.; Index Aeron. **8** (1952) 6 70.

de Leiris, H. and *H. Dutilleul:* Experimental study of stress concentrations at the borders of voids in an encastré structure having one edge subjected to fluid pressure. Ass. Techn. Marit. Aéron. Prepr. 1952 19 p.; Index Aeron. **8** (1952) 9 68.

Ling, Chih-Bing: Torsion of a circular cylinder having a spherical cavity. Quart. Appl. Math. **10** (1952) 2 149—156 5 ref.; Index Aeron. **8** (1952) 12 8.

Ling, Chih-Bing: On the stresses in a notched strip. J. Appl. Mech. **19** (1952) 2 141—146; AMR **6** (1953) 2 67. [1.225.5].

Okubo, H.: The stress distribution in a shaft press-fitted with a collar. (In English). ZAMM **32** (1952) 6 178—186 3 ref.; Index Aeron. **8** (1952) 10 58.

Okubo, H.: Approximate approach for the torsion problem of a shaft with a circumferential notch. Rep. Inst. High Speed Mech., Tohoku Univ. **3** (1953) March 1—9; AMR **7** (1954) 4 146. [1.342.51].

Palm, J. H.: The effect of notches on the strength of aluminium alloys under static tensile loading. (In English). NLL Rep. M 1866 May 1952 8 p. 5 ref.; Metalen **7** (1952) Sept. 309—316; Met. Rev. **25** (1952) 12 40; Index Aeron. **9** (1953) 2 72—73; AB **24** (1953) 2 97.

Cliett, Charles B.: Structural comparison of perforated skin surfaces with other means of effecting boundary-layer control by suction. Aeron. Engng. Rev. **12** (1953) 9 46—54 16 ref.; Index Aeron. **10** (1954) 2 66; AB **24** (1953) 10 639. [1.352.2].

Das, Sisir Chandra: On the stress due to a small spherical inclusion in an uniform beam under constant bending moment. Bull. Calcutta Math. Soc. **45** (1953) 2 55—63 4 ref.; Index Aeron. **10** (1954) 4 83.

Eubanks, R. A: Stress concentration due to a hemispherical pit at a free surface. Amer. Soc. Mech. Engrs. Prepr. 53-A-8 Nov./Dec. 1953 6 p. 13 ref.; Index Aeron. **10** (1954) 3 5.

Green, A. P.: The plastic yielding of notched bars due to bending. Quart. J. Mech. & Appl. Math. **6** (1953) Pt. 2 June 223—239 5 ref.; Index Aeron. **9** (1953) 9 48.

Heller, S. R. jr.: Reinforced circular holes in bending with shear. Amer. Soc. Mech. Engrs. Prepr. 53-APM-9 June 1953 7 p. 6 ref.; Index Aeron. **9** (1953) 8 63.

Ishida, Makoto: Stress analysis of an infinite strip with an elliptic hole. J. Japan Soc. Appl. Mech. **5** (1953) 30/31 131—140 22 ref.; Index Aeron. **9** (1953) 10 48.

Kramer-Drauberg, Otto: Formzahl, Kerbzahl u. dgl. Allg. Holz Rdsch. **9** (1953) 157/158 181—185.

Lee, E. H.: Plastic flow in a rectangularly notched bar subjected to tension. Amer. Soc. Mech. Engrs. Prepr. 53-A-29 Nov./Dec. 1953 7 p. 16 ref.; J Appl. Mech. (1954) June 140; Index Aeron. **10** (1954) 3 46.

Nakazawa, H.: Torsion of a shaft with a number of longitudinal semi-circular notches. Mem. Fac. Technol., Tokyo Metrop. Univ. **28** (1953) 3 116—126; AMR **7** (1954) 4 147. [1.342.51].

Okubo, Hajimu: Torsion of a circular shaft with diameter varying periodically along its length. ZAMP 4 (1953) 3 197—207; Index Aeron. 9 (1953) 9 71; AMR 7 (1954) 3 105.

Sachs, G., W. F. Brown u. D. P. Newman: Die Wirkung von Spannungskonzentrationen auf die Zeitstandfestigkeit der Werkstoffe. Z. Metallkde. 44 (1953) 233—239; Werkstoffe u. Korrosion 5 (1954) 4 146.

Schaefer, Wilhelm: Einfluß von Kerben auf die Zugfestigkeit nichtmetallischer Werkstoffe. Holz als Roh- und Werkstoff 11 (1953) 3 91—96.

Schwartzbart, H. and W. F. Brown jr.: Notch bar tensile properties of various materials and their relation to the unnotch flow curve and notch sharpness. Amer. Soc. for Metals Prepr. 37 Oct. 1953 24 p. 11 ref.; Index Aeron. 10 (1954) 1 41.

de Schwarz, M. J.: Über das Verhalten der Torsionsfunktion in der Nähe von einspringenden Ecken massiver und hohler Stäbe. Oest. Ing.-Arch. 7 (1953) 2 88—100. [1.342.51].

Sengupta, A. M.: The effect of two equal circular holes on the stress distribution in a beam under uniform bending moment. Bull. Calcutta Math. Soc. 45 (1953) 2 65—68 2 ref.; Index Aeron. 10 (1954) 4 83.

Brown, A. F. C.: Triaxial stresses caused by notches. Brit. J. Appl. Phys. 5 (1954) 8 280—284; Index Aeron. 10 (1954) 10 75—76.

Das, Sisir Chandra: On the concentration of stresses due to a small elliptic inclusion on the neutral axis of a deep beam under constant bending moment. ZAMP (1954) 15./9. 389.

Schaefer, Wilhelm: Festigkeit und Formänderungsvermögen gekerbter Bauteile bei zügiger Beanspruchung. Konstruktion 6 (1954) 6 216—223.

Siebel, Erich and A. Hosang: Untersuchung über die plastische Stützwirkung bei gekerbten Stäben. Z. VDI 96 (1954) 4 98—101 6 Lit.-St.; Index Aeron 10 (1954) 5 94.

Wang, A. J.: Plastic flow in a deeply notched bar with semi-circular rood. Quart. Appl. Math. 11 (1954) 4 427—438 7 ref.; Index Aeron. 10 (1954) 5 95.

Zellerer, E.: Spannungserhöhungen in angebohrten Gußrohrleitungen. Gas- u. Wasserfach 95 (1954) 13 408—416

Edmunds, H. G.: Stresses due to shearing force in a holed plate. Engineer 199 (1955) 5177 518—519.

Jessop, H. T., C. Snell and I. Jones: Results of photoelastic investigation of stresses in a tension bar with unfilled hole. J. Roy. Aeron. Soc. 59 (1955) 529 64—65.

Dynamische Belastung   1.352.2

Sonntag, Rudolf: Zur Torsion von runden Wellen mit veränderlichem Durchmesser. ZAMM 9 (1929) 1 1—22. [1.342.51].

Thum, August: Dauerfestigkeit, Kerbwirkung und Konstruktion. ATZ 33 (1930) 34 818—821, 35 852—854, 36 880—883.

Barner, G.: Der Einfluß von Bohrungen auf die Dauerzugfestigkeit von Stahlstäben. Berlin: VDI-Verl. 1931 IV, 50 S.

Graf, Otto: Dauerfestigkeit von Stählen mit Walzhaut, ohne und mit Bohrung, von Niet- und Schweißverbindungen. Berlin: VDI-Verl. 1931 IV, 42 S. [1.332.1], [1.442.14], [1.442.44].

Thum, August u. Siegfried Berg: Die Entlastungskerbe. Forsch. Ing.-Wes. 2 (1931) 10 345—351.

Thum, August: Besprechung über: Einfluß von Bohrungen auf die Dauerzugfestigkeit von Stahlstäben. Forsch. Ing.-Wes. 2 (1931) 12 454.

Thum, August: Zur Steigerung der Dauerfestigkeit gekerbter Konstruktionen. Z. VDI 75 (1931) 43 1328—1330.

Thum, August u. *H. Oschatz:* Steigerung der Dauerfestigkeit bei Rundstäben mit Querbohrungen. Forsch. Ing.-Wes. **3** (1932) 2 87—93.

Ude, H.: Steigerung der Dauerfestigkeit bei Rundstäben mit Querbohrungen. (Besprechung der Arbeit Thum-Oschatz). Z. VDI **76** (1932) 14 348.

Mailänder, Richard: Über die Dauerfestigkeit von nitrierten Proben. Z. VDI **77** (1933) 10 271—274. [1.332.1].

Thum, August u. *C. Holzhauer:* Versuche über Kerbdauerfestigkeit und Korrosionsermüdung an Kesselbaustoffen. Wärme **56** (1933) 640—642. [1.365].

Thum, August u. *H. Oschatz:* Gesetzmäßigkeiten des Dauerbruches und Wege zur Steigerung der Dauerhaltbarkeit gekerbter Konstruktionen. Diss. Oschatz TH Darmstadt 1933; Mitt. MPA TH Darmstadt H. 2 1933.

Thum, August u. *Friedrich Wunderlich:* Der Einfluß von Einspann- und Kraftangriffsstellen auf die Dauerhaltbarkeit der Konstruktionen. Z. VDI **77** (1933) 31 851—853.

Wunderlich, Friedrich: Der Einfluß von Einspann-, Kraftangriffs- und Nabensitzstellen auf die Dauerhaltbarkeit der Konstruktionen. Schr. Hess. Hochsch.. (1933) 2 45—50.

Buchmann, Walter: Die Kerbempfindlichkeit der Werkstoffe. Diss. TH Darmstadt 1934; Forsch. Ing.-Wes. **5** (1934) 1 36—48.

Buchmann, Walter u. *Otto Föppl:* Die Kerbempfindlichkeit der Werkstoffe (Zuschriftenwechsel). Forsch. Ing.-Wes. **5** (1934) 4 192—194.

Föppl, Otto: Steigerung der Dauerhaltbarkeit von Keil- und Paßfederverbindungen. ATZ **37** (1934) 19 512. [6.252.41].

Graf, Otto: Über die Dauerfestigkeit von Stahlstäben mit Walzhaut und Bohrung bei Druckbelastung. Stahlbau **7** (1934) 2 9—10.

Jünger, A.: Einfluß von Querbohrungen auf die Dauerfestigkeit eines vergüteten Chrom-Molybdänstahles. Mitt. Forsch. Anst. GHH-Konzern **3** (1934) 2.

Lipp, Theo: Untersuchungen über den Einfluß von Oberflächenverletzungen auf die Dauerhaltbarkeit von Hydronalium- und Chrom-Molybdän-Halbzeugen. ZWB FB 181/1 1934. [1.343.33].

Schwinning, W., M. Knoch u. *K. Uhlemann:* Wechselfestigkeit und Kerbempfindlichkeit der Stähle bei hohen Temperaturen. Z. VDI **78** (1934) 51 1469—1476. [1.332.1].

Thum, August u. *Wilhelm Bautz:* Steigerung der Dauerhaltbarkeit gekerbter Konstruktionsteile durch Eigenspannungen. Z. VDI **78** (1934) 31 921—925.

Thum, August u. *Friedrich Wunderlich:* Dauerbiegefestigkeit von Konstruktionsteilen an Einspannungen, Nabensitzen und ähnlichen Kraftangriffsstellen. Diss. Wunderlich TH Darmstadt 1934; Mitt. MPA TH Darmstadt H. 5 1934 VIII, 82 S. [1.343.33].

Wunderlich, Friedrich: Ermüdungsvorgang und Dauerbruch an Kraftangriffsstellen. Schr. Hess. Hochsch. (1934) 3 27—31.

vom Ende, E.: Festigkeit genuteter Wellen. Forsch. Ing.-Wes. **6** (1935) 4 206—208.

Lehr, Ernst: Einfluß von Hohlkehlen an abgesetzten Wellen auf die Biegewechselfestigkeit. Z. VDI **79** (1935) 33 1005—1011. [1.343.33].

Lehr, Ernst u. *Richard Mailänder:* Einfluß von Hohlkehlen an abgesetzten Wellen auf die Biegewechselfestigkeit. Arch. Eisenhüttenwes. **9** (1935/36) 1 31—35. [1.343.33].

Thum, August u. *Wilhelm Bautz:* Der Entlastungsübergang. Günstigste Ausbildung des Überganges an abgesetzten Wellen u. dgl. Forsch. Ing.-Wes. **6** (1935) 6 269—273.

Bautz, Wilhelm: Möglichkeiten zur Steigerung der Dauerhaltbarkeit von Konstruktionsteilen mit unvermeidbarer Kerbwirkung. Berichtswerk 74. Hauptversamml. VDI Darmstadt 1936 281—286.

Hempel, Max: Dauerfestigkeits-Schaubilder von gekerbten und kaltverformten Stählen sowie von 1''- u. 1^1/$_8$''-Schrauben bei verschiedenen Zugmittelspannungen. Mitt. K.-Wilh.-Inst. Eisenforsch. **18** (1936) 14. [1.431.12].

Klöppel, Kurt: Gemeinschaftsversuche zur Bestimmung der Schwellzugfestigkeit voller, gelochter und genieteter Stäbe aus St 37 und St 52. Stahlbau **9** (1936) 13/14 97—112. [1.332.1].

Meyer, W.: Drehwechselfestigkeit genuteter Stäbe. Z. VDI **80** (1936) 32 978—979.

Seeger, G.: Dauerfestigkeit unter Druckvorspannung. Z. VDI **80** (1936) 22 698—699. [1.332.1].

Siebel, Erich: Statische und dynamische Kerbzähigkeit. Jb. 1936 Lil. Ges. 383—396. [1.352.1].

Deutler, H.: Versuche über die Wechselverdrehfestigkeit querdurchbohrter Wellen. ZWB FB 864/2 1937 7 S. [1.343.34].

Herold, Wilfried: Versuche über Drehschwingungsfestigkeit abgesetzter, genuteter und durchbohrter Wellen. Z. VDI **81** (1937) 18 505—509 19 Lit.-St. [1.343.34].

Lehr, Ernst u. *Richard Mailänder:* Einfluß von Hohlkehlen an abgesetzten Wellen und von Querbohrungen auf die Biegewechselfestigkeit. Arch. Eisenhüttenwes. **11** (1937/38) 11 563—568. [1.343.33].

Thum, August u. *Armin Erker:* Einfluß von Wärme-Eigenspannungen auf die Dauerfestigkeit. Z. VDI **81** (1937) 9 276—278.

Bautz, Wilhelm: Zweckmäßige Ausbildung von Querschnittsübergängen. Techn. Zbl. Prakt. Metallbearb. **48** (1938) 881—884. [1.343.31].

Bußmann, K. H.: Zug-Schwellfestigkeit von Stäben mit Längs- und Querbohrung. Z. VDI **82** (1938) 50 1437.

Fischer, Georg: Über die Kerbwirkung bei Dauerwechselbeanspruchung und den Einfluß der Kaltverformung auf die Dauerhaltbarkeit. ZWB FB 910 1938; DVL-Jb. 1938 328—334; Jb. 1938 Dtsch. Luftf. Forsch. I 517—523.

Thum, August u. *Eduard Bruder:* Dauerbruchgefahr an Hohlkehlen von Wellen und Achsen und ihre Verminderung (1. Teil Diss. Bruder). Dtsch. Kraftf.-Forsch. H. 11 1938 10 S. 9 Lit.-St.

Thum, August u. *H. Weiß:* Versuche zur Steigerung der Verdrehdauerhaltbarkeit quergebohrter Wellen durch Kaltverformung. ATZ **41** (1938) 24 629—633.

Wiegand, H. u. *R. Scheinost:* Einfluß der Einsatzhärtung auf die Biege- und Verdrehwechselfestigkeit von glatten und quergebohrten Probestäben. Arch. Eisenhüttenwes. **12** (1938/39) 445—448. [1.332.1].

Erker, Armin: Beeinflussung der Dauerhaltbarkeit von Rahmenträgern durch Bohrungen, Nietungen und Schweißungen. Dtsch. Kraftf.-Forsch. H. 35 1939 1—12.

Hempel, Max: Beanspruchungsart und Kerbwirkungszahl. Z. VDI **83** (1939) 46 1226—1227.

Körber, F. u. *Max Hempel:* Zugdruck-, Biege- und Verdrehwechselbeanspruchung an Stahlstäben mit Querbohrungen und Kerben. Mitt. K.-Wilh.-Inst. Eisenforsch. **21** (1939) 1 1—19.

Lehr, Ernst u. *K. H. Bußmann:* Dauer-Zugfestigkeit von Stabköpfen. Z. VDI **83** (1939) 18 513—514.

Wiegand, H.: Innere Kerbwirkung und Dauerfestigkeit. Metallwirtsch. **18** (1939) 83—85.

Bruder, Eduard: Gestaltfestigkeit einiger zusammengesetzter Konstruktionsteile des Maschinenbaues und Wege zu ihrer Steigerung. Diss. TH Darmstadt 1940. [1.343.31].

Bungardt, Walter: Kerbdauerfestigkeits-Untersuchungen an fehlerhaften T-Profilen (Flw 3125.6). DVL-Ber. Kf 251/1 1940.

Cornelius, Heinrich u. *Franz Bollenrath:* Kerbwirkungszahl kaltgereckter Stähle bei Biegewechselbeanspruchung. Arch. Eisenhüttenwes. **14** (1940) 6 289—292. [1.332.1].

Berg, Siegfried: Neuere Versuche über Entlastungskerben. Forsch. Ing.-Wes. **12** (1941) 4 205—206.

Bürnheim, Hermann: Über den Einfluß von Bohrungen mit Gewinden und Kerbverzahnungen auf die Zeit- und Dauerfestigkeit von Leichtmetall-Flachstäben. Luftf.-Forsch. **18** (1941) 2/3 102—106.

Bürnheim, Hermann: Effect of threaded and serrated holes on the limited time and fatigue strength of flat light-alloy strips. NACA TM 994 Nov. 1941.

Dolan, Thomas J.: Effects of range of stress and of special notches on fatigue properties of aluminum-alloys suitable for airplane propellers. NACA TN 852 June 1942.

Andrews, H. J. and *G. W. Stickley:* Effect of scratches on fatigue strength of alclad sheet. Aviation **42** (1943) 6 154—155, 157.

Arnold, S. M.: Effect of screw threads on fatigue. Mech. Engng. **65** (1943) 7.

Bürnheim, Hermann: Wechselbiegefestigkeit und Kerbempfindlichkeit verschiedener Flugzeughölzer. Focke-Wulf-Versuchsber. 3434 Juli 1943. [1.334.1], [1.334.2].

Osterspey, J. P.: Untersuchungen über die Spannungsverteilung in Stangenköpfen und deren Dauerhaltbarkeit. Forsch. Ing.-Wes. **14** (1943) 3 65—77; Luftwissen **11** (1944) 1 25.

Thum, August u. *W. Kirmser:* Überlagerte Wechselbeanspruchungen, ihre Erzeugung und ihr Einfluß auf die Dauerhaltbarkeit und Spannungsausbildung quergebohrter Wellen. VDI-Forsch.-H. 419 1943 33 S. 20 Lit.-St.; Techn. Z.-Schau **29** (1944) 11/12 126.

Brueggeman, W. C., M. Mayer jr. and *W. H. Smith:* Axial fatigue tests at zero mean stress of 24 S-T aluminum-alloy sheet with and without a circular hole. NACA TN 955 Nov. 1944.

Peterson, R. E. and *J. M. Lessels:* Effect of surface-strengthening on shafts having a fillet or a transverse hole. Proc. SESA **2** (1944) 1.

Brueggeman, W. C., M. Mayer jr. and *W. H. Smith:* Axial fatigue tests at two stress amplitudes of 0.032-inch 24 S-T sheet specimens with a circular hole. NACA TN 983 July 1945.

Wyss, Th.: Untersuchungen an gekerbten Körpern, insbesondere am Kraftfeld der Schraube unter Berücksichtigung der Vergleichsspannung. EMPA Disk. Ber. 151 Dez. 1945.

Found, G. H.: Notch-sensitivity in fatigue loading of some magnesium-base and aluminum-base alloys. Proc. ASTM **46** (1946) 715—737; BA, B I (1948) Sept. 495.

Bollenrath, Franz u. *Heinrich Cornelius:* Zugschwellfestigkeit gleichartig gekerbter Stahlstäbe mit verschiedener Querschnittsgröße. Z. Metallkde. **38** (1947) 1 9—11.

Heywood, R. B.: The relationship between fatigue and stress concentration. Aircraft Engng. **19** (1947) March 81—84; AMR **1** (1948) 2 38.

Siebel, Erich u. *Max Pfender:* Weiterentwicklung der Festigkeitsrechnung bei Wechselbeanspruchung. Stahl u. Eisen **66/67** (1947) 11./9. 318—321; AMR **2** (1949) 6 131; Met. Rev. **22** (1949) 7 20. [1.331].

Timoshenko, Stephen: Stress concentration and fatigue failures. Proc. IME (Appl. Mech.) **157** (1947) 28 163—169; Index Aeron. **4** (1948) 4 29; AMR **1** (1948) 3 77.

Wilson, W. M. and *J. L. Burke:* Rate of propagation of fatigue cracks in 12-inch by 3/4-inch steel plates with severe geometrical stress-raisers. Univ. Ill., Engng. Exp. Stat. Bull. 371 1947; Welding Res. Counc. **13** (1948) Aug. 405—408; AMR **1** (1948) 9 241.

Aphanasiev, N. N.: The effect of shape and size factors on the fatigue strength. Engrs. Dig. **9** (1948) 3 96—100, 132—136; Index Aeron. **4** (1948) 6 29.

Bastien, P. et *A. Popoff:* Sur l'existence de microfissures dans les depots de chrome electrolytique. Leur influence sur la limite de fatigue des pieces d'acier. Publ. Centre d'Information du Chrome Dur (Paris) 1948 13—20 27 ref.; Index Aeron. **5** (1949) 6 79—80.

Dolan, T. J. and *C. S. Yen:* Some aspects of the effect of metallurgical structure on fatigue strength and notch-sensitivity of steel. Proc. ASTM **48** (1948) 664—689, disc. 690—695; AMR **2** (1949) 10 227; Met. Rev. **22** (1949) 4 24, 6 25. [1.332.1].

Hempel, Max: Wechselfestigkeit und Kerbwirkungszahlen von unlegierten und legierten Stählen bei + 20 und — 78⁰. Stahl u. Eisen **68** (1948) 1./1. 25—26; Met. Rev. **22** (1949) 4 25. [1.332.1].

Isibasi, Tadasi: On the fatigue limits of notched specimens. Mem. Fac. Engng. Kyushu Univ. **11** (1948) 1 1—31; AMR **2** (1949) 6 132.

Seeger, Gerhard: Kerbwirkung an quergebohrten Torsionswellen. Technik (Berlin) **3** (1948) 7 309—311. [1.352.1].

Siebel, Erich u. *K. H. Bussmann:* Das Kerbproblem bei schwingender Beanspruchung. Technik (Berlin) **3** (1948) 6 249—252; AMR **3** (1950) 5 142—143.

Wallgren, G.: An experimental determination of the fatigue diagram for alclad sheet specimens with rivet holes, subjected to tension and compression. FFA Rep. 14 1948 12 p. 4 ref.; Roy. Swed. Air Board Rep. & Transl. 9 1948 12 p.; Index Aeron. **8** (1952) 6 76; AMR **3** (1950) 5 144. [1.343.32].

Gough, H. J.: Engineering steels under combined cyclic and static stresses. Proc. IME **160** (1949) 4 417—440; J. Appl. Mech. **17** (1950) 2 113—125; AMR **4** (1951) 9 510—511; Konstruktion **4** (1952) 7 219—220. [1.332.1], [1.343.31].

Lipson, Charles, G. C. Noll and *L. S. Clock:* Significant stress and failure in static and fatigue loading. Product Engng. **20** (1949) July 130—135; Met. Rev. **22** (1949) 8 53. [1.352.1].

Neerfeld, Helmut u. *Hermann Möller:* Zur Frage des Spannungsabbaues durch Schwingungsbeanspruchung. Arch. Eisenhüttenwes. **20** (1949) 5/6 205—210; Chem. Zbl. **121** (1950) 7/8 454; Met. Rev. **22** (1949) 9 32. [1.332.1].

Siebel, Erich u. *H. O. Meuth:* Die Wirkung von Kerben bei schwingender Beanspruchung. Z. VDI **91** (1949) 319—323.

Thomson, W. T.: Vibration of slender bars with discontinuities in stiffness. J. Appl. Mech. **16** (1949) 2 203—207; Index Aeron. **5** (1949) 9 16.

Thum, August u. *Otto Svenson:* Beanspruchung bei mehrfacher Kerbwirkung. Entlastungs- und Überlastungskerben. Schweiz. Arch. **15** (1949) 161—174.

Eagan, T. E.: Kerbempfindlichkeit verschiedener Gußwerkstoffe. Amer. Foundryman **18** (1950) 5 22—24; Stahl u. Eisen **71** (1951) 4 208. [1.332.2].

Okubo, H.: On the endurance limit of a round bar with longitudinal grooves. J. Appl. Phys. **21** (1950) 11 1105—1108 5 ref.; Index Aeron. **7** (1951) 3 78; AMR **4** (1951) 4 224.

Pomp, Anton u. *Max Hempel:* Wechselfestigkeit und Kerbwirkung von unlegierten und legierten Baustählen bei + 20⁰ und — 78⁰ C. Arch. Eisenhüttenwes. **21** (1950) 1/2 53—66. [1.332.1].

Roš, Mirko Gottfried: La fatigue des métaux. Metallurgia Ital. **42** (1950) 1 7—21 5 ref.; Index Aeron. **6** (1950) 6 47. [1.442.14], [1.442.44].

Fenner, A. J. a. o.: The fatigue crack as a stress-raiser. Engng. **171** (1951) 4452 637—638; Index Aeron. **7** (1951) 9 109.

Grover, H. J., S. M. Bishop and *L. R. Jackson:* Fatigue strengths of aircraft materials: axial-load fatigue tests on notched sheet specimens of 24 S-T 3 and 75 S-T 6 aluminum alloys and of SAE 4130 steel with stress-concentration factors of 20 and 40. NACA TN 2389 June 1951 64 p.; AMR **4** (1951) 12 651—652.

Grover, H. J., S. M. Bishop and *L. R. Jackson:* Fatigue strengths of aircraft materials: axial load fatigue tests on notched sheet specimens of 24 S-T 3 and 75 S-T 6 aluminum alloys and of SAE 4130 steel with stress-concentration factor of 5.0 NACA TN 2390 June 1951 19 p.; AMR **4** (1951) 12 652.

Herrmann, C.: Die Festlegung der Sicherheit bei wechselbeanspruchten Maschinenteilen. Schweiz.-Arch. **17** (1951) 8 251—255. [1.343.31].

Holt, M. and *I. D. Eaton:* Effects of design details on the fatigue strength of 355-T 6 sand-cast aluminium alloy. NACA TN 2394 1951 45 p.; Met. Abstr. **19** (1952) Pt. 10 June 707; AB **23** (1952) 9 509.

Petersen, Cord: Die Vorgänge im zügig und wechselnd beanspruchten Metallgefüge. III. Der technische Größeneinfluß glatter und gekerbter Stäbe bei Wechselbeanspruchung als Wirkung des Spannungsgefälles. Z. Metallkde. **42** (1951) 6 161—170.

Phillips, C. E. and *A. J. Fenner:* Some fatigue tests on aluminium-alloy and mild-steel sheet, with and without drilled holes. Proc. IME **165** (1951) 65 125—129, disc. 130—140; Mech. World **129** (1951) 3348 251—252; Index Aeron. **7** (1951) 9 114; AB **24** (1953) 2 97; Konstruktion **5** (1953) 12 423—424. [1.332.1], [1.333.2].

Phillips, C. E. and *R. B. Heywood:* The size effect in fatigue of plain and notched steel specimens loaded under reversed direct stress. IME Prepr. Febr. 1951 3—14 8 ref.; Proc. IME (Appl. Mech.) **165** (1951) 65 113—124; Index Aeron. **7** (1951) 9 52; Konstruktion **5** (1953) 12 423—424. [1.332.1].

Puchner, O.: Dauerhaltbarkeit quergebohrter Wellen bei überlagerter wechselnder und statischer Biegung und Verdrehung. Schweiz. Arch. **17** (1951) 2 46—63 18 ref.; Index Aeron. **7** (1951) 6 42.

Rosenthal, D. and *G. Sines:* Effect of residual stress on the fatigue strength of notched specimens. Pap. ASTM Ann. Meeting Atlantic City June 1951; Proc. ASTM **51** (1951) 593—610; Stahl u. Eisen **72** (1952) 18 1113.

Dolan, T. J.: How can we appraise metals for high-temperature service?: Problems of metallic fatigue at high temperature. Metal Progr. **61** (1952) 3/4 55—60, 97—104; Index Aeron. **8** (1952) 12 94. [1.331].

Hartman, A.: Investigation of the notch strength of clad 24 S-T and 75 S-T under alternating elastic tensile loads. NLL Rep. M 1819 Febr. 1952 17 p. 3 ref.; Index Aeron. **8** (1952) 9 93.

Isibasi, Tadasi: Effects of notches on fatigue strength of gray cast iron. Mem. Fac. Engng. Kyushu Imp. Univ. **13** (1952) 1 71—86; AMR **6** (1953) 2 78; Stahl u. Eisen **73** (1953) 13 869.

Orowan, E.: Stress concentrations in steel under cyclic load. Welding Res. Counc. **17** (1952) 6 273s—282s; AMR **6** (1953) 2 76; Stahl u. Eisen **73** (1953) 7 439.

Petersen, Cord: Die Gestaltfestigkeit von Bauteilen. Z. VDI **94** (1952) 30 977—982; Maschinenbautechnik **3** (1954) 6 335. [1.343.31].

Russenberger, M.: Beitrag zur Wechselfestigkeit gekerbter Körper. Schweiz. Arch. **18** (1952) 7 220—227; Stahl u. Eisen **72** (1952) 22 1381. [1.331].

Templin, R. L. and *E. C. Hartmann:* How to design for repeated loads. Iron Age **169** (1952) 13 98—101; AB **23** (1952) 5 280.

Bark, R.: Zweckmäßig gestaltete Querschnittsübergänge verhüten Maschinenschäden. Maschinenschaden **26** (1953) 1/2 1—12; Stahl u. Eisen **73** (1953) 9 602.

Cliett, Charles B.: Structural comparison of perforated skin surfaces with other means of effecting boundary-layer control by suction. Aeron. Engng. Rev. **12** (1953) 9 46—54 16 ref.; Index Aeron. **10** (1954) 2 66; AB **24** (1953) 10 639. [1.352.1].

Hardrath, H. F., C. B. Landers and *E. C. Utley jr.:* Axial-load fatigue tests on notched and unnotched sheet specimens of 61 S-T 6 aluminum alloy, annealed 347 stainless steel and heat treated 403 stainless steel. NACA TN 3017 Oct. 1953 28 p.; J. Roy. Aeron. Soc. **58** (1954) 517 81; AMR **7** (1954) 3 112; AB **25** (1954) 3 163. [1.331].

Mann, J. Y.: The effect of stress concentrations on the fatigue resistance of 24 S-T aluminium alloy. Aeron. Res. Lab. (Australia) Rep. SM 217 Nov. 1953 61 p.; J. Roy. Aeron. Soc. **58** (1954) 527 796; Index Aeron. **10** (1954) 10 152.

Meuth, H. O.: Ein Beitrag zur Deutung der Stützwirkung bei Schwingungsbeanspruchung. Metall **7** (1953) 23/24 974—977.

Wallgren, G.: Direct fatigue tests with tensile and compressive mean stresses on 24 S-T aluminium plain specimens and specimens notched by a drilled hole. (In English). FFA Medd. 48 1953 29 p. 9 ref.; AMR **7** (1954) 3 114; AB **25** (1954) 3 163; Index Aeron. **9** (1953) 12 97. [1.333.2].

— Der Einfluß von Werkstoffehlern auf die Dauerfestigkeit. Maschinenschaden **26** (1953) Febr. 13—16; Techn. Zbl. Masch.-Wes. (1953) 11 973. [1.331].

Bennett, J. A. and *J. G. Weinberg:* Fatigue notch sensitivity of some aluminum alloys. J. Res. Nat. Bur. Stand. **52** (1954) 5 235—245 14 ref., Res. Pap. 2495; AB **25** (1954) 6 381.

Finney, J. M. and *J. Y. Mann:* Some flexural fatigue tests on 75 S-T aluminium alloy sheet specimens with drilled holes. Aeron. Res. Lab. (Australia) Rep. SM 213 Nov. 1954 16 p.; J. Roy. Aeron. Soc. **59** (1955) 533 376.

Hardrath, Herbert and *Walter Illg:* Fatigue tests at stresses producing failure in 2 to 10 000 cycles. 24 S-T 3 and 75 S-T 6 aluminum-alloy sheet specimens with a theoretical stress-concentration factor of 4.0 subjected to completely reversed axial load. NACA TN 3132 Jan. 1954 14 p.; J. Roy. Aeron. Soc. **58** (1954) 519 219; AB **25** (1954) 8 545; Index Aeron. **10** (1954) 4 112.

Hempel, Max: Dauerfestigkeit und Kerbwirkung. Draht **5** (1954) 6 208—211.

Hoffman, C. A.: Investigation of effect of notches on elevated-temperature fatigue strength of N-155 alloy. NACA RM E 53 L 31a Apr. 1954 8 p.; Nickel-Ber. **12** (1954) 9 161.

Hyler, W. S., R. A. Lewis and *H. J. Grover:* Experimental investigation of notch-size effects on rotating-beam fatigue behavior of 75 S-T 6 aluminum alloy. NACA TN 3291 Nov. 1954; J. Roy. Aeron. Soc. **59** (1955) 531 232.

Puchner, Ondrej: Die Spannung bei wechselseitig beanspruchten Wellen mit Keilnut. Maschinenbautechnik **3** (1954) 3 133—137 15 Lit.-St.

Thurston, R. C. A. and *J. E. Field:* Fatigue strength under bending, torsional and combined stresses of steel test pieces with stress concentrations. IME Prepr. 1954 9 p.; Proc. IME (1954) 31 785—792; communications 793—796; Index Aeron. **10** (1954) 6 126.

Toolin, P. R.: Influence of test temperature and grain size on the fatigue notch-sensitivity of Refractaloy 26. Westinghouse Res. Lab., Sci. Pap. 1834 May 1954 22 p.; Nickel Ber. **12** (1954) 10 191.

Smith, C. R.: Predicting fatigue failures in aluminum alloys structures. Aero Dig. (1955) Jan. 37—41; Aeron. Engng. Rev. **14** (1955) 4 124.

Weibull, Waloddi: Scatter in fatigue life of notched plate specimens of 24 S-T alclad. SAAB TN 32 May 1955; Aircr. Engng. **27** (1955) 318 267; J. Roy. Aeron. Soc. **59** (1955) 536 580. [1.343.32].

Matthaes, Kurt: Herabsetzung der Dauerfestigkeit von Nichteisenmetallen an Kraftangriffsstellen. Luftf.-Forsch. **12** (1935) 5 176—179 6 Lit.-St.

Palmblad, E.: Spannungserhöhung durch Hinzufügen von Werkstoff. Z. VDI **79** (1935) 18 557—558.

Kuntze, Wilhelm: Einfluß ungleichförmig verteilter Spannungen auf die Festigkeit von Werkstoffen. „Maschinenelemente-Tagung Aachen", Berlin: VDI-Verl. 1936.

Chow, C. C., A. W. Dana and *G. Sachs:* Stress and strain states in elliptical bulges. J. Metals **1** (1949) Jan. 49—58; AMR **2** (1949) 7 153—154.

Tache, J.: Ring subjected to couples or concentrated forces which are symmetrically distributed over the circumference. (In French). Bull. Techn. Vevey **9**(1949) 29—47; AMR **3**(1950) 7 199. [1.342.4].

Das, Sisir Chandra: Stress concentrations around a small spherical or spheroidal inclusion on the axis of a circular cylinder in torsion. Amer. Soc. Mech. Engrs. Prepr. 53-A-2 1953 5 p. 8 ref.; Index Aeron. **9** (1953) 9 4.

Werkstoffverhalten bei Korrosion   1.36

Allgemeines   1.361

Brenner, Paul: Korrosion und Korrosionsschutz von Aluminium-Walzlegierungen im Flugzeugbau. Z. Metallkde. **22** (1930) 348—356.

Brenner, Paul: Ergebnisse von Korrosions- und Oberflächenschutzversuchen mit Aluminium-Walzlegierungen. 198. DVL-Ber., DVL-Jb. 1931 505—520.

Schmidt, Erich K. O.: Korrosion durch Potentialunterschiede und ihre Verhütung. ZFM **22** (1931) 6 177—178.

Buchmann, Walter: Einiges über zwischenkristalline Korrosion. Schr. Hess. Hochsch. (1934) 3 40—54.

Schmidt, E. K. O. u. *E. Böschel:* Korrosionsversuche mit Leichtmetall-Stahl-Verbindungen. ZWB FB 78 1934 37 S.

Goldowsky, Natalie: Contribution à l'étude de la corrosion. Publ. Sci. et Techn. Ministère de l'Air No. 64 1935 (Serv. des Recherches de l'Aéronautique); Aircr. Engng. **7** (1935) 78 207.

Schikorr, Gerhard: Die Bestimmung der Korrosionsbeständigkeit der Metalle (Beiträge zur Wirtschaft, Wissenschaft und Technik der Metalle und ihrer Legierungen, Heft 4) Berlin: Lüttke 1938 39 S.

Barnaby, R. S.: Combating corrosion in design and construction. J. Aeron. Sci. **6** (1939) 5 211—215; Luftwissen **6** (1939) 8 249.

Hartl, W.: Formgebung und Korrosion. Aluminium **21** (1939) 347—349.

Nitzsche, W.: Beitrag zur Frage der Korrosion von Al-Legierungen in Salzsprühnebel. Aluminium Archiv Bd. 22, Berlin: Aluminium Zentrale 1939.

Wiederholt, Wilhelm: Stand der internationalen Korrosionsforschung. Z. VDI **83** (1939) 23 703—706.

Daeves, K.: Erkenntnisse und Aufgaben auf dem Gebiet der Stahlkorrosions-Forschung. Stahl u. Eisen **60** (1940) 52 1181—1186; Techn. Z.-Schau **26** (1941) 8 142.

Müller, W. J.: Der heutige Stand unserer Kenntnisse vom Rosten und der Korrosionspassivität des Eisens auf Grund der Forschungen seit der Jahrhundertwende. Korrosion u. Metallsch. **16** (1940) 11 365—369; Techn. Z.-Schau **26** (1941) 8 142.

Hünlich, H.: Zur Frage der Kontaktkorrosion von Aluminium-Legierungen. Aluminium **23** (1941) 8 389—402 22 Lit.-St.; Techn. Z.-Schau **26** (1941) 24 404.

— Metall-Korrosion im Bauwesen. (Wissensch. Abh. Dtsch. MPA, Folge 2, Heft 2) Berlin: Springer 1941 II, 54 S.

Gröber, Hanns: Korrosionsbeständigkeit der Aluminium-Walzlegierungen. Z. VDI **86** (1942) 13/14 220.

Collinsworth jr., E. T.: How to combat corrosion through design. Machine Design **20** (1948) 116—122 428; J. Iron Steel Inst. **159** (1948) 232.

Ergang, R., G. Masing, G. Wassermann u. *W. Wiederholt:* Korrosion. Allgemeine Metallurgie 1948 257—281; Met. Rev. **22** (1949) 9 35.

Rogers, T. H.: Corrosion of metals: The influence of micro-organisms. Metal Industry **73** (1948) 21 403—405, 22 432—433 26 ref.; Index Aeron. **5** (1949) 2 44.

Tandberg, J.: Corrosion research (Korrosionsundessökningar). IVA T. **19** (1948) 5 227—233; Index Aeron. **5** (1949) 4 27.

— Noral Handbook Section 1. General. Northern Aluminium Company (NORAL) London 63 p. [1.323.210].

— Report of Committee B-3 on corrosion of non-ferrous metals and alloys. ASTM Prepr. No. 9 1948 25 p.; Index Aeron. **4** (1948) 11 66.

Beck, F. H.: Fundamental corrosion research. Progr. Rep. 22 (on contract N 6 ORI-17, task order II, Projekt Nr. 031—029 Oct.-Nov. 1949). Ohio State Univ. Res. Foundation Columbus (Ohio) Dec. 1949.

Harwood, Julius J. and *Fred Schulman:* Corrosion research in the navy. Corrosion (Houston) **5** (1949) July 203—217 18 ref.; Met. Rev. **22** (1949) 8 31.

La Que, F. L. and *E. J. Hergenroether:* Corrosion problems of the automotive engineer. SAE Prepr. No. 337 1949 24 p. 23 ref.; Met. Rev. **22** (1949) 7 28.

Masing, Georg: Einige Bemerkungen zur Theorie der Korrosion durch Lokalelemente. Arch. Metallkde. **3** (1949) 10 343—346; Bull. Anal. C. N. R. S. **11** (1950) 11 3987.

Wernick, S. and *R. Pinner:* Surface treatment and finishing of light metals, Part 2. — Corrosion and protection of aluminium and its alloys. Sheet Metal Industries **26** (1949) 264 805—810, 823 12 ref.; 266 1289—1296 153 ref.; Index Aeron. **5** (1949) 9 48; 10 80; Met. Rev. **22** (1949) 8 31. [2.722].

— Corrosion of metals. Cleveland, Ohio: American Society for Metals 192 p.

— Journées sur la corrosion des métaux. Org. par la Soc. Française de Métallurgie et la Comm. Technique des Etats de Surface en Oct. 1947. Suppl. à la Revue de l'Institut Français du Pétrole et Annales des Combustibles liquides, **4** (1949) 1, Paris: 1949. 55 p.

Franke, E.: Neue korrosionsbeständige Werkstoffe im Ausland. Werkstoffe u. Korrosion **1** (1950) 4 136—143.

Machu, Willi: Die Grundlagen der Korrosion, ihre Erscheinungsformen, Theorien und Maßnahmen zu ihrer Bekämpfung. Werkstoffe u. Korrosion **1** (1950) 6/7 265—277.

Machu, Willi: The principles of corrosion, its forms and theories and methods to combat it. S. M. R. E. Translation 3532 June 1952 16 p.; Index Aeron. **8** (1952) 12 60.

Pourbaix, M.: Recherches en corrosion. Rev. Gén. Gaz. **72** (1950) 3/4 54—68; Bull. Anal. C. N. R. S. **11** (1950) 11 3987.

Rothhardt, A.: Korrosion und Korrosionsschutz an Eisen und Leichtmetallen. Hansa **87** (1950) 1208—1212.

Wallgren, P. A.: Experience gained in corrosion problems in USA 1947—1948. IVA-T. (Stockholm) **21** (1950) 1 35—41 28 ref.; Index Aeron. **6** (1950) 9 47.

Aida, Ch. and *Sh. Onishi:* Corrosion of light metals for ship construction. Light Metals (Tokio) (1951) 1 10, 79—86; Werkstoffe u. Korrosion **5** (1954) 8/9 327.

Cavallaro, Léo: Untersuchungen in Italien über die Korrosion der Metalle. Mém. Soc. Belge Ing. Industr. (1952) 3 15—36; Stahl u. Eisen **73** (1953) 25 1681; Index Aeron. **9** (1953) 4 51—52.

Christiansen, V.: Corrosion problems with aluminium and its alloys. Proc. Roy. Swed. Acad. Engng. Sci. **22** (1951) 4 103—113; AMR **5** (1952) 6 267; AB **23** (1952) 9 504; Corrosion **9** (1953) 178a; Werkstoffe u. Korrosion **5** (1954) 4 153.

Jones, F. E.: The corrosion of steel in steel houses, an examination of the corrosion of steelwork in steel-clad and steel-framed houses. (National Building Studies special report No. 16) London: H. M. S. O. 1951 V, 29 p.

Klas, Heinrich u. *Walter Hogartz:* Erkenntnisse über die Korrosion und den Korrosionsschutz von Eisen und Stahl. (Übersicht über das Schrifttum der Jahre 1948 und 1949.) Stahl u. Eisen **71** (1951) 17 894—899 130 Lit.-St.

Steinrath, Heinrich: Erkenntnisse über die Korrosion und den Korrosionsschutz von Eisen und Stahl. (Übersicht über das Schrifttum der Jahre 1948 und 1949.) Stahl u. Eisen **71** (1951) 15 785—792 194 Lit.-St.

— Korrosionsprobleme im Lufttransportwesen. Corrosion (Houston) **7** (1951) 5 161—167; Nachr.-Bl. AGM Leichtbau **4** (1955) 2 5.

— Bibliographic survey of corrosion 1945—1947. Nat. Ass. Corrosion Engrs. Publ. Nr. 51-1 1951 288 p.; AB **22** (1951) 7 434.

Basil, J. L.: Salt spray test of metal panels. US Naval Engng. Experim. Stat. (Annapolis) Rep. 4 A 17 X 1603; Corrosion (Houston) **8** (1952) 4 102; AB **23** (1952) 5 278.

Evans, U. R.: Das Korrosionsproblem: Vergangenheit, Gegenwart und Zukunft. Werkstoffe u. Korrosion **3** (1952) 5/6 165—172.

Guilhaudis, A.: La tenue des alliages légers à la corrosion marine. Rev. Aluminium **29** (1952) 85—91, 127—133, 175—179, 186—188; Aluminium **29** (1953) 5 203—206; AB **23** (1952) 8 448—449; Nachr.-Bl. AGM Leichtbau **2** (1953) 9 8.

Hackerman, N.: Physical chemical aspects of corrosion inhibition. Corrosion (Houston) **8** (1952) 4 143—149; AB **23** (1952) 5 279.

Johnson, L. W. and *E. J. Bradbury:* Corrosion-resistant materials in marine engineering. Mond Nickel Co. 1952 IV, 39 p.

Luce, W. A: Stainless steels and other ferrous alloys. Industr. Engng. Chem. **44** (1952) 10 2346—2359 287 ref.; Index Aeron. **9** (1953) 1 80. [1.322.123].

Nietzolds, O.: Abwehr von Verschleiß und Korrosion durch Konstruktion und Werkstoff. Konstruktion **4** (1952) 5 145—148.

Thornhill, R. S.: Corrosion: — 6. — Prevention of corrosion by means of inhibitors. Research **5** (1952) 7 324—332 41 ref.; Index Aeron. **8** (1952) 10 44.

Vernon, W. H. J.: Corrosion. 1 — Corrosion metallic. Research **5** (1952) 2 54—61 26 ref.; Index Aeron. **8** (1952) 6 43.

Werner, M. u. *W. Ruttmann:* Korrosion an metallischen Werkstoffen. Z. VDI **94** (1952) 34 1113—1121 14 Lit.-St.; Index Aeron. **9** (1953) 6 49.

— Chemische Beständigkeit von Aluminium-Werkstoffen (Tabellen). Aluminium Merkblatt W 4. Düsseldorf: Aluminium Verl. 1952 24 S.

Braun, H.: Werkstoffauswahl mit Rücksicht auf Korrosion und Verschleiß. Konstruktion **5** (1953) 9 291—296 8 Lit.-St.

Evans, U. R.: Inhibition of corrosion. Chem. & Industry **30** (1953) 22 530—533 25 ref.; Index Aeron. **9** (1953) 8 45.

Godard, Hugh P.: The atmospheric corrosion of architectural metals. Engng. J. **36** (1953) 7 844—855; AB **24** (1953) 8 507.

Lecoeuvre, R., E. Leygue and *M. Yon-Chalmette:* Protection against heat corrosion. Docaéro (1953) 23 37—48 15 ref.; Index Aeron. **10** (1954) 1 43.

May, R.: Some observations on the mechanism of pitting corrosion. J. Inst. Metals **82** Pt. 2 (1953) 65—74; Index Aeron. **10** (1954) 1 43.

Pourbaix, M.: The electrochemical behaviour of metals and corrosion. Chem. & Industry (1953) 30 780—786 6 ref.; Index Aeron. **9** (1953) 10 57.

Steinrath, Heinrich: Erkenntnisse über die Korrosion und den Korrosionsschutz von Eisen und Stahl. Übersicht über das Schrifttum der Jahre 1950 und 1951. Stahl u. Eisen **73** (1953) 17 1109—1116 262 Lit.-St.; Index Aeron. **9** (1953) 11 43.

Uhlig, H. H., I. Ming Feng, W. D. Tierney and *A. .McClellan:* A fundamental investigation of fretting corrosion. NACA TN 3029 1953 52 p. 32 ref.; Index Aeron. **10** (1954) 4 54.

— Symposium on fretting corrosion. ASTM Spec. Techn. Publ. 144 1953 84 p.; Aeron. Engng. Rev. **14** (1955) 4 136.

Bukowiecky, A.: Über den Korrosionsschutz von Metallen durch Inhibitoren. Schweiz. Arch. **20** (1954) 6 169—186 121 Lit.-St.

Gundzik, R. M. and *C. E. Feiler:* Corrosion of metals of construction by alternate exposure to liquid and gaseous fluorine. NACA TN 3333 Dec. 1954; J. Roy. Aeron. Soc. **59** (1955) 531 232.

Jacquet, Pierre A.: Influence de l'état de surface sur la corrosion de l'aluminium. „Rapp. Congr. Int. Aluminium, Tome II", Paris: Soc. Édition et Documentation Alliages Légers 1954 7—22 12 ref.; Rev. Aluminium **31** (1954) 211 133; AB **25** (1954) 11 793—794.

Machu, Willi: Über die Korrosion von Metallen und Metallüberzügen im tropischen und subtropischen Klima. Werkstoffe u. Korrosion **5** (1954) 10 395—398; Nachr. Bl. AGM Leichtbau **4** (1955) 2 8.

Grubitsch, H.: Ursachen der Korrosion. Ein Übersichtsbericht. Chemie-Ing. Techn. **27** (1955) 5 287—298 123 Lit.-St.

Hibert, C. L.: Factors and prevention of corrosion. Aero Dig. **70** (1955) 4 22—31 5 ref.; Luftfahrttechnik **1** (1955) 2 VII.

Nicht oberflächenbehandelte Werkstoffe 1.362

Rawdon, Henry S.: Corrosion Embrittlement of Duralumin. III — Effect of the previous treatment of sheet material on the susceptibility to this type of corrosion. NACA TN 284 April 1928.

Rackwitz, E.: Bericht über Korrosionsversuche mit Alclad. DVL-Ber. Kf 12/6 1928.

Rackwitz, E.: „Alclad", ein neues, korrosionsbeständiges Aluminiumerzeugnis. (Auszug aus R. H. Dix: A new corrosion resistant Aluminum product, NACA TN 259 1927.) DVL-Ber. Kf 25/6/I 1928.

Rackwitz, E. u. *E. K. O. Schmidt:* Prüfung der Korrosionsbeständigkeit von Alcladblechen. DVL-Jb. 1929 294—304; DVL-Ber. Nr. 132.

Schmidt, E. K. O.: Einfluß der künstlichen Alterung auf die Korrosionsbeständigkeit von Lautal. DVL-Ber. Kf 25/7 1929.

Bauer, Oswald, O. Vogel u. *C. Holthaus:* Der Einfluß eines geringen Kupferzusatzes auf den Korrosionswiderstand von Baustahl. (Mitt. Dtsch. MPA S.-H. XI) Berlin: Springer 1930 25 S.

Schmidt, E. K. O.: Witterungsbeständigkeit verschiedener ungeschützter Leichtmetalle. DVL-Ber. Kf 35/I 1930.

Goldbach, G.: Versuche mit Magnalium-Blechen (Korrosionsversuche). DVL-Ber. Kf. 25/21/II 1931.

Schraivogel, Karl: Ermittlung der Festigkeitseigenschaften und der Korrosionsbeständigkeit von zwei Lautalblechen. DVL-Ber. Kf 203/2 1932. [1.421].

Mann, H.: Prüfung der Aluminium-Walzlegierung „Ulminium". ZWB PB 6 1933 7 S.

Schafmeister, Paul: Die chemische Widerstandsfähigkeit nichtrostender Stähle. Metallwirtsch. **12** (1933) 51 751—755.

Schmidt, E. K. O.: Prüfung der Korrosionsbeständigkeit von Albondurblechen. DVL-Ber. Kf 17/8 1933.

Schmidt, E. K. O. u. *E. Böschel:* Korrosionsprüfung eines Duralplatbleches. ZWB PB 12 1933 3 S.

Schmidt, E. K. O. u. *E. Böschel:* Prüfung der Korrosionsbeständigkeit von Albondur. DVL-Ber. K 17/10,1 1933; ZWB PB 13 1933 2 S.

Schmidt, E. K. O. u. *E. Böschel:* Prüfung der Korrosionsbeständigkeit von BS-Seewasser- und Hydronaliumblechen. DVL-Ber. K 17/10,2 1933; ZWB PB 14 1933 4 S.

Schmidt, E. K. O.: Prüfung der Korrosionsbeständigkeit von vier verschiedenen Duralumin-Legierungen. DVL-Ber. K 17/15 1933.

Schmidt, E. K. O. u. *E. Böschel:* Prüfung der Korrosionsbeständigkeit von Mangal hart. DVL-Ber. K 17/18 1933.

Schmidt, E. K. O. u. *E. Böschel:* Prüfung der Korrosionsbeständigkeit von KS-Seewasser, BSS- und Hydronaliumblechen. DVL-Ber. Kf 203/1 1933.

Schmidt, E. K. O: Prüfung der Korrosionsbeständigkeit von KS-Seewasser und BS-Seewasserblechen. DVL-Ber. Kf 203/4,2 1933.

Mann, H. u. *Gustav Gürtler:* Vergleichsversuche mit Hydronalium, BS-Seewasser und Duranalium. ZWB PB 159 1934 18 S.

Schmidt, E. K. O. u. *E. Böschel:* Vergleich der Korrosionsbeständigkeit von 11 Leichtmetallen bei Natur- und Laboratoriumsversuchen. ZWB FB 66 1934 21 S.; Luftf. Forsch. **12** (1935) 3 116—120.

Schmidt, E. K. O.: Prüfung der Korrosionsbeständigkeit von Duranaliumblechen. ZWB PB 25 1934 3 S.

Schmidt, E. K. O. u. *E. Böschel:* Prüfung der Korrosionsbeständigkeit eines Duranaliumbleches. ZWB PB 26 1934 3 S.

Schmidt, E. K. O. u. *E. Böschel:* Das Verhalten von Duralumin und Stahlblechen bei Witterungsangriff. ZWB FB 86 1934 5 S.

Bungardt, Karl: Prüfung der Korrosionsbeständigkeit von Albondur und Bondurplat. DVL-Ber. K 17/66 1935. [1.363].

Gatzek, W.: Der korrosionssicherste Gefügezustand bei Duralumin. ZWB FB 215/1 1935 2 S.

Pauschardt, H. u. *F. Loepelmann:* Untersuchung von Korrosion an Duraluminprofilen, verursacht durch Reinigen mit P_3. ZWB FB 406 1935 11 S.

Röhrig, H. u. *W. Nicolini:* Prüfung seewasserbeständiger Aluminiumlegierungen in der Nordsee. Aluminium **17** (1935) 519—529.

Bollenrath, Franz: Über die Korrosionsbeständigkeit einiger Aluminium-Magnesiumlegierungen. ZWB FB 794 1937 43 S.

Bungardt, Karl u. *U. v. Scheidt:* Versuche über die Abhängigkeit der Festigkeitseigenschaften und Korrosionsbeständigkeit der Al-Cu-Mg-Legierung DM 31 von verschiedenen Kaltwalz- und Kaltreckgraden. ZWB UM 433 1937 10 S. [1.323.211.1].

Gisen, F. u. *R. Glocker:* Röntgenographische Ermittlung des Zusammenhangs zwischen Vergütungszustand und Korrosionsbeständigkeit von Duralumin. ZWB FB 744 1937 7 S.

Helling, Werner u. *Heinrich Neunzig:* Über den Einfluß des Reinheitsgrades des Aluminiums auf die Beständigkeit von Schweißnähten in Salpeter- und Schwefelsäure. Chem. Fabrik **11** (1938) 23/24 299—300.

Matthaes, Kurt u. *W. Schulz:* Die Kontaktkorrosion von Aluminium-Legierungen. Luftf.-Forsch. **15** (1938) 1/2 54—59; Aircr. Engng. **10** (1938) 113 229.

Piwowarsky, Eugen: Einfluß von Korrosion auf die Festigkeitseigenschaften von Gußeisen. Z. VDI **82** (1938) 13 370—372.

Rabald, Erich: Einiges über die Beständigkeit metallischer Werkstoffe gegen Chlor-Wasserstoff. Chem. Fabrik **11** (1938) 23/24 293—299.

Brenner, Paul: Über das Korrosionsverhalten von Leichtmetallschweißungen. Aluminium **21** (1939) 12 846—854.

Brenner, Paul u. *W. Feldmann:* Über den Einfluß der Wärmebehandlung auf das Korrosionsverhalten der Al-Mg-Si-Legierungen (Pantal). Jb. 1939 Dtsch. Luftf.-Forsch. I 569—572.

Holzhauer, C.: Korrosionswiderstand von Schweißverbindungen in Stahl. Z. VDI **83** (1939) 3 83—89.

Bosshard, M.: Untersuchungen über die Ursachen der Korngrenzen-Korrosion bei ausgehärteten Legierungen der Gattung Al-Cu-Mg. Schweiz. Arch. **6** (1940) 10 265—279.

Brenner, Paul u. *F. Plattner:* Korrosionsverhalten von Aluminiumlegierungen höherer Festigkeit unter natürlichen und künstlichen Bedingungen. Aluminium **22** (1940) 231—247.

Brenner, Paul: Über das Korrosionsverhalten von Leichtmetallschweißungen. Jb. 1940 Dtsch. Luftf. Forsch. I 1039—1046.

Burwald, A. u. *H. Gröper:* Beitrag zur Frage der interkristallinen Korrosion von Aluminium-Legierungen mit 9 % Magnesium. Aluminium **22** (1940) 10 502—510.

Seemann, H. J. u. *K. Wesch:* Der Einfluß von Kupferzusätzen auf die Korrosionsbeständigkeit von Al-Mg-Si- und Al-Mg-Knetlegierungen. Jb. 1940 Dtsch. Luftf. Forsch. II 377—381.

Siebel, Gustav u. *Hugo Voßkühler:* Einfluß von Zusätzen, insbesondere von Zink auf das Korrosionsverhalten von Aluminium-Magnesium-Legierungen. Z. Metallkde. **32** (1940) 9 298—302.

Thompson, M. de Kay: The reaction between iron and water in the absence of oxygen. Electrochem. Soc. (New York) **78** (1940) Prepr. 24 337—341 12 ref.; Techn. Z.-Schau **26** (1941) 5 93.

Zurbrügg, E.: Korrosion des Aluminiums durch elektrische Ströme. Schweiz. Arch. **6** (1940) 2 40—45.

Damon, G. H.: Einfluß des C-Gehaltes von Stahl auf die Korrodierbarkeit in Schwefelsäure. Industr. & Engng. Chem. **33** (1941) 1 67—69 10 Lit.-St.; Techn. Z.-Schau **26** (1941) 13 231.

Gotter, A.: Beitrag zur Frage der Beständigkeit austenitischer Cr-Ni-Stähle gegen Salpetersäure. Korrosion und Metallsch. **17** (1941) 7 241—243; Techn. Z.-Schau **26** (1941) 21 359.

Gröber, Hanns: Korrosionsverhalten von Aluminiumlegierungen höherer Festigkeit. Z. VDI **85** (1941) 12 294—296.

Hug, H.: Über den Einfluß geringer Schwermetallgehalte auf die Korrosionsbeständigkeit von Al-Mg-Si-Legierungen. Aluminium **23** (1941) 1 33—36; Techn. Z.-Schau **26** (1941) 16 277.

Mewes, Karl Friedrich u. *Karl Daeves:* Einflußgrößen bei Natur-Korrosionsversuchen an unlegierten und schwachlegierten Stählen. Stahl u. Eisen **61** (1941) 36.

v. Rajacovics, E.: Korrosionsbeständigkeit geschweißter Aluminiumlegierungen. Einfluß des Schweißverfahrens, der Blechdicke und der Nachbehandlung. Z. VDI **85** (1941) 12 285—286.

Vosskühler, Hugo: Die Korrosionsbeständigkeit der Aluminium-Walzlegierungen in Seewasser und seewasserähnlichen Lösungen. Aluminium **23** (1941) 7 339—351 15 Lit.-St.; Techn. Z.-Schau **26** (1941) 24 404; Z. VDI **86** (1942) 13/14 220—221; Werft-Reederei-Hafen **24** (1943) 6 97.

Bollenrath, Franz u. *Walter Bungardt:* Schicht-Korrosion an Aluminium-Legierungen. Z. Metallkde. **34** (1942) 7 160—165 7 Lit.-St.; Index Aeron. **9** (1953) 5 76.

Bungardt, Walter u. *H. Bedarff:* Beitrag zur Frage der Korrosionsbeständigkeit von Aluminium-Zink-Magnesium-Legierungen. Metallwirtsch. **21** (1942) 3/4 31—38; Werft-Reederei-Hafen **24** (1943) 5 83.

Mutchler, Willard and W. G. *Galvin:* Tidewater and weather-exposure tests on metals used in aircraft. II. NACA TN 842 Febr. 1942.

Nachtigall, E.: Aluminium-Spritz- und Preßguß-Legierungen unter besonderer Berücksichtigung des Korrosionsverhaltens. Gießerei **29** (1942) 2 23—28; Schiff u. Werft **44/24** (1943) 7/8 153.

— Corrosion of light alloys by tap water. (Nach Mialki u. Popper, Laboratorium der Eschbach-Werke, Radeberg, Sachsen.) Light Metals **5** (1942) 190—196.

Bungardt, Walter: Über das Korrosionsverhalten von Blechen nach Flw. 3126 mit verschiedenen Deckschichten nach Kalt- und Warmaushärtung. ZWB UM 1003 1943 29 S.

Lohrmann: Die elektrolytische Oxydation der Aluminium-Magnesium-Zinklegierung Hy 43 (Entwurf des Fliegwerkstoff-Leistungsblattes 3425), Zwischenbericht. ZWB UM 1030 1943 7 S.

Wiederholt, Wilhelm: Korrosion von Metallen durch Bestandteile von Kunstharzpreßstoffen. Kunststoffe **33** (1943) 3 67—68; Schiff u. Werft **44/24** (1943) 11/12 202.

— Effect of water on aluminium plant. Light Metals **6** (1943) 420—424.

Dreyer, K. L. u. *H. J. Seemann:* Über die Festigkeitseigenschaften und das Korrosionsverhalten von kalt- und warmausgehärteten Aluminium-Zink-Magnesium-Kupfer-Knetlegierungen. Aluminium **26** (1944) 5/6 76—82. [1.323.211.1].

Hurst, J. E.: Improvements in acid resisting silicon iron alloys. Proc. Chem. Engng. Group, Soc. Chem. Industry **26** (1944) 72—80; Met. Rev. **22** (1949) 2 27.

Leitner: Rührkorrosionsversuche an Al-Rohren mit verschiedenem Cu-Gehalt. ZWB UM 1286 1944 3 S.

Patterson, W.: Gefügebild und Werkstoffzerfall unter Korrosion bei Aluminium- und Magnesium-Legierungen. Korrosion u. Metallsch. **20** (1944) 3 125—129 8 Lit.-St.; Techn. Z.-Schau **29** (1944) 11/12 125.

— Chemisches Verhalten des Reinaluminiums und der Aluminium-Legierungen. AWR Merkblätter, Aluminium-Werke Rorschach (1944) Okt. Merkblatt 17 3 Bl.

Smith, L. W.: Corrosion tests of multi-arc welded high-strength aluminium alloys. Trans. Electrochem. Soc. **89** (1946) 83.

Beerwald, A.: Über die Korrosion von Mg-Mn-Gußlegierungen und Halbzeug. Arch. Metallkde. **1** (1947) 6 284—286; Index Aeron. **5** (1949) 6 87.

Brenner, Paul and W. *Roth:* Recent developments in corrosion-resistant aluminium magnesium alloys. J. Inst. Metals **74** (1947) 159—190; BA, B I (1948) May 208. [1.323.210].

Hess, W. F., T. B. Cameron, D. J. Ashcraft and *R. A. Wyant:* General corrosion and stress corrosion of spot-welded magnesium alloy sheet. Welding J. **26** (1947) Sept. 539—544; BA, B I (1948) 495. [1.364].

— Heavy-metal inserts and corrosion. Light Metals (1947) Aug. 418—421; Werkstatt u. Betrieb **81** (1948) 6 174.

Beerwald, A.: Corrosion of Mg-Mn casting alloys and semi-finished products. Ministry of Works Translat. 51 Sept. 1948 3 p.; Index Aeron. **5** (1949) 6 87.

Copson, H. R.: Factors of importance in the atmospheric corrosion testing of low-alloy steels. ASTM Prepr. No. 20 1948 17 p. 28 ref.; Index Aeron. **4** (1948) 11 71; ASTM Proc. **48** (1948) 591—609; Met. Rev. **22** (1949) 6 30.

Davies, J. K.: The effect of nickel on the corrosion resistance of high purity magnesium-base alloys. Magnes. Rev. & Abstr. **8** (1948) Jan. 46—52; Met. Rev. **22** (1949) 3 30.

Dubrisay, R.: Corrosion des métaux par les liquides organiques. Métaux Corrosion **23** (1948) Dec. 278—284; Met. Rev. **22** (1949) 3 29.

Ellinger, G. A., L. J. Waldron and *S. B. Marzolf:* Laboratory corrosion tests of iron and steel pipes. Proc. ASTM **48** (1948) 618—627; Met. Rev. **22** (1949) 6 30.

546

Fontaine, W. E.: High-temperature corrosion of stainless steels. Metal Progr. **54** (1948) 3 332—336; Index Aeron. **5** (1949) 1 68.

Gilroy, P. E. and *F. A. Champion:* Aluminium and fruit juices. J. Soc. Chem. Industry **67** (1948) Nov. 407—410; Met. Rev. **22** (1949) 2 27.

Jacquet, P. A et *P. Galmiche:* La corrosion des alliages réfractaires envisagée pour la construction de turbo-réacteurs. Rech. Aéron. (1948) 4 19—26 26 réf.

Jager, A.: Resistance to corrosion of Al-alloys. De Ingenieur (Utrecht) **60** (1948) 12 MK 30—32; Chem. Abstr. **44** (1950) 11 4853.

Perktold, Franz: Angriff von Eisen in technischen Schwefelsäuren und Nitrosen. Angew. Chemie Ser. B **20** (1948) Mai/Juni 125—128 16 Lit.-St.; Met. Rev. **22** (1949) 3 29.

Pilling, N. B. and *W. A. Wesley:* Atmospheric durability of steels containing nickel and copper — additional exposure data. Proc. ASTM **48** (1948) 610—617; Met. Rev. **22** (1949) 6 30.

Schikorr, Gerhard: Über die Korrosionsverhältnisse in den Auspuffleitungen von Verbrennungsmotoren. Metalloberfläche **2** (1948) Apr. 73—79 25 Lit.-St.; Met. Rev. **22** (1949) 3 29.

Schläpfer, P. et *A. Bukowiecki:* Contribution à l'étude de la corrosion des métaux par les carburants. Métaux Corrosion **23** (1948) Dec. 667—677; Met. Rev. **22** (1949) 3 29.

Tolley, G.: The corrosion of metals in atmospheres containing sulphur dioxide. Part I. J. Soc. Chem. Industry **67** (1948) Nov. 404—407; Met. Rev. **22** (1949) 2 26.

— „Electron", the corrosion of metals, aluminium and its alloys. Sheet Metal Industries **25** (1948) 249 135—142; Werkstatt u. Betrieb **82** (1949) 3 97.

— Hydrochloric acid versus construction materials. Chem. Engng. **55** (1948) Dec. 231—232, 234; Met. Rev. **22** (1949) 2 26.

— Magnesium alloys: their corrosion behaviour. Mag. of Magnesium (1948) Nov. 2—5; Met. Rev. **22** (1949) 1 30.

Ambwerd, P.: Untersuchungen über den Angriff vanadiumhaltiger Ölaschen auf hitzebeständige Stähle. EMPA Disk. Ber. 171 Sept. 1949 51 p. 52 Lit.-St.; Index Aeron. **7** (1951) 4 62.

Champion, F. A.: Metal thickness and corrosion effects; inter-relations with aluminium and its alloys. Metal Industry **74** (1949) 7./1. 7—9, 13; Met. Rev. **22** (1949) 3 30.

Colegate, G. T.: Corrosion prevention: influence of correct design of metal structures. Metal Industry **74** (1949) 18./2. 123—125, 25./2. 151—153, 3./3. 167—168; Met. Rev. **22** (1949) 4 55.

Comstock, George F.: Results of some plant corrosion tests of welded stainless steels. ASTM Prepr. 23 1949 10 p.; Met. Rev. **22** (1949) 8 31.

Dravnieks, Andrew and *Hugh J. McDonald:* High temperature corrosion of metals. Industrial Gas **27** (1949) June 6; Corrosion (Houston) **5** (1949) July 227—233; Met. Rev. **22** (1949) 8 30, 31.

Friedli, J.: Korrosion metallischer Werkstoffe im Bauwesen. Schweizer Arch. **15** (1949) 9 61—65.

Gäumann, H.: Korrosionsstudien mit aluminiumreichen Werkstoffen besonders im Hinblick auf ihre Verwendung zum Bau von Gasdruckgefäßen. Wiss. Techn. Diss. Zürich. Berlin: Maetze 1949 57 p.; Bull. Anal. C. N. R. S. **11** (1950) 11 3998.

Gäumann, H. u. *P. Schläpfer:* Untersuchungen über Korrosionsangriffe in Druckgefäßen. Schweiz. Arch. **15** (1949) 10 316—324.

Holdaway, George A.: Corrosion tests of a heated wing utilizing an exhaust-gas-air mixture for ice prevention. NACA TN 1791 Jan. 1949 39 p.; Met. Rev. **22** (1949) 3 30.

Hudson, J. C.: The atmospheric corrosion of iron and steel wires. Wire Industry **16** (1949) Apr. 333—335, 337, (1949) May 417—419; Met. Rev. **22** (1949) 7 29. [1.422].

Montoro, V. and *G. Canesi:* Evaluation of the effects of corrosion on sheet steel. (Valutazione degli effetti della ruggine su lamiere di acciaio.) Metallurgia Ital. **41** (1949) 5 225—228 7 ref.; Index Aeron. **6** (1950) 5 50.

Ogburn, Fielding, Elmer R. Weaver et *William Blum:* Influence de l'humidité relative et de l'état de surface sur la corrosion de l'acier à faible teneur en carbone et du zinc. Métaux Corrosion **24** (1949) Mars 77—84; Met. Rev. **22** (1949) 7 28.

Poe, Charles F. and *E. M. van Vleet:* Action of organic acids on stainless steel. Industr. & Engng. Chem. **41** (1949) Jan. 208—210; Met. Rev. **22** (1949) 2 27.

Richardson, W. H.: Sand cast nickel alloys for corrosion and heat resisting service. Metallurgia **40** (1949) 235 3—14 5 ref.; Index Aeron. **6** (1950) 3 93.

Speller, F. N.: La corrosion aqueuse du fer et l'acier. Mésures préventives. Métaux Corrosion **24** (1949) Jan. 7—14 21 réf.; Met. Rev. **22** (1949) 4 30. [1.363].

Schikorr, Gerhard: Zum atmosphärischen Rosten des Eisens. Arch. Metallkde. **3** (1949) Febr. 76—79; Met. Rev. **22** (1949) 7 29.

Stark, L. E. and *C. R. Bishop:* Corrosion resistance of powder-cut stainless steels. Welding J. **28** (1949) March 104s—115s; Met. Rev. **22** (1949) 4 53.

Steinrath, G.: Korrosion im Innern von Stahlrohrkonstruktionen. Bau (1949) 11 269.

Vernon, W. H. J.: The corrosion of metals (two cantor lectures). J. Roy. Soc. Arts **97** (1949) 4798 578—610 41 ref.; Index Aeron. **6** (1950) 5 49.

— Corrosion guide for fasteners. Product Engng. **20** (1949) July 161; Met. Rev. **22** (1949) 8 31.

— Report of Committee A-5 on corrosion of iron and steel. ASTM Prepr. 3 1949 19 p.; Met. Rev. **22** (1949) 8 31.

— Report of Committee A-10 on iron-chromium-nickel, and related alloys. ASTM Prepr. 7 1949 8 p.; Met. Rev. **22** (1949) 8 31.

— Resistance of magnesium alloys to corrosion. Mag. of Magnesium (1949) May 13; Met. Rev. **22** (1949) 7 30.

— The weathering characteristics of some aluminium alloys. Devel. Bull. No. 3 April 1949 17 p.

Brenner, Paul: Erscheinungsformen der Korrosion bei Leichtmetall-Legierungen. Metalloberfläche **4** A (1950) Jan. 1—9; Chem. Zbl. **121** (1950) I 13 915.

Le Brocq, L. F. and *H. G. Cole:* Corrosion problems arising from the use of magnesium alloys in service aircraft. Metallurgia **42** (1950) 251 173—175; Index Aeron. **6** (1950) 12 78.

Bryan, J. M.: Korrosion von Aluminium und Al-Legierungen durch Citronensäure und deren Lösungen. J. Sci. Food Agric. **1** (1950) 3 84—85; Corrosion (Houston) **9** (1953) 7 ref. 116a; Werkstoffe u. Korrosion **5** (1954) 10 404.

Colegate, G. T.: The corrosion of the austenitic stainless steels: Part I — Types of stainless steel and forms of attack. Part II — Pitting and intergranular corrosion. Metallurgia **41** (1950) 243 147—150, 245 259—262; Index Aeron. **6** (1950) 6 49.

Endo, Hikozo, Goro Yokoyama, and *Makoto Asaka:* Corrosion of elektron AZM in ethyl gasoline. J. Inst. Metals (Japan) **14** B (1950) 4 58—61; Chem. Abstr. **46** (1952) 16 7506; AB **23** (1952) 10 587.

Fontana, M. G.: Corrosion. Industr. & Engng. Chem. **42** (1950) 11 99A—100A; Index Aeron. **7** (1951) 1 66.

Main, S. A. and *T. H. Arnold:* The corrosion of steel in estuarine tropical waters. J. Iron Steel Inst. **165** (1950) 3 268—287; Bull. Anal. C. N. R. S. **11** (1950) 11 3987.

Piatti, L.: The influence of precipitations at the grain boundaries on the resistance of chromium-nickel steels to general corrosion. (In English). Sulzer Techn. Rev. (1950) 1 27—31; Index Aeron. **7** (1951) 12 127.

Quadt, A. R. u. *E. C. Reichard:* Korrosionsversuche mit einer Gußlegierung Al-Zn-Mg-Cu von hohem Widerstand. (Ber. Nr. 50-47 A.F.S.-Tagung Cleveland Mai 1950.) Rev. Aluminium **28** (1951) 175 20; Werkstoffe u. Korrosion **5** (1954) 5 193.

Schikorr, Gerhard: Die atmosphärische Korrosion metallischer Werkstoffe in geschlossenen Räumen. Feinwerktechnik **54** (1950) 1 3—8.

Symonds, H. H.: Corrosion of aluminium. Metal Industry **76** (1950) 8 150, 152; Bull. Anal. C. N. R. S. **11** (1950) 11 3998.

— Stainless steels — their selection and application. Mater. & Meth. **31** (1950) 5 83—98; Index Aeron. **6** (1950) 10 70. [1.322.122].

Benz, W. G. jr. and *J. S. Sohn:* Aircomatic welding of austenitic stainless steels. Welding J. **30** (1951) 10 911—926; Met. Rev. **24** (1951) 11 35; Stahl u. Eisen **72** (1952) 4 210. [1.442.12].

Hopper, E. W.: Welding and its effect on the corrosion resistance of stainless steel. Welding J. **30** (1951) June 503—507.

Johnson, L. W. and *E. J. Bradbury:* Corrosion-resistant materials. Trans. Inst. Mar. Engrs. **63** (1951) 4 59—73 42 ref.; Index Aeron. **7** (1951) 11 83.

Kostron, Hans: Formen und Wege des Korrosionsangriffes bei Aluminiumlegierungen. I. Binäre Legierungen im Gußzustand. II. Einfluß von Abwalzung und Wärmebehandlung auf das Verhalten einer Legierung. Z. Metallkde. **42** (1951) 4 107—110, 5 133—137.

Lees, D. C. G: Effect of alloying elements on corrosion resistance of casting alloys. Light Metals **14** (1951) Sept. 494—502; Met. Rev. **24** (1951) 11 43.

Petri, H. G. u. *Gustav Siebel:* The influence of copper and iron on the corrosion-resistance of Al-Mg 5 (Hydronalium 5) alloy sheet. Metalloberfläche **5** (1951) 6 A 84—93; Index Aeron. **8** (1952) 6 97; Metal Abstr. **20** (1953) Pt. 4 Dec. 263; AB **24** (1953) 2 92.

Raffo, Mario: (Corrosion) studies on some light (aluminium) alloys. Ricerca Scientifica **21** (1951) 8 1375—1383; Metal Abstr. **20** (1953) Pt. 6 Febr. 417; AB **24** (1953) 4 237.

Rudberg, E.: Experiments in light-metal corrosion at the Swedish Institute for Metal Research. IVA T. **22** (1951) 163—164; Chem. Abstr. (USA) **46** (1952) 8 Apr. 3482; AB **23** (1952) 6 332.

Schrero, Morris: Review of iron and steel literature for 1950. Part III. Blast Furnace and Steel Plant **39** (1951) Sept. 1101—1105; Met. Rev. **24** (1951) 11 23. [1.325.1].

Stern, M. and *H. H. Uhlig:* Corrosion of aluminum by carbon tetrachloride. M.I.T. Quart. Rep. **2** (1951) 3 36; Corrosion **10** (1954) 1 45; AB **25** (1954) 2 84.

Smith, L. W.: Corrosion aspects of fusion welded aircraft high-strength aluminum alloys. Corrosion (Houston) **7** (1951) 12 423—437; Techn. Data Dig. **17** (1952) 2 39.

Swain, A. J.: Experiments on the reaction of aluminium-magnesium alloys with steam. J. Inst. Metals **1** (1951) 3 Nov. 125—130; AB **23** (1952) 4 210.

— Durability of aluminum and its alloys. Marine exposure. Light Metals **14** (1951) 154 36—43; AB **22** (1951) 3 154—155.

Aziz, P. M. and *Hugh P. Godard:* Pitting corrosion characteristics of aluminium — influence of magnesium and manganese. Industr. Engng. Chem. **44** (1952) 8 1791—1795; AB **23** (1952) 9 505.

Bollinger, Jakob: The corrosion of various metals in liquid sulphur dioxide. Thesis ETH Zürich 1952 26 p.; Metal Abstr. **21** (1953) Pt. 4 Dec. 351; AB **25** (1954) 2 85.

Brenner, P.: Properties and corrosion resistance of aluminium-zinc-magnesium alloys. (Fourth Int. Mech. Engng. Congr. Stockholm) Prepr. 1952 24 p. 21 ref.; Metal Abstr. **20** (1952) Pt. 4 Dec. 238; AB **24** (1953) 2 93.

Draley, J. E. and *W. E. Ruther:* Aqueous corrosion of 2 S aluminium at elevated temperatures. U. S. Atomic Energy Comm. Publ. AECU-2301 1952 9 p.; Metal Abstr. **21** (1954) Pt. 10 877; AB **25** (1954) 8 542.

Fontana, M. G.: Corrosion. Industr. & Engng. Chem. **44** (1952) 8 87A—90A; Index Aeron. **8** (1952) 12 61.

Guilhaudis, A.: Observations sur la tenue en atmosphère marine d'alliages légers et d'assemblages hétérogènes. (Observations on the corrosion resistance of light metal assemblies in marine atmospheres). Rev. Métallurgie **49** (1952) 11 791—800; AB **24** (1953) 1 32.

Houdremont, Edouard u. *W. Tofaute:* Kornzerfallbeständigkeit nicht rostender ferritischer und martensitischer Chromstähle. Stahl u. Eisen **72** (1952) 10 539—545 11 Lit.-St.; Index Aeron. **8** (1952) 8 99.

Kawachi, Rihei: Corrosion test of aluminum and its alloy sheets in atmosphere and sea water. Sumitomo Metals (Japan) **4** (1952) 289—298; Chem. Abstr. **48** (1954) 11 6362; AB **25** (1954) 8 542.

Meybeck, J. et *N. Iwanow:* Essais de résistance à la corrosion de différents matériaux vis-à-vis des liqueurs de chlorite de soude pouvant être utilisées dans l'industrie textile. III. Bull. Inst. Textile France 36 1952 7—26; Chimie et Industrie **69** (1953) 6 1070; AB **24** (1953) 9 573.

Orem, T. H.: Atmospheric exposure tests of nailed sheet-metal building materials. U. S. Dep. Commerce, Nat. Bur. Stand. Building Materials and Structures Rep. No. 128 March 1952 24 p.; AB **23** (1952) 8 447. [1.363].

Orton, George W.: Corrosion of aluminum. Techn. Data Dig. **17** (1952) 3 16—23 36 ref.; Index Aeron. **8** (1952) 7 98; Werkstoffe u. Korrosion **5** (1954) 10 404.

Rädeker, W.: Das Verhalten der Schweißnähte gegenüber chemischen Beanspruchungen. Schweißen u. Schneiden **4** (1952) 6 198—203.

Reinhart, F. M.: Corrosion of magnesium alloy ZK 60 A in marine atmosphere and tidewater. NACA TN 2632 1952; Mater. & Meth. **35** (1952) 6 190; AB **23** (1952) 7 413.

Schenk, M.: Aluminium und Wasser. Metalloberfläche **4** (1952) 3 B 33—B 36; Nachr. Bl. AGM Leichtbau **1** (1952) 2 7.

Shirley, H. T. and *J. E. Truman:* The influence of carbon content on the acid resistance of titanium- and niobium-stabilized 18 Cr, 8—14 Ni steels. J. Iron Steel Inst. **172** Pt. 4 (1952) 377—380 6 ref.; Index Aeron. **9** (1953) 5 74—75.

Sugiyama, M. u. *Takahashi:* Über die Korrosion von Guß aus Aluminium. Light Metals (Japan) (1952) 3 58—65; Werkstoffe u. Korrosion **5** (1954) 8/10 329.

Whitaker, Marjorie: The effect of impurities on the corrosion resistance of aluminium. Metal Industry **80** (1952) 10/19 183—186, 207—212, 227—230, 247—251, 263—266, 288—290, 303—305, 313, 331—332, 346—350, 387—388; AB **23** (1952) 6 333—334; Aluminium **28** (1952) 7/8 XIII; Index Aeron. **8** (1952) 6/8 95, 99, 100, 106.

— Comparison of corrosion properties of zirconium, titanium, tantalum, stellite No. 6 and type 316 stainless steel. Mater. & Meth. **35** (1952) 1 115, 117.

— Korrosion von hochreinem Magnesium. US-Atom. Energy Comm. C. 00—85 1952; Rev. Aluminium (1953) 200 10; Werkstoffe u. Korrosion **5** (1954) 3 109.

— Weathering of sheet metal building material. Techn. News Bull. Nat. Bur. of Stand. **36** (1952) 5 72—74; AB **23** (1952) 6 332. [1.363].

Altenpohl, D.: Das Verhalten von Reinaluminium und Reinstaluminium in kochendem Wasser. Aluminium **29** (1953) 361—370; Werkstoffe u. Korrosion **5** (1954) 8/9 329; AB **24** (1953) 12 807.

Binger, W. W., R. H. Wagner and *R. H. Brown:* Resistance of aluminium alloys to chemical contaminated atmospheres. Corrosion **9** (1953) 2 43—44; Modern Metals **9** (1953) 3 66—68, 70—72; AB **24** (1953) 4 239, 6 398.

Binger, W. W., R. H. Wagner u. *R. H. Brown:* Widerstandsfähigkeit von Al-Legierungen gegen chemisch verunreinigte Luft. Corrosion (Houston) **9** (1953) 440—447; Werkstoffe u. Korrosion **5** (1954) 11 465.

Bleicher, Waldemar u. *Albrecht Müller-Busse:* Das Korrosionsverhalten geschweißter Aluminiumwerkstoffe bei Einwirkung von Schwefel- und Salpetersäure verschiedener Konzentrationen. Werkstoffe u. Korrosion (1953) 8/9 273—280; Nachr. Bl. AGM Leichtbau **2** (1953) 12 11; AB **24** (1953) 10 635.

Drummer, G. W. A.: The corrosion of metals and metal finishes under humidity and salt-spray tests, an analysis of four years' tests at the Telecommunications Research Etablishment, Great Malvern. Telecommun. Res. Establ. (Great Malvern) TN 50; Light Metals Bull. **15** (1953) 17 625; AB **24** (1953) 11 716. [1.363].

Franke, Erich: Der Einfluß von Verunreinigungen auf das Korrosionsverhalten von Aluminium und seinen Legierungen. Werkstoffe u. Korrosion **4** (1953) 1 4—14 98 ref.; Index Aeron. **9** (1953) 4 94.

Huwahara, K.: Influences of impurities on the corrosion of aluminium single-crystal plate caused by hydrochloric acid. J. Sci. Hiroshima Univ. Ser. A (1953) 16 541—544; Chem. Abstr. **48** (1954) 2 532; AB **25** (1954) 3 160.

Jacquet, Pierre A.: Sur un cas de corrosion d'alliage léger par couple électrolytique. Rev. Aluminium **30** (1953) 200 217—224; AB **24** (1953) 11 715.

Kawachi, Rihei: Comparison of the corrosion resistance of 61 S and AW 10 alloys, and the influence of the addition of copper or zinc up to 0,5 %. Light Metals (Japan) (1953) 7 44—50; AB **24** (1953) 8 507.

Kessler, H.: Der Einfluß gebräuchlicher Kältemittel auf Aluminiumlegierungen. Aluminium **29** (1953) 7/8 315—317; AB **24** (1953) 11 716.

Klosse, Ernst: Über die Korrosionsfestigkeit von Schmelzschweißungen an Stahlwerkstoffen. Werkstoffe u. Korrosion **4** (1953) 5 172—178; Nachr. Bl. AGM Leichtbau **3** (1954) 2 23.

Kress, H.: Korrosionsverhalten von Sphäroguß in Seewasser. Schiff u. Hafen **5** (1953) 292.

Lane jr., I. R., L. B. Golden and *W. L. Acherman:* Corrosion resistance of titanium, zirconium and stainless steel in organic compounds. Industr. & Engng. Chem. **45** (1953) May.

Lavigne, M. J.: Intergranular corrosion of high-purity aluminium. Metal Progr. **64** (1953) 3 84—86; AB **24** (1953) 10 635.

Larrabee, C. P.: Korrosionsbeständigkeit hochfester niedriglegierter Baustähle in Abhängigkeit von der Zusammensetzung und Umgebung. Corrosion **9** (1953) 8 259—271; Stahl u. Eisen **74** (1954) 12 799.

Luft, G. e *A. Perrone:* Resistenza alla corrosione in atmosfera industriale dell'alluminio e delle sue leghe. (The corrosion resistance of aluminium and its alloys in industrial atmospheres.) Alluminio **22** (1953) 3 256—269; AB **24** (1953) 9 572.

Nelson, B. J.: Corrosion tests on bare and clad magnesium sheet. Modern Metals **9** (1953) 1 63—65; AB **24** (1953) 4 250; Rev. Aluminium **30** (1953) 202 10; Werkstoffe u. Korrosion **5** (1954) 12 515. [1.363].

Porter, F. C. and *S. E. Hadden:* Corrosion of aluminum alloys in supply waters. Appl. Chem. (1953) 3 385—409; Chem. Abstr. **48** (1954) 5 2552; AB **25** (1954) 5 292—293.

Pray, H. A., R. S. Peoples and *E. White:* The corrosion of metals and materials by the products of combustion of gaseous fuels. Amer. Gas Ass. Rep. 4 Comm. Domestic Gas Res. Project D. G. R.-4-CH June 1953 27 p.; Nickel-Ber. 12 (1954) 7/8 141—142.

Reschke: Das Verhalten von Leichtmetall-Legierungen gegenüber Seewasser. Aluminium 29 (1953) 5 203—206; AB 24 (1953) 9 573—574.

Strom, P. O. and *M. H. Boyer:* Static corrosion of aluminum alloys at 350 F. and 480° F. in distilled water. U. S. Atomic Energy Comm. Rep. LRL-64 Oct. 1953 10 p.; AB 25 (1954) 9 624—625.

Walton, C. J., J. A. Nock and *D. O. Sprowls:* Resistance of aluminium alloys to weathering. Corrosion 9 (1953) 2 43; AB 24 (1953) 4 239.

Walton, C. J., D. O. Sprowls and *J. A. Nock:* Tests show corrosion resistance of aluminium. Light Metal Age 11 (1953) 7/8 18—19, 22, 28; Index Aeron. 9 (1953) 12 98; AB 24 (1953) 10 636.

Thomas, A. H.: Witterungsbeständigkeit von nichtrostendem Chromstahl. Steel 133 (1953) 13 88—89; Stahl u. Eisen 74 (1954) 4 247.

Weternik, L.: Corrosion of stainless steels especially in solutions which cause pitting corrosion. Maschinenbau u. Wärmewirtsch. 8 (1953) 6 157—163; Index Aeron. 9 (1953) 10 99.

— Corrosion resistance of aluminium to coal gas. Engineer 195 (1953) 5067 365; AB 24 (1953) 5 299.

Aziz, P. M. and *Hugh P. Godard:* Pitting corrosion characteristics of aluminum. Corrosion 10 (1954) 9 269—272; AB 25 (1954) 10 702.

Beck, W., F. G. Keihn and *R. G. Gold:* Corrosion of aluminum in potassium chloride solutions. I. Effects of concentrations of KCl and dissolved oxygen. Electrochem. Soc. J. 101 (1954) 8 393—399; AB 25 (1954) 9 627.

Cheng, Y. C. and *T. H. Taeng:* Die Anwendung von Aluminium in der Bleichmittelindustrie. Metall 8 (1954) 5/6 193—199; AB 25 (1954) 5 295.

Falkenhagen, Günter: Anfälligkeit von Stählen mit 18 % Cr und 8 % Ni zu interkristalliner Korrosion. Stahl u. Eisen 74 (1954) 24 1615—1617.

Fontana, Mars G.: Korrosionsbeständigkeit von Eisen-Aluminium- und Eisen-Aluminium-Molybdän-Legierungen. Industr. & Engng. Chem. 46 (1954) 5 85A —86A, 88A; Stahl u. Eisen 74 (1954) 27 1796.

Galmiche, Ph.: Le problème de l'écaillage et de la corrosion fissurante des alliages réfractaires pour turbines à gaz. Rech. Aéron. (1954) 39 45—53 15 ref.

Jupp, William B.: Korrosion in Tankern. Schiff u. Hafen 6 (1954) 8 475—476.

Katz, W. u. *J. Sonntag:* Korrosion durch Benzin und chlorierte Kohlenwasserstoffe. Metall 8 (1954) 5/6 203—205; AB 25 (1954) 5 292.

Krishnan, A. A. and *V. Prakash:* High temperature oxidation characteristics of some manganese aluminium steels. J. Sci. Industr. Res. (India) 13 B (1954) 6 444—449; Index Aeron. 10 (1954) 10 145.

Machu, Willi u. *M. Kamal Hussein:* Das anodische Verhalten von Aluminium und Al-Mg-Legierungen in Schwefelsäure- und Natriumsulfatlösungen. Werkstoffe u. Korrosion 5 (1954) 2 49—54; AB 25 (1954) 4 227—228; Index Aeron. 10 (1954) 5 143.

Liddiard, E. A. G. and *W. A. Bell:* The influence of extrusion direction on the corrosion and stress-corrosion of aluminium-copper-magnesium alloys. J. Inst. Metals 82 (1954) 426—432; AB 25 (1954) 6 377—378; Index Aeron. 10 (1954) 7 139. [1.364].

Montariol, Frédéric: Influence de la pureté sur la corrosion de l'aluminium très pur. „Rapp. Congr. Int. Aluminium, Tome II", Paris: Soc. Édition et Documentation Alliages Légers 1954 23—26 6 ref.

Mulders, E. M., W. G. R. de Jager and *J. W. Boon:* Corrosion tests on aluminium alloys. Rep. Metal en Corrosie Inst. T. N. O. (France) 1954 36 p.; J. Appl. Chem. 4 (1954) Pt. 6 689; AB 25 (1954) 8 542.

Panseri, Carlo e *Anna Gragnani:* Sul comportamento dell' alluminio esposto per alcuni decenni all' atmosfera urbana. (Über das Verhalten von Aluminium bei jahrzehntelanger Einwirkung von Großstadtatmosphäre). Alluminio 23 (1954) 6 627—637; Aluminium 31 (1955) 7/8 A 161.

Panseri, Carlo et *Anna Gragnani:* Comportement de l'aluminium exposé plusieurs années à une atmosphère urbaine. „Rapp. Congr. Int. Aluminium, Tome II", Paris: Soc. Édition et Documentation Alliages Légers 1954 27—37 6 ref.

Reinhart, F. M.: Corrosion of aluminum alloys by exhaust gases. Corrosion 10 (1954) 12 421—423.

Renner, Kurt: Über das Korrosionsverhalten der Aluminiumwerkstoffe im Schiffbau. Schiffbautechnik 4 (1954) 2 43—49 7 Lit.-St.

Schenk, M.: Aluminium and water. Aluminium Laboratories Translat. (B-TM-134-54) Febr. 1954 12 p.

Simon, A.: Einfluß der Anlaßtemperatur auf die Korrosionsbeständigkeit von Stahl mit 12 % Cr. Mater. & Meth. 40 (1954) 1 138—139; Stahl u. Eisen 74 (1954) 27 1794.

Strom, P. O., M. H. Boyer and *L. H. Litz:* Aqueous static corrosion of aluminium alloys coupled to stainless steel and zirconium at 350^0 F. U. S. Atomic Energy Comm. LRL 74 1954 4—13; Chem. Abstr. 48 (1954) 19 11279; AB 25 (1954) 11 785—786.

Sussman, Sidney and *J. R. Akers:* Corrosion and its control in aluminum cooling towers. Corrosion 10 (1954) 5 151—159; AB 25 (1954) 6 376—377.

Tofaute, W. u. *H. J. Rocha:* Über die Schwefelsäurebeständigkeit von nickelarmen, hochchromhaltigen Legierungen mit Molybdän- und Kupferzusätzen. Techn. Mitt. Krupp 12 (1954) 3 67—72; Stahl u. Eisen 74 (1954) 19 1244.

Wada, Goro: Corrosion of magnesium. II. J. Chem. Soc. Japan (1954) 75 276—279; Chem. Abstr. 48 (1954) 19 11280; AB 25 (1954) 11 805.

Westphal, R. C. and *J. Glatter:* Wear and corrosion of materials in high-temperature water. Mater. & Meth. 40 (1954) Aug. 100—101; Nickel-Ber. 12 (1954) 10 194—195.

Wright, T. E., H. P. Godard and *I. H. Jenks:* The resistance of aluminum to some alkaline building materials. Engng. J. 37 (1954) 10 1250—1256; AB 25 (1954) 12 859—860.

— Aluminium roofing in severe industrial conditions. Light Metals 17 (1954) 196 227—230; Aluminium 31 (1955) 3 A 55.

Brauns, E. u. *G. Pier:* Beitrag zur interkristallinen Korrosion des austenitischen Chrom-Nickel-Stahles. Stahl u. Eisen 75 (1955) 9 579—586.

Ginsberg, H. u. *F. Baumann:* Chemischer Angriff auf ungeschütztes Aluminium und Ablauf des Glänzvorganges. Metall 9 (1955) 5/6 160—163.

Markovic, T. u. *M. Karsulin:* Der Einfluß der Lüftung auf die Bodenkorrosion des Aluminiums. Werkstoffe u. Korrosion 6 (1955) 1 6—8; Aluminium 31 (1955) 9 A 200.

Markovic, T.: Über die Bodenkorrosion des Aluminiums. Werkstoffe u. Korrosion 6 (1955) 2 84—86; Aluminium 31 (1955) 9 A 200.

Metzger, M. and *J. Intrater:* Intergranular corrosion of high-purity aluminum in hydro-chloric acid. I. Effects of heat treatment, iron content, and acid composition. II. Grain-boundary segregation of impurity atoms. NACA TN 3281 Febr. 1955, 3282 Apr. 1955; J. Roy. Aeron. Soc. 59 (1955) 534 447, 535 516.

Schikorr, Gerhard: Die Korrosion von Metallwaren bei Lagerung und Versand und ihre Verhütung unter besonderer Berücksichtigung amerikanischer Spezifikationen. Werkstoffe u. Korrosion **6** (1955) 1 9—14.

Oberflächenbehandelte Werkstoffe 1.363

Nelson, William: Duralumin and its corrosion. NACA TM 408 April 1927. [1.325.2]

Rawdon, Henry S.: Corrosion Embrittlement of Duralumin. V — Results of weather-exposure tests. NACA TN 304 Febr. 1929.

Schmidt, Erich K. O.: Seewasserbeständigkeit galvanischer Überzüge auf Eisen und Leichtmetallen. 209. DVL-Ber. ZFM **22** (1931) 5 141—147.

Schmidt, E. K. O.: Prüfung verschiedener Oberflächenschutzmittel für Leichtmetalle in der Ostsee. DVL-Ber. Kf 42/5 1931.

Rackwitz, E.: Korrosionsschutz durch nichtmetallische Überzüge. Z. VDI **76** (1932) 50 1225—1226.

Gürtler, Gustav: Vergleichende Korrosionsprüfung von BSS-plattiertem Bondur- und Albondur. DVL-Ber. Kf 12/11 1934.

Kroll, N.: Oberflächenschutzversuche an Elektronblechen. ZWB FB 127 1934 8 S.

Mutchler, Willard: The weathering of aluminum alloy sheet materials used in aircraft. NACA Rep. 490 1934. [1.325.2].

Whitby, L.: The corrosion and protection of Magnesium and its alloys. J. Roy. Aeron. Soc. **38** (1934) 281 413—431.

Bungardt, Karl: Prüfung der Korrosionsbeständigkeit von Albondur und Bondurplat. DVL-Ber. K 17/66 1935. [1.362].

Gürtler, Gustav: Untersuchungen über den Einfluß der Oberflächenbehandlung von Metallen auf die Korrosionsbeständigkeit und auf die Haftfähigkeit von Anstrichfilmen. ZWB FB 449 1935 4 S. [2.731].

Loepelmann, Fr.: Untersuchungen über den Einfluß der Oberflächenvorbehandlung von Leichtmetallen auf die Korrosionsbeständigkeit und die Haftfestigkeit von Anstrichfilmen. 2. Teilbericht. ZWB FB 449/2 1935 22 S. [2.731].

Loepelmann, Fr.: Über die Korrosionsbeständigkeit nachgedichteter eloxierter Bleche aus Al-Legierungen im Ebbe-Flut-Prüfstand Norderney und im Wechseltauchgerät der DVL. ZWB UM 445 1937 12 S.

Loepelmann, Fr.: Vergleich der Korrosionsbeständigkeit einer plattierten Legierung der Gattung Al-Cu-Mg DIN 1713 mit einer unplattierten, eloxierten und nach verschiedenen Verfahren nachgedichteten Legierung derselben Gattung. ZWB FB 692 1937 9 S.

Marsh, E. C. J. and *E. Mills:* Protection of light alloys. The resistance to corrosion of aluminium and magnesium base alloys with methods of protection. Aircr. Engng. **9** (1937) 98 97—102; Luftwissen **5** (1938) 1 29.

Gröber, Hanns: Korrosionsversuche mit plattiertem Elektron. ZWB UM 509 1938 9 S.

Mutchler, Willard: The effect of continuous weathering on light metal alloys used in aircraft. NACA Rep. 663 1939. [1.325.2].

Mutchler, Willard and *W. G. Galvin:* Tidewater and weather-exposure tests on metals used in aircraft. NACA TN 736 Nov. 1939. [1.325.0].

Althof, F. C.: Die Fernschutzwirkung bei Korrosion plattierter Al-Cu-Mg-Legierungen insbesondere ein auffälliger Fall ihres Ausbleibens. Ein Beitrag zu dem Problem des interkristallinen Zerfalles. Jb. 1940 Dtsch. Luftf. Forsch. I 1024—1034.

Davis, H. C.: Corrosion tests of duralumin anodically treated in chromic acid solutions. R. A. E. Report December 1940, Sel. Govmt. Res. Rep. 3 (Protection and Electrodeposition of Metals) 1951; AB **23** (1952) 8 442.

554

Bungardt, Walter: Korrosionsschutz von Aluminium-Kupfer-Magnesium-Legierungen durch Plattierschichten aus kalziumhaltigem Aluminium. Z. Metallkde. **32** (1940) 11 363—368 12 Lit.-St.; Techn. Z.-Schau **26** (1941) 3 48.

Balley, M.: Les revêtements et enduits protecteurs contre la corrosion des métaux. Métaux Corrosion **16** (1941) Jan./Febr. 3—12; Techn. Z.-Schau **26** (1941) 20 343

Dobbelmann, T. A. H. M.: Corrosion and corrosion tests on light metals. NLL Rep. M. 984 1941; Metalen (1941) 10./10. 12 p.; Index Aeron. **4** (1948) 5 82.

Schikorr, Gerhard: Die Witterungsbeständigkeit verzinkter Stahldrähte und Drahtseile. Arch. Eisenhüttenwes. **17** (1943/44) 5/6 147—150. [1.422].

Jones, E. R. W. and *M. K. Petch:* Variations in corrosion properties on different parts of magnesium alloy sheet. With an appendix on: The determination of small amounts of iron in magnesium alloys by A. Bacon and H. C. Davis. RAE Rep. Febr. 1944; Sel. Govmt. Res. Rep. 3 (Protection and Electrodeposition of Metals) 1951 171—186; AB **23** (1952) 7 414.

Savage, E. G.: Corrosion tests of wrought and cast aluminium alloys anodized in chromic acid solutions. RAE Rep. Oct. 1944; Select. Govmt. Res. Rep. 3 (Protection and Electrodeposition of Metals) 1951 155—161; AB **23** (1952) 7 393.

Braithwaite, C.: Corrosion tests on aluminium alloy sheet clad with aluminium coating of 99.36 per cent purity. RAE TN July 1945; Select. Govmt. Res. Rep. 3 (Protection and Electrodeposition of Metals) 1951 255—259; AB **23** (1952) 7 393.

Le Brocq, L. F. and *T. L. Williams:* Technical Note on tropical corrosion tests on magnesium alloy sheet in contact with other metals. RAE TN Jan. 1946; Sel. Govmt. Res. Rep. 3 (Protection and Electrodeposition of Metals) 1951 224—226; AB **23** (1952) 7 413.

Cole, H. G. and *E. Parry:* Treatment in cold chromate baths of magnesium alloy parts previously treated in the acid chromate dip and lanolined. RAE TN Jan. 1946; Select. Govmt. Res. Rep. 3 (Protection and Electrodeposition of Metals) 1951 67—71; AB **23** (1952) 7 410.

Rakowski, L.: The influence of surface contamination on the corrosion of magnesium alloy sheet to specification DTD 118. RAE Rep. Nov. 1946; Select. Govmt. Res. Rep. 3 (Protection and Electrodeposition of Metals) 1951 187—215; AB **23** (1952) 7 410.

Mutchler, Willard: Marine exposure tests on stainless steel sheet. NACA TN 1095 Febr. 1947. [1.322.123].

Hérenguel, J.: Observations sur la tenue à la corrosion des cables électriques en aluminium-acier déposés après 15 à 30 ans d'usage. Métaux Corrosion **23** (1948) Oct. 242—244; Met. Rev. **22** (1949) 2 26.

Keller, Fred and *Junius D. Edwards:* The behavior of oxide films on aluminium. "Pittsburgh Int. Conf. on Surface reactions" 1948 202—212 30 ref.; Met. Rev. **22** (1949) 4 30.

Shirley, H. T. and *J. E. Truman:* A study of the corrosion resistance of high-alloy steels to an industrial atmosphere. J. Iron and Steel Inst. **160** (1948) Dec. 367—375 15 ref.; Met. Rev. **22** (1949) 2 26.

Eilender, Walter, Heinr. Arend u. *Franz Sadrazil:* Korrosionsuntersuchungen an Hartchromschichten. Metalloberfläche **3** (1949) Febr. 32—35; Met. Rev. **22** (1949) 5 32.

Van Ewijk, L. J. G.: La résistance à la corrosion du duralumin en différentes conditions de finissage. Métaux et Corrosion **24** (1949) 291 261—273; AB **21** (1950) 2 110.

Machu, Willi: Erhöhung der Korrosionsbeständigkeit von Phosphatschichten durch Nachbehandlung mit porenfüllenden Stoffen. Arch. Metallkde. **3** (1949) 10 335—340; Bull. Anal. C. N. R. S. **11** (1950) 11 3989.

Palmaer, Eva: Aperçu succinct. Des expériences atmosphériques de longue durée de la Commission Suédoise de Corrosion. Métaux Corrosion **23** (1949) Dec. 285—290; Met. Rev. **22** (1949) 3 29.

Pray, H. A: Corrosion of electroplated steel in automotive applications. SAE Prepr. No. 338 1949 12 p.; Met. Rev. **22** (1949) 7 29.

Schikorr, Gerhard: Über die Witterungsbeständigkeit von kaltphosphatiertem Stahl. Arch. Metallkde. **3** (1949) Feb. 82—83; Met. Rev. **22** (1949) 7 31.

Speller, F. N.: La corrosion aqueuse du fer et l'acier. Mesures préventives. Métaux Corrosion **24** (1949) Jan. 7—14 21 ref.; Met. Rev. **22** (1949) 4 30. [1.362].

Theisinger, W. G.: Nickel-clad, monel-clad and inconel-clad steel. „Dietz: Engineering laminates" New York, Wiley 1949 426—452; Met. Rev. **22** (1949) 6 32. [1.322.121].

Raymond, K. L.: Corrosion problems of motor coaches. Corrosion (Houston) **7** (1951) 9 303—307; AB **22** (1951) 11 668.

Reinhart, F. M.: Korrosion oberflächenbehandelter Al-Legierungen. Nat. Bur. Stand. Rep. 1004 1951 (Proj. 4105); Werkstoffe u. Korrosion **5** (1954) 8/9 340; Nachr. Bl. AGM Leichtbau **4** (1955) 1 15.

Scott, B. E.: Cadmium-tin alloy plating stops corrosion. Iron Age **167** (1951) 3 59—62 5 ref.; Index Aeron. **7** (1951) 4 67.

Stern, M. and *H. H. Uhlig:* Effect of oxide films on the reaction of aluminum with carbon tetrachloride. M. I. T. Quart. Rep. **2** (1951) 3 18; Corrosion **10** (1954) 1 45; AB **25** (1954) 2 84.

Wiederholt, Wilhelm: Korrosionsschutz im Stahlleichtbau. Werkstoffe u. Korrosion **2** (1951) 372—377.

— Corrosion tests of duralumin anodically treated in sulphuric acid baths containing aluminium salts. RAE Rep. Jan. 1951; Select. Govmt. Res. Rep. 3 (Protection and Electrodeposition of Metals) 1951 162—164; AB **23** (1952) 7 394.

Clarke, S. G. and *E. E. Longhurst:* Corrosion by retained treatment chemicals on phosphated steel surfaces. J. Iron Steel Inst. **170** (1952) Pt. 1 15—18; Index Aeron. **8** (1952) 4 78.

Dassetto, G.: Corrosion resistance of aluminium and Aldrey cables. Aluminium Suisse **2** (1952) 3 Mai 96—99; AB **23** (1952) 7 395.

Hudson, J. C.: Protection of structural steelwork. Contract J. (1952)23./7. Light Metals Bull. **15** (1953) 17 639; AB **24** (1953) 11 714. [1.325.1].

Orem, T. H.: Atmospheric exposure tests of nailed sheet-metal building materials. U. S. Dep. Commerce, Nat. Bur. of Standards, Building Materials and Structures Rep. No. 128 March 1952 24 p.; AB **23** (1952) 8 447. [1.362].

— Weathering of sheet metal building material. Techn. News Bull. Nat. Bur. of Stand. **36** (1952) 5 72—74; AB **23** (1952) 6 332. [1.362].

Copson, H. R.: Einfluß von Korrosion bei Rißbildungen an Druckbehältern. Welding Res. Counc. (1953) 2 75—91; Corrosion **10** (1954) 4 124—139; Stahl u. Eisen **74** (1954) 15 977.

Drummer, G. W. A.: The corrosion of metals and metal finishes under humidity and salt-spray tests, an analysis of four years' tests at the Telecommunications Research Establishment; Great Malvern. Telecommun. Res. Establishm. (Great Malvern) TN 50; Light Metals Bull. **15** (1953) 17 625; AB **24** (1953) 11 716. [1.362].

Hudson, J. C. u. *J. F. Stanners:* Korrosionsschutz von Eisen und Stahl durch metallische und nichtmetallische Überzüge. II. J. Iron and Steel Inst. **175** (1953) 4 381—390; Stahl u. Eisen **74** (1954) 4 243.

La Que, F. L. u. *James A. Boylan:* Einfluß der Stahlzusammensetzung auf die Rostschutzwirkung organischer Überzüge bei atmosphärischer Auslage. Corrosion (Houston) **9** (1953) 7 237—241; Stahl u. Eisen **74** (1954) 12 799.

Nelson, B. J.: Corrosion tests on bare and clad magnesium sheet. Modern Metals **9** (1953) 1 63—65; AB **24** (1953) 4 250. [1.362].

Reinhart, F. M., W. F. Hess, R.-A. Wyant, F. J. Winsor u. *R. R. Nash:* Korrosion von punktgeschweißten Al-Legierungen. Rev. Aluminium **30** (1953) 30 27; Werkstoffe u. Korrosion **5** (1954) 7 267; Nachr.-Bl. AGM Leichtbau **3** (1954) 8 8.

Solar, F.: Haftfestigkeit und Korrosion bei elektroplattiertem Aluminium. Metalloberfläche **7** (1953) 5 117—120; AB **25** (1954) 3 153—154; Werkstoffe u. Korrosion **5** (1954) 5 196.

Briese, W.: Korrosionsschutzverbesserungen eloxierter Aluminiumgegenstände durch ein neues Nachdichtungsverfahren. Metallwaren-Industrie u. Galvanotechn. **45** (1954) 8 231. [2.722].

Greenblatt, J. H.: Sea water immersion trials of protective coatings. Corrosion **10** (1954) 3 95—99; AB **25** (1954) 4 230.

Hoffmann, G.: Augenblicklicher Stand des Korrosionsschutzes von Leichtmetallen. Bericht Nr. 2 Arbeitsausschuß „Leichtmetall und Sonderwerkstoffe" der Schiffbautechnischen Gesellschaft Hansa 1952; Aluminium **30** (1954) 8/9 CLXIX.

Prati, Anna: Le couple galvanique aluminium-graphite dans la corrosion des alliages légers. „Rapp. Congr. Int. Aluminium, Tome II", Paris: Soc. Édition et Documentation Alliages Légers 1954 39—47 7 ref.

Altenpohl, D.: Korrosionsschutz des Aluminiums durch natürliche oder verstärkte Oxydschichten: Neuere Untersuchungen. Metall **9** (1955) 5/6 164—171.

Bukowiecki, A.: Über den Mechanismus der Rostbildung an blanken und mit Anstrichstoffen versehenen Eisengegenständen. Schweiz. Arch. **21** (1955) 4 121—133.

Köhler, W.: Korrosions- und Hitzebeständigkeit von Kohlenstoffstahl und von Sonderstahl nach chemisch-technischer Oberflächenbehandlung. Werkstoffe u. Korrosion **6** (1955) 5 228—236.

Spannungskorrosion   1.364

Rawdon, Henry S.: Corrosion Embrittlement of Duralumin. VI — The effect of corrosion, accompanied by stress on the tensile properties of sheet duralumin. NACA TN 305 May 1929.

Brenner, Paul: Versuche über das Aufreißen von Duralumin, Lautal, Hydronalium und Duralplat unter Spannung und Korrosion. ZWB FB 79 1934 19 S.

Müller, E. W.: Zur Frage der Wechselwirkung zwischen Korrosion und statischer Zugbeanspruchung bei Baustählen. (Mitt. Forsch. Inst. vereinigte Stahlwerke AG Dortmund Bd. 4 Lfg 8) Dortmund: Stahldruck Dortmund 1934. [1.322.11].

Gürtler, Gustav: Spannungskorrosionsversuche mit Elektronblechen. 1. Zwischenbericht. ZWB FB 310/1 1935 13 S.

Matthaes, Kurt: Über die Spannungskorrosion der Leichtmetalle. Jb. 1936 Lil. Ges. Luftf. Forsch. 404—430.

Althof, F. C.: Beitrag zur Kenntnis der Spannungskorrosion bei Knetlegierungen. Eine Untersuchung an Al-Mg-Legierungen unter vergleichsweiser Einbeziehung von Rein-Aluminium, Al-Cu-Mg- und Al-Mg-Si-Legierungen und Mg-Legierungen. Luftf.-Forsch. **15** (1938) 1/2 60—82.

Bollenrath, Franz u. *Walter Bungardt:* Korngröße und Spannungskorrosionsverhalten von Aluminium-Magnesium-Knetlegierungen. Z. Metallkde. **32** (1940) 9 303—305; Jb. 1941 Dtsch. Luftf. Forsch. I 643—645.

Brenner, Paul u. *Willy Feldmann:* Einfluß der Wärmebehandlung auf Spannungskorrosionsempfindlichkeit von Aluminium-Zink-Magnesium-Legierungen. Z. Metallkde. **32** (1940) 8 290—294.

Graf, Ludwig: Zum Problem der Spannungskorrosion. Luftwissen **7** (1940) 5 160—169.

Hansen, M., A. Mühlenbruch u. *H. J. Seemann:* Über das Spannungskorrosionsverhalten von Aluminium-Zink-Magnesium-Legierungen. Jb. 1940 Dtsch. Luftf. Forsch. I 1035—1038.

Bungardt, Walter u. *Eugen Oßwald:* Beobachtungen über den Einfluß der mechanisch-thermischen Vorbehandlung auf Gefügeaufbau, Festigkeit und Spannungskorrosionsverhalten von Blechen aus Aluminium-Zink-Magnesium-Legierungen. Aluminium **26** (1944) 12 230—240. [1.323.21].

Wassermann, Günter: Der Einfluß von Zusammensetzung und Wärmebehandlung auf die Spannungskorrosion aushärtbarer Aluminium-Zink-Magnesiumlegierungen. Z. Metallkde. **32** (1940) 9 295—298.

Wassermann, G.: Die Spannungskorrosion metallischer Werkstoffe. Chem. Fabrik **14** (1941) 18 323—327 11 Lit.-St.; Techn. Z.-Schau **26** (1941) 21 359.

Wassermann, Günter: Untersuchungen über den Vorgang der Spannungskorrosion. Z. Metallkde. **34** (1942) 12 297—302.

Bungardt, Walter u. *Günther Schaitberger:* Über das Spannungskorrosionsverhalten einiger Aluminium-Zink-Magnesium-Legierungen nach Wärmeaushärtung. Z. Metallkde. **35** (1943) 2 47—55.

Bungardt, Walter u. *Günther Schaitberger:* Untersuchungen über den Einfluß von Eisen- und Titanzusätzen auf die Spannungskorrosionsbeständigkeit von Fliegwerkstoff 3425. ZWB UM 1066 1943 7 S.

Stiller, H.: Beitrag zur Spannungskorrosion von Blechhalbzeugen einer Al-Zn-Mg-Legierung im Vergleich zu Al-Cu-Mg-Legierungen. Aluminium **25** (1943) 6 240—246.

Bungardt, Walter: Über den Einfluß verschiedener Legierungszusätze und der Weiterverarbeitungsbedingungen, insbesondere des Fertig-Walzgrades auf die Spannungskorrosionsbeständigkeit von Aluminium-Zink-Magnesium-Legierungen mit 4,5 % Zink und 3,5 % Magnesium. ZWB UM 1188 1944 15 S.

Bungardt, Walter u. *Günther Schaitberger:* Beobachtungen über den Einfluß verschiedener Abwalzgrade und Warmwalz-, Zwischenglüh- und Vergütungstemperaturen auf die Spannungskorrosionsbeständigkeit von Blechen nach Fliegwerkstoff-Leistungsblatt 3425. ZWB UM 1249 1944 6 S.

Bungardt, Walter: Über den Einfluß der Abschrecktemperatur auf das Spannungskorrosionsverhalten einer Aluminium-Zink-Magnesium-Knetlegierung mit 4,5 % Zn u. 3,5 % Mg. Korrosion u. Metallsch. **20** (1944) 3 119—124 16 Lit.-St.; Techn. Z.-Schau **29** (1944) 10 111.

Graf, Ludwig: On the problem of stress corrosion. NACA TM 1090 July 1946.

Graf, Ludwig: Die Ursache der Spannungskorrosionsempfindlichkeit homogener Legierungen. Z. Metallkde. **38** (1947) 7/8 193—207.

Graf, Ludwig: Zur Spannungskorrosion heterogener Legierungen. Z. Metallkde. **38** (1947) 7/8 207—212.

Hess, W. F., T. B. Cameron, D. J. Ashcraft and *R. A. Wyant:* General corrosion and stress corrosion of spot-welded magnesium alloy sheet. Welding J. **26** (1947) Sept. 539—544; BA, B I (1948) 495. [1.362].

Matthaes, Kurt: Über den Einfluß der Beanspruchung auf die Bruchgefahr durch Spannungskorrosion. Z. Metallkde. **38** (1947) 7/8 213—225.

Waber, J. T. and *H. J. McDonald:* Stress-corrosion cracking of mild steel. Corrosion Publ. Comp. (USA) 1947.

Bungardt, Walter: Über den Einfluß verschiedener Legierungszusätze auf die Spannungskorrosionsbeständigkeit von Aluminium-Zink-Magnesium-Legierungen mit 4,5 % Zn und 3,5 % Mg. Z. Metallkde. **39** (1948) Aug. 247—253; Met. Rev. **22** (1949) 7 30.

Bungardt, Walter: Beobachtungen über den Einfluß der Walz- und Glühbedingungen auf die Spannungskorrosions-Beständigkeit von Blechen aus Aluminium-Zink-Magnesium-Legierungen. Metalloberfläche **2** (1948) Juli 137—140; Met. Rev. **22** (1949) 5 32.

Hanna, K. R.: Stress-corrosion: A review of the literature. Div. Aeron. Council Sci. & Industr. Res., Commonwealth of Australia (Melbourne) Rep. SM 120 Oct. 1948 19 p.; Met. Rev. **22** (1949) 3 29.

Logan, H. L. and H. Hessing: Stress-corrosion tests on high-strength aluminium alloy sheet. J. Res. Nat. Bur. Stand. **41** (1948) 1 69—86 13 ref.; Index Aeron. **4** (1948) 12 108.

Rees, W. P.: Note on stress corrosion cracking of steels in the presence of sulphur compounds. Inst. of Metals Symposium on internal stresses in metals and alloys 1948 333—335, disc. 463—484; Met. Rev. **22** (1949) 4 30.

Wassermann, Günter: Über die Spannungs- und Temperaturabhängigkeit der Spannungskorrosion. Z. Metallkde. **39** (1948) März 66—71; Met. Rev. **22** (1949) 2 26.

Gerold, Erich: Korrosion und mechanische Beanspruchung. Metalloberfläche **3** (1949) Febr. 29—32; Met. Rev. **22** (1949) 5 32.

Hartman, A.: The stress corrosion of light metals. Metalen **4** (1949) 2 21—27, 3 39—47, 4 59—65; Chem. Abstr. **44** (1950) 8 3426e.

Pearson, C. E. and R. N. Parkins: Stress-corrosion cracking in welded steel structures. Brit. Welding Res. Ass. Rep. 52; Welding Res. **3** (1949) 6.

Petracchi, Gernando: Intorno all'interpretazione del processo di corrosione per cavitazione. (Theory of the stress-corrosion process). Metallurgia Ital. **41** (1949) Jan./Febr. 1—6 17 ref.; Met. Rev. **22** (1949) 6 29.

Schikorr, Gerhard u. Günter Wassermann: Über den Einfluß der natürlichen Witterung auf die Spannungskorrosion von Aluminiumlegierungen. Z. Metallkde. **40** (1949) 6 201—205.

Siebel, Gustav: Über das Spannungskorrosionsverhalten von Hy 43- und Igedur-Preßstreifen mit verschiedenen Zusätzen. Z. Metallkde. **40** (1949) Mai 162—166; Met. Rev. **22** (1949) 9 37.

Vosskühler, Hugo: Der Einfluß des P_H-Wertes und der Art der angreifenden Lösung auf die interkristalline und Spannungskorrosion bei Al-Mg-Legierungen. Arch. Metallkde. **3** (1949) Jan. 28—33; Met. Rev. **22** (1949) 6 30.

Franke, Erich: Der Einfluß innerer Spannungen auf den Korrosionsvorgang. (Übersichtsbericht.) Werkstoffe u. Korrosion **1** (1950) 10 404—412.

Gilbert, P. T. and S. E. Hadden: A theory of the mechanism of stress-corrosion in aluminium — 7 % magnesium alloy. J. Inst. Metals **77** (1950) 3 237—261; Bull. Anal. C. N. R. S. **11** (1950) 11 3998.

Harwood, H. J.: The influence of stress on corrosion. Corrosion **6** (1950) 290—307; Chem. Abstr. **44** (1950) 20 9327h, 84305e.

Logan, H. L. and H. Hessing: Stress corrosion of wrought magnesium base alloys. J. Res. Nat. Bur. Standards **44** (1950) 3 233—243; Index Aeron. **6** (1950) 8 81.

Nathorst, H.: Spänningskorrosion hos rostria stål. 1. — Erfarenheter från praktiken. 2. — En undersokning av bygelprovets anvandbarket. (Stress corrosion cracking of stainless steels. 1. — Practical experiences. 2. — An investigation of the suitability of the U-bend specimen). Jernkontor. Ann. **134** (1950) 3 97—133; Index Aeron. **6** (1950) 11 38.

Perryman, E. C. W. and S. E. Hadden: Stress corrosion of aluminium-7 % magnesium alloy. J. Inst. Metals **77** (1950) 3 207—235; Bull. Anal. C. N. R. S. **11** (1950) 11 3998.

Perryman, E. C. W. and J. C. Blade: Relationship between the ageing and stress-corrosion properties of aluminium-zinc alloys. J. Inst. Metals **77** (1950) 3 263—286; Bull. Anal. C. N. R. S. **11** (1950) 11 3998.

Edeleanu, C.: A mechanism of stress-corrosion in aluminium-magnesium alloys. J. Inst. Metals **1** (1951) 4 187—191; AB **23** (1952) 4 210.

Evans, U. R.: Stress corrosion — its relation to other types of corrosion. Corosion (Houston) **7** (1951) 7 238—244.

Perryman, E. C. W.: Stress-corrosion of magnesium alloys. J. Inst. Metals **78** (1951) Pt. 6 Febr. 621—642 21 ref., **78** (1951) Pt. 7 758—759 (Disc.); Index Aeron. **7** (1951) 9 115, **8** (1952) 6 98.

Thompson, P. F.: Corrosion of metals — Metals under stress: 1. — Aluminium. Aeron. Res. Rep. ACA-49 July 1951 22 p. 9 ref.; Index Aeron. **7** (1951) 12 132.

Erker, Armin: Beitrag zur Frage der Spannungskorrosionsempfindlichkeit legierter Stähle. MAN Forsch. H. 1952 2. Halbjahr.

Jacquet, Pierre A.: Structure et corrosion des alliages aluminium-magnésium et aluminium-zinc-magnésium — mécanisme de corrosion intergranulaire et sous tension. Rev. Métallurgie **49** (1952) 5 339—363, 6 449—452; AB **23** (1952) 9 506.

Jacquet, Pierre A.: Tests électrochimiques pour apprécier la sensibilité à la corrosion intergranulaire des alliages légers. Application à l'étude du mécanisme de la corrosion sous tension. Rech. Aéron. (1952) 25 55—70 23 ref.; Metal Abstr. **20** (1952) Pt. 4 Dec. 263—264; AB **24** (1953) 2 91—92.

Mott, B. W. u. J. Thompson: Forschungen über Eigenschaften und Belastungskorrosion von hochfesten Al-Legierungen bei Raumtemperatur. Corrosion (Houston) **8** (1952) Abstr. 290—292; Werkstoffe u. Korrosion **5** (1954) 1 21.

Orton, George W.: Aluminium corrosion prevention — stress injuries. Part 3. Light Metal Age **10** (1952) 7/8 20; AB **23** (1952) 10 569.

Orton, George W.: Aluminium corrosion prevention — temperature importance (Pt. 4). Light Metal Age **10** (1952) 9/10 17; AB **23** (1952) 12 678.

Baerlecken, E. and E. Hirsch: Intergranular stress-corrosion-cracking of unalloyed and low alloy steels, and its prevention by titanium or titanium-niobium additions. J. Iron and Steel Inst. **175** (1953) 449.

Brenner, Paul: Spannungskorrosion bei Aluminium-Legierungen. Z. Metallkde. **44** (1953) 3 85—97; Index Aeron. **9** (1953) 6 91—92.

Edeleanu, C.: Transgranular stress corrosion in chromium-nickel stainless steel. J. Iron Steel Inst. **173** (1953) Pt. 2 140—146 23 ref.; Index Aeron. **9** (1953) 6 87—88.

Badger, W. L.: Stress corrosion of 12 % Cr stainless steel. S. A. E. Prepr. 221 Jan. 1954 3 p.; Index Aeron. **10** (1954) 5 132.

Colner, William and Howard T. Francis: Influence of exposed area on stress-corrosion cracking of 24 S aluminum alloy. NACA TN 3292 Nov. 1954 22 p.; J. Roy. Aeron. Soc. **59** (1955) 531 232.

Hooker, R. N. and J. L. Waisman: Control of stress-corrosion cracking in airframe components. Corrosion **10** (1954) 10 325—334; AB **25** (1954) 11 784.

Jones, E. Lloyd: Stress-corrosion of aluminium-magnesium alloys. I. The effect of tensile stress on the corrosion of aluminium 7 %-magnesium and aluminium 5 %-magnesium alloys. II. Methods for expressing stress-corrosion susceptibility on a comparative basis. J. Appl. Chemistry **4** (1954) Jan. 1—10; AB **25** (1954) 3 160—161.

Liddiard, E. A. G. and Winifred A. Bell: The influence of extrusion direction on the corrosion and stress corrosion of aluminium-copper-magnesium alloys. J. Inst. Metals **82** (1954) Pt. 9 426—432; AB **25** (1954) 6 377—378; Index Aeron. **10** (1954) 7 139. [1.362].

Yamaguchi, Hideo, Shoichi Sakamoto and Matsuyoshi Aoki: Study of the corrosion resistance of aluminum-magnesium alloys. I. Relation between the stress corrosion and microstructure. Light Metals (Japan) (1954) 12 64—69; AB **25** (1954) 11 784—785.

Champion, F.: The interactions of static stress and corrosion with aluminium alloys. J. Inst. Metals **83** (1955) 8 385—392; Aluminium **31** (1955) 9 A 200.

Class, I.: Spannungskorrosionsartige Erscheinungen an mechanisch beanspruchtem Stahl durch diffundierenden Wasserstoff. (Beitrag zur Frage der transkristallinen Spannungskorrosion bei ferritischen und austenitischen Stählen.) Werkstoffe u. Korrosion **6** (1955) 5 237—245.

Everling: Stress corrosion in high tensile wire. Wire & Wire Products (1955) 3 316—319, 334, 347.

Korrosionsermüdung 1.365

Hottenrott, E.: Die Korrosionsschwingungsfestigkeit von Stählen und ihre Erhöhung durch Oberflächendrücken und elektrolytischen Schutz. (Mitt. Wöhler Inst. Braunschweig H. 10) Berlin: NEM Verl. 62 S.

Behrens, Otto: Der Einfluß der Korrosion auf die Biegeschwingungsfestigkeit von Stählen und Reinnickel. (Mitt. Wöhler Inst. Braunschweig H. 15) Braunschweig: Gutenberg 73 S.

Ochs, H.: Einfluß der Korrosion auf die Dauerfestigkeit. Schr. Hess. Hochsch. (1932) 4 55—59.

Thum, August u. *H. Ochs:* Die Bekämpfung der Korrosionsermüdung durch Druckvorspannung. Z. VDI **76** (1932) 38 915—916.

Krekeler, Karl u. *H. Buchholz:* Zur Bekämpfung des Korrosionsdauerbruches. Stahl und Eisen **53** (1933) 671f.

Nettmann, P.: Dauerbruch durch Korrosion. ATZ **36** (1933) 17 438—439.

Thum, August u. *C. Holzhauer:* Versuche über Kerbdauerfestigkeit und Korrosionsermüdung an Kesselbaustoffen. Wärme **56** (1933) 640—642. [1.352.2].

Thum, August u. *H. Ochs:* Die Frage der Korrosionsermüdung der Metalle. Forsch. u. Fortschr. **9** (1933) 478—479.

Thum, August u. *C. Holzhauer:* Zur Frage der Korrosionswirkung bei dauerbeanspruchten Kesselstählen. Arch. Wärmewirtsch. **14** (1933) 319—321.

Thum, August u. *Cl. Holzhauer:* Beitrag zur Kenntnis der Ermüdungsfestigkeit von Kesselbaustoffen und ihre Beeinflussung durch chemische Einwirkungen. Diss. Holzhauer TH Darmstadt 1933, Mitt. MPA TH Darmstadt Heft 3 Berlin: VDI-Verl. 1933 IV, 73 S.

Thum, August: Einfluß der Korrosion auf die Dauerfestigkeit von Chrom-Nickel-Legierungen. „Heraeus-Vakuum-Schmelze. Festschrift zur 10-Jahres-Feier 1933."

Jünger, A.: Korrosionsbiegewechselfestigkeit von Stahl und ihre Steigerung durch Zusätze zur Korrosionslösung. Mitt. Forsch. Anst. GHH-Konzern 3(1934)3.

Ochs, H.: Die Korrosionsdauerfestigkeit von Stählen und der Verlauf des Korrosionsdauerbruches im Gefüge. Schr. Hess. Hochsch. H. 3 1934 32—39.

Ochs, H.: Einfluß von Wechselbeanspruchungen auf die chemische Korrosion. Forsch. Ing.-Wes. **5** (1934) 5 254—255.

Thum, August u. *Friedrich Wunderlich:* Die Reiboxydation an festen Paarverbindungsstellen und ihre Bedeutung für den Dauerbruch. Z. Metallkde. **27** (1935) 12 277—280.

Gough, H. J. and *D. G. Sopwith:* The influence of the mean stress of the cycle on the resistance of metals to corrosion-fatigue. Engng. **143** (1937) 677 ff.

Gough, H. J. and *D. Sopwith:* Einfluß von Schutzüberzügen auf die Korrosionswechselfestigkeit von Stahl. J. Iron and Steel Inst. **135** (1937) I 315—351.

Jünger, A.: Steigerung der Seewasser-Korrosionswechselfestigkeit von Stahl. Z. VDI **81** (1937) 33 971—972.

Ochs, H.: Einfluß der Korrosion auf die Dauerfestigkeit. Z. VDI Beih. Verfahrenstechn. (1937) 2 73—74.

Ochs, H.: Korrosionsermüdung als Ursache für Schadensfälle an Maschinenteilen. Maschinenschaden **14** (1937) 202—208.

Thum, August u. H. Ochs: Die Korrosionsdauerfestigkeit. Korrosion u. Metallsch. **13** (1937) 380—383.

Thum, August u. H. Ochs: Korrosion und Dauerfestigkeit. Diss. Ochs TH Darmstadt 1937. (Mitt. MPA TH Darmstadt H. 9) Berlin: VDI-Verl. 1937.

Ochs, H.: Der Einfluß der Vorspannung auf Korrosions-Ermüdung. Forsch. Ing.-Wes. **9** (1938) 2 106—107.

Wunderlich, Friedrich: Die Reiboxydation, Reibung und Verschleiß. VDI-Verschleißtagung 1938 87—95.

Bollenrath, Franz u. Karl Bungardt: Untersuchung über die Korrosions-Ermüdung von Al-Mg-Knetlegierungen. Jb. 1939 Dtsch. Luftf. Forsch. I 586—588.

McAdam, D. J. u. G. W. Geil: Einfluß periodischer Beanspruchungen auf den Lochfraß an Stählen in Frischwasser und Einfluß der Spannungskorrosion auf die Ermüdungsgrenze. J. Res. Nat. Bur. Standards **24** (1940) 6 685—722 28 ref.; Techn. Z.-Schau **26** (1941) 6 111.

Sopwith, D. G.: Resistance of aluminium and beryllium to fatigue and corrosion fatigue. ARC R & M 2486 Apr. 1940. [1.333.2].

Bollenrath, Franz u. Walter Bungardt: Korrosionsermüdung einiger Al-Knetlegierungen bei Einwirkung heißer Flüssigkeiten. Luftf.-Forsch. **18** (1941) 12 417—424.

Sterner-Rainer, R. u. W. Jung-König: Über die Dauerbiegefestigkeit einiger Al-Legierungen unter Korrosionseinfluß im Vergleich zu Gußbronze und Rotguß. Korrosion und Metallschutz **18** (1942) 10 337—343. [1.333.2].

Evans, U. R. and M. T. Simnad: The mechanism of corrosion fatigue of mild steel. Proc. Roy. Soc. London **188** A (1947) 1014 372—392; Index Aeron. **4** (1948) 1 65.

Blumer, A. F.: Crude still overhead system corrosion. Corrosion **5** (1949) May 135—147; Met. Rev. **22** (1949) 6 29.

Gould, A. J.: Corrosion fatigue of steel under asymmetric stress in sea water. J. Iron and Steel Inst. **161** (1949) Jan. 11—16; Met. Rev. **22** (1949) 3 29.

Lihl, F.: Eine neue Theorie der Korrosionsermüdung. Berg- und Hüttenmänn. Mh. Montan. Hochsch. Leoben **95** (1950) 25—34; Chem. Abstr. **44** (1950) 10 4403h.

Whitwham, D. and U. R. Evans: Corrosion fatigue — the influence of disarrayed metal. J. Iron and Steel Inst. **165** (1950) Pt. 1 72—79 5 ref.; Index Aeron. **6** (1950) 9 46; Corrosion **7** (1951) 1 28—40; AB **22** (1951) 2 93—94.

Bühler, Hans: Influence des tensions internes sur la résistance aux efforts alternées sous corrosion. Métaux Corrosion **26** (1951) 142—144.

Bühler, Hans: Erhöhung der Korrosionswechselfestigkeit von Hohlachsen durch Druckvorspannungen. Werkstatt u. Betrieb **84** (1951) 464—466; Stahl u. Eisen **71** (1951) 23 1272—1273; Z. VDI **95** (1953) 27 945; Nachr. Bl. AGM Leichtbau **3** (1954) 7 5.

Zapffe, Carl A.: Korrosionsdauerbruch einer Schiffswelle. Corrosion **9** (1953) 9 298—302; Stahl u. Eisen **74** (1954) 12 800.

Panseri, C.: Structure et corrosion fatigue dans les alliages Al-Mg. Schweiz. Arch. **20** (1954) 5 152—156; Index Aeron. **10** (1954) 10 77—78.

Pollard, H. J.: Metal construction development. Part IV. Moments of inertia of thin corrugated sections. NACA TM 529 Sept. 1929.

Rädeker, W. u. E. Schöne: Technologische Eigenschaften großer plattierter Bleche. Z. VDI **80** (1936) 38 1163—1165.

Bungardt, Karl: Einfluß der Probeanlage auf einige Festigkeitseigenschaften von Leichtmetallblechen. DVL-Jb. 1938 323—324.

Cornelius, Heinrich u. *Franz Bollenrath:* Festigkeitseigenschaften und Schweißbarkeit dünner Bleche aus hochfesten Baustählen. Jb. 1939 Dtsch. Luftf. Forsch. I 549—552.

Cornelius, Heinrich: Eignung vanadinlegierter Stähle für schweißbare Dünnbleche. Autog. Metallbearb. **33** (1940) 1—12.

Klosse, Ernst: Untersuchungen über geschweißte Doppelbleche. Stahlbau **13** (1940) 19/20 101—104. [6.121].

Volk, C.: Das ATG-Doppelblech. Metallwirtschaft **19** (1940) 5 87.

Güth, H.: Scherfestigkeit von Leichtmetallblechen. Aluminium **24** (1942) 10 357—358.

Lott, W.: Festigkeitseigenschaften und Wärmebehandlung von Walzhalbzeugen aus Al-Mg-Legierungen. Metallwirtsch. **23** (1944) 14/17 135—139; Techn. Z.-Schau **29** (1944) 10 111. [1.423].

Theiner: Untersuchung von Al-plattierten Magnesium-Blechen der Blanke-Metallwerke. ZWB UM 1355 1944 5 S.

Goddard, G.: The manipulation of magnesium alloy sheet and extrusions: a review of published information to August 1945. Booklet, Publ. by F. A. Hughes & Co and Magnesium Elektron Ltd. Aug. 1945 18 p. 32 ref. [1.323.221], [1.423].

Wescoat, C. and *R. L. Moore:* Bearing strengths of 75 S-T aluminum-alloy sheet and extruded angle. NACA TN 974 Febr. 1945. [1.323.211.1], [1.423].

Gallai, Ya. S., M. I. Zlotnikov and *N. N. Sokolovski:* Residual stresses in rolled sheet. Engrs. Dig. **10** (1949) Febr. 41—42; Met. Rev. **22** (1949) 5 47.

— Noral handbook section 3. Sheet. Northern Aluminium Co. (NORAL) London Jan. 1948 46 p.

Bagsar, A. B.: Notch sensitivity of mild steel plates. Welding Res. Counc. **14** (1949) 10 484s—506s; Werkstatt u. Betrieb **85** (1952) 33—34.

Oehler, G.: Die Verarbeitungseigenschaften ausländischer Leichtmetallbleche. Eisen- u. Metallverarb. **1** (1949) 35—36; Chem. Zbl. **121** (1950) I 1/2 114.

Roberts, William M. and *George J. Heimerl:* Elevated-temperature compressive stress-strain data for 24 S-T 3 aluminum-alloy sheet and comparisons with extruded 75 S-T 6 aluminum alloy. NACA TN 1837 March 1949 11 p.; Met. Rev. **22** (1949) 5 28. [1.423].

Eisenkolb, Fritz: Einfluß geringer Kaltwalzbeanspruchungen auf die mechanischen Eigenschaften von Feinblechen. Arch. Eisenhüttenwes. **21** (1950) 5/6 197—201. [1.322.10].

Nepper, M. u. *L. Dor:* Statische Untersuchung über den Einfluß der Begleitelemente auf die mechanischen Eigenschaften von Feinblechen. Rev. Universelle Mines Ser. 9 **93** (1950) 12 423—430; Stahl u. Eisen **72** (1952) 18 1111. [1.322.10].

Sittler, H. L.: Alterung von Tiefziehblechen. Met. Rev. **23** (1950) 7 8; Stahl u. Eisen **71** (1951) 6 311.

Smith, G. V., E. J. Dulis u. *E. G. Houston:* Zeitstandversuch an dünnen Blechen. Proc. ASTM **51** (1951) 857—868; Stahl u. Eisen **72** (1952) 18 1112.

— Die versteifende Wirkung von Warzenblechen bei Biegebeanspruchungen. Mitt. Forsch. Ges. Blechverarb. Nr. 17 1951 205—208; Stahl u. Eisen **71** (1951) 24 1336.

Schauff, Erich: Gegenwartsfragen beim Stahl für Feinblech und Band. (Werkstoffaussch. 797) Stahl u. Eisen **72** (1952) 15 892—898, 18 1111.

Schwartzbart, Harry: Mechanische Eigenschaften senkrecht zur Blechoberfläche von Stahl mit Zeilengefüge. Trans. Amer. Soc. for Metals **44** (1952) 845—852; Stahl u. Eisen **72** (1952) 20 1247.

— Ein neues Lot-plattiertes Aluminium-Blech. Modern Metals **8** (1952) 6 52, 54;
  Aluminium **28** (1952) 11 XII.
— Tapering aircraft sheet with abrasive belts. Modern Metals **8** (1952) 9 53—54;
  Aluminium **29** (1953) 4 XX. [2.4].
— Nirosta Bleche aus nichtrostenden und säurebeständigen Stählen. Capito &
  Klein AG. Feinblechwalzwerk Düsseldorf-Benrath 1953 16 S.
Murray, G.: Die Bedeutung der Streckgrenze für die Eigenschaften von Fein-
  blech. Engng. **178** (1954) 4625 366—369; Stahl u. Eisen **74** (1954) 23 1556.
Rodman, C. J. u. F. J. Shollenberger: Mechanische Eigenschaften von emaillier-
  tem Bandstahl. Bull. Amer. Ceram. Soc. **33** (1954) 4 105—107; Stahl u. Eisen **74**
  (1954) 21 1386.

Drähte und Seile   1.422

Abraham, Martin: Abnutzung von Flugzeug-Steuerseilen. 77. DVL-Ber.; ZFM **18**
  (1927) 16 369—374.
Schrenk, Martin: Über den Einfluß des Umschlingungswinkels bei über Rollen
  laufenden Steuerseilen. 85. DVL-Ber.; ZFM **18** (1927) 24 566—567.
Abraham, Martin: Ein neuer Seilverbinder. 95. DVL-Ber.; Luftf.-Forsch. **1** (1928)
  2 109—112.
Abraham, Martin: Drähte, Litzen und Seile im Flugzeugbau. Luftf.-Forsch. **7**
  (1930) 2 73—136.
List, F.: Versuche an Drahtseilen. Z. VDI **76** (1932) 53 1297—1298.
Woernle, R.: Drahtseilforschung. Z. VDI **76** (1932) 23 557—560.
Friedmann, Werner: Bestimmung der Biegewechselfestigkeit von Drähten. Bau
  einer entsprechenden Materialprüfmaschine. (Mitt. Wöhler Inst. TH Braun-
  schweig H. 22) Berlin: NEM-Verl. 1934 93 S.
Lieberknecht, Kl.: Über die Änderung der Eigenschaften von Stahldraht durch
  Lagerung bei Raumtemperatur und durch Kälte. Mitt. Forsch. Inst. Vereinigte
  Stahlwerke **4** (1934) 3 83; Forsch. Ing.-Wes. **7** (1936) 1 54.
Mann, H.: Prüfung von Profildrähten. ZWB PB 19 1934 3 S.
Herb, Hellmut: Untersuchung von Schäden an Profildrähten. ZWB PB 270
  1935 39 S.
Hoffmann: Bericht über die Untersuchung gebrochener Profildrähte. ZWB PB 385
  1936 17 S.
Schmidt, E.: Spanndrähte im Flugzeugbau. ZWB FB 652 1936 28 S.
Cornelius, Heinrich: Ventilfederdrähte, Spanndrähte und Seildrähte. Ringb.
  Luftf. Techn. II C 4 Aug. 1937 11 S. 22 Lit.-St.
Thieme, H.: Versuche über das Verhalten zugbelasteter und auf Biegung bean-
  spruchter Drahtseile im Dauerbetrieb bei freier und verhinderter Seildrehung.
  Diss. TH Karlsruhe 1937.
Voigt, H.: Untersuchung von Profildrähten verschiedener Querschnittsform ohne
  und mit Schwingungsdämpfern der Firma Konrad Rosenheim. ZWB UM 517
  1938 38 S.
Herbst, H.: Bedeutung und Ursachen innerer Drahtbrüche bei Draht-, im beson-
  deren Förderseilen. Glückauf (1938) 40 849; Index Aeron. **7** (1951) 6 110—111.
Hoefer, K.: Der Verseilungsverlust von Stahldrahtseilen. Z. VDI **83** (1939) 26
  775—780.
Püngel, W. u. R. Hünlich: Über den Einfluß des Anlassens auf die elastischen
  Eigenschaften von Stahldraht. Mitt. Kohle- u. Eisenforsch. **2** (1940) 5 185—188
  2 Lit.-St.; Techn. Z.-Schau **26** (1941) 4 74.
Beed, C. F.: Developments in aircraft control-cables. Aero Dig. **39** (1941) 3 160,
  162, 164.
ten Bosch, M.: Die Betriebssicherheit der Drahtseile. Schweiz. Bauztg. **118** (1941)
  7 73—76.

Graf, Otto u. *Erwin Brenner:* Versuche mit Drahtseilen für eine Hängebrücke. Bautechnik **19** (1941) 38 410—415.

Klein, L.: Die Berechnung der Drahtseile. Glückauf **77** (1941) 17 257—264 30 Lit.-St.; Techn. Z.-Schau **26** (1941) 16 271.

Kolde, R. F.: Better service from aircraft cable. Aviation **40** (1941) 11 78—79, 170.

Oechslin-Bucher, H.: Neue Drahtseil-Konstruktion mit Harry-Profildrähten. Schweiz. Bauztg. **117** (1941) 8 81—83; Techn. Z.-Schau **26** (1941) 18 303.

Pabst, O.: Berechnung von Schleppseilen. Jb. 1941 Dtsch. Luftf. Forsch. I 674—676.

Föppl, Otto u. *R. Holzer:* Das Oberflächendrücken von Drähten zur Steigerung ihrer Dauerhaltbarkeit. Werkstattstechn. u. Werksleiter **36** (1942) 3/4 62—65. [1.332.1].

Heinrich, Gerhard: Über die Verdrehung der zugbelasteten Litzen. Stahlbau **15** (1942) 12/13 41—45.

Püngel, W., E. Gerold u. *A. Beidermühle:* Einfluß der Dicke auf die Eigenschaften von Stahlseilen. Z. VDI **87** (1943) 31/32 493—497.

Schikorr, Gerhard: Die Witterungsbeständigkeit verzinkter Stahldrähte und Drahtseile. Arch. Eisenhüttenwes. **17** (1943/44) 5/6 147—150. [1.363].

Gurney, C. and *S. Pearson:* The effect of length on the strength of a steel wire. ARC R & M 2158 Nov. 1945 13 p. 7 ref.; Index Aeron. **4** (1948) 2 41.

Czitary, E.: Zur Biegungsbeanspruchung der Drahtseile. Oest. Ing.-Arch. **1** (1947) 4/5 342—350; Index Aeron. **6** (1950) 1 4.

Mettler, E. u. *S. Bär:* Klemmkräfte und Klemmfähigkeit von Seilkauschen mit losem Kauschenherz. (Clamping forces and clamping capacity of rope attachments with loose heartwedge.) Bergbau-Arch. **7** (1947) 29—39.

— Bibliography on wire. (Bibliograph. Ser. 13.) London: Iron and Steel Inst., Library & Inform. Dep. 1947 146 p.; Met. Rev. **22** (1949) 3 45.

Brown, Reginald: Wear resistance of wire for wire rope. Wire & Wire Products **23** (1948) Nov. 1037—1047, 1061—1062.

Eickleman, Francis: Steel wire. Amer. Iron & Steel Inst. 1948 7 p.; Met. Rev. **22** (1949) 2 43.

Altpeter, Hermann: Einflüsse von sekundärer Biegung und inneren Drücken auf die Lebensdauer von Stahldrahtseilen. Stahl u. Eisen **69** (1949) 26./5. 381—385; Met. Rev. **22** (1949) 8 26.

Altpeter, Hermann: Kräfteverteilung in Stahldrahtseilen. Dtsch. Seilerztg. (Aegisverlag, Ulm/Donau) (1949) 20./11.

Brown, R. S.: Plastic strain and hysteresis in drawn steel wire. J. Iron & Steel Inst. **162** (1949) June 189—200; Met. Rev. **22** (1949) 8 45.

Chapoulie, Pierre: Repartition des charges dans les cables aluminium-acier; coefficient de dilatation linéaire et module d'élasticité. Rev. Aluminium **26** (1949) Apr. 115—122; Met. Rev. **22** (1949) 7 20.

Hudson, J. C.: The atmospheric corrosion of iron and steel wires. Wire Industry **16** (1949) Apr. 333—335, 337; (1949) May 417—419; Met. Rev. **22** (1949) 7 29. [1.362].

Kenyon, John N.: The fatigue problem in metals with special reference to wire materials. Wire & Wire Products **24** (1949) Apr. 317—319; Met. Rev. **22** (1949) 5 26.

Lees, D. C. G.: The alloys appropriate to wire manufacture. Wire Industry **16** (1949) Jan. 45—47; Met. Rev. **22** (1949) 3 47.

Lees, D. C. G.: Aluminium wire: the alloys appropriate to wire manufacture. Wire & Wire Products **24** (1949) March 244—247, 282—284; Met. Rev. **22** (1949) 4 54.

Meebold, Richard: Der Einfluß innerer Beanspruchungen auf die Lebensdauer von Drahtseilen. Glückauf **85** (1949) 43/44 797—798.

Schleicher, Ferdinand: Über die Dehnung von Drahtseilen für Hängebrücken. Bauing. **24** (1949) 2 52—57 18 Lit.-St., 3 81—85.

Donandt, Hermann: Zur Dauerfestigkeit von Seildraht und Drahtseil. Düsseldorf: Verl. Stahleisen 1950 9 S.; Arch. Eisenhüttenwes. **21** (1950) 9/10 283—295.

Godfrey, H. J.: Stahldraht für Spannbeton. Proc. 1st US Conf. Prestressed Concrete Cambridge, Mass. 1951 150—166; Stahl u. Eisen **73** (1953) 2 120—121.

Krisch, Alfred: Kriechversuche an Stahldraht bei Raumtemperatur. Arch. Eisenhüttenwes. **22** (1951) 9/10 313—316.

Fritz, J. C.: Drähte für das Flammspritzen. Draht **3** (1952) 5 141—143.

Fritz, J. C.: Schweiß- und Lötdrähte. Draht **3** (1952) 9 293—294.

Hruska, H. Federica: Sternförmige Spannungen in Drahtseilen. Wire & Wire Products **27** (1952) 5 459—463; Stahl u. Eisen **72** (1952) 16 971.

Layland, C. L., A. R. S. Rao u. H. A. Ramsdale: Versuchsmäßige Untersuchung der Verdrehung des Drahtes in litzenverseilten Förderseilen. Proc. IME **1** B (1952/53) 8 323—342; Stahl u. Eisen **74** (1954) 10 671.

Leib, F. E.: Stahlkupferdraht. Wire & Wire Products **27** (1952) 9 878; Draht **4** (1953) 2 68—69.

Pearson, B. M.: Draht für Spannbeton. Wire Industry **19** (1952) 224 737—742, 761; Stahl u. Eisen **73** (1953) 2 121.

Regensburger, Josef jr.: Befestigungsmöglichkeit und Verbindungsarten der Drahtseile. Draht **3** (1952) 11 350—355, 12 399—406.

Russell, A. S.: Effect of heating at 300⁰ and 500⁰ F on the properties of aluminium and copper wires. Wire & Wire Products **27** (1952) 3 255—256; AB **23** (1952) 4 214.

Schwier, Fritz: Stahldrähte für Spannbeton. Stahl u. Eisen **72** (1952) 2 83—84.

Wedl, Hermann: Stahldrähte für Spannbeton. Draht **3** (1952) 8 238—242; Stahl u. Eisen **72** (1952) 24 1556.

Wedl, Hermann: Einfluß der Wärmebehandlung auf die Eigenschaften gezogener Stahldrähte. Berg- u. Hüttenmänn. Mh. **97** (1952) 3 51—58.

Williams, A. E.: Stahldrahtseile. Iron & Coal Trades Rev. **164** (1952) 4372 187—191; Stahl u. Eisen **72** (1952) 10 585.

Bannister, J. L.: Cold drawn prestressing wire. Struct. Engr. **31** (1953) 8 203—218; Bauing. **29** (1954) 4 150—152; Stahl u. Eisen **74** (1954) 15 974.

Clarke, N. W. B. and *Francis Walley:* Creep of high-tensile steel wire. Proc. ICE **2** (1953) Pt. 1 March 107—135; AMR **6** (1953) 12 555.

Ernst, Karl u. Siegfried Bonenberger: Über die Herstellung von vergüteten SIGMA-Spannstählen. Techn. Mitt. Rheinhausen (1953) 2 85—90; Stahl u. Eisen **74** (1954) 10 673.

Hill, William E. jr.: Beziehungen zwischen Walzdrahtgüte und Güte des gezogenen Drahtes zur Güte von Drähten für Kaltschlagverarbeitung. Wire & Wire Products **28** (1953) 12 1291—1293, 1357—1359; Stahl u. Eisen **74** (1954) 6 366.

Jäniche, Walter, Georg Peter u. Cornelius Hücking: Entwicklung und Anwendung der SIGMA-Spannstähle. Techn. Mitt. Rheinhausen (1953) 2 57—75; Stahl u. Eisen **74** (1954) 10 673.

Jäniche, Walter: Ein neuer Spannstahl in Frankreich. Beton- u. Stahlbetonbau **48** (1953) 12 289—291; Stahl u. Eisen **74** (1954) 4 244.

Lierow, Heinz: Die mechanischen Grundlagen der Talurit-Drahtseilklemme. Draht **4** (1953) 12 458—461, **5** (1954) 1 12—16, 3 93—96, 4 128—131.

McIntire, H. O. u. G. K. Manning: Ein nickelfreier austenitischer Stahl für hochfeste Drähte. Wire & Wire Products **28** (1953) 10 1019, 1022—1026; Stahl u. Eisen **74** (1954) 27 1794.

Regensburger, Josef jr.: Die Drahtseile als Trag- und Zugorgan der Seilschwebebahnen. Draht **4** (1953) 7 252—257.

Storchheim, Samuel: Einfluß der Kaltverformung auf verschiedene Eigenschaften von Drähten aus nichtrostendem Stahl mit 18 % Cr und 8 % Ni. Wire & Wire Products **28** (1953) 12 1310—1311, 1314; Stahl u. Eisen **74** (1954) 8 496.

Daeves, Karl: Der Einfluß von Förderdichte, Machart und Werkstoff auf die Haltbarkeit von Drahtseilen. Draht **5** (1954) 2 45—49; Stahl u. Eisen **74** (1954) 8 494.

Schwier, Fritz: Kriechen von Stahldraht hoher Zugfestigkeit. Stahl u. Eisen **74** (1954) 3 163—165.

Zinßer, Rudolf: Die Zeitdehnung von Stahldrähten bei Beanspruchungen im Zug-Schwell-Bereich. Stahl u. Eisen **74** (1954) 3 145—151.

Bürnheim, Hermann: Das Kriechen von hochfesten Stahldrähten bei Raumtemperatur. Draht **6** (1955) 5 183—184.

Hempel, Max: Dauerfestigkeitsprüfungen an Stahldrähten. Draht **6** (1955) 4 119—129, 5 178—183 80 Lit.-St.

Kowalski, O.: Rechnerische Ermittlung der Zugfestigkeit beim Ziehen von Stahldraht. Draht **6** (1955) 8 312—313.

Oschatz, H.: Prüfung von Drähten im Dauerschwingversuch. Draht **6** (1955) 1 12—13.

Regensburger, Josef jr.: Fehler an Aufzug- und Kranseilen. Draht **6** (1955) 8 308—311.

Offene Profile   1.423

Dinnik, A.: Design of columns of varying cross-sections. Trans. ASME **51** (1929) 16 105—114.

Ketchum, M. S. and J. O. Draffin: Strength of light I-beams. Univ. Ill. Engng. Exp. Stat. Bull. 241 1932 3—41. [1.342.4].

Parkinson, H.: Section constants. (A method of approximating the radius of gyration of thin-walled section.) Aircr. Engng. **9** (1937) 103 241—242. [1.424].

Wilson, W.: Constants for channel and other sections. Flight **31** (1937) 1486 35—39.

Möchel, H.: Bestimmung der Quetschgrenze in Leichtmetallprofilen aus Bändern der Aluminium-Knetlegierung Al-Cu-Mg. Luftf.-Forsch. **15** (1938) 6 315; Aircr. Engng. **10** (1938) 115 291.

Thomas, E. W.: Aircraft sections. Flight **41** (1942) 1724 34—36. [1.424].

Cornelius, Heinrich: Aus Bandstahl hoher Festigkeit gewalzte Profile. ZWB UM 1100 1943 6 S.

Bleicher, W. u. G. W. Berger: Leichtmetall-Strangpreßprofile. Luftwissen **10** (1943) 1 23—27.

Lott, W.: Festigkeitseigenschaften und Wärmebehandlung von Walzhalbzeugen aus Al-Mg-Legierungen. Metallwirtsch. **23** (1944) 14/17 135—139; Techn. Z.-Schau **29** (1944) 10 111. [1.421].

Goddard, G.: The manipulation of magnesium alloy sheet and extrusions: a review of published information to August 1945. Booklet, Publ. by F. A. Hughes & Co and Magnesium Elektron Ltd. Aug. 1945 18 p. 32 ref. [1.323.221], [1.421].

Wescoat, C. and R. L. Moore: Bearing strengths of 75 S-T aluminium-alloy sheet and extruded angle. NACA TN 974 Febr. 1945. [1.323.211.1], [1.421].

Petrequin, P.: Tubes et profilés à sections variable. Rev. Aluminium **23** (1946) 126 310—314. [1.424].

— Noral handbook section 4. Extruded sections. Northern Aluminium Company (NORAL) London Jan. 1948 208 p.

Ayrenschmalz, L.: Bandprofile als Elemente des Leichtbaues. Technik **4** (1949) 12 542—544; Konstruktion **2** (1950) 9 283.

Roberts, William M. and *George J. Heimerl:* Elevated-temperature compressive stress-strain data for 24 S-T 3 aluminum alloy sheet and comparisons with extruded 75 S-T 6 aluminum alloy. NACA TN 1837 March 1949 11 p.; Met. Rev. **22** (1949) 5 28. [1.421].

— Aluminium and aluminium alloy extruded sections (Design and tolerances). ADA Inform. Bull. 16 Oct. 1949 45 p.

— Light gage steel design manual. New York: Amer. Iron & Steel Inst. Jan. 1949 77 p. [1.342.33], [6.121].

Kostron, Hans: Die örtliche Festigkeit von Strangpreßprofilen I. Metall **4** (1950) 21/22 451—458; Chem. Zbl. **122** (1951) 14 193. [1.323.211.1].

— Birmetals light alloy extruded sections. Birmingham: Birmetals & Birmabright Jan. 1949 195 p.; AB **21** (1950) 1 68—69. [1.424].

Contini, Roberto: Mechanical properties of integrally stiffened aluminum extrusions. Product Engng. **22** (1951) 12 129—133.

Kostron, Hans: Die örtliche Festigkeit von Strangpreßprofilen II. Profile mit Holzfaserbruch. Metall **5** (1951) 3/4 58—63. [1.323.211.1].

Shearer Smith, W.: Cold formed sections in structural practice with a proposed design specification. Struct. Engr. **29** (1951) 6 165—178.

Watson, C. G.: The form of an aluminium alloy angle for use as a strut. Engineer **192** (1951) 4995; AB **22** (1951) 12 715.

Pétrequin, P. et *M. Costeraste:* Les profiles spéciaux en alliages d'aluminium obtenus par filage à la presse et leurs applications. Rev. Aluminium **30** (1953) 204 411—420, **31** (1954) 206 33—41, 207 75—83; Aluminium **30** (1954) 8/9 CLXVI; Index Aeron. **10** (1954) 2 90. [2.32].

— Bulbed and lipped structural aluminium alloy sections. (Angles and channels.) ADA Add. to Applications Brochure 6 Dec. 1953 12 p. [1.342.33].

Rosenkranz, W.: Festigkeitseigenschaften und Lösungsglühdauer von Profilen aus vergütbaren Aluminium-Legierungen. Metall **8** (1954) 5/6 177—179; AB **25** (1954) 5 282.

Hohlprofile   1.424

Gatzek, W.: Prüfung eines Chrom-Molybdän-Stahlrohres. ZWB PB 8 5 S., PB 34 7 S. 1934.

Evans, Gilb.: Alloy tubes for aeroplanes. Aircr. Engng. **8** (1936) 90 224—226; Luftwissen **3** (1936) 11 349.

Gatzek, W.: Die Eigenschaften nahtgeschweißter Rohre für den Flugzeugbau. ZWB FB 808 1937 22 S. [6.122].

Parkinson, H.: Section constants. (A method of approximating the radius of gyration of thin-walled section.) Aircr. Engng. **9** (1937) 103 241—242. [1.423].

Cornelius, Heinrich: Herstellung und Eigenschaften dünnwandiger nahtgeschweißter Rohre aus Stählen höherer Festigkeit. Jb. 1939 Dtsch. Luftf. Forsch. I 561—563. [1.442.12].

Duckwitz, Carl A.: Dauerstand- und Innendruckversuche an geschweißten Rohren aus weichem unlegiertem Stahl. Arch. Eisenhüttenwes. **15** (1941) 6 285—290.

Theis, Fritz: Festigkeitswerte und Verformung von Leichtmetall-Rohren aus Flw. 3355 für Hydraulik-Leitungen. Aluminium **24** (1942) 8 256—262.

Thomas, E. W.: Aircraft sections. Flight **41** (1942) 1724 34—36. [1.423].

Wilson, T. S.: The excentric circular tube. Aircr. Engng. **14** (1942) 157 76—79.

Cornelius, Heinrich u. *Schmidt:* Untersuchung von nahtlos-kaltgezogenen Rohren aus Flw. 1265.9 der Firma Kronprinz AG., Solingen. ZWB UM 1033 1943 4 S.

Cornelius, Heinrich: Untersuchungen von längsnahtgeschweißten, dünnwandigen Stahlrohren der Fa. Carl Froh, Schmalkalden/W. ZWB UM 1231 1944 3 S. [1.442.12].

Petrequin, P.: Tubes et profilés à sections variable. Rev. Aluminium **23** (1946) 126 310—314. [1.423].

MacGregor, C. W. a. o.: Partially plastic thick-walled tubes. J. Franklin Inst. **245** (1948) 2 135—158; Index Aeron. **4** (1948) 5 46.

— Birmetals light alloy extruded sections. Birmingham: Birmetals & Birmabright Jan. 1949 195 p.; AB **21** (1950) 1 68—69. [1.423].

Siebel, Erich u. *S. Schwaigerer:* Die Festigkeit von Rohren unter Innendruck bei sehr hohen Temperaturen. Brennstoff, Wärme, Kraft **3** (1951) 5 141—143.

Marsh, C.: Progress and future of structural aluminium. Light Metals **15** (1952) 172 219—220; AB **23** (1952) 9 478.

Schwaigerer, S.: Das Festigkeitsverhalten von Vierkant-Rohren. Konstruktion **4** (1952) 1 9—16.

Ranov, T. and *F. R. Park:* On the maximum numerical value of the tangential stress in thickwalled cylinders. J. Appl. Mech. **20** (1953) 1 134—137 4 ref.; Index Aeron. **9** (1953) 6 40.

Cicala, P.: Design of tubes for maximum torsional frequency. J. Aeron. Sci. **21** (1954) 9 646—647.

Bauelemente   1.43

Genormte und teilweise genormte Bauelemente   1.431

Verbindungselemente   1.431.1

Nieten   1.431.11

Guler, K.: Leichtmetall-Nieten. Z. Metallkde. **25** (1933) 9 214—217.

v. Zeerleder, Alfred: Das Vergüten von Leichtmetallnieten. Aluminium **17** (1934) 11 138—140.

del Ponte, P.: Le rivettature speziali nelle costruzioni aeronautiche. (Spezialnieten im Flugzeugbau.) Alluminio **4** (1935) 6 331—340.

Brueggeman, William C.: Mechanical Properties of aluminum-alloy rivets. NACA TN 585 Nov. 1936. [1.442.43].

Herrmann, E.: Hohlnieten. Aluminium **19** (1937) 8 523—531.

Matthaes, Kurt: Langsam aushärtende Leichtmetalle und ihre Anwendung als Nietwerkstoff. Jb. 1938 Dtsch. Luftf. Forsch. I 504—510.

Hauttmann, H.: Mit Silizium und Aluminium beruhigter Thomasstahl für Schiffsnieten. Schiffbau **42** (1941) 17 273—281; Techn. Z.-Schau **26** (1941) 21 357.

Matthaes, Kurt: Der Einfluß der Prüfgeschwindigkeit auf die Scherfestigkeit von Leichtmetall-Nietdraht. Aluminium **23** (1941) 3 156—159; Techn. Z.-Schau **26** (1941) 14 250.

Matthaes, Kurt u. *G. Völker:* Anzeigefehler der Neigungswaagen und Pendelmanometer von Prüfmaschinen bei höherer Belastungsgeschwindigkeit, insbesondere bei der Prüfung von Leichtmetall-Nietdraht. Aluminium **23** (1941) 6 293—295; Techn. Z.-Schau **26** (1941) 20 341.

v. Rajakovics, E. u. *A. Teubler:* Der Einfluß der Kraftmeßeinrichtung bei der Bestimmung der Scherfestigkeit von Leichtmetall-Nietdraht. Aluminium **23** (1941) 7 352—358; Techn. Z.-Schau **26** (1941) 21 360.

— Design and use of the explosion rivet. Light Metals **5** (1942) 309—312.

Freymark, Hans-Ullrich: Narbige Nietköpfe. Stahlbau **21** (1952) 8 137—142.

Bailey, C. G. and *P. C. Ergler:* Pop rivet fasteners for aircraft. Product Engng. **24** (1953) 5 191—198; AB **24** (1953) 6 382. [1.442.43], [2.52].

Barlow, D. A. and *A. W. Brace:* Point shapes for large aluminium rivets. Engng. **176** (1953) 4578 513—516.

— Riveting aluminum. Montreal (Que.): Aluminum Co. of Canada (Alcan) June 1953 112 p.; AB **25** (1954) 1 20. [1.442.43], [2.52].

Gazzaniga, L.: La bulloneria di lega leggera. (Light-metal rivets and screws.) Alluminio **22** (1954) 1 52—57; AB **25** (1954) 5 271. [1.431.12].

Schrauben und Muttern   1.431.12

Debus, Friedrich: Erhöhung der Dauerfestigkeit von Schrauben durch zweckmäßige Formgebung und Fertigung. Schr. Hess. Hochsch. (1932) 4 68—73. [1.443.16].

Thum, August u. *Wilhelm Staedel:* Über die Dauerfestigkeit von Schrauben. Maschinenb. Betrieb **11** (1932) 230—232. [1.443.16].

Staedel, Wilhelm: Dauerfestigkeit von Schrauben, ihre Beeinflussung durch Form, Herstellung und Werkstoff. Diss. TH Darmstadt 1933; Mitt. MPA TH Darmstadt H. 4 1933 VI, 102 S.; Forsch. Ing.-Wes. **5** (1934) 2 102—103. [1.443.16].

Schimz, K.: Kaltverformung und Vergütung von Edelstählen in bezug auf die Herstellung hochwertiger, vergüteter Präzisionsschrauben und deren Verwendung im Leichtbau. ATZ **37** (1934) 10 275—277.

Wiegand, H.: Über die Dauerfestigkeit von Schraubenwerkstoffen und Schraubenverbindungen. Diss. TH Darmstadt 1934; Bauer u. Schaurte A. G. Neuß Wiss. Veröff. Nr. 14 1934. [1.443.16].

Thum, August u. *Friedrich Debus:* Die Vorzüge der Dehnschraube. Z. VDI **79** (1935) 30 917—919 10 Lit.-St.

Hempel, Max: Dauerfestigkeits-Schaubilder von gekerbten und kaltverformten Stählen sowie von 1"- u. 1$^{1}/_{8}$"-Schrauben bei verschiedenen Zugmittelspannungen. Mitt. K.-Wilh.-Inst. Eisenforsch. **18**(1936)14. [1.352.2].

Buchmann, Walter: Verformungslose Brüche an Schrauben aus Cr-Ni-Mo-Stahl und ihre Ursachen. Mitt. Ver. Großkesselbes. (1937) 65 393—395.

Ruttmann, W.: Untersuchungen an Schraubenbolzen. Mitt. Ver. Großkesselbes. (1937) 65 395—396.

Buchmann, Walter: Verformungslose Brüche an Schraubenbolzen aus Cr-Ni-Mo-Stahl. Mitt. Ver. Großkesselbes. (1938) 70 295—298.

Föppl, Otto: Drücken des Kerbgrundes von gerollten, geschnittenen und geschliffenen Schrauben zum Zwecke der Steigerung der Dauerhaltbarkeit. Werkzeugmaschine **42** (1938) 21 4 S.

Ruttmann, W.: Neuere Untersuchungen an Werkstoffen für Schraubenbolzen. Mitt. Ver. Großkesselbes. (1938) 70 292—295.

Wedemeyer, E. u. *Otto Föppl:* Die Steigerung der Dauerhaltbarkeit von Schrauben durch Gewindedrücken, Oberflächendrücken und Druckeigenspannungen. Mitt. Wöhler Inst. TH Braunschweig H. 33 1938 54 S.

Bollenrath, Franz, Heinrich Cornelius u. *W. Siedenburg:* Festigkeitseigenschaften von Leichtmetallschrauben. Z. VDI **83** (1939) 44 1169—1173.

Lippert, Erhard: Gewinde in Leichtmetall. Toleranzen und Gewindefestsitz. Dtsch. Kraftf.-Forsch. H. 28 1939 42 S. 42 Lit.-St. [1.443.13].

Thum, August: Kerbschlagversuche an neuen und in Betrieb gewesenen Schrauben aus Chrom-Nickel-Molybdänstahl. Mitt. Ver. Großkesselbes. (1939) 74/75 280—282.

Lippert, Erhard: Gewinde in Leichtmetall bei Schlagbeanspruchung. Z. VDI **84** (1940) 50 973—976 9 Lit.-St.; Techn. Z.-Schau **26** (1941) 3 43. [1.443.13].

Reimer, Georg: Belastung der Gewindegänge in Schraubenverbindungen. Arch. Eisenhüttenwes. **15** (1942) 9 393—396.

Thum, August u. *A. Boden:* Geschnittene Gewinde in Kunstharzpreßstoff. Kunststoffe **32** (1942) 6 171—180. [1.443.15].

Almen, J. O.: On the strength of highly stressed dynamically loaded bolts and studs. SAE J. **52**(1944)4.

Bestehorn, Rudolf: Die zulässige Belastung von Schrauben. Technik (Berlin) **1** (1946) 4 183—185.

Sopwith, D. G. and *T. Settle:* Research on fatigue strength of screw threads of different form. Proc. IME **155**(1946) 156. [1.443.16].

Bollenrath, Franz u. *Heinrich Cornelius:* Einfluß der Gewindeherstellung auf die Dauerhaltbarkeit von Schrauben. Werkstatt u. Betrieb **80** (1947) 9 217—222; Index Aeron. **8** (1952) 4 57. [1.443.16].

Hillman, V. E.: Bolts and nuts: Engineering aspects of bolt variables. Iron Age **160** (1947) 21 62—68; Index Aeron. **4** (1948) 6 50.

Brackett, C. L.: The place bolt. Fasteners **4** (1948) 4 16—19.

Gottschalk, E.: Die zulässige Belastung von Schrauben. Technik (Berlin) **3** (1948) 1 40—42.

Sopwith, D. G.: The distribution of load in screw threads. Proc. IME **159** (1948) 45 373—383; AMR **3** (1950) 10 299—300.

Tisch, F. P.: Development of ASA-Standard for slotted and recessed screw heads. Fasteners **4** (1948) 4 10—12.

Denkhaus, Günter: Über die Veränderung des Werkstoffes bei Dauerbeanspruchung von gedrückten und ungedrückten Gewinden aus Stahl. Werkstatt u. Betrieb **82** (1949) Okt. 255—263; Chem. Zbl. **121** (1950) 123 2277. [1.443.16].

Millard, A. C.: Machine screws and their use. Fasteners **6** (1949) 3 5—7.

Smith, C. W. and *A. C. Low:* The effect of fit and truncation on the strength of Whitworth threads under static tension. Machinery (London) **74** (1949) 16./6. 817—823; Engng. **168** (1949) 22./7. 93—95; Met. Rev. **22** (1949) 8 53.

Brilmyer, H. G.: Flush head screw allowables in 24 ST alclad sheet joints. Product Engng. **21** (1950) 3 109—112; Index Aeron. **6** (1950) 6 40.

Eatough, C.: Screws and screwing. Inst. Mech. Engrs. Prepr. Dec. 1950 9—18; Index Aeron. **7** (1951) 9 88—89. [2.4].

Ruble, J. E.: Hochfeste Schrauben im amerikanischen Eisenbahnbau. Fasteners **7** (1951) 2 7—10; Draht **4** (1953) 9 359.

Stoeckley, E. E. and *H. J. Macke:* Effect of taper on screw thread load distribution. Amer. Soc. Mech. Engrs. Prepr. 51-S-15 Apr. 1951 25 p. 7 ref.; Index Aeron. **7** (1951) 8 52.

— Die Einsatzbüchse „Insert", ein neues Verbindungselement für Metall, Kunststoff und Holz. Aluminium **27** (1951) 2 39; AB **23** (1952) 2 65.

Forkois, H. M., R. W. Conrad and *I. Vigness:* Properties of bolts under shock loading. Proc. SESA **10** (1952) 1 165—178 7 ref.; Index Aeron. **9** (1953) 5 49—50.

Hamm, Br.: Einfluß der Querdehnung auf die Zerstörung des Gewindes bei dicken Schrauben. Konstruktion **4** (1952) 7 195—200.

Weibull, I.: The effect of decarburization and other factors on the fatigue strength of roll-threaded aircraft bolts. (In English). SAAB TN 4 1952 19 p. 2 ref.; Index Aeron. **8** (1952) 12 70—71.

Harker, T. W.: Herstellung und Eigenschaften von Schrauben für hohe Temperaturen. Metal Progr. **64** (1953) 4 125—128; Draht **5** (1954) 5 191.

Jameson, A. S., J. A. Halgren u. *R. H. Pinkel:* Kohlenstoffstähle als Ersatz für legierte Stähle bei kleinen Schrauben. Iron Age **172** (1953) 12 153—156.

Walther, F.: Die Einsatzbüchse als Verbindungselement für Kunststoffe. Kunststoffe **43** (1953) 9 370—372; Index Aeron. **9** (1953) 12 65.

Everhart, J. L.: Schrauben und Muttern für hohe Temperaturen. Mater. & Meth. **40** (1954) 3 104—106; Draht **6** (1955) 4 154.

Gazzaniga, L.: La bulloneria di lega leggera. (Light-metal rivets and screws.) Alluminio **22** (1954) 1 52—57; AB **25** (1954) 5 271. [1.431.11].

Richter, Eberhard: Schrauben und andere Verbindungsteile aus rost- und säurebeständigen Edelstählen. Draht **5** (1954) 6 220—221.

Zibold, K.: Selbsthemmende Mutter mit gleichmäßiger Spannungsverteilung. Werkstatt u. Betrieb **87** (1954) 12 761—762.

— Formelastische Schrauben (Die Dehnschraube). Industrie-Anz. (1954) 4 7—8.

— New locknuts cut aircraft weight. Iron Age **173** (1954) 21 82; AB **25** (1954) 6 349—350.

Hancke, A.: Anzugsmoment, Reibungsbeiwert und Verspannkraft bei hochfesten Schrauben. Draht **6** (1955) 2 39—42; 3 86—93.

Ingenerf, W.: Hochfeste, vorgespannte Schrauben für den Stahl- und Kranbau. Fördern u. Heben **5** (1955) 6 372—376.

Küchler, R.: Gestaltung der Schlüsselflächen von Schrauben und ihre Beanspruchung bei der Montage. Draht **6** (1955) 8 300—308. [1.443.11].

Sossenheimer, H.: Zur Anwendung von hochfesten Schrauben. Stahlbau **24** (1955) 1 11—16.

Bolzen   1.431.13

Tonski, Albert: Versuche zur Ermittlung der Scherfestigkeit von Voll- und Hohlbolzen aus Stahl. Jb. 1939 Dtsch. Luftf.-Forsch. I 463—469.

Nägel   1.431.15

Perry, Th. D.: Research in nails. South. Lumberman **181** (1950) 2273 203—206; Holz als Roh- u. Werkstoff **9** (1951) 10 404. [1.442.5].

Stern, George E.: Verbesserte Drahtstifte. Trans. ASME **72** (1950) 987—998; Stahl u. Eisen **72** (1952) 10 585.

Stern, G.: Grooved nails strengthen house frames. Engng. News Rec. **144**(1950)14 32—34; Holz als Roh- u. Werkstoff **9** (1951) 3 116.

Kolb, Hans: Neuartige Nägel in den USA. Holz als Roh- u. Werkstoff **11** (1953) 12 471—476.

Spannschlösser   1.431.16

Schraivogel, Karl: Versuche mit Spannschloßteilen. ZWB PB 20 1934 4 S.

Sicherungselemente   1.431.17

Schraivogel, Karl: Prüfung der Schraubensicherung Fächerscheiben. ZWB PB 18 1934 4 S.

Koch, J.: Statische Versuche mit Schraubensicherungen. Diss. TH Dresden 1937.

Zscherpe, E.: Mutternsicherung aus Kunststoff. Z. VDI **97** (1955) 21 725—727.

Federungselemente   1.431.2

Metallfedern   1.431.21

Grammel, Richard: Die Knickung von Schraubenfedern. ZAMM **4** (1924) 5 384—389.

Göhner, O.: Schubspannungsverteilung im Querschnitt einer Schraubenfeder. Ing.-Arch. **1** (1930) 5 619—644.

Göhner, O.: Schubspannungsverteilung im Querschnitt eines gedrillten Ringstabes mit Anwendung auf Schraubenfedern. Ing.-Arch. **2** (1931) 1 1—19. [1.342.51].

Göhner, O.: Die Berechnung zylindrischer Schraubenfedern. Z. VDI **76** (1932) 11 269—272, 30 735.

Lehr, Ernst: Schwingungen in Ventilfedern. Z. VDI **77** (1933) 18 457—462 8 Lit.-St.

Liesecke, Georg: Berechnung zylindrischer Schraubenfedern mit rechteckigem Drahtquerschnitt. Z. VDI **77** (1933) 16 425—426, 32 892.

Grieb, E.: Zulässige Beanspruchung von Federn. Stahl u. Eisen **54**(1934) 449.

Thiersch, E.: Spannungsmessungen an Schraubenfedern. Forsch. Ing.-Wes. **5** (1934) 2 53—59.

Zimmerli, F. P.: Permissable stress range for small helical springs. Dep. Engng. Res. Univ. Michigan (Ann Arbor) Bull. 26 1934.

Wunderlich, Friedrich: Zulässige Beanspruchung von Schraubenfedern. Z. VDI **80** (1936) 25 787—789.

v. *Burg, E.:* Festigkeitsverhältnisse zwischen Stahlfedern und Aluminiumfedern der Legierungsgattung Al-Mg-Si (Anticorodal) Querschnittsverhältnisse bei gleicher Tragkraft bzw. gleichen Federungseigenschaften. Aluminium **19** (1937) 12 756—758.

Groß, Siegfried: Zur Berechnung der gewundenen Biegungsfedern. Z. VDI **81** (1937) 12 352.

Hußmann, Albrecht: Beanspruchung und Konstruktion von schraubenförmigen Ventilfedern. Jb. 1937 Dtsch. Luftf. Forsch. II 91.

Lehr, Ernst u. *Arthur Weigand:* Spannungsverteilung in Federn. Forsch. Ing.-Wes. **8** (1937) 4 161—169.

Zoege v. Manteuffel, Ralph: Einfluß der Wärmebehandlung auf die Dauerhaltbarkeit von Federn. Dtsch. Kraftf.-Forsch. Zwischenber. Nr. 10 1937.

Cornelius, Heinrich: Untersuchung gebrochener Ventilfedern. ZWB UM 547 1938 29 S.

Cornelius, Heinrich u. *W. Schmidt:* Untersuchung gebrochener Ventilfedern. ZWB UM 547/2 1938 28 S.

Hellwig, W.: Verdrehdauerfestigkeit von Federdrähten aus Beryllium-Nickel und Beryllium-Contracid bei Temperaturen bis 300⁰ C. Diss. TH München 1938; Forsch. Ing.-Wes. **9** (1938) 4 165—176.

Hußmann, Albrecht: Schwingungen in schraubenförmigen Ventilfedern. ZWB FB 866 1938 89 S.; DVL-Jb. 1938 486—500; Jb. 1938 Dtsch. Luftf. Forsch. II 119—133 20 Lit.-St.

Zoege v. Manteuffel, Ralph: Einfluß der Oberflächenbeschaffenheit auf die Dauerhaltbarkeit von wärmebehandelten Federn. Dtsch. Kraftf.-Forsch. Zwischenber. Nr. 20 1938.

Zoege v. Manteuffel, Ralph: Versuche über die Dauerhaltbarkeit von Federn. Dtsch. Kraftf.-Forsch. Zwischenber. Nr. 42, Nr. 49 1938; Nr. 69 1939.

Jahn, G.: Schwingungsuntersuchungen der Ventilfedern des Motors Jumo 211 A. ZWB UM 611 1939 9 S.

Ziegler, H.: Das Knicken der gedrückten und tordierten Schraubenfeder. Ing.-Arch. **10** (1939) 4 227—237.

Lippacher, K.: Die Steigerung der Verdrehdauerhaltbarkeit von kerbverzahnten Drehstabfedern durch Oberflächendrücken. Werkstatttechnik u. Werksleiter **34** (1940) 22 369—371; Techn. Z.-Schau **26** (1941) 6 114.

Pomp, Anton u. *Max Hempel:* Über die Dauerhaltbarkeit von Schraubenfedern mit und ohne Oberflächenverletzungen. Jb. 1940 Dtsch. Luftf.-Forsch. II 204—224.

Weigand, Arthur: Zur Theorie der Fahrzeugfederung, insbesondere der progressiven Federung. Diss. TH Darmstadt 1940; Forsch. Ing.-Wes. **11** (1940) 6 309—323.

Wiegand, H.: Einfluß der Oberflächenverletzungen auf die Dauerhaltbarkeit von Ventilfedern. Z. VDI **85** (1941) 174—175.

Wunderlich, Friedrich: Festigkeitsberechnung von Ventilfedern. Forsch. Ing.-Wes. **12** (1941) 4 202—204; Techn. Z.-Schau **26** (1941) 19 320.

Zoege v. Manteuffel, Ralph: Dauerhaltbarkeit von Kraftfahrzeugfedern und Möglichkeiten zu ihrer Beeinflussung. Diss. TH Darmstadt 1941; Dtsch. Kraftf.-Forsch. H. 49 1941 51 S. 160 Lit.-St.

de Gruben, K.: Knicksicherheit und Querfederung von Druckfedern. Z. VDI **86** (1942) 19/20 316—317.

Kühnel, R.: Verhalten von Federn in Kraftfahrzeugen bei Dauerbeanspruchung. Z. VDI **86** (1942) 9/10 154.

Sonntag, Rudolf: Die Kreisringfeder. Zur Theorie des geschlossenen Kreisringes mit großer Formänderung. Ing.-Arch. **13** (1942) 6 380—397.

Dudley, L. P.: Resilience of beams and springs. Light Metals **6** (1943) 80—86.

Sonntag, Rudolf: Die Spiralringfeder. Ing.-Arch. **14** (1943/44) 1 53—74.

Walter, F.: Verformungen und elastische Kräfte bei statischer und dynamischer Beanspruchung einer zylindrischen Schraubenfeder. ZWB UM 1093 1943 40 S.

— Berechnung gewundener Drahtfedern von 1 bis 15 mm Drahtdurchmesser und 5 bis 100 mm Außendurchmesser. Werkstattblätter Nr. 70, München: Hanser Okt. 1946 2 S.

Zimmerli, F. P.: Selecting spring materials. Steel **121** (1947) 6 78—79, 108, 111, 114, 116, 222, 125, 128; Index Aeron. **4** (1948) 1 62.

Bittner, E. T.: Legierte Federstähle. Trans. Amer. Soc. for Metals **40** (1948) 263—280; Stahl u. Eisen **71** (1951) 10 533. [1.322.121].

Bodenschatz, A.: Formulas for spring redesign. Product Engng. **19** (1948) 4 143; Index Aeron. **4** (1948) 12 54.

Haringx, J. A.: Conical disk springs. Philips Techn. Rev. **10** (1948) 2 61—66; AMR **1** (1948) 10 259; Konstruktion **2** (1950) 2 61.

Haringx, J. A.: On highly compressible helical springs and rubber rods, and their application for vibration-free mountings. Pt. I—VI. Philips Res. Rep. (Netherl.) **3** (1948) Dec. 401—449, **4** (1949) 1 49—80, 3 206—220, 4 261—290, 5 375—400, 6 407—448; Index Aeron. **5** (1949) 9 25—26, **6** (1950) 9 48—50. [1.431.22].

Humfrey, J. C. W.: Stresses induced by the shot peening of leaf springs. „Symposium of internal stresses in metals and alloys", London: Inst. of Metals 1948 189—193; Met. Rev. **22** (1949) 4 47.

Johnson, Curt I.: A new approach to the design of dynamically loaded extension and compression springs. ASME Prepr. 48-SA-23 May 1948 18 p. 2 ref.; Trans. ASME **71** (1949) Apr. 215—226; Index Aeron. **4** (1948) 10 5; Met. Rev. **22** (1949) 6 53.

Johnson, C. I.: The design of dynamically loaded extension and compression springs. Machinery (New York) **54** (1948) 11 174—178, 12 159—164; Konstruktion **1** (1949) 9 284—286.

Liebold, Rudolf: Die Durchbiegung einer beidseitig fest eingespannten Blattfeder. ZAMM **28** (1948) 7/8 247—249.

Sopwith, D. G.: The production of favourable internal stresses in helical compression springs by pre-stressing. „Symposium on internal stresses in metals and alloys", London: Inst. of Metals 1948 195—207; Met. Rev. **22** (1949) 4 47.

Carlson, H. C. R.: Copper-base alloys for springs. II. Product Engng. **20** (1949) 3 86—91; Index Aeron. **5** (1949) 7 36; Met. Rev. **22** (1949) 4 36.

Coates, B.: The treatment and properties of springs. J. Birmingham Metall. Soc. **29** (1949) June 21—49; Met. Rev. **22** (1949) 7 56.

Cook, W. J. and *P. C. Clarke:* The negative spring — A basic new elastic member. Product Engng. **20** (1949) 7 136—140; Engrs. Dig. **10** (1949) 10 359—360; Konstruktion **2** (1950) 11 346.

Haringx, J. A.: Elastic stability of flat spiral springs. Appl. Sci. Res. A **2** (1949) 1 9—30 5 ref.; Index Aeron. **6** (1950) 9 7.

Jones, Leslie W.: Beleville spring design charts. I, IV. Product Engng. **20** (1949) 1 161, 163, 165, 167; **20** (1949) June 181, 183; Index Aeron. **5** (1949) 5 6—7; Met. Rev. **22** (1949) 7 56.

Leyer, A.: Über die Knickgefahr schraubenförmig gewundener Druckfedern. Schweiz. Bauztg. **67** (1949) 20 281—282.

Oehler, G.: Die Berechnung der Tellerfedern. Werkstatt u. Betrieb **82** (1949) 4 132—134.

Pomp, Anton u. *Max Hempel:* Bruchhäufigkeit und Oberflächengüte von Schraubenfedern. Arch. Eisenhüttenwes. **20** (1949) 11/12 385—393; AMR **3** (1950) 10 296.

Richards, John T.: Beryllium copper as a spring material. Machinery (New York) 55 (1949) 8 169—174; Metall 4 (1950) 13/14 285; Met. Rev. 22 (1949) 5 28.

Wolf, Werner A.: Vereinfachte Berechnung von Druckfedern mit Rechteckquerschnitt für begrenzte Einbauverhältnisse. Werkstatt u. Betrieb 82 (1949) 17—9.

Wolf, Werner A.: Rechentafel für zylindrische Schraubenfedern mit Kreis- und Rechteckquerschnitt. Essen: Verl. Glückauf 1949 12 S.

Ziegler, H.: Zur Knickgefahr der gedrückten Schraubenfeder. Schweiz. Bauztg. 67 (1949) 29 404—405.

— Berechnung von Schraubenfedern aus 1×1 bis 20×20 mm Quadratfederstahl und von 10 bis 300 mm Außendurchmesser. Werkstattblätter Nr. 65, München: Hanser Apr. 1949 2 S.

Clurman, S. P.: The design of non-linear leaf springs. Amer. Soc. Mech. Engrs. Prepr. 50-F-5 Sept. 1950 7 p.; Index Aeron. 7 (1951) 1 40.

Haringx, J. A.: Instability of springs. Philips Techn. Rev. 11 (1950) 8 245—251; Index Aeron. 6 (1950) 11 40.

Keyes, J. H.: Nomographic design of helical springs. Machine Design 22 (1950) 12 173—174; Konstruktion 4 (1952) 11 351—352.

Kwossek, A. J.: Simplified design procedure for helical wire springs. Product Engng. 21 (1950) 2 140—143; Bull. Anal. C. N. R. S. 11 (1950) 11 3631.

Oehler, G.: Die Anwendung der Ringfeder in der Blechverarbeitung. Werkstattstechn. u. Maschinenbau 40 (1950) 9 331—333.

Pomp, Anton u. Max Hempel: Dauerfestigkeit von Schraubenfedern unterschiedlicher Fertigungsart. Arch. Eisenhüttenwes. 21 (1950) 7/8 243—262.

Pomp, Anton u. Max Hempel: Dauerfestigkeit von Schraubenfedern bei erhöhter Temperatur. Arch. Eisenhüttenwes. 21 (1950) 7/8 263—272.

Shepherd, W. M.: On the stresses in close-coiled helical springs. Quart. J. Mech. & Appl. Math. 3 (1950) Pt. 4 459—468 4 ref.; Index Aeron. 7 (1951) 4 30—31.

Ziegler, H. u. A. Huber: Zur Knickung der gedrückten und tordierten Schraubenfeder. ZAMP 1 (1950) 3 189—195 7 Lit.-St.; Index Aeron. 7 (1951) 12 5.

Alexander, B.: Methods of spiral spring design. Aircr. Engng. 23 (1951) 266 113—116 2 ref.; Index Aeron. 7 (1951) 6 8.

Bardgett, W. E. u. F. Gartside: Dauerschwingversuche an schweren Schraubenfedern. Iron Steel 24 (1951) 9 375—379, 10 411—416, 11 454—458; Stahl u. Eisen 71 (1951) 26 1458.

Conklin, F. M.: Design of flat-wound tension springs. ASME Prepr. 51-A-59 Nov. 1951 7 p.; Index Aeron. 8 (1952) 3 46.

Doyen, P.: Federn aus legierten Stählen oder aus Nickellegierungen. Rev. Nickel 17 (1951) 1 10—23; Stahl u. Eisen 71 (1951) 22 1177.

Mitsuhasi, T., M. Ueno, R. Nakagawa u. K. Tsuya: Mechanische Eigenschaften von Federstahl. Proc. 1st World Metall. Congr., Amer. Soc. Metals 1951, Cleveland (Ohio) 1952 572—579; Stahl u. Eisen 73 (1953) 9 600.

Pöpperl, F.: Zur Berechnung von Blattfedern für Kraftfahrzeuganhänger. Maschinenb. u. Wärmewirtsch. 6 (1951) 177 ff.

Votta, F. A.: The theory and design of long-deflection constant-force spring elements. Amer. Soc. Mech. Engrs. Prepr. 51-F-11 Sept. 1951 9 p.; Index Aeron. 7 (1951) 12 53.

Weigand, Arthur: Die Berechnung der Grundschwingungszahlen von Spiralfedern. ZAMM 31 (1951) 1/2 35—46.

Zimmermann, R.: Das Neidhart-Federelement; seine Anwendung bei Fahrzeugen, im Maschinen- und Apparatebau. Aluminium (Suisse) 1 (1951) 3 82—87.

Ammareller, Sepp: Die Federstähle, ihre Entwicklung, Eigenschaften und Anwendungsgebiete. Stahl u. Eisen 72 (1952) 9 475—489. [1.322.121].

Berry, W. R.: An investigation of small helical torsion springs. Instn. Mech. Engrs. Prepr. 1952 18 p. 7 ref.; Index Aeron. 9 (1953) 9 53.

Blaise, H.: Die Bandfeder — ein neuartiges Maschinenelement. Berechnung und Anwendungsmöglichkeiten. Z. VDI **94** (1952) 9 253—258, 30 995; Index Aeron. **8** (1952) 8 53.

Bourguignon, J.: Federn aus Berylliumbronze: Pro-Metall (1952)28; Draht **4** (1953) 1 34—35.

Fangemann, M. Gerhard: How to choose spring materials. II. Mater. & Meth. **35** (1952) 1 85—89, 5 112—116; Index Aeron. **8** (1952) 9 84—85; Stahl u. Eisen **72** (1952) 18 1112. [1.322.121].

Föppl, Otto: Das Oberflächendrücken zum Zwecke der Steigerung der zulässigen Belastbarkeit von Drehstabfedern. Draht **3** (1952) 12 411, **4** (1953) 2 52—57. [2.77].

Nolde, G. V.: Designing leaf springs. Machine Design **24** (1952) 6 125—130 7 ref.; Index Aeron. **8** (1952) 9 43.

Oehler, G.: Die Ringfeder als Überlastsicherung und Dämpfungselement im Pressenbau. Werkstatt u. Betrieb **85** (1952) 2 69—72.

Wahl, A. M.: The calculation of rectangular bar helical springs. J. Appl. Mech. **19** (1952) 1 119—122 3 ref.; Index Aeron. **8** (1952) 6 11.

Zimmerli, F. P.: Federbrüche und ihre Ursachen. Metal Progr. **62** (1952) 1 84—88; Stahl u. Eisen **72** (1952) 22 1380; Draht **4** (1953) 5 191.

Zimmerli, F. P.: Wärmebehandlung, Setzen und Kugelstrahlen von Federn. Metal Progr. **61** (1952) 6 97—106; Stahl u. Eisen **72** (1952) 20 1248.

Arnold, H.: Berechnung und praktische Verwendung von offenen, ebenen Ringfedern konstanter und inkonstanter Stärke. Diss. TH Karlsruhe 1953.

Ayuela Berjano, Victor Manuel: Oberflächenfehler bei Federn, ihre Ursachen und Möglichkeiten zur Vermeidung. Técn. Metal. **9** (1953) 77 1—17; Stahl u. Eisen **73** (1953) 11 742.

Baillard, M. G.: Study on the dynamics of springs: General exact solution for vibration cords for the springs of firearms. Mém. Artillerie Franç. **27** (1953) 103 77—95; Index Aeron. **10** (1954) 6 57.

Baillard, M. G.: Dynamics of springs: calculation of helicoidal springs. Mém. Artillerie Franç. **27** (1953) 105 627—638; Index Aeron. **10** (1954) 6 57.

Berry, W. R.: Spring design. XVIII. Second part of a two-part section on the design of volute springs. Mech. World & Engng. Rec. **133** (1953) 3404 113—115.

Boting, P. G.: Die Anwendung von isothermischer Wärmebehandlung auf Mangan-Silizium-Federstahl. Metalen **8** (1953) 21—25; Chem. Zbl. **125** (1954) 1 177; Stahl u. Eisen **74** (1954) 6 367.

Burnett, H. C. and C. L. Staugaitis: Endurance of helical springs related to properties of the wire. Metal Progr. **64** (1953) 3 77—81; Index Aeron. **9** (1953) 12 49; Draht **5** (1954) 5 190.

Gelling, Helmut: Zur Berechnung von Schenkelfedern. Draht **4** (1953) 10 386—389.

Hempel, Max: Untersuchungen an Eindraht-Schraubenfedern. Teil I. Werkstoffe und Fertigung, Prüfung von Federdrähten und Federn, Bruchhäufigkeit und Federverformung. Konstruktion **5** (1953) 10 335—344 71 Lit.-St.

Jaekel, Kurt: Berechnung zylindrischer Schraubenfedern aus rundem Federstahldraht. Werkstatt u. Betrieb **86** (1953) 8 420—423.

Rickett, R. L. u. A. O. Mason: Einfluß der Wärmebehandlung auf die Dauerschwingfestigkeit von Federstahl. Metal Progr. **63** (1953) 3 107—110; Stahl u. Eisen **73** (1953) 15 999; Draht **5** (1954) 2 73.

Spotts, M. F.: Design of helical and leaf springs for minimum weight. J. Appl. Mech. **20** (1953) 3 435—437 6 ref.; Index Aeron. **9** (1953) 12 48.

Steel, H. J.: Verbesserung der Dauerschwingfestigkeit von Spiralfedern durch Honen mit einer Tonerdeaufschlämmung. Machinery (London) **83** (1953) 2142 1083—1093; Stahl u. Eisen **74** (1954) 4 244.

Stumpp, F.: Untersuchungen an Federdrähten und Ventilfedern. Draht **4** (1953) 1 27—34 10 Lit.-St.; Stahl u. Eisen **74** (1954) 21 1386.

Wolf, F.: Die Federn im feinmechanischen Geräte- und Instrumentenbau. Stuttgart: Verl. „Das Industrieblatt" 1953 46 S.

Wuest, W.: Die Kreuzringfeder. Konstruktion **5** (1953) 1 20—22.

Grimm, Robert u. *Alfred Krüger:* Einfluß der chemischen Zusammensetzung und der Abschrecktemperatur auf die Steigerung der Zugfestigkeit von wassergehärtetem Springfederndraht aus unberuhigtem Thomasstahl. Stahl u. Eisen **74** (1954) 6 331—338.

Heimann, G.: Das Nomogramm als Hilfsmittel zur Berechnung zylindrischer Schraubenfedern mit Kreisquerschnitt. Eisenbahner, Ausg. B (1954) 4 114—115.

Hempel, Max: Untersuchungen an Eindraht-Schraubenfedern. II. Dauerfestigkeitsprüfungen an Federdrähten und Federn. Konstruktion **6** (1954) 2 60—69; Draht **5** (1954) 6 228.

Morrison, J. A.: Closure waves in helical compression springs with inelastic coil impact. Quart. Appl. Math. **11** (1954) 4 457—471; Index Aeron. **10** (1954) 5 64.

Neuhaus, Werner: Die elastische und plastische Biegung ölschlußvergüteter Federdrähte. Draht **5** (1954) 6 203—207, 7 262—267.

Otzen, Uwe: Anleitung zur richtigen Gestaltung von Federn. Stahl u. Eisen **74** (1954) 16 1023—1024.

Schulz, G.: Federberechnungs-Tabelle für zylindrische Schraubenfedern mit kreisförmigem oder quadratischem Querschnitt. Düsseldorf: Triltsch 1954 48 S.

Wernitz, Walter: Die Tellerfeder. Konstruktion **6** (1954) 10 361—376.

Wilms, H. O.: Chemischbeständige Stähle für Federn. Draht **5** (1954) 9 335—337.

— Eigenschaften von Leichtbaufedern. Metall **8** (1954) 21/22 876.

— Nickel alloy spring materials. Henry Wiggin & Co. Publ. 1954 27 p.; Index Aeron. **10** (1954) 5 65.

Falkenheiner, Helmut: Ist eine lange Blattfeder schwerer als eine kurze? ATZ **57** (1955) 6 172—174.

Gross, Siegfried: Nicht-kreiszylindrische Schraubenfedern. Draht **6** (1955) 6 218—221.

Jaekel, Kurt: Rechengerät zur Berechnung von zylindrischen Schraubenfedern. Draht **6** (1955) 2 43—44 6 Lit.-St.

Maier, Karl W.: Dynamic loading of compression springs; application of surge wave theory. Product Engng. (1955) March 162—174; Aeron. Engng. Rev. **14** (1955) 6 142.

— Herstellung und Eigenschaften von Kraftwagenfedern. Konstruktion **7** (1955) 3 120—121.

Gummifedern   1.431.22

Hohenemser, K.: Stoßversuche an Druckgummifederungen für Flugzeugfahrgestelle. ZFM **21** (1930) 6 133—137. [6.254.4].

Thum, August u. *Konrad Oeser:* Gummifederungen für ortsfeste Maschinen. Diss. Oeser TH Darmstadt 1936; Mitt. MPA TH Darmstadt H. 6 1936 VIII, 72 S.; Z. VDI **80** (1936) 17 513—514; Forsch. Ing. Wes. **7** (1936) 3 159—160.

Hirschfeld, C. F.: Gummiabfederungs-Vorrichtung. Trans. ASME (1937) Aug. 471—491.

Klüsener, O.: Gummilagerung des Motorrahmens in einem Triebwagen. Mitt. Forsch. Anst. GHH-Konzern **6**(1938)5. [6.252.27].

Krotz, A. S.: Rubber suspension. SAE J. **45** (1939) 5 471—477. [1.324.32].

Smith, J. F. Downie: Gummifedern unter Scherbelastung. J. Appl. Mech. **6** (1939) 4 159—167.

Wiegand, H. u. *Fritz Göbel:* Temperatureinflüsse in schwingungsbeanspruchten Gummifedern. DMZ **16** (1939) 9 278—282; Luftwissen **7** (1940) 3 87.

Göbel, Fritz: Das Verhalten von Gummifedern bei zügiger und wechselnder Beanspruchung unter besonderer Berücksichtigung der Verhältnisse bei der federnden Flugmotorenlagerung. Diss. TH Berlin 1940; Jb. 1940 Dtsch. Luftf. Forsch. II 110—129.

Göbel, Fritz: Untersuchungen an Gummifedern für die elastische Flugmotorenlagerung. DMZ **18** (1941) 7 261—262, 264, 266.

Göbel, Fritz: Verhalten von Hülsengummifedern bei zügiger und wechselnder Beanspruchung. Z. VDI **85** (1941) 29 631—635; Luftwissen **9** (1942) 1 25; Techn. Z.-Schau **26** (1941) 19 320.

Zeller, W.: Dämpfung bei Gummifedern. Z. VDI **85**(1941)8.

Kosten, C. W.: Berechnung von Federungselementen aus Gummi. Z. VDI **86** (1942) 35/36 535—538; Luftwissen **10** (1943) 1 28.

Prasse, W.: Die Verwendung von Gummi als Bau- und Federungselement bei Straßenbahnwagen. Verkehrstechnik **23** (1942) 11 161—164. [6.252.26].

Thum, August u. *W. Kirmser:* Eigenschaften von Gummimetallelementen bei dynamischer Beanspruchung. Ber. Lil. Ges. 147 1942 8 S.

Baurhenn: Versuche zur Bestimmung des dynamischen Federkennwertes von Gummi-Metall-Elementen bei Zug-Druck-Beanspruchung. ZWB FB 1646 1943 27 S.

Cornell, D. H. and *J. R. Beatty:* Laboratory testing of rubber torsion springs. Trans. ASME **69** (1947) 7 799—804; AMR **1** (1948) 1 9.

Fageol, F. R.: Rubber suspension. Automob. Engr. **37** (1947) 492 347—349.

Hollstein, W.: Gummifederungen bei Werkzeugmaschinen. Werkstatt u. Betrieb **80** (1947) 6 133—136.

Haringx, J. A.: On highly compressible helical springs and rubber rods, and their application for vibration-free mountings. Pt. I—VI. Philips Res. Rep. (Netherl.) **3** (1948) Dec. 401—449, **4** (1949) 1 49—80, 3 206—220, 4 261—290, 5 375—400, 6 407—448; Index Aeron. **5** (1949) 9 25—26, **6** (1950) 9 48—50. [1.431.21].

Smith, J. F. Downie: Rubber springs — shear loading. II. Trans. ASME **70** (1948) Apr. 227—232; AMR **2** (1949) 4 77.

Goebel, E. F.: Federgleichungen von Hülsengummifedern. ATZ **51** (1949) 5 125—127.

Oppel, G.: Konstruktionsprüfung von Gummifederungen für Motorfahrzeuge. ATZ **51** (1949) 4 77—84.

Bürnheim, Hermann: Der Werkstoff Weichgummi in der Konstruktion. Konstruktion **2** (1950) 1 13—17. [6.14].

Leonsten, S. G.: Design of rubber units for dynamic purposes. Trans. Inst. Rubber Industry **26** (1950) 1 107—116.

Moulton, A. E. and *P. W. Turner:* Influence of design on rubber springs. Trans. Inst. Rubber Industry **26** (1950) 1 86—106.

— Gestaltung und Anwendung von Gummiteilen. 3. Aufl. (Fachausschuß für Kunststoffe im VDI.) VDI-Richtlinien 2005 1950 23 S. [1.324.32].

— Rubber suspension units for motor-cycles. Engng. **189** (1950) 4911 310—311; Konstruktion **3** (1951) 2 58—59. [6.252.46].

Jörn, R.: Die Gummifederung. Nutzfahrzeug (1952) 2 40—42; Nachr.-Bl. AGM Leichtbau **2** (1953) 4 10.

Schraivogel, Karl: Gummi-Federungselemente. Kautschuk-Anwendungen **2** (1952) 2 38—40.

Jarret: Gummifedern unter hydrostatischer Kompression. Rev. Gén. Caoutch. **30** (1953) 5 338—344.

Göbel, E. F.: Berechnung der Federkennlinien von schräggestellten Gummi-Scheibenfedern. Kautschuk u. Gummi **7** (1954) 10 228—231; Nachr.-Bl. AGM Leichtbau **4** (1955) 1 14—15.

Göbel, E. F.: Gummi und seine Anwendung im Werkzeugmaschinen- und Vorrichtungsbau. Maschinenmarkt **60** (1954) 67 18—21.

Lager   1.431.3

Mundt, Robert: Oberflächenspannungen und Ermüdungsbruch bei Wälzlagern. Forsch. Ing.-Wes. **3** (1932) 3 127—134.

Schiebel, A.: Die Gleitlager (Längs- u. Querlager). Berechnung und Konstruktion. (Einzelkonstruktionen a. d. Maschinenbau H. 8.) Berlin: Springer 1933 IV, 70 S.

Huber, L.: Reibungs- und Temperaturverhältnisse an einem Pleuel-Rollenlager bei ruhender Belastung. ZWB FB 405 1935 18 S. [6.211.1]

Mann, H. u. Heyer: Über die Gleitlagerfrage im Flugmotorenbau unter Berücksichtigung der werkstofftechnischen Entwicklung. ZWB FB 190 1935 27 S. [6.211.1].

Ostermann, W.: Kunstharz-Preßstoff für Gleitlager. Z. VDI **79** (1935) 38 1131—1136.

Gilbert, E. u. A. Buske: Gleitlager-Untersuchungen. Jb. 1936 Lil.-Ges. 372—379.

Mann, H.: Lagermetalle und ihre Prüfung. Jb. 1936 Lil.-Ges. 459—465.

Mundt, Robert: Höchstbelastbarkeit von Wälzlagern. Forsch. Ing.-Wes. **7** (1936) 6 292—299.

Steiner, C.: Aluminiumlegierungen als Lagerwerkstoffe. Jb. 1936 Lil.-Ges. 356—371.

Steudel, H.: Entwicklung von Leichtmetallagern. Luftf.-Forsch. **13** (1936) 2 61—66; Aircr. Engng. **8** (1936) 86 142.

— Wälzlager im Flugzeugbau. Verein. Kugellagerfabriken Schweinfurt 1936—1938.

Heidebroek, Enno: Laufeigenschaften von Kunstharzpreßstoff-Lagern. Z. VDI (1937) Beiheft Kunst- u. Preßstoffe H. 2 42 S.; Z. VDI **81** (1937) 27 820.

Hinzmann, R.: Leichtmetall-Lager. Z. Metallkde. **29** (1937) 158—162.

Thum, August u. Rudolf Strohauer: Prüfung von Lagermetallen und Lagern bei dynamischer Beanspruchung. Z. VDI **81** (1937) 43 1245—1248.

Vaders, E.: Neuere Aluminium-Lagermetalle. Z. Metallkde. **29** (1937) 155—158.

— Richtlinien für die Ausrüstung vorhandener Mulden- und Kastenkipperlager mit Preßstofflagerschalen. Berlin: Elsner (Bauindustrie **5** (1937) 7).

Fischer, G.: Untersuchung von Leichtmetall-Lagerwerkstoffen in der DVL-Lagerprüfmaschine. ZWB FB 979 1938 69 S.

Getzlaff, Günter: Untersuchungen an Wälzlagern. (Bei Geschwindigkeitsziffern über 550 000 und kleinsten Schmiermittelmengen.) DVL-Jb. 1938 413—421.

Gilbert, E. u. H. W. Schmidt: Untersuchungen an Kunstharz-Preßstoff-Lagern. 1. Teilbericht. ZWB UM 555 1938 37 S.

Hampp, W.: Einfluß von Baugrößen auf das Betriebsverhalten von Rollenlagern. ZWB FB 971 1938 39 S.

Hampp, W.: Die Belastbarkeit und Lebensdauer von Rollenlagern. ZWB FB 1036 1938 29 S.

Heidebroek, Enno: Betriebserfahrungen mit Preßstofflagern. Z. VDI **82** (1938) 25 755—756.

Strohauer, Rudolf: Vergleichende Untersuchungen von Metall- und Kunstharzpreßstoff-Lagern. Z. VDI **82** (1938) 51 1441—1449.

Dollhopf, W. u. H. Stephan: Untersuchung zylindrischer Gleitlager für hohe Drehzahl. ZWB UM 587 1939 63 S.

Fischer, G.: Untersuchung von Leichtmetall-Lagerwerkstoffen in der DVL-Lager-prüfmaschine. Luftf.-Forsch. **16** (1939) 1 1—13.

Mäkelt, Heinrich: Untersuchungen von Preßstoff-Achslagern für Schienenfahr-zeuge (Mitt. Forsch.-Inst. Masch.-Wes. beim Baubetrieb, H. 11). Berlin: VDI-Verl. 1939 53 S.

Thum, August u. Rudolf Strohauer: Kunstharzpreßstofflager. „Kühnel: Werk-stoffe für Gleitlager", Berlin: Springer 1939 119—172.

— VDI-Richtlinien für Gleitlager aus Kunstharz-Preßstoff. Z. VDI **83** (1939) 43 1162—1163.

Buske, Alfred: Gestaltungsrichtlinien für die Anwendung von Leichtmetallagern. Aluminium **22** (1940) 6 293—298.

Erkens, A.: Konstruktive Lagerfragen. Richtlinien und Beispiele für die Kon-struktion der Gleitlager unter Verwendung der Austauschwerkstoffe. 2. Aufl. Berlin: VDI-Verl. 1940.

Hampp, W.: Versuche an Wälzlagern bei hohen Drehzahlen bis 28 500 U/min. ZWB FB 1202 1940 24 S.

Hensky, W.: Versuche mit Preßstofflagern an hydraulischen Pumpen. Z. VDI **84** (1940) 9 159—160.

Koegel, A.: Erfahrungen mit Preßstoff-Walzenlagern. Kunststoffe **30** (1940) 10 298—300; Techn. Z.-Schau **26** (1941) 8 143.

Ritzau, G.: Zur Frage bleihaltiger Leichtmetall-Lager. Wiss. Veröff. Siemens Werk, Werkstoff S.H. 1940 73—77 3 Lit.-St.; Techn. Z.-Schau **26** (1941) 3 48.

Sprenger, Richard: Vergütete Hartgewebe als Werkstoff für Gleitlager. Kunst-stoff-Technik (1940) 2 30; Werft-Reederei-Hafen **24** (1943) 6 99.

Tichvinsky, L. M.: Eigenschaften und Leistungen von Kunststoffen für Lager. Trans. ASME **62** (1940) 7 461—467; Luftf. Schrifttum d. Auslandes Juni 1944 21 S.

Vaders, E.: Aluminium-Lagerlegierungen. Aluminium **22** (1940) 248.

Weigand, R.: Wälzlager in Leichtmetallgehäusen. Aluminium **22** (1940) 345—348.

Weiß, L.: Preßstofflager mit Fettpreßschmierung für Kaltwalzwerke. Metall-wirtsch. **19** (1940) 6 97—101; Kunststoffe **30** (1940) 4 116.

Willi, A. B.: Einfluß von Lagerwerkstoffen auf die Ausführung und Leistungs-fähigkeit von Gleitlagern. Machine Design **12** (1940) 3 43—47; Luftf. Schrift-tum d. Auslandes Jan. 1944 17 S.

Hampp, W.: Die Verringerung der Lebensdauer von Rollenlagern bei Kanten-belastung. ZWB FB 1467 1941 18 S.; ZWB TB **9** (1942) 2 64.

Hampp, W.: Riffelbildung bei Wälzlagern. Jb. 1941 Dtsch. Luftf. Forsch. II 107—111 4 Lit.-St.

Heidebroek, Enno u. Arno Döring: Vergleichende Untersuchungen an Lager-schalenwerkstoffen. Dtsch. Kraftf.-Forsch. H. 52 1941 9 S.; Techn. Z.-Schau **26** (1941) 10 175.

Lemm, H. P.: Neuere Entwicklung der Walzenzapfenlager aus Kunstharzpreß-stoffen. Stahl u. Eisen **61** (1941) 21 516—520; Techn. Z.-Schau **26** (1941) 16 271.

Mundt, Robert: Zur Berechnung der Tragfähigkeit von Wälzlagern. Z. VDI **85** (1941) 39/40 801—806 8 Lit.-St.; Techn. Z.-Schau **26** (1941) 22 367.

Perret, H.: Kritische Belastung und Bruchfestigkeit von Flugwerkskugellagern. Luftwissen **8** (1941) 12 5 S.

Sterner-Rainer, R.: Über den derzeitigen Stand auf dem Gebiete der Leicht-metallager. MTZ **3** (1941) 8 259—262.

Buske, Alfred: Die Abhängigkeit der Lagerbelastbarkeit von der Lagerbauform. ZWB TB **10** (1943) 4, Vorabdr. Jb. 1942 Dtsch. Luftf. Forsch. 10. Lfg. 17—25.

Brown, D. W.: Gestaltung von Kunstharzpreßstoff-Lagern. Plastics **6** (1942) 6⁵ 333—339; Kunststoffe **33** (1943) 4 118.

Getzlaff, G.: Untersuchungen über die Verwendbarkeit von Wälzlagern bei hohen Drehzahlen. Ber. Lil.-Ges. S 11 1942 16 S.

Gilbert, E. u. *Karl Lürenbaum:* Hochbelastbare Lager aus Kunstharz-Preßstoff. Z. VDI **86** (1942) 9/10 139—144; Technik (Berlin) **4** (1949) 2 79.

Güttner, R.: Ausführung von Preßstoffgleitlagern. Kunststoff-Technik **12** (1942) 2/3 43—47; Kunststoffe **32** (1942) 10 316.

Güttner, R.: Preßstoff-Gleitlager in Entwurf und Ausführung. Kunststoff-Technik **12** (1942) 12 303—307; Schiff u. Werft **44/24** (1943) 11/12 202.

Hampp, W.: Versuche mit einem mittig geteilten Kugellager bei Laderdrehzahlen. ZWB FB 1589 1942 10 S.

Hampp, W. u. *K. Seyboldt:* Untersuchungen über die Käfigtemperatur von Kugellagern bei hohen Drehzahlen. ZWB FB 1656 1942 27 S.; ZWB TB **10** (1943) 3 95.

Hampp, W.: Wälzlager bei hohen Drehzahlen. Ber. Lil. Ges. S 11 1942 23 S.

Perret, H. u. *A. Endres:* Die Berechnung der Lebensdauer von Wälzlagern für hochbeanspruchte Kurbelwellen. Ber. Lil.-Ges. S 11 1942 19 S.

Sterner-Rainer, R.: Erfahrungen mit Leichtmetallagern. VDI-S.H. 1942 S. 45; Bergbau-Arch. **13**(1950) 21.

Ulsenheimer, P. Merkle u. *R. Weigand:* Wälzlager im Flugmotorenbau, insbesondere für die Lagerung des Laders. Ber. Lil.-Ges. S 11 1942 16 S. [6.211.1].

Bollenrath, Franz u. *Walter Siedenburg:* Untersuchungen an Gleitlagern bei hohen Gleitgeschwindigkeiten. ZWB UM 1095 1943 28 S.

Conradt, H.: Zur Methodik von Versuchen mit Preßstoff-Lagern. Kunststoffe **33** (1943) 11 270—271; Luftwissen **11** (1944) 3 88.

Eilbensteiner, O.: Lagerschalen und Lagerbuchsen aus Kunstharz-Preßstoff. Fertigungstechnik (1943) 2 31—33; Kunststoffe **34** (1944) 6/7 121.

Hampp, W.: Dauerbetriebsverhalten mittig geteilter Kugellager. ZWB FB 1800 1943 29 S.; ZWB TB **10** (1943) 9 298.

Heidebroek, Enno u. *H. Zickel:* Vergleichende Versuche an Lagerschalen aus Kunstharzpreßstoffen. Kunststoffe **33** (1943) 10 243—249; Luftwissen **11** (1944) 1 27.

Knoch, Hans: Versuche mit Lagerungen für Seilrollen. ZWB UM 1089 1943 18 S.

Perret, H.: Der Einfluß des Lagerspiels auf die Tragfähigkeit von Wälzlagern. ZWB UM 787 1943 126 S.

Strohauer, Rudolf: Lageruntersuchungen bei dynamischer Beanspruchung. Dtsch. Kraftf.-Forsch. H. 78 1943 36 S. 8 Lit.-St.

Vogt, F. W.: Laminated bearing in the paper industry. Brit. Plastics **15** (1943) 171 156, 158, 160, 162; VDI Verschl. Ber. 5020/3 1945 31.

Bollenrath, Franz u. *Walter Siedenburg:* Untersuchungen an Gleitlagern bei hohen Geschwindigkeiten. 1. Teilbericht über Versuche mit Bleibronze-Verbundgußlagerschalen mit Gleitlagergeschwindigkeiten bis 50 m/s. Ber. Lil.-Ges. 170 1944 12 S.

Bovet, Th.: Beitrag zu den in der Schweiz durchgeführten Versuchen mit Kunststofflagern. Schweiz. Arch. **10** (1944) 3 75—86.

Keller, H.: Quellversuche an Kunstharzpreßstoffen für Stablager. Kunststoffe **34** (1944) 2 27—32.

Knoch u. *Reimann:* Prüfung von Austausch-Gelenklagern. 2. Teilbericht. ZWB UM 1275 1944 7 S.

Mäkelt, Heinrich: Untersuchung und Entwicklung von Kunstharz-Lagerwerkstoffen. Halle/Saale: Knapp 1944 41 S. [1.324.312.1],

Stäblein, F.: Entwicklung eines neuen Lagerwerkstoffes aus Sintereisen. Ber. Lil.-Ges. 170 1944 3 S.

Wassermann, G. u. *R. Weber:* Herstellung und Gleiteigenschaften von Sinterlagern, insbesondere auf Aluminium- und Eisenbasis. Ber. Lil.-Ges. 170 1944 7 S.

— The design and care of ball bearings. Machinery Lloyd 16 (1944) 5 46—49.

Clauder, H. R.: Hochbeanspruchte Lager aus Aluminiumlegierungen. Mater. & Meth. 24 (1946) Sept. 633—636; MTZ 10 (1949) 2 63.

v. Meysenbug, C. M.: Beobachtungen an schnellaufenden Preßstofflagern. Kunststoffe 36 (1946) 5—7.

Ruedy, R.: Bearing metals and bearings; a list of articles published between 1942 and 1946. Ottawa: Nat. Res. Counc. Canada NRC No. 1324 1946 54 p.; Met. Rev. 22 (1949) 2 50.

Gilbert, E.: Betriebserfahrungen mit Kurbelwellenlagerungen aus Kunstharz-Preßstoff in Verbrennungskraftmaschinen. MTZ 8 (1947) 58—62; Konstruktion 1 (1949) 1 26.

Lundberg, Gustav and *Arvid Palmgren:* Dynamic capacity of roller bearings. Acta Polytechn. 7, Mech. Engng. Ser. 1 (1947) 3 50 p. 10 ref.; IVA (Stockholm) Handl. 196 1947 50 p.; J. Appl. Mech. 16 (1949) 2 165—172; Index Aeron. 4 (1948) 6 51, 5 (1949) 9 37, 7 (1951) 3 58.

Tait, W. H.: Powder-metallurgy bearing materials. — A note on powder-metallurgy methods used in Great Britain for the manufacture of plain bearings and thrust washers. „Symposium on powder metallurgy", London: Iron & Steel Inst. Spec. Rep. 38 1947. [1.322.3].

Lennox, J. W. and *G. Brewer:* Porous bronze bearings. Metal Industry 73 (1948) 22 429—431; Index Aeron. 5 (1949) 2 48.

— Plain sleeve bearings, materials and design. Product Engng. 19 (1948) 10 129 —160 31 ref.; Index Aeron. 5 (1949) 1 50.

Akin, B.: Nylon als Werkstoff für Gleitlager. Industr. Rubber World 120 (1949) 4 467—468; Ref. Chem. Industrie (1949) 1040 31.

Avery, C. H. and *A. G. Brisack:* Retaining bearings by swaging. Iron Age 164 (1949) 18 79—83; Index Aeron. 6 (1950) 2 45.

Bednar, A.: Lager aus Weichgummi: Einzelheiten des Entwurfs und Methoden der Schmierung mit Wasser. Rubber Age 65 (1949) 2 173—180; Ref. Chem. Industrie (1949) 1039 33.

Esarey, B. J.: Bronze-backed bearings. „Sleeve bearing materials", Amer. Soc. for Metals 1949 174—188, 205—207; Met. Rev. 22 (1949) 5 27.

Garre, B.: Einsatz von Bleibronzelagern im Motorenbau. Arch. Metallkde. 2 (1949) Apr. 143—145; Met. Rev. 22 (1949) 9 32.

Hunsicker, H. Y.: Aluminium alloy bearings-metallurgy, design and service characteristics. „Sleeve bearing materials", Amer. Soc. for Metals 1949 82— 118, 136—137; Met. Rev. 22 (1949) 5 28.

Kalikow, I.: Creep of ball bearing races. Product Engng. 20 (1949) 4 129—133; Index Aeron. 5 (1949) 9 36.

Kuntze, Albert: Das Preßstoffgleitlager. Technik (Berlin) 4 (1949) 2 77—78 25 Lit.-St.

Langhammer, A. J.: Porous metal bearings. „Sleeve bearing materials", Amer. Soc. for Metals 1949 119—123, 136—137; Met. Rev. 22 (1949) 5 31.

Lignian, J. A.: Moraine Durex-100 engine bearings. „Sleeve bearing materials", Amer. Soc. for Metals 1949 124—130, 136—137; Met. Rev. 22 (1949) 5 31.

Littlefield, E. P.: Laminated plastic bearings for heavy duty and severe service. Product Engng. 22 (1949) 1 111—115; Index Aeron. 5 (1949) 5 88; Met. Rev. 22 (1949) 2 43.

Masters, Frank M.: Stainless steel in bridge bearings. Metal Progress 56 (1949) July 80; Met. Rev. 22 (1949) 9 55.

Palsulich, J. and *R. W. Blair:* Aircraft engine bearings. „Sleeve bearing materials", Amer. Soc. for Metals 1949 223—234; Met. Rev. 22 (1949) 5 54

Pearce, E. S.: Railroad journal bearings. „Sleeve bearing materials", Amer. Soc. for Metals 1949 241—248; Met. Rev. 22 (1949) 5 56.

Schaefer, Ralph A.: Electroplated bearings. „Sleeve bearing materials", Amer. Soc. for Metals 1949 189—198, 205—207; Met. Rev. **22** (1949) 5 35.

Sleight, I. C. and *L. W. Sink:* Newer bearing materials. „Sleeve bearing materials", Amer. Soc. for Metals 1949 60—81, 136—137; Met. Rev. **22** (1949) 5 54.

Underwood, Arthur F.: The selection of bearing materials. „Sleeve bearing materials", Amer. Soc. for Metals 1949 210—222, 146—147; Met. Rev. **22** (1949) 5 27.

Vogt, Frank: Water lubrication of phenolic bearings. Pt. I. Blast Furnace & Steel Plant **37** (1949) Febr. 201—205; Met. Rev. **22** (1949) 4 47.

Wilcock, Donald F.: Selection of bearing materials in the electrical industry. „Sleeve bearing materials", Amer. Soc. for Metals 1949 235—240; Met. Rev. **22** (1949) 5 54.

Wilcock, Donald F. and *Frederick C. Jones:* Improved high-speed roller bearings. Lubrication Engng. **5** (1949) June 129—133; Met. Rev. **22** (1949) 7 57.

Wilcock, Donald F. and *Frederick C. Jones:* Silver-surfacing improves performance of gas turbine roller bearings. Steel **125** (1949) 25./7. 61—63, 100; Met. Rev. **22** (1949) 9 39.

— Housings and mountings for ball and roller bearings. Product Engng. **19** (1949) 2 130—131; Index Aeron. **5** (1949) 5 62.

Ashton, D.: Design of tapered roller bearings. Machinist **94** (1950) 1367—1373.

Bürnheim, Hermann: Neuzeitliche Werkstoffe und Bauarten für Gleitlager. Konstruktion **2** (1950) 7 208—213.

Kuhm, M.: Gleitlager aus Aluminiumlegierungen. MTZ **11** (1950) 5 126—128.

Mellor, H. C.: Modern applications of precision wood bearings. Machinery (London) **76** (1950) 1949 304—309; Konstruktion **2** (1950) 9 281.

Perret, H.: Die Berechnung der elastischen Verformung von Rillenkugellagern. Konstruktion **2** (1950) 5 140—144.

Rothhardt, A.: Die Entwicklung der Gleitlagerwerkstoffe unter besonderer Berücksichtigung des Fahrzeugmotorenbaues. Konstruktion **2** (1950) 2 49—53.

Buske, Alfred: Der Einfluß der Lagergestaltung auf die Belastbarkeit und die Betriebssicherheit. Stahl u. Eisen **71** (1951) 26 1420—1433; Nachr.-Bl. AGM Leichtbau **1** (1952) 3 7.

Boyd, J. and *A. A. Raimondi:* Applying bearing theory to the analysis and design of journal bearings. I, II. J. Appl. Mech. **18** (1951) 3 298—316 9 ref.; Index Aeron. **7** (1951) 12 75.

Boyd, J. and *P. R. Eklund:* Some performance characteristics of ball and roller bearings for aviation gas turbines. Amer. Soc. Mech. Engrs. Prepr. 51-A-78 Nov. 1951 17 p.; Index Aeron. **8** (1952) 4 55.

Burwell, J. T.: The calculated performance of dynamically loaded sleeve bearings. III. Amer. Soc. Mech. Engrs. Prepr. 51-A-7 Nov. 1951 12 p. 18 ref.; Index Aeron. **8** (1952) 2 65.

Froessel, W.: Rein hydrodynamisch geschmierte Gleitlager. (Mehrgleitflächenlager.) Stahl u. Eisen **71** (1951) 3 125—128; Index Aeron. **7** (1951) 9 77.

Haller, J.: Oil-pocket metal powder bearings improve self-lubricating qualities. Mater. & Meth. **33** (1951) 5 80—81; Index Aeron. **7** (1951) 10 61.

Hardy, H. K., E. A. G. Liddiard, J. Y. Higgs and *J. W. Cuthbertson:* Improved aluminum bearings (Al-Sn and Al-Sn-Cu alloys). Metal Progr. **60** (1951) Oct. 97—103, 224; Met. Rev. **24** (1951) 11 28.

Jones, A. B.: The life of high-speed ball bearings. Amer. Soc. Mech. Engrs. Prepr. 51-A-69 Nov. 1951 16 p.; Index Aeron. **8** (1952) 1 54.

Kohaut, Artur: Zum Lebensdauerproblem der Wälzlager. Z. VDI **93** (1951) 10 257—261; Index Aeron. **7** (1951) 9 76.

Kreuz, F.: Das Drucklager. Technik (Berlin) **6** (1951) 8 339—343; Index Aeron. **7** (1951) 12 76.

Kuntze, A.: Das Preßstoffgleitlager. Technik (Berlin) **6** (1951) 5 209—218 5 Lit.-St.; Index Aeron. **7** (1951) 12 75.

Lundberg, G. and *A. Palmgren:* Dynamic capacity of roller bearings. (In English). Acta Polyt. 96, Mech. Engng. Ser. **2** (1951) 4 32 p.; Index Aeron. **8** (1952) 7 67.

Macks, E. F. a. o.: Operating characteristics of cylindrical roller bearings at high speeds. Amer. Soc. Mech. Engrs. Prepr. 51-A-66 Nov. 1951 17 p. 12 ref.; Index Aeron. **8** (1952) 1 55.

Perret, H.: Erhöhte Sicherheit der Berechnung von Wälzlagern. Konstruktion **3** (1951) 8 251—255.

Richter, Fritz: Eigenschaften und Auswahl von Lagerwerkstoffen. Werkstatt u. Betrieb **84** (1951) 7 304—307.

Stockely, J. M., R. C. Gray and *S. R. Calish:* Wheel bearing life expectancy varies. SAE-J. (1951) Nov. 79.

Strenge, H.: Das Preßstofflager in der Praxis. Technik (Berlin) **6** (1951) 12 537—541.

— Gummi und Nylon als Lagermaterial. Mechanik u. Maschinenb. (1951) 20 6—8.

Dies, Kurt: Gleitlager und ihre Werkstoffe. Werkstatt u. Betrieb **85** (1952) 8 337—344.

Geniesse, J. C. and *N. A. Hartung:* Bearings, lubricants and lubrication: a digest of 1951 literature. Mech. Engng. **74** (1952) 11 885—891; Index Aeron. **9** (1953) 5 47.

Mäkelt, Heinrich: Die Anforderungen an Gleitlager, insbesondere aus Kunststoffen. Z. VDI **94** (1952) 5 138—145 45 Lit.-St.

Mettauer, G.: Rollenachslager der normalspurigen Personen- und Güterwagen der SBB. Wirtschaft u. Technik im Transp. (1952) 7/9 76; Nachr.-Bl. AGM Leichtbau **2** (1953) 4 7—8.

Niemann, Gustav u. *K. W. Kraupner:* Wälzlagerprobleme. Das plastische Verhalten umlaufender Stahlrollen bei Punktberührung. VDI-Forsch.-H. 434 1952 1—15; AMR **5** (1952) 11 493—494.

Perret, H.: Schwingungen in Wälzlagern bei statisch bestimmter Abstützung. VDI-Forsch.-H. 434 1952 17—28; Index Aeron. **8** (1952) 10 56.

Recknagel, F. W.: Nylon parts for ball bearings. Product Engng. **23** (1952) Febr. 119—123; Werkstoffe u. Korrosion **5** (1954) 8/9 332.

Rühenbeck, A.: Das neue Leichtmetallager K 4. Metall **6** (1952) 11/12 291—298; Nachr.-Bl. AGM Leichtbau **1** (1952) 4 8—9.

Schroeder, Werner: Richtlinien über die Gestaltung und Verwendung von Sintereisen-Gleitlagern. Technik (Berlin) **7** (1952) 4 181—188.

Slaymaker, R. R.: Bearing design using concentric journal theory. Amer. Soc. Mech. Engrs. Prepr. 53-S-11 Apr. 1952 19 p.; Index Aeron. **9** (1953) 6 62.

Vogt, C. J.: Load carrying capacity of bearings. Automot. Industries **107** (1952) 4 42—45, 76, 78 6 ref.; Index Aeron. **9** (1953) 1 51—52.

Love, P. P., P. G. Forrester and *A. E. Burke:* Functions of materials in bearing operation. Instn. Mech. Engrs. Prepr. Dec. 1953 8 p. 16 ref.; Index Aeron. **10** (1954) 2 55.

Mundt, Robert: Berechnung und Konstruktion von Rollenachslagern. Glas. Ann. **77** (1953) 219—227.

Pelzel, E. u. *K. Zemsauer:* Al-Zink-Kupfer-Legierungen als Lagerwerkstoff. Maschinenmarkt **59** (1953) 39 13—14; Nachr.-Bl. AGM Leichtbau **3** (1954) 5 10.

Raimondi, A. A. and *J. Boyd:* The influence of surface profile on the load capacity of thrust bearings with centrally pivoted pads. Amer. Soc. Mech. Engrs. Prepr. 53-A-166 Nov./Dec. 1953 18 p. 11 ref.; Index Aeron. **10** (1954) 4 71.

Barnes, D. C. and *C. Wainwright:* Building a bearing of high precision. Machine Shop Mag. **15** (1954) 2 51—55; Index Aeron. **10** (1954) 5 85.

Buske, Alfred: Aluminium-Lager im Motorenbau. MTZ **15** (1954) 11 337; Nachr.-Bl. AGM Leichtbau **4** (1955) 1 14, 3 12. [6.211.1].

Buske, Alfred: Les coussinets en métaux légers et leur emploi. „Rapp. Congr. Int. Aluminium, Tome II", Paris: Soc. Édition et Documentation Alliages Légers 1954 305—314.

Gersdorfer, Otto: Das Gleitlager. Wirkungsweise, Konstruktion, Baustoffe und Berechnung. Wien-Heidelberg: Industrie- u. Fachverl. R. Bohmann 1954 148 S.

Hasbargen, L.: Tragfähigkeit und Lebensdauer von Wälzlagern. Konstruktion **6** (1954) 4 129—135.

Hensky, Walter: Walzenzapfenlager und andere Maschinenelemente aus Kunstharz-Preßstoff. Stahl u. Eisen **74** (1954) 9 552—560.

Keysselitz, B.: Neue Aluminium-Zinn-Lagerlegierungen. Aluminium **30** (1954) 7 288—290.

Langhammer, A. J.: Entwurf von selbstschmierenden Lagern. Precision Metal Molding **12** (1954) 4 49—52, 129—131; Stahl u. Eisen **74** (1954) 15 972.

Meldau, Ernst: Druckverteilung im Radial-Rillenkugellager. Werkstatt u. Betrieb **87** (1954) 2 71—76.

Niermeyer, H.: Die Tragfähigkeit schnellaufender Wälzlager. Konstruktion **6** (1954) 6 234—237.

Novotny, K.: Preßstoff-Gleitlager. Maschinenbautechnik **3** (1954) 1 53—54.

Wiemer, H.: Gleitlager aus Sintermetall und Kunstkohle. Konstruktion **6** (1954) 6 223—229.

— Maschinenelement Wälzlager. Schweinfurt: Kugelfischer Georg Schäfer Jan. 1954 97 S.

Bensch, E.: Nadellager mit kleinstem Bauraum für hohe Drehzahlen und hohe Belastungen. Konstruktion **7** (1955) 1 16—23.

Gremer, A.: Kunststoff-Wälzlagerkäfige — Notlaufeigenschaften von Kunststoffen. Z. VDI **97** (1955) 17 509—515 22 Lit.-St.

Kollmann, K. u. *H. Hahn:* Wälz- und Gleitlagertechnik für den Konstrukteur. ATZ **57** (1955) 4 107—113.

Lotter, B.: Genauigkeitsgleitlager im Maschinenbau. Konstruktion **7** (1955) 2 73—75.

Mohler, J. B.: Design recommendations for aluminum bearings. Machine Design (1955) Febr. 189—194; Aeron. Engng. Rev. **14** (1955) 5 180.

Vaders, E.: Aluminiumlegierungen als Lagermetalle. Aluminium **31** (1955) 2 55—57.

Zahnräder (Stirn-, Kegel-, Schneckenräder u. dgl.)   1.431.4

Opitz, Herwart u. *Friedrich Blasberg:* Festigkeiten und Verschleiß von Zahnrädern aus geschichteten Kunstharzpreßstoffen. Dtsch. Kraftf.-Forsch. H. 36 1939 17 S. 21 Lit.-St.

Nübling, O.: Die Zahnradbeanspruchung und ihre Berechnungsweise bei Flugmotorengetrieben. Luftf.-Forsch. **17** (1940) 5 145—153.

Richard, K.: Festigkeiten und Verschleiß von Zahnrädern aus geschichteten Kunstharz-Preßstoffen. Z. VDI **84** (1940) 33 606—607; Luftwissen **7** (1940) 11 395.

Schmidt, H.: Geschweißte Zahnräder und Getriebekästen. Elektroschweißung **11** (1940) 73—77.

Wiemer, A.: Untersuchungen über die Festigkeit von Stirnverzahnungen. ZWB FB 1163 1940 60 S.

Décarpentries, M.: Etude de la résistance des dents d'engrenages aux charges dynamiques. Pratique Industries Mécaniques (Paris) **24** (1941) Mai 38—43; Techn. Z.-Schau **26** (1941) 21 351.

Klein, H.: Das Festigkeitsverhalten von Getriebe-Zahnrädern aus Chrom-Mangan- und Chrom-Molybdän-Stählen. ZWB FB 1397/2 1941 67 S.; ZWB TB **10** (1943) 3 95.

Krumme, Walter: Spiralkegelräder in Fahrzeugen. DMZ **18** (1941) 10 452, 454, 456, 458, 460, 462.

Kraemer, M. H.: Preßstoffzahnräder. Kunststoffe **31** (1941) 3 85—87 2 Lit.-St.; Techn. Z.-Schau **26** (1941) 22 373.

Richard, K. u. H. Klein: Untersuchung von Getriebezahnrädern aus Chrom-Molybdän- und Austausch-Stählen. ZWB FB 1397/1 1941 66 S.

Altmann, Fritz G.: Werkstoffsparen im Zahnradgetriebebau. (Schr.-Reihe Werkstoffsparen H. 6) Berlin: VDI-Verl. 1942 55 S.

Hiersig, H. M.: Elastische Formänderung und Lastverteilung beim Doppeleingriff gerader Stirnradzähne. Z. VDI **86** (1942) 9/10 154.

Opitz, Herwart u. H. Reese: Verschleißverhalten von Kunststoffzahnrädern. Kunststoffe **32** (1942) 9 263—269; Schiff u. Werft **44/24** (1943) 9/10 179.

Ulrich, M.: Steigerung der Dauerschwingungsfestigkeit von Zahnrädern durch besondere Gestaltung, Härtung und Bearbeitung des Zahngrundes. Luftwissen **9** (1942) 11 311—313.

Ulrich, M. u. Fr. Müller: Festigkeitsuntersuchungen an Zahnrädern aus Kunstharzpreßstoffen. Kunststoffe **32** (1942) 9 270—273.

Klein, H.: Einfluß der Rohlingsherstellung und Rohlingsform auf die Haltbarkeit von Stirnrädern mit Modul 3. ZWB FB 1931 1944 32 S.

Boor, F. H. and E. O. Stitz: Stress distribution in spur gear teeth. Proc. SESA **3** (1945) 2.

Bergère, J.: Résistance et encombrement des engrenages cylindriques droits. Techn. Moderne **39** (1947) 13/14 232—236, 15/16 266—272, 19/20 321—325; Konstruktion **1** (1949) 4 120—122.

Bergère, J.: Résistance et encombrement d'engrenages autres que les engrenages cylindriques droits. Techn. Moderne **39** (1947) 21/22 360—363; Konstruktion **1** (1949) 4 122.

Currie, E. M.: High strength cast irons for gears. Machinery (London) **71** (1947) 1820 291—295; Werkstatt u. Betrieb **82** (1949) 5 178.

Currie, E. M.: Helical gear design. New Rochelle (New York): Meehanite Metal Corporation (Machine Design (1947) Jan.)

Glaubitz, Heinz: Oberflächenhärtung und Bauteilfestigkeit von Zahnrädern. Werkstatt u. Betrieb **80** (1947) 10 249—259, 277—282.

Kuntny, G. W.: Instrument gear standards and design. Amer. Soc. Mech. Engrs. Prepr. 47-11 R-2 1947 12 p. 16 ref.; Index Aeron. **4** (1948) 1 46.

Beeching, R. and W. Nicholls: A theoretical discussion of pitting failures in gears. Proc. IME **158** (1948) 3 317—323; Konstruktion **1** (1949) 9 286; AMR **2** (1949) 5 108.

Glaubitz, Heinz: Biegefestigkeitswerte für Zahnräder. ATM V 91125—2 1948.

Glaubitz, Heinz: Verschleißkennwerte für Zahnräder. ATM T 106 Okt. 1948 2 S.; Met. Rev. **22** (1949) 7 41.

Zwikker, C.: Vectorial theory of gear wheel tooth profiles. Appl. Sci. Res. A **1** (1948) 2 139—150; Index Aeron. **6** (1950) 9 60.

Lentz, A.: Zahnräder- und Getriebeberechnung. Konstruktion **1** (1949) 4 117—120.

Nakada, T.: Research on the selection of tooth form of involute spur gear and its tooth-cutting process for the purpose of improving quietness of running. (Long English abstract). Bull. Tokyo Inst. Techn. Ser. A (1949) 1 4—126; Index Aeron. **7** (1951) 2 28.

Trier, H.: Die Kraftübertragung durch Zahnräder. 2. Aufl. (Werkstattbücher H. 87) Berlin-Göttingen-Heidelberg: Springer 1949 64 S.

Ulrich, M. u. *Heinz Glaubitz:* Festigkeits- und Verschleißeigenschaften brenngehärteter Zahnräder. Z. VDI **91** (1949) 22 584—587 8 Lit.-St.

Ulrich, M. u. *Heinz Glaubitz:* Stand der Induktionshärtung von Zahnrädern. Festigkeits- und Verschleißverhalten. Z. VDI **91** (1949) 22 577—583 8 Lit.-St.

Walker, H.: Trends in gearing. Engineer **187** (1949) 4860 290—292; Konstruktion **1** (1949) 9 286.

Büttner, B.: Gears for extremely high rotational speeds. Techn. Rdsch. (Bern) (1950) 11 27—29; Engrs. Dig. **11** (1950) 8 282—283; Index Aeron. **6** (1950) 11 54.

Keck, K. F.: Über die Bestimmung der Beanspruchungsvergleichswerte bei Geradzahnstirnrädern. ATZ **52** (1950) 1 8—13 7 Lit.-St.; Index Aeron. **7** (1951) 2 29.

Lichtwitz, O.: Change wheel gearing. Engrs. Dig. **11** (1950) 1 7—12, 31, 2 44—48, 3 85—90, 5 171—176, 6 213—216; Index Aeron. **6** (1950) 6 39.

Mettler, E.: Bauformen von Getrieben. Schweiz. Techn. Z. **47** (1950) 46 723—726; Index Aeron. **7** (1951) 6 70.

(Niemann, Gustav u. *Heinz Glaubitz):* Zahnradforschung. Fachtagung 1950. Vorträge und Diskussionen. (Antriebstechnik H. 1) Braunschweig: Vieweg 1951 195 S.; Z. VDI **92** (1950) 26 741—742, Index Aeron. **7** (1951) 3 59.

Niemann, Gustav u. *Heinz Glaubitz:* Zahnfußfestigkeit geradverzahnter Stirnräder aus Stahl. Z. VDI **92** (1950) 33 923—932, **93** (1951) 33 1050—1052.

Rohland, Günter: Die Biegungsbeanspruchung von Zahnrädern mit Profilverschiebung. Werkstoffwahl nach Walzenpressung und Lebensdauer. Technik (Berlin) **5** (1950) 3 102—108; Bull. Anal. C. N. R. S. **11** (1950) 11 3632.

Tuplin, W. A.: Gear-tooth stresses at high speed. Inst. Mech. Engrs. Prepr. March 1950 8 p.; Index Aeron. **6** (1950) 7 51.

Aubaud, J.: Étude des congés d'un engrenage droit par la méthode photoélastique. Rech. Aéron. (1951) 22 33—38 6 ref. [4.54].

Blok, H.: Gear lubricant, a constructional gear material. (In English). Ingenieur **63** (1951) 39 53—64 50 ref.; Index Aeron. **8** (1952) 1 56.

Durham, H. M.: Designing spur and helical gears of durability. Machine Design **23** (1951) 1 149—152; Konstruktion **3** (1951) 11 353—354.

Glaubitz, Heinz: Festigkeit und Verschleiß von induktions- und einsatzgehärteten Stirnrädern. Stahl u. Eisen **71** (1951) 20 1040—1044 8 Lit.-St.; Index Aeron. **8** (1952) 1 55.

Gross, M. R.: Versuche zur Ermittlung eines Getriebewerkstoffes für den Schiffbau. Proc. ASTM **51** (1951) 701—720; Stahl u. Eisen **72** (1952) 18 1111.

Heidebroek, Enno: Zahnradforschung und Schmierstoff. Z. VDI **93** (1951) 32 1012—1014 8 Lit.-St.; Index Aeron. **8** (1952) 3 64.

Lentz, A.: Zahnräder- und Getriebeberechnung. (Lanz-Forsch. Bd. 2) Mannheim: Lanz 1951 92 S.

Levin, C. G.: Powder metal gears. Machine Design **23** (1951) 8 117—119; Konstruktion **4** (1952) 5 154—155.

Niemann, Gustav u. *Heinz Glaubitz:* Zahnflankenfestigkeit geradverzahnter Stirnräder aus Stahl. Z. VDI **93** (1951) 6 121—126.

Niemann, Gustav u. *Heinz Glaubitz:* Schrägverzahnte schmale Stirnräder. Einfluß des Schrägungswinkels auf Erwärmung, Verschleiß, Wälzfestigkeit, Zahnfußfestigkeit und Geräusch. Z. VDI **93** (1951) 9 215—222 4 Lit.-St.; Index Aeron. **7** (1951) 12 77.

Niermeyer, H.: Zur Berechnung von Zahnrädern. Konstruktion **3** (1951) 11 332—338.

Rigby, John: Herstellung von Zahnrädern durch Pulvermetallurgie und durch Kaltziehen von profiliertem Draht. Proc. 7th Ann. Spring Meeting Metal Powder Ass. 1951 59—67; Stahl u. Eisen **72** (1952) 4 208.

Straub, J. C.: Shot peening as a factor in the design of gears. ASME Prepr. 51-S-21 Apr. 1951 17 p. 7 ref.; Index Aeron. **7** (1951) 9 79.

— Laminated gears for industry. Brit. Plastics **24** (1951) 265 206—209; Index Aeron. **7** (1951) 10 63.

Altmann, Fritz G.: Mechanische Übersetzungsgetriebe und Wellenkupplungen. Z. VDI **94** (1952) 19 545—550 31 Lit.-St.; Index Aeron. **8** (1952) 11 45.

Baumgartner, A.: Calculations for gears with variable profiles. Schweiz. Bauztg. **70** (1952) 44 623—629, 45 635—645; Index Aeron. **9** (1953) 1 52.

Brooke, E. Raymond: Beziehungen zwischen den Konstruktionsdaten von Schneckenrädern. Machinery (London) **80** (1952) 2067 1121—1123; Stahl u. Eisen **72** (1952) 18 1106.

Devillers, R.: Contribution to the study of the fatigue resistance of gear teeth. Techn. et Sci. Aéron. (1952) 3 189—199 5 ref.; Index Aeron. **8** (1952) 11 44—45.

Flemming, W.: Kunststoffzahnräder. Konstruktion **4** (1952) 1 21—22.

Foltin, E.: Richtlinien für die Konstruktion von Getrieben, Zahnrädern und Lagern. (Konstruktionsbücher Bd. 1) Berlin: Verl. Technik 1952 112 S.; Technik (Berlin) **9** (1954) 3 187.

Glaubitz, Heinz: Zahnradgetriebeschäden, Ursachen und Vermeidung. Industrie-Anz. **74** (1952) 12 117—119; Stahl u. Eisen **72** (1952) 8 443.

Lockenvitz, A. E., J. B. Oliphant, W. C. Wilde and *J. M. Young:* Noncircular cams and gears. Machine Design **24** (1952) 5 141—145; Index Aeron. **9** (1953) 3 48.

Späth, Wilhelm: Dauerwechselhärte und Rollverschleiß. Industrie-Anz. **74** (1952) 64 757—760; Stahl u. Eisen **72** (1952) 20 1249.

Thum, August u. *K. Richard:* Betriebsbeanspruchung beim Zahnrad und Ermittlung seiner werkstoffgerechten Belastungskennwerte. Schweiz. Arch. **18** (1952) 10 309—321 46 Lit.-St.; Stahl u. Eisen **73** (1953) 5 313; Index Aeron. **9** (1953) 3 49; Konstruktion **6** (1954) 1 36—37.

Weber, Constantin u. *W. Thuss:* Belastungsgrenzen bei gerad- und schrägverzahnten Stirnrädern. (Antriebstechnik H. 5) Braunschweig: Vieweg 1952 136 S.

Widrig, S. L. u. *Wilson T. Groves:* Maßänderungen und Betriebsversuche mit einsatzgehärteten Getrieben aus borhaltigen Stählen. Metal Progr. **62** (1952) 1 75—78; Stahl u. Eisen **72** (1952) 20 1247.

von Zandt, R. P.: Beam strength of spur gears. SAE Quart. Trans. **6** (1952) 2 252—258; Index Aeron. **8** (1952) 9 60.

Russell, J. E. and *W. T. Chesters:* The significance of the izod test with regard to gear design and performance. Engng. **176** (1953) 4567 166—169; Stahl u. Eisen **73** (1953) 21 1372; AMR **7** (1954) 3 105—106.

Thum, August u. *K. Richard:* Gestaltfestigkeit und Verschleißverhalten hochfester Getriebezahnräder. Schweiz. Arch. **19** (1953) 9 267—278; Stahl u. Eisen **74** (1954) 2 121.

Tuplin, W. A.: Dynamische Belastung von Getriebezähnen. Machine Design **25** (1953) 10 203—211; Konstruktion **6** (1954) 8 314; Stahl u. Eisen **74** (1954) 23 1552.

Visin, Robert J.: Anforderungen an Ritzel für Präzisionsinstrumente, mögliche Herstellungsverfahren. Precision Metal Molding **11** (1953) 5 45—46, 75—76; Stahl u. Eisen **73** (1953) 17 1123.

Weber, Constantin u. *K. Banaschek:* Formänderung und Profilrücknahme bei gerad- und schrägverzahnten Rädern. (Antriebstechnik H. 11) Braunschweig: Vieweg 1953 63 S.

Dean, Paul M. jr.: Effects of size on gear design calculations. Product Engng. (1954) Apr. 129.

Fleischer, Gerd: Zur Festigkeitsberechnung korrigierter Evolventenverzahnungen. Maschinenbautechnik 3 (1954) 5 275—277.

Hiersig, H. M.: Zur Frage der Überlastbarkeit von Zahnradgetrieben. Z. VDI **96** (1954) 8 221—225 18 Lit.-St.; Index Aeron. **10** (1954) 6 83.

Klepper, G.: Beitrag zur Berechnung von Kegelrädern. Konstruktion **6** (1954) 2 75—76.

Kostjuk, D. I.: Zur Berechnung von Zähnen — Getriebezähnen — auf Biegebeanspruchung. Maschinenbautechnik .3 (1954) 6 324—326.

Trier, H.: Die Zahnformen der Zahnräder. Grundlagen, Eingriffsverhältnisse und Entwurf der Verzahnungen. 4. Aufl. (Werkstattbücher H. 47) Berlin-Göttingen-Heidelberg: Springer 1954 73 S.

Wolf, Fritz: Zahnrädergetriebe in der Feinwerktechnik. (Schr.-Reihe d. Industrieblattes H. 3) Stuttgart: Dtsch. Fachzeitschr.- u. Fachbuch-Verl. 1954 50 S.

Bergsträßer, M.: Beanspruchungsbeiwerte für Stirnradgetriebe mit 20^0-Evolventenverzahnung. Bestimmung des Freßbeiwertes und der tragfähigsten Zahnform. Z. VDI **97** (1955) 9 284—285 15 Lit.-St.

Brugger, H.: Laufversuche an gehärteten Zahnrädern als Grundlage für ihre Bemessung. ATZ **57** (1955) 5 127—132.

(Hellmich, H. K.): Kegelräder. Tafeln für die Berechnung der Abmessungen von Geradzahn-Kegelrädern ohne Profilverschiebung. 3. Aufl. (Antriebstechnik H. 2) Braunschweig: Vieweg 1955 31 S.

Jacobson, M. A.: Bending stresses in spur gear teeth: proposed new design factors based on photo-elastic investigation. Chartered Mech. Engr. (1955) March 141—143.

Krumme, Walter: Die Berechnung von Kleinkegelrädern mit Zyklo-Palloid-Verzahnung. Z. VDI **97** (1955) 7 207—213.

Niemann, G. u. *H. Winter:* Profilverschobene Verzahnungen. Tragfähigkeitssteigerung bei geradverzahnten Stirnrädern durch zweckmäßige Wahl von Profilverschiebung und Zähnezahl. Z. VDI **97** (1955) 7 185—198 31 Lit.-St.

Payntor, C. A.: Heat treating of aircraft engine gears. Automot. Industries (1955) Febr. 50—53, 92; Aeron. Engng. Rev. **14** (1955) 4 127.

Festigkeit von Verbindungselementen   1.44

Allgemeines   1.441

Bierett, G.: Über die Zusammenwirkung von Nieten und Schweißnähten in kombinierten Verbindungen. Stahlbau **4** (1931) 3 33—35.

Keller, K.: Beitrag über das Zusammenwirken der geschweißten und genieteten Verbindungen. Diss. TH Aachen 1937.

Gottfeldt, H.: Data notes; properties of rolled steel joints. Struct. Engr. **25** (1947) (1947) Nov. 507—514.

Kirste, Leo: Neuere Verbindungselemente im Maschinenbau und Leichtbau. Betrieb u. Fertigung 1(1947) 25.

Boyd, G. Murray: Notes on the transition from riveted to welded designs. Trans. Inst. Welding **11** (1948) 4 148—155.

Dutilleul, H. et *De Leiris:* Résistance comparative aux vibrations des structures rivées et soudées d'échantillon d'épaisseur relativement faible. Bull. Ass. Techn. Marit. Aéron. (1950) 49 593—609.

Boccon-Gibod, R.: La fatigue des assemblages en alliages légers. Rev. Métallurgie **48** (1951) 5 369—375.

Hartman, A. and *G. C. Duyn:* A comparative investigation on the fatigue strength at fluctuating tension of several types of riveted lap joints, a series of bolted and some series of glued lap joints of 24-ST alclad. (In English). NLL Rep. M. 1857 1952 26 p. 4 ref.; Index Aeron. **9** (1953) 6 63.

Thrall, E. W. jr.: Fatigue life of thick skin tension joints. Inst. Aeron. Sci. Prepr. 422 1953 25 p.; Index Aeron. **10** (1954) 2 64.

Frölich, Kurt: Über den Zusammenbau von Aluminium und Stahl. Mitt. Forsch.-Ges. Blechverarb. (1954) 2 13—23; Aluminium **30** (1954) 7 CXLII; Nachr.-Bl. AGM Leichtbau **3** (1954) 8 8; Stahl u. Eisen **74** (1954) 10 677.

Triebnigg, H.: Feste Verbindungen technischer Werkstoffe und Konstruktionsteile. Konstruktion **6** (1954) 4 121—125.

Haas, T.: The liability to fatigue of aluminum-alloy structure. Engrs.' Dig. **16** (1955) 5 253—257; Aluminium **31** (1955) 9 A 199.

Feste Verbindungen	1.442
Schweißverbindungen	1.442.1
Allgemeines	1.442.11

Hovgaard, W.: Die Spannungsverteilung in Schweißungen. ZAMM **11** (1931) 5 341—348.

Graf, Otto: Versuchsergebnisse als Grundlage für Bemessungsregeln geschweißter Konstruktionen. Stahl u. Eisen **53** (1933) 47 1215—1220.

Thum, August: Die Festigkeit von geschweißten und gegossenen Teilen. (Vortr. 22. ord. Hauptversammlung der Gießereifachleute 1933) Gießerei **20** (1933) 391—392.

Brueggeman, William C.: Strength of welded aircraft joints. NACA Rep. 584 1937.

Cornelius, Heinrich: Das Schweißen dünner Bleche im Flugzeugbau. Z. VDI **81** (1937) 13 379—380.

Graf, Otto: Versuche über den Einfluß der Gestalt der Enden von aufgeschweißten Laschen in Zuggliedern und von aufgeschweißten Gurtverstärkungen an Trägern. Ber. Dtsch. Ausschuß Stahlbau H. 9 1937 16 S.

Grüning, G.: Einfluß von Schrumpfdruckspannungen in geschweißten Druckgliedern auf die Knickfestigkeit. Z. VDI **81** (1937) 13 393—394. [1.342.31].

Schottky, H. u. *W. Ruttmann:* Über Dauerstandversuche an Schweißverbindungen. Wärme **61** (1938) 144—147.

Kupferschmid, V.: Zur Berechnung der Spannungsverteilung in Schweißverbindungen bei ebenem Spannungszustand im Blech. Jb. 1939 Dtsch. Luftf. Forsch. I 449—456.

— Die Bearbeitung von Fragen der Schweißtechnik an den deutschen Materialprüfanstalten. Stand Ende 1938. (Wiss. Abh. Dtsch. MPA Folge 1, H. 2) Berlin: Springer 1939 V, 95 S. [2.511.1].

Girkmann, Karl: Zur Theorie der Schweißverbindungen. Stahlbau **13** (1940) 23/24 123—128, 25/26 137—139.

Jäger, Karl: Der Eigenspannungszustand in Stumpfschweißungen als ebenes Problem. Stahlbau **13** (1940) 25/26 139—142.

Hess, W. F., R. A. Wyant and *B. L. Averbach:* Aircraft spot welding research. NACA OCR Progr. Rep. 1 May 1941. [2.511.3].

Roš, Mirko Gottfried: Festigkeit und Berechnung von Schweißverbindungen. EMPA Ber. 135 1941 56 S.; Schweiz. Arch. **7** (1941) 9 245—271.

Keller, H. u. *E. Klein:* Der Einfluß von Schweißfehlern auf die statische und dynamische Festigkeit von Schweißverbindungen aus St 52 und die Grenzen der Röntgenuntersuchung fehlerhafter Schweißungen. Schiff u. Werft **44/24** (1943) 17/18 257—261. [1.442.14], [4.42].

Zeyen, K. L.: Schweißrissigkeit, Schweißempfindlichkeit, Schweißnahtrissigkeit und Prüfverfahren für diese Fehlererscheinungen. Luftf.-Forsch. **20** (1943) 8/9 231—240; Luftwissen **11** (1944) 1 27. [1.442.15].

Aleck, B. J., M. Goland and *L. D. Morris:* The load distribution in riveted and spotwelded joints. Proc. SESA **2**(1944)2. [1.442.41].

Schulz: Dynamische und statische Festigkeitsuntersuchungen an punktgeschweißten Verbindungen. Elektroschweißung 15 (1944) 101—105, 129. [1.442.14].

Guyot, F.: Note sur le retrait et les déformations des soudures. (A note on the
shrinkage and distortion of welded joints, translated by G. E. Claussen)
Arcos 23 (1946) Jan. 2357—2380, 2399—2404; Welding J. 26 (1947) Sept.
519—529.

Hess, W. F. and *W. J. Childs:* Resistance welding. — Projection. A study of a
projection welding. Welding J. 26 (1947) Dec. 712—723. [2.511.1].

Joukoff, Artemy S.: Principles for the calculation of spot welded joints. Ossature Métall. 12 (1947) Mars 138—149.

Ostreicher, Friedrich: Grundsätzliches über Schrumpfungen und Schrumpfspannungen. Schweißtechnik (Wien) 1 (1947) June 1—4, (1947) Oct. 5—7; Met.
Rev. 22 (1949) 8 50.

Clark, E. J.: Crack free spot welds. Welding Engr. 33 (1948) May 42—44.

Hauk, Viktor: Shrinkage stresses in spot-welded joints. Welding J. 27 (1948)
453s—456s.

Hauk, Viktor: Über Eigenspannungen von Punktschweißverbindungen. Z. Metallkde. 39 (1948) 9 276—279.

Melhardt, H.: Zur Frage der Beanspruchbarkeit verschieden dicker Kehlnähte.
Schweißtechnik (Wien) 2 (1948) Apr. 37—39; Met. Rev. 22 (1949) 5 53.

Mikhalapoo, G. S.: Adams lecture for 1947. Structural strength of the welded
joint. Welding J. 27 (1948) March 193—207.

Varriot, E.: Examen général du problème des tensions internes de soudure en
vue de leur annulation ou de leur utilisation. Soudure et Techn. Connexes 1
(1948) Jan./Févr. 12—16.

Spiller, H.: Die Berechnung von Schweißverbindungen. Berlin: Georg Siemens
1948. 34 S.

Weck, R.: Present position of residual stresses in welded structures. Trans. Inst.
Welding 11 (1948) 4 142—147.

Weck, R.: Residual stresses due to welding. „Symposium of internal stresses in
metals and alloys", Inst. of Metals 1948 119—129, disc. 398—431; Met. Rev. 22
(1949) 4 53.

Atkins, W. S.: A survey of the use of welding in structures. Welding 17 (1949)
May 212—221; Met. Rev. 22 (1949) 7 54.

Greene, T. W.: Evaluation of effect of residual stress. Welding J. 28 (1949) May
193s—203s, disc. 203s—204s; Met. Rev. 22 (1949) 6 54.

Malisius, R.: Neuere Erkenntnisse, Spannungen und Schrumpfungen geschweißter Verbindungen. Technik (Berlin) 4 (1949) 1 11—14.

Tuft, T. D.: Tensile tests of small-scale welded joints. Welding J. 28 (1949) Jan.
41s—48s; Met. Rev. 22 (1949) 2 49.

Zeyen, K. L.: Susceptibility to welding cracking, welding sensitivity, susceptibility to welding seam cracking, and test methods for these failures. NACA
TM 1249 June 1949; Met. Rev. 22 (1949) 8 51. [1.442.15].

Bergholm, A. O., O. W. Swartz and *G. S. Hoell:* Stress distribution around spot
welds. Welding Res. Counc. 15 (1950) 5 217—223; AMR 4 (1951) 3 156.

Joukoff, Artemy S.: Experimental research on spot welded frames. Rev. Soudure
Lastijdschrift 6 (1950) 3 136—143.

Seferian, D.: A survey of modern theory on welding and weldability. Sheet Metal Industries 27 (1950) 280 727—730, 732; Bull. Anal. C.N.R.S. 11 (1950) 11
3984.

Welter, G.: Stresses around a spot weld under static and cyclic loads. Welding
J. 29 (1950) 11 565s—576s. [1.442.14].

— Faults in arc welds in mild and low alloy steels. Brit. Welding Res. Ass. Rep.
53; Welding Res. 4 (1950) 1 3r—15r.

Green, C. J. and *D. H. Martin:* Stress concentration problems in welded construction. Welding J. **30** (1951) July 607—617.

Klöppel, Kurt: Werkstoffmechanik und Sicherheit geschweißter Stahlkonstruktionen. Schweißen u. Schneiden **3** (1951) SH Nov. 81—89.

Klosse, Ernst: Schweißtechnische Berechnungen. (Werkstattbücher H. 102) Berlin-Göttingen-Heidelberg: Springer 1951 64 S.

Koenigsberger, F.: Grundlagen für die Gestaltung und Berechnung von Schweißkonstruktionen. Schweißen und Schneiden **3** (1951) S. H. Nov. 73—80. [5.5].

Komers, Max: Gütefragen bei der verdeckten Lichtbogenschweißung. Stahl u. Eisen **71** (1951) 23 1225—1232.

Wellinger, Karl u. *N. Ludwig:* Abbau von Schweißeigenspannungen durch fortschreitende Erwärmung unter 200⁰ C. Schweißen u. Schneiden **3** (1951) 11 344—347.

Williams, D.: Load distribution in riveted and spot-welded joints. (Congr. Appl. Mech. 1948) Proc. IME **165** (1951) 66 141—147; Index Aeron. **8** (1952) 7 68. [1.442.41].

Cox, D. R., P. E. Montagnon and *R. D. Starkey:* Strength requirements for spot welds. "Strength and testing of materials. Pt. 2", Sel. Govmt. Res. Rep. 6 1952.

Heuschkel, Julius: Rechnerische Ermittlung der Festigkeit von Punktschweißungen. Welding J. **31** (1952) 10 931—943; Stahl u. Eisen **73** (1953) 2 120.

Hänchen, Richard: Berechnung und Gestaltung von Schweißkonstruktionen. (Konstruktionsbücher Bd. 12) Berlin-Göttingen-Heidelberg: Springer 1953 IV, 80 S. [5.5].

Boyd, G. M.: Effects of residual stresses in welded structures. Brit. Welding J. (1954) Dec. 560 22 ref.; Aeron. Engng. Rev. **14** (1955) 3 120.

Klosse, Ernst: Festigkeitsberechnungen geschweißter Konstruktionen. Konstruktion **6** (1954) 7 262—267.

Müller, Roland: Die Bedeutung der Schrumpfung und Schrumpfspannung in geschweißten Konstruktionen. Maschinenbautechnik **3** (1954) 11 564—568.

Neumann, A. u. *J. Krebs:* Berechnung von Schweißkonstruktionen im Maschinenbau. Schweißtechnik (Berlin) **4** (1954) 12 341—350 8 Lit.-St.

Ruppin, K.: Die Wertung fortschrittlicher Punktschweißtechnik. Metall **8** (1954) 1/2 30—31; Stahl u. Eisen **74** (1954) 8 494.

Uhlir, E.: Die Gefahr des Sprödbruches bei Schweißkonstruktionen. Schweißtechnik (Wien) **8** (1954) 6 61—64; Schweißtechnik (Berlin) **4** (1954) 12 370.

Vreedenburgh, C. G. J.: New principles for the calculation of welded joints. Welding J. (1954) Aug. 743 10 ref.

Bühler, H.: Zur Frage der Verminderung der beim Auftragschweißen entstehenden Eigenspannungen. Z. VDI **97** (1955) 3 80—84 21 Lit.-St.

Tölken, O.: Festigkeitsberechnung statisch beanspruchter Schweißkonstruktionen. Schiff u. Hafen **7** (1955) 3 169—172.

Stähle 1.442.12

Rechtlich, Arved: Zerreißversuche mit geschweißten Stahlrohrstäben verschiedener Verbindungsart. 78. DVL-Ber.; ZFM **18** (1927) 17 393—399.

Miller, W. B.: Welding of high chromium steels. NACA TN 290 June 1928.

Rechtlich, Arved: Tensile strength of welded steel tubes. First series of experiments. NACA TM 445 Jan. 1928.

Rechtlich, Arved and *Martin Schrenk:* Welding in airplane construction. NACA TM 453 Febr. 1928.

Hoffman, W.: Welding rustproof steels. NACA TM 531 Sept. 1929.

Whittemore, H. L. and *W. C. Brueggeman:* Strength of welded joints in tubular members for aircraft. NACA Rep. 348 1930.

Dambeck, A.: Konstruktionsregeln für Objekte, die abschmelzgeschweißt werden sollen. Techn. Zbl. Prakt. Metallbearb. **41** (1931) 22 381—383.

Roš, Mirko Gottfried: Die Ergebnisse von Festigkeitsuntersuchungen von Flanschen-Verbindungen mittels autogen vorgeschweißten Flanschen. EMPA Disk.-Ber. 49 1932.

Ayßlinger, H.: Steigerung der Gütewerte lichtbogengeschweißter Verbindungen durch hochwertige Elektroden. Mitt. Forsch. Anst. GHH-Konzern **2** (1933) 6.

Gehring, H.: Schrumpfspannungen bei elektrisch geschweißten Stumpfnähten. (Mitt. Forsch. Inst. Verein. Stahlwerke Dortmund, Bd. III Lfg. 5) Dortmund: Stahldruck Dortmund 1933.

Girkmann, Karl: Spannungsverteilung in geschweißten Blechträgern. Stahlbau **6** (1933) 12/13 98—102.

Hahamovic, J.: Beitrag zur Erforschung der Spannungsverhältnisse im geschweißten Fachwerk. Bauing. **14** (1933) 25/26 351—354.

Ježek, Karl: Die Berechnung einer auf Biegung beanspruchten Überlappungsschweißung. Stahlbau **7** (1934) 16 126—128.

Müller, J.: Schweißbarkeit von Stählen höherer Festigkeit nach den Erfahrungen des Flugzeugbaus, mit besonderer Berücksichtigung der Schweißrissigkeit. Luftf.-Forsch. **11** (1934) 4 93—105; Aircr. Engng. (1935) 236.

Hoffmann, W.: Stahlrohre für den Flugzeugbau und ihre Schweißverbindungen. Z. VDI **79** (1935) 38 1145—1148. [1.442.14].

Müller, J.: Weldability of high-tensile steels from experience in airplane construction with special reference to welding crack susceptibility. NACA TM 779 Nov. 1935.

Roš, Mirko Gottfried u. *Anton Eichinger:* Festigkeit geschweißter Verbindungen. EMPA-Ber. 86 März 1935.

Bollenrath, Franz u. *Heinrich Cornelius:* Beitrag zur Frage der Schweißempfindlichkeit dünnwandiger Teile aus Stählen höherer Festigkeit. DVL Ber. 36/10; Luftf.-Forsch. **13** (1936) 4 118—124; Aircr. Engng **8** (1936) 90 232.

Bierett, G. u. *G. Grüning:* Untersuchungen über die Knickfestigkeit von gestoßenen Stützen usw. Untersuchung über den Einfluß von Schrumpfdruckspannungen in geschweißten Druckgliedern auf die Knickfestigkeit bei mittiger und außermittiger Belastung. (Ber. Dtsch. Ausschuß Stahlbau Ausg. B, H. 6) Berlin: Springer 1936 IV, 22 S. [1.342.31].

Mortada, A.: Beitrag zur Untersuchung der Fachwerke aus geschweißtem Stahl und Eisenbeton unter statischen und Dauerbeanspruchungen. EMPA Disk.-Ber. 103 1936; Z. VDI **82** (1938) 49 1409—1411 (Ref. v. M. Roš). [1.211], [1.442.14].

Zeyen, K. L.: Zur Frage der Schweißempfindlichkeit. Z. VDI **80** (1936) 32 969—973.

Zeyen, K. L.: Schweißen von Kohlenstoffstählen mit höherer Festigkeit. Z. VDI **80** (1936) 41 1251—1252.

Munzinger, Fritz: Versuche mit geschweißten Konsolen. Stahlbau **10** (1937) 8 62—64.

Cornelius, Heinrich: Versuche über die Metall-Lichtbogenschweißung dünner Bleche aus Chrom-Molybdänstahl. Luftf.-Forsch. **15** (1938) 3 133—140; Aircr. Engng. **10** (1938) 112 193.

Roš, Mirko Gottfried u. *Anton Eichinger:* Gütebewertung und zulässige Spannungen von Schweißungen im Stahlbau. Schweiz. Bauztg. **112** (1938) 14.

Schulz, E. H.: Zur Frage der Schweißrissigkeit bei Stahl St 52. Z. VDI **82** (1938) 21 642—643.

Albers, Kurt: Biegeversuche mit zwei großen, geschweißten Vollwandträgern aus St 52. Stahlbau **12** (1939) 12 97—100.

Bierett, G., E. Diepschlag, Kurt Klöppel u. a.: Schweißtechnik im Stahlbau. 1. Bd. Allgemeines. (Hrsg. K. Klöppel u. C. Stieler) Berlin: Springer 1939. X, 191 S. [2.511.2].

Cornelius, Heinrich: Herstellung und Eigenschaften dünnwandiger nahtgeschweißter Rohre aus Stählen höherer Festigkeit. Jb. 1939 Dtsch. Luftf. Forsch. I 561—563. [1.424].

Cornelius, Heinrich: Schweißen von Chromstählen. Z. VDI **83** (1939) 23 707—713. [2.511.2].

Müller, J.: Erhöhung der spezifischen Belastbarkeit bei Zug, Druck und Knickung von eingeschweißten Stahlrohr-Fachwerkstreben im Flugzeugbau durch Maßnahmen werkstofftechnischer Art. Luftf.-Forsch. **16** (1939) 1 14—17; Aircr. Engng. **11** (1939) 125 281.

Müller, J.: Über die Ursache der Schweißrissigkeit an Flugzeugbaustählen. Luftf.-Forsch. **16** (1939) 4 97—105.

Müller, J.: Increase of the specific load under tension, compression, and buckling of welded steel tubes in airplane construction by suitable treatment of structural steel and by proper design. NACA TM 912 Oct. 1939.

Zeyen, K. L.: Versuche mit Prüfverfahren zur Ermittlung der Verformungsfähigkeit von Mehrlagenschweißungen an weichem Flußstahl. Elektroschweißung **10** (1939) 21—30, 67—94; Techn. Mitt. Krupp Techn. Ber. **7** (1939) 96—120.

Albers, K.: Zugversuche an Stäben aus St 52 mit Längsnähten, die nach dem Ellira-Verfahren geschweißt wurden. Elektroschweißung **11** (1940) 11 173—180, 12 191—193 2 Lit.-St.; Techn. Z.-Schau **26** (1941) 6 113.

Krug, P.: Kaltschweißung von Gußeisen. Z. VDI **84** (1940) 41 777—783; Techn. Z.-Schau **26** (1941) 1 14. [2.511.2].

Mailänder, R., W. Szubinski u. *H. J. Wiester:* Biegeversuche und metallographische Untersuchungen an geschweißten Dünnblechen aus Stählen höherer Festigkeit. Techn. Mitt. Krupp, Forsch. Ber. **3** (1940) 14 199—221; Techn. Z.-Schau **26** (1941) 6 112.

Malisius, R.: Formänderungen einseitig geschweißter Stahlträger. Z. VDI **84** (1940) 36 661—662.

Matthaes, Kurt u. *A. Schröder:* Versuche zur Erhöhung der Schweißnahtfestigkeit arcatomgeschweißter vergüteter Beschläge. Jb. 1940 Dtsch. Luftf. Forsch. I 997—1006.

Müller, J.: The cause of welding cracks in aircraft steels. NACA TM 955 Oct. 1940.

Vox, P. B.: Spannungen und Verformungen bei Schweißverbindungen. Werft, Reederei, Hafen **21** (1940) 253.

Zeyen, K. L.: Untersuchungen über statische Festigkeit, Kerbschlagzähigkeit und Dauerfestigkeit von geschweißtem Baustahl St 52 nach verschiedenen Wärmebehandlungen und nach Schweißung unter Vorwärmung. Stahl u. Eisen **60** (1940) 456—461; Techn. Mitt. Krupp Forsch. Ber. **3** (1940) 87—98; Bautechnik **18** (1940) 24 269—273. [1.442.14].

Gerold, E. u. *W. Krafft:* Über die Eigenspannungen und die Zonen bleibender Verformung in geschweißten Bauteilen. Elektroschweißung **12** (1941) 173—178.

Kuntze, Wilhelm: Wege zur Erkennung der mechanischen Wertigkeit von Schweißnähten. Autog. Metallbearb. **34** (1941) 15 241—246; Techn. Z.-Schau **26** (1941) 24 407. [1.442.14].

Roš, Mirko Gottfried: Aktuelle Probleme der Schweißung von Konstruktionsstählen. (Problèmes actuels de la soudure des aciers de construction.) EMPA Disk.-Ber. 132 Febr. 1941 83 S. [2.511.2].

Bierett, G. u. *K. Albers:* Einfluß der Nahtform und der Schweißausführung auf die Querverspannung beim Schweißen unter Einspannung. Ber. Dtsch. Ausschuß Stahlbau H. 13 1942.

Thum, August u. *Armin Erker:* Gestaltfestigkeit von Schweißverbindungen. Mitt. MPA TH Darmstadt H. 10 1942 149 S.; Schiff u. Werft **44/24** (1943) 7/8 152. [1.442.14].

Cornelius, Heinrich u. *Trossen:* Prüfung elektrisch widerstandsgeschweißter Stahlrohre aus Flw. 1265 der Fa. Schmacke & Kumpmann AG., Stemel i. Westf., Krs. Arnsberg. ZWB UM 1111 1943 3 S.

Cornelius, Heinrich u. *Werner Samtleben:* Untersuchung von elektrisch-widerstandsgeschweißten Rohren aus Flw. 1265.9 der Fa. Vinzenz Wiederholt-Werke, Holzwickede bei Dortmund. ZWB UM 1075 1943 5 S.

Cornelius, Heinrich u. *Werner Samtleben:* Eigenschaften hochwertiger Stahlbänder und ihre Punktschweißverbindungen. Luftf.-Forsch. **20** (1943) 11 311—322.

Cornelius, Heinrich: Eigenschaften hochfester Schweißverbindungen aus Stahl. Ber. Lil.-Ges. 154 1943 8 S.

Erker, Armin u. *H. Weiß:* Untersuchungen an stumpfgeschweißten Verbindungen aus Fliegwerkstoff 1620. ZWB FB 1770 1943 34 S.

Fahsel: Prüfung elektrisch überlappt geschweißter Stahlrohre aus Flw. 1265 mit anormal dünner Wandstärke. ZWB UM 1048 1943 6 S.

Graf, Otto: Beurteilung der Eigenschaften hochfester Baustähle für geschweißte Tragwerke. Z. VDI **87** (1943) 27/28 422—424.

Hauk, Viktor: Einfluß der Aufhärtung im Schweißpunkt auf die Festigkeit von Punktschweißverbindungen aus hochfesten Stahlblechen. ZWB UM 1076 1943 4 S.

Hauk, Viktor: Statische und dynamische Untersuchungen an Punktschweißverbindungen aus hochfesten Stahlfeinblechen. ZWB UM 1098 1943 14 S. [1.442.14].

Montandon, R.: Gefüge- und Festigkeitseigenschaften von Lichtbogenschweißungen an Baustählen mit verschieden hohem Kohlenstoffgehalt und von großer Dicke. EMPA Disk.-Ber. 145.

Norton, J. D. and *D. Rosenthal:* An investigation of the behaviour of residual stresses under external load and their effect on safety. J. Amer. Welding Soc., Res. Suppl. (New York) **8** (1943) 2 63s—78s.

Bollenrath, Franz u. *Heinrich Cornelius:* Eigenschaften betriebsmäßig hergestellter Widerstandsbrennschweißungen in Gurtlaschenabschnitten aus Flw. 1620. 1. Zwischenbericht. ZWB UM 1264 1944 4 S.

Cornelius, Heinrich: Untersuchungen von längsnahtgeschweißten, dünnwandigen Stahlrohren der Fa. Carl Froh, Schmalkalden/W. ZWB UM 1231 1944 3 S. [1.424].

Cornelius, Heinrich u. *Gericke:* Untersuchung von elektrisch-widerstandsgeschweißten Rohren aus Flw. 1265. ZWB UM 1162 1944 3 S.

Cornelius, Heinrich u. *Werner Samtleben:* Prüfung längsnahtgeschweißter Rohre aus Flw. 1265.9 der Wurag-Rohr GmbH., Wickede. ZWB UM 1244 1944 3 S.

Cornelius, Heinrich u. *Werner Samtleben:* Untersuchung von arcatomgeschweißten Rohren aus Flw. 1265.9 der Firma Wurag-Rohr GmbH., Wickede. ZWB UM 1243 1944 3 S.

Cornelius, Heinrich: Eigenschaften vergüteter Widerstands-Abbrennschweißverbindungen aus Mangan-Stählen. ZWB UM 1262 1944 10 S.

Cornelius, Heinrich u. *Waibel:* Prüfung überlapptgeschweißter Stahlrohre aus Flw. 1265. ZWB UM 1169 3 S., UM 1359 3 S. 1944.

Hauk, Viktor: Statische und dynamische Untersuchungen an Punktschweißverbindungen aus Flw. 1604 unterschiedlicher Blechdicke. ZWB UM 1252 Juni 1944. [1.442.14].

Tewes, K.: Wichtige, in der Schweißtechnik vorkommende Stahlsorten, ihre Eigenschaften und ihr Verhalten beim Schweißen. Autogene Metallbearb. **37** (1944) 2—9, 21—30.

Wellinger, Karl: Statische Festigkeitseigenschaften von Gießschweißungen in Gurtlaschenabschnitten aus Fliegwerkstoff 1620. ZWB UM 1168 1944 2 S.

Zschokke, H. u. *R. Montandon:* Einfluß der Neigung von Schweißnähten zur Beanspruchungsrichtung auf die Zugfestigkeit. Schweiz. Arch. **10** (1944) 5 129—137 7 Lit.-St.

Montandon, R.: Festigkeits- und Gefügeeigenschaften von Lichtbogenschweißungen an unlegierten Baustählen größerer Dicke. Schweiz. Arch. **11** (1945) 4 97—103, 5 147—159.

Stüssi, Fritz: Über Schweißspannungen bei gehinderter Schrumpfung. Schweiz. Bauztg. **126** (1945) 6 55—56.

Roš, Mirko Gottfried: Die Festigkeit und Sicherheit der Schweißverbindungen. EMPA Disk.-Ber. 156 1946; Schweiz. Arch. (1946) Jan./März.

Albrecht, Rudolf: Lichtbogenschweißung im Stahlhoch- und Brückenbau. Konstruktion und Berechnung. 2. Aufl. Berlin: Ernst 1947 IV, 78 S. [6.272], [6.273].

Benz, W. G.: Effect of manganese and molybdenum on the microstructure and mechanical properties of low-alloy ferritic weld metal. Welding J. **26** (1947) Dec. 742—748.

Brown, W. F., L. J. Ebert and *G. Sachs:* Distribution of strength and ductility in welded steel plate as revealed by the static notch bar tensile test. Welding J. **26** (1947) Oct. 545—554, disc. Dec. 711, 726. [1.442.15].

Barr, W. and *C. F. Tipper:* Brittle fracture in mild steel plates. J. Iron and Steel Inst. (1947) Oct. 223—238.

Fisher, M. S. and *H. Brooks:* Investigation of the strength of bronze welded joints. Trans. Inst. Welding **10** (1947) 5 149—160; Index Aeron. **4** (1948) 1 44. [1.442.14].

Graf, Otto: The strength of welded joints at low temperatures and the selection and treatment of steels suitable for welded structures. Welding J. **26** (1947) Sept. 508—517.

Hess, W. F., W. D. Doty and *W. J. Childs:* The heat treatment of spot welds in steel plate. Welding J. **26** (1947) Nov. 641—652.

Hipperson, A. J.: The relationship between welding conditions and the strength and quality of single spot welds in deep drawing quality mild steel sheet in thicknesses from 20 to 14 S. W. G. Welding Res. **1** (1947) 1.

Klöppel, Kurt: Über Bruchfestigkeiten geschweißter Stahlbauten unter Berücksichtigung bekannter Schadensfälle. Braunschweig: Vieweg 1947. 80 S. [6.270].

Voldrich, C. B. and *E. T. Armstrong:* Effect of variables in welding technique on the strength of direct-current metal-arc-welded joints in aircraft steel. I — Static tension and bending fatigue tests of joints in SAE 4130 steel sheet. NACA TN 1261 July 1947. [1.442.14].

Weck, R.: Transverse contraction and reaction stresses in butt welded mild steel plates. (Final Rep. Admiralty Ship Welding Comm.) London: HMSO.

Wilson, W. M. and *Chao-Chien Hao:* Residual stresses in welded structures. Univ. Ill. Engng. Exp. Stat. Bull. 361; J. Amer. Welding Soc. Res. Suppl. **12** (1947) 5 295s—320s.

Barr, W.: Some modern developments in steels for welded structures. Metallurgia **38** (1948) June 79—84. [1.322.121].

Hipperson, A. J.: Mechanical properties and welding characteristics of single projections in low carbon mild steel sheet. Trans. Inst. Welding **11** (1948) 4 Welding Res. 69r—80r.

Kinzel, A. B.: Zähigkeit von Stählen für geschweißte Konstruktionen. Welding Res. Counc. **13** (1948) 217—234.

Krefeld, W. J. and *E. C. Ingalls:* Residual stresses in a butt-welded structural I-beam: tests supplementary to impact investigation. III. Welding J. **27** (1948) Aug. 417—420.

Luxion, W. William and *Bruce G. Johnston:* Progr. Rep. 1. Welded continuous frames and components. Plastic behaviour of wide flange beams. Welding J. **27** (1948) Nov. 538s—554s; Met. Rev. **22** (1949) 1 52.

Melhardt, H.: Stumpf- und Kehlnahtverbindungen bei ruhender und bei wechselnder Beanspruchung. Schweißtechnik (Wien) **2** (1948) May 55—57, June 72—75; Met. Rev. **22** (1949) 5 53. [1.442.14].

Nippes, E. F. and *W. F. Savage:* State of stress in arc welds made under transverse restraint. Welding J. **27** (1948) July 370—376.

Voldrich, C. B. and *E. T. Armstrong:* Effect of variables in welding technique on the strength of direct current metal-arc-welded joints in aircraft steel. II — Repeated-stress tests of joints in SAE 4130 seamless steel tubing. NACA TN 1262 Apr. 1948. [1.442.14].

Wheeler, J. A.: The stress system causing hard-zone cracking in welded alloy steels. "Symposium on internal stresses in metals and alloys", London: Inst. of Metals 1948 367—373, disc. 463—484 11 ref.; Met. Rev. **22** (1949) 4 53.

Graf, Otto: Tragfähigkeit von Rundloch-Schlitznahtschweißungen und Punktschweißungen für leichte stählerne Tragwerke. (Tests of spot welds for light steel structures.) Z. VDI **91** (1949) 6 137—138; Welding J. **28** (1949) March 116s—120s; Met. Rev. **22** (1949) 4 53.

Hauk, Viktor: Statische und dynamische Festigkeitsuntersuchungen an Punktschweißverbindungen aus hochfesten Stahlfeinblechen. Arch. Eisenhüttenwes. **20** (1949) Jan./Febr. 41—51; Met. Rev. **22** (1949) 6 51. [1.442.14].

Hoff: Punktschweißen von Stahl. Arch. Eisenhüttenwes. **20** (1949) 1/2 49—51.

Keel, C. G.: Récents essais faits en Suisse en matière de soudure oxy-acétylénique de l'acier: le soudage à droite élargi. Soudure et Techn. Connexes **3** (1949) 5/6 127—137; Index Aeron. **6** (1950) 1 48. [1.442.14].

Siebel, Erich: Festigkeitsverhalten von Schweißungen. Schweißen u. Schneiden **1** (1949) Aug. 121—128; Chem. Zbl. **121** (1950) I 15 1144.

Stout, R. D. and *L. J. McGeady:* Notch sensitivity of welded steel plate. Welding Res. Counc. **14** (1949) Jan. 1—9; AMR **2** (1949) 9 203. [1.352.1].

Ball, J. G. and *K. Winterton:* Tensile properties of mild steel weld metal at high temperatures. Welding Res. **4** (1950) 6 104r—124r; Stahl u. Eisen **71** (1951) 24 1337.

Bautz, Wilhelm: Punktschweißverbindungen von Stahlblechen und Einflüsse auf ihre Haltbarkeit. Konstruktion **2** (1950) 8 235—246.

Bischof, Friedrich: Korngröße und Scherfestigkeit von Punktschweißungen. Technik (Berlin) **5** (1950) 3 129—131.

Bischof, Friedrich: Einfluß der Kaltverformung auf die Scherfestigkeit von Punktschweißungen. Technik (Berlin) **5** (1950) 3 132—133.

Klingler, L. J. u. *L. J. Ebert:* Einfluß des Schweißens auf die Sprödbruchempfindlichkeit von Stählen. Welding Res. Counc. (1950) 2 59—73; Stahl u. Eisen **72** (1952) 8 439.

Roderick, J. W.: Research on welded structural steelwork. Trans. Inst. Welding **13** (1950) 2 57—63; Bull. Anal. C. N. R. S. **11** (1950) 11 3634.

Vasta, J.: Distribution of locked-in stresses in a large welded steel box girder. Welding J. **29** (1950) Sept. 484—493.

Zschokke, H. u. *R. Montandon:* Statische Prüfung und Berechnung von Punktschweißverbindungen bei Scherzugbeanspruchung. Schweiz. Arch. **16** (1950) 9 257—271; Brown Boveri-Mitt. **37** (1950) 8/9 318—335; Index Aeron. **7** (1951) 3 57; Stahl u. Eisen **71** (1951) 2 96. [1.442.13].

Ball, J. G. u. *C. L. Cottrell:* Schweißbarkeit und Festigkeitseigenschaften einiger niedrig legierter Stähle. J. Iron Steel Inst. **169** (1951) 4 321—326; Stahl u. Eisen **72** (1952) 10 587. [2.511.2].

Benz, W. G. jr. and *J. S. Sohn:* Aircomatic welding of austenitic stainless steels. Welding J. **30** (1951) 10 911—926; Met. Rev. **24** (1951) 11 35; Stahl u. Eisen **72** (1952) 4 210. [1.362].

Dienst, H.: Festigkeitsuntersuchungen an einseitigen Kehlnaht-Schweißverbindungen mit verschiedenen Schweißnahtformen. Schweißen u. Schneiden **3** (1951) 4 112—114.

Jamm, W.: Gestaltfestigkeit geschweißter Rohrverbindungen und Rohrkonstruktionen bei statischer Belastung. Schweißen u. Schneiden **3** (1951) S. H. Nov. 109—115. [6.122].

Kunz, H. u. *W. Raabe:* Festigkeitsuntersuchungen an autogen geschweißten Schienenstößen. Schweißen u. Schneiden **3** (1951) 9 269—272.

Swan, D., A. R. Lytle u. *C. R. McKinsey:* Bedeutung der Spannungsfreiheit für die Festigkeit von Schweißverbindungen. Welding Res. Counc. (1951) 3 135—145; Stahl u. Eisen **72** (1952) 12 718.

Türcke, H.: Das Verhalten des Gußeisens beim Schweißen. Konstruktion **3** (1951) 5 154—160. [2.511.2].

Uhlir, E.: Zur Frage der technologischen Eigenschaften der Ellira-Schweißung. Schweißtechnik (Wien) **5** (1951) 2 16—21; Stahl u. Eisen **72** (1952) 26 1683.

Winsor, F. J.: Die Lichtbogenschweißung von Kohlenstoff-Molybdänstahl-Rohren. Welding J. **30** (1951) Sept. 817—827; Chem. Zbl. **125** (1954) 30 6815.

Beckstroem, J.: Der Einfluß des Schweißverfahrens auf die Festigkeitseigenschaften der Schweißnähte von Baustählen. Konstruktion **4** (1952) 2 33—41.

Davis, E. F. u. *E. L. Layland:* Mechanische Eigenschaften von Schweißverbindungen an Gußeisen mit Kugelgraphit. Steel **130** (1952) 25 78—79; Stahl u. Eisen **72** (1952) 22 1378.

Effertz, K. H.: Berechnung und Gestaltung geschweißter Trägeranschlüsse. Schweißen u. Schneiden **4** (1952) 2 58, 3 80—83. [5.5].

Emerson, R. W. u. *W. R. Hutchinson:* Schweißverbindungen von ferritischen mit austenitischen Stählen und ihr Verhalten. Welding Res. Counc. (1952) 3 126—141; Stahl u. Eisen **72** (1952) 16 972. [2.511.2].

Fisher, M. S. and *J. T. Ballett:* The mechanical properties of butt-welded joints in chromium-molybdenum steel tubing, D. T. D. 178. „Strength and testing of materials. Pt. 2", Select. Govmt. Res. Rep. 6 1952.

Fisher, M. S.: Investigation of the effect of welding on the mechanical properties of low carbon manganese-molybdenum steel tubing. (D.T.D. 347.) "Strength and testing of materials." Pt. 2, Select. Govmt. Res. Rep. 6 1952.

Glage, W.: Einflußgrößen und Festigkeit beim Widerstandpunktschweißen. Schweißen u. Schneiden **4** (1952) 8 292—297.

Hartbower, C. E.: Flush welds withstand impact better than reinforced welds. Iron Age **171** (1952) 26 136—139; Konstruktion **6** (1954) 3 116—117.

Hipkins, H. J. and *W. J. Taylor:* Investigation of butt-welds in chromium-molybdenum steel. „Strength and testing of materials. Pt. 2", Select. Govmt. Res. Rep. 6 1952.

Krause, A.: Glühbehandlung hochwertiger Schweißnähte bei Dampferzeugern. Brennstoff-Wärme-Kraft **4** (1952) 2 44—47.

Munzinger, F.: Versuche mit Ellira-Schweißungen. (Ber. Dtsch. Ausschuß f. Stahlbau H. 17, Hrsg. Dtsch. Stahlbau Verb. Köln.) Berlin-Göttingen-Heidelberg: Springer 1952.

Noren, T.: Changes in structure and properties in connection with arc welding of creep resisting chromium molybdenum steels. Jernkont. Ann. **136** (1952) 12 511—548 42 ref.; Index Aeron. **9** (1953) 6 62. [2.511.2].

Privoznik, L. J.: Einfluß von Eigenspannungen auf die Festigkeit rundnahtgeschweißter Hohlzylinder. Welding Res. Counc. (1952) 12 587—595; Stahl u. Eisen **73** (1953) 19 1249.

Puzak, Peter P. u. *William S. Pellini:* Versprödung von ferritischen Schweißen hoher Zugfestigkeit. Welding Res. Counc. (1952) 11 521—526; Stahl u. Eisen **73** (1953) 7 441.

Rieppel, P. J. and *C. B. Voldrich:* Fracture initiation and propagation in welded ship steels. Welding Res. Counc. **31** (1952) 4 188s—197s; AMR **5**(1952)9 400. [6.253.2].

Robertson, J. M. and *C. W. George:* Investigations of butt-welds in low-carbon low-manganese steel. „Strength and testing of materials. Pt. 2", Select. Govmt. Res. Rep. 6 1952.

Schmidt, Fritz: Stahlschweißen im Maschinenbau. Schweißen u. Schneiden **4** (1952) S. H. Dez. 114—119.

Smith, D. C. u. *W. G. Rinehart:* Einfluß der Wärmebehandlung auf die mechanischen Eigenschaften wasserstoffarmen Schweißgutes aus umhüllten legierten Schweißdrähten. Welding J. **31** (1952) 4 296—305; Stahl u. Eisen **72** (1952) 20 1246. [2.511.2].

— Investigation of butt-welds in low-carbon steel tubes. „Strength and testing of materials. Pt. 2", Select. Govmt. Res. Rep. 6 1952.

Bland, Jay: Lichtbogenschweißen von Stahlrohren mit 1,25 % Cr und 0,5 % Mo. Welding J. **32** (1953) 9 803—814; Stahl u. Eisen **74** (1954) 2 118.

Buchholtz, H.: Die Schweißbarkeit und Schweißsicherheit der Großbaustähle. Schweißen u. Schneiden **5** (1953) S. H. Dez. 98—105.

Campbell, Hallock C.: Erzielung eines kornzerfallbeständigen Schweißgutes bei austenitischen Chrom-Nickel-Stählen. Welding Res. Counc. (1953) 12 577—584; Stahl u. Eisen **74** (1954) 6 365.

Dixon, H. E. u. *J. E. Roberts:* Punktschweißungen an dünnen Blechen aus kohlenstoffarmen Stählen. Welding Res. **7** (1953) 1 3—15; Stahl u. Eisen **74** (1954) 10 672.

Effertz, K. H.: Berechnung der Schweißkonstruktion bei ruhender Belastung. Schweißen u. Schneiden **5** (1953) 11 394—400.

Harris, L. A., R. B. Matthiesen u. *N. M. Newmark:* Ergebnisse von Aufschweißbiegeversuchen bei tiefen Temperaturen. Welding Res. Counc. (1953) 12 585 —599; Stahl u. Eisen **74** (1954) 6 368.

Hummitzsch, W.: Entstehungsbedingungen des Sprödbruches beim Schweißen. Radex-Rdsch. (1953) 4/5 256—262; Stahl u. Eisen **73** (1953) 25 1681.

Kihlgren, T. E. u. *H. C. Waugh:* Schweißen von Gußeisen mit Kugelgraphit. Welding J. **32** (1953) 10 947—956; Stahl u. Eisen **74** (1954) 2 118 [2.511.2].

Krefeld, William J. u. *George B. Anderson:* Übergangstemperaturen von Trägern aus Baustahl mit Stumpfschweißverbindungen. Welding Res. Counc. (1953) 11 538—576; Stahl u. Eisen **74** (1954) 4 243.

Pfender, Max: Die Bedeutung von Schrumpfspannungen für das Festigkeitsverhalten metallischer Konstruktionen. Schweißen u. Schneiden **5** (1953) S. H. Dez. 150—156.

Povse, Th.: Der Sprödbruch im geschweißten Tragwerk. Radex-Rdsch. (1953) 4/5 157—160; Stahl u. Eisen **73** (1953) 21 1373.

Sowa, F. W., W. C. Truckenmiller u. *L. E. Wagner:* Einfluß des Schweißens unter Stickstoff oder Kohlendioxyd auf die Eigenschaften der Schweißverbindung. Welding Res. Counc. (1953) 12 619—624; Stahl u. Eisen **74** (1954) 6 365.

Uhlir, E.: Die Sprödbrucherscheinungen bei Schweißkonstruktionen. Radex-Rdsch. (1953) 4/5 153—157; Stahl u. Eisen **73** (1953) 21 1373.

Weck, R.: Kritische Betrachtungen über Schrumpfspannungen, ihre Entstehung, Messung und ihren Einfluß auf die Sicherheit. Schweißen u. Schneiden **5** (1953) S. H. Dez. 141—150.

Wright, E. A., Finn Jonassen u. *H. G. Acker:* Untersuchungen für das Ship Structure Committee der amerikanischen Marine. Welding Res. Counc. Bull. Ser. 16 1953 22—64; Stahl u. Eisen **74** (1954) 10 672.

— Schweißbarkeit von Stahl. Fonderie (1953) 93 3639—3652; Stahl u. Eisen **74** (1954) 4 245—246.

Anders, W.: Schweißbarkeit und Schweißeigenschaften der Großbaustähle und ihre Prüfung. Schweißtechnik (Berlin) **4** (1954) 6 162—168 9 Lit.-St. [1.442.15].

Christopher, G. C. u. *R. C. Becker:* Lichtbogenschweißen kohlenstoffarmer Stähle unter Schutzgas. Welding J. **33** (1954) 1 7—22; Stahl u. Eisen **74** (1954) 8 494.

Hartbower, Carl E.: Das Verhalten von Schweißverstärkungen. Welding Res. Counc. (1954) 3 141—146; Stahl u. Eisen **74** (1954) 12 794.

Jackson, Clarence E. and *Arthur E. Shrubsall:* Submerged arc welding of chromium-bearing steels. Welding J. (1954) Aug. 752.

Kent, R. P.: Kriechversuche an Schweißen und Schweißgut aus Molybdänstahl. Iron Coal Trades Rev. (London) **169** (1954) 4512 787—793; Stahl u. Eisen **74** (1954) 27 1794.

Roberts, J. E. u. *H. E. Dixon:* Einfluß der Stahlgüte auf die Eigenschaften von Punktschweißungen. Brit. Welding J. (1954) 1 27—35; Stahl u. Eisen **74** (1954) 4 243.

Wängsjö, Hans: Punktschweißung ferritischer Chromstähle. Sheet Metal Industries **31** (1954) 321 31—39; Stahl u. Eisen **74** (1954) 10 672.

Zeyen, K. L.: Die Schweißbarkeit von unlegierten Stählen unter besonderer Berücksichtigung der bei geschweißten Schiffen und Brücken aufgetretenen Sprödbrüche. Hansa **91** (1954) 24/25 1083—1093.

Bollenrath, Franz, Heinrich Cornelius u. *C. Appaly:* Festigkeitseigenschaften von Lichtbogenschweißungen an einem Stahl hoher Festigkeit. Schweißen u. Schneiden **7** (1955) 8 345—351.

Leichtmetalle   1.442.13

Beér, F.: Festigkeitseigenschaften geschweißter Leichtmetalle. Forsch. Ing.-Wes. **4** (1933) 4 206—207.

Beér, F.: Untersuchungen über die Festigkeit von ungeschweißtem und geschweißtem Duralumin und Lautal bei statischer und wechselnder Beanspruchung. Diss. TH Hannover 1933. [1.442.14].

Bollenrath, Franz u. *Walter Bungardt:* Stand der elektrischen Punktschweißung für Aluminium und seine Legierungen. DVL Ber. 36/8; Luftf.-Forsch. **13** (1936) 4 125—131; Aircr. Engng. **8** (1936) 90 232.

Schraivogel, Karl: Versuche mit Punktschweißungen an Aluminium-Legierungen. Aluminium **18** (1936) 5 177—183.

Feldmann, W.: Die Beurteilung von Leichtmetallschweißungen auf Grund des Zugversuchs. Metallwirtsch. **16** (1937) 50 1299—1306.

Cornelius, Heinrich: Einfluß von Stromstärke, Elektrodendruck und Schweißzeit auf die Scherfestigkeit und den Aufbau von Punktschweißungen in Aluminiumlegierungen. Elektroschweißung **11** (1940) 1 15—17; Techn. Z.-Schau **26** (1941) 1 13.

Mäder, H.: Festigkeit von Arcatomschweißungen bei Hydronalium. Elektroschweißung **11** (1940) 2 29—31.

v. Rajacovics, E. u. *E. Blohm:* Einfluß der Oberflächenbeschaffenheit beim Punktschweißen von Leichtmetallen. Jb. 1940 Dtsch. Luftf. Forsch. I 1047—1053; Z. VDI **84** (1940) 31 555—560.

Brenner, Paul: Gefüge und Eigenschaftsänderungen von Aluminium-Legierungen beim Schweißen. Jb. 1941 Dtsch. Luftf. Forsch. I 617—620.

Hess, W. F., R. A. Wyant and *B. L. Averbach:* Report on investigation of spot-weld test specimens. Comparison of specimen types and dimensions — Alclad 24 S-T — 0.020″, 0.040″, 0.064″ in thickness. NACA OCR Progr. Rep. 2 Sept. 1941.

Hess, W. F., R. A. Wyant and *B. L. Averbach:* An investigation of spot-weld test specimens. II — Comparison of specimen types and dimensions — 52 S — 1/2 H, 0.040″ in thickness. NACA OCR Progr. Rep. 4 Oct. 1941.

Mäder, H.: Über Festigkeitseigenschaften von Arcatomschweißungen an Leichtmetallen. Aluminium **23** (1941) 8 407—410.

Schwerber, P.: Werkstoffersparnis durch geschweißte Aluminiumkonstruktionen. Industrieblatt **46** (1941) 542—547. [5.5].

Bleicher, Waldemar: Eignung und Anwendung von Leichtmetallen für Schweißkonstruktionen. Autogene Metallbearb. **35** (1942) 337—344, 353—356. [5.5].

Bollenrath, Franz u. *Viktor Hauk:* Untersuchungen über den Einfluß von Schweißbedingungen auf die Streuung der Festigkeit elektrisch geschweißter Punkte an Blechen aus verschiedenen Aluminiumlegierungen. Z. Metallkde. **34** (1942) 8 187—193. [2.511.3].

Hess, W. F., R. A. Wyant and *B. L. Averbach:* Examination of spot welds in Alclad 24 S-T NACA OCR Progr. Rep. 6 March 1942.

Levy, Samuel, Albert E. McPherson and *Walter Ramberg:* Effect of rivet and spot-weld spacing on the strength of axially loaded sheet-stringer panels of 24 S-T aluminum alloy. NACA TN 856 Aug. 1942. [1.442.43].

Hess, W. F., R. A. Wyant, B. L. Averbach and *F. J. Winsor:* Some observations of spot-weld consistency in aluminum alloys. NACA OCR Progr. Rep. 13 Oct. 1943.

Hess, W. F., R. A. Wyant and *F. J. Winsor:* An investigation of the effect of spot welding on the sheet efficiency of aluminum alloy 24 S-T under static load. NACA OCR Progr. Rep. 14 Oct. 1943.

Irmann, Roland: Beziehungen zwischen Schweißbedingungen und mechanischen Eigenschaften beim Punktschweißen von Aluminium. Schweiz. Arch. **10** (1944) 6 177—181.

Kuhn, Paul and *Edwin M. Moggio:* Structural properties of aluminum-alloy box beams with riveted, spot-welded, or cycle-welded joints. NACA ARR 4 C 04 March 1944. [1.442.43].

Hess, W. F., R. A. Wyant and *F. J. Winsor:* Further investigation of the effect of spot welds on the sheet efficiency of alclad 24 S-T. NACA OCR Progr. Rep. 16 Febr. 1945.

McMaster, R. C. and *N. A. Begovich:* Instrumentation of the spot welder and investigation of the spot welding of 0.091 in 24 S-T alclad sheet. Welding Res. Counc. Suppl. (1945) Oct. [2.511.3].

Apblett, W. R.: Some observations on the weldability of high strength wrought aluminum alloys. Welding J. **25** (1946) 11 802—808.

Della-Vedowa, R.: Tension tests of single-row spot-welded joints in 24 S-T Alclad aluminum alloy sheet. Welding J. **25** (1946) 2 115s—122s.

Harmer, D. J. and *H. Brooks:* Strength tests on fusion welds in duralumin-type alloys. Brit. Welding Res. Ass. LM. 1/8 (a) July 1946.

Pendleton, J.: The tensile strength of gas welds in magnesium-manganese alloy to specification D. T. D. 118. Brit. Welding Res. Ass. LM 3/30 (a) Apr. 1946.

Boss, G. H.: Certain aspects of seam welds in aluminium alloy sheets. Metal Progr. **51** (1947) 599—602.

Hartmann, E. C., Marshall Holt and *A. N. Zamboky:* Static and fatigue tests on arc-welded aluminium alloy 61 S-T plate. Welding J. **26** (1947) 3 129. [1.442.14].

Hess, W. F., T. B. Cameron, D. J. Ashcraft and F. J. Winsor: Optimum welding conditions and general characteristics of spot welds in magnesium alloy sheet. Welding J. **26** (1947) 5 268s—282s.

Hess, W. F., R. A. Wyant and F. J. Winsor: The effect of preheating and postheating on the quality of spot welds in aluminium alloys. NACA TN 1415 Nov. 1947.

Hess, W. F. and F. J. Winsor: Further investigation of preheating and postheating in spot-welding 0.040-inch alclad 24 S-T. NACA TN 1440 Dec. 1947.

Moore, R. L.: Static-strength tests on fillet welds on aluminium alloy 61 S-T plate. Welding J. **26** (1947) 10 593—600.

Templin, R. L. and M. Holt: Static and fatigue strengths of welded joints in aluminum-manganese alloy sheet and plates. Welding J. **26** (1947) Dec. 705—711. [1.442.14].

George, P. F.: Eliminating cracking in magnesium arc welds. Mater. & Meth. **27** (1948) Apr. 68—71.

Hérenguel, J.: Le problème des soufflures dans la soudure des alliages légers. Soudure et Techn. Connexes **2** (1948) Jan./Févr. 5—11.

Pendleton, J.: Gas welds in a high strength aluminum-zinc-magnesium-copper alloy. Trans. Inst. Welding **11** (1948) 5 Welding Res. 87r—93r; Index Aeron. **5** (1949) 6 87. [2.511.3].

Pendleton, J.: The tensile strength of gas welds in a magnesium-manganese alloy. Sheet Metal Industries **25** (1948) 256 Aug. 1628—1634, 1636, Sept. 1841 —1846, 1848 11 ref.; Met. Rev. **22** (1949) 3 51; Index Aeron. **4** (1948) 10 47.

Pendleton, J.: Further examination of the tensile strength of gas welds in a magnesium-manganese alloy (Brit. Welding Res. Ass. Symposium on the welding of light alloys.) Sheet Metal Industries **25** (1948) 258 2049—2052; Index Aeron. **4** (1948) 12 110; Met. Rev. **22** (1949) 3 51.

Tylecote, R. F.: Further investigation on the pressure welding of light alloy sheet. Trans. Inst. Welding **11** (1948) 5 Welding Res. 94r—108r.

Barret, J. C.: Shear strength consistency of spot welds in Alclad 24 S-T 3. Welding J. **28** (1949) 9 821—831.

Bulian, Walter: Über die Schweißrissigkeit an Leichtmetallblechen. Z. Metallkde. **40** (1949) 11 417—428. [1.442.15].

Graf, Otto: Versuche über die Widerstandsfähigkeit geschweißter Bleche aus Aluminium-Legierungen beim Zerreißversuch und bei oftmals wiederholter Zugbelastung. Schweißen u. Schneiden **1** (1949) 183—189; Met. Abstr. **19** (1952) 12 887; AB **23** (1952) 10 563. [1.442.14].

Pendleton, J.: Gas welds in aluminium-magnesium alloy sheet. Brit. Welding Res. Ass. Rep. 50; Welding Res. **3** (1949) 4 74r—84r. [2.511.3].

Pumphrey, W. I: Welding of aluminium alloys: Investigation of associated problems. Metallurgia **40** (1949) 239 239—245 15 ref.; Index Aeron. **6** (1950) 1 73. [2.511.3].

Ricken, Theodor: Das Schweißen der Leichtmetalle. 2. Aufl. (Werkstattbücher H. 85) Berlin-Göttingen-Heidelberg: Springer 1949 64 S. [2.511.3].

Voldrich, C. B.: Welded joints in thick aluminium plates. Welding J. **28** (1949) June 275s—288s; Met. Rev. **22** (1949) 8 51. [2.511.3].

Wurzel, Georg: Das Schweißen von Leichtmetallen. Leipzig: Jänecke 1949 88 S. [2.511.3].

— Investigation on the welding of high strength aluminium alloys. (PB 92 831). Washington: Library of Congr. Photoduplication Service, Publ. Board Project 1948 63 p.; Met. Rev. **22** (1949) 2 50.

Grieshaber, H. E.: Static and impact strengths of riveted and spot welded beams of Alclad 14 S-T 6, Alclad 75 S-T 6 and various tempers of Alclad 24 S aluminum alloy. NACA TN 2157 Aug. 1950 44 p.; AB **22** (1951) 7 418. [1.442.43].

602

Guinard, C.: Le soudage des métaux légers à l'hydrogène atomique. Rev. Aluminium **27** (1950) 171 429—435.

Hollard, Marc: Tendency toward crack formation of light-alloy welded structures. Rev. Métallurgie **47** (1950) Apr. 287—294.

Marshall, W. K. B.: The welding of aluminium alloys, particularly for structural applications. Trans. Inst. Welding **13** (1950) 6 178—185.

Zschokke, H. u. *R. Montandon:* Statische Prüfung und Berechnung von Punktschweißverbindungen bei Scherzugbeanspruchung. Schweiz. Arch. **16** (1950) 9 257—271; Brown Boveri-Mitt. **37** (1950) 8/9 318—335; Index Aeron. **7** (1951) 3 57; Stahl u. Eisen **71** (1951) 2 96. [1.442.12].

Apblett, W. R. and *W. S. Pellini:* Performance of high-strength aluminum alloy weldments. Welding J. **30** (1951) Oct. 473s—481s; Met. Rev. **24** (1951) 11 43.

Brenner, Paul: Über das Schweißen von Leichtmetall. Z. VDI **93** (1951) 22 729—735. [2.511.3], [5.5].

Müller-Busse, A.: Untersuchung von argonarc- und autogen-geschweißten Leichtmetallblechen. Metall **5** (1951) 23/24 538—539.

Ball, J. G. and *A. E. L. Tate:* The weldability and weld strength of some magnesium alloy sheet materials. Welding Res. **6** (1952) 1 13r—26r 5 ref.; Index Aeron. **8** (1952) 8 107; AB **23** (1952) 7 409.

Barrett, L.: Strength properties of welds in 61 S-T 6 aluminium alloy sheet. Product Engng. **23** (1952) 6 148—150; AB **23** (1952) 7 387.

Matting, A. u. *A. Müller-Busse:* Kerbschlagzähigkeit von Leichtmetall-Schweißverbindungen. Metall **6** (1952) 19/20 586—589.

Nelson, F. G. jr. and *F. M. Howell:* The strength and ductility of welds in aluminium alloy plate. Welding J. **31** (1952) 9 397—402; AB **23** (1952) 10 562.

Pumphrey, W. I.: An examination of the welding and tensile properties of some aluminium-zinc-magnesium and some aluminium-copper-silicon alloys. Welding Res. (1953) Apr./June 5; ADA Res. Rep. 18 Nov. 1953.

Dixon, H. E. and *J. E. Roberts:* Spot welding of high-strength aluminium alloys; effects of welding variables on weld quality. Brit. Welding J. **1** (1954) 8 351—370 14 ref.; AB **25** (1954) 9 612—613. [2.511.3].

Geibig, F. C.: Welding aluminium sheet. Welding J. (1954) Aug. 784.

Weibull, Waloddi: The static strength and the fatigue strength of riveted, spotwelded, and redux-bonded joints in 24 S-T aluminium alloy sheet. SAAB TN 31 June 1954; Aircr. Engng. **27** (1955) 317 232. [1.442.14], [1.442.33], [1.442.36], [1.442.43], [1.442.44].

Cook, L. A., S. L. Channon and *A. R. Hard:* Properties of welds in Al-Mg-Mn alloys 5083 and 5086. Welding J. (1955) Febr. 112—127 11 ref.; Aeron. Engng. Rev. **14** (1955) 5 190.

Holt, Marshall and *R. B. Matthiesen:* Static tests of welded aluminum alloy beams. Welding Res. Counc. **34** (1955) 7 313s—320s.

Marsh, Cedric: Designing welded aluminium structures. Light Metals **18** (1955) 210 314—316.

Tenner, Walter S.: Mechanical properties of welded 356 aluminum castings. Welding J. (1955) Febr. 128—136; Aluminium **31** (1955) 7/8 A 160.

Dauerfestigkeit   1.442.14

Moore, R. R.: Ermüdung von Schweißungen. J. Amer. Welding Soc. (1927) 4; ZFM **19** (1928) 10 222—225.

Bartels, W.: Die Dauerfestigkeit geschweißter und ungeschweißter Guß- und Walzwerkstoffe. (Ber. Inst. Mech. Technologie u. Materialienkde., TH Berlin, H. 3) Berlin: Springer 1930. [1.331].

Hoffmann, W.: Dauerfestigkeit geschweißter Stahlverbindungen. Z. VDI **74** (1930) 46 1561.

Baumgärtel: Über Dauerprüfungen von Azetylen-Schweißungen. Autog. Metallbearb. **24** (1931) 96—99.

Brueser, Kurt: Dauerfestigkeit von geschweißten und gelöteten Fahrrad- und Kraftrad-Rahmenrohren. Diss. TH Braunschweig; Hamburg-Berlin: Hanseatische Verl.-Anstalt 1931 11 S.; Schmelzschweißung **10** (1931) 8/9. [1.442.2], [6.252.46], [6.252.47].

Graf, Otto: Dauerfestigkeit von Stählen mit Walzhaut, ohne und mit Bohrung, von Niet- und Schweißverbindungen. Berlin: VDI-Verl. 1931 IV, 42 S. [1.332.1], [1.352.2], [1.442.44].

Hochheim, R.: Dauerfestigkeitsversuche mit geschweißten Trägern. Mitt. Forsch. Anst. GHH-Konzern **1**(1932)10.

Lipp, Theo: Dauerfestigkeit geschweißter und gegossener Konstruktionen. Schr. Hess. Hochsch. (1932) 4 73—79. [1.343.31].

Müller, Josef: Untersuchung über die Schwingungsfestigkeit der Schweißverbindung von Stahlrohren verschiedener Zusammensetzung, die für Konstruktionszwecke, insbesondere für Fachwerkbau, in Betracht kommen. Diss. TH Berlin 1932.

Beér, F.: Untersuchungen über die Festigkeit von ungeschweißtem und geschweißtem Duralumin und Lautal bei statischer und wechselnder Beanspruchung. Diss. TH Hannover 1933. [1.442.13].

Graf, Otto: Über die Dauerfestigkeit von Schweißverbindungen. Stahlbau **6** (1933) 11 81—85, 12/13 89—94.

Hoffmann, W.: Beitrag zur Klärung des Dauerbruches geschweißter Verbindungen. Autog. Metallbearb. **26** (1933) 7 100—102.

Schaper, G.: Dauerfestigkeit von Schweißverbindungen. Z. VDI **77** (1933) 21 556—560.

Schulz, Ernst H. u. *Herbert Buchholtz:* Die Dauerfestigkeit von genieteten und geschweißten Verbindungen aus Baustahl St 52. Stahl u. Eisen **53** (1933) 545—553. [1.442.44].

Thum, August u. *W. Schick:* Dauerfestigkeit von Schweißverbindungen bei verschiedener Formgebung. Z. VDI **77** (1933) 19 493—496.

Graf, Otto: Dauerfestigkeit von Schweißverbindungen. Z. VDI **78** (1934) 49 1423—1427.

Schick, W.: Untersuchungen an Schweißverbindungen. Einfluß der Formgebung auf die Dauerfestigkeit geschweißter Verbindungen. Diss. TH Darmstadt 1934; Techn. Mitt. Krupp **2** (1934) 43—62.

Thum, August u. *Theo Lipp:* Zur Frage der Dauerhaltbarkeit geschweißter und gegossener Konstruktionsteile. Diss. TH Darmstadt 1934; Gießerei (1934) 41—49, 64—71, 89—95, 131—141.

Bobek, K.: Schweißkonstruktionen für Dauerwechselbeanspruchung. Elektroschweißung **6** (1935) 5 81—84.

Hoffmann, W.: Stahlrohre für den Flugzeugbau und ihre Schweißverbindungen. Z. VDI **79** (1935) 38 1145—1148. [1.442.12].

Thum, August u. *F. Meyercordt:* Einfluß von Form, Oberflächenbeschaffenheit und Werkstoff auf die Dauerfestigkeit gegossener und geschweißter Konstruktionen. Gießerei **22** (1935) 90—94. [1.343.31].

— Dauerfestigkeitsversuche mit Schweißverbindungen. (Ber. d. Kuratoriums f. Dauerfestigkeitsversuche im Fachausschuß f. Schweißtechn. beim VDI 1930—1934) Berlin: VDI-Verl. 1935 IV, 46 S.

Mortada, A.: Beitrag zur Untersuchung der Fachwerke aus geschweißtem Stahl und Eisenbeton unter statischen und Dauerbeanspruchungen. EMPA Disk.Ber. 103 1936; Z. VDI **82** (1938) 49 1409—1411 (Ref. v. M. Roš). [1.211], [1.442.12].

604

Thum, August, F. Kaufmann u. *K. Schönrock:* Zugschwellfestigkeitsuntersuchungen an Proben mit aufgelegten Schweißraupen und an geschweißten Laschenverbindungen. Arch. Eisenhüttenwes. **10** (1936/37) 469—476.

— Ermüdungsfestigkeit und Sicherheit geschweißter Konstruktionen: Brücken, Hochbauten und Druckrohre. Ber. 2. Kongr. Int. Vereinig. f. Brücken- u. Hochbau, Berlin-München 1936.

Bierett, G.: Über das Verhalten geschweißter Träger bei Dauerbeanspruchung unter besonderer Berücksichtigung der Schweißspannungen. Ber. Dtsch. Ausschuß f. Stahlbau, Ausg. B H. 7 1937; Z. VDI **81** (1937) 38 1126—1127.

Bollenrath, Franz u. *Heinrich Cornelius:* Zeitfestigkeit ungeschweißter und geschweißter Chrom-Molybdän-Stahlrohre bei Zugschwellbeanspruchung. ZWB FB 817/1 1937.

Cornelius, Heinrich: Die Dauerfestigkeit von Schweißverbindungen. Z. VDI **81** (1937) 30 883—888.

Cornelius, Heinrich: Die Ermüdungsfestigkeit dünnwandiger Rohre für den Flugzeugbau im ungeschweißten und geschweißten Zustand. ZWB FB 801 1937 24 S. [1.343.31].

Cornelius, Heinrich u. *Franz Bollenrath:* Die Ermüdungsfestigkeit dünnwandiger Rohre für den Flugzeugbau im ungeschweißten und geschweißten Zustand. Luftf.-Forsch. **14** (1937) 10 520—526; Aircr. Engng. **10** (1938) 107 25. [1.343.31].

Cornelius, Heinrich u. *Fahsel:* Zeit- und Dauerfestigkeit stumpfgeschweißter Chrom-Molybdän-Stahlrohre bei Zugschwell- und Zug-Druck-Beanspruchung. ZWB FB 817/2 1937 11 S. [1.343.32].

Graf, Otto: Versuche über das Verhalten von genieteten und geschweißten Stößen in Trägern I 30 aus St 37 bei oftmals wiederholter Belastung. Stahlbau **10** (1937) 2 9—16. [1.442.44].

Hänchen, Richard: Berechnung der geschweißten Maschinenteile auf Dauerhaltbarkeit. Elektroschweißung **11**(1937) 201, **12**(1938) 118.

Kaufmann, F.: Die Dauerfestigkeit von Stumpfnahtverbindungen, von Proben mit aufgelegten Raupen und von Laschenverbindungen. Diss. TH Darmstadt 1937. Techn. Mitt. Krupp **5** (1937) 102—126.

Körber, F. u. *Max Hempel:* Verhalten von geschweißten und geschraubten Steif-Knotenverbindungen bei ruhender und wechselnder Biegebeanspruchung. Mitt. K.-Wilh.-Inst. Eisenforsch. **19**(1937)19; Z. VDI **82**(1938)17 502—503. [1.443.16].

Bollenrath, Franz u. *Heinrich Cornelius:* Zeit- und Dauerfestigkeit ungeschweißter und stumpfgeschweißter Chrom-Molybdän-Stahlrohre bei verschiedenen Zugmittelspannungen. Jb. 1938 Dtsch. Luftf. Forsch. I 549—553; DVL-Jb. 1938 304—308; Luftwissen **8** (1941) 3 85; Stahl u. Eisen **58** (1938) 241—245.

Cornelius, Heinrich u. *Franz Bollenrath:* Die Ermüdungsfestigkeit dünnwandiger Rohre für den Flugzeugbau im ungeschweißten und geschweißten Zustand. DVL-Jb. 1938 297—303.

Malisius, R. u. *E. Mickel:* Untersuchungen der Zugschwellfestigkeit an Abbrenn-Stumpfschweißverbindungen. Mitt. Forsch. Anst. GHH-Konzern **6**(1938)10.

Thum, August u. *Armin Erker:* Dauerbiegefestigkeit von Kehl- und Stumpfnahtverbindungen. Z. VDI **82** (1938) 38 1101—1106.

Cleff, Th. u. *Armin Erker:* Dauerhaltbarkeit geschweißter und genieteter Eckverbindungen. Dtsch. Kraftf.-Forsch. H. 35 1939 13—26. [1.442.44].

Thum, August u. *Armin Erker:* Bemessung von Kehlnahtverbindungen bei Wechselbiegebeanspruchung. Z. VDI **83** (1939) 51 1293—1297. [1.343.33].

Thum, August u. *Armin Erker:* Wechselverdrehfestigkeit von Kehlnahtverbindungen. Elektroschweißung **10** (1939) 11 205—209. [1.343.34].

Mailänder, R., W. Szubinski u. *H. J. Wiester:* Biegewechselversuche und metallographische Untersuchungen an geschweißten Dünnblechen aus Stählen höherer Festigkeit. Jb. 1940 Dtsch. Luftf. Forsch. I 944—954.

Siebel, Erich u. *Karl Wellinger:* Festigkeitsverhalten von Rohrschweißungen bei Dauerbelastung. Z. VDI **84** (1940) 4 57—59; Techn. Zbl. prakt. Metallbearb. **51** (1941) 9/10 312—314, 11/12 362—365, 13/14 420—422.

Zeyen, K. L.: Untersuchungen über statische Festigkeit, Kerbschlagzähigkeit und Dauerfestigkeit von geschweißtem Baustahl St 52 nach verschiedenen Wärmebehandlungen und nach Schweißung unter Vorwärmung. Stahl u. Eisen **60** (1940) 456—461; Techn. Mitt. Krupp, Forsch. Ber. **3** (1940) 87—98; Bautechnik **18** (1940) 24 269—273. [1.442.12].

Hänchen, Richard: Berechnung der Schweißkonstruktion auf Dauerhaltbarkeit. Glas. Ann. **65** (1941) 13 199—203, 14 207—215 15 Lit.-St.; Techn. Z.-Schau **26** (1941) 21 361.

Kuntze, Wilhelm: Wege zur Erkennung der mechanischen Wertigkeit von Schweißnähten. Autog. Metallbearb. **34** (1941) 15 241—246; Techn. Z.-Schau **26** (1941) 24 407. [1.442.12]

Bierett, G. u. *K. Albers:* Vergleichende Dauerversuche an geschweißten Vollwandträgern mit verschiedenen Gurtprofilen und an genieteten Vollwandträgern. Ber. Dtsch. Ausschuß für Stahlbau Ausg. B H. 13 1942. [1.343.33], [1.442.44].

Erker, Armin: Zeit- und Dauerfestigkeit von Schweißverbindungen. Ber. Lil.-Ges. 152 1942 9 S.

Graf, Otto: Versuche über das Verhalten von geschweißten Trägern unter oftmals wiederholter Belastung. Ber. Dtsch. Aussch. Stahlbau H. 14 1942 III, 21 S.; Elektroschweißung **14** (1943) 2 27; Bautechnik-Archiv (1947) 1 17.

Hartmann, E. C. and *G. W. Stickley:* Summary of results of tests made by Aluminum Research Laboratories of spot-welded joints and structural elements. NACA TN 869 Nov. 1942; Welding J. **26** (1947) 233—251.

Müller, W.: Maßnahmen zur Erhöhung der Gestaltfestigkeit von Aluminium-Knotenpunktverbindungen. Schweiz. Bauztg. **119** (1942) 5 49—52, 6 65—68. [1.442.44].

Thum, August u. *Armin Erker:* Gestaltfestigkeit von Schweißverbindungen. Mitt. MPA TH Darmstadt H. 10 1942 149 S.; Schiff u. Werft **44/24** (1943) 7/8 152. [1.442.12].

Thum, August u. *Armin Erker:* Einfluß von Kerben und Eigenspannungen auf die Dauerhaltbarkeit von Schweißverbindungen. Autog. Metallbearb. **35** (1942) 4 8 S.

Brunner, P.: Die bestimmenden Einflüsse auf die Biegewechselfestigkeit von Schweißverbindungen unter Ausschaltung der Formeinflüsse. Elektroschweißung **14** (1943) 7 85—97.

Hauk, Viktor: Statische und dynamische Untersuchungen an Punktschweißverbindungen aus hochfesten Stahlfeinblechen. ZWB UM 1098 1943 14 S. [1.442.12].

Keller, H. u. *E. Klein:* Der Einfluß von Schweißfehlern auf die statische und dynamische Festigkeit von Schweißverbindungen aus St 52 und die Grenzen der Röntgenuntersuchung fehlerhafter Schweißungen. Schiff u. Werft **44/24** (1943) 17/18 257—261. [1.442.11], [4.42].

Russell, H. W.: Fatigue strength and related characteristics of spot-welded joints in 24 S-T alclad sheet. NACA ARR 3 L 01 (WR W-61) Dec. 1943.

Russell, H. W. and *L. R. Jackson:* Progress Report on fatigue of spot-welded aluminum. NACA ARR (WR W-38) Febr. 1943.

Russell, H. W., L. R. Jackson, H. J. Grover and *W. W. Beaver:* Fatigue characteristics of spot-welded 24 S-T aluminum alloy. NACA ARR 3 F 16 (WR W-64) June 1943.

Hauk, Viktor: Statische und dynamische Untersuchungen an Punktschweißverbindungen aus Flw. 1604 unterschiedlicher Blechdicke. ZWB UM 1252 Juni 1944. [1.442.12].

Hess, W. F., R. A. Wyant, F. J. Winsor and *H. C. Cook:* An Investigation of the fatigue strength of spot welds in the aluminum alloy alclad 24 S-T. NACA OCR Progr. Rep. 15 Aug. 1944.

Russell, H. W., L. R. Jackson, H. J. Grover and *W. W. Beaver:* Fatigue strength and related characteristics of joints in 24 S-T alclad sheet. NACA ARR 4 E 30 (WR W-63) May 1944.

Russell, H. W., L. R. Jackson, H. J. Grover and *W. W. Beaver:* Fatigue strength and related characteristics of aircraft joints. I — Comparison of spot-weld and rivet patterns in 24 S-T alclad sheet — comparison of 24 S-T alclad and 75 S-T alclad. NACA ARR 4 F 01 (WR W-56) Dec. 1944. [1.442.44].

Schulz: Dynamische und statische Festigkeitsuntersuchungen an punktgeschweißten Verbindungen. Elektroschweißung **15** (1944) 101—105, 129. [1.442.11].

L'Hermite et *Grangeon:* Les essais d'endurance en flexion alternée comme critère de soudabilité des tôles. 4e rapport: Influence du cordon de soudure sur les caractéristiques d'endurance en flexion alterné d'une tôle en acier au carbone. Publ. Groupement Rech. Aéron. Rapp. Techn. 35 1946 44 p.

Hess, W. F., R. A. Wyant, F. J. Winsor and *H. C. Cook:* An investigation of the fatigue strength of spot welds in the aluminum alloy Alclad 24 S-T. Welding J. **25** (1946) 6 344s—358s.

Bierett, G.: Über das Verhalten geschweißter Träger bei Dauerbeanspruchung unter besonderer Berücksichtigung der Schweißspannungen. Ber. Dtsch. Ausschuß f. Stahlbau H. 7 1947.

Fisher, M. S. and *H. Brooks:* Investigation of the strength of bronze welded joints. Trans. Inst. Welding **10** (1947) 5 149—160; Index Aeron. **4** (1948) 1 44. [1.442.12].

Grover, H. J. and *L. R. Jackson:* Fatigue tests on some spotwelded joints in aluminum alloy sheet materials. Welding J. **26** (1947) 4 215s—232s.

Hartmann, E. C., Marshall Holt and *A. N. Zamboky:* Static and fatigue tests on arc-welded aluminium alloy 61 S-T plate. Welding J. **26** (1947) 3 129. [1.442.13].

McMaster, R. C. and *H. J. Grover:* Spot-welded aluminum lap joints designed for repeated loads. Product Engng. **18** (1947) 11 112—116.

Percival, A. L. and *R. Weck:* Fatigue tests by the resonance vibration method on four welded H-beams (1st interim rep.) Brit. Welding Res. Ass. Rep. 33; Welding Res. **1** (1947) 2.

Templin, R. L. and *M. Holt:* Static and fatigue strengths of welded joints in aluminium-magnesium alloy sheet and plates. Welding J. **26** (1947) Dec. 705—711. [1.442.13].

Voldrich, C. B. and *E. T. Armstrong:* Effect of variables in welding technique on the strength of direct-current metal-arc-welded joints in aircraft steel. I. Static tension and bending fatigue tests of joints in SAE 4130 steel sheet. NACA TN 1261 July 1947. [1.442.12].

Cerardini, C.: Fatigue of welded and riveted trusses. Welding J. **28** (1949) Res. Suppl. 14 (1949) June 241s—245s; J. Soudure **38** (1949) 199—203, 228—231; Met. Rev. **22** (1949) 8 50; AMR **3** (1950) 9 265. [1.442.44].

Folkhard: Die Dauerfestigkeit von Schweißverbindungen als Berechnungsgrundlage für geschweißte Brücken. Schweißtechnik (Wien) **2** (1948) 8 93—104; Werkstatt u. Betrieb **82** (1949) 4 136.

Langdon, Howard H. and *Bernard Fried:* Fatigue of gusseted joints. NACA TN 1514 Sept. 1948 40 p.; AMR **1** (1948) 9 238. [1.442.44], [1.443.16].

Melhardt, H.: Stumpf- und Kehlnahtverbindungen bei ruhender und bei wechselnder Beanspruchung. Schweißtechnik (Wien) **2** (1948) Mai 55—57, June 72—75; Met. Rev. **22** (1949) 5 53. [1.442.12].

Roš, Mirko Gottfried: La fatigue des soudures. EMPA Disk.-Ber. 161 1948 28 p.; Rev. de Métallurg. **45** (1948) Nov. 421—446; Met. Rev. **22** (1949) 4 53; AMR **3** (1950) 1 10.

Voldrich, C. B. and *E. T. Armstrong:* Effect of variables in welding technique on the strength of direct current metal-arc-welded joints in aircraft steel. II — Repeated-stress tests of joints in SAE 4130 seamless steel tubing. NACA TN 1262 Apr. 1948. [1.442.12].

Weck, R.: The design and fabrication of welded structures subjected to repeated loading. Pt. I-V. Welder **17** (1948) 98 91—96, **18** (1949) 99 15—19 10 ref., 101 61—66, **19** (1950) 103 15—24 11 ref., 104 43—46 8 ref.; Index Aeron. **5** (1949) 3 52, 7 47, **6** (1950) 2 44, 10 48, 12 48. [2.511.1], [5.5].

Welter, G.: Fatigue tests of spot welds: Improvement of their endurance limit by hydrostatic pressure. Welding J. **27** (1948) 6 285s—298s.

Wilson, Wilbur M.: Flexural fatigue strength of steel beams. Welding Res. Counc. **13** (1948) Aug. 409s—417s; Univ. Ill., Engng. Exp. Stat. Bull. 377 Jan. 1949 34 p.; AMR **1** (1948) 11 287—288; Met. Rev. **22** (1949) 6 34. [1.343.33], [1.442.44].

Graf, Otto: Versuche über die Widerstandsfähigkeit geschweißter Bleche aus Aluminium-Legierungen beim Zerreißversuch und bei oftmals wiederholter Zugbelastung. Schweißen u. Schneiden **1** (1949) 183—189; Met. Abstr. **19** (1952) 12 887; AB **23** (1952) 10 563.

Hauk, Viktor: Statische und dynamische Festigkeitsuntersuchungen an Punktschweißverbindungen aus hochfesten Stahlfeinblechen. Arch. Eisenhüttenwes. **20** (1949) Jan./Febr. 41—51; Met. Rev. **22** (1949) 6 51. [1.442.12].

Hempel, Max u. *Hermann Möller:* Die Auswirkung von Schweißfehlern in Proben aus Stahl St 37 auf deren Zugschwellfestigkeit. Arch. Eisenhüttenwes. **20** (1949) 11/12 375—383.

Keel, C. G.: Récents essais faits en Suisse en matière de soudure oxy-acétylénique de l'acier: le soudage à droite élargi. Soudure et Techn. Connexes **3** (1949) 5/6 127—137; Index Aeron. **6** (1950) 1 48. [1.442.12].

Nehl, Franz: Aus der Walzhitze abgeschreckter unlegierter Baustahl St 52. Stahl u. Eisen **69** (1949) 17./3. 186—194; Met. Rev. **22** (1949) 7 49. [1.322.11].

Roš, Mirko Gottfried: Static failure and fatigue of steels with particular reference to welded structures. Sheet Metal Industries **26** (1949) 271 2417—2426, 2440; 272 2625—2656, 2658 10 ref.; Index Aeron. **6** (1950) 4 83. [1.332.1].

Welter, G.: Dauerfestigkeitsversuche an punktgeschweißten Stahlblechen. Welding J. **28** (1949) Res. Suppl. 414s—438s; Metall **4** (1950) 7/8 146.

Zeyen, K. L.: Dauerfestigkeit von Schweißverbindungen. Werkstatt u. Betrieb **82** (1949) 4 136.

Roš, Mirko Gottfried: La fatigue des métaux. Metallurgia Ital. **42** (1950) 1 7—21 5 ref.; Index Aeron. **6** (1950) 6 47. [1.352.2], [1.442.44].

Roš, Mirko Gottfried: Experiments for the determination of the influence of residual stresses on the fatigue strength of structures. Trans. Inst. Welding, Welding Res. **13** (1950) 5 Oct. 83r—93r.

Roš, Mirko Gottfried: Ermüdungsversuche mit Hohlstäben aus reinem Schweißgut, „Arcos-Stabilend-B" und „Arcos-Ductilend-55" bei mehrachsigen Spannungszuständen. Schweiz. Arch. **16** (1950) 7 193—199.

Weck, R.: The application of the resonance vibration method to the fatigue testing of spot welded light alloy structures. Brit. Welding Res. Ass. Rep. 56; Welding Res. **4** (1950) 2 33r—38r; AB **21** (1950) 7 394—395; Index Aeron. **6** (1950) 8 79.

Weibull, Ivar u. *Per Davidson:* Biegewechselfestigkeit von geschweißten Blechen aus Stählen mit 18 % Cr u. 8 % Ni bei 650⁰. Jernkont. Ann. **134** (1950) 12 559—571; Stahl u. Eisen **72** (1952) 2 98—99.

Welter, G.: Stresses around a spot weld under static and cyclic loads. Welding J. **29** (1950) 11 565s—576s. [1.442.11].

Wilson, W. M., W. H. Munse and *J. S. Snyder:* Fatigue strength of various types of butt welds connecting steel plates. Ill. Engng. Exper. Stat. Bull. Ser. 384 1950.

— Fatigue strength of welded butt joints. (Comm. on Fatigue Testing, Rep. 3 Appendix III) Welding J. **29** (1950) 8 404s—408s.

Kihara, Hiroshi: Fatigue strength of spot-welded light alloy joints. Welding J. **30** (1951) 10 529s—536s; Met. Rev. **24** (1951) 11 43.

Weck, R.: The design and fabrication of welded structures subjected to repeated loading. Part VII. Welder **20** (1951) Jan./June 12—22; Met. Rev. **24** (1951) 11 43.

Weck, R.: Dauerschwingfestigkeit von Stahlblechen mit aufgeschweißten Versteifungswinkeln. Welding Res. **5** (1951) 5 219—249; Stahl u. Eisen **72** (1952) 12 718.

— Zugschwellfestigkeit von Schweißverbindungen an Stahl St A 37 bei Verwendung von Schweißzusatzwerkstoffen mit erzsauren Umhüllungen. Lastechniek **17** (1951) 12 192— 195; Stahl u. Eisen **72** (1952) 12 717.

Appaly, Clemens u. *Franz Bollenrath:* Zugschwellfestigkeit von geschweißten und ungeschweißten Stahlproben ohne und mit Korrosionseinfluß. Brennst. Wärme Kraft **4** (1952) 7 223—227; Stahl u. Eisen **72** (1952) 18 1110.

Becker, G. u. *F. Rieger:* Beitrag zur Untersuchung der Dauerfestigkeit des Schweißgutes in Abhängigkeit vom Elektrodentyp. Schweißtechnik (Berlin) **2** (1952) 3 75—76; Stahl u. Eisen **73** (1953) 7 437.

Bühler, Hans u. *Ernst Hermann Schulz:* Über Dauerversuche an Stahlträgern größerer Abmessungen. Stahlbau **21** (1952) 2 30—34. [1.442.44].

Erker, Armin: Dauerbiegefestigkeit von Trägern. Schweißen u. Schneiden **4** (1952) 4 112—115.

Felix, W. A.: Dauerschwingfestigkeit lichtbogengeschweißter Verbindungen. Welding Res. Counc. (1952) 2 105—111; Stahl u. Eisen **72** (1952) 8 439—440.

Graf, Otto: Versuche über die Widerstandsfähigkeit von geschweißten Querträgeranschlüssen bei oftmals wiederholter Biegebelastung. Ber. Dtsch. Ausschuß f. Stahlbau H. 17 1952.

Holt, M. and *E. C. Hartmann:* Fatigue tests on aluminium alloy spot welded joints. Welding J., Suppl. **31** (1952) 4 183—187; AB **23** (1952) 5 269; Aluminium **28** (1952) 7/8 XV.

Tör, Sadun S., Jan M. Ruzek and *Robert D. Stout:* Biegewechselfestigkeits-Versuche an geschweißten oder kaltverformten Stählen für Kesselbleche. Welding Res. Counc. (1952) 5 238—246; Stahl u. Eisen **72** (1952) 20 1246.

Uhlir, E.: Das Verhalten der Ellira-Schweißung im Dauerbiegeversuch. Betrieb u. Fertigung **6** (1952) 193.

Warren, W. G.: Zugschwellversuche an Stumpfschweißverbindungen mit Fehlern. Welding Res. **6** (1952) 6 112—117; Stahl u. Eisen **74** (1954) 10 672.

Weck, R.: Fatigue strength of panels with welded angle stiffeners. Welding Res. **5** (1952) 5 219—249; AB **23** (1952) 3 131. [1.442.44].

Bowman, D. E. u. *T. J. Dolan:* Das Verhalten von Stählen für Druckbehälter unter zweiachsigen Wechselbeanspruchungen. Welding Res. Counc. (1953) 11 529—537; Stahl u. Eisen **74** (1954) 4 243.

Erker, Armin: Berechnung von Schweißverbindungen bei veränderlicher Beanspruchung. Schweißen u. Schneiden **5** (1953) 11 400—416 54 Lit.-St.

Harris, L. A., R. B. Matthiesen u. *N. M. Newmark:* Dauerschwingfestigkeit von Schweißgut. Welding Res. Counc. (1953) 9 441—453; Stahl u. Eisen **74** (1954) 2 118.

Müller-Busse, A.: Über die Ermüdungsfestigkeit von geschweißten Aluminiumwerkstoffen. Aluminium **29** (1953) 3 102—105. Nachr. Bl. AGM Leichtbau **2** (1953) 7 11; Techn. Zbl. Masch.-Wes. (1953) 11 998; AB **24** (1953) 5 290.

Regler, F.: Durch Ermüdung verbreitete Sprödbrüche. Radex-Rdsch. (1953) 4/5 212—220; Stahl u. Eisen **73** (1953) 21 1373.

— Definition of fatigue resistance for welded steel structures. Soudure et Techn. Connexes **7** (1953) 11/12 282—284; Index Aeron. **10** (1954) 3 85.

— Untersuchungen über die Zugschwellfestigkeit von Stumpfschweißverbindungen an Blechen aus St 37, die mit basisch umhüllten Elektroden hergestellt wurden. Lastechniek **19** (1953) 10 200—209; Stahl u. Eisen **74** (1954) 2 118.

Brandenberger, E. u. *Ch. Theiler:* Beeinträchtigt ein Abstempeln von Schweißnähten deren Ursprungsfestigkeit? Z. Schweißtechnik (Zürich) **44** (1954) 8 169—172; Stahl u. Eisen **74** (1954) 21 1386—1387.

Choquet, Andre, V. N. Krivobok and *Georges Welter:* Effects of prestressing on fatigue strength of spot-welded stainless steels. Welding J. Res. Suppl. (1954) Oct. 509s; Aeron. Engng. Rev. **14** (1955) 1 117.

Erker, A.: The fatigue factor in welded design. Welding J., Res. Suppl. (1954) June 295s 54 ref.

Hartmann, E. C., Marshall Holt and *I. D. Eaton:* Fatigue strength of butt joints in 3/8-inch thick aluminum alloy plates. Welding **33** (1954) 1 21s—30s; Aluminium **30** (1954) 4 LXXIII; AB **25** (1954) 2 98.

Neumann, Alexis: Neuere Erkenntnisse und Erfahrungen mit dynamisch beanspruchten Schweißverbindungen; deren Einfluß auf die Berechnung und Gestaltung im Schiffbau. Schweißtechnik (Berlin) **4** (1954) 9 254—258. [6.253.2].

Weibull, Waloddi: The static strength and the fatigue strength of riveted, spotwelded, and redux-bonded joints in 24 S-T aluminium alloy sheet. SAAB TN 31 June 1954; Aircr. Engng. **27** (1955) 317 232. [1.442.13], [1.442.33], [1.442.36], [1.442.43], [1.442.44].

Welter, Georges and *André Choquet:* Stress distribution and fatigue resistance of alclad 24 S-T multiple spot welds. Welding J. **33** (1954) 2 91s—98s; AB **25** (1954) 3 150; Aluminum **30** (1954) 6 CXXIII.

Welter, Georges u. *André Choquet:* Dauerschwingversuche an punktgeschweißten Blechen. Welding Res. Counc. (1954) 3 134—140; Stahl u. Eisen **74** (1954) 12 794.

Harris, L. A., G. E. Nordmark and *N. M. Newmark:* Fatigue strength of butt welds in structural steels. Welding J., Res. Suppl. (1955) Febr. 83s—96s.

Prüfungen   1.442.15

Gatzek, W.: Prüfung von Stahlrohren auf Schweißrissigkeit. ZWB PB 68 1934 11 S.

Widemann, M.: Der Bindefehlernachweis an Schweißnähten in Stahl durch Röntgenstrahlen. Z. VDI **81** (1937) 49 1403—1406.

Wiegand, H.: Fehler und Prüfung der Schweißverbindung. Techn. Zbl. Prakt. Metallbearb. **47** (1937) 475—480.

Koch, H.: Die Verformungsprüfung von Schweißverbindungen. Elektroschweißung **12** (1941) 1 2—10, 2 20—25, 3 40—44 23 Lit.-St.; Techn. Z.-Schau **26** (1941) 14 250; Z. VDI **85** (1941) 31 675—676.

Zeyen, K. L.: Vergleich von Prüfverfahren für die Schweißbarkeit, durchgeführt an 20 niedriggekohlten Stählen. Elektroschweißung **12** (1941) 5 79—83; Techn. Z.-Schau **26** (1941) 16 281.

Baur, G.: Feststellung von Schweißfehlern bei lebenswichtigen Holmanschlußstücken. Luftwissen **9** (1942) 12 343—349.

Zeyen, K. L.: Schweißrissigkeit, Schweißempfindlichkeit, Schweißnahtrissigkeit und Prüfverfahren für diese Fehlererscheinungen. Luftf.-Forsch. **20** (1943) 8/9 231—240; Luftwissen **11** (1944) 1 27. [1.442.11].

Hauk, Viktor: Zur zerstörungsfreien Prüfung von Schweißpunkten. ZWB UM 1197 1944 6 S.

Mäder, H.: Die Prüfung der Schweißrissigkeit bei Leichtmetallen. Aluminium **26** (1944) 9 164—168.

McMaster, R. C., J. F. Manildi and *C. C. Woolsey:* Nondestructive test methods for spot welds in aluminum alloys. NACA TN 945 Nov. 1944.

Brown, W. F., L. J. Ebert and *G. Sachs:* Distribution of strength and ductility in welded steel plate as revealed by the static notch bar tensile test. Welding J. **26** (1947) Oct. 545—554, disc. 711, 726. [1.442.12].

Homès, G. A.: Les ultra-sons en construction soudée. Arcos (Belgium) **24** (1947) Juillet 2539—2552.

Boss, G. H.: 1. - Macroscopic examination of spot welds in aluminium. 2. - Radiographic appraisal of spot welds in aluminium. Metal Progr. **53** (1948) Febr. 227—230, Apr. 522—527, 556.

Carlin, B.: Testing welds with supersonic waves. Welding J. **27** (1948) June 438—440.

Erdmann-Jesnitzer, Friedrich: Beitrag zur Kreuzschweißungsprüfung von Leichtmetallblechen geringer Dicken. Z. Metallkde. **39** (1948) 12 385—390.

Soete, W. et *R. van Crombrugge:* Het meten van eigenspanningen in diepte. Rev. Soudure **4** (1948) 1 17—28.

— The testing of light alloy fusion welds. (By LM 6 Comm. on the testing of welds in light alloys.) Trans. Inst. Welding **11** (1948) 3 Welding Res. 54r—60r.

— Ultrasonic weld inspection. Steel **123** (1948) 13./12. 98—103.

Bulian, Walter: Über die Schweißrissigkeit an Leichtmetallblechen. Z. Metallkde. **40** (1949) 11 417—428. [1.442.13].

Konried, G. and *A. C. Rankin:* Weld testing by ultrasonic methods. Welding **17** (1949) Febr. 48—57; Met. Rev. **22** (1949) 4 40.

Smack, J. C.: Ultrasonic weld inspection. Welding Engr. **34** (1949) 5 17—20; Index Aeron. **5** (1949) 9 35; Met. Rev. **22** (1949) 6 39.

Zeyen, K. L.: Susceptibility to welding cracking, welding sensitivity, susceptibility to welding seam cracking, and test methods for these failures. NACA TM 1249 June 1949; Met. Rev. **22** (1949) 8 51. [1.442.11].

Jones, J. B., J. V. Kane and *F. J. Turbett:* Exploratory research on the application of ultrasonics to spot welding. Bur. Aeron. (U.S.A.) Res. Rep. 50—5 Aug. 1950 70 p.; AB **22** (1951) 3 148.

Tatur, Andre: Bestimmung der Schwindungsrißempfindlichkeit von Leichtmetalllegierungen. Fonderie (1950) 59 2245—2246; Metall **5** (1951) 15/16 345.

Vaupel, O.: Zerstörungsfreie Prüfung von Schweißverbindungen. Schweißen u. Schneiden **2** (1950) 6 147—154.

— A torsion test for spot welds. Welding J. **29** (1950) 6 302s; Bull. Anal. C.N.R.S. 11 3986.

Hartmann, E. C.: Falling-weight impact test of welded aluminum alloy plates. Welding J. **30** (1951) 6 303s—306s.

Sweet, J. W.: Weldment inspection in aircraft construction. Non-Destructive Testing **10** (1951) 2 34—38; Index Aeron. **8** (1952) 8 50.

Albrecht, R.: Spannungsoptische Untersuchungen neuer Gurtprofile für geschweißte Blechträger. Schweißen u. Schneiden **4** (1952) 8 277—282.

Dowd, J. D.: Weld cracking of aluminium alloys. Welding J. **31** (1952) 10 448s—456s; AB **23** (1952) 11 619; Nachr.-Bl. AGM Leichtbau **2** (1953) 8 6; Aluminium **29** (1953) 3 XVIII.

Felix, W.: Die praktische Prüfung der Trennbruchsicherheit und Schweißbarkeit von Stahl. Schweiz. Arch. **18** (1952) 5 152—160; Stahl u. Eisen **72** (1952) 18 1113.

Hockett, John E. u. *L. O. Seaborn:* Untersuchungen über den Butzeneinschweißversuch zur Prüfung der Schweißbarkeit von Stählen. Welding Res. Counc. (1952) 8 387—392; Stahl u. Eisen **72** (1952) 22 1378.

— C.T.S.-Versuch zur Prüfung hochfester Baustähle auf Schweißbarkeit. Welding Res. **6** (1952) 5 89—92; Stahl u. Eisen **74** (1954) 10 675.

Bennett, Robert W.: Kaltzähe Schweißungen. Welding **32** (1953) 11 1089—1097; Stahl u. Eisen **74** (1954) 4 243.

Cottrell, C. L. M.: Das CTS (Controlled Thermal Severity)-Prüfverfahren und seine Brauchbarkeit für die Schweißbarkeitsprüfung. Welding Res. Counc. (1953) 6 257—272; Stahl u. Eisen **73** (1953) 19 1251.

Dixon, H. E. u. *J. E. Roberts:* Schlagverdrehversuche an Bolzen-Schweißverbindungen. Welding Res. **7** (1953) 4 96—98; Stahl u. Eisen **74** (1954) 10 672.

Kaufmann, W. J.: Über die Schweißbarkeitsprüfung von Stahl. Lastechniek **19** (1953) 6 78—82, 7 94—101; Stahl u. Eisen **73** (1953) 21 1372.

Krächter, Hans u. *J.* u. *H. Krautkrämer:* Schweißnahtprüfung mit Ultraschall. Schweißen u. Schneiden **5** (1953) 8 305—314.

Lefèvre, M. u. *J. Lemoine:* Kerbschlagbiegeversuche bei tiefen Temperaturen mit Proben aus Schweißgut. Welding Res. Counc. (1953) 3 122—124; Stahl u. Eisen **73** (1953) 13 869.

Martin, E. u. *K. Werner:* Werkstoffprüfung mit Ultraschall insbesondere Prüfung von Schweißungen. Schweißen u. Schneiden **5** (1953) S. H. Dez. 74—81.

— Notch bar testing and its relation to welded construction. (Symposium Inst. Welding, Dec. 1951.) London: Inst. Welding 1953 79 p.; Stahl u. Eisen **73** (1953) 13 870—871.

— Untersuchung über ein Verfahren zur Prüfung der Sprödbruchneigung von unlegierten weichen Stählen. Lastechniek **19** (1953) 12 247—264; Stahl u. Eisen **74** (1954) 10 675.

Anders, W.: Schweißbarkeit und Schweißeigenschaften der Großbaustähle und ihre Prüfung. Schweißtechnik (Berlin) **4** (1954) 6 162—168 9 Lit.-St. [1.442.12].

Apblett, W. R. u. *W. S. Pellini:* Prüfung der Schweißnahtrissigkeit von hochwarmfesten Schweißzusatzwerkstoffen. Welding Res. Counc. (1954) 2 83—90; Stahl u. Eisen **74** (1954) 19 1243.

Braithwaite, R. G.: Prüfung von Stählen auf Schweißbarkeit. Brit. Welding J. **1** (1954) 2 70; Stahl u. Eisen **74** (1954) 8 496.

Fabrykowski, Z. J., S. Goodman u. *B. A. Schevo:* Versuch zur Prüfung von Schweißzusatzwerkstoffen auf Schweißrissigkeit. Welding Res. Counc. (1954) 4 168—172; Stahl u. Eisen **74** (1954) 19 1243.

Feely, F. J. jr., D. Hrtko, S. R. Kleppe u. *M. S. Northup:* Bericht über Sprödbruchversuche. Welding Res. Council (1954) 2 99—111; Stahl u. Eisen **74** (1954) 19 1243.

Granjon, H.: Vorschlag für eine Einteilung der Schweißbarkeitsprüfungen. Brit. Welding J. **1** (1954) 3 105—115; Stahl u. Eisen **74** (1954) 10 675.

Joumat, P.: Neues betriebliches Prüfverfahren für die Bewertung von Punktschweißen an niedriglegiertem Stahl mittlerer Zugfestigkeit. Rivista Italiana Saldatura **6** (1954)2 55—59; Rev. Soudure **10** (1954) 2 100—104; Stahl u. Eisen **74** (1954) 21 1385.

Joumat, P.: Prüfung der Punktschweißungen bei niedriglegierten hochfesten Stählen. Brit. Welding J. **1** (1954) 2 64—65; Stahl u. Eisen **74** (1954) 8 494.

Rollason, E. C. u. *D. F. T. Roberts:* Prüfmaschine zur Ermittlung der Warmrissigkeit von Schweißen. Brit. Welding J. **1** (1954) 10 441—447; Stahl u. Eisen **74** (1954) 27 1792.

— Comparison of the slow notch-bend test and the V-notch Charpy impact test for the assessment of the notch ductility of C-Mn steel; a report of commission IX. Behaviour of metals subjected to welding. Brit. Welding J. (1955) March 98—106.

Lötverbindungen   1.442.2

Brueser, Kurt: Dauerfestigkeit von geschweißten und gelöteten Fahrrad- und Kraftrad-Rahmenrohren. Diss. TH Braunschweig; Schmelzschweißung 10 (1931) 8/9; Hamburg-Berlin: Hanseatische Verl.-Anstalt 1931 11 S. [1.442.14], [6.252.46], [6.252.47].

Fischer, O.: Vorgänge und Festigkeiten beim Hartlöten. Weinheim: Verl. Chemie 1939. 40 S.

Sambraus, A. u. *Burkhardt:* Über die Hartlötung hochfester Stahlbleche. ZWB FB 1255 1940 36 S.; Jb. 1940 Dtsch. Luftf. Forsch. I 1015—1023. [2.512].

Fischer, O.: Versuch der Aufstellung einer grundsätzlich gültigen Festigkeitsbasis der Lötverbindungen. Diss. TH Berlin 1941.

Trey, F.: Scherfestigkeit von gelöteten Verbindungen. Metallforschung 2 (1947) 84—86.

Clark, F. and *F. P. Vickers:* Flame-brazed joints in aluminium busbar and their radiographic examination. Welding 16 (1948) Jan. 23—27, Febr. 69—75, 80.

Curtis, F. W.: Designing for silver brazing by induction heating. Product Engng. 19 (1948) 8 109—113; Engrs'. Dig. 9 (1948) 12 419—422; Konstruktion 1 (1949) 8 253—254. [2.512].

Dilley, D. C.: Metal joining with paste-type fusion alloys. Machine Design 20 (1948) 12 146—148; AB 21 (1950) 1 33.

Coxe, C. D. and *A. M. Setapen:* The strength of silver alloy brazed joints. Welding J. 28 (1949) May 462—466; Met. Rev. 22 (1949) 6 50.

Grassmann, Peter: Dauerstandfestigkeit von Weichlotnähten. Z. Metallkde. 40 (1949) Apr. 156; Met. Rev. 22 (1949) 8 50.

v. Hofe, Hans: Neuere Veröffentlichungen über das Löten. Schweißen u. Schneiden 3 (1951) 2 63—64 62 Lit.-St. [2.512].

Jacobsmeyer, L.: Assembly by brazing. Metal Industry 79 (1951) 14./9. 215—219, 21./9. 244—245; Met. Rev. 24 (1951) 11 34. [2.512].

van Natten, W. J.: Design data for brazing. Welding J. 30 (1951) May 452—454, June 540—543, July 634—637, Aug. 737—741. [2.512].

Cornell, R. W.: Determination of stresses in cemented lap joints. Amer. Soc. Mech. Engrs. Prepr. 53-APM-15 June 1953 10 p. 9 ref.; Index Aeron. 9 (1953) 8 58.

Smith, L. W. and *L. A. Yerkovich:* Strength of joints in titanium brazed with several alloys. Product Engng. 24 (1953) 7 141—147 3 ref.; Index Aeron. 10 (1954) 1 88.

Colbus, J.: Probleme der Löttechnik. Schweißen u. Schneiden 6 (1954) 7 287—296. [2.512].

Dike, K. C.: Evaluation of alloys for vacuum brazing of sintered wrought molybdenum for elevated-temperature applications. NACA TN 3148 May 1954 13 p.; Nickel Ber. 12 (1954) 10 193—194. [2.512].

Colbus, J.: Probleme der Löttechnik. Festigkeit der Lötverbindungen. Schweißtechnik (Wien) 9 (1955) 4 42—45 30 Lit.-St.

Gyorgak, C. A. and *A. C. Francisco:* Preliminary investigation of properties of high-temperature brazed joints processed in vacuum or in molten salt. NACA TN 3450 May 1955 29 p.; Aeron. Engng. Rev. 14 (1955) 7 124.

Klebverbindungen 1.442.3

Allgemeines 1.442.31

Ehlers, J. F.: Untersuchungen der Grundlagen und Vorgänge bei der Verleimung von Metallen mit Kunststoffen. ZWB FB 2012 1944.

Axilrod, B. M. and *D. H. Jirauch:* Bonding strengths of adhesives at normal- and low temperatures. NACA TN 964 Jan. 1945.

Bikerman, J. J.: The fundamentals of tackiness and adhesion. J. Colloid Sci. **2** (1947) Febr. 163—175; AMR **1** (1948) 6 166.

Seiler and *McLaren:* Theories of adhesion as applied to the adhesive properties of high polymers. ASTM-Bull. (1948) 155 Dec. 50/TP 258; Holz-Zbl. **75** (1949) 28 339.

De Lollis, N. J., Nancy Rucker and *J. E. Wier:* Comparative strengths of some adhesive-adherent systems. NACA TN 1863 March 1949 43 p.; Met. Rev. **22** (1949) 5 52; Amer. Soc. Mech. Engrs. Prepr. 50-F-15 Sept. 1950 12 p. 17 ref.; Index Aeron. **7** (1951) 1 64; Trans. ASME **73** (1951) 2 183—193; AMR **4** (1951) 8 454.

Doussin: Quelques essais sur les collages à haute resistance. Techn. et Sci. Aéron. (1951) 2 107—116; Index Aeron. **8** (1952) 1 84. [1.442.36].

Mathieu, M. Marcel: Bases scientifiques du collage: La mouillabilité, l'adhésivité et le vieillissement. Techn. et Sci. Aéron. (1951) 1 30—34.

Stäger, H.: Verleimungen mit warmhärtenden Kunststoffen. Z. VDI **93** (1951) 33 1045—1047. [2.532].

Thomas, M.: Collages et joints collés, point de vue de l'avionneur. Techn. et Sci. Aéron. (1951) 1 37—39.

Corelli, R. M.: Modern adhesives based on synthetic resins their characteristics and uses in aircraft construction. Aerotecnica **32** (1952) 1 8—19 16 ref.; Index Aeron. **8** (1952) 9 83. [1.324.43].

Hartman, A.: Results of ageing tests with test pieces bonded with synthetic plastic resins for outdoor use. NLL Rep. M. 1883 July 1952 14 p.; Index Aeron. **9** (1953) 3 88.

Preiswerk, E.: Ethoxyline resins. Plastics (London) **17** (1952) Jan. 6—10, Febr. 43—45; Aluminium **28** (1952) 9 XIII; Nachr. Bl. AGM Leichtbau **1** (1952) 6 8. [1.324.43].

— The nature of adhesion in glued joints. Brit. Gelatine & Glue Res. Ass. Abstr. **2** (1951) 3 1—9 21 ref.; Furniture Devel. Counc., London Techn. Bull **2** (1952) 7 E 82.

De Bruyne, N. A.: Fundamentals of adhesion. Research **6** (1953) 9 362—370; AB **24** (1953) 10 627.

Blomquist, R. F.: Evaluation of glues and glued products. (Prepr. Forest Prod. Res. Soc. 8th Ann. Nat. Meeting, Grand Rapids, Mich., May 1954.) J. Forest Prod. Res. Soc. (1954) Oct. 290. [1.324.40].

Koehn, G. W.: Design manual on adhesives. Machine Design (1954) Apr. 143. [2.531].

Toeldte, W.: Klebeverbindungen. Konstruktion **7** (1955) 5 184—187; Nachr.-Bl. AGM Leichtbau **4** (1955) 7 21.

Leimverbindungen bei Holz 1.442.32

Kraemer, Otto: Versuche mit Sperrholz verschiedener Verleimung. Sperrholz **2** (1930) 11 193—198. [1.324.25].

Truax, T. R.: Gluing wood in aircraft manufacture. USDA (Washington) Techn. Bull. 205 1930. [2.531].

Gaber, E. u. *H. Hoeffgen:* Prüfung der Festigkeit von Sperrholzleimen. Holz-industrie (1932) 24/25.

Seitz, Hugo: Neuzeitliche Holzverbindungen. Mitt. Fachausschuß Holzfragen H. 6 1933 76 S. [1.442.5].

Kraemer, Otto u. Wilhelm Küch: Verleimversuche mit Kauritkaltleim. ZWB FB 150 1934 29 S.

Mertz, H.: Untersuchungen über die Eigenschaften und Leimverbindungen der wichtigsten deutschen Nutzholzarten. Diss. TH Darmstadt 1936.

Mörath, E. u. H. Mertz: Untersuchungen über die günstigsten Bedingungen bei Leimverbindungen. Mitt. Fachausschuß Holzfragen H. 14 1936 40 S.

Riechers, Kurt: Fortschritte im Holzbau durch Anwendung neuzeitlicher Bindemittel. Jb. 1936 Lil. Ges. 466—471.

Egner, Karl: Leimuntersuchungen, insbesondere über den Einfluß von Zusätzen zur Verbesserung von Kunstharzleimen. (Klemm-Leim.) Holz als Roh- u. Werkstoff 1 (1937/38) 8 297—298. [1.324.43].

Graf, Otto u. Karl Egner: Versuche mit geleimten Laschenverbindungen aus Holz. Holz als Roh- u. Werkstoff 1 (1937/38) 12 460—464.

Graf, Otto: Dauerfestigkeit von Holzverbindungen, Versuche mit Holzverbindungen bei stufenweise gesteigerter Belastung und bei oftmals wiederholter Belastung. Mitt. Fachausschuß Holzfragen H. 22 1938 58 S. [1.442.36], [1.444].

Graf, Otto: Tragfähigkeit der Bauhölzer und der Holzverbindungen. Grundlagen für die Beurteilung der Hölzer nach Güteklassen. Zulässige Beanspruchungen. Mitt. Fachausschuß Holzfragen H. 20 1938 47 S. [1.324.22], [1.444].

Küch, Wilhelm: Fortschritte auf dem Gebiet der Kunstharzleimverfahren. Luftwissen 5 (1938) 12 427—431, 6 (1939) 3 112. [1.324.43], [2.531].

Küch, Wilhelm: Untersuchungen über die Tropensicherheit von Leimverbindungen. ZWB UM 526 1938 8 S.

Küch, Wilhelm: Versuche mit Kauritfilm. ZWB UM 542 1938 9 S.

Sauer, E. u. E. Willach: Über die Bestimmung der Fugenfestigkeit hochwertiger Leime. Kolloid-Z. (Frankfurt) 84 (1938) 2 205—214.

Stoy, Wilhelm: Über die Tragfähigkeit der Bauhölzer und Holzverbindungen und über die Dauerfestigkeit der letzteren. Bautechnik 16 (1938) 51 689—692. [1.324.22], [1.442.36], [1.444].

Egner, Karl: Versuche mit geleimten Baugliedern, besonders Trägern, und die Bedingungen für ihre sachgemäße Herstellung. „Bauholzfragen, Holzschutz, Holzverarbeitung", (Vortr. Holztagung 1938), Mitt. Fachausschuß Holzfragen, H. 23 1939.

Egner, Karl: Stand und Entwicklung der Grobholzleimung. Bautechnik 18 (1940) 38 435—438. [2.531].

Egner, Karl: Unter Anwendung des Fugenheizverfahrens geleimte I-Balken. „Untersuchungen mit Sparbalken, insbesondere für den Wohnungsbau", Mitt. Fachausschuß f. Holzfragen H. 31 1941 Abschn. B II.

Brosenius, H.: Genagelte und verleimte Holzkonstruktionen. Tekn. T. 73 (1943) 6 V 81—96. [1.442.5].

Küch, Wilhelm: Über die Kalt- und Warmleimung bei Kunstharzbindemitteln. DVL-Ber. Kf. 302/9 1943. [2.531].

Küch, Wilhelm: Über die Warm- und Heißverleimung mit Kaurit. ZWB UM 1058 1943 9 S. [2.531].

Müller, Joh. u. Ant. Müller: Neuere Erfahrungen auf Grund vergleichender Betriebs- und Prüfversuche mit verschiedenen Leimsorten für den Flugzeugbau. Ber. Focke-Wulf-Flugzeugbau Bremen, 1943.

Sulzberger, P. H.: The effect of temperature on the strength properties of wood, plywood and glued joints. J. CSIR 16 (1943) 263. [1.324.22], [1.324.25].

(Winter, Hermann): Leime und Leimverbindungen. Richtlinien für den Holzflugzeugbau, Teil B V. Ber. u. Mitt. Inst. Flugzeugbau TH Braunschweig Nr. 43—26 1943 22 S. [1.324.40], [2.531].

Küch, Wilhelm, K. Berger u. *K. Schneider:* Vergleichende Untersuchungen mit Montageleimen aus Kunstharzen. ZWB UM 1434 1944 12 S.

Luthander, S. and *G. Wallgren:* The static and dynamic shear strength of glued joints of birch and walnut at two different temperatures. FFA Rep. 2 1944 25 p. [1.442.36].

Müller: Kaltverleimungen mit Phenolharzen. Berlin: Dr. Schmidt GmbH. 1944.

Küch, Wilhelm u. *K. Berger:* Verhalten dicker Leimschichten bei getrenntem Härteraufstrich. ZWB UM 1507 1945.

McLeod, A. M., L. A. Yolton, W. A. Sanborn and *R. S. Phillips:* A comparison of shearing strengths of glued joints at various grain directions as determined by four methods of test. FPL Rep. 1522 Jan. 1945.

Roš, Mirko Gottfried: Die Melocol-Leime der CIBA-AG Basel. EMPA Disk.-Ber. 152 1945 188 S. [1.324.43].

Sulzberger, P. H.: The effect of temperature on the strength of wood, plywood and glued joints. Div. Forest Prod. Austral. Proj. TP 10—3 Progr. Rep. 4 1945. [1.324.22], [1.324.25].

Egner, Karl: Kunstharzleimung im Dienst der Bauholzeinsparung. Bauen u. Wohnen **1** (1946) 4/5 96—111.

Paddon, J. W.: The physical behaviour of glue films. Timber News **55** (1947) 273 —275; Chem. Zbl. (1947) 2 479.

Selbo, M. L.: Shear strength and accelerated durability tests on glue joints in laminated red oak beams applicable to such uses as truck bodies, wagons, and implement parts. FPL Rep. 1686 Oct. 1947.

Truax, T. R. and *M. L. Selbo:* Results of accelerated tests and long-term exposures on glue joints in laminated beams. Amer. Soc. Mech. Engrs. Prepr. 47-A-85 Dec. 1947 13 p.; FPL-Rep. D 1729 Oct. 1948; Index Aeron. **4** (1948) 4 78; Holz-Zbl. **76** (1950) 128 1419.

Hartman, A.: Testing of some cold-setting Dutch and foreign synthetic resin glues for wood. NLL Rep. M 1291 1948.

Knauss, A. C. and *M. L. Selbo:* Manual on the laminating of structural wood products by gluing. FPL Rep. D 1635 Oct. 1948. [1.324.23].

Narayanamurti, D. and *N. R. Das:* Composite wood and wood preservation: The influence of psychrometric conditions on the setting time of adhesives. Ind. Forest Leafl. 114 1948 4 p.; Index Aeron. **6** (1950) 1 78.

Narayanamurti, D. a. o.: Composite wood and wood preservation: Studies on adhesives. Pt. 13. Whole blood meal adhesives. Ind. Forest Leafl. 108 1948 15 p.; Index Aeron. **6** (1950) 9 77. [1.324.41].

Rudkin, A. W.: Frequency distribution of glue shear failing loads. FPL (South Melbourne Australia) Progr. Rep. 5 Dec. 1948; Holz-Zbl. **76** (1950) 59/60 645.

Selbo, M. L.: Durability of resorcinol glue bonds in gusses-type assembly joints similar to those used in wood boats. FPL Rep. R 1714 May 1948.

Kadita, Sigeru, Nobuyoshi Kato and *Takamaro Maku:* On the strength of joint of radio-heated plywood. (Japan., Engl. summary.) Wood Res. (Japan) (1949) 2 1—8.

Kühne, H.: Leim und Holz. Schriftenreihe ÖGH (Wien) (1949) 2 95—113.

Narayanamurti, D. and *J. N. Pande:* Composite wood and wood preservation: Studies on the storage life of adhesives, Pt. II. Aerolite 306. Ind. Forest Leafl. 105 1949 5 p.; Index Aeron. **6** (1950) 9 76. [1.324.43].

Pedersen, Axel V.: Glued laminated Wej-weld frames. Forest Prod. Res. Soc. Repr. 40 1949. [1.254].

Selbo, M. L.: Durability of wood working glues for dwelling. Forest Prod. Res. Soc. Repr. 79 1949; Holz-Zbl. **76** (1950) 119 1309.

Walters, R. T.: Glued laminated timber structures. Constructional Res. Bull. 5 1949.

Armbruster, Ernst: Untersuchungen über die Wirkung der Leimfugenlänge bei Probekörpern für den Druckversuch auf die Scherspannung. Int. Holzmarkt (Wien) **41** (1950) 12 18—22.

Brandts, T. G.: Beproeving van de koudhardende kunstharslijm Cellobond J 2771. (Tests on the cold-setting synthetic-resin glue cellobond J 2771.) Rapp. Bosbouwproefstat. Buitenzorg No. 37 1950 7 p.; Forestry Abstr. Sect. 3 **12** (1951) 3 128.

Eickner, H. W.: Durability of papreg-to papreg and papreg-to birch glue joints. FPL Rep. 1538 1950.

Englerth, George H.: Decay resistance of plywood bonded with various glues. Forest Prod. Res. Soc. Repr. Nr. 115 1950. [1.324.25].

Freas, A. D.: Studies of the strength of glued laminated wood construction. ASTM Bull. 170 Dec. 1950 48—54 3 ref.; Forestry Abstr. Sect. 3 **12** (1951) 4 176—177.

Giese, H. and *E. D. Palmer:* The structural application of glue in framing farm buildings. Pt. III. Effect of dimensional changes in wood on strength of glued joints. Agricult. Engng. **31** (1950) 9 455—457, 464; Aero Res. TN Bull. 102 June 1951 6 p.

Kaliske, Gisbert: Vergleichende Verleimversuche mit verschiedenen Kaltleimen und einem Warmleim. Ber. u. Mitt. Inst. Leichtbau, TH Braunschweig, 50-K-02 1950.

Knight, R. A. G.: Requirements and properties of adhesives for wood. Forest Prod. Res. Bull. 20 1950 26 p.; Index Aeron. **7** (1951) 11 152. [1.324.40].

Nodzu, Ryuzaburo, Ryozo Goto and *Yasuaki Kozai:* Studies on adhesion of woods. I. Application of acetone-formalin resin as adhesives. (Japan., Engl. summary.) Wood Res. (Japan) (1950) 4 50—65.

Perry, Thomas D.: Waterproof glues and waterproof joints. Wood-Working Dig. (Pontiac, Illinois) **52** (1950) 2 73—76, 78, 80, 82, 84, 86. [1.324.40].

Pryor, M. G. M.: Adhesion of glues to plywood. Pt. I. Sel. Govmt. Res. Rep. 7 1950. [1.324.25].

Pryor, M. G. M. and *C. M. Gordon:* Adhesion of glues to plywood. Pt. II. Select. Govmt. Res. Rep. 7 1950. [1.324.25].

Smith, Walton R.: Effect of wood structure and properties on gluing. South. Lumberman **181** (1950) 2273 268.

Vorreiter, Leopold: Die Tropenfestigkeit von Leimverbindungen. Holz-Zbl. **76** (1950) 143 1613—1614, 1616.

— Tests to determine the effects of various types of adhesives on the final shape of laminated bends. „Adhesives" Sel. Govmt. Res. Rep. 7 1950 65—74.

Armbruster, Ernst: Untersuchungen an kunstharzverleimten Lamellen- und Rostträgern sowie Vergleich mit Vollholzbalken. Mitt. ÖGH (Wien) **3** (1951) 3 55—61; Int. Holzmarkt (Wien) **42** (1951) 12 7—13. [1.253.1].

Marra, Alan A.: Glue line doctor. Forest Prod. Res. Soc. Proc. **5** (1951) 256—268.

Preston, St. B.: How glue lines effect veneer laminates. Wood (Chicago) **6** (1951) 1 28—29, 32—33.

Bock, Eugen: Der Abbindungsprozeß bei der Holzverleimung. Holz als Roh- u. Werkstoff **10** (1952) 7 284—288.

Egner, Karl: Einige technologische Fragen der Leimung tragender Bauteile. Holz-Zbl. **78** (1952) 101 1405—1406, 102 1415—1417.

Giese, Henry and *Charles E. Hamlin:* Effect of length and width on strength of glued joints. Agricult. Engng. **33** (1952) 7 411—414, 416.

Holst, H.: Spikade och limmade träkonstruktioner. (Genagelte und verleimte Holzkonstruktionen.) Teknisk Ukeblad **99** (1952) 46 939—944; Holz als Roh- u. Werkstoff **11** (1953) 5 203. [1.442.5]

Newall, R. J. and *L. S. Doman:* Behaviour of glued wood products in light naval craft. Dep. Sci. Industr. Res., Forest Prod. Res. Lab. Princes Risborough Aylesbury, Progr. Rep. 71 1952 6 p.

Nodzu, Ryuzaburo, Ryozo Goto and *Yasuaki Kozai:* Studies on adhesion for woods. Application of acetone-formalin resin as adhesives. (Japan., Engl. summary.) Wood Res. (Japan) (1952) 8 13—27, 9 14—31.

Plath, Erich: Der Abbindevorgang von Kunstharzleimen im Temperaturbereich um 100⁰ C. Holz als Roh- u. Werkstoff 10 (1952) 11 421—425.

Selbo, M. L.: Durability of glue joints in preservative treated wood. South. Lumberman 185 (1952) 2321 203—206.

Sorsa, Bror: The effect of some wood preservatives on gluing. (Finn., Engl. summary.) Paperi ja Puu 34 (1952) 2 28—30. [1.325].

Wilson, T. R. C. and *W. Cottingham:* Tests of glued laminated wood beams and columns and development of principles of design. FPL Rep. 1687 1952. [1.324.23].

— Development of joint strength in birch plywood glued with phenol-, resorcinol- and melamine-resin glues cured at several temperatures. FPL Rep. 1531 1952.

— Wood. Select. Govmt. Res. Rep. 8 1952 176 p. [1.324.21].

Egner, Karl: Grundlagen der Leimung tragender Holzbauteile. Holzwirtschaftl. Jb. 1953 107—116.

Egner, Karl: Versuche mit zweiteiligen geleimten Holzstützen. Fortschr. u. Forsch. Bauwesen Reihe D, H. 9 1953.

Egner, Karl u. *H. Sinn:* Beiträge zur Frage der Faserschädigungen durch sauer ausgehärtete Kunstharzleime. Holz-Zbl. 79 (1953) 156/157 1679.

Marian, J. E.: Trä och plast. Aktuella problem för limnings-och ytbehandlingsforskning. Svenska Träforskningsinst. Trätekniska Avdelningen (Stockholm) Medd. 48 B. 1953 12 S.

Marian, J. E. u. *H. H. Fickler:* Die Leime in der Holzindustrie. Eigenschaften, Vorbereitung und Anwendung der gebräuchlichsten Leimtypen. Holz als Roh- u. Werkstoff 11 (1953) 1 18—27. [1.324.40].

Plath, Erich: Fortschritte in der Holzverleimung. Norddtsch. Holzwirtsch. 7 (1953) 40/41 3—4.

Selbo, M. L. and *W. Z. Olson:* Durability of woodworking glues in different types of assembly joints. J. Forest Prod. Res. Soc. 3 (1953) 5 50—57, 220.

Sulzberger, P. H.: The effect of temperature on the strength of wood, plywood and glued joints. Aeron. Res. Consultative Comm. (Australia) Rep. ACA 46 Dec. 1953 44 p. 20 ref.; J. Roy. Aeron. Soc. 58 (1954) 526 736. [1.324.22], [1.324.25].

Winter, Hermann u. *Gisbert Kaliske:* Untersuchungen an einem Kaseinkaltleim. Holz als Roh- u. Werkstoff 11 (1953) 8 311—315. [1.324.41].

— Chemical treatment of surfaces improves joints with certain woods and glues. FPL TN 232 1953 4 p. [1.325.3].

Horioka, Kunisuke and *Kiyoshi Horiike:* Research for the mechanism of adhesion of wood. (Japan., Engl. summary.) Wood Industry (Japan) 9 (1954) 2 75—79.

Möhler, K.: Versuche und Erfahrungen mit Holzverbindungen und Holzkonstruktionen. Schweiz. Arch. 20 (1954) 7 224—236 20 Lit.-St. [1.442.5].

Toriumi, Hachiro and *Sigeru Mori:* Studies on urea resin glues. Pt. 1. Experiments on gluing characteristics and the joint capacity of urea-resin condensed 1 mole of urea with 1.5 moles of formaldehyde. (Japan., Engl. summary.) Wood Industry (Japan) 9 (1954) 6 20—24.

— Effect of moisture content of wood on joint strength in gluing birch veneer and maple lumber with room-temperature-setting and intermediate-temperature-setting phenol, resorcinol, and melamine glues. FPL Rep. 1534 1954.
— Glued timber structures. Research into new methods of jointing timber for constructional purposes. Wood (London) **19** (1954) 11 442—445.

Metallklebverbindungen 1.442.33

— „Redux" adhesive for light alloys. Preliminary shear, peeling, temperature, compression panel tests. Roy. Aircr. Establ. TN Oct. 1942.
de Bruyne, N. A.: The strength of glued joints. Aircr. Engng. **16** (1944) 182 115—118, 140.
de Bruyne, N. A.: The strength of glued sheet metals. Iron Age **154** (1944) Aug. 60—63.
Herrmann, E.: Verbinden von Aluminium mit Hilfe von Araldit. Techn. Rdsch. (Bern) **38** (1946) 33 1—3.
Loughborough, D. L. and *F. D. Snyder:* Flexible organic adhesives as structural elements. Mech. Engng. **68** (1946) 12 1053—1055; Konstruktion **1** (1949) 1 26. [1.324.43].
Moss, C. J.: Bonding by „Redux". Aeroplane **71** (1946) 1851 329—331.
Moss, C. J.: „Redux" bonding in metal aircraft. Aero Res. TN Bull. 48 Dec. 1946.
Preiswerk, E. u. *Alfred Zeerleder:* Araldit — ein neues Kunstharz zum Verbinden von Leichtmetallen. Schweiz. Arch. **12** (1946) 4 113—119. [1.324.43].
— Metal-to-metal and metal-to-wood gluing. Philadelphia (Pa.): Resinous Products & Chemical Co. Sept. 1946. [1.442.34].
Bailey, C. M.: The effect of temperature on lap joints in alclad made with Redux adhesive. Aeron. Res. Lab. (Australia) Rep. SM 151 Jan. 1947.
Moss, C. J.: A process of plastic bonding. Brit. Plastics **19** (1947) 212 33—38; Chem. Zbl. **12** (1950) 112 2998. [2.531].
v. Zeerleder, Alfred: Eine neue Verbindungsart für Leichtmetalle. Interavia **2** (1947) 3 31—34.
— Test on "Redux" bonded elevator panel. Westland Aircr. Co. Rep. G 73 July 1947.
Hartman, A.: Mechanische Eigenschappen van gelijmde Metaal-verbindingen. 1. Mechanical properties of glued metal-to-metal joints. NLL Rep. M 1275 June 1948; Index Aeron. **6** (1950) 3 88.
Westbrook, F. A.: Bonding of thin metal sheets by synthetic-resin adhesives. Machinery Lloyd **20** (1948) 5 74—78; Brit. Abstr. B **1** (1949) June 477.
— Development of the application of Redux metal-to-metal adhesive for aircraft. Bristol Aeroplane Co. Rep. 1 Sept. 1948, Rep. 2 Sept. 1949.
— Mechanical properties of glued metal-to-metal joints. II, III. NLL Rep. M. 1475 1949, M. 1575 1950.
— Compression tests on "Redux" bonded stringer panel specimens. Gloster Aircr. Co. Res. Dep. Rep. D 174 Jan. 1948.
— Tests on "Redux" bonded joints on aluminum alloy sheets. AV Roe & Co. Test Rep. EX 1015 March 1948.
— Test on "Redux" bonded panels. Aeroplane **75** (1948) 1946.
de Bruyne, N. A.: Redux in metal aircraft construction. Brit. Sci. News (1949) 20 232—235.
Hartman, A.: Sterkte van gelijmde metaalverbindingen. Ingenieur **61** (1949) 11 Materialenkennis 4 (18. 3. 1949).
Kuenzi, E. W.: Strength of aluminum lap joints at elevated temperatures (tests conducted immediately after the temperature was reached). FPL Rep. 1808 Dec. 1949.

Moss, Ch. J.: Procédé de collage "Redux". Industrie Plastiques Modernes (Paris) **1** (1949) 2 23—26.

Preiswerk, E., K. Meyerhans and *E. Denz:* New resins provide practical bonding agents for metals. Mater. & Meth. **30** (1949) 4 64—66. [1.324.43].

Roš, Mirko Gottfried: A new bonding resin. Detailed results of laboratory tests on "Araldite". Sheet Metal Industries **26** (1949) Sept. 1967—1984, 1986, 1988.

— Test for strength properties of metal-to-metal adhesives in shear by tension loading. ASTM D. 1002—49 T. 1949.

Brenner, Paul: Verbindung von Leichtmetallteilen durch Kleben. Konstruktion **2** (1950) 11 326—332; Z. VDI **93** (1951) 36 1136—1137.

Ehlers, Joh. F.: Das Verleimen von Metallen mit Natrium-Phenol-Resol. Kunststoffe **40** (1950) 5 151—157; Chem. Zbl. **121** (1950) 1115 1770. [2.531].

Hartman, A.: The strength of glued metal joints. Aero Res. TN Bull. 95 Nov. 1950.

Meissner, H. P. and *G. H. Baldauf:* Strength behaviour of adhesive bonds. Amer. Soc. Mech. Engrs. Prepr. 50-A-20 Nov./Dec. 1950 6 p. 14 ref.; Trans. ASME **73** (1951) 5 697—704; Index Aeron. **7** (1951) 6 98.

Moss, C. J.: Redux-bonding of aircraft structures. J. Roy. Aeron. Soc. **54** (1950) 478 640—650; Aero Dig. **60** (1950) 4 52—53, 94—96; Index Aeron. **6** (1950) 12 68. [1.442.36].

Moss, C. J.: Synthetic resins — Applications in the engineering industries. Metal Industry **76** (1950) 8 143—146, 9 171—173; Index Aeron. **6** (1950) 8 83. [1.324.43].

Mussard, R.: Araldit — Verbinden von Leichtmetall. Leichtmetall (Singen) **3** (1950) 3/4. Aluminium-Walzwerke Singen Merkbl. VA 6 1950.

Roff, W. J. and *K. W. Peppe:* Synthetic resin glues: preliminary study of factors affecting the strength of glued joints in aluminium alloys. "Adhesives", Sel. Govmt. Res. Rep. 7 1950.

— The strength of glued metal joints. Aero Res. TN Bull. 95 Nov. 1950 10 p.

— Tests on Reduxed compression panels. A. V. Roe & Co. Test Rep. D. O. 480 June 1950, Addendum No. 1 to D. O. 480 Febr. 1951.

— Tests on "Redux" research panels in compression. Bristol Aeroplane Co. Engng. Devel. Lab. Rep. No. CR 606/1 Nov. 1950.

Bergeron, G.: Le collage des éléments métalliques de structure d'avions à la Redux. Bull. Techn. Véritas (France) **33** (1951) 2 41—44.

Meyer, M.: Etude générale des adhésifs. Collage des métaux. Peint. Pigm. Vernis **27** (1951) 1 19—25, 2 81—87; Bull. Anal. C.N.R.S. **12** (1951) Ref. 33100; Chem. Zbl. **123** (1952) 12 1937. [1.324.40].

Meyerhans, Konrad: Bindemittel und Gießharze auf Araldit-Basis. Kunststoffe **41** (1951) 11 365—373; Index Aeron. **8** (1952) 3 83. [1.324.43].

Meynis de Paulin, J. J.: Propriétés et modes d'application des colles pour métaux. Rev. Aluminium **28** (1951) 182 403—406; Index Aeron. **8** (1952) 4 77; AB **23** (1952) 2 64. [1.324.43], [2.531].

Moss, C. J.: The bonding of metals. Metallurgia **43** (1951) 260 267—272; AB **22** (1951) 9 518; Index Aeron. **7** (1951) 12 118. [2.531].

Moss, C. J.: Metal-to-metal bonding. Flight **59** (1951) 2194 169—171.

Petit, J. M.: Le collage des métaux. Bâtir (France) (1951) 17 17—22 5 réf.; Ann. Inst. Techn. Bâtiment & Travaux Publ. (1952) 51 403.

Pleines, Ernst-Wilhelm: Das Verbinden hochfester Leichtmetalle durch Kleben. Aluminium **27** (1951) 2 40—44, 3 74—79; AB **23** (1952) 2 65; Nachr. Bl. AGM Leichtbau **1** (1952) 3 8. [1.324.43], [2.531].

Schliekelmann, R. J.: The application of metal-to-metal adhesives in composite spar booms. Fokker Rep. R-16 Dec. 1951.

Eickner, H. W., W. Z. Olson and *R. F. Blomquist:* Effect of temperatures from —70⁰ to 600⁰ F. on strength of adhesive-bonded lap shear specimens of clad 24 S-T 3 aluminum alloy and of cotton- and glass-fabric plastic laminates. NACA TN 2717 June 1952. [1.442.35].

Giddings, H.: Design for Redux. "Structural Adhesives", London: Lange, Maxwell & Springer 1952 135—149.

Meyerhans, Konrad: Das Verbinden von Metallen unter sich oder mit anderen Werkstoffen. Metall **6** (1952) 9/10 229—240; Nachr. Bl. AGM Leichtbau **1** (1952) 4 9. [1.442.35], [2.531].

Parker, F. H.: Processes used in the bonding of metals by means of synthetic-resin adhesives. Sheet Metal Industries **29** (1952) 297 63—68; AB **23** (1952) 3 127. [2.531].

Schliekelmann, R. J.: Bonded joints in the construction of metal aircraft. Aero Res. TN Bull. 114 June 1952 4 p.

— Das Araldit-Verbinden von Leichtmetall. Aluminium **28** (1952) 1/2 14—19; AB **23** (1952) 3 127; Nachr. Bl. AGM Leichtbau **1** (1952) 3 10. [2.531].

— Metal bonding. Developments in the „Redux" process: Application of the vacuum technique. Aero Res. TN Bull. 116 1952 6 p.

— Redux. Basel: CIBA AG. März 1952 8 S. [1.324.43], [2.531].

— Redux for spars. Aeroplane **83** (1952) 2143 216—218.

Broding, William C.: Criteria for designing adhesive bonded joints. Product Engng. **24** (1953) 10 144—145; AB **24** (1953) 11 707; Aero Res. TN Bull. 139 July 1954 4 p.; Index Aeron. **10** (1954) 10 143

Doussin: Endurance de joints collés métal-métal. Techn. et Sci. Aeron. (1953)5 289.

de Bruyne, N. A.: Opening a new era in aircraft engineering. Redux in aircraft. 1st ed. (with bibliography 18 p.) New York: Ciba Co. Inc. 1953 98 p. [1.442.36], [1.442.37], [2.531], [6.254.0].

Eickner, H. W.: The shear, fatigue, bend, impact, and long-time-load strength properties of structural metal-to-metal adhesives in bonds to 24 S-T 3 aluminium alloy. FPL Rep. 1836 1953 19 p. [1.442.36].

Eickner, H. W.: Adhesive bonding properties of various metals as affected by chemical and anodizing treatments of the surfaces. FPL Rep. 1842 1953 14 p.

Frey, K.: Beiträge zur Frage der Bruchfestigkeit kunstharzverklebter Metallverbindungen. Schweiz. Arch. **19** (1953) 2 33—39; Index Aeron. **9** (1953) 5 71.

Krekeler, Karl u. *Edmund Litz:* Neuere Untersuchungsergebnisse an Leichtmetall-Klebverbindungen. Aluminium **29** (1953) 4 151—160; AB **24** (1953) 9 562; Nachr. Bl. AGM Leichtbau **2** (1953) 8 6. [2.531].

— Adhesive joints. Aircr. Production **15** (1953) 181 402—406; AB **24** (1953) 12 792; Index Aeron. **10** (1954) 1 54. [1.442.36], [1.442.43], [1.442.44].

Brenner, Paul u. *A. Matting:* Festigkeitsuntersuchungen an geklebten Leichtmetallverbindungen. Aluminium **30** (1954) 1 3—9 6 Lit.-St.; AB **25** (1954) 4 225; Index Aeron. **10** (1954) 4 115.

Eickner, H. W.: Adhesive bonding properties of various metals as affected by chemical and anodizing treatments of the surfaces. (Addendum.) FPL Rep. 1842 1954.

Elam, D. W.: Metal-to-metal bonding with epoxy resin-based adhesives. Product Engng. **25** (1954) 7 166—167; Index Aeron. **10** (1954) 10 126.

Hartman, A. and *J. H. Rondeel:* Static tests and fatigue tests on redux-bonded built-up and solid light-alloy spar booms. NLL Rep. M 1936 Febr. 1954 17 p.; Aero Res. TN Bull. 144 Dec. 1954 16 p.; Aircr. Engng. **26** (1954) 309 396; J. Roy. Aeron. Soc. **58** (1954) 527 798. [1.442.36].

Holback, G. E. and *J. L. Burridge:* A production application of structural adhesive bonding. SAE Prepr. 240 Jan. 1954 7 p.; Aircr. Engng. **26** (1954) 305 224—228; Index Aeron. **10** (1954) 5 128; AB **25** (1954) 8 524—525. [2.531].

Jacobs, F. A. and *A. Hartman:* The effect of sheet thickness and overlap on the fatigue strength at repeated tension of redux bonded 75 S-T clad simple lap joints. NLL Rep. M 1969 Oct. 1954 42 p.; J. Roy. Aeron. Soc. **59** (1955) 534 448.

Johnson, R. A.: The properties and uses of metal adhesives. Sheet Metal Industries **31** (1954) 330 829—835, 841; AB **25** (1954) 11 772—773.

Kaliske, Gisbert: Bibliographie über das Metallkleben. Ber. u. Mitt. Inst. Leichtbau TH Braunschweig 54—08 1954 72 S.

Mordfin, Leonard and *I. E. Wilks:* Tests of bonded and riveted sheet-stringer panels. NACA TN 3215 June 1954 45 p.; J. Roy. Aeron. Soc. **58** (1954) 527 798; Index Aeron. **10** (1954) 9 99. [1.442.43].

Reiche, H.: Die Festigkeit geklebter Verbindungen an dünnen Leichtmetallblechen. Industrie-Anz. **76** (1954) 48 16—20 5 Lit.-St.

Rosano, Henri L. et *G. Diehl:* Contribution à l'étude tensiométrique du collage des métaux. Rech. Aéron. (1954) 40 41—49 9 réf. [1.442.37].

Rosano, H. L. and *G. Diehl:* Metal-bonding processes. Engrs.' Dig. **15** (1954) 11 469 —473; Nachr. Bl. AGM Leichtbau **4** (1955) 7 11.

Rubo, E. u. *H. Reiche:* Neuere Erkenntnisse über das Festigkeitsverhalten von Metall-Klebverbindungen. Werkstattstechn. u. Maschinenb. **44** (1954) 4 145—149; Z. VDI **96** (1954) 28 961; Nachr. Bl. AGM Leichtbau **4** (1955) 1 11.

Rubo, E.: Möglichkeiten und Grenzen der Metallklebtechnik. Schweißen u. Schneiden **8** (1954) S.H. 106—116; Schiff u. Hafen **6** (1954) 11 727. [2.531].

Thielsch, H.: Adhesive bonding. Mater. & Meth. **40** (1954) 5 113—128.

Trietsch, F. K.: Neuzeitliche Bindemittel und das Kleben von Metallen. Konstruktion **6** (1954) 135—145; Z. VDI **96** (1954) 23 777; Nachr. Bl. AGM Leichtbau **4** (1955) 1 10. [1.324.43].

Weibull, Waloddi: The static strength and the fatigue strength of riveted, spot-welded, and redux-bonded joints in 24 S-T aluminium alloy sheet. SAAB TN 31 June 1954; Aircr. Engng. **27** (1955) 317 232. [1.442.13], [1.442.14], [1.442.36], [1.442.43], [1.442.44].

— Physical properties of adhesive bonded aluminum structures. Modern Metals **10** (1954) 11 38, 40.

de Bruyne, N. A.: Structural adhesives for metal aircraft. Ingenieur, Beilage Luchtvaarttechniek **67** (1955) 3 7—10; Luftfahrttechnik **1** (1955) 1 VI; Nachr. Bl. AGM Leichtbau **4** (1955) 7 15.

Kaliske, Gisbert: Untersuchungen und Studien zum Metallkleben. Aluminium **31** (1955) 4 151—156 30 Lit.-St., 6 275—281 20 Lit.-St.

Pleines, Ernst Wilhelm: Über neuzeitliche Metallklebverbindungen und ihre Festigkeit. Z. Metallkde. **46** (1955) 3 160—171; Nachr. Bl. AGM Leichtbau **4** (1955) 7 16.

Rubo, E.: Höhere Sicherheit und vereinfachte Fertigung durch kombinierte Metall-Klebverbindungen. Metall **9** (1955) 9/10 387—390; Nachr. Bl. AGM Leichtbau **4** (1955) 8/9 16.

Winter, Hermann: Studien zum Metallkleben. ZFW **3** (1955) 3/4 87—94.

Metall-Holz-Klebverbindungen   1.442.34

Lüty, W.: Chemie und Technik der Metall-Holzverleimung. Mitt. d. Th. Goldschmitt-AG 1942.

— Metal-to-metal and metal-to-wood gluing. Philadelphia (Pa.): Resinous Products & Chemical Co. Sept. 1946. [1.442.33].

— Tensile strength at elevated temperature of glued joints between aluminum and end-grain balsa. FPL Rep. 1548 1946.

Moss, C. J.: Plastic bonding for composite wood and metal structures. Plastics (London) (1948) June 304—311. [2.531].

Eickner, H. W.: Durability of glued joints between aluminum and end-grain balsa. FPL Rep. 1566 1950.

Ritter, E. J.: Metallholz. Kunststoffe **40** (1950) 8 255—257; Holz-Zbl. **76** (1950) 2/3 11—12; Index Aeron. **7** (1951) 3 82; Z. VDI **92** (1950) 30 836.

Perry, Thomas D.: Gluing technique for wood. 8. Wood to metal joints. Wood Working Dig. **53** (1951) 9 73—80; Holz als Roh- u. Werkstoff **11** (1953) 8 328.

— Die Technik der Metall-Holz-Verleimung. Wood Working Dig. **56** (1954) 1 125—143; Dtsch. Holzwirtsch. **8** (1954) 25 3.

Klebverbindungen sonstiger Werkstoffe   1.442.35

Asbrand: Aus der Praxis der Gummi-Metallbindung. Kautschuk **17** (1941) 1 10—11; Techn. Z.-Schau **26** (1941) 21 359.

Dreher: Phenolkunstharze als Bindemittel und Leimstoffe für die Stoffleimung. Ihre Bedeutung in der Fabrikation von Papier, Pappe, Isolier- und Hartfaser-platten sowie Faserkunstleder. Zellstoff u. Papier **21** (1941) 171—178. [1.324.43].

— Essais de collages à la "Redux". Arsenal Aéron. NC 25 Febr. 1947.

Mahoney, C. H.: Bonding rubber to metal assemblies. Modern Metals **4** (1948) 5 22—23; Metal Abstr. **16** (1948) 183.

Eickner, H. W.: Gluing tests with room-temperature setting adhesives to fabric-base plastic laminates. Air Forces Techn. Rep. (Dayton, Ohio) 5928 Aug. 1949.

McLaren, A. D. and *Charles J. Seiler:* Haftfestigkeit von Polymeren an Zellulose und Aluminium. J. Polymer Sci. (New. York) **4**(1949) 63; Kunststoffe **41** (1951) 9 298.

Datten, W.: Untersuchungen an Natur- und Kunstharzen als Bindemittel für Stoßfugen an Porzellan-Isolierkörpern. Kunststoffe **40** (1950) 2 67—71.

Eickner, H. W.: Evaluation of several adhesives and processes for bonding sand-wich constructions of aluminum facings on paper honeycomb core. NACA TN 2106 May 1950 23 p.; AMR **4** (1951) 5 285. [2.531].

Hanke, G.: Gummi-Metall-Bindung nach dem Megum-Verfahren. Kautschuk und Gummi **3** (1950) 4 126—130; Konstruktion **3** (1951) 7 225; Metall **4** (1950) 17/18 282. [2.531].

Johnson, R. A.: Bonding brake linings. Automob. Engr. **41** (1951) 541 230—232; Index Aeron. **7** (1951) 11 88; Aero Res. TN Bull. 103 July 1951 4 p. [2.531].

Moss, C. J.: Bonding of rubber to metal. Brit. Plastics **24** (1951) 260 22—26; Aero Res. TN Bull. 98 Febr. 1951 6 p. [2.531].

Saechtling, Hansjürgen: Problematik des Klebens von Kunststoffen. Kunststoffe **41** (1951) 12 447—448. [2.531].

Eickner, H. W., W. Z. Olson and *R. F. Blomquist:* Effect of temperatures from —70° to 600° F. on strength of adhesive-bonded lap shear specimens of clad 24 S-T 3 aluminum alloy and of cotton- and glass-fabric plastic laminates. NACA TN 2717 June 1952. [1.442.33].

Meyerhans, Konrad: Das Verbinden von Metallen unter sich oder mit anderen Werkstoffen. Metall **6** (1952) 9/10 229—240; Nachr. Bl. AGM Leichtbau **1** (1952) 4 9. [1.442.33], [2.531].

— Ber. Fachtagung über Gummimetall-Verbindungen in Chicago am 9. 11. 1951. India Rubber World **63** (1952) 590—596. [2.531].

Gerstenmaier, J. H.: Bonding rubber to metal, design and production problems. Tool Engr. **30** (1953) 5 59—62; AB **24** (1953) 6 383. [2.531].

Dauerfestigkeit   1.442.36

Graf, Otto: Widerstandsfähigkeit von Holzverbindungen gegen oftmals wieder-holte Belastung. Bautechnik **12** (1934) 573 ff.

Graf, Otto: Dauerfestigkeit von Holzverbindungen, Versuche mit Holzverbindungen bei stufenweise gesteigerter Belastung und bei oftmals wiederholter Belastung. Mitt. Fachausschuß f. Holzfragen H. 22 1938 58 S. [1.442.32], [1.444].

Graf, Otto: Dauerversuche mit Holzverbindungen. Holz als Roh- u. Werkstoff **1** (1938) 7 266—269.

Stoy, Wilhelm: Über die Tragfähigkeit der Bauhölzer und Holzverbindungen und über die Dauerfestigkeit der letzteren. Bautechnik **16** (1938) 51 689—692. [1.324.22], [1.442.32], [1.444].

Luthander, S. and *G. Wallgren:* The static and dynamic shear strength of glued joints of birch and walnut at two different temperatures. FFA Rep. 2 1944 25 p. [1.442.32].

Eickner, H. W., E. A. Mraz and *H. D. Bruce:* Resistance to fatigue stressing of wood-to-metal joints glued with several types of adhesives. FPL Rep. 1545 Aug. 1946; Holz-Zbl. **75** (1949) 44 539.

Moss, C. J.: Redux-bonding of aircraft structures. J. Roy. Aeron. Soc. **54** (1950) 478 640—650; Aero Dig. **60** (1950) 4 52—53, 94—96; Index Aeron. **6** (1950) 12 68. [1.442.33].

— Tests on „Redux" research panels in compression under fatigue loading. Bristol Aeroplane Co. Engng. Devel. Lab. Rep. No. CR 606/2 Oct. 1950.

— Vermoeiingsproeven op enkelvoudige lapnaden van 24 S-T alclad gelijmd met Redux en 1 serie geklonken proefstukken uit 24 S-T-alclad plaat en 24 S nagels (Fatigue tests of single lap joints of 24 S-T alclad bonded with redux, and a series of test specimens of 24 S-T alclad riveted with 24 S rivets.) NLL Rep. M. 1627 Sept. 1950 23 p.; AMR **4** (1951) 6 355; Index Aeron. **8** (1952) 4 56; Light Metals Bull. **14** (1952) 10 401; AB **23** (1952) 7 400. [1.442.44].

Doussin: Quelques essais sur les collages à haute résistance. Techn. et Sci. Aéron. (1951) 2 107—116; Index Aeron. **8** (1952) 1 84. [1.442.31].

Lewis, W. C.: Fatigue of wood and glued joints used in laminated construction. Forest Prod. Res. Soc. Repr. 171 1951; Proc. Forest Prod. Res. Soc. **5** (1951) 221—229. [1.334.1].

Findley, W. N., B. A. Century and *C. P. Hendrickson:* Fatigue tests under axial loads of aluminum joints bonded with a resinous adhesive. ASTM Bull. (1952) 179 67—71; AB **23** (1952) 2 72.

Schliekelmann, R. J. and *J. Cools:* Fatigue properties of „Redux" bonded lap joints of 24 S-T-alclad. Fokker Rep. R 26 Oct. 1952.

de Bruyne, N. A.: Opening a new era in aircraft engineering. Redux in aircraft. 1st ed. (with bibliography 18 p.) New York: Ciba Co. Inc. 1953 98 p. [1.442.33], [1.442.37], [2.531], [6.254.0].

Eickner, H. W.: The shear, fatigue, bend, impact, and long-time-load strength properties of structural metal-to-metal adhesives in bonds to 24 S-T 3 aluminium alloy. FPL Rep. 1836 1953 19 p. [1.442.33].

Rondeel, J. H., R. Kruithof and *F. J. Plantema:* Comparative fatigue tests with 24 S-T alclad riveted and bonded stiffened panels. NLL Rep. S. 416 1953 14 p. 2 ref.; Aircr. Engng. **26** (1954) 300 59; AB **25** (1954) 3 166; Index Aeron. **10** (1954) 3 83; J. Roy. Aeron. Soc. **58** (1954) 518 152; AMR **7** (1954) 11 491. [1.442.44].

— Adhesive joints. Aircr. Production **15** (1953) 181 402—406; AB **24** (1953) 12 792; Index Aeron. **10** (1954) 1 54. [1.442.33], [1.442.43], [1.442.44].

Clerc, D. et *M. Bogaievsky:* Comportement en fatigue des timoneries d'avion. Comparaison expérimentale entre les liaisons par rivets et les liaisons par collage. Rech. Aéron. (1954) 38 57—62 10 réf.; Engrs.' Dig. **15** (1954) 6 243, 244, 246; AB **25** (1954) 8 557. [1.442.44], [6.254.6].

Hartman, A. and *J. H. Rondeel:* Static tests and fatigue tests on redux-bonded built-up and solid light-alloy spar booms. NLL Rep. M. 1936 Febr. 1954 17 p.; Aero Res. TN Bull. 144 Dec. 1954 16 p.; J. Roy. Aeron. Soc. **58** (1954) 527 798. [1.442.33].

Sauer, E.: Über das Verhalten der Bindung von Holzleimen bei Dauerbeanspruchung. Holz-Zbl. **80** (1954) 97 1155—1157.

Weibull, Waloddi: The static strength and the fatigue strength of riveted, spot-welded, and redux-bonded joints in 24 S-T aluminium alloy sheet. SAAB TN 31 June 1954; Aircr. Engng. **27** (1955) 317 232. [1.442.13], [1.442.14], [1.442.33], [1.442.43], [1.442.44].

Bishop, T.: Fatigue and the comet disasters. Metal Progr. **67** (1955) 5 79—85.

Prüfungen   1.442.37

(Winter, Hermann): Prüfung von Leimen und Leimverbindungen. Richtlinien für den Holzflugzeugbau, Teil C V. Ber. u. Mitt. Inst. Flugzeugbau TH Braunschweig 43—23 1943 7 S.

— Investigation of methods of inspecting bonds between cores and faces of sandwich panels of the aircraft type. FPL Rep. 1569 1947.

— Standardization and control of ARL products. Aero Res. TN Bull. 59 Nov. 1947.

— Test for impact strength of adhesives. ASTM D. 950—47 T. 1947.

Hartman, A.: Some experiments on the influence of the dimensions on the shear strength of glued beech test pieces. NLL Rep. M. 1296 1948.

— Photoelastic stress determination in glued joints. Aero Res. TN Bull. 72 Dec. 1948, 73 Jan. 1949; Timber News (1950) Jan. 29—31.

Garnett, M.: Compression tests for correlation with „Redux" peeling strength. Bristol Aeroplane Co., Engng. Devel. Lab. Nov. 1949.

Mylonas, C.: The peeling test. — Significance of test results. Alternative methods of testing. Aero Res. Ltd. Rep. Nov. 1949.

— Report of Committee D-14 on adhesives. ASTM Prepr. 64 1949 7 p.; Met. Rev. **22** (1949) 8 49.

— A standard method of determining stresses in glass-to-metal seals of the sandwich and bead types. J. Soc. Glass Technology **33** (1949) Febr. 77—81; Met. Rev. **22** (1949) 8 35.

— Test for cleavage strength of metal-to-metal adhesives. ASTM D. 1062—49 T. 1949.

Hartman, A.: Mechanical testing wood and metal glues, methods and test results. Ingenieur **62** (1950) 50 108—115. [4.22].

Mylonas, C.: Third and final report on peeling strength. Aero Res. Ltd. Rep. March 1950.

Nolle, A. W. and *P. J. Westervelt:* A resonant bar method for determining the elastic properties of thin lamina. J. Appl. Phys. **21** (1950) 4 304—306 4 ref.; Index Aeron. **6** (1950) 7 60.

Bock, Eugen: Prüfung von Holzleimen. Die Bestimmung der statischen Festigkeitseigenschaften von Leimverbindungen. Holz als Roh- u. Werkstoff **9** (1951) 2 62—71.

Knight, R. A. G., R. J. Newall and *J. E. Grosert:* Investigations into glues and gluing. Ageing tests on glues after the method of B. D. 1204. Dept. Sci. Industr. Res., Forest Prod. Res. Lab., Princes Risborough, Aylesbury, Progr. Rep. 58 Jan. 1951 11 p. [1.324.40].

Knight, R. A. G., L. S. Doman and *R. J. Newall:* Durability tests on plywood adhesives. Dept. Sci. Industr. Res., Forest Prod. Res. Lab., Princes Risborough, Aylesbury, "Investigations into glues and gluing", Progr. Rep. 60 March 1951; Wood (London) **16** (1951) June 210—213; Holz als Roh- u. Werkstoff **9** (1951) 10 403.

Mylonas, C.: Conclusions on the "Redux" peeling tests. Aero Res. Ltd. Rep. Aug. 1951.

Phinney, Hartley K.: Methods of controlling glue bond quality. Forest Prod. Res. Soc. Repr. 157 1951.

Bock, Eugen: Die Prüfung der Festigkeit von Leimverbindungen während des Abbindens des Leimes. Holz als Roh- u. Werkstoff **10** (1952) 10 394—398.

Dietterich, C. W. and *J. L. Butler:* Quality control in gluing on industry wide basis. J. Forest Prod. Res. Soc. **2** (1952) 1 67—68.

Egner, K.: Sichtbarmachung von Faserschädigungen durch sauer ausgehärtete Kunstharzleime. Holz-Zbl. **78** (1952) 135 1857—1858.

Hartman, A.: The peeling test of glued light metal plates: Pt. 1. NLL Rep. M. 1893 Oct. 1952 49 p. 8 ref.; Index Aeron. **9** (1953) 6 85.

Northcott, P. L.: The development of the glueline-cleavage test. Forest Prod. Res. Soc. Repr. 223 1952; J. Forest Prod. Res. Soc. **2** (1952) 5 216—224; Holz als Roh- u. Werkstoff **13** (1955) 5 205.

Newall, R. J. and *J. E. Grosert:* Durability of assembly glues — Series B. Fifth-year report on laminated beams. Dep. Sci. Industr. Res. Forest Prod. Res. Lab., Princes Risborough, Aylesbury, Progr. Rep. 67 1952 7 p.

Spies, G. J.: An analysis of the peeling test for „Redux" bonded joints. Fokker Rep. Apr. 1952.

— Methods of testing adhesion to wood. Wood (Chicago) **57** (1952) 5 38—40, 6 34—36.

de Bruyne, N. A.: Opening a new era in aircraft engineering. Redux in aircraft. 1st ed. (with bibliography 18 p.) New York: Ciba Co. Inc. 1953 98 p. [1.442.33] [1.442.36], [2.531], [6.254.0].

Grinsfelder, H., B. Coe and *R. P. Hopkins:* Mechanical inspection and testing of structural adhesives. ASTM Bull. 194 1953 62—66 8 ref.; Index Aeron. **10** (1954) 5 128.

Spies, G. J.: The peeling test on redux-bonded joints. Aircr. Engng. **25** (1953) 289 64—70 7 ref.; Index Aeron. **9** (1953) 5 71; AB **24** (1953) 4 230.

Eickner, H. W.: Weathering of adhesive-bonded lap joints of clad aluminum alloy. Wright Air Devel. Center Techn. Rep. 54—477 1954.

Hartman, A.: The peeling test of glued light metal sheets. II. NLL Rep. M. 1940 1954 48 p.; Index Aeron. **10** (1954) 10 142.

Hartman, A.: The peeling test on glued light alloy sheet. I, II. Ministry of Supply, Techn. Inf. Bureau, Translat. 4228 51 p., 4374 55 p. Sept. 1954.

Rosano, Henri L. et *G. Diehl:* Contribution à l'étude tensiométrique du collage des métaux. Rech. Aéron. (1954) 40 41—49 9 réf. [1.442.33].

Nietverbindungen   1.442.4

Allgemeines   1.442.41

Weidmann: Versuche über den zulässigen Lochleibungsdruck von Nietverbindungen. Bautechnik **5** (1927) 46 668—671.

Kunze, Bruno: Zulässiger Lochleibungsdruck. Bautechnik **6** (1928) 7 91—92.

Hartwig, A. u. *H. Petermann:* Über die Verteilung einer Kraft auf die einzelnen Niete einer Nietreihe. Stahlbau **2** (1929) 25 289—298.

Hilbes, W.: Über die Nietverbindung dünner Bleche. WGL-Jb. 1929 198—204.

Weinblum, G.: Reibfestigkeit von Nietverbindungen. Schiffbau u. Schiffahrt (1929) 18./12. 590—593.

Hilbes, W.: Die Nietverbindungen dünner Bleche. Diss. TH Aachen 1930.

Hilbes, W.: Riveted joints in thin plates. NACA TM 590 Nov. 1930.

Bijlaard, P. P.: Resistance of the section of a plate between rivets in an oblique row, computed according to Mohr's hypothesis of plasticity. Ingenieur (1931) 8.

Kayser, H.: Versuche über die Abscher- und Lochleibungsfestigkeit von Nietverbindungen. Stahlbau **4** (1931) 8 85—89.

Cassens, J.: Die Nietkräfte in den Verstärkungslaschen von Biegeträgern. ZFM **24** (1933) 4 103—107.

Kayser, H.: Versuche über die Abscher- und Lochleibungsfestigkeit von Nietverbindungen. Stahlbau **6** (1933) 21 164—168.

Krell, H.: Die Berechnung der genieteten Stegblech-Stoßverbindungen. Bauing. **14** (1933) 23/24 313—316.

Hoeffgen, H.: Gleit- und Fließgrenze von Nietverbindungen. Habil.-Schr. TH Karlsruhe 1935; Mitt. Vers.-Anst. f. Holz, Stein u. Eisen TH Karlsruhe H. 4 1935 39 S.; Techn. Z.-Schau **26** (1941) 2 36.

Rathbun, John C.: The elastic properties of riveted connections. Diss. Univ. Columbia 1935; Trans. ASCE **101** (1936) 524 f.

Surgin, K. N.: Die Nietkraftverteilung bei Nietnähten im Flugzeugbau. Ber. 197 Zentr. Aero-Hydrodyn. Inst. (ZAHI) Moskau; Luftf. Schrifttum Ausland **1** (1935) 6, **2** (1936) 1 17—26.

Ziem, Hansjoachim: Einfluß der Nietlänge auf die Güte der Nietverbindung. Forsch. Ing.-Wes. **7** (1936) 1 44—49.

Miller, Roy A.: The bearing strength of steel and aluminium alloy sheet in riveted or bolted joints. J. Aeron. Sci. **5** (1937) 1 22—24; Luftwissen **5** (1938) 3 109. [1.443.11].

Volkersen, O.: Die Nietkraftverteilung in zugbeanspruchten Nietverbindungen mit konstanten Laschenquerschnitten. Luftf.-Forsch. **15** (1938) 1/2 41—47; Aircr. Engng. **10** (1938) 113 229.

Brueggeman, W. C. and Frederick C. Roop: Mechanical properties of flush riveted joints. NACA Rep. 701 1940.

Isibasi, T.: Thermisches Verhalten des Niets und des Bleches bei Nietung und die Endkraft im Niet. Mem. Fac. Engng. Kyushu Univ. Fukuoka (Japan) **9** (1940) 63—143; Z. VDI **87** (1943) 23/24 373.

Havers, A.: Spannungsverteilungen in Niet-, Keil- und Schrumpfverbindungen. Forsch. Ing.-Wes. **12** (1941) 4 206—208.

Prescott, J.: Buckling between rivets. Aircr. Engng. **13** (1941) 146 104.

— On 115-degree machine-countersunk joints. Mechanical properties of flush-riveted joints. NACA Progr. Rep. 1 Dec. 1941.

Brueggeman, William C.: Progress Summary No. 1. Mechanical properties of flush-riveted joints submitted by five airplane manufacturers. NACA RB (WR W-79) Febr. 1942.

Gottlieb, Robert: Effect of countersunk depth on the tightness of two types of machine-countersunk rivet. NACA RB (WR L-315) Oct. 1942.

Gottlieb, Robert and Merven W. Mandel: Comparison of tightness of 78⁰ machine-countersunk rivets driven in holes prepared with 78⁰ and 82⁰ countersinking tools. NACA RB (WR L-252) Sept. 1942.

Gottlieb, Robert: Test data on the shear strength of machine countersunk-riveted joints assembled by an NACA flush-riveting procedure. NACA RB (WR L-523) Dec. 1942.

Lundquist, Eugene E. and Robert Gottlieb: A study of the tightness and flushness of machine-countersunk rivets for aircraft. NACA RB (WR L-294) June 1942.

Portier, H.: Le rivetage des tôles minces en construction aéronautique. Publ. Sci. Techn. Secr. Aviation Bull. Serv. Techn. 87 1942 212 p. [1.442.44].

Ehrhardt, Hermann: Nietkräfte am einfachen Laschenstoß mit Laschen aus verschiedenen Werkstoffen unter Berücksichtigung des Wärmezwanges. ZWB TB **10** (1943) 9 275—278.

Sharp, W. H.: The effect of the type of specimen on the shear strength of driven rivets. NACA TN 916 Nov. 1943.

Aleck, B. J., M. Goland and *L. D. Morris:* The load distribution in riveted and spotwelded joints. Proc. SESA **2** (1944) 2. [1.442.11].

Dow, Norris F. and *William A. Hickman:* Preliminary investigation of the relation of the compressive strength of sheet-stiffener panels to the diameter of rivet used for attaching stiffeners to sheet. NACA RB L 4 I 13 (WR L-61) Nov. 1944. [1.223.121].

Mandel, Merven W.: Comparative tests of the strength and tightness of commercial flush rivets of one type and NACA flush rivets in machine-countersunk and counterpunched joints. NACA RB 4 B 18 (WR L-297) Febr. 1944.

Mandel, Merven W. and *Leonard M. Bartone:* Tensile tests of NACA and conventional machine countersunk flush rivets. NACA ARR L 4 F 06 (WR L-176) Oct. 1944.

Schuette, Evan H., Leonard M. Bartone and *Merven W. Mandel:* Tensile tests of round-head, flat-head, and brazier-head rivets. NACA TN 930 March 1944.

Bowen, I. G.: The strength of riveted joints. Aircr. Engng. **17** (1945) 193 83—87

Dow, Norris F. and *William A. Hickman:* Effect of variation in diameter and pitch of rivets on compressive strength of panels with Z-section stiffeners. I. Panels with close stiffener spacing that fail by local buckling. NACA RB L 5 G 03 (WR L-44) Aug. 1945.

Maney, G. A. and *L. T. Wyly:* Impact properties at different temperatures of flush-riveted joints for aircraft manufactured by various riveting methods. NACA ARR 5 F 07 (WR W-53) Sept. 1945. [1.343.21], [2.52].

Pian, Theodore Hsueh-Huang: Analytical study of transmission of load from skin*to stiffeners and rings of pressurized cabin structure. NACA TN 993 Oct. 1945. [1.243.14]

Dow, Norris F. and *William A. Hickman:* Effect of variation in diameter and pitch of rivets on compressive strength of panels with Z-section stiffeners. Panels of various stiffener pacings that fail by local buckling. NACA TN 1467 Oct. 1947.

Dow, Norris F. and *William A. Hickman:* Effect of variation in diameter and pitch of rivets on compressive strength of panels with Z-section stiffeners. Panels of various lengths with close stiffener spacing. NACA TN 1421 Sept. 1947; AMR **1** (1948) 3 72. [1.223.121].

Vogt, F.: The distribution of loads on rivets connecting a plate to a beam under transverse loads. NACA TM 1134 Apr. 1947.

Dow, Norris F. and *William A. Hickman:* Effect of variation in diameter and pitch of rivets on compressive strength of panels with Z-section stiffeners. Panels that fail by local buckling and have various values of width-to-thickness ratio for the webs of the stiffeners. NACA TN 1737 Nov. 1948.

Steinhardt, Otto: Die Nietverbindung im Lichte moderner Forschung. Lehre u. Forsch. (Karlsruhe) Abh. u. Ber. 1948 52—59.

v. Burg, E.: Experimentelle Ermittlung der statischen Zugkraftverteilung der Niete in Knotenpunkten bei einreihiger Nietung. Schweiz. Arch. **15** (1949) 5 137—145.

Mansfield, E. H.: Rivet flexibility and load diffusion. Aircr. Engng. **21** (1949) 242 96—98, 116; Met. Rev. **22** (1949) 6 50; Index Aeron. **5** (1949) 7 49; AMR **2** (1949) 9 200.

MacCutcheon, E. M.: Rivet slip, stress distribution and the deflection of ships' hulls. Trans. Soc. Naval Architects & Marine Engrs. **57** (1949) 307—351; Shipbuilder & Marine Engine Builder **57** (1950) 498 266.

Monroe, G. M.: Analysis of eccentrically loaded riveted or bolted joints. J. Aeron. Sci. **16** (1949) Febr. 120—122; AMR **2** (1949) 5 104. [1.443.11].

Muckle, William: The distribution of load in riveted joints. Shipbuilder & Marine Engine Builder **56** (1949) Apr. 225—228; AMR **2** (1949) 10 224.

Giddings, H.: Aircraft riveting. J. Roy. Aeron. Soc. **54** (1950) 753—778.

Miller, Roy A.: Stainless steel rivets improve joint strengths in aluminum. Product Engng. **21**(1950)2 112—121; AB **21**(1950)3 158; Index Aeron. **6**(1950)6 40.

Maaß, E. W. H.: Vernietung dünnwandiger Bauteile. Konstruktion **3** (1951) 5 142—148. [2.52].

Williams, D.: Load distribution in riveted and spot-welded joints. (Congr. Appl. Mech. 1948.) Proc. IME (Appl. Mech.) **165** (1951) 66 141—147; Index Aeron. **8** (1952) 7 68. [1.442.11].

Graf, Otto: Aus Ergebnissen amerikanischer Versuche mit Nietverbindungen. Stahlbau **23** (1954) 8 169—176.

Stähle   1.442.42

Schaechterle: Die Nietverbindungen bei Brücken aus hochwertigen Stählen. Bautechnik **6** (1928) 7 81—84, 8 96—98.

Gaber, Ernst: Versuche an Nieten aus Siliziumbaustahl und gewöhnlichem Nietstahl. Stahlbau **3** (1930) 12 133—140.

Wellinger, Karl: Eigenspannung, Gefüge und Festigkeit warmgeschlagener Niete. Berlin: Ernst 1932 7—11.

van den Broek, J. A.: Effect of connections and rivet holes on ductility and strength of steel angles. Civil Engng. **10** (1940) 2 83—86.

Maul, Heimo: Amerikanische Versuche mit einem genieteten stählernen Halbrahmen mit rechteckiger Ecke. Stahlbau **13** (1940) 5/7 28—31.

Schmidt, Wolfgang: Zugversuche mit großen genieteten Plattenstößen. Bauing. **22** (1941) 17/18 143—150; Techn. Z.-Schau **26** (1941) 17 289.

Graf, Otto: Versuche mit Nietverbindungen. Ber. Dtsch. Ausschuß Stahlbau H. 12 1942.

Gaber, Ernst: Versuche und Betrachtungen über die Sicherheit von Stahlbrücken. Technik (Berlin) **1** (1946) 2 57—65. [1.16], [1.442.44], [6.272].

Graf, Otto: Versuche mit Nietverbindungen. Bauing. **25** (1950) 4 123—132.

Chmelka, Fritz: Dübelbalken und Nietträger. Oest. Bau-Z. **6** (1951) 5 73—78. [1.444].

Leichtmetalle   1.442.43

Rettew, H. F. and *G. Thumin:* Test on riveted joints in sheet Duralumin. NACA TN 165 Nov. 1923.

Pleines, Wilhelm: Nietverfahren im Metallflugzeugbau. 176. DVL-Ber.; DVL-Jb. 1930 111—182; Luftf.-Forsch. **7** (1930) 1 1—72. [1.442.45], [2.52].

Pleines, Wilhelm: Riveting in metal airplane construction. Pt. I—IV. NACA TM 596, 597, 598, 599 Dec. 1930. [1.442.45], [2.52].

Brenner, Paul: Korrosionsversuche mit Duralplat-Nietverbindungen. ZFM **22** (1931) 11 344—346.

Abraham, Martin: Versuche über die wiederholte Aushärtung von Duralumin-Nieten und über den Einfluß der Aushärtungstemperatur. Z. Metallkde. **25** (1933) 19 203—206.

Teichmann, Alfred u. *Karl Borkmann:* Bericht über statische und dynamische Belastungsversuche an Rohrniet- und Schraubenbolzen-Verbindungen von Vierkantrohren aus Hydronalium. ZWB FB 25 1933 7 S. [1.442.44], [1.443.13], [1.443.16].

Gatzek, W.: Bruchuntersuchung an Knotenblechen aus Duralumin. ZWB PB 163 1935 9 S.

Brueggeman, William C.: Mechanical properties of aluminium-alloy rivets. NACA TN 585 Nov. 1936. [1.431.11].

Koenig, M.: Spannungsspitzen in kaltgeschlagenen Kraftnietungen. Schweiz. Arch. **3** (1937) 2 41—46.

Pleines, Wilhelm: Nietverbindungen im Leichtmetall-Flugzeugbau. Ringb. Luftf.-Techn. II B 2 Mai 1937 24 S.

Vályi, Imre: Untersuchung über die Nietung von Aluminiumlegierungen nach Gattung AlCuMg. Aluminium-Arch. **8** (1938) 58 S.

Roš, Mirko Gottfried u. *Ph. Theodorides:* Statischer Bruch und Ermüdungsfestigkeit genieteter Fachwerke aus Avional „SK". EMPA Disk.-Ber. 126 1940. [1.442.44].

Roš, Mirko Gottfried u. *Ph. Theodorides:* Statische Festigkeit und Ermüdungsfestigkeit von Nietverbindungen mit Blechen der Aluminiumlegierung Avional „M". EMPA Disk.-Ber. 126 1940. [1.442.44].

Müller, A.: Scherbruchlasten von Nietverbindungen mit dem Niet 3115.4, neue Legierung. ZWB UM 670 1941 26 S.

v. Rajakovics, E. u. *A. Teubler:* Über den Einfluß der Sprengwärme auf die Scherfestigkeit von Sprengnieten aus „Duralumin 681 H". Z. Metallkde. **33** (1941) 7 274—275 3 Lit.-St.; Techn. Z.-Schau **26** (1941) 18 303.

Roop, Frederick C.: Effect of aging on mechanical properties of aluminum alloy rivets. NACA Rep. 724 1941.

Levy, Samuel, Albert E. McPherson and *Walter Ramberg:* Effect of rivet and spot-weld spacing on the strength of axially loaded sheet-stringer panels of 24 S-T aluminum alloy. NACA TN 856 Aug. 1942. [1.442.13].

Gottlieb, Robert and *Leonard M. Bartone:* Shear tests on Du Pont explosive rivets with the countersunk head milled flush after expansion. NACA RB 3 E 06 (WR L-393) May 1943.

Hartmann, E. C., C. F. Wescoat and *M. W. Brennecke:* Prescriptions for head cracks in 24 S-T rivets. Aviation **42** (1943) 11 139—143, 295—296 2 ref. [1.442.44].

Mandel, Merven W.: Comparative tests of the tightness of two types of flush rivet furnished by the Grumman Aircraft Engineering Corporation. NACA MR (WR L-297) June 1943.

Mandel, Merven W.: Comparative tests of the tightness of two types of flush assembled with round-head and brazier-head rivets. NACA RB 3 F 21 (WR L-519) June 1943.

Hartmann, E. C. and *C. Wescoat:* The shear strength of aluminum alloy driven rivets as affected by increasing D/t ratios. NACA TN 942 July 1944.

Kuhn, Paul and *Edwin M. Moggio:* Structural properties of aluminum-alloy box beams with riveted, spot-welded, or cycle-welded joints. NACA ARR 4 C 04 March 1944. [1.442.13].

Mandel, Merven W., Harold Crate and *Evan H. Schuette:* Tests of hydraulically expanded rivets. NACA RB 4 C 27 (WR L-293) March 1944.

Vogt, F.: The load distribution in bolted or riveted joints in light alloy structures. Roy. Aircr. Establ. Rep. SME 3300 1944; NACA TM 1135 Apr. 1947 39 p.; AMR **1** (1948) 3 73. [1.443.13].

Zamboky, A. N.: Artificial aging of riveted joints made in alclad 24 S-T sheet using A 17 S-T, 17 S-T, and 24 S-T rivets. NACA TN 948 Sept. 1944.

Cox, R. J.: Machine countersunk rivet joints in 24 ST 86 and 75 ST alclad aluminum alloy sheet-model general. Lockheed Aircr. Corp. Rep. R-5313 Apr. 1945 46 p.; AB **21** (1950) 1 55.

Hartmann, E. C. and *A. N. Zamboky:* Comparison of static strength of machine countersunk riveted joints in 24 S-T, X 75 S-T, and alclad 75 S-T sheet. NACA TN 1036 May 1946.

Fefferman, R. L. and *H. L. Langhaar:* Investigations of 24 S-T riveted tension joints. J. Aeron. Sci. **14** (1947) 3 133—147; AMR **1** (1948) 1 12.

Schuette, Evan H. and *Donald E. Niles:* Data on optimum length, shear strength, and tensile strength of age-hardened 17 S-T machine-countersunk rivet in 75 S-T sheet. NACA TN 1205 March 1947 41 p.; AMR **1** (1948) 3 74.

Francis, A. J.: Investigations on aluminum alloy riveted joints under static loading. „Engineering Structures", London: Butterworth 1949 187—216; AMR **3** (1950) 10 299; AB **21** (1950) 12 657—658.

Buray, Z.: Experiments in connection with the production of large-diameter light metal rivets. Aluminium (Hungary) **2** (1950) May 113—120, June 137—143, July 161—165; Light Metals Bull. **12** (1950) 21 804; AB **21** (1950) 12 640. [2.52].

Dow, Norris F. and *William A. Hickman:* Effect of variation in rivet diameter and pitch on the average stress at maximum load for 24 S-T 3 and 75 S-T 6 aluminum-alloy, flat, Z-stiffened panels that fail by local instability. NACA TN 2139 July 1950 24 p.; AMR **4** (1951) 4 217.

Grieshaber, H. E.: Static and impact strengths of riveted and spot welded beams of alclad 14 S-T 6, alclad 75 S-T 6 and various tempers of alclad 24 S aluminum alloy. NACA TN 2157 Aug. 1950 44 p.; AB **22** (1951) 7 418. [1.442.13].

— Riveting Alcoa aluminum. Pittsburgh: Aluminum Co. of America (ALCOA) 1950 65 p.

Bailey, J. C.: The properties and driving of large aluminium alloy rivets. „Symposium on welding and riveting larger aluminium structures", ADA Publ. Nov. 1951. [2.52].

Giddings, H.: Aircraft riveting. Sheet Metal Industries **28** (1951) 293 833—850; Index Aeron. **7** (1951) 11 114; Met. Rev. **24** (1951) 11 33; Aluminium **28** (1952) 1/2 XVI. [2.52].

Redshaw, S. C.: The design characteristics of aluminium riveted joints. „Symposium on welding and riveting larger aluminium structures", ADA Publ. Nov. 1951.

Whitman, J. G.: Structural light-alloy riveting with the high-tensile alloys. Engineer **192** (1951) 4987 228—231; AB **22** (1951) 10 580—581; Aluminium **28** (1952) 7/8 XV.

Bailey, J. C. and *A. W. Brace:* Strength tests on driven large diameter aluminium rivets. ADA Res. Rep. 13 1952 60 p.

Bailey, G. C. and *P. C. Ergler:* Pop rivet fasteners for aircraft. Product Engng. **24** (1953) 5 191—198; AB **24** (1953) 6 382. [1.431.11], [2.52].

Barlow, D. A. and *A. W. Brace:* Compression properties of aluminium alloys. Metal Treatm. & Drop Forging **20** (1953) 96 399—404 4 ref.; AB **24** (1953) 11 708; Index Aeron. **9** (1953) 11 93. [1.323.211.1].

Benthem, J. P. and *R. Kruithof:* Investigation on the strength of 24 S-T alclad riveted and bolted lap joints at rapidly applied loads. NLL Rep. S 415 July 1953 18 p.; AMR **7** (1954) 10 444; AB **25** (1954) 11 788—789. [1.443.13].

Dow, N. F., W. A. Hickman and *B. W. Rosen:* Effect of variation in rivet strength on the average stress at maximum load for aluminium-alloy, flat, Z-stiffened compression panels that fail by local buckling. NACA TN 2963 June 1953 17 p. 7 ref.; Index Aeron. **9** (1953) 10 74; AMR **7** (1954) 1 12; AB **25** (1954) 3 164. [1.223.121].

Francis, A. J.: The behaviour of aluminium alloy riveted joints. ADA Res. Rep. 15 1953 95 p.; AB **24** (1953) 9 577.

Pleines, Ernst Wilhelm: Gegenwartsstand der Nietung im Leichtmetall-Ingenieurbau. Das Nieten und die Nietverbindungen mit großen Leichtmetallnieten im Lichte neuer ausländischer Erkenntnisse. Aluminium **29** (1953) 6 256—260, 7/8 299—305, 9 370—374; Nachr.-Bl. AGM Leichtbau **2** (1953) 9 9; AB **24** (1953) 10 627, 11 709, 12 795. [2.52].

Pomp, Anton: Untersuchungen von Leichtmetallnietungen. Industrie-Anz. **75** (1953) 18 213—216; AB **24** (1953) 5 303; Aluminium **29** (1953) 6 XVII.

Wellinger, Karl u. *H. Uetz:* Untersuchungen an einreihigen Leichtmetall-Nietverbindungen. Metall **7** (1953) 15/16 586—592; Nachr.-Bl. AGM Leichtbau **3** (1954) 3/4 8; Werkstoffe u. Korrosion **5** (1954) 6 230.

— Adhesive joints. Aircr. Production **15** (1953) 181 402—406; AB **24** (1953) 12 792; Index Aeron. **10** (1954) 1 54. [1.442.33], [1.442.36], [1.442.44].

— Riveting aluminum. Montreal (Que.): Aluminum Co. of Canada (ALCAN) June 1953 112 p.; AB **25** (1954) 1 20. [1.431.11], [2.52].

Barlow, D. A.: Aluminium-alloy headless rivets — lower upsetting loads required. Engng. **177** (1954) 4600 398—399; AB **25** (1954) 9 611; Stahlbau **23** (1954) 9 220—221.

Mordfin, L. and *I. E. Wilks:* Tests of bonded and riveted sheet-stringer panels. NACA TN 3215 June 1954 45 p.; Index Aeron. **10** (1954) 9 99; J. Roy. Aeron. Soc. **58** (1954) 527 798. [1.442.33].

Weibull, Waloddi: The static strength and the fatigue strength of riveted, spot-welded, and redux-bonded joints in 24 S-T aluminium alloy sheet. SAAB TN 31 June 1954; Aircr. Engng. **27** (1955) 317 232. [1.442.13], [1.442.14], [1.442.33], [1.442.36], [1.442.44].

Dauerfestigkeit 1.442.44

Schaechterle, Karl: Dauerversuche mit Nietverbindungen. Stahlbau **3** (1930) 24 277—281, 25 289—295, **5** (1932) 9 65—72.

Graf, Otto: Dauerfestigkeit von Stählen mit Walzhaut, ohne und mit Bohrung, von Niet- und Schweißverbindungen. Berlin: VDI-Verl. 1931 IV, 42 S. [1.332.1], [1.352.2], [1.442.14].

Graf, Otto: Versuche mit Nietverbindungen bei oftmals wiederholter Belastung. Z. VDI **76** (1932) 18 438—442.

Schulz, Ernst H. u. *Herbert Buchholtz:* Die Dauerfestigkeit von genieteten und geschweißten Verbindungen aus Baustahl St 52. Stahl u. Eisen **53** (1933) 21 545—553. [1.442.14].

Teichmann, Alfred u. *Karl Borkmann:* Bericht über statische und dynamische Belastungsversuche an Rohrniet- und Schraubenbolzen-Verbindungen von Vierkantrohren aus Hydronalium. ZWB FB 25 1933 7 S. [1.442.43], [1.443.13], [1.443.16].

Gerold, E.: Dauerversuche an Nietverbindungen. Stahl u. Eisen **55** (1935) 45 1196—1197.

Graf, Otto: Dauerversuche mit Nietverbindungen. Ber. Aussch. f. Versuche im Stahlbau Ausg. B. H. 5 1935 VI, 51 S.

Graf, Otto: Über Dauerzugversuche mit Flachstäben und Nietverbindungen aus Leichtmetall. Stahlbau **8** (1935) 17 132—133.

Graf, Otto: Versuche über die Längenänderungen und über die Tragfähigkeit von Nietverbindungen aus St 52 unter oft wiederkehrenden Wechseln zwischen Zug- und Druckbelastung. Stahlbau **9** (1936) 24 185—188.

Graf, Otto: Versuche über den Einfluß der Zahl der minutlich auftretenden Lastwechsel auf die Ursprungsfestigkeit von Nietverbindungen. Stahlbau **9** (1936) 6 48.

Lehr, Ernst: Dauerversuche mit Nietverbindungen. Z. VDI **80** (1936) 30 920—922.

Sonnemann, H.: Die Schwingungsfestigkeit von handelsüblichen Stählen und Kupfer und ihre Beeinflussung durch Kaltnietung. Mitt. Wöhler Inst. Braunschweig, H. 28 1936. [1.332.1].

Graf, Otto: Versuche über das Verhalten von genieteten und geschweißten Stößen in Trägern I 30 aus St 37 bei oftmals wiederholter Belastung. Stahlbau **10** (1937) 2 9—16. [1.442.14].

Graf, Otto: Dauerversuche mit Nietverbindungen, welche an den Gleitflächen statt mit einem Anstrich aus Leinöl und Mennige mit einem aufgespritzten Belag aus Leichtmetall versehen waren. Stahlbau **11** (1938) 3 17—19.

Wilson, W. M. and *F. P. Thomas:* Fatigue tests of riveted joints. Univ. Ill. Engng. Exp. Stat. Bull. 302 1938.

Cleff, T. u. *Armin Erker:* Dauerhaltbarkeit geschweißter und genieteter Eckverbindungen. Dtsch. Kraftf.-Forsch. H. 35 1939 13—26. [1.442.14].

Hottenrott, E.: Zur Dauerfestigkeit von Duralblech-Nietungen. ZWB TB **6** (1939) 2 91—94; Luftf.-Forsch. **17** (1940) 8 247—250.

Müller, W.: Einfluß von Bohrungen und Nietverbindungen auf die Ermüdungsfestigkeit von Blechen und Profilen aus Aluminium-Legierungen. Alluminio **8** (1939) 2 76—81.

Müller, W.: Maßnahmen zur Verbesserung der Ermüdungsfestigkeit genieteter Knotenpunkt-Verbindungen aus Aluminium-Legierungen für den Flugzeug-, Karosserie- und Kranbau. Schweiz. Arch. **5** (1939) 10 294—307.

Roš, Mirko Gottfried u. *Ph. Theodorides:* Statischer Bruch und Ermüdungsfestigkeit genieteter Fachwerke aus Avional „SK". EMPA Disk.-Ber. 126 1940. [1.442.43].

Roš, Mirko Gottfried u. *Ph. Theodorides:* Statische Festigkeit und Ermüdungsfestigkeit von Nietverbindungen mit Blechen der Aluminiumlegierung Avional „M". EMPA Disk.-Ber. 126 1940. [1.442.43].

Bierett, G. u. *K. Albers:* Vergleichende Dauerbiegeversuche an geschweißten Vollwandträgern mit verschiedenen Gurtprofilen und an genieteten Vollwandträgern. Ber. Dtsch. Ausschuß Stahlbau H. 13 1942. [1.343.33], [1.442.14].

Müller, W.: Maßnahmen zur Erhöhung der Gestaltfestigkeit von Aluminium-Knotenpunktverbindungen. Schweiz. Bauztg. **119** (1942) 5 49—52, 6 65—68. [1.442.14].

Portier, H.: Le rivetage des tôles minces en construction aéronautique. Publ. Sci. Techn. Secr. Aviation Bull. Serv. Techn. 87 1942 212 p. [1.442.41].

Crate, Harold: A preliminary study of machine-countersunk flush rivets subjected to a combined static and alternating shear load. NACA RB 3 L 01 (WR L-495) Dec. 1943.

Hartmann, E. C., C. F. Wescoat and *M. W. Brennecke:* Prescriptions for head cracks in 24 S-T rivets. Aviation **42** (1943) 11 139—143, 295—296 2 ref. [1.442.43].

v. Rajakovics, E. u. *A. Teubler:* Untersuchungen über die Scherfestigkeit von Leichtmetallnieten bei dynamischer Beanspruchung. Metallwirtsch. **22** (1943) 9/10 129—134.

Seliger, Victor: Effect of rivet pitch upon the fatigue strength of single-row riveted joints of 0.025- to 0.025-inch 24 S-T alclad. NACA TN 900 July 1943.

Bürnheim, Hermann: Beitrag zur Frage der Zeit- und Dauerhaltbarkeit der Leichtmetallnietverbindungen des Flugzeugbaues unter besonderer Berücksichtigung der Werkstoffe, des Nietbildes und einiger sonstiger Besonderheiten. Diss. TH Darmstadt Juli 1944.

Hartmann, E. C., J. O. Lyst and *H. J. Andrews:* Fatigue tests of riveted joints. Progress Report of tests of 17 S-T and 53 S-T joints. NACA ARR 4 I 15 (WR W-55) Sept. 1944.

Russell, H. W., L. R. Jackson, H. J. Grover and *W. W. Beaver:* Fatigue strength and related characteristics of aircraft joints. I. Comparison of spot-weld and rivet patterns in 24 S-T alclad sheet — comparison of 24 S-T alclad and 75 S-T alclad. NACA ARR 4 F 01 (WR W-56) Dec. 1944. [1.442.14].

Andrews, H. J. and *M. Holt:* Fatigue tests on 1/8-inch aluminum alloy rivets. NACA TN 971 Febr. 1945.

Maney, G. A. and *L. T. Wyly:* Fatigue strength of flush-riveted joints for aircraft manufactured by various riveting methods. NACA ARR 5 H 28 (WR W-82) Dec. 1945. [2.52].

Moore, R. L. and *H. N. Hill:* Comparative fatigue tests of riveted joints of alclad 24 S-T, alclad 24 S-T 81, alclad 24 S-RT, alclad 24 S-T 86, and alclad 75 S-T sheet. NACA RB 5 F 11 (WR W-76) Aug. 1945.

Crate, Harold, David W. Ochiltree and *Walter T. Graves:* Effect of ratio of rivet pitch to rivet diameter on the fatigue strength of riveted joints of 24 S-T aluminum alloy sheet. NACA TN 1125 1946 19 p.

Gaber, Ernst: Versuche und Betrachtungen über die Sicherheit von Stahlbrücken. Technik (Berlin) **1** (1946) 2 57—65. [1.16], [1.442.42], [6.272].

Cerardini, C.: Fatigue of welded and riveted trusses. Welding J. **28** (1949) 241s —245s; J. Soudure **38** (1949) 199—203, 228—231; Met. Rev. **22** (1949) 8 50; AMR **3** (1950) 9 265. [1.442.14].

Langdon, Howard and *Bernard Fried:* Fatigue of gusseted joints. NACA TN 1514 Sept. 1948 40 p.; AMR **1** (1948) 9 238. [1.442.14], [1.443.16].

Russell, H. W., L. R. Jackson, H. J. Grover and *W. W. Beaver:* Fatigue strength and related characteristics of aircraft joints. II. Fatigue characteristics of sheet and riveted joints of 0.040-inch 24 S-T, 75 S-T, and R 303-T 275 Aluminum alloys. NACA TN 1485 Febr. 1948; AMR **1** (1948) 4 105.

Wilson, Wilbur M.: Flexural fatigue strength of steel beams. Welding Res. Counc. **13** (1948) Aug. 409s—417s; Univ. Ill. Engng. Exp. Stat. Bull. 377 Jan. 1949 34 p.; AMR **1** (1948) 11 287—288; Met. Rev. **22** (1949) 6 34. [1.343.33], [1.442.14].

Bürnheim, Hermann: Dauerhaltbarkeit von Leichtmetall-Nietverbindungen. Z. VDI **91** (1949) 19 504—508.

Bürnheim, Hermann: Neuere Erkenntnisse zur Dauerhaltbarkeit der Nietverbindungen von Blechen und Leichtmetallen. Schweiz. Techn. Z. **46** (1949) 10 151 —156, 11 167—175.

Lenzen, K. H.: The effect of various fasteners on the fatigue strength of a structural joint. Bull. Amer. Railway Engng. Ass. **51** (1949) 481 1—28; AMR **3** (1950) 9 265. [1.443.16].

Steinhardt, Otto u. *Karl Möhler:* Betrachtungen zu Dauerversuchen an größeren Nietverbindungen. Bautechnik **26** (1949) 9 265—269.

Holt, M.: Results of shear fatigue tests of joints with 3/16-inch diameter 24 S-T 31 rivets in 0,064-inch thick alclad sheet. NACA TN 2012 Febr. 1950 45 p.; AMR **4** (1951) 2 93.

Roš, Mirko Gottfried: La fatigue des métaux. Metallurgia Ital. **42** (1950) 1 7—21 5 ref.; Index Aeron. **6** (1950) 6 47. [1.442.14].

— Vermoeiingsproeven op enkelvoudige lapnaden van 24 S-T alclad gelijmd met Redux en 1 serie geklonken proefstukken uit 24 S-T-alclad plaat en 24 S nagels. (Fatigue tests of single lap joints of 24 S-T alclad bonded with Redux, and a series of test specimens of 24 S-T alclad riveted with 24 S rivets.) NLL Rep. M. 1627 Sept. 1950 23 p.; AMR **4** (1951) 6 355; Index Aeron. **8** (1952) 4 56; Light Metals Bull. **14** (1952) 10 401; AB **23** (1952) 7 400. [1.442.36].

Eaton, I. D. and *Marshall Holt:* Flexural fatigue strengths of riveted box beams — alclad 14 S-T 6, alclad 75 S-T 6, and various tempers of alclad 24 S. NACA TN 2452 Nov. 1951 25 p.; AMR **5** (1952) 5 210. [1.343.33].

Hartman, A. and *G. C. Duyn:* Comparative study of different types of riveted joints under pulsating loads. NLL Rep. M. 1735 1951 20 p.; Index Aeron. **8** (1952) 8 67.

Bühler, Hans u. *Ernst Hermann Schulz:* Über Dauerversuche an Stahlträgern größerer Abmessungen. Stahlbau **21** (1952) 2 30—34. [1.442.14].

Bürnheim, Hermann: Neuere Erkenntnisse zur Dauerhaltbarkeit der Nietverbindungen von Blechen aus Leichtmetallen. Aluminium **28** (1952) 5 140—143, 7/8 222—229; Nachr.-Bl. AGM Leichtbau **1** (1952) 4 10.

Hartman, A.: Investigation of the conditions of the cumulative damage hypothesis $\Sigma n/N = 1$ for riveted test pieces. NLL Rep. M. 1923 1953 8 p.; Index Aeron. **10** (1954) 9 86.

Rondeel, J. H., R. Kruithof and *F. J. Plantema:* Comparative fatigue tests with 24 S-T alclad riveted and bonded stiffened panels. NLL Rep. S. 416 1953 14 p. 2 ref.; Aircr. Engng. **26** (1954) 300 59; AB **25** (1954) 3 166; Index Aeron. **10** (1954) 3 83; J. Roy. Aeron. Soc. **58** (1954) 518 152; AMR **7** (1954) 11 491. [1.442.36].

— Adhesive joints. Aircr. Production **15** (1953) 181 402—406; AB **24** (1953) 12 792; Index Aeron. **10** (1954) 1 54. [1.442.33], [1.442.36], [1.442.43].

Clerc, D. et *M. Bogaievsky:* Comportement en fatigue des timoneries d'avion. Comparaison expérimentale entre les liaisons par rivets et les liaisons par collage. Rech. Aéron. (1954) 38 57—62 10 réf.; Engrs.' Dig. **15** (1954) 6 243, 244, 246; AB **25** (1954) 8 557. [1.442.36], [6.254.6].

Hartman, A.: A comparative investigation on the influence of sheet thickness, type of rivet and number of rivet rows on the fatigue strength at fluctuating tension of riveted single lap joints of 24 S-T-alclad sheet and 17 S rivets. NLL Rep. M 1943 Febr. 1954 8 p.; J. Roy. Aeron. Soc. **58** (1954) 527 798.

Schijve, J.: De vermoeiingssterkte van klinkverbindingen en pengatverbindingen. NLL Rep. M 1952 May 1954 42 p. 37 ref.; Aeron. Engng. Rev. **14** (1955) 1 117. [1.443.16].

Weibull, Waloddi: The static strength and the fatigue strength of riveted, spotwelded, and redux-bonded joints in 24 S-T aluminium alloy sheet. SAAB TN 31 June 1954; Aircr. Engng. **27** (1955) 317 232. [1.442.13], [1.442.14], [1.442.33], [1.442.36], [1.442.43].

Prüfungen 1.442.45

Pleines, Wilhelm: Nietverfahren im Metallflugzeugbau. 176. DVL-Ber.; DVL-Jb. 1930 111—182; Luftf.-Forsch. **7** (1930) 1 1—72. [1.442.43], [2.52].

Pleines, Wilhelm: Riveting in metal airplane construction. Pt. I—IV. NACA TM 596, 597, 598, 599 Dec. 1930. [1.442.43], [2.52].

Kraetsch, G.: Normung der Schergeräte zur Prüfung von Nieten und Nietdraht. Aluminium **22** (1940) 1 12—14, 313—316.

v. Rajakovics, E. u. *A. Teubler:* Über die Prüfung der Scherfestigkeit von Leichtmetallnieten. Aluminium **24** (1942) 4 125—128.

Holback, George E.: The structural analysis and significance of rivet shear tests. Proc. SESA **3** (1945) 1.

Nagelverbindungen 1.442.5

Stoy, Wilhelm: Über Versuche mit Drahtstiften als Holzverbindungsmittel. Z. VDI **75** (1931) 13 1337—1341; Dtsch. Zimmermeister **34** (1932) 272, 283.

Stoy, Wilhelm: Drahtstifte als Holzverbindungsmittel. Versuche und Anwendung bei der Herstellung von freitragenden Dachbindern. Dtsch. Zimmermeister **34** (1932) 224—227, 234—237.

Seitz, Hugo: Neuzeitliche Holzverbindungen. Mitt. Fachausschuß f. Holzfragen H. 6 1933 76 S. [1.442.32].

Gaitzsch, Friedrich: Die Festigkeit maschineller Nagelverbindungen. Forsch.-Ber. Holz H. 3, Berlin: VDI-Verl. 1934 89 S.

Gaber, Ernst: Statische und dynamische Versuche mit Nagelverbindungen. Mitt. Vers.-Anstalt f. Holz, Steine u. Eisen TH Karlsruhe H. 3 1935.

Grabbe: Die Festigkeit der zweischnittigen genagelten Holzverbindungen bei gleicher und ungleicher Holzstärke. Diss. TH Braunschweig 1935.

Stoy, Wilhelm: Die Tragfähigkeit von Nagelverbindungen im Holzbau. Mitt. Fachausschuß f. Holzfragen H. 11 1935 46 S.

Gaber, Ernst: Neuere Versuche über konstruktive Vereinfachung im Holzbau. Bautechnik **15** (1937) 39 493—495. [1.444].

Fonrobert, Felix: Praktische und konstruktive Grundlagen des Holznagelbaues. Mitt. Fachausschuß f. Holzfragen H. 21 1938.

Fonrobert, Felix: Regeln und Erläuterungen für die Verwendung von Nägeln bei Nagelverbindungen im Holzbau. Fachausschuß f. Holzfragen Merkheft 3, Berlin: VDI-Verl. 1940.

Marten, G.: Über die Kraftübertragung in Nagelverbindungen. Diss. TH Stuttgart 1939 64 S.; Forsch.-Ber. Holz H. 6, Berlin: VDI-Verl. 1939.

Fonrobert, Felix u. *Otto Köhler:* Die Haftkraft der Nägel. Bautechnik **19** (1941) 50/51 537—540.

Nelander, E. u. *J. Osterman:* Beitrag zur Kenntnis über die Formveränderungen genagelter Verbindungen mit besonderer Hinsicht auf die Sandöbrücke. Tekn. T. **71** (1941) 35 359—362; Holz als Roh- u. Werkstoff **5** (1942) 8 292.

Hannemann: Einige Betrachtungen zur Klärung der Wirkungsweise genagelter hölzener Vollwandträger. Zbl. d. Bauverwaltung **62** (1942) 7/8 82—87, 47/48 555—556.

Schubiger, E.: Versuche und Erfahrungen an genagelten Holzkonstruktionen 1938—1940. EMPA Disk.-Ber. 142 Okt. 1942.

Brosenius, H.: Genagelte und verleimte Holzkonstruktionen. Tekn. T. **73** (1943) 6 V 81— V 96. [1.442.32].

Seidel, Erich: Fortschritte des Bauingenieurwesens im neuen Deutschland 1933 bis 1943. VII. Die Entwicklung des Holz-Nagelbaues. Bautechnik **21** (1943) 29/33 204—207. [6.273].

Stoy, Wilhelm: Zur Frage der Nagelverbindungen im Holzbau. Z. VDI **87** (1943) 47/48 755—760.

Bjursten, G. G.: Standards and research on nailed joints in the USA. Statens Comm. för Byggnadsforskning Rapp. 11 A 1947; BSA **20** (1947) 914.

Fonrobert, Felix: Biegefeste genagelte Stöße. Bautechnik **24** (1947) 1 7—12. [1.253.1].

Troche, Alfred: Querschnittsbemessung genagelter Vollwandträger. Bauhelfer (1947) 1 12—15.

Troche, Alfred: Wirtschaftliche Gestaltung genagelter vollwandiger Bretterbinder. Bauhelfer **2** (1947) 13 5—9.

Millet, R. S.: The effect of slant driving on the holding power of nails. Forest Prod. Lab. Canada Mimeograph 106 1948.

Sattler, Konrad: Hölzerne Tragwerke mit genagelten stählernen Stoßblechen. Bautechnik **25** (1948) 3 53—59. [1.255].

Troche, Alfred: Beitrag zur Theorie vollwandiger Bretterträger. Bauhelfer **3** (1948) 14 384—387, 17 470.

Granholm, H.: Om sammansatta balkar och pelare med särskild hänsym till spikade träkonstruktioner. (Das Verhalten zusammengesetzter Träger und Säulen, besonders genagelter Holzkonstruktionen.) (Chalmers Tekniska Högskolas Handl. 88) Göteborg: 1949; Holz-Zbl. **75** (1949) 88 1101.

Jockel, Otto: Die Wirkungsweise genagelter, hölzerner Vollwandträger und ihre wirtschaftliche Bemessung. Bautechnik **26** (1949) 11 321—323. [1.253.2].

Junge, Alfred: Berechnung durchlaufender Holzträger mit genageltem Stoß unter Berücksichtigung des Nagelschlupfes. Bautechnik **26** (1949) 2 50—54. [1.253.2].

Seitz, Hugo: Beitrag zur Nagelbauweise. Bautechnik **26** (1949) 11 341—343.

Boyd, L. L., A. C. Dale and *H. Giese:* The effect of moisture content of wood on the withdrawal resistance of roofing nails. Agricultural Engng. (St. Joseph, Mich.) **31** (1950) 4; Holz-Zbl. **77** (1951) 65 805.

Boyd, R. J.: Influence of nail head size and slat thickness on pull-through resistance of Colorado woods. J. Forestry (Washington) **48** (1950) 8 396.

Heck, G. E.: Comparative tests of nailed built-up beams of various constructions. South. Lumberman **180** (1950) 2260 58—60.

Hempel, Gerhard: Der Nagel im Holzbau. (Bau-Fachschr. Nr. 9) Karlsruhe: Bruder 1950 38 S.

Perry, Thomas D.: Uncommon nails. Wood & Wood Products **55** (1950) 10 16—20; Forestry Abstr. Sect. 3 **12** (1951) 3 145.

Perry, Thomas D.: Research in nails. South. Lumberman **181** (1950) 2273 203—206; Holz als Roh- u. Werkstoff **9** (1951) 10 404. [1.431.15].

Scholten, J. A.: Nail holding properties of southern hardwoods. South. Lumberman **181** (1950) 2273 208—210; Holz als Roh- u. Werkstoff **9** (1951) 10 403; Forestry Abstr. Sect. 3 **12** (1951) 4 160.

Scholten, J. A. and *E. G. Molander:* Strength of nailed joints in frame walls. Agricultural Engng. (St. Joseph, Mich.) **31** (1950) 11 551—554.

Stern, E. George: The nail — an indispensable fastener. Amer. Soc. Mech. Engrs. Pap. 51-S-18 April 1951 14 p.; Virginia Polytechn. Inst. Wood Res. Lab. (Blacksburg, Va.) Aug. 1951 15 p.

Stern, E. George: Improved nails, their driving resistance, withdrawal resistance and lateral load-carrying capacity. Trans. ASME **72** (1950) Oct. 987—998 11 ref.; Mech. Engng. **72** (1950) 2 165; Holz als Roh- u. Werkstoff **9** (1951) 2 77.

Troche, Alfred: Weitere Beiträge zur Theorie und Berechnung genagelter Vollwand-Bretterbinder. Bauhelfer (1950) 4 88—92, 6 150—163.

Wille, Fritz: Genagelte Sparrenbinder in Holz. Köln-Braunsfeld: Rud. Müller 1950 42 S. [6.271].

— Strength of joints. Forest Prod. Res. Building (London) Rep. 1939—47 1950 62—63; Forestry Abstr. Sect. 3 **12** (1951) 3 145.

Egner, Karl: Tragfähigkeit und Nachgiebigkeit von Nagelverbindungen mit dicken Drahtstiften. Dtsch. Zimmermeister **53** (1951) 3 1—8.

Faerber, L.: Genagelte Träger aus Holz mit Blechstegen. Neue Bauwelt **6** (1951) 7 104—105.

Möller, Torsten: En ny metod för beräkning av spikförband. (Eine neue Methode zur Berechnung von Nagelverbindungen.) (Engl. summary). (Chalmers Tekniska Högskolas Handl. 117) Göteborg: 1951 77 S.

Rudnicki, J. M.: Timber fasteners. „Canadian woods, their properties and uses", Ottawa, Forestry Branch: Forest Products Laboratory Division 1951 305—318.

Scholtz, R.: Der derzeitige Stand der Erkenntnisse der genagelten Brettvollwandträger. Planen u. Bauen **5** (1951) 523—529. [1.253.1].

Steinhardt, Otto u. *Karl Möhler:* Versuche mit zusammengesetzten genagelten I-Holzbiegeträgern. Dtsch. Zimmermeister **53** (1951) 7 4—10.

Stern, E. George: Comparative withdrawal tests establish nail clinching effects. South. Lumberman **182** (1951) 2281 52, 54; Holz-Zbl. **77** (1951) 74 916.

Stern, E. George: Nails and screws in wood assembly and construction. Forest Prod. Res. Soc. Proc. **5** (1951) 305—319; Virginia Polytechn. Inst., Wood Res. Lab. 1951; TDA Quart. Rev. **3** (1951) 3 25. [1.443.14].

Stern, E. George and *P. W. Stoneburner:* Toothed rings strengthen nailed joints. Engng. News-Rec. **147** (1951) 15 39—40; Holz als Roh- u. Werkstoff **10** (1952) 1 36. [1.444].

Stoy, Wilhelm: Über die Tragfähigkeit von Nagelverbindungen. Planen u. Bauen **5** (1951) 12 289—291.

Campredon, J.: Clouage et clouabilité. Bois **69** (1952) 16 1, 3; Holz als Roh- u. Werkstoff **11** (1953) 1 34.

Hartl, Fritz: Erfahrungen mit genagelten Holzkonstruktionen. (Vortr. Holztagung Salzburg, Juni 1952.) Mitt. ÖGH (Wien) **4** (1952) 3 56—57; Holztechnik (Mainz) **32** (1952) 7 370; Int. Holzmarkt **43** (1952) 12 24—25.

Holst, H.: Spikade och limmade träkonstruktioner. (Genagelte und verleimte Holzkonstruktionen.) Tekn. Ukeblad **99** (1952) 46 939—944; Holz als Roh- u. Werkstoff **11** (1953) 5 203. [1.442.32].

Markwardt, L. J.: How surface condition of nails affects their holding power in wood. FPL Rep. 1927 Aug. 1952.

Mlynek, Franz: Die Tragfähigkeit von Holz-Nagelverbindungen bei Verwendung von hochwertigem Stahl. Diss. TH Braunschweig 1952.

Schwarzenberg, Eug.: Der Fachwerknagelbinder. Bau u. Holz **3** (1952) 8 163—166. [1.255].

— Can you nail it? Wood Working Dig. **54** (1952) 3 174—178; Holz als Roh- u. Werkstoff **11** (1953) 6 237.

Egner, Karl: Biegeschwellbelastung 35 m langer, genagelter Vollwandträger. Fortschr. u. Forsch. Bauwes. Reihe D H. 9 1953.

Egner, Karl: Verhalten von Nagelverbindungen mit dicken Drahtstiften. Fortschr. u. Forsch. Bauwes. Reihe D H. 9 1953.

Kuenzi, Edward W.: Theoretical design of a nailed or bolted joint under lateral load. FPL Rep. 1951 Sept. 1953 25 p. [1.443.14].

Marten, Gerhard: Spalten und Tragfähigkeit von Nagelverbindungen. Fortschr. u. Forsch. Bauwes. Reihe D H. 9 1953.

Schlüter, Günther: Exzentrische Stabanschlüsse bei genagelten Brettbindern. Bauplanung u. Bautechn. **7** (1953) 7 324—325.

Scholten, John A.: Effect of nail points on the withdrawal resistance of plain nails. FPL Rep. 1226 Nov. 1953 3 p.

Stern, George E.: Strength of autonailer assembled skids of green and dry lumber. Virginia Polytechn. Inst. Wood Res. Lab. (Blacksburg, Va.) No. 12 1953 21 p.

Armbruster, Ernst: Versuche mit Nagelverbindungen. Oest. Zimmermeister **9** (1954) 7.

Becker, Jürgen Echter: Verbesserte Nägel; ihr Eintreibwiderstand, Seitenbelastungsvermögen und ihre Haftkraft. Stahl u. Eisen **74** (1954) 8 481—485.

Brock, G. R.: The strength of nailed timber joints. Timber Technol. **62** (1954) 2180 283—286, 2181 333—335, 2182 407—408.

Kadita, Shigeru, Hikoichi Sugihara and *Toshiya Kanda:* Effects of angle of nail point on holding power. J. Japan. Forestry Soc. **36** (1954) 1 12—14.

Möhler, Karl: Versuche und Erfahrungen mit Holzverbindungen und Holzkonstruktionen. Schweiz. Arch. **20** (1954) 7 224—236 20 Lit.-St. [1.442.32].

Stoy, Wilhelm u. *Franz Mlynek:* Beitrag zur Tragfähigkeit von Holznagelverbindungen bei Verwendung von hochwertigem Stahl und verschiedenen Holzarten. Holz als Roh- u. Werkstoff **12** (1954) 10 391—402.

Schmidt, Wilhelm: Zusammenfassende Darstellung von Schraubenversuchen. Berlin: VDI-Verl. 1926 15 S.

Bierett, G.: Ein Beitrag zur Frage der Spannungsstörungen in Bolzenverbindungen. Mitt. Dtsch. MPA (Berlin) S.H. 15 1931.

Van Ewijk, L. J. G.: Experiments for the determination of the bearing stress to be tolerated in bolt-holes. NLL Rep. M. 500 1931.

Bock, E.: Das Verhalten der Schraubenverbindung beim Anziehen und Lösen in Abhängigkeit von den Gewindetoleranzen. Diss. TH Dresden 1933.

Rekittke, H.: Untersuchung der Beanspruchungen im Gewinde von Muttern für Rupp-Naben. ZWB PB 23 1934 6 S.

Mundinger, A.: Untersuchung der Beanspruchungen in den Befestigungsschrauben von Getriebe-Gehäusen. ZWB PB 284 1935 8 S.

Maduschka, Ludwig: Beanspruchung von Schraubenverbindungen und zweckmäßige Gestaltung der Gewindeträger. Forsch. Ing.-Wes. **7** (1936) 6 299—305.

Thum, August u. *Martin Würges:* Die Erhaltung der Vorspannung in Schraubenverbindungen. Mitt. MPA TH Darmstadt 1936.

Thum, August u. *Friedrich Debus:* Vorspannung und Dauerhaltbarkeit von Schraubenverbindungen. Diss. Debus TH Darmstadt 1936; Mitt. MPA TH Darmstadt H. 7 1936 VIII, 72 S. [1.443.16].

Haas, B.: Einfluß der Muttergröße auf die Festigkeit der Schraubenverbindung. ZWB UM 492 1937 35 S.

Maduschka, L.: Einfluß der Mutter und Gewindeform auf die Biegebeanspruchung von Schraubenverbindungen. Z. VDI **81** (1937) 29 870.

Miller, Roy A.: The bearing strength of steel and aluminium alloy sheet in riveted or bolted joints. J. Aeron. Sci. **5** (1937) 1 22—24; Luftwissen **5** (1938) 3 109. [1.442.41].

Staudinger, H.: Das Verhalten von Schraubenverbindungen bei wiederholtem Anziehen und Lösen. Z. VDI **81** (1937) 21 607—609.

Haas, B.: Einfluß der Muttergröße auf die Festigkeit der Schraubenverbindungen. Z. VDI **82** (1938) 44 1269—1274.

Maduschka, L.: Über Beanspruchung und zweckmäßige Gestaltung von Schraubenverbindungen. Techn. Mitt. HdT. (Essen) **31** (1938) 17 340—345.

Thum, August u. *Martin Würges:* Die zweckmäßige Vorspannung in Schraubenverbindungen. Diss. Würges TH Darmstadt 1940; Dtsch. Kraftf.-Forsch. H. 43 1940.

Wiegand, H. u. *B. Haas:* Berechnung und Gestaltung von Schraubenverbindungen. (Konstr.-Buch Nr. 5 Hrsg. H. Cornelius) Berlin: Springer 1940.

Würges, Martin: Vorspannung von Schraubenverbindungen. Z. VDI **84** (1940) 46 896—897.

Theophanopoulus, N.: Gesetzmäßigkeiten beim Einbau von Schrauben, insbesondere von Kopfschrauben. Berlin: Springer 1941. IV, 85 S.; Techn. Z. Schau **26** (1941) 11 190.

Volkersen, O. u. *R. Goschler:* Über die Festigkeit von Bolzenaugen. Luftwissen **8** (1941) 5 151—156 5 Lit.-St.; Techn. Z.-Schau **26** (1941) 23 384.

v. Hanffstengel, Klaus: Einfluß des Kraftangriffes auf die Beanspruchung vorgespannter Schraubenverbindungen. Z. VDI **86** (1942) 33/34 508—510.

Martinaglia, L.: Schraubenverbindungen — Stand der Technik. Schweiz. Bauztg. **119** (1942) 10 107—112, 11 122—126.

v. Selzam, H.: Kräfte, Verformungen und Beanspruchungen in Schraubenverbindungen. Metallwirtsch. **21** (1942) 39/40 587—594.

Thum, August u. *Ralph Zoege v. Manteuffel:* Neuere Gesichtspunkte über Auswahl und Konstruktion von Schrauben und Schraubenverbindungen. Maschinenschaden **19** (1942) 41—51.

Lipson, C.: Strength considerations in the bolt fastening design. Proc. SESA **1** (1943) 2.

Tate, Manford B. and *Samuel J. Rosenfeld:* Preliminary investigation of the loads carried by individual bolts in bolted joints. NACA TN 1051 May 1946.

Rosenfeld, Samuel J.: Analytical and experimental investigation of bolted joints. NACA TN 1458 Oct. 1947 48 p.; AMR **1** (1948) 2 44.

Ross, Robert D.: An electrical computer for the solution of shearlag and bolted-joint problems. NACA TN 1281 May 1947.

Boyd, W. N.: Standard tests for bolts and nuts. Fasteners **5** (1948) 3 7—9.

Kelley, John J.: Design factors for threaded fasteners. Fasteners **5** (1948) 1 16—18.

Lipson, Charles: Designing bolts to resist shock loading. Fasteners **5** (1948) 3 4—6.

Hopkins, Howard L.: Safety factors in screw thread assemblies. Fasteners **6** (1949) 2 13—16.

Kaufmann, W.: Berechnung von Schraubenverbindungen bei Maschinenteilen im Erwärmungszustand. Betrieb u. Fertigung **3** (1949) 17.

Monroe, G. M.: Analysis of eccentrically loaded riveted or bolted joints. J. Aeron. Sci. **16** (1949) Febr. 120—122; AMR **2** (1949) 5 104. [1.442.41].

Dolan, T. J. and *J. H. McClow:* The influence of bolt tension and eccentric tensile loads on the behaviour of a bolted joint. Proc. SESA **8** (1950) 1 29—43 11 ref.; Index Aeron. **7** (1951) 12 78; AMR **4** (1951) 3 156.

Doughtie, V. L. and *J. L. Carter:* Bolted assemblies. Machine Design **22** (1950) 2 127—134.

Pinkel, R. H.: Determining bolt load elongation curves. Fasteners **6** (1950) 4 8—9.

— Fasteners data book. Cleveland (Ohio): Industr. Fasteners Inst. 1950 208 p.

Heine, H. u. *O. Muth:* Die Ermittlung von Schrauben-Anzugshöchstwerten und ihre Messung mit neuen Drehmomentschlüsseln. Werkstatt u. Betrieb **84** (1951) 1 9—15. [1.443.17].

Sherwood, R. S. and *R. C. Dove:* Determination of the effective strained length of standard stud bolts. Amer. Soc. Mech. Engrs. Prepr. 51-S-2 Apr. 1951 10 p.; Index Aeron. **7** (1951) 9 81.

— Richtlinien für Schraubenverbindungen. Schweiz. Techn. Z. **48** (1951) 17 291—304; Index Aeron. **7** (1951) 9 80.

Kaehler, P.: Mittel zur gleichmäßigen Lastaufnahme durch die tragenden Gewindegänge der Schraubenkupplung. Konstruktion **4** (1952) 12 377—379.

Berg, Siegfried: Die Schraube mit Vor- und Betriebslast; ein einfaches, allgemeingültiges Schaubild. Z. VDI **95** (1953) 11/12 349—353; Draht **5** (1954) 2 74.

Kießler, F.: Die Ermittlung des Anziehmoments bei Schraubenverbindungen. Industrie-Anz. (1953) 101 7—9.

Menz, G.: Das Dehnschrauben-Diagramm für beliebige Lage des Angriffes der Betriebskraft an der Hülse. Konstruktion **5** (1953) 5 151—153; Draht **4** (1953) 11 437.

Niermeyer, H.: Verspannungsschaubild und Berechnung von Flanschverbindungen. Konstruktion **5** (1953) 5 154—156.

— High strength bolting. Fasteners **9** (1953) 1 9—12.

Kaehler, P.: Die selbsttätige Ausgleichbewegung zur Herabsetzung der Biegebeanspruchung von Schrauben mit Schrägauflage. Forsch. Ing.-Wes. **20** (1954) 4 113—119.

Tschech, E.: Theoretische Untersuchungen über das Ausschlagen von Bolzenverbindungen. Konstruktion **6** (1954) 2 55—59.

Vogel, R.: Genauere Untersuchungen der Spannungen im Schrauben-Kontakt-stoß. Konstruktion **6** (1954) 3 108—113.

Benz, W.: Hochwertige Schrauben und Schraubenverbindungen im Motorenbau. Konstruktion **7** (1955) 5 175—184.

Kellermann, Rudolf u. *Hans-Christof Klein:* Untersuchungen über den Einfluß der Reibung auf Vorspannung und Anzugsmoment von Schraubenverbindungen. Vorabdr. Konstruktion **7** (1955) 2 16 S.

Küchler, R.: Gestaltung der Schlüsselflächen von Schrauben und ihre Beanspruchung bei der Montage. Draht **6** (1955) 8 300—308. [1.431.12].

Stewart, W. C.: Das Drehmoment (Anzugsmoment) bei Schrauben und Muttern. Fasteners **10** (1955) 1.

Wolf, Fritz: Die Schrauben- und Keilverbindungen in der Feinwerktechnik. (Schr. Reihe Industrieblatt H. 4) Stuttgart: Dtsch. Fachzeitschr. u. Fachbuch-Verl. 1955. 48 S.; Draht **6** (1955) 6 234.

Stähle   1.443.12

Reichel, W.: Festigkeitseigenschaften kaltgewalzter Schrauben. Z. VDI **75** (1931) 15 457—459.

Bach, J.: Elastizität und Festigkeit von Schraubenverbindungen. ATZ **36** (1933) 3 55—59.

Thum, August u. *Hans Lorenz:* Vorspannung und Dauerhaltbarkeit von Schraubenverbindungen mit einer und mehreren Schrauben. Dtsch. Kraftf.-Forsch. H. 56 1941 18 S. [1.443.16].

Weber, Helmut: Beanspruchung von Schraubenverbindungen durch Steigungsunterschiede zwischen Bolzen- und Muttergewinde. ZWB TB **10** (1943) 1, Vorabdr. Jb. 1942 Dtsch. Luftf. Forsch. 7. Lfg. 9—13.

Wellinger, Karl u. *Ernst Keil:* Der Spannungsabfall in Stahlschrauben bei höherer Temperatur unter Last. Arch. Eisenhüttenwes. **15** (1942) 10 475—478.

Luthander, S. and *G. Wallgren:* Static and dynamic tests of attachment bolts of high alloy steel. FFA Rep. 4 1944 16 p. [1.443.16].

Sachs, G.: Developing maximum strength in alloy steel bolts. Fasteners **4** (1948) 3.

Tonski, Albert: Dimensionnement de boulons massifs ou évidés en acier et en duralumin soumis à un cisaillement statique. Rech. Aéron. (1948) 4 31—32. [1.443.13].

Avans jr. u. *E. J. Vater:* Verhalten von Schraubenverbindungen bei 775°. Metal Progr. **58** (1950) 3 348—351; Stahl u. Eisen **71** (1951) 10 533.

Baron, F., J. E. Bernhardt, W. E. Dowling a. o.: Use of high strength structural bolts in steel railway bridges. Amer. Railway Engng. Ass. Bull. **51** (1950) Jan. 506—540.

Graf, Otto: Versuche mit Schraubenverbindungen. Ber. Dtsch. Ausschuß Stahlbau H. 16 1951 19 S.

Discher, Fr.: Über das Schrauben-Verspannungsschaubild. Konstruktion **4** (1952) 7 210—214.

Sahmel, Paul: Berechnung geschraubter Rahmenecken und Konsolanschlüsse. Stahlbau **23** (1954) 3 64—66.

Schinz, Karl: Hochfeste Stahlschrauben für Verbindungen im Stahlhochbau. Stahl u. Eisen **74** (1954) 27 1784—1785.

Steinhardt, Otto u. *Karl Möhler:* Versuche zur Anwendung vorgespannter Schrauben im Stahlbau. I. Ber. Dtsch. Ausschuß Stahlbau H. 18 1954; Draht **6** (1955) 3 107.

Steinhardt, Otto: Vorgespannte Schrauben im Stahlbau. Z. VDI **97** (1955) 21 701—708.

Sachsenberg, E.: Betriebmäßig hergestellte Schraubenverbindungen. Zerreißfestigkeit von Leichtmetall. Maschinenb. Betrieb **12** (1933) 19/20 499—501.

Teichmann, Alfred u. *Karl Borkmann:* Bericht über statische und dynamische Belastungsversuche an Rohrniet- und Schraubenbolzen-Verbindungen von Vierkantrohren aus Hydronalium. ZWB FB 25 1933 7 S. [1.442.43], [1.442.44],
[1.443.16].

Bauermeister, H. u. *R. Kersten:* Korrosionsversuche mit Schrauben in Leichtmetall-Bauteilen. Z. VDI **79** (1935) 24 753—756.

Bally, J.: Visserie et boulonnerie en alliage léger. Rev. Aluminium **16** (1939)
107 1501—1516.
4'4

Lippert, Erhard: Gewinde in Leichtmetall. Toleranzen und Gewindefestsitz. Dtsch.
Kraftf.-Forsch. H. 28 1939 42 S. 42 Lit.-St. [1.431.12].

Bergmann, G.: Aufrechterhaltung der Vorspannung in Stiftverschraubungen. Z.
VDI **84** (1940) 2 52—53.

Lippert, Erhard: Gewinde in Leichtmetall bei Schlagbeanspruchung. Z. VDI **84**
(1940) 50 973—976 9 Lit.-St.; Techn. Z.-Schau **26** (1941) 3 43. [1.431.12].

Thum, August u. *Hans Lorenz:* Versuche an Schrauben aus Magnesium-Legierungen. Z. VDI **84** (1940) 36 667—673 7 Lit.-St. [1.443.16].

Cornelius, Heinrich u. *W. Siedenburg:* Verbesserte Leichtmetall-Schraubenver-
bindungen. Z. VDI **86** (1942) 13/14 218—219; Schiff u. Werft **44/24** (1943)
7/8 153.

Vogt, F.: The load distribution in bolted or riveted joints in light alloy structures. Roy. Aircr. Establ. Rep. SME 3300 1944; NACA TM 1135 Apr. 1947 39 p.;
AMR **1** (1948) 3 73. [1.442.43].

Tonski, Albert: Dimensionnement de boulons massifs ou évidés en acier et en
duralumin soumis à un cisaillement statique. Rech. Aéron. (1948) 4 31—32.
[1.443.12].

Hartmann, E. C., M. Holt and *I. D. Eaton:* Static and fatigue strengths of high-
strength aluminium-alloy bolted joints. NACA TN 2276 Febr. 1951; Aeron.
Engng. Rev. **10** (1951) 5 130; AMR **4** (1951) 7 409. [1.443.16].

Benthem, J. P. and *R. Kruithof:* Investigation on the strength of 24 S-T alclad
riveted and bolted lap joints at rapidly applied loads. NLL Rep. S. 415 July
1953 18 p.; AMR **7** (1954) 10 444; AB **25** (1954) 11 788—789. [1.442.43].

Laval, G.: Das Schraubengewinde "Heli-Coil". Rev. Aluminium **30** (1953) 200
247—252; Nachr.-Bl. AGM Leichtbau **3** (1954) 1 11.

Walther, F.: Anwendung und Bewährung von Einsatzbüchsen bei Werkstücken
aus Leichtmetall. Aluminium **30** (1954) 10 417—421, 11 CCXIII.

— Heli-Coil-Einlagen für Gewinde in Leichtmetall-Bauteilen. Modern Metals **9**
(1954) 12 62, 64, 66, 68; Aluminium **30** (1954) 6 CXXIV.

Bailey, J. C.: Bolted connections in aluminium busbars. Engineer **199** (1955)
5178 551—554.

Holz 1.443.14

Schrenk, Martin u. *Max v. Pilgrim:* Die Festigkeit von Bolzen in Holzbauteilen.
114. DVL-Ber.; Luftf.-Forsch. **2** (1928) 5 147—160; DVL-Jb. 1929 135—148.

Trayer, G. W.: Bearing strength of wood under steel aircraft bolts and washers.
and other factors influencing fitting design. NACA TN 296 Oct. 1928.

Stamer, Johannes: Untersuchungen an zugfesten Anschlüssen im Holzbau. Ein-
leitende Versuche mit glatten Dornen. Z. VDI **73** (1929) 17 584—587.

Teichmann, Alfred: Rechnerische Untersuchungen der Verteilung des Lochlei-
bungsdruckes über die Länge eines schlanken Bolzens in einem Holzbauteil
bei verschiedenen Annahmen über das Verhalten der Bettungsziffer. DVL-
Ber. Cf 12/2,2 1929.

Teichmann, Alfred u. *Karl Borkmann:* Versuche mit kurzen Bolzen in Holzbauteilen. 179. DVL-Ber.; Luftf.-Forsch. **8** (1930) 1 18—38; DVL-Jb. 1930 200—220.

Teichmann, Alfred u. *Karl Borkmann:* Versuche mit langen Bolzen in Holzbauteilen. 232. DVL-Ber.; DVL-Jb. 1931 221—229; ZFM **22** (1931) 18 557—558.

Stamer, Johannes: Untersuchungen an zugfesten Anschlüssen im Holzbau. Bolzenverbindungen. Z. VDI **76** (1932) 37 887—892.

Trayer, George W.: The bearing strength of wood under bolts. USDA Techn. Bull. 332 1932.

— Bolted joints in wood. Aircr. Engng. **7** (1935) 72 39—40 4 ref.

Kayser, H. u. *A. Herzog:* Druckversuche mit Laschenverbindungen bei Holzkonstruktionen. Z. VDI **82** (1938) 6 143—145. [1.444].

Newlin, J. A. and *J. M. Gahagan:* Lag screw joints: Their behavior and design. USDA Techn. Bull. 597 1938; Holz als Roh- u. Werkstoff **1** (1937/38) 13 532.

Pieler, L.: Erhöhung der Lochleibefestigkeit von Kiefernholz. Luftwissen **6** (1939) 4 125—128; Holz als Roh- u. Werkstoff **2** (1939) 7/8 287—289.

Troche, Alfred: Bemessungstafel für Schraubenbolzen- und Seitenholzstärken. Bauing. **20** (1939) 25/26 353—354.

v. Pilgrim, Max: Bolzenverbindungen, Bolzen in Holz. Ringb. Luftf.-Techn. II B 7 Juli 1940 12 S.

Tietjen, H.: Schraubenbolzen in Knotenpunktverbindungen im Holzbau. Baugewerbe **22** (1940) 44 555—557, 46 591—592, 47 614—616.

Hottenrott: Über Beanspruchungsmessungen an den Schrauben eines lösbaren Holmstoßes. Lil.-Ges. Ber. 152 1942 4 S.

Troche, Alfred: Bolzenvorschriften und Bolzenbemessungstafel. Bauing. **23** (1942) 95—96.

Jacki: Bemessen von Stahlbolzen im Holzbau. Bauwerk **17** (1943) 3.

Goodell, H. R. and *R. S. Phillips:* Bolt bearing strength of wood and modified wood: Effects of different methods of drilling bolt holes in wood and plywood. FPL Rep. 1523 Dec. 1944.

Troche, Alfred: Lochleibungsspannungen bei Bolzen- und Runddübeln. Z. VDI **88** (1944) 15/16 207—209.

Winter, Hermann: Bolzen und Rohrniete in Holz. (Richtlinien für den Holzflugzeugbau Teil V b.) Ber. u. Mitt. Inst. Flugzeugbau TH Braunschweig No. 44—09 1944.

— National design specification for stress-grade lumber and its fastenings. Washington: Nat. Lumber Manufacturers Ass. 1944.

Hunt, P. J., H. R. Goodell and *R. S. Phillips:* Bolt-bearing strength of wood and modified wood: Bearing strength of laboratory-made cross-banded yellow birch compreg under aircraft bolts. FPL Rep. 1523-A March 1945.

Luthander, S. and *G. Wallgren:* An empirical investigation of the static strength of birch plywood joints with short bolts. FFA Rep. 11 1945 28 p.

Hunt, P. J., H. R. Goodell and *R. S. Phillips:* Bolt-bearing strength of wood and modified wood: Bearing strength of commercial cross-banded compreg under aircraft bolts. FPL Rep. 1523-B Febr. 1946.

McLeod, A. M.: Bolt-bearing strength of wood and modified wood: Bearing strength of commercial aircraft plywood under aircraft bolts. FPL Rep. 1523-C Nov. 1946.

Sanborn, W. A., H. R. Goodell, A. W. Ely and *R. S. Phillips:* Bolt-bearing strength of wood and modified wood: Bearing strength of wood members reinforced with plywood and cross-banded compreg under single and multiple aircraft bolts. FPL Rep. 1523-D Sept. 1946.

Scholten, J. A.: Strength of bolted timber joints. FPL Rep. R1202 Jan. 1946.

Radelfahr: Übersicht über die Bemessungsregeln für Bolzenanschlüsse im Holzbau nach DIN 1052. Bauplanung u. Bautechn. 1 (1947) 26.

Norén, Bengt: Bultförband i trä. Tekn. T. **78** (1948) 28./8. 535—538.

Norén, Bengt: Traförband med bultar och mellanlägg. Byggmästaren **28** (1949) 19 399—408.

Fahlbusch, Heinz: Die Tragfähigkeit von Bolzen in Holz bei statischer Belastung. Diss. TH Braunschweig 1950; Forsch. Ing.-Wes. **17** (1951) 3 83—93.

Norén, Bengt: Bultars bärförmaga i enskäriga träförband med särskild hänsyn till underläggsbrickornas storlek. (Strength of bolted wood joints, especially the influence of washers' size on strength and stiffness in single shear.) (Engl. summary.) Svenska Träforsknings-Inst. Trätekniska Avdelningen Meddelande 22 B 1951 42 S.

Ritter, E. J.: Kraftübertragende Metallbeschläge für hochwertige Holzkonstruktionen. Holz-Zbl. **77** (1951) 108 1357—1358; Holz als Roh- u. Werkstoff (1951) 11 443—444.

Stern, E. George: Nails and screws in wood assembly and construction. Forest Prod. Res. Soc. Proc. **5** (1951) 305—319; Virginia Polytechn. Inst., Wood Res. Lab. 1951; TD'A Quart. Rev. **3** (1951) 3 25. [1.442.5].

— Der Entwurf der Holzschraubenverbindungen. Fasteners **7** (1951) 3 7—10; Werkstatttechnik u. Maschinenbau **43** (1953) 2 84.

Kojis, Daniel D. and *Reinhart H. Postweiler:* Allowable loads for common bolts at various angles to the grain for Southern Yellow Pine. J. Forest Prod. Res. Soc. **3** (1953) 3 21—26.

Kuenzi, Edward W.: Theoretical design of a nailed or bolted joint under lateral load. FPL Rep. 1951 Sept. 1953 25 p. [1.442.5].

Jones, Bruce R.: The screw-holding power of veneered and laminated wood panels. J. Forest Prod. Res. Soc. **4** (1954) 3 119—122.

Stoy, Wilhelm u. *Hans Löhr:* Über die Beeinflussung der Tragfähigkeit von GEKA-Holzverbindern durch Verwendung dünnerer Schraubenbolzen und Unterlegscheiben. Holz als Roh- u. Werkstoff **12** (1954) 2 64—67.

Plaste und sonstige Werkstoffe 1.443.15

Thum, August u. *A. Boden:* Geschnittene Gewinde in Kunstharzpreßstoff. Kunststoffe **32** (1942) 6 171—180. [1.431.12].

Werren, Fred: Bolt-bearing properties of glas-fabric-base plastic laminates. FPL Rep. 1824 June 1951. [1.324.312.3].

Pearson, S.: Strength of bolted joints in "Perspex". "Plastics", Sel. Govmt. Res. Rep. Vol. 1 1952 327—364.

Dauerfestigkeit 1.443.16

Lehmann, R.: Die Dauerschlagfestigkeit der Schraubenverbindung in Abhängigkeit von den Gewindetoleranzen. Diss. TH Dresden 1931.

Debus, Friedrich: Erhöhung der Dauerfestigkeit von Schrauben durch zweckmäßige Formgebung und Fertigung. Schr. Hess. Hochsch. (1932) 4 68—73. [1.431.12].

Thum, August u. *Wilhelm Staedel:* Über die Dauerfestigkeit von Schrauben. Maschinenb. Betrieb **11** (1932) 230—232. [1.431.12].

Staedel, Wilhelm: Dauerfestigkeit von Schrauben, ihre Beeinflussung durch Form, Herstellung und Werkstoff. Diss. TH Darmstadt 1933; Mitt. MPA TH Darmstadt H. 4 1933 VI, 102 S.; Forsch. Ing.-Wes. **5** (1934) 2 102—103. [1.431.12].

Teichmann, Alfred u. *Karl Borkmann:* Bericht über statische und dynamische Belastungsversuche an Rohrniet- und Schraubenbolzen-Verbindungen von Vierkantrohren aus Hydronalium. ZWB FB 25 1933 7 S. [1.442.43], [1.442.44], [1.443.13].

Thum, August u. *H. Wiegand:* Die Dauerhaltbarkeit von Schraubenverbindungen und Mittel zu ihrer Steigerung. Z. VDI **77** (1933) 39 1061—1063.

Wiegand, H.: Die Dauerfestigkeit der Schraube in Abhängigkeit von der Mutterform. Schr. Hess. Hochsch. (1933) 2 67—72. [1.343.31].

Debus, Friedrich: Dauerbruchsichere Schraubenverbindungen. Schr. Hess. Hochsch. (1934) 3 55—61.

Gans, W.: Die Dauerschlagfestigkeit der vorgespannten Schraubenverbindung in Abhängigkeit von den Gewindetoleranzen. Diss. TH Dresden 1934.

Wiegand, H.: Über die Dauerfestigkeit von Schraubenwerkstoffen und Schraubenverbindungen. Diss. TH Darmstadt 1934; Bauer & Schaurte A. G. Neuß (Wiss. Veröff. Nr. 14) 1934. [1.431.12].

Staudinger, H.: Dauerversuche mit 5/8''-Schrauben. ZWB FB 216 1935 13 S.

Föppl, Otto u. *W. Wagenblast:* Rüttelprüfungen von Schraubenverbindungen. Mitt. Wöhler Inst. Braunschweig H. 27 1936; Forsch. Ing.-Wes. **8** (1937) 2 107.

Schraivogel, Karl: Dauerversuche mit Schraubenbolzen. Jb. 1936 Lil.-Ges. 397 —403.

Thum, August: Die dauerbruchsichere Schraubenverbindung. Anz. Masch.-Wes. **58** (1936) 42 17—19.

Thum, August u. *Friedrich Debus:* Vorspannung und Dauerhaltbarkeit von Schraubenverbindungen. Diss. Debus TH Darmstadt 1936; Mitt. MPA TH Darmstadt H. 7 1936 VIII, 72 S. [1.443.11].

Wiegand, H.: Die Schraubenverbindungen bei Wechselbeanspruchungen. Gleistechn. u. Fahrbahnbau **12** (1936) 2—4.

Wiegand, H.: Möglichkeiten zur Erhöhung der Dauerhaltbarkeit von Schrauben im Eisenbahnoberbau. Gleistechn. u. Fahrbahnbau **12** (1936) 37—39.

Körber, Friedrich u. *Max Hempel:* Verhalten von geschweißten und geschraubten Steif-Knotenverbindungen bei ruhender und wechselnder Biegebeanspruchung. Mitt. K.-Wilh.-Inst. Eisenforsch. **19** (1937) 19; Z. VDI **82** (1938) 17 502—503. [1.442.14].

Schraivogel, Karl, H. Staudinger u. *B. Haas:* Dauerversuche mit Schraubenbolzen. ZWB UM 482 1937 22 S.

Wiegand, H.: Mutterwerkstoff und Dauerhaltbarkeit der Schraubenverbindung. Z. VDI **83** (1939) 2 64—65.

Kaufmann, F. u. *W. Jäniche:* Beitrag zur Dauerhaltbarkeit von Schraubenverbindungen. Techn. Mitt. Krupp Forsch. Ber. **3** (1940) 11 147—159; Techn. Z.-Schau **26** (1941) 2 23.

Thum, August u. *Hans Lorenz:* Versuche an Schrauben aus Magnesium-Legierungen. Z. VDI **84** (1940) 36 667—673 7 Lit.-St. [1.443.13].

Gauß, F.: Die Dauerbiegehaltbarkeit von Hirth-Verbindungen und einigen Vergleichsverbindungen. ZWB FB 1364 1941 81 S. [6.211.1].

Kaufmann, F. u. *W. Jäniche:* Dauerhaltbarkeit von Schraubenverbindungen mit Muttern aus der Magnesium-Legierung G Mg-Al. Z. VDI **85** (1941) 22 504—505.

Thum, August u. *Hans Lorenz:* Vorspannung und Dauerhaltbarkeit von Schraubenverbindungen mit einer und mehreren Schrauben. Dtsch. Kraftf.-Forsch. H. 56 1941 18 S. [1.443.12].

Dirksen, B.: Über die Entwicklung des Spiels in Bolzenverbindungen unter Dauerbeanspruchung. Luftf.-Forsch. **19** (1942) 4 153—156; Luftwissen **9** (1942) 7 219.

Fürst, O. u. *G. Gimpel:* Statisch beanspruchte Schrauben trotz dynamischer Flanschbelastung. Metallwirtsch. **21** (1942) 39/40 594 f.

Lorenz, Hans: Dauerhaltbarkeit von Schraubenverbindungen mit einer und mehreren Schrauben. Z. VDI **86** (1942) 17/18 285—286.

Schöllhammer: Dauerhaltbarkeit und Beanspruchungsverhältnisse des Befestigungsgewindes am Flugmotor, insbesondere bei Schrauben aus Vergütungsstahl. ZWB TB **9** (1942) 2 51—56. [6.211.1].

Arnold, S. M.: Screw threads. Automob. Engr. **33** (1943) 444 541—546.

Oettel, Rudolf: Zügig beanspruchte Schraubenverbindungen mit überlagerter Wechselbeanspruchung. ZWB TB **10** (1943) 11 353—360.

Luthander, S. and *G. Wallgren:* Static and dynamic tests of attachment bolts of high alloy steel. FFA Rep. 4 1944 16 p. [1.443.12].

Jackson, L. R., W. M. Wilson, H. F. Moore and *H. J. Grover:* The fatigue characteristics of bolted lap joints of 24 S-T alclad sheet materials. NACA TN 1030 Oct. 1946.

Sopwith, D. G. and *T. Settle:* Research on fatigue strength of screw threads of different form. Proc. IME **155** (1946) 156. [1.431.12].

Bollenrath, Franz u. *Heinrich Cornelius:* Einfluß der Gewindeherstellung auf die Dauerhaltbarkeit von Schrauben. Werkstatt u. Betrieb **80** (1947) 9 217—222; Index Aeron. **8** (1952) 4 57. [1.431.12].

Langdon, Howard H. and *Bernard Fried:* Fatigue of gusseted joints. NACA TN 1514 Sept. 1948. [1.442.14], [1.442.44].

Denkhaus, Günter: Über die Veränderung des Werkstoffes bei Dauerbeanspruchung von gedrückten und ungedrückten Gewinden aus Stahl. Werkstatt u. Betrieb **82** (1949) Okt. 255—263; Chem. Zbl. **121** (1950) I 23 2277. [1.431.12].

Lenzen, K. H.: The effect of various fasteners on the fatigue strength of a structural joint. Bull. Amer. Railway Engng. Ass. **51** (1949) 481 1—28; AMR **3** (1950) 9 265. [1.442.44].

Almen, I. O.: Fatigue durability of prestressed screw threads. Product Engng. **22** (1951) 4 153—156.

Hartmann, E. C., M. Holt and *I. D. Eaton:* Static and fatigue strengths of high-strength aluminium-alloy bolted joints. NACA TN 2276 Febr. 1951; Aeron. Engng. Rev. **10** (1951) 5 130; AMR **4** (1951) 7 409. [1.443.13].

Thurston, R. C. A.: The fatigue strength of threaded connections. Amer. Soc. Mech. Engrs. Prepr. 51-SA-11 June 1951 8 p. 31 ref.; Trans. ASME **73** (1951) 8 1085—1092; Index Aeron. **7** (1951) 9 81; Techn. Data Dig. **17** (1952) 2 36.

Amedick, E.: Dauerfestigkeitsverhalten von Schrauben. Konstruktion **5** (1953) 4 117—123, 9 303 6 Lit.-St.; Maschinenbautechnik **3** (1954) 6 284.

Erker, Armin: Die vorgespannte Schraubenverbindung unter Dauerbeanspruchung und Überlastungen. MAN-Forsch. H. 1953 3—17.

Hamm, B. u. *O. Kehrmann:* Verbus-Ermüdungsbruch. Schraubenberechnung auf neuzeitlicher Grundlage. (Bauer & Schaurte, Neuß-Rhein) Schweinfurt: Verl.-Anst. Schweinfurt 1953 67 S.

Hottenrott, E.: L'influence du préserrage et des caractéristiques élastiques sur l'endurance des boulons dans les assemblages. Rech. Aéron. (1953) 36 47—56 8 réf.; Index Aeron. **10** (1954) 4 89.

de Leiris, H.: Some observations on bolted assemblies submitted to cyclic stresses. Ass. Techn. Marit. Aéron. Prepr. 1953 24 p.; Index Aeron. **9** (1953) 10 73.

Cross, R. H. and *G. M. Norris:* Method of preventing fatigue failure of steel bolts. Engineer (1954) 24./9. 410.

Field, J. E.: Fatigue strength of screw threads. Engineer **198** (1954) 5139 123—124; Index Aeron. **10** (1954) 10 108.

Hartman, A. and *F. A. Jacobs:* The effect of various fits on the fatigue strength of pin-hole joints. NLL Rep. M. 1946 Apr. 1954 27 p.; J. Roy. Aeron. Soc. **58** (1954) 527 798.

Hartmann, E. C., Marshall Holt and *I. D. Eaton:* Additional static and fatigue tests of high-strength aluminum-alloy bolted joints. NACA TN 3269 July 1954 42 p.

Schijve, J.: De vermoeiingssterkte van klinkverbindingen en pengatverbindingen. NLL Rep. M. 1952 May 1954 42 p. 37 ref.; Aeron. Engng. Rev. 14 (1955) 1 117. [1.442.44].

Brilmyer, Harold G.: Fatigue analysis of aircraft bolts. Aeron. Engng. Rev. 14 (1955) 7 48—54 19 ref.

Prüfungen   1.443.17

Heine, H. u. O. Muth: Die Ermittlung von Schrauben-Anzugshöchstwerten und ihre Messung mit neuen Drehmomentschlüsseln. Werkstatt u. Betrieb 84 (1951) 1 9—15. [1.443.11].

Sonstige Verbindungen   1.444

Hager, Karl: Der Lochleibungsdruck bei Holzverbindungen. Bauing. 11 (1930) 50 865—866.

Repenning: Holzverbindungen. Bauwelt (1934) 7.

Seitz, Hugo: Neuere Versuche mit Einpreßdübeln. Bautechnik 14 (1936) 3 37—41.

Troche, Alfred: Der (einfache) Versatzungsanschluß von Holzstreben. Bautechnik 14 (1936) 23 327—330.

Egner, Karl: Die Festigkeit der Zinkungsverbindung von Holzbrettern. Z. VDI 81 (1937) 49 1413—1416.

Gaber, Ernst: Neuere Versuche über konstruktive Vereinfachung im Holzbau. Bautechnik 15 (1937) 39 493—495. [1.442.5].

Graf, Otto: Tragfähigkeit der Bauhölzer und der Holzverbindungen. Grundlagen für die Beurteilung der Hölzer nach Güteklassen. Zulässige Beanspruchungen. Mitt. Fachausschuß Holzfragen H. 20 1938 47 S. [1.324.22], [1442.32].

Graf, Otto: Dauerfestigkeit von Holzverbindungen, Versuche mit Holzverbindungen bei stufenweise gesteigerter Belastung und bei oftmals wiederholter Belastung. Mitt. Fachausschuß Holzfragen H. 22 1938 58 S. [1.442.32], [1.442.36].

Kayser, H. u. A. Herzog: Druckversuche mit Laschenverbindungen bei Holzkonstruktionen. Z. VDI 82 (1938) 6 143—145. [1.443.14].

Stoy, Wilhelm: Über die Tragfähigkeit der Bauhölzer und Holzverbindungen und über die Dauerfestigkeit der letzteren. Bautechnik 16 (1938) 51 689—692. [1.324.22], [1.442.32], [1.442.36].

Graf, Otto u. Karl Egner: Untersuchungen über Knotenplatten aus Sperrholz. Verhalten von Schichthölzern bei Feuchtigkeitsänderungen. Mitt. Fachausschuß Holzfragen H. 24 1939 44 S.; Holz als Roh- u. Werkstoff 3 (1940) 5 174. [1.324.23].

Trysna, Fr.: Versuche mit verdübelten Holzbalken. Bautechnik 17 (1939) 31 440 —444, 33 463—467. [1.253.1].

Gaber, Ernst: Versuche über die Erhöhung der Holzschubfestigkeit durch aufgeleimte und aufgenagelte Bretter. Holz als Roh- u. Werkstoff 3 (1940) 6 188 —189.

v. Halasz, Robert: Der einfache Versatz. Dtsch. Zimmermeister (1942) 9 100—102.

Troche, Alfred: Einfacher und doppelter Versatz. Bautechnik 20 (1942) 43/44 382 —388.

Fonrobert, Felix: Die derzeitigen Erkenntnisse über die Widerstandsfähigkeit verdübelter Balken. Fortschr. u. Forsch. Bauwes. Reihe A. H. 9 1943.

Birkle, Hans: Preß- und Schrumpfverbindungen. Fertigungstechnik (1944) 9 221—229.

Graf, Otto: Vergleichende Untersuchungen mit Dübelverbindungen. Bautechnik 22 (1944) 5/8 23—32.

Thornton, K. F.: Stepped (aluminium) extrusions. Mech. Engng. 66 (1944) 7 443—446.

Troche, Alfred: Gestaltung und Bemessung von Versatzungen. Bauwerk **18** (1944)
7/8 65—68.

— Literaturzusammenstellung über Holzverbindungen (Dübelverbindungen).
Stuttgart: Bautechn. Auskunftsstelle 1946 51 Bl.

Rühl: Einfluß der Dübelelastizität auf Festigkeit und Steifigkeit verdübelter
Balken. Bauplanung u. Bautechnik **2** (1948) 15.

Habicht, Franz R.: Die Spannungen bei Dübelverbindungen. Planen u. Bauen **4**
(1950) 12 397—400.

Chmelka, Fritz: Dübelbalken und Nietträger. Oest. Bau-Z. **6** (1951) 5 73—78.
[1.442.42].

Smith, H.: Metal stitching speeds aluminium door assembly. Light Metal Age **9**
(1951) 11/12 18.

Stern, George and *P. W. Stoneburner:* Toothed rings strengthen nailed joints.
Engng. News-Rec. **147** (1951) 15 39—40; Holz als Roh- u. Werkstoff **10** (1952)
1 36. [1.442.5].

Bedell, J. H., N. A. Norton and *W. T. Nearn:* A preliminary study of the effect
of hole size on the strength of dowel joints in tension. Pennsylvania State
Forest School, State College, Res. Pap. 16 1952 5 p.

Börner, H.: Geeignete Holzverbindungen für die Serienanfertigung. Holz, Bearb.,
Vergütung, Schutz **6** (1952) 4 94—95; Holz als Roh- u. Werkstoff **10** (1952)
11 445.

Melan, Ernst: Versuche mit Holzringdübeln. (Vortrag Holztagung, Salzburg
Juni 1952.) Mitt. ÖGH. Wien **4** (1952) 3 57.

Stoy, Wilhelm: Einfräs- und Einpreßdübel im Ingenieurholzbau. Bautechnik **29**
(1952) 9 241—246.

Troche, Alfred: Lochleibungs-, Kipp- und Reibungsspannungen bei Runddübeln
im Ingenieurholzbau. Holz als Roh- u. Werkstoff **10** (1952) 10 380—385.

Zawodsky, Franz: Ringdübel — die idealste Holzverbindung. Öst. Zimmermeister
(1952) 1 7—8; Mitt. ÖGH (Wien) **4** (1952) 2 27.

Nearn, William T., Newell A. Norton and *Wayne K. Murphey:* The strength of
dowel joints as affected by hole size and type of dowel. J. Forest Prod. Res.
Soc. **3** (1953) 4 14—17, 72.

Habicht, Franz R.: Statische, dynamische und röntgenologische Untersuchungen
von Zahnringdübelverbindungen. Bauing. **29** (1954) 4 126—132.

Wirtschaftlichkeitsfragen des Leichtbaues   1.5

Allgemeines   1.51

Brauer, H.: Der wirtschaftliche Einsatz von Leichtmetall im Fahrzeugwesen. Metallwirtsch. **17** (1938) 22 603—605.

Hartl, W.: Über die Wirtschaftlichkeit der Anwendung von Aluminium-Legierungen im Kraftfahrzeugbau. Aluminium **20** (1938) 5 320—325. [6.252.41].

Reidemeister, Fritz: Die Gewichtsabhängigkeit des Fahrwiderstandes und ihr
Einfluß auf die Wirtschaftlichkeit von Leichtmetall-Fahrzeugen. Z. VDI **82**
(1938) 25 737—741. [6.252.41].

Hall, Scott H.: Economics of light alloy construction in commercial vehicles.
Light Metals **3** (1940) 72—73. [6.252.41].

Wögerbauer, H.: Werkstoffsparen in Konstruktion und Fertigung. Schr.-Reihe
Werkstoffsparen H. 1) Berlin: VDI-Verl. 1940.

— Werkstoff- und Kostenersparnis durch Leichtbau. ATZ **45** (1942) 17 471—474.

Tränkner: Leichtbaugestaltung und Kostenfrage. Landtechnik **3** (1948) 66—68.

Schönhöfer, R.: Das Sparen von Baustoffen. Eine der wichtigsten Grundlagen des
Wiederaufbaues. Düsseldorf: Werner 1949 24 S.

Bedford, C. P.: The outlook for aluminium in low cost transportation. Ann.
Techn. Convention, Amer. Soc. Body Engrs. Nov. 1950 14 p.; AB **22** (1951) 1 8.

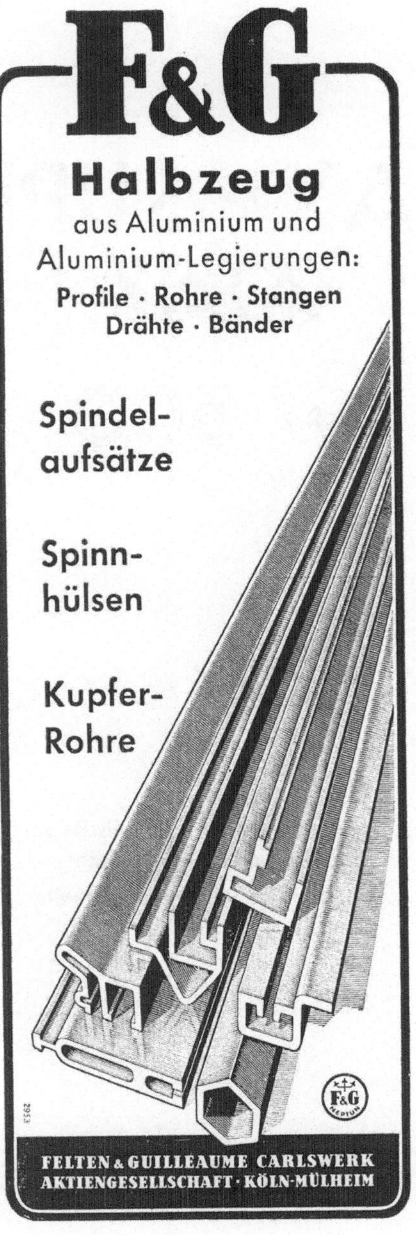

F&G
Halbzeug
aus Aluminium und
Aluminium-Legierungen:
Profile · Rohre · Stangen
Drähte · Bänder

Spindel-
aufsätze

Spinn-
hülsen

Kupfer-
Rohre

F&G
NEPTUN

FELTEN & GUILLEAUME CARLSWERK
AKTIENGESELLSCHAFT · KÖLN-MÜLHEIM

**Flexible Schlauchleitungen für hydraulische Betätigung
für hohe und höchste Drücke**

Wetzell-Gummiwerke Aktiengesellschaft, Hildesheim · Fernruf 48 28

650

Schönberg, M.: Winke für das wirtschaftliche Konstruieren in Leichtmetall. Konstruktion **2** (1950) 6 161—172. [6.131].

Twidle, A.: Economic and other factors which have affected the design of public service vehicles. Passenger Transp. **102** (1950) 2597 662—670. [6.251].

van Hamersveld, J.: Design economics — analysis and coordination of material and manufacturing costs. Aircr. Production **13** (1951) 148 53—59.

Preuß, M.: Wirtschaftlichkeit des Leichtmetallbaues im Verkehrswesen. Glas. Ann. **75** (1951) 4 76—78; Auszug daraus: Betriebsersparnisse durch Leichtmetallfahrzeuge. Z. VDI 93 (1951) 22 728.

Domes, Theodor: Wirtschaftlicher Einsatz von Leichtmetall im Großschiffbau. Schiff u. Hafen **4** (1952) 3 76—77. [6.253.2].

Preuss, M.: Ersparnis an Betriebskosten bei Großraum-Straßenfahrzeugen durch Verwendung von Leichtmetallen bei selbsttragender Bauweise. Aluminium **28** (1952) 1/2 37—39; Nachr.-Bl. AGM Leichtbau **1** (1952) 3 9. [6.252.41].

Specht, K.: Wirtschaftlicher Einsatz von Aluminium. Aluminium **28** (1952) 3 76—77; AB **23** (1952) 5 292.

Gaebler, G. A.: Verwendbarkeit und Wirtschaftlichkeit von Brennkraftantrieben für Eisenbahnfahrzeuge unter besonderer Berücksichtigung der Einflüsse des Fahrzeugleichtbaues. Glas. Ann. **77** (1953) 10 285—293; Nachr.-Bl. AGM Leichtbau **3** (1954) 2 18. [6.252.21].

Gilbert, Hans: Stromkosten-Ersparnis durch Beiwagen aus Leichtmetall. Verkehr u. Technik **6** (1953) 3 85—86.

— Low-cost transportation with aluminium trolley coaches. Modern Metals **9** (1953) 5 36—37; AB **24** (1953) 7 428.

Schiebuhr, Fr.: Zur Frage der wirtschaftlichen Bedeutung des Leichtbaus im Lokomotivzugbetrieb. Nachr.-Bl. AGM Leichtbau **3** (1954) 9/10 1—5.

Schwering, Felix: Einfluß des Leichtbaues auf die Wirtschaftlichkeit der Zugförderung, insbesondere bei der elektrischen Traktion. Nachr.-Bl. AGM Leichtbau **3** (1954) 6 2—6.

Specht, K.: Wirtschaftlichkeitssteigerung durch Anwendung von Aluminium. Aluminium **30** (1954) 1 10—17.

Friedrich, K.: Verbesserung der Wirtschaftlichkeit im Personenverkehr durch mehrgliedrige Leichttriebwagen. Bundesbahn **29** (1955) 4 192—197; Nachr.-Bl. AGM Leichtbau **4** (1955) 5/6 11.

Wirtschaftliche Fertigung   1.52

Kloth, Willi: Über die Wirtschaftlichkeit hochwertiger Landmaschinenbaustoffe. TidL **14** (1953) 1 18—21.

Papen, G. W.: Penny-wise plane design yields dollar saving production costs. SAE J. **56** (1948) 1 24—27; Index Aeron. **4** (1948) 5 80.

Bolz, Roger W.: Design considerations for manufacturing economy. Mech. Engng. **71** (1949) 12 1004—1010; Konstruktion **2** (1950) 8 252—253.

Griese, Friedrich Wilhelm: Die Wirtschaftlichkeit der Schweißverfahren im Anwendungsgebiet der Rohrschweißung. Braunschweig: Vieweg 1949 88 S. [2.511.1].

Hagan, H. H.: The economic construction of moderate sized all-welded ships. Brit. Welding Res. Ass. Rep. 46; Welding Res. **3** (1949) 3 50r—51r; Met. Rev. **22** (1949) 9 54. [6.253.2].

Koenigsberger, F.: Welding as a means of economising on material and labour in the manufacture of machinery structures. Brit. Welding Res. Ass. Rep. 44; Welding Res. **3** (1949) 2 26r—35r; Machinery (London) **74** (1949) 1906 587—591; Met. Rev. **22** (1949) 7 55, 57. [6.21].

Malisius, R.: Der Weg zum wirtschaftlichen Schweißen. Halle (Saale): Marhold 1949. 168 S. [2.511.1].

Moore, E. C.: Economics of castings and weldings. Trans. Inst. Welding **12**(1949) Apr. 27—29; Machinery (London) **74**(1949)1924 517—519; Welding **17**(1949) May 196—200; Met. Rev. **22**(1949)7 55.

Roberts, G.: Welding as an aid to steel economy. Trans. Inst. Welding **12**(1949)3 47—51.

Wernick, S.: Reducing finishing costs through modern techniques. Metal Finishing **47**(1949)March 63—70, 73; Met. Rev. **22**(1949)4 31.

— Designing for lower costs. Product Engng. **20**(1949)June 81—168; Met. Rev. **22**(1949)7 56.

— Economy of steel and cast iron by welding. Trans. Inst. Welding **12**(1949)1 3—9; Met. Rev. **22**(1949)5 53; Index Aeron. **5**(1949)6 77. [2.511.2].

Brenner, Paul: Werkstoff- und Arbeitsersparnis durch neuartige Klebverbindungen. Rationalisierung **1**(1950)8 179—181.

Bennewitz, R. H.: Applications of welded design for cost reduction. Welding J. **30**(1951)Apr. 347—357. [5.5].

Griese, Friedrich Wilhelm: Die Beeinflussung der Wirtschaftlichkeit durch schweißtechnische Gestaltung. Schweißen u. Schneiden **3**(1951) S.H. Nov. 138—150.

Griese, Friedrich Wilhelm: Wichtige neuere Veröffentlichungen über die schweißtechnische Gestaltung und Wirtschaftlichkeit. Schweißen u. Schneiden **3**(1951)5 150—155 143 Lit.-St. [5.5].

Sauerbrei, E.: Erhöhung der Wirtschaftlichkeit beim Schweißen durch schweißgerechte Gestaltung und Fertigungsplanung. Z. VDI **93**(1951)27 871—872.

Hörmann, E.: Wirtschaftliche Herstellung von Bauteilen durch Schmieden und Abbrennschweißen. Konstruktion **4**(1952)8 225—232; Nachr.-Bl. AGM Leichtbau **3**(1954)2 22.

Schneider, K.: Wirtschaftliche Grenzen der Verwendung von Aluminiumguß im Kraftfahrzeugbau. Gießerei **39**(1952)13 309—311; AB **25**(1954)4 202.

Bierett, Georg: Stahlleichtkonstruktionen unter dem Gesichtspunkt der Wirtschaftlichkeit. Schweißen u. Schneiden **5**(1953) S.H. 82—88; Hansa **90**(1953) 1210—1212. [6.121].

Lipton, Milton: Kostenersparnis durch fertigungsgerechte Konstruktionsverbesserungen. Werkstattstechn. u. Maschinenb. **43**(1953)8 364—368. [5.1].

Matting, Alexander: Werkstoffe und Wirtschaftlichkeit der neuzeitlichen Schutzgasschweißung. Metall **7**(1953)7/8 227—234; Nachr.-Bl. AGM Leichtbau **3** (1954)2 24.

Schultz, H.: Verminderung der Herstellungskosten durch Kaltfließpressen. Machine Shop Mag. (1953)Apr. 150—155; Stahl u. Eisen **74**(1954)12 794.

Brunst, Walter: Wirtschaftlicher Einsatz der Widerstandschweißung in der Praxis. Schweißen u. Schneiden **6**(1954)12 469—474.

Opitz, H. u. E. Saljé: Wirtschaftliche Zerspanbedingungen beim Schleifen. Werkstattstechn. u. Maschinenb. **44**(1954)10 483—489.

Storchheim, Samuel: Wirtschaftlichkeit verschiedener Verfahren zur Herstellung kleiner Maschinenteile. Metal Progr. **65**(1954)2 77—80; Stahl u. Eisen **74**(1954) 10 671.

Fertigung 2

Allgemeines 2.1

Gießen, Druckgießen, Genaugießen 2.2

Bauer, A.: Magnesium-Spritzguß. Anz. Maschinenwes. (1938)11/12 3 S.

Schied, Max: Aluminiumguß. Schwierigkeiten bei der Herstellung und Wege zur Beseitigung. 2. Aufl. Berlin: Elsner 1939 81 S.

Beck, H. u. *F. Schaupp:* Spritzguß von Igamid. Kunststoffe **32**(1942) 205—209.

Grossmann, A.: Einfluß der Gieß- und Formtemperatur auf die Güte druckgegossener Teile. Metallwirtsch. **23**(1944)14/17 139—142; Techn. Z.-Schau **29** (1944)10 110.

Wernick, J. H.: Precision investment molding process. U. S. Atomic Energy Commission, AECD-2439 March 1947 14 p. 10 ref.; Met. Rev. **22**(1949)8 41.

Winston, A. W. and *M. E. Brooks:* Magnesium castings, their production and use. Amer. Soc. Mech. Engrs. Prepr. 47-A-88 Dec. 1947 13 p.; Index Aeron. **4**(1948)4 86.

Amtsberg, H. C.: Precision cast stainless steel electrical parts reduce weight, save costs. Mater. & Meth. (1948)Sept. 73; Werkstatt u. Betrieb **83**(1950)1 36.

Anthony, John: New mold coating widens centrifugal casting use. Iron Age **162** (1948)2./12. 94—98; Met. Rev. **22**(1949)1 41.

Brown, E. J. and *F. Rodgers:* Steel castings for aircraft. Foundry Trade J. **85** (1948)18./11. 475—480, 25./11. 501—507; Met. Rev. **22**(1949)2 38.

Carrington, E.: Pressure die-casting for greater production rates with aluminium alloys. Metal Industry **73**(1948)12 228—230, 13 250—252, 14 267—269; Index Aeron. **4**(1948)12 108.

Elliss, H.: Internal stresses in steel castings. "Symposium on internal stresses in metals and alloys", London: Inst. of Metals 1948 85—93; Met. Rev. **22**(1949) 4 25.

Erickson, J. L.: High quality pressure die castings. Metallurgia **38**(1948)226 212—214; Index Aeron. **4**(1948)12 109.

Gauthier, T. R. and *H. J. Rowe:* Engineering for aluminum-alloy castings. Mech. Engng. (1948)June 505—514; Konstruktion **1**(1949)10 314.

Hudson, Frank: Precision castings; production methods for steel and cast iron. Iron & Steel **21**(1948)Nov. 475—477; Met. Rev. **22**(1949)1 41.

Juretzek, Hubert: Lunkerbildung und Erstarrungsvorgänge im Stahlguß. Neue Gießerei **33/35**(1948)Nov. 139—146; Met. Rev. **22**(1949)4 42.

Juretzek, Hubert: Warmrißbildung in Stahlguß. Neue Gießerei **33/35**(1948)Dez. 172—174; Met. Rev. **22**(1949)4 42.

Lewis, Floyd A.: Aluminum alloy castings. New York 17: Aluminum Ass. 64 p.; Met. Rev. **22**(1949)4 42.

Roinet, Charles: Un tour d'horizon sur les fonderies françaises d'alliages-légers. IV. Les défauts de fonderie. Rev. Aluminium **25**(1948)Oct. 311—318; Met. Rev. **22**(1949)1 42.

Schmidt, Georg Viktor: Das Schleudern von Stahlguß. Neue Gießerei **33/35**(1948) Oct. 101—104; Met. Rev. **22**(1949)4 42.

— Atlas of defects in castings. Ser. I., 2nd ed. Inst. of Brit. Foundrymen 1948 34 p.; Met. Rev. **22**(1949)6 41.

Bardot, Marcel et *Guy Duport:* Points durs dans les alliages légers de fonderie. Aspects, compositions, causes, remèdes. Fonderie (1949)Févr. 1478—1490; Met. Rev. **22**(1949)7 45.

Barton, H. K.: Production of thin-walled die castings. Machinery (London) **74** (1949)31./3. 415—418; Met. Rev. **22**(1949)5 43.

Bolz, R. W.: Die casting. Machine Design **21**(1949)11 115—124; Konstruktion **2** (1950)11 345—346.

Chase, Herbert and *Leslie T. Schakenbach:* New precision casting process provides better finish, closer tolerances. Mater. & Meth. **29**(1949)March 52—56; Met. Rev. **22**(1949)4 41.

Cooper, Herbert J.: Casting stainless steel centrifugally in permanent metal molds. Iron Age **163**(1949)27./1. 56—59; Met. Rev. **22**(1949)3 42.

Cross, H. C.: Aluminium alloy gravity die castings as affecting the production engineer. J. Instn. Production Engrs. **28**(1949)2 62—90; Index Aeron. **5**(1949) 8 55.

DeGroat, George H.: Intricate parts for jet engines cast by the lost wax method. Machinery (New York) **55**(1949)July 188—193; Met. Rev. **22**(1949)9 44.

Dyke, R. H.: Centrifugal casting. Defence Res. Lab. Inform. Circ. 14 1949 30 p. 59 ref.; Index Aeron. **6**(1950)3 68.

Jarrett, Tracy C.: High-strength cast irons. Foundry **77**(1949)Apr. 66—73, 228, 230; Met. Rev. **22**(1949)5 42. [1.322.21].

Knight, A. A.: The Bendix plaster technique for aluminium castings. Iron Age **164**(1949)12 84—87; Index Aeron. **6**(1950)1 75.

Merrick, Albert W.: Precision investment casting. Metal Progr. **56**(1949)July 53—57; Met. Rev. **22**(1949)9 44.

Moore, Thomas E.: Investment materials for industrial precision casting. Foundry **77**(1949)March 196; Met. Rev. **22**(1949)4 41.

Quadt, R. A. and *Donald La Velle:* Pimpling of aluminum die castings. Die Castings **7**(1949)Aug. 26—29; Met. Rev. **22**(1949)9 45.

Quinn, Thomas S. jr.: Jet-engine components cast centrifugally in permanent molds. Machinery (New York) **55**(1949)July 194—199; Met. Rev. **22**(1949)9 44.

Schwietzke, Günther: Nichteisenmetall-Schleuderguß und Schleuder-Verbundguß. Neue Gießerei **36**(1949)Febr. 35—39; Met. Rev. **22**(1949)5 43.

Stap, M.: Middelen ter bestrijding van krimpholten in gietstukken. (Means of avoiding shrinkage cavities in castings.) Metalen **3**(1949)March 149—153; Centraal Instituut voor Materiaal Onderzoek Afdeling Metalen March 1949 1—4; Met. Rev. **22**(1949)9 44.

Stonebrook, E. E. and *W. E. Sicha:* Correlation of cooling curve data with casting characteristics of aluminum alloys. Amer. Foundrymen's Soc. Prepr. 7 1949 8 p.; Met. Rev. **22**(1949)6 41.

Whittaker, Alan: Precision casting. Machinery (London) **74**(1949)21./4. 514—516; Met. Rev. **22**(1949)6 41.

Williams, J. Howard: Casting inspection. Foundry Trade J. **86**(1949)7./4. 303—312, 14./4. 341—349, 21./4. 365—368; Met. Rev. **22**(1949)6 41.

— Aircraft engine castings. Metal Industry **75**(1949)5 83—85, 6 107—108; Index Aeron. **6**(1950)1 42.

— Casting aluminum. (Metric ed.) Montreal (Que.): Aluminum Co. of Canada (ALCAN) 1949 IX, 105 p. [5.2].

— Die casting aluminum and magnesium alloys. II. Selecting the aluminum or magnesium die-casting alloy. Modern Metals **4**(1949)Jan. 18—21; Met. Rev. **22**(1949)3 42.

— Der Druckguß. Verfahren, Werkstoffe, Anwendungen. 5. Aufl. (AWF No. 206) Leipzig-Berlin: Teubner 1949.

Genders, R.: Das Soro-Gießverfahren. Foundry Trade J. **89**(1950)1778 305—310, 312; Stahl u. Eisen **72**(1952)6 320.

Jentsch, F.: Das Druckgießen. Metall **4**(1950)11/12 218—222.

Lieby, Gustav: Kleinstteile in Druckguß. Feinwerktechnik **54**(1950)2 27—41.

Patin, H.: Les principes et les applications de la fonderie sous pression. J. SIA (1950)Mai 156—160.

Turnbull, J. S.: The "lost wax" process of precision casting. Engineer **189**(1950) 4904 97—99; Konstruktion **2**(1950)8 251—252; Index Aeron. **6**(1950)4 53.

— Schmelzen und Gießen von Aluminium (Formguß). (Aluminium Merkblatt G 1) Düsseldorf: Aluminium Zentr. 1950 15 S. 24 Lit.-St.

Englisch, C.: Schleuderguß. Gießerei **38**(1951)16 369—373; Stahl u. Eisen **71**(1951) 24 1335.

Gürtler, Gustav: Ein neues Verbundgußverfahren für Aluminium und Stahl und seine Anwendung im Motoren- und Fahrzeugbau. ATZ **53**(1951)4a 102—105.

Gürtler, Gustav: Ein neues Verbundgußverfahren für Aluminium und Eisen. Metall **5**(1951)11/12 250.

Heller, Paul A.: Schleuderguß. Herstellung — Eigenschaften — Anwendungsmöglichkeiten. Z. VDI **93**(1951)35 1098—1100 10 Lit.-St.

Pleines, Ernst Wilhelm: Ein neues Präzisionsgießverfahren, sog. „Verloren-Wachs"- oder „Präzisions-Überzug"-Gießverfahren. (Metallkdl. Ber. Bd. 11) Berlin: Verl. Technik 1951 22 S.

Samuels, M. L. u. A. E. Schuh: Neuere Entwicklung des Schleudergußverfahrens. Foundry (Cleveland) **79**(1951)8 84—89; Stahl u. Eisen **71**(1951)24 1335.

Bardot, M.: Etude des microetassures dans les moulages d'alliages d'aluminium. Fonderie (1952)83 3207—3226; AB **24**(1953)6 373; Aluminium **29**(1953)5 XII.

Barton, H. K.: Low-pressure die-casting. Metal Industry **80**(1952)1/2 87—88; Techn. Zbl. Masch.-Wes. (1953)11 992.

Calvet, J. et V. Potemkine: Oxydation en fonderie des alliages aluminium-magnésium et rôle protecteur du glucinium à très faibles doses. Rech. Aéron (1952)29 21—28 11 ref.

Heller, Paul A.: Fortschritte im Gießereiwesen im 1. Halbjahr 1951. Stahl u. Eisen **72**(1952)5 261—266, 6 312—314 71 Lit.-St.

Heller, Paul A.: Fortschritte im Gießereiwesen im 2. Halbjahr 1951. Stahl u. Eisen **72**(1952)18 1094—1098, 19 1169—1172 89 Lit.-St.

Herrmann, E.: Das Al-Fin-Verfahren. Aluminium (Suisse) **2**(1952)4 115; Nachr.-Bl. AGM Leichtbau **1**(1952)6 7—8.

Lauterjung, G.: Erfahrungen und neue Erkenntnisse beim Aluminium-Kokillenguß. Metall **6**(1952)5/6 129—133; Nachr.-Bl. AGM Leichtbau **1**(1952)2 6.

Parlanti, C. A.: Production of sound castings by controlled rate of heat transfer. Trans. Instn. Engrs. & Shipbuilders **96**(1952/53) 246—264; AB **25**(1954)7 434—435.

Ryffel, H. H.: Maßnahmen für guten Aluminium-Druckguß. Machinery (New York) **58**(1952)10 170—175; Aluminium **28**(1952)10 XIII.

Schaaber, O.: Über neue Entwicklungen auf dem Stranggießgebiet. Z. Metallkde. **43**(1952)5 181—190; AB **23**(1952)7 382.

Schmid, E.: Gießen unter extremen Bedingungen. Metall **6**(1952)23/24 737—744.

Sharp, H. J.: Pressure die-casting of aluminium. Metal Industry **81**(1952)1 6—9, 2 27—28, 4 63—67, 5 83—86, 6 109—112, 7 123—125; Aluminium **28**(1952)10 XIII; Nachr.-Bl. AGM Leichtbau **1**(1952)7 5; AB **23**(1952)9 489—491.

Tedds, D. F. B.: Experiences with the investment casting process. Foundry Trade J. **92**(1952)1855 297—310; AB **23**(1952)5 265; Stahl u. Eisen **72**(1952) 16 970.

Tindula, Roy W.: Current status of the shell-mould or "C" process of precision casting metals. Publ. US Dep. of Commerce, Off. Techn. Serv. PB 106640 Apr. 1952 16 p.; AB **23**(1952)10 557.

Wölfle, F.: Gießtechnik für Leichtmetalle. Gießerei **39**(1952)17 417—420; Nachr.-Bl. AGM Leichtbau **2**(1953)8 9.

— The Shaw process of precision casting. Machinery (London) **81**(1952) 768—777; Werkstattstechn. u. Maschinenb. **44**(1954)2 85.

Beck, A. u. K. E. Mann: Tütengußverfahren. Aluminium **29**(1953)7/8 310—314; AB **24**(1953)11 703.

Bertram, E.: Al-Fin-Verbundguß-Verfahren. ATZ **55**(1953)3 75—79; Nachr.-Bl. AGM Leichtbau **2**(1953)12 8.

Büchsen, W.: „Brazing" bietet wirtschaftliche Herstellung von Aluminiumguß. Gießerei **40**(1953)11 290; Nachr.-Bl. AGM Leichtbau **2**(1953)8 9.

Hall, John Howe: Rapid advances made in casting light metal alloys. Foundry
81(1953)6 114—117, 281—283; AB 24(1953)7 442.

Halt, H.-G.: Das Leichtmetall-Schleudergießverfahren. (Schr.-Reihe Verl. Technik
Bd. 136.) Berlin: Verl. Technik 1953 28 S.; Technik (Berlin) 9(1954)4 253.

Hartung, E.: Gießen von großen Al-Stücken. Gießerei-Praxis 71(1953)10 182—184;
Nachr.-Bl. AGM Leichtbau 3(1954)2 21.

Heller, Paul A.: Fortschritte im Gießereiwesen im 2. Halbjahr 1952. Stahl u.
Eisen 73(1953)13 854—859; 15 985—987.

Iitaka, I. u. K. Sekiguchi: Einfluß der Gießtemperatur auf die Eigenschaften von
Grauguß. Foundry Trade J. 95(1953)1941 603—605; Stahl u. Eisen 74(1954)4
244.

Kothny, E.: Einwandfreier Formguß. 3. Aufl. Berlin: Springer 1953. 64 S.

LaVelle, Donald L.: How to avoid trouble in the aluminium foundry. Foundry
81(1953)12 102—106; AB 25(1954)1 13.

Meerkamp van Embden, H. J.: Modern casting techniques. Philips Techn. Rev.
15(1953)5 133—146 9 ref.; Index Aeron. 10(1954)5 79.

Parkins, R. N. and A. Cowan: The mechanism of residual-stress formation in
sand castings. J. Inst. Metals 82(1953)Pt. 1 1—8; AB 24(1953)11 702; Stahl u.
Eisen 73(1953)25 1677.

Proworow, A. W. u. N. J. Tschernobajew: Präzisionsguß. Leipzig: Fachbuchverl.
1953. 68 S.; Kraftfahrzeugtechn. 4(1954)9 288.

Richter, F.: Aus der Druckgußfertigung. Metall 7(1953)13/14 520—525.

Sheptak, Nicholas: Casting magnesium alloys in shell moulds. Amer.
Foundrymen's Soc. Prepr. 53—36 1953 7 p.; AB 24(1953)8 523.

Staples, R. T. and H. J. Hurst: The control of quality in the melting and casting
of aluminium alloys for working. J. Inst. Metals 81(1953)Pt. 7 March 377—391;
AB 24(1953)5 283.

Stewart, W. D.: Tolerances and specifications for aluminium and magnesium
castings. Mech. Engng. 75(1953)6 450—455; Nachr.-Bl. AGM Leichtbau 3(1954)
7 14; AB 24(1953)7 444.

Sulzer, Walter: Der Präzisionsguß. Industr. Organis. 22(1953)8 301—304; Stahl
u. Eisen 73(1953)25 1677.

Wilkinson, R. G. and S. B. Hirst: The control of quality in melting and casting
magnesium alloys for hot working. J. Inst. Metals 81(1953)Pt. 7 March 393
—400; AB 24(1953)5 320.

— The Antioch process: For extra-large aluminium castings with close dimensional control. Precision Metal Molding 11(1953)4 44—45, 132—134; AB
24(1953)6 376.

— Precision casting. Aircr. Production 15(1953)177 253—257; Index Aeron. 9
(1953)9 69.

Bennett, F. C.: Hot chamber magnesium die casting. Light Metal Age 11(1954)
11/12 22—24.

Carnier, Henry: Le moulage en coquille par gravité des alliages légers. Rev.
Aluminium 31(1954)212 251—256, 213 293—298, 214 335—343, 215 391—396;
AB 25(1954)12 842.

Chandley, George D.: Problems in casting light metals. Foundry 82(1954)10 178,
180, 183; 11 260, 262—268, 270; AB 25(1954)12 837—838.

Dettela, Hugo: Neuentwicklung auf dem Gebiet des Schleudergusses. Berg- u.
Hüttenmänn. Mh. 99(1954)7 121—132; Stahl u. Eisen 74(1954)21 1382.

Dickinson, Thomas A.: Employs close control in die casting magnesium. Foundry
82(1954)5 339, 342, 344; AB 25(1954)5 317—318.

Gerber, Johannes: Druckguß. Technik (Berlin) 9(1954)3 135—142 4 Lit.-St.; Nachr.-
Bl. AGM Leichtbau 3(1954)9/10 23.

656

Heimann, W.: Präzisionsguß im Wettbewerb mit den spanenden Bearbeitungs-verfahren. Werkstatt u. Betrieb **87**(1954)11 721—725.

Heller, Paul A.: Fortschritte im Gießereiwesen im 2. Halbjahr 1953. Stahl u. Eisen **74**(1954)16 1016—1021, 17 1081—1085.

Herrmann, Erhard: La coulée continue de l'aluminium. "Rapp. Congr. Int. Aluminium, Tome II," Paris: Soc. Édition et Documentation Alliages Légers 1954 101—107 29 ref.

King, T. B.: Neuere Gießverfahren. Steel **27**(1954)1 15—22; Nachr.-Bl. AGM Leichtbau **3**(1954)9/10 23.

Klingenstein, Th.: Genaugußverfahren und ihre Anwendung. Metall **8**(1954) 23/24 915—922.

Lansac, L. et G. Dixmier: Contribution à la technique du moulage de précision de maquettes économiques en mixtes polyesters. ONERA NT 20 1954 35 p.

LaVelle, Donald L.: Melting and casting pointers for better aluminum die castings. Precision Metal Moulding **12**(1954)11 96—101; AB **25**(1954)12 841—842.

McCullough, D. G., F. J. Webbere and R. F. Thomson: A technique for improving quality of investment castings. Amer. Foundrymen's Soc. Prepr. 54—37 May 1954 6 p.; Nickel-Ber. **12**(1954)6 110.

Niess, W.: Über die Veredlung von Al-Si-Legierungen. Gießerei-Praxis **41**(1954) 7 163—164; Nachr.-Bl. AGM Leichtbau **3**(1954)8 9.

Niess, W.: Spannungen im Aluminium-Sandguß. Gießerei-Praxis **41**(1954)8 203—205; Nachr.-Bl. AGM Leichtbau **3**(1954)8 9.

Obinata, Ichiji: On the so-called "hard-spot" which appears in the aluminium alloy die-castings. Light Metals (1954)12 74—82; AB **25**(1954)11 764.

Piwowarsky, Eugen: Gelöste und ungelöste Probleme im Gießereiwesen. Gießerei (Techn.-wiss. Beih.) (1954)13 625—640; Stahl u. Eisen **74**(1954)21 1382.

Reed, Lewis B.: Sand castings can be made to close tolerances. Foundry **82**(1954) 1 92—97, 235—236; AB **25**(1954)2 75.

Schwabe, Rolf: Das Präzisionsgießverfahren Buderus-Sulzer. Buderus'sche Eisenwerke (Wetzlar) Techn. Bl. S. 1/1001 Sept. 1954 12 S.

Scobie, Herbert F.: Mechanized permanent mould casting. Amer. Foundryman **26**(1954)4 56—59; AB **25**(1954)11 763.

Walther, W. D., C. M. Adams and H. F. Taylor: Better aluminium castings. Modern Metals **10**(1954)2 44—46; Aluminium **30**(1954)11 CCXIII.

Witzig, E. u. A. Wernly: Das Gießen von Aluminium in keramischen Kokillen. Aluminium (Suisse) **4**(1954)4 138—139.

— Effect of casting temperatures on the structure of aluminium alloy die-castings. Light Metals (1954)12 82—86; AB **25**(1954)11 764.

— Standard d'elaboration de l'A-S 13 et des alliages voisins. (Working standard for A-S 13 and related alloys.) Fonderie (1954)104 4151—4156; AB **25**(1954)12 839—840.

— Wahl des Gießverfahrens für Aluminiumguß. (Aluminium-Merkblatt G 2.) Düsseldorf: Aluminium-Zentr. Nov. 1954 4 S.

Bayer, K.: Zink- und Aluminium-Druckguß in den USA. Z. Metallkde. **46**(1955) 147—151.

Doliwa, H. U.: Wie vermeidet man Fehler in der Aluminiumgießerei? Gießerei **42**(1955)4 81—83; Nachr.-Bl. AGM Leichtbau **4**(1955)8/9 20.

Fritz, J. C.: Flammspritzen von Stahl, Metallen und Kunststoffen. Essen: Girardet 1955 152 S.; Draht **6**(1955)4 153.

Fuss, V.: Neuzeitliche Leichtmetallblockgießverfahren. Gießerei **42**(1955)2 25—35; Nachr.-Bl. AGM Leichtbau **4**(1955)8/9 20.

Gardener, G. R.: Plaster mold process gives better aluminium magnesium castings. Iron Age **175**(1955)2 88—90; Aluminium **31**(1955)5 A 103.

Lott, W.: Aluminium-Formguß für hohe Oberflächenansprüche. Berlin: Verl. Technik 1955 259 S.

Sulzer, W. H.: Präzisionsguß. Werkstattstechn. u. Maschinenb. **45**(1955)3 106—109.

Spanlose Formung   2.3

Allgemeines   2.31

Hornauer, H.: Leichtmetallbearbeitung. Spanlose Formung von Halbzeugen aus Leichtmetall-Werkstoffen auf Grund ihrer Geschmeidigkeit. München: Hanser 1938 64 S.

Hornauer, H.: Neue Erkenntnisse bei der spanlosen Verformung von Leichtmetallblechen. Aluminium **25**(1943)6 229—239.

Burckhardt, Arthur: Beiträge zur spanlosen Formgebung von Metallen (Schr. d. dtsch. Ges. f. Metallkde.) Stuttgart: Riederer-Verl. 1949 75 S.

Lengbridge, J. W.: Metal requirements for aluminum presswork. Tool Engr. **23**(1949)July 40—45; Met. Rev. **22**(1949)9 49.

Lloyd, Thomas E.: Heating for hardening and forging with RF equipment. Iron Age **163**(1949)17./2. 86—92; Met. Rev. **22**(1949)3 43.

Spencer, Lester F.: Cold forming stainless steels. Iron Age **163**(1949)31./3. 58—64, 7./4. 93—99; Met. Rev. **22**(1949)5 48.

— Cold shaping of steel — summary report. Washington: Off. Techn. Serv. 1949 138 p.; Met. Rev. **22**(1949)8 46.

— Forming Aluminum. Montreal (Que.): Aluminum Co. of Canada (ALCAN) 1949 XIV, 123 p.

Hull, J. L. and *I. Cornet:* Plastic deformation of metals. (Survey of literature 1950—1951, inclusive.) (Contributions to the Metallurgy of Steel Nr. 42.) New York: Amer. Iron Steel Inst. 1952 V, 257 p.; Stahl u. Eisen **73**(1953)25 1681. [1.321].

Braak, W.: Spanlose Formung durch Kalthämmern. Werkstatt u. Betrieb **84**(1951) 10 469—470; Draht **5**(1954)4 155.

Bühler, Hans: Eigenspannungen durch Kaltverarbeitung und Maßnahmen zu ihrer Verminderung. Werkstatt u. Betrieb **84**(1951)3 84—90, 4 133—139 24 Lit.-St.

Oehler, G.: Großwerkzeuge für die Verarbeitung von Leichtmetallblech. Aluminium **28**(1952)12 428—435.

Polakowski, N. H.: Softening of metals during coldworking. J. Iron & Steel Inst. **169**(1951)Pt. 4 Dec. 337—346; AMR **5**(1952)5 213; Draht **5**(1954)1 34.

Siebel, Erich: Grenzen der Verformbarkeit. Mitt. Forsch.-Ges. Blechverarb. (1952) 16 177—184; Stahl u. Eisen **72**(1952)20 1244.

Sonntag, Gerhard: Berechnung der Umformkräfte und der Umformmöglichkeit beim Stauchen achsensymmetrischer Schalen. Werkstattstechn. u. Maschinenb. **42**(1952)4 135—138.

— The cold working of non-ferrous metals and alloys. (Monograph and Rep. Ser. 12) London: Inst. Metals 1952 207 p.; Werkstattstechn. u. Maschinenb. **44**(1954)1 47—48.

Rausch, W. u. *H. Fleischhauer:* Die Eignung von Phosphat-Überzügen zur Erleichterung der Kaltumformung. Draht **4**(1953)12 462—465 8 Lit.-St.

Siebel, Erich: Probleme der Blechumformung. Metall **7**(1953)23/24 170—173.

(Voigt, Paul): Richtlinien für Schweißen und Verarbeitung von Kunststoff (PVC). (Taschenausgabe Verl. Technik Bd. 52.) Berlin: Verl.Technik 1953 148 S. [2.4], [2.511.4].

Wiegand, H.: Über Verfahren der Umformung von Blechen unter Berücksichtigung des Werkstoffes. Industrie-Anz. **75**(1953)74 16—20; Draht **5**(1954)1 35.

Jaschke, Johann: Die Blechabwicklungen. 17. Aufl. Berlin-Göttingen-Heidelberg: Springer 1954 IV, 110 S.

Kühne, Hans-Joachim: Einheitliche Grundlagen zur Auswertung von Forschungsergebnissen in der spanlosen Formung. Technik (Berlin) **9**(1954)3 143—148 22 Lit.-St., 4 225—231 38 Lit.-St.; Stahl u. Eisen **74**(1954)21 1384.

Neumann, Friedrich Wilhelm: Neue Anwendungsmöglichkeiten des Kaltpilgerverfahrens. Stahl u. Eisen **74**(1954)14 899—900.

Sieber, Karl: Neue Umformverfahren in den USA. Werkstattstechn. u. Maschinenb. **44**(1954)10 494—498.

Siebel, Erich: Die Warmformgebung von Metallen. Z. Metallkde. **45**(1954)1 1—7.

— Seven ways of forming magnesium sheet. Product Engng. **25**(1954)2 135—141; AB **25**(1954)3 179—180.

Frei-Ischer, E.: Spanloses Verformen von Leichtmetallblechen. Technica (Bern) **4**(1955)7 293—296, 9 447—450, 10 513—514.

Hornauer, H.: Das Umformen der Leichtmetall-Werkstoffe im amerikanischen Luftwaffen-Bauprogramm. Luftfahrttechnik **1**(1955)2 36—40 54 Lit.-St.

Kleine-Albers, August: Verhalten harter thermoplastischer Kunststoffe bei spanloser Formgebung. Kunststoffe **45**(1955)7 276—289 34 Lit.-St.

Schmieden, Pressen, Fließpressen, Ziehen 2.32

Peter, August: Das Pressen der Metalle (Nichteisenmetalle). (Werkstattbücher H. 41) Berlin: Springer 1930 49 S.

Brunnckow, W.: Pressen von Nichteisenmetallen. Berlin: VDI-Verl. 1934 20 S.

Altwicker, H.: Grenzen und Möglichkeiten der Herstellung von Leichtmetallschmiedestücken. Ber. Lil.-Ges. 121 1939 9 S.; Jb. 1940 Dtsch. Luftf.-Forsch. I 1073—1080.

Joyce, F. L.: Further notes on the practical application of the use of rubber in press work. Machinery (London) **60**(1942)1545 467—470.

— Stretch pressing. Aircr. Production **4**(1942)39 121—125.

Gabler, P.: Kaltspritzen und Pressen von Aluminium in der feinmechanischen Fertigung. Aluminium **25**(1943)5 194—202.

Billigmann, I.: Werkstoffliche, technologische und fertigungstechnische Probleme beim Kaltstauchen. Mitt. Forsch. Anst. GHH **10**(1944)8.

Dring, G.: A new process of moulding using high frequency. Plastics **8**(1944)80 10—23.

Bastien, P.: Recherches sur la forgeabilité des alliages légers. Publ. Sci. Ministère de l'Air Nr. 197 1946 76 p.

— Kaltspritzen von Aluminium in der feinmechanischen Fertigung. I. Werkzeuggestaltung und Fertigungsmerkmale. (Werkstattblätter Nr. 99) Okt. 1948 2 S. II. Grundsätzliche Anwendungsarten. (Werkstattblätter Nr. 100) Juni 1946 2 S. München: Hanser 1946—1948.

Mack, R. C.: Cold extrusion of steel now being investigated for automotive use. Automot. Industries **97**(1947)9 40—41, 68; Index Aeron. **4**(1948)2 41.

Stelljes, Hermann A. J.: Zur Frage des Werkstoffes und seiner Legierungen beim Fließpressen von Leichtmetallen. Z. Metallkde. **38**(1947)11 341—348.

Chartron, M.: Hot pressing and forging of metals. Rev. Aluminium **25**(1948)141 37—43, 143 113—122; Engrs.' Dig. (Amer. Ed.) **5**(1948)Oct. 397—398; Index Aeron. **4**(1948)10 66; Met. Rev. **22**(1949)1 46.

Dahl, Theodor: Erkenntnisstand auf dem Gebiete der Warmverformung. Stahl u. Eisen **68**(1948)9./9. 333—345 40 Lit.-St.; Met. Rev. **22**(1949)5 47.

Everhart, John L.: Impact extrusion of aluminium. Modern Metals **5**(1949)March 23—25.

Hutchison, T. S.: Cold working of aluminium at low temperatures (correspondence). Nature **162**(1948)4114 374—375; Index Aeron. **4**(1948)11 70.

Naujoks, Waldemar: Fundamentals of forging practice. XIII, XIV. Steel **123** (1948)22./11. 56—71, 110; 6./12. 121—122, 124, 127, 158, 160, 162; Met. Rev. **22** (1949)1 45.

Paul, Ralph G.: Western cold rolled steel. Western Machinery & Steel World **39**(1948)Dec. 74—77, 96—97, 110; Met. Rev. **22**(1949)2 43.

Stoner, E. F. and *Crosby Harden:* Hot forming magnesium sheet. Iron Age **162** (1948)18./11. 109—112; Met. Rev. **22**(1949)1 46. [2.36].

Whiteley, H. A.: Production of drop-forged crankshafts for use in high-compression engines. Metal Treatm. & Drop Forging **15**(1948) Autumn 133—137, 141; Met. Rev. **22**(1949)1 45.

Anderson, John E.: Hints on forging. Western Machinery & Steel World **40** (1949)June 75—77; Met. Rev. **22**(1949)8 46.

Close, Gilbert C.: Hot forming tests with magnesium. Modern Machine Shop **22**(1949)July 98—102, 104, 106; Met. Rev. **22**(1949)8 46.

Dipper, Martin: Das Fließpressen von Hülsen in Rechnung und Versuch. Arch. Eisenhüttenwes. **20**(1949)9/10 275—286.

Erickson, James L.: Aluminum alloy pressure moldings. Aero Dig. **58**(1949)Jan. 46—47, 86; Met. Rev. **22**(1949)2 38.

Fulton, L. S.: Forging alloys for high temperature service. Mater. & Meth. **29** (1949)Apr. 50—53; Met. Rev. **22**(1949)5 47.

Hilbert, Heinrich L.: Fließpressen — Schrifttumsangaben. Werkstatt u. Betrieb **82**(1949)10 377—379.

Lloyd, T. E. and *E. S. Kopecki:* Cold extrusion of steel. Iron Age **164**(1949)5 90—105; Met. Rev. **22**(1949)9 49; Konstruktion **2**(1950)6 185—186.

Malcor, H.: Forging crankshafts, one throw at a time. Iron Age **163**(1949)23./6. 71—73; Met. Rev. **22**(1949)8 46.

Smith, C. H. jr.: Precision forging of temperature-resistant jet-engine blades. Machinery (New York) **55**(1949)July 160—167; Met. Rev. **22**(1949)9 48.

Stevens, Claud L. and *Gustav Vennerholm:* Applications of hot extrusion methods. Steel Processing **35**(1949)July 363—367; Met. Rev. **22**(1949)9 49.

Hauttmann, Hubert: Fließpressen von Stahl (Neumeyer-Fließpreßverfahren). Arch. Eisenhüttenwes. **21**(1950)7/8 235—242.

Morinaga, Takuichi and *Shoshi Ikeno:* Forgeability of complex light alloys. J. Inst. Metals (Japan) **14**B(1950)3 74—77; Chem. Abstr. **46**(1952)16 7497; AB **23**(1952)10 559—560.

Piper, T. E.: Hot forming of aluminium and magnesium alloys. Amer. Soc. for Metals Prepr. 36 Oct. 1950 18 p. 4 ref.; Index Aeron. **7**(1951)10 112.

Smith, C.: The extrusion of aluminium alloys. J. Inst. Metals **76**(1950)Pt. 5 Jan. 429—451 7 ref.; Index Aeron. **6**(1950)7 66.

Stokeld, F. E.: The hot forging and hot stamping of aluminium and its alloys. J. Inst. Metals **76**(1950)Pt. 5 Jan. 453—472 24 ref.; AB **21**(1950)4 203; Index Aeron. **6**(1950)7 66. [2.34].

Bühler, H. u. *E. H. Schulz:* Über die Verminderung der beim Kaltziehen in Metall-Stangen entstehenden Eigenspannungen durch Nachziehen. Metall **5** (1951)9/10 195—198.

Feldmann, H. D.: Fließpressen. Z. VDI **93**(1951)16 434—443 47 Lit.-St.

Marinke, A. L.: Unique process for aluminum tube extrusion developed by AiResearch. Western Metals **9**(1951)Sept. 27—29; Met. Rev. **24**(1951)11 29.

Patton, T. L.: Magnesium impact extruded. Iron Age **168**(1951)27./9. 81—85; Met. Rev. **24**(1951)11 29.

Patton, T. L.: Impact extrusion of magnesium. Modern Metals **7**(1951)10 54—57.

Rabenschlag, H.: Die Herstellung dünnwandiger Hohlkörper hoher Festigkeit durch Metallspritzen. Industrie-Anz. **73**(1951)3 24—26; Stahl u. Eisen **71**(1951) 6 309.

Rowan, M. J.: Cored forgings cut production costs. Amer. Machinist **95**(1951)20 140—143; Konstruktion **4**(1952)11 350. [5.3].

Sheehan, J. W.: Precision forging to ".010" tolerance. Western Machinery & Steel World **42**(1951)Sept. 74—76; Met. Rev. **24**(1951)11 29.

Barton, H. K.: The hot forging of metals. Machinery (London) **80**(1952)2057 679—683, 2061 848—852; Index Aeron. **8**(1952)7 64.

Beißwänger, Helmut: Fließpressen von hohlen Keilwellen aus Stahl. Werkstattstechn. u. Maschinenb. **42**(1952)3 92—93; Nachr.-Bl. AGM Leichtbau **1** (1952)2 6.

Birdsall, G. W.: Extrusion plus forging. Steel **130**(1952)2 54—56; Nachr.-Bl. AGM Leichtbau **1**(1952)4 7; AB **23**(1952)2 59—60.

Herrington, H. G.: Turbine and compressor blade manufacture. Metal Treatm. & Drop Forging **19**(1952)80 225; AB **23**(1952)7 384.

Kuzmick, Jerome F.: Practical applications of hot pressing. Mater. & Meth. **36** (1952)1 84—87.

Meinel, M. P.: Hot forming aluminium alloy. Product Engng. **23**(1952)7 163—165; AB **23**(1952)8 437—438.

Papen, G. W. and W. Schroeder: Development of new forging techniques for aircraft parts. Iron Age **169**(1952)6 135—138; AB **23**(1952)3 126; Stahl u. Eisen **72**(1952)12 716.

Quadt, R. A.: Impact forging strong aluminium alloys. Modern Metals **8**(1952)7 43—44; AB **23**(1952)10 559.

Voigtländer, O.: Bemerkungen zur Qualität des Stauchschmiedens. Werkstattstechn. u. Maschinenb. **42**(1952)12 530—531; Nachr.-Bl. AGM Leichtbau **2**(1953) 5 4.

— Forming wrought magnesium. Mag. Magnesium (USA) (1952)May 1—7; AB **23**(1952)6 348.

Albers, H., C. Krause and A. Greensite: Recent development in extrusion techniques. Amer. Soc. Mech. Engrs. Prepr. 53-A-210 Nov./Dec. 1953 5 p. 9 ref.; Index Aeron. **10**(1954)6 78.

Close, Gilbert C.: Aluminium tubing — small diameter and thin walls obtained by extrusion. Light Metal Age **11**(1953)9 8—9, 10 28; AB **24**(1953)12 787.

Coenen, Francis L.: Magnesium forming. II. Hot drop hammer forming and sheet stretching. Tool Engr. **31**(1953)6 62—68; AB **25**(1954)1 42. [2.36].

Conway, H. G.: Forging tolerances. Aircr. Production **15**(1953)180 358—361; Index Aeron. **9**(1953)12 61.

Crane, E. V.: Das Kaltfließpressen von Stahl und die Verwendung von mit Flüssigkeitsdruck betriebenen Pressen. Sheet Metal Industries **30**(1953)314 464—475, 483; Stahl u. Eisen **73**(1953)17 1123.

Farre, A. E.: Schmiedetechnik für Leichtmetalle. Light Metal Age **11**(1953)7/8 12—14; Aluminium **30**(1954)1 XI.

Fischer, H.: Das Kaltfließpressen von Stahl. Sheet Metal Industries **30**(1953)314 447—463; Stahl u. Eisen **73**(1953)17 1123.

Gabler, P.: Fließpressen von Aluminium. Werkstatt u. Betrieb **86**(1953)8 426; Nachr.-Bl. AGM Leichtbau **2**(1953)12 14.

Henne, Theodor: Die Verarbeitung härtbarer Kunststoffe zu Großpreßteilen. Kunststoffe **43**(1953)9 341—345.

Hornauer, H.: Leistungssteigerung durch Formteilkaltpressen von Leichtmetallwerkstoffen. Aluminium **29**(1953)10 405—413; AB **24**(1953)12 787.

McCormick, T. F.: Extrusion: The newest metal working method in industry. Steel Processing **39**(1953)8 379—382; AB **24**(1953)10 625.

Müller, R.: Hochwertige Leichtmetallteile durch Warmpressen von Aluminium-Legierungen. Aluminium (Suisse) **3**(1953)Mai 83—89 3 Lit.-St.; Techn. Zbl. Masch.-Wes. (1953)11 965; Werkstoffe u. Korrosion **5**(1954)3 107; Nachr.-Bl. AGM Leichtbau **3**(1954)2 17. [5.3].

Oeckl, O.: Fertigung großer und komplizierter Blechpreßteile mit einfachen Mitteln. Mitt. Forsch.-Ges. Blechverarb. (1953)18 233—240.

Papen, George W.: Requirements for large, light metal forgings and extrusions in the aircraft industry. Aeron. Engng. Rev. **12**(1953)1 24—33; AB **24**(1953)3 132.

Pesak, Frank J.: Impact forging can save you money. Iron Age (1953)2./4. 153; Werkstattstechn. u. Maschinenb. **44**(1954)12 640—641.

Pétrequin, P. et M. Costeraste: Les profiles spéciaux en alliages d'aluminium obtenus par filage à la presse et leurs applications. Rev. Aluminium **30**(1953) 204 411—420, **31**(1954)206 33—41, 207 75—83; Aluminium **30**(1954)8/9 CLXVI; Index Aeron. **10**(1954)2 90. [1.423].

Schlegel, Werner: Die bildsame Warmumformung von Gußeisenlegierungen und der Stähle über 1,7 %C in geschlossenen Gesenken. Werkstattstechn. u. Maschinenb. **43**(1953)11 502—507.

Schlegel, Werner u. Eugen Piwowarsky: Die plastische Warmverformung der Gußeisenlegierungen in geschlossenen Gesenken. Gießerei, Techn.-wiss. Beih. (1953)10 455—461; Stahl u. Eisen **73**(1953)13 867. [1.322.21].

Schor, H.: Metallurgische Probleme bei der Herstellung großer Schmiede- und Strangpreßteile im Flugzeugbau. Metal Progr. **63**(1953)3 111—114, 182, 184, 186; Aluminium **29**(1953)7/8 XVII.

Shoemaker, J. D.: How to make impact extrusions of high-strength aluminium. Machinist **97**(1953)44 1819—1830; AB **25**(1954)7 448.

Spencer, Lester F.: Schmiedeverfahren für nichtrostende Stähle. I/II. Industr. Heating **20**(1953)10 1916, 1918, 1922, 1924, 1926, 1928; **21**(1954)1 44—46, 204 206, 208; Stahl u. Eisen **74**(1954)27 1792.

Ssorokin, Ss. J., J. P. Dawidow u. I. I. Denker: Anwendung eines Schutzüberzuges beim Tiefziehen nichtrostender und warmfester Stähle und Legierungen. Metall. u. Gießereitechn. **3**(1953)8 337—339; Stahl u. Eisen **74**(1954)8 494.

v. Zeerleder, Alfred, Roland Irmann and E. von Burg: Hot working of aluminium alloys by forging and upsetting. Schweiz. Arch. **19**(1953)4 49—55 2 ref.; Index Aeron. **9**(1953)9 108.

Austin, C. R.: Warmschmieden und Walzen von Gußeisen. Foundry **82**(1954)7 86—89, 244; Stahl u. Eisen **74**(1954)21 1385.

Brown, R. J.: Gesenkschmiedestücke vom Standpunkt des Verbrauchers aus. Metal Treatm. & Drop Forging **21**(1954)101 51—56; Stahl u. Eisen **74**(1954)15 972.

Fisher, Edwin G.: Strangpressen von Hart-PVC-Rohren. Kunststoffe **44**(1954)4 183—188, 7 320—324.

Gatto, F.: Fondamenti dellà teoria dell'estrusione. (Fundamentals of extrusion theory). Alluminio **23**(1954)5 533—545; AB **25**(1954)12 845.

Holman, George P.: Forging and hot forming. Industr. Heating **21**(1954)3 474, 478, 480, 616, 618; AB **25**(1954)5 279.

Kohlwey, J. F.: Polyamid-Verarbeitung auf der Strangpresse. Kunststoffe **44** (1954)1 3—5.

Plattner, Fritz: Warmverformung der Leichtmetalle. Z. Metallkde. **45**(1954)5 253—256.

Quadt, R. A.: Aluminium cold forgings. Machine Design (1954)June 156.

Smith, Christopher and Norman Swindells: Some factors affecting the quality of extrusions. J. Inst. Metals **82**(1954) Pt. 7 323—333; AB **25**(1954)7 447.

Wilhelm, Keith: A closer look at impact extrusion. Product Engng. **25**(1954)7 129—133; AB **25**(1954)8 520—521.

— The Ugine-Séjournet process for the hot extrusion of steel. Machinery (London) **85**(1954)3./9. 471—480; Nickel-Ber. **12**(1954)10 193.

— Ziehbank für große Rohre aus Aluminium-Legierungen. Engineer **198**(1954) 5146 356—358; Stahl u. Eisen **74**(1954)27 1792.

Richards, G. W.: Working of high-strength aluminium alloys. Problems of forging. Metal Industry **86**(1955)4 63—66; Aluminium **31**(1955)7/8 A 156.

Treptow, K.-H.: Neue Untersuchungen über das Ziehen und Einstoßen von Stabstahl. Diss. TH Aachen 1955.

Schneiden, auch Brennschneiden 2.33

Danes, F. S.: Welding and flame cutting applied to stainless and clad steels. Mater. & Meth. **26**(1947)Oct. 102—106. [2.511.2].

Doré, R. E.: Review of flame cutting developments past, present and future. Trans. Inst. Welding **11**(1948)1 25—34.

Fleming, D. H.: Powder cutting as a production tool. Welding J. **27**(1948)March 181—187.

Kirsten, K. u. *G. Ehrlicher:* Schweißen, Brennschneiden, Löten. 8. Aufl. Hannover: Jänicke 1948 96 S. [2.511.1], [2.512].

Strate, George J.: Structural I-beam cutoff machine. Welding J. **27**(1948)Nov. 936—941; Met. Rev. **22**(1949)1 50.

Eichenmüller, W.: Das Brennschneiden im Paket. (Aus der Praxis der Schweißtechnik H. 21, Hrsg. W. Rimarski.) Halle/Saale: Marhold 1949 19 S.

Semper, E. S.: New methods of oxygen cutting stainless steel. Trans. Inst. Welding **12**(1949)5 125—132.

Pleines, Ernst Wilhelm: Erfahrungen beim Gummipressen und -schneiden von Blechen. Werkstattstechn. u. Maschinenb. **40**(1950)12 405—409. [2.36].

Bellew, G. E.: New developments in flame cutting stainless steel. Welding J. **30** (1951)March 265—268.

Doré, R. E.: Review of powder cutting processes. Welding & Metal Fabrication **19**(1951)March 91—98, June 217—223, July 253—258, Aug. 301—307.

Kritzler, Gottfried u. *Hermann Thier:* Zunahme der Härte an Brennschnittkanten und ihre Beseitigung. Stahl u. Eisen **71**(1951)3 119—124.

Wolff, L.: Das Pulverbrennschneiden. Schweißen u. Schneiden **3**(1951)8 256—260; Nachr.-Bl. AGM Leichtbau **3**(1954)2 14.

Bechtle, Richard: Maschinelles Brennschneiden, ein neuzeitliches Fertigungsverfahren. Werkstatt u. Betrieb **86**(1953)6 285—291.

Brünn, E. u. *Friedrich Erdmann-Jesnitzer:* „ESA", ein neues Lichtbogen-Sauerstoff-Schneidverfahren. Schweißtechnik (Berlin) **3**(1953) 116—118.

— Lichtbogen-Schneiden von Al-Legierungen. Light Metals **16**(1953)181 114—115; Nachr.-Bl. AGM Leichtbau **2**(1953)11 6.

Hull, W. G.: Use of gas-shielded arc processes for cutting non-ferrous metals. Welding & Metal Fabrication **22**(1954)5 188—191; AB **25**(1954)6 366.

Kirwin, J. R. and *J. Holmstock:* Uniform powder flow gives better cuts in stainless. Iron Age **173**(1954)4./3. 156—157; Nickel-Ber. **12**(1954)5 94.

Oldenburg, G.: Brennschneiden mit Propan. Hansa **91**(1954)24/25 1093—1097.

Trzeciak, B.: Entwicklung des Pulverbrennschneidens und seine Anwendung. Schweißtechnik (Berlin) **4**(1954)1 15—18.

Spizig, S.: Schneiden mit Ultraschallschwingungen. Werkstattstechn. u. Maschinenb. **45**(1955)1 15—18; Draht **6**(1955)3 108.

Stanzen   2.34

— Das Formstanzen von Kraftwagen- und Flugzeugteilen aus Leichtmetall- oder
  nichtrostenden Stahlblechen und seine Gestehungskosten. Werkstatt u. Betrieb 12(1936) 316.
Hilbert, Heinrich L.: Stanzereitechnik im Karosseriebau. (Schr.-Reihe Fahrzeug-
  u. Karosseriebau H. 5) Berlin: Langbein 1941.
— Verarbeitung von Leichtmetallen in der Stanzereitechnik. 2. Aufl. (RKW-Ver-
  öff. 124, Hrsg. AWF) Berlin-Leipzig: Teubner 1941 114 S.
Hilbert, Heinrich L.: Stanzereischriften. Folge 1. Der runde Ausschnitt. 1947 78 S.
  Folge 2. Berechnung des Schwerpunktes. 1949 87 S. München: Hanser 1947
  —1949.
Lengbridge, J. W.: Punch press tools for cutting. XII. Tool Engr. 22(1949)Apr.
  37—40; Met. Rev. 22(1949)5 48.
Lengbridge, J. W.: Cutting loads in punch press tools. XIII. Tool Engr. 22(1949)
  May 37—42; Met. Rev. 22(1949)6 47.
Oehler, G.: Die Verarbeitung von Nichteisen-Metallblechen in der Stanzerei.
  Metall 3(1949)17/18 283—288.
Sahlin, Harry: Equipment and method trends in stamping production. Tool Engr.
  22(1949)March 24—25; Met. Rev. 22(1949)4 47.
Sellin, Walter: Stanztechnik, Teil 4. Formstanzen. 2. Aufl. (Werkstattbücher
  H. 60) Berlin-Göttingen-Heidelberg: Springer 1949 58 S.
Roger, D. A.: Design details for stamped parts. Machine Design 22(1950) 157—160.
Stokeld, F. E.: The hot forging and hot stamping of aluminium and its alloys.
  J. Inst. Metals 76(1950) Pt. 5 Jan. 453—472 24 ref.; AB 21(1950)4 203; Index
  Aeron. 6(1950)7 66. [2.32].
Oehler, G.: Aluminium in der Stanzereitechnik. Aluminium 28(1952)7/8 238—245;
  Nachr.-Bl. AGM Leichtbau 1(1952)6 8. [2.36], [2.351].
Strasser, F.: Better design permits cheaper stampings. Iron Age 169(1952)19
  113—115; AB 23(1952)6 321.
Oehler, G.: Probleme bei der Kaltverarbeitung schwerer Bleche, insbesondere
  Lochen und Biegen. Schiff u. Hafen 6(1954)12 768—769. [2.351].

Biegen   2.35
Metalle   2.351

Herrmann, E.: Biegen von Aluminium und Aluminiumlegierungen. Feinmechanik
  u. Präzision 48(1940)19 209—211; Techn. Z.-Schau 26(1941)7 125.
Rowe, D. J. G.: British tube and section forming. Aviation 40(1941)9 74—75, 174.
— Precision pipe bending. Machinery (London) 60(1942)1541 375—382, 61(1942)
  1554 98—99.
Hammer, K.: Verfahren zum Verformen von Rändern an Blechteilen und die
  dazu nötigen Schablonen und Maschinen. ZWB TB 10(1943)9 274, 288, 296.
Gönner, Oskar: Das Biegen handelsüblicher, dünnwandiger Leitungsrohre im
  Fahrzeug- und Motorenbau. Werkstatt u. Betrieb 79(1946)8 183—191.
Vanderploeg, E. J.: Cold roll forming of sheet and strip. Amer. Soc. Mech. Engrs.
  Pap. 49-S-3 1949 13 p.; Met. Rev. 22(1949)7 50.
— Biegen von Aluminium-Halbzeugen. Aluminium-Merkblatt B 1. Düsseldorf:
  Aluminium Verl. 15 S.
Kienzle, O.: Untersuchungen über das Biegen. Mitt. Forsch.-Ges. Blechverarb.
  (1952)6 57—65.
Oehler, G.: Aluminium in der Stanzereitechnik. Aluminium 28(1952)7/8 238—245;
  Nachr.-Bl. AGM Leichtbau 1(1952)6 8. [2.34], [2.36].
Oehler, G.: Berichtigung der Rückfederung im U-Biegegesenk. Werkstattstechn.
  u. Maschinenb. 42(1952)7 295; Nachr.-Bl. AGM Leichtbau 1(1952)5 10.

Wolter, K. H.: Freies Biegen von Blechen. VDI-Forsch. H. 435 1952 32 S. 35 Lit.-
St.; Index Aeron. 9(1953)1 56.
Bell, Peter: Complex tube bending. Canadian Metals 16(1953)2 44, 46; AB **24**
(1953)5 287.
Franz, W. D.: Über das Kaltbiegen geschweißter Rohre. Techn. Rdsch. (Zürich)
(1953)12 17—18; Draht **4**(1953)8 322.
Ginsburg-Schick, L. D.: Das Biegen von Rohren bei der Montage. (Übers. aus
dem Russ. von Edgar Schietz.) Leipzig: Fachbuchverl. 1953 90 S.
Gunn, K. and *D. F. Michell:* Bending structural sections. Aircr. Production **15**
(1953)182 444—450; AB **25**(1954)1 18.
Hinxman, H.: The forming of aluminium sheet. II. Bending. Sheet Metal Industries
30(1953)319 943—948, 952; AB **24**(1953)12 786.
Hinxman, H.: The forming of aluminium sheet. VIII. Hand forming. Sheet Metal
Industries **31**(1954)330 837—841; AB **25**(1954)11 766—767.
Oehler, G.: Probleme bei der Kaltverarbeitung schwerer Bleche, insbesondere
Lochen und Biegen. Schiff u. Hafen **6**(1954)12 768—769. [2.34].
Pesak, F.: Bending thin-wall tubing. Machinery (London) **84**(1954)2148 129—133;
Index Aeron. 10(1954)4 80.
— Biegen von Halbzeugen aus Aluminium und seinen Legierungen. Aluminium
Ranshofen (Österreich) 2(1954)1 7—13; AB **25**(1954)9 610.
— Forming and bending Kaiser aluminum. Handbook. Kaiser Aluminum &
Chemical Sales Inc. 1954 260 p.; AB **25**(1954)10 686.
Kienzle, O.: Biegen und Rückfedern. Mitt. Forsch.-Ges. Blechverarb. (1955)10
117—126.

Nichtmetalle   2.352

Perry, Thomas D.: Technical advances in aircraft plywood. Techniques in form-
ing curved plywood by using flexible bag molding and fluid pressure
applications simplify assembling and bending of plywood. Flying **33**(1943)6
149—150, 152, 174, 180.
(Winter, Hermann): Holzformung. (Richtlinien für den Holzflugzeugbau, Teil
K III.) Ber. u. Mitt. Inst. Flugzeugbau TH Braunschweig No. 44—08 1944 11 S.
Winter, Hermann: Ein Beitrag zur Frage der Holzformung. Ber. u. Mitt. Inst.
Flugzeugbau TH Braunschweig Nr. 45—02 1945.
Farr, W. W. and *R. Tomlinson:* The ridge forming of plexiglas. Aero Dig. **55**
(1947)4 76, 91, 111; Index Aeron. 4(1948)3 74.
Hale, J. D.: The formation of permanent bends in solid wood. Forest Prod. Lab.
Canada 1948 6 p.
Stevens, W. C. and *N. Turner:* Solid and laminated wood bending. Forest Prod.
Res. Book, London: HMSO 1948 71 p.
Chudnoff, M. and *F. F. Wangaard:* The steam-bending properties of certain
tropical American woods. Techn. Rep. Yale School Forestry (New Haven,
Conn.) No. 6 Oct. 1950 8 p. 7 ref.; Forestry Abstr. Sect. 3 **12**(1951)4 174; Holz
Zbl. **77**(1951)80/81 1018.
Heebink, Bruce G.: Bag-moulding of plywood. Wood Working Dig. **52**(1950)1
119—128.
Heinrich, K.: Das Biegen von Sperrholz über beheizte Formen. Holz (München)
4(1950)10 197—198; Forestry Abstr. Sect. 3 **12**(1951)4 175.
Miles, Thomas R.: Moulding plywood. Wood (Chicago) (1950)3 30.
Peck, E. C.: Bending solid wood to form. FPL Rep. R 1764 Aug. 1950 29 p. 4 ref.;
Forestry Abstr. Sect. 3 **12**(1951)4 174.
Pillow, Maxon Y.: Mandrel bending tests for aircraft veneer. FPL Rep. 1788
1950 4 p.

Ritter, E. J.: Formteile aus Holzwerkstoffen — Stand der Herstellung. Holztechnik **30**(1950)2; Werkstatttechnik u. Maschinenbau **40**(1950)5 197.

Stevens, W. C. and *N. Turner:* A method of improving the steam bending properties of certain timbers. Wood (London) **15**(1950)3 79—84; Forestry Abstr. Sect. 3 **12**(1950)1 20.

Beach, W. I.: Postforming thermosetting laminated plastics. Methods of heating. When postformed plastics should be employed. Designing dies for postforming. Machining and assembling. Machinery (New York) **57**(1951)6 163—166, 7 170—172, 9 185—187, **58**(1951)1 160—166, 4 171—177, **58**(1952)9 172—179; Konstruktion **4**(1952)10 320—322. [2.36].

Hyler, J. E.: Plywood can be curved into numerous unique patterns. Veneers & Plywood **45**(1951)9 16—21.

Kollmann, Franz: Herstellung von geformten Sperrholz- und Schichtholzteilen. Holz als Roh- u. Werkstoff **9**(1951)11 416—422.

Waghorne, M.: High frequency effective in molding of plywood. Canadian Wood-worker (1951)Nov. 4 p.

— The steam bending properties of various timbers. Dep. Sci. Industr. Res. Forest Prod. Res. Lab. Princes Risborough (Aylesbury) Leaflet 45 1951 Suppl. 1 2 p.

Altherr, A.: Formen der modernen Holzbiegetechnik. (Rohbau, Ausbau, Möbel.) Holz (München) **6**(1952)12 293—294.

Graham, P. H.: Is bending of solid wood becoming a lost art? III. Wood Working Dig. **54**(1952) 47—54.

Kollmann, Franz: Über das Biegen der Hölzer. (Vortrag a. d. Holztagung i. Salzburg, Juni 1952.) Holz-Zbl. **78**(1952)104 1439—1440, 105 1452—1453; Holz als Roh- u. Werkstoff **11**(1953)6 237; Mitt. ÖGH (Wien) **4**(1952)3 29; Öst. Forst- u. Holzwirtsch. (Wien) **7**(1952)13 253; Holztechnik (Mainz) **32**(1952)7 371.

Liron, R.: Le cintrage du bois. Bois (Paris) **69**(1952)4 1—2, 6 1—2, 8 1, 10 3.

Stevens, W. C. and *N. Turner:* The steam bending properties of certain timbers. Wood (London) **17**(1952)8 296—299.

Turner, N. and *Constance Webster:* The effect of method of conversion, i. e. sawn or sliced, on the limiting radii of curvature of Sitka spruce laminae. "Wood", Select. Govmt. Res. Rep. 8 1952 151—155.

Wangaard, F. F.: The steam-bending of beech. Northeastern Techn. Comm. on the Util. of Beech in Corp. with Northeastern Forest Exp. Stat., Upper Darby (Pa.) Beech Util. Ser. 3 1952 26 p.; J. Forest Prod. Res. Soc. **2**(1952)4 35—41.

Stober, Walter: Das Biegen von Vollholz. Holz-Zbl. (1953) S. H. Apr. 46—48.

— Laminated shapes. Notes on methods for producing laminated bends in wood. Timber Technol. **61**(1953)2168 285—286, 2169 341—343.

Kollmann, Franz: Stand und Entwicklung der spangebenden und spanlosen Holzbearbeitung. Z. VDI **97**(1955)11/12 355—362 27 Lit.-St.; Holz als Roh- u. Werkstoff **13**(1955)7 278. [2.4].

Tiefziehen, Streckziehen, Drücken 2.36

Sachs, G.: Das Keilziehverfahren. Metallwirtschaft **9**(1930)10 213—218.

Herrmann, L.: Untersuchungen über das Tiefziehen. Diss. TH Darmstadt 1934; Berlin: N. E. M.-Verl. 1934.

Frydag, K.: Blechverformung nach dem Streckziehverfahren. Ringb. Luftf. Techn. II B 6 Okt. 1938 10 S.

Ritter, E. J.: Das Tiefziehen der Leichtmetalle. Ringb. Luftf. Techn. II B 3 Febr. 1938 39 S.

Ritter, E. J.: Das Tiefziehen der Leichtmetalle im Flugzeugbau. Luftwissen **5**(1938) 7 249—255.

Pomp, Anton u. *Alfred Krisch:* Tiefziehversuche an Blechen und Bändern aus legierten Stählen. Jb. 1940 Dtsch. Luftf. Forsch. I 955—970; Z. VDI **84**(1940)24 419—420.

Göhre, E.: Die Tiefziehtechnik der Karosseriebleche. ATZ **44**(1941)4 84—87.

Schroeder, August u. *Kurt Matthaes:* Die Verhinderung der Grobkornbildung bei Leichtmetall-Tiefziehblechen. Metallwirtsch. **20**(1941)25 631—636; Techn. Z.-Schau **26**(1941)18 309.

Uhlemann, K.: Verformung von Plexiglas zu Flugzeugscheiben. Z. VDI **85**(1941) 10 241—242.

Misfeldt, Ch. C.: Beschleunigtes Tiefziehen von Flugzeugteilen. Aviation **41** (1942)3 64—65, 203; Luftf. Schrifttum Ausland März 1944 6 S.

Sagel, H. A.: Mipolam-Preßkissen für Verformungszwecke von Leichtmetall. ZWB TB **9**(1942)5 161—166.

Hornauer, H.: Das Tiefziehverhalten von Leichtmetallblech. Werkstattstechnik, Betrieb **37/22**(1943)10 353—358.

Mallett, F. M.: Bead design studied for standardization. Product Engng. **14**(1943) 11 708—711.

Grumann, G.: Verformen von Blechen mit Gummipressen. Luftwissen **11**(1944)7 196—199.

— Forming of aluminium alloys by the rubber die press. ADA Inform. Bull. 11 1st ed. July 1945 32 p.

Thomsen, E. G., D. M. Cunningham and *J. E. Dorn:* Elevated temperature stretch-flanging of some aluminum alloys. Trans. ASME **68**(1946)6 643—646.

— Forming of aluminium and its alloys by the drop stamp. ADA Inform. Bull. 12 June 1946 24 p.

— Deep drawing and pressing of aluminium and its alloys. ADA Inform. Bull. 10 Sept. 1947 42 p.

Edwards, Bill: One-stage super-depth drawing. Western Metals **6**(1948)Nov. 32; Met. Rev. **22**(1949)1 45.

Engelhardt, W.: Die Grundlagen der angewandten bildsamen Formung von Metallen. Technik (Berlin) **3**(1948)2 57—61.

Johnson, J. A.: Hot stretch-forming of aluminum sheets. Machinery (New York) **54**(1948)12 170—171.

Melnitsky, Benjamin: A review of spinning light metals. Light Metal Age **6** (1948)11/12 8—11; Met. Rev. **22**(1949)2 44; Index Aeron. **5**(1949)6 76.

Oehler, G.: Das Simultan-Tiefziehverfahren. Arch. Metallkde. **2**(1948) 199—205; Werkstatt u. Betrieb **83**(1950)1 38.

Singer, A. R. E.: Some fundamental considerations relating to the deep drawing of metals. Sheet Metal Industries **25**(1948)July 1387—1393, 1400; Steel Processing **34**(1948)Nov. 595—597; Met. Rev. **22**(1949)1 45.

Sloan, J. J.: Greater capacity presses increase possibilities for stretch forming. Automot. Industries **99**(1948)15./12. 36—40, 58; Met. Rev. **22**(1949)2 42.

Stoner, E. F. and *Crosby Harden:* Hot forming magnesium sheet. Iron Age **162** (1948)18./11. 109—112; Met. Rev. **22**(1949)1 46. [2.32].

Altenburger, C. L.: Das Fließen von Blechen beim Tiefziehen. Steel **124**(1949)16 88—92, 94.

Beißwänger, Helmut: Tiefziehen dünner Bleche mit Sonderwerkzeugen. Z. Metallkde. **40**(1949)3 101—115; Met. Rev. **22**(1949)7 50.

Brown, W. F. jr. and *F. C. Thompson:* Strength and failure characteristics of metal membranes in circular bulging. Trans. ASME **71**(1949)July 575—585; Met. Rev. **22**(1949)8 45.

Charity, Frank: Ultra-depth drawing of sheet stock. Modern Industr. Press **11** (1949)Jan. 6, 8, 51—52; Met. Rev. **22**(1949)3 45.

Chevigny, Raymond: Apparition de cornes dans l'emboutissage de l'aluminium et de ses alliages. Rev. Aluminium **26**(1949)Mars 79—87; Met. Rev. **22**(1949) 6 47.

Effgen, Hans: Progressive drawing die design. Tool & Die Journal **15**(1949)June 42—45, 82, 84; Met. Rev. **22**(1949)7 50.

Engelhardt, W. u. E. Knoll: Der Tiefzug runder, gestufter Näpfe. Werkstatt u. Betrieb **82**(1949)11 415—419; Technik (Berlin) **7**(1952)1 20.

Hoge, W. E.: Easy to deep draw aluminum. Amer. Machinist **93**(1949)24./2. 105—108; Met. Rev. **22**(1949)4 48.

Kimbell, A. R.: Experimental determination of metal drawing and forming forces. Proc. SESA **7**(1949)1 51—60; Index Aeron. **6**(1950)2 48.

Kluge, W. T.: Analyzing the effects of stretch-wrap forming of sheet-metal parts. Machinery (New York) **55**(1949)5 184—187; Met. Rev. **22**(1949)2 44.

Koelzer, Herbert: Die technologische Prüfung von Tiefziehblechen für den Karosseriebau. Diss. TH Braunschweig 1949 86 S. [4.24].

Kort, E. G.: Drawing and spinning of aluminium alloys. Machinery (New York) (1949)May 170—176; Werkstattstechn. u. Maschinenb. **41**(1951)11 447.

Lengbridge, J. W.: General notes on aluminium presswork. Tool Engr. **22**(1949) Febr. 34—37; Met. Rev. **22**(1949)3 47.

Piper, R. W.: Dry-type drawing compounds for the deep drawing of sheet steel. Finish **6**(1949)July 23, 46; Met. Rev. **22**(1949)8 46.

Sloan, J. J.: Deep-drawing and waffle-forming of airplane parts. Machinery (New York) **56**(1949)2 152—158.

— Spinning and panel-beating of aluminium alloys. ADA Inform. Bull. 9 Nov. 1949 32 p.

Arbel, C.: Research into the relation between tensile tests and the deep-drawing properties of metals. Sheet Metal Industries **27**(1950)283 Nov./Dez. 921—926; AB **22**(1951)1 41.

Chevigny, Raymond: Einflüsse auf die Rißbildung beim Tiefziehen von Al und Al-Legierungen. Sheet Metal Industries **27**(1950)274 133—140; Metall **5**(1951) 21/22 500.

Close, Gilbert C.: Hot skinning with light metal sheet. Light Metal Age **8**(1950) 3/4 6—7, 16; AB **21**(1950)7 347.

Close, Gilbert C.: Stretch forming on a metal brake. Light Metal Age **8**(1950) 7/8 6—7; Index Aeron. **6**(1950)12 50; AB **21**(1950)10 512—513.

Close, Gilbert C.: Modified brake used in stretch forming. Finish **7**(1950)9 17—19.

Ikemura, Kyoichi: Deep-drawing and intermediate annealing of aluminium plates. J. Metals (Japan) **20**(1950)9 32—34; Chem. Abstr. **46**(1952)4 1413; AB **23**(1952)4 194—195.

Lebouteux, H.: La mise en forme des tôles d'aluminium par étirage sur gabarit. Rev. Aluminium **27**(1950)164 96—99.

Milliken, J.: Use of densified wood dies for forming and drawing aluminium. Machinery (London) **76**(1950)1957 598—601.

Pleines, Ernst Wilhelm: Das Umformen von Blechen mittels Gummi. Werkstattstechn. u. Maschinenb. **40**(1950)11 380—388.

Pleines, Ernst Wilhelm: Erfahrungen beim Gummipressen und -schneiden von Blechen. Werkstattstechn. u. Maschinenb. **40**(1950)12 405—409. [2.33].

Reebel, Dan: Neues Tiefziehverfahren. Steel **126**(1950)7 82—83, 108; Stahl u. Eisen **71**(1951)4 206.

Whitaker, M.: A review of published information on the deep drawing of non-ferrous metals. Sheet Metal Industries **27**(1950)281 815—824 53 ref.; AB **21** (1950)10 511—512.

Woerz, G.: Tiefzieh- und Blechprägetechnik im Karosseriebau. Werkstattstechn. u. Maschinenb. **40**(1950)6 230—233.

Ziegler, Karl: Die Beanspruchung des Werkstoffes beim Tiefziehen, ihr Einfluß
auf die Formgebung von Werkzeug und Werkstück. Ber. Dtsch. Keram. Ges.
u. Ver. Dtsch. Emailfachl. **7**(1950)7/8 248—257; Stahl u. Eisen **71**(1951)4 206.
— Spanloses Formen von Halbzeug aus hartem Polyvinylchlorid (Hart-PVC).
(Arbeitsaussch. Schweißen und Warmverformen von Kunststoffen des Fach-
ausschusses Kunststoffe der K. d. T.) Kunststoffe **40**(1950)10 323—326.

Bauder, U.: Tiefziehen von Hohlkörpern aus dicken Stahlblechen. Stahl u. Eisen
71(1951)10 500—512 18 Lit-St.; Index Aeron. **7**(1951)12 82.

Beach ,W. I.: Postforming thermosetting laminated plastics. Methods of heating.
When postformed plastics should be employed. Designing dies for postforming. Machining and assembling. Machinery (New York) **57**(1951)6
163—166, 7 170—172, 9 185—187, **58**(1951)1 160—166, 4 171—177, **58**(1952)9
172—179; Konstruktion **4**(1952)10 320—322. [2.352].

Beißwänger, H.: Der Einfluß der Ziehgeschwindigkeit auf das größte Ziehver-
hältnis im Anschlag und auf die Blechdickenänderung. Mitt. Forsch. Ges.
Blechverarb. (1951)1 10—12; Stahl u. Eisen **71**(1951)4 206.

Chung, S. Y. and *H. W. Swift:* Cup-drawing from a flat blank. I. Experimental
investigation. II. Analytical investigation. Proc. IME (Appl. Mech.) **165**(1951)
68 199—228 39 ref.; Index Aeron. **8**(1952)11 47—48.

Evans, G. B.: Stretch forming. Aircr. Production **13**(1951)157 332—334 11 ref.;
Index Aeron. **8**(1952)1 60.

Ishikawa, Toshisade: Drawing limits for rectangular boxes. Metal Progr. **60**
(1951)Oct. 80—82; Met. Rev. **24**(1951)11 30.

Kostron, Hans: Beitrag zur technologischen Mechanik des Tiefziehens. Arch.
Eisenhüttenwes. **22**(1951)7/8 205—213.

Lenz, Dieter: Untersuchung eines neuen Warmtiefziehverfahrens. Arch. Eisenhüttenwes. **22**(1951)7/8 215—224. Nachr.-Bl. AGM Leichtbau **2**(1953)8 5.

Lewis, G. B. and *J. S. Corral:* Producing aircraft parts by hydroforming.
Machinery (London) **81**(1951)2079 160—164; Met. Abstr. **20**(1953)Pt. 9 May
659; AB **24**(1953)6 378.

Oehler, G.: Tiefziehstufung rostfreier Stahlbleche. Werkstattstechn. u.
Maschinenb. **41**(1951)10 402—403.

Polakowski, N. H.: Beseitigung der Neigung zur Fließfigurenbildung von Tiefziehblech durch Dressieren und Richten. Proc. 1st World Metall. Congr.,
Amer. Soc. for Metals 1951, Cleveland (Ohio) 1952 553—571; Stahl u. Eisen
73(1953)9 601.

Scott, R. B.: Standard presses form ribbed sheets. Iron Age **168**(1951)9 75—77;
AB **22**(1951)10 579—580.

Weeks, G. W.: Stretch-forming. Aircr. Production **13**(1951)158 393—395; Index
Aeron. **8**(1952) 6 67.

Zünkler, Bernhard: Die Verformungseigenschaften von Blechen in Abhängigkeit
von Prüfverfahren, Werkstoff und Versuchstemperatur. Diss. TH Braunschweig 1951 90 S.

Aziz, Mostafa Kamal Abdel: Studies in the deep-drawing of aluminium and
its alloys. Thesis ETH Zürich No. 2130 1952 84 p. 26 ref.; Met. Abstr. **21**(1953)
Pt. 1 Sept. 75; AB **24**(1953)11 705.

Beißwänger, Helmut: Das Näpfchenziehprüfverfahren zur Bestimmung der Tief-
zieheigenschaften von Blechen und Bändern. Ein Normvorschlag im Vergleich
mit anderen Tiefziehprüfverfahren. Mitt. Forsch.-Ges. Blechverarb. (1952)
18/19 201—222; Stahl u. Eisen **72**(1952)24 1557.

Beißwänger, Helmut: Näpfchenziehprüfverfahren zur Bestimmung der Tiefzieh-
güte von Blechen und Bändern. Metall **6**(1952)23/24 744—753.

Blackman, B.: Precision spinning solves forming problem. Steel **130**(1952)12
68—69; AB **23**(1952)4 194.

Hofmann, Wilhelm u. *Herbert Koelzer:* Das Verhalten von Tiefziehblechen unter Berücksichtigung der Prüfverfahren. Werkstattstechn. u. Maschinenb. **42**(1952)3 88—92; Nachr.-Bl. AGM Leichtbau **1**(1952)2 6. [4.61].

Lenz, Dieter: Die Verformungsverhältnisse beim Warmtiefziehen. Arch. Eisenhüttenwes. **23**(1952)5/6 173—181; Nachr.-Bl. AGM Leichtbau **2**(1953)8 5; AB **25**(1954)10 689.

Oehler, G.: Aluminium in der Stanzereitechnik. Aluminium **28**(1952)7/8 238—245; Nachr.-Bl. AGM Leichtbau **1**(1952)6 8. [2.34], [2.351].

Spencer, L. F.: Speciality die designs stamping and forming — the Guerin process. Steel Processing **38**(1952)4 180—185, 190; AB **23**(1952)5 268.

Whittingham, J. A.: Use of "draw clips" for forming (aluminium alloy) sheetmetal parts with rubber dies. Machinery (London) **81**(1952)2070 103—108; Met. Abstr. **21**(1953)Pt. 2 195; AB **24**(1953)12 791.

— Cold forming methods. Mater. & Meth. **36**(1952)1 108—113.

Bishop, J. F. W.: Calculations on sheet-drawing under back-tension through a rough wedge-shaped die. J. Mech. & Phys. Solids **2**(1953)1 39—42 5 ref.; Index Aeron. **9**(1953)12 67.

Coenen, Francis L.: Magnesium forming. II. Hot drop hammer forming and sheet stretching. Tool Engr. **31**(1953)6 62—68; AB **25**(1954)1 42. [2.32].

Dickinson, Thomas A.: Unusual aircraft components produced by stretchforming. Sheet Metal Industries **30**(1953)310 115—118; AB **24**(1953)4 227; Nachr.-Bl. AGM Leichtbau **2**(1953)11 7; Aluminium **29**(1953)7/8 XVIII.

Dickinson, Thomas A.: Developments in stretch-forming techniques. Machinery (London) **82**(1953)3./4. 633—636; Werkstattstechn. u. Maschinenb. **44**(1954)4 182—183.

Eisenkolb, Friedrich u. *Theo Brüggemann:* Der Einfluß der Stahlherstellung auf die Tiefziehbarkeit von Feinblechen. Stahl u. Eisen **73**(1953)15 967—970; Draht **4**(1953)12 477; Werkstattstechn. u. Maschinenb. **44**(1954)2 85.

Jung, H.: Berechnung des Niederhalterdrucks beim Tiefziehen. Oest. Ing. Arch. **7**(1953)4 273—284; Index Aeron. **10**(1954)4 78.

Konrad, A.: Tiefziehprobleme. Maschinenmarkt **59**(1953)75 15—17; Draht **5**(1954) 3 106.

Sachs, George: Das Tiefziehen von Aluminium und Aluminiumlegierungen. L'emboutissage de l'aluminium et des ses alliages. Aluminium (Suisse) **3** (1953)2 38—48; AB **24**(1953)6 380; Aluminium **29**(1953)7/8 XVIII; Nachr.-Bl. AGM Leichtbau **2**(1953)11 7, **3**(1954)2 17.

Sharpnack, E. V.: Stretch forming aluminium. Sheet Metal Worker **44**(1953)10 (Issue 687) 109; AB **24**(1953)8 499—500.

Siebel, Gustav u. *H. Hug:* Über den Einfluß verschiedener Faktoren auf die Zipfelbildung von Aluminiumblechen. Aluminium **29**(1953)1/2 51—58.

Stelljes, Hermann A. J.: Recent information on earing in the deep drawing of aluminium and the possibility of its elimination. Rev. Metallurgie **50**(1953)3 189—198; Index Aeron. **10**(1954)10 149.

Stelljes, Hermann A. J.: Neuere Erkenntnisse über die Zipfelbildung beim Tiefziehen von Rein-Aluminium und über Möglichkeiten, sie zu unterdrücken. Metall **7**(1953)5/6 155—161; Werkstattstechn. u. Maschinenb. **44** (1954)1 44; AB **24**(1953)5 311.

Usui, T. and *M. Miyagawa:* On deep drawing of aluminum sheet metal without blankholder. Mem. Fac. Technol. Tokyo Metropol. Univ. **28**(1953)3 95—100; AMR **7**(1954)7 307; AB **25**(1954)8 521.

Walker, J. S.: Drücken von unrunden Metallteilen. Machinery (New York) **60** (1953)2 194—196; Aluminium **30**(1954)1 XIII.

Wood, Richard: Stretch-forming. I. Forming large double curvature skin panels: The Avro longitudinal machine. II. Avro practice in the manipulation of rolled and extruded section: Rotary preforming-machine. III. Aircr. Production **15**(1953)172 40—47, 173 82—89, 175 169—171; AB **24**(1953)3 157, 5 285; Index Aeron. **9**(1953)5 53, 7 59.

— Neue Forschungen über Tiefziehen von Leichtmetall. Aluminium (Suisse) **3** (1953)2 49—51; Nachr.-Bl. AGM Leichtbau **2**(1953)11 6.

— Rotary forming. Aircr. Production **15**(1953)175 175—181; AB **24**(1953)6 377.

Beißwänger, H. u. *S. Schwandt:* Untersuchungen an einigen Problemen des Tiefziehens. (Forsch.-Ber. Wirtschafts- u. Verkehrsministerium Nordrhein-Westfalen Nr. 117.) Köln-Opladen: Westdeutscher Verl. 1954 77 S.

Coenen, Francis L.: Magnesium forming. IV. Deep drawing and miscellaneous methods. Tool Engr. **32**(1954)2 68—71; AB **25**(1954)4 249—250.

Gempe, E.: Das Metalldrücken. Prinzipien und Anwendungsmöglichkeiten. Mitt. Forsch.-Ges. Blechverarb. (1954)20 229—235.

Hein, Henry: Travelling pressure shoe extends stretch forming uses. Iron Age **173**(1954)20 141—143; AB **25**(1954)7 445—446; Nachr.-Bl. AGM Leichtbau **4** (1955)3 10.

Hinxman, H.: The forming of aluminium sheet. III. Spinning. IV. Deep drawing and pressing. V. Drop-hammer forming. VI. Rubber-die pressing. VII. Stretch forming. Sheet Metal Industries **31**(1954)321 41—45, 322 93—98, 323 191—196, 325 367—371, 377, 327 557—561, 573, 328 673—678; AB **25**(1954)2 77, 3 146, 5 278—279, 7 444—445, 8 519—520, 9 606—607; Nachr.-Bl. AGM Leichtbau **4** (1955)1 13, 5/6 14, 7 21; Aluminium **31**(1955)3 A 55, 4 A 72.

Kotthaus, H.: Untersuchungen über das Tiefziehen im Weiterschlag unter besonderer Berücksichtigung des Umstülpverfahrens. Mitt. Forsch.-Ges. Blechverarb. (1954)4 37—40; Stahl u. Eisen **74**(1954)8 493.

Rohan, T. M.: Drop hammer, trapped rubber dies form aircraft parts faster. Iron Age **173**(1954)18 121—123; AB **25**(1954)6 362; Index Aeron. **10**(1954)8 92.

Siebel, Erich: Der Niederhalterdruck beim Tiefziehen. Stahl u. Eisen **74**(1954)3 155—158; Index Aeron. **10**(1954)5 91.

Stelljes, Hermann A. J.: Recent information on earing in the deep drawing of aluminium and the possibility of its elimination. Banbury: Aluminium Lab. Translat. B-TM-143-54 1954 26 p.

Swift, H. W.: The mechanism of a simple deep-drawing operation. Sheet Metal Industries **31**(1954)330 817—828; AB **25**(1954)11 767.

Timmerbeil, F. W.: Das Durchziehen von Kragen an ebenen Blechen. Werkstattstechn. u. Maschinenb. **44**(1954)5 218—222.

Walker, J. S.: Spinning non-circular components for aircraft. Machinery (London) **84**(1954)2149 186—187; AB **25**(1954)3 147.

— Blechverarbeitung mit Hilfe von Gummipolstern. Technica **3**(1954)9 407—409.

Biener, J.: Drücken oder Ziehen. Werkstatt u. Betrieb **88**(1955)4 189.

Lane, Frank B.: Eine neue Art der Blechformung im Flugzeugbau: Streckformen. Luftfahrttechnik **1**(1955)5 91—96.

Schuler, L. u. *K. Vogel:* Das Streckziehverfahren. Industriekurier **8**(1955)97 251—253; Nachr.-Bl. AGM Leichtbau **4**(1955)10 11.

Sellin, Walter: Metalldrücken. (Werkstattbücher H. 117.) Berlin-Göttingen-Heidelberg: Springer 1955 71 S.

(Siebel, Erich u. *H. Beißwänger):* Tiefziehen. München: Hanser 1955 205 S.

Siebel, Erich u. *K. H. Dröge:* Kräfte und Materialfluß beim Drücken. Werkstattstechn. u. Maschinenb. **45**(1955)1 6—9; Draht **6**(1955)4 154.

— Stretch-forming tapered section. Aircr. Production **17**(1955)8 323—324; Luftfahrttechnik **1**(1955)5 VI.

Borchers, H. u. *A. Neumann:* Untersuchungen über die Zerspanbarkeit von Leichtmetall-Automatenlegierungen, insbesondere in Abhängigkeit von ihrer Zusammensetzung und ihrem Gefügezustand. Aluminium-Arch. Bd. 27 1940 35 S.; Techn. Z.-Schau **26**(1941)6 111.

Jahn, W.: Die spanabhebende Bearbeitung von Kunststoffen. Kunststoffe **32** (1942)5 143—150; Luftwissen **9**(1942)12 364.

Schallbroch, H. u. *P. R. von Doderer:* Die Werkstoffeigenschaft „Zerspanbarkeit" geschichteter Kunstharz-Preßstoffe. Kunststoffe **33**(1943)8 205—208.

Zickel, H.: Neuere Erkenntnisse über die spanabhebende Bearbeitung von Preßstoffen. Kunststoffe **34**(1944)1 7—10; Luftwissen **11**(1944)3 88.

— Machining of wrought aluminium alloys. ADA Inform. Bull. 7 May 1944 40 p.

Kestell, T. A.: Machining turbine blades. Aircr. Production **9**(1947)109 412—415, 110 460—465; Index Aeron. **4**(1948)3 46.

Schmidt, A. O.: Hot milling. Milling high-strength alloys at elevated temperatures. Iron Age **163**(1948)28./4. 66—70; Engrs'. Dig. **10**(1949)May 169—171; Met. Rev. **22**(1949)6 49.

Schweyckart, R.: Machining and screwing light alloys. Machines et Métaux **32** (1948)353 1—4; AB **21**(1950)10 521; Metal Abstr. **17**(1950)Pt. 11 858.

— Bearbeitung von Leichtmetallen mit Schneidwerkzeugen. (Werkstattblätter Nr. 39.) München: Hanser Nov. 1948 2 S.

Chamberland, H. J.: Cutting tubular stock by the bandsaw method. Western Metals **7**(1949)July 25—27; Met. Rev. **22**(1949)9 50.

Chisholm, A. J.: The characteristics of machined surfaces. Machinery (London) **74**(1949)2./6. 729—736; Met. Rev. **22**(1949)8 47.

Jaeschke, A.: Das Bohren von Leichtmetallen. Stuttgart: Mundus 1949 75 S.

Krekeler, Karl: Die Zerspanbarkeit der Werkstoffe. 3. Aufl. (Werkstattbücher H. 61.) Berlin-Göttingen-Heidelberg: Springer 1949 64 S.

Muenchow, E.: Production of accurate conical holes. Industr. Diamond Rev. (new ser.) **9**(1949) March 80—84; Met. Rev. **22**(1949)5 49.

Muir, Gilbert P.: Machining high nickel alloys. Tool Engr. **23**(1949)Aug. 38—41; Met. Rev. **22**(1949)9 52.

Slatter, A. C. and *J. J. Sloan:* Taper skin milling — a new machining technique. Automot. Industries **101**(1949)3 30—32, 62; Index Aeron. **5**(1949)10 58; Met. Rev. **22**(1949)9 50.

Spear, P.: The generation of fine finishes by machining techniques. J. Instn. Production Engrs. **28**(1949)10 494—529 35 ref.; Index Aeron. **6**(1950)3 73.

Spencer, Lester F.: Machining stainless steels. Iron Age **164**(1949)7./7. 83—89, 28./7. 64—68.

Spencer, Lester F.: The machining of stainless steel. II. Steel Processing **35**(1949) Febr. 82—85, 98 14 ref.; Met. Rev. **22**(1949)4 50.

— The machining of "difficult" materials. Aircr. Production **11**(1949)124 65—68; Met. Rev. **22**(1949)4 48; Index Aeron. **5**(1949)7 71.

Armstrong, E. T. a. o.: Machining of heated metals. Amer. Soc. Mech. Engrs. Prepr. 50-S-5 Apr. 1950 8 p. 8 ref.; Index Aeron. **6**(1950)10 52.

von Burg, E.: A systematic investigation into the band-saw cutting of aluminium and its alloys. Schweiz. Arch. **16**(1950)2 33—43; Engrs'. Dig. **11**(1950)10 349—352; Index Aeron. **7**(1951)1 52.

Janes, Henry: Hot machining for tough alloys. Machinery (London) **77**(1950)1969 75—78.

— Spanabhebende Bearbeitung des Werkstoffes Aluminium. Leichtmetall **3** (1950)1/2 26—32.

Armstrong, E. T. and *A. S. Cosler:* Hot machining of many metals improved by arc heating. Mater. & Meth. **33**(1951)1 69—73; Index Aeron. **7**(1951)11 118.

Schallbroch, H. u. *P. von Doderer:* Zerspanbarkeit von Schichtpreßstoffen. Z. VDI **93**(1951)5 97—103; Holz als Roh- u. Werkstoff **9**(1951)7 287.

Wichmann, H.: Spangebende Holzbearbeitung. (Werkstattbücher H. 78) Berlin-Göttingen-Heidelberg: Springer 1951. 64 S.

Zickel, H.: Spanabhebende Bearbeitung der Kunststoffe. Kunststoffe **41**(1951)3 77—81 4 ref.; Index Aeron. **7**(1951)7 65.

— Spanabhebende Bearbeitung. Aluminium-Walzwerke Singen Merkbl. FB 20 Febr. 1951 8 S.

Chamberland, H. J.: Rational use of the band saw. Light Metals **15**(1952)168 82—83; AB **23**(1952)5 272.

de Huff, P. G. and *D. C. Goldberg:* The machining of high temperature alloys. Aero Dig. **65**(1952)5 92—100; Index Aeron. **9**(1953)5 51.

Koelzer, Herbert: Wärmebehandlung als Mittel zur Verbesserung der Zerspanbarkeit. Härterei-Techn. Mitt. (Stuttgart, Hrsg. Paul Riebensahm) **6**(1952)2 41—59; Draht **5**(1954)4 153.

Laval, G. et *R. Schweyckart:* Le sciage. Rev. Aluminium **29**(1952)185 71—78, 186 111—116, 187 153—163; AB **23**(1952)8 440.

Patton, W. G.: Magnesium castings drilled, reamed, counterbored at high speed. Iron Age **170**(1952)23 162—164; Index Aeron. **9**(1953)4 72.

Specht, K.: Spanabhebende Bearbeitung von Aluminium und Aluminiumlegierungen. Aluminium **28**(1952)4 112—115, 5 146—150; Nachr.-Bi. AGM Leichtbau **1**(1952)3 10; AB **23**(1952)6 327.

— Elektron magnesium alloys. Machining. Birmingham: Kynoch Press June 1952 12 p.

— Machining improved wood. Aircr. Production **14**(1952)166 275—277; Index Aeron. **8**(1952)10 84.

— Machining magnesium alloys. Mag. Magnesium (1952)May 10—15; AB **23** (1952)6 348.

— Spanabhebende Bearbeitung von Aluminium. (Aluminium-Merkblatt B 2) Düsseldorf: Aluminium Verl. 1952 16 S.

— Tapering aircraft sheet with abrasive belts. Modern Metals **8**(1952)9 53—54; Aluminium **29**(1953)4 XX.

Borger, J. C.: Machining integrally stiffened structures. Amer. Soc. Mech. Engrs. Prepr. 53-SA-21 1953 7 p.; Index Aeron. **9**(1953)9 79; Mech. Engng. **75**(1953)11 871—874; AB **24**(1953)12 800. [6.254.9].

Burkart, W.: Über das Schleifen und Polieren von Leichtmetallen. Aluminium **29**(1953)5 198—200; AB **24**(1953)9 568.

Grodzinski, P.: Unorthodox methods of machining hard materials. Metallurgia **47**(1953)279 34—38 29 ref.; Index Aeron. **9**(1953)4 71.

Heinrichs, F.: Zerspanung von Leichtmetallen mit Hartmetallwerkzeugen. Metall **7**(1953)15/16 604—606; Nachr.-Bl. AGM Leichtbau **3**(1954)7 12; Werkstoffe u. Korrosion **5**(1954)6 230.

Laval, Gaston et *René Schweyckart:* L'alésage. Rev. Aluminium **30**(1953)198 141—148, 199 197—204, 201 285—293; AB **24**(1953)6 388, 9 567, 11 711; Index Aeron. **9**(1953)11 93.

Lindquist, H.: Der Einfluß von Silizium in Aluminium auf die Lebensdauer von Schneidwerkzeugen. Aluminium **29**(1953)9 375—377; AB **24**(1953)12 800.

Oxford, C. J. jr.: On the drilling of metals. I. Basic mechanics of the process. Amer. Soc. Mech. Engrs. Prepr. 53-A-167 Nov./Dec. 1953 12 p. 16 ref.; Index Aeron. **10**(1954)6 89.

Rayburn, F. M.: Machining of high-tensile-strength steel. Amer. Soc. Mech. Engrs. Prepr. 53-SA-33 June/July 1953 5 p.; Mech. Engng. **75**(1953)10 794—795, 798; Index Aeron. **9**(1953)9 76; Nickel-Ber. **12**(1953)11 206.

Späth, W.: Die Zerspanungsgesetze bei verschiedenen Werkstoffen und Werkzeugen. Metall **7**(1953)7/8 241—247; AB **24**(1953)6 389.

Späth, W.: Über die Zerspanbarkeit von Leichtmetallen. Aluminium **29**(1953)7/8 292—297; AB **24**(1953)11 711; Index Aeron. **10**(1954)5 140.

Spencer, Lester F.: Machining aluminium alloys on automatics. Tool Engr. **30** (1953)1 55—64; AB **24**(1953)4 233.

Spencer, Lester F.: Verarbeitung von nichtrostendem Stahl mit rd. 17 % Cr. Iron Age **171**(1953)17 139—143; Stahl u. Eisen **73**(1953)19 1250.

(Voigt, Paul): Richtlinien für Schweißen und Verarbeitung von Kunststoff (PVC). (Taschenausgabe Verl. Technik Bd. 52) Berlin: Verl. Technik 1953 148 S. [2.31], [2.511.4].

Witthof, J.: Bearbeitung von Kunststoffen mit Hartmetallwerkzeugen. Kunststoffe **43**(1953)1 33—36, 2 85—88.

Wolcoff, R.: Stumpfe Werkzeugschneiden verändern die mechanischen Eigenschaften von Aluminium. Light Metal Age **11**(1953)5/6 19, 37; Aluminium **30** (1954)1 XIII.

— Machining aluminum. Montreal (Que.): Aluminum Co. Canada (ALCAN) June 1953 73 p.; AB **25**(1954)1 23.

Armour, J. D.: Guide for machining stainless steels. Steel **134**(1954) 22./3. 92— 95, 29./3. 106—108, 110; Nickel-Ber. **12**(1954)6 114.

Cuno, H.: Spanabhebende Bearbeitung von ausgehärteten Kunststoffplatten. Hansa **92**(1954)6/7 316—321.

Monacelli, G.: Spangebende Bearbeitung von Al und Magnesium. Modern Metals **9**(1954)12 33—34, 36, 38; Nachr.-Bl. AGM Leichtbau **3**(1954)9/10 21.

Petersen, A. H.: In-process machining of large aluminium forgings. Metal Progr. **66**(1954)2 81—88; Index Aeron. **10**(1954)10 111; Nachr.-Bl. AGM Leichtbau **4** (1955)7 20.

Thomas, H. C.: Annealing for optimum machinability. Metal Treatm. & Drop Forging **21**(1954)Sept. 403—406; Nickel-Ber. **12**(1954)11 206—207.

— Machining aluminium. ADA Inform. Bull. 7 Dec. 1954 56 p.

— High temperature alloys: Airforce machinability report. IV. Iron Age **174** (1954)22./7. 112—114; Nickel-Ber. **12**(1954)9 160.

Desherault, J. J.: Die spanabhebende Bearbeitung der Leichtmetalle. Aluminium (Suisse) **5**(1955)3 76—92.

Frey, E. u. P. Frey: Spanabhebende Bearbeitung von Leichtmetall mit Hartmetall-Werkzeugen. Aluminium (Suisse) **5**(1955)3 93—96.

Kollmann, Franz: Stand und Entwicklung der spangebenden und spanlosen Holzbearbeitung. Z. VDI **97**(1955)11/12 355—362 27 Lit.-St.; Holz als Roh- u. Werkstoff **13**(1955)7 278. [2.352].

Zickel, H.: Spangebende Formung von Kunststoffen. Industriekurier **8**(1955)69 187—190; Nachr.-Bl. AGM Leichtbau **4**(1955)10 14.

— Skin-milling. Aircr. Production **17**(1955)2 51—57; Luftfahrttechnik **1**(1955)1 VI.

— How to machine Meehanite castings. London: Int. Meehanite Metal Co. Bull. 29 20 p.

Fügen (Verbinden) 2.5

Allgemeines 2.50

Faißt, Helmut Wolfgang u. Oskar Günther: Verbinden von Leichtmetall. Leichtmetall **4**(1951)1/2 1—36.

Faißt, Helmut Wolfgang u. Oskar Günther: Verbinden von Aluminium. (Lehrheft 6.) Düsseldorf: Aluminium-Zentrale 1952 39 S.

Miller, M. A.: Verbinden von Al mit anderen Metallen. Welding J. **32**(1953)8 730—740; Nachr.-Bl. AGM Leichtbau **3**(1954)3/4 8.

— Joining magnesium. Dow Chemical Co. (USA) 1953 126 p.; AB **25**(1954)3 180.

Bungardt, Walter: Zur Frage der Punktschweißung. ZWB FB 696 1936 29 S.

Bollenrath, Franz u. *Heinrich Cornelius:* Zur Frage der Schweißempfindlichkeit. ZWB FB 743 1937 53 S.

Lippl: Die Lichtbogenschweißung als Verbindungsverfahren im Stahlleichtbau. (5. Konstrukteurkursus.) RKTL-Schr. 91 1939 28—38.

— Anleitungsblätter für das Schweißen im Maschinenbau. (Hrsg. Fachaussch. f. Schweißtechnik i. VDI) Berlin: VDI-Verl. 1939 52 S.

— Die Bearbeitung von Fragen der Schweißtechnik an den deutschen Materialprüfungsanstalten. Stand Ende 1938. (Wiss. Abh. Dtsch. MPA, Folge 1, H. 2) Berlin: Springer 1939 V, 95 S. [1.442.11].

Andriessen, C. J.: Lassen in de vliegtuigbouw. Lastechniek 6(1940)8 105—110.

Rockwell, M. M.: The development of aircraft spotwelding. Aviation 40(1941)7 42—43.

Jenkins, E. S.: Spot welding in aircraft structures. Welding J. 21(1942)12 839—843.

Malisius, R.: Verfahren zum Richten geschweißter Träger. Elektroschweißung 14 (1943)3 29—35.

Helbing, F.: Das Widerstandspunkt- und Nahtschweißen. Luftwissen 11(1944)7 189—192.

Hess, W. F. and *E. F. Nippes jr.:* A method for welding sheet aluminum to SAE 4140 steel. NACA ARR 4 A 01 (WR W-102) Jan. 1944.

Hogg, I. H.: The principles and some applications of atomic hydrogen welding. Sheet Metal Industries 23(1946)234 1985—1989.

Ulrich, Fr.: Soudure électrique. Manuel de soudure à l'arc. Paris: Dunod 1946 82 p.

Dever, F. S.: Spotwelding in aircraft manufacture. Mater. & Meth. 25(1947)5 92—96.

Hess, W. F. and *W. J. Childs:* Resistance welding. Projection. A study of projection welding. Welding J. 26(1947)Dec. 712—723. [1.442.11].

Hipperson, A. J. and *T. Watson:* Resistance welding in mass production; resistance welding costs. Welding 16(1948)Nov. 486—491; Met. Rev. 22(1949) 1 49.

Kirsten, K. u. *G. Ehrlicher:* Schweißen, Brennschneiden, Löten. 8. Aufl. Hannover: Jänecke 1948. 96 S. [2.33], [2.512].

Kloth, Willi: Das Schweißen im Leichtbau. Landtechnik 3(1948)20 387—388.

Pilia, Frank J.: Here's something new in spot welding. Industry & Welding 21 (1948)Dec. 32, 34, 36, 38; Met. Rev. 22(1949)1 49.

Pilia, Frank J.: New joining process makes possible "one side" spot welds. Steel 123(1948)13./12. 84—86, 118, 121—122; Met. Rev. 22(1949)1 50.

Poulignier, J. et *L. Pelletier:* Le soudage à l'hydrogène atomique et son application pour la soudure des métaux utilisés en aéronautique. Rech. Aéron. (1948)3 63—70 15 ref.

Sillifant, R. R.: Argonarc welding: A review of progress. Welding 16(1948)Febr. 53—60; Trans. Inst. Welding 11(1948)3 114—118.

Sohn, Jesse S. and *A. N. Kugler:* Inert gas welding: the aircomatic process. Western Metals 6(1948)Nov. 28—30; Met. Rev. 22(1949)1 49.

Sohn, Jesse S. and *A. N. Kugler:* The gas shielded metal arc-welding process. Welding J. 27(1948)Nov. 913—915; Met. Rev. 22(1949)1 49.

Taylor, H. G.: Research and development in the USA and Canada. Welding 16 (1948)Dec. 504—510; Met. Rev. 22(1949)2 47.

Weck, R.: The design and fabrication of welded structures subjected to repeated loading. Pt. I—V. Welder **17**(1948)98 91—96, **18**(1949)99 15—19 10 ref., 101 61—66, **19**(1950)103 15—24 11 ref., 104 43—46 8 ref.; Index Aeron. **5**(1949)3 52, 7 47, **6**(1950)2 44, 10 48, 12 48. [1.442.14], [5.5].

Beatson, E. V.: The welding, brazing and soldering of coated metals. J. Electro-depositors' Techn. Soc. **24**(1949) 41—56; Steel Processing **35**(1949)June 296—300; Met. Rev. **22**(1949)4 51; Bull. Anal. C.N.R.S. **11**(1950)11 3984. [2.512].

Bennewitz, R. H. u. F. J. Pilia: Das Heliarc-Schutzgas-Lichtbogenschweißver-fahren und seine Anwendungsmöglichkeiten zum Schweißen dünner Bleche im Kraftfahrzeugbau. Automot. Industries **101**(1949)12 38—40, 60, 62. [6.252.41].

Dever, Frederick S.: Techniques for spot welding. Welding Engr. **34**(1949)4 46—51; Index Aeron. **5**(1949)9 36; Met. Rev. **22**(1949)5 52.

Fahrenbach, Wolfgang: Widerstandsschweißen. 2. Aufl. (Werkstattbücher H. 73) Berlin-Göttingen-Heidelberg: Springer 1949 64 S.

Fowler, R. J.: Arc welding data charts for drawing office and work shop. Weld-ing **17**(1949)Febr. 67—71, March 117—121, 129; Met. Rev. **22**(1949)4 52, 5 51.

Gillette, R. T.: What not to do when resistance welding. Amer. Machinist **93**(1949)13./1. 85—89; Met. Rev. **22**(1949)2 47.

Greenberg, Simon A.: Sound welding. Welding J. **28**(1949)June 526—530; Met. Rev. **22**(1949)8 50.

Griese, Friedrich-Wilhelm: Die Wirtschaftlichkeit der Schweißverfahren im An-wendungsgebiet der Rohrschweißung. Braunschweig: Vieweg 1949 94 S. [1.52].

Herbruck, C. G.: Manual submerged arc process simplifies welding for many uses. Mater. & Meth. **29**(1949)June 64—66.

Hesse, Rudolf: Praktische Regeln für den Elektroschweißer. 3. Aufl. (Werkstatt-bücher H. 74) Berlin-Göttingen-Heidelberg: Springer 1949 56 S.

Heuschkel, J. u. H. Bitzer: Studien über die Gleichmäßigkeit der Güte bei der Punktschweißung. Welding J. **28**(1949)10 477s—483s; Schweißen u. Schneiden **2**(1950)12 325—333.

Keel, C. G. u. P. Degen: Günstigste Flammeneinstellungen für schweißbare Stählelegierungen und Nichteisenmetalle. Z. Schweißtechnik (Zürich) **39**(1949) Juni 108—111; Met. Rev. **22**(1949)8 50.

Malisius, R.: Der Weg zum wirtschaftlichen Schweißen. Halle (Saale): Marhold 1949 168 S. [1.52].

Pilia, Frank J.: Inert gas-shielded-arc spot welding. Welding J. **28**(1949)Jan. 5—11.

Pilia, Frank J.: Spot welding with inert gas. Welding Engr. **34**(1949)Jan. 56—58, 60.

Ricken, Theodor: Grundzüge der Schweißtechnik. 2. Aufl. Berlin-Göttingen-Heidelberg: Springer 1949 72 S.

Sillifant, R. R. and W. A. Woollcott: The argon-arc welding process. Welding **17** (1949)Oct. 430—441, Nov. 493—506.

Weck, R.: Residual stresses due to welding. Welding J. **28**(1949)Jan. 9s—14s; Met. Rev. **22**(1949)2 47.

Wilson, R.: 21 ways to lower arc welding costs. Iron Age **164**(1949)6./10. 105—110.

Wolff, L.: Die Lichtbogenschweißung mit Argon als Schutzgas. Z. VDI **91**(1949) 399.

de Zanger, W.: Het argonarc lassen. Polytechn. T. **4**(1949)9/10 157a—161a.

Zorn, E.: Maschinelles Gasschmelzschweißen. (Aus der Praxis der Schweißtech-nik H. 19) Halle (Saale): Marhold 1949 70 S.

— The Headland welding. London: Thos. P. Headland Ltd. 226 p.; Met. Rev. **22** (1949)9 53.

— Pressure welding — recent developments in the USA. Welding **17**(1949)Aug. 347—355.

— Resistance welding; a survey of present-day practice and machine developments. Automob. Engr. **39**(1949)June 223—230; Met. Rev. **22**(1949)8 50.

Braithwaite, R. G.: The control of distortion in arc welding. Trans. Inst. Welding **13**(1950)2 64—70.

Brillié, M.: La soudure électrique à l'arc en atmosphère d'argon. Berg- u. Hüttenmänn. Mh. **95**(1950)12 348—352.

Dubilier, William: Latest development in cold pressure welding widens its field of application. Mater. & Meth. **32**(1950)5 78—80.

Dubilier, W.: Latest developments in coldwelding. Welding J. **29**(1950)12 1077—1081.

Fuchs, E.: Safety in the practice of welding. Trans. Inst. Welding **13**(1950)3 87—94.

Kjellberg, B.: Neue schwedische Untersuchungen über die Schweißbarkeit. Schweißen u. Schneiden **2**(1950) S. H. Dez. 389—401.

Klosse, Ernst: Das Lichtbogenschweißen. 4. Aufl. (Werkstattbücher H. 43) Berlin-Göttingen-Heidelberg: Springer 1950 66 S.

Krekeler, Karl: Schweißtechnik im In- und Ausland. (Kolloquium über schweißtechnische Fertigungsverfahren Aachen 1949.) Z. VDI **92**(1950)5 124—127. [2.511.4].

Müller, A., G. J. Gibson and *E. H. Roper:* The aircomatic welding process. Welding J. **29**(1950) 458—482.

Müller, F. H.: Sonderlegierungen für Auftragsschweißungen. (Aus der Praxis der Schweißtechnik, H. 27) Halle (Saale): Marhold 1950 24 S.

Renner, O. u. L. Wolff: Die autogene Preßschweißung. Schweißen u. Schneiden **2** (1950)11 283—293.

Schimpke, P.: Die neueren Schweißverfahren. (Mit besonderer Berücksichtigung der Gas-Schweißtechnik). 7. Aufl. (Werkstattbücher H. 13) Berlin-Göttingen-Heidelberg: Springer 1950 61 S.

Stieler, C.: Wirtschaftliche Gesichtspunkte bei der Lichtbogenschweißung. (Aus der Praxis der Schweißtechnik H. 29) Halle (Saale): Marhold 1950 19 S.; Werkstattstechn. u. Maschinenb. **42**(1952)1 36.

Zeyen, K. L.: Schweißforschung in England und den USA. Werkstatt u. Betrieb **83**(1950)1 33—34.

— Memorandum on electric arc welding. London: HMSO Repr. 1950 15 p.; Bull. Anal. C.N.R.S. **11**(1950)11 3985.

— Wiggin high nickel alloys: methods of joining. Henry Wiggin & Co. Publ. 286 1950 42 p.; Index Aeron. **6**(1950)11 73. [2.512].

Le Comte, H.: Das Schweißen an Kraftfahrzeugen. Schweißen u. Schneiden **3** (1951) S. H. Nov. 68—72. [6.252.41].

Dixon, H. E. and *H. G. Taylor:* Resistance welding: research progress by the British Welding Research Association. Sheet Metal Industries **28**(1951)296 1121—1130, 1136 15 ref.; Index Aeron. **8**(1952)3 60; Stahl u. Eisen **72**(1952) 10 586.

Heffernon, A.: Schweißnahtvorbereitung an Blechen. Welding J. **30**(1951)3 221—228; Nachr.-Bl. AGM Leichtbau **3**(1954)2 16.

von Hofe, H., E. Kauhausen, H. Koch, K. L. Zeyen u. *E. Zorn:* Schweißen in den USA. Schweißen u. Schneiden **3**(1951)12 359—370.

Hofmann, Wilhelm u. *Jürgen Ruge:* Versuche über die Kalt-Preßschweißung von Metallen. Feinwerktechnik **55**(1951)12 307—308.

Koch, H.: Schutzgasschweißung. Schweißen u. Schneiden **3**(1951) S. H. Nov. 11—18 12 Lit.-St.

Komers, M.: Eindrücke von der amerikanischen Schweißtechnik. Schweißen u. Schneiden **3**(1951) S. H. Nov. 18—26.

Lohmann, Wilhelm: Fortschritte in der Schweißtechnik im Jahre 1950. Stahl u. Eisen **71**(1951)24 1323—1327, 25 1395—1397.

Lytle, A. R. u. E. L. Frost: Verdeckte Lichtbogenschweißung mit Mehrfachelektroden. Welding J. **30**(1951)2 103—110; Stahl u. Eisen **72**(1952)14 850.

Malisius, R.: Elliraschweißen mit einem einfachen Handkurbelgerät. Schweißen u. Schneiden **3**(1951) S. H. Nov. 62—68.

Matting, A.: Deutsche und spanische Schweißprobleme. Schweißen u. Schneiden **3**(1951) S. H. Nov. 3—10 21 Lit.-St.

Ruge, Jürgen: Fortschritte auf dem Gebiete des Schweißens und Schneidens. Wichtige neuere Veröffentlichungen über die Lichtbogenschweißverfahren. Schweißen u. Schneiden **3**(1951) 317—318.

Türcke, H.: Die Grundlagen der Eisenguß-Warmschweißtechnik. Technik (Berlin) **6**(1951)3 138—142.

Wasserman, R. D., L. Florin u. G. M. Blanc: Spare durch Schweißen. Lausanne: Castolin Schweißmaterial AG 1951 88 S.

Wolff, L. u. W. Mantel: Das Entspannungswärmen mit Brausebrenner. Schweißen u. Schneiden **3**(1951) S. H. Nov. 57—61.

Zeno, R. S. u. H. L. C. Leslie: Lichtbogenschweißung dünnwandiger Rohre unter Schutzgas. Welding J. **30**(1951)11 986—991; Stahl u. Eisen **72**(1952)4 210.

Zorn, E.: Der Autogenbrenner bei der Elektroschweißung. Schweißen u. Schneiden **3**(1951) S. H. Nov. 43—49 27 Lit.-St.

Chrenow, K. K. u. D. M. Kuschnerew: Automatische elektrische Lichtbogenschweißung unter doppelter Flußmitteldecke. Schweißtechnik (Berlin) **2**(1952) 1 15—17; Nachr.-Bl. AGM Leichtbau **3**(1954)2 15.

Dumpert, E.: Schweißtechnische Verfahren und schweißtechnische Gestaltung im Automobilbau. Schweißen u. Schneiden (1952) S. H. Dez. 135—138. [5.5], [6.252.41].

Hipperson, A. J.: Scientific and mass production aspects of resistance welding. J. Instn. Production Engrs. **31**(1952)8 337—358; Werkstatt u. Betrieb **86**(1953)4 189.

Hofmann, Wilhelm u. Jürgen Ruge: Versuche über die Kalt-Preßschweißung von Metallen. Z. Metallkde. **43**(1952)5 133—137; Nachr.-Bl. AGM Leichtbau **1** (1952)6 6—7.

Hollmann: Kaltschweißen. Maschinenmarkt (1952)63 3—5; Nachr.-Bl. AGM Leichtbau **2**(1953)5 7.

Hummitzsch, Werner: Das wirtschaftliche Schweißen mit der Tiefbrand-Schleppelektrode. Werkstatt u. Betrieb **85**(1952)2 49—52.

Keil, A.: Das elektrische Punktschweißen ohne Gegenelektrode. Glas. Ann. **76** (1952)9 210—211; Nachr.-Bl. AGM Leichtbau **3**(1954)2 15.

Kunz, Hans: Neuere Erkenntnisse auf dem Gebiet des autogenen Entspannens von Schweißnähten. Schweißen u. Schneiden **4**(1952) S. H. Dez. 55—64.

Latimer, J.: Automatic welding. Trans. Inst. Welding **15**(1952)3 71—82.

Neuenkirchen: Früh- und Spätpreßschweißung. Schweißen u. Schneiden **4**(1952) 10 360—361; Nachr.-Bl. AGM Leichtbau **2**(1953)5 7.

Reininger, H.: Druckgießschweißen. Maschinenmarkt (1952)63 7—8; Nachr.-Bl. AGM Leichtbau **2**(1953)5 7.

Roth, H. W.: Die elektrische Vielpunktschweißung. Schweißen u. Schneiden **4** (1952)6 194—198.

Ruge, Jürgen: Die Kaltpreßschweißung von Metallen. Diss. TH Braunschweig 1952.

Sickels, E. D.: Das Kaltpreßschweißen von Draht. Wire & Wire Products **27**(1952) 12 1298—1299, 1323—1324; Draht **4**(1953)6 238.

Smith, S. E.: Notes on the selection of arc welding equipment for the light metal industry. Welder **21**(1952)111 58—60; AB **24**(1953)1 23.

678

Starr, J.: Resistance welding of aircraft structures. Aero Dig. **65**(1952)6 50—58; Index Aeron. **9**(1953)3 47.

Zeyen, K. L.: Gedanken und Feststellungen über den derzeitigen Stand der Schweißtechnik. Werkstatt u. Betrieb **85**(1952)5 171—180 50 Lit.-St.

Bates, C. C.: Anschweißen von Stahlbolzen an Gußeisen. Trans. Inst. Welding **16**(1953)1 5—11; Stahl u. Eisen **73**(1953)21 1370.

Bollenrath, Franz: Schweißführung und Gefügeausbildung in Lichtbogen-Schmelzschweißen. Werkstatt u. Betrieb **86**(1953)6 269.

Cunningham, J. W. u. H. C. Cook: Wirkung verschiedener Schutzgase beim Schutzgasschweißen. Welding J. **32**(1953)9 834—841; Stahl u. Eisen **74**(1954) 2 118.

Dobyrin, I. F.: Die Lichtbogenschweißung im Bauwesen. Halle (Saale): Marhold 1953 68 S.; Technik (Berlin) **9**(1954)5 311.

Füllenbach, H.: Schmelzpunktschweißen von Blechen aus verschiedenen Werkstoffen mit Lichtbogen in Argon. Mitt. Forsch.-Ges. Blechverarb. (1953)16 209—216; Stahl u. Eisen **73**(1953)21 1369.

Granjon, H.: Proposals for classification of tests on weldability: Report approved by the 9th Commission of the International Institute of Welding. Soudure et Techn. Connexes Suppl. **7**(1953)3/4 (2 S: 9-26-53) 13 p.; Index Aeron. **9** (1953)7 51.

Heuschkel, J.: Consistent, high quality spotwelds. Mater. & Meth. **37**(1953)3 88—91; Nachr.-Bl. AGM Leichtbau **4**(1955)1 12.

Hörmann, E.: Das elektrische Widerstandsschweißen. Schweißen u. Schneiden **5**(1953)1 26—41; Werkstoffe u. Korrosion **5**(1954)6 229.

Hofmann, Wilhelm u. Jürgen Ruge: Die Kalt-Preßschweißung als neuartiges Verbindungsverfahren. Z. VDI **95**(1953)8 233—237 9 Lit.-St.

Hull, W. G. and J. C. Needham: Self-adjusting arc and controlled arc welding process. Welding Res. **7**(1953)4 80r—96r; AB **24**(1953)11 711.

Mantel, W. u. L. Wolff: Neuere Entwicklungen und Erkenntnisse auf dem Gebiete der Elliraschweißung. Schweißen u. Schneiden **5**(1953)9 339—347.

Ogden, J.: Multitransformer welding presses. Electr. Engng. **72**(1953)10 919—924; Index Aeron. **10**(1954)1 51.

Pfender, Max: Ausgleich und Steuerung von Eigenspannungen durch autogenes Erwärmen. Schweißen u. Schneiden **5**(1953)S. H. Dez. 62—69.

Portevin, Albert: Metallurgische Betrachtungen über das Schweißen. Rev. Universelle Mines **96**(1953)5 Sér. 9 375—383; Stahl u. Eisen **73**(1953)17 1124.

Richter, F. u. E. Meinhardt: Kleines Handbuch für das Schweißen mit Elektrodenbündeln. Berlin: Verl. Technik 1953 87 S.; Dtsch. Elektrotechn. **8**(1954)4 155.

Ricken, Th.: Das Humboldt-Meller-Schweißverfahren. Industrie-Bl. **53**(1953)4 111—113; Nachr.-Bl. AGM Leichtbau **3**(1954)3/4 11.

Turhill, R. W.: Fillerarc welding process. Welding J. **32**(1953)8 703—707; Nachr.-Bl. AGM Leichtbau **3**(1954)5 10.

Wellinger, Karl: Möglichkeiten des Abbaues von Schweißspannungen. Schweißen u. Schneiden **5**(1953)S. H. Dez. 157—162.

Zeyen, K. L.: Schweißelektroden. Heutiger Entwicklungsstand, betriebliche Bewährung und Linien der voraussichtlichen Weiterentwicklung, besonders im Hinblick auf die Schweißsicherheit. Schweißen u. Schneiden **5**(1953)S. H. Dez. 119—140.

Zeyen, K. L.: Die Verfahren der elektrischen Lichtbogenschweißung. Schweißen u. Schneiden **5**(1953)1 12—26 40 Lit.-St.

— Sheet-metal welding. II. Aircr. Production **15**(1953)181 420—429; Index Aeron. **10**(1954)1 50.

Alf, Fritz: Die Induktionswärmebehandlung von Schweißnähten. Schweißen u. Schneiden **6**(1954)8 340—344.

Ashton, Theodore: Das Zweidraht-Unterpulver-Schweißverfahren. Welding J. **33**(1954)4 350—355; Stahl u. Eisen **74**(1954)21 1384.

van den Blink, W. P., E. H. Ettema u. *P. C. van der Willigen:* Neues Bolzen-Schweißverfahren. Brit. Welding J. **1**(1954)10 447—454; Stahl u. Eisen **74**(1954) 27 1792.

Brillié, J.: Grundlagen und Anwendung des Lichtbogenschweißens nach dem Nertalic-Aircomatic-Verfahren mit Argon als Schutzgas. Rev. Soudure **10** (1954)1 22—32; Stahl u. Eisen **74**(1954)15 973.

Erker, Armin: Widerstandschweißung. Schweißen u. Schneiden **6**(1954)1 30—35.

Hofmann, Wilhelm u. *Jürgen Ruge:* Der Stand der Kaltpreßschweißung und Kaltpreßlötung. Werkstattstechn. u. Maschinenb. **44**(1954)3 108—111. [2.512].

Hofmann, Wilhelm u. *K. Groove:* Kaltpreßschweißung und Kaltpreßlötung. Z. Metallkde. **45**(1954)8 514—515; Nachr.-Bl. AGM Leichtbau **3**(1954)11/12 9. [2.512].

Hughes, J. E.: The cold pressure welding of metals. Metallurgia **49**(1954)291 15—19 9 ref.; Index Aeron. **10**(1954)5 82.

Kaluza, E.: Der heutige Stand der Schutzgasschweißung. I. Schutzgasschweißung mit Wolfram-Elektrode. II. Schutzgasschweißung mit verzehrbarer Elektrode. Schweißtechnik (Berlin) **4**(1954)7 197—201 12 Lit.-St., 8 244—246 6 Lit.-St.

Komers, M.: Schweißen von Großraumbehältern aus plattierten Blechen. Schweißen u. Schneiden **6**(1954)9 374—379.

Mantel, W.: Die amerikanische Geräteanwendung bei der Schweißung mit verdecktem Lichtbogen und bei der Lichtbogenschweißung unter Edelgasschutz. Schweißen u. Schneiden **6**(1954)1 36—45.

Matting, A. u. *E. Rubo:* Physikalische Gesetzmäßigkeiten bei der Punktschweißung von Stahlblechen. Schweißen u. Schneiden **6**(1954)9 365—370.

Moressée, G.: Le soudage électrique par résistance, procédé d'assemblage de grande productivité: Son emploi dans la construction des cellules d'avion. Techn. et Sci. Aéron. (1954)1 11.

Müller, J.: Folgerungen aus der Schweißbarkeitslehre der Metalle. Schiff u. Hafen **6**(1954)4 255.

Neumann, Heinz: Entwicklung und praktische Anwendungsmöglichkeiten der Widerstand-Stumpfschweißung. Schweißen u. Schneiden **6**(1954)11 439—447.

Risch, Theodore A. u. *Alfred E. Dohna:* Neues Verfahren zum Legen einer Wurzelnaht beim Lichtbogenschweißen. Welding J. **33**(1954)7 670—679; Stahl u. Eisen **74**(1954)21 1384.

Schwarz, H.: Zur Technologie der Schutzgasschweißung mit abschmelzender Elektrode (Sigma-Schweißung). Z. Schweißtechn. (Zürich) **44**(1954)10 199—212; Aluminium **31**(1955)5 A 105.

Sellier, E.: Das Schweißen mit einer feuerfesten und einer Abschmelzelektrode unter Verwendung von Argon als Schutzgas. Rev. Soudure **10**(1954)1 3—21; Stahl u. Eisen **74**(1954)15 973.

Sill, Albert jr. u. *C. C. Mathias:* Versprödung von geschweißten Sinterteilen. Welding J. **33**(1954)9 842—846; Stahl u. Eisen **74**(1954)27 1792.

Walser, H.: Aus der Praxis des Argonarcschweißens. Aluminium (Suisse) **4** (1954)3 80—90.

Wegmann, Emil: Verfahren und Maschinen für das Abbrennstumpfschweißen. Schweißen u. Schneiden **6**(1954)12 494—499.

Witting, E.: Der Argomat, ein neues Hochleistungsgerät für Schutzgasschweißung mit verzehrbarer Elektrode. Z. Schweißtechnik **44**(1954)3 64—70; Aluminium **30**(1954)6 CXXIII; Index Aeron. **10**(1954)6 80.

Zwart, K. K.: Einfluß äußerer Magnetfelder auf die verdeckte Lichtbogenschweißung mit Gleichstrom. Lastechniek **20**(1954)4 62—67; Stahl u. Eisen **74**(1954)15 973.

— Fehler beim Lichtbogenschweißen und deren Vermeidung. Schr.-Reihe Öst.
   Ges. Schweißtechn. H. 3 32 S.; Schweißtechnik (Berlin) 4(1954)11 340.
— Fortschritte auf dem Gebiete des Schweißens und Schneidens. Wichtige
   neuere Veröffentlichungen über die Lichtbogenschweißverfahren. Schweißen
   u. Schneiden 6(1954)2 86—89 35 Lit.-St., 3 115—117 65 Lit.-St., 9 380—383
   80 Lit.-St.
— Mechanization of argon arc welding. Metallurgia 50(1954)301 213—218.
— Mechanization of argon arc welding. Metal Industry 85(1954)16 325—328;
   Nachr.-Bl. AGM Leichtbau 4(1955)7 20.
Bergmann, E.: Der heutige Stand der elektrischen Lichtbogenschweißung.
   Elektrotechn. Z. (B) 7(1955)3 65—69.
Bollenrath, Franz: Loch-Schmelzpunktschweißen. Werkstatt u. Betrieb 88(1955)6
   303—306.
Brunst, W.: Die heutigen Möglichkeiten der Dünnblech-Schweißung. Werkstatt
   u. Betrieb 88(1955)6 286—295.
v. Hofe, H.: Qualitätsverbesserung und Leistungssteigerung als treibende Ur-
   sachen für die Entwicklung neuer Schweißverfahren. Schweißen u. Schneiden
   7(1955)6 226—230 20 Lit.-St.
Matting, A.: Die Schutzgasschweißung im Gefügebild. Industrie-Anz. 77(1955)46
   631—634.
McClean, C. A.: Spot welding from one side with a portable gun using the
   inert-gas shielded tungsten-arc process. Product Engng. (1955)Apr. 180—189.
Thompson, J. M. jr.: Inert-gas welding in the aircraft industry. Welding J. 34
   (1955)7 635—640.
Tuthill, R. W.: New techniques in inert-gas-shielded metal-arc welding. Weld-
   ing J. (1955)Febr. 137—141.
Zeyen, K. L.: Bolzenschweißen. Hansa 92(1955)13/14 554—562.
Zeyen, K. L.: Auszüge aus dem neueren Schrifttum über die Ursachen der Poren-
   bildung in Schweißnähten und deren Einfluß auf die Bewährung. Werkstatt
   u. Betrieb 88(1955)6 307—312.
Zeyen, K. L.: Fortschritte auf dem Gebiete des Schweißens und Schneidens.
   Neuere Erkenntnisse über den Einfluß des Wasserstoffs bei Schweißungen.
   Schweißen u. Schneiden 7(1955)5 200—207.

Stähle und Schwermetalle   2.511.2

Arndt, Michael: Bericht über die Schweißung eines Hinterholmanschlußstückes.
   ZWB PB 238 1935 3 S.
Bollenrath, Franz u. *Heinrich Cornelius:* Beitrag zur Frage der Schweißempfind-
   lichkeit dünnwandiger Teile aus Stählen höherer Festigkeit. ZWB FB 528
   1935 27 S.
Zeyen, K. L.: Schweißrissigkeit von Stählen höherer Festigkeit bei der Autogen-
   schweißung schwacher Querschnitte in Abhängigkeit von dem Reinheitsgrad
   des Brenngases. ZWB FB 479 1935 17 S.
Ayßlinger, H.: Das Schweißen von unlegierten Stählen mit verschieden hohem
   Kohlenstoffgehalt. Mitt. Forsch.-Anst. GHH-Konzern 5(1937)5 112.
Cornelius, Heinrich: Schweißen von Stahl. Ringb. Luftf. Techn. II C 1 Mai 1937
   14 S. 21 Lit.-St.
Cornelius, Heinrich: Schweißen von Stahlguß, Gußeisen und Temperguß. Z. VDI
   82(1938)37 1079—1088.
Cornelius, Heinrich: Der Einfluß von Kohlenstoff und Mangan auf die Schweiß-
   barkeit von Stahl. Z. VDI 82(1938)41 1200—1203.
Cornelius, Heinrich u. *K. Fahsel:* Versuche über die Metallichtbogenschweißung
   dünner Bleche aus Chrom-Molybdänstahl. ZWB FB 886 1938 31 S.

Bierett, G., E. Diepschlag, Kurt Klöppel u. a.: Schweißtechnik im Stahlbau. Bd. 1. Allgemeines. (Hrsg. K. Klöppel u. C. Stieler.) Berlin: Springer 1939 X, 191 S. [1.442.12].

Cornelius, Heinrich: Schweißen von Chromstählen. Z. VDI **83**(1939)23 707—713. [1.442.12].

Hase, C.: Das Schweißen von plattierten Blechen. Techn. Mitt. HdT (Essen) **32** (1939)6 196—200.

Hauttmann, H.: Beitrag zur Kenntnis der Vorgänge beim Schweißen von St 52. Techn. Mitt. HdT (Essen) **32**(1939)6 182—185; Mitt. Forsch. Anst. GHH-Konzern **7**(1939)3.

Kritzler, G.: Gußeisenschweißen im Maschinenbau. Techn. Mitt. HdT (Essen) **32**(1939)6 192—195.

Wasmuht, Roland: Neuere Erkenntnisse zum Schweißen von St 52. Bautechnik **17**(1939)7 85—90.

Bennek, H. u. *Fr. H. Müller:* Ungewöhnliche Brucherscheinungen im Schweißgut hochwertiger Lichtbogenschweißungen. Arch. Eisenhüttenwes. **14**(1940/41)12 605—615 21 Lit.-St.; Techn. Mitt. Krupp, Forsch.-Ber. **4**(1941)5 99—116; Techn. Z.-Schau **26**(1941)19 330, 24 406.

Cornelius, Heinrich: Schweißen von korrosions- und hitzebeständigen Stählen. Austenitische Stähle. Z. VDI **84**(1940)8 132—136.

Cornelius, Heinrich: Einfluß von Schwefel und Phosphor auf das Schweißen von Stahl. Z. VDI **84**(1940)25 432—434.

Cornelius, Heinrich: Einfluß von Sauerstoff und Stickstoff auf das Schweißen von Stahl. Z. VDI **84**(1940)27 477—482.

Helin, E.: Schweißnahtrissigkeit. Elektroschweißung **11**(1940)10 162—169 8 Lit.-St.; Techn. Z.-Schau **26**(1941)1 14.

Krug, P.: Kaltschweißung von Gußeisen. Z. VDI **84**(1940)41 777—783; Techn. Z.-Schau **26**(1941)1 14. [1.442.12].

Dods, J. P.: Über Entwurf und Ausführung der Schweißung von Flugzeugstählen. Welding J. **20**(1941)11 787; Elektroschweißung **14**(1943)5 68.

Pecnik, F.: Berichte aus der Praxis: Schweißen von dicken Blechen ohne Verwerfung. Elektroschweißer **5**(1941)1 1—3; Techn. Z.-Schau **26**(1941)15 263.

Roš, Mirko Gottfried: Aktuelle Probleme der Schweißung von Konstruktionsstählen. (Problèmes actuels de la soudure des aciers de constructions.) EMPA Disk.-Ber. 132 Febr. 1941 83 S. [1.442.12].

Schoenmaker, P.: Strukturveränderungen beim Schweißen niedrig- und hochlegierter Stähle. Ingenieur (Materialenkennis) **56**(1941)8/(2) Mk. 7—9; Techn. Z.-Schau **26**(1941)12 217.

Wegerhoff, E.: Die Anwendung des Azetylenbrennschnittes als Schweißkantenvorbereitung im Stahlbau. Autog. Metallbearb. **34**(1941)10 161—168; Techn. Z.-Schau **26**(1941)16 281.

Harder, O. E. u. *C. B. Voldrich:* Schweißbarkeit von Kohlenstoff-Mangan-Stählen. Welding J. **21**(1942) 450—466.

Hummitzsch, Werner: Metallichtbogenschweißung vergüteter Stähle. ZWB TB **9**(1942)5, Vorabdr. Jb. 1942 Dtsch. Luftf.-Forsch. 2. Lfg. 46—48.

Bollenrath, Franz u. *Heinrich Cornelius:* Widerstandsabbrennschweißung an Gurtlaschen aus Flw. 1620. ZWB UM 1063 1943 9 S.

— Schweißen von Gußeisen. (Hrsg. VDI-Fachausschuß f. Schweißtechnik) Berlin: VDI-Verl. 1943.

Hanson, D., A. H. Cottrell, J. A. Wheeler, K. Winterton and *P. D. Crowther:* Researches in alloy steel welding. Brit. Welding Res. Ass. Rep. 23 July 1944.

— The arc welding of high tensile (low alloy) structural steels. (Metal arc welding.) 2nd ed. Brit. Welding Res. Ass. Rep. T. 2 Febr. 1944.

Hopkin, G. L.: Comments on the role of hydrogen in relation to the cracking of alloy steels in welding. "Symposium on Metallurgy of Steel Welding", Brit. Welding Res. Ass. 1945 40—46.

Dore, R. E.: The argonarc process for welding magnesium and aluminium alloys and stainless steel. Sheet Metal Industries **23**(1946)236 2405—2415. [2.511.3].

Woollcott, W. A. and *R. R. Sillifant:* Welding stainless steel sheet. Welding **14** (1946) 557.

van den Beemt, J. H.: Problems in resistance welding stainless steel railway car construction. Welding J. **26**(1947)Oct. 837—842.

Bramley, R.: Technique for welding 11 %—14 % manganese. Industry & Welding **20**(1947)Sept. 40—42, 44.

Brown, E. J.: Development of butt-welded joints in pressure vessels. Welding J. **26**(1947)Oct. 867—871. [6.215].

Carpenter, O. R.: Seam welding composite plates. Steel **121**(1947)22./12. 64—66, 83—84.

Danes, F. S.: Welding and flame cutting applied to stainless and clad steels. Mater. & Meth. **26**(1947)Oct. 102—106. [2.33].

Harding, E. W.: Welding heat-resisting alloys for jet engine construction. Welding J. **26**(1947)Nov. 504—511, 519.

Hess, W. F., W. D. Doty and *W. J. Childs:* The fundamentals of spot welding of steel plate. Welding J. **26**(1947)Oct. 583—593.

Heuschkel, J.: Some metallurgical aspects of carbon steel spot welding. Welding J. **26**(1947)Oct. 560—581.

Hipperson, A. J. and *T. Watson:* Resistance welding processes in mass production: selection of the process. Welding **15**(1947)Nov. 530—534, Dec. 580—587, **16**(1948)Jan. 30—38, Febr. 76—80, March 121—125, Apr. 145—151, 162, May 211—225.

Lefèvre, M.: État actuel du problème de la soudabilité des aciers de construction. Arcos (Belgium) **24**(1947)Oct. 2571—2593, **25**(1948)Janv. 2603—2614.

Rosenberg, Friedrich: Punktdurchmesser und Elektrodenkräfte beim elektrischen Punktschweißen von Stahlblechen. Werkstatt u. Betrieb **80**(1947)12 293—296 28 Lit.-St.

Schnurer, W.: Verschleißfeste Auftragschweißungen auf Stahl und Stahlguß. Schweißtechnik (Wien) **1**(1947) Mai 10—11, Juni 6—7; Met. Rev. **22**(1949)8 50.

Singleton, R. C.: Electric arc stud welding. Welding J. **26**(1947)Dec. 1095—1101.

Stitt, J. R.: Effect of temperature gradients upon the introduction of residual stresses in weldments or other structures. Proc. SESA **5**(1947)1 67—70 2 ref.; Index Aeron. **4**(1948)5 61.

v. Concady, Horst: Fertigungstechnische Überlegungen zur Feinblechschweißung. Technik (Berlin) **3**(1948)12 529—532. [5.5].

Cuke, N. H.: Multiple flame pressure welding. Welding J. **27**(1948)Jan. 39—47.

Fast, J. D.: The part played by oxygen and nitrogen in arc welding. Philips Techn. Rev. **10**(1948)July 26—34 19 ref.; Met. Rev. **22**(1949)2 48.

Gerritsen, W.: Le soudage à l'arc à l'argon. Rev. Soudure **4**(1948)1 3—16. [2.511.3].

Hipperson, E. P.: Recommended practice for the spot welding of low carbon mild steel sheet. Trans. Inst. Welding **11**(1948)5 83 r—86 r.

Hummitzsch, Werner: Das Schweißen von rost-, säure- und hitzebeständigen Stählen. Schweißtechnik (Wien) **2**(1948)Oct. 119—128; Met. Rev. **22**(1949)5 53.

Keel, C. G. u. *M. A. Müller:* Das Schweißen der Hartmetalle. Z. Schweißtechn. **38**(1948)Jan. 2—9.

Kihlgren, T. E.: Welding techniques for cast iron. Welding J. **27**(1948)Jan. 15—19.

Legat, A.: Beitrag zur Frage der Schweißbarkeit der Hoch- und Brückenbaustähle. Schweißtechnik (Wien) **2**(1948)Jan. 5—8, Febr. 15—18; Met. Rev. **22**(1949)5 53.

Malcolm, V. T. and *S. Low:* Weldability of cast low-alloy steels. Welding J. **27**(1948)Dec. 1029—1033; Met. Rev. **22**(1949)1 50.

Merrill, T. W.: Notes on the weldability and mechanical properties of manganese-vanadium plate steel. Part I. Vancoram Rev. **6**(1948)1 7—9, 14—15; Met. Rev. **22**(1949)8 50. [1.322.121].

Reich, R. A.: Modern projection welding. Amer. Soc. Mech. Engrs. Prepr. 48-SA-17 May/June 1948 5 p.; Index Aeron. **4**(1948)10 47.

Riley, J. J.: Flash welding nickel steels. Welding Engr. **33**(1948)Dec. 36—39; Met. Rev. **22**(1949)1 50.

Ryalls, E.: Bronzewelding of cast iron: principles and technique. Welding **16** (1948) 203—210.

Trunschitz, Valentin: Die Praxis der Gußeisenschweißung. Schweißtechnik (Wien) **2**(1948)Apr. 43—46; Met. Rev. **22**(1949)5 53.

Waddington, E. S.: Some problems associated with the development of light gauge metallic arc welding. Sheet Metal Industries **25**(1948)257 1829—1836, 1840; Index Aeron. **4**(1948)12 73; Met. Rev. **22**(1949)3 50.

Williams, L. W.: How to weld clad steels? Iron Age **162**(1948)4 72—80, 5 82—88; Konstruktion **1**(1949)3 90.

— Survey of automatic arc and gas welding processes as used in the automotive industry. Automotive Welding Committee. Welding J. **27**(1948)Jan. 27—35. [2.511.3].

Arnold, P. C.: Welding of stainless clad steel. Welding J. **28**(1949)Oct. 940—945.

Brandt, F. L.: Resistance welding developments. Welding J. **28**(1949)March 254—257; Met. Rev. **22**(1949)4 51.

Courtemanche, E. O.: Modern welding procedures in building motor car bodies. Machine & Tool Blue Book **45**(1949)May 121—122, 124, 126—132; Met. Rev. **22**(1949)6 51.

Croco, C. P.: Progress in arc welding. Westinghouse Engr. **9**(1949)March 34—39; Met. Rev. **22**(1949)4 51.

Darling, R. F.: Combustion chambers for open-cycle marine gas turbines. Engineer **188**(1949)4897 653—654, 4898 670—673; Index Aeron. **6**(1950)2 43.

Hess, Hugo: Bolzenschweißung mit Hilfe des elektrischen Lichtbogens ohne Materialzusatz; Le soudage de goujons à l'arc électrique sans matière d'apport. Z. Schweißtechn. **39**(1949)Juni 100—107; Met. Rev. **22**(1949)8 51.

Hess, W. F., W. J. Childs and *R. F. Underhill jr.:* Further studies in projection welding. Welding J. **28**(1949)Jan. 15 s—23 s; Met. Rev. **22**(1949)2 49.

Holmberg, M. E.: Welding alloy steels for high temperature service. Welding J. **28**(1949)2 141—148; Index Aeron. **5**(1949)6 79; Met. Rev. **22**(1949)3 51.

Koopman, K. H.: Hard facing with inert-gas-arc welding. Welding J. **28**(1949)Jan. 46—52; Met. Rev. **22**(1949)2 47. [2.76].

Krekeler, Karl u. *W. Klougt:* Ausgewählte Kapitel schweißtechnischer Fertigungsverfahren. (Leistungssteigerung im Waggonbau durch Anwendung der Schweißtechnik sowie neue Verfahren für das Verschweißen thermoplastischer Kunststoffe. Schr.-Reihe d. Verkehrsministeriums d. Landes Nordrhein-Westfalen H. 5.) Essen: Girardet 1949 40 S. [2.511.4].

Lohmann, Wilhelm: Fortschritte in der Schweißtechnik in den Jahren 1944—1947. Stahl u. Eisen **69**(1949)6 198—200, 7 234—237; Ref. Chem. Industrie (1949)1018 16—17.

Luther, George G., Carl E. Hartbower and *Donald B. Roach:* Weldability of low-alloy high-tensile steel. Welding J. **28**(1949)July 289 s—309 s; Met. Rev. **22** (1949)9 54.

Marshall, W. K. B.: A survey of the principles, applications and developments of the argon-arc welding process. Sheet Metal Industries **26**(1949)271 2427—2440 17 ref.; Index Aeron. **6**(1950)3 69. [2.511.3].

Pilia, F. J.: Poke welding offers new method of joining stainless, aluminium and mild steel. Mater. & Meth. **29**(1949)March 64—67. [2.511.3].

Potter, E. F.: Arc and resistance welding developments. Tool Engr. **22**(1949) March 29—30; Met. Rev. **22**(1949)4 51.

Riddihough, M.: Tips on hardsurfacing. I, II. Industry & Welding **22**(1949)July 48—49, 51, 62—64; Aug. 40, 42—46; Met. Rev. **22**(1949)8 51, 9 55.

Spencer, L. F.: Welding stainless steel. Iron Age **164**(1949)20./10. 57—62, 27./10. 69—75.

Voldrich, C. B. and *O. E. Harder:* Review on the weldability of carbon-manganese steels. Welding J. **28**(1949)July 326 s—336 s; Met. Rev. **22**(1949)9 54.

Williams, R. D., D. B. Roach, D. C. Martin and *C. B. Voldrich:* The weldability of carbon-manganese steels. Welding J. **28**(1949)July 311 s—325 s; Met. Rev. **22**(1949)9 54.

van der Willigen, P. C.: Contact arc-welding; a description of a new technique. Sheet Metal Industries **26**(1949)Jan. 155—160, 168; Met. Rev. **22**(1949)3 51.

— Economy of steel and cast iron by welding. Trans. Inst. Welding **12**(1949)Febr. 3—9; Met. Rev. **22**(1949)5 53; Index Aeron. **5**(1949)6 77. [1.52].

Buchholtz, H. u. *F. Schmitz:* Die Schweißbarkeit der Baustähle. Schweißen u. Schneiden **2**(1950)S. H. Dez. 371—389.

Darling, R. F.: Combustion chambers for open-cycle marine gas turbines. (Discussion.) Trans. N. E. Coast Instn. Engrs. & Shipbuilders, Excerpt **66** (1950) 127—152, 1—26 9 ref.; Index Aeron. **6**(1950)5 36.

Jukes, F.: Some aspects of fusion welding for the chemical and food-producing industries. Trans. Inst. Welding **13**(1950)3 79—86.

Keel, C. G.: Über die Entwicklung neuer Zusatzstäbe für die Autogenschweißung von Stahl. EMPA Disk.-Ber. 175 1950; Index Aeron. **6**(1950)8 55.

Knape, Th. J.: Het puntlassen van lichte metalen en het lassen van chroom-molybdeenstaal. (Das Punktschweißen von Leichtmetallen und das Schweißen von Chrommolybdänstahl.) Ingenieur **62**(1950)19 (Luchtvaarttechniek 2) 18—24; Konstruktion **3**(1951)4 135. [2.511.3].

Lancaster, J. F.: The argonarc welding of stainless steel sheet. Trans. Inst. Welding **13**(1950)4 111—121; Werkstatt u. Betrieb **85**(1952)2 75.

Mouton, R. J.: Untersuchungen über die Schweißbarkeit von Stählen. Welding **18**(1950) 17—27, 73—82.

Nacher, Alberto: Schweißbarkeit hochfester Baustähle. Metallurgia Ital. **42**(1950) 12 456—472; Stahl u. Eisen **72**(1952)12 717.

Rollason, E. C. u. *R. R. Roberts:* Einfluß von Abkühlungsgeschwindigkeit und Zusammensetzung auf die Versprödung von Schweißgut. J. Iron & Steel Inst. **166**(1950)2 105—112; Stahl u. Eisen **71**(1951)6 310.

Schroeder, A.: Die Auftragsschweißung und das Aufkohlungs-Schweißverfahren. Technik (Berlin) **5**(1950)12 587—596; Index Aeron. **7**(1951)6 65.

Steinberger, A. W., B. J. De Simone u. *J. Stoop:* Schweißrissigkeit von Zusatzwerkstoffen für die Schweißung von Flugzeugbaustählen. Welding J. **29**(1950) 9 752—764; Stahl u. Eisen **71**(1951)14 737.

Tremlett, H. F.: The weldability of chromium-molybdenum steels. Trans. Inst. Welding **13**(1950)5 143—156; Stahl u. Eisen **71**(1951)6 310; Werkstatt u. Betrieb **85**(1952)2 76.

Wooding, W. H.: Welding air-hardening alloy steels. Welding J. **29**(1950)11 552 s—564 s.

Wuttke, F.: Die Graugußgasschweißung — leicht gemacht. Halle (Saale): Marhold 1950 90 S.

Zeyen, K. L.: Kaltrissigkeit in der wärmebeeinflußten Zone von Lichtbogenschweißungen. Werkstatt u. Betrieb **83**(1950)2 71—75.

— The ABC's of welding high tensile steels. Philadelphia 43: Arcos Corp. 1950 7 p.

Avery, Howard S.: Eigenschaften von Aufschweiß-Hartlegierungen. Iron & Steel Engr. **28**(1951)9 81—106; Stahl u. Eisen **72**(1952)10 587.

Ball, J. G. u. *C. L. Cottrell:* Schweißbarkeit und Festigkeitseigenschaften einiger niedrig legierter Stähle. J. Iron & Steel Inst. **169**(1951)4 321—326; Stahl u. Eisen **72**(1952)10 587. [1.442.12].

Cottrell, C. L. M., M. D. Jackson and *J. G. Whitman:* Control of cracking in the metal arc welding of high tensile structural steels. Welding Res. **5**(1951)4 201—215; Stahl u. Eisen **72**(1952)12 717.

Eilender, Walter, Heinrich Arend u. *Werner Neuhaus:* Die Flockenbildung in Schweißverbindungen. Arch. Eisenhüttenwes. **22**(1951)7/8 261—263.

Fornaci, C.: Fortschritte in der Verwendung niedrig legierter Stähle für geschweißte Bauteile. Ossature Métall. **16**(1951)12 603—607; Stahl u. Eisen **72** (1952)10 587.

Goodger, A. H.: Wärmebehandlung von Schweißungen in Rohrleitungen. Engng. **172**(1951)4461 125—127, 4462 157—159, 4463 191; Stahl u. Eisen **72**(1952)16 972. [6.215].

Goosens, H. C. u. *C. Vollers:* Prüfung der Schweißbarkeit von Feinblechen aus Stahl mit niedrigem Kohlenstoffgehalt. Lastechniek **17**(1951)11 163—179; Stahl u. Eisen **72**(1952)2 99.

Gunnert, R.: Deep welding — a new method of oxy-acetylene welding. Metal Progr. **60**(1951)Oct. 104—107; Met. Rev. **24**(1951)11 34.

Herbst, H. T.: Sigma welding of non-ferrous metals and alloy steels. Welding J. **30**(1951)July 618—631. [2.511.3].

Hipperson, A. J. u. *P. M. Teanby:* Punktschweißen oberflächengeschützter, weicher Stahlbleche. Welding Res. **5**(1951)6 275—278; Stahl u. Eisen **72**(1952) 14 850.

Krekeler, Karl: Untersuchungen über den Einsatz des Elim-Hafergut-Schweißverfahrens beim Wiederaufbau der Rheinbrücke Düsseldorf-Neuß. Schweiz. Arch. **17**(1951)7 206—209.

Müller, Josef: Die Bedingungen und die Prüfung der Schweißbarkeit metallischer Baustoffe insbesondere von Schmelzschweißstählen. Detmold: Selbstverl. d. Verfassers Juli 1951; Werkstattstechn. u. Maschinenb. **43**(1953)3 140.

Pettit, G.: Shielded arc welding of aluminium and stainless steel. Canadian Metals **14**(1951)8 52, 54, 56; AB **22**(1951)11 656. [2.511.3].

Pocock, P. L.: The fabrication and welding of austenitic stainless steels. Sheet Metal Industries **28**(1951)294 933—942 3 ref.; Index Aeron. **7**(1951)12 72.

Ruhlmann, Jon u. *B. E. Nye:* Selbsttätiges elektrisches Widerstands-Abbrennschweißen hochfester Stähle. Iron Age **168**(1951)25 95—99; Stahl u. Eisen **72**(1952)8 439.

Türcke, H.: Das Verhalten des Gußeisens beim Schweißen. Konstruktion **3**(1951) 5 154—160. [1.442.12].

Uhlir, E.: Einfluß der Warmverformung auf die Alterungsneigung der Ellira-Schweißung. Schweißtechnik (Wien) **5**(1951)6 64—68; Stahl u. Eisen **72**(1952) 26 1683.

Watson, T. T. u. *R. R. Rothermel:* Schweißen von plattierten Stählen nach dem „Aircomatik"-Verfahren. Welding Res. Counc. (1951)3 116—122; Stahl u. Eisen **72**(1952)12 717.

— Welding characteristics of two austenitic steels used for gas-turbine rotors. Metal Progr. **60**(1951)Oct. 170, 172, 174, 176, 180, 182; Met. Rev. **24**(1951)11 34.

Apold, Arne: Porigkeit und Heißbrüchigkeit von Schweißgut aus unlegiertem Stahl. Welding Res. **6**(1952)3 58—67; Stahl u. Eisen **74**(1954)12 795.

Becker, G.: Beitrag zu dem Problem Schwefel und Phosphor im Schweißgut. Schweißtechnik (Berlin) **2**(1952)10 294—298; Stahl u. Eisen **73**(1953)9 598.

Bishop, E. u. *W. H. Baily:* Schweißeigenschaften zweier austenitischer Stähle für Läufer von Gasturbinen. "Symposium on High-Temperature Steels and Alloys for Gas Turbines", London: Iron & Steel Inst. Spec. Rep. 43 1952 225—232; Stahl u. Eisen **73**(1953)9 598.

Busse, F.: Bolzenschweißen. Schweißen u. Schneiden **4**(1952)10 362—363.

Chrenow, K. K. u. *F. Ss. Wolfowskaja:* Lichtbogenschweißung von Gußeisen. Awrogennoje Delo **23**(1952)1 3—6; Übers. Henry Brutcher (Altadena, Calif.) Nr. 2919 1953 9 S.; Stahl u. Eisen **74**(1954)19 1243.

Emerson, R. W. u. *W. R. Hutchinson:* Schweißverbindungen von ferritischen mit austenitischen Stählen und ihr Verhalten. Welding Res. Counc. (1952)3 126—141; Stahl u. Eisen **72**(1952)16 972. [1.442.12].

Frank, W.: Die Feinblechpunktschweißung. Werkstatt u. Betrieb **85**(1952)7 307—308.

Goosens, H. C. u. *C. Vollers:* Untersuchung über die Kennzeichnung der Schweißbarkeit von Feinblechen aus weichem unlegiertem Stahl. Sheet Metal Industries **29**(1952)308 1097—1113; Stahl u. Eisen **73**(1953)7 440.

Green, William L. u. *Robert J. Krieger:* Lichtbogenschweißen unter Argon- oder Heliumschutzhülle. Welding Res. Counc. (1952)12 582—586; Stahl u. Eisen **73**(1953)19 1249.

Gunnert, R.: Tiefschweißen, ein neues Gasschweißverfahren. Proc. 1st World Metall. Congr. Amer. Soc. for Metals 1951, Cleveland (Ohio) 1952 420—428; Stahl u. Eisen **73**(1953)11 741.

Herbst, H. T. u. *T. McElrath jr.:* Erfolgreiches Lichtbogenschweißen unlegierter Stähle unter Argon-Sauerstoff-Gemischen. (Sigma-Schweißen.) Mater. & Meth. **35**(1952)2 86—87; Stahl u. Eisen **72**(1952)12 717.

Hörmann, Erich: Abbrennschweißen im Maschinen-, Motoren- und Fahrzeugbau. Schweißen u. Schneiden **4**(1952)S. H. Dez. 68—71.

Hörmann, Erich: Die Eignung von Stählen für das Abbrennstumpfschweißen. Stahl u. Eisen **72**(1952)1 19—24.

Lardge, H. E.: Schweißen von Feinblechen aus hochdauerstandfesten Legierungen für Strahltriebe. "Symposium on High-Temperature Steels and Alloys for Gas Turbines", London: Iron & Steel Inst. Spec. Rep. 43 1952 217—224; Stahl u. Eisen **73**(1953)9 598. [6.211.2].

Leide, G.: Einiges über die Schweißbarkeit mit besonderer Berücksichtigung von rißfesten Schiffbaustählen. Techn. Mitt. HdT (Essen) **45**(1952) 185—188.

Nippes, Ernest F. u. *John M. Gerken:* Die Buckelschweißung von Blechen größerer und auch ungleicher Dicke aus weichem unlegiertem Stahl. Welding Res. Counc. (1952)3 113—125; Stahl u. Eisen **72**(1952)16 972.

Norén, Tore: Changes in structure and properties in connection with arc welding of creep resisting chromium molybdenum steels. Jernkont. Ann. **136**(1952)12 511—548 42 ref.; Index Aeron. **9**(1953)6 62. [1.442.12].

Norén, Tore: Das Stufenschweißen von Stählen. Stahl u. Eisen **72**(1952)7 347—350; Index Aeron. **8**(1952)8 65.

Riley, R. V. und *J. Dodd:* Schweißstäbe aus Gußeisen zum Schweißen von Gußeisen mit Kugelgraphit. Foundry Trade J. **93**(1952)1889 555—560; Stahl u. Eisen **73**(1953)2 120.

Schaeffler, A. L., H. C. Campbell u. *H. Thielsch:* Wasserstoff in Schweißgut aus weichem Stahl. Welding Res. Counc. (1952)6 283—309; Stahl u. Eisen **72**(1952) 20 1245.

Smith, D. C. und *W. G. Rinehart:* Einfluß der Wärmebehandlung auf die mechanischen Eigenschaften wasserstoffarmen Schweißgutes aus umhüllten legierten Schweißdrähten. Welding J. **31**(1952)4 296—305; Stahl u. Eisen **72** (1952)20 1246. [1.442.12].

Thielsch, Helmut: Verfahren des Schweißens nichtrostender Stähle. Welding Res. Counc., Bull. 14 1952 47 S.

Thielsch, Helmut: Stähle mit Plattierungen aus nichtrostendem Stahl. Welding Res. Counc. (1952)3 142—160; Stahl u. Eisen **72**(1952)18 1110.

Thielsch, Helmut: Verkleidung mit nichtrostendem Stahl. Welding Res. Counc. (1952)7 321—337; Stahl u. Eisen **72**(1952)24 1555.

Thomas, R. David jr.: Schweißen von hochlegiertem hitzebeständigem Stahlguß. Welding Res. Counc. (1952)1 27—32; Stahl u. Eisen **72**(1952)18 1110.

Tremlett, H. F.: Welding of heat resistant steels. Welding Metal Fabrication Repr. July/Aug. 1952 9 p.; Index Aeron. **10**(1954)7 91.

Zeyen, K. L.: Kalkbasisch umhüllte Elektroden im Spiegel des neueren Schrifttums. Werkstatt u. Betrieb **85**(1952)11 636—641 32 Lit.-St.

Zeyen, K. L.: Neuere Veröffentlichungen auf dem Gebiete der Metallurgie des Schweißens von Eisenwerkstoffen. Schweißen u. Schneiden **4**(1952)11 402—416 267 Lit.-St.

Apblett, W. R., L. K. Poole u. W. S. Pellini: Gefügeumwandlung bei kontinuierlicher Abkühlung in der wärmebeeinflußten Zone von Schweißungen. Welding Res. Counc. (1953)9 421—430; Stahl u. Eisen **74**(1954)12 798.

Cottrell, C. L. M., J. G. Purchas u. B. J. Bradstreet: Schweißbarkeit und Festigkeitseigenschaften von zwei niedriglegierten Baustählen. Welding Res. **7** (1953)4 76—79; Stahl u. Eisen **74**(1954)12 796.

Cowart, K. K., E. W. Sylvester, W. H. von Dreele, R. L. Hicks u. D. P. Brown: Dritter technischer Fortschrittsbericht des Ship Structure Committee der nordamerikanischen Marine. Welding Res. Counc. Bull. 16 1953 21 p.; Stahl u. Eisen **74**(1954)10 672.

Grosse, W.: Die Gewährleistung der Schmelzschweißbarkeit, eine Forderung der Stahlverarbeiter. Schweißen u. Schneiden **5**(1953)S. H. Dez. 36—46.

Gunnert, R.: Einfluß des Anlassens bei 200 bis 300° auf den Rückgang der Eigenspannungen in Schweißungen. Welding Res. Counc. (1953)6 292—301; Stahl u. Eisen **73**(1953)19 1249.

Hull, W. G. u. J. C. Needham: Die Anwendung der Lichtbogenschweißung mit selbstregelnder Einstellung auf Eisenwerkstoffe. Iron Coal Trades Rev. **167** (1953)4472 1473—1475; Stahl u. Eisen **74**(1954)6 365.

Kerr, James G. u. David A. Elmer: Vermeidung einer Chromverarmung beim Schweißen nichtrostender Stähle mit verdecktem Lichtbogen. Welding Res. Counc. (1953)9 431—438; Stahl u. Eisen **74**(1954)12 794.

Kihlgren, T. E. u. H. C. Waugh: Schweißen von Gußeisen mit Kugelgraphit. Welding J. **32**(1953)10 947—956; Stahl u. Eisen **74**(1954)2 118. [1.442.12].

Linnert, G. E. u. R. M. Larrimore jr.: Vermeidung einer Karbidausscheidung beim Schweißen nichtrostender Stähle. Mater. & Meth. **38**(1953)5 98—103; Stahl u. Eisen **74**(1954)4 245.

Lueb, H.: Anwendung der Erkenntnisse moderner Metallkunde auf das Schweißen von Stählen höherer Festigkeit. Schweißen u. Schneiden **5**(1953) S. H. Dez. 70—73.

McKinsey, C. R. u. J. F. Collins: Die Bedeutung des Schweißgutquerschnittes beim Schweißen von härtbaren Stählen. Welding Res. Counc. (1953)3 125—131; Stahl u. Eisen **73**(1953)13 869.

McWilliam, J. A.: The welding of certain heat-resisting steels. Trans. Inst. Welding **16**(1953)4 96—99, 100; Nickel-Ber. **12**(1954)5 94; Index Aeron. **10** (1954)1 51.

Pilia, F. J.: Inert-tungsten arc welding of stainless steel piping. Welding J. **32** (1953)12 1167—1174; AB **25**(1954)1 21.

Reeve, L.: Schweißbarkeit von hochfesten Baustählen. Trans. Inst. Welding **16** (1953)6 154—166; Stahl u. Eisen **74**(1954)6 365.

Riordan, J. M.: Ausbesserungsschweißungen an Stählen mit hitzebeständigen Überzügen. Welding J. **32**(1953)12 1160—1166; Stahl u. Eisen **74**(1954)6 365.

Sohn, J., W. Boam u. *H. Fisk:* Lichtbogenschweißen von ferritischem und austenitischem Gußeisen mit Kugelgraphit. Welding J. **32**(1953)9 823—833; Stahl u. Eisen **74**(1954)2 118.

Tremlett, H. F.: Cracking in stainless and heat-resisting weld metals. Trans. Inst. Welding **16**(1953)Dec. 143—153, 174; Nickel-Ber. **12**(1954)6 113; Stahl u. Eisen **74**(1954)6 365.

Wegerhoff, E.: Innere Rißbildung in Kehlnahtschweißungen bei Verwendung größerer Blechdicken. Stahlbau **22**(1953)3 57—60; Stahl u. Eisen **73**(1953)21 1370.

Wilson, W. J.: Spot welding of aluminum, aluminum alloys and steel. Welding J. **32**(1953)12 1175—1180; Nachr.-Bl. AGM Leichtbau **3**(1954)7 10; AB **25**(1954)1 21; Aluminium **30**(1954)5 CII. [2.511.3].

— The welding of austenitic corrosion- and heat-resisting steels. Sheet Metal Industries **30**(1953)311 217—228, 244; Index Aeron. **9**(1953)5 44.

— Welding ultra-thin materials. Sheet Metal Industries **30**(1953)319 967—968; Index Aeron. **10**(1954)1 52. [2.511.3].

Avery, Howard S. u. *Henry J. Chapin:* Untersuchungen über das Schweißen von Hartmanganstählen. Welding J. **33**(1954)5 459—479; Stahl u. Eisen **74**(1954) 19 1243.

Ball, F. A. and *D. R. Thorneycroft:* Metallic-arc welding of spheroidal-graphite cast iron. Inst. Brit. Foundrymen Prepr. 1095 June 1954 16 p.; Nickel-Ber. **12** (1954)7/8 131.

Born, Kurt: Zusammensetzung und Form nichtmetallischer Einschlüsse in Lichtbogenschweißungen. Stahl u. Eisen **74**(1954)13 822—831.

Chomusko, F. A.: Der Einfluß des Siliziums auf die mechanischen Festigkeitswerte des Schweißgutes der Ein-Lagennaht bei der UP-Schweißung. Schweißtechnik (Berlin) **4**(1954)4 108—109; Stahl u. Eisen **74**(1954)15 973.

Colbus, Jakob: Festigkeitseigenschaften von Lichtbogenschweißungen bei wassergehärtetem Thomasstahl. Arch. Eisenhüttenwes. **25**(1954)1/2 77—84; Stahl u. Eisen **74**(1954)5 301—302; Stahl u. Eisen **74**(1954)8 494.

Cook, Harry C. u. *Gilbert R. Rothschild:* Verwendung unlegierter Zusatzwerkstoffe für Lichtbogenschweißung unter Schutzgas. Welding J. **33**(1954)4 361—371; Stahl u. Eisen **74**(1954)19 1243.

Cottrell, C. L. M.: Der Wasserstoff — eine Grenze für den Fortschritt beim Schweißen. Brit. Welding J. **1**(1954)4 167—176; Stahl u. Eisen **74**(1954)12 794.

Cottrell, C. L. M.: Weldability of a B-Mo steel related to properties of the heat-affected zone. Brit. Welding J. (1954)July 315.

Granjon, H.: Lichtbogenschweißung von lufthärtenden Stählen. Soudure et Techn. Connexes **8**(1954)3/4 89—100; Rev. Metallurgie **51**(1954)4 221—232; Stahl u. Eisen **74**(1954)15 973.

Hummitzsch, Werner: Die Wirkung des Stickstoffes in Lichtbogenschweißen. Stahl u. Eisen **74**(1954)26 1723—1730.

Kniveton, J.: Kurzzeit-Normalglühen von geschweißten Stahlrohren. Iron Age **173**(1954)18 136—138; Stahl u. Eisen **74**(1954)27 1793.

Kühnel, Reinhold: Entwicklung der Schweißtechnik im Stahlbau in der Nachkriegszeit. Bautechnik **31**(1954)1 9—13; Stahl u. Eisen **74**(1954)4 244.

McElrath, T. u. *R. T. Telford:* Neuere Erfahrungen mit dem Schutzgasschweißen von unlegiertem Stahl. Steel **134**(1954)8 104—106; Stahl u. Eisen **74**(1954) 10 672.

McElrath, T. u. *R. T. Telford:* Neuere Entwicklung beim Lichtbogenschweißen unter Schutzgas von unlegiertem Stahl. Welding J. **33**(1954)3 201—207; Stahl u. Eisen **74**(1954)12 794.

Meyer, Amel R.: Vorrichtung für die Unterpulverschweißung in senkrechter und waagerechter Richtung an Großbehältern. Welding J. **33**(1954)7 651—659; Stahl u. Eisen **74**(1954)21 1384.

Nehl, Franz u. *Adolf Rose:* Anwendung von Zeit-Temperatur-Umwandlungs-Schaubildern auf besondere Fragen bei der Herstellung hochbeanspruchter geschweißter Bauteile. Stahl u. Eisen **74**(1954)17 1054—1062; Nickel-Ber. **12** (1954)9 158.

Pellini, W. S. u. *E. W. Eschbacher:* Der Steilabfall in der Schlagzähigkeits-Temperatur-Kurve von Schweißgut. Welding Res. Counc. (1954)1 16—20; Stahl u. Eisen **74**(1954)8 496.

Pellini, W. S. u. *E. W. Eschbacher:* Einfluß des Schweißnahthämmerns auf die Eigenschaften der Schweißen. Welding Res. Counc. (1954)2 71—76; Stahl u. Eisen **74**(1954)15 973.

Poole, Lorin K.: Die Sigma-Phase — ein unerwünschter Bestandteil in nicht-rostendem Schweißgut. Metal Progr. **65**(1954)6 108—112; Stahl u. Eisen **74** (1954)19 1246.

Richard, M. J. u. *D. W. Petchey:* Punktschweißungen an verzinnten Stahlblechen. Brit. Welding J. **1**(1954)10 433—440; Stahl u. Eisen **74**(1954)27 1792.

Roberts, J. E.: Resistance spot welding of 3/16 and 1/4 in. mild steel. Brit. Welding J. **1**(1954)3 136—140; Stahl u. Eisen **74**(1954)10 671.

Roberts, J. E.: Resistance welding of coated steels. British Welding J. **1**(1954)5 233—237 17 ref.; AB **25**(1954)6 366; Stahl u. Eisen **74**(1954)15 973.

Roux, A.: Wasserstoffgehalt von Lichtbogenschweißen aus unlegiertem weichem Stahl. Soudure et Techn. Connexes **8**(1954)5/6 160—169; Stahl u. Eisen **74** (1954)21 1384.

Thielsch, Helmut: Wirkung von Wasserstoff in Schweißen. I/II. Steel **135**(1954) 13 84—85, 14 108, 111, 118; Stahl u. Eisen **74**(1954)27 1796.

Tremlett, H. F. and *A. W. Stones:* Welding of carbon steels by the argonaut process. Brit. Welding J. (1954)Dec. 541.

Turner, E. L. and *W. F. Heller:* Helium-nitrogen shielding gas improves welding of low carbon steel. Steel Processing (1954)Dec. 767.

Wallace, F. J.: Resistance welding in jet engine manufacturing. Welding J. **33** (1954)Aug. 762—767; Nickel-Ber. **12**(1954)10 193.

Wenzel, W.: Die Kupfer-Stahl-Verbindung bei Lokomotivfeuerbüchsen (Löt-schweißverfahren). Dtsch. Eisenbahntechnik **2**(1954)1 15—24; Schweißtechnik (Berlin) **4**(1954)1 6—14; Stahl u. Eisen **74**(1954)6 365, 10 672.

Wilkinson, F. J.: Automatic argon-arc welding of low-alloy steel sheet. Brit. Welding J. (1954)Sept. 397.

Winterton, K. u. *C. L. M. Cottrell:* Entwicklung von Wasserstoff aus Schweißgut. Metallurgia **49**(1954)291 3—7; Stahl u. Eisen **74**(1954)8 494.

Zeyen, K. L.: Fortschritte auf dem Gebiet des Schweißens und Schneidens. Wichtige neuere Veröffentlichungen auf dem Gebiete der Metallurgie des Schweißens von Eisenwerkstoffen. Schweißen u. Schneiden **6**(1954)7 298—310 209 Lit.-St.

Zoethout, G.: Verwendung und Aufbewahrung von kalkbasischen Elektroden. Schweiz. Arch. **20**(1954)2 58—61; Stahl u. Eisen **74**(1954)12 795.

— Das Bolzenschweißverfahren. Maschine u. Werkzeug (1954)12 4.

— Der Einfluß der Schweißbedingungen auf die Aufhärtung der Übergangszone bei unlegierten und niedriglegierten Stählen. Lastechniek **20**(1954)1 17—31; Stahl u. Eisen **74**(1954)10 672.

— How to solder and how to weld stainless steel. Industry & Welding **27**(1954) Apr. 44—46, 88—89; Nickel-Ber. **12**(1954)9 170. [2.512].

— Stress-relieving austenitic weldments. Steel **134**(1954)March 100; Verfahrens-techn. Ber. (1954)1249/36 1926—1927; Nickel-Ber. **12**(1954)5 93—94.

Matting, A.: Die Schweißtechnik als Werkstoffproblem. Zur Sprödbruchneigung des Stahles. Schweißen u. Schneiden **7**(1955)6 270—274 13 Lit.-St.

McClean, C. A.: Inert-gas-shielded tungsten arc spot welding. Welding J. **34** (1955)7 648—656.

Philipps, Arthur L.: Low-heat method of welding cast iron. Welding Engr. **40** (1955)4 30—33.

Thielsch, Helmut: Stainless steels — welding summary. Welding J., Res. Suppl. (1955)Jan. 22 s—30 s 11 ref.; Aeron. Engng. Rev. **14**(1955)4 128.

Leichtmetalle   2.511.3

Bungardt, Walter: Stand der elektrischen Punktschweißung für Aluminium und seine Legierungen. ZWB FB 531 1935 26 S.

Bungardt, Karl u. *H. Matt:* Untersuchungen an autogenen Hydronalium-Schweißungen. ZWB FB 844 1937 11 S.

Bungardt, Walter u. *Eugen Oßwald:* Schweißen von Leichtmetallen. Ringb. Luftf. Techn. II C 2 Aug. 1937 27 S. 48 Lit.-St.

Oßwald, Eugen: Über die elektrische Punktschweißung an Leichtmetallen. Jb. 1937 Dtsch. Luftf.-Forsch. I 542—550. fi

Reichel, K.: Versuche und Erfahrungen mit elektrischer Punktschweißung von Leichtmetallen bei den Arado-Flugzeugwerken. Jb. 1938 Dtsch. Luftf.-Forsch. I 538—548.

v. Rajakovics, E.: Schweißen von Leichtmetallen und seinen Legierungen. Techn. Mitt. HdT Essen **32**(1939)6 158—163.

Siemers, K.: Die elektrische Widerstandsschweißung von Leichtmetallen. Techn. Mitt. HdT Essen **32**(1939)6 163—170.

Blumrich, S.: Punktschweißen von Duralblechen. Luftwissen **7**(1940)4 96—100.

Haase, Carl: Punkt- und Nahtschweißung von Leichtmetallen. Z. VDI **84**(1940)6 89—96.

Heuff, D. N.: Het autogeen lassen van lichte metalen. Lastechniek **6**(1940)4 45—50.

Heuff, D. N.: Het autogeen lassen van het lichte metaal electron. Lastechniek **6** (1940)9 119—124.

Klosse, Ernst: Schweißen von Magnesium-Gußlegierungen. Z. VDI **84**(1940)29 511—516.

Marschner, C. F.: Spot welding (of aluminum) in aircraft construction. Welding J. **19**(1940)10 750—753.

Matting, Alexander: Anleitungsblätter für das Schweißen und Löten von Leichtmetallen. (Hrsg. AWF u. Schweißausschuß d. VDI) Berlin: VDI-Verl. 1940. [2.512].

Schulze, R.: Unlösbare Verbindungen an Aluminium, Magnesium und Zink und ihre Ausführung in der Elektrotechnik. Elektrotechn. Z. **61**(1940)49 1111—1117; Techn. Z.-Schau **26**(1941)2 32.

— Spot welding of aluminum and aluminum alloys in the american aircraft industry. NACA OCR Rep. 2 Dec. 1940.

Auchter, C.: Über die Anwendung der Lichtbogenschweißung des Aluminiums im Großbehälterbau. Aluminium **23**(1941)5 247—253; Techn. Z.-Schau **26**(1941)16 281.

Benkert, L. M.: Spot welding of aluminum alloy for aircraft. Welding J. **20**(1941) 5 305—306.

Berthold, C.: Schweißen von Leichtmetall-Gußlegierungen im Kraftfahrzeugbau. Autog. Metallbearb. **34**(1941)15 251—253; Techn. Z.-Schau **26**(1941)24 407.

Bungardt, Walter: Elektroschweißung von Magnesiumlegierungen. Elektroschweißung **12**(1941)2 25—29.

Cornelius, Heinrich: Widerstandsschweißung des Aluminiums und seiner Legierungen. Elektroschweißung **12**(1941)3 44—48, 4 59—63.

Gabler, K. G.: Die Schweißung von Aluminium und seinen Legierungen. Maschinenb. Betrieb **20**(1941)7 297—301 22 Lit.-St.; Techn. Z.-Schau **26**(1941) 18 310.

Grassmann, K. u. *J. Brandis:* Das Schweißen von Magnesiumguß. Z. Metallkde. **33**(1941)4 160—167 5 Lit.-St.; Techn. Z.-Schau **26**(1941)13 234.

Helbing, F.: Das Fesa-Weibelschweißverfahren und seine Anwendungsmöglichkeiten in der Fertigung von Leichtmetallteilen. Metallwirtsch. **20**(1941)43 1052—1055.

Hess, W. F., R. A. Wyant and *B. L. Averbach:* Aircraft spot welding research. NACA OCR Progr. Rep. 1 May 1941. [1.442.11].

Hess, W. F., R. A. Wyant and *B. L. Averbach:* An investigation of the surface treatment of alclad 24 S-T in preparation for spot-welding. NACA OCR Progr. Rep. 3 Sept. 1941.

Jefferson, T.: Gaswelding of magnesium alloys. Welding Engr. **26**(1941)3 22—25; Werft-Reederei-Hafen **24**(1943)1/2 30.

Schnarz, R.: Die Leichtmetall-Widerstandsschweißtechnik im Flugzeugbau. Luftwissen **8**(1941)9 270—276; Techn. Z.-Schau **26**(1941)24 406.

Tylecote, R. F.: The spot welding of light alloys: a review of published information. Brit. Welding Res. Ass. Rep. R. 15 Apr. 1941.

West, E. G.: The gas welding of commercial and superpurity aluminium. Brit. Welding Res. Ass. Rep. R. 13 Apr. 1941.

West, E. G.: The fluxing action in the gas welding of aluminium. Brit. Welding Res. Ass. Rep. R. 14 Apr. 1941.

Zimmermann, K. F.: Beobachtungen beim Reparaturschweißen von gegossenen Leichtmetallen. Metallwirtsch. **20**(1941)15 361—365 2 Lit.-St.; Techn. Z.-Schau **26**(1941)15 264.

Bollenrath, Franz u. *Viktor Hauk:* Untersuchungen über den Einfluß von Schweißbedingungen auf die Streuung der Festigkeit elektrisch geschweißter Punkte an Blechen aus verschiedenen Aluminiumlegierungen. Z. Metallkde. **34**(1942) 8 187—193. [1.442.13].

Hess, W. F., R. A. Wyant and *B. L. Averbach:* An investigation of the spot-welding of aluminum alloys using condenser-discharge equipment provided by the Taylor-Winfield Corporation. NACA OCR Progr. Rep. 5 March 1942.

Hess, W. F., R. A. Wyant and *B. L. Averbach:* An investigation of the spot-welding of aluminum alloys using magnetic energy storage equipment provided by the Sciaky Brothers. NACA OCR Progr. Rep. 7 May 1942.

Hess, W. F., R. A. Wyant and *B. L. Averbach:* The spot welding of dissimilar thicknesses of alclad 24 S-T. NACA OCR Progr. Rep. 8 Sept. 1942.

Hess, W. F., R. A. Wyant and *B. L. Averbach:* An investigation of current wave form for spot-welding alclad 24 S-T, 0.020 inch in thickness. NACA OCR Progr. Rep. 9 Nov. 1942.

Hess, W. F., R. A. Wyant and *B. L. Averbach:* The surface treatment of alclad 24 S-T prior to spot welding. NACA OCR Progr. Rep. 10 Dec. 1942.

Irmann, Roland: Punktschweißen von Aluminium und Aluminium-Legierungsblechen mit einer 60 KVA-Maschine. Schweiz. Bauztg. **120**(1942)15 179—183.

Mäder, H.: Über die Elektroschweißung von Al-Legierungen. Elektroschweißung **13**(1942)4 59—61; Werft-Reederei-Hafen **24**(1943)6 98.

Sutton, H.: Spot welding of light alloys in aircraft construction. Brit. Welding Res. Ass. T & M 7 June 1942.

— Technique for the gas welding of rolled aluminium and aluminium alloy castings. 2nd ed. Brit. Welding Res. Ass. T & M 1 May 1942.

Bleicher, Waldemar: Eignung und Anwendung von Leichtmetallen für Schweißkonstruktionen. (Autogenschweißung von Aluminium-Knetlegierungen.) Halle (Saale): Marhold 1943. [6.131].

Clément, M. A.: Soudage autogène au chalumeau oxy-acétylénique d'aluminium et de ses alliages. Mécanique **27**(1943)314 165—173 3 ref.

Helbing, F.: Das Weibelschweißverfahren im Flugzeugbau. Luftwissen **10**(1943) 7 198—201.

Helbing, F.: Entwicklung und Einsatz des Weibelschweißverfahrens im Flug-zeugbau. Junkers Nachr. **14**(1943)7/8 53—59.

Hess, W. F., R. A. Wyant, B. L. Averbach and *F. J. Winsor:* An investigation of electrode pressure cycles and current wave forms for spot-welding alclad 24 S-T. NACA OCR Progr. Rep. 11 Apr. 1943.

Hess, W. F., R. A. Wyant and *B. L. Averbach:* The surface treatment at room temperature of aluminum alloys for spot welding. NACA OCR Progr. Rep. 12 Apr. 1943.

Leroy, A.: Le soudage autogène de l'aluminium et de ses alliages. Mécanique **27**(1943)309 8—10.

Mäder, H. u. *G. Hagedorn:* Über das Punktschweißen von Leichtmetallen mit Mittelfrequenz. Elektroschweißung **14**(1943)1 1—7.

Mäder, H. u. *F. Laves:* Über die Schweißrissigkeit der Cer-legierten Mg-Mn-Legierungen und deren Vermeidbarkeit durch Al-Zusatz. Aluminium **25**(1943) 4 157—159.

— Spot-welding of heavy gauge light-alloy sheets. Engng. **156**(1943)4058 327—328.

Heiz, W.: Die Leichtmetall-Punktschweißung im Flugzeugbau. Anwendung, Ausführung, Prüfung und Überwachung. Schweiz. Arch. **10**(1944)8 241—252.

Hess, W. F., R. A. Wyant and *B. L. Averbach:* The surface treatment of alclad 24 S-T prior to spot welding. Welding J., Res. Suppl. **23**(1944)8 402 s—413 s.

Mäder, H.: Über die Schweißrissigkeit von Leichtmetallen. Aluminium **26**(1944) 2/3 30—32.

Maier, A.: Das Schweißen von Großgußteilen aus ausgehärteten Al-Si-Mg-Legierungen (Silumin-Gamma Flw. 3205.4). Aluminium **26**(1944)12 241—243.

Scott, Ingram and *Burr:* Factory preweld cleaning of 24 S-T alclad and 61 SW aluminium alloys with hydrofluosilicid acid solution. Welding J., Res. Suppl. **23**(1944)9 443 s—454 s.

Taylor, R. F.: Spot welding procedure for light alloys at A. V. Roe & Co. Ltd. A. V. Roe & Co. Ltd. Aug. 1944.

Wassell, F. A.: Helium-shielded arc welding of magnesium alloys. Welding J. **23**(1944)2 148, 150, 152.

von Zeerleder, Alfred: Die Entwicklung der Aluminium-Punktschweißung. Schweiz. Arch. **10**(1944)7 218—226.

— Schweißen. (AWR Merkblätter) Aluminium-Werke Rorschach Okt. 1944 Merkbl. 18 9 Bl.

Hess, W. F., R. A. Wyant and *F. J. Winsor:* The spot welding of ten aluminum alloys in the 0.040-inch gage. NACA OCR Progr. Rep. 18 July 1945.

Hess, W. F., R. A. Wyant and *F. J. Winsor:* The spot-welding of multiple thicknesses of 0.040-inch alclad 24 S-T. NACA OCR Progr. Rep. 17 Sept. 1945.

Leach, A. F.: Gas shielded arc welding of aluminium. Welding J. **24**(1945)12.

MacMaster, R. C. and *N. A. Begovich:* Instrumentation of the spot welder and investigation of the spot welding of 0.091 in. 24 S-T alclad sheet. Welding Res. Counc. (1945)Oct. [1.442.13].

Masdeo, F.: Helium shielded arc welding of aluminium alloys. Product Engng. **16**(1945) 331.

Bornard, R.: Die Anwendung des Punktschweißens im Bau von Leichtmetall-Eisenbahnwagen. Schweiz. Arch. **12**(1946)7 228—230.

Dore, R. E.: The argonarc process for welding magnesium and aluminium alloys and stainless steel. Sheet Metal Industries **23**(1946)236 2405—2415. [2.511.2].

Doré, R. E., L. C. Percival and *R. R. Sillifant:* Argonarc welding of magnesium-rich alloys. "Symposium on the Welding of Light Alloys", Brit. Welding Res. Ass. Oct. 1946.

Fox, F. A.: Some notes on an investigation of the hand method of argonarc welding as applied to magnesium base alloys. "Symposium on the Welding of Light Alloys", Brit. Welding Res. Ass. Oct. 1946.

Grimwood, E. J.: Argonarc welding of magnesium alloys at High Duty Alloys, Ltd. "Symposium on the Welding of Light Alloys", Brit. Welding Res. Ass. Oct. 1946.

Halm, F.: Aluminium-Punktschweißung und Fahrzeugbau der SBB. Schweiz. Arch. **12**(1946)8 257—264.

Herrmann, H.: Pressure welding. Manufacture of light-alloy charge-cooler element. Metal Industry **68**(1946)8 143—147.

Schlatter, H. A.: Maßgebende Faktoren beim Punktschweißen von Leichtmetallen. Schweiz. Arch. **12**(1946) 222—226.

Tylecote, R. F.: The pressure welding of light alloy bar without fusion. Brit. Welding Res. Ass. LM. 4/10 Jan. 1946.

West, E. G.: The welding of magnesium alloys. Sheet Metal Industries **23**(1946) 231 1375—1382, 232 1584—1587, 233 1785—1791.

— Symposium on the welding of light alloys. (Brit. Welding Res. Ass.) Sheet Metal Industries **23**(1946)235 2189—2191, 2198.

— Technique for the gas welding of magnesium alloys. Brit. Welding Res. Ass. Rep. T. 16 May 1946.

Ball, J. G.: Recent progress in the metallurgy of the welding of non-ferrous metals. Metal Industry **71**(1947)29./8. 191, 5./9. 219—222, 227, 10./10. 299—301, 17./10. 319—322, 24./10. 345—346, 348, 31./10. 367—369, 7./11. 385—386, 389; Index Aeron. **4**(1948)9 61.

Bulian, Walter: Über ein Schweißverfahren zum Verbinden von Stangen und Profilen aus Legierungen der Gattungen Mg Al 6 und Mg Al 7. Z. Metallkde. **38**(1947)7/8 249—251.

Caillette, G.: Application de la soudure électrique par points à la construction de cellules d'avions. Soudure et Techn. Connexes **1**(1947)Juillet/Août 163—179.

Curran, R. M. and *R. C. Becker:* The flash welding of structural aluminium alloys. Resistance welding — butt and flash. Welding J. **26**(1947)Nov. 664 s—672 s.

Della-Vedowa, R. and *E. A. Reynolds:* Progress report on the flash welding of high strength aluminum alloys. Welding J. **26**(1947)2 81—87 3 ref.

Herbst, H. T.: Heliarc welding of light metals. Modern Metals **2**(1947)12 26—28.

Hess, W. F., R. A. Wyant and *F. J. Winsor:* The spot welding of dissimilar aluminum alloys in the 0.040-inch thickness. NACA TN 1322 Oct. 1947.

Hess, W. F., R. A. Wyant and *F. J. Winsor:* The spot welding of alclad 24 S-T in thicknesses of 0.064, 0.081 and 0.102 inch. NACA TN 1411 Nov. 1947.

Liddiard, E. A. G.: The welding of aluminum magnesium alloys. Sheet Metal Industries **24**(1947)245 1857—1863.

Marshall, W. K. B.: Welding of some high strength aluminium alloys. Brit. Welding Res. Ass. Rep. LM. 1/9(a) Jan. 1947.

Pendleton, J. and *E. A. G. Liddiard:* Aluminum alloys for gas welding with special references to aluminum-silicon copper alloys. Sheet Metal Industries **24**(1947)246 2062—2068, 247 2273—2280; Index Aeron. **4**(1948)3 72; Metall **3**(1949)11/12 193.

Tylecote, R. F.: Further investigations on the pressure butt welding of light alloy bar. Brit. Welding Res. Ass. Rep. LM. 4/18 Dec. 1947.

Tylecote, R. F.: Pressure welding of light alloys without fusion. Welding J. **26** (1947)2 88—103.

— Argonarc welding: collected papers presented to the LM. 3 Committee on Fusion Welding of Magnesium-Rich Alloys. Brit. Welding Res. Ass. Rep. R. 28 1947.

— The work of the Welding Research Team at the University of Birmingham, July 1944 to January 1947. ADA Res. Rep. 1.

Bulian, Walter: New welding process for light alloy bars and sections. Welding **16**(1948)July 291—294.

Erdmann-Jesnitzer, Friedrich: Der Einfluß der Schweißzeit beim Punktschweißen von Aluminiumlegierungen. Z. Metallkde. **39**(1948)10 303—312.

Erdmann-Jesnitzer, Friedrich: Das Autogen-Stumpfschweißen von Aluminium-Legierungen mit verschiedenen Zusatzdrähten. Werkstatt u. Betrieb **81**(1948) 9 248—251; Technik (Berlin) **4**(1949)1 31.

Fox, F. A.: Hand method of argonarc welding as applied to magnesium base alloys. Consulting Engr. **4**(1948)March 125—128.

George, P. F.: Arc-welding magnesium. Metal Industry **72**(1948)9 163—165, 173; Index Aeron. **4**(1948)7 24.

Gerritsen, W.: Le soudage à l'arc à l'argon. Rev. Soudure **4**(1948)1 3—16. [2.511.2].

Gibson, G. J. and *G. R. Rothschild:* The effect of D. C. component in A. C. inert-gas arc welding of aluminium. Welding J. **27**(1948)10 496 s—501 s.

Gillette, R. T.: Copper-aluminium joints and combination materials made by upset welding. Mater. & Meth. **28**(1948)July 70—73.

Grimwood, E. J.: Argonarc welding of magnesium alloys. Consulting Engr. **4** (1948)March 119—125.

Hawlik, E.: Die elektrische Lichtbogenschweißung des Aluminium und seiner Legierungen. Schweißtechnik (Wien) **2**(1948)Juni 75—76, Juli 82—84; Met. Rev. **22**(1949)5 54.

Hogg, I. H.: Argonarc welding of magnesium alloys at Metropolitan-Vickers Electrical Co Ltd. Consulting Engr. **4**(1948)March 128—132.

Keefe, E. J. and *L. B. Wilson:* New method of welding aluminium alloys. Welding **16**(1948)March 94—97.

Nash, S. G. E. a. o.: Flash butt welding. Pt. I—III. Aircr. Production **10**(1948)115 167—171, 116 201—206, 117 243—247; Index Aeron. **4**(1948)10 48.

Pendleton, J.: Gas welds in a high strength aluminium-zinc-magnesium-copper alloy. Trans. Inst. Welding **11**(1948)5 Welding Res. 87 r—93 r; Index Aeron. **5**(1949)6 87. [1.442.13].

Schärer, A.: Arc welding of aluminium and its alloys. Light Metals **11**(1948)126 397—403, 127 461—470, 128 512—523, 130 631—638, 131 664—671, **12**(1949) 132 12—19; Index Aeron. **4**(1948)11 72, **5**(1949)4 62; Met. Rev. **22**(1949)1 51, 2 49.

Sowter, A. B.: Materials joined by new cold welding process. Mater. & Meth. **28**(1948)Nov. 60—63; Met. Rev. **22**(1949)1 51.

Swarthout, W.: Welding and low-temperature brazing of air conditioning and refrigeration parts. Welding J. **27**(1948)July 511—516. [2.512].

Toll, R. H.: Inert-gas-welded aluminium tanks. Welding Engr. **33**(1948)Febr. 33—36.

Tylecote, R. F.: The pressure welding of aluminium alloys: The British Welding Research Association's symposium of the welding of light alloys. Sheet Metal Industries **25**(1948)251 574—578; Index Aeron. **4**(1948)5 84.

Tylecote, R. F.: Further investigations on the pressure welding of light alloy sheet. Trans. Inst. Welding **11**(1948)5 94 r—108 r 13 ref.; Index Aeron. **5** (1949)6 58.

Walter, Viktor: Der heutige Stand des Schweißens der Leichtmetalle. Berg- u. Hüttenmänn. Mh. **93**(1948)8/11 219—224.

West, E. G.: The welding of non-ferrous metals. Sheet Metal Industries **25**(1948) Jan. 147—154, March 563—573, Apr. 777—782, July 1405—1406, 1409, Aug. 1621—1626.

— The British Welding Research Association's symposium of the welding of light alloys: Discussion of technical papers on the pressure welding and flash welding of light alloys. Sheet Metal Industries 25(1948)253 1005—1008, 1010; Index Aeron. 4(1948)7 23.

— Cold pressure welding. Machinery (London) 73(1948)16./12. 832—834; Met. Rev. 22(1949)2 50.

— Defects in aluminium-alloy spot-welds. Amer. Machinist 92(1948)26 850—853; Konstruktion 1(1949)11 346.

— Survey of automatic arc and gas welding processes as used in the automotive industry. (Automotive Welding Committee.) Welding J. 27(1948)Jan. 27—35. [2.511.2].

— Welding the light alloys. Pt. I—IV. Light Metals 11(1948)121 89—95, 122 120—127, 123 179—180, 125 337—344, 126 381—385.

Bland, J. and *V. A. Digiglio:* New development extends use of stud welding to aluminium. Mater. & Meth. 30(1949)3 78—80; Index Aeron. 6(1950)2 44.

Boss, Gerard H.: Cleaning aluminium sheet prior to spot welding. Metal Progr. 55(1949)Apr. 499—503, 522, 524, May 668—673; Met. Rev. 22(1949)6 32.

Erdmann-Jesnitzer, Friedrich: Stand der deutschen Leichtmetallschweißung. Technik (Berlin) 4(1949)1 26—31.

Erdmann-Jesnitzer, F.: Neuartige Leichtmetall-Punktschweißung. Natur u. Technik 3(1949)7 11—12; Ref. Chem. Industrie (1949)1031 12.

Erdmann-Jesnitzer, Friedrich: Beitrag zur Gasschmelzschweißung von Aluminium-Magnesium-Blechen geringer Dicken. Z. Metallkde. 40(1949)10 389—397.

Fitzgerald-Lee, G.: The oxy-acetylene welding of aluminium and its alloys. Aircr. Engng. 21(1949)239 20—21.

Fitzgerald-Lee, G.: The electric welding of aluminium and its alloys. Aircr. Engng. 21(1949)Febr. 54—55; Met. Rev. 22(1949)4 53.

Houldcroft, P. T.: Developments in the metallurgy and technique of welding aluminium alloys. Metallurgia 39(1949)232 206—209 46 ref.; Met. Rev. 22 (1949)5 53; Index Aeron. 5(1949)6 86.

Lundberg, T.: Porosity: A problem in welding light metals. Welding 17(1949) Febr. 72—77; Met. Rev. 22(1949)4 53.

Marshall, W. K. B.: A survey of the principles, applications and developments of the argon-arc welding process. Sheet Metal Industries 26(1949)271 2427—2440 17 ref.; Index Aeron. 6(1950)3 69. [2.511.2].

Pendleton, J.: Gas welds in aluminium-magnesium alloy sheet. Brit. Welding Res. Ass. Rep. 50; Welding Res. 3(1949)4 74 r—84 r. [1.442.13].

Pilia, F. J.: Poke welding offers new method of joining stainless, aluminium and mild steel. Mater. & Meth. 29(1949)March 64—67. [2.511.2].

Pumphrey, W. I.: Welding of aluminium alloys: Investigation of associated problems. Metallurgia 40(1949)239 239—245 15 ref.; Index Aeron. 6(1950)1 73. [1.442.13].

Ricken, Theodor: Das Schweißen der Leichtmetalle. 2. Aufl. (Werkstattbücher H. 85) Berlin-Göttingen-Heidelberg: Springer 1949 64 S. [1.442.13].

Roper, E. H.: Welding with the aircomatic process. Welding J. 28(1949)Aug. 728—730; Met. Rev. 22(1949)9 55.

Sowter, A. B.: Materials joined by new cold welding process. Welding J. 28 (1949)2 149—152; Index Aeron. 5(1949)6 57.

Stevenson, F. H.: Heliarc welding of aluminium alloys. Welding J. 28(1949)Oct. 971—975.

Tylecote, R. F.: The pressure butt welding of light alloy bar. Brit. Welding Res. Ass. Rep. R. 42; Trans. Inst. Welding 12(1949)1 2 r—16 r; Index Aeron. 5 (1949)6 58; Met. Rev. 22(1949)5 54.

Tylecote, R. F.: Recent developments in the pressure welding of light alloys. Sheet Metal Industries **26**(1949)261 161—168, 262 389—393; Index Aeron. **5** (1949)4 61; Met. Rev. **22**(1949)3 51.

Tylecote, R. F.: Druckschweißen von Leichtmetall-Legierungen. J. Instn. Production Engrs. **28**(1949)9 459—476; Ref. Chem. Industrie (1950)1065 10.

Voldrich, C. B.: Welded joints in thick aluminum plates. Welding J. **28**(1949) June 275 s—288 s; Met. Rev. **22**(1949)8 51. [1.442.13].

West, E. G.: Welding of aluminum and its alloys. Engng. **167**(1949)8./4. 317—319, 15./4. 341—342; Met. Rev. **22**(1949)6 52.

Wurzel, Georg: Das Schweißen von Leichtmetallen. Leipzig: Jänecke 1949 88 S. [1.442.13].

— Argon arc welding of aluminium. London: Atomic Energy Res. Establ., Ministry of Supply, Res. Rep. EL/M 49 Sept. 1949 5 p.; AB **24**(1953)5 290.

— Argonarc welding of aluminium. Welding **17**(1949)Aug. 325—333.

— Schmelzschweißung von Aluminium-Legierungen. 4. Aufl. (Werkstattblätter Nr. 66) München: Hanser März 1949 2 S.

— Welding and brazing aluminum. Montreal (Que.): Aluminum Co. Canada (ALCAN) 1949 XIII, 163 p. [2.512].

Albrecht, Fritz: Shielded arc welding of aluminium. Welding J. **29**(1950)7 542—546; AB **21**(1950)8 427.

Albrecht, Fritz: Important points to consider in welding aluminum. Machinery (New York) **56**(1950)11 168—170.

Blohm, Ernst: Neuartiges Gießschweißverfahren für Aluminium und Aluminium-legierungen. Metall **4**(1950)19/20 428—429.

Chard, J. E. and *N. MacDonald:* The welding of thick aluminium alloy plates by the argon arc process. Brit. Welding Res. Ass. Rep. R. 59; Trans. Inst. Welding **13**(1950)4 71 r—78 r; AB **21**(1950)10 518—519.

v. Hofe, Hans u. *W. Linicus:* Autogenschweißung von Aluminium. Schweißen u. Schneiden **2**(1950)12 325—333; Metal Abstr. **20**(1953) Pt. 12 Aug. 924; AB **24**(1953)10 630.

Hollard, M.: The welding of light alloys. Soudure et Techn. Connexes (1950)4 240; Light Metals Bull. **13**(1951)1 377; AB **22**(1951)9 521.

Knape, Th. J.: Het puntlassen van lichte metalen en het lassen van chroom-molybdeenstaal. (Das Punktschweißen von Leichtmetallen und das Schweißen von Chrommolybdänstahl.) Ingenieur **62**(1950)19 (Luchtvaarttechniek 2) 18—24; Konstruktion **3**(1951)4 135. [2.511.2].

Mäder, Hans: Über den Einfluß des Siliziums auf die Schweißrissigkeit von Aluminiumlegierungen. Z. Metallkde. **41**(1950)5 140—144.

Matting, Alexander: Dickblechschweißung von Leichtmetallen. Technik (Berlin) **5**(1950)9 451—453.

Moss, W. Wade: Welding light metals with inert gas shielded arc. Light Metal Age **8**(1950)11/12 12—14, 16, 27, **9**(1951)1/2 16—18; Index Aeron. **7**(1951)4 42, 6 66.

Orton, L. H., J. C. Needham and *J. H. Cole:* The A. C. argon arc process for welding aluminium. The oscillographic analysis of the application of a commercial high frequency spark injector unit. Brit. Welding Res. Ass. Rep. R. 58; Trans. Inst. Welding **13**(1950)3 47 r—68 r.

Teanby, P. M.: A review of selected papers on the flash and butt welding of light alloys. Brit. Welding Res. Ass. Rep. R. 54; Welding Res. **4**(1950)1 16 r—20 r.

Teanby, P. M.: A review of recently published information on the spot welding of light alloys. Brit. Welding Res. Ass. Rep. R. 62; Welding Res. **4**(1950)5 94 r—101 r.

Waite, M. J. and *J. F. Whiting:* The arc welding of aluminum and its alloys. Devel. Bull. No. 6 March 1950 39 p.

— Cold pressure welding. 2nd ed. (Revised) London: General Electric Co. Dec. 1950 15 p.

–– Warmpunkten von hochfesten Leichtmetallblechen. Aircr. Production 12(1950) 134 289—291; Metall 5(1951)21/22 500.

Binstead, W. V. and *E. G. West:* British experiences in the argon arc welding of aluminium. Trans. Inst. Welding 14(1951)4 121—139; Konstruktion 4(1952) 8 252.

Brenner, Paul: Über das Schweißen von Leichtmetall. Z. VDI 93(1951)22 729—735. [1.442.13], [5.5].

Bushell, R.: Resistance welding light alloys. Welding & Metal Fabrication 19(1951) Oct. 387—389, 396; Met. Rev. 24(1951)11 34.

Faguet, J.: Recent advance in the technique of electric spot-welding of aluminium alloys in the French aircraft industry. Trans. Inst. Welding 14 (1951)4 110—120; Index Aeron. 8(1952)3 61.

Fiedler, W.: Das Schweißen von Leichtmetall unter besonderer Berücksichtigung des Schiffbaues. Schiff u. Hafen 3(1951) 127—129.

Gardner, F. S.: Hot pressure welding. Welding J. 30(1951)11 995—1003; Aluminium 28(1952)5 XIV; Nachr.-Bl. AGM Leichtbau 1(1952)4 7.

Handforth, J. R.: Practical aspects of the argon-arc welding of aluminium alloys. "Symposium on welding and riveting larger aluminium structures", ADA Publ. Nov. 1951.

Herbst, H. T.: Sigma welding of non-ferrous metals and alloy steels. Welding J. 30(1951)July 618—631. [2.511.2].

Hoglund, C. O.: Welding aluminium alloys. Welding J. 30(1951)Apr. 331—346.

Houldcroft, P. T., W. G. Hull and *H. G. Taylor:* Recent researches on the arc welding of thick aluminium alloy plate. "Symposium on welding and riveting larger aluminium structures", ADA Publ. Nov. 1951.

Kelley, F. C.: Pressure welding. Welding J. 30(1951)Aug. 728—736.

Klain, Paul: Inert-gas-shielded metal-arc welding of magnesium. Welding J. 30 (1951)Oct. 887—893; Met. Rev. 24(1951)11 35.

Lees, D. C. G.: Stud welding the aluminium-magnesium alloys. Light Metals 14 (1951)Sept. 473—476; Met. Rev. 24(1951)11 33.

Lees, D. C. G.: Stud welding on aluminium alloys. Welding & Metal Fabrication 19(1951)Oct. 390—391; Met. Rev. 24(1951)11 34.

Lees, D. C. G.: The stud welding of light alloys. Engineer 192(1951)4990 347—348; Index Aeron. 7(1951)12 73; Aluminium 28(1952)12 XIII; Nachr.-Bl. AGM Leichtbau 2(1953)2 9.

Miller, Mike A. and *Glenn W. Oyler:* Pressure welding aluminium at various temperatures. Welding J. 30(1951)Oct. 486 s—498 s; Met. Rev. 24(1951)11 35.

Moore, D. C.: Untersuchung über die Rißbildung beim Argonarcschweißen der gebräuchlicheren binären Aluminiumlegierungen. Sheet Metal Industries 28 (1951)292 739—752; Aluminium 28(1952)1/2 XVII.

Moore, D. C.: Methods of minimizing cracking at temperatures above the solidus during the fusion welding of aluminium alloys by the oxyacetylene and argonarc process. Sheet Metal Industries 28(1951)295 1025—1037, 1040 18 ref.; Index Aeron. 8(1952)1 99; Aluminium 28(1952)4 XIII.

Morgan, T.: Argon arc welds in Al-Mg alloy. Light Metals 14(1951)162 605—613; AB 22(1951)12 735.

Müller-Busse, A.: Lichtbogenschweißen von Aluminium. Aluminium 27(1951)3 57—66; Index Aeron. 8(1952)3 90.

Nelson, R. L. and *I. C. Mattson:* Welding magnesium alloys. Metal Industry 79 (1951)23 475—477, 24 495—498; Index Aeron. 8(1952)3 92; AB 23(1952)2 84.

Orton, L. H. and *J. C. Needham:* A. C. Argonarc process for welding aluminium. Welding Res. 5(1951)6 252 r—274 r; AB 23(1952)5 271.

Pelletier, L.: Soudage par points des alliages légers expériences sur le duralumin plaqué. Ass. Techn. Marit. Aéron. Prepr. 1951 14 p.; Index Aeron. **7**(1951) 10 60.

Pettit, G.: Shielded arc welding of aluminium and stainless steel. Canadian Metals **14**(1951)8 52, 54, 56; AB **22**(1951)11 656. [2.511.2].

Pumphrey, W. I. and *D. C. Moore:* Some effects of silicon on the tendency to cracking in aluminium-copper-magnesium alloys of high purity. ADA Res. Rep. 11.

Railton, C. L.: Argonarc welding light alloy pipe and tubes. Welding & Metal Fabrication **19**(1951)Apr. 149—151.

Ruppin, K.: Elektrische Hochleistungs-Punkt-Schweißung im Leichtmetall-Fahrzeugbau. Glas. Ann. **75**(1951)4 83—84. [6.252.1].

Zurbrügg, E.: Argonarcschweißen von Aluminium. Aluminium (Suisse) **1**(1951)4 115—124.

Zurbrügg, E.: Schweißen und Löten von Aluminium. Z. Schweißtechn. (Zürich) **41**(1951)10 186. [2.512].

— The welding of the wrought light alloys. Trans. Inst. Welding **14**(1951)5 169—172; AB **23**(1952)3 129.

Apblett, W. R. jr., C. R. Felmley u. *W. S. Pellini:* Factors which determine the performance of aluminium alloy weldments. Welding J. **31**(1952)12 596 s—606 s; Aluminium **29**(1953)6 XVI; AB **24**(1953)2 84.

Dixon, H. E.: Surface cleaning of some aluminium alloys prior to spot welding. Welding Res. **6**(1952)5 93 r—101 r; AB **24**(1953)1 27; Index Aeron. **9**(1953)4 68—69.

Freedman, Samuel: Alloy eliminates flux in welding aluminium. Western Metals **10**(1952)11 44—46; Chem. Abstr. **47**(1953)2 469; AB **24**(1953)4 232.

Frey, R.: Das Schweißen von Leichtmetallseilen nach dem Alutherm-Verfahren. Aluminium **28**(1952)1/2 28—31; AB **23**(1952)3 129.

Guinard, Charles: Le soudage par résistance des métaux légers. Rev. Aluminium **29**(1952)193 417—422, **30**(1953)195 35—40, 196 67—74; Nachr.-Bl. AGM Leichtbau **2**(1953)11 6; AB **24**(1953)5 290; Aluminium **29**(1953)7/8 XXI.

Houldcroft, P. T.: Progress in welding light alloys. Metallurgia **45**(1952)268 81—84; AB **23**(1952)4 200.

Houldcroft, P. T.: Metal arc welding of aluminium-magnesium plate. Welding Res. **6**(1952)6 106 r—111 r; Index Aeron. **9**(1953)4 69; AB **24**(1953)3 159.

Johnson, I. W.: Slope taper control in spot welding 24 S-T aluminium. Welding J. **31**(1952)7 549—551; AB **23**(1952)9 495.

Kemp, Robert E.: Production welding 24 S-T 3 aluminium using slope control. Welding J. **31**(1952)8 687—691; AB **23**(1952)9 496; Nachr.-Bl. AGM Leichtbau **2**(1953)4 11.

Khrenoff, K. K., M. N. Gapchenko and *G. P. Sakhatzky:* Electric arc welding of magnesium alloys. Aircr. Engng. **24**(1952)283 277—278; AB **23**(1952)11 637.

Klopfert, A.: Le soudage par étincelage de la menuiserie métallique en alliages légers. Rev. Aluminium **28**(1952)185 51—56; Nachr.-Bl. AGM Leichtbau **1**(1952) 5 9—10.

Koch, H. u. *K. Nagel:* Zur Frage der Schweißrissigkeit von Aluminium-Legierungen. Schweißen u. Schneiden **4**(1952)10 347—356; Nachr.-Bl. AGM Leichtbau **2**(1953)5 6—7; Techn. Zbl. Masch.-Wes. (1953)11 971; AB **25**(1954)2 78.

McCullough, W. E.: Technical factors in cold welding aluminium. Modern Metals **8**(1952)11 40, 42, 44; AB **24**(1953)2 85.

Moore, D. C.: Investigations into the cracking of aluminium alloys during fusion welding. ADA Res. Rep. 12.

Pelletier, L. et *P. Lanusse:* Le controle de soudage par points. Comment augmenter son efficacité. Rech. Aéron. (1952)27 39—44.

Pilia, F. J.: "Contour" arc welding. Welding Engr. **37**(1952)4 54; AB **23**(1952)5 271.

Poetto, P. G.: Qualitätskontrolle bei Punktschweißarbeiten. Welding J. **31**(1952) 11 1017—1022; Aluminium **29**(1953)6 XVI.

Renner, K.: Gasschmelz-Doppelschweißung dicker Aluminiumbleche. Schweißtechnik (Berlin) **2**(1952)5 136—139; Aluminium **28**(1952)11 XII.

Robinson, H.: Welding magnesium by the aircomatic process. Canadian Metals **15**(1952)7 48, 50; AB **23**(1952)8 462.

Rockefeller, H. E.: Schutzgasschweißung mit kontinuierlich zugeführter Metall-Elektrode. Welding J. **31**(1952)7 575—586; Aluminium **28**(1952)12 XIII; Nachr.-Bl. AGM Leichtbau **2**(1953)2 8—9.

Rosenberg, A. J.: Welding characteristics of materials (Inconel W and titanium alloys) for aircraft gas turbines. Welding J. **31**(1952)5 407—413. [6.211.2].

Ruppin, K.: Doppelpunktschweißung für Leichtmetall-Bauweisen. Metall **6**(1952) 11/12 308—309; Nachr.-Bl. AGM Leichtbau **1**(1952)4 9.

Schoellerman, A. and *S. Jenkins:* Spotwelding highly stressed aluminium and magnesium assemblies. Product Engng. **23**(1952)3 185—188; AB **23**(1952)4 201.

Tylecote, R. F.: Preßschweißung. Metal Industry **81**(1952)3 43—46, 4 72—73; Aluminium **28**(1952)11 XII.

— Autogenschweißen von Aluminium. (Aluminium Merkblatt V 1.) Düsseldorf: Aluminium Verl. 1952 14 S.

— Autogenschweißen. Aluminium-Walzwerke Singen Merkbl. VA 2 Juli 1952 12 S.

— The gas welding of aluminium. ADA Inform. Bull. 5 Apr. 1952 68 p.; AB **23** (1952)8 440.

— Lichtbogenschweißen von Aluminium. (Aluminium Merkblatt V 2) Düsseldorf: Aluminium Verl. 1952 12 S.

— Resistance welding of wrought aluminium alloys. ADA Inform. Bull. 6 June 1952 60 p.

Binstead, W. V.: The joining of aluminium and its alloys. Metallurgia **47**(1953) 280 81—88; AB **24**(1953)4 232. [2.512].

Bollinger, J.: Aluminothermisches Schweißen von Aluminium-Kabeln. Aluminium (Suisse) **3**(1953) 62—65; Werkstoffe u. Korrosion **5**(1954)2 69.

Covington, G. A.: Voraussetzung zur Qualitäts-Punktschweißung. Sheet Metal Industries **30**(1953)320 1065—1070; Aluminium **30**(1954)4 LXXIII.

Gayley, Charles T., Joseph R. Girini and *Walter H. Wooding:* The semiautomatic inert-gas metal-arc welding of aluminium alloys. Welding J. **32**(1953)4 179 s—190 s; AB **24**(1953)6 388.

Houldcroft, P. T.: Inert gas metal-arc welding of aluminium alloys. Welding & Metal Fabrication **21**(1953)2 58, 61, 3 99—102; AB **24**(1953)4 232.

Hull, W. G., P. T. Houldcroft and *J. D. Chadwick:* Metal-arc welding of thick aluminium- 5 % magnesium plate. Welding Res. **7**(1953)3 59—64; AB **24**(1953) 9 564.

Kemp, C. Ridgely: Welding structural magnesium, with a 50—50 mixture of helium and argon. Welding Engr. **38**(1953)3 39—41, 46; AB **24**(1953)5 321.

Klain, Paul, D. L. Knight and *J. P. Thorne:* Spot welding of magnesium with three-phase low frequency equipment. Welding J. **32**(1953)1 7—18; AB **24** (1953)4 249.

Koziarski, J.: Some considerations on weldability of aluminium alloys. Welding J. **32**(1953)10 970—986; AB **24**(1953)11 711; Nachr.-Bl. AGM Leichtbau **3**(1954) 5 14; Aluminium **30**(1954)2 XXX.

Maloney, J. T.: Fusion welding of light-gage alloys. Welding J. **32**(1953)10 966—969; Nachr.-Bl. AGM Leichtbau **3**(1954)5 14; Aluminium **30**(1954)2 XXXI.

Martin, D. C., M. I. Jacobsen and *C. B. Voldrich:* The welding of thick plates of high strength aluminium alloys. Welding J. **32**(1953)4 161 s—171 s; AB **24** (1953)6 385.

Matthews, Floyd H.: Quality control in spot welding aluminum. Welding J. **32** (1953)12 1181—1194; AB **25**(1954)1 21.

Mühlinghaus, A.: Kupalu-Kupfer-Aluminium-Schweißverfahren. Aluminium **29** (1953)4 164—165; AB **24**(1953)9 548.

Müller-Busse, A.: Das Punktschweißen großflächiger Waggonbauteile. „Aluminium im Verkehr", Düsseldorf: Aluminium-Verl. 1953 15—18.

Pumphrey, W. I., E. van Someren und *M. R. Kilgour:* Entwicklung im Metall-Lichtbogenschweißen von Aluminium und seinen Legierungen. Light Metals **16**(1953)181 132—135; Aluminium **29**(1953)7/8 XX; Nachr.-Bl. AGM Leichtbau **2**(1953)11 7.

Revuelta, A.: Influence of the addition of titanium and beryllium to the weld metal in the welding plates of aluminium-magnesium alloy, carried out by the argon arc process. Ciencia y Técn. Soldadura 3(1953)10 1—20; Chem. Abstr. **47**(1953)15 7423—7424; AB **24**(1953)9 564.

Tomlinson, J. E. and *J. G. Young:* Self-adjusting arc welding of aluminium alloys. Welding & Metal Fabrication **21**(1953) 377—386.

Wilson, W. J.: Spot welding of aluminum, aluminum alloys and steel. Welding J. **32**(1953)12 1175—1180; Nachr.-Bl. AGM Leichtbau 3(1954)7 10; AB **25**(1954)1 21; Aluminium **30**(1954)5 CII. [2.511.2].

Wooding, W. H.: The inert-gas-shielded metal-arc welding process. Welding J. **32**(1953)4 299—312, 5 407—423; AB **24**(1953)7 445.

— Aluminum welding. Resistance Welder Manufacturers Ass. (USA) Bull. 18 1953 21 p.; AB **25**(1954)6 368.

— Argonarc-Schweißen. Aluminium-Walzwerke Singen Merkbl. VA 3 Jan. 1953 8 S.

— Welding ultra-thin materials. Sheet Metal Industries **30**(1953)319 967—968; Index Aeron. **10**(1954)1 52. [2.511.2].

Crum, J. P.: Mechanization of argon-arc welding. An account of experience with inert-gas-shielded arc welding of light alloys. Aircr. Engng. **26**(1954)308 360—364, 366; AB **25**(1954)12 852—853.

Dixon, H. E. and *J. E. Roberts:* Spot welding of high-strength aluminium alloys, effects of welding variables on weld quality. Brit. Welding J. **1**(1954)8 351—370 14 ref.; AB **25**(1954)9 612—613. [1.442.13].

Dixon, H. E.: The spot welding of aluminium alloys. Welding & Metal Fabrication **22**(1954)9 350—353, 10 384—387; AB **25**(1954)10 692, 11 773—774.

Dixon, H. E., W. G. Hull, D. Adams and *P. T. Houldcroft:* The fusion welding of aluminium alloys. Pt. 1 to 3. Brit. Welding J. **1**(1954)10 455—472 47 ref.; Index Aeron. **11**(1955)2 80.

Dobrovodský, V.: Schweißen von Aluminium mit Kupfer in der Elektrotechnik. Schweißtechnik (Berlin) **4**(1954)8 247—249.

Donelan, J. A.: The twin-argon welding process. Brit. Welding J. **1**(1954)9 403—408; AB **25**(1954)10 693—694.

Grassmann, K.: The principles of welding cast magnesium alloys. London: Ministry of Supply TPA 3, Techn. Inform. Bur. Translat. T 4223 Jan. 1954 12 p.; (Gießerei **30**(1943)7/9, 10/11); Index Aeron. **10**(1954)5 145.

Harris, J. F.: Spot welding aluminum alloys with single phase equipment. Welding J. **33**(1954)11 1058—1072; Aluminium **31**(1955)7/8 A 160; Nachr.-Bl. AGM Leichtbau **4**(1955)10 15.

Haslip, Robert: Weld aluminum die castings with inert arc process. Industry & Welding **27**(1954)1 33—36; AB **25**(1954)2 78.

Huff, H. A. jr. and *A. N. Kugler:* A progress report on shielded-tungsten arc welding. Product Engng. **25**(1954)2 170—174; AB **25**(1954)3 149.

Hull, W. G. and *D. F. Adams:* Fusion welding of aluminium alloys. IV. Preliminary tests on high-strength heat treatable aluminium alloys. Brit. Welding J. **1**(1954)11 513—521; AB **25**(1954)12 850—851; Index Aeron. **11**(1955)2 81.

Jewenko, S. K.: Erfahrungen bei der Lichtbogenschweißung von Aluminium. Schweißtechnik (Berlin) **4**(1954)1 21—23.

Johnson, I. W.: Spot welding thin aluminium. Welding J. **33**(1954)8 759—762; Aluminium **31**(1955)2 A 36; Nachr.-Bl. AGM Leichtbau **4**(1955)8/9 16—17.

Kehoe, J. W. and D. R. McCutcheon: Spot welding aluminum with single phase equipment. Welding J. **33**(1954)10 966—986; AB **25**(1954)11 774—775; Aeron. Engng. Rev. **14**(1955)1 116; Nachr.-Bl. AGM Leichtbau **4**(1955)7 21; Aluminium **31**(1955)5 A 105.

Klain, Paul: Consumable electrode arc welding of magnesium. Light Metal Age **11**(1954)11/12 14—17.

Klosse, Ernst: Grundlagen des Schweißens von Aluminium und Leichtmetall-Knetlegierungen. Metall **8**(1954)17/18 672—675; Nachr.-Bl. AGM Leichtbau **4**(1955)3 8; AB **25**(1954)10 693.

Klosse, Ernst: Grundlagen des Schweißens von Leichtmetall-Gußlegierungen. Metall **8**(1954)19/20 764—765; Nachr.-Bl. AGM Leichtbau **4**(1955)7 14.

Klosse, Ernst: Überblick über das Schweißen und Löten von Aluminium und Leichtmetallegierungen. Werkstoffe u. Korrosion **5**(1954)7 246—251; Index Aeron. **10**(1954)10 101. [2.512].

Krekel, Paul: Fortschritte auf dem Gebiet des Schweißens von Aluminium und seinen Legierungen. Wagen- u. Karosseriebau-Techn. **7**(1954)7 5—6; Nachr.-Bl. AGM Leichtbau **4**(1955)1 11.

Mäder, H.: On the weld crack sensitivity of light alloys. London: Ministry of Supply TPA 3, Techn. Inform. Bur. Translat. 4224 Jan. 1954 5 p.; Index Aeron. **10**(1954)5 140.

Michaud, Maurice: Le soudage de l'aluminium en atmosphère inerte. "Rapp. Congr. Int. Aluminium, Tome II", Paris: Soc. Édition et Documentation Alliages Légers 1954 157—158.

Moressée, Georges: Das elektrische Widerstandsschweißen von Leichtmetall-Legierungen. Aluminium **30**(1954)4 152—157, 5 200—207, 6 251—257; AB **25** (1954)6 367—368.

Moressée, Georges: Progrès récents dans le soudage électrique par résistance des alliages légers. "Rapp. Congr. Int. Aluminium, Tome II", Paris: Soc. Édition et Documentation Alliages Légers 1954 159—175.

Müller-Busse, A.: Über die Schweißrissigkeit von Aluminiumwerkstoffen. Aluminium **30**(1954)6 240—250.

Müller-Busse, A.: Die elektrische Widerstandschweißung von Aluminium. Schweißen u. Schneiden **6**(1954)3 93—102 17 Lit.-St.

Plöschinger, R.: Punktschweißen von NE-Metallen. Metall **8**(1954)19/20 766—767; Nachr.-Bl. AGM Leichtbau **4**(1955)10 12.

Provenzali, P.: Confronto sul piano tecnico ed economico tra saldatura ossi-acetilenica e saldatura elettrica in gas inerte delle leghe leggere. (Economic and technical comparison between oxy-acetylene welding and electric inert-gas welding of light-alloys.) Alluminio **23**(1954)4 377—390; AB **25**(1954)10 691—692.

Renner, Kurt: Über die werkstoffgerechte Schweißung von Aluminium und Aluminiumlegierungen. Schweißtechnik (Berlin) **4**(1954)8 241—244 5 Lit.-St.

Roberts, Doris K. and A. A. Wells: Fusion welding of aluminium alloys. Pt. 5. Brit. Welding J. **1**(1954)12 553—560; Index Aeron. **11**(1955)2 81.

Römer, Alfred: Zur Zusammensetzung von Aluminium-Schweißflußmitteln. Schweißtechnik (Berlin) **4**(1954)4 116—120.

Schwarz, H.: „Sigma"-Schweißen von Aluminium. Aluminium (Suisse) **4**(1954)3 91—93; Nachr.-Bl. AGM Leichtbau **3**(1954)11/12 6; Aluminium **30**(1954)11 CCXV.

van Someren, E. H. S.: Metal-arc welding of aluminium alloys — developments and trends. Welding & Metal Fabrication **22**(1954)11 416; AB **25**(1954)12 853.

Spencer, Lester F.: Six processes for fusion welding of aluminium. Welding Engr. **39**(1954)2 58—62, 64, 66; AB **25**(1954)3 150—151; Schweißtechnik (Berlin) **4**(1954)7 216.

Spencer, Lester F.: The welding of magnesium base alloys. Sheet Metal Worker **45**(1954)11 82—84, 86, 118; AB **25**(1954)9 650—651.

Strasburger, Erich: Über das Schweißen von Aluminium und seinen Legierungen. Schiffbautechnik **4**(1954)2 58—61 9 Lit.-St.

Tylecote, R. F.: Investigations on pressure welding. British Welding J. **1**(1954) 3 117—135 27 ref.; AB **25**(1954)4 224.

Wolff, L. u. W. Mantel: Das Lichtbogenschweißen von Leichtmetallen unter Edelgasschutz. Aluminium **30**(1954)6 233—239.

Yamaguchi, Hideo, Shoichi Sakamoto and Jungyo Yamamoto: On the weld cracking of aluminum and its alloys. I. The aluminum binary alloys. Light Metals (Japan) (1954)11 79—83; AB **25**(1954)8 527.

— Induction welding speeds nonferrous tube output. Mater. & Meth. **39**(1954)2 7, 220; Aluminium **30**(1954)11 CCXIII.

— Welding Alcoa aluminum. Aluminum Co. of America 1954 176 p.; AB **25**(1954)8 525—526.

— Welding aluminium. London: Northern Aluminium Co. (Noral) Devel. Bull. 1954 26 p.; AB **25**(1954)12 851.

Chapman, G. D.: Mechanized argon-arc welding. Light Metals **18**(1955)205 115—121.

Houldcroft, P. T. and A. A. Smith: Fusion welding of aluminium alloys. VII. Recording porosity in aluminium-alloy welds. Brit. Welding J. **2**(1955)2 67—74; Index Aeron. **11**(1955)4 78; Aeron. Engng. Rev. **14**(1955)5 189—190.

Hull, W. G., D. F. Adams and H. E. Dixon: Fusion welding of aluminium alloys. VI. Development of a hot-cracking test for light-alloy welds. Brit. Welding J. **2**(1955)1 32—37; Index Aeron. **11**(1955)4 77.

Irmann, Roland: Application du soudage électrique par résistance à l'aluminium et à ses alliages. Aluminium (Suisse) **5**(1955)4 127—133.

Klopfert, A.: Neue Verfahren der Abbrennschweißung von Aluminiumlegierungen. Aluminium **31**(1955)6 260—266.

Krekel, P. u. W. Linicus: Schutzgas-Schweißverfahren und seine Anwendung bei Al-Konstruktionen. Industriekurier **8**(1955)89 238—240; Nachr.-Bl. AGM Leichtbau **4**(1955)10 11.

Mantel, W. u. L. Wolff: Die Lichtbogenschweißung von Leichtmetallen unter Edelgasschutz. Aluminium **31**(1955)6 255—259.

Pumphrey, W. I.: Metal-arc welding aluminium alloys — the present position. Light Metals **18**(1955)210 316—317 6 ref.

Russell, B. R.: Sigma welding for light metals. Light Metal Age **13**(1955)1/2 10—12, 28; Aluminium **31**(1955)10 A 234.

Plaste   2.511.4

Voigt, P.: Das Schweißen thermoplastischer Kunststoffe. Anz. Maschinenwes. (1941)16 185—188; Techn. Z.-Schau **26**(1941)15 262.

Henning, A.: Das Schweißen thermoplastischer Kunststoffe. I. Teil: Entwicklung des Schweißverfahrens, Schweißen von Igelit PCU-Platten. Kunststoffe **32** (1942)4 103—109; Luftwissen **9**(1942)8 249.

Haim, G.: The welding of thermoplastics. Plastics (London) **8**(1944)80 24—30; VDI Verschl. Ber. (1945)5020/3 20.

Theiner: Untersuchung von geschweißten Plexiglasplatten. ZWB UM 1324 1944 3 S.

Widmer, G.: Über das Schweißen von Kunststoffen. Z. Schweißtechnik (Zürich) **38**(1948)März 43—53.

Krekeler, Karl u. *W. Klougt:* Ausgewählte Kapitel schweißtechnischer Fertigungsverfahren. (Leistungssteigerung im Waggonbau durch Anwendung der Schweißtechnik sowie neue Verfahren für das Verschweißen thermoplastischer Kunststoffe. Schr.-Reihe d. Verkehrsministeriums d. Landes Nordrhein-Westfalen H. 5.) Essen: Girardet 1949 40 S. [2.511.2].

Krekeler, Karl: Schweißtechnik im In- und Ausland. (Kolloquium über schweißtechnische Fertigungsverfahren Aachen 1949.) Z. VDI **92**(1950)5 124—127. [2.511.1].

Krekeler, Karl: Die fertigungsgerechte Kunststoffverarbeitung durch Schweißen und Umformen. Werkstattstechn. u. Maschinenb. **40**(1950)11 388—391.

Neumann, J. A.: Hot gas welding of plastics. Modern Plastics **28**(1950)3 97—102; Konstruktion **3**(1951)8 256—257.

Voigt, P.: Schweißen und Warmverformen von thermoplastischen Kunststoffen. Schweißen u. Schneiden **2**(1950)S. H. Dez. 442—449.

— Schweißen von Erzeugnissen aus hartem Polyvinylchlorid (Hart-PVC). (Arbeitsaussch. Schweißen u. Warmverformen von Kunststoffen d. Fachaussch. Kunststoffe der K. d. T.) Kunststoffe **40**(1950)11 353—356; Index Aeron. **7**(1951)5 101.

Wintergerst, Siegmund: Die Schweißung dünner Kunststoff-Folien und ihre augenblicklichen Grenzen. Kunststoffe **41**(1951)5 141—144 7 Lit.-St.; Nachr.-Bl. AGM Leichtbau **3**(1954)2 23; Index Aeron. **7**(1951)10 59.

Benker, Ludwig: Thermoplastische Kunststoffe in der chemischen Industrie unter besonderer Berücksichtigung der Schweiß- und Auskleidetechnik. Schweißen u. Schneiden **4**(1952)S. H. Dez. 95—100.

von Hauteville, Tankred: Schweißen und Nähen. Kunststoffe **42**(1952)10 342—344.

Krekeler, Karl u. *H. Peukert:* Kunststoff-Schweißgeräte. Kunststoffe **42**(1952)4 117—122.

Zickel, H.: Konstruieren mit Kunststoffen. Konstruktion **4**(1952)10 299—304; Nachr.-Bl. AGM Leichtbau **2**(1953)8 9. [2.531], [5.4].

Dammer, O.: Verarbeitung thermoplastischer Kunststoffe durch Warmformen und Schweißen. Kunststoffe **43**(1953)9 330—336.

von Hauteville, Tankred: Das Wärmeimpuls-Verfahren zum Schweißen thermoplastischer Folien. Z. VDI **95**(1953)4 100; Werkstoffe u. Korrosion **5**(1954)3 113.

Pischke, H.: Schweißverfahren für thermoplastische Kunststoffe. Schweißen u. Schneiden **5**(1953)1 41—46.

(Voigt, Paul): Richtlinien für Schweißen und Verarbeitung von Kunststoff (PVC). (Taschenausgabe Verl. Technik Bd. 52) Berlin: Verl. Technik 1953 148 S. [2.4], [2.31].

— Infrarotschweißen von Kunststoffen. Industrie des Plastiques Modernes (1953) 3 90; Nachr.-Bl. AGM Leichtbau **3**(1954)2 13—14.

Mertz, H.: Das Verschweißen von Plastikfolien mit Hochfrequenz. Plastverarbeiter **5**(1954)6 166—171; Verfahrenstechn. Ber. (1954)1249/37 1927.

Kreft, Lothar: Schweißen und Warmformen von Saran-Geweben. Kunststoffe **45**(1955)7 272—275.

Oberbach, Karl: Schweißen von Weich-PVC-Folien. Kunststoffe **45**(1955)7 266—272.

Peukert, H.: Heißgasschweißung von Hart- und Weich-Polyvinylchlorid. Kunststoffe **45**(1955)7 257—266.

Peukert, H.: Weitere Ergebnisse aus Arbeiten des Aachener Instituts für Kunststoffverarbeitung. Kunststoffe **45**(1955)7 290—292. [2.531].

Peukert, H.: Die Schweißung, ein werkstoffgerechtes Verbindungsverfahren für thermoplastische Kunststoffe. Chemiker-Ztg. **79**(1955)7 210—213.

Pischke, H.: Schweißverfahren für thermoplastische Kunststoffe. Schiff u. Hafen **7**(1955)6 366—372; Nachr.-Bl. AGM Leichtbau **4**(1955)8/9 21.

Lüder, Erich: Löten und Lote. 2. Aufl. (Hrsg. AWF) Berlin: Beuth 1936 66 S.

Sambraus, A.: Über die Weichlötung von Stahlblechen und ihre Verwendung im Flugzeugbau. Luftf.-Forsch. **13**(1936)6 190—198; Aircr. Engng. **8**(1936)91 264.

Matting, Alexander: Anleitungsblätter für das Schweißen und Löten von Leichtmetallen. (Hrsg. AWF u. Schweißausschuß des VDI) Berlin: VDI-Verl. 1940. [2.511.3].

Sambraus, A.: Über die Weichlötung hochfester Stahlbleche. ZWB FB 1188 1940 37 S.; Jb. 1940 Dtsch. Luftf.-Forsch. I 1007—1014.

Sambraus, A. u. Burkhardt: Über die Hartlötung hochfester Stahlbleche. ZWB FB 1255 1940 36 S.; Jb. 1940 Dtsch. Luftf.-Forsch. I 1015—1023. [1.442.2].

Schulze, R.: Zinnfreie Weichlote. Werkstatt u. Betrieb **73**(1940)11 237—239; Techn. Z.-Schau **26**(1941)6 113.

Wensley, R. J.: Electro-brazing methods. Welding J. **19**(1940)Oct. 754—758; Techn. Z.-Schau **26**(1941)6 113.

Hansen, W. H.: Neuzeitliches Hartlöten. Werkstatt u. Betrieb **74**(1941)8 209—212; Techn. Z.-Schau **26**(1941)24 406.

Simon, G.: Das Hartlöten im elektrischen Ofen. AEG-Mitt. (1941)1/2 20—24; Techn. Z.-Schau **26**(1941)13 233.

Simon, G.: Das Hartlöten im elektrischen Widerstandsofen. Elektrowärme **11** (1941)3 47—52; Techn. Z.-Schau **26**(1941)13 233.

Wullhorst: Die Tauchlötung von Aluminium. ZWB FB 1453 1941 29 S.

Blohm, Ernst: Neuere Entwicklungen auf dem Gebiet der Hartlötung von Leichtmetallen. Aluminium **26**(1944)7/8 145—146.

Dawihl: Titan-Karbid-Löten. Studien-Ges. Hartmetall 1944 3 S.

— Löten. (AWR Merkblätter) Aluminium-Werke Rorschach Merkbl. 19 Okt. 1944 1 Bl.

— Hartlöten von Aluminium und seinen Legierungen. 4. Aufl. (Werkstattblätter Nr. 71) München: Hanser Juli 1946 2 S.

Brooker, H. R.: A brief review of brazing processes. Sheet Metal Industries **24** (1947)Nov. 2253—2256, Dec. 2457—2466.

Hermanns, H.: Lote und Löten im Ausland. Dtsch. Elektrotechn. **1**(1947)6 189—192; Phys. Ber. **27**(1948)7/8 755.

Baerfuß, D.: „Brazing" von Aluminium. Berg- u. Hüttenmänn. Mh. **93**(1948)8/11 224—226.

Birdsall, G. W.: Torch-brazing aluminum. Steel **123**(1948)29./11. 82—85; Met. Rev. **22**(1949)1 51.

Blohm, Ernst: Die Hartlötung von Leichtmetallen unter besonderer Berücksichtigung der Plattierlötung. Metall **2**(1948)21/22 365—370; Glückauf **85**(1949) 5/6 104.

Clauser, H. R.: Brazing aluminium alloys. Mater. & Meth. **27**(1948)May 78—82.

Curtis, F. W.: Designing for silver brazing by induction heating. Product Engng. **19**(1948)8 109—113; Engrs. Dig. **9**(1948)12 419—422; Konstruktion **1**(1949)8 253—254. [1.442.2].

Jacobs, Carl E.: New brazing techniques for auto bodies and fenders. Industry & Welding **22**(1949)Apr. 46—48, 50; Met. Rev. **22**(1949)5 53.

Kirsten, K. u. G. Ehrlicher: Schweißen, Brennschneiden, Löten. 8. Aufl. Hannover: Jänecke 1948 96 S. [2.33], [2.511.1].

Klain, Paul: Economical joining of magnesium possible through new brazing method. Mater. & Meth. **27**(1948)6 83—87; Werkstatt u. Betrieb **82**(1949)5 182.

Klain, Paul: New brazing methods for magnesium. Metallurgia **39**(1948)229 50—53; Index Aeron. **5**(1949)2 53.

Lewis, W. R.: Notes on soldering. Greenford (Middlesex): Tin Res. Inst. 1948 88 p.; Met. Rev. **22**(1949)2 48.

van Natten, W. J.: The ABC's of silver alloy brazing. Iron Age **161**(1948)8./1. 51—56.

Ritchey, N. F. and *C. Bruno:* The practical fundamentals of aluminium brazing. Western Metals **6**(1948)Nov. 22—25.

Schöning, W.: Hartlöten. Technik (Berlin) **3**(1948)12 533—534.

Schöning, W.: Lötversuche an Leichtmetallstromschienen. Technik (Berlin) **3** (1948)12 535—536.

Swarthout, W.: Welding and low-temperature brazing of air conditioning and refrigeration parts. Welding J. **27**(1948)July 511—516. [2.511.3].

Thomas, F. W. and *E. Simon:* Soldering aluminium alloys. Electronics **21**(1948) 6 90—92.

Wilkes, G. B.: Properties of copper brazed joints. Iron Age **162**(1948)30./9. 44—51.

— Weichlöten von Aluminium und Aluminium-Legierungen. 5. Aufl. (Werkstattblätter Nr. 40) München: Hanser Okt. 1948 2 S.

Barber, Clifford L.: How to evaluate solder efficiency. Amer. Machinist **93**(1949) 5./5. 110—113; Met. Rev. **22**(1949)6 52.

Beatson, E. V.: The welding, brazing and soldering of coated metals. J. Electrodepositors' Techn. Soc. **24**(1949) 41—56; Steel Processing **35**(1949)June 296—300; Met. Rev. **22**(1949)4 51; Bull. Anal. C. N. R. S. **11**(1950)11 3984. [2.511.1].

Churchill, S. C.: Brazing as a production process. Machinery (London) **74**(1949) 23./6. 835—839; Met. Rev. **22**(1949)8 50.

Curtis, Frank W.: Induction brazing with silver alloys offers many advantages and economies in fabricating metal assemblies. Steel **125**(1949)18./7. 82—84, 124—126; Met. Rev. **22**(1949)9 53.

Curtis, Frank W.: Hows and whys of induction soldering. Amer. Machinist **93** (1949)16./6. 77—81; Met. Rev. **22**(1949)8 50.

Erdmann-Jesnitzer, Friedrich: Beitrag zur Hartlötung von Baustahl mit Kupfer-Phosphorlot. Metall **3**(1949)Juni 186—187; Met. Rev. **22**(1949)8 51.

Leinert, Lothar: Einfluß der Oberflächenrauhigkeit und Passung beim Hartlöten. Metalloberfläche **3**(1949)März 62—67; Met. Rev. **22**(1949)7 55.

Lewis, Floyd A.: How to braze aluminum. Iron Age **164** (1949)7./7. 78—82; Met. Rev. **22**(1949)8 51.

Lohausen, Karl-August: Hartlöten unter Schutzgas. Z. VDI **91**(1949)15./2. 89—93; Met. Rev. **22**(1949)6 50.

Lüder, Erich: Zum heutigen Stande der Hart- und Weichlötung. Technik (Berlin) **4**(1949)1 19—21.

Melaney, Ralph, J. H. Doak and *Stanton T. Olinger:* Current trends in good brazing practice. Steel **124**(1949)10./1. 56—59, 90—91; Met. Rev. **22**(1949)2 47.

Pearsall, C. S.: New brazing method for joining nonmetallic materials to metals. Mater. & Meth. **30**(1949)July 61—62; Met. Rev. **22**(1949)9 53.

Spencer, L. F.: How to silver braze and solder stainless steel. Iron Age **164** (1949)15./9. 69—74.

Webber, H. M.: Furnace brazing small steel. I, II. Industr. Heating **16**(1949)March 402—404, 406, 408, 410, 412, 418, Apr. 600, 602, 604, 606, 608, 610, 744, 746; Met. Rev. **22**(1949)5 53, 6 51.

Webber, H. M.: Redesigning metal parts for electric furnace brazing. Mater. & Meth. **29**(1949)Apr. 58—62; Met. Rev. **22**(1949)5 53.

— Hartlötung im Salzbad. Metallurgia **39**(1949)March 257—259; Metall **4**(1950) 5/6 104.

— Welding and brazing aluminum. Montreal (Que.): Aluminum Co. of Canada (Alcan) 1949 XIII, 163 p. [2.511.3].

Blohm, Ernst: Die Plattierlötung von Aluminium und Aluminiumlegierungen. Werkstatt u. Betrieb **83**(1950)10 448.

706

Göttfert, O.: Stahl-Leichtbau in Verbindung mit dem Schutzgas-Hartlötverfahren. Technik (Berlin) **5**(1950)1 23—26.

Mebs, R. W. and *W. F. Roeser:* Solders and soldering. (Nat. Bur. Stand. of the U. S. Dep. of Commerce, Circular No. 492) Washington 1950 12 p.

Noltingk, B. E. and *E. A. Neppiras:* Ultrasonic soldering of aluminium. Nature **166**(1950)4223 615; AB **21**(1950)11 580—581.

Palmer, T. J.: Das Hartlöten von Aluminium. Metallurgia **41**(1950)5./5. 320—323; Chem. Zbl. **121**(1950) II 18 2115.

Peaslee, Robert L. u. *William M. Boam:* Löten von hitzebeständigen Stählen für Betriebstemperaturen bis 1100⁰. Iron Age **166**(1950)13 74—77, 14 84—87; Stahl u. Eisen **71**(1951)6 310.

Rectanus: Löten von Leichtmetall mit Ultraschall-Lötkolben. Sheet Metal Industries **27**(1950)273 93; Werkstattstechn. u. Maschinenb. **41**(1951)6 260.

Seulen, G. W.: Das Induktions-Lötverfahren. Z. VDI **92**(1950)14 337—340 8 Lit.-St.

— Furnace brazing of machine parts. I/II. Amer. Soc. Mech. Engrs. Prepr. 50-A-29 Nov./Dec. 1950 16 p. 16 ref.; Index Aeron. **7**(1951)5 60.

— Wiggin high nickel alloys: methods of joining. Henry Wiggin & Co. Publ. 286 1950 42 p.; Index Aeron. **6**(1950)11 73. [2.511.1].

Blohm, Ernst: Plattierlötung von Aluminium und Aluminiumlegierungen. ATZ **53**(1951)4 84—85.

Crawford, A. E.: Ultrasonic soldering of light metals. Metallurgia **44**(1951)Sept. 113—116, 121; Met. Rev. **24**(1951)11 34.

v. Hofe, Hans: Neuere Veröffentlichungen über das Löten. Schweißen u. Schneiden **3**(1951)2 63—64 62 Lit.-St. [1.442.2].

Jacobsmeyer, L.: Assembly by brazing. Metal Industry **79**(1951)14./9. 215—219, 21./9. 244—245; Met. Rev. **24**(1951)11 34. [1.442.2].

Kuhlmann, E. P.: Hartlöten mit Schutzgas im Durchlaufofen. Werkstattstechn. u. Maschinenb. **41**(1951)7 276—280.

van Natten, W. J.: Design data for brazing. Welding J. **30**(1951)May 452—454, June 540—543, July 634—637, Aug. 737—741. [1.442.2].

Wenk, Paul: Aluminiumlöten mit Ultraschall. Metall **5**(1951)19/20 447.

Wenk, Paul: Löten von Aluminium mit Ultraschall. Leichtmetall **4**(1951)1/2 37—40.

Zurbrügg, E.: Das Hartlöten von Aluminium und seinen Legierungen. Aluminium (Suisse) **1**(1951)2 52—61.

Zurbrügg, E.: Schweißen und Löten von Aluminium. Z. Schweißtechnik (Zürich) **41**(1951)10 186. [2.511.3].

— Brazing aluminium alloys. Witton, Birmingham: Metals Div. of Imperial Chemical Industries 30 p.; Index Aeron. **7**(1951)7 62.

— Flame brazing of aluminium, aluminium alloy sheet and subassemblies. Welding & Cutting News **11**(1951)Apr. 3—17; Trans. Inst. Welding **14**(1951)4 149; AB **22**(1951)12 735.

Birdsall, W. G.: Materials and procedures for soldering aluminium. Mater. & Meth. **35**(1952)4 116—118; AB **23**(1952)5 269.

Crawford, A. E.: The application of ultrasonic soldering techniques. Light Metals **15**(1952)168 102—104 8 ref.; Index Aeron. **8**(1952)6 61.

Hofmann, Wilhelm, Hans Jochen Husmann u. *Rolf Koppe:* Die Keilschweißung von Aluminium und Kupfer als Selbstlötung. Z. Metallkde. **43**(1952) 354—356; Draht **4**(1953)4 147.

Neppiras, E. A.: Ultrasonic soldering. Metal Industry **81**(1952)6 103—106 16 ref.; Index Aeron. **8**(1952)10 56; AB **23**(1952)9 494; Aluminium **28**(1952)11 XII.

Rostosky, L. u. *H. Klein:* Löten von Aluminium. Schweißen u. Schneiden **4**(1952) 2 42—45.

Schumann, Gerhard: Das Hartlöten mit Kupfer im Schutzgasofen. Werkstatt u. Betrieb **85**(1952)4 133—137.

Wallace, D.: Flux bath dip brazing of aluminium alloys. Product Engng. **23**(1952) 2 173—175; AB **23**(1952)3 128.

Wolff, Walter: Materialeinsparung durch Anwendung des Schutzgas-Hartlötverfahrens. Schweißtechnik (Berlin) **2**(1952)2 54—55; Stahl u. Eisen **73**(1953)19 1249.

Binstead, W. V.: The joining of aluminium and its alloys. Metallurgia **47**(1953) 280 81—88; AB **24**(1953)4 232. [2.511.3].

Breuninger, E.: Das Löten von Aluminium geht auch ohne Ultraschall. Dtsch. Elektrotechn. **7**(1953)4 192.

Dickinson, Thomas A.: New technique for brazing and soldering aluminium. Welding Engr. **38**(1953)1 32—33; AB **24**(1953)4 230.

Halbig, J. J., L. H. Grenell u. G. H. Sistare: Vermeidung der Korrosion von silbergelötetem nichtrostendem Chromstahl. Iron Age **172**(1953)24 159—163; Stahl u. Eisen **74**(1954)6 365.

Herrmann, E.: Das Hartlöten von Aluminium. Aluminium **29**(1953)4 139—150, Nachr.-Bl. AGM Leichtbau **2**(1953)8 6; AB **24**(1953)9 564.

Hoare, W. E. u. J. P. Gustin: Lötbrüchigkeit bei Behältern aus Weißblech. Rev. Métallurgie **50**(1953)5 301—310; Stahl u. Eisen **73**(1953)17 1124.

Hoare, W. E. u. J.-P. Gustin: Lötbrüchigkeit an Weißblechbehältern. Métaux, Corrosion **28**(1953)335/336 323—332; Stahl u. Eisen **74**(1954)12 795.

Nova, David: Aluminium soldering. Light Metal Age **11**(1953)7 20, 8 37; AB **24** (1953)10 628.

Smith, F. J. M.: Eine ungewöhnliche Anwendung des Flammenlötens. Sheet Metal Industries **30**(1953)319 935—942; Aluminium **30**(1954)2 XXXI.

Williams, A. E.: Ultrasonic soldering and tinning of light alloys. Mech. World & Engng. Rec. **133**(1953)3404 124—125.

— Löten von Aluminium. (Aluminium Merkblatt V 4) Düsseldorf: Aluminium Verl. 1953 8 S.

Belser, R. B.: A technique of soldering to thin metal films. Rev. Sci. Instruments **25**(1954)2 180—183 6 ref.; Index Aeron. **10**(1954)5 84.

Burch, Donald C. and Robert L. Simpkins: New tin-depositing flux soldering aluminum. Mater. & Meth. **40**(1954)2 86—89; AB **25**(1954)9 611—612.

Chatfield, C. H.: Silver brazing of refractory metals. Welding J. **33**(1954) 864—867; Z. VDI **97**(1955)13 379—380.

Colbus, J.: Probleme der Löttechnik. Schweißen u. Schneiden **6**(1954)7 287—296. [1.442.2].

Cremer, G. D., F. J. Filippi and R. S. Mueller: High temperature brazing. Aircr. Production **16**(1954)2 76—81; Index Aeron. **10**(1954)4 69.

Dike, K. C.: Evaluation of alloys for vacuum brazing of sintered wrought molybdenum for elevated-temperature applications. NACA TN 3148 May 1954 13 p.; Nickel-Ber. **12**(1954)10 193—194. [1.442.2].

Dowd, J. D.: Soldering of aluminum. Welding J. **33**(1954)3 113 s—120 s; AB **25** (1954)4 226.

Hofmann, Wilhelm u. Klaus Groove: Kaltpreßschweißung und Kaltpreßlötung. Z. Metallkde. **45**(1954)8 514—515; Nachr.-Bl. AGM Leichtbau **3**(1954)11/12 9. [2.511.1].

Hofmann, Wilhelm u. Jürgen Ruge: Der Stand der Kaltpreßschweißung und Kaltpreßlötung. Werkstattstechn. u. Maschinenb. **44**(1954)3 108—111. [2.511.1].

Kelley, Floyd C.: Dry hydrogen brazing for high strength alloys. Product Engng. **25**(1954)8 156—160; Index Aeron. **10**(1954)10 103.

Klosse, Ernst: Überblick über das Schweißen und Löten von Aluminium und Leichtmetallegierungen. Werkstoffe u. Korrosion **5**(1954)7 246—251; Index Aeron. **10**(1954)10 101. [2.511.3].

v. Linde, R.: Das Löten. 4. Aufl. (Werkstattbücher H. 28) Berlin-Göttingen-Heidelberg: Springer 1954 68 S.

McFadden, C. A.: A new production brazing process. Modern Metals **10**(1954)10 57—59.

Obrzut, J. J.: Ultrasonics improve soldered joints in aluminum. Iron Age **173** (1954)25 97—99; AB **25**(1954)7 450.

Rudolph, W. J.: Close tolerance aluminium parts brazed in salt bath. Mater. & Meth. **39**(1954)1 96—99; Nachr.-Bl. AGM Leichtbau **3**(1954)9/10 21; Aluminium **30**(1954)8/9 CLXX.

Sistare, George H., John J. Halbig u. *L. H. Grenell:* Silberlötlegierungen für korrosionsbeständige Verbindungen nichtrostender Stähle. Welding J. **33** (1954)2 137—143; Stahl u. Eisen **74**(1954)12 795.

Wiessner, Kurt: Schutzgas-Hartlötung. Schweißtechnik (Berlin) **4**(1954)7 201—203 38 Lit.-St.

— Fortschritte auf dem Gebiete des Schweißens und Schneidens. Neuere Veröffentlichungen über das Löten. Schweißen u. Schneiden **6**(1954)6 258—260 133 Lit.-St.

— Ultrasonic soldering of aluminium. Light Metal Age **12**(1954)9/10 12—13; Aluminium **31**(1955)6 A 132.

Jewell, R. C.: Hard soldering. Automob. Engr. **45**(1955)5 213; Nachr.-Bl. AGM Leichtbau **4**(1955)8/9 12.

Smellie, W. J.: Hard soldering. New A. I. D-approved process for aluminium and aluminium-alloy sheet. Aircr. Production (1955)May 181—185; Aeron. Engng. Rev. **14**(1955)7 122.

Smellie, W. J.: Hard soldering process for aluminium. Metal Industry **86**(1955) 16 307—310.

— Hard soldering aluminium and its alloys. Metallurgia **51**(1955)307 248—249.

Nieten 2.52

Pleines, Wilhelm: Nietverfahren im Metallflugzeugbau. 176. DVL Ber.; DVL-Jb. 1930 111—182; Luftf.-Forsch. **7**(1930)1 1—72. [1.442.43], [1.442.45].

Pleines, Wilhelm: Riveting in metal airplane construction. Pt. I—IV. NACA TM 596, 597, 598, 599 Dec. 1930. [1.442.43], [1.442.45].

Bohny, F.: Etwas vom Nieten im Stahlbau. Bautechnik **16**(1938)36 471—473.

Butter, K.: Neue Nietverfahren. Luftf.-Forsch. **15**(1938)1/2 91—93; Aircr. Engng. **10**(1938)113 229.

Pleines, Wilhelm: Die Glatthautnietung im Deutschen Flugzeugbau. Z. VDI **83** (1939)37 1037—1041, 38 1057—1060. [6.254.9].

Müller, A.: Ausbessern von Nietverbindungen im Leichtmetallbau. Luftwissen **7**(1940)8 279—282; Aluminium **22**(1940)12 655—658; Techn. Z.-Schau **26**(1941) 2 36.

Pleines, Wilhelm: Gegenwärtiger Stand der maschinellen Nietung für den Leichtmetall-Zusammenbau. Werkstattstechn. u. Werksleiter **34**(1940)23 403—409.

Butter, Karl: Das Nieten mit Sprengstoff. Aluminium **23**(1941)12 607—609.

Butter, Otto: Sprengnietung im Flugzeugbau. DMZ **18**(1941)9 370, 372; Luftwissen **9**(1942)1 25. [6.254.9].

Plock, C. H.: Maschinennietung im Flugzeugbau. (Geschweißte Nietmaschinen.) Luftwissen **8**(1941)2 36—42; Techn. Z.-Schau **26**(1941)12 212.

Nemitz, Paul: Die automatische Stanznietung im deutschen Flugzeugbau. ZWB TB **10**(1943)4; Vorabdr. Jb. 1942 Dtsch. Luftf.-Forsch. 10. Lfg. 26—34.

Siller, Karl: Eine neue Einmann-Nietweise der Dornier-Werke. ZWB TB **9**(1942) 1 4 S. (Anhang.)

Stockmar, Otto: Das Nieten von Aluminium und Aluminium-Legierungen. Werkstatt u. Betrieb **75**(1942)6 136—139.

Williams, G. G.: Diamond lock riveting. Aircr. Production **5**(1943)61 544—546.

Siller, K.: Einmann-Nietung. Flugzeugbau 4(1944)5 57—59.

— Riveting Aluminium alloys. Birmingham: Wrought Light Alloys Devel. Ass. 1944 48 p.

Maney, G. A. and *L. T. Wyly:* Impact properties at different temperatures of flush-riveted joints for aircraft manufactured by various riveting methods. NACA ARR 5 F 07 (WR W-53) Sept. 1945. [1.343.21], [1.442.41].

Maney, G. A. and *L. T. Wyly:* Fatigue strength of flush-riveted joints for aircraft manufactured by various riveting methods. NACA ARR 5 H 28 (WR W-82) Dec. 1945. [1.442.44].

Rapp, Reinhold: Das Nieten auf Exzenterpressen. Werkstatt u. Betrieb **80**(1947) 7 169—171.

Hewitt, D. F.: A survey of established processes for the joining of metals. Sheet Metal Industries **25**(1948)July 1399—1400, Sept. 1813—1821; Met. Rev. **22** (1949)3 49. [2.531].

— Nieten von Leichtmetall. I. Grundsätzliches über Leichtmetall-Nietverbindungen. (Werkstattblätter Nr. 158) 2 S. II. Verfahren und Arbeitsmittel. (Werkstattblätter Nr. 159) 4 S. München: Hanser 1949.

Anders, Ernest and *D. G. Elliot:* Developments in the cold riveting of aluminium. Engng. **170**(1950)4411 141—143; Konstruktion 3(1951)5 161—162.

Anders, Ernest and *D. G. Elliot:* Recent Canadian developments in the cold riveting of aluminum. Engng. J. **33**(1950)June 10 p.

Buray, Zoltan: Experiments in connection with the production of large-diameter light metal rivets. Aluminium (Hungary) 2(1950)May 113—120, June 137—143, July 161—165; Light Metals Bull. **12**(1950)21 804; AB **21**(1950)12 640. [1.442.43].

Mannchen, W. u. *H. Bothmann:* Der Einfluß verschiedener Faktoren auf das Auftreten von Schubrissen in Nieten aus Werkstoffen vom Typ Al-Cu-Mg. Metall **4**(1950)13/14 278—281.

Bailey, J. C.: The properties and driving of large aluminium alloy rivets. "Symposium on welding and riveting larger aluminium structures", ADA Publ. Nov. 1951. [1.442.43].

Bailey, J. C. and *A. W. Brace:* Tests in the production and driving of large aluminium alloy rivets. ADA Res. Rep. 8 1951.

Buray, Zoltan: A study of rivets in light metal bridges. Aluminium (Hungary) 3(1951)2 33—41; Met. Abstr. **19**(1952)12 885; AB **23**(1952)10 562. [6.272].

Giddings, H.: Aircraft riveting. Sheet Metal Industries **28**(1951)293 833—850; Index Aeron. **7**(1951)11 114; Met. Rev. **24**(1951)11 33; Aluminium **28**(1952)1/2 XVI. [1.442.43].

Maaß, E. W. H.: Vernietung dünnwandiger Bauteile. Konstruktion 3(1951)5 142—148. [1.442.41].

Pleines, Ernst Wilhelm: Nietmaschinen für den Leichtmetallbau. Werkstattstechn. u. Maschinenb. **41**(1951)9 355—358.

— Nieten. Aluminium-Walzwerke Singen Merkbl. VA 4 Juni 1951 20 S.

— Riveting Alcoa aluminum. Pittsburgh (Pa.): Aluminum Co. of America ALCOA 1951 81 p.; AB **23**(1952)7 416—417.

— Squeeze-riveting. Aircr. Production **13**(1951)148 41—48, 156 299—307; Index Aeron. **7**(1951)8 54; Met. Rev. **24**(1951)11 34.

— Subassembly riveting. Aircr. Production **13**(1951)147 12—17; Index Aeron. **7**(1951)8 53.

Dickinson, T. A.: How to hot-form a dimple. Steel Processing **38**(1952)4 172—174; AB **23**(1952)5 270.

Frank, W.: Die Feinnietung. Werkstatt u. Betrieb **85**(1952)3 112.

Guinard, Ch.: Encyclopaedia of the working of aluminium G 8: Improvements in the setting of large diameter rivets. Rev. Aluminium (1952)189 249—255; Index Aeron. **8**(1952)9 61; Aluminium **28**(1952)11 XII.

Pleines, Ernst Wilhelm: Gegenwartsstand der Leichtmetallnietung im Ausland. Aluminium **28**(1952)1/2 2—10; Nachr.-Bl. AGM Leichtbau **1**(1952)3 10; AB **23** (1952)3 127.

— Nieten von Aluminium. (Aluminium Merkbl. V 5) Düsseldorf: Aluminium-Verl. 1952 10 S.

Bailey, G. C. and *P. C. Ergler:* Pop rivet fasteners for aircraft. Product Engng. **24**(1953)5 191—198; AB **24**(1953)6 382. [1.431.11], [1.442.43].

Bosshard, H.: Die Blindnietung. Aluminium (Suisse) **3**(1953)4 127—132; Werkstoffe u. Korrosion **5**(1954)3 107; Nachr.-Bl. AGM Leichtbau **3**(1954)1 11.

Pleines, Ernst Wilhelm: Gegenwartsstand der Nietung im Leichtmetall-Ingenieurbau. Das Nieten und die Nietverbindungen mit großen Leichtmetallnieten im Lichte neuer ausländischer Erkenntnisse. Aluminium **29**(1953)6 256—260, 7/8 299—305, 9 370—374; Nachr.-Bl. AGM Leichtbau **2**(1953)9 9; AB **24**(1953)10 627, 11 709, 12 795. [1.442.43].

— Riveting aluminum. Montreal (Que.): Aluminum Co. of Canada (ALCAN) June 1953 112 p.; AB **25**(1954)1 20. [1.431.11], [1.442.43].

Adaridi, B.: Le rivetage à la machine des métaux légers. Rev. Aluminium **31** (1954)208 123—129, 209 167—171; AB **25**(1954)6 365; Index Aeron. **10**(1954)6 85; Nachr.-Bl. AGM Leichtbau **4**(1955)1 13.

Brace, A. W.: Recent developments in the riveting of aluminium. Metallurgia **49**(1954)292 71—75; AB **25**(1954)4 224—225; Aluminium **30**(1954)8/9 CLXX; Nachr.-Bl. AGM Leichtbau **3**(1954)9/10 19.

Graf, Otto: Über die Nietlochfüllung mit langen Nieten. Stahlbau **23**(1954)5 102—104.

Müller, K. A.: Über die Kopfausbildung größerer Aluminiumniete. Stahlbau **23** (1954)10 245—246.

— Das Kaltschlagen von Nieten großer Durchmesser. Aluminium (Suisse) **4** (1954)3 94—102.

— The riveting of aluminium. Rev. ed. ADA Inform. Bull. 8 Sept. 1954.

Bay, Clinton A.: New method reduces precision riveting costs. Tooling & Production **21**(1955)1 174, 176, 178, 180, 198; Nachr.-Bl. AGM Leichtbau **4**(1955) 10 12.

Leimen und Kleben   2.53

Allgemeines   2.531

Truax, T. R.: Gluing practice at aircraft manufacturing plants and repair stations. NACA TN 291 July 1928.

Truax, T. R.: Gluing wood in aircraft manufacture. Washington: USDA Techn. Bull. 205 1930. [1.442.32].

Mess, H.: Verleimtechnik mit Knochen- und Lederleim. EMPA Disk.-Ber. 82.

Kraemer, Otto: Holzverleimung mittels Kunstharzen. „Holzvergütung durch Kunstharzverleimung", Mitt. Fachausschuß f. Holzfragen H. 12 1935 25—40.

Lüty, W.: Drahtleimfilm Tegowiro. Holz als Roh- u. Werkstoff **1**(1937/38)5 178—180. [1.324.43].

Küch, Wilhelm: Fortschritte auf dem Gebiet der Kunstharzleimverfahren. Luftwissen **5**(1938)12 427—431, **6**(1939)3 112. [1.324.43], [1.442.32].

Lorenz, Th.: Technische Hilfsmittel zum Leimzubereiten und Leimauftragen. Holztechnik (Mainz) **19**(1939)23 419—421.

Egner, Karl: Kunstharzverleimung im Bauwesen nach neueren Untersuchungen. Holz als Roh- u. Werkstoff **3**(1940)12 429—430.

Egner, Karl: Stand und Entwicklung der Grobholzleimung. Bautechnik **18**(1940) 38 435—438. [1.442.32].

Decat, R.: Compounding plastics and wood by a new process. Aero Dig. (1941) 146—149, 194.

Egner, Karl: Unter Anwendung des Fugenheizverfahrens geleimte I-Balken. „Untersuchungen mit Sparbalken, insbesondere für den Wohnungsbau", Mitt. Fachausschuß f. Holzfragen H. 31 1941 Abschn. B II. [1.442.32].

Friebe, K.: Verringerung der Preßzeiten beim Leimen. Holztechnik (Mainz) **21** (1941)8 87—89.

— Anwendung und Behandlung von Kunstharz-Leimen in holzverarbeitenden Betrieben. 3. Aufl. (Hrsg. Reichsaussch. f. Wirtsch. Fertigung, AWF Betriebsbl. AWF 30d) Berlin: Beuth-Vertrieb 1941 12 S.; Techn. Z.-Schau **26**(1941)23 391. [1.324.43].

Bock, E.: Kauritverleimung bei der Sperrholzindustrie. Holz als Roh- u. Werkstoff **5**(1942)4 127. [1.324.25].

Riechers, Kurt: Verbundstoffe-Verleimverfahren und ihre Anwendung im Flugzeugbau. Ber. Lil.-Ges. 157 1942 15 S.

Theyer: Untersuchung der notwendigen Kleinstdrücke bei Kauritverleimungen. Mitt. d. Wolf Hirth GmbH 1942. .

Doffiné, E.: Fehlerquellen bei der Sperrholzverleimung. Holz als Roh- u. Werkstoff **6**(1943)10/12 292—296.

Küch, Wilhelm: Über die Kalt- und Warmleimung bei Kunstharzbindemitteln. DVL-Bericht Kf. 302/9 1943. [1.442.32].

Küch, Wilhelm: Über die Warm- und Heißverleimung mit Kaurit. ZWB UM 1058 1943 9 S. [1.442.32].

(Winter, Hermann): Leime und Leimverbindungen. (Richtlinien für den Holzflugzeugbau, Teil B V.) Ber. u. Mitt. Inst. Flugzeugbau TH Braunschweig Nr. 43—26 1943 22 S. [1.324.40], [1.442.32].

— Richtlinien für die zweckmäßige Anwendung des Tegoleimfilms zur Verleimung von Furnieren. Holz als Roh- u. Werkstoff **6**(1943)10/12 298—299.

Bock, E.: Der Abbindeprozeß bei der Holzverleimung. Mitt. IG-Farbenindustrie (Uerdingen) 1944.

Egner, Karl: Über den Stand der Holzleimung. Bautechnik **22**(1944)29/32 127—134.

— The gluing of laminated paper plastic (papreg). FPL Rep. 1348 1944.

— A new bonding process. Aircr. Production **6**(1944)67 210—211.

— Process for cementing metal to metal and metal to wood. Army Air Forces Specification Nr. 20032 Aug. 1944.

Clarke, J. J.: The joining of aluminum by adhesives. Montreal: Aluminum Co. of Canada (ALCAN) Rep. GTK-63 Dec. 1945.

— Metal bonding. (Notes on the Redux process and some of its application.) Automob. Engr. **35**(1945)466 354—356. [1.442.33].

Lacey, P. M. C. and *H. A. Howe:* Infrared heating for setting glue in wood joints. Wood (London) **12**(1946)11 345—349.

Granholm, H. and *V. Saretok:* Lim och limning. (Glues and gluing.) Chalmers Tekniska Högskolas Handl. 62 1947 75 p.; Index Aeron. **8**(1952)1 84—85. [1.324.40].

Moss, C. J.: A process of plastic bonding. Brit. Plastics **19**(1947)212 33—38; Chem. Zbl. **12**(1950)112 2998. [1.442.33].

Moss, C. J.: The gluing of light metals. Light Metals **10**(1947)May 234—241; Werkstatt u. Betrieb **81**(1948)1 25—26.

Hewitt, D. F.: A survey of established processes for the joining of metals. Sheet Metal Industries **25**(1948)July 1399—1400, Sept. 1813—1821; Met. Rev. **22**(1949)3 49. [2.52].

Moss, C. J.: Plastic bonding for composite wood and metal structures. Plastics (London) (1948)June 304—311. [1.442.34].

Narayanamurti, D. and *B. N. Prasad:* The strip heating (low voltage) method of accelerating the setting of adhesives. Indian Forest Leaflet 115 1948, Forest Res. Inst. Dehra Dun 1948 7 p.; Index Aeron. **7**(1951)11 150; Forestry Abstr. Sect. 3 **12**(1950)2 74.

712

Whitfield, M. G. and *V. Sheshunoff:* Bonding aluminium to ferrous metals. Metallurgia **39**(1948)229 53—54; Index Aeron. **5**(1949)2 45.

— Drying and conditioning of glued joints. FPL Rep. D 475 Aug. 1948; Holz-Zbl. **76**(1950)113 1237.

Fournier, H.: Les résines araldite pour l'assemblage des métaux. J. SIA (1949) Oct. 344. [1.324.43].

Gossot, Jaques: Le collage du caoutchouc aux métaux à l'aide de nouveaux dérivés chimiques du caoutchouc. Rev. Gén. Caoutchouc **26**(1949)Avr. 273—278; Met. Rev. **22**(1949)5 52.

Johnson, S.: Machinery and clamping devices for gluing. Wood (Chicago) **4** (1949)9 34—36.

Meakin, K. S.: The development of "Redux" bonding. Aeroplane **77**(1949)1996 359 ff.

Meakin, K. S.: New metal bonding process. Metal Treatm. & Drop Forging **16** (1949/50)60 225—228, 230.

Moss, C. J.: Plastic bonding. Aircr. Production (1949)March.

Moss, C. J.: Metal bonding. Metal Industry **75**(1949)7 123—125, 132, 163; Mech. Engng. **72**(1950)4 331—332.

Naunton, W. J. S. and *J. M. Buist:* Rubber bonding. Pt. I. India Rubber J. **116** (1949)19./3. 15—16; Met. Rev. **22**(1949)5 52.

Perry, Thomas D.: Types of pressure applications for gluing. Wood & Wood Products **54**(1949)10 35—40.

Plath, Erich: Sonderfragen aus der Leimpraxis. Holztechnik (Mainz) **29**(1949)10 191—194, 11 213—216, 12 233—240; Forestry Abstr. Sect. 3 **12**(1950)2 74.

Prévot, Pierre: Le collage des alliages légers. Rev. Aluminium **26**(1949)154 123—130, 155 163—169, 209—215, 158 297—307; Index Aeron. **5**(1949)9 49; Met. Rev. **22**(1949)8 51; AB **21**(1950)3 158; Kunststoffe **40**(1950)9 294—295.

Rivat-Lahousse, M.: Le procédé redux (assemblage des matériaux par collage). J. SIA (1949)Juil. 265.

Scales, G. M.: Modern gluing technique with special reference to urea-formaldehyde adhesives. Wood (London) **14**(1949)4 110—114, 5 137—141. [1.324.43].

— Modern gluing technique. II. Conditions affecting the setting of the glue. Aero Res. TN Bull. 81 Sept. 1949; Holz-Zbl. **75**(1949)90 1157.

Berthold, Herm.: Systematik der Klebstoffe, anwendungstechnisch gesehen. Farbe u. Lack (Hannover) **56**(1950)4 153—157. [1.324.40].

Ehlers, Joh. F.: Das Verleimen von Metallen mit Natrium-Phenol-Resol. Kunststoffe **40**(1950)5 151—157; Chem. Zbl. **121**(1950)1115 1770. [1.442.33].

Eickner, H. W. and *W. E. Schowalter:* A study of methods for preparing clad 24 S-T 3 aluminum alloy sheet surfaces for adhesive bonding. FPL Rep. 1813 May 1950.

Eickner, H. W.: A study of methods for preparing clad 24 S-T 3 aluminum-alloy sheet surfaces for adhesive bonding. III. Effect of cleaning method on resistance of bonded joints to saltwater spray. FPL Rep. 1813-A Dec. 1950.

Eickner, H. W.: Evaluation of several adhesives and processes for bonding sandwich constructions of aluminum facings on paper honeycomb core. NACA TN 2106 May 1950 23 p.; AMR **4**(1951)5 285. [1.442.35].

Hanke, G.: Gummi-Metall-Bindung nach dem Megum-Verfahren. Kautschuk u. Gummi **3**(1950)4 126—130; Konstruktion **3**(1951)7 225; Metall **4**(1950)17/18 282. [1.442.35].

Hyler, John E.: Cold pressed plywood. South. Lumberman **181**(1950)2268 63—66, 2270 53—54, 56, 58, 2273 341—346.

Kline, G. M. and *F. W. Reinhart:* Fundaments of adhesion. Mech. Engng. **72**(1950) 9 717—722; Holz als Roh- u. Werkstoff **9**(1951)9 368.

Krekel, Paul: Leimauftragsvorrichtung. Holz (Augsburg) **4**(1950)3 49.

Nichols, W.: A novel gluing process. Timber News **58**(1950)2130 169—170; Forestry Abstr. Sect. 3 **12**(1950)1 23.

Osterwald, R.: Geleimte Holztragkonstruktionen. (Herstellung und Montage.) (Schr.-Reihe d. ÖGH H. 2) Wien: Selbstverl. d. ÖGH 1950 135—152.

Perry, Thomas D.: The how's and why's of wood gluing. Union Pool Corp. (USA) 1950 19 p.

Redfern, Donald V.: Gluing operations — industry trends. Forest Prod. Res. Soc. Repr. 119 1950; Holz-Zbl. **77**(1951)58/59 731.

Scales, G. M.: The edge-to-edge splicing of veneers. Wood (London) **15**(1950)3 93—95; Aero Res. TN Bull. 87 1950.

Selbo, M. L.: Summary of information on gluing of treated wood, 1950. FPL Rep. 1789 Dec. 1950 12 p.

— The gluing of laminated plastics. Aero Res. TN Bull. 90 June 1950 4 p.

— Das Klebeverfahren bei Aluminium und Aluminiumlegierungen. Metall **4** (1950)13/14 281—283.

— New acrylic to rubber bonding technique. Brit. Plastics **23**(1950)259 198; Index Aeron. **7**(1951)4 59.

— Special heating methods of setting glues. Forest Prod. Res. Building (London) Rep. 1939—47 1950 34—39, 70—71; Forestry Abstr. Sect. 3 **12**(1951)3 128.

— Special heating methods for setting glues: mains voltage heating. Forest Prod. Res. Building (London) Rep. 1948 1950 p. 24; Forestry Abstr. Sect. 3 **12**(1951)4 178.

Hall, M. A.: Glued laminated timbers. South. Lumberman **182**(1951)2280 70—74; Holz als Roh- u. Werkstoff **9**(1951)10 404.

Hyler, John E.: Hot plate pressing of plywood. South. Lumberman **182**(1951) 2274 47—49.

Hyler, J. E.: Hot pressed plywood. Pt. 3—5. South. Lumberman **182**(1951)2278 51—54, 2280 61—64, 2282 59—62.

Johnson, R. A.: Bonding brake linings. Automob. Engr. **41**(1951)541 230—232; Aero Res. TN Bull. 103 July 1951 4 p.; Index Aeron. **7**(1951)11 88. [1.442.35].

Jordan, Otto: Das Kleben von und mit Kunststoffen. Kunststoffe **41**(1951)12 451—454.

Lacey, P. M. C. and H. A. Howe: Low voltage heating for glue-setting over large areas. Wood (London) **16**(1951)1 10—14; Forestry Abstr. Sect. 3 **12**(1951) 4 178.

Meynis de Paulin, J. J.: Propriétés et modes d'application des colles pour métaux. Rev. Aluminium **28**(1951)182 403—406; Index Aeron. **8**(1952)4 77; AB **23**(1952)2 64. [1.324.43], [1.442.33].

Meyerhans, Konrad: Erfahrungen über die Verarbeitung und Anwendung von Araldit als Bindemittel und als Gießharz. Kunststoffe **41**(1951)12 457—462.

Moss, C. J.: Bonding of rubber to metal. Brit. Plastics **24**(1951)260 22—26; Aero Res. TN Bull. 98 Febr. 1951 6 p. [1.442.35].

Moss, C. J.: The bonding of metals. Metallurgia **43**(1951)260 267—272; AB **22** (1951)9 518; Index Aeron. **7**(1951)12 118. [1.442.33].

Ögland, N. J.: Über die Leimung harter, nach dem Pressen wärmebehandelter Holzfaserplatten (schwedisch). Papper och Trä (1951)15./1. 2 S; Wochenblatt f. Papierfabrikation **79**(1951)9 250.

Ögland, N. J.: Über die Leimung von porösen Holzfaserplatten (schwedisch). Norsk Skogindustri **5**(1951)2 51—54; Wochenblatt f. Papierfabrikation **79** (1951)20 644.

Parker, F. H.: Redux adhesive process for metals. Aircr. Production (1951)Apr. 107—114; Engng. (1951)2./2. 144—146.

Parker, F. H.: Metal adhesive processes. J. Roy. Aeron. Soc. **55**(1951)483 153—167; Aero Res. TN Bull. 100 Apr. 1951; Index Aeron. **7**(1951)10 92.

Parker, F. H.: Processes used in bonding metals. Light Metals **14**(1951)164 597—603.

Perry, Thomas D.: Gluing technique for wood. Wood Working Dig. **53**(1951)1 39—47, 2 53—65, 3 59—71, 4 51—64, 5 139—150, 8 75—78, 80—83, 9 73—76, 78, 80; Holz als Roh- u. Werkstoff **9**(1951)8 328—329.

Perry, Thomas D.: Responsibility for good gluing. Wood & Wood Products **56** (1951)9 31, 59, 60, 62.

Peters, R.: Klebstoff und Werkstoff. Werkstoffe u. Korrosion **2**(1951)5 185—191; Holz als Roh- u. Werkstoff **9**(1951)9 367—368.

Petz, Albert: Theorie und Praxis der Schaumverleimung. Kunststoffe **41**(1951)8 243—244; Index Aeron. **7**(1951)12 116.

Plath, E.: Heißverleimung mit Kaurit. Holztechnik (Mainz) **31**(1951)10 282.

Pleines, Ernst Wilhelm: Das Verbinden hochfester Leichtmetalle durch Kleben. Aluminium **27**(1951)2 40—44, 3 74—79; Nachr.-Bl. AGM Leichtbau **1**(1952)3 8; AB **23**(1952)2 65. [1.324.43], [1.442.33].

Povey, H.: Novel production processes. Aeroplane **80**(1951)2075 510—513.

Ritter, E. J.: Preßelemente der Holzleimung. Holz-Zbl. **77**(1951)60 743—744; Holz als Roh- u. Werkstoff **9**(1951)9 367.

Ritter, E. J.: Die Holzleimung mit Heizbändern. Holz-Zbl. **77**(1951)74 913—914; Holz als Roh- u. Werkstoff **9**(1951)9 367.

Saechtling, Hansjürgen: Problematik des Klebens von Kunststoffen. Kunststoffe **41**(1951)12 447—448. [1.442.35].

Selbo, M. L.: Gluing of treated wood. South. Lumberman **182**(1951)2280 46—54; Holz als Roh- u. Werkstoff **9**(1951)10 403; Holz-Zbl. **77**(1951)95 1190.

— Araldit. Praktische Anleitung zum Verbinden von Leichtmetall mittels Kunstharz. Aluminium-Walzwerke Singen Merkbl. VA 61 Okt. 1951 6 S.

— Glass-to-metal bonding. Engineer **192**(1951)4983 119; Index Aeron. **7**(1951) 11 148. [1.442.35].

— Pretreatments for the "Redux" process. Bristol Aeroplane Co. Works Lab. Rep. Oct. 1951, Works Lab. Rep. No. 2 Apr. 1952.

— Veneering with Aerolite K., including some notes on new powder hardeners. Aero Res. TN Bull. 97 Jan. 1951 5 p.; Holz als Roh- u. Werkstoff **9**(1951)9 368.

Brügger, W.: Verbindung von Metallteilen im Flugzeugbau nach dem Redux-Verfahren. Techn. Rdsch. (Bern) **44**(1952)40 18; Metall **7**(1953)15/16 624.

Denz, E.: Das Verbinden metallischer und nichtmetallischer Werkstoffe mit Hilfe warmhärtender Araldit-Bindemittel in der Praxis. Techn. Rdsch. (Bern) **44**(1952)13 1—4; Aluminium **28**(1952)6 XIII.

Doussin, Louise: Quelques réalisations d'assemblages par collage. Rech. Aéron. (1952)27 45—50; Index Aeron. **8**(1952)9 82.

Fitzgerald, J. S.: Metal to metal bonding. Brit. Intelligence Objectives Sub-Comm. Trip. No. 3000. [1.324.43].

Gefahrt, J.: Elektrische Widerstandsverleimung. Holz (München) **6**(1952)10 246—249, 11 275—277, 12 294—295.

Kunowski, H.: Moderne Metallverleimung. Ermittlungsdienst f. Industrie u. Forsch. (Garmisch-Partenkirchen) Arch. Nr. 568 1952 26 S.

Meyerhans, Konrad: Das Verbinden von Metallen unter sich oder mit anderen Werkstoffen. Metall **6**(1952)9/10 229—240; Nachr.-Bl. AGM Leichtbau **1**(1952) 4 9. [1.442.33], [1.442.35].

Newell, G. S.: Metal bonding. Aircr. Production **14**(1952)165 220—223; Aero Res. TN Bull. 116 Aug. 1952; AB **23**(1952)8 439; Index Aeron. **8**(1952)10 80.

Parker, F. H.: Processes used in the bonding of metals by means of synthetic-resin adhesives. Sheet Metal Industries **29**(1952)297 63—68; AB **23**(1952)3 127. [1.442.33].

Parker, F. H.: Processes used in bonding metals. "Structural Adhesives", London: Lange, Maxwell & Springer 1952 151—162.

Ritter, E. J.: Erzeugung der Anpreßdrücke bei der Verleimung mit Kunstharz-bindemitteln. Kunststoffe **42**(1952)1 P 5—P 9.

Ritter, E. J.: Die Verarbeitung der neuen aushärtenden Kunstharzleime. Kunst-stoffe **42**(1952)5 P 39—P 42.

Turner, N.: The bonding of Sitka spruce scarf joints for use in laminated bends. "Wood", Sel. Govmt. Res. Rep. Vol. 8 1952 105—110.

Zickel, H.: Konstruieren mit Kunststoffen. Konstruktion **4**(1952)10 299—304; Nachr.-Bl. AGM Leichtbau **2**(1953)8 9. [2.511.4], [5.4].

— Accelerated glue-line curing. Heating by E. R. S. in conjunction with Aerolite K & KL. Aero Res. TN Bull. 119 Nov. 1952 6 p.

— Das Araldit-Verbinden von Leichtmetall. Aluminium **28**(1952)1/2 14—19; Nachr.-Bl. AGM Leichtbau **1**(1952)3 10; AB **23**(1952)3 127. [1.442.33].

— Ber. Fachtagung über Gummi-Metallverbindungen in Chicago am 9. 11. 1951. India Rubber World **63**(1952) 590—596. [1.442.35].

— Redux. Basel: CIBA AG. März 1952 8 S. [1.324.43], [1.442.33].

— Redux in the Comet. Aero Res. TN Bull. 110 Febr. 1952 8 p.; Holz als Roh-u. Werkstoff **10**(1952)10 410. [6.254.9].

de Bruyne, N. A.: Opening a new era in aircraft engineering. Redux in aircraft. 1st. ed. (with bibliography 18 p.). New York: Ciba Co. Inc. 1953 98 p. [1.442.33], [1.442.36], [1.442.37], [6.254.0].

Clements, R.: Metal-bonding. Clamping equipment designed for equal pressure-distribution. Aircr. Production **15**(1953)173 76—79; Index Aeron. **9**(1953)5 62.

Connelly, H. H.: Gluing efficiency starts with the spreader. Veneers & Plywood **47**(1953)Oct. 12, 28, 30.

Gerstenmaier, J. H.: Bonding rubber to metal, design and production problems. Tool Engr. **30**(1953)5 59—62; AB **24**(1953)6 383. [1.442.35].

Kalpers, H.: Hochfeste Verbindungsarbeiten an Metallen durch Kleben. Maschinenmarkt **59**(1953)38 4—5; Nachr.-Bl. AGM Leichtbau **3**(1954)6 14.

Krekeler, Karl u. Edmund Litz: Neuere Untersuchungsergebnisse an Leichtmetall-Klebverbindungen. Aluminium **29**(1953)4 151—160; Nachr.-Bl. AGM Leicht-bau **2**(1953)8 6; AB **24**(1953)9 562. [1.442.33].

Neußer, H.: Überblick über den Stand der Leimtechnik. Öst. Forst- u. Holz-wirtsch. **8**(1953)5 124—125, 7 172—175.

Poletika, N. V. and H. B. McKean: The gluing of preservative-treated wood for severe service conditions. J. Forest Prod. Res. Soc. **3**(1953)5 35—40.

Ritter, E. J.: Verkürzung der Abbindezeiten von Kunstharzleimen durch Wider-standsheizung. Kunststoffe **43**(1953)1 37—39.

Tigelaar, Jac. H.: Techniques for bonding metals and plastics to wood. J. Forest Prod. Res. Soc. **3**(1953)5 41—45, 218.

Tigelaar, Jac. H.: Techniques described for bonding metals and plastic to wood. Wood-Worker **72**(1953)6 14, 62, 64—65.

Tooley, D. A.: Use of metal adhesives with magnesium. Amer. Metal Market **60**(1953)221 11; AB **24**(1953)12 824.

— Verbinden von Aluminium durch Klebstoffe. (Aluminium Merkbl. V 6) Düsseldorf: Aluminium Verl. 1953 8 S.

Black, J. M. and R. F. Blomquist: Development of improved structural epoxy-resin adhesives and bonding processes for metal. FPL Rep. 2008 Oct. 1954. [1.324.43].

Epstein, G.: Adhesive bonding. Machine Design **26**(1954)11 217—220; Nachr.-Bl. AGM Leichtbau **4**(1955)7 13.

Fehn, Halvor: Lim og liming (Leime und Verleimung). Norsk Treteknisk Inst. (Blindern) Utredning Nr. 8 85 S. [1.324.40].

Holback, G. E. and J. L. Burridge: A production application of structural adhesive bonding. SAE Prepr. 240 Jan. 1954 7 p.; Aircr. Engng. **26**(1954)305 224—228; Index Aeron. **10**(1954)5 128; AB **25**(1954)8 524—525. [1.442.33].

Koehn, G. W.: Design manual on adhesives. Machine Design (1954)Apr. 143. [1.442.31].

Moser, Frank: Verkleben von Glas mit Kunststoffen. Modern Plastics **31**(1954) Febr. 107, 108, 199; Kunststoffe **44**(1954)6 253.

Perry, Thomas D.: New glue spreading idea. Wood & Wood Products **59**(1954)6 38—43, 68.

Pleines, Ernst Wilhelm: Aus der Praxis des Klebens im ausländischen Leichtmetall-Flugzeugbau. Aluminium **30**(1954)2 49—56, 4 158—162. [6.254.9].

Rubo, E.: Möglichkeiten und Grenzen der Metallklebtechnik. Schweißen u. Schneiden **8**(1954) S.H. 106—116; Schiff u. Hafen **6**(1954)11 727. [1.442.33].

Schlickelmann, M.: Le collage métal-métal dans la construction aéronautique. Techn. et Sci. Aéron. (1954)4 235; Aeron. Engng. Rev. **14**(1955)3 118.

Simons, H. H.: Adhesive bonding complements soldering and brazing. Welding J. (1954)July 647.

Tigelaar, Jac. H.: Techniques for making metal-faced plywood. Wood Working Dig. **56**(1954)1 125—128, 130, 132, 134, 136—143.

Tooley, D. A.: How adhesives are used in aircraft construction. Mater. & Meth. **39**(1954)2 105—107; Index Aeron. **10**(1954)5 127—128.

Tooley, D. A.: Collage du magnésium. Modern Metals (1954)July 40—42; Rev. Aluminium **32**(1955)221 418.

Zeigler, James L. and *Glenn J. Halme:* Gluing hardboard with protein adhesives. J. Forest Prod. Res. Soc. **4**(1954)6 422—426.

— Redux-bonding. I., II., III. J. Soc. Licensed Aircr. Engrs. (1954)Sept. 2, Nov. 7, Dec. 2—6; Aeron. Engng. Rev. **13**(1954)12 118, **14**(1955)3 118, 4 127.

Hyler, J. E.: Glues and gluing. Pt. 51, 56. South. Lumberman **190**(1955)2370 41—46, 2375 49—52, 66; Holz als Roh- u. Werkstoff **13**(1955)7 279.

Peukert, H.: Weitere Ergebnisse aus Arbeiten des Aachener Instituts für Kunststoffverarbeitung. Kunststoffe **45**(1955)7 290—292. [2.511.4].

— Adhesive bonding for light metals. Light Metal Age **13**(1955)1/2 20—21; Aluminium **31**(1955)7/8 A 160.

— "Redux" — The first twelve years. Aero Res. TN Bull. 149 May 1955 6 p.

— Redux bonding. IV. Equipment of Redux bonded components. V. Inspection of Redux bonded joints. J. Soc. Licensed Aircr. Engrs. (1955)Jan. 3—5, Febr. 7—9; Aeron. Engng. Rev. **14**(1955)5 187—188.

Hochfrequenzverleimung 2.532

Von Hippel, Arthur and *A. G. H. Dietz:* Curing of resin-wood combinations by high-frequency heating. NACA TN 874 Dec. 1942.

Gleitsmann: Hochfrequenzverleimung im amerikanischen Flugzeugbau. Luftwissen **11**(1944)8 226—227.

Perry, H. W.: High frequency bonding of laminated wood. Aircr. Engng. **16** (1944)183 147—149.

Stäger, H. u. *F. Held:* Härtung von Kunststoffen im Hochfrequenzfeld. Schweiz. Arch. **10**(1944)9 259—268.

— Tragbares HF-Gerät für Holzverleimung. Modern Plastics **24**(1947)9 206—210; Kunststoffe **37**(1947)5 106.

Berkey, William E. and *Paul D. Newhouse:* Heating as applied to furniture manufacture. Forest Prod. Res. Soc. Repr. 88 1949; Proc. Forest Prod. Res. Soc. **3**(1949) 337—343.

Cunningham, Jack B.: Radio frequency application problems of furniture manufacturers. Forest Prod. Res. Soc. Repr. 77 1949; Proc. Forest Prod. Res. Soc. **3**(1949) 381—389.

Horne, R. C.: Adhesive requirement for radiofrequency use. Wood (Chicago) **4**(1949)9 25—50. [1.324.40].

Holland, F. W.: Radio glue setting and radio frequency heating. Wood (London) **15**(1950)11 426—429.

Lacey, P. M. C. and *H. A. Howe:* Radio frequency and other heating processes. Progress report 7. Study of glues for setting by the glueline method. Forest Prod. Res. (London) Progr. Rep. 7 1950 2 p.

Miller, D. G.: Radio frequency bonding of laminated beams. Brit. Columbia Lumberman (Vancouver) **34**(1950)8 47—48, 110, 112; Forestry Abstr. Sect. 3 **12**(1951)3 128.

Winlund, E. S.: How to boost RF gluing productions. South. Lumberman **181** (1950)2263 42—54.

Yavorsky, John M.: R. F. properties of resin adhesives. Wood (Chicago) **5**(1950) 11 22—23; Holz-Zbl. **76**(1950)152 1730. [1.324.40].

Helevuo, K.: Hochfrequenz-Vorwärmung von Hartplatten vor dem Pressen nach der Trockenmeßmethode mit beidseitig aufgelegten Hochglanzblechen (schwedisch). Papper och Trä (1951)15./1. 2 S.; Wbl. Papierfabrikation **79** (1951)9 250.

Lacey, P. M. C. and *H. A. Howe:* Radio-frequency glue-setting: summary of results of experiments on the glueline method. Wood (London) **16**(1951)2 56—58.

Lacey, P. M. C. a. o.: Radio frequency and other heating processes. Progress report 8. Stray field heating. Forest Prod. Res. (London) Progr. Rep. 8 June 1951 14 p.; Index Aeron. **8**(1952)1 42.

Lacey, P. M. C. and *G. E. Soane:* Radio frequency and other heating processes. Progress report 9. A calorimetric method of assessment of the R. F. conductivity of glues. Forest Prod. Res. (London) Progr. Rep. 9 Aug. 1951 8 p.; Index Aeron. **8**(1952)1 42.

Ritter, E. J.: Anwendungsbeispiel der Hochfrequenztechnik in der deutschen Holzindustrie. Holz-Zbl. **77**(1951)42 497; Holz als Roh- u. Werkstoff **9**(1951) 8 327.

Ritter, E. J.: Hochfrequenzverleimung kunstharzgebundener Schichtholzbauelemente. Kunststoffe **41**(1951)8 273—274; Holz als Roh- u. Werkstoff **9**(1951) 11 441.

Schwenkhagen, H. F.: Hochfrequenzgeneratoren für industrielle Anwendung in der Holztechnik. Holz als Roh- u. Werkstoff **9**(1951)4 158—164.

Stäger, H.: Verleimungen mit warmhärtenden Kunststoffen. Z. VDI **93**(1951)33 1045—1047. [1.442.31].

Winlund, E. S.: Improving radio frequency edgegluing. Wood Working Dig. **53** (1951)7 59—73, 8 43—61; Holz als Roh- u. Werkstoff **11**(1953)6 235.

— New high frequency bonding. Wood Working Dig. **53**(1951)7 147—148, 150—151.

Gefahrt, J.: Hochfrequenzerwärmung in der Holzindustrie. Holz (München) **6** (1952)4 96—97, 5 125—126, 6 142—144, 7 170—171.

Graham, Paul H.: Electronic gluing. Pt. I. Generators. II. Edge gluing. III. Veneer splicing and laminated constructions. IV. Curved plywood, edge banding, scarf gluing. V. Spot welding, panel to frame gluing. VI. Assembly gluing and electronic gluing adhesives. Wood Working Dig. **54**(1952)9 51—76, 11 78, 80—88, 90, 92, 94, 96—100, 102, 104, 106, 12 117—120, 122, 124, 126, 128, 130, 134, 136, 138, 140, 142, 144—147, **55**(1953)1 51—58, 60, 62, 64, 66, 68, 70, 72—75, 2 63—68, 70, 72, 74, 76, 78, 82, 84, 86, 3 51—56, 58, 60, 62, 64, 66—71; Holz als Roh- u. Werkstoff **11**(1953)8 328, 11 453.

Graham, Paul H.: Glue characteristics play big part in electronic process. Veneers & Plywood **46**(1952)12 22, 26—27.

Hearmon, R. F. S.: The high-frequency electrical properties of wood and wood-resin combinations. "Wood", Sel. Govmt. Res. Rep. Vol. 8 1952.

Lacey, P. M. C.: Dielectric heating: A survey of developments and applications with special reference to the heating of wood and glues. "Wood", Sel. Govmt. Res. Rep. Vol. 8 1952.

Peterson, R. W.: Edge-gluing by dielectric heating. Canadian Woodworker (1952) Febr. 4 p.

Petz, Albert: Die Grundlagen der Kunstharzverleimung mit Hochfrequenzheizung. Holztechnik (Mainz) **32**(1952)5 259—260.

Viart, F.: Collage du bois par radio-frequence. Rev. Bois (Paris) **7**(1952)7/8 18—23, 9/10 15—21, 11 10—14.

Yavorsky, John M.: Radio frequency burning in glue joints. J. Forest Prod. Res. Soc. **2**(1952)4 29—32, 71.

Dusenberg, Charles: Faustregeln der Hochfrequenzverleimung. Holz-Zbl. **79** (1953)14 144.

Graham, Paul H.: The electronic glue line. Wood Working Dig. **55**(1953)8 51—56, 58, 60.

Runte, E.: Heißverleimung von Holz mit Hilfe der Hochfrequenzwärme. Holz (Zürich) **66**(1953)4 5—9.

Sandweg, Karl: Holzverleimung im Hochfrequenz-Kondensatorfeld. Holz-Zbl. **79**(1953)151 1611.

Weinhold, S. u. *W. Weinhold:* Heißverleimung von Holz mit Hochfrequenzwärme. Die Anwendung der Hochfrequenzheizung in der Holzindustrie und Vergleiche mit anderen Verfahren der Abbindezeitverkürzung. Holztechnik (Mainz) **33**(1953)11 532—536.

Egner, Karl u. *Helmut Brüning:* Einflüsse auf die Aushärtungsgeschwindigkeit von Leimverbindungen im hochfrequenten Kondensatorfeld. Holz als Roh- u. Werkstoff **12**(1954)9 334—342.

Estep, Max H.: The use of urea resin glues in radio frequency lumber edge gluing. J. Forest Prod. Res. Soc. **4**(1954)3 138—142.

Hyler, John E.: Glues and gluing. Pt. 38, 40, 41. South. Lumberman **188**(1954)2357 43—44, 46, **189**(1954)2359 51—52, 54, 2360 45—46, 48.

Mann, Julius W.: Some fundamentals of high frequency gluing. J. Forest Prod. Res. Soc. **4**(1954)6 16 A—18 A.

Spezielle Fertigungsverfahren einschl. Verbundbauweisen mit Füllstoffen 2.6

Meinel von Tannenberg, W.: Über die Entwicklung des Blechsteppverfahrens. Diss. TH Hannover 1938.

Meinel von Tannenberg, W.: Das Blechsteppverfahren. Werkstattstechn. u. Werksleiter **34**(1940)23 409—411.

Gibbons, H. B.: Experiences of an aircraft manufacturer with sandwich material. SAE Quart. Trans. **1**(1947)3 415—428; Index Aeron. **4**(1948)4 79.

Heebink, B. G. and *A. A. Mohaupt:* Investigation of methods of inspecting bonds between cores and faces of sandwich panels of the aircraft type. FPL Rep. 1569 Sept. 1947.

Panek, E. and *B. G. Heebink:* Repair of aircraft sandwich constructions. FPL Rep. 1584 May 1948.

Rylander, A. E.: Developments in metal stitching. Tool Engr. **21**(1948)Dec. 32—33; Met. Rev. **22**(1949)1 50.

May, G.: Honeycomb sandwich construction. Plastics **14**(1949)149 64—66.

Mohaupt, A. A. and *B. G. Heebink:* Repair of aircraft sandwich constructions. FPL Rep. 1584-A May 1950 8 p.

Denne, A. G.: Metals and nonmetals joined efficiently by stitching. Mater. & Meth. **34**(1951)6 76—79; Aluminium **28**(1952)5 XIV.

Heebink, B. G.: Fabrication techniques for structural sandwich constructions. "Symposium on Structural Sandwich Constructions", ASTM Spec. Techn. Publ. 118 1952 104—114.

Heebink, B. G.: Repair of aircraft sandwich constructions. FPL Rep. 1584-B June 1953.

Heebink, B. G., Fred Werren and *A. A. Mohaupt:* Effect of certain fabricating variables on plastic laminates and plastic honeycomb sandwich construction. FPL Rep. 1843 Nov. 1953 10 p. [1.324.312.2].

— Aluminium honey-comb sandwich structures. Product Engng. **24**(1953)2 184—191; AB **24**(1953)3 139. [6.15].

— Honeycomb core. Aircr. Production **15**(1953)173 102—103; AB **24**(1953)5 291.

Heebink, B. G., A. A. Mohaupt and *J. J. Kunzweiler:* Fabrication of lightweight sandwich panels of the aircraft type. FPL Rep. 1574 1954.

Klosse, Ernst: Über das Blechsteppverfahren. Konstruktion **6**(1954)1 25—27.

Steele, R. C.: New techniques in fabricating honeycombs. Modern Plastics **31** (1954)6 101—104, 193; Index Aeron. **10**(1954)5 147.

— Dübel einstemmen oder Stahlbolzen einschießen? Holztechnik (Mainz) **34** (1954)2 54—55.

— Sandwich walls made from aluminum. Light Metal Age **12**(1954)3/4 17.

— Sandwich structures for high-temperature service. Engineer **199**(1955)5175 466—468; Luftfahrttechnik **1**(1955)2 V-VI.

Oberflächenbehandlung 2.7

Allgemeines 2.71

Wiegand, H.: Einflüsse der Oberflächenbehandlung auf die Festigkeitseigenschaften von Leichtmetallen. Metallwirtsch. **20**(1941) 165—168.

Rave, H. G.: Voraussetzungen und Vorarbeiten für die Einsparung von Arbeitskräften bei der Oberflächenbehandlung. Maschinenb. Betrieb **21**(1942)8 345—348 13 Lit.-St.

Thum, August u. *Ralph Zoege v. Manteuffel:* Das Sandstrahlen als Mittel zur einfachen und billigen mechanischen Oberflächenbearbeitung. ATZ **46**(1943) 304—313.

Flamant, F. et *M. A. Arnulf:* Détermination des profils de rugosité par les méthodes de pointes longitudinaux et par interférences. Journées des Etats de Surface 1946 110—116; Met. Rev. **22**(1949)4 39.

Dinsdale, C.: Prevention of iron and steel corrosion: Processes and published specifications. London: Iliffe 1948. 67 p.

Engelhardt, W.: Plattierung. Technik (Berlin) **3**(1948)9 381—386, 11 473—477 15 Lit.-St.

Ritter, Franz: Die Oberflächenbehandlung der Leichtmetalle. Berg- u. Hüttenmänn. Mh. **93**(1948)8/11 208—211.

Bregman, Adolph: Metal finishing. Iron Age **163**(1949)6./1. 274—281; Met. Rev. **22**(1949)2 28.

Etienne: Procédés modernes de polissage des pièces de cycles. J. SIA (1949) Sept. 307.

Graham, A. K., H. L. Pinkerton, E. A. Anderson and *C. E. Reinhard:* Plating of pressed metal powder parts. A preliminary study. Plating **36**(1949)July 702—709; Met. Rev. **22**(1949)8 35.

Raymond, Walter A.: Technical progress in metal finishing during 1948. Metal Finishing **47**(1949)Jan. 44—53, 99—101 134 ref.

— Bürsten, Schleifen, Polieren. Aluminium-Walzwerke Singen Merkbl. FB 33 Sept. 1950 4 S.

Jacquet, P. A.: Electrolytic polishing of zirconium, titanium and beryllium. Proc. First World Metall. Congr., Amer. Soc. for Metals 1951 732—751.

Sippell, W.: Das autogene Flammstrahlen und seine praktische Anwendung. Schweißen u. Schneiden **3**(1951) S. H. Nov. 36—42 5 Lit.-St.

— Oberflächenbehandlung in der Blechverarbeitung. Folge 2. Düsseldorf: Forsch.-Ges. Blechverarb. 1951 76 S.; Kunststoffe **42**(1952)10 382.

Burkart, W.: Schleif- und Polierverfahren. Metalloberfläche 4(1952)5 B 71—B 73; Nachr.-Bl. AGM Leichtbau 1(1952)4 9.

Mustin, G. S.: Surface treatment and plating in naval aircraft. Metal Finishing 50(1952)Febr. 53—61, 73; Index Aeron. 8(1952)11 58. [1.325.0].

Wagner, C.: Möglichkeiten und Grenzen des kathodischen Fernschutzes. Werkstoffe u. Korrosion 3(1952)5/6 172—176.

Wiegand, H.: Oberflächenbehandlung als Mittel zum Werkstoffsparen und Werkstoffaustausch. Werkstatt u. Betrieb 85(1952)7 299—300; Nachr.-Bl. AGM Leichtbau 2(1953)5 7.

— Pflege von Aluminium-Beschlägen und -Architekturteilen. (Aluminium Merkbl. O 1) Düsseldorf: Aluminium Verl. 1952 2 S.

Dunker, H. W.: Atmosphärischer Rostschutz. Bedeutung der Oberflächenvorbehandlung und anstrichgerechter Konstruktionen. Chemie-Ing.-Techn. 25(1953) 11 641—650; Stahl u. Eisen 74(1954)8 494.

Fenn, A. P.: Die Oberflächenveredelung von Aluminium und seinen Legierungen. Metallurgia 47(1953)280 70—72, 90; Nachr.-Bl. AGM Leichtbau 2(1953)11 7.

— Galvanizing techniques in the USA. (OEEC-Rep.) (Techn. Assistance Mission No. 78) Paris: OEEC 1953 138 p.

— Schleifen und Polieren von Aluminium im Handwerk. (Aluminium Merkbl. O 5) Düsseldorf: Aluminium Verl. 1953 4 S.

Cohn, Charles C.: New methods for finishing powder metal parts. Iron Age 173(1954)13 125—128; Index Aeron. 10(1954)6 77—78; Stahl u. Eisen 74(1954) 15 972.

Häberlin, H. P. u. *H. Keller:* Granal, ein neues Strahlmittel zur Oberflächenbehandlung von Aluminiumteilen. Aluminium (Suisse) 4(1954)4 136—137.

(Hallows, I. S.): International review of metal finishing. London: Sawell Publ. 1954 170 p.; AB 25(1954)6 369—370.

Hausner, H. H. u. *H. B. Michaelson:* Oberflächenbehandlung von Sinterteilen. Iron Age 174(1954)14 88—90; Stahl u. Eisen 74(1954)27 1792.

Promisel, N. E. and *D. M. Promisel:* Government Finishing Specifications. An explanation and digest relating to metal coatings and surface treatments (other than organic coatings). Metal Finishing 52(1954)May 61—70, June 95—101, July 73; Nickel-Ber. 12(1954)7/8 122.

Stocker, O. A., A. Korbelak and *S. A. Carrano:* Nickel-plating, troubles and cures. Plating 41(1954)May 491—496; Nickel-Ber. 12(1954)7/8 123.

Voigt, P.: Kunststoff-Wärmespritzen, Oberflächenbehandlung als Korrosionsschutz. Schiffbautechnik 4(1954)5 156—161.

— Bibliography on electropolishing. Product Finishing 7(1954)Apr. 59—62; Nickel-Ber. 12(1954)6 98.

— Metal cleaning and finishing handbook. Iron Age 174(1954)5 F. 1—F. 72; Index Aeron. 10(1954)10 100; AB 25(1954)9 614—615; Nickel-Ber. 12(1954)9 153.

Finkelnburg, H. H.: Der heutige Stand der mechanischen Oberflächenbehandlung. Metall 9(1955)11/12 466—471.

Chemische und elektrolytische Behandlung   2.72

Stähle   2.721

Fischer, G.: Forschung und Entwicklung auf dem Gebiet des elektrolytischen Oberflächenschutzes von Metallen. Metallwirtsch. 18(1939) 613—616, 631—634.

Elssner, G.: Das Hartverchromungsverfahren. Feinmech. u. Präzision 48(1940)18 199—204, 19 213—216 12 Lit.-St.; Techn. Z.-Schau 26(1941)15 265.

Wiegand, H.: Hartverchromung. Z. VDI 84(1940)47 917.

Becker, G., Karl Daeves u. *Fritz Steinberg:* Korrosionsschutz durch Chrom-Diffusionszonen. Z. VDI 85(1941)5 127—129; Techn. Z.-Schau 26(1941)5 96.

Becker, G., Karl Daeves u. *Fritz Steinberg:* Oberflächenbehandlung von Stahl durch Chromdiffusion. Jb. 1941 Dtsch. Luftf.-Forsch. I 646—651; Stahl u. Eisen **61**(1941)12 289.

Gebauer, Karl: Über Eigenschaften der Hartchromschichten und über Fortschritte in der Anwendung der Hartverchromung. Oberflächentechnik **18**(1941)1 2—3, 2 11—13, 3 19—22, 4 31—33 54 Lit.-St.; Techn. Z.-Schau **26**(1941)15 264.

Schafmeister, P. u. *Karl Erich Volk:* Das elektrolytische Polieren von Metallen. Arch. Eisenhüttenwes. **15**(1941/42) 243—246.

Evans, H. and *E. H. Lloyd:* The electrolytic polishing of 18/8 stainless steel and nickel silver. J. Electrodepositor's Techn. Soc. **22**(1946/47) 73—84 11 ref.; Met. Rev. **22**(1949)3 33.

Dickinson, Thomas A.: Preventing salt-water corrosion. Organic Finishing **9** (1948)Nov. 9—11; Met. Rev. **22**(1949)1 32. [1.325.1].

Gebauer, Karl: Die Herstellung von hartverchromten Gleitflächen mit guten Laufeigenschaften. Metalloberfläche **2**(1948)Aug. 161—165; Met. Rev. **22**(1949) 6 33.

Humble, R. A.: Cathodic protection of steel in seawater with magnesium anodes. Corrosion (Houston) **4**(1948) 358—370.

Patrie, Jos.: Le chromage dur sur les alliages légers. Rev. Aluminium **25**(1948) Nov. 335—338; Met. Rev. **22**(1949)2 30.

Pond, Ronald F.: Selecting protective finishes for springs. Machine Design **20** (1948)Dec. 128—132, 194, 196; Met. Rev. **22**(1949)1 34.

Müller, Fr., W. Eilender u. *K. M. Wagner:* Über die Hartverchromung mit überlagertem hochfrequentem Wechselstrom. Arch. Metallkde. **2**(1949)Apr. 135—140; Met. Rev. **22**(1949)9 39.

Weiner, R.: Die Elektroplattierung nichtrostender Stähle. Arch. Metallkde. **2** (1949)Jan. 38—42; Met. Rev. **22**(1949)6 33.

Buckle, H.: Note sur la chromisation du fer. Rech. Aéron. (1950)16 61—62.

Galmiche, P.: Nouveau procédé de chromage thermique et formation d'alliages mixtes de diffusion. Rech. Aéron. (1950)14 55—63.

Heyes, J. u. *W. A. Fischer:* Über das elektrolytische Polieren von Stahl. Metalloberfläche **4**(1950) A 38—A 44.

(Köhler, Walter): Fortschritte auf dem Gebiete der Phosphatierung. Bd. 3. Weinheim (Bergstr.): Verl. Chemie 1950. 141 S.

Ayres, Robert F.: The basic types of phosphate coatings and where to use them. Mater. & Meth. **34**(1951)4 100—103; Met. Rev. **24**(1951)11 36; Index Aeron. **8** (1952)2 48. [1.325.0].

Hudson, J. C. u. *W. A. Johnson:* Schutz von Stahlbauten gegen atmosphärische Korrosion. J. Iron & Steel Inst. (1951)Juni 165—180.

Petri, R.: Über das Beizen als Vorbereitung für eine Oberflächenveredlung. Metalloberfläche (1952)11 170 A; Draht **5**(1954)6 230.

Samuel, R. L. and *N. A. Lockington:* The protection of metallic surfaces by chromium diffusion. Pt. I—VII. Metal Treatm. & Drop Forging **18**(1951)71 354—359, 72 407—425 13 ref., 73 440—444 5 ref., 74 495—502, 506 10 ref., 75 543—548, 556 3 ref., **19**(1952)76 27—32 6 ref., 77 81—85; Index Aeron. **7** (1951)11 160, **8**(1952)1 96, 4 80—82.

Tolley, G.: The use of ethyl silicate in providing heat-resistant coatings of aluminium on steel. J. Appl. Chem. **1**(1951) Pt. 2 86—89; Index Aeron. **7**(1951) 5 92.

Wagner, E.: Passivierung und Phosphatierung von Eisen. Ber. Forsch.-Ges. Blechverarb. Nr. 2 1951 10—17; Stahl u. Eisen **72**(1952)6 323.

Bachmann, H.: Das Beizen von rost- und säurebeständigen Stahldrähten. Drahtwelt **39**(1953)18 237—240; Draht **4**(1953)12 475.

Daeves, Karl: Die Entwicklung des Inkromierungs-Verfahrens. Draht **4**(1953)9 337—339.

Gostin, E. L.: Electroless plating produces hard nickel coating. Iron Age **171** (1953)24 115—119; Index Aeron. **9**(1953)9 104.

Holden, H. A.: New surface treatment method facilitates the cold working of stainless and heat-resistant alloys. Sheet Metal Industries **30**(1953)317 775—778, 819; Stahl u. Eisen **74**(1954)2 119; Werkstattstechn. u. Maschinenb. **44**(1954)3 140.

Jampolski, A. M.: Das Oxydieren und Phosphatieren von Metallen. Leipzig: Fachbuchverl. 1953 71 S.; Kraftfahrzeugtechnik (Berlin) **4**(1954)7 224. [2.722].

Keller, H.: Fortschritte auf dem Gebiet der Phosphatierung. Metalloberfläche **7** (1953)9 A 129—A 152.

Campbell, I. A.: Chemical plating process. Modern Metals **10**(1954)3 68, 70—71.

Holden, H. A.: Phosphate coatings for assisting cold extrusion. Steel Processing (1954)May 297 43 ref.

Kapoor, A. N., A. B. Chatterjea and *B. R. Nijhawan:* Aluminizing of steel. J. Sci. & Industr. Res. Sect. B. (1954)Apr. 286 16 ref.

Lorking, K. F. and *S. T. Quaass:* The electropolishing of chromium base alloys. Dep. Supply, Aeron. Res. Lab. (Australia) Rep. Met. 3 Oct. 1954 21 p. 12 ref.

Rausch, Werner: Kathodischer Schutz gegen Seewasserkorrosion. Schiff u. Hafen **6**(1954)3 134—141.

Mohler, J. B.: Design specifications for chromium plating thickness. Machine Design **27**(1955)3 161—164 3 ref.

Neumann, A.: Die praktische Verchromung. Metallwarenindustrie u. Galvanotechnik (1955)4 150—162.

Leichtmetalle   2.722

Schmidt, E. K. O. u. *E. Böschel:* Untersuchung des Eloxal-Verfahrens für den Schutz von Duraluminblechen. ZWB PB 70 1934 12 S.

Böschel, E.: Untersuchung des Eloxal-Verfahrens für den Schutz von Duraluminblechen. ZWB PB 88 1934 7 S.

Nückel, F. u. *W. Birett:* Fragen zur elektrolytischen Oberflächenbehandlung von Aluminium und Aluminiumlegierungen. Korrosion u. Metallschutz **12**(1936) 283—297.

Fischer, H.: Fortschritt auf dem Gebiet der elektrolytischen Oberflächenbehandlung von Leichtmetallen. Z. Metallkde. **29**(1937) 319—322.

Fischer, H.: Oxydische Überzüge (chemische u. elektrochemische Oberflächenbehandlung). Ringb. Luftf.-Techn. II C 11 Jan. 1938 10 S. 20 Lit.-St.

Beerwald, A.: Über Verchromung von Aluminium, Silumin und Duralumin W. ZWB FB 1141/1 1939 17 S.

Loepelmann, F.: Versuche über das Eloxieren von Niet- und Punktschweißverbindungen aus einer Legierung der Gattung Al-Cu-Mg (A 1 DIN 1713). ZWB UM 580 1939 9 S.

Auchter, C.: Über elektrolytisch erzeugte Oxydschichten auf Aluminium, insbesondere auf dessen Schweißverbindungen. Aluminium **22**(1940)11 569—575 2 Lit.-St.; Techn. Z.-Schau **26**(1941)6 113.

Bungardt, Walter: Vergleichungsversuche über Gieß- und Walzplattierung von Leichtmetallblechen nach Flw. 3116.5 (Zwischenbericht). II. Teil. DVL-Ber. Kf 248/1 1940.

Lux, L.: Die neuere Entwicklung der elektrolytischen Oxydation auf Aluminium und Aluminiumlegierungen. Maschinenb. Betrieb **19**(1940)12 515—518 11 Lit.-St.; Techn. Z.-Schau **26**(1941)7 128.

Schwerber, P.: Die Oberflächenbehandlung von Aluminium-Baustoffen. Aluminium **22**(1940)12 617—625; Techn. Z.-Schau **26**(1941)12 214.

Beerwald, A.: Ein Beitrag zur Hartverchromung von Aluminium und seinen Legierungen. Aluminium **23**(1941)3 149—155 6 Lit.-St; Techn. Z.-Schau **26** (1941)13 233.

Eckert, G.: Fertigungsvoraussetzungen für die elektrolytische Oxydation von Aluminium. Maschinenb. Betrieb **20**(1941)6 261—263 3 Lit.-St.; Techn. Z.-Schau **26**(1941)19 330.

Lux, L.: Die elektrolytische Schutzoxydation von Aluminium nach dem Eloxalverfahren. (Aluminium-Arch. Bd. 35) Berlin: Aluminium-Zentr. 1941 44 S.

Lux, L.: Die oxydische Oberflächenschutzbehandlung von Aluminium. Schiffbau **42**(1941)9 141—146, 10 158—165; Techn. Z.-Schau **26**(1941)18 310.

Raub, E.: Die Hartverchromung von Aluminium-Legierungen. Z. Metallkde. **33** (1941)10 333—336 9 Lit.-St.; Techn. Z.-Schau **26**(1941)23 394.

— AWF-Metallschutz. Bd. 2. Schutz und Oberflächenbehandlung von Leichtmetallen. (Hrsg. Reichsaussch. wirtsch. Fertigung, AWF, RKW-Veröff. 118) Leipzig-Berlin: Teubner 1941 164 S.; Techn. Z.-Schau **26**(1941)20 343.

— Traitements électrolytiques et chimiques pour la protection de surface de l'aluminium et des alliages légers. Pratique Industries Mécaniques (Paris) **24**(1941) Mai 34—36; Techn. Z.-Schau **26**(1941)20 343.

Le Brocq, L. F.: Chromate treatments for magnesium alloys with special reference to cold baths. Roy. Aircr. Establ. Rep. March 1942; Sel. Govmt. Res. Rep. Vol. 3 1951 90—119; AB **23**(1952)7 441.

— Chemical finishes for protecting aluminium-base alloys. Light Metals **5**(1942) 49 14—21.

— Technical data on American anodizing practice. Light Metals **5**(1942)49 3—13 6 ref.

Le Brocq, L. F. and H. G. Cole: Selenium coatings for the protection of magnesium alloys against corrosion. Roy. Aircr. Establ. Rep. Apr. 1943; Sel. Govmt. Res. Rep. Vol. 3 1951 259—266; AB **23**(1952)7 411.

Dumas, A.: Les traitements d'oxydation de l'aluminium et du magnésium. Rev. Métallurgie **40**(1943)10 310—318, 11 343—350, 12 374—377; Techn. Z.-Schau **29**(1944)10 113.

Voßkühler, Hugo: Oberflächenbehandlung von Aluminium-Magnesium-Legierungen durch Diffusion. Elektrochem. Z. **49**(1943)4/5 204—208; Schiff u. Werft **44/24**(1943)19/20 293.

— Practical data on the chromic acid anodizing process. Light Metals **6**(1943)62 115—122 10 ref.

— Surface finishing of aluminium and its alloys. 1st ed. ADA Inform. Bull. 13 Dec. 1947 43 p.

Petch, M. K.: Note on the treatment of magnesium alloy to specification DTD 118 in cold chromate baths (baths I and II of specification DTD 911) after preliminary treatment in the acid chromate dip (bath IV of specification DTD 911). Roy. Aircr. Establ. TN Jan. 1944; Sel. Govmt. Res. Rep. Vol. 3 1951 87—98; AB **23**(1952)7 411—412; Werkstoffe u. Korrosion **5**(1954)8/9 339.

— Oberflächenbehandlung. (AWR Merkblätter) Aluminium-Werke Rorschach Merkbl. 16 Okt. 1944 5 Bl.

West, E. G.: Electroplating on aluminium. J. Electrodepositors' Techn. Soc. **21** (1946) 211—226; ADA Repr. 16 1946 16 p.

Kremer, Gottfried u. Karl Erich Volk: Die Herstellung und Verwendung von hitzebeständigen Aluminiumüberzügen. Stahl u. Eisen **66—67**(1947)17./7. 250—257; Met. Rev. **22**(1949)7 31.

Gebauer, Karl: Die Hartverchromung des Aluminiums und seiner Legierungen. Arch. Metallkde. **2**(1948)5 172—178; Glückauf **85**(1949)5/6 104; Met. Rev. **22** (1949)7 34.

Hérenguel, Jean et Roger Segond: Alliages légers spéciaux pour le polissage électrolytique. Rev. Aluminium **25**(1948)Oct. 306—310; Engrs.' Dig. **10**(1949) Jan. 27—28; Met. Rev. **22**(1949)1 34.

Holden, H. A.: Latest developments in phosphate coating methods and technique. J. Electrodepositors' Techn. Soc. **24**(1948/49) 111—121; Bull. Anal. C. N. R. S. **11**(1950)11 3989.

Rogers, R. R. and *M. L. Boyd:* Electrodeposition of metallic coatings on magnesium alloys. Sheet Metal Industries **25**(1948)253 959—962; Index Aeron. **4**(1948)7 43.

Solar, Franz: Die Praxis des Eloxalverfahrens. Berg- u. Hüttenmänn. Mh. **93** (1948)8/11 211—214.

Henley, V. F.: Chemical brightening of aluminium and its alloys. A description of a new process. Sheet Metal Industries **26**(1949)262 382—384; Index Aeron. **5**(1949)5 86; Met. Rev. **22**(1949)3 32.

Hérenguel, Jean et *Roger Segond:* L'aluminium et ses alliages corroyés de qualité spécial pour le polissage électrolytique et l'oxydation anodique. Métaux et Corrosion **24**(1949)Févr. 45—49; Met. Rev. **22**(1949)6 33.

Holden, H. A. and *S. J. Scouse:* Phosphate coatings; developments in wire, tube and deep drawing applications. Automob. Engr. **39**(1949)March 107—113.

DeLong, H. K.: Surface finishing and protection of magnesium alloys. Products Finishing **13**(1949)June 72, 74, 76, 78, 80, 82, 84, 86, 88, 90; Modern Metals **5** (1949)July 26—29; Met. Rev. **22**(1949)7 31, 9 38.

Phillips, S. H.: Process finishing magnesium. Light Metal Age **7**(1949)Febr. 14—15, 22; Met. Rev. **22**(1949)4 32.

Rossteutscher, F.: Die Entwicklung und Anwendung der Atramentverfahren unter den heutigen Wirtschaftsbedingungen. Arch. Metallkde. **3**(1949)Febr. 66—71 17 Lit.-St.; Met. Rev. **22**(1949)7 31.

Wernick, S. and *R. Pinner:* Surface treatment and finishing of light metals. II. Corrosion and protection of aluminium and its alloys. Sheet Metal Industries **26**(1949)264 805—810, 823 12 ref., 266 1289—1296 153 ref.; Index Aeron. **5**(1949) 9 48, 10 80. [1.361].

Whitby, L.: Magnesium alloy protection by selenious aciddichromate solutions. Metallurgia **39**(1949)March 233—240 8 ref.; Index Aeron. **6**(1950)1 77; Met. Rev. **22**(1949)5 32.

v. Zeerleder, Alfred u. *W. Hubner:* Die anodische Oxydation des Aluminiums in verschiedenen zusammengesetzten Oxalsäurelösungen. Chimia **3**(1949)15./4. 77—84; Met. Rev. **22**(1949)7 34.

— Anodic oxidation of aluminium and its alloys. ADA Inform. Bull. 14 July 1949 64 p.

Higgins, W. F.: Methods for the protection of magnesium alloys. Electroplating **3**(1950)8 287—291; Index Aeron. **6**(1950)6 55.

Napier, D. H. and *J. V. Westwood:* Anodizing. Metal Industry **76**(1950)7 123—126 22 ref.; Index Aeron. **6**(1950)8 41.

— Beizen, Ätzen, Tiefätzen. (AWS-Merkblätter) Aluminium-Walzwerke Singen, Merkbl. FB 34 Sept. 1950 4 S.

— Finishing aluminum. Montreal (Que.): Aluminum Co. of Canada (Alcan) 1950 X, 81 p.

Found, G. H.: Increasing endurance of magnesium castings by surface work. Metal Progr. **60**(1951)2 51—54; Index Aeron. **8**(1952)12 107—108; AB **22**(1951) 10 606.

Fransson, A.: Anodizing and its ability to protect aluminium alloys. IVA T. **22**(1951) 154—157; AB **23**(1952)6 328.

Gentieu, N. P.: Chemische Oberflächenbehandlung erhöht die Dauerhaftigkeit von Kool Vent Allwetter-Aluminiumdächern. Products Finishing **15**(1951)7 38—43; Werkstoffe u. Korrosion **5**(1954)12 529.

Hérenguel, Jean: High-purity aluminium-magnesium alloys for anodic polishing. Metallurgia Ital. **43**(1951)Febr. 72—73; AB **23**(1952)4 205; Plating (USA) **39** (1952)3 284.

Ito, G.: Kathodenschutz von Aluminium und seinen Legierungen. II. Rep. Sci. Res. Inst. (Japan) **27**(1951) 67—70; Corrosion (Houston) **9**(1953) 286; Werkstoffe u. Korrosion **5**(1954)12 517.

Mauderli, B.: Les traitements de surface de l'aluminium. Aluminium (Suisse) **1** (1951)3 98—105, 4 125—135, 5 181—190, 6 221—225; AB **22**(1951)11 662, **23** (1952)1 23.

— Beizen und Tiefätzen von Aluminium. (Aluminium Merkblatt O 6) Düsseldorf: Aluminium Verl. 1951 2 S.

Belcher, K. H.: Some aspects of anodizing. Australasian Engr. **45**(1952)March 66—71; AB **23**(1952)8 445.

Benoit, A.: The anodic surface treatment (electrolytic brightening) of light metals. Usine Nouvelle **8**(1952)41 53; Metal Abstr. **20**(1953)Pt. 10 June 729; AB **24**(1953)7 450.

Fenn, A. P.: Developments in finishing aluminium castings. Metal Industry **81** (1952)19 367—369; AB **23**(1952)12 671.

Frager, M. and H. A. Evangelides: Getting the most from HAE coatings. Metal Progr. **62**(1952)3 81—84 3 ref.; Index Aeron. **8**(1952)11 35.

Gray, A. G.: Electrochemical and chemical coatings for aluminium. Products Finishing (USA) **16**(1952)4 46—60; AB **23**(1952)2 67. [1.325.2].

Helling, W. u. H. Neunzig: Über die Glanzeloxierung von Aluminium. Aluminium **28**(1952)9 289—295; Nachr.-Bl. AGM Leichtbau **1**(1952)6 8; AB **24** (1953)3 164.

Hendry, D. R.: The surface treatment of magnesium. Australasian Engr. **45**(1952) March 72—75; AB **23**(1952)8 463.

Horn, H. E.: Some notes on hard-coating aluminium. Metal Finishing **50**(1952)6 110—112; AB **23**(1952)7 389.

Kalpers, H.: Korrosionsschutz von Aluminium durch Alodieren. Hansa **89**(1952) 567—577.

Ketterl, H.: Das Alodine-Verfahren. Aluminium **28**(1952)10 346—349; Nachr.-Bl. AGM Leichtbau **1**(1952)7 4.

Meyer-Rässler, E.: Hartverchromung von Aluminium. Metall **6**(1952)17/18 504—509; Metal Industry **81**(1952)7 127—129; Index Aeron. **8**(1952)10 82.

Pollack, A.: Neue Oberflächenbehandlung von Aluminium-Legierungen. Z. VDI **94**(1952)25 859; Nachr.-Bl. AGM Leichtbau **1**(1952)6 9.

Pollack, A.: Alodine, ein neues Schutzverfahren für Leichtmetalle. Werkstoffe u. Korrosion **3**(1952)9/10 352; Nachr.-Bl. AGM Leichtbau **1**(1952)6 7.

Pollack, A.: Die Oberflächenbehandlung von Aluminium im Kraftfahrzeugbau. ATZ **54**(1952)11 262—263; Nachr.-Bl. AGM Leichtbau **2**(1953)3 9—10; Metal Abstr. **21**(1953) Pt. 2 Oct. 159; AB **24**(1953)12 801.

Stricklen, R.: New protective treatment for aluminium simplifies processing at reduced costs. Mater. & Meth. **35**(1952)2 91—95; Index Aeron. **8**(1952)6 94.

Wernick, S. and R. Pinner: Surface treatment and finishing of light metals VII. Sheet Metal Industries **29**(1952)307 1027—1036, 1040; AB **23**(1952)12 671.

— Chemische Oxydation von Aluminium nach dem MBV- und EW-Verfahren. (Aluminium Merkblatt O 2) Düsseldorf: Aluminium Verl. 1952 8 S.

— "Elektron" magnesium alloys. Protection and surface treatment. Birmingham: Kynoch Press Jan. 1952 14 p.

— Electroplated coatings on the light metals. I. Electroplating aluminium and its alloys. Mater. & Meth. **35**(1952)6 120—126; AB **23**(1952)8 443.

— Electroplating of aluminium alloys. Pittsburgh (Pa.): Aluminum Co. of America (Alcoa) Bull. 7 1952 15 p.; Index Aeron. **10**(1954)5 67.

— Magnesium finishing. Dow Chemical Co. (USA) 1952 128 p., Appendix 12 p.; AB **24**(1953)8 524.

Armstrong, D.: Protective finishing of aluminium for aircraft. Metal Progr. **63** (1953)6 104—108; Index Aeron. **9**(1953)9 52.

Fischer, A. et *L. Koch:* Comparaison des résultats obtenus avec les polissages chimiques et anodiques des surfaces d'aluminium. Rev. Aluminium **30**(1953) 198 131—135; Nachr.-Bl. AGM Leichtbau **3**(1954)1 9.

Göbel, R.: Verzinnung von Aluminium mit Hilfe von Ultraschall. (Aluminium in der Elektrotechnik) Dtsch. Elektrotechn. **7**(1953)S. H. 40.

Hérenguel, Jean: An investigation of "reticulation" on aluminium and light alloys. Sheet Metal Industries **30**(1953)315 591—596 4 ref.; Index Aeron. **9** (1953)11 93.

Hérenguel, Jean: Le polissage chimique de l'aluminium et de ses alliages. Rev. Aluminium **30**(1953)201 261—267 9 ref.; AB **24**(1953)10 632; Index Aeron. **9** (1953)11 94; Werkstoffe u. Korrosion **5**(1954)8/9 326.

Herrmann, E.: Das Eloxieren von Bändern und Drähten. Aluminium **29**(1953)11 465—472, 12 513—519.

Jampolski, A. M.: Das Oxydieren und Phosphatieren von Metallen. Leipzig: Fachbuchverl. 1953 71 S.; Kraftfahrzeugtechnik (Berlin) **4**(1954)7 224. [2.721].

Joss, A.: Oberflächenbehandlung von Aluminium. Chem. Rdsch. (Solothurn) **6** (1953) 167—168; Werkstoffe u. Korrosion **5**(1954)1 30.

Keller, H.: Neuzeitliche chemische Korrosionsschutzverfahren. Industrie-Anz. **75**(1953)86 1112—1114, 87 1120—1122; Nachr.-Bl. AGM Leichtbau **3**(1954)7 13.

Ketterl, H.: Chemische Oberflächenvorbehandlung im Flugzeugbau. Aluminium **29**(1953)9 377—378.

Klose, R.: Alodine im Vergleich zu dem Standard-Verfahren der Oberflächenvorbehandlung für Aluminium. Fertigungstechnik **3**(1953)7 271—272; Nachr.-Bl. AGM Leichtbau **3**(1954)2 21.

De Long, H. K.: Electroplating on magnesium. Inst. Metal Finishing **3**(1953)1 29—48; Metal Industry **82**(1953)17 327—329; Index Aeron. **9**(1953)7 45; AB **24**(1953)5 322.

Moressée, G.: Anodischer Schutz von Leichtlegierungen. Soudure et Techn. Connexes **6**(1953) 123—128; Werkstoffe u. Korrosion **5**(1954)1 29.

Pinner, R.: Theory and practice of chemical polishing. I/II. Electroplating **6**(1953) 10 360—367 41 ref., 11 401—411; AB **24**(1953)12 802; Index Aeron. **10**(1954)2 59.

Pinner, R.: Theory of electrolytic polishing. A review. Electroplating **6**(1953)12 444—450 29 ref.; AB **25**(1954)1 24; Index Aeron. **10**(1954)2 59.

Schenk, M.: L'oxydation anodique de l'aluminium et de ses alliages. Soc. Rov Belge Ingrs. Industries (1953)6 267—279; AB **25**(1954)7 454.

Schichtel, Georg: Surface protection of magnesium alloys. Metallurgie u. Gießereitechnik **3**(1953) 25—34; AB **25**(1954)7 481—482.

Steer, A. T., J. K. Wilson and *O. Wright:* Electropolishing. Aircr. Production **15**(1953)177 242—249; Index Aeron. **9**(1953)9 76.

Wernick, S. and *R. Pinner:* Surface treatment and finishing of light metals. Sheet Metal Industries **30**(1953)315 571—583, 320 1055—1061; AB **24**(1953)8 503, **25**(1954)1 26.

— Elektroplattierung von Leichtlegierungen. Metal Industry **82**(1953) 439—446; Werkstoffe u. Korrosion **5**(1954)1 29.

— Neuere Entwicklungen im Elektroplattieren von Al. Light Metals **16**(1953) 186—187, 311—313, 344—346; Nachr.-Bl. AGM Leichtbau **3**(1954)5 14.

— Verfahren zur Herstellung harter Überzüge auf Aluminium. ASTM Bull. 194 1953 43—44; Nachr.-Bl. AGM Leichtbau **4**(1955)7 11.

Baker, S.: Plating nickel on aluminium. Steel **134**(1954)24./5. 115—116; Mater. & Meth. **40**(1954)July 96—97; Nickel-Ber. **12**(1954)7/8 125.

Barton, H. K. and *L. C. Barton:* Applied finishes for aluminium alloy die castings. Machinery (London) **84**(1954)28./5. 1143—1148, 1153—1154; AB **25**(1954)7 452—453.

Briese, W.: Korrosionsschutzverbesserungen eloxierter Aluminiumgegenstände durch ein neues Nachdichtungsverfahren. Metallwaren-Industrie u. Galvanotechn. **45**(1954)8 231. [1.363].

Castell, W. F.: Corrosion protection of modern aircraft. 41st Ann. Conv. Amer. Electropl. Soc. Prepr. July 1954; Metal Finishing **52**(1954)85; Index Aeron. **10**(1954)10 81.

Castell, W.: Iridite Nr. 14 for protecting aluminum alloys. Modern Metals **10** (1954)10 42, 44—45; Aluminium **31**(1955)7/8 A 158.

Castell, W. F.: Lockheed's new setup for treating aluminum parts. Industrial Finishing **30**(1954)12 54—56, 58, 60, 62; AB **25**(1954)11 778—779.

Castle, A. W.: An introduction to the electrodeposition of aluminium. Electroplating & Metal Spraying **7**(1954)8 291—294, 305; AB **25**(1954)10 699.

Epelboin, Israël: Sur le polissage électrolytique de l'aluminium en présence des ions Cl O$_3^-$."Rapp. Congr. Int. Aluminium, Tome II" Paris: Soc. Édition et Documentation Alliages Légers 1954 49—56 21 ref.

Etienne, Charles: Les applications du chromage dur de l'aluminium et de ses alliages. Rev. Aluminium **31**(1954)209 139—143; AB **25**(1954)6 374; Nachr.-Bl. AGM Leichtbau **4**(1955)7 18.

Evangelides, H. A.: HAE coatings for magnesium. Product Finishing **7**(1954)10 54—60; AB **25**(1954)12 881. [1.325.2].

Goddeyne, Leo D. and *Dennis J. Goddeyne:* Electroplating of magnesium. Light Metal Age **11**(1954)11/12 30—31, 36.

Grau, Vincente Massuet: Anodizado y coloreado del aluminio y sus aleaciones. (Anodizing and dyeing of aluminium and its alloys.) Instituto Electroquimico (Spain) 1954 80 p.; Electroplating & Metal Finishing **7**(1954)11 431; AB **25** (1954)12 857.

Guerreschi, L.: Trattamento con tensione alternata dell'alluminio e delle sue leghe in bagno di anidride cromica. La Formazione di "neri di alluminio". (Treatment of aluminium and its alloys in a chromic acid bath at alternating current. Formation of "black coatings".) Alluminio **23**(1954)5 515—532; AB **25**(1954)12 856.

Hooker, R. N. and *J. L. Waisman:* How to prevent stress-corrosion-cracking in aluminum parts. Iron Age **174**(1954)11 123—125, 12 165—167; AB **25**(1954)10 702—703.

Hunter, M. S. and *P. Fowle:* Factors affecting the formation of anodic oxide coatings. Electrochem. Soc. J. **101**(1954)10 514—519; AB **25**(1954)11 777—778; Aluminium **31**(1955)5 A 105.

James, J. H. and *Henry Page:* Nickel plated aluminum sheet. Product Engng. (1954)Dec. 167; Aeron. Engng. Rev. **14**(1955)2 116.

Johnson, Robert O.: Vacuum metallized coatings on zinc or aluminium die castings look like chromium plate, but no polishing is needed. Precision Metal Molding **12**(1954)2 54—58, 66; AB **25**(1954)3 158.

de Jong, J. J.: Chemical polishing of metals and alloys. Metalen **9**(1954) 2—7; Electroplating & Metal Spraying **7**(1954)9 347; AB **25**(1954)12 855.

Kimura, Yasuyuki, Toshiro Fukushima and *Sakae Tajima:* Protective anodizing of highly reflective aluminium. Light Metals (Japan) (1954)12 70—73; AB **25** (1954)11 779.

Kohler, E.: The economical oxidation of aluminium. Metallwaren-Industrie u. Galvanotechn. **45**(1954)7 337—342; Index Aeron. **10**(1954)10 155.

Lichtenberg, Heinz: Fehlerquellen bei der anodischen Oxydation von Aluminium und deren Beseitigung. Werkstoffe u. Korrosion **5**(1954)5 177—178.

Straschill, M.: Beiz- und chemische Oberflächenschutzverfahren für Magnesium und Mg-Legierungen. Beiztechnik **3**(1954) 1—5; Werkstoffe u. Korrosion **5** (1954)8/9 340—341.

Thomson, A. G.: Aluminized coatings. A comparison of hot-dip coating with aluminium and hot galvanizing. Aircr. Engng. 26(1954)306 266.

Yamaguchi, Shigeto: Protective films on magnesium observed by electron diffraction and microscopy. J. Appl. Phys. 25(1954)11 1427—1438; AB 25(1954) 12 882—883.

— Aluminum hard coating methods review. Light Metal Age 12(1954)3/4 10—11, 24.

Bosdorf, L. u. A. Beyer: Die Harteloxierung. Aluminium 31(1955)7/8 321—327 16 Lit.-St.

Hafer, R. F.: Electroplating on aluminum. Metal Progr. 67(1955)5 93—97; Aluminium 31(1955)10 A 234.

Keller, H.: Phosphatieren und Chromatieren. Neue Oberflächenbehandlungsverfahren für Aluminium und seine Legierungen. Aluminium 31(1955)1 4—7; Z. VDI 97(1955)17 531.

Spooner, R. C.: The anodic treatment of aluminum in sulfuric acid solutions. J. Electrochem. Soc. 102(1955)4 156—162; Aluminium 31(1955)7/8 A 158.

Anstrichverfahren für 2.73

Metalle 2.731

Gürtler, Gustav: Untersuchung über den Einfluß der Oberflächenbehandlung von Metallen auf die Korrosionsbeständigkeit und auf die Haftfähigkeit von Anstrichfilmen. ZWB FB 449 1935 4 S. [1.363].

Loepelmann, Fr.: Untersuchungen über den Einfluß der Oberflächenvorbehandlung von Leichtmetallen auf die Korrosionsbeständigkeit und die Haftfestigkeit von Anstrichfilmen. 2. Teilbericht. ZWB FB 449/2 1935 22 S. [1.363].

Ketterl, H.: Die Oberflächenrostung, eine neue Vorbehandlung von Eisenoberflächen zum Lackieren. Metalloberfläche 3(1949)März 72—73; Met. Rev. 22 (1949)7 31.

— Alpaste — The aluminum paint pigment. Montreal: Aluminium Co. of Canada (Alcan) 1949 XI, 79 p. [1.325.2].

— The surface preparation of aluminium for paint systems. London: Northern Aluminium Co. (NORAL) 1949 24 p.

Hofmann, A.: Über das Lackieren von Metallteilen. Metalloberfläche 3 B(1951) 51—55.

Cook, E. V.: Custom and production finishing of aircraft. Canadian Paint & Varnish Mag. 26(1952)4 10—12, 34; AB 23(1952)5 276—277. [1.325.0].

Edwards, W. A.: Some further observations on the painting of aluminium alloys. Light Metals 15(1952)167 61—63.

Klose, R.: Häufige Anstrichfehler, ihre Ursachen und Behebung. Metalloberfläche 6(1952)5 A 76—A 79; Nachr.-Bl. AGM Leichtbau 1(1952)4 9—10.

Reinfeld, H.: Elektrostatisches Spritzlackieren von Straßenbahnwagen. Verkehr u. Technik 5(1952)3 79; Nachr.-Bl. AGM Leichtbau 1(1952)5 10.

Schenk, M.: Korrosionsschutzanstrich von Aluminium. Chem. Rdsch. (Solothurn) 5(1952)13 200—201; Nachr.-Bl. AGM Leichtbau 2(1953)12 11.

Setzer, H.: Oberflächenbehandlung der Fahrzeug-Verblechung. Verkehr u. Technik 5(1952)8 241—242; Nachr.-Bl. AGM Leichtbau 2(1953)12 14.

— Painting practice for aluminium. ADA Inform. Bull. 20 Dec. 1952 19 p.; AB 24(1953)4 235.

Gray, Allen G.: Organic finishes for aluminium and magnesium aircraft alloys. Metal Progr. 63(1953)6 108; AB 24(1953)7 451.

Hughes, M. L. and D. P. Moses: Hot dip aluminizing. Metallurgia 48(1953)287 105—122; AB 24(1953)11 714.

Kauel, J.: Oberflächenbehandlung von Leichtmetallen. Industrie-Lackier-Betrieb 21(1953)7 139; Nachr.-Bl. AGM Leichtbau 2(1953)12 8.

Thibadeau, A. T.: Vorbereitung von Aluminium für den Anstrich. Industr. Finishing **29**(1953)9 60—68; Werkstoffe u. Korrosion **5**(1954)8/9 350.

— Araldite surface coating resin 985 E. An ethoxyline resin for the protection of metal surfaces. Aero Res. TN Bull. 123 March 1953 4 p.

Bardin, P. C.: Cleaning and conditioning metal surfaces for coatings. Industr. Finishing **30**(1954)8 30—32, 34, 36, 38, 40, 42, 44, 46, 48, 50, 52, 54, 56; AB **25** (1954)8 531.

Guilhaudis, A. and *R. Bourbon:* The protection of aluminium and its alloys by painting. I/II. Rev. Aluminium **31**(1954)206 7—10, 207 47—51 4 ref.; Index Aeron. **10**(1954)6 136.

Scheifele, Bernhard F. H.: Vorbehandlung und Passivierung der Leichtmetalle für den Anstrich. Werkstoffe u. Korrosion **5**(1954)3 94—98; Industrie-Lackier-Betrieb **22**(1954)3 52—55; Nachr.-Bl. AGM Leichtbau **3**(1954)6 12, 9/10 10; Index Aeron. **10**(1954)6 133.

Wernick, S. and *R. Pinner:* Surface treatment and finishing of light metals. IX. Organic finishing of aluminium and its alloys. Sheet Metal Industries **31** (1954)323 223—226, 324 320—324; AB **25**(1954)5 288—289.

— How to paint aluminum. Modern Metals **10**(1954)8 42, 44, 46, 48, 50, 52; AB **25**(1954)11 780—781.

— Anstrich von Aluminium im Hochbau. (Aluminium Merkbl. O 9) Düsseldorf: Aluminium Zentrale 1955 6 S.

Nichtmetalle   2.732

Browne, F. L.: Finishing wood in aircraft. FPL Rep. 1396 Aug. 1942.

Becker, Günther u. *Gerda Theden:* Ergebnisse und Aufgaben auf dem Holz-schutzgebiet. Technik (Berlin) **2**(1947)11 494 ff. 190 Lit.-St. [1.325.3].

Sandermann, Wilhelm: Neuzeitliche Oberflächenbehandlung von Holz. Holz als Roh- u. Werkstoff **9**(1951)9 337—341 39 Lit.-St.

Schulze, B.: Neue Erkenntnisse und Verfahren in der Holzschutztechnik. Holz-Forsch. **5**(1951)2 25—31; Holz als Roh- u. Werkstoff **9**(1951)9 359. [1.325.3].

Schulze, B. u. *Gerda Theden:* Versuche mit einigen Schutzstoffen gegen das Ver-blauen von Werkholz. Holz als Roh- u. Werkstoff **9**(1951)2 53—55.

Bradman, W. A. G.: Surface finishing with laminated plastics. Product Finishing **5**(1952)8 78—85.

Browne, F. L. and *D. F. Laughnan:* Modification of wood and plywood to improve paintability. J. Forest Prod. Res. Soc. **2**(1952)3 3—24.

— Metallizing of wood can be accomplished easily when fundamental rules are followed. Wood & Wood Products **57**(1952)6 25, 40, 64; Holz als Roh- u. Werkstoff **11**(1953)6 238.

— Moderne Verfahren für die Oberflächenbehandlung von Holz. 2. Aufl. (H. 2 d. Techn. Veröff. d. Kasika, Chemische Fabrik.) Berlin-Britz: Kasika Chemische Fabrik 1954 26 S.

Herstellung keramischer Überzüge   2.74

Bückle, Helmut: Über den Oberflächenschutz hochschmelzender Metalle zur Verbesserung der Zunderbeständigkeit bei hohen Temperaturen. ZWB FB 1685 1942 27 S.; ZWB TB **10**(1943)3 95.

Bückle, Helmut: Über den Oberflächenschutz hochschmelzender Metalle zur Ver-besserung der Zunderbeständigkeit bei hohen Temperaturen. Z. Metallkde. **37**(1946)3 81—86.

Jones, R. A.: Ceramic coated metals for aircraft power plant applications. Steel Processing **34**(1948)Dec. 649—651; Better Enameling **20**(1949)Apr. 26—27, 29; Met. Rev. **22**(1949)2 28, 5 33.

Dovey, D. M. u. *K. C. Randle:* Hitzebeständige Schutzüberzüge auf Metallen. Metal Treatment & Drop Forging **20**(1953)95 341—345; Stahl u. Eisen **73**(1953) 21 1370.

Hommel, Ernest M.: Entwicklung in der Emaillierung von Stahl in den Vereinigten Staaten von Amerika. Foundry Trade J. **96**(1954)1949 19—24; Stahl u. Eisen **74**(1954)6 365.

Wernick, S. and *R. Pinner:* Surface treatment and finishing of light metals. VIII. The vitreous enamelling of light alloys. Sheet Metal Industries **31**(1954)322 115—122, 128; AB **25**(1954)3 154—155.

Metallspritzen

2.75

Porter, J.: Metal spraying. Some notes on the reclamation of worn or faulty parts. Automob. Engr. (1948)Sept. 343—346.

Reininger, I. H.: Eigenschaften gespritzter Metallüberzüge. Metalloberfläche **2** (1948)Sept. 185—192 25 Lit.-St.; Met. Rev. **22**(1949)5 33.

Yarsley, V. E., W. D. Jones and *F. A. Rivett:* The flame-spraying of metals and plastics. Plastic Inst. Trans. (1948)Oct. 13—23; Met. Rev. **22**(1949)2 27.

Delmonte, John: Metallizing non-metallics. Modern Plastics **26**(1949)May 87, 90, 140; Met. Rev. **22**(1949)6 31.

Ingham, H. S.: Sprayed metal. "Engineering Laminates" New York: Wiley 1949 551—572; Met. Rev. **22**(1949)6 31. [1.325.1].

Krekeler, Karl: Die Entwicklung der Metallspritztechnik seit dem Jahre 1938. Schweißen u. Schneiden **1**(1949)9 153—158; Werkstattstechn. u. Maschinenb. **41**(1951)6 260.

Rivett, F. A.: Flame spraying of metals and plastics in engineering and shipbuilding. Trans. Instn. Engrs. Shipbuilders **92**(1949) Pt. 6 331—354; Met. Rev. **22**(1949)8 34; Index Aeron. **6**(1950)3 70.

Rowan, Miles J.: Metal spraying. Amer. Machinist **93**(1949)19./5. 107—118; Met. Rev. **22**(1949)6 32.

Wakefield, John E.: Recent developments in metal spraying. Modern Machine Shop **21**(1949)May 98—102, 104, 106; Met. Rev. **22**(1949)6 31.

Canchetier, J.: Metal spraying in France: a survey of recent developments. Electroplating **4**(1951)5 163—164; Index Aeron. **7**(1951)12 74.

von *Hofe, Hans:* Metallspritzschichten. Schweißen u. Schneiden **3**(1951) S. H. Nov. 26—31 4 Lit.-St.

Püschel, J.: Der Stand der Metall-Spritztechnik. Schweißen u. Schneiden **3**(1951) S. H. Nov. 32—35.

Reininger, H.: Metallspritzverfahren bei Motorfahrzeugbauteilen. ATZ **53**(1951) 4a 125. [6.252.41].

Ballard, W. E.: Flammspritzen angewandt als Rostschutzverfahren. Trans. Inst. Welding (1952)Febr. 19—22.

Hoar, T. P.: Sprayed aluminium coatings for the protection of steel. Electroplating **5**(1952)5 171—174 7 ref.; Index Aeron. **8**(1952)7 66. [1.325.1].

von *Hofe, Hans:* Neuere Veröffentlichungen über das Metallspritzen. Schweißen u. Schneiden **4**(1952)6 222—226.

Krekeler, Karl u. *K. Steinemer:* Metallspritzen. (Werkstattbücher H. 93) Berlin-Göttingen-Heidelberg: Springer 1952 50 S.

Oertli, H.: Erfahrungen mit der Spritzverzinkung als Unterwasserrostschutz. Bull. Schweiz. Elektrotechn. Ver. **43**(1952) 973—979.

Reininger, H.: Das Flammenspritzen nichtmetallischer Überzüge auf Metalloberflächen. Metalloberfläche **6**(1952)5 A 71—A 76; Nachr.-Bl. AGM Leichtbau **1** (1952)4 10.

Smith, E. M.: Aluminium coatings applied to steel by many methods. Mater. & Meth. **36**(1952)6 105—108 8 ref.; Index Aeron. **9**(1953)3 87; Werkstatt u. Betrieb **87**(1954)2 94; Nachr.-Bl. AGM Leichtbau **3**(1954)7 13.

731

Stanbridge, V. E.: Anwendung des Flammspritzens als Rostschutz im Stahlbau. Trans. Inst. Welding (1952)Febr. 23—25, 30.

Ballard, W. E.: Recent advances in metal spraying by the wire process. Metal Industry **82**(1953)19 384; AB **24**(1953)6 395.

Diesler, W.: Aus der Praxis des Metallspritzens in einem Großbetrieb der Maschinenindustrie. Werkstatt u. Betrieb **86**(1953)10 590—596.

von Hofe, Hans: Rostschutz von Stahlbauten durch Zinkspritzen. Stahlbau **22** (1953)12 265—274.

Krekeler, Karl u. *Josef Mennen:* Versuche über die Anwendung der induktiven Erwärmung zum Sintern von hochschmelzenden Metallen sowie zur Anlegierung und Vergütung von aufgespritzten Metallschichten mit dem Grundwerkstoff. (Forsch.-Ber. Wirtsch.- u. Verkehrsministerium Nordrhein-Westfalen Nr. 47) Köln-Opladen: Westdeutscher Verl. 1953. 56 S.

McDermott, William: Recent developments in metal spraying by the powder process. Metal Industry **82**(1953)19 384; AB **24**(1953)6 396.

Reininger, H.: Korrosionsschutz durch aufgespritzte Metallüberzüge. Werkstoffe u. Korrosion **4**(1953)5 156—172; Nachr.-Bl. AGM Leichtbau **3**(1954)2 22.

Sprenger, H.: Die Anwendung von Aluminium im Flammspritzverfahren. Z. Metallkde. **44**(1953) 219—223; Werkstoffe u. Korrosion **5**(1954)1 29.

Bartsch, M.: Über die Haftfestigkeit beim Metallspritzen mit Leichtmetallen. Schweißtechnik (Berlin) **4**(1954)5 140—146 6 Lit.-St.

Hauptmann, Richard: Aus der Praxis des Metallspritzens für den Schiffbau. Hansa **91**(1954)43/44 1917—1919.

Matting, Alexander u. *K. Becker:* Untersuchungen über die Vorgänge beim Flammspritzen. Schweißen u. Schneiden **6**(1954)4 127—142; AB **25**(1954)10 700; Engrs. Dig. (1954)Aug. 309.

Reininger, H.: Weiterentwicklung der Metallspritztechnik. Metalloberfläche (1954)5 B 73—B 75; Schweißtechnik (Berlin) **4**(1954)11 336.

Reininger, H.: Aufspritzen von Hartmetallschichten. Maschinenmarkt **60**(1954) 88/89 73—74; Nachr.-Bl. AGM Leichtbau **4**(1955)3 9.

Baiker, W.: Moderne Metallspritztechnik. Z. Schweißtechn. **45**(1955)8 163—173.

Gebhardt, E. u. *H. D. Seghezzi:* Über einige technologische Eigenschaften flammgespritzter Zinkschichten. Schweiz. Arch. **21**(1955)5 162—164.

von Hofe, Hans: Hochwertiger Rostschutz durch Metallspritzen. Maschinenschaden **28**(1955)3/4 29—37; Nachr.-Bl. AGM Leichtbau **4**(1955)7 16.

Mennen, J.: Das Sintern von Metallpulver und die Nachbehandlung aufgespritzter Metallschichten durch induktive Hochfrequenzerwärmung sowie das Nachbehandeln von aufgespritzten Cr-Ni-Schichten durch Erwärmung mit einem Lichtbogen unter Schutzgas. Diss. TH Aachen 1955.

Reininger, H.: Flammspritzen nichtmetallischer Schutzschichten auf Metalloberflächen. Metalloberfläche **9**(1955)1 A 6—A 9.

Tour, Sam: Fused-in-place spray metallized coatings. Welding J. (1955)Apr. 329—336; Aeron. Engng. Rev. **14**(1955)7 116.

Oberflächenhärten und Nitrieren   2.76

Theiß, E.: Über die durch Nitrieren entstehenden Eigenspannungen und deren Auswirkung auf die Wechselfestigkeit. Diss. TH Berlin 1940. [1.331].

Wiegand, H. u. *R. Scheinost:* Nitrieren im Flugmotorenbau. Jb. 1940 Dtsch. Luftf. Forsch. II 103—109.

Wiegand, H.: Oberflächenhärten hochbeanspruchter Maschinenteile. Maschinenb.-Betrieb **20**(1941)2 69—71 7 Lit.-St.; Techn. Z.-Schau **26**(1941)19 330.

Wiegand, H.: Oberflächenhärtung als Mittel zur Leistungssteigerung, Werkstoffersparnis und Werkstoffumstellung. Forsch. Ing.-Wes. **12**(1941)4 195—202; Luftwissen **8**(1941)12 387; Techn. Z.-Schau **26**(1941)19 330.

Riddihough, M.: Hardfacing technique; comparison of modern methods. Welding **16**(1948)Nov. 477—480; Met. Rev. **22**(1949)1 50.

Barry, J. J. and *Albert Muller:* The economies of hardfacing. Welding J. **28** (1949)Jan. 31—37; Met. Rev. **22**(1949)2 48.

Bauer, H.: Die autogene Oberflächenhärtung. Z. Schweißtechn. **39**(1949)Febr. 21—28; Met. Rev. **22**(1949)5 45.

Gilson, H. B.: Hints for hard facing. Welding J. **28**(1949)Apr. 368—369; Met. Rev. **22**(1949)6 51.

Gorthon, B. F.: Aus der Praxis der autogenen Oberflächen-Härtung. Z. Schweißtechn. **39**(1949)Febr. 29—33; Met. Rev. **22**(1949)5 45.

Koopman, K. H.: Hard facing with inert-gas-arc welding. Welding J. **28**(1949) Jan. 46—52; Met. Rev. **22**(1949)2 47. [2.511.2].

Muir, Gilbert P.: Hard surfacing for increased wear resistance. Tool Engr. **22** (1949)June 30—31; Met. Rev. **22**(1949)8 33.

Schleicher, William F.: Selective surface hardening with flamatic hardening machine. Machine & Tool Blue Book **45**(1949)July 83—86, 88; Met. Rev. **22** (1949)8 43.

Wick, Charles H.: Selective surface hardening with high-temperature flames. Machinery (New York) **55**(1949)May 154—160; Met. Rev. **22**(1949)6 44.

Young, K. B., H. J. Nichols and *M. J. Nolan:* Hard surfacing of cast-steel propeller blades. Welding J. **28**(1949)Febr. 153—157; Met. Rev. **22**(1949)3 29; Index Aeron. **5**(1949)6 65.

Bühler, Hans: Nitrierhärtung (Bericht über die deutsche Entwicklung 1939—1949). Werkstatt u. Betrieb **83**(1950)3 109 12 Lit.-St.

Slattenschek, Adolf: Die Wärmebehandlungsverfahren zum Oberflächenhärten von Stahl. Härtereitechn.-Mitt. **5**(1950) 109—152; Stahl u. Eisen **73**(1953)9 599.

— Neues Oberflächenhärtungsverfahren für verschleißbeanspruchte Teile aus Aluminium. Mater. & Meth. (1950)Aug. 62—64; Aluminium **27**(1951)1 IV.

Bühler, Hans u. *Heinz Kornfeld:* Verzugsfreie Oberflächenhärtung von Blechen. Stahl u. Eisen **71**(1951)25 1392—1393.

Colegate, G. T.: Oberflächenhärten von Stahl. I—XII. Metal Treatment & Drop Forging **18**(1951)64 5—12, 65 63—70, 66 103—110, 118, 67 163—170, 69 249—256, 70 317—322, 71 363—368, 72 419—425, 73 469—475, 74 507—514, 75 549—556, **19**(1952)76 35—42; Stahl u. Eisen **72**(1952)20 1246.

Fischer, O.: Die Oberflächenhärtung. Metalloberfläche **5**(1951)8 A 120—A 125, 9 A 133—A 139; Stahl u. Eisen **71**(1951)24 1338.

Bühler, Hans, H. W. Grönegress u. *Heinz Kornfeld:* Praktische Erfahrungen mit der Flammenhärtung von Stahl unter besonderer Berücksichtigung ebener Flächen. Werkstatt u. Betrieb **85**(1952)4 121—128 28 Lit.-St.

Dreyfus, L. A.: High frequency heating and temperature distribution in surface hardening of steel. (In English.) IVA Handligar 208 1952 115 p.; Index Aeron. **8**(1952)11 70.

Everhart, John L.: Nitrierhärtung von Stählen. Mater. & Meth. **35**(1952)5 90—93; Stahl u. Eisen **72**(1952)16 972.

Fiedler, H. C., M. B. Bever u. *C. F. Floe:* Das Karbonitrieren legierter Stähle. Trans. Amer. Soc. for Metals **44**(1952) 420—435; Stahl u. Eisen **72**(1952)26 1684.

Chrenow, K. u. *G. W. Wassiljew:* Lichtbogenoberflächenhärtung im magnetischen Wechselfeld. (Schr. Reihe Verl. Technik Bd. 138) Berlin: Verl. Technik 1953 14 S.; Technik (Berlin) **9**(1954)5 314.

Göbel, E. F. u. *W. Marfels:* Die Oberflächenhärtung und ihre Berücksichtigung bei der Gestaltung. Berlin-Göttingen-Heidelberg: Springer 1953 IV, 95 S. [5.1].

Grönegress, H. W.: Richtlinien für die Werkstoffauswahl beim Brennhärten. Werkstatt u. Betrieb **86**(1953)6 295—300.

Obrebski, John: Über die Härtung von Gußeisen. Steel 133(1953)26 71—73; Stahl u. Eisen 74(1954)8 495.

Spagnola, Ralph: Nitrieren verwickelter Stahlteile. Mater. & Meth. 38(1953)6 96—97; Stahl u. Eisen 74(1954)6 366.

Burgess, Charles O.: Flammenhärtung von Grauguß. Foundry 82(1954)4 114—121, 188, 191, 198; Stahl u. Eisen 74(1954)15 974.

Finnern, Bruno: Maßänderung von Einsatzstählen beim Einsatzhärten. Arch. Eisenhüttenwes. 25(1954)7/8 345—350; Stahl u. Eisen 74(1954)18 1173.

Morawski, K. u. M. Fortunski: Oberflächenhärten von Pflugscharen mit Azetylen-Sauerstoffflammen. Dtsch. Agrartechn. (Berlin) 4(1954)10 304—305.

Müller, H.: Beitrag zur Ermittlung der Einsatzhärtungstiefe bei Einsatzstählen. Arch. Eisenhüttenwes. 25(1954)März 125—135; Nickel-Ber. 12(1954)6 110.

Remy, Gilbert: Untersuchung verschiedener Einflüsse beim Induktions-Oberflächenhärten. Rev. Metallurgie 51(1954)2 85—100; Stahl u. Eisen 74(1954) 12 796.

Simkins, D. S.: Shallow case-hardening by a high-intensity induction technique. Machinery (London) 84(1954)2158 650—652; Index Aeron. 10(1954)6 123.

Zezula, A. E. and J. B. Franklin: New aluminum hard surfacing process gives hard, abrasion resistant coating. Western Metals 12(1954)2 53—55; AB 25 (1954)11 778.

Bollenrath, Franz u. W. Domke: Eigenspannungen nach Oberflächenhärtung mit induktiver Erwärmung. Naturwissenschaften 42(1955)7 174.

Keller, G.: Nitrierhärtung. Brown Boveri Mitt. 42(1955)3 88—93.

Kugelstrahlen, Oberflächendrücken   2.77

Behrens, P.: Das Oberflächendrücken zur Erhöhung der Drehschwingungsfestigkeit. Mitt. Wöhler-Inst. TH Braunschweig H. 6 1930. [1.343.34].

Föppl, Otto: Oberflächendrücken zum Zwecke der Steigerung der Dauerhaltbarkeit durch das Stahlkugelgebläse. Werkzeugmaschinen u. Werkzeuge 43 (1939) 167—169, 44(1940) 123—128.

Föppl, Otto: Das Oberflächendrücken. Metallwirtsch. 19(1940) 162—164, 182—185.

Lessels, J. M. u. W. M. Murray: Der Einfluß des Kugelstrahlens auf die Werkstofffestigkeit. Heat Treatment & Drop Forging 27(1941)8 383—384; Luftf. Schrifttum Ausland Febr. 1944 5 S.

Föppl, Otto: Das Oberflächendrücken als Mittel zur Steigerung der Dauerhaltbarkeit der im Kraftfahrzeugbau verwendeten Federn. ATZ 45(1942)12 5 S.

Föppl, Otto: Plastische und elastische Verdichtung des Werkstoffes durch Oberflächendrücken. ATZ 45(1942)3 57—61.

Föppl, Otto: Die günstige Wirkung des Oberflächendrückens auf die Dauerhaltbarkeit. Fertigungstechnik 1(1943)5 3 S. [1.343.31].

Föppl, Otto: Die Verdichtung der Oberflächenschicht beim Drücken. Metallwirtsch. 22(1943)39/41 556—557.

Föppl, Otto: Die Längenänderungen von zylindrischen Probestäben infolge Oberflächendrückens. ATZ 47(1944)1/2 7—12; Luftwissen 11(1944)5 140.

Horger, O. J. and H. R. Neifert: Improving fatigue resistance by shotpeening. Proc. SESA 2(1944)1 178—189.

Horger, O. J. and H. R. Neifert: Shot peening to improve fatigue resistance. Proc. SESA 2(1944)2.

Moore, H. F.: A study of residual stresses and size effect and a study of the effect of repeated stresses on residual stresses due to shot-peening of two steels. Proc. SESA 2(1944)1.

Horger, O. J.: Mechanical and metallurgical advantages of shot peening. Iron Age 155(1945)13 40—49, 100—104, 14 66—76, 146—149.

Gleason, C. B.: Influence of shot peening on fatigue strength of 14 S-T alloy. Iron Age (1947)9./1. 62—64.

— Shot-peening. 3rd ed. Mishawaka (Ind., USA): Amer. Wheelabrator & Equipment Corp. 1947.

Föppl, Otto: Die Eigenspannungen in oberflächengedrückten Stäben von Kreisquerschnitt. Z. VDI **90**(1948)12 369—372.

Föppl, Otto: Die mit dem Oberflächendrücken verbundenen plastischen und elastischen Formänderungen. Spannungskonzentration und Ermüdungsbrüche. Mitt. Wöhler Inst. TH Braunschweig H. 42 1949 68 S.

Föppl, Otto: Die Eigenspannungen in oberflächengedrückten Stäben von Kreisquerschnitt. ZAMM **29**(1949)1/2 20—21.

Mansell, Rick: Shot peening process now part of regular production operations in many industries. Modern Industr. Press **11**(1949)May 46, 48, 50, 52; Met. Rev. **22**(1949)7 50.

Fauß, K.: Kugelstrahlen, ein wirtschaftliches Arbeitsverfahren. Werkstatt u. Betrieb **84**(1951) 54—56.

Föppl, Otto: Das Oberflächendrücken zum Zwecke der Steigerung der zulässigen Belastbarkeit von Drehstabfedern. Draht **3**(1952)12 411, **4**(1953)2 52—57. [1.431.21].

Häberlin, H. P.: Granal, ein neues metallisches Strahlmittel zur Oberflächenbehandlung von Leichtmetallteilen. Georg-Fischer-Mitt. **10**(1953)60 15—17; Nachr.-Bl. AGM Leichtbau **2**(1953)11 6.

Kowarsch, O. K.: Das Kugelstrahlen als Verfahren zur Oberflächenbehandlung von Maschinenteilen. Maschinenb. u. Wärmewirtsch. **8**(1953)8 229—231 14 Lit.-St.; Index Aeron. **9**(1953)11 55.

Normung 3

Bauer, M. H.: Bedeutung der Normen für die Luftfahrt. ZFM **20**(1929)16 427—428.

Caspari, W. u. M. Lehl: Bedeutung der Normen für die Luftfahrt. ZFM **20**(1929) 11 273—274.

Gramenz, K.: Stand der internationalen Normungsarbeit. Z. VDI **75**(1931)43 1331—1336.

— Standard Yearbook 1931. Bureau of Standards. Washington: Dep. of Commerce 1931 400 p.

Kloth, Willi: Normung der Leichtbauprofile. TidL **20**(1939)10 206—209.

— "Aircraft Engineering" — Data sheets. Aircr. Engng. (1939)129 406, 416.

— Standardization takes the spotlight. Aviation **39**(1940)12 66—67, 146—152.

Boulton, B. C.: Aspects of practical standardization. Aero Dig. **39**(1941)6 217—222.

Cavvelli, G.: Standardization of aircraft-engine components. SAE J. **49**(1941)1 294—300.

— SAE aeronautical standards program includes experts of entire industry. SAE J. **49**(1941)3 25—28.

Hauber, Otto: Normung von Kiefernholz im Flugzeugbau. Holz als Roh- u. Werkstoff **5**(1942)4 105—108.

Stryker, C. E.: Standard for defence. Aircr. Engng. **14**(1942)160 169—171, 178.

Kreh, H.: Normung im Junkers-Flugzeugbau. Junkers-Nachr. **14**(1943)5/6 37—46.

— Normblatt- und Gruppenverzeichnis der RLM-Normensammlung. Luftfahrt LgN 10006 Blatt 1—3 10. Ausg. Berlin W 15: Beuth Vertrieb Okt. 1944.

Berg, Siegfried: Angewandte Normzahl. Berlin-Köln: Beuth Vertrieb 1949 192 S.

Brielmaier, Hugo: Fliegwerkstoffe und DIN-Normen. Bauplanung u. Bautechn. **4**(1949) 471—475.

Frank, Otto: Normung und Konstruktion. Konstruktion **1**(1949)7 74—77.

— ASTM Standards on light metals and alloys: aluminum and aluminum alloys, cast and wrought; magnesium and magnesium alloys, cast and wrought; methods of testing light metals. Philadelphia: American Society for Testing Materials Febr. 1949 150 p.; Met. Rev. **22**(1949)10 38.

— British standards for steel and steel products. London: British Standards Institution 1949 674 p.; Met. Rev. **22**(1949)10 38. [1.322.10].

Berg, Siegfried: Die Normzahl — Wesen und Anwendung. Z. VDI **92**(1950)6 135—142.

Bowyer, E. C.: Productivity in British industry: No. IV — Standardization in the aircraft industry. Engineer **189**(1950)4914 380—384; Index Aeron. **6**(1950) 6 3.

Kienzle, O.: Grenzen der Normung. Z. VDI **92**(1950)22 622—627.

Kienzle, O.: Normungszahlen. Schriftenreihe „Wiss. Normung" H. 2. Berlin-Göttingen-Heidelberg: Springer 1950 XII, 339 S.

Nitsche, Rudolf: Was erwarten wir von der Kunststoff-Normung? Kunststoffe **40**(1950)2 63—66.

— ASTM — Standards on plastics. Specifications, methods of testing, nomenclature, definitions. Philadelphia: ASTM Committee D 20 1950. 1076 p.; Kunststoffe **42**(1952)10 382. [1.324.31].

— Zeichnungsnormen. DIN-Taschenbücher Bd. 2. Berlin-Köln: Beuth Vertrieb 1950. 116 S.

— Aluminium-Normung (Verzeichnis der Aluminium-Normen, DIN-Bezeichnungen der wichtigsten ehemaligen Fliegwerkstoffe.) Aluminium-Taschenbuch 10. Aufl. Düsseldorf: Aluminium Zentrale 1951 8—12.

Fichter, R.: Die Normung des Aluminiums und seiner Legierungen in der Schweiz. Aluminium (Suisse) **2**(1952)2 38—40.

Hensolt, Johannes: Leichtmetall in der Schiffbaunormung. Aluminium **28**(1952) 6 199; Nachr.-Bl. AGM Leichtbau **1**(1952)4 6. [6.253.1].

Siemens, Horst: Literaturverzeichnis zur Normung. Hrsg. Deutscher Normenausschuß. Berlin-Köln: Beuth Vertrieb 1952 V, 164 S. 2300 Lit.-St.; Stahl u. Eisen **72**(1952)20 1252.

Wandeberg, E. u. G. Ehlers: Normung von Hartpapier- und Hartgewebeerzeugnissen. Kunststoffe **42**(1952)6 180.

— Anwendungen der Normen. Erfahrungen einer deutschen Studienkommission in USA. (Hrsg. RKW) München: Hanser 1952. 50 S.

— Englische Normen für Aluminium-Gußlegierungen. Gießerei **93**(1952)1 11—13.

— Normen für den Kraftfahrzeugbau. FAKRA-Handbuch. Berlin-Köln: Beuth Vertrieb 1952. 571 S.

— Verzeichnis der Kunststoff-Normen. Berlin-Köln: Beuth Vertrieb 1952.

— Werkstoff-Normen Stahl und Eisen. DIN Taschenbücher Bd. 4 Teil A 18. Aufl. Berlin-Köln: Beuth Vertrieb 1952. 208 S.

Nitsche, R. u. G. Ehlers: Internationale Kunststoff-Normung. Ber. über die Sitzung des ISO/TC 61 Plastics 1953 Stockholm. Kunststoffe **43**(1953)11 466—467.

Schulz, F.: Deutsche Normen für Holz und Holzverarbeitung. Bundesanstalt für Forst- und Holzwirtschaft, Reinbek. Holz als Roh- u. Werkstoff **11**(1953)6 241—244.

Smith, F. H.: Standards for aluminium casting alloys. Light Metals **16**(1953)188 371—372, 189 398, **17**(1954)190 17—20, 191 51—54, 192 89—90, 193 114—116.

Wandeberg, E. u. G. Ehlers: Normungsarbeiten über Schichtpreßstoffe. Kunststoffe **43**(1953)1 24.

— Grundnormen für die mechanische Technik. DIN-Taschenbücher Bd. 1 12. Aufl. Berlin-Köln: Beuth Vertrieb 1953. 192 S.

— Materialprüfnormen für metallische Werkstoffe. DIN-Taschenbücher Bd. 19. Berlin-Köln: Beuth Vertrieb 1953 172 S.

Loeschmann, A.: Zur Normung von Leitaluminium. Aluminium **30**(1954)3 95—98.

— DIN-Normblatt-Verzeichnis 1954. Berlin-Köln: Beuth Vertrieb 1954. 356 S.

— Schrauben, Muttern und Zubehör für Metrische Gewinde. DIN-Taschenbücher Bd. 10 7. Aufl. Berlin-Köln: Beuth Vertrieb 1954. 256 S.

Lehr, Ernst: Spannungsverteilung in Konstruktions-Elementen. Berlin: VDI-Verl. 1934 IV, 64 S.; Forsch. Ing.-Wes. 5(1934)4 203. [1.341], [1.351].

Hetényi, M.: The present state of development of experimental stress analysis. Proc. 7th Int. Congr. Appl. Mech., Introduction Sept. 1948 57—74 17 ref.; Index Aeron. 6(1950)4 62; AMR 3(1950)10 295.

Hyde, Lawrence K.: Methods and equipment for controlling speed of testing. Proc. ASTM 48(1948) 1191—1200; Met. Rev. 22(1949)6 34.

Rühl, Karl-Helmut: Neuere Hilfsmittel der Festigkeitsforschung. Technik (Berlin) 3(1948)7 301—304 22 Lit.-St.; Engrs. Dig. 10(1949)May 168; Met. Rev. 22(1949) 7 35.

Teeple, J. H.: Methods of testing. "Elastomers and plastomers Vol. 3", Amsterdam: Elsevier 1948 11—68; AMR 2(1949)12 271—272.

— The measurement of stress and strain in solids. London: Inst. Phys. 1948 114 p.

Nizery, A. et *S. Crespi:* Un laboratoire pour l'étude de la résistance des matériaux en climat tropical. Rev. Gén. Electricité 58(1949)11 455—468; Index Aeron. 7 (1951)9 53.

Siebel, Erich: Materialprüfung und Festigkeitsforschung in Deutschland in den Jahren 1939—1949. Schweiz. Arch. 16(1950)4 97—114.

Craemer, H.: Die Abhängigkeit der Festigkeit von der Größe der Versuchskörper, betrachtet auf Grund der Wahrscheinlichkeitsrechnung. Oest. Ing.-Arch. 6(1952)3 145—157.

Kloth, Willi: Über das Messen von Kräften und Spannungen in der Landtechnik (10. Konstrukteurheft). Grundl. Landtechn. (1952)3 129—132.

Crisp, J. D. C.: The use of gelatin models in structural analysis. Instn. Mech. Engrs. Prepr. March 1953 8—16 22 ref.; Index Aeron. 9(1953)6 44.

Goodman, L. E. and *J. G. Sutherland:* Application of silver chloride in investigations of elasto-plastic states of stress. NACA TN 3043 Nov. 1953 55 p. 22 ref.; Index Aeron. 10(1954)3 44.

Sigwart, H. u. *C. Petersen:* Entwicklungsmerkmale der modernen Materialprüfung. Werkstatt u. Betrieb 86(1953)5 235—242.

Braun, A.: Über die Beziehungen zwischen Härte- und Zugversuch. Schweiz. Arch. 20(1954)2 56—58; Index Aeron. 10(1954)6 54.

Campbell, John B.: Materials and Methods Manual No. 106: Mechanical properties and tests of engineering materials. Mater. & Meth. 40(1954)1 109—132; Index Aeron. 10(1954)10 75; Stahl u. Eisen 74(1954)21 1386.

Prüfung der statischen Festigkeits- und Formänderungseigenschaften
von Werkstoffen   4.2

Metalle   4.21

Pomp, Anton u. *A. Dahmen:* Entwicklung eines abgekürzten Verfahrens zur Ermittlung der Dauerstandfestigkeit von Stahl bei erhöhten Temperaturen. Mitt. K.-Wilh.-Inst. Eisenforsch. 9(1927) 33.

Holdt, H.: Die Kerbschlagbiegeprobe und ihre Versuchsbedingungen. Diss. TH Darmstadt 1930; Veröff. Zentr.-Verb. preuß. Dampfkess.-Überw.-Ver. 8(1930) 3—66.

Pomp, Anton u. *H. Höger:* Dauerstandsfestigkeitsuntersuchungen an Kohlenstoff- und legierten Stählen nach dem Abkürzungsverfahren. Mitt. K.-Wilh.-Inst. Eisenforsch. 14(1932) 37.

Siebel, Erich u. *M. Ulrich:* Die Bestimmung von Zeit-Dehngrenzen im Dauerstandversuch. Z. VDI 76(1932)27 659—663.

Mathar, Josef: Determination of inherent stresses by measuring deformations of drilled holes. NACA TM 702 March 1933.

Buschmann, E.: Das Biegezugverfahren. Diss. TH Berlin 1934.

Ruttmann, W.: Ein Beitrag zur Bestimmung der Dauerstandfestigkeit. Schr. Hess. Hochsch. (1934)3 107—114.

Ruttmann, W. u. *Richard Mailänder:* Ein Beitrag zur Bestimmung der Dauerstandfestigkeit. Techn. Mitt. Krupp 2(1934) 152—159.

Mailänder, Richard u. *W. Ruttmann:* Einfluß von Vorwärme- und Vorlastzeit auf das Ergebnis des Dauerstandversuches. Arch. Eisenhüttenwes. 10(1936/37) 359—368.

Scholz, Hans: Die Bestimmung kleinster Längenänderungen beim Zugversuch, insbesondere beim Dauerstandversuch. (Mitt. Kohle- u. Eisenforsch. Bd. 1, Lfg. 8) Berlin: Springer 1937.

Daeves, Karl: Großzahl-Untersuchungen bei der Werkstoffüberwachung. Ringb. Luftf. Techn. II C 13 Apr. 1938 11 S. 8 Lit.-St.

Rötscher, F.: Ermittlung der Dehnungs- und Spannungsverteilung an Konstruktionsteilen. Forsch. Ing.-Wes. 9(1938)2 104—105.

Aitchison, C. S. and *L. B. Tuckerman:* The "Pack" method for compressive tests of thin specimens of materials used in thin-wall structures. NACA Rep. 649 1939.

Pomp, Anton, Alfred Krisch u. *G. Haupt:* Kerbschlagzähigkeit legierter Stähle bei Temperaturen von + 20 bis — 253⁰ (Siedetemperatur des Wasserstoffes). Mitt. K.-Wilh.-Inst. Eisenforsch. Abh. 381 1939.

Haupt, G.: Bestimmung des Elastizitätsmoduls durch schwingende Beanspruchung des Probekörpers. Mitt. K.-Wilh.-Inst. Eisenforsch. 22(1940)12 203—212; Techn. Z.-Schau 26(1941)3 50.

Mohr, E.: Der Biegezugversuch, ein neues Prüfverfahren für metallische Werkstoffe. Z. VDI 84(1940)3 49—52.

Schmidt, E. K. O. u. *H. Muster:* Entwicklung eines Schergerätes zur Bestimmung der Scherfestigkeit an Leichtmetall-Nietdraht. (Aluminium-Archiv Bd. 30) Berlin: Aluminium-Zentrale 1940 29 S.

Güth, H.: Prüfung der Streckziehfähigkeit von Leichtmetallblechen. Metallwirtsch. 20(1941)3 55—58; Z. VDI 85(1941)49/50 957—958.

Pfeiffer, F.: Bestimmung des Elastizitätsmoduls mittels Schwingungen. Z. VDI 85(1941)18 428—429.

Bennek, Hubert: Kerbschlagproben für die Untersuchung von Stählen bei tiefen Temperaturen. Arch. Eisenhüttenwes. 16(1942/43)8 307—308.

Esser, Hans, Siegfried Eckardt u. *Gottfried Finke:* Die Streuung bei der Ermittlung der Dauerstandfestigkeit von Stahl im Luftofen. Arch. Eisenhüttenwes. 16(1942/43)1 1—20.

Thum, August u. *Ralph Zoege v. Manteuffel:* Kleine Behelfsproben zur Ermittlung der Kerbschlagzähigkeit. Arch. Eisenhüttenwes. 16(1942/43)9 367—374.

Kuntze, Wilhelm: Prüftechnische Bewertung von Baustählen. Arch. Eisenhüttenwes. 17(1943/44)5/6 127—140.

Oehler, G.: Das Verhalten des kaltverformbaren Werkstoffes und seine Prüfverfahren. Feinmechanik u. Präzision 51(1943)11 133—138, 12 165—167.

Popov, E. P.: Correlation of tension creep tests with relaxation tests. J. Appl. Mech. 14(1947) A 135—A 142.

Roberts, M. H. and *J. Nortcliffe:* Measurement of Young's modulus at high temperatures. J. Iron & Steel Inst. 157(1947)3 345—348; Index Aeron. 4(1948) 3 23.

Wuolijoki, Jaakko: Über die gleichzeitige Bestimmung des Elastizitäts- und Schubmoduls an Hand der Obertöne eines in Biegeschwingungen stehenden Stabes. (Diss. 46. Finland's Inst. Technol.) Helsinki: 1947 80 S.

Coxon, Wilfred Francis: Methods of testing creep resistant alloys. Mater. & Meth. **28**(1948)Dec. 76—78; Met. Rev. **22**(1949)1 35.

Fried, M. L. and *G. Sachs:* Notched bar tension tests on annealed carbon steel specimens of various sizes and contours. ASTM Spec. Techn. Publ. 87 1948 83—117; Met. Rev. **22**(1949)9 40.

Hoff, N. J., B. A. Boley and *J. M. Coan:* The development of a technique for testing stiff panels in edgewise compression. Proc. SESA **5**(1948)2 14—24 5 ref.; AMR **2**(1949)10 223; Index Aeron. **4**(1948)10 37.

King, R.: The investigation of internal stresses by physical methods other than x-ray methods. "Symposium on Internal Stresses in Metals and Alloys", London: Inst. of Metals 1948 13—23; Met. Rev. **22**(1949)4 35.

Pomey, J., A. Cadilhac et *R. Coudray:* Choix de la forme d'entaille dans l'essai de résilience. Rev. Métallurgie **45**(1948)Nov. 455—467, Déc. 525—540; Metallurgia **40**(1949)June 122; Met. Rev. **22**(1949)4 35, 5 36.

Siebel, Erich u. *Siegfried Schwaigerer:* Zur Mechanik des Zugversuches. Arch. Eisenhüttenwes. **19**(1948) 145—151.

Siegfried, W.: Creep tests and their application to gas-turbine design. Sulzer Techn. Rev. (1948)4 21—35; Index Aeron. **5**(1949)9 32—33. [6.211.2].

Wellinger, Karl u. *Artur Hofmann:* Prüfung metallischer Werkstoffe in der Kälte. Z. Metallkde. **39**(1948)Aug. 233—239; Met. Rev. **22**(1949)7 35.

Welter, Georges: Two new methods for testing triaxial specimens. Welding J. **27**(1948)Nov. 529s—536s; Met. Rev. **22**(1949)1 35.

Bihlmaier, Carl: Das Verhältnis der Kerbschlagzähigkeit bei Verwendung verschiedener Probenformen. Arch. Eisenhüttenwes. **20**(1949)1/2 31—35; Met. Rev. **22**(1949)6 34.

Davies, R. M.: The determination of static and dynamic yield stresses using a steel ball. Proc. Roy. Soc. (London) Ser. A **197**(1949)22./6. 416—432; Met. Rev. **22**(1949)9 42.

Johnson, A. E.: The relaxation test in terms of creep and creep recovery. Metallurgia **39**(1949) 291—297.

Krainer, Helmut, Karl Swoboda u. *Franz Rapatz:* Prüfung der Abschreckhärtbarkeit von Stahl an Plättchen. Stahl u. Eisen **69**(1949)17./2. 122—127 11 Lit.-St.; Met. Rev. **22**(1949)5 46.

Krisch, Alfred u. *Anton Pomp:* Rückdehnung beim Dauerstandversuch. Arch. Eisenhüttenwes. **20**(1949)5/6 189—195.

Ludwig, N.: Festigkeitsprüfverfahren für Stahldraht. Arch. Metallkde. **3**(1949) Febr. 49—66 48 ref.; Met. Rev. **22**(1949)7 35.

Ludwig, Nikolaus: Beitrag zur Entwicklung einer kleinen Kerbschlagprobe. Arch. Eisenhüttenwes. **20**(1949)Jan./Febr. 27—29; Met. Rev. **22**(1949)6 34.

Matthaes, Kurt: Halbautomatische Festigkeitsprüfung von Leichtmetallblechen. Z. Metallkde. **40**(1949)Mai 198—200; Met. Rev. **22**(1949)9 40.

Nelson, Paul G. and *Joseph Winlock:* A method of determining the percentage elongation at maximum load in the tension test. ASTM Bull. Jan. 1949 53—55; Met. Rev. **22**(1949)4 34.

Puzicha, Wilhelm u. *Alfred Krisch:* Der Einfluß der Dehngeschwindigkeit auf die Zugfestigkeit und Dehnung austenitischer Stähle. Z. Metallkde. **40**(1949)3 93—98; Met. Rev. **22**(1949)7 23. [1.322.121].

Randall, M.: Creep in metals and methods of creep testing. Machinery (London) **74**(1949)9./6. 772—773; Met. Rev. **22**(1949)8 35.

Reinecken, Walter: Einfluß der Kerbform und Bearbeitung auf die Schlagzähigkeit von Stahl in der Kälte. Arch. Eisenhüttenwes. **20**(1949)1/2 37—39; Met. Rev. **22**(1949)6 34.

Richard, K.: Zur Frage der Ermittlung zuverlässiger Festigkeitswerte bei Dauerstandbeanspruchung. Konstruktion **1**(1949)8 230—233.

Clark, D. S. u. *P. E. Duwez:* Einfluß der Dehnungsgeschwindigkeit auf die Proportionalitätsgrenze und Zugfestigkeit von Stahl. Proc. ASTM **50**(1950) 560—576; Stahl u. Eisen **72**(1952)20 1248.

Clark, D. S. u. *D. S. Wood:* Einfluß der Probenabmessungen auf die Ergebnisse des Schlagzugversuches. Proc. ASTM **50**(1950) 577—586; Stahl u. Eisen **72**(1952)20 1248.

Harris, G. T. and *H. C. Child:* Creep testing by a cantilever-bending method. J. Iron & Steel Inst. **165**(1950) Pt. 2 139—144 7 ref.; Index Aeron. **6**(1950)9 44.

Johnson, A. E.: A high-sensitivity torsion creep unit. J. Sci. Instruments **27**(1950) 3 74—75; Index Aeron. **7**(1951)8 33.

Ruttmann, W., G. Bandel u. *R. Schinn:* Die Prüfung von Stählen auf Neigung zur Dauerstandversprödung durch Biegeproben und Langsamzugversuche. Düsseldorf: Verl. Stahleisen 1950 8 S. [1.322.10].

Templin, R. L. and *W. C. Aber:* A method for making tension tests of metals using a miniature specimen. Proc. ASTM **50**(1950) 1188—1194; AMR **5**(1952) 1 20; Stahl u. Eisen **72**(1952)20 1248.

Voßkühler, Hugo: Warmzugversuche an Aluminiumlegierungen. Z. Metallkde. **41**(1950)5 144—151.

— Mechanical tests. 2nd ed. London: Northern Aluminium Co. (NORAL) Nov. 1950 36 p. [4.3].

Deisinger, W.: Die Prüfung hitzebeständiger Werkstoffe. Schweiz. Arch. **17**(1951) 10 299—305; Stahl u. Eisen **72**(1952)4 212.

Folkhard, Erich: Die Prüfung der Sprödbruchempfindlichkeit schweißbarer Baustähle. Stahl u. Eisen **71**(1951)7 347—351.

Gürtler, Gustav: Die Bestimmung der mechanischen Eigenschaften von Aluminiumgußlegierungen. Gießerei **38**(1951) 320—324.

Kostron, Hans: Zur Mathematik des Zugversuches. Arch. Eisenhüttenwes. **22** (1951)9/10 317—325.

Marshall, E. R. and *M. C. Shaw:* The determination of flow stress from a tensile specimen. Amer. Soc. for Metals Prepr. 24 Oct. 1951 16 p. 13 ref.; Index Aeron. **8**(1952)1 36.

Püngel, W.: Drahtprüfung und die Beurteilung der für die Prüfung von Seildraht allgemein verwendeten Proben. Stahl u. Eisen **71**(1951)4 197.

Reicherter, Karl: Untersuchungen über das plastische Verhalten zylindrischer Proben im Druckversuch. Diss. TH Stuttgart 1951.

Wolter: Ein neues Biegeprüfverfahren für Bleche. Werkstattstechn. u. Maschinenb. **41**(1951)7 285.

— Prüfung der Kerbschlagzähigkeit und ihr Zusammenhang mit der betrieblichen Bewährung geschweißter Bauteile. Iron Coal Trades Rev. **163**(1951) 4366 1307—1310. Stahl u. Eisen **72**(1952)18 1113.

Amstutz, Ed.: Einige allgemeine Überlegungen zur Prüfung der Stähle auf Sprödbruchneigung. Schweiz. Arch. **18**(1952)5 149—152.

Gross, N. and *P. H. R. Lane:* Stress-probing: A rapid method for stress-surveying. Engng. **174**(1952)4513 97—100 5 ref.; Index Aeron. **8**(1952)10 44.

Leaf, Walter: Zweckmäßige Arbeitsweise bei Messung von Eigenspannungen. Proc. SESA **9**(1952)2 133—140; Stahl u. Eisen **72**(1952)20 1251.

Wittmoser, A. u. *W. Seeliger:* Über den heutigen Stand der deutschen Grauguß-prüfung. Gießerei **39**(1952)19 477—483, 20 533—538; Stahl u. Eisen **72**(1952) 24 1557.

— Symposium on determination of elastic constants. (ASTM 55. Annual Meeting.) New York: ASTM 1952 100 p. [4.22].

Culmann, J.: Versuchsanordnung zur Ermittlung der Druckfestigkeit bei hohen Temperaturen. Métaux Corrosion **28**(1953)331 141—142; Stahl u. Eisen **74** (1954)21 1386.

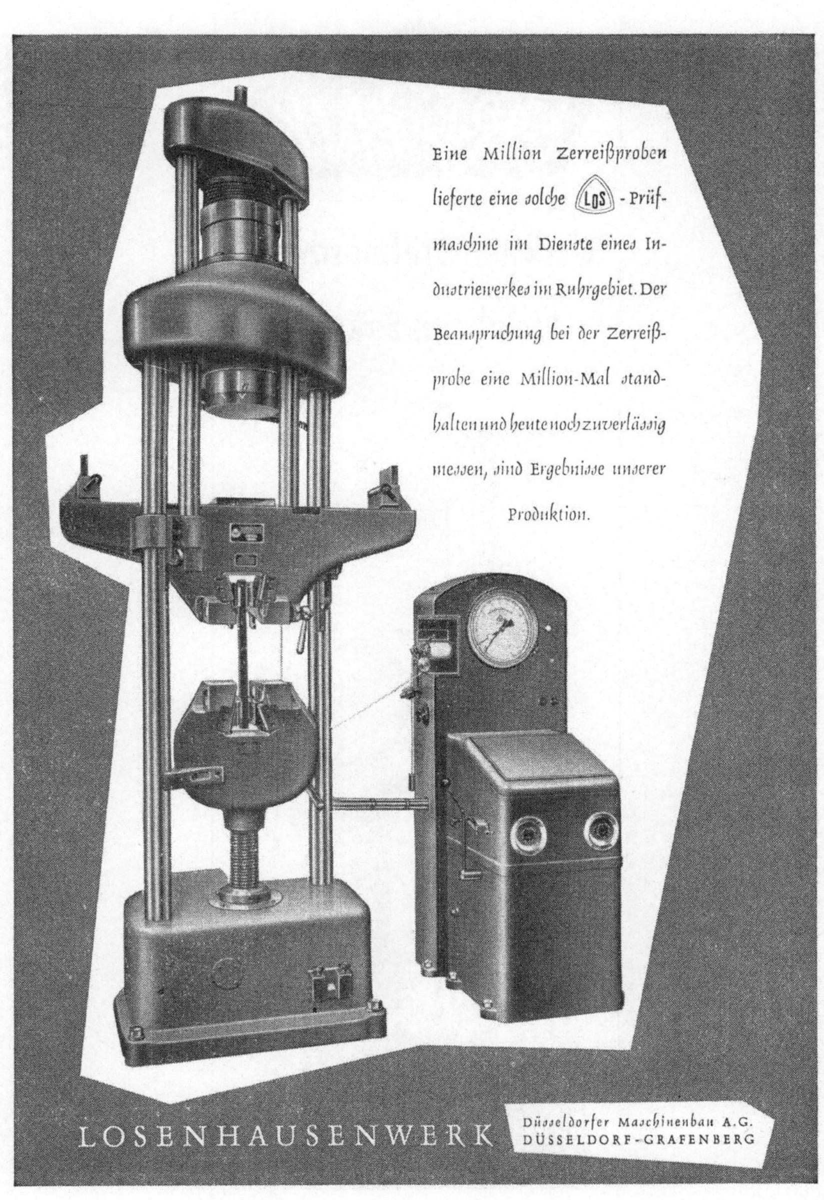

Eine Million Zerreißproben
lieferte eine solche LOS - Prüfmaschine im Dienste eines In-
dustriewerkes im Ruhrgebiet. Der
Beanspruchung bei der Zerreiß-
probe eine Million-Mal stand-
halten und heute noch zuverlässig
messen, sind Ergebnisse unserer
Produktion.

LOSENHAUSENWERK
Düsseldorfer Maschinenbau A.G.
DÜSSELDORF-GRAFENBERG

Werkstoff-Prüfmaschinen

Weinheim-Birkenau

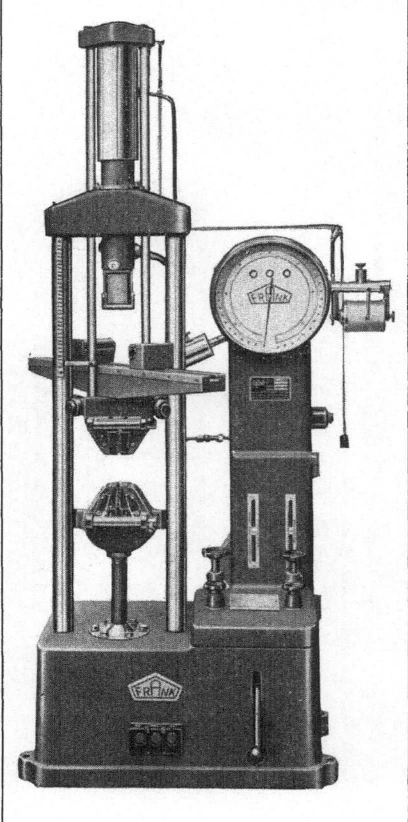

Gatto, F.: La prova di taglio delle leghe leggere. (Shear test in light alloys.) Alluminio **22**(1953)5 495—506; AB **25**(1954)2 89; Aluminium **30**(1954)4 L XXII.

de Graaf, J. E. u. *J. H. van der Veen:* Prüfung der Sprödbruchneigung von Stahl durch den Kerbbiegeversuch. Iron & Steel **26**(1953)14 590—594; Stahl u. Eisen **74**(1954)4 246.

Hill, R.: Ein neues Verfahren zur Ermittlung des Fließbeginns unter mehrachsigen Spannungszuständen. J. Mech. Phys. Solids **1**(1953)4 271—276; Stahl u. Eisen **74**(1954)4 245.

Jäniche, Walter u. *Wilhelm Puzicha:* Zugversuche an sehr langen Proben. Techn. Mitt. Rheinhausen (1953)2 120—124; Stahl u. Eisen **74**(1954)12 797.

Lissner, Otto: Ermittlung der Sprödbruchneigung von Baustählen in Kerbzug- und Kerbschlagzugversuchen. Arch. Eisenhüttenwes. **24**(1953)1/2 27—42.

Martin, Wayne: New bend test for aluminium-magnesium castings. Mater. & Meth. **38**(1953)5 186, 188, 190; AB **24**(1953)12 817.

Mohr, E.: Über die Bestimmung der „wahren" Elastizitätsgrenze durch den Biegezugversuch. Forsch. Ing. Wes. **19**(1953)2 33—43 19 Lit.-St.; Index Aeron. **9**(1953)10 55.

Robertson, T. S.: Sprödbruchneigung von Stahl. J. Iron & Steel Inst. **175**(1953)4 361—374; Stahl u. Eisen **74**(1954)4 246.

Sully, A. H.: Creep testing and compression for simple creep assessment. Product Engng. **24**(1953)4 150—153; AB **24**(1953)5 314.

Wessell, E. T. and *R. D. Olleman:* Apparatus for tension testing at subatmospheric temperatures. ASTM Bull. 187 1953 56—60; AB **24**(1953)4 245.

Woodcock, F. J. and *K. R. Weiss:* A method of measuring post-yield strain. J. Roy. Aeron. Soc. **57**(1953)505 49—51 5 ref.; Index Aeron. **9**(1953)4 42.

Zschokke, H.: Die Streuung bei Zeitstandversuchen an warmfesten Stählen. Brown-Boveri-Mitt. **40**(1953)5/6 199—209; Stahl u. Eisen **73**(1953)21 1372. [1.322.122].

Felix, W. A.: Die praktische Prüfung der Trennbruchsicherheit und Schweißbarkeit von Stahl. Techn. Rdsch. Sulzer (1954)1 33—43; Stahl u. Eisen **74**(1954) 17 1096.

Malmberg, G.: Möglichkeiten zur Ermittlung der Gleichmaßdehnung. Jernkont. Ann. **138**(1954)1 39—52; Stahl u. Eisen **74**(1954)8 496.

Muhlenbruch, Carl W.: A tension impact test for sheet metals. ASTM Bull. 196 Febr. 1954 43—49; Index Aeron. **10**(1954)7 57; Stahl u. Eisen **74**(1954) 10 675.

Puzak, P. P. u. *W. S. Pellini:* Bewertung von Kerbschlagbiegeproben. Welding Res. Counc. (1954)4 187—192; Stahl u. Eisen **74**(1954)15 975—976.

Rädecker, Wilhelm: Kerbbiegeversuch zur Prüfung der Sprödbruchneigung von Stahl. Stahl u. Eisen **74**(1954)2 105—106.

Rühl, Karl: Amerikanische Sprödbruchversuche und die Folgerungen für die Sprödbruchprüfung. Arch. Eisenhüttenwes. **25**(1954)9/10 421—433; Stahl u. Eisen **74**(1954)24 1618.

Schlechtweg, Heinz: Spannungsmessungen an Gußeisen. Z. Metallkde. **45**(1954) 12 690—694.

— Comparison of slow notch-bend-test and V-notch Charpy impact test. (Int. Inst. Welding Rep.) Welding Res. Counc. **34**(1955)7 338s—346s.

Nichtmetalle 4.22

Newlin, J. A.: Factors to be considered in testing structural timbers. FPL Rep. 948 Aug. 1930.

Kurowski, R.: Les coefficients d'élasticité des contreplaqués d'aviation de bouleau à bakélite et les méthodes de la détermination de ces coefficients. Spraw. **9**(1936)2 5—13; Luftwissen **3**(1936)12 375. [1.324.25].

— Methods of testing small clear specimens of timber. Brit. Stand. 373 1938.

Frölich, Kurt: Dynamische Bestimmung des Elastizitätsmoduls von Kunststoffen. Kunststoffe 30(1940)1 10—12.

Grimm, G. O.: Über Versuche zur Ermittlung der mechanischen Festigkeit von Kunstharzstoffen. Schweiz. Arch. 6(1940)9 237—246.

Kuntze, W. u. F. Pfeiffer: Zur Messung des Elastizitätsmoduls von Kunststoffen. Kunststoffe 30(1940)10 293—296; Techn. Z.-Schau 26(1941)8 143.

Nitsche, R. u. E. Dober: Zur Prüfung warmgepreßter Kunstharz-Preßstoffe auf Aushärtung. Kunststoff-Techn. 10(1940)12 313—322 9 Lit.-St.; Techn. Z.-Schau 26(1941)12 215.

— Methods for determining the specific gravity of wood for airplane use. FPL Rep. 1314 Dec. 1941.

Bock, E.: Prüfung von Holzleimen. Mitt. IG-Farbenindustrie Ürdingen 1942.

Heiden, H.: Beitrag zur zerstörungsfreien Holzprüfung. Holz als Roh- u. Werkstoff 5(1942)6 185—193.

Kollmann, Franz: Eigenschaften und Eigenschaftsprüfung von Flugzeughölzern. Ber. Lil.-Ges. 157 1942 8 S. [1.324.21].

March, H. W., E. W. Kuenzi and W. J. Kommers: Method of measuring the shearing moduli in wood. FPL Rep. 1301 June 1942.

Poulignier, J.: Contribution à l'étude de l'élasticité du bois. Publ. Sci. et Techn. Secr. Aviation 179 1942 108 p.

Ylinen, Arvo: Über den Einfluß der Probegröße auf die Biegefestigkeit des Holzes. Holz als Roh- u. Werkstoff 5(1942)9 299—305.

Ylinen, Arvo: Ein neues Meßverfahren für die Bestimmung der Schubmoduln des Holzes. Holz als Roh- u. Werkstoff 5(1942)11 375—376.

Koehler, A.: Guide to determining slope of grain in lumber and veneer. FPL Rep. 1585 Sept. 1943.

(Winter, Hermann): Werkstoffprüfverfahren des Holzflugzeugbaus. Richtlinien für den Holzflugzeugbau Teil C. Ber. u. Mitt. Inst. Flugzeugbau TH Braunschweig Nr. 43—15 1943 22 S.

Winter, Hermann u. H. Schmidt: Beitrag zur Weiterentwicklung der Dehnungsmeßverfahren an Holz, Holzbauteilen und an Werkstoffen, die sich elastisch ähnlich verhalten wie Holz. Holz als Roh- u. Werkstoff 6(1943)10/12 269—274.

(Winter, Hermann): Herstell- und Prüfvorschriften für Vollholz (Amtliche Werkstoffprüfvorschriften). Sonderdruck aus den Bauvorschriften für Flugzeuge, Deckblatt 9: Vollholz. Ausg. Juli 1943. Richtlinien für den Holzflugzeugbau, Teil C VI a, Ber. u. Mitt. Inst. Flugzeugbau TH Braunschweig 43—21 1943.

(Winter, Hermann): Herstell- und Prüfvorschriften für Flugzeug-, Sperr- und Schichtholzplatten (Amtliche Werkstoffprüfvorschriften). Sonderdruck aus dem DIN Einheitsblatt 9140, Holz im Flugzeugbau, „Technische Lieferbedingungen für Sperr- und Schichtholzplatten". Richtlinien für den Holzflugzeugbau, Teil C VI b, Ber. u. Mitt. Inst. Flugzeugbau TH Braunschweig 43—22 1943 13 S.

Anderson, E. A.: Detecting compression failures in wood. FPL Rep. 1588 June 1944.

Petermann, H.: Versuche zur Ermittlung der Schubfestigkeit von Hölzern mit einer neuen Probeform. Holz als Roh- u. Werkstoff 7(1944/45)1/3 21—24.

Liska, J. A.: Effect of specimen shape on the compressive strength properties of laterally supported plywood specimens. ASTM Bull. (1945)March.

Freas, A. D.: Some applications of simulated service testing to nonmetallic materials. ASTM Bull. 141 Aug. 1946 35—40.

Westenberg, W. H.: Kritische Studie betreffende de wijze van bepalen van de breekkracht en de rek bij breuk van vezels, garens en weefsels. (A critical study of methods of determining the rupture strength and elongation of fibres, yarns and fabrics.) Meded. Vezelinst. T. N. O. Delft 79 1946; Index Aeron. 5(1949)7 80.

Markwardt, L. J. and *J. K. Liska:* Speed of testing of wood: Factors in its control and its effect on strength. ASTM Proc. 1948.

Wredden, J. H.: The microscopic examination of plastic materials. Plastics **12** (1948)129 90—97; Index Aeron. **4**(1948)4 87.

Anderson, S. L. a. o.: Textiles and their testing. Sel. Govmt. Res. Rep. 4 1949 86 p.; Index Aeron. **6**(1950)3 94. [1.324.5].

Harris, S. T.: Glue control. Quality control of adhesives by simple methods. Wood (Chicago) **4**(1949)7 21—41.

Maxwell, B. and *L. F. Rahn:* Impact testing of plastics: elimination of the toss factor. ASTM Prepr. 86 1949 4 p. 7 ref.; Index Aeron. **6**(1950)10 76.

Perem, E.: Inverkan av belastnings-ökningen pa böj- och tryckhallfastheten hos trä. (Effect of speed of loading on the strength properties of wood tested in compression and bending.) Svenska Träforskn. Inst. (Trätekn. Avd.) Medd. 20 1949 8 p. 8 ref.; Forestry Abstr. Sect. 3 **12**(1950)1 9.

Staff, C. E. a. o.: Long-time tension and creep tests of plastics. Amer. Soc. Mech. Engrs. Prepr. 49-A-61 Nov./Dec. 1949 19 p. 7 ref.; Index Aeron. **6**(1950)4 86. [1.324.31].

Westwater, J. W.: Flexure testing of plastic materials. ASTM Prepr. 87 1949 26 p. 19 ref.; Index Aeron. **6**(1950)10 76.

— Methods of test for evaluating the properties of fiber building boards. FPL Rep. R. 1712 1949 15 p. [1.324.281].

de Bruyne, N. A.: Gelation timer for adhesives. Modern Plastics **27**(1950)9 104; Holz als Roh- u. Werkstoff **9**(1951)5 207.

Dosoudil, Anton: Dynamische Festigkeit von Platten. Svensk Pappers Tidning **53**(1950)19 609—612; Holz als Roh- u. Werkstoff **9**(1951)5 198.

Hartman, A.: Mechanical testing wood and metal glues, methods and test results. Ingenieur **62**(1950)50 108—115. [1.442.37].

Krassowsky, W.: Elektrische Prüfung von Kunststoffen nach amerikanischen Normen. (Dtsch. Normenausschuß, Normenheft 14) Berlin-Köln: Beuth Vertrieb 1950 55 S.

Münzinger, Walter M.: Optisches Verfahren zur Aufnahme der Spannungs-Dehnungs-Kurve von Kunststoffen. Kunststoffe **40**(1950)11 359—360; Index Aeron. **7**(1951)5 102.

Staff, C. E., H. M. Quackenbos jr. and *J. M. Hill:* Long time tension and creep tests of plastics. Modern Plastics **27**(1950)5 93—100, 144—145; Index Aeron. **6**(1950)6 55; Kunststoffe **40**(1950)11 365—366; Holz als Roh- u. Werkstoff **9** (1951)3 108. [1.324.31].

Vieweg, R. u. *J. Moll:* Fortschritte in der mikroskopischen Untersuchung von Kunststoffen. Kunststoffe **40**(1950)10 317—321 11 Lit.-St.; Index Aeron. **7**(1951) 3 85.

— Methods of test for determining strength properties of core material for sandwich construction at normal temperatures. FPL Rep. 1555 1950 11 p.; AMR **3**(1950)11 359.

Schiefer, H. F.: Textile Forschung und Prüfung am National Bureau of Standards, Washington. Schweiz.-Arch. **17**(1951)9 276—287. [4.62].

Fickler, Hans-Heinrich: Der Stand der Entwicklung von Prüfungsrichtlinien für die Eigenschaften von Holzfaserplatten. Holz als Roh- u. Werkstoff **10**(1952) 5 207—219. [1.324.281].

Frey, Karl: Einige Gesichtspunkte für die Herstellung und Gestaltung der Prüfkörper aus Kunststoffen für mechanische Materialprüfungen. Kunststoffe **42** (1952)8 217—222.

Herzog, R. u. *R. H. Burton:* Einfluß des Prüfstabes auf die Resultate von vulkanisierten Weichkautschuken. Schweiz. Arch. **18**(1952)6 177—189.

Kitazawa, George: Young's modulus of elasticity of small wood beams by dynamic measurements. J. Forest Prod. Res. Soc. **2**(1952)5 228—231.

Kuenzi, E. W.: Methods for determining the elastic constants of nonmetallic materials. ASTM Spec. Techn. Publ. 118 1952 70—78.

Nitsche, Rudolf: Einige aktuelle Fragen zur Kunststoff-Prüfung. Kunststoffe **42** (1952)12 427—433.

Norén, Bengt: The measurement of strain and creep in wood. Svenska Träforskningsinst., Trätekn. Avd. (Stockholm) Medd. 29 B 1952 39 S.

Wooding, W. M.: A summary and review of the art of p_H measurement and control. Paper Trade J. **135**(1952)13 19—27.

— Symposium on determination of elastic constants. (ASTM 55. Annual Meeting.) New York: ASTM 1952 100 p. [4.21].

Büttner, G. u. R. Lissmann: Neues Prüfverfahren für den Aushärtungsgrad von Kunstharzpreßstoffen. Kunststoffe **43**(1953)6 226—231.

Marra, G. G. and J. W. Wilson: Preliminary report on test method for evaluating gluability of hardboard. J. Forest Prod. Res. Soc. **3**(1953)4 24—28.

v. Meysenbug, C. M.: Bestimmung der Wärmeformbeständigkeit von Kunststoffen nach dem Martens-Verfahren. Kunststoffe **43**(1953)6 214—220.

Nitsche, R.: Prüfmethodik zur Beurteilung der Kriecherscheinungen organischer Kunststoffe. Schweiz. Arch. **19**(1953)5 139—148 14 Lit.-St.

Persoz: Die Prüfung von zelligen Leichtbaustoffen, die in der Flugzeug-Industrie Verwendung finden. Rev. Gén. Caoutchouc **30**(1953)7 492—498.

Plath, Erich: Studien über Phenolharzleime. 2. Mitt.: Die Prüfung von PF-Harzen auf Säureschädigungen. Holz als Roh- u. Werkstoff **11**(1953)12 466—471.

Bell, E. R., E. C. Peck and N. T. Krueger: Modulus of elasticity of wood determined by dynamic methods. FPL Rep. 1977 1954 10 p.

Conartt, F. S.: A study of stiffness testing of elastomers at low temperatures. ASTM Bull. July 1954 p. 67 16 ref.

Klute, C. H. and L. B. McKee: Plastics testing at high and low temperatures. ASTM Bull. Dec. 1954 p. 50; Aeron. Engng. Rev. **14**(1955)3 112.

Toeldte, Walter: Mechanische Prüfung von Anstrichen. Industrie-Anz. **76**(1954) 33 522—524; Stahl u. Eisen **74**(1954)12 795.

— Tropical exposure tests on "Aerolite" 300. Aero Res. TN Bull. 133 Jan. 1954 4 p.; Index Aeron. **10**(1954)5 129. [1.324.43].

Dawson, J. H.: Tests for P. V. C. sheeting and P. V. C.-coated fabric. Brit. Plastics **28**(1955)6 243—248 34 ref.

Keylwerth, Rudolf: Studien über die Anwendung mathematisch-statistischer Methoden in Holzforschung und Holzwirtschaft. IV. Statistik bei der Holzprüfung. Holz als Roh- u. Werkstoff **13**(1955)5 169—178.

Prüfung der Werkstoffdauerfestigkeit 4.3

Lehr, Ernst: Die Abkürzungsverfahren zur Ermittlung der Schwingungsfestigkeit von Materialien. Diss. TH Stuttgart 1925.

Pomp, Anton u. W. Enders: Zur Bestimmung der Dauerstandfestigkeit im Abkürzungsverfahren. Mitt. K.-Wilh.-Inst. Eisenforsch. **12**(1930) 127.

Stromberger, C. B.: Ein neues Dauerschlagwerk und seine Anwendung für die Untersuchung von autogen bearbeiteten Blechen. Diss. TH Darmstadt 1931.

Thum, August u. Siegfried Berg: Zur Frage der Beanspruchung beim Dauerschlagversuch (Auszug). Mitt. Dtsch. MPA H. 12 1932 180—182.

Mailänder, Richard u. W. Bauersfeld: Einfluß der Probengröße und Probenform auf die Dreh- und Schwingungsfestigkeit von Stahl. Krupp'sche Mh. (1934) Dez. 143—152.

Mohr, E.: Über die Bestimmung der Wechselfestigkeit der Werkstoffe im Biegezugversuch. Diss. TH Berlin 1938.

Thum, August: Festigkeitsprüfung bei schwingender Beanspruchung. „Siebel: Handbuch der Werkstoffprüfung, 2. Bd.", Berlin: Springer 1939 175—231.

Deichmüller, Fr.: Über die Bestimmung der Wechselfestigkeit der Werkstoffe im Biege-Zug-Versuch. Abnahme (1940)6 41—44; Techn. Z.-Schau **26**(1941)7 127.

Cornelius, Heinrich: Einfluß von Betriebspausen auf die Zeitfestigkeit von Stählen mit Ferrit. Luftf.-Forsch. **18**(1941)8 285—288; Luftwissen **8**(1941)12 387.

Prot, E. Marcel: L'essai de fatigue sous charge progressive. Une nouvelle technique d'essai des matériaux. Rev. Métallurgie **45**(1948)Déc. 481—489; Met. Rev. **22**(1949)5 36.

Laurent, Pierre: Influence de la forme et des dimensions de l'éprouvette sur la limite de fatigue. Rev. Métallurgie **46**(1949)Janv. 55—59 14 ref.; Met. Rev. **22** (1949)6 34.

Oberg, T. T. and R. J. Rooney: Fatigue characteristics of aluminum alloy 75 S-T 6 plate in reversed bending as affected by type of machine and specimen. ASTM Prepr. 28 1949 9 p.; Met. Rev. **22**(1949)8 36.

Palm, J. H.: Beoordeling van de koudbrosheid van dun plaatijzer met de heenen weerbuigproef. (Determination of cold-brittleness of thin sheet iron by means of repeated bending.) Metalen **3**(1949)March 145—148; Met. Rev. **22**(1949)9 40.

Roos, P. K., D. C. Lemmon and J. T. Ransom: Influence of type of machine, range of speed, and specimen shape on fatigue test data. ASTM Bull. May 1949 63—65; Met. Rev. **22**(1949)7 35.

Avery, H. S. and C. R. Wilkens: Alloy Casting Institute thermal fatigue testing. Alloy Casting Bull. 14 May 1950 9 p. 5 ref.; Index Aeron. **7**(1951)4 29.

Langevin, A. et E. P. M. Reimbert: Prédétermination électromagnétique de la limite probable de fatigue. C. R. Hebd. Séances Acad. Sci. **230**(1950)12 1138—1140.

McMurrich, R. P. and J. Y. Mann: New ideas in mechanical testing — A note on high-speed fatigue testing. Australasian Engr. (1950)July 49—51; AB **22** (1951)2 99—100.

Ronay, B.: The high-frequency notch-bend test. Welding Res. Counc. **15**(1950)3 122s—125s; Werkstatt u. Betrieb **85**(1952)2 74.

— Mechanical tests. 2nd ed. London: Northern Aluminium Co. (NORAL) Nov. 1950 36 p. [4.21].

Hempel, Max: Beitrag zur Frage der Wechselfestigkeit bei unterschiedlicher Probengröße. Arch. Eisenhüttenwes. **22**(1951)11/12 425—435.

Rosenholtz, J. L. and D. T. Smith: New speedy test of material endurance. Aviation Week **55**(1951) 43; Z. VDI **94**(1952)22 744.

Hempel, Max: Dauerfestigkeitsprüfungen und Werkstoffverhalten bei der Schwingungsbeanspruchung. I. Dauerversuche zur Schaffung von Berechnungs-unterlagen. II. Mehrstufen-Wiederholungsversuche und Eigenschaftsände-rungen der Werkstoffe. Z. VDI **94**(1952)25 809—815, 26 882—887 50 Lit.-St.; Index Aeron. **9**(1953)3 27. [1.331].

Lazan, B. J., J. Brown, A. Gannett, P. Kirmser u. J. Klumpp: Durchführung von Dauerschwingversuchen nach einem neuen Resonanzverfahren. Proc. ASTM **52**(1952) 858—876; Stahl u. Eisen **74**(1954)6 368.

Rosenholtz, Joseph L. u. Dudley T. Smith: Ein neues Schnellverfahren zur Be-stimmung der Dauerschwingfestigkeit. Metal Progr. **61**(1952)2 85—88; Stahl u. Eisen **72**(1952)24 1541—1542, 12 721.

Heywood, R. B.: The fatigue testing of structures by the resonance method. Schweiz. Arch. **19**(1953)8 249—260 12 ref.; Index Aeron. **9**(1953)12 46.

Vidal, G.: Sur les méthodes rapides de détermination de la limite de fatigue des métaux et alliages. Rech. Aéron. (1953)34 49—54 17 ref. [1.331].

Wyss, Theophyl: Influence of testing frequency on the fatigue strength of steels and light alloys. ASTM Bull. 188 1953 31—34; Index Aeron. **9**(1953)10 55; Stahl u. Eisen **73**(1953)13 870. [1.331].

Breunich, T. R.: Fatigue testing fixtures. Product Engng. **25**(1954)6 200—205; Index Aeron. **10**(1954)9 64.

Corten, H. T., Todor Dimoff and *T. J. Dolan:* An appraisal of the Prot method of fatigue testing. ASTM Bull. 198 1954 p. 25; AB **25**(1954)6 393.

Enomoto, Nobusuke: On fatigue tests under progressive stress. A theory of fatigue of metals and a quick method for determining the fatigue limit. ASTM Bull. 198 1954 p. 25; AB **25**(1954)6 393.

Späth, W.: Kristallhärte — Gefügefestigkeit — Dauerwechselhärte. Radex Rdsch. (1954)1/2 26—30; Stahl u. Eisen **74**(1954)12 798.

Zerstörungsfreie Werkstoffprüfung 4.4

Allgemeines 4.40

Wever, Franz: Über die Fehlererkennbarkeit bei den verschiedenen Verfahren der zerstörungsfreien Werkstoffprüfung. Techn. Mitt. HdT Essen **31**(1938)14 296—302.

Steudel, H.: Zerstörungsfreie Werkstoffprüfung im Flugzeug- und -Motorenbau. Ringb. Luftf. Techn. II C 19 Nov. 1939 40 S. 66 Lit.-St.

Kraetsch, G. u. *A. Scheck:* Zerstörungsfreie Prüfverfahren für Leichtmetallguß. Aluminium **23**(1941)5 239—246; Techn. Z.-Schau **26**(1941)17 292.

Müffelmann, F. u. *W. Stieda:* Vergleich der gebräuchlichsten zerstörungsfreien Rißprüfverfahren. Luftwissen **11**(1944)8 218—221.

Lindemann, H. u. *Max Pfender:* Verfahren zur zerstörungsfreien Werkstoffprüfung. Berlin: Georg Siemens 1948 76 S.

— Report of committee E-7 on non-destructive testing. ASTM Prepr. 76 1949 4 p.; Met. Rev. **22**(1949)8 40.

Vaupel, Otto: Die neueste Entwicklung der zerstörungsfreien Werkstoffprüfung. Technik (Berlin) **5**(1950)4 155—159, 6 285—288 15 Lit.-St.; Index Aeron. **7** (1951)3 44.

Berthold, Rudolf: Entwicklungen der zerstörungsfreien Werkstückprüfung. Chemie-Ingenieur-Technik **23**(1951)2 33—38, 3 65—68 109 Lit.-St.

Kaindl, A. u. *A. Mathiaschitz:* Zerstörungsfreies Rißprüfverfahren mittels radioaktiver Indikatoren. Werkstoffe u. Korrosion **2**(1951)10 368—369; Index Aeron. **8**(1952)2 47.

McMaster, R. C. and *S. A. Werk:* Nondestructive testing of engineering materials and parts: Materials and Methods Manual No. 67. Mater. & Meth. **33**(1951)2 82—96; Index Aeron. **7**(1951)10 43.

Bastien, Paul: Verfahren zur zerstörungsfreien Prüfung großer Schmiedestücke. „Journées de la Grosse Forge", Paris 1952, 199, 201—218, 231—239; Stahl u. Eisen **74**(1954)2 121.

McMaster, Robert C.: Verfahren der zerstörungsfreien Werkstoffprüfung. Proc. ASTM **52**(1952) 671—688; Stahl u. Eisen **74**(1954)6 368.

v. Nieuwkoop, J.: Einige einfache Verfahren der zerstörungsfreien Fehlersuche an Werkstücken. Metalen **7**(1952)15 248—254; Werkstoffe u. Korrosion **5** (1954)3 101.

— Memorandum on non-destructive methods for the examination of welds. Brit. Welding Res. Ass. Rep. T. 29 March 1952 63 p.; Index Aeron. **9**(1953)6 47.

— Zerstörungsfreie Werkstoffprüfung. (Hrsg. Inst. Metallforsch., Staatl. Inst. Schweißtechn. u. Staatl. MPA Saarbrücken.) Düsseldorf: Verl. Stahleisen, St. Germain-en-Laye: Editions Métaux 1952 166 S.

Förster, F.: Wirtschaftliche Gesichtspunkte bei der zerstörungsfreien Werkstoffprüfung. Z. Metallkde. **44**(1953) 346—352; Werkstoffe u. Korrosion **5**(1954) 7 260.

Heughan u. *Sproule:* „Prüfung ohne Zerstörung" von flachen Kautschuk-Metall-Konstruktionsteilen. Trans. Instn. Rubber Industry (London) **29**(1953)5 255—265.

Hislop, J. D.: Zerstörungsfreie Prüfung in der Industrie. Anwendungen, Verfahren und Auswahl. Machinery Market (1953)2728 25—26, 2729 31—32, 2730 27—28, 2731 27—28; Chem. Zbl. 125(1954)30 6815.

Neth, A.: Zerstörungsfreie Werkstoffprüfung. Metall 7(1953) 31—33; Werkstoffe u. Korrosion 5(1954)3 101.

Jaoul, Bernard u. *Paul Lacombe:* Radioaktives Prüfverfahren auf Anlaßsprödigkeit von Stählen. C. R. Hebd. Séances Acad. Sci. 238(1954)7 817—819; Stahl u. Eisen 74(1954)8 497.

McCutcheon, Don M.: Trends in testing techniques. Nondestructive Testing 12 (1954)4 33—40; AB 25(1954)9 644.

Pohlman, Reimar: Neue Möglichkeiten der zerstörungsfreien Materialprüfung in der aluminiumverarbeitenden Industrie. Aluminium 30(1954)2 57—61 3 Lit.-St.; Index Aeron. 10(1954)5 63.

Rathmann, Fritz: Neuzeitliche Verfahren zur zerstörungsfreien Werkstoffprüfung. Maschinenmarkt 60(1954)67 21—28.

Rohner, F.: Zerstörungsfreie Werkstückprüfung. Schweiz. Arch. 20(1954)11 371—373.

Vaupel, Otto: Erweiterte Anwendung zerstörungsfreier Prüfverfahren in der Schweißtechnik. Schweißen u. Schneiden 6(1954)3 108—109.

Wenk, Samuel A. u. *Karl Eisenkolb:* Ein Überblick über die Praxis der zerstörungsfreien Werkstoffprüfung in Amerika. Z. Metallkde. 45(1954)4 145—153.

Nash, L. M.: Quality control of light metal castings with fluorescent penetrant inspection. Modern Metals 11(1955)2 44—45; Aluminium 31(1955)7/8 A 157.

Rohner, F.: Zerstörungsfreie Werkstückprüfung. (L'essai non destructif des matériaux.) Aluminium (Suisse) 5(1955)4 148—152.

Vaupel, Otto: Zerstörungsfreie Werkstoffprüfung. Brennstoff-Wärme-Kraft 7 (1955)4 187—188.

— Non-destructive testing and inspection. An account of recent American experience with various techniques. Aircr. Engng. 27(1955)317 227.

Härteprüfung 4.41

Pomp, Anton, Alfred Krisch u. *G. Haupt:* Härteprüfungen und Zerreißversuche bei tiefen Temperaturen. Mitt. K.-Wilh.-Inst. Eisenforsch. Abh. 382 1939.

Pohl, E. u. *Eisenwiener:* Die Streuung bei der Ermittlung der Brinellhärte von Gußeisen. Arch. Eisenhüttenwes. 14(1940/41) 391—396.

Bastien, P. et *A. Popoff:* Le role de l'état de surface dans les mesures de dureté. Journées des Etats de Surface 1946 187—206.

Weatherwax, R. C., E. C. O. Erickson and *A. J. Stamm:* Means of determining the hardness of wood and modified woods over a broad specific gravity range. ASTM Bull. 153 Aug. 1948 84—89.

Grodzinski, P.: Neuere Entwicklung in der Härteprüfung. Schweiz. Arch. 16(1950) 11 335—340.

Krube, E.: Über die Härteprüfung und ihre Anwendung bei Kunststoffen. Schweiz. Arch. 16(1950) 225—243 18 Lit.-St.; Index Aeron. 7(1951)2 46.

Meincke, Hermann: Bestimmung der Zugfestigkeit aus der Härte bei Aluminiumlegierungen. Z. Metallkde. 42(1951)6 174—181; AB 24(1953)5 306.

Grodzinski, P.: The indication of directional properties by hardness testing. Sheet Metal Industries 29(1952)306 908—914 20 ref.; Index Aeron. 8(1952)12 58; AB 23(1952)11 634.

Kayser, F. X., R. F. Thomson and *A. L. Boegehold:* An end-quench test for determining the hardenability of carburized steels. Amer. Soc. for Metals Prepr. 13 Oct. 1952 17 p. 2 ref.; Index Aeron. 8(1952)12 97.

Schiltknecht, E.: Härteprüfung an Kautschuk unter besonderer Berücksichtigung sehr weicher Kautschuksorten, wie Schaum- und Schwammkautschuk. Schweiz. Arch. **18**(1952)7 227—233.

Sines, G. and *R. Carlson:* Hardness measurements for determination of residual stresses. ASTM Bull. 180 1952 35—37 8 ref.; Index Aeron. **8**(1952)7 52.

Heyer, R. H. u. *V. E. Lysaght:* Einfluß der Probendicke bei der Rockwell-Härteprüfung. ASTM Bull. 193 1953 32—39; Stahl u. Eisen **74**(1954)2 121.

Kitice, Tomio u. *Edgard Luiz Dantas de Carvalho:* Härtevergleichstafel. Bol. Ass. Brasil Metais **9**(1953)31 189—190; Stahl u. Eisen **74**(1954)4 245.

Kruse, E.: Probleme bei der Normung der Härteprüfung. Schweiz. Arch. **19**(1953) 8 295—299; Index Aeron. **10**(1954)2 44.

Onitsch-Modl, E. M.: Die Mikrohärteprüfung in Theorie und Praxis. Schweiz. Arch. **19**(1953)11 330—343; Stahl u. Eisen **74**(1954)4 245; Index Aeron. **10**(1954) 3 51—52.

— Härteprüfung von Metallen. Iron Coal Trades Rev. **167**(1953)4463 951—954; Stahl u. Eisen **74**(1954)2 121.

Bergsman, E. B.: Problems of hardness testing of thin sheet metals. Sheet Metal Industries **31**(1954)321 5—14 37 ref.; Index Aeron. **10**(1954)3 52—53.

Bückle, Helmut: Untersuchungen über die Lastabhängigkeit der Vickers-Mikrohärte. I. Teil. Z. Metallkde. **45**(1954)11 623—632.

Bückle, Helmut: Bereich der Mikrohärteprüfung und ihre Besonderheiten. Rev. Metallurgie **51**(1954)1 1—12; Stahl u. Eisen **74**(1954)6 368.

Dugdale, D. S.: Versuche mit kegelförmigen Eindrückkörpern. J. Mech. Phys. Solids **2**(1954)4 263—277; Stahl u. Eisen **74**(1954)19 1245.

Grodzinski, P.: Untersuchungen zur Mikrohärteprüfung. Metallurgia **50**(1954)299 125—131; Stahl u. Eisen **74**(1954)27 1794.

Labbe, B. G.: A study of hardness testing of elastomers at low temperatures. ASTM Bull. 199 July 1954 73—79; Index Aeron. **11**(1955)2 135.

Meyer, K.: The necessity and the conditions for producing internationally comparable Rockwell-C hardness values (in English). Microtecnic **8**(1954)3 138—148; Index Aeron. **10**(1954)9 63.

Meyer, K.: Possible sources of error in hardness testing. Sheet Metal Industries **31**(1954)322 107—113 4 ref., 324 289—299; Index Aeron. **10**(1954)5 61, 6 54.

Meyer, Kurt: Tafeln zur Ermittlung der Vickershärte. Berlin: Beuth Vertrieb 1954 56 S.

Schepers, Alexander u. *Werner Bartholome:* Beziehungen zwischen Mikro- und Makrohärte an Ferrit- und Aluminiumkristalliten. Arch. Eisenhüttenwes. **25** (1954)7/8 341—343; Stahl u. Eisen **74**(1954)18 1173.

Schulz, H.: Optische Hilfsmittel bei der Bestimmung der Mikrohärte. Schweiz. Arch. **20**(1954)1 24—29 12 Lit.-St.; Index Aeron. **10**(1954)5 62.

Schulze, R.: Relation between Vickers microhardness and macrohardness. Microtecnic **8**(1954)1 13—26; Index Aeron. **10**(1954)7 56.

Schultze, Werner u. *Ludwig Schimmer:* Beziehung der Mikrohärte zur Makrohärte. Arch. Eisenhüttenwes. **25**(1954)7/8 337—339; Stahl u. Eisen **74**(1954)18 1173.

Small, Louis u. *G. Sevick:* Härteprüfung an Drähten. Metal Progr. **65**(1954)4 107—112; Stahl u. Eisen **74**(1954)15 976.

Kappler, E.: Die Härte metallischer Werkstoffe. Zusammenhang zwischen Härte und Zugfestigkeit. Z. VDI **97**(1955)15/16 479—485.

Maxwell, Bryce: Hardness testing of plastics. Modern Plastics **32**(1955)9 125—126, 128, 130, 132, 134, 136, 4 ref.

Mott, B. W. and *S. D. Ford:* Micro-indentation hardness testing; variation of scatter of results with load. Metal Treatment & Drop Forging (1955)Jan. 9—12; Aeron. Engng. Rev. **14**(1955)4 125.

Schmitz, H. u. *W. Schlüter:* Versuche zur Vereinheitlichung der Rückprallhärteprüfung. Stahl u. Eisen **75**(1955)7 411—416.

Röntgenprüfung und verwandte Prüfverfahren   4.42

Berthold, Rudolf u. *N. Riehl:* Grundlagen der Werkstoffprüfung mit Gammastrahlen. Z. VDI **76**(1932)17 401—406.

Bautz, Wilhelm: Bruchgefahr und Röntgenstrahleninterferenz. Z. VDI **78**(1934) 31 941.

Brenner, Paul: Röntgenprüfung in der Luftfahrt. Luftwissen **2**(1935)4 85—91.

Möller, H. u. *J. Barbers:* Röntgenographische Untersuchung über Spannungsverteilung und Überspannungen in Flußstahl. Mitt. K.-Wilh.-Inst. Eisenforsch. **17**(1935)12 10 S.; Forsch. Ing. Wes. **7**(1936)2 108.

Haas, B. u. *E. Schiedt:* Zusammenhang zwischen Röntgenbefund und Festigkeit bei Leichtmetallformguß. ZWB FB 799/3 1937 13 S.

Bollenrath, Franz u. *E. Schiedt:* Röntgenographische Ermittlung der Biegefließgrenze. ZWB FB 894 1938 21 S.

Bollenrath, Franz u. *E. Schiedt:* Röntgenographische Spannungsmessungen bei Überschreiten der Fließgrenze an Biegestäben aus Flußstahl. Z. VDI **82**(1938) 38 1094—1098.

Glocker, Richard: Röntgenographische Spannungsmessung. Ringb. Luftf. Techn. II C 16 Juni 1938 17 S. 24 Lit.-St.

Hess, B. u. *Richard Glocker:* Anwendung des Röntgenverfahrens zur Einzelbestimmung von elastischen Spannungen auf praktische Aufgaben der Luftfahrttechnik. ZWB UM 507 1938 11 S.

Bollenrath, Franz, Viktor Hauk u. *Eugen Osswald:* Röntgenographische Spannungsmessungen bei Überschreiten der Fließgrenze an Zugstäben aus unlegiertem Stahl. Z. VDI **83**(1939)5 129—132.

Möller, Hermann u. *Helmut Neerfeld:* Bestimmung des ebenen Spannungszustandes aus einer einzigen Röntgenaufnahme. Mitt. K.-Wilh.-Inst. Eisenforsch. **21**(1939)19 Abh. 386.

Möller, Hermann u. *Helmut Neerfeld:* Das Verfahren zur Spannungsmessung mit Röntgenstrahlen. Mitt. K.-Wilh.-Inst. Eisenforsch. Abh. 387 1939.

Oßwald, Eugen u. *Selka:* Zerstörungsfreie Prüfung von geschweißten Rohrverbindungen im Flugzeugbau mit Röntgenstrahlen. ZWB UM 609 1939 37 S.

Regler, Fritz: Verformung und Ermüdung metallischer Werkstoffe im Röntgenbild. (Forsch. Arb. Metallkde. u. Röntgenmetallographie Folge 26) München: Hanser 1939 98 S. [1.331].

Thum, August, K. H. Saul u. *Cord Petersen:* Röntgenographische Spannungsmessung ohne Eichstoff. Z. Metallkde. **31**(1939) 352—358.

Bollenrath, Franz u. *Eugen Oßwald:* Röntgen-Spannungsmessungen bei Überschreiten der Druck-Fließgrenze an unlegiertem Stahl. Z. VDI **84**(1940)30 539—541.

Brandenberger, E.: Die Anwendung der Röntgenographie in der Schweißtechnik. EMPA Disk.-Ber. 125 1940.

Glocker, Richard u. *O. Schaaber:* Ausbau des dynamischen röntgenographischen Spannungsmeßverfahrens und Nachweis der Ermüdung von Werkstoffen bei Wechselbeanspruchung. J. 1940 Dtsch. Luftf.-Forsch. I 1099—1106.

Bollenrath, Franz, Eugen Oßwald, Hermann Möller u. *Helmut Neerfeld:* Zur Frage des Unterschiedes zwischen mechanischen und röntgenographischen Elastizitätskonstanten. Arch. Eisenhüttenwes. **15**(1941/42) 183—194.

Brandenberger, E.: Zerstörungsfreie Untersuchung der Feinstruktur der Werkstoffe mittels Röntgeninterferenzen. Schweiz. Bauztg. **118**(1941)22 255—260.

Glocker, Richard, W. Lutz u. *O. Schaaber:* Nachweis der Ermüdung wechselbeanspruchter Metalle durch Bestimmung der Oberflächenspannungen mittels Röntgenstrahlen. Z. VDI **85**(1941)39/40 793—800.

Goederitz, A. H. F.: Erfahrungen mit der Röntgendurchstrahlung von Magnesiumguß für die Betriebskontrolle und Abnahme. Gießerei **28**(1941)10 217—224; Techn. Z.-Schau **26**(1941)16 279.

Kratzenstein, M.: Praxis zerstörungsfreier Werkstoffprüfung. Röntgen-Grobstrukturprüfung. DMZ **18**(1941)7 272, 274, 276, 278.

Lüneburg, C.: Praxis zerstörungsfreier Werkstoffprüfung. Röntgenprüfung in der Serienfertigung. DMZ **18**(1941)9 374, 376.

Malisius, R.: Über die Bedeutung der Röntgenprüfung von Schweißnähten im Schiffbau. Schiffbau **42**(1941)14 233—235; Techn. Z.-Schau **26**(1941)21 361.

Keller, H. u. *E. Klein:* Der Einfluß von Schweißfehlern auf die statische und dynamische Festigkeit von Schweißverbindungen aus St 52 und die Grenzen der Röntgenuntersuchung fehlerhafter Schweißungen. Schiff u. Werft **44/24** (1943)17/18 257—261. [1.442.11], [1.442.14].

Norton, J. T. and *D. Rosenthal:* Stress measurement by x-ray diffraction. Proc. SESA **1**(1943)2.

Frommer, L. and *E. H. Lloyd:* The measurement of residual stresses in metals by the x-ray back-reflection method with special reference to industrial components in aluminium alloys. J. Inst. Metals **70**(1944)3 91—124 5 ref.

Hanstock, R. F. and *E. H. Lloyd:* An x-ray method of measuring Poisson's ratio. Proc. IME (Appl. Mech.) **157**(1947)26 52—55; Index Aeron. **4**(1948)1 21.

Norton, J. T. and *D. Rosenthal:* Recent contributions to the x-ray method in the field of stress analysis. Proc. SESA **5**(1947)1 71—77; Index Aeron. **4**(1948)5 33.

Bennett, J. A. and *H. C. Vacher:* Calibration of x-ray measurement of strain. J. Res. Nat. Bur. Stand. **40**(1948)4 285—293; Index Aeron. **4**(1948)8 12.

Pascoe, K. J.: The use of x-rays for investigation of residual stresses in ships' structures. "Measurement of stress and strain in solids", London: Inst. of Physics 1948 83—84; Met. Rev. **22**(1949)3 35.

Thomas, D. E.: Measurement of internal stresses by x-rays. "Symposium on Internal Stresses in Metals and Alloys", London: Inst. of Metals 1948 25—30; Met. Rev. **22**(1949)4 35.

Thomas, D. E.: The measurement of strain in metals by x-rays. "Measurement of stress and strain in solids", London: Inst. of Physics 1948 73—82; Met. Rev. **22**(1949)3 35.

Thomas, D. E.: Measurement of stress by means of x-rays. J. Appl. Phys. **19** (1948)2 190—193; Index Aeron. **4**(1948)9 34.

Glocker, Richard u. *Helmut Hasenmaier:* Röntgenbestimmung der Tiefenverteilung von Härte- und Nitrierspannungen. Z. Metallkde. **40**(1949)5 182—186; Met. Rev. **22**(1949)9 42.

Greenough, G. B.: Strain measurement by x-ray diffraction methods. Aeron. Quart. **1**(1949) Pt. 3 211—224 16 ref.; Index Aeron. **6**(1950)4 38.

Müller, Ernst A. W.: Die Anwendungsgebiete der technischen Röntgen- und Gammadurchstrahlung. Z. VDI **91**(1949)15./4. 173—176; Met. Rev. **22**(1949)8 38.

Schleicher, Ferdinand: Spannungsmessungen mit Röntgenstrahlen. Bauing. **24** (1949)4 119—124 31 Lit.-St.

Vaupel, Otto: Die röntgenographischen Verfahren zur Spannungsmessung und ihre derzeitigen Anwendungsmöglichkeiten in der Praxis. Bauing. **24**(1949)4 114—118.

— Bibliography on x-ray stress analysis. Califon (N. J.) St. John x-ray Lab. 1949 240 ref.; AMR **4**(1951)6 342.

Schneeman u. *T. E. Piper:* Röntgen-Schirmbild-Prüfung von Leichtmetall-Gußteilen. Metal Progr. **60**(1951)5 93—96; Aluminium **28**(1952)4 XII.

Bennett, J. A.: A study of fatigue in metals by means of x-ray strain measurements. Proc. SESA **9**(1952)2 105—112 4 ref.; Index Aeron. **8**(1952)9 33; AB **23**(1952)8 455.

Christenson, A. L. and *E. S. Rowland:* X-ray measurement of residual stress in hardened high carbon steel. Amer. Soc. for Metals Prepr. 22 Oct. 1952 29 p. 2 ref.; Index Aeron. 8(1952)11 69—70.

Juvan, Hugo: Die Anwendung von gammastrahlenden Isotopen in der zerstörungsfreien Materialprüfung. Berg- u. Hüttenmänn. Mh. 97(1952)9 165—176.

Müller, Ernst A. W.: Materialprüfung mit Gamma- und Betastrahlen. I. Radioaktive Stoffe und ihre physikalischen Eigenschaften. II. Gamma-Präparate und ihre Handhabung, Strahlenschutz. III. Festlegung der Aufnahmebedingungen bei der Gamma-Durchstrahlung. IV. Aufnahmetechnik. Detailerkennbarkeit. Durchleuchtung. ATM (1952)197 — V 91 194-1 127—130, (1953)209 — V 91 194-2 131—134, 211 — V 91 194-3 187—190, 213 — V 91 194-4 233—236; Stahl u. Eisen 74(1954)6 368.

Thomas, D. E.: Measurement of stress by x-rays. "Strength and testing of materials, Pt. 2", Sel. Govmt. Res. Rep. 6 1952.

Tucker, C. W. jr. and *H. V. Anderson:* X-ray stress measurements. Proc. SESA 9(1952)2 67—74 5 ref.; Index Aeron. 8(1952)9 32.

Turnbull, J. G. M.: Prüfung von Rohrschweißungen mit radioaktiven Isotopen. Welding & Metal Fabrication 20(1952) 70—73; Zerstörungsfreie Materialprüf. 5(1953)9/10 98; Stahl u. Eisen 74(1954)4 246.

von Arx, A.: Betatron- und Isotopenradiographie. Brown-Boveri-Mitt. 40(1953) 8 289—295; Stahl u. Eisen 74(1954)2 121.

Berthold, R.: Prüfung mit Röntgen-, Gamma- und Beta-Strahlen. Berg- u. Hüttenmänn. Mh. 98(1953)7/8 123—126.

Gilbert, Lew u. *Wm. B. Bunn:* Durchstrahlung von Schweißungen mit Röntgenund Gammastrahlen. Welding J. 32(1953)7 614—619, 33(1954)2 124—127; Stahl u. Eisen 74(1954)10 675.

Isenburger, Herbert R.: Anwendung radioaktiver Isotope für die zerstörungsfreie Prüfung von Gußstücken. Amer. Foundryman 24(1953)6 46—48; Stahl u. Eisen 74(1954)4 246.

Juvan, Hugo: Werkstoffprüfung mittels radioaktiver Isotopen. Berg- u. Hüttenmänn. Mh. 98(1953)7/8 140—141.

Kappler, Eugen u. *Ludwig Reimer:* Röntgenographische Untersuchungen über Eigenspannungen in plastisch gedehntem Eisen. Z. Angew. Phys. 5(1953)11 401—406; Stahl u. Eisen 74(1954)4 247.

Lüthy, A.: Zerstörungsfreie Werkstoffprüfung mit Gammastrahlen in unserer Fertigung. Brown-Boveri-Mitt. 40(1953)8 296—304; Stahl u. Eisen 74(1954)2 121.

Masi, O. u. *A. Erra:* Röntgenprüfung von Schweißarbeiten. Metallurgia Italiana 45(1953)8 273—283; Werkstoffe u. Korrosion 5(1954)11 455; Nachr.-Bl. AGM Leichtbau 4(1955)2 8—9.

Mittli, Edmund: Praktische Anwendung radioaktiver Isotopen in der zerstörungsfreien Werkstoffprüfung. Berg- u. Hüttenmänn. Mh. 98(1953)7/8 141—145.

Mitsche, Roland: Wesen und Entwicklungsmöglichkeiten der zerstörungsfreien Werkstoffprüfung. Berg- u. Hüttenmänn. Mh. 98(1953)7/8 121—123.

Müller, Ernst A. W.: Die Anwendung künstlich radioaktiver Isotope zur zerstörungsfreien Materialprüfung. Werkstatt u. Betrieb 86(1953)6 301—304; Stahl u. Eisen 73(1953)15 1000.

Müller, Ernst A. W.: Die Beurteilung technischer Röntgen- und Gammaaufnahmen als Problem der Meßtechnik. Z. VDI 95(1953)32 1093—1097 9 Lit.-St.; Stahl u. Eisen 74(1954)2 122.

Müller, Ernst A. W.: Künstlich radioaktive Isotope in der zerstörungsfreien Materialprüfung. Berg- u. Hüttenmänn. Mh. 98(1953)7/8 126—130.

Schaal, A.: Methodik und Anwendungsbeispiele der röntgenographischen Spannungsmessung. Schweiz. Arch. 19(1953)7 211—217 7 Lit.-St.

Beckmann, G.: Über röntgenographische Spannungsbestimmungen mit doppelt-gekrümmtem Film und mit Hilfe eines graphischen Verfahrens. Feingeräte-technik **3**(1954)1 15 ff.

Beckmann, Günther: Zur Berechnung röntgenographisch ermittelter Eigenspan-nungen und ihre Berücksichtigung bei statischen Berechnungen. Technik (Berlin) **9**(1954)10 559—564, 11 635—639 25 Lit.-St.

Bly, James H.: Non-destructive testing by radiography. (SAE Summer Meeting Atlantic City 1954) SAE Prepr. 304 June 1954 14 p.

Ebert, F.: Über Grenzen der Leuchtschirmbetrachtung von Leichtmetallteilen im Röntgenlicht. Aluminium **30**(1954)12 517—519.

Felix, W.: Zerstörungsfreie Materialprüfung mit Röntgen- und Gammastrahlen. Techn. Rdsch. (Bern) **46**(1954)17 17—19; Draht **6**(1955)1 24.

Möller, Hermann, Walter Grimm u. *Helmut Weeber:* Versuche über die Leistung eines 31-MeV-Betatrons bei der Durchstrahlung von Stahl. Arch. Eisenhütten-wes. **25**(1954)5/6 279—291; Stahl u. Eisen **74**(1954)14 909; Stahl u. Eisen **74** (1954)17 1096.

Wideröe, R.: Werkstoffprüfung mit Betatron-Röntgenstrahlen. Z. VDI **96**(1954) 15/16 450—456 8 Lit.-St.; Engrs. Dig. (1954)July 277 18 ref.

Blondel, A. et *P. Broquet:* L'examen gammagraphique des pièces moulées en alliages légers au moyen du radio-isotope Thulium 170. Fonderie (1955)110 4427—4433; Aluminium **31**(1955)7/8 A 157.

Lang, G.: Neue Möglichkeiten der Röntgendurchleuchtung von Stahl. Z. VDI **97** (1955)11/12 347—350 7 Lit.-St.

Ultraschallprüfung   4.43

Meyer, E. u. *G. Buchmann:* Über einfache Werkstoffprüfungen mit magneto-striktiven Ultraschallgeräten. Akust. Z. **3**(1938) 132—136.

Kruse, F.: Zur Werkstoffprüfung mittels Ultraschall. Akust. Z. **4**(1939) 153—168.

Czerlinsky, E.: Zerstörungsfreie Werkstoffprüfung durch Ultraschall. ZWB TB **10**(1943)4, Vorabdr. Jb. 1942 Dtsch. Luftf.-Forsch. 10. Lfg. 13—16.

Czerlinsky, E.: Bericht über zerstörungsfreie Sperrholzprüfung mit Ultraschall. ZWB UM 1042 1943 4 S.

Czerlinsky, E.: Bericht über zerstörungsfreie Lagerprüfung mit Ultraschall. ZWB UM 1069 1943 7 S.

Trost, A.: Nachweis von Werkstofftrennungen in Blechen mit Ultraschall. Z. VDI **87**(1943)23/24 352—354.

Erwin, E. A. and *G. N. Raßweiler:* Ultrasonic resonance applied to non destruct-ive testing. Rev. Sci. Instruments **18**(1947) 750—753.

Baud, R. V.: Über die physikalischen Grundlagen des Ultraschalles und seine Anwendung im Materialprüfungswesen. Schweiz. Bauztg. **66**(1948)14 185—190, 16 215—219.

Pohlman, Reimar: Werkstoffuntersuchung nach dem Schallsichtverfahren. Technik (Berlin) **3**(1948) 465—470.

Bastien, P., J. Bleton et *E. de Kerverseau:* Etudes d'anomalies de réflexion et de transmission se produisent lors du soudage par les ultra-sons des métaux. Rev. Metallurgie **46**(1949) 277—286.

Burton, Charles J. and *R. Bowling Barnes:* A visual method for demonstrating the path of ultrasonic waves through thin plates of material. J. Appl. Phys. **20**(1949)May 462—467; Met. Rev. **22**(1949)7 34.

Hitt, William C.: Ultrasonic testing of aircraft components. Iron Age **163**(1949)25 66—70; Met. Rev. **22**(1949)8 40; Index Aeron. **5**(1949)10 61.

Pohlman, Reimar: Über die Möglichkeit zerstörungsfreier Werkstoffprüfung mittels Ultraschall-Abbildungen. Schweiz. Bauztg. **67**(1949)6 85—90.

Schneider, William C. and *Charles J. Burton:* Determination of the elastic constants of solids by ultrasonic methods. J. Appl. Phys. **20**(1949)Jan. 48—58 10 ref.; Met. Rev. **22**(1949)3 39.

Smith, Rebecca H. and *Donald C. Erdman:* Immersed ultrasonic inspection. Iron Age **164**(1949)4./8. 83—88; Met. Rev. **22**(1949)9 43.

Baud, R. V. u. *E. Winkler:* Über den gegenwärtigen Stand der zerstörungsfreien Fehlerprüfung mittels Ultraschall. Schweiz. Techn. Z. **47**(1950)37 583—588 6 Lit.-St.; Index Aeron. **7**(1951)3 45.

Bergmann, L.: Anwendung von Ultraschall bei der Werkstoffprüfung. Z. VDI **92**(1950)25 711—718.

Nenweiler, N. G.: Les ultra-sons: définition, bases physiques et applications dans l'essai des matériaux. Schweiz. Techn. Z. **47**(1950)37 589—602; Index Aeron. **7**(1951)3 45.

Rüdiger, O.: Fortschritte in der zerstörungsfreien Werkstoffprüfung mit Überschall. Stahl u. Eisen **70**(1950)13 561—565 19 Lit.-St.; Engrs. Dig. **11**(1950)10 352—354; Index Aeron. **7**(1951)1 38.

Skudrzyk, Eugen: Die Anwendung des Ultraschalles bei der Materialprüfung. Öst. Ing.-Arch. **4**(1950)5 408—424 12 Lit.-St.; Index Aeron. **7**(1951)4 29.

Felix, W.: Die zerstörungsfreie Prüfung großer Schmiedestücke mit Ultraschall. Schweiz. Arch. **17**(1951)4 107—113 6 Lit.-St.; Index Aeron. **7**(1951)9 52.

Krautkrämer, H. u. *J. Krautkrämer:* Praktische Werkstoffprüfung mit Ultraschall. Z. VDI **93**(1951)13 349—362 18 Lit.-St.

Müller, W.: Ultraschall als Hilfsmittel der Materialprüfung. Werkstatt u. Betrieb **84**(1951)12 533—535.

Seemann, H. J.: Physikalisch-metallkundliche Gesichtspunkte bei der Werkstoffprüfung mit Ultraschall. Metall **5**(1951)23/24 531—537.

— Select bibliography of published references to ultrasonic non-destructive testing. A. C. S. I. L. Lib. Publ. 9 Febr. 1951 10 p. 98 ref., Publ. Dep. Res. Programmes and Planning, Admiralty; Index Aeron. **7**(1951)10 3.

— Symposium on ultrasonic testing. (52nd. Annual Meeting ASTM June 1949.) ASTM Spec. Techn. Publ. 101 1951 133 p.

Felix, W.: Practical ultrasonic material testing. (In English.) Sulzer Techn. Rev. (1952)2 19—31 2 ref.; Index Aeron. **9**(1953)2 35.

Lutsch, Adolf: Zerstörungsfreie Prüfung der Werkstoffe durch Überschall mit dem Laufzeit-Echoverfahren. Arch. Eisenhüttenwes. **23**(1952)1/2 57—65.

Morris, W. E., R. B. Stambaugh and *S. D. Gehman:* Ultrasonic method of tyre inspection. Rev. Sci. Instruments **23**(1952)12 729—734 9 ref.; Index Aeron. **9** (1953)4 49.

Reynolds, M. B.: The determination of the elastic constants of metals by the ultrasonic pulse technique. Amer. Soc. for Metals Prepr. 28 Oct. 1952 15 p. 9 ref.; Index Aeron. **8**(1952)12 93.

— Herstellung und Anwendung von Überschall. (136 Schrifttumsangaben aus den Jahren 1951—1952) Bücherei d. VDEh, Bibliographie Nr. 402 1952 5 S.; Stahl u. Eisen **72**(1952)18 1115.

Dickinson, Thomas A.: Verfahren zur Überschallprüfung von Gußstücken. Foundry Trade J. **95**(1953)1946 763—765; Stahl u. Eisen **74**(1954)4 246.

Gatto, F.: Elektroakustisches Verfahren zur Ermittlung der Elastizität bei erhöhter Temperatur aus der Dämpfung. Alluminio **22**(1953)5 507—521; Aluminium **30**(1954)4 LXXII.

Grossman, Nicholas: Einfluß der Korngröße bei der Überschallprüfung von Metallen. Iron Age **172**(1953)27 72—75; Stahl u. Eisen **74**(1954)6 368.

Hegenbarth u. *Scheuble:* Über neuere Erfahrungen bei der Untersuchung von Werkstücken mit Ultraschall. Bundesbahn **27**(1953)4 182—185.

Krainer, H.: Einführende Bemerkungen zur Überschallprüfung. Berg- u. Hüttenmänn. Mh. **98**(1953)7/8 147—149.

Krainer, Helmut u. *Ekkehart Krainer:* Überschallprüfung nach dem Durchschallungs- und Impulsecho-Verfahren. Arch. Eisenhüttenwes. **24**(1953)5/6 229—236.

Krautkrämer, Josef u. *Walter Roth:* Werkstoffprüfung mit Ultraschall in der Leichtmetall-Halbzeugindustrie. Z. Metallkde. **44**(1953)5 198—205; Werkstoffe u. Korrosion **5**(1954)4 146; Nachr.-Bl. AGM Leichtbau **3**(1954)7 7; Stahl u. Eisen **73**(1953)15 1000.

Martin, E. u. *Karl Werner:* Prüfung verwickelt geformter Teile mit Überschall. Arch. Eisenhüttenwes. **24**(1953)9/10 411—422; Stahl u. Eisen **74**(1954)2 122.

Parker, Frank C.: Fehlerauffindung durch Ultraschall. Welding Engr. **38**(1953)1 26—27, 54—55; Chem. Zbl. **125**(1954)30 6815.

Pohlman, Reimar: Werkstoffuntersuchung mit dem Schallbildverfahren. Berg- u. Hüttenmänn. Mh. **98**(1953)7/8 149—150.

Pohlman, Reimar: Ultraschall zur zerstörungsfreien Prüfung von Drähten. Draht **4**(1953)6 211—214.

Pohlman, Reimar: Ultraschall-Serienprüfung kleinerer und komplizierterer Werkstücke mit dem Sonometer. Berg- u. Hüttenmänn. Mh. **98**(1953)7/8 151—152.

Siedhianho, A.: Echotest und Porotest. Neue Wege und Möglichkeiten in der zerstörungsfreien Werkstoffprüfung mit Ultraschall. Berg- u. Hüttenmänn. Mh. **98**(1953)7/8 162—164.

Skudrzyk, Eugen: Die Materialprüfung mit Ultraschall. Berg- u. Hüttenmänn. Mh. **98**(1953)7/8 165—168.

Wilson, R.: Recent developments in the ultrasonic inspection of thin metallic sheet or plate. Sheet Metal Industries **30**(1953)310 146—160 10 ref.; Index Aeron. **9**(1953)4 49.

Bordoni, P. G. and *M. Nuovo:* Generalization of an electrostatic method for ultrasonic measurement of elastic and anelastic constants of solids. Acustica **4**(1954)1 184—187; Phys. Abstr. **57**(1954)679 6940; Index Aeron. **10**(1954)10 68.

Foulon, A.: Zur Frage der Werkstoffprüfung. Stahlbau **23**(1954)8 190—191.

Krautkrämer, Josef: Fortschritte der Werkstoffprüfung mit Ultraschall. Z. Metallkde. **45**(1954)4 154—157; AB **25**(1954)6 395; Index Aeron. **10**(1954) 7 59.

Lucas, Gerhard u. *Adolf Lutsch:* Bestimmung der Seigerungszonen im Gußblock einer Aluminium-Magnesium-Silizium-Legierung mit dem Ultraschall-Reflexionsverfahren. Z. Metallkde. **45**(1954)4 158—160.

Lutsch, Adolf: Das Ultraschall-Impuls-Reflexions-Verfahren zur zerstörungsfreien Werkstoffprüfung III. Praktische Erfahrungen bei der Untersuchung von Schweißnähten und Rohren. Durchstrahlungsprüfungen. ATM (1954)5 109—110 7 Lit.-St.; Schweißtechnik (Berlin) **4**(1954)11 334.

Michalski, Alfred: Die Überschall-Durchlässigkeit von Stahl und ihre Bedeutung für die Prüfergebnisse mit dem Impulsecho-Verfahren. Stahl u. Eisen **74**(1954) 1 26—33, 4 246.

Minton, Willard C.: Inspection of metals with ultrasonic surface waves. Nondestructive Testing **12**(1954)4 13—16; AB **25**(1954)9 644—645.

Morgan, J. B.: Some factors of importance in ultrasonic testing. Nondestructive Testing **12**(1954)3 13—18; AB **25**(1954)7 473.

Pohlman, Reimar: Methoden der Ultraschallprüfung in der metallverarbeitenden Industrie. Z. Metallkde. **45**(1954)4 161—165.

Rectenwald, R. L.: Anwendung des Überschalls für die Erhaltungsarbeit und für die Güteprüfung der Erzeugnisse. Iron & Steel Engr. **31**(1954)9 77—87; Stahl u. Eisen **74**(1954)27 1795.

Seemann, H. J. u. *W. Bentz:* Beitrag zur Theorie und Praxis der Materialprüfung mit Ultraschall. Metall **8**(1954)1/2 1—11; Stahl u. Eisen **74**(1954)8 496; AB **25** (1954)3 174.

Smack, J. C.: Immersed ultrasonic inspection with automatic scanning and recording or warning signal. Non-Destructive Testing 12(1954)3 29—23; Index Aeron. 10(1954)9 65.

Theis, Erich u. *Klaus Barteld:* Untersuchungen an Prüfkörpern mit bekannten Fehlern zur Kennzeichnung der Arbeitsbedingungen bei der Überschallprüfung. Arch. Eisenhüttenwes. 25(1954) 159—164; Stahl u. Eisen 74(1954) 10 665.

Weller, Edward F. jr.: ABC's of ultrasonic inspection. (SAE Summer Meeting Atlantic City 1954) SAE Prepr. 306 June 1954 26 p. 12 ref.

— Some applications of ultrasonic testing. Machinery (London) 85(1954)2172 3—10; Index Aeron. 10(1954)9 65.

Krautkrämer, J. u. *H. Krautkrämer:* Blechprüfung mit Ultraschall. Mitt. Forsch.-Ges. Blechverarb. (1955)8 97—103.

Krautkrämer, J. u. *H. Krautkrämer:* Werkstoffprüfung mit Ultraschall nach dem Echolotverfahren. Elektronische Rdsch. 9(1955)6 238—241.

Lehfeldt, W.: Ultraschall-Prüfung von Blechen und Bändern. Elektronische Rdsch. 9(1955)4 135—138.

Türk, W., W. Knorr u. *K. Barteld:* Vergleichsversuche zur Anzeigegenauigkeit der Überschallprüfung bei großen Schmiedestücken. Stahl u. Eisen 75(1955) 10 629—633.

Magnetische und elektrische Prüfung 4.44

Wiegand, H.: Zerstörungsfreie Werkstoffprüfung von Maschinenteilen durch Magnetisierung. Z. Techn. Physik 18(1937) 281—285.

Jellinghaus, W. u. *F. Stäblein:* Zerstörungsfreie Feststellung von Dopplungen in Blechen. Techn. Mitt. Krupp, Forsch.-Ber. 4(1941)3 31—36; Techn. Z.-Schau 26(1941)15 260.

Lohberg, O.: Praxis zerstörungsfreier Werkstoffprüfung. Ferroskop-Ferrolux-Verfahren. DMZ 18(1941)5 204, 206.

Lohberg, O.: Praxis zerstörungsfreier Werkstoffprüfung. Ferropuls-Stromstoßverfahren. DMZ 18(1941)8 328, 330.

Müller, Ernst A. W.: Praxis zerstörungsfreier Werkstoffprüfung. Probleme der Magnetisierung und Erfordernisse der Serienprüfung beim Magnetpulververfahren. DMZ 18(1941)10 480, 482, 484.

Müller, Ernst A. W.: Zerstörungsfreie Werkstoffprüfung nach dem Magnetpulververfahren. II. Anwendung im Maschinen- und Motorenbau. ATM (1949) Jan. — T 8—T 10 6 S.; Met. Rev. 22(1949)7 43.

Robinson, I. R.: Magnetic and inductive non-destructive testing of metals. Metal Treatment & Drop Forging 16(1949)Spring 12—24 83 ref.; Met. Rev. 22(1949) 6 40.

Jellinghaus, Werner: Neuere Entwicklungen in der zerstörungsfreien Werkstoffprüfung nach elektrischen und magnetischen Verfahren. Düsseldorf: Verl. Stahleisen 1950 9 S.

Beuse, Hans u. *Herbert Koelzer:* Erfahrungen mit der magnetinduktiven Prüfung von Stabstahl auf Risse. Arch. Eisenhüttenwes. 23(1952)9/10 363—367.

Förster, Friedrich u. *Helmut Breitfeld:* Zerstörungsfreie Werkstoffprüfung mit Wirbelstromverfahren. Praktische Ergebnisse und industrielle Anwendungen des Tastspulverfahrens. Z. Metallkde. 43(1952)5 172—180.

Jellinghaus, Werner: Magnetische und elektrische Verfahren der zerstörungsfreien Prüfung. Berg- u. Hüttenmänn. Mh. 98(1953)7/8 168—174.

Müller, Ernst A. W.: Magnetpulverprüfung. Berg- u. Hüttenmänn. Mh. 98(1953) 7/8 178—180.

Schweizerhof, S.: Analyse magnétique de l'état des contraintes résiduelles après déformation plastique et fatigue. ONERA NT 17 1953 52 p. 54 ref.; Index Aeron. 10(1954)5 53.

Beuse, Hans u. *Herbert Koelzer:* Industrielle Erfahrungen mit dem Magnatest-Q-Gerät. Z. Metallkde. 45(1954)12 677—686.

Bunge, Gerhard: Betriebliche Anwendung eines Tastspulgerätes bei Nichteisen-Metallen. Z. Metallkde. 45(1954)4 204—206.

Förster, Friedrich: Wirbelstromverfahren zur zerstörungsfreien Werkstoffprüfung von Metallen. Aluminium 30(1954)12 511—516.

Förster, Friedrich: Theoretische und experimentelle Grundlagen der elektromagnetischen Qualitätssortierung von Stahlhalbzeug und Stahlteilen. I. Das magnetinduktive Verfahren bei alleiniger Berücksichtigung der Grundwelle. IV. Das Restfeldverfahren. Z. Metallkde. 45(1954)4 206—211, 233—238.

Förster, Friedrich, Kurt Stambke u. *Helmut Breitfeld:* Theoretische und experimentelle Grundlagen der zerstörungsfreien Werkstoffprüfung mit Wirbelstromverfahren. III. Verfahren mit Durchlaufspule zur quantitativen zerstörungsfreien Werkstoffprüfung. IV. Praktische Wirbelstromgeräte mit Durchlaufspule zur quantitativen zerstörungsfreien Werkstoffprüfung. V. Die quantitative Rißprüfung von metallischen Werkstoffen mit der Durchlaufspule. VI. Die berührungsfreie Messung der Dicke und Leitfähigkeit von metallischen Oberflächenschichten, Folien und Blechen. 1. Teil: Theoretische Grundlagen. VII. Die magnetinduktive Rißprüfung von Stahl. Z. Metallkde. 45(1954)4 166—179, 180—187, 188—193, 197—199, 221—226.

Förster, Friedrich u. *Gustav Zizelmann:* Die schnelle zerstörungsfreie Bestimmung der Blechanisotropie mit dem Restpunktpolverfahren. Z. Metallkde. 45 (1954)4 245—249.

Grass, Paul: Betriebliche zerstörungsfreie Prüfung in der Automobil-Industrie. Z. Metallkde. 45(1954)4 218—220.

Keil, Albert u. *Carl-Ludwig Meyer:* Die zerstörungsfreie Rißprüfung von Wolframstäben nach dem Wirbelstromverfahren. Z. Metallkde. 45(1954)4 194—196.

Keil, Albert u. *Gertrud Offner:* Über die Prüfung von Metallbelägen auf Isolierstoffen mit einèm Wirbelstromverfahren. Z. Metallkde. 45(1954)4 200—203.

Krainer, Helmut: Betriebliche Erfahrungen mit der elektromagnetischen Sortentrennung von Stählen. Z. Metallkde. 45(1954)4 212—217.

Ortheil, Johannes: Kritische Betrachtungen der magnetischen Sortierung von Stahlteilen in der Massenfertigung. Z. Metallkde. 45(1954)4 243—244.

Sprungmann, Karl: Betriebliche Erfahrung der Wirbelstrom-Rißprüfung bei Stahlhalbzeug. Z. Metallkde. 45(1954)4 227—230.

Wieland, Friedrich u. *Friedrich Rosche:* Elektronische Fehlersortierung mit dem Multitest-Gerät. Z. Metallkde. 45(1954)4 231—233.

Hadfield, D.: Magnetic measurement of the hardness of metals. IV. Metal Treatm. & Drop Forging (1955)June 239—244 98 ref.; Aeron. Engng. Rev. 14(1955)9 88.

Statische und dynamische Bauteilfestigkeitsversuche und Methoden der Spannungsermittlung   4.5

Statische und dynamische Bauteilversuche   4.51

Saunders, H. E. and *D. F. Windenburg:* The use of models in determining the strength of thin-walled structures. Trans. ASME 54(1932) APM-54-25 263—275.

Saran, W.: Die Messung der Beanspruchungen und Schwingungen in Kraftwagenfahrgestellen. ATZ 37(1934)14 363—365. [6.252.41].

Ebner, Hans, Walter Lücker u. *Albert Tonski:* Akustische Bestimmung der Spannung von Stahldrähten. ZWB FB 222 1935 43 S.

Berg, Siegfried: Gestaltfestigkeitsversuche der Industrie. Z. VDI **81**(1937)17 483—487.

Ebner, Hans u. *Walter Lücker:* Akustische Messung der Stabkräfte von ebenen und räumlichen Fachwerken an Modellen. ZWB FB 814 1937 64 S.

Thum, August u. *G. Bergmann:* Dauerprüfung von Formelementen und Bauteilen in natürlicher Größe. Z. VDI **81**(1937)35 1013—1018 29 Lit.-St.

Golowanow, I. P.: Methoden der Spannungsmessung bei statischen Versuchen an Flugzeugkonstruktionen. ZAHI-Ber. 378 1938; Luftf. Schrifttum Ausland Febr. 1944 78 S.

Schiebold, E.: Spannungsmessungen an Werkstücken. (Hrsg. Dtsch. Ges. Techn. Röntgenkde. beim Dtsch. Verband f. d. Materialprüf. d. Techn.) 1938 216 S.

Berg, Siegfried: Zur Technik des Schwingerversuchs. Z. VDI **85**(1941) 605—608.

Schilling, W. G. u. *A. Theis:* Schwingungs- und Dehnungsmessungen im Automobilbau. ATZ **44**(1941)2 43—46.

Bonnell, William H.: Aircraft static testing and its relation to stress analysis. Proc. SESA **1**(1943)2.

Gadd, C. W.: The application of experimental stress analysis to engine design. Proc. SESA **1**(1943)1.

Lehr, Ernst: Betriebssichere Gestaltung durch Anwendung der Festigkeitsmeßtechnik. Werft-Reederei-Hafen **24**(1943)6 85—94.

Svenson, Otto: Dehnungsmessungen an einfachen Bauelementen. ATZ **46**(1943) 21/22 509—514.

Tucker, Maurice: Vibratory-stress measurements in aircraft-engine parts. Proc. SESA **1**(1943)1.

Gadd, C. W. and *N. A. Ochiltree:* Full scale fatigue testing of crankshafts. Proc. SESA **2**(1944)2.

McPherson, A. E.: Measurement of residual stresses in a magnesium casting. Proc. SESA **2**(1944)1.

Broadbent, E. C. and *D. L. Woodcock:* The measurement of structural stiffnesses of aircraft. ARC R & M 2208 March 1945 15 p.; Index Aeron. **4**(1948)5 68.

Walker, P. B.: Stability of an aircraft structure in a strength test frame. J. Roy. Aeron. Soc. **51**(1947)440 704—714; Index Aeron. **4**(1948)4 27—28.

Föppl, Hayo: Messungen der Spannungen und der plastischen Verformungen an oberflächen-gedrückten Probekörpern. Mitt. Wöhler Inst. TH Braunschweig H. 41 1948 67 S.

Votta, F. A. jr.: Fatigue testing of wire. Wire & Wire Products **23**(1948)Dec. 1117—1123.

Winson, J.: The testing of rotors for fatigue life. Inst. Aeron. Sci. Prepr. Jan. 1948 44 p. 6 ref.; Index Aeron. **4**(1948)6 58.

— Experimental stress analysis: Techniques, Limitations, applications and results. Product Engng. (1948)Apr. 24 p.

Schmidt, E.: Model tests to determine the dimensions of structures. Schweiz. Bauztg. **67**(1949)39 555—561.

Guyot, H. et *Gerrit Schimkat:* Les essais de fatigue à plusieurs étages. Rech. Aéron. (1950)18 3—9. [1.343.31].

Kuenzi, Edward W.: Testing of sandwich constructions at the Forest Products Laboratory. ASTM Bull. 164 Febr. 1950 21—28; Holz-Zbl. **76**(1950)64/65 695; AMR **4**(1951)2 94.

Loughborough, D. L. a. o.: The measurements of strains in tyres. Canadian J. Res. **28** F(1950)12 490—501; Index Aeron. **7**(1951)8 67.

Soete, W. and *R. Vancrombrugge:* An industrial method for the determination of residual stresses. Proc. SESA **8**(1950)1 17—28 5 ref.; Index Aeron. **7**(1951) 12 40.

— Methods for conducting mechanical tests of sandwich construction at normal temperatures. FPL Rep. 1556 Febr. 1950.

Erker, Armin u. *Otto Svenson:* Kraftmessung bei wechselnder Beanspruchung. ATM (1951)182 — V 131—1.

Meadows, R. jr.: Deflection tests of plastic models. Proc. SESA **8**(1951)2 117—128 10 ref.; Index Aeron. **7**(1951)12 49.

Bühler, Hans: Ermittlung der Eigenspannungen an fertigen Bauteilen. Arch. Eisenhüttenwes. **23**(1952)7/8 293—297.

Emschermann, H. H.: Dehnungsmeßverfahren in der Festigkeitsforschung. Konstruktion **4**(1952)7 200—204.

George, P. F. and *H. A. Diehl:* Indentification of fractures in cast magnesium alloys. Metal Progr. **62**(1952)4 121—122; AB **23**(1952)11 638—640.

Hawkes, J. M. and *Fieldman:* The measurement of stresses in framed structures. Civil Engng. **47**(1952)544 644—646.

Kooistra, L. F., R. U. Blaser u. *J. T. Tucker jr.:* Ermittlung der Zeitstandfestigkeit an Rohrproben. Trans. ASME **74**(1952) 783—792; Stahl u. Eisen **74**(1954)6 368.

Markl, A. R. C.: Dauerschwingversuche an Rohrleitungsteilen. Trans. ASME **74**(1952) 287—303; Stahl u. Eisen **74**(1954)6 368.

Peppler, W.: Der Versuch als Grundlage beanspruchungsgerechter Konstruktion. Z. VDI **94**(1952)26 873—878.

Schwaigerer, S.: Experimentelle Ermittlung der Spannungen in Bauteilen. Z. VDI **94**(1952)32 1025—1036.

Walker, P. B.: The experimental approach to aircraft structural research. J. Aeron. Sci. **19**(1952)3 145—160; Aircr. Engng. **24**(1952)277 62—71; AB **23** (1952)4 222.

Bissett, J. C.: Research and structural testing. Aircr. Production **15**(1953)173 106—111.

Braun, Winfried: Strength tests by towing in water. Aircr. Engng. **25**(1953)287 22—25; Index Aeron. **9**(1953)3 63.

Coron, P.: Dauerschwingversuch an Bauteilen mittlerer Größe. Rev. Métallurgie **50**(1953)11 761—767; Stahl u. Eisen **74**(1954)4 245.

de Leiris, H.: Some notes on the fatique test as applied to components and structures. Schweiz. Arch. **19**(1953)7 203—211 9 ref.; Index Aeron. **9**(1953) 11 41.

Okubo, H.: Determination of the surface stress by means of electroplating. J. Appl. Phys. **24**(1953)9 1130—1133 3 ref.; Index Aeron. **9**(1953)12 45.

Rondeel, J. H.: Some particulars about measuring methods used in structural testing at the N. L. L. Ingenieur **65**(1953)10 L 1—L 6 6 ref.; Index Aeron. **9** (1953)6 43.

Rossetti, U.: Dauerschwingversuche an Drahtseilen. Ingegnere **27**(1953)7 769—771; Engrs' Dig. **14**(1953)11 425—426, 444; Stahl u. Eisen **74**(1954)4 245.

Thiel, R.: Zur Praxis der dynamischen Dehnungsmessung. ATM (1953)207 — I 135—2 79—82.

— Structural testing at Short Brothers and Harland. Aircr. Engng. **25**(1953)290 116—118; Index Aeron. **9**(1953)6 43.

Bergmann, Walter: Messung der Beanspruchungszustände an Bauteilen von Landmaschinen. Konstruktion **6**(1954)1 21—25.

Chapman, J. C. and *S. R. Sparkes:* Plane frame for testing structures. Engineer **198**(1954)5155 654—655.

Erker, Armin: Dehnungsmessungen an geschweißten Bauteilen. Schweißen u. Schneiden **6**(1954)2 66—69.

Hegenbarth, F.: Die Prüfung tragender Gummielemente für Eisenbahnfahrzeuge. Eisenbahntechn. Rdsch. (1954) Sonder-Nr. 3 21—31.

Meyer, J. H.: Test development of structures designed understrength. Inst. Aeron. Sci. Prepr. 470 1954 42 p.; Aeron. Engng. Rev. **13**(1954)10 54—64; Index Aeron. **10**(1954)10 121.

Puchner, Otto: Zur Frage der bauteilstatischen und bauteildynamischen Messungen. Schweißtechnik (Berlin) 4(1954)12 360—364 5 Lit.-St.

Schiff, Edward: Testing fatigue life of skin panels. Aero Dig. 70(1955)5 42, 44, 46.

Mechanische Spannungsmeßverfahren   4.52

Rötscher, F.: Die Ermittlung der Spannungsverteilung in Konstruktionsteilen durch Dehnungsmessungen. Z. VDI **77**(1933)4 373—378.

Pirkl, J.: Dehnungsmessung mittels bandgeführter Differentialrolle. Z. VDI **79** (1935)30 923—925.

Bollenrath, Franz: Über mechanische Verfahren zur Bestimmung der Eigenspannungen. Jb. 1936 Lil.-Ges. 278—311.

Crumbiegel, J.: Ermittlung von Drehspannungen aus Dehnungsmessungen. Z. VDI **80**(1936)4 101—102.

Rötscher, F.: Beiträge zur Ermittlung der Spannungsverteilung durch Dehnungsmessungen. (Masch. Elemente-Tagung, Aachen) Berlin: VDI-Verl. 1936.

Siebel, Erich: Spannungsmeßverfahren. Jb. 1936 Lil.-Ges. 265—277.

Berg, Siegfried: Dynamische Spannungsmessungen. „Prüfen und Messen", Berlin: VDI-Verl. 1937 138—142; Z. VDI **81**(1937)10 295—298.

Heck, O. S.: Untersuchung ebener Spannungszustände mit Hilfe von Dehnungsmessern. Ing.-Arch. **8**(1937)1 30—34.

Thum, August, Otto Svenson u. H. Weiß: Spannungsermittlung an Konstruktionsteilen durch Feindehnungsmesser. Dtsch. Kraftf.-Forsch. Zwischenber. Nr. 12 1938.

Ford, Hugh: Mechanical methods for the measurement of internal stress. "Symposium on Internal Stresses in Metals and Alloys", London: Inst. of Metals Monogr. Rep. Ser. 3 1948 3—11; AMR 2(1949)11 245; Met. Rev. **22** (1949)4 35.

Knight, A. and *H. E. Morgan:* Mechanical methods of measuring internal stress: split ring method as applied to a cold drawn cylindrical cup. "Strength and testing of materials, Pt. 2", Sel. Govmt. Res. Rep. 6 1952.

Hausseguy, L. et *H. Martinod:* Nouveau procédé non destructif pour la détermination des contraintes résiduelles superficielles. Rech. Aéron. (1954)37 43—50 8 ref.

Elektrische Spannungsmeßverfahren   4.53

Anderson, A. R. and *C. R. Nevitt:* Application of electric strain gages to shipbuilding problems. Proc. SESA 1(1943)1.

Gibbons, C. H.: The use of the resistance wire strain gage in stress determination. Proc. SESA 1(1943)1.

Grover, H. J.: The use of electric strain gages to measure repeated stresses. Proc. SESA 1(1943)1.

Aughtie, F.: Electrical resistance wire strain gauges. Engineer **177**(1944)4602 237.

Baumberger, R. and *F. Hines:* Practical reduction formulas for use on bonded wire strain gages in two-dimensional stress fields. Proc. SESA 2(1944)1.

Campbell, William R.: Performance tests of wire strain gages. I. Calibration factors in tension. II. Calibration factors in compression. NACA TN 954 Nov. 1944, TN 978 Sept. 1945.

Dorey, S. F.: Wire-wound electrical resistance strain gauges. Engineer **177**(1944) 4609 375—376, 4610 386—387.

Flax, A. H. and *M. C. Wardle:* Application of electric strain gages to aircraft design problems. Proc. SESA 2(1944)1.

de Forest, A. V. and *F. B. Stern jr.:* Stresscoat and wire strain gage indications of residual stresses. Proc. SESA 2(1944)1 161—169. [4.55].

Woodford, C. G. A.: Electrical strain gauging. Aircr. Production **6**(1944)67 245—249.

Anderson, A. R.: Entwicklung und Anwendung der elektrischen Dehnungsmesser zur Messung von statischen und dynamischen Spannungen. Schweiz. Arch. **13**(1947)11 321—336.

Gotthard and *J. V. A. Gustafsson:* Some basic characteristics of wire strain gauges and bridge circuits for these gauges. FFA Rep. 22 1947 17 p.; Index Aeron. **4**(1948)6 27.

Strömberg, L. A.: Electric resistance wire strain gage technique in aircraft structural work. Trans. Instruments & Measurements Conf. (Stockholm) 1947 118—122; Met. Rev. **22**(1949)7 35.

Bennett, G. E.: Summary of additional electrical methods of strain measurement. "Measurement of stress and strain in solids", London: Inst. of Physics 1948 87—110 40 ref.; Met. Rev. **22**(1949)3 35.

Bull, F. B.: A note on the use of resistance strain gauges in ships. "Measurement of stress and strain in solids", London: Inst. of Physics 1948 49; Met. Rev. **22**(1949)3 34.

Floor, W. K. G.: English methods and apparatus for static measurements with electrical resistance strain gauges. NLL Rep. S. 339 1948.

George, E. P.: High-frequency strain gauges. "Measurement of stress and strain in solids", London: Inst. of Physics 1948 42—48; Met. Rev. **22**(1949)3 34.

Guarnieri, Glen and *James Miller:* Strain gage for testing sheet metal at high temperature. Metal Progr. **54**(1948)5 692—694; Met. Rev. **22**(1949)1 35; Index Aeron. **5**(1949)3 41.

Jones, Eric: Some physical characteristics of the wire-resistance strain gauge. "Measurement of stress and strain in solids", London: Inst. of Physics 1948 1—26; Met. Rev. **22**(1949)3 34.

Rankine, J., W. H. Bailey and *F. P. Stanton:* Resistance strain gauges for the measurement of roll force, torque and strip tension. J. Iron & Steel Inst. **160**(1948)Dec. 381—387; Met. Rev. **22**(1949)2 43.

Rogers, G. L.: Sensitivity chart for wire resistance strain gages. Proc. SESA **6**(1948)2 61—63; Met. Rev. **22**(1949)4 34.

Sappa, Oreste: Misura delle sollecitazioni col metodo della variazione di resistenza. (Determination of stress by the method of variation of electric resistances.) Metallurgia Ital. **40**(1948)Nov./Dec. 219—222; Met. Rev. **22**(1949) 3 35.

Swainger, K.: The measurement and interpretation of post-yield strains. Proc. SESA **5**(1948)2 1—8 15 ref.; Index Aeron. **4**(1948)10 29.

Zick, L. P. and *C. E. Carlson:* Strain gage survey around the supports of a 48-foot diameter hortonsphere. Proc. SESA **6**(1948)2 41—52; Met. Rev. **22**(1949)4 34.

Budd, R. T. and *R. J. Parker:* Wire strain gauges. Metal Industry **75**(1949)25 511—514, 521 6 ref.; Index Aeron. **6**(1950)6 27.

Hizer, Robert C.: Testing vehicle components with strain gages. Product Engng. **20**(1949)Apr. 134—137; Met. Rev. **22**(1949)5 36.

Ruge, Arthur C.: Bonded resistance wire gages for strain measurements. Product Engng. **20**(1949)1 116—117; Index Aeron. **5**(1949)5 46; Met. Rev. **22**(1949)2 32.

Salles, F. T.: Determination d'un état plan des contraintes à aide d'un extensiomètre à résistance électrique à trois directions (rosette). Abaques practiques d'emploi. Publ. Sci. Ministère Air BST 112 Déc. 1949 41 p. 12 ref.; Index Aeron. **6**(1950)10 31.

Tannahill, A. L.: Application of electrical resistance strain gauges. Engineer **187**(1949)10./6. 630—633; Met. Rev. **22**(1949)8 35.

— Gages measure strain on rotating engine parts. SAE J. **57**(1949)Apr. 46—49; Met. Rev. **22**(1949)5 36.

Day, E. E.: Characteristics of electric strain gauges at low temperatures. Proc. SESA **8**(1950)1 133—142 6 ref.; Index Aeron. **7**(1951)12 41.

Fink, Kurt: Eine dynamische Eichung von Dehnungsmeßstreifen. Arch. Eisenhüttenwes. **21**(1950)3/4 137—142.

Fink, Kurt: Der Dehnungsmeßstreifen. Ein neuer Meßfühler für statische und dynamische Beanspruchungen von festen Körpern. Z. VDI **92**(1950)4 89—94 23 Lit.-St.

Girard, J. and *M. Delière:* A new use for strain-gauges in flight testing. Aircr. Engng. **22**(1950)254 106—108; Index Aeron. **6**(1950)7 30.

Guerra, G.: Lo studiostatico con gli estensimetri a resistenza delle strutture composte di travi e di archi. (Determination of the stresses in a structure composed of straight or curved beams by the use of strain gauges.) Aerotecnica **30**(1950)4 188—192; Index Aeron. **7**(1951)6 85.

Riparbelli, C.: A method for the determination of initial stresses. Proc. SESA **8**(1950)1 173—196; Index Aeron. **7**(1951)12 41.

Bredner, R.: Stahleinsparung durch Dehnungsmeßstreifen. Konstruktion **3**(1951) 9 283—284.

Bühler, Hans: Grundlagen und Anwendungen des Dehnungsmeßstreifens. Werkstatt u. Betrieb **84**(1951)10 478.

Carpenter, J. E. and *L. D. Morris:* A wire resistance strain gage for the measurement of static-strains at temperatures up to 1600 deg. F. Proc. SESA **9**(1951) 1 191—200 4 ref.; Index Aeron. **8**(1952)4 34.

Day, E. E.: Characteristics of electric strain gages at elevated temperatures. Proc. SESA **9**(1951)1 141—150 7 ref.; Index Aeron. **8**(1952)4 33.

Gondel, H.: Cinq articles sur les strain-gauges. Rech. Aéron. (1951)20 25—26; Index Aeron. **7**(1951)8 30.

Gorton, R. E.: Development and use of high temperature strain gages. Proc. SESA **9**(1951)1 163—176 5 ref.; Index Aeron. **8**(1952)4 34.

Huggenberger, A. U.: Die neuere Entwicklung der aufklebbaren, elektrischen Widerstandsdehnungsgeber und die Bedeutung der Wheatstoneschen Schaltung als Meßverfahren. Schweiz. Arch. **17**(1951)11 321—332; Index Aeron. **8** (1952)8 43.

Kemp, R. H. a. o.: Advances in high-temperature strain gauges and their application to the measurement of vibratory stresses in hollow turbine blades during engine operation. Proc. SESA **8**(1951)2 209—228 6 ref.; Index Aeron. **7**(1951)12 42.

Koch, J. J.: Dehnungsmeßstreifen. (Philips Techn. Bibl.) 1951 104 S.

Walter, M. A.: Structural load measurements on complex aircraft components using strain-gauge summation circuits. J. Aeron. Sci. **18**(1951)2 101—106 5 ref.; Index Aeron. **7**(1951)7 49.

Boitem, R. G. and *W. Ten Cate:* A routine method for the measurement of residual stresses in plates. (In English.) Appl. Sci. Res. **3** A(1952)5 317—343 12 ref.; Index Aeron. **9**(1953)3 60.

Bühler, Hans u. *Walter Schreiber:* Messung von Eigenspannungen in Stangen und Rohren mittels Dehnungsmeßstreifen. Z. VDI **94**(1952)8 216—218 7 Lit.-St.; Index Aeron. **8**(1952)8 73.

Fink, Kurt u. *H. Mintrop:* Anwendung des Dehnungsmeßstreifens in Anlagen für spannende und umformende Fertigung. Werkstattstechn. u. Maschinenb. **42**(1952)7 287—289; Nachr.-Bl. AGM Leichtbau **1**(1952)5 11.

Fink, Kurt u. *Christof Rohrbach:* Eigenschaften und Handhabung technischer Dehnungsmeßstreifen. Arch. Eisenhüttenwes. **23**(1952)1/2 75—81.

Huggenberger, A. U.: Die Bedeutung der Wheatstoneschen Schaltung als Meßverfahren bei der Anwendung der aufklebbaren, elektrischen Widerstanddehnungsgeber. Schweiz. Arch. **18**(1952)4 105—116; Index Aeron. **8**(1952)8 43.

Jones, E. and *K. R. Maslen:* The physical characteristics of wire resistance strain gauges. ARC R & M 2661 1952 44 p. 19 ref.; Index Aeron. **9**(1953)3 26—27.

Krisement, Otto: Praktische Spannungsanalyse mit Dehnungsmeßstreifen. Arch. Eisenhüttenwes. **23**(1952)3/4 157—161.

Scott, I. G. and *J. E. Morris:* Measurement of strain in timber. With special reference to the use of resistance strain gauges. Counc. Sci. Industr. Res. Organization Forest Prod. News Letter (South Melbourne) (1952)190 3—6.

Swenson, George W.: Analysis of nonuniform columns and beams by a simple d. c. network analyzer. J. Aeron. Sci. **19**(1952)4 273—275, 278.

Fink, Kurt u. *Christof Rohrbach:* Praktische Messungen mit Dehnungsmeßstreifen. Z. VDI **95**(1953)9 265—273.

Hempel, Max u. *Kurt Fink:* Nachprüfung der Lastanzeige von Dauerschwing-Prüfmaschinen. Arch. Eisenhüttenwes. **24**(1953)1/2 83—91; Draht **4**(1953)7 275.

Mainstone, R. J.: Vibration-wire strain gauge for use in long term tests on structures. Engng. **176**(1953)4566 153—156 16 ref.; Index Aeron. **9**(1953)10 45.

Rohrbach, Christof: Das Dehnungsmeßstreifen-Verfahren. II. Eigenschaften technischer Dehnungsmeßstreifen. ATM (1953)213 — J 135—5 237—240; Stahl u. Eisen **74**(1954)6 368.

Skopinski, T. H., W. S. Aiken jr. and *W. B. Huston:* Calibration of strain gauge installations in aircraft structures for the measurement of flight loads. NACA TN 2993 Aug. 1953 70 p. 12 ref.; Index Aeron. **9**(1953)12 40.

Tussing, Fr. u. *Christof Rohrbach:* Dehnungsmessungen an Teilen der Rheinbrücke Düsseldorf-Neuss mit Dehnungsmeßstreifen. Stahlbau **22**(1953)3 61—64.

(Wever, F. u. *Kurt Fink):* Eigenschaften und Anwendung von Dehnungsmeßstreifen. (Forsch.-Ber. Wirtsch.- u. Verkehrsministerium Nordrhein-Westfalen Nr. 44) Köln-Opladen: Westdeutscher Verl. 1953 57 S.

Faure, Gérard: Stabilité en fonction de la température des ponts d'extensomètres à fil résistant, fixés au moyen de colles thermoplastiques. Rech. Aéron. (1954) 40 33—36 6 réf.

Hartman, J. B. and *R. E. Benner:* Stress analysis in design. III. Experimental methods. Machine Design (1954)June 144. [4.54], [4.55].

Moody, E. S. and *D. R. Denehy:* Recent strain gauge developments at A. R. L. Aeron. Res. Lab. Note SM 211 Aug. 1954 13 p.; J. Roy. Aeron. Soc. **59**(1955) 531 234; Index Aeron. **11**(1955)4 43.

Newiger, W. u. *M. Haase:* Messungen mit Dehnungsstreifen über längere Zeiträume. Industrie-Elektronik **2**(1954)3 3—9.

Rohrbach, Christof: Das Dehnungsmeßstreifen-Verfahren III. ATM (1954)221 — J 135—6 135—138.

Senior, D. A.: Recording signals from resistance strain gauges. Engineer **197** (1954)5121 410—413, 5122 446—449, 5123 482—483 5 ref.; Index Aeron. **10**(1954) 6 49.

Sjöström, S.: Determination of residual surface stresses with the aid of resistance wire strain gauges (in English). Appl. Sci. Res. **4** A(1954)4 305—312; Index Aeron. **10**(1954)10 67.

Vidal, Georges, Jean Laxague et *Pierre Lanusse:* Amélioration de la résistance aux efforts alternés des jauges extensométriques à fil résistant. Rech. Aéron. (1954)38 53—56.

Rohrbach, Christof: Das Dehnungsmeßstreifen-Verfahren. IV. ATM (1955)Febr — J 135—7.

Spannungsoptik   4.54

v. *Widdern, H. C.:* Polarisationsoptische Spannungsmessungen an Stabecken. Diss. TH München 1930.

Föppl, Ludwig: Fortschritte auf dem Gebiet der spannungsoptischen Untersuchung von Konstruktionen. Z. VDI **76**(1932)21 505—508.

Hennig, A.: Polarisationsoptische Spannungsuntersuchungen am gelochten Zugstab und am Nietloch. Forsch. Ing.-Wes. **4**(1933)2 53—63 22 Lit.-St. [1.352.1].

Thum, August u. *Friedrich Wunderlich:* Die Anwendung von Kunststoffen zur polarisationsoptischen Untersuchung von Spannungszuständen in Konstruktionsteilen. Kunststoffe **24**(1934) 161—163.

Thum, August u. *Friedrich Wunderlich:* Die polarisationsoptische Untersuchung des Spannungsverlaufes in Konstruktionselementen. ATM **4**(1934) V 132—10.

Föppl, Ludwig u. *Heinz Neuber:* Festigkeitslehre mittels Spannungsoptik. München-Berlin: Oldenbourg 1935 115 S.

Bautz, Wilhelm: Polarisationsoptische Ermittlung der Spannungsverteilung. Z. VDI **80**(1936)37 1144—1145.

Jehle, Hans: Polarisationsoptische Spannungsuntersuchungen an einer Schraubenverbindung und an einzelnen Gewindezähnen. Forsch. Ing. Wes. **7**(1936)1 19—30 16 Lit.-St.

Mesmer, Gustav: Anwendung des spannungsoptischen Verfahrens im Luftfahrzeugbau. Jb. 1936 Lil.-Ges. 147—153.

Mesmer, Gustav: Fließerscheinungen beim Spannungsmeßverfahren nach J. Mathar. Arch. Eisenhüttenwes. **10**(1936/37) 59.

Oppel, G.: Polarisationsoptische Untersuchung räumlicher Spannungs- und Dehnungszustände. Diss. TH München 1936; Forsch. Ing.-Wes. **7**(1936)5 240—248.

Föppl, Ludwig: Neue Erfolge in der Spannungsoptik. Z. VDI **81**(1937)6 137—141 14 Lit.-St.

Baud, R. V.: Entwicklung und heutiger Stand der Photoelastizität und Photoplastizität. EMPA Disk. Ber. 118 1938.

Deutler, H. u. *E. George:* Einige Bemerkungen zur Spannungsoptik. ZWB UM 521 1938 18 S.

Deutler, H.: Einige Bemerkungen zur Spannungsoptik. Jb. 1938 Dtsch. Luftf.-Forsch. II 361—365.

Föppl, Ludwig: Grundlagen der Spannungsoptik. „Ergebnisse der techn. Röntgenkunde. Bd. VI", Leipzig: Hirzel 1938 81 ff.

Föppl, Ludwig: Die Spannungsoptik im Dienste des Bauingenieurs. Bauing. **19** (1938) 341 ff.

Hetényi, M.: The fundamentals of three-dimensional photoelasticity. J. Appl. Mech. **5**(1938) A 149.

Hiltscher, R.: Polarisationsoptische Untersuchung des räumlichen Spannungszustandes im konvergenten Licht. Diss. TH München 1938; Forsch. Ing.-Wes. **9**(1938)2 91—103.

Kuske, A.: Das Kunstharz Phenolformaldehyd in der Spannungsoptik. Diss. TH München; Forsch. Ing.-Wes. **9**(1938)3 139—149.

Kuske, A.: Berechnung von Fehlern infolge von Vorspannungen in der Spannungsoptik. Z. VDI **82**(1938)51 1455—1458.

Tesar, V.: Les progrès recents et les applications de la photoélasticimetrie. Techn. Moderne **30**(1938) 259—265.

Findler, W. N.: The fundamentals of photoelastic stress analysis applied to dynamic problems. Eastern Photoelast. Conf. Cornell Univ. 1939 1—11; J. Roy. Aeron. Soc. **47**(1943)395 610—612.

Hetényi, M.: Photoelastic studies of three-dimensional stress problems. Proc. 5th Int. Congr. Appl. Mech. 1939 208—212 7 ref.

Weller, R.: A new method for photoelasticity in three dimensions. J. Appl. Phys. **10**(1939) 266.

Weller, R.: Three dimensional photoelastic analysis by scattered light. Eastern Photoelast. Conf. Cornell Univ. 1939 19—21; J. Roy. Aeron. Soc. **47**(1943) 395 613.

Föppl, Ludwig: Spannungsoptische Messungen. „Handb. d. Werkstoffkunde, Bd. I", Berlin: Springer 1940.

Goodier, J. N. and *G. M. Lee:* An extension of the photoelastic method of stress measurement to plates in transverse bending. J. Appl. Mech. **8**(1941) A 27—A 29.

Mönch, Ernst: Neue Erkenntnisse zur Herstellung von Modellen für die Spannungsoptik. Diss. TH München; Forsch. Ing.-Wes. **13**(1942) 12—16.

Föppl, Ludwig: Herstellung spannungsfreier Modelle für die Spannungsoptik. Z. VDI **86**(1942)23/24 371—372.

Kuske, A.: Vereinfachte Auswerteverfahren räumlicher spannungsoptischer Versuche. Z. VDI **86**(1942)35/36 541—544.

Sossinka, H. G. u. *H. Knust:* Über die Anwendung der Spannungsoptik in der Praxis. ZWB TB **10**(1943)3, Vorabdr. Jb. 1942 Dtsch. Luftf.-Forsch. 8 Lfg. 31—34.

Spilker, A.: Spannungsoptische Untersuchung eines Stockwerkrahmens. Bauing. **23**(1942)40/42 296—300 6 Lit.-St. [1.212.4].

Hetényi, M.: A photoelastic study of bolt and nut fastenings. J. Appl. Mech. (1943)June A 93—A 100.

Poertner, H. G.: Photoelastic analysis of the bending stresses in thin plates. Diss. Washington Univ. St. Louis (USA) 1943.

Frocht, Max M.: Studies in three-dimensional photoelasticity stresses in bent circular shafts with transverse holes. Correlation with results from fatigue and strain measurements. Proc. SESA **2**(1944)1.

Orton, R. E.: Photoelasticity as a designer's tool. Proc. SESA **3**(1945)1.

Fisher, W. A. P.: Photoelastic examination of local stress variations. I, II. ARC R & M 2378 Febr. 1946 19 p. 10 ref.; Index Aeron. **6**(1950)12 34.

Ruffner, B. F.: Stress analysis of columns and beam columns by the photoelastic method. NACA TN 1002 March 1946. [1.342.31].

Fisher, W. A. P.: Basic physical properties relied upon in the frozen stress technique. Instn. Mech. Engrs. Prepr. Dec. 1947 p. 1—7 10 ref.; Index Aeron. **4**(1948)3 31—32.

Heywood, R. B.: Modern applications of photo-elasticity. Instn. Mech. Engrs. Prepr. Dec. 1947 p. 7—12 9 ref.; Index Aeron. **4**(1948)3 32—33.

Mönch, Ernst: Räumliche Spannungsoptik mit Phenol-Kunstharz bei Anwendung einer Schutzhülle. Kunststoffe **37**(1947)9 181—189 5 Lit.-St.; Index Aeron. **4**(1948)11 30.

Ward, J.: Recent developments in photo-elasticity. Trans. Inst. Marine Engrs. **59**(1947)11 223—238; Index Aeron. **4**(1948)3 31.

Fisher, W. A. P.: A review of some recent developments in photoelasticity. "Measurement of stress and strain in solids", London: Inst. of Physics 1948 50—61 20 ref.; Met. Rev. **22**(1949)3 34.

Fitchie, J. W.: A note on time-edge stresses in photoelastic models. "Measurement of stress and strain in solids", London: Inst. of Physics 1948 65; Met. Rev. **22**(1949)3 35.

Jessop, H. T.: Photoelasticity: Plastics used to investigate stress distribution. Brit. Plastics **20**(1948)234 513—518; Index Aeron. **5**(1949)2 55.

Kuhn, Rudolf: Experimentelle Untersuchung elastischer Platten mit Hilfe der Spannungsoptik. Diss. TH München 1948 62 S.

Leven, M. M.: A new material for three-dimensional photoelasticity. Proc. SESA **6**(1948)1 19—28 7 ref.; Index Aeron. **5**(1949)4 24.

Leven, M. M.: Further properties of photoelastic Fosterite at elevated temperatures. Proc. SESA **6**(1948)2 106—110; Met. Rev. **22**(1949)4 34.

Mantle, J. B.: A photoelastic study of stresses in U-shaped members. Proc. SESA 6(1948)1 66—73 4 ref.; Index Aeron. 5(1949)4 24.

Manzella, Giuseppe: Fotoelasticita. (Photoelasticity.) Metallurgia Ital. 40(1948) Nov./Dec. 212—216 10 ref.; Met. Rev. 22(1949)3 35.

Mylonas, C.: Photoelastic stress-determination in glued joints. Aero Res. TN Bull. 72 Dec. 1948 9 p., Bull. 73 Jan. 1949 10 p.; AMR 2(1949)8 176.

Norris, C. B. and *A. W. Voss:* An improved photoelastic method for determining plane stresses. NACA TN 1410 Jan. 1948 43 p.; AMR 1(1948)2 40.

Ross, H. Mc. G.: The photography of photoelastic stress patterns. "Measurement of stress and strain in solids", London: Inst. of Physics 1948 62—64; Met. Rev. 22(1949)3 34.

Vásárhelyi, D.: Ein neues Auswertungsverfahren für spannungsoptische Untersuchungen. Oest. Ing.-Arch. 2(1948)1 64—76 14 Lit.-St; Index Aeron. 4(1948) 6 34.

Föppl, Ludwig: Slow-motion pictures of impact tests by means of photoelasticity. J. Appl. Mech. 16(1949)2 173—177; Index Aeron. 5(1949)9 22; Met. Rev. 22 (1949)8 35. [1.343.21].

Jessop, H. T.: The determination of the separate stresses in three-dimensional stress investigations by the frozen stress method. J. Sci. Instrum. 26(1949)1 27—31; Metals Rev. 22(1949)3 34; Index Aeron. 5(1949)5 37.

Kuske, A.: Spannungsoptische Untersuchung ebener und räumlicher Spannungszustände mit Hilfe der Streulichtpolarisation. Technik (Berlin) 4(1949) 212—216.

Paffett, J. A. H.: The application of photo-elastic methods to ship design problems. Trans. N. E. Coast Instn. Engrs. & Shipbuilders 66(1949) Pt. 1 Nov. 31—50 13 ref.; Index Aeron. 6(1950)1 36; AMR 3(1950)11 341. [6.253.2].

Stanton, John S.: A method of assessing transient stresses in photoelastic substances. Rev. Sci. Instruments 20(1949)Febr. 139—140; Met. Rev. 22(1949) 4 34.

Taylor, C. E. a. o.: A casting material for three-dimensional photoelasticity. Proc. SESA 7(1949)2 155—172 11 ref.; Index Aeron. 7(1951)4 27.

Brown, A. F. C. and *V. M. Hickson:* Improvements in photoelastic technique obtained by the use of a photometric method. Brit. J. Appl. Phys. 1(1950)2 6 p. 3 ref.; Index Aeron. 6(1950)12 34.

Cousins, F. W.: Determining stress in glued joints by photo-elastic method. Timber News 58(1950)2127 29—32.

Favre, Henry et *Bernhard Gilg:* Sur une méthode purement optique pour la mésure directe des moments dans les plaques minces fléchies. Schweiz. Bau-Ztg. 68(1950)19 253—257, 20 265—267.

Hirschfeld, K.: Spannungsoptische Untersuchung von Platten. Bauing. 25(1950) 12 455.

Landwehr, Rudolf u. *G. Grabert:* Interferenzoptische Versuche zur Plattenbiegung. Ing.-Arch. 18(1950)1 1—5.

Aubaud, J.: Étude des congés d'un engrenage droit par la méthode photoélastique. Rech. Aéron. (1951)22 33—38 6 réf. [1.431.4].

Durelli, A. J. and *R. L. Lake:* Some unorthodox procedures in photoelasticity. Proc. SESA 9(1951)1 97—121; Index Aeron. 8(1952)4 39.

Föppl, Ludwig: Beispiele zur Anwendung der Spannungsoptik. Z. VDI 93(1951) 5 105—112.

Fried, B.: Some observations on photoelastic materials stressed beyond the elastic limit. Proc. SESA 8(1951)2 143—148 17 ref.; Index Aeron. 7(1951)12 50.

Hickson, V. M.: Photoelastic determination of free boundary stresses on "frozen stress" models by an oblique incidence method. Brit. J. Appl. Phys. 2(1951)9 261—269 9 ref.; Index Aeron. 8(1952)1 36.

Jessop, H. T.: The scattered light method of exploration of stresses in two- and three-dimensional models. Brit. J. Appl. Phys. **2**(1951)9 249—260 8 ref.; Index Aeron. **8**(1952)1 35.

Jessop, H. T. and *C. Snell:* Photoelasticity and aircraft design. Aeron. Quart. **3**(1951) Pt. 3 Nov. 161—172; Index Aeron. **8**(1952)3 42.

Kammerer, M. A.: Photoelasticity in three dimensions. Ann. Ponts Chaussées **121**(1951)1 71—104 13 ref.; Index Aeron. **10**(1954)4 48—49.

Kufner, Max: Die spannungsoptische Untersuchung elastischer Platten. Diss. TH München 1951; Schweiz. Bauztg. **70**(1952)38 545—549, 39 563—566; Index Aeron. **8**(1952)12 56—57.

Mönch, Ernst: Neue spannungsoptische Methode für die vollständige Bestimmung des ebenen Spannungszustandes. Tecnica (Tucumán, Argentinien) **1** (1951)2 53—61; Bauplanung u. Bautechn. **7**(1953)2 53—57.

Rocha, M. and *F. Borges:* Photographic method for model analysis of structures. Proc. SESA **8**(1951)2 129—142; Index Aeron. **7**(1951)12 50.

Vásárhelyi, D.: Contribution to the calculation of stresses from photoelastic values. Proc. SESA **9**(1951)1 27—34; Index Aeron. **8**(1952)4 39.

Albrecht, Rudolf: Die Spannungsoptik, ein experimentelles Hilfsmittel der Festigkeitslehre. Bau & Bauindustrie **5**(1952)9 199—201, 12 273—274, 13 300—302, 14 320—322.

Aubaud, J.: Contribution à la méthode photoélastique de figeage des contraintes (emploi de la résine Markon 7). Rech. Aéron. (1952)30 51—58 7 réf.

Aubaud, J.: Recherches sur la relation contrainte-biréfringence dans le plexiglas M 222. Rech. Aéron. (1952)26 31—40.

Brown, A. F. C. and *V. M. Hickson:* A photo-elastic study of stresses in screw threads. Proc. IME (Appl. Mech.) (1952/1953)12 605.

Frocht, M. M. and *R. Guernsey jr.:* A special investigation to develop a general method for three-dimensional photoelastic stress analysis. NACA TN 2822 1952; NACA Rep. 1148 1953 17 p. 21 ref.; Index Aeron. **10**(1954)9 61; J. Roy. Aeron. Soc. **58**(1954)524 584.

Jessop, H. T.: The scope and limitations of the photoelastic method of stress analysis. Roy. Aeron. Soc. Prepr. Nov. 1952 10 p. 11 ref.; Index Aeron. **9** (1953)2 34.

Kuhn, R.: Ermittlung der Spannungen in elastischen Platten mit Hilfe der Spannungsoptik. Forsch. Ing.-Wes. **18**(1952)3 72—80; AMR **6**(1953)3 119. [1.225.12].

Kuske, A.: Spannungsoptische Untersuchung von Platten nach dem Zweischichtverfahren. Z. VDI **94**(1952)22 745—747 19 Lit.-St.; Index Aeron. **8**(1952)12 56.

Albrecht, R.: Das Schubspannungsdifferenz-Verfahren zur vollständigen Auswertung ebener Spannungszustände in der Spannungsoptik. Forsch. Ing.-Wes. **19**(1953)1 17—23.

Angioletti, A.: Spannungsoptische Untersuchungen in Konnex mit Ermüdungserscheinungen in Gummiartikeln. Kautschuk u. Gummi **6**(1953)9 171—177; Nachr.-Bl. AGM Leichtbau **3**(1954)2 12.

Aubaud, J.: Étude photoélasticimétrique d'une entaille calculable. Rech. Aéron. (1953)32 35—38. [1.351].

Brown, A. F. C. and *V. M. Hickson:* Photo-elastic study of stresses in screw threads. Machine Shop **14**(1953)5 208—212, 237 4 ref.; Index Aeron. **9**(1953) 8 43.

Fessler, H. and *R. T. Rose:* Photoelastic determination of stresses in a cylindrical shell. Brit. J. Appl. Phys. **4**(1953)3 76—79 9 ref.; Index Aeron. **9**(1953)7 37.

Hiltscher, R.: Spannungsoptische Untersuchung elastoplastischer Spannungszustände. Z. VDI **95**(1953)23 777—781; Index Aeron. **9**(1953)10 54.

Kammerer, M. A.: Photoelasticity in three dimensions. Roy. Aircr. Establ. Translat. 433 Aug. 1953 25 p.; Index Aeron. **10**(1954)4 48—49.

Lamble, J. H. and *Salah E. A. Bayoumie:* A room temperature photo-elastic technique for three-dimensional problems. Instn. Mech. Engrs. Prepr. March 1953 3—7 7 ref.; Index Aeron. 9(1953)6 44.

Speer, Siegfried: Spannungsoptische Untersuchung eines Stockwerkrahmens des Hochhauses Stalinallee Abschnitt C-Nordblock. Bauplanung u. Bautechn. 7(1953)2 49—52.

Aubaud, J.: Contribution à la photoélasticimétrie par figeage des contraintes. Rech. Aéron. (1954)39 54.

Föppl, Ludwig: Ein neues Auswerteverfahren der ebenen Spannungsoptik. ZAMM 34(1954)12 454—459; Aeron. Engng. Rev. 14(1955)5 192.

Hartman, J. B. and *R. E. Benner:* Stress analysis in design. III. Experimental methods. Machine Design (1954)June 144. [4.53], [4.55].

Hiltscher, R.: Gütebeurteilung spannungsoptischer Modellwerkstoffe. Forsch. Ing.-Wes. 20(1954)3 66—76.

Schardin, H.: Untersuchung von Zerreißvorgängen bei Kunststoffen. Kunststoffe 44(1954)2 48—55.

Schwieger, H.: Ein Auswerteverfahren bei der spannungsoptischen Untersuchung elastischer Platten. Bauplanung & Bautechn. 8(1954)4 174—176.

Hiltscher, R.: Theorie und Anwendung der Spannungsoptik im elastoplastischen Gebiet. Z. VDI 97(1955)2 49—58 13 Lit.-St.

Mesmer, Gustav: Grundlagen und neuere Möglichkeiten des spannungsoptischen Verfahrens. Fortschr. u. Forsch. Bauwes. Reihe D H. 18 1955.

Lackrißprüfung 4.55

Dietrich, Otto u. *Ernst Lehr:* Das Dehnungslinienverfahren, ein Mittel zur Bestimmung der für die Bruchsicherheit bei Wechselbeanspruchung maßgebenden Spannungsverteilung. Z. VDI 76(1932)41 973—982.

Kayser, H. u. *A. Herzog:* Die Untersuchung zweiachsig beanspruchter Konstruktionsglieder mit Hilfe des Reißlackverfahrens. Bautechnik 14(1936)23 310—316.

Ellis, G.: Strain-indicating lacquers. Master's Thesis, Massachusetts Inst. Technol. Aeron. Engng. Dep. 1937.

Deutler, H.: Über das Reißlackverfahren und seine praktische Verwertung. ZWB UM 535 1938 17 S.

de Forest, A. V.: A new method of measuring strain distribution — brittle coatings. Instruments 12(1939) 113.

de Forest, A. V. and *G. Ellis:* Brittle lacquers as an aid to stress analysis. J. Aeron. Sci. 7(1940) 205—208.

Durelli, A. J.: Experimental determination of isostatic lines. Trans. ASME 64 (1942)4 A 155—A 160.

de Forest, A. V., G. Ellis and *F. B. Stern jr.:* Brittle coatings for quantitative strain measurements. J. Appl. Mech. 9(1942)4 A 184—A 188.

Anderson, R. G.: Testing designs of machine parts by the brittle lacquer method. Product Engng. 14(1943)10 611—614.

Clenshaw, W. J.: The measurement of strain in components of complicated form by brittle lacquer coatings. Engineer 177(1944)4602 238.

Ellis, Greer: Practical strain analysis by use of brittle coatings. Proc. SESA 1 (1943)1 46—53.

Hetényi, M. and *W. E. Young:* Application of the brittle lacquer method in the stress analysis of machine parts. Proc. SESA 1(1943)2 116—129.

de Forest, A. V. and *F. B. Stern jr.:* Stresscoat and wire strain gage indications of residual stresses. Proc. SESA 2(1944)1 161—169. [4.53].

Hetényi, M. and *W. E. Young:* How brittle lacquer strain analysis aids design. Machine Design 16(1944) 147—151.

Mann, K. E.: Die Darstellung von Dehnungslinien durch Eloxalschichten. Aluminium 26(1944)9 176—177.

Ellis, G. and *F. B. Stern jr.:* Dynamic stress analysis with brittle coatings. Proc. SESA **3**(1945)1 102—111.

Gadd, C. W.: Residual stress indications in brittle coatings. Proc. SESA **4**(1946) 1 74—77.

Geschelin, J.: Continental finds stresscoat analysis valuable guide in redesigning engine parts. Automot. & Aviation Industries **95**(1946) 36—39, 100.

Ricker, C. S.: Engine reliability enhanced by stresscoat analysis. Aviation **45** (1946)1 115—119, 3 86—88.

Dobkin, H.: Brittle lacquer technique used to test forged impeller design. Steel **121**(1947)9 70—71, 98—99; Index Aeron. **4**(1948)1 40—41.

Ellis, Greer: Stress determination by brittle coatings. Mech. Engng. **69**(1947)7 567—571; Automob. Engr. **37**(1947)496 499—500; AMR **1**(1948)1 8.

Durelli, A. J. and *T. N. de Wolf:* Law of failure of stresscoat. Proc. SESA **6** (1948)2 68—83; Index Aeron. **5**(1949)7 34.

— The brittle lacquer method of determining stresses. Metallurgia **37**(1948)222 290—292; Index Aeron. **4**(1948)9 43.

Blair, J. S.: The use of Plumber's resin to determine the occurence of yield. Proc. IME (Appl. Mech.) **161**(1949)51 176—181; Index Aeron. **6**(1950)4 37.

Durelli, A. J.: Evaluation of brittle coating on an experimental method to analyze stresses (in Spanish). Ciencia y Tecnica (Buenos Aires) **113**(1949) Dec. 305—337; AMR **4**(1951)6 341.

Salmon, B.: L'analyse des contraintes par la méthode des vernis craquelants. Techn. et Sci. Aéron. (1946)6 343—362.

Guyot, H.: Un nouveau vernis craquelant, le "vernis email". Rech. Aéron. (1950)17 37—44; Index Aeron. **8**(1952)4 41.

Salmon, B.: Stress analysis with brittle lacquer. Aircr. Engng. **22**(1950)259 256—263; AMR **4**(1951)6 341; Index Aeron. **6**(1950)11 69.

Rockey, K. C.: Stress analysis using the brittle lacquer process. Trans. Inst. Marine Engrs. (London) **63**(1951)3 43—47; AMR **4**(1951)10 551.

Tokarcik, A. G. and *M. H. Polzin:* Quantitative evaluation of residual stresses by the stresscoat drilling technique. Proc. SESA **9**(1952)2 195—207 3 ref.; Index Aeron. **8**(1952)9 33; AMR **6**(1953)2 63.

Singdale, F. N.: Brittle coatings for use in stress analysis under varying temperature conditions. Non-Destructive Testing **11**(1953)6 37—39; Index Aeron. **10**(1954)1 39.

Fleury, R. and *A. Trivouss:* Surface extensometry by crackle coatings (Brittle lacquer): Work by S. N. E. C. M. A. Docaéro (1954)28 33—38; Index Aeron. **10**(1954)10 76.

Hartman, J. B. and *R. E. Benner:* Stress analysis in design. III. Experimental methods. Machine Design (1954)June 144. [4.53], [4.54].

Prüfung der technologischen Eigenschaften 4.6
Metallische Werkstoffe 4.61

Stelljes, Hermann A. J. u. *Otto Weiler:* Tiefzugprüfung an Leichtmetallen nach dem Keilzug-Tiefungs-Verfahren. Aluminium **20**(1938)2 109—117.

Esser, Hans u. *Heinrich Arend:* Die Tiefziehprüfung von Blechen. Arch. Eisenhüttenwes. **14**(1940)5 223—231 29 Lit.-St.; Techn. Z.-Schau **26**(1941)5 94.

Swift, H. W. D.: Drawing tests of sheet metal. J. Inst. Automob. Engrs. (London) **8**(1940) 361—432.

Rossenbeck, M.: Verschleißprüfung von Leichtmetallen für Rollenkäfige. Jb. 1941 Dtsch. Luftf.-Forsch. II 112—122.

Eisenkolb, Fritz: Über neuere Prüfverfahren in der Feinblechfertigung. Technik (Berlin) **3**(1948)2 62—66.

Wahl, Hans u. *Karl Gebauer:* Verschleißprüfung von Hartchromschichten. Metalloberfläche **2**(1948)Febr. 25—37; Met. Rev. **22**(1949)2 31.

Chubb, Walston jr. and *D. S. Eppelsheimer:* A mechanical test to measure the workability of wire. Wire & Wire Products **24**(1949)June 491—493, 545—546; Met. Rev. **22**(1949)8 35.

Koelzer, Herbert: Die technologische Prüfung von Tiefziehblechen für den Karosseriebau. Diss. TH Braunschweig 1949. [2.36].

Mohr, Erich: Über das Problem der Prüfbarkeit der Verformungsfähigkeit von Aluminium-Legierungsblechen. Z. Metallkde. **41**(1950)9 303—307.

Thompson, W.: Ductility testing of aluminium-alloy sheets by free-cone bend test. Sheet Metal Industries **27**(1950)278 503—507, 512; Konstruktion **4**(1952) 1 28—29.

Güth, Hans: Dreiachsig gemessene örtliche Formänderung des Tiefziehens und Einbeultiefens. Technik (Berlin) **6**(1951)9 397—405 16 Lit.-St.

Oehler, Gerhard: Prüfung der Tiefziehfähigkeit von Blechen. Napfziehversuch und Einbeulverfahren. Z. VDI **93**(1951)13 371—374 13 Lit.-St.

Hofmann, Wilhelm u. *Herbert Koelzer:* Das Verhalten von Tiefziehblechen unter Berücksichtigung der Prüfverfahren. Werkstattstechn. u. Maschinenb. **42**(1952)3 88—92; Nachr.-Bl. AGM Leichtbau **1**(1952)2 6. [2.36].

Buker, C. B. u. *J. R. Speer:* Neues Verfahren zur Prüfung der Tiefziehfähigkeit von Feinblech. SAE-Trans. **61**(1953) 469—477; Stahl u. Eisen **74**(1954)12 797.

Bollenrath, Franz: Technologische Verfahren zur Bestimmung der Alterungsanfälligkeit von Stahlblechen. Mitt. Forsch.-Ges. Blechverarb. (1954)16 181—189; Stahl u. Eisen **74**(1954)23 1557.

Krisch, Alfred: Zur Tiefziehprüfung an dünnen Bändern. Stahl u. Eisen **74**(1954) 24 1591—1594.

Kunze, Ernst: Prüfung der Härterißempfindlichkeit von legierten Baustählen. Stahl u. Eisen **74**(1954)25 1665—1666.

Ross, E. W. jr. and *W. Prager:* On the theory of the bulge test. Quart. Appl. Math. **12**(1954)1 86—91; Index Aeron. **10**(1954)9 62—63.

Siebel, Erich u. *H. Kotthaus:* Untersuchung über den Einfluß der Ziehspaltweite auf den Formänderungsverlauf und die Eigenspannungen beim Tiefziehen. Mitt. Forsch.-Ges. Blechverarb. (1954)8 85—89; Stahl u. Eisen **74**(1954)12 797.

Svahn, Olov: Tiefziehfähigkeit von Feinblechen. Jernkont. Ann. **138**(1954)9 573—610; J. Iron & Steel Inst. **177**(1954)1 129—142; Stahl u. Eisen **74**(1954) 27 1794—1795.

Hofmann, Wilhelm u. *Bernhard Zünkler:* Beiträge zur Prüfung der Umformeigenschaften von Blechen. II. Der Hin- und Herbiegeversuch und der Einfluß der Streifenbreite und Temperatur auf die Biegezahl. III. Keilzugversuch. IV. Einbeul- und Lochaufweitprobe. V. Der Napfziehversuch bei Temperaturen von 20 ... 300⁰ C. Industrie-Anz. (1955)13 163—165, 39 537—538, 48 664—666, 56 815—817.

Nichtmetallische Werkstoffe 4.62

Scheinichen, K.: Zweckentsprechende Prüfverfahren zur Ermittlung der Brauchbarkeit von Klebstoffen für den Flugzeugbau. ZWB TB **9**(1942)6 193—198.

Berger, K. u. *Wilhelm Küch:* Die Ermittlung der Verwendungsdauer von Kunstharzleimen durch Viskositätsmessungen. ZWB UM 1120 1943 14 S.; ZWB TB **11**(1944)11 431—434. [1.324.43].

Küch, Wilhelm: Ermittlung der Verwendungsdauer von Kunstharzleimen durch Viskositätsmessungen. Kunststoffe **38**(1948)5/6 95—98.

Schiefer, H. F.: Textile Forschung und Prüfung am National Bureau of Standards, Washington. Schweiz. Arch. **17**(1951)9 276—287. [4.22].

Thalau, Karl: Belastungsversuche an Flugzeugen. DVL-Ber. 108 1928; WGL-Jb. 1928 138—154; DVL-Jb. 1929 90—106.

Küssner, Hans Georg: Optisch-photographische Formänderungsmessungen an Luftfahrzeugen. 194. DVL-Ber.; DVL-Jb. 1930 (J.-Ber. Stat. Abt.) 227—234; ZFM **21**(1930)17 433—440.

Küssner, Hans Georg: Biegelinien-Messung an Flugzeugen und Schiffen. ATM (1932)14 — V 115—1.

Krumbholz, H.: Belastungsversuche. Ringb. Luftf.-Techn. II A 3 März 1939 18 S.

Taylor, J.: The investigation of air loads in flight from measurements of strain in the structure. ARC R & M 2408 Nov. 1945 4 p. 2 ref.; Index Aeron. **6**(1950) 12 55.

Plantema, F. J.: Apparatus for loading tests on aircraft structures. Ingenieur (1948)2, NLL Repr. 1948 6 p. 11 ref.; Index Aeron. **4**(1948)5 42.

Strömberg, L.: Test flights on the ground. SAAB Sonics (1948)2 19—24; Index Aeron. **4**(1948)8 29.

Flügge, Wilhelm et *Albert Tonski:* La théorie des essais statiques des ailes d'avions. Rech. Aéron. (1951)22 45—53; ONERA NT 9 1952 101 p. [6.254.1].

Hotson, A. W.: Recent developments in the methods of strength testing pressurised fuselages. J. Roy. Aeron. Soc. **55**(1951)491 724—734; Index Aeron. **8**(1952)3 73.

Jablecki, Leon S.: Analysis of the premature failure in static tested aircraft (in English). Mitt. Inst. Flugzeugstatik u. Flugzeugbau ETH Zürich Nr. 3. Zürich: Leemann 1955 100 p. 16 ref.

Schwingungsuntersuchungen   4.72

v. Schlippe, Benno u. *Walter Pretschner:* Systematische Flugschwingungsversuche, 1. Teilbericht: Ermittlung geeigneter Erreger- und Meßverfahren. ZWB KB 20/1 29 S.

Kaul, Hans W.: Messung angefachter Flügelschwingungen. ZWB FB 467 1935 14 S.

Burow, H. u. *H. Roos:* Das Verfahren der Flugschwingungsversuche. Teil I—III. ZWB FB 1175/1, 1175/2, 1175/3 1940 37 S.; Jb. 1940 Dtsch. Luftf.-Forsch. I 455—493.

De Vries, Gerhard: Beitrag zur Bestimmung der Schwingungseigenschaften von Flugzeugen im Standversuch unter besonderer Berücksichtigung eines neuen Verfahrens zur Phasenmessung. ZWB FB 1882 1942 115 S.

De Vries, Gerhard: Ein Trägerfrequenzmeßgerät für Schwingungsmessungen, insbesondere für Flugversuche. ZWB TB **9**(1942)5, Vorabdr. Jb. 1942 Dtsch. Luftf.-Forsch. 2. Lfg. 22—31; Index Aeron. **4**(1948)3 16.

Molyneaux, W. C. and *E. G. Broadbent:* Ground resonance testing of aircraft. ARC R & M 2155 1946 26 p.; Index Aeron. **4**(1948)2 35.

Schwarzmann, K.: Erfahrungen der Flatterprüfung. Aerodynam. Vers.-Anst. Göttingen AVA-Ber. 46/J/5 1946.

Loring, S. J.: Experimental determination of vibration characteristics of structures. Proc. ASCE **73**(1947)Dec. 1457—1474; AMR **1**(1948)3 66—67.

De Vries, Gerhard: Carrier frequency measuring instrument for measuring vibrations, especially in flight experiments. Roy. Aircr. Establ. Translat. June 1947 18 p. 6 ref.; Index Aeron. **4**(1948)3 16.

Schindler, A.: Influence de la suspension dans un essai de vibrations au sol. Rech. Aéron. (1951)24 61—66; Index Aeron. **8**(1952)4 29. [6.254.20].

Gordon, D. S.: Instruments and techniques in vibration research. Trans. Instn. Engrs. & Shipbuilders **96**(1952/53)3 71—124; AMR **6**(1953)9 402.

Hentschel, G.: L'enregistrement mécanique des amplitudes au cours de l'essai de vibrations au sol. Rech. Aéron. (1952)27 57—62.

Kinnaman, E. B.: Flutter analysis of complex airplanes by experimental methods. Inst. Aeron. Sci. Prepr. 363 1952 15 p.; J. Aeron. Sci. **19**(1952)9 577—584; AMR **5**(1952)7 324. [6.254.20].

Coupry, G. et R. Valid: Dépouillement d'essais de vibrations en vol. Rech. Aéron. (1954)39 55.

Korrosions- und Korrosionsschutz-Prüfverfahren 4.8

Rackwitz, Erich u. Erich K. O. Schmidt: Prüfverfahren zur Beurteilung der Korrosionsbeständigkeit von Metallen gegen Witterung und Seewasser. 127. DVL-Ber.; DVL-Jb. 1929 245—250; ZFM **20**(1929)6 137—141.

Schmidt, Erich K. O.: Verfahren der Korrosionsprüfung. DVL Jb. 1931 495—504; Luftwissen **3**(1936)3 64.

Schmidt, Erich K. O. u. E. Böschel: Einfluß der Temperatur und der Rührgeschwindigkeit auf den Korrosionsangriff. DVL-Ber. Kf 605/2 1933.

von Renesse, H.: Zur Normung von Korrosionsversuchen. Forsch. Ing.-Wes. **7**(1936)4 206.

Müller, Friedrich: Grundlagen und Verfahren der neueren Korrosionsforschung. Z. VDI **82**(1938)29 841—846 79 Lit.-St.

Siebel, Gustav u. Hanns Gröber: Korrosionsprüfverfahren. Ringb. Luftf.-Techn. II C 10 Jan. 1938 18 S. 77 Lit.-St.

Schikorr, Gerhard: Grundsätze für die Prüfung der Zersetzung (Korrosion) von Metallen. Bautechnik **18**(1940)49 555—560.

von Zeerleder, Alfred: Die Normung der Korrosionsprüfmethoden bei Aluminium. Schweiz. Arch. **6**(1940)2 33—40.

Ehrenberg, W.: Verfahren zur zerstörungsfreien Ermittlung des Festigkeits- und Dehnbarkeitsverlustes bei örtlicher und interkristalliner Korrosion. Korrosion u. Metallschutz **17**(1941)1 19—21; Techn. Z.-Schau **26**(1941)12 215.

Wassermann, Günther: Zur Frage der Prüfung von Aluminiumlegierungen auf Spannungskorrosion. Z. Metallkde. **35**(1943)3 79—84.

Bollenrath, Franz, Walter Bungardt u. Heinrich Cornelius: Probeentnahme für die Prüfung der Preß- und Walzerzeugnisse aus Aluminium-Legierungen und Stahl auf Beständigkeit gegen Spannungskorrosion. Z. Metallkde. **36**(1944) 4 73—84.

Köhler, S. and K. Laurell: Vilas method för korttidsprovning av rostskyddsmalninger. (The Vila testing method for anti-corrosive paint coatings.) IVA-T **19**(1948)5 234—248; Index Aeron. **5**(1949)4 49.

Preston, R. St. J.: A simple form of accelerated atmospheric-corrosion test. J. Iron & Steel Inst. **160**(1948)Nov. 286—294; Met. Rev. **22**(1949)1 29.

— First report of the methods of testing. (Corrosion) Sub-Committee. J. Iron & Steel Inst. **158**(1948) Pt. 4 Apr. 463—493; Index Aeron. **4**(1948)8 17.

Champion, F. A. and M .Whyte: The analysis of corrosion-time curves. J. Inst. Metals **75**(1949)May 737—740; Met. Rev. **22**(1949)8 30.

Colegate, G. T.: The use of inhibitors for controlling metal corrosion. III. Chromate and dichromate inhibitors. IV. Miscellaneous inhibitors. Metallurgia **39**(1949)Febr. 219—221, March 263—265; Met. Rev. **22**(1949)5 32.

Minich, Arthur: New aspects of rustproofing. Paint Oil & Chem. Rev. **112**(1949) 14./4. 42, 44, 46, 48; Paint & Varnish Production Manager **29**(1949)July 185—190; Met. Rev. **22**(1949)5 32.

Seemann, H. J.: Ein Verfahren zur Prüfung des Korrosionswiderstandes unter veränderlicher Biegespannung. Metalloberfläche **3** A(1949)Apr. 85—86; Met. Rev. **22**(1949)7 28.

Waldhauser, Ilona: Corrosion tests on light metals. Aluminium (Hungary) **1** (1949)10 217—221, **2**(1950)1 1—6; Metal Abstr. **19**(1952) Pt. 11 779; AB **23** (1952)10 571.

Althof, Friedrich-Carl: Kurzprüfung auf Spannungskorrosion. Metall **4**(1950) 13/14 267—273.

Mardles, E. W. J., J. Mason a. o.: A symposium on the testing of temporary corrosion preventives. J. Inst. Petrol **36**(1950)320 475—542 6 ref.; Index Aeron. **6**(1950)12 36.

Weir, C. D.: Caustic cracking: stress corrosion tests in sodium hydroxide solutions at elevated temperatures. Proc. IME (Appl. Mech.) **163**(1950)55 18—26 11 ref.; Index Aeron. **6**(1950)11 71.

Britten, S. C.: Corrosion testing. Research (London) **5**(1952)8 377—384 46 ref.; Index Aeron. **9**(1953)3 31.

Hefele, H.: Beitrag zur Kurzprüfung galvanischer Chrom-Nickel-Uberzüge auf Korrosionsbeständigkeit. Metalloberfläche **6** B(1952)Febr. 17—24; Draht **4** (1953)7 277.

Masi, O. and *A. Ferri:* Analysis of metallic sound as a method of test. I. Investigation of intercrystalline corrosion in 18/8 stainless steel. Metallurgia Ital. **44**(1952)6 207—214 8 ref.; Index Aeron. **8**(1952)10 81.

— The salt-spray test. Metal Industry **80**(1952)7 123—126; AB **23**(1952)4 211.

Kind, C.: Versuchsanlage zur Erforschung von Verschlackungs- und Korrosionsvorgängen an Gasturbinen-Baustoffen bei hohen Temperaturen. Brown-Boveri-Mitt. **40**(1953)5/6 196—199; Stahl u. Eisen **73**(1953)25 1682.

Taylor, R. D.: How to control marine corrosion with galvanic anodes. Marine Engng. **58**(1953)6 69, 73; AB **24**(1953)7 462.

— The testing of anodic coatings. Metal Industry **82**(1953)1 11—13; Index Aeron. **9**(1953)4 53.

Dravnieks, Andrew and *Horace A. Cataldi:* Industrial applications of a method for measuring small amounts of corrosion without removal of corrosion products. Corrosion (Houston) **10**(1954)7 224—230; AB **25**(1954)8 540.

Fontana, Mars G.: Corrosion testing. II. Industr. & Engng. Chem. (1954)June 93 A.

Kerstan, W.: Zur Prüfung von Emails auf Säurebeständigkeit. Mitt. Ver. Dtsch. Emailfachl. **2**(1954)2 7—8; Stahl u. Eisen **74**(1954)27 1793.

Long, John V.: Kurzprüfung hitzebeständiger keramischer Überzüge. Corrosion (Houston) **10**(1954)10 335—336; Stahl u. Eisen **74**(1954)27 1793.

Rudberg, E. u. *R. Arpi:* Prüfung der Neigung zur Spannungsrißkorrosion (Laugensprödigkeit) von unlegierten Stählen. Jernkont. Ann. **138**(1954)6 350—382; Stahl u. Eisen **74**(1954)19 1246.

Schloßberg, Louis: Eignung von Korrosions-Kurzprüfverfahren mit der Feuchtigkeitskammer. Steel **135**(1954)2 114—115, 118; Stahl u. Eisen **74**(1954)27 1797.

Streicher, Michael A.: Prüfung rostfreier Stähle auf interkristalline Korrosion mittels elektrolytischer Ätzung in Oxalsäure. Werkstoffe u. Korrosion **5** (1954)10 363—368; Stahl u. Eisen **74**(1954)27 1797.

Wray, Robert I.: Thirty years' experience in testing aluminium paint performance. Corrosion (Houston) **10**(1954)2 50—58; AB **25**(1954)4 230—231; Stahl u. Eisen **74**(1954)8 494.

Hess, W.: Kurzzeitprüfungen mit einer neuen Korrosionsprüfkammer. Werkstoffe u. Korrosion **6**(1955)7 325—328.

Sonstige Prüfungen 4.9

Hoffmann-Möckel, E.: Die mikro- und makroskopische Untersuchung von Leichtmetall-Preßteilen, insbesondere für die Flugzeugindustrie. Aluminium **21** (1939)11 759—766.

Bandel, Gerhard u. *Karl Erich Volk:* Die Prüfung der Zunderbeständigkeit von legierten Stählen. Arch. Eisenhüttenwes. **15**(1942)8 369—378.

Arnulf, M. A.: Généralités sur les méthodes optiques d'examen des surfaces. Méthodes mises en oeuvre à l'Institut d'Optique. Journées des Etats de Surface 1946 104—109; Met. Rev. **22**(1949)4 39.

Canac, F.: Etude optique de l'état de surfaces sablées et création de tests. Journées des Etats de Surface 1946 149—152; Met. Rev. **22**(1949)4 39.

Dupouy, Gaston: Le microscope électronique et son emploi pour l'étude des états de surfaces. Journées des Etats de Surface 1946 15—32.

Grumbach, M. A.: Étude des surfaces métalliques par voie électrolytique. Rôle de la couche de Beilby. Journées des Etats de Surface 1946 37—39; Met. Rev. **22**(1949)4 39.

Kollmann, Franz u. *M. Antonoff:* Die Technik holzanatomischer Untersuchungen. Richtlinien für den Holzflugzeugbau (Hrsg. Hermann Winter) Teil C VII. Ber. u. Mitt. Inst. Leichtbau TH Braunschweig Nr. 46—01 1946.

Wormwell, F., T. J. Nurse and *H. C. K. Ison:* High-speed rotor tests of paints for under-water service. J. Iron & Steel Inst. **160**(1948)Nov. 247—260 17 ref.; Met. Rev. **22**(1949)1 31.

Arbon, E. R., R. H. Blyth and *L. C. M. Daniels:* Measuring wing-surface smoothness: a method of obtaining photographic records over continuous profiles. Aircr. Production **11**(1949)Febr. 39—43; Met. Rev. **22**(1949)4 37.

Catlin, Franklin: Black light inspection of castings. Foundry **77**(1949)Aug. 168—170, 172, 174; Met. Rev. **22**(1949)9 43.

Guthmann, K.: Entwicklung und Stand der metallurgischen Meßtechnik des Auslandes in den letzten zehn Jahren. Stahl u. Eisen **69**(1949)1 8—18; Ref. Chem. Industrie (1949)1010 8.

Meister, F. J.: Messung mechanischer Stoßwellen. ATM (1949)161 — V 172—2; AMR **3**(1950)8 229.

Pomey, Jacques, Louis Abel et *Francois Goutel:* Mesures des contraintes résiduelles à la surface des aciers cémentés et trempés. C. R. Hebd. Séances Acad. Sci. **228**(1949)16./8. 1565—1567; Met. Rev. **22**(1949)9 41.

Soete, W.: A report of some recent research into the measurement and relaxation of residual stresses. Sheet Metal Industries **26**(1949)June 1269—1280; Met. Rev. **22**(1949)8 35.

Vollmer, A.: Poren- und Schichtdickenbestimmung leitender und nichtleitender Schutzüberzüge. Arch. Metallkde. **2**(1949)Apr. 145—147; Met. Rev. **22**(1949) 9 37.

Deeming, A. G.: Anwendung von ultraviolettem Licht zur Prüfung von Werkstücken mit Oberflächenrissen. J. Res. Devel. Brit. Cast Iron Res. Ass. **3** (1950)8 533—538; Stahl u. Eisen **71**(1951)6 313.

Merz, O.: Prüfungs- und Untersuchungsmethoden für Lackrohstoffe. Farben, Lacke, Anstrichstoffe **4**(1950) 5—14; Holz als Roh- u. Werkstoff **9**(1951)10 404.

Hudson, D. E. and *O. D. Terrell:* A pre-loaded spring accelerometer for shock and impact measurements. Proc. SESA **9**(1951)1 1—10; AMR **5**(1952)2 59.

— Shock and vibration instrumentation. Symposium Nat. Conf. Appl. Mech., Amer. Soc. Mech. Engrs. State College (Pa.) June 1952 85 p.; AMR **6**(1953) 7 321.

Schams: Güteprüfungen für Faserstoffe und Gespinste. Bd. II. Leipzig: Fachbuchverl. 1953 270 S.; Textil- u. Faserstofftechn. **4**(1954)9 565.

Böhringer, Hans: Textile Gebrauchswertprüfung — Tragversuche. Textil- u. Faserstofftechn. **4**(1954)8 459—467.

Eickner, H. W. and *Fred Werren:* Comparisons of test methods for evaluating adhesives for bonding metal facing to metal honeycomb cores. Wright Air Devel. Center Techn. Rep. 54—138 1954.

Kühne, H.: Das Normalprüfungsprogramm der Eidgenössischen Material-
prüfungs- und Versuchsanstalt (EMPA) zur Untersuchung von Holzschutzmitteln und Spezialschutzanstrichen für Holz. Schweiz. Arch. **20**(1954)3
80—84.

Ronay, Bela u. *W. E. Clautice:* Versuchsanlage zur Beurteilung von Stählen
für Überhitzer. Welding Res. Counc. (1954)4 199—206; Stahl u. Eisen **74**
(1954)15 976.

Lieby, G.: Technische Prüfung von Druckgußteilen. Z. Metallkde. **46**(1955)
137—146.

Konstruktionslehre im Leichtbau   5

Allgemeines   5.1

Thum, August: Die werkstofftechnischen Grundlagen einer neuen Konstruktionslehre. Schr. Hess. Hochsch. (1932)4 25—36.

Schönfelder, Kurt: Die Bedeutung der Arbeitsleisten in Teilfugen für die Steifigkeit der Konstruktion. Z. VDI **77**(1933)39 1070—1073.

Thum, August: Beanspruchung und konstruktive Gestaltung. Schr. Hess.
Hochsch. (1934)3 1—10; Metallwirtschaft **13**(1934) 909—912.

Zarges, W.: Gestalten und Bauen in Leichtmetall. Aluminium **18**(1936)8 353—360.
[6.131].

Thum, August: Leichtbau durch werkstoffgerechtes Gestalten (Vortr. 7. Stud.-
Konf. d. Dtsch. Reichsbahn März 1937). Arch. Eisenbahnwes. (1937)3 655—672.

Thum, August: Zweckmäßige Konstruktion und Werkstoffauswahl bei verschiedenen Betriebsbedingungen. (Vortr. Betriebsleitertag. Allianz Okt. 1937.)
Berlin: Verl. Allianz u. Stuttgarter Ver. 1937 12 S.

Ude, Hans: Die Werkstoff-Forschung als Grundlage der Konstruktion. Z. VDI
81(1937)32 929—934.

Kreißig, Ernst: Der Leichtbau als Konstruktionsprinzip. Techn. Mitt. HdT Essen
31(1938)22/23 461—468.

Thum, August: Fortschritte in der konstruktiven Gestaltung. „Deutsche Wissenschaft", Leipzig: Hirzel 1939 256—257.

Thum, August: Werkstoffersparnis durch konstruktive Maßnahmen. (Vortr.
Werkstofftag. Wien, Sept. 1938.) (Wiss. Abh. Dtsch. MPA, 1. Folge H. 2)
Berlin: Springer 1939 32—40.

Thum, August: Der Werkstoff in der konstruktiven Berechnung. Stahl u.
Eisen **59**(1939)9 252—263.

Thum, August: Leichtbau durch konstruktive Maßnahmen. Anz. Masch.-Wes.
62(1940)61 64—66.

Thum, August: Neuzeitliche Gesichtspunkte beim Konstruieren. Techn. Mitt.
HdT Essen **33**(1940)17/18 152—161.

Lehr, Ernst: Formgebung und Werkstoffausnutzung. Stahl u. Eisen **61**(1941)
965—975.

Ude, Hans: Neuere Erkenntnisse der Werkstofforschung als Grundlage der
Konstruktion. Techn. Blätter **31**(1941) 203.

Erker, Armin: Werkstoffausnutzung durch festigkeitsgerechtes Konstruieren.
Z. VDI **86**(1942)25/26 385—395 49 Lit.-St.

Schwerber, P.: Vergleichende konstruktive Werkstoffkunde. Aluminium **24**
(1942)6/7 197—203, 8 249—255, 11 377—381, 12 413—423, **25**(1943)1 5—13,
5 191—193, 9 307—309, 12 405—412.

Schwerber, P.: Metalle und Konstruktion. Metallwirtschaft **21**(1942)25/26
369—374.

Duffing, P.: Zur wirtschaftlichen Wahl von Werkstoff und Gestalt. Z. VDI **87**
(1943)21/22 305—313.

Griese, W.: Leichtbau durch richtige Gestaltung. Anz. Masch.-Wes. **65**(1943)13
6—8; Schiff u. Werft **44/24**(1943)15/16 246.

Kloth, Willi: Leichtbau. Anz. Masch.-Wes. **65**(1943)13 3—4; Schiff u. Werft **44/24** (1943)17/18 270.

Schwerber, P.: Stofftauschbau. (Transkonstruktion.) Glas. Ann. **67**(1943) 25—32, 39—43.

Meyercordt, F. u. H. Bender: Fertigungsgerechte Leichtbaugestaltung. Berlin: VDI-Verl. 1944. [6.11].

Graf, W.: Redesigning for light metals. Light Metal Age **5**(1947)10 10—13, 20. [6.131].

— Disegno e utilizzazione dei profilati estrusi. (Designing and utilization of extruded structural parts.) Alluminio **17**(1948)9/10 461—491; Met. Rev. **22** (1949)2 44.

Shanley, F. R.: Principles of structural design for minimum weight. J. Aeron. Sci. **16**(1949)3 133—149, 188 11 ref.; Index Aeron. **5**(1949)6 63.

Schönberg, M.: Welche Konstruktionsgrundsätze sind beim Übergang von Eisen und Stahl auf Leichtmetall zu beachten? Konstruktion **1**(1949)11 321—326. [6.131].

Ude, Hans: Festigkeitsgerechtes Konstruieren. Fortschritte und Probleme. Konstruktion **1**(1949)4 97—103 31 Lit.-St.

Albrecht, R.: Konstruieren mit Hilfe der Spannungsoptik. Neue Bauwelt **5**(1950) 16 253—257; Holz als Roh- u. Werkstoff **9**(1951)3 107.

Bradley, D. C.: Some design aspects of metal powder parts. Amer. Soc. Mech. Engrs. Prepr. 50-A-27 Nov./Dec. 1950 6 p. 3 ref.; Index Aeron. **7**(1951)6 62.

Heppke, H.: Aus der Praxis der rationellen Fertigung. Bestgestaltung durch Zusammenwirken von Konstrukteur und Fertigungsingenieur. Konstruktion **3**(1951)1 6—14.

Stratenberg: Leichtbau durch Preßzieh- und Stanzteile. Einige Gedanken zum sinnvollen Einsatz. Industrie-Anz. **73**(1951)66 6—7.

— Designing with modern materials. Machine Design **23**(1951)Oct. 297—350; Met. Rev. **24**(1951)11 47.

Pleva, O.: Gegossene oder geschweißte Konstruktion? Technik (Berlin) **7**(1952) 6 327—328.

Göbel, E. F. u. W. Marfels: Die Oberflächenhärtung und ihre Berücksichtigung bei der Gestaltung. Berlin-Göttingen-Heidelberg: Springer 1953 IV, 95 S. [2.76].

Lipton, Milton: Kostenersparnis durch fertigungsgerechte Konstruktionsverbesserungen. Werkstattstechn. u. Maschinenb. **43**(1953)8 364—368. [1.52].

Redwine, D. A.: Design considerations in the use of ultra-high-strength alloy steels in aircraft. "Symposium on ultra-high-strength steels in aircraft applications", SAE Special Publ. 120 1953 65—73; Nickel-Ber. **12**(1954)10 188.

Flemming, Herbert: Werkstoffaufwand und Gestaltung. Technik (Berlin) **9**(1954) 6 330—332 7 Lit.-St.

Schafranow, M. M.: Metalleinsparung durch technologisch richtige Konstruktion. Feingerätetechn. **3**(1954)4 166 ff.

Wiegand, H.: Das Werkstoffverhalten als Problem zwischen Konstruktion und Fertigung. Z. VDI **96**(1954)27 927—932.

Kienzle, O.: Gestaltungsrichtlinien und Fertigungsmöglichkeiten bei Blechgegenständen. Mitt. Forsch.-Ges. Blechverarb. (1955)13 153—160.

Oehler, G.: Fehlerhaftes und richtiges Gestalten gebogener und gezogener Blechteile. Mitt. Forsch.-Ges. Blechverarb. (1955)13 160—164.

— Gestalten mit Aluminiumprofilen. (Aluminium-Merkbl. K 3) Düsseldorf: Aluminium Zentrale 1955 8 S.

Hartl, W.: Konstruktionstechnik von Leichtmetall-Gußstücken. Z. VDI **77**(1933) 51 1355—1358.

Summa, O.: Gießen und Gestalten. Aluminium **18**(1936)4 135—138.

Thum, August: Das Gußeisen und seine heutige Stellung als Konstruktionswerkstoff. (Gießereikongreß 1936.) (Techn. Wiss. Vorträge Nr. 2) Düsseldorf: Gießerei-Verl.; Gießerei **23**(1936) 460—466.

Hartl, W.: Konstruktions- und Fertigungspraxis von Leichtmetall-Gußstücken. Aluminium **19**(1937)2 71—86.

Bollenrath, Franz u. Erwin Schiedt: Einfluß von Gußfehlern auf die Festigkeit bei Leichtmetallgußstücken. Luftf.-Forsch. **15**(1938)10/11 511—516; DVL-Jb. 1938 291—296; Aircr. Engng. **10**(1938)118 382.

Mickel, E.: Neuere Erkenntnisse über die Gestaltfestigkeit gußeiserner Bauteile: Gußkurbelwellen. Mitt. Forsch. Anst. GHH-Konzern **6**(1938)3 73 ff.

Thum, August: Leichtbauweise in Gußeisen. (Vortr. Hauptversammlung Gießereifachleute Jan. 1938) Gießerei **25**(1938) 237—241.

Hartl, W.: Formgebungs-, Fertigstellungs- und Montagemaßnahmen für korrosionsbeanspruchte Leichtmetallgußteile. Aluminium **21**(1939)6 437—440.

Pfannenschmidt, C. W.: Beiträge zur Gestaltung gegossener Maschinenteile. Mitt. Forsch. Anst. GHH-Konzern **7**(1939)6.

Püttner, H.: Werkstoffgerechte Gestaltung von Maschinenteilen aus Leichtmetallguß (Aluminium- und Magnesium-Legierungen). Metallwirtschaft **18** (1939)1 11—16.

Gautschi, A.: Aluminium-Sand- und Kokillenguß, die klassische Formgebung durch Schmelzen. Schweiz. Techn. Z. (1940)48 579—585; Techn. Z.-Schau **26** (1941)8 140.

— Some principles of casting design. F. A. Hughes & Co. 1940 55 p.; Index Aeron. **4**(1948)7 42.

de Fleury, R.: La fonderie dans la construction aéronautique (Publ. Sci. et Techn. Secrétariat d'Etat à l'Aviation, Nr. 93). Paris 1941 66 p.

Gerber, Johannes: Gestaltungsrichtlinien für Aluminiumspritzguß. Aluminium **23**(1941)6 315—318.

Irmann, Roland: Gestaltung von Aluminium-Sandguß. Aluminium **23**(1941)3 172—175.

Portier, H.: Le tracé des pièces de fonderie en alliages légers et ultra-légers. (Publ. Sci. et Techn. Ministère Air, Nr. 109.) Paris 1947 220 p.; Aircr. Engng. **19**(1947)226 390; Index Aeron. **5**(1949)4 50—51.

Erickson, James L.: How to design (aluminium alloy) pressure mouldings. Machine Design **20**(1948)9 118—122, 184, 186; AB **21**(1950)1 25.

Schulz, Walter: Nach dem Hochdruckguß-Verfahren hergestellte Leichtmetall-Gußteile. Werkstatt u. Betrieb **81**(1948)5 131—133.

Erickson, James L.: Economical die castings. Product Engng. **20**(1949)Aug. 104—108; Met. Rev. **22**(1949)9 57.

Found, G. H.: Konstruktion von Leichtmetallgußstücken. Amer. Foundryman **15**(1949)4 91—95; Chem. Zbl. **121**(1950)I 13 914.

Hagen, J.: Konstruktions- und Modellgestaltung. Neue Gießerei **36**(1949)Jan. 14—19; Met. Rev. **22**(1949)4 41.

Schneider, K. u. O. Barnickel: Technischer Stand und Einsatzfähigkeit von Druckguß. Metall **3**(1949) 409—414.

Smalley, Oliver: Casting design as influenced by foundry practice. Foundry Trade J. **87**(1949)21./7. 91—95; Met. Rev. **22**(1949)9 44.

— Casting aluminum. (Metric ed.) Montreal (Que.): Aluminum Co. of Canada (Alcan) 1949 IX, 105 p. [2.2].

Brown, H.: Precision aluminium castings. Amer. Foundryman **18**(1950)1 50—57; AB **21**(1950)9 464—465.

Gerber, Johannes: Gestaltungsrichtlinien von Druckgußteilen. Technik (Berlin) 5(1950)2 59—63.

Stevens, Charles E. jr.: Bimetallic bonding gives new parts design possibilities. SAE J. (1950)Jan. 32—35; Konstruktion 2(1950)9 280—281.

Wood, R. L. and *D. von Ludwig:* The fields of utility of investment castings. Amer. Soc. Mech. Engrs. Prepr. 50-A-28 Nov./Dec. 1950 7 p.; Mech. Engng. 73(1951)3 191—197; Index Aeron. 7(1951)6 62.

Hugo, Erich u. *C. W. Pfannenschmidt:* Werkstoffmerkmale und Gestaltungsrichtlinien für Grauguß. Gießerei, S. H. Konstrukteur u. Gießer 1951 7—19; Stahl u. Eisen 72(1952)2 95.

Hartmann, W.: Der gegossene Werkstoff in der Konstruktion. Z. VDI 94(1952) 3 65—73.

Mickel, E.: Zur Frage der Gestaltfestigkeit bei Temperguß. Gießerei 39(1952)18 429—431; Stahl u. Eisen 72(1952)26 1684.

Moore, George L.: Designing magnesium castings and forgings. Modern Metals 8(1952)8 62—64, 66; AB 23(1952)11 636. [5.3].

Petersen, A. H.: The use of castings in airframe design. Metal Progr. 62(1952)5 67—72; Index Aeron. 9(1953)2 57; Aluminium 29(1953)5 XIII.

Pleines, Ernst Wilhelm: Druckgußgerechtes Gestalten. (Metallkundliche Ber. Bd. 17) Berlin: Verl. Technik 1952 39 S. 12 Lit.-St.

Ryffel, H. H.: Maßnahmen für guten Aluminium-Druckguß. Machinery (New York) 58(1952)10 170—175; Nachr.-Bl. AGM Leichtbau 1(1952)7 5; Aluminium 28(1952)10 XIII.

— Gestalten von Aluminium-Druckguß. (Aluminium Merkblatt K 2) Düsseldorf: Aluminium Verl. 1952 16 S.

— Gestalten von Aluminium-Sand- und Kokillenguß. (Aluminium Merkblatt K 1) Düsseldorf: Aluminium Verl. 1952 10 S.

— Typische Anwendungsbeispiele von Kugelgraphit-Gußeisen. Nickel-Ber. 10 (1952)5 118—120; Stahl u. Eisen 72(1952)22 1379.

— Il disegno di alluminio: norme per il progettista. (Design of aluminium castings: standards for the designer.) Alluminio 22(1953)5 559—577; AB 25 (1954)2 101.

Caillon, M.: Founding magnesium-base alloys. X. Fundamental design. XI. Design factors. XII. Coring. XIII. Design modifications. Metal Industry 84 (1954)10 185—186, 11 211—213, 12 232—234, 13 247—248; AB 25(1954)5 316—317.

Farnham, G. S. u. *Benton Dixon:* Verwendung von Gußeisen mit Kugelgraphit. Iron Age 173(1954)11 133—137; Stahl u. Eisen 74(1954)12 796.

Gautschi, E.: Zur Frage von Formgebung und Legierungswahl bei Sand- und Kokillenguß aus Leichtmetall. Aluminium (Suisse) 4(1954)4 119—134; Nachr.-Bl. AGM Leichtbau 3(1954)9/10 14; AB 25(1954)10 684.

Lieby, G.: Druckgußteile im Kraftfahrzeug- und Maschinenbau. Werkstatt u. Betrieb 87(1954)3 105—111; Nachr.-Bl. AGM Leichtbau 3(1954)11/12 5.

Roinet, Ch.: Comment déterminer les dimensions de la coulée d'une pièce en alliage léger coulée en sable? Rev. Aluminium 31(1954)210 211—216.

Gestaltung von Schmiedeteilen 5.3

Schröter, C. H.: Erfahrungen über den Einfluß des Faserverlaufes auf die Festigkeitseigenschaften bei Leichtmetall-Preßteilen des Flugzeugbaues. Aluminium 21(1939)8 575—581.

Lohr, Fritz: Gestaltungs-Richtlinien für Gesenkpreßteile aus Aluminium-Legierungen. Aluminium 22(1940)4 198—205.

Riedel, Max: DIN 9005, Gestaltungsrichtlinien für Gesenkschmiedestücke aus Leichtmetall. Aluminium 23(1941)5 263—267; Techn. Z.-Schau 26(1941)16 278.

Unckel, H.: Der Einfluß der Faserrichtung auf die mechanischen Eigenschaften bei Gesenkschmiedeteilen aus Aluminium-Legierungen. Aluminium **25**(1943) 5 203—208.

— Design for forging; application to high strength aluminium alloys. Metallurgia **39**(1949)Febr. 191—194; Met. Rev. **22**(1949)5 48.

Rose, Kenneth: When to use steel drop forgings for stressed parts. Mater. & Meth. **30**(1949)Aug. 63—65; Met. Rev. **22**(1949)9 49.

Favre, A. E. and A. J. Orazem: Aluminium die forging design details that promote metal flow. Product Engng. **21**(1950)9 130—134; AB **21**(1950)10 514—515.

Favre, A. E. and A. J. Orazem: Aluminium die forging design for quality and economical production. Product Engng. **21**(1950)8 140—144; AB **21**(1950)9 469.

Welty, G. D.: Designing light alloy forgings. Machinery (London) **77**(1950) 347—350; Konstruktion **3**(1951)6 191—192; Aluminium **27**(1951)3 IX.

Rowan, M. J.: Cored forgings cut production costs. Amer. Machinist **95**(1951)20 140—143; Konstruktion **4**(1952)11 350. [2.32].

Rodgers, D. A.: Basic design for small part pressing. Machinist **96**(1952)Aug. 1358—1361; Techn. Zbl. Masch. Wes. (1953)11 965.

Moore, George L.: Designing magnesium castings and forgings. Modern Metals **8**(1952)8 62—64, 66; AB **23**(1952)11 636. [5.2].

Andrews, C. W.: Design problems of large aluminium forgings. Automot. Industries **109**(1953)4 32—33; AB **24**(1953)9 559.

Andrews, C. W.: Design considerations associated with large aluminium forgings. Amer. Soc. Mech. Engrs. Prepr. 53-SA-52 1953 15 p.; Index Aeron. **9** (1953)9 106.

Favre, A. E.: Light-alloy forging — design and production problems. Mech. Engng. **75**(1953)9 693—697, 718; Light Metal Age **11**(1953)7/8 12—14; AB **24** (1953)10 626.

Müller, R.: Hochwertige Leichtmetallteile durch Warmpressen von Aluminium-Legierungen. Aluminium (Suisse) **3**(1953)Mai 83—89 3 Lit.-St.; Techn. Zbl. Masch.-Wes. (1953)11 965; Werkstoffe u. Korrosion **5**(1954)3 107; Nachr.-Bl. AGM Leichtbau **3**(1954)2 17. [2.32].

Andrews, C. W.: Design and production of large light alloy forgings. Design considerations associated with large aluminium forgings. Aircr. Engng. **26** (1954)304 185—189.

Favre, A. E.: Design and production of large light alloy forgings. Light alloy forging design and production problems as related to heavy press operations. Aircr. Engng. **26**(1954)304 189—191, 200.

Favre, A. E.: Design and production of light alloy forgings by heavy press operations. Automot. Industries **110**(1954)5 52—56, 80, 82; AB **25**(1954)4 217—218.

Fletcher, L.: Aluminium alloy forgings. Metal Industry **85**(1954)10 185—188; AB **25**(1954)11 748.

Haller, Hans: Das Schmieden von Hebeln. Werkstattstechn. u. Maschinenb. **44** (1954)4 185—189.

Gestaltung von Kunstharz-Preßteilen 5.4

Flötgen, R.: Konstruktive Einzelfragen bei der Gestaltung von Kunstharzpreßteilen. Kunststoffe **31**(1941)7 257—259; Luftwissen **8**(1941)12 386.

— Gestaltung von Spritzgußteilen aus nicht härtbaren Kunststoffen. (VDI-Richtlinien 2006) Berlin: VDI-Verl. 1942.

Ehlers, G.: Gestaltung von Kunstharz-Preßteilen. Zu den VDI-Richtlinien 2001. Kunststoffe **33**(1943)4 105—107.

Gorol, H.: Gestaltung von Kunstharz-Preßteilen. Z. VDI **87**(1943)51/52 797—802; Luftwissen **11**(1944)3 88.

— Gestaltung von Kunstharz-Preßteilen. (VDI-Richtlinien 2001, 3. Aufl.) Düsseldorf: Dtsch. Ing.-Verl. 1950 17 S.

v. *Hartmann, G. B.:* Probleme der Preßstoffanwendung für den Konstrukteur. Kunststoffe **41**(1951)12 438—441. [1.324.31].

v. *Hartmann, G. B.:* Preßteile in der Technik. Konstruktion **4**(1952)10 315—317.

Zickel, H.: Konstruieren mit Kunststoffen. Konstruktion **4**(1952)10 299—304; Nachr.-Bl. AGM Leichtbau **2**(1953)8 9. [2.531], [2.511.4].

Gestaltung von Schweißteilen   5.5

Gottfeldt, Harry: Ausbildung geschweißter Blechträger. Z. VDI **74**(1930)52 1755—1757, **75**(1931)20 634.

Ulbricht, R.: Beiträge zur konstruktiven Gestaltung von geschweißten Verbindungen im Stahlhochbau. Stahl u. Eisen (1931)9 253—257.

Braunfisch, Joh.: Gestaltung geschweißter Körper. Z. VDI **76**(1932)39 931—934.

Thum, August: Schweißgerechte Maschinengestaltung. Z. VDI **79**(1935)22 690—692.

Weidle, R.: Schweißgerechte Konstruktionen. Autog. Metallbearb. **28**(1935)21 325—327.

Rethel, W.: Konstruktion geschweißter Bauteile. Jb. 1938 Dtsch. Luftf.-Forsch. I 495—500.

Rethel, W.: Gestaltung geschweißter Teile im Flugzeugbau. Luftwissen **5**(1938) 9 337—341.

Anders, W.: Konstruktionsfragen bei einer schweißgerechten Gestaltung im Maschinenbau. Metallwirtsch. **20**(1941)6 134—137.

Jurczyk, K.: Konstruktive Winke für den Schweißpraktiker. Elektroschweißung **12**(1941)10 157—162.

Schwerber, P.: Werkstoffersparnis durch geschweißte Aluminiumkonstruktionen. Industrieblatt **46**(1941) 542—547. [1.442.13].

Bleicher, Waldemar: Eignung und Anwendung von Leichtmetallen für Schweißkonstruktionen. Autog. Metallbearb. **35**(1942) 337—344, 353—356. [1.442.13].

Mäder, H.: Gestaltungsfragen bei der schweißtechnischen Verarbeitung der Leichtmetalle. Werkstatt u. Betrieb **75**(1942)7 159—160.

Koenigsberger, F.: Machine design for fabricated welded construction. Machinery (New York) (1943) 316—328.

Priest, H. M.: The practical design of welded steel structures. Welding J. **22** (1943)Sept. 677—711.

Snyder, G. L.: Design consideration for welded machinery parts. Trans. ASME **68**(1946) 297—307.

Boyd, G. M.: Comment on recent trends in concepts of design for welded steel structures. Welding J. **26**(1947)Aug. 693—695.

Cox, J. H.: Welding design. Welding & Cutting News (South Africa) **7**(1947) July 3—15.

Davies, R. H.: Design of arc-welded steel and its relation to costs. Welding J. **26**(1947)Dec. 1087—1090.

Melhardt, Hans: Werkstoff- und Spannungsfragen bei Entwurf und Herstellung geschweißter Bauteile und Bauwerke. Schweißtechnik (Wien) **1**(1947)Mai 1—10; Met. Rev. **22**(1949)8 50.

von *Stroh, Gerald:* A clinical approach to weldment design. Amer. Soc. Mech. Engrs. Prepr. No. 47-A-132 Dec. 1947 12 p.; Welding J. **27**(1948)March 207—216; Index Aeron. **4**(1948)5 60.

Allen, Robert E.: Factors involved in design of welded sheet metal joints for production assembly. Automot. Industries **99**(1948)1./12. 46—47; Met. Rev. **22**(1949)1 49.

v. *Concady, Horst:* Fertigungstechnische Überlegungen zur Feinblechschweißung. Technik (Berlin) **3**(1948)12 529—532. [2.511.2].

Weck, R.: The design and fabrication of welded structures subjected to repeated loading. Pt. I—V. Welder **17**(1948)98 91—96, **18**(1949)99 15—19 10 ref., 101 61—66, **19**(1950)103 15—24 11 ref., 104 43—46 8 ref.; Index Aeron. **5**(1949)3 52, 7 47, **6**(1950)2 44, 10 48, 12 48. [1.442.14], [2.511.1].

— Recommendations for the design of arc welded mild steel machinery constructions. Brit. Welding Res. Ass. Rep. T 18; Welding Res. **2**(1948)3 43—53; Konstruktion **1**(1949)11 345—346.

Atkins, W. S.: Survey of the use of welding in structures. Trans. Inst. Welding **12**(1949)June 59—63; Met. Rev. **22**(1949)9 54.

Bobek, Karl: Über die Gestaltung von Schweißkonstruktionen. Arch. Metallkde. **2**(1949)9 301—305.

Reisser, S. M.: Survey of the use of welding in structures. Trans. Inst. Welding **12**(1949)June 64—69; Met. Rev. **22**(1949)9 54.

Scheyer, Emanuel: Flexible welded connections for structural steel. Welding J. **28**(1949)March 234—238; Met. Rev. **22**(1949)4 53.

Stanley, Wallace A.: Designing for welding. Pt. I—VIII. Welding J. **28**(1949) Jan. 63—64, Febr. 162, March 262—263, Apr. 371—372, May 470—471, June 561—562, July 677—678, Aug. 773—774; Met. Rev. **22**(1949)2 47, 3 54, 4 51, 6 50, 8 50, 9 56.

— Procedure handbook of arc welding design and practice. 9th ed. Cleveland: Lincoln Electric Co. 1950.

Close, G. C.: Design for spotwelding aluminium. Light Metal Age **8**(1950)1/2 6—7, 32; AB **21**(1950)4 207.

Egen, Heinrich: Schweißgerechte Gestaltung und rationelle Schweißvorrichtungen im Landmaschinenbau. Werkstatt u. Betrieb **83**(1950)2 50—53. [6.214].

Gerritsen, W.: L'application rationelle du soudage électrique aux constructions en aciers. Ossature Métall. **15**(1950)9 404—407.

Griese, Friedrich Wilhelm: Leichtbau und schweißtechnische Gestaltung. DEMAG-Nachr. (Duisburg) (1950)122 8—14.

Griese, Friedrich Wilhelm: Schweißtechnische Gestaltung und Fertigung als wesentlicher Faktor der Wirtschaftlichkeit im Maschinenbau. Schweißen u. Schneiden **2**(1950)9 232—246, 10 259—269.

Murdock, R. W.: Design details for stud welding. Product Engng. **21**(1950)Jan. 131—140.

Pandfiris, A. R.: Weldment design and engineering practice. Welding J. **29**(1950) 4 305—309.

Ricken, Theodor: Schweißgerechtes Konstruieren. Schweißen u. Schneiden **2** (1950)1 2—11.

Stanley, Wallace A.: Designing for projection welding. Machinist **94**(1950)24 905—910; Product Engng. **21**(1950)4 113—117; Index Aeron. **6**(1950)9 58; Konstruktion **2**(1950)11 345.

Terrington, B. J.: Design in welded structures. Civil Engng. **20**(1950) 524—526, 529.

Williams, S. V.: Trends in fabrication by welding. Welding J. **29**(1950)6 483—487; Bull. Anal. C. N. R. S. **11**(1950)11 3984.

Bennewitz, R. H.: Applications of welded design for cost reduction. Welding J. **30**(1951)Apr. 347—357. [1.52].

Brenner, Paul: Über das Schweißen von Leichtmetall. Z. VDI **93**(1951)22 729—735. [1.442.13], [2.511.3].

Brenner, Paul: Gestaltung von Leichtmetall-Schweißkonstruktionen. Schweißen u. Schneiden **3**(1951) S.H. Nov. 130—138.

Dohrmann, H.: Schweißen und Schneiden im Schiffbau. Schweißen u. Schneiden **3**(1951)11 327—333. [6.253.2].

Griese, Friedrich Wilhelm: Wichtige neuere Veröffentlichungen über die schweißtechnische Gestaltung und Wirtschaftlichkeit. Schweißen u. Schneiden 3(1951)5 150—155 143 Lit.-St. [1.52].

Griese, Friedrich Wilhelm: Der Konstrukteur und die Schweißtechnik. Industrie-Anz. (1951)75/78 9 S.

Jenkins, S. P. and *T. E. Piper:* The application of spot and seam welding to design. Welding J. 30(1951)Sept. 803—809; Met. Rev. 24(1951)11 33.

Koenigsberger, F.: Grundlagen für die Gestaltung und Berechnung von Schweißkonstruktionen. Schweißen u. Schneiden 3(1951) S.H. Nov. 73—80. [1.442.11].

Lewenton, G.: Schweißtechnische Gestaltung auf Biegung beanspruchter Stahlplatten. Schweißen u. Schneiden 3(1951) S.H. Nov. 116—121.

Thompson, A.G. and *F. Brooksbank:* a) The design of welds. b) Welded roof trusses. Bilston (Staffs.): Quasi-Arc Co. Publ. 1951. [6.271].

Thompson, A. G.: and *F. Brooksbank:* Design of welds. Welding & Metal Fabrication 19(1951)Apr. 140—144, May 184—191.

— Recommended designs for metal arc welded mild steel building structures: Beam and column connections. Brit. Welding Res. Ass. Rep. T. 28 1951. [6.27].

Bahke, Erich: Das geschweißte Fachwerk im modernen Leichtstahlbau. Schweißen u. Schneiden 4(1952)3 67—79. [6.121].

Dohrmann, H.: Der Einfluß der Schweißtechnik auf die konstruktive Gestaltung der Bauelemente im Schiffbau. Schweißen u. Schneiden 4(1952)6 187—194. [6.253.1].

Dumpert, E.: Schweißtechnische Verfahren und schweißtechnische Gestaltung im Automobilbau. Schweißen u. Schneiden (1952) S.H. Dez. 135—138. [2.511.1], [6.252.41].

Effertz, K. H.: Berechnung und Gestaltung geschweißter Trägeranschlüsse. Schweißen u. Schneiden 4(1952)2 58, 3 80—83. [1.442.12].

Förster, S.: Neue Leichtmetall-Schweißkonstruktionen. Konstruktion 4(1952)3 77—79.

Griese, Friedrich Wilhelm: Schweißen im Maschinenbau. Schweißen u. Schneiden 4(1952)1 6—18. [6.21].

Hörmann, Erich: Die Verwendung des Knotenrohres in Schweißkonstruktionen. Schweißen u. Schneiden (1952) S.H. Dez. 156—157. [6.122].

Lange, K.: Über den heutigen Stand des Stahl-Brückenbaues unter besonderer Berücksichtigung der Schweißtechnik. Schweißen u. Schneiden 4(1952)6 173—182. [6.272].

Taschinger, Otto: Leichtbau durch Schweißen an Schnelltriebzügen. Schweißen u. Schneiden 4(1952) S.H. Dez. 50—55. [6.252.22].

Böhden, H. u. *A. Köhler:* Rohrverbindungen im Stahlbau. Schweißen u. Schneiden 5(1953)11 429—432. [6.122].

Fuchs, C.: Vollständig geschweißte Eisenbahnbrücke aus St 44. Schweißen u. Schneiden 5(1953)10 374—376. [6.272].

Griese, Friedrich Wilhelm: Der Stahlschweißbau für Hüttenwerksanlagen. Stahl u. Eisen 73(1953)9 556—567.

Grover, LaMotte: Design and research for welded structures. Proc. ASCE Separate No. 343 Nov. 1953 27 p.; AB 25(1954)10 692.

Hänchen, Richard: Berechnung und Gestaltung von Schweißkonstruktionen. (Konstruktionsbücher Bd. 12) Berlin-Göttingen-Heidelberg: Springer 1953 IV, 80 S. [1.442.11].

Heitzer, H.: Gestaltung von gelenkigen Stabanschlüssen. Schweißen u. Schneiden 5(1953)11 436—440.

Höland, Karl: Schweißen im Schiffbau. Schweißen u. Schneiden 5(1953) S.H. Dez. 29—36. [6.253.1].

von Hofe, Hans: Brennschneidgerecht konstruieren. Schweißen u. Schneiden **5** (1953)12 463—472.

Kriesche, H.: Rechtwinklige Kreuzungspunkte bei Schweißkonstruktionen. Schweißen u. Schneiden **5**(1953)11 445—455.

Schulze, Walter: Geschweißte Eckverbindungen des Maschinenbaues. Schweißen u. Schneiden **5**(1953)11 424—427.

Schulz, H. u. *K. H. Kenn:* Geschweißte Rahmenecken. Schweißen u. Schneiden **5**(1953)11 441—445.

Wiese, E.: Geschweißte Flansche, Warzen und Stutzen. Schweißen u. Schneiden **5**(1953)11 427—429.

— Konstruktionsfehler in geschweißten Schiffen. Industry & Welding **25**(1953) 12 39—42, 45.

Krebs, J.: Die Schweißkonstruktion im Maschinenbau. Beitrag zur Gestaltung und Ausführung geschweißter Konstruktionen. Schweißtechnik (Berlin) **4** (1954)12 351—354.

Miller, Howard L. u. *Arthur E. Wilkoff:* Anwendung von legierten hochfesten Stählen in Schweißkonstruktionen. Welding J. **33**(1954)4 339—350; Stahl u. Eisen **74**(1954)21 1385.

Tölken, Onno: Schweißgerechtes Konstruieren und neuzeitliche Fertigungsverfahren. Schiff u. Hafen **6**(1954)12 797—800.

Voigt, P.: Schweißtechnische Gesichtspunkte für die Gestaltung von Kunststoffkonstruktionen. Industrie-Anz. **76**(1954)90 1395—1399; Nachr.-Bl. AGM Leichtbau **4**(1955)5/6 10.

Wagner, H.: Wirtschaftliches und schweißgerechtes Konstruieren. Konstruktion **6**(1954)12 463—467.

Effertz, K. H.: Der Einfluß der Schweißtechnik auf die konstruktive Gestaltung. Schweißen u. Schneiden **7**(1955)6 231—236 6 Lit.-St.

Stieler, C.: Vorteile der Schweißtechnik für Konstruktion und Fertigung. Schweißen u. Schneiden **7**(1955)6 274—279; Nachr.-Bl. AGM Leichtbau **4**(1955) 10 12.

Anwendungen im Leichtbau 6

Zusammenfassende Darstellungen 6.1

Allgemeines 6.11

Baumann, A.: Leichtbau. Z. VDI **68**(1924)22 551—555; ZFM **15**(1924)19 209.

Everling, Emil: Luftfahrt und Technik. Z. VDI **68**(1924)20 491—492; ZFM **15**(1924) 13/14 159.

Meyer, P.: Die Frage des Baustoffes im Leichtbau. Z. VDI **68**(1924)22 555—556; ZFM **15**(1924)19 209.

Rohrbach, Adolf: Entwurf und Aufgaben des Leichtbaues. ZFM (1926)Beiheft 14 64—78.

Steudel, H.: Über die Zusammenarbeit von Konstruktion, Betrieb und Werkstoffprüfung im Leichtbau. Z. VDI **71**(1927)43 1517—1520, 1588.

Bijlaard, P. P.: Factors affecting the consumption of material in engineering structures. Dies discourse — Techn. Univ. Bandoeng 1934; De Ingenieur in Ned. Indie (1934)9 I 79—I 101.

Kloth, Willi: Gestaltfestigkeit. (3. Konstrukteur-Kursus) RKTL-Schr. (1936)71 18—21.

Kreißig, Ernst: Grundlagen des Leichtbaues. Stahl u. Eisen **56**(1936)2 33—39.

Kraemer, M. H.: Die Pflicht zum Leichtbau. Techn. Mitt. HdT (Essen) **31**(1938) 22/23 460; „Leichtbau in Konstruktion und Technologie", Essen: Haus d. Technik 1939 4—5.

Kreißig, Ernst: Der Leichtbau, die Bauweise der Zukunft. Metallwirtsch. **17**(1938) 41 1073—1075.

— Der Leichtbau in Konstruktion und Technologie. (Tagungsbericht.) Techn. Mitt. HdT (Essen) **31**(1938)22/23, **32**(1939)1 16—22; „Leichtbau in Konstruktion und Technologie", Essen: Haus d. Technik 1939 92—99.

Meinel von Tannenberg, W.: Über die Entwicklung eines Leichtbauelements „Doppelblech nach Insektenflügelbauart". AWF-Mitt. **21**(1939)7 97—99.

Petzoldt, L. H.: Leichtbau, eine Forderung unserer Zeit. Wissen u. Fortschritt **13** (1939) 577—584.

Kahlisch, W.: Eierschale biotechnisches Vorbild im Flugzeugbau. Aluminium **22**(1940)6 315—320.

Schaechterle, Karl: Werkstoffeinsparung im Industriebau. Z. VDI **84**(1940)46 891—895.

Ude, H.: Werkstoff sparen! Beuth-Tisch (1940) 176—184.

Wögerbauer, Hugo: Werkstoffsparen. Maschinenb. Betrieb **19**(1940) 321—324.

Schwerber, P.: Vergleichende Stabilitäts- und Festigkeitsbetrachtungen des Sparbaus. Aluminium **23**(1941)1 5—13.

Schwerber, P.: Stabilität, Gewichtsersparnis, Sicherheit. Aluminium **23**(1941)3 141—149.

Schwerber, P.: Leichtbau. Aluminium **23**(1941)11 519—530.

Schwerber, P.: Sicherheit beim Leichtbau durch Festigkeit und Gestaltung. Aluminium **23**(1941)12 571—582. [1.11].

Meinel von Tannenberg, W.: Grundlagen des Leichtbaues. Industrieblatt **47** (1942) 847—850.

Oettel, R.: Die Werkstoffauswahl bei hochbeanspruchten Teilen des Leichtbaues. Metallwirtsch. **21**(1942)13/14 195—197.

Roš, Mirko Gottfried: Materialtechnische Fragen der Werk- und Baustoff-Einsparung. Schweiz. Bauztg. **119**(1942)3 25—27, 4 37—42.

Schwerber, P.: Leichtbau in Natur und Technik. Umschau **46**(1942) 280—283.

Schwerber, P.: Leichtbau und Wirkungsgrad. Industrieblatt **47**(1942) 385—391.

Schwerber, P.: Stahlleichtbau und Leichtmetall-Sparbau. Z. VDI **86**(1942)27/28 431—434.

Schwerber, P.: Grundlagen der werkstoffsparenden Bauweise (Sparbau, Leichtbau). Metall u. Erz **39**(1942)17 313—319.

Thum, August: Die Gestaltfestigkeit als Grundlage des Leichtbaues. Industrieblatt **47**(1942)12 539—542; Aluminium **25**(1943)12 II 14. [1.341].

Amstutz, E.: Flugtechnische Beispiele für den Leichtbau. Schweiz. Bauztg. **121** (1943)2 14—19.

Cox, H. L. and *H. L. Smith:* Structures of minimum weight. ARC R & M 1923 Nov. 1943.

Dudley, L. P.: Comparing structures in metals and plastics. Light Metals **6**(1943) 69 480—485 2 ref.

Flügge, Wilhelm: Mechanische Grundlagen des Leichtbaues. Arch. Eisenhüttenwes. **17**(1943/44)9/10 195—205.

Thum, August: Die neuere Entwicklung des Leichtbaues. Anz. Maschinenwes. **65**(1943)13 4—6.

Thum, August: Der technische Fortschritt im Leichtbau. Industrieblatt **48**(1943) 385—386.

Thum, August: Wesen, Ziel und Probleme des Leichtbaues. Schweiz. Arch. **9** (1943) 133—148.

— Schalenbau, Mode oder Notwendigkeit? Fördertechnik **36**(1943)9/10 81—87.

Meyercordt, F. u. *H. Bender:* Fertigungsgerechte Leichtbaugestaltung. Berlin: VDI-Verl. 1944. [5.1].

Quantz, Ludwig: Sparen an Werkstoff durch Konstruktionsänderung, vereinfachte Herstellungsart, richtige Werkstoffausnutzung durch Anwendung besonderer Maschinenteile. „Quantz, Ludwig: Gestaltungslehre", Leipzig: Jänecke 1944 25—32.

— Leichtbau. Vorträge der Leichtbautagungen des VDI. Berlin: VDI-Verl.
1944 70 S.

Walker, P. B.: Research work in aircraft structures. ARC R & M 2327 March
1947 13 p.; Index Aeron. **7**(1951)8 67.

Hisserich, H.: Aus der Praxis des Leichtbaues. Wagner- u. Karosseriebau-Handwerk **2**(1949)7 106—107.

Russell, A. E.: Aircraft materials from the designer's point of view (2nd Int.
Aeron. Conf. New York 1949). Proc. Inst. Aeron. Sci. & Roy. Aeron. Soc.
May 1949 200—241; Index Aeron. **6**(1950)8 60.

Sandorff, P. and G. W. Papen: Integrally stiffened structures. Inst. Aeron. Sci.
Prepr. 243 1949 26 p. 4 ref.; Aeron. Engng. Rev. **9**(1950)2 30—38; Index Aeron.
6(1950)4 62; AB **21**(1950)4 184.

Teed, P. L.: Materials from the aircraft manufacturer's point of view. (2nd Int.
Aeron. Conf., New York 1949.) Proc. Inst. Aeron. Sci. & Roy. Aeron. Soc.
May 1949 242—311 91 ref.; Index Aeron. **6**(1950)8 60.

du Mond, T. C.: Extruded metal shapes and their uses. Mater. & Meth. **32**(1951)
3 82—87.

O'Keefe, Philip: Expanded metals save weight and material. Mater. & Meth.
34(1951)3 74—77; Met. Rev. **24**(1951)11 29.

Sandorff, P. E. and G. W. Papen: Integrally stiffened skin revolutionizes aircraft construction. I. Forged sections. II. Rolled and cast sections. III.
Machined sections. IV. Extruded sections and forming methods. Iron Age
167(1951)5 99—102, 6 88—90, 7 91—94, 8 74—78; Index Aeron. **7**(1951)5 72;
AB **22**(1951)3 121.

Verdeyen, Jacques: Utilizzazione dei profilati leggieri. (Verwendung von Leichtprofilen.) Costruzioni Metalliche **3**(1951)6 14—20.

Winter, Hermann: Nutzbarmachung der Erfahrungen aus dem Flugzeugbau im
Stahl- und Maschinenbau. Schweißen u. Schneiden **4**(1952) S.H. Dez. 124—130.

Winter, Hermann: Leichtbau und Leichtbauforschung im Flugzeugbau. Jb. 1952
WGL 12 S. [6.254.0]

Pollard, H. J.: New materials and methods for aircraft construction. Roy. Aeron.
Soc. Prepr. Febr. 1953 20 p. 30 ref.; Flight **63**(1953)2303 338—339; Engineer
95(1953)5067 366—368; Index Aeron. **9**(1953)5 61; AB **24**(1953)5 265.

Pollard, H. J.: New materials and methods. II. Aircr. Production **15**(1953)175
188—192; AB **24**(1953)7 426.

Winter, Hermann: Gedanken über den Leichtbau und Maßnahmen zu seiner
Förderung in der Praxis. Nachr.-Bl. AGM Leichtbau **2**(1953)3 1—3, 4 1—3,
5 1—3.

Bahke, Erich: Grundbegriffe der Leichtbautechnik und ihre Anwendung. Konstruktion **6**(1954)3 81—96; Technik (Berlin) **9**(1954)10 547—553 11 Lit.-St.;
Nachr.-Bl. AGM Leichtbau **3**(1954)7 10, **4**(1955)3 8.

Gerard, George: Minimum weight analysis. A literature review. New York
Univ. Res. Div., Coll. Engng. 1954 15 p.; Aeron. Engng. Rev. **14**(1955)5 203.

Legg, K. L. C.: Integral construction, a survey and an experiment. J. Roy.
Aeron. Soc. **58**(1954)523 485—504.

Saelman, B.: Basic design and producibility considerations for integrally
stiffened structures. Machine Design **27**(1955)3 197—203 2 ref.

Stahlleichtbau 6.12

Allgemeines 6.121

Bauer, Bruno: Verringerung des Konstruktionsgewichtes von Säulen für Stahlskelettbau. Z. VDI **75**(1931)22 687—688.

Bijlaard, P. P.: Economics of steel trusses. Proc. 3rd Engng. Congr. Tokyo 1936
179—193.

Für den Stahlleichtbau

KLÖCKNER-MANNSTAEDT-PROFILE

WARMPROFILE

KALTPROFILE

BLANKPROFILE

HOHLPROFILE

KLÖCKNER-MANNSTAEDT-WERKE GMBH TROISDORF

STAHL-LEICHTPROFILE

aus Bandstahl
10-450 mm Breite
0,5-8 mm Stärke
34-75 kg mm² Festigkeit

HOHENLIMBURGER WALZWER

AKTIENGESELLSCHAFT HOHENLIMBURG WESTFA

v. *Eckartsberg, H.:* Über die Verwendung von hochwertigem Stahlguß im Flugzeugbau. Diss. TH Darmstadt 1937; ZWB FB 787 1937 123 S. [1.322.22].

Aureden, H.: Stahlersparnis durch Schweißen. Z. VDI **82**(1938)35 1027—1031.

Hoff, Paul: Die Entwicklung der hochfesten Stähle für den Großstahlbau. Mitt. Kohle- u. Eisenforsch. **2**(1938)1 82 S. [1.322.10].

Kloth, Willi: Stahl-Leichtbau. RKTL-Schr. (1938)88 35—39. [6.214].

Schönrock, K.: Stähle im Leichtbau. Techn. Mitt. HdT (Essen) **31**(1938)22/23 508—513; Röhren- u. Armaturen-Ztg. **4**(1939)1 11—16.

Wansleben, F.: Sparmöglichkeiten im Stahlbau. Dtsch. Bauztg. (1938)9 244—245.

— Stahlleichtbau, ein Mittel gegen Stahlverschwendung. Techn. Mitt. HdT (Essen) **31**(1938)20 430.

Hugeneck, Fritz: Rahmenpfetten als stahlsparende Konstruktionsglieder. Stahlbau **12**(1939)3 22—24.

Kloth, Willi: Rohstoffersparnis durch Stahlleichtbau. (5. Konstrukteur-Kursus.) RKTL-Schr. (1939)91 7—12; TidL **20**(1939) 36—38.

v. *Szénásy, St.:* Leichtbau in Stahl. Motorschau **3**(1939) 109—112.

Klosse, Ernst: Untersuchungen über geschweißte Doppelbleche. Stahlbau **13** (1940)19/20 101—104. [1.421].

Thum, August, Karl Sipp u. *Otto Petri:* Gußeisen im Leichtbau. Arch. Eisenhüttenwes. **14**(1940/41)7 319—323. [1.322.24].

Heitzer, H. u. *F. W. Griese:* Der Stahlleichtbau im Maschinen- und Gerätebau. Elektroschweißung **12**(1941)5 69—79 5 Lit.-St.; Techn. Z.-Schau **26**(1941)16 280. [6.21].

Ulbricht, Rudolf: Leichtbauweise. Stahl u. Eisen (1941)14 350—353.

Wansleben, F.: Stahlleichtbau. Eine Aufsatzfolge. (Beratungsstelle für Stahlverwendung) Düsseldorf: Stahlhof 1941.

Flittiger, K.: Erfahrungen bei der Weiterverarbeitung von Stahl in der Flugzeugindustrie. Ber. Lil.-Ges. 154 1943 8 S.

— Specification for the design of light gage steel structural members. Amer. Iron & Steel Inst. Apr. 1946.

Jakkula, A. A. and *Henson K. Stephenson:* Steel columns — A survey and appraisal of past works. Texas Engng. Exp. Stat., 5th ser., Bull. No. 91 June 1947 118 p.

Klöppel, K.: Rück- und Ausblick auf die Entwicklung der wissenschaftlichen Grundlagen des Stahlbaues. Abh. Stahlbau, H. 2 1947 38—72.

Lewenton, G.: Über Stahlleichtkonstruktionen. Bauplanung u. Bautechn. **2**(1948) 6 172—182.

Kloth, Willi: Was kann man aus dem Hochbau für die Werkstoffeinsparung lernen? Landtechnik **4**(1949)12 400—401.

Kotter, G.: Die Verwindungssteifigkeit eines Rechteckrahmens. Techn. f. Bauern u. Gärtner, Beil. „Landmasch.-Ing." (1949)12 17—19.

Weening, S.: Light weight welded structures. J. Amer. Soc. Naval Engrs. **61** (1949)3 555—574.

— Light gage steel design manual. New York: Amer. Iron & Steel Inst. Jan. 1949 77 p. [1.423.], [1.342.33].

Gottfert, O.: Stahl-Leichtbau in Verbindung mit dem Schutzgas-Hartlötverfahren. Technik (Berlin) **5**(1950)1 32—26; Bull. Anal. C.N.R.S. **11**(1950)11 3986.

Graf, Otto: Eignung der Stähle für geschweißte Tragwerke. Z. VDI **92**(1950)8 192—195. [1.322.10], [1.352.1].

Schmidt, O. H.: Stahlleichtbau im Maschinenbau. Technik (Berlin) **5**(1950)5 218—225. [6.23].

Vogt, H.: Die statischen Probleme des Stahlleichtbaues. Stahlbau **19**(1950)1 7—8.

Watter, Michael and *R. A. Lincoln:* Strength of stainless steel structural members as function of design. Pittsburgh: Republic Press 1950 153 p.

— Stahlleichtbau. Abh. Stahlbau H. 4 1950 76 S.

Hünnebeck, E.: Constructions spéciales légèrs en acier. Ossature Métall. **16** (1951)12 589—593.

Verdeyen, J.: Constructions métalliques légères. Ossature Métall. **16**(1951)12 571—574; Stahl u. Eisen **72**(1952)14 857.

Bahke, Erich: Das geschweißte Fachwerk im modernen Leichtstahlbau. Schweißen u. Schneiden **4**(1952)3 67—79. [5.5].

Fricke, W.: Stahlleichtbau-Blechkonstruktion. Schweißen u. Schneiden **4**(1952)4 109—112.

Bierett, Georg: Stahlleichtkonstruktionen unter dem Gesichtspunkt der Wirtschaftlichkeit. Schweißen u. Schneiden **5**(1953) S.H. 82—88; Hansa **90**(1953) 1210—1212. [1.52].

Erker, Armin: Bauliche und fertigungstechnische Gesichtspunkte bei Konstruktionen mit dünneren Querschnitten. Schweißen u. Schneiden **6**(1954)1 17—23.

Lange, Karl: Der derzeitige Stand der Konstruktionspraxis des Stahlbaues unter Berücksichtigung der neueren Erkenntnisse der Schweißtechnik. Schweißen u. Schneiden **6**(1954)2 75—85; Nachr.-Bl. AGM Leichtbau **3**(1954) 7 11.

Müller, Roland: Erfahrungen mit Schweißkonstruktionen im Stahlbau. Schweißtechnik (Berlin) **4**(1954)12 354—360 12 Lit.-St.

Schenk, J. G.: Das Stahlleichtprofil als Bauelement. Nachr.-Bl. AGM Leichtbau **3**(1954)8 1—2.

— Stahlbau-Profile. 8. Aufl. (Bearb. Martha Schneider-Bürger, Hrsg. Ver. Dtsch. Eisenhüttenleute) Düsseldorf: Verl. Stahleisen 1954 48 S.

Stahlrohrbau   6.122

Rühl, Karl: Nomographische Rechentafeln für Rohrberechnung. (Mitt. Stat. Büro Albatros-Flugzeugwerke.) ZFM **17**(1926)3 53—57, 8 167.

Hilpert, A. u. *Otto Bondy:* Geschweißte Rohrkonstruktionen. Z. VDI **73**(1929)24 805—810.

Rechtlich, Arved: Grundlagen für die konstruktive Anwendung und Ausführung von Stahlrohrschweißungen im Flugzeugbau. Diss. TH Berlin 1930; 234. DVL-Ber.; DVL-Jb. 1931 379—438.

Ulbricht, Rudolf: Geschweißte Rohrverbindungen im Stahlhochbau. Z. VDI **75** (1931)24 759—760.

Hilpert, A. u. *Otto Bondy:* Neuere geschweißte Rohrbauten. Fortschritte in den Grundlagen und in der Ausführung. Z. VDI **77**(1933)26 701—706.

Gatzek, W.: Die Eigenschaften nahtgeschweißter Rohre für den Flugzeugbau. ZWB FB 808 1937 22 S. [1.424].

Leonhardt, F.: Entwicklungsmöglichkeiten im Leichtbau für den Hoch- und Brückenbau. Straße **8**(1941)1/2 14—20; Techn. Z.-Schau **26**(1941)7 122 [6.272], [6.273].

Ricken, Theodor: Geschweißte Rohrkonstruktion und deren Anwendung in der Fördertechnik. Fördertechnik (1941)21/22 Beil. 1—6.

Wellinger, Karl: Ermittlung der Dauerstandsfestigkeit von Rohren und Rohrschweißungen aus Stahl. Techn. Zbl. prakt. Metallbearb. **51**(1941)9/10 312—314, 11/12 362—365, 13/14 420—422; Techn. Z.-Schau **26**(1941)21 359.

Hörmann, Erich: Das Knotenrohr als neues Bauelement unter besonderer Berücksichtigung seines Verhaltens unter Innen- und Außendruck. Diss. TH Braunschweig 1946.

Mengeringhausen, Max: Stahlrohrgerüste und -geräte nach dem Merosystem. Bauplanung u. Bautechn. **2**(1948)11 307—310. [6.274].

Stradtmann, F.: Geschweißte Rohrverbindungen. Anwendung und Eignung für die verschiedenen Verwendungszwecke. 2. Aufl. (Aus der Praxis der Schweißtechnik H. 16) Halle (Saale): Marhold 1949 14 S.

— Rohrkonstruktionen in Leichtbauweise. (Westdeutsche Mannesmannröhren A.-G.) Düsseldorf: Droste 1950 40 S.

Biffignandi, U.: Das Rohr als Bauelement. Ossature Metall. **16**(1951)12 575—579; Stahl u. Eisen **72**(1952)14 857.

Hünnebeck, Emil M.: Das Rohr als Bauelement im Stahlhochbau. Stahl u. Eisen **71**(1951)9 449—454.

Jamm, W.: Gestaltfestigkeit geschweißter Rohrverbindungen und Rohrkonstruktionen bei statischer Belastung. Schweißen u. Schneiden 3(1951) S.H. 109—115. [1.442.12].

Lang, R.: Stahlrohrgerüste. Betonkalender 1951 Teil II 314—321.

— Stahlrohrkonstruktionen. Mühlheim: Rhein. Röhrenwerke 1951.

— Steel tubes for mechanical, structural and general purposes. Brit. Standards 1775 1951 26 p.

Hörmann, Erich: Die Verwendung des Knotenrohres in Schweißkonstruktionen. Schweißen u. Schneiden (1952) S.H. Dez. 156—157. [5.5].

Mengeringhausen, M.: Neue Anwendungsmöglichkeiten der Mero-Bauweise im Stahlrohr-Gerüstbau. Z. VDI **94**(1952)4 109—110.

Thon, W.: Das Stahlrohrgerüst im Schiffbau und Hafenbau. Schiff u. Hafen **4** (1952)5 146—150; Stahl u. Eisen **72**(1952)16 977.

Böhden, H. u. A. Köhler: Rohrverbindungen im Stahlbau. Schweißen u. Schneiden **5**(1953)11 429—432. [5.5].

Köhler, A.: Das Rohr als Leichtbauelement im Stahlbau. Konstruktion **6**(1954)12 458—462.

Leichtmetall-Leichtbau 6.13

Allgemeines 6.131

— Die Eigenschaften der Leichtmetalle und ihre Auswirkung auf die Konstruktion. Maschinenb. Betrieb **10**(1930)9 289.

Zarges, W.: Gestalten und Bauen in Leichtmetall. Aluminium **18**(1936)8 353—360. [5.1].

de Ridder, E. J.: Beziehungen zwischen den Eigenschaften der Leichtmetalle, den Leichtmetall-Konstruktionen und ihre Fertigung. Jb. 1937 Dtsch. Luftf.-Forsch. I 502—512.

Bauer, A.: Magnesium-Spritzguß. Metallwirtsch. **18**(1939)8 167—173.

Brauer, H.: Konstruktive Gesichtspunkte bei der Gestaltung in Leichtmetall. Aluminium **21**(1939)6 441—446.

de Fleury, R.: Les changements d'échelle ouverts aux possibilités de la mécanique moderne par les métaux légers. Bull. Techn. Suisse Rom. **65**(1939)19 245—251.

Kloumann: Neue Fortschritte der Aluminium-Verwendung in Norwegen. Aluminium **21**(1939) 824—833.

— Bases of design in light alloys. Light Metals **2**(1939)18 231—236, **3**(1940) 48—53.

Ohl, F.: Leichtmetalle als Bau- und Werkstoff für Maschinen, Apparate und Geräte der Leim-, Klebemittel- u. Kunststoffindustrie. Gelatine, Leim, Klebstoffe **8**(1940) 54.

Ohlendorf, H.: Berechnung von tragenden Konstruktionsteilen aus Aluminium-Legierungen der Gattung Al-Mg-Si. Aluminium **22**(1940)2 54—57; Veröff. Forsch. Inst. VLW **2**(1940) 69—72.

Schönberg, M.: Der Entwurf von Konstruktionsteilen in Magnesium-Legierungen. ATZ **44**(1941)12 295—305 11 Lit.-St.; Techn. Z.-Schau **26**(1941)18 303.

Bleicher, Waldemar: Eignung und Anwendung von Leichtmetallen für Schweißkonstruktionen. (Autogenschweißung von Aluminium-Knetlegierungen.) Halle (Saale): Marhold 1943. [2.511.3].

Wyss, T.: Allgemeiner Leichtbau und Leichtmetalle. Schweiz. Bauztg. **121**(1943) 2 19—22, 3 31—34, 4 42—45.

— Designing with Magnesium. American Magnesium Corp. 1943.

— Light alloys in industrial plant and equipment. Light Metals **6**(1943) 196—202.

Koenig, Max: Konstruieren mit Aluminiumlegierungen. Techn. Rdsch. (Bern) **36**(1944)32 10—11, 33 9—12.

Moore, R. L.: How and when to use aluminum alloys. Engng. News Rec. **135** (1945) 518—524.

Pike, D. V.: The application of light aluminium alloys to structural engineering. Struct. Engr. **23**(1945)July 309—335.

— Aluminium and magnesium alloys in light engineering. Light Metals **8**(1945) 87 155—168, 88 215—221.

Mathes, John C.: Magnesium structural design. "Magnesium" (27th Nat. Metal Congr. Cleveland 1946) Amer. Soc. for Metals 1946 23—46.

Cox, H. L.: Preliminary note on the use of light alloys having high values of the modulus but low proof stresses. ARC R & M 2488 Jan. 1947 6 p. [1.323.20].

Graf, W.: Redesigning for light metals. Light Metal Age **5**(1947)10 10—13, 20. [5.1].

Hugonnet, H.: Directives pour l'emploi des alliages légers dans la mécanique. Machines et Métaux **31**(1947)351 361—367.

Panlilio, Filadelfo: The theory of limit design applied to magnesium alloy and aluminum alloy structures. J. Roy. Aeron. Soc. **51**(1947)438 534—571; AMR **1**(1948)1 14.

Temple, J. E.: Handbook of structural design in the aluminium alloys. Birmingham: Booth 1947 147 p.

Brown, R. H. and *E. D. Vring jr.:* Aluminium-alloys as material of construction. Industr. & Engng. Chem. **40**(1948) 1776—1777; BA, BI (1949)Apr. 271.

Caminade, Gustave: Possibilités de remplacement de pièces de fonte malléable par des pièces en alliages légers. Fonderie **32**(1948)Août 1284—1285; Met. Rev. **22**(1949)1 25.

Cohen, H.: Effective extrusion design in aluminum. Light Metal Age **6**(1948) 9/10 8—12.

Forrest, G. and *F. R. C. Smith:* Aluminium-alloys: their properties and some of their applications to structures. Struct. Engr. **26**(1948) 727—765; BA, B I (1949) May 384.

Johnson, A. E. and *D. C. Herbert:* The stress-strain characteristics of a magnesium-alloy beam. Aircr. Engng. **20**(1948)237 330—334; AMR **2**(1949)2 28—29; Met. Rev. **22**(1949)1 53; Index Aeron. **5**(1949)3 79.

Antia, K. F.: Use of aluminium alloys in structures. Trans. Ind. Inst. Metals **1** (1949)2 181—204; AB **21**(1950)4 190.

Bailey, D. C.: Light alloys. J. ICE (1949/50)8 280—305. [6.270].

Bailey, J. C. and *D. C. G. Lees:* The properties of aluminium and its alloys, and some of their applications. Trans. Ind. Inst. Metals **1**(1949)2 135—151; AB **21**(1950)4 193.

Brinck, A.: Aluminium som konstruktionsmaterial. Metalen (1949)4 25—33, (1950)1 31—43.

Bulian, W.: Über die Verwendung von Magnesium-Legierungen in der heutigen Technik. Metall **3**(1949)23/24 415—417.

Close, Gilbert C.: Magnesium design principles. Light Metal Age **7**(1949)June 8—9, 22—23; Met. Rev. **22**(1949)8 53.

Hartmann, E. C. a. o.: How to use high-strength aluminium alloy? Aviation Week **51**(1949)15 21—28 31 ref.; Index Aeron. **6**(1950)1 72.

Henley, V. F.: Engineering applications of oxide-coated aluminium. Machinery (London) **74**(1949)19./5. 664—667; Met. Rev. **22**(1949)7 56.

Pike, D. V.: Developments in the application of aluminium-alloys to structures. Trans. Ind. Inst. Metals 1(1949)Apr. 205—232.

Schönberg, M.: Welche Konstruktionsgrundsätze sind beim Übergang von Eisen und Stahl auf Leichtmetall zu beachten? Konstruktion 1(1949)11 321—326. [5.1].

— Applications of light metals. Light Metals 12(1949)July 388—392; Met. Rev. 22(1949)9 56.

— Magnesium castings for cost reduction. Electrical Manufacturing 44(1949) July 98—101, 178, 180; Met. Rev. 22(1949)8 53.

Bleicher, Waldemar: Leichtmetalltechnik. Derzeitiger Stand und neuere Entwicklungsrichtung. Düsseldorf: Dtsch. Ing.-Verl. 1950 51 S.

Buckeley, A.: Anwendungen von Leichtmetallguß. Neue Gießerei (1950)18./5. 190—194.

DeRidder, E. J.: Commercial uses of magnesium in Germany. I/II. Modern Metals 6(1950)5 25—28, 6 27—30; AB 21(1950)8 443—444.

Garges, J. P. Donald: Redesigning in magnesium promotes economy, structural simplicity, better service. Modern Metals 6(1950)4 17—19; AB 21(1950)7 397—398.

Hass, Max Hermann: Leichtmetallprobleme. Jb. Rhein.-Westf. TH Aachen 3(1950) 113—116.

Kleineberg: Leichtmetall im konstruktiven Ingenieurbau. Abh. Stahlbau H. 7 1950 42—60.

Menking, H. V.: Effective designing with aluminium extrusions. Modern Metals 5(1950)12 16—20; AB 21(1950)2 84.

Schönberg, M.: Winke für das wirtschaftliche Konstruieren in Leichtmetall. Konstruktion 2(1950)6 161—172. [1.51].

Seddon, Oswald F.: Aluminium in road transport. Banbury: Northern Aluminium Co. (Noral) 1950 84 p. [6.252.26], [6.252.42], [6.252.43], [6.252.44].

West, J. B.: Structural uses of aluminum alloys. Florida Engng. Industr. Exp. Stat., College of Engng., Univ. Florida, Cainsville Bull. Ser. (1950)36 47—50.

Wood, G.: Light alloys as structural materials. J. Roy. Inst. Brit. Archit. (1950) 14./4. 218—224; Light Metals Bull. 12(1950)18 704—705; AB 21(1950)10 500—501.

— Aluminium structural alloys. Devel. Bull. 10 Aug. 1950 20 p. [6.261.2], [6.272].

— Designing structures in aluminium. Machinery Lloyd (Ov. Ed.) 22(1950) 16./9. 14—17, 19.

— Outstanding applications of aluminium-alloys. Metallurgia 42(1950)Aug. 116—119.

— Specifications for heavy duty structures of high-strength aluminium alloy. (Progress Report of the Committee of the Structural Division on design in lightweight structural alloys) Proc. ASCE Separate No. 22 June 1950 30 p.; AB 21(1950)7 387. [1.16].

Brenner, Paul: Herstellung und Verwendung von Leichtmetall-Halbzeugen in den USA. Aluminium 27(1951)1 12—16, 2 44—48.

Dent, Frederick R. jr.: Aeronautical research and development trends. Mag. Magnesium (1951)May 10—15.

Marsh, C.: The progress and future of structural aluminium. Light Metals 14 (1951)161 465—468; AB 22(1951)10 561.

Mitchell, O. L.: Integrally stiffened sections are extruded. Iron Age 167(1951) 24 92—95.

Schneider, K.: Verwendungsmöglichkeiten für Aluminiumguß. Aluminium 27 (1951)4 88—94; Nachr.-Bl. AGM Leichtbau 1(1952)3 10.

Sutter, K.: Erfahrungen im Berechnen von Leichtmetallkonstruktionen (Allgemeine umfangreiche Darstellung). Wirtsch. u. Technik Transp. 20(1951)7/9 4—34; Nachr.-Bl. AGM Leichtbau 1(1952)5 1—2.

— Aluminium structural design. Louisville, Kentucky: Reynolds Metals Co. 1951 129 p.; AB **24**(1953)2 108.

— "Holospar" construction system. Light Metals **14**(1951)154 44—45; AB **22** (1951)3 122.

— Wrought aluminium and aluminium alloys for general engineering purposes. Brit. Standards 1477 1951 26 p.

Baetzel, Edmund R.: Cost and stress factors in aluminium structural design. Modern Metals **8**(1952)9 56, 58; AB **23**(1952)12 651.

Devereux, W. C.: Aluminium in heavy construction. Modern Metals **8**(1952)8 28—30, 32, 34, 35; AB **23**(1952)11 607.

Dwight, J. B.: The strength of light alloy structures. Abstr. Diss. Univ. Cambridge for the Ph. D. 1949—1950 84—85; AB **23**(1952)4 213—214.

— Applications of light metals. Light Metals **15**(1952)166 35—36, 167 63—65.

— Specifications for structures of a moderate strength aluminum alloy of high resistance to corrosion. Proc. ASCE **78**(1952)132 1—33 28 ref.; Techn. Zbl. Maschinenwes. (1953)11 971. [1.323.211.1].

Bettler, H.: Raffinal, seine Herstellung und Verwendung. Aluminium (Suisse) **3**(1953) 51—54; Werkstoffe u. Korrosion **5**(1954)1 22.

Bleicher, Waldemar: Gestaltungsmerkmale für Leichtmetallkonstruktionen. Aluminium **29**(1953)3 91—101; AB **24**(1953)6 356; Techn. Zbl. Masch. Wes. (1953)11 964.

Bridgewater, M.: Efficient structures in aluminium. Metallurgia **48**(1953)285 11—17; Metal Industry **83**(1953)6 105—108; AB **24**(1953)9 544; Nachr.-Bl. AGM Leichtbau **3**(1954)3/4 8.

de Ridder, E. J.: Designing with aluminium. Modern Metals **9**(1953)2 58—60, 64—65; AB **24**(1953)6 353.

— Sollecitazioni a carico di punta nelle strutture di alluminio e sue leghe. (Buckling stress in structures of aluminium and its alloys.) Alluminio **22**(1953) 4 437—450; AB **24**(1953)12 809.

von Zeerleder, A.: Die Anwendung von Al heute und in Zukunft. Tekn. T. **83** (1953)37 749—756; Nachr.-Bl. AGM Leichtbau **3**(1954)3/4 7—8.

— Light structural uses of aluminium. Devel. Bull. Sept. 1953 57 p.; AB **25** (1954)1 3.

de Fleury, Raymond: Transposition des matériaux et des échelles constructives en grosse mécanique. "Rapp. Congr. Int. Aluminium, Tome II", Paris: Soc. Édition et Documentation Alliages Légers 1954 207—216 11 ref.

Fritts, Harry W.: Aluminum alloys. Industr. & Engng. Chem. **46**(1954)10 2045—2052; AB **25**(1954)11 804.

Frost, P. D., O. J. Huber and *C. H. Lorig:* Recent advances in aluminum technology in the United States. "Rapp. Congr. Int. Aluminium, Tome II", Paris: Soc. Édition et Documentation Alliages Légers 1954 185—195 24 ref.

Jarmicki, W. Z.: Designing magnesium products. Modern Metals **9**(1954)12 54, 56, 58, 60; AB **25**(1954)3 177.

Johnson, J. B., C. B. Gleason, G. F. Kappelt a. o.: Applications of aluminum and aluminum alloys. (ASM Comm. on Aluminum.) Metal Progr. **66**(1954) 1-A 52—63; AB **25**(1954)8 511—512.

Krekel, Paul u. *W. Linicus:* Aluminium für Holztrocknungsanlagen. Aluminium **30**(1954)10 435—439; AB **25**(1954)11 758.

Ostermann, G. u. *K. Renner:* Weitere Anwendungsverfahren und -gebiete von Leichtmetall. Technik (Berlin) **9**(1954)8 459—466, 10 554—558 56 Lit.-St.; Nachr.-Bl. AGM Leichtbau **3**(1954)11/12 6.

Perkins, George: Why aluminum is used in its major applications in the United States? "Rapp. Congr. Int. Aluminium, Tome II", Paris: Soc. Édition et Documentation Alliages Légers 1954 315—323.

Pike, D. V.: The use of aluminium for structural purposes. ADA Repr. 44 March 1954 28 p.; AB **25**(1954)11 749; Aeron. Engng. Rev. **14**(1955)4 124.

West, Edward G.: Aluminium and aluminium alloys, their availability, specification and use in modern engineering and industrial practice. Sheet Metal Industries **31**(1954)326 515—531, 536; AB **25**(1954)7 477.

West, Edward G.: British development in using aluminium 1944—1954. "Rapp. Congr. Int. Aluminium, Tome II", Paris: Soc. Édition et Documentation Alliages Légers 1954 325—333 24 ref.

Keßler, H.: Hinweise zur Umstellung von Eisen- und Nichteisen-Schwermetallguß auf Aluminiumguß. Gießerei **42**(1955)12 307—309; Nachr.-Bl. AGM Leichtbau **4**(1955)8/9 20.

Linicus, W. u. *Paul Krekel:* Fortschritte in der Verwendung des Aluminiums. Industriekurier **8**(1955)38 87—89; Nachr.-Bl. AGM Leichtbau **4**(1955)7 23.

Marsh, Cedric: Structural design with formed aluminium sheet. I. Light Metals **18**(1955)203 57—59.

Suppus, H.: Gestalten mit Aluminiumprofilen. Aluminium **31**(1955)5 212—215.

— Aluminium im Ingenieurbau. (Aluminium-Sonderheft) Düsseldorf: Aluminium-Verl. 1955 90 S.

In den einzelnen Industrien, Gesamtdarstellungen   6.132

Bauer, A.: Entwicklung und heutiger Stand der Verwendung von Magnesiumspritzgußteilen in der Kraftfahrzeugindustrie. ATZ **42**(1939)12 334—337.

Draper, C. R.: Light metals in ortopaedics and prothesis. Light Metals **5**(1942) 62—84.

— Thermal insulation by aluminium foil. Light Metals **5**(1942) 41—46.

— Magnesium alloys in aircraft. Light Metals **6**(1943) 614.

— Light metals in the medical sciences. Light Metals **7**(1944) 224—235.

— Aluminium — from war to peace. Light Metals **8**(1945) 321—341. [6.271].

— Light alloys in structural engineering. Light Metals **8**(1945) 463—468, 506—508.

— Light metals in fire-fighting equipment. Light Metals **8**(1945) 271—277.

— In search of aluminium. Light Metals **8**(1945) 436—447.

Sullivan, J. E.: Magnesium in navy planes. J. Amer. Soc. Naval Engrs. **62**(1950) May 433—438; Mag. Magnesium (1949)Aug.; Aero Dig. **60**(1950)1 78, 80, 91—93.

Wiechell, H.: Herstellung und Verwendung von Leichtmetallpreßteilen. Vortr. Tagung Meinerzhagen Juni 1949 20 S.

— Light-alloy in the petroleum industry. Light Metals **12**(1949)May 284—289, June 335—344; Met. Rev. **22**(1949)8 52.

— Aluminum with food and chemicals. Montreal: Aluminum Co. of Canada (Alcan) 1951. IX, 94 p.

Dunn, J. H. u. *E. P. White:* Aluminium im Automobilbau. Modern Metals **8**(1952) 8 42—43, 45—46, 48, 50—51; Nachr.-Bl. AGM Leichtbau **2**(1953)4 8.

Nock, J. A.: Today's aluminium aircraft alloys. SAE Prepr. 830 Oct. 1952 29 p. 12 ref.; Index Aeron. **9**(1953)4 92. [1.323.211.1].

— Guide to the use of aluminium in public service vehicles. ADA Booklet Apr. 1952 27 p.; AB **23**(1952)8 427.

— The magnesium symposium, a handbook of basic information on the industrial application of magnesium alloys. U.S. Dep. of Commerce, Office of Techn. Services. Amer. Metal Market **59**(1952)97 11; AB **23**(1952)7 417. [1.323.221].

Baumli, E.: Leichtmetall-Anwendung im Kühlschrankbau. Aluminium (Suisse) **3**(1953)3 90—92; AB **24**(1953)10 634.

Kastan, H.: Panel extrusions in aircraft structures. Amer. Soc. Mech. Engrs. Prepr. 53-SA-28 1953 9 p. 8 ref.; Index Aeron. **9**(1953)9 87.

Kessler, H.: Aluminium und die Deutsche Verkehrsausstellung München 1953. Aluminium **29**(1953)6 241—244; AB **24**(1953)11 677.

Krekel, Paul: Leichtmetall-Leichtbau auf der Internationalen Automobil-Ausstellung 1953 Frankfurt a. M. Nachr.-Bl. AGM Leichtbau **2**(1953)6 1—2.

Lutz, Ferdinand: Richtlinien für den Zusammenbau von Aluminium mit anderen Werkstoffen. Industrieblatt (1953)7 2 S.

Zimmermann, R.: Leichtmetall-Schalungen für Stollen- und Tunnelbauten. Schweiz. Bauztg. **71**(1953)1 10—12; AB **24**(1953)6 357; Aluminium **29**(1953) 3 XVIII.

— Aluminium in the fishing industry. Devel. Bull. Dec. 1953 37 p.; AB **25** (1954)1 2, 3 184.

Binger, W. W. and H. W. Fritts: Aluminium alloy heat exchangers in the process industries. Corrosion (Houston) **10**(1954)12 425—431.

Emter, D.: Die Anwendung von Aluminium als Schalungsmaterial in der Kunststein- und Bauindustrie. Aluminium **30**(1954)2 67—71; AB **25**(1954)4 208.

van Munster, S. J. M.: Het gebruik van lichtmetaal in de verkeerstechniek. Polytechn. T. (A) **9**(1954)51/52 1077a—1081a.

Leichtmetallrohrbau   6.133

— Aluminium piping in chemical plant. Light Metals **1**(1938) 221—222.

— Aluminium tube cars. Metal Industry **81**(1952)20 394; AB **24**(1953)1 7.

Besnard, M. u. R. Calais: Nutzdrücke für Rohre aus Aluminium bzw. Leichtlegierungen. Rev. Aluminium **30**(1953) 124—125; Werkstoffe u. Korrosion **5** (1954)1 23.

Leichtbau in Hölzern, Plasten und sonstigen Werkstoffen   6.14

Kollmann, Franz: Holz im Maschinenbau. Mitt. Fachausschuß Holzfragen H. 16 1936 64 S.

Gaber, E.: Ersparnis von Holz und Stahl durch den neuzeitlichen Holzbau. Bautechnik **16**(1938)33 425—427.

Küch, Wilhelm: Neuere Untersuchungen über die Verwendung härtbarer plastischer Massen im Flugzeugbau. DVL-Jb. 1938 336—348.

Küch, Wilhelm: Verwendung von Kunststoffen im Flugzeugbau. 2. Ber.: Verleimbarkeit von Schichtstoffen und Flugzeugbauteilen aus Preßstoffen. Kunststoffe **28**(1938)10 262—267; Luftwissen **6**(1939)4 148.

Leysieffer, G.: Richtige und falsche Anwendung von Kunststoffen. Kunststoffe **28**(1938)3 50—53; Luftwissen **5**(1938)7 269.

King, E. P.: The use of plastics in aircraft. An examination of the materials available with results of tests on their suitability. Aircr. Engng. **11**(1939) 121 96—100.

— Use of plastics in aircraft. NACA OCR Rep. May 1940.

Chandler, H. C., E. P. Hartman and W. J. McCann: The application of plastics and plywood in the aircraft industry. NACA OCR Rep. Aug. 1941.

Höfinghoff, W.: Einsatz von Kunststoffen bei der Deutschen Reichsbahn. Kunststoffe **31**(1941)1 1—10 12 Lit.-St.; Techn. Z.-Schau **26**(1941)22 373.

Römer, E.: Werkstoffumstellung auf Kunststoffe im Maschinen- und Apparatebau. Kunststoffe **31**(1941)1 14—18.

Axilrod, B. M., P. S. Turner, F. W. Reinhart and G. M. Kline: Plastic materials for aircraft structures. NACA ARR July 1942.

Frederick, D. S.: Correct methods of Plexiglas installation. Aviation **41**(1942)4 62—68.

Küch, Wilhelm: Leichtbauplatten aus Kunst- und Faserstoffen im Verband mit metallischen Werkstoffen, Sperrholz und Preßstoffen. Ber. Lil.-Ges. 157 1942 10 S.

— Kunststoffe im Flugzeugbau. Luftwissen 9(1942)1 17—19.

Bradley, Kathryn H. and *Benjamin M. Axilrod:* Plastic mountings for aircraft windshields. NACA TN 936 May 1944. [6.254.8].

Henning, A.: Vinidur-Rohrleitungen und ihre Verlegung. Kunststoffe 34(1944) 8 161—168.

Mink, O. J.: Nylon Parachutes as life savers. Flying (Chicago) 35(1944)2; VDI Verschl. Ber. (1945)5020/3 6.

Roš, Mirko Gottfried: Le progrès dans le domaine des constructions en bois collé en Suisse. Zürich 27. Sept. 1946 16 p. [6.272], [6.273].

Kline, G. M.: Plastics in the building industry. Plastics (Chicago) 6(1947) 30—32, 88—90.

Wehrse, Fr.: Kunststoffe im Leichtbau. Kunststoffe 38(1948)8 149—157. [1.324.31].

Yoran, C. S.: Engineering with sponge rubber. Rubber Age 63(1948)2 199—203; Index Aeron. 4(1948)9 88. [1.324.32].

Hörner, Aribert: Handräder, Gleitlager und Buchsen aus Hartgewebe. Techn. Handw. 4(1949)4 66—68.

Nichols, W.: Plastics in engineering. Machinery Lloyd (A) 21(1949)24 63—68.

— Verwendungsmöglichkeiten für Nylon-Spritzgußteile. Modern Plastics 26 (1949)June 57—63; Kunststoffe 40(1950)8 264.

Bürnheim, Hermann: Der Werkstoff Weichgummi in der Konstruktion. Konstruktion 2(1950)1 13—17. [1.431.22].

Clark, G. L., M. H. Müller and *G. L. Stoff:* Nylon (Igamid) in Maschinenteilen, Industr. Engng. Chem. 42(1950)5 831—837.

Delmonte, John: Large plastic moldings find practical applications in many fields. Mater. & Meth. 32(1950)5 68—71.

Gattnar, A.: Neuere Entwicklung des Ingenieur-Holzbaues mit besonderer Berücksichtigung der Krallendübelbauweise. Bautechnik 27(1950) 337—344; Holz als Roh- u. Werkstoff 9(1951)5 209.

Hunsicker, F. P.: Plastics in the textile industry. Machine Design 22(1950)Oct. 183 f.

Kühne, H.: Geleimte Holztragkonstruktionen. (Leim und Holz.) (Schr.-Reihe ÖGH H. 2) Wien: Selbstverl. ÖGH 1950 94—113.

Peukert, H.: Wie gestaltet man Plexiglas-Verbindungen. Kunststoffe 40(1950) 11 341—344; Index Aeron. 7(1951)5 101.

Piesing, E. F.: Engineering design with natural and synthetic rubbers. Product Engng. 21(1950)Nov. 106—111.

Ramke, W. G. a. o.: The use of plastics in aircraft. Techn. Data Dig. 15(1950)1 15—23; Engrs'. Dig. (1950)March 81—84; Index Aeron. 6(1950)6 56.

Staudacher, E.: Geleimte Holztragkonstruktionen. (Formgebung, Beanspruchung und konstruktive Durchbildung.) (Schr.-Reihe ÖGH, H. 2) Wien: Selbstverl. ÖGH 1950 114—134.

— Große Spritzgußteile aus Thermoplasten. Modern Plastics 27(1950)Juli 55—61; Kunststoffe 40(1950)10 333.

— Plastic pipes invade new markets. Modern Plastics 27(1950)7 67—75; Konstruktion 3(1951)2 57—58.

Pinten, Peter: Über die heutigen Anwendungsgebiete der Kunststoffe. Z. VDI 92(1950)14 345—348 28 Lit.-St.

Charity, Frank: Glass-plastics, easily worked, save time, save material. Amer. Machinist 95(1951)22 106—108.

Dammer, O.: Kunststoffe an Stelle von Metallen? Schweißen u. Schneiden 3 (1951) S.H. Nov. 50—56.

Faucheur, D.: Les matériaux de construction légère, isolantes et isonores en Allemagne. Rev. Produits Chimiques 54(1951)1/2 6—9.

Kennedy, D. E.: Glued, laminated construction. "Canadian woods, their properties and uses", Ottawa, Forestry Branch: Forest Prod. Lab. Div. 1951 281—292. [1.324.23].

Krekeler, Karl: Der heutige Stand der Kunststoff-Verwendung und -Verarbeitung. Z. VDI **93**(1951)14 398—399.

Mactaggert, E. F. and *H. H. Chambers:* Plastics and building. London: Pitman 1951. VII, 181 p.

Marracott, E. S.: Applications of some epoxide resins in the plastics industry. Brit. Plastics **24**(1951)Oct. 341—345.

Schoenen, Franz: Neue Anwendungsgebiete für Vulkanfiber. Kunststoffe **41** (1951)12 470—471.

Sonntag, G.: Dreieck-Streben-Bau. Ein weiterer Schritt zum Holz-Sparbau. Holz-Zbl. **77**(1951)9 87—88; Holz als Roh- u. Werkstoff **9**(1951)7 288.

Le Ricolais, R.: A new technique for demountable timber-structures. Wood (London) **16**(1951)1 26—28.

— Designing with glass reinforced plastics. Product Engng. **22**(1951)Nov. 160. [1.324.312.3].

— Laminates unlimited. Modern Plastics **29**(1951)1 87—91; Konstruktion **4**(1952) 10 317—318. [1.324.312].

— Wood seats for stadiums. FPL Rep. R 1006 1951 10 p.

Boehm, R. M. and *J. S. Harper:* Hardboard in veneered panels. Wood Working Dig. **54**(1952)3 81—96.

Cochrane, John D.: Wood waste core materials for high pressure laminates. J. Forest Prod. Res. Soc. **2**(1952)5 68—71.

Cornillon, J.: Laminated plastics in the construction of aeroplanes. Docaéro (1952)18 25—36 17 ref.; Index Aeron. **9**(1953)3 64.

Freas, A. D.: Laminated timber permits flexibility of design. Civil Engng. **22** (1952)9 712—175.

Hoppe, Peter: Leichtstoffe auf Kunststoffbasis. Hansa **89**(1952)21 719—722; Nachr.-Bl. AGM Leichtbau **1**(1952)5 6.

Hoppe, Peter: Leichtstoffe und Leichtstoffanwendung. Kunststoffe **42**(1952)12 450—459. [1.324.313].

Jessen, H.: Die Verwendung von Kunststoffen im Eisenbahnwesen. Eisenbahn-Techn. Rdsch. **1**(1952)8 285—288; Nachr.-Bl. AGM Leichtbau **1**(1952)5 11.

Moore, Raymond J. and *John M. Ellison:* Use of a low-density core material in aircraft structures. Aeron. Engng. Rev. **11**(1952)9 52—54; AB **23**(1952)11 601.

Piper, R. W.: Engineering uses for rubber adhesives. Product Engng. **23**(1952) Febr. 130—133.

Reinecke, J. O.: New applications and design of plastics. Soc. Plastics Engrs. J. **8**(1952)Apr. 16—18.

Bellinger: Die Holz-Leichtbauweise. Technik & Bauwirtschaft (1953)10/11 31.

Braham, W. E.: Plastics in aircraft and guided missile structures. Plastics **18** (1953)195 350—352; Index Aeron. **9**(1953)12 76.

Freas, A. D.: Laminated southern pine. South. Lumberman **187**(1953)2345 168—169.

Gerschler, J. M.: Foam-filled structures. Aircr. Production **15**(1953)171 15—19; Index Aeron. **9**(1953)3 64.

Gordon, J. E.: The future of plastics in engineering. Aircr. Engng. **25**(1953)287 12—15; Aircr. Production **5**(1953)171 2—5; Index Aeron. **9**(1953)3 88.

De Grace, R. F.: Timber in modern construction. J. Forest Prod. Res. Soc. **3** (1953)2 50—55, 88—89.

Graham, Paul H.: Plywood produces sturdy, lightweight luggage. Veneers & Plywood **47**(1953)7 10, 28—32.

Hughes, G. E.: Aircraft enclosures. New transparent plastics for altitude and high-speed conditions. Aircr. Production **15**(1953)173 90—92.

v. *Meysenbug, C. M.:* Kunststoffe als Konstruktionswerkstoffe. Kunststoffe **43** (1953)12 524—529.

Perry, Thomas D.: What to do about warping and twisting of veneer cores. Wood & Wood Products **58**(1953)1 30, 32, 72—74.

Salvadori, M. G. and *F. Dimaggio:* On the development of plastic hinges in rigid-plastic beams. Quart. Appl. Math. **11**(1953)2 223—230; Index Aeron. **9**(1953)11 64.

Seymour, R. B.: Plastische Konstruktionswerkstoffe. Corrosion (Houston) **9** (1953) 152—159; Werkstoffe u. Korrosion **5**(1954)8/9 334.

Starr, John: New foam plastics cast to desired shape. Mater. & Meth. **37**(1953) 2 108—109; Index Aeron. **9**(1953)6 95; AB **24**(1953)4 251.

Zickel, H.: Polyamide im Maschinenbau. Kunststoffe **43**(1953)12 562—564; Index Aeron. **10**(1954)3 115.

— Nylon als Werkstoff im Maschinenbau. Machinery (London) **83**(1953)2140 1003—1006; Technik (Berlin) **9**(1954)5 296.

— The plastic era in aircraft. Modern Plastics **31**(1953)1 92—96, 180—184; Index Aeron. **10**(1954)3 114.

Becker, A.: Der Igelittreibriemen in der Antriebstechnik. Maschinenbautechnik **3**(1954)4 209—212.

Forstmeyer: Wasserleitungsrohre aus Kunststoff für die Landwirtschaft. Dtsch. Agrartechn. **4**(1954)10 300.

Freas, A. D. and *M. L. Selbo:* Fabrication and design of glued laminated wood structural members. USDA Techn. Bull. 1069; U. S. Govmt. Print. Off. 1954 IV, 220 p.

Jacobi, Hans Rudolf: Neue Verarbeitungsmethoden thermoplastischer Kunststoffe. Industrie-Anz. **76**(1954)58 907—909, 921—922.

Jaray, F. F.: Glass fibre reinforced plastics in the chemical industry. I, II. Engineer **198**(1954)5160 839—842, 5161 870—873.

Jungnickel, H.: Dachrinnen und Regenrohre aus Kunststoff. Kunststoff- u. Kautschuk-Techn. **5**(1953)9 543—547; Werkstoffe u. Korrosion **5**(1954)3 111.

Keil, Alfred: Konstruktiv richtige Anwendung von Kunststoffen (Duroplasten) im Maschinenbau. Maschinenbautechnik **3**(1954)4 193—204.

Keil, Alfred: Die Verwendung von Plasten als Austausch für Metalle. Material-Wirtschaft **2**(1954)13 14—16; Nachr.-Bl. AGM Leichtbau **3**(1954)11/12 9.

Klein, W.: Anwendungstechnische Betrachtungen über neue emulgator- und elektrolytfreie Polyvinylchlorid-Typen. Kunststoffe **44**(1954)11 498—503.

Perry, Thomas D.: How modern luggage is made from plywood. Wood & Wood Products **59**(1954)2 32, 34—36.

Ritter, E. J.: Das Spanholz-Formteil eine Weiterentwicklung der Spanplatte. Oest. Forst- u. Holzwirtsch. **9**(1954)9 218—226.

Selbo, M. L. and *A. C. Knauss:* Wood laminating comes of age. J. Forest Prod. Res. Soc. **4**(1954)2 69.

Smith, A. L.: Anwendung von ungesättigten Polyester-Harzen. Industr. & Engng. Chem. **46**(1954) 1613—1615; Kunststoffe **44**(1954)10 458.

Wagner, W.: Bedienteile aus Preßstoff. Maschinenbautechnik **3**(1954)2 104—107.

Willatts, W. H.: Structural applications of plywood. Timber Technol. **62**(1954) 2180 286—287, 2181 337—338, 2182 401—402, 2183 440—442, 2184 496—498.

Adams, C. H., W. N. Findley and *F. D. Stockton:* Considerations in the design of plastics structures for light weight. Modern Plastics **32**(1955)12 139—141, 144, 146, 148, 216 5 ref.

Delmonte, John: Airframe manufacturers are turning to plastic tools. Epoxy resins are bringing new standards of performance for close tolerances, durability, and economical production of plastic jigs and fixtures. Aero Dig. **70**(1955)4 48, 50.

Ebert, A.: Glasfaserverstärkte Kunststoffe. Techn. Rdsch. (Bern) **47**(1955)25 17, 19, 21; Nachr.-Bl. AGM Leichtbau **4**(1955)10 13.

Gee, G.: Plastics for the jet age. Rubber J. **128**(1955)9 263—265; Nachr.-Bl. AGM Leichtbau **4**(1955)5/6 10.

Hrudka, Robert F.: Neue Anwendungsgebiete für stoßfeste Polystyrol-Platten. Kunststoffe **45**(1955)9 401—405.

Matlock, R. W.: Applications for reinforced plastics. Machine Design **27**(1955)5 237, 238, 240; Nachr.-Bl. AGM Leichtbau **4**(1955)10 13.

Zickel, H.: Neue Kunststoffe im Kraftfahrzeugbau. Nachr.-Bl. AGM Leichtbau **4**(1955)3 1—3.

Verbundbauweisen mit Füllstoffen

6.15

Stenzel, F.: Verbundbleche, ihre Bedeutung und Anwendung. Ber. Lil.-Ges. 157 1942 8 S.

Barwell, F. T.: Sandwich construction and core materials. I. An introduction to sandwich construction. ARC R & M 2123 Dec. 1945.

Cox, H. L. and *J. R. Riddell:* Sandwich construction and core materials. III. Instability of sandwich struts and beams. ARC R & M Nr. 2125 Dec. 1945 16 p.; Index Aeron. **4**(1948)2 30. AMR **2**(1949)4 78—79.

Pullen, W. J.: Some mechanical properties of foamed polyvinyl formal for use as an elastic stabilizer in sandwich structures. ARC R & M 2344 Nov. 1945 8 p.; Index Aeron. **6**(1950)8 84.

Topp, N. E.: Sandwich construction and core materials. II. The preparation of low-density materials for use as cores in sandwich construction. ARC R & M 2124 Dec. 1945.

Lewis, W. C.: Fatigue of sandwich constructions for aircraft: Cellular cellulose acetate core material in shear. FPL Rep. 1559 Dec. 1946 11 p.

Tuttle, O. S. and *W. B. Kennedy:* Honeycomb core structures. Modern Plastics **24**(1946)1 129—135, 194, 196.

— Weight and dimensional stability of three low-density core materials. FPL Rep. 1544 May 1946.

Heebink, B. G., W. J. Kommers and *A. A. Mohaupt:* Durability of low-density core materials and sandwich panels of the aircraft type as determined by laboratory tests and by exposure to the weather. FPL Rep. 1573 May 1947, Rep. 1573-A July 1949 17 p., Rep. 1573-B July 1950 27 p.

Mackin, G. E. a. o.: Resin-treated pulpboard core material for sandwich constructions. FPL Rep. 1623 March 1947.

McLarren, R. and *I. Stone:* Sandwich structures for aircraft: What research promises: What practice shows. Aviation Week **1**(1947)18 28—32 16 ref.; Index Aeron. **4**(1948)2 30. [1.222.31].

Pullen, W. J.: Sandwich construction and core materials: V., Sect. 1 and 2. ARC R & M 2686 1947 14 p. 2 ref.; Index Aeron. **8**(1952)6 101. [1.222.35].

Troxell, W. W. and *H. C. Engel:* Sandwich materials: Metal faces stabilized by honeycomb cores. SAE Quart. Trans. **1**(1947)3 429—440; Index Aeron. **4** (1948)4 85.

Werren, Fred: Fatigue of sandwich constructions for aircraft: A. Aluminum face and paper honeycomb core sandwich material, tested in shear. B. Aluminum face and end-grain balsa core sandwich material, tested in shear. C. Fiberglas-honeycomb core material with fiberglas laminate or aluminum facings, tested in shear. D. Fiberglas-laminate face and end-grain balsa core sandwich material, tested in shear. E. Cellular-hard-rubber core material with aluminum or fiberglas-laminate facings, tested in shear. F. Cellular cellulose-acetate core materials with aluminum or fiberglas-laminate facings, tested in shear. FPL Rep. 1559-A Dec. 1947, Rep. 1559-B Apr. 1948, Rep. 1559-C Aug. 1948, Rep. 1559-D Sept. 1948, Rep. 1559-E Oct. 1948, Rep. 1559-F Dec. 1948.

Benscoter, Stanley U.: Shear flows in multicell sandwich sections. NACA TN 1749 Nov. 1948 28 p.; AMR **2**(1949)7 153.

Eringen, A. Cemal: Solution of the two-dimensional mixed-mixed boundary value problem of elasticity for rectangular, orthotropic media and application to the buckling of sandwich beams. — Thesis Polytechn. Inst. Brooklyn, June 1948.

Hoff, N. J. and S. E. Mautner: Bending and buckling of sandwich beams. J. Aeron. Sci. **15**(1948)12 707—720 5 ref.; AMR **2**(1949)2 29; Index Aeron. **5** (1949)4 3.

Hoff, N. J.: The buckling of sandwich structural elements. Sherman Fairchild Publ. Fund Paper, Inst. Aeron. Sci. Prepr. 165 "Theory and Pract. of Sandw. Constr. in Aircr." Symposium 1948 13—20; AMR **6**(1953)3 124. [1.222.32].

Millett, Merill A. and John P. Hohf: Dimensional stability of synthetic board materials used as core stock. Forest Prod. Res. Soc. Repr. 34 1948 9 p.

Norris, C. B. and G. E. Mackin: Investigation of mechanical properties of honeycomb structures made of resin-impregnated paper. NACA TN 1529 May 1948.

Oaks, J. K.: Strength tests of a Typhoon type fuselage of "Balsolite" sandwich construction. Sandwich construction and core materials. VI., Sect. 3. ARC R & M 2687 Febr. 1948 18 p. publ. 1952; AMR **6**(1953)9 412. [6.254.3].

Pullen, W. J.: "Balsolite" impregnated paper cellular material as an elastic stabilizer. Sandwich construction and core materials. IV., Sect. 1. ARC R & M 2687 Febr. 1948 18 p. publ. 1952; AMR **6**(1953)9 412.

Wahl, Norman E.: Investigation of foamed thermosetting core materials. Work authorization 910—303. Buffalo: Cornell Aeron. Lab. Dec. 1948.

— Theory and practice of sandwich construction in aircraft. A Symposium. Sherman M. Fairchild Publ. Fund Pap. 165, Inst. Aeron. Sci. 1948.

Engel, H. C. and T. P. Pajak: Honeycomb-sandwich structures. Product Engng. **20**(1949)8 81—85, 10 131—134; Met. Rev. **22**(1949)9 56; Index Aeron. **6**(1950) 2 67; AMR **3**(1950)11 346.

Jacobi, Hans Rudolf: Untersuchungen an stützstoffversteiften Verbundstäben. I u. II. Kunststoffe **39**(1949)11 269—278, 12 315—320.

Mohaupt, A. A. and B. G. Heebink: Effect of defects on strength of aircraft-type sandwich panels. FPL Rep. 1809 Sept. 1949 12 p.; 1809-A Nov. 1951.

Plantema, F. J.: Literaturstudie over sandwichconstructies. NLL Rapp. S. 364 1949.

Werren, Fred: Fatigue of sandwich constructions for aircraft: G. Fiberglas-laminate facing and paper honeycomb core sandwich material, tested in shear. H. Aluminum facing and aluminum honeycomb core sandwich material tested in shear. FPL Rep. 1559-G Febr. 1949, 1559-H Dec. 1949 5 p.; AMR **3** (1950)11 349.

Boller, K. H. and C. B. Norris: Effect of shear strength on maximum loads of sandwich columns. FPL Rep. 1815 June 1950 12 p.; AB **22**(1951)1 38; AMR **4** (1951)3 159.

Heebink, B. G.: Moisture-excluding effectiveness of edge seals for aircraft sandwich panels. FPL Rep. 1822 Dec. 1950 5 p.

Norris, C. B. and W. J. Kommers: Short-column compressive strength of sandwich constructions as affected by the size of the cells of honeycomb-core materials. FPL Rep. 1817 1950 7 p.; Forestry Abstr. Sect. 3 **12**(1951)4 177.

Reid, David G.: Le balsa utilisé comme matériaux de remplissage à fibres en bout dans la construction sandwich. Traduction Soc. Nat. Constr. Aéron. Sud-Ouest (France) Broch. N-61 1950 23 p. [1.222.35].

Reid, David G.: Durability tests of Metalite sandwich construction. ASTM Bull. (1950)164 28—31; Aero Res. TN Bull. 105 Sept. 1951 4 p.; Holz-Zbl. (Stuttgart) **76**(1950)64/65 695; AMR **4**(1951)2 94.

Werren, Fred: Fatigue of sandwich constructions for aircraft: Glass-fabric-laminate facing and waffle-type core sandwich material tested in shear. FPL Rep. 1559-I Oct. 1950.

Dickinson, Thomas: Foamed-core plywood. Wood Working Dig. **53**(1951)7 127—128, 130, 132—134.

Kirste, Leo u. F. Müller-Magyari: Theorie und Praxis der Sandwichplatten. Betrieb u. Fertigung **5**(1951)10 165—169. [1.222.32].

Pajak, T. P.: Aluminium foil structural core. Light Metal Age **9**(1951)11/12 8—9; AB **23**(1952)2 55; Aluminium **28**(1952)6 XIII.

Rondeel, J. H.: Mechanische Eigenschappen van Kernmaterialen van Sandwich-constructies. (Mechanical properties of core materials for sandwich constructions.) Plastica **4**(1951)2/3 12 p. 9 ref. Overdruk (NLL Publ.); Index Aeron. **7**(1951)11 171; AMR **4**(1951)10 563.

Saville, W. S.: Recent development in sandwich construction. SAE Prepr. 657 Oct. 1951 3 p.; Index Aeron. **8**(1952)8 53.

Seidl, R. J., D. J. Fahey and *A. W. Voss:* Properties of honeycomb core as affected by fiber type, fiber orientation, resin type, and amount. NACA TN 2564 1951.

Seidl, R. J. a. o.: Paper honeycomb cores for structural building panels: Effect of resins, adhesives, fungicide, and weight of paper on strength and resistance to decay. FPL Rep. R 1796 1951 25 p.

— Weiterentwicklung von Honigwaben-Schichtstoffen. Modern Plastics **28**(1951) July 84—87; Kunststoffe **41**(1951)11 382.

Eringen, A. Cemal: Ripple-type buckling of sandwich columns. J. Aeron. Sci. **19**(1952)6 409—417 17 ref.; Index Aeron. **8**(1952)9 72; AB **23**(1952)7 399; AMR **6**(1953)1 14.

Herbst, A. H.: Compound curved honeycomb core material for sandwich panel construction. Soc. Plastics Engrs. J. **8**(1952)Jan. 13—14, 22.

Kuenzi, Edward W.: Paper honeycomb as a core for structural sandwich construction. "Symp. Struct. Sandwich Constr." ASTM Spec. Techn. Publ. 118 1952 70—78.

Kuenzi, Edward W.: Effect of elevated temperatures on the strengths of small specimens of sandwich construction of the aircraft type. Glass-cloth facings, balsa core tested immediately after the test temperature was reached. FPL Rep. 1804-A 1952 3 p.

Kuenzi, Edward W.: Effect of elevated temperatures on the strength of small specimens of sandwich construction of the aircraft type: Tests conducted after exposure to elevated temperatures for 192 hours. FPL Rep. 1804-B Sept. 1952.

Markwardt, L. J.: Developments and trends in lightweight composite construction. "Symp. Struct. Sandwich Constr." ASTM Spec. Techn. Publ. 118 1952 3—31.

Neuber, Heinz: Theorie der Druckstabilität der Sandwichplatte. I, II. ZAMM **32** (1952)11/12 325—337, **33**(1953)1/2 10—26; AMR **6**(1953)12 551; Index Aeron. **9**(1953)5 59. [1.222.32].

Norris, C. B.: Strength of sandwich construction. "Symp. Struct. Sandwich Constr." ASTM Spec. Techn. Publ. 118 1952 46—53; AMR **5**(1952)8 355.

Norris, Charles B.: Effect of unbonded joints in an aluminium honeycomb-core material for sandwich constructions. FPL Rep. 1835 May 1952 8 p.; AMR **6** (1953)3 137.

O'Keefe, Philip: Aluminium honeycomb sandwich has light weight, high strength, good stability, and uniform density. Mater. & Meth. **36**(1952)6 96—98; AB **24**(1953)3 139; Index Aeron. **9**(1953)3 86—87.

Seidl, Rob. J.: Paper-honeycomb cores for structural sandwich panels. FPL Rep. R 1918 1952 21 p.; J. Forest Prod. Res. Soc. **2**(1952)4 13—22.

Starr, John: Laminates with honeycomb cores. Wood Working Dig. **54**(1952)5 129—130, 132.

Werren, Fred: Fatigue of sandwich constructions for aircraft: J. Glass-fabric-laminate facing and alkyd isocyanate foamed-in-place core sandwich material, tested in shear. K. Aluminum facing and expanded-aluminum-honeycomb core sandwich material tested in shear. FPL Rep. 1559-J Apr. 1952 4 p., 1559-K July 1952.

Werren, Fred: Shear-fatigue properties of various sandwich constructions. FPL Rep. 1837 July 1952.

Bailay, Ned: Veneer and plywood. Pt. 26. Plywood panels with honeycomb cores. Wood Working Dig. **55**(1953)3 139—142, 146, 148, 150—152.

Rosenbaum, H. H.: A procurement standard for a metal-sandwich type wing tip. ASTM Bull. 192 1953 38—40; Index Aeron. **10**(1954)3 88. [6.254.1].

— Aluminium honey-comb sandwich structures. Product Engng. **24**(1953)2 184—191; AB **24**(1953)3 139. [2.6].

Dickinson, T. A.: New honeycomb processing method allows production of wide range of aircraft components such as doors and fuselage panels. Sheet Metal Industries **31**(1954)328 690—692, 694; Index Aeron. **10**(1954)10 124; Aluminium **31**(1955)5 A 107.

Holland, Herman: Sandwich panels for wing tips. Aero Dig. (1954)Dec. 36; Aeron. Engng. Rev. **14**(1955)3 112.

Katz, J.: Sandwich materials for high temperature use. Mater. & Meth. **40**(1954) 5 92—95; Index Aeron. **11**(1955)2 102; Nachr.-Bl. AGM Leichtbau **4**(1955)10 15.

Kuenzi, E. W.: Effect of elevated temperatures on the strengths of small specimens of sandwich construction of the aircraft type. FPL Rep. 1804 1954.

Newlin, J. A.: Designing for strength of flat panels with stressed coverings. FPL Rep. 1220 1954.

Ramamritham, S. and *A. Kameswara Rao:* A note on effects of face-material properties in sandwich panels under compression. J. Aeron. Soc. (India) (1954)Nov. 88—94.

Rose, Kenneth: Sandwich materials. Mater. & Meth. **39**(1954)3 118—132; Index Aeron. **10**(1954)6 58; Nachr.-Bl. AGM Leichtbau **4**(1955)1 13.

Seide, Paul: Comments on "Ripple-type buckling of sandwich columns". J. Aeron. Sci. **21**(1954)4 282—286 6 ref.; Index Aeron. **10**(1954)6 99.

Tyson, F.: Sandwich construction. Handley-Page Bull. Summer 1954 p. 4.

— Aluminum foil honeycomb structural core is shown off in new glass sandwich. Architectural Forum **100**(1954)5 196, 204; AB **25**(1954)6 347.

— Adhesive bonded aircraft structures. U. S. Nat. Bur. Stand. Summary Techn. Rep. 1887 Nov. 1954 6 p.; Aeron. Engng. Rev. **14**(1955)2 116.

— A new form of aircraft construction. Hawker Siddeley Rev. (1954)Dec. 87—91; Aeron. Engng. Rev. **14**(1955)4 125.

Eringen, A. C.: Some corrections and further contributions to "Ripple-type buckling of sandwich columns". J. Aeron. Sci. **22**(1955)2 142—144.

Long, John V. and *George D. Cremer:* Sandwich structures; Types and applications of high-temperature all-metal honeycomb cores. Aircr. Production (1955)Jan. 22—31 13 ref.; Aeron. Engng. Rev. **14**(1955)4 125.

Long, J. V. and *G. D. Cremer:* All-metal sandwich structures for high-temperature applications. Machine Design **27**(1955)2 220, 222, 224, 226; Nachr.-Bl. AGM Leichtbau **4**(1955)7 16.

Baumann, A.: Richtlinien des Leichtmaschinenbaus. ZFM **15**(1924)3/4 17—19.

Mathar, J.: Versuche über die Spannungsverteilung an Stangenköpfen. Forschungsarbeiten VDI H. 306 1928.

Krug, Carl: Die Stahlbauweise im Maschinenbau. Z. VDI **73**(1929)1 14—16.

Bernhard, J. M.: Berechnung von Stangenköpfen. Z. VDI **74**(1930)27 945—948.

Thum, August u. *K. Oeser:* Gummigefederte Maschinen. Z. VDI **78**(1934)19 587—589.

Oschatz, H.: Relation of fatigue to modern engine design. London: Spon 1935 p. 119 (discussion).

Thum, August: Relation of fatigue to modern engine design. London: Spon 1953 122—125 (discussion).

Flatz, E.: Werkstoffsparen im Maschinenbau. Z. VDI **81**(1937)52 1481—1485.

Thum, August u. *W. Mielentz:* Verhalten eingewalzter Rohre im Betrieb. Z. VDI **81**(1937)52 1491—1494.

Keller, C.: Der Leichtbau im Maschinenbau. Techn. Mitt. HdT (Essen) **31**(1938) 22/23 488—492; „Leichtbau in Konstruktion und Technologie", Essen: Haus d. Technik 1939 32—36.

Rosenbaum: Der Leichtbau im Walzwerksbau. Techn. Mitt. HdT (Essen) **31**(1938) 22/23 492 ff.; „Leichtbau in Konstruktion und Technologie", Essen: Haus d. Technik 1939 36—40.

Finkelnburg, H.: Der Einfluß der Massenverminderung durch Leichtmetalle auf den Gang von Maschinen. Metallwirtsch. **18**(1939)44 879—881.

Kessner, A.: Konstruktive Maßnahmen zur Metallersparnis im Maschinenbau. (Beiträge zur Wirtschaft, Wissenschaft u. Technik der Metalle und ihrer Legierungen H. 13) Berlin: Lüttke 1940; Metallwirtsch. **19**(1940)25 513—515, 27 555—559, 31 673—675.

Thum, August: Feindehnungsmessungen und Dauerprüfungen an Flanschen als Grundlage für eine Flanschberechnung. (Maschinenelemente-Tagung Düsseldorf) Berlin: VDI-Verl. 1940 1—6.

Heitzer, H. u. *F. W. Griese:* Der Stahlleichtbau im Maschinen- und Gerätebau. Elektroschweißung **12**(1941)5 69—79 5 Lit.-St.; Techn. Z.-Schau **26**(1941)16 280. [6.121].

Odqvist, F.: Schwingungsdämpfung und Gummiaufhängung von Maschinen (schwedisch). Tekn. T. **71**(1941) 17—26; Zbl. Mech. **1**(1941)3 120.

Seyfferth, H.: Anwendung statischer Verfahren zur genauen Berechnung von Maschinenteilen. Wärme **64**(1941)41 373—377.

Koenigsberger, F.: Redesign of cast-iron machine parts for welded construction. Reasons and principles. Welder **12**(1942)Jan./June 266—269.

Mayr, F. u. *Hugo Wögerbauer:* Werkstoffsparen bei Tragkonstruktionen, Grundplatten und Rahmen im Maschinenbau und Feingerätebau. (Schr.-Reihe Werkstoffsparen H. 7) Berlin: VDI-Verl. 1942 63 S. [6.24].

— Konstruieren in neuen Werkstoffen. Erfahrungen und Beispiele der Werkstoffumstellung im Maschinen- u. Apparatebau. Berlin: VDI-Verl. 1942. [6.215].

Bremi, Th.: Leichtbau im Maschinenbau. Schweiz. Arch. **9**(1943)6 165—176.

Kloth, Willi: Spannungsfelder in Maschinenteilen. TidL **24**(1943)4 58—60.

Thum, August u. *Armin Erker:* Schweißen im Maschinenbau. I. Teil. Festigkeit und Berechnungen. 2. Aufl. (Anleitungsblätter f. d. Schweißen im Maschinenbau, Hrsg. VDI-Fachausschuß für Schweißtechnik.) Berlin: VDI-Verl. 1943 57 S.; Schiff u. Werft **44/24**(1943)21/22 312.

Kloth, Willi: Der Leichtbau im allgemeinen Maschinenbau. (Vorträge Leichtbautagung) Berlin: VDI-Verl. 1944 12—16.

806

Oschanitzky, H. u. *O. Prechtl:* Leichtbau im Maschinenbau. (Vorträge Leichtbautagung) Berlin: VDI-Verl. 1944.

Wiegand, H.: Maschinenelemente für den Leichtbau und Verfahren zu ihrer Haltbarkeit. (Vorträge Leichtbautagung) Berlin: VDI-Verl. 1944.

Mikulak, J.: Welding in machine design. Welding J. **27**(1948)Apr. 290—298.

Clauser, H. R.: Maschinenbauteile aus Metallpulver. Mater. & Meth. (1949) Sept. 85—92; Ref. Chem. Industrie (1950)1059 10—11.

Koenigsberger, F.: Welding as a means of economising on material and labour in the manufacture of machinery structures. Brit. Welding Res. Ass. Rep. 44; Welding Res. **3**(1949)2 26r—35r; Machinery (London) **74**(1949)1906 587—591; Met. Rev. **22**(1949)7 55, 57. [1.52].

Peterson, R. E.: Application of fatigue data to machine design. "Properties of Metals in Materials Engineering", Amer. Soc. for Metals 1949 60—78; Met. Rev. **22**(1949)7 56.

Kort, E. G. and *J. S. Hamilton:* Aluminum alloys in heat-exchanger construction. Amer. Soc. Mech. Engrs. Ann. Meeting Pap. 50-A-123 1950.

Schmidt, O. H.: Stahlleichtbau im Maschinenbau. Technik (Berlin) **5**(1950)5 218—225. [6.121].

Church, F. L.: Aluminium castings improve design of vaneaxial fans. Modern Metals **6**(1951)12 28—30; AB **22**(1951)3 129.

Krumme, Walter: Konstruktionserfahrungen aus dem Maschinen- und Gerätebau. 2. Aufl. München: Hanser 1951 68 S.

Malcolmson: Die Anwendung von Neopren im Maschinenbau. Mech. Engng. **73** (1951) 627—632, 643.

Possner, L.: Ermittlung der elastischen Linie der einfachen Belastungsfälle durch Berechnung nach Punkten. Konstruktion **3**(1951)6 184—188.

Schmidt, H.: Leichte geschweißte Bauglieder für den Großmaschinenbau. Schweißen u. Schneiden **3**(1951) 308—311.

Schönberg, M.: Vorteile der Leichtmetallkonstruktion im Maschinen- und Fahrzeugbau. Konstruktion **3**(1951)11 338—343. [6.252.1].

— Brazed aluminum heat exchangers. Modern Metals **7**(1951)9 25—28; AB **22** (1951)12 723.

— Elastische Dichtungen für bewegte Maschinenteile. Werkstoffe u. Korrosion **2**(1951)3 192—195.

— Sparsame Materialverwendung im Maschinenbau. Technik (Berlin) **6**(1951)4 163—166.

Bahke, Erich: Die Schalenbauweise im Maschinenbau. Schweißen u. Schneiden (1952) S.H. Dez. 130—135.

Götze, F.: Grundlagen des Leichtbaus von Maschinen. Konstruktion **4**(1952)1 16—21; Nachr.-Bl. AGM Leichtbau **1**(1952)4 3—4.

Griese, Friedrich Wilhelm: Schweißen im Maschinenbau. Schweißen u. Schneiden **4**(1952)1 6—18. [5.5].

Hohenecker, Chr. Richard: Schweißkonstruktionen im Maschinen- und Hebezeugbau. Leipzig: Fachbuchverl. 1952 56 S. [6.261.1].

Bobek, K.: Geschweißte Wellen. Konstruktion **5**(1953)4 128—129.

Possner, L.: Die Berechnung der elastischen Linie bei veränderlichem Trägheitsmoment. Konstruktion **5**(1953)11 378—384.

Stolte, E.: Gummi im Maschinenbau. Maschinenmarkt **60**(1954)14/15 5—6; Nachr.-Bl. AGM Leichtbau **3**(1954)9/10 23.

Tanner: Berechnungsgrundlagen für Flachtreibriemen aus Kunststoff. Technik (Berlin) **9**(1954)5 275—276.

Vocke, Wolfgang: Spannungsberechnung für Flanschverbindungen. Technik (Berlin) **9**(1954)11 615—622.

Griese, Friedrich Wilhelm: Die Anwendung der Schweißtechnik im Maschinenbau unter besonderer Berücksichtigung von Steifigkeit, Dehnung und Werk-
stoffbeanspruchung. Schweißen u. Schneiden **7**(1955)6 265—270 9 Lit.-St.

Kraftmaschinen   6.211

Kolbenmaschinen   6.211.1

Cormac, P.: The design of dynamically balanced crankshaft for two-stroke-
cycle engines. Engng. (1929)11./10. 458—460.

Steigenberger, O.: Beitrag zur Triebwerksberechnung von Flugmotoren. ZFM
20(1929)5 113—123.

Behrens, Heinz: Die Berechnung erzwungener Drehschwingungen von Mehr-
massensystemen, mit besonderer Berücksichtigung der Verhältnisse bei
Motorenanlagen. ZFM **21**(1930)12 297—305; Werft, Reederei, Hafen (1930)
Dez. 489—490. [1.271].

Neugebauer, F.: Schwingungsdämpfung bei endlicher Dämpfertätigkeit mit Anwendung auf die Drehschwingungen von Kurbelwellen für Flugmotoren.
Forsch. Ing.-Wes. **1**(1930)4 137—147, 5 184—197.

Riekert, P.: Beitrag zur Theorie des Massenausgleiches von Sternformmotoren
mit nicht zyklischsymmetrischen Gleitbahnen. Ing.-Arch. **1**(1930)3 245—254.

Vollmar, M.: Beitrag zur Berechnung von Drehschwingungen und Dämpfern.
Techn. Mech. u. Thermodynamik (1930)11 382—391. [1.274].

Crumbiegel: Über die Spannungsverteilung in Kröpfungen bei Belastung in der
Kröpfungsebene. Diss. TH Aachen 1931.

Schunk, T. E.: Berechnung der kritischen Umlaufzahlen für die Welle eines
Flugzeugmotors. Ing.-Arch. **2**(1932)6 591—603.

Sommer, P.: Prüfung von Leichtkolben-Baustoffen. Diss. TH München 1932.

Mahle, Ernst: Leichtmetallkolben für Kraftmaschinen. Werft, Reederei, Hafen
14(1933)18 255—256.

Nixon, F.: The design of valve spring. Aircr. Engng. **5**(1933)55 193—196 18 ref.

Oschatz, H.: Kurbelwellenbrüche, ihre Ursache und ihre Vermeidung.
Maschinenschaden **10**(1933) 89—94.

Sterner-Rainer, R.: Aluminiumlegierungen als Kolbenwerkstoffe. Schr. Hess.
Hochsch. (1933)2 20—25.

Thum, August u. *H. Oschatz:* Der Dauerbruchweg in Kurbelwellen. Z. VDI **77**
(1933)30 834.

Bergmann, G.: Dauerhaltbarkeit der Konstruktionselemente von Motoren-
gehäusen aus Leichtmetallgußlegierungen. Schr. Hess. Hochsch. (1934)3
83—89.

Deharde, Ch.: Bericht über die Erprobung einer Kurbelwelle aus sparstoffarmem
Werkstoff. ZWB KB 10 1934 5 S.

Geiger, J.: Dämpfung bei Drehschwingungen von Motoren. Z. VDI **78**(1934)46
1353—1355.

Küchler, E.: Untersuchung an scheibenförmigen Resonanz-Drehschwingungs-
dämpfern. Mitt. Wöhler-Inst. Braunschweig H. 23. [1.274].

Behrmann, W.: Drehschwingungsmessungen im Fluge an einem wassergekühlten
V-Motor. ZWB FB 451 1935 12 S.

Bensinger, W. D.: Untersuchung über die günstigste Zylinderzahl und Zylinder-
größe von Flugmotoren im Hinblick auf Leistung, Drehzahl, thermische
Belastung und Gewicht. 1. Teilber.: Einfluß des Hubverhältnisses auf Leistung, Triebwerkteile und Leistungsgewicht. 2. Teilber.: Einfluß des Schub-
stangenverhältnisses auf Triebwerksbeanspruchungen, Ungleichförmigkeits-
grad, freie Massenkräfte und Leistungsgewicht. 4. Teilber.: Einfluß der
Zylindergröße auf Leistung, Drehzahl, Gewicht und Leistungsgewicht von
Flugmotoren. ZWB FB 537/1 35 S., 537/2 25 S., 537/4 23 S. 1935.

Bollenrath, Franz: Entwicklung einer schmiedbaren Metallegierung für Flug-motorenkolben. 1. Zwischenbericht. ZWB FB 254/1 1935 33 S.

Cornelius, Heinrich u. *Franz Bollenrath:* Gegossene Nocken- und Kurbelwellen. ZWB FB 529 1935 30 S.

Delanghe, G.: L'étude de l'équilibrage des machines à piston au moyen de vecteurs tournants symétriques. Génie Civil **106**(1935)1 20.

Geiger, J.: Dämpfung bei Drehschwingungen von Motoren. ATZ **38**(1935)14 366—367. [1.274].

Grammel, Richard: Die Schüttelschwingungen der Brennkraftmaschinen. Ing.-Arch. **6**(1935)1 59—68 8 Lit.-St.

Huber, L.: Reibungs- und Temperaturverhältnisse an einem Pleuel-Rollenlager bei ruhender Belastung. ZWB FB 405 1935 18 S. [1.431.3].

Hussmann, A.: Schwingungen an Ventilfedern. ZWB FB 206/1 1935 21 S., FB 206/2 1935 20 S.

Hussmann, A.: Längsschwingungen in Kurbelwellen. 1. Zwischenbericht. ZWB FB 410/1 1935 19 S.

Kersten, W.: Stand der Kolbenforschung. Auswertung des vorliegenden Schrift-tums. ZWB FB 445 1935 36 S.

Kimmel, A.: Über die Torsionssteifigkeit von Kurbelwellen mit durchgehender Zwischenwange. Diss. TH Stuttgart 1935.

Knoblauch, H.: Ermittlung der Dreh-Federung von Kurbelwellen durch Versuch und Berechnung. ZWB FB 349 1935 21 S.

Lehr, Ernst u. *Stupp:* Harmonische Analyse der Drehkräfte von Dieselmotoren. ZWB FB 472 1935 79 S.

Mann, H. u. *Heyer:* Über die Gleitlagerfrage im Flugmotorenbau unter Berück-sichtigung der werkstofftechnischen Entwicklung. ZWB FB 190 1935 27 S. [1.431.3].

Mickel, Ernst: Untersuchungen zur Feststellung der günstigsten Kurbelwellen-formen durch Berechnung, Spannungs-Untersuchungen und Schwingungs-versuche. ZWB FB 278/1 1935 7 S.

Mickel, Ernst: Untersuchung über die Festigkeit gußeiserner Flugmotor-Kurbel-wellen. 1. Teilbericht. ZWB PB 395 1935 8 S.

Schif, C.: Stand der Kolben- und Kolbenringuntersuchungen. Jb. 1935 Vereinig. Luftf.-Forsch. 212—229.

Schlaefke, K.: Die Umgestaltung der Konstruktionsunterlagen schnellaufender Verbrennungskraftmaschinen durch die Entwicklung der Fahrzeugdiesel-motoren. Mitt. Forsch. Anst. GHH-Konzern 3(1935)7.

Schünemann: Untersuchung über die günstigste Zylinderzahl und Zylinder-größe von Flugmotoren im Hinblick auf Leistung, Drehzahl, thermische Be-lastung und Gewicht. 5. Teilber.: Zusammenhang zwischen Zylinderab-messungen und Gasgeschwindigkeiten in den Steuerorganen. ZWB FB 537/5 1935 25 S.

Wedemeyer, E. A.: Harmonische Resonanzen von Biegungsschwingungen. ATZ **38**(1935)17 429—430 4 Lit.-St.

Wiemer, A.: Wechselbiege- und Verdrehprüfungen an Hirth-Naben, Größe I—III und V. ZWB PB 419 1935 19 S.

Beilschmidt, J. L.: Torsional oscillation of shafts. Aircr. Engng. **8**(1936)85 79—80.

Föppl, Otto: Milderung der Erschütterungen von Verbrennungskraftmaschinen durch Aufhängung in Gummi. Mitt. Wöhler Inst. Braunschweig H. 28 1936 88—91 3 Lit.-St.

Grammel, Richard, K. Klotter u. *K. v. Sanden:* Die elastischen Verformungen von Kurbelwellen bei Torsionsschwingungen. Ing.-Arch. **7**(1936)6 439—465.

Granacher: Messung der Spannungsverteilung in einem Teller-Ventil und an einem Tulpen-Ventil. ZWB FB 595 1936 37 S.

Kamm, Wunibald: Forschungsergebnisse auf dem Gebiete der Flugmotoren aus Veröffentlichungen 1935/36. Jb. 1936 Lil.-Ges. 133—146.

Kamm, Wunibald, C. Huber u. *P. Schmid:* Betriebsbeanspruchungen und Baugewicht von Fahrzeugmotoren in Abhängigkeit von der Zylindergröße und der Zylinderzahl. Kraftf.-Techn. Forsch.-Arb. H. 1 1936.

Koch, Hans Wolf u. *Elisabeth Boedeker:* Schwingungen im Bauwesen, bei Fahrzeugen und Maschinen, Schwingungsmessung. (Literaturzusammenstellungen aus d. Gebiet d. techn. Mechanik und Akustik, H. 5; Hrsg. W. Zeller) Berlin: VDI-Verl. 1936 V, 19 S. [1.271], [6.252.1], [6.270].

v. Lengerke, B.: Aluminium als Zylinderbaustoff für Verbrennungsmotoren. ATZ **39**(1936)13 339.

Lürenbaum, Karl: Stand und Ziele der Forschung zur Frage der Gestaltfestigkeit der Kurbelwelle. Jb. 1936 Lil.-Ges. 348—355.

Maier, K.: Untersuchungen über den Einfluß der Hirth-Verzahnung auf die Drehsteifigkeit von Kurbelwellen. ZWB FB 684 1936 16 S.

Meyer, J. u. *W. Behrmann:* Die Verdrehsteifigkeit von Kurbelwellen bei Drehschwingungen. ZWB FB 627 1936 18 S.

Nallinger, F.: Einfluß moderner Flugmotoren-Konstruktionen in Reihenbauart auf die Lagerausbildung. Luftwissen **3**(1936)10 293—310.

Schlaefke, K.: Der Einfluß des V-Winkels auf die Kurbelwellen-Drehschwingungen von V-Motoren. Z. VDI **80**(1936)41 1253—1254.

Taylor, E. S.: Crankshaft torsional vibration in radial aircraft engines. SAE-J. **38**(1936)3 81—89.

Thum, August: Geschmiedete und gegossene Kurbelwellen. (Ber.-Werk 74. Hauptversammlung VDI, Darmstadt 1936) Berlin: VDI-Verl. 268—273.

Thum, August u. *Kurt Bandow:* Über geschmiedete und gegossene Kurbelwellen. Anz. Masch.-Wes. **58**(1936)94 21—22.

Thum, August u. *Kurt Bandow:* Die Gußkurbelwelle. Z. VDI **80**(1936)1 23—27.

Wedemeyer, E. A.: Berechnung von mehrfach gelagerten Wellen. ATZ **39**(1936) 15 387—388.

Yamanuro, M.: On the lateral vibration of crankshafts (1st report). J. Soc. Aeron. Sci. (Nippon) **3**(1936)16 873—889.

Appelt, W.: Steigerung der Dauerhaltbarkeit von Autokurbelwellen durch Oberflächendrücken des Bohrrandes. ATZ **40**(1937)19 473—475.

Bachmaier, W.: Beanspruchungsuntersuchungen an Vergaser-Flugmotoren. ZWB UM 477/1 1937.

Behrmann, W.: Drehschwingungsuntersuchung des Wright-Cyclone-Motors SGR 1820 F 3. ZWB UM 496 1937 33 S.

Bensinger, W. D.: Einfluß der Zylinder-Baugröße auf das Baugewicht von Flugmotoren. Jb. 1937 Dtsch. Luftf.-Forsch. II 20 ff.

Bollenrath, Franz: Über die Weiterentwicklung warmfester Werkstoffe für Flugzeugtriebwerke. Jb. 1937 Dtsch. Luftf.-Forsch. II 182 ff.

Deutler, H.: Über die zweckmäßige Ausführung der Ölbohrungen bei verdrehbeanspruchten Wellen. ZWB FB 864 1937 26 S.

Kamm, Wunibald: Winke für den Bau von Pleuelrollenlagern. Luftwissen **4** (1937) 216—219.

Koch, E.: Weiterentwicklung von Kolbenlegierungen. Jb. 1937 Dtsch. Luftf.-Forsch. II 198 ff.

Koch, E. u. *Paul Sommer:* Neue Kolbenoberflächen. Jb. 1937 Dtsch. Luftf.-Forsch. II 193 ff.

Krüger, R.: Leichtmetallkolben für Fahrzeugmotoren. Kolbenbaustoffe, Bauarten, Herstellung, Einbau und Betrieb. Berlin: R. C. Schmidt 1937 140 S.

Lürenbaum, Karl: Einfluß von Formgebung und Werkstoff auf die Gestaltfestigkeit geschmiedeter und gegossener Flugmotoren-Kurbelwellen. Jb. 1937 Dtsch. Luftf.-Forsch. II 128—131.

Maier, K.: Harmonische Analyse der erregenden Drehkräfte unter Einfluß der Schraubensteifigkeit auf die Drehschwingungen in Sternmotoren. 1. Zwischenbericht. ZWB FB 784 1937 15 S.

Meyer, J.: Die Kopplung der Luftschrauben-Biegeschwingungen mit den Kurbelwellen-Drehschwingungen. ZWB FB 869 1937 101 S.; Jb. 1938 Dtsch. Luftf.-Forsch. II 141—159 20 Lit.-St. [6.254.72].

Riekert, P. u. M. Kuhm: Ein Beitrag zur Kolben- und Kolbenringfrage. Jb. 1937 Dtsch. Luftf.-Forsch. II 98.

Sterner-Rainer, R.: Vergleichende Betrachtungen über Kolben-Legierungen in gegossenem und geknetetem Zustand. Jb. 1937 Dtsch. Luftf.-Forsch. II 209.

Thum, August u. Kurt Bandow: Dauerhaltbarkeit geschmiedeter Stahlkurbelwellen und Mittel zu ihrer Steigerung. ATZ **40**(1937)2 29—33.

Waas, Heinrich: Federnde Lagerung von Kolbenmaschinen. Z. VDI **81**(1937)26 763—769.

Wiemer, A.: Vergleichende Dauerhaltbarkeitsprüfung einer sparstoffarmen und einer Chrom-Nickelstahl-Kurbelwelle. ZWB UM 435 1937 13 S.

Bandow, Kurt: Dauerhaltbarkeit von Stahl- und Gußkurbelwellen. Diss. TH Darmstadt 1938; Dtsch. Kraftf.-Forsch. H. 14 1938 35 S. 65 Lit.-St.

Bandow, Kurt: Stahl- oder Gußkurbelwelle? Maschinenb. Betrieb **17**(1938) 635—638.

Carter, B. C.: Vibration in aircraft. Engng. **146**(1938)3789 256—258, 3790 285—288 7 ref.

Cornelius, Heinrich u. Franz Bollenrath: Dauerhaltbarkeit von hohlen Kurbelwellenzapfen mit Innenverstärkung an der Bohrung. Z. VDI **82**(1938)30 885—889.

Geiger, J.: Die Vorausbestimmung der Beanspruchung bei Drehschwingungen von Wellen. Mitt. Forsch. Anst. GHH-Konzern **6**(1938)9 225. [1.272].

Hampp, W.: Die Belastungsverteilung in einem Pleuellager. ZWB FB 898 1938 48 S.

Hußmann, A. u. A. Wiemer: Die Verdreh-Dauerhaltbarkeit gußeiserner Kurbelwellen und ihre Eignung für Flugmotoren. ZWB FB 950 1938 44 S.

Kuhm. M.: Einfluß des Werkstoffs der Kolbenringe auf ihre Laufzeit. Jb. 1938 Dtsch. Luftf. Forsch. II 87—96.

Maier, K.: Biegeschwingungen an Sternmotorkurbelwellen. ZWB FB 920 1938 23 S.; Jb. 1938 Dtsch. Luftf. Forsch. II 160—163.

Pöschl, Th. u. L. Collatz: Über die Berechnung und Darstellung der Eigenfrequenzen homogener Maschinen mit Zusatzdrehmassen. ZAMM **18**(1938)3 186—194 4 Lit.-St.

Stieglitz, A.: Beeinflussung von Drehschwingungen durch pendelnde Massen. Jb. 1938 Dtsch. Luftf.-Forsch. II 164—178 2 Lit.-St.

Svenson, Otto: Versuche zur Ermittlung der Spannungsverteilung in Pleuelstangen. Dtsch. Kraftf. Forsch. Zwischenber. Nr. 25 1938.

Svenson, Otto: Versuche zur Klärung der Beanspruchungsverteilung in Motorgehäusen. Dtsch. Kraftf. Forsch. Zwischenber. Nr. 32 1938.

Wiegand, Heinrich: Die Festigkeit von Nebenpleuelstangen in Flugmotoren. Luftwissen **5**(1938)8 289—292.

Bentley, G. P.: Vibration of radial aircraft engines. I/II. J. Aeron. Sci. **6**(1939)7 278—283, 8 333—341 11 ref.

Bollenrath, Franz u. Heinrich Cornelius: Verdrehdauerhaltbarkeit von Wellen aus unlegiertem und legiertem Stahl. ZWB FB 1105 1939 25 S. [1.343.34].

Doucet, E.: Equilibrage dynamique des moteurs à explosion (Méthode géométrique). Techn. Automob. **30**(1939) 97—101, 137—144; Zbl. Mech. **11** (1941)2 55.

Geiger, J.: Über die Dämpfung bei Gußeisen mit besonderer Berücksichtigung gegossener Kurbelwellen. Mitt. Forsch. Anst. GHH-Konzern **7**(1939)10.

Grammel, Richard: Über einige dynamische Probleme bei Kolbenmotoren. Schr. Dtsch. Akad. Luftf.-Forsch. Nr. 5 1939 1—17 6 Lit.-St.

Kimmel, A.: Grundsätzliche Untersuchungen über die Erregung der Dreh- und Biegeschwingungen bei Flugmotoren. ZWB FB 1017 1939 46 S.

Kimmel, A.: Grundsätzliche Untersuchungen über die bei Drehschwingungen von Kurbelwellen maßgebende Drehsteifigkeit. Ing.-Arch. 10(1939)3 196—221 10 Lit.-St.

Kuhm, M. u. W. Brecht: Eignung des Leichtmetallzylinders im Flugmotor. ZWB FB 1076 1939 20 S.

Kuhm, M. u. M. Rossenbeck: Eignung des Leichtmetall-Zylinders im Flugmotor. ZWB FB 1121 1939 11 S.

Lambrich, R.: Verbesserung der Drehschwingungsverhältnisse eines Flugmotors durch Änderung der Federungen. ZWB UM 560 1939 15 S.

Lehr, Ernst u. H. Granacher: Spannungsverteilung in dem Kolben eines BMW-IX-Flugmotors. ZWB UM 557 1939 28 S.

Loepelmann, F. u. Franz Bollenrath: Über die Erzeugung verschleißfester, galvanischer Schichten auf Aluminium-Legierungen für Zylinder von Verbrennungsmotoren. ZWB FB 1091 1939 29 S.

Lürenbaum, Karl: Schwingungen des Systems Motor-Luftschraube. Schr. Dtsch. Akad. Luftf.-Forsch. Nr. 5 1939 19—44. [6.254.72].

Meyer-Rässler, E.: Oberflächenbehandlung von Leichtmetallkolben. Metallwirtsch. 18(1939) 151—154.

Meyer, J.: Die Verlagerung der kritischen Drehzahl glatter Wellen bei elastischer Lagerung. ZWB FB 1114 1939 17 S.

Rossenbeck, M. u. M. Kuhm: Eignung des Leichtmetallzylinders im Flugmotor. ZWB FB 1146 1939 17 S.

Wiegand, Heinrich: Werkstoff-, Gestaltungs- und Behandlungsfragen bei Stählen im Flugmotorenbau. Luftwissen 6(1939)2 47—53.

Wiegand, Heinrich: Auxiliary connecting rods. Automob. Engr. 29(1939) 3—5.

Wiegand, H. u. R. Scheinost: Beanspruchung von Kolbenbolzen und Maßnahmen zur Steigerung ihrer Dauerhaltbarkeit. Jb. 1939 Dtsch. Luftf.-Forsch. II 110—113.

— Hochleistungsdieselmotoren in Leichtbauweise. ATZ 42(1939)20 542—547.

Biot, M. A.: Equations of finite differences applied to torsional oscillations of crankshafts. J. Appl. Phys. 11(1940)8 530—537 4 ref.; Techn. Z.-Schau 26(1941) 23 383.

Biot, M.: Coupled oscillations of aircraft engine propeller systems. J. Aeron. Sci. 7(1940)9 376—382 10 ref. [6.254.72].

Biot, M. A.: Vibration of crankshaft-propeller systems. New method of calculation. J. Aeron. Sci. 7(1940)3 107—112 3 ref. [6.254.72].

Föppl, Otto: Aufhängung einer Verbrennungskraftmaschine in Gummi zum Zweck der Verminderung der freien Massenkräfte. Mitt. Wöhler-Inst. Braunschweig H. 37 1940 67—74; Phys. Ber. 22(1941)19 1858; Zbl. Mech. 10(1941) 8 363.

Hohenner: Untersuchungen an Leichtmetallzylindern kleiner Bohrung. ZWB FB 1129 1940 32 S.

Ide, H.: Flugmotorengetriebe und ihre Berechnung. Luftf.-Forsch. 17(1940)5 130—144 31 Lit.-St.

Kimmel, A.: Der Einfluß der Pleuelanlenkung auf das Drehschwingungsverhalten von V-Motoren. ZWB FB 1152 1940 30 S.

Kimmel, A.: Die erregenden Drehkräfte bei Flugmotoren mit mittelbarer Nebenpleuelanlenkung. ZWB FB 1187 1940 49 S.; Luftf. Forsch. 18(1941)7 262—274 4 Lit.-St.; Techn. Z.-Schau 26(1941)21 356.

Kimmel, A.: Die erregenden Biegekräfte bei Flugmotoren mit mittelbarer Nebenpleuelanlenkung. ZWB FB 1313 1940 46 S.

812

Kirmser, W.: Betriebsbeanspruchungen der Gummiauflager eines Dieseltriebwagenmotors. Dtsch. Kraftf.-Forsch. Zwischenber. Nr. 84 1940.

Meyer-Rässler, E.: Die Eignung von Werkstoffen auf Aluminium-Magnesium-Basis für Motoren-Kolben. Metallwirtsch. **19**(1940)33 713—721 13 Lit.-St.; Techn. Z.-Schau **26**(1941)1 9.

Neugebauer, G. H.: Biegeschwingungsuntersuchungen an den Kurbelwellen eines Fahrzeugmotors. ATZ **43**(1940)14 350 38 Lit.-St.

Perry, H. W.: Light alloys in American aircraft engines. Light Metals **3**(1940) 74—78.

Rossenbeck, M.: Eignung von Leichtmetallen für Rollenkäfige in Verbrennungskraftmaschinen. Diss. TH Stuttgart 1940.

Schemberger, G.: Untersuchung über die Drehsteifigkeit von Wellen mit Hirth-Verzahnung. MTZ **2**(1940)10 328—329; Luftwissen **8**(1941)3 100.

Wiegand, Heinrich: Versuche mit Hydronaliumguß nach Fliegwerkstoff 3300 als Werkstoff für Zylinderköpfe. Jb. 1940 Dtsch. Luftf.-Forsch. II 143—144.

Wiegand, Heinrich: Der Einfluß der Oberflächenbehandlung auf die bruchsichere Gestaltung von Flugmotorenteilen. Jb. 1940 Dtsch. Luftf. Forsch. II 97—102.

Wiegand, Heinrich u. B. Haas: Beanspruchungsgerechte Gestaltung der Pleuelstangen des Flugzeugsternmotors. Jb. 1940 Dtsch. Luftf.-Forsch. II 248—255.

Engel, L.: Konstruktive Fortschritte auf dem Gebiete der Kolbenmaschinen. Stahl u. Eisen **61**(1941)2 25—35 4 Lit.-St.; Techn. Z.-Schau **26**(1941)8 137.

Gauß, F.: Die Dauerbiegehaltbarkeit von Hirth-Verbindungen und einigen Vergleichsverbindungen. ZWB FB 1364 1941 81 S. [1.443.16].

Hartl, W.: Der Leichtbau bei Schiffsdieselmotoren unter besonderer Berücksichtigung der Verwendung von Silumin-Gamma für die Motorengehäuse. Werft, Reederei, Hafen **22**(1941)23 241—250.

Kearns, Ch. M.: Engine airscrew vibrations. Aircr. Engng. **13**(1941)150 211—215 3 ref. [6.254.72].

Kimmel, A.: Untersuchungen über die Erregung der Dreh- und Biegeschwingungen bei Flugmotoren. Luftf. Forsch. **18**(1941)6 229—240 9 Lit.-St.; Techn. Z.-Schau **26**(1941)20 338.

Kimmel, A.: Die versuchsmäßige Ermittlung der Drehsteifigkeit von Kurbelwellen nach Torsion erster und zweiter Art. ZWB FB 1448 1941 46 S.

Kimmel, A. u. G. Buckmiller: Zur Kopplung der Drehschwingungen der Kurbelwelle und des Motorvorbaus bei Flugmotoren mit Übersetzungsgetrieben. ZWB FB 1511 1941 19 S. [6.254.71].

Klotter, K.: Die Verdrehsteifigkeit der Kurbelwellen. Z. VDI **85**(1941)25 558—560; Techn. Z.-Schau **26**(1941)14 239.

Lambrich, R.: Die Arbeit der erregenden Kräfte in Reihenmotoren. ZWB FB 1473 1941 50 S.

v. d. Null, W. u. H. Pfau: Auslegung und Gestaltung der Flugmotorenlader. Z. VDI **85**(1941)37/38 263—273 40 Lit.-St.; Techn. Z.-Schau **26**(1941)21 356.

Pyles, R.: Lateral stiffness and vibration in engine structures. Trans. ASME **63** (1941)2 107—114 5 ref.

v. Rajakovics, Emil: Dauerversuche mit Leichtmetall-Pleuelstangen. Z. VDI **85** (1941)43/44 867—868; Techn. Z.-Schau **26**(1941)23 384; Luftwissen **9**(1942)1 27.

Rossenbeck, M.: Leichtmetallzylinderköpfe für Fahrzeugmotoren. ATZ **44**(1941) 24 607—612.

Schumacher u. Hartmann: Die versuchsmäßige Ermittlung der Biegeeigenfrequenz von Sternmotoren-Kurbelwellen im laufenden Motor. ZWB FB 1494 1941 12 S.

Schwarz, H.: Die Kolben neuzeitlicher Kraftfahrzeugmotoren. DMZ **18**(1941)11 514—520.

Wassutinsky, S. D.: Vitesses critiques de résonance dans les arbres moteurs. Paris: Dunod 1941 98 p.; Zbl. Mech. **12**(1944)7 317—318.

Weigand, A.: Schwingungen eines elastisch gelagerten Motors mit zweiflügliger Luftschraube. Luftf.-Forsch. **18**(1941)11 378—382 3 Lit.-St.

Williams, C. G. and *J. S. Brown:* Crankshaft failures. Automob. Engr. **31**(1941) 417 401—405.

— Light weight construction in compression ignition engines. Light Metals **4** (1941) 150—153.

Draminski, P. u. *T. Warning:* Axialschwingungen von Kurbelwellen. MTZ **4** (1942)2 49—52.

Gauß, F.: Die Biegedauerhaltbarkeit von Kurbelwellenverbindungen. Luftf. Forsch. **19**(1942)10/12 347—352 7 Lit.-St.

Gerbl, L.: Einfluß der Drehzahlsteigerung auf die Triebwerkskräfte bei Sternmotoren. Ber. Lil.-Ges. S 11 1942 13 S.

Kern, J.: Über die Beanspruchung exzentrischer Wellen. Forsch. Ing.-Wes. **13** (1942)2 82—86; Luftwissen **9**(1942)10 303.

Kimmel, A.: Zum Massenausgleich des Sternmotors. MTZ **4**(1942)3 85—91 15 Lit.-St.

Marti, W.: Valve springs. Automob. Engr. **32**(1942)421 95—100.

Meylan, C.: Stahlleichtbau bei Verbrennungskraftmaschinen. MTZ **4**(1942)3 98—99.

Mickel, Ernst, Paul Sommer u. *Heinrich Wiegand:* Berechnung und Gestaltung der Triebwerke schnellaufender Kolbenkraftmaschinen. (Konstruktionsbücher Bd. 6) Berlin: Springer 1942 IV, 105 S.

Poole, R.: The axial vibration of Diesel engine crankshafts. Engineer **173**(1942) 4487 29—31 2 ref., 4488 60—62.

Rothe, K.: Beitrag zur Bestimmung der Triebwerkslagerkräfte unter Berücksichtigung der elastischen Verformung der Kurbelwelle. Ber. Lil.-Ges. S 11 1942 29 S.

Schmidt, R.: Dauerbiegeversuche, Dehnungs- und Röntgenspannungsmessungen an gerichteten Kurbelwellen. Luftwissen **9**(1942)9 263—267.

Schöllhammer: Dauerhaltbarkeit und Beanspruchungsverhältnisse des Befestigungsgewindes am Flugmotor, insbesondere bei Schrauben aus Vergütungsstahl. ZWB TB **9**(1942)2 51—56. [1.443.16].

Schönberg, M.: Leichtbau im Dieselmotorenbau. Werft, Reederei, Hafen **23**(1942) 2 18—22.

Ulsenheimer, P. Merkle u. *R. Weigand:* Wälzlager für Flugmotorenbau, insbesondere für die Lagerung des Laders. Ber. Lil.-Ges. S 11 1942. [1.431.3].

Wiegand, Heinrich: Nitrieren im Motorenbau. Härtereitechn. Mitt. **1**(1942) 166—185.

— Endurance tests on light alloy connecting rods. Light Metals **5**(1942) 338—340.

Englisch, C.: Die Spannungsverteilung bei selbstspannenden Kolbenringen. Fertigungstechnik (1943)9 217—221.

Geiger, J.: Biege- und Verdrehversuche an einem geschweißten Gestellmodell einer doppelt wirkenden Zweitaktschiffsdieselmaschine der M.A.N. ZWB TB **10**(1943)6 169—178.

Joeres, H.: Über die Berechnung und Entwicklung von Zahnradgetrieben für Flugmotoren. Ber. Lil.-Ges. S 4 1943 23 S.

Kubasch: Dauerhaltbarkeitsuntersuchungen an Kurbelwellen-Kröpfungen des Motors P 240. 2. Zwischenber. ZWB UM 1099 1943 9 S.

Mahlke: Gewichtsberechnung für Triebwerke. ZWB UM 1032 1943 6 S.

Mickel, Ernst u. *Paul Sommer:* Einfluß des Stahles auf die Haltbarkeit von Kolbenbolzen. Arch. Eisenhüttenwes. **17**(1943/44)9/10 227—234.

Mickel, Ernst u. *Paul Sommer:* Festigkeitsfragen bei Leichtmetallkolben. MTZ **5**(1943)10 295—304; Forsch. Arb. über Kolben vom Prüffeld Mahle-Elektron, Stuttgart-Cannstatt (1946)9 10 S.; Luftwissen **11**(1944)2 54.

Morris, J. and *W. J. Evans:* Engine crankshaft frequency curves. Aircr. Engng. 15(1943)172 156—159, 164. [6.254.72].

Neubert: Schwingungsmessungen am Motorenmuster DB 628. ZWB UM 1016 Juni 1943 7 S. [6.254.72].

Ricker, Ch. S.: Ford's centrifugal cast cylinders. Aviation 42(1943)6 134—137, 331.

Rossenbeck, M.: Über das Laufverhalten von Kolbenringen auf Hartchromlaufflächen in Leichtmetallzylindern. ZWB FB 1878 1943 45 S.; ZWB TB 11 (1944)2 54—55.

Rossow, E.: Möglichkeiten und Aussichten der Zwischenstufenvergütung für hochbeanspruchte Flugmotorenbauteile. Ber. Lil.-Ges. 165 1943 8 S.

Schmidt, Fr. R.: Beitrag zum Massenausgleich von Kurbelwellen mit gerader Kurbelzahl. MTZ 5(1943)2 47—52.

Stähli, Gustav: Das Verhalten von Leichtmetall-Kolbenlegierungen bei gleichzeitiger ruhender und schwingender Zug-Druck-Beanspruchung in der Wärme. ZWB FB 1727 1943 38 S.; ZWB TB 10(1943)5 159. [1.333.2].

Wiegand, Heinrich: Leichtbau bei Verbrennungsmotoren. ATZ 46(1943)17/18 426—429.

Wiegand, Heinrich: Leichtbaufragen für den Kraftmaschinenbau. MTZ 5(1943)3 100—104.

— Progress in piston design and production. Light Metals 6(1943) 584—593.

Arnold, R.: Schwingungsrechnung mit Hilfe der Ersatzmasse und der Ersatzkraft. ATZ 47(1944)5/6 95—111 5 Lit.-St.

Berger, A.: Die äußere Gestalt der Flugmotoren. Luftwissen 11(1944)7 186—188.

Caroselli, H.: Triebwerksentwicklung des Auslandes. Ber. Lil.-Ges. B 177 1944 15 S.

Dübbers, W.: Neues Verfahren zur Ermittlung der Durchbiegung belasteter Wellen. Mitt. Forsch. Anst. GHH-Konzern 10(1944)7.

Garre, B.: Forderungen des Flugzeugbaus an die Gleitlager-Entwicklung. Ber. Lil.-Ges. 170 1944 3 S.

Goloff, Alexander: Determination of operating loads and stresses in crankshafts. Proc. SESA 2(1944)2.

Herzog: Verformungs- und Spannungsverlauf in verschiedenen Kolbengruppen. ZWB UM 2122 1944 18 S.

Kamm, W. u. *K. Brode:* Deutsche und ausländische Flugmotoren. Z. VDI 88(1944) 17/18 213—228.

Kimmel, A.: Über den Ausgleich des Massenumlaufmomentes von Brennkraftmaschinen. Ing.-Arch. 14(1944)5 277—286 7 Lit.-St.

Mahlke: Triebwerksplanung. Aufstellung von Vergleichswerten, 2 Kurvenblätter. ZWB UM 1174 1944.

Mickel, Ernst u. *Paul Sommer:* Die Werkstoff-Frage beim Kolbenbolzen. MTZ 6(1944)1/2 23—29 10 Lit.-St.

Neubert: Schwingungsmessungen am Triebwerk VB 10 der AEA, Lyon. ZWB UM 1269 Juni 1944 5 S. [6.254.72].

Oldberg, S. and *C. Lipson:* Structural evolution of a crankshaft. Proc. SESA 2(1944)2.

Oschatz, H.: Geortetes Auswuchten. Z. VDI 88(1944)27/28 357—363 43 Lit.-St.

Wilson, C.: Light alloy pistons. Automob. Engr. 34(1944)446 53—58.

Bisson, Edmond E. and *Harold D. Kessler:* Tensile-strength investigation of cast-iron piston rings of various strengths. NACA ARR E 5 B 21 (WR E-86) March 1945.

Collins, John H. jr., Edmond E. Bisson and *Ralph F. Schmiedlin:* Nitrided-steel piston rings for engines of high specific power. NACA Rep. 817 1945.

(Koch, Erich): Forschungsarbeiten über Kolben. Stuttgart-Bad Cannstatt: Mahle Komm.-Ges. und Elektron-Co. Folge 9 1946.

Delafontaine, R.: Determination des moments d'inertie d'un moteur d'aviation. Publ. Sci. Minist. Air NT 25 Juillet 1947 15 p.; Index Aeron. **5**(1949)2 25.

Gilbert, E.: Betriebserfahrungen mit Kurbelwellenlagerungen aus Kunstharz-Preßstoff in Verbrennungskraftmaschinen. MTZ **8**(1947)4 58—62.

Hrones, J. A.: An analysis of the dynamic forces in a cam-driven system. Amer. Soc. Mech. Engrs. Prepr. 47-A-46 Dec. 1947 7 p.; Index Aeron. **4**(1948)4 31.

Heil, G. R.: Co-ordinating design and manufacture in aero-engine development. Machine Design (1948)Nov. 117—120; Bristol Engine Div. Techn. Abstr. **18** (1948)23 6; Index Aeron. **5**(1949)2 25.

Hussmann, A. W.: Calculation of torsional vibrations in engines. Amer. Soc. Mech. Engrs. Prepr. 48-OGP-6 1948 44 p.; Index Aeron. **4**(1948)10 18.

Kliefoth, F.: Die Verschleißfestigkeit verchromter Zylinderbüchsen im Ackerschlepper. MTZ **9**(1948)6 91—93; Index Aeron. **5**(1949)5 53.

Mahle, Ernst: Leichtmetall als Werkstoff für Kolben und Lager. Berg- u. Hüttenmänn. Mh. **93**(1948)8/11 170—177.

Mahle, Ernst: Light alloy pistons and bearings. Light Metals **11**(1948)Oct. 568—573, Nov. 598—603; Met. Rev. **22**(1949)1 53.

Mills, H. R. and *R. J. Love:* Fatigue strength of cast crankshafts. Proc. IME (Automob. Div.) (1948/49) Pt. 3 81—99; Konstruktion **3**(1951)5 160—161; Stahl u. Eisen **72**(1952)8 441.

Schofield, A. and *L. M. Wyatt:* Light alloy piston materials. Metallurgia **37**(1948) 220 187—194; Index Aeron. **4**(1948)7 20.

Augustin, J.: Richtlinien für die Konstruktion luftgekühlter Motoren. Konstruktion **1**(1949)6 161—170.

Bean, William T. jr.: Analysis of stress in aircraft engines. "Properties of Metals in Materials Engineering", Amer. Soc. for Metals 1949 100—123 13 ref.; Met. Rev. **22**(1949)7 56.

Daugherty, M. W. and *R. F. Koenig:* Service tests solve aluminum cylinder head corrosion problems. SAE Prepr. 339 1949 16 p.; Met. Rev. **22**(1949)7 30.

Klotter, Karl: Analyse der verschiedenen Verfahren zur Berechnung der Torsionseigenschwingungen von Maschinenwellen. Ing.-Arch. **17**(1949)1/2 1—61 37 Lit.-St.; Index Aeron. **5**(1949)5 51.

Laming, L.: Domaine d'utilisation des moteurs à pistons et des turbo-machines en aéronautique. Techn. et Sci. Aeron. (1949)2 109—123; Index Aeron. **5** (1949)10 48. [6.211.2].

Mall, A. W.: Chromium plated cylinders increase capacity of light weight engines. Iron Age **164**(1949)1./12. 86—90.

Mickel, Ernst: Verbesserung von Kolbenbauformen durch spannungsoptische Untersuchungen. MTZ **10**(1949)6 120—123.

Parkus, H.: Beanspruchung und Schwingungen von Pleuelstangen. Oest. Ing.-Arch. **3**(1949)3 222—235.

Young, M. H. and *A. G. Slachta:* Magnesium castings designed for aircraft engines. Amer. Foundryman **15**(1949)March 41—45; Met. Rev. **22**(1949)4 56.

— Motorzugförderung. (Techn.-wiss. Veröff. f. d. Gesamtgeb. d. Schienenfahrzeuge mit Antrieb durch Verbrennungsmot. u. Gasturb. einschließl. Kraftübertr. u. Zubehör). MTZ (1949) Beih. 1 70 S. [6.211.2], [6.252.21].

— Light-alloy pistons. Light Metals **12**(1949)May 297—300, July 393—395; Met. Rev. **22**(1949)8 52, 9 57.

Banks, F. R.: Le moteur d'aviation dans les dix années à venir. Tour d'horizon du présent et prévisions d'avenir. Techn. et Sci. Aeron. (1950)1 50—63; Index Aeron. **6**(1950)6 33. [6.211.2].

Burkhardt, A.: Spanlose Herstellung von Zylinderlaufbüchsen. Werkstatt u. Betrieb **83**(1950)3 81—88 13 Lit.-St.

De Groat, G. H.: Producing Wright aircraft engines with high-production equipment. Machinery (New York) **56**(1950)5 168—172.

Englisch, C.: Die Entwicklungsrichtungen des Werkstoffes für Graugußkolbenringe. Neue Gießerei, techn.-wiss. Beih. (1950)4 165—170; Stahl u. Eisen **71** (1951)12 637.

Färber, M.: Der Einfluß der Form auf die Spannungsverteilung in Kurbelelementen. Diss. TH Darmstadt 1950.

Kalpers, H.: Zylinderlaufbüchsen aus Schleuderguß. Werkstatt u. Betrieb **83** (1950)4 151—152.

Kuhm, M.: Entwicklung und Konstruktion von Leichtmetallkolben für Verbrennungskraftmaschinen. Konstruktion **2**(1950)1 1—6.

Mahle, Ernst: Leichtmetallzylinder. MTZ **11**(1950)4 98—102, **12**(1951)6 1 S.; Nachr.-Bl. AGM Leichtbau **2**(1953)4 4.

Parkus, H.: Zur Berechnung von Pleuelstangen. Maschinenb. u. Wärmewirtsch. **5**(1950) 152.

Wiegand, F. J. and *E. H. Olson:* Nachkriegsentwicklung der Kolbenmaschine. SAE Quart. Trans. **4**(1950)1 8—14, 23; Ref. Chem. Industrie (1950)1070 32.

— British Diesel engine catalog. Oil engines of the compression-ignition type for industrial (stationary and transportable) railway traction and marine duties, made by Member Concerns of the British Internal Combustion Engine Manufacturers' Association. London: 1950 277 p.

Balleret, A.: Entwicklungsstand von Ventilen für Flugzeug-, Kraftfahrzeug- u. Dieselmotoren. Métaux, Corrosion **26**(1951)310 256—268; Stahl u. Eisen **72** (1952)4 212.

Banks, F. R.: The aviation engine. Instn. Mech. Engrs. Prepr. Febr. 1951 15 p. 4 ref.; Index Aeron. **7**(1951)5 48. [6.211.2].

Bark, R.: Beanspruchungen und Behandlung von Pleuellagerbolzen. Maschinenschaden **24**(1951)1/2 1—6, 3/4 38—45; Stahl u. Eisen **71**(1951)14 738.

Brodie, J. P. L.: The development of the de Havilland series of engines for light aircraft. Engineer **191**(1951)4968 486—489; Index Aeron. **7**(1951)7 37—38.

Calais, René: Précisions sur les avantages des bielles en métal léger dans les moteurs d'automobiles. Rev. Aluminium **28**(1951)173 12—16; Metall **5**(1951) 21/22 501.

van Capellen, J. H.: De gelaste eenheids-Bolnes-dieselmotor. Schip en Werf **18** (1951)2 24—31.

Davis, M. E. and *F. J. Neugebauer:* Air force development of an air-cooled, supercharged, lightweight multifuel Diesel engine. Techn. Data Dig. **16**(1951) 3 15—20; Index Aeron. **7**(1951)9 61.

Everest, A. B.: Kurbelwellen aus Grauguß. Foundry Trade J. **91**(1951)1840 643—650; Stahl u. Eisen **72**(1952)4 211. [1.322.24].

Meyer-Rässler, E.: Verchromen von Leichtmetallzylindern. Metalloberfläche B **5** (1951)3 33—41; Konstruktion **3**(1951)8 257; Nachr.-Bl. AGM Leichtbau **2**(1953)5 5.

Riekert, P. u. *W. Hampp:* Verchromte Leichtmetallzylinder. Metalloberfläche A **5**(1951) 33—37; Aluminium **27**(1951)1 III.

Schmidt, F.: Gestaltung und Berechnung der Wellen. (Konstruktionsbücher Bd. 10) Berlin-Göttingen-Heidelberg: Springer 1951 IV, 70 S.

Schönning, J.: Rapid solution of torsional frequency problems. (In English and German.) Kungl. Tekn. Högsk. Avh. 75 1951 64 p. 16 ref.; Index Aeron. **8** (1952)9 22.

Schrön, Hans: Zur Analyse und Synthese der Kurbelwellen mit kleinsten Massenmomenten bei Verbrennungsmotoren. Stuttgart: Franckh 1951 24 S.

Sternberg, W.: Fahrrad-Hilfsmotoren. Z. VDI **93**(1951)13 363—370.

Wittstock, P.: Die Bedeutung des Leichtmetallkolbens für die künftige Entwicklung der Schiffsdieselmaschinen. MTZ **12**(1951)6 173—175.

v. Zeerleder, Alfred: Leichtmetallzylinder. Aluminium (Suisse) **1**(1951)3 88—92.

— Enfield air cooled marine Diesel. Yachting World **103**(1951)Dec. 580—582; Light Metals Bull. **14**(1952)1 24; AB **23**(1952)3 102.

Beecher, W.: Die castings and permanent mould castings used in motorcycles. Precision Metal Molding **10**(1952)1 32—34, 56—57; AB **23**(1952)3 101. [6.252.46].

Bücken, Curt: Anwendungsmöglichkeiten für Aluminiumguß, insbesondere im Kraftfahrzeugbau. Metall **6**(1952)5/6 123—128; Nachr.-Bl. AGM Leichtbau **1**(1952)2 7; AB **23**(1952)4 174.

Carter, B. C.: Torsional vibration in aircraft power plants — methods of calculation. Pt. 1—3. ARC R & M 2739/ARC 3519 1952 63 p. 29 ref.; Index Aeron. **9**(1953)3 38.

Corbetta, G.: Calculation of flexural vibrations in counterweighted crankshafts. Aerotecnica **32**(1952)3 127—134; Index Aeron. **8**(1952)12 63.

Hölder, E.: Über die Drehfrequenzbereiche mit instabilen periodischen Torsionsschwingungen bei Kurbelwellen. ZAMM **32**(1952)8/9 258—259.

Jungbluth, H.: Gegossene Kurbel- und Nockenwellen. Gjuteriet **42**(1952)8 123—129; Stahl u. Eisen **72**(1952)22 1379.

Meyer-Rässler, E.: Leichtmetallzylinder mit hartverchromter Lauffläche. Aluminium **28**(1952)1/2 33—36; AB **23**(1952)3 141; Nachr.-Bl. AGM Leichtbau **2**(1953)5 5.

Sullivan, G. F.: Genauguß von Ventilgehäusen und Ventilsitzen aus nichtrostenden Stählen. Iron Age **169**(1952)26 112—116; Stahl u. Eisen **72**(1952)20 1243.

Wiegand, Heinrich u. *G. Schäffeler:* Zur Erhöhung des Verschleißwiderstandes der Zylinder von Verbrennungsmotoren. Metalloberfläche **6** A(1952)9 129—133; Konstruktion **5**(1953)2 62.

— Aluminium parts cut weight in family of marine diesel engines. Product Engng. **23**(1952)12 144—145; AB **24**(1953)2 70.

— Auftragsschweißung auf Leichtmetallkolben. Rev. Aluminium **29**(1952)187 134—136; Aluminium **28**(1952)11 XII.

Boboc, R.: Über Schrumpfspannungen in den Kröpfungen gebauter Kurbelwellen. Konstruktion **5**(1953)11 368—373.

Cameron, J.: Eigenschaften und Herstellung von Ventilstählen für die Kraftfahrzeugindustrie. Drop Forging **20**(1953)91 149—154, 92 213—218; Stahl u. Eisen **73**(1953)15 999.

Dunn, J. H.: More aluminium predicted in automobiles. Mater. & Meth. **37**(1953)2 178, 181; AB **24**(1953)4 204. [6.252.41].

Everling, Otto, Müller u. *Richter:* Leichtmetallkolben. Berlin: Verl. Technik 1953 236 S.; Nachr.-Bl. AGM Leichtbau **3**(1954)8 12; Maschinenbautechnik **3**(1954)7 391.

Krekel, Paul: Leichtmetallanwendung im Motorenbau. „Aluminium im Verkehr", Düsseldorf: Aluminium-Verl. 1953 156—161.

Macioce, E.: The vibration problem in reciprocating aircraft engines. Riv. Aeron. **29**(1953)9 671—675; Index Aeron. **10**(1954)3 65.

Mahle, Ernst: Weitere Fortschritte mit verchromten Leichtmetallzylindern. MTZ **14**(1953)3 2 S.

Meier, A.: Verchromte Aluminiumzylinder in luftgekühlten Motoren. MTZ **14**(1953)3 3 S.

Neemes, J. C. jr.: Eignung von Gußeisen mit kugeligem Graphit für Ziehmatrizen und Kurbelwellen. Amer. Machinist **97**(1953)26 134—136; Stahl u. Eisen **74**(1954)4 244. [1.322.23].

Sass, F.: Stahlguß-Kurbeln für die Wellen großer Dieselmotoren. Konstruktion **5**(1953)1 1—4.

Slibar, A.: Zur Berechnung der Torsionseigenschwingungen bei Kolbenmaschinen. Maschinenb. u. Wärmewirtsch. **8**(1953)10 273—283 31 ref., 12 341—345 39 ref.; Index Aeron. **10**(1954)1 45, 3 64.

Tremolada, G. and *E. Gatton:* Special alloys for pistons. Metallurgia Ital. **45** (1953)8 289—297 7 ref.; Index Aeron. **9**(1953)12 51—52.

Barth, H.: Leichtmetall-Kolben für Großmotoren. MTZ **15**(1954)11 332—333; Nachr.-Bl. AGM Leichtbau **4**(1955)1 14.

Bogan, B. W.: Dodge finishes pistons by turning. Machinery (New York) **61** (1954)3 170—177; Nachr.-Bl. AGM Leichtbau **4**(1955)7 17.

Boumard, Bruno: Schnellbestimmung der kritischen Drehzahl von Motorwellen. Maschinenbautechnik **3**(1954)4 205—207.

Buske, Alfred: Aluminiumlager im Motorenbau. MTZ **15**(1954)11 337; Nachr.-Bl. AGM Leichtbau **4**(1955)1 14, 3 12. [1.431.3].

Haigold, Friedrich: Berechnung der Drehschwingungsbeanspruchungen von Kurbelwellen. Technik (Berlin) **9**(1954)7 414—420, 9 523—529.

Haigold, Friedrich: Berechnung der Triebwerksteile von Verbrennungsmotoren. Maschinenbautechnik **3**(1954)12 611—616.

Jardine, Frank: Basic features of good piston design. Automot. Industries **110** (1954)9 54—56, 106; AB **25**(1954)6 337—338.

Kilian, Wolfgang: Gegossene Kurbelwellen für den Fahrzeugbau. Metallurgie u. Gießereitechn. **4**(1954)9 401—406; Stahl u. Eisen **74**(1954)27 1793.

Koch, E.: Der Aluminiumkolben·im Zylinder des Fahrzeugmotors. ATZ **56**(1954) 7 173—179; Aluminium **30**(1954)8/9 333—340; Aluminium **30**(1954)10 CXCI.

Löhner, Kurt: Leichtbau bei Kolbenmotoren, insbesondere Kolbenflugmotoren. Konstruktion **6**(1954)12 452—458.

(Mahle, Ernst): Kolbenkunde. 1. Aufl. Stuttgart-Bad Cannstatt: Mahle KG 1954 107 S.; Nachr.-Bl. AGM Leichtbau **3**(1954)8 12.

Matthaes, Kurt: Die Drehschwingungsfestigkeit von Kurbelwellen. Z. VDI **96** (1954)34 1154—1156.

Müller, Paul: Das Schweißen von Kurbelwellen. Kraftfahrzeugtechnik **4**(1954)1 22—26.

Nasarow, T. N., E. G. Stepanow u. *E. D. Zypkina:* Erfahrungen im Verfestigen von Kurbelwellen durch Walzen der Hohlkehlen. Kraftfahrzeugtechnik **4** (1954)1 20—21.

Prati, A. and *F. Sacchi:* Trattamenti superficiali dei pistoni di lega leggera. (Surface treatment of light-alloy pistons.) Alluminio **23**(1954)2 139—143; AB **25**(1954)7 425.

Schelomajew, J. W.: Über die Festigkeit einer geschmiedeten Kurbelwelle in ihren verschiedenen Teilen. Maschinenbautechnik **3**(1954)8 420.

Schneider, K.: Verwendung von Aluminium in Motor und Bremse. Aluminium **30**(1954)12 521—528.

Seidel, Friedrich: Rechentafel zur Ermittlung der Durchbiegung von Wellen. Maschinenbautechnik **3**(1954)8 405—408.

— Gudgeon pin design. Some aspects of the design of one of the most severely loaded components in reciprocating type internal combustion engines. Automob. Engr. **44**(1954)June 251—255; Nickel-Ber. **12**(1954)7/8 134.

— Leichtmetall-Großkolben. Hansa **91**(1954)21/22 991—992.

— Neue Leichtmetall-Großkolben für Lokomotiv-, Schiffs- und ortsfeste Dieselmotoren. MTZ **15**(1954)11 333—334; Nachr.-Bl. AGM Leichtbau **4**(1955)1 14.

Drechsler, Albert C.: Fabrication of a welded steel crankcase for a light-weight two-cycle Diesel engine. Gen. Motors Engng. J. (1955)March/Apr. 8—15; Aeron. Engng. Rev. **14**(1955)7 122.

Gosling, A. W.: Britische Fahrzeug-Dieselmotoren für leichte Kraftwagen. ATZ **57**(1955)1 14—20; Nachr.-Bl. AGM Leichtbau **4**(1955)7 12.

Keller, H.: Leichtmetallzylinder mit verchromter Lauffläche für Verbrennungsmotoren. Technica **4**(1955)4 134—137; Nachr.-Bl. AGM Leichtbau **4**(1955)8/9 18; Aluminium **31**(1955)6 A 133.

Kessler, H.: Neue Erkenntnisse bezüglich Gestaltung mehrzylindriger Motor-blöcke aus Aluminium. Metall **9**(1955)5/6 201—204.

Löhner, Kurt: Probleme neuzeitlicher Motorenentwicklung. (Ber. Fachsitzung 1 des 5. Int. Automob. Kongr. der FISITA 1954.) ATZ **57**(1955)3 83—87; Nachr.-Bl. AGM Leichtbau **4**(1955)7 16—17.

Löhner, Kurt u. *Günter Stahl:* Berechnung einer Kurbelwellenpreßverbindung für Sternmotoren. ZFW **3**(1955)3/4 94—99.

Mahle, Ernst: Der Leichtmetallkolben und seine Bedeutung für die Aluminium-industrie. Aluminium **31**(1955)2 70—74.

Meier, A.: Aluminium als Kolbenwerkstoff. Aluminium **31**(1955)10 499—501 3 Lit.-St.

Gasturbinen 6.211.2

Bollenrath, Franz, Heinrich Cornelius u. *Walter Bungardt:* Untersuchung über die Eignung warmfester Werkstoffe für Schaufeln von Abgasturbinen. 1. Teil: Mechanische und physikalische Eigenschaften. ZWB FB 876/1 1937 61 S.

Bollenrath, Franz, Walter Bungardt, Heinrich Cornelius u. *Walter Siedenburg:* Untersuchungen über die Eignung warmfester Werkstoffe für die Schaufeln von Abgasturbinen. 2. Teilbericht. ZWB FB 876/2 1937 32 S.

Cornelius, Heinrich, Walter Bungardt u. *Franz Bollenrath:* Untersuchungen über die Eignung warmfester Werkstoffe für Schaufeln von Abgasturbinen. ZWB FB 876/3 1937 24 S.

Havers, A.: Spannungsoptische Untersuchung von Schaufelfüßen für Abgas-turbinen. ZWB UM 607 1939 21 S.

Strauß, E.: Untersuchungen zur Festigkeitsberechnung hochbeanspruchter um-laufender Scheiben. ZWB FB 1041/1 80 S., FB 1041/2 117 S. 1939.

Knörnschild: Der Temperaturverlauf im Gasturbinenläufer und sein Einfluß auf Beanspruchung und Radform. ZWB FB 1183 1940 57 S.

Kohlmann, H.: Die Entwicklung einer Hohlschaufel für Abgasturbinen bei BMW München. ZWB UM 788 Dez. 1943 46 S.

Pollmann, E.: Temperaturen und Beanspruchungen an Hohlschaufeln für Gas-turbinen. ZWB FB 1879 1943 97 S.

Kalisch: Bericht über Fliehkraft-Zugversuch an Keramik-Schaufelproben. ZWB UM 2092 1944 8 S.

Goddard, W. H.: Is there a future in gas turbines for road transport? Commercial Motor **83**(1946) 346—348.

Pickles, J.: Gas turbine — what are its possibilities for road vehicles? Commercial Motor **84**(1946) 180—183.

Shannon, J. F.: Vibration problems in gas turbines, centrifugal and axial compressors. ARC R & M 2226 1946 46 p.; Index Aeron. **4**(1948)6 48.

Freeman, J. W. a. o.: Heat-resistant alloys for use in jet propulsion engines. J. Aeron. Sci. **14**(1947)12 693—702 9 ref.; Index Aeron. **4**(1948)4 82.

Harrison, W. N., D. G. Moore and *J. C. Richmond:* Review of an investigation of ceramic coatings for metallic turbine parts and other high-temperature applications. NACA TN 1186 March 1947. [1.325.4].

Holms, A. G. and *R. D. Faldetta:* Effects of temperature distribution and elastic properties of materials on gasturbine-disk stresses. NACA Rep. 864 1947 7 p. 3 ref.; Index Aeron. **6**(1950)2 40—41.

London, A. L. and *C. K. Ferguson:* Test results of high-performance heat-exchanger surfaces used in aircraft intercoolers and their significance for gas turbine regenerator design. Amer. Soc. Mech. Engrs. Prepr. 47-A-83 Dec. 1947 16 p. 9 ref.; Index Aeron. **4**(1948)4 45.

Pfenniger, H.: Der heutige Stand der Verbrennungsturbine und ihre wirtschaft-lichen Aussichten. MTZ **8**(1947)1 1—7, 2 22—26.

Pollmann, E.: Temperatures and stresses on hollow blades for gas turbines. NACA TM 1183 Sept. 1947 75 p. 9 ref.; Index Aeron. **4**(1948)1 41.

Shepherd, D. G.: A design method for counter-flow shell-and-tube heat exchangers for gas turbines. Amer. Soc. Mech. Engrs. Prepr. 47-A-60 Dec. 1947 9 p. 3 ref.; Index Aeron. **4**(1948)3 47.

Smith, D. M.: The development of an axial flow gas turbine for jet propulsion. Proc. IME **157**(1947)36 471—482 6 ref.; Index Aeron. **5**(1949)4 33.

Zschokke, H. R. and *K. H. Nichus:* Requirements of steel for gas turbines. J. Iron & Steel Inst. **156**(1947) Pt. 2 271—283; Index Aeron. **4**(1948)1 44.

Bailey, J. W.: Service experience with turbo-jet engines. Inst. Aeron. Sci. Prepr. 139 March 1948 11 p.; Aeron. Engng. Rev. **7**(1948)6 30—36; Index Aeron. **4**(1948)12 64, **5**(1949)4 32.

Barr, R. H. H.: Gas turbines — consideration of prospects in road transport. Automob. Engr. **38**(1948) 305—310.

Bernhard, Heinz: Über die Biegeschwingungen von Turbinenschaufeln mit Hammerfuß. Technik (Berlin) **3**(1948)4 152—154.

Bobrowsky, A. R.: The applicability of ceramics and ceramals as turbine-blade materials for the newer aircraft power plants. Amer. Soc. Mech. Engrs. Prepr. Dec. 1948 20 p.; Index Aeron. **6**(1950)1 44.

Burgess, N.: An evaluation of engine design compromises. Inst. Aeron. Sci. Prepr. 140 March 1948 7 p.; Index Aeron. **4**(1948)12 64.

Colwell, A. T. and *R. E. Cummings:* 10 ways to attach blades. SAE J. **56**(1948)2 32—35; Index Aeron. **4**(1948)6 44.

Colwell, A. T. and *R. F. Cummings:* Gas-turbine blading. Aircr. Production **10**(1948)111 24—28; Index Aeron. **4**(1948)3 46.

Dunlop, A.: High-temperature alloys: Some aspects associated with their development of the gas turbine. Metal Industry **72**(1948)22 437—439, 23 457—459; Index Aeron. **4**(1948)8 36.

Fonda, L. B.: Geschmiedete Scheiben aus hitzebeständigen Legierungen für Gasturbinen. Trans. ASME **70**(1948) 1—12; Stahl u. Eisen **72**(1952)2 97.

Freeman, J. W., Howard C. Cross, E. E. Reynolds and *Ward F. Simmons:* High-temperature properties of rotor disks for gas turbines as affected by variables in processing. Proc. ASTM **48**(1948) 555—590 14 ref.; Met. Rev. **22**(1949)4 23.

Geller, R. F.: Ceramic bodies for turbojet blades. SAE Prepr. 115 1948 10 p.

Griffiths, W. T.: The problem of high temperature alloys for gas turbines. J. Roy. Aeron. Soc. **52**(1948)445 1—26 11 ref.; Index Aeron. **4**(1948)4 45.

Guins, V. G. and *G. H. Heiser:* Disk stresses. Machine Design **20**(1948)2 144—148, 188, 190; Engrs. Dig. **9**(1948)5 142—146; Index Aeron. **4**(1948)8 21.

Hadwin, R. N.: Vibration analysis in jet engines: The measurement of vibratory stresses in Goblin impellors. De Havilland Gaz. (1948)43 6—8; Index Aeron. **4**(1948)5 55.

Kestell, T. A.: The manufacture of turbine blades for the Whittle engine. Proc. IME **158**(1948)1 66—94; Index Aeron. **4**(1948)8 22; Konstruktion **1**(1949)12 373.

Lardge, H. E.: Welding in the development of jet propulsion engines. Trans. Inst. Welding **11**(1948)1 15—24.

Lardge, H. E.: The application of deep drawing and pressing to gas turbine engines. Sheet Metal Industries **25**(1948)256 1603—1608; Index Aeron. **4**(1948) 10 52; Met. Rev. **22**(1949)3 45.

Ledergerber, A. u. *J. Eggmann:* Gesichtspunkte für die Entwicklung der „Oerlikon"-Gasturbine. Schweiz. Techn. Z. **45**(1948)45 715—720, 46 729—738; Index Aeron. **5**(1949)5 58.

Leopold, W. R.: Centrifugal and thermal stresses in rotating disks. J. Appl. Mech. **15**(1948)Dec. 322—326; Met. Rev. **22**(1949)1 52.

Manson, S. S.: Stress investigations in gas-turbine disks and blades. SAE Prepr. 1948 15 p.; Met. Rev. **22**(1949)1 52.

McDowell, C. M.: Prescribed-centrifugal-stress design for rotating discs. SAE Prepr. 1948 9 p.; Met. Rev. **22**(1949)1 52.

Meldahl, A.: Temperature stresses in gas turbine rotors at starting. Brown Boveri Rev. **35**(1948)Sept./Oct. 247—252; Met. Rev. **22**(1949)4 54.

Millenson, M. B. and *S. S. Manson:* Determination of stresses in gas-turbine disks subjected to plastic flow and creep. NACA Rep. 906 1948 16 p. 6 ref.; Index Aeron. **6**(1950)7 43—44.

Morley, A. W.: Equilibrium running of the simple jet-turbine engine. J. Roy. Aeron. Soc. **52**(1948)449 305—322; Index Aeron. **4**(1948)10 45.

Niermeyer, H.: Werkstoff- und Gestaltungsprobleme bei Dampf- und Gasturbinen. Arch. Metallkde. **2**(1948)5 145—154; Glückauf **85**(1949)5/6 104; Met. Rev. **22**(1949)7 56.

Philbrick, G. A.: Turboprop problems solved in minutes. SAE J. **56**(1948)1 63—66; Index Aeron. **4**(1948)5 56.

Rogers, G. F. C.: The estimation of stresses in turbine-disc rims. Engng. **156** (1948)4275 1—4, 4276 40—43; Index Aeron. **4**(1948)3 45.

Schabtach, Carl: Mechanical investigations of gas turbine components. Amer. Soc. Mech. Engrs. Pap. 48-A-47 1948 13 p.; Met. Rev. **22**(1949)3 54.

Schwartz, F. L.: Gas turbines for automobiles. Automot. Industries **98**(1948) 30—31, 77, 80.

Sharp, F. H.: Accessory equipment in turbojet installations. Inst. Aeron. Sci. Prepr. 144 March 1948 6 p.; Index Aeron. **4**(1948)12 65.

Siegfried, W.: Creep tests and their application to gas-turbine design. Sulzer Techn. Rev. (1948)4 21—35; Index Aeron. **5**(1949)9 32. [4.21].

Smith, G. G.: Gas turbine progress. Autocar **93**(1948) 430—431, 456—459.

Towle, H. G. jr.: Design of turbo-jet exhaust systems. Inst. Aeron. Sci. Prepr. 143 1948 6 p.; Index Aeron. **4**(1948)11 43.

Woodward, William H. and *A. R. Bobrowsky:* Preliminary investigation of a ceramic lining for a combustion chamber for gas-turbine use. NACA RM E 7 H 20 Apr. 1948. [1.325.4].

— Ceramics may serve in turbines and jets for turbine blades. SAE J. **56**(1948) 6 46—49; Index Aeron. **4**(1948)11 40.

— Road transport gas turbines: Centrax 160 h. p. gas turbine: Rover 100 h. p. gas turbine. Oil Engine & Gas Turbine (1948)May 28—29, 31; Index Aeron. **4**(1948)12 65.

— Sulzer high-pressure design gas turbine. Oil Engine & Gas Turbine **16**(1948) 185 172—175; Index Aeron. **5**(1949)6 50.

Adderley, J. W.: German gas turbine developments during the period 1939—1945. (B.I.O.S. Overall Rep. No. 12) London: 1949 46 p.

Ainley, D. G.: An approximate method for the estimation of the design point efficiency of axial flow turbines. ARC Current Pap. 30 Aug. 1949 16 p.; Index Aeron. **7**(1951)7 42.

Barr, R. H. H.: Gas turbines for road vehicles. Product Engng. **20**(1949)3 81—85; Index Aeron. **5**(1949)7 45.

Bonnafe, Oliver W.: "Unmachinable" turbo-jet parts broached. Amer. Machinist **93**(1949)24./2. 77—80; Met. Rev. **22**(1949)4 48.

Colwell, A. T. a. o.: Blade design and production. "Optimum engine producibility (gas turbine and piston)" SAE Prepr. 379 1949; Index Aeron. **6**(1950) 2 36.

DeGroat, George H.: Sheet-metal components for turbo-jet engines require exact manufacturing methods. Machinery (New York) **55**(1949)July 152—159; Met. Rev. **22**(1949)9 52.

DeRemer, J. E.: Sand and dust erosion in aircraft gas turbines. SAE Prepr. 374 1949 13 p. 8 ref.; Index Aeron. **6**(1950)2 38.

Destival, P.: French turbo-propeller and turbo-reaction engines. J. Roy. Aeron. Soc. **53**(1949)458 111—136; Index Aeron. **5**(1949)5 59.

Edwards, G. R.: Turbine-engined transport aircraft. Aircr. Engng. **21**(1949)249 338—346; Index Aeron. **6**(1950)1 57.

Edwards, J. L.: Goblin and Ghost jet propulsion engines. J. Instn. Production Engrs. **28**(1949)4 149—179; Index Aeron. **5**(1949)8 40.

Fiock, E. F.: Bibliography of books and published reports on gas turbines, jet propulsion, and rocket power plants. Nat. Bur. Stand. Circ. 482 Sept. 1949 49 p.; Index Aeron. **7**(1951)8 47.

Flügel, G.: Über Gestaltung und Systematik neuerer Schaufelprofile für Dampf- und Gasturbinen. Forsch. Ing.-Wes. **16**(1949/50)5 125—132; Z. VDI **93**(1951)27 872—873; Index Aeron. **8**(1952)2 57.

Laming, L.: Domaine d'utilisation des moteurs à pistons et des turbo-machines en aéronautique. Techn. et Sci. Aéron. (1949)2 109—123; Index Aeron. **5** (1949)10 48. [6.211.1].

Lardge, H. E.: Resistance welding of jet engines. Welding J. **28**(1949)March 249—254; Met. Rev. **22**(1949)4 53.

Legendre, R.: Problèmes relatifs aux turbomachines axiales. Ass. Techn. Marit. Aéron. Prepr. 1949 18 p.; Index Aeron. **7**(1951)6 54.

Lighthill, M. J. and F. J. Bradshaw: Thermal stresses in turbine blades. Phil. Mag. Ser. 7 **40**(1949)306 770—780; Met. Rev. **22**(1949)9 56; Index Aeron. **5** (1949)10 52.

Manson, S. S.: Stress investigations in gas turbine discs and blades. SAE Quart. Trans. **3**(1949)Apr. 229—239; Met. Rev. **22**(1949)6 53.

Meier-Tondury, E. J.: Neuere Fabrikationsmethoden und Befestigungsarten von Gasturbinenschaufeln. Schweiz. Arch. **15**(1949)März 65—75; Met. Rev. **22** (1949)7 50.

Miller, R.: Problems relating to the production of experimental gas turbine components. J. Instn. Production Engrs. **28**(1949)4 181—210; Index Aeron. **5**(1949)8 40.

Perry, H. W.: An American gas turbine of low power. Aircr. Engng. **21**(1949) 246 242—243; Index Aeron. **5**(1949)10 51.

Reniger, V.: Erhöhung der Dauerstandfestigkeit von Stählen für Gasturbinen. Rev. Gén. Mécan. **33**(1949)9 363—374, 10 411—418; Stahl u. Eisen **72**(1952) 14 852. [1.322.122].

Rogers, G. F. C.: Stresses in turbine rotors of disc construction. Engng. **167**(1949) 11./2. 121—122; Met. Rev. **22**(1949)4 54.

Silsbee, Nathaniel F.: Magnesium for jets. Aero Dig. **58**(1949)June 46—47; Met. Rev. **22**(1949)7 56.

Sutherland, R. L.: Bending vibration of a rotating blade vibrating in the plane of rotation. J. Appl. Mech. **16**(1949)4 389—394 5 ref.; Index Aeron. **6**(1950)3 31.

Wells, R. L.: Aircraft gas turbines: A review of the considerations which govern mechanical design. J. Amer. Soc. Naval Engrs. **61**(1949)4 785—797; Index Aeron. **6**(1950)5 35.

Welsh, R. J.: Gas turbines for industrial power. Gas & Oil Power (Ann. Techn. Rev. No.) (1949) 323—328; Index Aeron. **6**(1950)3 63.

Wood, H. J. and F. Dallenbach: Auxiliary gas turbines for pneumatic power in aircraft applications. SAE Prepr. 381 1949 24 p.; Index Aeron. **6**(1950)2 39.

Young, M. H.: Designing for gas turbine materials. Aviation Week **50**(1949) 21./3. 20—22, 24—25; Aeron. Engng. Rev. **8**(1949)May 39—40; Met. Rev. **22** (1949)5 55, 7 56.

— Magnesium in the Mamba, Double Mamba and Python. Light Metals **12**(1949) May 290—295; Met. Rev. **22**(1949)7 56.

— Motorzugförderung. (Techn.-wiss. Veröff. f. d. Gesamtgeb. d. Schienenfahrzeuge mit Antrieb durch Verbrennungsmot. u. Gasturb. einschließl. Kraftübertr. u. Zubehör.) MTZ (1949) Beih. 1 70 S. [6.211.1], [6.252.21].

— Turbine-blade production. Aircr. Production 11(1949)133 362—369; Index Aeron. 6(1950)2 40.

Ault, G. M. and *G. D. Deutsch:* Review of NACA Research on materials for gas turbine blades. SAE Quart. Trans. 4(1950)3 398—409 19 ref.; Index Aeron. 6(1950)12 44.

Banks, F. R.: Le moteur d'aviation dans les dix années à venir. Tour d'horizon du présent et prévisions d'avenir. Techn. & Sci. Aéron. (1950)1 50—63; Index Aeron. 6(1950)6 33. [6.211.1].

Burgess, N. and *J. C. Buechel:* Recent design refinements in turbojet engines. (2nd Int. Aeron. Conf., New York 1949) Proc. Inst. Aeron. Sci. & Roy. Aeron. Soc. May 1950 78—88; Index Aeron. 6(1950)8 50.

Cradwell, C. F.: Asymmetrical bending of tapered disks. Aircr. Engng. 22(1950) 257 209—212 3 ref.; Index Aeron. 6(1950)9 42.

Dorey, R. N.: Dart turboprop design accents long-life features. SAE J. 58(1950) 11 60—65; Index Aeron. 7(1951)3 50.

Duckworth, W. H. and *I. E. Campbell:* The outlook for ceramics in gas turbines. Mech. Engng. 72(1950)2 120—130, 144; Konstruktion 2(1950)5 154—155. [1.326].

Geiger, J.: Der Einfluß der Verwindung auf die Eigenschwingungszahlen und die Schwingungsrichtung von Dampf- und Gasturbinen-Schaufeln. Schweiz. Bauztg. 68(1950)3 17—21, 4 38—41 3 Lit.-St.; Engrs. Dig. 11(1950)4 115—118; Index Aeron. 8(1952)1 47.

Johnson, R. B.: Zusammenarbeit von Konstrukteur und Werkstoffachmann bei der Entwicklung von Strahltrieben. Iron Age 166(1950)6 73—78; Stahl u. Eisen 71(1951)4 209.

Keller, W. C.: Propeller turbines in transport aircraft. Aeron. Engng. Rev. 9(1950)8 14—17, 35; Index Aeron. 6(1950)12 63.

Kohlmann, H.: The development of a hollow blade for exhaust gas turbines. NACA TM 1289 Dec. 1950 51 p.; Index Aeron. 7(1951)5 53.

de Koning, T.: Lightweight turbine generator rotors. Electrical Engng. 69(1950) Aug. 694; AB 22(1951)2 105.

Leedham, L. H.: Some problems in the manufacture of experimental gas turbine. Proc. IME 163(1950)61 281—293; Index Aeron. 7(1951)8 45.

Leist, K.: Ausführungsformen von Gasturbinen. I. Ortsfeste Anlagen. II. Ortsbewegliche Anlagen. Z. VDI 92(1950)18 429—436, 23 644—650; Index Aeron. 7(1951)1 46.

Manson, S. S.: Direct method of design and stress analysis of rotating disks with temperature gradient. NACA Rep. 952 1950 14 p.; Index Aeron. 7(1951) 2 23.

McMullen, J. J.: Wahl und Entwurf einer Gasturbine und Untersuchung ihrer Eignung zum Antrieb eines Frachtschiffes. Diss. 1982 ETH Zürich 1950 109 S. 25 Lit.-St.; Index Aeron. 7(1951)11 99.

Mochel, N. L.: Metals for gas turbines. Gas & Oil Power (Ann. Techn. Rev. No.) (1950) 282—283; Index Aeron. 7(1951)3 51.

Nutt, D. A.: Experimental determination of the natural modes of vibration of gas-turbine blades. Engng. 170(1950)4423 323; Konstruktion 3(1951)11 355—356.

Rohsenow, W. M. a. o.: Optimum design of gas turbine regenerators. Amer. Soc. Mech. Engrs. Prepr. 50-A-103 Nov./Dec. 1950 24 p. 5 ref.; Index Aeron. 7(1951)7 43.

Saunders, O. A.: Gas turbines for aircraft. Engng. 170(1950)4419 293—295; Index Aeron. 6(1950)12 43.

Scott, Howard: 10 Jahre Entwicklung an Werkstoffen für Gasturbinen. Metal Progr. **58**(1950)4 503—511; Stahl u. Eisen **71**(1951)12 637. [1.322.121].

Siegfried, W.: Die Rolle der Werkstoffe in der neueren Entwicklung der kalorischen Maschinen. Schweiz. Bauztg. **68**(1950)43 591—594, 44 606—608; Index Aeron. **7**(1951)6 53.

Stern, G. and *J. A. Gerzina:* Making jet engine compressor blades by powder metallurgy. Iron Age **165**(1950)8 74—77; Index Aeron. **6**(1950)5 36.

Turunen, W. A.: Gas turbines in automobiles. SAE Quart. Trans. **4**(1950)Jan./March 102—115.

— Blade production for aircraft propeller-turbine units. Machinery (London) (1950)12./1. 39—48.

— Gas turbine progress at Pametrada. Gas & Oil Power **45**(1950)539 193—197; Index Aeron. **6**(1950)11 48.

— The life of a turbo-prop. Flight **57**(1950)2158 542—545, 2159 590—591; Index Aeron. **6**(1950)7 42.

— Machining aircraft turbine blades. Machinery (New York) **56**(1950)11 155—160.

— Marine unit designed for long life. Oil Engine & Gas Turbine **18**(1950)207 102—105; Index Aeron. **6**(1950)9 55.

— The outlook for ceramics in gas turbines. J. Amer. Soc. Naval Engrs. **62**(1950)3 690—697; Index Aeron. **7**(1951)2 22.

— Ultrasonic testing of gas turbine discs. Metal Progr. **57**(1950)4 468—473; Index Aeron. **7**(1951)1 48.

Allen, A. H.: Entwicklung von Werkstoffen für Gasturbinenschaufeln. Steel **129** (1951)9 72—75, 101; Stahl u. Eisen **72**(1952)6 324.

Aronson, D.: Review of optimum design of gas turbine regenerators. Amer. Soc. Mech. Engrs. Prepr. 51-A-107 Nov. 1951 18 p. 10 ref.; Index Aeron. **8**(1952)2 55.

Baljo, O. E.: A contribution to the problem of designing radial turbo machines. Amer. Soc. Mech. Engrs. Prepr. 51-F-12 Sept. 1951 21 p. 17 ref.; Index Aeron. **7**(1951)12 65.

Bammert, K.: Beitrag zur Bemessung von Gleichdruck-Brennkammern. Forsch. Ing.-Wes. **17**(1951)2 40—44.

Banks, F. R.: The aviation engine. Instn. Mech. Engrs. Prepr. Febr. 1951 15 p. 4 ref.; Index Aeron. **7**(1951)5 48. [6.211.1].

Close, Gilbert C.: New ceramic coatings for jet engine parts. Finish **8**(1951)Oct. 27—29, 90—91; Met. Rev. **24**(1951)11 36. [1.325.4].

Fiock, E. F. and *C. Halpern:* Bibliography of books and published reports on gas turbines, jet propulsion, and rocket power plants. Nat. Bur. Stand. Circ. 509 June 1951 64 p.; Index Aeron. **7**(1951)11 97.

Hagg, A. C., B. Cametti and *G. O. Sankey:* A high-speed, high-temperature precision testing machine for gas turbine disk research. Proc. SESA **8**(1951)2 17—28; AMR **5**(1952)2 67—68; Stahl u. Eisen **72**(1952)14 853.

Leedham, L. H.: Experimental gas-turbines. Aircr. Production **13**(1951)147 27—31; Index Aeron. **7**(1951)8 46.

Morlet, E.: Hochdauerstandfeste Stähle für Gasturbinen und Flugzeugtriebwerke. Métallurgie & Constr. Mécan. **83**(1951)11 915, 917—919, 921, 923; Stahl u. Eisen **72**(1952)18 1111. [1.322.122].

Neuschäfer, W.: Brenngasturbinen für Kraftfahrzeuge. Z. VDI **93**(1951)14 400—403 10 Lit.-St.

von der Nuell, W. T.: Single-stage radial turbines for gaseous substances with high rotative and low specific speed. Amer. Soc. Mech. Engrs. Prepr. 51-F-16 Sept. 1951 16 p. 24 ref.; Index Aeron. **8**(1952)1 48.

Peterson, R. R. and *P. G. Carlson:* Design features of a 250 kw gas turbine engine for driving shipboard emergency generator. Amer. Soc. Mech. Engrs. Prepr. 51-A-105 Nov. 1951 14 p.; Index Aeron. **8**(1952)3 52.

Phillips, E. M.: Lubrication-bearing problems in aircraft gas turbines. Amer. Soc. Mech. Engrs. Prepr. 51-A-58 Nov. 1951 6 p. 4 ref.; Index Aeron. **8**(1952) 2 55.

Puffer, S. R.: Aircraft turbosupercharger bearings — their history, design and application technique. Amer. Soc. Mech. Engrs. Prepr. 51-SA-12 June 1951 8 p.; Index Aeron. **7**(1951)11 96.

Reeman, J. and *G. A. Luck:* Turbine blade and wheel vibration. GEC J. **18**(1951) 4 179—193 7 ref.; Index Aeron. **8**(1952)4 30.

Robertson, J. M.: Welding in relation to gas turbines for the use on land. Trans. Inst. Welding **14**(1951)3 68—73.

Skidmore, Wallace E.: Bursting tests of rotating discs typical of small gas turbine design. Proc. SESA **8**(1951)2 29—48; Index Aeron. **7**(1951)12 68; Stahl u. Eisen **72**(1952)14 854.

— Centrifugal castings for aircraft engines. Metal Progr. **60**(1951)Sept. 116, 118, 122; Met. Rev. **24**(1951)11 27.

— Gas-turbine materials. Metal Progr. **60**(1951)Sept. 124, 126, 128, 129.

— Gas turbine power plant bibliography: Pt. 9. Ministry of Supply, (N.G.T.E. Publ.) Jan./June 1951 15 p.; Index Aeron. **8**(1952)1 3.

Bardgett, W. E. u. *G. R. Bolsover:* Sonderstähle für Gasturbinen. "Symposium on high-temperature steels and alloys for gas turbines", London: Iron Steel Inst. Spec. Rep. 43 1952 135—148, 306—330; Stahl u. Eisen **72**(1952)26 1685.

Bentele, M. and *C. S. Lowthian:* Thermal shock tests on gas turbine materials. Aircr. Engng. **24**(1952)276 32—38; Index Aeron. **8**(1952)4 77.

Bucher, J. B.: Bedeutung hochwarmfester Werkstoffe für die Entwicklung von Gasturbinen. "Symposium on high-temperature steels and alloys for gas turbines", London: Iron Steel Inst. Spec. Rep. 43 1952 17—23; Stahl u. Eisen **72**(1952)26 1685.

Buckle, K. L.: High-temperature alloys in relation to gas-turbine design. Proc. IME **166** A(1952)1 123—130; Index Aeron. **8**(1952)9 48.

Burton, H. H., J. E. Russell u. *D. V. Walker:* Ferritische Stähle für Gasturbinen. "Symposium on high-temperature steels and alloys for gas turbines", London: Iron Steel Inst. Spec. Rep. 43 1952 125—134; Stahl u. Eisen **73**(1953)2 121.

Buswell, R. W. A., W. R. Pitkin u. *J. Jenkins:* Gesinterte Legierungen für den Gasturbinenbau. "Symposium on high-temperature steels and alloys for gas turbines", London: Iron Steel Inst. Spec. Rep. 43 1952 258—268; Stahl u. Eisen **73**(1953)2 119. [1.323.3].

Carruthers, T. G. u. *A. L. Roberts:* Keramische Stoffe für Gasturbinenschaufeln. "Symposium on high-temperature steels and alloys for gas turbines", London: Iron Steel Inst. Spec. Rep. 43 1952 268—273; Stahl u. Eisen **73**(1953)2 119.

Chaplin, R.: The natural frequencies of vibration of prismatic blades with particular reference to a 12-stage turbine. ARC Current Pap. 95 1952 25 p. 5 ref.; Index Aeron. **9**(1953)4 60.

Drew, D. A.: Turbine stresses in aircraft engines. Shell Aviation News (1952) 163 15—20; Index Aeron. **8**(1952)4 49.

Fletcher, A. Holmes: The marine gas turbine from the viewpoint of an aeronautical engineer. Inst. Mech. Engrs. Prepr. Jan. 1952 10 p. 8 ref.; Proc. IME **166**(1952)2 237—259; Index Aeron. **8**(1952)4 49; Stahl u. Eisen **72**(1952) 22 1275.

Holland, F. G. Code: The use of ceramic coatings in gas turbine combustion chambers. "Ceramics and glass", Sel. Govmt. Res. Rep. 10 1952.

Johnson, D. C.: Free vibration of a rotating elastic body. Aircr. Engng. **24**(1952) 282 234—236 4 ref.; Index Aeron. **8**(1952)10 35.

Kirkby, H. W.: Production and properties of discs for aircraft gas turbine engines. Metal Treatm. & Drop Forging **19**(1952)76 3—11; Index Aeron. **8** (1952)6 55; Stahl u. Eisen **72**(1952)6 324.

Kirkby, H. W.: Production of discs for gas turbine engines. Metal Treatm. & Drop Forging **19**(1952)77 61—66; Stahl u. Eisen **72**(1952)14 852.

Lardge, H. E.: Schweißen von Feinblechen aus hochdauerstandfesten Legierungen für Strahltriebe. "Symposium on high-temperature steels and alloys for gas turbines", London: Iron Steel Inst. Spec. Rep. 43 1952 217—224; Stahl u. Eisen **73**(1953)9 598. [2.511.2].

Leist, Karl: Grundzüge der Gasturbinentechnik. Glückauf **88**(1952)33/34 820—826; Stahl u. Eisen **72**(1952)22 1375.

Maillet, E.: Development requirements for compressors and turbines. Ass. Techn. Marit. Aeron. Prepr. 1952 26 p.; Index Aeron. **8**(1952)9 50.

Oppitz, Alfred: Die Verwertung der Gasturbine im Schiffsbetrieb. Schrifttumsauswertung über Ausführungen, Probleme, Betriebserfahrungen und Ergebnisse. Schiff u. Hafen **4**(1952)8 286—292, 9 357—360; Stahl u. Eisen **72**(1952) 24 1553.

Rosenberg, A. J.: Welding characteristics of materials (Inconel W and titanium alloys) for aircraft gas turbines. Welding J. **31**(1952)5 407—413. [2.511.3].

Rotherham, L., W. Watt, J. P. Roberts u. *F. J. Bradshaw:* Keramische Stoffe für Gasturbinen. "Symposium on high-temperature steels and alloys for gas turbines", London: Iron Steel Inst. Spec. Rep. 43 1952 273—280; Stahl u. Eisen **73**(1953)2 119.

Thielemann, R. H., J. C. Mertz and *W. P. Eddy:* Trends in gas turbine engine materials. SAE Prepr. 701 Jan. 1952 13 p. 10 ref.; SAE J. **60**(1952)4 58—63; Index Aeron. **8**(1952)8 57; AB **23**(1952)5 277.

Wosika, L. R.: Radial flow compressors and turbines for the simple small gas turbine. Amer. Soc. Mech. Engrs. Prepr. 52-S-13 March 1952 22 p. 19 ref.; Index Aeron. **8**(1952)6 56.

— In the service of private flying and light aircraft: The "pocket" reaction turbines developed in France. Aero-Rev. **27**(1952)2 62—65; Index Aeron. **8**(1952)8 59.

— Vibration problems of the gas turbine. Gas & Oil Power **47**(1952)561 139—141; Index Aeron. **8**(1952)8 61.

— Welding turbine shafts and wheels for jet-propulsion units. Machinery (London) **81**(1952)2089 1119—1122; Index Aeron. **9**(1953)2 45.

Alford, J. S.: Concepts of efficiency of weight and useful load relations in disc wheels of aircraft gas turbines. Amer. Soc. Mech. Engrs. Prepr. 53-SA-72 1953 22 p.; Index Aeron. **9**(1953)11 48.

Clark, C. C.: Panel answers questions on manufacturing turbine engine blading. SAE J. **61**(1953)9 77—80; Index Aeron. **9**(1953)12 58.

Daughady, H. and *J. Kline:* An approach to the determination of higher harmonic rotor blade stresses. Cornell Aeron. Lab. Rep. CAL-52 1953 37 p. 11 ref.; Index Aeron. **9**(1953)12 54.

Everhart, J. L.: Which metal form for jet engine blades. Mater. & Meth. **37**(1953) 2 92—96; Index Aeron. **9**(1953)6 56.

Frederick, S. H. and *T. F. Eden:* Corrosion aspects of the vanadium problem in gas turbines. Instn. Mech. Engrs. Prepr. June 1953 10 p. 8 ref.; Index Aeron. **10**(1954)3 66—67.

Gray, Allen G.: Einige Legierungen für Gasturbinenschaufeln. Steel **133**(1953)26 68—70; Stahl u. Eisen **74**(1954)8 495.

Hafer, A. A.: Gas turbine progress report: Materials, cooling and fuels. Trans. ASME **75**(1953)2 127—136 97 ref.; Index Aeron. **9**(1953)9 62.

Hausenblas, H.: Die Gasturbine im Kraftwagen. Konstruktion **5**(1953)5 158—163.

Heath, R. V.: Complex aluminium part successfully shell moulded. Iron Age **172**(1953)4 124—128; AB **24**(1953)8 497.

Hubbell, W. G.: Jet metals. Aeron. Engng. Rev. **12**(1953)9 31—36; Index Aeron. **10**(1954)2 84.

Jaumotte, A. L.: Low power gas turbines. Soc. Roy. Belge Ingrs. Industries (1953) 4 180—196 7 ref.; Index Aeron. **9**(1953)11 47—48.

Long, J. V.: Ceramic coated low alloys for jet engine hot parts. Amer. Soc. Mech. Engrs. Prepr. 53-S-35 Apr. 1953 15 p.; Index Aeron. **10**(1954)3 101. [1.325.4].

Long, J. V.: Verwendung von Stahl mit keramischem Überzug für heißgehende Teile von Gasturbinen. Iron Steel **26**(1953)9 382—386; Stahl u. Eisen **73**(1953) 21 1371—1372.

Naef, W.: Investigation of the effect of centrifugal force on the frequency of vibration of turbine blades. (In English.) Bull. Oerlikon (Bern) (1953)295 82—84; Index Aeron. **10**(1954)5 68.

Rous, W. C. jr.: Selecting ceramic coatings for jet engine parts. Mater. & Meth. **38**(1953)6 117—119; Index Aeron. **10**(1954)3 101; Stahl u. Eisen **74**(1954)6 366. [1.325.4].

Slosson, W. L.: Metallurgical aspects of the development of small gas turbines. J. Metals **5**(1953)11 1419—1436; AB **24**(1953)12 761; Stahl u. Eisen **74**(1954) 4 245.

Stone, I.: Making jet buckets and blades better. Aviation Week **59**(1953)2 29—35; Index Aeron. **9**(1953)10 65.

Weaver, C. W.: Kriechversuche zur Abnahmeprüfung von Nimonic-Legierungen für Gasturbinen. J. Inst. Metals **81**(1953)6 168—172; Stahl u. Eisen **73**(1953) 9 601.

Wiegand, H.: Werkstoffe und Werkstoffanforderungen im Gasturbinenbau unter besonderer Berücksichtigung der Strahltriebwerke. Konstruktion **5**(1953) 7 215—225.

Wilson, John R.: Zunderschutz von Titankarbid-Hartmetall. Bull. Amer. Ceram. Soc. **32**(1953)11 375—376; Stahl u. Eisen **74**(1954)4 242.

— Aluminium-gas turbine engine being developed. Light Metal Age **11**(1953) 1/2 10—11; AB **24**(1953)3 132.

— Boeing's Mighty Midget. Modern Metals **9**(1953)8 44, 46; AB **24**(1953)11 675.

— A hand-started 60 b. h. p. engine of British make. Oil Engine & Gas Turbine **21**(1953)243 194—196; Index Aeron. **9**(1953)12 56.

— Machining operations on aircraft gas turbine parts. Machinery (London) **82**(1953)2096 102—108; Index Aeron. **9**(1953)4 59.

— Machining operations on parts for small gas turbines. Machinery (London) **83**(1953)2144 1194—1196; Index Aeron. **10**(1954)3 78.

— Metal finishing for aircraft engines. Canadian Metals **16**(1953)6 48—50; AB **24**(1953)7 450.

Bartle, E. W.: Some typical machining operations on gas turbine components. Machinery (London) **84**(1954)2150 219—227; Index Aeron. **10**(1954)4 72.

Brown, T. W. F.: Hochtemperatur-Turbinen für Schiffsantriebe. Chartered Mech. Engr. **1**(1954)4 162—203; Stahl u. Eisen **74**(1954)12 796.

Hill, Henry C.: Prospects for small industrial gas turbines. Automot. Industries (1954)15./7. 46; Aeron. Engng. Rev. **13**(1954)10 126.

Leist, Karl: Kleingasturbinen, insbesondere zum Fahrzeugantrieb. (Forsch. Ber. Wirtsch. u. Verkehrs-Ministerium Nordrhein-Westfalen Nr. 71) Köln-Opladen: Westdeutscher Verl. 1954 104 S.

Oehmichen, Manfred: Gasturbinen. II. Werkstoffe. Technik (Berlin) **9**(1954)9 509—516, 522.

Raring, L. M.: Forging of aircraft gas turbine blades. Steel Processing (1954) Aug. 487.

Robertson, J. M.: Werkstoffe für Dampfkraftanlagen und Gasturbinen hoher Betriebstemperaturen. Iron Coal Trades Rev. **168**(1954)4476 201—207; Stahl u. Eisen **74**(1954)19 1244.

Robertson, J. M.: Metallurgical aspects of high temperature steam and gas turbine plants. Trans. N. E. Coast Instn. Engrs. & Shipbuilders **70**(1954) Pt. 4/5 Febr. 217—252, D 93—D 102; Index Aeron. **10**(1954)6 64.

Snyder, F. L. Ver: Entwicklung von Stählen für den Gasturbinenbau. Iron Steel Engr. **32**(1954)5 115—123; Stahl u. Eisen **74**(1954)23 1556.

Stephenson, W. B. jr.: Finishing metal surfaces for aircraft gas turbines. Products Finishing **18**(1954)11 24—29; AB **25**(1954)9 620.

Stone, I.: Glass-plastic blade passes 100 hr. test. Aviation Week **60**(1954)14 43—46; Index Aeron. **10**(1954)6 67.

Sutton, H.: Materials for gas turbines. Production Exhibition & Conf., Inst. Production Engrs. July 1954 7 p.; Metallurgia **50**(1954)299 131—134; Index Aeron. **10**(1954)11 81; Nickel-Ber. **12**(1954)9 161.

— Extruded rings for gas turbines. Aeroplane **86**(1954)2228 401—403; Index Aeron. **10**(1954)6 65—66.

— Lightweight portable gas turbine. Engng. (1954)16./4. 507—509.

— Precision forging stainless-steel compressor blades for gas-turbines. Machinery (London) **85**(1954)27./8. 419—429; Nickel-Ber. **12**(1954)10 193.

Rainbow, H. S.: The design of small jet engines. J. Roy. Aeron. Soc. **59**(1955)532 249—258.

Triebnigg, H.: Die konstruktive Entwicklung der Turbo- und Strahlantriebe im Flugzeugbau. Konstruktion **7**(1955)1 1—6.

Pumpen und Verdichter   6.212

Gilbert, E.: Drehschwingungsuntersuchung eines Laders. ZWB FB 379 1935 15 S.

Schmidt, W.: Schraubenräder für Axialgebläse in Leichtholz-Bauweise. Z. VDI **82**(1938)51 1464—1465.

Steinecke, H.: Werkstoffeinsparung und -umstellung im Kreiselpumpenbau. Arch. Wärmewirtsch. **22**(1941)6 121—123.

Schilhansl, M.: Ermittlung der niedrigsten Biegeeigenfrequenz von Gebläse-schaufeln. Mitt. Dtsch. Akad. Luftf.-Forsch. Nr. 1 1942 63—95.

Greif, R.: Schwingungsuntersuchungen an Laderlaufrädern. ZWB UM 7201 1944 16 S.

Pfleiderer, C.: Einige Regeln für die Ausbildung von Ladern großer Förderhöhen. ZWB FB 1981 1944 28 S.

Müller, K. J.: Die Festigkeit rein radial beschaufelter Kreiselverdichter-Laufräder. Oest. Ing.-Arch. **2**(1948)2 138—152.

Stewart, William C. and *H. C. Ellinghausen:* Comparison of high temperature alloys tested as blades in a Type B turbo-supercharger. Amer. Soc. Mech. Engrs. Pap. 48-A-96 1948 16 p. 16 ref.; Met. Rev. **22**(1949)3 35.

Meller, A. G.: Synthèse sur la détermination des fréquences et des formes propres de vibrations des aubes de compresseur. Rech Aéron. (1951)22 55—66 15 réf.; Index Aeron. **7**(1951)11 103.

Schmitz, Werner: Geschweißte Gebläse aus Hart-PVC. Kunststoffe **42**(1952)11 P 95—P 96.

Meller, M. G.: Étude préliminaire sur le flutter des aubes de compresseurs. ONERA NT 18 1953 33 p. 14 ref.; Aircr. Engng. **26**(1954)302 131; Index Aeron. **10**(1954)6 69.

Freier, W.: Säurekreiselpumpen aus plastischen, keramischen und metallischen Werkstoffen. Maschinenbautechnik **3**(1954)9 443—450 17 Lit.-St.

Tuliszka, E.: Festigkeitsprüfungen der Befestigung von Laufschaufeln bei axialen Turbokompressoren. Maschinenbautechnik **3**(1954)7 361—368.

Wirz, P.: Alumanbleche für den Bau von Ventilatoren und Lüftungsanlagen. Aluminium (Suisse) **4**(1954)3 102—103.

Schnittger, Jan R.: The stress problem of vibrating compressor blades. J. Appl. Mech. (1955)March 57—64 10 ref.

Wunderlich, F.: Über Bruchgefahr von elektrischen Freileitungsseilen. Schr. Hess. Hochsch. (1932)4 59—63.

Schanz, August: Magnesiumlegierungen für Gehäuseteile von Elektromaschinen. Z. VDI **81**(1937)46 1329—1330.

Emmerich, E. u. *K. Buss:* Über den Einsatz von Aluminium als Werkstoff für Kabelmäntel. Elektrotechn. Z. **61**(1940)49 1126—1131 5 Lit.-St.; Techn. Z.-Schau **26**(1941)2 37.

Müller-Hillebrand, D.: Aluminium als Leiter in Schaltgeräten. Elektrotechn. Z. **61**(1940)49 1117—1122; Techn. Z.-Schau **26**(1941)2 38.

Holst, J. C.: Aluminium-Freileitungen. (norw.) Elektrotekn. T. (Oslo) **54**(1941) 10 118—125; Techn. Z.-Schau **26**(1941)16 282.

Kaal, W.: Über den Einsatz von Leichtmetallen bei elektrischen Leitungen in Fahrzeugen des modernen Verkehrs. Metallwirtsch. **20**(1941)29 732—733; Techn. Z.-Schau **26**(1941)22 373.

Müller, P.: Aluminium in der Kabelfabrikation. Bull. Schweiz. Elektrotechn. Ver. **32**(1941)24 664—668; Werft-Reederei-Hafen **24**(1943)6 98.

Preiswerk, M.: Aluminium in der Elektroindustrie. Schweiz. techn. Z. (1941)18 229—236 2 Lit.-St.; Techn. Z.-Schau **26**(1941)20 334.

Somdal, J. A.: Aluminiumleitungen· im Seeklima. (norw.) Elektrotekn. T. (Oslo) **54**(1941)18 236—237; Techn. Z.-Schau **26**(1941)20 344.

v. Zwehl, W.: Verbindungsverfahren für Aluminium-Kabel. Aluminium **23**(1941) 1 41—46.

— Aluminium in Freileitungen, insbesondere für den Ortsnetzbau. Bull. Schweiz. Elektrotechn. Ver. **32**(1941)5 83—85; Techn. Z.-Schau **26**(1941)20 344.

— Junctions in aluminium cable. Light Metals **5**(1942) 388—395.

Brajnikoff, B. J.: Aluminium and magnesium in the electrical industries. Light Metals **6**(1943) 425—434, 568—570, 621—622, **7**(1944) 221—223, 300—308, **8**(1945) 16—24, 136—144, 205—211, 278—287, 384—401, **9**(1946) 51—56, 163—166.

Lange u. *Fink:* Über die Möglichkeiten der Werkstoffersparnis beim Bau von Zyklotron-Magneten. ZWB FB 1788 1943 33 S.; ZWB TB **10**(1943)9 300.

— Light alloys in metal rectifiers, photocells and electrolytic condensers. Light Metals **7**(1944) 162—172, 276—298, 437—458, 505—512, 525—529, 565—566, **8**(1945) 25—41, 87—100, 193—202, 246—254, 292—304, 348—359, 409—414, 459—462, 479—491, 559—576, **9**(1946) 9—12, 144—151, 215—220, 231—235.

Moraour, P.: Emploi des conducteurs en aluminium, en aluminium-acier et en almélec dans la construction des lignes aeriennes. 2e éd. Grenoble: B. Arthaud 1947 88 p.

— Aluminum in the electric cable industry. Light Metal Age **6**(1948)Dec. 14—19; Met. Rev. **22**(1949)2 50.

Albert, L.: A propos des fils de contact en aluminium-acier pour tramways et trolley-bus. Rev. Aluminium 27(1950)169 308—312; AB **21**(1950)12 621.

— Aluminium in Schaltanlagen. (Aluminium Merkbl. E 1) Düsseldorf: Aluminium Verl. 1950 8 S.

Dalmasso, A.: L'emploi des boulons en alliage léger pour le raccordement mécanique des conducteurs en aluminium. Rev. Aluminium **28**(1951)182 393—395; AB **23**(1952)2 64.

Frigot, G. et *G. Turré:* Utilisation des métaux dans la construction des Radars C.F.T.H. Rev. Aluminium **28**(1951)180 329—334; AB **22**(1951)12 721.

Heering, H.: Anwendung neuerer Kunststoffe in der Elektrotechnik. Kunststoffe **41**(1951)2 58—60; Index Aeron. **7**(1951)7 66.

Kohler, Karl: Das allgemeine Verbundseil für Freileitungen. Z. Metallkde. **42**(1951)7 213—216.

Kohler, K.: Oscillations due to wind pressure in overhead line conductors of light metal. Bull. Ass. Suisse Electrique **42**(1951)Dec. 1003—1005; Sci. Abstr. Sect. B **55**(1952)561 134; AB **23**(1952)5 255.

Le Monnier, J.: Emploi de l'aluminium pour la construction des bobinages de rotors en court-circuit de moteurs asynchrones. Rev. Aluminium **28**(1951)183 466—469; AB **23**(1952)3 107; Aluminium **28**(1952)9 XIII.

Preiswerk, M.: The application of aluminium in electrical engineering, its national and international standardization. Bull. Ass. Suisse Electrique **42** (1951) 945—949; Sci. Abstr. Sect. B **55**(1952)651 135; AB **23**(1952)5 255.

Archer, R. F.: Adhesives in the electrical industry. Aero Res. TN Bull. 117 Sept. 1952 6 p.

Bathe, C. E. and *B. Brady:* Aluminium as a conductor material. Electr. World **137**(1952)2 85—88; AB **23**(1952)2 53.

Baugh, C. E.: Aluminium conductor and connectors. Edison Electric Inst. Bull. **20**(1952)6 185—188; AB **23**(1952)6 309.

Biskeborn, H. W.: The outlook for aluminium in the electrical industry. Modern Metals **8**(1952)3 56—58, 60, 62.

Church, F. L.: Aluminium versus copper. Modern Metals **8**(1952)4 25—32; AB **23**(1952)7 369.

Hahne, K. H.: Neue Wege in der Herstellung und Verwendung von Aluminium-mantelkabeln. Aluminium **28**(1952)7/8 230—237.

Heitzmann, F.: Die Isolierstoffe elektrischer Kabel und Leitungen unter besonderer Berücksichtigung von Polystyrolschaumstoff. Kunststoffe **42**(1952)2 29—34.

Hilgendorff, H. J.: Aluminium als Werkstoff für Kabelmäntel. Aluminium **28** (1952)5 144—145; AB **23**(1952)7 372.

Koller, H.: Nouvelles méthodes de fabrication d'isolants à base de résines synthétiques coulées. Conf. Int. Grands Réseaux à Haute Tension, Paris, Session 1952.

Müller, J.: Die Verwendung von Aluminium für den Bau von mittelgroßen und großen Transformatoren. Aluminium **28**(1952)5 156—159; AB **23**(1952)7 368.

Ridpath, C. H. E.: Aluminium for insulated cables. Electr. Times **122**(1952)Nov. 957—965; Light Metals Bull. **15**(1953)2 72—73; AB **24**(1953)4 213.

Vögeli, R.: The use of aluminium transmission lines in Switzerland. Modern Metals **8**(1952)5 36, 38; AB **23**(1952)7 370.

— All-aluminium conductors for overhead line construction. Electr. World **137** (1952)26 90, **138**(1952)2 126—129; AB **23**(1952)8 431.

— Aluminium bus conductors. Montreal: Aluminium Co. Canada (Alcan) Febr. 1952 74 p.; AB **23**(1952)6 309.

— Aluminiumklemmen. Electr. Light and Power **30**(1952)7 89—97; Werkstoffe u. Korrosion **5**(1954)3 110.

— Boston Edison installs first 15 KV-aluminium underground cable. Electr. World **138**(1952)2 133—136; AB **23**(1952)8 431.

— Corrugated aluminium sheathed cable. Engineer **194**(1952)5048 548—549; AB **23**(1952)12 654.

— Electrical industry switching to aluminium conductor. Electr. World **137** (1952)1 7—8; AB **23**(1952)2 54.

— Materials in electric motors. Mater. & Meth. **35**(1952)4 107; AB **23**(1952)5 256.

— Neue geschlossene Drehstrommotoren in Leichtbauweise. Dtsch. Elektrotechn. **6**(1952)6 281—283.

Albert, Louis: Le comportement des fils aluminium-acier sur les lignes de contact de la Régie Autonome des Transports Parisien. Rev. Aluminium **30**(1953)204 391—394; AB **25**(1954)2 68.

Bolz, G.: Aluminium als Wicklungsmetall. „Aluminium in der Elektrotechnik", Dtsch. Elektrotechn. **7**(1953) S.H. 26.

Daguet, René: Emploi de l'aluminium dans les machines tournantes à courant alternatif. Rev. Aluminium **30**(1953)200 236—240; AB **24**(1953)11 691; Nachr.-Bl. AGM Leichtbau **3**(1954)1 11.

Dasseto, G.: Aluminium im Blitzableiterbau. Aluminium (Suisse) **3**(1953)5 146—150; AB **24**(1953)11 690.

Dörfel, E.: Große Rohstoffeinsparungen und erhebliche Fabrikationserleichterungen sind bei Starkstromkabeln noch möglich. Dtsch. Elektrotechn. **7**(1953)1 53.

Dörfel, E.: Kabel mit Al-Leitern und Al-Mänteln. „Aluminium in der Elektrotechnik", Dtsch. Elektrotechn. **7**(1953) S.H. 20.

Dupre, Henry: How to select connectors for aluminium conductors. Mater. & Meth. **38**(1953)2 96—99; AB **24**(1953)9 547.

Ehlers, G.: Silikon-Isolierstoffe im Transformatorenbau. Elektrotechn. Z. A **74** (1953) 553—558; Kunststoffe **44**(1954)7 303.

Flournoy, R. W.: Plastische Rohre für elektrische Leitungen in angreifender Atmosphäre. Corrosion (Houston) **9**(1953)8 Nace News 1; Werkstoffe u. Korrosion **5**(1954)1 27.

Fritsche, O. u. A. Röcher: Eine Austauschmöglichkeit von Kupfer durch Aluminium bei Drehstrom-Kurzschlußläufern. Dtsch. Elektrotechn. **7**(1953)12 615.

Hollingsworth, P. M.: Kabel mit Aluminium-Mantel. Aluminium (Suisse) **3**(1953) 5 156—171; Werkstoffe u. Korrosion **5**(1954)11 466; AB **24**(1953)11 690.

Kaizik, K.: Maßnahmen zum Ersatz von Kupfer durch Aluminium bei Hochstromschienen in elektrolytischen Betrieben. Aluminium **29**(1953) 305—307; Werkstoffe u. Korrosion **5**(1954)10 404; AB **24**(1953)11 689.

Köhler, G. u. O. Fritsche: Der 10 000. Aluminium-Iso-Perlon-Motor. „Aluminium in der Elektrotechnik", Dtsch. Elektrotechn. **7**(1953) S.H. 22.

Lesch, G.: Kunststoffe in der amerikanischen Elektrotechnik. Elektrotechn. Z. A **74**(1953) 609—614; Kunststoffe **44**(1954)2 65.

Novotny, O.: Die Installation von Aluminiumleitern in Gefahrenbereichen. „Aluminium in der Elektrotechnik", Dtsch. Elektrotechn. **7**(1953) S.H. 44.

Raman, P. N.: Aluminium conductors in low tension distribution. Electrolite (India) **5**(1953)1 6—13; AB **25**(1954)3 132.

Roske, F.: Aluminium in der Elektrotechnik. „Aluminium in der Elektrotechnik", Dtsch. Elektrotechn. **7**(1953) S.H. 1.

Roske, F.: Verwendung von Aluminium bei der Herstellung von Leitungen. „Aluminium in der Elektrotechnik", Dtsch. Elektrotechn. **7**(1953) S.H. 12.

Török, B. and T. Csizy: Thermal and mechanical strength of high-voltage current transformers particularly in the case of aluminium windings. Elektrotechnika (Hungary) **46**(1953) Apr. 117—126; Sci. Abstr. Sect. B **56**(1953)669 489; AB **24**(1953)11 692.

Wyatt, K. S.: Aluminium cable sheathing. Modern Metals **9**(1953)6 66, 68, 70—71; AB **24**(1953)8 490.

— Aluminium als Kabelmaterial. „Aluminium in der Elektrotechnik", Dtsch. Elektrotechn. **7**(1953) S.H. 21.

— Aluminium for overhead distribution lines. Devel. Bull. May 1953 43 p.; AB **24**(1953)9 548.

— Aluminium-Kabel. Verbindungsverfahren. (Aluminium-Merkbl. E 2.) Düsseldorf: Aluminium Verl. 1953 8 S.

— Elektromotoren kleiner Leistung. Aluminium (Suisse) **3**(1953)5 174—176; AB **24**(1953)11 690.

Berger, L.: Senkung des Maschinengewichtes und Steigerung der Qualität bei geschlossenen Drehstrom-Motoren durch Anwendung der Leichtbauweise. Dtsch. Elektrotechn. **8**(1954)3 92—94.

Dasseto, G.: Aluminium in Schalt- und Verteileranlagen. Aluminium (Suisse) **4**(1954)2 38—55; AB **25**(1954)6 344.

Dolkart, Leo: Properties and use of aluminum cables. Electr. Construction & Maintenance **53**(1954)6 90, 92, 94, 96; AB **25**(1954)7 430.

Forrest, J. S. and *J. M. Ward:* Corrosion on steel-cored-aluminium overhead-line conductors. Engineer **197**(1954)5114 171; Aluminium **30**(1954)7 CXLIV.

Herzog, W. u. *H. Widmer:* Aluminium in Freiluftschaltanlagen. Aluminium (Suisse) **4**(1954)5 167—170.

Hubbard, D. C., R. W. Kunkle and *A. B. Chance:* Evaluation of test data in determining minimum design requirements for aluminium-to-copper connectors. Power Apparatus Syst. (1954)12 616—628; Sci. Abstr. B **57**(1954)682 566; AB **25**(1954)12 829.

Laeis, Werner: Spritzgußmassen im Akkumulatorenbau. Kunststoffe **44**(1954)1 18—22.

Martin, F.: Aluminium in der Hochfrequenztechnik. Aluminium **30**(1954)3 101—106; AB **25**(1954)5 267.

Marukawa, Gohei and *Takashi Oikawa:* Study on the aluminium for conductor wire. Part 2. (In regard to electrical conductivity and tensile strength of aluminium wire drawn without annealing.) Light Metals (Japan) (1954)11 17—20; AB **25**(1954)8 507.

Nowak, Paul u. *Erich Rickling:* Wärmehärtbare Silikone in der Elektroindustrie. Kunststoffe **44**(1954)5 191—197.

Page, R. N.: Extruded aluminum for switching structures. Electr. World **141** (1954)20 161; AB **25**(1954)6 344.

Perrone, Arrigo: Tendances italiennes dans l'emploi de l'aluminium en électrotechnique. "Rapp. Congr. Int. Aluminium, Tome II", Paris: Soc. Édition et Documentation Alliages Légers 1954 293—301.

Stickley, G. W. and *C. O. Smith:* Mechanical properties of aluminium electrical bus. Power Apparatus Syst. (1954)11 100—106; Electr. Engng. **73**(1954)8 706—711; AB **25**(1954)9 630—631, 12 828—829.

Zack, A.: Aluminum foil in transformer coils. Modern Metals **10**(1954)9 35—37; Aluminium **31**(1955)6 A 133.

Zwanziger, W.: Klemmen und Verbinder für Niederspannungs-Freileitungen aus Aluminium. Elektrizitätswirtsch. **53**(1954)24 767—772.

— Alcan ACSR for rural electrification. Aluminum Co. Canada (Alcan) March 1954 121 p.; AB **25** (1954)8 507.

— Aluminium for insulated electric cables. Devel. Bull. Sept. 1954 35 p.; AB **25** (1954)12 828.

— Aluminum in telephone cable sheath. Modern Metals **10**(1954)7 76—79; Aluminium **31**(1955)4 A 73.

— Magnesium for electronics and electrical applications. Mag. Magnesium (1954) 1—7; AB **25**(1954)4 246.

— Mechanical design of electronic equipment. Electronics **27**(1954)10 64 p. (Spec. Rep.); AB **25**(1954)11 751—752.

Bailey, J. C.: Aluminium in electrical engineering. Metallurgia **51**(1955)304 81—91; Aluminium **31**(1955)6 A 133.

Keefe, E. J. and *D. McAllister:* Aluminium in the cable industry. Light Metals **18**(1955)209 252 6 ref.

Marti, H.: Leichtmetall im Elektro-Apparatebau. Aluminium (Suisse) **5**(1955)2 58—63.

Nachtigall, E.: Aluminium als Leiterwerkstoff. Elektrotechn. u. Maschinenb. **72** (1955)5 99—105.

Wild, J. P.: Aluminiummäntel für Starkstrom- und Telephonkabel. Aluminium (Suisse) **5**(1955)1 9—25.

— New aluminum bus conductor. Modern Metals **11**(1955)4 38—39; Aluminium **31**(1955)10 A 236.

Kloth, Willi: Haltbarkeitsforschung im Landmaschinenbau. Z. VDI **75**(1931)36 1127—1132.

Meboldt, W.: Legierte Stähle im Landmaschinenbau. (1. Konstrukteur-Kursus.) RKTL-Schr. (1934)56 29—31.

Thomas, F.: Leichtmetalle für den Landmaschinenbau. (1. Konstrukteur-Kursus.) RKTL-Schr. (1934)56 40—50.

Kloth, Willi u. *Th. Stroppel:* Kräfte, Beanspruchungen und Sicherheiten in den Landmaschinen. (3. Konstr.-Kursus.) RKTL-Schr. (1936)71 7—11; Z. VDI **80** (1936)4 85—92. [1.12].

Kloth, Willi: Beanspruchungen, Werkstoffe und Gestaltung im Landmaschinenbau. Berichtsheft der 74. VDI-Hauptversammlung Darmstadt 1936 33—36. [1.12].

Kloth, Willi: Leichtbau bei Landmaschinen. (Auszug aus Vortrag auf dem 4. Konstr.-Kursus TH Berlin 1937.) Z. VDI **81**(1937)24 697.

Hoffmann, J.: Der Landmaschinenleichtbau. Techn. Mitt. HdT (Essen) **31**(1938) 22/23, **32**(1939)1; „Leichtbau in Konstruktion und Technologie", Essen: Haus d. Technik 1939 20—27.

Kloth, Willi: Rohstoffersparnis. RKTL-Schr. (1938)88 7—9.

Kloth, Willi: Stahl-Leichtbau. RKTL-Schr. (1938)88 35—39. [6.121].

Meboldt, W.: Werkstoffeinsparung bei Landmaschinen. TidL **21**(1940)12 221—224; Techn. Z.-Schau **26**(1941)8 149.

Kloth, Willi: Die Weiterentwicklung der Landmaschinen-Konstruktionen. (8. Konstrukteurtagung.) TidL **22**(1941) 54—58.

Speiser, Heinz: Zwei konstruktive Leichtbaustudien. TidL **22**(1941)8 147—148.

Kloth, Willi: Das Problem der Haltbarkeit in der Landtechnik. TidL **23**(1942) 175—179.

Kloth, Willi, H. Hisserich u. *Willi Trost:* Leichtbau-Lehrschau. TidL **23**(1942)6 101—104.

Segler, Georg: Mähbinder-Zubehör in Leichtbauweise. TidL **23**(1942)9 155—157.

Speiser, Heinz: Leichtbau von Landmaschinen. Landm. Handwerker (1942)13 1—6, 15 4.

Speiser, Heinz: Richtig verstandener Leichtbau, der Zukunftsstil der Landmaschinen. Landm. Handwerker (1942)2 1—9.

Speiser, Heinz: Die Stellung des Leichtbaues in der Landmaschinenkonstruktion. TidL **23**(1942)11 194—198.

Graeser, H.: Die Leichtbauweise und die Instandsetzung. TidL **24**(1943)3 40—42.

Zödler, Hans u. *Ernst Ponick:* Leichtbauformen am Mähbinder. TidL **24**(1943)4 49—52.

Lentz, A.: Leichtbau in der Landmaschinentechnik. (Vorträge Leichtbautagung) Berlin: VDI-Verl. 1944.

Hisserich, H.: Leichtbau auch bei Landmaschinen. Dtsch. Bauerntechn. **2**(1948)2 6—8.

Kloth, Willi: Die Einsparung von Werkstoff durch Leichtbau. Landtechnik **3**(1948) 2 17—19.

Koop, J.: The future welded design of farm equipment. Welding J. **27**(1948) 850—854.

Marks, K.: Leichtbau und Schweißkonstruktionen in der Landmaschinentechnik. Technik (Berlin) **4**(1949)2 69—75.

Rauh, K.: Entwicklungslinien im Landmaschinenbau. Essen: Girardet 1949 141 S.

Tournier, P. et *M. Victor:* Les alliages légers dans le matériel d'équipement rural. Rev. Aluminium **26**(1949)156 219—230.

Egen, Heinrich: Schweißgerechte Gestaltung und rationelle Schweißvorrichtungen im Landmaschinenbau. Werkstatt u. Betrieb **83**(1950)2 50—53. [5.5].

Brenner, W. G.: Modelle als Hilfsmittel bei der Neuformung von Landmaschinen. (9. Konstrukteurheft.) Grundl. Landtechn. (1951)1 81—84.

Segler, G.: Konstruktion landwirtschaftlicher Fördergebläse. Landtechn. Forsch. 1(1951)1 2—10.

Kloth, Willi: Das Messen von Kräften und Beanspruchungen in Landmaschinen. Landtechn. Forsch. 2(1952)1 30.

Ramser, E.: L'aluminium dans la technique de l'arrosage par aspersion. Aluminium (Suisse) 2(1952)1 14—23; AB 23(1952)3 104.

— Light alloy in agricultural machinery. Light Metals 15(1952)168 90—92; AB 23(1952)5 257.

Kloth, Willi: Entwickeln und Konstruieren in Deutschland und Amerika. (10. Konstrukteurheft.) Grundl. Landtechn. (1953)3.

— Aluminium in der Landwirtschaft. Modern Metals 9(1953)7 35, 36, 38, 40, 42, 43; Aluminium 30(1954)1 XIV.

Keil, A.: Einsatzmöglichkeiten von Kunststoffen (Plasten) im Landmaschinenbau. Dtsch. Agrartechn. 4(1954)9 263—266.

Klammert, A.: Verwendung von Kunststoffen (Plasten) am Mähbinder „Meteor". Dtsch. Agrartechn. 4(1954)12 355—357.

Strenge, H.: Preßstofflager im Landmaschinenbau. Dtsch. Agrartechn. 4(1954)7 213—214.

Thömke, H.: Schweißgerechtes Konstruieren im Landmaschinenbau. Dtsch. Agrartechn. 4(1954)11 336—337, 12 366—367.

Behälter, Apparate usw.   6.215

— Vorschriften für Dampfkessel und Dampfgefäße sowie Druckbehälter. Schweiz. Ver. von Dampfkessel-Besitzern 1. Jan. 1932 u. 1. Jan. 1938. [1.11].

Schultz-Grunow, F.: Die Festigkeitsberechnung achsensymmetrischer Böden und Deckel. Ing.-Arch. 4(1933)6 545—556.

Jamm, W. u. K. Walter: Leichtstahlflaschen für gasförmige Treibstoffe. Z. VDI 79(1935)25 779—785; Stahl u. Eisen 56(1936)14 418—420.

Lohmann, W.: Beitrag zur Integration der Reißner-Meißnerschen Schalengleichung für Behälter unter konstantem Innendruck. Ing.-Arch. 6(1935)5 338—346.

Holzhauer, C.: Werkstoffe und Eigenschaften von Leichtstahlflaschen. Wärme 59(1936) 615—617.

Marcus, H.: Beitrag zur Untersuchung von Behältern mit ebenen Wandungen. Bauing. 17(1936) 40—44.

Roš, Mirko Gottfried u. A. Eichinger: Festigkeit und Berechnung geschweißter Verbindungen im Kessel- und Rohrbau. EMPA Disk.-Ber. 100 Mai 1936.

— Eidgenössische Verordnung über die Prüfung der Gefäße für die Beförderung von verdichteten, verflüssigten und unter Druck gelösten Gasen vom 19. Mai 1936. [1.11].

Aureden, H.: Das Schweißen dickwandiger Behälter. Z. VDI 81(1937)37 1080—1084.

Biezeno, C. B. and J. J. Koch: The buckling of a cylindrical tank of variable thickness under external pressure. Proc. 5th Int. Congr. Appl. Mech. 1939 34—39.

Linicus, W.: Armaturen aus Leichtmetallen auf Aluminium-Grundlage. Aluminium 21(1939)1 43—53.

Ohl, F.: Leichtmetall und Leichtmetall-Legierungen als Bau- und Werkstoffe für Maschinen, Geräte und Apparate der chemischen Industrie. Maschinenb. Betrieb 18(1939)23/24 571—574.

Wyss, Theophyl: Die Entwicklung der Leichtmetallbehälter in der Schweiz. EMPA Disk. Ber. 129 1940 38 S.

Berg, S., H. Bernhard u. *H. Richter:* Zur Frage der Elastizität, der Beanspruchung und der Festigkeit warmbetriebener Rohrleitungen. Forsch. Ing.-Wes. **12** (1941)4 166—173.

Linicus, W.: Kraftstoffbehälter aus Aluminium. Z. VDI **85**(1941)5 118.

Linicus, W. u. *M. Mengeringhausen:* Armaturen aus Aluminium. Aluminium **23** (1941)2 92—97.

Wolf, K.: Kreiszylindrische Behälter auf nachgiebiger Unterlage. Ing.-Arch. **12** (1941)4 259—264.

Wyss, Th.: Die Entwicklung der Leichtmetallbehälter in der Schweiz. Schweiz. Arch. **7**(1941)11 318—325.

Esslinger, Maria: Zur Berechnung von Kesselböden. Stahlbau **15**(1942)10/11 33—36.

Petrak, Franz: Armaturen. (Schr.-Reihe Werkstoffsparen H. 10, Hrsg. H. Wögerbauer) Berlin: VDI-Verl. 1942.

— Konstruieren in neuen Werkstoffen. Erfahrungen und Beispiele der Werkstoffumstellung im Maschinen- und Apparatebau. Berlin: VDI-Verl. 1942. [6.21].

Bockelmann, H.: Geschweißte Großbehälter. Elektroschweißung **14**(1943)9 113—117.

Siebel, Erich u. *S. Schwaigerer:* Hochdruckbehälter für die chemische Industrie. Technik (Berlin) **1**(1946)3 114—118.

Brown, E. J.: Development of butt-welded joints in pressure vessels. Welding J. **26**(1947)Oct. 867—871. [2.511.2].

Hartmann, James B.: Design of compound cylindrical pressure vessels to reduce weights. Diss. Univ. Lehigh 1947.

Stedman, G. E.: Advanced techniques for pressure vessels. Welding Engr. **32** (1947)Dec. 36—40.

Chyle, J. J.: Design and fabrication of welded lightweight pressure vessels. Welding J. **27**(1948) 831—837; J. Amer. Rocket Soc. (1948)Sept./Dec. 90—106.

Coffin, L. F. jr., P. R. Shepler and *G. S. Cherniak:* Primary creep in the design of internal pressure vessels. Amer. Soc. Mech. Engrs. Advance Pap. 48-PET-18 1948 24 p.; Met. Rev. **22**(1949)1 52.

Neuber, Heinz: Vereinfachtes Verfahren zur Spannungsberechnung in dünnwandigen prismatischen Hohlkörpern unter Innendruck. ZAMM **28**(1948)6 187—189, **29**(1949)1/2 64.

Plummer, Fred L.: Weld-erected storage tanks of aluminum. Welding J. **27**(1948) 796—804.

Wiese, E.: Stand der Schweißtechnik im Rohrleitungs- und Apparatebau. Mitt. Bl. Dtsch. Verb. Schweißtechn., Techn. Beilage **1**(1948)Mai 2—3.

— Richtlinien für Druckgefäße aus Rein-Aluminium. Vereinig. Techn. Überwachungsver. (TÜV) Berlin, in Zusammenarbeit mit den an der Entwicklung der Gestaltung und Berechnung von Druckgefäßen aus Aluminium beteiligten Kreisen. Jan. 1948 8 S.

Esslinger, Maria: Statische Berechnung von Kesselböden. Konstruktion **1**(1949) 2 45—48.

Gottschalk, E.: Rohrverschraubungen und lötlose Rohrverbindungen. Konstruktion **1**(1949)2 49—55.

Lewis, K. G.: The welding of high-pressure air-vessel assemblies; metallurgical and mechanical considerations. Metallurgia **40**(1949)June 77—87; Met. Rev. **22**(1949)9 54.

Maccary, R. R. and *R. F. Fey:* For steel tanks and pressure vessels — minimum thickness of cylindrical vessels. Petroleum Refiner **28**(1949)July 136—138; Met. Rev. **22**(1949)9 57.

McFarland, R.: Aluminium valve construction. Corrosion (Houston) **5**(1949)Jan. 37; Met. Rev. **22**(1949)2 50.

Siebel, Erich: Die Entwicklung der Festigkeitsrechnung von C. Bach bis zur Neuzeit. (Versuche an Kesselböden.) Konstruktion 1(1949)9 257—265.

Wanke, K. G.: Leichtmetall-Schnellkupplungsrohre, ein neues österreichisches Erzeugnis. Öst. Maschinenmarkt u. Elektrowirtsch. 4(1949)3 36—39.

— Strip-wound pressure vessels. Engineer 187(1949)4855 155—157; Konstruktion 1(1949)8 252—253.

Blair, J. S.: Stresses in tubes due to internal pressure. Engng. 170(1950)4416 218—221; Konstruktion 3(1951)4 134.

Jansen, M.: Die Berechnungsformel für Kesselböden. Z. TÜV (München) 2(1950) 6 105—110.

Konejung, A. u. S. Schwaigerer: Die Festigkeitsberechnung von Flammrohren. Konstruktion 2(1950)1 17—23.

Künkler, A.: Das elliptische Rohr mit innerem oder äußerem Überdruck. Konstruktion 2(1950)5 151—152.

Rüdel, F. W.: Gasschmelzschweißung im Dampfkesselbau. Schweißen u. Schneiden 2(1950) S.H. Dez. 402—411.

Verink, E. D. jr. and H. W. Fritts: Aluminium alloys. Industr. & Engng. Chem. 42(1950)10 1955—1956; AB 21(1950)11 567—568.

Vojnich, P.: Design of light metal tanks and containers. Aluminium (Hungary) 2(1950)5 111—130; Metal Abstr. 18(1950)3 228; AB 22(1951)2 75.

— Zur Berechnung von gewölbten Kesselböden. Brennstoff-Wärme-Kraft 2(1950) 5 145—146; Ref. Chem. Industrie (1950)1067 24—25.

— Rules for welded pressure vessels. London: Lloyd's Register of Shipping 1950.

Bailey, R. W.: Creep relationships and their application to pipes, tubes and cylindrical parts under internal pressure. Proc. IME 164(1951)4 425—431; AMR 5(1952)6 261; Stahl u. Eisen 72(1952)10 587; Konstruktion 5(1953)9 304.

Cheney, D. R.: Welded aluminium piping. Metal Industry 79(1951)21 441—445; Index Aeron. 8(1952)3 92; Aluminium 28(1952)3 XIII.

Craemer, Hermann: Näherungsformeln für kastenförmige Behälter. Oest. Bau-Z. 6(1951)10 172—173.

Ebner, Hans: Theoretische und experimentelle Untersuchung über das Einbeulen zylindrischer Tanks durch Unterdruck. Techn. Mitt. Dampfk.-Behälter- u. Rohrleitg.-Bau (1951)Dez. 1—13; Stahlbau 21(1952)9 153—159. [1.241.111.5].

Federhofer, Karl: Spannungen in schwach ausgebauchten zylindrischen Behältern. Oest. Bau-Z. 6(1951)9 149—153.

Goodger, A. H.: Wärmebehandlung von Schweißungen in Rohrleitungen. Engng. 172(1951)4461 125—127, 4462 157—159, 4463 191; Stahl u. Eisen 72(1952)16 972. [2.511.2].

Grimal, Marcel: Heizkörper aus Aluminium. Rev. Aluminium (1951)180 341—344; Aluminium 27(1951)4 XII.

Horn, H. A.: Die Schweißung von Großgasbehältern. Schweißen u. Schneiden 3(1951)3 84—88.

Jaep, W. F.: Berechnung von Flanschen mit konischen Übergängen zum Rohr. Trans. ASME 73(1951) 569—574; Stahl u. Eisen 72(1952)18 1113.

Junière, P.: Les récentes utilisations de l'aluminium dans la grande industrie chimique. Aluminium (Suisse) 1(1951)5 163—172; AB 22(1951)11 631.

Kerns, E. E. and W. E. Baker: Use of aluminum in petroleum refinery equipment. Proc. 16th Mid-Year Meeting, Div. of Refining, Amer. Petroleum Inst. 31 M III (1951) 89—98; Petroleum Refiner 30(1951)May 123—129.

Matting, Alexander: Die Leichtmetallschweißung im Apparatebau. Metall 5 (1951)19/20 429—434.

Siebel, Erich: Die Festigkeit dickwandiger Hohlzylinder. Konstruktion 3(1951)5 137—141.

BMA

liefert seit hundert Jahren für die Zuckerindustrie:

Komplette schlüsselfertige Zuckerfabriken für Rohr und Rübe.
Umbau bestehender Fabriken auf neue Verfahren für Diffusion, Scheidung, Saturation, Filtration, Verdampfung usw. Trocknungs- und Entladeanlagen.

Montage der Diffusionstürme in der Zuckerfabrik Schleswig

für die chemische Industrie

Alkoholfabriken

Ölmühleneinrichtungen

Faßreinigungsanlagen

Fischmehlerzeugungsanlagen

Spezialanlagen für die Erdöl-Industrie

Einzelapparate
für die chemische Industrie

Fischmehlgenerator für Land- und Bordbetrieb

BRAUNSCHWEIGISCHE MASCHINENBAUANSTALT BRAUNSCHWEIG (GERMANY)
Telefon: 2 36 91—94 · Fernschreiber: Bema Bswg 0254 840

838

WILKE-WERKE A.G.

BRAUNSCHWEIG

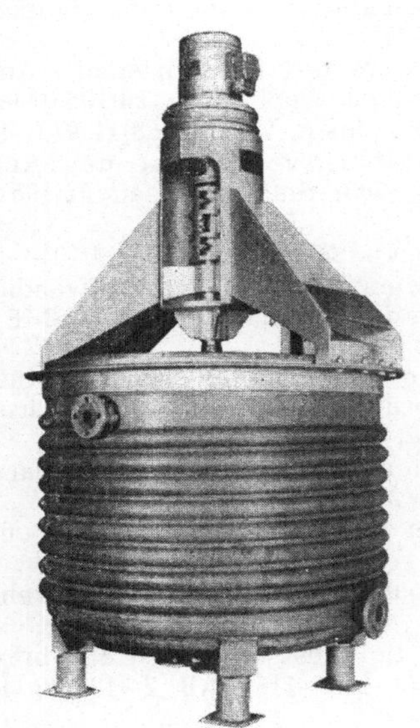

Rührwerk,
Inhalt ca. 7500 Ltr.
mit aufgeschw. Halbrohr
aus Rem. 1880 SST

APPARATE

**für die gesamte
Chemische Industrie
und Erdöl-Industrie**

liefern wir aus legierten,
unlegierten, nichtrostenden,
hitzebeständigen Stählen und
NE-Metallen

Außerdem bauen wir:

**Tanke
Gasbehälter · Rohrleitungen
Kito-Sicherheitsarmaturen
Hochleistungs-Dampfkessel
Stahlkonstruktionen**

Siebel, Erich u. *S. Schwaigerer:* Festigkeitsuntersuchungen an einer Vierkant-kammer. Techn. Mitt, Dampfk.-Behälter- u. Rohrleitg.-Bau (1951)Nov. 1—9; Stahl u. Eisen **72**(1952)4 205.

— Verlegung und Verarbeitung von Kunststoff-Rohrleitungen aus hartem Polyvinylchlorid. Richtlinien (Entwurf). Kunststoffe **41**(1951)8 247—252 6 Lit.-St.; Index Aeron. **7**(1951)12 141.

Beckstroem, J. u. *R. Paul:* Zylinderkessel in ganz geschweißter Ausführung. Konstruktion **4**(1952)4 110—114. [6.253.2].

Federhofer, Karl: Berechnung des kreiszylindrischen Flüssigkeitsbehälters mit quadratisch veränderlicher Wandstärke. Oest. Ing.-Arch. **6**(1952)1 43—64; AMR **5**(1952)5 205.

Gatto, F.: Untersuchungen an Anticorodal-Gasflaschen von 24 Litern. Alluminio **21**(1952)5 481—503; Aluminium **29**(1953)5 XIII.

Gross, N., P. H. R. Lane and *A. A. Wells:* Stresses in drum-heads for cylindrical vessels. Engng. **174**(1952)4511 40—41; AMR **6**(1953)3 122.

Hartmann, E. C. and *L. Plummer:* Aluminium alloys for corrosion resistant storage tanks. Civil Engng. **22**(1952)2 25—27; Corrosion (Houston) **9**(1953) 88a—90a; Werkstoffe u. Korrosion **5**(1954)12 515.

Kerkhof, W. P.: Die Berechnung dickwandiger Gefäße mit innerem Überdruck. Ingenieur **64**(1952)18 W 21—W 24; Engrs. Dig. **13**(1952)6 187—188, 196; Stahl u. Eisen **72**(1952)18 1113.

Van de Loo, K. J.: Fettsäure-Lagertank aus Aluminium. Aluminium (Suisse) **2** (1952)2 64—65; AB **23**(1952)7 367—368.

New, J. C.: A nondestructive differential-pressure test for thin shells. Amer. Soc. Mech. Engrs. Prepr. 52-F-10 Sept. 1952 5 p.; J. Appl. Mech. **20**(1953)March 48—52; Index Aeron. **8**(1952)11 32; Techn. Zbl. Masch. Wes. (1953)11 973—974.

Siebel, Erich u. *S. Schwaigerer:* Die Beanspruchungsverhältnisse gewickelter Behälter. Chemie-Ing.-Techn. **24**(1952)4 199—203; Stahl u. Eisen **72**(1952)14 853.

Speth, K. H.: Schweißen im Kesselbau. Schweißen u. Schneiden **4**(1952)4 101—108.

Steele, M. C. u. *John Young:* Bleibende Verformungen in einem dickwandigen Zylinder aus unlegiertem Stahl unter Flüssigkeitsdruck. Trans. ASME **74** (1952) 355—363; Stahl u. Eisen **74**(1954)6 368.

— Schweißen von Druckbehältern. Ausführung und Prüfung der Werkstücke, Prüfung der Schweißer, Höherbewertungsprüfung. Mitt.-Bl. Techn. Aussch. Dtsch. Verband Schweißtechn. **3**(1952)8 1—12.

Hemmerling, E.: Die mechanische Beanspruchung von Hochdruck-Heißdampf-Rohrleitungen. Konstruktion **5**(1953)1 4—11, 2 52—59.

Jansen, H.: Geschweißte Rohrverbindungen im Rohrleitungsbau. Schweißen u. Schneiden **5**(1953)11 432—435.

Kunz, Hans: Erfahrungen beim autogenen Entspannen von Behältern. Schweißen u. Schneiden **5**(1953)6 216—225 18 Lit.-St.

Miller, Mike A. and *Allen S. Russel:* Vacuum tightness of welded and brazed aluminum containers. Welding J. **32**(1953)2 116—118; AB **24**(1953)3 160; Aluminium **29**(1953)7/8 XXI.

Sage, A. M.: Stähle für Dampfkesselanlagen. Proc. IME **167**(1953)4 414—433; Arch. Energiewirtsch. (1953)24 1118—1122; Stahl u. Eisen **74**(1954)15 975.

Schrieder, E.: Berechnung dickwandiger Gefäße bei Überdruck und verschiedenen Innen- und Außentemperaturen. Konstruktion **5**(1953)6 182—187.

Sharpnack, E. V.: Aluminium tanks and pressure vessels. Product Engng. **26** (1953)4 183—185; AB **24**(1953)6 355.

Sudasch, Erich: Schweißtechnische Besonderheiten beim Bau chemischer Apparate. Werkstatt u. Betrieb **86**(1953)6 277—284; Werkstoffe u. Korrosion **5**(1954)7 265.

Zimmerli, E. J.: Große Aluminiumbehältei in der Schweiz. Modern Metals **9** (1953)8 33—36; Aluminium **30**(1954)3 L.

— An aluminium grain silo. Engineer **195**(1953)5060 180; AB **24**(1953)2 71.

— Brauereibehälter aus Leichtmetall. (Récipients en aluminium à l'usage des brasseries.) Aluminium (Suisse) **3**(1953)1 2—8; AB **24**(1953)3 144.

Bijlaard, P. P.: Stresses from radial loads in cylindrical pressure vessels. Welding J., Res. Suppl. (1954)Dec. 615s; Aeron. Engng. Rev. **14**(1955)3 124.

Campbell, J. B.: New alloy widens future for aluminium in pressure vessels. Mater. & Meth. **39**(1954)4 97—101; Aluminium **31**(1955)1 A 15.

Dolan, T. J.: Fatigue as a factor in pressure vessel design. Welding J. **33**(1954) 6 265s—274s 48 ref.; AB **25**(1954)7 465; Stahl u. Eisen **74**(1954)19 1245.

Fuchs, C.: Geschweißte Behälter. Konstruktive Einzelheiten und Werkstoff-fragen. Konstruktion **6**(1954)1 13—20.

Gray, A. G.: New steel passes toughness test. Steel **135**(1954)19./7. 102—103; Nickel-Ber. **12**(1954)9 158.

Lenk, G.: Aluminiumrohre für Wärmeaustauscher. Aluminium **30**(1954)8/9 346—354.

Margen, P. H.: High-temperature steam pipes. Properties of steels and basis of design. Engng. **177**(1954)4602 457—462; Stahl u. Eisen **74**(1954)15 975.

Müller, W.: Die Autogenschweißung im Dampfkessel- und Rohrleitungsbau. Schweißen u. Schneiden **6**(1954)6 220—234.

Narduzzi, E. D. and *Georges Welter:* High-pressure vessels subjected to static and dynamic loads. Welding J., Res. Suppl. **33**(1954)5 230s—238s.

Spiotta, R. H.: Fabricating stainless-steel tanks for liquid storage. Machinery (New York) **60**(1954)May 157—164; Nickel-Ber. **12**(1954)9 168.

Stevenson, J. R.: Glass fibre/polyester laminates for chemical engineering. Brit. Plastics **27**(1954)8 326—327.

Tournon, A.: La distribution du gaz par tubes d'alliages légers. Rev. Aluminium **31**(1954)214 329—330; Aluminium **31**(1955)5 A 106.

— Aluminium-Rohr für Leitungsbau. Modern Metals **9**(1954)12 46, 48, 49; Aluminium **30**(1954)6 CXXV.

Class, I.: Werkstoff-Fragen bei Hochdruckapparaturen der chemischen Industrie. Z. VDI **97**(1955)2 33—41 8 Lit.-St.

Daeves, K. u. *K. F. Mewes:* Dauerbrüche in Anlagen für die Hochdruck-Synthese. Z. VDI **97**(1955)21 728—729.

Quack, R.: Die Anwendung des Schweißens im neuzeitlichen Kessel- und Druck-behälterbau. Schweißen u. Schneiden **7**(1955)6 262—264.

Rädeker, W.: Die Anwendung des Schweißens im Behälter- und Rohrleitungsbau und bei der Rohrherstellung. Schweißen u. Schneiden **7**(1955)6 257—261.

Sonstige Maschinen   6.216

Stromberger, Karl: Leichtbauweise im Vorrichtungsbau. Fertigungstechnik (1944) 5 113—116.

Garbotz, Georg: Baumaschinen und Baubetrieb in anderen Ländern nach dem Kriege. Z. VDI **92**(1950)4 81—88.

Mason, E. W.: Aluminum offers design advantages for refrigeration equipment. Refrigerating Engr. **59**(1951)Sept. 869—872, 910—912; Met. Rev. **24**(1951)11 47.

Textilmaschinen   6.22

Giles, E. V.: Kunststoffe in der Textilindustrie. J. Textile Inst. **40**(1949)8 P 831—P 843; Ref. Chem. Industrie (1950)1042 29.

Nürnberger, H.: Magnesium uses grow in textile equipment field. Modern Metals **5**(1949)July 14—16; Met. Rev. **22**(1949)9 56.

Oertel, F.: Konstruktionsfragen im Textilmaschinenbau. (Studie über die Entwicklung des Wagenspinners.) Konstruktion 1(1949)1 7—13.

— Textile machinery and accessories. Factural record of applications of aluminium and magnesium as seen at the recent exhibition in Manchester. Light Metals 12(1949)143 655—664.

Nürnberger, H. H.: Magnesium in the textile industry. Rayon Synth. Text. **31** (1950)1 41—43.

— Improving the properties of wood for textile machinery parts. Brit. Rayon Silk J. **27**(1950)315 61—62, 84.

— Textilmaschinenteile aus Nylon. Modern Plastics **27**(1950)Apr. 105—106; Kunststoffe **40**(1950)10 333.

Eastwood, F. and *F. Green:* Magnesium alloys in the textile industry. Metal Industry **79**(1951)6 103—105; AB **22**(1951)10 602.

Lewis, F. A.: Fabricating aluminum for textile equipment. Light Metal Age **9** (1951)9/10 18, 24, 26, 27, 29, 33; Aluminium **28**(1952)4 XIV.

— Aluminium in textile equipment. Amer. Metal Market **58**(1951)179 1, 9, 180 13; AB **22**(1951)10 566.

— Aluminium plays an important part in development of textile equipment. Textile Age **15**(1951)10 36—44.

— Textiles turn to aluminum. Modern Metals **7**(1951)9 54—56.

Greenhill, W. L. and *G. A. Chase:* Australian woods for textile rollers. Wood (London) **18**(1953)1 12—14.

Jan, Maurice: L'industrie textile et les alliages légers. Rev. Aluminium **30**(1953) 202 307—318; AB **24**(1953)12 776; Werkstoffe u. Korrosion **5**(1954)12 515.

— Stahlkonstruktionen im Webstuhlbau. Z. Textil-Industrie **55**(1953)14 846—848.

Beckers, Paul: Schwingungserscheinungen an Textilmaschinen, ihre Entstehung, ihre Folgen und die Mittel zur Verhütung. Textil- u. Faserstofftechn. **4**(1954) 5 287—288.

Roylance, E. C.: Aluminium in the textile industry. Metallurgia **49**(1954)292 77—81; AB **25**(1954)4 209.

Werkzeugmaschinen 6.23

Krug, C.: Der Starrheitsgrad von Werkzeugmaschinen. Maschinenb. Betrieb **10** (1931) 505, **11**(1932) 389.

Krug, C.: Die Diskus-Stahlzellenbauweise. Werkstattstechn. u. Werksleiter **27** (1933) 15.

Finkelnburg, H.: Leichtlegierungen im Werkzeugmaschinenbau. Werkstatt u. Betrieb **68**(1935) 176.

Krug, C.: Der Stahlbau bei Werkzeugmaschinen. Werkstattstechn. u. Werksleiter **30**(1936) 201—205, **31**(1937) 541—546.

Berndt, E.: Stofferaprnis durch Schweißen im Werkzeugmaschinenbau. Maschinenb. Betrieb **17**(1938) 523—524; Polytechn. Weekbl. **34**(1940) 283; Werkstattstechnik **35**(1941) 155.

Kettner, H.: Dynamische Untersuchungen an Werkzeugmaschinengestellen. Entwicklung eines elektrischen Meßgerätes. Vergleichende Messungen an Ausführungen in Gußeisen und Stahl. Diss. Berlin 1938, Würzburg-Aumühle: Triltsch 1939.

Krug, C.: Stahlbauweise bei Werkzeugmaschinen. Stahl u. Eisen **58**(1938) 34.

Krug, C.: Der Stahlbau bei Werkzeugmaschinen. Werkzeugmaschine **42**(1938) 99—103.

Krug, C.: Werkstofferaprnis durch Schweißen im Werkzeugmaschinenbau. Elektroschweißung **9**(1938) 2—5.

Finkelnburg, H.: Metallwirtschaftlich und technisch richtiger Einsatz von Leichtmetall im Werkzeugmaschinenbau. Metallwirtsch. **18**(1939)35 755—760.

Als Werkstoff für den

Leichtbau von **Fahrzeugen**

liefern wir

Bleche und **Breitbänder**

aus **nichtrostenden Stählen** hoher Festigkeit

z. B. Marke V 2 A

CAPITO & KLEIN AKTIENGESELLSCHAFT

DUSSELDORF-BENRATH

843

Finkelnburg, H.: Leichtbau bei Werkzeugmaschinen. Maschinenb. Betrieb **19** (1940) 179.

Krug, C.: Stahlleichtbau bei Werkzeugmaschinen. Grundlagen und Ausführungs-beispiele. Z. VDI **84**(1940)1 11—16.

Krug, Carl: Form und Federung bei Werkzeugmaschinen. Werkstattstechnik u. Werksleiter **35**(1941)11 189—193.

Krug, C.: Leichtbaugestaltung bei Schleifmaschinen. Schleif- und Poliertechnik **19**(1942)3 38—42.

— Light alloys in machine tools. Light Metals **6**(1943)69 486—493.

Möbius, W.: Zur Entwicklung der Stahlleichtbau-Drehbänke. Versuche mit Betten rohrförmigen Querschnitts. Z. VDI **88**(1944)21/22 277—286.

Douglass, C. N.: Pneumatic sander employs magnesium housing and alloy steel working parts, for light weight and high capacity. Machine Design **21**(1949) May 103—106.

Heiß, Anton: Schwingungsverhalten von Werkzeugmaschinen-Gestellen. VDI Forschungsheft 429 1949/50 47 S. 185 Lit.-St.

Kienzle, O.: Stahlschweißbau bei Werkzeugmaschinen. Werkstattstechnik und Maschinenbau **39**(1949)2 33—41; Ref. Chem. Industrie (1949)1027 11.

Roloff, J.: Schweißen oder Gießen im Werkzeugmaschinenbau. Industrieanz. **71** (1949) 55—58.

Heiß, Anton: Schwingungsverhalten von geschweißten Werkzeugmaschinen-gestellen. Schweißen u. Schneiden **3**(1951) S.H. Nov. 122—130 12 Lit.-St.

Bondy, O.: Welded machine tools. Engrs'. Dig. **13**(1952)8 263—266.

Feinmaschinen und Geräte 6.24

v. Zeerleder, Alfred: Aluminium und seine Legierungen in der Feinmechanik. Feinmechanik u. Präzision **42**(1934) 113, 168, **43**(1935) 13, 29.

Lüpfert, H.: Werkstoffumstellung und Werkstoffeinsparung im Feingerätebau. Z. VDI **84**(1940)50 965—971.

Schmitz, J.: Preßstoffe im Kleinmaschinenbau. Kunststoff-Techn. **11**(1941)2 29—33; Techn. Z.-Schau **26**(1941)14 249.

Fessel, F.: Holz als Konstruktionswerkstoff im feinmechanischen Gerätebau. Feinmechanik u. Präzision **50**(1942)21/22 325—331.

Mayr, F. u. Hugo Wögerbauer: Werkstoffsparen bei Tragkonstruktionen, Grund-platten und Rahmen im Maschinenbau und Feingerätebau. (Schr.-Reihe Werkstoffsparen H. 7) Berlin: VDI-Verl. 1942 63 S. [6.21].

Chollar, R. G.: Kunststoffe im Büromaschinenbau. Modern Plastics **25**(1948)2 111—115; Konstruktion **1**(1949)7 218.

Helfer, J.: Konstruktionselemente der Schreibmaschine. Aachen: Basten 1949 45 S.

Neukirch, E.: Zur Frage der Verwendung von Magnesium-Legierungen für optische Geräte. Metall **4**(1950)7/8 142—144; AB **21**(1950)8 444.

Schroeder, A. J.: Richtlinien feinmechanischer Konstruktion und Fertigung. Stuttgart: Berliner Union GmbH Buch- u. Zeitschr.-Verl. 1953 210 S.; Technik (Berlin) **9**(1954)5 313.

Trylinski, W.: Konstruktion und Technologie der Feingeräte und Präzisions-mechanismen. Feingerätetechn. **3**(1954)3 119.

Beförderungsmittel 6.25

Allgemeines 6.251

Croseck, Heinrich: Vergleichende Betrachtungen über die Bauaufgaben der Wasser-, Land- und Luftfahrzeuge und ihre konstruktiven Lösungen unter be-sonderer Berücksichtigung der Schalenbauweise. Techn. Mitt. HdT (Essen) **31** (1938)22/23 496—507; „Leichtbau in Konstruktion und Technologie", Essen: Haus d. Technik 1939 40—51.

Twidle, A.: Economic and other factors which have affected the design of public service vehicles. Passenger Transport **102**(1950)2597 662—670. [1.51].

Lehmann, H. u. *E. Pflug:* Die Fahrzeuge der Deutschen Bundesbahn auf der Deutschen Verkehrsausstellung München 1953. Glas. Ann. **77**(1953)6/7 121—172.

Landfahrzeuge 6.252

Allgemeines 6.252.1

Zehnder, R. u. *Ad. M. Hug:* Verwendung von Leichtmetallen in Eisenbahnwagen, Straßenbahnwagen und Autobuskarosserien. (Int. Kongr. Berlin Juli 1934 d. Int. Ver. d. Straßenbahnen, Kleinbahnen u. öff. Kraftfahrunternehmen.) Generalsekretariat Brüssel: 1934.

— Aluminium im Fahrzeugbau des Auslandes. „INTALBO"-Mitt. Aluminium **17**(1935)2 85—117.

Brinck, A.: Aluminium im norwegischen Verkehrswesen. Aluminium **18**(1936)6 242—249, **20**(1938) 848—852.

Koch, Hans Wolf u. *Elisabeth Boedeker:* Schwingungen im Bauwesen, bei Fahrzeugen und Maschinen, Schwingungsmessung. (Literaturzusammenstellungen aus d. Gebiet d. techn. Mechanik u. Akustik, H. 5; Hrsg. W. Zeller) Berlin: VDI-Verl. 1936 V, 19 S. [1.271], [6.211.1], [6.270].

Ahrens, R.: Grundlagen des Fahrzeugleichtbaues. Verkehrstechnik **21**(1940) 70—73.

Kreißig, Ernst: Werkstoffeinsparung und Werkstoffumstellung im Fahrzeugbau. Techn. Mitt. HdT (Essen) **34**(1941)3/4 25—31.

Rinke, H.: Leichtstoff-Isolierung im Fahrzeugbau. DMZ **18**(1941)5 200, 202, 204.

Bleicher, Waldemar: Der heutige Stand der Leichtmetall-Verwendung im Fahrzeugbau. Z. VDI **86**(1942)3/4 49—54 18 Lit.-St.

Kaal, W.: Einige Grundlagen für eine Leistungssteigerung durch Anwendung von Leichtmetallen im Fahrzeugbau. Metallwirtsch. **21**(1942)25/26 374—376.

Cleff, Theo: Leichtbaugestaltung im Großfahrzeugbau. Z. VDI **87**(1943)25/26 377—384.

Koenig, Max: Leichtbau im Transportwesen. Schweiz. Arch. **9**(1943)5 156—159.

Tittelbach, F.: Bauart und Berechnung von Fahrzeugtragwerken. Wirtschaft u. Technik im Transp. **16**(1947) 104—108.

Reidemeister, Fritz: Über die wirtschaftliche Verwendung von Leichtmetall im Fahrzeugbau. Metall **2**(1948)5/6 85—88, 9/10 166—167.

Bleicher, W.: Leichtmetall-Verwendung und -Bauweise im Fahrzeugbau. Verkehr u. Technik **2**(1949)2 25—29 17 Lit.-St.

Reidemeister, Fritz: Über die Nachkriegsentwicklung des Leichtmetall-Fahrzeugbaues. Metall **3**(1949)15/16 274—276.

Bleicher, W. u. *K. Kaißling:* Leichtmetall bei Eisenbahnen. „Jb. Eisenbahnwes., Bd. 1", Hamburg: Teigeler 1950 133—139.

Kaißling, Karl: Leichtmetall im Verkehrswesen. (Maschinenb. u. Elektrotechn. heute, Tagung TH Aachen 1950.) Z. VDI **92**(1950)27 770.

Kaißling, Karl: Leichtmetall im Dienste des Verkehrs. „Aluminium im Verkehrswesen", Düsseldorf: Aluminium-Verl. 1950 5—8.

Keßler, H.: Aluminiumguß im Fahrzeugbau. „Aluminium im Verkehrswesen", Düsseldorf: Aluminium-Verl. 1950 50—54.

Kostron, H.: Leichtmetall-Knetwerkstoffe für den Fahrzeugbau. „Aluminium im Verkehrswesen", Düsseldorf: Aluminium-Verl. 1950 44—49. [1.323.211.1].

— Aluminium im Verkehrswesen. Düsseldorf: Aluminium-Verl. 1950 56 S.

Ruppin, K.: Elektrische Hochleistungs-Punkt-Schweißung im Leichtmetall-Fahrzeugbau. Glas. Ann. **75**(1951)4 83—84. [2.511.3].

Saliger, W.: Berechnung des Verhaltens von Fahrzeugfederungen. Maschinenb. u. Wärmewirtsch. **6**(1951) 65.

Schönberg, M.: Vorteile der Leichtmetallkonstruktion im Maschinen- und Fahrzeugbau. Konstruktion **3**(1951)11 338—343. [6.21].

Croseck, Heinrich: Konstruktionseinzelheiten von Leichtmetallschalen des Schienen- und Straßenfahrzeugbaues. Schweißen u. Schneiden (1952) S.H. Dez. 158—160.

Kaißling, Karl: Probleme aus dem Leichtbau der Verkehrsfahrzeuge. Nachr.-Bl. AGM Leichtbau 1(1952)1 2—3.

Kreissig, Ernst: Die Bedeutung des Leichtbaus für die Gestaltung der Fahrzeuge und die Entwicklung des Verkehrswesens. (Vortr. Tagung Verkehrswiss. Ges. Hannover Okt. 1951.) Int. Arch. Verkehrswes. **4**(1952)5 97—106; Nachr.-Bl. AGM Leichtbau 1(1952)2 8.

Ruppin, K.: Fortschritte im Leichtmetall-Fahrzeugbau. Werkstatt u. Betrieb **85** (1952)3 101; Nachr.-Bl. AGM Leichtbau 1(1952)2 6.

Bleicher, W.: Leichtmetall im Verkehrswesen. Verkehr u. Technik **6**(1953)10 333—336, 339—342, 343—345; Nachr.-Bl. AGM Leichtbau 3(1954)9/10 10.

Hammer, C.: Wärmeisolierung durch Aluminiumfolien. „Aluminium im Verkehr", Düsseldorf: Aluminium-Verl. 1953 166—168.

Schwering, Felix: Leichtbau bei Verkehrsfahrzeugen. Nachr.-Bl. AGM Leichtbau 2(1953)7 1—2.

Ullmann, K.: Sprödbruch im Fahrzeugbau. Radex-Rdsch. (1953)4/5 168—174; Stahl u. Eisen **73**(1953)21 1374.

Wiens, G.: Leichtbau bei Schienen- und Straßenfahrzeugen. Europa-Verkehr **1** (1953)1 86—112; Nachr.-Bl. AGM Leichtbau 3(1954)5 12.

— Aluminium im Verkehr, seine Anwendung als Leichtbaustoff in der heutigen Verkehrstechnik. Düsseldorf: Aluminium-Verl. 1953 210 S.

— Energy consumption tests with steel and light alloy trains. Engineer **195** (1953)5075 630—631; AB **24**(1953)6 349.

Croseck, Heinrich: Die praktischen Grenzen des Leichtbaues bei Personenwagen für Schiene und Straße in selbsttragender Schalenbauweise. Konstruktion **6** (1954)9 332—342 46 Lit.-St.

Taschinger, Otto: Über die Sicherheit, die schnellfahrende Motor- und Schienenfahrzeuge in Leichtbauweise bieten. Bundesbahn **29**(1955)7 306—314; Nachr.-Bl. AGM Leichtbau 4(1955)7 21.

<table>
<tr><td>Schienenfahrzeuge</td><td>6.252.2</td></tr>
<tr><td>Allgemeines</td><td>6.252.21</td></tr>
</table>

Kremer, Ph. u. *G. Reutlinger:* Gummi in Rädern für Schienenfahrzeuge. Z. VDI **77**(1933)35 955—958.

Otto, K.: Fortschritte in der Anwendung des Leichtbaues auf die Personenwagen, Verbrennungstriebwagen und Beiwagen der Deutschen Reichsbahn. Org. Fortschr. Eisenbahnwes. **89**(1934)1/2 31—39.

Reidemeister, Fritz: Leichtmetalle und ihre Verwendung im Eisenbahnwesen. Org. Fortschr. Eisenbahnwes. **90**(1935)2 32—38.

Mauerer, G.: Schweißgerechtes Konstruieren im Fahrzeugbau. Org. Fortschr. Eisenbahnwes. **91**(1936) 237—241.

Nagel, Albert: Leichtradsätze und deren Verwendung im Betriebe. Glas. Ann. **119**(1936)7 85—86.

Reidemeister, Fritz: Leichtmetallfahrzeuge. Elektr. Bahnen **12**(1936)8 199—203.

Reidemeister, Fritz: Verbreitung und Ergebnis der Leichtmetallverwendung bei Eisenbahn-Fahrzeugen. Aluminium **18**(1936)10 495—498.

— Gewichtsverringerung von Eisenbahnrädern. Z. VDI **81**(1937)45 1312—1313.

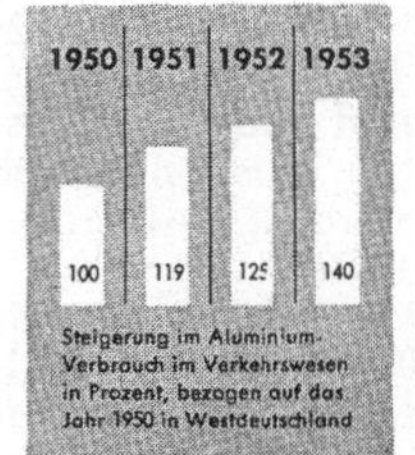

Leicht und fest

Die Überwindung von Raum und Zeit ist ein Problem, das zu allen Zeiten verschieden gelöst wurde.
Im Kongogebiet betrat zum erstenmal der Afrikaforscher Stanley eine Hängebrücke von 27 Meter Spannweite,
die über den Fluß Ituri führte. Seit Jahrtausenden verwandten die Eingeborenen leichte und doch
dauerhafte Hölzer und Lianen für ihre Brücken und Transportmittel.

Uns steht heute dafür ALUMINIUM zur Verfügung, ein Metall, das für die Überwindung von Raum und Zeit
alle Eigenschaften mitbringt, die an moderne Verkehrsmittel gestellt werden:

leicht ● dauerhaft ● vielseitig und formschön gestaltbar.

Diese Vorteile verbessern die Wirtschaftlichkeit der Verkehrsmittel.
Die Aluminium-Verwendung steigt daher von Tag zu Tag auf diesem Gebiet.

ALUMINIUM – Metall mit großer Zukunft

 **VEREINIGTE ALUMINIUM-WERKE**
Aktiengesellschaft · Bonn

1950	1951	1952	1953
100	119	125	140

Steigerung im Aluminium-
Verbrauch im Verkehrswesen
in Prozent, bezogen auf das
Jahr 1950 in Westdeutschland

847

Mauerer, G.: Geschweißte Fahrzeugkonstruktionen der Deutschen Reichsbahn. Braunschweig: Vieweg 1938 36 S.

Reidemeister, Fritz: Aluminium-Verwendung im Spiegel einer amerikanischen Eisenbahn-Zeitschrift. Aluminium **20**(1938)2 117—123, 3 209—214, 8 549—555, **21**(1939)2 117—127, **22**(1940)2 84—92, **23**(1941)3 159—170.

Taschinger, Otto: Der Leichtbau beim Eisenbahnfahrzeugbau. Techn. Mitt. HdT (Essen) **31**(1938)22/23 469 ff.; „Leichtbau in Konstruktion und Technologie", Essen: Haus d. Technik 1939 13—20.

Bennedik, Kurt: Der Spannungsverlauf im Achshalterausschnitt der Schienenfahrzeuge. Glas. Ann. **63**(1939)12 167—177.

de Boysson, L.: Les alliages légers dans les chemins de fer. Rev. Aluminium **16**(1939)110 1647—1654.

Ripley, C. T.: High-speed light-weight trains. J. & Proc. IME **142**(1939)2 97—111.

Taschinger, Otto: Laufeigenschaften besonders leicht gebauter Fahrzeuge. Org. Fortschr. Eisenbahnwes. **94**(1939)7 121—134.

Taschinger, Otto: Festigkeitsversuche mit geschweißten Drehgestellen. Z. VDI **83**(1939)51 1297—1298.

Bleicher, W.: Die Verwendung von Leichtmetall im Fahrzeugbau. Verkehrstechnik **21**(1940)23 350—354 8 Lit.-St.; Techn. Z.-Schau **26**(1941)6 111. [6.252.41].

Kaal, W.: Die Güte der Abfederung von Schienenfahrzeugen und Verbesserung der Fahreigenschaften besonders für Fahrzeuge in Leichtbauweise. Glas. Ann. **64**(1940)9 85—90.

Ewald, Kurt: 20 000 Schriftquellen zur Eisenbahnkunde. (Hrsg. Henschel, Kassel) Berlin: Springer 1941 923 S.

Kühnel: Entwicklung der Stähle für Reichsbahnbauwerke und -fahrzeuge sowie Oberbau in Wechselwirkung von Beanspruchung und Formgebung. Glas. Ann. **65**(1941)1 1—8 4 Lit.-St.; Techn. Z.-Schau **26**(1941)7 122. [1.322.1].

— L'alluminio nelle nuove costruzioni ferroviarie italiane. Alluminio **10**(1941) 1 26—32.

Hug, Ad. M.: Aluminium-Fahrzeuge bei Bahnbetrieben. Aluminium **24**(1942)9 307—312, **25**(1943)1 30—36, 9 331—334, 11 394—397, **26**(1944)5/6 100—105, 7/8 147—149.

Reidemeister, Fritz: Leichtmetallverwendung im Verkehrswesen im Spiegel deutscher Fachzeitschriften. Aluminium **24**(1942)3 111—114, 4 142—143, 5 179—181, 6/7 228—230, 8 273—275, 9 312—314, 10 362—364, 11 396—399, 12 433—435.

v. Waldstätter, K.: Neue Drehgestellkonstruktionen. Org. Fortschr. Eisenbahnwes. **97**(1942) 85—89.

Baumstark, J.: Neues Drehgestell mit Drehstabfederung und Schwinghebelachsführung für die Deutsche Reichsbahn. Org. Fortschr. Eisenbahnwes. **98**(1943) 140—143.

Dudley, L. P.: Aluminium in the construction of rolling stock. Light Metals **6** (1943)70 521—528.

Reidemeister, Fritz: Leichtmetallverwendung im Verkehrswesen im Spiegel deutscher Fachzeitschriften. Aluminium **25**(1943)1 37—39, 2 89—91, 3 135—137, 4 179—180, 5 216—218, 7/8 296—298, 10 363—366.

— Aluminium alloys in rolling stock. ADA Repr. 8 1945 38 p.

— Light alloy rolling stock. Light Metals **8**(1945) 222—245.

— New type rolling stock in Switzerland. Light Metals **8**(1945) 70—78.

Guignard, R.: Allègement du matériel. Bull. Ass. Int. Congr. Chemins de Fer **24**(1947) 129—220.

Ewald, Kurt: Spezifisches Zuggewicht und anteilige Zugkraft. Glas. Ann. **72** (1948)6 83—91, 7 101—106, **73**(1949)4 72—73.

Haller, Rudolf: Stromlinien- und Leichtbauzüge — neue Erkenntnisse in den USA. Glas. Ann. **72**(1948)5 71—72.

Sperling, E.: Berechnung der Federn von Eisenbahnwagen. Z. VDI **90**(1948) 318—322.

Byrne, B. R.: Welding as applied to railways and rolling stock. Brit. Welding Res. Ass. Rep. 47; Welding Res. **3**(1949)3.

Ciancia-Ailis: La construction en acier doux soudé d'une rame sur pneumatiques. Rev. Gén. Chemins de Fer **68**(1949) 337—341.

Foy: Les bogies et le châssis-caisse des voitures en acier inoxydable montées sur pneumatiques. Rev. Gén. Chemins de Fer **68**(1949) 57—65.

Günther, Oskar: Jenseits unserer Grenzen . . . (Schienenfahrzeuge.) Leichtmetall **2**(1949)5/6 20—24.

Klougt, W.: Rückblick und Ausblick in die Schweißtechnik des Waggonbaues. Glas. Ann. **73**(1949)3 45—48; Werkstatt u. Betrieb **83**(1950)1 39.

Koenig, Max: Leichtmetall im Schienenfahrzeugbau. Leichtmetall **2**(1949)5/6 1—20.

Rimbaud, L. et *E. Dufour:* Rames de voitures montées sur pneumatiques. Rev. Gén. Chemins de Fer **68**(1949) 9—19.

Strutz, C. R.: Railroad car welding. Welding J. **28**(1949)Apr. 329—334; Met. Rev. **22**(1949)6 50.

Swinnerton, N. W.: Welding on British Railways — trackwork and structures. Brit. Welding Res. Ass. Rep. 48; Welding Res. **3**(1949)3.

Victor, Maurice: La rame en alliages légers de la C.I.M.T. Rev. Aluminium **26** (1949)157 239—255.

— Motorzugförderung. (Techn.-wiss. Veröff. f. d. Gesamtgeb. d. Schienenfahrzeuge mit Antrieb durch Verbrennungsmot. u. Gasturb. einschließl. Kraftübertr. u. Zubehör.) MTZ (1949) Beih. 1 70 S. [6.211.1], [6.211.2].

Becker, P.: Grundsätzliches aus dem Eisenbahnwagenbau. Eisenbahntechnik **4** (1950) 207—214, 250—253.

Bleicher, W.: Die Leichtmetall-Verwendung im Fahrzeugbau in Deutschland. „Aluminium im Verkehrswesen", Düsseldorf: Aluminium-Beratungsstelle 1950 18—24 26 Lit.-St. [6.252.41].

Bleicher, W.: Die Leichtmetall-Verwendung im Groß-Fahrzeugbau im Ausland. „Aluminium im Verkehrswesen", Düsseldorf: Aluminium-Beratungsstelle 1950 9—17 24 Lit.-St. [6.252.41].

Koenig, Max: Leichtmetall im Fahrzeugbau. Eisenbahntechnik **4**(1950)5 93—104.

Kreißig, Ernst: Entwicklungsgedanken und Zukunftsaufgaben der Industrie der Schienenfahrzeuge des Fern- und Nahverkehrs. Techn. Mitt. HdT (Essen) **43** (1950) 175.

Krekeler, K. u. *W. Klougt:* Leistungssteigerung im Waggonbau, durch Anwendung der Schweißtechnik. „Ausgewählte Kapitel schweißtechnischer Fertigungsverfahren." (Verkehrswiss. Veröff. d. Ministeriums f. Wirtsch. u. Verkehr, Nordrhein-Westfalen, H. 5) Düsseldorf: Droste 1950.

Reinhold, J.: L'aluminium et ses alliages dans la construction de material de chemin de fer. Industrie Voies Fer et Transp. Automob. **39**(1950)447 569—578.

Sperling, E.: Die Laufeigenschaften der Eisenbahnwagen waagerecht quer zum Gleis. Glas. Ann. **74**(1950) 91—93, 97—101, 146—148; Z. VDI **93**(1951)4 91—94.

Baranszky-Job, Imre: Experiments on aluminium railway wheel centres with regard to cold shrink fitting. Aluminium (Hungary) **3**(1951)9 194—205; Met. Abstr. **81**(1952) Pt. 4 Dec. 304—305; AB **24**(1953)2 69.

Doepner, L.: Leichtradsatz mit Rohrachse. Technik (Berlin) **6**(1951)4 170—171.

Heumann, H.: Grundlagen und leitende Gesichtspunkte zur Erzielung eines ruhigen Laufs von Eisenbahnfahrzeugen. Glas. Ann. **75**(1951) 211—217, 307.

Mielich, A.: Konstruktive Möglichkeiten zur Erzielung eines ruhigen Wagenlaufs von Eisenbahnfahrzeugen. Glas. Ann. **75**(1951) 217—220.

Mitchell, F. K.: Corrosion of cars costs 191 million dollars. How can it be reduced? Railway Age (1951)6 65—69; Nachr.-Bl. AGM Leichtbau **2**(1953)8 8.

Petzold, W.: Neue Wege für den Leichtbau von Schienenfahrzeugen. Glas. Ann. **75**(1951)10 274—278.

Reiter, M.: Senkung der Fertigungskosten geschweißter Schienenfahrzeuge. Schweißen u. Schneiden **3**(1951)6 178—182.

Schmerber, Luitpold: Brückenbesichtigungswagen aus Leichtmetall für jede Brückenkonstruktionsart. Stahlbau **20**(1951)3 38—39.

Sidebottom, Omar M.: Use of the phenomenon of relaxation of stresses to interpret results of tests of railway car wheels. Proc. SESA **9**(1951)1 19—26; AMR **5**(1952)3 107; Stahl u. Eisen **72**(1952)14 854.

Stieler, C.: Die Schweißtechnik im Dienste des Fahrzeugbaues und des Oberbaues. „Jb. Eisenbahnwes. Bd. 2", Köln-Stade-Bad Hersfeld: Röhrig 1951 153—163.

Töpelmann, J. u. *L. Doepner:* Neu entwickelte Fahrzeuge der VVB Lowa. Technik (Berlin) **6**(1951)7 313—317.

Wiens, G.: Der Wagenbau, von der Werkstatt aus gesehen. Jb. Eisenbahnwes. Bd. 2. Köln-Stade-Bad Hersfeld: Röhrig 1951 135—152.

Chartet, M.: Die vertikale Abfederung der Eisenbahnfahrzeuge. Rev. Gén. Chemins de Fer **71**(1952)11 476; Nachr.-Bl. AGM Leichtbau **2**(1953)8 10.

Fabry, Charles W.: Leichtbau-Probleme und ihre statische Erfassung im Waggonbau. Glas. Ann. **76**(1952)9 206—210.

Fahlbusch, Heinz: Probleme und Fortschritte in der Entwicklung von Leichtmetall-Schienenfahrzeugen. MAN-Forsch. H. 1952 (1. Halbjahr) 24 S.

Kaissling, Karl: Leichtmetall für Eisenbahnfahrzeuge. Nachr.-Bl. AGM Leichtbau **1**(1952)6 1—2.

Kreißig, Ernst: Der Pufferstoß. Eisenbahntechn. Rdsch. (1952)5./11. 8 S.

Mundt, R.: Wälzlager in Schienenfahrzeugen. Glas. Ann. **76**(1952) 245—255.

Paglialunga, L.: Considerazioni su alcune applicazioni ferroviarie delle leghe leggere per cuscinetti. (Betrachtungen über Anwendung von LM-Lagerlegierungen für Schienenfahrzeuge.) Alluminio **21**(1952)1 43—47; Nachr.-Bl. AGM Leichtbau **1**(1952)3 10; AB **23**(1952)6 306.

Reidemeister, Fritz: Aluminium-Verwendung im Spiegel einer amerikanischen Eisenbahnzeitschrift. Aluminium **28**(1952)4 116—121, 5 153—156, 7/8 255—259, 10 358—362, 11 404—406, 12 452—454.

Berg, R. Jörn u. *Otto Taschinger:* Gummigefederte Räder. (Int. Tag. Kautschuk im Eisenbahnbau, München Sept. 1953.) Kautschuk u. Gummi **6**(1953)11 250—251; Nachr.-Bl. AGM Leichtbau **3**(1954)5 11.

Biehler, G.: Gummireifen an Eisenbahnen. (Int. Tag. Kautschuk im Eisenbahnbau, München Sept. 1953.) Kautschuk u. Gummi **6**(1953)11 251—252; Nachr.-Bl. AGM Leichtbau **3**(1954)5 11.

Croseck, Heinrich: Fahrzeuge in Leichtmetall-Schalenbauweise. Eisenbahntechn. Rdsch. **2**(1953)10 496—507; Nachr.-Bl. AGM Leichtbau **3**(1954)1 8.

Fabry, Charles W.: Zusätzliche Beanspruchung von Schienenfahrzeugen durch Verdrehung. Glas. Ann. **77**(1953)4 78—88; Nachr.-Bl. AGM Leichtbau **2**(1953) 7 11.

Gaebler, G. A.: Verwendbarkeit und Wirtschaftlichkeit von Brennkraftantrieben für Eisenbahnfahrzeuge unter besonderer Berücksichtigung der Einflüsse des Fahrzeugleichtbaus. Glas. Ann. **77**(1953)10 285—293; Nachr.-Bl. AGM Leichtbau **3**(1954)2 18. [1.51].

Hegenbarth, F. u. *R. Jörn:* Tragende Gummielemente, physikalische Eigenschaften, Prüfung und konstruktive Ausbildung. (Int. Tag. Kautschuk im Eisenbahnbau, München Sept. 1953.) Kautschuk u. Gummi **6**(1953)11 252—253; Nachr.-Bl. AGM Leichtbau **3**(1954)5 11.

Kötzschke, P. u. *K. Kleinschnitger:* Leichtradsätze für Schienenfahrzeuge mit Leichtmetall-Radkörpern. „Aluminium im Verkehr", Düsseldorf: Aluminium-Verl. 1953 82—86.

Kreißig, Ernst u. *A. Szymanski:* Aluminiumradscheiben und ihre Wirkung. „Aluminium im Verkehr", Düsseldorf: Aluminium-Verl. 1953 74—81; Nachr.-Bl. AGM Leichtbau 4(1955)7 1.

Mielich, A.: Gummi im Reisezugwagen. Kautschuk u. Gummi 6(1953)10 227—228; Nachr.-Bl. AGM Leichtbau 3(1954)2 19.

Mölbert, F.: Neue Wege für die Ausbildung von Maschinenanlagen, Getrieben und Laufwerken leichter Gliedertriebzüge. Glas. Ann. 77(1953)6/7 178—187; Nachr.-Bl. AGM Leichtbau 3(1954)3/4 7.

Reidemeister, Fritz: Aluminiumverwendung im Spiegel einer amerikanischen Eisenbahnzeitschrift. Aluminium 29(1953)3 115—117, 5 211—214, 6 261—263, 7/8 325—327, 9 379—381.

Reidemeister, Fritz: Leichtmetall-Schienenfahrzeuge in den USA. „Aluminium im Verkehr", Düsseldorf: Aluminium-Verl. 1953 64—71.

Shearman, R. W.: Talgo trains popular in Spain. Railway Age 135(1953)22 69—72; Nachr.-Bl. AGM Leichtbau 3(1954)5 9.

— Aluminium in railway wagons. Metal Industry 83(1953)26 524; AB 25(1954) 2 63.

— Die Bewährung des Talgozuges in Spanien. Modern Metals 9(1953)9 50—51, 54, 56; Aluminium 30(1954)2 XXXII.

— Experimental aluminium-steel rail wagon. Metal Bull. (1953)3838 p. 27; AB 24(1953)12 765.

— Leichtmetall-Gliedertriebzüge der Deutschen Bundesbahn und der Deutschen Schlafwagen- und Speisewagen-Gesellschaft. Darmstadt: Röhrig, Berlin: Georg Siemens 1953 99 S.

— Schienenfahrzeuge. Berlin: Verl. Technik 1953 176 S.; Technik (Berlin) 9 (1954)9 540.

Bellis, M. W. and *N. J. Hochanadel:* Aluminium rides the rails. Railway Loc. & Cars (1954)8 65; Nachr.-Bl. AGM Leichtbau 4(1955)7 13.

Berg, J.: Beanspruchung und Eigenschaften der Gummikörper im gummigefederten Rad. Eisenbahntechn. Rdsch. 3(1954) 44—50.

Chadwick, R.: Design stresses in light-alloy rolling stock. Engng. 178(1954)4615 43—46; Nachr.-Bl. AGM Leichtbau 4(1955)7 21.

Kaißling, Karl: Noch leichter durch das teilbare Drehgestell. Nachr.-Bl. AGM Leichtbau 3(1954)3/4 1—2.

Körner, R. u. *H. Lehmann:* Rationalisierung auf wagentechnischem Gebiet. Bundesbahn 28(1954) 1009—1018.

Meyer, Rudolf: Schienenfahrzeug für hohe Fahrgeschwindigkeiten. Schweiz. Bauztg. 72(1954)14 191—192.

Pringiers, P.: Comparaison dans les conceptions coulées, embouties, soudées et rivées des bogies de voitures. Ossature Métall. 19(1954)1 19—31; Nachr.-Bl. AGM Leichtbau 4(1955)10 8.

Reidemeister, Fritz: Aluminiumverwendung im Spiegel einer amerikanischen Eisenbahnzeitschrift. Aluminium 30(1954)2 71—73, 5 208—209, 8/9 374—377.

Rolfes, K. A.: Das Gummielement im modernen Laufwerk der Schienenfahrzeuge des Nahverkehrs. Verkehr u. Technik 7(1954)6 170—172; Nachr.-Bl. AGM Leichtbau 4(1955)1 10.

Ruhlmann, H.: Les trains sur pneumatiques du chemin de fer métropolitain. Rev. Gén. Chemins de Fer 73(1954)4 173—193; Nachr.-Bl. AGM Leichtbau 4(1955)7 13.

Schimkat, Gerrit: Leichtmetallbau für Schienenfahrzeuge. Dtsch. Eisenbahntechn. 2(1954)9 347; Nachr.-Bl. AGM Leichtbau 4(1955)2 9.

Siebert, G.: Fahrzeugleichtbau und Spachteltechnik. Industrie-Lackier-Betrieb 22(1954)9 186—189; Nachr.-Bl. AGM Leichtbau 3(1954)11/12 8.

— New spot-welding method re-applies stainless steel car sidings. Welding J. 33(1954)June 575—577; Nickel-Ber. 12(1954)9 169—170.

Hauser, G. B.: Aluminium in railroad equipment. Modern Metals **11**(1955)4 33—37; Aluminium **31**(1955)10 A 235.

Hug, Ad.-M.: Gummigefederte Radsätze. Glas. Ann. **79**(1955)7 219—227; Nachr.-Bl. AGM Leichtbau **4**(1955)10 8.

Rautenberg, W.: Leichtbau von Radsätzen für Schienenfahrzeuge. Nachr.-Bl. AGM Leichtbau **4**(1955)1 1—6, 8/9 1—4.

Reidemeister, Fritz: Aluminium-Verwendung im Spiegel einer amerikanischen Eisenbahnzeitschrift. Aluminium **31**(1955)2 76—77.

Rösch, Georg: Leichtere Rollenachslager für Schienenfahrzeuge. Nachr.-Bl. AGM Leichtbau **4**(1955)10 1—4.

Salansky, F.: Verwendung von Leichtmetall bei der Herstellung von Eisenbahn-Druckluftbremsen. Aluminium **31**(1955)1 23—25.

Schelling, E.: Fortschritte in der Verwendung von Aluminium im Schienenfahrzeugbau. Aluminium (Suisse) **5**(1955)2 39—52.

Taschinger, Otto: Die Anwendung der Schweißtechnik im neuzeitlichen Schienenfahrzeugbau. Schweißen u. Schneiden **7**(1955)6 246—251.

Weinert, Otto: Festigkeitsuntersuchungen mit Dehnungsmeßstreifen im Waggonbau. Industrie-Elektronik **3**(1955)3/4 25—26.

Personenwagen   6.252.22

Mesmer, Gustav: Spannungsoptische Untersuchungen der Spannungszustände in Seitenwänden von Eisenbahnwagen. Z. VDI **74**(1930)9 284—286.

Wagner, G.: Leichtmetall-Stadtbahnwagen. Glas. Ann. **109**(1931)1307 100—109.

Croseck, Heinrich: Die Anwendung der Grundsätze des Leichtbaues auf den Fahrzeugbau. Verkehrstechnik **13**(1932)24a 535—541 9 Lit.-St. [6.252.26], [6.252.43].

Kreißig, Ernst: Die Prinzipien des Leichtwagenbaues. Glas. Ann. **110**(1932)1315 61—68, 1317 77—82.

Stroebe, H. u. *G. Wiens:* Entwicklung neuzeitlicher Eisenbahnpersonenwagen bei der Deutschen Reichsbahn. Org. Fortschr. Eisenbahnwes. **87**(1932)2/3 21—40.

Wagner, G.: Leichtmetalltüren für Schnellbahnwagen. Glas. Ann. **111**(1932)1321 1—9.

Baur, H.: Spannungsuntersuchungen an Personenwagenkästen. Org. Fortschr. Eisenbahnwes. **88**(1933) 143—148.

Lutteroth, F.: Einfluß der Lastübertragung und des Zustands der Wagenkästen der Personenwagen auf den Lauf. Org. Fortschr. Eisenbahnwes. **88**(1933)7/8 129—142.

Wiens, G.: Neuerungen im Personenwagenbau der Deutschen Reichsbahn unter besonderer Berücksichtigung des Leichtbaues. Z. VDI **77**(1933)13 339—348.
— Pullmanwagen aus Leichtmetall. Railway Age **94**(1933)22 789, 23 823; Z. VDI **77**(1933)33 900.

Witte, F.: Ganzaluminium-Personenwagen in den Vereinigten Staaten von Amerika. Org. Fortschr. Eisenbahnwes. **89**(1934) 291—294.

Boden, F.: Neuerungen im Personenwagenbau der Deutschen Reichsbahn. Z. VDI **79**(1935)41 1240—1243, 49 1467—1471.

Born, Erhard: Zur Entwicklung des Eisenbahn-Personenwagens in Deutschland. Org. Fortschr. Eisenbahnwes. **90**(1935) 503—511.

Boden, F.: Schweißen beim Neubau von Personenwagen der Deutschen Reichsbahn. Org. Fortschr. Eisenbahnwes. **91**(1936) 241—247.

Dähnick, E.: Entwicklung der deutschen Eisenbahnwagen. Glas. Ann. **60**(1936) 25—32, 37—42, 61—69, 87—95.

Müller, Josef: Leichtmetallkonstruktionen. Überblick über die grundsätzlichen Neuerungen in der Verwendung von Leichtmetallen bei Trieb- und Anhängewagen. Elektr. Bahnen **12**(1936)8 183—189. [6.252.27].

Spies, R.: Neue ausländische Leichtstahl-Personenwagen. Org. Fortschr. Eisenbahnwes. **92**(1937) 429—431.

Taschinger, Otto: Entwicklung und gegenwärtiger Stand im Bau geschweißter Trieb-, Steuer- und Beiwagen. Org. Fortschr. Eisenbahnwes. **92**(1937)14 249—261. [6.252.27].

Kloumann, B. S.: Aluminium in railway rolling stock in the Scandinavian countries. Light Metals **1**(1938) 118—121.

Struck, E.: Leichte amerikanische Eisenbahn-Personenwagen. Z. VDI **82**(1938) 2 54.

Kreißig, Ernst: Zur Entwicklung des Leicht-D-Zug-Wagens. Glas. Ann. **63**(1939) 23 287—293.

Taschinger, Otto: Die Grundlagen des Leichtbaues von Eisenbahnwagen. Org. Fortschr. Eisenbahnwes. **94**(1939)1 1—12.

Taschinger, Otto: Festigkeits- und Zerstörungsversuche an Wagenkästen. Org. Fortschr. Eisenbahnwes. **94**(1939)20 385—397, 21 403—418.

Wiens, G.: Entwicklung und Fortschritt im Personenwagenbau der Deutschen Reichsbahn. Glas. Ann. **63**(1939)11 139—147.

Baur, H.: Heizung und Lichtstromversorgung der Reichsbahn-Personenwagen in Leichtbauart. Org. Fortschr. Eisenbahnwes. **95**(1940) 297—309.

Born, E.: Leichtbau-D-Zug-Wagen. Z. VDI **84**(1940)31 563.

Forsbach, F.: Berechnungsgrundlagen und statische Festigkeitsversuche des ersten Leicht-D-Zug-Wagens in Schalenbauweise. Glas. Ann. **64**(1940)1 1—7.

Pusch, A.: Untersuchungen an Leichtmetall-Legierungen für den Personenwagenbau der Deutschen Reichsbahn. Metallwirtsch. **19**(1940)11 201—203.

Taschinger, Otto: Leichtbau-D-Zugwagen nach dem Entwurf des Reichsbahnzentralamts München. Org. Fortschr. Eisenbahnwes. **95**(1940)17/18 273—297; Techn. Z.-Schau **26**(1941)5 88.

Wiens, G.: Personenwagen in Leichtbauart. Org. Fortschr. Eisenbahnwes. **95** (1940)15/16 237—271.

Bethge, K.: Die neuen D-Zugwagen der Deutschen Reichsbahn. Glas. Ann. **65** (1941) 64—69.

Fruchslen, K.: Leichtstahlwagen der Schweizerischen Bundesbahnen. Polytechn. Weekblad **35**(1941) 431—434; Z. VDI **86**(1942)9/10 158.

v. Waldstätter, K.: Beitrag zur Festigkeitsberechnung des Wagenkastens für Eisenbahn-Personenwagen BCüp. Org. Fortschr. Eisenbahnwes. **96**(1941) 275—281.

Hug, Ad. M.: Ein neuer ultraleichter spanischer Schnelltriebzug. Schweiz. Bauztg. **122**(1943)12 149—159. [6.252.27].

Bächtiger, A.: Festigkeitsbewährung stählerner Eisenbahnwagen. Schweiz. Bauztg. **123**(1944)3 25—29.

Hahn, F.: La voiture AB 4 ü légère en acier. Schweiz. Bundesbahn Nachr.-Bl. **21**(1944) 135—137.

Guerquin, M.: La voiture double articulée en alliages légers soudés de la S.N.C.F.-Nord. Rev. Aluminium **22**(1945)114 54—58.

Schelling, E.: Die neuen Brünig-Leichtwagen der SBB. Schweiz. Techn. Z. (1945) 43 546—547.

Victor, Maurice: La Micheline „136". Rev. Aluminium **23**(1946)121 120—128.

Sutter, K.: Zur Berechnung von selbsttragenden Eisenbahnwagenkasten. Wirtschaft u. Techn. im Transp. **16**(1947)70 46—51, 73 90—100.

Berger, Fr.: Das Schweißen beim Bau von Personenwagen. Technik (Berlin) **4** (1949)8 377—383.

Bouchart et *Ravard:* Le châssis-caisse des voitures en duralinox montées sur pneumatiques. Rev. Gén. Chemins de Fer **68**(1949) 289—295.

Bürnheim, Hermann: Der Leichtbau-Verbundzug Talgo. Z. VDI **91**(1949)20 528—529.

Mielich, A.: Planungen und Möglichkeiten im Eisenbahn-Personenwagenbau. Jb. Eisenbahnwes. Bd. 1. Hamburg: Teigeler 1949/50 119—124.

Du Mond, T. C.: Choice of materials helps achieve remarkable weight reduction in ACF Talgo train. Mater. & Meth. **30**(1949)3 57—60.

Poulin, P.: Zahlenmäßiges Beispiel zur Berechnung von selbsttragenden Eisenbahnwagenkasten. (Exemple numerique d'un calcul de caisse autoportante de voiture de chemin de fer.) Wirtschaft u. Technik im Transp. **18**(1949)11/12 164—171, **19**(1950)1/3 9—20, 4/6 40—51, 10/12 122—131; AB **21**(1950)11 563.

Sperling, E.: Festigkeitsversuche an Eisenbahnwagen-Achsen als Grundlage für deren Berechnung. Z. VDI **91**(1949)15./3. 134—136; Met. Rev. **22**(1949)6 54.

— Aluminum passenger car parts. Railway Mech. Engr. **123**(1949)Apr. 209—211; Met. Rev. **22**(1949)5 54.

— Eisenbahnwagen mit Luftreifen für die französische Ostbahn. Z. VDI **91**(1949) 172.

— Les trains rapides sur pneumatiques. Techn. Moderne **41**(1949)1/2 23—25; Konstruktion **1**(1949)6 190—191.

Born, Erhard: Zur Entwicklung des D-Zug-Wagens. Glas. Ann. **74**(1950) 126—131.

Bulleid, O. V.: Triangulated underframes and lightweight bodies for railway cars. Economie et Techn. Transp. **18**(1949)9/10 130—134; AB **21**(1950)1 9.

Clar, F.: Eine neue Bauart von Eisenbahnfahrzeugen. Der ACF-TALGO-Zug. Maschinenb. u. Wärmewirtsch. **5**(1950) 122. [6.252.27].

Croseck, Heinrich: Das Schienenfahrzeug und der leidige Pufferstoß. „Aluminium im Verkehrswesen", Düsseldorf: Aluminium-Beratungsstelle 1950 32—37.

Gruitch, J. M. and *H. Philips:* The Talgo train. Mech. Engng. **72**(1950)10 787—791; Konstruktion **3**(1951)11 357—358. [6.252.27].

Hartmann, E. C. and *R. L. Moore:* An aluminium alloy in car construction. Railway Mech. & Electr. Engrs. **124**(1950)Dec. 717—721.

Hermann, O.: Städtezüge Straßburg-Paris mit Wagen auf Luftreifen. Schweiz. Bundesbahn Nachr.-Bl. **27**(1950) 10—11.

Steiner, E. R.: Strength tests on completely welded railroad passenger cars of light steel construction. Z. Schweißtechn. **40**(1950)Okt. 169—177.

Stockmar, Otto: Leichtmetall-Innenausstattung von Schienen- und Straßenfahrzeugen. „Aluminium im Verkehrswesen", Düsseldorf: Aluminium-Beratungsstelle 1950 27—31. [6.252.26].

Victor, Maurice: La rame A.C.F. „Talgo". Rev. Aluminium **27**(1950)163 53—62.

— Aluminium in passenger rolling stock. Devel. Bull. 7 March 1950 68 p.

— Twenty-three aluminum sleepers. Railway Mech. & Electr. Engr. **124**(1950) Apr. 188—191.

— Un wagon entièrement en alliage léger a été présenté aux techniciens à Douai, par le Bureau d'Information de l'Aluminium. Nord Industriel (Lille) (1950)30./9. 1765; AB **21**(1950)12 621.

Brinck, Arne: Über die Verwendung von Leichtmetall bei selbsttragenden Karosserien für Autobusse, Trolleybusse und Eisenbahnwagen. Aluminium **27**(1951)2 36—39, 3 67—70, 4 106—110; Nachr.-Bl. AGM Leichtbau **1**(1952)3 9. [6.252.26], [6.252.43].

Fink, Max: Einige Bemerkungen zu den luftbereiften Michelin-Expreßzugwagen. Glas. Ann. **75**(1951)10 249—252.

Guignard, R.: Les voitures des CFF montées sur pneumatiques "Michelin". Schweiz. Bauztg. **69**(1951)12 157—162, 13 171—174, 14 183—186; Konstruktion **4**(1952)8 253—255.

Guignard, R. u. *F. Richard:* Die neuen leichten Personenwagen der SBB mit Pneubereifung Michelin. Schweiz. Bundesbahn-Nachr.-Bl. **28**(1951) 4—8.

Guignard, R.: Die Verwendung von Aluminium im Bau der SBB Wagen mit pneubereiften Rädern. Aluminium (Suisse) **1**(1951)3 93—97, 4 136—143.

Guignard, R. et *F. Richard:* The Swiss Federal Railways' new lightweight passenger coaches mounted on Michelin pneumatic tires. Economie et Techn. Transp. 20(1951)1/3 14—20; AB 22(1951)5 256.

Renglet, J.: Les nouvelles voitures-remorques en alliage léger de la Société Nationale des Chemins de fer Vicinaux de Belgique. Rev. Aluminium 28 (1951)177 188; AB 22(1951)9 499—500.

Taschinger, Otto: Die Beanspruchung von Eisenbahnwagen beim Aufstoß unter besonderer Berücksichtigung der dabei anzunehmenden Stoßkräfte. Eisenbahntechnik 5(1951)4 80—86, 5 112—115.

— Light alloy railway coaches. Light Metals 14(1951)161 440—447; AB 22(1951) 10 558—559; Aluminium 27(1951)2 XI.

— Lightweight steel restaurant cars in Switzerland. Railway Gaz. 95(1951) 466.

Hamacher, F. W.: Der spanische Ultraleicht-Gelenkzug „Talgo". Glas. Ann. 76 (1952)5 110—115; Nachr.-Bl. AGM Leichtbau 1(1952)4 10—11.

Körner, R.: Der Stand des Personenwagenbaues bei der Deutschen Bundesbahn. Eisenbahntechn. Rdsch. 1(1952) 92—105.

Meyer, Rudolf: Zum Problem des Pneulaufs auf der Schiene. Schweiz. Bauztg. 70(1952)13 188.

Mielich, A.: Neue Bestrebungen im Eisenbahn-Wagenbau unter Berücksichtigung amerikanischer Verhältnisse. Bundesbahn 26(1952)13/14 445—455; Nachr.-Bl. AGM Leichtbau 1(1952)5 8.

Ruppin, K.: Schienenfahrzeuge in Leichtmetall-Bauweise mit gummigefederten und luftbereiften Rädern. Technik (Berlin) 7(1952)7 391—393; Nachr.-Bl. AGM Leichtbau 2(1953)12 13.

Taschinger, Otto: Leichtbau durch Schweißen an Schnelltriebzügen. Schweißen u. Schneiden 4(1952) S.H. Dez. 50—55. [5.5].

Valeur, J.: La voiture sur pneumatiques des chemins de fer fédéraux Suisse. Rev. Aluminium (1952)186 101—109; Nachr.-Bl. AGM Leichtbau 1(1952)5 7.

— Alweg-Einschienenbahn. Aluminium 28(1952)11 407—408; Nachr.-Bl. AGM Leichtbau 1(1952)7 3.

— Leichtgewichts-Bahnmaterial. Passenger Transp. 106(1952)2700 563—564; Nachr.-Bl. AGM Leichtbau 1(1952)3 11.

— Leichtgewichts-Dieselzug. Passenger Transp. 106(1952)2709 921—922; Nachr.-Bl. AGM Leichtbau 1(1952)5 9.

— Monorail trains. Railway Age 133(1952)17 14—15; Nachr.-Bl. AGM Leichtbau 2(1953)2 6.

— Unpainted car for underground. Light Metals 15(1952)172 216; AB 23(1952) 9 477.

Augenstein, J.: Konstruktion eines Reise-Gliedertriebzuges aus Leichtmetall. „Aluminium im Verkehr", Düsseldorf: Aluminium-Verl. 1953 30—40.

Barrow, T. W.: Aluminium alloy coaches. Railway Gaz. 98(1953)16./1. 68—70; AB 24(1953)6 351.

Barrow, T. W.: London transport light-weight train, eight-car set of light alloy stock. Railway Gaz. 98(1953)23./1. 108—109; AB 24(1953)6 351.

Baur, H.: Der Henschel-Wegmann-Leichtschnellzug im neuen Gewande. Glas. Ann. 77(1953)10 300—309; Nachr.-Bl. AGM Leichtbau 3(1954)2 18.

Bleicher, W. u. *A. Szymanski:* Aluminium als Werkstoff für die neuen Leichtmetall-Gliedertriebzüge. Aluminium 29(1953)6 245—247; Nachr.-Bl. AGM Leichtbau 2(1953)9 9; AB 24(1953)10 611. [6.252.27].

Bode, A.: Konstruktion und fertigungstechnische Erfahrungen bei dem Bau eines Schlafwagen-Gliedertriebzuges aus Leichtmetall. Glas. Ann. 77(1953)6/7 173—177; Nachr.-Bl. AGM Leichtbau 3(1954)3/4 7.

Fahlbusch, Heinz: Ein Beitrag zur Berechnung selbsttragender Eisenbahnwagenkästen. Eisenbahntechn. Rdsch. 2(1953)8/9 444—453; Nachr.-Bl. AGM Leichtbau 2(1953)12 10.

Leicher, E.: Neue Bauformen im Schlaf- und Speisewagenbetrieb. Eisenbahntechn. Rdsch. **2**(1953) 206—212.

Leicher, Erich: Die neuen Leichtmetall-Glieder-Triebzüge. Eisenbahntechn. Rdsch. **2**(1953)Juni/Juli 244—263 12 Lit.-St.; Techn. Zbl. Masch. Wes. (1953) 11 1017. [6.252.27].

Levie, M. H. P.: Aluminium alloy coaches. Railway Gaz. **98**(1953)23./1. 90; AB **24**(1953)6 351.

Mielich, A.: Neue Wagen für den Fernverkehr der Deutschen Bundesbahn. Eisenbahntechn. Rdsch. **2**(1953) 289—301.

Müssig, W.: Der Eisenbahnwagenbau. Technik (Berlin) (1953) Messe-S.H. 92—97 7 Lit.-St.; Techn. Zbl. Masch. Wes. (1953)11 1016. [6.252.23].

Palmer, P. S.: Aluminium alloy coaches. Railway Gaz. **98**(1953)30./1. 118; AB **24**(1953)6 351.

Prier, Erich: Betriebsergebnisse mit dem Leichtbauzug „Talgo". Z. VDI **95**(1953) 3 82; Nachr.-Bl. AGM Leichtbau **2**(1953)6 3.

Reuther, H. G.: Zu schnelleren Eisenbahnen. Eisenbahnfachmann **27**(1953)8 2; Nachr.-Bl. AGM Leichtbau **2**(1953)7 10.

Stetza, G.: Der spanische Talgozug. Dtsch. Eisenbahner **6**(1953)3 8; Nachr.-Bl. AGM Leichtbau **2**(1953)4 7.

Welz, Alfons: Die neuen Leichtmetall-Gliedertriebzüge. Nachr.-Bl. AGM Leichtbau **2**(1953)9 1—4.

West, E. G.: Multiple-unit train in aluminium. Engineer **196**(1953)5104 675—677; AB **25**(1954)1 2.

— ALWEG-Einschienenbahn. Ein interessantes Experiment im Schnellbahnenbau, Beispiel einer vorbildlichen Leichtmetall-Leichtbaukonstruktion. „Aluminium im Verkehr", Düsseldorf: Aluminium-Verl. 1953 44—45.

— Der Burlington-Gallery-Zug. Wirtschaft u. Technik im Transp. (1953)7/9 87; Nachr.-Bl. AGM Leichtbau **3**(1954)8 8.

— Der TALGO-Zug. Anfang einer Neuentwicklung im Bau von Schienenfahrzeugen. „Aluminium im Verkehr", Düsseldorf: Aluminium-Verl. 1953 61—63.

— Three years of Talgo in Spain. Railway Age **135**(1953)14 77—79; AB **24**(1953) 11 679.

Augenstein, J.: Konstruktion von Gliedertriebzügen aus Leichtmetall. Konstruktion **6**(1954)3 105—108; Nachr.-Bl. AGM Leichtbau **3**(1954)7 10—11.

Fuchs, W.: Light metal for railway rolling stock. Metal Industry **85**(1954)24 487—489; Nachr.-Bl. AGM Leichtbau **4**(1955)7 20; Aluminium **31**(1955)4 A 73.

Kreißig, Ernst: Probleme der Blechleichtkonstruktion im Wagenbau. Industrie-Anz. **76**(1954)33 16—17; Nachr.-Bl. AGM Leichtbau **3**(1954)8 10.

Mielich, A.: Die neuen Reisezugwagen der Deutschen Bundesbahn unter besonderer Berücksichtigung der Verwendung von Gummi. Eisenbahntechn. Rdsch. **3**(1954) 16—21.

Wiens, G.: Stehen den Vorteilen des Fahrzeugleichtbaus auch Nachteile gegenüber? Nachr.-Bl. AGM Leichtbau **3**(1954)1 1—4.

— Light alloy stock for East Africa. Railway Gaz. **101**(1954)24 685—687; Nachr.-Bl. AGM Leichtbau **4**(1955)8/9 14.

Baur, H.: Praktische Erfahrungen mit Spitzenleistungen des Leichtbaus. Nachr.-Bl. AGM Leichtbau **4**(1955)4 1—3.

Born, Erhard: Reisezugwagen. I. Entwicklung in Deutschland. II. Entwicklung in einigen außerdeutschen Ländern, ausgenommen Nordamerika. Z. VDI **97** (1955)13 381—390 103 Lit.-St., 21 715—722 37 Lit.-St.

Domke, Theodor: Neue amerikanische Eisenbahnzüge in Leichtbauweise. Aluminium **31**(1955)12 621—623.

Grevesmühl, A.: Neue Reisezugwagen der Deutschen Bundesbahn. Dtsch. Eisenbahn-Techn. **2**(1955) 337—338.

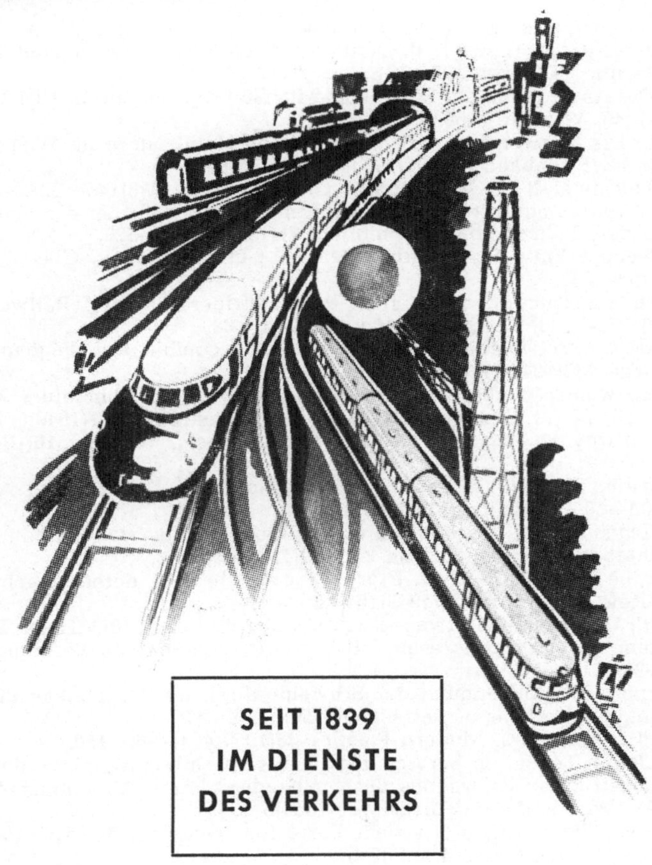

FAHRZEUG- UND MASCHINENBAU
LINKE - HOFMANN - BUSCH
SALZGITTER

Stafford, M.: Aluminium-Eisenbahnwagen ohne Anstrich. Aluminium **31**(1955)
11 554—556.

— Construction of a new British Railway passenger unit. Light Metals **18**(1955)
1 28—29.

Güterwagen 6.252.23

— Die Güterwagen der Deutschen Reichsbahn, ihre Bauart, Herstellung und
Verwendung. (Hrsg. i. Auftr. d. Dtsch. Reichsbahn, Hauptwagenamt Berlin.)
4. Aufl. Berlin: VDI-Verl. 1933 39 S.

Schinke, J.: Die Anwendung der Schweißung im Güterwagenbau. Z. VDI **79**(1935)
41 1237—1240, 49 1459—1466.

Osinga, J. R.: Die Verwendung von geschweißten Hohlträgern im Waggonbau.
Org. Fortschr. Eisenbahnwes. **93**(1938) 416.

Zemlin, F.: Leichtmetall im Waggonbau. Glas. Ann. **62**(1938)1468 227—229.

Auchter, C.: Großraumgüterwagen aus Leichtmetall. Ein Beispiel der Leichtbauweise aus dem Fahrzeugbau. Aluminium **21**(1939)7 517—520.

Köpke, L.: Neuere Entwicklungsrichtungen im Güterwagenbau. Glas. Ann. **63**
(1939)11 152—158.

— Interesting construction used in plywood refrigerator cars. Railway Age
109(1940)8 275—278; Techn. Z.-Schau **26**(1941)5 88.

— New York Central installs 20 aluminum alloy combination baggage cars.
Railway Age **122**(1947)17 853—856.

Valeur, J.: Le wagon tombereau en alliages légers. Rev. Aluminium **25**(1948)
147 279—288; Engrs. Dig. **9**(1948)12 415—416; Konstruktion **1**(1949)6 191.

— Welded railway wagons: use of high tensile steels. Welding **16**(1948)Apr.
171—173.

Barloon, Marvin: Steel conservation in lightweight freight cars. Iron Age **163**
(1949)5 102—109; Met. Rev. **22**(1949)3 52.

Hérenguel, Jean: Emploi des alliages d'aluminium sur les wagons pour transport de charbon. Rev. Aluminium **26**(1949)156 195—201.

Reinhold, J.: Le wagon S.T.E.M.I. à grande capacité et à déchargement auto-
matique. Rev. Aluminium **26**(1949)161 425—429.

Brenner, Paul: Großraum-Güterwagen aus Leichtmetall nach 10jährigem Betrieb.
„Aluminium im Verkehrswesen", Düsseldorf: Aluminium Beratungsstelle
1950 25—26.

Lüttich, Werner: Die Anwendung der Schweißtechnik im Waggonbau und ihre
Auswirkungen. Verkehr u. Technik **3**(1950)5 149—152.

— Laminated freight cars. Modern Plastics **28**(1950)4 64—65, 150.

Hérenguel, Jean: Tenue en service d'éléments en alliages légers employés
pour la construction de wagons de marchandises. Rev. Aluminium **28**(1951)
175 89—93; Werkstoffe u. Korrosion **5**(1954)5 194.

— Korrosion an Eisenbahngüterwagen. Corrosion (Houston) **7**(1951)6 196—201;
Nachr.-Bl. AGM Leichtbau **4**(1955)2 6.

— Laminated plywood in van building. Railway Gaz. **94**(1951)24 669—672;
Schweiz. Bauztg. **70**(1952)10 147; Nachr.-Bl. AGM Leichtbau **1**(1952)7 6—7.

Albrecht, W.: Die Entwicklung der Bahnpostwagen und ihre Einrichtungen in
Nachkriegszeiten. Z. Post- u. Fernmeldewesen **4**(1952)12 439—442; Nachr.-
Bl. AGM Leichtbau **2**(1953)4 8.

Müssig, W.: Neuentwicklung von zweiachsigen gedeckten Güterwagen 20 t.
Technik (Berlin) **7**(1952)2 63—64.

Nicaise, A.: Konstruktion von Kühlwagen. Ossature Métall. **17**(1952)10 484—
488; Rev. Gén. Chemins de Fer (1952)1 1—10; Nachr.-Bl. AGM Leichtbau **3**
(1954)7 14—15.

Spiwak, L. and *George W. Stanley:* Laminated freight cars and trailers. Wood
Working Dig. **54**(1952)7 151—167.

— Neue französische Leichtmetallwaggons. Aluminium **28**(1952)3 84—85.

Albrecht, Werner: Leichtbau und Leichtmetall in den neuesten Bahnpostwagen. Nachr.-Bl. AGM Leichtbau **2**(1953)12 1—3.

Flemming, W.: Eine neue Leichtbauwagentype. Eisenbahn-Ing. **4**(1953)8 199; Nachr.-Bl. AGM Leichtbau **2**(1953)9 5.

Müssig, W.: Der Eisenbahnwagenbau. Technik (Berlin) (1953) Messe-S.H. 92—97 7 Lit.-St.; Techn. Zbl. Masch. Wes. (1953)11 1016. [6.252.22].

Raab, Karl: Leichtmetall im Güterwagenbau. „Aluminium im Verkehr", Düsseldorf: Aluminium-Verl. 1953 46—52.

Struss, R.: Nuovo carro ferroviario a tramogge autoportante di lega leggera per trasporto di carbone fossile. (Neuartiger selbsttragender Eisenbahn-Trichterkohlenwagen aus Leichtmetall.) Alluminio **22**(1953)4 378—389; AB **24**(1953)12 765; Nachr.-Bl. AGM Leichtbau **3**(1954)1 6.

Tittelbach, F.: Leichtmetall-Hubschiebedach für Güterwagen. „Aluminium im Verkehr", Düsseldorf: Aluminium-Verl. 1953 53—55.

— Aluminium plated mineral wagon. London: Northern Aluminium Co. (Noral) Appl. Rec. 14 Nov. 1953 6 p.; AB **25**(1954)4 202—203.

— Aluminium reefer stands test of time. Railway Age **134**(1953)8 57—58; AB **24**(1953)3 134.

— Neue französische Leichtmetallwaggons. „Aluminium im Verkehr", Düsseldorf: Aluminium-Verl. 1953 72—73.

— Die Schweizerischen Bundesbahnen verwenden Aluminium zur Bedachung ihrer Wagen. Rev. Aluminium **30**(1953)198 138—140; Aluminium **29**(1953)7/8 XXII; Nachr.-Bl. AGM Leichtbau **2**(1953)11 8.

— US-Plexiglas box car. Glas. Ann. **77**(1953)1 21; Nachr.-Bl. AGM Leichtbau **2**(1953)8 7.

Mesnaritsch, Karl: Schweißen im Waggonbau. Schweißtechnik (Wien) **8**(1954)2 13—20.

Müller-Busse, A.: Das Punktschweißen großflächiger Waggonbauteile. Schweißtechnik (Wien) **8**(1954)3 33—35; Schweißtechnik (Berlin) **4**(1954)11 336.

Müssig, W.: Wege zur Verwirklichung des Leichtbaus im Waggonbau. Dtsch. Eisenbahntechn. **2**(1954)7 259—265; Nachr.-Bl. AGM Leichtbau **3**(1954)4 9, 9/10 24.

Penther, H.: Neuere Großraumgüterwagen in Stahl und Leichtmetall. Schweiz. Techn. Z. **51**(1954)33 546—547; Nachr.-Bl. AGM Leichtbau **4**(1955)7 21.

— Aluminiumwagen für Erztransporte. Indian & Eastern Engr. (Bombay) **114** (1954)2 219—220; Fördern u. Heben **4**(1954)12 881.

— Ultraleichte Eisenbahngüterwagen aus Aluminium. Techn. Rdsch. (Bern) **45** (1955)49 27; Nachr.-Bl. AGM Leichtbau **4**(1955)7 16.

Kesselwagen, Transportwagen u. a. 6.252.24

Köpke, Ludwig: Leichtkesselwagen. Glas. Ann. **64**(1940) 124—126, 207—212.

Wolff, A.: Untergestellfreie Leichtbautender. Glas. Ann. **66**(1942)19 213—217.

— Illinois Central builds aluminum refrigerator. Railway Age (1946)21 875—879.

— F. G. E. X. experimental refrigerator car. Railway Age **122**(1947)3 183—186.

Hauser, G. B.: Development of the aluminium tank car. Amer. Soc. Mech. Engrs. Ann. Meeting Pap. 50-A-118 1950; Mech. Engng. **73**(1951)3 237—238; AB **22** (1951)4 190.

Reinhold, Jean: Une rame en aluminium pour le transport de l'alumine. Rev. Aluminium **28**(1951)183 438—450; AB **23**(1952)3 102.

— New light-alloy water tender. Commercial Motor **92**(1951)2385 536; AB **22** (1951)3 123.

—. Sehr leichte Großraum-Selbstaufladewagen für den Alaunversand. Rev. Gén. Chemins de Fer **71**(1952)4 188; Nachr.-Bl. AGM Leichtbau 1(1952)6 7.

Englehart, E. T. and *G. B. Hauser:* Aluminium in hopper cars. Railway Age **136** (1954)22 43—45; Nachr.-Bl. AGM Leichtbau 4(1955)1 10.

Lokomotiven 6.252.25

Reiter, Max: Die Lichtbogenschweißung im Bau elektrischer Lokomotiven. Elektr. Bahnen **9**(1933)10 229—234.

Litz, V.: Leichtbau von Lokomotiven. (Vorträge Leichtbautagung) Berlin: VDI-Verl. 1944.

— Light alloys in locomotive motion. Light Metals **8**(1945) 125—132.

Cox, E. S. and *F. C. Johansen:* Locomotive frames. J. Inst. Loc. Engr. **38**(1948) Jan./Febr. 81—115.

Borgeaud, M. G.: Schweißen in der Konstruktion von modernen Lokomotiven. Z. Schweißtechnik (Zürich) **39**(1949)Dez. 215—224, **40**(1950)Jan. 8—11.

Lenk, H.: Grenzen des Leichtbaues bei Elektrolokomotiven und -Triebwagen. Maschinenb. u. Wärmewirtsch. **4**(1949)8 121—130. [6.252.27].

— Improved 2-D$_0$-2 locomotives for S.N.C.F. Railway Gaz. **93**(1950)2 39—40.

Grover, La Motte and *R. L. Rex:* Reclaiming aluminum Diesel locomotive parts. Railway Mech. & Electr. Engr. **125**(1951)Sept. 56—59; Met. Rev. **24**(1951)11 33.

Sewell, J. F.: Niedriglegierter Mangan-Nickel-Molybdän-Stahl für Lokomotivteile. Railway Steel Topics **1**(1951)1 28—32; Nickel-Ber. **10**(1952)8/9 203—204; Stahl u. Eisen **73**(1953)9 599.

— Aluminium locomotive. Metal Industry **80**(1952)13 256; AB **23**(1952)5 252.

— Gasturbinen-Lokomotive der britischen Eisenbahn. Light Metals (1952)3 87—89; Nachr.-Bl. AGM Leichtbau 1(1952)3 12.

— Locomotives and aluminium. Metal Industry **81**(1952)22 434; AB **24**(1953)1 7; Nachr.-Bl. AGM Leichtbau 2(1953)4 4.

— Verminderung des Lokomotivgewichtes. Railway Gaz. **96**(1952)7 171; Nachr.-Bl. AGM Leichtbau 1(1952)6 4.

Gaebler, Gustav-Adolf: Zukünftige Wege der Fahrzeugentwicklung unter besonderer Berücksichtigung der Brennkraftschienenfahrzeuge. Eisenbahntechn. Rdsch. (1953) 51—66 3 Lit.-St.; Techn. Zbl. Masch. Wes. (1953)11 1016—1017. [6.252.27].

Reiter, M.: Die geschweißten Fahrgestelle der elektrischen Lokomotive Bo'Bo' Baureihe E 10. Elektr. Bahnen **24**(1953)10 266—269.

Reiter, M.: 25 Jahre Schweißtechnik im Elektro-Lokomotivbau. Schweißen u. Schneiden **5**(1953)9 330—339.

Wagner, A. u. *G. Kloss:* Gummi an Lokomotiven. (Int. Tag. Kautschuk im Eisenbahnbau, München Sept. 1953.) Kautschuk u. Gummi **6**(1953)11 250; Nachr.-Bl. AGM Leichtbau 3(1954)5 11.

— Modernste Diesellok der Welt. Bundesbahn-Mitt. **4**(1953)21 2; Nachr.-Bl. AGM Leichtbau 2(1953)8 3—4.

Fabry, Charles W.: Spannungsverteilung an Verbundkonstruktionen aus verschiedenen Metallen im Lokomotivbau. Glas. Ann. **78**(1954)6 147—156. [1.262].

Martin, E. u. *K. Werner:* Statistische Auswertung von Ultraschall-Reihenuntersuchungen an Achswellen von Schnellzug-Dampflokomotiven. Glas. Ann. **78** (1954)1 1—8, 2 31—35; Stahl u. Eisen **74**(1954)15 976.

Straßenbahnwagen 6.252.26

Croseck, Heinrich: Die Anwendung der Grundsätze des Leichtbaues auf den Fahrzeugbau. Verkehrstechnik **13**(1932)24a 535—541 9 Lit.-St. [6.252.22], [6.252.43].

Samuelsen: Duralumin-Triebwagen der Osloer Straßenbahn. Verkehrstechnik **18** (1937) 321.

Jenne, W.: Leichtstahlbauweise für Straßenbahntriebwagen. Verkehrstechnik **20**(1939)2 29—31.

Hug, Ad. M.: Die neuen Straßenbahnwagen in Mailand. Verkehrstechnik **21** (1940)24 358—360.

Taschinger, Otto: Werkstoffprobleme für nichttragende Bauteile von Trieb-, Steuer- und Beiwagen. Org. Fortschr. Eisenbahnwes. **95**(1940)23 367—381, 24 383—393. [6.252.27].

Schumann, H.: Neue Straßenbahn-Triebwagen und -Beiwagen der Berliner Verkehrs-Betriebe. Verkehrstechnik **22**(1941) 264—266.

Prasse, W.: Die Verwendung von Gummi als Bau- und Federungselement bei Straßenbahnwagen. Verkehrstechnik **23**(1942)11 161—164. [1.431.22].

Reuterswärd, C. A.: Einrichtungswagen der Göteborger Straßenbahn. Verkehrstechnik **24**(1943)8 114—115.

Bächtiger, A.: Neue Großraum-Anhängewagen Reihe 711 der Städtischen Straßenbahn Zürich. Schweiz. Bauztg. **12**(1945)12 130—133.

Prasse, W.: Gesichtspunkte für den Entwurf neuzeitlicher Straßenbahnfahrzeuge. Konstruktion **1**(1949)6 171—177.

— Die neuen Leicht-Motorwagen der Straßenbahngesellschaft Neuenburg. Schweiz. Bauztg. **67**(1949)19 267—270.

Croseck, Heinrich: Straßenbahn-Beiwagen in Leichtmetall-Schalenbauweise. Verkehr u. Technik **3**(1950)3 77—85; Glas. Ann. **74**(1950)6 107—110; Wirtschaft u. Technik im Transp. (1950)4/6 60.

Seddon, Oswald F.: Aluminium in road transport. Banbury: Northern Aluminium Co. (Noral) 1950 84 p. [6.131], [6.252.42], [6.252.43], [6.252.44].

Stockmar, Otto: Leichtmetall-Innenausstattung von Schienen- und Straßenfahrzeugen. „Aluminium im Verkehrswesen", Düsseldorf: Aluminium-Beratungsstelle 1950 27—31. [6.252.22].

Brinck, Arne: Über die Verwendung von Leichtmetall bei selbsttragenden Karosserien für Autobusse, Trolleybusse und Eisenbahnwagen. Aluminium **27**(1951)2 36—39, 3 67—70, 4 106—110; Nachr.-Bl. AGM Leichtbau **1**(1952)3 9. [6.252.22], [6.252.43].

Cramer, Eugen: Entwicklung und Stand im Bau von Straßenbahnwagen. Z. VDI **93**(1951)7 173—178 12 Lit.-St.

Lüttich, Werner: Leichtmetallfahrzeuge der Hamburger Hochbahn A.G. Aluminium **27**(1951)1 7—11; Glas. Ann. **76**(1952)2 37; Nachr.-Bl. AGM Leichtbau **1**(1952)3 11.

Riboud, P.: Les nouveaux matérials du Métropolitain de Paris. Rev. Gén. Chemins de Fer **70**(1951)12 765—766.

Ruppin, K.: Schweizerische Straßenbahnwagen mit gummigefederten Rädern. Konstruktion **3**(1951)9 282—283.

— Light alloy rolling stock for London transport. Engineer **191**(1951)4970 552—553; AB **22**(1951)6 334.

Kalpers, H.: Untergrundbahnwagen mit Luftbereifung. Verkehr u. Technik **5** (1952)4 119—120; Nachr.-Bl. AGM Leichtbau **1**(1952)7 6.

Lademann, F.: Die Hamburger Großraumwagen. Verkehr u. Technik **5**(1952)12 350—353; Nachr.-Bl. AGM Leichtbau **2**(1953)4 11.

Ruhlmann, M.: La voiture prototype sur pneumatiques du Métropolitain de Paris. Rev. Gén. Chemins de Fer **71**(1952)2 85; Nachr.-Bl. AGM Leichtbau **1**(1952)7 7.

— Aluminium-Untergrundbahnwagen. Metal Industry **81**(1952)20 394; Nachr.-Bl. AGM Leichtbau **2**(1953)4 4.

— Nicht angestrichene Aluminium-Untergrundbahnwagen. Passenger Transp. **107**(1952)2713 55; Nachr.-Bl. AGM Leichtbau **1**(1952)6 7.

— Una applicazione tranviaria delle leghe leggere. (Anwendungsbeispiel für Aluminium im Straßenbahnwagenbau.) Alluminio **21**(1952)1 55; Nachr.-Bl. AGM Leichtbau **1**(1952)3 9.

— Gummigefederte Räder. Int. Arch. Verkehrswes. **4**(1952)15 372; Nachr.-Bl. AGM Leichtbau **1**(1952)6 3—4.

— Paris articulated train. Railway Gaz. **96**(1952)10 262; Nachr.-Bl. AGM Leichtbau **1**(1952)7 7.

Baránszky-Jób, I.: Light metal (aluminium alloy) tramcar wheel-centres, and low-temperature investigations connected therewith. Acta Techn. Acad. Sci. (Hungary) **5**(1952)2 183—206; Met. Abstr. **21**(1953) Pt. 2 Oct. 206; AB **24**(1953) 12 764—765.

Brahn, O. K.: Die weitere Entwicklung des modernen Straßenbahnwagens in der Schweiz. Nederlands Maandblad Streek- en Stadsvervoer (1953)7 77—80; Nachr.-Bl. AGM Leichtbau **2**(1953)11 10.

Clessens, L.: Les Motrices légères à bogies, Type "N" de la S.N.C.F. Rail et Traction (Bruxelles) (1953)5 23; Nachr.-Bl. AGM Leichtbau **2**(1953)12 9—10.

Lüttich, W.: Erfahrungen der Hamburger Hochbahn AG mit Straßenbahnwagen in Leichtmetallkonstruktion. „Aluminium im Verkehr", Düsseldorf: Aluminium-Verl. 1953 55—57.

Reidemeister, Fritz: Neunzig Leichtmetall-U-Bahn-Wagen für London. „Aluminium im Verkehr", Düsseldorf: Aluminium-Verl. 1953 58—60.

Stetza, G.: Moderne Leichtmetall-Straßenbahnwagen für Ein-Richtungsverkehr in Oslo (Norwegen). Elektr. Bahnen **24**(1953)6 154; Nachr.-Bl. AGM Leichtbau **2**(1953)12 12.

Würth, W.: Straßenbahn-Motorwagen der Basler Verkehrsbetriebe. (Les automotrices ultra-légères des tramways Balois.) Aluminium (Suisse) **3**(1953)1 25—27; AB **24**(1953)3 134—135.

— Les nouvelles motrices „série 500" de l'électrique Lille-Roubaix-Tourcoing. Rev. Aluminium **30**(1953)204 400—401; AB **25**(1954)3 128; Aluminium **30**(1954) 4 LXXIV.

Kekonius, O.: Verwendungsmöglichkeiten von Gummi im Wagenbau für Straßen- und Untergrundbahnen. Technica **3**(1954)15 699—702; Nachr.-Bl. AGM Leichtbau **4**(1955)1 9.

Lüttich, W.: Der neue Hamburger Straßenbahn-Gelenktriebwagen. Verkehr u. Technik **7**(1954)4 109—112; Nachr.-Bl. AGM Leichtbau **3**(1954)9/10 10.

Reinhold, J.: Les voitures du Metropolitain de Londres précisent l'intérêt de l'allègement. Rev. Aluminium **31**(1954)210 191—197; Nachr.-Bl. AGM Leichtbau **3**(1954)9/10 15.

Stengel, K.: Straßenbahn-Großraumwagen in Karlsruhe. Nahverkehrs-Praxis **2**(1954) 273—276; Nachr.-Bl. AGM Leichtbau **4**(1955)8/9 9.

— Aluminium cars for Toronto transit commission. Railway Gaz. **101**(1954)24 631—634; Nachr.-Bl. AGM Leichtbau **4**(1955)8/9 14.

Neymann: Straßenbahnzüge zweiachsiger Bauart mit Handhebelbetätigung. Nahverkehrs-Praxis **3**(1955)3 52—56; Nachr.-Bl. AGM Leichtbau **4**(1955)8/9 10.

Petzold, W.: Statischer Belastungsversuch eines modernen Straßenbahn-Großraum-Triebwagens in Stahlbauweise. Glas. Ann. **79**(1955)1 14—16; Nachr.-Bl. AGM Leichtbau **4**(1955)3 5.

Triebwagen, Schienen-Omnibusse, Schiestrabusse   6.252.27

Cramer, E.: Zur Entwicklung des Schienenomnibusses. Z. VDI **76**(1932)16 397.

Fuchs, Friedrich u. Max Breuer: Der Schnelltriebwagen der Deutschen Reichsbahn-Gesellschaft. Z. VDI **77**(1933)3 57—68.

Kearns, E. E.: Modern light-weight high-speed interurban cars. General Electric Rev. (New York) (1932)July 371—376.

Ahrens, H.: Der Leichtbau-Triebwagen der Weimar-Berka-Blankenhainer Eisenbahn. Verkehrstechnik **17**(1936)10 241—245.

Müller, Josef: Leichtmetallkonstruktionen. Überblick über die grundsätzlichen Neuerungen in der Verwendung von Leichtmetallen bei Trieb- und Anhängewagen. Elektr. Bahnen **12**(1936)8 183—189. [6.252.22].

Wohllebe, E.: Leichttriebwagen der Schweizerischen Bundesbahn. Z. VDI **80** (1936)33 1004—1005.

Schroeder, E.: Entwicklung der Micheline-Triebwagen. Schweiz. Bauztg. **110** (1937)6 62—64.

Taschinger, Otto: Entwicklung und gegenwärtiger Stand im Bau geschweißter Trieb-, Steuer- und Beiwagen. Org. Fortschr. Eisenbahnwes. **92**(1937)14 249—261. [6.252.22].

Klüsener, O.: Gummilagerung des Motorrahmens in einem Triebwagen. Mitt. Forsch.-Anst. GHH-Konzern **6**(1938)5. [1.431.22].

Taschinger, Otto: Triebwagen aus Leichtmetall. Ztg. Mitteleurop. Eisenb.-Verw. **128**(1938) 521—532; Z. VDI **83**(1939)21 664—665.

Lawezzari, R.: Ein bewährter Leichtmetall-Triebwagen. Verkehrstechnik **20**(1939) 3 52.

Stroebe, H. u. *Hüttebräucker:* Neuere Entwicklung der Verbrennungstriebwagen bei der Deutschen Reichsbahn. Glas. Ann. **63**(1939)11 147—152, 13 179—184.

Mauerer, Georg: Anbrüche an Trieb-, Steuer- und Beiwagen und ihre Auswertung für geschweißte Konstruktionen. Org. Fortschr. Eisenbahnwes. **95** (1940)11 167—175.

Taschinger, Otto: Werkstoffprobleme für nichttragende Bauteile von Trieb-, Steuer- und Beiwagen. Org. Fortschr. Eisenbahnwes. **95**(1940)23 367—381, 24 383—393. [6.252.26].

Bächtiger, A.: Erfahrungen beim Bau und Betrieb des Leichttriebwagens Reihe 401 der Städt. Straßenbahn Zürich. Schweiz. Bauztg. **119**(1942)23 266—269.

Bächtiger, A.: Der neue vierachsige Leicht-Triebwagen der Züricher Straßenbahn. Verkehrstechnik **23**(1942)1 3—6.

Kniffler, A.: Der Leichtbau elektrischer Triebfahrzeuge, seine Notwendigkeit und Verwirklichung. Elektr. Bahnen **18**(1942)7 139—145.

Hug, Ad. M.: Ein neuer ultraleichter spanischer Schnelltriebzug. Schweiz. Bauztg. **122**(1943)12 149—159. [6.252.22].

Lenk, H.: Grenzen des Leichtbaues bei Elektrolokomotiven und -Triebwagen. Maschinenb. u. Wärmewirtsch. **4**(1949)8 121—130. [6.252.25].

Clar, F.: Eine neue Bauart von Eisenbahnfahrzeugen. Der ACF-TALGO-Zug. Maschinenb. u. Wärmewirtsch. **5**(1950) 122. [6.252.22].

Gruitch, J. M. and *H. Philips:* The Talgo train. Mech. Engng. **72**(1950)10 787—791; Konstruktion **3**(1951)11 357—358. [6.252.22].

Kreißig, Ernst: Der moderne Triebwagen. Verkehr u. Technik **3**(1950)7 210—213, 8 244—246; Nachr.-Bl. AGM Leichtbau **2**(1953)2 7.

— Light electric railcars in Sweden. Railway Gaz. **93**(1950) 41.

Großkopf, Arthur: Der neue vierachsige Diesel-Triebwagen der Bremervörder-Osterholzer Eisenbahn. Glas. Ann. **75**(1951)1 17—20.

Taschinger, Otto: Schienenomnibusse und Anhänger. Glas. Ann. **75**(1951)7 154—166.

Jamet, M.: Versuch eines pneu-bereiften Untergrundbahn-Triebwagens. Wirtschaft u. Technik im Transp. **21**(1952)1/3 4—12; Glas. Ann. **76**(1952)4 92—93; Nachr.-Bl. AGM Leichtbau **1**(1952)4 6, 5 10.

Joss, F.: Modernisierung der St. Gallen-Speicher-Trogen-Bahn. Wirtschaft u. Technik im Transp. **21**(1952)4/6 40—55; Nachr.-Bl. AGM Leichtbau **2**(1953)5 5.

Kaess, F.: Neue elektrische Triebwagen der DB. Elektr. Bahnen **23**(1952)9 232—233; Nachr.-Bl. AGM Leichtbau **1**(1952)6 11.

Taschinger, Otto: Schienenomnibusse mit 6 m festem Achsstand. Glas. Ann. **76** (1952)10 219—232; Nachr.-Bl. AGM Leichtbau 1(1952)7 3.
— Neuer englischer Triebwagenzug. Engineer **193**(1952)5027 740; Nachr.-Bl. AGM Leichtbau 2(1953)2 10.
— 110 PS Schienen-Omnibus. Diesel Railway-Traction **6**(1952)227 301; Nachr.-Bl. AGM Leichtbau 2(1953)3 7.
— Der neue Talbot-Leicht-Triebwagen. Verkehr u. Technik **5**(1952)8 238; Nachr. Bl. AGM Leichtbau 1(1952)6 9.
Bleicher, W. u. *A. Szymanski:* Aluminium als Werkstoff für die neuen Leicht-metall-Gliedertriebzüge. Aluminium **29**(1953)6 245—247; Nachr.-Bl. AGM Leichtbau 2(1953)9 9; AB **24**(1953)10 611. [6.252.22].
Bogner, W.: Neue dreiachsige Großraum-Triebwagen. Verkehr u. Technik **6**(1953) 5 144—146; Nachr.-Bl. AGM Leichtbau 3(1954)1 12.
Gaebler, Gustav-Adolf: Zukünftige Wege der Fahrzeugentwicklung unter be-sonderer Berücksichtigung der Brennkraftschienenfahrzeuge. Eisenbahntechn. Rdsch. (1953) 51—66 3 Lit.-St.; Techn. Zbl. Masch. Wes. (1953)11 1016—1017. [6.252.25].
Leicher, Erich: Die neuen Leichtmetall-Glieder-Triebzüge. Eisenbahntechn. Rdsch. (1953)Juni/Juli 244—263 12 Lit.-St.; Techn. Zbl. Masch. Wes. (1953)11 1017. [6.252.22].
Taschinger, Otto: Gummi im Triebwagen. Kautschuk u. Gummi **6**(1953)10 225—227; Nachr.-Bl. AGM Leichtbau 3(1954)2 20.
— Schienen-Omnibusse. „Aluminium im Verkehr", Düsseldorf: Aluminium-Verl. 1953 41—43.
— Neuer Talbot-Leichttriebwagen Typ „Frankfurt". Bundesbahn **27**(1953)2 126; Nachr.-Bl. AGM Leichtbau 2(1953)4 5.
Hug, Ad.-M.: Die Luxus-Schnelltriebzüge der italienischen Staatsbahnen. Glas. Ann. **78**(1954)9 255—262.
Scherer, L.: Les caisses en acier inoxydable des automotrices „Budd" après 15 ans de service. Rev. Gén. Chemins de Fer **73**(1954)8 413—420; Nachr.-Bl. AGM Leichtbau 4(1955)5/6 8.
Taschinger, Otto: Die schweißtechnische Konstruktion der Motortriebfahrzeuge der DB unter Berücksichtigung der Leichtbauweise. Eisenbahntechn. Rdsch. **3**(1954)6 247—272; Nachr.-Bl. AGM Leichtbau 3(1954)8 4—5.
Taschinger, Otto: Der Baustoff Gummi — ein wichtiges Konstruktionselement beim Bau von Triebwagen. Eisenbahntechn. Rdsch. (1954) S.H. 3 3—16; Nachr.-Bl. AGM Leichtbau 3(1954)7 6.
Wullschleger, K.: Nouvelles automotrices du chemin de fer du Gornergrat. Economie et Techn. des Transp. (1954)1/3 5; Nachr.-Bl. AGM Leichtbau 4 (1955)5/6 8.
— L'autorail Renault 150 ch. Rev. Aluminium **31**(1954)207 55—56; AB **25**(1954) 5 265.
— Lightweight Diesel trains for British Railways. Railway Gaz. **100**(1954)19 524—526.
Kühner, H.: Nutzfahrzeuggetriebe im Leichttriebwagen. Glas. Ann. **79**(1955)6 203—206; Nachr.-Bl. AGM Leichtbau 4(1955)8/9 203—206.
Reiter, M.: Zeitgemäße Schweißtechnik beim Neubau von Triebfahrzeugen der Deutschen Bundesbahn. Schweißen u. Schneiden **7**(1955)2 39—54.
Stetza, G.: Schienenomnibusse für Niederländisch-Guayana. Eisenbahntechn. Rdsch. 4(1955)5 234—235; Nachr.-Bl. AGM Leichtbau 4(1955)8/9 12—13.

Transportbehälter   6.252.3

Siller, W.: Der Leichtmetall-Tiefkühlbehälter und seine Bedeutung für den Transport leichtverderblicher Lebensmittel und Gefriergüter. Aluminium **23** (1941)2 78—81.

Mialki, W.: Über eine Sonderkonstruktion aus Leichtmetall. (Behälter.) Aluminium **24**(1942)11 381—384.

— Lightweight hoppers after ten years. Railway Age **117**(1945)9./12. 879, **118** (1945)3 184—185, 190, 460 f.

— All-Aluminium container. Light Metals **9**(1946) 213—214.

Green, G. J. and *D. H. Marlin:* Fabrication of shipping containers. Welding J. **27**(1948)Dec. 1043—1048; Met. Rev. **22**(1949)1 51.

— L. C. L. containers in experimental service. Railway Age **124**(1948)5 49, 53, 54.

Faißt, H. W.: Leichtmetall überall ... Im Kleinbehälter-Verkehr. Leichtmetall **2**(1949)5/6 28—33.

— Droppable container. Aircr. & Airport **11**(1949)6 11; Index Aeron. **5**(1949)10 55.

— Technische Bedingungen für im internationalen Verkehr zu verwendende Behälter. Int. Eisenbahnverb., Dtsch. Bundesbahn, Eisenbahn Zentr.-Amt Minden (Westf.) 4. Ausg. Jan. 1949 16 S.

Butterworth, W.: Recent developments in containers. Wood Working Dig. **52** (1950)12 65—68, 70, 72, 74—81.

Butterworth, W.: Shipping containers. "Canadian woods, their properties and uses", Ottawa: Forestry Branch, Forest Prod. Lab. Div. 1951 293—304.

Kellicutt, K. G. and *E. F. Landt:* Basic design data for use of fibreboard in shipping containers. Fibre Containers & Paperboard Mills Dec. 1951 8 p. [1.324.281].

Linicus, W.: Aluminiumgefäße für den Biertransport. Aluminium **27**(1951)3 70—73.

Esmonde, R. A.: Aluminium pays in bulk haulage. Commercial Motor **96**(1952) 2480 528—530; AB **24**(1953)2 68. [6.252.44].

Hyler, J. E.: Veneer container production. South. Lumberman **185**(1952)2312 51—64, 70.

Kellicutt, K. G. and *E. F. Landt:* Development of design data for corrugated fiberboard shipping containers. Tappi (New York) **35**(1952)9 398—402.

Garrison, Norman W.: Fabrication of corrugated shipping containers. Paper Trade J. **137**(1953)20 137—142.

Kellicutt, K. G. and *E. F. Landt:* Basic design data for solid fiberboard shipping containers. J. Forest Prod. Res. Soc. **3**(1953)5 90—94, 224.

Kutter, Fritz: Le fût en metal léger. Aluminium (Suisse) **3**(1953)Jan. 10—17, 20—24; AB **24**(1953)3 144; Techn. Zbl. Masch. Wes. (1953)11 1050—1051.

— Aluminiumbehälter. „Aluminium im Verkehr", Düsseldorf: Aluminium-Verl. 1953 169—172.

Börnsen, H. A.: Behälterverkehr über See. Hansa **91**(1954)17/18 791—793.

Kraus, F. u. *Th. Domes:* Transport von Bier in Großbehältern auf Schiff und LKW. Hansa **91**(1954)17/18 793—795.

Kraus, F. u. *Th. Domes:* Universal-Biercontainer für Eisenbahn, Straße und Schiff. Brauereitechniker **6**(1954)11 85—87.

Moor, E.: Aluminium-Kleinbehälter im modernen Warenverkehr. Aluminium (Suisse) **4**(1954)3 104—106; Nachr.-Bl. AGM Leichtbau **3**(1954)9/10 13.

Muschard, K.: Stapelbehälter aus Leichtmetall. Aluminium **30**(1954)5 195—199; AB **25**(1954)6 346.

Runge, Gerhard: Der Großbehälterbau bei der AG. „Weser". Schiff u. Hafen **6**(1954)4 203—205.

— "Alibag" for selling motor oil. Modern Metals **10**(1954)2 38; Aluminium **30** (1954)11 CCXV.

— Un container aérien repliable en métal léger. Emballages (Paris) **24**(1954) 146 67; Fördern u. Heben **4**(1954)12 881.

— Kisten und Behälterfertigung der Münchener Dornier Werke GmbH. Schiff u. Hafen **6**(1954)5 330—331.

— Neuer Normenvorschlag für Leichtfässer. Neue Verpackung **7**(1954)10 491—492.

— New tanker for milk transport experiment. Commercial Motor **49**(1954)2546 107; AB **25**(1954)4 200.

— Shipping container. Chem. Engng. **61**(1954)7 302; Fördern u. Heben **4**(1954) 12 879.

— Twin-vessel cement transporter. London: Northern Aluminium Co. (Noral) Appl. Rec. 15 February 1954 8 p.; AB **25**(1954)7 425.

— Typical design — 1500 gallon petroleum tanker. Devel. Bull. Aug. 1954 39 p.; AB **25**(1954)12 823.

Straßenfahrzeuge   6.252.4

Allgemeines   6.252.41

Lehr, Ernst: Schwingungsfragen der Fahrzeugfederung. Z. VDI **74**(1930)32 1113—1119.

Smith, E. A.: Elimination of chassis vibration. SAE J. (1930)Febr. 156—158.

Becker, G., H. Fromm u. *H. Maruhn:* Schwingungen in Automobillenkungen. (Ber. d. Versuchsanstalt f. Kraftfahrzeuge u. d. Festigk.-Labor. TH Berlin) Berlin: Herbert Cram (früher M. Krayn) 1931 150 S.

Geiger, J.: Der Einfluß der Dämpfung auf das Verhalten eines Wagens auf unebener Bahn. ATZ **34**(1931)31./1. 56—60.

Slaby, R.: Ausgleichsvorgänge bei Automobilfedern. ATZ **34**(1931) 775—780.

Croseck, Heinrich: Die Verwindungssteifigkeit der Fahrzeuge. Motorkritik **12** (1932) 250—257.

Paton, Cl. R.: Frame design and front-end stability. SAE J. **31**(1932) 305 ff.

Fuchs, H. O.: Die Einflüsse von Schwingungsbremsen auf die Federung von Kraftwagen. ATZ **36**(1933)9 230—237.

Föppl, Otto: Steigerung der Dauerhaltbarkeit von Keil- und Paßfederverbindungen. ATZ **37**(1934)19 512. [1.352.2].

Grodzinski, P.: Die Verwendung von Kunstharzen im Kraftwagenbau. ATZ **37** (1934)2 37—42.

Lehr, Ernst: Die Schwingungstechnischen Eigenschaften des Kraftwagens und ihre meßtechnische Ermittlung. Ein Beitrag zur Lösung der Federungsfrage. Z. VDI **78**(1934)10 329—335.

Oeser, Konrad: Schwingungen am Kraftfahrzeug und deren Isolierung gegen die Umgebung. ATZ **37**(1934)10 277—279.

Richardson, H. H.: Il comportamento delle strutture di alluminio in caso di collisione. (Das Verhalten von Aluminium-Wagenkasten bei Zusammenstößen.) Alluminio (1934)Nov./Dez. 337—338.

Saran, W.: Die Messung der Beanspruchungen und Schwingungen in Kraftwagenfahrgestellen. ATZ **37**(1934)14 363—365. [4.51].

Thum, August: Die Festigkeitsforschung im Dienst des Kraftfahrzeugbaues. Z. VDI **78**(1934)43 1239—1240.

Thum, August u. *Friedrich Wunderlich:* Zur Festigkeitsberechnung von Fahrzeugachsen. Z. VDI **78**(1934)27 823—824.

Zeller, W.: Günstigste Federung bei Fahrzeugen mit Rücksicht auf die Fahrbequemlichkeit. Forsch. Ing.-Wes. **5**(1934)2 75—79.

Rausch, E.: Schwingungen von Kraftfahrzeugen. ATZ **38**(1935)23 580—586.

Summa, O.: Aluminiumguß und seine Verwendung im modernen Kraftfahrzeugbau. ATZ **38**(1935)12 297—301.

— Die Anwendung von Leichtmetallen in Kraftwagenaufbauten. ATZ **38**(1935) 18 461—466.

Kamm, W., L. Huber u. *W. Krautter:* Untersuchungen über die Formsteifigkeit eines selbsttragenden Wagenkörpers und eines Fahrzeugrahmens. Kraftfahrtechn. Forsch.-Arb. H. 1 1936 11—18.

Kamm, W., P. Riekert u. *W. Krautter:* Untersuchung der Formsteifigkeit eines selbsttragenden Wagenkörpers in Schalenbauweise. Kraftfahrtechn. Forsch.-Arb. H. 4 1936 1—5; Z. VDI 81(1937)9 282—283.

Koenig, M.: Leichtmetall-Räder für Straßen-Fahrzeuge. Aluminium 18(1936)3 81—87.

Slaby, R.: Einfluß der Achsmasse auf die Federungseigenschaften eines Fahrzeugs. ATZ 39(1936) 593—598.

Brauer, Heinz: Straßenfahrzeuge aus Leichtmetall — eine zeitgemäße Betrachtung. Aluminium 19(1937)5 306—312.

Hoffmeister, O.: Berechnung der Verdrehsteife von Fahrzeugrahmen. Kraftfahrtechn. Forsch.-Arb. H. 8 1937 11—17.

Irmer, Horst: Luftfederung bei Flugzeugen und Kraftfahrzeugen. Z. VDI 81(1937) 41 1182—1186. [6.254.4].

Lehr, Ernst: Die Berechnung der Kraftwagenfederung auf schwingungstechnischer Grundlage. ATZ 40(1937) 401—413.

Riediger, Bruno: Federnde Lagerung des Antriebsmotors in Kraftwagen und Flugzeugen. Z. VDI 81(1937)25 713—720 10 Lit.-St. [6.254.71].

Thum, August: Gußeisen im Automobilbau. Techn. Zbl. Prakt. Metallbearb. 47 (1937) 66—72.

Erker, Armin: Untersuchungen über die Dauerhaltbarkeit von Kraftfahrzeugrahmen. Berechnung von Rahmen bei Verwindung. Dtsch. Kraftf.-Forsch. Zwischenber. 30 1938.

Hartl, W.: Über die Wirtschaftlichkeit der Anwendung von Aluminium-Legierungen im Kraftfahrzeugbau. Aluminium 20(1938)5 320—325. [1.51].

Kamm, W.: Die Entwicklungsrichtungen im Kraftfahrwesen. Z. VDI 82(1938)33 945—953.

Reidemeister, Fritz: Die Gewichtsabhängigkeit des Fahrwiderstandes und ihr Einfluß auf die Wirtschaftlichkeit von Leichtmetall-Fahrzeugen. Z. VDI 82 (1938)25 737—741. [1.51].

Thum, August: Querbrüche an Kardanwellen und Behebung ihrer Ursachen. Dtsch. Kraftf.-Forsch. H. 6 1938 8 S.

Ahrens, Rudolf: Fahrzeugschwingungen und ihre Bekämpfung. Verkehrstechnik 20(1939)18 440—444.

Cleff, T.: Magnesiumlegierungen im Straßenfahrzeugbau. ATZ 42(1939)6 168—178.

Cleff, T. u. *Armin Erker:* Untersuchungen über die Dauerhaltbarkeit von Fahrzeugrahmen. Dtsch. Kraftf.-Forsch. H. 35 1939.

Jardine, F., A. H. Woolen and *D. S. Mussey:* Light-weight transportation units. SAE-J. 45(1939)Dec. 526—534.

Koenig, Max: Leichtmetall im schweizerischen Transportwesen. Techn. Rdsch. (Bern) (1939)3/4/5.

Kranz, Melchior: Luftfederung von Kraftfahrzeugen. Diss. TH Stuttgart 1939 90 S.

Mauerer, G.: Die Bedeutung der Schweißtechnik für die Weiterentwicklung des Fahrzeugbaues: Leichtbau. Elektroschweißung 10(1939)1 2—6.

Schmid, Christian: Die Fahrwiderstände beim Kraftfahrzeug und die Mittel zu ihrer Verringerung. Stuttgart: Franckh 1939 25 S.

Bleicher, W.: Die Verwendung von Leichtmetall im Fahrzeugbau. Verkehrstechnik 21(1940)23 350—354 8 Lit.-St.; Techn. Z.-Schau 26(1941)6 111. [6.252.21].

Bruder, Eduard: Dauerbrüche an Flanschwellen von Kraftwagen. Z. VDI 84 (1940)30 542—543.

Busch, J.: Kunst- und Preßstoffe im Kraftfahrzeugbau. ATZ 43(1940)12 283—291.

Erker, Armin: Untersuchungen über die Dauerhaltbarkeit von Kraftfahrzeugrahmen. Belastbarkeit geschweißter Kastenträger. Dtsch. Kraftf.-Forsch. Zwischenber. 80 1940.

Hall, Scott H.: Economics of light alloy construction in commercial vehicles. Light Metals 3(1940) 72—73. [1.51].

Riekert, P. u. *T. E. Schunck:* Zur Fahrmechanik des gummibereiften Kraftfahrzeugs. Ing.-Arch. 11(1940)3 210—224.

Werner, W.: Die Leichtlegierungen „Elektron" und „Hydronalium" im Kraftfahrzeugbau. ATZ 43(1940)12 292—296.

Lehr, Ernst: Progressive Federung von Kraftwagen. Dtsch. Kraftf.-Forsch. H. 58 1941.

— The aluminium alloys. Automob. Engr. 31(1941)416 357—371.

Forallini, E.: Kunstharz im Kraftwagenbau. Auto Ital. 23(1942)32 13—14, 33 9—10.

Saul, K.-H.: Beanspruchungsmechanismus und Gestaltfestigkeit von Nabensitzen. Diss. TH Darmstadt 1942.

Thum, August: Beanspruchungsmechanismus und Gestaltfestigkeit von Nabensitzen. Dtsch. Kraftf.-Forsch. H. 73 1942.

Thum, August u. *Otto Svenson:* Die Verformungs- und Beanspruchungsverhältnisse an Bauelementen des Fahrzeugbaues. Dtsch. Kraftf.-Forsch. H. 71 1942. [1.341].

Ulrich, Max u. *Heinz Glaubitz:* Dynamische Triebwerkbeanspruchungen von Kraftfahrzeugen. Dtsch. Kraftf.-Forsch. H. 70 1942.

Wintergerst, S.: Dreh- und Biegeschwingungen in Kardanwellen. Forsch. Ing.-Wes. 13(1942)5 213—217 5 Lit.-St.

Glaubitz, Heinz: Beanspruchungsmessungen an Kraftfahrzeugen, insbesondere mit elektrischen Meßmitteln. ATZ 47(1944) 139—152. [1.132].

Pilkington, V. W.: Structural problems of the commercial vehicle. Proc. Instn. Automob. Engrs. 41(1946/47) 335—365.

England, J. R. u. *O. F. Hager:* In Amerika gebräuchliche Stähle für Getriebe von Kraftfahrzeugen. Automot. Industries 97(1947)9 38, 74, 76; Stahl u. Eisen 72(1952)6 324.

Krotz, A. S.: Rubber suspension systems for vehicles. II. The "torsilastic" system. Rubber Devel. 1(1948)4 5 p.

Lynch, F. W. and *F. J. Saut:* Sheet aluminium for automotive uses. Modern Metals 4(1948)6 28—31; Metal Abstr. 16(1948) 184.

Moulton, A. E.: Rubber suspension systems for vehicles. Rubber Devel. 1(1948) 3 5 p.

Bennewitz, R. H. u. *F. J. Pilia:* Das Heliarc-Schutzgas-Lichtbogenschweißverfahren und seine Anwendungsmöglichkeiten zum Schweißen dünner Bleche im Kraftfahrzeugbau. Automot. Industries 101(1949)12 38—40, 60, 62. [2.511.1].

Bradley, D. C.: Pressed metal powder applications in the automotive industry. Iron Age 163(1949)24./3. 86—89; Met. Rev. 22(1949)5 31.

Patton. W. G.: Diecasting auto inner door frames in aluminum. Iron Age 164 (1949)3 90—93; Met. Rev. 22(1949)9 45.

Stevens, Claud L. and *Gustav Vennerholm:* Hot extrusion methods applied to automobile parts. Steel 124(1949)11./4. 82—85, 110; Met. Rev. 22(1949)5 48.

Winter, Hermann: Leichtbauweise im Nutzfahrzeugbau. Ber. u. Mitt. Inst. Leichtbau TH Braunschweig 49—10 1949.

— Alcan aluminum for truck bodies. 2nd ed. Montreal: Aluminum Co. of Canada (Alcan) March 1949 36 p.

Bleicher, W.: Die Leichtmetallverwendung im Großfahrzeugbau im Ausland. „Aluminium im Verkehrswesen", Düsseldorf: Aluminium-Beratungsstelle 1950 9—17. [6.252.21].

Bleicher, W.: Die Leichtmetallverwendung im Fahrzeugbau in Deutschland. „Aluminium im Verkehrswesen", Düsseldorf: Aluminium-Beratungsstelle 1950 18—24. [6.252.21].

Dickinson, Thomas A.: Wood in the automotive field. Wood Working Dig. **52** (1950)10 127—134.

Gaßner, Ernst: Beanspruchungsmessungen und Betriebsfestigkeits-Versuche an Fahrzeug-Bauteilen. Tätigk.-Ber. 1950 Lab. Betriebsfestigkeit, Darmstadt; ATZ **53**(1951)11 286—287. [1.343.31].

Glaubitz, Heinz: Stand des Kraftfahrzeugbaues als Leichtbau. ATZ **52**(1950)3 69—77, 6 196; Nachr.-Bl. AGM Leichtbau **4**(1955)8/9 15—16.

Smith, G.: Aluminium in road transport. Automob. Engr. **40**(1950)March 102—103.

Steel, Joseph W.: First clutch housing of die cast aluminium. Automot. Industries **103**(1950)8 32—33, 98; AB **21**(1950)11 561—562.

— Aluminium in road transport. Light Metals **13**(1950)March 160—165, Apr. 186—191; Met. Rev. **23**(1950)6 Ref. 227-T.

— Proceedings at a symposium on aluminium in road transport, 14th February 1950. ADA 1950.

Bedford, Chay P.: Outlook for aluminium in the automotive industry. Modern Metals **6**(1951)12 22—25.

Bruder, Eduard: Gestaltfestigkeit von Kraftwagen-U-Federgehängen. ATZ **53** (1951)6 160—164.

Buckingham, E.: Betriebsspannungen in Kraftfahrzeuggetrieben. SAE-Quart. Trans. (1951) 43—54.

Le Comte, H.: Das Schweißen an Kraftfahrzeugen. Schweißen u. Schneiden **3** (1951) S.H. Nov. 68—72. [2.511.1].

Crouse, William H.: Automotive chassis. New York: McGraw-Hill 1951 95 p.

Metcalf, W.: Light alloy in road transport. Light Metals **14**(1951)162 510—517; Met. Rev. **24**(1951)11 46; AB **22**(1951)11 620—621.

Reininger, H.: Metallspritzverfahren bei Motorfahrzeugbauteilen. ATZ **53**(1951) 4a 125 9 Lit.-St. [2.75].

Thiede, Joh.: Federung und Dämpfung schneller Straßenfahrzeuge. Halle (Saale): Marhold 1951 77 S.; Nachr.-Bl. AGM Leichtbau **2**(1953)4 12.

— Gummifederung für Straßenfahrzeuge. Kautschuk Anwendungen (1951)4 98—99.

Boegehold, A. L.: Erprobung von Kraftfahrzeugteilen und Grundsätze für die Stahlauswahl. Metal Progr. **62**(1952)2 82—86, 3 67—71; Stahl u. Eisen **72** (1952)24 1556.

Dumpert, E.: Schweißtechnische Verfahren und schweißtechnische Gestaltung im Automobilbau. Schweißen u. Schneiden (1952) S.H. Dez. 135—138. [2.511.1], [5.5].

Eberan von Eberhorst, R.: Über die Torsionssteifigkeit des Fahrzeugrahmens. ATZ **54**(1952)7 161—162.

Erz, K.: Beitrag zur Berechnung von Fahrgestellrahmen. ATZ **54**(1952)12 277—280.

Mason, F. H.: Automotive service experience with magnesium. Modern Metals **9**(1952)1 34—36; AB **24**(1953)3 182.

McQuaid, Harry W.: Wirtschaftliche Stahlauswahl im Kraftfahrzeugbau. Metal Progr. **62**(1952)3 88—96; Stahl u. Eisen **72**(1952)24 1556.

Polzin, M. H.: A researcher's casebook on magnesium truck wheels. SAE-J. **60** (1952)8 61—66.

Preuß, M.: Ersparnis an Betriebskosten bei Großraum-Straßenfahrzeugen durch Verwendung von Leichtmetallen bei selbsttragender Bauweise. Aluminium **28**(1952)1/2 37—39; Nachr.-Bl. AGM Leichtbau **1**(1952)3 9. [1.51].

Raadgever, J.: An all-aluminium motor-body development for production. Polytechn. Tijdschrift **7**(1952)5/6 89a—94a, 7/8 121a—126a; AB **24**(1953)1 7; Met. Abstr. **20**(1952)1 55; Nachr.-Bl. AGM Leichtbau **2**(1953)5 4.

Valeur, Jacques et *Maurice Victor:* Les automobiles de 1952—1953 et moteurs et carrosseries. Rev. Aluminium **29**(1952)194 455—471; AB **24**(1953)3 133.
— Magnesium in the 1952 automobiles. Mag. Magnesium (1952)August 1—3; AB **23**(1952)9 526.

Bleicher, W.: Zur Beurteilung der Eignung der Leichtmetalle und konstruktive Grundsätze für ihre Anwendung im Fahrzeugbau. „Aluminium im Verkehr", Düsseldorf: Aluminium-Verl. 1953 22—28.

Dannehl, Erich: Streckziehblechformteile für Fahrzeugaufbauten. „Aluminium im Verkehr", Düsseldorf: Aluminium-Verl. 1953 19—21.

Dunn, J. H.: More aluminium predicted in automobiles. Mater. & Meth. **37**(1953) 2 178, 181; AB **24**(1953)4 204. [6.211.1].

Kötzschke, P.: Gepreßte Leichtmetall-Nabenkörper mit Bremstrommel. „Aluminium im Verkehr", Düsseldorf: Aluminium-Verl. 1953 124.

Kühner, K.: Messungen über die Beanspruchungen in Scheibenrädern aus Magnesiumlegierungen. ATZ **55**(1953)4 102—103.

Lowag, G.: Stand der Entwicklung des deutschen Kraftfahrzeugs im Spiegel der 36. Internationalen Automobilausstellung. Z. Post- und Fernmeldewes. **5** (1953)8 269—276; Nachr.-Bl. AGM Leichtbau **2**(1953)7 11.

MacNew, Thomas: Increasing use of die castings for automotive components. Automot. Industries **109**(1953)9 38—41, 98—99; AB **24**(1953)12 764.

Suppus, H.: Neuere Leichtmetallkonstruktionen im Fahrzeugbau. Wagen- u. Karosseriebautechn. **6**(1953)12 10—12; Nachr.-Bl. AGM Leichtbau **3**(1954)5 12.
— Autofelgen. „Aluminium im Verkehr", Düsseldorf: Aluminium-Verl. 1953 125.

Everling, Emil: Zur Verwendung von Plasten im Karosseriebau. Kraftfahrzeugtechnik **4**(1954)7 212—213.

Keßler, H.: Aluminiumguß im Fahrzeugbau. ATZ **56**(1954)2 37—41.

Martin, B. D.: Powdered metal parts find increasing automotive applications. Machinery (New York) **61**(1954)3 192—197; Nachr.-Bl. AGM Leichtbau **4**(1955) 3 10.

Müller, M. A.: Progressive Federung durch anschlagfreie Kombination. ATZ **56** (1954)10 272—274; Nachr.-Bl. AGM Leichtbau **4**(1955)4 7.

Stark: Die Wirtschaftlichkeit des Leichtmetalls im Fahrzeugbau und Karosseriebau. Wagen- u. Karosseriebautechn. **7**(1954)10 1—2; Nachr.-Bl. AGM Leichtbau **4**(1955)5/6 9.

Ullmann, K.: Schweißen im Fahrzeugbau. Schweißtechnik (Wien) **8**(1954)3 25—31; Schweißtechnik (Berlin) **4**(1954)11 336.

Werner, G.: Möglichkeiten zur Werkstoffeinsparung im Kraftfahrzeugbau. Kraftfahrzeugtechn. **4**(1954)9 262—263.
— Aluminium im Kraftfahrzeug. ATZ **56**(1954)6 155—160.
— The history of aluminum in the automotive industry. Modern Metals **10**(1954) 11 58—60, 62, 64, 66, 68, 70.

Augustin, J. U.: Kunststoffe im Kraftfahrzeugbau. Konstruktion **7**(1955)7 270—273; Nachr.-Bl. AGM Leichtbau **4**(1955)10 13.

Féderspiel-Labrosse, J. M.: Beitrag zum Studium und zur Vervollkommnung der Aufhängung der Fahrzeuge. ATZ **57**(1955)3 63—70.

French, T. u. *V. E. Gough:* Die Rolle des Reifens in Konstruktion und Betriebsverhalten des Kraftwagens. ATZ **57**(1955)4 91—99.

Gengenbach, Otto: Die Anwendung der Schweißtechnik im modernen Kraftfahrzeugbau. Schweißen u. Schneiden **7**(1955)6 251—256.

Tranié, André: Faut-il construire des voitures plus légères? Rev. Aluminium **32** (1955)222 585—597.
— Aluminium in road transport. Automob. Engr. **45**(1955)6 264; Nachr.-Bl. AGM Leichtbau **4**(1955)10 8—9.

870

HENSCHEL

HENSCHEL & SOHN GMBH KASSEL

— Light coachwork. Weight reduction by the use of special sections of light alloy. Automob. Engr. **26**(1936)341 38—40.

Appel, W. D.: Aspects of frameless car design. SAE J. **45**(1939) 535—539.

Bourdon, M. W.: Construction of "chassisless" Morris Sedan. Automot. Industries **80**(1939)14 472—474.

Bürger, H.: Die Verwindungssteifheit von Kraftwagenrahmen. Forsch. Ing.-Wes. **10**(1939)4 170—174; Z. VDI **84**(1940)12 210—211.

Heldt, P. M.: Rear-engined, frameless passenger car. Automot. Industries **80** (1939)16 522 ff.

Wittekind, F.: Verwendung von Leichtmetall im Karosseriebau. Motor **27**(1939) 5 14—19.

Cramer, E.: Lautsprecherwagen aus Elektron. Verkehrstechnik **22**(1941)9 131—135 2 Lit.-St.; Techn. Z.-Schau **26**(1941)14 246.

Slaby, R.: Einfluß der Gewichtsverteilung auf die Federung eines Kraftwagens. Forsch. Ing.-Wes. **12**(1941)6 295—305.

Troesch, Max: Ein Auto mit Kunstharz-Karosserie. Schweiz. Bauztg. **119**(1942)7 81—83.

Lacosse, J.: Carrosseries allégées. Étude sur les poids. Vie Automob. **39**(1943) 1245/1246 37—40.

Nichols, W.: Plastic bodywork. Automob. Engr. **33**(1943)440 361—365, 443 493—498; VDI Verschl. Ber. (1945)5020/3 26, 27.

Pomeroy, Laurence: Aluminium in automobiles. An analysis of failure. Light Metals **6**(1943)69 500—508.

Pannell, E. V.: Light metals in the automobile. Light Metals **7**(1944)76 209—213.

Pomeroy, Laurence: Aluminium in automobiles — a means to success. Light Metals **7**(1944) 3—10.

Grégoire, J. A.: La voiture A. F. Grégoire. Cinq années de travail et de mises au point. Rev. Aluminium **22**(1945)116 125—143.

— The light alloy automobile. Light Metals **8**(1945) 417—426, 632.

Colombier, H. et P. de Lapeyrière: Carrosseries industrielles modernes. Rev. Aluminium **23**(1946)126 315—320.

Valeur, J.: Allégement et ... aérodynamisme. Rev. Aluminium **23**(1946)125 268—279.

Colombier, H. et P. de Lapeyrière: Abaques pour le calcul du bénéfice apporté par l'allégement des carrosseries industrielles. Rev. Aluminium **24**(1947) 129 18—28.

Grégoire, J. A.: La Grégoire „R". Rev. Aluminium **24**(1947)137 293—302.

— Prefabricated light metal coach work in France. Light Metals **10**(1947)Nov. 586—601.

Victor, Maurice: Tucker 1948. Rev. Aluminium **25**(1948)140 13—19.

Everling, Emil: Leichtbau bei strömungsgünstigen Kraftwagen. Z. VDI **91**(1949) 10 247—251.

Guinard, C.: Réparation des carrosseries en alliages légers. Rev. Aluminium **26**(1949)159 332—338.

Kluge, H.: Ein Ausblick auf die konstruktive Entwicklung des Kraftfahrzeuges. Konstruktion **1**(1949)2 55—58.

Victor, Maurice et J. Blanchot: Conception et construction de la Dyna-Panhard. Rev. Aluminium **26**(1949)158 287—296; AB **21**(1950)3 143.

Desfarge, M.: Essais dynamiques et statiques des carosseries. J. SIA No. Spéc. Salon Oct. 1950 99—108.

Durlach, F.: Détermination des coques dans l'aeronautique et l'automobile. J. SIA (1950)10 89—92. [6.254.3].

Everling, Emil: Leichtbau und Stromlinie. Glas. Ann. **74**(1950)4 67—70.

Haas, Tibor: Present-day car design trends. Engrs'. Dig. **11**(1950)8 285—290, 9 323—326.

Heinemann, E. H.: Aircraft trends that might benefit automobile design. Automot. Industries **102**(1950)15./5. 35 ff.

Hilbert, Heinrich L.: Gestaltung und Herstellung von Türblechen für Ganzstahl-Aufbauten. Werkstatt u. Betrieb **83**(1950)12 523—528.

Hublin, R.: L'utilisation et l'avenir du caoutchouc dans l'automobile. J. SIA (1950) Août 249—252.

Kay, R. Raymond: Indianapolis race car has sheet aluminum frame. Automot. Industries **102**(1950)8 36, 102, 104; AB **21**(1950)5 241—242.

Locati, L.: Fatigue, durée, et surcharge dans les organes des constructions automobiles. J. SIA No. Spéc. Salon Oct. 1950 160—162.

Seddon, Oswald F.: Aluminium in road transport. Banbury: Northern Aluminium Co. (Noral) 1950 84 p. [6.131], [6.252.26], [6.252.43], [6.252.44].

de Sèze, G.: Principes élémentaires applicables à l'étude d'une carrosserie coque. J. SIA No. Spéc. Salon Oct. 1950 83—88.

Ulrich, Th.: Projet de voiture monobloc ou monocoque. J. SIA No. Spéc. Salon Oct. 1950 93—98.

Wyss, Th.: La rupture par fatigue dans la construction des véhicules à moteur. J. SIA No. Spéc. Salon Oct. 1950 163—166.

Church, F. L.: Light metals in automobiles. Modern Metals **7**(1951)8 23—36; Met. Rev. **24**(1951)11 47.

DeSmet, E. C., J. H. Dunn, E. J. Zulinski and *C. J. Schmidt:* Alloy aluminium for automobile bodies. SAE J. **59**(1951)6 35—39; AB **22**(1951)7 394—395.

Ferris, C. F.: Ford Motor Company uses laminated wood in automobile construction. Wood Working Dig. **53**(1951)6 139—152.

Green, V. L.: Passenger car frame analysis and strain gage tests. Proc. SESA **8**(1951)2 49—62; AMR **4**(1951)12 646.

— Herstellung von Fahrzeugkörpern aus Kunstharz-Fiberglas-Verbundpreß-körper. Amer. Exporter Industr. (1951)Jan. 6 p.

Baron, J. J.: Der Serienbau von Leichtmetall-Karosserien. Aluminium **28**(1952)3 62—68, 4 107—111; Nachr.-Bl. AGM Leichtbau 1(1952)3 10.

Holmes, I. R.: Der Entwicklungsstand der Aluminium-Autokühler. Modern Metals **8**(1952)5 33—34; Aluminium **28**(1952)11 XII.

— Allard with all-magnesium coachwork. Light Metals **15**(1952)176 345—346; AB **23**(1952)12 690.

— Plastics body construction. Automob. Engr. **42**(1952)554 223—229, 555 268—270; Werkstatt u. Betrieb **86**(1953)4 189.

— Plastic car body in production. Modern Plastics **29**(1952)8 96—98; Konstruktion **5**(1953)3 94.

— Successful castings for road vehicles. Light Metals (1952)170 155—157; AB **23**(1952)6 306.

Baron, J.: Der Serienbau von LM-Karosserien in Frankreich. „Aluminium im Verkehr", Düsseldorf: Aluminium-Verl. 1953 119—121.

Krekel, P.: Aluminium im Karosseriebau. Wagen- u. Karosseriebautechn. **6**(1953) 6 11; Nachr.-Bl. AGM Leichtbau 3(1954)5 12.

Victor, Maurice: Der neue Dyna. Rev. Aluminium **30**(1953)203 347—374; Nachr.-Bl. AGM Leichtbau 3(1954)9/10 14; Aluminium **30**(1954)2 XXXII.

— Chevrolet-Kunststoffkarosserie. SAE-J. (1953)12 17—22; Nachr.-Bl. AGM Leichtbau 3(1954)5 8.

— Herstellungsmethoden von Kunststoffkarosserieteilen. Automob. Engr. **43** (1953) 541—549; Nachr.-Bl. AGM Leichtbau 3(1954)3/4 9.

— Sportwagen-Karosserie aus Glasfaser-Polyester-Kunststoff. Modern Plastics **31**(1953)Dec. 83—91, 201; Kunststoffe **44**(1954)7 303—304.

Baron, J. J.: Die Aluminiumkarosserie des neuen Dyna. Aluminium **30**(1954)5
183—194.
Bernier, André: Un exemple de fabrication en série d'une carrosserie soudée en
alliages légers: la Dyna Panhard 1954. "Rapp. Congr. Int. Aluminium,
Tome II", Paris: Soc. Édition et Documentation Alliages Légers 1954
247—253.
Geschelin, J.: Herstellung von Kunststoffkarosserien. ATZ **56**(1954)2 42; Nachr.-
Bl. AGM Leichtbau **3**(1954)9/10 10.
Glaubitz, Heinz: Einflüsse des Leichtbaugedankens auf die Entwicklung des
Personenkraftwagens. Z. VDI **96**(1954)26 885—890 7 Lit.-St.; Nachr.-Bl. AGM
Leichtbau **4**(1955)1 11.
Richter, Gerhard: Entwicklungsstand der Aufbauten von Personenkraftwagen
im internationalen Fahrzeugbau. Kraftfahrzeugtechnik **4**(1954)1 10—15.
Siebert, G.: Der Oberflächenschutz der Leichtmetallkarosserie. Wagen- u. Karos-
seriebau-Techn. **7**(1954)6 3—6; Nachr.-Bl. AGM Leichtbau **4**(1955)1 16.
Tranié, A.: Vergleich zwischen Karosserien aus Kunststoff und Leichtmetall.
ATZ **56**(1954)9 239—242; Nachr.-Bl. AGM Leichtbau **3**(1954)11/12 7.
— Current uses of glass reinforced plastics in transport. Brit. Plastics **27**(1954)
11 425—428.
— If the auto makers put all their aluminum parts together, Kaiser Aluminum
News **12**(1954)11 4—17; AB **25**(1954)12 822—823.
Helling, W. u. H. Neunzig: Die Verwendung von glanzeloxiertem Reflectal im
Automobilbau. Aluminium **31**(1955)5 224—226.
Kotthaus, H.: Verwendung von Kunststoffen im Automobilbau. ATZ **57**(1955)5
150; Nachr.-Bl. AGM Leichtbau **4**(1955)8/9 15.
Krekel, P. u. W. Linicus: Serienfertigung einer selbsttragenden Aluminium-
karosserie. Industrie-Anz. **77**(1955)21 20—23.
Wittke, W.: Polyesterharze als Werkstoffe im Karosseriebau. Karosserie u.
Fahrzeugbau **8**(1955)7 30—31; Nachr.-Bl. AGM Leichtbau **4**(1955)10 13.

Omnibusse, Obusse usw. u. Anhänger   6.252.43

Croseck, Heinrich: Die Anwendung der Grundsätze des Leichtbaues auf den
Fahrzeugbau. Verkehrstechnik **13**(1932)24a 535—541 9 Lit.-St. [6.252.22],
[6.252.26].
Diessl, O.: Betrachtungen über Fahrzeugrahmen. ATZ **38**(1935)1 1—7. [6.252.44].
Preuß, M.: Gestaltungsmerkmale neuzeitlicher Großraum-Kraftwagen. Z. VDI
81(1937)7 170—180 63 Lit.-St.
Brinck, Arne: Light alloy construction in Oslo buses. Light Metals **1**(1938)
104—105.
Langer, P., J. Baum u. H. Hahn: Wertung der Federung von Kraftomnibussen.
Dtsch. Kraftf. Forsch. H. 9 1938 14 S.; Z. VDI **83**(1939)18 527—528.
Vogel, E.: Stahl-Leichtbau-Omnibusse in der Tschechoslowakei. Gewichtserspar-
nis im Transportwes. **7**(1938)7/8 78—81.
Cleff, Theo: Darf der Großfahrzeugbau von den Leichtmetallen Vorteile erwar-
ten? Aluminium **21**(1939)2 93—104.
Stock, Paul: Trambus mit Leichtmetallaufbau. Verkehrstechnik **20**(1939)4 87—89
4 Lit.-St.
Küpper: Wirtschaftliche Holzgasomnibusse durch Leichtbau. ATZ **44**(1941)7
177—179.
Preuß, M.: Entwicklungslinien im Kraftomnibusbau, Wagenaufbau und Innen-
ausstattung. Z. VDI **85**(1941)1 21—28.
Schumann, F.: Betrachtungen zum Autobusbau. Großdtsch. Verkehr **35**(1941)3
92—96; Techn. Z.-Schau **26**(1941)12 211.
Kuhnen, Hermann: Leichtmetall im Fahrzeugbau. Aluminium **24**(1942)2 66—68
3 Lit.-St.

Pannell, E. V.: The lightness factor in post-war road transport. Light Metals 7(1944)82 530—536.

— Trolleybus- und Omnibus-Anhänger mit Vierradlenkung der A.G. Adolph Saurer, Arbon. Schweiz. Bauztg. 123(1944)4 38—40.

Hugonnet, H.: L'autobus SCEMIA à carrosserie-poutre. Rev. Aluminium 22(1945) 114 59—64.

Hugonnet, H.: La remorque routière SCEMIA pour le transport des voyageurs. Rev. Aluminium 23(1946)123 214—219.

Ahrens, R.: Ein neuer Weg im Anhängerbau. ATZ 50(1948)3 42—43.

Davies, Graham: From aircraft to bus bodies. Commercial Motor (1948)23./4. 295—296.

Davies, Graham: Light alloy commercial coachwork. Light Metals 11(1948)121 84—88.

Koenig, Max: Leichtbau im schweizerischen Gesellschaftswagenbau. Zürich: Ing.-Bureau Koenig 1948.

Lüttich, Werner: Wege zur Erhöhung der Haltbarkeit metallener Omnibusaufbauten. ATZ 51(1949)3 62—64.

Rudolph, Walter: Aluminium bus manufacturing. Light Metal Age 7(1949)Apr. 8—9, 16.

Rudolph, Walter: Aircraft fixtures adapted to building bus bodies. Automot. Industries 100(1949)1./4. 42—44, 70; Met. Rev. 22(1949)5 51.

Victor, Maurice: Le trolleybus SO-10 et l'autobus SO-20 de la S.N.C.A.S.O. Rev. Aluminium 26(1949)152 55—63.

Lüttich, Werner: Bau- und Betriebserfahrungen mit Omnibusaufbauten aus Leichtmetall. „Aluminium im Verkehrswesen", Düsseldorf: Aluminium-Beratungsstelle 1950 38—43.

Preuß, M.: Was erwarten die Verkehrsbetriebe von der Weiterentwicklung im Omnibusbau? Nutzen der Anwendung von Leichtmetallen, Leichtbauweise und fahrgestelloser Bauart. Verkehr u. Technik 3(1950)9 280—282 6 Lit.-St.

Preuß, M.: Betrachtungen über einen Obus in selbsttragender Leichtmetall-, Stahl- und Gemischtbauweise. Verkehr u. Technik 3(1950)2 51—53.

Seddon, Oswald F.: Aluminium in road transport. Banbury: Northern Aluminium Co. (Noral) 1950 84 p. [6.131], [6.252.26], [6.252.42], [6.252.44].

Sharpe, G. S.: Lightweight body with seating for 40. Bus & Coach 22(1950)253 29—30.

Victor, Maurice et *R. Cronfalt:* Les véhicules industrielles, cars et poids lourds. Rev. Aluminium 27(1950)164 113—121.

Zahn, Ernst: Der Omnibus in USA im Jahre 1949. Verkehr u. Technik 3(1950)9 285—288.

— "Dyson Express" 100-seater coach. Light Metals 13(1950)152 502—504.

— Typical design — service bus. Devel. Bull. 9 July 1950 62 p.

Brinck, Arne: Über die Verwendung von Leichtmetall bei selbsttragenden Karosserien für Autobusse, Trolleybusse und Eisenbahnwagen. Aluminium 27(1951)2 36—39, 3 67—70, 4 106—110; Nachr.-Bl. AGM Leichtbau 1(1952)3 9. [6.252.22], [6.252.26].

Hederer, N.: Leichtbauweise deutscher Omnibusse. Omnibusrevue 2(1951)10 270—272.

Jungermann, L.: Omnibus — so oder so? Verkehr u. Technik 4(1951)8 214—217.

Rasche, H.: Der selbsttragende Aufbau bei Omnibus und Obus. Verkehr u. Technik 4(1951) S.H. 11—16.

Rasche, H.: Obus ÜH II/S in selbsttragender Schalenbauweise. Verkehr u. Technik 4(1951)8 232—235 2 Lit.-St.

Schmidt, U.: Technischer Stand der Entwicklung im Omnibusbau. Techn. Mitt. HdT (Essen) 44(1951)12 447—451.

Zahn, Ernst: Der Linien-Omnibus auf der Internationalen Automobil-Ausstellung 1951 in Frankfurt a. M. Verkehr u. Technik **4**(1951)5 119—120 3 Lit.-St.

Zipp, G.: Erfahrungen bei einem Betriebsunfall mit einem rahmenlosen Obus. Verkehr u. Technik **4**(1951)8 235—236.

— Bristol-E.C.W. lightweight single-decker. Bus & Coach **24**(1951)280 95—100.

Bohnsack, H.: Flugzeugbau als Vorbild. Zusammenhänge zwischen Fahrwerk und Aufbau. Wagen- u. Karosseriebautechn. **5**(1952)10 9; Nachr.-Bl. AGM Leichtbau **1**(1952)7 5—6.

Bohnsack, H.: Selbsttragende Omnibusse. Eine Betrachtung über grundsätzliche Fragen der Konstruktion. Wagen- und Karosseriebautechn. **5**(1952)11 6—8; Nachr.-Bl. AGM Leichtbau **2**(1953)2 7.

Buschmann, H.: Ein neuer deutscher Leichtomnibus, Klatte TK 115. ATZ **54** (1952)6 141—143; Nachr.-Bl. AGM Leichtbau **1**(1952)5 7.

Haberstolz, F.: Ein neuer deutscher Leichtomnibus. Verkehr u. Technik **5**(1952) 5 146—148; Nachr.-Bl. AGM Leichtbau **1**(1952)3 9—10.

Lowrie, J.: Der Alba Bridgemaster Doppeldeck-Bus. Passenger Transp. **107**(1952) 2727 658, 660—662; Nachr.-Bl. AGM Leichtbau **2**(1953)3 10.

Stiasni, Chr.: Omnibusbau, Entwicklung und Perspektiven. Berlin: Verl. Technik 1952 80 S.; Technik (Berlin) **9**(1954)5 315.

— Elektron double-deck bus body. Motor Body **109**(1952)Febr. 11—14, 25; Light Metals Bull. **14**(1952)6 238; AB **23**(1952)5 292.

— Der Greyhound-Scenicruiser. Nachr.-Bl. AGM Leichtbau **1**(1952)7 1—2.

— Die Konstruktion des Deutz-Leichtbus. Bus **3**(1952)12 232—233; Nachr.-Bl. AGM Leichtbau **2**(1953)4 10—11.

— Leichtbus nach Flugzeugvorbild. Industriekurier, Techn. u. Forsch. **5**(1952)52 202; Nachr.-Bl. AGM Leichtbau **1**(1952)3 9.

— Leichtgewichtsdoppeldecker im Dienst. Passenger-Transp. **106**(1952)2688 80; Nachr.-Bl. AGM Leichtbau **1**(1952)2 7.

— Lightweight double deck passenger chassis is Daimler's show surprise. Transp. World **112**(1952)3558 192; AB **23**(1952)11 602.

— Lightweight Harrington integral coach. Transp. World **112**(1952)3558 252; AB **23**(1952)11 603.

— Ein neuer Omnibustyp. Schnellbus nach Flugzeugvorbild leicht gebaut. Industriekurier, Techn. u. Forsch. **5**(1952)142 307; Nachr.-Bl. AGM Leichtbau **2**(1953)2 5—6.

— Pre-fabricated light weight bus body for the "Tiger Cub". Transp. World **112**(1952)3558 248—250; AB **23**(1952)11 603.

Copestake, W. G.: Development of lightweight buses. Coaching J. & Bus Rev. **22**(1953)8 22—24; AB **24**(1953)7 428.

Croseck, Heinrich: 12-m-Trambus in selbsttragender Leichtmetall-Schalenbauweise. „Aluminium im Verkehr", Düsseldorf: Aluminium-Verl. 1953 96—101.

Gebauer: Graaff-Leichtbus „Ultra" im Examen. Urteil und Ratschläge des Fachkritikers. Last-Auto u. Omnibus **30**(1953)4 6 S.

Lüttich, Werner: Erfahrungen der Hamburger Hochbahn AG mit Omnibusaufbauten aus Leichtmetall. „Aluminium im Verkehr", Düsseldorf: Aluminium-Verl. 1953 107.

Meyer-Christian, J.: Doppeldeck-Obusse in Hamburg. Verkehr u. Technik **6** (1953)2 55—56; Nachr.-Bl. AGM Leichtbau **2**(1953)8 7.

Preuß, M.: Aluminium bei Linienomnibussen. Neue Bauarten, wirtschaftliche Vorteile und Betriebserfahrungen. „Aluminium im Verkehr", Düsseldorf: Aluminium-Verl. 1953 91—95.

Tanglinger, K. W.: Modern trailer features low weight, low maintenance. SAE-J. **61**(1953)3 48—50; AB **24**(1953)6 348.

Thomas, P. M. A.: Bodywork. Bus & Coach **25**(1953)9 302—305; Nachr.-Bl. AGM Leichtbau **3**(1954)2 13.

Zahn, E.: Die Verwendung von Leichtmetall ist Voraussetzung für die Vollendung des Omnibusses. „Aluminium im Verkehr", Düsseldorf: Aluminium-Verl. 1953 88—90.

— Ausrüstung und Zubehör. „Aluminium im Verkehr", Düsseldorf: Aluminium-Verl. 1953 162—165.

— Birmingham's lightweight double-deckers. Transp. World **113**(1953)3572 15; AB **24**(1953)3 133.

— Konstruktive Betrachtungen über den neuen Leichtmetallomnibus TK 115. „Aluminium im Verkehr", Düsseldorf: Aluminium-Verl. 1953 104—106.

— Lighter integral bus by M. C. W. Bus & Coach **25**(1953)302 445—446; AB **24** (1953)12 762.

— The lightweight "Monocoach". Transp. World **114**(1953)3616 488—490; AB **24**(1953)12 762.

— Neuer Schnellbus in Schalenbauweise. „Aluminium im Verkehr", Düsseldorf: Aluminium-Verl. 1953 102—103.

Bleicher, Waldemar: Aluminium beim Bau von Omnibussen und Nutzfahrzeugen. Aluminium **30**(1954)10 409—417. [6.252.44].

Bleicher, Waldemar: Aluminium im Kraftfahrzeug. Bus **5**(1954)5 105; Nachr.-Bl. AGM Leichtbau **3**(1954)9/10 17.

Pekol, Th.: Der erste Pekol-Bus, der mehr trägt als er wiegt. Verkehr u. Technik **7**(1954)12 345—347; Nachr.-Bl. AGM Leichtbau **4**(1955)4 8.

v. Szénásy, St.: Daimler-Benz stellt neuen Omnibustyp vor: „O 321 H" der Bus mit den Pkw-Eigenschaften. Verkehrs-Rdsch. **9**(1954)50 796—798; Nachr.-Bl. AGM Leichtbau **4**(1955)4 7.

Thomas, P. M. A.: Omnibus-Wagenkästen aus Kunststoff. Bus & Coach **26**(1954) 3 80—82; Nachr.-Bl. AGM Leichtbau **3**(1954)9/10 17.

Wirbitzky, G.: Leichtmetall oder Leichtbau für Omnibusse. Personenverkehr (1954)12 259—262; Nachr.-Bl. AGM Leichtbau **4**(1955)3 6.

Wirbitzky, G.: Mercedes-Benz O-6600 H. Bus **5**(1954)1 2—6; Nachr.-Bl. AGM Leichtbau **3**(1954)9/10 17.

— Air replaces springs in inter-city-coaches. Truck & Bus Transp. (Sydney) (1954)7 78—79, 106—110; Nachr.-Bl. AGM Leichtbau **4**(1955)8/9 11—12.

— Australia's biggest little bus. Truck & Bus Transp. (Sydney) (1954)11 52—54, 63; Nachr.-Bl. AGM Leichtbau **4**(1955)8/9 12.

— Leichtmetallbeplankung und Stahlgerippe. Bus **5**(1954)1 9—11; Nachr.-Bl. AGM Leichtbau **3**(1954)5 15.

— London's new double-deckers. Light Metals **17**(1954)199 321—324; Aluminium **31**(1955)5 A 107.

Brümmer, R.: Ein neuer selbsttragender Omnibus. Nahverkehrs-Praxis **3**(1955)4 88; Nachr.-Bl. AGM Leichtbau **4**(1955)8/9 10.

Ebner, Hans: Dehnungs- und Durchbiegungsmessungen an Leichtmetall-Omnibussen in Stand und bei Fahrt. Aluminium **31**(1955)12 605—613.

Zahn, E.: Die Verwendung von Leichtmetall ist Voraussetzung für die Vollendung des Omnibusses. Wagen- u. Karosseriebau-Technik **8**(1955)3 3—4; Nachr.-Bl. AGM Leichtbau **4**(1955)5/6 13.

— Atkinson double-decker for S. H. M. D. Passenger Transp. **112**(1955)2852 329—331; Nachr.-Bl. AGM Leichtbau **4**(1955)8/9 9.

— Zürich introduces articulated buses. Passenger Transp. **112**(1955)2852 335—336; Nachr.-Bl. AGM Leichtbau **4**(1955)8/9 10.

— Zwei neue Österreicher. Bus **6**(1955)5 86—87; Nachr.-Bl. AGM Leichtbau **4**(1955)8/9 11.

— Zwei neue Omnibusse mit Heckmotor. ATZ **57**(1955)2 57—58; Nachr.-Bl. AGM Leichtbau **4**(1955)8/9 8—9.

Diessl, O.: Betrachtungen über Fahrzeugrahmen. ATZ **38**(1935)1 1—7. [6.252.43].

Koenig, M.: Leichtmetall-Lastwagen und -Lastwagen-Anhänger. Aluminium **18** (1936)10 500—510.

Ziegler, Hans: Die Querschwingungen von Kraftwagenanhängern. Ing.-Arch. **9**(1938)2 96—108.

Ziegler, Hans: Der Einfluß von Bremsung und Steigung auf die Querschwingungen von Kraftwagenanhängern. Ing.-Arch. **9**(1938)4 241—243.

Bürger, H.: Die Verwindungssteifigkeit von Kraftwagenrahmen. ATZ **42**(1939)18 508—509.

Koenig, M.: Leichtmetall im Lastwagenaufbau. Aluminium **21**(1939) 104—111.

Schneider, Helm.: Leichtmetall-Pritschenaufbau. Aluminium **21**(1939)8 597—601.

Wolf, A. M.: More power per unit gross weight. SAE J. **47**(1940)3 349—357, 366; Techn. Z.-Schau **26**(1941)22 371.

Thum, August u. *Armin Erker:* Zur Beanspruchung von Lastfahrzeugrahmen. ATZ **44**(1941)7 167—171; Z. VDI **86**(1942)3/4 58—59. [1.132].

Maier, E. u. *M. Renz:* Radflatteruntersuchungen an Lastwagenanhängern. ZWB UM 733 1943 13 S.

— Light alloy chassis-cum-body. Light Metals **8**(1945) 626—629.

— All light metal caravan. Light Metals **9**(1946)96 48—50.

— Les transports frigorifiques routiers. Rev. Aluminium **25**(1948)146 229—237.

Brewer, Given: Determining stresses in 110-ton Gooseneck trailer by strain gage method. Automot. Industries **100**(1949)1./5. 42—44, 74; Met. Rev. **22**(1949)6 34.

Chaillé, L. H. and *V. H. Stewart:* Trailer material choice can net payload gains. SAE J. **57**(1949)11 63—64; AB **21**(1950)1 7.

Dunn, J. H. and *R. L. Moore:* Tests of an aluminum alloy gasoline transport semi-trailer. Automot. Industries **101**(1949)11 35, 72; AB **21**(1950)1 7—8.

— Die-forged aluminum wheels for trailers. Automot. Industries **101**(1949)1./8. 45, 60; Met. Rev. **22**(1949)9 56.

— Less truck weight with high-strength steel. Automot. Industries **100**(1949)1./6. 39, 60; Met. Rev. **22**(1949)7 55.

— Magnesium and aluminum construction reduce trailer weight over half ton. Automot. Industries **100**(1949)10 29, 86; Met. Rev. **22**(1949)7 56.

— Progress report: magnesium truck bodies. Modern Metals **5**(1949)Apr. 29—32; Met. Rev. **22**(1949)6 53.

Calais, R.: L'ALCOA a effectué les essais statiques d'une citerne semi-remorque de 22,000 litres. Rev. Aluminium **27**(1950)165 164; AB **21**(1950)6 294; Aluminium **27**(1951)1 III.

Dunn, J. H. and *R. L. Moore:* Analysis of a monocoque aluminium semi-trailer. Automot. Industries **102**(1950)12 42, 43, 60, 62; AB **21**(1950)7 348.

Ferris, R. E.: Welded aluminium trailer. Welding Engr. **35**(1950)1 37; AB **21**(1950) 2 98.

Seddon, Oswald F.: Aluminium in road transport. Banbury: Northern Aluminium Co. (Noral) 1950 84 p. [6.131], [6.252.26], [6.252.42], [6.252.43].

— Citernes Pradère. Rev. Aluminium **27**(1950)162 22—24; AB **21**(1950)5 242.

— Large semi-trailer passenger coaches. Engineer **190**(1950)4934 185—186; **Metal Bull.** (1950)3517 16; AB **21**(1950)9 457.

— Problems of change-over from steel to aluminum in fabricating truck bodies. Light Metal Age **8**(1950)Oct. 8—9.

— Typical design — drop-side lorry. Devel. Bull. 11 Sept. 1950 24 p.

Burton, C. E.: Entwurf und Entwicklung schwerer Lastkraftwagen. Proc. IME, Autom. Div. (1951/52)4 141—148; Stahl u. Eisen **73**(1953)25 1676.

— Aluminium bodies for large tipping vehicles. London: Northern Aluminium Co. (Noral) Application Rec. 1 Apr. 1951 19 p.

— Erfahrungen mit Leichtmetallaufbauten. Nutzfahrzeug **3**(1951)3 56—57.

— Typical design — flat-platform lorry. Devel. Bull. 13 Jan. 1951 20 p.

— Typical design — large tipping lorry. Devel. Bull. 18 Nov. 1951 28 p.

Esmonde, R. A.: Aluminium pays in bulk haulage. Commercial Motor **96**(1952) 2480 528—530; AB **24**(1953)2 68. [6.252.3].

— Halbstarre und Leichtmetall-Kipperaufbauten. Nutzfahrzeug (1952)9 218— 220; Nachr.-Bl. AGM Leichtbau **2**(1953)4 10.

— VW-Transporter-Pritschenwagen. Nutzfahrzeug (1952)10 234—236; Nachr.- Bl. AGM Leichtbau **2**(1953)4 6.

Bauman, J. N.: Truck pusher axle takes on more payload. SAE J. **61**(1953)3 58—62; AB **24**(1953)6 348.

Burton, C. L. and *E. P. White:* Lighter trucks for heavy hauling. Modern Metals **8**(1953)12 26—28, 30; AB **24**(1953)3 132.

Del Mar, B. and *H. Stumpf:* Honeycomb construction in military trailers. Wood Working Dig. **55**(1953)11 147—152, 154, 156, 158—164.

Krekel, Paul: Neue Pritschenanhänger aus Leichtmetall. Aluminium **29**(1953)6 246—247; Nachr.-Bl. AGM Leichtbau **2**(1953)9 9; AB **24**(1953)10 611.

de Ridder, E. J.: Structural design with aluminium in mind. I and II. Reynolds Metals Techn. Advisor 22 1953; AB **25**(1954)1 2.

Spescha, M.: Leichtmetall-Rolladen im Fahrzeugbau. Aluminium (Suisse) **3**(1953) 5 151—155; AB **24**(1953)11 677; Nachr.-Bl. AGM Leichtbau **3**(1954)9/10 14.

— Aluminium cattle truck body. London: Northern Aluminium Co. (Noral) 1953 10 p.; AB **25**(1954)4 201.

— Materials selection aids truckers in increasing pay load. Mater. & Meth. **38**(1953)4 131; AB **24**(1953)11 735.

— Tankwagen. „Aluminium im Verkehr", Düsseldorf: Aluminium-Verl. 1953 110—112.

Bleicher, Waldemar: Aluminium beim Bau von Omnibussen und Nutzfahrzeugen. Aluminium **30**(1954)10 409—417. [6.252.43].

Calais, René: Les citernes routières autoportantes en alliage léger. Rev. Aluminium **31**(1954)212 241—250; AB **25**(1954)12 823; Aluminium **31**(1955)3 A 57; Nachr.-Bl. AGM Leichtbau **4**(1955)5/6 14.

Lucas, Edward R.: Fabrication of aluminum truck parts. Light Metal Age **11**(1954) 11/12 28—29, 39.

Savage, John: Stressed bodies take the load. Commercial Motor (1954)2581 438—440; AB **25**(1954)12 824.

Stump, E.: Entwicklungsmerkmale des Nutzfahrzeugbaues. Z. VDI **96**(1954)26 871—884.

White, E. P.: Aluminium in truck body construction. Modern Metals **10**(1954)5 52—56.

Wintle, A.: Light metal fabrication techniques employed by a truck manufacturer. Light Metal Age **12**(1954)9/10 20—21; Aluminium **31**(1955)5 A 107; Nachr.-Bl. AGM Leichtbau **4**(1955)7 20.

— Light alloy bodies for road haulage vehicles. Book 4 — tippers. London: Northern Aluminium Co. (Noral) Devel. Bull. July 1954 38 p.; AB **25**(1954) 12 824.

— Newest air force crash truck features instantaneous fire fighting "Punch". Product Engng. **25**(1954)5 150—153; AB **25**(1954)6 338—339.

— Transporting and delivering material in bulk. Engng. **178**(1954)4614 23—24; Food (London) **23**(1954)274 255; Fördern u. Heben **4**(1954)12 882.

— Unveil new trailers — weight saving is claimed for new aluminium trailer. Bus & Truck Transp. **30**(1954)3 48, 55, 83; AB **25**(1954)4 201.

Bergmann, W.: Die Gestaltfestigkeit von Lastfahrzeugrahmen, insbesondere bei Verwindungsbeanspruchungen. II. ATZ **57**(1955)2 37—41.

Haller, R.: Stahlleichtbau und Leichtmetallverwendung bei Nutzfahrzeugen. Industriekurier **8**(1955)77 208—209; Nachr.-Bl. AGM Leichtbau **4**(1955)8/9 14.

Krekel, Paul: Stand der Aluminiumverwendung im europäischen Nutzfahrzeugbau. Aluminium **31**(1955)9 423—431.

Litz, E. u. *Hans Henning Croseck:* Wirtschaftliche Vorteile durch Verwendung von Aluminium im Nutzlastfahrzeugbau. Aluminium **31**(1955)9 409—413.

Suppus, H.: Lastwagenkonstruktionen aus Aluminium. Aluminium **31**(1955)9 414—422.

— All-welded formed sheet tipper body. Light Metals **18**(1955)203 53.

— Light alloy commercial bodywork. Automob. Engr. **45**(1955)3 115—118; Nachr.-Bl. AGM Leichtbau **4**(1955)8/9 12.

Schlepper   6.252.45

Gommel, W.: Über die Lage von Anbaugeräten am Schlepper. Diss. TH Stuttgart 1948; Ber. Landtechn. H. 3 1948 87—95.

— Schlepper und Arbeitsgerät. (Vortr. u. Ref. Arbeitstagung Kuratorium f. Techn. i. d. Landwirtschaft Rothenburg o. T. Sept. 1947.) Ber. Landtechn. H. 3 1948 172 S.

Ballu, T.: Que sera le tracteur agricole de demain? J. SIA No. Spéc. Salon Oct. 1950 21.

Buchholz, J. Leonhard: Welding of farm tractors. Welding J. **29**(1950)Nov. 995—1000; Met. Rev. **23**(1950)12 Ref. 676-K.

Meyer, Helmut: Die Ackerschlepper in Deutschland. Int. Landmasch. Markt (Wien) **2**(1950)7/8.

Skalweit, H.: Technische Möglichkeiten des Schlepperbaues zur Erfüllung der landwirtschaftlichen Forderungen. (Vortrag KTL-Tagung Wiesbaden 1949.) Ber. Landtechn. H. 7d 1950 90 ff.

Skalweit, H.: Der Einfluß der landwirtschaftlichen Arbeitsgeräte auf die Gestaltung des Schleppers. Z. VDI **92**(1950)34 965—971.

Fischer-Schlemm, W. E. u. *H. Scheffler:* Die Kraftübertragung durch Gelenkwellen bei landwirtschaftlichen Schleppern. Landtechn. Forsch. **1**(1951)1 20—26.

Fröhlich, Karl: Beitrag zur Bemessung der Schlepper-Getriebe. Landtechn. Forsch. **2**(1952)1 8—10.

Kloth, Willi: Leichtbau von Schleppern und Arbeitsgeräten. Nachr.-Bl. AGM Leichtbau **1**(1952)2 1—3.

Söhne, Walter: Die Kraftübertragung zwischen Schlepperreifen und Ackerboden. Grundl. Landtechn. (1952)3 75—87.

— Aluminium castings cut weight of new tractors. Amer. Metal Market **60** (1953)150 10; AB **24**(1953)8 485.

Domsch, M.: Forderungen des Ackerbodens an Schleppergewichte und Schlepperreifen. Agrartechnik **4**(1954)12 345—351.

Lugner, H.: Welche Schleppergewichte sind notwendig? Dtsch. Agrartechn. **4** (1954)11 328—329, 12 358—360.

Rathsmann: Leichtraupe „Robot". Bautechnik **31**(1954)3 93—94.

Chevrier, A.: Le "sno-freighter", train routier des 125 t. Le "sno-buggy", cargo des neiges. Rev. Aluminium **32**(1955)221 514—517; Aluminium **31**(1955)10 A 236.

Skalweit, H.: Einfluß der Pflugkräfte auf Schlepper mit Dreipunktaufhängung. Landtechn. Forsch. **5**(1955)1 6—11.

Krafträder   6.252.46

Brueser, Kurt: Dauerfestigkeit von geschweißten und gelöteten Fahrrad- und
Kraftrad-Rahmenrohren. Diss. TH Braunschweig 1931; Hamburg-Berlin:
Hanseatische Verl.-Anstalt 1931 11 S.; Schmelzschweißung 10(1931)8/9.
[1.442.2], [1.442.14], [6.252.47].
— Light alloys in motorcycles and motorized bicycles. Light Metals 5(1942)
264—282, 286—290. [6.252.47].
Craig, J.: Light metals and the motorcycle. Light Metals 7(1944)72 20—30.
— The light alloy motorcycle. Light Metals 7(1944)74 117—121.
— Light alloys in motorized bicycles and motorcycles. Light Metals 8(1945)
448—458. [6.252.47].
Arbault, M.: L'allègement du vélo-moteur. Rev. Aluminium 23(1946)126 306—309.
Le Guilcher: Possibilités modernes d'assemblages offertes par les soudo-
brasures à l'industrie du cycle et du motocycle. J. SIA (1949)Sept. 307.
[6.252.47].
— Rubber suspension units for motor-cycles. Engng. 189(1950)4911 310—311;
Konstruktion 3(1951)2 58—59. [1.431.22].
Winkler, G.: Entwicklung im Kraftradbau. ATZ 53(1951)12 320—323.
Beecher, W.: Die castings and permanent mould castings used in motorcycles.
Precision Metal Molding 10(1952)1 32—34, 56—57; AB 23(1952)3 101. [6.211.1].
— Aluminium in motor cycles and bicycles. Light Metals 15(1952)167 49—53.
[6.252.47].
Krekel, Paul: Motorrad und Motorroller. „Aluminium im Verkehr", Düsseldorf:
Aluminium-Verl. 1953 126—132.
— Un cadre de velomoteur en alliage léger coulé. Rev. Aluminium 30(1953)196
78—79; AB 24(1953)5 267; Aluminium 29(1953)6 XIX.
— Motors, motor cycles, bicycles — on show 1952. Light Metals 16(1953)178
15—17; AB 24(1953)4 203. [6.211.1], [6.252.47].
Bücken, Curt: Aluminium am Zweirad. Aluminium 30(1954)4 139—151; AB 25
(1954)6 339.
Krekel, Paul: Aluminium auf der Internationalen Fahrrad- und Motorrad-Aus-
stellung Frankfurt (Main). Nachr.-Bl. AGM Leichtbau 3(1954)1 15—16.
[6.252.47].
Krekel, P.: Leichtbau — eine dominierende Forderung. Radmarkt (1954)3 18—20,
5 14—15; Nachr.-Bl. AGM Leichtbau 3(1954)5 15.
Zaremba, Zbigniew: Fragen der Festigkeit von Motorradrahmen. Kraftfahrzeug-
technik 4(1954)7 208—210.
— Glass laminates in the motor cycle field. Brit. Plastics 27(1954)12 468—469.
Greeves, O. B.: Light alloy for motorcycle frames — a personal chronicle. Light
Metals 18(1955)207 202—204.

Fahrräder   6.252.47

Brueser, Kurt: Dauerfestigkeit von geschweißten und gelöteten Fahrrad- und
Kraftrad-Rahmenrohren. Diss. TH Braunschweig 1931; Hamburg-Berlin:
Hanseatische Verl.-Anstalt 1931 11 S.; Schmelzschweißung 10(1931)8/9 [1.442.2],
[1.442.14], [6.252.46].
Colombo, R.: Fahrrad-Schutzbleche aus Zelluloseazetat. Materie Plastiche
(Mailand) 7(1940)3 111; Techn. Z.-Schau 26(1941)8 142.
di Luigi, F.: Fahrradfelgen aus Preßstoff. Materie Plastiche (Milano) 7(1940)2
47, 61, 65; Techn. Z.-Schau 26(1941)8 138.
— Leichtmetall-Fahrräder in Italien. Aluminium 22(1940)10 530—533.
— Light alloys in motorcycles and motorized bicycles. Light Metals 5(1942)
264—282, 286—290. [6.252.46].
— Light alloy bicycles. Light Metals 8(1945) 360—362.

—- Light alloys in motorized bicycles and motorcycles. Light Metals **8**(1945) 448—458. [6.252.46].

Arbault, M.: Bicyclette moderne. Cadre en métal léger. Rev. Aluminium **23** (1946)120 83—88.

— Aluminium bicycle engine. Light Metals **9**(1946) 270—271.

— Light alloy bicycles in Switzerland. Light Metals **9**(1946) 3—6.

Arbault, M.: Les pièces de cycles. Leurs caractéristiques de fabrication en alliages légers. J. SIA **24**(1948)1 3—11, 2 39—43, 3 72—77.

Le Guilcher: Possibilités modernes d'assemblages offertes par les soudo-brasures à l'industrie du cycle et du motocycle. J. SIA (1949)Sept. 307. [6.252.46].

Martin: L'étude photoélastique des cadres de cycles. J. SIA (1949)Mars 107.

Flusin, F.: Mésure des efforts en marche normale sur un cadre de bicyclette. Rev. Aluminium **27**(1950)164 89—95.

Hugonnet, H.: Les petits appareils de manutention. Rev. Aluminium **27**(1950) 169 331—335.

Victor, Maurice: L'évolution de la bicyclette. Aujourd'hui on ne pédale plus. Rev. Aluminium **27**(1950)163 71—79.

Faißt, H. W.: Leichtmetall im Fahrradbau. Metall **6**(1952)19/20 613—616; Nachr.-Bl. AGM Leichtbau **2**(1953)8 6.

— Aluminium in bicycles. Devel. Bull. Apr. 1952 29 p.; AB **23**(1952)6 306.

— Aluminium in motor cycles and bicycles. Light Metals **15**(1952)167 49—53. [6.252.46].

Faißt, H. W.: Der Fahrradbau. „Aluminium im Verkehr", Düsseldorf: Aluminium-Verl. 1953 132—135.

— Aluminium in bicycles. Modern Metals **9**(1953)3 32—38; AB **24**(1953)6 347—348.

— Fahrradfelgen aus Kunststoff. Kraftverkehr **5**(1953)4 4; Nachr.-Bl. AGM Leichtbau **2**(1953)5 3.

— Fahrradrahmen aus Glasfaser mit Kunstharz. Plastics **18**(1953)Sept. 296; Kunststoffe **44**(1954)4 159.

— Motors, motor cycles, bicycles — on show 1952. Light Metals **16**(1953)178 15—17; AB **24**(1953)4 203. [6.211.1], [6.252.46].

Kleine-Weischede, H.: Rationalisierung im Fahrrad- und Leicht-Motorradbau durch Widerstandsschweißung. Schweißen u. Schneiden **6**(1954)4 142—145.

Krekel, Paul: Aluminium auf der Internationalen Fahrrad- und Motorrad-Ausstellung Frankfurt (Main). Nachr.-Bl. AGM Leichtbau **3**(1954)1 15—16. [6.252.46].

England, H. H.: Aluminium and the bicycle. Light Metals **18**(1955)207 201—202.

Sonstige Fahrzeuge (Ackerwagen u. ä.)   6.252.48

Kloth, Willi u. *H. Hisserich:* Leichtbauelemente — Fahrzeugachsen. TidL **21** (1940)5 74—75; Landmasch. Rdsch. **2**(1950)10 204—205.

Stroppel, Theodor: Kräfte und Beanspruchungen in luftbereiften Ackerwagen. TidL **21**(1940)3 38—41. [1.12].

Stroppel, Theodor: Beanspruchung des Fahrgestelles luftbereifter Ackerwagen. Z. VDI **84**(1940)35 651—652. [1.12].

Stroppel, Theodor: Reifen und Federung von luftbereiften Ackerwagen. TidL **21**(1940) 60—64.

Lengsfeld, J. u. *O. Vorbach:* Normung der Spurweiten von Ackerwagen mit Luftreifen. TidL **22**(1941)7 132; Techn. Z.-Schau **26**(1941)20 345.

Stroppel, Theodor: Verwindungsfähige Fahrgestelle für luftbereifte Ackerwagen. TidL **22**(1941) 5—8.

Stroppel, Theodor: Beanspruchungen ländlicher Fahrzeuge beim Fahren über schlechte Wege. TidL **22**(1941)7 133—138 4 Lit.-St.; Techn. Z.-Schau **26**(1941) 20 345. [1.12].

Trost, Willi: Spannungen und Werkstoffausnutzung in Fahrzeugrahmen. Z. VDI **87**(1943)29/30 467—472.

Trost, Willi: Spannungsverteilung an Fahrgestellen, insbesondere an den Knoten von Ackerwagenrahmen unter der Einwirkung von Verwindungskräften. Diss. TH Berlin 1943.

Bergmann, Walter: Beanspruchung und Gestaltung des Fahrgestells gummibereifter Ackerwagen. „Ackerwagen mit Gummibereifung" (Hrsg. W. Kloth), München-Wolfratshausen: Neureuter 1948 47—66.

Kloth, Willi: Bauformen der Ackerwagen. „Ackerwagen mit Gummibereifung" (Hrsg. W. Kloth), München-Wolfratshausen: Neureuter 1948 33—46.

Kloth, Willi: Die konstruktive Entwicklung der Ackerwagen in England und Frankreich. Landtechnik **3**(1948)3 33—34.

Kloth, Willi u. *Walter Bergmann:* Die Verdrehsteifigkeit. Landtechnik **3**(1948) 9/10 137—141, 11/12 168—174. [1.342.51].

Kloth, Willi u. *Walter Bergmann:* Biegesteifigkeit. Landtechnik **3**(1948)5 69—77.

Bergmann, Walter: Radstand und Rahmenbreite bei luftbereiften Ackerwagen. Landtechnik **4**(1949)9 275—277.

Kloth, Willi: Feststellungen zur Konstruktion von Ackerwagen. Landtechnik **4** (1949)6 175—176.

Zödler, Hans: Das verwindbare Fahrgestell. Landtechnik **4**(1949) 300—304.

Bergmann, Walter: Steifigkeit sperriger Bauteile. (9. Konstrukteur-H.) Grundl. Landtechn. (1951)1 61—67.

Bergmann, Walter: Spannung und Gestalt bei Knotenpunkten insbesondere bei verwindungsfähigen Konstruktionen. (9. Konstrukteur-H.) Grundl. Landtechn. (1951)1 73—81.

Müller, Hans: Beanspruchung und Konstruktion von Speichenrädern. (9. Konstrukteurheft.) Grundl. Landtechn. (1951)1 68—73.

— La bonne tenue des traineaux en duralumin au Groenland. Rev. Aluminium **28**(1951)173 28—30.

Bergmann, Walter: Gestaltung von Knotenpunkten und Tragwerken bei verwindungsbeanspruchten Fahrzeugen. Schweißen u. Schneiden (1952) S.H. Dez. 139—145 22 Lit.-St.

Kloth, Willi, Theodor Stroppel u. *Walter Bergmann:* Gesetze des Fahrens und der Konstruktion für Ackerwagen. Z. VDI **94**(1952)7 209—215, 17/18 515—518.

Müller, H.: Dauerhaltbarkeit starrer Speichenräder. (10. Konstrukteurheft.) Grundl. Landtechn. (1952)3 24—31.

Stroppel, Theodor: Ladelast und Federung der luftbereiften Ackerwagen. Landtechn. Forsch. **2**(1952)4 128.

— Magnesium hand truck. Iron Age **169**(1952)17 166; AB **23**(1952)6 347.

— Ein moderner Gespannwagen. Wagen- u. Karosseriebau-Techn. **5**(1952)1 9—10; Nachr.-Bl. AGM Leichtbau **1**(1952)6 5.

— Welded aluminium dump truck bodies. Welding Engr. **37**(1952)4 40—41; AB **23**(1952)5 250.

Müller, Hans: Festigkeitsuntersuchungen an Speichenrädern landwirtschaftlicher Geräte. Diss. TH Braunschweig 1955.

Wasserfahrzeuge   6.253

Allgemeines   6.253.1

Schulz, B.: Neuere Fortschritte mit Aluminium-Legierungen für den Schiffbau. Korrosion u. Metallschutz (1931)9 218—219.

Bunje, A.: Leichtmetall im Schiffbau. Werft, Reederei, Hafen (1933)18 263—264.

Niemann, H.: Alfol im Schiffbau. Werft, Reederei, Hafen **14**(1933) S.H. Sept. 260—263.

Schlichting, O.: Über die Verwendung von Leichtmetallen im Schiffbau. Schiffbau **34**(1933)18 317—319.

Sterner-Rainer, R.: Aluminium im Schiffbau. Aluminium **17**(1935) 370—374.

Leysieffer, G.: Kunststoffe im Schiffbau. Z. VDI **81**(1937)40 1159—1160.

Karsten, Alfred: Querschnitt durch die neuzeitlichen Guß- und Stahl-Werkstoffe für den Schiffbau. Schiffbau **39**(1938)6 98—100.

Woolard, F. G.: Aluminium for marine applications. Light Metals **1**(1938) 162—165.

Schlüter, H.: Gewicht- und Werkstoffersparnis durch Schweißen im Schiffbau. Z. VDI **83**(1939)26 794—795.

Turnbull, J.: Investigation of the welding of ships' structures. 1st interim rep.: A description of the testing apparatus. Brit. Welding Res. Ass. Rep. 2 Jan. 1939.

Turnbull, J.: Investigation of the welding of ships' structures. (2nd interim rep.) Brit. Welding Res. Ass. Rep. 5 Apr. 1940.

— Current position of light alloys in marine engineering practice. Light Metals **4**(1941) 120—126.

Hardy, A. S.: Light metal in shipbuilding. Light Metals **4**(1942)48 252—255.

Goldsworthy, E. C.: Shipbuilding and light alloys. Trans. Inst. Engrs. & Shipbuilders **87**(1943/44) 44 ff.

Taylor, G. O.: Aluminium and its alloys in marine construction. I./II. Metal Industry **62**(1943)13 194—196, 14 214—217, 16 242—245, 17 267—268, 18 274—276.

Turnbull, J.: Investigation of the welding of ships' structures. (3rd interim rep.) Brit. Welding Res. Ass. Rep. 21 1943.

— Light alloys under marine conditions. Light Metals **8**(1945) 308—318.

Brinck, Arne: Aluminium in shipbuilding. Light Metals **9**(1946)99 180—206.

Muckle, William: Light-alloy sections for shipbuilding. Light Metals **9**(1946) July; ADA Repr. 14 7 p.

Turnbull, J.: Investigation of the welding of ships' structures. (4th interim rep.) Brit. Welding Res. Ass. Rep. 26 Jan. 1946.

— The application of electric arc welding to ship construction: recommendations by the Admirality Ship Welding Committee, for the guidance of shipbuilders, designers, inspectors and foremen engaged in the fabrication of ships' structures by welding. London: HMSO 1946.

West, E. G.: Aluminium-alloys for marine purposes. Metal Industry **71**(1947) 173—176; BA, B I (1948)March 123.

Roop, Wendell P.: Tests of ductility in ship structure. "Symposium on deformation of metals as related to forming and service", ASTM Spec. Techn. Publ. 87 1948 4—14; Met. Rev. **22**(1949)9 40.

— L'alluminio sul mare. Alluminio **17**(1948)9/10 497—504.

— Electric arc welding: electrodes and processes approved for use in ship construction. Glasgow: Brit. Corp. Register of Shipping & Aircraft Dec. 1948.

Gürtler, Gustav: Bewertung der Aluminiumlegierungen im Hinblick auf ihre Eignung im Schiffbau. Schiff u. Hafen **1**(1949)9 236—239.

Heinzelmann, W.: Seewasserbeständige Al-Legierungen im Schiff- und Maschinenbau. Schiff u. Hafen **1**(1949) 239—244, **2**(1950) 10—16.

Redshaw, L.: Welding in shipbuilding with particular reference to passenger construction. Brit. Welding Res. Ass. Rep. 45; Welding Res. **3**(1949)2.

Suppus, H.: Lukenabdeckungen aus Leichtmetall. Schiff u. Hafen **1**(1949)9 249—250.

Vierhaus, E.: Einige Erfahrungen mit Leichtmetall im Schiff- und Schiffsmaschinenbau. Schiff u. Hafen **1**(1949)9 234—235.

Winter, H.: Künftige Aufgaben für das Leichtmetall im Schiffbau und die Voraussetzungen zu ihrer Lösung. Schiff u. Hafen 1(1949)9 246—248.
— Shipbuilding and light alloys. Light Metals **12**(1949)138 404—409, 139 438—449.
Fiedler, W.: Leichtmetall im Schiffbau. Jb. Schiffbautechn. Ges. Bd. 45 1951 206—213.
Foerster, E.: Leichtmetall im Schiffbau. Schiff u. Hafen **3**(1951) 25—30.
McLaughlin, William: Non-ferrous metals and alloys in marine engineering. Metal Industry **79**(1951)31./8. 163—166, 7./9. 201—203, 14./9. 224—225; Met. Rev. **24**(1951)11 46.
Möller, Paul: Verwendung von Al-Legierungen im Schiffbau, die Entwicklung in Großbritannien und USA. Hansa **88**(1951)17/18 614—615.
Muckle, William: Investigations into the structural use of aluminium in ships; a summary. ADA Res. Rep. 10 1951 67 p.
Taylor, D. W. and *William Muckle:* The selection of aluminium alloys for shipbuilding. Schweiz. Arch. **17**(1951)12 365—379; Nachr.-Bl. AGM Leichtbau 1 (1952)4 5; Aluminium **28**(1952)5 XIV.
Venus, J.: Marine developments in aluminium. Trans. Instn. Engrs. Shipbuilders **95**(1951) 22—47, disc. 48—63; ADA Repr. 34; Shipbuilder & Marine Engine-Builder **59**(1952)524 263—266; Met. Abstr. **21**(1953) Pt. 2 Oct. 205; AB **24**(1953) 12 766.
Vidal, Pierre: La mise en oeuvre des alliages d'aluminium dans les chantiers navals. Nouveautés Techn. Maritimes **15**(1951) 11—29; Schiff u. Hafen 4 (1952) 261—264, 372—375 (Auszug v. J. Rieck); Hansa **89**(1952) 373—375.
— Aluminium auf See. Aluminium **27**(1951)4 104—105.
— Erschütterungs- und Vibrationsdämpfung auf Schiffen. Kautschuk Anwendungen (1951) 80—82.
— Leichtmetall im Binnenschiffbau. Z. Binnenschiffahrt **78**(1951) 139—141.
— Leichtmetall im Schiffbau. Hansa **88**(1951) 323—326.
— The working of aluminium in the shipyard. ADA Inform. Bull. 18 Nov. 1951 36 p.
Anderson, G.: Practical aspects of aluminium alloys in ship construction. Pap. Soc. NAME, Brit. Columbia Section Sept. 1952; Light Metals Bull. **15**(1953) 17 631; AB **24**(1953)11 682.
Buchholtz, H.: Die Baustahlfrage im modernen Handelsschiffbau. Jb. Schiffbautechn. Ges. Bd. 46 1952 95—107.
Corlett, E. C. B.: Aluminium as a shipbuilding material. Metal Industry **80**(1952) 9 163—167; Shipbuilding & Shipping Rec. **80**(1952)3 87—89; AB **23**(1952)4 175, 8 428; Nachr.-Bl. AGM Leichtbau **2**(1953)2 8.
Cranch, R. C. and *N. V. Poletika:* Marine laminating comes of age. Wood & Wood Products **57**(1952)10 24—25, 46—49, 11 32—33, 62.
Dohrmann, H.: Der Einfluß der Schweißtechnik auf die konstruktive Gestaltung der Bauelemente im Schiffbau. Schweißen u. Schneiden **4**(1952)6 187—194. [5.5].
Domes, Theodor: Spezielle rechnerische Grundlagen für die Leichtmetallanwendung im Schiffbau. Jb. Schiffbautechn. Ges. Bd. 46 1952 289—299; Schiff u. Hafen **4**(1952) 518—520; Nachr.-Bl. AGM Leichtbau **2**(1953)7 9.
Hensolt, Johannes: Leichtmetall in der Schiffbaunormung. Aluminium **28**(1952)6 199; Nachr.-Bl. AGM Leichtbau **1**(1952)4 6. [3].
Körte, F.: Schiffbaumaterial für geschweißte Schiffe. Schiffbau **89**(1952)23 773—774; Stahl u. Eisen **72**(1952)16 977.
Mishima, Yoshitsugu: The effect of the alloying elements on the properties of aluminium-magnesium alloy to be used in sheet for shipbuilding. Light Metals (Japan) (1952)4 71—74; AB **23**(1952)11 606.
Nauen, J.: Leichtmetall und Schiffssicherheit. Schiff u. Hafen **4**(1952) 54.

Reiprich, J.: Werkstoff- und betriebstechnische Grundlagen für die Aluminium-Verwendung auf Schiffen. Aluminium **28**(1952)6 181—183; AB **23**(1952)11 606; Nachr.-Bl. AGM Leichtbau **1**(1952)4 4.

Reiprich, J.: Aluminium-Werkstoffe für den Schiffbau. Aluminium **28**(1952)6 184—186; AB **23**(1952)11 606; Nachr.-Bl. AGM Leichtbau **1**(1952)4 4.

Vierhaus, E.: Versuche und Erfahrungen mit Kunststoffen im Schiffbau. Ber. 5, Arbeitsausschuß „Leichtmetall und Sonderwerkstoffe" der STA; Hansa (1952) 46/47 1593; Nachr.-Bl. AGM Leichtbau **2**(1953)7 10.

— Aluminium, ein Schiffbaumaterial. Schiff u. Hafen **4**(1952)11 472—476; Nachr.-Bl. AGM Leichtbau **2**(1953)4 8.

Bauermeister, H.: Der heutige Stand der Einführung des Leichtmetalls in den deutschen Schiffbau. Hansa **90**(1953) 1234, 1246.

Boykin, C. R. and *M. L. Sellers:* Aluminium alloys in ship construction. Shipping World **129**(1953) 462—464, **130**(1954)3158 13—14, 3162 162—163, 3166 259, 3171 379—380.

Domes, Th.: Ist Leichtmetall im Binnenschiffbau wirtschaftlich? Z. Binnenschiffahrt **80**(1953) 48—50.

Dorey, S. F.: Metals and marine engineering. J. Inst. Metals **82**(1953/54) 497—510.

Fiedler, Wilhelm: Leichtmetall-Schweißkonstruktionen im Schiffbau. Schweißen u. Schneiden **5**(1953) S.H. Dez. 13—17; Hansa **90**(1953) 1208—1209.

Fiedler, W.: Das Leichtmetall im deutschen Nachkriegs-Schiffbau. „Aluminium im Schiffbau", Düsseldorf: Aluminium-Verl. 1953 28—31; Aluminium **28**(1952) 6 191—194; Nachr.-Bl. AGM Leichtbau **1**(1952)4 5.

Foerster, E.: Heutige Möglichkeiten und Grenzen des Leichtmetalleinsatzes im Schiffbau. „Aluminium im Schiffbau", Düsseldorf: Aluminium-Verl. 1953 5—9; Aluminium **28**(1952)6 177—181; AB **23**(1952)11 605.

Goldsworthy, E. C.: New materials in fishing vessel construction and operation. Fishing Boat Congr. (Food and Agriculture Organization UN, Paris Nov. 1953) Pap. 42 4 p.; AB **25**(1954)2 65.

Hensolt, Johannes: Leichtmetall in der Schiffbaunormung. „Aluminium im Schiffbau", Düsseldorf: Aluminium-Verl. 1953 36.

Höland, Karl: Schweißen im Schiffbau. Schweißen u. Schneiden **5**(1953) S.H. Dez. 29—36. [5.5].

Reiprich, J.: Aluminium-Werkstoffe für den Schiffbau. „Aluminium im Schiffbau", Düsseldorf: Aluminium-Verl. 1953 9—15; Z. Binnenschiffahrt **80**(1953) 42—45.

Renner, Kurt: Leichtmetall im Schiffbau. (Taschenausgabe Verl. Technik Bd. 13.) Berlin: Verl. Technik 1953 178 S.

Struss, R.: Leichtmetall im italienischen Schiffbau. „Aluminium im Schiffbau", Düsseldorf: Aluminium-Verl. 1953 25—27.

Surmann, W.: Möglichkeit und Grenzen des Leichtmetalleinsatzes im Binnenschiffbau. Z. Binnenschiffahrt **80**(1953) 33—35.

— Aluminium im Schiffbau. Düsseldorf: Aluminium-Verl. 1953 58 S.

— Anstrich von Aluminium im Schiffbau. Industria Vernice **6**(1953)10 223—225; Werkstoffe u. Korrosion **5**(1954)8/9 342.

— Marine applications of aluminium. Trans. Inst. Marine Engrs. **65**(1953)4 55—56; AB **24**(1953)6 353.

— Some drafts of working standards of light alloys for shipbuilding. (Comm. of Light Metals for Shipbuilding Industry) Light Metals (1953)7 90—96; AB **24**(1953)8 485—486.

— Die Vorteile der Polyvinyl-Materialien an Bord von Seeschiffen. Marine Engr. & Naval Architect (1953)Oct. 408—414; Schiff u. Hafen **6**(1954)2 97—98.

— Der Weg des Aluminiums zum Schiffbau. „Aluminium im Verkehr", Düsseldorf: Aluminium-Verl. 1953 136—145.

Anders, Walter: Schweißung im Schiffbau. Sonderdr. „Schiffbautechn. Handb.", Berlin: Verl. Technik 1954 92 S.; Schweißtechnik (Berlin) 4(1954)11 340.

Bauermeister, H.: Leichtmetall im Schiffbau. Z. VDI 96(1954)32 1100; Nachr.-Bl. AGM Leichtbau 4(1955)1 11.

Brenner, Paul: Leichtmetall im deutschen und amerikanischen Schiffbau. Europa-Verkehr 2(1954)2 45—48; Nachr.-Bl. AGM Leichtbau 3(1954)11/12 8.

Brenner, Paul: Leichtmetall im europäischen und amerikanischen Schiffbau. Europa-Verkehr (1954)1 15 S.

Diede, G.: Schiffsschwingungen, ihre Berechnung und die Ergebnisse aus Schwingungsmessungen am fertigen Schiff an Hand von neueren englischen Veröffentlichungen. Schiff u. Hafen 6(1954)1 30—36.

Flemming, Herbert: Glasfaserbaustoffe im Schiffbau. Schiffbautechnik 4(1954)3 83—85.

Gürtler, Gustav: Die Verarbeitung von Aluminium auf der Werft. Schiff u. Hafen 6(1954)12 769—771.

Jung, G.: Das elektrische Lichtbogenschweißen im Schiffbau. Elektrotechn. Z. (B) 6(1954)7 225—230.

Leeb, P.: Use of light metals on merchant ships. Light Metals 17(1954)192 85—86; Aluminium 30(1954)7 CXLIV; Nachr.-Bl. AGM Leichtbau 3(1954)8 6.

Pfeil, L. B.: New metals in engineering. Instn. Marine Engrs. Prepr. Apr. 1954 6 p.; Nickel-Ber. 12(1954)6 111.

Scherman, Roy E.: The use of light metals in naval design. Light Metals 17(1954) 198 300—301; AB 25(1954)10 674.

Struss, Richard: L'aluminium dans la reconstruction navale italienne. "Rapp. Congr. Int. Aluminium, Tome II", Paris: Soc. Édition et Documentation Alliages Légers 1954 255—264.

Ullmann, E.: Light metals in shipbuilding. Light Metals 17(1954)194 140—142; Nachr.-Bl. AGM Leichtbau 4(1955)1 11.

Venet, J.: Le bois dans la construction navale. La charpenterie de marine dans les ports de pêche français. Rev. Bois 9(1954)7/8 13—16.

— Aluminium in Norwegian shipbuilding. Shipping World 131(1954)3197 373—376.

— Leichtmetall und Kunststoffe auf der „United States". Hansa 91(1954)36 1593—1596.

— La marine. Rev. Aluminium 31(1954)211 220—226; Nachr.-Bl. AGM Leichtbau 4(1955)7 18.

— Schweißen im Schiffbau. (Tagung Fachausschuß Schiffstechnik.) Technik (Berlin) 9(1954)10 573—576.

— Wooden laminates for marine craft. Timber Technol. 62(1954)2182 390—391.

Dohrmann, H.: Die Schweißtechnik und ihre Auswirkung auf die konstruktive Gestaltung im Schiffbau. Schiff u. Hafen 7(1955)1 37—51; Nachr.-Bl. AGM Leichtbau 4(1955)4 6.

Fiedler, W.: Leichtmetall im Schiffbau. Metall 9(1955)5/6 193—197.

Gürtler, Gustav: Die Verarbeitung von Aluminium auf der Werft. Nachr.-Bl. AGM Leichtbau 4(1955)2 1—4.

Hansen, J.: Die Anwendung der Schweißtechnik im Schiffbau. Schweißen u. Schneiden 7(1955)6 241—246.

Jaeger, H. E.: Aluminium in ships' structures. Shipping World 132(1955)3223 396—399, 3227 490—492.

Jaeger, H. E.: Betrachtungen über die Anwendung von Aluminium im Schiffbau. Aluminium 31(1955)11 531—540 36 Lit.-St.

Linicus, W.: Immer mehr Aluminium im Schiffbau. Aluminium 31(1955)11 540—543.

Petershagen, H.: Aluminium im Schiffbau. Schiff u. Hafen 7(1955)5 318—321.

Petershagen, H.: Anwendung des Schweißverfahrens im Schiffbau. Schiff u. Hafen **7**(1955)2 85—86; Nachr.-Bl. AGM Leichtbau **4**(1955)5/6 12.

Robinson, L. M. C.: Aluminium in ships' structures. A review of current practice. Shipbuilder & Marine Engine Builder **62**(1955)560 97—103.

Robinson, L. M. C.: Aluminium for marine applications. Shipping World **132** (1955)3231 591—592.

Sautner, K.: Korrosion und Korrosionsschutz im Schiffbau. Z. VDI **97**(1955)22 747—752 28 Lit.-St.

Stastny, F.: Über die Verwendung des porösen Kunststoffes Styropor im Schiffbau, im Fischerei- und Rettungswesen. Hansa **92**(1955)26/27 1174—1176.

Stolte, E.: Gummi im Schiffbau. Hansa **92**(1955)9/10 425—429. [1.324.32].

Struss, Richard: Aluminium in Italian Shipbuilding. Shipping World **132**(1955) 3214 174—175, 3218 274—275.

Schiffe 6.253.2

Schnadel, Georg: Knickung von Schiffsplatten. Werft, Reederei, Hafen (1930) 461, 493.

Gentzcke, F.: Leichtmetallkonstruktionen im Schiffbau. Werft, Reederei, Hafen (1933) S.H. Sept. 25—30.

Devereux, W. C. and *E. V. Tevler:* Light-alloys in ship construction. Trans. Instn. Naval Architects **81**(1939) 280—303.

Schade, Henry A.: Application of orthotropic plate theory to ship bottom structure. Proc. 5th Int. Congr. Appl. Mech. 1939 140—144 3 ref.

— Light alloys in shipbuilding. Light Metals **2**(1939) 284—288.

— Motorship with light alloy superstructure. Shipbuilding & Shipping Rec. **54**(1939)21 548—550.

Lehmann, G.: Auswertung von Schottenversuchen. Mitt. Forsch. Anst. GHH-Konzern **8**(1940)3.

Angermayer, K.: Hydronalium im Schiffbau. Schiffbau **42**(1941)2 17—22; Techn. Z.-Schau **26**(1941)6 111.

Vierhaus, E.: Einsatz von Kunststoffen im Schiff- und Schiffsmaschinenbau. Kunststoffe **31**(1941)7 252—256 3 Lit.-St.; Techn. Z.-Schau **26**(1941)24 404.

Prinzing, O.: Isolierung von Schiffskühlräumen. Z. VDI **86**(1942)7/8 113—116.

Muckle, William: Some considerations in the application of light alloys to ship construction. (Pap. read before the N. E. Coast Instn. Engrs. & Shipbuilders, Newcastle upon Tyne Dec. 1943) (Excerpt from the Instn. Trans. Vol. 60 101—139, D 44—D 54) N. E. Coast Instn. Engrs. & Shipbuilders Repr. 2 London: Spon Apr. 1944 and Aug. 1947.

Brinck, Arne: Les constructions navales. Rev. Aluminium (1945)Dec. 183—192.

— Aluminium alloys for naval use. London: HMSO Spec. Rep. 1945.

Muckle, William: Application of light alloys to superstructures of ships. (Pap. read before the N. E. Coast Instn. Engrs. & Shipbuilders, Newcastle upon Tyne Apr. 1946) Trans. N. E. Coast Instn. Engrs. & Shipbuilders **62**(1945/46) 329—360, D 139—D 154; N. E. Coast Instn. Engrs. & Shipbuilders Repr. 13, London: Spon 1946; Light Metals **9**(1946)101 306—311.

Remmers, Karl: Der Einfluß der wirtschaftlichen Gegebenheiten und des technischen Fortschrittes auf die Gestaltung von Schiffen. Diss. Univ. Hamburg 1946 XI, 157 S.

Muckle, William: The application of light alloys to coasters. (Pap. read before the Hull Ass. of Engrs., Jan. 1947) ADA Repr. 17 20 p.

Bull, F. B., J. F. Baker, A. J. Johnson and *A. V. Ridler:* The measurement and recording of the forces acting on a ship at sea. I. Sea trials on a 10,000 ton dead-weight cargo steamer. II. The instruments used in the trials. Trans. Inst. Naval Architects Prepr. 1948.

Degarmo, E. P.: Tests of various designs of welded hatch corners for ships. Welding J. **27**(1948)Febr. 50—70.

Forman, Milton: New factors to be considered in the design and welding of ships. Welding J. **27**(1948)Sept. 671—678; J. Amer. Soc. Naval Engrs. **61**(1949) May 494—505.

de Lapeyrière, P.: L'Alcoa cavalier. Super paquebot en miniature pour le transport de la bauxite et des passagers de luxe. Rev. Aluminium **25**(1948) 141 44—46.

Muckle, William: Aluminium alloys and their application to shipbuilding. Brit. Shipbuilding Res. Ass. 1948.

Muckle, William: The design of light-alloy ships' structures. Shipbuilder & Marine Engine-Builder **55**(1948)Jan. 17—27; ADA Repr. 18 28 p.; AMR **1**(1948) 6 167.

Muckle, William: Experiments on a light alloy model superstructure. Trans. N. E. Coast Instn. Engrs. & Shipbuilders **65**(1948/49)7 413—450, D 125—D 129; AB **21**(1950)2 78.

Stocks, C. H. and *J. W. G. Thurston:* Ship welding and the influence of residual stress. Welding **16**(1948)Dec. 533—538, **17**(1949)Jan. 30—37; Met. Rev. **22** (1949)3 51.

Vidal, Pierre: Le paquebot „Stockholm". Rev. Aluminium (1948)Sept. 273—276.

Corlett, E. C. B.: A light-alloy cross-channel ship design. Shipbuilder & Marine Engine-Builder **56**(1949)488 505—508.

Günther, Oskar: Leichtmetall im Schiffbau. Leichtmetall **2**(1949)3/4 1—13.

Günther, Oskar: Leichtmetall auf Binnenschiffen. Leichtmetall **2**(1949)5/6 25—28.

Hagan, H. H.: The economic construction of moderate sized all-welded ships. Welding Res. **3**(1949)June 50r—51r; Met. Rev. **22**(1949)9 54. [1.52].

Hass u. *A. Müller-Busse:* Versuche über die Verwendungsmöglichkeit von Leichtmetall zum Auskleiden von Fischräumen. Hansa **86**(1949) 759—762.

Hinde, Stanley W.: The economics of aluminium-alloy superstructures. Engng. **167**(1949)29./4. 391; Met. Rev. **22**(1949)7 56.

MacCutcheon, E. M.: Riveted vs. welded ship structure. Welding J. **28**(1949) Febr. 111—122.

McConville, T. W.: Magnesium as a shipboard material; negative considerations. J. Amer. Soc. Naval Engrs. **61**(1949)Febr. 35—44; Met. Rev. **22**(1949)4 54.

Muckle, William: A theory of the behaviour of deck plating after buckling. Trans. Instn. Naval Architects **91**(1949) 340—357; Bull. Anal. C.N.R.S. **11** (1950)11 3632.

Paffett, J. A. H.: The application of photoelastic methods to ship design problems. Trans. N. E. Coast Instn. Engrs. & Shipbuilders **66**(1949) Pt. 1 Nov. 31—50 13 ref.; AMR **3**(1950)11 341; Index Aeron. **6**(1950)1 36. [4.54].

Schellenberger, Karlheinz: Längs- und Querfestigkeit der Binnenschiffe. Diss. TU Berlin 1949 VIII, 255 S.

Schnadel, Georg: The strength of transversely stiffened decks of ships. Reissner Anniv. Vol., Ann Arbor (Mich.): J. W. Edwards 1949 256—267; AMR **2**(1949) 11 246. [1.223.11].

Vasta, John: Structural tests on the passenger ship S. S. "President Wilson" — Interaction between superstructure and main hull girder. Pap. Ann. Meeting Soc. Naval Architects & Marine Engrs. Nov. 1949; AB **21**(1950)9 457—458.

Vidal, Pierre: La reconstruction du paquebot "El Mansour". Rev. Aluminium **26** (1949)152 46—51.

Vidal, Pierre: Le „Président-Cleveland" paquebot transpacifique. Rev. Aluminium **26**(1949)155 174—177.

Watkins, G. L. R.: Festigkeitsprobleme bei der Verwendung von Aluminium-legierungen im Schiffbau. Schiff u. Hafen **1**(1949) 231—234.

Wilson, J. L.: Investigation of welded ship construction. Welding J. **28**(1949)
Apr. 319—328; Met. Rev. **22**(1949)6 51.
— Aluminium alloy for marine use. Shipbuilder & Marine Engine-Builder **56**
(1949)486 395—400; Marine Engr. & Naval Architects **72**(1949)864 219—220.
— Marine superstructures. Devel. Bull. 5 Nov. 1949 24 p.
— Ship structural members; comparison of welded and riveted stiffeners.
Welding **17**(1949)Febr. 78—80; Met. Rev. **22**(1949)4 52.
Bosch, F.: Konstruktionshavarien geschweißter Handelsschiffe des amerikani-
schen Kriegs-Bauprogramms. Z. Schweißtechn. (Zürich) **40**(1950)6 100—105;
Bull. Anal. C.N.R.S. **11**(1950)11 4024.
Cahen, G.: Étude des vibrations de flexion et de torsion au moyen d'analogies
electromécaniques: Application aux charpentes de navires et d'aéronefs.
Ass. Techn. Marit. Aéron. Prepr. Juin 1950 13 p. 4 ref.; Index Aeron. **6**(1950)
8 63. [6.254.20].
Corlett, E. C. B.: Thermal expansion effects in composite ships. Trans. Inst.
Naval Architects **92**(1950) 376—378; AB **22**(1951)10 559.
Dert, L. F.: Lichte metalen in de scheepsbouw. Schip en Werf **17**(1950)12
256—259.
Dickinson, Thomas A.: Modern maritime woodwork. Wood Working Dig. **52**
(1950)2 111, 112, 116.
Fiedler, Wilhelm: Leichtmetallkonstruktionen für den Schiffbau. Hansa **87**(1950)
1484—1487.
Günther, Oskar: Leichtmetall auf Binnenschiffen. Hansa **87**(1950) 396—399.
Holt, M.: Structural model tests comparing aluminium alloy and steel super-
structures. Marine Engng. & Shipping Rev. **55**(1950)3 58—61.
Krekeler, Karl: Das Schweißen im Schiffbau. Essen: Girardet 1950 43 S.
Lewis, E. V.: Aluminium for ship superstructures. Marine Engng. & Shipping
Rev. **55**(1950)3 52—57.
Müller-Busse, A.: Leichtmetall-Fischräume. Schiff u. Hafen **2**(1950)1 18—19.
Vasta, John: Les essais de la structure en aluminium-acier du paquebot
américain "President Wilson". Rev. Aluminium **27**(1950)168 266—269.
Vidal, Pierre: Nouveaux paquebots français. Rev. Aluminium **27**(1950)170
374—376.
— Bemerkenswerte neuere Schiffsbauten: Die neue „Oslofjord". Schiff u. Hafen
2(1950) 98—100.
— Structural test on the President Wilson. Shipbuilding & Shipping Rec. **76**
(1950)9 269—273.
Bosholm, Erich: Eignung der vorliegenden Schweißkonstruktionen für den
Serienbau von Schiffen. Technik (Berlin) **6**(1951)1 41—44.
Cooke, R. L.: Famous yard adds yachting division. Canad. Woodworker (1951)
Oct. 4 p.
Dohrmann, H.: Schweißen und Schneiden im Schiffbau. Schweißen u. Schneiden
3(1951)11 327—333. [5.5].
Fiedler, Wilh.: Leichtmetall-Konstruktion für Schiffbau, Hochseefischerei und
Hafenbau. Hansa **88**(1951) 1672—1676.
Foerster, E.: Das Fahrgastschiff „Giulio Cesare". Schiff u. Hafen **3**(1951) 376—390.
Fothergill, A. E.: Vibrations in marine engineering. Trans. Instn. Engrs. &
Shipbuilders **95**(1951/52) 246—296; Techn. Zbl. Masch.-Wes. (1953)11 1030.
Jaeger, H. E.: Practical possibilities of constructional applications of aluminium
alloys to ship construction. Netherlands Res. Centre T.N.O. for Shipbuilding
and Navigation, Rep. 3 March 1951 27 p. Publ.: Lab. voor Scheepsconstruc-
ties, Delfts Hogeschoolfonds.
Kraus, F. u. A. Müller-Busse: Der Leichtmetallfischraum der „Arktis". Hansa
88(1951)17/18 612—613.

Laborie, J.: La construction de bâteaux en bois collé. Ed. Geogr., Maritimes et Coloniales (Paris) 1951 83 p.

Vidal, Pierre: Les cales à poisson des chalutiers modernes. Rev. Aluminium **28** (1951)174 51—54; Aluminium **27**(1951)1 III.

Vidal, Pierre et J. P. Ricard: Les S/S „Ville de Marseille" et „Ville de Tunis". Rev. Aluminium **28**(1951)180 319—328.

Vos, P. B.: Decksaufbauten aus Leichtmetall. Hansa **88**(1951) 1676—1678.

— Aluminium in large ships. Devel. Bull. 16 Aug. 1951 41 p.

— Welding aluminium masts for the navy. Marine Engng. **56**(1951)9 58—60; AB **22**(1951)10 582.

Ayre, Wilfried: Merchant ship design. Engng. **173**(1952)Apr. 537—538; Techn. Zbl. Masch.-Wes. (1953)11 1027.

Bauermeister, H.: Leichtmetallverwendung bei dem schwedischen Fährschiff „Marstrandfjorden". Schiff u. Hafen **4**(1952) 78; Nachr.-Bl. AGM Leichtbau **1**(1952)5 9.

Beckstroem, J. u. R. Paul: Zylinderkessel in ganz geschweißter Ausführung. Konstruktion **4**(1952)4 110—114. [6.215].

Burma, M. S. and M. S. Baroy: Aluminium in ships. Shipbuilder & Marine Engine-Builder **59**(1952)Apr. 256—258; AB **23**(1952)7 366. [6.253.3].

Chevrier, A.: Les cheminées de navires en alliage léger. Rev. Aluminium (1952) 184 18—23.

Diede, G.: Die Materialstärken für Schiffbaukonstruktionen aus Leichtmetall. Schiff u. Hafen **4**(1952)10 398—400; Nachr.-Bl. AGM Leichtbau **2**(1953)4 9.

Domes, Theodor: Wirtschaftlicher Einsatz von Leichtmetall im Großschiffbau. Schiff u. Hafen **4**(1952)3 76—77. [1.51].

Domes, Theodor: Sektionsbauweise auch im Leichtmetallschiffbau. Hansa **89** (1952) 308.

Gautier, M.: Widening of the applications of aluminium and its alloys in shipbuilding. Nouveautés Techn. Maritimes 1952 37—53; AB **25**(1954)4 203—204.

Foerster, E.: Das Fahrgast-Motorschiff „Linth" (Zürichsee-Flotte) für die Züricher Dampfboot AG von der Bodanwerft in Kressbronn gebaut. Schiff u. Hafen **4**(1952)11 435—438; Nachr.-Bl. AGM Leichtbau **2**(1953)4 9.

Foerster, E.: Das Doppelschrauben-Motorschiff „Giulio Cesare". Z. VDI **94**(1952) 1 19—23; Nachr.-Bl. AGM Leichtbau **1**(1952)5 10.

Harms, H.: Schnelldampfer „Flandre". Schiff u. Hafen **4**(1952) 235—236.

Hartwich, K.: Kühlschiff „Alstertor". Schiff u. Hafen **4**(1952) 423—429.

Huchzermeier, H. M.: Die 16 500-tdw-Tankmotorschiffe des Bremer Vulkan. Hansa **89**(1952) 1555—1561.

Jaeger, H. E.: L'influence de l'emploi des métaux légers dans la construction navale sur la conception des navires et la réalisation des assemblages. Aluminium (Suisse) **2**(1952)3 80—90; AB **23**(1952)7 366.

Jonassen, Finn: Brüche geschweißter Schiffe. Welding Res. Counc. (1952)6 316—318; Stahl u. Eisen **72**(1952)20 1250.

Klingholz, R.: Neuartiges Montageverfahren für Kühlraumisolierungen an Bord von Seeschiffen. Hansa **89**(1952) 1590—1592.

Kripke, J.: Alte und neue Fertigungsmethoden im Stahlschiffbau. Schiff u. Hafen **4**(1952)5 144—146; Nachr.-Bl. AGM Leichtbau **1**(1952)5 7.

Kuenzel, John G.: Military wood usage. Marine laminating. Wood Working Dig. **54**(1952)6 141—144, 146, 148.

McJntyre, D.: Aluminium ore-carriers. Shipping World **127**(1952) 13—16.

Muckle, William: The scantling of long deckhouses constructed of aluminium alloys. (Pap. Meeting of the Instn. Naval Architects) Shipbuilding & Shipping Rec. **79**(1952)19 598—599; AB **23**(1952)6 306.

Muckle, William: The influence of weight-saving on dimensions and form. Shipbuilder & Marine Engine-Builder **59**(1952)July.

Muckle, William: Leichtmetall-Deckhäuser. Shipping World (1952)7./5. 409 ff.

Oskarson, V.: Swedish all-aluminium passenger ship. Light Metals **15**(1952)167 69—70; AB **23**(1952)4 175; Nachr.-Bl. AGM Leichtbau **1**(1952)6 8.

Rieppel, P. J. and *C. B. Voldrich:* Fracture initiation and propagation in welded ship steels. Welding J. **31**(1952)4 188s—197s; AMR **5**(1952)9 400. [1.442.12].

Schnadel, Georg: Schnelldampfer „United States". Schiff u. Hafen **4**(1952)11 419—422; Nachr.-Bl. AGM Leichtbau **2**(1953)4 9.

Smith, S. L.: Ship research. Engineer **193**(1952)5009 132—135, 5010 165—168, 5011 201—203; AB **23**(1952)3 103.

Stache, F.: M. S. „Fredborg", Spezial-Motorfrachtschiff für die Große-Seen-Fahrt. Hansa **89**(1952) 1569—1573.

Struss, Richard: Leichtmetall im italienischen Schiffbau. Aluminium **28**(1952)6 187—190; Nachr.-Bl. AGM Leichtbau **1**(1952)4 4—5.

Sutra, M.: Aluminium auf See. Schiff u. Hafen **4**(1952)3 78—79; Nachr.-Bl. AGM Leichtbau **1**(1952)5 9.

Vidal, Pierre: S. S. United States, le paquebot sans. bois. Rev. Aluminium **29** (1952)191 313—322; Nachr.-Bl. AGM Leichtbau **2**(1953)4 9.

Williams, Morgan L.: Sprödbrüche in Schiffsblechen. Nat. Bur. Stand. Circ. 520 1952 180—206; Stahl u. Eisen **73**(1953)2 120. [1.322.10].

— Aluminium motor yacht "Tonquin". Engng. **174**(1952)8./8. 188—189; Techn. Zbl. Masch.-Wes. (1953)11 1031.

— Angaben über den Schnelldampfer „United States". Schiff u. Hafen **4**(1952) 10 401—404; Nachr.-Bl. AGM Leichtbau **2**(1953)4 9.

— Der Dampfer „United States". Modern Metals **8**(1952)6 42—45; Nachr.-Bl. AGM Leichtbau **2**(1953)2 8.

— Entwerfen, Berechnen, Konstruieren im Schiffbau. (Schr.-Reihe Verl. Technik Bd. 51) Berlin: Verl. Technik 1952 156 S.

— Die Festigkeit langer Deckshäuser aus Aluminium. Shipbuilder & Marine Engine Builder (1952) 277—282; Schiff u. Hafen **4**(1952) 266.

— Light alloy cargo lighter. Twin-screw prototyp aluminium alloy vessel for Pakistan Navy. Shipping World (1952)4./6. 485—486; Schiff u. Hafen **5** (1953) 67.

— Light alloys used extensively in construction of the "Flandre". Shipbuilding & Shipping Rec. **79**(1952)21 652—653; AB **23**(1952)7 366.

— Neue Minensuchboote aus Aluminium für die kanadische Flotte. Modern Metals **8**(1952)7 28—29; Aluminium **28**(1952)12 XIII.

— Schiffbau im Ausland. (Passagierdampfer „Flandre".) Hansa **89**(1952) 205—207.

— „Vera Cruz." Light Metals **15**(1952)169 113—114; AB **23**(1952)6 307.

Auerswald, H. G. u. *A. Szymanski:* Schiebebalken aus Leichtmetall. Schiff u. Hafen **5**(1953)9 447—449; Nachr.-Bl. AGM Leichtbau **2**(1953)12 12.

Beuter, W.: Leichtmetall auf dem Fahrgastschiff „Linth" der Zürich-See-Flotte. Z. Binnenschiffahrt **80**(1953)2 35—38; Nachr.-Bl. AGM Leichtbau **2**(1953)8 7.

Bischoff, E.: Einige Anwendungen des Momentenausgleichsverfahrens auf Tankerrahmen. Schiff u. Hafen **5**(1953)4 152—154.

Diede, G.: Der Einfluß der Gewichtseinsparung durch Leichtmetall auf die Abmessungen und die Formgestaltung von Schiffen. Schiff u. Hafen **5**(1953)2 74—78; Nachr.-Bl. AGM Leichtbau **2**(1953)8 10.

Domes, Th.: Spezielle rechnerische Unterlagen für die Leichtmetallverwendung im Schiffbau. Hansa **90**(1953)1/2 102—103; Nachr.-Bl. AGM Leichtbau **2**(1953) 5 6. [6.132].

Domes, Th.: Modernes Leichtmetallruderhaus auf MS „Stadt Biel". Hansa **90** (1953)46/47 1947—1948; Nachr.-Bl. AGM Leichtbau **3**(1954)9/10 16.

Fiedler, Wilhelm: Die Auswirkungen des Leichtbaus im Schiffbau. Nachr.-Bl. AGM Leichtbau **2**(1953)2 1—2.

Grim, Otto: Berechnung der Festigkeit eines Schalenschiffes. Schiff u. Hafen 5(1953) 11.

Harder, H.: Expreßdampfer „Goethe". Schiff u. Hafen 5(1953)7 319—327; Nachr.-Bl. AGM Leichtbau 2(1953)12 14.

Harder, H.: Leichtmetalleinsatz auf dem Raddampfer „Goethe" der Köln-Düsseldorfer „Rheindampfschiffahrt", Köln. Aluminium 29(1953)7/8 317—319.

Lamb, John and *E. V. Mathias:* The preservation of oil tanker hulls. Trans. N. E. Coast Instn. Engrs. Shipbuilders 69(1953)Apr. 289—316; Techn. Zbl. Masch.-Wes. (1953)11 1033.

Meier, Hans u. *Georg Schaefer:* Holz im Schiffbau. Holzwirtschaftl. Jb. 1953 81—88.

Monney, M.: La flotte commerciale française. Quelques aspects de son évolution actuelle. II. La coque. 1. Emploi des alliages légers. 2. Emploi de la préfabrication et de la soudure. Techn. Moderne 45(1953)3 66—67.

Oelert, W. u. *R. Harbeck:* Bundesbahn-Hochseefährschiff „Deutschland". Hansa 90(1953) 1171—1183; Schiff u. Hafen 5(1953)7 331—334.

Pertusini, Raimund: Der Holzschiffbau an der Donau. Öst. Forst- u. Holzwirtsch. 8(1953)11 283—287, 290.

Reiprich, J.: Werkstoff- und betriebstechnische Grundlagen für die Aluminiumverwendung auf Schiffen. „Aluminium im Schiffbau", Düsseldorf: Aluminium-Verl. 1953 16—24.

Samuels, Ray: Laminated ship construction practices. J. Forest Prod. Res. Soc. 3(1953)1 74—75.

Schacher, E.: Aluminium beim Bau von Motorschiffen. Aluminium (Suisse) 3 (1953) 111—118; Werkstoffe u. Korrosion 5(1954)3 107.

Suppus, H.: Die Entwicklung der Leichtmetall-Lukenabdeckungen (für Flußschiffe). Z. Binnenschiffahrt 80(1953) 46—48.

Svennerud, Anders: Längsspantenkonstruktion geschweißter Schiffe. Schweißen u. Schneiden 5(1953) S.H. Dez. 6—12.

Tölken, Onno: Lukenecken. Hansa 90(1953) 983—989.

Turnbull, James: Longitudinal strength. Shipbuilder & Marine Engine-Builder 60(1953)Apr. 239—241; Techn. Zbl. Masch.-Wes. (1953)11 1027—1028.

Vidal, Pierre: „Antilles" et „Flandre" paquebots de la French Line. Rev. Aluminium 30(1953)196 56—66; AB 24(1953)5 270; Aluminium 29(1953)7/8 XXI.

Vidal, Pierre: Die Postdampfer „Lyautey" und „El Djezair". Rev. Aluminium 30(1953)200 225—229; Nachr.-Bl. AGM Leichtbau 3(1954)3/4 8.

Vidal, Pierre: Der Niger-Kurier „Archinard". Rev. Aluminium 30(1953)202 326—327; Aluminium 30(1954)1 XV.

Weck, R.: Fatigue in ship structures. Quart. Trans. Instn. Naval Architects 95 (1953)3 308—327; Shipbuilder & Marine Engine-Builder 60(1953)Apr. 252—256; Techn. Zbl. Masch.-Wes. (1953)11 1028.

— 200 t di alluminio sull' „Andrea Doria". Alluminio 22(1953)1 38—45; AB 24 (1953)5 270.

— Aluminium for marine uses — ships' structures. Brit. Aluminium Co. Publ. L. 30 1953 45 p.; AB 25(1954)6 339.

— Laminated members for structural shipwork. Details of the new all-wood United States navy minesweeper. Wood (London) 18(1953)1 6—11.

— Richtlinien für den Anstrich von Aluminium im Schiffbau. Aluminium Merkblatt S 2, Düsseldorf: Aluminium-Verl. 1953 4 S. [1.325].

— Welded aluminium yacht. Metal Industry 83(1953)5 86—87; Shipbuilding & Shipping Rec. 82(1953)5 153—156; Welding & Metal Fabrication 21(1953)8 298—300; AB 24(1953)9 542.

Brierly, F. St. M. and *J. E. Tomlinson:* Some recent developments in the welding of aluminium alloys, and their future applications in the shipbuilding industry. Shipbuilder & Marine Engine Builder 61(1954)554 474—479.

Chevrier, A.: Un bac automoteur à faible tirant d'eau. Rev. Aluminium **31**(1954) 210 208—209; Nachr.-Bl. AGM Leichtbau **4**(1955)7 18.

Domes, Th.: Moderne Schiffsaufbauten aus Leichtmetall. Überseepost **5**(1954)2 12—14; Nachr.-Bl. AGM Leichtbau **3**(1954)5 12.

Freiberg, Günter: Schweißkonstruktionen an klassepflichtigen Schiffen. Schiffbautechnik **4**(1954)8 251—254, 274.

Harder, Heinz: Expreßdampfer „Goethe". Glas. Ann. **78**(1954)3 66—69; Nachr.-Bl. AGM Leichtbau 3(1954)6 14.

Kasimorow, A. A. u. W. I. Tereschtschenko: Anwendung von Sicken in geschweißten Aufbauten von Flußschiffen. Schiffbautechnik **4**(1954)6 202—205, 214.

Lees, D. C. G.: The performance of aluminium in ships. Chemistry & Industry (1954) 949—955; ADA Repr. 45 1954; AB **25**(1954)12 825—826.

Martin, Gerry: The construction and maintenance of large wooden vessels. Timber Technol. **62**(1954)2176 87—88, 2177 126—127.

Möller, Hans-Dietrich: Berechnung des Lukenendbalkens unter Berücksichtigung der wirklichen Einspannung an den Spanten und des veränderlichen Trägheitsmomentenverlaufs. Schiffbautechnik **4**(1954)8 257—263 5 Lit.-St.

Morosow, L.: Wege zur Gewichtsverminderung bei Schiffbauteilen. Schiffbautechnik **4**(1954)8 269—270.

Neumann, Alexis: Neuere Erkenntnisse und Erfahrungen mit dynamisch beanspruchten Schweißverbindungen; deren Einfluß auf die Berechnung und Gestaltung im Schiffbau. Schweißtechnik (Berlin) **4**(1954)9 254—258. [1.442.14].

Niemann, H. R.: Über die Korrosion in Tankern und deren Bekämpfung mit Cargocaire-Anlagen. Schiff u. Hafen **6**(1954)7 437—441.

Potyrala, A.: Untersuchungen der Konstruktionsgrundlagen einiger Schiffsrumpfverbindungen. Schiffbautechnik **4**(1954)7 231—237.

Reiprich, J. u. P. Krekel: Aluminium im deutschen Schiffbau. Überseepost **5**(1954) 2 6—11; Nachr.-Bl. AGM Leichtbau 3(1954)5 13.

Scheidler, D.: Fracht- und Fahrgast-Motorschiff „Schwabenstein". Aluminium **30** (1954)11 468—469.

Schnadel, Georg: Die Grundlagen der Längsfestigkeit der Schiffe. Schiff u. Hafen **6**(1954)9 506—509.

Shepheard, R. B.: 1953 Adams lecture — aspects of welding research in British merchant shipbuilding. Welding J. **33**(1954)1 29—31; AB **25**(1954)2 64.

Venet, J.: L'emploi du bois dans la construction navale. La batellerie fluviale. Rev. Bois **9**(1954)5 3—8.

— Laminated wood for ship construction. TDA Quart. Rev. **4**(1954)1 14—17.

— Nouveaux paquebots italiens. „Andrea-Doria." Rev. Aluminium **31**(1954)212 235—237; Aluminium **31**(1955)3 A 57; Nachr.-Bl. AGM Leichtbau **4**(1955)7 18—19.

— La turbonave Cristoforo Colombo. (The liner Cristoforo Colombo.) Alluminio **23**(1954)5 546—554; AB **25**(1954)12 824.

— Umrechnung eines Stahlschiffes auf Aluminium. Aluminium **30**(1954)11 472—473.

Anders, H.: Betrachtungen zur Korrosionsverhütung an Schiffen in Seewasser mittels kathodischer Schutzschichten. Schiff u. Hafen **7**(1955)3 167—168.

Brenner, Paul, F. E. Faller u. Theodor Domes: Korrosionsverhalten von Leichtmetallbauteilen eines im Kriege gesunkenen deutschen Flottenbegleitbootes. Forsch.-H. Schiffstechn. H. 10 1955 6 S. 4 Lit.-St.

Dohrmann, H.: Betrachtungen zu den Schadensfällen an geschweißten amerikanischen Handelsschiffen. Schweißen u. Schneiden **7**(1955)4 151—158.

Szymanski, A.: Aluminium-Schiebebalken (AlMgSi). Eine bemerkenswerte Aluminiumschweißkonstruktion. Aluminium **31**(1955)6 271—274.

Szymanski, A.: Aluminium-Schiebebalken aus Legierung Al-Mg-Si. Schiff u. Hafen **7**(1955)6 361—365; Nachr.-Bl. AGM Leichtbau **4**(1955)8/9 21.

Witte, H.: Die Entwurfsrechnung für Frachtschiffe. Schiff u. Hafen **7**(1955)3 123—130.

— M. S. "Manicouagan" — an all-welded aluminium superstructure. Light Metals **18**(1955)210 290—291.

— Das Turbinenfrachtschiff „Sunrip" mit bisher größtem ganzgeschweißtem Leichtmetallaufbau. Schiff u. Hafen **7**(1955)2 108; Nachr.-Bl. AGM Leichtbau **4**(1955)5/6 12.

Boote usw.   6.253.3

Taylor, G. O.: Survey of the first all-light metal lifeboat. Light Metals **2**(1939) 345—349.

de Lapeyrière, Pierre: Les embarcations de sauvetage. Rev. Aluminium (1945) Dec. 183—192.

— Two-seater power canoe in light alloy. Light Metals **8**(1945)95 597—606.

Luxford, R. F. and *R. H. Krone:* Laminated oak frames for a 50-foot Navy motor launch compared to steambent frames. FPL Rep. 1611 Oct. 1946.

Luxford, R. F. and *R. H. Krone:* Laminated, bolted, and solid keels for 50-foot Navy motor launch compared for strength. FPL Rep. 1625 Dec. 1946.

— Boote aus Kunstharz. Modern Plastics **26**(1948)1 166—169; Konstruktion **1** (1949)6 186.

Dann, W. H.: Airborne lifeboat in light alloy. Light Metals **12**(1949)June 345— 355; Met. Rev. **22**(1949)8 52.

Günther, Oskar: Rettungsboote aus Leichtmetall. Schiff u. Hafen **1**(1949)9 251—253.

Hensolt, Johannes: Leichtmetallrettungsboote. Hansa **87**(1950) 1483—1484.

Watkins, G. L. R.: The developing uses of light alloys for boat building. Light Metals **13**(1950)147 206—214.

Chevrier, A.: La vedette Oeil-de-la-Mer à coque. Rev. Aluminium (1951)177 196—200; Nachr.-Bl. AGM Leichtbau **1**(1952)5 6.

— Aluminium cargo barge. London: Northern Aluminium Co. (Noral) Application Rec. 2 May 1951 10 p.

— Aluminium lifeboats — riveted design. Devel. Bull. 17 Sept. 1951 33 p.

— Aluminium-Pontons an der Züricher 600-Jahr-Feier. Aluminium (Suisse) **1**(1951) 5 159—161.

— Die „Gulvain", eine Jacht neuartiger Konstruktion. Rev. Aluminium (1951) 179 302—303; Aluminium **27**(1951)2 XI.

— Ships lifeboats. Light Metals **14**(1951)154 32—35.

Bailey, Ned.: Veneer and plywood. Flexible-bag molding of boats. Wood Working Dig. **54**(1952)8 141—144, 146, 148, 150, 152, 154—155.

Burma, M. S. and *M. S. Baroy:* Aluminium in ships. Shipbuilder & Marine Engine-Builder **59**(1952)Apr. 256—258; AB **23**(1952)7 366. [6.253.2].

Degen, F.: Segelboote aus Aluminium. Aluminium (Suisse) **2**(1952)5 173—175; Nachr.-Bl. AGM Leichtbau **1**(1952)6 11, **2**(1953)8 7; Aluminium **29**(1953)3 XVIII.

Fiedler, Wilhelm: Leichtmetall-Rettungsboote in geschweißter Ausführung. Nachr.-Bl. AGM Leichtbau **1**(1952)4 1—2.

Fiedler, W.: Neue Leichtmetall-Konstruktionen für den Schiffbau. Aluminium (Suisse) **2**(1952)2 56—59; AB **23**(1952)7 366.

Perry, Thomas D.: Types of plywood. Pt. 7. Plywood in boat building. Wood Working Dig. **54**(1952)4 143—146, 148, 150, 152, 154, 156; Holz als Roh- u. Werkstoff **10**(1952)10 411.

Pyszka, A.: Vedetten aus Leichtmetall. Aluminium **28**(1952)6 195—198; Nachr.-Bl. AGM Leichtbau **1**(1952)4 5.

Fiedler, Wilhelm: Boote aus Kunststoff. Hansa **90**(1953)13/14 528—531; Nachr.-Bl. AGM Leichtbau **2**(1953)7 10.

Grampaix, Jean: L'Hydroglisseur Couzinet H-80. Rev. Aluminium **30**(1953)202
319—325; AB **24**(1953)12 766.

Pyszka, A.: Streifenboote aus Leichtmetall. Hansa **90**(1953) 1201—1205.

Pyszka, A.: Vedetten aus Leichtmetall. „Aluminium im Schiffbau", Düsseldorf:
Aluminium-Verl. 1953 37—40; Z. Binnenschiffahrt **80**(1953) 39—42.

Rehberger, G.: Die neuen Motorboote der DB für den Bodensee. Bundesbahn
27(1953)24 1066—1072; Nachr.-Bl. AGM Leichtbau **3**(1954)5 9.

Scherf, M.: Schnelle Motorboote für den Wach- und Marinedienst. Hansa **90**
(1953) 689—691.

v. Schertel, H.: Erfahrungen mit einem Tragflügelboot im Passagierverkehr.
Hansa **90**(1953) 1950—1954.

Zimmermann, R.: Ein „Runabout" aus Leichtmetall fährt Weltrekord. Aluminium
(Suisse) **3**(1953)4 120—123; AB **24**(1953)11 681.

— All-welded aluminium yacht. Shipping World (1953)5./8. 109—111.

— Aluminium barges for overseas. Shipbuilding & Shipping Rec. **81**(1953)11
343—344; AB **24**(1953)5 269.

— Light alloy patrol launch. Shipping World **128**(1953)6./5. 435—436; Techn.
Zbl. Masch.-Wes. (1953)11 1035.

— Making modern aluminium boats. Amer. Exporter Industr. **152**(1953)4 37—45;
AB **24**(1953)4 205.

— Die ersten Patrouillenboote für den Bundesküstengrenzschutz. Hansa **90**
(1953) 686—689.

— How "Whirlwind" boats are built of mahogany veneer strips. Wood & Wood
Products **58**(1953)9 26—27, 34.

— Whirlwind boats from layers of thin veneers. Wood Working Dig. **55**(1953)
7 137—143, 146.

Behnke, Edith: Die Herstellung von Booten aus glasfaser-armierten Polyester-
harzen im Handbauverfahren. Hansa **91**(1954)37/39 1671—1672.

Boie, C.: Boote aus Kunststoff. Hansa **91**(1954)31/32 1371—1375. [1.324.312.3].

Emmett, J. A.: Plywood's place in the boating field. Veneers & Plywood **48**
(1954)8/9 36, 38, 40—43.

Richardson, H.: Moulded plywood boats. TDA Quart. Rev. **4**(1954)3 20—21.

Scherf, H.: Schnelle Motorboote für den Wach- und Marinedienst in Leichtmetall-
Stahl-Verbundbauweise. Aluminium **30**(1954)11 459—467.

— Aerolite 300 for boat building. Aero Res. TN Bull. 141 Sept. 1954 6 p.

— Aluminium alloy lifeboat. Shipping World **130**(1954)5./5. 468—473; AB **25**
(1954)11 774.

— Recent developments in glass/polyester boat production. Brit. Plastics **27**
(1954)5 154—157.

Ehmsen, E.: Küstenwachboote der Marine in Ecuador. Hansa **92**(1955)13/14
551—554; Nachr.-Bl. AGM Leichtbau **4**(1955)7 16.

Gebauer, E.-Fr.: Die Verwendung von Leichtmetall beim Bau von Tragflächen-
booten. Aluminium **31**(1955)7/8 347—350 2 Lit.-St.

Morrison, Robert S.: One-piece molded boat hull. Modern Plastics **32**(1955)10
112—114, 232.

— Glass fibre/polyester dory. Brit. Plastics **28**(1955)1 21. [1.324.312.3].

Flugzeuge (Hubschrauber ausgenommen)   6.254
Allgemeines   6.254.0

Bock, G. u. H. Steudel: Die Metalle im Aufbau des Flugzeuges. Z. Metallkde. **21**
(1929)Juli 213—223.

Radcliffe, F.: Elements of detail design. J. Roy. Aeron. Soc. (1930)Nov. 936—959.

Schrenk, Martin: Aufbau und Einzelheiten deutscher Leicht- und Sportflugzeuge.
Z. VDI **74**(1930)11 321—330.

Brenner, Paul: Baustofffragen bei der Konstruktion von Flugzeugen. 258. DVL-Ber. 1931; ZFM **22**(1931)21 637—648.

Brenner, Paul: Problems involved in the choice and use of materials in airplane construction. NACA TM 658 Febr. 1932.

Gabrielli, G.: Problemi moderni della costruzione metallica degli aeroplani. L'Aerotecnica (1931)Jan. 7—49.

Yamana, M.: On the elastic stability of aeroplane structures. J. Faculty Engng. Tokyo Imp. Univ. **20**(1933)8 165—224.

Eichholtz, K. u. A. Thoenes: Beschleunigungsmessungen im Fluge. ZWB FB 67 1934 13 S.

Kaul, Hans W. u. Hans Seelhorst: Beschleunigungs- und Staudruckmessungen bei verschiedenen Kunstflugfiguren. ZWB FB 73 1934 30 S.

Michael, Franz u. Alfred Teichmann: Sicherheit und Gestaltung im Flugzeugbau. ATZ **37**(1934)2 28—36. [1.134].

Michael, Franz: Über die Belastungsversuche mit einem Versuchsflugzeug. ZWB PB 62 1934 29 S.

Teichmann, Alfred: Safety and design in airplane construction. NACA TM 755 Oct. 1934. [1.134].

Borkmann, Karl u. H. Krumbholz: Belastungsversuche mit einem Flugzeugmuster. I. Teilbericht. ZWB PB 303/1 1935 6 S.

Langley, M.: Plastic materials for aircraft construction. Plastics and aviation. Aeroplane **49**(1935)1272 441—446, 1275 529—532; Flight **28**(1935)1408 653—655.

Wagner, Herbert: Einiges über schalenförmige Flugzeug-Bauteile. ZWB FB 203 1935 47 S. [1.240].

Kulpers, H.: Stahl im Flugzeugleichtbau. ATZ **39**(1936)19 492.

Krumbholz, H.: Bericht über die Belastungsversuche mit einem Flugzeug des Musters Ar 68. ZWB UM 468 1937 25 S.

Minshall, R. J., J. K. Ball and F. P. Laudon: Problems in design and construction of large aircraft. SAE-J. **40**(1937)2 67—80.

Newell, J. S.: The need for empirical data for the design of aircraft structures. J. Aeron. Sci. **4**(1937)5 192—195.

Tiltmann, A. H.: Wood construction of aeroplanes. Aeroplane **53**(1937)1386 738—742.

Adams, D. R.: Practical aircraft stress analysis. London: Pitman & Sons Ltd. 1938 163 p.

Miles, F. G. and E. Percival: Timber in the construction of aeroplanes. The structure of wooden aeroplanes. Aeroplane **55**(1938)1433 565—570.

Nissen, Oskar: Festigkeitsfragen bei der Gestaltung neuzeitlicher Flugzeuge. Jb. 1938 Dtsch. Luftf. Forsch. Ergänz. Bd. 158—163.

Petzold, L.: Schalenkonstruktionen der Dornier-Werke. Jb. 1938 Dtsch. Luftf.-Forsch. I 474—481 3 Lit.-St.

Porger, Viktor: Gestaltung von Seeflugzeugen. Ringb. Luftf. Techn. I D 5.

Poulsen, C. M.: Structural design. Flight **34**(1938)1564 544—549.

Kalkert, A. u. F. Stenzel: Holz als Baustoff für Höchstgeschwindigkeits-Flugzeuge. Jb. 1939 Dtsch. Luftf. Forsch. I 646—652.

Rochefort, H. E. J.: Fundamentals of stressed-skin design. Aeroplane (1939) 1464 760—763, 1465 799—802 14 ref.

Williams, D.: Models in structural research. An aid to the designer in solving difficult problems in stressed skin structures. Aircr. Engng. **11**(1939)124 231—232; Luftwissen **6**(1939)11 296.

Küch, Wilhelm u. Kurt Riechers: Kunststoffe und ihre Verwendung im Flugzeugbau. Ringb. Luftf. Techn. II C 21 Jan. 1941 24 S.

Pistor, J.: Gewichtssparende Konstruktionen im Flugzeugbau. DMZ **18**(1941)9 368, 370. [7.1].

Krekel, Paul: Fragen der Konstruktion und Fertigung des Holz-Flugzeugbaues. Ber. Lil.-Ges. 157 1942 48 S.

Riechers, Kurt: Kunststoffe im Flugzeugbau, ihre Entwicklung und Anwendung in Amerika und England. Kunststoff-Techn. (1942)4/5 85; Werft-Reederei Hafen 24(1943)4 61.

Sizer, J. A.: Flying boat project; initial stages in the planning of a design to fulfil a given set of specification requirements. Flight 41(1942)1746 594—597.

Väth, A.: Werkstoffwahl im Flugzeugbau. Ber. Lil.-Ges. 152 1942 10 S.

Yiinen, Arvo: Die Anwendung von Holz im Flugzeugbau Finnlands. Holz als Roh- u. Werkstoff 5(1942)4 118—122.

Sizer, J. A.: An outline of wooden construction. Pt. III. Aeroplane 65(1943)1691 470—473.

Jarry, J.: Considerations on the design of large aircraft. Techn. et Sci. Aéron. (1944)3 121—142; Index Aeron. 4(1948)1 58.

Sondermaier, J.: Beschleunigungsmessungen am Flugzeugmuster BF 110 beim Nachtjagdeinsatz. ZWB UM 1158 Febr. 1944 4 S.

Väth, A.: Die Werkstoffe unserer Flugzeuge. Luftwissen 11(1944)5 125—129.

— Unterlagen zur Konstruktion und Bemessung von Holzflugzeugen. Junkers-Flugzeug- und Motorenwerke AG Dessau, Aug. 1944 Bl. 111-10 und Bl. 111-11.

Newell, Joseph S.: A preliminary survey of existing information pertaining to dynamic loads in aircraft structures. NACA CB 5 H 03 Aug. 1945.

Gris, J.: Les alliages de magnésium dans la construction aéronautique. Rev. de l'Aluminium 23(1946)127 355—362.

Glendinning, W. G. and *J. W. Drinkwater:* The prevention of fire in aircraft. J. Roy. Aeron. Soc. 51(1947)439 615—650; Index Aeron. 4(1948)4 69.

Radok, J. R. M. and *L. F. Stiles:* The motion and deformation of aircraft in uniform and nonuniform atmospheric disturbances. CSIR Div. Aeron. Rep. ACA -41 July 1948 37 p.; AMR 4(1951)6 371.

Ross, W.: Unified design for performance and safety characteristics. Aeron. Engng. Rev. 7(1948)5 22—29, 84; Index Aeron. 4(1948)9 76.

Scanlan, R. H.: An analytical study of the landing shock effect on an elastic airplane. J. Aeron. Sci. 15(1948)May 300—304; AMR 1(1948)7 186.

Stadelmann, Werner: Belastungsversuche mit dem Jagdflugzeug D 3802 A. Schweiz. Bauztg. 66(1948)6 81—84.

Wasserman, Lee S.: The prediction of dynamic landing loads. Proc. 7th Int. Congr. Appl. Mech. 4(1948) 209—220; AMR 3(1950)10 317.

Wills, H. A.: The life of aircraft structures. J. Instn. Engrs. (Sidney) 20(1948) Oct. 145—156; AMR 2(1949)6 128—129.

Woldman, Norman E.: Some notes on fatigue failures in aircraft parts. Iron Age 162(1948)9./12. 97—101; Met. Rev. 22(1949)1 26.

Brown, Vernon: Accident investigation in relation to aircraft design. Roy. Aeron. Soc. Prepr. April 1949 23 p.; Index Aeron. 5(1949)7 52.

Donely, Philip: Summary of information relating to gust loads on airplanes. NACA TN 1976 1949 145 p.; AMR 3(1950)8 247.

Epstein, A.: Some effects of structural deformation in airplane design. Aero Dig. 58(1949)2 28—30, 102, 104, 106 10 ref.; Index Aeron. 5(1949)6 64.

Wills, H. A.: The life of aircraft structures. (Second International Aeronautical Conference, New York 1949.) Inst. Aeron. Sci. & Roy. Aeron. Soc. Proc. (1949)May 361—403 19 ref.; Index Aeron. 6(1950)8 62.

Woodson, Joseph B.: The dynamic response of a simple elastic system to anti-symmetric forcing functions characteristic of airplanes in unsymmetric landing impact. J. Appl. Mech. 16(1949)Sept. 310—316; AMR 3(1950)12 397.

de Bruyne, N. A.: Materials for aircraft structures. Aircr. Engng. 22(1950)255 146—148.

Hodder, E. S.: Aeroelastic problems in high speed bombers. Inst. Aeron. Sci. Prepr. 304 1950 32 p.; Index Aeron. **7**(1951)2 31.

Houbolt, John C.: A recurrence matrix solution for the dynamic response of aircraft in gusts. NACA TN 2060 March 1950 90 p.; AMR **4**(1951)2 116.

Houbolt, John C.: A recurrence matrix solution for the dynamic response of elastic aircraft. J. Aeron. Sci. **17**(1950)9 540—550, 594; AMR **4**(1951)6 371.

Pleines, Ernst Wilhelm: Der Entwicklungsstand der Verkehrsflugzeuge. Z. VDI **92**(1950)18 438—451, **92**(1950)29 801—812, **93**(1951)6 127—138, **93**(1951)31 973—982.

Gardner, H. H.: Structural problems of advanced aircraft. Roy. Aeron. Soc. Prepr. Nov. 1951 32 p. 8 ref.; J. Roy. Aeron. Soc. **56**(1952)April 221—260; Index Aeron. **8**(1952)3 73; Aeroplane **81**(1951)2108 756—759.

Hall, H. Waburton and J. E. Gordon: Aircraft plastics structures. Aircr. Production **13**(1951)153 211—214; Index Aeron. **7**(1951)12 99.

Taylor, M. F. and J. Van Hamersveld: Pounds vs. dollars in aircraft design. Aero Dig. **63**(1951)3 36—54; Index Aeron. **8**(1952)2 80.

— Kunststoffe im Flugzeugbau. Modern Plastics **28**(1951)Apr. 73—78, 177; Kunststoffe **41**(1951)8 256.

Berman, S.: Safety in design. Inst. Aeron. Sci. Prepr. 370 Jan./Febr. 1952 26 p.; Index Aeron. **8**(1952)7 89.

Fung, Y. C.: Statistical aspects of dynamic loads. Inst. Aeron. Sci. Prepr. 376 July 1952 23 p. 21 ref.; Index Aeron. **9**(1953)1 64.

Gerard, George: Comparative efficiency in bending of structural elements of various designs and silidity. New York Univ. College Engng. Rep. Apr. 1952 86 p. 29 ref.; Aeron. Engng. Rev. **14**(1955)1 116.

Knowler, H.: The future of the flying boat. J. Roy. Aeron. Soc. **56**(1952)497 322—353; Index Aeron. **8**(1952)8 86—87.

Piper, T. E.: Beating the heat barrier. Aero Dig. **65**(1952)5 64—72; Index Aeron. **9**(1953)5 61.

Plantema, F. J.: Forces on elastic airplanes under landing impact (in Dutch). NLL Rep. S. 373 March 1952 8 p.; AMR **6**(1953)9 404.

Winter, Hermann: Leichtbau und Leichtbauforschung im Flugzeugbau. Jb. 1952 WGL 12 S. [6.11].

Brocard, Jean et Georges Bruner: Le béton précontraint — matériau de construction aéronautique. Techn. et Sci. Aéron. (1953)5 271.

de Bruyne, N. A.: Opening a new era in aircraft engineering. Redux in aircraft. 1st ed. (with bibliography 18 p.) New York: Ciba Co. Inc. 1953 98 p. [1.442.33], [1.442.36], [1.442.37], [2.531].

Guillemin, J.: Das Luftfahrtwesen. Rev. de l'Aluminium **30**(1953)205 435—476; Aluminium **30**(1954)4 LXXIV.

Hibbard, H. L. and J. F. McBrearty: Structures for high-speed aircraft: Pt. 1. Aviation Age **26**(1953)5 32—34 6 ref.; Index Aeron. **10**(1954)5 111.

Keen, E. D.: Integral construction: Its application to aircraft design and its effect on production methods. J. Roy. Aeron. Soc. **57**(1953)508 215—227; Index Aeron. **9**(1953)7 64. [6.254.9].

Krekel, Paul: Aluminium bei Luftfahrzeugen. „Aluminium im Verkehr", Düsseldorf: Aluminium-Verl. 1953 148—152.

McFarlane, L. G.: An approach to light aeroplane design problems. Aeronautics **29**(1953)2 115—122; Index Aeron. **9**(1953)11 79.

Tournaire, Marcel: Évolution des alliages légers utilisés dans la construction des avions modernes. Techn. et Sci. Aéron. (1953)5 281.

Wells, C.: Composition and heat-treatment of high-strength steels. "Symposium on ultra-high-strength steels in aircraft applications", SAE Special Publ. 120 1953 1—24; Nickel-Ber. **12**(1954)10 185—186. [1.322.121].

Williams, D.: Aircraft structural research — a critical survey. AMR **6**(1953)8 353—355 23 ref.; Index Aeron. **10**(1954)1 61.
— Aircraft design through service experience. Civil Aeronautics Administration Techn. Manual 103 1953 203 p.; Index Aeron. **10**(1954)5 103.
Freudenthal, A. M.: On inelastic thermal stresses in flight structures. Inst. Aeron. Sci. Prepr. 429 Jan. 1954 15 p. 10 ref.; Index Aeron. **10**(1954)6 103—104.
Heinemann, E. H.: Design of light-weight, high-performance military aircraft. SAE Aeron. Meeting (Los Angeles) Prepr. 379 Oct. 1954 12 p.; Aeron. Engng. Rev. **14**(1955)3 104.
Hitchcock, L. M.: Development of optimum structure for large aircraft. Inst. Aeron. Sci. Prepr. 477 June 1954 16 p.; Aeron. Engng. Rev. **13**(1954)11 50—55; Index Aeron. **10**(1954)10 119—120.
Loveless, E. and *A. C. Boswell:* The problem of thermal stresses in aircraft structures. Aircr. Engng. **26**(1954)302 122—124 3 ref.; Index Aeron. **10**(1954) 6 103.
Pleines, E. W.: Entwicklungsstand und technische Fortschritte im Verkehrsflugzeugbau unter besonderer Berücksichtigung des Großflugbootes. ZFW **2**(1954) 12 319—338.
Richardson, H.: Wooden aircraft construction. T.D.A. Quart. Rev. **4**(1954)2 14—19.
Rummel, R. W.: Aeroplane design in relation to safety. Inst. Aeron. Sci. Prepr. 461 Jan. 1954 26 p.; Index Aeron. **10**(1954)6 106.
Teed, P. L.: The challenge of design in airframe development. Shell Aviation News (1954)190 6—9; Index Aeron. **10**(1954)7 109.
Thien-Chi, Nguyen: Möglichkeiten zum Einsatz der Pulvermetallurgie im Flugzeugbau. Métaux Corrosion **29**(1954)347/348 269—291; Stahl u. Eisen **74**(1954) 23 1554.
Turner, F.: The service life of aircraft structures. SAAB Sonics (1954)20 14—22; Index Aeron. **10**(1954)7 108.
Wilhelm, K. A.: Structural trends: The use of steel and titanium alloy extruded shapes in modern aircraft. Aircr. Production **16**(1954)Aug. 301—303. [1.323.23].
Arata, Winfield H. jr.: Design considerations for cargo aircraft. Analysis of cargo handling related to airframe design. Aeron. Engng. Rev. **14**(1955)6 72—78 5 ref.
Bordelon, L. J.: Safety considerations in aircraft design. (SAE Golden Anniv. Aeron. Meeting, New York) SAE Prepr. 502 1955 14 p.
Garges, J. P. Donald: Simplified magnesium airframe design. Inst. Aeron. Sci. 23rd Ann. Meeting (New York) Jan. 1955 Prepr. 505 13 p.; Aeron. Engng. Rev. **14**(1955)5 160.
Hartman, A.: Enkele vermoeiingsproblemen in de luchtvaart. Ingenieur **67**(1955) 20 L 25—L 31.
Koziarski, J.: Fatigue aspects in aircraft welding design. Welding J. **34**(1955)5 446—458 77 ref.; Nachr.-Bl. AGM Leichtbau **4**(1955)10 10.
Litz, Edmund: Aluminium im Flugzeugbau. Flugwelt **7**(1955)2 71—75; Nachr.-Bl. AGM Leichtbau **4**(1955)7 12.
Lundberg, Bo: Fatigue life of airplane structures. J. Aeron. Sci. **22**(1955)6 349—413 64 ref.
Munier, Alfred E.: Fatigue of combat aircraft. Aero Dig. (1955)Apr. 54, 56—58; Aeron. Engng. Rev. **14**(1955)7 110.
Press, Harry and *John C. Houbolt:* Some applications of generalized harmonic analysis to gust loads on airplanes. J. Aeron. Sci. **22**(1955)1 17—26.
Pugsley, A. G.: Structural safety. J. Roy. Aeron. Soc. **59**(1955)534 415—431 21 ref.
Stieglitz, William I.: Safety and reliability as design parameters. Aeron. Engng. Rev. **14**(1955)9 31—34 4 ref.

Sutton, H.: Some aspects of modern aircraft materials. J. Roy. Aeron. Soc. **59** (1955)535 494—501 14 ref.

Tye, Walter: The outlook on airframe fatigue. J. Roy. Aeron. Soc. **59**(1955)533 339—348 10 ref.

Walker, Walter G.: Gust-load and airspeed data from one type of four-engine airplane on five routes from 1947 to 1954. NACA TN 3358 Jan. 1955 28 p. 11 ref.; J. Roy. Aeron. Soc. **59**(1955)533 377.

Tragwerke und Leitwerke   6.254.1

Müller-Breslau, H.: Zur Berechnung der Tragflächenholme. ZFM **9**(1918)17 105 ff., **10**(1919)19 197 ff., **11**(1920)7/8 102—105, 19 283—286. [1.253.4].

Pröll, A.: Versuche mit getränkten Stoffbespannungen. ZFM **11**(1920)1 1—6, 2 17—23. [1.324.5].

Ratzersdorfer, Julius: Zur Berechnung der Tragflächenholme. ZFM **11**(1920)19 281—283. [1.253.4].

Ratzersdorfer, Julius: Flugzeugfestigkeit. Flug (1920)Jan./Febr. 3—7, März/ April 26—28; ZFM **11**(1920)11 164—165. [1.253.4].

Müller-Breslau, Heinrich F. B.: Calculation of wing spars. NACA TM 35 Aug. 1921.

Ratzersdorfer, Julius: Calculation of wing spars. NACA TM 34 Aug. 1921.

Sonntag, R.: Best rectangular and I-shaped cross-sections for airplane wing spars. NACA TM 148 Oct. 1922. [1.253.2].

Ballenstedt, L.: Influence of ribs on strength of spars. NACA TN 139 May 1923.

Thalau, Karl: Zur Berechnung freitragender Flugzeugflügel in zwei- u. drei- holmiger Steifrahmenform (Vierendeel-Rostträger). ZFM **15**(1924)10 103—109.

Kirste, Leo: Calculation of wing spars of variable cross-section and linear load. NACA TM 305 March 1925.

Thalau, Karl: Zur Berechnung von Verbundwirkungen in Flugzeugflügeln. (Vor- trag WGL Sept. 1924) ZFM (1925) Beiheft 12 53—56.

Thalau, Karl: Zur Berechnung freitragender Flugzeugflügel. (Vierendeel-Rost- träger.) 49. DVL-Ber.; ZFM **16**(1925)3 86 ff.

Thalau, Karl: Computation of cantilever airplane wings. NACA TM 325 July 1925.

Thalau, Karl: Über die Verbundwirkung von Rippen im freitragenden, zwei- holmigen und verspannungslosen Flugzeugflügel. 52. DVL-Ber.; ZFM **16**(1925) 20 415—445.

Vogt, Richard: Über günstigste Holmhöhen im Zusammenhang mit den Biegungs- momenten und Querkräften. ZFM **16**(1925)22 467—470.

Warner, Edward P.: Wing spar stress charts and wing truss proportions. NACA Rep. 214 1925.

Biezeno, C. B., J. J. Koch u. *C. Koning:* Über die Berechnung von freitragenden Flugzeugflügeln. ZAMM **6**(1926)3 97—105; ZFM **17**(1926)11/12 271.

Biezeno, C. B., J. J. Koch u. *C. Koning:* De invloed van het ribverband op de sterkte van vliegtuigvleugels I: Bericht V 175 des Rijks-Studiedienst voor de Luchtvaart, Amsterdam. De Ingenieur (1926)46 109—137; ZFM **18**(1927) 10 239.

Bromley, Stevens and *William H. Robinson jr.:* The lateral failure of spars. NACA TN 232 March 1926.

Graatz, F.: Die Berechnung einseitig eingespannter, zweistieliger Rahmenrost- träger unter Berücksichtigung einer beliebigen Rippenzahl sowie veränder- licher Trägheitsmomente. ZFM **17**(1926)19 411—419.

Reißner, H.: Neuere Probleme aus der Flugzeugstatik. ZFM **17**(1926)7 137—146, 9 179—185, 18 384—393, **18**(1927)7 153—158.

Thalau, Karl: Einige Anwendungen der bisher durchgeführten Untersuchungen über Rippenverbundwirkung in Flugzeugflügeln. 56. DVL-Ber.; ZFM **17**(1926) 6 121—129.

Thalau, Karl: Calculation of combining effects in the structure of airplane wings. NACA TM 366 June 1926.

Lippisch, A.: Ableitung der Formeln zur Berechnung der Tragwand eines einmal verspannten oder verstrebten Eindeckers. ZFM **18**(1927)15 357—358.

Warner, Edward P. and *Mac Short:* Approximations for column effect in airplane wing spars. NACA Rep. 251 1927.

Gabrielli, Giuseppe: Über die Torsionssteifigkeit eines freitragenden Flügels mit konstantem Holm- und Rippenquerschnitt. Luftf. Forsch. **2**(1928)3 79—90.

Haarmann, Karl: Die günstigste Holmlage des zweiholmigen Tragflügels. ZFM **19**(1928)13 298.

Lachmann, G.: Die Spannweite als grundlegendes Bestimmungsstück des Flugzeugentwurfs. ZFM **19**(1928)9 198—208.

Burgess, C. P.: The torsional strength of wings. NACA Rep. 329 1929.

v. Fakla, St.: Biegungs- und Torsionssteifigkeit des freitragenden Flügels. Luftf. Forsch. **4**(1929)1 30—40.

Friedrichs, K. u. *Th. v. Kármán:* Zur Berechnung freitragender Flügel. ZAMM **9**(1929)4 261—269.

Gabrielli, Giuseppe: Torsional rigidity of cantilever wings with constant spar and rib sections. NACA TM 520 July 1929.

Plath, Erich: Beitrag zur Vereinfachung statischer Rechnungen an Tragflügel-Holmen. ZFM **20**(1929)21 555—558, **21**(1930)6 138—141.

Pollard, H. J.: Metal construction development. II — Strip metal construction-wing spars. NACA TM 527 Aug. 1929.

Pollard, H. J.: Metal construction development. III — Workshop practice strip metal construction — wing ribs. NACA TM 528 Aug. 1929.

Stieger, H. J.: Cantilever wings for modern aircraft. Some aspects of cantilever wing construction with special reference to weight and torsional stiffness. NACA TM 538 Nov. 1929.

Tellers, H.: Effect of stressed covering on strength of internal girders of a wing. NACA TM 503 March 1929.

Töpfer, C.: Rumpf und Flügel: ein Beitrag zur Statik räumlich unbestimmter Systeme. Jb. 1929 WGL 222—227. [6.254.3].

Vogt, R.: Unsymmetrical forces in an airplane cell. NACA TM 539 Nov. 1929.

Hertel, Heinrich: Die Verdrehsteifigkeit und Verdrehfestigkeit von Flugzeugbauteilen. Diss. TH Berlin 1930, DVL-Ber. 218; Luftf.-Forsch. **9**(1931)1 1—56; DVL-Jb. 1931 165—220. [1.342.51].

Newlin, J. A. and *George W. Trayer:* The design of airplane wing ribs. NACA Rep. 345 1930.

Steuding, H.: Zur Statik des freitragenden Junkers-Flügels und verwandter Systeme im Stahlbau. Ing.-Arch. **1**(1930)5 572—599.

Teichmann, Alfred u. *Hans W. Kaul:* Die wichtigsten veröffentlichten Verfahren zur Berechnung des Einflusses der Rippenverbundwirkung im mehrholmigen Flugzeugflügel. DVL-Ber. Cf 31/9,1 März 1930.

Trayer, George W.: The design of plywood webs for airplane wing beams. NACA Rep. 344 1930.

Vogt, Richard: Der günstigste Abstützpunkt für Eindecker, eingespannter oder gelenkiger Holm, Eindecker oder Doppeldecker? ZFM **21**(1930)2 29—35.

Abit, E.: L'interaction des longerons dans les ailes cantilever. Aéronautique **13** (1931)144 172—176.

Hertel, Heinrich: Dynamische Bruchversuche mit Flugzeugbauteilen. 248. DVL-Ber.; DVL-Jb. 1931 142—164; ZFM **22**(1931)15 465—474, 16 489—502. [1.343.33].

Koppenhöfer, A.: Versuchsentwicklung im Metallgerüstbau. ZFM **22**(1931)14 421—425.

v. Lößl, E.: Der Einfluß des Holmgewichtes auf die Bauspannweite und die Flugleistungen von Großflugzeugen. ZFM **22**(1931)6 157—161.

van der Neut, A.: Twisting and bending by endload of multiply connected boxspars. NLL Rep. S. 48 1931.

Sänger, Eugen: Zur genauen Berechnung vielholmig-parallelstegiger, ganz- und halbfreitragender, mittelbar und unmittelbar belasteter Flügelgerippe. ZFM **22**(1931)20 597—603.

Swickard, Andrew E.: Metal-truss wing spars. NACA TN 383 July 1931.

Teichmann, Alfred: Zur Berechnung auf Knickbiegung beanspruchter Flugzeugholme. Diss. TH Berlin 1931; 263. DVL Ber.; Luftf. Forsch. **9**(1931)3 85—134; ZFM **23**(1932)17 511—519 (Auszug). [1.342.8].

Wheatley, John B.: Torsion in box wings. NACA TN 366 Febr. 1931. [1.246].

Kirste, Léon: Flexion et torsion des ailes cantilever. (Traveaux du Cercle d'Etude Aérotechnique Fasc. 6) Paris: Centre de Documentation Aérotechnique Internationale de l'Aéro-Club de France 1932.

Sänger, Eugen: Accurate calculation of multispar cantilever and semicantilever wings with parallel webs under direct and indirect loading. NACA TM 662 March 1932.

Sänger, Eugen: Approximate calculation of multispar cantilever and semicantilever wings with parallel ribs under direct and indirect loading. NACA TM 680 Aug. 1932.

Töpfer, C.: Entwicklung der Tragflügelbauarten. Z. VDI **76**(1932)12 281—286.

Bodet, Pol: Le calcul des ailes à revêtment rigide. Aérophile **41**(1933)11 336—338, 12 364—365; Luftwissen **1**(1934)3 85.

Hertel, Heinrich: Dynamic breaking tests of airplane parts. NACA TM 698 Jan. 1933. [1.343.33].

Cox, H. Roxbee: Problems involving the stiffness of aeroplane wings. J. Roy. Aeron. Soc. **38**(1934)278 98; Luftf. Schrifttum Ausland **1**(1935)1 39—46; Luftwissen **2**(1935)9 254.

Cox, H. Roxbee, J. Hanson and *W. T. Sandford:* On stress and stiffness determination in certain cantilever wings in which the resistance to twisting is appreciably dependent on torsional shear stress. ARC R & M 1617 May 1934; Luftwissen **2**(1935)4 108.

Ebner, Hans u. *Karl Borkmann:* Bruchversuch an einem Metallflügel. ZWB PB 78 1934 21 S.

Gatzek, W.: Untersuchung an Schwimmerprofilleisten und Flügelholmen aus Hydronalium. ZWB PB 82 1934 11 S. [6.254.5].

Kaul, Hans W.: Mittelwerte und Streuungsmaße einiger gemessener Verteilungen von Flügeldurchbiegungen beim Flug in böigem Wetter. ZWB FB 61 1934 22 S.

Langenstraßen, Adolf u. *Karl Borkmann:* Festigkeitsversuche mit einem Holmbeschlag. Standschwingungsversuche mit einem Doppeldecker. ZWB PB 81 1934 29 S. [6.254.21].

Leiss, Karl u. *Theo Lipp:* Zusammenstellung von Ergebnissen aus Verdrehversuchen von Tragwerk gegen Rumpf um die Hochachse. ZWB PB 61 1934 8 S.

Pollard, H. J.: Über die Schub- und Drehsteifigkeit von Tragwerksteilen in Metallbauweise. J. Roy. Aeron. Soc. **38**(1934)285 651 ff.; Luftf. Schrifttum Ausland **1**(1935)1 1—38. [6.254.3].

Teichmann, Alfred u. *Karl Borkmann:* Bruchversuch mit einem Holzholm. ZWB PB 45 1934 3 S. [1.253.2].

Teichmann, Alfred u. *Karl Borkmann:* Bericht über vergleichende Bruchversuche mit 2 Seitenrudern aus Duralumin bzw. Kunstharz. ZWB PB 47 1934 3 S.

Teichmann, Alfred u. *Karl Borkmann:* Festigkeitsuntersuchungen von Holmen aus Hydronalium. ZWB PB 39 1934 25 S.

Teichmann, Alfred u. *Hans Knoch:* Dauerfestigkeitsversuche mit einem genieteten Stahlholmflügel. ZWB PB 181 1934 29 S.

Cuss, J. F.: Spar design. A simplified method of determining the sizes of flanges in spruce spars for monoplane wings. Flight **27**(1935)1382 666e.

Ebner, Hans u. *W. Lücker:* Nachprüfung der Festigkeit eines Baldachin-Bocks. ZWB PB 204 1935 37 S.

Kuhn, Paul: Analysis of 2-spar cantilever wings with special reference to torsion and load transference. NACA Rep. 508 1935.

McCarthy, C. I.: Notes on the design of metal wing spars. J. Aeron. Sci. **2**(1935) 1 27—31.

Minelli, C.: Problemi aeronautici di scienza delle costruzione. Aerotecnica **15** (1935)9/10 915—937. [6.254.3].

Teichmann, Alfred u. *Karl Borkmann:* Die statische Stabilität des Tragwerks des Flugzeugmusters Do 11 D. ZWB PB 306 1935 14 S.

Walter, I.: L'influence de la convergence des longerons sur la coopération. Spraw. **8**(1935)1 66—77; Luftwissen **2**(1935)7 199.

Winter, Hermann u. *Ekbert Hoffmann:* Untersuchungen über Beplankungsbrüche. ZWB PB 140 1935 80 S.

Berlin, D. R.: Stressed-skin structures for aircraft. SAE-J. **39**(1936)5 444—447, 458.

Borkmann, Karl u. *H. Krumbholz:* Belastungsversuche mit dem Tragwerk und Rumpfende des Flugzeugmusters Ar 66 C. ZWB FB 633 1936 10 S. [6.254.3].

Gropp: Beitrag zur Berechnung unsymmetrischer Holzholme. Flugsport **28**(1936) 6 120—125.

Krumbholz, H.: Belastungsversuche mit einem Tragwerk und Höhenleitwerk. ZWB PB 404 1936 21 S.

Kuhn, Paul: Remarks on the elastic axis of shell wings. NACA TN 562 Apr. 1936.

Lovett, B. B. C. and *W. F. Rodee:* Transfer of stress from main beams to immediate stiffeners in metal sheet covered box beams. J. Aeron. Sci. **3** (1936)12 426—430; Luftwissen **4**(1937)1 23.

Minelli, Carlo: Nuovo e generale metodo di calculo per una vasta categoria di strutture alari. Aerotecnica **16**(1936)2 91—120; Luftwissen **3**(1936)6 112.

Owen, J. B. B.: Concentrated loads. Flight **29**(1936)1434 652d—652e; Luftwissen **3**(1936)9 261.

Pugsley, A. G.: The wing stiffness of monoplanes. ARC R & M 1742 Nov. 1936; Luftwissen **4**(1937)5 162.

Russel, A. E.: A general method of calculating the effect of axial constraint on torsion on different forms of two-spar, skin-covered wings. ARC R & M No. 1757 1936; Aircr. Engng. **9**(1937)102 227.

Winny, H. F.: The distribution of stress in monocoque wings. ARC R & M No. 1756 Sept. 1936; Aircr. Engng. **9**(1937)102 227; Luftwissen **4**(1937)8 261.

— Versuche mit punktgeschweißten Flügeltragwerken aus Stahl. Luftwissen **3** (1936)1 2—11.

Billewicz, W.: The design of multispar wings. J. Roy. Aeron. Soc. **41**(1937)323 1042—1065.

Ebner, Hans: Zur Festigkeit von Schalen- und Rohrholmflügeln. Luftf. Forsch. **14**(1937)4/5 179—190; Aircr. Engng. **9**(1937)104 305. [1.241.211], [1.243.14].

Kirste, Leo: Beitrag zur Berechnung von Kastenträgern. „Beiträge zur Flugtechnik", Wien: Springer 1937 40—43. [1.246].

Kromm, Alexander u. *Karl Marguerre:* Bauweisenvergleich und Festigkeitsberechnungen für einen Tragflügel mit Hautluftkühler. ZWB FB 806 1937 43 S.

Krumbholz, H.: Bericht über die Belastungsversuche mit dem Tragwerk und Rumpf eines Tiefdeckers. ZWB UM 427 1937 39 S. [6.254.3].

Lin, Tung Hua: On the transfer of stress in metal sheet covered beams. J. Aeron. Sci. **4**(1937)12 510—511; Luftwissen **5**(1938)2 62.

Riparbelli, C.: Il dimensionamento practico delle ali di legno. Aerotecnica **17** (1937)10 821—839 2 ref.

Stieda, W.: Zur festigkeitsmäßigen Untersuchung von Höhen- und Seitenleitwerk. Luftwissen **4**(1937)12 370—374.

Vogt, Richard: Die verschiedenen Flügelbauarten und der Rohrholmflügel. Luftwissen **4**(1937)7 211—215.

Wagner, Herbert: The stress distribution in shell bodies and wings as an equilibrium problem. NACA TM 817 Febr. 1937.

Weinhold, Joseph: Über die Kippstabilität von Holm-Rippenrosten. ZAMM **17** (1937)5 270—275.

Bartsch, E.: Einfluß der Schaltzeit auf die Rollbewegung und die Tragwerksbeanspruchung bei Querruderbetätigung. ZWB FB 991 1938 60 S.

Bleakney, William M.: Fatigue testing of wing beams by the resonance method. NACA TN 660 Aug. 1938.

Ebner, Hans u. *Hermann Köller:* Über die Kräfteumlagerung in mehrholmigen Tragwerken bei Ausfall einzelner Bauteile. DVL-Jb. 1938 233—237; Jb. 1938 Dtsch. Luftf. Forsch. I 452—456.

Krumbholz, H.: Bericht über Spannungsmessungen an einem Außenflügel des Musters Ju 86. ZWB UM 553 1938 40 S.

Schapitz, Eberhard, H. Feller u. *Hermann Köller:* Experimentelle und rechnerische Untersuchung eines auf Biegung belasteten Schalenflügelmodells. Luftf.-Forsch. **15**(1938)12 563—576; Aircr. Engng. **11**(1939)121 120. [1.241.213].

Spalding, F.: Beitrag zur Berechnung eines Schalenflügels. (Zahlenbeispiel.) Ringb. Luftf. Techn. II A 5 Juli 1938 10 S.

Toms, C. F.: Aerodynamic shear force and bending moment in wings. Simple formulae which eliminate the necessity for graphical integration of spanloading curves. Flight **33**(1938)1518 96f—96h; Luftwissen **5**(1938)5 188.

Vogt, Richard: The different types of wing construction and the tubular sparwing. Aeroplane **54**(1938)1397 254—257.

Weinhold, Joseph: Über die Kipp-Stabilität der Holme im Rippenverband. ZAMM **18**(1938)5 272—284.

Williams, D.: Openings in stressed-skin wings. The effect of cover discontinuities on the strength and stiffness of stressed-skin wings. Aircr. Engng. **10**(1938)107 3—6. [1.243.13].

Billewicz, W. and *A. Grzedzielski:* General methods of calculation of two-spar wings under torsion. Proc. 5th Int. Congr. Appl. Mech. 1939 151—158.

Cicala, P.: Sul calcolo dell'ala bilongherone con rivestimento resistente al taglio. Aerotecnica **9**(1939)1 3—26; Luftwissen **6**(1939)5 180.

Coustolle, J.: Un nouveau procédé de construction aéronautique. Aéronautique **21**(1939)243 299—302.

Jehle, Fritz: Durchbiegung und Holm-Gurtgewicht eines freitragenden Trapezflügels bei veränderlicher Ausnützung der Festigkeit. ZWB UM 599 1939 33 S.

Lipp, J. E.: Shear field aircraft spars. J. Aeron. Sci. **7**(1939)1 1—5; Luftwissen **7**(1940)4 128. [1.223.14].

Owen, J. B. B.: Strength considerations arising from the use of elevator "trimming" tabs. ARC R & M No. 2245 Aug. 1939 20 p. 9 ref.; Index Aeron. **4**(1948)11 53.

Reinitzhuber, F.: Über die Kräfteeinleitung in einholmige Flügeltragwerke durch unvollkommen ausgebildete Querwände. Luftf. Forsch. **16**(1939)7 349—354.

Schapitz, Eberhard, H. Feller and *Hermann Köller:* Experimental and analytical investigation of a monocoque wing model loaded in bending. NACA TM 915 Oct. 1939.

Sibert, H. W.: Effect of shear lag upon wing strength. J. Aeron. Sci. **6**(1939)10 418—420; Luftwissen **6**(1939)11 296.

Dolan, T. J. and *D. G. Richards:* A photoelastic study of the stresses in wing ribs. J. Aeron. Sci. **7**(1940)8 340—346; Luftwissen **7**(1940)12 432.

Ebner, Hans: The strength of shell and tubular spar wings. NACA TM 933 Febr. 1940. [1.241.211], [1.243.14].

v. Guérard, Hermann Wilhelm: Verfahren zur Berücksichtigung der Flügelsteifigkeit in Bestwertrechnung für Segelflugzeuge. ZWB FB 1149 1940 53 S.

Judex, Paul: Experimentelle Bestimmung der mittragenden Breite auf der Zugseite eines vorbeanspruchten Flügels. Jb. 1940 Dtsch. Luftf. Forsch. I 861—866.

Koiter, W. T. and *A. van der Neut:* The effect of elastic rib shear on stresses in two-spar wings with stressed skin. NLL Rep. S. 278 1940.

Van der Neut, A. and *W. K. G. Floor:* Stresses of the second order in the skin and ribs of wings in bending. NLL Rep. S. 217 1940.

Reinitzhuber, F.: Stresses in single-spar wing constructions with incompletely built-up ribs. NACA TM 937 March 1940.

Volkerson, O.: Beitrag zur Berechnung rechteckiger versteifter Membranen. Jb. 1940 Dtsch. Luftf. Forsch. I 873—878.

Weinhold, Josef: Über Kippversuche mit einem Holm-Rippenrost. Luftf. Forsch. **17**(1940)3 76—81.

Weinhold, Josef: Buckling tests with a spar-rib grill. NACA TM 950 Sept. 1940. [1.213.3].

Fletcher, W. S.: Plastic-wood design. Aero Dig. **39**(1941)4 332, 334, 392.

Foottit, H. R.: Details design of wooden wings. Aero Dig. **39**(1941)5 168, 171—172, 175, 179.

Hütter, Wolfgang: Dimensionierung von unsymmetrischen Holzholmen. Flugsport **33**(1941)1 6—9.

Kittelsen, H. M. J.: Tapered spar frames. Aircr. Engng. **13**(1941)146 90—94.

van der Neut, A.: Stress distribution in cantilever wings with two non-parallel spars interconnected by elastically deformable ribs and skin. NLL Rep. S. 251 1941.

Newlin, J. A. and *George W. Trayer:* Design of airplane wing ribs. FPL Rep. 1307 1941.

Sears, W. R. and *Br. O. Sparks:* On the reaction of an elastic wing to vertical gusts. J. Aeron. Sci. **9**(1941)2 64—67 8 ref.

Tye, W. and *R. G. Thorne:* Spar depth and weight. ARC R & M 2569 Dec. 1941 3 p.; Index Aeron. **7**(1951)5 73.

Butter, O.: Sprengniete bei ganzbeplankten Rudern. Luftwissen **9**(1942)6 181—182.

Cudhea, G. G.: Stainless steel movable control surfaces. J. Aeron. Sci. **9**(1942) 2 44—55 12 ref.

Glatz, F.: Festigkeitsuntersuchungen an den Stahlholmen des Außenflügels einer Bristol „Blenheim IV". Luftwissen **9**(1942)10 300—302.

Rand, Thorkild: Beräkning av en flugplanvinges elastiska axel. Tekn. T. **72** (1942)47 101—105; Luftwissen **10**(1943)1 119.

Chase, Sp.: Duramold speeds stabilizer production. Aviation **42**(1943)6 150—151, 153, 316, 319—320.

v. Guérard, Hermann Wilhelm: Theorie und Anwendung von Rechentafeln für zweigurtige Holme. ZWB FB 1866/1 Okt. 1943 47 S. [1.253.2].

v. Guérard, Hermann Wilhelm: Theorie und Anwendung von Rechentafeln für zweigurtige Holme. ZWB FB 1866/2 1943. [1.253.2].

Krekel, Paul u. *M. Breves:* Vorschläge für eine neue Tragflügel-Metallbauweise. ZWB TB **10**(1943)2 33—45.

Plantema, F. J. and *A. van der Neut:* The stress distribution in wings with two non-parallel torsionally rigid spars, interconnected by elastically deformable ribs and skin. NLL Rep. S. 279 1943.

Plantema, F. J. en *A. van der Neut:* Qualitatieve beelden van de spanningsverdeeling in schaalconstructies. I. Vleugels. NLL Rapp. S. 282 1943 41 Blz. [1.242.0], [1.246].

Ribnitz, W.: Beanspruchungsmessungen beim Abschwung am Flugzeugmuster Me 109-F. ZWB UM 1125 Dez. 1943 6 S.

Marhoefer, L. J.: Design considerations for plywood structures. IV. Wings. Aviation **42**(1943)4 164—165, 167, 360, 363—364.

— Berechnungen und Belastungsversuche mit dem Tragwerk SG 38. Entwicklung eines neuen Tragwerkes. Ber. Inst. Festigkeitslehre und Festigkeitsprüfung Dtsch. TH Brünn 1943.

Freyer, R.: Zum Gewichtsvergleich des Tragwerks Ta 154 V 1 bei Holz-Duralausführung. (Sitzung Arbeitsgruppe Tragwerk in der Entwicklungsgruppe „Bauweisen der Flugzeugzelle" Bad Eilsen Juni 1944.) Ber. Lil.-Ges. 179a 1944.

Heintzelmann, F.: Festigkeitsfragen des Tragwerks Ta 154. (Sitzung Arbeitsgruppe Tragwerk in der Entwicklungsgruppe „Bauweisen der Flugzeugzelle" Bad Eilsen Juni 1944.) Ber. Lil.-Ges. 179a 1944.

Hobusch, E.: Punktgeschweißte Stahlholme. (Sitzung Arbeitsgruppe Tragwerk in der Entwicklungsgruppe „Bauweisen der Flugzeugzelle" Bad Eilsen Juni 1944.) Ber. Lil.-Ges. 179a 1944.

Leggett, D. M. A. and *R. G. Chapman:* Distortion of control surface panels. ARC R & M 2478 Nov. 1944 30 p. 2 ref.; Index Aeron. **7**(1951)8 71.

Ribnitz, W.: Ermittlung des Einflusses der elastischen Flügelverdrehung auf die Rollwirksamkeit bei Querruderbetätigung für das Muster Me 109-F 2 durch Flugversuch und Rechnung. ZWB FB 1951 Juni 1944 37 S.

Schmitz, G.: Torsionsbeanspruchung und Belastung des Ruders infolge Ruderausschlag bei hohen Geschwindigkeiten. ZWB UM 8204 1944 4 S.

Tschech, E.: 4. Teilbericht über die Elastizitäts- und Bruchversuche mit dem Höhen- und Seitenleitwerk He 280. ZWB UM 1206 Apr. 1944 3 S.

Weber, G.: Definition der Begriffe zur einheitlichen Durchführung von Gewichtsvergleichen an Tragflügeln. (Sitzung Arbeitsgruppe Tragwerk in d. Entwicklungsgruppe „Bauweisen der Flugzeugzelle", Bad Eilsen Juni 1944.) Ber. Lil.-Ges. 179a 1944. [7.1].

— Study of temperature and moisture content in wood aircraft wings in different climates. FPL Rep. 1597 1944.

Plantema, F. J. and *A. van der Neut:* Calculation of the deformation of two-spar wings. NLL Rep. S. 297 1945.

Schünemann, Fr.: Spannungsuntersuchung eines Flügelholmes im Bereich der biegungssteifen Beschlagsverbindung und der Rumpfaufhängung bei einem Mitteldecker. ZWB UM 1506 1945 32 S.

Collar, A. R., E. G. Broadbent and *E. B. Puttick:* An elaboration of the criterion for wing torsional stiffness (with an appendix on the effect of taper on wing flexure-torsion flutter speeds). ARC R & M No. 2154 Jan. 1946 24 p.; Index Aeron. **4**(1948)5 70.

Etkin, Bernard: Chart for the design of wooden spars. J. Aeron. Sci. **13**(1946)9.

Plantema, F. J. and *A. van der Neut:* Calculation of the deformation of two-spar wings with shear-resistant skin. NLL Rep. No. S. 311 1946 12 p. 8 ref.; Index Aeron. **4**(1948)11 51.

Hadji-Argyris, J. and *P. C. Dunne:* The general theory of cylindrical and conical tubes under torsion and bending loads. J. Roy. Aeron. Soc. **51**(1947)Febr. 199—269, Sept. 757—784, Nov. 884—930, **53**(1949)May 461—483, June 558—620; AMR **1**(1948)4 105—106, **3**(1950)7 198—199. [1.241.111.5], [1.242.115], [1.243.13].

Hoff, N. J., Harry Kase and *Harold Liebowitz:* Interaction between the spars of semimonocoque wings with cutouts. NACA TN 1324 July 1947.

Kuhn, Paul: Deformation analysis of wing structures. NACA TN 1361 July 1947.

Macher, G. Haggen: Spannungsberechnung für Flügel mit starker Pfeilstellung. Eidg. Flugzeug-W. Emmen Ber. No. 1-03-8 Sept. 1947 53 p.; Index Aeron. **5** (1949)5 66.

Mansfield, E. H.: The effect of spanwise rib-boom stiffness on the stress distribution near a wing cut-out. ARC R & M 2663 Dec. 1947 21 p., publ. 1952.

Mong, Lan-Juke: Application of the theory of elasticity to thin wings. Diss. Univ. Cincinnati 1947.

Schuette, Evan H. and *James C. McCulloch:* Charts for the minimum-weight design of multiweb wings in bending. NACA TN 1323 June 1947.

Shanley, F. R.: Cardboard-box wing structures. J. Aeron. Sci. **14**(1947)12 713—715; Index Aeron. **4**(1948)4 64.

— Supplement to the method of wing analysis developed in Reports S 251 and S 279 Vol. XII. (in Engl.) NLL Rep. S. 326 1947; Index Aeron. **6**(1950)12 57.

Fung, Yuang-Cheng: Elastostatic and aeroelastic problems relating to thin wings of high speed airplanes. Diss. Univ. California Techn. 1948.

Pai, S. I. and *W. R. Sears:* Some aero-elastic properties of swept wings. Inst. Aeron. Sci. Prepr. 162 1948 41 p. 11 ref.; J. Aeron. Sci. **16**(1949)2 105—115, 119; Index Aeron. **5**(1949)5 66, 7 53.

— Aircraft wing development. Brit. Plastics **20**(1948)226 98—103; Index Aeron. **4**(1948)5 71.

Biot, M. A.: Aero-elastic stability of supersonic wings. Report No. 4: Some exact solutions based on plate theory. Cornell Aeronautical Laboratory, Inc., Buffalo, N. Y. (1949) Nov. 32 p. (PB 105321 Office of Technical Services, Department of Commerce, Washington 25, D. C.)

Boccius, W.: The elastic twist of straight wings. Techn. Data Dig. **14**(1949) 20 13—23 8 ref.; Index Aeron. **6**(1950)3 77.

Buchert, K. P.: Stringer panel and multicell wing construction. J. Aeron. Sci. **16**(1949)2 124.

Dow, N. F.: Design charts for longitudinally stiffened wing compression panels. SAE Quart. Trans. **3**(1949)1 123—144. [1.223.12].

Flügge, Wilhelm: Statique de l'aile en flèche. I. Les bases de la méthode de calcul. ONERA Publ. 24 1949 52 p.

Gerard, G.: Efficient applications of stringer panel and multicell wing construction. J. Aeron. Sci. **16**(1949)1 35—40 5 ref.; Index Aeron. **5**(1949)4 40.

Goodey, W. H.: Two-spar wing stress analysis. Aircr. Engng. **21**(1949)247 287—292, 248 313—339, 249 358—362; AMR **4**(1951)1 27; Index Aeron. **6**(1950) 1 51.

Mansfield, E. H.: Elasticity of a sheet reinforced by stringers and skew ribs, with applications to swept wings. ARC R & M No. 2758 Dec. 1949; Aircr. Engng. **26**(1954)299 28.

McPherson, Albert E., J. Evans jr. and *Samuel Levy:* Influence of wing flexibility on force-time relations in shock strut following vertical landing impact. NACA TN 1995 1949 41 p.; AMR **3**(1950)8 247—248.

Michielsen, H. F.: The stress analysis of arbitrarily shaped wing structures with shear stressed skin and walls. J. Aeron. Sci. **16**(1949)11 659—673 2 ref.; Index Aeron. **6**(1950)3 77.

Naleszkiewicz, J.: On the cooperation of two cantilever spars with a shear-resisting skin. Arch. Mech. Stoš. 1(1949) 143—172; AMR 3(1950)10 301.

Solvey, J.: Structural efficiency of wings. Aeron. Res. Consult. Comm., Aeron. Res. Lab. Melbourne Rep. ACA-44 March 1949 39 p. 5 ref.; Index Aeron. 7(1951) 2 34.

Solvey, J.: The influence of wing geometry and structural efficiency on aircraft performance. Aeron. Res. Consult. Comm., Aeron. Res. Lab. Melbourne Rep. ACA-45 March 1949 25 p. 2 ref.; Index Aeron. 7(1951)2 35; AMR 4(1951) 3 159.

Thompson, J. J. and *W. H. Wittrick:* The stresses in certain cylindrical swept tubes under torsion and bending. CSIR Aeron. Res. Rep. ACA-43 1949 20 p.; Index Aeron. 6(1950)3 6; AMR 3(1950)5 140. [1.246].

Walker, P. B.: Records of major strength tests. ARC R & M 2790 July 1949 (publ. 1954); J. Roy. Aeron. Soc. 58(1954)521 380. [6.254.3].

— Tests on wing compression panels. A.V. Roe & Co. Test Rep. D.O. 413 Oct. 1949, Addendum No. 1 to D.O. 413 Febr. 1950.

Fisher, W. A. P.: Repeated loading and fatigue tests on a D.H. 104 (Dove) wing and fin. Aircr. Engng. 22(1950)256 166—171; Index Aeron. 6(1950)8 69.

Hall, A. H.: The design approximation of skin thickness from stiffness criteria. J. Roy. Aeron. Soc. 54(1950)480 741—752; AMR 4(1951)5 286.

Heldenfels, Richard R.: The effect of nonuniform temperature distributions on the stresses and distortions of stiffened-shell structures. NACA TN 2240 Nov. 1950 50 p.; AMR 4(1951)5 286. [1.241.211], [1.246].

Merten, Kenneth F., José L. Rodriguez and *Edgar B. Beck:* A comparison of theoretical and experimental wing bending moments during seaplane landings. NACA TN 2063 Apr. 1950 36 p.; AMR 4(1951)3 147—148.

Micks, W. R.: Effect of torsional stiffness requirements on wing structural weight. J. Aeron. Sci. 17(1950)11 736—740; AB 21(1950)12 649; Index Aeron. 7(1951)2 35; AMR 4(1951)7 411.

Norris, C. B. and *L. A. Ringelstetter:* Shear stress distribution along glue line between skin and cap-strip of an aircraft wing. NACA TN 2152 1950; AMR 4(1951)6 358.

Schürch, H.: Zur Statik von dünnen Flugzeug-Tragflächen. Diss. ETH Zürich 1950; Mitt. Inst. Flugz. Stat. Flugz. Bau ETH Zürich Nr. 2 1950 62 S. 8 Lit.-St.; Index Aeron. 6(1950)4 66; AMR 4(1951)1 26.

Sechler, E. E. a. o.: An initial approach to the overall structural problems of swept wings under static loads. J. Aeron. Sci. 17(1950)10 639—646 6 ref.; Index Aeron. 7(1951)1 57; AMR 4(1951)4 243.

Winny, H. F.: A note on the bending moment induced in the booms of a spar at the point of application of concentrated load. Aeron. Quart. 1(1950) Pt. 4 281—290; Index Aeron. 6(1950)4 66.

Wittrick, W. H.: Torsion and bending of swept and tapered wings with rigid chordwise ribs. Aeron. Res. Consult. Comm. Australia Rep. ACA-51 Sept. 1950 85 p.; AMR 6(1953)12 554.

Black, D. H.: Fighter wing redesigned for magnesium. Iron Age 167(1951)13 90—92; Index Aeron. 7(1951)9 98.

Cicala, P.: On the criterion of torsional rigidity of wing structures. Termotecnica 5(1951)2 45—49; AMR 4(1951)7 411.

Eisenhardt, G. H. and *W. M. Rohsenow:* Calculation of thermal stresses in a wedge-shaped wing. J. Aeron. Sci. 18(1951)2 115—123; AMR 4(1951)7 408.

Epstein, A.: Nonlinear effects of structural deformation on stability. J. Aeron. Sci. 18(1951)1 50—54 6 ref.; Index Aeron. 7(1951)7 51.

Flügge, Wilhelm et *Albert Tonski:* La théorie des essais statiques des ailes d'avions. Rech. Aéron. (1951)22 45—53; ONERA NT 9 1952 101 p. [4.71].

Freays de Veubeke, B.: Diffusion des inconnues hyperstatiques dans les voilures à longerons couples. Bull. Serv. Techn. Aéron. (Bruxelles) (1951)24 57 p. 15 ref.; Index Aeron. **7**(1951)12 101.

Hall, A. H.: Derivation and application of a general formula for directly computing the skin thickness of wings and tailplanes. Nat. Aeron. Establ. Canada Rep. 12 1951 24 p.; AMR **5**(1952)9 394.

Lang, A. L. and *R. L. Bisplinghoff:* Some results of sweptback wing structural studies. Inst. Aeron. Sci. Prepr. 330 Jan./Febr. 1951 24 p.; J. Aeron. Sci. **18** (1951)11 705—717; Index Aeron. **7**(1951)8 69; AMR **5**(1952)5 208.

Langefors, B.: Structural analysis of sweptback wings by matrix transformation. (In English.) SAAB Aircr. Co. Linköping TN 3 1951 72 p. 4 ref.; Index Aeron. **8**(1952)6 82; AMR **5**(1952)9 394.

Lewis, S. R.: The evaluation of matrix elements for the analysis of swept-back wing structures by the method of oblique co-ordinates. Cranfield Coll. Aeron. Rep. 44 April 1951 21 p.; Index Aeron. **7**(1951)10 80.

Martin, H. C. and *H. J. Gursahaney:* On the deflection of swept cantilevered surfaces. Inst. Aeron. Sci. Prepr. 339 June 1951 28 p. 6 ref.; Index Aeron. **7**(1951)12 101.

Merten, K. F. and *E. B. Beck:* Effects of wing flexibility and variable air lift upon wing bending moments during landing impacts of a small seaplane. NACA Rep. 1013 1951 7 p.; Index Aeron. **8**(1952)4 65.

Narayanamurti, D., A. Purusbotham, V. Ranganathan a. o.: Weathering trials on aircraft wings. Indian Forester **77**(1951)4 247—266, 5 296—312, 6 393—400; Holz als Roh- u. Werkstoff **10**(1952)3 114.

Rand, T.: An approximate method for the calculation of the stresses in swept-back wings. J. Aeron. Sci. **18**(1951)1 61—63 4 ref.; Index Aeron. **7**(1951)4 53, 7 51.

Rouanet, R.: Contribution à l'étude des avions à ailes deformables. Publ. Sci. Min. Air B.S.T. 114 Avril 1951 53 p.; Index Aeron. **7**(1951)8 70.

Stone, Melvin: Designing aircraft main spar frames. Machine Design **23**(1951)10 111—116; Met. Rev. **24**(1951)11 47; Index Aeron. **8**(1952)9 75.

Tatham, R.: Shear centre, flexural centre and flexural axis. Aircr. Engng. **23** (1951)269 209—210; Index Aeron. **7**(1951)10 79. [1.342.7].

Turner, F.: An empirical formula for the ultimate shear strength of wing leading edges. (In English.) SAAB Aircr. Co. Linköping Techn. Notes 5 1951 22 p. 7 ref.; Index Aeron. **8**(1952)12 84; AMR **6**(1953)2 70.

Allen, D. C.: Load diffusion at an interspar opening: theoretical methods of analysis compared with strain measurements on a large wing. ARC R & M 2664/ARC 11731 1952 26 p. 8 ref.; Index Aeron. **9**(1953)1 67.

Benscoter, S. U. and *R. H. MacNeal:* Equivalent plate theory for a straight multicell wing. NACA TN 2786 Sept. 1952 32 p.; AMR **6**(1953)6 280.

Benthem, J. P.: Over de sterkteberekening van pijlvormige vleugels (On the stress analysis of swept wings). NLL Rapp. S. 405 1952 137 p. 42 ref.; Index Aeron. **9**(1953)6 75; Aeron. Engng. Rev. **14**(1955)1 118.

Diederich, Franklin W. and *Kenneth A. Foss:* Charts and approximate formulas for the estimation of aeroelastic effects on the loading of swept and unswept wings. NACA TN 2608 1952; NACA Rep. 1140 1953 48 p.

Hall, A. H.: A simplified theory of swept wing deformation. Nat. Aeron. Establ. Canada LR-28 June 1952 28 p.; AMR **6**(1953)1 17.

Hall, A. H.: The deformation analysis of tapered swept wings. Nat. Aeron. Establ. Canada LR-44 Dec. 1952 15 p.; AMR **6**(1953)10 456.

Mansfield, E. H.: Some structural parameters for an aero-isoclinic wing. Aircr. Engng. **24**(1952)283 263—264; Index Aeron. **8**(1952)11 57.

Mansfield, E. H.: The effect of spanwise rib-boom stiffness on the stress distribution near a wing cut-out. ARC R & M 2663/ARC 11291 1952 21 p. 5 ref.; Index Aeron. **9**(1953)6 75—76. [1.224.13].

Narayanamurti, D. a. o.: Weathering trials on some synthetic resin bonded aircraft components. Indian Forest Rec. New Series (Dehra Dun) Composite Wood **1**(1952)1 8 p.

Raithby, K. D.: Variation in strength of nominally identical tail planes. Aircr. Engng. **24**(1952)282 223—225; Index Aeron. **8**(1952)10 72.

Schuerch, H. U.: Structural analysis of swept, low aspect ratio, multispar aircraft wings. Inst. Aeron. Sci. Prepr. 377 July 1952 14 p. 7 ref.; Aeron. Engng. Rev. **11**(1952)11 34—41; AMR **6**(1953)7 329; Index Aeron. **9**(1953)1 66.

Stein, M., J. E. Anderson and *J. M. Hedgepeth:* Deflection and stress analysis of thin solid wings of arbitrary planform with particular reference to delta wings. NACA TN 2621 Feb. 1952 53 p.; AMR **5**(1952)10 425.

Tooley, D. A.: B-36 experience with magnesium. Modern Metals **7**(1952)12 49—50, 52—54; AB **23**(1952)3 160.

Williams, K.: Fatigue life of wing components for civil aircraft. J. Roy. Aeron. Soc. **56**(1952)503 842—848 8 ref.; Index Aeron. **9**(1953)1 65—66.

Williams, M. L.: A review of certain analysis methods for swept-wing structures. J. Aeron. Sci. **19**(1952)9 615—629 65 ref.; Index Aeron. **8**(1952)12 82; AMR **6**(1953)6 280.

Badger, D. M.: Analysis and design of multipost-stiffened wings. Aeron. Engng. Rev. **12**(1953)7 45—57 12 ref.; AB **24**(1953)8 483; Index Aeron. **9**(1953)11 71.

Besseling, J. F. and *W. K. G. Floor:* Torsional strength and stiffness tests of wing leading edges. (In English.) NLL Rep. S. 421 June 1953 44 p. 10 ref.; Index Aeron. **10**(1954)5 106; Aircr. Engng. **26**(1954)303 170; AMR **7**(1954)7 301. [1.342.51].

Hall, A. H.: A simplified theory of swept wing deformation. Nat. Aeron. Establ. (Canada) Rep. 19 1953; J. Roy. Aeron. Soc. **58**(1954)518 152; Aircr. Engng. **26** (1954)301 95.

Houbolt, John C.: Correlation of calculation and flight studies of the effect of wing flexibility on structural response due to gusts. NACA TN 3006 Aug. 1953; J. Roy. Aeron. Soc. **58**(1954)517 82.

Howe, D.: Analysis of two-cell swept box with ribs parallel to the line of flight under loading by constant couples. Coll. Aeron. Cranfield Rep. 64 March 1953 12 p.; AMR **6**(1953)12 554; Index Aeron. **9**(1953)7 65.

Howe, D.: Strain energy analysis of swept boxes with ribs normal to the spars. Coll. Aeron. Cranfield Rep. 63 May 1953 45 p.; Index Aeron. **9**(1953)10 86.

Howe, D.: Analysis of experiments on swept wing structures. Coll. Aeron. Cranfield Rep. No. 65 May 1953 19 p.; AMR **7**(1954)4 151—152. [1.246].

Howe, D.: Testing and analysis of a 60⁰ swept back wing with ribs parallel to the line of flight. Coll. Aeron. Cranfield Rep. 66 Aug. 1953 80 p.; J. Roy. Aeron. Soc. **58**(1954)521 380; Index Aeron. **10**(1954)7 112—113.

Ikeda, K.: Approximate analysis of swept-wing structure. J. Japan. Soc. Aeron. Engng. **1**(1953)3 132—137 4 ref.; Index Aeron. **10**(1954)5 104.

Jacobs, J. A.: The centre of shear of aerofoil sections. J. Roy. Aeron. Soc. **57** (1953)508 235—237 6 ref.; Index Aeron. **9**(1953)7 23. [1.342.7].

King, William B. and *Walter R. Garrison:* Differential shear-flow analysis for nonprismatic semimonocoque beams. J. Aeron. Sci. **20**(1953)2 127—135; Index Aeron. **9**(1953)5 59. [1.342.7].

Kolom, A. L.: Optimum design considerations for aircraft wing structures. Inst. Aeron. Sci. Prepr. 419 July 1953 37 p. 5 ref.; Index Aeron. **10**(1954)2 67.

Kordes, E. E. and *J. C. Houbolt:* Evaluation of gust response characteristics of some existing aircraft with wing bending flexibility included. NACA TN 2897 Febr. 1953 31 p.; AMR **6**(1953)9 427.

Langefors, Börje: A suggested method for calculating the stresses in wings with nonrectangular plates. SAAB TN 23 May 1953 11 p.; J. Roy. Aeron. Soc. **59**(1955)534 448; Aircr. Engng. **27**(1955)317 232.

Levy, S.: Structural analysis and influence coefficients for delta wings. J. Aeron. Sci. **20**(1953)7 449—454 12 ref.; Index Aeron. **9**(1953)9 87; AMR **7**(1954)3 109. [1.243.13].

Ljungström, O.: Wing structures of future aircraft. Aircr. Engng. **25**(1953)291 128—132; AMR **6**(1953)12 554.

MacNeal, R. H. and *S. U. Benscoter:* Analysis of multicell delta wings on Cal-Tech analog computer. NACA TN 3114 Dec. 1953; J. Roy. Aeron. Soc. **58** (1954)19 220.

McGuigan, M. J. jr.: Interim report on a fatigue investigation of a full-scale transport aircraft wing structure. NACA TN 2920 May 1953 36 p. 4 ref.; Index Aeron. **9**(1953)8 39; AMR **7**(1954)1 14.

Noton, B. R.: Experimental investigation of the stress distribution in a plastic model of a 35 deg. swept back wing with multi-web construction. FFA Rep. 47 1953 44 p. 17 ref.; Index Aeron. **10**(1954)1 64.

Parkes, E. W.: Transient thermal stresses in wings. Aircr. Engng. **25**(1953)298 373—378; Index Aeron. **10**(1954)2 67.

Peters, R. W. and *M. Stein:* Deflection of delta wings having a carry-through-bay chord smaller than the wing root chord. NACA TN 2927 May 1953 25 p.; AMR **7**(1954)1 14.

Rosenbaum, H. H.: A procurement standard for a metal-sandwich type wing tip. ASTM Bull. 192 1953 38—40; Index Aeron. **10**(1954)3 88. [6.15].

Solvey, J.: Structural efficiency of multi-web wings. Aeron. Res. Lab. (Australia) Rep. SM 212 July 1953; J. Roy. Aeron. Soc. **58**(1954)518 152.

Stein, Manuel, J. Edward Anderson and *John M. Hedgepeth:* Deflection and stress analysis of thin solid wings of arbitrary plan form with particular reference to delta wings. NACA Rep. 1131 1953; J. Roy. Aeron. Soc. **58**(1954) 523 520.

Walker, P. B.: Design criterion for fatigue of wings. J. Roy. Aeron. Soc. **57** (1953)505 12—18; Index Aeron. **9**(1953)3 67.

Wood, R.: Moulded glider wing. Aircr. Production **15**(1953)177 234—239; Index Aeron. **9**(1953)9 89.

Yeh, G. C. K. and *J. Martinek:* Effects of wing twist on the response of an airplane encountering a sharp-edged gust. J. Aeron. Sci. **20**(1953)12 827—834, 860; AMR **7**(1954)9 403.

Zender, G. W. and *W. A. Brooks jr.:* An approximate method of calculating the deformations of wings having swept, M or W, Λ and swept-tip plan forms. NACA TN 2978 Oct. 1953 28 p.; AMR **7**(1954)4 151. [1.246].

— Tensioned-skin construction. Aircr. Production **15**(1953)179 351—356; Index Aeron. **9**(1953)11 71.

Anderson, R. A., A. E. Johnson jr. and *T. W. Wilder:* Design data for multipost-stiffened wings in bending. NACA TN 3118 Jan. 1954 31 p. 5 ref.; Index Aeron. **10**(1954)4 93; J. Roy. Aeron. Soc. **58**(1954)519 220.

Benscoter, S. U. and *R. H. MacNeal:* Analysis of straight multicell wings on Cal-Tech analog computer. NACA TN 3113 Jan. 1954; J. Roy. Aeron. Soc. **58**(1954)19 220.

Benthem, J. P.: On the stress analysis of swept wings. Appendix A. The summation convention. Appendix B. A note on the possibility of tensor analysis; derivation of some transformation formulae, and of the expression for the elastic work per unit surface of a plate. Ministry of Supply, Techn. Inf. Bureau Translat. 4197 July 1954 148 p. 42 ref.; Aeron. Engng. Rev. **14** (1955)2 127.

Bodet, Pol: Contribution to the structural analysis of swept wings; A method suggested for the approximate determination of skin thicknesses. Aircr. Engng. **26**(1954)305 208—212.

Brown, La Verne W.: An experimental investigation into some of the problems associated with stress diffusion in the vicinity of chordwise cut-outs in the wing, and a comparison with existing theories. Coll. Aeron. Cranfield Rep. 83 Sept. 1954 39 p. 12 ref.; J. Roy. Aeron. Soc. **59**(1955)533 377.

Chilver, A. H.: The estimation of fatigue damage in aircraft wing structures. J. Roy. Aeron. Soc. **58**(1954)522 396—402 8 ref.

Coiley, G. M.: Stress concentration in swept wing panels using photoelastic models. Coll. Aeron. Cranfield Rep. 78 March 1954 28 p. 4 ref.; J. Roy. Aeron. Soc. **58**(1954)521 380; Index Aeron. **10**(1954)6 107.

Eggwertz, Sigge and *B. R. Noton:* Stress and deflection measurements on a multicell cantilever box beam with 30 deg. sweep. FFA Rep. 53 Febr. 1954 30 p.; Aircr. Engng. **26**(1954)308 366; Index Aeron **10**(1954)8 103; J. Roy. Aeron. Soc. **58**(1954)523 520. [1.246].

Eggwertz, Sigge: Calculation of stresses in a swept multicell cantilever box beam with ribs perpendicular to the spars and comparison with test results. FFA Rep. 54 March 1954 43 p.; Aircr. Engng. **26**(1954)308 366; Index Aeron. **10**(1954)8 103; J. Roy. Aeron. Soc. **58**(1954)523 520. [1.246].

Finlay, Donald W.: Wing design for practical high speed aircraft. Inst. Aeron. Sci. Prepr. 482 June 1954 6 p.; Aeron. Engng. Rev. **13**(1954)12 44—46; Index Aeron. **10**(1954)10 126—127.

Mansfield, E. H.: Stress concentrations at a cut-out in a swept wing. ARC R & M 2823 July 1951 21 p. publ. 1954; J. Roy. Aeron. Soc. **58**(1954)528 852; Aeron. Engng. Rev. **14**(1955)2 128.

McGuigan, M. J. jr., D. F. Bryan and *R. E. Whaley:* Fatigue investigation of full-scale transport-aeroplane wings. NACA TN 3190 March 1954 45 p.; Index Aeron. **10**(1954)7 113; J. Roy. Aeron. Soc. **58**(1954)522 446.

MacNeal, Richard H. and *Stanley U. Benscoter:* Analysis of sweptback wings on Cal-Tech analog computer. NACA TN 3115 Jan. 1954; J. Roy. Aeron. Soc. **58**(1954)520 310.

Parkes, E. W.: Wings under repeated thermal stress; permanent elasticity, shakedown, alternate plasticity and incremental collapse in wings subjected to a number of thermal cycles. Aircr. Engng. **26**(1954)310 402—406.

Pohle, F. V. and *H. Oliver:* Temperature distribution and thermal stresses in a model of a supersonic wing. J. Aeron. Sci. **21**(1954)1 8—16 5 ref.; Index Aeron. **10**(1954)3 87.

Samson, Derek R.: The analysis of shear distribution for multicell beams in flexure by means of successive numerical approximations. J. Roy. Aeron. Soc. **58**(1954)518 122—127.

Terner, E.: Some remarks on the structural analysis of swept wings; a brief account of a method in which swept wings are treated as orthotropic sandwich plates. Aircr. Engng. **26**(1954)307 288—291; Index Aeron. **10**(1954) 10 126.

Yamana, Massao, Yukie Oomori and *Masaji Kuwaori:* A diagram for strength calculation of wooden spars. J. Japan Soc. Aeron. Engng. 2(1954)4 7—12; Index Aeron. **10**(1954)7 114.

Bodet, P.: La statique de l'aile en flèche. Techn. et Sci. Aéron. (1955)2 98—115; Index Aeron. **11**(1955)9 30.

Noton, B. R.: A swept cantilever box beam with two spars and skew ribs. Aircr. Engng. **27**(1955)317 204—215 24 ref., 318 256—261.

914

Frazer, R. A. and *W. J. Duncan:* The flutter of monoplanes, biplanes and tail-units. ARC R & M No. 1255 Jan. 1931 179 p.

Duncan, W. J. and *A. R. Collar:* Resistance derivatives of flutter theory. Pt. I. ARC R & M 1500 Oct. 1932.

Roché, J. A.: Airplane vibrations and flutter controllable by design. SAE J. **33** (1933)3 305—312.

Kaul, Hans W.: Nachprüfung der Schwingungseigenschaften eines Flugzeugmusters im Fluge. ZWB FB 127 1934 10 S.

Kaul, H. W. u. *W. Behrens:* Bericht über die Messung von Rumpf- und Leitwerksschwingungen an den Flugzeugmustern Dornier Do 11 und Do 13 bei großen Anstellwinkeln. ZWB PB 194 1935 21 S.

Roché, J. A.: Airplane vibrations and flutter. Air Corps Information Circular **7**(1935)687.

Teichmann, Alfred u. *Karl Leiss:* Untersuchungen über die Schwingungseigenschaften eines Flugzeugmusters. ZWB FB 359 1935 21 S.

Frazer, R. A. and *W. P. Jones:* Forced oscillations of aeroplanes with special reference to von Schlippe's method of predicting critical speeds for flutter. ARC R & M Nr. 1795 Oct. 1936.

Rauscher, Manfred: Flutter. Aviation **35**(1936)1 20 ff., 2 26 ff., 4 18 ff., 5 27 ff.

Rauscher, Manfred: Model experiments on flutter at the Massachusetts Institute of Technology. J. Aeron. Sci. **3**(1936)5 171—172; Luftwissen **3**(1936)7 200.

Rauscher, Manfred: Schwingungen. Luftf. Schrifttum Ausland **2**(1936)6 127—134, 7 181—183.

Hanson, J.: Critical speeds of monoplanes. J. Roy. Aeron. Soc. **41**(1937)320 703—726; Luftwissen **5**(1938)1 25.

Jarry, J.: Les vibrations à bord des avions. Rev. Techn. Ass. Ing. Aeron. (ENSA) (1937)1 13—52, 2 13—22, 3 41—47, 4 30—47, 5 64—74, 6 27—35. [6.254.72].

Pugsley, A. G.: Aero-elastic problems. The general design significance of current research work on flutter and related matters. Aircr. Engng. **9**(1937) 104 268—275 10 ref.; Luftwissen **5**(1938)4 147.

Wolff, G.: Schwingungsversuche mit einem Zweischwimmerflugzeug auf dem Wasser einschließlich Modelluntersuchungen. ZWB FB 846 1937 28 S.

Borkmann, Karl: Arbeitsblätter zur Ermittlung der Eigenfrequenzen und Eigenschwingungsformen. (Biegung und Drillung von geraden Stäben mit zentrischer, sonst aber beliebiger Massen- und Steifigkeitsbelegung.) ZWB FB 863 1938 16 S. [1.272].

Sezawa, K. and *K. Watanabe:* Coupled wingfuselage vibration. Rep. Aeron. Res. Inst. Tokyo **13**(1938)6 172—194.

Walker, P. B.: The mechanical aspect of flutter. A review of present knowledge on the oscillation of aerodynamic surfaces. Aircr. Engng. **10**(1938)108 33—37, 52, 73—75.

Schmidt, E.: Die Beeinflussung der kritischen Geschwindigkeit durch die Dämpfung. Jb. 1939 Dtsch. Luftf. Forsch. I 520—525.

Teichmann, Alfred: Gedankengänge zur Flatterberechnung. Luftf. Forsch. **16** (1939)6 283—308, **17**(1940)6 173.

Theodorsen, Theodore: The flutter problem. Proc. 5th Int. Congr. Appl. Mech. 1939 594—597 4 ref.

Coleman, Robert P.: Damping formulas and experimental values of damping in flutter models. NACA TN 751 Febr. 1940 39 p. 9 ref.

Greidanus, J. H.: Die Verhinderung instabiler Schwingungen von Flugzeugteilen während des Fluges (holländisch). NLL Rapp. V. 1146 Jan. 1940 117 S. 44 Lit.-St.

Quessel, W.: Darstellung einiger physikalischer Zusammenhänge beim Flattern an Hand bekannter und neuer Rechenergebnisse. Jb. 1940 Dtsch. Luftf. Forsch. I 511—516.

Theodorsen, Theodore: General theory of aerodynamic instability and the mechanism of flutter. NACA Rep. 496 1940.

Borkmann, Karl: Eingehen der Baugrößen eines Flugzeuges in dessen Flatterberechnung. ZWB FB 1338/1 71 S., 1338/2 50 S. 1941; Jb. 1941 Dtsch. Luftf. Forsch. I 540—556.

Dörr, J.: Herleitung der Flattergleichungen und ihre anschauliche Deutung. Jb. 1941 Dtsch. Luftf. Forsch. I 565—567.

Jordan, P.: Vereinfachte Integration der Luftkräfte bei Flatteruntersuchungen. ZWB FB 1538 1941 24 S.

Leiss, Karl u. *Alfred Teichmann:* Anwendung eines Verfahrens von Grammel bei der Flatterberechnung. ZWB FB 1508 1941 8 S.

Loring, S. J.: General approach to the flutter problem. SAE J. **49**(1941)2 345—356 13 ref.

Lyman, Ch. B.: Vibration tests and flutter. Aircr. Engng. **13**(1941)153 311—317 2 ref.

Schwarzmann, K.: Flatterfälle und Flatterkonstruktionsvorschriften. Ber. Lil.-Ges. 135 1941 3—11.

Teichmann, Alfred: Stand und Entwicklung der Flatterberechnung. Ber. Lil.-Ges. 135 1941 11—20; Index Aeron. **7**(1951)9 28.

Wylie, J.: An engineering attack upon aircraft flutter. Aviation **40**(1941)10 62—63, 160, 162 5 ref.

Borkmann, Karl: Allgemeine Betrachtung zum Flatterproblem. ZWB TB **9**(1942) 1 26—37.

Pengelley, C. D.: Ground vibration tests. J. Aeron. Sci. **9**(1942)13 481—490 7 ref.

Adler, N.: Auswertung des Flatterfilms mit dem Modell He 219. ZWB UM 3038 1943 31 S.

Billing: Angefachte Schwingungen des Seiles einer vom Flugzeug geschleppten Sonde. ZWB FB 1772 1943 20 S.

Borkmann, Karl: Zur Handhabung von Flatterberechnungen. ZWB UM 1119 1943 18 S.

Nissen, Oskar: Wesen und Bedeutung des Flugzeugflatterns. Luftwissen **10**(1943) 12 331—335.

— Defectives of flutter. Canad. Aviation **16**(1943)7 64, 67—68.

Jones, Pritchard W.: Antisymmetrical flutter of a large transport aeroplane. ARC R & M 2363 July 1944 13 p. 4 ref.; Index Aeron. **6**(1950)11 65.

Manley, R. G.: Vibrations in aircraft. Aircr. Engng. **16**(1944)180 38—40, 49, 181 73—75, 182 100—102, 183 133—135.

Wielandt, H.: Beiträge zur mathematischen Behandlung komplexer Eigenwertprobleme. III. Das Iterationsverfahren in der Flatterrechnung. V. Bestimmung höherer Eigenwerte durch gebrochene Iteration. ZWB UM 3138, UM 3177 1944.

Morris, J., W. A. Jones and *G. F. Walton:* Axial or longitudinal vibration of an aircraft. ARC R & M 2289 Aug. 1945 25 p. 7 ref.; Index Aeron. **6**(1950)5 18; AMR **4**(1951)1 52.

Morris, J. and *D. Morrison:* The rolling vibration of an aircraft. ARC R & M No. 2290 Aug. 1945 12 p. 2 ref.; Index Aeron. **4**(1948)12 82; AMR **2**(1949)2 42.

Berthaume, M.: Les vibrations sur les avions. Paris: Dunod 1946 VI, 80 p.

Wittmeyer, H.: Richtlinien für den Entwurf flattersicherer Flugzeuge. I. II. Aerodyn. Vers. Anstalt Göttingen AVA Ber. 46/J/3, 46/J/4 1946. [1.134].

Greidanus, J. H.: Mathematical methods of flutter analysis. (in English). NLL Rep. V. 1384 1946, Rep. and Trans. **13**(1947) V 75—V 116 4 ref.; Index Aeron. **6**(1950)11 15.

Dörr, J.: Méthodes pour le calcul du flutter d'un avion. I. Détermination de la vitesse critique. 54 p. II. Etablissement des équations du flutter. 54 p. ONERA Publ. No. 8 1948.

Wittmeyer, H.: Theoretical investigations of ternary lifting surface — control surface — trimming tab flutter and derivation of a flutter criterion. ARC R & M 2671 Oct. 1948.

Broadbent, E. G.: Some considerations of the flutter problems of high-speed aircraft. (Second International Aeronautical Conference, New York 1949.) Inst. Aeron. Sci. & Roy. Aeron. Soc. May 1949 556—581 18 ref.; Index Aeron. 6(1950)9 26.

Dörr, J.: Influence de l'allongement dans les calculs de flutter. Calculs comparatifs sur un empennage circulaire. Rech. Aéron. (1949)11 57—63; Index Aeron. 6(1950)3 27.

Greidanus, J. H. and *A. I. van de Vooren:* Mathematical principles of flutter analysis. (In English.) NLL Rep. F 43 1949 80 p.; Index Aeron. 6(1950)3 25.

Harpur, N. F.: Determination of vibration modes. J. Roy. Aeron. Soc. 53(1949) 468 1095—1099; Index Aeron. 6(1950)4 70.

Hohenemser, K. H.: Equations for the approximate solution of dynamic problems for stable linear systems. J. Aeron. Sci. 16(1949)12 723—728; Index Aeron. 6(1950)3 9.

Sorg, F. et *E. Bonneau:* Calculs de vibrations d'avions. Simplification des coefficients aérodynamiques instationnaires en régime subsonique incompressible. Rech. Aéron. (1949)12 31—32.

de Vries, Gerhard: Précautions à prendre pour éviter les vibrations aérodynamiques des avions. Rech. Aéron. (1949)12 15—30, 13 27—43 6 ref.

Weber, R.: Orthogonalisation des formes de vibration d'un avion mesurées dans un essai au sol. ONERA Publ. 29 1949 23 p.

Woolston, Donald and *Harry L. Runyan:* Appraisal of method of flutter analysis based on chosen modes by comparison with experiment for cases of large mass coupling. NACA TN 1902 1949 16 p.; AMR 3(1950)9 279.

— Flutter. Collected Russian papers. A.M.C. Translation Techn. Rep. F-TS-1225-1 A/GDAM A 9-T-44 May 1949 393 p.; Index Aeron. 6(1950)11 14.

Cahen, G.: Étude des vibrations de flexion et de torsion au moyen d'analogies electromécaniques: Application aux charpentes de navires et d'aéronefs. Ass. Techn. Marit. Aéron. Prepr. Juin 1950 13 p. 4 réf.; Index Aeron. 6(1950) 8 63. [6.253.2].

Gaukroger, D. R.: Natural frequencies and modes of a model delta aircraft. ARC R & M 2762 June 1950, publ. 1953; J. Roy. Aeron. Soc. 58(1954)518 151.

Mazet, R. et *J. Dörr:* Détermination par le calcul et par essais en soufflerie des vitesses critiques de vibrations d'une maquette rigide de profil constant, montée sur ressorts. ONERA Publ. 39 1950 22 p.

Schindler, A.: Essai de justification d'une détermination dynamique de fréquences et fonctions propres associées d'un avion et d'un calcul des masses généralisées correspondantes. Rech. Aéron. (1950)15 15—18; Index Aeron. 7(1951) 9 96.

de Vries, Gerhard: Détermination expérimentale des masses généralisées. Rech. Aéron. (1950)18 11—22 4 ref.

Gossard, M. L.: An iterative transformation procedure for numerical solution of flutter and similar characteristic-value problems. NACA TN 2346 May 1951 75 p.; NACA Rep. 1073 1952 45 p.; AMR 4(1951)10 572, 7(1954)1 35; J. Roy. Aeron. Soc. 58(1954)517 79—80.

Greidanus, J. H.: A review of aeroelasticity. AMR 4(1951)3 138—140 27 ref.

Schindler, A.: Influence de la suspension dans un essai de vibrations au sol. Rech. Aéron. (1951)24 61—66 2 ref.; Index Aeron. 8(1952)4 29. [4.72].

Woolston, Donald S. and *Harry L. Runyan:* On the use of coupled modal functions in flutter analysis. NACA TN 2375 1951 13 p.; AMR **4**(1951)12 665—666.

Garrick, I. E.: Some research on high-speed flutter. 3rd Anglo-Amer. Aeron. Conf. Brighton Sept. 1951. London: Roy. Aeron. Soc. 1952 419—446; AMR **5**(1952)2 77.

Kinnaman, E. Berkeley: Flutter analysis of complex airplanes by experimental methods. Inst. Aeron. Sci. Prepr. 363 1952 15 p.; J. Aeron. Sci. **19**(1952)9 577—584; AMR **5**(1952)7 324. [4.72].

Melzer, R.: Construction de maquettes dynamiquement semblables destinées à l'étude du flutter en soufflerie. ONERA Publ. 59 1952 53 p.

Rost, J.: Essais de vibration au sol d'une maquette d'avion. ONERA NT 13 1952 20 p.

van de Vooren, A. I.: Theory and practice of flutter calculations for systems with many degrees of freedom. Diss. Leiden 1952.

Béatrix, C.: Remarques sur les calculs de flutter en subsonique compressible. Rech. Aéron. (1953)35 54—55 5 réf.

Carpentier, J. and *J. F. Vernet:* Aircraft frequency response curves. Publ. Sci. Min. Air 286 1953 36 p.; Index Aeron. **10**(1954)4 96.

Chopin, S.: Détermination des nouvelles formes et fréquences d'un avion après modifications massiques importantes. Rech. Aéron. (1953)34 29—32.

Chopin, S.: Comparaison entre les diverses formules théoriques donnant les masses généralisées dans le cas pratique d'un essai de vibration d'avion. Rech. Aéron. (1953)35 49—52 2 réf.

Ruppel, Werner et *Robert Weber:* Le calcul de flutter en régime supersonique. ZAMP **4**(1953)2 128—145.

de Vries, Gerhard: Méthodes simplifiées pour l'estimation rapide des vitesses de flutter. Rech. Aéron. (1953)33 29—39 7 réf.

Broadbent, E. G.: The elementary theory of aero-elasticity. A series of articles written from the standpoint of a structural engineer for students and junior members of aircraft design teams. Part IV. Guiding principles in flutter analysis. Aircr. Engng. **26**(1954)304 192—200.

Dat, R., R. Destuynder, H. Loiseau et *M. Trubert:* Essais de flutter dans la zone sonique sur maquettes larguées en chute libre. Rech. Aéron. (1954)39 39—44.

Hedgepeth, John M., Bernard Budiansky and *Robert W. Leonard:* Analysis of flutter in compressible flow of a panel on many supports. J. Aeron. Sci. **21** (1954)7 475—486 6 ref.

Shevloff, N. P.: The evaluation of flutter characteristics in design. Aircr. Engng. **26**(1954)306 252—257.

Targoff, Walter P.: Flutter; flutter can cause destruction of modern high speed aircraft. Res. Trends (Cornell Aeron. Lab.) 1954 7—11 12 ref.; Aeron. Engng. Rev. **14**(1955)4 113.

Templeton, H.: The technique of flutter calculations. Appendix I. Aerodynamic derivatives (Two-dimensional, incompressible flow). Appendix II. Binary and ternary solutions and appropriate stability tests. Appendix III. Interpretation and use of resonance test results. ARC Curr. Pap. 172 1954 65 p.; J. Roy. Aeron. Soc. **58**(1954)526 735.

de Vries, Gerhard: Influence de l'amortissement interne sur les caractéristiques vibratoires des avions. Rech. Aéron. (1954)39 35—38 3 ref.; Index Aeron. **10**(1954)10 133—134.

Williams, D.: Recent developments in the structural approach to aeroelastic problems. J. Roy. Aeron. Soc. **58**(1954)522 403—421 11 ref., disc. 421—428.

Kennedy, Ernest C.: Methods for computing supersonic aerodynamic flutter coefficients for two-dimensional flow. J. Aeron. Sci. **22**(1955)5 310—312 6 ref.

Küssner, Hans Georg: Aeroelastische Probleme des Flugzeugbaus. ZFW **3**(1955) 1 1—18 65 Lit.-St.

Birnbaum, Walter: Das ebene Problem des schlagenden Flügels. Diss. Univ. Göttingen 1922; ZAMM **4**(1924)4 277 (Auszug); ZFM **16**(1925)6 140.

v. Baumhauer, A. G. and *C. Koning:* On the stability of oscillation of an aeroplane wing. Int. Air Congress, London 1923 p. 221.

v. Baumhauer, A. G. and *C. Koning:* Onstabile trillingen van een draagvlak-klap system. Verslagen en Verhandelingen vaan den Rijksstudiedienst voor de Luchtvaart Rapp. A. 48, Amsterdam, Deel II 1923.

Birnbaum, Walter: Der Schlagflügelpropeller und die kleinen Schwingungen elastisch befestigter Tragflügel. ZFM **15**(1924)11/12 128—134.

Blasius, Heinrich: Über Schwingungserscheinungen an einholmigen Unterflügeln. ZFM **16**(1925)3 39.

Blenk, Hermann u. *Fritz Liebers:* Gekoppelte Torsions- u. Biegungsschwingungen von Tragflügeln. 53. DVL-Ber.; ZFM **16**(1925)23 479—486.

Blenk, Hermann: Gekoppelte Torsions- und Biegungsschwingungen von Tragflügeln. Verhandlungen 2. Int. Kongr. techn. Mech. Zürich 1926. Zürich: Füßli 1927 231 ff.

Frazer, R. A.: An investigation on wing flutter. ARC R & M No. 1042 Febr. 1926.

Hesselbach, B.: Über die gekoppelten Schwingungen von Tragflügel und Verwindungsklappe. ZFM **18**(1927)20 465—470.

Blenk, Hermann u. *Fritz Liebers:* Flügelschwingungen von freitragenden Eindeckern. 80. DVL-Ber.; Luftf. Forsch. **1**(1928)1 1—17.

Frazer, R. A. and *W. J. Duncan:* The flutter of aeroplane wings. ARC R & M No. 1155 Aug. 1928.

Frazer, R. A. and *W. J. Duncan:* A brief survey of wing flutter with an abstract of design recommendations. ARC R & M No. 1177 Oct. 1928.

Frazer, R. A. and *W. J. Duncan:* Conditions of the prevention of flexural-torsional flutter of an elastic wing. ARC R & M No. 1217 1928.

Blenk, Hermann u. *Fritz Liebers:* Gekoppelte Biegungs-, Torsions- und Querruderschwingungen von freitragenden und halbfreitragenden Flügeln. 129. DVL-Ber.; DVL-Jb. 1929 257—281; Luftf. Forsch. **4**(1929)3 69—93.

Delanghe, G.: Les vibrations de flexion et de torsion d'une aile en porte à faux. Techn. Aéron. (1929)Oct. 188—193.

Duncan, W. J.: The wing flutter of biplanes. ARC R & M No. 1227 Sept. 1929 60 p.

Frazer, R. A. and *W. J. Duncan:* Wing flutter as influenced by the mobility of the fuselage. ARC R & M No. 1207 Sept. 1929.

Frazer, R. A.: Aeroplane wing flutter. Aircr. Engng. (1929)May 94, June 138—145.

Glauert, H.: The force and moment on an oscillating aerofoil. ARC R & M No. 1242 March 1929.

Küssner, Hans Georg: Schwingungen von Flugzeugflügeln. 134. DVL-Ber.; DVL-Jb. 1929 313 ff.; Luftf.-Forsch. **4**(1929)2 41—62; Jb. WGL 1929 211—212.

Küssner, Hans Georg: Angefachte Flügelschwingungen. Z. Techn. Physik **10** (1929)9 343—353.

Rauscher, Manfred: Über Schwingungen freitragender Flügel. Luftf. Forsch. **4** (1929)3 94—106.

Spencer, K. T. and *D. Seed:* Comparison of calculated and measured elasticity of the wings of an aircraft, in connection with the investigation of wing flutter. ARC R & M 1257 Apr. 1929.

Alippi, C.: Una verifica grafica della stabilità alle oscillazioni torsionali di un'ala monoplana a langherone unico. (Graphische Bestimmung der Stabilität gegen Torsionsschwingungen am einholmigen Eindecker.) Aerotecnica (1930) Nov./Dez. 821—830.

Küssner, Hans Georg: Schwingungen von Flugzeugteilen. Z. VDI **74**(1930)1 25—26.

Cox, H. Roxbee: Statistical method of investigating relations between elastic stiffness of aeroplane wings and wing-aileron flutter. ARC R & M No. 1505 Oct. 1932.

Pugsley, A. G.: The influence of wing density upon wing flutter. ARC R & M No. 1497 June 1932 17 p. 5 ref.

Williams, D.: Flexural torsional flutter of a simple cantilever wing. ARC R & M No. 1596 Nov. 1933.

Ackeret, J. u. *H. L. Studer:* Bemerkungen über Tragflügelschwingungen. Helv. Phys. Acta **7**(1934)5 501—504.

Bellomo, A.: Le vibrazioni torsionali dell'alla monoplana a tutto sbalzo. Aerotecnica **14**(1934) Pt. I. 27—39, Pt. II. 855—869, Pt. III. 1030—1046, Pt. IV. 1414—1438.

Borkmann, Karl: Standschwingungsversuche mit einem Flugzeug mit massenausgeglichenem Querruder. ZWB PB 55 1934 11 S.

Borkmann, Karl u. *Hans Knoch:* Standschwingungsversuche mit dem Flugzeugmuster Me 108 (Holzflügel). ZWB PB 134 1934 31 S.

Frazer, R. A.: The influence of differential aileron control on wing flutter. ARC R & M 1723 Sept. 1934; Luftwissen **4**(1937)7 231.

Kaul, Hans W. u. *W. Behrens:* Untersuchung von Flügelschwingungen im Fluge. ZWB FB 139 1934 42 S.

Küssner, Hans-Georg: Augenblicklicher Entwicklungsstand der Frage des Flügelflatterns. ZWB FB 81 1934 49 S.; Luftf.-Forsch. **12**(1935)6 193—209 25 Lit.-St.

Langenstraßen, Adolf u. *Karl Borkmann:* Festigkeitsversuche mit einem Holmbeschlag. Standschwingungsversuche mit einem Doppeldecker. ZWB PB 81 1934 29 S. [6.254.1].

Minelli, C.: Velocita critiche di ali a sbalzo a longarone unico. Aerotecnica (1934) Feb.

Minelli, C.: Vibrazioni flessionali libere di ali sbalzo. Aerotecnica (1934) Dic.

Teichmann, Alfred u. *Karl Borkmann:* Bericht über die Standschwingungsversuche mit einem Flugzeugmuster. ZWB FB 45 1935 5 S.

Williams, D.: The flexural-torsional flutter characteristics of a simple cantilever wing representative of current practice. ARC R & M 1596 1934 18 p. 7 ref.

Falkner, V. M. and *W. P. Jones:* The effect of a reduction of aileron torsional stiffness on the flutter of a model wing. ARC R & M 1722 Oct. 1935 8 p.

Kassner, R.: Vereinfachte Berechnung des ebenen Problems der Tragflügelschwingungen. ZWB FB 402 1935 33 S.

Kassner, R. u. *Hermann Fingado:* Flügelschwingungen. Jb. 1935 Vereinig. Luftf. Forsch. 54—66.

Kaul, Hans W.: Messung angefachter Flügelschwingungen. ZWB FB 467 1935 14 S.

Levy, M.: Etude des vibrations des ailes par les équations de Lagrange. Sci. Aerienne **4**(1935)5 316—345.

Risack, M.: Vibrations couplées des ailes d'avion. Bull. Serv. Techn. Aéron. (1935)16 5—56 2 réf.

Teichmann, Alfred u. *Hans Knoch:* Standschwingungsversuche mit dem Flugzeugmuster V-85-G. ZWB PB 182 1935 41 S.

Teichmann, Alfred, Hans Knoch u. *Karl Leiss:* Standschwingungsversuche mit einem dreimotorigen Tiefdecker. ZWB FB 202 1935 28 S.

Teichmann, Alfred u. *Karl Borkmann:* Standschwingungsversuch mit einem Tiefdecker-Sportflugzeug. ZWB FB 212 1935 18 S.

Teichmann, Alfred u. *Karl Borkmann:* Standschwingungsversuch mit einem Doppeldecker. ZWB PB 307 1935 15 S.

Teichmann, Alfred u. *Karl Borkmann:* Die Beeinflussung der Schwingungseigenschaften eines Tragwerks durch Massenausgleich der Querruder und andere Maßnahmen. ZWB FB 426 1935 19 S.

Teichmann, Alfred u. *Karl Borkmann:* Standschwingungsversuche mit einem Flugzeug des Baumusters M 28 der Bayerischen Flugzeugwerke AG. ZWB FB 434 1935.

Teichmann, Alfred u. *Karl Borkmann:* Standschwingungsversuche mit einem Flugzeugmuster. ZWB PB 450 1935 21 S.

Voigt, H.: Über den Stand der Untersuchungen von Flügelschwingungen. 1. Zwischenbericht. ZWB FB 318/1 1935 3 S.

Boelk, G.: Bedeutung und Größe der Querruderdämpfung für das ebene Problem des Flügelflatterns. Jb. 1936 Lil.-Ges. 206—215.

v. Borbely, S.: Mathematischer Beitrag zur Theorie der Flügelschwingungen. ZAMM **16**(1936)1 1—4; Luftwissen **3**(1936)3 81.

Duncan, W. J., A. R. Collar and *H. M. Lyon:* Oscillations of elastic blades and wings in an airstream. ARC R & M No. 1716 Jan. 1936.

Eckstein, E.: Versuche zum dämpfungsfreien ebenen Problem der Flügelschwingung. ZWB FB 585 1936 13 S.

Frazer, R. A.: The influence of differential aileron control on wing flutter. ARC R & M 1723 1936 20 p.

Kassner, R. u. *Hermann Fingado:* Das ebene Problem der Flügelschwingung. Luftf. Forsch. **13**(1936)11 374—387; Aircr. Engng. **9**(1937)96 53.

Kassner, R.: Die Berücksichtigung der inneren Dämpfung beim ebenen Problem der Flügelschwingung. Luftf.-Forsch. **13**(1936)11 388—390.

Petersohn, E.: Durch Luftkräfte verursachte Schwingungen an Flugzeugen (schwedisch). Tekn. T. **66**(1936)3 Skeppsbygnadkonst 1—5 15 Lit.-St.

Quessel, W.: Beitrag zur Berechnung der Flügelschwingungen und des Querrudereinflusses auf diese. Jb. 1936 Lil.-Ges. 196—205.

v. Schlippe, B.: Zur Frage der selbsterregten Flügelschwingungen (Ermittlung der kritischen Geschwindigkeit durch Flugschwingungsversuche). Luftf.-Forsch. **13**(1936)2 41—45; Aircr. Engng. **8**(1936)86 142.

Sezawa, K.: The nature of wing flutter as revealed through its vibrational frequencies. J. Aeron. Sci. **4**(1936)1 30—34 3 ref.

Sezawa, Katsutada and *Kei Kubo:* The nature of the torsion-aileron flutter of a wing as revealed by analytical experiments (in English). Rep. Aeron. Res. Inst. Tokyo Imp. Univ. **11**(1936)136 107—161 35 ref.; Luftwissen **3**(1936)7 201.

Sezawa, Katsutada and *Satosi Kubo:* The nature of the deflection-aileron flutter of a wing as revealed through its vibrational frequencies. Rep. Aeron. Res. Inst. (Tokyo) **11/8**(1936)140 301—338 11 ref.

Studer, H. L.: Experimentelle Untersuchungen über Tragflügelschwingungen. Mitt. Inst. Aerodynamik ETH Zürich Nr. 4/5 1936 98 S.; Aircr. Engng. **9**(1937) 97 83.

Cicala, P.: Ricerche sperimentali sulle azioni aerodinamiche sopra l'ala oscillante. Aerotecnica **17**(1937)5 405—414.

Duncan, W. J. and *H. M. Lyon:* Calculated flexural-torsional flutter characteristics of some typical cantilever wings. ARC R & M No. 1782 Apr. 1937 32 p. 18 ref.; Aircr. Engng. **10**(1938)108 55; Luftwissen **5**(1938)5 188.

Duncan, W. J. and *H. M. Lyon:* Torsional oscillation of a cantilever when the stiffness is of composite origin. ARC R & M No. 1809 Nov. 1937 13 p. 8 ref.; Aircr. Engng. **10**(1938)113 231.

Hennig, A.: Versuche zur selbsterregten Schwingung des elastisch aufgehängten Flügels von endlicher Streckung. ZWB FB 819 1937 7 S.

Klemin, Alexander and *Daniel Guggenheim:* Bibliography of vibration and flutter of aircraft wings and control surfaces. (This bibliography has been prepared by workers under the supervision of the U. S. Works Progress Administration Martin Coan) New York: 1937. [6.254.22].

Pugsley, A. G.: A simplified theory of wing flutter. ARC R & M 1839 Apr. 1937 10 p. 6 ref.

Quessel, W.: Berechnung der kritischen Geschwindigkeit von Flugzeugflügeln. (Zahlenbeispiel.) Ringb. Luftf. Techn. Il A 1 Mai 1937 36 S. 10 Lit.-St.

Sezawa, Katsutada, Satosi Kubo and *Hirosi Miyazaki:* Vibration phenomena in ternary wing flutter. Rep. Aeron. Res. Inst. Tokyo Imp. Univ. 12(1937) 147 129—162; Luftwissen 4(1937)7 231.

Walker, P. B.: Simple formulae for the fundamental natural frequences of cantilevers. ARC R & M No. 1831 July 1937 20 p. 3 ref.; Aircr. Engng. 11(1939) 122 162.

Borkmann, Karl: Zur Berechnung der Eigenfrequenzen und Eigenschwingungs- formen von flügelartigen Gebilden mit beliebiger Massen- und Steifigkeits- belegung. ZWB FB 896 1938 28 S.

Cicala, P.: La teoria e l'esperienza nel fenomeno delle vibrazioni alari. Aero- tecnica 18(1938) 412—433.

Dupont, P.: L'avion actuel et le problème des vibrations. Techn. Moderne 30 (1938) 575—584; Zbl. Mech. (1939)3 121.

Ellenberger, G.: Luftkräfte bei beliebiger instationärer Bewegung eines Trag- flügels mit Querruder und bei Vorhandensein von Böen. ZAMM 18(1938) 173—176.

Ellenberger, G.: Berechnung der kritischen Geschwindigkeit für das ebene Problem eines Tragflügels mit Querruder. Luftf.-Forsch. 15(1938)8 395—404 12 Lit.-St.

Leiss, Karl: Einfluß der einzelnen Baugrößen auf das Flattern und das aperiodi- sche Auskippen von Tragflächen mit und ohne Ruder (ohne Berücksichtigung der inneren Dämpfung). Jb. 1938 Dtsch. Luftf. Forsch. I 259—273; DVL-Jb. 1938 276—290.

Pennther u. *Rödel:* Standschwingungsversuche mit dem Nurflügel-Flugzeug- muster DFS 39. ZWB FB 935 1938 45 S.

Pugsley, A. G.: Resonance tests; their history and principles in relation to flutter problems. Aircr. Engng. 10(1938)109 73—75 6 ref.

Voigt, H.: Weitere Versuche über Tragflügelschwingungen. ZWB FB 919 1938 47 S.; Jb. 1938 Dtsch. Luftf.-Forsch. I 249—258.

Dietze, Fritz: Die Luftkräfte der harmonisch schwingenden, in sich verform- baren Platte (Ebenes Problem). Luftf. Forsch. 16(1939)2 84—96 9 Lit.-St.

Duncan, W. J. and *C. L. T. Griffith:* The influence of wing taper on the flutter of cantilever wings. ARC R & M 1869; Aircr. Engng. 14(1942)164 290.

Kaufmann, W.: Über die Ähnlichkeitsbedingungen für Flatterschwingungen von Tragflügeln. Luftf. Forsch. 16(1939)1 21—25 7 Lit.-St.; Aircr. Engng. 11(1939) 125 281.

Küssner, Hans Georg u. *L. Schwarz:* Der schwingende Flügel mit aerodynamisch ausgeglichenem Ruder. (Beiträge zur instationären Tragflächentheorie. Teil I.) ZWB FB 1130/1 1939 54 S.; Luftf. Forsch. 17(1940)11/12 337—354.

Küssner, Hans-Georg: Beiträge zur instationären Tragflächentheorie. ZWB FB 1130/3 1939 31 S.

Rühl, Karl: Zusammenfassender Bericht über die Untersuchung der Henschel- Flugzeugwerke über Tragflächenschwingungen. Jb. 1939 Dtsch. Luftf. Forsch. I 497—504.

Schepisi, G. A. G.: Note sul calcolo della velocità critica ali a sbalzo per vibratione di flessione e torsione. Aerotecnica 19(1939)11/12 1025—1037; Luftwissen 7(1940)4 129.

Schwarz, L.: Beiträge zur instationären Tragflächentheorie. ZWB FB 1130/2 1939 22 S.

Shipp, J. C. K.: Flutter speed. Flight (1939)26./10. 340c—340d, 335 5 ref.

Wittmeyer, H.: Zur Berechnung der Eigenschwingungszahlen und Eigenschwin- gungsformen von Flügeln. Jb. 1939 Dtsch. Luftf. Forsch. I 505—519.

922

Bergen, W. B. and *L. Arnold:* Graphical solution of the bending-aileron case of flutter. J. Aeron. Sci. **7**(1940)12 495—508.

Biermann, W. u. *W. Dessecker:* Über ein besonderes Ersatzsystem zur Berechnung von Flügelschwingungen. Luftf. Forsch. **17**(1940)10 314—319.

v. *Borbély, S.:* Über die Luftkräfte, die auf einen harmonisch schwingenden zweidimensionalen Flügel bei Überschallgeschwindigkeit wirken. ZWB FB 1071 1940 57 S.

Dietze, Fritz: Zum Luftkraftgesetz der harmonisch schwingenden, knickbaren Platte (Flügel mit Ruder und Hilfsruder). ZWB FB 1262 1940 15 S.

Dimpker, A.: Einfluß der Biegefrequenz auf die kritische Geschwindigkeit bei den Freiheitsgraden Flügelbiegung-Ruderdrehung. ZWB FB 1296 1940 17 S.

Greidanus, J. H.: Die Arbeit, die die Luftkräfte in der Zeiteinheit an einem schwingenden Flügel verrichten, und die kritischen Schwingungsformen eines Flügels (holl.). NLL Rapp. V. 1237 Nov. 1940 30 S. 4 Lit.-St.

Küssner, Hans Georg: Beiträge zur instationären Tragflächentheorie. ZWB FB 1130/5 1940 38 S., FB 1130/6 1940 21 S.

Küssner, Hans Georg: Flügel- und Leitwerkflattern. Ringb. Luftf. Techn. I A 6. [6.254.22].

Miller, R. H.: Wing frequencies of multi-engine monoplanes. J. Aeron. Sci. **7**(1940)6 256—258 2 ref.

Schwarz, L.: Beiträge zur instationären Tragflächentheorie. ZWB FB 1130/7 1940 33 S.

Schwarz, L.: Berechnung der Funktionen U_1 (s) und U_2 (s) für größere Werte von s. Luftf.-Forsch. **17**(1940)11/12 362—369 5 Lit.-St.

Shipp, J. C. K.: Flutter research and design. Aircr. Engng. **12**(1940)138 247—248 10 ref.

Viola, Tullio: Nuovi metodi di calcolo per la verifica di un'ala a una speciale forma di instabilità dell'equilibrio elastico. Aerotecnica **20**(1940)3 191—204; Luftwissen **7**(1940)6 255.

v. *Wolff, R.:* Über die Bestimmung der Torsionsfrequenz eingespannter Träger, insbesondere von Flugzeugtragflügeln. Luftf. Forsch. **17**(1940)7 204—206.

Beilschmidt, J. L.: Aerofoil flutter phenomena. Aeronautics **5**(1941)4 30—33.

Bleakney, W. M.: Three-dimensional flutter analysis. J. Aeron. Sci. **9**(1941)2 56—63 11 ref.

Bollay, W. and *D. Brown:* Some experimental results on wing flutter. J. Aeron. Sci. **8**(1941)8 313—318 8 ref.

Borkmann, Karl u. *Fritz Dietze:* Tafeln zum Luftkraftgesetz des harmonisch schwingenden Flügels. ZWB FB 1417 1941 39 S.

Dietze, Fritz: Zum Luftkraftgesetz der harmonisch schwingenden, knickbaren Platte (Flügel mit Ruder und Hilfsruder). Luftf. Forsch. **18**(1941)4 135—141 5 Lit.-St.

Greidanus, J. H.: The calculation of critical speed with respect to flutter of aircraft wings (in Dutch, German summary). NLL Rapp. V. 1252 1941 92 p.

Jordan, P.: Zum Luftkraftgesetz des aerodynamischen Ersatzsystems mit geschlossener Stufe. ZWB FB 1537 1941 13 S.

Jordan, P.: Tafeln zum Luftkraftgesetz des harmonisch schwingenden Flügels mit aerodynamisch ausgeglichenen Rudern. ZWB FB 1539 1941 28 S.

Leliwa-Krzywoblocki, Z.: The influence of span on wing flutter. Aircr. Engng. **13**(1941)145 66—67.

Quessel, W.: Untersuchung des antisymmetrischen Flatterns freitragender einmotoriger Flugzeuge. ZWB FB 1512 1941 26 S.; ZWB TB **9**(1942)2 63.

Teichmann, Alfred: Das Flattern von Trag- und Leitwerken. Schr. Dtsch. Akad. Luftf. Forsch. H. 49 1941 46 S. (Aussprache 3 S.) [6.254.22].

Voigt, H., F. Walter u. *W. Heger:* Flatterversuche über den Einfluß des aero-dynamischen Ausgleichs durch Weg-gesteuertes Hilfsruder. ZWB FB 1378 1941 95 S. [6.254.22].

Voigt, H., W. Heger u. *F. Walter:* Windkanalversuche über Tragflügelschwingungen mit Fremderregung bei zwei und drei Freiheitsgraden. ZWB FB 1395 1941 88 S.

Wittmeyer, H.: Theoretische Untersuchungen der Flattereigenschaften von Flügeln und Leitwerken mit Rudern und Hilfsrudern. ZWB FB 1468 1941 109 S. [6.254.22].

Arnold, L.: Vector solution of the three-degree case of wing bending, wing torsion, aileron flutter. J. Aeron. Sci. 9(1942)13 497—500 4 ref.

Boelk, G.: Über symmetrische Flügelschwingungen zweimotoriger Flugzeuge. ZWB FB 1612 1942 58 S.

Dätwyler, G.: Über selbsterregte Schwingungen von Flugzeugteilen bei anliegender Strömung. Flug-Wehr u. -Technik 4(1942)10 270—274 11 Lit.-St.

Dietze, Fritz: Untersuchungen über die Genauigkeit des Verfahrens von Possio zur angenäherten Ermittlung der Luftkräfte am schwingenden Flügel im kompressiblen Medium bei Unterschallgeschwindigkeit. ZWB FB 1554 1942 12 S.

Dimpker, A.: Weitere ebene Versuche über den Einfluß der angefachten Frequenz auf die Schwingungssicherheit. ZWB FB 1580 1942 86 S.

Greidanus, J. H.: Verfahren zur Schwingungsberechnung des Flügel-Querruder-Systems (holl., dtsch. Zsfssg.). NLL Rapp V. 1294 Aug. 1942 32 S.

Jordan, P.: Das Flügelflattern als komplexes Eigenwertproblem. ZWB FB 1719 Dez. 1942 72 S.

Schallenkamp, A.: Flatterrechnung für Profile geringer Tiefe. Luftf.-Forsch. 19 (1942)1 11—12.

Dietze, Fritz: Die Luftkräfte des harmonisch schwingenden Flügels im kompressiblen Medium bei Unterschallgeschwindigkeit. ZWB FB 1733 Jan. 1943 50 S.

Dingel, M. u. *Hans Georg Küssner:* Die schwingende Tragfläche großer Streckung. ZWB FB 1774 1943.

Flax, A. H.: Three dimensional wing flutter design analysis. J. Aeron. Sci. 10 (1943)2 41—47; J. Roy. Aeron. Soc. 48(1944)398 79—80.

Jordan, P.: Flatterrechnung unter Berücksichtigung des Einflusses der endlichen Spannweite auf die Luftkräfte. ZWB FB 1802 Apr. 1943 9 S.; ZWB TB 10(1943) 9 297.

Krzywoblocki, Z.: Torsional and aileron flutter. J. Aeron. Sci. 10(1943)5 161—168 12 ref.

Schallenkamp, A.: Trag- und Leitwerkschwingungen bei eingeschalteter Selbststeuerung. ZWB TB 10(1943)12 383—388. [6.254.22].

Schwarz, L.: Zahlentafeln zur Luftkraftberechnung der schwingenden Tragfläche in kompressibler ebener Unterschallströmung. ZWB FB 1838 Juli 1943 61 S.

de Vries, Gerhard: Betrachtungen über die wirksame Dämpfung von Flugzeugen beim Flattern. ZWB TB 11(1944)3, Vorabdr. Jb. 1943 Dtsch. Luftf. Forsch. 8. Lfg. I D 024 8 S.

Albring, W.: Kraft- und Momentenbeiwerte des schwingenden Tragflügels mit Klappe nach Theodorsen. ZWB TB 11(1944)4, Vorabdr. Jb. 1943 Dtsch. Luftf. Forsch. 9. Lfg. IA 026 15 S.

Dietze, Fritz: Die Luftkräfte des harmonisch schwingenden Flügels im kompressiblen Medium bei Unterschallgeschwindigkeit. ZWB FB 1733/2 Jan. 1944 23 S.

Scruton, C. a. o.: Experimental determination of the aerodynamic derivatives for flexural-aileron flutter of B.A.C. wing type 167. ARC R & M No. 2373 May 1945 15 p. 8 ref.; Index Aeron. 6(1950)8 19.

Grossmann, K. H. u. *E. Bader:* Ein Schwingungsproblem aus dem Flugzeugbau: Ruderfrequenz und Flatterfrequenz. Schweiz. Bauztg. **126**(1945)4 39—42. [6.254.22].

Van de Vooren, A. I. and *J. H. Greidanus:* Diagrams of critical flutter speed for wings of a certain standard type. NLL Rep. V. 1297 1945, NLL Rep. & Trans. Repr. **13**(1946) 18 p.; Index Aeron. **6**(1950)4 15.

Williams, J.: Theory of wing flexure-torsion flutter. ARC R & M No. 2274 July 1945 22 p. 34 ref.; Index Aeron. **5**(1949)3 23.

Anderson, Roger A.: Determination of coupled modes and frequencies of swept wings by use of power series. NACA RM L 7 H 28 Oct. 1947.

Reissner, Eric: Effect of finite span on the airload distributions for oscillating wings. I. II. NACA TN 1194, 1195 1947.

Zahorski, A. T.: Free vibrations of sweptback wing. J. Aeron. Sci. **14**(1947)12 683—692; Index Aeron. **4**(1948)4 12.

Anderson, Roger A. and *John C. Houbolt:* Determination of coupled and uncoupled modes and frequencies of natural vibration of swept and unswept wings from uniform cantilever modes. NACA TN 1747 Nov. 1948.

Billion, E.: Influence des gouvernes d'un avion sur les vibrations de la cellule. Principles d'equilibrage. Ass. Techn. Marit. Aéron. Prepr. 1948 20 p.; Index Aeron. **5**(1949)1 56. [6.254.22].

Jones, W. P.: Supersonic theory for oscillating wings of any plan form. ARC R & M No. 2655 June 1948; Aircr. Engng. **26**(1954)304 204.

Rocard, Y.: The conditions of self-oscillation of vibrating systems. Proc. Phys. Soc. **61**(1948) 347; Index Aeron. **5**(1949)3 28.

Runyan, Harry L. and *John L. Sewall:* Experimental investigation of the effects of concentrated weights on flutter characteristics of a straight cantilever wing. NACA TN 1594 June 1948.

Germain, P. et *R. Bader:* Quelques remarques sur les mouvements vibratoires d'une aile en régime supersonique. Rech. Aéron. (1949)11 3—13 8 réf.; Index Aeron. **6**(1950)3 26.

Goland, M. and *Y. L. Luke:* A study of the bending-torsion aeroelastic modes for aircraft wings. Inst. Aeron. Sci. Prepr. 194 1949 27 p. 9 ref.; J. Aeron. Sci. **16**(1949)7 389—396 9 ref.; Index Aeron. **5**(1949)8 45, 10 65.

Ramberg, W.: Transient vibration in an airplane wing obtained by several methods. J. Res. Nat. Bur. Stand. **42**(1949)5 437—447 6 ref.; Index Aeron. **5** (1949)9 40; AMR **3**(1950)8 229.

Smilg, B.: The instability of pitching oscillations of an aerofoil in subsonic incompressible potential flow. J. Aeron. Sci. **16**(1949)11 691—696 4 ref.; Index Aeron. **6**(1950)3 27.

Watkins, Ch. E.: Effect of aspect ratio on undamped torsional oscillations of a thin rectangular wing in supersonic flow. NACA TN 1895 June 1949.

Weber, R. et *W. Ruppel:* Etude du flutter en régime supersonique. I. Le flutter à un degré de liberté (Problème plan). ONERA Publ. 35 1949 13 p.; Rech. Aéron. (1949)10 31.

Winson, J.: The flutter of servo-controlled aircraft. J. Aeron. Sci. **16**(1949)7 397—404 4 ref.; Index Aeron. **5**(1949)10 67. [6.254.22].

Dennis, P. A. and *D. G. Dill:* Application of simultaneous equation machines to aircraft structure and flutter problems. J. Aeron. Sci. **17**(1950)2 107—113, 127; Index Aeron. **6**(1950)5 18. [6.254.22].

Drescher, H.: Eine experimentelle Bestimmung der aerodynamischen Reaktionen auf einen Flügel mit schwingendem Ruder. Öst. Ing.-Arch. **4**(1950) 270—290.

Laasonen, P.: On the theory of flutter and an iterative method of calculating the critical speed of wing. (In English.) Kungl. tekn. Hogsk. (Stockholm) Techn. Notes, Aero TN 11 1950 12 p.; Index Aeron. **6**(1950)9 25.

Molyneux, W. G.: The flutter of swept and unswept wings with fixed-root conditions. Part I — Wind-tunnel experiments. Part II — Comparison of experiment and theory. Part III — Wing torsional stiffness criterion. ARC R & M 2796 Jan. 1950 publ. 1954; J. Roy. Aeron. Soc. **58**(1954)521 379; Aircr. Engng. **26**(1954)309 395—396.

Rott, N.: Flügelschwingungen in ebener kompressibler Potentialströmung. ZAMP **1**(1950) 380—410.

Woodcock, D. L.: Symmetric flutter characteristics of a hypothetical delta wing. ARC R & M 2839 May 1950 23 p. publ. 1954; J. Roy. Aeron. Soc. **58**(1954)524 583; Aircr. Engng. **27**(1955)311 30.

Cunningham, H. J.: Analysis of pure-bending flutter of a cantilever swept wing and its relation to bending-torsion-flutter. NACA TN 2461 1951 24 p.

Dörr, J.: Détermination par le calcul et par essais en soufflerie des vitesses critiques de vibration d'une maquette plane à deux degrées de liberté: rotation de l'aile et rotation de l'aileron. ONERA NT 3 1951.

Engelbrecht, A. E.: Coupled free vibrations of a swept wing. J. Aeron. Sci. **18** (1951)5 329—338 14 ref.; Index Aeron. **7**(1951)9 97.

Halfman, R. L., H. C. Johnson and *S. M. Haley:* Evaluation of high-angle-of-attack aerodynamic-derivative data and stall-flutter prediction techniques. NACA TN 2533 1951.

Lambourne, N. C. and *D. Weston:* An experimental investigation of the effect of localised masses on the flutter of a model wing. ARC R & M No. 2533 1951.

Miles, J. W.: The oscillating rectangular airfoil at supersonic speed. Quart. Appl. Math. **9**(1951) 47—65.

Runyan, H. L.: Single-degree-of-freedom-flutter calculations for a wing in subsonic potential flow and comparison with experiment. NACA Rep. 1089 1951.

Sewall, J. L.: Experimental and analytical investigation of flutter of a non-uniform sweptback cantilever wing with two concentrated weights. NACA RM L 51 H 09 a 1951.

van de Vooren, A. I. and *D. J. Hofsommer:* Ternary wing bending-aileron-tab flutter. (In English.) NLL Rep. F. 86 May 1951 44 p. 5 ref.; Index Aeron. **8**(1952) 2 81.

Weber, R. et *W. Ruppel:* Étude du flutter en régime supersonique; le flutter flexion-torsion (problème-plan). ONERA NT 2 1951 15 p.; Aeron. Engng. Rev. **14**(1955)1 106.

Williams, D.: Note on the distortion characteristics of swept and cranked wings in relation to flutter and other aeroelastic phenomena. J. Roy. Aeron. Soc. **55**(1951)482 116—125 3 ref.; Index Aeron. **7**(1951)10 81.

Frazer, R. A., W. P. Jones, C. Scruton, D. V. Dunsdon and *P. M. Ray:* Influence of tuned dampers on flexure-aileron flutter: Pt. 1—3. ARC R & M 2559/ARC 8581, 9946, 9882 1952 31 p.; Index Aeron. **9**(1953)5 63.

Gayman, W. H.: An investigation of the effects of a varying tip-weight distribution on the flutter characteristics of a straight wing. J. Aeron. Sci. **19**(1952) 289—301.

Greidanus, J. H., A. I. van de Vooren and *H. Bergh:* Experimental determination of the aerodynamic coefficients of an oscillating wing in incompressible, two-dimensional flow. NLL Rep. F 101—104 1952.

Nelson, H. C. and *J. H. Berman:* Calculations on the forces and moments for an oscillating wing-aileron combination in two-dimensional flow at sonic speed. NACA TN 2590 1952.

Reismann, Herbert and *Gilbert C. Best:* Two-dimensional transient motion and flutter of a wing having four degrees of freedom. J. Aeron. Sci. **19**(1952)8 540—542 10 ref.

Duncan, W. J. and A. R. Collar: A theory of binary servo-rudder flutter, with applications to a particular aircraft. ARC R & M No. 1527 Febr. 1953. [6.254.22].

Gaukroger, D. R.: Natural frequencies and modes of a model delta aircraft. ARC R & M 2762/ARC 13377 1953 32 p. 3 ref.; Index Aeron. **10**(1954)3 90.

Hall, A. H., H. F. L. Pinkney and Helen A. Tulloch: On the analytical determination of the normal modes and frequencies of swept cantilever vibrations. Nat. Aeron. Establ. (Canada) Lab. Rep. LR-76 July 1953; J. Roy. Aeron. Soc. **58**(1954)518 151; Aircr. Engng. **26**(1954)301 95.

Heaps, N. S.: The vibrations of a swept wing. ARC Current Pap. CP 141/ARC 15071 1953 26 p. 3 ref.; Index Aeron. **10**(1954)5 105; J. Roy. Aeron. Soc. **58** (1954)518 151.

MacDonough, E. P.: The minimum weight design of wings for flutter conditions. J. Aeron. Sci. **20**(1953)8 573—574.

de Vries, Gerhard: Détermination de la vitesse critique par des calculs simplifiés. ONERA NT 16 1953 72 p.

Broadbent, E. G.: The elementary theory of aero-elasticity. A series of articles written from the standpoint of a structural engineer for students and junior members of aircraft design teams. Pt. II. Wing Flutter. Aircr. Engng. **26** (1954)302 113—121.

Fung, Y. C.: The elastic stability of a two-dimensional curved panel in a supersonic flow, with an application to panel flutter. J. Aeron. Sci. **21**(1954)8 556—565.

Goland, M. and Y. L. Luke: An exact solution for two-dimensional linear panel flutter at supersonic speeds. J. Aeron. Sci. **21**(1954)4 275—276; Index Aeron. **10**(1954)6 105.

Ijff, J. a. o.: Influence of compressibility on the flutter speed of a family of rectangular cantilever wings with aileron. NLL Rep. F. 147 May 1954; J. Roy. Aeron. Soc. **59**(1955)535 515.

De Jager, E. M.: Tables of the aerodynamic aileron-coefficients for an oscillating wing-aileron system in a subsonic, compressible flow. NLL Rep. F. 155 July 1954; J. Roy. Aeron. Soc. **59**(1955)535 515.

Nelson, Herbert C. and Ruby A. Rainey: Comparison of flutter calculations using various aerodynamic coefficients with experimental results for some rectangular cantilever wings at Mach number 1.3. NACA TN 3301 Nov. 1954 22 p.; Aeron. Engng. Rev. **14**(1955)2 100; J. Roy. Aeron. Soc. **59**(1955)531 231—232.

van Spiegel, T. and A. I. van de Vooren: On the theory of the oscillating wing in two-dimensional subsonic flow. NLL Rep. F. 142 1954; Aircr. Engng. **26** (1954)306 268.

Timman, R., A. I. van de Vooren and J. H. Greidanus: Aerodynamic coefficients of an oscillating airfoil in two-dimensional subsonic flow. J. Aeron. Sci. **21** (1954) 499—500.

Tuovila, W. J., J. E. Baker and A. A. Regier: Initial experiments on flutter of unswept cantilever wings at Mach number 1.3. NACA TN 3312 Nov. 1954; J. Roy. Aeron. Soc. **59**(1955)531 231.

Woolston, Donald S. and Vera Huckel: A calculation study of wing-aileron flutter in two degrees of freedom for two-dimensional supersonic flow. NACA TN 3160 Apr. 1954; J. Roy. Aeron. Soc. **58**(1954)523 519.

—— Tables of aerodynamic coefficients for an oscillating wing-flap system in a subsonic compressible flow. NLL Rapp. F. 151 1954.

Clerc, D. et Robert Kappus: Systématisation du calcul des vibrations propres d'une structure quelconque libre ou partiellement maintenue par un bati fixe à partir de coefficients d'influence. Rech. Aéron. (1955)46 31—38.

Liepmann, H. W.: Extension of the statistical approach to buffeting and gust response of wings of finite span. J. Aeron. Sci. **22**(1955)3 197—200 5 ref. [6.254.22].

Leitwerkschwingungen   6.254.22

Scheubel, F. N.: Über das Leitwerkflattern und die Mittel zu seiner Verhütung. ZFM 1926 Beiheft 14 103—107.

Duncan, W. J. and *A. R. Collar:* Tail flutter of a particular aeroplane. ARC R & M 1247 May 1930 24 p.

Frazer, R. A. and *W. J. Duncan:* The flutter of aeroplane tails. ARC R & M 1237 Jan. 1930 28 p.

Biechteler, C.: Versuche zur Beseitigung des Leitwerkschüttelns. ZFM **24**(1933) 1 15—21.

Blenk, Hermann: Über neuere englische Arbeiten zur Frage des Leitwerkschüttelns. 267. DVL-Ber. (Nachtrag); ZFM **24**(1933)1 21—24.

Blenk, Hermann: A German view of buffeting. Aircr. Engng. **5**(1933)51 113—115.

Duncan, W. J., D. L. Ellis and *E. Smyth:* Second report on the general investigation of tail buffeting. ARC R & M 1541 1933 16 p. 7 ref.

Hood, M. J. and *J. A. White:* Full scale wind-tunnel research on tail buffeting and wing-fuselage interference of a low-wing monoplane. NACA TN 460 1933 14 p. 14 ref.

Hood, M. J. and *J. A. White:* An American cure for buffeting. Aircr. Engng. **5** (1933)55 203—208.

Duncan, W. J., D. L. Ellis and *A. G. Gadd:* Experiments on servo-rudder flutter. ARC R & M 1652 1934 30 p. 4 ref.

Kaul, Hans W. u. *Willi Behrens:* Leitwerksschwingungen beim Abbremsen am Stand. ZWB PB 65 1934 15 S.

Falkner, V. M.: Effect of variation of aileron inertia and damping on flexural aileron flutter of a typical cantilever wing. ARC R & M 1685 Oct. 1935 12 p.

Falkner, V. M., W. P. Jones and *C. Scruton:* Flutter experiments on a model wing fitted with a dead-centre aileron control. ARC R & M 1686 Oct. 1935 10 p. 3 ref.

Leiss, Karl: Massenausgleich von Rudern. Ber. Inst. Festigkeit der DVL; Luftf. Forsch. **13**(1936)12 430—432; Jb. 1937 Dtsch. Luftf. Forsch. I 290—292; Aircr. Engng. **9**(1937)97 83.

Burow, H.: Höhenleitwerksschwingungen an einem einmotorigen Schnellflugzeug. ZWB FB 729 1937 23 S.

Dietze, Fritz: Zur Berechnung der Auftriebskraft am schwingenden Ruder. Jb. 1937 Dtsch. Luftf. Forsch. I 288—289.

Klemin, Alexander and *Daniel Guggenheim:* Bibliography of vibration and flutter of aircraft wings and control surfaces. (This bibliography has been prepared by workers under the supervision of the U. S. Works Progress Administration Martin Coan) New York: 1937. [6.254.21].

Leiss, Karl: Beitrag zur Frage des Leitwerkflatterns. ZWB FB 730 1937 22 S.

v. Wolff, R.: Dynamischer Ruderausgleich. Forsch. Ing.-Wes. **8**(1937)4 184—191.

Duncan, W. J. and *W. Barnard:* Qualitative experiments on "reed oscillation" of elevators. ARC R & M 1856 June 1938 4 p.

Naylor, G. L.: Elevator-fuselage flutter. ARC R & M 1836 1938 8 p. [6.254.23].

Leiss, Karl: Zum Einfluß von Hilfsrudern auf das Flattern. ZWB FB 1109 1939 44 S.

— Massenausgleich von Flugzeugrudern (holländisch). NLL Rapp. V. 1144 1939 24 S.

Küssner, Hans Georg: Flügel- und Leitwerkflattern. Ringb. Luftf.-Techn. I A 6. [6.254.21].

Walker, P. B.: Control surface mass-balancing. Aircr. Engng. **12**(1940)140 290—292.

Frazer, R. A.: Note on a "Scissors-Type" of dynamic balance for control surfaces. ARC R & M 2369 1941 7 p.; Index Aeron. **6**(1950)9 64.

Leiss, Karl: Zur Frage der böenerregten Leitwerksschwingungen. Ber. Lil.-Ges. 143 S. 34.

Teichmann, Alfred: Das Flattern von Trag- und Leitwerken. Schr. Dtsch. Akad. Luftf.-Forsch. H. 49 1941 46 S. (Aussprache 3 S.) [6.254.21].

Voigt, H., F. Walter u. *W. Heger:* Flatterversuche über den Einfluß des aerodynamischen Ausgleichs durch Weg-gesteuertes Hilfsruder. ZWB FB 1378 1941 95 S. [6.254.21].

Wittmeyer, H.: Theoretische Untersuchungen der Flattereigenschaften von Flügeln und Leitwerken mit Rudern und Hilfsrudern. ZWB FB 1468 1941 109 S. [6.254.21].

Ebert, W.: Die Schwingungsgleichungen für einen Flügel mit kraftgesteuertem Hilfsruder. ZWB TB **10**(1943)4, Vorabdr. Jb. 1942 Dtsch. Luftf.-Forsch. 10. Lfg. 5—9.

Leiss, Karl: Einfluß der Rudersteuerung auf das Flattern. ZWB FB 1670 1942 65 S.

Walter, F.: Flatterversuche über den Einfluß des aerodynamischen Ruder-Innenausgleichs. ZWB FB 1664 1942 41 S.

Herrmann, A. u. *J. Dörr:* Methoden zur Untersuchung des Flatterverhaltens für mehrere, insbesondere vier Freiheitsgrade. ZWB FB 1767 1943 50 S.

Jordan, P.: Vergleichsrechnungen zum aerodynamischen Innenausgleich. ZWB FB 1817 Juni 1943 12 S.

Schallenkamp, A.: Trag- und Leitwerkschwingungen bei eingeschalteter Selbststeuerung. ZWB TB **10**(1943)12 383—388. [6.254.21].

Jahn, H. A., G. H. Buxton and *I. T. Minhinnick:* Fuselage vertical bending — elevator flutter on the Typhoon. ARC R & M No. 2121 March 1944 55 p. 7 ref.; Index Aeron. **4**(1948)5 65.

Grossmann, K. H. u. *E. Bader:* Ein Schwingungsproblem aus dem Flugzeugbau: Ruderfrequenz und Flatterfrequenz. Schweiz. Bauztg. **126**(1945)4 39—42. [6.254.21].

Billion, E.: Influence des gouvernes d'un avion sur les vibrations de la cellule. Principles d'equilibrage. Ass. Techn. Marit. Aéron. Prepr. 1948 20 p.; Index Aeron. **5**(1949)1 56. [6.254.21].

Ivaldi, T.: Memorandum on the analysis of the vibration process in the tail of an aircraft and the calculation of the relative critical speed. (Note sull analisi del fenomeno vibratorio della coda di un velivolo e sul calcolo della velocita critical relativa.) Aerotecnica **28**(1948)3; Nat. Res. Counc. (Canada) Translat. TT 98 Jan. 1950 25 p.; Index Aeron. **6**(1950)7 54. [6.254.23].

Scruton, C. a. o.: Experiments on tail flutter. ARC R & M 2323 June 1948 137 p. 14 ref.; Index Aeron. **6**(1950)5 23.

Winson, J.: The flutter of servo-controlled aircraft. J. Aeron. Sci. **16**(1949)7 397—404 4 ref.; Index Aeron. **5**(1949)10 67. [6.254.21].

Dennis, P. A. and *D. G. Dill:* Application of simultaneous equation machines to aircraft structure and flutter problems. J. Aeron. Sci. **17**(1950)2 107—113, 127; Index Aeron. **6**(1950)5 18. [6.254.21].

Wittmeyer, H. and *H. Templeton:* Criteria for the prevention of flutter of tab systems. ARC R & M 2825 1950.

Runyan, H. L.: Effect of various parameters including Mach number on the single-degree-of-freedom-flutter of control surface in potential flow. NACA TN 2551 Dec. 1951.

Graham, E. W. and *A. M. Rodriguez:* Response of some linear systems to random forces with reference to aircraft buffeting. Douglas Aircr. Rep. SM — 14517 1952.

Liepmann, H. W.: On the application of statistical concepts to the buffeting problem. J. Aeron. Sci. **19**(1952)12 793—800, 822.

Duncan, W. J. and *A. R. Collar:* A theory of binary servo-rudder flutter, with applications to a particular aircraft. ARC R & M No. 1527 Febr. 1953 [6.254.21].

Miles, John W.: On structural fatigue under random loading. J. Aeron. Sci. **21**(1954)11 753—762 20 ref.

Pepping, R. A.: A theoretical investigation of the oscillating control surface frequency response technique of flight flutter testing. J. Aeron. Sci. **21**(1954) 8 533—542 8 ref.

Liepmann, H. W.: Extension of the statistical approach to buffeting and gust response of wings of finite span. J. Aeron. Sci. **22**(1955)3 197—200 5 ref. [6.254.21].

Rumpfschwingungen   6.254.23

Constant, H.: Aircraft vibration. J. Roy. Aeron. Soc. **36**(1932)255 205—250. [6.254.72].

Morris, B. A.: Fuselage stiffness. Flight **30**(1936)1457 33—34.

Naylor, G. L.: Elevator-fuselage flutter. ARC R & M 1836 1938 8 p. [6.254.22].

Bilharz, Herbert: Zum Einfluß des Rumpfes auf die kritische Geschwindigkeit. Jb. 1939 Dtsch. Luftf. Forsch. I 535—540.

Ivaldi, T.: Memorandum on the analysis of the vibration process in the tail of an aircraft and the calculation of the relative critical speed. (Note sull analisi del fenomeno vibratorio della coda di un velivolo e sul calcolo della velocita critica relativa.) Aerotecnica **28**(1948)3; Nat. Res. Counc. (Canada) Translat. TT 98 1950 25 p.; Index Aeron. **6**(1950)7 54. [6.254.22].

Rumpf   6.254.3

Mathar, J.: Über die Festigkeit von Kastenrümpfen. Jb. WGL 1928 105—112.

Wagner, Herbert: Über räumliche Flugzeugfachwerke. Die Längsstabkraftmethode. ZFM **19**(1928)15 337—347. [1.213.1].

Seydel, Edgar: Ermittlung der Stabkräfte im Flugzeugfachwerkrumpf. 139. DVL-Ber. 1929; Luftf. Forsch. **5**(1929)2 29—72; DVL-Jb. 1929 371—414; Jb. WGL 1929 213—221. [1.213.1].

Mathar, J.: On the strength of box type fuselages. NACA TM 511 May 1929.

Pollard, H. J.: Metal construction development. I — General strip metal construction — fuselage. NACA TM 526 Aug. 1929.

Seydel, Edgar: Ermittlung der Stabkräfte im Flugzeugfachwerkrumpf. 139. DVL-Ber. 1929; Luftf.-Forsch. **5**(1929)2 73—106; DVL-Jb. 1929 415—448. [1.213.1].

Töpfer, C.: Rumpf und Flügel: ein Beitrag zur Statik räumlich unbestimmter Systeme. Jb. WGL 1929 222—227. [6.254.1].

Mossman, Ralph W. and *Russell G. Robinson:* Bending tests of metal monocoque fuselage construction. NACA TN 357 Nov. 1930.

Wagner, Herbert: Sheet-metal airplane construction. (Fourth Nat. Aeron. Meeting Dayton, Ohio, May 1930 Amer. Soc. Mech. Engrs. New York.) Aeron. Engng. Repr. 1930 9 p.

Ebner, Hans: Die Berechnung regelmäßiger, vielfach statisch unbestimmter Raumfachwerke mit Hilfe von Differenzen-Gleichungen. DVL-Ber. Nr. 235 1931; DVL-Jb. 1931 246—288. [1.213.1].

Seydel, Edgar: Beitrag zur Berechnung viergurtiger Flechtwerke. 226. DVL-Ber. 1931; DVL-Jb. 1931 289—304. [1.213.1].

Ebner, Hans: Über Fachwerke mit gekreuzten Diagonalen. 301. DVL-Ber. 1932; Ing.-Arch. 3(1932)4 412—431; DVL-Jb. 1932 III 63 ff.; Luftwissen 2(1935)9 254. [1.213.1].

Nelson, W.: The monocoque fuselage. Aviation Engng. 6(1932)4 11.

Hertel, Heinrich: Untersuchung der Verdrehsteifigkeit von 35 Flugzeugrümpfen verschiedener Bauart. ZWB FB 5 1933 6 S.

Pugsley, A. G.: The stressing of an aeroplane fuselage under combined bending and torsion. ARC R & M 1586 June 1933; Luftwissen 2(1935)12 347.

Borkmann, Karl: Elastizitäts- und Dauerversuche an einer Rumpfseitenwand. ZWB PB 49 1934 18 S.

Ebner, Hans u. *Albert Tonski:* Zur statischen Berechnung von Flugzeugfachwerk-rümpfen. ZWB FB 157/1 1934 5 S., FB 287 1935 26 S. [1.213.1].

Pollard, H. J.: Über die Schub- und Drehsteifigkeit von Tragwerksteilen in Metallbauweise. J. Roy. Aeron. Soc. 38(1934)285 651 ff.; Luftf. Schrifttum Ausland 1(1935)1 1—38. [6.254.1].

de Bruyne, N. A. and *K. Kenney:* The rigidity of a box fuselage. Aeroplane 49 (1935)1279 665—666.

Grzedzielski, A. et *E. Kosko:* Exemples de remplacement d'une diagonale dans le treillis du fuselage par un système de barres (poln. u. franz.). Spraw. 8 (1935)2 5—19.

Hertel, Heinrich: Konstruktion und versuchsmäßige Erfahrungen mit Schalen-rümpfen. Luftwissen 2(1935)10 276—277, Sonderheft Dez. 1935 19—27.

Minelli, C.: Problemi aeronautici di scienza delle costruzione. Aerotecnica 15 (1935)9/10 915—937. [6.254.1].

Winter, Hermann u. *Ekbert Hoffmann:* Zusammenstellung von konstruktiven Einzelheiten ausgeführter Glattblechschalenrümpfe des Auslandes. ZWB FB 296 1935 33 S.; Luftf.-Forsch. 11(1935)8 235—240.

Borkmann, Karl u. *H. Krumbholz:* Belastungsversuche mit dem Tragwerk und Rumpfende des Flugzeugmusters Ar 66 C. ZWB FB 633 1936 10 S. [6.254.1].

Drescher, K. u. *H. Gropler:* Über die bei Einleitung von Längskräften in Zylinder- und Kegelschalen auftretende Beanspruchung von Ringspanten. ZWB FB 598 1936; Luftf. Forsch. 14(1937)2 63—70; Aircr. Engng. 9(1937)99 141. [1.243.14].

Ehring, H.: Dehnungsmessungen im Rumpffachwerk und im Schwimmergestell. ZWB PB 421 1936 26 S. [6.254.5].

Morris, J. and *G. C. Abel:* The stressing of a particular rigid-jointed fuselage under bending loads. ARC R & M 1748 Apr. 1936; Aircr. Engng. 9(1937)101 199; Luftwissen 4(1937)5 163.

Wallace, G. F.: Notes on the strength of stressed skin fuselages. J. Roy. Aeron. Soc. 40(1936)304 304—312; Luftwissen 3(1936)6 174.

Yassin, I. B.: Photoelastic stress analysis in monocoque construction. J. Aeron. Sci. 3(1936)9 310—312; Luftwissen 3(1936)11 342.

Ebner, Hans: Theorie und Versuche zur Festigkeit von Schalenrümpfen. Luftf.-Forsch. 14(1937)3 93—115; Aircr. Engng. 9(1937)100 168. [1.240].

Hennings u. *Albert Tonski:* Spannungs- und Knickuntersuchungen am Rumpf-ende des Flugzeugmusters Ar 68. ZWB UM 460 1937 41 S.

Krumbholz, H.: Bericht über die Belastungsversuche mit dem Tragwerk und Rumpf eines Tiefdeckers. ZWB UM 427 1937 39 S. [6.254.1].

Küch, Wilhelm: Untersuchungen über die Verwendbarkeit von Sicherheits-gläsern und durchsichtigen Kunststoffen für die Verglasung von Höhen-flugzeugkammern. ZWB UM 514 1937 39 S.

Tonski, Albert: Beispiele zur statischen Berechnung von Flugzeugfachwerk-rümpfen. ZWB UM 455 1937. [1.213.1].

Tye, W.: Stressed-skin construction, distribution of loads on stringers and transverse rings in a monocoque fuselage. Flight 32(1937)1496 212a. [1.243.14].

Drescher, K. and *H. Gropler:* Stresses in reinforcing rings due to axial forces in cylindrical and conical stressed skins. NACA TM 847 Jan. 1938. [1.243.14].

Dupin, J.: Note sur les essais de fuselages. E.N.S.A. Rev. Techn. Aéron. **12**(1938) 356—367; Luftwissen **6**(1939)5 180.

Poulsen, C. M.: Hull and fuselage construction. Flight **34**(1938)1564 552—553.

Rethel, W.: Schalenbauweise mit Längsbahnen. Jb. 1938 Dtsch. Luftf.-Forsch. I 491—494.

Risack, M.: Etude de calcul d'un fuselage monocoque en tenant compte de la résistance des tôles de recouvrement. Bull. Serv. Techn. Aéron. No. 18 1938 5—77; Aircr. Engng. **10**(1938)115 290; Luftwissen **5**(1938)10 381.

Flügge, Wilhelm u. *E. Tschech:* Statik der Höhenkammern. ZWB FB 1213 1940 37 S.

Kittelsen, H. M. J.: Openings in circular fuselages. Aircr. Engng. **12**(1940)133 73—75.

Liepmann, H. P.: General stress analysis for rings with one axis of symmetry. J. Aeron. Sci. **7**(1940)12 509—512; Luftwissen **8**(1941)5 164.

Romaschewsky, A. J.: Über die Berechnung von Schalenrümpfen (Schalenrumpf-konstruktionen). (Übersetzt aus: ZAHI-Ber. 531 1940) Luftf. Schrifttum Ausland Febr. 1944 62 S.

Tonski, Albert: Viergurtige Raumfachwerke. Ringb. Luftf. Techn. II A 11 Mai 1940 33 S. 8 Lit.-St. [1.213.1].

Fine, M. and *D. Williams:* Stress concentration due to four-point fixing at front end of monocoque fuselage, theoretical analysis. ARC R & M 2100 Apr. 1941 28 p.; Index Aeron. **4**(1948)1 52; AMR **2**(1949)5 105.

Freyer, R.: Einfluß der Formen von Spanten und Abschlußböden auf das statisch erforderliche Gewicht von Höhendruckkabinen. Jb. 1941 Dtsch. Luftf.-Forsch. I 527—531.

Schapitz, Eberhard: Zur Festigkeitsberechnung von Schalenrümpfen. Ringb. Luftf. Techn. II A 8 1941 12 S. 11 Lit.-St.

Stieda, W.: Zur Statik von Kreisringspanten in Flugzeugdruckkabinen. Luftf.-Forsch. **18**(1941)6 214—222 5 Lit.-St.; Techn. Z.-Schau **26**(1941)20 338. [1.243.14].

Tschech, E. u. *H. Voigt:* Dehnungsmessungen an einer Höhenkammer. ZWB FB 1379 1941 34 S.; Jb. 1941 Dtsch. Luftf.-Forsch. I 518—526.

Cicala, P.: Sul calcolo del guscio a quattro corrente. Aerotecnica **12**(1942)12 588—621; Luftwissen **10**(1943)9 268.

Ruffner, Benjamin F.: Stress analysis of monocoque fuselage bulkheads by the photoelastic method. NACA TN 870 Dec. 1942.

Stieda, W.: Statics of circular-ring stiffeners for monocoque fuselages. NACA TM 1004 Febr. 1942. [1.243.14].

El-Sayed El-Schasly: Berechnung einer Rumpfnase als Rumpf-Fachwerk mit steifen Knoten. Flugwehr u. Technik **5**(1943)7 189—194; Luftwissen **11**(1944) 1 25.

Plantema, F. J. and *A. van der Neut:* Qualitative pictures of the stress distribution in shells. II. Fuselages. NLL Rep. S. 293 1944.

Statler, W. H.: Design of efficient fuselage shell structures. Aero Dig. **44**(1944)5 110, 112, 114, 117.

Allen, D. C.: The distribution of shear in tapered fuselage: Strain measurements on Barracuda V. ARC R & M No. 2163 Apr. 1945 15 p.; Index Aeron. **4**(1948) 1 51.

Allen, D. C.: Analysis of strain gauge measurements on Barracuda rear fuselage — arrested landing loading condition. ARC R & M 2390 Nov. 1945 6 p. 2 ref.; Index Aeron. **7**(1951)7 50.

Brokaw, M. P.: Methods for testing and evaluating cargo flooring for transport aircraft. FPL Rep. No. 1550 Apr. 1945.

Kay, W. and *F. Micklethwaite:* The stressing of large rectangular cutouts in fuselages: strain-gauge analysis of "York". ARC R & M No. 2135 March 1945 24 p.; Index Aeron. **4**(1948)7 27.

Micklethwaite, F.: The stressing of a rigid-jointed framework — strain gauge analysis of the Auster fuselage. ARC R & M No. 2134 June 1945 19 p. 5 ref.; Index Aeron. **4**(1948)5 67.

Wittrick, W. H.: Experimental determination of stress in a plywood fuselage. Roy. Aircr. Establ. TN SME 314 1945.

Hoff, N. J., Paul A. Libby and *Bertram Klein:* Numerical procedures for the calculation of the stresses in monocoques. III — calculation of the bending moments in fuselage frames. NACA TN 998 April 1946.

Hoff, N. J., Bertram Klein and *Paul A. Libby:* Numerical procedures for the calculation of the stresses in monocoques. IV — Influence coefficients of curved bars for distortions in their own plane. NACA TN 999 April 1946.

Yolton, L. A.: Tests of cargo flooring L for aircraft. FPL Rep. No. 1550-A Oct. 1946.

Yolton, L. A.: Tests of cargo flooring M for aircraft. FPL Rep. 1550-B Apr. 1947 31 p.; AMR **2**(1949)4 80.

Yolton, L. A.: Development of a sandwich-type cargo floor for transport aircraft. FPL Rep. 1550-C Oct. 1947 57 p.; AMR **2**(1949)4 80. [1.225.3].

Heubès, C.: Les avions à cabines étanches. Rech. Aéron. (1948)5 35—52.

Liska, J. A.: Tests of cargo flooring N and P for aircraft. FPL Rep. 1550-D Jan. 1948 24 p.; AMR **2**(1949)4 80.

Liska, J. A.: Tests of cargo flooring R and S for aircraft. FPL Rep. 1550-E June 1948 25 p.; AMR **2**(1949)4 80.

Liska, J. A.: Tests of cargo flooring Nn and T for aircraft. FPL Rep. 1550-F Oct. 1948.

Oaks, J. K.: Strength tests of a Typhoon type fuselage of "Balsolite" sandwich construction. Sandwich construction and core materials. Part VI. Section III. ARC R & M 2687 Febr. 1948 18 p. publ. 1952; AMR **6**(1953)9 412. [6.15].

Taylor, J. S. and *S. S. Gill:* The analysis of a circular ring with propped floor beam. J. Aeron. Sci. **15**(1948)4 237—242 6 ref.; Index Aeron. **4**(1948)10 54.

Johnson, L. F.: Tests of cargo flooring Pp and U for aircraft. FPL Rep. 1550-G April 1949.

Johnson, L. F. and *J. A. Liska:* Summary of the results of tests of cargo flooring (A through U). FPL Rep. 1550-H June 1949.

Taylor, J. S. and *R. D. M. Harper:* The bending of fuselage shells. Aircr. Engng. **21**(1949)243 153—158; Index Aeron. **5**(1949)7 53. [1.241.111.3].

Vogel, W. F.: Pressurized-cabin elementary frame analysis. Aero Dig. **58**(1949) 1 62, 63, 88—90, 2 48, 49, 51, 78 5 ref.; Index Aeron. **5**(1949)6 64.

Walker, P. B.: Records of major strength tests. ARC R & M 2790 July 1949 (publ. 1954); J. Roy. Aeron. Soc. **58**(1954)521 380. [6.254.1].

Rummel, R. W.: General aspects of cabin pressurization. Inst. Aeron. Sci. Prepr. 331 Jan./Febr. 1951 11 p.; Index Aeron. **7**(1951)8 68.

Schalin, P. H. B.: Determination of optimum dimensions for an aircraft fuselage shell considering special stiffness criteria and minimum weight. SAAB TN 8 July 1951 19 p.; Index Aeron. **9**(1953)11 71.

Corbetta, G.: Geodetic constructions in aeronautic structures. Riv. Aeron. **28** (1952)7 565—569; Index Aeron. **8**(1952)12 82.

Flügge, Wilhelm: Stress problems in pressurized cabins. NACA TN 2612 Febr. 1952 91 p.; AMR **5**(1952)10 425. [1.242.115].

Morse, W.: The analysis of fuselage frames. Aircr. Engng. **24**(1952)276 39—44, 49, 277 76—80, 88; AMR **5**(1952)11 464. [1.213.2].

Goodey, W. J.: The stress analysis of the circular conical fuselage with flexible frames. J. Roy. Aeron. Soc. **59**(1955)536 527—550 3 ref.

Walker, P. B.: Fatigue of pressure cabins. Pap. Conf. Inst. Aeron. Sci. & Roy. Aeron. Soc. Los Angeles June 1955; Aircr. Engng. **27**(1955)317 226.

Fahrwerk   6.254.4

Michael, Franz: Versuche mit einer neuen Spornform für Flugzeuge (DVL-Spornkufe). 142. DVL-Ber. 1929; ZFM **20**(1929)13 329—334.

Hohenemser, K.: Stoßversuche an Druckgummifederungen für Flugzeugfahrgestelle. ZFM **21**(1930)6 133—137. [1.431.22].

Hohenemser, K.: Impact tests on rubber compression springs for airplane landing gears. NACA TM 572 July 1930.

Michael, Franz: Versuche mit einer neuen Spornform. DVL-Jb. 1930 95 ff.

Peck, W. C.: Dynamic and flight tests on rubber-cord and oleo-rubber-disk landing gears for an F 6 C-4 airplane. NACA Rep. 366 1930 19 p.

Russell, A. E.: Method of stressing divided undercarriages. Flight (1930)28./11. 1388d—1388h.

Hollyhock, W. S.: Shock absorbers for aircraft landing gear. Flight (Aircr. Engr.) **23**(1931)17 27—31.

Langer, P. u. W. Thomé: Dynamische Untersuchungen von Flugzeugfederbeinen. Z. VDI **75**(1931)45 1388—1389.

Michael, Franz: Versuche mit Flugzeugbremsen. 220. DVL-Ber. 1931; DVL-Jb. 1931 125—141; ZFM **22**(1931)10 302—312, 11 338—344.

Peck, William C. and Albert P. Beard: Static, drop, and flight tests on Musselman type airwheels. NACA Rep. 381 1931.

Schippel, H. F.: Airplane tires and wheels. Aeron. Engng. (Trans. ASME) **3**(1931) 1 45—52.

Waring-Brown, R.: Aeroplane braking systems. Aircr. Engng. **3**(1931)29 157—161.

Waring-Brown, R.: Hydraulic brakes for aircraft. Aircr. Engng. **3**(1931)34 301—304.

Langer, P. and W. Thomé: Dynamic testing of airplane shock-absorbing struts. NACA TM 656 Jan. 1932.

Michael, Franz: Zur Frage der Abmessungen von Luftreifen. DVL-Jb. 1932 III 17 ff.

Scott-Hall, S.: Wheel brakes and undercarriages. J. Roy. Aeron. Soc. **36**(1932) 257 386—432.

de Boysson, A.: Les atterrisseurs d'avions. Aérotechnique **11**(1933)123 17—23 (en Aéronautique **15**(1933)166).

de Lajarte, A. Dufaure: Les éléments d'ordre dynamique à envisager pour le calcul des chassis d'atterrissage modernes. Bull. Ass. Techn. Marit. Aéron. (1934)38 203—240.

Michael, Franz: Versuche über die Federeigenschaften und die Knicksicherheit von Ringfederstreben für Flugzeugfahrwerke. ZWB KB 9 1934 9 S.

Michael, Franz: Bericht über Festigkeitsversuche mit einem Flugzeugreifen 820 × 280 (11,0—12). ZWB PB 9 1934 4 S.

Michael, Franz: Bericht über Festigkeitsversuche mit Blechscheibenrädern für Flugzeuge Reifengröße 380 × 150 Muster DVL. ZWB PB 28 1934 7 S.

Michael, Franz: Fallhammerversuche mit einer Flugzeugfederung. ZWB PB 41 1934 4 S.

Michael, Franz: Bericht über theoretische und experimentelle Grundlagen für die Untersuchung und Entwicklung von Flugzeugfederungen. ZWB FB 87 1934 115 S.

Michael, Franz: Formeln zur Festigkeitsberechnung von Flugzeugbereifungen. ZWB FB 109 1934 16 S.

Kranz, Melchior u. Karl Kahsnitz: Fallhammerversuche mit Fahrgestellfederungen. ZWB FB 400 1935 33 S.

Rees, H. S.: Divided-axle undercarriages. Aircr. Engng. **7**(1935)72 29—31.

Winter, Hermann u. *Arldt:* Fallhammerversuche mit einer Fahrwerkshälfte des Flugzeugmusters Me 108. ZWB PB 198 1935 33 S.

Dowty, G. H.: Retractable undercarriage. Aircr. Engng. **8**(1936)83 12—20, 84 33—38, 50.

Faudi, F. u. *Paul Krekel:* Einziehbare Fahrgestelle. Luftwissen **3**(1936)7 182—187.

Winter, Hermann u. *Melchior Kranz:* Ermittlung der Federkennbilder von Flugzeugreifen deutscher Normgröße. ZWB PB 388 1936 46 S.

Douglas, W. D. and *F. W. R. Bird:* Testing shock-absorbing struts. Aircr. Engng. **9**(1937)101 177—182.

Irmer, Horst: Luftfederung bei Flugzeugen und Kraftfahrzeugen. Z. VDI **81** (1937)41 1182—1186. [6.252.41].

Michael, Franz: Theoretische und experimentelle Grundlagen für die Untersuchung und Entwicklung von Flugzeugfederungen. Luftf. Forsch. **14**(1937) 8 387—416; Aircr. Engng. **9**(1937)104 279.

Stieda, W.: Entwurf von Fahrwerkfederungen. Luftwissen **4**(1937)1 2—6.

Jones, E. and *F. G. R. Cook:* Aeroplane undercarriages. — A review of current practice with some notes on design. Aircr. Engng. **10**(1938)112 165—172, 113 213—217.

Malannino, Giacomo: Calcolo per il dimensionamento pratico dei carrelli di aeroplano. Aerotecnica **18**(1938)7 813—826; Luftwissen **5**(1938)10 381.

Smith, B.: Nose wheel design loads. Aero Dig. **33**(1938)4 68, 79.

Wenzinger, C. J. and *R. T. Jones:* A study of design conditions for tricycle landing gears. J. Aeron. Sci. **5**(1938)7 260—265 4 ref.; Luftf. Schrifttum Ausland **4**(1938)8/9.

— Bibliography of aeronautics. XII. Landing gears. (U. S. Works Progress Administration) New York: Martin Coan 1938 65 p.

— Kraft-Weg-Diagramme von Flugzeugfederbeinen. Flugsport **30**(1938)10 254—255.

Frank, Kurt u. *Melchior Kranz:* Rollwiderstand von Flugzeugfahrwerken. ZWB FB 1037 1939 46 S.

Kranz, Melchior: Fallhammerversuche mit drei Ölfederstrebenmustern und drei verschiedenen Federstrebenölen bei tiefen Temperaturen. ZWB UM 564 1939 95 S.

Mercier, M.: Avantages et inconvénients des différents types de trains d'atterrissage. Sci. Aér. (Aérotechn.) (1939)5 131—136.

Richter, E.: Ringfederbeine für Flugzeuge. Z. VDI **83**(1939)21 652—654.

Wylie, J.: Dynamic problems of the tricycle alighting gear. J. Aeron. Sci. **7** (1939)2 56—67.

— Flugzeug-Räder und Bremsen. Stuttgart-Bad Cannstatt: Hb. Elektron-Co. Sept. 1939 67 S.

Dietz, O. u. *R. Harling:* Experimentelle Untersuchungen der Laufeigenschaften und der Steifigkeit eines Flugzeugfahrwerkes. ZWB FB 1189 1940 43 S.

Dietz, O. u. *R. Harling:* Laufeigenschaften und Steifigkeit eines Flugzeugfahrwerks. Jb. 1940 Dtsch. Luftf. Forsch. I 898—906.

Dietz, O. u. *R. Harling:* Experimentelle Untersuchungen über das Spornradflattern. ZWB FB 1320 1940 101 S.; Jb. 1941 Dtsch. Luftf. Forsch. I 577—590.

Foster, B.: Undercarriages. Flight **36**(1940)1624 129—132.

Gallerio, Pietro: The shock-absorbing system of the airplane landing gear. NACA TM 938 March 1940.

Hadekel, R.: Shock absorber calculations. Flight **38**(1940)1648 71—73.

Kantrowitz, Arthur: Stability of castering wheels for aircraft landing gears. NACA Rep. 686 1940 16 p. 2 ref.

Pomeroy, L. jr.: Hydraulic servo mechanisms. Aeroplane (1940)1539 577—590.

Schrode, Hans: Beitrag zur Frage des Reifenaufbaus und der Belastungsfähigkeit von Flugzeugreifen. ZWB FB 1205 1940 67 S.

Walker, P. B.: Tricycle undercarriage design. Aircr. Engng. **12**(1940)136 171—173.

Wernitz, W.: Die Entwicklung des Bugradfahrwerks in Amerika. Luftwissen **7** (1940)3 73—82 18 Lit.-St.

Burkhardt, H.: Leistungen von Flugzeugrädern und Bremsen. Luftwissen **8**(1941) 9 289—291.

Fromm, H.: Kurzer Bericht über die Geschichte der Theorie des Radflatterns. Ber. Lil.-Ges. 140 1941 3 S.

Hadekel, R.: Undercarriages. Aeroplane **59**(1941)1545 23—26.

Manning, W. O.: 3-wheel chassis. Aeronautics **3**(1941)1 44—46.

Marquard, E.: Bericht über zwei amerikanische Forschungsarbeiten (Radflattern). Ber. Lil.-Ges. 140 1941 2 S.

van der Neut, A. u. *F. J. Plantema:* Belastung von Bugradfahrgestellen bei der Landung. I./II. (holl.) NLL Rapp. S. 244 Apr. 1941 53 S., S. 245 Mai 1941 50 S.

Renz, M.: Untersuchung des Spornradflatterns am Baumuster Me 110. Ber. Lil.-Ges. 140 1941 3 S.

Riekert, P.: Grundsätzliche Erkenntnisse über das Radflattern. Ber. Lil.-Ges. 140 1941 2 S.

v. Schlippe, B. u. *R. Dietrich:* Das Flattern eines bepneuten Rades. Ber. Lil.-Ges. 140 1941 10 S.

Schrode, Hans: Steifigkeiten verschiedenartiger Reifen. Ber. Lil.-Ges. 140 1941 3 S.

Semion, W. A.: Shock absorbing systems. Aviation **40**(1941)3 54—55.

Ward, N. F.: Welding for impact loading in airplane structure. Welding J. **20** (1941)6 353—357.

Clayton, W. C.: Design charts for tubes subjected to bending. Aviation **41**(1942) 4 80—82, 205.

Conway, H. G.: The articulated undercarriage. Aeroplane **62**(1942)1608 336—338.

Jenkins, E. S. and *A. F. Donovan:* Tricycle landing gear design. J. Aeron. Sci. **9**(1942)10 385—396; J. Roy. Aeron. Soc. **46**(1942)383 405.

Perriches, A. A.: Retractable undercarriages. Aircr. Engng. **14**(1942)5 281—284.

v. Schlippe, B. u. *R. Dietrich:* Zur Mechanik des Luftreifens. (Hrsg. ZWB). München-Berlin: Oldenbourg 1942 20 S. 4 Lit.-St.

Schrode, Hans: Das Fahrwerk der „Spitfire". Luftwissen **9**(1942)2 56—58.

Walker, P. B.: Theory of aircraft undercarriages in relation to absorption of initial landing impact. J. Roy. Aeron. Soc. **46**(1942)380 186—197.

— Einfluß verschiedener Kraft-Weg-Diagramme von Federbeinen auf Flugzeug und Reifen. (Hrsg. Kronprinz A.G. Solingen-Ohligs u. Ringfeder GmbH. Uerdingen) 1942 20 S., Anhang 16 S.

Behrens, Willi: Beschleunigungsmessungen im Rumpfende bei Notspornlandungen mit einem Flugzeug vom Baumuster Ju 88. ZWB UM 1008 März 1943 11 S.

Burger, F. E.: Theory of shock-absorber design. Aircr. Engng. **15**(1943)168 51—54 3 ref.

Hootman, James A.: Landing gear design considerations. NACA ARR 3 D 30 April 1943.

Kochanowsky, Werner: Landestoß und Rollstoß von Fahrwerken mit Ringfederbeinen. ZWB FB 1757 1943 52 S.

Marquard, E. u. *W. Meyer zur Capellen:* Näherungsweise Berechnung der zwischen Fahrgestell und Rumpf beim Landen auftretenden Federungskräfte. ZWB FB 1737 1943 58 S., FB 1737/2 1943 31 S.; ZWB TB **11**(1944)4 110.

Pomp, Anton u. *Alfred Krisch:* Mechanische Eigenschaften von Fahrwerksteilen aus legiertem Stahlguß. ZWB TB **10**(1943)7, Vorabdr. Jb. 1943 Dtsch. Luftf. Forsch. 2. Lfg. I D 7 S.

v. Schlippe, B. u. *R. Dietrich:* Das Flattern eines mit Luftreifen versehenen Rades. ZWB TB **11**(1944)2, Vorabdr. Jb. 1943 Dtsch. Luftf. Forsch. 7. Lfg. I D 16 S.

Schlaefke, K.: Zum Vergleich von gepufferten und ungepufferten Federstößen an Flugzeugfahrwerken. ZWB TB **10**(1943)5 129—133.

Schlaefke, K.: Zur Kenntnis der Wechselwirkungen zwischen Federbein und Reifen beim Landestoß von Flugzeugfahrwerken. ZWB TB **10**(1943)11 363—367.

Schmitz, G.: Bewegungsvorgang, Stoßkräfte und Federwege bei der Landung eines Bugradflugzeuges. ZWB TB **10**(1943)12 389—392.

Schrode, Hans u. *Hubert Engert:* Fallhammerversuche mit dem Fahrwerk der Mosquito. ZWB UM 1078 1943 5 S.

Schrode, Hans: Verminderung der Flatterneigung von Sporn- und Bugwerken durch Einbau besonders geformter Reifen. ZWB TB **10**(1943)4 113—116.

Schrode, Hans: Flattereigenschaften einiger englischer Sonderspornreifen. ZWB TB **10**(1943)7 210—211.

Fitjer, E.: Die Erprobung der Flugzeugräder und -reifen und die sich daraus ergebenden Forderungen. Ber. Lil.-Ges. 169 1944 12 S.

Höke, H.: Beanspruchungsmessungen an Fahrwerken bei der Landung und beim Rollen. Ber. Lil.-Ges. 169 1944 7 S.

Jaray, P.: Bugrad oder Heckrad? Flug-Wehr u. -Technik **6**(1944)3 80—84.

Kochanowsky, Werner: Fahrwerkbeanspruchungen bei der Landung und beim Rollen. Ber. Lil.-Ges. 169 1944 7 S.

Kochanowsky, Werner: Landestoß und Rollstoß von Fahrwerken mit flüssigkeitsgedämpften Schraubenfederbeinen. ZWB UM 1423 1944.

Kranz, Melchior: Bedeutung des Fallhammerversuches für den Flugzeugbauer. Ber. Lil.-Ges. 169 1944 6 S.

Livers, C. B. and *J. B. Hurt:* Conquest of nose wheel shimmy. Aero Dig. **44** (1944)6 134, 137, 226.

Maier, E. u. *M. Renz:* Flatterversuche an den Spornen Ju 288 V 101, Ju 252 und Ju 352. ZWB UM 5008 1944 14 S.

Schlaefke, K.: Erfahrungen bei Fallhammer- und Rolltrommelversuchen. Ber. Lil.-Ges. 169 1944 4 S.

Schlaefke, K.: Zur Kenntnis der Kraftwegdiagramme von Flugzeugfederbeinen. 1. Teilbericht: Vergleich von Diagrammen mit linearer und quadratischer Dämpfung. 2. Teilbericht: Näherungsverfahren zum Berechnen der Kraftwegdiagramme mit nichtlinearer Federkennlinie und linearer oder quadratischer Dämpfung. 3. Teilbericht: Der Landestoß von Ölluftfederbeinen. ZWB TB **11**(1944)2 51—53, 4 105—109, 5 137—141.

Schmitz, G.: Beanspruchungsmessungen am Fahrwerk des Bugradflugzeuges Me 262 bei der Landung. ZWB UM 1391 1944 13 S.

Schrode, Hans: Ausbildung des Flugzeugreifens im Hinblick auf vielseitige Einsatzbedingungen. Ber. Lil.-Ges. 169 1944 9 S.

Schrode, Hans: Über einige die Beanspruchung beeinflussende Baugrößen ausländischer Fahrwerke. Ber. Lil.-Ges. 169 1944 5 S.

Plantema, F. J.: Loads on tricycle undercarriages during landing. III. (Belastingen op neuswielonderstellen tijdens landingen. III.) NLL Rep. S. 304 1945; Index Aeron. **6**(1950)1 52.

Claflin, W. N.: The experimental determination of the dynamic structural response of an airplane to impact loadings. Proc. SESA **5**(1947)1 31—38; Index Aeron. **4**(1948)5 68.

Conway, H. G.: The aeroplane undercarriage. J. Instn. Mech. Engrs. **156**(1947)3 272—281; Index Aeron. **4**(1948)3 61.

Klein, G. J.: The snow characteristics of aircraft-skis. Nat. Res. Counc. Canada Aeron. Rep. No. AR-2, N.R.C. 1946 MM 57 1947 17 p.; Index Aeron. **4**(1948) 6 59.

Metthey, R.: A mathematical contribution to the study of "shimmy" (wheel wobble). Techn. et Sci. Aéron. (1947)5 257—273; Index Aeron. **4**(1948)1 54.

Robson, D. A. L.: Aircraft wheel brakes. J. Instn. Mech. Engrs. **156**(1947)3 286—304; Index Aeron. **4**(1948)3 61.

Blinkhorn, J. W.: Aircraft landing gear: Ground loads when spinning-up the wheels at touch down. ARC R & M 2588 June 1948 publ. 1952 13 p.; Index Aeron. **8**(1952)10 73.

Blinkhorn, J. W.: Landing gear with twin tandem wheel units: Cornering characteristics as determined by model tests. ARC R & M 2668 July 1948 publ. 1952 7 p.; Index Aeron. **8**(1952)12 84—85.

Bourcier de Carbon, Ch.: Etude théorique du shimmy des roues d'avions. ONERA Publ. 7 1948 100 p.; Index Aeron. **6**(1950)5 43.

Conway, H. G.: The kinematics of undercarriage retraction. J. Roy. Aeron. Soc. **52**(1948)446 125—137; Index Aeron. **4**(1948)4 65.

Lovdenslager, O. W.: Why cross-wind landing gear? Aviation Week **48**(1948) 23 21—22, 24; Index Aeron. **4**(1948)9 67.

Lucien, R.: Some recent developments in the landing gear field. J. Roy. Aeron. Soc. **52**(1948)445 27—74; Index Aeron. **4**(1948)4 65.

McBrearty, J. F.: A critical study of aircraft landing gears. J. Aeron. Sci. **15** (1948)May 263—280 36 ref.; AMR **1**(1948)5 141; Index Aeron. **4**(1948)9 68.

— High pressure hydraulic control system. Product Engng. **19**(1948)9 93; Index Aeron. **5**(1949)1 57.

Bent, A. J.: Aircraft decelostat — a device for wheel slide protection. SAE Prepr. 382 1949 8 p.; Index Aeron. **6**(1950)2 50.

Burger, F. E.: Practice of shock absorber design. Aircr. Engng. **21**(1949)250 384—385; Index Aeron. **6**(1950)2 52.

Collinson, E. G.: A note on the load transference on multi-wheel bogie undercarriages. J. Roy. Aeron. Soc. **53**(1949)466 1009—1012; Index Aeron. **6**(1950) 1 53.

Kramer, E. H. and *E. J. Lunney:* Dynamic measurements during aircraft landings. Proc. SESA **7**(1949)1 83—102 10 ref.; Index Aeron. **6**(1950)2 51; AMR **3**(1950) 7 196.

Rosenberg, R. K.: A new approach to the design of metering pins in oleo struts. Inst. Aeron. Sci. Prepr. 197 Jan. 1949 16 p.; Index Aeron. **5**(1949)7 57.

Rotta, Julius: Zur Statik des Luftreifens. Ing.-Arch. **17**(1949)1/2 129—141 7 Lit.-St.; Index Aeron. **5**(1949)5 68.

Wignot, J. E. and *F. M. Hoblit:* Landing gear oscillations due to unstable skidding friction. Inst. Aeron. Sci. Prepr. 196 Jan. 1949 16 p. 4 ref.; Index Aeron. **5**(1949)7 56.

Zahrt, K. W.: Dynamic temperatures in aircraft pneumatic tyres. Techn. Data Dig. **14**(1949)3 15—22; Index Aeron. **5**(1949)10 67.

Hurty, W. C.: A study of the response of an airplane landing gear using the differential analyser. J. Aeron. Sci. **17**(1950)12 756—764 6 ref.; AMR **4**(1951) 6 348; Index Aeron. **7**(1951)3 67.

Orloff, G.: A problem of nose-wheel undercarriage reactions. Aircr. Engng. **22** (1950)255 129—131; Index Aeron. **6**(1950)8 66.

Pian, T. H. H. and *H. J. Flomenhoft:* Analytical and experimental studies on dynamic loads in airplane structures during landing. J. Aeron. Sci. **17**(1950) 12 765—774, 786 10 ref.; Index Aeron. **7**(1951)3 67; AMR **4**(1951)4 221.

938

Vardanego, V.: Vantagge ed inconvenienti della elettricità nei comandi di retrazione dei carrelli di atterraggdo per velinoli. (The advantages and disadvantages of the use of electricity for the retraction of undercarriages.) Aerotecnica **30**(1950)6 325—332; Index Aeron. **7**(1951)6 88.

— Essais d'homologation des roues et des freins. S.O.P.E.M.E.A. Rep. Avr. 1950 (Section des Avions Service Technique Aéronautique, Paris); R.A.E. Translat. 357 8 p.; Index Aeron. **6**(1950)12 59.

Walls, F. J.: Brake drum materials. SAE Quart. Trans. **4**(1950)3 368—380 12 ref.; Index Aeron. **6**(1950)12 59.

Person, P. and *J. Perdue:* The semi-articulated multi-wheel bogie undercarriage. Aircr. Engng. **23**(1951)266 104—106; Index Aeron. **7**(1951)6 87.

Renollaud, G.: Should undercarriages be abolished. Techn. Sci. Aéron. (1951)4 231—242; Index Aeron. **8**(1952)4 66.

Vardanega, V.: Un particolare tipo di carrello con comando elettromeccanico. (A special type of electromechanical undercarriage retraction gear.) Aerotecnica **31**(1951)4 215—224; Index Aeron. **8**(1952)2 82.

Yntema, R. T.: An impulse-momentum method for calculating landing gear impact conditions in unsymmetrical landings. Inst. Aeron. Sci. Prepr. 324 Jan./Febr. 1951 27 p.; Index Aeron. **8**(1952)4 67.

Blinkhorn, J. W.: Loads on multi-wheel undercarriages during ground manoeuvring and take-off. J. Roy. Aeron. Soc. **56**(1952)499 547—556; Index Aeron. **8**(1952)10 74.

Cussons, R. C.: Bogie undercarriages. J. Roy. Aeron. Soc. **56**(1952)499 536—546; Index Aeron. **8**(1952)9 77.

Drake, D. W.: Friction surfaces for spin-up simulation in landing-gear drop tests. Trans. ASME **74**(1952)7 1269—1279; AMR **6**(1953)4 183.

Flügge, Wilhelm: Landing-gear impact. NACA TN 2743 Oct. 1952 91 p.; AMR **6**(1953)4 176—177.

Foster, S.: Landing loads on the bogie undercarriage. Aircr. Engng. **24**(1952) 275 18—24; Index Aeron. **8**(1952)3 74.

Milwitzky, Benjamin and *Francis E. Cook:* Analysis of landing-gear behavior. NACA TN 2755 1952; NACA Rep. 1154 1953 45 p. 27 ref.; Aeron. Engng. Rev. **14**(1955)4 114; Aircr. Engng. **27**(1955)316 198; J. Roy. Aeron. Soc. **59**(1955) 533 377.

Nightingale, J.: Dynamic reactions in hop dampers for bogie undercarriages. Aircr. Engng. **24**(1952)284 298—299, 318—319; Index Aeron. **8**(1952)12 84.

Vannutelli, R.: Use of aircraft with belt landing gear. Aerotecnica **32**(1952)1 3—7; Index Aeron. **8**(1952)8 89.

— Automatic landing wheel braking. Engineer **194**(1952)5045 460—462; Index Aeron. **8**(1952)12 85.

Bialkowski, L. S.: The basic problem of undercarriage geometry. Aircr. Engng. **25**(1953)294 236—238; Index Aeron. **9**(1953)10 88.

Horne, W. B.: Static force-deflection characteristics of six aircraft tyres under combined loading. NACA TN 2926 1953 92 p.; Index Aeron. **9**(1953)9 89.

— A better landing gear strut for the Boeing B-47 bomber. Automotive Industries **109**(1953)1 96, 102—104; AB **24**(1953)8 484; Index Aeron. **9**(1953) 9 89.

— Britannia undercarriage: Pt. 1 and 2. Aircr. Production **15**(1953)181 407—414, **15**(1953)182 451—460; Index Aeron. **10**(1954)2 70.

— Fifty years of undercarriage development. Engineer **196**(1953)5091/5095 243—247, 275—278, 295—299, 329—332, 370—373; Index Aeron. **9**(1953)11 73.

Bialkowski, L. S.: A descriptive geometry solution of some undercarriage problems. A treatment of three important cases. Aircr. Engng. **26**(1954)309 390—392.

Boeckh: Determination of the elastic constants of airplane tires. NACA TM 1378 Nov. 1954 39 p.; J. Roy. Aeron. Soc. **59**(1955)531 233; Aeron. Engng. Rev. **14**(1955)3 104.

Corbetta, G.: Pneumatic shock absorber unit of the landing gear. Aerotecnica **34**(1954)2 86—91; Index Aeron. **10**(1954)9 104.

Dietz, O. and *R. Harling:* Experiments on tail-wheel shimmy. NACA TM 1376 Oct. 1954; Aircr. Engng. **27**(1955)313 96.

Floor, W. K. G.: The effective rolling radius of pneumatic-tyred wheels. NLL Rep. S. 428 Jan. 1954 30 p.; Index Aeron. **10**(1954)10 129.

Gentric, A.: Stresses in undercarriages. Docaéro (1954)25 17—38; Index Aeron. **10**(1954)5 108.

Horne, Walter B., Bertrand H. Stephenson and *Robert F. Smiley:* Low-speed yawed-rolling and some other elastic characteristics of two 56-inch-diameter, 24-ply-rating aircraft tires. NACA TN 3235 Aug. 1954 108 p.; J. Roy. Aeron. Soc. **58**(1954)527 796.

Kranz, Melchior: Drop hammer tests with three oleo strut models and three different shock strut oils at low temperatures. NACA TM 1372 July 1954 55 p.

Melzer, M.: Contribution to the theory of tail-wheel shimmy. NACA TM 1380 Dec. 1954 37 p.; Aeron. Engng. Rev. **14**(1955)3 104; J. Roy. Aeron. Soc. **59** (1955)531 233.

Moreland, W. J.: The story of shimmy. Inst. Aeron. Sci. Prepr. 462 Jan. 1954 26 p. 7 ref.; Index Aeron. **10**(1954)6 110—111.

Person, P.: Stability and strength of an undercarriage radius rod. A study of the structural design criteria of an articulated radius rod with an internally locked jack. Aircr. Engng. **26**(1954)303 154—156; Index Aeron. **10**(1954)6 110.

Preti, E.: Influence of the elasticity of an aircraft on the calculation of the members of the landing gear. Riv. Ing. **4**(1954)4 411—417; Index Aeron. **10** (1954)7 117.

Schlaefke, K.: On force-deflection diagrams of airplane shock absorber struts. First, second and third partial reports. NACA TM 1373 Nov. 1954; J. Roy. Aeron. Soc. **59**(1955)531 233.

— Papers on shimmy and rolling behavior of landing gears presented at Stuttgart Conference Oct. 1941. NACA TM 1365 Aug. 1954; J. Roy. Aeron. Soc. **58**(1954)527 796.

Coward, Ken S.: Simplified design procedure for utility aircraft. Spring landing gears. Aero Dig. **70**(1955)5 48, 50, 52.

— An experimental study of orifice coefficients, internal strut pressures, and loads on a small oleo-pneumatic shock strut. NACA TN 3426 Apr. 1955; J. Roy. Aeron. Soc. **59**(1955)535 516.

Schwimmwerk   6.254.5

Lewe, Viktor: Form und Festigkeit der Seeflugzeugunterbauten mit besonderer Berücksichtigung der Seefähigkeit. ZFM **11**(1920)9 124—128.

Lewe, Viktor: Festigkeitsprüfungen eines Holz- und eines Duralschwimmers. ZFM **11**(1920)3 37—40.

v. Kármán, Th.: The impact on seaplane floats during landing. NACA TN 321 Oct. 1929.

Richardson, H. C.: Aircraft-float design and construction. Aeron. Engng. **2**(1930)2 81—83.

Munro, W.: Hull design flying boats. Flight **23**(1931)22 478a—478d.

Pabst, Wilhelm: Über den Landestoß von Seeflugzeugen. ZFM **22**(1931)1 13—24.

Seewald, Friedrich: Über Schwimmer und Schwimmerversuche. ZFM **22**(1931) 9 265—276.

Wagner, Herbert: Über die Landung von Seeflugzeugen. ZFM **22**(1931)1 1—8.

Gatzek, W.: Untersuchung an Schwimmerprofilleisten und Flügelholmen aus Hydronalium. ZWB PB 82 1934 11 S. [6.254.1].

Hubrich, C.: Spannungsmessungen an einem Schwimmergestell. ZWB FB 76 1934 21 S.

Mewes, Ernst: Beanspruchungsmessungen im Schwimmergestell eines Zweischwimmer-Schulflugzeuges für Binnengewässer. ZWB KB 8 1934 10 S.

Mewes, Ernst: Über den Einfluß der Breite eines Schwimmers oder Flugbootbodens auf den Landestoß. ZWB FB 155 1934 20 S.

Boccius, W.: Stoßkraftermittlung auf Grund der Festigkeit des Schwimmergestells. ZWB FB 358 1935 42 S.

Mewes, Ernst: Theoretische Untersuchung über die Stoßkräfte und die Druckverteilung vor der Stufe für zwei Bodenformen von Flugbootprojekten. ZWB FB 192 1935 56 S.

Mewes, Ernst: Die Höchstdehnungen im Schwimmergestell des Zentralschwimmerflugzeuges Vought-„Courier". ZWB PB 309 1935 42 S.

Sydow, J.: Untersuchung der Festigkeit eines Schwimmergestells. ZWB FB 459 1935 31 S.

Teichmann, Alfred u. *Willy Schlünz:* Belastungsversuche mit einem Schwimmer aus Hydronalium. ZWB PB 308 1935 11 S.

Ehring, H.: Dehnungsmessungen im Rumpffachwerk und im Schwimmergestell. ZWB PB 421 1936 26 S. [6.254.3].

Mewes, Ernst: Über den Einfluß der Bodenbreite eines Schwimmers oder Flugbootes auf den Landestoß. DVL-Ber. 36/9 1936; Luftf. Forsch. **13**(1936)5 148—154; Aircr. Engng. **8**(1936)90 233.

Weinig, F.: Berücksichtigung der Elastizität beim Aufschlag eines gekielten Flugzeugschwimmers auf das Wasser (Ebenes Problem). Luftf.-Forsch. **13** (1936)5 155—159.

Ehring, H.: Beanspruchungsmessungen im Schwimmergestell einer mit Sonderschwimmern ausgerüsteten He 42. ZWB UM 454 1937 21 S.

Mewes, Ernst u. *W. Behrens:* Bestimmung der Landestöße für 2 Schwimmerformen bei Starts und Landungen im Seegang. (Junkers-Schwimmer/DVL-Einheitsschwimmer.) ZWB FB 838 1937 16 S.

Sydow, J.: Beanspruchungsmessungen an den Schwimmergestellstreben eines Flugzeuges mit und ohne Schwimmerfederung. ZWB UM 476 1937 7 S.

Sottorf, W.: Gestaltung von Schwimmwerken. Jb. 1937 Dtsch. Luftf. Forsch. I 309—319.

Berman, Sidney D.: Proposed method for the design of bottom plating for flying boat hulls and seaplane floats. J. Aeron. Sci. **6**(1938)2 64—67; Luftwissen **6**(1939)4 142.

Diehl, W. S.: A discussion of certain problems connected with the design of hulls of boats and the use of general test data. NACA Rep. 625 1938 8 p. 24 ref.

Langheinrich, M.: Rückschlüsse von Lufthansa-Betriebserfahrungen mit Schwimmwerken auf die Lastannahmen. Jb. 1938 Dtsch. Luftf.-Forsch. I 339 —341.

Matthaes, Kurt: Festigkeitsversuche an Schwimmwerken. Jb. 1938 Dtsch. Luftf.-Forsch. I 342—347.

Schmieden, C.: Über den Landestoß von Flugzeugschwimmern. Ing. Arch. **10** (1939)1 1—13.

Behrens, W.: Beanspruchungsmessungen am Zweischwimmerflugzeug Ha 139 im Atlantikbetrieb. ZWB FB 1135 1940 10 S.

Ebner, Hans: Zur Seefestigkeit von Schwimmern. Jb. 1940 Dtsch. Luftf. Forsch. I 678—683.

Sydow, J.: Die Wirkung einer Feder im Schwimmergestell auf die Stöße beim Starten und Landen. 1.Teilbericht. ZWB FB 1249/1 1940 41 S.

Ebner, Hans: Probleme des Seeflugzeugs. Luftwissen **9**(1942)5 142—154 13
Lit.-St.

Mayo, Wilbur L.: Theoretical and experimental dynamic loads for a prismatic
float having an angle of dead rise of $22^1/2^0$. NACA RB L 5 F 15 (WR L-70)
July 1945.

Smith, A. G.: Maximum impact pressures on seaplane hull bottoms. ARC CP
4/ARC 10057 1950 37 p. 12 ref.; Index Aeron. **7**(1951)5 74.

— Hydro-skis and their possibilities. Aeroplane **83**(1952)2159 740—743; Index
Aeron. **9**(1953)2 59.

Steuerwerk   6.254.6

Hertel, Heinrich: Ermittlung der größten aufbringbaren Steuerkräfte und erreich-
baren Geschwindigkeiten der Steuerbetätigung. 169. DVL-Bericht 1930; ZFM
21(1930)2 36—45.

Gaßner, Ernst: Untersuchung von Stoßstangenschwingungen. ZWB PB 422
1936 9 S.

Doetsch, K. H.: Differentialsteuerung als Mittel zur Verringerung der Quer-
ruderhandkraft bei beliebigem Verlauf der Rudermomentenkurve. ZWB FB
1104 1939 19 S.

Gates, S. B.: Note on differential gearing as a means of aileron balance. ARC
R & M 2526 Dec. 1940 22 p. 6 ref.; Index Aeron. **7**(1951)10 82.

Rubin, N.: Differential motions in push-pull or cable systems. Aero Dig. **38**
(1941)5 134—136, 207.

Doetsch, K. H. u. F. Lange: Längsmomente und Höhensteuerhandkräfte. ZWB
FB 1568 1942 11 S.

Scheffer, J. C. u. A. J. Marx: Messungen zur Bestimmung der Kräfte, die, abhängig von der Zeit, vom Flugzeugführer auf die Steuerung übertragen werden
können. (Holländisch.) NLL Rep. V. 1255, Rep. & Trans. **11**(1942) V 1—V 14.

— Berechnung von Steuerungsstoßstangen im elastischen und elastisch-plastischen Bereich. Ber. Inst. Festigkeitslehre u. Festigkeitsprüfung Dtsch. TH
Brünn 1942.

Anast, J. L.: Automatic aircraft control. Inst. Aeron. Sci. Prepr. No. 119 Dec.
1947 9 p.; Index Aeron. **4**(1948)6 57.

Meredith, F. W.: The modern auto-pilot. J. Roy. Aeron. Soc. **53**(1949)461 409—
432; Index Aeron. **5**(1949)8 46.

Clarridge, R. E.: An improved pneumatic control system. Amer. Soc. Mech.
Engrs. Prepr. 50-A-100 Nov./Dec. 1950 25 p. 4 ref.; Index Aeron. **7**(1951)7 52.

Lazzarino, L.: Stato attuale dei problemi relativi al governo dégli aeroplane.
(Present state of aeroplane control problems.) Aerotecnica **30**(1950)6 291—
307 138 ref.; Index Aeron. **7**(1951)6 92.

Seacord, C. L.: Application of frequency-response analysis to aircraft —
autopilot stability. J. Aeron. Sci. **17**(1950)8 481—498 87 ref.; Index Aeron.
6(1950)11 57.

Tustin, A.: Progress in automatic control systems. Engng. **170**(1950)4424 360—
363; Index Aeron. **7**(1951)2 36.

Bretol, R. N.: Automatic flight control: analysis and synthesis of lateral-control
problem. Amer. Soc. Mech. Engrs. Prepr. 51-IIRD-1 Sept. 1951 13 p.; Index
Aeron. **7**(1951)12 102.

Rea, J. B.: Analysis of systems for automatic control of aircraft. Inst. Aeron.
Sci. Prepr. 338 June 1951 34 p.; Index Aeron. **8**(1952)2 82.

Stevens, F. and K. M. Stevenson: A design method for automatic longitudinal
control systems. Aeron. Engng. Rev. **10**(1951)1 18—23; Index Aeron. **7**(1951)
8 71.

Anast, J. L.: Automatic flight control. Aeron. Engng. Rev. **11**(1952)5 26—31, 81 3 ref.; Index Aeron. **8**(1952)9 75—76.

De Groff, H. M., R. C. Binder, J. G. Truxal and *J. R. Burnett:* Fundamental aspects of an hydraulic type powered flight control system. Aeron. Engng. Rev. **11**(1952)11 42—55 10 ref.; Index Aeron. **9**(1953)3 68.

Glaus, R.: Automatic control of the course of aircraft. (In German.) ZAMP **3** (1952)5 371—382 10 ref.; Index Aeron. **9**(1953)1 68.

Joy, C. F.: Power controls for aircraft. J. Roy. Aeron. Soc. **56**(1952)493 7—24 11 ref.; Index Aeron. **8**(1952)3 74.

Hess, J. J. jr.: Monitor for automatic pilots. Electronics **26**(1953)12 174—177; Index Aeron. **10**(1954)4 94.

— Design and testing of hydraulic controls for aircraft. Engng. **175**(1953)4539 117—119; Index Aeron. **9**(1953)5 63.

Bowers, E. H.: Aircraft hydraulic pumps. Instn. Mech. Engrs. Prepr. March 1954 11—16; Index Aeron. **10**(1954)6 73.

Clerc, D. et *M. Bogaievsky:* Comportement en fatigue des timoneries d'avion. Comparaison expérimentale entre les liaisons par rivets et les liaisons par collage. Rech. Aéron. (1954)38 57—62 10 ref.; Engrs'. Dig. **15**(1954)6 243, 244, 246; AB **25**(1954)8 557. [1.442.36], [1.442.44].

Seamans, R. C., F. A. Barnes, V. W. Howard and *T. B. Garber:* Recent developments in aircraft control. Inst. Aeron. Sci. Prepr. 459 Jan. 1954 70 p. 15 ref.; Index Aeron. **10**(1954)6 108.

Tyson, G.: The influence of powered flying controls on flying techniques. Aeronautics **30**(1954)3 26—29; Index Aeron. **10**(1954)6 110.

Triebwerkseinbau und Triebwerkszubehör   6.254.7

Triebwerkseinbauten   6.254.71

Kutzbach, K.: The flexible mounting of an airplane engine. NACA TN 148 July 1923.

Williams, D.: Forces on the engine mounting of a spinning aircraft. Flight **23** (1931)35 862c—862e.

Rodger, R.: Engine mounting stresses. Flight **24**(1932)18 376e—376g.

Angle, G. D.: Shank proportions of aircraft engine connecting rods. Aviation Engng. **8**(1933)4 5—8, 28.

Cicala, P.: Schema di calcolo di un castello motore. (Berechnung von Motorlagerungen.) Aerotecnica **15**(1935)2 170—179.

Kaul, Hans W. u. *B. Filzek:* Spannungsmessungen an einem Motorgerüst. ZWB PB 232 1935 16 S.

Donely, Philip: The forces and moments on airplane engine mounts. NACA TN 587 Dec. 1936; Luftwissen 4(1937)5 163.

Behrmann, W.: Federnde Lagerung von Reihen-Flugmotoren. ZWB FB 760 1937 29 S.

Carter, B. C.: Note on the whirling of radial engines on their mountings: mathematical analysis and experimental observations. ARC R & M 1783 1937 25 p.

Julien, M. M.: La suspension élastique des moteurs d'avion. Sci. Aérienne **6** (1937)2 69—81.

Lürenbaum, Karl u. *W. Behrmann:* Schwingungstechnische Gesichtspunkte der federnden Aufhängung von Flugmotoren. Jb. 1937 Dtsch. Luftf.-Forsch. II 107—116 13 Lit.-St.

Riediger, Bruno: Federnde Lagerung des Antriebsmotors in Kraftwagen und Flugzeugen. Z. VDI **81**(1937)25 713—720 10 Lit.-St. [6.252.41].

v. *Schlippe, B.:* Zur Frage der elastischen Motorlagerung. Jb. 1937 Dtsch. Luftf.-Forsch. II 103—106.

Meyer, Joachim: Die Verlagerung der Eigenfrequenzen eines elastisch aufgehängten Flugmotors infolge der Kreiselwirkung der Luftschraube. DVL-Jb. 1938 482—485; Jb. 1938 Dtsch. Luftf.-Forsch. II 179—182.

Riediger, Bruno: Federnde Lagerung von V- und Sternmotoren. Z. VDI **82**(1938) 11 315—320 4 Lit.-St.

Steinborn, B.: Flugmotorenlagerung unter Berücksichtigung der Werkstoffe Gummi und Buna. Jb. 1938 Dtsch. Luftf.-Forsch. II 99—101.

Taylor, E. S. and *K. A. Browne:* Vibration isolation of aircraft power plants. J. Aeron. Sci. **6**(1938)2 43—49 10 ref.

Vogt, Richard: Eine Entwicklungsreihe von Triebwerksgerüsten. Luftwissen **5** (1938)5 164—166.

Vogt, Richard: A family of motor-mountings. Aeroplane **54**(1938)1414 813—815.

Browne, K. A.: Dynamic suspension — a method of aircraft-engine mounting. SAE J. **44**(1939)5 185—192.

Smith, J. F. D.: Load characteristics of rubber mounting. Machine Design (1939) Aug. 46—49, 64; ATZ **2**(1939)22 103.

Belouss, A. A.: Schwingungen von Motorträgern mit steifen und elastischen Befestigungen von Sternmotoren. (Übers. aus: ZAHI-Bericht Nr. 499 1940.) Luftf. Schrifttum Ausland März 1944 79 S.

Pflüger, Alfrich: Berechnung von Triebwerkgerüsten von Sternmotoren. Jb. 1940 Dtsch. Luftf. Forsch. II 55—69.

Kimmel, A. u. *G. Buckmiller:* Zur Kopplung der Drehschwingungen der Kurbelwelle und des Motorvorbaus bei Flugmotoren mit Übersetzungsgetrieben. ZWB FB 1511 1941 19 S. [6.211.1].

Gerke: Entkoppelte Aufhängung von Flugmotoren an gelenkig angeschlossenen Federstreben. ZWB TB **11**(1944)4, Vorabdr. Jb. 1943 Dtsch. Luftf. Forsch. 9. Lfg. II B 010 18 S.

Moss, S. A.: The case for the integral power plant. II. Aviation **42**(1943)10 148—150, 276, 278—279, 281—282.

— Engine mountings. Aeroplane **64**(1943)1652 98—100.

Allward, M. F.: Engine mountings. Flight **46**(1944)1858 120—122.

Pflüger, Alfrich: Statik der Triebwerkgerüste von Reihenmotoren. ZWB TB **11** (1944)1 1—10. [1.213.1].

Wolf, K.: The stressing of engine bearers in aircraft landing. Oest. Ing.-Arch. **1**(1946)1/2 51—58; Index Aeron. **4**(1948)6 55.

Fraeys de Veubeke, B. M.: Crankshaft-propeller vibration modes as influenced by the torsional flexibility of the engine suspension. J. Aeron. Sci. **17**(1950) 5 288—296 4 ref.; Index Aeron. **6**(1950)8 65.

Henshaw, R. C., L. Wallerstein jr. and *S. J. Zand:* Aluminum does steel's job in airplane engine mounting. SAE J. **58**(1950)April 42—45.

Henshaw, R. C. a. o.: Fatigue life of aircraft engine mounting components. SAE Prepr. 405 Jan. 1950 8 p. 34 ref.; Index Aeron. **6**(1950)12 56.

Sharp, F. H.: Turboprop installation problems. SAE Prepr. 515 Sept. 1950 3 p.; Index Aeron. **7**(1951)5 52.

Gerteis, J. H.: Light aircraft turbo-propeller installations. SAE Prepr. 239 Jan. 1954 12 p.; Index Aeron. **10**(1954)5 112.

Luftschrauben 6.254.72

Weick, Fred E: Propeller design. IV — A simple method for determining the strength of propellers. NACA TN 238 June 1926.

Schrenk, Martin: Zur Frage der Gewichtserleichterung von Luftschrauben. 76. DVL-Ber. 1927; ZFM **18**(1927)13 299—300. [7.1].

Weick, Fred E.: Determination of propeller deflection by means of static load tests on models. NACA TN 275 Jan. 1928.

Lynam, E.: Notes on the flutter of airscrew blades. ARC R & M 1258 Apr. 1929.

Seewald, Friedrich: Die Frage des Werkstoffes für Luftschrauben. Z. Metallkde. **21**(1929)Juli 227—230.

Liebers, Fritz: Resonanzschwingungen von Luftschrauben. 182. DVL-Ber. 1930; Luftf.-Forsch. **7**(1930)3 137—152.

Seewald, Friedrich: Über die Schwingungserscheinungen an Luftschrauben. 219. DVL-Ber. 1931; ZFM **22**(1931)12 369—374.

Webb, L. D.: Propeller materials and airplane safety. Aviation Engng. **4**(1931) 3 15 ff.

Caldwell, F. W.: Propeller design. Aviation Engng. **6**(1932)1 14 ff.

Constant, H.: Aircraft vibration. J. Roy. Aeron. Soc. **36**(1932)255 205—250. [6.254.23].

Duncan, W. J. and *A. R. Collar:* The present position of the investigation of airscrew flutter. ARC R & M 1518 1932 44 p. 21 ref.

Hohenemser, K.: Beitrag zur Dynamik des elastischen Stabes mit Anwendung auf den Propeller. ZFM **23**(1932)2 37—43.

Liebers, Fritz: Versuche über Luftschraubenschwingungen. 274. DVL-Ber. 1932; ZFM **23**(1932)9 251—259.

Seewald, Friedrich: Determination of stresses and deformations of aircraft propellers. NACA TM 670 May 1932.

Hansen, M. u. Gustav Mesmer: Luftschraubenschwingungen. ZFM **24**(1933)11 298—304 13 Lit.-St.

Liebers, Fritz: Zur Berechnung der 3 tiefsten Biegefrequenzen der umlaufenden Schraube. Luftf.-Forsch. **12**(1935)5 155—160 10 Lit.-St.

Oppel, G.: Festigkeitsuntersuchung der Verbindung Kurbelwellenflansch—Luftschraubennabe. ZWB FB 240 1935 22 S.

Ramberg, W., P. Ballif and *M. West:* A method for determining stresses in a nonrotating propeller blade vibrating with a natural frequency. J. Res. Bur. Stand. **14**(1935)2 189—215 21 ref.

Sancery, R.: L'hélice en bois léger à gaine Schwarz. Aéronautique **17**(1935)192 132—136.

Schilhansl, M.: Über den Stand der Konstruktionsarbeiten über Luftschrauben. ZWB FB 319/1 1935 8 S.

Theodorsen, Theodore: Propeller vibrations and the effect of the centrifugal force. NACA TN 516 1935 13 p.

Welty, G. D. and *L. W. Davis:* Light alloy propeller blades. J. Aeron. Sci. **2** (1935)1 35—38.

Wiemer, A.: Versuche zur Steigerung der Dauerhaltbarkeit der Verbindung „Luftschraubenfuß—Nabe" bei Elektron-Luftschrauben. ZWB FB 468 1935 23 S.

Carter, B. C.: The vibration of airscrew blades with particular reference to their response to harmonic torque impulses in the drive. ARC R & M 1758 July 1936 38 p. 5 ref.

Couch, H. H.: Propeller crankshaft-vibration problems. Mech. Engng. **58**(1936) 4 215—221.

Lampton, G. T.: Testing of controllable-pitch propellers. Trans. ASME **58**(1936) 4 163—166.

Liebers, Fritz: Analysis of the three lowest bending frequencies of a rotating propeller. NACA TM 783 Jan. 1936.

Caldwell, F. W.: The vibration problem in aircraft-propeller designing. SAE J. **41**(1937)2 372—380.

Carter, B. C.: Airscrew blade vibration. J. Roy. Aeron. Soc. **41**(1937)321 749— 790 20 ref.

Jarry, J.: Les vibrations à bord des avions. Rev. Techn. Ass. Ing. Aéron. (ENSA) (1937)1 13—52, 2 13—22, 3 41—47, 4 30—47, 5 64—74, 6 27—35. [6.254.20].

Meyer, J.: Die Kopplung der Luftschrauben-Biegeschwingungen mit den Kurbel-wellen-Drehschwingungen. ZWB FB 869 1937 101 S.; Jb. 1938 Dtsch. Luftf.-Forsch. II 141—159 20 Lit.-St. [6.211.1].

Wiemer, A.: Gültigkeit der statischen Eichung für Dauerhaltbarkeitsversuche an Luftschraubenfüßen. ZWB UM 449 1937 21 S.

Carter, B. C.: The vibration of airscrew blades: extension of the theory given in R & M No. 1758. ARC R & M 1846 1938 8 p.

Deutler, H. u. A. Havers: Festigkeitsuntersuchungen über die Kurbelwellen-Flanschanschlüsse an Luftschrauben. ZWB UM 566 1938/1939 31 S.

Hartman, Edwin P. and David Biermann: The torsional and bending deflection of full-scale aluminium-alloy propeller blades under normal operating conditions. NACA Rep. 644 Jan. 1938.

Havers, A. u. J. Meyer: Fliehkraft-Schwingungen von an der Nabe allseits gelenkig angebrachten Luftschraubenblättern. Jb. 1938 Dtsch. Luftf.-Forsch. I 420—422.

Johnson, J. B. and T. T. Oberg: Airplane propeller blade life. Metals & Alloys 9(1938)10 259—262.

Lürenbaum, Karl: Schwingungsbeanspruchung und Dauerhaltbarkeit von Elektron-Luftschrauben. Jb. 1938 Dtsch. Luftf.-Forsch. I 416—419; DVL-Jb. 1938 457—460.

Freedman, G. L.: Freedman-Burnham propeller. Aero Dig. 34(1939)6 73—78.

Lürenbaum, Karl: Schwingungen des Systems Motor-Luftschraube. Schr. Dtsch. Akad. Luftf.-Forsch. H. 5 1939 19—44. [6.211.1].

Meyer, J.: Zur Berücksichtigung des Fliehkrafteinflusses auf die Biegeeigen-frequenzen von Luftschrauben. Luftf.-Forsch. 16(1939)8 429—430 13 Lit.-St.

Oates, J. A.: Wooden airscrew blades. Aircr. Production 1(1939)Oct. 722—726.

Sachs, G.: Improving aircraft propellers by surface rolling. Metals & Alloys 10(1939)1 19—23 7 ref.

Sezawa, K. and I. Utida: On the frequency of flexural vibrations of a rotating propeller blade. (In English.) Rep. Aeron. Res. Inst. (Tokyo) 14(1939)181 327—361.

Thomas, F. M. and A. G. A. Tawell: Experiments with composite airscrew blades. Flight 35(1939)1592 664a—664d.

de Valroger, P.: Quelques critiques et suggestions concernant la construction des hélices aériennes propulsives. Sci. Aérienne Aérotechn. (1939)5 136—141.

Weick, Fred E.: Composite wood and plastic propeller blades. SAE Meeting Spec. Pap. Jan. 1939 11 p. 15 ref.

Biot, M.: Coupled oscillations of aircraft engine propeller systems. J. Aeron. Sci. 7(1940)9 376—382 10 ref. [6.211.1].

Biot, M. A.: Vibration of crankshaft-propeller systems. New method of calcula-tion. J. Aeron. Sci. 7(1940)3 107—112 3 ref. [6.211.1].

Enos, L. H.: Recent developments in propeller blade design. Aero Dig. 37(1940) 2 48—51.

Lorenzelli, E.: Calcolo delle frequenze di vibrazione flessionale di una pala d'elica in rotazione. Aerotecnica 20(1940)11 815—833.

Luthander, St.: Berechnung der niedrigsten Eigenschwingungszahl eines Pro-pellers durch Verwendung der Rayleighschen Methode. (Schwedisch.) Tekn. T. 70(1940)29 73—79; Holz als Roh- u. Werkstoff 5(1942)4 144.

Maier, Erich: Biegeschwingungen von spannungslos verwundenen Stäben, ins-besondere von Luftschraubenblättern. Ing.-Arch. 11(1940)2 73—98 12 Lit.-St.

Obata, J. and Y. Yosida: Measurement of the period of natural vibration of an airscrew blade. (In English.) Rep. Aeron. Res. Inst. (Tokyo) 15/5(1940)191 95—108.

Obata, J., Y. Matumura and *R. Kanayama:* Acoustical studies of the flutter of an airscrew (Investigations of airscrew flutter. Pt. II.) Rep. Aeron. Res. Inst. (Tokyo) Imp. Univ. (1940)202 556—590; J. Aeron. Sci., Aeron. Rev. Sect. **8**(1941)8 29.

Riechers, Kurt: Holzverbundbauweisen im Luftschraubenbau. Z. VDI **84**(1940)20 339—342.

Salzmann, F. u. *A. v. d. Mühll:* Festigkeitsuntersuchungen an Verstellpropellern für Flugzeuge. Flugwehr u. Technik **2**(1940)3.

Beebe, M. C.: Balancing of aircraft propellers. Aero Dig. **39**(1941)3 256, 258, 260, 272, 273.

Castaing, H.: The balancing of airscrews. Aircr. Engng. **13**(1941)145 61—65.

Cordes, G.: Bemessung von Luftschraubenflügelfüßen. Luftf.-Forsch. **18**(1941)4 128—134.

Kearns, Ch. M.: Engine airscrew vibrations. Aircr. Engng. **13**(1941)150 211—215 3 ref. [6.211.1].

Kronauer, E.: Dynamisches Ausbalanzieren von Flugzeugpropellern. Flugwehr u. Technik **3**(1941)6 141—144.

Meyer, J.: Der Fliehkrafteinfluß auf die höheren Biege-Eigenfrequenzen von Luftschrauben bei verschiedenen Anstellwinkeln. Luftf.-Forsch. **18**(1941)1 24—25 4 Lit.-St.

Shannon, J. F. and *J. R. Forshaw:* Propeller blade vibration: nature and severity of vibration at edgewise resonance as influenced by coupling effects due to blade twist. ARC R & M 2561 May 1941 10 p. 2 ref.; Index Aeron. **7**(1951) 6 89.

—- Improved wood airscrews. Aircr. Production **3**(1941)36 355—356.

Cordes, G.: The design of propeller blade roots. NACA TM 1001 Jan. 1942.

Löffler, K.: Luftschrauben-Blattschwingungen und ihr Zusammenhang mit den Kräften im Motor. ZWB TB **9**(1942)7, Vorabdr. Jb. 1942 Dtsch. Luftf. Forsch. 6. Lfg. 24—29.

Meyer, J.: Über Schwingungsuntersuchungen an Gegenlaufschrauben. ZWB TB **9**(1942)6 192.

Schröder, Edgar: Beitrag zur Beurteilung der Festigkeitsverhältnisse an Stahlhohlschrauben. ZWB TB **10**(1943)4, Vorabdr. Jb. 1942 Dtsch. Luftf. Forsch. 11. Lfg. 11—15.

Warden, H. H.: Designing propellers to meet performance requirements. Aviation **41**(1942)4 70—71, 73, 202.

Wiemer, A.: Untersuchung über die Verdrehfestigkeit der Konusverbindung Luftschraubennabe-Kurbelwelle. ZWB FB 1593 1942 44 S.

Bollenrath, Franz, Walter Bungardt u. *Hanns Gröber:* Einfluß der Warmbehandlung auf die Festigkeit von Luftschrauben aus Al-Zn-Mg-Legierungen. ZWB UM 1037 1943 9 S.

Farrah, J. T.: Problems of routine propeller balancing. J. Aeron. Sci. **10**(1943) 7 209—212.

Hoffmann, Ludwig: Der hölzerne Luftschraubenflügel. Z. VDI **87**(1943)31/32 498—500 2 Lit.-St.

Morris, J. and *W. J. Evans:* Engine crankshaft frequency curves. Aircr. Engng. **15**(1943)172 156—159, 164. [6.211.1].

Neubert: Schwingungsmessungen am Motorenmuster DB 628. ZWB UM 1016 Juni 1943 7 S. [6.211.1].

Schmidt, K.: Zur Frage des Luftschraubenflatterns. ZWB UM 1094 Nov. 1943 14 S.

Wegelius, E.: Entwicklung von Schichtholzluftschrauben in Finnland. Luftwissen **10**(1943)10 275—279.

Wiemer, A.: Schubverteilung infolge Querkraftbiegung in Stahl-Hohlluftschraubenblättern verschiedenen Aufbaus. ZWB UM 1043 1943 6 S.

— Hydulignum laminated-wood airscrews. Engng. **155**(1943)4017 27—28, 30.

Day, T. H.: Airscrew stress coefficients. Aircr. Engng. **16**(1944)183 128—130 2 ref.

Jacobi: Über die Spannungs- und Momentenverteilung bei schwingenden Luftschrauben. ZWB UM 1219 Apr. 1944 10 S.

Kubasch: Dauerbiegehaltbarkeits-Untersuchungen an Leichtmetall-Holz-Luftschraubenfüßen von 125 mm Schaftdurchmesser mit Stahlhülse (VDM-Rundgewinde 125 × 16) des Propellerwerkes Hugo Heine. ZWB UM 1386 1944 8 S.

Kubasch: Dauerhaltbarkeits-Untersuchungen an Luftschraubenfüßen aus kupferfreien DMW-, VLW- und IG/DVL-Leichtmetall-Legierungen. DVL-Ber. X 256 u. X 281.

Neubert: Schwingungsmessungen am Triebwerk VB 10 der AEA, Lyon. ZWB UM 1269 Juni 1944 5 S. [6.211.1].

Stüper: Festigkeitsbeanspruchungen beim taktischen Bremsen mit der Luftschraube. ZWB UM 3093 1944 13 S.

Brocard, J.: Calculations and experiments with modern propellers. Techn. et Sci. Aéron. (1946)3 137—164; Index Aeron. **4**(1948)4 67.

Love, E. R. a. o.: Vibration of stationary and rotating propellers. Austr. Counc. Aeron. Rep. ACA-36 June 1947 54 p. 18 ref.; Index Aeron. **5**(1949)3 59.

Parkus, H.: Drillschwingungen von Luftschraubenblättern. Oest. Ing.-Arch. **1** (1947)4/5 296—302; Index Aeron. **4**(1948)1 54.

Simpkinson, Scott H., Laurel J. Eatherton and Morton B. Millenson: Effect of centrifugal force on the elastic curve of a vibrating cantilever beam. NACA TN 1214 Febr. 1947; NACA Rep. 914 1948 7 p. 5 ref.; Index Aeron. **6**(1950)7 5.

Dirac, G. A.: The vibration of propeller blades. Aircr. Engng. **20**(1948)237 322—329, 343; Index Aeron. **5**(1949)3 60.

Korff, Walter H.: Extruded aluminium propeller blades and hub. Product Engng. **19**(1948)12 127; Met. Rev. **22**(1949)1 46; Index Aeron. **5**(1949)3 60.

Warden, H. H.: Propeller considerations for high-speed aircraft. Aeron. Engng. Rev. **7**(1948)10 32—35, 87; Index Aeron. **5**(1949)4 42.

Mullin, J. and C. G. I. Gardiner: The design of propellers. J. Roy. Aeron. Soc. (1949)March 16 p. 5 ref.; Index Aeron. **5**(1949)6 65.

Plunkett, R.: A matrix method of calculating propeller-blade moments and deflections. J. Appl. Mech. **16**(1949)4 361—369 7 ref.; Index Aeron. **6**(1950) 3 30.

Bollenrath, Franz, Walter Bungardt u. Hanns Gröber: Einfluß der Warmbehandlung auf die Festigkeit von Luftschrauben aus Aluminium-Zink-Magnesium-Legierungen. Z. Metallkde. **41**(1950)12 463—469.

Milner, H. L.: Recent developments of the mechanism of the hydraulic variable-pitch aircraft propeller. Engineer **189**(1950)4917 476—477; Aircr. Engng. **22** (1950)259 264—272; Index Aeron. **6**(1950)6 45, 11 60.

Rhines, T. B.: Design refinements in modern propellers. Aeron. Engng. Rev. **9**(1950)8 23—27; Index Aeron. **6**(1950)12 60.

Treseder, R. C. and D. D. Bowe: The design and operation of gas turbine propellers. SAE Prepr. 514 Sept. 1950 9 p.; Index Aeron. **7**(1951)5 51.

Plunkett, R.: Free and forced vibrations of rotating blades. J. Aeron. Sci. **18** (1951)4 278—282 14 ref.; Index Aeron. **7**(1951)9 65.

Takahashi, Toshie and Atsubumi Okura: On a coupled vibration of propeller blades and crankshaft. Jap. Sci. Rev. **2**(1951)1 1—10; Index Aeron. **9**(1953) 2 60.

— Making hollow steel propeller blades. Machinery (London) **83**(1953)2135 757—766; Index Aeron. **10**(1954)1 66.

— Metallized aeroplane propellers. Electroplating and Metal Spraying **6**(1953) 3 115—116; AB **24**(1953)5 296.

Alter, H. J.: Notes on the construction of integral fuel tanks for airplanes. J. Aeron. Sci. **4**(1937)3 100—106 3 ref.

Baird, J. W.: Crashproof fuel tanks. Aero Dig. **40**(1942)4 130, 133—134, 136, 154.

Brotherton, W. P.: World's largest wing tanks. Aero Dig. **65**(1952)6 90—99; Index Aeron. **9**(1953)3 66.

Evans, G. B.: Integral fuel-tanks. Aircr. Production **14**(1952)162 Apr. 110—114; AB **23**(1952)5 250; Index Aeron. **8**(1952)6 81.

Walker, J. E.: Fuel systems for turbine-engined aircraft. Roy. Aeron. Soc. Prepr. April 1952 27 p. 15 ref.; Index Aeron. **8**(1952)7 80.

— The production of large drop tanks for aircraft. Machinery (London) **81**(1952) 2069 70—71; Index Aeron. **8**(1952)9 75.

Kern, Arnold: Design and fabrication of aluminum wing tanks. Light Metal Age **11**(1954)11/12 12—13. [6.254.9].

— Drop-tanks for aircraft moulded in phenolic/asbestos. Brit. Plastics **28**(1955) 2 60—61.

Sonstige Flugzeugteile 6.254.8

Engelhardt, L. F.: Stress analysis of fittings. Aviation Engng. (1930)Jan. 11 ff.

Hertel, Heinrich: Steifigkeit, Festigkeit und Beanspruchung von Anschnallgurten und Sesseln. 223. DVL-Ber. 1931; DVL-Jb. 1931 111—124.

Riechers, K. u. J. Olms: Untersuchung von Scheiben für Höhenflugzeugbeobachtungsfenster auf Widerstand gegen einseitigen Überdruck. ZWB UM 436 1937 27 S.

Adams, H. W.: Design and shop problems in high-pressure hydraulic systems. SAE J. **47**(1940)3 367—369.

McArthur, W.: The design of airplane seating. Aero Dig. **36**(1940)6 79—80, 92, 95.

Brownback, H. L.: Control systems for modern planes. Automot. Industries **85** (1941)4 20—25.

Poupitch, O. J.: Testing aircraft fasteners. Aviation **42**(1942)10 128, 332.

Schmidle, A.: Flugzeugführersitze aus geschichtetem Preßstoff. Z. VDI **86**(1942) 25/26 398.

Morse, A. L.: New windshield developments. SAE J. **51**(1943)8 289—293, 304.

— Protection of nonmetallic aircraft from lightning. I. General analysis. II. Lightning conductor materials. III. Electrical effects in glider towlines. IV. Electrocution hazards from inductive voltages. (High Voltage Lab. Nat. Bur. Stand.) NACA ARR 3 I 10 (WR W-59) Sept. 1943, ARR 3 J 12 (WR W-60) Oct. 1943, ARR 4 C 20 (WR W-62) March 1944, ARR 4 I 28 (WR W-85) March 1945.

Bradley, Kathryn H. and B. M. Axilrod: Plastic mountings for aircraft windshields. NACA TN 936 May 1944. [6.14].

Hadekel, R.: The case for hydraulic services. Aeroplane **66**(1944)1704 77—78.

Richardson, N. R.: Development of functional cockpits for naval aircraft. SAE Prepr. April 1947 10 p.; Index Aeron. **4**(1948)5 70.

Cross, R.: Towards simpler cockpits. Aeronautics **18**(1948)6 32—34; Index Aeron. **4**(1948)7 28.

Holliday, T. B.: Aircraft accessory systems. Product Engng. **19**(1948)11 119—121; Index Aeron. **5**(1949)3 58.

Moore, J. R.: Application of servo systems to aircraft. Inst. Aeron. Sci. Prepr. No. 154 July 1948 63 p. 21 ref.; Aeron. Engng. Rev. **8**(1949)1 32—43, 71; Index Aeron. **5**(1949)2 33, 7 56.

Pollitt, C. A. H.: Some facts about aircraft hydraulic systems. Aircr. Engng. **21** (1949)249 351—354; Index Aeron. **6**(1950)1 52.

Richolt, R. R.: Development of the Constellation hydraulic system. Proc. Nat. Conf. Industr. Hydraulics 3(1949)Oct. 185—205; Index Aeron. 7(1951)11 138.
— Hydraulic equipment. Parts I and II. Aircr. Production 11(1949)125/126 97—102, 136—140; Index Aeron. 5(1949)7 57.
— The relative merits of auxiliary power systems. (2nd Int. Aeron. Conf. New York 1949) Inst. Aeron. Sci. & Roy. Aeron. Soc. Proc. May 1949 417—502; Index Aeron. 6(1950)9 65.
Cumberland, C. H. and *G. S. Bowey:* Passenger seats for aircraft. Aircr. Engng. 22(1950)259 250—255; Index Aeron. 6(1950)11 60.
Duc, J.: Influence de l'altitude et des temperatures extrèmes sur le comportement des materiels électriques à bord des avions. Bull. Soc. Franc. Electr. 10 sér. 6(1950)100 27—31; Index Aeron. 6(1950)10 60.
Hacker, P. T. a. o.: Ice protection for turbojet transport airplane: 1. Meteorology and physics of icing. 2. Determination of heat requirements. 3. Thermal anti-icing systems for high speed aircraft. Inst. Aeron. Sci. Prepr. FF-1 March 1950 19 p. 13 ref.; Index Aeron. 7(1951)10 88.
Lippert, S.: Designing for comfort in aircraft seats. Aeron. Engng. Rev. 9(1950) 2 39—41; Index Aeron. 6(1950)7 56.
Burnard, L. G.: Seat-manufacture. Part I. Design-considerations and strength requirements: Mechanical testing. Aircr. Production 13(1951)150 99—104; AB 22(1951)5 253.
Cronin, M. J. J.: The development of the electrical system on the Bristol Brabazon 1 Mark 1 aircraft. Proc. Inst. Electr. Engrs. 98 Pt. 1 (1951)113 269—288 5 ref.; Index Aeron. 7(1951)12 108.
Cumberland, C. H. and *G. S. Bowey:* Water systems in civil aircraft. Aircr. Engng. 23(1951)273 322—329; Index Aeron. 8(1952)1 68.
Woodall, R. H. and *W. A. Higgs:* Progress towards electrical serviceability. Roy. Aeron. Soc. Prepr. March 1951 19 p.; Index Aeron. 7(1951)10 84.
Hobelmann, A. H. and *S. Huey:* High pressure pneumatics in a modern fighter aircraft. SAE Prepr. 723 1952 17 p.; Index Aeron. 8(1952)9 66.
Keiller, I. L.: The design of jettisonable cockpit hoods. ARC Curr. Pap. CP 105/ ARC 14598 1952 34 p. 11 ref.; Index Aeron. 9(1953)4 79.
King, B. G.: Functional cockpit design. Aeron. Engng. Rev. 11(1952)6 32—40 16 ref.; Index Aeron. 9(1953)1 65.
Postel, K. I. and *R. A. Meade:* Hydraulic drives for aircraft. SAE Prepr. 725 Jan. 1952 14 p.; Index Aeron. 8(1952)9 76.

Spezielle Flugzeugfertigung   6.254.9

Bauer, M. H.: Rationalisierung im Flugzeugbau. ZFM 21(1930)24 630—635.
Hertel, Heinrich: Das Pressen von Flugzeugbauteilen aus Leichtmetall. Jb. 1935 Vereinig. Luftf. Forsch. 67—96.
Herman, F. W.: Manufacturing phases of metal-aircraft construction. SAE J. 39(1936)4 394—399.
Oeckl, O.: Großvorrichtungen im Metallflugzeugbau. Werkstattstechn. u. Werksleiter 31(1937)12 265—269.
de Ganahl, D. and *W. L. Sutton:* Manipulation of stainless steel for aircraft. Aero Dig. 33(1938)1 44—45.
Griebsch, F.: Festigkeits- und Gestaltungsfragen im Großvorrichtungsbau für die Ganzmetall-Flugzeugfertigung. Luftwissen 5(1938)2 41—45.
Oeckl, O.: Die Serienfabrikation der Hs 126. Henschelstern (1938)6 136—141.
Oeckl, O.: Konstruktion und Fertigung im neuzeitlichen Metallflugzeugbau. Z. VDI 82(1938)11 309—314.
Streeter, J.: How to build flying boat hulls and seaplane floats. New York: Pitman 1938 90 p.
Wright, T. P.: The American aircraft industry. Aircr. Production 1(1938)2 61—62.

— The manufacture of the Oxford twin-engined training aircraft. Methods employed by Airspeed (1934) Ltd. Machinery (London) **53**(1938)1363 217—222, 1364 259—262.

Herzberg, A.: Wirtschaftliche Beplankung im Flugzeugbau. Werkstattstechn. u. Werksleiter **33**(1939)7 192—195.

Oeckl, O.: Der wirtschaftliche Einsatz von Betriebsmitteln in der Zellenfertigung. Luftwissen **6**(1939)2 55—59.

Pleines, Wilhelm: Die Glatthautnietung im Deutschen Flugzeugbau. Z. VDI **83** (1939)37 1037—1041, 38 1057—1060. [2.52].

Carroll, D. I.: Streamlined aircraft production. Aviation **39**(1940)5 38—41, 98.

Eimbeck, F.: Vorrichtungen im Flugzeugbau. Maschinenb. Betrieb **19**(1940)10 427—428 2 Lit.-St.

Fechet, J. E.: Aircraft production. Aeronautics **2**(1940)9 563—576.

Mullett, G. W.: The detailed construction of empire flying boats. Light Metals **3**(1940)25 30—37.

Oeckl, O.: Großflugzeuge im Zusammenbau. Werkstattstechn. u. Werksleiter **34**(1940)23 402—403.

Perry, H. W.: Bau von Preßholzflugzeugen nach dem Aermold-Verfahren. Plastics **4**(1940)41 225—226; Kunststoffe **31**(1941)11 388.

— Airplane production in the USA. Machinery (London) **56**(1940)1456 682—695.

Berlin, D. R. and *P. F. Rossmann:* Engineering considerations in the application of automobile methods to aircraft production. SAE J. **48**(1941)6 218—233.

Butter, Otto: Sprengnietung im Flugzeugbau. DMZ **18**(1941)9 370, 372; Luftwissen **9**(1942)1 25. [2.52].

Kiesbye: Flugzeugfertigung nach dem Taktverfahren. DMZ **18**(1941)1 18, 20, 22.

Moon, H. P.: A plastic molded airplane. Aviation **40**(1941)1 44—45, 140—144.

Ritter, E.: Zusammenarbeit von Konstrukteur und Fertigungsmann im Flugzeugbau. DMZ **18**(1941)1 6, 8, 10, 12, 14.

Robson, Alex M.: Airplane metal work. Vol. 2. Airplane sheet metal shop practice. New York: Nostrand 1943 109 p.

Schnizler, W.: Fließende Fertigung im Flugzeugbau. Z. VDI **85**(1941)37 781—784.

Thompson, J. E.: Aircraft design, factors which affect production economy. Product Engng. **12**(1941)6 278—285.

Tibbits, K. W.: Light plane industry prepares for mass production. Aero Dig. **38**(1941)2 134—138, 194.

Wilde, F.: Entwicklung der automatischen Nietung im Flugzeugbau. DMZ **18** (1941)8 316—324; Luftwissen **8**(1941)12 386.

— The application of quantity methods to aircraft production. Machinery (London) **59**(1941)1514 65—70.

— Wooden wing manufacture. Aircr. Production **3**(1941)36 373—375.

Gaats, O.: Reihenfertigung im Flugbootbau. DMZ **19**(1942)2 40—42.

Hammer, Karl: Spanlose Verformung von Flugzeugbauteilen. ZWB TB **9**(1942)1 Anhang 1—14.

Oehlmann, H.: Reihenfertigung von Flugzeug-Zellenteilen aus Holz. Holz als Roh- u. Werkstoff **5**(1942)4 113—117.

Richter, G.: Der Bau von Kunststoff-Flugzeugen im Ausland. Luftwissen **9**(1942) 10 292—294.

Spieß, H.: Neue Zellenbauweise der Dornier-Werke. ZWB TB **9**(1942)1 Anhang 15—30.

Laddon, I. M.: Reduction in man-hours in aircraft production. Aviation **42**(1943) 5 170—171, 173, 356, 359—360.

Perelle, C. W.: Present-day manufacturing problems of the aircraft industry. Aero Dig. **42**(1943)5 158, 340—347.

Tödter, H.: Die Fertigung in der englisch-amerikanischen Flugzeugindustrie. Luftwissen **10**(1943)7 187—197.

— Junkers line-assembly methods. Aircr. Production **5**(1943)51 31—34.

Grierson, R.: Wooden spar production. An electro-thermal method of reducing the setting time required for urea-formaldehyde resins. Aircr. Production **6**(1944)69 337—344; VDI Verschl. Ber. (1945)5020/3 17—18.

— "Redux" bonding in the de Havilland "Hornet" and "Sea Hornet". Aero Res. TN Bull. 39 Apr. 1946.

Stevens, J. H.: Manufacture of the de Havilland Dove light transport. Aircr. Engng. **19**(1947)226 393—401, 404; Index Aeron. **4**(1948)3 62.

Erickson, H. G.: The design engineer's role in airplane cost reduction. Aeron. Engng. Rev. **7**(1948)2 24—30; Index Aeron. **4**(1948)7 33.

Mallett, F. McL.: Design of structural components for interchangeability. Product Engng. **19**(1948)8 137—139; Index Aeron. **5**(1949)1 54.

Bruner, G.: Preßblechteile und elektrische Punktschweißung beim Serienbau des Reiseflugzeuges SECAN „Courlis". Inter-Avia **4**(1949)2 93—96.

Evans, G. B.: Welding applied to aircraft construction. Trans. Inst. Welding, Welding Res. **12**(1949)3 70—75 35 ref.; Met. Rev. **22**(1949)9 55; Index Aeron. **5**(1949)10 62.

Evans, G. B.: Welding in aircraft construction; a record of application and development. Aircr. Production **11**(1949)June 200—203; Met. Rev. **22**(1949) 8 50.

Morgan, A. W.: The Brabazon prototype. A survey of some of the fabrication and assembly methods in use of the world's largest aircraft. Sheet Metal Industries **26**(1949)266 1217—1226, **27**(1950)273 47—50, 275 231—236, 277 405—412, 416, 283 907—912, 918.

Moss, C. J.: Accurate wing contours. Aircr. Production **11**(1949)128 198—199 8 ref.; Index Aeron. **5**(1949)9 41.

Poulsen, S. C.: Percival Prince. Part I. Basic production equipment; stretch forming; soft metal blanking-tools; fuselage construction. Aircr. Production **11**(1949)129 218—223; Met. Rev. **22**(1949)9 52; Index Aeron. **5**(1949)9 42.

Poulsen, S. C.: Percival Prince. Part II. Pre-assembled skinpanels; fuselage fixtures and assembly; wing structure and assembly; wooden fixtures. Aircr. Production **11**(1949)Aug. 254—261; Met. Rev. **22**(1949)9 52.

Radcliffe, F.: Production — the designer's contribution I. Aircr. Production **11** (1949)129 241—245 12 ref.; Index Aeron. **5**(1949)9 39.

Wheelon, O. A.: Design of aircraft structures for "mass production". SAE Quart. Trans. **3**(1949)July 480—489; Met. Rev. **22**(1949)9 56.

— Significant structural design and fabrication developments (aircraft). SAE Prepr. 378 1949 52 p.; Index Aeron. **6**(1950)2 49.

Brown, J. G. H.: The reduction in weight of structurally important aircraft components by controlled cold-working during manufacture. J. Roy. Aeron. Soc. **54**(1950) 471 211—214; AB **21**(1950)7 387.

Nussbaum, A. I.: Automatic welding of aircraft storage containers by the submerged-arc process. Sheet Metal Industries **27**(1950)278 533—535; Bull. Anal. C.N.R.S. **11**(1950)11 3985.

Poulsen, S. C.: Airspeed Ambassador. Parts I and II. Aircr. Production **12**(1950) 141/142 213—219, 241—247, 143/144 272—278; Index Aeron. **6**(1950)12 63.

Sykes, E. C.: Electric resistance welding and its use in the construction of aircraft. J. Roy. Aeron. Soc. **54**(1950)472 242—246; Bull. Anal. C.N.R.S. **11** (1950)11 3997.

— The "Vampire" fuselage. A glued and pressurised wood shell for a jet propelled fighter aircraft. Wood (Chicago) **15**(1950)5 151—156.

— Wing joint-plates. Aircr. Production **12**(1950)138 113—119; Index Aeron. **6** (1950)8 65.

Bringewald, A.: Hole production method for airframe parts. SAE J. **59**(1951)5 26—28; Index Aeron. **7**(1951)9 96.

Lewis, G. B. and *L. Frost:* The production of aircraft parts and tools by electroforming. Machinery (London) **79**(1951)25./10. 707—714; Werkstattstechnik u. Maschinenbau **43**(1953)1 43.

Perry, Harry Wilkin: Press-forging light metals for aircraft. Modern Industr. Press **13**(1951)Sept. 28, 32, 34; Met. Rev. **24**(1951)11 28.

Povey, H.: Planning and production methods used in the construction of the de Havilland Comet. Roy. Aeron. Soc. Prepr. April 1951 12 p.; Index Aeron. **7**(1951)10 88.

Povey, H.: The production of the Comet. Aircr. Production (1951)May 134, 170.

— Moulded wings for delta aircraft. Brit. Plastics **24**(1951)269 334—337 5 ref.; Index Aeron. **8**(1952)1 69.

–- Undercarriage manufacture. Aircr. Production **13**(1951)157 350—356; Index Aeron. **8**(1952)1 70.

Albert, H.: Machining (aluminium alloy) aircraft parts with improved set-ups. Machinery (London) **80**(1952)2049 327—330; Met. Abstr. **21**(1953) Pt. 2 Oct. 196; AB **24**(1953)12 799.

Burton, C. A.: Spot welding in the construction of the "Comet". Welding and Metal Fabrication **20**(1952)11 384—388; AB **23**(1952)12 667.

Corral, Joseph S.: Forming (75 S alloy) wing grids for aircraft. Machinery (London) **81**(1952)2078 519—523; Met. Abstr. **21**(1953) Part 2 195; AB **24**(1953) 12 799.

Hollyhock, W. S.: Some aspects of aircraft design and manufacture for limited production. J. Roy. Aeron. Soc. **56**(1952)493 25—32; Index Aeron. **8**(1952)3 77.

Sandorff, P. E. u. *G. W. Papen:* Über die volle Fläche versteifte Blechhaut revolutioniert den Flugzeugbau. Werkstattstechn. u. Maschinenb. **42**(1952)8 340; Nachr.-Bl. AGM Leichtbau **1**(1952)6 10.

Schrodeck, E. A.: Fuel tanks formed with hydraulic pressure. Automot. Industries **106**(1952)2 33, 108; Index Aeron. **8**(1952)7 79.

— Forged skin-panels: 1 and 2. Aircr. Production **14**(1952)164 191—197, 166 261—268; Index Aeron. **8**(1952)10 71—72.

— Redux in the Comet. Aero Res. TN Bull. 110 Febr. 1952 8 p.; Holz als Roh- u. Werkstoff **10**(1952)10 410. [2.531].

Borger, J. C.: Machining integrally stiffened structures. Amer. Soc. Mech. Engrs. Prepr. 53-SA-21 1953 7 p.; Index Aeron. **9**(1953)9 79; Mech. Engng. **75**(1953)11 871—874; AB **24**(1953)12 800. [2.4].

Dowty, G. H.: Second conference on problems of aircraft production: Session a (A). — "Production problems arising from the trend of design (from the view-point of an equipment manufacturer)." Instn. Production Engrs. Prepr. Dec. 1953 9 p.; Index Aeron. **10**(1954)2 73.

Keen, E. D.: Integral construction: its application to aircraft design and its effect on production methods. J. Roy. Aeron. Soc. **57**(1953)508 215—227; Index Aeron. **9**(1953)7 64. [6.254.0].

Russell, E. W.: Verglasung von Flugzeugen. Modern Plastics **30**(1953)March 119—124, 180—184; Kunststoffe **44**(1954)1 24.

— Machining operations on aircraft components. Machinery (London) **82**(1953) 2110 751—755; Index Aeron. **9**(1953)7 64.

Brotherton, W. P.: Das neuzeitliche Schweißen von Flugzeugteilen. Steel Processing (1954)2 92—96, 115; Nachr.-Bl. AGM Leichtbau **4**(1955)7 12.

Connolly, J. V.: Current development of aircraft production processes. Aircr. Engng. **26**(1954)307 272—287, 291; Index Aeron. **10**(1954)10 123; AB **25**(1954) 10 671.

Glasgow, C. S.: Tooling aspects of heavy skin construction. Inst. Aeron. Sci. Prepr. 483 June 1954 16 p.; Index Aeron. **10**(1954)10 123.

Kelly, G. M.: Single-curvature technique speeds body profiling. Product Engng. **25**(1954)8 135—137; Index Aeron. **10**(1954)10 124.

Kern, Arnold: Design and fabrication of aluminum wing tanks. Light Metal Age 11(1954)11/12 12—13. [6.254.73].

Moressée, G.: Widerstandschweißen im Flugzeugbau. Schweißen u. Schneiden 6(1954)12 488—493.

Morgan, W.: Aircraft forgings. Sheet Metal Industries 31(1954)6 545—546; Nachr.-Bl. AGM Leichtbau 4(1955)7 11.

Pleines, Ernst Wilhelm: Aus der Praxis des Klebens im ausländischen Leichtmetall-Flugzeugbau. Aluminium 30(1954)2 49—56, 4 158—162. [2.531].

Sanz, Manuel C.: Removing metal by chemistry to produce difficult shapes for aircraft structures. Automot. Industries 111(1954)5 54—57, 112, 114; AB 25 (1954)10 695.

Schwalenberg, H. V.: Fabrication aspects of large structural components. Inst. Aeron. Sci. Prepr. 484 June 1954 10 p.; Aeron. Engng. Rev. 13(1954)11 63—66; AB 25(1954)12 843—845; Index Aeron. 10(1954)10 120.

Scott, R. B. and *R. L. Vaughan:* Production of large aircraft panels from sheet material. Machinery (London) 84(1954)2148 121—125; Index Aeron. 10(1954) 4 91; Werkstattstechn. u. Maschinenb. 44(1954)12 639—640.

Stone, I.: P 2 V stringer production details revealed. Aviation Week 60(1954) 7 28—34; Index Aeron. 10(1954)5 103.

Vinsonneau, F. and *C. Thomas:* The use of adhesives for metals in aircraft structures. Docaéro (1954)26 15—24; Index Aeron. 10(1954)6 104.

Wick, C. H.: Precision machining of aircraft control parts. Machinery (London) 84(1954)2149 181—185; Index Aeron. 10(1954)4 74.

Wood, R.: Canopy construction. Aircr. Production 16(1954)2 62—69; Index Aeron. 10(1954)4 91.

Wood, R.: Canopy moulding. Aircr. Production 16(1954)5 184—191; Index Aeron. 10(1954)6 106.

— Aircraft jigs in glass-reinforced polyester. Brit. Plastics 27(1954)6 206—210.

— Free-drawing acrylic canopies. Brit. Plastics 27(1954)3 85—87; Index Aeron. 10(1954)6 105—106.

— The high-speed profiling of aircraft structural members, methods and equipment developed by Cramic Engineering Co. Ltd. Machinery (London) 84 (1954)2171 1343—1348; AB 25(1954)8 529—530.

— Operations on components for aircraft refrigeration units. Machinery (London) 85(1954)2173 65—71; AB 25(1954)8 530.

— Vickers Armstrong's Viscount: Pt. 1 and 2. Aircr. Production 16(1954)3/4 88—92, 139—146; Index Aeron. 10(1954)5 120.

Brown, D. C. and *J. J. Wilson:* Oxy-acetylene pressure welding of aircraft undercarriage components. Brit. Welding J. 2(1955)4 160—171; Nachr.-Bl. AGM Leichtbau 4(1955)7 15.

Glasgow, C. S.: Tooling aspects of heavy skin construction. Aeron. Engng. Rev. 14(1955)1 38—45.

Keen, E. D.: Integrated structures. Aircr. Production 17(1955)3 120—125.

Keen, E. D.: Machining and forming problems for integral construction. J. Instn. Production Engrs. 34(1955)3 158—188.

Owen, R. H.: Hot formed magnesium skins save weight and time. Aero Dig. (1955)Febr. 52, 54, 56; Aeron. Engng. Rev. 14(1955)5 187.

Seilbahnen 6.255

— 40 % Leistungssteigerung einer Schwebebahn durch Leichtfahrzeuge. Schweiz. Bauztg. (1932)5./3. 124—125; Z. VDI 76(1932)12 301.

Koenig, M.: Leichtmetall-Legierungen für Wagen von Seilschwebebahnen. Z. VDI 81(1937)18 518.

— Entwicklung der Seilschwebebahnen im Jahr 1936. Gewichtsersp. im Transportwes. 6(1937)5/6 72—76.

Tournon, A.: Nécéssité de l'allégement du matériel roulant des installations téléphériques. Rev. Aluminium **16**(1939)109 1613—1620.

Czitary, E.: Über Schwingungen von Schwebebahnseilen. Bautechnik **18**(1940) 47/48 551—553; Techn. Z.-Schau **26**(1941)5 98.

Amstutz, Ernst: Graphische Berechnung der Seile mehrfeldriger Luftseilbahnen. Schweiz. Bauztg. **119**(1942)7 75—77.

Wyss, Th.: Die Biegebeanspruchungen an Tragseilen von Schwebebahnen im Bereich der Auflast. Schweiz. Bauztg. **67**(1949)38 525—531.

Wyss, Th.: Einfluß der sekundären Biegung und der inneren Pressungen auf die Lebensdauer von Stahldraht-Litzenseilen mit Hanfseele. Schweiz. Bauztg. **67**(1949)14 193—198, 15 212—215, 16 225—228.

— Fortschritte im Bau von Luftseilbahnen in Einseilbauart Hunziker. Schweiz. Bauztg. **68**(1950)35 480—482.

Wyss, Th. u. *H. Bosshard:* Erfahrungen und Messungen an den Tragseilen der Kabelkrane und Betonierbühnen beim Bau der Staumauer Räterichsboden. Schweiz. Bauztg. **69**(1951)34 469—476; Stahl u. Eisen **71**(1951)24 1334.

Dietze, F.: Leichtmetall-Seilbahnkabinen. „Aluminium im Verkehr", Düsseldorf: Aluminium-Verl. 1953 153—155.

Weisgerber: 10-Katzen-Seilbahn-Traverse aus Leichtmetall. Aluminium **30**(1954) 10 432—433.

Bleicher, W.: Aluminium als Baustoff in der Fördertechnik. Vorteile bei Seilbahnen, Schachtförderung, Förderbandanlagen und sonstigen Transportgeräten. Fördern u. Heben **5**(1955)6 356—360. [6.263.1].

Bloch, E. A. et *M. Gondolo:* Bennes en métal léger pour transporteur aérien. Aluminium (Suisse) **5**(1955)4 157—159; Aluminium **31**(1955)9 A 203.

Förderanlagen	6.26
Hebezeugbau	6.261
Allgemeines	6.261.1

Hänchen, Richard: Winden und Kräne. Aufbau, Berechnung und Konstruktion. H. 1 Allgemeines und Maschinenteile der Winden und Krane. 66 S., H. 2 Maschinenteile der Winden und Krane. 72 S., H. 3 Lastaufnahmemittel. Elektrische Ausrüstung der Winden und Krane. Ortsfeste und tragbare Winden. 82 S., H. 4 Laufkatzen und Laufkrane. 86 S., H. 5 Torkrane (Bockkrane). Verladebrücken. Konsolkrane. Ortsfeste Drehkrane. 94 S., H. 6 Fahrbare Drehkrane. Schwimmkrane und Sonderkrane (Hafenkrane, Werftkrane, Eisenbahnkrane, Hüttenwerkskrane, Werkstättenkrane, Baukrane) VIII, 95 S. Berlin: Springer 1932.

— Light alloys in heavy engineering. Light Metals **8**(1945)85 53—69, 86 111—119.

Ricken, Theodor: Fördermittel für Bearbeitungs- und Zusammenbauwerkstätten. München: Hanser 1949 74 S.

Vierling, A.: Fördertechnik. Hebezeuge — Aufzüge — Flurfördermittel — Gleisfahrzeuge — Stetige Förderer. Z. VDI **93**(1951)18 529—533 25 Lit.-St.

Hohenecker, Chr. Richard: Schweißkonstruktionen im Maschinen- und Hebezeugbau. Leipzig: Fachbuchverl. 1952 56 S. [6.21].

Lange, F.: Die Vierseilförderung. Essen: Glückauf 1952 102 S.

Vierling, A.: Gegenwartsfragen der Fördertechnik. Z. VDI **94**(1952)6 153—157.

Bär, S.: Der Ausgleich der Seilkräfte bei Mehrseilförderungen. Glückauf **89**(1953) 1253—1265.

Fröhlich, K.: Erfahrungen beim Berechnen und Entwerfen von Fördergerüsten. Glückauf **89**(1953) 1—11.

Keller, A. u. *W. Blasi:* Betrachtungen über Berechnungsgrundlagen der Fördergurte. Bergbau-Techn. **3**(1953) 567—570.

— Des appareils de levage en magnésium. Rev. Aluminium (1953)199 205—209.

Riedig, F.: Sonderformen von leichten Förderbändern. Bauing. **29**(1954) 420—422.
Vierling, Albert: Fördertechnik. Hebezeuge, Flurförderer, Stetigförderer. Z. VDI **97**(1955)19/20 585—591 32 Lit.-St.
Weisgerber, J. u. *Puschner:* Anwendung der modernen Schweißtechnik bei einem Hebezeug aus Aluminiumlegierungen. Aluminium **31**(1955)6 266—270.

Krane   6.261.2

Preuß, Ernst: Versuche über die Spannungsverteilung in Kranhaken. Z. VDI **55** (1911)52 2173—2176.
Illies: Ein Laufkran aus Aluminiumlegierung. Z. VDI **74**(1930)42 1463—1464.
Dürbeck: Elektrisch betriebene Laufkrane in Al-Ausführung. Fördertechnik u. Frachtverkehr (1932) 138.
Eckinger, Karl: Zur Berechnung räumlicher Krantragwerke. Mitt. Forsch.-Anst. GHH-Konzern **4**(1936)7 163—169.
Eckinger, Karl F.: Das geschweißte Blechtragwerk im Kranbau. Z. VDI **81**(1937)32 939—941.
Ernst, Hellmut: Untersuchungen über die Beanspruchung der Seiltrommeln von Kranen und Winden. Mitt. Forsch. Anst. GHH-Konzern **6**(1938)8.
Ernst, Hellmut: Beanspruchung der Seiltrommeln von Kranen und Winden. Z. VDI **83**(1939)25 760—762.
Reidemeister, Fritz: Kranlaufkatzen aus Aluminiumlegierungen. Z. VDI **83**(1939) 2 61—63.
Eckinger, Karl F.: Die Einflußlinien des Verschiebeträgers. Mitt. Forsch.-Anst. GHH-Konzern **8**(1940)8 169—175 4 Lit.-St.; Techn. Z.-Schau **26**(1941)5 98.
Herrenbrodt, H.: Über die Raddrücke von fahrbaren Drehkranen. Fördertechnik **33**(1940)21/22 161—166, 23/24 179—185, 25/26 199—203; Techn. Z.-Schau **26** (1941)7 130.
Stockmar, Otto: Laufkran von 27,4 m Spannweite und 10 000 kg Tragkraft aus Pantal. Aluminium **22**(1940)9 470—473.
Woeste, F.: Einschienen-Greiferlaufkatzen in Leichtmetallausführung. Metallwirtsch. **19**(1940)11 204—205.
Konietschke, W.: Über Last- und Eigengewichtsausgleich an Wippkranen. Ing.-Arch. **12**(1941)3 133—157.
Bernhard, J. M.: Leichtbau eines Lokomotivlaufkranes. Glas. Ann. (1942) 185.
Vogel, Walter: Leichtbauweise bei Laufkranen. DEMAG-Nachr. **16**(1942)2 B 18—20.
Glaser, Franz: Wirtschaftliche Bemessung stählerner Kranbahnen. Stahlbau **16** (1943)14/16 56—58, 17/18 68—71.
Chang, F. K., K. E. Knudsen and *Bruce G. Johnston:* Photoelastic analysis of stresses in crane ladle hooks. Iron & Steel Engr. **25**(1948)Jan. 87—94; AMR **2**(1949)6 125.
— Structural use of aluminium. Engr. **186**(1948)4823 9—10; Konstruktion **1**(1949) 4 120. [6.272].
Hänchen, Richard: Berechnung von Laufkran-Fachwerkträgern auf Dauerhaltbarkeit. Schweißen u. Schneiden **1**(1949)9 139—153, 10 170—174. [1.343.31].
Walker, W. F.: Aluminium welded crane. Canadian Mining J. **70**(1949)9 83—84.
— Aluminium crane requires less horsepower. Product Engng. **20**(1949)11 105; AB **21**(1950)1 14.
— Aluminium structural alloys. Devel. Bull. No. 10 Aug. 1950 20 p. [6.131], [6.272].
Büttemeyer, F.: Ein neuer Stückgut-Wippdrehkran. DEMAG Nachr. (1951)126 1—7; Schiff u. Hafen **3**(1951) 313—316.
Ernst, Hellmut: Entwicklung und Forschung im Kranbau. MAN Forsch. H. 1951 66—80.
Neumann, U.: Der MAN-Säulenkran. Schiff u. Hafen **3**(1951) 309—312.

Pristl, Ferdinand: Turmdrehkrane und Leichtbau-Krane. Bauing. 26(1951)6 188—190.

Walker, W. F.: 15-ton aluminium crane inert-arc welded. Welding Engr. 36(1951) May 26—27, 31.

Stadelmann, W.: Kranbau in Leichtmetall. Aluminium (Suisse) 2(1952)2 60—63; Aluminium 28(1952)6 XIII; AB 23(1952)7 368.

Christl, R.: Leichtere Krane. Maschinenb. u. Wärmewirtsch. 8(1953)1 19—20.

Kemna, E.: Bauliche Neuerungen und Rationalisierungsbestrebungen im Kranbau. Stahl u. Eisen 73(1953)9 545—556; Verfahrenstechn. Ber. (1954)1206 143—144.

Reichert, P.: Die Standsicherheit eines Doppellenker-Wippkranes bei Geschwindigkeitsänderungen. Konstruktion 5(1953)9 296—302.

Reinhold, Jean: Deux ponts roulants en alliage léger à l'usine de la Saussaz. Rev. Aluminium 30(1953)199 185—188; AB 24(1953)9 547.

Stadelmann, W.: Krane in Leichtmetall. Aluminium (Suisse) 3(1953)2 66—70; AB 24(1953)6 357; Aluminium 29(1953)7/8 XXII.

Cranz, O.: Schwingbeiwerte von Kran-Stahlkonstruktionen. Fördern u. Heben 4(1954) 691—695.

Dembicky, Erich: Schnelle und wirtschaftliche Wahl von Kranbahnträgern. Stahlbau 23(1954)5 115—116.

Eckinger, Karl: Zur Frage des Gewichtsminimums im Krantragwerk. MAN Forsch.-H. 1954 74—97 39 Lit.-St.

Ernst, Hellmut: Portalsäulen- und Blocksäulenkran, zwei neue Formen des Hafenkranes. Hansa 91(1954)24/25 1119—1126.

Hänchen, Richard: Grundlagen der Berechnung auf Dauerfestigkeit im Kranbau. Fördern u. Heben 4(1954)5 235—241.

Reinhold, J.: Une flèche de 41 mètres sur une grue de 444 tonnes. Rev. Aluminium 31(1954)213 288—290; Aluminium 31(1955)3 A 57.

Tetzlaff, L.: Betrachtungen zum Einsatz gleisloser luftbereifter Krane im Werftbetrieb. Schiff u. Hafen 6(1954)2 87—90.

— Aluminium-Kranausleger. Aluminium 30(1954)10 434.

Triebel, W.: Der leichte Baudrehkran in der Praxis des Wohnungsbaues. Bauwirtschaft 9(1955) Beilage: Baumaschine u. Bautechnik 2(1955)2 52—57.

Fördermaschinen, Aufzüge usw.   6.261.3

Low, D. W.: Welding applied to dredge construction. Trans. Inst. Welding 11 (1948)4 134—141.

— Magnesium hoist of novel design. Light Metals 12(1949)June 304—306.

— Lightweight chain hoist. Amer. Exporter Industr. 148(1951)2 63; AB 22(1951) 2 77.

— New line of chain hoist utilizes aluminium. Die Castings 9(1951)2 25—26; AB 22(1951)4 193.

Eßlinger, Maria: Berechnung einer Seiltrommel. Stahlbau 23(1954)7 150—157.

Hahn, G.: Berechnung der Förderleistung von Personenaufzügen. Fördern u. Heben 4(1954)1 16.

Lachmann, H. P.: Der Walkwiderstand von Gummigurtförderern. Forsch. Ing.-Wes. 20(1954)4 97—107, 5 145—149.

Ricken, Theodor: Leichtelektrozüge und ihre Anwendung in Fertigungs- und Montagebetrieben. Werkstatt u. Betrieb 87(1954)5 224—228.

Schröder, J.: Personenaufzüge, Berechnung ihrer Förderleistung als Planungsgrundlage. Fördern u. Heben 5(1955)1 44—50.

Fördergeräte   6.262

Hoppe, C.: Aluminium als Baustoffe für Ausleger und Schürfkübel in Amerika. Bauing. 14(1933) 399.

Engel, W. u. *L. Rasper:* Gewichtsersparnis bei Konstruktionen durch technische Gemeinschaftsarbeit. Ein Beispiel aus dem Großabsetzerbau. Z. VDI **80**(1936) 1 18—22.

— Magnesium-base alloy gravity conveyors. Light Metals **2**(1939) 216—217.

Renfordt, H.: Förderkörbe aus Leichtmetall. Demag-Nachr. **15**(1941)2 A 20—A 23.

Rathsmann, E.: Versetz- und anhängbare Gurtförderer, Leichtförderer in der Baukastenart. Bauindustrie **12**(1944)11 241—244.

Freymark, Hans-Ulrich: Das Förderwesen in den Werkstätten des Stahlbaues und Behälterbaues. Bremen-Horn: Dorn 1949 32 S.

Huttl, John B.: Aluminum dredge designed for difficult placer job. Engng. & Mining J. **150**(1949)4 72—74; AB **21**(1950)2 78.

— Aluminium alloys for mine-shaft equipment. New cages at Gresford Colliery. Mining J. **233**(1949)5954 912—913; Metallurgia **41**(1950)245 268—269; AB **21** (1950)5 249—250.

— Aluminium cage at Dome. Canadian Mining & Metallurgical Bull. **43**(1950) 461 50, 52; AB **21**(1950)10 501.

— Portable grain conveyor uses aluminum to advantage. Modern Metals **6**(1950) March 19—20.

Brauneis, Felix: Gummiförderbänder. Wien-Heidelberg: Rud. Bohmann 1951 VI, 48 S.

Guinard, C. et *Pierre Vidal:* Bossoirs en métal léger soudés à l'argon. Rev. Aluminium **28**(1951)179 290—294; Aluminium **27**(1951)2 XI; AB **22**(1951)11 659.

Ricken, Theodor: Entwicklung und heutiger Stand des Schweißens beim Bau von Fördermitteln. Fördermittel (1951)5 99—105.

Lüttgerding, H.: Leistungssteigerung von Selbstgreifern durch Leichtbauweise. Fördern u. Heben **2**(1952) 38.

Reinhold, J. et *J. Blanchot:* Seagues, draglines et blondins du chantier de Donzère-Mondragon. Rev. Aluminium **29**(1952)187 137—149; AB **23**(1952)7 374—375.

— Magnesium roller conveyors. Modern Metals **9**(1953)2 84; AB **24**(1953)5 318.

Förderung im Bergbau   6.263

Allgemeines   6.263.1

Lohrke: Verwendung von Leichtmetallen im Bergbau. Metall Erz **27**(1930)20 521—524.

Siegmund: Die Verwendung von Leichtmetall im Bergbau. Schlägel u. Eisen **31** (1933)15./1. 1—9; Techn. Bl. d. Bergwerksztg. **21**(1931)19./4. 288—290.

Karsten, A.: Die Bedeutung der Leichtmetalle für bergbauliche Zwecke. Schlägel u. Eisen **36**(1938)11/12 267—270.

— Aluminium mining equipment. Light Metals **2**(1939) 356—357.

Trysna, F.: Hölzerne Förderbrücke mit Stahlblech-Verbindungen. Bautechnik **22**(1944)23/28 111—115; Techn. Z.-Schau **29**(1944)11/12 130.

Fennell, W. F.: Light alloys as applied to mining. Colliery Guardian **174**(1947) 4497 327—330.

Iliff, E. D.: The applications of light alloys to mining and general engineering. Iron Coal Trades Rev. **155**(1947)4140 105—111.

White, E. P.: Aluminium in the mining industry. Engng. & Mining J. **149**(1948) 7 85—89.

Bailey, J. C.: Aluminium alloys in mining equipment. Trans. Inst. Mining Engrs. **108**(1949)7 256—284; Colliery Guardian **178**(1949)4600 303—311, 4604 463— 465; Iron & Coal Trades Rev. **158**(1949)4223 353—356; Met. Rev. **22**(1949)5 54.

Bailey, J. C.: Les alliages d'aluminium et le matérial minier. Ann. Mines de Belgique **49**(1950)2 208—213.

Bailey, J. C.: Aluminium-alloys for mining equipment. Iron & Coal Trades Rev. **161**(1950)4314 923—927, 4315 977—980.

Herbst, H.: Drahtseilanwendung im Bergbau des Auslandes. (Int. Tagung England 1950.) Z. VDI **93**(1951)16 443—444. [1.15].

— Aluminium in the mines. Iron & Coal Trades Rev. **165**(1952)July 79; Light Metals Bull. **14**(1952)16 648—649; AB **23**(1952)10 543—544.

— Aluminium mining equipment. London: Northern Aluminium Co. (Noral) Nov. 1952 43 p.; AB **24**(1953)4 206.

Bleicher, W.: Aluminium als Baustoff in der Fördertechnik. Vorteile bei Seilbahnen, Schachtförderung, Förderbandanlagen und sonstigen Transportgeräten. Fördern u. Heben **5**(1955)6 356—360. [6.255].

Meiners, H.: Die Prüfung von Gummierzeugnissen, besonders von Fördergurten und Druckluftschläuchen im Bergbau. Glückauf **91**(1955)15/16 406—416.

Notthoff, K.: Kritische Betrachtung über die Verwendung von Gummi im Ruhrkohlenbergbau unter besonderer Berücksichtigung des Fördergurtes. Glückauf **91**(1955)11/12 269—282.

Raspass, F. W.: P. V. C. ducting for mining ventilation. Brit. Plastics **28**(1955)3 86—88.

Scharf, W. u. *K. Böer:* Gummi im Braunkohlenbergbau. Glückauf **91**(1955)11/12 282—299.

Förderanlagen 6.263.2

Pubellier: Les cages de mines en duralumin. Rev. Industrie Minérale (1932)15./2. 75—85.

Franke, W.: Großbagger im amerikanischen Steinkohlen-Tagebau. Z. VDI **80** (1936)44 1325—1327.

Stockmar, Otto: Einfluß der Gewichtsverminderung bei der Schachtförderung. Aluminium **22**(1940)7 349—350.

Renfordt, H.: Förderkörbe unter Verwendung von Aluminiumlegierungen. Techn. Bl. d. Bergwerksztg. **31**(1941) 339—340.

Renfordt, H.: Förderkörbe aus Duralumin. Progressus **8**(1943)4 220—224.

Ackermann, E.: Die neuen Berechnungsgrundlagen für Fördergerüste. Glückauf **81/84**(1948)51/52 881—882.

Altpeter, Hermann: Der Einbau von Förder- und Unterseilen in Schachtförderanlagen, nebst den dabei zu beachtenden Vorschriften. Essen: Girardet 1948 58 S.

Hömßen, Th.: Leichte Förderkörbe und Fördergefäße. Glückauf **81/84**(1948) 392—403; Z. VDI **91**(1949)8 185—186.

Meebold, R. u. *P. Dommel:* Schachtförderung mit Manila-Bandseilen. Glückauf **81/84**(1948) 149.

Hay, R. M.: The Gresford cages. Light Metals **12**(1949)140 517—521.

Hérenguel, Jean: Emploi des alliages d'aluminum sur les wagons pour transport de charbon. Équipement Mécanique Mines-Carrières (1950)245 19—24.

— Gresford cages. Progress report. Light Metals **13**(1950)153 522—523.

Reinhold, Jean: Dans le monde entier on allège les skips et les cages de mines. Rev. Aluminium **28**(1951)173 23—27; AB **22**(1951)5 260.

— Duralumin mine skips and cages. Light Metals **14**(1951)161 455—460; Aluminium **27**(1951)2 XII.

Bridgewater, M.: Aluminium roof supports. Colliery Engng. **30**(1953)357 472—477; AB **25**(1954)3 136.

Ackermann, Ernst: Die Weiterentwicklung der Fördergerüste, insbesondere der Turmfördergerüste. Stahlbau **23**(1954)3 49—53.

Hanefeld, O.: Förderkörbe aus Leichtmetall und in Gemischtbauweise aus Leichtmetall und Hochbaustahl. Aluminium **30**(1954)8/9 355—359; Aluminium **30** (1954)10 CXCI.

Krushkow, W. A.: Berechnung der dynamischen Beanspruchungen in Förderanlagen mit Kettenzugorganen. Maschinenbautechnik **3**(1954)9 475—480.

Linke, H.: Leichtmetallkonstruktion für Tagebaugeräte. Bergbautechnik **4**(1954) 5 278—280.

— Tragrollen für Gurtförderer unter Verwendung von Austauschwerkstoffen. Bergbautechnik **4**(1954)11 609—610.

Grubenausbau (Strecken- und Strebausbau) 6.263.3

Wansleben, F.: Berechnung der Knicklast von stählernen Stahlstempeln. Bergbau-Arch. **3**(1946) 72—75.

Spruth, Fritz: Die neueste Entwicklung der Stahlkappen in Strebbau. Bergbau-Arch. **4**(1947) 94—111.

Hillen, G.: Beitrag zur Beurteilung von I-Grubenausbauprofilen. Glückauf **81/84** (1948) 392—403.

Haarmann: Erfahrungen mit den Leichtmetallkappen. (Sitzung Arbeitsausschuß für Grubenausbau bei d. Dtsch. Kohlenbergbauleitung, Nov. 1948.) Glückauf **85**(1949)9/10 156.

Hoevels, Werner: Stahlstempel für die steile Lagerung. Glückauf **85**(1949)9/10 158—161.

Hoevels, Werner: Leichtmetallausbau in steiler und halbsteiler Lagerung. Glückauf **85**(1949)51/52 925—933.

Jakobi, Oskar: Die Zapfengelenkkappe der Gutehoffnungshütte als Beispiel einer technischen Entwicklungsarbeit. Glückauf **85**(1949)25/26 439—448.

Kuhn, O.: Strebausbau in Metall. Z. VDI **91**(1949)17 425—430.

Hoevels, Werner u. *Hermann König:* Die Bedeutung der Stempelkennlinie für den Ausbau halbsteil gelagerter Flöze. Bergbau-Arch. **13**(1950) 22—27.

Hoevels, Werner: Al-alloy support, in steep and medium formations. Colliery Guardian **181**(1950)4676 215—217.

Jarausch, Rudolf: Die Eigenschaften des Aluminiums als Werkstoff für Grubenausbauteile im Vergleich zu Stahl. Bergbau-Arch. **13**(1950) 5—21.

Zeppernick: Leichtmetallstempel in steiler Lagerung. Glückauf **86**(1950)31/32 639.

— Der erste Einsatz der Leichtmetall-Lamellenstempel. Schlägel u. Eisen (1950) 9 149—151.

Evans, W. H.: Light-alloy supports. Light Metals **14**(1951)156 129—132, 157 172— 180; AB **22**(1951)5 259—260.

Ohlendorf, H.: Grubenstempel aus Leichtmetall, ein neues Anwendungsgebiet. Metall **5**(1951)5/6 110—113.

Vieregge, Günther: Neue Gesichtspunkte zur Beurteilung verschiedener Stahlprofile für Streckenausbauzwecke. Bergbau-Arch. **14**(1951)1 69—74.

Sommerer, J. G.: Vorrückzylinder, eine erfolgreiche Umstellung von Eisen auf Leichtmetall. Metall **7**(1953)15/16 592—594.

Stern, Max: Aluminium mine props save labour, last longer, improve safety in German coal mines. Mining Engng. **5**(1953)5 492—493; AB **24**(1953)6 355—356.

van den Camp, H. W. H.: Der starre Uerdinger Grubenstempel und sein Einsatz in den Niederlanden. Schlägel u. Eisen (1954)9 252—255.

Pfuhl, Karl-Heinz: Der neueste Stand des Grubenausbaues in Stahl und Leichtmetall im Steinkohlenbergbau. Techn. Mitt. HdT (Essen) **47**(1954)9 376—388.

Smyth, D. P. R.: Aluminium forms for concreting mine headings. Mining Engng. **6**(1954)5 516—518; Aluminium **30**(1954)11 CCXVI.

Voss, K. H.: Betriebserfahrungen mit nachgiebigem Grubenausbau aus rinnenförmigen Walzprofilen unter Verwendung einer neuartigen wartungslosen Verbindung. Schlägel u. Eisen (1954)9 247—252.

Lang, R.: „Murali" — eine Leichtmetallschalung für den Stollen- und Tunnelausbau. Aluminium **31**(1955)3 110—114.

Koch, Hans Wolf u. *Elisabeth Boedeker:* Schwingungen im Bauwesen, bei Fahrzeugen und Maschinen. Schwingungsmessung. (Lit. Zusammenstellung aus d. Gebiet der techn. Mechanik u. Akustik, H. 5, Hrsg. W. Zeller.) Berlin: VDI-Verl. 1936 V, 19 S. [1.271], [6.211.1], [6.252.1].

Eckert, G.: Neuere Erfahrungen bei der Anwendung des Aluminiums im Bauwesen. Aluminium 20(1938)1 8—16.

Leonhardt, Fritz: Leichtbau — eine Forderung unserer Zeit. Anregungen für den Hoch- und Brückenbau. Bautechnik 18(1940)36/37 413—423.

Overhoff, T.: Der Iporit-Leichtbeton. (Schr.-Reihe „Vom wirtschaftl. Bauen" Folge 24) Berlin: Elsner 1940 33 ff.

Gaber, E.: Sparsamer Holzbau. Holz als Roh- u. Werkstoff 5(1942)9 312—320.

Graf, Otto: Sparsame Verwendung des Holzes im Bauwesen, Erkenntnisse und Maßnahmen. Z. VDI 86(1942)21/22 339—345.

Keil, Fritz u. *Fritz Gille:* Druckfestigkeit und Raumgewicht von Leichtbeton aus Hüttenbims. Arch. Eisenhüttenwes. 16(1942/43)5 153—157.

Koelzer, Walter: Über das elastische Verhalten von Leichtbeton aus rheinischem Naturbims. Diss. TH Braunschweig 1942.

Kersten, C.: Ingenieurholzbauten aus neuerer Zeit. Holz als Roh- u. Werkstoff 6(1943)4 142—147.

Pucher, Adolf: Die Schalenbauweise im Bauwesen. Z. VDI 87(1943)17/18 251—260.

Hummel, Alfred: Leichtbeton aus Blähton. Fortschr. u. Forsch. Bauwes. Reihe B H. 5 1944 8—16 4 Lit.-St.

— Light alloys in civil engineering. Light Metals 7(1944)83 582—606.

— Leichtbeton. Fortschr. u. Forsch. Bauwes. Reihe B H. 5 1944.

Hardy, H. K. and *C. G. Watson:* Aluminium-alloys and their structural use. Struct. Engr. 24(1946)2 94—112, 7 389—401.

Klöppel, Kurt: Über Bruchfestigkeiten geschweißter Stahlbauten unter Berücksichtigung bekannter Schadensfälle. Braunschweig: Vieweg 1947 80 S. [1.442.12].

Alexandre, R.: L'employ de la soudure à l'arc dans la construction économique des bâtiments. Ossature Métall. 13(1948)Mars 139—151; AMR 1(1948)6 165.

Baes, Louis: Les palplanches plates „Belval P" pour constructions cellulaires. Ossature Metall. 13(1948)Févr. 75—105; AMR 1(1948)6 166—167.

— The use of structural steel in building. Brit. Standard 449, Brit. Standards Inst. 1948 87 p.

Bailey, D. C.: Light alloys. J. ICE (1949/50)8 280—305. [6.131].

Brimelow, E. I.: The use of aluminium alloys in building. Metallurgia 39(1949) Febr. 195—202 19 ref.; Met. Rev. 22(1949)5 55.

Creasy, L. R.: Steel economy. Struct. Engr. 27(1949)12 503—530; Australas. Engr. 43(1950)Febr. 52—55; Bull. Analyt. C.N.R.S. 11(1950)11/12 4027.

Devereux, W. C.: Aluminium alloys in building. General design considerations for roof structures. Metal Industry 74(1949)15 283—285, 16 311—313; Met. Rev. 22(1949)6 54.

Graf, Otto: Gasbeton, Schaumbeton, Leichtkalkbeton. Versuchsergebnisse und Erfahrungen. Stuttgart: Wittwer 1949 VII, 76 S.

Wood, B. L.: Light-gage steel offers new building opportunities. Engng. News Rec. (1949)Sept.; New York: Amer. Iron & Steel Inst., Comm. on Building Codes Repr. 3 p.

— Economy in the use of steel in building. Architect & Building News 196 (1949)4218 398—404.

— Lightweight aggregate concretes. Washington: Housing & Home Finance Agency Aug. 1949 28 p.

Bürgle, W.: Die Durisol-Bauweisen. Baumeister **47**(1950)2 86—90; Holz als Roh-
u. Werkstoff **9**(1951)5 208.

Egner, Karl: Die Hohl-Kreuzpfosten-Bauweise. Dtsch. Holzbau **6**(1950)1 2—11;
Holz als Roh- u. Werkstoff **9**(1951)7 288.

Friedrich, E.: Vorgespannte Stahlbetonträger bei Verbundkonstruktionen.
„Federhofer-Girkmann-Festschrift" Wien: Deuticke 1950 161—180.

Marsh, C.: Aluminium-alloy structures — an assessment. Light Metals **13**(1950)
153 530—536; AB **22**(1951)2 71—72.

Singer, J. B.: Plastics in building. Plastics (London) **15**(1950)July 184—186, Aug.
212—214, Sept. 250—252, Oct./Nov./Dec. 278—279, **16**(1951)Jan. 10—11, March
72—73, Apr. 100—101, May 123—124, June 165—166, Aug. 235—236, Sept.
261—262.

— Literaturzusammenstellung über die Dokumentation im Bauwesen. Stuttgart:
Bautechn. Auskunftsstelle 1950 18 Bl.

Devereux, W. C.: Aluminium in structural engineering. Metal Industry **79**(1951)
15 319—321, 16 344—345; Engineer **192**(1951)4984 150—151; AB **22**(1951)10
560—561.

Devereux, W. C.: Aluminium im Metallbau. Aluminium (Suisse) **1**(1951)4
144—153.

van de Loo, K. J.: Toepassing van aluminium legeringen in de Nederlandse
architectuur. (Emploi d'alliages d'aluminium dans l'architecture néerlandaise.)
Polytechn. T. (1951)41/42 659b—663b; Ann. Inst. Techn. Bâtiment & Travaux
Publ. **5**(1952)51 403.

Vocke, E.: Gesetzmäßigkeiten des Leichtbetons aus körnigen Zuschlagstoffen.
Diss. TH Karlsruhe 1951.

— Aluminium im Bauwesen. Düsseldorf: Aluminium-Verl. 1951 35 S.

— Recommended designs for metal arc welded mild steel building structures:
beam and column connections. Brit. Welding Res. Ass. Rep. T. 28 1951. [5.5].

Birkenmaier, M., A. Brandestini u. *M. G. Roš:* Zur Entwicklung des vorgespannten Betons in der Schweiz. Schweiz. Bauztg. **70**(1952)8 107—114; Stahl u.
Eisen **72**(1952)8 445.

Countryman, David: How to design plywood panels for buildings. Engng.
News-Rec. **148**(1952)4 30—33.

Egund, K. F.: Nyere anvendelser af krydsfiner i byggeriet. (Neuere Anwendungsmöglichkeiten von Lagenhölzern im Bauwesen.) Traeindustry **2**
(1952)8 96—101, 9 110—114.

Graf, Otto: Über die Entwicklung der Eigenschaften der Betonstähle und über
die zugehörigen zulässigen Anstrengungen. Vortr. 49. Hauptversamml.
Dtsch. Betonver., Berlin 1952 91—139; Bauwirtsch. **6**(1952)27 613—616, 28
634—636, 29 655—661; Stahl u. Eisen **74**(1954)15 978.

Jakobsohn, Wolfgang: Bemessung und Querschnittsgestaltung beim vorgespannten Beton. Schweiz. Bauztg. **70**(1952)14 193—198; Stahl u. Eisen **72**(1952)
14 857.

Le Lan, R.: Sur le béton léger à grande résistance et sur ses possibilités du
développement en France. Rev. Matériaux de Construction (1952)Nov. 316—
321, (1952)Déc. 347—352; Ann. Ponts Chaussées **123**(1953)5 236.

van de Loo, K. J.: Toepassing van aluminiumlegeringen in de buitenlandse
architectuur. (Verwendung von Aluminiumlegierungen in der ausländischen
Bautechnik.) Polytechn. Tijdschr. **7**(1952)23/24 412b—416b.

— Aluminium und Aluminiumlegierungen im Bauwesen. Building Res. Station
Dig. (London) No. 39 Febr. 1952, No. 40 March 1952; Metall **6**(1952)19/20 618.

Böttcher, K.: Bautechnische Bemessungstafeln. Berlin: Verl. Technik 1953 375 S.;
Technik (Berlin) **9**(1954)5 311.

Dobrynin, J. F.: Die Lichtbogenschweißung im Bauwesen. Halle (Saale): Marhold
1953 68 S.; Schweißtechnik (Berlin) **4**(1954)3 96.

SMG
SALZGITTER
STAHLHOCHBAU
·
BRÜCKENBAU
·
MASTBAU
·
BEHÄLTERBAU
·
SALZGITTER MASCHINEN AKTIENGESELLSCHAFT
SALZGITTER-BAD
FERNRUF: 441 · FERNSCHREIBER · samagsalzgitter 0 252 805 · TELEGRAMM: SAMAG

... mehr Licht durch Rasselsteiner
Glas-
Stahl-
Beton-
Dielen
für Hallendächer,
Decken u. Lichtbänder
Bimsbausteinwerk Rasselstein
DER STAHL- UND WALZWERKE RASSELSTEIN/ANDERNACH A.G. NEUWIED/RH.

Jäniche, Walter, Wilhelm Puzicha u. Siegfried Bonenberger: Weitere Untersuchungen über die Festigkeitseigenschaften von Spannstählen. Techn. Mitt. Rheinhausen (1953)2 106—119; Stahl u. Eisen 74(1954)12 796.

Poole, J. R. M.: An experimental plywood grain silo. TDA Quart. Rev. 3(1953)8 1—4; Holz-Zbl. 79(1953)28 302.

Rühl, Karl: Leichtmetall im Bauwesen. Bau & Bauindustrie 6(1953)17 403—406.

Schaden, K.: Die Riß- und Bruchlast des auf reine Verdrehung beanspruchten Stahl- und Spannbetons. Nachr. Oest. Betonver. (Beilage zu Oest. Bau-Z.) (1953)6 21—27, 7 29—35.

— Alcan aluminium in construction. Montreal: Aluminium Co. Canada (Alcan) July 1953 40 p.; AB 24(1953)12 772.

— Aluminium and its alloys in building, an introductory survey. ADA Application Brochure 8 June 1953 75 p.

— Aluminium sheet metal practice in the building industry. Modern Metals 9 (1953)4 29—30, 32, 34—37, 5 58—64, 6 34—35, 37—38, 40, 7 67—73, 8 70—72, 74, 76, 78, 9 62, 64, 66, 68; AB 24(1953)7 429, 8 488, 10 616, 11 685, 12 769; Aluminium 30(1954)3 XLVII.

Devereux, W. D., J. M. Smith and E. J. Pike: Experience of the application of aluminium for structural-purposes. "Rapp. Congr. Int. Aluminium, Tome II", Paris: Soc. Édition et Documentation Alliages Légers 1954 199—205.

Donatelli, Romolo: Réalisations et tendances italiennes dans l'utilisation des alliages légers en architecture. "Rapp. Congr. Int. Aluminium, Tome II", Paris: Soc. Édition et Documentation Alliages Légers 1954 231—238.

Herrmann, E. u. H. Keller: Gasbeton. Aluminium (Suisse) 4(1954)5 146—153; Aluminium 31(1955)1 A 17.

Kaiser, E.: Holz-, Schaum- und Gasbeton. Fürth: Selbstverl. E. Kaiser 1954 40 S.

Saechtling, Irene: Kunststoffe im Bauwesen. Kunststoffe 44(1954)6 241—247.

Schaden, K.: The cracking and breaking load of reinforced and prestressed concrete subject to pure torsion. Ministry of Supply, Techn. Inform. Bureau Translat. 4346 (A, B) Nov. 1954 15 p., 17 p. 20 ref.

Spescha, M.: Roll-, Kipp- und Hubtore in Leichtmetall. Aluminium (Suisse) 4 (1954)5 171—175.

Spieker, W.: Anwendung von Aluminiumlegierungen auf einigen Sondergebieten des Bauwesens. Aluminium 30(1954)8/9 360—364.

Zettwitz, Rudolf u. Max Naumann: Über die Herstellung von naturharten SIGMA-Spannstäben mit Gewinde. Techn. Mitt. (Rheinhausen) (1953)2 76—84; Stahl u. Eisen 74(1954)10 673.

— Geschweißte Stahlbauten, außer Eisenbahn- und Straßenbrücken. (DIN 4100, Entwurf Juli 1954.) Bautechnik 31(1954)11 373—380.

— Leichtmetallschalung. Metall 8(1954)5/6 209—212; AB 25(1954)5 265.

Jenkins, R. A. Sefton: Aluminium and the building industry — an analysis. Light Metals 18(1955)1 25—27.

Häuser   6.271

Triebel, W. u. J. Liese: Untersuchungen über die Wirtschaftlichkeit hölzerner Wandkonstruktionen. Mitt. Fachausschuß Holzfragen H. 9 1934 45 S.

Trysna, Franz: Stützen- und binderloser Dachstuhl. Bauwelt 25(1934)7 164—165.

Suhr, O.: Verwendung von Aluminium und seinen Legierungen im Bauwesen. Bauing. 18(1937)19/20 238—247.

Baker, J. F. and J. W. Roderick: Investigation into the behaviour of welded rigid frame structures. 1st interim rep.: An experimental investigation of the strength of seven portal frames. Brit. Welding Res. Ass. Rep. 1 Oct. 1938.

Gerlach, Hans: Der stützenfreie Dachraum im Kleinwohnungsbau. Schr.-Reihe „Vom wirtschaftlichen Bauen" Folge 21 Dresden: Laube 1938 127—161.

Kollmann, Franz u. E. Mörath: Holzhaltige Leichtbauplatten. 3. Aufl. Mitt. Fachausschuß Holzfragen H. 7 1938.
Schmudde, H.: Geschweißte Gitterwerks-Dachbinder als Ersparnis an Gewicht und Arbeitsleistung. Dtsch. Bauztg. **73**(1939)41 801—803.
Baker, J. F. and J. W. Roderick: Investigation into the behaviour of welded rigid frame structures. 2nd interim rep.: Further tests on beams and portals. Brit. Welding Res. Ass. Rep. 6 Apr. 1940.
Hille, H.: Holzsparende Bauweisen im Rahmen der Kriegs- und Friedenswirtschaft in der Landwirtschaft. TidL **21**(1940)10 175—179; Techn. Z.-Schau **26** (1941)2 27.
Neiss, Fritz: Sparrendach und Pfettensteildach. Diss. TH Braunschweig 1939 135 S.
— Aluminium in architectural work. 1st ed. London: Aluminium Union Ltd. 1940 77 p.
Graf, Otto u. Karl Egner: Untersuchungen mit Sparbalken, insbesondere für den Wohnungsbau. Mitt. Fachausschuß Holzfragen H. 31 1941.
Hille, H.: Die Dachkonstruktionen im kommenden Wohnungsbau. Holz als Rohu. Werkstoff **4**(1941)7 248—252 5 Lit.-St.; Techn. Z.-Schau **26**(1941)24 401.
Lewenton, G.: Dächer in Stahlleichtbauweise. Neue Bauwelt **2**(1941)34 531—533.
Neufert, Ernst: Der R-Träger, eine neue leichte Trägerform. Stahlbau **14**(1941) 6/7 21—23; Techn. Z.-Schau **26**(1941)12 210.
Tietjen, Hermann: Das stützenlose Kehlbalkendach und seine Berechnung. Dtsch. Bauztg. **75**(1941)23 390—393.
Baker, J. F. and J. W. Roderick: Investigation into the behaviour of welded rigid frame structures. 3rd interim rep.: The behaviour of stanchions bent in single curvature. Brit. Welding Res. Ass. Rep. 18 July 1942.
Draper, C. R.: Aluminium in shopfitting and display. Light Metals **5**(1942) 236—253.
Egner, Karl: Hölzerne Spartäger und -decken für den Hochbau, im besonderen für den Wohnungsbau. Fortschr. u. Forsch. Bauwesen Reihe A H. 3 1942 7 ff. [6.273].
Glaser, Franz: Die Pfette mit Kopfstreben. Stahlbau **15**(1942)21/22 73—78.
Graf, Otto: Rißbildung in Außenmauern aus Leichtbetonsteinen und ihre Verhütung. Fortschr. u. Forsch. Bauwes. Reihe B H. 1 1942.
Graf, Otto u. F. Weise: Versuche über das Schwinden von Naturbimsbeton, Ziegeln, Iporitbeton und Porenbeton. Fortschr. u. Forsch. Bauwes. Reihe B H. 1 1942 12 ff.
Graf, Otto u. Fritz Weise: Tragfähigkeit von Mauerwerk aus Schwemmsteinen sowie Hohlblocksteinen aus Bimsbeton, ferner aus Mauerziegeln bei langdauernder und bei allmählich gesteigerter Belastung. Fortschr. u. Forsch. Bauwes. Reihe B H. 1 1942 30 ff.
Wille, F.: Holzersparnis und Bausicherheit bei mehrgeschossigen Lagergebäuden. Bauwerk **16**(1942)2 47—51.
Fejer, G.: Light metals and prefabrication of buildings. Light Metals **6**(1943) 328—335, 381—395.
Egner, Karl: Untersuchungen mit neuartigen Sparbalken. Fortschr. u. Forsch. Bauwes. Reihe A H. 12 1943 29—30.
Graf, Otto, Erwin Raisch u. Fritz Weise: Versuche über die Druckfestigkeit und über die Wärmedurchlässigkeit von Porenbeton bei verschiedenem Raumgewicht desselben. Fortschr. u. Forsch. Bauwes. Reihe B H. 2 1943 63 ff.
Jäger: Berechnung und Konstruktion des Kehlbalkendaches. Dtsch. Zimmermeister (1943)5 53—57.
Egner, Karl: Bauholz-Einsparung. Holzmasseneinsparung durch Holzauslese und Verwendung schwacher sowie kurzer Hölzer. 2. Aufl. (Schr. Reihe Reichsarbeitsgemeinschaft Holz, Berlin, H. 14) Dresden: Elbe-Verl. 1944 41 S.

West, E. G.: Wrought aluminium alloys in post-war building. Light Metals **7** (1944) 11—19.

West, E. G. and *D. V. Pike:* Post-war building. Light Metals **7**(1944) 361—368.

Wright, G. C.: Light alloys in future building construction. Light Metals **7**(1944) 214—216.

Baker, J. F. and *J. W. Roderick:* Investigation into the behaviour of welded rigid frame structures. 4th interim rep.: The behaviour of stanchions bent in single curvature. Brit. Welding Res. Ass. Rep. 24 Dec. 1945.

Saechtling, Hansjürgen: Kunststoffe und verwandte Erzeugnisse im Bauwesen. Kunststoffe **36**(1946)5/6 97—104.

Anderson, E. D.: Structural dead-weight eliminated in construction of four-story, all-welded steel building. Welding J. **26**(1947)Nov. 985—987.

Barro, Robert R.: Ländliche Kleinhäuser in Leichtbauweise. Schweiz. Bauztg. **65** (1947)19 253—255.

Bondy, O.: Recent trends in structural welding. Struct. Engr. **25**(1947)Nov. 462—481. [6.272].

Engler, E. A.: Wohnhäuser aus Stahl. Schweiz. Bauztg. **65**(1947)17 226—227.

Hendry, Arnold W.: The investigation of the stress distribution in steel portal frame knees. Struct. Engr. (1947)March/Apr.

Amerikian, Arsham: Future developments in welded steel buildings. Welding J. **27**(1948)Aug. 593—599.

Baker, J. F. and *J. W. Roderick:* Investigation into the behaviour of welded rigid frame structures. 5th interim rep.: Behaviour of stanchions bent in double curvature. Brit. Welding Res. Ass. Rep. 30; Welding Res. **2**(1948)1.

Grein, Karl: Pilzdecken. Theorie und Berechnung. 3. Aufl. Berlin: Ernst 1948 78 S.

Hempel, Gerhard: Die sparsame Balkenlage. (Reihe d. Bau-Fachschr. Nr. 7.) Karlsruhe: Bruder 1948 37 S.

Brenner, Paul: Aluminium-Häuser. Bauztg. (Stuttgart) **54**(1949)12 726—730.

Clason, Clyde B.: Lustron's spot-welded homes. Welding Engr. **34**(1949)July 17—23; Met. Rev. **22**(1949)8 51.

Davison, Robert L.: Lighter, thinner walls for buildings. Engng. News-Rec. (1949)1./9.; New York: Amer. Iron & Steel Inst. Repr. 3 p.

Devereux, W. C.: The structural uses of aluminium in buildings. Engng. **167** (1949)27./5. 501—504; Met. Rev. **22**(1949)8 52.

Gottwald, G.: Ein Stahlrohr-Dachbinder. Bauwelt 4(1949)9 133—134.

Moore, H. A.: Aluminum in houses. Trans. Ind. Inst. Metals 1(1949)2 233—248; AB **21**(1950)4 191.

Saechtling, Hans-Jürgen: Kunststoffe in Bau und Wohnung. Bauplanung u. Bautechn. 3(1949)6 183—187.

Spinner, Walter: Holz und Holzersparnis im Bauen. Holz-Zbl. **75**(1949)54 661, 667.

Swida, Waldemar: Zur Berechnung der Pilzdecken nach dem Verfahren der stellvertretenden Rahmen. Bauplanung u. Bautechn. 3(1949)1 21—23; Bull. Anal. C.N.R.S. **11**(1950)11 3633.

Victor, Maurice: Une école en aluminium édifiée en 28 heures. Rev. Aluminium **26**(1949)154 142—144.

Wedler, Bernhard: Holzbauwerke und Holzbrücken. Berechnung und Ausführung, DIN 1052 und 1074, und Gütevorschriften für Bauholz, DIN 4074, mit Einführungserlassen für die Baupolizei und Erläuterungen. (Stand Nov. 1948) Berlin: Ernst 1949 68 S. [1.16], [6.272].

Wood, B. L.: Research report: Construction with light steel. Progressive Architecture **30**(1949)March 74—78; Met. Rev. **22**(1949)4 54.

— Aluminium-Rolladen. Aluminium-Walzwerke Singen Merkbl. VG 14 Okt. 1949 8 S.

— Aluminium unit construction and various applications of the system. Architectural Design 19(1949)4 96—100.

— Minimum design loads in buildings and other structures. Amer. Standards Ass. A 58. 1. [1.16].

Coiffard, J.: The Bourse-O.T.H. method of industrial building using cast Alpax moulds for concrete. Rev. Aluminium 27(1950)164 103—105; AB 21(1950)7 351.

van Exter, J. Ph.: Besparingsmogelijkheden op houten dakconstructies. (Einsparungsmöglichkeiten bei hölzernen Dachkonstruktionen.) Bouw 5(1950)5 72—75.

Graf, Otto: Leichtbeton. „Die Eigenschaften des Betons. Versuchsergebnisse und Erfahrungen zur Herstellung und Beurteilung des Betons", Berlin-Göttingen-Heidelberg: Springer 1950 260—282.

Manitz, H. R.: Holzsparende Balkendecken. Planen u. Bauen 4(1950)12 393—396.

Sander, Hans: Ein Dachstuhl aus leichten Stahlblechprofilen. Bautechnik 27(1950) 3 65—69.

Schubiger, E.: Die Schalenkuppel in vorgespanntem Beton der Kirche Felix und Regula in Zürich. Schweiz. Bauztg. 68(1950)17 223—228.

Trayer, G. W.: The rigidity and strength of frame walls. FPL Rep. 896 1950.

Victor, Maurice: La maison O. P. E. C. Rev. Aluminium 27(1950)171 405—413.

Victor, Maurice: Les toitures autoportantes. Rev. Aluminium 27(1950)169 315—321.

Wille, Fritz: Genagelte Sparrenbinder in Holz. Köln-Braunsfeld: R. Müller 1950 42 S. [1.442.5].

— Better farm buildings with exterior plywood. Tacoma (Wash.): Douglas Fir Plywood Ass. 1950 27 S.

— Report on the structural use of aluminium alloys in buildings. London: Inst. Struct. Engrs. Sept. 1950.

Armbruster, E.: Herstellung von Holzhäusern in Amerika. Int. Holzmarkt 42 (1951)24 9—15; Holz (Zürich) 65(1952)20 6—8, 21 3—6; Holz als Roh- u. Werkstoff 10(1952)1 37.

Börner, H.: Ytong, der Leichtkalkbeton, seine Eigenschaften und Erzeugung. Tonindustrie-Ztg. u. Keramische Rdsch. 75(1951)7/8 99—111 24 Lit.-St.

Cazier, Alan T.: Pre-fabricated construction: Locking parts of new system are made by die casting. Precision Metal Molding 9(1951)Sept. 32—35, 77; Met. Rev. 24(1951)11 27.

Furrer, J.: Die Leichtmetall-Bedachung „Fural". Aluminium (Suisse) 1(1951)2 47—51.

Gillespie, R. G.: Saving weight with magnesium products. Mater. & Meth. 33 (1951)6 78—79; AB 22(1951)8 484.

Huenerwadel, G. E.: Aluminium-Frühbeete und -Gewächshäuser. Aluminium (Suisse) 1(1951)1 13—16.

Laubenheimer, Alfred: Herstellung und Anwendung von Ytong-Leichtkalkbeton. Z. VDI 93(1951)22 718—719.

Reidemeister, Fritz: Leichtmetallfertighäuser aus serienmäßigen Einzelteilen. Aluminium 27(1951)4 102—103.

Reiprich, J.: Aluminiumwerkstoffe im Bauwesen. Bau- u. Bauindustrie 4(1951) 12 321—324, 13 352—353, 14 383—384.

Thompson, A. G. and F. Brooksbank: a) The design of welds. b) Welded roof trusses. Bilston (Staffs.): Quasi-Arc Co. Publ. 1951. [5.5].

— Aluminium-Dächer (roofs — toits). Zürich: L'Aluminium Commercial S. A. 1951 47 S.

— Aluminium foil insulation. Devel. Bull. 14 Jan. 1951 37 p. [6.28].

— Aluminium in building. London: Northern Aluminium Co. (Noral) 1951 111 p.

— Aluminium windows, notes on design and manufacture. Devel. Bull. 15 Apr. 1951 30 p.

— Écoles en aluminium. Rev. Aluminium **28**(1951)178 227—229.

— Modern timber houses. London: TDA 1951 17 p.

— Super purity aluminium for flashings and general roof work. Light Metals **14**(1951)165 648—661; AB **23**(1952)2 52.

Anderson, L. O.: Trends in house construction. J. Forest Prod. Res. Soc. **2**(1952)5.

Anzenberger, Hans: Holzhäuser für Neuseeland. Bau u. Holz **3**(1952)10 197—199.

Bailey, Ned: Veneer and plywood. Pt. 19: Farm buildings. Pt. 21 and Pt. 23: Opportunities in prefab building. Wood Working Dig. **54**(1952)4 161—169, 6 151—158, 9 147—150.

Broda, E.: Ein Beitrag zur Holzeinsparung bei Dachkonstruktionen mittlerer Spannweite. Planen u. Bauen **6**(1952)1 20—21.

Burri, Oskar: Ferienhaus aus hölzernen Normteilen. Schweiz. Bauztg. **70**(1952) 45 645—647.

Doyle, D. V.: Research in wind-resistant farm building construction. FPL Rep. 1930 Aug. 1952.

Grunert, Willy: Holzhäuser im sozialen Wohnungsbau. Aufbau **7**(1952)2 74—83.

Hartl, Fritz: Die Entwicklung des österreichischen Ingenieurholzbaues. Allg. Forstztg. **63**(1952)11/12 133—138.

Kuenzi, E. W.: Are present wall constructions structurally sound? J. Forest Prod. Res. Soc. **2**(1952)5 154—160.

Müller, E.: Aluminiumbedachungen in der Schweiz. Bau-Ztg. **57**(1952)2 45—47.

Müller, E.: Toitures en aluman dans la construction suisse. Aluminium (Suisse) **2**(1952)4 126—131; AB **23**(1952)11 608.

Rapp, G. M.: Lightweight prestressed wood arches as a new type of roof construction. J. Forest Prod. Res. Soc. **2**(1952)5 164—172.

Rettig, Heinrich: Holzfenster. Entwicklung der Gestaltung, der Herstellung, der Beschläge und der Verschlüsse. Fortschr. u. Forsch. Bauwes. Reihe D H. 6 1952 52 S.

Rychner, G. A.: Leichtbeton in Schweden. Schweiz. Bauztg. **70**(1952)11 155—161; Stahl u. Eisen **72**(1952)18 1116.

Sallenave, P.: Un type de maison tropicale de bois. Bois Forêts Tropiques (1952) 26 393—402.

Schaefer, A.: Das Dach im Hauskörper. Die Rolle der Metalle, insbesondere des Aluminiums als Dachdeckungsbaustoff im Zusammenspiel mit den anderen Elementen des Hauskörpers. Aluminium **28**(1952)7/8 246—248, 9 296—299.

Schaffer, F.: Ingenieurholzbau in Österreich. Bau u. Holz **3**(1952)4 73—76.

Schlüter, G.: Berechnung von Gelenksparren. Planen u. Bauen **6**(1952)3 66—68.

Spescha, M.: Die Entwicklung der Aluminiumfenster in der Schweiz. Aluminium (Suisse) **2**(1952)3 75—79; Aluminium **28**(1952)10 XV.

Victor, Maurice: Die Fensterrahmen-Profile Vitral. Rev. Aluminium **29**(1952) 189 240—243; Aluminium **28**(1952)10 XV.

Victor, Maurice et *Jean Blanchot:* Vivent les vacances et les écoles Jean Prouvé. Rev. Aluminium **29**(1952)190 267—279; AB **23**(1952)10 544.

Wood, L. W.: Testing of wood doors for stability and strength. J. Forest Prod. Res. Soc. **2**(1952)2 28—32.

— Houten en stalen ramen. Een vergelyking van de kosten. (Rahmen aus Holz und Stahl. Ein Kostenvergleich.) Bouw **7**(1952)38 670—680.

— La lamiera ondulata di alluminio per la copertura dei tetti. (Corrugated aluminium for use as roofing.) Alluminio **21**(1952)2 179—199; AB **23**(1952) 7 368.

— Mahon insulated metal walls and prefab wall panels. Detroit: Mahon Co. Catalog No. B-52-B — A.I.A. File No. 17-A 11 p.

— Mahon steel deck for roofs, sidewalls, partitions, ceilings, floors. Detroit: Mahon Co. Catalog No. B-52-A — A.I.A. File No. 12-C 15 p.

Bailey, Ned: Veneer and plywood. Prefabricated homes. Wood Working Dig. **55**(1953)2 149—152, 154.

Bailey, Ned: Veneer and plywood. A door and its core. Wood Working Dig. **55**(1953)7 129—134.

Crossley, F. Hamer: Wood unit construction. Wood (London) **18**(1953)4 130—133.

Desfarges, M. P.: Où en est l'industrie française de la maison préfabriquée en bois. Bois & Scieries **59**(1953)47 1331—1333.

Gerbl, H. J.: Aluminium beim Wiederaufbau der Münchner Bahnhofsanlagen. Aluminium **29**(1953)1/2 7—9.

Hamann, H.: Über die Druckfestigkeit von Leichtbeton. Zement, Kalk, Gips **6** (1953)7 237—245; Betonstein-Ztg. **19**(1953)9 349—355; Stahl u. Eisen **73**(1953) 25 1683, 21 1377.

Kentzler, H. u. J. Schroeder: Aluminiumdachdeckungen. Neueste Erfahrungen, besonders in Industriegebieten. Aluminium **29**(1953)1/2 31—35.

Liiri, Osmo: Puuovien ominaisuuksista ja niiden tutkimisesta. (Eigenschaften und Prüfung von Holztüren.) (Engl. Zfssg.) Paperi ja Puu (Helsinki) **35**(1953) 3 85—92.

Luxford, R. F.: Rigidity and strength of frame walls sheathed with fiberboard. FPL Rep. 1151 Sept. 1953 6 p. [1.324.281].

McDaniel, E.: Relocatable housing. Wood Working Dig. **55**(1953)8 63—68, 70.

Müller, E.: Der Interkontinental-Flughafen Zürich. Aluminium (Suisse) **3**(1953) 1 28, 31; AB **24**(1953)3 141.

Perrone, A.: Aluminium bei modernen Mailänder Bauten. Aluminium **29**(1953) 1/2 18—22.

Scherrer, C. E.: Dächer und Fassaden in Aluman. Aluminium (Suisse) **3**(1953)6 194—199; Aluminium **30**(1954)3 L.

Trysna, Franz: Hölzerne binderlose Schräg- und Steildächer. Dtsch. Zimmermeister **55**(1953)2 30—33.

Walter, K.: Leichtmetall-Fertighäuser. Aluminium **29**(1953)1/2 38—41; AB **24** (1953)4 209.

Young, J. McHardy: The use of aluminium in building. Architects' J. **118**(1953) 3047 119, 120, 121, 3048 147—151; AB **24**(1953)9 546.

— L'alluminio nel nuovo palazzo della „Montecatini". (Aluminium in the new administration building of the "Montecatini".) Alluminio **22**(1953)4 408—421; AB **24**(1953)12 768—769.

— Aluminium-Bedachung. (Aluminium Merkbl. A 1, A 2) Düsseldorf: Aluminium-Verl. 1953.

— Aluminium construction. Canadian Metals **16**(1953)9 52, 54; AB **24**(1953) 9 545.

— Aluminium silo for grain. London: Northern Aluminium Co. (Noral) Application Rec. 13 Nov. 1953 10 p.; AB **25**(1954)3 130.

— Corkboard in the construction of prefabricated houses. (Portug., Engl. summary) Bol. Junta Nac. Cortica (1953)173 125—130.

— Fully supported aluminium roof covering. ADA Application Brochure 9 Nov. 1953 32 p.

— New type aluminium acoustical ceiling. Sheet Metal Worker **44**(1953)4 84—85, 100, 176; AB **24**(1953)3 141.

— Le problème du logement et l'évolution des prototypes des maisons en alliage léger. Rev. Aluminium **30**(1953)200 230—235; AB **24**(1953)11 686—687.

— Vorfabrizierte Wohnhäuser aus Aluminium. Sheet Metal Industries **30**(1953) 320 1062—1064; Aluminium **30**(1954)4 LXXII.

Claus, J.: Gummi im Wohnungsbau. Bauing. **29**(1954)4 124—126.

Cosandey, M. u. L. Dupuis: Aluminium für Fassadenelemente. Aluminium (Suisse) **4**(1954)4 111—117.

Fahnenbruch, Fritz: Das Stahlskelett des neuen Verwaltungsgebäudes der Ferrostaal A.G., Essen. Stahlbau **23**(1954)2 43—44.

Gottschalk, M.: Aluminiumverkleidungen für Schaufenster mit Holzrahmen. Aluminium **30**(1954)8/9 370—372; Aluminium **30**(1954)10 CXC.

von Halasz, Robert: Entwicklung und Typung von Dachtragwerken aus Holz für den Wohnungsbau. Dtsch. Zimmermeister **56**(1954)18 425—429.

Hammond, R.: New aluminium housing development. Light Metals **17**(1954)198 297—299; Aluminium **31**(1955)5 A 107.

Hunziker, Armin: Freitragende Wendeltreppen mit starrer Einspannung und horizontale Kreisringträger. Schweiz. Bauztg. **72**(1954)13 167—173.

Jamieson, H. C.: Heated aluminium ceilings with special reference to a recent installation. J. Instn. Heating and Ventilating Engrs. **22**(1954)225 47—79; AB **25**(1954)7 429.

Janssen, M.: Leichtmetall als konstruktives Gestaltungselement bei den Neubauten Stadttheater Bochum und Verwaltungsgebäude Preussag Hannover. Aluminium **30**(1954)2 62—67.

Luxford, R. F. and *O. C. Heyer:* Glued and nailed roof trusses for house construction. FPL Rep. 1992 July 1954.

Reidemeister, Fritz: Neuartige Schalenbauweise bei Gebäuden durch Aluminium. Aluminium **30**(1954)10 427.

Singer, Joseph B.: Aluminium curtain walls. Light Metals **17**(1954)194 150—151; AB **25**(1954)6 342—343.

Spescha, M.: Leichtmetall im neuzeitlichen Fensterbau. Aluminium (Suisse) **4** (1954)1 16—23; Aluminium **30**(1954)5 CIV.

Spescha, M.: Das neue Aluman-Leistenklemmdach. Aluminium (Suisse) **4**(1954)2 56—58; AB **25**(1954)6 341.

Victor, Maurice: Les toitures en bacs autoportants. Rev. Aluminium **31**(1954) 207 61—67; Aluminium **30**(1954)8/9 CLXXI.

Victor, Maurice: Sheds en aluminium à la nouvelle imprimerie Mame. Rev. Aluminium **31**(1954)209 144—157; AB **25**(1954)6 343.

Weber, A. P.: Strahlungsheizung. Aluminium (Suisse) **4**(1954)2 59—66; AB **25** (1954)6 342.

— Aluminum door has honeycomb core. Architectural Forum **101**(1954)4 236; AB **25**(1954)12 827.

— Le leghe leggere nei serramenti, nei rivestimenti e negli accessori per l'edilizia. (Light alloys for windows, doors, facings and building hardware.) Alluminio **23**(1954)4 427—457; AB **25**(1954)10 676.

— Un nuovo palazzo per uffici con serramenti di alluminio. (A new office building with aluminium window-sash, frames, sills.) Alluminio **23**(1954)3 282—286; AB **25**(1954)9 586—587.

— Des persiennes orientables pour pays chauds. Rev. Aluminium **31**(1954)207 70—71; AB **25**(1954)5 267.

— Synthetic resin glues in the building industry. I. Some notes on new timber roof trusses built with Aerolite 300. Aero Res. TN Bull. 142 Oct. 1954 6 p.

— Tecnica della copertura dei tetti in alluminio. (Technique for aluminium-roof covering.) Alluminio **23**(1954)2 177—215; AB **25**(1954)7 428.

Diem, K.: Leichtmetall-Vordächer. Aluminium (Suisse) **5**(1955)1 3—7.

Herrmann, E.: Fensterrahmen aus Leichtmetall im Lichte der neueren deutschen Schutzrechte. Aluminium **31**(1955)10 505—508.

Johnson, H. W.: Aluminium roofing and cladding. Sheet Metal Industries **32** (1955)338 425—432.

Meewes, K.: „Furral", die selbsthaftende Leichtmetallbedachung und Wandverkleidung. Aluminium **31**(1955)3 103—106.

Müller, E.: Aluminium für vorfabrizierte Fassadenelemente eines Logierhauses auf 2100 Meter über Meer. Aluminium **31**(1955)3 116—119.

Müller, E.: Aluminium-Fassadenelemente eines Geschäftshauses in Terreaux-Cornavin, Genf. Aluminium (Suisse) **5**(1955)3 100—103.

— Aluminium building structures in Germany and Italy. Light Metals **18**(1955) 209 253—254.

— Die Verwendung von Aluminium bei französischen Schulbauten. Aluminium **31**(1955)7/8 360—362.

Brücken   6.272

Brunner, J.: Der Bau von Brücken aus Holz in der Schweiz. EMPA Disk.-Ber. 5 1925.

Timoshenko, Stephen: Steifigkeit von Hängebrücken. ZAMM **8**(1928)1 1—10.

Börner, H.: Beitrag zur Berechnung von Hängebrücken mit Berücksichtigung der Formänderungen. Diss. TH Darmstadt 1930.

Bijlaard, P. P.: Buckling security of the top chord of open through bridges. Ingenieur (1932)4.

Reutlinger, G.: Dynamische Untersuchungen von Brücken und Hochbauten. Abh. Int. Vereinig. Brücken u. Hochbau **1**(1932) 387—409. [6.273].

Bernhard, R.: Beitrag zur Berechnung der dynamischen Beanspruchung der Hauptträger stählerner Brücken infolge Befahrens durch Dampflokomotiven mit kritischen Geschwindigkeiten. Stahlbau **7**(1934)16 123—126, 18 139—142.

Bijlaard, P. P.: A new method of plate-analysis and its application to the buckling of the webs of compressed bridge members. Ingenieur (1934)26.

Bohny, F.: Hängebrücken. Beiträge zu ihrer Berechnung und Konstruktion. Leipzig: Engelmann 1934 94 S.

Hawranek, Alfred: Hängebrücken mit einem Zweigelenkrahmen-Versteifungs-träger. Stahlbau **7**(1934)18 137—139, 19 145—151.

Bleich, Hans H.: Die Berechnung verankerter Hängebrücken. Berlin: Springer 1935 IV, 101 S.

Dörnen, A.: Geschweißte Stahlbrücken der Deutschen Reichsbahn. Z. VDI **79** (1935)41 1264—1267.

Bergfeld, Ernst: Beitrag zur Schweißtechnik im Brückenbau. Stahlbau **9**(1936)24 190—192.

Bleich, Friedrich: Beitrag zur Dynamik der Brückentragwerke. Stahlbau **9**(1936) 11 81—84. [1.273].

Blick, Wilhelm: Trägerrostplatten für Fahrbahnen von Straßenbrücken. Stahlbau **9**(1936)8 60—62. [1.213.3].

Bohny, F.: Bruchversuch einer geschweißten Blechträgerbrücke aus St 52. Schweiz. Arch. **2**(1936)3 134—138.

Casper, H.: Die Berücksichtigung der Dauerbeanspruchung bei der Berechnung und Durchbildung geschweißter Straßenbrücken. Bautechnik **14**(1936)43 622—626.

Hertwig, A. u. K. Pohl: Die Stabilität der Brückenendrahmen. Stahlbau **9**(1936) 17 129—130.

Neukirch, H.: Angenäherte Berechnung der Hängebrücke unter Berücksichtigung ihrer Verformung. Stahlbau **9**(1936)17 130—132.

Reinitzhuber, Fritz: Über den Einfluß der Vorspannung des Fahrbahnbelages einer Brücke auf deren Längsträger. ZAMM **16**(1936)2 121—124.

Schaechterle, Karl u. Fritz Leonhardt: Stahlbrücken mit Leichtfahrbahnen. Bautechnik **14**(1936)43 626—630, 45 659—662.

Bohny, F.: Hängebrücken über mehrere Öffnungen. Bautechnik **15**(1937)53 709—715.

Fuchs, Gustav A.: Kinematische Ermittlung der Einflußlinien gekrümmter Brücken. Stahlbau **10**(1937)14/15 117—120, **11**(1938)3 21—24, 4 31—32.

Glaser, Franz: Der Einfluß des „Kriechens" auf die Berechnung flacher Drei-gelenkbogen. Bautechnik **15**(1937)44 565—567, 47 609—612.

Graf, Otto: Über Leichtfahrbahntragwerke für stählerne Straßenbrücken. Stahlbau 10(1937)14/15 110—112, 16 123—127.

Holzwarth, Hans: Die symmetrisch ausgebildete Rostbrücke mit drei Hauptträgern und elastischen Querträgern in den Hauptträgerdritteln. Stahlbau 10(1937)5/6 45—48, 7 54—56, 8 61—62. [1.213.3].

Holzwarth, Hans: Die symmetrisch ausgebildete Rostbrücke mit vier Hauptträgern und einem elastischen Querträger in Hauptträgermitte. Stahlbau 10 (1937)17/18 142—144.

Korf, H.: Beitrag zur Berechnung von schiefen Straßenbrücken. Bautechnik 15 (1937)17 221—223.

Schaechterle, Karl u. *Fritz Leonhardt:* Die Gestaltung der Brücken. Berlin: Volk u. Reich Verl. 1937 145 S.

Zimirski, F.: Buckelbleche der Leichtfahrbahnen, ihre Berechnung und Aussteifung. Bautechnik 15(1937)34 445—447.

Geiger, Friedrich: Kontinuierliche Rostträgerbrücken. Stahlbau 11(1938)10 78—80, 11 86—88. [1.213.3].

Geiger, Friedrich: Rostträgerbrücken mit fünf Hauptträgern. Stahlbau 11(1938) 26 207—208. [1.213.3].

Hailer, Josef: Beitrag zur Berechnung bogenförmig gekrümmter Hauptträger stählerner Eisenbahnbrücken. Stahlbau 11(1938)14/15 114—118.

Bijlaard, P. P.: On the lateral stability of endportals of truss-bridges. Ingenieur in Ned. Indie (1939)1 II 1—II 12.

Geiger, Friedrich: Rostträgerbrücken mit höherem Randträgerprofil. Stahlbau 12 (1939)18 142—144. [1.213.3].

Haller: Verwendung von Leichtmetallen für den bautechnischen Entwurf einer Brücke über den Tiber in Rom. Bautechnik 17(1939) 644—646.

Krabbe: Das Zusammenwirken von Fahrbahngurt und Fahrbahnrost bei Fachwerkbrücken. Stahlbau 12(1939)8 61—64.

Krabbe: Beitrag zur Verformungstheorie unter Verwendung von Einflußlinien. Stahlbau 12(1939)10 77—84.

Schmid, H. u. *F. Kaufmann:* Untersuchungen an Leichtfahrbahndecken für Straßenbrücken. Z. VDI 83(1939)13 379—380.

Stein, Philipp: Zur Berechnung des eingespannten versteiften Stabbogens. Stahlbau 12(1939)12 93—97.

Bittner, Ernst: Verstärkung einer gewölbten Eisenbahnbrücke. Bautechnik 18 (1940)38 429—435.

Hartmann, Friedrich: In sich verankerte Hängebrücken mit waagerecht festgehaltenem Gurtscheitel. Stahlbau 13(1940)23/24 117—120.

Hertwig, August: Beitrag zum Hängebrückenproblem. Stahlbau 13(1940)21/22 105—108.

Hoening, Karl: Die rechnerische Behandlung der versteiften Hängebrücke. Bautechnik 18(1940)26/27 307—320.

Klöppel, Kurt u. *Kuo-hao Lie:* Hängebrücken mit besonderen Stützbedingungen des Versteifungsträgers. Stahlbau 13(1940)21/22 109—116.

Krabbe, Friedrich Wilhelm: Gegenseitige Beeinflussung der Beanspruchungen durch Eigengewicht, Verkehrslast und Wärmeschwankungen bei Berücksichtigung der Verformung von Hängebrücken. Stahlbau 13(1940)10/11 45—48.

Melan, Ernst: Die Berechnung gekrümmter Blechträgerbrücken. Stahlbau 13 (1940)23/24 121—123.

Schaechterle, Karl u. *Fritz Leonhardt:* Hängebrücken. Bautechnik 18(1940)33 377—386.

Schaper, Gottwald: Das Schweißen im Brückenbau und im Ingenieurhochbau. Berlin: Elsner 1940 35 S. [6.273].

Stüssi, Fritz u. *Ernst Amstutz:* Verbesserte Formänderungstheorie verankerter Hängebrücken und Stabbogen. Schweiz. Bauztg. 116(1940)1 1—5.

Bieligk, Otto: Das Holz im Kriegsbrückenbau. Holz als Roh- u. Werkstoff **4**(1941) 12 425—432.

Gaber, E.: Genagelte Straßenbrücke 1. Klasse aus Holz. (Ein Anwendungsbeispiel.) Bautechnik **19**(1941)26/27 277—286; Techn. Z.-Schau **26**(1941)18 306.

Graf, Otto: Versuche zur Klarstellung von Schadenfällen an geschweißten Brücken. Z. VDI **85**(1941)15 357—360.

Hertwig, August: Einfluß der nachgiebigen Hängestangen auf die Berechnung der Hängebrücke. Stahlbau **14**(1941)19/20 88—89.

Klöppel, Kurt u. *Kuo-hao Lie:* Berechnung von Hängebrücken nach der Theorie II. Ordnung unter Berücksichtigung der Nachgiebigkeit der Hänger. Stahlbau **14**(1941)19/20 85—88.

Leonhardt, Fritz: Entwicklungsmöglichkeiten im Leichtbau für den Hoch- und Brückenbau. Straße **8**(1941)1/2 14—20; Techn. Z.-Schau **26**(1941)7 122. [6.273], [6.122].

Lie, Kuo-hao: Praktische Berechnung von Hängebrücken nach der Theorie II. Ordnung. Einfeldrige und durchlaufende Versteifungsträger mit konstantem und veränderlichem Trägheitsmoment. Stahlbau **14**(1941)14/15 65—69, 16/18 78—84.

Maier-Leibnitz, Hermann: Grundsätzliches über Modellmessungen zur Klarlegung der Formänderungen und Spannungen von verankerten Hängebrücken. Bautechnik **19**(1941)46/47 508—515, 48 522—526, 53/54 573—583, **20**(1942)52/53 457—463, 54/56 486—490.

Schaechterle, Karl u. *Fritz Leonhardt:* Hängebrücken. Bautechnik **19**(1941)7 73—82, 12/13 125—133; Techn. Z.-Schau **26**(1941)8 137, 14 245.

Selberg, Arne: Berechnung des Verhaltens von Hängebrücken unter Windbelastung. Stahlbau **14**(1941)21/22 106—108.

Skrobanek, F.: Gleichzeitige Wirkung der Wanderlast und der Triebradkraft bei Brückenschwingungen. Bautechnik **19**(1941)30/31 327—340.

Stüssi, Fritz: Zur allgemeinen Formänderungstheorie der verankerten Hängebrücke. Schweiz. Bauztg. **117**(1941)1 1—4, 2 18—22.

Stüssi, Fritz u. *J. Ackeret:* Zum Einsturz der Tacoma-Hängebrücke. Schweiz. Bauztg. **117**(1941)13 137—140.

Theimer, Otto F.: Beitrag zur Theorie der Seitensteifigkeit weitgespannter Hängebrücken. Bauing. **22**(1941)45/46 399—411.

Tschauner, Johann: Berechnung der Hängebrücke · mit durchgehendem Versteifungsträger, der an den Pylonenpfeilern nicht abgestützt ist. Bauing. **22** (1941)29/30 283—285.

Wanke, J.: Zur Berechnung stählerner Brücken mit gekrümmten, auf konzentrischen Kreisen liegenden Hauptträgern. Forsch. H. Stahlbau H. 3 1941 IV, 34 S.

Álgyay, Paul: Kräfteverteilung an Brückenkonstruktionen, versteift durch zwei Windverbände und mehrere Querverbände. Stahlbau **15**(1942)1/3 1—5, 4/5 12—16.

Gruber, Ernst: Die Querverteilung der Lasten bei Brücken mit zwei Hauptträgern. Bauing. **23**(1942)45/46 323—332.

Hailer, Josef: Beitrag zur vereinfachten Berechnung schiefer Eisenbahnbrücken. Stahlbau **15**(1942)14/16 53—56.

Hoening, Karl: Der durch einen biegungssteifen Bogen verstärkte Balkenträger. Statische Untersuchung mit Hilfe von Kernmomenten. Stahlbau **15**(1942) 10/11 36—38.

Hoening, Karl: Die Knicksicherheit der Halbrahmen in den Endfeldern der Druckgurtverbände von Brückentragwerken. Bautechnik **20**(1942)19/20 176—180.

Klöppel, Kurt u. *Kuo-hao Lie:* Lotrechte Schwingungen von Hängebrücken. Ing.-Arch. **13**(1942)4 211—266.

Klöppel, Kurt u. *Kuo-hao Lie:* Die lotrechten Eigenschwingungen der Hängebrücken. Bauing. **23**(1942)37/39 277—283.

Müller, K. A.: Das Verfahren von H. Neukirch zur Berechnung der Hängebrücke bei durchlaufendem Versteifungsbalken. Bauing. **23**(1942)17/18 117—119.

Roloff, Max: Erfahrungen mit Leichtfahrbahnen stählerner Reichsautobahnbrücken. Bautechnik **20**(1942)50/51 433—437.

Söchting, Fritz: Selbsterregte Schwingungen von Brücken. Bauing. **23**(1942) 19/20 136—140.

Thran, Ullrich: Längsträgerunterbrechungen bei Deckbrücken mit starrer Fahrbahnplatte. Stahlbau **15**(1942)8/9 25—28.

Dörnen, Albert: Fortschritte des Bauingenieurwesens im neuen Deutschland 1933 bis 1943. VI. Leichtbaugestaltung im Stahlhoch- und Brückenbau. Bautechnik **21**(1943)24/28 173—180, 29/33 199—203, 43/47 288. [6.273].

Gaber, Ernst: Sparsame Brückenfahrbahnen aus Holz. Bautechnik **21**(1943)24/28.

Müller, Adolf: Die Berechnung echter Hängebrücken mittels Rekursion der Momente. Stahlbau **16**(1943)19/20 81—84, 21/22 92—94.

Stüssi, Fritz: Leichtbau im Brückenbau und Hochbau. Schweiz. Bauztg. **121**(1943) 1 1—4, 2 13—14. [6.273].

Beer, Hermann: Stabilitätsberechnung der geknickten, mittleren Portale von durchlaufenden Fachwerkbrücken mit Rhombenausfachung. Stahlbau **17**(1944) 5/7 23—28.

Erdmann, Ottfried: Über den Einfluß hochfester Stähle auf Gewichtsersparnis und Bauart im Stahlbrückenbau. Diss. TH Karlsruhe 1944.

Fritz, Bernhard: Über das elastische Zusammenwirken von Fahrbahnrost und Bogenträger. Stahlbau **17**(1944)16/17 71—77.

— Practical research shows way to more economical bridge design. Railway Age **118**(1945)23 1014—1016, 1021.

Gaber, Ernst: Versuche und Betrachtungen über die Sicherheit von Stahlbrücken. Technik (Berlin) **1**(1946)2 57—65. [1.16], [1.442.42], [1.442.44].

Hardesty, S. and *J. M. Garelts:* All-aluminium span carries rail traffic over Grasse River Bridge. Civ. Engng. **16**(1946)12 527—531, 567.

Moore, R. L.: Observations on the behavior of aluminum alloy test girders. Proc. ASCE **72**(1946)6 729—748.

Roš, Mirko Gottfried: Le progrès dans le domaine des constructions en bois collé en Suisse. Zürich 27. Sept. 1946. [6.14], [6.273].

Albrecht, Rudolf: Lichtbogenschweißung im Stahlhoch- und Brückenbau. Konstruktion und Berechnung. 2. Aufl. Berlin: Ernst 1947 IV, 78 S. [1.442.12], [6.273].

Bondy, O.: Recent trends in structural welding. Struct. Engr. **25**(1947)Nov. 462—481. [6.271].

Cornelius, Wilhelm: Zur Berechnung der Druckgurte und Querrahmen von Trogbrücken. Bautechnik **24**(1947)2 25—29.

— All-aluminum bridge span makes debut. Railway Age **122**(1947)2 136—138; Engineer **183**(1947)4760 333.

— Literaturzusammenstellung über Holzbrücken, Behelfsbrücken. Stuttgart: Bautechn. Auskunftsstelle 1947 17 Bl.

Ammann, O. H.: Der heutige Stand des Brückenbaues in Amerika. Schweiz. Bauztg. **66**(1948)39 535—540.

Bauer, J.: Der Hohlträger im Behelfsbrückenbau. Bautechnik **25**(1948)4 82—85.

Esslinger, Maria: Zur Berechnung von Flachblechfahrbahntafeln. Bautechnik **25** (1948)10 222—224.

Folkhard, Erich: Die Dauerfestigkeit von Schweißverbindungen als Berechnungsgrundlage für geschweißte Brücken. Schweißtechnik (Wien) **2**(1948)Aug. 93— 104; Werkstatt u. Betrieb **82**(1949)4 136. [1.442.14].

Goelzer, M. A.: The construction of welded bridges in Europe. Welder **17**(1948) Apr./June 34—38, 40.

Haupt, Willy: Die Mittelträgerbrücke. Bautechnik **25**(1948)2 25—31, 3 60—65.

Reisser, S. M.: The Liege Congress; Advances in bridge and structural engineering. Welding **16**(1948)Dec. 524—526; Met. Rev. **22**(1949)2 48.

Sattler, Konrad: Ermittlung der Eigengewichte stählerner Brücken. Bautechnik **25**(1948)8 169—175. [7.1].

Schaechterle, Karl: Leichte Fahrbahnen auf Straßenbrücken. Bautechnik **25**(1948) 5 110—115.

Schönhöfer, R.: Das Entwerfen von Brücken. Düsseldorf: Werner 1948 65 S.

Siess, C. P.: Composite construction for I-beam bridges. Proc. ASCE **74**(1948) March 331—353; AMR **1**(1948)4 106.

Stüssi, Fritz: Theoretical weight as the basis for selecting a type of bridge. Publ. Int. Ass. Bridge & Struct. Engng. Final Rep. 1948 475—481; AMR **3**(1950) 10 300.

Stüssi, Fritz: Entwicklungstendenzen im Stahlbrückenbau. Schweiz. Bauztg. **66** (1948)1 1—5, 2 25—30.

Traub, E.: Weitgespannte Straßenbrücken in Holzkonstruktion. Straßen- u. Tiefbau **2**(1948)3 61—66.

— The bridge. Light Metals **11**(1948)131 655—663; Met. Rev. **22**(1949)2 50.

— Hendon Dock aluminium bridge. Engineer **186**(1948)4845 575—578; Met. Rev. **22**(1949)2 50; Konstruktion **1**(1949)7 219.

— New bridge at Sunderland, first aluminium alloy bascule bridge in the world. Dock Harbor Authority **29**(1948)338 200—209.

Braithwaite, R. G. and *D. J. Davies:* Welding in bridgework and allied structures. Trans. Inst. Welding **12**(1949)6 143—145, disc. **13**(1950)1 15—32.

Brunner, J.: Knickstabilität des Obergurtes oben offener Brücken. Schweiz. Bauztg. **67**(1949)38 541—543.

Geiger, Friedrich: Großbeulversuche an Brückenträgern bei über 4000 t Belastung. Stahlbau **26**(1949)3 71—73.

Hailer, Josef: Stützensenkungen von stählernen Bauwerken. (Brücken.) Bauplanung u. Bautechn. **3**(1949)10 315—317.

Hartmann, E. C., R. L. Moore and *F. E. Rebhun:* Tests of aluminum and steel railway bridge girders. Bull. Amer. Railway Engng. Ass. (1949)51 290—306; AMR **3**(1950)11 348.

Herrmann, E.: Brücken aus Aluminium. Techn. Rdsch. (Bern) **41**(1949)23 1—3.

Hoening, K.: Beiträge zur Berechnung der versteiften Hängebrücke mit Hilfe unmittelbarer Integration. Bauing. **24**(1949)10 292—300.

Kerensky, O. A.: Use of high tensile low alloy steels in bridges. Publ. Int. Ass. Bridge & Struct. Engng. **9**(1949) 270—298.

Lourtie, J.: Construction des ponts métalliques. Ossature Métall. **14**(1949)1 20—31.

Ohlig, Rudolf: Berechnung und Bau von Plattenbrücken. (Bautechn.-Arch. H. 4) Berlin: Ernst 1949 53—73.

Peter, L.: Ergebnisse der metallurgischen Untersuchungen und Festigkeitsprüfungen, welche im Zusammenhang mit der im Winter 1945—46 in elektrisch geschweißter Stahlrohrkonstruktion erbauten Kossuth-Brücke in Budapest durchgeführt wurden. Abh. Int. Vereinig. Brücken- u. Hochbau **9**(1949) 383—414.

Pimenoff, C. J.: The Arvida bridge. Design of the aluminum superstructure. Engng. J. **32**(1949)4 186—195.

Priolo, D.: Calcolo rapido dei ponti ad arco. (Calcul rapide des ponts en arc.) Giornale Genio Civile **78**(1949)12 645—656; Bull. Anal. C.N.R.S. **11**(1950)11 3633.

Romeyer, J.: Le pont de Hendon Dock à Sunderland. Rev. Aluminium **26**(1949) 155 158—162; Met. Rev. **22**(1949)8 53.

Steinman, D. B.: How to design aluminum bridges. Engng. News Rec. **143**(1949) 1 198—202; Bauing. **25**(1950)10 392—393.

Tann, J. G.: Die Entwicklung des amerikanischen Brückenbaues in den letzten 25 Jahren. Bauplanung u. Bautechn. **3**(1949)8 261—266.

Wedler, Bernhard: Holzbauwerke und Holzbrücken. Berechnung und Ausführung, DIN 1052 und 1074 und Gütevorschriften für Bauholz, DIN 4074, mit Einführungserlassen für die Baupolizei und Erläuterungen. (Stand Nov. 1948) Berlin: Ernst 1949 68 S. [1.16], [6.271].

— First aluminium bascule bridge. Modern Metals **5**(1949)Febr. 23—24.

— Le pont basculant en aluminium de Hendon Dock, Port de Sunderland. Techn. Travaux **25**(1949)7/8 217—222.

Albenga, G.: Il ponte e la costruzione metallica leggiera. (Die Brücke und ihre Konstruktion aus Leichtmetall.) Costruzioni Metalliche **2**(1950)6, **3**(1951)2, **4**(1952)3 3—10.

Carty, C.: Le pont-route d'Arvida. Techn. Travaux **26**(1950)11/12 252—266.

Clark, J. G.: Welded deck highway bridges. Cleveland (Ohio): James F. Lincoln Arc Welding Foundation 1950.

Dischinger, F.: Der Einfluß der Torsionssteifigkeit der aussteifenden Träger auf die Stabilität der Hängebrücken. Bauing. **25**(1950)5 166—170, 7 246—251.

Erdmann, Ottfried: Über den Einfluß hochfester Stähle auf Gewichtsersparnis und Bauart im Stahlbrückenbau. Forsch. H. Stahlbau H. 7 1950 IV, 83 S.

Fuchs, C.: Vollständig geschweißte Eisenbahnbrücke. Schweißen u. Schneiden **2**(1950)9 251—254.

Hailer, Josef: Die Durchbiegung der Durchlaufträger als Hauptträger stählerner Eisenbahnbrücken. Planen u. Bauen **4**(1950)12 411—415.

Hoening, K.: Zur Berechnung stählerner Bogenträger mit Hilfe unmittelbarer Integration. Bauing. **25**(1950)11 411—413, 12 445—450.

Kriso, K.: Einfluß der Quersteifigkeit des Brückenendrahmens auf die Knickberechnung des Druckgurtes offener Fachwerkbrücken. „Federhofer-Girkmann-Festschrift", Wien: Deuticke 1950 219—238.

Pimenoff, C. J.: Canadians build worlds' first aluminum-arch bridge. Civil Engng. **20**(1950)5./8. 501—505.

Pimenoff, C. J.: Fabrication and erection of the Arvida aluminum bridge. Engng. J. **33**(1950)6 446—452; AB **21**(1950)8 411.

Popp, Camillo: Zur Berechnung der zusätzlichen Beanspruchungen der Fahrbahnträger durch die Dehnungen der Hauptträgergurtung. München: Eisenbahn-Zentralamt 1950.

Pratt, R. W.: Design of log span bridges. Timberman (Portland, Oreg.) **51**(1950) 11 66—71.

Ruble, E. J.: Use of high strength structural bolts in steel railway bridges. Fasteners **6**(1950)4 3—5.

Stamm, Cour.: Brückeneinstürze und ihre Lehren. (Mitt. Inst. Baustatik ETH Zürich No. 24) Zürich: Leemann 1950. 99 S.

Waltking, Friedrich-Wilhelm: Hängebrücken unter statischem Wind. Bauing. **25**(1950)4 133—140.

Waltking, Friedrich-Wilhelm: Praktische Berechnung der Eigenfrequenzen von Hängebrücken. Bauing. **25**(1950)6 208—215, 7 254—257.

Wansleben, Fritz: Zur Berechnung von Brückenfahrbahnen als Trägerroste. Bauing. **25**(1950)2 43—44. [1.213.3].

— Aluminium footbridge at Pitlochry. Engineer **190**(1950)4942 368—370.

— An aluminium highway bridge. Engineer **189**(1950)4909 234—235.

— Aluminium structural alloys. Devel. Bull. 10 Aug. 1950 20 p. [6.131], [6.261.2].

— Hafenbrücke aus Leichtmetall. Metall **4**(1950)5/6 101—102.

— The Saguenay is bridged with aluminium. Engng. News-Rec. **144**(1950)2 32—35; AB **21**(1950)2 79—80.

Ackermann, L.: Das Schwebebahngerüst. Z. VDI **93**(1951)5 154—157.

Buray, Zoltan: A study of rivets in light metal bridges. Aluminium (Hungary) **3**(1951)2 33—41; Metal Abstr. **19**(1952)12 885; AB **23**(1952)10 562. [2.52].

Carty, C.: Nouveau pont route en aluminium au Canada. Schweiz. Techn. Z. **48** (1951)38 661—668.

Cichocki, Felix: Eine neue Hängebrückenform. Stahlbau **20**(1951)1 3—5.

Clark, James G.: Welded bridges of the future — less steel. Engng. News-Rec. **146**(1951)12 24—25.

Dörnen, Albert: Stand des Schweißens von Eisenbahnbrücken. Eisenbahnbau **4** (1951)2 35—39; Stahl u. Eisen **71**(1951)20 1069.

Erdmann, Ottfried: Einfluß hochfester Stähle auf Gewichtsersparnis und Bauart im Stahlbrückenbau. Z. VDI **93**(1951)21 678—680.

Fischer, G.: Beitrag zur Berechnung kreuzweise gespannter Fahrbahnplatten im Stahlbrückenbau. Diss. TH Darmstadt 1951; Berlin: Ernst 1952 IV, 67 S.

Hailer, Josef: Zur Berechnung der Durchbiegung der Hauptträger von stählernen Fachwerkbrücken. Planen u. Bauen **5**(1951)17 399—401.

Hillerborg, A. a. o.: Dynamic influences of smoothly running loads on simply supported girders. (In English.) Kungl. Tekn. Högsk. (Stockholm) Avh. 68 1951 126 p. 8 ref.; Index Aeron. **7**(1951)9 95; AMR **5**(1952)1 17—18.

Krall, G.: Über neuere Konstruktionsmethoden im Brückenbau. Schweiz. Arch. **17**(1951)9 257—268.

Pimenoff, C. J.: Die Brücke von Arvida, die größte Leichtmetall-Konstruktion. Rev. Aluminium (1951)176 153—164; Metall **5**(1951)21/22 500.

Schleicher, Ferdinand: Lastverteilung in Behelfsbrücken mit hölzernem Querbelag. Bauing. **26**(1951)6 161—169.

Schüssler, K.: Die neue Rheinbrücke Köln—Mülheim. Stahlbau **20**(1951)12 141—150.

Stadelmann, W.: Leichtmetallkonstruktionen im Hochbau. Schweiz. Bauztg. **69** (1951)40 560—564, 41 573—577; Stahl u. Eisen **71**(1951)26 1462. [6.273].

Torrajo, E.: Welded bridges and hangars in Spain. Trans. Inst. Welding **14**(1951) 1 13—23.

Waltking, Friedrich-Wilhelm: Aerodynamische Theorie der Brückenschwingungen. Bauing. **26**(1951)11 333—336.

— Arvida bridge, first aluminum highway bridge in the world. Montreal: Aluminium Co. of Canada (Alcan) May 1951 26 p.

— The Arvida bridge. One year later. Modern Metals **7**(1951)7 35—36.

Barbré, Rudolf: Neubau der Luitpold-Hängebrücke über die Donau in Passau. Stahlbau **21**(1952)1 9—12, 2 25—30, 4 56—60.

Erdmann, Ottfried: Über die Grenzen wirtschaftlicher Verwendung hochfester Stähle im Stahlbrückenbau. (Stahlbau-Tagung München 1952) Abh. Stahlbau H. 12 1952 198—221.

Fröhlich, Herbert: Leichtfahrbahnen aus Stahlrosten. Bauing. **27**(1952)8 281—291.

Hailer, Josef: Zur Berechnung der Durchbiegung der bogenförmigen Hauptträger stählerner Brücken. Bauplanung u. Bautechn. **6**(1952)9 260—263.

Hoffmann, Erich: Konstruktive Fragen bei geschweißten Eisenbahnfachwerkbrücken. Schweißen u. Schneiden **4**(1952) S.H. Dez. 100—107.

Lamster, A. u. Wilhelm Stoltenburg: Neubau der Bürgermeister-Smidt-Brücke in Bremen. Stahlbau **21**(1952)11 207—212.

Lange, K.: Über den heutigen Stand des Stahlbrückenbaues unter besonderer Berücksichtigung der Schweißtechnik. Schweißen u. Schneiden **4**(1952)6 173—182. [5.5].

Mayer, Rudolf: Die Kurpfalzbrücke über den Neckar in Mannheim. Stahlbau **21**(1952)6 85—88, 7 117—124, 8 146—148.

Schweda, F.: Summeneinflußwerte für den einfachen Balken und den symmetrischen Zweifeldträger für Straßenbrücken. Wien: Springer 1952 79 S.

Seegers, K. H.: Die Aluminium-Bogenbrücke bei Arvida. Bauing. **27**(1952)3 101—102.

Wansleben, Fritz: Die Berechnung drehfester gekrümmter Stahlbrücken. Stahlbau **21**(1952)4 53—56.

— Le platelage en alliage léger du Pont Basculant du Havre. Rev. Aluminium **29**(1952)190 285—290; AB **23**(1952)10 543.

Beyer, E. u. *F. Tussing:* Die Aluminiumbrücke in Düsseldorf. Bauing. **28**(1953)10 341—344.

Braun, Franz: Vermessungen, Messungen und Belastungsprobe an der Rheinbrücke Köln—Mülheim. Stahlbau **22**(1953)12, **23**(1954)1 15—21.

Fuchs, C.: Vollständig geschweißte Eisenbahnbrücke aus St 44. Schweißen u. Schneiden **5**(1953)10 374—376. [5.5].

Ghaswala, S. K.: Magnesium alloy structures. Publ. Int. Ass. Bridge & Struct. Engng. **13**(1953) 95—124; Met. Abstr. **21**(1954)12 1119; AB **25**(1954)10 725. [1.323.221].

Gilg, B.: Der Randträgereinfluß bei Plattenbrücken. Schweiz. Bauztg. **71**(1953)48 701—705.

Guyer, Roland: Transportbrücke in Rohrkonstruktion. Schweiz. Bauztg. **71**(1953) 23 331—334.

Liebing, O.: Aluminium-Werkstoffe im Brückenbau. Aluminium **29**(1953)1/2 46—49.

Sallenave, P.: Petits ponts forestiers en bois. Bois Forêts Tropiques (1953)31 53—60.

Suhr, Otto: Fahrbahn einer Klappbrücke aus Leichtmetall. Bauing. **28**(1953)2 59—60.

Vogel, Rudolf: Optimale Querschnitte vollwandiger Brückenhauptträger. Stahlbau **22**(1953)2 45—47. [1.212.2].

— Aluminium bascule bridge. Metal Industry **83**(1953)15 304; Engineer **196** (1953)5097 429—431; AB **24**(1953)11 684.

— Schweißen im Brückenbau. 112 Schrifttumsangaben aus den Jahren von 1926 bis 1951. Bibliographie Nr. 404 der Bücherei des VDEh 1953; Stahl u. Eisen **73**(1953)7 336.

— Verkehrsbauten. „Aluminium im Verkehr", Düsseldorf: Aluminium-Verl. 1953 173—176. [6.273].

Börner, Heinrich: Die Gestaltung von Stahlbrücken. Stahlbau **23**(1954)9 194—201.

Bond, W. R.: Modern treated timber bridge across Kootenai river. Wood Preservation News **32**(1954)6 11—13.

Ebner, Hans u. *K. Havemann:* Dehnungsmessungen an der Spannbetonbrücke über den Zollkanal in Hamburg-Wilhelmsburg. Beton- u. Stahlbetonbau **49** (1954)8 188—193.

Enneper, Paul: Beitrag zur Berechnung echter Hängebrücken. Stahlbau **23**(1954) 6 134—137, 7 159—164.

Ernst, Eugen: Die erste Eisenbahnbrücke der Deutschen Bundesbahn mit vorgespannten, hochfesten Schrauben als Verbindungsmittel. Stahlbau **23**(1954) 10 225—228.

Ernst, Eugen: Neue Wege im Brückenbau. Bundesbahn **28**(1954)19 886—897; Stahl u. Eisen **74**(1954)27 1794.

Heidger, Mathias: Eisenbahn-Klappbrücken und die Straßenüberführungen bei Hafen-Kanälen. Schiff u. Hafen **6**(1954)5 308—310.

Heilig, Richard: Verbundbrücken unter Torsionsbelastung. Statik des torsionsbeanspruchten Durchlaufträgers. Stahlbau **23**(1954)2 25—33. [1.212.3].

Honeck, G.: Zweiflügelige Klappbrücke aus Aluminium. Stahlbau **23**(1954)6 141.

Jäger, Karl: Drillungssteife zweistegige Plattenbalkenbrücken. Oest. Bau-Z. **9** (1954)2 30—36.

Naruoka, Masao: Measurement of the stress and deflection of Kanzaki bridge. Publ. Int. Ass. Bridge & Struct. Engng. **14**(1954) 187—194.

Pleines, Ernst Wilhelm: Eine neue Leichtmetall-Klappbrücke in Aberdeen. Aluminium **30**(1954)10 422—426.

Popp, Camillo: Zur genaueren Berechnung der Fahrbahn-Längsträger stählerner Eisenbahnbrücken. Forsch.-H. Stahlbau H. 10 1954 73 S.; Z. VDI **97**(1955) 15/16 507.

Preß, Heinrich: Genagelte Bretterbinder für hölzerne Brücken. Bautechnik **31** (1954)2 36—38.

Schleusner, A.: Näherungsweise Berechnung der lastverteilenden Wirkung von Brückenbelägen. Bautechnik **31**(1954)3 79—84.

Selberg, Arne: Hängebrücken kleiner und mittlerer Spannweite. Stahlbau **23** (1954)5 97—102.

Steinman, D. B.: Suspension bridges. The aerodynamic problem and its solution. Publ. Int. Ass. Bridge & Struct. Engng. **14**(1954) 209—251.

Steinmann, G.: Das Verfahren Baur-Leonhardt und die Ausführung von Brücken in vorgespanntem Beton. Schweiz. Bauztg. **72**(1954)44 639—644.

Tschanter, E.: Aluminiumbrücke in Düsseldorf. Bautechnik **31**(1954)4 126—127.

Wenk, Hans: Neubau der westlichen Fahrbahnseite für die Autobahnbrücke bei Montabaur. Stahlbau **23**(1954)6 129—134.

— Berechnungsgrundlagen für stählerne Eisenbahnbrücken (BE). Ausgabe 1951 Hinweis auf Berichtigungsblatt 1, gültig vom 1. April 1954 an. Minden: Bundesbahndirektion Hannover; Stahlbau **23**(1954)8 192.

Bleicher, W.: Aluminium als Werkstoff im neuzeitlichen Brückenbau. Brücke u. Straße (1955)5 146—150.

Bölcskei, E. and Gy. Haviár: An aluminium bridge in Hungary. Light Metals **18**(1955)205 106—110.

Domke, Theodor: Neue deutsche Straßenbrücke aus Aluminium. Aluminium **31** (1955)12 619—621.

Ebner, Hans u. K. Havemann: Dehnungs- und Durchbiegungsmessungen an der neuen Lombardsbrücke in Hamburg. Beton- u. Stahlbetonbau **50**(1955)4 121— 126, 5 142—148.

Emmen, J.: Enkele algemene beschouwingen over hangbruggen berustend op nieuwe inzichten betreffende de bewegingen der bruggen veroorzaakt door dynamische invloeden van spoorwegverkeer en wind. Ingenieur **67**(1955)23 B 79—B 90.

Hoyden, A.: Brückenbau unter besonderer Berücksichtigung des Stahlleichtbaues. Bauing. **30**(1955)6 218—226.

Steinhardt, Otto: Die Anwendung der Schweißtechnik im neuzeitlichen Stahlhoch-, Brücken- und Gleisbau. Schweißen u. Schneiden **7**(1955)6 236—241. [6.273].

Hochbau, Hallenbau, Industriebau   6.273

Roš, Mirko Gottfried: Der Bau von Gerüsten und Hochbauten aus Holz in der Schweiz. EMPA Disk.-Ber. 5.

Reutlinger, G.: Dynamische Untersuchungen von Brücken und Hochbauten. Abh. Int. Vereinig. Brücken u. Hochbau **1**(1932) 387—409. [6.272].

Bauer, W.: Der Leichtbau im Eisen- und Hochbau. Techn. Mitt. HdT (Essen) **31** (1938) 483—488.

Ernst, F.: Stahl im Industriebau. Z. VDI **82**(1938)48 1361—1366.

Maier-Leibnitz, Hermann: Die Schwabenhalle in Stuttgart. Ein bemerkenswerter Holzhallenbau. Z. VDI **82**(1938)4 87—90.

Mehmel, A.: Leichte weitgespannte Stahlhallen unter besonderer Berücksichtigung von Flugzeughallen. Stahlbau **11**(1938)1 1—8.

Wolf: Leichthallen auf neuer Grundlage. Bauing. **19**(1938)33/34 475—478.

Haas, M.: Bedeutung der Verwendungsmöglichkeiten der Leichtmetalle im Hochbau. Siedlung u. Wirtsch. **21**(1939) 413—416.

Schaper, Gottwald: Das Schweißen im Brückenbau und im Ingenieurhochbau. Berlin: Elsner 1940 35 S. [6.272].

— Holzersparnis im Hochbau. (Vortr. Holztagung 1939) Mitt. Fachausschuß Holzfragen H. 26 1940 97 S.

Grüning, G.: Französische und belgische Flugzeughallen. Bauing. **22**(1941)13/16 107—120.

Grüning, G.: Leichte weitgespannte Flugzeughallen aus Stahl. Bauing. **22**(1941) 43/44 383—393; Z. VDI **86**(1942)25/26 405—408.

Leonhardt, Fritz: Entwicklungsmöglichkeiten im Leichtbau für den Hoch- und Brückenbau. Straße **8**(1941)1/2 14—20; Techn. Z.-Schau **26**(1941)7 122. [6.122], [6.272].

Egner, Karl: Hölzerne Spartträger und -decken für den Hochbau, im besonderen für den Wohnungsbau. Fortschr. u. Forsch. Bauwes. Reihe A H. 3 1942 7 ff.

Hünnebeck, E. M.: Raumabschließende Strahltragwerke für Flugzeughallen. Bauing. **23**(1942)43/44 311—317.

Dörnen, Albert: Fortschritte des Bauingenieurwesens im neuen Deutschland 1933 bis 1943. VI. Leichtbaugestaltung im Stahlhoch- und Brückenbau. Bautechnik **21**(1943)24/28 173—180, 29/33 199—203, 43/47 288. [6.272].

Seidel, Erich: Fortschritte des Bauingenieurwesens im neuen Deutschland 1933 bis 1943. VII. Die Entwicklung des Holz-Nagelbaues. Bautechnik **21**(1943) 29/33 204—207. [1.442.5].

Stüssi, Fritz: Leichtbau im Brückenbau und Hochbau. Schweiz. Bauztg. **121**(1943) 1 1—4, 2 13—14. [6.272].

Ylinen, Arvo: Über die Dachkonstruktion der finnischen Flugzeughallen. Holz als Roh- u. Werkstoff **6**(1943)3 110—111.

— Timber hangars for the United States Navy. Engng. **156**(1943)4059 341—343, 350.

Roš, Mirko Gottfried: Le progrès dans le domaine des constructions en bois collé en Suisse. Zürich 27. Sept. 1946. [6.14], [6.272].

Albrecht, Rudolf: Lichtbogenschweißung im Stahlhoch- und Brückenbau. Konstruktion und Berechnung. 2. Aufl. Berlin: Ernst 1947 IV, 78 S. [1.442.12], [6.272].

Kollbrunner, Curt F.: Weitgespannte Hallen aus Stahl. Schweiz. Bauztg. **66**(1948) 30 413—417, 31 425—429.

— Pour le plus grand avion les anglais ont construit le plus grand hangar. Rev. Aluminium **25**(1948)146 238—242.

Kersten, Carl: Bautechnische Tabellen für die Praxis des einfachen Hochbaues. Berlin: Druckerei u. Vertriebs-Ges. 1949 72 S.

Renner, K.: Dachkonstruktionen für Industriehallen aus Leichtmetall. Metall **3** (1949)15/16 252—254; Ref. Chem. Industrie (1949)1034 37—38.

— Royal Albert Hall. Light Metals **12**(1949)135 188—195.

Dahl, Heinz: Ein Beitrag zum Holznagelbau. Planen u. Bauen **4**(1950)12 387—389.

Hockensmith, H. N.: Welded aluminium ammonium nitrate prilling tower. Welding J. **29**(1950)9 729—732; AB **21**(1950)10 498.

Schtschepetow, B.: Dünnwandige Schalenkuppeln für die Überdachung von Sälen in öffentlichen Gebäuden. Planen u. Bauen **4**(1950)8 257—261.

Seegers, Karl Heinz: Aluminium-Hochbauten. Bauing. **25**(1950)10 393—394.

— Dome of discovery. Light Metals **13**(1950)150 392—394; AB **21**(1950)8 412.

Brockmann, E. F. u. *G. Lichtenhahn:* Die Europahalle der Deutschen Industrie-Messe Hannover. Z. VDI **93**(1951)10 269—271.

Ciesielski, Hubert: Erfahrungen mit Ingenieur-Konstruktionen aus Holz in den Anlagen des Lokomotivdienstes. Bauing. **26**(1951)7 193—197, 12 375—376.

Gaber, Ernst: Beispiel und Gegenbeispiel für eine große Holzhalle als Flachbau. Bauing. **26**(1951)8 240—244.

Gastoué, D.-Y.: Leichtmetall für Hallen des Londoner Flughafens. Rev. Aluminium (1951)182 401—402; Metall **6**(1952)19/20 618.

Herrmann, E.: Die Leichtmetallflugzeughalle des Londoner Flughafens. Techn. Rdsch. (Bern) **43**(1951)33 3 S.

Sossenheimer, H.: Vorgespannte Stahlkonstruktionen. Stahlbau **20**(1951)10 127—128.

Stadelmann, W.: Leichtmetallkonstruktionen im Hochbau. Schweiz. Bauztg. **69** (1951)40 560—564, 41 573—577; Stahl u. Eisen **71**(1951)26 1462. [6.272].

— Aluminium hangar at London airport. Metal Industry **78**(1951)23 467—468.

— Light alloy hangar at London airport. Metallurgia **43**(1951)260 295—296.

— Die neuen Flugzeughallen des Londoner Flughafens. Light Metals **14**(1951) 160 410—414; Aluminium **27**(1951)2 XI.

— Vorläufige Grundsätze für die Anwendung von Gewölbedecken im Hochbau. Planen u. Bauen **5**(1951)20 471—474.

Fricke, H.: Ausgeführte Stahlhochbauten in Westdeutschland. Schweißen u. Schneiden **4**(1952)5 156—164.

Harris, A. J.: Hangars at London airport — design of large span prestressed concrete beams. Struct. Engr. **30**(1952)10 226—235; Index Aeron. **8**(1952)12 89—90.

Kentzler, H. u. *J. Schroeder:* Aluminium-Dachdeckung auf der Westfalenhalle in Dortmund. Aluminium **28**(1952)4 121—123; AB **23**(1952)6 308.

Neumann, Rudolf: Der Wiederaufbau der Westfalenhalle in Dortmund. Stahlbau **21**(1952)5 80—83, 6 98—100.

Pleines, Ernst Wilhelm: Über neuzeitliche Leichtmetall-Ingenieurbauten. Aluminium **28**(1952)3 69—74.

Samuely, Felix J.: Space frames and stressed skin construction. Part II. Civil Engng. **47**(1952)544 655—657.

— Holzwolle-Leichtbauplatten nach DIN 1101 im Hochbau, Richtlinien für die Verwendung. DIN 1102 Jan. 1952.

Geilinger, E.: Stahlhochbau in der Schweiz. „Gestalteter Stahl", Abh. Stahlbau H. 14 1953.

Hamilton, W. and *G. P. Manning:* Some structural uses of aluminium alloy with special reference to domes. Struct. Engr. **31**(1953)12 337—350; AB **25**(1954) 2 66.

Henn, W. u. *H. Rüble:* Typung der Schalenbauweise im Industriebau. Bauplanung u. Bautechn. **7**(1953)10 442—445.

Kollbrunner, Curt F. u. *M. Baeschlin:* Stahlhochbau im Ausland. (Mitt. d. TKVSB Nr. 7) Zürich: Leemann 1953 119 S.

Pleines, Ernst Wilhelm: Eine neue Leichtmetall-Flugzeughalle in Großbritannien. Aluminium **29**(1953)11/12 424—427.

Sahmel, Paul: Beitrag zur Berechnung von Stahlschornsteinen. Bauplanung u. Bautechn. **7**(1953)4 172—175.

Victor, Maurice: Der Wolkenkratzer an der Park Avenue. Rev. Aluminium **30** (1953)204 422—425; Aluminium **30**(1954)4 LXXIV.

Weinhold, Josef: Die Biegeknickspannungen analog DIN 4114 im Normenvorschlag „Leichtmetall im Hochbau". Aluminium **29**(1953)6 248—254 7 Lit.-St. [1.342.8].

Weiss, Wilhelm: Das „Alcoa Building" in Pittsburgh USA. Bauing. **28**(1953)6 193—197.

Witt, H. P.: Sport- und Ausstellungshallen. „Gestalteter Stahl", Abh. Stahlbau H. 14 1953.

— A 200-foot span aluminium hangar. Engineer **195**(1953)5061 127—129; AB **24** (1953)3 138—139.

— Use aluminium in new triangulation tower. Modern Metals **9**(1953)1 73—74;
AB **24**(1953)3 139.
— Verkehrsbauten. „Aluminium im Verkehr", Düsseldorf: Aluminium-Verl.
1953 173—176. [6.272].
Bussemer, H.: Geschweißte Hallenkonstruktion. Stahlbau **23**(1954)11 259—262.
Ennor, William T.: Aluminum applications in the Alcoa building. "Rapp. Congr.
Int. Aluminium, Tome II", Paris: Soc. Édition et Documentation Alliages
Légers 1954 239—246 10 ref.
Geilinger, E.: Leichtmetallbau-Shedhalle. Dtsch. Bau-Z. (Gütersloh) (1954)12
852—855.
Girkmann, Karl: Zur Theorie des Tonnendaches. Oesterr. Bau-Z. **9**(1954)1 1—6.
Müller, Karl Adolf: Fabrikhallen aus Rohrkonstruktion. Stahlbau **23**(1954)6
141—142.
Steinhardt, Otto: Holz im Hochbau. Bauverwaltung (Düsseldorf) **3**(1954)6
205—208.
Stoy, Wilhelm: Genagelte Bahnsteigdächer aus Buchensperrholz. Holz-Zbl. **80**
(1954)117 1373.
Victor, Maurice: Ein 36stöckiges Bankgebäude mit Leichtmetallaußenwänden.
Rev. Aluminium **31**(1954)208 114—116; Aluminium **30**(1954)10 CXC.
— L'Aluminium dans les revêtements d'ossatures métalliques. Aluminium
(Suisse) **4**(1954)4 111—117; AB **25**(1954)10 675.
— Aluminium spans, 280 ft. long, speed bridge truss erection. Engng. News-
Rec. **153**(1954)19 33—35; AB **25**(1954)12 826.
— Flugzeughallen aus Fertigteilen. Acier-Stahl-Steel **19**(1954)9 447—449.
— New hangar doors at London Airport. Light Metals **17**(1954)195 192—193.
— Thin-skinned hotel. Engng. News-Rec. **152**(1954)23 31—34; AB **25**(1954)7 426.
van Fossen, H. B. and *J. Holmstock:* Inert arc welding of aluminum church
windows. Welding J. **34**(1955)4 345—346; Aluminium **31**(1955)9 A 203.
Radomski, B.: Leichtbau im Hochbau. Z. VDI **97**(1955)6 153—158.
Schlesinger, F. W.: Aluminium in einer Glasfassade. Aluminium **31**(1955)1 17—22.
Schreiter, V.: Neuerungen im Hallenbau: Spannstahldächer. Bauwirtschaft **9**
(1955)13 301—303.
Steinhardt, Otto: Die Anwendung der Schweißtechnik im neuzeitlichen Stahl-
hoch-, Brücken- und Gleisbau. Schweißen u. Schneiden **7**(1955)6 236—241.
[6.272].
— Aluminium-Hangartore. Aluminium **31**(1955)3 120—121.
— Aluminiumverkleidung bei einem 36stöckigen Wolkenkratzer. Aluminium
31(1955)7/8 356—359.
— Les nouveaux hangars de l'aéroport d'Orly. Génie Civil **82**(1955)5 88—90;
Luftfahrttechnik **1**(1955)2 VII.

Fliegende Bauten   6.274

Schönhöfer, R.: Die Haupt-, Neben- und Hilfsgerüste im Brückenbau. Berlin:
Ernst 1941.
Dixon, G. F.: Aluminium ladders. Fire Protection **10**(1947)77 82; Building Sci.
Abstr. **20**(1947) 541.
Mengeringhausen, Max: Stahlrohrgerüste und -geräte nach dem Merosystem.
Bauplanung u. Bautechn. **2**(1948)11 307—310. [6.122].
— Scaffolding in light alloy. Light Metals **11**(1948)125 310—323.
Laing, J. W.: A comparison between aluminium alloy and steel tubular
scaffolding. Nat. Builder **26**(1949)6 126—129.
Stockmar, Otto: Baugerüste aus Leichtmetall. Neue Bauwelt **4**(1949)18 278—279.
— Duralumin H shuttering and the Wimpey "Situfoam" construction system.
Light Metals **12**(1949)143 681—685.

— Scaffold structures in aluminium alloy tubing. Consulting Engr. 5(1949)3 82—84.

Stockmar, Otto: Baugerüste aus Leichtmetall. Metall 4(1950)19/20 421—422.

— Les embarcations de "Claude-Bernard" et les passerelles du port autonome du Havre. Rev. Aluminium 27(1950)169 328—329.

— Extruded aluminum tubing forms sturdy lightweight scaffolding. Western Machinery & Steel World 41(1950)Dec. 52—54.

— The telescopic gangway. Light Metals 13(1950)150 388—391.

Faißt, H. W.: Leichter rüsten mit Leichtmetall. Bauen u. Wohnen 6(1951)9 540—542.

Hacker, Hermann: Transportable Stahlbauten in geschweißter Ausführung. Stahlbau 20(1951)10 123—126.

Vierling, Albert: Ortsbewegliche klappbare Bohr- und Fördermaste. Erdöl u. Kohle 4(1951) 66—75. [6.275].

— Leichtmetall-Rohrgerüste aus „Anticorodal". (Statische Berechnung, Techn. Bericht.) München: Mannesmann Rohrbau 1951 41 S.

— Light alloy gangways used in festival ship "Campania". Sheet Metal Industries 28(1951)291 675; AB 22(1951)9 500.

Bahke, Erich: Leichtbau im Bohr- und Förderbetrieb. Erdöl u. Kohle 5(1952) 151—159.

Bahke, Erich: Construction allégée de mâts et pylônes. Ossature Métall. (1952)11.

Gastoué, D.-Y.: Die Keylock-Konstruktion für Metallgerüste. Rev. Aluminium 29(1952)193 406—408; Aluminium 29(1953)6 XIX.

Vierling, Albert: Fortschritte beim Bau von Erdölbohr- und Sondenbehandlungsanlagen. Erdöl u. Kohle 5(1952) 91—97.

Vierling, Albert u. *Erich Bahke:* Zur Gestaltung und Berechnung von Bohr- und Fördermasten. Erdöl u. Kohle 5(1952)4 215—222.

Zimmermann, R.: Leichtmetall-Schalungen für Stollen- und Tunnelbau. Aluminium (Suisse) 2(1952)5 147—151; Aluminium 28(1952)12 XIV.

Bahke, Erich: Vorbildliche Schweißkonstruktion eines Bohrklappmastes. Schweißen u. Schneiden 5(1953)1 1—2.

Thon: Stahlrohrgerüste unter Berücksichtigung der Kupplungs-Konstruktionen. Schiff u. Hafen 5(1953) 616.

— Leichtmetall-Rohrgerüste, -Leitern und -Arbeitsbühnen. Aluminium 29(1953) 1/2 41—43.

Bahke, Erich: Germans come up with new cantilever drilling mast. World Oil (1954)1./8. 143—145.

Bahke, Erich: Zur Anwendung des Leichtbaues bei Erdölbohr- und Fördergerüsten. Diss. TH Hannover 1954 134 S. 13 Lit.-St. [6.275].

Bub, H.: Beitrag zur Standsicherheit von Gerüsten, Tribünen u. ä. (Knicksicherheit und Seitensteifigkeit.) Bau u. Bauindustrie 7(1954)19 570—572.

von Burg, E.: Baugerüste aus Aluminiumrohren. Aluminium (Suisse) 4(1954)5 175—177; Aluminium 31(1955)2 A 36.

Diem, K.: Leichtmetall-Lawinenverbauungen in der Schweiz. Aluminium 30(1954) 10 428—431, 11 CCXVI.

Emonin, L. u. *J. Coiffard:* G AlSi (Alpax)-Verschalungen für den Häuserbau in Casablanca und Rabat. Rev. Aluminium 31(1954)206 11—17; Aluminium 30 (1954)5 CIV.

Petzold, W.: Helling-Traggerüst in Leichtmetall-Schweißkonstruktion mit 40 t Tragfähigkeit und 6,5 t Eigengewicht. Schiff u. Hafen 6(1954)9 531.

Tramborg, R.: Die Leichtmetall-Laufbrücken für das Steubenhöft in Cuxhaven. Aluminium 30(1954)11 475—476.

— Aluminium scaffolds. Modern Metals 10(1954)6 76—77; Aluminium 31(1955) 3 A 56.

— Padiglioni smontabili per mostre ed exposizioni. (Demountable pavillions of fairs and exhibitions.) Alluminio **23**(1954)4 415—418; AB **25**(1954)10 676.

Bierett, Georg and *Erich Bahke:* Investigations and suggestions of lightweight steel construction for oil drilling and production equipment. (4th World Oil Congr. Rome 1955) Rome: Carlo Colombo 1955.

Faißt, H. W.: Baugerüste aus Leichtmetall. Metall **9**(1955)5/6 187—190.

— Montagebrücken aus Aluminium. Aluminium **31**(1955)7/8 354—355.

Mastenbau 6.275

Puritz, Friedrich: Schwingungen an Freileitungsseilen und ihre Dämpfung durch Resonanzschwingungsdämpfer. (Mitt. Wöhler Inst. Braunschweig H. 12) Braunschweig: Hess 1932 68 S.

Look, Otto Heinrich: Resonanz zwischen Mast- und Leistungsseilschwingungen und die Dämpfung dieser Schwingungen mit Resonanzdämpfern. (Mitt. Wöhler-Inst. Braunschweig, H. 21) Berlin: NEM-Verl. 1934 61 S.

Stein, Otto: Ein Aufstellmast für schwere Lasten und weite Ausladung. Stahlbau **8**(1935)24 185—188.

Wanke, J.: Berechnung von gegliederten Masten und Türmen auf Verdrehen. Stahlbau **9**(1936)25 193—198, 26 203—205.

Fricke, Johannes: Versuche mit geschweißten Gittermasten in Leichtbauweise. Bauing. **20**(1939)7/8 90—93.

Argyris, Johannes: Untersuchung eines besonderen Belastungsfalles bei dreiseitig abgespannten Funkmasten. Stahlbau **13**(1940)8/9 33—38.

Wanke, Josef: Zur Berechnung von vierseitigen Fachwerkmasten auf Verdrehen. Stahlbau **14**(1941)19/20 89—95.

Junge, Alfred: Berechnung des durch Windseile abgespannten Mastes nach der genaueren Theorie. Stahlbau **15**(1942)14/16 49—53.

Treiber: Beitrag zur geometrischen Berechnung der Fachwerknetze stählerner Gittermaste. Stahlbau **16**(1943)17/18 71—73.

— Neue Hochspannungs-Leitungsmasten. Schweiz. Bauztg. **66**(1948)40 547—550.

Buck, P.: Knickuntersuchung eines Hochmastes für artistische Vorführungen. Bauplanung u. Bautechn. **3**(1949)5 145—147.

— Le mât d'antenne du service des télécommunications. Rev. Aluminium **27** (1950)169 324—327; AB **21**(1950)12 624.

Vierling, Albert: Ortsbewegliche klappbare Bohr- und Fördermaste. Erdöl u. Kohle **4**(1951) 66—75. [6.274].

— Aluminium transmission towers. London: Northern Aluminium Co. (Noral) Application Rec. 4 July 1951 16 p.

Utesch, F.: Die neuen Funkmaste des belgischen Rundfunks. Stahlbau **21**(1952) 8 148—149.

Bahke, Erich: Leichtstahlbau in hochbeanspruchten Turmkonstruktionen. Mitt. Forsch.-Ges. Blechverarb. (1953)6 77—86, 7 93—100.

Rein, E.: Die Mastbauweise zeigt neue Wege im Hochbau. „Gestalteter Stahl", Abh. Stahlbau H. 14 1953.

Bahke, Erich: Zur Anwendung des Leichtbaues bei Erdölbohr- und Fördergerüsten. Diss. TH Hannover 1954 134 S. 13 Lit.-St. [6.274].

Fröhlich, Josef: Türme aus nahtlosem Stahlrohr. Stahlbau **23**(1954)10 241—242.

Gros, A.: Leichtmetall-Beleuchtungstürme im Rangierbahnhof Biel. Aluminium (Suisse) **4**(1954)1 8—14; Aluminium **30**(1954)5 CIV.

Klingbeil, E.: Durchbiegung von konischen Stahlrohrmasten. Verkehr u. Technik **7**(1954)12 352—353.

— Beleuchtungsmaste und Verkehrssignal-Säulen aus Aluminium. Aluminium **30**(1954)10 431—432.

— Demontierbare Fernsehmaste. Rev. Aluminium **31**(1954)206 22—26; Aluminium **30**(1954)5 CIV.

Diem, K.: Eine 10/50-KV-Freileitung mit Aluminiummasten. Aluminium **31**(1955)
4 161—166.
— Masten einer großen Hochspannungsübertragungsleitung. Aluminium (Suisse)
5(1955)1 28—30.

Sonstige Zweige (Nahrungsmittelindustrie, Verpackung usw.)   6.28

— Die Verwendung des Aluminiums in der chemischen und Nahrungsmittel-
Industrie. (Hrsg. Bureau Int. de l'Aluminium) Berlin: Aluminium Zentrale
1935 175 S.
Führer-Arndt, V.: Eignung von Aluminium im Vergleich zu sonstigen Werk-
stoffen zur Herstellung von Konservendosen. Aluminium **23**(1941)2 63—67;
Techn. Z.-Schau **26**(1941)13 236.
Sachsenberg, E., W. Wolf u. *R. Gottschald:* Gesichtspunkte zur Gestaltung roh-
stoffsparender Kisten. Holz als Roh- und Werkstoff **4**(1941)7 253—256.
— Aluminium in the canning industry. Light Metals **5**(1942) 426—436, 470—488,
526—540.
— Aluminium in fish canning. Light Metals **6**(1943) 137—154.
— Aluminium small equipment in the canning industry. Light Metals **6**(1943)
240—243.
— Aluminium in the canning industry. Light Metals **7**(1944) 107—116.
Bailey, J. C.: Aluminium foil and its application in modern packaging technique.
Brit. Packer (1946)Sept.; ADA Repr. 15 16 p.
Faißt, Helmut-Wolfgang: Leichtmetall in der Milchwirtschaft — Die Transport-
Kanne. Leichtmetall **1**(1948)1 3—8.
Perrone, A.: Impiego della carta di alluminio negli imballaggi. (Aluminium foil
packaging.) Alluminio **18**(1949)Jan./Febr. 21—46; Met. Rev. **22**(1949)7 56.
Rose, Kenneth: Aluminum foil finds new uses as a packaging and insulating
material. Mater. & Meth. **30**(1949)July 63—65; Met. Rev. **22**(1949)9 56.
— Fish holds of aluminium. Devel. Bull. 4 Nov. 1949 21 p.
— The aluminium food can, an introductory survey. Devel. Bull. 8 May 1950
29 p.
— Aluminium in packaging, general line containers. Devel. Bull. 12 Dec. 1950
45 p.
Prévot, Pierre: Quelques applications nouvelles des alliages légers dans
l'emballage et l'embouteillage. Rev. Aluminium **28**(1951)174 65—71; AB **22**
(1951)6 338—339.
Royce, Clinton K.: Military requirements for wood in packaging. Forest Prod.
Res. Soc. Repr. 146 1951.
— Aluminium foil insulation Devel. Bull. 14 Jan. 1951 37 p. [6.271].
Gentilini, L. u. *G. Missier:* Phenolharzlacke für Innenschutz von Weinbehältern
aus Leichtmetall. Alluminio **21**(1952)2 130—134.
Junière, P.: Die jüngsten Aluminiumanwendungen in der chemischen Industrie.
Werkstoffe u. Korrosion **3**(1952)1 1—5.
Nickelsen, D. u. *S. Buchmann:* Aluminium in der Konservenindustrie. Aluminium
(Suisse) **2**(1952)2 41—54; AB **23**(1952)6 311.
Stüssi, D.: Das Aluminium als Werkstoff der Molkerei. Werkstoffe u. Korrosion
3(1952)1 5—11.
— Die Aluminium-Kanne in der Europäischen Nahrungsmittelindustrie. Modern
Metals **8**(1952)2 26—30; Corrosion (Houston) **9**(1953) 236; Werkstoffe u.
Korrosion **5**(1954)12 516.
— Aluminium in packaging — canning of peas. Devel. Bull. 19 March 1952 18 p.;
AB **23**(1952)8 432.
Bremer, Gene: Aluminium foil packaging — post world war II developments.
Containers & Packaging **6**(1953)2 4—8; AB **24**(1953)8 493.

Faißt, Helmut Wolfgang: Aluminium-Transportkannen für die Milch- und Fleischwirtschaft. Metall 7(1953)15/16 610—612; AB 25(1954)1 5.

Braun, Albert: Das Hartpapierfaß und seine Verwendungsmöglichkeiten. Neue Verpackung 7(1954)5 214.

Broockmann, K. u. *R. Schnell:* Aluminiumfolien zur Verpackung in der chemischen und pharmazeutischen Industrie. Chemie-Ingenieur-Technik 26(1954)10 543—547; Aluminium 31(1955)2 A 36.

Ciani, G.: Gli imballaggi di alluminio per i prodotti ittici. (Aluminium packaging for fish products.) Alluminio 23(1954)3 269—280; AB 25(1954)9 591.

Hugony, Eugenio: Tendances italiennes de l'emballage en aluminium. „Rapp. Congr. Int. Aluminium, Tome II", Paris: Soc. Édition et Documentation Alliages Légers 1954 265—272.

Kurz, Karl: Verpackungsfässer aus Holz, Sperrholz und Holzfaserstoffen. Holzwirtschaftl. Jb. 1954 257—262.

Kurz, Karl: Holzfässer in fortschrittlicher Entwicklung. Vergleichende Übersicht Deutschland—USA. Neue Verpackung 7(1954)2 49—50.

Lovell, A. V.: Aluminium cans for processed food products. "Rapp. Congr. Int. Aluminium, Tome II", Paris: Soc. Édition et Documentation Alliages Légers 1954 273—292.

Nuttall, R. W.: Aluminium in the food and chemical industries. Metallurgia 49 (1954)292 63—70; AB 25(1954)4 207.

Tögel, Karl: Holz als Verpackungsmittel. Holzwirtschaftl. Jb. 1954 251—256.

Dunn, P. A.: Araldite coatings for aluminium containers. Light Metals 18(1955) 209 258—261.

Gewichtsunterlagen   **7**

Allgemeines   7.1

Hall, Charles Ward: Structural weight of aircraft as affected by the system of design. NACA TN 206 Nov. 1924.

Schrenk, Martin: Zur Frage der Gewichtserleichterung von Luftschrauben. 76. DVL-Ber. 1927; ZFM 18(1927)13 299—300. [6.254.72].

Caspari, W.: Gewichtszerlegung für Flugzeuge. ZFM 21(1930)18 469—471.

Cassens, J.: Systematischer Gewichtsvergleich an räumlichen Fachwerken. ZFM 22(1931)12 357—362.

Cassens, J.: Gewichtsermittlung der wichtigsten einfachen Träger. ZFM 22(1931) 15 456—463.

Seydel, Edgar: Beitrag zum Gewichtsvergleich zwischen dreigurtigem und viergurtigem Flechtwerk. DVL-Jb. 1931 305—308; ZFM 22(1931)12 362—366. [1.213.1].

Winter, Hermann u. *H. Arldt:* Neubearbeitung der Formblätter für Flugzeuggewichtsaufteilung. ZWB FB 130 1934 15 S.

Kusenberg, J.: Eigengewichtsformel für Blechträger. Mitt. Forsch.-Anst. GHH-Konzern 4(1935)2 33—36.

Seydel, Edgar: Grundsätzliche Bemerkungen zu vergleichenden Gewichts-Untersuchungen. Jb. 1937 Dtsch. Luftf.-Forsch. I 371—376.

Lipp, J. E.: Estimation of wing weights. J. Aeron. Sci. 5(1938)12 491—493; Luftf. Schrifttum Ausland 4(1938)12 265—266, 276.

Fadjejew, N. N.: Formeln für das Gewicht des Flugzeuges und seiner Teile. (ZAHI-Ber. 421 1939) Luftf. Schrifttum Ausland Jan. 1944 68 S.

Bornemann, K.: Gewichtsermittlung von Konstruktionsgruppen des Flugwerks. Ringb. Luftf.-Techn. II B 5 Mai 1940 17 S.

Foley, E. J.: Weight control, aircraft design problem. Amer. Aviation 5(1941) 10 41, 45.

Pistor, J.: Gewichtssparende Konstruktionen im Flugzeugbau. DMZ **18**(1941)9 368, 370. [6.254.0].

Tye, W. and *P. E. Montagnon:* The estimation of wing structure weight. ARC R & M 2080 Oct. 1941 21 p. 9 ref.; Index Aeron. **4**(1948)12 84.

Ayers, J. E.: The value of a pound saved by weight control. Aero Dig. **41**(1942) 4 108, 111, 113—114, 244, 246, 249.

Drymael, Jean: The design of trusses and its influence on weight and stiffness. J. Roy. Aeron. Soc. **46**(1942)Dec. 297 ff.

Siggia, S.: "Seal of weight approval" as a means of weight control. Aero Dig. **41**(1942)3 169—170, 276, 278.

Weber, G.: Definition der Begriffe zur einheitlichen Durchführung von Gewichtsvergleichen an Tragflügeln. (Sitzung Arbeitsgruppe Tragwerk in d. Entwicklungsgruppe „Bauweisen der Flugzeugzelle", Bad Eilsen Juni 1944.) Ber. Lil.-Ges. 179a 1944. [6.254.1].

Rosenthal, L. W.: The influence of aircraft gross weight upon the size and weight of hulls and fuselages. J. Roy. Aeron. Soc. **51**(1947)443 874 ff.

Rosenthal, L. W.: Some thoughts about weight. Aeroplane **75**(1948)1935 615; Index Aeron. **5**(1949)2 34.

Sattler, Konrad: Ermittlung der Eigengewichte stählerner Brücken. Bautechnik **25**(1948)8 169—175. [6.272].

Farrar, D. J.: The design of compression structures for minimum weight. J. Roy. Aeron. Soc. **53**(1949)467 1041—1052 7 ref.; Index Aeron. **6**(1950)2 53. [1.342.31].

Grinsted, F.: Aircraft structural weight and design efficiency. Aircr. Engng. **21** (1949)245 214—217 7 ref.; Index Aeron. **5**(1949)10 69.

Parkes, E. W.: The design of redundant structures for minimum weight. Aircr. Engng. **21**(1949)243 162—163; Index Aeron. **5**(1949)7 51; AMR **3**(1950)7 200.

Rosenthal, L. W.: The weight aspect in aircraft design. Roy. Aeron. Soc. Prepr. Dec. 1949 18 p. 9 ref.; Index Aeron. **6**(1950)2 54.

Rosenthal, L. W.: Weight and design. Flight **56**(1949)2139 802—804.

Allen, R. W.: The effects of weight variation on the range of airborne craft. J. Aeron. Sci. **17**(1950)8 527—528.

Solvey, J.: The estimation of wing weight. Aircr. Engng. **23**(1951)267 143—144 4 ref.; Index Aeron. **7**(1951)8 70.

Hyatt, Abraham: A method for estimating wing weights. Inst. Aeron. Sci. Prepr. 440 Jan. 1954 30 p.; J. Aeron. Sci. **21**(1954)6 363; Index Aeron. **10**(1954)6 108.

Sved, G.: The minimum weight of certain redundant structures. Austral. J. Appl. Sci. **5**(1954)1 1—9; AMR **7**(1954)11 485.

Treseder, Robert C. and *Howard M. Geyer:* How a comparative weight analysis of aircraft actuators aids designers in choosing the most efficient type. General Motors Engng. J. (1954)Sept./Oct. 7.

Keller, H.: Gewichtsberechnen von Rohren und Flachmaterial. Draht **6**(1955)1 14.

Zahlenwerte 7.2

Hartmann, E. C.: Comparison of weights of 17 ST and steel tubular structural members used in aircraft construction. NACA TN 378 May 1931.

Winter, Hermann u. *H. Arldt:* Gewichtsstatistik über Rüstgewichte und Baugruppengewichte von neueren Flugzeugen. ZWB FB 189 1935 20 S.

Frank, Kurt: Zusammenstellung der Gewichtsanteile von Motor-Flugzeugen. ZWB UM 484 1937 23 S.

Chmelka, Fritz: Näherungsformeln zur Berechnung der Winkelgewichte für biegungssteife Träger sowie die Bestimmung ihrer Fehler. Stahlbau **13**(1940) 23/24 131—136.

Jarry, J.: On the development of seaplane hull weights. Techn. et Sci. Aéron. (1946)2 131—134; Index Aeron. **4**(1948)4 72.

Carreyette, J. F.: Aircraft wing weight estimation. Aircr. Engng. **22**(1950)251 8—12; Index Aeron. **6**(1950)3 78.

Goulias, Bedet and *Le Gall:* Critical study of French and foreign landing gear weights. Techn. et Sci. Aéron. (1952)5 273—292; Index Aeron. **9**(1953)7 67.

Gabrielli, G.: Theoretical weight and actual weight of cantilever wings. Aerotecnica **33**(1953)1 72—79 12 ref.; Index Aeron. **9**(1953)6 78.

Taylor, J.: Structure weight. J. Roy. Aeron. Soc. **57**(1953)514 646—652; Index Aeron. **9**(1953)12 79.

Thalau, Karl: Geschwindigkeit, Konstruktionsgewicht und Nutzlast moderner Verkehrsflugzeuge. WGL-Jb. 1953 110—123.

Köhler, O.: Gewichtsunterlagen für den Flugzeugentwurf. Luftfahrttechn. **1**(1955) 8 134—139, **2**(1956)1 15—18.

VIII. Sachverzeichnis

(Die Ziffern beziehen sich auf die Seiten des Abschnitts VII)

Ein Autorenverzeichnis kann bei Bedarf beim Institut für Flugzeugbau und Leichtbau der Technischen Hochschule Braunschweig bestellt oder ausgeliehen werden. Es enthält neben den Namen der Autoren auch die Zahlen der Seiten der Bibliographie, auf denen Aufsätze dieser Autoren zu finden sind.